画像電子情報ハンドブック
Image Electronics and Informatics Handbook

全文収録 CD-ROM

画像電子学会　編

TDU 東京電機大学出版局

本書の全部または一部を無断で複写複製（コピー）することは，著作権法上での例外を除き，禁じられています。小局は，著者から複写に係る権利の管理につき委託を受けていますので，本書からの複写を希望される場合は，必ず小局（03-5280-3422）宛ご連絡ください。

本書に登場する製品名やシステム名などは，一般に各開発会社の商標または登録商標です。本文中では基本的に®や™などは省略しました。

序　文

　画像電子学会はこれまで，1979 年 11 月に『画像電子ハンドブック』を刊行し，その約 13 年後の 1993 年 3 月に『新版　画像電子ハンドブック』を刊行している。「新版」の刊行は学会創立 20 周年を記念してのものであり，当時は JBIG, JPEG, MPEG, MHEG など，マルチメディア/ハイパーメディア符号化が華々しく注目を浴び，画像電子学会をその創設時から支えてきたファクシミリ分野における G4 ファクシミリなど，テレマティクス機器への期待が高まっていたころであった。

　「新版」の発行からやはり 13 年が経った 2006 年春に，学会創立 35 周年記念行事の一環として，ハンドブック刊行の構想が持ちあがった。振り返ってみると，この 13 年の画像関連技術やその応用領域の進歩や変化は，それ以前の 13 年とは比べものにならないほど大きく，かつ多様であった。幸いにして，学会では 2 年ごとに学会誌年報特集号を発行しており，2002 年にはその分類を大きく見直しているが，ハンドブックの内容構成の議論においてはその分類がおおいに参考になった。

　学会の主たる活動分野における近年の変化としては，ビジュアルコンピューティング（VC）の登場があげられる。これはコンピュータグラフィクスとコンピュータビジョンを含めた領域であり，1995 年以来，年 1 回発行されている学会誌 VC 論文特集号への投稿数は着実に伸びており，年次大会における VC シンポジウムとをあわせて車の両輪とし，一方の旗頭として学会を牽引するまでに成長した。

　また，画像システムでは，画像の入力・処理・符号化・出力という基本的構成要素に分解して記述できることは不変なものの，セキュリティや各種画像応用技術については，システムの目的に応じた技術を見通せるように応用面から分類するのが適切と考えられた。その結果，テレマティクス技術にとって代わった感のあるウェブ技術，モバイル・ユビキタスや，システム共通技術として確固たる地位を築くにいたっているヒューマンインタラクションについては，独立項として記述することに異論はなかった。

　こうして最終的に，本ハンドブックは〈Ⅰ〉基礎編，〈Ⅱ〉ビジュアルコンピューティング編，〈Ⅲ〉メディア技術編（1. 通信・放送，2. ウェブ技術，3. モバイル・ユビキタス，4. ディジタルシネマ），〈Ⅳ〉応用技術編（1. セキュリティ，2. ヒューマンイン

タラクション，3. 画像応用），〈V〉標準化編，〈VI〉装置編，および，資料編から構成されることになった．この分類は必ずしも理路整然としていないかもしれないが，使い勝手や読みやすさも考慮したうえで行き着いた実用解であると信じている．なお，Ⅲ編，Ⅳ編については章ごとに編集委員を配置した．

　この構成と従来の『新版 画像電子ハンドブック』とを比べると，「新版」の中心をなしたテレマティクス技術については大幅な記述の縮小が必要となった．この点で，今回のハンドブックは従来の画像電子ハンドブックの改訂ではなく，むしろ新たなものと位置づけるのが適切ということになり，名称についても『画像電子情報ハンドブック』とすることにした．ちなみに，「新版」も並行して発行を継続する予定である．

　また，電子出版の進歩が著しい現在，ハンドブックというものの発行形態は，いったいどうあるべきか，はたして従来のようなハードコピーだけでよいのかという議論にも多くの時間を費やすことになった．ハンドブックの電子化については，単に空間スペースの削減のみでなく，全文検索が可能になるという効果が大きい．一方で，ハードコピーのもつブラウジング性というのは，むしろハンドブックのような冊子でこそ，その効果を発揮することも知られている．結果として両者の特長を活かし，ハンドブック付属の CD-ROM には PDF の形で全文を収め，PDF の検索機能を利用して検索用語の所在頁数を知ることができるようにし，該当頁には冊子であたっていただく形式にした．

　最終的に執筆者数は 147 名の多きにのぼったが，全体の頁数は約 1000 頁という構想どおりの範囲に収めることができた．ちなみに，これは「新版」の約 1.5 倍の容量にあたる．本書が，画像電子情報技術に関心をもつ多くの方々の期待に応え，末永く愛読されることを祈りたい．

　最後に，ご多忙の中，締切や割当頁数を厳守いただきご執筆いただいた執筆者の皆様，調整や閲読で多大なご苦労をおかけした編集委員各位，構想から出版までひとかたならずお世話になった東京電機大学出版局の植村八潮氏・浦山毅氏に厚く御礼申し上げる．

2007 年 12 月吉日

『画像電子情報ハンドブック』編集委員会
　　編集委員長　安田靖彦（東京大学名誉教授・早稲田大学名誉教授）

学会挨拶

　画像電子学会が1972年4月に設立されて，2007年に満35周年を迎え，斯界の発展にますます貢献しつつあることは，たいへん喜ばしいことである．本学会の前身は，写真電送の生みの親でもあられ，また初代学長として東京電機大学の礎をつくられた，故丹羽保次郎先生が中心となって1943年に創設された電写研究会であり，爾来60年以上の永きにわたり，ファクシミリおよび画像関連分野における産業界・学界の技術者・研究者の集まりとして，さまざまな面で寄与をしてきた．

　本学会設立35周年を迎えるにあたり，斯界にさらなる貢献を果たすべく，種々の提案がなされた．その中で，本学会はファクシミリ技術からスタートしたのち，広く対象分野を拡大して周辺技術の発展に取り組んでおり，そのカバーする技術領域は，送信・受信走査，光電変換・記録変換，圧縮符号化・復号，画像処理・画像認識・画像創生，伝送，ネットワークなど多岐にわたり，拠って立つ学問領域も，光学，化学，機械，電気・電子，通信，情報処理など多方面にわたることから，本会会員の叡智を集めれば，これら多くの学問領域を有機的つながりをもって網羅した最先端技術ハンドブックが編纂できるのでは，との声があがった．

　2006年2月に，当時の本学会会長山崎泰弘氏の呼びかけで関係者が集まり，本学会35周年記念事業の一環として，新しいハンドブックの出版企画の検討が開始された．幸いにして，本件は3月の第199回理事会で承認され，出版準備を進めるための編集委員会が組織された．4月には理事会の決定を受けて準備委員会が開催され，本学会元会長安田靖彦氏をはじめとする編集委員就任予定者により，ハンドブック編纂の目的，ハンドブックの概要，これまでに本学会で編纂されたハンドブックとの関係整理，編集方針，刊行スケジュールなどが審議され決定された．また，本ハンドブックの担当出版社として東京電機大学出版局に依頼することを，7月の第203回理事会で正式に決定した．刊行予定時期（2008年2月）が東京電機大学出版局の100周年目にあたることから，たいへん素晴らしいことに，本ハンドブックの出版を東京電機大学出版局創立100周年記念事業の一環に位置づけていただけることにもなった．

　本学会創立35周年を機とした本ハンドブックの編纂にあたってとくに強調されたことは，従来刊行されてきた『画像電子ハンドブック』の改訂ではなく，まったく新

たな視点をもたせることであり，このため本ハンドブックでは現在本学会が活動しているすべての対象分野をカバーしつつ，従来から引き継がれてきた項目のうち史料的価値の高い項目や普遍的な価値をもつ内容は残すことを編集方針とした．

　この新しい発想の下，最先端・最新技術内容を漏らさず取り上げると同時に，史料的価値の高いデータも網羅した本ハンドブックは，必ずや皆様の座右の書として日々の勉学・研究・調査・開発・製造などすべての局面でお役に立つことと信じている．

　最後に，2006年7月に執筆依頼を行なってから2007年7月の完全脱稿にいたるまで，たいへん短期間で原稿を仕上げていただいた執筆者の方々，膨大な原稿の取りまとめに奔走された編集者ならびに学会事務局の方々のご努力は想像を絶するものであり，ここに敬意を表し，心よりお礼を申し上げる次第である．

2007年12月吉日

画像電子学会
会長　安田　浩（東京電機大学教授・東京大学名誉教授）

『画像電子情報ハンドブック』編集委員会

委員長	安田　靖彦	（東京大学名誉教授・早稲田大学名誉教授）	
副委員長	西田　友是	（東京大学）	第Ⅱ編担当
	小野　文孝	（東京工芸大学）	第Ⅴ編担当
幹　事	羽鳥　好律	（東京工業大学）	第Ⅰ編担当
委　員	近藤　邦雄	（東京工科大学）	第Ⅱ編担当
	岸上　順一	（NTT）	第Ⅲ編1章担当
	小町　祐史	（大阪工業大学）	第Ⅲ編2章担当
	和田　正裕	（KDDIテクノロジー）	第Ⅲ編3章担当
	中嶋　正之	（東京工業大学）	第Ⅲ編4章担当
	田中　清	（信州大学）	第Ⅳ編1章担当
	小川　克彦	（慶應義塾大学）	第Ⅳ編2章担当
	関沢　秀和	（東芝テック画像情報システム）	第Ⅳ編3章・資料編担当
	河村　尚登	（キヤノン）	第Ⅵ編担当
	山崎　泰弘	（東海大学）	資料編担当

執筆者一覧

(五十音順)　　　　　　　　　　　　　[〈　〉および資料は編名]

青木　秀行 (セコム)〈Ⅳ〉3.5	金井　崇 (東京大学)〈Ⅱ〉2.2～2.4
青木　正喜 (成蹊大学)〈Ⅰ〉4.4	金子　正秀 (電気通信大学)〈Ⅳ〉1.2.3
浅野　陽子 (NTT)〈Ⅳ〉2.1.5	亀山　渉 (早稲田大学)〈Ⅴ〉5
安達　文夫 (国立歴史民俗博物館) 〈Ⅳ〉3.3.1～3.3.2, 3.3.3(2)	加茂　竜一 (凸版印刷)〈Ⅳ〉3.3.3(3)
	川上　一郎 (東京工業大学)〈Ⅲ〉4.2～4.3
新井　真司 (セコム)〈Ⅳ〉3.5	川瀬　敏雄 (堀内カラー)〈Ⅳ〉3.3.3(1)
五十嵐　保 (リモート・センシング技術センター) 〈Ⅳ〉3.2	川添　雄彦 (NTT)〈Ⅲ〉1.1
	川田　亮一 (KDDI研究所)〈Ⅰ〉3.2
池内　克史 (東京大学)〈Ⅳ〉3.3.3(4)	河村　尚登 (キヤノン) 資料3
池上　博章 (富士ゼロックス)〈Ⅴ〉6.2.4	川森　雅仁 (NTT)〈Ⅲ〉1.3
石井　陽子 (NTT)〈Ⅳ〉2.1.1	菊地　智恵 (キヤノン)〈Ⅰ〉6.4
井戸上　彰 (KDDI研究所)〈Ⅲ〉3.1.2	葛岡　英明 (筑波大学)〈Ⅳ〉2.3.1
伊藤　泰宏 (NHK)〈Ⅲ〉1.5	栗田泰市郎 (NHK)〈Ⅰ〉5.4,〈Ⅵ〉2.2
稲葉　宏幸 (京都工芸繊維大学)〈Ⅳ〉1.3.1	栗原　恒弥 (日立製作所)〈Ⅱ〉4
井上　隆 (KDDI研究所)〈Ⅲ〉3.1.1	糊澤　信 (旭硝子)〈Ⅳ〉3.6
今井　倫太 (慶應義塾大学)〈Ⅳ〉2.4.1	桑山　哲郎 (キヤノン)〈Ⅴ〉6.3.2
岩切　宗利 (防衛大学校)〈Ⅳ〉1.4.9	河野　隆二 (横浜国立大学)〈Ⅲ〉3.6.4
岩田　基 (大阪府立大学)〈Ⅳ〉1.4.5～1.4.7	小谷　一孔 (北陸先端科学技術大学院大学) 〈Ⅰ〉2.2
上野　幾朗 (三菱電機)〈Ⅴ〉2	
上平　員丈 (神奈川工科大学)〈Ⅰ〉4.1	児玉　明 (広島大学)〈Ⅰ〉6.2
内川　惠二 (東京工業大学)〈Ⅰ〉2.1	小林　稔 (NTT)〈Ⅳ〉2.1.1
卜部　仁 (富士フイルム)〈Ⅰ〉3.1,〈Ⅴ〉6.6.1	小町　祐史 (大阪工業大学)〈Ⅲ〉2.1, 2.6, 〈Ⅴ〉6.5, 資料2.4
太田　慎司 (KDDIテクノロジー)〈Ⅲ〉3.3	
大塚　博幸 (キヤノン)〈Ⅵ〉1.1	小松　尚久 (早稲田大学)〈Ⅳ〉1.2.1
大友　仁 (東芝)〈Ⅵ〉4.1	小宮　一三 (神奈川工科大学)〈Ⅰ〉4.1, 資料6
大根田章吾 (リコー)〈Ⅴ〉6.3.3	近藤　邦雄 (東京工科大学)〈Ⅱ〉5, 資料2.1
小川　克彦 (慶應義塾大学) 資料2.3	斎藤　隆文 (東京農工大学)〈Ⅱ〉5
小澤　愼治 (愛知工科大学)〈Ⅰ〉4.5	酒澤　茂之 (KDDI研究所)〈Ⅲ〉3.2
小野　文孝 (東京工芸大学)〈Ⅴ〉1, 6.2.1～6.2.2, 資料4, 5	阪田　史郎 (千葉大学)〈Ⅲ〉3.6.2～3.6.3
	櫻井　幸光 (日本ビクター)〈Ⅵ〉4.5
小花　貞夫 (ATR)〈Ⅴ〉6.1	佐藤　甲癸 (湘南工科大学)〈Ⅰ〉5.3,〈Ⅵ〉2.6
柿本　正憲 (日本SGI)〈Ⅱ〉7	佐藤　幸三 (東芝メディカルシステムズ) 〈Ⅳ〉3.4
籠田　将慶 (大日本印刷)〈Ⅲ〉3.7.1	
梶　光雄 (元 朝日新聞社) 資料4	佐藤　隆 (NTT)〈Ⅳ〉2.2.1
加藤　茂夫 (宇都宮大学)〈Ⅰ〉6.1	佐藤　裕昭 (NTT)〈Ⅲ〉1.6
加藤　俊一 (中央大学)〈Ⅰ〉6.5	佐藤　慶浩 (日本ヒューレット・パッカード) 〈Ⅳ〉1.1.4～1.1.6
加藤　拓 (東芝)〈Ⅳ〉1.3.2(2)	

執筆者一覧

猿渡　俊介（東京大学）〈Ⅲ〉3.5.2
汐崎　陽（大阪府立大学）〈Ⅳ〉1.4.5～1.4.7
鹿間　信介（三菱電機）〈Ⅵ〉2.5
繁澤　努（松下電器産業）〈Ⅳ〉1.3.2(1)
篠原　克幸（工学院大学）〈Ⅳ〉1.2.4
清水　博一（情報通信ネットワーク産業協会）〈Ⅵ〉4.3
新谷　幹夫（東邦大学）〈Ⅱ〉3.5
杉本　修（KDDI研究所）〈Ⅰ〉3.2
須藤　智明（デジタルコンテンツ協会）〈Ⅲ〉4.5
関口　知紀（日立製作所）〈Ⅰ〉5.2.1
瀬戸　洋一（産業技術大学院大学）〈Ⅴ〉6.7.2
高木　幸一（KDDI研究所）〈Ⅳ〉1.3.3
高橋　成雄（東京大学）〈Ⅱ〉2.1
滝嶋　康弘（KDDI研究所）〈Ⅲ〉3.4
武智　秀（NHK）〈Ⅲ〉1.2
多田村克己（山口大学）〈Ⅱ〉3.1
田中　清（信州大学）〈Ⅳ〉1.4.1，資料2.5
田中　秀磨（情報通信研究機構）〈Ⅳ〉1.1.2
谷本　正幸（名古屋大学）〈Ⅰ〉1.1
田村　博（リコー）〈Ⅴ〉6.2.3
筒口　拳（NTT）〈Ⅳ〉2.1.2
寺田　努（神戸大学）〈Ⅲ〉3.7.2
時任　静士（NHK）〈Ⅵ〉2.4
土橋　宜典（北海道大学）〈Ⅱ〉3.6
中尾　康二（KDDI）〈Ⅴ〉6.7.1
中川　正雄（慶應義塾大学）〈Ⅲ〉3.6.5
長岐　孝一（パイオニア）〈Ⅵ〉4.4
中里　純二（情報通信研究機構）〈Ⅳ〉1.1.1～1.1.3
中島　一浩（キヤノン）〈Ⅵ〉3.2
中島　啓介（日立製作所）〈Ⅵ〉1.2
中嶋　正之（東京工業大学）〈Ⅲ〉4.1
中村　康弘（防衛大学校）〈Ⅳ〉1.4.2～1.4.3
新見　道治（九州工業大学）〈Ⅳ〉1.4.8
西田　友是（東京大学）〈Ⅱ〉3.2～3.4
野田　秀樹（九州工業大学）〈Ⅳ〉1.4.8
乃万　司（九州工業大学）〈Ⅱ〉1
長谷川まどか（宇都宮大学）〈Ⅰ〉6.1
八村広三郎（立命館大学）〈Ⅳ〉3.3.3(5)
馬場　哲治（バンダイナムコゲームス）〈Ⅳ〉3.7
浜本　隆之（東京理科大学）〈Ⅰ〉4.2
深見　拓史（廣済堂）〈Ⅳ〉3.1
福田　浩司（富士フイルム）〈Ⅵ〉3.3
福本　雅朗（NTTドコモ）〈Ⅳ〉2.1.3

藤井　昌三（元 日本経済新聞社）資料3
藤井　哲郎（NTT）〈Ⅲ〉4.4
藤代　一成（東北大学）〈Ⅱ〉6
藤村　是明（産業技術総合研究所）〈Ⅴ〉6.4
洪　博哲（コニカミノルタテクノロジーセンター）〈Ⅴ〉6.3.1
星野　幸夫（中央大学）〈Ⅳ〉1.2.2
星野　坦之（日本工業大学）〈Ⅰ〉5.1
本田新九郎（NTTレゾナント）〈Ⅳ〉2.3.2
茅　暁陽（山梨大学）〈Ⅱ〉6
松木　眞（NTTクオリス）〈Ⅰ〉4.3，〈Ⅴ〉6.6.2，資料5
松本健太郎（キヤノン）〈Ⅰ〉6.4
松本　充司（早稲田大学）資料1
溝口　正典（日本電気）〈Ⅳ〉1.2.2
三村　秀典（静岡大学）〈Ⅵ〉2.3
宮奥　健人（NTT）〈Ⅳ〉2.1.4
三宅　洋一（千葉大学）〈Ⅰ〉2.3
宮崎　明雄（九州産業大学）〈Ⅳ〉1.4.4
宮本　哲（住友精密工業）〈Ⅲ〉3.5.3
武藤　伸洋（NTT）〈Ⅳ〉2.4.2
村井　和夫（リコー）〈Ⅴ〉6.3.3
村上　栄作（リコー）〈Ⅵ〉3.1
村上　伸一（東京電機大学）〈Ⅰ〉1.2
村瀬　勝男（元 リコー）資料6
村田　真（国際大学）〈Ⅲ〉2.2
森川　博之（東京大学）〈Ⅲ〉3.5.2
守谷　健弘（NTT）〈Ⅰ〉6.3，〈Ⅴ〉4
安田　浩（東京電機大学）〈Ⅲ〉1.4
柳田　康幸（名城大学）〈Ⅳ〉2.2.2
山下　博之（科学技術振興機構／NTTデータ）〈Ⅲ〉1.4
山添　孝徳（日立製作所）〈Ⅲ〉3.6.1
山田　篤（京都高度技術研究所）〈Ⅲ〉2.3～2.4
山本　陽平（リコー）〈Ⅲ〉2.5
結城　昭正（三菱電機）〈Ⅵ〉2.1
横森　清（リコー）〈Ⅰ〉5.2.2，〈Ⅵ〉4.2
渡辺　尚（静岡大学）〈Ⅲ〉3.5.1
渡辺　裕（早稲田大学）〈Ⅴ〉3
和田　正裕（KDDIテクノロジー）資料2.2

第 I 編
基礎編

1 画像情報論

- 1.1 画像情報 ……………………… 2
  - 1.1.1 画像の定義 ………………… 2
  - 1.1.2 画像情報の性質 …………… 3
  - 1.1.3 画像の情報理論 …………… 6
- 1.2 走査・標本化・量子化 ………… 8
  - 1.2.1 走査（scanning）…………… 8
  - 1.2.2 標本化（sampling）………… 10
  - 1.2.3 量子化（quantization）…… 10

2 視知覚と色再現

- 2.1 視知覚特性 …………………… 13
  - 2.1.1 光覚 ………………………… 13
  - 2.1.2 色覚 ………………………… 16
  - 2.1.3 視覚の時空間特性 ………… 17
  - 2.1.4 形状知覚 …………………… 21
  - 2.1.5 奥行き知覚 ………………… 23
- 2.2 表色系の基礎 ………………… 26
  - 2.2.1 等色（color matching）…… 26
  - 2.2.2 混色（color mixture）…… 26
  - 2.2.3 表色系（color system）…… 27
  - 2.2.4 均等色空間（uniform color space）………………………… 28
  - 2.2.5 色差（color difference）… 31
  - 2.2.6 測色（colorimetry）……… 32
- 2.3 色再現，カラーマネージメント … 33
  - 2.3.1 はじめに …………………… 33
  - 2.3.2 色再現のモデル …………… 33
  - 2.3.3 ディジタルハードコピーの色再現 ………………………… 34
  - 2.3.4 デバイスインデペンデントな色再現 ………………………… 35
  - 2.3.5 分光画像と色再現 ………… 35
  - 2.3.6 BDRFと色再現 …………… 37
  - 2.3.7 好ましい色再現へ向けて … 39
  - 2.3.8 まとめ ……………………… 40

3 画質評価

- 3.1 画質評価 ……………………… 43
  - 3.1.1 画質評価の概説 …………… 43
  - 3.1.2 心理評価 …………………… 44
  - 3.1.3 一般的画質要因 …………… 45
  - 3.1.4 文字画像の評価 …………… 50
  - 3.1.5 総合画質評価 ……………… 51
- 3.2 伝送符号化画像の評価 ………… 53
  - 3.2.1 伝送符号化画像の劣化要因 … 53
  - 3.2.2 主観評価と客観評価 ……… 53
  - 3.2.3 主観評価法の標準方式 …… 53
  - 3.2.4 客観評価法とその標準化動向 … 56

4 画像情報の入力と処理

4.1 画像入力技術 ………………………… 63
- 4.1.1 画像入力に必要な基本機能 …… 63
- 4.1.2 各種入力方式 ………………… 63
- 4.1.3 色分解方式 …………………… 65
- 4.1.4 各種入力特性―入力画像の品質を決める要因 ……………… 66
- 4.1.5 入力処理 ……………………… 67

4.2 撮像 ……………………………………… 69
- 4.2.1 撮像の基礎 …………………… 69
- 4.2.2 CCD イメージセンサ ………… 70
- 4.2.3 CMOS イメージセンサ ……… 71
- 4.2.4 撮像管 ………………………… 72
- 4.2.5 その他のイメージセンサ …… 72

4.3 スクリーニング ………………………… 73
- 4.3.1 発生方法での分類 …………… 73
- 4.3.2 スクリーン形状での分類 …… 74

4.4 画像処理技術 …………………………… 76
- 4.4.1 画像処理の概要 ……………… 76
- 4.4.2 濃度軸変換 …………………… 76
- 4.4.3 画像の幾何学変換 …………… 79
- 4.4.4 画像空間での操作 …………… 80
- 4.4.5 2次元周波数解析 …………… 82
- 4.4.6 画像の復元 …………………… 86

4.5 コンピュータビジョン ………………… 87
- 4.5.1 3次元奥行き計測 …………… 87
- 4.5.2 3次元物体計測 ……………… 89
- 4.5.3 シーン理解 …………………… 90
- 4.5.4 要素技術 ……………………… 90
- 4.5.5 映像製作への応用 …………… 92

5 画像の記録と表示

5.1 画像記録 ………………………………… 94
- 5.1.1 沿革と分類 …………………… 94
- 5.1.2 印刷 …………………………… 95
- 5.1.3 写真 …………………………… 96
- 5.1.4 電子記録 ……………………… 97
- 5.1.5 電子ペーパー ………………… 101

5.2 画像メモリ ……………………………… 102
- 5.2.1 半導体メモリ ………………… 102
- 5.2.2 光メモリ ……………………… 106

5.3 立体ディスプレイ，ホログラフィ …… 110
- 5.3.1 多眼式立体動画像表示方式（両眼視差方式）………………… 110
- 5.3.2 断層面再生方式 ……………… 111
- 5.3.3 空間像表示方式 ……………… 111
- 5.3.4 ホログラフィ ………………… 111

5.4 画像表示 ………………………………… 112
- 5.4.1 ディスプレイの構成と種類 … 112
- 5.4.2 画素の構成方法と駆動方式，色再現 ………………………… 115

6 画像情報伝送の要素・関連技術

6.1 静止画符号化 …………………………… 121
- 6.1.1 静止画像データ圧縮符号化の原理 …………………………… 121
- 6.1.2 データ圧縮モデル …………… 121
- 6.1.3 エントロピー符号化 ………… 126

6.2 動画符号化 ……………………………… 127
- 6.2.1 原理 …………………………… 127
- 6.2.2 高能率符号化技術 …………… 132
- 6.2.3 機能化・構造化技術 ………… 134
- 6.2.4 まとめ ………………………… 138

6.3 音声・オーディオの処理技術 ………… 138
- 6.3.1 概要 …………………………… 138
- 6.3.2 時間領域の符号化 …………… 139
- 6.3.3 周波数領域の符号化 ………… 142
- 6.3.4 関連する音声信号処理 ……… 143

6.4 画像ファイルフォーマットと通信プロトコル ……………………… 144
- 6.4.1 通信を考慮した符号化技術・

         ファイルフォーマット ………… 144
    6.4.2 ファイル転送を利用した
         プログレッシブ表示 ………… 147
    6.4.3 ファイルフォーマットを
         利用したプロトコル ………… 147
    6.4.4 階層符号化を利用した
         プロトコル ………………… 147
    6.4.5 比較 ……………………… 148
6.5 データベース …………………… 151
    6.5.1 画像検索の枠組 …………… 151
    6.5.2 テキスト型検索とサーチ
         エンジンの統合 ……………… 151
    6.5.3 画像型検索とサーチエンジンの
         統合 ………………………… 151
    6.5.4 テキスト・画像融合型の
         内容検索技術 ………………… 153
    6.5.5 3次元物体モデルのデータ
         ベース ……………………… 154
    6.5.6 個人への適応化 …………… 155
    6.5.7 むすび …………………… 155

第 II 編 ビジュアルコンピューティング編

1 CG の概要

1.1 CG の基礎知識 ………………… 160
    1.1.1 CG の原理 ………………… 160
1.2 CG の歴史 ………………………… 161
    1.2.1 CG の始まり ……………… 161
    1.2.2 フォトリアリズムの追求 … 161
    1.2.3 産業応用の拡大 …………… 161
    1.2.4 CG 研究の広がり ………… 162
    1.2.5 CG 研究を支えたもの …… 162
1.3 CG の応用 ………………………… 162
    1.3.1 設計 ……………………… 162
    1.3.2 教育・訓練 ………………… 162
    1.3.3 エンターテインメント …… 162
    1.3.4 可視化 …………………… 163
1.4 座標系と座標変換 ……………… 163
    1.4.1 2次元座標変換 …………… 163
    1.4.2 3次元座標と座標変換 …… 165
    1.4.3 投影 ……………………… 166
    1.4.4 ビューイングパイプライン … 168

2 モデリング

2.1 曲線・曲面 ……………………… 171
    2.1.1 曲線・曲面の表現形式 …… 171
    2.1.2 2次曲線 …………………… 171
    2.1.3 パラメトリック曲線 ……… 172
    2.1.4 2次曲面 …………………… 174
    2.1.5 パラメトリック曲面 ……… 175
2.2 メッシュとその処理技術 ……… 176
    2.2.1 ポリゴンとメッシュ ……… 176
    2.2.2 メッシュの表現手法 ……… 177
    2.2.3 メッシュによるモデリング
         技術 ………………………… 179
2.3 細分割曲面 ……………………… 183
    2.3.1 細分割曲面による形状表現 … 183
    2.3.2 細分割曲面形式 …………… 183
    2.3.3 パラメトリック曲面としての
         細分割曲面 ………………… 185
2.4 陰関数曲面と点群モデリング … 185
    2.4.1 陰関数表現による立体表現 … 186

2.4.2　陰関数曲面形式……………………186

3　レンダリング

3.1　隠面消去……………………………191
　3.1.1　バックフェースカリング
　　　　（後面除去）…………………191
　3.1.2　法線ベクトルの算出方法………192
　3.1.3　表と裏の判別方法………………192
　3.1.4　隠面消去処理の分類……………192
　3.1.5　優先順位アルゴリズム…………193
　3.1.6　Zバッファ法……………………193
　3.1.7　スキャンライン法………………195
　3.1.8　レイトレーシング法……………196
3.2　シェーディング……………………199
　3.2.1　多様なシェーディングモデル…199
　3.2.2　シェーディングモデルの基礎…200
　3.2.3　光源の種類と反射光……………201
　3.2.4　環境光……………………………202
　3.2.5　拡散反射…………………………202
　3.2.6　鏡面反射…………………………204
　3.2.7　透過・屈折………………………206
　3.2.8　スムースシェーディング………207
　3.2.9　散乱・減衰………………………209
3.3　影付け………………………………209
　3.3.1　平行光線・点光源の影…………210

3.3.2　大きさをもつ光源の影…………211
3.4　大局照明……………………………212
　3.4.1　大局照明の概要…………………213
　3.4.2　ラジオシティ法…………………213
　3.4.3　フォトンマッピング法…………215
3.5　マッピング…………………………217
　3.5.1　マッピング処理の分類…………218
　3.5.2　マッピング処理のおもな用途…218
　3.5.3　テクスチャの生成法……………219
　3.5.4　マッピング関数…………………221
　3.5.5　フィルタリングと
　　　　ミップマップ………………………221
　3.5.6　高次のマッピング処理…………222
3.6　リアルタイムレンダリング………223
　3.6.1　物体表面の輝度計算……………223
　3.6.2　シャドーマップ法による影の
　　　　表示…………………………………224
　3.6.3　半影の表示………………………224
　3.6.4　物体表面の凹凸の表示…………225
　3.6.5　ボリュームレンダリング………225
　3.6.6　ビルボード………………………226
　3.6.7　level of detail（LOD）…………226

4　アニメーション

4.1　アニメーションとは………………229
4.2　アニメーションの基本的な手法…229
　4.2.1　キーフレームアニメーション…229
　4.2.2　キーフレームの補間方法………229
　4.2.3　補間曲線の制御…………………231
　4.2.4　イーズイン，イーズアウト……231
　4.2.5　パスアニメーション……………232
　4.2.6　カメラアニメーション…………232
4.3　変形のアニメーション……………232
　4.3.1　FFD………………………………233
　4.3.2　画像モーフィング………………233

4.3.3　ビューモーフィング……………234
4.3.4　形状モーフィング………………234
4.4　キャラクターアニメーション……235
　4.4.1　階層構造とスケルトン…………235
　4.4.2　フォワードキネマティクスと
　　　　インバースキネマティクス………235
　4.4.3　モーションキャプチャ…………236
　4.4.4　キャラクターの変形……………236
　4.4.5　表情のアニメーション…………238
　4.4.6　頭髪………………………………238
　4.4.7　着衣………………………………239

5 NPR（非写実的表現）

- 5.1 NPR手法の分類 ……………………… 240
  - 5.1.1 表現目的による分類 ………… 240
  - 5.1.2 実現方法による分類 ………… 241
- 5.2 対話的描画によるNPR ……………… 241
  - 5.2.1 ストロークを用いた絵画風描画 ……………………… 241
  - 5.2.2 ペン画の生成 …………………… 242
  - 5.2.3 既存描画技法のシミュレート … 242
- 5.3 2次元画像を入力とする自動描画 … 243
  - 5.3.1 画像のスケール分解に基づくNPR ……………………………… 243
  - 5.3.2 領域分割によるNPR ………… 244
  - 5.3.3 画像の変換によるNPR ……… 244
  - 5.3.4 画像の加工，合成によるNPR … 245
- 5.4 3次元情報の利用 …………………… 245
- 5.4.1 輪郭線と稜線の描画 …………… 245
- 5.4.2 形状特徴線の抽出と選択 ……… 246
- 5.4.3 ハッチング ……………………… 246
- 5.4.4 シェーディングによる非写実的表現 ……………………… 247
- 5.4.5 隠線・隠面消去 ………………… 247
- 5.5 動画像生成における連続性 ……… 248
  - 5.5.1 ストロークの移動 ……………… 248
  - 5.5.2 ストロークの出現と消滅 ……… 248
  - 5.5.3 実写映像からのNPR動画生成 … 248
- 5.6 形状のデフォルメ …………………… 249
  - 5.6.1 一律な変形 ……………………… 249
  - 5.6.2 形状特徴を考慮した変形 ……… 249
  - 5.6.3 特殊な投影による変形 ……… 249

6 ビジュアリゼーション

- 6.1 意義 …………………………………… 252
- 6.2 プロセスと技法分類 ………………… 252
  - 6.2.1 プロセス ………………………… 252
  - 6.2.2 技法分類 ………………………… 253
- 6.3 スカラー場の可視化 ………………… 253
  - 6.3.1 情報表現レベルの充実 ………… 255
  - 6.3.2 点群ベースボリュームレンダリング ……………………… 256
- 6.4 ベクトル・テンソル場の可視化 …… 256
- 6.4.1 ベクトル場への拡張 …………… 256
- 6.4.2 テンソル場への拡張 …………… 257
- 6.5 リアルタイム可視化と並列可視化 … 257
- 6.6 情報可視化 …………………………… 258
- 6.7 リアリゼーション …………………… 260
- 6.8 新たな展開 …………………………… 260
  - 6.8.1 VRCレポート …………………… 260
  - 6.8.2 ビジュアルアナリティクス …… 262

7 CG関連装置

- 7.1 グラフィックスハードウェアの歴史 … 265
- 7.2 グラフィックスハードウェアの原理 … 266
  - 7.2.1 処理の流れ ……………………… 266
  - 7.2.2 CPU側での処理 ……………… 267
  - 7.2.3 頂点処理 ………………………… 267
  - 7.2.4 ラスタライズ処理（フラグメント生成） ……………………… 268
  - 7.2.5 テクスチャ処理 ………………… 269
  - 7.2.6 ピクセル処理（フラグメント処理） ……………………………… 269
- 7.2.7 画像出力 ………………………… 269
- 7.2.8 マルチパスレンダリング ……… 269
- 7.3 プログラマブルGPUとシェーディング言語 ………………… 270
  - 7.3.1 固定機能パイプライン ………… 270
  - 7.3.2 シェーダプログラム …………… 270
  - 7.3.3 シェーダの担当する処理 ……… 270
  - 7.3.4 シェーダの動作原理 …………… 271
  - 7.3.5 高級言語によるシェーダプログラミング ……………………… 271

7.3.6 シェーディング言語の発展 ……… 271
7.4 特殊表示装置 …………………………… 272
　7.4.1 CAVE …………………………… 272
　7.4.2 壁型スクリーン ………………… 272
　7.4.3 可変型スクリーン ……………… 273
　7.4.4 デスク型スクリーン …………… 273
　7.4.5 アーチ型スクリーン …………… 273
　7.4.6 球面型スクリーン ……………… 273
　7.4.7 全天周型スクリーン
　　　　（ドームシアター）……………… 273
7.5 3D 入力技術 …………………………… 274
　7.5.1 3 次元ポインタ ………………… 274
　7.5.2 モーションキャプチャ ………… 274
　7.5.3 3D 形状入力 …………………… 275

第 III 編 メディア技術編

1 通信・放送

1.1 IPTV ……………………………………… 278
　1.1.1 はじめに ………………………… 278
　1.1.2 概説 ……………………………… 278
　1.1.3 技術動向 ………………………… 278
　1.1.4 IPTV の基盤技術 ……………… 279
　1.1.5 IPTV の標準化 ………………… 280
1.2 BML と HTML ………………………… 280
　1.2.1 マルチメディアコンテンツの
　　　　記述方式 ………………………… 280
　1.2.2 BML の特徴 …………………… 281
　1.2.3 BML と HTML ………………… 283
　1.2.4 国際比較 ………………………… 287
1.3 通信放送連携に用いられる
　　メタデータ ……………………………… 289
　1.3.1 メタデータとは ………………… 289
　1.3.2 通信放送連携時代の標準メタデータ
　　　　：TV-Anytime …………………… 289
　1.3.3 メタデータを利用した
　　　　サービス ………………………… 296
1.4 コンテンツ ID ………………………… 298
　1.4.1 ユビキタスネットワーク社会の
　　　　進展とディジタル識別子 ……… 298
　1.4.2 ディジタル識別子とその役割 … 299
　1.4.3 コンテンツ ID の概要 ………… 301
　1.4.4 社会基盤としてのディジタル ID
　　　　の課題 …………………………… 303
1.5 地上デジタル放送 ……………………… 304
　1.5.1 概説 ……………………………… 304
　1.5.2 今後の応用 ……………………… 313
　1.5.3 ワンセグサービス ……………… 314
1.6 伝送路に要求される条件 ……………… 316
　1.6.1 マルチキャスト方式 …………… 317
　1.6.2 RTP ……………………………… 323
　1.6.3 QoS ……………………………… 324

2 ウェブ技術

2.1 HTML によるウェブの普及 ………… 328
　2.1.1 ウェブの始まり ………………… 328
　2.1.2 HTML …………………………… 329
　2.1.3 XHTML ………………………… 334
　2.1.4 段階スタイルシート CSS ……… 336
2.2 XML による機能の充実 ……………… 340
　2.2.1 XML 文書の基本概念 ………… 341
　2.2.2 名前空間 ………………………… 343

- 2.2.3 DTD からスキーマ言語へ……… 344
- 2.2.4 document schema description languages（DSDL）…………… 345
- 2.3 スタイル指定………………………… 347
  - 2.3.1 構造変換とフォーマット化オブジェクト………………… 347
  - 2.3.2 XSL…………………………… 347
  - 2.3.3 XSLT と XPath……………… 348
- 2.4 セマンティックウェブ……………… 350
  - 2.4.1 セマンティックウェブ構想… 350
  - 2.4.2 RDF…………………………… 350
  - 2.4.3 OWL…………………………… 351
- 2.5 ウェブサービス……………………… 352
  - 2.5.1 フィード（RSS/Atom）…… 352
  - 2.5.2 REST…………………………… 356
  - 2.5.3 Atom publishing protocol … 358
  - 2.5.4 Ajax…………………………… 360
- 2.6 ウェブ技術応用：トピックマップ… 361
  - 2.6.1 標準化グループによる開発… 362
  - 2.6.2 ISO/IEC 13250（第 1 版）の概要……………………………… 363
  - 2.6.3 ISO/IEC 13250（第 2 版）の概要……………………………… 365
  - 2.6.4 規格文書関係のトピックマップによる記述例…………………… 367

3 モバイル・ユビキタス

- 3.1 モバイルネットワーク……………… 369
  - 3.1.1 無線方式……………………… 369
  - 3.1.2 ネットワーク構成…………… 372
- 3.2 モバイル通信のマルチメディア技術……………………………………… 376
  - 3.2.1 サービス分類………………… 376
  - 3.2.2 マルチメディアシステムとプロトコル……………………… 378
  - 3.2.3 メディア処理………………… 379
- 3.3 携帯電話端末………………………… 383
  - 3.3.1 携帯電話端末の進化………… 383
  - 3.3.2 携帯電話端末のハードウェア構成……………………………… 385
  - 3.3.3 携帯電話端末のソフトウェア構成……………………………… 385
  - 3.3.4 ハードウェア機能の概要…… 387
- 3.4 モバイル通信のアプリケーションサービス……………………………… 389
  - 3.4.1 モバイル通信向けサービス動向……………………………… 389
  - 3.4.2 モバイル向けアプリケーション概要……………………………… 391
  - 3.4.3 モバイル向けマルチメディアサービス……………………… 393
- 3.5 センサネットワーク………………… 396
  - 3.5.1 ネットワーキング…………… 396
  - 3.5.2 ミドルウェア………………… 401
  - 3.5.3 センシング/プロセッサ…… 405
- 3.6 ユビキタスネットワークのための無線通信………………………………… 409
  - 3.6.1 IC タグ………………………… 409
  - 3.6.2 Zigbee………………………… 413
  - 3.6.3 Bluetooth……………………… 416
  - 3.6.4 UWB（超広帯域；ウルトラワイドバンド）無線…………… 420
  - 3.6.5 可視光通信…………………… 425
- 3.7 ユビキタスアプリケーション……… 430
  - 3.7.1 IC タグによる流通基盤……… 430
  - 3.7.2 ウェアラブルコンピューティング…………… 434

4 ディジタルシネマ

- 4.1 ディジタルシネマとは……………… 443
  - 4.1.1 はじめに……………………… 443
  - 4.1.2 ディジタルシネマの関連の動き……………………………… 443
  - 4.1.3 ディジタルシネマの今後……… 444
- 4.2 ディジタルシネマ装置……………… 444

4.3 ディジタルシネマ技術標準化
　　プロジェクト……………………446
4.4 ディジタルシネマ伝送システム………451
4.5 ディジタルシネマの世界動向…………454

第Ⅳ編 応用技術編

1 セキュリティ

1.1 暗号技術……………………………………458
 1.1.1 暗号技術全般……………………458
 1.1.2 共通鍵暗号………………………460
 1.1.3 公開鍵暗号………………………462
 1.1.4 電子署名…………………………465
 1.1.5 電子認証…………………………467
 1.1.6 プライバシー・個人情報保護…469
1.2 バイオメトリック認証技術……………472
 1.2.1 バイオメトリック認証全般……472
 1.2.2 指紋認証…………………………475
 1.2.3 顔画像による認証………………479
 1.2.4 その他のバイオメトリクス
    認証……………………………484
1.3 コンテンツ保護技術……………………488
 1.3.1 著作権保護………………………488
 1.3.2 不正コピー防止技術……………490
 1.3.3 スクランブル技術………………496
1.4 情報ハイディング技術…………………500
 1.4.1 情報ハイディング技術全般……500
 1.4.2 文書・2値画像向け電子
    透かし…………………………501
 1.4.3 電子割符…………………………505
 1.4.4 静止画像向け電子透かし………506
 1.4.5 動画像向け電子透かし…………512
 1.4.6 JPEG，MPEG向け電子透かし…515
 1.4.7 改竄検出透かし…………………518
 1.4.8 ステガノグラフィ………………521
 1.4.9 情報ハイディング技術の評価…526

2 ヒューマンインタラクション

2.1 ヒューマンコンピュータ
  インタフェース………………………535
 2.1.1 インタフェースデザイン………535
 2.1.2 グラフィックユーザー
    インタフェース………………539
 2.1.3 ウェアラブルインタフェース…544
 2.1.4 ユビキタスインタフェース……549
 2.1.5 ユニバーサルデザイン…………554
2.2 情報インタフェース……………………559
 2.2.1 映像インタフェース……………559
 2.2.2 バーチャルリアリティの
    インタフェース………………564
2.3 コミュニティインタフェース…………570
 2.3.1 グループウェア…………………570
 2.3.2 コミュニティウェア……………573
2.4 ロボティクスインタフェース…………578
 2.4.1 ロボットインタフェース………578
 2.4.2 ネットワークロボット…………583

3 画像応用

- 3.1 印刷 ································ 593
  - 3.1.1 概要・市場動向 ············ 593
  - 3.1.2 印刷システム ··············· 596
  - 3.1.3 新製品・新技術動向 ······· 597
  - 3.1.4 新システム ··················· 605
- 3.2 リモートセンシング ············· 606
  - 3.2.1 概要・市場・歴史 ············ 606
  - 3.2.2 リモートセンシング技術 ········ 609
  - 3.2.3 リモートセンシング応用 ········ 614
- 3.3 文化財画像応用 ··················· 618
  - 3.3.1 文化財とディジタル
    アーカイブ ················ 618
  - 3.3.2 文化財と所要画像技術 ········ 619
  - 3.3.3 文化財画像システム ········ 620
- 3.4 医用画像応用 ······················ 632
  - 3.4.1 各種画像診断装置 ············ 632
  - 3.4.2 医用画像の治療応用 ········ 647
  - 3.4.3 医用画像関連システム ······ 648
- 3.5 防犯・監視画像応用 ············· 652
  - 3.5.1 画像監視の社会的背景 ······ 652
  - 3.5.2 監視カメラ技術 ··············· 654
  - 3.5.3 画像処理技術 ··············· 657
  - 3.5.4 家庭での画像監視応用事例 ·· 660
  - 3.5.5 企業での監視カメラの
    応用事例 ······················ 662
  - 3.5.6 ロボットへの搭載事例 ······ 663
  - 3.5.7 公共空間での画像監視
    応用事例 ······················ 663
- 3.6 産業画像応用 ······················ 666
  - 3.6.1 概要・市場・動向 ············ 666
  - 3.6.2 産業ロボット,位置決め応用 ·· 667
  - 3.6.3 デバイス検査 ··············· 667
  - 3.6.4 画質検査 ······················ 670
  - 3.6.5 形状計測 ······················ 673
  - 3.6.6 外観検査 ······················ 676
- 3.7 ビデオゲーム画像応用 ············· 679
  - 3.7.1 概要・市場・動向 ············ 679
  - 3.7.2 ゲームハードウェア ········ 680
  - 3.7.3 ゲームソフトウェア ········ 684
  - 3.7.4 制作プロセスと感性 ········ 689
  - 3.7.5 ゲームの社会応用 ············ 692

第V編 標準化編

1 2値画像符号化標準

- 1.1 2値画像符号化 ··················· 700
- 1.2 G3・G4符号化標準
  (MH, MR, MMR) ··············· 700
  - 1.2.1 MH符号 ······················ 700
  - 1.2.2 2次元符号化標準:MR符号化
    方式 ···························· 703
  - 1.2.3 拡張2次元符号化標準:
    MMR符号化方式 ············ 705
  - 1.2.4 符号長比較 ··················· 705
- 1.3 JBIG符号化標準 ··················· 705
  - 1.3.1 JBIGの伝送モード ············ 706
  - 1.3.2 縮小処理 ······················ 707
  - 1.3.3 典型予測
    (typical prediction;TP) ······ 707
  - 1.3.4 決定的予測(deterministic
    prediction;DP) ··············· 707
  - 1.3.5 モデルテンプレート ········ 708
  - 1.3.6 適応テンプレート ············ 708

| 1.3.7 算術符号 ……………………… 709
| 1.3.8 JBIG 圧縮性能 ………………… 709
| 1.4 JBIG2 符号化 ………………………… 710
| 1.4.1 パターンマッチング符号化 …… 710
| 1.4.2 JBIG2 概要 …………………… 710
| 1.4.3 JBIG2 の仕様 ………………… 710
| 1.4.4 JBIG2 の評価 ………………… 712
| 1.4.5 AMD2 の制定 ………………… 712

2 静止画像関連標準

| 2.1 JPEG 符号化 ………………………… 713
| 2.1.1 JPEG の概要 …………………… 713
| 2.1.2 JPEG 基本システムの構成 …… 713
| 2.1.3 DCT …………………………… 714
| 2.1.4 量子化 ………………………… 714
| 2.1.5 エントロピー符号化 ………… 714
| 2.1.6 複数色成分の転送順序 ……… 716
| 2.2 JPEG-LS 符号化 …………………… 717
| 2.2.1 JPEG-LS の概要 ……………… 717
| 2.2.2 JPEG-LS 基本システムの構成 … 717
| 2.2.3 コンテクストモデリング …… 717
| 2.2.4 自然画モード ………………… 718
| 2.2.5 文字・CG モード …………… 718
| 2.2.6 準可逆符号化 ………………… 719
| 2.3 JPEG2000 符号化 …………………… 719
| 2.3.1 JPEG2000 の概要 …………… 719
| 2.3.2 JPEG2000 の基本構成 ……… 720
| 2.3.3 ウェーブレット変換 ………… 720
| 2.3.4 量子化 ………………………… 721
| 2.3.5 エントロピー符号化 ………… 721
| 2.3.6 ROI 符号化 …………………… 723
| 2.3.7 エラー耐性 …………………… 724
| 2.3.8 圧縮データ形成 ……………… 724

3 動画像関連標準

| 3.1 テレビ電話・テレビ会議用符号化 … 726
| 3.1.1 H.261 ………………………… 726
| 3.1.2 H.263 ………………………… 727
| 3.2 MPEG-1・MPEG-2 符号化 ………… 729
| 3.2.1 MPEG-1 ……………………… 729
| 3.2.2 MPEG-2 ……………………… 730
| 3.3 MPEG-4・H.264 符号化 …………… 734
| 3.3.1 MPEG-4 ……………………… 734
| 3.3.2 MPEG-4 AVC（H.264）……… 736
| 3.4 MPEG-7・MPEG-21 標準 ………… 739
| 3.4.1 MPEG-7 ……………………… 739
| 3.4.2 MPEG-21 …………………… 742
| 3.5 テレビ電話・ビデオ会議
| プロトコル ……………………… 743
| 3.5.1 H.320 ………………………… 743
| 3.5.2 H.323 ………………………… 743
| 3.5.3 SIP …………………………… 744

4 音声・オーディオ符号化標準

| 4.1 通信用音声符号化の標準 …………… 746
| 4.1.1 ITU-T の電話音声の標準 …… 746
| 4.1.2 ITU-T の広帯域電話音声の
| 標準 ……………………………… 747
| 4.1.3 無線通信用標準：第 2 世代 …… 748
| 4.1.4 無線通信用標準：第 3 世代 …… 748
| 4.1.5 米国連邦政府標準 …………… 749
| 4.2 オーディオ符号化の標準 …………… 749
| 4.2.1 デファクト標準 ……………… 749
| 4.2.2 MPEG の概要 ………………… 750
| 4.2.3 MPEG-1 ……………………… 750
| 4.2.4 MPEG-2 ……………………… 750
| 4.2.5 MPEG-4 オーディオ ………… 751
| 4.2.6 MPEG-4 オーディオの拡張の

　　　　概要·················751
　4.2.7　時空間情報を用いる処理··········751
　4.2.8　ロスレス符号化·················753
　4.2.9　今後のMPEG標準················754

5　マルチメディア多重化標準

5.1　AVシステム用フレーム構成
　　　（H.221）·························756
5.2　マルチメディア通信用多重化プロトコル
　　　（H.223）·························757
5.3　AV同期方式（MPEGシステム）······758

6　その他の標準

6.1　OSI基本参照モデル················762
6.2　ファクシミリ関連標準··············764
　6.2.1　G3ファクシミリ················764
　6.2.2　G4ファクシミリ················767
　6.2.3　インターネットファクシミリ····769
　6.2.4　カラーファクシミリ············771
6.3　画像関連機器標準··················774
　6.3.1　ディジタル写真・色符号化標準
　　　　（TC42）························774
　6.3.2　AV・マルチメディア機器標準
　　　　（TC100）·······················776
　6.3.3　オフィス機器標準（SC28）········779
6.4　CG・画像処理標準（SC24）··········781
　6.4.1　概要·························781
　6.4.2　初期の成果—自主開発規格·······782
　6.4.3　最近の成果—デファクト規格の
　　　　採用··························782
　6.4.4　作業中項目—グラフィクス
　　　　関係··························783
　6.4.5　作業中項目—環境表現関係·······783
6.5　文書の処理と記述の言語規格
　　　（SC34）··························784
　6.5.1　SGMLとそこから派生した
　　　　言語··························784
　6.5.2　DSSSL··························786
　6.5.3　フォント情報交換···············787
6.6　印刷技術・データ交換フォーマット
　　　標準（TC130）······················787
　6.6.1　色管理ツールの標準化···········787
　6.6.2　印刷関連標準フォーマットの
　　　　動向··························789
6.7　セキュリティ標準··················792
　6.7.1　認証・ディジタル署名
　　　　（SC27）························792
　6.7.2　バイオメトリクス（SC37）········794

第VI編
装置編

1 入力系

1.1 ディジタルカメラ …………… 800
- 1.1.1 はじめに …………… 800
- 1.1.2 ディジタルカメラの構成 …… 801
- 1.1.3 コンポーネント …………… 801
- 1.1.4 機能 …………… 804
- 1.1.5 規格関連 …………… 805
- 1.1.6 おわりに …………… 806

1.2 スキャナ …………… 807
- 1.2.1 はじめに …………… 807
- 1.2.2 各種スキャナの構成と動作原理 …………… 808
- 1.2.3 信号・画像処理系の構成 …… 808
- 1.2.4 応用・課題 …………… 811
- 1.2.5 今後の展望 …………… 811

2 表示系

2.1 液晶ディスプレイ …………… 813
- 2.1.1 はじめに …………… 813
- 2.1.2 LCDの種類 …………… 813
- 2.1.3 液晶動作の基本原理 …………… 816
- 2.1.4 LCDの駆動 …………… 817
- 2.1.5 信号・画像処理 …………… 817
- 2.1.6 TV用LCDの画質改善技術 …… 818
- 2.1.7 今後の展望 …………… 820

2.2 プラズマディスプレイ（PDP） …… 820
- 2.2.1 PDPの成り立ちと特徴 …………… 820
- 2.2.2 PDPの構造と表示原理 …………… 821
- 2.2.3 PDPにおける画像表示の特徴 …… 822
- 2.2.4 PDPにおける画像・信号処理 …… 824

2.3 FED …………… 827
- 2.3.1 はじめに …………… 827
- 2.3.2 FEDの動作原理 …………… 827
- 2.3.3 スピント型FED …………… 828
- 2.3.4 CNT型FED …………… 829
- 2.3.5 表面伝導型エミッタディスプレイ（SED） …………… 830
- 2.3.6 ホットエレクトロン電子源を用いたFED …………… 831
- 2.3.7 おわりに …………… 831

2.4 有機ELディスプレイ …………… 831
- 2.4.1 はじめに …………… 831
- 2.4.2 素子構造と動作機構 …………… 832
- 2.4.3 有機ELディスプレイ …………… 833
- 2.4.4 発光効率の改善 …………… 835
- 2.4.5 おわりに …………… 836

2.5 プロジェクタ …………… 836
- 2.5.1 プロジェクタ技術の概要 …………… 836
- 2.5.2 投写型ディスプレイデバイス …… 837
- 2.5.3 照明・投写光学系 …………… 839
- 2.5.4 主要動向 …………… 840

2.6 立体ディスプレイ …………… 841
- 2.6.1 両眼視差方式 …………… 841
- 2.6.2 断層面再生方式 …………… 843
- 2.6.3 空間像表示方式 …………… 844
- 2.6.4 まとめ …………… 847

3 記録系

- 3.1 レーザービームプリンタ …… 851
  - 3.1.1 はじめに …… 851
  - 3.1.2 全体システムの各種方式 …… 852
  - 3.1.3 各プロセス別の技術的特徴 …… 853
  - 3.1.4 まとめと今後の展望 …… 856
- 3.2 インクジェットプリンタ …… 856
  - 3.2.1 ヘッド技術 …… 857
  - 3.2.2 インク技術 …… 860
  - 3.2.3 今後のインクジェット …… 862
- 3.3 サーマルプリンタ …… 862
  - 3.3.1 はじめに …… 862
  - 3.3.2 サーマルプリンタの基本構成 …… 863
  - 3.3.3 サーマルヘッドの構成 …… 864
  - 3.3.4 サーマルプリンタのむら補正 …… 866
  - 3.3.5 サーマルプリンタの画像処理 …… 868
  - 3.3.6 おわりに …… 869

4 通信・蓄積系

- 4.1 DVDレコーダ …… 871
  - 4.1.1 DVDの概要 …… 871
  - 4.1.2 Video Recording 規格のコンセプト …… 873
  - 4.1.3 DVDレコーダの信号・画像処理 …… 874
  - 4.1.4 DVDレコーダの特徴と将来展望 …… 875
- 4.2 光ディスク …… 876
  - 4.2.1 光ディスクの変遷と特徴 …… 876
  - 4.2.2 光ディスクの種類 …… 876
  - 4.2.3 光ディスクの原理 …… 877
  - 4.2.4 光ディスクでの信号処理 …… 879
  - 4.2.5 今後の展望 …… 882
- 4.3 ファクシミリ …… 882
  - 4.3.1 はじめに …… 882
  - 4.3.2 装置構成 …… 883
  - 4.3.3 ファクシミリ四半世紀の変遷 …… 883
  - 4.3.4 現状と課題 …… 887
  - 4.3.5 今後の展望 …… 888
- 4.4 カーナビゲーション …… 888
  - 4.4.1 はじめに …… 888
  - 4.4.2 カーナビゲーションの構成技術 …… 889
  - 4.4.3 カーナビゲーションのグラフィック技術 …… 891
  - 4.4.4 カーナビゲーションへの応用技術 …… 893
  - 4.4.5 カーナビゲーションの今後の展望 …… 894
- 4.5 ネットワークカメラ …… 895
  - 4.5.1 ネットワークカメラの技術背景 …… 895
  - 4.5.2 構成とメカニズムの概略 …… 895
  - 4.5.3 光学系 …… 896
  - 4.5.4 撮像素子 …… 897
  - 4.5.5 ディジタル映像信号 …… 898
  - 4.5.6 画像圧縮技術 …… 898
  - 4.5.7 ネットワーク …… 899
  - 4.5.8 ネットワークカメラのアプリケーション …… 901
  - 4.5.9 まとめ …… 902

資料編

1 標準化機関と組織

1.1 国際電気通信連合（ITU）⋯⋯⋯⋯906
  1.1.1 ITU-T 概要⋯⋯⋯⋯⋯⋯⋯⋯906
  1.1.2 ITU-T での変革⋯⋯⋯⋯⋯⋯907
1.2 国際標準化機構（ISO）⋯⋯⋯⋯⋯908
  1.2.1 概要⋯⋯⋯⋯⋯⋯⋯⋯⋯⋯⋯908
  1.2.2 標準化作業⋯⋯⋯⋯⋯⋯⋯⋯909
1.3 国際電気標準会議（IEC）⋯⋯⋯⋯909
1.4 ISO/IEC 合同技術委員会（ISO/IEC JTC 1）⋯⋯⋯⋯⋯⋯909
1.5 地域・国内標準化⋯⋯⋯⋯⋯⋯⋯909
  1.5.1 GSC（Global Standards Collaboration）⋯⋯⋯⋯⋯⋯910
  1.5.2 欧州の標準化機関⋯⋯⋯⋯⋯910
  1.5.3 欧州電気通信標準協会（ETSI）⋯⋯⋯⋯⋯⋯⋯⋯910
  1.5.4 アメリカ合衆国の標準化機関⋯911

2 各分野の組織・取り組み

2.1 ビジュアルコンピューティングにおける取り組み⋯⋯⋯⋯⋯⋯⋯913
  2.1.1 はじめに⋯⋯⋯⋯⋯⋯⋯⋯⋯913
  2.1.2 画像電子学会 VC 委員会の活動⋯⋯⋯⋯⋯⋯⋯⋯⋯⋯913
  2.1.3 国内におけるビジュアルコンピューティングの活動⋯⋯914
  2.1.4 国外におけるビジュアルコンピューティングの活動⋯⋯914
2.2 モバイル・ユビキタスにおける取り組み⋯⋯⋯⋯⋯⋯⋯⋯⋯914
  2.2.1 モバイル分野⋯⋯⋯⋯⋯⋯⋯914
  2.2.2 ユビキタス分野⋯⋯⋯⋯⋯⋯916
2.3 ヒューマンインタラクションにおける取り組み⋯⋯⋯⋯⋯⋯⋯917
  2.3.1 学会活動⋯⋯⋯⋯⋯⋯⋯⋯⋯917
  2.3.2 標準化活動⋯⋯⋯⋯⋯⋯⋯⋯918
2.4 記述言語における取り組み⋯⋯⋯918
  2.4.1 WG1⋯⋯⋯⋯⋯⋯⋯⋯⋯⋯⋯919
  2.4.2 WG2⋯⋯⋯⋯⋯⋯⋯⋯⋯⋯⋯919
  2.4.3 WG3⋯⋯⋯⋯⋯⋯⋯⋯⋯⋯⋯920
2.5 情報セキュリティにおける取り組み⋯⋯⋯⋯⋯⋯⋯⋯⋯⋯920

3 画像電子情報年表

⋯⋯⋯⋯923

4 文字・活字

4.1 文字の大きさ⋯⋯⋯⋯⋯⋯⋯⋯⋯931
4.2 漢字の出現頻度⋯⋯⋯⋯⋯⋯⋯⋯933

4.3　新聞における画像部の比率…………933

5　テストチャート，テストデータ

5.1　画像電子学会……………………934
5.2　日本画像学会……………………934
5.3　ISO化・JIS化されたテストチャート，テストデータ……………………937
5.4　ITUのテストチャート……………938

6　バーチャルファクシミリ歴史館

6.1　設立目的・経緯…………………939
6.2　歴史館の構成……………………939
　　6.2.1　基本方針…………………939
6.2.2　基本設計…………………939
6.2.3　提供情報…………………939
6.3　今後の計画………………………940

索引……………………………………941
付録「全文収録CD-ROM」について………972

第Ⅰ編
基礎編

1 画像情報論

1.1 画像情報

1.1.1 画像の定義

広い意味では視覚を通して人に入る情報のすべてを画像とよぶこともできるが，通常は，実世界から直接視覚に入るものではなく，「何らかの技術的な手段によって2次元または3次元的に表示される視覚情報」を画像とよんでいる。画像は実在するものを撮像して表示したり，実在しないものを人工的に生成し表示したりすることによって得られる。

実世界に存在する対象物は，一般に3次元空間内で時間的に変化する4次元情報である。しかし，画像ではこれをそのまま表示することはせず，投影して次元を減らしたり，色や階調，解像度などを適切に設定して表示することが多い。画像は表示する対象や撮影・表示条件によって，以下のようないろいろな種類に分けられる。

(1) 対象による分類
①実在画像，非実在画像

表示する対象が実世界に存在するものが実在画像（real image），存在しないものが非実在画像（virtual image）である。非実在画像にはコンピュータによってつくり出されるコンピュータグラフィクス画像や，物理法則や化学法則にのっとったシミュレーションによって得られる画像などがある。

②可視画像，不可視画像

対象物が目に見えるものである場合を可視画像（visible image）という。これに対して，本来は目に見えないものを見えるように変換して表示したものを不可視画像（invisible image）という。たとえば，可視領域以外の波長に対して感度をもつ検出器によって得られるデータを可視光に変換して表示した画像は不可視画像であり，リモートセンシングなどで用いられる。

(2) 撮影・表示条件による分類
①3次元画像，2次元画像

対象物の3次元的な情報を含むものが3次元画像（three-dimensional image）または立体画像，これを平面に投影して奥行き情報を含まない2次元情報にしたものが2次元画像（two-dimensional image）である。3次元画像の撮影，表示には多眼カメラ，偏光眼鏡，レンチキュラーレンズ，パララックスバリア，ホログラムなどが必要となる。近年のディスプレイ技術の進歩により，3次元画像をより自然に観察できるようになってきた。

②多視点画像，自由視点画像

複数の離散視点で，同一時刻に同一箇所を撮影した画像を多視点画像（multi-view image）という。多視点画像を補間すれば，連続視点で同一時刻に同一箇所を撮影した画像を自由視点画像（free viewpoint image）が得られる。自由視点画像は光線空間などによって表現される。

③静止画像，動画像

時間的に変化しない画像を静止画または静止画像（still picture），時間的に変化する動きをもった画像を動画または動画像（moving picture）という。写真，印刷物，ハードコピーは2次元静止画像，また，テレビ画像は2次元動画像である。少しずつ異なった静止画像を短い時間間隔（たとえば1/60秒）ごとに表示すると，人間には連続した動きと感じられ，動画像となる。

④白黒画像，カラー画像

明暗の情報しかもたない画像を白黒画像（monochrome picture）または濃淡画像，色の情報をもつ画像をカラー画像（color picture）という。カラー画像は3つの濃淡画像からなる

多重画像であると考えることもできる。

⑤ 2値画像，中間調画像，自然階調画像

画像は階調（tone）の大小によって，2値画像，中間調画像，自然階調画像に分けられる。2値画像は白と黒の2階調しかもたない画像であり，コピー，ファクシミリなどがある。自然な連続した階調の画像（自然階調画像または連続階調画像）を得るには256階調程度以上が必要である。2値画像と自然階調画像の中間の階調をもつ画像を中間調画像という。

⑥ 高解像度画像，低解像度画像

画像が表現できる細かさの程度を示すものが解像度（resolution）である。用途によっていろいろな解像度の画像がある。たとえば，医用画像，スーパーハイビジョン，ハイビジョン，標準テレビ，テレビ電話ではいずれも解像度が異なり，前者ほど解像度が高い。

1.1.2 画像情報の性質

(1) 画像の表現

時刻 t，位置 (x, y) における (θ, ϕ) 方向の光の強度を f とすると，3次元動画像は，

$$f(x, y, t ; \theta, \phi)$$

と表わされる。ここで，角度 θ（$-\pi \leq \theta < \pi$）は水平方向の視差，角度 ϕ（$-\pi/2 \leq \theta < \pi/2$）は垂直方向の視差を表わす。水平方向の視差のみをもつ3次元動画像は $f(x, y, t ; \theta)$ と表わされる。また，2次元動画像は (x, y, t)，2次元静止画像は $f(x, y)$ と表わされる。

色は光のスペクトルによって表わされるが，人間はスペクトルそのものではなく，スペクトルの特徴を表わす3つの値，すなわち赤，緑，青の3原色だけで色を知覚している。このため，カラー画像は赤，緑，青の3原色の信号 R，G，B によって表わされる。

カラー画像の表現方法には，R，G，B のほかに輝度信号（luminance signal）Y と2つの色差信号（color difference signal）C_1，C_2 で表わす方法もある。輝度信号 Y は明るさを表わすものであり，R，G，B 信号と，

$$Y = 0.30R + 0.59G + 0.11B \qquad (1.1)$$

の関係がある。色差信号 C_1，C_2 は，色の種類（色相）と鮮やかさ（色彩）を表わす。C_1，C_2 には C_R（$= R - Y$），C_B（$= B - Y$）のほか，NTSC方式カラーテレビで用いられる I，Q などがある。$I = 0.60R - 0.28G - 0.32B$，$Q = 0.21R - 0.52G + 0.31B$ である。色のない部分では，$R = G = B = Y$，$C_1 = C_2 = 0$ となり，画像は輝度信号 Y のみで表わされる。

(2) 画像の空間周波数表現

時間的に変化する信号は，いろいろな周波数の波の集まりとして表わされる。どの周波数成分がどのくらい含まれているかを示すものが周波数スペクトルである。信号 $g(t)$ の周波数スペクトルを $G(f)$ とすると，$g(t)$ と $G(f)$ のあいだには，

$$G(f) = \int_{-\infty}^{\infty} g(t) e^{-j2\pi ft} dt \qquad (1.2)$$

$$g(t) = \int_{-\infty}^{\infty} G(f) e^{j2\pi ft} df \qquad (1.3)$$

の関係が成り立つ。式（1.2）がフーリエ変換（Fourier transform），式（1.3）が逆フーリエ変換（inverse Fourier transform）である。$G(f)$ は $g(t)$ に含まれる周波数 f の波の大きさ（複素振幅）を表わす。

場所 x の関数として表わされた1次元信号 $g(x)$ についても，フーリエ変換，逆フーリエ変換を式（1.2），（1.3）と同様に定義することができる。式（1.2），（1.3）中の f に相当するものを μ と書けば，

$$G(\mu) = \int_{-\infty}^{\infty} g(x) e^{-j2\pi\mu x} dx \qquad (1.4)$$

$$g(x) = \int_{-\infty}^{\infty} G(\mu) e^{j2\pi\mu x} d\mu \qquad (1.5)$$

となる。このとき，μ は単位長さあたりの波の数を表わしている。この μ を空間周波数（spatial frequency）という。空間周波数は信号波形の空間的な細かさを表わす。

2次元画像信号を $g(x, y)$ とする。$g(x, y)$ は，R，G，B や Y，C_1，C_2 などの信号の1つである。このような2次元信号については，以下の式（1.6），（1.7）で表わされる2次元フーリエ変換，2次元逆フーリエ変換が成り立つ。

$$G(\mu, \nu) = \int_{-\infty}^{\infty} \int_{-\infty}^{\infty} g(x, y) e^{-j2\pi(\mu x + \nu y)} dx dy$$

$$(1.6)$$

$$g(x,y) = \int_{-\infty}^{\infty}\int_{-\infty}^{\infty} G(\mu,\nu) e^{j2\pi(\mu x+\nu y)} d\mu d\nu \qquad (1.7)$$

ここで，$e^{j2\pi(\mu x+\nu y)} = e^{j2\pi\mu x}e^{j2\pi\nu y}$ は，X方向（水平方向）にはμの細かさをもち，Y方向（垂直方向）にはνの細かさをもつ波（2次元正弦波パターン）を表わす．μを水平空間周波数，νを垂直空間周波数といい，両者のペア(μ,ν)を2次元空間周波数という．

式（1.7）は，$g(x,y)$ が $G(\mu,\nu)$ の複素振幅をもったいろいろな2次元正弦波パターンの集まりとして表わされることを示している．(μ,ν) はこの2次元正弦波パターンの方向と細かさを示す．すなわち，(μ,ν) を空間ベクトルと考えたとき，ベクトルの方向が正弦波パターンの変化が最も細かい方向を示し，ベクトルの大きさ $\sqrt{\mu^2+\nu^2}$ がその方向の空間周波数を示す．たとえば，$\mu=\nu=0$ なら平坦パターン，$\mu\neq 0$，$\nu=0$ なら縦じまパターン，$\mu=0$，$\nu\neq 0$ なら横じまパターン，$\mu\neq 0$，$\nu\neq 0$ なら斜めじまパターンを表わす．

(3) 自己相関関数と電力スペクトル密度

画像信号の統計的性質の表現法として，空間領域における自己相関関数（autocorrelation function）や空間周波数領域における電力スペクトル密度（power spectral density）がある．

画像の最小画素間隔は最も細かな変化や急峻な変化を表現できるように定められている．ところが，そのような変化が画像の中に現われる頻度は少なく，通常は隣接画素の値はよく似ている．このようなとき，隣接画素のあいだには強い相関があるという．

画素間の2次元的な相関の程度を量的に表わす2次元自己相関関数 $\phi(\xi,\eta)$ は，式（1.8）のように定義される．

$$\phi(\xi,\eta) = \overline{g(x+\xi,y+\eta)g(x,y)} \qquad (1.8)$$

ここで，上線（バー）は平均値を示す．なお，自己相関関数を求めるとき，直流分を差し引いた2次元画像信号を $g(x,y)$ とすることもある．式（1.8）より $\phi(0,0) = \overline{g(x,y)^2}$ となるから，$\phi(0,0)$ は画像信号の平均電力に等しい．式（1.8）を $\phi(0,0)$ で規格化した $\phi(\xi,\eta)/\phi(0,0)$ を，水平方向に ξ，垂直方向に η だけ離れた画素間の相関係数（correlation coefficient）という．この値が1に近いほど相関性は高い．極端な場合，もし ξ，η だけ離れた画素がいつも同じ値であれば，$g(X+\xi,Y+\eta) = g(X,Y)$ であるから，$\phi(\xi,\eta)/\phi(0,0) = 1$ となる．

自己相関関数は空間領域における画像の性質を表わしている．これに対して，電力スペクトル密度（以下では単に電力スペクトルとよぶ）は空間周波数領域における画像の性質を表わす．画像の2次元電力スペクトル $\Phi(\mu,\nu)$ は次のように定義される．

$$\Phi(\mu,\nu) = \lim_{X,Y\to\infty} \frac{1}{XY}\overline{|G_{XY}(\mu,\nu)|^2} \quad (1.9)$$

ここで，$G_{XY}(\mu,\nu)$ は大きさが X，Y の画像 $g(X,Y)$ の2次元フーリエ変換であり，上線（バー）は平均値を示す．$\phi(\mu,\nu)$ は，画像 $g(X,Y)$ が含んでいる2次元周波数 (μ,ν) の成分の平均エネルギー密度（電力密度）を表わしている．したがって，これを μ，ν のすべての範囲で積分した $\int_{-\infty}^{\infty}\int_{-\infty}^{\infty}\Phi(\mu,\nu)d\mu d\nu$ は，画像信号の平均電力 $\overline{g(x,y)^2}$ に等しい．

2次元自己相関関数 $\phi(\xi,\eta)$ と2次元電力スペクトル $\Phi(\mu,\nu)$ はたがいにフーリエ変換，逆フーリエ変換の関係にある．すなわち，

$$\Phi(\mu,\nu) = \int_{-\infty}^{\infty}\int_{-\infty}^{\infty} \phi(\xi,\eta) e^{-j2\pi(\mu\xi+\nu\eta)} dxdy \qquad (1.10)$$

$$\phi(\xi,\eta) = \int_{-\infty}^{\infty}\int_{-\infty}^{\infty} \Phi(\mu,\nu) e^{j2\pi(\mu\xi+\nu\eta)} d\mu d\nu \qquad (1.11)$$

が成り立つ．これをウィーナー-ヒンチン（Wiener-Khintchine）の定理という．このように，自己相関関数と電力スペクトルは一対一の対応関係にあるため，一方が与えられると他方は自動的に決まってしまう．

1次元の自己相関関数 $\phi(\xi)$ と電力スペクトル $\Phi(\mu)$ の関係を図1.1に示す．ここでは $\phi(0)=1$ とし，$\phi(\xi)$ が距離 ξ とともに指数関数的に減少すると仮定した．(a) が自己相関関数 $\phi(\xi)$ で，パラメータ ρ は隣接画素間の相関係数である．(b) は (a) の各場合の電力スペクトル $\Phi(\mu)$ である．横軸の空間周波数は標本

(a) 自己相関関数

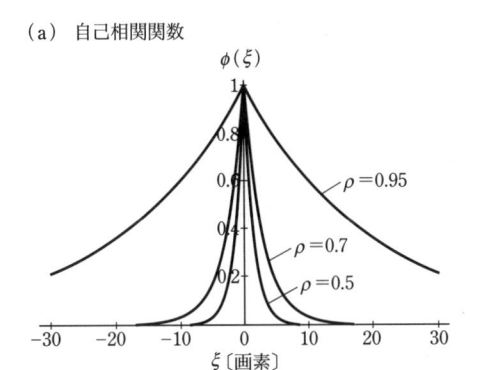

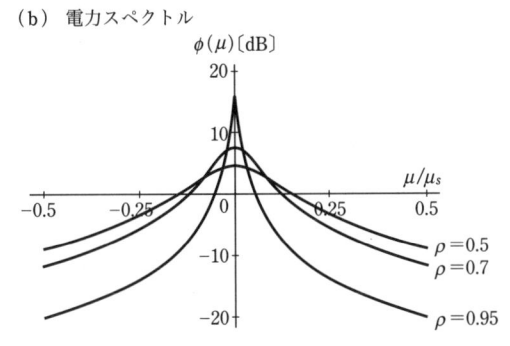

図1.1 自己相関関数と電力スペクトルの関係[1]

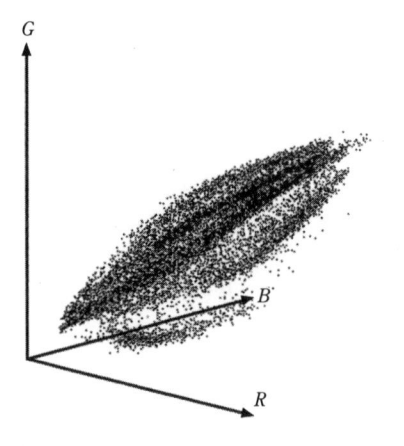

(b) 電力スペクトル

図1.2 R, G, B の発生頻度分布（画像：Zelda）[1]

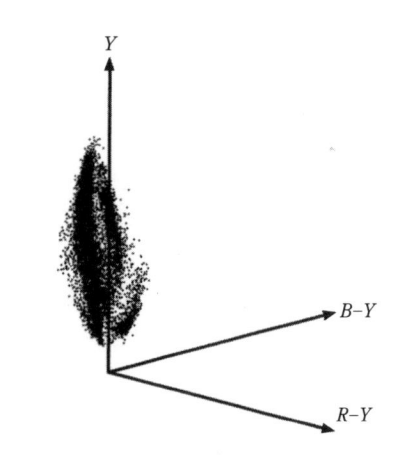

図1.3 $Y, R-Y, B-Y$ の発生頻度分布（画像：Zelda）[1]

化周波数 μ_s で規格化されている。ρ が同じグラフを見ると，自己相関関数の形が広がれば電力スペクトルの形は鋭くなることがわかる。すなわち，画素の相関が大きいときにはスペクトルの高周波成分は少なく，逆に高周波成分が多い場合には相関は小さい。このことは，2次元の場合にも成り立つ。実際の画像信号では，ρ は1に近い値をもつ。

（4）画像の統計的性質

ここでは，自然階調画像の統計的性質について述べる。まず，カラー画像を表わす R, G, B 信号と $Y, R-Y, B-Y$ 信号の発生頻度分布を示す。図1.2は R, G, B を座標軸とする3次元空間に，R, G, B の発生頻度を濃淡分布として表示したものである。すなわち，よく発生する R, G, B の組合せは濃く，まれにしか発生しない組合せは薄く表わされている。図1.2より，R, G, B 各信号はいずれも広い範囲の値をとるが，3次元空間で見れば，ある斜めの方向を中心として分布が広がっていることがわかる。

図1.3は，図1.2と同じ画像について，$Y, R-Y, B-Y$ の発生頻度分布を濃淡表示したも

のである。発生頻度が Y 軸に沿って分布し，$R-Y, B-Y$ は0近傍の比較的せまい範囲に集まっている。R, G, B よりも $Y, R-Y, B-Y$ のほうが分布の広がりがせまいため，情報圧縮に有利である。

図1.4（a）～（c）はそれぞれ，$Y, R-Y, B-Y$ の2次元自己相関関数 $\phi(\xi, \eta)$ を3次元表示したものである。水平面内の2つの軸は，水平，

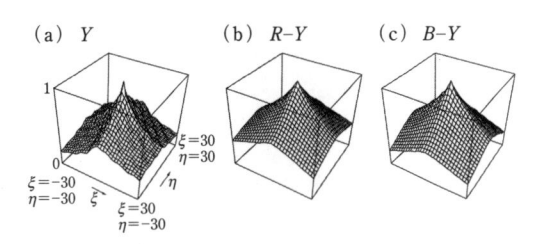

(a) Y　　(b) $R-Y$　　(c) $B-Y$

図1.4 2次元自己相関関数（画像：Barbara）[1]

垂直方向の距離 ξ, η で，いずれも $-30 \sim +30$ 画素の範囲を表示している。縦軸は規格化された自己相関関数で，いちばん上が1，いちばん下が0である。相関は画素間の距離 ξ, η が0に近いほど大きく，距離が離れるに従って指数関数的に減少する。斜め方向よりも水平，垂直方向の相関が大きい。また，相関の減少の仕方は，Y よりも $R-Y$, $B-Y$ のほうがゆるやかである。この例では，水平方向の隣接画素間の相関係数は，Y では 0.90，$R-Y$ では 0.97，$B-Y$ では 0.96 である。

図 1.5 (a)〜(c) はそれぞれ，図 1.4 と同じ画像の Y, $R-Y$, $B-Y$ の2次元電力スペクトル $\Phi(\mu, \nu)$ である。水平面内の2つの軸は，水平，垂直方向の空間周波数 μ, ν で，正負両側ともに標本化周波数 μ_s, ν_s の半分までを表示している。縦軸は電力スペクトルを dB で表わしたものであり，いちばん上を 0 dB とすると，いちばん下は -150 dB である。Y, $R-Y$, $B-Y$ のいずれも $\mu=\nu=0$ にピークをもち，低周波成分が多く高周波成分は非常に少ない。また，$R-Y$, $B-Y$ のピークは Y に比べて約 20 dB 小さい。

図 1.6 は，0 から 255 までの範囲で表わされた Y 信号の振幅分布である。Y 信号の振幅は広い範囲にわたって分布している。同じ画像について，水平方向の隣り合った画素間の差信号をつくると，その振幅分布は図 1.7 のようになる。差信号の値は 0 近傍のせまい範囲に集中し，その分布は原点を中心として左右対称な指数関数形となっている。

一般に，差信号 ε の振幅分布 $p(\varepsilon)$ は式 (1.12) に示すラプラス分布（Laplace distribution）でよく近似できる。

$$p(\varepsilon) = \frac{1}{\sqrt{2}} \exp\left(-\frac{\sqrt{2}}{\sigma_\varepsilon}|\varepsilon|\right) \qquad (1.12)$$

ここで，σ_ε は ε の標準偏差であり，分布の広がりの程度を表わす。σ_ε の値は画像ごとに異なる。このように，振幅分布に大きな偏りがあることを利用すると，差信号を原信号より少ない情報量で表現できる。

ここで述べた性質は平均的な画像の性質である。実際には，画像の性質は画像ごとに，また1枚の画像内でも場所によって異なる。このような画像の非定常的な性質も重要である。

1.1.3 画像の情報理論
(1) 情報量

生起確率が等しい二者択一の事象があるとき，そのいずれであるかを伝える通報によって受け取る情報量を1ビットと定義する。このとき，生起確率が等しい四者択一のいずれであるかを伝える通報によって受け取る情報量は2ビ

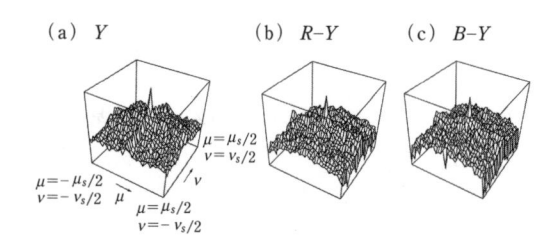

図 1.5　2次元空間電力スペクトル（画像：Barbara）[1]

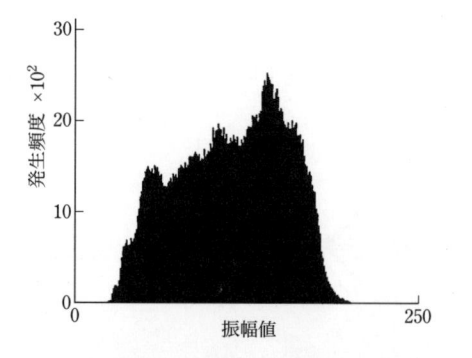

図 1.6　Y 信号の振幅分布（画像：Zelda）[1]

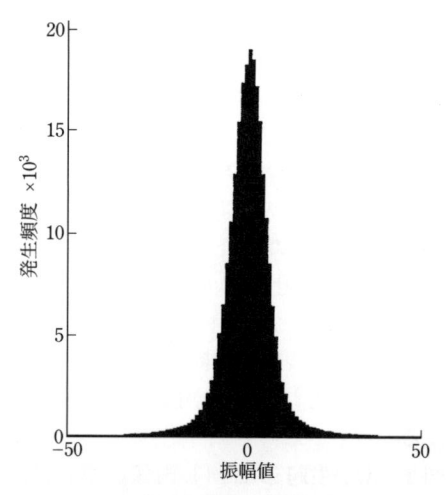

図 1.7　Y の差信号の振幅分布（画像：Zelda）[1]

ットとなる。なぜなら，二者択一の通報を2回行なえば，四者択一となるからである。同様に，二者択一の通報を3回行なえば八者択一となるから，生起確率が等しい八者択一のいずれであるかを伝える通報によって受け取る情報量は3ビットとなる。生起確率が等しい八者択一の事象の生起確率は1/8であり，通報によって受け取る情報量は生起確率から，

$$\log_2 \frac{1}{(1/8)} = -\log_2(1/8) = 3 \quad (1.13)$$

として求められる。

このことを一般化し，事象 b の生起確率が $P(b)$ のとき，b であることの通報を受けるときに得る情報量を，

$$I(b) = \log_2 \frac{1}{P(b)} = -\log_2 P(b) \quad (1.14)$$

と定義する。これを事象 b の情報量（自己情報量）という。単位は bit である。

(2) エントロピー

n 個の事象 $b_1, b_2, \cdots, b_n$ からなる事象系 Y があり，各事象の生起確率がそれぞれ $P(b_1)$, $P(b_2), \cdots, P(b_n)$ であるとする。このとき，各事象の情報量は式（1.14）で与えられるが，その期待値，すなわち平均情報量は，

$$H(Y) = -\sum_{j=1}^{n} P(b_j) \log_2 P(b_j) \quad (1.15)$$

となる。$H(Y)$ を Y のエントロピー（entropy）という。n 個の事象のエントロピーは，事象の生起確率がすべて等しいときに最大値 $\log_2 n$ をとり，生起確率に偏りがあると小さくなる。

次に，事象 $a_1, a_2, \cdots, a_m$ からなる事象系 X と，事象 $b_1, b_2, \cdots, b_n$ からなる事象系 Y があり，a_i が生起したあとの b_j の生起確率（条件付き確率）を $P(b_j|a_i)$, a_i と b_j が同時に生起する確率（結合確率）を $P(a_i, b_j)$ とする。このとき，

$$H(Y|X) = -\sum_{i=1}^{m} \sum_{j=1}^{n} P(a_i, b_j) \log_2 P(b_j|a_i) \quad (1.16)$$

を X が生起したときの Y の条件付きエントロピーという。$H(Y|X)$ は X を知ったあとで Y がなお持っている情報量である。

また，X が生起したときに得る Y の情報量，すなわち X を知ることによって得られる Y の情報量を，X と Y の平均相互情報量という。平均相互情報量 $I(X;Y)$ は，

$$I(X;Y) = \sum_{i=1}^{m} \sum_{j=1}^{n} P(a_i, b_j) \log_2 \frac{P(a_i, b_j)}{P(a_i)P(b_j)} \quad (1.17)$$

で与えられる。Y が生起したときに得る X の情報量も $I(X;Y)$ となる。$I(X;Y)$ は X と Y が共通にもっている情報量である。

これら $H(Y)$, $H(Y|X)$, $H(X;Y)$ のあいだには，

$$H(Y) = H(Y|X) + I(X;Y) \quad (1.18)$$

の関係がある。

以上を基にして，白黒自然階調画像の情報量を考える。画像を構成する画素のうちの1つに着目し，その画素の値を事象系 Y, その左隣の画素の値を事象系 X とする。8ビットで量子化された画像の場合には，X の事象 $a_1, a_2, \cdots, a_m$ と Y の事象 $b_1, b_2, \cdots, b_n$ はいずれも 0, 1, 2, $\cdots$, 255 を表わす。Y のエントロピー $H(Y)$, X と Y の平均相互情報量 $I(X;Y)$, X が生起したときの Y の条件付きエントロピー $H(Y|X)$, および Y と X の差信号のエントロピー $H(Y-X)$ の例を表1.1に示す[2]。

$H(Y)$ は，画像を各画素を独立に見たときの情報量，$I(X;Y)$ は隣接する2画素が共通にもつ情報量，$H(Y|X)$ は左隣の画素値がわかっているときの右側の画素の情報量である。画素は8ビットで量子化されているが，画素の振幅分布は一様でなく量子化レベルの生起確率に偏りがあるため，$H(Y)$ は8ビットより小さい値となる。しかし，隣接画素には強い相関性が

表1.1 白黒画像のエントロピー（bit/画素）[2]

エントロピー 画像	$H(Y)$	$I(X;Y)$	$H(Y/X)$	$H(Y-X)$
Girl (512 × 512)	7.20	2.43	4.77	4.89
Girl (256 × 256)	7.18	2.50	4.68	4.91
Aerial (512 × 512)	6.79	1.34	5.45	6.11
Aerial (256 × 256)	7.16	1.28	5.88	6.36

あるため，共通の情報量 $I(X;Y)$ が存在する。これを $H(Y)$ から差し引いたものが $H(Y|X)$ であり，各画素を1つ1つ独立に取り扱う $H(Y)$ よりも 1.3〜2.5 ビット小さい値となっている。

$H(Y|X)$ は左隣の画素を参照して符号化を行なうときの符号量の下限を与える。左隣の画素を参照して符号化を行なう最も簡単な方法は，差信号 $Y-X$ を符号化することである。このときの符号量の下限が $H(Y-X)$ であり，表1.1からわかるように，$H(Y|X)$ にかなり近い値となっている。

もっと多くの近傍の画素を参照すればエントロピーはもう少し小さくなる。差信号エントロピーの考え方を拡張し，近傍の数画素から Y の値を予測し，予測値と実際の値との差（予測誤差）のエントロピーを求めると，差信号エントロピーよりも10%程度減少する。

画像情報のエントロピーは画像をどのように表現するか，すなわちどうモデル化するかに依存する。画像のモデルとして決定的なものはまだ見いだされていない。

(3) エントロピー符号化

エントロピーに近い情報量で画像を表現する手法がエントロピー符号化である。画像のもつ冗長性を削減し，少ない情報量で画像を表現することを画像の情報圧縮という。情報圧縮には可逆圧縮と非可逆圧縮がある。エントロピー符号化は可逆圧縮の代表的な手法である。

エントロピー符号化では，発生頻度の高いデータには短い符号を，低いデータには長い符号を割り当てる。エントロピー符号化にはハフマン符号化や算術符号化などがある。

エントロピー符号化で実現できる情報量は画像をひずみなく表現するために必要な情報量である。ところが，少しのひずみを許容することによって，表1.1よりもはるかに少ない情報量で画像を表現することができる。これが非可逆圧縮であり，予測符号化，変換符号化，ベクトル量子化などのさまざまな手法がある[1,3〜7]。

1.2 走査・標本化・量子化

1.2.1 走査 (scanning)

2次元あるいは3次元の情報である画像を伝送したり，ディジタル処理するため計算機のメモリに蓄えたりするには，1次元の信号に変換する必要がある。なぜなら，伝送信号は本質的に時間に関する1次元信号であり，また計算機のメモリもアドレスに関して1次元の蓄積形態をとるからである。このため，2次元あるいは3次元の画像情報を一定の順序で1次元の信号として取り出すこと，また逆に，1次元の信号を2次元あるいは3次元の画像情報に変換することが考えられている。この変換を画像の走査という。

画像の走査には，次のものがある。

(1) 順次走査 (progressive scanning)

2次元の画像に対しては，図1.8 (a) に示すように画面を等間隔の線分要素に分解し，これらの各線分に沿って左端から右端まで x 軸方向に一定の速度で画像情報を読み取る，あるいは

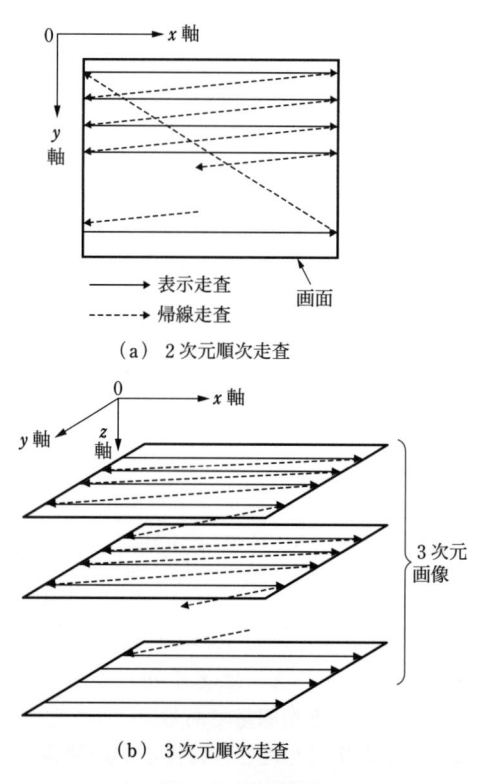

図1.8 順次走査

画面に画像情報を表示していく。これらの各線分を走査線とよぶ。1本の線分の走査が終了すると，再び画面の左端に戻る。この戻る走査を帰線走査とよぶ。次に，y 軸方向に 1 だけ座標値を増加させ，次の線分に沿って上記と同様の走査を行なう。

テレビジョンやファクシミリでは，通常，この順次走査が用いられる。テレビジョンでは，x 軸に沿った走査を水平走査，y 軸に沿って座標値を増加させることを垂直走査とよぶ。ファクシミリでは，前者を主走査，後者を副走査とよぶ。

3 次元の画像に対しては，図 1.8 (b) に示すように，1 枚の xy 平面の走査が終了すると，z 軸座標を 1 だけ増加させ，次の平面の走査を行なう。

(2) 飛び越し走査（interlace scanning）

図 1.9 に示すように，順次走査と同様画面を等間隔の線分に分割し，各走査線に沿って走査を行なうが，x 軸に沿った 1 本の走査線の走査が終了し，画面の左端に戻ったとき，次の y 座標の値を n（$n \geq 2$）だけ増加させて（$n-1$ 本の走査線を飛び越し），再び x 軸に沿って走査する方式で，飛び越された走査線は，y 座標値が画面の下端に達したとき，戻って来て走査を行なう方式である。

$n-1$（$n \geq 2$）本の走査線を飛び越す場合，$n:1$ の飛び越し走査という。また，一連の飛び越した走査線で構成される画面をフィールドとよび，すべての走査線で構成される画面全体をフレームとよぶ。すなわち，$n:1$ の飛び越し走査の場合，n フィールドで 1 フレームを構成することとなる。

2:1 の飛び越し走査において，画面の左上端から始まる走査線で構成される画面を奇数フィールドとよび，画面上端の中央に戻り走査する走査線で構成される画面を偶数フィールドとよぶ。

テレビジョンでは通常，2:1 の飛び越し走査が行なわれる。飛び越し走査することにより，最高画周波数（その画像信号が含む最高の周波数：画像信号の帯域）を上げることなく，対象画像の動きに対する追随性を改善するとともに，画面のちらつき（フリッカ）も軽減できる。

(3) レーダー走査（radar scanning）

レーダーなどの円形の画面に対する走査方式で，図 1.10 に示すように，半径方向に走査線をとり，その走査線を画面の中心まわりに回転させて画面を走査するものである。

(4) 扇状走査（radial scanning）

超音波診断装置などに用いられる扇状の画面に対する走査方式で，図 1.11 に示すように扇の要位置から半径方向に走査線をとり，その走査線を，要を中心に回転させて画面を走査するものである。

(5) ヒルベルト走査（Hilbert scanning）

画面全体を図 1.12 に示すような一定の順序

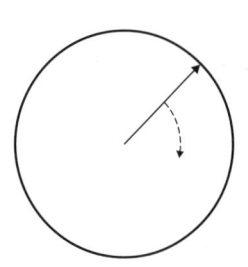

図 1.10　レーダー走査

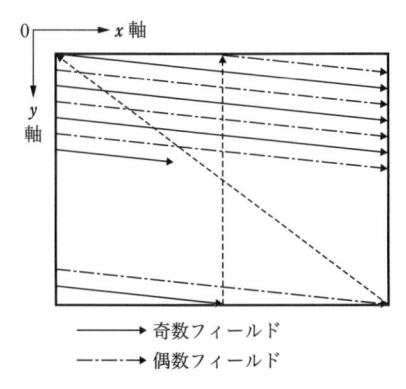

図 1.9　飛び越し走査（2:1）

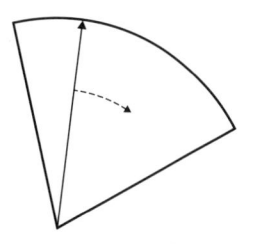

図 1.11　扇状走査

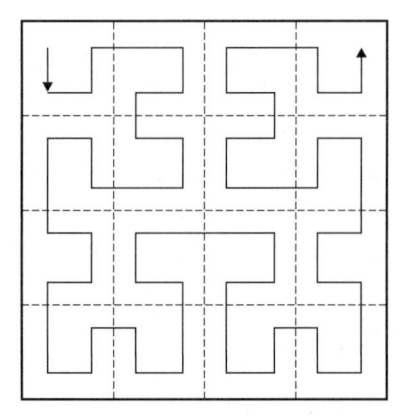

図 1.12　2次元ヒルベルト走査

に従って走査する方式である。

1.2.2　標本化 (sampling)

　一般に画像は時間的および空間的に連続した明るさや色で構成されている。しかし，連続量を表現するには無限のメモリ量が必要となるため，有限な量で符号化したり，有限なメモリの計算機で処理したりするには，画像を離散量で表現することが必要である。

　このため，連続量で表わされた情報から，ある定められた離散的な時間位置あるいは空間位置における値だけを取り出すことを標本化とよぶ。離散的な時間位置を取り出すことを時間軸の標本化といい，離散的な空間位置を取り出すことを空間軸の標本化という。また，このとき信号の値を取り出す離散位置を標本点とよぶ。

　図 1.13 (a) に示す 1 次元の連続信号の場合には，元の信号を図 1.13 (b) に示す，大きさが 1 で間隔が T のパルスで打ち抜く（元の信号との積をとる）こととなる（図 1.13 (c)）。2 次元の画像の場合には，図 1.14 (a) に示す 2 次元の連続曲面で表現される画像と，図 1.14 (b) に示す 2 次元座標の各格子点で定義された大きさが 1 の標本化パルスとの積をとることとなる（図 1.14 (c)）。

　標本化パルスの間隔の逆数を標本化周波数という。2 次元の場合は，周波数は x 軸方向と y 軸方向の 2 つの成分をもつこととなる。また，元の信号が含んでいる最も高い周波数を，その信号の最高周波数という。

　連続信号の最高周波数が f_m である場合，標本化パルスの周波数が $2f_m$ 以上であれば，標本化信号から元の信号を完全に復元できることが知られている。これを標本化定理という。$2f_m$ で標本化する時間間隔をナイキストレートという。

1.2.3　量子化 (quantization)

　一般に，連続信号はその大きさも連続的な値をとる。連続的な信号を有限な量で符号化したり，有限なメモリの計算機で処理したりするためには，信号の値を飛び飛びの有限な離散値にまるめて表現することが必要となる。

　このように，標本化によって得られた各標本点での信号の大きさを，あらかじめ定めた離散的な大きさ（量子化レベル）に近似して表現する操作を量子化という。このとき，標本点での信号の大きさと近似した量子化レベルとの差を量子化誤差という（図 1.15）。量子化レベル数を多くとれば，量子化レベルの間隔は小さくなり，各標本点での量子化誤差は小さくなるが，

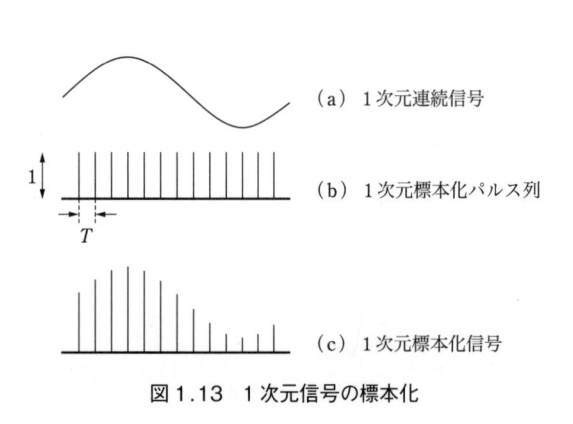

図 1.13　1 次元信号の標本化

図 1.14　2 次元画像の標本化

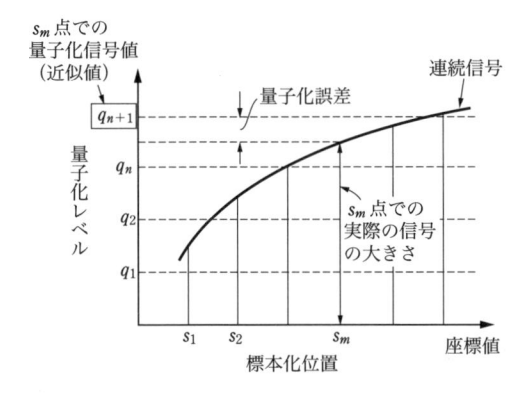

図1.15 連続信号の量子化

必要となるメモリ量および処理時間は大きくなる。

通常，量子化レベルの数は2のべき乗でとられ，自然な階調画像の表現では2の8乗（$2^8=256$）階調以上が必要とされている。この場合，各階調は2進数で8桁，すなわち8ビットで表現される。

このように，連続値で表わされた信号（アナログ信号）を離散値で表わす（ディジタル化する）には，標本化と量子化の2つの操作が必要である。

量子化方法のうち，量子化レベルの間隔が一様な量子化を線形量子化とよび，一様でない量子化を非線形量子化とよぶ。

量子化ステップ幅Δの線形量子化を行なった場合の量子化雑音の2乗平均値（量子化雑音電力）$\overline{q^2}$は，量子化レベル数が十分大きく，標本値が各量子化ステップ内で一様に分布するとみなせる場合には，ステップ内での平均値$\frac{\Delta}{2}$と信号値の差の2乗積分となるから，信号の振幅分布によらず一定で，次式で与えられる。

$$\overline{q^2}=\frac{\Delta^2}{12} \tag{1.19}$$

したがって，画像信号の最大値と最小値の差の2乗を信号電力Sとし，$\overline{q^2}$を雑音電力Nとする場合，デシベルで表現したS/N比は，画像信号をB(bit)で線形量子化するとき，次式で与えられる。

$$\frac{S}{N}=6B+10.8 \tag{1.20}$$

これに対して，振幅分布に特徴的な偏りがある信号を量子化する場合には，非線形量子化が有利となる。すなわち，発生頻度の高い部分は細かく量子化し，そうでない部分は粗く量子化することによって，同じ量子化レベル数で量子化雑音電力を小さくすることができる。

信号xが$x \sim \Delta x$のあいだの値をとる確率を$p(x)\Delta x$とするとき，$p(x)$をxの確率密度関数という。$p(x)$と量子化レベル数Lが与えられた場合に，量子化雑音電力が最小となるようなxの非線形量子化特性は次のようにして求められる[8]。

xの変動区域をL個の区間に分け，区間の境界を$d_0, d_1, \cdots, d_L (d_0<d_1<\cdots<d_L)$とし，各区間の量子化代表値を$r_0, r_1, \cdots, r_{L-1}$ $(r_0<r_1<\cdots<r_{L-1})$とする。このとき，量子化雑音電力が最小となるための条件は次式で与えられる。

$$\left. \begin{aligned} d_k &= \frac{r_{k-1}+r_k}{2} \quad (k=1, 2, \cdots, L-1) \\ r_{k-1} &= \frac{\int_{d_{k-1}}^{d_k} xp(x)dx}{\int_{d_{k-1}}^{d_k} p(x)dx} \\ & \qquad\qquad (k=1, 2, \cdots, L) \end{aligned} \right\} \tag{1.21}$$

適当な量子化代表値を初期値として与え，式(1.21)を収束するまでくり返し適用すれば，量子化雑音電力を最小とする非線形量子化特性が求められる。

この場合，量子化雑音電力$\overline{q^2}$は量子化レベル数Lが十分に大きければ，次式となる。

$$\overline{q^2}=\frac{1}{12L^2}\left[\int_{-\infty}^{\infty}\{P(x)\}^{1/3}dx\right]^3 \tag{1.22}$$

また，他の非線形量子化法として，人間の感覚は対数に比例する性質を利用した対数量子化法がある。すなわち，視覚や聴覚といった感覚においては，刺激値Sとその変化量ΔSおよびその変化に対する感覚の変化量ΔPのあいだには次の関係が成り立つといわれている（ウェーバーの法則）。

$$\Delta P = k\frac{\Delta S}{S} \tag{1.23}$$

ここで，kは比例定数である。

式(1.23)を積分すると，次式となる。

$$P = k \log S + C \tag{1.24}$$

そこで，対数量子化では，入力信号の大きさの対数に比例して，信号の小さい区間では量子化間隔を小さくし，信号の大きい区間で量子化間隔を大きくとる。これによって，人間の感覚に整合した量子化が行なえることとなる。

以上述べたような，標本点ごとに量子化を行なう方式をスカラー量子化という。これに対して，複数の標本点をひとまとめにしてベクトルとみなし量子化する方法をベクトル量子化という。ベクトル量子化では，あらかじめ定められた複数個の代表ベクトルの中から，入力標本点ベクトルに最も近い代表ベクトルを選択することによって量子化が行なわれる。

文献
1) 原島博ほか：『画像情報圧縮』，オーム社，1991.
2) 南　敏，中村　納：『画像工学』，コロナ社，1989.
3) 越智　宏，黒田英夫：『図解で分かる画像圧縮技術』，日本実業出版社，1999.
4) 藤原洋編：『マルチメディア情報圧縮』，共立出版，2000.
5) 酒井善則，吉田俊之：『映像情報符号化』，オーム社，2001.
6) 小野定康，村上篤道，浅井光太郎：『動画像の高能率符号化―MPEG-4とH.264―』，オーム社，2005.
7) 半谷精一郎，杉山賢二：『JPEG・MPEG完全理解』，コロナ社，2005.
8) J. Max：Quantization for Minimum Distortion, IRE Trans. Inf. Theory, IT-6, 3, p.7, 1976.3.

2 視知覚と色再現

2.1 視知覚特性

2.1.1 光覚
(1) 光覚の絶対閾値

人間の視覚がどのくらい弱い光を見ることができるか，これは視覚特性を考えるうえで最も基本的な事項である。これを調べるには，観察者に刺激光を呈示して，その光の強度をどれだけ弱くしても見えるかという光覚の絶対閾値（absolute threshold）を測定する。その際，刺激光の呈示・観察条件によって光覚閾値（ここでは光覚の絶対閾値を光覚閾値とよぶ）は大きく変化する。刺激光のおもな呈示・観察条件には次のようなものがある[1]。

①刺激光の視野位置（網膜上の位置）
②刺激光の大きさ
③刺激光の呈示持続時間
④刺激光の波長成分

光覚閾値の測定には上の①～④までの条件を統制して行なわなければならない。図2.1に刺激光の呈示法を示す。被験者は固視点を固視する。固視点には通常，刺激光と干渉しないように小点が使われる。刺激光の視野位置は固視点からの方位角 α と偏心角 θ により表現される。刺激光の大きさは直径 $\Delta\theta$ により表わされる。刺激光の呈示持続時間 D は光学系やモニタなど刺激光がつくられる装置によってコントロールされる。刺激光の波長成分も光覚閾値を決める主要因となるので，刺激光の波長成分は分光光度計などによって測定して正確に表記されなければならない。刺激光の周辺は暗黒である。

光覚閾値を測定するには，調整法，恒常法，極限法や階段法といった心理物理学的測定法を用いる。たとえば，調整法では，被験者が刺激光の強度を自分で調整して，テスト光がちょうど見える強度を求める。刺激光の強度が強ければテスト光ははっきりと見え，刺激光の強度が弱ければ刺激光は見えないので，テスト光がちょうど見える強度は必ず存在し，被験者はみずからこの強度を調整して決めることができる。また，階段法ではあらかじめ決められた刺激強度を被験者に呈示して，見えたという応答があれば刺激強度を1段下げ，見えないという応答があれば1段上げることを行なう。このように被験者の応答に合わせて刺激強度を変化させると，閾値近くの刺激が効率よく呈示できることになる。階段法には通常，コンピュータを用いて刺激光の呈示を制御する。光覚閾値がより小さいほど，より弱い強度の光が見えることになるので，感度はより高いということになる。そこで，光覚の感度は閾値の逆数で定義される。

(2) 暗順応曲線

私たちは通常明るい環境で活動し，そこでは視覚系は明順応（light adaptation）している。しかし，私たちが完全な暗室に入ると視覚系は徐々に暗順応（dark adaptation）していき，光覚閾値も徐々に小さくなっていく。これは視覚

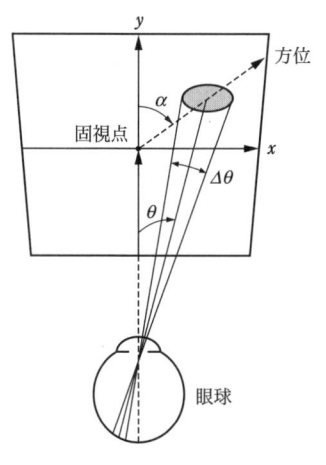

図2.1 刺激光の呈示法

系の感度が暗順応とともに徐々に増加していくためであり，約30分間暗黒中にいると私たちの視覚系は完全に暗順応して，光覚の感度が最大となる。

図2.2は光覚閾値の暗順応時間に伴う変化を示している[2]。この変化曲線を暗順応曲線（dark adaptation curve）とよぶ。実験では，被験者はまず，暗順応する前に非常に強い光に前順応する。図2.2の実験では，前順応光は輝度 $3×10^5$ cd/m^2 の光で，これが5分間呈示される。その後，前順応光が消され，完全な暗黒中で光覚閾値の測定が始まる。刺激光呈示条件は，曲線A：$\theta=8°$，$\varDelta\theta=2.7'$，曲線B：$\theta=0°$，$\varDelta\theta=2.7'$，曲線C：$\theta=8°$，$\varDelta\theta=7°$である。刺激光は被験者の左眼に呈示され，$\alpha=90°$である。$D=$連続呈示，刺激光は白色である。

図2.2では被験者2名の結果が示されている。まず，刺激光が網膜の中心（中心窩）に呈示された場合の光覚閾値の変化を示すのが曲線Bである。暗順応開始直後の約3分間で光覚閾値は急激に減少し，その後はゆっくりと変化して一定値に漸近していくことがわかる。中心窩の直径 2.7′ の範囲には視細胞の中の錐体（cone）しか存在していないので，この暗順応曲線は錐体の特性を示していることになる。

次に，曲線AとCでは偏心度が8°の網膜部位に刺激光が呈示される。この部位には視細胞中の桿体（rod）も存在するので，刺激光によって錐体と桿体の両方が刺激される。曲線Aでは，暗順応が始まると，閾値は曲線Bの場合と同様に3分間急激に減少するが，その後の変化は曲線Bの場合とは異なっている。閾値の減少は緩やかになるもののさらに続き，約30分を経て一定値に漸近している。このときの閾値の値は暗順応開始時の 2〜3 log ほど小さい値になっている。これは閾値が 100〜1000 分の1小さいこと，つまり暗黒中ではこの大きさ直径 2.7′ の刺激光に対して光覚感度が 100〜1000 倍ほど増大することを示している。

曲線Cでは，閾値減少の傾向は曲線Aの場合に類似しているが，約30分後の閾値の値ははじめの閾値に比べて 4 log ほど小さくなり，大きさ直径 7° の刺激光に対して感度が 10000 倍くらいに増大していることがわかる。

図2.2中の3本の暗順応曲線を比べると明らかなように，錐体のみの暗順応は約3分でほぼ完了するが（曲線B），桿体が存在する場合にはさらに暗順応が進み，暗順応完了までに約30分かかる（曲線A，C）。この変化のようすを一般化して図2.3に示す。

図2.3中の暗順応曲線のⅠ相が錐体によるもの，Ⅱ相が桿体によるものである。錐体には分光特性の異なったものが3種類あるが，暗順応特性に差はない。実際の実験では，刺激光の呈示条件によって最も感度の高い錐体あるいは複数の種類の錐体が結合した系が光検出に用いられる。桿体は1種類しかないが感度は錐体よりも格段によく，暗順応が進み錐体の光覚閾値に達してしまうとその後は桿体のみが光検出を行なう。

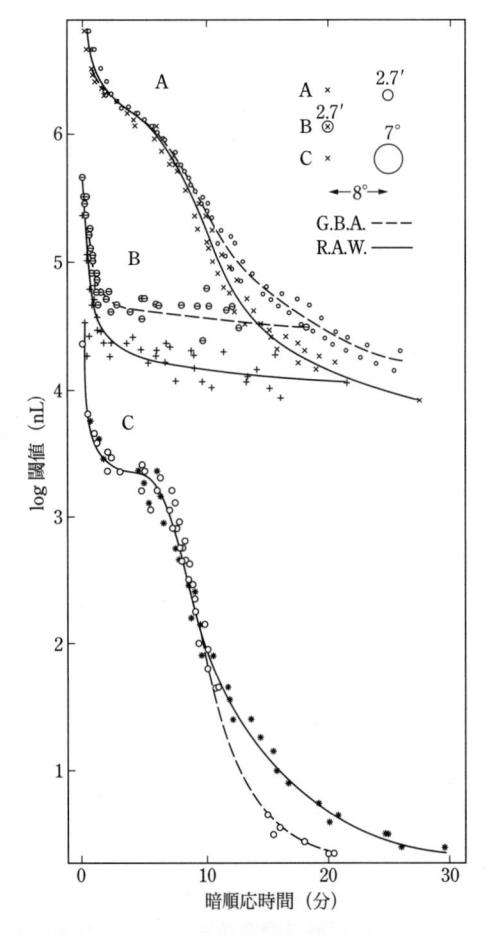

図2.2 暗順応曲線
刺激光の呈示条件は図中に示されている。左眼，鼻側視野，白色光連続呈示である。被験者2名の結果。

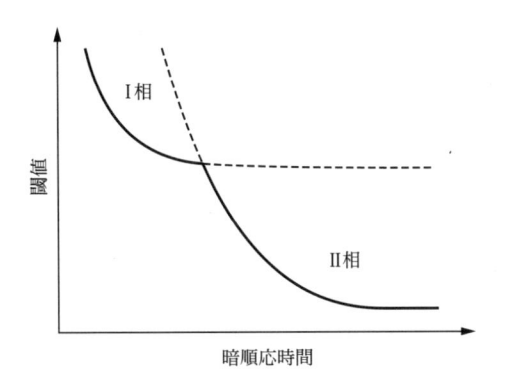

図2.3 暗順応曲線を構成する２つの相
Ⅰ相が錐体によるもの，Ⅱ相が桿体によるものを表わす。

(3) 錐体と桿体の絶対閾値

暗順応したときの桿体と錐体の感度（絶対閾値の逆数）は，刺激光の波長により異なる。図2.4に暗順応時での桿体と錐体の分光感度を測定した結果を示す[3]。図2.4中，錐体（中心窩）のグラフ（○）は大きさ $\Delta\theta=1°$ の刺激光を中心窩に呈示したときの感度を示す。桿体（8°上側）のグラフ（●と実線）は同じ大きさ $\Delta\theta=1°$ の刺激光を $\theta=8°$，$\alpha=0°$ の上側視野に呈示したときの感度を示す。

錐体の分光感度関数は約550 nmにピークがあり，幅の広い形状をしている。一方，桿体の分光感度関数は約505 nmにピークがあり，幅のせまい形状をしている。この両者の関数を比較すると，650 nm付近で両者が交差していることがわかる。これは650 nm以下では桿体のほうが感度がよく，光の検出は桿体が使われることを示している。桿体は網膜の中心部分には存在せず，網膜周辺に多く存在しているので，夜空で星を見つけるには眼をそらせたほうがよいことになる。650 nm以上の波長では，錐体のほうが桿体よりも感度がよくなる。長波長の赤い光は暗黒中でも中心窩で見たほうがよく見えることになる。

図2.4の錐体（8°上側）のグラフ（●と点線）は刺激光に色みが付いて見える閾値，つまり色覚閾値を示した感度関数である。網膜周辺の光覚閾値付近では刺激光に色みが付いて見えない。これは刺激光が桿体によって検出されると色みの感覚が生じないからである。しかし，刺激光の強度を光覚閾値よりもさらに増大させると，刺激光が錐体によって検出されるようになり，そのとき色みが付いて見える。この色覚を生む光の強度を閾値と測定した結果がこのグラフである。桿体（8°上側）の分光感度関数とこの錐体（8°上側）の分光感度関数のあいだは光色間隔（photochromatic interval）とよばれ，光は見えるが色みがない光強度の範囲ということになる。

錐体（中心窩）と錐体（8°上側）の分光感度関数の形状が異なるのは，錐体そのものの分光感度が異なっているのではなく，中心窩には450 nm付近に吸収のピークをもつ黄斑色素が付着して黄色フィルタの働きをしているからである。

(4) 明順応閾値

私たち人間は暗い環境よりも明るい環境で活動することが得意な生物であり，そのために視覚系は明るい環境で十分働けるようなメカニズムを備えているはずである。明るい環境で視覚系が明順応するのも環境への適応メカニズムのひとつである。明順応しているときの視覚系の感度を調べるには増分閾値（increment thresholds）を測定する。増分閾値は背景に順応視野を置き，その上に重ねて刺激光を呈示して測定する。一般的には順応視野は刺激光よりも大き

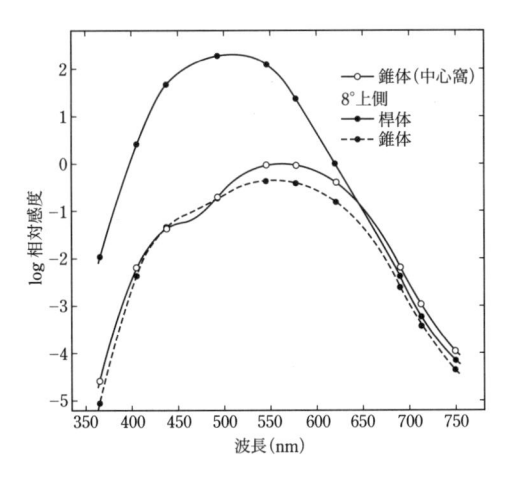

図2.4 暗順応時の錐体と桿体の分光感度
錐体（中心窩）のグラフは大きさ $\Delta\theta=1°$ の刺激光を中心窩に呈示したときの感度を示す。8°上側（桿体）のグラフは同じ大きさ $\Delta\theta=1°$ の刺激光を $\theta=8°$，$\alpha=0°$ の上側視野に呈示したときの感度を示す。8°上側（錐体）のグラフは刺激光に色みが付いて見える閾値，つまり色覚閾値を示した感度関数である。

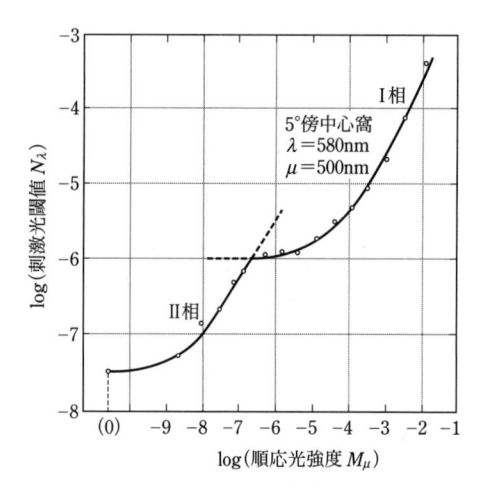

図 2.5 順応光強度の増大に伴う増分閾値の変化

刺激光の大きさは $\Delta\theta=1°$，呈示位置は $\theta=5°$，呈示持続時間は $D=60$ ms，順応視野の大きさは $10°$ である．刺激光の波長は 580 nm，順応光の波長は 500 nm である．

く，定常呈示にする．順応視野の光強度を変えることにより視覚系の順応状態をコントロールする．

図 2.5 に刺激光の増分閾値の変化を順応光の強度の関数として測定した結果を示す[4]．刺激光の大きさは $\Delta\theta=1°$，呈示位置は $\theta=5°$，呈示持続時間は $D=0.06$ s，順応視野の大きさは $10°$ である．刺激光の波長は 580 nm，順応光の波長は 500 nm である．順応光の強度 M が小さいときは刺激光の閾値 N は桿体の閾値で決まる．M がしだいに増大すると N も増加し，直線に漸近する．この関係は桿体の特性を示している．

さらに M が増大すると N の増加は一時的に緩やかになるが，その後再び増加が急になり，直線に漸近し，錐体の特性が現われる．これらの直線は傾きが 1 であり，$\log N = \log M +$ 一定で表わされる．これは $N/M =$ 一定であり，N/M をウェーバー比（Weber ratio）とよぶ．ウェーバー比が一定な関係はウェーバー-フェヒナーの法則（Weber-Fechner's law）とよばれる．

2.1.2 色覚

(1) 3 色型応答

"色"は感覚であり，物理的には"色"は存在しない．これは色が 3 種類の錐体の反応を起

源とした視覚系の応答であり，人間の脳内にしか存在しないからである．光の分光放射特性が色であると考えられがちだが，同じ色を生む異なった光の分光放射特性は無限に存在する．したがって，色は光の物理属性ではないことになる．このことはすでに Newton（1642～1727）の "Optics" に記述されている．

光の分光放射特性を視覚的に正確に捉えるためには網膜上の光受容器が狭帯域の分光吸収特性を持たなければならない．仮に，可視範囲を 400～700 nm の 300 nm とし，光受容器の分光帯域幅が 10 nm であるとすると，分光放射輝度計と同様な精度で光の分光特性を捉えることができ，光の分光特性を "見る" ことができる眼を持つであろう．光受容器の応答である "色" が光の分光特性とほぼ一対一に対応するため，色は光の物理特性といってもよいことになる．

しかし，このような眼を持つには，少なくとも 30 種類の光受容器が必要になり，人間の網膜上に 30 種類の錐体を並べなければならない．こうすると当然，眼の解像度が極端に悪くなる．また，30 種類の応答を統合して "色" の見えを生む複雑な神経回路が必要になる．人間は進化の過程でこのような戦略をとらず，むしろ空間的な解像度を優先し，光の正確な分光分析は行なわないことにしたらしい．その結果，光受容器の種類を 3 種類に制限し，これが現在の私たちの持つ錐体となった．霊長類以外の哺乳類の錐体は 2 種類以下であることを考えると，3 種類でも霊長類は格段に多い数の色を見ることができる．

人間の 3 種類の錐体の分光感度を図 2.6 に示す[5]．右から L，M，S 錐体である．ただし，この分光感度は角膜上に入射した光に対する人間の心理物理学的測定によって得られたものであるため，眼球内の光吸収特性が含まれている．光が眼に入射するとその光の分光特性に応じてこれらの 3 種類の錐体にそれぞれの応答が生まれる．L，M，S 錐体の分光感度をそれぞれ $S_L(\lambda)$，$S_M(\lambda)$，$S_S(\lambda)$ として，入射光を $I(\lambda)$ とすると，それぞれの応答 R_L，R_M，R_S は次式で表わされる．

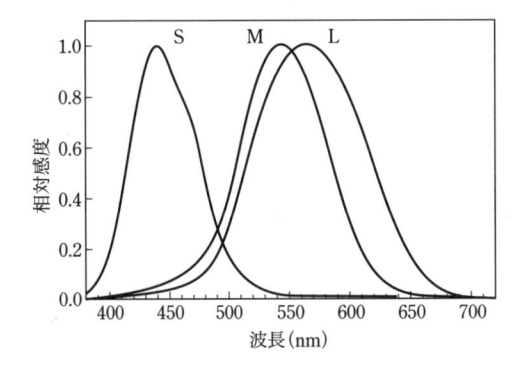

図2.6 人間の3種類の錐体 L, M, S の分光感度
最大値で正規化してある。

$$R_L = \int_\lambda S_L(\lambda) I(\lambda) d\lambda$$
$$R_M = \int_\lambda S_M(\lambda) I(\lambda) d\lambda \quad (2.1)$$
$$R_S = \int_\lambda S_S(\lambda) I(\lambda) d\lambda$$

この (R_L, R_M, R_S) が色となる。したがって，色は3次元ベクトルとなり，L, M, S 錐体応答を直交軸とした3次元の錐体ベクトル空間で表現できることになる。

図2.7に錐体ベクトル空間を示す。任意の色光 C を錐体 L, M, S の応答 R_L, R_M, R_S により表わしている。すべての色光は L, M, S 錐体の応答で決まるのであるから，いかなる色光も R_L, R_M, R_S 値が LMS 空間の正の範囲内に成分をもつ色ベクトルとなる。図2.7では任意の色光 C が L, M, S 軸で表現されているが，この空間中に他の色ベクトル，たとえば，色 R, G, B を描き，それらのベクトルの和によっても色 C は表現できる（図2.8）。これが3原色 R, G, B によって任意の色 C に等色できる原理を説明している。

(2) 反対色型応答

人間の色覚は3種の錐体応答から始まるが，L, M, S 錐体応答がそのまま直接大脳へ送られるのではなく，反対色応答に変換され，その応答が大脳へと送られる。反対色応答は赤/緑 (r/g)，黄/青 (y/b) 応答からなるが，輝度応答 (Lu) を白/黒 (w/bl) として含める場合もある。それぞれの応答は L, M, S 錐体応答の和と差をとって次のようにして決められる。ただし，ここでは各錐体応答にかかる係数は省いてある。

$$r/g = L - M$$
$$y/b = (L + M) - S \quad (2.2)$$
$$Lu = L + M$$

現在認められている色覚モデルの一般的な形を図2.9に示す[1]。図中の第2ステージまでの処理は網膜内で行なわれ，反対色応答と輝度応答が視神経，外側膝状体 (LGN)，視放線を伝わり後頭葉皮質 V1 へと送られる。図2.10に反対色応答の一例を示す[6]。

2.1.3 視覚の時空間特性

(1) 空間的コントラスト感度関数

視覚系の空間特性を測定するには，周期的に輝度変化をくり返す正弦波の格子縞パターン

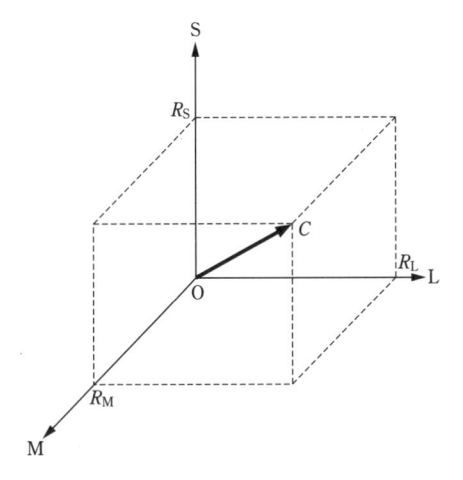

図2.7 錐体ベクトル空間

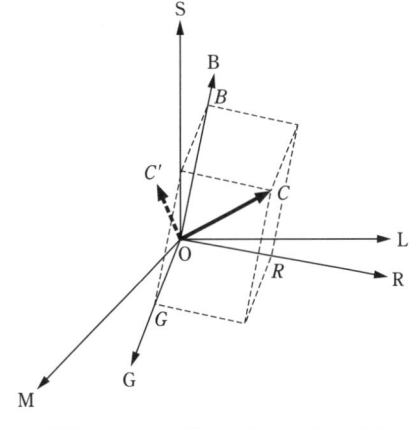

図2.8 錐体ベクトル空間中の色ベクトル C と R, G, B
R, G, B によって C は表現される。

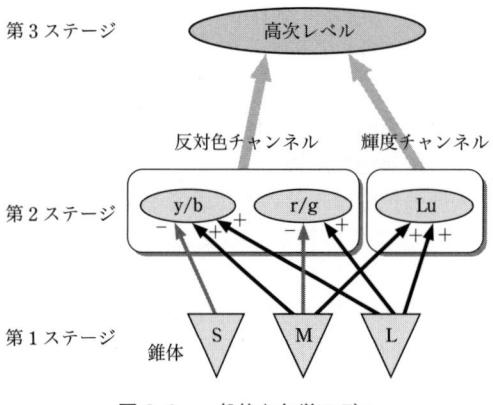

図2.9　一般的な色覚モデル

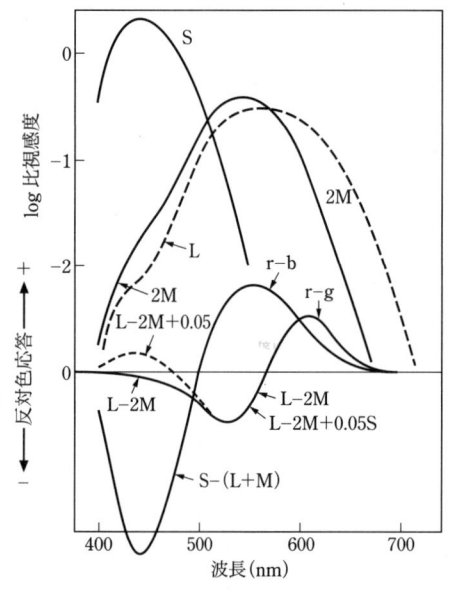

図2.10　反対色応答の一例
Boyntonの色覚モデルにおけるr-g，y-bの応答を示す。

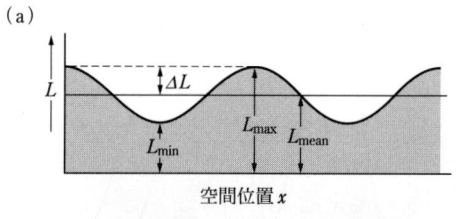

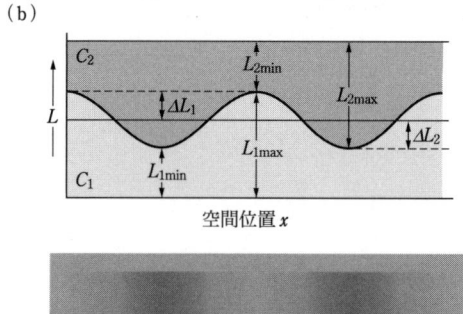

図2.11　正弦波の格子縞パターン
(a)輝度格子縞，(b)色格子縞。[CDにカラーデータあり]

（図2.11）を与え，格子縞がちょうど見えなくなる格子縞パターンのコントラストを求める方法がある。(a)は輝度格子縞（luminance grating）を示し，コントラストKは，

$$K = \frac{\Delta L}{L_{mean}} = \frac{L_{max} - L_{min}}{L_{max} + L_{min}} \quad (2.3)$$

で定義される。ある空間周波数（cycle/deg）の格子縞を呈示した場合，視覚系の空間的分解能がよければ低コントラストでもその縞を見ることができ，逆に分解能が悪ければコントラストを高くしないと縞は見えなくなる。そこで，格子縞の各空間周波数に対するコントラスト閾値を測り，その逆数（感度）を求めればよい。この感度は空間的コントラスト感度関数（spatial contrast sensitivity function；sCSF）とよばれている。

(b)は色度格子縞（chromatic grating）を示している。色度の異なる2つの色光C_1とC_2の成分比が正弦波状に変化する。色度格子縞の輝度は格子縞のどの部分をとっても一定になるようにつくる。コントラストKは同様に，

$$K = \frac{\Delta L_1}{L_{1mean}} = \frac{L_{1max} - L_{1min}}{L_{1max} + L_{1min}} = \frac{\Delta L_2}{L_{2mean}}$$
$$= \frac{L_{2max} - L_{2min}}{L_{2max} + L_{2min}} \quad (2.4)$$

で定義される。コントラストが0の場合は，格子縞はC_1とC_2の混色光の一様な刺激となり，

コントラストが1の場合は，格子縞の色度が C_1 から C_2 へと1周期内で変化する。コントラスト閾値は同様に刺激視野内に色度変化の格子縞をちょうど検出する K として定義される。

図2.12は輝度格子縞により測定された空間的CSFの測定結果である[7]。刺激光は525 nmの単色光，刺激視野は視角横4.5°，縦8.25°の四角形，周辺は暗黒である。刺激光の平均網膜照度が0.0009から900 tdまで広い範囲で設定されている。網膜照度が90から900 tdと高い場合（明所視）は，空間周波数が5 c/deg付近でピークをもち，空間周波数がそれ以上でも以下でも空間的CSFは感度が低下し，バンドパス型の関数となる。網膜照度が減少すると（薄明視），空間的CSFのピークが低周波数側にシフトし，0.09 td以下では（暗所視）ピークはなくなり，ローパス型の関数になる。この網膜照度の増減に伴う空間的CSFの変化の特徴は，後述する時間的CSFの場合と同様である。

色度格子縞により測定された空間的CSFを図2.13に示す[8]。この実験では，大きさ一定の刺激視野を用いると低周波数の格子縞の視野内の本数が少なくなってしまう影響を除くために，刺激視野を空間周波数によって，2.4°から23.5°に変化させている。

(a)の□は C_1 = 602 nm, C_2 = 526 nmの赤緑

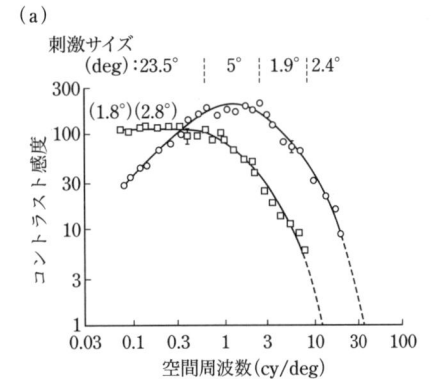

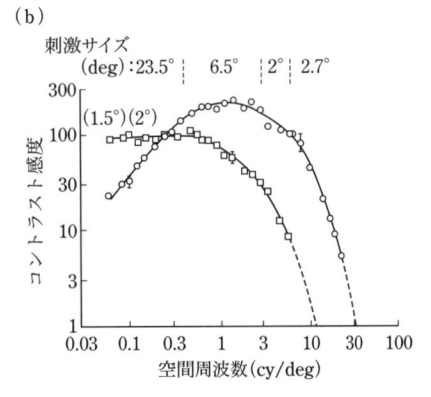

図2.13 色度格子縞により測定された空間的コントラスト感度関数

(a) 赤緑格子縞，(b) 黄青格子縞。刺激サイズを空間周波数によって，2.4°から23.5°まで変化させている。

格子縞を用いた場合の結果である。平均輝度は15 cd/m^2 である。○は526 nmの単色光の輝度格子縞による結果で，比較のために示されている。(b) は C_1 = 470 nm, C_2 = 577 nmの青黄格子縞による結果を□で示し，577 nmの単色光の輝度格子縞による結果を○で示している。平均輝度は2.1 cd/m^2 である。

赤緑の格子縞でも黄青の格子縞でも色度格子縞の場合は空間的CSFは同じ形状のローパス型になっている。これは，色相によって空間周波数特性に差がない，すなわちr/gとy/bの2つの反対色チャンネルの空間特性にはちがいがないことを示している。

(2) 時間的コントラスト感度関数

視覚系の時間的コントラスト感度関数（temporal contrast sensitivity function；tCSF）を測定するには，周期的に輝度変化をくり返す刺激光を与え，ちらつきがちょうど見えなくなる刺

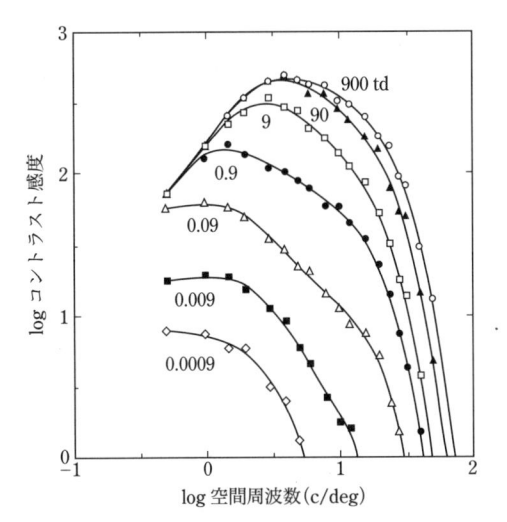

図2.12 輝度格子縞により測定された空間的コントラスト感度関数

刺激光の網膜照度が図中に示されている。

激光のコントラストを求める。このような刺激光は輝度フリッカ光（luminance flicker）とよばれる。

図 2.11 (a) に示した空間位置 x を時間 t に置き換えれば，輝度フリッカ光となる。そのコントラストも同様に定義される。色度だけを時間的に変化させる色度フリッカ光（chromatic flicker）も図 2.11 (b) の空間位置 x を時間 t に置き換えれば定義できる。

図 2.14 に輝度フリッカーによる時間的 CSF を示す[9]。刺激光の視野は視角直径 68°のエッジのぼけた円形視野であり，ほとんど全視野（ガンツフェルト，ganzfelt）に近い。図中のグラフのちがいは刺激光の網膜照度によるちがいである。図より網膜照度が 77 td 以上（明所視）では $f=10〜20$ Hz 付近にピーク値があり，それより f が大あるいは小になるにつれて，感度は低下していくことがわかる。刺激光の網膜照度が減少していくとピークの位置が低周波数側にシフトしていき，0.06 td になる（薄明視から暗所視）とピークはなくなる。このように輝度変化の時間的 CSF は刺激光が十分に明るい条件ではバンドパス型の周波数特性を示し，暗くなるとローパス型になる。

図 2.15 に色度フリッカ光による時間的 CSF を示す[10]。刺激視野は視角横 5.3°，縦 2.8°の長方形である。C_1 と C_2 はそれぞれ CRT の赤と緑の蛍光体であり，色度はそれぞれ $C_1(x=0.67, y=0.32)$，$C_2(x=0.27, y=0.60)$ となっている。刺激光視野の周辺は 9°×7°の楕円形の視野で囲まれ，その輝度と色度はテスト刺激光 C_1 と C_2 の平均光 $Y(x_0=0.38, y_0=0.52)$ に合わせてある。刺激光の網膜照度は図中に表示してある。図 2.15 において，縦軸は xy 色度図上での平均光からの距離 $\Delta C = \{(\Delta x)^2 + (\Delta y)^2\}^{1/2} = \{(x-x_0)^2 + (y-y_0)^2\}^{1/2}$ の対数で，相対コントラスト値の対数となっている。

図 2.15 に示されている色度変化の時間的 CSF は輝度変化の時間的 CSF（図 2.14）とは異なり，中間の周波数での感度のピーク値が現われていない。網膜照度が減少すると，時間的 CSF は形状には変化がなく感度が低下しながら全体として低周波数側にシフトしていく。網膜照度の減少に伴う低周波数側へのシフトは輝度変化の場合と同様である。

時間的 CSF の形状は刺激光の空間的条件によっても変化する。図 2.16 に示した 2 つの時間的 CSF は両方とも平均網膜照度 $L_{mean}=1670$ td，円形 7°視野で測定した結果である[11]。ただし，○の時間的 CSF は一様視野，●の時間的

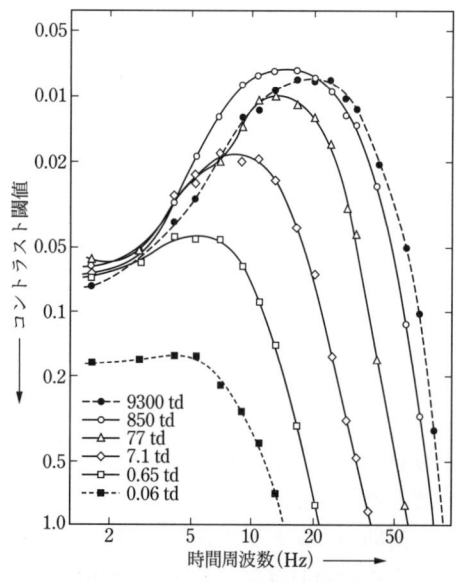

図 2.14 輝度フリッカーによる時間的コントラスト感度関数

刺激光の視野は視角直径 68°のエッジのぼけた円形視野である。図中に刺激光の網膜照度が示されている。

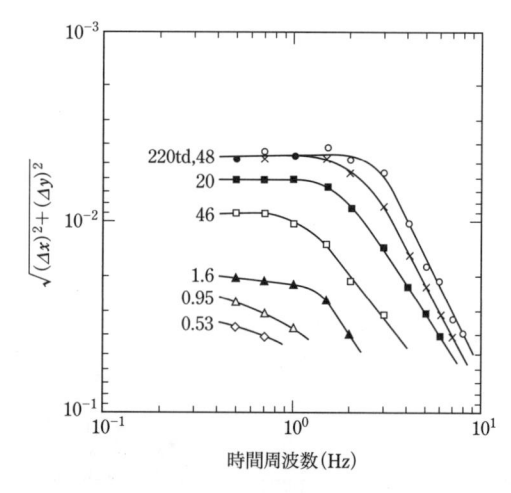

図 2.15 色度フリッカーによる時間的コントラスト感度関数

刺激視野は視角横 5.3°，縦 2.8°の長方形である。C_1 と C_2 の色度はそれぞれ $C_1(x=0.67, y=0.32)$，$C_2(x=0.27, y=0.60)$ となっている。図中に刺激光の網膜照度が示されている。

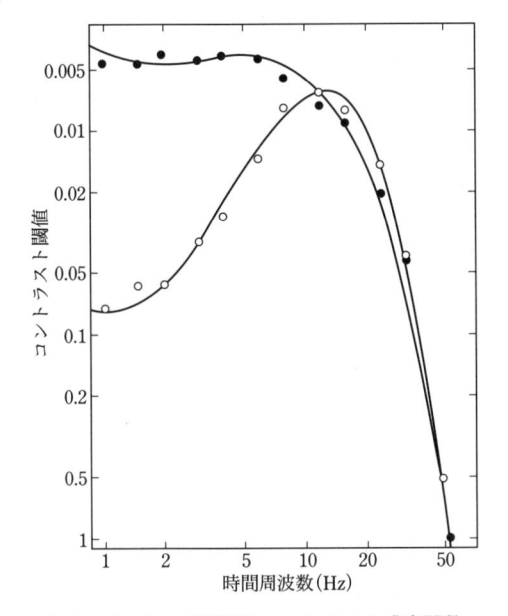

図 2.16　2つの時間的コントラスト感度関数
平均網膜照度 1670 td, 円形 7° 視野。○：一様視野, ●：円形視野内が 3c/deg の縦方向の矩形波の格子縞。

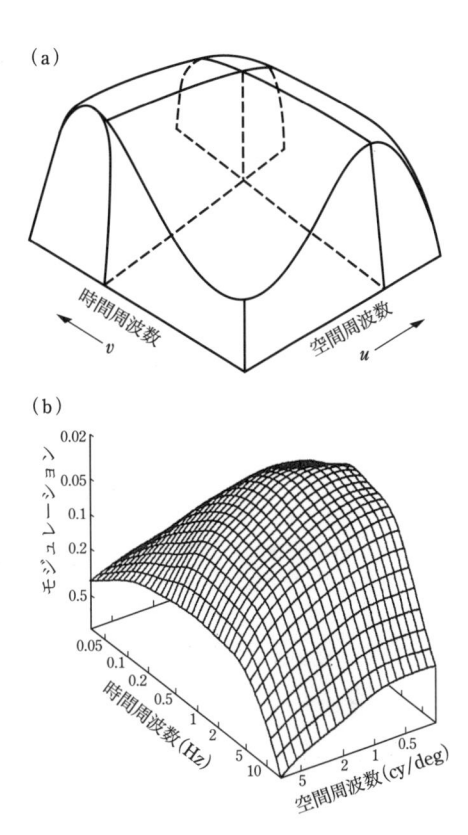

図 2.17　コントラスト感度関数
(a)：輝度刺激のコントラスト感度関数, (b)：色度刺激のコントラスト感度関数。時空間平面上に示されている。(b) では 2 軸の原点が (a) に比べて 180° 回転して, 図の奥のほうになっている。

CSFは円形視野内に 3 c/deg の縦方向の矩形波の格子縞の刺激パターンが呈示されている。

○の関数は図 2.15 に示した高い網膜照度の結果とよく一致している。しかし, ●の関数は低周波数の領域での感度低下がなくローパス型の特性を示し, 大きく異なっている。これは逆にいえば, 空間的 CSF が刺激パターンの呈示時間や時間周波数条件によってその形状が変わるということでもある。したがって, CSF は時間周波数と空間周波数を 2 変数として表わさなければ特性が正確に捉えられないことになる。

図 2.17 (a) に輝度刺激の CSF[12], (b) に色度刺激の CSF[13] を時空間平面上に表わした。輝度刺激の場合は, 低い時空間的周波数での感度低下が顕著であるが, 色度刺激の場合 ((b) では 2 軸の原点が (a) に比べて 180° 回転して, 図の奥のほうになっている) は, それほど顕著に現われていない。

2.1.4　形状知覚

(1) エッジの知覚

図形の白と黒のエッジ部分を固視すると, エッジの近傍の白地により明るい帯, 黒地により暗い帯が見える。この帯のことをマッハバンド (Mach band) といい, 視覚系のエッジ部分を強調して見せる機能の現われである。図 2.18 の実線はエッジの物理的な輝度分布を示し, 白丸はそのエッジの見えの明るさをマッチングしたマッチング光の輝度値を示している[14]。横軸が 0 mm の位置でより暗く, 7.5 mm の位置でより明るく見え, 暗い帯と明るい帯のマッハバンドがエッジの両側で観察されることがわかる。

このようなエッジ強調効果は図 2.19 に示した網膜内神経節細胞の受容野構造から説明することができる。神経節細胞のオン中心細胞は視野内の "＋" の位置に光が当たると応答を増加させ, 逆に "－" の位置に光が当たると応答を減少させる。オフ中心細胞はこれと逆の応答をする。

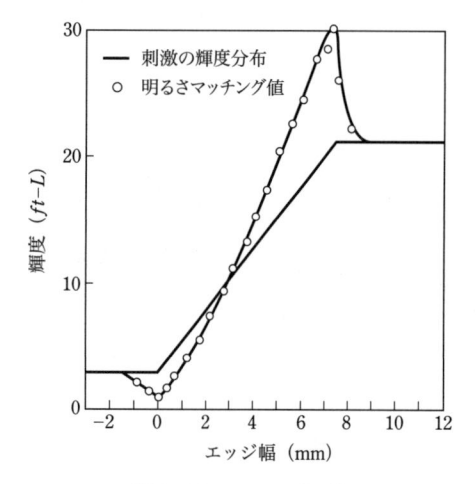

図 2.18 マッハバンド
実線はエッジの物理的な輝度分布を示し，白丸はそのエッジの見えの明るさを示している．

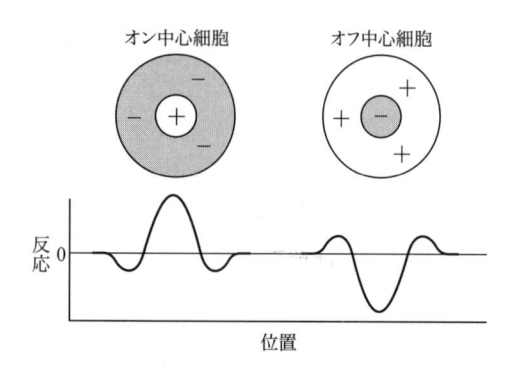

図 2.19 網膜内神経節細胞の受容野構造
オン中心細胞は視野内の"＋"の位置に光が当たると応答を増加させ，逆に"－"の位置に光が当たると応答を減少させる．オフ中心細胞はこれと逆の応答をする．

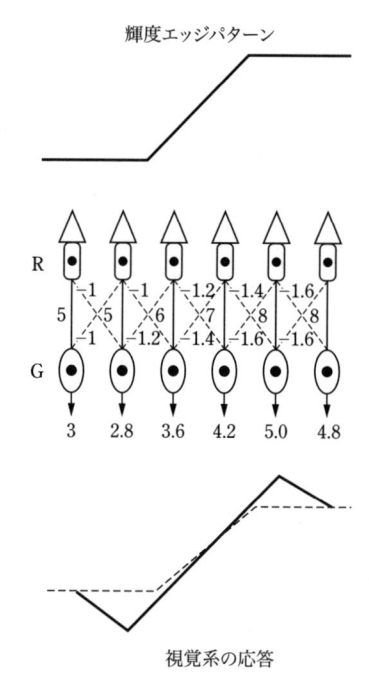

図 2.20 マッハバンドを説明するモデル図
網膜の受容体 R からの側抑制によって細胞 G にオン中心の受容野ができ，その受容野をもつ細胞 G の応答によってマッハバンドを説明する．

図 2.20 は網膜の受容体 R からの側抑制（lateral inhibition）によって細胞 G にオン中心の受容野ができ，その受容野をもつ細胞 G の応答によってマッハバンドを説明するモデル図である．簡単のために，ここでは 1 次元のモデルとなっている．R と G をつなぐ実線が興奮性結合，点線が抑制性結合を表わしている．

ここで，刺激の輝度エッジパターンによる興奮の強さを図中に示すように 5 から 8 までとし，抑制はつねに興奮の 1/5 の強さをもっているとすると，最終的な G からの応答が下図のようになる．この結果は図 2.18 のマッハバンドの見えをよく表わしているといえる．

マッハバンドと同様なエッジ強調効果のひとつとして，クレイク-オブライエン-コーンスウィート錯視（Craik-O'Brien-Cornsweet illusion）がある．図 2.21（a）に示すような輝度分布をもった縦縞が（b）のように見える．この縦縞は物理的には，エッジ部分でコントラストが大きく，中央部分ではどの縞でも同じ輝度値となるようにつくられている．しかし，見えとしては，高輝度のエッジに囲まれた縞は明るく，低輝度のエッジに囲まれた縞は暗く見え，明暗の縦縞が交互にくり返しているように見える．

これはオン（オフ）中心細胞の受容野は急激にコントラストが変化するエッジを強調するのには適していても，ゆるやかに変化するコントラストパターンに対しては感度が悪いために生じる錯視である．（a）の縞の中央部分のゆるやかなコントラストの変化に対しては応答の変化が小さく，そのためエッジ部分の見えで図形の中央部分の見えまで決まってしまうことになる．

（2）線分のサイズと傾きの知覚
図 2.22 の左図の黒点を注視して上下の線分

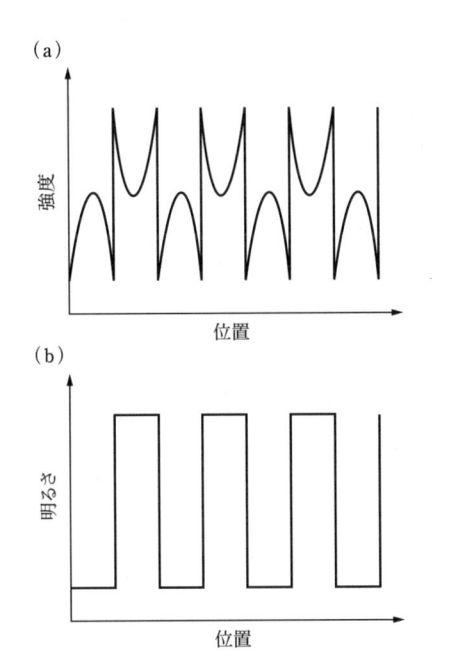

図2.21 クレイク-オブライエン-コーンスウィート錯視
(a)に示すような輝度分布をもった縦縞が(b)のように見える。

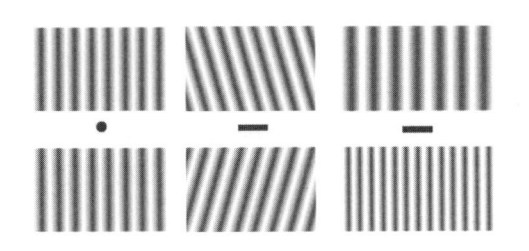

図2.22 傾き残効と大きさ残効
左図の黒点を注視して上下の線分を見ると，どちらも線分も垂直で等しい間隔に見える。次に，中央の図のバーをしばらく（60秒ほど）注視してから，左図の黒点を注視すると，上側の線分が右側に傾き，下側の線分が左側に傾いて見える（傾き残効）。また，右図のバーをしばらく注視してから，左図の黒点を注視すると，上側の線分の間隔がせまく，下側の線分の間隔が広く見える（大きさ残効）。

を見ると，どちらの線分も垂直で等しい間隔に見える。次に，中央の図のバーをしばらく（60秒ほど）注視してから，左図の黒点を再び注視する。すると，上側の線分が右側に傾き，下側の線分が左側に傾いて見えるであろう。これは傾き残効（tilt after-effect）とよばれる錯視である。

また，右図のバーをしばらく注視してから，左図の黒点を注視すると，上側の線分の間隔がせまく，下側の線分の間隔が広く見えるであろう。これは大きさ残効（size after-effect）とよばれる。

視覚系の初期過程である皮質V1野には，ある特定の線分の傾きに強く応答し，特定の受容野サイズをもった細胞がある。このような残効はV1野の細胞が順応される結果であると考えられている。線分のサイズや傾きは形状知覚の基本的な特性となっている。

2.1.5 奥行き知覚
(1) 両眼立体視

両眼立体視（binocular stereopsis）とは，同一の対象物に対して左右眼の網膜像がわずかに異なり，そのちがいが奥行き距離と相関があることを利用して奥行き知覚を生む視覚機能である。したがって，両眼立体視をもつためには左右眼の視野が重なりをもつ必要がある。

動物には2つの眼がそれぞれ頭の側面についている種と両方の眼が頭の全面についている種とがある。図2.23(a)は側面に両眼をもつ動物の視野，(b)は前面に両眼をもつ動物の視野を表わす[15]。(a)では頭のまわりのほとんど360°を見ることができるが，両眼視野の重なり範囲が小さい。(b)では頭の後ろは見ることができないが，両眼の重なり範囲が大きい。

一般的には捕食動物の餌食となる動物が側面に両眼をもっているが，これは視野を広くして敵から身を守るためであろう。一方，捕食動物は前面に両眼をもっている。これは全体視野の広さを犠牲にしても両眼の重なり視野を広くし

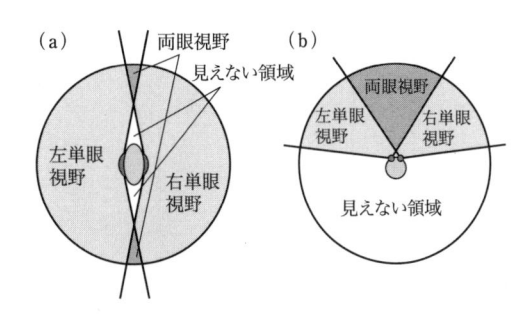

図2.23 視野のちがい
(a) 側面に両眼をもつ動物の視野，(b) 前面に両眼をもつ動物の視野。

て両眼立体視ができる範囲を広げ，捕食に必要な正確な奥行き知覚を生むためであると考えられている。

(2) 両眼視差

両眼視差とは左右眼により観察された対象物のちがいを表わす概念であり，両眼立体視を生む重要な手がかりとなっているが，現在いくつかの定義がある。

図2.24は左右眼で点Fを固視し，その後方に点Pがあるようすを示している。まず，両眼視差のひとつの定義として，「左右眼からの対象物の方向の差」がある。これは両眼パララックス（binocular parallax）ともよばれることがある。図2.24中，対象物をPとして，左右眼の点Pへの方向を正面方向からの回転角 α_P と β_P とすれば，この定義では点Pの両眼視差は $\alpha_P - \beta_P$ になる（角度は反時計方向の回転を正とする）。点Pが両眼に対して張る角度を θ とすると，$\theta = \alpha_P - \beta_P$ となる。対象物が無限遠にあれば両眼視差は0となり，近くに来れば来るほど両眼視差は大きくなる。この定義では，眼球がどこを向いているかは関係なく，両眼視差は対象物までの点Pまでの視距離（図中では $d + \Delta d$）と左右眼間距離 a で決まる。

次に，「対象物の両眼パララックスと固視点の両眼パララックスの差」を両眼視差とする定義がある。これは，絶対両眼網膜像差（absolute binocular disparity）とよばれている。図2.24中，固視点が両眼に対して張る角度を ω とすると，この定義の両眼視差は固視点Fの ω と対象物Pの θ との差をとり，$\eta = \omega - \theta$ で定義する。この場合，固視している対象物の両眼視差は0であり，固視点より遠くにある対象物は両眼視差（非交差性網膜像差，uncrossed disparity）が正，近くにある対象物（交差性網膜像差，crossed disparity）は負となる。

さらに，両眼視差として，2点の両眼パララックス間の差をとる定義がある。これは，相対両眼網膜像差（relative binocular disparity）とよばれている。図2.24中，点Qが両眼に対して張る角度を ϕ とすると，点Qと点Pの両眼視差は $\eta = \phi - \theta$ でとなる。

両眼視差による奥行き知覚に関しては，ステレオグラムやステレオスコープを用いて多くの研究があり，両眼視差手がかりの特性が明らかとなっている。特性の詳細については専門的な文献[16,17]を参照されたい。

(3) 運動視差

運動視差（motion parallax）は奥行き知覚の単眼性手がかりのひとつである。単眼を動かして異なった角度から1つの対象物を見ると異なって見える，そのちがいのことを運動視差という。

図2.24において，左右眼を1つの眼が動いたと見なして，眼間距離 a を単眼の移動距離と考える。観察者は固視点Fを単眼で固視しながら頭を左右に動かしたとする。運動視差も両眼視差と同様に定義され，頭が移動したときの網膜像差 η で表わす。図2.24中，角度をラジアンで表わすと，

$$\eta = \omega - \theta, \quad \omega = a/d, \quad \theta = a/(d + \Delta d) \tag{2.5}$$

となり，

$$\eta = a/d - a/(d + \Delta d) = a\Delta d/d(d + \Delta d) \tag{2.6}$$

という関係となる。Δd が d に対して十分小さいときには，

$$\eta = a\Delta d/d^2 \tag{2.7}$$

になり，運動視差は点Pと固視点Fの奥行き Δd に比例する。この関係は両眼視差と同様で

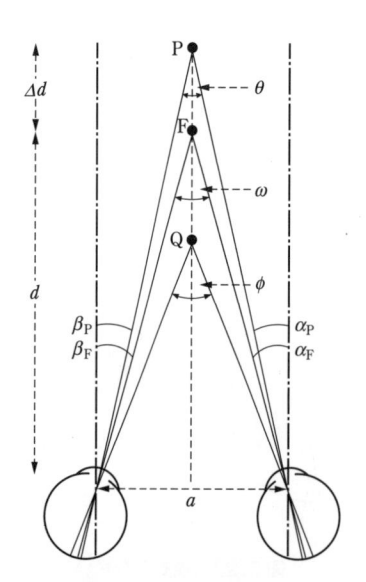

図2.24 両眼視差
左右眼で点Fを固視している。

あり，運動視差が奥行き知覚の手がかりとなるゆえんである．運動視差も顕著な奥行き知覚を生み出すことがわかっている[16, 17]．

(4) 絵画的手がかり

単眼性の奥行き知覚の手がかりには，運動視差以外に下記のような絵画的手がかりがある．

①重なり（遮蔽）

図 2.25 の (a) はネッカーキューブであるが，上下どちらの面が手前にあるかはあいまいである．しかし，(b)，(c) のように手前にある面で奥の線分を遮蔽してしまうと一意的な奥行き知覚が生まれる．現実の風景には重なり（遮蔽）手がかりが無数にあり，これが奥行き知覚を確実なものにしている．

②大きさ

同一の大きさのものは観察者から遠方に行くに従って網膜像は小さくなる．したがって，平行な直線が遠方に延びているような画像（図 2.26 (a)）では，遠方の直線間の幅はせまく見える．しかし，この大きさの変化はものの大きさが変化したとは見ず，奥行き距離が変化したと知覚する．このような大きさ手がかりは，線遠近法とよばれている．

また，同じような大きさのものが徐々に変化していくような画像では小さいものが遠くに見えるという奥行きを強く感じる．この場合の手がかりはテクスチャ勾配とよばれている（図 2.26 (b)）．

③陰影

ものの影（shadow）と陰（shading）も奥行き知覚の手がかりである．私たちは光源は上方にあるとの無意識な仮定をもっている．そのため，奥行きのあるものには下方に陰影ができると自然に仮定し，ものの下方に陰影があるように見せる画像はそのものに奥行き知覚が生じる．図 2.27 の上図と下図の写真は同一の写真であり，上下を逆さまにしただけである．上は凹に，下は凸に見える．

④空気遠近法

通常の風景では遠くにあるものほどかすんで見える（図 2.28）．このような見えも奥行き知覚の手がかりとなりうる．通常ではかなり遠くのものでなければかすんで見えないが，霧や靄がある場合では近くのものもかすんで見える．このような状況では近くのものが遠くに見え，距離の判断誤りを起こすことがある．逆に，空気中にほとんど光を拡散する塵や水分がない状

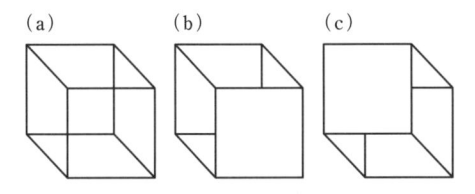

図 2.25 重なり（遮蔽）手がかり

(a) ネッカーキューブ．上下どちらの面が手前にあるかはあいまいである．(b)，(c) 手前にある面で奥の線分を遮蔽した図．どちらも一意的な奥行き知覚が生まれる．

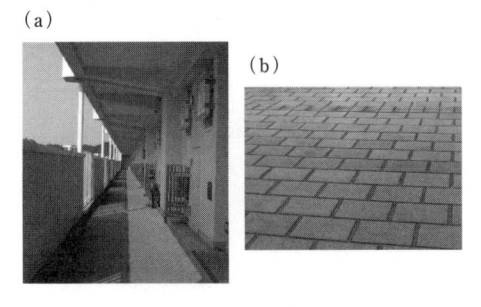

図 2.26 大きさ手がかり

(a) 線遠近法，(b) テクスチャ勾配．

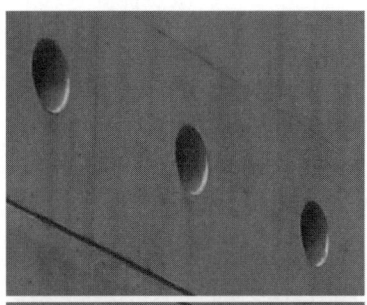

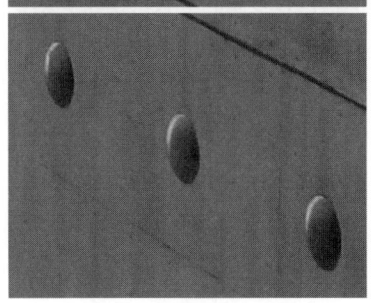

図 2.27 陰影手がかり

上図と下図の写真は上下を逆さまにした同一の写真である．上は凹に，下は凸に見える．

図 2.28 空気遠近法手がかり
通常の風景では遠くにあるものほどかすんで見える。
[CD にカラーデータあり]

況では，たとえば高山や砂漠のような環境では遠くのものが近くに見えることがある。

2.2 表色系の基礎[18]

色を定量的に表わすことを表色といい，表色のための定義や表現方法の規定からなる体系を表色系という。本節では表色系の基礎について解説する。

2.2.1 等色（color matching）

[A]，[B] なる色刺激が併置されているとき，おのおのから生じる色感覚と明るさが等しければ，境界を識別することはできない。このとき [A] と [B] の色刺激は等色するといい，記号"≡"を用いて式（2.8）のように表わす。

$$[A] \equiv [B] \qquad (2.8)$$

等色はおのおのの色刺激の分光エネルギー分布が等しい場合と等しくない場合とがあり，後者を条件等色（metamerism）という。一般に，条件等色を含めて単に等色と表わすことが多い。

2.2.2 混色（color mixture）

複数の色刺激を融合して異なる色刺激による色が生じることを混色という。混色には加法混色（additive color mixture）と減法混色（subtractive color mixture）とがある。

(1) 加法混色とグラスマンの法則[19, 20]
加法混色での色刺激の融合例として，
- 複数の色光をスクリーン上の同位置で同時あるいは時間的に見分けることができないくらいの短い時間間隔で切り替えて重ね合わせる
- カラーブラウン管の蛍光面部分のように空間的に見分けることができないくらいの小さな色の点の集合で混ぜ合わせる

などがあげられる。

いま，[A]，[B] なる色刺激が加法混色した結果，[C] なる色刺激と等色した場合，加法混色を表わす記号"+"を用いて式（2.9）のように表わす。

$$[A] + [B] \equiv [C] \qquad (2.9)$$

融合させる複数の色光と，その結果生じる新たな色とのあいだには，グラスマンの法則（Grassman's laws）とよばれる規則性がある。これを以下に要約する。

① ある等色状態はたがいに独立な 3 つの色刺激で規定できる（これらの色刺激の組を原刺激といい，等色に必要な原刺激の量を 3 刺激値という）。
② 等色している色刺激は，その分光エネルギー分布とは関係なく同じ効果を与える。
③ 原刺激の 1 つの成分の量（刺激値）を連続的に変化させた場合，色の見え方も連続的に変化する。
④ 加法混色により得られる色の輝度は各色刺激の輝度の総和に等しい。

上記②から，さらに色刺激 [A]～[D] に対して次のような法則が導かれる。

対象則：[A] ≡ [B] ならば [B] ≡ [A]
置換則：[A] ≡ [B] かつ [B] ≡ [C] ならば
　　　　[A] ≡ [C]
比例則：[A] ≡ [B] ならば α[A] ≡ α[B]
ただし，α は各色刺激と独立かつ相対分光エネルギー分布に影響を与えない正の整数。

加法則：[A] ≡ [B] かつ [C] ≡ [D] ならば
　　　　[A] + [C] ≡ [B] + [D]
　　　　[A] + [D] ≡ [B] + [C]

(2) 減法混色
減法混色の例として，

- 色フィルタを重ね合わせて入射光を減衰させながら混色
- 染料,顔料,塗料などの色材を混合して混色

などがあげられ,前者の具体例としてカラースライド,後者の具体例としてカラー印刷などがある。

色材の混合では,加法混色でのグラスマンの法則のような簡単な等色式で減法混色の規則性を論じることは難しい。なぜなら,色材の材質や塗布の方法によって混色結果や色材表面での拡散反射や吸収の状態が異なり,これらもパラメータとして加えて混色条件を得なければならないためである。このため,あらかじめ色材の混合で得られる色を測定しておき,そのデータを基に混色結果を予測する方法やニューラルネットなどに混色条件を学習させる方法などがとられている。理論的に減法混色結果を予測する研究も進められている。

とくに断らないかぎり,本節は全般にわたり加法混色系について記述する。

2.2.3 表色系 (color system)[21~23]

色を表現する体系である表色系には混色系と顕色系とがある。混色系は測色値(たとえば RGB 値,XYZ 値)のような客観的属性に基づいて表現し,顕色系は明度,彩度,色相などの主観的属性に基づいて表現する。本項では混色系について示し,顕色系については均等色空間の項の中で示す。

加法混色系ではグラスマンの法則により,原刺激 [R],[G],[B] を3刺激値 R, G, B で加重し,ある色刺激 [C] に C なる係数を乗じたものと等色できたとすると,その状態は式 (2.10) で表わされる。

$$C[C] \equiv R[R] + G[G] + B[B] \quad (2.10)$$

実際には原刺激だけでは等色できない場合がある。この場合には式 (2.11) に示すように,原刺激のうちどれか1つを色刺激 [C] に加えて,残りの2つで等色式を表わすことができる。

$$C[C] + R[R] \equiv G[G] + B[B] \quad (2.11)$$

グラスマンの法則によれば,式 (2.10) の両辺をおのおの k 倍しても等色は成立する。これを3刺激値 R, G, B からなる3次元直交座標系で表わせば,図2.29のように [C] をベクトルとみなすと,明るさのみが変化する。したがって,3刺激値の総和が1となるように正規化した単位平面ベクトルとの交点の座標 (r, g, b) を色度座標 (chromaticity coordinates) といい,式 (2.12) で得られる。

$$\left. \begin{array}{l} r = \dfrac{R}{R+G+B} \\ g = \dfrac{G}{R+G+B} \\ b = \dfrac{B}{R+G+B} \end{array} \right\} \quad (2.12)$$

$r + g + b = 1$ であるから,交点は直交座標で表現可能であり,これを色度図 (chromaticity coordnates) という。

(1) RGB 表色系

国際照明委員会 (Commission Internationale de l'Eclairage;CIE) では,1931年に原刺激の波長 λ を,

$$\left. \begin{array}{l} [R]: \lambda = 700.0 \text{ nm} \\ [G]: \lambda = 546.1 \text{ nm} \\ [B]: \lambda = 435.8 \text{ nm} \end{array} \right\} \quad (2.13)$$

に選んで表色系を規定した。これを RGB 表色系という。そして,等エネルギーの単波長光に対して3刺激値を求めたものが図2.30の $\bar{r}(\lambda)$,$\bar{g}(\lambda)$,$\bar{b}(\lambda)$ である。

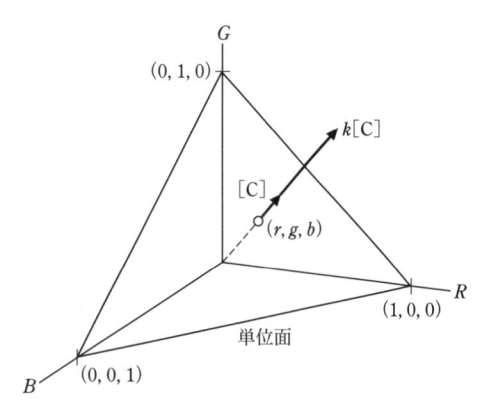

図2.29 3刺激値からなる3次元直交座標系における色刺激のベクトル表示[7]

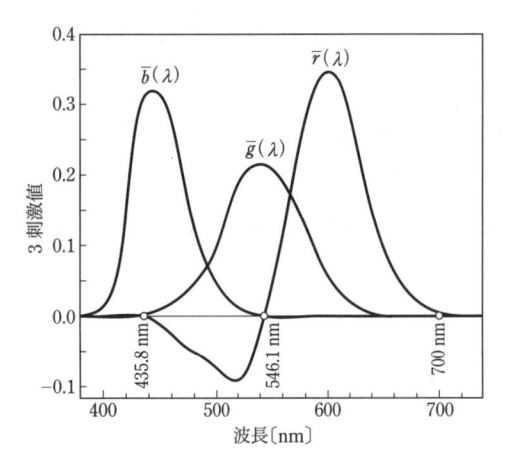

図2.30 CIE RGB表色系の等色関数 $\bar{r}(\lambda), \bar{g}(\lambda), \bar{b}(\lambda)$[7]

(2) XYZ表色系

RGB表色系では図2.30に示すようにスペクトルに負の部分が存在し，減算が必要となり不便である。このため，CIEでは1931年にRGB表色系を線形変換して負の部分が存在しないような原刺激 [X], [Y], [Z] を定めた。これをXYZ表色系という。RGB表色系の3刺激値とXYZ表色系の3刺激値とのあいだには式(2.14)の関係がある。

$$\left.\begin{array}{l}X = 2.7689R + 1.7517G + 1.1302B \\ Y = 1.0000R + 4.5907G + 0.0601B \\ Z = \phantom{1.0000R + {}}0.0565G + 5.5943B\end{array}\right\} \quad (2.14)$$

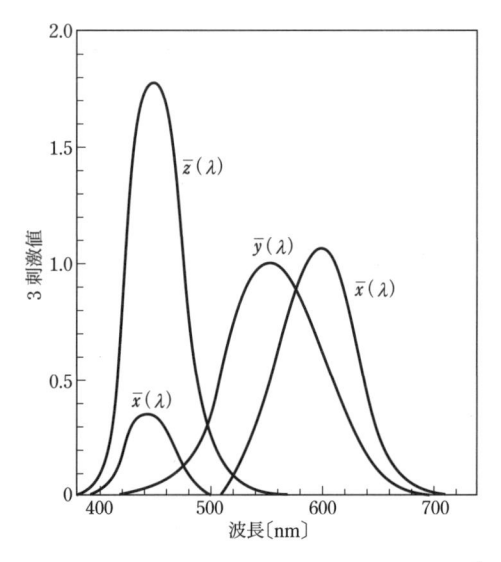

XYZ表色系の等色関数 $\bar{x}(\lambda), \bar{y}(\lambda), \bar{z}(\lambda)$ を図2.31に示す。この表色系における色度座標は (x, y, z) であるが，式(2.12)と同様に3刺激値 X, Y, Z による正規化を行なえば，x と y を軸とする直交座標で表わせる。これをCIEの (x, y) 色度図という。観察視野が2°の場合の色度図を図2.32に示す。このほか，CIEは観察視野が10°の場合の補助表色系を1964年に決めており，これを $X_{10} Y_{10} Z_{10}$ 表色系という。

2.2.4 均等色空間 (uniform color space)[18]

前記したRGB表色系，XYZ表色系は測色値あるいはその線形変換に基づいて与えられており，等色における各原刺激の寄与の均等性は考慮されていない。すなわち，各刺激値の変化と加法混色した色の変化の比は，対応する原刺激あるいは色度図座標上の位置に依存する。たとえば，図2.32の色度図において色名（色度図上のある領域に与えられた色の名前）が緑の領域と青の領域で同距離の2色に等色させたときの各刺激値の変量が等しいかどうかは考えられていない（人の目の視知覚特性そのものを問題としているのではなく，あくまでも色度図上での変位と等色との均等性を問題にしている）。

図2.31 XYZ表色系の等色関数 $\bar{x}(\lambda), \bar{y}(\lambda), \bar{z}(\lambda)$[7]

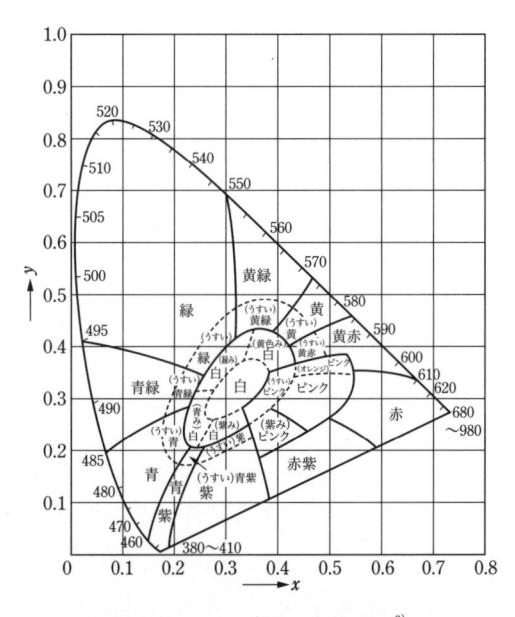

図2.32 CIEの (x, y) 色度図[8]

この変量が等しくなるように定義する空間を均等色空間という。均等色空間にはUCS表色系とULCS表色系の2つがある。

(1) UCS表色系（uniform chromaticity scale system）

UCS表色系は1937年にMacAdamがCIE (1931) XYZ表色系の(x, y)色度図上に明るさ一定（測光量）の色刺激の色度に対する丁度可知差（just noticeable difference；JND）を表わした[26]ことに起源がある。

種々の色について等色実験をしたときの実験結果の標準偏差をJNDと定義し、これを(x, y)色度図上に表わすと、図2.33のような長楕円群が得られる（ただし、標準偏差を10倍したものを図示している）。これは、たとえばCIE色度座標上で色名が緑の領域の標準偏差が青の領域よりも大きく、緑は青よりも大きな色度変量が等色に必要であることを示している。実用性を考えると、JNDはどの色度図座標位置においても均等であることが望ましい。

Juddは(x, y)色度図上の各楕円の大きさができるだけ等しくなるように変換して、(u, v)色度図を与えた。これをUVW表色系という。(u, v)色度図上にJNDを表わすと、図2.34のように楕円群の大きさの偏差が(x, y)色度図上のものよりも小さくなっていることがわかる（ただし、標準偏差を10倍したものを図示して

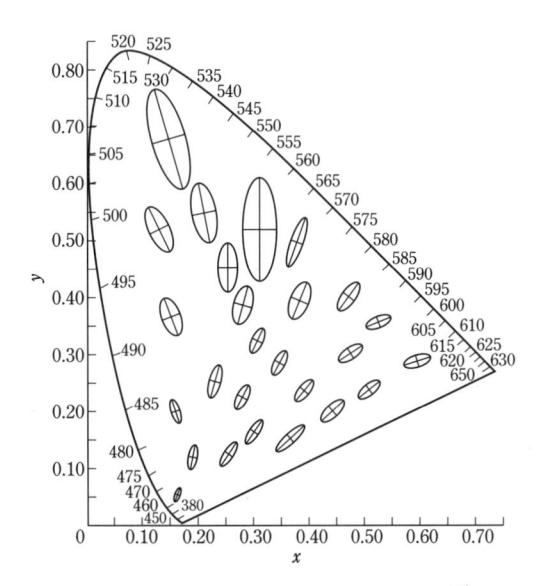

図2.33 (x, y)色度図上に表わしたJND[10]

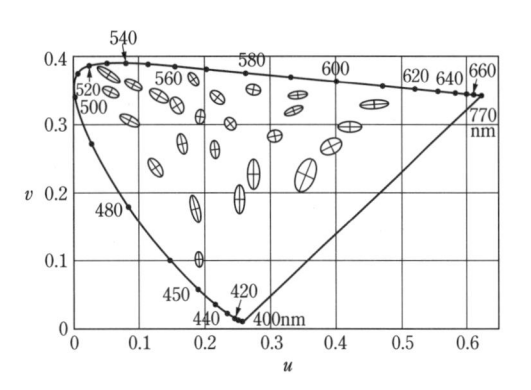

図2.34 (u, v)色度図上に表わしたJND

いる）。CIEは1960年にUVW表色系をCIE (1960) UCSとして採用し、CIE (1964) $U^*V^*W^*$色空間として改良されたのち、修正されてCIE (1964) $L^*u^*v^*$色空間となり、現在にいたっている。なお、日本ではおのおのを略して$U^*V^*W^*$表色系、$L^*u^*v^*$表色系と称する。L^*, u^*, v^*はX, Y, Zから次式により計算する。

$$L^*=116\left(\frac{Y}{Y_n}\right)^{1/3}-16, \quad \frac{Y}{Y_n}>0.008856 \brace L^*=903.25\left(\frac{Y}{Y_n}\right), \quad \frac{Y}{Y_n}\leq 0.008856$$
(2.15)

$$\left.\begin{array}{l} u^*=13L^*(u'-u'_n) \\ v^*=13L^*(v'-v'_n) \end{array}\right\}$$
(2.16)

$$\left.\begin{array}{l} u'=\dfrac{4X}{X+15Y+3Z} \\ v'=\dfrac{9Y}{X+15Y+3Z} \end{array}\right\}$$
(2.17)

$$\left.\begin{array}{l} u'_n=\dfrac{4X_n}{X_n+15Y_n+3Z_n} \\ v'_n=\dfrac{9Y_n}{X_n+15Y_n+3Z_n} \end{array}\right\}$$
(2.18)

ここで、X_n, Y_n, Z_nは対象物と同一照明下での完全拡散面の3刺激値である。

この色空間は明るさが一定の条件でJNDに対する均等性を検討したものであり、のちのULCSとは異なる。

(2) マンセル表色系（Munsell color system）[28]

これまでの表色系は開口色（aperture color）とよばれる一定の大きさの口径における光の色を対象とし、その光刺激に対する物理量と心理

量との関係を示したものである。これに対して，光を拡散反射する不透明物体の表面に属しているように知覚される色を表面色（surface color）という。表面色に対して物理量をとくに考えず，知覚量の見本となる色票（color chips）を決めておき，色票と照らし合わせて色を表現する方法がある。

1915年にA. H. Munsellは評価実験をくり返しながら，色知覚の属性に従って系統的に配列したマンセル色票集（the atlas of the Munsell color system）を考案した。1929年には20色の"Munsell book of color"が発行され（1942年には40色のポケット版発行），さらにマンセル表色系の知覚的な不規則性を改善するために，OSA（Optical Society of America）が測色委員会をつくって検討し，1943年に修正マンセル表色系（Munsell renovation system）を発表した。

マンセル表色系は顕色系のひとつであり，明度（value；V），色相（hue；H），彩度（chroma；C）の3軸によって，図2.35のような色立体（マンセル色空間）が構成される。この色立体では数値と記号で任意の有彩色を$H \cdot V/C$の形式で表現する。

修正マンセル色空間はUCSと異なり，差のわかる（JNDではない），明るさも含めた（明るさ一定ではない）2色の色差の均等性を求めて構成されたものである。この表色系によってマンセル色票の知覚量とそれに対応する心理物理色との関係が明らかになったので，修正マンセル色票の再現性にも物理的根拠ができた。なお，修正マンセルデータどうしの対応関係は厳密には無光沢の色票に対してだけ成立し，光源は標準C光源に限定されている。

(3) ULCS表色系（uniform lightness-chromaticness scale system）

均等色空間におけるUCS表色系は同輝度面における色度座標系でのJNDの均等化をねらったものであったが，ULCSは明度（lightness）もパラメータとして色空間内でのJNDの均等化をめざしたものである。ここではULCS表色系として$L^*a^*b^*$表色系を例にあげ，解説する。

Adamsは1942年にみずからの視覚モデルに基づいてXYZ表色系から数式で変換して得られるアダムス均等色空間[29]を提案した。これは旧マンセル表色系と厳密に対応するように意図されている。

上記アダムス均等色空間を与える数式を調整・簡略化して，CIEは1976年にCIE（1976）$L^*a^*b^*$色空間を発表した。これは修正マンセル表色系との数式対応がつけられている。日本では$L^*a^*b^*$表色系と称し，前記した顕色系に属する。L^*は式（2.15）から得られ，a^*，b^*はX，Y，Zから式（2.19）によって計算される。

$$\begin{aligned} a^* &= 500\left\{\left(\frac{X}{X_n}\right)^{1/3} - \left(\frac{Y}{Y_n}\right)^{1/3}\right\} \\ b^* &= 200\left\{\left(\frac{Y}{Y_n}\right)^{1/3} - \left(\frac{Z}{Z_n}\right)^{1/3}\right\} \end{aligned} \quad (2.19)$$

ただし，X/X_n，Y/Y_n，$Z/Z_n > 0.008856$である。

$L^*a^*b^*$表色系は修正マンセル表色系と対応づけられているので，均等性の評価には修正マンセルデータを用いた等色相・等クロマ線（マンセルグリッド）を用いる。図2.36にマンセル明度$V=5$において修正マンセル11色票の値を$L^*a^*b^*$表色系にプロットしたマンセルグリッドを示す。比較のため$L^*u^*v^*$表色系についても図2.37に同条件で示す。完全な均等性が得られれば，真円が半径方向に等間隔に並び，等色相線は均等に円を分割する。2つを比較すると大きな差はないが，いくぶん，$L^*a^*b^*$表色系のほうが均等性（修正マンセル表色系との対応性）がよいように見てとれる。

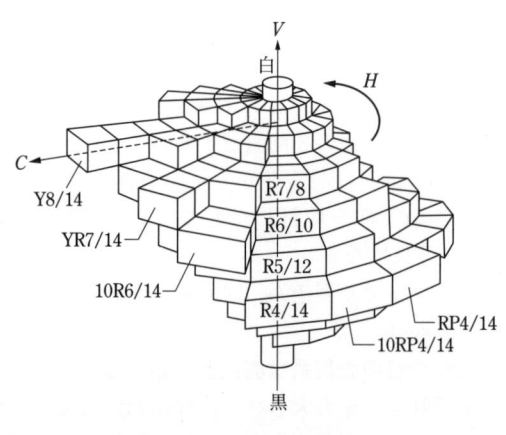

図2.35 マンセル色立体

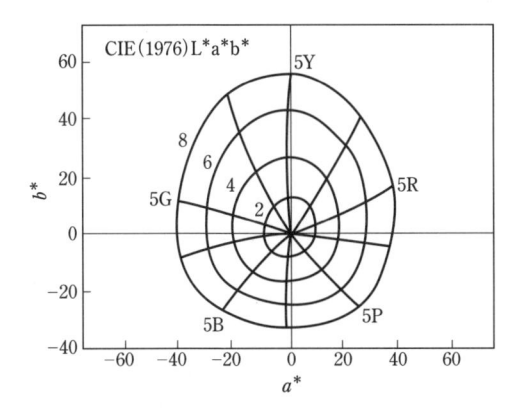

図 2.36 CIE（1976）L*a*b*色空間へプロットした マンセル明度一定（V=5）の軌跡

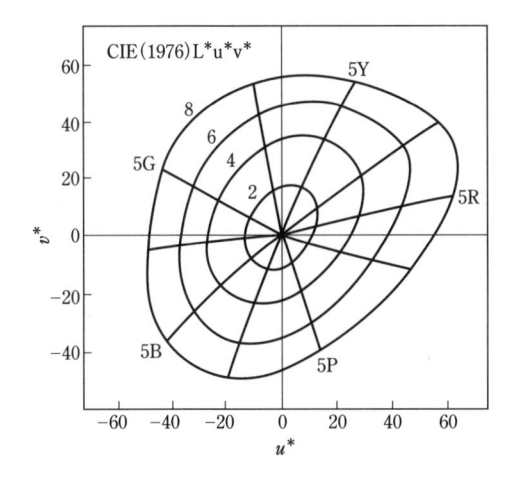

図 2.37 CIE（1976）L*u*v*色空間へプロットした マンセル明度一定（V=5）の軌跡

表 2.1 均等色空間の歴史

色差系 年代	UCS（pychophysical）	ULCS（psychological）
1920		第 1 回マンセル系
1931	XYZ, CIE（1931）Yxy	
1933		マンセル系
1937	（種々 UCS の提案） Yuv, マックアダムス	
1942		アダムス系（マンセル系との厳密対応）
1943	（知覚色と心理物理色の対応）	修正マンセル系
1950	（公式採用） CIE（1960）UCS	
1960	（改良） CIE（1964）U*V*W*	
1970	（修正） CIE（1976）L*u*v*, G. ウイゼッキイ	CIE（1976）L*a*b*, G. ウイゼッキイ
1986		MTM[13]（修正マンセル系とよい対応）

（4） UCS と ULCS

UCS と ULCS の歴史を表 2.1 に要約する。1943 年に修正マンセル表色系が発表されたとき，色を客観的に表わすために（x, y）色度座標を用いた以外は，UCS と ULCS はそれぞれ独立のものである。

1976 年に G. Wyszecki が L*u*v*表色系と L*a*b*表色系を発表したときには都合のよいほうを使えとだけ指示されている。しかしながら両者には基本的なちがいがある。UCS で単位としている JND は "閾" であって，心理距離ではない。したがって，種々の 2 色差の JND のたとえば 100 倍が，同一の心理距離を表わすのかどうかは論じられていない。これを発展させて心理距離を対応させようとすると，リーマン幾何学で論じられるような非直線空間となり，ユークリッド幾何学的議論はできない。

さらに UCS は明るさを一定にして色を扱っており，知覚的な色差を論じていない。これに対して ULCS は明るさ知覚も含め，心理距離の均等性を目的に構成された色空間である。したがって，画像の符号化や処理などには ULCS を適用すべきである[30]。

2.2.5 色差（color difference）

（1） CIE の色差式

産業分野やメディアによらず，共通の色差式に基づいて色のちがいを定量的に評価できることが望ましい。しかしながら，1975 年の CIE 総会でも一本化できず，式（2.20）と式（2.21）に示す 2 種類の色差式を併用することが勧告された[31, 32]。これを CIE（1976）色差式という。JIS でもこれらを採用している[33]。ΔE^*_{ab} と ΔE^*_{uv} の差は極端に彩度の高い領域でない限り 20〜30％程度である[34]。

・L*a*b*表色系による色差式

$$\Delta E^*_{ab} = \sqrt{(\Delta L^*)^2 + (\Delta a^*)^2 + (\Delta b^*)^2} \quad (2.20)$$

ただし，$\Delta L^* \Delta a^* \Delta b^*$ は 2 物体色間の各成分の差分である。

・$L^*u^*v^*$ 表色系による色差式

$$\Delta E^*_{uv} = \sqrt{(\Delta L^*)^2 + (\Delta u^*)^2 + (\Delta v^*)^2} \quad (2.21)$$

ただし，$\Delta L^*, \Delta u^*, \Delta v^*$ は 2 物体色間の各成分の差分である。

このほか，Adamus-Nickerson の色差式や Hunter の色差式などがある[33]。また，知覚量，心理量との対応を重視した色差式の検討が続けられている。

(2) Godlove の色差式[35]

マンセル表色系は形状のない色のみに基づいて構成されている。一方，一般的な画像は輪郭や空間的なまとまりをもっている。このため，たとえば式 (2.20) で表わされる色差でも 2 つの試料を分割する輪郭線の太さの影響を受けるし，光沢の影響も受ける。

Godlove は線で分割された 2 色光（H_1, V_1, C_1）と（H_2, V_2, C_2）との主観的に重み付けられた色の差を与えている。Godlove は色空間がユークリッド的であるという仮定を用いて，$1V \simeq 4C \simeq 11H$ として式 (2.22) で色差を定義した。

$$\Delta E_{\text{God}} = \sqrt{2 C_1 C_2 \left\{ 1 - \cos\left(\frac{2\pi \Delta H}{100}\right) \right\} + (\Delta C)^2 + (4\Delta V)^2} \quad (2.22)$$

ただし，$\Delta H = H_1 - H_2$, $\Delta V = V_1 - V_2$, $\Delta H = C_1 - C_2$ である。

式 (2.22) から色相に関する項に彩度の大きさが影響を与えていることがわかる。なお，最近の研究では式 (2.22) で表わされる以上に V に大きな荷重をかけたほうが自然画における感覚的色差とよく合うことが報告されている[36]。

(3) NBS 単位[37]

NBS 単位は Judd の色差式を Hunter が改良した色差式からつくられた。1 NBS 単位の大きさは，

 1 NBS ≃ 0.1 修正マンセル明度
    ≃ 0.15 修正マンセル彩度
    ≃ 2.5 修正マンセル色相
      （彩度 1 のとき）
    ≃ 最良の条件で識別できる最小色差 LPD (least perceptible difference) の約 5 倍
    ≃ 素人にはわからないぐらいの色差

に相当する。また，NBS 単位と評価語との対応関係を表 2.2 に示す[38]。なお，測色器相互に誤差があるので，明るい色で 1 NBS，中明度以下で 2〜3 NBS 以内の許容差を指示してもあまり意味がない。

$L^*a^*b^*$ 表色系における色差［式 (2.20)］はだいたい NBS 単位に対応し，Godlove 色差式とは式 (2.23) の対応関係がある。

$$\Delta E^*_{ab} \simeq 1.2 \Delta E_{\text{God}} \quad (2.23)$$

なお，JIS では色差による単位をつけないが，色差 = 1 は 1 NBS 単位に相当する。

表 2.2 NBS 単位とその評価語

NBS 単位	評 価 語
1	直接目で比較するとわずかに差がわかる
2	注意深く行なえば色彩計で計測可能
3	ゆるやかな許容誤差

2.2.6 測色 (colorimetry)

(1) 標準色票[39]

1915 年に A. H. Munsell が考案したマンセル色票集は 863 色の色票からなり，その後，改訂・補強がくり返されて 1958 年に OSA から "Munsell Book of Color" が発行された。日本では 1976 年に "JIS 準拠標準色票" が発行された。これは 1928 色が掲載された色票集で色差（誤差）が $\Delta E^*_{ab} \leq 2.0$ の精度で製作されている。

(2) 標準の光 (standard illuminants)[40]

CIE が規定した物体色の測色に使用する標準的な照明光を (CIE) 標準の光という。その相対分光分布に基づいて次の 4 種類に分類される。

・標準の光 A 温度が 2856 K の完全放射体が発する光で，相関色温度 (correlated color temperature) が 2856 K のタングステン電球の光が相当する。
・標準の光 B 可視波長域の直接太陽光が相当する。
・標準の光 C 相関色温度が 6774 K の昼

光を近似したもので，可視波長域の平均的な昼光が相当する．

- 標準の光 D_{65}　相関色温度が約 6504 K の CIE 昼光で，紫外域を含む平均的な昼光が相当する．

(3) 機械測色[41,42]

標準色票を使用し，肉眼で試料の色に表色値をつけることを視観測色という．これに対して次のような機器を使用して測色することを機械測色という．

- 刺激値直読方法　分光感度が等色関数に見合うようなフィルタを備えた光電色彩計を用い，計器の指示から X, Y, Z または X_{10}, Y_{10}, Z_{10} および (x, y) の色度座標または (x_{10}, y_{10}) 色度座標を求める．
- 分光測色方法　分光測色器を用いて放射の分光エネルギー分布，または試料物体の分光立体反射率，分光透過率を測定し，X, Y, Z または X_{10}, Y_{10}, Z_{10} および (x, y) の色度座標または (x_{10}, y_{10}) 色度座標を求める．

両方法とも，最近では測定に用いる機器にマイクロコンピュータが内蔵され，ディジタル的に3刺激値や色度座標などを直読できるものがある．

2.3　色再現，カラーマネージメント

2.3.1　はじめに

写真，印刷，テレビなど長い伝統をもつ画像システムは，CMY あるいは RGB を3原色とする3原色理論に基づいて色再現設計が行なわれ，ほぼ完成に近い技術である．一方，CCD カメラやディジタルプリンタ，ディジタルテレビなど画像システムのディジタル化が進み，多様なメディア間の色変換，伝送，表示が頻繁に行なわれるようになり，デバイスに依存しない色再現（device independent color reproduction）やカラーマネージメント技術が要請されるようになった．このため，物体の色を3原色でなく分光情報として記録する分光的な色再現も提案されている．本節では，ディジタルカラー画像の色再現および分光的色再現について述べる[43~50]）．

2.3.2　色再現のモデル

物体は3次元空間 (x, y, z) と時間 (t) および可視光の波長 λ（400～700 nm）の関数 $f(x, y, z, t, \lambda)$（画像関数という）として表わすことができる．$f(x, y, z, t, \lambda)$ は，反射物体の場合には波長 λ における座標 (x, y, z) の時間 t における分光反射率の関数である．いま，図 2.38 に示すように，この物体を分光放射分布 $E(\lambda)$ で表わされる光源で照明し，分光透過率 $L(\lambda)$ のレンズを通して結像し，分光透過率 $f_i(\lambda)$ のフィルタ，分光感度 $S(\lambda)$ をもつ CCD カメラで記録すると，カメラ出力 $V_i(x, y)$（$i = R, G, B$）は2次元の静止画像として次のように表わせる．

$$V_i(x, y) = \iiint L(\lambda) f_i(\lambda) S(\lambda) T(t) A(z) O(x, y, z, t, \lambda) E(\lambda) d\lambda dt dz \quad (2.24)$$

ここで，$T(t)$ は露光時間，$A(z)$ は3次元から2次元変換を行なう変換関数（光学レンズにより3次元画像は2次元平面に結像される）である．通常の画像システムでは，フィルタ関数は $i = R, G, B$ である．また，テレビのような動画では $T(t)$ は 1/30 秒の幅をもつ矩形関数を考えればよい．したがって，図 2.38 に示されるように色再現だけを論じるためには，カメラ出力 V_i は，座標軸，時間関数，3次元変換関数を無視して，波長の関数として次のように表わせる．

$$V_i = K \int_{400}^{700} O(\lambda) L(\lambda) f_i(\lambda) S(\lambda) E(\lambda) d\lambda$$
$$i = R, G, B \quad (2.25)$$

一般の色再現では，3色分解画像 V_R, V_G, V_B を元の物体の3刺激値 X_o, Y_o, Z_o と対応するような色再現が行なわれる．すなわち，再現画像の3刺激値を (X_i, Y_i, Z_i) と表わすとき，$(X_i, Y_i, Z_i) = (X_o, Y_o, Z_o)$ となるような測色的色再現（colorimetric color reproduction）が一般に行なわれる．

ここで，

$$X_0 = K \int O(\lambda) E(\lambda) \bar{x}(\lambda) d\lambda$$

$$\begin{bmatrix} c \\ m \\ y \end{bmatrix} = \begin{bmatrix} a_{11} & a_{12} & a_{13} \\ a_{21} & a_{22} & a_{23} \\ a_{31} & a_{32} & a_{33} \end{bmatrix} \begin{bmatrix} V_R \\ V_G \\ V_B \end{bmatrix}$$

$E(\lambda)$ $E'(\lambda)$

$O^{xyz}(\lambda)$ $L(\lambda)$ $f_i(\lambda)$ $S(\lambda)$ $O'(\lambda)$ $O''(\lambda)$

$$X_H = \int_{400}^{700} O'(\lambda) E'(\lambda) \bar{x}(\lambda) d\lambda$$
$$Y_H = \int_{400}^{700} O'(\lambda) E'(\lambda) \bar{y}(\lambda) d\lambda$$
$$Z_H = \int_{400}^{700} O'(\lambda) E'(\lambda) \bar{z}(\lambda) d\lambda$$

$V_i = \int_{400}^{700} O(\lambda) L(\lambda) f_i(\lambda) S(\lambda) E(\lambda) d\lambda$
$i = R, G, B$

$S'_i(\lambda) : i = R, G, B$

$$\begin{bmatrix} E'_R \\ E'_G \\ E'_B \end{bmatrix} = \begin{bmatrix} a_{11} & a_{12} & a_{13} \\ a_{21} & a_{22} & a_{23} \\ a_{31} & a_{32} & a_{33} \end{bmatrix} \begin{bmatrix} V_R \\ V_G \\ V_B \end{bmatrix}$$

$$X_o = K \int_{400}^{700} O(\lambda) E(\lambda) \bar{x}(\lambda) d\lambda \qquad X_M = \int_{400}^{700} O''(\lambda) \bar{x}(\lambda) d\lambda$$
$$Y_o = K \int_{400}^{700} O(\lambda) E(\lambda) \bar{y}(\lambda) d\lambda \qquad Y_M = \int_{400}^{700} O''(\lambda) \bar{y}(\lambda) d\lambda$$
$$Z_o = K \int_{400}^{700} O(\lambda) E(\lambda) \bar{z}(\lambda) d\lambda \qquad Z_M = \int_{400}^{700} O''(\lambda) \bar{z}(\lambda) d\lambda$$

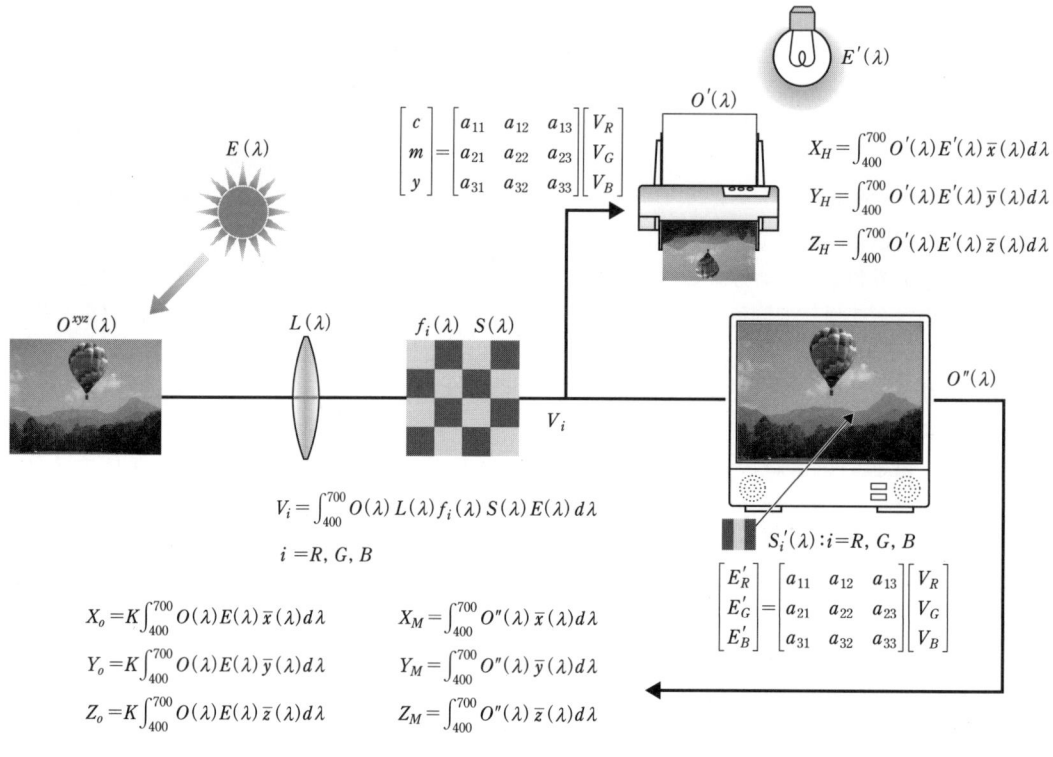

図2.38 色再現のプロセス

$$Y_0 = K \int O(\lambda) E(\lambda) \bar{y}(\lambda) d\lambda$$
$$Z_0 = K \int O(\lambda) E(\lambda) \bar{z}(\lambda) d\lambda$$

ただし，
$$K = 100 / \int E(\lambda) \bar{y}(\lambda) d\lambda \qquad (2.26)$$

で，$\bar{x}(\lambda), \bar{y}(\lambda), \bar{z}(\lambda)$ は1931年に定められた標準観測者における等色関数である。

記録された画像をハードコピーとして別の照明光源 $E'(\lambda)$ で観測する場合には，式（2.26）の光源および物体の分光反射率画像 $O(\lambda)$ を画像の分光反射率を $O'(\lambda)$ と書き換えて，3刺激値 X_H, Y_H, Z_H は次のように計算される。

$$X_H = \int_{400}^{700} O'(\lambda) E'(\lambda) \bar{x}(\lambda) d\lambda$$
$$Y_H = K \int_{400}^{700} O'(\lambda) E'(\lambda) \bar{y}(\lambda) d\lambda$$
$$Z_H = K \int_{400}^{700} O'(\lambda) E'(\lambda) \bar{z}(\lambda) d\lambda$$

ただし，
$$K = 100 / \int E'(\lambda) \bar{y}(\lambda) d\lambda \qquad (2.27)$$

2.3.3 ディジタルハードコピーの色再現

インクジェットプリンタやトナーを用いる電子写真方式のプリンタでは，印刷と同様に階調再現のため連続階調をもつ画像をハーフトーンに変換することが必要である。ディジタルハーフトーンに関しては，ディザ法，濃度パターン法，誤差拡散法など多くの手法が提案されている。このなかで誤差拡散法は，画像の2値化によって生じる誤差を隣接画素に拡散しその低減を図る手法で，階調再現に優れたディジタルハーフトーンアルゴリズムである。この手法は，式（2.28）に示されるように座標 (m, n) でQレベルの濃淡をもつ画素 f_{mn} を閾値 t により2値化し，V_{mn} を求める際，t によって生じる誤差 $E_{(m+i, n+j)}$ を重み W_{ij} を用いて隣接画素に拡散して補正画像 X_{mn} を決定する手法である。

$$0 \leqq f_{mn} \leqq 255$$
$$V_{mn} = 255 \quad X_{mn} \geqq t$$
$$\quad\quad = 0 \quad\quad X_{mn} < t$$
$$X_{mn} = f_{mn} + \sum W_{ij} E_{(m+i, n+j)}$$

$$E_{(m+i,n+j)} = X_{(m+i,n+j)} - V_{(m+i,n+j)} \quad (2.28)$$

簡単な例として，図2.39 (a) のように入力画像 f_{mn} が8ビットの濃淡をもつ場合を考えよう．いま，下隅の159のレベルをもつ画素についてみると，閾値を128とした場合159は128よりも大きいから255に変換される．したがって，159-255=-96が変換により生じた誤差である．よって，この値を隣接する7画素に拡散する．このとき縦横方向において，たとえば (b) に示すような重み W_{ij} を付け，それぞれの画素に誤差を拡散する．新しい画素配置は，(c) のようになる．このような処理をすべての画素について行ない，2値化するのである．

2.3.4 デバイスインデペンデントな色再現

「写真-印刷」システムでは，色再現は写真の色を基準として論じればよかった．しかし，ディジタルイメージでは，色再現は写真のようには一義的に決定できない．たとえばCCDカメラの色再現はピクセル数，CCDの配列（たとえば，ハニカム，インタラインなど），フィルタ配列（ベイヤー，ストライプなど），フィルタの分光透過率，CCDの分光感度，補間，ガンマ補正，ホワイトバランスなどの画像処理が画質に大きく影響する．また，CCDカメラから画像の表示・記録では，表示，プリンタデバイスの諸特性，とくに色変換アルゴリズム，紙質，ディジタルハーフトーンアルゴリズム，インクの分光特性，ドット密度などが色再現，画

(a)

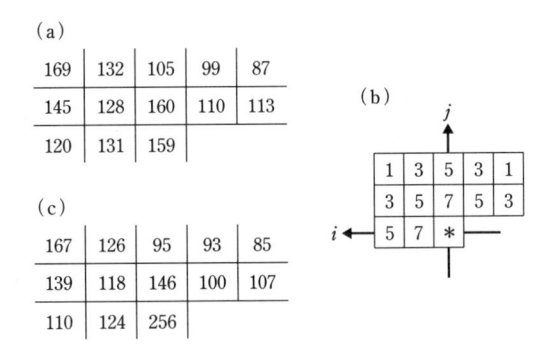

169	132	105	99	87
145	128	160	110	113
120	131	159		

(b)

	1	3	5	3	1
	3	5	7	5	3
	5	7	*		

(c)

167	126	95	93	85
139	118	146	100	107
110	124	256		

図2.39 誤差拡散による2値化
(a) 8ビット入力画像，(b) 誤差拡散重み係数の例，(c) 誤差拡散後の新たなピクセル値．

質に影響を与える．そこで，入出力側における3刺激値あるいは色度値 (xy, uv), ($L^*a^*b^*$) を同一とする測色的色再現が一般に行なわれている．たとえば，CRTモニタ画面をインクジェットプリンタに出力する場合，多数の色票を測色して対応する色票間の色差が最小となるように，次式

$$\begin{bmatrix} c \\ m \\ y \end{bmatrix} = M[R\ G\ B\ RG\ GB\ RB\ R^2\ G^2\ B^2\ RGB\ 1]^t \quad (2.29)$$

のように変換マトリックスの係数を決定することやLUT（ルックアップテーブル）を作成して変換を行なうなどの手法が行なわれている．デバイスによる色域の差異は，色域変換 (gamut mapping) といわれる色域圧縮，拡張変換が行なわれている．式 (2.29) において，t は転置，M は 3×11 のマトリックスである．色域変換についても，線形，非線形，色名を用いるものなど数多くの手法が提案されている．

最近，sRGBのような再現モニタの視環境が標準化され，それにあわせて入力カメラの特性を最適化することも行なわれるようになった．一般に，入出力画像デバイスが各色8ビットのレベルをもつ場合，再現可能な色は理論的には24ビット，1670万色である．そこで，実際の処理ではできるだけ少ない色票を用いて変換テーブルを作成することが重要である．このため，顔色，グレイなど特定色についてのセグメンテーションを行ない，それぞれの色についての色変換を行なうなどの手法も提案されている．

2.3.5 分光画像と色再現

カラー画像の色再現は，入出力デバイスの分光特性や照明光源の分光放射率などに大きく依存する．そこで，これら撮影条件には依存しない物体自身の分光反射率を記録・再現する，分光イメージング法が注目されるようになった．可視光400～700nmを5nmのバンド幅で画像を記録する場合，1画素あたり61次元の情報量となる．したがって，1画素8bits，1000×1000 画素の画像では，4.88×10^8 bits の情報量となる．そこで，できるだけ少ない次元で分光

反射率を推定することが必要になる。三宅らは、マルチバンド画像撮影で取得した比較的低次元の画像データから対象物体の分光反射率を推定する手法を提案し、それに基づき分光イメージングシステムを開発した[52]。式（2.24）から、カメラ出力 V は、画像デバイスの分光特性、撮影照明光源の分光放射率などの特性に依存することがわかる。また、V_i が同一、すなわち画像のディジタルデータが同一であっても、先に述べたように再現画像機器の特性により出力される画像の色再現特性は大きく異なる。そこで、物体固有の情報である分光反射率 $O(\lambda)$ を記録し、再現することが分光画像研究の目的である。物体の分光反射率が61次元（5 nm でサンプリングの場合）のデータをもつ場合、多チャネルのマルチバンドカメラを用いて分光反射率を記録することが可能である。しかし、多チャネル画像は、先に述べたように膨大なデータとなるため、できるだけ少ないバンド画像から分光反射率を推定することが重要である。すなわち、分光反射率の推定は式（2.24）においてカメラ出力 V_i から $O(\lambda)$ を求める問題である。

物体の分光反射率 $\mathbf{o}$、フィルタの分光透過率 $\mathbf{f}_i$、照明光源の分光放射率 $\mathbf{E}$、レンズの分光透過率 $\mathbf{L}$、CCD の分光感度を $\mathbf{S}$（それぞれベクトル表示）とすれば、式（2.25）から、カメラ出力 $\mathbf{v}$ は次のように表わされる。

$$\mathbf{v}_i = \mathbf{f}_i^t \mathbf{ELSo} = \mathbf{H}_i^t \mathbf{o}$$
$$i = R, G, B \qquad (2.30)$$

ここで、$\mathbf{H}$ は撮影システムの分光積、t は転置を示す。写真フィルムでは $\mathbf{f}_i$（$i=R, G, B$）と $\mathbf{S}$ の積は赤感層、緑感層、青感層乳剤の分光感度を与える。CCD カメラでは $\mathbf{f}_i$ はフィルタの分光透過率、$\mathbf{S}$ は CCD の分光感度特性を示す。カメラ出力 $\mathbf{v}_i$（$i=R, G, B$）は、画素補間、白色補正、色補正などの処理後、ディジタルデータとして記録される。式（2.30）から、カメラ出力 $\mathbf{v}$ は、画像デバイスの分光特性、撮影照明光源の分光放射率などの特性に依存することがわかる。また、$\mathbf{v}_i$ が同一、すなわち画像のディジタルデータが同一であっても、先に述べたように再現画像機器の特性により出力される画像の色再現特性は大きく異なる。そこで、物体固有の情報である分光反射率 $\mathbf{o}$ を記録するのである。多チャネル画像は、先に述べたように膨大なデータとなるため、できるだけ少ないバンド画像から分光反射率を推定することが重要である。分光反射率の推定は式（2.31）において、カメラ出力 $\mathbf{v}$ と $\mathbf{H}_i$ の逆行列から $\mathbf{o}$ を求める問題である。

$$\mathbf{o} = \mathbf{H}^{-1} \mathbf{v} \qquad (2.31)$$

しかしながら、$\mathbf{v}$ の次元に比べて $\mathbf{o}$ の次元は非常に大きいため、式（2.31）において逆行列を解く問題は、いわゆる "Ill condition" の問題となる。この方程式は、あらかじめ対象となる多数の分光反射率を測定し、その主成分分析から得られる固有値ベクトル $\mathbf{u}$ を用いて推定できる。たとえば、固有値ベクトル $\mathbf{u}$ から式（2.32）を用いて $\mathbf{o}$ を推定できる。ここで、α は画像システムの分光積から計算できる係数、$\mathbf{m}$ は平均値ベクトルである。

$$\mathbf{o} = \sum_{i=1}^{n} \alpha_i \mathbf{u}_i + \mathbf{m} \qquad (2.32)$$

図2.40 は、肌の分光反射率（SOCS データベース）と、その主成分分析から求めた固有値ベクトルと、分光反射率推定の累積寄与率である。3個の主成分から、99%以上の精度で分光反射率推定が行なえることがわかる。

式（2.32）から明らかなように、主成分分析を用いて $\mathbf{o}$ を推定するためには画像システムの分光積が既知であることが必要である。しか

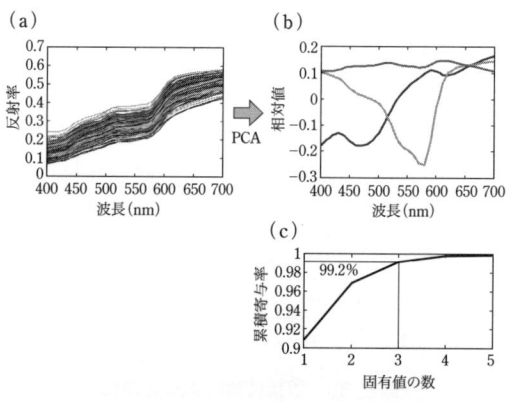

図2.40 皮膚の分光反射率と主成分分析による固有値ベクトルおよび累積寄与率

し一般には，分光積が既知であるとは限らない。このような場合として，Wiener 推定を用いる分光反射率推定について簡単に述べる。

式（2.31）から o を求めるには，システムマトリックスの擬似逆行列 $\mathbf{H}^{-1}$ を，たとえば Wiener 推定行列から求めればよい。推定行列を求めるために，あらかじめいくつかのサンプルデータについて，分光放射輝度とマルチバンドデータを測定しておく。このとき，k 番目サンプルの分光放射輝度データの推定値 $\mathbf{o}'_k$ はマルチバンドデータ（カメラ出力）$\mathbf{v}_k$ により以下のように表わされる。

$$\mathbf{o}'_k = \mathbf{H}^- \mathbf{v}_k \tag{2.33}$$

ここで，Wiener 推定法に従えば，すべてのサンプルデータについて誤差 $\langle |\mathbf{o}'_k - \mathbf{o}_k| \rangle$ が最小になるようにする擬似逆行列 $\mathbf{H}^-$ は次式から求められる。

$$\mathbf{H}^- = \mathbf{R}_{fg} \mathbf{R}_{gg}^{-1} \tag{2.34}$$

ただし，$\mathbf{R}_{fg}$ は分光放射輝度とカメラ出力の相関行列，$\mathbf{R}_{gg}$ はカメラ出力の自己相関行列である。式（2.33）から得られた分光放射輝度 $\mathbf{o}'_k$ から撮影光源の分光特性を除去することにより，光源の影響を除去した分光反射率を得ることができる。図 2.41 は 3 チャンネルのカメラ出力から推定された胃粘膜の分光画像［400，450，500，550，600，650，700 nm］である。物体の分光反射率は，画像システムや照明光源に依存しない物体固有の値であり，分光反射率を用いることで真の意味でデバイスインデペンデントな色再現を行なうことができる。また，照明光源を変えた場合の色再現予測なども行なえる。図 2.42 は壺の照明光を D65 および A 光源で照明したときに再現される予測画像である。このように分光情報を用いることで，高精細色管理や画像設計，色再現シミュレーションなどへの応用が可能である。

2.3.6 BDRF と色再現

式（2.24）における物体の分光反射率の測定は，一般には分光光度計を用いて測定される。分光反射率測定は積分球を用いた拡散光照明によるもの，0°/45° あるいは 45°/0° による照明，

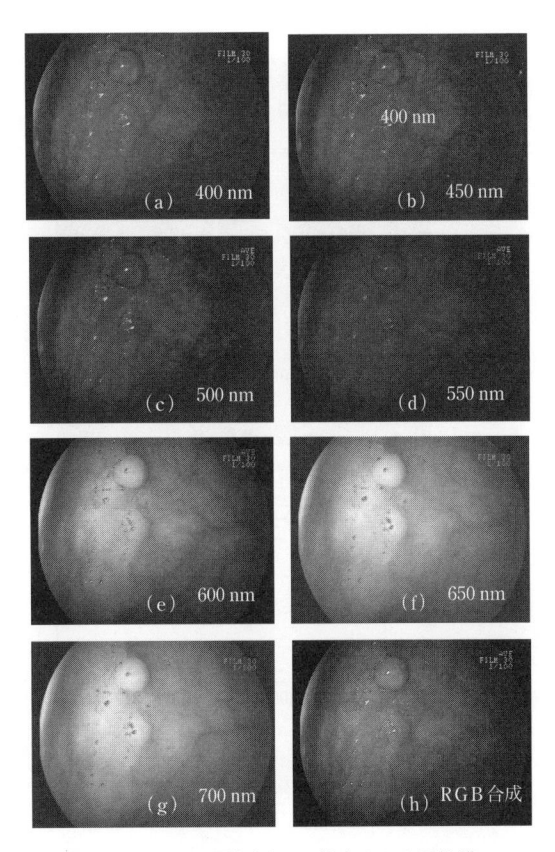

図 2.41 RGB 画像(h)から推定された胃粘膜の分光画像

(a) 400 nm，(b) 450 nm，(c) 500 nm，(d) 550 nm，(e) 600 nm，(f) 650 nm，(g) 700 nm。

反射による手法が，通常の測色，表色では一般的である。しかしながら，物体表面は一般に微小な凹凸で構成されている。したがって，物体の分光情報と光沢，テクスチャなどの 3 次元情報を正確に記録再現するためには，照明と観測のジオメトリーを考慮することが必要である。すなわち，物体の分光反射率は照明の方向と観測方向に依存する。そこで，物体の双方向反射分布関数（bi-directional reflectance distribution function；BRDF）を測定・記録することが必要である。

前述したように，3 次元物体の分光反射率は $O(x, y, z, \lambda)$ は一義的に決まるのではなく，物体のある点 (x, y, z) の照明方向と観測方向によって変化する。すなわち，図 2.43 に示すように，天頂角，方位角の関数である。図に示すように，光線方向を $i = (\theta_i, \phi_i)$，観測方向を

(a)　　　　　　　　　　　　　　　　　(b)

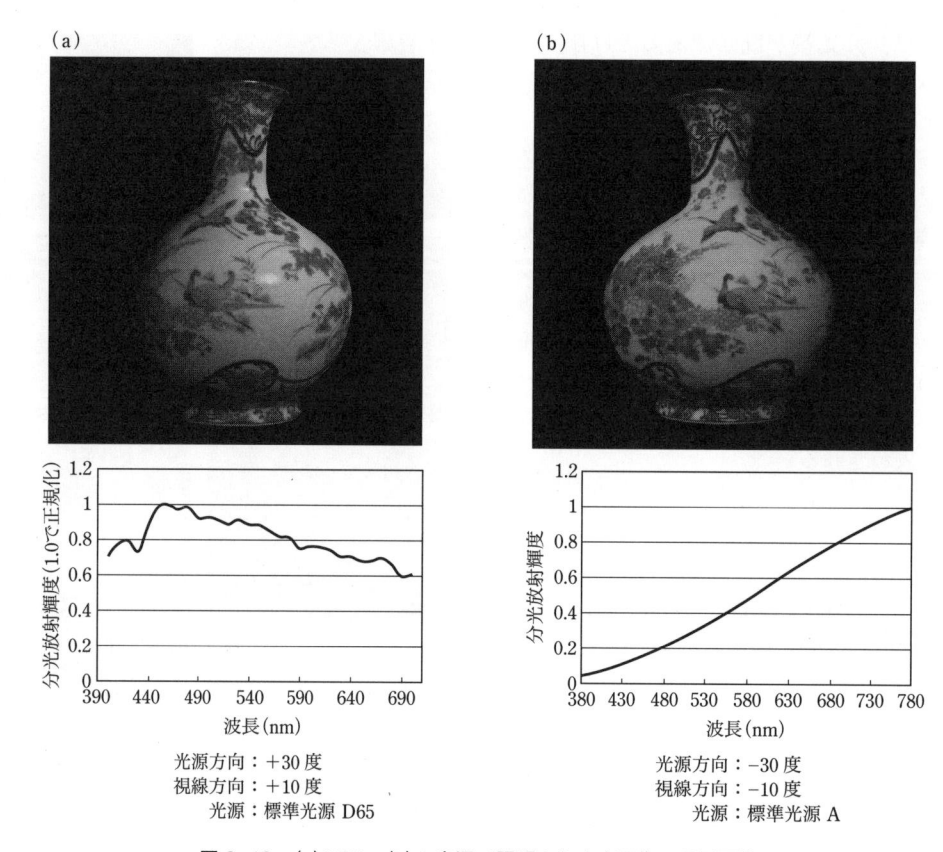

光源方向：＋30度
視線方向：＋10度
光源：標準光源 D65

光源方向：−30度
視線方向：−10度
光源：標準光源 A

図2.42　(a)D65, (b)A 光源で照明された壺画像の予測画像

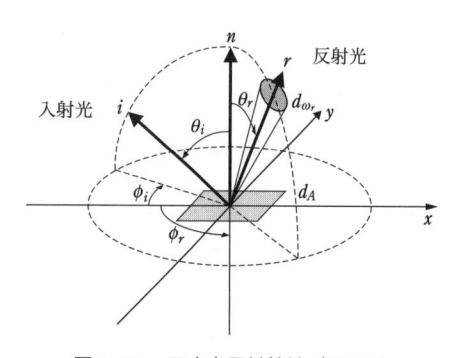

図2.43　双方向反射特性（BRDF）

$r=(\theta_r, \phi_r)$ とすれば，物体表面の BRDF（分光反射輝度率）$f_n(\theta_i, \phi_i, \theta_r, \phi_r, \lambda)$ は標準白色版の放射輝度を $f_w(\theta_i, \phi_i, \theta_r, \phi_r, \lambda)$，物体表面の反射分布関数を $f_r(\theta_i, \phi_i, \theta_r, \phi_r, \lambda)$ とすれば次のように表わされる。

$$f_n(\theta_i, \phi_i, \theta_r, \phi_r, \lambda) = \frac{f_r(\theta_i, \phi_i, \theta_r, \phi_r, \lambda)}{f_w(\theta_i, \phi_i, \theta_r, \phi_r, \lambda)}$$
(2.35)

通常，この測定には偏角分光光度計が使用さ れるが，1つの物体に対しての BRDF を測定することは容易ではない。そこで，CG の分野を中心に BRDF をモデル化する試みが数多くなされている。図2.44 に偏角分光光度計による，(a) タイル，(b) スポンジ，(c) 紙，(d) プラスチックの分光反射率測定例を示す。図は，照明光源の角度を−60度から60度まで変化させ，測定は45度方向から行ない，ピークの分光放射輝度を1.0として正規化したグラフである。いずれも，通常の測色では不明な材質の差異が明確に表わされている。

ここでは詳細は述べないが，BRDF は CG の分野で活発に研究され，多くのモデルが提案されている。また，3次元物体の偏角分光特性は，図2.45 に示されるような偏角分光画像システム[53]（Gonio-photometric imaging system）を用いて測定・記録することができる。このシステムは，ロボットアームに取り付けた光源により任意方向からの照明が可能で，また3次元カメラと分光カメラを用いて回転台に置かれた

第2章 視知覚と色再現

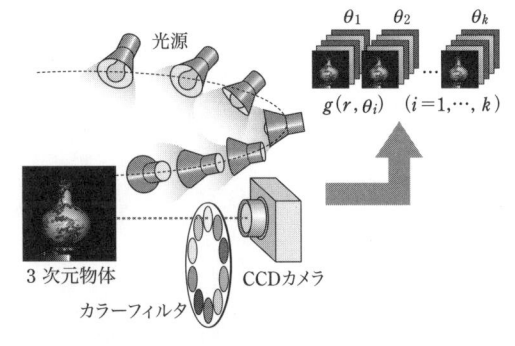

図2.45 偏角分光画像システム

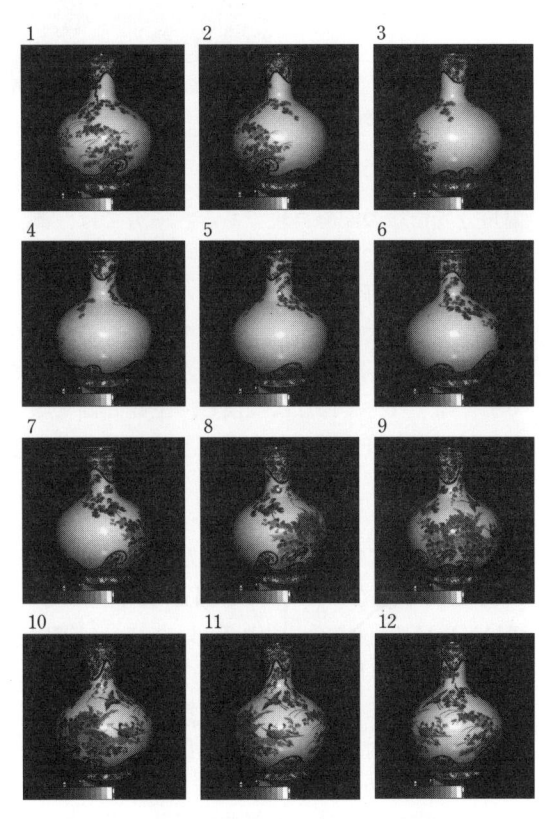

図2.46 偏角分光画像システムにより撮影された12方向の照明光による壺画像

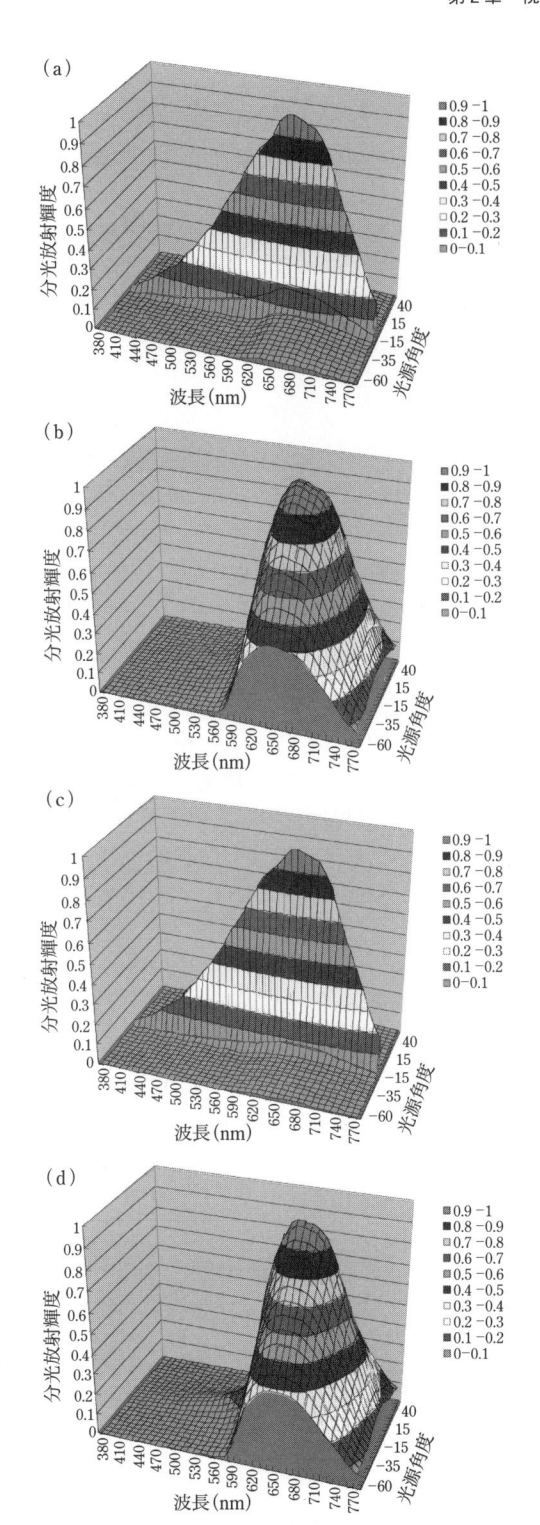

図2.44 偏角分光反射率の測定例
(a)タイル，(b)スポンジ，(c)紙，(d)プラスチック。

被写体を任意方向から撮影可能である。図2.46に12方向から撮影された壺の再現画像を示す。また，図2.47は三宅らが開発した球体に多数のLEDとカメラを配置し，実時間に偏角分光画像の撮影記録ができるシステムの例である。

2.3.7 好ましい色再現へ向けて

物理的な色情報の記録は，物体の分光情報，

図 2.47　LED を用いた多方向照明による偏角分光画像撮影システム

偏角分光情報の記録再現である。一方では，測色的や分光的に色再現を行なっても，観測する人間にとって好ましいとは限らない。そこで，古くから好ましい色再現に向けて数多くの試みがなされている。たとえば，LAB 空間において L^*，a^*，b^* を任意に変換し，主観評価実験との対応から好ましい色を選択することができる。計算機の進歩により，たとえば 6 自由度をもつセンサ（PHANToM, sensable technologies）を用いて三宅らが開発したリアルタイムに色変換可能なシステムを図 2.48 に示す。PHANToM は図に示されるように，LEFT/RIGHT，IN/OUT，UP/DOWN の 6 自由度をもつ。そこで，これらを色の 3 属性である色相，彩度，明度に対応させ，自由に色変換を行なうことが可能である[54]。

一方，皮膚の色はヘモグロビンとメラニン色素の合成でほぼ決定される。そこで，図 2.49 に示されるように独立成分分析を用いて，メラニン色素とヘモグロビン色素を分離することができる[55]。また，図 2.50 に示すように，ヘモグロビン，メラニン量を増減させることにより，飲酒後や日焼け後の顔色を予測することもできる。このように画像の物理的特性を計測し，色再現へ適用することは，今後きわめて重要になろう。

2.3.8　まとめ

CCD カメラやカメラ付携帯電話，PC や画像処理ソフトの普及により，画像処理の中身はまったくブラックボックスであっても，誰もが容易に画像処理・画像伝送が行なえるようになった。技術の高度化に伴って，技術のブラックボックス化がいっそう進むと考えられるが，画像技術者にとって基本技術を理解することがきわめて重要である。本節では，色再現の物理的特

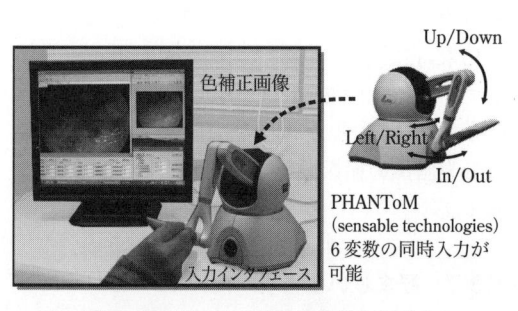

図 2.48　リアルタイム色変換システム

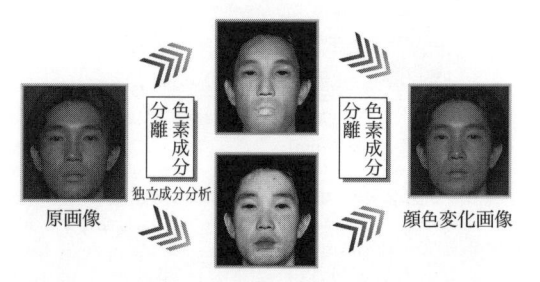

図 2.49　肌画像の独立成分分析（ICA）によるメラニン色素とヘモグロビン色素の分離合成

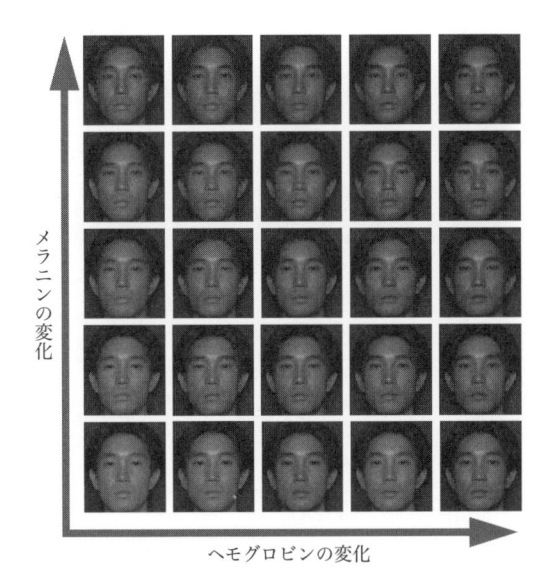

図2.50　メラニン色素，ヘモグロビン色素変化による顔色の予測

性にかかわる基本事項のみを説明した．色順応，視覚の周波数特性，眼球運動などについては文献[56]を参照されたい．また，ページ数の都合で個々の色再現の問題についての詳細は下記に示す文献を参照されたい．

文献

1) 内川惠二：『色覚のメカニズム』，朝倉書店，1998.
2) G. B. Arden, R. A. Weale：Nervous mechanisms and dark adaptation, J. Physiology, Vol.125, pp.417-426, 1954.
3) G. Wald：Human vision and the spectrum, Science, Vol.101, pp.653-658, 1945.
4) W. S. Stiles：Color vision：the approach through increment threshold sensitivity, Proc. Natl. Acad. Sci., Vol.45, pp.100-114, 1959.
5) V. C. Smith, J. Pokorny：Spectral sensitivity of the foveal cone photopigments between 400 and 500 nm, Vision Research, Vol.15, pp.161-171, 1975.
6) R. M. Boynton：Human Color Vision, Holt, Rinehart and Wiinstone, 1979.
7) F. L. Van Ness, M. A. Bouman：Spatial modulation transfer in the human eye, J. Opt. Soc. Am., Vol.57, pp.401-406, 1967.
8) K. T. Mullen：The contrast sensitivity of human colour vision to red-green and blue-yellow chromatic gratings, J. Physiol., Vol.359, pp.381-400, 1985.
9) D. H. Kelly：Visual responses to time-dependent stimuli. I. Amplitude sensitivity measurements, J. Opt. Soc. Am., Vol.51, pp.422-429, 1961.
10) G. J. C. Van der Horst：Chromatic flicker, J. Opt. Soc. Am., Vol.59, pp.1213-1217, 1969.
11) D. H. Kelly：Theory of flicker and transient responses. II. Counterphase gratings, J. Opt. Soc. Am., Vol.61, pp.632-640, 1971.
12) C. A. Burbeck, D. H. Kelly：Spatiotemporal characteristics of visual mechanisms：Excitatory-inhibitory model, J. Opt. Soc. Am., Vol.70, pp.1121-1126, 1980.
13) D. H. Kelly：Spatiotemporal variation of chromatic and achromatic contrast thresholds, J. Opt. Soc. Am., Vol.73, pp.742-750, 1983.
14) E. M. Lowry, J. J. De Palma：Sine-wave response of the visual system. I. The Mach Phenomenon, J. Opt. Soc. Am., Vol.7, pp.740-746, 1961.
15) R. Snowden, P. Thompson, T. Troscianko：Basic Vision:An Introduction to Visual Perception, Oxford Univ. Press, 2006.
16) I. P. Howard, B. J. Rogers：Binocular Vision and Stereopsis, Oxford University Press, 1995.
17) 日本視覚学会編（編集委員長内川惠二）：『視覚情報処理ハンドブック』，朝倉書店，2000.
18) 日本色彩学会編：『新編色彩科学ハンドブック』，第4章，東京大学出版会，1998.
19) H. G. Grassmann：Annalen der Physik und Chemie (Poggendorf), 89 (1853)；D. L. Macadam (ed.)：Source of Color Science, The MIT Press, 1970.
20) D. B. Judd, G. Wyszeki：Color in Business, Science and Industry, John Willy & Sons, p.48, 1963.
21) 納谷嘉信：『産業色彩学』，pp.41-48，朝倉書店，1988.
22) 樋渡涓二：『視聴覚情報概論』，pp.51-57，昭晃堂，1987.
23) 照明学会：『照明ハンドブック』，第4章，2003.
24) 応用物理学会光学懇話会編：『色の性質と技術』，pp.42-71，朝倉書店，1990.
25) JIS Z 8110：光源色の色名，日本規格協会，1997.
26) D. L. MacAdam：J. Opt. Soc. Am., Vol.27, p.294, 1937.
27) D. L. MacAdam：Visual Sensitivities to Color Differences in Daylight, J. Opt. Soc. Am.,Vol.32, No.5, pp.247-274, 1942.
28) 日本色彩学会編：『新編色彩科学ハンドブック』，第5章，pp.134-139，東京大学出版会，1998.
29) E. Q. Adams：X-Z Planes in the 1931 I. C. I. System of Colorimetry, J. Opt. Soc. Am., Vol.32, No.3, pp.168-173, 1942.
30) 宮原　誠：『系統的画像符号化』，pp.128-132，アイピーシー，1990.
31) Supplement No.2 to CIE Publication No.15, Colorimetry (E-1.3.1) 1971：Official Recommendations on Uniform Color Spaces, Color-Difference Equations and Metric Color Terms, 1975.
32) 川上元郎：『色の常識』，pp.127-157，日本規格協会，1986.
33) JIS Z 8730：物体色の色差，日本規格協会，1997.
34) 納谷嘉信：『産業色彩学』，p.113，朝倉書店，1988.
35) I. H. Godlove：Improved Color-Difference Formula, with Applications to Perceptibility and Acceptability of Fadings, J. Opt. Soc. Am., Vol.41, No.11, pp.760-772, 1951.
36) R. C. Zerrer, H. Hemmendinger：Evaluation of color difference equations—A new approach—, Color Research and Applications,Vol.4, No.2, pp.71-77, 1979.
37) 日本色彩学会編：『新編色彩科学ハンドブック』，第7章，pp.265-267，東京大学出版会，1998.
38) D. B. Judd, G. Wyszeki：Color in Business, Science and Industry, John Willy & Sons, p.306, 1963.
39) 日本色彩学会編：『新編色彩科学ハンドブック』，第5章，pp.140-146，東京大学出版会，1998.
40) JIS Z 8720：測色用の標準の光及び標準光源，日本規格協会，1997.
41) JIS Z 8722：反射及び透過物体色，日本規格協会，1997.
42) JIS Z 8724：光源色の測定方法，日本規格協会，1997.
43) 三宅洋一：『ディジタルカラー画像の再現評価』，東大出

版会，2000.
44) 三宅洋一編著：『分光画像処理入門』，東大出版会，2006.
45) 日本色彩学会編：『色彩科学ハンドブック』，東大出版会，1998.
46) R. W. G. Hunt：The Reproduction of Colour, Fountain Press, 1987.
47) J. A. G. Yule：Principles of Color Reproduction, John Wiley & Sons, 1967.
48) 三宅洋一：「マルチメディアの色彩工学―総論―」，『映像情報メディア学会誌』，**55** (10), 1216-1221, 2001.
49) L. W. MacDonald, M. R. Luo：Colour Image Science, John Wiley & Sons, 2002.
50) 三宅洋一：「カラーマネージメントの基礎―マルチメディア時代における色再現―」，『日本色彩学会誌』，**28** (1), 64-70, 2004.
51) C. Koopipat, N. Tsumura, Y. Miyake, M. Fujino：Effect of Ink Spread Dot Gain on the MTF of Ink Jet Image, *J. Imaging Science and Technology*, **46** (4), 321-325, 2002.
52) 横山康明，細井麻子，津村徳道，羽石秀昭，三宅洋一：「絵画の記録・再現を目的とした高精細カラーマネージメントシステムに関する研究(1), (2)」，『日本写真学会誌』，**61** (6), 343-362, 1998.
53) H. Haneishi, T. Iwanami, T. Honma, N. Tsumura, Y. Miyake：Goniospectral Imaging of Three-Dimensional Objects, *J. Imaging Science and Technology*, **45** (5), 450-457, 2001.
54) 三宅洋一，中川慎司：「色を作る」，『日本画像学会誌』，**46** (1), 33-38, 2007.
55) N. Tsumura, H. Haneishi, Y. Miyake：Independent component analysis of skin color image, *JOSA* (A), **16** (9), 2169-2176, 1999.
56) 三宅洋一，中川慎司：「視覚特性に基づく画質評価」，『電子情報通信学会論文誌』，**J89-A** (11), 858-865, 2006.

3 画質評価

3.1 画質評価

3.1.1 画質評価の概説

画像,とくにハードコピーの形態をとったものは,人間の五感のうちで最も多くの情報量を精度よく扱う視覚が最終的にその良否を判定する。その過程は複雑な心理的反応連鎖を含んでいる(図3.1)。

一般に画像出力系を被写体(あるいは原稿)の光学像を変換・伝送・処理して出力するものとみなすと,このような操作のあいだのひずみとノイズの影響により,最終的な出力像は被写体そのものを直接見る場合に比べて,忠実度が劣化するのがふつうである。

画像出力系を設計する側は,その系の主要な目的を満足しつつ,使用者に可能なかぎり好ましく感じられる画像を提供する必要がある。目標の上限は被写体そのものを見たときの印象を出力像で得る場合であるから,入力像が出力系を経たことで,被写体の光学像に対して劣化した度合を調べる立場が考えられる。このように,入出力間の画質に関係する物理量の対応を基礎に画像評価する立場を客観的評価(objective evaluation)という。

出力系の特性を客観的に抑えても,そのような特性が実際の画像にどのように反映し,観察者にどのような印象を与えるかは,人間の視覚特性や視覚心理が関与するので,それらを含めた主観的評価(subjective evaluation)が必須であり,現状では客観的評価はあくまでその補助手段と考えなければならない。

画像は総合的にその良否を判定される。総合画質評価とは,いろいろな物理的性質(物理的要因)をもつ画像が,それを観察する人間の内部にひき起こす心理的反応(心理的要因)との関係を解析することにほかならない。その方法論としては,先の2つの立場に対応したもの(図3.2)が考えられる。(a)はたがいに独立の物理要因 p_i をまず見いだし,その1つひとつに対する心理量 q_i を求め,総合画質はそれぞれの荷重和 $\Sigma_i w_i q_i$ で表わされるとの立場から,それぞれの重み w_i を求めるものである。一方,(b)は総合的な印象から出発するもので,総合的印象に寄与する心理要因 q_i を抽出する。そして,q_i に対応のよい p_i を見いだし,物理空間と心理空間の関係を知るものである[1]。

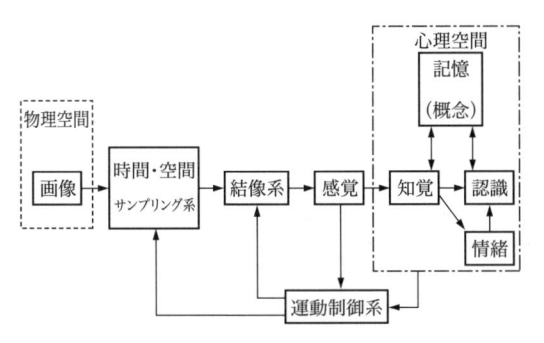

図3.1 視覚伝送系ブロック図

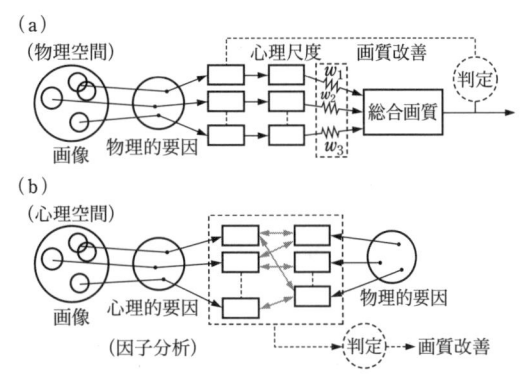

図3.2 画質研究の2つの方法

3.1.2 心理評価[2]

心理評価の目的は，物理的な手段では数値化できない主観的な感覚の数値化（尺度化）にある。尺度化のポイントは，尺度の種類と，尺度の構成（心理評価実験，データ処理）である。

(1) 尺度の種類

スティーブンズ（Stevens）[3]は，適用可能な数学操作（演算）に応じて，評価尺度を4つに分類している。

①名義尺度

対象の属するカテゴリー（範疇）を便宜的に数値で表わした尺度。数学操作は一切不可。

②序数尺度

データ間の序列（順序性）が保証されている尺度。大小比較のみ可能。

③間隔尺度

順序性に加えて，データ間の等間隔性が保証されている尺度。加減演算が可能。大半の統計量（平均値，標準偏差）を導出可能。

④比例尺度

順序性，等間隔性に加えて，絶対値が保証されている尺度。加減乗除を含めたすべての演算が可能。

一般に，画質評価では，被験者間のばらつきを考慮して統計処理が不可欠である。そのため，間隔尺度が使われるケースが多い。

(2) 尺度の構成

尺度の構成には，データ取得（心理評価実験），データ処理が必要である。表3.1に示すように，心理評価実験は，①提示されるサンプルの数，②感覚の応え方，によって複数の方法が考えられる。それぞれが長所と短所をもつので，画像評価の目的や対象に応じて適切な方法を選定しなければならない。

画質評価に使用される種々の実験方法およびデータ処理に関しては，テキスト本[4~6]を参照されたい。

(3) ISO 20462（心理物理実験方法論）[7]

画質の主観評価実験は，心理物理量を測定する実験であり，実験の方法で結果が異なることがしばしば発生する。ISO 20462（Psychophysical experimental methods to estimate image quality）マルチパート標準は，画質の主観評価実験結果の解釈を容易にし，他の実験との厳密な比較を可能とする標準化された方法を提案している。パート1は，心理物理学のオーバービューとして，①25項目の用語の定義，画質の量子化単位であるJNDまたはJNDsの規定，②19項目で構成される刺激特性，観察者特性，尺度化実験結果などの記述方法を内容としている。パート2では，①第1段階としてサンプル数をカテゴリー尺度化により適切な数に削減すること，②第2段階ではScheffe[8]の方法で3点同時比較（Triplet）を行ない，Scheffe尺度を得ること，③Scheffeの実験データに，ThurstoneのケースV[9]の統計処理を適用して，Scheffe尺度をJNDへ変換する方法を記述している。「Triplet法は一対比較法に比べて，くり返し安定性・再現性が同等以上で，時間は半分である」ことが特徴である。パート3は，Quality Ruler法の詳細を記述している。内容として，①QRの生成方法，②QRをハードコピーおよびソフトコピーへ適用する場合の注意事項，③QR実験結果の信頼度を確保する方法，④QR実験例，⑤SQS（standard quality scale），SRS（standard reference stimuri）の記述などで構成される。

この規格のパート1では，JND（just noticeable difference，丁度可知差）を，「一対比較実験で，75：25の比になる刺激差」と定義している。一対比較実験で，2つの刺激差を，50％の人が正しく差があると判別し，残り50％の人が差を判別できずランダムに回答したとする。ランダム部分の50％は，差あり25％，差なし25％に分割され，合計は差あり75％，差なし25％となる。このように，75：25は，50％が正答，50％がランダムな場合を意味し，75：25の比を生ずる刺激差をJNDの単位と

表3.1 心理評価実験の種類

感覚＼提示数	1	2	3
カテゴリー	評定尺度法		
序列		サーストン一対比較法	
間隔		Scheffe一対比較法	Triplet
絶対値	マグニチュード法		

し，1 JND とする。

ISO 20462 は，相対的にあるいは絶対的に較正された意味で，画質を測定・使用する研究者のための道具である。この標準は，画質の異なる領域にわたり（広い JNDs 範囲を）最も効果的かつ有効な 2 つの心理計量的な方法を規定し，それらはたがいに補完的である。多数の応用に，これらのどちらかが使える。Triplet は，より小さい画質差の正確な測定に対して有効である。一方，QR は，より大きな刺激差が定量化されるときに選ばれる。

Triplet は，初期負荷が小さいぶん，より簡単に適用できる。QR は SQS を用いて報告される。SRS は，第 1 番目に較正される物理的な標準を，そして，SQS は絶対的なピクトリアルな画質の数値尺度を表わす。発行された結果が SQS を使用して報告されるならば，異なる研究やラボでの実験結果の厳密な比較や統合が可能になる。文献 10) は，この標準の解説書として有用である。

3.1.3 一般的画質要因

前節でも述べたように，画質評価の 2 つの立場のうち，主観的評価のほうが最終的な決定力をもっているのが現状である。この傾向は，高画質の分野ほど顕著といえる。ここでは，文字と中間調像を含むハードコピー画像を出力する場合を想定するが，手法も確立しており，より基本的な中間調像に関する画質要因を最近のディジタルプリント技術の隆盛もふまえて紹介する。

画像は尽きるところ，光の分布を人間に伝達するものであるが，中間調像の主要な画質要因は，相互にほぼ独立以下の 4 つにまとめることができる。

- 調子：光量の記録特性
- 鮮鋭度：位置の記録特性
- 粒状性：記録系全体のノイズ
- 色：光質の記録特性

（1）調子

客観的調子再現の目標は被写体の各点の輝度比を保存すること（図 3.3 の破線）であるが，被写体を見る条件とハードコピーを見る条件が大幅に異なる場合は，視覚の明度特性が変わってしまうので，その影響を補償する必要がある。すなわち，主観的調子再現の目標は明度比の保存と表現できるが，いろいろな条件下での視覚の明度特性はそれほど明確に決定されておらず，経験的に決められた黒白写真プリントの望ましい輝度圧縮特性（図 3.3 の実線）がよく参考にされる[11]。この特性の決定には以下の因子が関与している[12]。

①反射プリントで，基準となる白（＝支持体の白）よりも明るいスペキュラーハイライトを忠実に再現することは不可能で，やむをえずわずかな濃度差をつけることで妥協する。

②人間の肌の再現濃度は D_{min} ＝ ＋0.6 前後が，そして，その付近でコントラストは －1 近くが好まれる。

カラー像の場合は，色の彩度を高めるためにより硬調な特性が好まれるが，グレーは黒白の場合と同様とし，彩度に応じてコントラストを高める処理が写真や印刷では採用されている。

画素の濃淡で階調表現をする銀塩写真の濃度

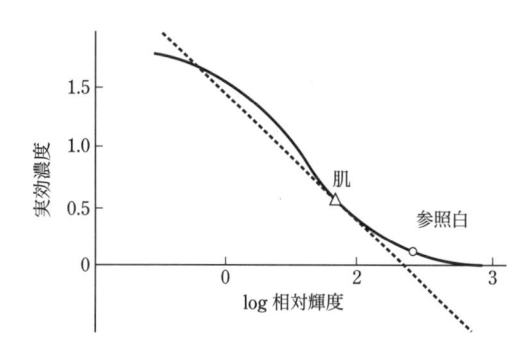

図 3.3 心理実験で決定された反射プリントの望ましい調子再現特性

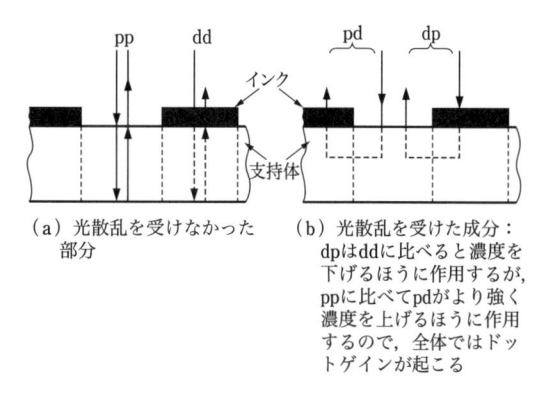

図 3.4 光学的ドットゲインの機構

（a）光散乱を受けなかった部分
（b）光散乱を受けた成分：dp は dd に比べると濃度を下げるほうに作用するが，pp に比べて pd がより強く濃度を上げるほうに作用するので，全体ではドットゲインが起こる

変調方式に対して印刷や電子写真方式，インクジェット方式のプリンタでは単位面積あたりのドット数で濃淡階調を表現する面積変調方式が用いられている。面積変調方式では単位面積あたりのドット数が多い，すなわち出力解像度が細かいほど豊富に階調数をとることができる。このとき必要な出力解像度は，人間の視覚特性から効率的に決めることができる。人間の視覚特性は空間周波数が高くなると階調識別能力が低下する。したがって，各空間周波数において人間の階調識別能力以上の階調を確保できるようにプリンタ出力解像度を決定する[13,14]。

面積変調方式プリンタでは単位面積あたりのドット数の増加に伴い，理論上線形に階調が増加するが，後述するドットゲインや隣接ドットの相互干渉によって実際のハードコピー上の階調はひずみが生じ，画像品質劣化の原因となる。これらのドットゲインの影響を解消するHalftone方式も提案されている[15]。

印刷に代表される面積階調での調子再現に大きな影響を及ぼすのがドットゲインである。一般に，ドットゲインは，印圧などにより印刷された網点サイズが本来よりも大きくなるメカニカルドットゲインと，紙内部での光散乱により見かけ上の網点サイズが実際に印刷された網点サイズよりも大きくなる光学的ドットゲインとに大別される。

光学的ドットゲインの影響を考慮した階調を表わす理論式がYule-Nielsen式（3.1）であるが，その式中の係数 n は紙の特性とスクリーン線数とに依存する実験値である。

$$D = -n \log\{1 - a(1 - 10^{-Ds/n})\} \quad (3.1)$$

紙の光散乱特性を紙の点像広がり関数（point spread function；PSF）で表わすモデルが提案されており，紙のPSFを実際に測定して光学ドットゲインを予測する方法が報告されている[16,17]。また，PSFが比較的小さい場合には，網点の周囲長が光学ドットゲインと強い相関があることが知られている[18]。

印刷では商業印刷用途を中心に，撮影されたリバーサルフィルム原稿をスキャナで読み取って印刷データに変換する製版工程が残っている。この場合の階調再現の課題は，最大濃度がたかだか2.0程度の印刷物上に，最大濃度3.5〜4.0もあるリバーサルフィルムの階調をいかに圧縮して再現するかである。スキャナの熟練オペレーターによって，いわゆる「原稿どおり」に作成された印刷物と，リバーサル原稿との明度再現特性について種々の知覚モデルとの対応を調べた結果，バートルソン（Bartleson 1975）の明度関数モデルで相対的な明度がほぼ線形関係に保たれていることが報告されている[19]。

(2) 鮮鋭度

鮮鋭度の評価尺度としては，解像力，アキュータンス（acutance）[20]などが使われてきたが，現在では，理論的背景の明確な変調伝達関数（modulation transfer function；MTF）が最も一般的である[21]。像出力系に，周波数の異なる正弦波入力

$$E(\nu) = \langle E \rangle [1 + M \sin(k\nu)] \quad (3.2)$$

を与え，ミクロ濃度測定で得られる出力像の濃度から相当する信号強度分布を求め，式（3.3）から周波数 ν における変調度 $M_0(\nu)$ を求める。

$$M_0(\nu) = \frac{E'_{max} - E'_{min}}{E'_{max} + E'_{min}} \quad (3.3)$$

ここで，E'_{max} と E'_{min} は濃度−信号強度特性を介して得られる正弦波応答の極大値と極小値である。したがって，周波数 ν におけるMTF(ν)は

$$MTF(\nu) = \frac{M_0(\nu)}{M} \quad (3.4)$$

で与えられる。多くの場合，M は $M_0(0)$ で代

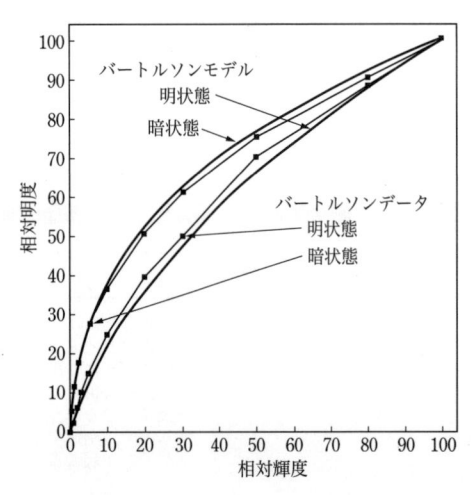

図3.5 バートルソンモデル

表させる。

よく知られているように，MTFは線形応答を前提にしている。多くの画像出力系は非線形の応答を示すので，先述のようなそれぞれの特性を補償する手続きを含む（図3.6）が，非線形性の強い系では入力変調度の適切な選定などの注意が必要である。

光学的手段による入力では，正弦波パターンが面倒なので，方形波入力を用いることが多い。十分に高周波までの方形波応答が求められていれば，それからMTFを求めることができる[22]。

古典的な解像力による評価は，方形波入力への応答を直接視覚で判定するもので，系のコントラスト特性による補正を含まない。

テレビやファクシミリでは，有限の開口による走査（原稿読み取りや出力系への露光）が系の鮮鋭度を支配することが多い。代表的な開口のMTF特性を図3.7に示す[23]。

固体イメージセンサを用いたような離散的な系では，MTFが入力信号波とサンプリング点との位相にも依存するので，注意を要する。

また，カラー写真感材のように，現像処理中の物質拡散を利用してエッジ強調や色補正を行なう場合では，最終的な写真的特性が露光量のみの関数ではなくなっており，MTFもある露光量領域での特性であることを認識しておく必要がある[24]。

さて，MTFがいくら高周波域まで高い値で伸びていても，視覚が認識不能の成分は画質に寄与しない。このような点を考慮した鮮鋭度の評価式がいくつか提案されており[25,26]，映画フィルムの評価などによく使われている，ジェンドロン（Gendron）の提案したCMTアキュータンスがある[27]。

MTFの測定法としては，上述の周期的な入力パターンを用いる方法以外にも，ランダムな入力パターンを用いる手法[28]や矩形パターンのエッジ部分を用いる手法[29]がある。前者では，ランダムなパターン$f(x)$を入力し，系を介して出力パターン$g(x)$を取得する。それぞれのフーリエスペクトル$F(\nu)$，$G(\nu)$を求め，それらの絶対値の比を算出することでMTFを算出する。この手法では，測定効率およびSN向上の観点から，図3.8のような1次元のランダムパターンが用いられる。

$$M(\nu) = |G(\nu)|/|F(\nu)| \qquad (3.5)$$

特徴として，ディジタルプリンタ特有の解像度とパターンとのあいだで生じるモアレの影響

アパーチャの形状	MTF	MTF曲線	記事
（正方形）	$\dfrac{\sin(\pi ax)}{\pi ax}$		x：空間周波数
（円形）	$\dfrac{2J_1(\pi bx)}{\pi bx}$		x：空間周波数 $J_1(y)$：ベッセル関数 近似式＝$\dfrac{\sin(0.867\pi bx)}{\pi(0.867b)x}$ すなわち$0.867b$の矩形アパーチャとほぼ等価
（円形）	$\exp\left(\dfrac{\pi^2 b^2 x^2}{8}\right)$		x：空間周波数 近似式＝$\dfrac{\sin(0.833\pi cx)}{\pi(0.833)x}$ すなわち$0.833c$の矩形アパーチャとほぼ等価

図3.7　代表的な開口のMTF

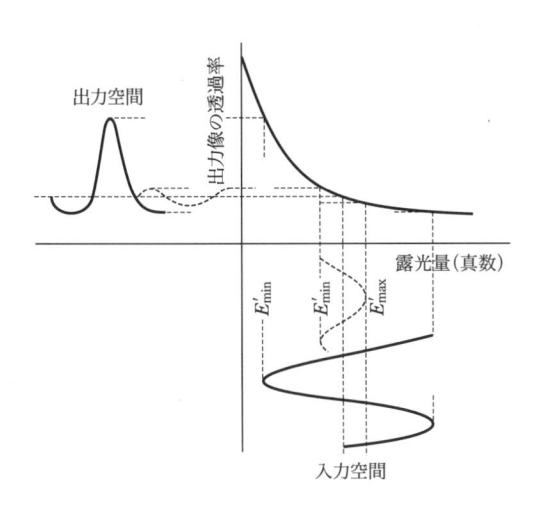

図3.6　非線形性の強い系の変調伝達関数の決定

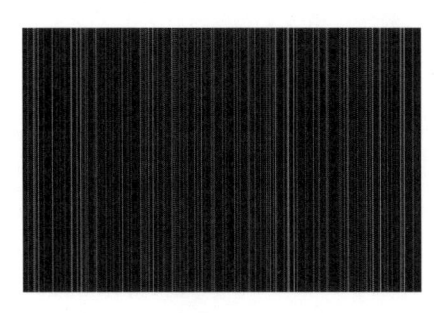

図3.8　1次元ランダムパターン

が避けられること，また，さまざまな解像度のプリンタに対しても同様のパターンで解析が行なえることがあげられる。

後者の手法は，もともとディジタルカメラの解像力評価に利用されたもので，ISO 12233[14]に規定されている。矩形パターンのエッジ部分の出力に対し，その微分応答を求め，そのフーリエスペクトルを算出することにより，系のMTFを測定する方法である。入力機の走査方向に対し，パターンを垂直方向から約5度傾けて収録・解析することで，画像入力機の分解能以上の測定が行なえる。前者同様にディジタルプリンタ特有の問題を回避できる手法である。

(3) ノイズ

本来均一な濃度を示すべき領域に濃度ゆらぎがあると，ざらついた印象を与える。系のノイズはこのようなゆらぎに寄与する。その確率密度分布はほぼガウス分布に従い，ノイズの尺度として濃度ゆらぎの標準偏差を使うことができる（RMS粒状度）。RMS粒状度は測定開口の影響を受けるが，ノイズが白色に近い場合は，開口径に逆比例するというセルウィン（Selwyn）の関係が成立する。この計測値は視覚的な粒状感とよく対応することが知られており，また，JNDは均一な領域での6%から複雑な絵柄での30%まで変化すると報告されている[30]。

ディジタルハードコピーの画質評価法の世界標準であるISO/IEC 13660[31]では，デジタル取り込み画像の特徴を活かしたモトル（mottle）測定が規定されており，電子写真画像や印刷画像などに見られる粒状として認識されるよりもやや低周波のモヤ状の不均一性を定義している。粒状性とのちがいは測定領域（分割されたセルサイズ）にあるので，セルサイズを小さくとれば粒状に相当する高周波ノイズを，大きくとればムラやシェーディングなどに相当する低周波ノイズを表現できる。

粒状性の算出に人間の視覚特性を考慮して，より主観評価に近づける方法が提案されている。ドゥーリーとショウ（Dooley, Show）[32]は，画像データのフーリエ変換で得られるWienerスペクトル（WS）を1/2乗した画像ノイズの振幅成分に，人の視覚系の空間周波数特性（visual transfer function; VTF）を加重関数として乗じ，粒状性を算出している。

$$Graininess = e^{-1.8D} \int \{WS(u)\}^{1/2} \text{VTF}(u) \, du \quad (3.6)$$

このVTFを用いた評価方式は，近年の画像入力システム，コンピュータの低価格化と性能向上に伴い，上記方式をベースとした改良・検討がなされている[33]。

また，人の視覚の周波数応答が輝度と色とで異なることに着目し，均等色空間に空間情報を含んだS-CIELAB（Spatial CIELAB）を用いた画像の評価方法が提案され[34]，さらに改良も検討されている[35,36]。

上述の明るさ知覚により規定されたノイズ評価を，色彩に関する知覚も含めて拡張することで，モノクロ・カラーを問わないノイズ尺度が提案されている。均等色空間のCIELAB座標に基づき，ノイズの色彩成分（彩度，色相角）に対して，人の視覚特性を顧慮した色彩ノイズ値 CN（Chromatic Noise）[37]が提案されている。総合的なノイズ知覚については，上記色彩ノイズ値に加え，明度成分に対する明度ノイズ値 LN（Lightness Noise）を考慮することで画像ノイズ尺度 GI（Graininess Index）として評価できる。

$$GI = (LN^2 + \alpha \cdot CN^2)^{1/2} \quad (3.7)$$

ただし，α は加重係数（=2.9）である。

欠陥は，ボイドなどの点状のもの，バンディング[38]などの線状のもの，シェーディングやムラなどの面状のもの，さらには周期的なものと突発的なものと多種多様であり，それぞれの特性に応じた評価方法を採用する必要がある。

評価画像は，一般にはその欠陥の目立ちやすい濃度や色の均一（ベタ）画像，たとえば濃度0.7程度のグレー・ベタ画像で評価を行なう。しかしながら，尾引きやゴースト[39]，負荷変動ムラなどの各プリントシステムに特有の欠陥に対しては，その発生メカニズムに即した画像（たとえば，黒部と白部が縦や横に隣接した画像）をプリントして評価する必要がある。

欠陥の測定・評価は，スキャナで画像を取り込んで画像処理して定量化する方法がISO/

IEC 13660[31]などに記載されており，一般的である[40]。さらに，視覚感度の周波数特性に対応したVTF（visual transfer function）をかけた画像処理を行なって目視に対応した評価を行なうことができる[41〜44]。周期的な欠陥に関しては周波数解析を行なうことにより，発生原因の特定に役立てることができる。

客観的物理値を用いて欠陥の実害レベルを評価するためには，その欠陥に関して官能評価と測定値のデータの蓄積を要する。一方，目視評価は，人間の脳でその欠陥を抽出する一種の画像処理が行なわれるため，欠陥の検出感度は高く，かつ実害レベルの判断もつけやすい。目視評価の場合には，対象とする欠陥に関するグレード見本を準備して発生した欠陥をランキングすることにより半定量的な評価を行なう。

(4) 色

人間の色に対する感覚は非常に複雑で，同一の着色物体でも，照明の強さや光質，また周辺の色の明るさ（対比や順応）によって，その色の見え方は影響を受ける。これら色の見えに影響を与える要因は，大きく心理物理的要因と心理的要因に分けることができる[45]。心理物理的要因とは，画像やシーンを観察する際の照明条件や周囲環境などの物理的要因によって知覚される色の感覚が変化する場合を指し，一方，心理的要因とは，人の記憶や好みなどの主観的な要因に依存するものを指す。画像の色再現の善し悪しを論じるうえでは，これら2つの要因を理解しておくことが重要である。

原景を撮影し，フルカラーのハードコピーとして出力する場合，色再現の目標は，原景を見たときの色に関する印象を忠実に再現することであるが，原景とハードコピーを見る条件が極端に異なるのがふつうなので，絶対的な見えではなく白色に対する相対的な見えを合わせることが目標とされる（文献[46]の"対応する（correspondent）"色再現に相当）。この対応する色再現を達成するためには，観察者がシーンおよびハードコピーを観察する際の条件を考慮する必要があり，これらの観察条件から観察者が知覚する色の見えを予測するモデル（カラーアピアランスモデル，CAMなどとよばれる）が提案されている[47]。これらのモデルは，したがって前述の心理物理的要因を考慮できるようなモデルであり，色の見えの一致を評価するうえで有用である。さらに，原景の印象を再現するためには，対応する色再現を達成するだけでなく，前述の心理的要因を考慮した，より好まれる画像再現（文献[46]の"好ましい（preferred）"色再現に相当）とする必要がある。たとえば，肌色や空色などのいわゆる記憶色とよばれる色は，実物の色とは異なる再現をするほうが好まれる場合があり[48]，これらの要因を考慮した画像再現が要求される。

一方，すでに原稿となる画像が存在している場合に，その複製・伝送などを考える場合は，原稿と複製物で観察条件が同一と考えられる場合が多く，この場合は原稿に対する測色的な一致（文献[46]の"測色的（colorimetric）"色再現）を目標にすればよい。

色再現性の評価は，市販の標準画像による目視評価以外に，マクベスカラーチェッカーなどの色再現性評価チャートを用いた定量的評価がしばしば行なわれる。チャートを用いた評価では，オリジナルと再現色の色差を，CIE1976LAB表色系やCIE1976LUV表色系などのいわゆる均等色空間内での距離により評価するのが一般的であるが，近年ではこれらの色空間の均等性を改善した新しい色差式が開発され[49]，画像システムの色再現評価に活用されている。

(5) 質感

写真画像の見栄えは光沢感やレリーフによっても大きく変化する[50]。

光沢感は光沢度すなわち正反射光の強度が高くかつ画像面での反射光のスペキュラー性が高いほど高くなる。光沢感というと光沢度で決まるという先入観があるが，実際には後者の反射光のスペキュラー性の寄与がかなり大きい。

光沢度は光沢度計[51]を用いて画像面での特定の角度，たとえば60度の正反射率を測定する。各濃度域の光沢度の差が小さいことも重要な画質要件である[52,53]。

反射光のスペキュラー性の測定に関しては各種の方法が報告されており，写像性測定機[54]やDOI（distinctness of image）測定[55,56]，スリット光の写り込みのボケ度を測定する方法[57]

などがある．また，ゴニオフォトメーターで反射光強度の角度依存性を測定し，ピークの広がりや裾引きでも定量化することができる[58]．

しかしながら，上記の光沢度と写像性から官能評価に対応する1つの物理値を導出する方法[59]はいまだに十分確立されておらず，実際の光沢感の評価は目視官能評価に頼る場合が多い．

目視評価は，ある程度スペキュラーな光源の環境下で行なうと序列がつけやすい．画像面に蛍光灯を反射させ，蛍光灯がいかにくっきりと強く写り込んでいるかという見方をすると，光沢感の序列を比較的容易につけることができる．

電子写真やインクジェット，昇華型，その他，濃度や色で光沢感が変わるプリント材料の場合は，評価サンプルの濃度や色に留意する必要がある．一般的には数センチ角以上の各種色濃度を有する階段状パッチを用いると総合的に評価できる．また，インクジェットの場合は，プリント後の経時で光沢感が変わる場合があるので，注意を要する．

レリーフは，画像が像様に段差をもつ現象[60]で，数 μm の段差で目視される場合がある．電子写真でトナーののった画像部と非画像部の境目や一部の昇華型プリントなどに観測される．段差の傾斜部分およびその周辺で観察光が異なった角度で反射されたときに観察者にレリーフとして認識される．レリーフ感は，光沢，段差の深さとその傾斜度，段差部分の光反射性，画像面の面種などによって変わり，一般にプリントメディアの光沢が高いほど目立ちやすい．

レリーフは解析的には接触型あるいは非接触型の各種表面形状測定装置で測定することができる．ただし，必ずしも段差の大きさだけではレリーフ感の大きさを予測できないため，レリーフ感の評価は，目視によって行なうことが現実的である．

評価画像は，白黒の線やステップ・ウェッジなど，濃度差の大きいものを用いる．観察環境は，スペキュラーな光源下，たとえば暗室で点光源を用いると，とくに検出感度が高い．

3.1.4 文字画像の評価

文字画像の総合的な画質評価に寄与する心理的な画質要因は，多次元尺度構成法またはSD（semantic differential）法を用いて抽出される．8ポイントの明朝体文字で印刷された無意味な漢字仮名交じり文字パターンを原稿として，各種複写機で複写されたコピーに対してSD法を用いた稲垣の画質要因分析[61]では，"画像の明瞭さ"，"濃さ"および"下地のきれいさ"が抽出され，この3つで70%の累積寄与率となった．このような心理的な画質要因は画質属性とよばれている．

文字および線画像に対して8種の画質属性が定義され，その測定方法がISO/IEC 13660[31]として国際標準化されている．国際標準における8種の画質属性は，図3.9に示す文字画像の画像構造を特徴づける画質属性[62]であり，これらの画質属性とSD法で抽出された文字画像における心理的な画質要因との関係は，"画像の明瞭さ"は，①エッジ部のぼけ（blurriness），②ぎざぎざさ（raggedness），および，③線幅，"濃さ"は，④濃さ，および，⑤コントラスト，"下地のきれいさ"は，⑥背景かぶり，と関係づけられる．⑦抜け，および，⑧黒点は，画質欠陥要因である．

"画像の明瞭さ"に寄与の高い，ぼけおよびぎざぎざさは，図3.10に示すように測定される．ぼけは，画像エッジを垂直に走査したときの光学反射率分布における10〜90%反射率点間（エッジ境界領域）の平均距離で定義され，NEP（normal edge profile）とよばれている．画像エッジのぎざぎざさは，エッジに平行な方向の光学反射率分布の50%反射率点をエッジ

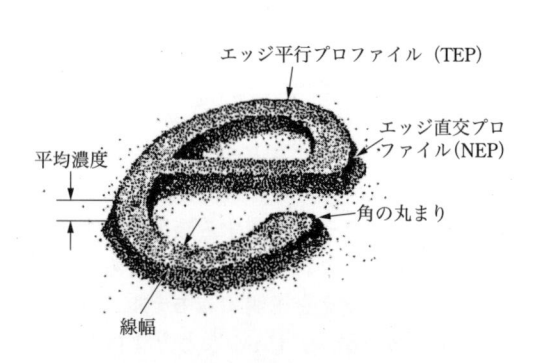

図3.9 文字画像の画質要因

点としてそれを結んだ輪郭線に対して，画像エッジの近似直線からのずれの標準偏差で定義され，TEP (tangential edge profile) とよばれている。画像エッジの凹凸の周波数と振幅を変えたシミュレーション像に対する視覚の検知閾を図3.11に示す[63]。

放電記録ファクシミリ画像に関する樋口の結果[64]は，SD法で文字の読みやすさ，コントラストおよび鮮鋭感の3つを抽出した。試料は14ポイント相当の明朝体漢字で，線密度2.8および5.6本/mm，階調数2および5であった。読みやすさは線密度に，鮮鋭感は階調数にそれぞれ支配され，階調数の多いほうが低い評価を得ている。

ファクシミリ画像の場合，画質の評価尺度としては画素誤り率が有用である[65]。図3.12は冗長度抑圧符号化を用いるディジタル伝送の場合に，誤りデータを含むラインが前ライン置換処理される影響を見たものである。縦軸の平均主観評価値 (mean opinion score；MOS) は主観評価のためのカテゴリ（表3.2）のうちの妨害尺度 (impairment scale) が用いられた。

3.1.5 総合画質評価

画像の総合画質評価は，その画像の利用者による主観評価を定量的に測定することで得られるが，総合画質が絵柄に依存する部分が大きいため，ISO，ITU，学会などの機関から各種の総合画質評価用テストチャートが発行されている。

また，画質評価の目的が，画質の設計，改善，管理などの場合は，図3.2に示す2つの方法で画質物理量による総合画質評価モデルが構成され，物理量ベースで画質の設計，改善，管

表3.2 評定尺度法のカテゴリ

評点	カテゴリ		
	品質尺度 (quality scale)	妨害尺度 (impairment scale)	比較尺度 (comparison scale)
5	非常に良い (excellent)	妨害がわからない (imperceptible)	非常に良い (much better)
4	良い (good)	妨害がわかるが気にならない (perceptible, but not annoying)	良い (better)
3	普通 (fair)	妨害が気になるが邪魔にならない (slightly annoying)	普通 (the same)
2	悪い (poor)	妨害が邪魔になる (annoying)	悪い (worse)
1	非常に悪い (bad)	妨害が非常に邪魔になる (very annoying)	非常に悪い (much worse)

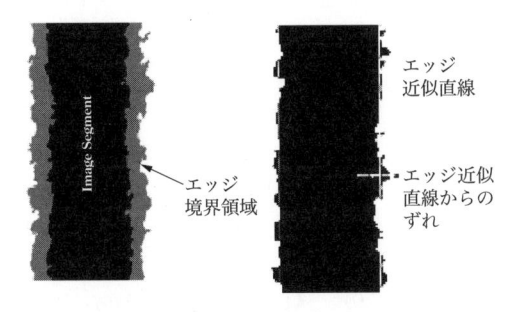

図3.10 ぼけ，および，ぎざぎざさの測定方法

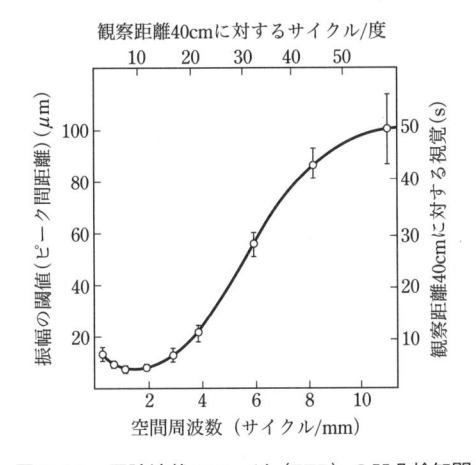

図3.11 正弦波状のエッジ (TEP) の凹凸検知閾

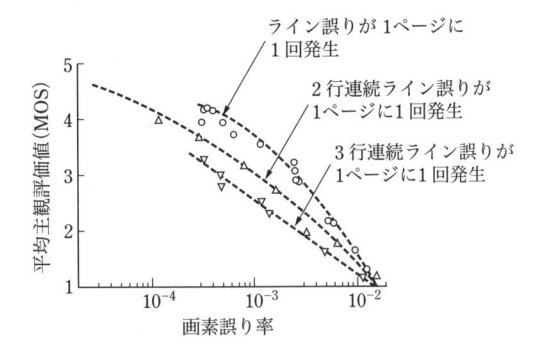

図3.12 画素誤り率に対する画品質特性（標準モード）

理が行なわれる．

(1) 総合評価用テストチャート

総合画質評価用テストチャートは，ハードコピータイプとディジタル信号タイプに分類される．

ハードコピータイプでは，複写機用カラーテストチャートとして，ISO/IEC 15775（JIS X 6933）[66]があげられ，ファクシミリでは，カラーテストチャートとしてITU-T No.6（302×222 mm）があげられる．日本画像学会では，カラーテストチャートとしてNo.5が，モノクロテストチャートとしてNo.1（A4），No.3（A3）が頒布されている．画像電子学会では，ファクシミリ用途の白黒テストチャートを4種，カラーチャートを3種頒布している．また，ディジタルカメラ用のカラーチャートも頒布している．

ディジタル信号タイプでは，ISO/TC130で，各種カラー信号によって，次のような高精細カラーディジタル標準画像（SCID）が発行されている．ISO 12640-1（JIS X 9201）'CMYK/SCID'[67]は，CMYK 4色の印刷網点％値をもつ標準画像である．

ISO 12640-2（JIS X 9204）'XYZ/SCID'[68]は，sRGB値（8ビット/画素）をもつ標準画像である．

ISO 12640-3 'CIELAB/SCID'[69]は，CIELAB座標系で記述された標準画像である．この画像の特徴は，代表的なハードコピーの色域を含む基準色域（reference medium gamut；RMG）に画像が存在することである．

(2) 総合画質評価モデル

総合画質評価モデルは大きく2つに分類できる．1つは，表示画像の画質を個別に評価するモデル，もう1つは，個別の画像ではなく，画像表示システムの能力を評価するモデルである．

前者の個別画質の評価では，画質の絵柄依存性が重要である．そのため，ハードコピー分野，ことにカラー複写機の分野では，原稿種によって異なる評価モデルが用いられる．以下，ピクトリアル画像（ポートレート）とドキュメント画像（地図）を原稿としたときの総合画質評価モデル[70]を，それぞれ式（3.8），式（3.9）に示す．

$$Q_{\text{Portrait}} = 0.393 \times 10^{-8} \times (\text{Red 100\%の彩度} C^*)^{5.2} + 69.51 \times \exp(-0.125 \times \text{Cyan 60\%の粒状度}) - 0.000173 \times (濃度1.0の無彩色ソリッドの色相角 H - 305.0)^2 - 0.409 \times (\text{Blue 10\%の彩度} - 4.90)^2 + 47.7 \times \exp(-0.0766 \times 肌色の粒状度) - 0.0197 \times (\text{Blue 40\%の彩度} - 23.5)^2 - 0.0452 \times (70\%の彩度 - 36.8)^2 - 15.22$$

(3.8)

$$Q_{\text{Map}} = 89.34 \times \exp(-0.055 \times \times 濃度0.3の無彩色ソリッドの粒状度) - 0.00373 \times (\text{Blue 500}\mu\text{mの線幅} - 509.0)^2 - 0.00485 \times (\text{Red 20\%の色相角} - 47.0)^2 - 3.108 \times (\text{Red 5\%の彩度} - 3.0)^2 - 413.7 \times (\text{Red 300}\mu\text{mの線濃度} - 0.60) - 46.38 \times (\text{Green 300}\mu\text{mの線濃度} - 0.69)^2 + 20.74$$

(3.9)

後者の画像表示システムの能力評価では，情報容量（エントロピー）が用いられる．一般に，画素数がp，階調レベル数がnである画像表示システムの情報容量Hは次式で与えられる[71]．

$$H = p \log_2 n \quad (3.10)$$

このほか，主観評価との対応を考慮したモデル[72]も提案されている．

$$画像エントロピー = \log_2 pn \quad (3.11)$$

写真画像のようなアナログ系について情報容量を計算するには，画素数，階調数などを別途求める必要がある．一般的な方法は，系の総合的MTFから便宜的に画素面積sを決め，それと等しい測定開口でのRMS粒状度σから，画素上で識別可能な濃度段数nを次式で求め，

$$n = 1 + (D_{\max} - D_{\min})/(k\sigma) \quad (3.12)$$

画素数pを有効面積Aとsから求めるものである．

$$p = A/s \quad (3.13)$$

ここで，$D_{\max}$および$D_{\min}$はシステムの最大および最小濃度を表わし，kは画像によって決まる定数で，自然画像の場合は2程度としてよい．

上記手続きは撮像機能の優劣の評価から出発しており，直接肉眼で観察するハードコピーの場合は，明視の距離での視覚の解像限界からsを決めるほうが実態に即している。また，視覚の検出できる階調数と空間周波数の関係から2値では20ドット/mm必要となる[73]こと，画素数と階調数を系統的に変えた人物画像では画素数が増えれば画質は向上し，64階調で画質が飽和する[74]ことなどを考慮に入れる必要がある。

このほか，図3.2に示すような基礎的な検討も行なわれている。SD法などで総合的画質評価を満たす必要かつ十分な，たがいに独立な心理要因を抽出し，それぞれの心理要因またはその心理要因と相関の高い心理物理量を重み付けする方法（b）としては，ISO/IEC JTC1/SC28で進められている画質属性を重み付けする方法がある。

一方，たがいに独立な物理要因を重み付けする方法（a）は，たがいに独立な心理要因がもれなく抽出されていてその物理的測定法が確立されているなら，各心理要因を重み付けする1次の統計モデルで十分な予測精度が得られると考えられるが，実際には非線形で複雑なモデルとなる場合が多い。

3.2 伝送符号化画像の評価

3.2.1 伝送符号化画像の劣化要因

本節では，伝送符号化画像，すなわちディジタル高能率圧縮が施された動画像（映像）の品質評価について説明する。

評価対象となる伝送符号化劣化の要因は，次のように大別される。

- 量子化劣化
- 伝送路誤りによる劣化

前者は，ディジタル圧縮符号化に起因する劣化であり，量子化ノイズともいう。これは，圧縮の方式（MPEG-2やH.264など）やビットレートにより決まる。さらに，このようなディジタル圧縮の特徴として，伝送ビットレートを一定とした場合，圧縮対象の映像の中身（絵柄や動きなど）に劣化量が依存するということがある。

後者は，伝送中のデータ欠落（伝送路誤り）に起因する劣化である。ディジタル映像圧縮方式では，映像の相関を最大限利用して圧縮するため，データ欠落が少しでもあると，受信側では大きな劣化となって現われる。

このようにディジタル伝送に伴う劣化は，アナログ劣化に比べると時間的にも空間的にも局所性が強いのが特徴といえる。

3.2.2 主観評価と客観評価

映像の品質評価には主観評価と客観評価がある。前者はITU（国際電気通信連合）で標準の評価法が従来より定められている。後者は，人間ではなく機械で自動的に評価値を計算することであり，なるべく人間の主観に近い値を得られるよう，ITU勧告化や研究開発が進められている。

ディジタル圧縮された映像は，BS/地上ディジタル放送のようにテレビで視聴されるほか，パソコンによる動画配信，さらにはワンセグに代表されるように携帯電話でも視聴される。これらはディスプレイのちがいのみならず，視聴環境自体も，ディスプレイからどれだけ離れて見るかなど，それぞれのケースで大きく異なる。

このように，いわゆるテレビとマルチメディアでは評価条件が大きく異なる。そのため，ITUで勧告されている主観評価法も，従来はアナログテレビ伝送が前提であったものが，ディジタル圧縮対応，さらにはマルチメディア対応がなされてきている。客観評価法についても同様である。

3.2.3 主観評価法の標準方式

テレビの主観画質評価法としては，従来よりITU-R（ITUの無線通信部門）の勧告BT.500が広く使用されている[75]。最近ではこれに加え，マルチメディアの主観評価法として，ITU-T勧告P.910やP.911が作成されている[76,77]。P.910は映像のみの主観評価を，P.911は音声も加えた主観評価実験法を規定している。

（1）二重刺激と一重刺激

勧告BT.500で規定されているテレビの主観評価実験の枠組みとしては，大きく分けて次の

2種類がある。

- 評価したい画像と比較対象画像を比較しながら評価値を出す「二重刺激」方式：DSCQS (double-stimulus continuous quality-scale, 二重刺激連続品質評価尺度）法や DSIS (double-stimulus impairment scale, 二重刺激劣化尺度）法など
- 評価したい画像のみを提示して評価値を出す「一重刺激」（絶対評価）方式：SSCQE (single stimulus continuous quality evaluation；単一刺激連続品質評価）法など

二重刺激方式は，原画と比べて処理画がどのくらい劣化しているかを厳密に評価する。これに対し，一重刺激方式は処理画だけでの評価であり，たとえば家庭でのテレビ視聴者がその画像に対してどのように感じるかということを評価するための枠組みであるといえる。

換言すると，二重刺激方式は処理系の評価用，一重刺激方式は画像そのものの評価用ともいえる。

このほか，DSIS と SSCQE の特長を両方取り入れた新しい評価方式として，SDSCE (simultaneous double stimulus for continuous evaluation, 同時二重刺激連続評価）法がある。

(2) DSCQS 法

DSCQS 評価法については，勧告 BT.500 の第5節に規定されている。主観評価実験の評価者の人数（非専門家の評価者を15人以上）や，モニタの明るさやコントラスト，モニタの大きさ，モニタから評価者までの距離，画像の提示方法（順番，時間）などについて，細かく決められている。

このうち画像の提示方法を図3.13に示す。比較評価対象の2種類の画像を A，B とする。まず，画像 A を10秒間モニタに表示する。その後，一面灰色の画像を3秒間表示したのち，画像 B を同様に10秒間表示する。そして再度，一面灰色の画像を3秒間表示する。ここまで，評価者はただ観察するのみで，評価シートへの記入は行なわない。次に，以上の表示をもう一度くり返す。すなわち，A を10秒間表示，灰色画像を3秒間，B を10秒間，最後に灰色画像を5秒から11秒間出す。この間に，評価者は A，B それぞれの評価値をシートへ記入（目盛上へマーキング）する。

評価シートは図3.14のように5段階表現になっているが，目盛のどの部分にマークをつけてもよいため，連続値による評価となる（「連続品質尺度」のゆえん）。この評価実験では，高精度化のため，通常，さまざまな絵柄の画像を種々の組合せで提示する。図3.14では，27回目から31回目までの組合せの評価を記入する部分が示されている。

例として，ディジタル圧縮符号化装置の符号化画質評価を行なう場合，A と B のどちらかに原画，どちらかに符号化装置の出力画が提示される。ただし，どちらを原画にするかは提示の各回によってランダムに変更し，評価者にはわからないようにする（この点が後述の DSIS 法との大きなちがいである）。

このようにして得られた連続評価値について A・B 間で差分をとり，さらに0～100（％）に正規化したうえで平均化する。これが評価対象の劣化度となる。

このテストに先立っては，評価者への事前の説明や評価作業に慣れるための練習セッションが行なわれる。これらの準備作業は，評価デー

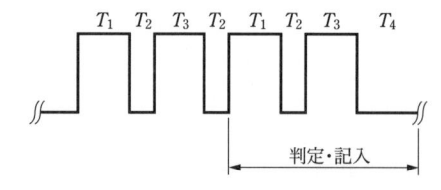

図3.13 DSCQS の画像提示方法

提示の流れ：
T_1 = 10秒　テスト画像シーケンス A の提示
T_2 = 3秒　一面灰色の画像の表示
T_3 = 10秒　テスト画像シーケンス B の提示
T_4 = 5～11秒　一面灰色の画像の表示

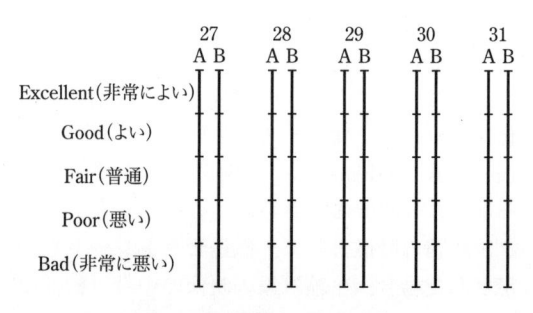

図3.14 評価シートの一部

タを信頼性の高いものにするために重要である。テスト時間は，評価者の集中力が持続するよう30分以内と勧告されている。

以上のようにして得られる劣化尺度は，伝送品質の要求条件の勧告で指標として用いられるなど，重要なものとなっている。たとえば，ITU-R勧告BT.800[78]では，テレビの番組素材伝送用のディジタル圧縮符号化装置の要件として，圧縮画像と原画の品質差がDSCQSで12%以下であることを規定している。

(3) DSIS法

DSIS評価法については，勧告BT.500の第4節に規定されている。DSCQS法と同様，二重刺激法であるが，まず先に原画を見せ，次に評価対象画像を提示するということが決まっている。すなわち，評価者にはどちらが原画かがわかっているという点が大きなちがいとなる。その目的は，原画に対して処理画がどのくらい異なっているか，ということを測定することである。

たとえば，被写体の輪郭をはっきりさせるエッジ強調あるいはノイズを低減する平滑化フィルタ処理を施した画像が評価対象の場合，DSCQSでは処理画のほうがよい評価点がつく可能性がある。しかし，DSISでは原画に対してどの程度ちがっているかを見るので，そのようなことは起こらない（処理画のみを5段階評価する）。

DSIS法の画像提示方法を図3.15に示す。提示を2度くり返す方法IIは，方法Iに比べて原画と処理画の差が小さい場合に使用する。

また，DSISにおける評価の各段階は，次のとおりとなる。

5：imperceptible（差異がわからない）
4：perceptible, but not annoying（差異がわかるが気にならない）
3：slightly annoying（気になるが邪魔にならない）
2：annoying（邪魔になる）
1：very annoying（非常に邪魔になる）

(4) SSCQE法

SSCQE評価法については，勧告BT.500の第6.3節に規定されている。

家庭でテレビを視聴する場合には，その受信映像だけを見ているのであり，原画と見比べることはない。一方，MPEGやH.264に代表されるディジタル圧縮符号化による映像伝送においては，絵柄によって圧縮の難しさ（画像の情報量）が異なる。このため，地上・BSディジタル放送では，アナログ放送とちがい，通常，時間を追うごとに符号化劣化の度合は変化している。

このように実際の視聴環境になるべく近い形で品質を評価するように考えられたのが，SSCQE法である。SSCQE法では，DSCQSやDSIS法と異なり，評価者は，長い（1回あたり5分）画像シーケンスを見ながら，専用の記録装置のスライダを動かして評価値を記録していく。この評価値は，DSCQSと同様，連続評価尺度（非常に悪い～非常に良い）である。SSCQEによる評価結果のグラフの例を図3.16に示す。

SSCQE法は，マルチメディア評価に適する方式として，勧告P.911にも引用されている。

(5) SDSCE法

DSIS法とSSCQE法を組み合わせた評価法として，SDSCE（simultaneous double stimulus for continuous evaluation）法がある。この評価法については，勧告BT.500の第6.4節に規定されている。

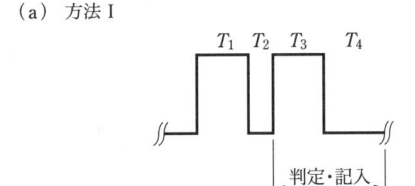

(a) 方法I

(b) 方法II

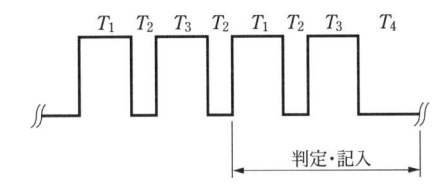

図3.15　DSISの画像提示方法

提示の流れ：
T_1＝10秒　原画
T_2＝ 3秒　一面灰色の画像の表示
T_3＝10秒　被評価画像
T_4＝5～11秒　一面灰色の画像の表示

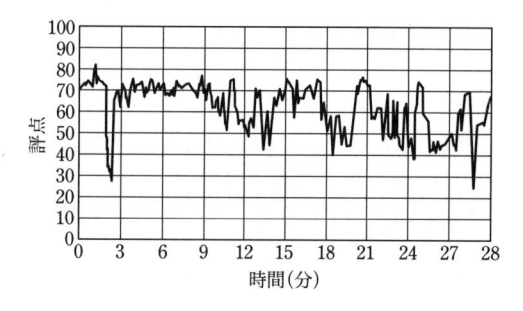

図3.16 SSCQE法による評価結果の例

本方法は，SSCQEと同様，時間による劣化の変化をとらえる。この意味で，ディジタル圧縮時代に適した方式である。またDSISと同様，原画と処理画を比較する。これら2種類の画像を同時に提示するため，2台のモニタを横に並べて使用する。マルチメディアを考慮し，対象の画像サイズが小さい場合には，1台のモニタの画面内に2個の画像を並べて表示することを勧告している。

評価者は，どちらが原画かわかっている。SSCQEと同様，専用の記録装置を使用して，画像を見ながらスライダを動かす。DSISと同じく差異の有無を，0～100の連続値で評価する。

各評価者のデータの信頼度をチェックするため，原画と原画のペアも提示することになっている。

SDSCE法は，マルチメディア評価に適する方式として，勧告P.910にも引用されている。

(6) ACR/DCR/PC法

ACR（absolute category rating）法，DCR（degradation category rating）法，PC（pair comparison）法は，いずれもマルチメディアの評価法として，勧告P.910，P.911に記載されている方式である。

ACR法は一重刺激であり，処理画のみを評価する。DCR法は勧告BT.500におけるDSIS法に相当する。PC法は，DCR法と同様，二重刺激であるが，原画との比較ではなく，処理画どうしの組合せで比較評価を行なう。

PC法では，何種類かの処理画を用意し，可能性のあるすべての組合せを比較評価する。このため，劣化度合の近い画像の厳密な優劣を決める際に有効である一方，評価時間が長くなる。したがって，勧告ではまずACRやDCRで大まかな評価結果を得たのち，評価結果が近接している画像についてだけPCを適用することも有効であるとしている。

P.910，P.911では，視距離などの評価条件はアプリケーションによるとして，BT.500ほど厳密には規定されていない。

(7) その他

画質の主観評価法，とくにマルチメディア評価法については，現在も新たな方式が提案されている研究開発途上の分野である。たとえばITU-Rに提案されているSAMVIQ（subjective assessment methodology for video quality）法[79]は，パソコン上で画像ファイルを再生して画質評価実験を可能とするための方式である。ターゲットは，携帯電話向けの動画やインターネットを介した動画の品質評価である。

今後，マルチメディア評価により適した方法が確立すれば，勧告BT.500にそれらが盛り込まれていくこととなろう。

3.2.4 客観評価法とその標準化動向

近年，インターネットが急速に普及し，またディジタルテレビの展開も著しい。これに伴い，コンテンツの圧縮符号化や伝送処理に伴う品質劣化の客観的な評価尺度（計算機や装置による自動評価方式）が，配信・伝送品質の確保などの点から強く求められている。

主観評価によれば，もっとも正確な評価品質を得ることができる。しかし，これを実施するには，被験者を多数集めたり，評価用の映像データを編集したりするなど，人手と時間的な負荷が大きい。そこで，主観評価を模擬できるような客観評価尺度の確立が待たれている。

このため，コンテンツ品質の客観評価手法の研究が盛んになっている。また，ITUなどの国際標準化団体でも手法の標準化の必要性が強く認識されており，ITU-T SG9やSG12，ITU-R WP6Qにおいて，勧告へ向けた活動が活発化している。

客観評価法は，ITU-T勧告J.143により，次の3種類に分類されている[80]。

1. FR法（full reference）：被評価画を原画と直接比較して評価

第3章 画質評価

(a) FR法

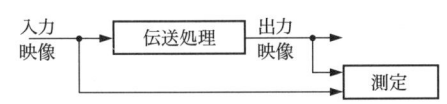

(b) RR法

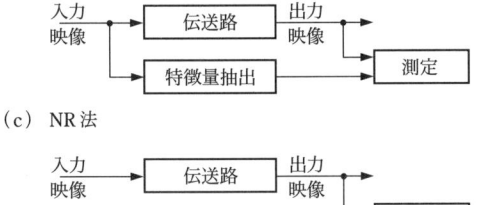

(c) NR法

図3.17 客観評価法の分類

2. RR法（reduced reference）：被評価画を原画から抽出した画像特徴量を使用して評価
3. NR法（no reference）：被評価画のみで評価
これらを図3.17に示す。

(1) FR方式関連

FR方式の大きな目的として，主観評価の置換（自動化）がある。H.264など圧縮符号化の性能評価や，放送局における送出監視にも使用可能である。後者の利用法としては，放送波を局にて折り返し受信し，送出映像と比較監視するというものである。

動画像の客観評価の基本的指標としては，PSNR（peak signal to noise ratio）がある。PSNRは，次のように表わされる。

$$PSNR = 10 \log_{10}(255^2/MSE) \quad (3.14)$$

ここにMSEはMean Squared Error（平均二乗誤差）の略であり，$b(x, y)$を原画像（8ビット表現），$b_p(x, y)$をその処理画像（x, yはそれぞれ水平・垂直座標）として

$$MSE = (1/N) \sum_{(x,y)} \{b(x,y) - b_p(x,y)\}^2 \quad (3.15)$$

で表わされる。すなわち，画素ごとの差分の2乗の平均値である。和はフレームごとではなく全フレーム（動画像シーケンス全体）でとる（Nは全画素数。たとえば画面サイズ720×486の映像を30フレーム処理した場合，その全画素数は$N = 720 \times 486 \times 30$となる）。

この指標は，原画と処理画の差を図るという意味で，最も直観的にわかりやすい指標であろ

表3.3 J.144に採用されたFR各方式の主観評価値との相関係数（525/60映像）[84]

方式	BT	Yonsei	CPqD	NTIA	PSNR
相関係数	0.937	0.857	0.835	0.938	0.804

う。主観評価実験結果との相関も比較的高く，相関係数0.8という値が報告されている[81,82]。

ところで，動画像のディジタル高能率符号化は，画面を多数のブロックに分割してブロックごとに処理を行なうなどの特徴がある。その結果として，発生する劣化も，ブロックノイズなど特有のものとなる。このようなノイズは，ランダムに発生するアナログ伝送ノイズに比べて，人間の視覚上，目立つ。このため，単なるPSNRだと，主観評価画質と必ずしも一致しない場合が生じる。

そこで，PSNRに比べ，人間の主観評価との相関のより高い評価値を出す，客観評価方式の研究開発が進められてきた。これらの方式は，劣化計算の際，画像の中のエッジ部など，人間の目が劣化に敏感となりやすい部分に重み付けを行なうなどの工夫をしていることが特徴である。

その結果，適用範囲が限定的ながら，この目的を達成する方式が，J.144としてITU-Tで勧告化された[83]。

ITU-T勧告J.144は，VQEG[*1]において評価・選択された4方式，すなわち英British Telecom（BT）方式，韓国Yonsei（延世）大方式，ブラジルCPqD方式，米NTIA方式を併記している。各方式と主観評価データとの相関係数を表3.3に示す（PSNRも併記）。

このように，PSNRの相関値0.8に対して，約0.9というやや高い相関値を達成している。

この勧告の適用範囲としては，勧告の"Scope"の章にも記載されているとおり，SDTV映像を768kbpsから5Mbpsまでのレー

[*1] VQEG：Video Quality Experts Group。画質評価に関する国際的な専門家グループで，ITU-T，ITU-RのSGと協調しながら，客観映像品質評価法の勧告化のための実作業（提案方式の性能評価など）を行なっている。勧告化自体はITUが行ない，VQEGは評価方式の提案を行なう，という立場をとっている。提案者はバイナリモデルをVQEGに提出し，第三者機関で方式評価テストを実施し，結果をVQEGからITU-T SG9，SG12およびITU-R WP6Qなどに報告する。

トで圧縮した符号化劣化の評価（伝送路誤りなどによる劣化については適用外）である。

より広範囲な圧縮レートや，伝送路誤り劣化に対しても適用可能な客観評価方式は，現在も研究開発が盛んに進められている状態であり，方式確立の暁にはこのJ.144も改訂されることとなろう。

なお，現J.144には，上記勧告対象の4方式のほか，すでに実装置として購入可能な方式を2方式（テクトロニクス方式とKDDIメディアウィル方式）をAppendixに掲載している。

これら6方式の概要は次のとおりである。

(2) BT方式

BT方式の概念図を図3.18に示す。この方式は，次のような処理からなる。

① まず，検出部において，原画と処理画から次の6個のパラメータを計算する。

- TextureDeg：処理画の水平勾配の符号反転回数
- PySNR (3, 3)：3階層ピラミッド変換画像上でのPSNR
- EDif：原画と処理画のエッジ度を比較
- fXPerCent：ブロックごとに処理画と原画をマッチングし，その結果がどれだけばらつくかの指標
- MPSNR：ブロックごとに処理画と原画をマッチングした結果の差分に基づくPSNR
- SegVPSNR：MPSNRに準じV信号について計算したPSNR指標

② そして，統合部では，時間平均と各パラメータへの重み付けを行なって，評価値を算出する。

(3) 延世大方式

この方式では，主として画像のエッジ部の劣化度を調べて評価値に換算する。

- 原画にSobel演算を施し，エッジ画像を得る。
- エッジ画像を閾値により2値化する（マスク画像）。
- 前項によるエッジマスク部のみのPSNRを算出する。
- 非線形変換，スケーリングにより評価値を得る。

(4) CPqD方式

CPqD方式では，原画像を領域分割し，その情報も使用して処理画の劣化を測定する。また，原画像を4：2：0とSIFにそれぞれ変換し，フレーム内固定量子化符号化した結果を劣化度推定に使用する。

- 原画像を，平坦領域，境界部，複雑な絵柄領域の3領域に分割する。
- Y，Cb，Crそれぞれにつき，上記3領域ごとに原画と処理画を比較し，$3 \times 3 = 9$個の劣化度 m_i ($i=1, \cdots, 9$) を算出する。劣化度としては，Sobel演算を施して得た原画／処理画のエッジ画像どうしの差分絶対値平均を用いる。フレームごとに算出する。
- 原画像を4：2：0変換し，固定量子化でフレーム内符号化，その結果の画像について2と同じ処理を行なう。
- 原画像をSIF変換し，固定量子化でフレーム内符号化，その結果の画像について2と同じ処理を行なう。
- 2～4とデータベースの情報より m_i の値を非線形変換し，それを $i=1, \cdots, 9$ について加重加算を行ない，フレームごとの評価値とする。
- フレームごとの評価値をメディアンフィルタリング処理し，さらに平均化して最終的な評価値とする。

(5) NTIA方式

NTIA方式では，次の7個の指標を加重加算したものを評価尺度とする。

- (1)(2)輝度信号のエッジ度の増減に関する指標2個
- (3)(4)輝度信号の水平／垂直エッジの増減に関する指標2個
- (5)輝度信号のフレーム内標準偏差と単純フレーム間差分標準偏差の積の増減に基づ

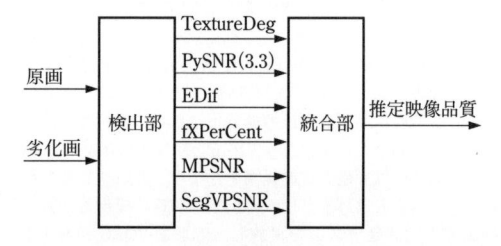

図3.18　BT方式（J.144 Annex A）

く指標
- (6)(7)色差信号の差異の増減に基づく指標 2個

いずれの指標についても，クリッピングや閾値処理などの具体的方法が細かく規定されている．

(6) テクトロニクス方式

本方式は，次のようなステップからなる．
- 原画，被評価画をそれぞれサブバンド分割する．
- 時間軸/空間フィルタ処理およびコントラスト計算を行なう．コントラストに応じたマスキング処理を行なう．
- マスキング処理結果と，原画と被評価画の差分画像から，視覚特性重み付き差分画像を得る．
- 最終的な評価値は，輝度と色差の上記重み付き差分画像を統合処理して算出する．

(7) KDDI メディアウィル方式

本方式は次の処理からなる．
- 被評価画と原画の差分画像を周波数域へ変換する．
- 小ブロックごとに各係数を視覚特性に応じて加重平均する．
- フレーム内のアクティビティ（ノイズの目立ちやすさ）に応じてブロックごとの上記平均値を加重平均する．
- さらに上記フレームごとの値を，時間軸上でのノイズの目立ちやすさに応じてシーケンス全体にわたり加重平均する．これをテーブルにより DSCQS 値に変換する．

(8) HDTV 客観評価法

以上は SDTV が対象であったが，HDTV の急激な普及に伴い，その評価法の検討の必要性が高まってきた．そこで，VQEG でも，HDTV の客観評価法に関する検討も開始している[85]．

番組素材伝送よりも民生機器をターゲットとし，まずは FR 方式を検討している．これまでのテストをベースに HDTV に拡張することとし，対象フォーマットは 720p，1080i，1080p[*2]，符号化ビットレートは 2〜20 Mbps を想定している．SDTV 用のモデル（J.144）の適用可能性も検討する．

(9) マルチメディア客観評価法

以上はテレビジョン映像を対象としたものであるが，インターネットビデオやモバイルビデオの普及を背景として，現在，VQEG ではマルチメディアの客観品質評価法のテストを予定している．

マルチメディア客観評価法としては，ITU-T 勧告 J.148[86]（図 3.19）にあるように，映像と音声の品質を統合して評価可能とすることが最終目標となっている（たとえば，映像と音声のずれも劣化対象とする[*3]）．

第 1 次のテストプラン[88]では，映像のみを対象とし（音声は次段階），画像サイズは QCIF（176×144），CIF（352×288），VGA（640×480）の 3 種類を検討する．ディスプレイは携帯電話や PC を想定し，CRT ではなく LCD を使用する．また，圧縮ビットレートは 16 kbps〜4 Mbps で，伝送路エラー（パケットロス）を考慮に入れた評価モデルとする．2007 年度中の報告書完成を予定している．

(10) RR 方式関連

RR 法は，伝送中の映像の評価を想定している．原画に関する特徴量などの情報を，映像本線に比べ小容量の回線により受信側に伝送し，それを用いて受信画像の客観映像品質評価をする枠組である．

使用する特徴量の例としては，ANSI 規格[89]にあげられている．たとえば，周波数成分の変化を表わす特徴量としては，最大付加空間周波数，最大消失空間周波数などが定義されてい

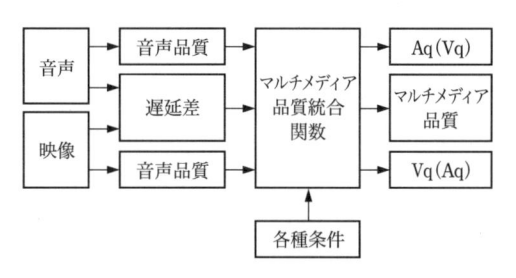

図 3.19 勧告 J.148 の概念

[*2] 720p：1280 画素×720 ライン，順次走査．1080i：1920 画素×1080 ライン，飛越走査．1080p：1920 画素×1080 ライン，順次走査．

[*3] 放送における映像に対する音声のずれの許容値は，ITU-R 勧告 BT.1359[13] により，＋25〜−100 ms と規定されている（音声が遅れるほうが進むよりも許容範囲が大きい）．

る。また，動き情報の変化を表わす特徴量としては，くり返しフレーム率，平均動き電力差分などが定義されている。

ITU-Rは，そのレポート[90]の中で，運用監視ではRRやNRが重要であると報告している。

RR方式についてもVQEGで方式のテストを予定しており，その手順書はほぼ完成している[91]。

対象とする圧縮符号化方式は，MPEG-2，H.264，VC-1である。原画に関する特徴量情報のデータ速度は，ゼロ（NR法），10 kbps，56 kbps，256 kbpsの4種類となっている。また提案方式には，画像の水平・垂直・時間方向のずれ（コーデックを含む伝送処理の過程で発生しうる）を補正する機能も要求されている。圧縮劣化だけでなく，伝送路誤りによる劣化も評価対象である。

VQEGでは主観評価値との相関を目的として検討を行なっているが，RRモデルで高精度にPSNR（MSE）を推定する方式が勧告化されている（ITU-T勧告J.240[92]）。IPTVの遠隔画質監視システムとして，このJ.240を利用したシステムが検討されている[93]。

(11) NR方式関連

NR法は，被評価画のみを用いて主観評価値になるべく近い値を自動で得られるようにすることが目標であり，難しい課題ではあるが，同時にニーズもまた非常に大きい。

MPEG-2 TSのストリーム情報から映像品質を推定する方法[94]や，映像に不可視のマーカーを埋め込むこと[95]により，受信画像のみから評価を可能とする仕組みも広義のNR法ということができる。

純粋に被評価画のみを用いる狭義のNR法では，映像フリーズ障害と静止画をどう判別するかなど，本質的に難しい問題がある。テレビ中継の運用監視などに実用するには，誤警報の問題などまだ改善の余地が大きいといえる。

しかし，符号化画像に対象をしぼるなど，一定の条件下ではその効果が出てきており，今後はこのような段階的な検討が進んでいくものと思われる。

文献

1) 樋渡涓二：『視覚とテレビジョン』，日本放送出版会，1968.
2) 和田陽平，大山正ほか編：『感覚＋知覚心理学ハンドブック』，誠信書房，1969.
3) S. S. Stevens：On the theory of scales of measurement, *Science*, **103**, 677-680, 1946.
4) たとえば，C. J. Bartleson, F. Grum：Optical Radiation Measurements, Vol.5, Academic Press, 1984；P. G. Engeldrum：Psychometric Scaling：A Toolkit for Imaging Systems Development, Imcotek Press, 2000；G. A. Gescheider：Psychophysics, Method, Theory, and Application, 2nd ed., Lawrence Erlbaum Associates, Inc., 1985；J. P. Guilford：Psychometric Methods, McGraw-Hill, 1954；J. C. Nunnaly and I. H. Bernstein：Psychometric Theory, 3rd ed., McGraw Hill, 1994；W. S. Torgerson：Theory and Methods of Scaling, Wiley, 1958.
5) L. L. Thurstone：A Law of Comparative Judgement, *Psych. Rev.*, **34**, 273-286, 1927.
6) B. W. Keelan：Handbook of Image Quality：Characterization and Prediction, Marcel Dekker Inc. 2002.
7) ISO 20462：2005 Photography-Psychophysical experimental methods to estimate image quality-Part 1：Overview of psychophysical elements, -Part 2：Triplet comparison method, -Part 3：Quality ruler method.
8) D. C. Montgomery：Design and Analysis of Experiments, 2nd ed., John Wiley and Sons, pp.62-64, 1984.
9) P. G. Engeldrum：*Psychometric Scaling*：A Toolkit for Imaging Systems Development, Imcotek Press, Sect.8.2.1 and 8.3.3, 2000.
10) B. W. Keelan, H. Urabe：ISO 20462, A psychophysical image quality measurement standard, The proceedings of SPIE-IS & T Electronic Imaging, 5294, 181-189, 2004.
11) T. H. James編：The Theory of the Photographic Process, 4th Ed., Macmillan. Publ. Co., Inc., Chapt.19, 1966.
12) C. J. Bartleson, E. J. Breneman：Brightness Reproduction in the Photographic Process, *Photogr. Sci. Eng.*, **11**(4), 254-262, 1967.
13) 笹原慎司，稲垣敏彦：「画素サイズ推定による解像性評価方法」，『日本画像学会誌』，第39巻3号，pp.210-216, 2000.
14) ISO 12233：2000 Photography-Electronic still picture imaging-Resolution and spatial frequency response measurements.
15) 伊藤哲也，坂谷一臣ほか：「明度，彩度，色相情報による画像ノイズ評価尺度の研究」，『日本画像学会誌』，第39巻2号，pp.84-93, 2000.
16) 寺岡正憲，田口誠一：紙の光散乱とドットゲイン」，『日本印刷学会誌』，第29巻6号，pp.502-507, 1992.
17) 井上信一，津村徳道ほか：「印刷用紙の点拡がり関数測定と光学的ドットゲインの解析」，『日本印刷学会誌』，第35巻4号，pp.189-196, 1998.
18) 三品博達，湯浅友典ほか：「ミクロ形状ゆらぎをともなう網点の階調再現特性シミュレーション」，『日本印刷学会誌』，第28巻6号，pp.446-455, 1991.
19) 飯野浩一：「印刷における明度再現特性の解析（第2報）知覚明度モデルにおける明度再現特性の線形性」，『日本印刷学会誌』，第30巻2号，pp.111-117, 1993.
20) T.H James編：The Theory of the Photographic Process, 4th Ed., Macmillan Publ.Co., Inc., Chapt.21, 1966.
21) J. C. Dainty, R. Shaw：Image Science, Academic Press, Chapt.7, 1974.

22) O. H. Shade, Sr.: Image Quality, A Comparison of Photographic and Television Systems, RCA Labs., Princeton, 1975.
23) 文献21, Chapt.6.
24) 本庄 知:「物質の拡散を利用したカラーネガフィルムの画像処理」,『化学と工業』, 第40巻7号, pp.588-590, 1987.
25) 佐柳和男:「写真レンズの Information Volume (Ⅳ), 球面収差と Response Function」,『応用物理』, 第25巻11号, pp.449-456, 1956.
26) E. M. Granger, K. N. Cupery: An Optical Merit Function (SQF), which correlates with Subjective Image Judgements, Photogr. Sci. Eng., 16(3), 221-230, 1972.
27) R. G. Gendron: An Improved Objective Method for Rating Picture Sharpness: CMT Acutance, J.SMPTE, 82(12), 1009-1012, 1973.
28) 蒔田 剛, 沓間丈輝:「視覚特性を考慮した高画質インクジェットプリンタの最適化画像設計」,『日本画像学会誌』, 第41巻4号, pp.358-367, 2002.
29) 小林 剛, 杉浦 進:「2値, 多値画像に必要とされる階調数, 解像度に関する画像シミュレーション」,『Japan Hardcopy'89』, pp.241-244, 1989.
30) D. Zwick, D. L. Brothers, Jr.: RMS Granularity: Determination of Just Noticeable Differences, Photogr. Sci. Eng., 19(4), 235-238, 1975.
31) ISO/IEC 13660: 2001 Information Technology-Office Equipment-Measurement of image quality attributes for hardcopy output - Binary monochrome text and graphic images; JIS X 6930: 2001 ハードコピー出力の画質属性測定—2値単色のテキスト及びグラフィック画像
32) R. P. Dooley, R. Show: Noise Perception in Electrophotography, Journal of applied Photographic Engineering, 5(4), 190-196, 1979.
33) 日野 真, 鎰谷賢治ほか:「粒状性評価方法」,『Japan Hardcopy'95』, pp.155-158, 1995.
34) X. M. Zhang, B. A. Wandell: A Spatial extension of CIELAB for digital color image reproduction, SID Journal, p.731, 1997.
35) 石原徹弥, 大石慶太郎ほか:「視覚空間周波数応答の方向依存性〔1〕MTFの測定」,『日本写真学会誌』, 第65巻2号, pp.121-127, 2002.
36) 石原徹弥, 大石慶太郎ほか「視覚空間周波数応答の方向依存性〔2〕MTFの数式モデル化」,『日本写真学会誌』, 第65巻2号, pp.128-133, 2002.
37) T. N. Pappas, D. L. Neuhoff: Model Based Halftoning in Human Vision, Visual Processing and Digital Display, Proc.SPIE, 1453, 244-255, 1991.
38) J. C. Briggs, T. Grady, et al.: Thermal banding analysis in wide format inkjet printing, IS & T NIP16, pp.388-391, 2000.
39) J. C. Briggs, E. Hong, et al.: Analysis of ghosting in electrophotography, IS & T NIP16, pp.403-407, 2000.
40) 篠崎 真, 田島 洋ほか:「溶融型熱転写方式カラープリンター用紙の印刷画質評価」,『日本画像学会誌』, 第39巻3号, pp.217-228, 2000.
41) P. Jeran, N. Burningham: Measurement of electrophotographic ghosting, IS & T PICS Conference Proceedings, pp.80-83, 2001.
42) D. R. Rasmussen, P. A. Crean, et al.: Image quality metrics: applications and requirements, IS & T PICS Conference Proceedings, pp.174-178, 1998.
43) C. Cui, D. Cao, et al.: Measuring visual threshold of inkjet banding, IS & T PICS Conference Proceedings, pp.84-89, 2001.
44) W. Jang, J. Allebach: Simulation of print quality defects. IS & T NIP18, pp.543-548, 2002.
45) E. Giorgianni, T. Madden: Digital Color Management, Prentice Hall, 1998.
46) R. W. G. Hunt: Objectives in Colour Reproduction, J. Phot. Sci., 18(6), 205-215, 1970.
47) CIE Publ. No.159: A Colour Appearance Model for Colour Management Systems: CIECAM02, 2004.
48) C. J. Bartleson, C. J. Bray: On the Preferred Reproduciton of Fresh, Blue-Sky, and Green-Grass colors, Phot. Sci. Eng., 6(1), 19-25, 1962.
49) CIE Publ. No.142: Improvement to industrial colour-difference evaluation, 2001.
50) P. C. Swanton, E. N. Dalal: Gloss preferences for color xerographic pints, J. Imag.Sci. & Tec., pp.158-163, 1996.
51) 「鏡面光沢度」JIS Z 8741 1997; JIS P 8142 2005; JIS K 5600-4-7, 1999.
52) 伊藤哲也:「光沢均一性測定規格の最新動向-ISO/IEC CD19799」,『Japan Hardcopy論文集』, pp.57-60, 2005.
53) Y. S. Ng, J. Wang: Gloss Uniformity Attributes for Reflection Images, IS & T NIP17, pp.718-722, 2001.
54) 「写像性測定方法」JIS H 8686, 1999.
55) M-K. Tse, J. C. Briggs: A new instrument for distinctness of image measurements, Japan Hardcopy論文集, pp.53-56, 2005.
56) S. A. Monie, B. C. Stief, et al.: Evaluation of glossy inkjet papers using DOI measurement, IS & T NIP19, pp.763-768, 2003.
57) O. Ide, S. Tatuoka: Surface structure analysis for glossy prints, International Congress of Imag. Sci., pp.341-342, 2002.
58) Standard test methods for instrumental measurement of distinctness of image gloss of coating surfaces, ASTM D 5767, 2004.
59) 桑田良隆, 笹原慎司ほか:「主観的光沢度測定方法」,『Japan Hardcopy論文集』, pp.161-164, 2003.
60) 栗本雅之, 渡辺富士子:「各種ハードコピー画像の断面構造」,『電子写真学会誌』, 第35巻2号, pp.131-134, 1998.
61) 稲垣敏彦:「複写機における画像の評価」,『光学』, 第12巻4号, pp.267-277, 1983.
62) A. Dvorak: Text Sharpness, Its components and Text Quality, J. Appl. Photogr. Eng., 9(3), 109-111, 1983.
63) M. Springer, J. R. Hamerly: Raggedness of edges, J. Opt. Soc. Am., 71(3), 285-288, 1981.
64) 樋口和人:「多次元尺度構成法によるファクシミリ画質支配要因の検討」,『画像電子学会誌』, 第10巻4号, pp.280-284, 1981.
65) 曽根原登, 安達文夫:「画素誤り率によるファクシミリ画品質評価」,『信学論』, 第T69-B巻6号, pp.583-590, 1986.
66) ISO/IEC 15775: 1999, Information technology - Office machines - Method of specifying image reproduction of colour copying machines by analog test charts - Realisation and application; JIS X 6933: 2002, テストチャートによるカラー複写機の画像再現性評価方法.
67) ISO 12640: 1997, Graphic technology - Prepress digital data exchange - CMYK standard colour image data (CMYK/SCID); JIS X 9201: 2001 高精細カラーディジタル標準画像 (CMYK/SCID).
68) ISO 12640-2: 2004, Graphic technology - Prepress digital

data exchange - XYZ/sRGB encoded standard colour image data（XYZ/SCID）；JIS X 9204：2004：高精細カラーディジタル標準画像（XYZ/SCID）；標準画像編集委員会監修：高精細カラーディジタル標準画像（XYZ/SCID），財団法人日本規格協会，2000.

69) ISO 12640-3：Graphic technology - Prepress digital data exchange - CIELAB standard colour image data（CIELAB/SCID）

70) T. Inagaki, T. Miyagi, *et al.*：Color image quality prediction models for color hard copy, *Proc. SPIE*, **2171**, 253-260, 1994.

71) P. T. Oittinen, H. J. Saarelma：Application of information theory to characterize print quality, *Tappi Journal*, August, pp.197-203, 1991.

72) 野口高史，井駒秀人：「銀塩感材とデジタルスチルカメラの画質比較」，『日本写真学会誌』，61巻1号，pp.8-17，1998.

73) P. G. Roetling：Binary Approximation of Continuous Tone Images, *Photogr. Sci. & Eng.*, **21**(2), 60-65, 1977.

74) 次田 誠：「階調数，解像度と画質の関係」，『電子写真学会誌』，25巻1号，pp.59-64，1986.

75) ITU-R Recommendation BT.500-11：Methodology for the subjective assessment of the quality of television pictures, 2002.

76) ITU-T Recommendation P.910：Subjective video quality assessment methods for multimedia applications, 1999.

77) ITU-T Recommendation P.911：Subjective audiovisual quality assessment methods for multimedia applications, 1998.

78) ITU-R Recommendation BT.800-2：User requirements for the transmission through contribution and primary distribution networks of digital television signals defined according to the 4：2：2 standard of Recommendation ITU-R BT. 601 (Part A), 1995.

79) （社）電波産業会：『SAMVIQ法に関する実験報告書』，2006.

80) ITU-T Recommendation J.143：User requirements for objective perceptual video quality measurements in digital cable television, 2000.

81) The Video Quality Experts Group：Final report from the Video Quality Experts Group on the validation of objective models of video quality assessment, ftp://ftp.its.bldrdoc.gov/dist/ituvidq/old2/Final_Report_April00.doc, 2000.

82) A. M. Rohaly, *et al.*：Video Quality Experts Group：Current results and future directions, *Proc. SPIE*, Vol.4067, Perth, Australia, pp.742-753, 2000.

83) ITU-T Recommendation J.144：Objective perceptual video quality measurement techniques for digital cable television in the presence of a full reference, 2004.

84) The Video Quality Experts Group：Final report from the Video Quality Experts Group on the validation of objective models of video quality assessment, Phase II (FR-TV2), ftp://ftp.its.bldrdoc.gov/dist/ituvidq/Boulder_VQEG_Jan_04/VQEG_PhaseII_FRTV_Final_Report_SG9060E.doc, 2003.

85) The Video Quality Experts Group：HDTV Group TEST PLAN, http://www.its.bldrdoc.gov/vqeg/projects/hdtv/, 2006.

86) ITU-T Recommendation J.148：Requirements for an objective perceptual multimedia quality model, 2003.

87) ITU-R Recommendation BT.1359-1：Relative timing of sound and vision for broadcasting, 1998.

88) The Video Quality Experts Group：Multimedia Group TEST PLAN, http://www.its.bldrdoc.gov/vqeg/projects/multimedia/, 2007.

89) ANSI T1.801.03-2003：Digital transport of oneway video signals-parameters for objective performance assessment, 2003.

90) ITU-R Report BT.2020-1：Objective quality assessment technology in a digital environment, 2000.

91) The Video Quality Experts Group：RRNR-TV Group TEST PLAN, http://www.its.bldrdoc.gov/vqeg/projects/rrnr-tv/, 2007.

92) ITU-T Recommendation J.240：Framework for remote monitoring of transmitted picture signal-to-noise ratio using spread-spectrum and orthogonal transform, 2004.

93) 川田・杉本・小池・衛本・加藤：『IP配信映像の遠隔画質監視』，信学総大，No.BT-3-3，pp.SS-31-SS-32，2006.

94) 市ヶ谷・原・黒住・西田・大塚：「ストリームを用いたNR型PSNR推定方法」，『信学技報』，IE2003-146, pp.89-92，2003.

95) ITU-T Recommendation J.147：Objective picture quality measurement method by use of inservice test signals, 2002.

4 画像情報の入力と処理

4.1 画像入力技術

　画像入力は撮像（テレビ分野など），読み取り（文書処理分野など）技術が中心であるが，近年は，コンピュータ技術と結合し，デバイス，処理，記憶まで含む高度なシステム要素と定義されるようになった。また，画像入力はシステムの入口に位置し，システム全体の品質・性能を左右する基盤技術分野である。

　本節では，画像入力の基本となる入力方式，入力特性と品質要因，入力処理について概観する。

4.1.1 画像入力に必要な基本機能

　画像は2次元的な明暗分布をもつ情報であり，明るさが異なる多数の微小領域（画素）が集合して形成されているとみなすことができる。したがって，たとえば，放送やインターネットで画像を離れた場所へ伝送する場合，受け手側では，各画素の明るさの情報と，全画素を元通りの位置に並べるための画素の位置情報がわかれば，原画像を再生することができる。これより，送り手側，すなわち画像入力には，
　①2次元的に配列された各画素の明るさの情報を読み取ること
　②各画素の位置に関する情報を読み取ることが必要となる。
　ここで，①は明るさの度合を電気信号に変換することであり，この機能を光電変換機能とよぶ。②の機能は，画素の配列順に従って全画素の信号を順次読み出すことにより実現される。すなわち，受け手側では時系列信号で送られてきた画素信号の読み出し順がわかれば画素を元通りの位置に配列して画像を再構成することができる。このように，画素の選択順に一定のルールを決めて全画素の信号を順次読み出していく機能を走査機能とよぶ。画像入力にはさまざまな機能が必要であるが，なかでも上記の光電変換機能と走査機能は基本機能として不可欠である。

4.1.2 各種入力方式

　画像入力方式はさまざまな分類が可能である。ここでは，画像の次元に着目した分類について述べる。画像は2次元的な明暗分布をもつ情報であり，この情報を取得する方法として，1次元イメージセンサで1列ごとに順次取得する方式と，2次元イメージセンサで一度に入力する方式がある。ここで，1次元イメージセンサとは，光電変換部を含む画素が1列に配列されているイメージセンサであり，2次元イメージセンサとは画素が2次元状に配列されているイメージセンサである。それぞれのイメージセンサによる入力方式を，1次元入力方式，2次元入力方式とよぶ。また，最近では被写体の3次元的情報を入力する方式も多数開発されている。これを3次元入力方式とよぶ。

　（1）1次元入力方式

　1次元入力方式の基本構成を図4.1に示す。この方式では，1次元イメージセンサを用いて，1列ごとに入力した画像を合成して1枚の画像を生成する。1次元イメージセンサの画素数は通常数千から1万画素程度あり，これが画像の横（または縦）方向の画素数となるため，次に述べる2次元入力方式に比べ高精細な画像の入力が可能である。ただし，1ラインごとに入力するので動画の入力には使えない。1次元入力方式では，図4.1に示すようにセンサの画素を順次読み出していく走査を主走査とよび，これと直角方向の走査を副走査とよぶ。1次元入力方式は，この副走査の方法により以下のよ

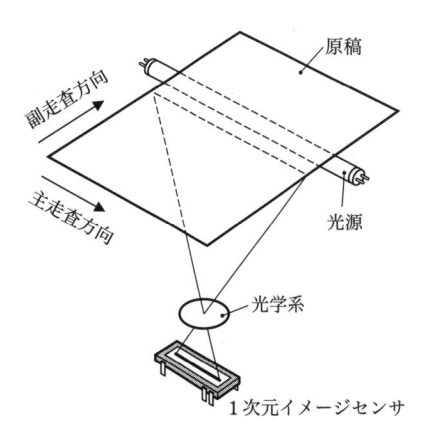

図4.1　1次元入力方式の基本構成

うなタイプに分類される。各分類の装置例を図4.2に示す。

①フラットベッド型

原稿台の上に原稿を乗せて，センサ，光学系，光源などから構成される読み取り部を移動して画像を読み取るタイプである。

②原稿移動型

原稿を移動させて画像を読み取るタイプである。複数枚の原稿を連続して読み取れ，そのためファックスではこのタイプが多く用いられている。

③ハンディ型

紙や本の上で小型の装置を動かして，画像を読み取るタイプである。バーコードを読み取るのにも使われている。

さらに，センサ上に原稿像を結像させる光学系として，縮小光学系と等倍光学系がある。縮小光学系は，原稿の画像を光学系を用いて小型のリニアイメージセンサ上に縮小投影し読み取る。等倍光学系は，原稿と等幅のロットレンズアレイなどを用いて等幅のリニアイメージセンサで読み取る。

(2) 2次元入力方式

通常のビデオカメラやディジタルカメラに用いられている方式である。1次元入力方式では1ラインずつ光電変換を行ないながら画像情報を読み取るのに対し，2次元入力方式では画素が2次元的に配列された2次元イメージセンサを用いて画像の全領域にわたり同時に光電変換する。レンズにより，2次元イメージセンサ面上に被写体像を結像させる。この方式は動画撮像用や動物体を被写体とする静止画入力用として用いられる。

2次元入力方式の走査方式として，画像の奇数番目のラインと偶数番目のラインを交互に走査するインタレース方式と，最上部のラインから順番に走査するプログレッシブ走査方式がある。

(3) 3次元入力方式

3次元表示に対応した入力が3次元入力であるが，表示が3次元でなくても，入力対象の3次元的空間情報，3次元的構造情報を入力する画像入力を3次元入力方式とよぶ。とくに最近では，3次元CG技術を用いて実写画像を加工・編集する技術が進み，これには実写画像に3次元情報が含まれていることが必要であるため，種々の3次元入力が開発されている。以下にいくつかの例を紹介する。

①2眼，多眼入力

2眼立体表示や多眼立体表示のための入力で，複数のカメラを人間の両眼の間隔に相当する距離を離して並べる。個々のカメラは通常の2次元画像を入力するように動作させ，これを2眼または多眼立体表示装置に入力して左右眼に分離して表示する。

②1視点3次元入力（デプスマップ入力）

1視点からの2次元画像を入力する際，画像中の各点の奥行き情報も取得する入力である。例として，図4.3に示すような強度変調された近赤外光を入力対象に照射し，反射光の強度により画素単位で奥行き情報を取得する方法がある[1]。このように，画素単位あるいは数画素程度からなる領域ごとの奥行き情報（デプスマッ

(a)　フラットベッド型　(b)　原稿移動型　(c)　ハンディ型

図4.2　1次元入力の装置例

[出典] (a) エプソンホームページ（http://www.epson.jp/products/colorio/scanner/gtx750/index.htm）より。
(b) 富士通ホームページ（http://imagescanner.fujitsu.com/jp/products/fi-5110c/index.html）より。
(c) 松下ホームページ（http://ctlg.panasonic.jp/product/info.do?pg=04&hb=LK-RS300U）より。

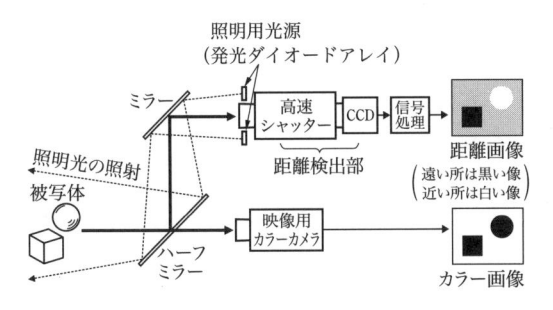

図4.3 1視点3次元入力の例

プとよぶ）をリアルタイムに入力できれば，実写シーンと3次元CGなどの素材映像とをリアルタイムで合成でき，また，従来のクロマキー合成法で必要とされていたブルーバックなしで，背景から撮像対象をリアルタイムで切り出すことも可能である。

　③多視点3次元入力

空間や入力対象の3次元位置情報・形状情報を取得できれば，任意の視点からの画像を生成することができる。具体的な方法としては，2台以上のカメラの画像から対応点マッチングにより対象物の3次元座標を求めて任意視点画像を再構成する方法や，多数の情報から空間を伝播する光線情報を記述してこれを基にして任意視点画像を再構成する方法などがある。

4.1.3 色分解方式

カラー画像を読み取るためには被写体の輝度を色成分に分解して読み取らなければならない。表4.1に1次元センサを用いる画像入力の色分解方式を示す。光源切り替え方式は，3色の蛍光ランプを順次点滅し，モノクロセンサで原稿の画像情報を順次読み取り，赤，緑，青の信号出力を得る。フィルタ切り替え方式は光源とセンサのあいだに赤，緑，青のカラーフィルタを設け，切り替えて赤，緑，青の信号出力を得る。プリズム分解方式はダイクロイックミラーなどで光を3色に分解して，3つのセンサで3つの色成分画像を同時に入力する。オンチップフィルタ方式は，RGBのくり返しで画素ごとにフィルタを貼り付ける方式である。この方式でも3つの色成分画像を同時に入力できる。

2次元センサを用いたカラー画像入力方式として，3板式と単板式がある。3板式はRGBの各色成分画像をそれぞれ別のCCD撮像素子を用いて入力する方式である。図4.4に示すようにレンズの後方にダイクロイックプリズムとよばれる色分解プリズムを配置し，それぞれのCCD撮像面上に色成分ごとの光学像を結像させる。一方，単板式は1つのCCD撮像素子でカラー画像を入力する方式である。この方式では図4.5に示すように，1つひとつの受光部の上にカラーフィルタを形成する。

3板式は単板式に比べ高精細な入力が可能であるが，装置が大型になる欠点がある。このた

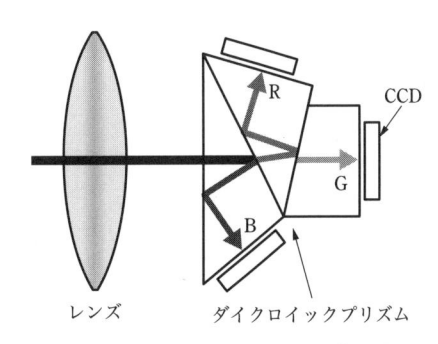

図4.4 3板式によるカラー画像入力

表4.1 1次元センサ画像入力色分解方式

分類	光源切り替え法	プリズム分解法	フィルタ切り替え	オンチップフィルタ法
構成例				
特徴	高解像度	高速, 高解像度	高解像度	高速

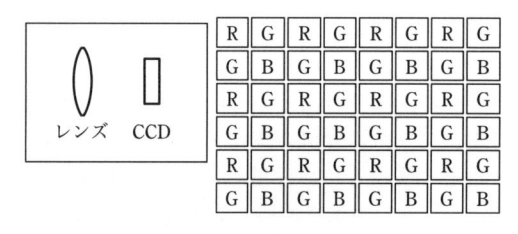

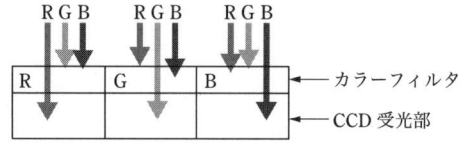

図 4.5 単板式によるカラー画像の入力

め，業務用などに用いられる．一方，単板式はコンパクトで安価にできるため，家庭用ビデオカメラやディジタルカメラに用いられている．

4.1.4 各種入力特性―入力画像の品質を決める要因

(1) 解像度

解像度は，どの程度まで画像の細部の情報を読み取れるかを評価する指標である．画像入力の解像度には空間解像度と時間解像度があるが，通常，単に解像度という場合は空間解像度を指す．解像度の指標として，限界解像度，MTF（modulation transfer function）などが用いられる．限界解像度は，種々のピッチの白黒縞パターンを入力して，隣接する2本の白（または黒）線が分解して見える最小ピッチの縞パターン密度（本/mm）で表わされる．ファクシミリで用いられる解像度測定用パターンの例を図 4.6 に示す．一方，テレビジョン系では，同一ピッチの白黒縞パターンが画面幅いっぱいに映っているときの白と黒の線の総数を n 本としたとき，隣接する2本の白（または黒）線が分解して見える最大の n を水平（垂直）解像度 nTV 本という．解像度測定用パターンとしては図 4.7 に示すようなパターンが用いられる．

MTF は図 4.8 に示すようなパターンを入力したとき，次のように定義される．

$$MTF = \frac{C}{C'} \quad (4.1)$$

ただし，

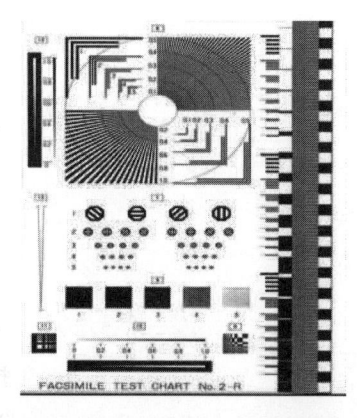

$$C = \frac{C_{\max} - C_{\min}}{C_{\max} + C_{\min}} \quad (4.2)$$

$$C' = \frac{V_{\max} - V_{\min}}{V_{\max} + V_{\min}} \quad (4.3)$$

図 4.6 ファクシミリで用いられる解像度測定用パターンの例

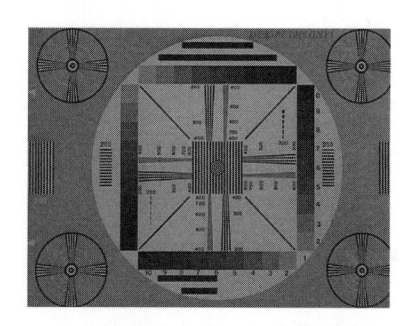

図 4.7 テレビジョン系で用いられる解像度測定用パターンの例

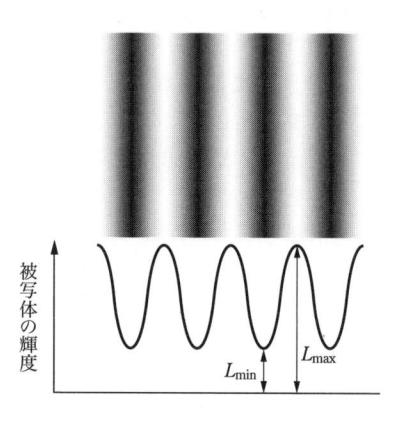

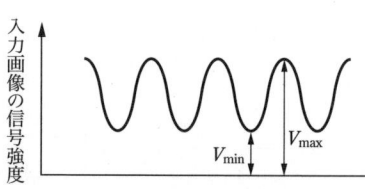

図 4.8 MTF の評価法

MTFは一般に図4.9に示すような特性を示し，空間周波数（単位長さあたりの縞パターンの密度）が高くなるに従い小さくなる。縞パターンのピッチが小さくなっていくと（空間周波数が高くなると），信号変化がパターンの輝度変化に追随できなくなり，C' が小さくなり，MTFが小さくなる。そして，0になるときの空間周波数（図4.9の R_L）が限界解像度に相当する。限界解像度が同じでも，図4.9において点線で示すように，低周波側でMTFの高い入力装置で入力された画像のほうが鮮鋭度は高くなる。

光学系，撮像デバイスなどの構成要素ごとのMTFが求まれば，システム全体のMTFは各要素のMTFの積として求めることができる。

限界解像度，MTF以外に解像度を表わす指標として画素数が用いられる場合がある。ディジタルカメラなどでは総画素数で表わされ，スキャナなどの1次元センサを用いる入力では単位長さあたりの画素密度 DPI (dot per inch) がよく用いられる。

(2) 感度

撮像デバイスの感度は撮像面照度と出力電流の比で定義され，[μA/lm]，[μA/lx] などの単位が用いられる。一部の撮像デバイスを除き，感度は画素面積にほぼ比例するので，撮像デバイスの小型化や多画素化は感度の低下をまねく。

ビデオカメラの場合は，所定の出力が得られるための被写体照度とそのときのF値により，たとえば2000 lx，F8などと表わす。また，どれぐらい暗い被写体まで撮像できるかを表わすために，最低被写体照度が感度の指標として用いられている。

ディジタルカメラでは，従来のフィルムカメラとの対比でISO感度も使われている。

(3) ダイナミックレンジ

センサ面照度が低くなると出力信号が小さくなるが，きわめて低くなると信号がノイズと同程度の大きさとなり信号を取り出せなくなる。一方，センサ面照度が一定以上大きくなると，信号は照度に依存しなくなり飽和する。この両者の範囲をダイナミックレンジとよぶ。撮像が可能なのはダイナミックレンジ内の照度であり，ダイナミックレンジが広いほど被写体の暗い部分から明るい部分まで再現することができる。

(4) S/N

S/Nは信号対ノイズ比で，通常，dB（20 log S/N）で表わされる。S/Nが大きいほど，暗い被写体を入力したとき，画面のざらつきが少ない画質のよい画像を得ることができる。現在のビデオカメラなどのS/Nは50 dBから65 dBぐらいとなっている。

4.1.5 入力処理

イメージセンサにより取り込まれた画像が，表示装置などで最終的に人間の目にふれるまでのあいだにはさまざまな処理が行なわれる。このうち，入力装置内で行なわれる処理を入力処理という。表4.2に代表的な入力処理の例を示す。表に示すように，入力処理は高画質化処理と変換処理に大別される。高画質化処理はイメージセンサで生じる画像の劣化を修復し，画質を改善する処理である。変換処理は画像信号のフォーマット，画素数，アスペクトなどを変換する処理である。

入力処理は表4.2の分類のほか，その手段により光学的処理と電気的処理に分類することができる。光学的処理は画面全体を一括処理でき高速性に優れる。しかし，柔軟性に欠け，パラメータの変更が困難である。

以下では，表4.2に示す処理のうち，とくに入力に固有な処理を取り上げて，その概要を述べる。

(1) 雑音低減処理

コンピュータを用いた画像処理ではさまざまな方法で雑音低減ができるが，入力装置内で行なわれる場合にはリアルタイム処理が要求され

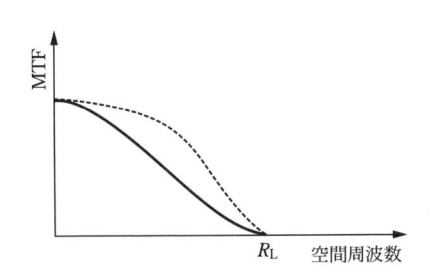

図4.9 MTF

表 4.2　入力処理

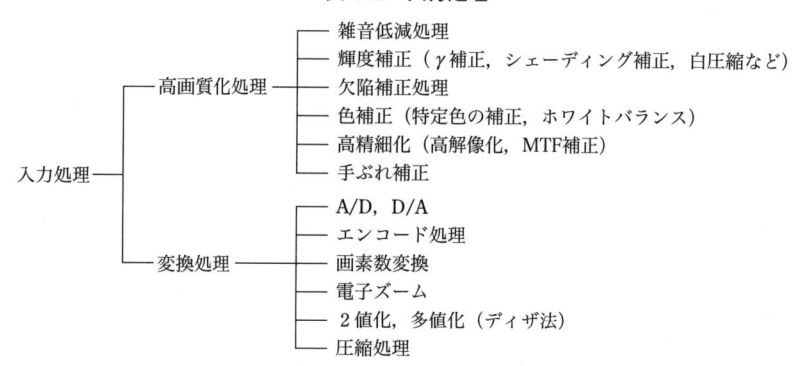

```
入力処理 ─┬─ 高画質化処理 ─┬─ 雑音低減処理
         │                ├─ 輝度補正（γ補正，シェーディング補正，白圧縮など）
         │                ├─ 欠陥補正処理
         │                ├─ 色補正（特定色の補正，ホワイトバランス）
         │                ├─ 高精細化（高解像化，MTF補正）
         │                └─ 手ぶれ補正
         └─ 変換処理 ─┬─ A/D，D/A
                      ├─ エンコード処理
                      ├─ 画素数変換
                      ├─ 電子ズーム
                      ├─ 2値化，多値化（ディザ法）
                      └─ 圧縮処理
```

る。CCDカメラで行なわれる代表的な雑音低減処理として，CDS（correlated double sampling）法がある。これは，CCDイメージセンサの信号に含まれるリセット雑音を除去する方法であり，1画素に相当する期間内の0レベル期間と信号期間は同じ雑音の影響を受けていることを利用し，これらの信号差をとることによって雑音を除去する方法である。

(2) γ補正

一般に，画像入出力装置の入力Iと出力Oの関係は，

$$O = kI^\gamma \tag{4.4}$$

の形で表わすことができる。ここで，k，γは定数である。

画像出力装置の中には，$\gamma \neq 1$で入出力特性が非線形となる装置がある。たとえば，CRTは，γが2.2で表示画像の明るさは入力信号電圧の2.2乗に比例する。このような$\gamma \neq 1$の出力装置を用いる場合には，実際の被写体の明るさと出力画像の明るさが比例しないため，補正が必要である。この補正をγ補正という。出力装置の特性が$O_o = kI_o^\gamma$であるとすると，入力側に$O_i = kI_i^{1/\gamma}$となる特性をもたせることにより，入力装置から出力装置までの全体としてγ値が1となるようにする。

図4.10にディジタル回路によるルックアップテーブル方式で実行されるγ補正の例を示す。ディジタル化された映像信号をメモリのアドレス入力とし，入力レベルに対応したアドレスにあらかじめ書き込まれているデータを出力信号として読み出す。ルックアップテーブル方式はメモリのデータを書き換えることによりγ

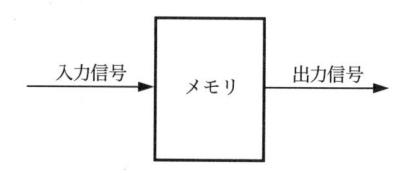

図 4.10　ディジタル回路によるγ補正

特性を自由に変えることができ，柔軟性の高い方式である。

(3) シェーディング補正

明るさが場所によらず一定の被写体を撮像した場合，入力画像の輝度も場所によらず一定であることが理想である。しかし，現実の画像入力装置ではさまざまな要因により入力画像に輝度分布が生じる。この輝度分布をシェーディングとよぶ。とくに1次元入力方式では，光源や結像光学系の照度分布などにより大きなシェーディングが生じ，補正が必要である。シェーディング補正も最近ではディジタル方式が主流である。あらかじめ1画素ごと，また数画素のブロックごとの補正係数をROMに書き込んでおき，そして，実際の画像を入力したときにROMからデータを読み出し演算器で補正を行なう。

(4) ホワイトバランス

白色の被写体を入力したとき，R，G，Bの各信号の出力が等しくなるように各チャネルの増幅度を調整することをホワイトバランスといい，これを自動的に行なう処理をオートホワイトバランスという。いろいろな原理によるオートホワイトバランスが実現されているが，一例として，広い領域の画像信号を積分すると無彩

色になるという画像の統計的性質を利用する方式がある。すなわち，画面全体の色平均値が無彩色になるよう，R-GAIN，B-GAINを自動でコントロールする。

(5) 手振れ補正

ビデオカメラが小型・軽量化し，さらにズームレンズが高倍率化すると手振れが生じやすくなる。手振れを補正する方法として，機械的方式，光学的方式，電子的方式がある。

①機械的方式

イメージセンサを手ぶれに応じてシフトさせることによって手振れを補正する方式。

②光学的方式

レンズ内に補正レンズを組み込み，ブレを打ち消す方向に補正レンズを動かすことによって，受光面に到達する光の動きを抑えて手ぶれを軽減する。

③電子的方式

動きベクトルなどにより算出したブレに応じてフィールドメモリの読み出しアドレスを制御し，出力画面を動きと逆の方向に平行移動して画面の揺れを補正する。ここで，単に平行移動すると画面の端が切れてしまうので，出力画像より広い領域を入力して画像を切り出す。

(6) エンコード処理

画像は用途によってさまざまな規格が定められている。規格化されたフォーマットへの変換をエンコード処理とよぶ。よく知られている例として，わが国の現行テレビ放送で用いられているNTSC信号がある。

(7) 圧縮処理

上述のエンコード処理の一種ともみなせるが，とくに画像のデータ量の大幅な低減を目的とした変換を画像圧縮処理という。ディジタルカメラではカメラ内に装着された記憶デバイスにより多くの画像を蓄積するため，画像圧縮が行なわれる。

4.2 撮像

4.2.1 撮像の基礎

画像信号は，撮像素子の撮像面にレンズで光学像を結像させて，各画素で明暗に応じて発生した信号電荷を，決められた順番で読み出した電気信号である。撮像素子には，固体撮像素子，撮像管，イメージ管などがあるが，特殊なものを除いて多くは固体撮像素子——おもに，CCD（charge coupled device）イメージセンサとCMOSイメージセンサ——である。

(1) 光電変換

固体撮像素子の場合，半導体内部に入射する光の光子エネルギーがバンドギャップより大きければ，電子は伝導帯かそれより高いレベルに移動し，自由電子と正孔が発生する。これらを半導体内の電界により両端の電極に集めれば光電流として検出できる。通常は，画素内のコンデンサに一定時間蓄積したあと読み出す[2]。

(2) 読み出し方式

信号電荷を読み出す際には，画像の左上から右下に向かって，1行ずつ走査する。走査には，テレビジョンで利用される飛び越し（インタレース）走査と，コンピュータのディスプレイで利用される順次（プログレッシブ）走査がある。飛び越し走査では，奇数行のみのフィールドと偶数行のみのフィールドと分けて出力する。順次走査では，すべての行を一度にフレームとして出力する。

CCDイメージセンサでは電荷を垂直方向に転送する回路が列に1つ，水平方向に転送する回路がセンサに1つあり，電荷をバケツリレーの要領で次々に送り出して走査する。図4.11は，隣り合うMOSキャパシタ間の電荷転送の例である。電極AとBに印加する電圧を調整し電位井戸の形状を変え，電荷を左から右に移動させる。実際には，この回路が連続でつながっている。CMOSイメージセンサでは，X-Yアドレス方式で行選択と列選択のスイッチが同時にONとなった画素の情報を順に読み出して走査する。撮像管では，電子銃から放出した電子

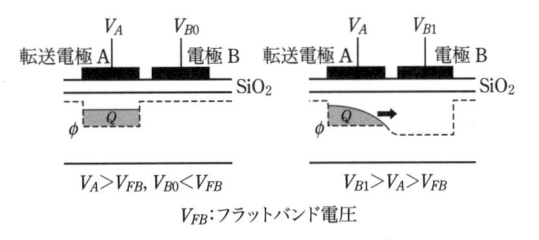

転送電極A　電極B　　　　転送電極A　電極B
　　　　　　　　　SiO₂　　　　　　　　SiO₂
　　Q　　　　　　　　　　Q

$V_A > V_{FB}, V_{B0} < V_{FB}$　　$V_{B1} > V_A > V_{FB}$

V_{FB}：フラットバンド電圧

図4.11　CCDにおける電荷転送

(3) カラー撮像

カラー画像は赤（R），緑（G），青（B）の3色の情報からなる。図4.12は色分解プリズムにて3つの色に分けたのち，それぞれを異なるイメージセンサで撮像する3板式である。空間解像度や感度に優れ放送用カメラなどに利用されるが，光学系が大きくコストも高いので，ディジタルスチルカメラや携帯電話用カメラには1つのイメージセンサを用いる単板式がおもに利用される。単板式では，図4.13のように画素ごとに異なる色のカラーフィルタを用いて撮像し，信号処理をへて3色の情報を得る。カラーフィルタの色と配置にはさまざまな方式がある。RGBの原色や，シアン（Cy），マゼンタ（M），イエロー（Ye）の補色を用いるものがあり，通常は市松状に各色を配置する。RGB＋エメラルドの4色を用いたものもある。

4.2.2 CCDイメージセンサ

おもな方式は，フレーム転送（frame transfer；FT）方式，インタライン転送（interline transfer；IT）方式，フレームインタライン転送（frame interline transfer；FIT）方式の3つである。3つの方式とも，微細化・多画素化が進んでいる[3]。

(1) フレーム転送方式

図4.14（a）のように受光部と蓄積部に分かれており，受光部の中を信号電荷が垂直方向に転送される。まず，露光時間終了後のきわめて短い時間内に，各画素の信号電荷は受光部から蓄積部へ垂直転送される。蓄積部の信号電荷は1水平走査時間で1行ずつ下方に転送され，いちばん下に到達した行の信号電荷は水平転送

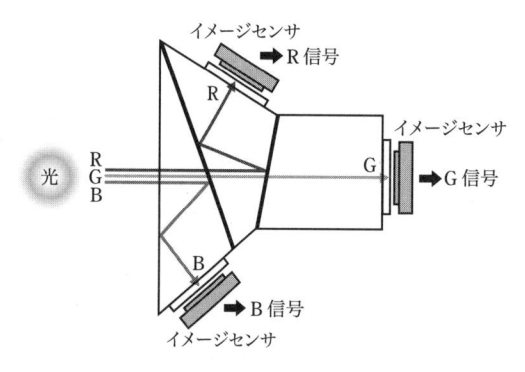

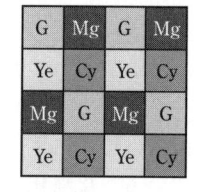

図4.12 3板カラー撮像方式

図4.13 カラーフィルタ配列の例
（a）原色カラーフィルタ　（b）補色カラーフィルタ

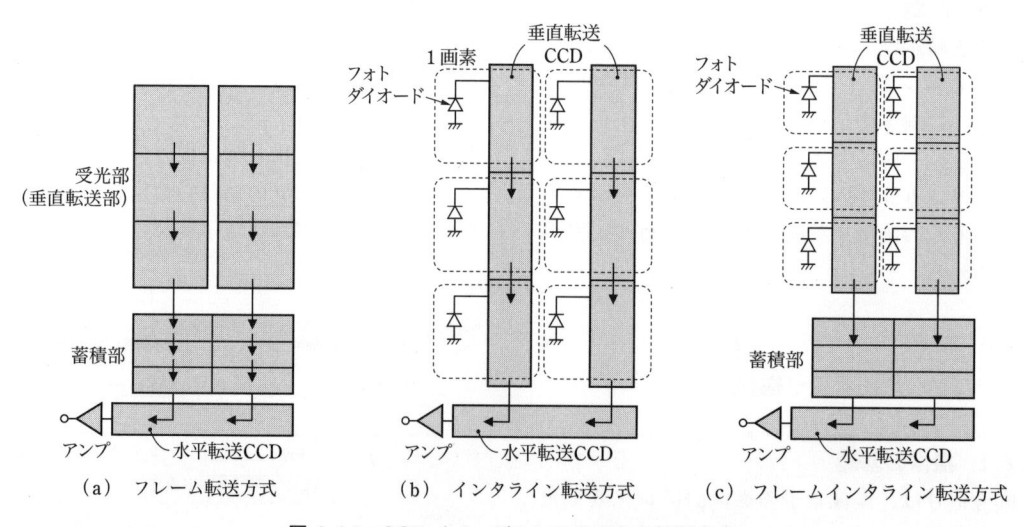

図4.14 CCDイメージセンサのおもな転送方式
（a）フレーム転送方式　（b）インタライン転送方式　（c）フレームインタライン転送方式

CCDを用いて1画素ずつ高速に読み出される。受光部内を垂直転送するので，強い光が入射するとスミアにより画質が劣化するため，機械式シャッターとの併用が望ましい。受光部の構造がシンプルなため微細化に有利であり，画素サイズ1.56μm角で光学サイズ1/4.5型310万画素のセンサがある[4]。

(2) インタライン転送方式

図4.14 (b) のように蓄積部はなく，受光部はフォトダイオード（PD）と垂直転送CCDに分かれる。露光時間終了後すべての画素の信号電荷を垂直転送CCDに移し，FT方式と同様に読み出される。垂直転送CCDは遮光されているが，PDの脇をFT方式よりもゆっくりと電荷転送するため，強い光が入射するとスミアにより画質が劣化する。ただし，蓄積部がないのでチップサイズを小さくできる。IT方式は，ディジタルスチルカメラの主流の方式であるが，スミア抑制や出力アンプの性能向上により放送用カメラに用いる場合もある。画素サイズ1.8μm角で光学サイズ1/2.5型700万画素のセンサがある。

(3) フレームインタライン転送方式

図4.14 (c) のように，IT方式に蓄積部をもたせた構造をしている。露光時間終了後すべての画素の信号電荷を高速垂直転送するため，IT方式のような画質劣化がない。蓄積部があるのでチップサイズは大きいが，優れた画質を求める放送用カメラなどに利用される。

(4) その他の転送方式

図4.15のように，PDの配置を45度回転させ，水平・垂直方向の解像度を改善する方式がある[5]。PDの形状が8角形なので開口率が高く，感度が向上する。

PDの周辺に配置したCCDをメモリとして活用し，毎秒100万フレームの超高速撮像ができるイメージセンサがある[6]。

4.2.3 CMOSイメージセンサ

新しい画素構造の導入や雑音除去回路の高性能化により，高画質化が進んでおり，携帯電話用からディジタル一眼レフ用までさまざまなカメラに使われている。また，画素回路の縮小化技術の導入により，CCDに匹敵する画素サイズを実現している。

(1) 全体構造と動作

図4.16に全体構造の概略図を示す。各画素のPDで蓄積された信号電荷は増幅器で増幅され，垂直シフトレジスタに選択された行の信号が読み出される。この信号は各列にある相関二重サンプリング（correlated double sampling；CDS）回路に入力し，増幅器のばらつきやPDの暗電流による固定パターン雑音などが除去される。さらに，水平シフトレジスタにより選択された列の信号が出力回路を通じて出力される。

(2) 画素回路の構造

図4.17 (a) はPDとリセット用，増幅用，選択用の3つのトランジスタからなる画素回路である。リセット用トランジスタはPDの電圧を初期化する。増幅用トランジスタはPDの電圧を読み出すためのもので，受光部外にあるNMOSトランジスタとソースフォロア回路を

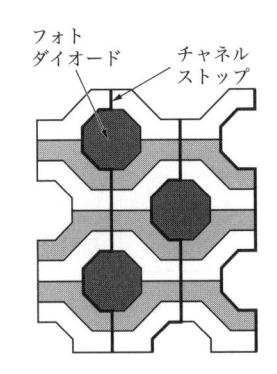

図4.15　ハニカム構造の画素配置

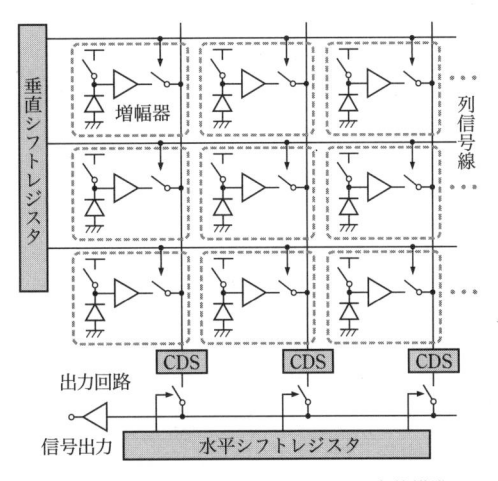

図4.16　CMOSイメージセンサの全体構造

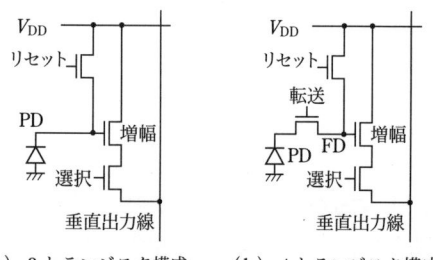

(a) 3トランジスタ構成　　(b) 4トランジスタ構成

図4.17　CMOSイメージセンサの画素構造

形成する。選択用トランジスタは垂直シフトレジスタがある行を選択する際のスイッチである。

図4.17（b）は，図4.17（a）に転送用のトランジスタを追加した4トランジスタ構成の画素回路である。PDは埋め込みPDになっており，ここで蓄積された電荷は転送用トランジスタにてフローティングディフュージョン（FD）に完全転送される。その後の動作は3トランジスタ構成と同様である。

(3) 画素サイズの縮小化技術

信号読み出し用のトランジスタを複数の画素で共有することで，1画素あたりに必要なトランジスタ数を削減できる。図4.18は4つの画素でリセット用，増幅用，選択用の3つのトランジスタを共有することで，1画素あたり1.75トランジスタ構成を実現している例である。リセット用トランジスタを介してFDに電位を書き込むFD駆動法を用いれば，選択用のトランジスタを取り除くことができる[7]。この場合，1画素あたり1.5トランジスタ構成となる。なお，感度を重視する場合は，4つではなく2つの画素で共有する。

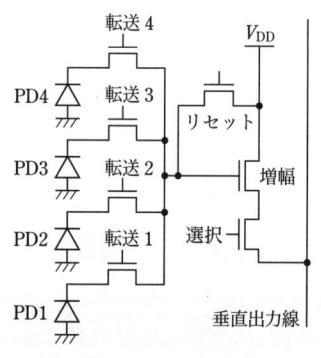

図4.18　4画素共有による画素サイズの縮小化

縮小化に伴う光学的な特性の劣化を抑えるために，金属配線やカラーフィルタの薄膜化により，マイクロレンズとPDの距離を縮め，より多くの光を入射させるなどの工夫がある。

画素サイズ1.75 μm角で，光学サイズ1/2.5型810万画素のセンサがある[8]。また，光学サイズ1/1.8型640万画素で，毎秒60フレームの動画撮影ができる高速イメージセンサがある[9]。

4.2.4　撮像管

放送用カメラはCCDやCMOSイメージセンサを用いるものが中心となったが，超高感度撮像では撮像管が活躍している。図4.19はアバランシェ増倍現象を利用したHARP撮像管の動作原理である。撮像管のターゲットはアモルファスセレン（a-Se）を主成分とする光導電膜などで構成されており，約10^8 V/mの電界がかかっている。入射光で生成された電子と正孔はターゲット内で加速されイオン化衝突をくり返し，多数の電子－正孔対がつくり出される。ターゲット膜厚25 μmで，増倍率約600の2/3型HARP撮像管が開発されている[10]。

4.2.5　その他のイメージセンサ

(1) 高機能イメージセンサ

撮像以外のさまざまな機能を集積したイメージセンサは，処理回路の集積が容易，非破壊読み出しによる蓄積中間画像の利用やランダム読み出しが可能であることから，おもにCMOS技術を用いる。たとえば，巡回型カラムADCと複数回の画素値読み出し[11]やオーバーフロー電荷の読み出し[12]により，120～200 dBの広ダイナミックレンジを実現したものがある。そのほかに，画像圧縮，対象物体の距離や形状の

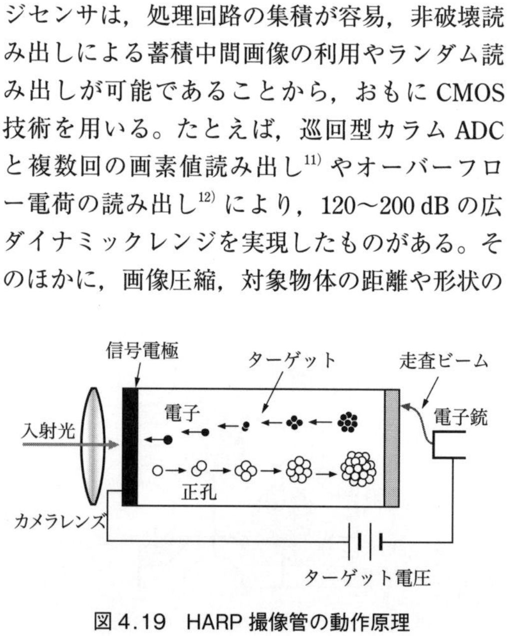

図4.19　HARP撮像管の動作原理

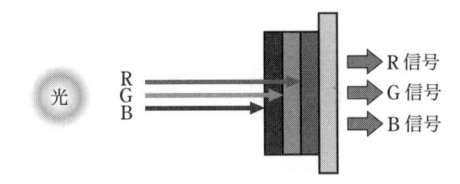

図 4.20　有機半導体膜イメージセンサの構造

計測，動きの検出といった機能の検討がある。また，監視用，HI 用，医療用などに応用されている[13]。

(2) 有機半導体膜イメージセンサ

図 4.20 に構造の模式図を示す。赤，緑，青のそれぞれに対して，感度を有する有機材料による光導電膜を重ね合わせる。単板式でありながら各画素 3 色を撮像することができるため，3 板式と同等の空間解像度が得られる。また，色分解プリズムが不要なので小型にできる。さらに，入射光に対して開口率を 100％にできる[14]。

(3) 不可視線イメージセンサ

赤外線イメージセンサには量子型と熱型がある。量子型は感度や応答速度に優れているが冷却を必要とするため，冷却を必要としない熱型が用いられている。これには，強誘電体を用いる誘電ボロメーター方式，抵抗ボロメーター方式，SOI（silicon on insulator）ダイオード方式がある。画素サイズが 20〜25 μm 角で，640×480 画素のものが開発されている[14]。

X 線イメージセンサには，直接変換型と間接変換型がある。直接変換型は X 線を電気信号に直接変換し検出するもので，たとえば a-Se, CdTe, PbI_2, HgI_2 などの膜を利用する。間接変換型は X 線を蛍光体（シンチレーター）によって可視光に変換したあと，さらに電気信号に変換し検出するものである。

4.3　スクリーニング

オフセット印刷やインクジェットプリンタなどにおける階調表現方法として，微小な領域での色材（インク）付着面積を替えて階調を表わす方法を網掛け，スクリーニングとよんでいる。スクリーニングという言葉は，階調情報を付着面積に変換するため，透過と遮光が周期的にくり返される網（スクリーン）を高コントラストの製版フィルムからやや離して設置し，そのボケを利用して画像の階調に合わせて大きさが変化する網点を形成させたことから来ており，1880 年代に発明された[16]。この手法をより簡単に行なうため，網のぼけ像をフィルム上の濃度変化として作成し，製版フィルムに密着させて使用するコンタクトスクリーンが開発され[16]，その後，スキャナ技術の発明・発達により，電気的・ディジタル的に網掛けを行なうようになった。さらに DTP 技術の発達によって，現在の印刷システムでは，写真などが混在するページデータを PostScript や PDF で記述し，イメージセッターや CTP，プリンタなどに接続された RIP（raster image processor）で解釈して，スクリーニングや 2 値画像データへの変換を行なう構成となっている。

スクリーニングは，その発生方法とスクリーン形状の二面から分類できるので，それらの分類に従って解説する。なお，全体的な解説としては，工藤[16]，梶[17]の文献が，また，低解像度のディザに関しては「画像のディザ表現」[43]が参考となる。

4.3.1　発生方法での分類

固定的な閾値マトリックスを用いるか，画素ごとに周囲の画素の状況を考慮して処理を行なうかで分けられる。

(1) 固定的な閾値マトリックスを用いる方法

階調データを固定的な閾値マトリックスと比較して，閾値より大きければオン，小さければオフとする方法で，1 画素ごとに比較を行なう方法を組織的ディザ法[18]（図 4.21 (a)），出力系の解像度が高く，階調画像の 1 画素に複数の出力画素を割り当てる方法を濃度パターン法（図 4.21 (b)）とよんでいるが，プリンタなどの出力系の高解像度化によって分けて考える必要がなくなりつつある。当初マトリックスとしては 8×8 画素程度が用いられていたため，パターン作成の自由度が少なかったが，現在では 256×256 画素以上のマトリックスも用いられるようになり，ドット集中パターンだけでなく，ドット分散型のブルーノイズマスク[19]な

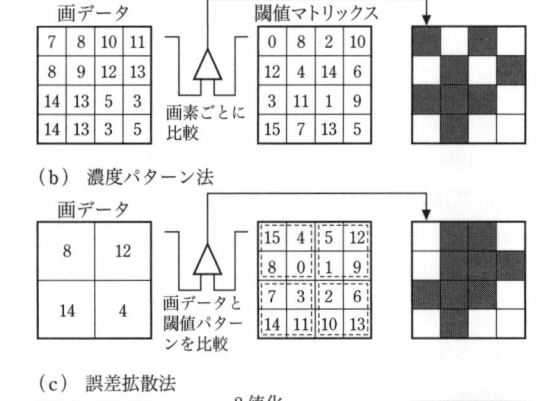

図4.21 スクリーニングの発生方法による分類

どが使用可能となってきている。この応用として，エッシャーの絵のように意味のあるパターンを変化させて階調を表わす例[42]も報告されている。

(2) 画素ごとに処理を行なう方法

入力された画像データに対して，各種のランダム信号や，周辺画素の状態によって決定される情報を用いて2値化する手法であり，インクジェットでは，その再現品質から誤差拡散法[20]がよく使われる。この手法では，オリジナルのデータとそこで決定した画像濃度値（通常はオン/オフ）との差を周辺画素に拡散し，原稿の局所的な濃度を平均として保存する方法で，図4.21 (c) のような誤差拡散マトリックスを用いて拡散させる。

4.3.2 スクリーン形状での分類 （図4.22）

スクリーン形状としては，通常の網点のように2次元的に一定周期で並んだドットの大きさを階調に合わせて変えるドット集中型のAM（振幅変調）方式と，誤差拡散法やブルーノイズマスクのようにドットの大きさはほぼ一定で，単位面積あたりの個数により面積を変えるドット分散型のFM（周波数変調）方式に大別され，AM方式にFM的手法を取り入れたハイブリッド方式もある。スクリーン形状は，必要

図4.22 AMスクリーンとFMスクリーンの例[36]

最小点の大きさなどの記録系の特性や人間の感覚に合わせて各種の最適化が行なわれている。

(1) AMスクリーン

入力信号系と出力系の関係を図4.23を用いて説明する。1つの網点を形成する単位をハーフトーンセルとよぶが，この大きさは実現する階調数によって決まり，0.5%刻みの200階調であれば14×14画素あるいは15×15画素が必要となる。スクリーン線数175線（line/inch）とすると，2450（14×175）から2625（15×175）dpiの解像度が出力系に必要となる。一方，入力画像の解像度とハーフトーンセルの関係は，Nyquestの標本化定理をふまえて，1ハーフトーンセルを4分割して1入力画素を割り当てるのが通例で，スクリーン線数175線（line/inch）の場合は，入力画像は350線が必要となる[16]。

ドット形状は，図4.22に示したラウンドドットが基本となるが，網面積50%のところで四方のドットとつながり階調が飛ぶトーンジャンプが発生しやすいため，50%の上下で1方向ずつつながるように網形状を1方向に少しつぶしたエリプティカルドットも用いられる。

プロセスカラーでは，4個の網を重ねる必要

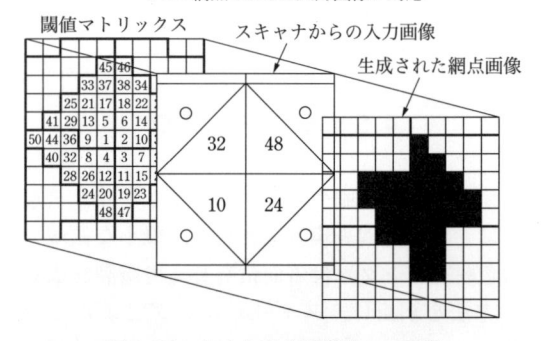

図4.23 入力と出力解像度との関係

があり，網間のモアレの発生を防止するために各色間に角度をつけて配置する。CMKの中から最も目立つ色（通常はK，肌色主体の場合はM）を45度に設定し，他の2色をそれから30度離して配置する。目立ちにくいYは他の色から15度ずらした位置に配置する。30度離して配置した網は，ハーフトーンセルの縦横比が無理数となるため，マトリックスを256×256などの大きさにしても完全に処理することができず近似的に処理する。走査位置を回転角だけ座標変換して閾値マトリックスの対応位置の閾値を用いる方法[21]と，比率の近い有理数で近似する方法[16,22]がある。有理数で近似する方法では，30度間隔で重ねた場合に発生する小さなモアレ（ロゼッタ）（図4.24）の形状が場所によって変化するので，最もきれいなロゼッタをページの中心にもってくるのが通例で，ページ配置により変えられるように工夫している例もある[23]。このような無理数境界の問題を，ハーフトーンセルを平行四辺形にして整数境界として解決した例[24,25]がレーザープリンタ関係で利用されている。

(2) FMスクリーン

FMスクリーンはストキャスティックスクリーンともよばれ，誤差拡散法や誤差拡散法に近い空間周波数特性（ブルーノイズ特性）を得る256×256程度以上の大サイズマトリックスを用いるブルーノイズマスクなどがある。

誤差拡散法[20]はフロイド（R. F. Floyd）らによって1975年に，類似の平均誤差最小法[11]はシュローダー（M. R. Schroder）によって1969年に提案された。これらは，2値化により生じた誤差を捨てずに近傍の未処理の画像に分配することで，局所領域での平均誤差を最小化し，高い解像度と疑似輪郭の発生しない滑らかな階調特性を得ている。再現品質はよいが，当時の計算機などの能力では処理が複雑なためなかなか使われなかったが，計算能力の向上によりソフトウェアで実現できるようになり，インクジェットプリンタなどで多く使われるようになってきた。この誤差拡散法には，低ドット密度部での鎖状パターンの発生やドット生成の遅れ，特定入力値での特異テクスチャの発生など（図4.25）の課題[12]があり，鎖状パターンについては，誤差を拡散させるマトリックスの拡大[34]，特異テクスチャやドット生成の遅れに対しては2値化する閾値をアダプティブに変える方法[27]などが提案され実用化されている。

一方，ブルーノイズマスク法では，パターン最適化のために視覚の空間周波数的な階調特性や粒状性に関する検討とともに，各種のパターン生成方法が検討されている。ミッツア（T. Mitsa）らは空間周波数領域で評価しながら点を生成する位置を変えるなどをくり返して最適化する方法[19]を用いたが，シミュレーテッドアニーリングを用いる方法[28]やCircle packingを用いる方法[29]なども提案されている。また，ハイライト領域では，ドットの配置に周期性があるほうが粒状性の面でよい傾向にあることから，周期性を導入している例[30]がある。

①プリンタでのFMスクリーン

マイクロプロセッサなどの発達によりソフト的に処理が可能となったことや，各種の課題が解決されたことから，インクジェットで多く使われてきた。しかし最近になるまで，最小インク滴が大きいため，画素が画面上で目立ち，写真を再現するのに十分ではなかった。これを解

図4.24　ロゼッタの場所による変化[23]
(提供：コダックグラフィックコミュニケーションズ)

(a) 鎖状パターン

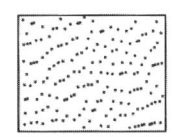

(b) 特異テクスチャ

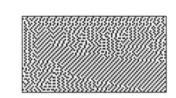

(c) ドット生成の遅れ

図4.25　誤差拡散法での課題[12]
(電子写真学会誌, Vol.37, No.2, pp.186-192より転載)

決して写真品質を可能としたのは，1996年に発売されたCとMの淡色インクを追加した6色プリンタ[31,32]であり，その後のインクジェットの拡大に大きく貢献している。淡色インクの追加では，淡色と濃色をなめらかにつなぐ必要があり，つなぎ部分での粒状性変化を少なくするため，一方の粒状性を増やして切り替えをスムースにしている例[33]や，濃淡両方を含めて誤差拡散を行ない滑らかに切り替える方法[35]が実用化されている。

②印刷でのFMスクリーン

印刷，とくにオフセット印刷でのFMスクリーニングでは，記録系の解像度が高いこともあって，閾値マトリックスを用いる方法が使用される。高精細な画像再現や原稿などとのモアレが出にくいなどの理由から1990年代に一度ブームとなったが，フィルム刷版系での再現の不安定性から下火となった。その後，刷版上に精度よく記録できるCTP（computer to plate）[36,37]の開発や，スクリーンパターンの改良などによりハイエンドの商業印刷だけでなく，新聞[38]や電話帳[39]でも本格的に利用されるようになりつつある。パターンの改良としては，インクと水のバランスを取りやすくするため，中間階調におけるパターンのつながり方を改良した例（図4.22（b））[40]や，ハイライトとシャドーでは点の付きや抜けを安定化するため，最小点を大きくしてFM的手法で配置し，中間階調では再現変動の少ないAM的手法を用いるハイブリッドタイプ[41]などが開発されている。FMとAMスクリーンではそれぞれ利害得失があり，使用目的や絵柄に合わせて選択されているのが現状である。

4.4 画像処理技術

4.4.1 画像処理の概要

本節では，画像に変換を適用して，新たな画像を得る範疇の画像処理を扱う。入力画像は，2次元の長方形領域のデータとし，理論的な背景についてはアナログの数式で記述し，具体的な処理・操作に関してはディジタルで記述する。アナログの記述とディジタルの記述の整合性をとるため，アナログでは長方形領域の左下を原点 $(0, 0)$ とし，x軸の正方向を右とし，y軸の正方向を上とし，縦横の大きさを1に正規化した2次元関数 $f(x, y)$ を扱う。ディジタルでは N 行 M 列（$M \times N$）の画素配列 $f(i, j)$ を扱い，画素の座標としては左下を $(0, 0)$ とする。

画像を2次元周波数空間に変換することにより，周波数空間における処理が行なえる。画像空間におけるたたみ込みは，周波数空間においては，画像とたたみ込み関数の両者のスペクトルの各周波数における掛合せになる。マスク処理（加重平均，相関）は，マスクを180°回転させることで，たたみ込みと同様に扱うことができる。周波数空間では，フィルタの周波数特性を直接扱うことが可能である。周波数空間の処理としては，画像復元やコンピュータ断層写真（computer tomography；CT）に代表される画像再構成などがある。

4.4.2 濃度軸変換

画像の濃度分布関数をヒストグラム（histogram）という。ヒストグラムは画像に関する基本的な指標のひとつである。ヒストグラムにより，画像が濃度値全体を平均的に用いているか，ある範囲の濃度値に集中しているかの判断が行なえる。

各画素の濃度 $z = f(i, j)$ に，z を変数とする関数 $t(z)$ を適用して，画素 (i, j) の新たな濃度として $f(i, j) = t(z)$ と置き換えることにより，画像の濃度軸変換が行なえる。

（1）コントラスト操作

画像として許容される濃度範囲が0～1で，入力画像の濃度範囲（a～b）がこの範囲より小さい場合（$0 < a < b < 1$）には，濃度範囲が有効に使われていない。このような場合には，図4.26の $t(z)$ によりコントラストの改善が可能である。図4.27の $t(z)$ は ab 間のコントラストを強調する。図4.28の $t(z)$ は逆にコントラストを緩和する。図4.29の $t(z)$ は白黒を反転させる。図4.30は指数関数 $t(z) = z^\gamma$ でモデル化した非線形特性である。画像の入出力機器において，このような特性が生じる。これをガンマ（γ）特性といい，機器の特性を線形化する

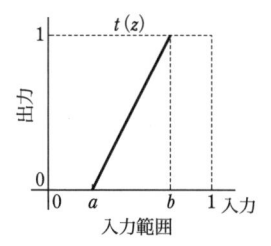

図 4.26 コントラスト改善

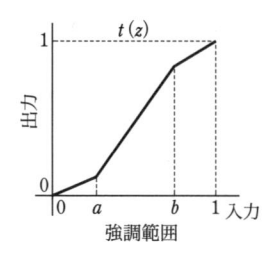

図 4.27 コントラスト強調

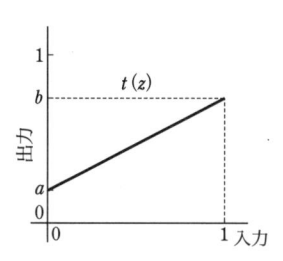

図 4.28 コントラスト緩和

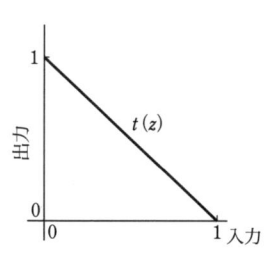

図 4.29 白黒逆転

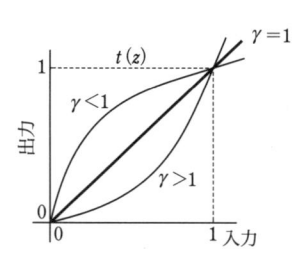

図 4.30 ガンマ特性

ことをガンマ補正という。

(2) ヒストグラム等化

4.4.2項で述べたヒストグラムを用いた画像強調手法として，ヒストグラム等化がある。ヒストグラムが均一でなく，図4.31のようにある範囲に集中していると，画像の詳細がわかりにくい。ヒストグラムにこのような偏りがある場合には，ヒストグラムが均一となるようにすることでコントラストを改善することができる。これをヒストグラム等化という。

(3) 2値化

図 4.32 は，入力が閾値 (threshold, t_h) を超えていれば1を出力，そうでない場合には0を出力とする2値化を表わし，式 (4.5) で記述される。2値化の閾値の決め方には，ヒストグラムを基にするものが多く，各種の方式が提案されている。

$$g(x,y) = \begin{cases} 1 & (f(x,y) \geq t_h) \\ 0 & (f(x,y) < t_h) \end{cases} \quad (4.5)$$

① pタイル法

文書や図面など，もともとが2値画像と考えられ，あらかじめ文字や図面が占める領域の割合pが想定される場合に用いられる。濃度値1

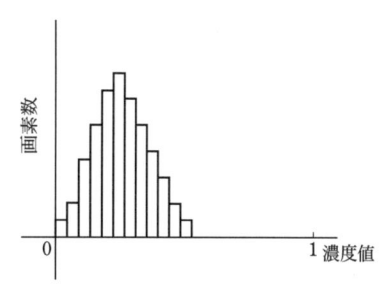

図 4.31 偏りのあるヒストグラム

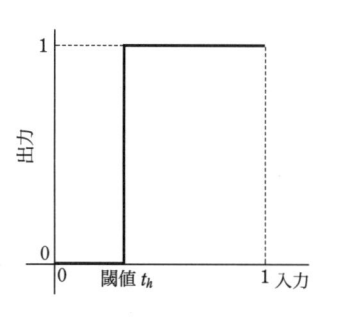

図 4.32 2値化

を黒と仮定し，図4.33に示すように，ヒストグラム $H(q)$ を t_h から1まで積分した結果が p となるように閾値 t_h を決定する。

②モード法

図4.34のようにヒストグラムに2つの山とそのあいだの谷が存在する双峰性，すなわち画像の濃度分布が2つのモードを有する場合には，谷の位置を閾値 t_h とする。

③微分ヒストグラム法

各濃度の画素の個数の代わりに，それぞれの濃度に対応する各画素と周辺の画素との変化量（微分値）の合計を縦軸としたものを微分ヒストグラムという。図4.35に示すように，微分ヒストグラムが最大値となる濃度値を閾値 t_h とする。

④判別分析法

ヒストグラムを閾値 t_h で2つのクラスに分割したときに，クラス間分散とクラス内分散の比を最大にする統計的手法である。t_h 未満をクラス1，t_h 以上をクラス2とし，それぞれのクラスの面積を ω_1, ω_2, 濃度平均を M_1, M_2, 分散を σ_1^2, σ_2^2 とすれば，クラス間分散 σ_B^2 とクラス内分散 σ_W^2 は，式(4.6)で与えられる。図4.36に示すように t_h を変化させながら，比 σ_B^2/σ_W^2 が最大となる t_h を求める。

$$\sigma_B^2 = \omega_1\sigma_1^2 + \omega_2\sigma_2^2$$
$$\sigma_W^2 = \omega_1\omega_2(M_1-M_2)^2 \qquad (4.6)$$

⑤可変閾値法

画像によっては地の部分の濃度が一定でなく不均一な場合がある。このような場合には画像全体を単一の閾値で2値化することは困難である。このような場合には，局所的な平均，ヒストグラムを用いて前述の手法①〜④を適用する。このように画像の局所的な性質を用いて閾値を変える手法を可変閾値法または動的閾値法という。背景の部分の濃度変化が図4.37のような方向性を有するシェーディングの場合に

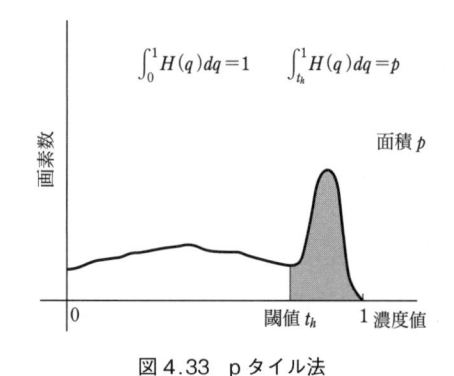

図4.33 pタイル法

図4.34 モード法

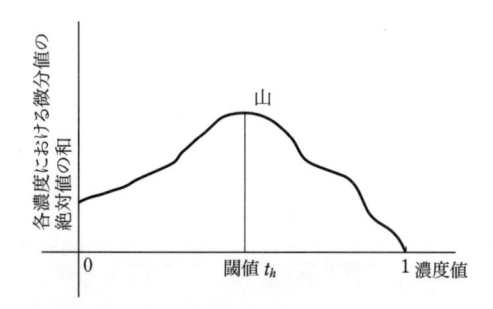

図4.35 微分ヒストグラム

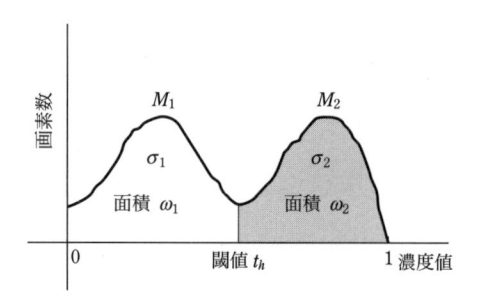

図4.36 判別分析法

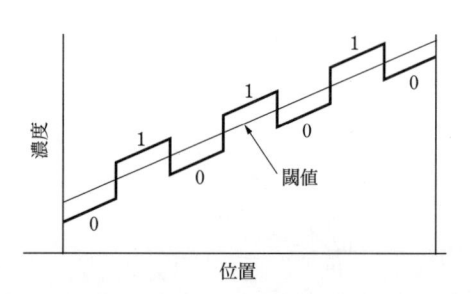

図4.37 シェーディングと閾値

は，背景のシェーディングの直線近似を閾値に用いることも考えられる。

4.4.3 画像の幾何学変換

画像が存在する2次元平面自体が変形（ワープ）すると，その平面の上にある画像も変形する。変換画像の画素値は，図4.38に示すように結果画像の画素位置を原画像に逆変換して画素値を求める必要がある。

(1) 歪みの補正

画像の撮像系には位置に関する2次元的な歪みである幾何学歪みが生じ，たとえば正方格子状の対象物を撮影しても，画像上での格子間隔が等しくならないことがある。これらの歪みは幾何学変換による補正が可能である。ここでは，平面上の画像撮像を例として述べる。原画像の点 (x, y) が，歪みを受けた結果 (x', y') に移ったとし，この変換を次式で表わす。

$$x' = f_x(x, y)$$
$$y' = f_y(x, y) \quad (4.7)$$

ここで，$f_x(x, y)$，$f_y(x, y)$ は一般的には位置に依存する。そこで，各格子点のずれをルックアップテーブル（look up table；LUT）に格納する。この逆関数を用いて，歪みを受けた画像を変換すれば，原画像が得られる。

$$x = f_x^{-1}(x', y')$$
$$y = f_y^{-1}(x', y') \quad (4.8)$$

(2) アフィン変換 (affine transform)

回転（rotation），拡大縮小（scaling），平行移動（translation）の組合せであり，次式で表わされる。アフィン変換において，並行性は保たれる。

$$x' = a_x x + b_x y + c_x$$
$$y' = a_y x + b_y y + c_y \quad (4.9)$$

アフィン変換は6つの係数により定まる。図4.39に示すように，この6つの係数は2つの画像中で対応する点の組を3つ与えることにより求められる。

(3) 投影変換 (projectional transform)

ピンホールカメラは投影変換の基本的なモデルであり，3次元の点を2次元のスクリーン上に投影する。基本的な投影変換において，物体上の点 P_{object} は，P_{object} と視点 P_{view} を結ぶ直線がスクリーンと交差する点に投影される。ここで，P_{object} として平面上の点を考えると，平面上の図形が視点を介して別の平面（スクリーン）に投影される。これは，平面図形や建物の側面をカメラで撮像した場合に相当し，並行性は保たれず，消失点が存在する。この平面から平面への投影（狭義の投影変換）は次式のように x, y に関する1次式の比で表わされる。

$$x' = \frac{a_x x + b_x y + c_x}{a_0 x + b_0 y + 1}$$
$$y' = \frac{a_y x + b_y y + c_y}{a_0 x + b_0 y + 1} \quad (4.10)$$

この式においては未知数が8個であり，図4.40に示すように，画像中で対応する点の組を4つ与えることにより求められる。

(4) 濃度補間

前述のように，変換結果の画素値は，変換を

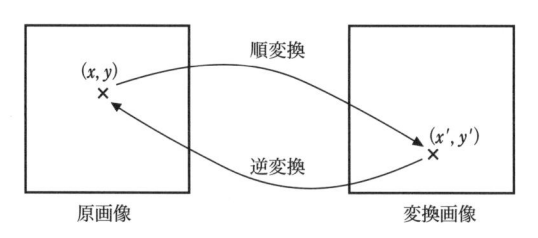

図4.38 幾何学変換の方向

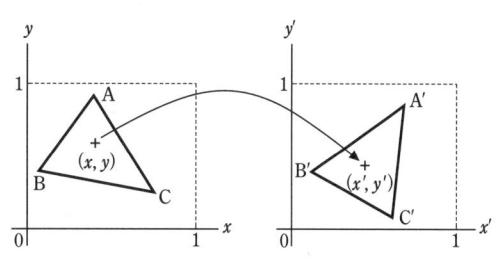

図4.39 アフィン変換

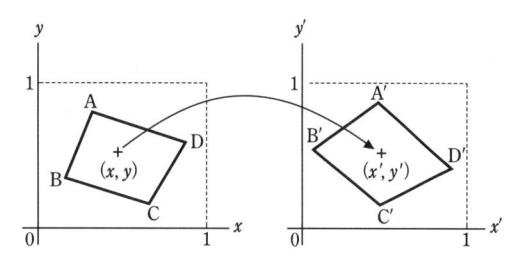

図4.40 狭義の投影変換

逆に適用して，その画素の原画像における対応点 (x, y) の画素値とする．この場合，原画像における対応点は，4つの格子点で囲まれる正方形の中にあり，周囲の格子点の濃度からその点の濃度を決定する必要がある．ここでは，正方形を構成する4点の濃度値を用い，4点と対応点 (x, y) との距離の比率を用いて線形補間する共1次補間（内挿）法（bi-linear interpolation）について述べる．

図4.41のように，周囲4つの格子点を (i, j), $(i, j+1)$, $(i+1, j)$, $(i+1, j+1)$, $i<x<i+1$, $j<y<j+1$ とし，2つの水平線上での値を線形補間により求める．

$p = x - i$ とおく．

$$f(x, j) = f(i, j)(1-p) + f(j+1, j)p$$
$$f(x, j+1) = f(i, j+1)(1-p) + f(i+1, j+1)p$$
$$(4.11)$$

次に，縦方向の線形補間を行なう．

$q = y - j$ とおく．

$$f(x, y) = f(x, j)(1-q) + f(x, j+1)q$$
$$= f(i, j)(1-p)(1-q) + f(i+1, j)p(1-q)$$
$$+ f(i, j+1)(1-p)q + f(i+1, j+1)pq$$
$$(4.12)$$

行列を用いて表わすと，次の式となる．

$$f(x, y) = \begin{pmatrix} 1-p & p \end{pmatrix} \begin{pmatrix} f(i, j) & f(i, j+1) \\ f(i+1, j) & f(i+1, j+1) \end{pmatrix} \begin{pmatrix} 1-q \\ q \end{pmatrix}$$
$$(4.13)$$

このほかに，4つの格子点の中で，点 (x, y) と最も距離の近い点の濃度を用いる方式，格子点の濃度値に sinc 関数を掛けて，元の2次元関数を復元する方式，bi-cubic 補間を行なう方式などがあり，用途に応じて使われている．

4.4.4 画像空間での操作

画像空間での操作は，近接する画素群との関係を用いて，局所的な変化を検出したり，細かい変動を吸収して平滑化したりすることが中心である．アナログの場合，変化の検出には微分が，平滑化には積分が用いられる．ディジタルの場合には微分は差分で，積分は平均で置き換えられる．差分はエッジの検出・強調にも利用される．

(1) 隣接画素との差分

2次元空間における微分は大きさと方向をもつベクトルであり，x 方向，y 方向それぞれの微分を，画素 (i, j) を基準として右の隣接画素との差分，上の隣接画素との差分に置き換えたものが次式である．この ∇ はグラジエントという．

$$\nabla(i, j) = (\Delta_x(i, j), \Delta_y(i, j))$$
$$\Delta_x(i, j) = f(i+1, j) - f(i, j)$$
$$\Delta_x(i, j) = f(i, j+1) - f(i, j) \quad (4.14)$$

大きさと方向は次式で計算される．

$$|\nabla(i, j)| = \sqrt{\Delta_x(i, j)^2 + \Delta_y(i, j)^2}$$
$$\theta = \tan^{-1}\left(\frac{\Delta_y(i, j)}{\Delta_x(i, j)}\right) \quad (4.15)$$

上下，左右に隣接する画素間の差分の代わりに，2×2の正方形を構成する4画素の斜め方向の画素の差分を求めるロバーツ（Roberts）の手法もある．

$$\Delta_{NW-SE}(i, j) = f(i, j) - f(i+1, j+1)$$
$$\Delta_{NE-SW}(i, j) = f(i+1, j) - f(i, j+1)$$
$$(4.16)$$

(2) ラプラシアン

アナログにおける2次微分であるラプラシアン $\nabla^2(x, y)$ は，ディジタルにおいては x 方向，y 方向それぞれ隣り合う差分値の差 Δ_{xx} と Δ_{yy} の和として求まる．

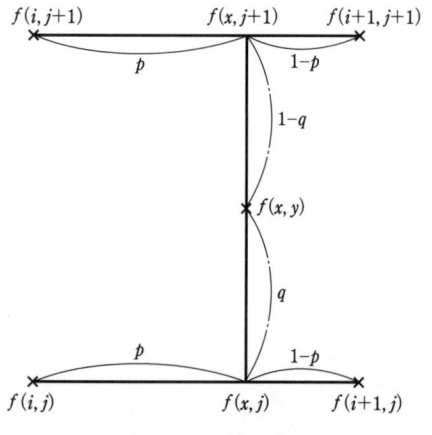

図4.41 共1次補間

$$\Delta_{xx} = \Delta_{x+} - \Delta_{x-}$$
$$= (f(i+1,j) - f(i,j)) - (f(i,j) - f(i-1,j))$$
$$= f(i+1,j) - 2f(i,j) + f(i-1,j)$$
$$\Delta_{x+} = f(i+1,j) = f(i,j)$$
$$\Delta_{x-} = f(i,j) - f(i-1,j) \quad (4.17)$$

$$\Delta_{yy} = \Delta_{y+} - \Delta_{y-}$$
$$= (f(i,j+1) - f(i,j)) - (f(i,j) - f(i,j-1))$$
$$= f(i,j+1) - 2f(i,j) + f(i,j-1)$$
$$\Delta_{y+} = f(i,j+1) = f(i,j)$$
$$\Delta_{y-} = f(i,j) - f(i,j-1) \quad (4.18)$$

$$\nabla^2(i,j) = \Delta_{xx} + \Delta_{yy}$$
$$= f(i+1,j) + f(i-1,j) + (f(i,j+1)$$
$$+ f(i,j-1) - 4f(i,j)$$
$$(4.19)$$

ラプラシアンはスカラーである。

(3) マスク操作

画像空間での操作はマスク(mask)を用いて表わされることが多い。マスクの例として3×3の配列を考え,配列の要素に次のような位置座標を与える。

$$m = \begin{pmatrix} (-1,+1) & (0,+1) & (+1,+1) \\ (-1,0) & (0,0) & (+1,0) \\ (-1,-1) & (0,-1) & (+1,-1) \end{pmatrix}$$
$$(4.20)$$

画像 $f(i,j)$ のマスク操作は次の式で表わされる。

$$g(i,j) = \sum_{k=-1}^{1} \sum_{l=-1}^{1} m(k,l) f(i+k, j+l)$$
$$(4.21)$$

ただし,$m(k,l):-1 \leq k, l \leq 1$, $f(i,j):0 \leq i \leq N-1, 0 \leq j \leq M-1$ である。

上式で示されるマスク操作は,対象とする画素 (i,j) を中心としてマスクとのあいだでの相関操作にほかならない。対象画素の範囲は,

$$1 \leq i \leq N-2 \quad 1 \leq j \leq M-2 \quad (4.22)$$

とする。一般に,このようなマスク操作に用いるマスクを,オペレーター(operator)または局所オペレーター(local operator)とよぶことがある。

図4.42左に,ラプラシアン操作に対応する3×3のマスクを示した。図の右側は,ラプラシアン操作の結果を原画像から引くオペレーターであり,高域強調,鮮鋭化の機能を有する。

(4) 3×3の差分オペレーター

3×3のマスクを用いた差分オペレーターとしていくつかの例を示す。

図4.43は画素 (i,j) を中心として,画素 (i,j) の上下,左右の画素の差を求めるマスクである。

図4.44はPrewittオペレーターで,3×3の画素の左右,上下に位置する3画素を用いている。

図4.45はSobelオペレーターで,縦または横に並んだ3画素の中央画素の重みを2としている。

(5) 方向別エッジ検出マスク

微分をする代わりに,方向別の変化をマスクにより検出し,最も変化の大きい方向としてエッジをあてはめる方式として,図4.46と図4.47の2つのオペレーターがある。図4.46, 図4.47では M_0 から M_7 が方向を示し,値がエッジの強さを表わす。

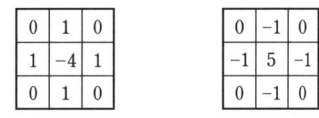

0	1	0
1	-4	1
0	1	0

0	-1	0
-1	5	-1
0	-1	0

ラプラシアンオペレーター　　高域強調フィルタ

図4.42　ラプラシアンマスクと高域強調

0	0	0
-1	0	1
0	0	0

0	1	0
0	0	0
0	-1	0

x 方向　　　　　　　y 方向

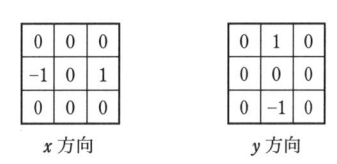

図4.43　上下左右画像の差分

-1	0	1
-1	0	1
-1	0	1

1	1	1
0	0	0
-1	-1	-1

x 方向　　　　　　　y 方向

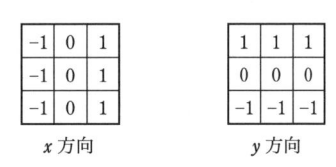

図4.44　Prewittオペレーター

-1	0	1
-2	0	2
-1	0	1

1	2	1
0	0	0
-1	-2	-1

x 方向　　　　　　　y 方向

図4.45　Sobelオペレーター

5	5	5
-3	0	-3
-3	-3	-3

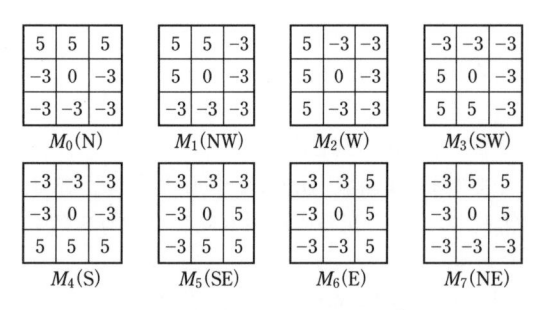

M_0(N)

5	5	-3
5	0	-3
-3	-3	-3

M_1(NW)

5	-3	-3
5	0	-3
5	-3	-3

M_2(W)

-3	-3	-3
5	0	-3
5	5	-3

M_3(SW)

-3	-3	-3
-3	0	-3
5	5	5

M_4(S)

-3	-3	-3
-3	0	5
-3	5	5

M_5(SE)

-3	-3	5
-3	0	5
-3	-3	5

M_6(E)

-3	5	5
-3	0	5
-3	-3	-3

M_7(NE)

図 4.46 方向別 Kirsch オペレーター

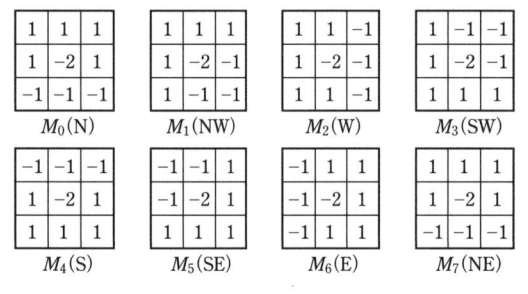

1	1	1
1	-2	1
-1	-1	-1

M_0(N)

1	1	1
1	-2	-1
1	-1	-1

M_1(NW)

1	1	-1
1	-2	-1
1	1	-1

M_2(W)

1	-1	-1
1	-2	-1
1	1	1

M_3(SW)

-1	-1	-1
1	-2	1
1	1	1

M_4(S)

-1	-1	1
-1	-2	1
1	1	1

M_5(SE)

-1	1	1
-1	-2	1
-1	1	1

M_6(E)

1	1	1
-1	-2	1
-1	-1	1

M_7(NE)

図 4.47 方向別 Prewitt オペレーター

(6) 平滑化

平滑化（雑音除去）は局所的な積分により行なわれる。マスク操作としては周辺画素の値の加重平均が用いられ，フィルタともよばれる。図 4.48 に平滑化に用いられるマスクの例を示す。

(7) 非線形処理

孤立した雑音の除去にはメディアンフィルタ（median filter）が有効である。メディアンフィルタでは，対象とする画素周辺の局所領域にある画素値を大きさの順に並べ，そのなかの順序が中央（median）の画素値で対象とする画素値を置き換える。

エッジ保持フィルタ（edge preserving filter）では，対象とする画素周辺を方向別の局所領域に分割し，分割されたそれぞれの領域で濃度の分散を求め，濃度の分散が最小となる近傍の平均値で，対象とする画素値を置き換える。

4.4.5 2次元周波数解析

(1) 2次元正弦波関数と周波数空間

画像の2次元データを理論的に扱う基本的手法として，2次元周波数解析がある。2次元周波数解析には1次元の正弦波関数を2次元の xy 平面に拡張した2次元正弦波関数〔式(4.23)〕を用いる。

$$f(x, y) = \sin(2\pi ux + 2\pi vy + \theta) \quad (4.23)$$

u を横軸，v を縦軸とする uv 平面を2次元周波数平面とよび，この平面上の1点は1つの2次元正弦波関数を表わす。

図 4.49 に $(u=0, v=1)$, $(u=1, v=0)$, $(u=1, v=1)$ の3つの場合の $f(x,y)$ を濃淡で示す（$\theta=0$）。$(1+f(x,y))/2$ の変換を行ない，-1 を 0（黒），$+1$ を 1（白）に対応させて表示している。

式(4.23)で，

$$ux + vy = k \quad (4.24)$$

とおけば，式(4.23)は，

$$f(x, y) = \sin(2\pi k + \theta) \quad (4.25)$$

のように，k を変数とする正弦波関数になる。これは k を変数とする，周期が1の正弦波関数である。図 4.50 に示すように式(4.24)は，傾きが等しい $(-u/v)$ 平行な直線群を表わし，k の値により定まる直線上では $f(x,y)$ は一定となる。直線が平行移動すると k の値が変化するため，$f(x,y)$ は平行な直線群と直交する方向 (v/u) に正弦波状に変化する。

傾き v/u 方向の正弦波の周期 t は，

1/9	1/9	1/9
1/9	1/9	1/9
1/9	1/9	1/9

平均値

1/10	1/10	1/10
1/10	2/10	1/10
1/10	1/10	1/10

加重平均値

0	1/5	0
1/5	1/5	1/5
0	1/5	0

円形近傍

図 4.48 平滑化マスク

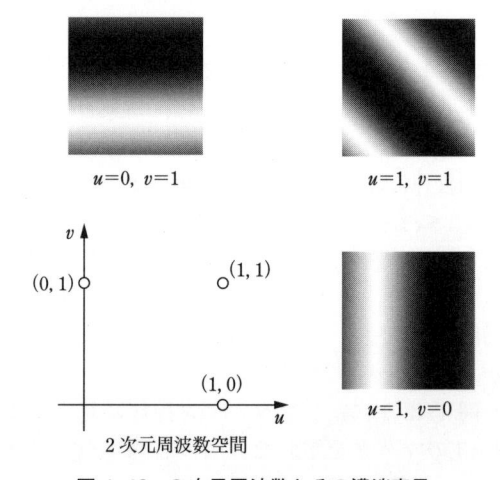

図 4.49 2次元周波数とその濃淡表示

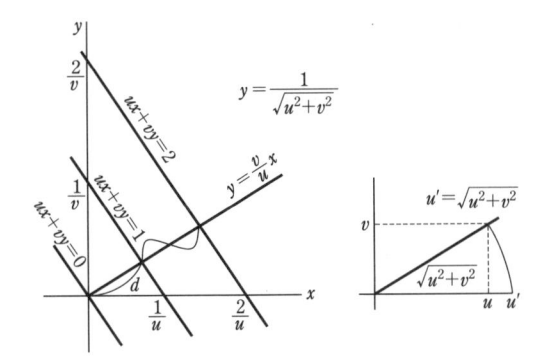

図 4.50　$ux+vy=$ 一定の直線群

$$t=\frac{1}{\sqrt{u^2+v^2}} \quad (4.26)$$

で与えられ，v/u 方向の実効周波数は，

$$f=\sqrt{u^2+v^2} \quad (4.27)$$

となる。図 4.51 に $u=3$，$v=4$ の $f(x,y)$ を濃淡で示す（$\theta=0$）。この場合の実効空間周波数は 5 である。

図 4.52 に周波数空間の各象限に対応する $f(x,y)$ を濃淡で示す（$\theta=0$）。

(2) フーリエ級数展開

x 軸方向の周期を T_x，y 軸方向の周期を T_y とする 2 次元周期関数 $f(x,y)$ は次式のように表わせる。

$$f(x,y)=f(x+T_x, y+T_y) \quad (4.28)$$

式(4.28)の周期関数がデリクレの条件を満たしていれば，2 次元正弦波関数の線形結合としてフーリエ（Fourier）級数展開することができる。周期を $T_x=1$，$T_y=1$ と正規化すると，式(4.28)の周期関数のフーリエ級数展開は，次式で表わせる。

図 4.51　$u=3$，$v=4$

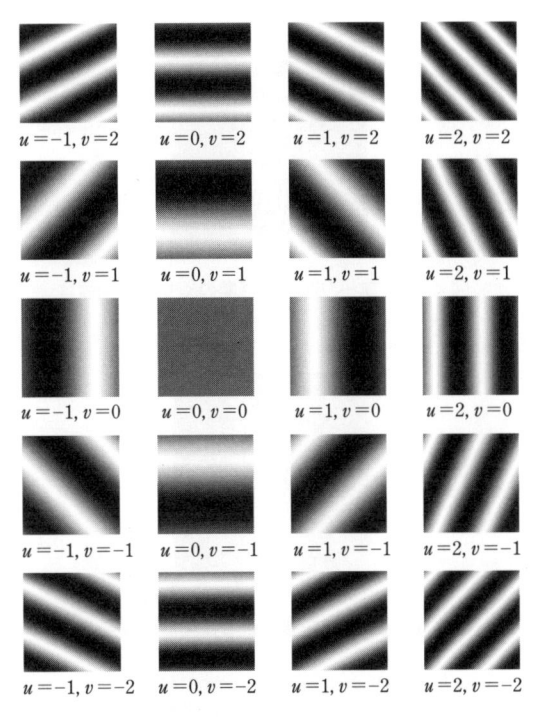

図 4.52　4 つの象限の関係

$$f(x,y)=\sum_{u=0}^{\infty}\sum_{v=0}^{\infty}a_{uv}\cos(2\pi ux+2\pi vy)$$
$$+\sum_{u=0}^{\infty}\sum_{v=0}^{\infty}b_{uv}\sin(2\pi ux+2\pi vy) \quad (4.29)$$

フーリエ級数展開の係数 a_{uv}，b_{uv} は次式の 2 次元積分を行なうことにより求まる。ここでは，正弦波関数の直交性を利用している。

$$a_{uv}=\int_0^1\int_0^1 f(x,y)\cos(2\pi ux+2\pi vy)dxdy \quad (4.30)$$

$$b_{uv}=\int_0^1\int_0^1 f(x,y)\sin(2\pi ux+2\pi vy)dxdy \quad (4.31)$$

フーリエ級数展開した結果は，2 次元関数を縦，横，斜めにくり返し配置したくり返し関数となる。このようすを図 4.53 に示す。くり返し配置の結果として，境界において発生する不連続性を回避する手段として，窓関数の使用や，図 4.54 に示すように反転配置を行なう手法がある。

(3) 離散フーリエ変換

2 次元周波数解析の対象となる画像データが，2 次元空間で標本化された N 行 M 列，$0\leq$

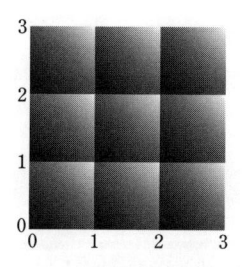

図 4.53　フーリエ級数展開のくり返し配置

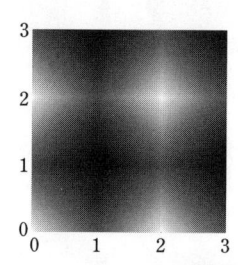

図 4.54　反転配置による連続性の確保

表 4.3　FFT の見かけの周波数と実周波数

見かけの周波数	0	1	2	⋯	$M/2$	$M/2+1$	⋯	$M-2$	$M-1$
実周波数	0	1	2	⋯	$M/2$	$-M/2+1$	⋯	-2	-1
見かけの周波数	0	1	2	⋯	$N/2$	$N/2+1$	⋯	$N-2$	$N-1$
実周波数	0	1	2	⋯	$N/2$	$-N/2+1$	⋯	-2	-1

$m \leq M-1$, $0 \leq n \leq N-1$ の配列の形 $f(m,n)$ で与えられていると仮定する．指数関数と複素数により，オイラーの公式 $e^{j\theta} = \cos\theta + j\sin\theta$ を用いると，式(4.30)，(4.31)のフーリエ級数展開係数 a_{uv}, b_{uv} は $F(u,v)$ として次式で求められる．これを順変換とよぶ．ここでは，数値として複素数を扱い，純虚数単位として j を用いる．このため，表記上の混乱を避けるため，画素 (i,j) の代わりに画素 (m,n) の表記を用いる．

$$F(u,v) = \frac{1}{MN} \sum_{0}^{M-1} \sum_{0}^{N-1} f(m,n) e^{-j2\pi\left(\frac{mu}{M} + \frac{nv}{N}\right)} \quad (4.32)$$

ただし，$0 \leq u \leq M-1$, $0 \leq v \leq N-1$ である．ここで，$F(u,v)$ は画像データと同じ N 行 M 列，$F(u,v) = a_{uv} + jb_{uv}$ である．

フーリエ変換係数 $F(u,v)$ を画像データに戻す逆変換は次式で与えられる．

$$f(m,n) = \sum_{0}^{M-1} \sum_{0}^{N-1} F(u,v) e^{-j2\pi\left(\frac{mu}{M} + \frac{nv}{N}\right)} \quad (4.33)$$

式(4.32)は一般に，離散フーリエ変換（discrete Fourier transform；DFT）とよばれる．式(4.32)の計算を高速化したアルゴリズムとして，高速フーリエ変換（fast Fourier transform；FFT）が用いられる．

標本化定理では，画像の最高周波数が $u \leq M/2$, $v \leq N/2$ を満たすことを前提としている．しかし形式的には，式(4.33)から見かけ上 $M/2 < u$, $N/2 < v$ の周波数が計算される．$M/2 < u$, $N/2 < v$ の係数は，表 4.3 に示すように周波数が折り返されて負の低い周波数に対応している．ここで，M, N は偶数と仮定している．式(4.32)で求められる 2 次元周波数のデータ数は，変換の対象としている画像の画素数と同じであり，表 4.3 の実際の周波数への対応を前提として，離散型周波数空間とよぶことにする．(1)で扱っている周波数空間では，周波数空間の中心が直流分であり，周波数として実数を対象としている．図 4.55 に示すように，両者を離散型周波数空間と連続型周波数空間として区別することとする．

(4) 伝達関数とたたみ込み

1 次元の時間関数の場合，信号がある処理系を通った結果の出力は，信号とその系のインパルス応答（impulse response）のたたみ込み（convolution）で与えられる．画像処理系の基本モデルは，これを図 4.56 に示すように 2 次元に拡張することにより得られる．2 次元の場合には，画像空間の原点における単位の大きさ

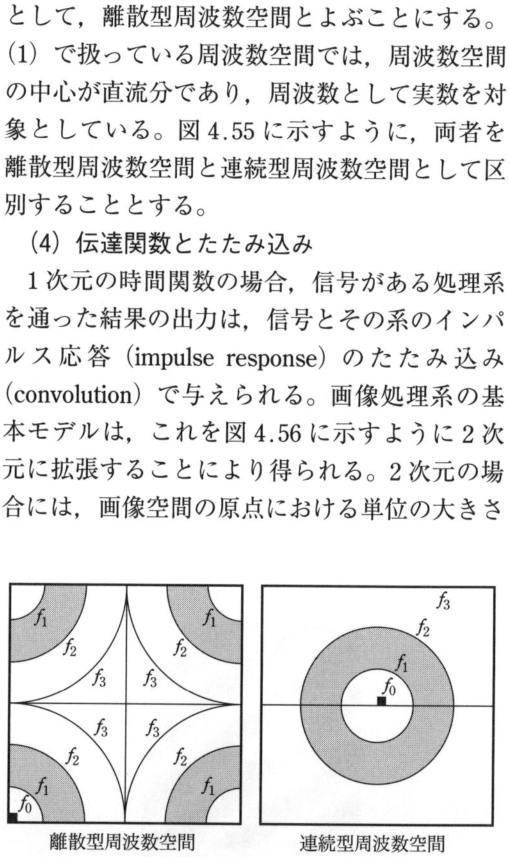

離散型周波数空間　　連続型周波数空間

図 4.55　離散型周波数空間と連続型周波数空間

をもつインパルスを考え，これが処理系を通ったインパルス応答は2次元的な広がりをもつため，2次元のインパルス応答を，点広がり関数（point spread function；PSF）または光学伝達関数（optical transfer function）とよぶ（以後は光学伝達関数を用いる）。光学伝達関数はすべての方向に値をもつことが可能で，かつ方向による不均一すなわち方向性をもたせることが可能である。

2次元画像 $f(x,y)$ が図4.56のように光学伝達関数 $h(x,y)$ の処理系を通った結果の出力 $g(x,y)$ は，式(4.34)の2次元のたたみ込み $f(x,y)*h(x,y)$ で与えられる。

$$g(x,y)=f(x,y)*h(x,y)$$
$$=\int_0^\infty\int_0^\infty f(x-\varepsilon,y-\eta)h(\varepsilon,\eta)d\varepsilon d\eta$$
(4.34)

この式の $f(x-\varepsilon,y-\eta)h(\varepsilon,\eta)$ は，図4.57に示すように，点 $(x-\varepsilon,y-\eta)$ の画素値 $f(x-\varepsilon,y-\eta)$ が x 軸方向に ε，y 軸方向に η 離れた点 (x,y) に光学伝達関数 $h(\varepsilon,\eta)$ により及ぼす影響である。

式(4.30)の両辺をフーリエ変換すると，
$$G(u,v)=F(u,v)H(u,v) \quad (4.35)$$
となる。ここで，

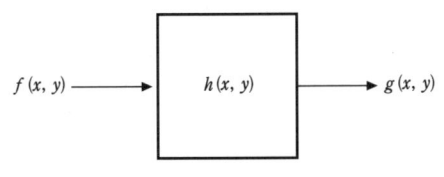

図4.56 光学伝達関数

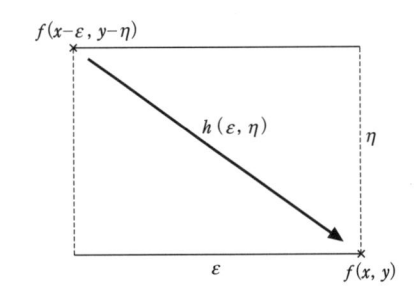

図4.57 点 $(x-\varepsilon,y-\eta)$ の点 (x,y) への影響

$$H(u,v)=\int_{-\infty}^\infty\int_{-\infty}^\infty h(x,y)e^{-j2\pi(ux+vy)}dxdy$$
(4.36)
$$F(u,v)=\int_{-\infty}^\infty\int_{-\infty}^\infty f(x,y)e^{-j2\pi(ux+vy)}dxdy$$
(4.37)
$$G(u,v)=\int_{-\infty}^\infty\int_{-\infty}^\infty g(x,y)e^{-j2\pi(ux+vy)}dxdy$$
(4.38)

である。

式(4.31)に示したように，たたみ込みは周波数空間では各周波数の値のスカラー積である。$g(x,y)$ は $G(u,v)$ のフーリエ逆変換により，
$$g(x,y)=\int_{-\infty}^\infty\int_{-\infty}^\infty G(u,v)e^{j2\pi(ux+vy)}dxdy$$
(4.39)

で求められる。

画像空間における操作では，光学伝達関数 $h(x,y)$ は配列として扱われる。3×3の配列を例とすると，たたみ込みは次式で与えられる。

$$g(x,y)=\sum_{\varepsilon=-1}^1\sum_{\eta=-1}^1 f(x-\varepsilon,y-\eta)h(\varepsilon,\eta)$$
(4.40)

ここで，$h(\varepsilon,\eta)$ は，中央を $(0,0)$ とし，マスクと同じ配置とする。

$$h=\begin{Bmatrix}(-1,1) & (0,1) & (1,1)\\(-1,0) & (0,0) & (1,0)\\(-1,1) & (0,-1) & (1,-1)\end{Bmatrix} \quad (4.41)$$

式(4.40)の操作は，マスク操作（相関）の式(4.21)で k と l にマイナスをつけた形になっている。このことは，マスクを180°回転させるとたたみ込み操作となることを示している。

たとえば，光学伝達関数が3×3の場合には，$h(x,y)$ を図4.58に示すように，画像に対応する配列に配置してフーリエ変換を行なう。

$$h(x,y)=\begin{Bmatrix}a & b & c\\d & e & f\\g & h & i\end{Bmatrix} \quad (4.42)$$

(5) 周波数空間でのフィルタ操作

2次元画像空間における実効的な空間周波数，すなわち単位距離あたりの正弦波関数のくり返し数は，周波数空間における原点からの距離である。離散型周波数空間と連続型周波数空

h	i	0	g
0	0	0	0
b	c	0	a
e	f	0	d

図4.58 フーリエ変換のためのマスク配置

間の対応は図4.55のようになる。そこで，2次元周波数によるフィルタ操作は連続型周波数空間の原点を中心とする円が基本となる。

図4.59に示すように，遮断周波数がf_{cutoff}の低域通過型フィルタのフィルタパターンは，半径f_{cutoff}以内の領域を1，半径がf_{cutoff}を超える領域を0とする。遮断周波数がf_{cutoff}の高域通過型フィルタのフィルタパターンは，半径f_{cutoff}以内の領域を0，半径がf_{cutoff}を超える領域を1とする。人間の目は帯域通過型の特性を示すといわれている。帯域通過型フィルタのフィルタパターンは，空間周波数f_1からf_2を通過させる場合には，半径f_1以内と半径f_2以上の領域を0，半径がf_1～f_2の領域を1とする。

ある方向に平行な要素の取り出しは，図4.60に示すように連続周波数空間で，原点を通りこれと直角方向の直線近傍の領域を通過域とするフィルタパターンを用いればよい。

4.4.6 画像の復元

(1) 光学伝達関数を用いた画像復元

画像の劣化を式(4.43)に示すように，光学伝達関数とのたたみ込みと加算的な雑音$n(x, y)$でモデル化する。

$$g(x, y) = \int_{-\infty}^{\infty}\int_{-\infty}^{\infty} f(x-\varepsilon, y-\eta)h(\varepsilon, \eta)\,d\varepsilon d\eta + n(x, y) \qquad (4.43)$$

雑音がなければ第1項のたたみ込みのみとなり，フーリエ変換すると，

$$G(u, v) = F(u, v)\,H(u, v)$$

となる。このように，雑音がなく，劣化が光学伝達関数としてモデル化できる場合には，劣化画像の$G(u, v)$を光学伝達関数の$H(u, v)$で割り（逆フィルタとよばれる），フーリエ逆変換すれば原画像が復元できる。

$$f(x, y) = \int_{-\infty}^{\infty}\int_{-\infty}^{\infty} \frac{G(u, v)}{H(u, v)} e^{j2\pi(ux+vy)}\,du dv \qquad (4.44)$$

ここでは分母に$H(u, v)$があるため，$H(u, v)=0$の点では処理が必要となる。実際には画像処理系に存在する非線形性のため，完全な復元は難しい。

加算的雑音がある場合には，$H(u, v)$で雑音のフーリエ変換結果を割ると，$H(u, v)$の小さい領域で雑音が強調される可能性がある。ウィ

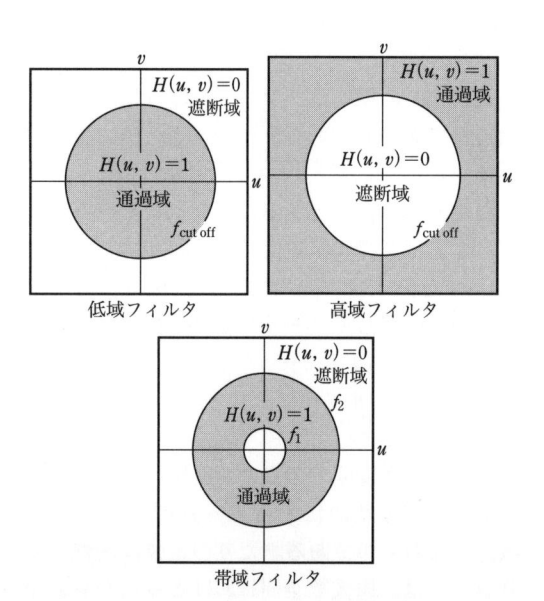

図4.59 2次元フィルタパターン

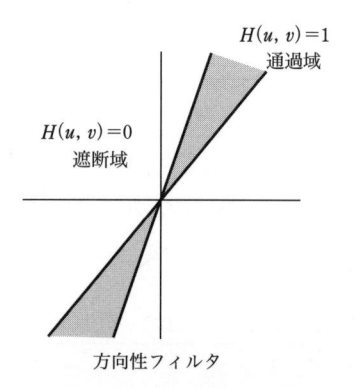

図4.60 方向性フィルタ

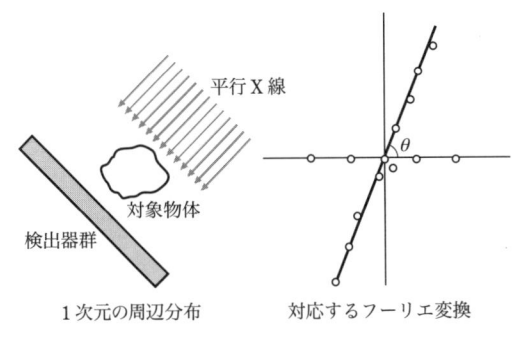

図 4.61 方向性周波数成分

ーナーフィルタ (Wiener filter) では，雑音と原画像の統計的な性質を用いて復元画像と原画像の誤差の2乗平均を最小としている。ハント (Hunt) の制限付き最小2乗フィルタ (constrainted least square filter) では，雑音のみの統計的な性質を仮定して画像復元をしている。フリューダーン (Friuedern) の最大エントロピー法では，エントロピーを最大となるように復元する。

(2) 方向別周波数成分からの画像復元

2次元の分布を図 4.61 のように θ 方向への1次元の周辺分布としたもののフーリエ変換は，元の2次元分布のフーリエ変換の θ 方向の直線上の周波数スペクトルを与える。そこで θ を変化させて，それぞれの θ に関する周波数スペクトルを求めると，等価的に元の2次元分布の周波数空間における周波数スペクトルが得られる。これを用いてフーリエ逆変換をすることで，方向別周波数成分からの画像復元が行なえる。これは X 線断層写真 (computer tomograph; CT) の基礎となっている。実際の CT では逐次近似法，2次元フィルタ法，フィルタドバックプロジェクションなどの手法が用いられている。

4.5 コンピュータビジョン

カメラで撮影された画像は3次元である対象物体を2次元に写像したものであるとして，撮影された対象に関するさまざまな情報（形状，内容，性質，名前など）をコンピュータに理解させる技術がコンピュータビジョンである。

画像理解は2次元画像認識が発展したものであり，画像認識に関連する用語として，パターン認識，カテゴリ分類などがある。パターン認識は多くの場合，文字認識，記号認識，指紋認識など平面上に描かれた未知パターンが用意された多数のテンプレートのいずれに類似しているか比較して分類する方法であり，多くの実用化例がある。

分類にあたっては領域分割などによりパターンを抽出し，パターンの形状やテクスチャに関する特徴量を比較している。カテゴリ間の特徴量の相違（級間分散）を大きく，同一のカテゴリにおける特徴量の分散（級内分散）を小さくするような多くの手法が用いられている。また，弛緩法，動的計画法，一般化ハフ変換，グラフマッチングなど，さらには対象物の周囲などに何が存在するかなど空間的な整合性を認識することなどが行なわれる。

3次元物体を対象とする画像理解では，対象物体が，①他の物体と重なることによって一部分しか見えない，②境界が判別できない，③3次元物体であることによって視線方向によって見え方が異なる，④奥行きによって見え方が異なるなどの場合でも，構造情報など対象物体に関する先験的知識を用いるなどして何が存在するかを求めようとしている。

また，3次元形状を求めようとする3次元計測も重要な分野であり，実世界に存在する物体の3次元形状を計算機に取り込むことによって，任意方向からの画像を生成するコンピュータグラフィクスが可能となる。また，映像製作という立場からは，必ずしも3次元形状を求めようとせず，ある方向からの見え方を算出しようとする技術がイメージベースレンダリングである。

ここでは，まず従来からある3次元計測と，それらの問題点を解決しようとする要素技術，さらには応用について述べることとする。

4.5.1　3次元奥行き計測

図 4.62 は対象となる3次元物体と処理の関係を示したものである。このとき視線は方向ベクトル $g(g_x, g_y, g_z)$，照明は方向ベクトル $s(s_x, s_y, s_z)$ と強さの周波数特性 $S(\omega)$，3次元物体は

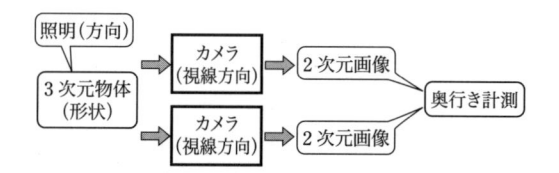

図 4.62　3次元奥行き計測

表面点群 $P_i(x_i, y_i, z_i)$ と P_i 近傍の微小平面の反射率および周波数特性 $R_i(\theta, \omega)$ で記述できる。また，3次元物体はボクセル値 $V(x, y, z)$ で記述することもある。カメラで撮影される2次元画像は $f_k(x, y)$，$(k=1 \rightarrow K)$ と表現できて，画像理解の結果は3次元物体の記述である。結果は，あるカメラからの奥行き情報であり，距離画像 $z(x, y)$，あるいはボクセル値 $V(x, y, z)$ として得られる。

3次元物体の形状計測のおもな手法は表4.4に示すように分類できる。

能動的手法は，対象物体にレーザー光を照射したり，コントロールされた照明を照射したりするなど何らかの操作を行なって3次元計測を行なうものである。受動的手法は，対象物体をカメラで撮影するだけで3次元計測を行なうものである。これらの方法は古くから研究され，実用化もされている。

(1) 能動的手法

レーザー法では，レーザーレンジファインダを用いて，レーダーの飛行時間（投光されたレーザービームが画像面の画素 (x, y) を通過し，物体表面の点 P で反射して戻るまでの時間）を計測して，距離画像 $z(x, y)$ を計測する。

パターン投光法の原理は図4.63に示されており，スポット光投影法とよばれる。

光源からスポット光を物体表面に投写して，カメラで撮影する。カメラと光源の相対位置と図の β が既知であり，画素位置が計測されれ

表 4.4　3次元計測手法

計測手法	細分類
能動的手法	レーザー法 パターン投光法 複数光源法
受動的手法	多眼ステレオ法 移動ステレオ法

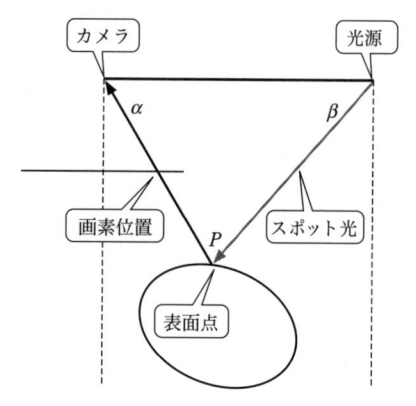

図 4.63　スポット光投影法

ば α も求められるので，カメラ，光源，物体表面点 P からなるエピポーラ面において三角測量の原理により，物体表面点の3次元位置が距離画像 $z(x, y)$ として算出できる。

スポット投影法では画素ごとに処理を行なう必要があるため，多くの時間を要するという問題がある。そのため，スリット光や符号化パターンを投影する方法が考えられている。

スリット光投影法では，光源を図4.63の紙面に垂直なスリットとしている。計測される画素位置の y ごとのエピポーラ面において，物体表面点 P の算出ができる。この方法では，スリットを β の方向にスキャンするだけでよいので，大幅に処理時間が短縮される。

パターン投影法は，小領域ごとに固有のパターン光を投射することにより，1回の投影で画面上のすべての画素と対応する物体表面点 P の3次元座標を算出する方法であり，さまざまな方法が考案されている。

複数光源法は照度差ステレオ法ともよばれる。図4.63において α を固定して物体表面が完全拡散面であると仮定すれば，画素値の大きさは光源の方向ベクトル $s(s_x, s_y, s_z)$ と物体表面点 P の傾き，

$$(p_x, p_y) = \left(\frac{\partial z}{\partial x}, \frac{\partial z}{\partial y}\right) \quad (4.45)$$

との内積で定まる。言い換えれば，画素値が計測されれば (p_x, p_y) に一定の拘束条件を与える。少なくとも3方向からの照明を用いれば (p_x, p_y) は一意に定まり，(p_x, p_y) を積分すれば距離画像 $z(x, y)$ が得られる。鏡面反射がある，

影がある，物体表面が完全拡散面でない場合など，さまざまな場合の研究が行なわれている．

(2) 受動的手法

2眼ステレオ法の原理を図4.64に示す．これは，図4.63に示したスポット光投影法で用いた光源を2台目のカメラに置き換えたものと考えられる．対象物体の表面点Pが2台のカメラに写像される画素位置のエピポーラ面におけるずれ，すなわち視差を求めれば，三角測量の原理により物体表面点の3次元位置が距離画像$z(x, y)$として算出できる．

スポット光投影法では，対象物体の表面点Pが光源による輝点であったので画素位置の決定が容易であったが，2眼ステレオ法では1つのカメラのある画素位置に写っている表面点が他のカメラのどの画素位置に写っているかを対応づける必要がある．この対応点探索は画像全体に行なう必要はなく，エピポーラ線の上だけで行なえば十分である．しかし，対象物体表面にテクスチャがない場合，一方のカメラから見えている点が他方のカメラから見えないオクルージョンがある場合など対応づけが困難な場合が多々ある．3眼以上の多眼ステレオ法は，これらの問題を解決しようとするものである．

移動ステレオ法では，カメラを移動させ複数の画像を得る．カメラの移動ベクトルが既知であれば，2眼ステレオ法と同様である．

図4.65(a)のようにカメラを連続的に移動させて多くの画像を獲得すれば，(b)に示す時空間画像$f(x, y, t)$が得られる．これを3次元画像として処理することも行なわれるが，広く行なわれるのは特定のyにおける断面画像$g_y(x, t)$の処理である．カメラを光軸と垂直かつ画像面と平行に等速運動させ，対象物体が停止していれば，(c)に示すいわゆるエピポーラ画像が得られる．

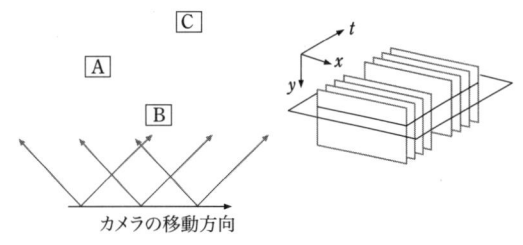

エピポーラ画像においては，(a)における対象物体は直線状の帯として現われる．その傾きdt/dxはカメラから物体までの距離が大きいほど大きい．すなわち，遠くにある物体の動きは小さく，近くにある物体の動きは大きい．エピポーラ画像に生じる帯の傾きから，三角測量の原理によって対象物体までの距離を算出することができる．

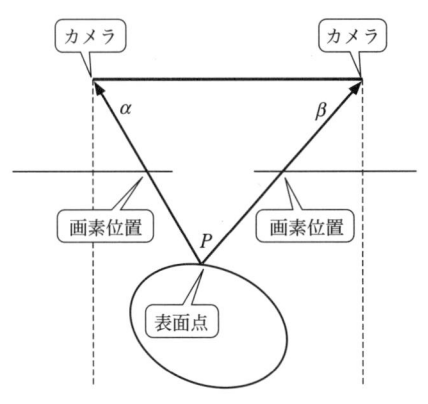

図4.64 2眼ステレオ法

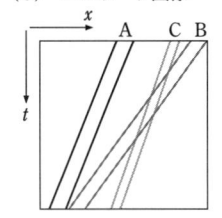

図4.65 移動ステレオ

4.5.2 3次元物体計測

前項では，3次元奥行き計測の結果は，あるカメラの方向から見た奥行き$z(x, y)$の計測であった．これは2.5次元とよばれることもある．3次元物体計測では全周にわたって表面点群$P_i(x_i, y_i, z_i)$を求める必要がある．このために対象物体をターンテーブルに乗せて回転させるか，カメラを移動させて多数の奥行き画像を得る必要がある．さらに，得られた距離画像$z(x, y)$の統合を行なう必要があるが，各$z(x, y)$はカメラを基準とした異なる座標系であるから，各カメラの相対位置が既知であることが必要である．カメラの相対位置を精度よく計算することは困難であり，キャリブレーションが必

要となる。

視体積交差法はこの問題を回避して，直接，ボクセル値 $V(x, y, z)$ を得ようとするもので，シルエットを用いるものが多い。

視体積交差法は，図4.66に示すように複数のカメラで対象となる物体を撮影し，それぞれのシルエット画像から推定される物体存在可能領域（各カメラから見た対象物体の輪郭線の内部。この扇形の外部には対象物体が存在しない）を求め，複数のカメラから得た物体存在可能領域の積領域（視体積）を求めることで3次元形状獲得を行なう手法である。図では4台のカメラから8角形の視体積が得られている。視体積交差法では，視点が多ければ多いほど視体積が物体形状に近づくが限度がある。また，対象物体に凹んだ部分があると，シルエットの内側の部分は計測できない。これらの問題に対処する研究も多い。

このような画像からの3次元形状復元技術は，Virtualized Reality[50] などによって盛んになって，視体積交差法をベースにした研究開発が広く行なわれている。最近の傾向としては，計算時間の短縮によるリアルタイム化や，形状復元精度を向上させるための研究[51] のような，より高度な3次元復元を追求する研究に焦点をあてている。また，形状手法に対して最近注目を集めている方法のひとつとしては，流体解析の分野で用いられてきたレベルセット法の利用があげられる。レベルセット法は計算量が問題となるが，形状に関する制約を効果的に利用で

きるため，精度のよい形状復元が可能である[52]。

4.5.3 シーン理解

画像に撮影されたシーンを人工知能的なアプローチにより理解しようとする研究[53] が盛んになっている。数年前までは，シーンに撮影された対象の幾何学的な構造や形状を得るための研究が主流を占めていたが，最近ではシーン理解に再び注目が集まっており，それが盛んに研究されていた1970年代から1980年代ごろには限定的なシーンに限られていたのに対して，最近のシーン理解では複雑な自然シーンに対してチャレンジが行なわれるようになってきた。

豊田ら[54] は，ボトムアップ情報と大域的な特徴から得られるトップダウン情報を統合するシーン理解のための新しい枠組として，統計力学の「イジング模型」を用いて異なる情報を効果的に統合可能な領域分割法を提案した。また，Hoiem ら[55] は，局所的な推論では簡単には解けない物体検出問題を，全体の解釈（たとえば，画像の下部は水平な地面でその上には垂直な物体があるといったような，シーンにおける幾何学的に前提となる解釈）に基づいた推論で解決する新しいフレームワークを提案した。

このような効果的な領域分割や物体検出は，自然なシーン理解のための基礎的処理として非常に有用と考えられ，今後の研究の発展とシーン理解への応用が期待される。

4.5.4 要素技術

(1) 追跡

コンピュータビジョンの要素技術のひとつに，物体検出と追跡がある。たとえば，カメラで撮影されたシーンを移動する人や物体を追跡するといった研究は盛んである。このような研究において最近よく利用されているのが，パーティクルフィルタである。

これは，追跡対象が存在する位置に関する確率分布を，パーティクルという離散化された変数の総和により近似して推定する手法であり，あらかじめ確率分布の形を仮定する必要がないため実際の問題に適合しやすく，さらにパーティクルの個数を調整することにより計算時間の

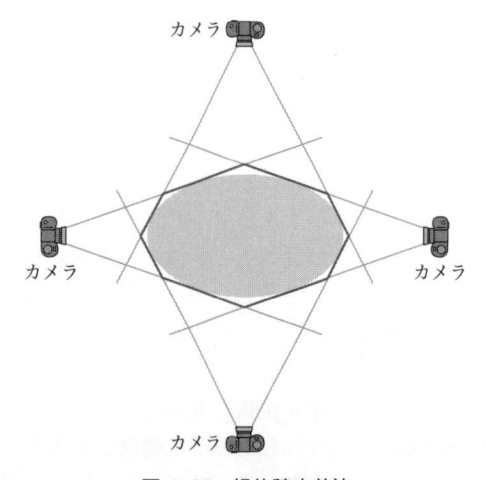

図4.66 視体積交差法

効率化も図れるため，最近非常によく利用されている。

たとえば，多視点カメラにより屋内環境中の人物追跡の安定化を図るために利用されたり[56]，頭部の姿勢追跡を安定に行なうために利用されたり[57]，さらに複合現実感表示のためのカメラトラッキングの安定化に利用されるなど，いろいろな対象の安定な追跡に利用されている。

動画像処理により上記のように特定の対象を追跡することだけではなく，シーンに存在する多くの自然特徴点を検出し追跡することも，コンピュータビジョンにおける重要な要素技術であり研究が盛んである。このための標準的な手法として，KLT トラッカーがよく知られている。

この KLT トラッカーのベースとなる手法[58]が提案されてから，その拡張手法は数多く提案されてきている。このような特徴点追跡手法のうち，近年その安定性から注目を集めている手法に SIFT がある[59]。この SIFT を用いることにより，柔軟物体上の複数の自然特徴点を安定に検出・追跡し，布のような柔軟な物体の形状変化をリアルタイムで追跡する手法が提案されている。

(2) 位置合わせ

同一の対象に対して部分的に収集した画像などのパターンを複数組み合わせるときに，異なるパターン間で同一のパターンを見つけて位置を合致させる技術も，コンピュータビジョン分野で盛んに研究される技術のひとつである。

典型的な例としては，同一の物体を複数方向からレンジスキャンして1つの統一された3次元形状モデルを得るための，複数の距離画像の位置合わせがある。距離画像の位置合わせ手法として最近注目されている研究のひとつに，文化遺産の3次元デジタイズのための位置合わせ手法がある。解像度や測定器が異なる異種の距離画像間[60]や，測定のために浮遊する気球から計測した距離画像の位置合わせ手法[61]などが提案されている。一方，建物を対象とし，その平面性を利用した手法も提案されている。

このような異なるデータから同一部位を発見して位置合わせするためには，局所的で，しかもデータの向きや位置の変動に不変な特徴量の定義が重要となる。この代表的な方法として，Spin Image を用いた方法[62]がよく知られている。

最近では，物体表面の接平面上の Log-Polar 極座標系で表わされた局所距離画像を利用した方法が提案され，複数の距離画像を精度よく位置合わせできることが示されている。また，このような距離画像を基に復元された3次元モデルと，同じ対象を撮影した2次元画像を位置合わせすることも重要な技術である。

一方，同一の対象を撮影した複数の画像間の位置合わせも重要な技術である。その応用のひとつとして，部分的にオーバーラップするように撮影された複数の画像を位置合わせして合成し，1つの広い範囲にわたる画像を生成する手法は，イメージモザイキングとして知られており，1990年代前半から盛んに研究されるようになってきた。すでに基本的な技術は確立されているが，最近の動向としては，ビデオカメラにより撮影された画像列からリアルタイムで広い画像を合成したり，同時に解像度の向上も図ったり[63]するといった，より実用を考慮した方法が研究されている。また，この画像の位置合わせをサブピクセルの精度で行ない，実際のカメラの解像度を超えた高い解像度の画像を合成する手法[64]も最近注目されている。

(3) 多視点画像の幾何

2台のカメラ間に存在する射影幾何的な制約条件は，古くから Fundamental Matrix[65] として知られており，図 4.67 に示すように左のカメラの点 (x, y) に写っている3次元上の点は，右のカメラでは直線 $ax+by+c=0$ 上に写る。

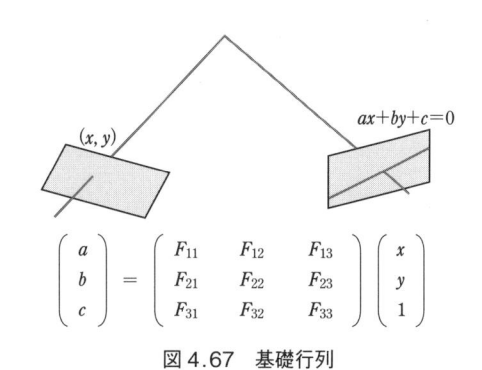

$$\begin{pmatrix} a \\ b \\ c \end{pmatrix} = \begin{pmatrix} F_{11} & F_{12} & F_{13} \\ F_{21} & F_{22} & F_{23} \\ F_{31} & F_{32} & F_{33} \end{pmatrix} \begin{pmatrix} x \\ y \\ 1 \end{pmatrix}$$

図 4.67　基礎行列

それらの関係は，その下の行列式で表わされる。カメラを3台，4台と増やしたときの射影幾何学的制約条件についての研究が進んできている。

4.5.5 映像製作への応用
コンピュータグラフィックスの原理は映像製作に応用されている。異なるカメラ間の幾何学を用いており，実在しない仮想カメラで得られる画像を生成するイメージベースドレンダリング，実カメラで撮影された画像にCG画像を重畳するバーチャルリアリティがバーチャルスタジオなどの形で実用化されようとしている。

(1) イメージベースドレンダリング
複数のカメラが同一物体を撮影しているとき，3次元モデルを復元することなく中間視点画像を得ることが可能である。カメラの相対位置が既知であれば，実カメラの特徴点が仮想カメラでは直線上に拘束されることを利用している[66]。

(2) バーチャルスタジオ
自然画像にCG画像を重畳させると，別に撮影された背景の前に立っているアナウンサーが，CGで描かれた物体を操作するような映像を作成することができる[67]。背景画像の一部を人物画像で置き換えることはクロマキー技術として知られているが，従来は2次元で行なわれていた。それをコンピュータビジョンの原理で3次元情報を得て前景と後景を識別し，背景画像を後景として人物画像さらにはCG画像を前景として重畳するものである。複数の画像の3次元位置合わせが必要であるとともに，照明環境を認識して前景が置かれたことにより，後景に生じる影も生成することにより自然性を増すことが行なわれている。

文献
1) 河北真宏・飯塚啓吾・飯野芳己・菊池宏・藤掛英夫・會田田人：「実時間距離検出3次元TVカメラ（Axi-Visionカメラ）」，電子情報通信学会論文誌(D)，Vol.J87-DII，No.6，pp.1267-1278，2004.
2) 木内雄二編：『画像入力技術ハンドブック』，日刊工業社，pp.54-55，1992.
3) 寺西信一：CCDイメージセンサの現状と課題，映像情報メディア学会誌，Vol.59，No.3，pp.350-351，2005.
4) M. Oda, et al.：A 1/4.5in 3.1M Pixel FT-CCD with 1.56 μm Pixel Size for Mobile Applications, ISSCC Digest of Technical Papers, pp.346-347, 2005.
5) T. Yamada, et al.：A Progressive Scan CCD Image Sensor for DSC Applications, IEEE Journal of Solid State Circuits, Vol.35, No.12, pp.2044-2054, 2000.
6) 江藤剛治ほか：斜行直線CCD型画素周辺記録領域を持つ100万枚/秒の撮像素子，映像情報メディア学会誌，Vol.56，No.3，pp.483-486，2002.
7) 高橋秀和：CMOSイメージセンサにおける画素縮小化技術，映像情報メディア学会誌，Vol.60，No.3，pp.296-297，2006.
8) K-B. Cho, et al.：A 1/2.5 inch 8.1Mpixel CMOS Image Sensor for Digital Cameras, ISSCC Digest of Technical Papers, No.28. 5, 2007.
9) S. Yoshihara, et al.：A 1/1.8-inch 6.4M Pixel 60 frames/s CMOS Image Sensor With Seamless Mode Change, IEEE Journal of Solid State Circuits, Vol.41, No.12, pp.2998-3006, 2006.
10) T. Matsubara, et al.：Improvement photoelectric conversion efficiency of red light in HARP film, Proc. of SPIE-IS & T Electronic Imaging, Vol.6501, pp.650108-1-9, 2007.
11) M. Mase, et al.：A Wide Dynamic Range CMOS Image Sensor with Multiple Exposure-Time Signal Outputs and 12-bit Column-Parallel Cyclic A/D Converters, IEEE Journal of Solid State Circuits, Vol.40, No.12, pp.2787-2795, 2005.
12) 赤羽奈々ほか：横型オーバフロー蓄積と電流読み出し動作を組み合わせたダイナミックレンジ200dB超のCMOSイメージセンサ，映像情報メディア学会誌，Vol.61，No.3，pp.347-359，2007.
13) 浜本隆之，太田淳：新機能・新原理の撮像デバイスとその応用(1)，映像情報メディア学会誌，Vol.59，No.3，pp.362-367，2005.
14) S. Aihara, et al.：Photoconductive Properties of Organic Films Based on Porphine Complex Evaluated with Image Pickup Tube, Jpn. J. Appl. Phys., Vol.44, No.6A, pp.3743-3747, 2005.
15) D. Murphy, et al.：High Sensitivity 640 x 512（20 μm Pitch）Microbolometer FPAs, Proc. of SPIE, Vol.6206, pp.62061A-1-11, 2006.
16) 工藤：「色再現 5. 画像出力（スクリーニング）」，『日本印刷学会誌』，Vol.43，No.2，p.199，2006.
17) 梶 光雄：『印刷・電気系技術者のための印刷画像工学』，pp.291-303，印刷学会出版部，1988.
18) B. E. Bayer：An optimum threshold for two-level rendition of continuous-tone pictures, IEEE Proc. ICCC., vol.1, p.11-15, 1973.
19) T. Mitsa, K. Parker：Digital halftoning using a blue noise mask, IEEE Proc. ICASSP 1991, vol.2, p.2809, Toronto 1991.
20) R. W. Floyd, L. Steinberg：An adaptive algorithm for spatial gray scale, SID 75 Digest of Tech.Papers, Vol.4.3, p.36, 1975.
21) ウィンリッヒ・ガルほか：「スクリン化した版を製造する方法および装置」，特開昭55-006393.
22) P. Fink：Postscript Screening；Adobe Accurate Screens, Adobe Press, 1992.
23) CreoScitex：Allegro RIP version 2.0 Reference Guide, p.122, 2001.
24) Shen-ge Wang, et al.：Nonorthogonal Halftone Screens, IS & T's NIP18, p.578, 2002.
25) 石井 明：「レーザビームプリンタの高画質記録信号処理」，『日本画像学会誌』，Vol.43，No.2，pp.112-118，2004.
26) M. R. Schroeder：Image from Computers, IEEE Spectrum,

Vol.6, No.2, pp.66-78, 1969.

27) 角谷繁明：「誤差拡散法における閾値操作手法」，『電子写真学会誌』，Vol.37, No.2, pp.186-192, 1998.

28) 阿部淑人：「シミュレーテッドアニーリングによるディザマトリクスの最適化」，『日本画像学会2001年度第1回技術研究会予稿』，p.13, 2001.8.22.

29) 石坂敢也：「Circle packing によるブルーノイズ特性とその応用～ブルーノイズ斜交網点」，『日本画像学会2003年度第4回技術研究会予稿』，p.1, 2004.1.30.

30) 蒔田 剛：「インクジェットプリンタの高画質化とその評価」，『電子写真学会誌』，Vol.37, No.2, pp.193-197, 1998.

31) 藤野 真：「インクジェットプリントの画質評価」，『Japan Hardcopy '99論文集』，pp.291-294, 1999.

32) 北原 強：「MACHの開発（3plドロップの吐出技術）」，『Japan Hardcopy '99論文集』，pp.335-338, 1999.

33) 蒔田 剛：「インクジェットプリンタにおける高画質化技術」，『日本画像学会誌』，Vol.40, No.3, pp.237-243, 2001.

34) 角谷繁明：「インクジェットにおける高画質化と画像処理（ハイライト画質を改善した，新しい誤差拡散法の提案）『日本画像学会2001年度第1回技術研究会予稿』，p.6, 2001.8.22.

35) 角谷繁明：「複数階調ドット混在時の最適配置ハーフトーン手法」，『日本画像学会誌』，Vol.43, No.2, p.105, 2004.

36) Kodak（旧 Creo）スクエアスポット：http://graphics.kodak.com/us/product/computer_to_plate/squarespot_imaging_technology/default.htm

37) 大日本スクリーン製造 GLV：http://www.screen.co.jp/ga_dtp/product/PTRU36000/PTRU36000.html

38) 煙山ほか：「新聞用FMスクリーニングの実用化」，『新聞技術』，No.192, 2005.

39) 松木 眞：「FMスクリーニングの実作業への展開」，日本印刷学会2004年冬期セミナー，2004.2.

40) Kodak（旧 Creo）Staccato：http://graphics.kodak.com/us/product/value_in_print/staccato_screening/default.htm.

41) 大日本スクリーン製造 FairDot：http://www.screen.co.jp/ga_dtp/product/Fairdot/Fairdot.html.

42) 梶 光雄：「エッシャー擬（もどき）画像とその周辺―繰り返し模様による平面の分割―」，『画像電子学会誌』，Vol.34, No.6, pp.809-816, 2005.

43) 画像電子学会編：画像電子ハンドブック，pp.41-51, コロナ社，1993.

44) A. Rosenfelt, A. C. Kak：Digital Picture Processing, Academic Press, 1976.

45) William K. Pratt：Digital Image Processing, John Wiley & Sons, 1978.

46) E. L. Hall：Computer Image Processing and Recognition, Academic Press, 1979.

47) 梶 光雄：『印刷画像工学』，印刷学会出版部，1988.

48) 末松良一，山田宏尚：『画像処理工学』，コロナ社，2000.

49) 田村秀行監修：『コンピュータ画像処理』，オーム社，2002.

50) T. Kanade, P. Rander, S. Vedula, H. Saito：Virtualized reality：digitizing a 3D time varying event as is and in real time, Mixed Reality, Merging Real and Virtual Worlds, SpringerVerlag, pp.41-57, 1999.

51) 延原章平，和田俊和，松山隆司：「弾性メッシュモデルを用いた多視点画像からの高精度3次元形状復元」，『情報処理学会 CVIM 研究会論文誌』，Vol.43, SIG11（CVIM5），pp.53-63, 2002.

52) J.-P. Pons, G. Hermosillo, R. Keriven, O. Faugeras：How to deal with point correspondences and tangential velocities in the level set framework, Proceedings of Ninth IEEE International Conference on Computer Vision（ICCV2003），Vol.2, pp.894-899, 2003.

53) 金出武雄：「知能ロボットの技術：人工知能からのアプローチ（前編）：4. ロボット視覚」，『情報処理学会誌』，Vol.44, No.11, pp.1130-1137, 2003.

54) 豊田崇弘，田上啓介，長谷川修：「イジング模型を用いた局所情報と大域情報の統合による画像ラベリング」，『画像の認識・理解シンポジウム MIRU2006』，pp.120-127, 2006.

55) D. Hoiem, A. A. Efros, M. Hebert：Putting Objects in Perspective, IEEE Computer Society Conference on Computer Vision and Pattern Recognition（CVPR06），2006.

56) 鈴木達也，岩崎慎介，小林貴訓，佐藤洋一，杉本晃宏：「環境モデルの導入による人物追跡の安定化」，『電子情報通信学会論文誌 D』，Vol.J88-D2, No.8, pp.1592-1600, 2005.

57) 岡 兼司，佐藤洋一，中西泰人，小池英樹：「適応的拡散制御を伴うパーティクルフィルタを用いた頭部姿勢推定システム」，『電子情報通信学会論文誌 D-II』，Vol.J88-D-II, No.8, pp.1601-1613, 2005.

58) B. D. Lucas, T. Kanade：An iterative image registration technique with an application to stereo vision, Proceedings of Imaging understanding workshop, pp.121-130, 1981.

59) David G. Lowe：Distinctive Image Features from Scale-Invariant Keypoints, *International Journal of Computer Vision*, Vol.60, No.2, pp.91-110, 2004.

60) 大石岳史，中澤篤志，池内克史：「インデックス画像を用いた複数距離画像の高速同時位置合わせ」，『電子情報通信学会論文誌 D』，**J89-D**（3），513-521, 2006.

61) 阪野貴彦，池内克史：「移動型レンジセンサによる形状取得とその復元」，『情報処理学会 コンピュータビジョンとイメージメディア研究報告（CVIM）』，Vol.2006, No.51, 2006-CVIM-154, 2006.

62) A. Johnson, M. Hebert：Using spin images for efficient object recognition in cluttered 3D scenes, *IEEE Transactions on Pattern Analysis and Machine Intelligence*, Vol.21, No.5, pp.433-449, 1999.

63) 池谷彰彦，佐藤智和，池田 聖，神原誠之，中島 昇，横矢直和：「カメラパラメータ推定による紙面を対象とした超解像ビデオモザイキング」，『電子情報通信学会論文誌（D-II）』，Vol.J88-D-II, No.8, pp.1490-1498, 2005.

64) 後藤知将，奥富正敏：「単板カラー撮像素子のRAWデータを利用した高精細画像復元」，『情報処理学会論文誌：コンピュータビジョンとイメージメディア』，Vol.45, No.SIG 8（CVIM 9），pp.15-25, 2004.

65) R. Hartley, A. Zisserman：Multiple View Geometry, Cambridge University Press, 2000.

66) 稲本奈穂ほか：「視点位置の内挿に基づく3次元サッカー映像の自由視点鑑賞システム」，『映像情報メディア学会論文誌』，Vol.58, No.4, pp.529-539, 2004.

67) 山内結子ほか：「実空間ベース仮想スタジオ―実セットと仮想セットのシームレスな合成―」，『映像情報メディア学会論文誌』，Vol.57, No.6, pp.739-744, 2003.

5 画像の記録と表示

5.1 画像記録

5.1.1 沿革と分類

　画像記録は，文字や画像を紙の上に記録する技術である．関連する技術であるディスプレイが表示情報を消して，次々と情報を表示できることからソフトコピー技術とよばれているのに対して，画像記録技術は消すことができない表示であるため，ハードコピー技術とよばれる．それぞれ，前者は動画が表現できる，後者は見やすい，扱いやすいなどの特徴がある．

　紙に記録された情報の重要性は，われわれの日常生活を振り返ってみると明らかである．新聞，雑誌，広告のチラシ，オフィスでの書類など枚挙に暇がない．これは，われわれが，8割の情報を視覚から得ているといわれていること，紙に記録されたものは見やすいことからも理解できる[1]．本節では，画像を記録する技術について，技術の流れと最新の技術をまとめる．

　まず，画像記録として歴史上古い物としては壁画，それから絵画であろう．画像記録関連で重要な発明は，紙の発明であろう．これにより，記録した画像情報を移動させることが可能となった．また，情報の保管場所も省スペースとなり，情報伝達，保管の自由度が増えた．現在，紙に画像を記録する重要な技術は，印刷，写真，電子記録の3つに分類される．次にこれらの技術の流れをまとめる．

（1）印刷

　グーテンベルクによる活版印刷術の発明は，人類の重要発明のひとつに数えられている．これは，金属製の活字を並べて版をつくり，その版で大量印刷が可能となり，情報の流通が急激に盛んとなったことによる．その後，イギリス産業革命時の1800年ごろに考案・開発された総鉄製のスタンホープ印刷機により，印刷の作業効率が飛躍的に高められ，印刷機における第2の革命ともいわれている．

　一方，画像記録という観点からは，線で工夫して画像を表現していたが，ハーフトーン（網点）法の発明により，写真のように階調を含む画像を2値の印刷術で表現可能となった．ハーフトーンスクリーンにより，アナログ的にハーフトーン処理を行なっていたが，現在では，コンピュータによりディジタル的にハーフトーン処理がなされている[2]．また，印刷技術とともに進んできたカラー処理もカラーマネージメントシステムに発展し，電子記録技術においてハーフトーン処理とともに必須の技術となっている．

（2）写真

　見えるままの像を描きたいという要望に応えるものとして，初期にはカメラ・オブスキュラとよばれる暗室に，ピンホールカメラの原理で，外の像を結ばせてなぞって画像を作成した．光の像を光化学反応で固定できるようになったのが1839年，ダゲールによる銅版にハロゲン化銀を乗せた方式の発明であり，これをダゲレオタイプ（銀板写真）とよんだ．ほぼ同時期，タルボットは，塩化銀を紙に塗布したものに光像を結ばせ，中間的な陰画（ネガ）を形成し，この陰画を用いて感光紙に陽画（ポジ）を得る方式（カロタイプ）を実現した．初期には，長い露光時間を必要としたが，材料面の進歩により感光フィルムの高感度化がなされ，現在にいたっている．

　写真（銀塩）は，アナログ的な画像の撮像，記録技術として，100年以上にわたってわれわれの大切な記録をはじめとして，日常生活から，報道・科学技術など広い領域で，重要な役

割を果たしてきた。LSIをはじめとするディジタル技術の急速な進歩により，ディジタルカメラが性能面で向上し，撮影した画像をすぐ見ることができる，またコンピュータとの相性がよく，すぐに画像データを表示，転送，処理できるなどのメリットから，写真にとって代わろうとしている。しかし，写真で実現されてきた技術は，ディジタルカメラに引き継がれている。

(3) 電子記録

電子記録技術は，プリンタ，複写機からスタートしている。電子情報を記録する技術として，多くの物理・化学現象が利用され，多くの方式が研究・実用化されてきた[3]。代表的な記録方式を表5.1に分類する。電子写真記録技術は，はじめ複写技術として発明されたが，光像を感光体上にディジタル的に照射する技術の実現により，プリンタの重要技術となった[4]。

インクジェット記録技術は，インクを記録用紙に付着させるという発想の下に，多くの方式が研究開発され，プリンタの重要技術となっている。熱を用いる方式は，記録機構を簡易に構成できるので，いくつかの領域で使われている。ほかに，静電，磁気などを利用した方式が研究され，実用化されたものもある。

表5.1　電子記録技術の分類

- NIP（non-impact printing）
  - 電子写真
    - レーザビーム走査
    - LEDアレイ
  - インクジェット
    - 連続流
    - オンデマンド
  - 熱
    - 感熱紙
    - 熱転写
    - 昇華型熱転写
  - 静電
    - 多針電極
    - イオン流制御
  - 磁気
  - 直接トナー記録
- IP（impact printing）
  - 活字
  - ワイヤードット

5.1.2　印刷

紙にインクを付着させる機構について考えると，印刷は版を用いるところに特徴があり，その版にインクをのせて紙に写して記録を行なっている。版に着目すると，図5.1に示すように，平版方式，凸版方式，凹版方式，孔版方式に分類される[5]。

平板方式は，版自体は平らであるが，インクののるところとのらないところが形成された版を用いる方式である。代表的なものがオフセット印刷であり，現在の主流となっている。この印刷原理は，親水性の層の上に，親油性の層が形成された版に感光層が塗布された原版に，記録パターンを照射させ，照射された部分は感光層が硬化し，その部分は残るように処理され，親油性となる。すると，光パターンに応じて，版として，親水性の部分と親油性の部分が形成される。

親油性のインクをこの版に接触させると，親油性の部分にインクがのる。このインク像をいったんゴムローラーに転写してから，紙に写す。版が直接紙に接触しないので，版が長持ちする特徴があるため，大量印刷に向く。

凸版は，版に凸部を形成し，その凸部にインクを付着させ，そのインクを紙に写すものである。グーテンベルクの活版印刷がこれにあたり，もっとも長い歴史をもつ印刷方式である。これは，文字や漢字を，1字1字植字して版をつくっていた。植字にかかる時間，版を収納しておくスペースなどの問題があるため，現在では他の方式に変わってきている。凸版方式に

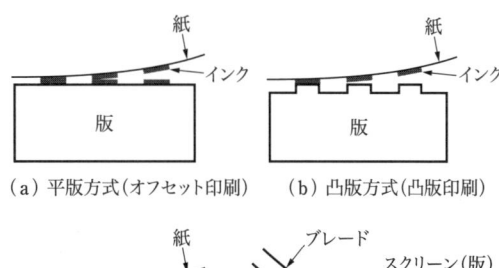

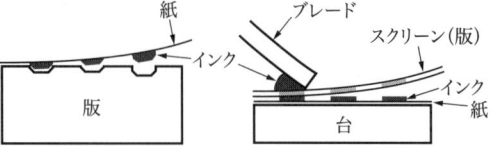

(a) 平版方式（オフセット印刷）　(b) 凸版方式（凸版印刷）

(c) 凹版方式（グラビア印刷）　(d) 孔版方式（スクリーン印刷）

図5.1　印刷技術の分類

は，ほかにフレキソグラフィ方式がある。これは，樹脂で凸版をつくるもので，ダンボールの印刷などに使われている。

　凹版は，版の凹部にインクをのせるもので，代表的なものにグラビア印刷がある。凹みの深さで，インクの量を制御できるので，写真，絵画などの階調画像を高品質に印刷できる特徴がある。美術印刷などの階調画像の高品質印刷に適正のある印刷法である。

　孔版は，インクをのせたいパターン状に形成された多数の細かい孔を通してインクを紙に写す方式である。以前盛んに使われた謄写版印刷は，この印刷法に分類される。また，現在でも使われているスクリーン印刷も，この孔版印刷法に分類される。

　印刷は，大量印刷に優れた適性を有し，われわれの日常生活でも非常に広範囲な領域で，重要な画像記録技術として使われている。版を使うことに特徴があるが，最近重要性を増している電子記録は，版を用いない点が対象的である。つまり，電子記録は版を用いないので，1枚1枚異なる記録が可能となる。

5.1.3　写真

　銀塩写真の特徴は，現像と定着のプロセスを必要とする点，高感度・高画質である点である。感光原理は，ハロゲン化銀微粒子を分散したゼラチン層が塗布されたフィルムに，露光されると銀イオンが還元され，イオン化されない銀ができる。現像処理でその銀を増やし，光の透過性を制御できるようにするものである。定着では，感光していない銀を洗い流している。

　感光スペクトルは，感光色素を用いて制御されている。この原理は，まず，感光色素が光を吸収し，そのエネルギーで色素が励起されて電子がハロゲン化銀に移動することによって，ハロゲン化銀が直接感光するのと同じような反応が生じる。

　また，カラーを写し取りたいという要望に応えるべく，各種方式が提案・研究された。現在用いられている代表的なネガフィルムの構造は，ベース層の上に，ハレーション防止層，赤に感じる感光層，緑に感じる感光層，黄色フィルタ，青に感じる感光層，保護層を重ねる。感光層の厚さは，3層で10μm程度である[6]。赤に感じる層が感光するとシアン，緑の層はマゼンタ，青の層はイエローに発色し，カラーネガ像が形成される。

　フィルムの感光感度は，ISOによって国際的に標準化されている。ISO 25～1600程度が市販されている。ISO値が小さいものは光感度が低いが，粒状性が細かく，解像度が高いという特徴がある。ISO値が大きいものは光感度が高いが，粒状性が粗く，解像度が低くなるという特徴がある。この相反する特性の改善は，ハロゲン化銀のサイズや形状を制御して，感度と粒状性，解像度の向上を実現している[7]。

　カラーネガ像からカラー印画紙に，プリントされカラー記録がなされる。カラーの印画紙は，ネガフィルムによるアナログ露光記録以外に，ディジタル光走査による書き込みと組み合わせて，ディジタルカラー記録にも利用されている。カラー印画紙の構成は，紙の支持体上に青感光層，緑感光層，赤感光層，保護層を重ねる。それぞれの感光層のあいだには中間層がある。それぞれの感光層は，露光・現像されると，イエロー，マゼンタ，シアンに発色する。印画紙の塗布層の厚さも約10μm程度である[8]。

　熱現像方式は，感光材料中にハロゲン化銀，熱現像されるとき酸化されて拡散性色素を放出する色素供与物質，受像材料中には拡散性の色素を固定するポリマー色素媒染剤が含有されている。3種の波長の光源でシアン，マゼンタ，イエローのそれぞれ3層の色素供与物質のハロゲン化銀を像露光する。像露光されたところは，ハロゲン化銀が現像され拡散性色素が放出されて，受像材料中の色素媒染剤に固定されて像が形成される。現像時に少量の水を必要とする点，感光剤シートが廃棄物として発生する欠点があるが，高画質記録の特徴があり，プリンタとして使われている[9]。

　ほかに，光硬化性のカプセルを用いたカラー複写機，プリンタがある。RGBの感光スペクトルを有する3種の光硬化性のカプセルが塗布されたフィルムに光像が露光されると，露光領域のカプセルが硬化する。露光後，フィルムに圧力を加えると，硬化していないカプセルがつ

ぶれて発色する。この方式は，アナログ的カラーコピー機が簡易に構成できる点，ディジタルカラー光源と組み合わせるとカラープリンタができる点に特徴がある。

5.1.4 電子記録

ここでは，代表的な電子記録技術について説明する。

(1) 電子写真記録

1938 年に，カールソン（C. F. Carlson）によって発明された。カールソンは，湿式の写真現像法で文書を複写する仕事をしていた。なんとかドライプロセスで文献複写ができないものかと試行錯誤をくり返して，電子写真記録プロセスの発明にいたった。この記録プロセスは，図5.2 に示すように，①帯電，②露光・光像書き込み，③現像，④転写，⑤定着，⑥クリーニングの 6 つのプロセスからなる[4]。中心的構成要素のひとつである感光体は，暗所では電荷を保持する絶縁体，明所では導電性が生じ電荷が消滅する性質を有する。

この感光体を中心に記録プロセスを説明する。暗所で感光体を帯電させる。この帯電には，コロナ放電器，帯電ローラが利用されている。次に，感光体に光像を露光する。すると，光導電性という感光体の性質により，感光体上に光像に対応した静電的電荷像が形成される。その像を，電荷をもった着色粒子（トナー）で現像して，トナー像を形成する。そのトナー像を記録用紙に転写する。用紙上のトナー像を熱により用紙に定着する。転写後の，感光体に残ったトナーや紙粉塵を取り除くクリーニング工程を経て，感光体が帯電からのプロセスを再び可能とする。これから，このプロセスは乾式プロセスで記録がなされていることがわかる。別の見方をすれば，トナーを，所望の位置に，所望の量，固着させる技術とみることができる。この基本的なプロセスは，発明以来変わっていない。しかし，部品，材料の改良により，装置の性能，機能，容積は，飛躍的な進歩を遂げている[10, 11]。

発明当時の原稿反射光を感光体に照射して静電潜像を感光体上に形成するアナログ複写機から，レーザー走査系，LED アレイ光源で感光体を光走査する露光技術のディジタル化[12]，さらには，4 色の現像プロセスを有するカラー化の方向に大きく発展してきた。これら発展動向を表 5.2 にまとめる。

ディジタル的光走査系であるレーザー走査とLED アレイ走査を，それぞれ図 5.3 に示す。

表 5.2 電子写真技術の発展動向

- 感光体
  - 無機 Se，CdS，ZnO → OPC，a-Si
- 光学系
  - 反射光 → レーザー，LED
- 帯電・転写，クリーニング
  - コロナ，ファーブラシ → ローラ，ブレード
- 定着
  - ヒートロール → IH，ヒートエレメント
- 現像機構
  - 2 成分 → 1 成分，2 成分
  - 2 値 → 階調再現
  - 単色 → カラー・単色
- トナー
  - 粉砕 → 重合，粉砕
  - 粒径・帯電量 → せまい分布

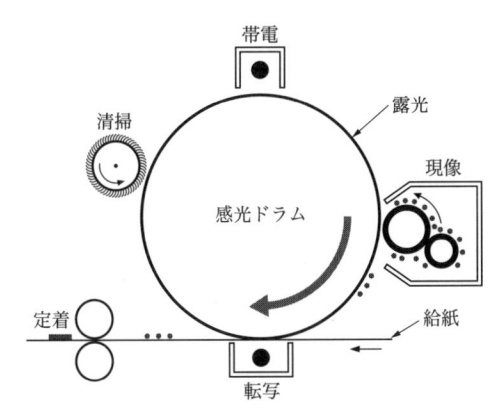

図 5.2 電子写真記録プロセス

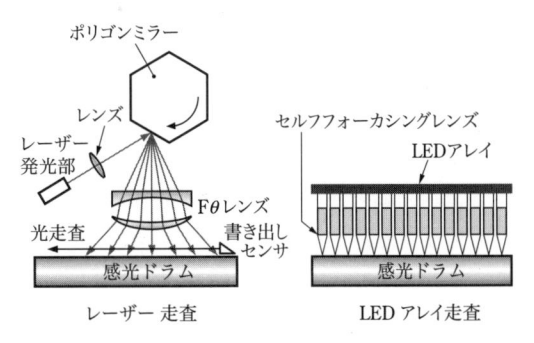

図 5.3 レーザー走査と LED アレイ走査

レーザー走査は，レーザービームを回転多面鏡（ポリゴンミラー）で向きを変えて，感光体面を走査する。LEDアレイ走査は，LEDアレイからの光をロッドレンズアレイで，感光体に結ばせる。可動部のない全固体化の特徴がある。感光体は初期には，蒸着により製造したアモルファスセレニウム，または硫化カドミウム，酸化亜鉛を樹脂に分散させたものが使われた。耐久性の観点から，アモルファスシリコンが研究された。最近は，有機感光体が，感光スペクトルや材料の自由度から研究開発が進み，現在感光体の主流となっている。帯電はコロナ放電を利用した帯電から，小型機はローラ帯電が利用されるようになった。現像工程は重要な工程である。帯電したトナーが，感光体上に形成された静電潜像により引き寄せられてトナー像が形成されている。開発当時は，ガラスビーズとの摩擦でトナーを帯電させていた。そのガラスビーズ（キャリア）を感光体に触れるよう運んで，現像を行なった。

次に，キャリアとして搬送しやすい磁性粒子を利用した，2成分系現像剤が広く使われるようになった。最近では，小型プリンタでは，キャリアを用いない1成分系現像方式が使われている。現像材であるトナーは，電子写真の4つのプロセス，すなわち現像，転写，クリーニング，定着で，それぞれのプロセスでの要求条件を満たす必要がある。トナーの粒径は，初期には10 μmを超えていたが，画質の要求が高くなるにつれて小粒径化され，平均粒径が5 μm台となっている。トナーの製造法も機械的粉砕法が使われてきたが，最近，小粒径の製造に適性のある重合法による製造法が実用化された。高画質が要求されるカラー記録で，重合トナーの製造が伸びている。

電子写真プリンタは，卓上型からコンソール型まで，記録速度10～50枚/分，解像度400～9600 dpi，市場の広い要求条件をカバーできるような製品ラインナップがなされている。さらに，印刷機の領域ともいえる100枚/分以上のカラー記録が可能なプリンタが実用化されている。

(2) インクジェット記録

インクジェット記録は，インクを圧力でノズルから噴出させ，記録用紙に付着させる技術である。特徴としては，記録機構を簡易に実現できることで，カラー化も容易であるため，パーソナル用のカラープリンタに適している。オフィスでの用途に適する電子写真技術と並ぶ，重要な記録技術となっている[13]。

インクを噴出させる技術には，多くの方式が研究・開発されてきた。代表的な方式を図5.4に示す。初期に実用化された方式に，連続流型インクジェット記録技術がある。インク流をノズルから連続的に噴出させ，粒子化する条件でインク粒子を電極で帯電させ，電界中を運動させて粒子の方向を制御するものである。

連続流に相対する方式に，必要なときにインクを飛び出させるオンデマンド記録方式がある。これは，インクを噴出させる力にピエゾ現象を利用するものと，熱による突沸現象を利用するものがある。現在，その2つの方式が主流となって広く使われている。ピエゾ現象の利用の仕方もいくつか報告されているが，図5.5の

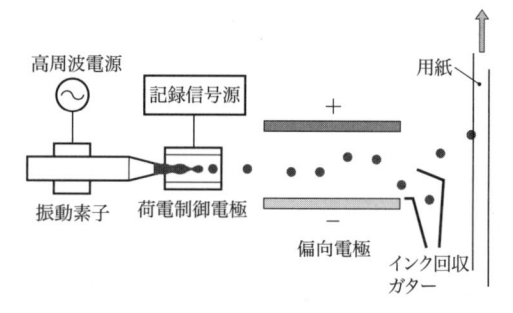

図5.4 連続粒子荷電制御型インクジェット

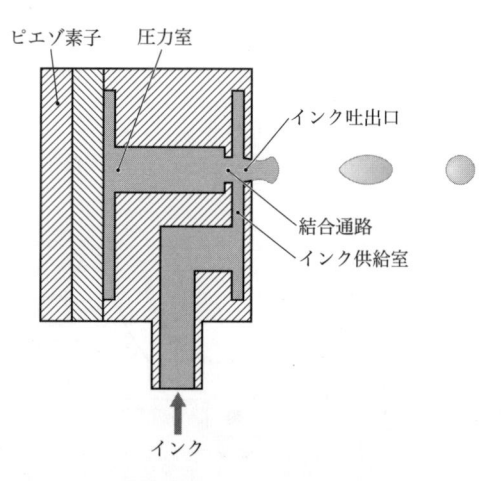

図5.5 圧電素子オンデマンド型インクジェット

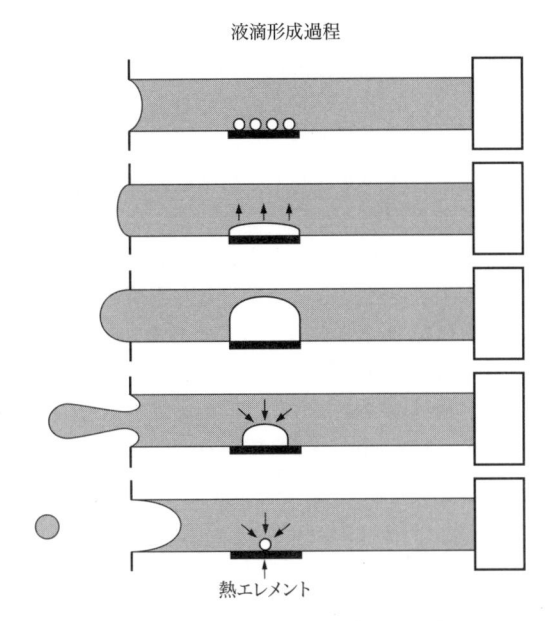

図5.6 熱バブルオンデマンド型インクジェット

方式は、ピエゾ素子が変形してインクに圧力を加え、ノズルから噴出させている。熱による突沸現象にもいくつかの方式がある。図5.6の方式は、インクに触れている熱素子を発熱させ、急激にバブルを発生させて、そのバブルの圧力でインクをノズルから噴出させている。現在、パーソナル用のカラープリンタは、この2つのオンデマンド型インクジェット方式が市場で競っている[14]。

インクのドット形成機構と並んで重要なものにインクがあり、いくつかの要求条件が課せられている。プリンタ内では液体状態であり、紙に付着したらなるべく早く乾燥することが要求される。さらに、カラー再現性が広い、記録した像が退色しにくいなどが満たされなければならない。多くの染料材料、退色に強い顔料インクも実用化されている。

また、カラー、階調の再現性については、シアン、マゼンタ、イエロー、黒の印刷などでの基本的4色に加えて、中間濃度のインク、グリーンを加えて、色・階調再現の向上がはかられている。インクジェット記録の場合、記録紙の影響が大きい。写真用の光沢、つや消し、高画質文書用のスーパーファイン用紙など、インクの染み込み方、保存性の研究が行なわれ、用途に応じて各種用紙が開発され市販されている。

インクジェットプリンタで主流となっている卓上型の性能は、記録速度カラーの高画質モードが約1分/A4、解像度は5000 dpi以上である。また、大判カラープリンタへの適正も高く、B0版+（記録幅1,118 mm）を30分程度でプリントできるプロッタがある。

以上、主要なインクジェット技術について記述したが、その他にも多くの研究・開発がなされた。たとえば、静電的にインクを引き出す方式、固体インクを放電で飛ばす方式、インク流状態と霧状態を制御する方式などが報告されている。曲面への印字、壁などの大画面への印字など、工業用にも利用されている。

インクジェット技術は、見方を変えれば、液体を所望の位置に、所望の量を付着させる技術といえる。最近では、導電性微粒子を分散させたインクを用いた配線パターンや半導体微粒子をパターンに吹き付けるTFTの製造などの製造技術への応用が研究されており、"Digital Fabrication"という1つの技術領域を形成しつつある[15]。

(3) 熱記録

熱記録は、微小な発熱エレメントの発熱を制御し、その発熱パターンを利用して、像記録を行なうものである[16]。熱により像を形成する方法を図5.7に示す。加熱されると発色する感熱紙を熱エレメントで所望のパターンに発色させて像記録を行なう。感熱紙を用いる方式は、記録機構を簡易に実現できる特徴があるので、家庭用FAXに広く使われている。

普通紙への要望に応えるものとして、図5.8に示すワックス熱転写方式がある。これは、フィルムに着色ワックス層をコーティングしたフィルムを加熱してワックスを溶かし、記録用紙に転写して像を形成するものである。これは普通紙に記録できる特徴があり、ファクシミリ、

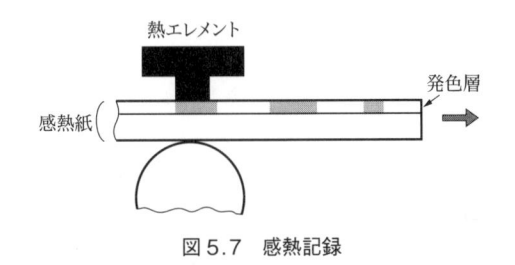

図5.7 感熱記録

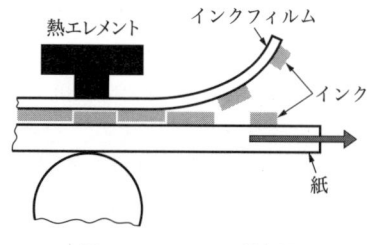

図5.8 ワックス熱転写

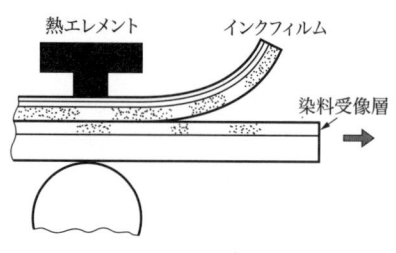

図5.9 昇華型熱転写

ワープロの記録機構に使われている。また，図5.9に示す染料を熱で転写する方式がある。これは，加熱のエネルギーによって染料を転写する量を制御できるため，画素ごとの濃度制御ができるので，写真などの階調情報を含んだ画像の高画質な像形成が可能である。ディジタルカメラの小型記録機器などに使われている。

熱記録の装置としては，感熱紙方式は家庭用FAX，簡易な記録部を要求されるチケット印刷，熱転写は普通紙用FAX，小型プリンタ，昇華型熱転写記録はディジタルカメラ出力用の高画質カラープリンタ（解像度300 dpi，各ドット256階調）に適用されている。

(4) 静電記録

電荷像を保持できる静電記録紙に多針電極で静電的潜像を形成し，その像をトナーで現像する方式である[17]。静電記録紙を必要とするが，記録機構が簡易であるため，初期のファクシミリの記録部に利用された。多針電極を広幅化し，記録サイズ A1, A0，解像度400 dpiのカラープロッタが実用化され，LSIの設計図などに利用された。

静電記録の普通紙化は2つの方式が検討され，試作機や商品化がなされた。1つは，多針電極で絶縁層を有するドラム上に静電潜像を形成し，現像，転写，定着，クリーニングプロセスを有するものである，電子写真方式と比べると，感光体の代わりに絶縁層ドラム上に静電潜像を形成するので，感光体のように敏感な要素を含まず，安定・長寿命といった特徴がある。潜像形成に針電極からの放電現象を利用しているので，ドラムと多針電極間の距離を精度よく保持する必要があるなど，機構的に複雑となるという欠点があった。

普通紙化のもう1つの方式が，放電を微小電極間で生じさせ，そこで発生した電荷を絶縁性ドラムに電界で引き出す方式である[18]。この方式は，書き込み記録ヘッドとドラム間の位置精度に，多針電極よりも許容度がある。高速のプリンタとして商品化されている。静電像を形成する方法に，ワイヤーからのコロナ放電イオンの流れを電極で制御する方式がある。ドットごとにイオンの通過量を制御して，階調画像を高品質に記録できる特徴があり，印刷プルーファが試作された。

(5) 磁気記録

磁気は，テープ，フロッピーディスク，ハードディスクなど，記憶装置に応用されている。この磁気力はプリンタに応用可能である。磁気は，静電気に比べて，湿度など環境に影響されにくい特徴がある。磁気像を保持できる磁性体層を形成したドラムに，磁気ヘッドで磁気的潜像を形成し，磁性トナーで現像，記録用紙に転写し，その後定着させて記録を行なう方式である[19]。磁気ヘッドで磁性ドラムに磁気潜像を書き込み，その像を磁性トナーで多数回現像，転写をくり返すことによる高速プリンタとして商品化された。

(6) トナー直接記録

記録ドラム上に高密度に配列された電極の電圧を制御することによりトナーを中間ドラムに転移させてトナー像を形成し，そのトナー像を用紙に転写・定着させて記録する方式がある。C, M, Y, Bkに，R, G, Bの3色を加えた7色のカラーの記録ユニットを用いたカラープリンタが製品化されている[20]。

電子写真記録の記録機構の簡易化をめざした記録方式がある。記録原理を図5.10に示す。ブレードによりローラー上に帯電したトナー層を形成する。その帯電したトナーを開口電極とローラー間に電圧を印加し，電気的な力でローラーからトナーを飛翔させて，紙に運んで像を

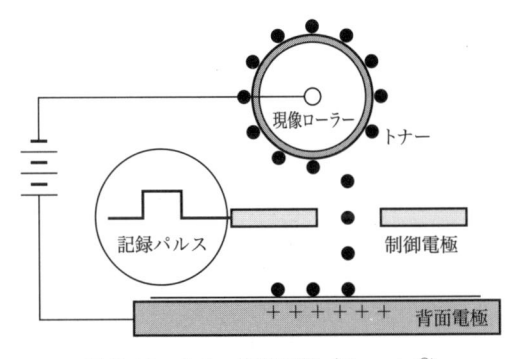

図5.10 トナー直接記録（TonerJet®）

形成する記録方式である。電子写真と同様にトナーを紙に運んで像を形成するもので，記録機構が簡易となる特徴がある。FAXなどの試作機の報告がある。さらに，記録ユニットを4つタンデムに並べた小型カラープリンタがつくられた[21]。同様に，簡易・小型な記録機構実現をめざした導電性トナーを雲状に閉じ込めることを利用した記録方式が提案されている[22]。

5.1.5 電子ペーパー

画像記録技術のなかで最近話題になっているものに電子ペーパーがある[23]。これは，紙のサイドから見れば，紙の特徴でもある書き換えできない点を可能とするものである。また，ディスプレイのサイドから見れば，紙のように見やすく，扱いやすくするものである。多くのアイデアが提案されているが，ここでは代表的な技術を紹介する。

電気泳動現象を利用した方式が実用になっている。原理を図5.11に示す。電荷を有する白色粒子を着色液体中に分散された混合液体を閉じ込めたカプセルを層状に配置したものに，選択的に電界を印加できるようなTFT回路が配置されている[24]。電界の方向を制御することによって，白色粒子を表示側か反対側に移動させる。白色粒子を表示側に移動させた場合，その面は白色となり，逆の場合，表示面は着色インクの色となる。帯電極性が異なる2色の着色粒子を分散させた方式もある。粒子の移動によって表示されるので，液晶とちがって視野角依存性がない。反射率が変わるので，たとえば直射日光のように明るいところでも視認性に優れるという特徴がある。メモリに保存した本の情報を表示する電子ブック，時計，携帯電話に適用されている。さらに，カラーフィルタを利用したカラー化電子ペーパーが試作されている。

電子粉流体ディスプレイの動作原理を図5.12に示す。非常に流動性に優れる粒子を利用するもので，セルに流動性のよい白色と黒色の粒子を封入して，粒子の電荷が色によって電荷の極性が異なるよう調整されていて，電界で制御する方式である[25]。表示面が，＋のときは白色粒子が表示面にくるため白色となり，逆に－のときは表示面に黒色の粒子がくるために表示面が黒色となる。粒子は，液体中ではなく，空気中で移動させる。これは，粒子を移動させる電界に閾値があるため，単純なマトリックスで表示を制御できる特徴がある。また，空気中で粒子が移動するので，応答速度が速いという特徴もある。画像の保持性があるため，掲示などへ応用されている。書き換えるときに電力を必要とするが，それ以外のときはエネルギーを消費することなく表示を継続できるという特徴がある。カラー化に関しては，カラー粒子を利用する方式，カラーフィルタを用いる方式がある。カラーフィルタを用いるものは実証実験がなされている。

書き換え記録については，熱記録ヘッドを用いた方法が実用となっている[26]。電気泳動を利用した方法の提案もある[27]。

電子ペーパーについては現在，ディスプレイおよびプリンタのそれぞれのサイドから多くの方式が研究開発中である。紙に記録された情報

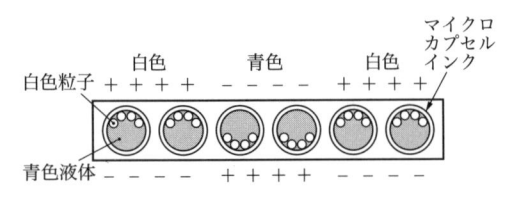

図5.11 電気泳動ディスプレイ

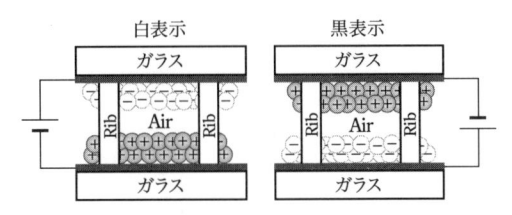

図5.12 電子粉流体ディスプレイ（QR-LPD®）

のような見やすさ，扱いやすさの追求であり，今後の発展が期待される。

5.2 画像メモリ

5.2.1 半導体メモリ
(1) 半導体メモリ概要

IT技術の進展とともに，さまざまな情報機器が従来のITインフラの領域から，より生活に密着した現実世界へと広がってきている。半導体デバイスの応用先も1990年代のサーバ・PCから，2000年代には携帯電話・ディジタルカメラ（デジカメ）・家電へと，より小さく低価格の機器へと広がり，今後はRF-IDのようなユビキタス機器へと広がっていく（図5.13）。

このような応用の変化に伴い，半導体メモリに要求される機能や特徴も変化している。サーバ・PCにおいては汎用DRAMの大容量化，キャッシュSRAMの高速化がシステム性能の向上に大きく貢献してきた。とくにインターネットの進展に伴い，PCの扱う情報が画像・音声・ビデオと進化するにつれて，ソフトウェアサイズ・データ容量が増大したため，必要なメモリ容量が急激に増加したこともこの潮流を支えた。図5.14に示すように，DRAMは80nmのプロセスを用いた2Gbのチップ[28]が，SRAMはロジック同等65nmのプロセスを用いた128Mbのキャッシュ[29]が報告されている。

携帯電話やディジタルカメラというモバイル

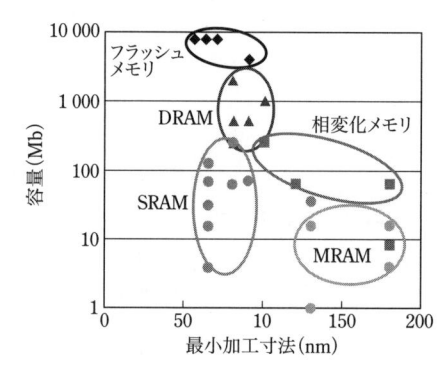

図5.14 2004～2006年に学会で報告された半導体メモリ（2004-2006 ISSCC, VLSI Circuit）

機器の市場が大きく進展するとともに，不揮発性（電源をオフしても情報が保持される性質）を有し，小型のデータストレージとして用いることができるフラッシュメモリが大きく注目されるようになった。現在，1年で2倍程度の急速なペースで大容量化が進んでいる。56nmプロセスを用いた8Gbチップも報告されており[30]，DRAMを抜いて最高の集積度をもつ半導体メモリになっている。一方，低消費電力動作が可能な半導体が重要な製品分野となり，モバイルDRAMという低消費電力型のDRAMが登場している。

今後はRF-IDのように，環境や物に埋め込まれた超小型のユビキタスデバイスが広まると予想されている。これらのデバイスにおいては，物理的なサイズおよび電力供給の制限から，小面積・小電力のメモリがマイコンに混載されて使用される。現在はSRAMや各種のフラッシュメモリが用いられているが，これらを統合し，さらに高性能化することをめざして，相変化メモリやMRAMといった新原理メモリの開発が進展している。これらのメモリは現在のところは100～180nmのプロセスを用いて作製されており，学会では16～256Mbの集積度のチップが登場している。

(2) DRAM

従来，サーバ・PCをおもな市場としてきたDRAMは，近年の携帯電話やディジタル家電市場の興隆により，その用途が大きく広がっている。このような新しい市場においては，高速性能を追求するよりも低消費電力化や低コスト

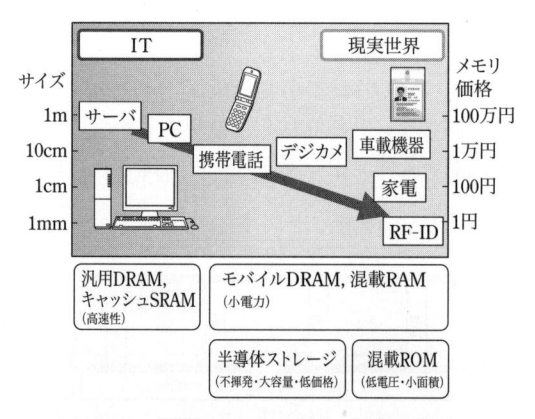

図5.13 半導体メモリの用途・機能の広がり

化に特徴をもつ DRAM が求められている。

図 5.15 に近年製品化された DRAM の待機電力を示す。リフレッシュ動作を行ないながらデータを保持した状態での待機電流 IDD6 を容量 1Gb あたりに規格化して示しているが，従来のサーバ・PC 用の DDR1 または DDR2-DRAM では 10 mA/Gb を超えていた。携帯電話をはじめとするモバイル機器の電池寿命を延ばすには，この待機電流を低減させる必要がある。最近登場したモバイル DRAM では，デバイス・回路の工夫により，この待機電力を従来に比べて 1 桁程度下げ，数百 μA/Gb 程度の待機電力が実現されている。

リフレッシュ動作の電力を低減するためには，動作電圧を下げる必要がある。DRAM の低電圧化については，1980 年代後半から学会において技術提案・検証が進んでおり，主として回路のリーク電流の抑制と，蓄積電荷の確保という課題がある。前者は，低電圧時の動作速度劣化を防止するために MOS トランジスタの閾値電圧を下げると，サブスレッショルドリーク電流が増加するという課題である。これに対して，図 5.16 に示す，電源線にスイッチを設けた逆バイアス方式とよばれるリーク電流削減技術が開発された[31]。後者の課題に対しては，キャパシタ用の高誘電率材料が盛んに検討され，五酸化タンタル（Ta_2O_5）が実用化された。

もうひとつの DRAM 技術の流れとして，低コスト化がある。従来はプロセスデバイス技術により，最小加工寸法（F）の値を縮小してメ

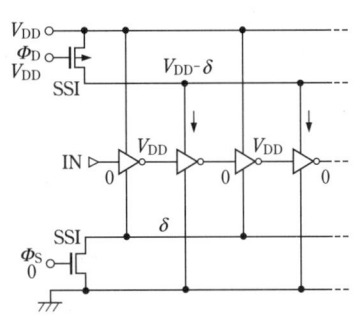

図 5.16 リーク電流低減回路

モリセルのサイズを縮小してきたが，図 5.14 に示したように，DRAM，フラッシュメモリの最小加工寸法は近年 100 nm 以下の領域に入ってきており，微細化が難しくなってくる。

そこで，微細化だけでなく，メモリセルの構成を変更することにより，メモリセルサイズを縮小する動きが顕著になってきた。図 5.17 (a)，(b) に近年実用化された $6F^2$ セルとこれまで用いられてきた $8F^2$ セルを示す。$6F^2$ セルでは 1 つのメモリセルが 1 本のワード線と 1 本のビット線で構成される開放型ビット線方式を用いているために，セルサイズを 25% 縮小できる。

1970 年代に DRAM が実用化された当初は開放型ビット線方式が用いられていたこともあったが，すぐに動作時のノイズが問題となり，$8F^2$ の折返し型ビット線方式がスタンダードとして現在まで用いられてきている[32]。

$8F^2$ から $6F^2$ への変更では，開放型ビット線

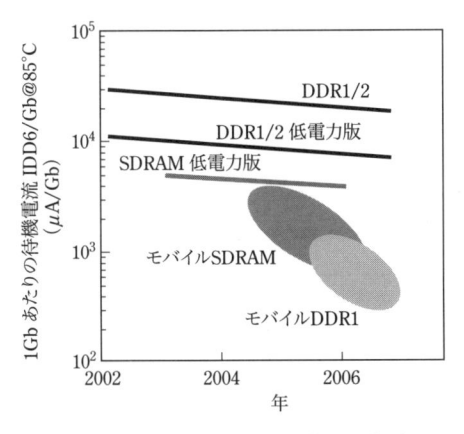

図 5.15 各種 DRAM の待機電力比較

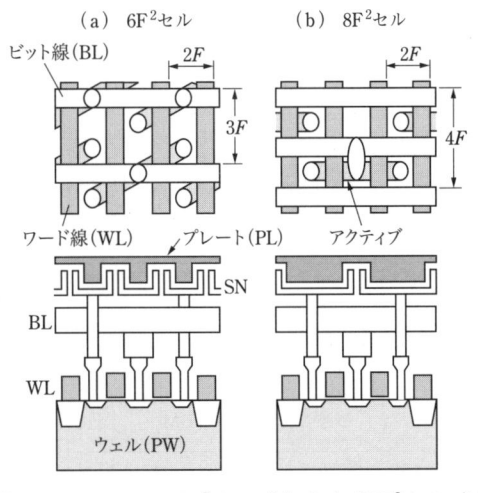

図 5.17 DRAM の $6F^2$ セル (a) および $8F^2$ セル (b)

方式のノイズの抑制が最も大きな課題であったが，微細化の進展によるアレイサイズの縮小や低抵抗配線の利用によって，折返しビット線方式と同程度まで低減できることが示されている[33]。

(3) 大容量フラッシュメモリ

ディジタルカメラ，携帯音楽プレーヤなど応用製品市場の拡大の勢いに伴って，フラッシュメモリの大容量化が急速に進展している。図5.14で示したように，半導体メモリにおけるテクノロジードライバの役割を担っている。このような大容量化の進展には，微細加工技術に加えて多値記憶方式が大きな役割を果たしている。フラッシュメモリはトランジスタ1個で素子が構成され，構造が単純であるため，物理的には最小加工寸法（F）に対して$2F$周期で配置されたワード線とビット線の交点の$4F^2$の領域にメモリセルを形成可能である。これに多値技術を組み合わせると1セルあたり2ビットの情報が記憶できるため，等価的なメモリセルサイズは$2F^2$になる。このためDRAMを凌駕する集積度を実現することが可能である。

多値方式については，現在のところ2ビット/セルまで実用化されているが，今後さらに集積度を上げるために，これまでに提案された4ビット/セル記憶方式を図5.18に示す。閾値を複数のレベルに設定する多レベル方式では，フローティングゲートへ注入する電荷量を制御することにより16レベルの閾値を記憶する必要がある。一方，局所記憶技術では記憶ノードを通常のフラッシュメモリのように1つのフローティングゲートとはせずに，SiNまたは多数個のナノサイズ粒子で構成し，トランジスタのソース側とドレイン側に独立に電荷を注入して記憶部を形成する。それぞれの記憶部で4値の閾値を記憶して，1セルあたり4ビットを記憶することができる[34]。また，フローティングゲートを3次元的に積み上げることで，実効的に多値メモリを実現する多層方式も開発されている[35]。

このように多値記憶方式では，閾値を複数のレベルに制御して書き込み・読み出しを行なう必要がある。微細化が進行すると，さまざまな要因で閾値の制御が困難になるが，そのひとつにRTS（random telegraph signal）の問題がある[36]。

MOSトランジスタでは，図5.19のようにチャネル付近に電荷の捕獲準位があると，そこへ電荷が捕獲・放出されることで，チャネル電流にRTSとよばれる不規則に出現する雑音が現われる。このRTSはとくにアナログ分野で問題となっていたが，ロジック分野では扱う信号量が大きいため，RTSの影響は問題にならなかった。

ところが，フラッシュメモリでは，ゲート長・ゲート幅がほぼ最小加工寸法で形成され，微小電流領域で動作を行なうため，RTSが顕著な閾値の変動として見えてしまう。4値記憶方式では，閾値の分布をおよそ1V間隔で制御する必要があるため，閾値変動が生ずると動作マージンが低下する。

図5.20に示すように，この閾値の変動幅は微細化とともに増加する。実デバイスではさらに副次的な効果が加わるため，45nm世代において0.3Vを超える場合もあると考えられる。本現象はフラッシュメモリの微細化，および多値レベルを増加させて大容量化を進めるうえで

手法	多レベル	局所記憶	多層
構造	(図)	(図)	(図)
蓄積ノード数	1	2	4
閾値数	16	4	2
メカニズム	注入電荷量差	電荷注入場所	多層メモリセル
課題	信頼性	電荷の分離	製造プロセス
例	NAND	NROM	S-SGT

図5.18 大容量フラッシュの次世代4ビット/セル記憶方式

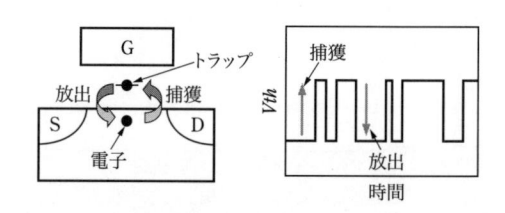

図5.19 大容量フラッシュのRTS

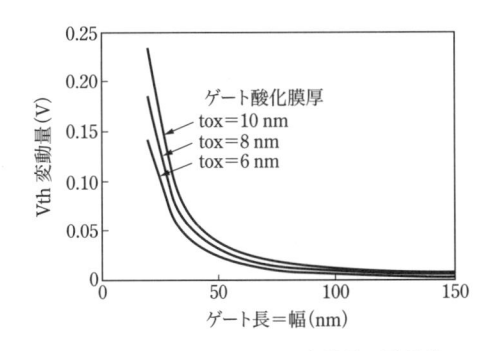

図 5.20　RTS による Vth 変動量の計算値

(4) SRAM

現在，SRAM はプロセッサ・SoC（システムオンチップ）へ搭載されて，高速キャッシュや IP のローカルメモリとして広く用いられている。メモリセルが 6 個のトランジスタで構成されるため，セルサイズは大きいが，高速性とロジックチップの製造プロセスとの整合性の点で，SRAM を凌駕するメモリは登場していない。

ロジックチップのプロセスに合わせた微細化・低電圧化を進める際の課題は，ウエハ製造時に生ずるデバイスのばらつきである。メモリセルのパターンサイズが露光光源の波長程度まで微細化されると，光の干渉によって転写されるパターンがゆがみ，ばらつきの原因となる。これを防ぐために近年の製造プロセスでは，ウエハ上に微細パターンを転写する際に光学近接補正という手法が用いられる。図 5.21 に示す横長 SRAM セル[37]は，レイアウトパターンが対称で光学近接補正とのマッチングがよいため，微細化に適しており，標準的なセルとなっている。

DRAM の項でも述べたように，メモリの低電圧化には待機時のリーク電流の削減が重要課題である。図 5.22 にソース線駆動方式を示す[38]。先に述べた逆バイアス方式を SRAM セルへ適用したものであり，待機時にメモリセルのソース線を VSS から少し上昇させ，選択 MOS のゲートソース間電圧を負にしてリーク電流を減らしている。このように動作モードによって，ソース線やワード線のレベルを制御して低電圧における動作マージンを拡大する駆動方式が盛んに議論されている。

(5) 新原理メモリ

以上述べてきたように DRAM，フラッシュメモリ，SRAM の微細化が困難になるにつれて，新材料・新原理によってこれを突破しようとする試みが行なわれている。図 5.23 に磁性体材料を利用した MRAM，相変化メモリ，固体電解質メモリについて特性を比較した。これらのメモリは従来の DRAM やフラッシュメモリのように電子数で情報を記憶するのではなく，材料の状態を変化させて抵抗変化により情報を記憶することに特徴がある。このため，セルサイズが縮小された場合でも十分に安定な情報保持が実現できることが期待されている。

MRAM は磁気トンネル接合を構成する磁性層のスピンの向きを平行または反平行に切り換えることで，接合抵抗を変化させて情報を記憶する。磁性体の向きは電源が切れても保持されるので，不揮発性を有する。書き換えの際は磁性体のスピンの向きが変化するだけなので，膜の特性劣化が起こりにくく，フラッシュメモリに比べて高い書き換え耐性が得られることが期

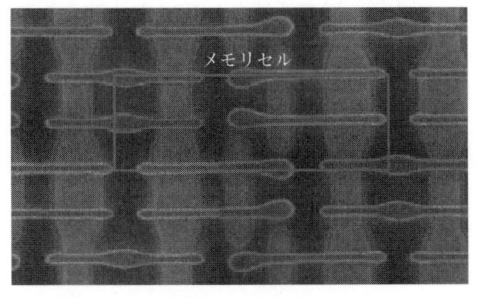

図 5.21　対称性のよい横長 SRAM セル

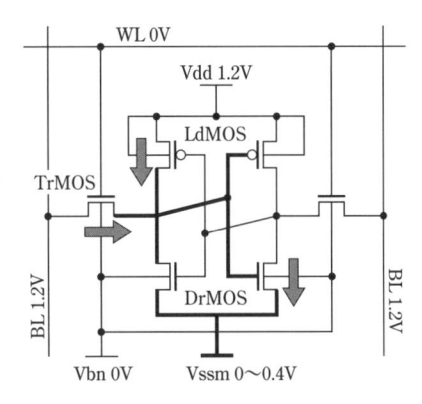

図 5.22　SRAM セルにおける待機時ソース線駆動

	DRAM	MRAM	スピン注入MRAM	相変化メモリ	固定電解質メモリ
構造	1T 1C 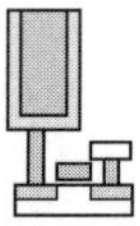	1T 1MTJ 書き込みWL 	1T 1MTJ 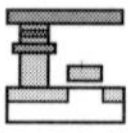	1T 1R 	1T 1R 
セル面積	6～8 F^2	20～30 F^2	6～20 F^2	6～20 F^2	6～20 F^2
書換回数	～10^{17}	～10^{17}	～10^{17}	～10^{12}	～10^{12}
書換電流	～10uA	～10mA	～0.1mA	～1mA	～1mA
情報保持	揮発	不揮発	不揮発	不揮発	不揮発
課題	容量形成	スケーラビリティ	リードディスターブ	書き込み電力	書き込み電力

MTJ：磁気トンネル接合。

図5.23　各種の新原理メモリ

待されている。

通常のMRAMでは"0","1"の情報を制御するために，書き込みワード線を設けて，そこに流す電流の方向を変えるので，セル面積はやや大きくなり，また書き換え電流も大きい。そこで，電流をトンネル接合に流して書き換えを行なうスピン注入MRAMが注目されている。この方法では，先述の書き込みワード線が不要で，構造が単純であるため，セルサイズが小さく，書き換え電流も小さい。

相変化メモリは相変化材料（光ディスクの記録層として用いられる材料と同様な材料）を流れる電流で材料を発熱させ，材料の状態を非晶質または多結晶に切り換えることで，抵抗を変化させて情報を記憶する。

これらのメモリについては原理提案のフェーズから大容量チップの試作による詳細評価や量産化のフェーズへと進展してきている。相変化メモリについては図5.14に示したように，100nmプロセスを用いた256Mbの試作チップが報告されている[39]。MRAMはセルサイズが大きいため相変化メモリよりも集積度が低いが，130nmプロセスを用いた16Mbの試作チップが報告された[40]。また4Mbチップの量産が開始され，本格的実用段階へと入った。

これらに加えて，さらに新しいメモリの提案も相次いでいる。固体電解質メモリはメモリセルの構造が簡単という特徴があり，90nmプロセスを用いた2Mbの試作チップが報告された[41]。

これらの新原理メモリがすぐにDRAMやフラッシュメモリの後継となる可能性は小さいが，それぞれの特徴を生かした市場から導入が始まり，集積化技術の進歩によって徐々に市場規模が拡大していくと考えられる。

5.2.2　光メモリ

「光メモリ」という言葉を「光で情報（画像も情報の一種）を記録するしくみ」と定義すると，光メモリは古い時代から使われていることに思いいたる。19世紀に発明されたニエプスの瀝青写真やダゲールの銀板写真である。また，ゼログラフィに代表される電子写真も光メモリの一種と考えられる。しかし，ディジタルビデオやディジタルカメラ，パーソナルコンピュータのような電子情報機器の進展に伴い，個人でも手軽に高精細な静止画像や動画像を扱えるようになってきた現在では，光メモリというと光ディスクを指すのが一般的である。光ディスクはおもに，コンピュータデータや音声データ，画像データの長期保存（アーカイバル保存）や頒布，配布に使われている。独立行政法人　新エネルギー・産業技術総合開発機構（NEDO）が2007年4月にまとめた電子・情報技術分野の技術ロードマップ（ストレージ・メモリ分野）によれば[42]，今後も保存容量の大容量化が進み，2010年には面密度1Tb/in^2の要求が予測されている。将来の大容量化を考えると，従来の光ディスクの技術進展だけでは達成しえない要求レベルであり，光メモリとしての

新たな技術革新が必要である。本項では，将来のテラバイト級メモリにつながる光メモリ技術（将来型光ディスク技術を含む）について紹介する。現在実用になっている光ディスク技術については，第Ⅵ編4章4.2節で述べる。

(1) 大容量化の方向

従来型の光ディスクでは，図5.24に示すように，レンズにより光ディスク媒体にレーザー光を集光し記録・再生する。集光されたレーザー光のスポット径が小さくできればできるほど，光ディスク媒体の記録密度を大きくできることになる。このスポット径$2w$は，

$$2w \fallingdotseq 1.22\lambda/NA \quad (5.1)$$

で表わされ，これを小さくするには，レーザー光の波長λを短くするか，レンズの開口数（NA）を大きくすることが必要となる。現在，製品として達成されている最短波長は青紫色レーザー$\lambda=405\,\mathrm{nm}$で，最大NAは0.85である（120 mm直径のディスク媒体で25 GBに相当）。今後，従来型光ディスクで光源の短波長化，レンズの高NA化をするとしてもごくわずかなものに限られる。したがって，従来に対して桁ちがいに大容量となるテラバイト級を超える光メモリでは，新たな手段が必要となる。現在，これを超えるためにさまざまな技術の検討がなされている。これらの技術は，大容量化の手法として，大きく3つにまとめることができる[43]。

① 高面密度化技術（スポット径を小さくする）
- 近接場記録/SIL（Solid Immersion Lens）[44]
- 近接場記録/Super-RENS[45]
- 近接場記録/光アシスト磁気記録[46]
- スタイラス記録（MEMSプローブ記録）

② 多値化・多重化技術
- 多値化
- 波長多重化（PSHB）
- 量子メモリ

③ 体積化技術（面内だけでなく厚さ方向も使う）
- ボリュームホログラム記録[47]
- 2光子吸収多層記録[48]
- 多数枚スタック記録[49,50]

このうち，光メモリに関する国際会議などで注目を浴びている技術（近接場記録，ホログラム記録，3次元多層記録等）について以下に述べる。

(2) 近接場記録

記録・再生スポット径を小さくする技術として，レンズのNAを1以上とするSIL近接場記録がある。SIL顕微鏡の原理を光ディスクに適用したものである[51]。レンズのNAを2程度まで大きくし，従来の集光スポット径を1/2から1/3にし，面密度を4〜10倍に高める技術である。図5.25のように，通常の対物レンズにダイヤモンド製SIL（直径0.45 mm）を組み合わせて集光レンズとし，$NA=2.34$を実現して，面密度$104.3\,\mathrm{Gb/in^2}$（120 mm径ディスクで150 GBに相当）のディスクの再生に成功している[52]。SILとして，気相成長ダイヤモンド単結晶を加工し，球の一部を平坦な形状にしたもの（超半球レンズ）を用いている。SIL近接場記録では，SILの底面と光ディスク媒体との間隔を数十nmに保つことで近接場光を発生さ

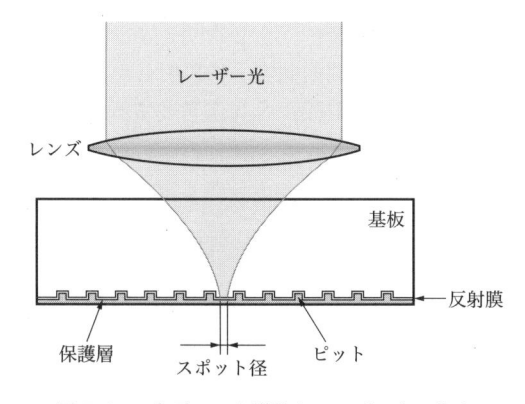

図5.24 光ディスク媒体とレーザー光の集光

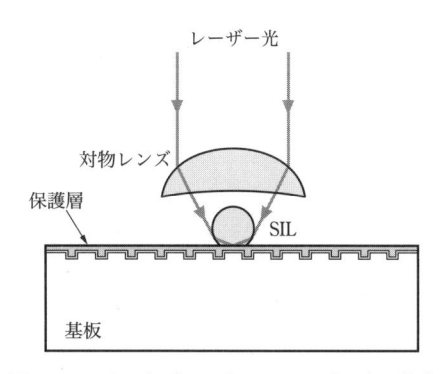

図5.25 SIL光ディスクでのレーザー光の集光

せ，SILから光ディスク媒体に有効に光を伝えて記録・再生を行なう。このためにSILと光ディスク媒体とのギャップ制御をする必要がある[53]。これは従来型光ディスクの焦点制御に相当するものであるが，文献53）ではその誤差を6 nm以下に抑えている。光ディスク媒体として従来の記録材料が使えることもあり，従来技術を発展させたトラッキング制御，チルト制御などシステム系の技術開発も行なわれている。また，さらなる大容量化をめざして記録層を2層にする研究も進んでいる[54, 55]。

スポット径を小さくしなくても，面密度を高くする手段として，Super-RENS（Super-REsolution Near-field Structure）とよばれる超解像技術がある。これは，ディスク媒体の薄膜構造を工夫することで，従来の記録再生光学系を使いながら，集光スポット系よりもずっと小さなマークを記録・再生できるようにしたものである[56]。ディスク媒体は，図5.26のようにSiN誘電体膜にはさまれたGeSbTe記録層上にアンチモン薄膜が積層された構造をもつ。アンチモン薄膜は不透明であり，照射されたレーザー光を吸収して発熱する。アンチモン薄膜はある温度以上で透明化するため，集光されたスポットの光強度が強い中心部のみ透明化することになる。この透明化した開口部に近接場光が発生し，スポット径より十分小さな記録マークがGeSbTe記録層に形成される。この基本原理を基に材料や構造の進歩をとげ，現在はPtOxを記録膜としたディスク媒体で波長405 nm，$NA = 0.85$の光学系を用い，従来方式の光ディスクで達成されている線密度の2倍密度（最短ピット長75 nm）で実用的なエラーレートでのランダム信号再生に成功している[57]。

近接場光プローブを用いた記録方式の開発も進んでいる。光アシスト磁気記録方式とよばれ，ハードディスクの記録密度を1Tb/in^{2}以上に高める技術のひとつと考えられている。垂直磁気記録媒体への記録の際に，近接場光により局所的に媒体を加熱し，磁気ヘッドにより磁化反転させる。媒体の局所加熱のために，30 nm程度の微小近接場光スポットを発生させる必要がある。近接場光プローブとして三角形状金属プレートの先端を3次元的に先鋭化させることで，近接場光の発生強度を飛躍的に高めることができる[58]。

(3) ホログラム記録

光メモリとしてのホログラム記録の歴史は古く，1948年のガボー（Gabor）によるホログラフィ原理の発明のあと，ホログラフィが3次元メモリとして使える可能性のあることが示唆され，コヒーレンシーの高いレーザーの発明直後の1963年にハーデン（Heerden）によりホログラフィックメモリが提案された[59]。1960年から1970年代にかけては画像をそのまま記録する形でのホログラフィックメモリの研究が行なわれたが，ビットバイビットディジタル記録である光ディスクメモリの出現により研究は下火となった。1990年代は細々と研究が続いていたが，米国クリントン政権下の情報ハイウェイ構想に基づく産学官連携研究を端緒として，今世紀に入り米国ベンチャー企業を中心に実用化開発が活発になってきた。

その基本原理は下記のとおりである[60]。ホログラフィックメモリでは，ディジタルデータを2次元に配列したページデータとして表わし，これを画像として記録媒体（現在はおもにフォトポリマー材料が使われる）に書き込み・読み出しを行なう。書き込みは図5.27のように行なわれる。レーザー光を2次元ディジタルデータを表現する空間変調素子に照射し，その透過光（あるいは反射光）を物体光とする。一方，

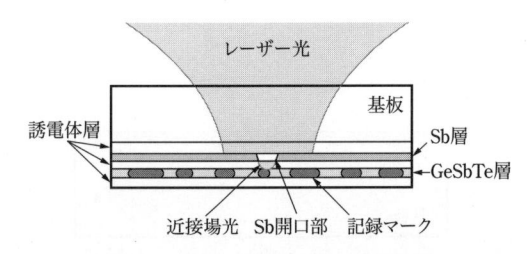

図5.26　Super-RENSでの近接場光発生

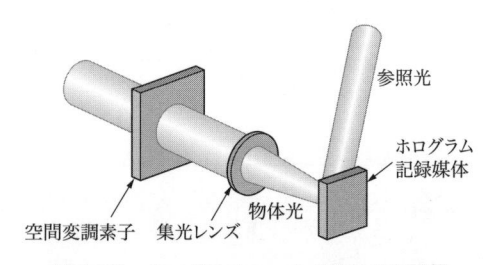

図5.27　ホログラフィックメモリでの記録

同じレーザー光から分岐されたビームを参照光とする。物体光・参照光の2つの光束をホログラム記録媒体中で干渉させ，できた干渉縞の明暗を記録媒体の屈折率変化として記録する。読み出しは同じ光学系で参照光のみを記録媒体に照射する。図5.28のように，記録媒体から2次元データを読み出すことができる。上記の1つの2次元データでは，記録容量は数十～数百kbit程度である。したがって，容量を上げるためには多重記録が必須となる。テラバイト級を達成するには，通常数百多重を行なう必要がある。現在，多重化の技術として大きく分けて2つの方式がある。スペックル多重方式および角度多重方式である。スペックル多重では，参照光にランダムな位相バラツキを与え，その位相バラツキを変化させて多重化する。角度多重では，参照光の記録媒体への入射角度を変えて多重化する。堀米（Horimai）らが提案したスペックル多重のひとつであるコリニア方式[61]は，参照光と物体光とが同一の光路を通過しており，系の安定性に優れ，従来の光ディスクシステムと同じような構成がとれるという特徴をもつ。アンダーソン（Anderson）らが，角度多重方式のひとつである，ナイキストフィルタとよぶ開口制限フィルタを利用したポリトピック多重方式[62]により，フォトポリマー材料で$104Gb/inch^2$の記録再生を実現している。

新しい試みとして，マイクロホログラム方式が提案されている。従来型の光ピックアップを記録媒体をはさんで対抗させ，両方の集光スポットが重なったところにホログラムが形成される。記録媒体中の厚さ方向の位置を変えて，3次元多層構成に記録ピットとしてのマイクロホログラムを記録する。マイクロホログラムは，従来ホログラム記録材料として用いられているフォトポリマーや高感度な色素をドープしたサーモプラスチックに作製される。ビットとしての反射型ホログラムであり，3次元記録としてデータ再生での高S/N比が期待できる[63,64]。

(4) 3次元多層記録

3次元光メモリは1989年にパーセノポラス（Parthenopolous）らにより提案され[65]，その後，3次元化を効率よく実現する記録・再生方式や記録材料の研究が進んでいる。記録方式ではストリッカー（Stricker）らにより，厚さ方向に高密度に記録するために2光子吸収過程を利用することが提案された[66]。再生方式では鳥海（Toriumi）らにより反射型共焦点検出方式が提案され[67]，層間クロストークの少ない読み出しを可能とした。記録材料では入江らにより，書き換え可能なフォトクロミック材料が開発されている[68]。3次元多層記録では，図5.29に示すように，多層構造をもつ2光子吸収材料に記録するため，極短パルスレーザー光源を必要とする。再生では記録とは別の短波長レーザーを用い，ディスク媒体からの反射光を共焦点検出するためのピンホールを介して受光する。最近の研究では，静岡大の宮本らがフォトクロミック材料層と透明層とを積層した多層構造をもつ記録媒体を用いて，20層のデータ記録・再生を行ない，層間クロストークのS/N比が50dB以上であることを確認している[69]。また，多層構造をもたない2光子記録では，シップウェイ（Shipway）らが2光子吸収により記録したデータを動的に蛍光再生している[70]。蛍光再生のため多層構造をつくる必要がなく，

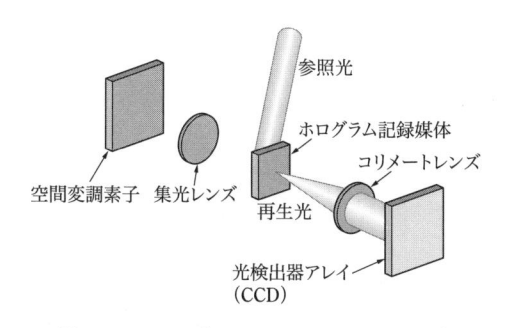

図5.28　ホログラフィックメモリでの再生

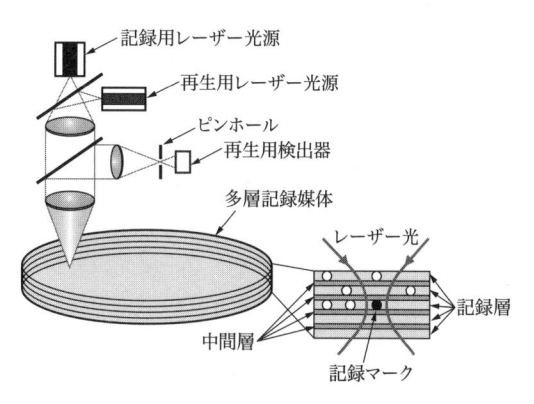

図5.29　3次元多層光メモリの構成

PMMAに発色団が側鎖として結合しているため，射出成形で均一な記録媒体をつくることができる。

(5) その他

記録面密度を高めることなく大容量をめざす技術として，従来の光ディスク媒体である1.2 mm厚のポリカーボネートに代え，厚さ100 μm程度の薄いフレキシブルディスクを多数枚（数十枚単位）積み重ねることでテラバイトを狙うシステムも現われている[49,50]。

5.3 立体ディスプレイ，ホログラフィ

立体ディスプレイの各種の方式について，両眼視差，輻輳，ピント調節，運動視差の4つの機能によって分類した各方式の原理を述べる。

5.3.1 多眼式立体動画像表示方式（両眼視差方式）[71,72]

左右の視差映像をつくり出す方式で，左右の目に視差画像が同時に入るように映像を表示する。さらに，多数の方向から異なった映像を表示する多眼式では，目の位置を水平方向に動かすと異なった映像を観測できる運動視差をもたせることができる。2眼式よりも自然な立体感が得られる。

(1) アナグリフ方式

アルメイダ（D'Almeida）によって発表されたもので，この方式は，赤と青など補色関係にある2色の視差画像を，色フィルタで左右の眼に分離して入力することにより立体視を行なう。比較的簡単に立体視が可能であるが，得られる立体像はモノクロ画像に限られる。

(2) 偏光フィルタ方式

偏光フィルタ方式は，各偏光成分をもった視差画像を，直交した偏光素子の組合せにより左右の眼に分離して入力することにより立体視を行なう。偏光メガネ方式は比較的簡単にフルカラー動画像の表示が可能である。偏光板とプロジェクタを用いて同時に多人数が立体像を観察できる投影型ディスプレイが可能であるが，投影用スクリーンには反射による偏光の乱れのないスクリーンが必要となる。

(3) レンティキュラー方式[73]

図5.30に示す水平方向に指向性をもつスクリーンを用いて左右の目に視差画像が同時に入るように映像を表示する方式で，この方式を用いた立体TVが市販されている。しかし，レンティキュラーレンズの1ピッチ内の画素数が視点数に対応するため，再生像解像度を低下させずに視点数を増やすことは困難である。本方式を用いて観測者の位置をリアルタイムで検出し，プロジェクタを対称な位置に移動する制御を行なうことにより立体視域を広げている。

(4) パララックスバリア方式[74]

図5.31に示す視差表示画像と両眼のあいだに入れられたスリットが，異なった視差画像に対してバリアとして働くことにより，左右の視差画像をつくり出す方式で，左右の目に視差画像が同時に入るように映像を表示する。本方式を用いた4～10インチの立体TVが開発されている。

(5) ヘッドマウント方式

ヘッドマウントディスプレイ（HMD）方式はヘッドマウントディスプレイの左右のLCDに視差画像を用いる方式で，特別な位置合わせを必要とせず，小型で大画面表示が可能となる。最近では，輻輳距離と焦点調節距離を一致させるような自然な焦点調節を伴うHMD立体ディスプレイの試作が行なわれている。

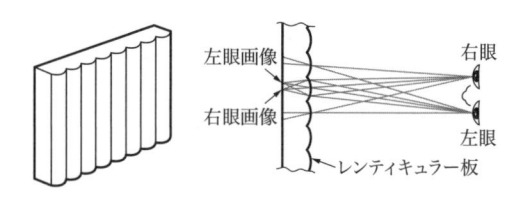

図5.30 レンティキュラーレンズの原理

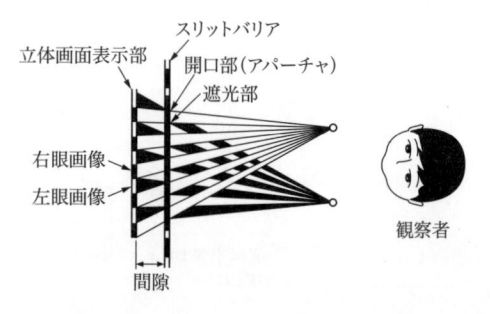

図5.31 パララックスバリアの原理

(6) グレーティング方式

グレーティング（回折格子）方式[75]は視差画像に回折格子を密着させて回折により視差像をつくり出す方式である。

5.3.2 断層面再生方式

被写体を奥行き方向の断層像に分割し，それらを空間に再現して3次元映像を再現する手法である。代表的な体積走査スクリーン方式[76]に示すように，平面スクリーンを奥行き方向に移動して断層面を表示する。目の残像を利用して立体表示を行なう方式である。

また，最近の興味ある方式として，図5.32に示す輝度変調方式立体ディスプレイもこの方式に分類できる。この方式は奥行き位置の異なる2つの2次元像の輝度比を変化させることで，奥行き感を連続的に表現できる奥行き知覚現象（depth-fused 3D；DFD現象）[77]を用いている。

5.3.3 空間像表示方式

これらの方式は空間に実際に3次元像を結像するもので，人間が3次元物体を認識するときに重要な，両眼視差，輻輳，焦点調整，運動視差などのすべての生理的要因を満たしているという特徴を有している。細かい平面を合成する要素方式と，空間を体積的に再現するホログラフィ方式に大別される。ホログラフィ方式は5.3.4項で詳しく説明する。ここでは，要素方式の代表的なインテグラルフォトグラフィ（IP）方式[78]について説明する。

IPは，小さな凸レンズアレイを配置し，物体の画像を撮影する（図5.33参照）。記録時と同一の光学系の背面から撮影された画像を投影すると，元の位置に立体像が再生される方式である。

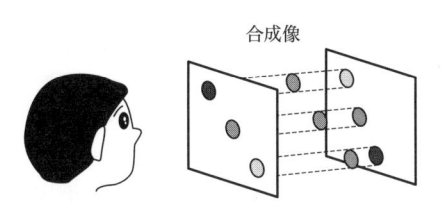

図5.32 輝度変調方式の原理

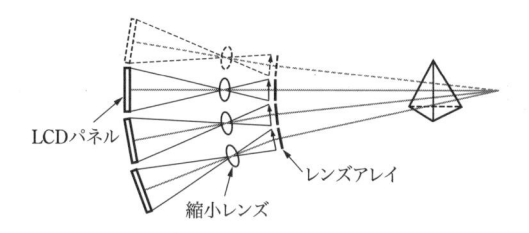

図5.33 インテグラルフォトグラフィ（IP）方式の原理

5.3.4 ホログラフィ

ホログラフィは光の波面情報の記録・再生を可能とする技術であり，人間が3次元物体を認識する過程で重要な，両眼視差，焦点調節，輻輳および運動視差の生理的要因を満足する手法であることが広く知られている。さらに，特殊な眼鏡（偏光フィルタ）の助けを借りずに，われわれがごく自然に対象物を見るように空間を再現できる特徴をもつことでも知られている。ホログラフィの考え方は，1948年にガボー（D. Gabor）がX線回折顕微鏡を参考にして，電子顕微鏡の解像度を改善する手法として考案したものである。しかし，最初のホログラムは透過物体に対して物体光と参照光が同一の方向から入射するもので再生像と0次光が重なってしまい，見えづらいものであった。その後，メイマン（Maiman）によってルビーレーザー，1961年にジェイバン（Javan）らによってHe-Neレーザーの発振が成功したことにより，その応用分野は飛躍的に拡大した。レイス（Leith）とウパトニク（Upatnik）により，参照光と物体光のあいだに参照角をとるoff Axisホログラムが発表されてから多くの分野に用いられるようになった。ホログラフィの原理については前節で詳しく説明されているので省略する。ここでは，ホログラフィの原理に基づいた電子ホログラム技術の基礎的な考え方について説明する。

電子ホログラフィの基礎概念は図5.34に示すように，ホログラム情報の入力（生成），伝送，記憶，出力（表示）系に分類することができる。そこではエレクトロニクスの技術を用いて，電子的な手法によりホログラムを作成または再生する技術を総称して，電子ホログラフィ（electro-holography）とよぶ。静止画について

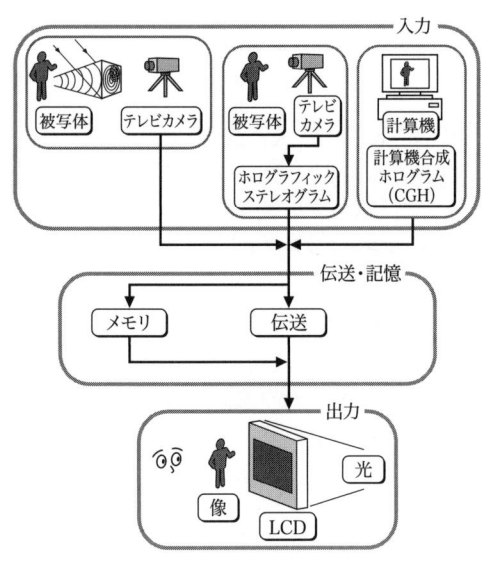

図5.34 電子ホログラフィの基本概念

は，現在までにかなり良質のものがつくられ，立体表示技術として種々の分野に応用されている[79,80]。また，ホログラフィアニメーションなども人気が高いが，それらはあくまで写真の世界である。しかし，写真が映画になり，電子技術と融合してテレビジョンが生まれたように，はじめ写真術としてのホログラフィも映画がつくられ，さらにホログラフィテレビジョンへと関心が広まり，最近ではホログラフィテレビジョンに関する研究[81,82]が活発に行なわれている。

ここでは，立体テレビの開発に向けた電子ホログラム技術の原理ついて，おもに述べることにする。

(1) 入力（生成）

入力系は，実在の物体を対象とする場合は，光学的ホログラムの作成と同様に，物体からの散乱光と参照光との干渉縞の作成を行なうもので，CCDカメラにより直接干渉縞を入力し，電気信号に変換する。あるいは，直接ホログラムとして撮影できないものは，一度カメラにより撮影し，その後，光学的にホログラムを作成するもので，ホログラフィックステレオグラム方式とよばれている。

これとは別に，架空の物体を対象とする場合は，計算機によるホログラムの合成（computer generated hologram；CGH）による方法が用いられている。

(2) 伝送・蓄積

いずれの場合も，電子的な信号としてNTSC方式などにより伝送されたあとに，ホログラム情報として表示装置に出力される。また，必要に応じて外部記憶装置に記憶される。さらに膨大なホログラムの情報量に対処するための情報圧縮技術が必要となる。いずれの場合も，伝送された電子的な信号により，高精細な表示装置に出力されたホログラムパターンから再生光により直接3次元の像を再生する。

(3) ホログラム表示

表示デバイスとしては高解像度の空間光変調器（SLM）が用いられる。ホログラムの干渉縞を表示するための十分な解像度をもつ必要がある。現在までに，液晶空間変調器や音響光学変調器（AOM），微小ミラーデバイス（DMD）などが用いられている。実際の方法については第Ⅵ編（装置編）で説明する。

5.4 画像表示

5.4.1 ディスプレイの構成と種類

さまざまな電子画像メディアが普及している現代では，画像ディスプレイはメディアと人間のヒューマンインタフェースとして最も重要なものであり，われわれがディスプレイに接する機会や時間は飛躍的に増加している。

(1) ディスプレイの基本構成と分類方法

ディスプレイには多くの種類があり，いろいろな観点から分類できる[83〜85]。1つには，表示する情報の種類によってディスプレイを分類することができる。たとえば，文字や図形などの固定のパターンのみを表示するもの，任意の数字や文字のみを表示するもの，そして画像を表示するものである。これら扱う情報の種類によってディスプレイの原理や構造も異なる。しかし，画像を表示できるものは上記すべてを表示でき，最も高度なディスプレイである。以下では，画像ディスプレイについて説明する。

図5.35は画像ディスプレイの基本構成を示している。ディスプレイの入力信号である画像信号は，信号処理回路において各種の信号処理

第 5 章　画像の記録と表示

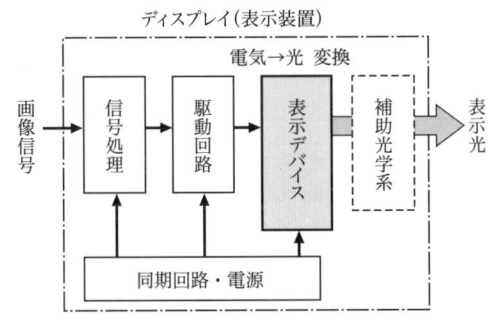

図 5.35　画像ディスプレイの構成

がほどこされ，表示用データ信号となる。さらに駆動回路において表示デバイスを駆動するのに適切な電圧・波形に変換され，駆動信号となる。

次に，表示デバイスによって電気信号が光情報に変換される。表示デバイスはディスプレイの中心的な役割を担う素子であり，表示デバイスに何を用いるかによってそのディスプレイの基本的性質や，信号処理回路，駆動回路など他の部分の内容も大筋で決まってくる。したがって，表示デバイスによってもディスプレイを分類できる。表示デバイスの出力である光情報は，必要に応じて補助光学系を通り，ディスプレイの出力である表示光となる。

他の分類方法として，図 5.36 に示すように，表示デバイスからの光を人間の視覚系に導く光学的な方式よって分類できる。

第 1 は，表示デバイスから出る光を人間が直接見るタイプであり，直視型とよばれる。この場合，図 5.35 における補助光学系は不要である。

第 2 は，補助光学系として投射レンズや反射鏡などを用い，表示デバイスからの光をスクリーンに投影させて見るタイプであり，投射型ディスプレイ（プロジェクタ）とよばれる。投射型はさらに，表示デバイスがスクリーンの前面にあるか背面にあるかで，前面投射型（フロント型）と背面投射型（リア型）に分類できる。

第 3 は，表示デバイスからの光に何らかの光学的手段をほどこし，画像を空間上に実際にあるいは仮想的に結像させ，それをわれわれが観視するタイプであり，空間像型とよばれる。立体ディスプレイの一種であるホログラフィや，虚像を見るヘッドマウントディスプレイ（HMD）がこのタイプに分類される[83]。

(2) ディスプレイの種類

図 5.37 は，表示デバイスと光学的方式におもに着目して画像ディスプレイを分類した図である。ここで，アンダーラインを付したディスプレイは第VI編（装置編）の 2 章で個々に述べられており，詳細についてはそちらを参照されたい。

図において，直視型はさらに CRT（cathode ray tube，ブラウン管）ディスプレイとフラットパネルディスプレイに分類される。フラットパネルディスプレイ（flat panel display；FPD）はパソコンモニタや薄型テレビなどとして近年急速に普及している。

フラットパネルはさらに，図 5.38 に示すように，表示デバイス自身が光を発する発光型（または自発光型）と，別の光源からの光を透過または反射する非発光型とに分類できる。なお，CRT はフラットパネルではないが発光型のディスプレイである。CRT の概要については後に述べる。また，フラットパネル用の表示デバイスを表示パネルともよぶ。

非発光型ディスプレイの代表的なものはLCD である。LCD（liquid crystal display，液晶ディスプレイ；第VI編 2.1 節）は，液晶分子の

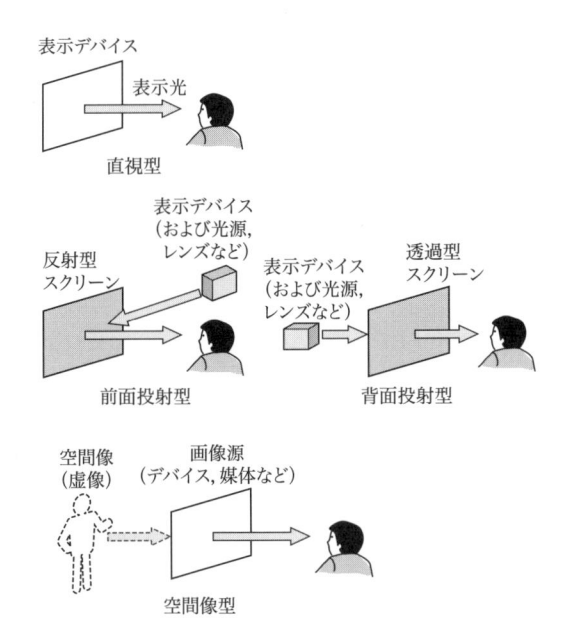

図 5.36　ディスプレイの直視型と投射型

```
                ┌─ CRT（ブラウン管）
       ┌─ 直視型 ┤                      ┌─ 非発光型 ┌─ LCD（液晶ディスプレイ）
       │        └─ フラットパネル ──────┤ ｛透過型  └─ その他（電子ペーパー用各種ほか）
       │                                │  反射型
       │                                │           ┌─ PDP（プラズマディスプレイ）
       │                                │           │─ FED（電界放出型，含むSED）
       │                                └─ 発光型 ──┤─ EL（有機（OLED），無機）
       │                                            │─ LED（発光ダイオード）
   ────┤ 投射型  ┌─ CRT                              └─ その他
       │(プロジェクタ)
       │        └─ ライトヴァルブ ┌─ 液晶（HTPS, LCOS）
       │ ｛前面投射型 (空間光変調器) │─ DMD
       │   背面投射型  ｛透過型     └─ その他
       │               反射型
       │
       └─ 空間像型
          （立体ディスプレイの一部やHMDなど）
```

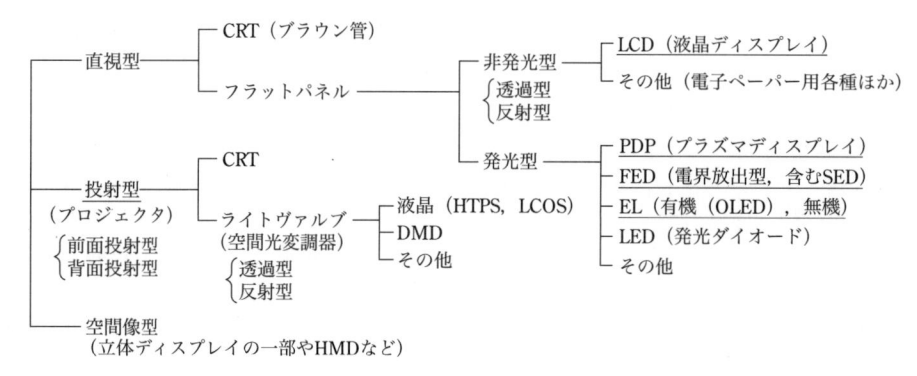

図5.37 画像ディスプレイの種類

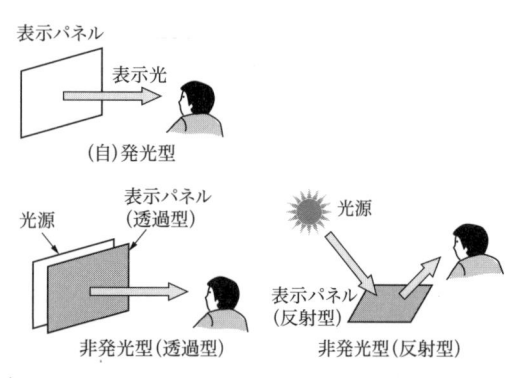

図5.38 ディスプレイの（自）発光型と非発光型

偏光角回転作用を利用するディスプレイである．小型から大型まで，また薄型テレビやパソコン用モニタなどの透過型から携帯用反射型まで，各種のディスプレイが実用化されている．応用範囲が広いことが特徴である．

非発光型ディスプレイのうち透過型ディスプレイは，多くの液晶ディスプレイなどのように表示パネルの背面にバックライトなどの光源をもち，光源から出る光が表示パネルを透過する際に，画像信号に応じて表示パネルで光を変調させることで画像を表示する．

反射型ディスプレイは自身では光源をもたず，太陽光や室内照明光などからの光を表示パネルで反射する際に，画像信号に応じて表示パネルで光を変調させることで画像を表示する．コレステリック液晶ディスプレイや電気泳動型ディスプレイなど，電子ペーパー用として開発されている各種のディスプレイもここに分類できる．

発光型フラットパネルディスプレイにはさまざまなタイプがあり，代表的なものとして，PDP，有機EL，FED，屋外用の超大画面ディスプレイなどに用いられるLED（light emitting diode，発光ダイオード）ディスプレイなどがある．

PDP（plasma display panel，プラズマディスプレイ；第Ⅵ編2.2節）は，パネル内に封入したネオン，キセノンなどのガスの放電現象を利用するディスプレイである．比較的容易に自発光型の大画面ディスプレイを実現できることが特徴であり，薄型テレビとして普及が進んでいる．

FED（field emission display，電界放出型ディスプレイもしくは冷陰極ディスプレイ；第Ⅵ編2.3節）は，CRTと同様に真空中での陰極からの電子放出現象を利用するディスプレイであるが，CRTと異なり，画素ごとに微小な電子放出源（陰極）をもっている．CRTとフラットパネルの画質上の利点をあわせもつ高画質なFPDとして期待されており，開発が進められている．なお，近年注目されているデバイスのひとつであるSED（surface-conductive electron-emitter display）もFEDの一種と考えられる．

有機ELディスプレイ（第Ⅵ編2.4節）は有機材料の発光現象（electroluminescence）を利用する利用するディスプレイである．有機EL発光素子は，電気回路的にはダイオードの作用をもつので，OLED（organic light emitting diode）ともよばれる．なお，無機材料のEL現象を利用する無機ELディスプレイも一部で開発されているが，大きな流れとはなっていない．有機ELディスプレイは最も薄型化が可能

なディスプレイとして近年注目されている。

一方，投射型ディスプレイ（第Ⅵ編2.5節）は，さらにCRTとライトヴァルブ（空間光変調器）に分類できる。ライトヴァルブは直視型の非発光型フラットパネルに対応するものである。フラットパネルと比べてデバイスの大きさがかなり異なるものの，基本的な素子構成方法や動作原理においてフラットパネル用デバイスと共通点があるものも多い。代表的なデバイスとして，液晶を利用するデバイスや，DMD（digital micro-mirror device）がある。DMDを利用したプロジェクタはDLP（digital light processing）プロジェクタともよばれる。なお，ライトヴァルブにも，透過型と反射型の区別がある。

5.4.2　画素の構成方法と駆動方式，色再現

表示デバイスの種類により，画素の構成方法や駆動方式，色再現の方法なども大筋で決まってくる。たとえば，図5.37において，直視型におけるCRTとフラットパネルの分類は，主にはデバイス構造や動作原理による分類であるが，画素を構成する方法や駆動方式，色再現手段のちがいにも通じる。これらについて，おもなものを述べる。

(1) CRTとビーム走査方式

CRTは歴史的に最も古くからつい最近まで，長きにわたり電子画像ディスプレイの主役として君臨したデバイスである。しかし，近年はフラットパネルにとって代わられつつある。その表示原理を図5.39に示す。CRTのガラスバルブ（外囲器）の内部は真空になっている。陰極である電子銃から表示面に向かって電子を放出し，その電子ビームを表示面に塗られた蛍光体に当てて発光させる。そして，電子ビームの飛ぶ向きを上下左右に振り（偏向させ），電子が当たる点を表示面上で移動させる（走査する）ことで，一筆書きのようにして画像を表示する。したがって，それぞれの画素は連続的で区切りが明確ではない。強いて言えば，電子ビームが瞬間的に当たった部分の発光がそれぞれの画素に相当する。このような駆動方式をビーム走査方式とよぶ。

カラーCRTは，一般には電子銃をR（赤），G（緑），B（青）の3原色用に3本設け，表示面にRGBの蛍光体を画素ごとに塗り分けることで実現できる。

(2) マトリックスディスプレイ

フラットパネルディスプレイの基本構成を図5.40に示す。多数の電極を縦と横の平行直線状にかつ2層に形成する。1つの層は縦方向の電極群であり，データ電極ともよばれる。もう1つの層は横方向の電極群であり，走査電極ともよばれる。これらはたがいに絶縁層を介して積層される。縦横の電極が交差する点1つ1つが画素に対応する。たとえば，図に矢印で示した画素は，水平（x），垂直（y）の位置が（x, y）=（3, 2）の画素である。画素は縦横の平行直線電極群の交差点すべてに行列状に形成されるので，このようなディスプレイをマトリックス（行列形）ディスプレイとよぶ。図はM（水平）×N（垂直）画素の表示パネルの例である。

フラットパネルディスプレイは例外的なものを除いてほとんどがマトリックスディスプレイである。マトリックスディスプレイの駆動は縦

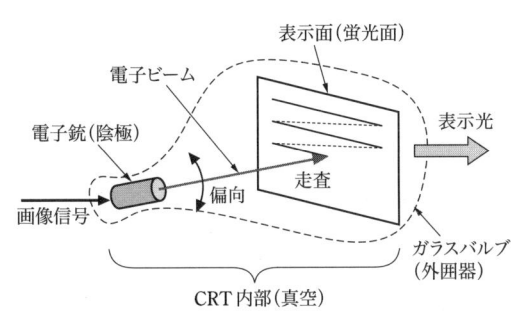

図5.39　CRTとビーム走査の原理

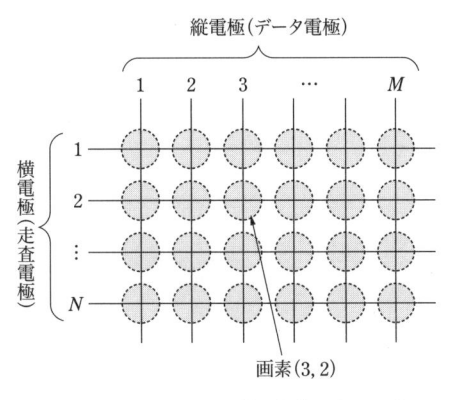

図5.40　マトリックス（行列形）ディスプレイ（モノクロ）

横の電極に順次適切な電圧を加えることで行なう。このような駆動方式をマトリクス駆動方式とよぶ。

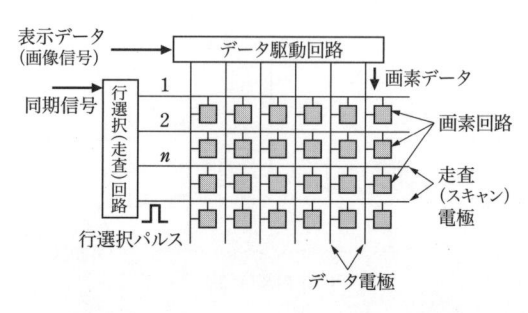

カラーのマトリックスディスプレイの基本構成を図5.41に示す。図5.40のモノクロディスプレイと異なる点は，データ電極がRGB用にそれぞれ設けられ，その数が3倍に増えたことである。データ電極と走査電極の交差点には，各画素のRGB各原色成分を表示する「セル」が設けられる。RGB 3つのセルで1つの画素を構成する。各セルの色分けは，発光型ディスプレイであれば，たとえばRGBの各色を発光する材料を塗り分けることで，非発光型のディスプレイであれば，たとえばRGB各色の光のみを通過させるカラーフィルタを分割配置することで実現される。

図5.42にマトリックスディスプレイの基本的な構造の例を示す。表示パネルは，前面板と背面板の2枚の板（通常はガラス）で表示材料層をはさんで積層することで構成される。表示材料層内部の構成方法はデバイスによってさまざまである。前面板の下側には横電極群が，背面板の上側には縦電極群が形成される。一般に前面板は透明であり，前面板側の横電極は透明であることが望ましい。透明電極材料にはITO（indium tin oxide）などが用いられる。背面板と背面板側の縦電極は，発光型ディスプレイや反射型ディスプレイでは透明である必要はないが，透過型ディスプレイでは透明であることが望ましい。

(3) 単純（パッシブ）マトリックスディスプレイ

マトリックスディスプレイとその駆動方式は，さらに単純（パッシブ）マトリックスディスプレイ・駆動方式と，アクティブマトリックスディスプレイ・駆動方式に分類される。

図5.42に示したディスプレイは，縦横の電極を表示材料をはさんで単に重ねただけであり，単純マトリックスディスプレイとよばれる。また，表示材料層も含めて，電気回路的にはすべてがパッシブ（受動）素子のみで構成されるため，パッシブマトリックスディスプレイともよばれる。その駆動方式は単純（パッシブ）マトリックス駆動またはパッシブ駆動とよばれる。

図5.43にマトリックスディスプレイとその駆動回路の構成を示す。この図は単純マトリックスディスプレイと，後に述べるアクティブマトリックスディスプレイに共通のものである。データ駆動回路（データドライバ）は，入力画像信号に適切な信号処理をほどこして得られた表示データ信号を，各画素のデータ信号に分割

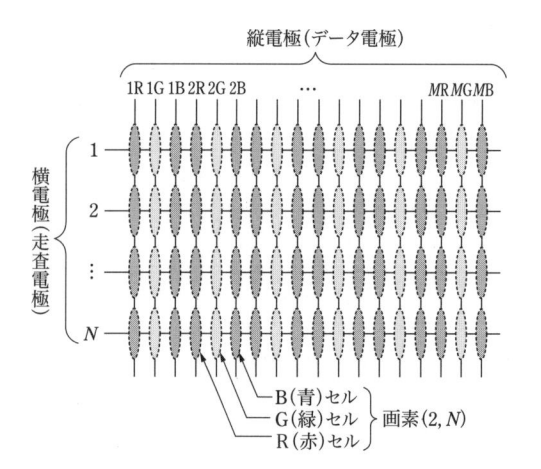

図5.41 マトリックス（行列形）ディスプレイ（カラー）

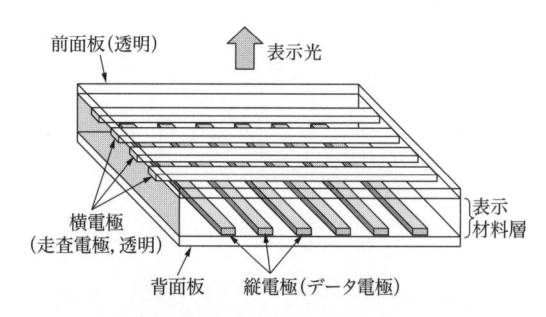

図5.42 単純（パッシブ）マトリックスディスプレイの基本構造

図5.43 マトリックスディスプレイの駆動

し，かつ電圧や波形を表示材料に適切なものに変換して，適切なタイミングでデータ電極に加える。

一方，行選択回路は走査回路（スキャンドライバ）ともよばれ，表示データ信号のタイミングに同期して走査電極の1本ずつに順に行選択パルスを加える。たとえば，データドライバからデータ電極に垂直位置が n 番目の画素の表示データが出力されているときには，n 番目の走査電極に行選択パルスが出力される。各画素（カラーパネルではセル）を表わす画素回路は，行選択パルスが印加されたときのみ，すなわちその画素の行が選択されたときのみ表示データを表示する（単純マトリックス），もしくは画素に表示データを取り込む（アクティブマトリックス）。後者を書き込みとよぶ。後者については後に述べる。

表示パネル内の上から下まですべての画素に順次行選択パルスと画素データを加えていき，1枚（1フレーム）の画像を表示する。この一連の動作をくり返すことで動画を表示する。1行単位で表示または書き込みを行なうので，このような駆動方法を線順次駆動ともよぶ。

単純マトリックスディスプレイの画素回路は，図5.44（a）に示すように，表示材料に相当する回路素子のみで構成される。たとえば，液晶は回路的に容量（コンデンサ）で表わされ，有機ELはダイオードで表わされる。電極に加える電圧やパルス幅を調整することで，その画素の明るさを制御する。

単純マトリックス駆動では，縦横双方の電極に適正な電圧が加わったときのみ画素の表示動作が行なわれる。このため，各画素は行選択パルスが印加されたときのみ表示動作を行なう。

表示材料の応答時間が十分短い場合，各画素の表示光は図5.44（b）に示すようになる。

したがって，パネルの画素数が縦方向に N 画素であれば，1フレームの周期（ビデオ信号では通常，1/60秒＝16.7ミリ秒）の $1/N$ という短い時間しか各画素の表示動作が行なわれない。このため，単純マトリックスディスプレイは構造が簡単という長所をもつ反面，デバイスや用途によっては明るさやコントラストが十分得られない場合もある。

なお，図5.44（b）のような表示光をインパルス形の表示光，そのような表示光をもつディスプレイをインパルス形ディスプレイとよぶ場合がある。CRTもインパルス形ディスプレイである。

（4）アクティブマトリックスディスプレイ

上記のような画素数と明るさ・コントラストのトレードオフを解消し，高画質なディスプレイを実現するために考案されたのが，アクティブマトリックスディスプレイ・駆動方式である。

アクティブマトリックスディスプレイの画素回路を図5.45（a）に示す。画素内にTFT（thin film transistor，薄膜トランジスタ）などのアクティブ（能動）素子をもっているために，その名がついている。その駆動方式をアクティブマトリックス駆動またはアクティブ駆動とよぶ。現在，アクティブ駆動用のアクティブ素子はほとんどがTFTであり，TFT駆動ともよばれる。

図5.45（a）において，TFTはスイッチの役割を果たす。TFTのゲートは走査電極につながっており，走査電極（またはゲート電極）に行選択パルスが加わったときのみ，TFTがオ

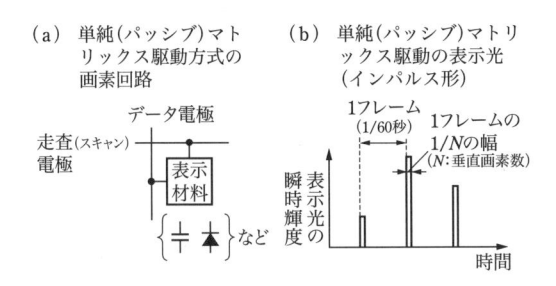

図5.44　単純（パッシブ）マトリックス駆動とその表示光

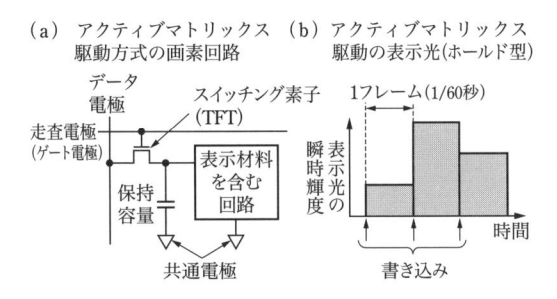

図5.45　アクティブマトリックス駆動とその表示光

ン（導通状態）になる。そのとき，データ電極に加えられた表示データ電圧が画素回路内の保持容量に瞬時に蓄積される。この動作が（表示データの画素への）書き込みである。

蓄積された電圧に応じて，表示材料を含む回路が明るさを表示する。この回路の内容は表示材料によって異なる。たとえば液晶ディスプレイでは液晶を表わす容量のみであり，有機ELでは，この回路の中にさらに電流駆動用のTFTと有機ELを表わすダイオードなどが含まれる。この回路や保持容量の電圧基準点は，表示パネル内の各画素に共通な共通電極の電位である。

行が選択されていないときはTFTがオフ（非導通状態）となるため，保持容量に蓄積された電圧はそのまま保持され，画素の明るさもそのまま保持される。このため，表示材料の応答速度が十分に速ければ，各画素の表示光は図5.45（b）に示すようになり，原理的には1フレーム間一定の輝度で表示しつづける。これにより，表示パネルの垂直画素数にかかわらず，十分な明るさとコントラストを確保できる。以上のような，表示データを蓄積・保持する機能をメモリ機能とよぶ。

また，図5.45（b）のような表示光をホールド形の表示光，そのような表示光をもつディスプレイをホールド型ディスプレイとよぶ場合がある。

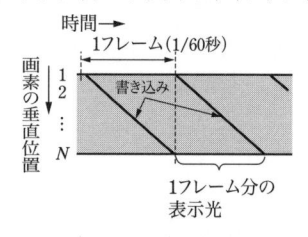

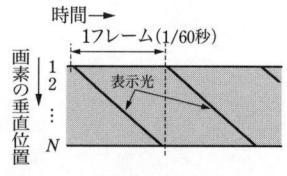

図5.46は単純マトリックスディスプレイとアクティブマトリックスディスプレイの表示光を時間と垂直方向の2次元で表わしたものである。アクティブマトリックスディスプレイは各画素の表示機能をフルに活用していることがわかる。

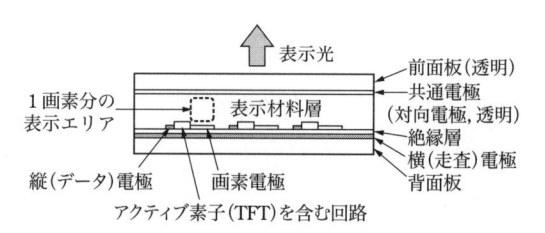

図5.47はアクティブマトリックスディスプレイの基本構造の例を示す。背面板の上に走査電極，絶縁層，データ電極が順に形成され，データ電極に接続してTFTを含む回路が形成されている。さらに，その回路の出力端子にあたる画素電極が形成され，表示材料層に接している。一方，前面板の下側には画素に対向して1枚の共通電極（対向電極）が形成されている。表示材料層の構成方法はデバイスによってさまざまであるが，1画素分の表示エリアはおおむね図の点線のような領域となる。

十分な明るさやコントラストを確保するためにアクティブ駆動が必要かどうかは表示デバイスや用途によって異なる。

表5.3は，おもなディスプレイの代表的な駆動方式をまとめたものである。また，ディスプレイの3原色を決定するおもな要因もあわせて記載している。ディスプレイの電力効率や画質など，重要な特性の基本的傾向が駆動方式や3原色の要因によって大きく影響を受ける。

（a） アクティブマトリックスディスプレイ

（b） 単純マトリックスディスプレイ

図5.46　単純マトリックスディスプレイとアクティブマトリックスディスプレイの表示光

図5.47　アクティブマトリックスディスプレイの基本構造（断面）

表5.3　ディスプレイの駆動方式と3原色

デバイス	（代表的な）駆動方式	3原色のおもな要因
CRT	ビーム走査	蛍光体（電子線励起）
LCD	アクティブマトリックス	バックライトおよびカラーフィルタ
PDP	パッシブマトリックス（サブフィールド駆動）	蛍光体（紫外線励起）
FED	パッシブマトリックス	蛍光体（電子線励起）
有機EL	アクティブマトリックス	有機発光材料など

文献

1) 轡田 昇, 中村洋一, 星野担之, 上平員丈:『イメージング工学の基礎』, 日新出版, pp.1-7, 1991.
2) D. L. Lau, G. R. Arce:Modern Digital Halftoning, Marcel Dekker, New York, 2001.
3) J. L. Johnson:Principles of Non Impact Printing, Palatino Press, Irvine, 1986.
4) R. M. Schaffert:Electrophotography, The Focal Press, London and New York, 1975.
5) 相馬謙一:印刷入門―リプレスからポストプレスまで, 日本印刷技術協会, 2004.
6) S. Honjo:Image Structure and Evaluation of Handbook of Photographic Science and Engineering, Ed.Woodlife Thomas, Jr., IS & T, Virginia, pp.602-604, 1997.
7) H. A. Hoyen, Jr.:Image Recording in Silver Halide Media of Handbook of Photographic Science and Engineering, Ed.Woodlife Thomas, Jr., IS & T, Virginia, pp.201-224, 1997.
8) 日本写真学会, 日本画像学会編:『ファインイメージングとハードコピー』, コロナ社, 東京, pp.240-244, 1999.
9) 日本写真学会, 日本画像学会編:『ファインイメージングとハードコピー』, コロナ社, 東京, pp.244-248, 1999.
10) 電子写真学会編:『電子写真技術の基礎と応用』, コロナ社, 東京, 1988.
11) 電子写真学会編:『続 電子写真技術の基礎と応用』, コロナ社, 東京, 1996.
12) K. Tateishi, Y. Hoshino:Electrophotographic Printer Using LED Array, IEEE Tr. IA, IA-19, pp.169-173, 1983.
13) 山田, 三浦, 松藤:「インクジェットプリンタ」,『写真工業別冊 イメージング Part 2』, pp.117-148, 1988.
14) 中島一浩:「インクジェット技術最新動向 2004」,『日本画像学会誌』, 43, 473-479, 2004.
15) M. Schoeppler:Diverging Ink Jet Technologies and Applications, *Digital Fabrication*, IS & T, Denver 2006, 2006.
16) 高橋, 岩本, 半間:「感熱転写プリンタ」,『写真工業別冊 イメージング Part 2』, pp.63-79, 1988.
17) 家村, 斉藤:「静電プリンタ」,『写真工業別冊 イメージング Part 2』, pp.188-195, 1988.
18) 村田:「イオノグラフィックプリンタ」,『写真工業別冊 イメージング Part 2』, pp.209-216, 1988.
19) 小鍛冶:「磁気プリンタ(マグネトグラフィ)」,『写真工業別冊 イメージング Part 2』, pp.196-208, 1988.
20) 野呂浩司:「ダイレクトイメージング(オセ CPS 900)」,『日本画像学会誌』, 45, 186-193, 2006.
21) A. Sandberg:Toner Jet tandem color has reached prototype stage, IS&T's NIP14:1998 International Conference on Digital Printing Technologies, pp.180-183, 1998.
22) Y. Hoshino, H. Hirayama:Dot formation by toner beam from toner cloud, IS&T's NIP 15:1999 International Conference on Digital Printing Technologies, pp.598-600, 1999.
23) 面谷信:「ディジタルペーパーへのアプローチ―ディジタルペーパーのコンセプトと動向」,『日本画像学会誌』, 382, 115-121, 1999.
24) 川居秀幸:「電気泳動ディスプレイの動向と開発状況」,『日本画像学会誌』, 38, 137-142, 1999.
25) 田沼逸夫, 増田善友, 櫻井 良:「電子粉流体を用いた反射型ディスプレイ「QR-LPD®」」,『日本画像学会誌』, 44, 96-101, 2005.
26) 服部 仁, 筒井恭治:「リライタブルペーパープリントシステムの開発」,『Ricoh Technical Report』, 28, 125-129, 2002.
27) Y. Hoshino, M. Ogura, T. Sano:Proposal of New Rewritable Printing Media Using Electrophoresis and Confirmation of Its Mechanism, *J. J. Appl. Phys.*, 43, 7129-7132, 2004.
28) K. H. Kyung, et al.:A 800Mb/s/pin 2Gb DDR2 SDRAM using an 80nm Triple Metal Technology, in ISSCC Digest of Technical Papers, pp.468-469, Feb., 2005.
29) J. Chang, et al.:The 65 nm 16 MB On-die L3 Cache for a Dual Core Multi-Threaded Xeon Processor, in 2006 Symposium on VLSI Circuits Digest of Technical Papers, pp.158-159, June, 2006.
30) K. Takeuchi, et al.:A 56nm CMOS 99 mm^2 8Gb Multi-level NAND Flash Memory with 10 MB/s Program Throughput, in ISSCC Digest of Technical Papers, pp.144-145, Feb., 2006.
31) M. Horiguchi, et al.:Switched-Source-Impedance CMOS Circuit for Low Standby Subthreshold Current Giga-Scale LSI's, in 1993 Symposium on VLSI Circuits Digest of Technical Papers, pp.47-48, June, 1993.
32) K. Itoh:VLSI Memory Chip Design, Germany:Springer-Verlag, 2001.
33) T. Sekiguchi, et al.:A Low-Impedance Open-Bitline Array for Multigigabit DRAM, IEEE J. Solid-State Circuits, pp.487-498, Apr., 2002.
34) B. Eitan, et al.:NROM:A Novel Localized Trapping, 2-bit Nonvolatile Memory Cell, IEEE Electron Device Letter, Vol.21, pp.543-545, 2000.
35) T. Endo, et al.:Novel Ultra High Density Flash Memory with a Stacked-Surrounding Gate Transistor (S-SGT) Structure Cell, in IEEE IEDM Technical Digest Papers, pp.33-36, 2001.
36) H. Kurata, et al.:The Impact of Random Telegraph Signals on the Scaling of Multilevel Flash Memories, in 2006 Symposium on VLSI Circuits Digest of Technical Papers, pp.140-141, June, 2006.
37) K. Osada, et al.:Universal-Vdd 0.65-2.0 V 32 kB Cache using Voltage-Adapted Timing-Generation Scheme and a Lithographical-Symmetric Cell, in ISSCC Digest of Technical Papers, pp.168-169, Feb., 2001.
38) K. Osada, et al.:16.7fA/cell Tunnel-Leakage-Suppressed 16Mb SRAM for Handling Cosmic-Ray-Induced Multi-Errors, in ISSCC Digest of Technical Papers, pp.302-303, Feb., 2003.
39) S. Kang, et al.:A 0.1 μm 1.8 V 256 Mb 66 MHz Synchronous Burst PRAM, in ISSCC Digest of Technical Papers, pp.140-141, Feb., 2006.
40) Y. Iwata, et al.:A 16Mb MRAM with FORK Wiring Scheme and Burst Modes, in ISSCC Digest of Technical Papers, pp.138-139, Feb., 2006.
41) H. Hönigschmid, et al.:A Nonvolatile 2 Mbit CBRAM Memory Core Featuring Advanced Read and Program Control, in 2006 Symposium on VLSI Circuits Digest of Technical Papers, pp.138-139, June, 2006.
42) 新エネルギー・産業技術総合開発機構:電子・情報技術分野の技術ロードマップ(ストレージ・メモリ分野), NEDO 電子・情報技術開発部, 2007.
43) 横森 清:「大容量光ストレージの進展」, 第 85 回微小光学研究会『Microoptics News』, Vol.20, No.3, pp.1-5, 2002.
44) M. Shinoda, K. Saito, et al.:High-Density Near-Field Optical Disc System, *Jpn. J. Appl. Phys. Part1*, Vol.45, No.2B,

45) 富永淳二:「超解像近接場構造 Super-RENS 技術による超高密度近接場光メモリ」,『信学会誌』, Vol.89, No.11, pp.1000-1008, 2006.
46) H. Saga, H. Nemoto, et al.: New Recording Method Combining Thermo-Magnetic Writing and Flux Detection, Jpn. J. Appl. Phys.Part1, Vol.38, No.3B, pp.1839-1840, 1999.
47) 井上光輝:「ホログラムデータストレージ」,『信学会誌』, Vol.89, No.11, pp.1009-1014, 2006.
48) 田中拓男:「三次元多層記録光メモリー」,『光学』, Vol.32, No.9, pp.528-530, 2003.
49) N. Onagi, Y. Aman, et al.: High-Density Recording on Air-Stabilized Flexible Optical Disk, Jpn. J. Appl. Phys.Part1, Vol.43, No.7B, pp.5009-5013, 2004.
50) H. Awano, H. Ido, et al.: Nanoprinted Thin Film Optical Discs TB Cartridge and Compact Auto Disk Changer named as SVOD (Stacked Volumetric Optical Discs), Technical Digest of ODS2006, MP25, 2006.
51) S. M. Mansfield, W. R. Studenmund, et al.: High-numerical-aperture lens system for optical storage, Opt. Lett., Vol.18, No.4, pp.305-307, 1993.
52) M. Shinoda, K. Saito, et al.: High-Density Near-Field Readout Using Diamond Solid Immersion Lens, Jpn. J. Appl. Phys. Part1, Vol.45, No.2B, pp.1311-1313, 2006.
53) T. Ishimoto, S. Kim, et al.: Approach of Improving Disk Performance to High Quality Gap Control in a Near-Field Optical Disk Drive System, Technical Digest of ISOM2006, We-H-08, pp.108-109, 2006.
54) C. A. Verschuren, F. Zijp, et al.: Towards Cover-Layer Incident Read-Out of a Dual-layer Disc with a NA=1.5 Solid Immersion Lens, Jpn. J. Appl. Phys. Part1, Vol.44, No.5B, pp.3554-3558, 2005.
55) W-C Kim, H. Choi, et al.: Design of Cover-Layer-Incident Dual Layer Near-Field Recording Optics Using Elliptical Solid Immersion Lens, Jpn. J. Appl. Phys. Part1, Vol.45, No.2B, pp.1351-1356, 2006.
56) J. Tominaga, T. Nakano, et al.: An approach for recording and readout beyond the diffraction limit with an Sb thin film, Appl. Phys. Lett., Vol.73, No.1998, pp.2078-2080, 1998.
57) J. Kim, I. Hwang, et al.: Bit Error Rate Characteristics of Write Once Read Many Super-Resolution Near Field Structure Disk, Jpn. J. Appl. Phys. Part1, Vol.45, No.2B, pp.1370-1373, 2006.
58) T. Matsumoto, Y. Anzai, et al.: Writing 40-nm marks using a beaked metallic plate near-field optical probe, Technical Digest of ISOM/ODS2005, ThA3, 2005.
59) P.J.van Heerden: Theory of optical information storage in solids, Appl. Opt., Vol.2, No.4, pp.393-400, 1963.
60) 志村 努:「ホログラフィックメモリー総説」,『ホログラフィックメモリーのシステムと材料』, シーエムシー出版, pp.13-31, 2006.
61) H. Horimai, X. Tan: Collinear technology for holographic versatile disc, Appl. Opt., Vol.45, No.5, pp.910-914, 2006.
62) K. Anderson, K. Curtis: Polytopic multiplexing, Opt. Lett., Vol.29, No.12, pp.1402-1404, 2004.
63) R. R. McLeod, A. J. Daiber, et al.: Microholographic multi-layer optical disk data storage, Appl. Opt., Vol.44, No.16, pp.3197-3207, 2005.
64) T. Horigome, K. Saito, et al.: Drive System for Micro-Reflecter Recording Employing Blue Laser Diode, Technical Digest of ISOM2006, Mo-D-02, 2006
65) D. A. Parthenopolous, P. M. Rentzepis: Three-dimensional optical storage memory, Science, Vol.245, pp.843-845, 1989.
66) J. H. Strickler, W. W. Webb: Three-dimensional optical data storage in refractive media by two-photon point excitation, Opt. Lett., Vol.15, No.22, pp.1780-1782, 1991.
67) A. Toriumi, S. Kawata, et al.: Reflection confocal microscope readout system for three-dimensional photochromic optical data storage, Opt.Lett., Vol.23, No.24, pp.1924-1926, 1998.
68) 入江正浩:「フォトクロミック分子材料を用いた光メモリー」,『光学』, Vol.26, No.7, pp.354-361, 1997.
69) M. Miyamoto, M. Nakano, et al.: Optimization of Multilayered Media Structure for Three-Dimensional Optical Memory, Jpn. J. Appl. Phys. Part1, Vol.45, No.2B, pp.1226-1228, 2006.
70) A. N. Shipway, M. Greenwalt, et al.: A New Medium for Two-Photon Volumetric Data Recording and Playback, Jpn.J. Appl.Phys.Part1, Vol.45, No.2B, pp.1229-1234, 2006.
71) 泉武 博, NHK放送技術研究所編:『3次元映像の基礎』, オーム社, 1995.
72)「3D画像関連技術論文特集」,『画像電子学誌』, Vol.24, No.5, 1995.
73) 磯野春雄, 安田 稔, 石山邦彦:「8眼式メガネなし3-D TVディスプレイシステム」, 三次元画像コンファレンス'93, No.2-4, pp.51-56, 1993.
74) 坂田正弘, 濱岸五郎, 坂田正弘, 山下淳弘, 増谷 健:イメージスプリッター方式メガネなし3Dディスプレイ, 三次元画像コンファレンス'95, No.2-3, pp.48-53, 1995.
75) 高橋 進, 戸田敏貴, 岩田藤郎:「グレーティングを用いた3Dビデオシステムについて」,『テレビジョン学会技術報告』, Vol.19, No.40 (AIT-12), 1995.
76) 山口芳裕, 村岡健一, 菊池 亘, 山田博昭:移動平面スクリーン式3次元ディスプレイ, 三次元画像コンファレンス'94, No.5-4, pp.213-218, 1994.
77) 高田英明, 陶山史朗, 大塚作一, 上平貞丈, 酒井重信:「新方式メガネなし3次元ディスプレイ」, 三次元画像コンファレンス2000, No.4-5, pp.99-102, 2000.
78) 松本健志, 本田捷夫:「アナモルフィック光学系を用いた立体像表示」, 三次元画像コンファレンス'95, No.2-1, pp.36-41, 1995.
79) 佐藤甲癸:「カラーホログラムの最適化」,『映像情報メディア学会誌』, Vol.30, No.1, pp.123-148, 1996.
80) 西川智子, 佐藤甲癸:「白色レーザを用いたカラーホログラムの特性」,『画像電子学会誌』, Vol.20, No.1, pp.122-133, 2005.
81) P. St.Hilaire, S. A. Benton, M. Lucente, M. L. Jepsen, J. Kollin, H. Yoshikawa, J. Under koffler: Electronic Display System for Computational Holography, SPIE Proc. No.1212, pp.174-182, 1990.
82) 佐藤甲癸:「液晶表示デバイスを用いたキノフォームによるカラー立体動画表示」,『テレビジョン学会誌』, Vol.48, No.10, pp.1261-1266, 1994.
83) 谷 千束:『ディスプレイ先端技術』, 共立出版, 1998.
84) 映像情報メディア学会編:『電子情報ディスプレイハンドブック』, I編1章, 培風館, 2001.
85) 大石 巖, 畑田豊彦, 田村徹共編:『ディスプレイの基礎』, 共立出版, 2001.

6 画像情報伝送の要素・関連技術

6.1 静止画符号化[1~5]

6.1.1 静止画像データ圧縮符号化の原理

ディジタル画像は隣接画素間の相関が強く，かなりの冗長性があり，この性質を利用すればデータ量を削減することが可能になる。信号の統計的な性質を利用してデータ量を削減することをデータ圧縮符号化という。本節では，静止画像のデータ圧縮符号化の基本原理について述べる。

図6.1に静止画像データ圧縮符号化のブロック図を示す。(a)は可逆符号化（ロスレス符号化），すなわち受信側で復号されたディジタル画像が送信側のディジタル原画像と完全に一致するように符号化を行なう場合であり，(b)は復号された画像が必ずしも原画像とは一致しない非可逆符号化（ロッシー符号化）のブロック図である。非可逆符号化の場合は，受信画像には画質劣化という形で送信側のディジタル原画像との差異が生じるが，視覚特性を利用するなどして画質劣化を抑えつつ大幅なデータ圧縮を可能としている。

可逆符号化か非可逆符号化かは，一般に符号化モデル自体には無関係であり，情報源系列信号に対して量子化操作を施せば非可逆符号化になり，そうでない場合は可逆符号化になる。ただし，離散コサイン変換（discrete cosine transform；DCT）などのように，符号化および復号時に浮動小数点演算を行なう場合は，符号化側と復号側の演算精度のミスマッチなどにより量子化を行なわない場合でも非可逆となる場合がある。

さて，図6.1(a)または(b)において，まず，1画素あたりxビットで量子化されたディジタル画像X（原画像）が情報源系列変換部に入力される。データ圧縮の理論的圧縮限界は，圧縮対象である情報源系列のエントロピー（平均情報量）hで与えられる。したがって，この情報源系列変換部の目的は，Xを適切な符号化モデルを用いてできるだけエントロピーの小さなデータ系列Yに変換することにある。

次に，エントロピー符号化部では，系列変換された信号Y（または量子化された信号Y'）に対して実際に符号割り当てが行なわれ，2元符号系列Cに変換されて後段の通信路符号化部に引き渡される。このエントロピー符号化部では，伝送符号量ができるだけ小さくなる符号を用いる必要がある。なお，このとき，どんな符号を用いても，その平均符号長lは，エントロピーhよりは小さくならないことが明らかにされている。ここで，h/xを理想圧縮率，l/xを圧縮率といい（注：逆数をとる場合もあり，圧縮比とよぶ場合もある），h/l（またはh'/l）を符号化効率という。

6.1.2 データ圧縮モデル

画像データ圧縮の成否の鍵は，符号化対象である画像信号に対して，いかに適切な符号化モ

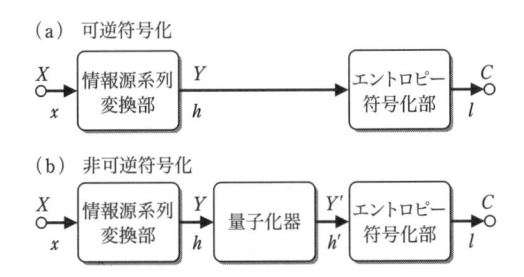

図6.1 静止画像データ圧縮符号化のブロック図
X：原画像，Y：モデルにより変換された信号，Y'：量子化後のY，C：符号系列，x：原画像のPCMデータ量（bit/pel），h：Yのエントロピー（画素あたり換算値）（bit/pel），h'：Y'のエントロピー（画素あたり換算値）（bit/pel），l：平均符号長（画素あたり換算値）（bit/pel）。

デルを用いて画像信号を系列変換するかにある。本項では，静止画像のデータ圧縮符号化モデルを，2値画像に対するモデルと多値画像（自然画像）とに対するモデルとに分け，それぞれの基本的な手法についてその原理を説明する。

(1) 2値画像符号化モデル

本項では，2値画像符号化モデルの基本的な手法として，ランレングス符号化とマルコフモデル符号化を取り上げて説明する。

① ランレングス符号化[6,7]

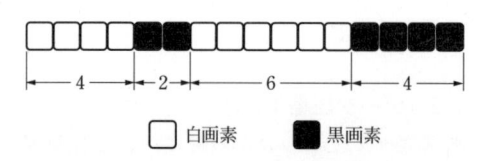

・ランレングス符号化の原理　2値の文書画像は，白画素あるいは黒画素がある程度固まって出現する場合が多い。そこで，図6.2に示すように，1次元方向で白あるいは黒の連続する画素のひとかたまりを符号化の単位とし，その長さを符号化することが考えられる。白あるいは黒のひとかたまりをランといい，その連続した画素数をランレングスあるいはラン長という。また，このような符号化をランレングス符号化という。2値のランレングス符号化では，白ランの次のランは必ず黒ランであり，またその逆も成り立つから，各走査線の先頭ランの色を与えれば，それ以降でランの色を示す情報は伝送不要である。各走査線の先頭ランは必ず白ランであるとの仮定をおき，この仮定が正しくない場合は先頭にラン長0の白ランがあるということにすれば，ランの色を示す情報は不要となる。たとえば，図6.2の場合はラン長である4，2，6，4，…を符号化すればよい。

・ランレングス符号化における圧縮限界

いま，最大ラン長を n とし，ラン長 i のランの出現確率を $p_r(i)$ とすればランレングスエントロピー h_r は

$$h_r = -\sum_{i=1}^{n} p_r(i) \log_2 p_r(i) \quad (\text{ビット/ラン})$$
(6.1)

で与えられる。これはランレングス符号化を行なうときの圧縮限界を示す値であり，1個のランを何ビットで符号化できるかの下限を示している。

ところで，平均ラン長，すなわち1個のランが平均何個の画素からなるかを考え，その画素数を t とすれば，

$$t = \sum_{i=1}^{n} i p_r(i) \quad (\text{画素/ラン}) \quad (6.2)$$

であり，

$$h = \frac{h_r}{t} \quad (\text{ビット/画素}) \quad (6.3)$$

がランレングス情報源の画素あたりエントロピーとなる。したがって，ランレングス符号化においては平均ラン長 t が長くなるほど画素あたりのエントロピーが低くなり，圧縮率の向上が望めることになる。さらに，白ランと黒ランでは統計的性質が異なることを利用し，それぞれ別々に符号化すれば，そのエントロピーは式(6.3)で示したエントロピーよりも低い値となる。

② マルコフモデル符号化[8,9]

・マルコフモデル符号化の原理　画像信号において，画素値（輝度値）は一般に独立ではなく，その出現確率分布は先行する画素値に依存すると考えられる。着目画素値の出現確率分布が，先行する m 個の画素（これを参照画素とよぶ）によって定まる場合，これを m 重マルコフ情報源とよぶ。2値 m 重マルコフ情報源においては，参照画素のとる 2^m 種のパターン（コンテクスト）ごとにそれぞれ着目画素の出現確率分布（条件付き確率分布）が定まり，これによってこの情報源を規定することができる。

2値 m 重マルコフ情報源のエントロピー（マルコフモデルエントロピー）h_c は，コンテクスト s の定常確率を $p(s)$，コンテクスト s における着目シンボル i の条件付き出現確率を $p(i/s)$ とすれば，

$$h_c = -\sum_{all\ s} p(s) \sum_{i=0}^{1} p(i/s) \log_2 p(i)$$

$$= -\sum_{all\ s} \sum_{i=0}^{1} p(s,i) \log_2 p(i/s) \quad (6.4)$$

で与えられる。ここで，$p(s,i)$ は着目シンボル i とコンテクスト s の結合確率である。

図6.2　ランレングス符号化の原理

式 (6.4) は，先行する m 個のシンボルを利用して x_i を符号化する際の理論的圧縮限界（下限）を示している．式 (6.4) の右辺第 1 式は，コンテクストごとに無記憶エントロピーを求め，これらをコンテクストの出現確率で重み付け平均化したものである．したがって，このマルコフモデルエントロピー h_c を実現するためには，マルコフ情報源を 2^m 種の無記憶情報源に分解し，それぞれの無記憶情報源に対して適切な符号を構成して符号化を行なうことになる．このような概念に基づく符号化をマルコフモデル符号化という．マルコフモデル符号化は式 (6.4) の値をそのまま圧縮目標とする方式であり，原理的に優れた圧縮方式といえる．また，この原理は容易に多値画像信号にも拡張でき，次節で述べるように多値画像の可逆符号化方式としても用いられる．

(2) 多値符号化モデル

本項では，多値画像に対する代表的なデータ圧縮モデルとして，マルコフモデル符号化，予測符号化，変換符号化について説明する．

① マルコフモデル符号化の多値画像情報源への適用

k 値画像信号に対して，m 画素参照マルコフモデル符号化を適用する場合，状態数は k^m となり，符号の規模が大きくなるなどいくつかの問題点がある．たとえば，256 値画像信号においては 2 画素参照であってもコンテクスト数は 256^2 となり，65536 種類の符号表を用意する必要がある．この符号表を伝送するオーバーヘッド情報量は無視できないものとなるため，情報理論的に似た性質のコンテクストを統合してコンテクスト数を削減したり，簡易な符号を用いたりするなどの処理が必要となる．

② 予測符号化[10]

• 予測符号化の原理　画像信号は一般に近傍画素間の相関が高く，輪郭部などを除いては輝度値がゆるやかに変化していることが多い．予測符号化は，画像のこのような性質を利用し，伝送済みの画素から着目画素 x_i を予測し，予測した値 $\hat{x}_i$ と実際の値 x_i との差（予測誤差）e_i を符号化する方法である．受信側では，伝送済みの復号画素値から予測値 $\hat{x}_i$ を作成し，この値に e_i を加算することによって x_i の値を復元することができる．このような符号化法を予測符号化あるいは DPCM（differential pulse code modulation）という．予測符号化のブロック図を図 6.3 に示す．予測符号化を用いて非可逆符号化を行なう場合，予測誤差が量子化されて符号化・伝送されるので，送信側で予測値を作成する場合，原画素値からではなく復号画素値から作成する必要がある．そのため，符号化時の量子化操作はフィードバックループの中に入れ，いったん復号し，その値から予測値を作成する必要がある．

• いろいろな予測関数　最も簡単な予測符号化である前値予測は，符号化対象画素の直前の 1 画素を予測値とする方式であるが，予測に用いる画素（予測参照画素）として種々の画素を用いれば予測効率がさらに上がる．式 (6.5) に示すように，予測値が予測参照画素 $x_{i-1}, x_{i-2}, \cdots$ の線形結合で与えられるとき，これを線形予測という．また，右辺を予測関数または予測式といい，各予測参照画素の係数 $a_1, a_2, \cdots$ を予測係数とよぶ．

$$\hat{x}_i = a_1 x_{i-1} + a_2 x_{i-2} + \cdots + a_N x_{i-N} \quad (6.5)$$

図 6.4 に通常よく用いられる参照画素位置を

(a) 符号化器（非可逆符号化の場合）

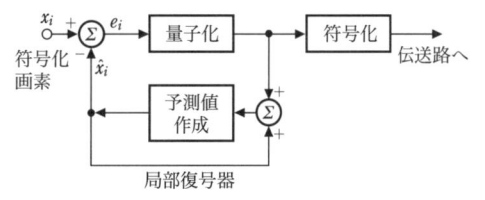

(b) 復号器

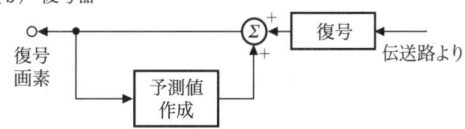

図 6.3　予測符号化のブロック図

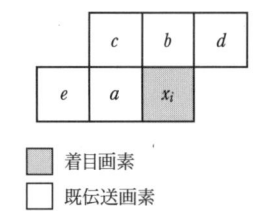

	c	b	d
e	a	x_i	

■ 着目画素
□ 既伝送画素

図 6.4　予測参照画素位置

表6.1 代表的な予測式

次元	予測式	名称
1次元予測	$\hat{x}_i = a$ $\hat{x}_i = b$ $\hat{x}_i = c$ $\hat{x}_i = 2a - e$	前値予測 直上予測 傾斜予測
2次元予測	$\hat{x}_i = a + b - c$ $\hat{x}_i = (a+b)/2$ $\hat{x}_i = (a+d)/2$ $\hat{x}_i = a + (b-c)/2$ $\hat{x}_i = b + (a-c)/2$	平面予測 平均予測

示し,また,表6.1に代表的な予測式を示す。この中では,平面予測や平均予測が比較的よい符号化性能を示す。

なお,予測関数によっては,予測値がダイナミックレンジを超えたり,非整数になったりする場合がある。このような場合は,予測値をダイナミックレンジ内の整数値に修正する必要があるので注意を要する。

• **最適線形予測** 予測誤差の平均電力を最小にする予測は最適予測とよばれる。一般に,式 (6.5) で示された N 次の線形予測において,最適線形予測係数 $a_1, a_2, \cdots, a_N$ は,平均予測誤差電力を各 a_j ($j = 1, 2, \cdots, N$) で偏微分した結果を 0 とおくことにより,以下の解として求められる。

$$\frac{\partial \varepsilon^2}{\partial a_j} = E[2\{x_i - (a_1 x_{i-1} + a_2 x_{i-2} + \cdots + a_N x_{i-N})\}(-x_{i-j})]$$
$$= 2\{-E[x_i x_{i-j}] + (a_1 E[x_{i-1} x_{i-j}] + a_2 E[x_{i-2} x_{i-j}] + \cdots + a_N E[x_{i-N} x_{i-j}])\}$$
$$= 0 \tag{6.6}$$

ここで,j 画素離れた自己相関関数を R_j とおけば次式を得る。

$$a_1 R_{j-1} + a_2 R_{j-2} + \cdots + a_N R_{j-N} = R_j$$
$$(j = 1, 2, \cdots, N) \tag{6.7}$$

上記の未知数 $a_1, a_2, \cdots, a_N$ に関する N 個の連立方程式の解は,

$$\begin{bmatrix} a_1 \\ a_2 \\ a_3 \\ \vdots \\ a_N \end{bmatrix} = \begin{bmatrix} R_0 & R_1 & R_2 & \cdots & R_{N-1} \\ R_1 & R_0 & R_1 & \cdots & R_{N-2} \\ R_2 & R_1 & R_0 & \cdots & R_{N-3} \\ \vdots & \vdots & \vdots & \ddots & \vdots \\ R_{N-1} & R_{N-2} & R_{N-3} & \cdots & R_0 \end{bmatrix}^{-1} \begin{bmatrix} R_1 \\ R_2 \\ R_3 \\ \vdots \\ R_N \end{bmatrix}$$
$$\tag{6.8}$$

で与えられる。ここで,$[x]^{-1}$ は,行列 $[x]$ の逆行列を示す。式 (6.8) から,$N=1$ の場合の最適線形予測係数 a_1 は 1 画素離れた自己相関係数を ρ_1 とすれば,

$$a_1 = \rho_1 \tag{6.9}$$

であることがわかる。

• **適応予測** 実際の画像信号は定常的でなく,局所的な性質に応じて予測参照画素を切り替えて用いるほうが予測効率が上がる。このような方法を適応型予測符号化といい,種々の方式が提案されている。たとえば,静止画像可逆符号化の国際標準方式である JPEG-LS では,画像のコンテクストから予測関数を切り替えて用いる方法が用いられている。

③直交変換符号化[11～13]

• **直交変換符号化の原理** 先に述べたように,画像信号の近隣画素間には強い相関がある。一方,ウィーナー-ヒンチンの定理によれば,自己相関関数のフーリエ変換はパワースペクトルになることから,近隣画素間の自己相関が高い信号は,低周波成分に電力が集中することと等価になる。このことを利用し,画像信号に直交変換を施し,電力が集中している成分に多くのビット数を割り当てて量子化を行ない,小さい成分には少ないビット数で量子化することによりデータ圧縮を行なう手法が直交変換符号化である。近年は,可逆符号化にも直交変換符号化が用いられるようになってきている。

画素信号は 2 次元配列として表現できるので,通常はブロック単位で 2 次元の直交変換を行なって符号化する。1 ブロックを $m \times n$ 画素とした 2 次元直交変換は以下の式で与えられる。

$$[Y_{m,n}] = [A_{m,m}][X_{m,n}][A_{n,n}]^t \tag{6.10}$$

ここで,$[X_{i,j}]$,$[A_{i,j}]$,$[Y_{i,j}]$ はそれぞれ i 行 j

列からなる原画像の2次元的な画素配列，直交行列，変換係数行列である．記号 $[A]^t$ は，行列 $[A]$ の転置を示す．定常信号においては，ブロックサイズ $m \times n$ を大きくすれば圧縮効果は上がるが，画像信号のような非定常信号に対しては 8×8 や 16×16 程度の正方ブロックサイズを用いた変換が一般的である．

•準最適な変換法～カルーネン・レーベ変換～
変換の目的は，ある特定の軸に信号を集中させることにある．これは，いいかえれば変換係数が独立ないしは無相関になるように変換することになる．変換係数間を無相関化する変換がカルーネン・レーベ変換（K-L 変換）として知られている．K-L 変換は準最適変換とよばれている．

•離散コサイン変換（DCT） 準最適直交変換である K-L 変換はレート対 S/N 比において優れているが，これは変換行列があらかじめ決まっているわけではなく，入力画像が与えられてからその共分散行列を求めなければならず，実用化には障壁がある．しかし，変換対象となる画像信号の自己相関関数が，画素間距離の負の指数関数で与えられるような場合には，その変換基底は離散コサイン変換（DCT）の変換行列ときわめてよく類似している．そこで，そのような場合は変換行列の要素が一義的に定まっている DCT を用いて直交変換を行なえば，計算ははるかに簡単になる．このような考え方から，画像の符号化に DCT が多用されるようになってきており，たとえば，静止画像および動画像の国際標準符号化方式である JPEG や MPEG においては，符号化モデル部に 8×8 の 2 次元 DCT が採用されている．2 次元の n 点 DCT の変換基底 $[D_{nn}]$ は次式で与えられる．

$$[D_{nn}] = \sqrt{\frac{2}{n}} \begin{bmatrix} \frac{1}{\sqrt{2}} & \frac{1}{\sqrt{2}} & \frac{1}{\sqrt{2}} & \cdots & \frac{1}{\sqrt{2}} \\ \cos\frac{\pi}{2n} & \cos\frac{3\pi}{2n} & \cos\frac{5\pi}{2n} & \cdots & \cos\frac{(2n-1)\pi}{2n} \\ \cos\frac{2\pi}{2n} & \cos\frac{6\pi}{2n} & \cos\frac{10\pi}{2n} & \cdots & \cos\frac{2(2n-1)\pi}{2n} \\ \vdots & \vdots & \vdots & & \vdots \\ \cos\frac{(n-1)\pi}{2n} & \cos\frac{3(n-1)\pi}{2n} & \cos\frac{5(n-1)\pi}{2n} & \cdots & \cos\frac{(n-1)(2n-1)\pi}{2n} \end{bmatrix}$$
(6.11)

式（6.11）の $[D_{nn}]$ を式（6.10）の $[A_{m,m}]$ および $[A_{n,n}]^t$ に代入し，各要素に分解すれば，変換係数行列 $[Y_{nn}]$ の要素 y_{uv} は次式で与えられる．

$$y_{uv} = \frac{2}{N}\alpha(u)\alpha(v)\sum_{i=0}^{n-1}\sum_{j=0}^{n-1} x_{ij} \cos\frac{(2i+1)u\pi}{2N}\cos\frac{(2j+1)v\pi}{2N}$$
$$(u = 0, 1, \cdots, N-1, v = 0, 1, \cdots, N-1)$$
$$\alpha(0) = \sqrt{1/2},\ \alpha(i) = 1\ (i \neq 0) \quad (6.12)$$

DCT の変換基底は，上式のようにコサイン関数で与えられるので，この周期性を利用した高速化手法も考えられている．

•サブバンド符号化とウェーブレット変換
〈サブバンド符号化〉 一般に，画像信号を周波数領域で表現すれば，周波数帯域ごとの統計的性質は異なるようになる．そこで，入力信号を通過帯域の異なる複数個のフィルタによって周波数成分に分割し，分割されたそれぞれの帯域ごとに別々にエントロピー符号化を行なえば高能率符号化が可能になる．とくに，画像信号の場合は，直流などの低周波数領域にエネルギーが集中することが明らかにされており，低域に多くのビット数を割り当て，高域には少ないビット数を割り当てて符号化を行なうことによりデータ圧縮を実現するのが一般的である．このような考え方に基づき，帯域分割フィルタにより周波数分割を行なって冗長度抑圧符号化を行なう手法をサブバンド符号化という．

DCT やアダマール変換は，変換単位ブロック内で閉じた処理であるため，低ビットレートで非可逆符号化を行なうと，隣接するブロック間で平均輝度の差が生じ，これがブロック歪みとなって再生画像に現われる場合がある．これに対し，サブバンド符号化は，フィルタの次数（タップ数）を任意に設定できるため，フィルタリングに関与する画素を一部重複するように選ぶことにより，ブロック歪みを生じないフィルタリング処理が可能となる．このような変換を重複変換ともいい，LOT（lapped orthogonal transform）や MLT（modulated lapped transform）などが提案されている．

〈ウェーブレット変換符号化〉 画像信号の効率的な変換符号化方式として離散ウェーブレット変換（discrete wavelet transform；DWT）符号化が知られている．これは，図 6.5 に示すよ

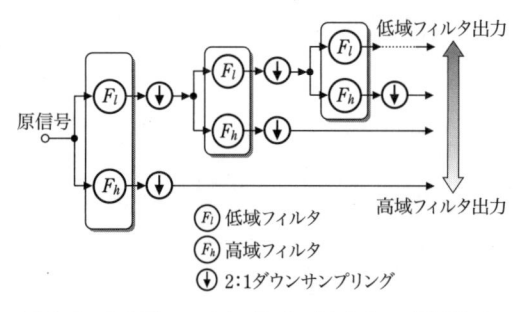

図6.5 2分割フィルタバンク（オクターブ分割）によるウェーブレット変換

F_l 低域フィルタ
F_h 高域フィルタ
↓ 2:1ダウンサンプリング

うに，2分割フィルタバンクの組合せによるサブバンド符号化である。

図6.5のように，低域フィルタからの出力信号のみを順次2分割する方法を，オクターブ分割とよぶ。離散ウェーブレット変換は，JPEG2000の符号化モデル部に採用されている。表6.2に，整数型ウェーブレット変換フィルタの例を示す。JPEG2000では，可逆符号化のフィルタとして整数型5/3フィルタが，また非可逆符号化のフィルタとして実数型の9/7フィルタが用いられる。

6.1.3 エントロピー符号化

6.1.1項において，データ圧縮の理論的な下限を示す指標は情報源のエントロピーで示されることを述べた。図6.1のエントロピー符号化部では，いかにして平均符号長をこのエントロピーに近づけることができるかが問題となる。平均符号長が最も小さい値となる一意復号可能な符号をコンパクト符号とよぶ。コンパクト符号の作成法は，ハフマンによって与えられているが，画像情報源に対してハフマン符号を作成するためには，あらかじめ統計的性質を測定しておくなどの処理が必要となる。また，ハフマン符号自体は，ボトムアップな処理によって作成される符号であり，データ圧縮システムなどに実装する場合には必ずしも有利ではない。そこで，厳密なコンパクト性は犠牲にし，符号化効率の最悪値やハードウェア規模などを考慮した設計がなされる場合も多い。このような考え方に基づいた符号として，MH符号（モディファイドハフマン符号），MELCODE[14]，ゴローム符号[15]などがある。

ハフマン符号やゴローム符号のように，1個のシンボル（または拡大情報源の1個のシンボル）に1語の符号語を割り当てる方法をブロック符号という。これに対し，このような概念とは根本的に異なるエントロピー符号化用符号として，算術符号が知られている。算術符号[16,17]は，符号化対象となっているシンボル系列を半開数直線 $[0, 1)$ 上にマッピングし，その座標値を2進小数で表現するものであり，数値線符号化ともよばれる。この符号はもともとエリアス（Elias）の符号化として知られていたが，ランドン（Langdon）らが実用可能な形に再編成したL-R型算術符号が提案されている。

算術符号の大きな特長のひとつは，動的適応化が比較的容易に行なえるという点にある。動的適応化とは，符号化を行ないながら，符

表6.2 整数型ウェーブレット変換フィルタ

フィルタ	順変換	逆変換
1/3変換	$L(n)=x(2n)$ $H(n)=x(2n+1)-\left\lfloor\dfrac{x(2n)+x(2n+2)}{2}\right\rfloor$	$x(2n)=L(n)$ $x(2n+1)=H(n)+\left\lfloor\dfrac{L(n)+L(n+1)}{2}\right\rfloor$
S変換	$L(n)=\left\lfloor\dfrac{x(2n)+x(2n+1)}{2}\right\rfloor$ $H(n)=x(2n)-x(2n+1)$	$x(2n)=L(n)+\left\lfloor\dfrac{H(n)+1}{2}\right\rfloor$ $x(2n+1)=L(n)-\left\lfloor\dfrac{H(n)}{2}\right\rfloor$
5/3変換	$L(n)=x(2n)+\left\lfloor\dfrac{H(n-1)+H(n)}{4}\right\rfloor$ $H(n)=(2n+1)-\left\lfloor\dfrac{x(2n)+x(2n+2)}{2}\right\rfloor$	$x(2n)=L(n)-\left\lfloor\dfrac{H(n-1)+H(n)}{4}\right\rfloor$ $x(2n+1)=H(n)+\left\lfloor\dfrac{\left\lfloor L(n)-\dfrac{H(n-1)+H(n)}{4}\right\rfloor+\left\lfloor L(n+1)-\dfrac{H(n)+H(n+1)}{4}\right\rfloor}{2}\right\rfloor$

号化パラメータをそのときの情報源の局所的性質にマッチするように変更することである。

種々の性質の画像を取り扱うシステムや部位によって統計的性質が大幅に変化するような画像を取り扱うシステムにおいては，同一のアルゴリズムで効率的な符号化が行なえることはきわめて有効である。

算術符号では，送信側と受信側で同一の確率推定値を用いれば，画素を符号化するごとに確率推定値を変更しても何ら問題はない。そこで，すでに伝送済みの画素から局所的な統計的性質を推定し，それに基づいて確率推定値を逐次変更することにより動的適応化が可能になる。この動的適応化を簡易に行なう算術符号化方式として Q コーダがある。Q コーダは複数個の符号化パラメータをあらかじめ用意しておいて，符号化を行ないながらこれを間欠的に切り換えることにより動的適応化を行なうものであり，同時に算術符号における演算をより簡単化している。また，Q コーダおよび MELCODE などを組み合わせた Q-M コーダは，静止画像の国際標準符号化方式（JPEG 拡張システム）および 2 値画像符号化国際標準方式 JBIG におけるエントロピー符号化用符号として用いられており，さらにこれを改良した M-Q コーダは JPEG2000 におけるエントロピー符号化用符号として採用されている。

6.2 動画符号化

6.2.1 原理

(1) 概説

動画像は連続フレームの構造からなり，時間方向に対して線形的に情報量が増え，ディジタルの静止画像情報に比べて，動画像情報はさらに膨大である。よって，蓄積あるいは伝送時に，データ量の削減が求められる。

ディジタル動画像の情報量について考えてみる。たとえば，非圧縮の動画像データとして，縦×横＝640[pel]×480[line]の解像度の画像に対して，YCbCr 色空間（4：2：2）（16 ビット表現）のフレーム周波数を約 30 Hz とした場合，その秒あたりの情報量は，画素数[pel]×ビット精度[bit]×フレーム周波数[Hz]であり，640×480×16×30 ≒ 約 147 Mbps と計算できる。色空間を同一とし，HDTV 相当解像度 1920×1080 の場合で約 995 Mbps，SDTV 解像度 720×480 の場合で約 166 Mbps，CIF 解像度 352×288 の場合で約 49 Mbps，QCIF 解像度 176×144 の場合で約 12 Mbps の情報量となる。

これらの情報をある一定の画質を保持し（画質劣化を抑制し）つつ，元の情報よりも少ない情報で表現する（変換する）ことが求められる。

まず，アナログ画像のデータ圧縮は，TV 信号の周波数帯域の有効利用で考えられてきたため，帯域圧縮とよばれる。これに対してディジタル画像処理では，アナログ画像を標本化定理を満足する周波数で標本化した元のディジタル画像を生成し，このディジタル情報をより少ない情報で表現するのが，画像圧縮である。一般に，画像圧縮とは，ディジタル画像情報の情報圧縮を示す。

さらに，時間方向情報をもつ動画像では，秒あたりの情報量で表現され，たとえば元の 147 Mbps から 10 Mbps に変換するように，元の情報に対して情報量を削減させることを"動画圧縮（動画像圧縮）"とよぶ。他に，"高能率動画符号化"ともよばれる。

ここでは，動画圧縮のための符号化方法について説明する[18〜22]。

①情報圧縮の必要性

ディジタル動画像情報を利用する際，蓄積・記憶，伝送などの資源は有限であり，有効活用のための情報圧縮技術は必須技術のひとつである。ディジタル画像をそのままで扱うと情報量がきわめて膨大となる。もし，これらの情報を伝送すると，情報を送信する帯域確保と伝送路に問題が生じることとなる。

また，蓄積する場合，たとえば 2 時間の動画像の総情報量を SDTV 相当で考えると，約 149 G バイトの情報量となる。動画情報をそのまま取り扱うと，さまざまなメディアに蓄積できないこととなる。そこで，動画像圧縮が必要となる。いかに情報圧縮技術を利用して，情報の冗長性を削減し，扱いやすい情報量とするかが目標となる。これまで，画像圧縮はこのような，

伝送や蓄積メディアに対応する圧縮率と画像品質の向上について検討されてきた。

一般に，情報圧縮は完全に元に戻ることを前提とした可逆符号化と，完全に復元できなくてもよい非可逆符号化からなるが，画像圧縮では，非可逆符号化を用いることで大きな圧縮率を得ることができ，広く利用されている。また，さまざまな符号化技術の開発とともに，汎用的に圧縮技術を利用するために，符号化方式の国際標準化が進められてきた。

②静止画符号化と動画符号化

静止画像と動画像においての符号化方法の共通点とちがいについて考えてみる。

静止画像は，フレーム内の冗長度を考慮した圧縮方法を利用するのに対して，動画像は，フレーム内に加えて，連続フレーム間の冗長度を考慮した圧縮方法を利用する。情報量を考えた場合，静止画符号化と同様な方法を利用した場合，動画像では，フレームレートを掛けたものが発生符号量となり，圧縮効率の観点から見ると冗長度削減効果が不十分である。

動画像は，シーンチェンジを除いて，符号化対象（現在）のフレームと直前（過去）のフレームとが類似していることが多い。たとえば，NTSCテレビの場合，フレーム間の時間差は約1/30秒で画像変化は必ずしも大きくない。よって，直前のフレームの情報を利用することで，現在のフレームの情報量を削減することが可能となる。これがフレーム間の冗長性の削減である。

情報としての扱い方として，静止画像符号化の拡張として動画像符号化を考える方法と，動画像としての特徴を利用した符号化方法がある。ハードウェアの複雑さを考慮した前者の方法に対して，一般には，動画像符号化用にフレームが連続する際の動きや情報の重複性に対する冗長度削減方法が用いられる。

静止画像はフレーム内符号化が用いられるのに対して，動画像はフレーム内符号化とフレーム間符号化が用いられる。フレーム内符号化，フレーム間符号化はそれぞれ，イントラ符号化とインター符号化ともよばれる。

動画像は，圧縮誤差伝搬を考慮して，基本的に周期的にリフレッシュフレームとよばれるキーフレームをフレーム内符号化し，キーフレームに対して，フレーム間符号化が用いられる。キーフレームに対しては，静止画像と同様に捉えて符号化する。さらに，動画像は静止画像に対して，動きに対する冗長度を削減する手法を用い，フレーム内符号化，フレーム間符号化などのさまざまな符号化方式の中から，品質を保持し圧縮効果の高い手法で符号化する方法を用いる。もちろん，動き量が多くなると，キーフレームの品質と，キーフレーム間隔（キーフレームの出現周期）などが，画像品質，圧縮効果に大きく影響を与える。

③基本的な動画符号化器（圧縮器）の構成

動画符号化器の構成を図6.6に示す。ディジタル動画像は冗長性を含んでおり，情報源符号化器によって情報圧縮が図られる。情報源符号化器から出力される圧縮情報が，通信や蓄積などで利用される。符号化された情報は，復号手順によって，元の動画像情報を再構成し，人が動画像を見ることが可能となる。通信路符号化・復号処理は，蓄積，伝送媒体の特性に応じて誤りが起こっても訂正可能な誤り訂正符号化に相当するが，ここではとくに扱わない。

図6.7に示すように，情報源符号化器は，情報源系列変換部，量子化部，符号割当部からなり，非可逆符号化と可逆符号化の組合せ処理から構成される。

まず，情報源系列変換部において，画像・動画像情報の統計的な性質を考慮して，空間的・

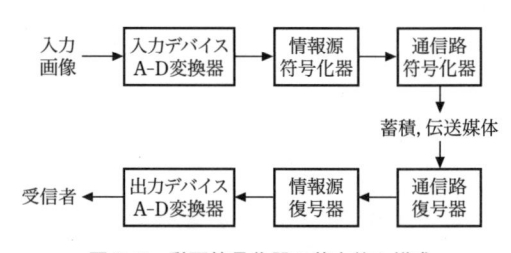

図6.6 動画符号化器の基本的な構成

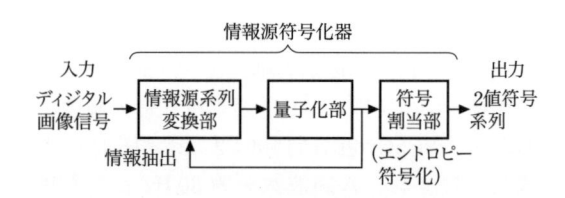

図6.7 情報源符号化器の構成

時間的な冗長性削減が図られる。量子化部において，必要な情報と必要でない情報を考慮して，量子化処理が行なわれる。次に，符号割当部において，情報のエントロピーの冗長性の削減が図られる。最終的に，圧縮データは，2値符号系列として出力される。

次項（2）において，図6.7の流れに従って，簡単に説明する。ただし，静止画像と同様な処理については簡単に述べる。

(2) 冗長度削減手法

冗長度とは，情報表現として必要最小限の情報に対して余分な情報が含まれている量を示す。よって，動画像における冗長性とは，元の画像品質を維持できる範囲において，情報内に重複あるいは予測，差分などの方法や符号理論などを用いて情報削減可能な情報を含んでおり，さらに情報を圧縮可能な状態を示す。この冗長度を削減する手法が符号化に相当し，画像品質と情報圧縮率によって符号化性能が評価される。

動画信号に含まれる空間的な冗長度と時間的な冗長度は，画像を確率信号と見たときの統計的な冗長度に含まれる。詳しくは述べないが，視覚的な冗長度とは，人間の視覚特性に基づき，元の画像品質を維持できる範囲で情報削減可能なことを示す。エントロピー符号化も情報のエントロピー的冗長度削減として捉えることができ，(4) 項で簡単に述べる。

動画像の空間特性に関する冗長性削減方法として，予測符号化と変換符号化があげられる。これらは静止画符号化と同様であるので省略する。静止画に対して動画は，時間軸方向の拡張として考えることができるので，時間方向の予測が冗長性削減の観点から重要である。ここから，時間的な冗長度について説明する。

動画像は動きが激しいシーンや，シーンチェンジなどの場合を除き，連続するフレームの間で画像が似ていることが多く，フレーム間相関が高い。これは動画像の時間方向の冗長性が大きいことを意味する。空間的な冗長性を時間方向に捉えて考えると，あるフレームを符号化する際，すでに符号化した画像フレームを予測画像として利用し，予測誤差を求めて符号化することで時間領域の冗長性を削減することが可能となる。

符号化対象フレームとすでに符号化した画像フレームを利用したフレームにまたがったフレーム間の冗長性を削減する方法を，フレーム間符号化とよぶ。フレーム間（予測）符号化は，空間領域の予測符号化と同様に，予測関数を利用したり，複数のフレームを参照フレームとして利用したりすることもできる。

ここで，動画像は1枚の画像フレームの時間的な集合で表わされる。たとえば，NTSC テレビ信号は秒あたり約30枚のフレームからなり，1枚のフレームは奇数と偶数のラインの集合からなる2つのフィールドから構成される（図6.8）。フィールド間のサンプリングポイントは垂直方向に1/2ラインずれており，フレームに対して解像度が垂直方向に1/2で組み合わせて表現される。このような画像をインタレース（interlace）画像とよび，このような走査を飛び越し走査（interlacing）とよぶ。フィールド構造により，フレーム30 Hz 表現を擬似60 Hz 表現にすることができ，動きを滑らかに表現できる。よって，フレーム間符号化では，フレーム間，あるいは，フィールド間の相関を除去することで，冗長度削減が図られる。

次に，フレーム間符号化で利用する動き予測方法について述べる。

①動き補償フレーム間予測

これまで述べたように時間方向の相似性について考える。もし，カメラを固定し，過去のフレームと符号化対象フレーム（現フレーム）とのあいだで，被写体が何も動いていない場合は，フレーム間で差分をとると0となる。一方，被写体がフレーム間で動いている場合，被写体の含まれる画像領域を抽出し，動き量を抽

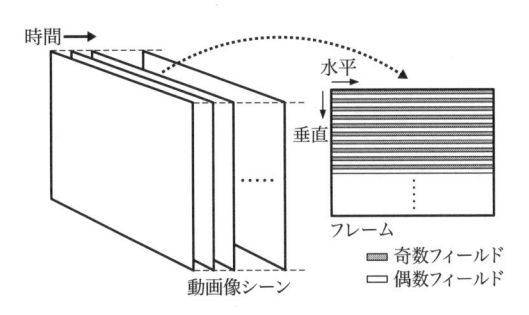

図6.8 フレームとフィールド

出し，符号化対象フレームを元のフレームの被写体の位置から動き量分位置をずらした画像として予測することができる。これを動き補償フレーム間予測とよぶ。動き予測の処理は，動き検出（motion estimation），動き補償画像の生成（motion compensation），動き補償画像と符号化対象画像との差分符号化の大きく3つの過程から構成される。単に，MC あるいは ME＋MC として表現される場合がある。ME は符号化での処理であり，復号器では MC と加算処理が行なわれる。

これは，被写体の動きを剛体の変形のない平行移動と仮定したモデルであり，このモデルに近似できるシーンに対しては符号化効率が向上する。ここでは，被写体を中心とした動きに対する冗長性を示しているが，被写体などの動きに応じて見え隠れする部分を予測する背景予測も他に考えることができる。

フレーム間予測符号化では，現フレームとこの予測画像との差分である予測誤差画像が，符号化の対象となる。動きベクトル情報とその予測差分誤差を符号化することで，現フレームを復元することができる。一般に，矩形ブロック単位で，動き量を抽出し，同一の動きベクトルを用いることで，相対的に画素あたりの動きベクトル情報の削減を図る。符号化効率に大きく影響を与えるひとつの要素として，動き補償の効率化があげられる。よって，動き検出の手法，動きベクトル（移動の量）の単位，動きベクトルを用いた予測画像の生成方法などが重要である。

フレーム間，フィールド間の予測時間方向について考えると，参照フレーム（過去のフレーム）から現在のフレームを動き補償フレーム間予測する順方向予測に加え，逆方向予測・双方向予測が利用される（図6.9）。むろん，実時間での符号化には，参照フレームの時間関係から符号化遅延を考慮して順方向予測が用いられる。しかし，符号化処理・復号遅延を許容できる条件下では，未来フレームを先に符号化し過去のフレームを符号化する，逆方向・双方向予測を行なうことで，予測効率の向上が期待できる。

②動き検出法

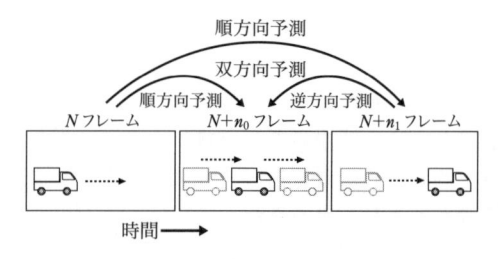

図6.9 時間に対するフレームと予測方式の関係

動き検出の手法として大きく，勾配法とブロックマッチング法がある。

•勾配法　勾配法（Horn-Schunk method）は画素単位に動きを検出手法[23]である。勾配法はフレーム内の輝度変化に着目し，参照フレームと符号化対象フレームで，変化量が同じ傾向の部分を抽出し，動きを検出する方法である。ただし，輝度勾配は微小区間で一定であると仮定している。

ここで，$n-1$ フレームにおける画素位置 i が，1次元の動き量として，n フレームにおける画素位置 $(i+v)$ に移動したと仮定し（図6.10），隣接画素間の差分を a とすると，

$$f_n(i) - f_n(i-1) = \cdots$$
$$= f_n(i+v) - f_n(i+v-1) = a \quad (6.13)$$

となり，$f_n(i+v) - f_n(i)$ は va として表わされる。また，移動条件より，

$$f_n(i+v) = f_{n-1}(i) \quad (6.14)$$

となり，隣接フレーム間での移動距離 v は，

$$v = \frac{f_n(i) - f_{n-1}(i)}{f_n(i) - f_n(i-1)} \quad (6.15)$$

で表わされる。

また，2次元への拡張は，水平・垂直方向に適用することで求められる。勾配法は，画素の変化量を利用するため，雑音に弱く，隣接画素値の差が小さいときに不安定となる。輝度の連続性を仮定して求めた動きベクトルをオプティ

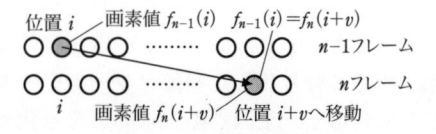

図6.10 勾配法の原理

カルフロー (optical flow) とよぶ。

・ブロックマッチング法　ブロックマッチング法 (block matching method) は，符号化対象フレームを矩形ブロックに分割し，各矩形ブロックにおいて，同一サイズで参照フレームから類似したブロックを抽出し，そのブロックを参照ブロックとし，そこからの移動距離を動きベクトルとして抽出する方法である（図6.11）。

定められた矩形ブロックに対して，符号化対象フレームの位置と対応する参照フレームの位置の矩形ブロック（テンプレート）から，ある探索範囲 (x, y) の中を基本的に全探索しながら，誤差を最小とする動きベクトル (V_x, V_y) として算出する。たとえば，符号化対象フレームを n フレーム，参照フレームを $n-1$ フレームとし，動きベクトルを求めたい矩形ブロックを R とすると，テンプレート R' を中心に探索範囲 (P, Q) を考える。R' と R との2乗誤差和 E は，

$$\sum_{x=0}^{M-1}\sum_{y=0}^{L-1}(f_n(x_0+x, y_0+y)-f_{n-1}(x_0+x, y_0+y))^2 \quad (6.16)$$

となり，探索範囲 $(-P \leq x_0 \leq P, -Q \leq y_0 \leq Q)$ の中で，誤差値が最小となるものを参照ブロックと定める。誤差算出方法として，平均2乗誤差値や絶対値などがあり，画像の内挿補間により，画素単位で行なう処理を1/2や1/4精度に拡張することで，動き抽出の精度を向上させることができる。ブロックマッチング法は，全探索を行なうため演算量が多いが，ハードウェア化が容易である。大きな動きがあるシーンでは探索範囲を広くとる必要があり，探索範囲の拡大による計算量への配慮が必要である。また，大局的な動きと局所的な動きを考慮して，元画像に対してあらかじめダウンサンプルした画像を利用して動きベクトルを求め，さらに，解像度の高い画像で探索するなどの応用手法が検討されている[24]。これは，空間スケーラビリティと関連性がある。

また，矩形ブロックの大きさにより，予測誤差の低減が期待されるが，差分信号とあわせて表現する動きベクトル自身の情報量が増加する関係にある。一般的に，16×16，8×16，16×8，8×8，4×8，8×4，4×4 などの矩形ブロックが利用される。さらに，予測のためのブロックを可変とする方法[25,26]や画面を3角形や4角形のパッチに分割し，パッチの頂点を代表点として，パッチ内部の各画素の動きベクトルを補間するワーピング予測などの方法が検討されている[27,28]。

全探索による検出方法により処理量がかさむことから，計算量を抑える方法として，符号化に利用した動きベクトル情報を利用して，参照ブロック（テンプレート）位置を予測し動きベクトル探索範囲を小さくすることができる方法として，テレスコピック探索方法が考えられている[29]。また，ブロックマッチング法の課題として，ブロック境界における動きの不連続性があり，ブロックを重ね合わせることで予測誤差を低減する方法が検討されている。

ここまで，画像内に映っている被写体についての動きを考えてきたが，一方，画面全体の動きとして，カメラ操作による動きが考えられる。この画面全体に対する動きを対象とするグローバル動き補償がある[30~34]。たとえば，カメラ操作としてパニングとズームに着目した方法，拡大・縮小，回転と平行移動を考えたアフィン変換やヘルマート変換などの幾何変換を利用することで，大局的な動きを捉えることができ，前述の方法と組み合わせることで，動き予測の効率化が期待できる。むろん，これらの方法を局所的に扱うことも可能である。たとえば，グローバル動き補償とブロックマッチング法を適応的に切り替えて利用する方法が知られている。

(3) 量子化

動画符号化では，静止画符号化と同様に，変換符号化ののち量子化され，1次元系列に情報

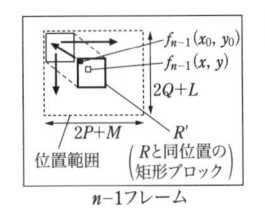

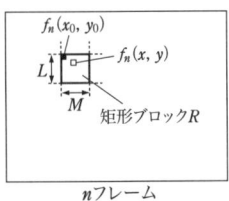

図 6.11　ブロックマッチングによる動き検出

が並べ替えられて，エントロピー符号化される。量子化は情報の間引きに相当する処理であり，大きな情報圧縮の効果が期待できる。たとえば，0からNまでの数値を代表値V_1に置き換える処理とし，ひき続きNから$2N$までの数値を代表値V_2とする処理を行なうことをくり返すと考えると，任意の値xは$x/N+1$の整数を代表値で表現される。この処理を線形的なある量子化幅Nによる量子化とよぶ。量子化代表値を数値表現し，エントロピー符号化部へ出力される。

量子化処理によって，発生情報のダイナミックレンジがせばまるので情報圧縮が可能となり，符号量をNを変動することによって可変に扱うことができる。もちろん，与えられた数値を非線形量子化する方法や，変換係数の周波数特性などを考慮した線形・非線形の量子化が用いられる。このように符号量に大きく影響を与えるので，量子化器を制御することによって符号量の制御が可能となる。量子化は非可逆符号化であり，画質劣化についての配慮が必要である。

(4) エントロピー符号化

データ圧縮の理論的な下限を示す指標として，情報源のエントロピーが位置づけられる。さまざまな画像の冗長性を削減したのち，最終的にデータとしての圧縮に関するのがエントロピー符号化である。無記憶情報源では，シンボルiの発生確率をp_iとすると，エントロピーHは$-\sum_{i=0}^{N-1} P_i \log_2 p_i$ビットで表わされ，平均符号長の下限を示し，$H$に近づけることが目標となる。

シンボルの出現確率がある情報に集中する傾向があるとき，一般に情報源のエントロピーは小さくなる。たとえば，予測符号化を利用することで，予測誤差信号が0となる確率が高くなるので，エントロピーを下げることができる。一般に，ハフマン符号，ゴローム符号，算術符号などが利用され，静止画符号化と同様の方法が利用できるのでここでは割愛するが，フレーム内符号化，フレーム間符号化，さらに階層符号化時の基本層と拡張層などで信号分布の性質が異なるので，その特徴に合わせた符号化方法や符号化テーブルなどが利用される。

6.2.2 高能率符号化技術
(1) 概説

一般に，動画像符号化を行なう場合，動き予測方式と変換符号化の融合方式が利用される。変換符号化係数を量子化し，エントロピー符号化することで，符号化ストリームが生成される。図6.12と図6.13に一般的な符号化処理・復号処理の例を示す。ここでは，空間予測は動き予測に含まれると考え，また，量子化制御などの符号化制御器は簡略化のため示していない。符号化処理において，非可逆符号化に，予測・変換，量子化，可逆符号化として，エントロピー符号化（可変長符号化）が対応する。画像入力から，予測・変換処理に渡される際，後述する画像構造に分解して一般に処理される。

画像情報の空間的・時間的な冗長性削減が図られたのち，情報のエントロピーの冗長性が図られるとともに，符号化制御を利用して，目標となる符号量に則して2値符号系列が出力され，圧縮データとして利用される。

変換符号化として，一般にDCTがよく利用され，動き予測とDCTを利用した方式を，MC＋DCTハイブリッド方式とよぶ。これは，動き予測とDCTを利用することで発生情報のダイナミックレンジを下げたうえで，周波数成分の偏りにより情報量を削減する方法である。

矩形ブロックごとに，変換符号化された係数データは，1次元データとして抽出される。このスキャン方法として，係数の左位置から矢印

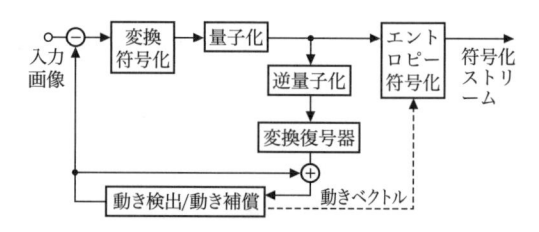

図6.12 動き補償と変換符号化を利用した一般的な高能率符号化器の例

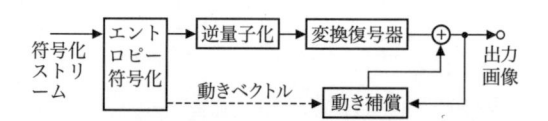

図6.13 動き補償と変換符号化を利用した一般的な高能率復号器の例

方向に順に，水平・垂直方向，ジグザグスキャンのスキャン方法（図6.14）などが利用され，非線形量子化の場合，視覚特性を考慮してスキャン順に係数重みを掛けて利用される。

変換符号化後，量子化により離散的な情報の代表値算出，丸め操作が行なわれる。量子化時に，符号量の制御，画像品質の制御が行なわれ，圧縮率が変動する。通常，量子化する変換符号化係数は，量子化テーブル（マトリックス；変換係数や信号の性質を考慮した量子化幅からなるテーブル）を用いて係数単位に線形スカラー量子化を行なう。簡易な除算で行なわれ，代表値が決定される。量子化の幅に制御定数を設けることで量子化幅（ステップサイズ）を係数単位で行なうことができるので，画像品質や符号量制御などで利用される。たとえば，DCTでは高周波成分のAC係数に対しては，粗いステップサイズで量子化しても，人間の視覚特性を考慮して主観的な劣化が目立ちにくいといわれている。

一般に，量子化幅を小さく（細かく）すると，情報の再現性がよくなり，復号画像の品質はよくなるが，情報の間引き効果が少なくなるため，符号量は増加する。一方，量子化幅を大きく（粗く）すると，符号量は減るが，画質が低下する。このトレードオフの関係にある量子化器の制御が符号化性能に大きく影響を与える。また，線形量子化を非線形量子化とする方法や，複数の係数をまとめて量子化するベクトル量子化などの量子化方法も検討されている。ただし，この場合，計算量が課題となる。量子化器へ入力される信号の特性として，予測を利用しないで変換符号化された情報を対象とする場合と，フレーム内符号化での空間予測あるいはフレーム間符号化での時間予測などの予測誤差信号に対して変換符号化された情報を対象とする場合とに分けることができる。前者と後者の変換係数値の発生傾向が異なるので，一般に量子化テーブルを切り替えて利用する。

また，DCTのようなDC成分とAC成分を量子化符号化する際に，近傍の矩形ブロックにおけるDC成分を利用した予測符号化を行なうことで，空間予測と同様な効果をあげることができる。これをDC成分予測という。

(2) 適応符号化

入力された画像信号として，プログレッシブ，インタレース画像を利用した場合の適応的符号化方法について紹介する。

図6.8で示したように，フレーム画像とフィールド画像で表現される場合がある。とくに，インタレース画像を扱う場合，時間的・空間的な変化をフィールド単位で扱うことで，符号化効率が向上することが知られている。

動き予測を行なう場合，フレームの構成によって，フレーム単位で扱う場合と，フィールド単位で扱う場合で，予測精度が異なる。そこで，矩形ブロックごとに，適応的にフレーム構造とフィールド構造に分けて予測を行なう方法が知られている。これを，フレーム/フィールド適応予測とよぶ。予測・内挿方法にはさまざまな方法があり，標準化規格などを参考にしてほしい。

予測時と同様に，DCT処理を施す場合，矩形ブロックにおいてもインタレース画像の場合，時間的なずれが変換効率に影響を与える。そこで，フレーム構造，フィールド構造を考慮し，フレーム構造時はそのままで，フィールド構造は，偶数フィールド・奇数フィールドに集めてDCTを行なう，フィールドDCTが用いられる。図6.15のように構造を変換することで，周波数変換などの相関が高まる。たとえば，矩形ブロック内の画素ライン相関などを求めて，相関が高いほうを利用するフレーム

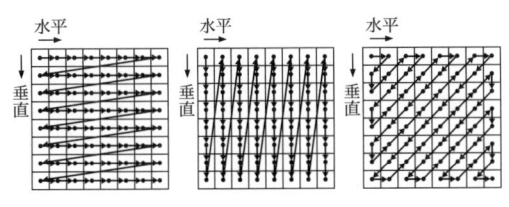

図6.14　水平，垂直，ジグザグスキャンの例

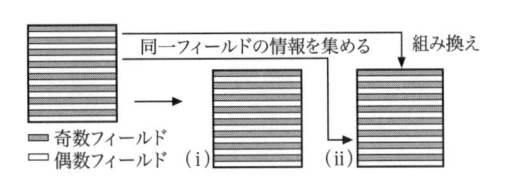

図6.15　適応符号化のための矩形ブロック内でのフィールド構造変換

DCTとフィールドDCTを適応的に切り替えて利用することで，変換効率を向上させることができる。この方法をフレーム/フィールド適応DCTとよぶ。

(3) 符号化制御技術

符号化制御方法として，符号化時の発生符号量に対して，ある程度変動を許容する場合と，一定符号量とする場合が，蓄積時・伝送時などで要求される。もちろん，画像の絵柄やシーンの動きなどによって，発生符号量は異なるため，空間的な劣化と時間的な劣化をそれぞれ考慮した符号化制御が必要である。よって，固定レート伝送路にデータを送出する場合には，符号化側と復号側にバッファを設ける必要がある。とくにシーンチェンジなどではイントラ符号化となるため，大きな発生情報量となる。また，動画復号器では過去フレームの情報を保持しながら，画像を再構成する必要がある。加えて，復号器にデータを渡す際に安定して復号するために，バッファにデータを蓄積したのちに復号再生する。よって，1フレームの情報量がある定められた受信バッファ以上であると，復号器はオーバーフローを起こす。そこで，符号化器側であらかじめある一定のバッファに収まるよう1フレームの情報量を制御し，符号化する必要がある。

一般に，画像信号を間引く方法と符号化制御方法（符号化パラメータを活用）が利用される。前者は，色空間を変更したり，画像サイズを伸縮したり，フレームレートを変更したりする，いわゆる元情報そのものの間引きで実現する方法である。後者は，符号化方式を選択したり，符号化時に利用する各種パラメータを変更したりすることで制御する方法である。通常，量子化時の量子化幅を制御するパラメータの値を伸縮させることで，エントロピー符号化される量子化情報値を変化させ，情報量を制御する方法が利用される。

伝送・蓄積時の符号量を定めることのできる符号化制御部分として，量子化器が一般に用いられる。動画像情報内に含まれる最大冗長性除去が基本的な圧縮目標となり，情報量の可変性は，非可逆処理における情報の復元性により制御することができる。

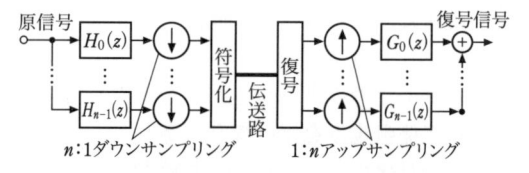

図6.16 サブバンド符号化の基本構成

目標符号量に対して画質劣化を最小限に抑え，目標符号量に近い情報量として出力することが望まれる。さらに，視覚的な情報の重み付けを行なった量子化制御方法が利用される。詳しい設計方法については，国際標準方式を参照されたい。

(4) サブバンド符号化

画像信号を周波数領域に変換する際，帯域分割フィルタにより周波数分割を行ない符号化する方法を，サブバンド符号化という。n個に分割する帯域分割フィルタの伝達関数をそれぞれ$H_0(z), \cdots, H_{n-1}(z)$とし，帯域合成フィルタをそれぞれ$G_0(z), \cdots, G_{n-1}(z)$とすると，基本的な構成は図6.16のように示される。

周波数領域に対する視覚特性の関係により，周波領域ごとに重み付け処理を行なうことが可能となる。一般に，動画像で利用する場合，変換符号化の特徴に合わせて係数の重み付けをする方法や，階層符号化/分割型符号化などの類似手法が知られている。

6.2.3 機能化・構造化技術

(1) 概説

一般に，符号化は情報の圧縮と品質の維持の観点で行なわれるが，これに加えて，動画像情報に機能をもたせることが同時に検討されてきた。

まず，符号化処理に対応する画像構造について説明する。次に，機能化のための動画符号化技術として，トリックモード再生の実現方法，スケーラビリティについて説明する。また，機能性のひとつとして，符号化圧縮された動画像情報を復元するためには，どのような符号化方式を利用して情報が生成されたかを復号処理側は知る必要がある。よって，どの情報がどの符号化器で作成され，どの復号器で再生可能であるかを知る，情報の互換性（コンパチビリテ

ィ)が重要である.たとえば,符号化方式間の互換性は,後方向互換=旧標準の復号器(デコーダ)が新標準のデータを復号可能,前方互換=新標準の復号器が旧標準のデータを復号可能,上位互換=高品質復号器が低品質符号化器(エンコーダ)のデータを復号可能,下位互換=低品質復号器が高品質符号化器のデータを復号可能,のように定義することができる.ただし,上位,下位をそれぞれ前方,後方の意味で使うこともある.

また,動画像の構造に従って順次符号化することで,符号化情報から画像情報を部分的に抽出することが可能となり,さまざまな画像処理に利用される.

(2) 画像構造とその利用

動画像構造を考えていくうえで,符号化単位としての構造と,再生機能を考慮した構造を両面から考えることができる.いわゆる,動画像シーンを符号化単位ごとに構造化することと,圧縮情報からの情報復元手順との関係が,再生,表示順に影響を与える.

よく利用される動画像符号化構造について図6.17に示す.符号化対象の動画像シーンを全体で表現する1の構造と,符号化対象の画像フレームの集合として,キーフレームを中心としたフレーム間符号化の関係にある単位が考えられる.また,1枚の画像は,空間的に矩形ブロックに分割し,局所的な部分画像として符号化される.たとえば,動き補償を行なう単位として構造5が利用され,さらにそれらを分割したブロックにおいて,変換符号化などが行なわれる.

一般に,これらの1~6の構造はそれぞれシーケンス,GOP (group of picture),ピクチャ,スライス,マクロブロック(MB),ブロックなどとよばれる.これらの構造を階層的に表現することで,高能率符号化が行なわれる.このような動画像情報において構造分割型の符号化方法は,見方を変えると,画像のある特定構造に対してアクセスする際に利用可能である.たとえば,ランダムアクセスを実現するには,指定したストリームの場所に近い周期的なピクチャ集合のあるグループに対応する情報を読み出すことで実現できる.もちろん,指定したフレームがキーフレームから後に出現するフレームである場合は,参照フレームを先に復号する必要があるため,復号処理遅延が生じる.さらに,高速再生では,キーフレームのみを再生することで,理論的にはキーフレームの出現周期に相当する高速再生を実現できる.たとえば,GOPを15枚とし,キーフレームがその中に1枚あるとすれば,15倍速再生を実現できる.

(3) 階層符号化技術(スケーラビリティ技術)

動画像情報の圧縮方式の中で,機能性を考慮した多段的構造表現方法としてスケーラビリティがある.ここで,スケーラビリティは,"符号化された情報の一部分を復号し,意味のあるシーンを再生できる能力"と,"その能力のための情報作成"と定義することができる.当初,動画像におけるスケーラビリティは,画像サイズ(解像度)を可変とする能力を指していたが,この概念を拡張し,品質を可変とする能力を示す言葉として利用されている.品質を可変とする能力を表現するための符号化方法として,階層符号化が考えられてきた.

一般に,スケーラビリティとは,解像度やエラー耐性に対して,品質を可変とするための手段を意味し,符号化構造に階層化の概念を与えるものである.おもなスケーラビリティの実現手法を紹介する[35,36].むろん,品質の可変性に対して,再符号化の高速化をねらった方法として各種トランスコード手法があるが,ここでは扱わない.スケーラビリティの適用範囲は,動画像の通信,マルチキャスト放送,伝送エラー環境下での画像低品質画像による画像補間機能,動画像標準間の相互変換・互換性,空間・

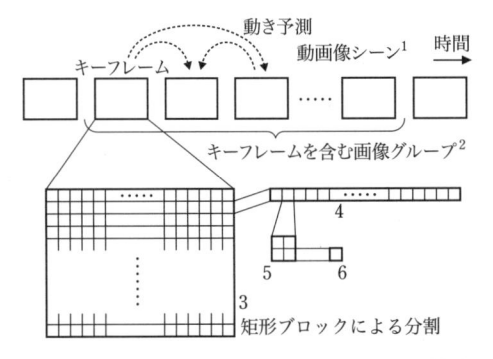

図6.17 符号化のための動画像シーンの分割例

時間などの品質の可変・選択機能などがあげられる。スケーラビリティ符号化手法は，基本的に，基本層で符号化したのち，目標となる元画像に対する品質不足情報を拡張層として階層符号化する方式である。言い換えると，複数品質の画像提供の柔軟性（フレキシビリティ）を与えるものである。

動画像階層符号化方式として，空間スケーラビリティ，SNRスケーラビリティ，周波数スケーラビリティ，データパーティショニング，時間スケーラビリティなどについて説明する。階層数はアプリケーションによりいくつでも可能であるが，ここでは2階層として述べる。ただし，単純に階層数を増やすと，階層構造表現に要する付加情報が発生することと，符号量配分の課題から，符号化効率が低下することが知られており，工夫が必要である。

①空間スケーラビリティ

複数の異なる解像度を1つのビットストリームで表現するための階層符号化方式を，空間スケーラビリティとよぶ。空間スケーラビリティは空間解像度方向の階層符号化である。一般に，1つの原動画から2つの空間解像度の動画層を生成し，基本空間解像度を提供するために基本層（下位層）はそれ自身で符号化し，拡張層（上位層）は空間的に内挿した下位層を利用して，原動画信号の完全な空間解像度を表現する。

たとえば，解像度が下がるごとに画像の縦横を半分に縮小（ダウンサンプル）して利用する。また，符号化時の上位層の内挿方法については，単純拡大，さまざまなアップサンプリングフィルタリングを利用するだけでなく，原理的には予測方式を利用することも可能であり，時間的な動き予測を各階層で行なう方法や，同フレームにおいて階層にまたがった予測などが検討されている[24]）。

応用例として，1つのビットストリームから異なった解像度の画像を取り出すことができるほか，下位層に伝送路エラー対策を施した信号を与え，一種のエラー耐性を実現できることが可能である。通信を含む動画応用，動画規格間の相互変換，動画データベース概覧，HDTVとSDTVの相互変換など，空間解像度を2つ以上で表現できるのが特徴である。

②SNRスケーラビリティ

SNRスケーラビリティは，符号化誤差信号を階層ごとに，より多くのビットを割り当てて符号化する方式である。符号化されたDCT係数などの変換符号化係数上での階層構造を用いることにより，階層が上位になるに従い品質（S/N比）を向上させる方法であり，SNRスケーラビリティとよばれる。他に，量子化器の階層符号化ともよばれる。

SNRスケーラビリティは，1つの動画から同解像度かつ異なる品質の2つの階層を作成することを意味し，基本層（下位層）は基本動画品質を提供するためにそれ自身で符号化し，拡張層（上位層）は基本層の品質を向上するよう変換符号化後の量子化処理による誤差成分データを符号化する。量子化に伴う符号化劣化情報に符号割当して追加符号化し，拡張層ほど量子化の精度が高まる。動き予測において，一度の処理で行なうシングルループ方式と，各階層で行なうマルチループ方式がある。ただし，シングルループ方式の場合，ベクトル情報などの付加情報が基本層においても必要となるため，基本層で符号化するなどの工夫が必要である。符号化予測モードは非階層時と同じで符号化予測モデルとは独立に扱うことができ，さまざまな変

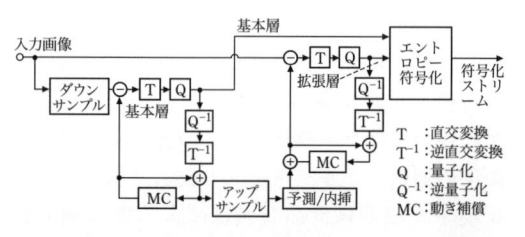

図6.18 空間スケーラビリティ符号化器の例

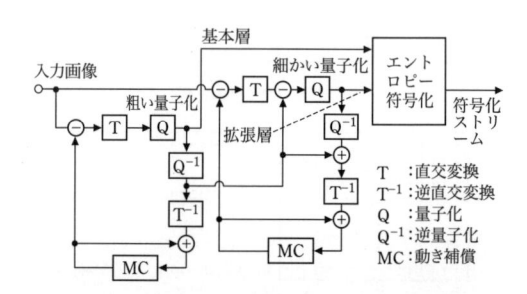

図6.19 SNRスケーラビリティ符号化器の例

換符号化や予測方式と組み合わせやすいのが特徴である。

SNRスケーラビリティは，多重品質の動画サービス，SDTV，HDTVなどの異なった品質の画像を提供できるほか，エラー耐性を有することもできる。各階層とも同一解像度で画質（S/N比）の異なった画像を効率よく伝送する機能がある。穏やかな画質劣化（グレースフルデグラデーション）を実現することができる。

③周波数スケーラビリティ

直交変換を用いて画像符号化を行なう場合，空間領域から周波数領域への変換が行なわれる。その周波数領域において符号化するときに扱う領域を分割し，階層化して符号化する。これは，一種のサブバンド符号化の階層化と考えることもできる。分離型，差分階層型，復号処理のみで扱う周波数領域を変える方法などがある。

この方法は，復号器側のハードウェアの実装が容易で，復号器からの縮小画像を高速に得る方法として利用できる。しかし，周波数領域を利用した符号化において，周波数領域の扱い方および予測符号化を伴う信号の不連続性の課題を有し，画質低下に対する工夫が必要となる。

④データ分割型階層データ表現

変換符号化の周波数成分の並びと視覚特性，伝送順などの関係を考慮したデータ分割型階層データ表現方法がある。一般に，データパーティショニング（DP）とよばれる。DPは非階層の符号化ビットストリームをあるデータ分割点において2つに分割する手法である。

たとえば，DCT変換を利用した場合，係数情報の符号化時に，多段的に優先度を係数間に埋め込むことで，視覚的なデータの重み付けを行なうことができる。画質への影響が少ない高次のDCT係数を優先度の低いチャネルで伝送し，重要な低周波DCT係数，動き情報，ヘッダ情報を優先度の高いチャネルで伝送することにより，チャネルエラーに対し，グレースフルデグラデーションを確保することができる。DPは，優先-非優先制御可能な伝送ネットワークで利用できる。また，この方式は画質可変性より伝送エラーなどの耐性として用いられる。

⑤時間スケーラビリティ

時間方向の周波数（フレームレート）を変更することにより，時間解像度を選択可能とする方式である。符号化方法として，基本層は基本時間速度を提供するためにそれ自身で符号化し，拡張層は基本層から時間予測を用いて符号化する。各層は，復号時に原動画信号の完全な時間解像度を与えるよう時間的に多重化する。入力のデータを多重復号器においてまったく同じ解像度の2つのシーケンスに分離する。このとき入力のデータの半分の時間解像度になっており，一方を基本層，他方を拡張層とし，基本層に対しては非階層の符号化を，拡張層は基本層からの予測による符号化を行なう。それぞれ符号化して得られる2つのビットストリームを用い，復号器では基本層はそのままで復号し，拡張層は基本層からの予測により復号して生成したそれぞれのシーケンスを再度時間方向に重ねて，符号化器の入力と同じフレーム（フィールド）周波数のシーケンスを得る。プログレッシブ画像，インタレース画像において，階層化が可能である。

この方法は，低時間解像度システムから高時間解像度システムへの将来拡張を考慮したものであり，伝送誤り耐性能力を有する。

空間解像度，符号化品質，時間解像度，データ優先などの階層符号化方法について述べてきたが，ある品質尺度方向に対して多段的に符号化することで他の方法も考えられる。

オブジェクトベースの符号化方法では，オブジェクト単位に符号化が可能であり，オブジェクトの扱い方，表現方法に対して，階層符号化を応用することができる。また，動的な冗長性削減手法を，両眼で見る立体映像や，マルチビュー・多視点カメラ画像の相関削減方法として応用することが可能である。たとえば，立体視用の2眼カメラでは視差の分の差分が生じる。視差によるオクルージョン領域の推定が冗長性削減に効果があることが知られている。よって，過去や未来の背景情報を利用するか，あるいは，多視点の場合はカメラ画像間で予測符号化が利用できる。さらに，用途によって各種スケーラビリティ（S）を組み合わせた，ハイブリッドスケーラビリティがある。たとえば，

SNRS と空間 S，空間 S と時間 S，時間 S と SNRS を組み合わせて構成することができる。たとえば，SNRS では，SDTV と HDTV の品質提供，色差フォーマット 4：2：0 と 4：2：2 を利用した映像分配，空間 S では HDTV と SDTV の異なる解像度の提供などが考えられる。組合せ方法によって，機能性が拡張されるが，符号化・復号処理の増加に課題を有する。

(4) エラー対策

符号化された画像情報は，蓄積・伝送時などにおいて情報の欠落によって，部分的に画像を復元できないことが生ずる。加えて，動画像では情報の誤りが，エラー箇所（DCT 係数あるいは動き情報など）によって，空間的あるいは時間的に現われる。これらのエラーに対して，データ伝送などの非リアルタイム型のアプリケーションでは，受信側でたとえばパリティビットなどを用いて伝送誤りを検出したり，また，送信側に情報の再送を要求する再送型プロトコルを使用したりすることができる。一方，放送やストリーミングなどのリアルタイム系の情報伝送では，再送型プロトコルを利用することができないため，伝送情報自身に誤り耐性をもたせることで，ある程度対応できる。

これら通信路符号化による情報復元の考え方に加えて，画像情報自身の再生工夫や画像復元により劣化を回避する方法が知られている。伝送によるエラーが生じた場合について，大きく非階層符号化と階層符号化に分けて簡単に述べる。非階層符号化の場合，誤りが起こったフレームおよびシーンでは過去の正常復元情報を表示し，エラーから復帰した状態から正常に再生画像表示をする方法が利用される。このように復号画像に生じたエラーを隠すことを"エラーコンシールメント"とよぶ。一方，前節で述べた各種スケーラビリティを利用し，基本層を補足映像として提供することで，エラー耐性を実現することができる。

加えて，エラーの起こった情報を最小限に抑えるため，画像構造を利用して復帰情報を埋め込んだり，エラーに強いエントロピー符号化を利用する方法などが考えられている。また，高能率符号化の特徴を利用し，動き予測部分で起こる誤差伝搬を抑制する方法として，リーク予測がある。フレーム間予測を行なう際，予測に予測係数 k を 1 以下で設計することで，誤差が生じたフレームを利用した予測符号化の影響を受けにくくなり，エラーが収束する方法である。しかし，ある係数を掛けて予測画像のデータを表現する場合，元画像との画素値のずれが生じ，画像品質の劣化を招くおそれがある。

6.2.4 まとめ

ここでは，動画符号化の必要性および要素技術について概説し，一般的な高能率符号化の構成方法について説明した。動画像符号化処理は，AD 変換後の処理として，冗長性を削減する予測・変換符号化と，情報量を制御する量子化，最終的に符号系列に置き換えるエントロピー符号化から構成される。とくに，時間方向の冗長性の削減が動画像情報としての圧縮効果につながる。圧縮効果を上げると，画質劣化が空間的・時間的に生じるため，入力情報そのものを小さく扱うか，圧縮率を上げるかをどう定めるかは，用途によって異なってくる。

また，単なる符号化を情報圧縮のみならず，1 つの構造化情報およびデータの機能性の観点から考えることができ，各種階層符号化技術（スケーラビリティ技術）が考えられてきた。符号化・復号処理量および符号化効率の課題はあるものの，エラー環境への対応や情報表現の柔軟性，可変性を実現する方法として，これからの利用が注目される。

動画像の利用は，LSI や情報処理技術による記憶容量の大容量化・高速化に伴って現実のものとなり，これまで想定する範囲を拡大することで進化してきたといえる。圧縮目標の経緯，符号化技術の進展に標準化も密接に関係があるので，関連して読んでいただきたい。

6.3 音声・オーディオの処理技術

6.3.1 概要

(1) 符号化と関連処理

本節は，音声やオーディオ信号の処理として，最も重要な役割を果たしている情報源符号化の基本技術を紹介する。符号化はおもに電話

などの双方向の通信によく使われる時間領域の符号化と，放送や記録などの片方向のオーディオ信号の再生によく使われる周波数領域の符号化に大別することができる。それらの共通点および相違点に注目しながら，基礎技術を紹介する。情報源符号化以外で，とくに音声やオーディオ信号に特有の関連技術についてもいくつか簡単に紹介する。

(2) 符号化の原理

音声信号の情報源をできるだけ少ない情報で，再構成されたときの歪みを小さくすることが課題である。一般の音声や音響信号はサンプル間の相関が大きく，その相関を使う，すなわち冗長性を除去することで歪みを小さくすることができる。時間領域で相関を使う方法が予測符号化である。周波数領域でサンプル間の冗長性を除く代表例が変換符号化である。この符号化では周波数領域の係数の振幅の偏りに合わせた適応ビット配分量子化または適応重み付け量子化により，フレーム全体の量子化雑音を削減する。

予測符号化でも一定のフレームの中で処理する場合には，サンプル間の相関により予測符号化も変換符号化もほぼ同じ利得を得ることができる。予測利得は，予測誤差のエネルギーに対する入力波形のエネルギーの比で定義される。変換利得は変換領域のエネルギーの偏りとして，変換領域のサンプルの相乗平均を基準にした相加平均のエネルギーで定義される。変換領域でスペクトルの包絡（エネルギーの分布）情報に基づいて最適に割り当てる場合の歪みを基準にして，すべての変換領域のサンプルに均一に量子化ビットを割り当てる場合の歪みの比に一致する。図 6.20 にその対比を表わす。すなわち，もともとサンプル値間の相関がなければ，変換利得も予測利得も得られない。大部分の音声や音楽は相関が大きいので，たとえば 30dB 程度の利得を得ることができる。

6.3.2 時間領域の符号化

(1) 生成モデル

音声の符号化は音声の合成や生成モデルの研究の知見を活用することが多い。音声の生成モデルとしてさまざまな提案が存在するが，符号化の観点からは，図 6.21 のような声帯の音源と喉から唇までの声道の周波数特性を模擬するフィルタで表現することが成功している。声道を模擬するフィルタとしては全極型の線形予測フィルタが成功している。周期的成分は声帯のピッチ周期である。

(2) 線形予測

予測の逆操作となる合成フィルタの形式として，全極型（再帰型），全零型（移動平均型），極零型に分けることができる。また，予測係数の適応的求め方で後方適応予測と前方適応予測に分類できる。後方適応予測は符号器と復号器で，共通の適応アルゴリズムで係数を更新するため，係数に関する補助情報の量子化や伝送が不要で，更新周期も頻繁にできるので遅延も少ないが，予測誤差を小さくする観点からは性能は落ちる。後方適応予測では逐次適応で零型の合成フィルタがよく使われ，さまざまな予測係数の適応手法が用いられる。符号化では演算量の制約から，簡略化した係数の更新がよく使われる。また，安定性を逐次監視する意味で極の次数は 2 次までがよく使われる。前方適応予測では次の式で示されるような全極型の合成フィルタに基づく予測が頻繁に用いられる。

$$\text{分析（符号化）}: \tilde{x}_j = x_j - \sum_{i=1}^{p} \alpha_i x_{j-i}$$

	時間領域（予測）	周波数領域（変換）
相関小さい	予測不可	スペクトル平坦
効果	予測利得	変換利得
利得	波形エネルギー／予測誤差エネルギー	スペクトル相加平均／スペクトル相乗平均
手段	閉ループ量子化	適応割り当て 適応重み
相関大きい	予測可能	スペクトル偏り

図 6.20 変換利得と予測利得の対比

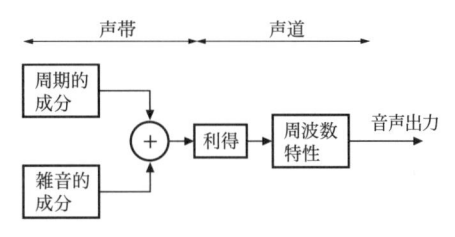

図 6.21 音声の生成モデル

合成（復号）： $x_j = \tilde{x}_j + \sum_{i=1}^{p} \alpha_i x_{j-i}$

ここで，$\tilde{x}_j$ は時刻 j での予測誤差，x_j は入力，α_i は p 次の線形予測の i 次の係数である。

このモデルは音声信号のスペクトル包絡の谷の部分に比べて山の部分を忠実に表現するのに適しており，また予測パラメータを求めるための連立方程式を高速に解く方法が知られているためである。たとえば 80〜320 点のサンプルを1つのフレームとして，予測誤差を最小とする予測係数を連立方程式で求める。予測誤差を最小化する意味では効率がよいが，予測係数を量子化して補助情報として伝送する必要があり，フレームあたりのサンプル数や予測次数などの設定に性能が依存する。

例外的に，ITU-T G.728 のように後方適応予測でも過去の信号だけから予測係数を求めることで全極型が使われることもある。

(3) 予測係数

前述のように，音声，オーディオの符号化において線形予測は欠くことのできない基本技術であり，とくに再帰型の予測がよく使われているが，その予測係数はそのままでは数値を低ビットで量子化すると，再帰型の合成フィルタが不安定になり，合成波形が発散する場合があった。このため，安定性の判別が容易で，予測係数と等価なパラメータの符号化方法やその量子化方法も重要である。PARCOR（partial auto correlation，偏自己相関）係数は安定判別が容易で，量子化ビット数は少なくて済む。さらに，LSP（line spectrum pair，線スペクトル対）パラメータは，パラメータとスペクトル包絡形状との対応がよく，効率のよいパラメータの予測や量子化が可能である。このため，LSP はほとんどの携帯電話や VoIP などの音声帯域の低ビット符号化にほぼ例外なく共通に使われている。

(4) CELP

CELP（code excited liner prediction，符号駆動線形予測符号化）は，線形予測フィルタとベクトル単位の音源信号で音声を合成するモデルにおいて，ベクトル単位で合成信号を入力信号と比較して，閉ループのフィードバックをかけて音源信号を決定することが特徴である。すな

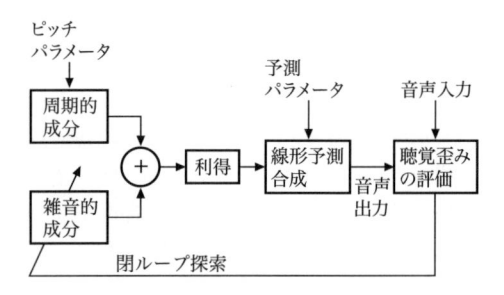

図 6.22 CELP の符号化モデル

わち，合成による分析手法を組み込んだ線形予測符号化といってもよい。音源信号としては，雑音的成分と周期的成分を適応的に組み合わせる。周期的成分はピッチ周期で使い過去のフレームの音源信号をくり返すことで作成されるので，雑音的な固定符号帳と対比させ，適応符号帳ともよばれる。なお，予測誤差信号を量子化して音源信号とするだけでは，合成後の歪みを小さくすることはできない。一般に音源信号の決定処理が膨大になるが，音源信号を低ビットで表現でき，自然性の高い音声が得られるという特徴がある。さまざまな音源モデルや簡素化による実用的研究が進展し，現在の低ビットの音声符号化のほとんどがこの CELP の枠組に基づいている。

雑音情報源，励振ベクトルの形態は，図 6.23〜29 のように多様である。合成モデルは線形予測符号化と類似する図 6.23 の分析合成ボコーダの雑音成分はそれを指定する情報はなく，復号側では乱数をそのまま使う。このため，再生波形は原音とは異なり，自然性や個人性が失われたり，周囲雑音によって劣化するなどの問題がある。

音源を単なる雑音とせず，8 kHz サンプルの音声に対して 8 kbit/s 以下の低ビットで波形再生を目的とした符号化を行なう場合には，音源ベクトルの1サンプルあたり1ビット以下で表現するために，さまざまな工夫がされている。

図 6.24 のマルチパルス符号化ではまばらな

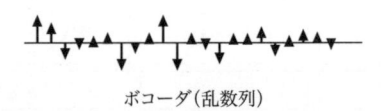

図 6.23 分析合成ボコーダの励振ベクトル

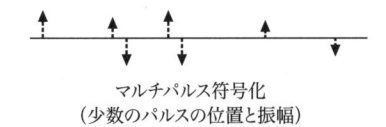

第6章 画像情報伝送の要素・関連技術

図6.24 マルチパルス符号化の励振ベクトル

サンプル点の位置と振幅で雑音的成分を表わす。雑音的成分のほとんどのサンプルは0でも，合成音声の品質が保たれるという発見に基づいているが，パルスの位置の記述のための情報が多くなるので，品質の向上には限界があった。

位置の情報を省略して，等間隔のパルス位置に固定してその振幅だけを情報として送るのが，図6.25の正規マルチパルス符号化である。等間隔に固定すると，スペクトルが低域から高域に折り返されることになり，その制約の範囲内でしか雑音成分を表現することができなくなるが，振幅の情報量を増やすことができる。

図6.26は典型的なCELPで，通常のベクトル量子化と同様に符号帳の中のベクトルから選択する。

図6.27のVSELP（vector sum excitation linear prediction）では複数の固定の基本ベクトルをすべて加算したベクトルを励振とするが，そのときの各ベクトルごとの極性（＋か－か）をパラメータとする。これにより2の基本ベクトルの本数乗の異なるベクトルをつくることができ，CELPと同じように閉ループで最適な組合

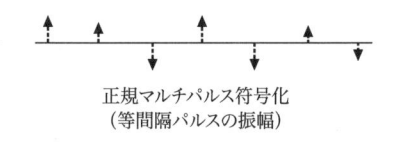

図6.25 正規マルチパルス符号化の励振ベクトル

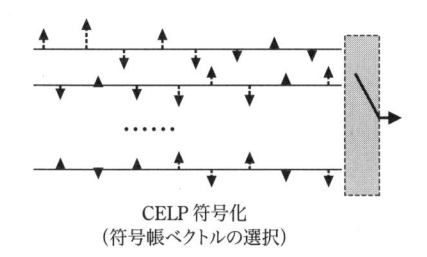

図6.26 CELPの励振ベクトル

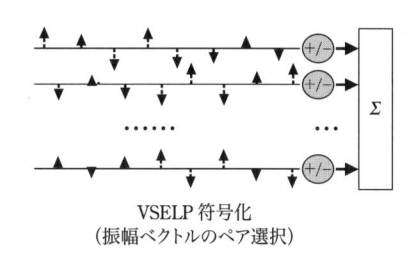

図6.27 VSELPの励振ベクトル

せを選択すればよい。基本的なCELPと比較して符号帳のテーブルが格段に少なく，符号誤りに強いという利点がある。

図6.28のPSI-CELPやCS-CELPでは2系統の符号帳からの最適な組合せを選択し，その和を雑音ベクトルとしている。符号帳を交互に学習させておくことによって，量子化による歪みをほとんど増やすことなく，符号帳のメモリ容量の大幅削減，探索演算量の削減，誤り耐性の改善が実現できる。また，PSI-CELP以降，雑音的な成分のベクトルであっても，ピッチ周期と同じ周期性を組み込むことで品質を改善している。

図6.29のACELPはあらかじめ，複数のトラックごとに等間隔に制約されたパルスの位置

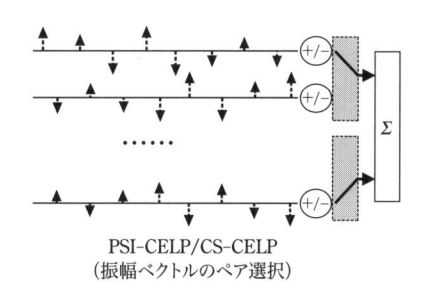

図6.28 PSI-CELP，CS-CELPの励振ベクトル

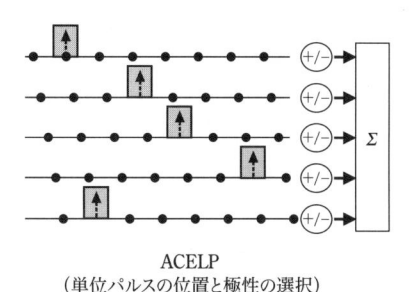

図6.29 ACELPの励振ベクトル

から1つを選択し，複数のトラックからのパルスを重ね合わせる．個々のパルスの振幅の情報も正規化するという簡略化をしている．規則的なパルス配置から選択することにより，まったく符号帳を記録する必要がない．ベクトルの構成の自由度も高く，高速探索も可能であるため，簡素な構造でありながら品質を維持できる．このような利点から，最近の低ビット音声符号化のほとんどに採用されている．

6.3.3 周波数領域の符号化

(1) 適応配分と利得

時間領域のサンプル間の相関は，その周波数領域のスペクトルの強度の偏りとして現われる．スペクトルの強度に応じた適応ビット配分または適応重み付け量子化により，量子化雑音を制御することで，フレーム内の平均量子化歪みを小さくできる．6.1.3項の(2)で述べたように，変換による歪みを小さくできる利得はスペクトルの偏りに依存し，周波数分解能が高いほど効果が大きい．

周波数領域の符号化として直交変換に基づく変換符号化と帯域分割によるサブバンド符号化が代表的である．

(2) 直交変換

オーディオの符号化にはMDCT（modified discrete cosine transform，変形離散余弦変換）が頻繁に使われる．時間領域でオーバーラップがあるためにフレーム境界の歪みが目立たない．周波数領域の独立なサンプル点は時間領域のサンプル点と同数であるという点が，とくに波形の歪を小さくする符号化に適している．図6.30の変換基底ベクトルに示されるように，変換基底ベクトルの前半のN点が奇対称，後半のN点が偶対称で，時間領域のNサンプルの波形のうち，奇対称な成分（自由度$N/2$）は後半の変換，偶対称な成分（自由度は$N/2$）は前半の変換に含まれる．見かけ上$2N$点の時間領域のサンプルにまたがる変換であるが，自由度はN点で，周波数領域でもN点のサンプルが得られる．

通常の定常的なオーディオ信号ではNを大きくすることで，周波数分解能をあげ，ビット割り当てによる変換効率を高めることができ

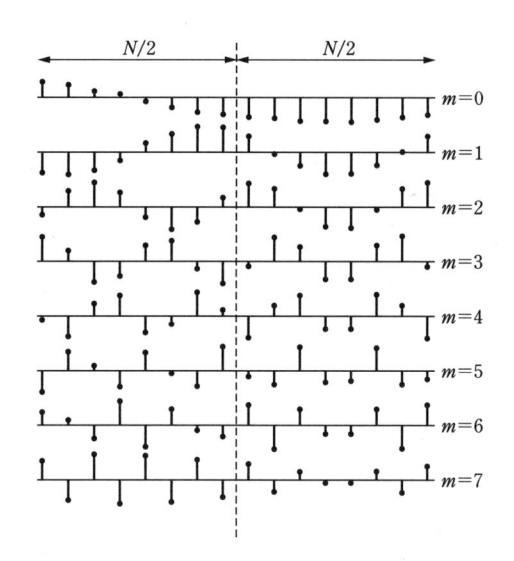

図6.30 MDCTの変換係数

る．ただし，時間領域の振幅の変動が激しい場合は，Nを大きくすると時間領域の歪みが問題となる．周波数領域の歪み最小化によって，時間領域のフレーム内の振幅が小さい部分に対しても均等に量子化歪みが発生するので，プリエコーという顕著な歪みとして聞こえてしまうからである．これを防ぐ有力な方法は，時間領域での変動が激しい場合だけは，例外的にNを通常の1/6から1/8に小さくすることである．この場合，短い窓と通常の窓で遷移するMDCT係数の窓を設計しておく必要がある．

(3) 帯域分割

帯域の分割と合成にはQMF（quadrature mirror filter）形式のフィルタバンクが頻繁に使われる．QMFの基本は帯域の2分割フィルタで，ローパスフィルタ出力（低域）とそれに対応するハイパスフィルタ出力（高域）がペアとなる．低域成分はローパスフィルタ出力をそのまま2点に1点だけのダウンサンプルし，高域成分はフィルタ係数に1と−1を交互にたたみ込んだものをダウンサンプルする．高域信号はまた1と−1を交互にたたみ込んだ補間フィルタ（元のローパスフィルタと同じ），低域は元と同じ補間フィルタで，それぞれ2倍のサンプル数の系列を再構成し，それを加え合わせると完全に元の全帯域信号に戻る．高域と低域の境界でのたがいのエイリアシングの影響を気にしなければ，フィルタ係数は非常に短いものでも

済ませることができる。

1と−1をたたみ込むのではなく，複素単位円上の等間隔に配置されるN種類の係数をたたみ込んで，それぞれをN点ごとに間引いて取り出すことで，N帯域の分割信号を得ることができる。これは位相が異なる正弦波で周波数領域に変調することでもあり，多相（polyphase）QMFフィルタバンクともよばれる。逆に，共役の複素数をたたみ込んで加え合わせることで，元の信号を再構成できる。時間領域と周波数領域の中間の状態，時間分解能と周波数分解の適度な組合せが選択できるといってもよい。帯域ごとのエネルギーの偏りや周波数分解能の観点では分割数が多いほうがよく，その極限はDCTやMDCTになる。分割数が少ない場合には，再サンプルしたあとでも時間領域の波形としての連続性やサンプル間の相関が残り，予測が可能であり，時間分解能を維持することが可能である。QMFのフィルタバンクはMPEG-1，-2のオーディオ符号化，MPEGサラウンド，SBR（spectral band replication，スペクトル帯域複製）の処理のベースとなっている。

（4）振幅値の符号化

周波数領域の信号を帯域ごとに量子化ビット数，すなわち量子化ステップ数を指定するか重み付き距離尺度を使うことで，その帯域内の量子化雑音を制御することができる。周波数領域での情報圧縮は一般に高域で周波数成分が少なく，少ないビット数で表現できることで達成される。フレームごとにそのスペクトルの概形の情報は帯域ごとの平均パワーを対数軸で量子化して補助情報とする。また，この目的のために線形予測を使うことも可能である。

さらに情報を圧縮するために，複数サンプルにまたがるエントロピー符号化やベクトル量子化が使われる。前者はスカラー量子化後の符号語をその出現頻度に合わせた可変長符号に割り当てなおして伝送する。後者はベクトルの符号帳から最も歪みが小さくなるベクトルのインデックスを符号として伝送する。

（5）聴覚特性

オーディオの符号化では，周波数領域のマスキング特性が符号化の聴感改善に使われてい

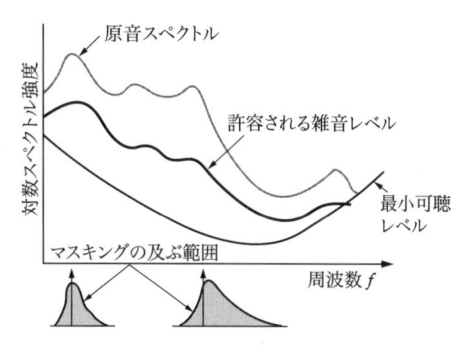

図6.31 周波数領域のマスキング特性

る。周波数領域のマスキングは，ある周波数の信号が存在すると隣接する周波数の信号の一定レベル以下の信号が耳には聞こえなくなる現象である。

この現象を模式的に表現したものが図6.31である。マスキングの影響が及ぶ帯域の幅は臨界帯域といい，低周波数領域でせまく，周波数が高くなるにつれて拡大する。臨界帯域幅に比例する非線型な周波数軸の伸縮目盛がバーク尺度である。量子化などの処理も，このバーク尺度に比例する区切りで分割することが多い。

オーディオ信号の符号化では，臨界帯域幅ごとの入力のエネルギーを基にマスキングで聞こえなくなるレベルを計算し，量子化の雑音がそのレベル以下になるように最適な雑音制御を行なう。結果的には，入力信号の振幅が大きいところに大きな雑音を許すことになる。聴覚特性に関係なく，物理的な量子化雑音を最小化すると，全帯域にわたって量子化雑音が均一になることと対比すると，全体で同じビット数でも相当大きな聴感歪み削減効果がある。

6.3.4 関連する音声信号処理

（1）ポストフィルタとプレフィルタ

電話音声の低ビットの符号化による雑音感を軽減するためのポスト（後処理）フィルタが使われる。スペクトルの谷間の雑音はマスキング効果が及ばずに，相対的に目立ちやすい。聴覚重み付け尺度で符号化する際にも，谷間の雑音を小さくするように符号化されるが，それでも復号音声には雑音感が残る。符号化のパラメータから，スペクトル包絡の谷間，ピッチ周期によるスペクトルの微細構造の谷間を推定し，そ

の信号を抑圧して，雑音感を軽減し，主観品質を改善する。

　周囲雑音の影響を除去するためのプレフィルタを利用することもある。とくに高域で目立つ雑音を抑圧できるが，音声信号に歪みを与えることにもなるので，携帯電話では処理をスキップすることもできるようにしている。

（2）ピッチ変形・速度変形

　音声波形を単純に本来のサンプリング周期とは異なる周期で再生することで，ピッチや速度が変化するが，実用上はピッチを変えずに速度を変えるか，速度を変えずにピッチを変えるほうが重要である。

　音声波形が正弦波の重ね合わせでモデル化できて，高品質で符号化・再生できれば，その基本となる正弦波の周波数の変形，時間的くり返しの長さの変形によってピッチや再生速度を簡単に調整することができる。一般の符号化や符号化に関係なくピッチや速度を変更する方法も種々あるが，短期フーリエ変換と重ね合わせ加算で実現する方法が一般的である。

（3）符号誤り耐性・フレーム消失隠蔽

　移動通信用の符号化では，符号誤りによる品質の劣化を抑えることが重要である。通常の携帯電話のようにシステムと同期した伝送では，ビット単位での符号誤りが発生するので，誤り訂正符号を併用する。情報源符号化でも，符号誤りによる劣化が小さい量子化や符号化の構成，誤りの影響が長く伝播しない構成，伝送パラメータごとの符号誤り感度に応じた適応的な不均一誤り訂正などの技術が使われている。

　一方，VoIPをはじめとするインターネットでの通信やディジタル放送などのようにパケット単位で誤り検出を併用して送信する場合には，パケット全体の情報の消失が問題となる。このため，誤り訂正符号や誤りに強い符号化よりも，パケット消失を隠蔽する波形処理が重要となる。フレーム全体の波形をピッチ周期を考慮して前後のフレームから補ったり，自然な雑音を付加したりすることで，顕著な劣化を抑えることが可能である。

（4）帯域拡張

　帯域拡張は低域の信号には波形符号化を適用し，高域の信号は低域の非線形変換で合成し，低ビットの補助情報で表現したスペクトル包絡を使って補正する。全体で量子化雑音を抑えつつ，帯域が広がるように聴感を改善するものである。

　電話音声の低ビットの符号化では低域の残差信号を高域に流用し，線形予測でスペクトルを表現する RELP（residual excited linear prediction）が知られている。MPEG オーディオで標準化された SBR は広帯域の楽音符号化を目的としており，スペクトル包絡を表現するパラメータとしてサブバンド領域での信号の強度を使う。

（5）エコーキャンセラ

　TV 会議のような複数の人が参加する双方向通信では，ハンズフリーでスピーカから音を出す拡声系通話が便利である。この場合，相手からきたスピーカの音響信号がマイクに回り込み，遅れて相手に伝わることによって，音響エコーが発生する。相手方に伝わることを防ぐために，適応的なスイッチ（相手が話すときにマイクを切る）や適応的なフィルタにより，エコー成分を差し引くエコーキャンセラが必要である。エコーの経路を適応的に推定する方法として，サンプルごとに後方適応予測を行なう方式や，収束を早めるためのフレームごとのサブバンドや周波数領域の適応フィルタも使われている。

（6）電子透かし

　音楽に対する著作権保護のための電子透かし技術が試みられている。原音に著作権情報を埋め込み，圧縮や編集，作為的な変形によっても埋め込まれた情報を取り出せること，埋め込むことによる聴感上の劣化が無視できることが理想である。聴感的な劣化がないことを保証することは非常に困難であり，また，透かしの信号処理を公開すると，透かしを消去できる可能性があるという問題もある。

6.4　画像ファイルフォーマットと通信プロトコル

6.4.1　通信を考慮した符号化技術・ファイルフォーマット

　画像の利便性向上への要望に応えて，画像フ

ァイルの多機能化に関する改良や応用技術の開発が進んでいる．例として，色空間の充実，セキュリティ強化，3D 画像への拡張などがあげられる．とくに，近年のブロードバンドの発展により，画像を高速に伝送することが可能になったこと，無線通信の発達と携帯端末の高性能化により，小さいディスプレイを使って画像を閲覧する用途が増加したことなどにより，画像データをさまざまな利用形態から適応的かつスケーラブルに取り扱う技術が開発されている．ここでは，さまざまな利用形態を考慮し，ネットワーク先の画像データをスケーラブルに取り扱うための技術について述べる．

スケーラブルな画像通信とは，クライアント側で粗い画像から徐々に高精細な画像を表示するプログレッシブ表示や，クライアントの表示領域や用途に応じて転送する解像度（画像サイズ）を変更したり，通信回線の状況に応じて画像データサイズ（画質）を変更したり，クライアントが必要とする画像の一部分だけを転送するようなインタラクティブな通信である．

たとえば，サーバが 2 k×2 k（pixel）程度の画像サイズのデータをもっている場合，A4 サイズでプリントアウトする際には，そのデータをすべて取得する必要があるが，L 版プリントや PC 上で画像全体を閲覧するだけであれば，その半分の 1 k×1 k（pixel）程度の画像で十分である．また，サーバ上の画像が地図データであり，携帯端末で無線回線を使って画像を受信して表示するのであれば，その全データを一括で受信するよりも，低画質で画像全体を受信し，その後，地図上でユーザーが見たい場所の画像データのみを切り取って高解像度で受信したほうが，データ転送量も小さく，レスポンス時間も短い．

スケーラブルな画像通信実現のために，画像データに対する機能追加と，その機能をネットワーク上でインタラクティブに利用するための通信プロトコルの開発が進められてきた．まず，画像に対する機能追加の方法を述べ，次に，通信プロトコルについて説明する．

画像データに対する機能追加の方法として，大きく符号化方式による改良と，ファイルフォーマットによる改良の 2 つがある．

(1) 符号化方式

追加された機能の中でも，スケーラブルな画像通信に大きく寄与する機能は，「階層化」と「タイル分割」である．

階層化実現のために，階層符号化を利用した画像データとしては，インタレース GIF，インタレース PNG，プログレッシブ JPEG，JPEG 2000 があげられる．

インタレース GIF では，走査線単位で 8 ラインおきに符号化することにより，階層化を実現している（図 6.32(a)参照）．インタレース PNG では，画像を 8×8（pixel）のブロックに分割し，その中の画素を 7 回のパスで順に符号化することで，階層化が実現されている（図 6.32(b)参照）．

プログレッシブ JPEG では，画像を 8×8（pixel）のブロックに分割し，各ブロックの DCT 係数を求め，すべてのブロックの DC 成分を保存したのちに，AC 成分を数回に分けてファイルに保存している．これにより，ファイルの先頭から順にデコードすると，画質方向のスケーラビリティが実現され，各ブロックがしだいにはっきりとした画像になる．

JPEG2000 では，離散ウェーブレット変換（DWT）とビットプレーン符号化を使うことで，2 つのスケーラビリティ機能を実現している．DWT は，解像度（画像サイズ）方向のスケーラビリティ機能を実現している．DWT 係

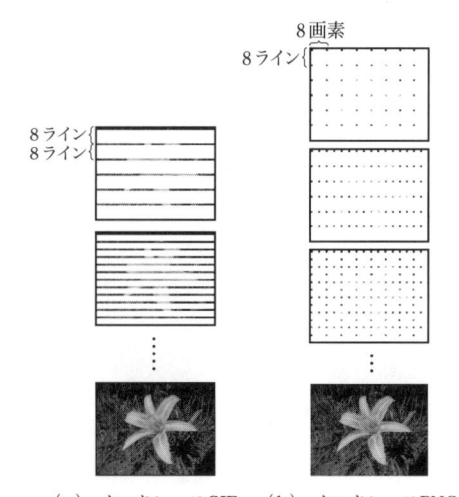

(a) インタレース GIF　(b) インタレース PNG

図 6.32　インタレース画像のデコードのようす

数とデコード画像の関係を図6.33に示す。図に示されるように，各解像度レベル（resolution level）のデータは，1レベル小さい画像サイズのデータとの差分データから成り立っている。そのため，解像度レベルRのデコード画像を得るためには，解像度レベル$0 \sim R$のデータをデコードする。

さらに，量子化されたDWT係数をビットプレーン化し，ビット精度方向にグループ化してビットプレーン符号化することにより，画質方向のスケーラビリティ機能も実現している。レイヤーとデコード画質の関係を図6.34に示す。図に示すように，画質の最も粗い画像をレイヤー0とし，画質が1段階よい画像との差分データに対して，順にレイヤー番号を振る。

また，JPEG2000では，DWTやビットプレーン符号化の前に，入力画像を矩形の領域に分割し，それぞれの領域を独立に符号化することで，タイル分割機能も付加されている。図6.35にタイル分割と画像サイズの関係を示す。タイルごとに独立した符号化データは，タイルの中では3つの要素（色成分，解像度レベル，レイヤー）に基づいて分割され，管理されている。このデータ単位を，JPEG2000では，パケット（packet）とよんでいる。

(2) ファイルフォーマット

ファイルフォーマットの工夫により，階層化とタイル分割の2つの機能を実現した代表的な例は，Flashpix（FPXと略す）である。FPXは，1996年にコダック，HP，マイクロソフト，ライブピクチャの4社により，汎用的な画像ファイルフォーマットとして規格化された。

FPXは，空間解像度方向のスケーラビリティ機能をもっている。これは，1つのファイルの中に複数の空間解像度の画像をもつことにより実現している。各階層の画像から，縦横半分の大きさの画像が作成され，64×64（pixel）に収まる大きさの画像が作成されるまで，階層がつくられる。各階層に依存関係はなく，独立した符号データであるため，ファイルサイズは最大解像度の画像に対して約1.3倍の大きさになる。

また，各解像度の画像は，すべて64×64（pixel）のタイルに分割され，独立に符号化されている。したがって，画像サイズが大きくなるほどタイル数が多くなる。図6.36にFPXにおけるタイル分割と画像サイズの関係を示す。

これらのタイルにアクセスしやすいように，

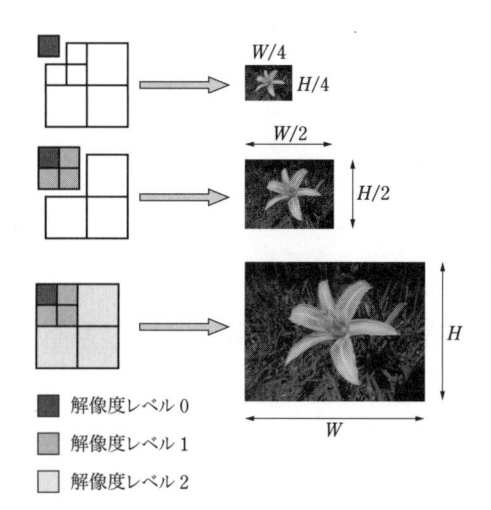

図6.33　DWT係数とデコード画像サイズの関係

図6.34　JPEG2000のレイヤーとデコード画質の関係

図6.35　JPEG2000のタイル分割と画像サイズの関係

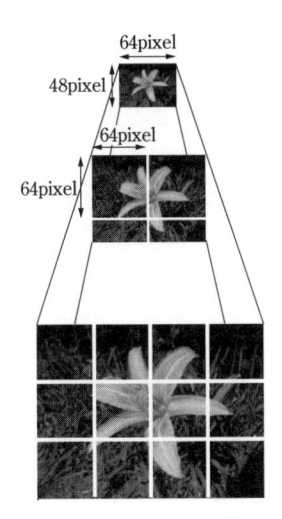

図6.36 FPXのタイル分割と画像サイズの関係

データは，構造化ストレージ（structured storage）とよばれる階層構造をもつフォーマットに収められている。

6.4.2 ファイル転送を利用したプログレッシブ表示

GIFやPNGのインタレース機能や，プログレッシブJPEGを使えば，ファイルの先頭から順次データを送るだけで，受信側でプログレッシブ表示を行なうことができる。そのため，ユーザーは早い段階で画像の概要を知ることができる。

しかし，一般には，HTTPなどのファイル転送用のプロトコルを利用し，ファイルを一括して転送するため，インタラクティブな操作は不可能である。したがって，ユーザーが明示的に解像度もしくは画質を指定して要求することも，画像内の部分領域のみを指定して転送することも不可能である。ただし，HTTP 1.1には，ファイル内をバイト単位で指定して，特定部分のみを転送する機能があるため，データの区切り位置をあらかじめ把握していれば，明示的にデータの一部を取得することも可能である。

6.4.3 ファイルフォーマットを利用したプロトコル

FPXの特徴をネットワーク上で最大限に活かすために，インターネットイメージングプロトコル（internet imaging protocol；IIP）とよばれる通信プロトコルが策定されている。これは，HP，ライブピクチャ，コダックの3社により提案されたものである。IIPを使ってFPXデータを要求することで，IIPクライアントはIIPサーバとインタラクティブな通信を行なうことができる。

IIPクライアントは，FPX画像から，指定した解像度の，指定したタイルデータのみを要求することができる。したがって，クライアント側には，目的に応じた解像度（画像サイズ）の画像や，画像の中の注目領域のみを受信し，閲覧できる利点がある。たとえば，表示画面の小さい携帯端末のクライアントがネットワーク経由で画像を閲覧するときに，サムネイル画像を表示したり，部分領域を拡大したりできる。IIPサーバは，IIPクライアントから要求された解像度画像から，指定されたタイルのデータのみを抜き出して，IIPクライアントに返送する。したがって，サーバは1つのFPX画像ファイルで，サムネイル，ディスプレイ表示，プリントなどの複数の用途に対応可能であり，クライアントや用途に応じて，サイズの異なる複数の画像ファイルを用意する必要がない。

6.4.4 階層符号化を利用したプロトコル

前述したJPEG2000の階層符号化の特徴をネットワーク上で最大限に生かすための通信プロトコルJPIPが策定されている。

JPIP（正式名称はISO/IEC 15444-9 JPEG 2000 image coding system—Part 9：Interactivity tools, APIs and protocols）とは，クライアントからのリクエストに応じてJPEG 2000画像の一部および関連するメタデータを提供する目的で策定された通信プロトコルである。テキストベースのプロトコルであり，HTTPとの親和性も高い。

前項で示したように，表示条件によっては，JPEG2000のすべての符号化データをデコードする必要はない。たとえば，画質方向の階層化を利用して，帯域幅の細い回線から，十分な帯域を確保できるブロードバンド回線まで，通信状況に応じて最適な画質（データサイズ）の画像を提供することができる。

JPIPでは，JPEG2000のこの性質を利用し

て，符号化データをタイル単位，またはそれよりも小さいデータ単位であるパケット単位に分割し，ユーザーが表示したい画像を得るために必要なデータのみをインタラクティブに送受信する．ただし，JPEG2000 の階層データは差分情報からできているため，ユーザーは受信したデータをキャッシュしておくことが必要になる．

6.4.5 比較

ネットワーク利用という観点から，プログレッシブ JPEG，FPX，JPEG2000 の比較を行なう．

データ構造では，JPEG2000 は画質（符号量）方向と空間解像度（画像サイズ）方向の2つのスケーラビリティを有している．一方，プログレッシブ JPEG は画質（符号量）方向のスケーラビリティのみを，FPX は空間解像度（画像サイズ）方向のスケーラビリティのみを有している．したがって，JPEG2000 は，2つのスケーラビリティによって，ネットワークを介して画像を利用するユーザーに対して，より柔軟性の高い表示方法を提供できる．たとえば，回線の細いネットワークを利用しているユーザーは，多少画質が劣化するが，符号量を小さくした画像を要求できる．

符号化方式の面では，プログレッシブ JPEG と JPEG2000 は，差分データを利用し，スケーラビリティを実現している．FPX は，各解像度，各タイルのデータを独立した画像データとして扱う．

差分データを使った符号化方式は，ネットワーク上での利用時に2つの利点をもたらす．1つめの利点は，サーバ側に保存するファイルサイズを小さくできる点である．FPX ファイルのデータサイズは，最大解像度の画像を1枚だけ保存した場合の約 1.3 倍のデータサイズになる．一方，プログレッシブ JPEG や JPEG2000 ファイルのデータサイズは，最大解像度の画像データサイズと同じである．2つめの利点は，転送データ量を削減できる点である．FPX では，解像度を変更すると，新たな解像度の画像データをすべて必要とする．一方，プログレッシブ JEPG や JPEG2000 は，すでに受信した階

表6.3 ネットワーク上での性能比較

	プログレッシブ JPEG over HTTP	JPEG2000 over JPIP	FPX over IIP
国際標準の画像フォーマット	○ (ISO)	○ (ISO)	×
指定解像度のデータ転送が可能	×	○	○
指定画質のデータ転送が可能	×	○	×
指定部分領域のデータ転送が可能	×	○	○
指定コンポーネントのデータ転送が可能	×	○	×
メタデータのみの転送可能	×	○	○

○：あり ×：なし

表6.4 サーバ上の画像データの条件

	プログレッシブ JPEG	JPEG2000	FPX
最大画像サイズ	512 × 512（pixel）		
解像度の階層数	1	4	
各解像度の画像サイズ（単位：pixel）			
解像度0	512 × 512	64 × 64	
解像度1		128 × 128	
解像度2		256 × 256	
解像度3		512 × 512	
タイル分割	なし	あり	
タイルサイズ（単位：pixel）			
解像度0	512 × 512	8 × 8	64 × 64
解像度1		16 × 16	64 × 64
解像度2		32 × 32	64 × 64
解像度3		64 × 64	64 × 64
タイル数			
解像度0	1	64	1
解像度1		64	4
解像度2		64	16
解像度3		64	64
画質の階層数	4		1
各画質のデータサイズ比（単位：%）			
画質0	25	25	100
画質1	50	50	
画質2	75	75	
画質3	100	100	

第6章 画像情報伝送の要素・関連技術

表6.5 各解像度, 各画質のデータサイズ比

	プログレッシブJPEG	JPEG2000	FPX
データサイズ[a]	100	約70	約130
各解像度のデータサイズ（最高画質表示時）			
解像度0	100	約1.09 (= 70/64)	約1.56 (= 100/64)
解像度1		約3.28 (= 70/16 − 70/64)	6.25 (= 100/16)
解像度2		約13.13 (= 70/4 − 70/16)	25 (= 100/4)
解像度3		52.5 (= 70 − 70/4)	100
各画質のデータサイズ（最高解像度表示時）			
画質0	25 (= 100/4)	17.5 (= 70/4)	100
画質1	25 (= 100/4)	17.5 (= 70/4)	
画質2	25 (= 100/4)	17.5 (= 70/4)	
画質3	25 (= 100/4)	17.5 (= 70/4)	

[a] プログレッシブJPEGのデータサイズを100とした場合のデータサイズ比。

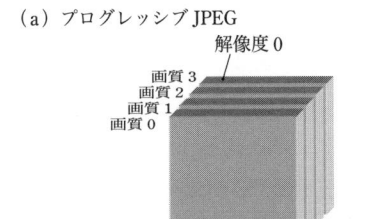

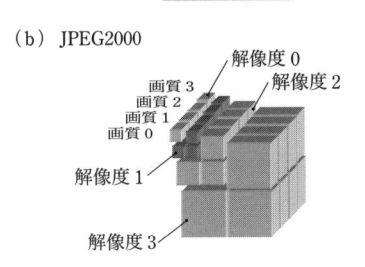

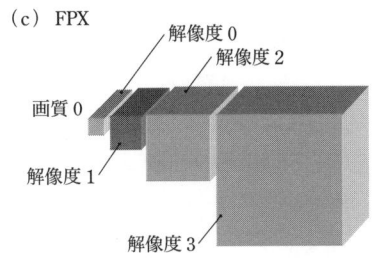

図6.37 データサイズの概念図

層のデータをキャッシュしておけば，キャッシュ済みの階層データと，新たに表示したい階層データとの差分データのみを取得すればよく，転送データを削減できる。

以上のようなデータ構造をふまえて，プログレッシブJPEG，JPEG2000とFPXのネットワーク上での性能比較を表6.3に示す。

ここで，プログレッシブJPEG，JPEG2000とFPXをデータ転送量の観点から比較する。比較を簡単にするために，小さい画像サイズで検討する。データ転送量は，プログレッシブJPEGの画像データを100とした相対値で示す。サーバ上の画像データの条件を表6.4に示す。

以上のような，ファイルに関する条件を基にして，各画像，各解像度と各画質のデータサイズの比較をそれぞれ表6.5に示す。また，その概念図を図6.37に示す。表6.5では，すべてプログレッシブJPEG画像のデータ量を100とした相対値で示されている。ただし，データサイズの項目では，ファイルの中の画像データのみの相対値になっている。たとえば，FPXの場合，画像データのほかに構造化ストレージの情報をもつため，実際には，プログレッシブJPEGの約1.5倍になる。

表6.5のようなデータサイズであると仮定し，ネットワーク利用時に3つのファイルから転送されるデータ量を比較する。ただし，通信プロトコルとして，プログレッシブJPEGはHTTPを，JPEG2000はJPIPを，FPXはIIPを使うものとする。さらに，クライアント側には，次の2つの条件を仮定する。

条件1　表示領域を256×256（pixel）とする。
条件2　クライアントが要求するデータは，表示領域に画像を表示するために必要最低限なデータのみ。ただし，プログレッシブJPEG画像の場合は全データを要求する。

また，インタラクティブな通信を想定し，2つのパターンを想定する。

パターンA）地図データの閲覧

表6.6 要求パターンAのデータ転送量比較

		プログレッシブJPEG	JPEG2000	FPX
動作1	転送データ量	100	17.5（解像度0〜2，画質0〜3のデータ）	25（解像度2のデータ）
	転送タイル数	1	64（=8×8）	16（=4×4）
動作2	転送データ量	0	約13.13（解像度3，画質0〜3の16タイル分のデータ）	25（解像度3の16タイル分のデータ）
	転送タイル数	0	16（=4×4）	16（=4×4）
総転送データ量		100	約30.63	50

表6.7 要求パターンBのデータ転送量比較

		プログレッシブJPEG	JPEG2000	FPX
動作1	転送データ量	100	約4.38（解像度0〜2，画質0のデータ）	25（解像度2のデータ）
	転送タイル数	1	64（=8×8）	16（=4×4）
動作2	転送データ量	0	約65.63（解像度0〜2，画質1〜3のデータと解像度3，画質0〜3のデータ）	100（解像度3のデータ）
	転送タイル数	0	16（=4×4）	16（=4×4）
総転送データ量		100	約70	125

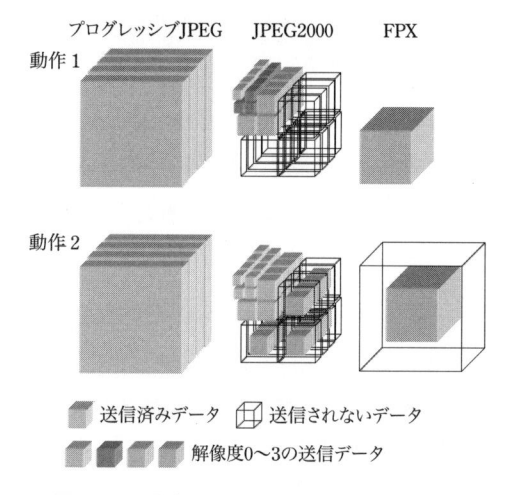

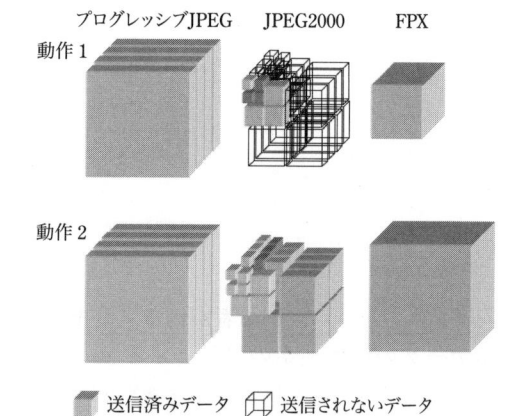

図6.38 要求パターンAの転送データ概念図

図6.39 要求パターンBの転送データ概念図

クライアントが，高精細な地図画像の全体を表示領域で確認したのち，必要な部分を拡大する．

パターンB）プリントアウト

クライアントが，画像全体を低画質で確認したあと，プリントアウト用のデータとして高解像度かつ高画質のデータを受信する．

この2つのパターンに対するデータの要求は，以下のようになる．

〈要求パターンA〉

動作1）表示領域に画像全体が収まるサイズの画像（解像度2）を，最高画質（画質3）で要求する．

動作2）画像の一部を縦横2倍の大きさに拡大し，最高画質（画質3）で要求する．

〈要求パターンB〉

動作1）表示領域に画像全体が収まるサイズの画像（解像度2）を，最低画質（画質0）で要求する．

動作2）最大サイズの画像（解像度3）を最高画質（画質3）で要求する．

以上のような条件の下で，サーバ・クライアントシステムが，要求パターンAおよびBの

要求を満たすために送受信した伝送データの概念図をそれぞれ図6.38と図6.39に，データ量の比較を表6.6と表6.7に示す。

6.5 データベース

本節では，画像データベースの内容検索という観点から，画像検索の枠組を示し，その手法を整理する。

6.5.1 画像検索の枠組

ある画像の内容に関して，利用者がキーとなるデータ p_0 を提示し，データベース中の各データ p_i との類似度 s_i を何らかの規準に従って評価して，類似度の高い p_i を解の候補とする操作を，内容検索とよぶ（このとき，キー p_0 自身はデータベース中に含まれていなくてもよい）。

解の候補集合には，類似度による順位付けがなされているのがふつうである。たとえば，利用者が描くスケッチをキーとして提示する内容検索（いわゆる例示検索）は，類似度を利用した検索の自然な応用である。また，不完全な情報しかキーとして提示できない場合でも，類似度を利用することで，曖昧検索も実現できる。

内容検索の形態は，利用者が例示するキーとなるデータの型と検索の対象とするデータの型，および，類似度の判定規準の与え方に注目すると，次のケースに分類できる。以下の説明で，「テキスト型」とは，文字コードなどのいわゆるシンボル情報の総称，「画像型」とは，画像などのいわゆるパターン情報の総称である。

6.5.2 テキスト型検索とサーチエンジンの統合

現在，利用可能な画像のサーチエンジンの方式は，テキスト型検索と内容型検索に大別される。

(1) テキスト型の画像検索の実現方式

インターネット上で公開されている写真や動画を含むウェブページでは，写真や動画の前後のテキストは，キャプションや内容と関連したテキストである場合が多いと考えられる。したがって，従来から利用されているテキストからのキーワード抽出とキーワードによるデータ検索の機能を組み合わせることにより，任意のキーワードから写真や動画を検索することが期待できる。代表的な例としては，Googleのイメージ検索，AltavistaのImage Finder（Microsoft Live Searchと同等）などがある[46]。これら個々のサービスにおけるキーワードの抽出法や，抽出したキーワードと画像データとの関連付けの方法などは，公開されていないものも多い。

(2) テキスト型検索の課題

このような検索手法の課題としては，以下の点があげられる。

① キーワードの抽出とオーサリング支援

ウェブページ中の画像とその前後の本文（パラグラフ）の内容が整合していなければ，適切な検索はできない。各パラグラフからその文脈によく整合したキーワードを抽出するテキストマイニング技術の高度化が必要である。

② キーワードのオントロジー

文字列としては同じでも，一般的な名詞・名称として用いられるのか，特定の分野で用いられる専門的な用語や固有名詞かで，意味は大きく異なる。これは個々のパラグラフや1ページの範囲内では，計算機に判断させることが難しい場合も多い。したがって，該当するウェブページ全体や関連する数ページにわたって「文脈」を検出し，どのような文脈でのキーワードなのかを分析する機能も必要となる。

6.5.3 画像型検索とサーチエンジンの統合

(1) 画像型検索のための画像特徴量

画像の色彩や構図など，個々の画像の特徴を画像処理により抽出し，特徴を表わす値（特徴量）の近い画像を検索することにより，類似検索を実現する仕組みが，内容型の画像検索である（Query by image content[47]，Query by visual example[48]，多次元ベクトル空間法とよぶこともある）。

特定の対象（例：文字，図面，地図など）のカテゴリだけからなる画像データベースの場合は，文字認識や図面認識に特化した特徴量や認識結果を利用する。一方，多様な対象を含んだ

画像データベースの場合には，人間が対象（シーンやシーン中のさまざまな事物）を視覚的に認識する過程で参照していると考えられている，色彩，形状，対象表面のテクスチャを特徴量に利用する。これらの多くは，計算機内部では多次元ベクトルとして表現される。

①空間ドメインでの特徴量

シーン全体や，シーン中の事物・各部に関する特徴量。シーン中の事物・各部それぞれの位置関係など。

- 大域的な色彩特徴　　シーン全体の輝度ヒストグラム，カラーヒストグラム，配色。
- 局所的な色彩特徴　　シーン中の事物・各部に関する輝度ヒストグラム，平均輝度，カラーヒストグラム，代表色などの統計量や配色。事物単位で切り出す場合や，メッシュ状・帯状・放射状・円周状に領域分割する場合もある[49,50]。領域分割とカラーヒストグラムは，画像の色調と概略の構図を同時に表現できるため，併用して定番的に利用される。ただし，色数を詳細化すれば特徴量の次元数が高くなり，色数を粗くすれば画像の色調のずれが識別できなくなる。
- 大域的な形状特徴　　シーン全体の構図（エッジ）。シーン中の事物・各部それぞれの位置関係。比較的単純な構図の写真や図面では，「空」「山」「建物」「人」などを抽出し，その位置関係で検索することも可能となる[51]。ただし，そのデータ構造は複雑なため，他の特徴量とは別の扱いが必要となる。
- 局所的な形状特徴　　シーン中の事物・各部それぞれの形状（エッジの方向線分，曲率）。

②周波数ドメインでの特徴量

シーン全体に及ぶ細かいテクスチャに見られる規則性。シーン中の事物・各部の位置関係の規則性など。

- テクスチャの周波数特徴　　全体的な方向性，細かさの特徴（フーリエ変換）。
- テクスチャの構造的特徴　　局所的な方向性，模様の形状（高次自己相関，高次コントラスト）。高次自己相関（実際上は2点間・3点間の相関が多い）は，テクスチャの局所的な構造と画像全体の性質を同時に表現する特徴量として，顔画像検索などにも用いられている[52]。最近は，相関の代わりに，画素の値で正規化した高次コントラスト（2点間・3点間のコントラスト）の利用も提案されている[53]。
- 形状特徴　　シーン中の事物の形状特徴（境界線上でのフーリエ変換）。

③両方のドメインにまたがる特徴量

複雑な画像には，さまざまな粒度の情報が含まれており，人間はマクロな視点やミクロな視点から画像特徴を取り出して知覚していると考えられる。

- 多重の解像度空間上での特徴　　与えられた画像から順次，解像度を落とした画像を段階的に生成し，それらの画像上で，空間的・周波数的な特徴を抽出する。古くからはピラミッド的な多重解像度，近年はスケールスペース[54]が利用されている。
- 周波数空間上での特徴　　同様に，さまざまな周波数から構成された画像信号の中に特定の構造をもつ信号群を見いだして，画像の特徴を記述する。フーリエ変換もそのような役割を果たすが，特定の波形の構造に焦点を当てて分析する手法として，ガボール変換，ウェーブレット変換が活発に試みられている[55]。

とくに最近は，スケールスペースとウェーブレットを併用することにより，人間の知覚過程を真似た特徴量の抽出法と画像検索への応用が進みつつある[56]。

④画像特徴量がもつべき性質

画像特徴量としては，スケール不変性（事物の大きさや信号のダイナミックレンジの大きさに対して安定なこと），位置不変性，回転不変性に加えて，ノイズや信号の変動（明るさや色の変化，幾何学的な歪みなど）に対する強さをあわせもつことが望ましい。

画像検索には，このような複数種類の画像特徴量を併用し，検索の対象となる画像の性質に合わせて，利用者が試行錯誤的にそれぞれの画像特徴量に重みを与えて検索を行なうものが多い[57,58]。データベースの自己組織化や，キー画

像と想定される類似画像の検索に適した特徴量の重み付け・組合せを（半）自動化する必要がある[53,59,60]。

とくに，「似ている」判断は最終的には人間（一般利用者）が行なうのであるから，人間の視覚のメカニズムとの整合性のある画像特徴量の設計が非常に重要である。

（2）画像型検索とサーチエンジンの統合

近年，内容型の画像検索機能をもつ画像データベースもインターネット上で利用できるようになってきた。インターネット上でのディジタルコンテンツの販売や，商品イメージが重要なオンラインショッピングなどへの利用が期待されている。たとえば，Yahooとリコーが共同開発した類似画像検索エンジンは，利用者が希望する色，形，柄の商品をYahooオークションのデータベースから検索する際に利用されている[61]。

6.5.4 テキスト・画像融合型の内容検索技術

近年は，両者を統合した形での内容検索技術が注目されている。

（1）小領域に注目した手法

1枚の画像を共通の画像特徴にもつ不定形の小領域（ブロブ，blobとよぶ）に分割し，画像上のどの部位にどのような特徴の領域が広がっているかをキーとして，類似画像を検索する手法がさまざまに試みられている。このような手法の代表例がCarsonらのBlobworldシステムである[62,63]。

画像中の各画素について，ある適切な範囲を仮定して，その画素が色・明るさの変化するエッジ上の1点であるか，テクスチャ中の1点であるか，また，均質な色・明るさをもつ領域の1点であるかを計測する。このように各点に関して計測された特徴量と，それに隣接・近接する点の特徴量とを比較し，共通の性質をもった点の集合をブロブとして統合する。

検索に際しては，利用者は例示画像中の特定のブロブ（複数の指定が可能）をキーとして指定する。システムは，指定されたブロブと同様の画像特徴・形状・位置をもつ画像を候補画像として検索する。特定のブロブのみについて処理するために，たとえば，色・形状が類似しているが，背景の色や明るさが異なっている画像を検索することができる。これにより，従来の画像検索の多くが，画像全面に対するカラーヒストグラムなどの特徴量に基づいた検索を行なっていたのに比べて，大幅に精度を向上させることが可能となる。

最近は，複数のブロブの位置関係をグラフ的に記述して，これを検索に使う手法も考案されている[48]。また，人間が画像中で注視する部分とブロブとを対応付けた画像検索法もStentifoldによって提案されている[64]。

Natsevら[65]は，各画像中で対応する位置にある小領域間の類似性をそれぞれ計算し，その結果を統合して画像間の類似性を判断する手法（region based approach）とシステムWALRUSを提案している。画像を非常に細かなメッシュに分割してウェーブレットに基づくテクスチャ特徴量を求め，近傍のメッシュの画像特徴に注目して自動的に領域統合して求めた「小領域」ごとにテクスチャ特徴量を求めている。この手法によれば，利用者は，例示画像中で注目するオブジェクトを検索キーとして指定する必要はない。画像間の類似性は，各画像に含まれた小領域間の位置にほぼ重なりがあるものについて，特徴量の類似性で総合的に評価している。

たとえば，花びらのブロブをキーとして検索すると，場所によらずに花・花びら状のオブジェクト（つまり，テクスチャ特徴が類似したオブジェクト）が写った写真を検索できる。

（2）対象（オブジェクト）に注目した検索

前節のブロブの考え方を発展させて，1枚の画像を共通の画像特徴をもつ領域（対象・オブジェクトに相当する）に分割して，それぞれの対象の種類・位置関係により画像の特徴・内容を記述し，これを検索に利用する手法SIMPLIcityがWangらにより提案されている[66,67]。

内容記述の基本的な手順は，(i) 4×4画素にメッシュ分割された画像の各メッシュの色・テクスチャなどの画像特徴量を求め，(ii) 色・テクスチャ・領域の形状・隣接関係を考慮しつつ，順次融合して対象を抽出し，(iii) 対象の種類・位置関係などから，与えられた画像を「テクスチャ・非テクスチャ」「写真・イラス

ト」などの意味的なカテゴリに分類する。また検索の際には，意味的なカテゴリ分類と，画像中の各対象の画像特徴・位置関係を併用して，統合的な類似検索を行なう。

この手法の利点は，(a) 個々の領域分割が不正確であっても，複数の領域間の照合を行なうことにより，不正確さを低減できること，(b) 各領域の解釈（対象の分類）を正確にすることに有効であること，つまり，テキスト型の索引の（半）自動生成にも役立つこと，また，(c) 対象と領域に注目した内容検索に適したGUIを作成しやすいことである。

(3) 画像と概念の関連に注目した検索

概念語の体系（シソーラスなど）を併用し，画像特徴と概念語の両者を協調的にマルチモーダルな内容検索に利用する考え方（synergistic indexing scheme；SIS）がZhangらにより提案されている[68]。

Zhangらの考え方では，概念語は，画像上に現われる事物を表わすような視覚的概念語（例：海，砂浜）と，事物そのものではなく事物から連想などにより導き出される抽象的概念語（例：休日）に大別される。視覚的概念語に関しては，これらの相関関係や共起関係をα意味グラフ（α-semantic graph）として定義する。

検索質問が視覚的概念語であれば，α意味グラフ上で，それに強く関連した視覚的概念語も検索質問に付加する。それぞれの視覚的概念語に適合する画像特徴をもつ領域・対象を含む画像を候補画像として検索する。

一方，検索質問が抽象的概念語ならば，従来のテキスト型検索エンジンのように，画像に付けられた注釈（アノテーション）や画像の周囲に書かれたテキスト中のキーワードなどとのマッチングにより候補画像を検索する。

Wangらは，このような考え方を，とくにウェブ形式のマルチメディア文書に特化させて展開している[69,70]。

マルチメディア動物図鑑[71]などのコンテンツの場合，話題となる動物の写真とともに，注釈のテキストが付随している。シソーラスを利用しつつテキストを解析して，注釈中の主要なキーワードをこの事項（動物）との関連度とともに抽出する。同時に，各画像を，色彩やテクスチャ特徴により領域分割し，顕著な特徴をもつ領域は事項を表わすキーワードなどと対応付ける。これにより，シソーラスを媒介に，画像と画像の類似度を求めることができる。このような枠組の下で，キーワードからの画像検索とともに，画像からの画像検索も可能となる。

旧来の教師あり学習に対して，「あいまい」な教師データを扱うことで，利用者の教示学習における負担を大幅に軽減する手法が，Multiple Instance Learning（MIL）[72]である。

Zhangら[73]は，画像データベースからの検索結果の精度を高める手法にMILを利用している。ここでは，利用者は検索結果を観察し，その中で所望のオブジェクトが現われているものをPositive Bag，現われていないものをNegative Bagとして教示する。システムはこれを受けて1クラスSVM（support vector machine）などのアルゴリズムで学習を行ない，オブジェクトあるいはそのオブジェクトのもつべき画像特徴の推定をより正確に行なえるようになる。このようなサイクルを数回くり返すことで，適合率を10～20%向上させることができる。

6.5.5　3次元物体モデルのデータベース

内容検索に関する最近の話題としては，コンテンツの多様化，とくに3次元物体モデルの類似検索技術の進展がめざましい。

3次元物体モデルの形状を表現する物理特徴量の要件も，画像特徴量と同様に (a) スケール不変性（事物の大きさに対して物理特徴量の値が安定なこと），(b) 位置不変性，(c) 回転不変性に加えて，(d) ノイズや信号の変動（明るさや色の変化，幾何学的な歪みなど）に対する強さをあわせもつことが望ましい。また，検索や索引生成に必要な処理時間の観点からは，数万ポリゴンを超える物体モデルも珍しくないことから，(e) 少ない計算量で特徴量が抽出できることが望ましい。

ここでは，形状を表現するためにどのような物理的な特徴量を採用しているかに注目して，種々の手法を紹介する。

(1) 頂点の分布密度に基づく特徴

鈴木らは，ポリゴン表現された3次元物体の頂点の分布密度に注目し，物体の外接直方体を3次元メッシュ（キューブ）に分割して，各キューブ内の頂点密度で特徴を記述する3次元物体モデルの類似検索システムを試作した[74]。これを契機として，3次元物体モデルのデータベース化，類似検索技術の研究が急速に広まった。特徴量は，キューブ分割数に等しい多次元のベクトルとなる。

(2) 表面上の点の相対的位置関係に基づく特徴

3次元物体モデルの検索で，ここ数年めざましい成果をあげているのは，プリンストン大学のFunckhouserらの研究である[75,76]。

3次元物体の外接球をタマネギの皮状に同心球に分割する。物体の表面と，このある球の交点（交線，交面の場合もありうる）に注目し，これらの交点の相対的な位置関係を調和関数（harmonic functions）により表わす。すべての同心球について調和関数を求め，これらの係数を特徴量とする。明らかに，この特徴量は物体のねじれのような変形には弱いものの，スケール普遍性，位置不変性，回転不変性を兼ね備えた特徴量である。

また，Funckhouserらのグループは，2次元のスケッチから3次元形状を構築したり，逆に3次元形状から2次元のスナップショットを作成するなど，多様なメディア変換の手法も研究を展開しており，多様な内容検索手法を提供している点でも特記すべきである。

同グループは，当該分野の研究者らと協力して，3次元物体モデルの素材集を作成しており，この素材集上での内容検索の精度が，実質的なベンチマークテストとなっている。

球に対して円筒座標系を考えて，物体表面の分布のようすを記述する方法もAssfalgら（Del Bimboのグループ）によって提案されている[77]。また，同グループは，物体のシルエット画像に注目し，これを複数のセグメントに分割して，それぞれのセグメントの形状の類似性・隣接性を考慮した物体検索の手法も試みている[78]。

(3) ポリゴン対の相対的位置関係に基づく特徴

惣田らは，3次元物体モデルのすべてのポリゴン対に注目して物体形状を記述する手法を提案している[79]。

ポリゴンの対に関して，2つの法線ベクトルがなす角度，ポリゴン対の相対的な距離，相対的な面積和から，3次元のスキャッタグラムが構成できる。これを角度，相対的な距離の2軸を適当なスケールで量子化し，各区間での相対的面積和を集計することにより，角度，相対的な距離を2軸とする2次元ヒストグラムに変換できる。この特徴量は，計算量が少なく，スケール普遍性，位置不変性，回転不変性を兼ね備えた特徴量である。また，ポリゴンパッチの大きさのちがいによる近似の精粗のちがいも，ある程度吸収できるという特長をもつ。

6.5.6 個人への適応化

数十枚の画像を与えられて，これを主観的な類似度に基づいて分類する場合を考えてみよう。同じ画像が与えられても，分類の仕方は人によって異なる場合が多い。これは画像のどのような性質に重きを置くかの判断基準が人によって異なるためである。

多田らは，情報量基準などの統計量を用いて，画像主観的に分類する際に，利用者はどのような視野（解像度）で，どの部分の特徴に注目しているのかを，分析・モデル化する手法を提案している[80]。

このような「画像などのマルチメディアコンテンツを，個々の人間がどのように主観的に解釈するか」という観点からの画像検索の課題は，わが国では感性情報処理の範疇と考えられている。ここ数年，このような問題意識と，それに基づく研究は欧米にも広がりを見せはじめている[81]。

6.5.7 むすび

近年の画像データベース技術の発展は，画像処理・画像認識アルゴリズム研究の進歩・深化とともに，インターネット技術との融合化によるところが大きい。

コンテンツ提供の新しい枠組として，ウェブ

2.0に向けたさまざまな動きが，マルチメディアデータベース・検索にも大きな影響を与えそうである[82]。ウェブ2.0の知の共有のスキームは，ソフトウェアの機能統合を格段に容易にするものであり，サーチエンジンと連動したマルチメディア検索にとどまらず，さまざまなマルチメディアアプリケーションと連動した新サービスを生み出す可能性を秘めている。

一方で，21世紀の「多様性・共生社会」を情報通信技術面から支えるための，多様な個人性に適合した情報サービスを提供するための技術開発はまだ緒に付いたばかりである。高度なマルチメディア検索を実現するためには，利用者ごとに，その利用者の注目する特徴量に合わせて特徴量の重み付けを調整し，類似度空間を構成する必要がある。このような検索方式（感性検索とよばれる）は，多様なコンテンツに対して，多様な判断基準を持った多数の利用者1人ひとりに，満足感の得られる情報サービスを提供するうえで欠くことのできない技術である。着実な発展が期待される。

文献

1) 小野文孝，渡辺 裕：『国際標準画像符号化の基礎技術』，コロナ社，1998．
2) 高木幹雄，下田陽久編：『新編 画像解析ハンドブック』，東京大学出版会，2004．
3) 野水泰之，原 潤一，小野文孝：『JPEG2000のすべて 静止画像符号化の集大成―JPEG2000の全編・完全解説―』，電波新聞社，2006．
4) 貴家仁志：『よくわかる動画・静止画の処理技術』，CQ出版，2004．
5) 原島博監修，テレビジョン学会編：『画像情報圧縮』，オーム社，1991．
6) T. S. Huang：Picture bandwidth compression, Gordon & Breach, 1972.
7) 小野文孝：「9.1 2値画像の符号化」，画像処理ハンドブック編集委員会編『画像処理ハンドブック』，昭晃堂，1987．
8) D. Pruess：Two dimensional facsimile source encoding based on a Markov model, *Nachrichtentech.*, Z.28, H.10, 1975.
9) 大西良一，上野 裕，小野文孝：「近接画素相関を利用するファクシミリ信号帯域圧縮の最適設計」，『信学論B』，第61-B巻8号，pp.745-752，1978．
10) J. B. O'Neal：Predictive quantizing system（Differential pulse code modulation）for the transmission of television signals, *Bell System Technical Journal*, 45, pp.689-721, 1966.
11) P. Wintz：Transform picture coding, *Proc. of IEEE*, 60(7), 809-820, 1972.
12) K. R. Rao, P. Yip 共著，安田 浩，藤原洋共訳：『画像符号化技術―DCTとその国際標準―』，オーム社，1992．
13) 貴家仁志：『マルチレート信号処理』，昭晃堂，1995．
14) 大西良一，上野 裕，小野文孝：「2値情報源の符号化圧縮」，『信学論』，第60-A巻12号，pp.1114-1121，1977．
15) S. W. Golomb：Run-length encoding, *IEEE Trans. Information Theory*, 12, 399-401, 1966.
16) G. G. Langdon Jr., J. Rissanen：Compression of black-white images with arithmetic coding, *IEEE Trans. Commun.*, 29(6), 858-867, 1981.
17) 植松友彦：『文書データ圧縮アルゴリズム入門』，CQ出版社，1994．
18) 南 敏，中村 納：『画像工学』，コロナ社，1989．
19) 原島 博監修，テレビジョン学会編『画像情報圧縮』，オーム社，1991．
20) 安田 浩，渡辺 裕：『ディジタル画像圧縮の基礎』，日経BP出版センター，1996．
21) David Salomon：Data Compression. Springer, 2000.
22) 高木幹雄，下田陽久監修：『新編画像解析ハンドブック』，東京大学出版会，2004．
23) B. K. P. Horn, B. G. Schunk：Determining optical flow, *Artificial Intelligence*, 17, 185-203, 1993.
24) 花村 剛，関口俊一，亀山 渉，富永英義：解像度選択機能と互換性を有する階層的動画像符号化」，『信学論誌』，J76-B-I, 3, pp.299-310, 1993.3.
25) 木村青司，上野初仁，松田一朗，伊東 晋：「可変サイズ可変形状ブロックに基づいた動き補償方式」，『信学論誌』，J80-D-II, 2, pp.434-443, 1997.2.
26) 木村祥勝，長谷山美紀，北島秀夫，白川智昭，小川吉彦：「動画像符号化のための動きパラメータを用いた可変ブロックサイズ動き補償」，『信学論誌』，J77-D-II, 7, pp.1273-1281, 1994.7.
27) J. Nieweglowski, T. G. Campbel, P. Haavisto：A Novel Video Coding Scheme Based on Temporal Prediction using Digital Image Warping, *IEEE Trans. on Consumer Electronics*, 39(3), 141-150, 1993.8.
28) 横山 裕，宮本義弘，太田 睦：「輪郭適合パッチを用いた適応代表点選択ワーピング動き補償予測」，『信学論誌』，J79-D-II, 1, pp.1273-1281, 1996.1.
29) 南 俊宏，長沼次郎：「テレスコピック探索に適した動きベクトル検出器構成法の提案」，『信学論誌』，J87-D-II, 11, pp.2007-2024, 2004.11.
30) M. Hotter：Differential estimation of the global motion parameters zoom and pan, *Signal Processing*, 16(3), 249-265, 1989.3.
31) 上倉一人，渡辺 裕：「動画像符号化におけるグローバル動き補償法」，『信学論誌』，J76-B-I, 12, pp.944-952, 1993.12.
32) 興梠正克，村上洋一：「グローバルなアフィン動きパラメータの実時間推定手法」，『信学論誌』，J82-D-II, 7, pp.1161-1170, 1999.7.
33) H. Jozawa, K. Kamikura, A. Sagata, H. Kotera, H. Watanabe：Two-Stage Motion Compensation Using Adaptive Global MC and Local Affine MC, *IEEE Trans. on CSV*, 7(1), 75-85, 1997.2.
34) 泰泉寺久美，渡辺 裕，小林直樹：「スプライト生成のためのグローバルモーション算出法と符号化への適用」，『信学論』，D-II, J83-D-II, 2, pp.535-544, 2000.2.
35) 藤原 洋監修：『画像＆音声圧縮技術のすべて』，Vol.4, No. TECH I，CQ出版，2000．
36) 杉原 明，花村 剛，富永英義：『動画像符号化におけるスケーラビリティに関する研究』，PCSJ 92, pp.165-168, 1992.10.
37) 北脇編著：『ディジタル音声・オーディオ技術』，電気通

信協会，未来ねっと技術シリーズ，1999.
38) 守谷健弘：『音声符号化』，電子情報通信学会編，1998.
39) 古井貞熙：『新音響・音声工学』，近代科学社，2006.
40) CompuServe Incorporated Columbus：GRAPHICS INTERCHANGE FORMAT（sm）Version 89a, 1990.
41) ISO/IEC 15948：2004：Information technology-Computer graphics and image processing-Portable Network Graphics（PNG）：Functional specification, 2004.
42) ISO/IEC 15444-1：Information technology - JPEG 2000 Image Coding System, 2000.
43) Flashpix Format Specification Version 1.0.1, 1997.
44) ISO/IEC 15444-9：Information technology - JPEG 2000 image coding system：Interactivity tools, APIs and protocols, 2005.
45) Hewlett Packard Company, Live Picture, Inc., Eastman Kodak Company：Internet Imaging Protocol Version 1.0.6, 1997.
46) Google, Infoseek, Altavista の画像検索
http://images.google.co.jp/
http://www.infoseek.co.jp/のイメージ検索
http://www.altavista.com/の Photo Finder
47) IBM の QBIC プロジェクト
http://wwwqbic.almaden.ibm.com/
48) K. Hirata, T. Kato：Query by Visual Example―Content-based Image Retrieval―, Proc. of Extending Database Technology EDBT'92, pp.56-71, March 1992.
49) Y. Gong：Intelligent Image Databases Towards Advanced Image Retrieval, Kluwer Academic Pub., 1998.
50) H. Kobayashi, Y. Okouchi, S. Ota：Image Retrieval System using KANSEI Features, Proc.of PRICAI'98：Topics In Artificial Intelligence, Nov. 1998.
51) 椋木雅之, 美濃導彦, 池田克夫：「対象物スケッチによる風景画像検索とインデックスの自動生成」,『信学論』Vol.J79-D-II, No.6, pp.1025-1033, 電子情報通信学会, 1996（平 8）-06.
52) T. Kurita, N. Otsu, T. Sato：A face recognition method using higher order local autocorrelation and multivariate analysis, Proc. of Int. Conf. on Pattern Recognition, Aug. 30-Sep. 3, The Hague, Vol.II, pp.213-216, 1992.
53) M. Tada, T. Kato, I. Shinohara：Similarity Image Retrieval System Using Hierarchical Classification, Proc. of DEXA 2002, pp.779-788, Sep. 2002.
54) 本谷秀堅, 出口光一郎：「スケールスペース解析に基づく局所ぼけ変換を用いた輪郭線図形のマルチスケール近似」,『情報処理学会論文誌』, Vol.35, No.09-007, 1994.
55) 小早川倫広, 星 守, 大森 匡, 照井武彦：「ウェーブレット変換を用いた対話的類似画像検索と民俗資料データベースへの適用」,『情報処理学会論文誌』, Vol.40, No.03-013, 1999.
56) 中村裕一, 大田友一：「認識と生成を双方向に行なうための多重解像度表現 ウェーブレット極値による形状生成/編集」,『情報処理学会グラフィクスと CAD 研究会資料』, No.078-006, 1995.
57) NEC C&C アメリカ研究所の Amore プロジェクト
http://www.ccrl.com/amore/
58) スイス連邦工科大学の画像データベース
http://simulant.ethz.ch/Chariot/index.html
59) 呉 君錫, 金子邦彦, 牧之内顕文, Sang-Hym Bae：「Wavelet-SOM に基づいた類似画像検索システムの設計・実装と性能評価」,『情報処理学会論文誌』, Vol.42 No.SIG1（TOD8）, pp.1-11, 2001 年 1 月.
60) 中越智哉, 佐藤 健：「画像のグルーピングとグループ間類似度に基づく主観的類似検索」,『情報処理学会論文誌』, Vol.42 No.SIG1（TOD8）, pp.21-31, 2001 年 1 月.
61) Yahoo とリコーの共同開発による検索エンジン
http://auctions.yahoo.co.jp/の類似画像検索
http://help.yahoo.co.jp/guide/jp/auct/tour/image1.html
62) C. Carson, S. Belongie, H. Greenspan, J. Malik：Blobworld：Image Segmentation Using Expectation-Maximization and its Application to Image Querying, IEEE Trans.on PAMI, Vol.24, No.8, pp.1026-1038, Aug. 2002.
63) Blobworld のデモ：
http://elib.cs.berkeley.edu/photos/blobworld/
64) F. W. M. Stentiford：An Attention Based Similarity Measure with Application to Content-Based Information Retrieval, SPIE Vol.5021, Storage and Retrieval for Media Databases, Jan. 2003.
65) A. Natsev, R. Rastogi, K. Shim：WALRUS：A Similarity Retrieval Algorithm for Image Databases, IEEE Trans. Knowledge and Data Engineering, Vol.16, No.3, pp.301-316, 2004.
66) J. Z. Wang, J. Li, G. Wiederhold：SIMPLIcity：Semantics-Sensitive Integrated Matching for Picture Libraries, IEEE Trans.on PAMI, Vol.23, No.9, pp.947-963, Sep. 2001.
67) SIMPLIcity のデモ：http://wang14.ist.psu.edu/cgi-bin/zwang/regionsearch_show.cgi
68) Z. Zhang, R. Zhang, J. Ohya：Exploiting the Cognitive Synergy between Different Media Modalities in Multimodal Information Retrieval, Proc. of IEEE International Conf. on Multimedia and Expo ICME 2004.
69) X. J. Wang, W.-Y. Ma, X. Li：Data-Driven Approach for Bridging the Cognitive Gap in Image Retrieval. Proc. of IEEE International Conf. on Multimedia and Expo ICME 2004.
70) D. Cai, X. He, W.-Y. Ma, J.-R. Wen, H. Zhang：Organizing WWW Images Based on the Analysis of Page Layout and Web Link Structure, Proc. of IEEE International Conf. on Multimedia and Expo ICME 2004.
71) Yahoo kids のマルチメディア動物図鑑：
http://yahooligans.yahoo.com/content/animals/
72) O. Maron, T. Lozano-Perez：A Framework for Multiple Instance Learning, In advances in Neural Information Processing Systems, 10, MIT Press, 1998.
73) C. Zhang, X. Chen, M. Chen, S-C. Chen, M-L. Shyu：A Multiple Instance Learning Approach for Content Based Image Retrieval Using One-Class Support Vector Machine, Proc. of IEEE ICME, 2005.
74) 鈴木一史, 加藤俊一, 築根秀男：「主観的類似度に適応した 3 次元多面体の検索」,『電子情報通信学会論文誌』, Vol.J82-D-1, No.1, pp.185-193, 1999.
75) T. Funkhouser, P. Min, M. Kazhdan, J. Chen, A. Halderman, D. Dobkin, D. Jacobs：A Search Engine for 3D Models, ACM Transactions on Graphics, Vol.22, No.1, pp.83-105, January 2003.
76) プリンストン大学の 3D Search Engine のデモ：
http://shape.cs.princeton.edu/search.html
77) J. Assfalg, A. Del Bimbo, P. Pala：Spin Images for Retrieval of 3D Objects by Local and Global Similarity, Proc. of 17th International Conf. on Pattern Recognition, Aug. 2004.
78) S. Berrette, A. Del Bimbo：Multiresolution Spatial partitioning for Shape Representation, Proc. of 17th International Conf. on Pattern Recognition, Aug. 2004.
79) 向江亜紀, 加藤俊一：「3 次元物体の形状と質感に対する感性のモデル化」,『情報処理学会論文誌：データベー

ス』，Vol.47，SIG 8，pp.134-146，2006.
80) 多田昌裕，加藤俊一：「類似する画像領域の特徴解析と視覚感性のモデル化」，『電子情報通信学会論文誌』，Vol.J87-D2，No.10，October 2004.
81) 特別セッション：Bridging Cognitive Gap towards Media Indexing, Proc. of IEEE International Conf.on Multimedia and Expo ICME 2004, Aug. 2004.
82) T. O'Reilly：What Is Web 2.0
http://www.oreillynet.com/pub/a/oreilly/tim/news/2005/09/30/what-is-web-20.html

第 Ⅱ 編
ビジュアルコンピューティング編

1 CGの概要

1.1 CGの基礎知識

コンピュータグラフィクス（computer graphics；CG）とは，広い意味では，コンピュータで画像を作成したり加工したりする技術の総称である．本書の第II編（ビジュアルコンピューティング編）では，おもに物体の3次元（形状）データから計算によってその物体の画像を生成する技術を扱う．この技術をとくに3次元CGとよぶ．

1.1.1 CGの原理

本項では，実物のカメラで写真を撮影する場合と対比させながら，CGの原理，すなわち計算によって画像を生成する原理を説明する．

まず，図1.1のように，実世界で写真を撮影する場合を考えよう．カメラのフィルムには，レンズを通してカメラ前方からの光が届き記録される．たとえば，フィルム面上の点Fには，レンズを通した延長線上（ただし，レンズで光線の向きは変わる）の点Aの明るさ（あるいは色）が記録される．

点Fから見た点Aの明るさは，点Aがみずから光を発していなければ，①他の物体（点E_1，E_2，E_3など）から点Aにどれだけの光が届き，②それらの光が点Aでどれだけの割合で点Fの方向に反射するかで決まる．このような光のやりとりを正確に計算できれば，フィルム面に写る各点の明るさをすべて正確に決定でき，写真と同等の画像が生成できることになる．

CGでは，このような現実世界での光のやりとりを，コンピュータ上でなるべく正確にシミュレートすることによって，実感的な画像を生成しようとする．そのためには，一般に以下の4種類の処理が必要とされる．

- 物体の形状を定義する．そのためには，コンピュータ上の仮想的な環境内で座標系を考え，その座標系で形状を定義する．この要素技術をモデリングとよび，第2章で説明する．
- 物体の形状をカメラの位置から見える形に座標変換する．この変換は一般に，ビューイングパイプラインという過程で行なわれ，3次元形状データを2次元に投影（射影）する処理を伴う．座標変換や投影，ビューイングパイプラインは，1.4節で説明する．
- カメラから見て物体が重なり合っているとき，フィルムに写るのは最も手前の物体である．同様にCGでは，たとえば図1.1において，カメラから点Aの方向を見ると（点A′ではなく）点Aが見えることを計算で判断する必要がある．この処理を隠面消去とよび，3.1節で紹介する．
- 光のやりとりを計算する．すなわち物体の表面（たとえば点A）にどれだけの量の光が届き，また，その光がカメラの方向（たとえば点Fの方向）にどれだけ反射する

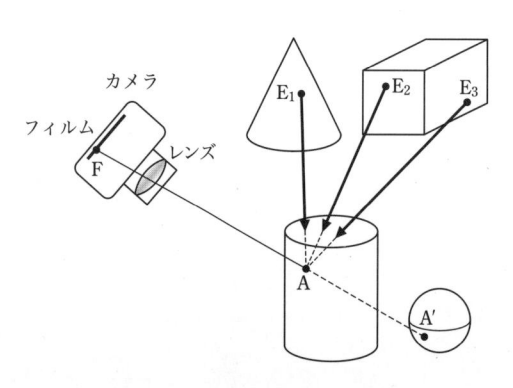

図1.1 写真撮影とCGの原理

かを求める。これは，シェーディング，影付けなどとよばれる処理であり，3.2 節以降で説明する。一般にこれらの処理では，光のやりとりの計算を物理的に正確にしようとすればするほどリアリティは高まるが，計算コストも増す。

1.2 CG の歴史

1.2.1 CG の始まり

CG の最初期で最も重要な研究は 1963 年に Sutherland が発表した Sketchpad である（図1.2）。Sketchpad は，ライトペンを用いて CRT 上で線画を描くことができるシステムであり，対話型 CG の元祖ともいえるものである。

Sketchpad は，CRT 上に直接線画を描くベクターグラフィックディスプレイを用いていた。その後 1980 年代ごろまでは，描画が高速であるという利点から，ベクターグラフィックディスプレイが広く用いられた。しかし，ベクターグラフィックディスプレイには面や色の表現に限界があるため，徐々にラスターグラフィックディスプレイ（ビットマップディスプレイ）が主流となっていった。その後，ラスターグラフィックディスプレイの描画速度が著しく改善されたため，現在ではベクターグラフィックディスプレイはほとんど使われていない。

1970 年代には，ユタ大学が CG 研究の中心となった。ラスターグラフィクスの基本的な技法の多く，たとえば，隠面消去法（スキャンライン法，Z バッファ法など），シェーディング法（フォンの鏡面反射のモデル，スムースシェーディングなど），マッピング法（テクスチャマッピング，バンプマッピングなど）などは，この時期にユタ大学で開発されたものである。

1.2.2 フォトリアリズムの追求

1980 年代は，フォトリアルな（写真と見分けがつかないほど実感的な）画像を生成する技術が大きく進歩した時代である。まず，1980 年に Whitted が，レイトレーシング法を発表した。これは，視点から光線を逆方向に追跡することにより，光線の（複数回の）反射，屈折や，他の物体の映り込みを表現することができる手法である。

Whitted のレイトレーシング法は，鏡面反射による相互反射のみを扱うものであったが，拡散反射による相互反射（間接光）を扱う手法として提案されたものがラジオシティ法である。これは，1983 年に Goral らが提案し，影の影響も考慮した手法が西田らおよび Cohen らによって開発されたものである。ラジオシティ法では，シーン全体を小さい拡散反射面（パッチ）に分割し，パッチ間のラジオシティ（放射発散度）の授受を連立方程式で表わし，これを解くことでシーン全体の相互反射を求めた。

その後，鏡面反射や拡散反射など，さまざまな効果を統一的に扱える方法が追求された。代表的な手法には，Jensen らのフォトンマップ法がある。

さらに，さまざまな光源（スポットライトのように方向によって明るさの変わる光源や，パネル照明のような面光源）の特性や，物体表面の反射特性（物体表面の微細構造による反射特性や，物体内部の多重散乱を伴う反射）など，モデルを精密化させリアリティを高めようとする研究が今も続けられている。

1.2.3 産業応用の拡大

CG は早期から CAD などの産業応用と結びついていたが，1990 年代に入ると，その範囲も市場規模も爆発的に増大した。とくにエンターテインメント分野への進出が目立った。

映画への応用は，1980 年代から映画「トロ

図 1.2 Sketchpad システム
（写真提供：Dr. Ivan Sutherland）

ン」などで試みられていたが，1990年代になると，映画「ターミネーター2」や「ジュラシック・パーク」をきっかけとして，映画におけるCGの使用が一般化した。

TVゲームの世界でも，業務用ゲーム機ではセガの「バーチャファイター」などによって，家庭用ゲーム機ではソニーの「プレイステーション」などによって，3次元CGの利用が一般的になった。

1.2.4 CG研究の広がり

1990年代に入ると，CG研究もさまざまな広がりを見せた。それまでは，CGの研究はリアリティの追求が中心であったが，情報の伝達性を重視する可視化の研究や，芸術的な表現を追求するノンフォトリアリスティックレンダリング（NPR）の研究などが盛んになった。

また，CGのさまざまな分野で，実データの利用が試みられた。たとえば，モデリングでは（3次元スキャナで得た実物体表面の）点群データからモデルを作成する技術，レンダリングでは実世界の画像から3次元的な表現を可能にするイメージベースドレンダリング，アニメーションでは実際の人間の動作データでキャラクターを動作させるモーションキャプチャなどが研究され，実用化されてきた。

1.2.5 CG研究を支えたもの

CGの研究では，いわゆる学術雑誌ばかりでなく，国際会議の影響力が大きい。とくに，ACM SIGGRAPHとEurographicsが毎年開催する国際会議は，これまでのCGの進歩を支えてきたといっても過言ではない。

ACM SIGGRAPHでは，毎年CGに大きな貢献をした研究者に賞を授与している。わが国では，2005年に東京大学の西田友是がSteven A. Coons Awardを，2006年に東京大学の五十嵐健夫がSignificant New Researcher Awardを，それぞれ受賞している。

1.3 CGの応用

CGは誕生以来，さまざまな目的に応用されてきた。

1.3.1 設計

コンピュータを用いて（コンピュータに支援されて）設計する技術をCAD（computer aided design）とよぶ。CADは，CGの初期から主たる応用分野と考えられており，現在でもCGとCADの研究は一体として扱われる場合も多い。

CADが当初対象としたのは機械や機械部品であり，このことはモデリング技術，とくに正確な形状を表現するために，曲線・曲面の表現方法の進歩を促した。

次に，建築・土木分野の設計にも応用され，単に設計図を描くだけではなく，意匠設計や照明設計として，建物完成時の室内を検証して建物設計を行なうことが常識化した。これは，ラジオシティ法など高度なレンダリング技術の進歩によって，より効果的なものになった。一方，計画中のビルや橋梁などのCG画像を屋外の実画像に合成し，景観設計を行なうという応用も盛んになった。

近年では，服飾デザインや分子設計などさまざまな分野で，3次元CGによるCADが試みられている。

1.3.2 教育・訓練

3次元CGが教育・訓練に用いられる代表的な例に，フライトシミュレータがある。フライトシミュレータは，航空機パイロットを養成するために，コックピットでの操作を模擬的に体験できる装置である。3次元CGにより窓からの眺めが表現されるほか，実際の訓練で使用される装置では，モーションプラットフォームがコックピット全体を動かすこともできる。また，実際の訓練用のシステムのほかに，一般人向けにゲームの一種として提供されるものもある。

フライトシミュレータは，VR（virtual reality）システムの元祖でもある。また，他の分野でもVRを用いた教育・訓練が試みられている。

1.3.3 エンターテインメント

最近注目を浴びることの多い3次元CGの応

用は，映画，アニメーション，ゲームなど，エンターテインメント分野への応用である。

CGを利用した初期の映画として有名なものは，1982年にディズニーが制作した「トロン」である。1990年代になると，映画「ターミネーター2」や「ジュラシック・パーク」をきっかけとして，一般の映画制作にCGが広く利用されるようになった。また，これらの映画を製作したILM社などは，CG技術の進歩に大きな役割を果たしてきた。

また，実写（風）の映画ではなく，アニメーション映画にもCGが用いられている。1995年には初のフルCG長編映画作品としてPixarが制作した「トイ・ストーリー」が公開され，以降CGによるアニメ制作が普及した。手描きのセル画風に見せるために，3次元CGらしいシェーディング（陰影付け）ではなく，セルシェーディングあるいはトゥーンシェーディングとよばれるシェーディング法が用いられることもある。

TVゲームの世界でも，業務用ゲーム機ではセガの「バーチャファイター」などによって，家庭用ゲーム機ではソニーの「プレイステーション」などによって，3次元CGの利用が一般的になった。ソニーの「プレイステーション3」に代表される現在のゲーム機は，きわめて高いグラフィクス性能と計算性能を有したコンピュータである。

1.3.4 可視化

そのままでは意味のわかりにくい（一般には大量の）データを，（広義の）図やグラフで表現し，目に見えるようにする分野を，可視化（visualization）とよぶ。当初は，流れ場のデータなど科学の諸分野における大量の数値データを対象としていたため，scientific visualizationとよばれていたが，その後は，非数値データ一般を扱うinformation visualizationなども研究されている。

1.4 座標系と座標変換

1.4.1 2次元座標変換

CGでは，物体の形状を定義したり，任意の方向からその物体の画像を生成したりする際に，さまざまな座標系とそれらとのあいだの座標変換（幾何学的変換とよばれる）を考える。3次元CGには3次元座標変換が用いられるが，ここではまず，2次元座標変換を説明する。座標変換は一般に，基本変換あるいはそれらの組合せとして考えることが多い。

(1) 基本変換

2次元座標変換の基本変換には，平行移動，拡大・縮小，回転がある。ほかに鏡映やスキューを基本変換に含める場合もあるが，ここでは省略する。以下の説明では，ある座標系の上で，（図形の個々の）点 (x, y) を点 (x', y') に変換するものとする。

①平行移動

図形を x, y 各軸方向にそれぞれ t_x, t_y だけ移動させる平行移動は，

$$\begin{pmatrix} x' \\ y' \end{pmatrix} = \begin{pmatrix} x \\ y \end{pmatrix} + \begin{pmatrix} t_x \\ t_y \end{pmatrix} \tag{1.1}$$

と表わされる（図1.3①）。

② （原点中心の）拡大・縮小

図形を原点中心に x, y 各軸方向にそれぞれ s_x, s_y 倍だけ拡大・縮小する変換（ただし，

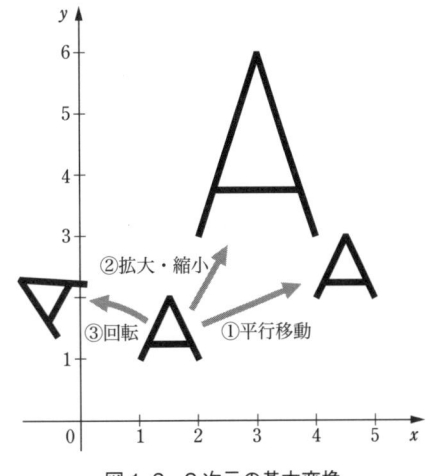

図1.3 2次元の基本変換

$s_x, s_y > 1$ の場合は拡大を，$s_x, s_y < 1$ の場合は縮小を表わす）は，

$$\begin{pmatrix} x' \\ y' \end{pmatrix} = \begin{pmatrix} s_x & 0 \\ 0 & s_y \end{pmatrix} \begin{pmatrix} x \\ y \end{pmatrix} \quad (1.2)$$

と表わされる（図1.3②）。

③（原点中心の）回転

原点を中心に反時計まわりに図形を角度 θ だけ回転させる変換は，

$$\begin{pmatrix} x' \\ y' \end{pmatrix} = \begin{pmatrix} \cos\theta & -\sin\theta \\ \sin\theta & \cos\theta \end{pmatrix} \begin{pmatrix} x \\ y \end{pmatrix} \quad (1.3)$$

と表わされる（図1.3③）。

(2) 同次座標

(1)で紹介した基本変換は，単独で用いるだけではなく，いくつかの変換を順に適用することが多い。しかし，(1)のように通常座標のまま変換を表現すると，拡大・縮小と回転はそれぞれ行列の積で表わせるのに対し，平行移動はベクトルの和の形で表わさざるをえない。それぞれの変換を表現する方式がこのように異なると，変換をまとめて扱う場合に不便である。

この問題は，同次座標（homogeneous coordinates）を用いると解決できる。同次座標とは，通常座標 (x, y) を，実数 w（ただし $w \neq 0$）を用いて (wx, wy, w) と表わす座標である。簡単のため，ふつうは $w = 1$ とし，(x, y) を $(x, y, 1)$ と書く。

同次座標を用いると，平行移動，拡大・縮小，回転はすべて以下のように行列の積として表わすことができる。

①平行移動

$$\begin{pmatrix} x' \\ y' \\ 1 \end{pmatrix} = \begin{pmatrix} 1 & 0 & t_x \\ 0 & 1 & t_y \\ 0 & 0 & 1 \end{pmatrix} \begin{pmatrix} x \\ y \\ 1 \end{pmatrix} = T(t_x, t_y) \begin{pmatrix} x \\ y \\ 1 \end{pmatrix} \quad (1.4)$$

②（原点中心の）拡大・縮小

$$\begin{pmatrix} x' \\ y' \\ 1 \end{pmatrix} = \begin{pmatrix} s_x & 0 & 0 \\ 0 & s_y & 0 \\ 0 & 0 & 1 \end{pmatrix} \begin{pmatrix} x \\ y \\ 1 \end{pmatrix} = S(s_x, s_y) \begin{pmatrix} x \\ y \\ 1 \end{pmatrix} \quad (1.5)$$

③（原点中心の）回転

$$\begin{pmatrix} x' \\ y' \\ 1 \end{pmatrix} = \begin{pmatrix} \cos\theta & -\sin\theta & 0 \\ \sin\theta & \cos\theta & 0 \\ 0 & 0 & 1 \end{pmatrix} \begin{pmatrix} x \\ y \\ 1 \end{pmatrix} = R(\theta) \begin{pmatrix} x \\ y \\ 1 \end{pmatrix} \quad (1.6)$$

同次座標を用いると平行移動も行列の積で表わされる理由は文献1)を参照されたい。

(3) 合成変換

前項で触れたような，複数の変換を順に適用する変換を，合成変換（composite transformation）とよぶ。たとえば，点 $p = \begin{pmatrix} x \\ y \\ 1 \end{pmatrix}$ に変換 A_1, A_2, A_3 を順に行なうと，点 $p' = \begin{pmatrix} x' \\ y' \\ 1 \end{pmatrix} = A_3 A_2 A_1 p$ に変換される。このように，変換 $A_1, A_2, \cdots, A_n$ を順に行なう変換を $A_1, A_2, \cdots, A_n$ の合成変換とよび，$A_n \cdots A_2 A_1$ と書く。同次座標を用いると，このように，任意の合成変換を一連の行列の積の形で表わすことができる。

合成変換の一例として，任意の点 (x_0, y_0) を中心とする拡大・縮小を考えてみよう。これは順に，

① 点 (x_0, y_0) が原点になるよう平行移動し，
② 原点中心に x, y 各軸方向にそれぞれ s_x, s_y 倍だけ拡大・縮小し，
③ ①とは逆に，原点が点 (x_0, y_0) になるよう平行移動する

と実現できるので，次式で表わされる。

$$\begin{pmatrix} x' \\ y' \\ 1 \end{pmatrix} = T(x_0, y_0) S(s_x, s_y) T(-x_0, -y_0) \begin{pmatrix} x \\ y \\ 1 \end{pmatrix} \quad (1.7)$$

なお，合成変換では一般に $A_2 A_1 \neq A_1 A_2$ であり，変換の順序を入れ換えることはできない。

(4) 2次元アフィン変換

ここで扱った座標変換は，

$$\begin{pmatrix} x' \\ y' \\ 1 \end{pmatrix} = \begin{pmatrix} a & b & c \\ d & e & f \\ 0 & 0 & 1 \end{pmatrix} \begin{pmatrix} x \\ y \\ 1 \end{pmatrix} \quad (1.8)$$

という一般形で表わすことができる。これを2次元アフィン変換（affine transformation）とよぶ。

2次元アフィン変換の合成変換も，必ず2次元アフィン変換になる。また，直線は直線に変換され，直線上の点の比は保存される。直線が直線に変換されるので，線分やポリゴンを座標変換する場合であっても，その端点や頂点のみを座標変換し，それらのあいだを直線で結ぶだけで，変換後の図形を得ることができる。

なお，文献によっては，同次座標を行ベクトルで表わし，式(1.8)の変換を，

$$(x'\ y'\ 1) = (x\ y\ 1) \begin{pmatrix} a & d & 0 \\ b & e & 0 \\ c & f & 1 \end{pmatrix} \quad (1.9)$$

と表わす場合がある。

1.4.2 3次元座標と座標変換

ここでは，3次元座標系およびその上での座標変換について，3次元の同次座標を用いて説明する。

(1) 右手系と左手系

3次元の xyz 直交座標系には，右手系と左手系とがある。親指，人指し指，中指をそれぞれ x, y, z 軸とみなすとき，右手と同じ配置になるものが右手系，左手と同じ配置になるものが左手系である。一般には，右手系を用いることが多い。

(2) 同次座標

2次元の場合と同様に，3次元の座標変換を表わすにも同次座標を用いる。3次元の場合は，通常座標 (x, y, z) を，実数 w（ただし $w \neq 0$）を用いて (wx, wy, wz, w) と表わす。3次元でも $w = 1$ とし，(x, y, z) を $(x, y, z, 1)$ と書く。ただし，次項で説明する透視投影では，$w = 1$ に固定できなくなる。

(3) 基本変換の行列表現

2次元の場合と同じく，3次元においても以下の基本変換がある。

①平行移動

図形を，x, y, z 各軸方向にそれぞれ t_x, t_y, t_z だけ移動させる変換は次のように表わされる。

$$\begin{pmatrix} x' \\ y' \\ z' \\ 1 \end{pmatrix} = \begin{pmatrix} 1 & 0 & 0 & t_x \\ 0 & 1 & 0 & t_y \\ 0 & 0 & 1 & t_z \\ 0 & 0 & 0 & 1 \end{pmatrix} \begin{pmatrix} x \\ y \\ z \\ 1 \end{pmatrix} = T(t_x, t_y, t_z) \begin{pmatrix} x \\ y \\ z \\ 1 \end{pmatrix} \quad (1.10)$$

② (原点中心の) 拡大・縮小

図形を原点中心に x, y, z 各軸方向にそれぞれ s_x, s_y, s_z 倍拡大あるいは縮小する変換は次のように表わされる。

$$\begin{pmatrix} x' \\ y' \\ z' \\ 1 \end{pmatrix} = \begin{pmatrix} s_x & 0 & 0 & 0 \\ 0 & s_y & 0 & 0 \\ 0 & 0 & s_z & 0 \\ 0 & 0 & 0 & 1 \end{pmatrix} \begin{pmatrix} x \\ y \\ z \\ 1 \end{pmatrix} = S(s_x, s_y, s_z) \begin{pmatrix} x \\ y \\ z \\ 1 \end{pmatrix} \quad (1.11)$$

③ (x, y, z 軸中心の) 回転

3次元座標変換の回転は，回転軸によって異なる変換になる。たとえば，図形を x 軸中心に（右手系で x 軸の正の方向から見て反時計まわりに）θ だけ回転する変換は次のように表わされる。

$$\begin{pmatrix} x' \\ y' \\ z' \\ 1 \end{pmatrix} = \begin{pmatrix} 1 & 0 & 0 & 0 \\ 0 & \cos\theta & -\sin\theta & 0 \\ 0 & \sin\theta & \cos\theta & 0 \\ 0 & 0 & 0 & 1 \end{pmatrix} \begin{pmatrix} x \\ y \\ z \\ 1 \end{pmatrix} = R_x(\theta) \begin{pmatrix} x \\ y \\ z \\ 1 \end{pmatrix} \quad (1.12)$$

同様に，y 軸または z 軸中心に，右手系で各軸の正の方向から見て反時計まわりに θ だけ回転する変換行列 $R_y(\theta)$，$R_z(\theta)$ は，それぞれ次のようになる。

$$R_y(\theta) = \begin{pmatrix} \cos\theta & 0 & \sin\theta & 0 \\ 0 & 1 & 0 & 0 \\ -\sin\theta & 0 & \cos\theta & 0 \\ 0 & 0 & 0 & 1 \end{pmatrix}$$

$$R_z(\theta) = \begin{pmatrix} \cos\theta & -\sin\theta & 0 & 0 \\ \sin\theta & \cos\theta & 0 & 0 \\ 0 & 0 & 1 & 0 \\ 0 & 0 & 0 & 1 \end{pmatrix} \quad (1.13)$$

(4) 合成変換

2次元座標系の場合と同じく3次元座標系においても，変換 $A_1, A_2, \cdots, A_n$ を順に行なう

合成変換 $A_n \cdots A_2 A_1$ を定義できる。たとえば，点 (x_0, y_0, z_0) を通り x 軸に平行な軸を中心とする回転は，$T(x_0, y_0, z_0) R_x(\theta) T(-x_0, -y_0, -z_0)$ と表わされる。

(5) アフィン変換

ここで扱った座標変換はすべて3次元アフィン変換であり，その一般形は次のとおりである。

$$\begin{pmatrix} x' \\ y' \\ z' \\ 1 \end{pmatrix} = \begin{pmatrix} a & b & c & d \\ e & f & g & h \\ i & j & k & l \\ 0 & 0 & 0 & 1 \end{pmatrix} \begin{pmatrix} x \\ y \\ z \\ 1 \end{pmatrix} \quad (1.14)$$

3次元アフィン変換では，2次元と同様に，合成変換は必ず3次元アフィン変換になる。また，直線は直線に変換され，直線上の点の比は保存される。

1.4.3 投影

(1) 投影法の原理

3次元図形を平面に映る2次元図形に変換する処理を投影とよぶ。3次元CGの投影では，2次元図形に変換するだけではなく，同時に奥行き情報も求める。この奥行き情報は3.1節で述べる隠面消去などで用いられる。

①透視投影と平行投影

3次元CGで用いられる代表的な投影法には，透視投影と平行投影の2種類がある。図1.4は，同じ立方体を，透視投影と平行投影それぞれで表示した例である。

②透視投影の原理

写真を写す場合，フィルムに映る像は，図1.5のようにカメラの前に平面を置いて考えると，3次元物体の各点とカメラを結ぶ線が平面と交わる点の集まりである。これを計算で求め

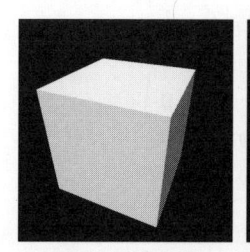

(a) 透視投影　　(b) 平行投影

図1.4　透視投影と平行投影の比較

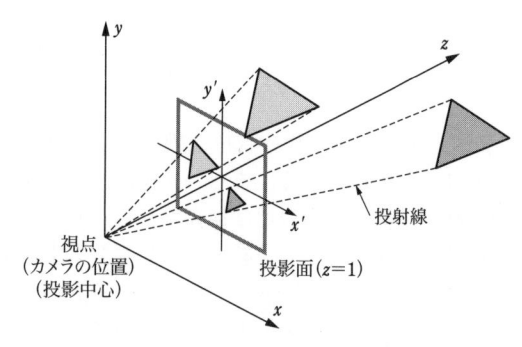

図1.5　透視投影の原理

る方法が，透視投影（perspective projection）である（ただし，実際のカメラではフィルムは投影中心より後ろにある。図1.1参照）。カメラの位置を視点（投影中心），カメラの前の平面を投影面，物体の各点からカメラに向かって引く線を投射線とよぶ。

図1.5のように，左手系の原点に視点を置き，平面 $z=1$ を投影面として，z 軸の正方向に透視投影する。左手系を用いるのは，投影の際に，視点から離れるほど z の値が大きくなるようにするためである。投射線が原点を通ることから，点 (x, y, z) を投影した投影面上の座標 (x', y') は，

$$x' = \frac{x}{z}, \quad y' = \frac{y}{z} \quad (1.15)$$

となる。

図1.5や上式からもわかるように，透視投影では，近くのもの（z 値が小さいもの）が遠くのもの（z 値が大きなもの）よりも大きく描かれ，遠近感が生じる。われわれの物の見え方も一般に透視投影とみなされており，透視投影は写実的な画像生成，とくに映画やゲームなどに利用される。

しかし，透視投影では，3次元空間内で平行な線が投影面上では一般には平行にならないため，3次元図形の形状を正確に把握するにはあまり適していない。

③平行投影の原理

投射線を平行に引く投影法を，平行投影とよぶ。図1.6のように，xy 平面に平行な面を投影面とし，z 軸に平行な線を投射線とすると，点 (x, y, z) を投影した投影面上の座標 (x', y') は，元の (x, y) と変わらず，$x' = x$, $y' = y$ とな

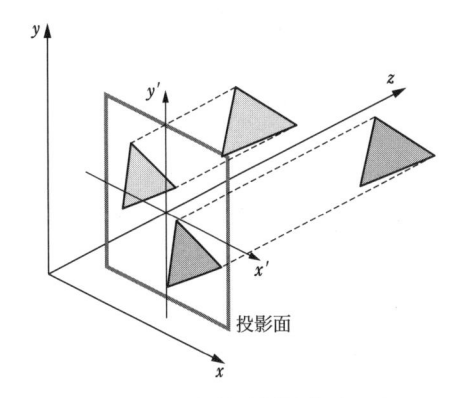

図1.6 平行投影（直投影）の原理

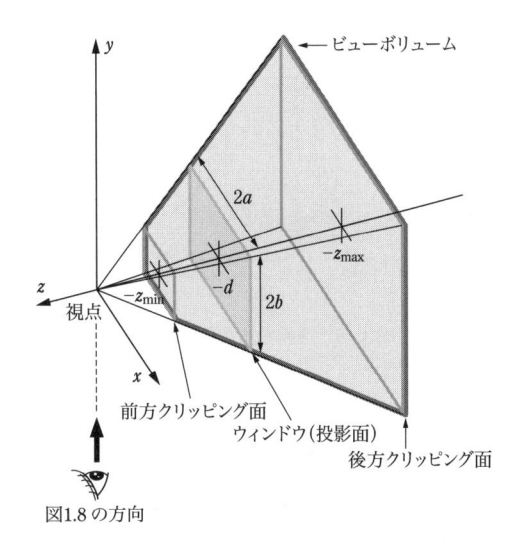

図1.7 透視投影のビューボリューム

る。

図1.6や上式からもわかるように，平行投影では，遠くのものと近くのものが（z値に依存せずに）同じ大きさで描かれる。これは，われわれの物の見え方と異なるので，たとえば映画やゲームなどに利用されることはほとんどない。しかし，3次元空間内で平行な線が投影面上でも平行になるため，3次元図形の形状を正確に把握するのに適しており，設計製図などには一般に平行投影が利用される。

なお，ここで紹介した例のように，投影面と投射線が垂直な平行投影を直投影とよび，垂直でない場合を斜投影とよぶ。ここでは直投影についてのみ扱う。

(2) ビューボリューム

実際の投影の計算では，投影面上に（辺が座標軸と平行な）ウィンドウとよばれる矩形を考え，このウィンドウ内に投影される図形のみを描く。また，近くのものから無限遠まですべて投影するわけではなく，投影面と平行に2つの面を置き，その2つの面にはさまれた範囲の図形のみを描く。このように，奥行きを有限の範囲に限定すると，隠面消去が容易になる。2つの面のうち，視点に近いものを前方クリッピング面，視点から遠いものを後方クリッピング面とよぶ。

このようにすると，透視投影の場合に図形が描かれる範囲は図1.7のように四角錐台の形になり，この立体をビューボリューム（view volume）とよぶ。また，平行投影のビューボリュームは直方体の形になるが，これは文献1)を参照されたい。

(3) 透視投影の計算

図1.7のビューボリュームでは，視点は原点であり，視線の方向（前方方向）はz軸の負の方向である。これは1.4.4項で述べるカメラ座標系に相当する。また，視点からウィンドウまでの距離をd，ウィンドウの大きさを$2a$（x方向）×$2b$（y方向）とし，視点から前方クリッピング面，後方クリッピング面までの距離をそれぞれz_{min}, z_{max}とする。

透視投影の計算では，このビューボリュームを，投影座標系に変換する。これは，描画される範囲が6つの平面 $x=\pm 1$, $y=\pm 1$, $z=0$, $z=1$で囲まれた直方体にちょうど収まるような座標系であり，1.4.4項でその役割を説明する。

このビューボリュームを透視投影するには，
① z軸の正負の向きを入れ換え，座標系を左手系に変換する
② ビューボリュームを正規化ビューボリュームに変換する
③ 正規化ビューボリュームに対して透視投影を行なう

という3段階の処理が必要である（図1.8）。

具体的な計算については，まず，①の左手系への変換は$S(1,1,-1)$で表わされる。次に，透視投影の正規化ビューボリュームは，後方クリッピング面が$z=1$であり，$z=1$でのビューボリュームのx,y値の範囲がちょうど[-1,

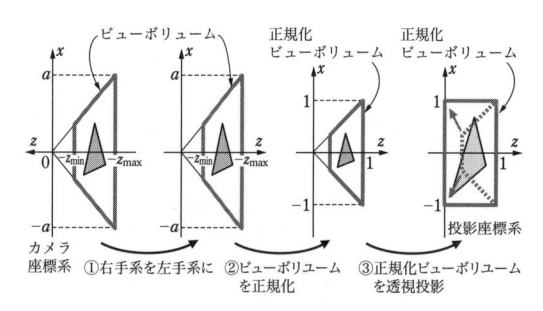

図1.8 透視投影の計算過程

$1] \times [-1, 1]$ になるビューボリュームであるので，②の変換に必要な拡大・縮小は $S(\frac{d}{az_{max}}, \frac{d}{bz_{max}}, \frac{1}{z_{max}})$ と表わされる。

さらに，③の正規化ビューボリュームに対する透視投影の変換行列は，$\tilde{z} = \frac{z_{min}}{z_{max}}$ とすると，

$$P(\tilde{z}_{min}) = \begin{pmatrix} 1 & 0 & 0 & 0 \\ 0 & 1 & 0 & 0 \\ 0 & 0 & \frac{1}{1-\tilde{z}_{min}} & -\frac{\tilde{z}_{min}}{1-\tilde{z}_{min}} \\ 0 & 0 & 1 & 0 \end{pmatrix} \quad (1.16)$$

と表わせるので，変換全体は，

$$\begin{pmatrix} X' \\ Y' \\ Z' \\ W' \end{pmatrix} = P(\tilde{z}_{min}) S\left(\frac{d}{az_{max}}, \frac{d}{bz_{max}}, \frac{1}{z_{max}}\right)$$

$$S(1, 1, -1) \begin{pmatrix} x \\ y \\ z \\ 1 \end{pmatrix} \quad (1.17)$$

と表わすことができる。

前述の変換行列 $P(\tilde{z}_{min})$ は，アフィン変換の範囲から外れている。これは，行列の最下行が 0, 0, 0, 1 でないことから明らかである。このとき，変換後の w 値が1とは限らないため，変換後の w 値を W' と表わしている。変換後の通常座標 x', y', z' は X', Y', Z' をそれぞれ W' で割れば求まる。実際に計算すると，

$$x' = \frac{X'}{W'} = \frac{x}{z}, \quad y' = \frac{Y'}{W'} = \frac{y}{z} \quad (1.18)$$

となり，透視投影の原理で示した式 (1.15) と一致するため，この変換行列が透視投影になっていることがわかる。

なお，実際に表示するためには，ビューボリュームからはみ出す図形を削除する処理も同時に行なう必要がある。この処理を（3次元）クリッピング（clipping）とよぶ。クリッピングの方法については，文献1〜3）を参照されたい。

（4）射影変換

前述した透視投影での座標変換をも包含する変換を3次元射影変換とよび，その一般形は次のとおりである。

$$\begin{pmatrix} X' \\ Y' \\ Z' \\ W' \end{pmatrix} = \begin{pmatrix} a & b & c & d \\ e & f & g & h \\ i & j & k & l \\ m & n & o & p \end{pmatrix} \begin{pmatrix} X \\ Y \\ Z \\ W \end{pmatrix} \quad (1.19)$$

3次元射影変換では，アフィン変換と異なり直線上の点の比は保存されなくなるが，直線は直線に変換されるという性質は保たれる。そのため，線分やポリゴンの端点や頂点のみを座標変換し，そのあいだを直線で結ぶだけで図形全体の座標変換が可能であるという性質は変わらない。

（5）平行投影の計算

平行投影の場合，正規化ビューボリュームは，6つの平面 $x = \pm 1, y = \pm 1, z = 0, z = 1$ で囲まれた直方体と考える。そのため，座標系を左手系に変換し，ビューボリュームを正規化ビューボリュームに変換するだけで，投影座標系に変換されることになる。具体的な変換行列については，文献1) を参照されたい。

1.4.4 ビューイングパイプライン

図形が定義され，変換を受けて，最終的に表示されるまでの一連の過程を，ビューイングパイプライン（変換パイプライン，出力パイプライン，グラフィクスパイプライン）とよぶ。

ビューイングパイプラインでの変換は，1つの座標系の上で図形（やその座標）を移動すると考えるのではなく，同じ図形をある座標系から別の座標系に変換する（別の座標系で「測り直す」）と考える。ビューイングパイプラインでは，ある座標系から別の座標系への変換をく

り返して，最終的な画像を得る。

図1.9は，3次元CGにおける典型的なビューイングパイプラインを図示したものである。

①モデリング変換

CGで描く仮想世界ではふつう，ワールド座標系（world coordinate system）とよばれる1つの座標系を設け，これをその世界の基準とする。しかし，物体の形状を直接ワールド座標系で与えると，物体が（ワールド座標系内を）移動するごとに，座標を与え直さなければならない。そこで，物体の形状を定義（モデリング）する座標系を別に考え，これをモデリング座標系（modeling coordinate system）とよぶ。

モデリング座標系からワールド座標系への座標変換をモデリング変換（modeling transformation）とよび，Mで表わす。モデリング座標系で定義された物体がワールド座標系内で移動する場合は，座標値を直接変える必要はなく，そのモデリング座標系に対するモデリング変換を変化させればよい。

モデリング変換は，ワールド座標系内の物体ごとに必要である。また，モデルが階層的であればモデリング座標系も階層的になる。

②視野変換

ワールド座標系での目やカメラの位置（視点）と方向は，カメラ座標系（camera coordinate system）とよばれる座標系で示される。

カメラ座標系は，原点が視点に，x軸y軸の方向が最終的な画像の水平，垂直方向（後述するデバイス座標系のx軸y軸の方向）に，視線の方向（前方方向）がz軸の負の方向になるように定義する。ワールド座標系からカメラ座標系への座標変換を視野変換（viewing transformation）とよび，Vで表わす。

あるワールド座標系上で定義された仮想世界の中で，カメラの位置や方向が変化するということは，ワールド座標系に対するカメラ座標系の位置や方向が変化することであり，これは視野変換が変化することでもある。たとえばフライトシミュレータでは，自分が乗っている飛行機が動くと，視点の位置と方向，つまり視野変換が変化する。

③投影変換

投影変換は，カメラ座標系から投影座標系（projection coordinate system）への変換であり，Pで表わす。投影座標系では，いわゆる2次元の投影図のデータがx, y値として，奥行きのデータがz値として表わされる。1.4.3項で説明したように，投影の方法には透視投影や平行投影がある。

④ビューポート変換

前項で述べたように，投影座標系で表示される範囲は，x, yが$[-1, 1] \times [-1, 1]$の範囲である。この範囲をウィンドウとよぶ。一方，実際に表示される画面上の座標系をデバイス座標系（device coordinate system）とよぶ。デバイス座標系の範囲は実際の画面の範囲に制約され，さらに実際に表示されるのは，デバイス座標系内で指定された矩形内のみに限られる。この矩形をビューポート（viewport）とよぶ。したがって，ウィンドウの範囲がちょうどビューポートに収まるように変換する必要がある。この変換をビューポート変換（viewport transformation）とよび，Uで表わす（図1.10）。

⑤全体の変換

前述した変換M, V, P, Uはいずれも同次

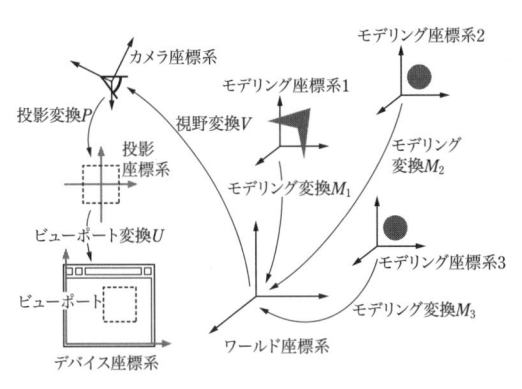

図1.9　ビューイングパイプライン

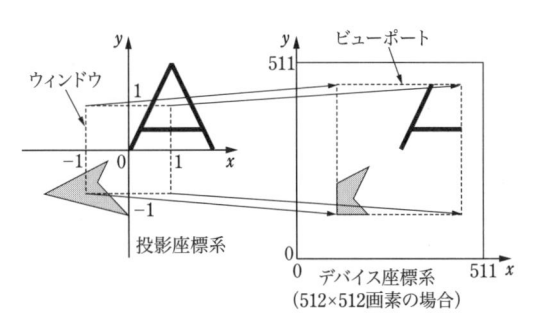

図1.10　ビューポート変換

座標 $(X, Y, Z, W) = (wx, wy, wz, w)$ に対する 4×4 変換行列として表わされ，モデリング座標系の点 v は，$v' = UPVMv$ によって，デバイス座標系の点 $v' = (X', Y', Z', W')$ に変換される．

これを通常座標で表わすと，

$$(x', y', z') = (\frac{X'}{W'}, \frac{Y'}{W'}, \frac{Z'}{W'}) \quad (1.20)$$

である．このうち，(x', y') はデバイス座標系上の位置を表わす．また，z' は奥行きを表わすので，3.1節の隠面消去に用いられる．

実際のグラフィックスシステムにおけるビューイングパイプラインの扱いについては，たとえば文献5)を参照されたい．

文献

1) コンピュータグラフィックス編集委員会編：『コンピュータグラフィックス』，画像情報教育振興協会，2004．
2) 画像電子学会編：『ビジュアルコンピューティング―3次元CGによる画像生成』，東京電機大学出版局，2006．
3) J. D. Foley, A. van Dam, *et al.*, 佐藤義雄監訳：『コンピュータグラフィックス―理論と実践』，オーム社，2001．
4) A. Watt：『3D Computer Graphics』3rd ed., Addison-Wesley, 1999.
5) D. Shreiner, M. Woo, *et al.*：『OpenGL Programming Guide』5th ed., Addison-Wesley, 2005.

2 モデリング

2.1 曲線・曲面

　計算機の性能が向上するに従い，コンピュータで設計される形状は電化製品や車のボディなど，複雑な曲線あるいはそれを含むような曲面をもつようになってきた．本節では，そのような曲線・曲面の関数による表現方法について解説する．

2.1.1 曲線・曲面の表現形式

　曲線・曲面の表現形式としては，大きく分けて，代数表現（algebraic representation）とパラメトリック表現（parametric representation）の2つがある．

（1）代数表現

　たとえば，実験データを解析する際，ある値 x に依存する関数値 $y=f(x)$ の振る舞いを xy 平面上に表現する機会は多々ある．このような，

$$y = f(x) \qquad (2.1)$$

の形式をもつ表現形式を，陽関数表現（explicit function representation）とよぶ．しかし，この陽関数表現形式は，x の値に対して y の値が1つしか表わせないため，たとえば，円などのように x の値に複数の y の値が対応するような曲線を表現することができない．それに対し，

$$f(x, y) = 0 \qquad (2.2)$$

のような，陰関数表現（implicit function representation）を用いると，円なども表現することができる．後で述べるように，円，楕円，双曲線，放物線などの2次曲線または円錐曲線（conic）とよばれるクラスの曲線，そして，球・楕円球・双曲面・放物面などの2次曲面とよばれるクラスの曲面の表現は，陰関数表現が適していることに注意されたい．

（2）パラメトリック表現

　パラメトリック表現とは，曲線あるいは曲面上の点の座標がそれぞれ，別のパラメータ（parameter；媒介変数ともいう）によって陽関数として表現される形式をいう．たとえば，xy 平面上に定義される平面曲線の場合は以下のような形式をもつ．

$$x = x(t), \quad y = y(t) \qquad (2.3)$$

ここで，t はパラメータを表わす．また，曲面のパラメトリック表現は，2つのパラメータ u, v によって表わされ，

$$x = x(u, v), \quad y = y(u, v) \quad z = z(u, v) \qquad (2.4)$$

と表わされる．

　パラメトリック表現は，パラメータに対して曲線・曲面上の点が一意に決まるため，そのディスプレイ上への表示が容易であるという利点がある．また，回転や平行移動に関しても，代数表現のように計算が複雑になることはなく，容易に変換後の曲線・曲面を計算することができるため，形状設計においても便利な点が多い．以上の理由により，実際のCADシステムなどでは，曲線・曲面の表現としておもにパラメトリック表現が用いられている．

2.1.2 2次曲線

　ここでは，代数表現により定義される曲線の中でも，2次多項式を用いて表現される2次曲線について説明する．2次曲線は，次のような陰関数形式により表現される．

$$ax^2 + bxy + cy^2 + dx + ey + f = 0 \qquad (2.5)$$

2次曲線は，円錐面と平面との交線として現われるため，円錐曲線（conic）ともよばれ，そ

の円錐の母線に対する平面の角度から，図2.1のように，楕円（ellipse），放物線（parabola），双曲線（hyperbola）の3種類に分類される。

それぞれの種類の2次曲線は，平行移動と回転をほどこすと，次のような標準形に帰着させることができる。

- 楕円

$$\frac{x^2}{a^2}+\frac{y^2}{b^2}=1 \quad (a,b>0) \tag{2.6}$$

- 放物線

$$ax^2-y=0 \tag{2.7}$$

- 双曲線

$$\frac{x^2}{a^2}-\frac{y^2}{b^2}=1 \quad (a,b>0) \tag{2.8}$$

2.1.3 パラメトリック曲線

パラメトリック曲線は，パラメータ t を用いて，

$$c(t)=(x(t),y(t)) \tag{2.9}$$

と表現される曲線である。以下，いくつか代表的なパラメトリック曲線について示す。

(1) エルミート曲線

エルミート曲線は，曲線の2つの端点とその接ベクトルが指定されたときにそれらを満たすような補間曲線として定義され，各座標がパラメータの3次の多項式と表現される。ここで，曲線の始点 p_0 と終点 p_1 ，さらにそれぞれに対応する接ベクトルが t_0, t_1 と与えられたとする。このとき，エルミート曲線の式はパラメータ t ($t \in [0,1]$) を用いて，

$$c(t)=H_0(t)p_0+H_1(t)p_1+H_2(t)t_0+H_3(t)t_1 \tag{2.10}$$

と表現される。ここで，$H_0(t), H_1(t), H_2(t), H_3(t)$ は3次エルミート多項式（cubic Hermite polynomial）とよばれ，

$$\begin{cases} H_0(t)=(2t+1)(1-t)^2 \\ H_1(t)=t^2(3-2t) \\ H_2(t)=t(1-t)^2 \\ H_3(t)=-t^2(1-t) \end{cases} \tag{2.11}$$

のように求めることができる。

(2) ベジエ曲線

ベジエ曲線（Bézier curve）は，制御点とよばれる点の位置でその形状を設計することができるパラメトリック曲線である。各座標は，パラメータ $t(\in [0,1])$ に関する多項式で表現されるが，一般的に3次の多項式が十分な自由度をもつとして広く用いられている。

3次のベジエ曲線 $c(t)$ は，4つの制御点（control point）p_0, p_1, p_2, p_3 から，次のように定義される。

$$c(t)=B_0^3(t)p_0+B_1^3(t)p_1+B_2^3(t)p_2+B_3^3(t)p_2 \tag{2.12}$$

図2.2は，制御点とそれに対応する3次のベジエ曲線を示している。ここで，$B_0^3(t), B_1^3(t), B_2^3(t), B_3^3(t)$ は，3次のバーンスタイン（Bernstein）基底関数とよばれ，

$$\begin{cases} B_0^3(t)=(1-t)^3 \\ B_1^3(t)=3t(1-t)^2 \\ B_2^3(t)=3t^2(1-t) \\ B_3^3(t)=t^3 \end{cases} \tag{2.13}$$

と定義される。この3次バーンスタイン関数のグラフは，図2.3のようになる。

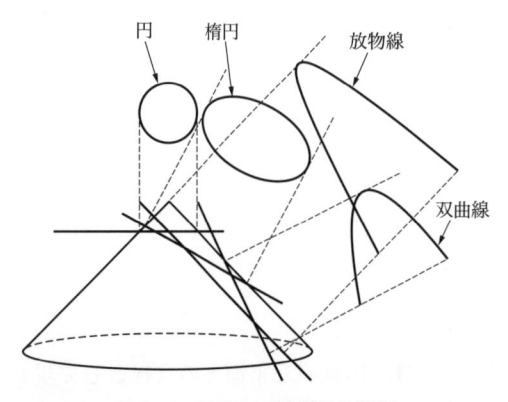

図2.1 円錐と円錐曲線の関係

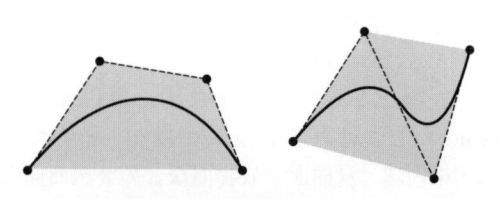

図2.2 ベジエ曲線とその凸包

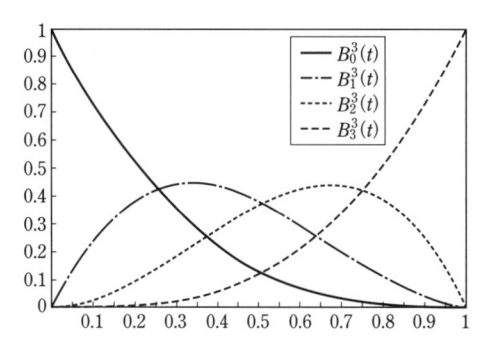

図2.3 3次のバーンスタイン関数のグラフ

ベジエ曲線は，図2.2のように，制御点によって定義される凸包（convex hull）の中にその形状が完全に含まれる，凸包性（convex hull property）という性質をもつ。また，ベジエ曲線の端点はそれぞれ，制御点 p_0 と p_3 に一致し，さらにベジエ曲線の端点における微分が，端点に一致する制御点とその隣りの制御点がなすベクトルと方向が一致することが知られている。

もうひとつの重要な性質として，図2.4に示されるように de Casteljau のアルゴリズムを用いて，ベジエ曲線を任意のパラメータ $t \in [0, 1]$ において，2つの新たなベジエ曲線に分割することができることもあげられる。具体的には，制御点 p_0, p_1, p_2, p_3 から，次のような点を求める。

$$p_0^1(t) = (1-t)p_0 + tp_1 \quad (2.14)$$
$$p_1^1(t) = (1-t)p_1 + tp_2 \quad (2.15)$$
$$p_2^1(t) = (1-t)p_2 + tp_3 \quad (2.16)$$
$$p_0^2(t) = (1-t)p_0^1(t) + tp_1^1(t) \quad (2.17)$$
$$p_1^2(t) = (1-t)p_1^1(t) + tp_2^1(t) \quad (2.18)$$

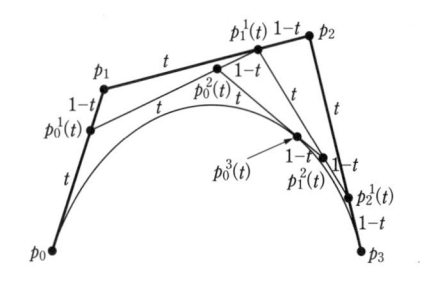

図2.4 de Casteljau のアルゴリズムによるベジエ曲線の分割

$$p_0^3(t) = (1-t)p_0^2(t) + tp_1^2(t) \quad (2.19)$$

このとき，

$$p_0, p_0^1(t), p_0^2(t), p_0^3(t) \quad p_3, p_2^1(t), p_1^2(t), p_0^3(t) \quad (2.20)$$

の2組の制御点列が，それぞれ新しくできる2つのベジエ曲線の制御点となる。

(3) Bスプライン曲線

ベジエ曲線は，1つの制御点の位置を移動させると，その影響が制御点から遠く離れた部分も含め，曲線全体に及んでしまうという問題点がある。各制御点の曲線に及ぼす影響範囲を限定し，局所的部分にとどめるため導入されたのが，Bスプライン（B-spline）曲線である。

Bスプライン曲線は，次の式で表わされる。

$$c(t) = \sum_{i=0}^{n-1} N_i^k(t) p_i \quad (0 \le k \le n-1) \quad (2.21)$$

ここで，$p_i (i=0, 1, \cdots, n-1)$ は制御点，k は次数を表わす。また，$N_i^k(t)$ はBスプライン基底関数であり，以下のように再帰的に定義される。

$$N_i^0(t) = \begin{cases} 1 & (x_i \le t \le x_{i+1} \text{のとき}) \\ 0 & (\text{その他のとき}) \end{cases} \quad (2.22)$$

$$N_i^k(t) = \frac{t - x_i}{x_{i+k} - x_i} N_i^{k-1}(t) + \frac{x_{i+k+1} - t}{x_{i+k+1} - x_{i+1}} N_{i+1}^{k-1}(t) \quad (2.23)$$

x_i はノット（knot）とよばれ，$x_i \le x_{i+1}$ という単調増加の条件を満たすノットの並びであるノットベクトルを構成する。

$$[x_0, x_1, \cdots, x_m] \quad (2.24)$$

Bスプライン曲線は，ベジエ曲線と同じように，曲線が，必ず制御点が構成する凸包の中に含まれる凸包性をもつ。

ノットベクトルを変更することで，曲線に対する制御点の影響範囲を制御することができる。たとえば，ノット列の間隔が一定であるようなノットベクトルをもつ3次Bスプライン曲線を，一様3次Bスプライン曲線とよぶ。また，ノットを次数+1回分端点で重複させると，曲線が両端点を通るようになる。たとえば，

[0, 0, 0, 0, 1, 1, 1, 1] とすると，3次ベジエ曲線そのものを表わすことができる。つまり，ベジエ曲線はBスプライン曲線の特殊なものとみなすことができる。

(4) 有理ベジエ曲線

3次のベジエ曲線は，曲線を表現する道具としては非常に有力なものであるが，2.1.1項で述べた2次曲線は正確に表現することができない。この問題点を解決するために導入されたのが，有理ベジエ曲線（rational Bézier curve）とよばれる表現法である。2次曲線を表わすには，2次の有理ベジエ曲線が必要となり，それは次のような式で表わされる。

$$c(t) = \frac{\sum_{i=0}^{2} B_i^2(t) w_i p_i}{\sum_{i=0}^{2} B_i^2(t) w_i} \quad (2.25)$$

ここで，B_i^2 は2次のバーンスタイン基底関数であり，

$$\begin{cases} B_0^2(t) = (1-t)^2 \\ B_1^2(t) = 2t(1-t) \\ B_2^2(t) = t^2 \end{cases} \quad (2.26)$$

となる。また，w_i は制御点 p_i に割り当てられた重みであり，この重みが大きいほど，対応する制御点に曲線が引き寄せられるようになる。たとえば，平面上に制御点 $p_i = (x_i, y_i)$ ($i = 0, 1, 2$) をおき，$w_0 = w_2 = 1$ としておく。このとき，$w_1 > 1$ のとき双曲線，$w_1 = 1$ のとき放物線，$0 < w_1 < 1$ のとき楕円，$w_1 = 0$ のとき直線を表わすことができる。

(5) NURBS 曲線

ベジエ曲線を有理ベジエ曲線に拡張したのと同様，Bスプライン曲線も制御点に重みを割り当てて有理Bスプライン曲線に拡張することができる。その表現は，次のようになる。

$$c(t) = \frac{\sum_{i=0}^{n-1} N_i^k(t) w_i p_i}{\sum_{i=0}^{n-1} N_i^k(t) w_i} \quad (2.27)$$

ここで，N_i^k はBスプライン基底関数である。NURBS は，non-uniform rational B-spline の略で，有理Bスプラインの中でもノットベクトルが非一様（non-uniform）なものを指している。

Bスプラインがベジエ曲線を表現できたように，NURBS も有理ベジエ曲線を表現できる。たとえば，ノットベクトル [0, 0, 0, 1, 1, 1] をもつような2次の NURBS を考えると，これは有理ベジエ曲線と等しくなる。もし，この表現で4分の1の単位円を表現したい場合には，$p_0 = (1, 0)$, $p_1 = (1, 1)$, $p_2 = (0, 1)$ などとして，$w_0 = 1$, $w_1 = \frac{\sqrt{2}}{2}$, $w_2 = 1$ とすればよい。

2.1.4 2次曲面

ここから，曲面に関して考えていこう。まず，代数表現の例として2次多項式を用いて表現される2次曲面についてまとめる。2次曲面は，次のような陰関数形式により表現される。

$$ax^2 + by^2 + cz^2 + dxy + eyz + fxz \\ + gx + hy + iz + j = 0 \quad (2.28)$$

2次曲面は，適切な座標変換をほどこすと，以下のいずれかに分類される。

- 楕円面（ellipsoid）
$$\frac{x^2}{a^2} + \frac{y^2}{b^2} + \frac{z^2}{c^2} = 1 \quad (a, b, c > 0) \quad (2.29)$$

- 一葉双曲面（hyperboloid of one sheet）
$$\frac{x^2}{a^2} + \frac{y^2}{b^2} - \frac{z^2}{c^2} = 1 \quad (a, b, c > 0) \quad (2.30)$$

- 二葉双曲面（hyperboloid of two sheets）
$$-\frac{x^2}{a^2} - \frac{y^2}{b^2} + \frac{z^2}{c^2} = 1 \quad (a, b, c > 0) \quad (2.31)$$

- 楕円錐面（elliptic cone）
$$\frac{x^2}{a^2} + \frac{y^2}{b^2} - \frac{z^2}{c^2} = 0 \quad (a, b, c > 0) \quad (2.32)$$

- 楕円放物面（elliptic paraboloid）
$$z = \frac{x^2}{a^2} + \frac{y^2}{b^2} \quad (a, b > 0) \quad (2.33)$$

- 双曲放物面（hyperbolic paraboloid）
$$z = \frac{x^2}{a^2} - \frac{y^2}{b^2} \quad (a, b > 0) \quad (2.34)$$

- 楕円柱面（elliptic cylinder）
$$\frac{x^2}{a^2} + \frac{y^2}{b^2} = 1 \quad (a, b > 0) \quad (2.35)$$

- 双曲柱面（hyperbolic cylinder）

$$\frac{x^2}{a^2} - \frac{y^2}{b^2} = 1 \quad (a, b > 0) \quad (2.36)$$

- 放物柱面 (parabolic cylinder)

$$y = ax^2 \quad (2.37)$$

2.1.5 パラメトリック曲面

パラメトリック曲面は，パラメータ u, v を用いて，

$$s(u, v) = (x(u, v), y(u, v), z(u, v)) \quad (2.38)$$

と表現される曲面である．以下，いくつか代表的なパラメトリック曲面について説明する．

(1) クーンズ曲面

クーンズ曲面は，四辺形の形をもつ曲面表現であり，図2.5のように，その四隅の端点の位置ベクトル s，パラメータ u, v それぞれに関する接ベクトル（tangent vector）s_u, s_v，そして，ねじれベクトル（twist vector）s_{uv} を指定して，曲面内部を補間する．具体的には，以下のように表現される．

$$s(u, v) = \begin{pmatrix} H_0(u) & H_1(u) & H_2(u) & H_3(u) \end{pmatrix}$$
$$\begin{pmatrix} s(0,0) & s(0,1) & s_v(0,0) & s_v(0,1) \\ s(1,0) & s(1,1) & s_v(1,0) & s_v(1,1) \\ s_u(0,0) & s_u(0,1) & s_{uv}(0,0) & s_{uv}(0,1) \\ s_u(1,0) & s_u(1,1) & s_{uv}(1,0) & s_{uv}(1,1) \end{pmatrix}$$
$$\begin{pmatrix} H_0(v) \\ H_1(v) \\ H_2(v) \\ H_3(v) \end{pmatrix} \quad (2.39)$$

$$s_u(u, v) = \frac{\partial}{\partial u} s(u, v) \quad (2.40)$$

$$s_v(u, v) = \frac{\partial}{\partial v} s(u, v) \quad (2.41)$$

$$s_{uv}(u, v) = \frac{\partial^2}{\partial u \partial v} s(u, v) \quad (2.42)$$

ここで，$H_i (i = 0, 1, 2, 3)$ は式 (2.11) で定義される3次エルミート多項式で，パラメータ値の範囲は $u, v \in [0, 1]$ である．

(2) ベジエ曲面

ベジエ曲面は，制御点を格子状に配置したときに，パラメータ領域 $0 \leq u, v \leq 1$ の範囲で決定される曲面であり，一般的な応用では，図2.6のように，格子状に $4 \times 4 = 16$ 個の制御点を配置する，双3次ベジエ曲面が広く用いられる．具体的には，双3次ベジエ曲面は次の表現をもつ．

$$s(u, v) = \begin{pmatrix} B_0^3(u) & B_1^3(u) & B_2^3(u) & B_3^3(u) \end{pmatrix}$$
$$\begin{pmatrix} p_{00} & p_{01} & p_{02} & p_{03} \\ p_{10} & p_{11} & p_{12} & p_{13} \\ p_{20} & p_{21} & p_{22} & p_{23} \\ p_{30} & p_{31} & p_{32} & p_{33} \end{pmatrix} \begin{pmatrix} B_0^3(v) \\ B_1^3(v) \\ B_2^3(v) \\ B_3^3(v) \end{pmatrix} \quad (2.43)$$

ただし，$B_i^3(u), B_j^3(v) (i, j = 0, 1, 2, 3)$ は，式 (2.13) で表わされる3次バーンスタイン関数である．

ベジエ曲面は，ベジエ曲線と同じように，制御点で定義される凸包の中に曲面が含まれる凸包性を有する．加えて，ベジエ曲面の端点は四隅の制御点を通ることも注意したい．

(3) Bスプライン曲面

Bスプライン曲面は，2つのパラメータ u, v それぞれに対するノットベクトル u_i, v_i で定義

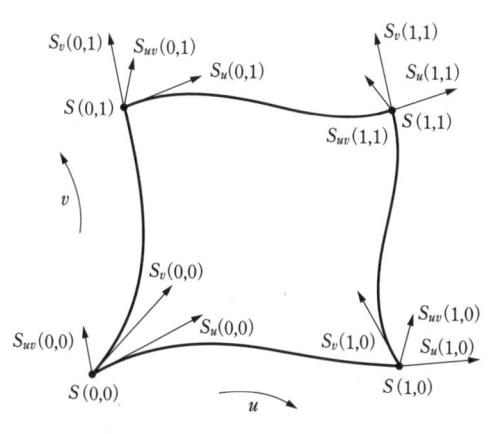

図2.5 クーンズ曲面

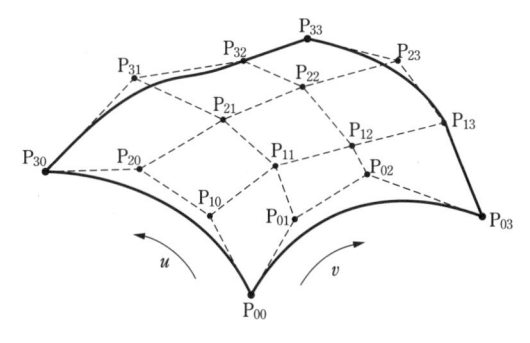

図2.6 双3次ベジエ曲面

される曲面で，Bスプライン曲線を曲面に拡張したものである。Bスプライン曲面は，ノットベクトルを調整することで，曲線の場合と同様，制御点の影響を局所的なものに抑えることができる。

Bスプライン曲面は，次のように定義される。

$$s(u,v) = \sum_{i=0}^{n-1}\sum_{j=0}^{m-1} N_i^k(u) N_j^l(v) p_{ij}$$
$$(1 \leq k \leq n-1,\ 1 \leq l \leq m-1) \quad (2.44)$$

ここで，$p_{ij}(0 \leq i \leq n-1,\ 0 \leq j \leq m-1)$ は制御点，k, l はそれぞれパラメータ u, v の次数を表わす。また，$N_i^k(u), N_j^l(v)$ はBスプライン基底関数であり，式（2.23）のように定義される。

(4) 有理ベジエ曲面

ベジエ曲線の制御点に重みを割り振ることで有理ベジエ曲線に拡張したように，ベジエ曲面の制御点に重みを割り振ることで，その表現を有理ベジエ曲面に拡張することができる。制御点 $p_{ij}\ (0 \leq i, j \leq 3)$ に重み $w_{ij}\ (0 \leq i, j \leq 3)$ を割り振ったときの，有理ベジエ曲面の表現は以下のようになる。

$$s(u,v) = \frac{\sum_{i=0}^{3}\sum_{j=0}^{3} B_i^3(u) B_j^3(v) w_{ij} p_{ij}}{\sum_{i=0}^{3}\sum_{j=0}^{3} B_i^3(u) B_j^3(v) w_{ij}}$$
$$(2.45)$$

ここで，$B_i^3(u), B_j^3(v)$ は，それぞれ u, v に関する3次のバーンスタイン関数である。

(3) NURBS曲面

Bスプライン曲面も，同様に制御点への重みづけを考慮することで，NURBS曲面に拡張することができる。NURBS曲面は，以下のように定義される。

$$s(u,v) = \frac{\sum_{i=0}^{n-1}\sum_{j=0}^{m-1} N_i^k(u) N_j^l(v) p_{ij}}{\sum_{i=0}^{n-1}\sum_{j=0}^{m-1} N_i^k(u) N_j^l(v)}$$
$$(1 \leq k \leq n-1,\ 1 \leq l \leq m-1) \quad (2.46)$$

ここで，$p_{ij}(0 \leq i \leq n-1,\ 0 \leq j \leq m-1)$ は制御点，w_{ij} はそれに対応する重み，k, l はそれぞれパラメータ u, v の次数を表わす。また，$N_i^k(u), N_j^l(v)$ はBスプライン基底関数であり，式（2.23）のように定義される。

2.2　メッシュとその処理技術

2.2.1　ポリゴンとメッシュ

数学的な表現として平面の多角形のみを用いて表現した形状表現をポリゴンとよぶ。このポリゴンの中でも，とくにすべての面が最小構成である3角形で表現されるような形状表現を3角形メッシュ（あるいは単にメッシュ）とよぶ。CGでよく利用される表現は圧倒的にメッシュのほうである。

メッシュによる形状表現の特徴は以下のとおりである。

- メッシュは陽的な形状表現として位置づけられるが，メッシュ全体としてパラメータが割り当てられているわけではないので，パラメトリック表現ではない。ただし，後述するパラメータ化とよばれる手法によって，メッシュの各頂点にパラメータを割り当てることは可能である。
- メッシュはいわば平面の集まりであり，幾何学的には区分線形曲面として位置づけられる。そのため，パラメトリック曲面などの曲面表現式と比べると，1つの面としての表現力は乏しい。しかし，スムースシェーディングなどを用いることで，滑らかな曲面として表示できる。さらに，多くの面を利用することで複雑な形状を表わすこともできる。
- メッシュの面の並びは自由であり，その接続に関してとくに制限はない。これを任意接続性とよぶ。このことが，表現の自由度が高いことのひとつの要因となっている。

図2.7にメッシュによる形状表現の一例を示す。これは，3次元測定機により得られる点群から構築した約80万の面から構成されるオブジェクトを，スムースシェーディングにより表示したものである。図右の拡大図を見ると，面が不規則に並んでいるのが確認できる。このように，メッシュによる形状表現では，多くの面を不規則に並べることで，複雑な曲面形状を表

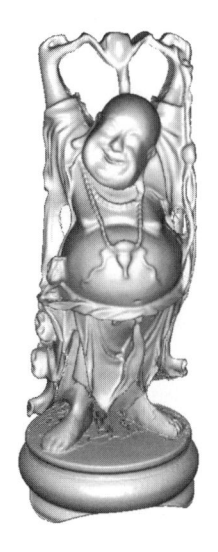

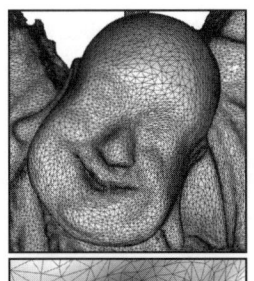

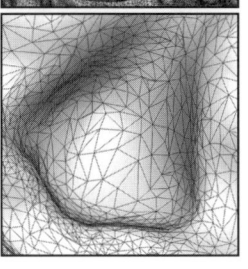

図2.7 メッシュによる形状表現の一例
右が形状の一部（頭と鼻）の拡大図。

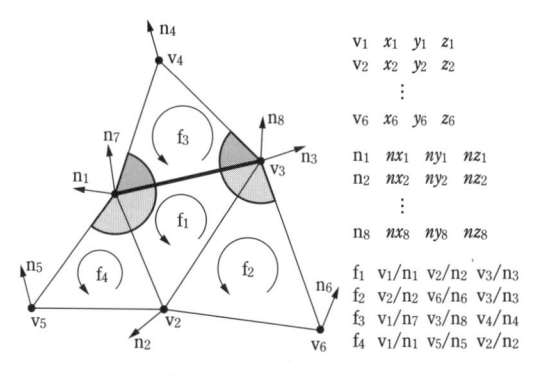

図2.8 インデックス面リストによるメッシュの表現

現することが可能である。

2.2.2 メッシュの表現手法

メッシュを計算機上で構築する際，おもに以下の情報により構成される。

- 位相情報： 3種類の要素である頂点 v，面 f，エッジ e，および要素間の隣接関係を示すグラフ構造 G により構成される。
- 幾何情報： 各頂点は3次元座標値 $v_i \in \mathbf{R}^3$ （$i=1, \cdots, N$；N は頂点の数）をもつ。
- 属性情報： 各頂点もしくは各面に付随する情報。たとえば，法線ベクトル，テクスチャ座標，色情報などがあげられる。

これらの情報を計算機上でどのように管理するかは，その目的によって異なる。以下に代表的な表現手法について述べる。

（1）インデックス面リストによる表現

CGの分野で最もよく使われる代表的な表現手法として，インデックス面リストによる表現があげられる。図2.8はその一例を示したもので，頂点と面によるグラフ構造を示している。頂点はそれぞれ3次元座標値 v が与えられる形で定義され，法線ベクトルも同様に定義されている。これらは並び順に番号が割り当てられ，面の頂点と法線ベクトルは，その番号を指定する形で定義される。図の v_1 と v_3 は，それぞれ

2つの法線ベクトルが指定され，同じ頂点番号でも面ごとに別々の法線が指定されている。これにより，図の太線のエッジは折れ線として定義される。テクスチャ座標や色も，法線ベクトルと同様の形で定義することができる。CGモデラの大部分の形状フォーマット（たとえば，wavefront OBJ形式やVRML形式など）でサポートしている。

（2）ポリゴンスープ

頂点として3次元座標値を直接指定する形で面を定義する表現をポリゴンスープとよぶ。この形式では，同じ座標値をもっていても，異なる別々の頂点として定義されるため，そのままでは面間の接続性を構築することができないほかに，データ量が若干増えるという特徴をもつ。CADデータから出力するメッシュの形式（たとえばSTL形式）としてよく用いられる。

（3）ストリップ表現とファン表現

メッシュの表示の際に，レンダリングパイプラインへの頂点の受け渡しの回数を減らすための形状表現として，ストリップ表現やファン表現がある。グラフィクスAPIでこれらの形式をサポートしている場合，通常の形式よりも少ない頂点の受け渡し回数で面を表示することができるため，非常に効率のよい表現形式とされている。

ストリップ表現は3角形を帯状につなげた形式である（図2.9左上）。メッシュの面を表現するのに，最初の面 f_1 は頂点を3つカウントする必要があるが，その後は1つの面につき，たかだか1つ程度のカウントで表現することができる。ストリップが長ければ長いほどより頂

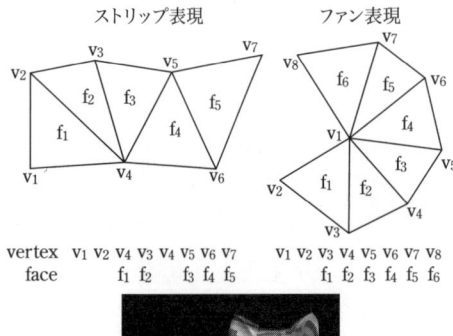

```
            ストリップ表現              ファン表現
                v3     v5    v7          v7
         v2  f2   f3   f5          v8  f6  f5
              f1       f4    v6         f1    v6
                                     v1
         v1    v4    v6       v2   f1  f2  f3 v5
                                  v3       v4

vertex   v1 v2 v4 v3 v5 v6 v7        v1 v2 v3 v4 v5 v6 v7 v8
face     f1 f2 f3 f4 f5               f1 f2 f3 f4 f5 f6
```

図2.9 ストリップ表現とファン表現（上）と
　　　ストリップによるメッシュの色分け（下）

点の受け渡し回数は減るが，グラフィクスハードウェアのキャッシュとの関連性により，必ずしも表示が速くなるとはいえない。通常のメッシュ形式からストリップ形式に変換することをストリップ化（stripification）という。図2.9下は，ストリップ化したメッシュを色分け表示したものである。

ファン表現は3角形を扇状に並べたものである（図2.9右上）。レンダリングパイプラインへの頂点データの転送という観点からいうと，ストリップ形式と同様の効率性をもつ。しかし，1つの頂点まわりの面のみを対象とするため，それほど大きいファンをつくることはできない。

(4) 多重解像度表現

メッシュの多重解像度表現（multiresolution representation）とは，1つの形状に対し複数の解像度を一度にもつような表現のことをいう。この表現は，メッシュの表示やモデリングなどで広く利用されている。たとえばメッシュの表示の際，視点から遠くにあるものに関しては，メッシュの面の数を減らして表示しても視認性は保たれることが多い。多重解像度表現を用いることで，メッシュの解像度を視点の遠近に応じて柔軟に変化させることができる。

多重解像度表現にはおもに2つの表現方法がある。1つは連続的な多重解像度表現であり，プログレッシブメッシュ[3]とよばれるものである。この表現は，メッシュの頂点の増減を1つずつ調節できるもので，その表現の緻密性と美しさから「究極のLOD」（ultimate LOD）と称されるほどである。粗い初期メッシュ（ベースメッシュ）からスタートし，頂点分割（vertex split）を連続的に施すことで元のメッシュに復元することができる。この「ベースメッシュ＋頂点分割群」がプログレッシブメッシュのデータ構造である。逆にメッシュの解像度を低くするためには，エッジ消去（edge collapse）を連続的に適用する。この表現を作成するためには，後述するメッシュの簡略化を施す必要がある。プログレッシブメッシュは元のメッシュの約2倍の頂点数および面数を必要とするので，そのぶん表現に必要なデータ量は増える。

もう1つは細分割接続性（subdivision connectivity）を利用した多重解像度表現である。細分割接続性とは，メッシュを規則的に分割することにより得られる接続性のことである。なかでも有名なのは4対1細分割（4-to-1 subdivision）とよばれる分割方法で，1つの3角形面のエッジに頂点を1つずつ増やし，この頂点を使って4つの小さい面に分割する。この分割方法では，解像度を詳細化レベル（LOD）により定義する。すなわち，ベースメッシュをレベル0とすると，レベルが1つ上がるごとに面の数が4倍になるような詳細化メッシュが生成される。後述する細分割曲面も，基本的にはこの分割方法を基本とするものである。細分割接続性による表現では，メッシュの接続性が規則的であるため，明示的に記述する必要がないことから，おおよそ同じ面数のメッシュと比較すると，データ量はかなり小さくなる。図2.10にこの表現方法による形状の生成例を示す。

(5) モデリングのためのデータ構造

メッシュによるモデリングを行なうためには，メッシュの各要素にすばやくアクセスするためのデータ構造が必要となる。たとえば，ある頂点に隣接する頂点群や面群を迅速に取得するためには，頂点と面，面間の隣接関係を示す

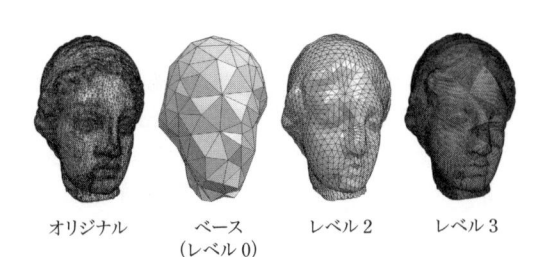

オリジナル　ベース　レベル2　レベル3
　　　　　（レベル0）

図2.10　細分割接続性によるメッシュの多重解像度表現

データ構造が必要となる。

　計算機上でメッシュの要素間の隣接関係を表現するためのデータ構造としては，ウイングエッジデータ構造やハーフエッジデータ構造[4]がよく用いられる。これらはもともと，ソリッドモデルのうち境界表現（boundary representation；B-rep）を実装するためのデータ構造であるが，メッシュに対してもそのまま利用することができる。

　ただし，これらのデータ構造はメモリ空間量を消費するので，面の数が多い場合には逆に効率が悪くなる場合もある。たとえば，表示するのみでの利用には頂点と面の情報があれば十分である。このような場合には，モデリングの際に必要に応じて隣接情報を構築し，処理の終了後に破棄することで対処できる。

2.2.3　メッシュによるモデリング技術

　本項では，メッシュによるいくつかのモデリング技術について述べる。メッシュのモデリング技術が発展した背景として，とくに計測情報からの大容量点群データが取得できるようになったことがあげられる。近年，物理物体の3次元計測技術および装置の開発の進展はすさまじく，これらの計測装置により，大量の測定情報が非常に高速に得られるようになった。得られるデータは非常に膨大な量になり，モデリング技術においても，このような大容量のデータを扱うための技術が必要となっている。

　ここでは，モデリング技術のうち，簡略化，平滑化，パラメータ化，再メッシュ化，そして変形技術についての概略を述べる。

（1）簡略化

　簡略化は，面の数の多いメッシュからなるべく形状の特徴を保存しつつ，面の数を削減する技術である。簡略化についてのサーベイはHeckbertらの文献[5]に詳しく述べられている。非常に多くの論文が発表されているが，処理速度に関していえば，通常，Pentium 4クラスのCPUで数万ポリゴンのメッシュの簡略化に約数秒程度である。

　簡略化手法として最も有名なのは，Garlandらによって提案された手法[6]であろう。Garlandらは，メッシュの各頂点における，隣接面との距離の自乗和（Quadric Error Metric；QEM）を評価関数とした，頂点収縮（vertex contraction）のくり返しによる簡略化アルゴリズムを提案した。頂点収縮とはエッジ消去の一般化操作である。図2.11にGarlandらのアルゴリズムによる簡略化結果を示す。この手法の特徴として，①簡略化の各段階において，最適な頂点位置の計算が単純化されている，②折り目や角の特徴が保存される，などがあげられる。

（2）平滑化

　平滑化は，そのメッシュがもつ大域的な特徴を保存したまま，局所的に見られる形状の歪みや凸凹を除去する技術である。このような研究はパラメトリック曲面に対しても同様に行なわれているが，平滑化のための指標として，その形状の幾何学的な特徴からある評価関数を設定しその評価関数に基づいて座標値を修正する，という方法論は共通している。ただ，パラメトリック曲面の場合は，曲率などの幾何学的な特徴量を解析的に算出することが可能であるのに対し，メッシュの場合は，メッシュ上の点近傍の形状から近似的に求めることが必要になる。図2.12にその一例を示す。

図2.11　QEMによるメッシュの簡略化

図2.12 メッシュの平滑化

代表的な手法として，Taubinは信号処理理論を応用した，メッシュのGaussianフィルタによる平滑化手法を提案した[7]。すなわち，メッシュに生じている歪みを不必要なノイズと考え，頂点近傍の離散ラプラシアンに基づく疎行列と，頂点の座標値ベクトルとの掛け算に帰着させる（ローパスフィルタの役割をもつ）ことで，高速な平滑化を実現している。その他，Kuriyamaらは，Gaussianフィルタを，ローパスフィルタではなく2変数の拡散システムとして拡張した平滑化を提案し[8]，Desbrunらは，拡散システムの安定解法と，曲率流による非収縮平滑化について論じた[9]。また，Guskovらは，平滑化を多重解像度表現に適用して，メッシュの解像度による高低周波数のフィルタリングが行なえることを示した[10]。

(3) パラメータ化

パラメータ化（Parameterization）とは，メッシュの全体もしくは一部をより単純なプリミティブへ展開するための技術である。ここでいう単純なプリミティブとしては，平面や球，円柱などがあげられる。パラメータ化はメッシュモデリングの基本となる技術である。パラメータ化を基にした応用技術は数知れず，たとえば，テクスチャマッピングや再メッシュ化（後述），モーフィング，曲面データの当てはめ，CADデータの修復などがある。より単純なプリミティブに展開することで，メッシュ上での形状処理を代替し，より簡便にする役割を果たしている。パラメータ化に関する詳細はFloaterらのサーベイ[11]に譲るとして，ここではその代表的な手法にしぼって解説する。

パラメータ化において，展開されたパラメータの品質は非常に重要である。最も理想的なパラメータ化は，等長（isometric, length-preserving）写像であり，これは等角（conformal, angle-preserving）写像と等面積（equiareal, area-preserving）写像を同時に満たすような写像のことを指す[11]。しかしながら，等長写像となるパラメータ化は，メッシュが可展開面からなる形状のときにのみ存在する。より一般的なメッシュに対するパラメータ化は，等角写像と等面積写像のトレードオフとなる。

平面上への等角パラメータ化は，頂点近傍における離散的なDirichletエネルギーを最小にするような2次元平面上のパラメータを計算することにより求められる[12]。この式は2次式となり，よって，パラメータは線形連立1次方程式を解くことで得られる。同様の解法で解ける他のパラメータ化手法としては，Eckらの調和写像パラメータ化[13]やFloaterの形状保存パラメータ化[14]がある。一方，等面積パラメータ化の代表的な手法としては，Sanderらの伸び計量最小（stretch-minimizing）パラメータ化[15]があげられる。

上記の平面パラメータ化は，メッシュが円盤と位相同形の形状であるときにのみ有効である。よって，より一般的なメッシュに対して適用するには，メッシュをあらかじめ小さなパッチに分解し，パッチごとにパラメータ化した結果を1つの平面内に並べ，アトラス（atlas）とよばれる平面パッチの集合を生成することで対応することができる。

これに対し，種数0（球と位相同形）のメッシュに対しては，球体パラメータ化（spherical parameterization）を利用できる。球体パラメータ化は種数0のメッシュを球体に写像する技術である。扱えるメッシュは限定されているものの，アトラス作成の際の懸案事項である，境界をまたぐパラメータの連続性の問題がなく，容易に滑らかなパラメータを生成することができる。球体パラメータ化の品質の問題に関しては，平面の場合と同様の議論が成り立つ。等角球体パラメータ化に関しては，Guらによる簡単な解法が示されている[16]。球体上における定式化を行なう関係上，この場合のエネルギー関

数は非線形式となる。Gu らは最急降下法 (steepest decend method) に基づく収束計算による解法を提案している。また，等面積球体パラメータ化に関しては，Praun らが，前述の Sander らの伸び計量最小パラメータ化の拡張として，球体上のパラメータを算出するための解法を提案している[17]。これに対し，金井は階層的計算手法を用いた高速な等角球体パラメータ化手法を提案している。球面パラメータ化の例を図 2.13 に示す。

（4）再メッシュ化

測定装置や画像群などの計測情報から得られる大容量のメッシュは，面の並びが不規則になる。このことは，たとえば表示のみでの利用ではそれほど問題にならない。しかし，これらのメッシュの頂点を直接編集したり，テクスチャなどの属性を付加したりするなど再利用するのはたいへん骨の折れる作業となる。一方，市販されているメッシュを見てみると，メッシュの面が格子上に並んでいるなど規則的であるものがほとんどである。このことから，不規則な並びのメッシュを整列されたメッシュに変換する（再メッシュ化）ことは，メッシュの再利用という点から考えると有効な手段である。

再メッシュ化における最も一般的なアプローチとして，準正則 (semi-regular) メッシュを作成する方法があげられる。準正則メッシュとは，少数の面から構成される任意の疎なメッシュ（ベースメッシュ）をもとに，規則的な面の分割（3角形の場合は 4 対 1 細分割 (4-to-1 sub-division) がよく使われる）により，ほとんど規則的な接続性をもつメッシュのことを指す。準正則メッシュの各頂点は，ベースメッシュの頂点を除いて価数（隣接頂点の数）6 となる。メッシュの接続性を陽的に記述する必要がないことから，メッシュの圧縮などに有効である。

準正則メッシュによる再メッシュ化を行なうためには，メッシュの多重解像度表現を利用する方法が一般的である[13]。この場合はまずメッシュを簡略化してベースメッシュを作成し，ベースメッシュの細分割操作によって，元のメッシュを近似するような準正則メッシュを生成する。

これとは別に，メッシュの接続性に関係なく等方的な (isotropic) 面をメッシュ全体に敷き詰める再メッシュ化手法が Alliez らにより提案されている[18]。ここでいう「等方的」とは，面が形状全体にわたりほぼ同じ大きさ，かつ，正3角形になるべく近い3角形で構成されていることを指す。このような再メッシュ化は，とくに有限要素シミュレーションのメッシュ生成に有効である。

以上のように，全体的に均一なメッシュを作成する手法がある一方で，デザイナーの作成するメッシュは単に規則的であるだけでなく，明らかにメッシュの整列方向にも配慮されていることが多い。また，円柱をメッシュで表現するには，円柱の軸の方向に細長いメッシュを配置するのが一般的である。このように，幾何学的特徴をよく表わしたメッシュのほうが，メッシ

図 2.13 球体パラメータ化によるメッシュの球体への写像例[52]

ュの編集には都合がよく，なおかつ，より少ないメッシュ数で近似できるなど実用的な利点も多い。このようなメッシュの幾何学的特徴を考慮した再メッシュ化手法として，異方的（anisotropic）再メッシュ化に関する研究がいくつか行なわれている[19,20]。図2.14にそのうち河野の手法[19]による作成例を示す。

(5) 変形

メッシュの形状を全体的・部分的に曲げる，もしくは伸縮するための技術をメッシュの変形（deformation）という。メッシュの変形技術はモデリングの基幹技術であり，古くから研究・開発が行なわれてきた。近年では，直感的な形状編集のためにインタラクティブな変形技術が求められており，新たな手法が次々と提案されている。

これまでのメッシュの変形といえば，FFD（free-form deformation）などの空間変形法が中心であった。FFDでは，メッシュを覆うようなより単純なプリミティブを定義し，そのプリミティブの変形を通じて中の形状を空間的に歪めるという操作により変形が行なわれる。しかし，空間変形法ではプリミティブ形状に制限があることや，変形が空間の歪みに依存することから，思いどおりの変形を実現することが難しい。また，変形により形状の局所的特徴が保存されない，などの問題点がある。

これに対し，より最近の傾向としてメッシュの微分座標（differential coordinates）を用いた変形手法の進展が著しい。メッシュのある頂点をその近傍の頂点との差分により表わし（グラフ・ラプラシアン）[21]，それら差分の移動による差が最小になるよう最適化問題を解くことで，形状の局所的な特徴を保存した変形が実現できる。また，ポアソン方程式による解法も提案されている[22]が，本質的にはほぼ同じ問題を解いているといってよい。この手法による変形の際，そのままだと回転量は保存されないため，いくつかの箇所において回転量をサンプルし，それを計算により補間する方法が提案されている[23]。また，制約を課した場合の処理[24]や，マルチグリッド法を利用した計算の高速化も行なわれている。ごく最近では，この微分座標による変形とメッシュのスケルトンを組み合わせた手法が提案されている[25]。この方法ではスケルトンを自動的に抽出し，そのスケルトンの変形にあわせて表面を変分法により変形しており，スケルトンが変形のガイドラインになることから，より操作性の高い変形手法であるといえる。この方法による変形結果を図2.15に示す。

図2.15 スケルトンベースの微分座標によるメッシュの変形結果[25]

図2.14 再メッシュ化による馬モデル頭部のメッシュ再構成例[19]

2.3 細分割曲面

2.3.1 細分割曲面による形状表現

従来，CG や CAD における曲面形式としては，ベジエ曲面や B スプライン曲面などのパラメトリック曲面が用いられてきたが，曲面パッチが格子状に並ぶ必要があるなど，さまざまな制限があった．細分割曲面（subdivision surface）は，このような制限を取り払うことのできる曲面形式として注目を集めている．

細分割曲面は，粗いメッシュから面を分割していくことで，滑らかな形状を得ることのできる曲面形式である．同時に，数学的には曲面としての性格も持ちあわせており，無限に細分割していくと極限曲面（limit surface）として収束することが知られている．現在の主要な CG モデリングシステムで実装されているほか，米 Pixer 社が自社で製作する映画のモデル表現に取り入れるなど，最近では実用面でも多く利用されている．

細分割曲面は 1 回の細分割処理は，面の分割操作（split）と分割後の頂点座標の計算（stencil）に分けて考えることができ，それぞれの方法のちがいにより，さまざまな形式の細分割曲面が提案されている．以下に，いくつかの曲面形式について述べる．なお，もう少し詳しく勉強したいという方には，いくつかのサーベイや書籍[26〜28]が発刊されているので，そちらも併せて読まれることをお勧めする．

2.3.2 細分割曲面形式

(1) Catmull-Clark 細分割曲面

Catmull-Clark 細分割曲面[29]は，任意位相で構成される制御メッシュを規則的に細分割して得られる曲面であり，双 3 次一様 B スプライン曲面を一般化した曲面として知られている．非正則点（extraordinary point）は C^1 連続であり，それ以外の点はすべて C^2 連続である．CG モデリングツールで実装されている細分割曲面の多くがこの曲面形式である．図 2.16 に，細分割マスクと細分割曲面の表示結果を示す．

内部頂点に関して，1 回の細分割処理につき以下のような処理で細分割点の座標が計算され

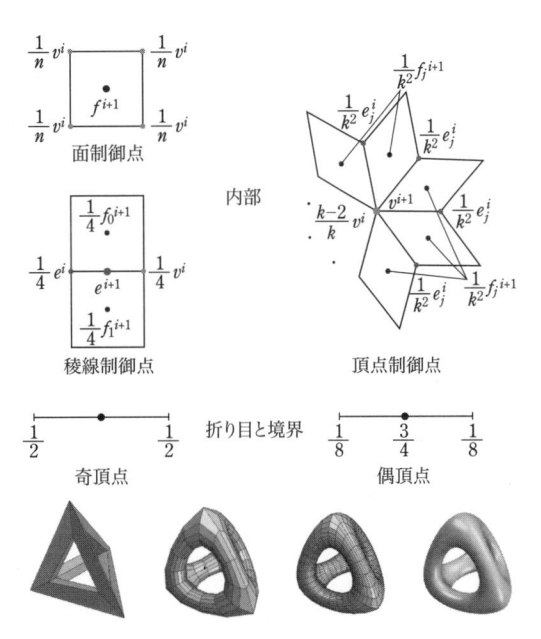

図 2.16 Catmull-Clark 細分割曲面
上段：内部頂点および境界/折り目頂点における細分割マスク，下段：細分割曲面の表示結果．

る．

$$f^{i+1} = \frac{1}{n}\sum_i^n v^1$$

$$e^{i+1} = \frac{1}{4}\left(v^i + e^i + f_0^{i+1} + f_1^{i+1}\right)$$

$$v^{i+1} = \frac{\kappa-2}{\kappa}v^i + \frac{1}{\kappa^2}\sum_j e_j^i + \frac{1}{\kappa^2}\sum_j f_j^{i+1}$$

(2.47)

ここで，v, e, f はそれぞれ頂点（制御）点（vertex (control) point），稜線（制御）点（edge (control) point），面（制御）点（face (control) point）とよばれる．n は面の稜線の数（必ずしも 4 つとは限らない），κ は頂点の価数（valence）を示す．また，境界や折り目上にある細分割点の座標は，以下のルールで計算される[30]．

$$e^{i+1} = \frac{1}{2}(v^i + e^i)$$

$$v^{i+1} = \frac{3}{4}v^i + \frac{1}{8}(e_0^i + e_1^i)$$

(2.48)

制御メッシュの頂点座標 v^0 は，細分割処理をくり返すことにより，極限曲面上に収束する．この位置 v^∞ は細分割極限位置（subdivision limit position；SLP）とよばれ，以下の式

をもって表わすことができる[31]。

$$v^{\infty} = \frac{\kappa^2 v^2 + 4\sum_j e_j^1 + \sum_j f_j^1}{\kappa(\kappa+5)} \quad (2.49)$$

上記式は，文献32)と同様に，細分割式(2.47)を離散フーリエ解析することで周波数領域に変換し，その極限を求めてから空間領域に逆変換することで導出することができる。これより，細分割極限位置は制御メッシュの頂点位置の線形式で表現できることがわかる。

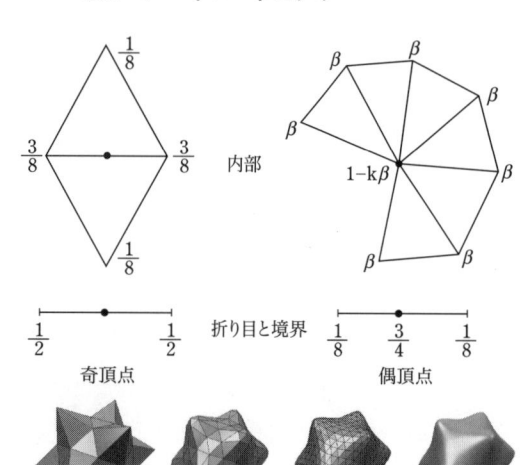

(2) Loop細分割曲面

Loop細分割曲面[33]は，3角形で構成される制御メッシュを規則的に細分割して得られる曲面であり，3方向4次ボックススプライン曲面を一般化した曲面として知られている。Catmull-Clark細分割曲面と同様，非正則点はC^1連続であり，それ以外の点はすべてC^2連続である。図2.17に，細分割マスクと細分割曲面の表示結果を示す。

1回の細分割処理につき，1つの面が4つに分割される。この分割方式を4対1（4-to-1）細分割とよぶ。内部頂点に関して，1回の細分割処理につき以下のような処理で細分割点の座標が計算される。

$$v_{odd}^{i+1} = \frac{3}{8}(v_p^i + v_q^i) + \frac{1}{8}(v_r^i + v_s^i)$$
$$v_{even}^{i+1} = (1-\kappa\beta)v^i + \beta\sum_j v_j^i \quad (2.50)$$

ここで，κは頂点の価数を示す。βは以下の式で表わされる。

$$\beta = \begin{cases} \dfrac{3}{16} & (\kappa=3) \\ \dfrac{1}{\kappa}\left(\dfrac{5}{8} - \left(\dfrac{3}{8} + \dfrac{1}{4}\cos\dfrac{2\pi}{\kappa}\right)^2\right) & (\kappa>3) \end{cases} \quad (2.51)$$

境界や折り目上にある細分割点の座標は，Catmull-Clark曲面と同じ細分割ルールで計算される[34]が，のちに文献35)によって，凹領域の角で正しく計算できるよう細分割式が改良されている。

また，頂点の細分割極限位置は以下の式で表わされる。

$$v_\infty = (1-\kappa\chi)v_i^0 + \chi\sum_j v_j^0$$
$$\chi = \left(\frac{3}{8\beta} + \kappa\right)^{-1} \quad (2.52)$$

(3) その他の形式

上記に述べた細分割曲面は，元の制御メッシュから収縮して生成される近似曲面であるが，制御メッシュの頂点を補間する細分割曲面として，3角形の細分割であるバタフライ（Butterfly）細分割曲面が提案されている[36]。しかし，この方法は，価数が3もしくは7より大きい非正則点においてC^1連続が保証されないばかりか，極限曲面は制御メッシュの頂点に対する線形の曲面にはならない。これに対し，文献37)では曲面上でのすべての点に対しC^1連続を保証する修正バタフライ（modified Butterfly）細分割曲面を提案している。

また，メッシュの分割方法において，4対1細分割とは異なる分割方法による細分割曲面がいくつか提案されている。その代表的なものとして，Doo-Sabin細分割曲面があげられる[38]。細分割手法は以下のとおりである。

①各面の重心点と面の頂点とのあいだに中間点を発生させる。

②発生させた中間点どうしを結び，細分割メッシュの面とエッジを構成する。

このようにしてできる細分割メッシュの各頂点における価数はすべて4となる。また，このような細分割手法を中間点細分割法（midpoint

図2.17 Loop細分割曲面
上段：内部頂点および境界/折り目頂点における細分割マスク，下段：細分割曲面の表示結果。

subdivision）とよぶ．Doo-Sabin 細分割曲面は，双2次一様Bスプライン曲面を一般化した曲面として知られており，曲面上の任意の点上で C^1 連続となる．

他の細分割手法としては，2回の細分割で，面の数が元の3倍に増える $\sqrt{3}$ 細分割曲面が提案されている[39]．

2.3.3 パラメトリック曲面としての細分割曲面

細分割曲面は，パラメトリック曲面として定義することも可能である[40,41]．以下に，Catmull-Clark 細分割曲面における任意のパラメータ (u, v) に対する曲面上の位置の導出法[40]について述べる．

まずはじめに，入力制御ポリゴンを細分割ルールにより1回細分割する．すると，それぞれのポリゴンはせいぜい1つの非正則点しかもたなくなる．非正則点を四隅にもたない正則四辺形の極限曲面は一様双3次Bスプライン曲面であり，簡単にパラメータ化できる．非正則点を含む四辺形は細分割により4つのパッチに分割され，そのうち3つのパッチは同様に一様双3次Bスプライン曲面により表わすことができる（図2.18）．

2次元パラメータ空間の点 (u, v) に対する細分割曲面の位置は次のように表現される[40]．

$$s(u, v) = \hat{C}_0^T \Lambda^{n-1} X_k b(t_{k,n}(u, v))$$
$$\hat{C}_0 = V^{-1} C_0 \qquad (2.53)$$

それぞれの位置は Ω_k^n によって評価され，n と k は2つのパラメータ u, v によって決定される．C_0 は四辺形のまわりの制御点列を表わす列ベクトルである．V は，その列が細分割行列の固有ベクトルであるような，逆行列可能な行列である．また，Λ は細分割行列の固有値を含む対角行列であり，Λ の i 番目の要素は，行列 V の i 番目の列に相当する固有ベクトルの固有値である．X_k は固有基底関数の係数とよばれ，パラメータ k に依存する．$b(u, v)$ は2次元パラメータ (u, v) に対する16個のBスプライン基底関数のベクトルである．$t_{k,n}(u, v)$ は (u, v) を Ω_k^n 上のパラメータに変換する関数であり，以下のように表わせる．

$$t_{1,n}(u, v) = (2^n u - 1, 2^n v)$$
$$t_{2,n}(u, v) = (2^n u - 1, 2^n v - 1) \qquad (2.54)$$
$$t_{3,n}(u, v) = (2^n u, 2^n v - 1)$$

2.4 陰関数曲面と点群モデリング

近年の3次元計測技術の発展により，実在する物体形状から膨大な個数のサンプル点を取得できるようになってきた．しかしながら，このような大容量の点群データは，計測機器固有のノイズを含み，サンプリング間隔が不均一であり，さらにはサンプリングに欠損部分が存在するなどの問題点があり，直接3次元メッシュの頂点としては利用できない場合も多い．

これに対し，サンプル点間の接続性にとらわれることなく，点群のままで曲面を表現する陰関数曲面が再び注目されている．陰関数曲面は，点群に対しある関数を定義し，その関数群を組み合わせることで形状全体を表現するものであり，より少ない数のプリミティブで複雑な形状を表現できる．また，形状が陰関数によって張られる空間場として定義されるため，非多様体を含むソリッドモデルとしての厳密な定義ができる．これらは古くから研究され利用されてきたが，近年においても，点群からの曲面再構築のためのツールとして，よりその利用価値が高まっているといえる．ここでは，そのような陰関数表現による立体表現，および各種陰関数曲面形式について紹介する．

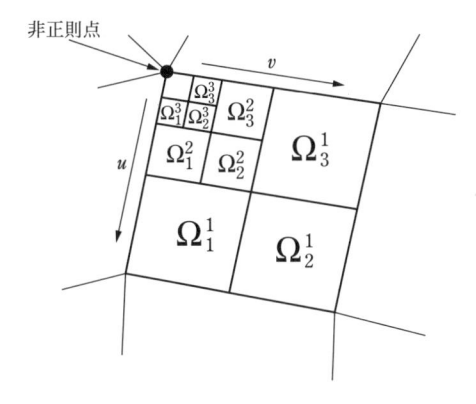

図2.18 Ω_k^n 上での曲面上の位置と導関数の計算

2.4.1 陰関数表現による立体表現

空間 R^3 上に連続的な陰関数 $F(x, y, z)$（$R^3 \to R$）が定義されるものとする。このとき，関数 F により空間上の点 $P(x_0, y_0, z_0)$ は以下のように分類できる。

$F(x_0, y_0, z_0) < 0 \Rightarrow$ 点 P は F の外部
$F(x_0, y_0, z_0) = 0 \Rightarrow$ 点 P は F の境界
$F(x_0, y_0, z_0) > 0 \Rightarrow$ 点 P は F の内部

上記のような分類に基づき，関数 F は空間の内外を分類することができる。そのようすを示したのが図 2.19 である。このように，スカラー値によって定義された空間のことをスカラー場（scalar field）という。また，図の中の黒い曲線は $F=0$ となり，これは関数 F の境界部分を表わす。これを等値面（iso-surface）といい，3 次元空間上では曲面となる。

以上のように，関数 F は空間を関数値により F の内外に分類することができる。このことはすなわち，関数 F の境界と内部の空間を合わせて 1 つの立体を表わせることを意味する。立体として表わせることのメリットとして，立体間の集合演算が容易に計算できることがあげられる。関数 F_1, F_2 間の和演算 $\cup$，積演算 $\cap$，差演算 $/$ は，

$$\begin{aligned} F_1 \cup F_2 &= \max(F_1, F_2) \\ F_1 \cap F_2 &= \min(F_1, F_2) \\ F_1 / F_2 &= \min(F_1, -F_2) \end{aligned} \quad (2.55)$$

となる。ここで，max, min は 2 つの関数値のそれぞれ大きい値，小さい値の集合を示す。図 2.20 に，2 つの立体（立方体，球）を表わす関数に差演算を適用した集合に対し，等値面を抽出した結果を示す。このように，複雑な形状を容易に作成できるのが特徴である。

2.4.2 陰関数曲面形式

(1) 濃度球モデル

陰関数曲面のうち，古くから用いられてきたのは濃度球モデルである。濃度球モデルとは，空間上に粒子を配置し，それぞれの粒子でスカラー場を生成するモデルのことをいう。このとき，1 つの粒子に定義される関数として，球の中心が最も濃く（値が大きく），中心から離れるに従って徐々に濃度が減衰していく（値が小さくなる）ような仮想の濃度球を定義する。2 つの濃度球が近づくと濃度が加算され，融合形状をつくることができる。このように，複数の濃度球を組み合わせることで，複雑な形状を生成できる。

濃度球モデルには，用意する関数のちがいによりいくつかのモデルがある。代表的なものとしては，Blobby モデル[42]，メタボール（metaball）[43]，ソフトオブジェクト[44] がある。それぞれのモデルで定義される関数は以下のとおりである。

- Blobby モデル

$$f(r) = a e^{-b r^2} \quad (2.56)$$

- メタボール

$$f(r) = \begin{cases} a\left(1 - \dfrac{3r^2}{R^2}\right) & \left(0 \le r \le \dfrac{R}{3}\right) \\ \dfrac{3}{2} a\left(1 - \dfrac{r}{R}\right)^2 & \left(\dfrac{R}{3} \le r < R\right) \\ 0 & (R \le r) \end{cases} \quad (2.57)$$

- ソフトオブジェクト

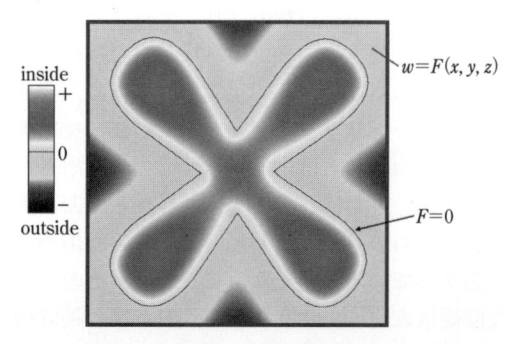

図 2.19　関数により定義されたスカラー場

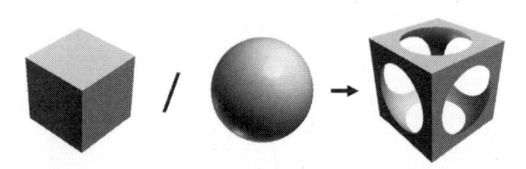

図 2.20　2 つの陰関数の差演算による立体の生成

$$f(r) = \begin{cases} a(1 - \frac{4r^6}{9R^6} + \frac{17r^4}{9R^4} + \frac{22r^2}{9R^2}) & (0 \leq r < R) \\ 0 & (R \leq r) \end{cases} \quad (2.58)$$

ここで，R は球の半径を，r は球の中心からの距離を示す．

図 2.21 に，例としてメタボールを用いた人体モデルの生成結果[45]を示す．このように，濃度球モデルでは容易に複雑な形状を生成できる一方で，得られる形状が丸みを帯びたものになる，という特徴がある．

(2) RBF

RBF（Radial Basis Function）は，放射状の基底関数の重み付き和として定義される陰関数曲面の一種である．RBF により得られる曲面は非常に滑らかであることがその特徴であるが，濃度球モデルと同様丸みを帯びた形状となる．RBF は，離散点群補間（scattered data interpolation）問題の解法の一つとして定式化される．離散点群補間問題とは，N 個の点 (x_i, f_i) $(i = 1, \cdots, N)$ が与えられたとき，$f(x_i) = f_i$ を満たすような関数 $f(x)$ を決定することであり，一般に，そのような関数 f は無限に存在する．そこで，

- f は領域全体にわたって連続である
- 「滑らかな」曲面

という 2 つの制約を設定する．2 つめの条件である「滑らかな」曲面とは，ここでは f の 2 階導関数で定まるエネルギー関数の値が最も小さい曲面のことをいう．このような制約を満たす f は以下の式で表わされる．

$$f(\mathbf{x}) = p(\mathbf{x}) + \sum_{i=1}^{N} \lambda_i \phi(|\mathbf{x} - \mathbf{x}_i|) \quad (2.59)$$

ここで，$p(\mathbf{x})$ は低次の多項式，λ_i は点 $\mathbf{x}_i$ に対する重み係数，$|\mathbf{x} - \mathbf{x}_i|$ は点 $\mathbf{x}$ から点 $\mathbf{x}_i$ までの距離を示す．φ は基底関数を表わし，連続性に応じてさまざまな関数が用意される．

与えられた点群 $\mathbf{x}_i$ から関数 f を求めるには，未知のパラメータである $p(\mathbf{x})$ の係数と重み係数 λ_i に関する連立 1 次方程式を解く．1 つの基底関数の影響がすべての点に及ぶ（non-support, global support）ため，この方程式は疎にならない．このため，点の数が増えるほど，より計算時間がかかる[46]．

これに対し，ある範囲内にのみ影響を与える基底関数を定義した場合の RBF を CSRBF（Compactly-Supported Radial Basis Function）という．CSRBF は，関数 f の求め方は RBF と変わらないものの，疎な連立 1 次方程式となるため，f をより高速に計算することができ，結果としてより大規模な点群に対する計算を行なえる．図 2.22 に，CSRBF を階層的解法で求めた結果[47]を示す．この場合，あるレベルの計算結果を次のレベルの初期値として利用できるため，より安定した計算を行なえる．

(3) MPU，SLIM

MPU（Multi-level Partition of Unity）[48]および SLIM（Sparse Low-degree IMplicit）[49]は，ともに陰関数多項式を利用した陰関数曲面である．これらの曲面は滑らかであるうえに，他の陰関数曲面形式に比べて形状の自由度が高く，より柔軟な形状定義が行なえることが特徴である．また，点群からの曲面生成は局所的な処理だけで行なうためきわめて高速であり，その結果，非常に大規模な点群を扱うことが可能である．また，点群からの曲面再構築に関する欠損部分

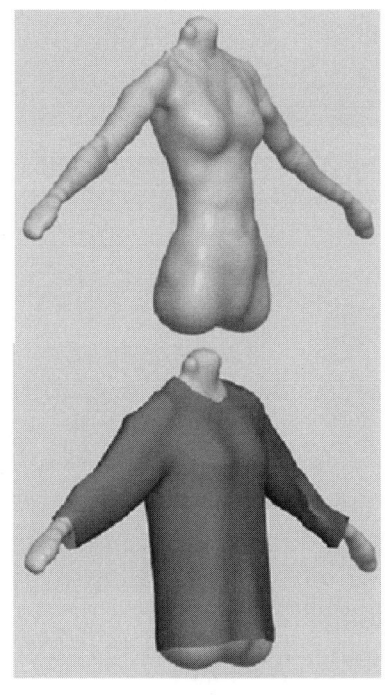

図 2.21 メタボールを用いた人体モデルの生成[45]

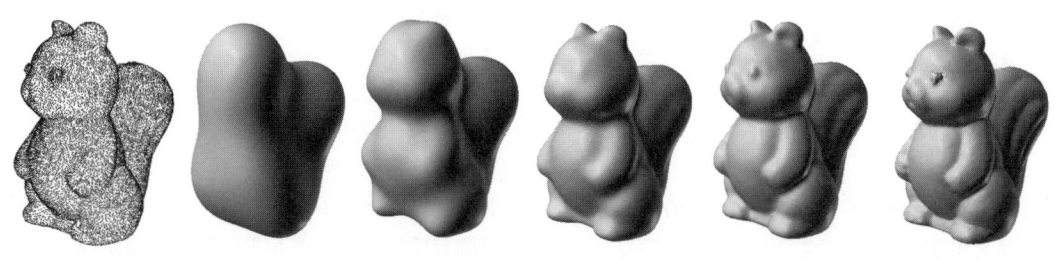

図2.22　CSRBFによる球状の生成[47]

の補完，平滑化，オフセット，ブレンディングなどを行なうことができ，新しい形状モデリングとしての形状表現としても注目されている。

MPUとSLIMは，低次の陰関数多項式 $f(\mathbf{x}) = 0$ を含むノード（サポート球）の集合により構成され，それ自体が階層的な構造をもつこともできる。1つのノードは，物体の局所的な近似である。各ノードに含まれる陰関数曲面は，そのすべての子供の陰関数曲面群の大まかな近似となる。空間上の点 $\mathbf{x}$ に対する関数値 $F(\mathbf{x})$ は，その点に隣接する陰関数多項式の値の重み付き和により計算され，これをPU（Partition of Unity）とよんでいる。

$$F(\mathbf{x}) = \frac{\sum_i w_i(\mathbf{x}) f_i(\mathbf{x})}{\sum_i w_i(\mathbf{x})} \quad (2.60)$$

ここで $w_i(\mathbf{x})$ は，サポート球の中心からの距離に対する重み関数であり，通常はガウス関数などが用いられる。MPUとSLIMのちがいは，MPUがオブジェクトを含む空間全体にノードが定義されているのに対し，SLIMは境界面が存在すると想定される空間的な箇所のまわりにのみノードが定義されている。このため，SLIMのほうがよりコンパクトな表現となっている。また，1つのノードに2つ以上の陰関数多項式をもつことにより，鋭角特徴をも表現することができる。

点群からMPUを構築するには，まず，点群を8分木構造などで適応的に細分割し，それぞれの分割された小立方体に対して1つずつ陰関数多項式を計算して割り当てている[48]。図2.23に，400万点からなる大規模な点群からMPUを構築した結果を示す。図2.24は，SLIMによるモデルと，その一部形状のサポート球の表示結果を示している。サポート球の大

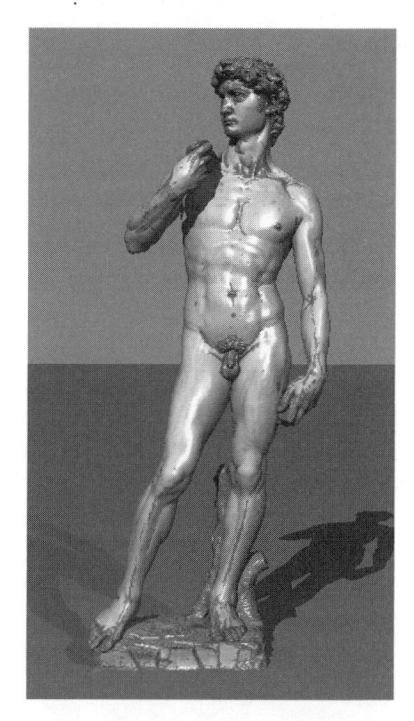

図2.23　MPUによる大規模陰関数曲面モデルの生成[48]

図2.24　SLIMによるモデルとその一部形状のサポート球による表示[49]

きさは，形状の複雑性と関係がある．すなわち，サポート球の大きい箇所は比較的平坦な領域を，小さい箇所はよりカーブのきつい領域となっている．

(4) その他の形式

他の陰関数曲面形式として，ここでは MLS とレベルセット法について紹介したい．

MLS（Moving Least-Squares）[50] は，点に対する関数値を，その点の近傍によって定義される接平面を利用して計算する方法である．接平面は，点群からの距離と，点からの重みに基づくエネルギー関数が最小となるように反復計算により求める．パラメータにより曲面の滑らかさを制御できる．

レベルセット法[51] は，時間 t に関する偏微分方程式を用い，与えられた点群に再構築すべき曲面を順次収束させて求める手法である．実際には，3次元空間上に格子状にサンプル点をとり，ある点の近傍のみにおいて偏微分方程式を解くことで，局所的な形状を求める．この方法は，流体シミュレーションの際の流体の境界表面の計算などに用いられている．

文献

1) 鳥谷浩志，千代倉弘明：『3次元 CAD の基礎と応用』，共立出版，1991．
2) 技術編 CG 標準テキストブック編集委員会：『コンピュータグラフィックス』，財団法人画像情報教育振興協会，2004．
3) H. Hoppe：Progressive meshes, In Proc. ACM SIGGRAPH 96, pp.99-108, 1996.
4) M.Mäntylä：An Introduction to Solid Modeling, Computer Science Press, 1988.
5) P. Heckbert, M. Garland：Survey of polygonal surface simplification algorithms, SIGGRAPH 97 course notes No.25, Multiresolution Surface Modeling, 1997.
6) M. Garland, P. S. Heckbert：Surface simplification using quadric error metrics, In Proc. ACM SIGGRAPH 97, pp.209-216, 1997.
7) G. Taubin：A signal processing approach to fair surface design, In Proc. ACM SIGGRAPH 95, pp.351-358, 1995.
8) S. Kuriyama, K. Tachibana：Polyhedral surface modeling with a diffusion system, *Computer Graphics Forum*（*Proc. Eurographics'97*），**16**（3），39-46, 1997.
9) M. Desbrun, M. Meyer, P. Schröder, A. Barr：Implicit fairing of irregular meshes using diffusion and curvature flow, In Proc. ACM SIGGRAPH 99, pp.317-324, 1999.
10) I. Guskov, W. Sweldens, P. Schröder：Multiresolution signal processing for meshes, In Proc. ACM SIGGRAPH 99, pp.325-334, 1999.
11) M. S. Floater, K. Hormann：Recent advances in surface parameterization, In Proc. Multiresolution in Geometric Modelling 2003, pp.259-284, Springer-Verlag, Berlin, Sept., 2003.
12) M. Desbrun, M. Meyer, P. Alliez：Intrinsic parameterizations of surface meshes, *Computer Graphics Forum*（*Proc. Eurographics 2002*），**21**（3），209-218, 2002.
13) M. Eck, T. DeRose, T. Duchamp, H. Hoppe, M. Lounsbery, W. Stuetzle：Multiresolution analysis of arbitrary meshes, In Proc. ACM SIGGRAPH 95, pp.173-182, 1995.
14) M. S. Floater：Parametrization and smooth approximation of surface triangulations, *Computer Aided Geometric Design*, **14**（3），231-250, 1997.
15) P. V. Sander, J. Snyder, S. J. Gortler, H. Hoppe：Texture mapping progressive meshes. In Proc. ACM SIGGRAPH 2001, pp.409-416, 2001.
16) X. Gu, Y. Wang, T. F. Chan, P. M. Thompson, S.-T. Yau：Genus zero surface conformal mapping and its application to brain surface mapping, *IEEE Transaction on Medical Imaging*, **23**（8），949-958, 2004.
17) E. Praun, H. Hoppe：Spherical parametrization and remeshing, *ACM Transactions on Graphics*（*Proc. SIGGRAPH 2003*），**22**（3），340-349, July, 2003.
18) P. Alliez, M. Meyer, M. Desbrun：Interactive geometry remeshing, *ACM Transactions on Graphics*（*Proc. SIGGRAPH 2002*），**21**（3），347-354, 2002.
19) 河野：『自由形状モデリングにおける高密度不規則メッシュの整列手法』，「平成10年度東京大学大学院工学系研究科精密機械工学専攻修士論文」，1999．
20) P. Alliez, D. Cohen-Steiner, O. Devillers, B. Lévy, M. Desbrun：Anisotropic polygonal remeshing, *ACM Transactions on Graphics*（*Proc. SIGGRAPH 2003*），**22**（3），485-493, 2003.
21) O. Sorkine, D. Cohen-Or, Y. Lipman, M. Alexa, C. Rössl, H.-P. Seidel：Laplacian surface editing, In Proc. 2nd Eurographics/ACM SIGGRAPH Symposium on Geometry Processing, pp.179-188, Eurographics Association, Aire-la-Ville, Switzerland, 2004.
22) Y. Yu, K. Zhou, D. Xu, X. Shi, H. Bao, B. Guo, H.-Y. Shum：Mesh editing with poisson-based gradient field manipulation, *ACM Transactions on Graphics*（*Proc. SIGGRAPH 2004*），**23**（3），644-651, 2004.
23) R. Zayer, C. Rössl, Z. Karni, H.-P. Seidel：Harmonic guidance for surface deformation, *Computer Graphics Forum*（*Proc. Eurographics 2005*），**24**（3），601-609, 2005.
24) Y. Yoshioka, H. Masuda, Y. Furukawa：A constrained least squares approach to interactive mesh deformation, In Proc. 8th International Conference on Shape Modeling and Applications, pp.153-162, IEEE CS Press, Los Alamitos, CA, 2006.
25) S. Yoshizawa, A. G. Belyaev, H.-P. Seidel：Skeleton-based variational mesh deformations, *Computer Graphics Forum*（*Proc. Eurographics 2007*），**26**（3），255-264, 2007.
26) D. Zorin, P. Schröder eds：Subdivision for Modeling and Animation, No.23 in SIGGRAPH 2000 Course Notes, ACM SIGGRAPH, 2000.
27) J. Warren, H. Weimer：Subdivision Methods for Geometric Design：A Constructive Approach, Morgan Kaufmann, 2001.
28) M. Ma：Subdivision surfaces for CAD-An overvew, *Computer Aided Design*, **37**（7），693-709, 2005.
29) E. Catmull, J. Clark：Recursively generated B-spline surfaces on arbitrary topological meshes, *Computer Aided Design*, **10**（6），350-355, 1978.

30) T. DeRose, M. Kass, T. Truong : Subdivision surfaces in character animation, In Proc. ACM SIGGRAPH 98, pp.85-94, 1998.
31) M. Halstead, M. Kass, T. DeRose : Ef-ficient, fair interpolation using Catmull-Clark surfaces, In Proc. ACM SIGGRAPH 93, pp.35-44,1993.
32) A. A. Ball, D. J. T. Storry : Conditions for tangent plane continuity over recursively generated B-spline surfaces, *ACM Transaction on Graphics*, **7** (2), 83-102, 1988.
33) C. Loop : Smooth subdivision surfaces based on triangles, Master's thesis, University of Utah, Department of Mathematics, 1987.
34) H. Hoppe, T. DeRose, T. Duchamp, M. Halstead, H. Jin, J. McDonald, J. Schweitzer, W. Stuetzle : Piecewise smooth surface reconstruction, In Proc. ACM SIGGRAPH 94, pp.295-302, 1994.
35) H. Biermann, A. Levin, D. Zorin : Piecewise smooth subdivision surfaces with normal control, In Proc. ACM SIGGRAPH 2000, pp.113-120, 2000.
36) N. Dyn, D. Levin, J. A. Gregory : A butterfly subdivision scheme for surface interpolation with tension control, *ACM Transaction on Graphics*, **9** (2), 160-169, 1990.
37) D. Zorin, P. Schröder, W. Sweldens : Interpolating subdivision for meshes with arbitrary topology, In Proc. ACM SIGGRAPH 96, pp.189-192, 1996.
38) D. Doo, M. Sabin : Analysis of the behavior of recursive division surfaces near extraordinary points, *Computer Aided Design*, **10** (6), 356-360, 1978.
39) L. P. Kobbelt : $\sqrt{3}$-subdivision. In Proc. ACM SIGGRAPH 2000, pp.103-112, 2000.
40) J. Stam : Exact evaluation of Catmull-Clark subdivision surfaces at arbitrary parameter values, In Proc. ACM SIGGRAPH 98, pp.395-404, 1998.
41) N. L. Max : Computer representation of molecular surfaces, *IEEE Computer Graphics and Applications*, **3** (5), 21-29, 1983.
42) D. Zorin, D. Kristjansson : Evaluation of piecewise smooth subdivision surfaces, *The Visual Computer*, **18** (5-6), 299-315, 2002.
43) 西村, 平井, 河合, 河田, 白川, 大村:「分布関数による物体モデリングと画像生成の一手法」,『電子通信学会論文誌』, **J68-D** (4), 718-725, 1985.
44) G. Wyvill, C. McPheeters, B. Wyvill : Data structure for soft objects, *The Visual Computer*, **2** (4), 227-234, 1986.
45) R. Matsuda, T. Nishita : Modeling and deformation method of human body model based on range data, In Proc. 2nd International Conference on Shape Modeling and Applications, pp.80-87, IEEE CS Press, Los Alamitos, CA, 1999.
46) J. C. Carr, R. K. Beatson, J. B. Cherrie, T. J. Mitchell, W. R. Fright, B. C. McCallum, T. R. Evans : Reconstruction and representation of 3D objects with radial basis functions, In Proc. ACM SIGGRAPH 2001, pp.67-76, 2001.
47) Y. Ohtake, A. G. Belyaev, H.-P. Seidel : A multi-scale approach to 3D scattered data interpolation with compactly supported basis functions, In Proc. 4th International Conference on Shape Modeling and Applications, pp.153-161, IEEE CS Press, Los Alamitos, CA, 2003.
48) Y. Ohtake, A. Belyaev, M. Alexa, G. Turk, H.-P. Seidel : Multi-level partition of unity implicits, *ACM Transactions on Graphics*(Proc. SIGGRAPH 2003), **22** (3), 463-470, 2003.
49) Y. Ohtake, A. G. Belyaev, M. Alexa : Sparse low-degree implicits with applications to high quality rendering, feature extraction, and smoothing, In Proc. 3rd Eurographics Symposium on Geometry Processing, pp.149-158, Eurographics Association, Aire-la-Ville, Switzerland, 2005.
50) M. Alexa, J. Behr, D. Cohen-Or, S. Fleishman, D. Levin, C. T. Silva : Computing and rendering point set surfaces, *IEEE Transactions on Visualization and Computer Graphics*, **9** (1), 3-15, 2003.
51) H.-K. Zhao, S. Osher, B. Merriman, M. Kang : Implicit and nonparametric shape reconstruction from unorganized data using a variational level set method, *Computer Vision and Image Understanding*, **80** (3), 295-314, 2000.
52) 金井:「頑健かつ高速な等角球体パラメータ化計算手法」,『情報処理学会論文誌』, **46** (2), 649-657, 2005.

3 レンダリング

3次元CGは，計算機内に定義された形状モデルを，指定した光源で照射し，指定した視点からどのように見えるかをディスプレイ装置のスクリーンに表示することである。この処理をレンダリングという。レンダリングの処理過程を行なう方法が，これまでに多く開発されている。ここでは，レンダリングに必要な技術を概説する。

3次元物体を2次元平面上に表示する必要がある。そのため投影が行なわれる。次に，見えない面を除去する。これを隠面消去（hidden surface removal）という。また，光源を与えて，面上の各点での輝度を求める処理をシェーディングという。

CGは当初，3次元物体の隠面消去や各種表示技法を含む画像のレンダリング法の研究が主であったが，多岐にわたり応用されるようになってきた。CGで表現しようとする対象の推移をみると，最初は球，直方体など単純な幾何形状の表示であったが，応用対象が広がり，建築物，車，電気製品などの人工物の表示，生物（人体などの医療分野），肌，髪，毛の表示，自然物・自然現象の表示が対象になってきた。こうした経緯は，いかに写実的なレンダリングを実現するかということであった。とくに写真のようなリアルさを追求するという意味で，リアリスティックレンダリングあるいはフォトリアリスティックレンダリングというキーワードが頻繁に使われる。

本章では，隠面消去，シェーディングの基礎となる陰影計算（放射測定学ならびにレンダリング方程式など）について述べ，大域照明モデルの代表的な手法であるラジオシティ法とフォトンマッピング法を解説する。さらに，写実的な画像を効率よく作成することができる画像を利用したレンダリング手法，ならびに構造的なテクスチャを効果的に作成するためのテクスチャ生成技術について解説する。最後に，近年のハードウェアの進歩に伴い進展しているリアルタイムレンダリングについても解説する。

3.1 隠面消去

実空間と仮想空間を対比した場合，前者は，物体の位置さえ定めれば任意の場所から見た前後関係はおのずと定まるのに対して，後者は，位置情報だけでは1つの物体を構成する面のあいだでの前後関係さえ決めることはできない。言い換えると，仮想空間を違和感なく表現するためには，実生活では必要のない，視点からどの物体のどの部分が見えているのかを決める処理（visible surface determination）を行なう必要がある。この見える面を決める（残す）処理は，見えない面を消去していくことと等価であり，本節のタイトルのように隠面消去ともよばれる。

本節ではまず，隠面消去の前処理として用いられるバックフェースカリング（後面除去）について，レンダリングでさまざまな目的に使用される法線（外向き法線）ベクトルの計算方法と，それを用いて視点から見た裏面/表面を判別する方法を説明する。次に，実際に隠面消去を行なうためのアルゴリズムについて，代表的なものに触れる。

3.1.1 バックフェースカリング（後面除去）

物体が多面体である場合，それはポリゴンの集合で構成される。それぞれのポリゴンの法線ベクトルは，そのポリゴンの表面から物体の外側を向く方向である。このとき，法線ベクトルが視点から離れる方向を指す多面体の構成面

は，視点により近いところにある別の面に遮蔽される（図3.1参照）。このような視点から見て後ろ向き，すなわち裏側が見えている（back-facing）面（裏の面）は見えないので，レンダリングの処理対象からはずすことができる。この手法が，バックフェースカリング（back-face culling）である。

裏の面でない面は，表側が見えている面（表の面）である。図3.1に示すように，表の面（面B，C）は，その法線ベクトル（N_B，N_C）と面上の任意の点から視点に向かうベクトルとのなす角が鋭角になり，裏の面（面A，D）では鈍角になる。

もしも，描画対象が凸の立体1つだけの場合は，バックフェースカリングの処理だけで隠面消去処理は終了する。しかし，物体が複数存在したり，凹の物体が存在したりすると，表の面であっても他の面に完全に遮蔽されることがある。したがって，可視面を確定するための処理が必要である。

このように，バックフェースカリングは，見える可能性のある面を残す（完全に見えない面を取り除く）処理であり，3.1.4項以降で説明する隠面消去処理のための前処理と考えることができる。

3.1.2 法線ベクトルの算出方法

面の法線ベクトルは，その面上に2つの平行でないベクトルを生成し，それらの外積を計算して求めることができる。ポリゴンの法線ベクトルを求める場合は，1つの頂点を共有する2つの辺とそのつながり関係を利用する。図3.2に示すポリゴンFの頂点$P_0P_1P_2$を利用して，法線ベクトルN_Fを求めることを考える。ここで，外側から見て，辺P_0P_1の進行方向に対して左側に辺P_1P_2が位置するものとする。この場合，法線ベクトルN_Fは，ベクトルP_0P_1とP_1P_2を利用して，次式により求めることができる。

$$N_F = P_0P_1 \times P_1P_2 \quad (3.1)$$

3.1.3 表と裏の判別方法

3.1.1項で述べたように，視点から見えるのが，そのポリゴンの表なのか裏なのかの判定は，3.1.2項の方法で得られるポリゴンの外向きの法線ベクトルNと面上の点Pから視点Vに向かうベクトルPVとのなす角を利用して行なう。2つのベクトルのなす角をθとすると，その余弦は次式により求めることができる。

$$\cos\theta = (N \cdot PV)/|N||PV| \quad (3.2)$$

ここで，θが鋭角のときは余弦が正になり，鈍角のときは負になる。式（3.2）において，分母はつねに正であるから，2つのベクトルの内積を計算して，その符号を調べることで，視点からどちらの面が見えるのかを判定できる。すなわち，正であれば2つのベクトルのなす角は鋭角であり表側が見えており，0のときには直交すなわち視点がポリゴンを含む平面上にあり，負のときには2つのベクトルのなす角は鈍角であり裏側が見えている。

3.1.4 隠面消去処理の分類

隠面消去は，処理を行なう際に何を基準とするかにより大きく2種類に分類できる。1つは，画像中のそれぞれの画素について，その画素方向の投影線上で最も手前で交差する物体を決定していく方法であり，もう1つは，ある物

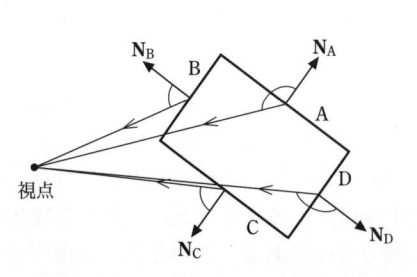

図3.1 バックフェースカリング

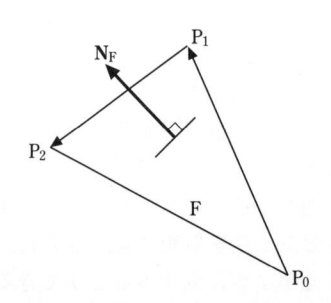

図3.2 法線ベクトルの計算方法

体のどの部分が他の物体に遮蔽されることなく視点から見ることができるかを決定していく方法である。前者の方法を画像空間アルゴリズムとよび，後者の方法を物体空間アルゴリズムとよぶ。

画像空間アルゴリズムは，表示機器の解像度の精度で処理が行なわれ，画素ごとに隠面消去処理（可視物体の決定）が行なわれる。物体空間アルゴリズムは，物体を定義したときの精度で処理が行なわれ，物体ごとに隠面消去処理（可視/不可視部分の決定）が行なわれる。さらに，物体の描画順を決定し，遠い順に描画（スキャンコンバージョン）することで隠面消去処理を実現する方法もあり，これを優先順位アルゴリズムとよぶ。この方法は，物体を定義した空間の精度で描画順を決定し，その順で物体をスキャンコンバージョンすることにより，最終的に可視部分が残るという方法であり，物体空間アルゴリズムと画像空間アルゴリズムの両方を組み合わせた方法である。

3.1.5 優先順位アルゴリズム

優先順位アルゴリズムは，指定された順序で物体を描画していけば，前後関係の正しい画像を得ることが保証される隠面消去手法である。ここで，描画の順序を決定する際には，奥行き方向の比較をしたり，場合によっては物体を分割したりするが，これらの処理は，物体の座標値などを利用して，すなわち，物体空間の精度で実施される。

一方，物体のどの部分が最終的に可視になる（他の物体に遮蔽されて不可視になる）のかは，物体をスキャン変換して描画した結果により定まる。これは，表示装置の解像度に依存する画像空間の精度で処理が実施される。

このように，優先順位アルゴリズムは，物体空間と画像空間の双方を組み合わせて可視面を決定する手法である。

(1) デプスソートアルゴリズム

デプスソートアルゴリズム[1]は，視点からの奥行き方向の距離を基準にして，最も遠方にある物体から順に描画していく方法である。その概略手順は，

①すべてのポリゴンを，それぞれの最小（最遠方）の z 座標値を用いて並べる。
②ポリゴンの z 座標値の範囲が重なる場合は，必要に応じて物体を分割するなどして，重なり具合のあいまいさを解消する。
③最も遠方のポリゴンから順に描画（スキャン変換）する。

上述の手順②を簡潔に行なうものを，ペインタアルゴリズムとよぶ。ペインタアルゴリズムは，描画対象のすべてのポリゴンが視点座標系の xy 平面に平行（z 座標値がポリゴン上で一定）であり，かつ他の面に含まれないような場合に有効である。また，他のどの隠面消去アルゴリズムよりも簡潔であるので，厳密な前後関係を必要としない対象を描画する場合には適している。

優先順位アルゴリズムは，上述の手順②の部分で，重なり具合のあいまいさにさまざまな種類が考えられ，それぞれに対して解消のためのアルゴリズムを用意する必要があり，処理が非常に複雑になるという問題点がある。

(2) BSPツリーアルゴリズム

BSP（binary space-partitioning）ツリーアルゴリズム[2]は，前処理によりポリゴン間の描画優先順を決めるための情報を用意しておき，視点が与えられるとそれに対応する描画順が高速に得られる手法である。具体的には，ある基準とする面（分離面）により，すべてのポリゴンが2つのグループ（表側と裏側の半空間に属するポリゴン）に分離できるとき，視点が属する半空間のグループは，反対側のグループを遮蔽する可能性があるが，その逆に反対側のグループにより遮蔽されることはないという性質を利用する。分離面とその他の面との関係が変化しない，すなわち移動物体が存在しないような対象に対して，視点が変化するアニメーションを作成するような場合に非常に有効な手法である。

3.1.6 Zバッファ法

Zバッファもしくはデプスバッファアルゴリズム[3]は，画像空間アルゴリズムに属する隠面消去法である。アルゴリズムが簡潔であるため，ソフトウェアでもハードウェアでも容易に実装できる。最もよく用いられている隠面消去

法である。画像を記憶するためのフレームバッファに加えて，奥行き値（透視変換後の視点座標系におけるz座標値）を記憶するためのZバッファを用い，処理は画素単位で行なう。

(1) Zバッファ法のアルゴリズム

Zバッファ法では，最初にフレームバッファのすべての画素を背景色で初期化し，Zバッファのすべての画素を最大の奥行き値（farクリッピング面の奥行き）で初期化する。最小の奥行き値は，nearクリッピング面の奥行き値である。

ポリゴンごとにフレームバッファにスキャン変換する。このとき，どのポリゴンから描き始めてもよい。スキャン変換を行なう際，ポリゴンが描画される画素ごとにその画素における奥行き値を計算する。次に，その奥行き値とZバッファにおける該当画素の位置に記憶されている奥行き値を比較し，もしも記憶されているものよりも小さければ，Zバッファとフレームバッファに新しい奥行き値および色をそれぞれ書き込む。もしも新しい奥行き値がZバッファに記憶されている値よりも大きいとき，すなわち記憶されている図形よりも遠方にあるときは何もしない。

図3.3に初期状態から2つの図形の描画が終了するまでのZバッファとフレームバッファの変化のようすを示す。

(2) Zバッファ法の特徴

Zバッファ法は，物体やポリゴンをあらかじめ何かの基準で並べておく必要はなく，物体のあいだで比較を行なうこともない。しかし，すべてのポリゴンを描画するまで最終的にどの物体のどの部分が可視となるのかは決定できないため，途中経過の画像は利用できない。奥行き値は，ポリゴンの場合は透視変換後の頂点の座標値を利用して，スキャン変換のときに簡単に計算することができる。図3.4に示す3角形の平面の方程式が

$$n_x x + n_y y + n_z z + d = 0 \tag{3.3}$$

であり，画素の中心で図形の奥行きをサンプリングするとき，最初に交差するスキャンラインy_iと辺P_0P_1との交点から，最初に奥行きを求める点(x_i, y_i)を決定する。

ここで，奥行き値zを計算するために平面の方程式を以下のように変形する。

$$z = (-d - n_x x - n_y y)/n_z \tag{3.4}$$

これから，スキャン変換する際にx座標が微少量Δx変化すると，それにあわせてz座標値は，$-n_x/n_z(\Delta x)$変化する。スキャン変換は，$y = y_i$で$\Delta x = 1$としてそれに対応するz座標値を求めればよいから，$-n_x/n_z$ずつ変化させればよい。以上の処理を，走査するスキャンラインのy座標値を1ずつ減じながらポリゴンの最小のy座標を下まわるまでくり返せばよい。

Zバッファ法は，図形の種類に関係なく，奥行きの計算方法が与えられていれば，平面のポリゴン以外に対しても適用できる。また，あるポリゴンが別のポリゴンに突き刺さっているような場合など，図形間の相対的な位置関係によらず隠面消去処理を行なうことができる。

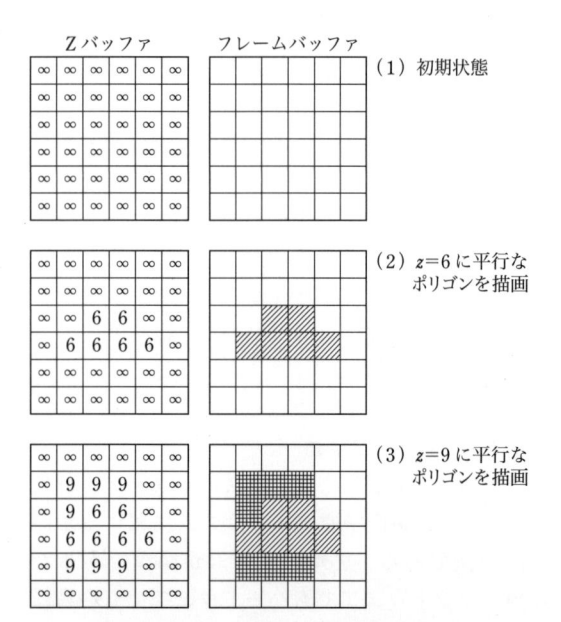

図3.3 Zバッファ法による隠面消去処理

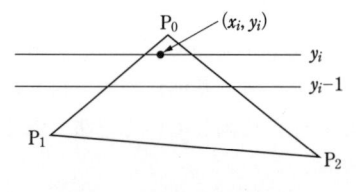

図3.4 奥行き値の計算

3.1.7 スキャンライン法

スキャンライン法[4]は,スキャンラインとポリゴンとの交差情報に基づいて隠面消去を行なう方法であり,複数のポリゴンが重なる場合は,いちばん手前にあるポリゴンとその区間を決定しながらスキャン変換を行なう。隠面消去のための前後判定は,基本的には画素単位で行なうので,画像空間アルゴリズムに属する。

(1) スキャンライン法のアルゴリズム

図3.5に擬似コード表現したスキャンライン法の処理概要を示す。辺ごとのy座標値の最大・最小値をそれぞれ利用することにより,スキャンラインごとに交差する可能性のある辺を逐一計算する必要がなくなる。これは,一種のコヒーレンスの利用である。

ここで,あるポリゴンが別のポリゴンに突き刺さる場合はないと仮定すると,ポリゴン間の前後関係が変化する場所は,スキャンラインと辺との交点においてのみである。したがって,スキャンライン上でいったん可視と判定された面は,新しい交点までは可視でありつづける。すなわち,交点間の画素においては,隠面消去処理を行なう必要がない。これは,別のコヒーレンスを利用した処理の高速化である。2つの交点で構成される区間をスパンとよぶが,スパン単位でそれに含まれるポリゴンの前後関係を決定すればよい。

(2) スキャンライン法の効率化のための工夫

スキャンライン法を効率よく実行するために,以下に示すような処理を前もって行なう。スキャンラインに平行な辺を除き,すべての辺について以下の要素からなるテーブル(辺テーブル)を作成する。y座標の最大値とその頂点のx座標,y座標の最小値,yが1変化したときのxの変化分(Δx),属するポリゴン番号。そして,y座標の最大値を利用して最初に交差するスキャンライン単位に整列する。同一のスキャンラインと交差する辺が複数ある場合には,x座標値の要素の小さい順に整列する。また,ポリゴンごとに以下の要素からなるテーブル(ポリゴンテーブル)を作成する。ポリゴン番号,平面の方程式の係数,描画のために必要な情報,スキャンライン上での可視面候補か否かを示すフラグ(初期値はfalse)。

擬似コードに示したように,処理中のスキャンラインにつながっている辺テーブルの要素を新たに処理辺リストに加える。すでに処理辺リストに接続している要素は,x座標値にΔxを加えることにより,処理中のスキャンラインとの新しい交点のx座標値を得る。ポリゴンごとの可視面候補フラグは,最初にポリゴンと交差(左側の辺と交差)したときにtrueに切り替え,次にポリゴンと交差(右側の辺と交差)したときにfalseに戻す。

(3) スキャンライン法の特徴

スキャンライン法は,処理を行なう際に必要となるメモリが,スキャンラインと交差する辺の要素を記憶するための処理辺リスト分だけで

```
すべての図形を透視投影変換する。
辺を視点座標系 y 座標の最大値で整列し,y 座標ごとに
辺リストを作成し,スキャンラインに平行な辺を除外
しておく。
画面上の最も上(視点座標系の y 座標値が最大)の辺
と最初に交わるスキャンラインからそれより下には辺
のないスキャンラインまでくり返す {
    処理中のスキャンライン yi が,y 座標の最大値を
    下まわった辺を処理辺リストに加え,辺の最小の y
    座標を下まわった辺を処理辺リストからはずす。
    最新可視面の初期値として背景をセットし,区間
    開始点を画面の左端とする。
    処理辺リストのすべての辺との交点座標を求め,x
    座標の小さい順に整列する。
    画面左端から画面右端の処理が終了するまでそれ
    ぞれの交点について以下の処理をくり返す {
        その点を含む面がスキャンラインと初めて交
        差する場合は,その面を可視面候補リストに
        加え,2 回目の交点である場合は,可視面候
        補リストからはずす。
        可視面候補リストのすべての面に対して,ス
        キャンライン上の点 (xi, yi) おける z 座標値を
        求める。
        最小の z 座標値の面が最新可視面と異なる場
        合 {
            区間開始点から xi−1 までを最新可視面の
            情報を利用して描画する
            xi を区間開始点として登録し,最新可視
            面を更新する。
        }
    }
}
```

図3.5 スキャンライン法のアルゴリズム

あり，ポリゴンの数がきわめて多くないかぎり，とくにZバッファ法と比較した場合少なくて済む。また，コヒーレンスを利用してスキャンラインと交差する辺や，ポリゴンの可視部分を決定できるため，比較的少ない計算量で隠面消去処理が行なうことができる。

Zバッファ法のようにすべての処理が完了しなくても，途中のスキャンラインまでの画像を隠面消去処理を実施した画像として利用可能である。しかし，Zバッファ法，レイトレーシング法と比較すると，前処理が必要であり，アルゴリズムも複雑である。また，突き刺さっていないポリゴンの集合で構成されている必要がある。

3.1.8 レイトレーシング法

レイトレーシング法[5]は，光線追跡法ともよばれる。視点から，画素に向かうレイとよぶ仮想の光を発してそれと交差する物体との交点を求め，可視面を決定する方法である。この方法は，画素ごとに隠面消去処理のためのレイを発生するので，典型的な画像空間アルゴリズムといえる。

(1) レイトレーシング法のアルゴリズム

擬似コード表現したレイトレーシング法のアルゴリズムを図3.6に示す。視野を設定するときに与えられる，視点の位置，視軸および画面上向きの方向や水平方向（鉛直方向）の開き角，および画面の縦横比の情報から，ビューウィンドウを設定し，画像解像度に相当する一様な格子を発生させて3次元空間中におけるそれぞれの画素の位置を得る。このように，透視変換をほどこさなくてもレイトレーシング法では隠面消去処理を行なうことができる。

(2) 交差判定処理

レイトレーシング法を実装する際の処理の中心となるのは，レイと物体との交差判定である。これは，レイを表わす直線の方程式を，視点 $V(x_v, y_v, z_v)$ と画素に対応させたレイが通過する点 $Q(x_q, y_q, z_q)$ との情報を利用して，以下に示すパラメータ形式で表わし，これを図形の方程式に代入してパラメータについて解くことにより解を得る。

$$x = (x_q - x_v)t + x_v$$
$$y = (y_q - y_v)t + y_v \quad (3.5)$$
$$z = (z_q - z_v)t + z_v$$

ここで，$(x_q - x_v, y_q - y_v, z_q - z_v)$ は，レイの方向ベクトルであり，視点より後方の交点は無意味であるから，視点より前方の交点を与える t が正のとき有効な交点である。ここでは，最も簡単な図形である球と，最も出現頻度が高いと思われるポリゴンとの交差判定方法について述べる。

①球の交差判定

球の方程式に式(3.5)を代入し，t についての2次方程式の形にまとめる。これを，$at^2 + 2bt + c = 0$ と表わす。いま，レイと球とが交点をもつためには，この2次方程式が実数解をもてばよいから，その判別式，$D = b^2 - ac$ が正 ($D > 0$) となれば交点が存在し，交点は $t_1 = -b + \sqrt{D}$ と $t_2 = -b - \sqrt{D}$ で与えられる。$\sqrt{D}$ は正であるから，$t_1 > t_2$ の関係にある。

ここで，t_1, t_2 ともに正である場合は，t_2 がこの球とレイとの交点の視点により近いほうの交点を与える。両方とも負の場合は，前述の理由で両方とも無効な交点である。t_1 のみが正となる場合は，t_1 がこの球とレイとの交点を与える。

②ポリゴンの交差判定

ポリゴンを含む面の方程式に式(3.5)を代

```
すべてのスキャンラインについてくり返す {
    すべての画素についてくり返す {
        視点から画素を通過するレイを発生する
        すべての図形についてくり返す {
            レイと図形との交差判定および交点を求
            める
            レイと図形が交差するとき {
                交点を記録する
            }
        }
        最も近い交点を決定する
        最も近い交点の図形の情報から画素の色を決
        める。交点がない場合は背景の色を画素の色
        とする
    }
}
```

図3.6 レイトレーシング法のアルゴリズム

入し，t についての 1 次式を解けばよい。球と同様に，正の値をとる t により与えられる交点のみが有効である。ここで，ポリゴンの場合は，球と異なり正の t が見つかれば，それがポリゴン中の交点座標を与えるとは限らない。そこで，面との交点がポリゴンの内部に存在するかどうかを判定する。

判定方法は，まずポリゴンの法線ベクトルの最も大きな成分をもつ軸に直交する平面に投影し（法線ベクトルの最大の要素をとる軸以外の2つの成分からなる平面を考える），(i)面の交点から引いた半直線とポリゴンとの交点数により判定する方法，(ii)面の交点とポリゴンの頂点を結ぶベクトルの外積の方向により判定する方法，(iii)面の交点とポリゴンの各頂点とを結ぶベクトル間のなす角の総和により判定する方法，の3種類ある。

(i)の方法は，図3.7に示すように，座標軸に平行な半直線を面との交点Pから発生し，その直線とポリゴンとの交点数が奇数であれば点Pはポリゴンの内部にあり，偶数であればポリゴンの外部にあると判定する。

この方法は，図3.7に示すようにポリゴンが凹であっても適用可能な方法である。

(ii)の方法は，次式で計算される外積の方向が，図3.8に示すように，すべて一致していれば面との交点Pはポリゴンの内部にあると判定し，異なる方向のものが存在する場合は，外部にあると判定する。

$$\mathbf{N}_i = \mathbf{PP}_i \times \mathbf{PP}_{i+1} \tag{3.6}$$

ただし，$i = 1, \cdots, n$（n は頂点数）で，$i = n$ のとき $i+1 = 1$ である。

ここで，面との交点およびポリゴンの頂点は

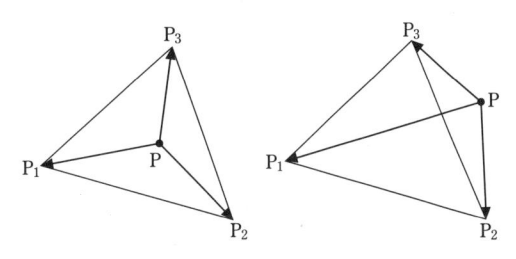

図3.8 外積の方向を用いたポリゴン内部の点の判別

2つの座標軸から構成される平面上の点であるから，外積の方向は1成分しかもたない。したがって，方向のちがいは符合のちがいとなって現われる。

なお，この方法は，ポリゴンが凸であることを前提にした方法である。

(iii)の方法は，図3.9に示すように，面との交点Pとポリゴンの頂点とを結ぶベクトルのうち，隣接する頂点のあいだでなす角を，2つのベクトルの関係により定まる符号をつけて総和をとり，2π であればポリゴンの内側に存在し，0であれば外側に存在すると判断する。

この方法は，凹のポリゴンであっても対応可能であるが，符号付きの角度をすべての頂点間に求める必要があるため，計算量が大きくなる。

(3) レイトレーシング法の高速化

レイトレーシング法は，すべての画素に対してレイを発生し，それぞれのレイごとにすべての図形とのあいだの交点計算を独立に行なう手法であり，Zバッファ法やスキャンライン法のようにコヒーレンスを利用しないため，多大な計算時間を必要とする。そこで，コヒーレンスを利用して隠面消去処理を高速化する手法が多数開発されている。

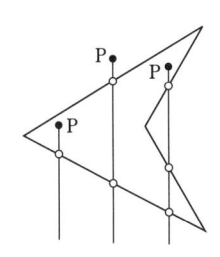

図3.7 半直線を用いたポリゴン内部の点の判別

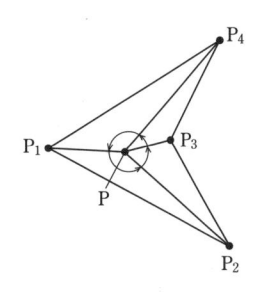

図3.9 符号付き内角の和を用いたポリゴン内部の点の判別

画素ごとに独立に可視面を抽出している点に注目すると，レイトレーシング法は，並列処理に向いているといえる。このため，複数のプロセッサを用いて，画像の特定の領域や，画素ごとに処理を並列化する方法が開発されている。このとき，プロセッサごとの負荷が平準化するような工夫や，システム全体の通信量やデータの持ち方に対する考慮が必要である。

以下に，並列処理以外の代表的な高速化手法について述べる。

① バウンディングボリュームを利用する方法[6]

多数のポリゴンから構成される物体があるとして，レイトレーシング法ではその1つ1つとの交差判定を行なう。ここで，あるポリゴンと交差するのは走査するレイのほんの一部であることを考えると，レイとポリゴンが交差しない場合をいかに高速に判定する（もしくは，レイと交差する可能性の高いポリゴンを高速に抽出する）かが高速化の鍵となることがわかる。

ここで，もしもこの物体をそれに外接する球や直方体などの簡単な形状で囲み，最初に外接の簡単な立体との交差判定を行ない，交差する場合についてのみ詳細なポリゴンとの交差判定を行なうようにすれば，交差する見込みのないポリゴンとの交差判定処理を大幅に削減可能である。ここで，物体群を代表する簡単な立体形状をバウンディングボリュームとよぶ。

バウンディングボリュームは，それらをまとめた上位のバウンディングボリュームも利用可能であり，たとえば家具や什器類に対するバウンディングボリュームを設定し，さらにそれらをまとめた部屋単位のバウンディングボリューム，さらにそれらをまとめたフロア単位，フロアをまとめたビル単位にそれぞれバウンディングボリュームを設定し，階層構造化することにより，計算の効率化を図ることができる。

② 空間分割法[7]

この方法は，図3.10（簡略化のため2次元で表現してある）に示すように，前処理として，表示対象とする空間を立方格子状に分割し，それぞれの立方体（ボクセル）ごとにその中に含まれる物体を記憶しておく。レイと物体との交差計算も，レイが通過するボクセルを視

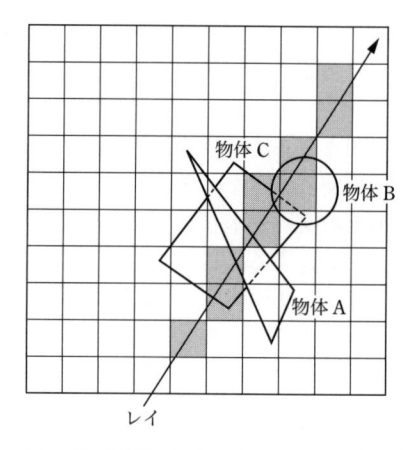

図3.10 空間分割によるレイトレーシングの高速化

点に近い順に調べていき，走査中のボクセルに含まれる物体とのみ交点計算を行ない，もしも有効な交点が見つかれば，それでレイに対する可視面抽出処理は終了する。

空間分割法は，ボクセルの相対的な位置関係を利用して，本来相対位置関係の情報のない物体に大まかな前後関係を与え，レイが通過するボクセルに含まれる物体のみが交点計算対象となることで，無駄な物体との交点計算処理を省略できる。また，レイが通過するボクセルの探索は，2次元のディスプレイ上で線分を描画するために利用されるDDA（digital differential analyzer）アルゴリズムを3次元に拡張したアルゴリズムを適用することにより，高速に求めることができる。

(4) レイトレーシング法の特徴

隠面消去法としてのレイトレーシング法については，他の隠面消去処理と異なり透視投影変換が必要なく，直線と図形との交点計算のみを行なえばよいので，処理が単純であり実装が容易である。適用対象が，ポリゴンに限定されず，直線との交点が計算により求めることができる形状であればよいという特徴がある。ただし，物体数が多くなると計算時間が膨大になるため，実用上は（3）で説明した高速化のための処理が必要になる。

3.2 シェーディング

陰影付けの処理は，シェーディングモデル (shading model) とよばれる。また，シェーディングモデルは，照明モデルやライティングモデルともいわれる。陰影表示には，光の当たり具合によって，色調が変化する状態を表示するいわゆるシェーディング (shading) と，光が遮られて生じる影の計算法 (shadowing) があり，また被照体の光学的特性に依存して生じるさまざまな現象や，遠近感の表示法など多くの手法が開発されている。

3.2.1 多様なシェーディングモデル

照明は直射光と間接光とからなる。シェーディングモデルは大別して，直射光に基づいて照明計算を行なう局所照明モデルと，間接光まで考慮して計算する大局照明モデルとに分類される。

シェーディングモデルを構成する要素は，表3.1のように，物体を照射する光源の種類およびそれらの特性，物体を照射する光（直射光と間接光），さらに，反射・透過・屈折などの物体の性質，散乱・屈折などの光学的効果などである。

光源に関しては，1960年代後半から1970年代を通じての，平行光線と点光源による簡単な陰影表示技法の基礎開発段階から，1980年代に入って，各種の配光特性をもった点光源をはじめ，線光源で表わした蛍光灯，面光源による埋め込みパネル，多面体光源に対する表示法が開発された[8]。さらに，屋外の景観をよりリアルに表現することによる環境シミュレーションには天空光が有効である[9]。光源の形状に依存し，物体の影は真っ暗な影と影の境界がぼけている影を生じる。それぞれ，本影，半影といわれる。半影も考慮することでリアリティが増した。

照明に関しては，1980年代後半早々には，それまでの一様の明るさの環境光から，壁などからの相互反射を考慮した，より精密な環境光による屋内照明の計算法が発表された（1985年）。間接光まで含めて照明計算を行なう大域

表3.1 照明モデルの要素

要素	例
光源	点光源（スポットライト），平行光線，面光源，曲面光源，天空光
影	本影，半影
照明	直接光，間接光，局所照明，大局照明（相互反射：ラジオシティ）
材質特性（反射，透過）	拡散反射，鏡面反射，BRDF，透過・屈折，集光効果
散乱および光の干渉や回折	霞の効果，雲や煙粒子による散乱光，大気・水の色，光跡，グレア，表面下散乱

照明モデルの代表的な手法として，物体面間での相互反射光を考慮したラジオシティ法がある。

材質特性に関して，物体表面からの反射に関しては，反射光の強さを拡散反射成分と鏡面反射成分に分けて計算し，それらを加え合わせるシェーディングモデルが開発され，広く一般的に用いられている。鏡面反射は，フォン (Phong) のモデルが開発され，一般的によく用いられている。

さらに，より精密な反射モデルとしてブリン (Blinn) のモデルや，金属の鏡面反射の表現に適したクック-トランス (Cook-Torrance) のモデルが開発された。一定方向に磨いた金属や布地の表現などのために，種々の異方性反射モデルも開発されている。さらに，より一般化された反射を扱うために，面の反射特性を表わすBRDF (bidirectional reflectance distribution Function, 双方向反射分布関数) を用いたシェーディングモデルも開発されている。

しかし，これらのモデルは，主として物質表面，あるいは表面の非常に浅い部分から反射した光しか取り扱うことができない。そのため，大理石やグラスに入った牛乳，人間の肌などのような，表面から入った光が，内部で多重散乱したあとに表面に出てくる光の成分が多く含まれる場合にも処理できるサブサーフェーススキャッタリング (subsurface scattering, 表面下散乱) をモデル化して取り扱う手法が開発された。こうした効果を含む反射モデルは，BSSRDF (bidirectional scattering surface reflectance distribution function, 双方向深層散乱反

また，鏡面反射面による反射光が他の物体を照らしたときの集光による明暗の分布や，水面で屈折した光が水底につくる明暗の分布などの，集光現象（コーステックとよばれる）を表示することのできるモデルも開発された。

散乱や回折などの光学的効果に関しては，大気や水中の微粒子による散乱・減衰を考慮したシェーディングモデルも開発されている。大気中の光の散乱・減衰現象をモデル化することにより，夕焼けなどの空の色や，雲や霧，霧のかかった景観を表示することが可能になる。さらに，光の波としての性質を考慮することにより，プリズムによる光の分散や，シャボン玉やコンパクトディスク（CD）表面での光の干渉や回折現象をリアルに表示するシェーディングモデルも開発されている。

精密な物理法則に従うほど，写実的な画像を創成できるが，それだけ高速，大容量の計算機を必要とする。したがって，どのような物理モデルを採用するかは，その用途に依存する。

3.2.2 シェーディングモデルの基礎

レンダリングの基本は，スクリーン上のある画素に対して可視となる点を求め，視点からその点を眺めた際，その点から視点に入射する光（放射輝度）を計算することである。物体上のある点からの光は，物体表面での反射光や屈折光である。また，必要に応じて，ある点から視点までの光路上の光の散乱・減衰も考慮に入れる。

シェーディングの基礎となる照明工学における測光量とそれに関する法則について述べる。

光は電磁波であり，そのエネルギーは放射によって伝播する。この光のもつ物理的なエネルギーは光学において放射量（radiant quantities）として取り扱われる。光の波長のちがいは色として知覚される。この波長のちがいは色として知覚される。

① 光束

単位時間に，ある面を通過する放射エネルギー量を放射束（radiant flux, radiant power）という。この放射束を眼の感度のフィルタ（視感度）に通して見た量を光束（radiant flux）とい

う。単位は［lm］（ルーメン）で表わす。

② 光度

点光源のある方向への光度（luminous intensity）は，光源位置を頂点とする単位立体角内に放射される光束で表わされる。単位は［cd］（カンデラ）である。なお，立体角（solid angle）とは，ある面積 A を1点から見たときの全周に対する広がり度合を表わし，立体角の計測点に中心を置いた半径1の単位球への投影面積 Ω で表わされる。立体角の単位は［sr］（ステラジアン）であり，単位球の表面積 4π が立体角の最大値となる。

③ 照度

単位面積あたりに入射する光束として照度（illuminance）が定義される。単位は［lx］（ルクス）である。

半径 r の球の中心に，すべての方向への光度が l の点光源を置いたとすると，光源の放射する全光束は $A = 4\pi r^2$ に入射するので，球面上のあらゆる点での照度 E は次式で表わされる。

$$E = \frac{\Phi}{A} = \frac{4\pi l}{4\pi r^2} = \frac{l}{r^2} \tag{3.7}$$

すなわち，照度は点光源の光度に比例し，距離の2乗に逆比例する。これを逆2乗の法則（inverse square law）という。

面積 A の面に垂直に Φ が入射しているとき，この面上の照度は $E_n = \Phi/A$ となる。いま，この面を角度 θ だけ傾けたとすると，この面に入射する光束は $\Phi\cos\theta$ となるので，傾いた面上の照度 E_θ は次式で表わされる。

$$E_\theta = \frac{\Phi\cos\theta}{A} = E_n \cos\theta \tag{3.8}$$

④ 光束発散度

単位面積から発散する光束として与えられるのが，光束発散度（luminous exitance）である。単位は［lm/m^2］（ルーメン毎平方メートル）である。これは，照度が単位面積に入射する光束で与えられるのと逆の関係であり，面から発散して出ていく光束を表わす際に用いられる。

⑤ 輝度

光面をある方向から見たとき，輝度（luminance）はその方向への光度を見かけの面積で割った値で与えられ，これが視点から見たとき

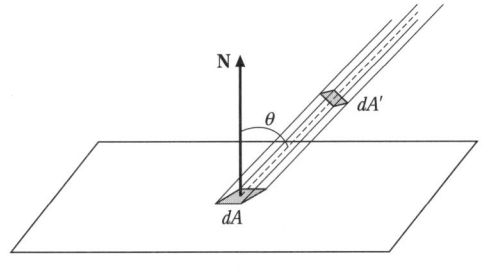

図 3.11 輝度の計算

の明るさに相当する。すなわち，図 3.11 に示す面 dA において，面の法線から θ 方向の光度を dI_θ，見かけの面積を dA' とすると，θ 方向の輝度 L_θ は次式で求められる。単位は [cd/m^2]（カンデラ毎平方メートル）である。

$$L_\theta = \frac{dI_\theta}{dA'} = \frac{dI_\theta}{dA\cos\theta} \quad (3.9)$$

どの方向から見ても輝度の等しい表面を完全拡散面といい，このとき，法線方向の光度 dI_n と θ 方向の光度 dI_θ のあいだには次式の関係が成り立つ。

$$dI_\theta = dI_n \cos\theta \quad (3.10)$$

これをランバートの余弦則（Lambert's cosine law）という。

3.2.3 光源の種類と反射光

本来，光源は太陽や電球のように大きさをもち，また光には方向性がある。しかし，光源から，ある程度離れたところでは，その大きさを無視することができ，太陽光のように平行光線と考えても差し支えない場合が多い。一方，大きさを無視できない光源もある。したがって，光源のモデルとしては，次のものが用いられる。

(1) 平行光線

太陽光のように無限遠点に光源が，存在する場合に用いられる。

(2) 点光源

電球のような比較的小さな光源が，ある程度離れた物体を照射するときで，光源の大きさを無視しても差し支えない場合に用いられる。また，スポットライトは照射範囲を制限した点光源として処理される。

(3) 大きさをもつ光源

大きさをもった光源として線光源（蛍光灯），面光源などがある。

① 線光源

蛍光灯のような円筒状の光源で，その太さを無視しても差し支えない場合に用いられる。

② 面光源

天井などの埋め込み型のパネル光源や窓からの間接光（たとえば曇天時，またはスリガラスを通した光）など，光源の面積を無視できない場合に用いられる。

③ 体積光源

電球や蛍光灯などが，点光源や線光源で近似できない場合，たとえば，これらの光源の近傍に被照射物体がある場合や，光源が照射器具に納められていて，その体積を無視できない場合に用いられる。また，ドーナツ状の光源のように曲面光源も存在する。一般に多面体光源で近似される。

④ 環境光源

物体のまわりを取り巻く非常に大きな光源を考えることがある。代表的なものとして，空全体からの光である天空光（sky light）である[9]。これは非常に大きな半径をもつ半球状の光源として扱われる。これらは太陽の位置に依存し，光の輝度分布は異なる。また，多くの窓がある教会の中にある物体の照明のように，物体に対して非常に離れた位置にいくつもの光源がある場合も，環境光源（environmental light）として扱う場合がある。この場合，まわりの光源を画像として記憶して，それを半球光源の表面の輝度分布として扱うことができる[10]。

一般には，平行光線と点光源がよく用いられている。しかし，より現実感のある高品質の画像を得たい場合や，照明設計のためのシミュレーションの場合には，前述の種々の光源が用いられる。

光源のモデルには，その位置だけでなく，その形状，光の強さ，すなわち光度や光の色（周波数特性）を与える必要があり，また，配光特性も与える必要なことがある。実際の光源から放射される光は，すべての方向に一様な強さだけではなく，その方向によって異なった強さを

もっている。この光の空間に対する光度分布を表わしたものを配光特性（luminous intensity distribution characteristics）とよぶ。中心は光源位置であり、鉛直軸を灯軸とよぶ。しかし、通常の点光源では、一様な配光特性をもっているとみなしているものが多く、また、線光源、面光源、多面体光源は完全拡散光源（すべての方向に対して輝度が等しい）とみなされている。

面の反射光は、拡散反射と鏡面反射成分からなり、ほとんどの物体は両成分を含んでいる。

面の明るさは、CGにおいては環境光、拡散光、鏡面反射光の3つの成分に分けて考える。拡散光は、入射角に関係なくいずれの方向にも同じ強さで反射する。これは、紙などのように表面がざらざらしたものに見られる。以下に、環境光、拡散光、鏡面反射光の計算法について説明する。

3.2.4 環境光

間接光は環境光ともよばれ、一般には画面全体に一定の明るさを与える。環境光（ambient light）による反射光 I の強さは次式によって与えられる。

$$I = k_a I_i \tag{3.11}$$

ここで、I_i は入射光の強さ、k_a は反射率を示す。

さらに精密なモデルとして、直射光によって照射される面から反射する2次反射光以上の相互反射を考慮した間接光の計算法も開発されている（3.4章参照）。

3.2.5 拡散反射

以下に、光源の種類に応じた拡散反射光の計算法を説明する。

(1) 平行光線

平行光線の場合、反射光の強さは入射角の余弦に比例する。平面を平行光線で照射した場合、面上のどの点でも反射光の強さは一定である。入射光の強さを I_i とすると、反射光の強さは次式となる。

$$I = k_d I_i \cos\alpha \tag{3.12}$$

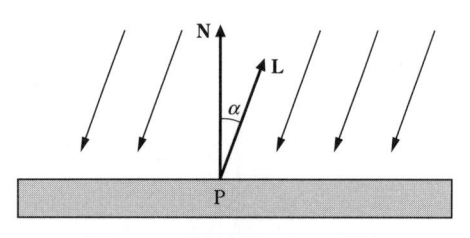

図3.12 平行光線による反射光

ここで、α は入射角すなわち面の単位法線ベクトル $\mathbf{N}$ と光線の方向を示す単位ベクトル $\mathbf{L}$ とのなす角であり、k_d は面の拡散反射率である。なお、$\cos\alpha$ は $\mathbf{N}$ と $\mathbf{L}$ との内積によって求まる。すなわち、面の照度は光の入射角 θ の余弦に比例するので、これを入射角余弦の法則（cosine law of incident angle）とよぶ。あるいは、この法則をランバート（Lambert）の余弦則という。

(2) 点光源

図3.13に示すように、光源 Q の光度を I_q とすると、点 P での反射光の強さは次式となる。

$$I = k_d \frac{I_q}{r^2} \cos\alpha \tag{3.13}$$

ここで、k_d は拡散反射率、r は光源と計算点Pとの距離である。点光源の場合には、距離の逆2乗則およびランバートの余弦則に従う。

式 (3.13) でわかるように、同じ面上でも各点で反射光の強さは異なる（図3.13のPとP′では、反射光の強さは異なる）。さらに光源の配光特性（照射方向によって光の強さが異なる）を考慮すると（図3.14参照）、より多様な表示が可能になる。

図3.14に実際のランプの配光曲線を示す。この配光特性は灯軸からの角度 θ の関数とな

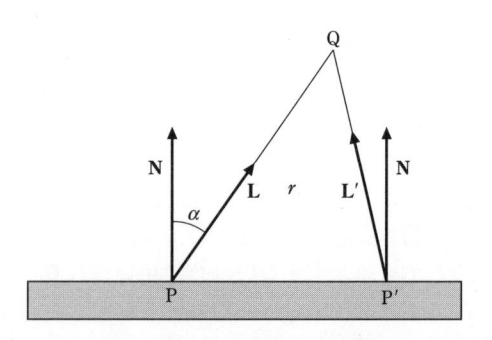

図3.13 点光源による反射光

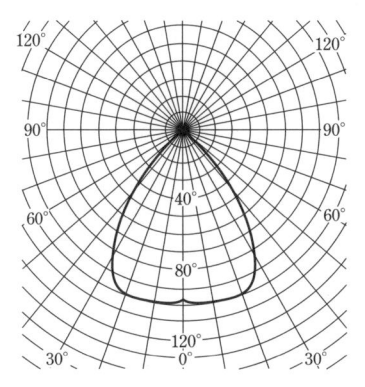

図3.14 光源の配光特性
（白熱電球ダウンライトランプの例）

図3.16 線光源での表示[8]

る（たとえば，$I(\theta)$ は灯軸方向の光の強さ）。

図3.15は，どのような配光をもつ点光源が適当かを検討するためのCG画像の例（上に配光が示されている）である[8]。

(3) 線光源

体積はもたないが長さのみをもつ光源である。これは線上に点光源が配置されているものと考え，積分により求めることができる。面と線光源がある角度（垂直，平行）の際は解析解があるが，他の場合，線上の光源を積分して反射光を算出できる[8]。図3.16は線光源で照射した机上の計算例である。

(4) 面光源

大きさをもつ光源の代表的なものは面光源である。光源の領域内で一様な拡散光源の場合は解析的に算出できる。一般的に大きさをもつ光源の場合，図3.17のように半球への投影面積を利用して計算できる。多角形の光源の場合，簡単な解析解が得られる。この場合，m 多角

図3.15 配光特性をもつ点光源に照射された日本間の表示例[8]
（画像提供：東京大学西田研究室）

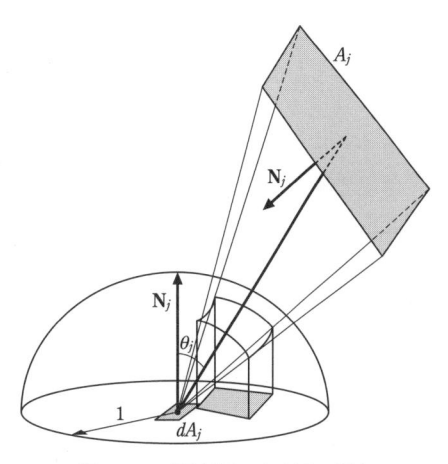

図3.17 面光源による面の輝度

形の光源を考え，光源の単位面積あたりの光度を L とすると，ある点での反射光の強さ I は，次式の境界積分法によって求まる[11]（図3.18参照）。

$$I = k_d \frac{L}{2} \sum_{l=1}^{m} \beta_l \cos\delta_l \qquad (3.14)$$

ここで，δ_l は PQ_l，PQ_{l+1} の張る角，β_l は点

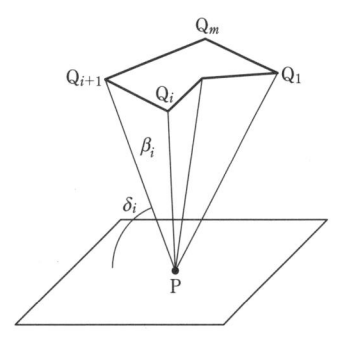

図3.18 境界積分法による面光源による面の輝度

P, Q_l, Q_{l+1} で構成される 3 角形と面 S_f とのなす角である。なお，$\cos\beta_l$ は点 P, Q_l, Q_{l+1} を含む面の法線ベクトルと面 S_f の法線ベクトルの内積によって容易に求めることができる。

(5) 多面体光源

多面体光源による点 P の照度は，点 P からこの多面体光源を見た際の可視面によって得られる光の強さの総和として求めることができるから，面光源の場合と同様に，境界積分法を適用することができる。

ところで，可視面の稜線のうち，可視面どうしの稜線についての積分は，積分方向がたがいに反対になり打ち消されるから，多面体光源の輪郭線を光源として積分すればよい。なお，積分値を正とするためには，点 P から見て左まわりに積分を行なえばよい。

(6) 環境光源

環境光源は非常に半径の大きい半球状の光源で表現される。天空光も同様に半球状の光源で表現される。一般に場所ごとに光の放射輝度は異なるので，解析解は困難である。その分布は式で表現できる場合もあるが，一般に任意の分布となるので，その分布を画像として記憶する。さらにその分布を球面調和関数やウェーブレット関数で近似する。数値的に計算する方法としては，光源の表面に微小な光源をいくつも配置して近似計算を行なう。微小光源としては点光源が一般的であるが，微小の円盤光源として処理する方法がある。天空光の場合はいくつかの帯状の光源で近似する。光源が大きいため，遮蔽効果は無視できないので，後述の影の処理を行ないながら光の反射光の強さを計算する。

3.2.6 鏡面反射

よく磨かれた壺が，光源によって照らされた場合，鏡面反射（正反射ともいう）によって，壺の一部にハイライトを生じる。鏡面反射は，入射と反射角が等しい方向に光が反射される。完全鏡面反射面である鏡の場合は，入射と反射の角が等しくなる方向にだけ光が反射する。鏡面反射は，入射光と反射光の角度が等しいから，目の位置を移動すると，ハイライトの部分も移動する。このハイライトの色は壺の色ではなくて，光源の色そのものである。

完全鏡面反射でないもの（表面に細かい凹凸がある面）では，その凹凸のために，正反射以外にその近傍からの反射光も加わる。この場合，反射光の強さは，入射角と等しい角からのずれ角が大きくなるに従って急激に減少する。

鏡面反射に対して，次のようなモデルが提案されている。

(1) フォンのモデル

ハイライトを最初にモデル化したのがフォンである[12]。簡易法として，視線 V と正反射方向 R のずれ角 γ が大きくなるに従って反射光が減少する現象を $(\cos\gamma)^n$ で近似した（図 3.19 参照）。

この場合の鏡面反射光の強さ I は，

$$I = I_i W(\alpha) \cos^n \gamma \tag{3.15}$$

ここで，I_i は入射光の強さ，γ は正反射方向と視線との角である。$W(\alpha)$ は，入射角 α の関数によって表わされ，鏡面反射率である。ここで，$\cos\gamma$ は視点を向くベクトル V と反射の方向ベクトル R との内積により求めることができる。n はハイライトの特性を示すもので，n が大きいほどシャープなハイライトが得られる。すなわち，n の値が大きいほど光沢のあるもの（鏡に近くなる）が得られ，また，小さいほど光沢が少ないように見える。図 3.20 は n および反射率を変化させた場合の比較である（上の段は反射率 0.3，下の段は反射率 0.6 で，n は左から 3，5，10，100 である）。

なお，物体の材質によってその反射特性が異なる。厳密に議論すると，反射率は光の波長，すなわち，色（たとえば，赤，青，緑）によって異なる。簡単に擬似的なハイライトを表現する場合には，入射角 α には無関係に反射率 W

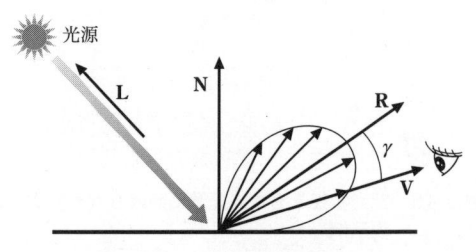

図 3.19 フォンの反射モデル

図 3.20　鏡面反射の分布（フォンの反射モデル）

(α) 一定値（材質ごとに異なる定数）として扱うことが多い。

　環境，拡散，鏡面反射の3要素を考慮した場合の反射光の強さは次式で表わされる。

$$I = k_a I_a + I_i(k_d \cos\alpha + k_s \cos^n \gamma) \quad (3.16)$$

　ここで，色についてみれば，第2項の色は，物体の色（k_d で決まる）と光源の色 I_i から決まるが，第3項の色は光源の色のみによって決まる。k_s は鏡面反射率，また，光源が複数個の場合には，各光源ごとに第2, 3項を求め，それらを加えればよい。

　フォンのモデルは一応妥当なものであり，一般によく用いられている。しかし，厳密に議論すると，不完全で，必ずしも十分ではない。たとえば，金属感を表現したい場合には下記のモデルが使用される。

(2) ブリンのモデル

　より物理法則に基づくため，反射面と視線との角度，表面の粗さによる鏡面反射成分の分布特性を考慮したモデルをブリンが提案した[13]。このモデルでは，面は微細な面（完全反射面と仮定）の集まりで，その微細な面の向きは，面の法線ベクトルの方向を中心に，ガウシアン分布などで分布しているものと仮定している。

　これらの関数は，図 3.21 に示すように，面上の点 P から入射光の方向を向く単位ベクトル L と視点を向く単位ベクトル V を考えると，これらの2等分ベクトル H と N との角 ξ によって表現される（フォンのモデルでは反射光の方向と V との角 γ で表わしたことに注意されたい）。

　なお，H は

$$H = \frac{L+V}{|L+V|} \quad (3.17)$$

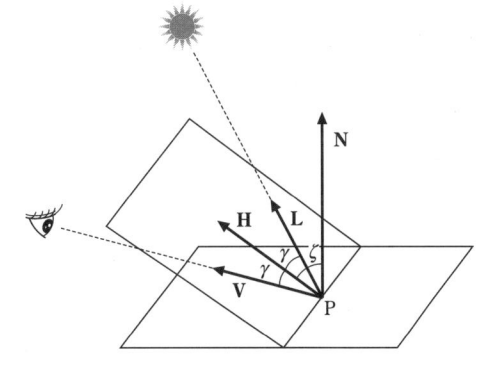

図 3.21　クック-トランスのモデル

として求めることができる。したがって，この角 ξ の関数としての微小面の分布関数を表現した。すなわち，面の法線ベクトルの方向を中心に，ガウシアン分布や回転楕円体状の分布で表現した。

　図 3.22 は，微小面の集まりを示している。図のように，反射光は種々の方向を向くが，このうち目に入る反射光のみをこのモデルでは考慮する。この例では a, c, e からの反射光のみが視線の方向を向いている。したがって，いくつかの微小面のうち，これらの面のみの光を考える。これらの微小面は，その法線ベクトルが前述の H と一致する面と考えることができる。ただし，e で反射したあと f に遮られるし，a, c, e や c, e に入射する光の一部が遮られる。このように幾何学的な要因によって反射光は減衰するから，実用上の反射率は鏡面反射率に幾何学的減衰係数 G を乗じる必要がある。ブリンはこの G を次式で表わした。

$$G = \min\left\{1, \frac{2(\mathbf{N} \cdot \mathbf{H})(\mathbf{N} \cdot \mathbf{V})}{(\mathbf{V} \cdot \mathbf{H})}, \frac{2(\mathbf{N} \cdot \mathbf{H})(\mathbf{N} \cdot \mathbf{L})}{(\mathbf{V} \cdot \mathbf{H})}\right\}$$
$$(3.18)$$

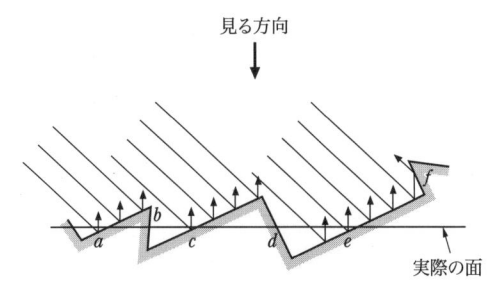

図 3.22　面の凹凸による光の減衰

(3) クック-トランスのモデル

精密なモデルとして，反射率は波長および入射角に依存することも考慮し，反射率はフレネル（Fresnel）の式を用いた。とくに金属の表示に適しているが，よりいっそう計算時間は大きくなる。

面は微細な面の集合と考え，面の法線ベクトルの方向を中心にある分布をしているものとする。光の光線ベクトルを L，視線を V とし，これらの2等分ベクトルを H とする（図3.21参照）。さらに H と N との角を ζ とすると，微小面の分布は次のベックマン（Beckmann）分布関数 D で近似できる。

$$D(\varsigma_i) = \frac{1}{m^2 \cos^4 \varsigma_i} \exp^{-\left(\frac{\tan x_i}{m}\right)^2} \quad (3.19)$$

ベックマン分布関数はガウシアン分布とよく似ているが，任意定数が1つでよいのが特徴である。図3.23は，本モデルを用いた場合の鏡面反射成分の分布を3次元的に示した一例を示したものである。

図3.24に金属（金，銀，アルミ，銅，鉄）の反射のちがいを示す。

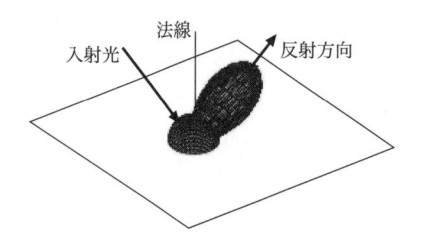

図3.23 クック-トランスのモデル（ベックマン関数）

図3.24 クック-トランスのモデルによる表示例

3.2.7 透過・屈折

よく磨かれた物体表面の鏡面反射による映り込みや，透明物体の透過，屈折現象を計算する方法で，ホワイテッド（Whitted）の方法が代表的である[14]。このモデルは，次式で表わされる。

$$I = I_a R_a + R_d \sum_{i=1}^{m} (\mathbf{NL}_i) + k_s S + k_t T \quad (3.20)$$

ここで，第1項から順に，環境光，拡散反射光，鏡面反射光，屈折光（透過）の成分である。N は面の単位法線ベクトル，L は光の入射方向ベクトル，m は光源数，S は鏡面反射光，T は屈折方向からの光，k_s は鏡面反射率，k_t は透過率である。

この式はレイトレーシングのために提案されたもので，視線に沿ってきたレイは，反射方向と屈折方向に分岐して進む。これらの方向ベクトルについて考える。図3.25に示すように，反射光ベクトルを R，屈折光の方向を示すベクトルを P，視線方向のベクトルを V とすると，R と P は次式によって求まる。

$$\begin{aligned}\mathbf{R} &= \mathbf{V}' + 2\mathbf{N} \\ \mathbf{P} &= k_f(\mathbf{N} + \mathbf{V}') - \mathbf{N}\end{aligned} \quad (3.21)$$

ここで，

$$\begin{aligned}k_f &= \left(n^2 |\mathbf{V}'|^2 - |\mathbf{V}' + \mathbf{N}|^2\right)^{-\frac{1}{2}} \\ \mathbf{V}' &= \frac{\mathbf{V}}{|\mathbf{VN}|}\end{aligned} \quad (3.22)$$

となる。ただし，n は屈折率であり，P はスネルの法則（Snell's law）により求まる。

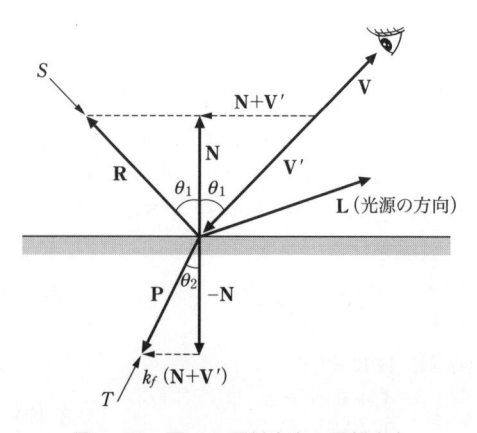

図3.25 面での反射方向と屈折方向

スネルの法則とは入射角 α と屈折角 δ との関係を示すもので，次式で表わされる。

$$n_1 \sin\alpha = n_2 \sin\delta \qquad (3.23)$$

ここで，n_1, n_2 はそれぞれ光が入射前と屈折後に通過する物質の屈折率である（$n = n_2/n_1$ の関係がある）。

図 3.26 は屈折を考慮したもので，透明物質中にティーポットが埋め込まれた例である（レイトレーシング法で表示）[15]。

3.2.8 スムースシェーディング

多角形によって構成される 3 次元物体が，平行光線によって照射されているとき，これを環境光と拡散反射光だけで表現しようとする場合には，視点の位置には無関係にそれぞれの多角形の面を一様な光の強さで表示することができる。このように，多角形内の輝度を一定値にする方法を，コンスタントシェーディング（constant shading）という。しかし，曲面の場合には，その表面の輝度は連続的に変化するから，滑らかな濃淡づけをほどこす必要がある。多角形の頂点のみにおいて輝度計算し，多角形内では補間処理により内挿する方法がある。この処理を，スムースシェーディング（smooth shading）という。

曲面を小さな多角形（この多角形は必ずしも平面を構成しない）のパッチで近似した場合に，近似多角形のそれぞれの光の強さの差がわずかであっても，多角形のままで表示すると，各多角形の隣接境界が目立つ場合が多い。これは輝度の変化が不連続な部分では，輝度の変化が人間の眼に誇張されて見えるためである。この現象は，マッハバンド効果（Mach band effect）といわれる。

このような不自然さをなくすために，一般に，以下に説明する 2 つの線形補間によるスムースシェーディングが行なわれる。

(1) 輝度の補間

グロー（Gouraud）は，曲面パッチを構成する多角形の各頂点の輝度をまず求め，この輝度を用いて，多角形内の輝度を線形補間によって求める方法を提案した[16]。この方法は，グローのスムースシェーディングとよばれる。

曲面を多角形に分割し，各多角形の各頂点での輝度を求めておき，まず，多角形と走査線との交点での輝度を線形補間によって求める。

図 3.27 に示すような多角形内の点 P の光の強さを求める場合について考えよう。点 $P(x_P, y_s)$ を通る走査線 S と線分 ab および dc とのそれぞれの交点 L および R での光の強さ I_L, I_R を求め，次に，L と R の輝度から線形補間によって点 P の光の強さを求める。頂点 A と B，および C と D の光の強さ I_a, I_b および I_c, I_d から，L と R の輝度 I_l および I_r は線形補間によってそれぞれ求め，スクリーン上の (x, y) 座標を用いて，次式によって求めることができる。

$$I_L = I_a \frac{(y_s - y_b)}{(y_a - y_b)} + I_b \frac{(y_a - y_s)}{(y_a - y_b)} \qquad (3.24)$$

$$I_R = I_d \frac{(y_s - y_c)}{(y_d - y_c)} + I_c \frac{(y_d - y_s)}{(y_d - y_c)} \qquad (3.25)$$

この計算を行なう場合に，多角形の走査変換で用いる増分法を適用すると，計算が簡単になる。

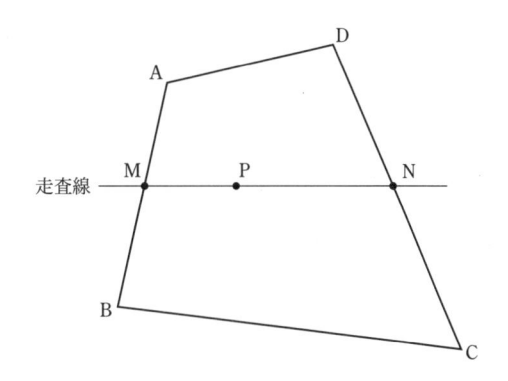

図 3.26 屈折の計算例[15]

図 3.27 輝度の補間によるスムースシェーディング

次に，走査線上の各画素（たとえば，図のP）での輝度を線形補間により求める。すなわち，多角形内部における点Pの輝度は次式によって求められる。

$$I_p = I_L \frac{(x_R - x_p)}{(x_R - x_L)} + I_R \frac{(x_p - x_L)}{(x_R - x_L)} \quad (3.26)$$

多角形の各頂点の法線ベクトルは，頂点での曲面の式から求めるか，またはその頂点を含む面の法線ベクトルの平均値をとる。たとえば，図3.28の頂点Aのベクトルは面F_1, F_2, F_3, F_4それぞれの法線ベクトルN_1, N_2, N_3, N_4の平均値をとる。

この方法では，輝度のみ補間することから，ハイライトの計算が正しくできない欠点がある。たとえば，多角形の内部にハイライトがある場合，頂点のみで輝度を求めた場合，いずれの頂点もハイライトは求まっていないので，それらから補間したのでは，当然ハイライトは生じない。

また，補間は線形補間であるため，多角形どうしの境界部ではスムースに明るさが変化するのではなく，折れ線的に変化する。すなわち，マッハバンド効果は減少するが，完全にスムースになるとは限らない。

(2) 法線ベクトルの補間

各頂点の光の強さの線形補間だけではマッハバンド効果を十分取り除けない。そこで，フォンは，輝度の代わりに，各頂点での法線ベクトルを用いて，グローと同じ補間法により，走査線上の各点の法線ベクトルを求め，その後，各点の光の強さを求める方法を提案した[12]。この方法は，フォンのスムースシェーディングとよばれる。

多角形の各頂点での法線ベクトルを求めておき（図3.29参照），まず，多角形と走査線との交点（図の点L, R）での法線ベクトルを線形補間により求め，次に走査線上の各画素（たとえば，図のP）での法線ベクトルを線形補間により求める。

補間により得られた法線ベクトルと光源の位置から点Pにおける輝度を計算するから，この方法は前述の方法と比べてより精度のよい方法である。また，鏡面反射がある場合には補間されたベクトルを用いて光の強さを計算するから，ハイライトをより忠実に表現することができる。その反面，処理時間の増加を招く。

図3.30にコンスタントシェーディングとスムースシェーディングの比較を示す。フォンの方法（c）およびグロー（b）の方法によって滑らかな濃淡付けを行なったものと，これを行なわずパッチに一定に濃淡付けを行なった場合の例（a）を示す。

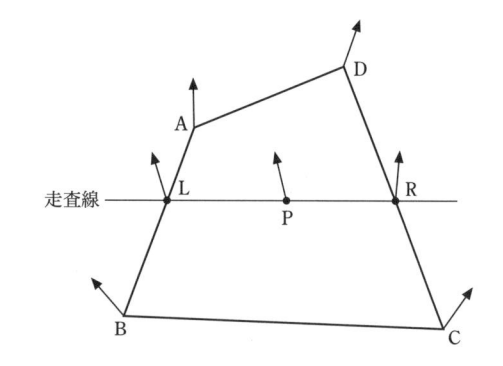

図3.29 法線ベクトルの補間によるスムースシェーディング

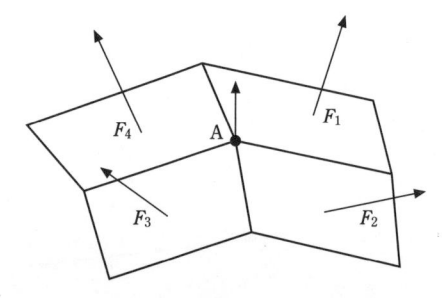

図3.28 法線ベクトルの計算

（a）コンスタントシェーディング

（b）グローのシェーディング

（c）フォンのシェーディング

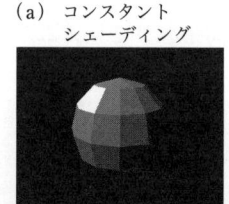

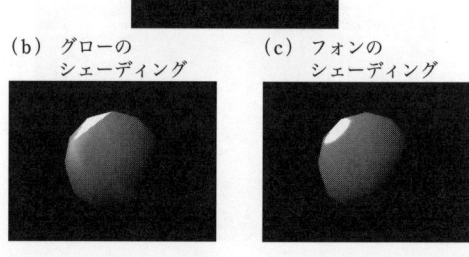

図3.30 スムースシェーディングの比較例

3.2.9 散乱・減衰

物体上のある点の輝度は，反射や透過などで決まるが，その点から視点までのあいだの媒体も考慮する場合がある．すなわち，光が通過する媒体に粒子が含まれる場合には，散乱（scattering）・減衰（attenuation）現象が生じる．

たとえば，大気中では空気分子，水蒸気，塵などの微粒子により，また，水中では水分子や混濁粒子により，光は散乱・減衰する．煙や霧や霞の効果，夕焼けなどの空の色や雲の色，沼や海などの水の色などをリアルに表示するためには，散乱・減衰現象を考慮したシェーディングモデルが必要となる．

一般には，粒子による1回の散乱（1次散乱）を計算するが，雲のように密度の高いものに関しては多重散乱まで計算されることがある．

一様な密度分布の粒子を考える場合には解析的に求められる．たとえば，霞の効果は距離に関して指数関数的に光が減衰するものとして計算できる．複雑なものに関して，3次元空間内での光の散乱・減衰を計算するためには，レイトレーシング法を拡張したレイマーチング法（ray marching algorithm）が用いられる．

この方法では，3次元空間中を進むレイに沿って微小距離ずつサンプリングしながら，レイ上の点における散乱光を求め，視点に到達するまでの減衰を考慮して散乱光を加算する[17]．この手法は，ボリュームレンダリングにおいて用いられるレイキャスティング法と同じ手法に属する．

いま，図3.31に示すように，視点Eから視線方向の物体面上の点Qを見たときを考える．空間中での光の1次散乱を考慮すると，視点Eに届く光の強さは，次の2成分からなる．(a) 点Qからの反射光成分，(b) 光路EQ間の点

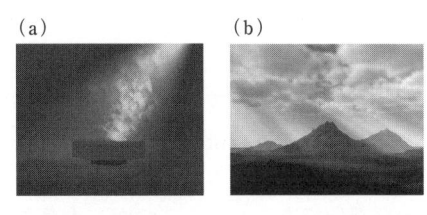

図3.32 散乱効果を考慮した画像生成例[19]

Pにおいて光源からの光が視点方向へ散乱された光の成分．成分(a)に関しては，点Qでの反射光は視点に届くまでに光路EQ間で減衰を受ける．さらに，成分(b)に関しては，光源から点Pの区間での減衰と，点Pから視点Eの区間での減衰の両方を考慮する必要がある．散乱粒子の密度により光は距離に対して指数関数的に減衰する．散乱粒子の密度が一様でない場合には，減衰率も数値的手法を用いて算出される．

点Pにおいては，粒子の散乱特性を表わす位相関数（phase function）を用いて，光源からの光が視点方向へ散乱される割合を求める．この位相関数は視線方向と光源方向とのなす角θによってその値が決定される関数である．そして，位相関数の分布形状は散乱粒子の大きさと光の波長に大きく依存する．

すなわち，レイマーチング法により点Pの位置を微小距離ずつ移動させながら，光路EQ間にわたってその散乱光を加算していく．最終的に，視点への入射光の強さを求めることができる．

上述した方法を用いて，煙の表示および雲，雲の隙間からの光跡の表示を行なった例を図3.32に示す．

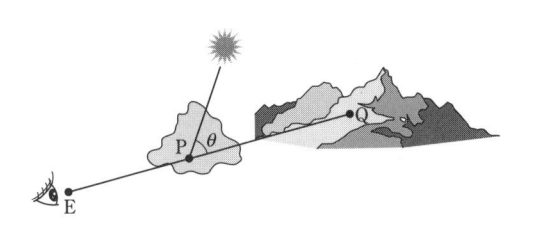

図3.31 散乱光の計算例

3.3 影付け

一般に，影は観察者が物体を正確に認識するための重要な情報を提供する．すなわち，影を表示することによって，物体の位置関係が明確になり，よりよい奥行き感を与える．したがって，より写実的な画像を生成するためには，影の表示は欠くことのできないものである．また，建築物に与える影響，たとえば日照権の問

題などには影がとくに重要である。

平行光線や点光源のように光源の大きさを考慮しないものでは影の境界が判然としている。すなわち，影は本影（umbra）のみで構成される。本影とは，光源からの直射光がまったく当たらない部分である。もう1つが，大きさをもつ光源による影である。これらによる影は濃い影から徐々に明るくなり，影の境界がはっきりしない。すなわち，この場合の影は本影と半影（penumbra）から成り立っている。なお，半影とは，光源からの直射光の一部が遮られてできる影である。図3.33に光源と遮蔽物の関係による影の構成を示す。

影の表示アルゴリズムは光源の種類に依存する。影の計算といった立場から光源を考えると，光源は次の2種類に分類できる。

3.3.1 平行光線・点光源の影

平行光線や点光源の場合，影は本影のみであるから比較的簡単に求まる。以下に，代表的な手法を説明する。

(1) レイトレーシング法

最も簡単な方法で，各ピクセルに表示される面の位置と光源を結び，遮る物体があるかどうかを調べる。図3.34において，点Bと光源間に遮蔽物があるので影，点Aは遮蔽されていないから影ではない。この方法は，点単位で処理するため，処理時間が長いのが欠点である。

(2) 走査線単位の方法

光源から見たときの多角形の各辺を，処理しようとする面へ投影し，その投影した辺を基にして影を求める方法である。図3.35では，光源に近い多角形1の辺を投影し，表示しようとする多角形2の走査線との交差区間のどの区間が影になるか判定する。

(3) 2段階法

光源と視点からの2つの透視図（図3.36参照）を求め，表示時に影の領域をマッピングする方法である。第1段階として，物体を光源から見たときの隠される領域（この領域は影となる）を求める。次に，物体を視点から眺め，あらかじめ求めている影の領域を可視面にマッピ

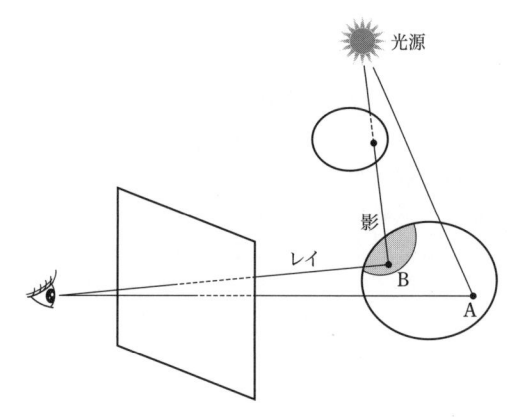

図3.34　レイトレーシング法の影の判定

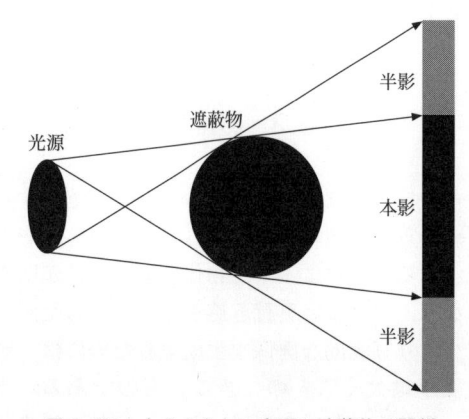

図3.33　大きさをもつ光源と遮蔽物の関係

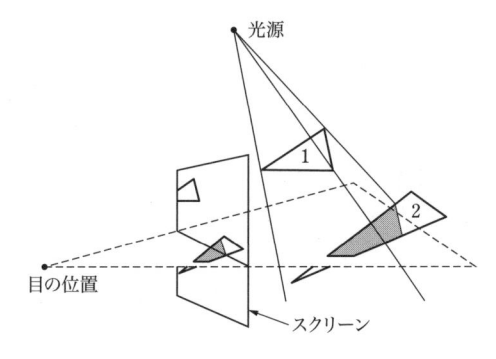

図3.35　走査線単位の影の判定

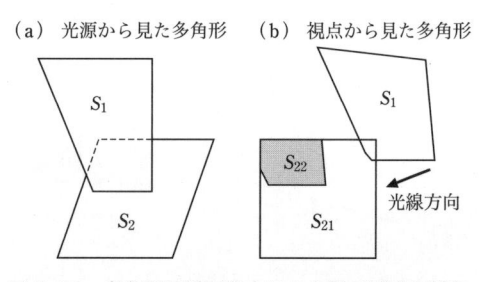

(a) 光源から見た多角形　(b) 視点から見た多角形

図3.36　多角形の隠面消去による影の領域の判定

ングする。この領域内の輝度を，影の輝度（一般に環境光のみの輝度）とする。

この方法は隠面消去の方法を光源の際も適用すればよいので，効率のよい方法である。複数光源の場合も光源数分，同じ処理を適用すればよい。

(4) シャドーマップ法

2段階法であり，Zバッファ法をベースにした方法がある。前述のように光源から見たものと視点から見たものを利用する2段階法であるが，隠面消去（不可視部分が影に相当）にZバッファ法を用いる方法であり，ハードウェアを利用できるので普及している方法である。

まず第1段階として，光源を視点とみなしてZバッファ法（3.1節参照）で可視面を求める。その際，各画素において可視面までの奥行きを記憶しておく。この奥行きを記憶した画像をシャドーマップという。次に第2段階として，視点から眺めた際の隠面消去を同じくZバッファ法で行なう。

可視面を表示する際，各画素での可視面上の点に対応する点のシャドーマップの値を参照する。この値と可視点と光源の距離を比較し，可視点までの距離が長いなら影と判定される。距離が長い場合は光源と可視点とのあいだに障害物があるということで，影とみなすことができる。

(5) シャドーポリゴン法

3次元空間において，あらかじめ影を生じる空間を求めておく方法である。すなわち，物体データのほかに，光源と遮蔽物体で構成される影を生じる空間を求めて記憶しておく方法である（図3.37参照）。この空間をシャドーボリューム（shadow volume）とよび，その構成面をシャドーポリゴンとよぶ[18]。ある面上の影の領域は，シャドーボリュームと面との交差部分として求まる。すなわち，計算点が影かどうかは，このシャドーボリューム内かどうかで判定できる。

この方法はシャドーボリューム分の余分なデータ容量が必要となる。なお，このシャドーボリュームは影の判定のみに使用されるもので，不可視の面である。

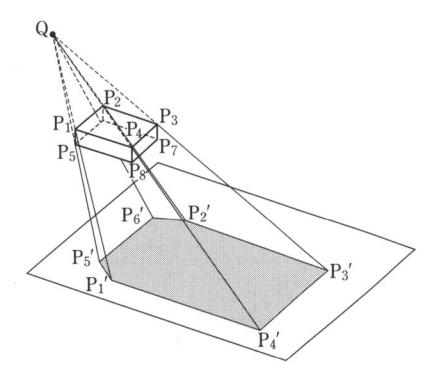

図3.37　シャドーボリュームを用いた影の区間の判定（点光線の場合）

3.3.2　大きさをもつ光源の影

大きさをもった光源の場合，本影と，直射光の一部が当たる半影からなる。半影により，より写実的な画像が得られるが，計算はそれだけ複雑になる。計算点が本影か半影かは，計算点から光源を眺めた場合，完全に光源が遮蔽物に遮られる場合は本影で，光源の一部のみが遮蔽物に遮られる場合が半影である。光源の領域のうちどの程度が計算点から見えるかで影の程度が決まる。

このような半影の計算法は西田らにより最初提案された[8]。図3.38に点光源による影と球光源による影を示す。図で明らかなように，点光源の影の境界はシャープであるが，大きさのある光源の影は半影の領域がある。

光源の形状や光源の光度分布により計算方法は異なるが，次のように分類できる。

(1) 近似的に求める方法

光源が大きさをもつ場合，光が光源の領域内で均一かどうかを配慮するようである。また，指向性がある光源かも考慮するようである。面光源などは完全拡散光とみなして処理することが多い。すなわち，どの方向にも同じ強さで光

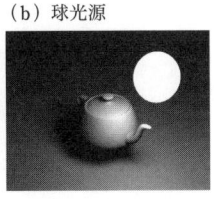

図3.38　本影（点光源）および半影（球光源）

が放射される。一方，天空光などは場所ごとに光の放射輝度は異なるものとして処理される[9]。

この方法は光源の表面に微小な光源をいくつも配置して近似計算を行なう。微小光源としては点光源が一般的であるが，微小の円盤光源として処理する方法がある。天空光の場合はいくつかの帯状の光源で近似する[9]。点光源の場合はレイトレーシング法による影の抽出と同じ方法で判定できる。無限遠にある帯状光源の場合は計算点と帯状光源を通過する平面を利用して影の領域を抽出できる。どの区間が遮蔽されるか加算することで影が計算できる。

最近ではPRT（precomputed radiance transfer，事前計算放射輝度伝搬）といわれる方法が開発されている[10]。この方法では，あらかじめ物体上の各頂点から見て環境光源（ドーム状光源）のどの領域が可視であるかを記憶しておくことによって，影を高速に計算できる。なお，影の領域は球面調和関数などで近似して記憶される。

(2) 積分で求める方法

光源が完全拡散光源の場合，光源の表面のどの領域も放射輝度は同じであるので，計算点から見た光源の可視領域がわかればよい。すなわち，光源の可視領域を新たな面光源とみなして，前述の境界積分法によって計算できる。この方法の場合，面光源のみでなく多面体や曲面の光源でも，計算点から見た輪郭がわかれば適用できる。

物体上のすべての点で積分を行なうのは時間を要するので，あらかじめ影の領域を算出しておくことができる。これは前述の点光源に対するシャドーボリュームを拡張したもので，面光源などにも応用できる。図3.39に示すように，本影や半影の領域を半影多面体と面との交差部分として（光源の頂点に対するシャドーボリュームの凸包）で知ることができる[11]。

図3.40に面光源による影の計算例を示す。図からわかるように，影の境界部がソフトな半影をもっている。図3.41はPRT法を利用して環境光源による半影の計算例である。

図3.40　面光源による影の計算例
（画像提供：東京大学西田研究室）

図3.41　環境光源による半影の計算例
（画像提供：東京大学西田研究室）

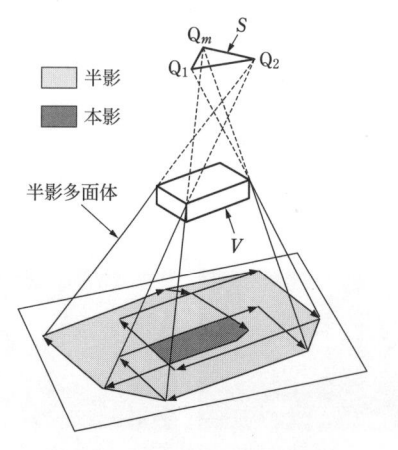

図3.39　面光源による影の領域

3.4　大局照明

局所照明モデル（local illumination model）では，光源からの直射光による反射成分に基づいて求め，間接光による反射成分の計算は，計

算点の周囲からくる一様な光（環境光）を仮定し，環境光を用いて近似計算を行なっている。

これに対して，大局あるいは大域照明モデル（global illumination model）では，計算点以外の面からの反射光や屈折光なども考慮する。大局照明モデルとして代表的なラジオシティ法やフォトンマッピング法では，レンダリング方程式をそれぞれ有限要素法やモンテカルロ法を用いて解くことによってレンダリングを行なう。

3.4.1 大局照明の概要

相互反射光の計算のことを，CGの分野ではラジオシティ法（radiosity）とよぶ。しかし，ラジオシティは単に放射（あるいは単位）の意味であり，光の相互反射の計算ということでは，"interreflection of light" というべきである。

リアルな画像を生成するには，レイトレーシング法が有名であるが，この方法と同時にラジオシティ法がリアルな画像の生成法として注目されるようになってきた。

一般に，環境光は，光の方向や物体の配置による影響をまったく考えずに，一様な強さと仮定されている。しかし，実際には壁などからの反射をくり返す相互反射光を考慮する必要があり，次の点において，よりリアルな画像が得られる。①影が半影（ぼやけた影）を伴う，②直射光が届かない部分も，相互反射による間接光により照射される，③反射面の色が隣接する面に写り込む（カラーブリーディングとよばれる）。

照明工学の分野においては，光の相互反射の計算は従来から行なわれていた。また，熱工学分野においても放射伝達の理論は古くから研究されていた。しかし，いずれの分野においても，物体間の反射光（または放射熱）を遮る物体の影響まで考慮した計算法までは確立されていなかった。CGの分野に最初，ゴーラル（Goral）が導入し，影の影響も考慮した手法は西田ら[11]およびコーヘン（Cohen）らにより提案された。

大局照明としては，反射に依存するものだけではなく，屈折により生じるものもある。これについても，計算可能な方法としてフォトンマップ法が開発された。

以下に，代表的なラジオシティ法およびフォトンマップ法について解説する。

3.4.2 ラジオシティ法

相互反射の計算法としては，物体の構成面をいくつかの面素（エレメント）に分割して連立方程式を解く方法と，レイトレーシング法を拡張した方法（モンテカルロ法），および両者を組み合わせた方法がある。

シーンを構成する面が完全拡散面（ランバート面ともいう）の場合，ある点xでの反射率ρとすると，放射輝度LとラジオシティBとの関係は$B=\pi L$であり，次式のラジオシティ方程式が与えられる。

$$B(x)=E(x)+\rho(x)\int_S B'(x)G(x,x')dA' \tag{3.27}$$

ここで，Eは点xの発散輝度，Gは幾何学的項で2点間が可視かどうかを示す。関数を含む第2項の積分内は，輝度B'の点x'のまわりの微小面dA'からの点xへの入射成分である。これをモンテカルロ法などで積分を行なう方法もある。この計算を離散化して行なうのが，次のラジオシティ法である。

(1) ラジオシティ法の概要

相互反射の計算では，フォームファクター（form factor，形態係数）が最も重要な要素である。フォームファクターは，エレメント間のエネルギーの授受の割合を示し，幾何学的形状のみによって決まるので，光源の光度を変化させても不変である。また，拡散面のみのシーンで光源が変化しない場合，相互反射の計算を一度求めておけば，視点が変化した場合でも，再計算しなくてよい。ただし，鏡面反射成分は視点の位置に依存して変化するから，この場合の処理は複雑となる。

(2) ラジオシティ方程式

図3.42のような室内を考えてみよう。室内の各部での照度は，光源からの直射光成分と，壁などから反射された間接光からなる。室内の構成面はいくつかのエレメント（面素）に分割され，各エレメント間のエネルギーの授受を計

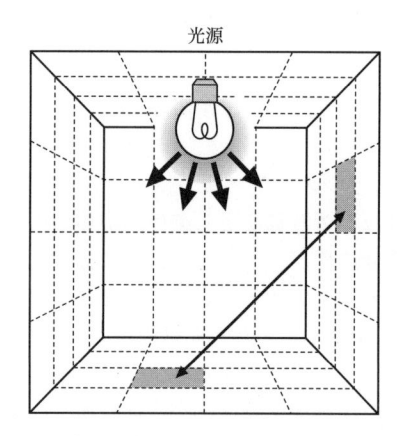

図3.42 相互反射の計算のためのエレメント分割

算する．光源から放射された光は何回か反射したのち，最終的に各エレメントの明るさは，ある値となる．この計算の際，エレメント間のエネルギーの授受の割合を決めるのがフォームファクターである．

図3.43は2つのエレメントの関係を示したものである．面積A_iのエレメントiから面積A_jのエレメントjへのフォームファクターをF_{ij}とすると，エレメントiでの輝度（またはラジオシティ）B_iは，次式により表わされる．

$$B_i = E_{0i} + \rho_i \sum_{i=1}^{n} F_{ij} B_j \quad (3.28)$$

ここで，ρ_iは反射率，E_{0i}は放射光（一般に直射光による輝度），B_jはエレメントjの輝度，nはエレメント数である．この式は，エレメントiでの輝度が，他のすべてのエレメントからの入射光の総和に反射率を乗じたものとして得られることを表わしている．各エレメントの輝度は，式（3.28）から導かれるn元方程式を解くことにより求まる．すなわち，次式によって求まる．

$$\begin{bmatrix} 1-\rho_1 F_{11} & -\rho_1 F_{12} & \cdots & -\rho_1 F_{1n} \\ -\rho_2 F_{21} & 1-\rho_2 F_{22} & \cdots & -\rho_2 F_{2n} \\ \vdots & \vdots & \ddots & \vdots \\ -\rho_n F_{n1} & -\rho_n F_{n2} & \cdots & 1-\rho_n F_{nn} \end{bmatrix}$$
$$\times \begin{bmatrix} B_1 \\ B_2 \\ \vdots \\ B_n \end{bmatrix} = \begin{bmatrix} E_{01} \\ E_{02} \\ \vdots \\ E_{0n} \end{bmatrix} \quad (3.29)$$

この式は，基本的にはガウス-ザイデル法などにより解くことができる．

フォームファクターとは，エレメントiのすべての点から放射されたエネルギーがエレメントjに受け取られる率を意味し，次式によって求まる（図3.43参照）．

$$F_{A_i A_j} = \frac{1}{\pi A_i} \times \int_{A_i} \int_{A_j} \frac{\cos\theta_i \cos\theta_j}{r_{ij}^2} dA_j dA_i \quad (3.30)$$

たとえば，室内に机があるように，一般にエレメント間に障害物（他のエレメント）が存在することが多い．これを考慮したフォームファクターの計算が必要である．すなわち，エレメント間に障害物があるかどうかを示すHを導入する．これは，障害物が存在する場合0で，存在しない場合1である．言い換えると，Hはあるエレメントから他のエレメントが可視であるかどうかにより決まる．すなわち，隠面消去の判定が必要となる．したがって，影を考慮したフォームファクターは次式となる．

$$F_{A_i A_j} = \frac{1}{\pi A_i} \times \int_{A_i} \int_{A_j} \frac{\cos\theta_i \cos\theta_j}{r_{ij}^2} H_{ij} dA_j dA_i \quad (3.31)$$

式（3.29）において，ρ_iとB_iは波長によって変化するため，ライティングモデルで検討する波長バンドごとに解かなければならない．これに対して，フォームファクターは波長と無関係であり，形状の関数にすぎない．よって，照明の強さや面の反射率が変わってもフォームファクターを再計算する必要はない．

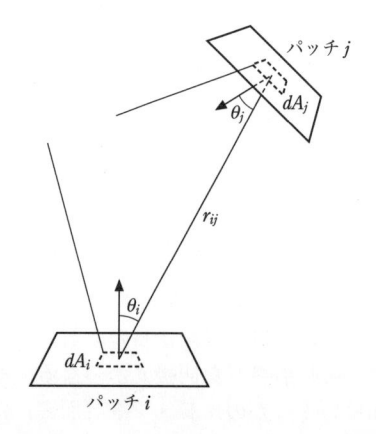

図3.43 エレメント間のフォームファクター

(3) フォームファクターの計算

フォームファクターは本来，エレメント間で定義されるが，便宜上，一方のエレメント上の1点と他のエレメント間で求められる。エレメント内での輝度は一定とみなされるので，点とエレメント間のフォームファクターにその点を含むエレメントの面積を乗じれば，両エレメント間のそれが求まる。点-エレメント間のフォームファクターは，計算点を中心とした半球表面にエレメントを投影し，それをさらに半球底面に正投影した面積の底面積に対する比として求められる。しかし，この計算は複雑なので，次のような近似法が開発されている。

hemi-cube法：この方法は，半球を半立方体で近似する方法である[14]。図3.44に示すように，エレメントの中心に半立方体を置き，その各面をメッシュに分割する。このメッシュに対して，あらかじめフォームファクターの割合（デルタフォームファクターとよぶ）を求めておく。基本的には，計算点を視点，半立方体の表面をスクリーンと考えた場合のZバッファ法による隠面消去法によって遮蔽効果が求まる。すなわち，影を考慮したフォームファクターは，エレメントの中心から見て，エレメントの可視領域（図3.44のアミ部分）が覆うメッシュのデルタフォームファクターを加算することによって求まる。ただし，離散化された点でサンプリングすることから，エイリアシングおよび精度についてやや問題が生じる。

図3.45にラジオシティ法の例を示す。

3.4.3 フォトンマッピング法

フォトンマッピング法では2段階のレイトレーシングを行なうことにより，レンダリング方程式を解く[17]。

フォトンマッピング法（photon mapping）は，拡散反射面での光の相互反射と合わせて，鏡面反射をもつ物体や屈折の生じる透明な物体がシーンに含まれている場合に生じる集光現象（caustic）も統一的に取り扱うことのできる優れた手法である。さらに，ラジオシティ法に比べてフォトンマッピング法が優れている点は，パッチ分割を行なう必要がないことがあげられる。そのフォトンマッピング法では曲面を含むあらゆる形状の物体データを取り扱うことができ，さらにシーンが複雑になっても急激な計算時間の増大をまねくことはない。

フォトンマップ法では，処理の効率化のために，レンダリングの際に影響をもつ光の成分により3種類のフォトンマップを使用する。

コースティックフォトンマップは，集光現象に大きく関係する光の成分を記憶するデータベースである。光源から放出されたフォトン（光子）が拡散反射面に到達する前に，1回以上，鏡面反射面により反射されたフォトンの情報（位置，放射束，入射方向）がこのコースティックフォトンマップに登録される。集光現象を表示したときのノイズを減らすために，コースティックフォトンマップを作成する際には，フォトン1個あたりの放射束を小さくし，その代わり放出するフォトンの個数を増加させる。

グローバルフォトンマップは，すべての反射面や散乱粒子からの相互反射光を近似するもので，光源から放出されたフォトンが拡散面に到達した際に，そのフォトンの情報が登録される。すなわち，直射光，間接光，そして集光現象を生じる光に関する情報が含まれる。

ボリュームフォトンマップは，多重散乱光を取り扱うためのものである。光源から放出されたフォトンが反射面や散乱粒子により反射さ

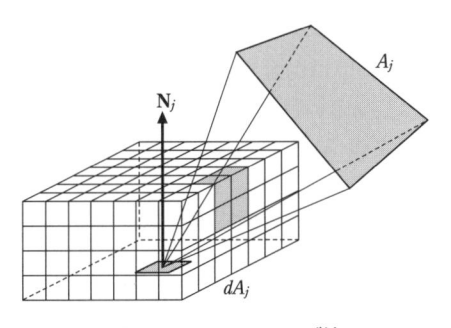

図3.44 ヘミキューブ法

図3.45 ラジオシティ法の計算例
（画像提供：東京大学西田研究室）

れ，再度空間に放出されたフォトンの情報が，このボリュームフォトンマップに登録される。

フォトンマップ法では，2段階のレイトレーシングを行なうことにより，光の相互反射を考慮したレンダリングを行なう。以下では，説明の簡略化のために，散乱粒子を含まない場合について解説する。

(1) フォトンマップの構築

第1段階では，光源からフォトン（光子）を放出し，フォトンのトレースを行なう。拡散反射面にフォトンが到達したときには，フォトンマップとよばれるデータベースに，そのフォトンの情報（位置，放射束，入射方向）を登録する。この処理で前述の3種類のフォトンマップが作成される。すなわち，集光現象に大きく寄与するフォトンを登録するコースティックフォトンマップ，すべての反射面や散乱粒子により反射・散乱を受けたフォトンを登録するグローバルフォトンマップ，そして，多重散乱光を取り扱うためのボリュームフォトンマップである。これらのフォトンマップはシーンを構成する物体の幾何形状とは独立に，点集合として管理される。図3.46に光源から放射されたフォトンのパスを示す。

光源から放出されたフォトンをトレースする方法は，基本的には再帰処理を伴うレイトレーシング法を用い，トレースする方向を逆にして，光源方向からトレースを始める。すなわち，フォトンを放出する方向をモンテカルロ法を用いて確率的に決定し，通常のレイトレーシングとは逆方向に，光源方向からレイの探索を始める。ただし，フォトンが物体表面に当たった場合に，反射・透過方向にフォトンを反射・屈折させてトレースをくり返すかどうかは，面の属性値を用いて確率的に決定される。これは，フォトンのエネルギーを一定に保ち，かつ必要以上に過剰なフォトンが生成されるのを防ぐためである。

コースティックフォトンマップを作成する際には，グローバルフォトンマップ作成に比べて，1個あたりのエネルギーを小さくしたフォトンを用い，そして放出するフォトンの個数を増加させて，フォトンのトレースを行なう。

グローバルフォトンマップ作成の際には，フォトンが面（鏡面反射面を除く）に到達するたびに，そのフォトンの情報をデータベースに登録する。登録される情報は，フォトンが面に当たった位置，入射フォトンのエネルギー，そして入射方向である。

これらの情報はコンパクトにまとめられて，平衡 k-d ツリー（balanced k-d tree）データ構造に格納される。このデータ構造が用いられる理由は，第2段階のレンダリングにおいて，計算点の近傍にあるフォトンの情報を参照する必要があり，その際に近傍フォトンを高速に探索するためである。

直射光による影の計算を効率よく行なうために，光源からのフォトンをトレースする際に，影フォトンを発生させてフォトンマップに合わせて登録することもできる。

(2) フォトンマップを利用した描画

第2段階では，分散レイトレーシングを用いて，上述のフォトンマップの情報を参照しながらレンダリングを行なう。基本的には，図3.46に示したように，視点とスクリーン上のある画素の輝度（放射輝度）は，画素の相当する3次元上での点のまわりのフォトン情報から求める。これは点Qのまわりのある半径の球の中に存在するフォトンの情報から計算する。これは，図3.47のように，点Qのまわりで指

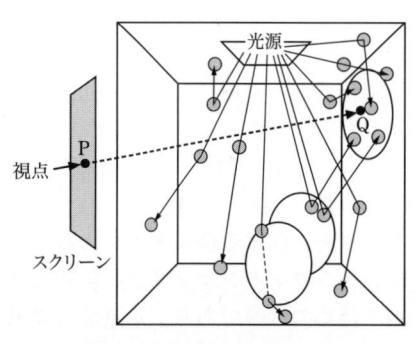

図3.46　フォトンマップ法

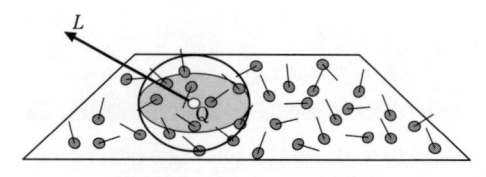

図3.47　フォトンマップ法

定した個数分のフォトンを含む球を考え（図の場合は平面上に存在するフォトンなので円），それらのフォトンのエネルギーの平均で放射輝度を計算する。

以下では，説明の簡略化のために，光の散乱のない場合について解説する。

この処理では，面に入射する光を，直射光，鏡面反射や透過による間接光，そして拡散反射による間接光の3成分に分類し，さらに面の反射成分も拡散反射と鏡面反射の2つに分類し，それらの組合せを考慮して面の輝度を求める。

直射光による面での拡散反射と鏡面反射成分については，一般的なレイトレーシング法を用いて求める。

影付けについては，影フォトンを利用して効率よく計算を行なうこともできる。

鏡面反射や透過によって生じた間接光による拡散反射成分であり，コースティックフォトンマップを用いて計算を行なう。

間接光による鏡面反射成分については，フォトンマップの情報は使わずに，反射分布に基づいた重点的サンプリング（importance sampling）によるモンテカルロ法に基づくレイトレーシング法を用いて計算する。これは，鋭い反射分布特性をもつ鏡面反射を正確に計算するためには，フォトンマップ作成の際に非常に多くのフォトンを放出しなければならないためである。

鏡面反射や透過によって生じた間接光による拡散反射成分については，コースティックフォトンマップを用いて輝度を算出する。コースティックフォトンマップに登録されているフォトンの密度が高いほど，正確な輝度を算出することができる。また，計算点に近いフォトンほど重みを大きくして輝度計算を行なうことにより，フォトンの密度が十分でない場合に生じる集光効果のボケを防ぐことができる。拡散反射によって生じた間接光による拡散反射成分は，拡散反射による多重反射光成分となる。これは，グローバルフォトンマップを用いて計算する。

コースティックフォトンマップに格納されているフォトンの密度が高いほど，正確な放射輝度を算出することができる。また，円錐フィル

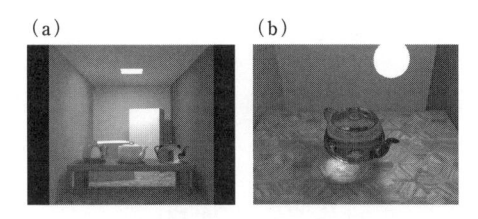

図3.48 フォトンマップの計算例
（画像提供：東京大学西田研究室）

タなどを用いて計算点に近いフォトンほど重みを高くして計算を行なうことにより，フォトンの密度が十分でない場合に生じる集光効果のボケを防ぐことができる。

フォトンマッピング法を用いてレンダリングされた画像を図3.48に示す。壁面にはカラーブリーディング（color bleeding）の効果も表示されている。また，(b)では透明な球による集光現象が計算されている。

3.5 マッピング

レンダリング処理では，各可視点における反射強度を，反射特性や法線，入射光の分布などの要素から計算し，画像を生成している。これらの要素の摂動を可視点に割り当てる処理は，マッピング処理とよばれている。すなわち，可視点xに特性yを対応させる写像

$$f : x \rightarrow y = f(x) \qquad (3.32)$$

として定式化できる（図3.49）。情景を写実的にレンダリングするためには，反射・屈折・相互反射・散乱といった高度なレンダリング処理を行なうこと以外に，反射特性などの複雑な変化を表現することが必要であり，マッピング処理はその簡便な実現手法である。とくにグラフィクスハードウェアでマッピング処理が標準的にサポートされるようになり，リアルタイムレ

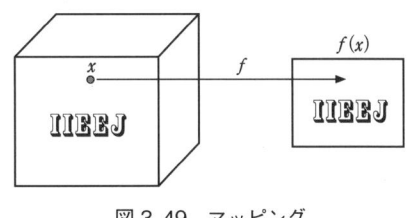

図3.49 マッピング

ンダリングでは不可欠な処理となっている。本節では，テクスチャマップを中心にマッピング処理を概説するとともに，最近の技術動向を述べる。

3.5.1 マッピング処理の分類

マッピングは文字どおり写像なので，「何から」（ソース）「何へ」（ターゲット）対応づけるのかにより特徴づけることができる。

ソースとしては，
- 方向（2次元）
- 曲面上の位置（2次元）
- 物体内の位置（3次元）
- 位置と方向（4次元+α）

などが一般的である。また，ターゲットとしては，
- 奥行き値や変位値（1次元+α）
- 方向（2次元）
- 色（1次元［輝度値］/3次元［rgb 値］/4次元［rgba 値］）

などが一般的である。

このソースとターゲットの組合せで，おおむね用途も決まり，一般的なものには名称がつけられている。これを表3.2に示す。ただし，OpenGLなどのグラフィクスAPIでは，これらのマッピング処理機能を「テクスチャマッピング機能」と総称することもある。また，GPU（graphics processing unit）プログラミングでは，テクスチャを任意の作業領域として用いることもある。

3.5.2 マッピング処理のおもな用途

表3.2に分類されたマッピング処理のうち，一般的なものを概説する。高次のマッピング処理に関しては，3.5.6項で説明する。

(1) テクスチャマッピング（texture mapping）

最も代表的なマッピング手法で，位置に対応する色や強度をマッピングする。典型的な処理では，物体表面の各点に写真などの画像の画素を対応させ，画素の色を基に各点の反射率や反射光そのものを決める。これにより，模様（テクスチャ）を物体表面に貼り付けることができる。色は反射率だけにではなく，透過率に割り

表3.2 マッピングの分類

ターゲット＼ソース	z値 (1D+α)	方向 (2D)	位置 (3D)	強度・色 (1D, 3D, 4D)
表面上の位置 (2D)	シャドーマップ	バンプマップ	ディスプレースメントマップ	テクスチャマップ
方向 (2D)				環境マップ
空間中の位置 (3D)				3次元テクスチャマップ
位置+方向 (4D+α)				光線空間マップ，BTF，STFなど

当てることもでき，透過率マップ（transparency map）などとよばれることもある。

3次元空間の各点にテクスチャを対応させるテクスチャマップは，3次元テクスチャとよばれる。通常は2次元テクスチャを積み重ねたボクセル表現をすることが多い。3次元テクスチャでは，ボクセルの色や強度は透過率として用いられることが多い。グラフィクスハードウェアでサポートされるようになり，ボリュームレンダリングの有効な実装法ともなっている。

次節で述べるように，いくつかの3次元テクスチャは関数により直接表現されることもある。このような3次元テクスチャを，ソリッドテクスチャ（solid texture）とよぶ。

(2) バンプマッピング（bump mapping）

物体表面には，模様などによる反射率の変化だけではなく，細かな凹凸がある。この凹凸の変動を表現するために開発されたのが，バンプマッピングである[20]。物体表面の凹凸による見かけ上の変化としては，①法線変化による反射光の変動，②位置の変動によるシルエットなどの変動，が顕著である。バンプマッピングでは①の法線変化を扱う。平均的な法線方向 $N_0(x)$ はメッシュなどの幾何的形状から獲得し，その変動 $\delta N(x)$ をバンプマップから求め，x における法線 N をたとえば，

$$N(x) = (N_0(x) + \delta N(x))/|N_0(x) + \delta N(x)| \tag{3.33}$$

により決定する（図3.50）。これによりハイラ

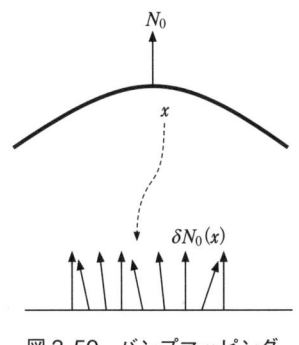

図 3.50 バンプマッピング

イトなどが変化し，細かな凹凸を表現することが可能となる。法線を変動させるので，法線マップ（normal mapping）とよばれることもある。

(3) ディスプレースメントマッピング（displacement mapping）

バンプマッピングでは，凹凸によるシルエットの変化が表現できない。そこで開発されたのがディスプレースメントマップである[21]。幾何形状から得られる可視点の位置 x とマップにより得られる変動 δx から，

$$x' = x + \delta x \tag{3.34}$$

により，可視点の位置を変化させる（図3.51）。この処理は隠面処理の前に行なう必要があるが，GPUプログラミングを用いれば効率的な実装が可能である。

(4) 環境マッピング（environment mapping）

映り込みや照明光など方向に依存する色や強度を表現する。鏡面などへの映り込みは，光線追跡法を用いれば正確に表現できるが，実時間アプリケーションでは適用が困難である。そこ

で，映り込む物体が十分遠方にある場合には，位置による変化を無視して反射方向のみにより決められることを利用し，鏡面反射を擬似的に表現する[22]。すなわち，可視点における鏡面反射方向 R を法線方向 N から算出し，その方向の輝度 $f(R)$ を環境マップから求める（図3.52）。$f(R)$ を可視点の輝度に足し込むことで，鏡面反射の効果を表現できる。反射光の輝度をマップするので，反射光マップ（reflection map）とよばれることもある。同様に，透過光に関してマップすることもあり，この場合は，屈折光マップ（refraction map）とよばれることもある。

環境マップは写り込みの表現のほかにも，広がりのある光源に対する反射輝度を計算する場合などにも利用される。環境マップの表現方式としては，球面上で分布を表現する球面マップ（sphere map），立方体面上で表現する立方体マップ（cube map）などがある。

(5) シャドーマップ

Zバッファ法を用いた影付け処理ではシャドーマップ（shadow map）を用いることが多い。点光源の影は，点光源の位置からは不可視な点である。そこで，点光源から見たときの奥行き値をシャドーマップとして保存し，レンダリング時に参照することで影付け処理を行なうことができる（3.3節参照）。

3.5.3 テクスチャの生成法

テクスチャマッピングで用いる画像，すなわちテクスチャには，カメラなどで撮影した画像

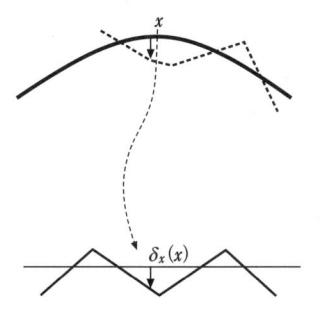

図 3.51 ディスプレースメントマッピング

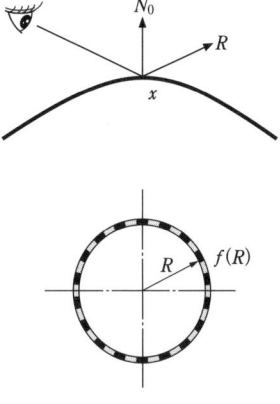

図 3.52 環境マッピング

やスキャナで取り込んだ画像，ペイントソフトなどで作成した画像などを用いることが多いが，手続き的にテクスチャを生成する手法や，サンプルとなるテクスチャ画像から任意の大きさのテクスチャを生成する手法も知られている。マップする形状にぴたりと当てはまる画像を得ることが困難な場合には有効な手法である。

(1) 手続き的なテクスチャ生成

ある種の数学的特徴をもつ模様は，先見的な関数により効率よく計算できることが知られている。代表的なものに，「ざらつき感」を表わすノイズ関数や大理石模様に用いられる乱流関数，非整数ブラウン運動（fractional Brownian motion；fBm）に基づいたフラクタル関数[23]，草原や雲を表わす印象派モデル（impressionist model）[24] などがある。これらの関数は，3次元位置を引数にとり，いくつかのパラメータから色の値を直接計算する。したがって，ボクセルなどによりデータを保持する必要がなく，ソリッドテクスチャとよばれることもある。また，テクスチャ値を濃度に割り振ると一種の形状表現となり，ハイパーテクスチャ（Hyper-texture）とよばれることもある[23]。

テクスチャの性質や物理的な生成過程が推定できるような場合には，これらに基づいて生成アルゴリズムを構成することができる。たとえば，キリンやヒョウなどの体皮の模様は，反応拡散（reaction-diffusion）とよばれる生化学現象でモデル化される。この反応拡散現象をアルゴリズム化することで，これらに類似したテクスチャ画像を生成できることが知られている[25]。

(2) サンプルベースのテクスチャ生成

比較的小さな大きさのサンプル画像から，任意の大きさのテクスチャ画像を生成する手法としては，グラフカット（graph-cut）法や類似画素の探索に基づく手法が開発されている。これらの手法は，静止画のみならず，滝や波などの動画（ビデオテクスチャ，video texture）に適用することもできる。

①グラフカット法

2つのサンプルテクスチャを境界が目立たなくなるように切り取って貼り合わせる手法である[26]。図3.53に示すようにサンプルテクスチャAとBを「切り取り線」で切って貼り合わせることを考える。重なる領域の画素を図のようにグラフ表現し，画素（ノード）s, t 間の枝の重みとして「境界の目立たなさ」$M(s, t, A, B)$ を与える。すると，最も目立たない境界線を求める問題は，グラフの最小カット問題として定式化され，解が求められる。

「目立たなさ」M としては，両画素の色の差の和

$$M(s, t, A, B) = \|A(s) - B(s)\| + \|A(t) - B(t)\| \quad (3.35)$$

などが用いられる。

グラフ表現なので，次元は本質的ではなく，時間軸を加えたビデオテクスチャにも直接的に拡張できる。

②類似画素探索法

サンプルテクスチャから，生成中のテクスチャ画素の近傍と類似している部分を探し出し，対応するサンプルテクスチャの画素の色を生成テクスチャの画素にコピーする[27]。

たとえば，図3.54に示すように，生成画素 p の近傍 N をとり，サンプル画像内で最も類似度が高い領域 N' を探索する。N' で p に対応する画素は p' なので，p の色を p' と同一にする。

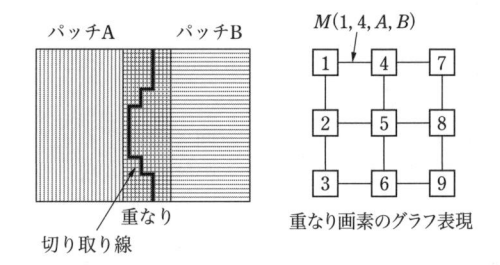

図3.53　グラフカット

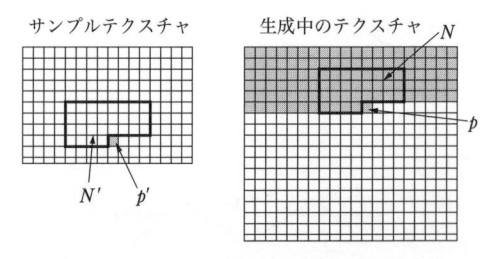

図3.54　類似画素の探索

この探索とコピーを続け,テクスチャ画像を生成していく。

同様の考えでビデオテクスチャも生成できる。フレーム t と t' との類似度 $S(t, t')$ を求めておき,t から t' への遷移確率を,類似度が高いほど高くなるように決めておく。

一般には,t と $t+1$ との類似度は高いので次のフレームに進むことが多いが,ときどき,似たフレームに飛び,バリエーションが生まれる。類似度としては,数フレーム分の画像の差などが用いられている。

3.5.4 マッピング関数

画像 $I(u, v)$ で与えられるテクスチャを物体表面にマッピングする場合には,表面の点 (x, y, z) に対して,テクスチャ座標 (u, v) を対応させることで,式 (3.32) の写像が規定される(図 3.55)。

$$f(x, y, z) = I(u(x, y, z), v(x, y, z)) \quad (3.36)$$

このテクスチャ座標と物体点の位置座標を対応させる関数を,マッピング関数（mapping function）とよぶ。

最も簡単なマッピング関数は,線形関数であり,4×4 行列 T を用いて,

$$\begin{aligned}(x', y', z', w') &= (x, y, z, 1)T \\ u &= x'/w' \\ v &= y'/w'\end{aligned} \quad (3.37)$$

と書くことができる。これは,T を投影行列にとれば,テクスチャをスライドのように投影することに対応し,投影テクスチャマッピング（projective texture mapping）とよばれる[28]。また,シャドーマッピングでは,光源を視点にとった投影行列が T として用いられる。

曲面上の各点に 2 次元座標 (u, v) を割り当てることを,曲面のパラメータ化（surface parameterization）と一般によぶ。したがって,マッピング関数もパラメータ化の一種であるとみなすことができる。円筒や球などの形状をしている場合には,円筒座標,極座標など形状に特有な座標系を用いてパラメータ化することができ,これらのパラメータをテクスチャ座標に用いることができる。また,B スプライン（B-spline）曲面のようなパラメトリック曲面では,もともと曲面上の点の座標がパラメータの関数で表わされているので,このパラメータをテクスチャ座標に用いることもできる。しかし,歪みの少ない曲面のパラメータ化は一般には困難な問題である。

3 角形メッシュに対するパラメータ化はメッシュモデリングにおける重要な課題であり,さまざまな成果が得られている（2.2 節参照）。テクスチャの方向の歪みや大きさの歪みが最小となるように,メッシュ頂点のパラメータを決定する方法などが知られている。

3.5.5 フィルタリングとミップマップ

離散化された画像をテクスチャとして用いるとき,テクスチャ参照時に再サンプルすることになる。たとえば,図 3.56 に示すように画像 $I[i][j]$ が整数格子点 (i, j) で定義されているとする。実数値で示されるテクスチャ座標 (u, v) に対応するテクスチャ値は,

$$f(u, v) = \sum_{i, j} w(i - u, j - v) I[i][j] \quad (3.38)$$

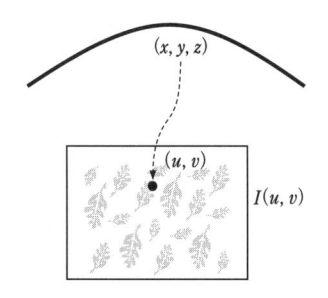

図 3.55 マッピング関数

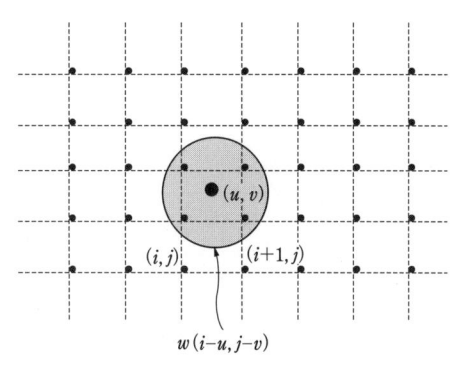

図 3.56 再構成フィルタリング

など，近傍の画素値から算出することができる。このフィルタリング処理を再構成フィルタリング（reconstruction filtering）とよぶ。通常は，①最も近い格子点をとる，②線形補間する，などの単純なフィルタを用いることが多い。

サンプリングに伴い発生する問題として，エイリアシング（aliasing）がある。エイリアシングは，テクスチャ画像にナイキスト周波数（Nyquist frequency；サンプリング周波数の1/2）よりも高い周波数成分が含まれている場合に発生する。すなわち，図3.57に示すように，遠方にある模様では，テクスチャのサンプル間隔がチェッカーボード模様の間隔より大きくなり，モアレ縞状のエイリアシングが発生している。

エイリアシング除去（anti-aliasing）に最も有効な手段は，事前に高周波成分を取り除いておくことである。具体的には，高解像度のテクスチャ画像に低帯域フィルタをほどこして，いくつかの低解像度のテクスチャ画像を作成しておく。レンダリング時には，サンプリング間隔に応じた解像度のテクスチャ画像を使用する。通常は，処理の容易性から2のべき乗となるように，解像度を設定する。このような手法をミップマップ（mipmap）法とよぶ[29]。一般に，詳細なモデルと簡略化したモデルを用意し，レンダリング時に適切なモデルを選択する処理を，詳細度（level of detail；LOD）制御とよぶが，ミップマップもテクスチャの詳細度制御であるといえる。

3.5.6 高次のマッピング処理

一般に反射光の色は，表面の位置だけではなく，視線方向，光源方向に依存して変化する。しかし，2次元のテクスチャマップでは，これら方向依存性を十分に表現することは困難である。そこで，テクスチャメモリの大容量化やGPUのプログラマブル化などグラフィクスハードウェア処理能力の向上を背景に，マッピングの表現能力向上を求めて，より高次元のマッピング手法が提案されている。

(1) 光線空間（light field）マップ

照明を固定すれば，各点 x における各方向 s への反射光の分布 $f(x, s)$ により，光の場を記述することができる。この4次元関数を光線空間（light field）とよぶ[30]。光線空間は反射特性などの質感のみならず，ホログラフィのように視差変化などの3次元的視覚効果も完全に表現できる。したがって，直方体や簡略化されたポリゴンにマップするだけで，リアルな画像を生成することができる。ただし，前述のように，照明条件は変えられない。帯域圧縮は，ベクトル量子化（vector quantization；VQ），主成分分析（principal component analysis；PCA），非負因子分解（non-negative matrix factorization；NMF）などにより行なわれる[31]。

(2) シェルテクスチャマッピング（shell texture mapping；STF）

表面下散乱（subsurface scattering）も考慮したマッピング手法である[32]。表面に薄い層を想定し，s 方向から光を入射したとき，層の内部の点 x で得られる散乱光の強度 $I(x, s)$ をフォトンマップ法（3.5節参照）などで事前計算しておく（図3.58）。レンダリング時には I を

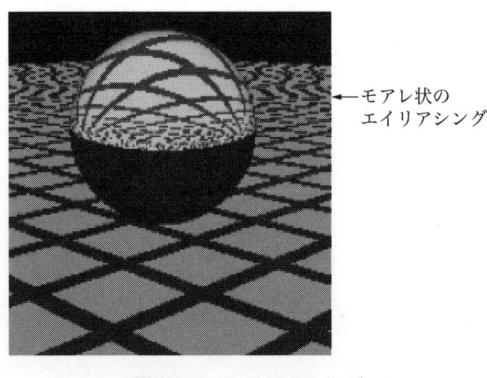

図3.57 エイリアシング

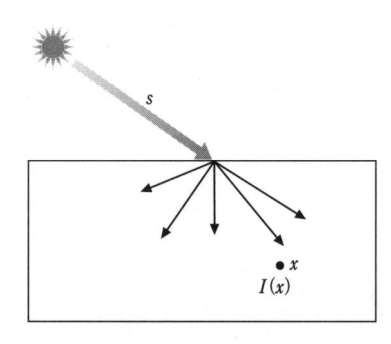

図3.58 シェルテクスチャ

参照し，散乱光の積分計算を行なう．xは3次元，sは2次元なので，5次元関数となる．圧縮にはベクトル量子化などが用いられる．

(3) 双方向テクスチャ関数（bidirectional texture function；BTF）

通常，表面の反射特性はs方向に入射したときのs'方向への反射強度（bi-directional reflectance distribution function；BRDF）により表現される（3.2節参照）．したがって，面上の点xにおけるBRDFを$f(x, s, s')$とすれば，この6次元関数で表面反射を完全に記述することができる．光線空間と異なり，レンダリング時に照明条件を任意に設定できる．必要とされる記憶容量も大きく，撮影も容易ではないが，たとえば万華鏡を利用した撮影装置などが開発されている[33]．

3.6 リアルタイムレンダリング

3次元物体のリアルタイムレンダリングにはGPUが利用される場合が多い．その理由として，GPU内部には複数の演算ユニットが搭載されており，並列処理を行なうことが可能なことがあげられる．本節では，GPUを利用した高速表示手法について解説する．

3.6.1 物体表面の輝度計算

GPUを利用した輝度計算を行なう場合，計算に必要な数値データを前もってGPU内のビデオメモリに転送しておくアプローチがしばしば用いられる．これによって，GPUはビデオメモリ内の数値データを参照しながら高速に計算を行なうことができる．多くの場合，計算に必要な数値データをテクスチャ画像の形式でGPUに転送し，テクスチャマッピングの機能を利用して数値データを参照しながら輝度計算を行なう．テクスチャマッピングでは，テクスチャ画像を画素単位で参照することができるため，テクスチャメモリに転送した数値データを画素単位で参照しながら輝度計算を行なうことが可能である．これによって高精細な画像をリアルタイムに生成することが可能となる．以下，具体的に考え方を説明する．

一般に，単一の光源に照射された物体表面上の輝度I_vは次式で表わすことができる．

$$I_v = I_l f_r(\theta_v, \varphi_v, \theta_l, \varphi_l) \cos\alpha \quad (3.39)$$

ここで，I_lは計算点への入射光輝度，f_rは物体表面の反射率を表わす関数，(θ_v, ϕ_v)および(θ_l, ϕ_l)はそれぞれ，計算点から見た視線および光源の方向，αは光源方向と法線ベクトルのなす角である（図3.59参照）．f_rは双方向反射分布関数（bidirectional reflectance distribution function；BRDF）ともよばれる．式(3.39)の計算を高速化する場合，BRDFをあらかじめすべての視線および光源方向に対してサンプリングしたテーブルを用意しておけばよい．このテーブルをテクスチャとしてGPUに転送すれば，このテーブルを参照しながら高速に輝度計算を行なうことができる．ただし，視線および光源方向に関する4次元関数であるBRDFのテーブル化には膨大な記憶容量が必要となり，実用的ではない．そこで，多くの手法では，BRDFを複数の低次の関数に分解して表現する．たとえば，BRDFが次式のような2つの基本関数の積で表現できる場合を考える．

$$f_r(\theta_v, \varphi_v, \theta_l, \varphi_l) = w(\theta_v, \varphi_v) Y(\theta_l, \varphi_l) \quad (3.40)$$

この場合，関数wおよびYは2次元の関数であり，2つの2次元テクスチャとして用意すればよいため，少ない記憶容量で表現できる．この考え方を初めて提案したのがHeidrichらによる研究[34]で，Torrance-Sparrowの反射モデル[35]とBanksによる異方性反射モデル[36]を用いた輝度計算をリアルタイムに行なうことに成

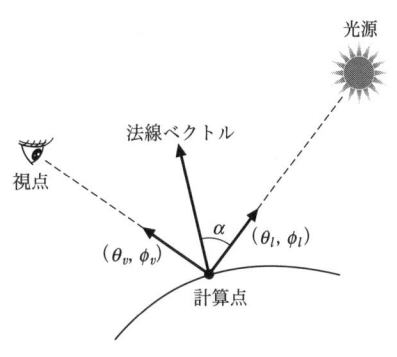

図3.59 物体表面の輝度計算

功している。この他にも，基本関数の選び方や数によってさまざまなバリエーションが存在する[37,38]。

3.6.2 シャドーマップ法による影の表示

リアルタイムレンダリングにおいて，点光源や平行光源による影を表示するために最もよく用いられている技術のひとつである[39,40]。ある点が影であるかどうかは，その点が光源から可視であるかどうかを調べることで判定できる。

シャドーマップ法では，光源と各点との距離に相当するシャドーマップを生成する必要がある。GPUを利用する場合，このシャドーマップは，光源を視点位置として画像を生成するだけで容易に生成できる。ただし，ここでは，光源から見たときの各画素の奥行き値を記憶した画像を生成する。これはグラフィックスハードウェアのZバッファリングの機能により高速に生成できる。次に，本来の視点位置から見た画像を生成する際に，シャドーマップを参照して影の表示を行なう。図3.60に示すように，各画素に対応する物体上の点Pに対し，シャドーマップを作成した光源位置を視点とする場合へ投影変換をほどこすことで，この点の光源から見たときの奥行きzとともに，シャドーマップ上の対応する位置pを算出することができる。この位置に格納されている光源から可視な点の奥行き値z_pとzを比較し，$z>z_p$であれば点Pは影であると判定される。これらの処理はシャドーマップを物体表面にテクスチャとしてマッピングすることで，グラフィックスハードウェアにより高速に処理することができる。

上述のように，シャドーマップ法では，光源からの奥行き画像の生成処理と視点からの画像生成処理という2回の画像生成処理により高速に影を表示できる。しかし，シャドーマップの画像の解像度や記憶する奥行き値の量子化ビット数による離散化誤差によって，不正確な影が表示される場合がある。シャドーマップの解像度については，改善を図る手法が提案されている[41,42]。

3.6.3 半影の表示

線光源や面光源による影には，光源の光が完全に届かない本影と，光源の光の一部が到達する半影の領域に分けられる。そのため，線光源や面光源による影の計算においては，計算点から見て光源の可視な領域を求める必要がある。

最も単純な方法は，面光源や線光源を複数の点光源の集合と考える方法である。すなわち，図3.61に示すように，面光源または線光源上に複数のサンプル点を発生し，各サンプル点を点光源とみなしてシャドーマップ法などを用いて画像を生成して，結果画像をすべて足し合わせることで影を表示する[43]。画像の足し合わせ処理には，GPUのアルファブレンディングの機能が用いられる。この方法は単純ではあるが，多くの画像を生成する必要があるため，計算コストが高い。そこで，線光源の両端点から見たときのシャドーマップをそれぞれ生成し，これらを用いて線光源の可視区間を計算する手法が提案されている[44]。また，効率的に面光源による影を計算する方法として，計算点から見た光源の可視領域の割合を光源画像と遮蔽物体画像の重畳処理によって高速に求める手法が提案されている[45]。2つの画像の重畳処理だけで，計算点を含む平面内の各点から見た光源の

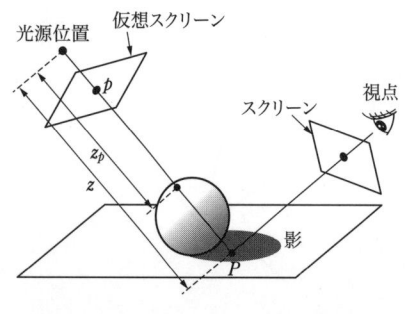

図3.60 シャドーマップ法の考え方

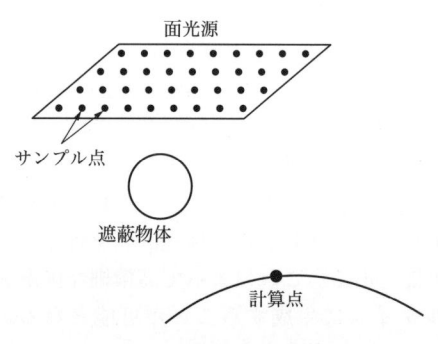

図3.61 面光源による影の計算

可視領域の割合を表わす画像を求めることができる。

3.6.4 物体表面の凹凸の表示

物体表面の微小な凹凸を表現する方法として，バンプマッピングが多く用いられる[46]。GPUを用いる場合，凹凸を定義したテーブルを用意し，物体表面にテクスチャとしてマッピングする。そして，ピクセルシェーダなどを用いてこのテクスチャを参照しながら，物体の各点での法線ベクトルを計算して輝度計算が行なわれる。より計算コストを削減するため，あらかじめ計算しておいた法線ベクトルをテクスチャとして用いる法線マッピングが用いられる場合も多い[34]。

バンプマッピングや法線マッピングでは法線ベクトルの摂動に応じて輝度値に変動が生じるのみで，凹凸による影までは生成されない。そこで，よりリアリティを向上させるため，凹凸による影も計算できる手法も提案されている[47,48]。この場合，図3.62に示すように，ハイトフィールドにおける各点Pから見た任意の方向に対し，他の点からの影となる仰角$\phi(P, \theta)$をあらかじめ計算して記憶しておく。画像生成時に光源位置が与えられたとき，光源方向(θ_l, ϕ_l)の仰角ϕ_lが$\phi(P, \theta)$以下であれば，点Pは影となる。$\phi(P, \theta)$はホライゾンマップとよばれる[49]。ホライゾンマップをあらかじめ計算してテクスチャとして利用すれば，リアルタイムに凹凸の影を計算することができる[48]。また，このホライゾンマップの考え方を応用し，凹凸内での光の相互反射まで考慮した手法も提案されている[47]。

凹凸に応じて物体表面の輝度値が変化するのみだけでなく，ハイトフィールドから実際に物体表面の凹凸まで表示するディスプレースメントマッピングという手法も開発されている[50]。この場合，ハイトフィールドから，物体表面の各点を法線方向に変位させる。ディスプレースメントマッピングをリアルタイムに実現する最も単純な方法は，物体を細かなポリゴンで表現し，各ポリゴンの頂点をハイトフィールドに応じて変位させる方法である。この方法は，計算コストが高いが，GPUの頂点シェーダを用いれば高速に処理できる。しかし，ポリゴン数が増加してしまうため，テクスチャマッピングの機能を利用する手法も開発されている[51〜53]。図3.63に示すように，物体表面を表わす各ポリゴンについて，その頂点の法線方向に掃引した多層の仮想ポリゴンを生成する。そして，各仮想ポリゴンをレンダリングする際，仮想ポリゴン内の各点の物体表面からの距離とハイトフィールドに記憶されている高さとを比較して，ハイトフィールドのほうが高ければその点を描画する。この考え方に基づき，凹凸による影まで表現できる手法[53]も提案されている。

3.6.5 ボリュームレンダリング

ボリュームレンダリングは，3次元空間中に分布するスカラーデータを可視化するための手法のひとつである。3次元格子の各格子点にスカラー値を格納したボリュームデータから画像を生成する代表的な手法として，レイキャスティング法[54]があげられる。レイキャスティング法は，GPUを利用することで，きわめて高速に画像を生成できる[55]。その基本的な考え方は以下のとおりである。

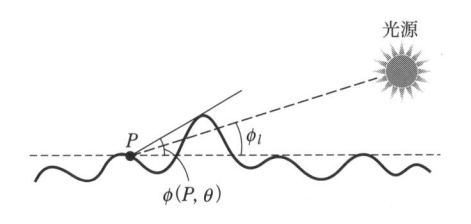

図3.62 ホライゾンマップによる凹凸の影の計算

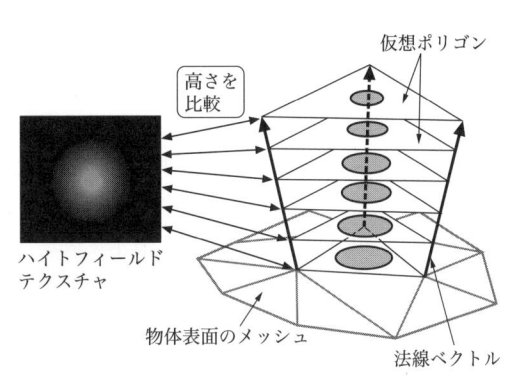

図3.63 テクスチャマッピングによるディスプレースメントマッピング

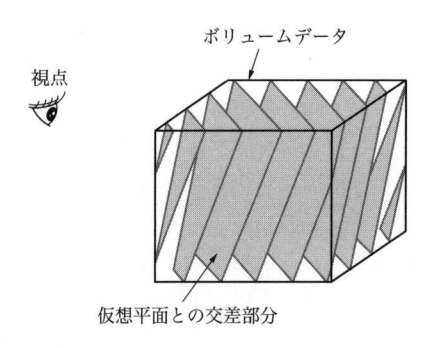

図3.64 GPUによるボリュームレンダリング

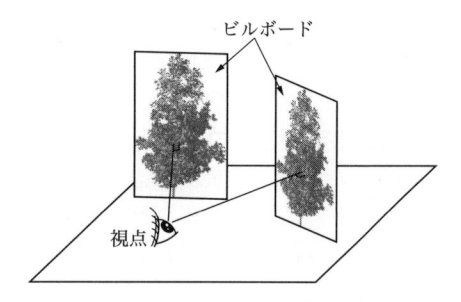

図3.65 ビルボードを用いた樹木の表示

スクリーンに平行な複数枚の仮想平面を等間隔に配置する。そして，図3.64に示すように，仮想平面とボリュームデータの交差領域を求め，視点から遠い順に描画する。このとき，仮想平面とボリュームデータの交差部分の各点でのスカラー値を近傍の格子点の値から補間して算出する。この値を仮想平面の輝度値として割り付ける。この処理は3次元テクスチャマッピングの機能により高速に処理できる。そして，仮想平面を描画し，その輝度値をアルファブレンディングの機能を用いてフレームバッファに足し込めばよい。さらに，プログラマブルシェーダなどの演算処理を活用すれば，等値面の表示[56]や陰影表示[57]，また，影の表示[58]を行なうことも可能である。ボリュームレンダリング法は雲や煙などの自然現象のレンダリングにも容易に適用できる[59]。

3.6.6 ビルボード

一般に，画像生成時間はポリゴン数に比例して増加する。そこで，3次元物体をあらかじめ描画した2次元の画像として保存しておき，この画像をテクスチャとしてマッピングした四辺形を描画することで処理効率を向上させることができる。このテクスチャをマッピングした四辺形をビルボードという。ビルボードはつねに視点を向くように回転して描画される。

例として，ビルボードを用いて樹木を表示する場合を考える（図3.65参照）。まず，樹木の画像を事前に用意しておく。そして，この画像をビルボードにマッピングして表示する。このとき，樹木の画像上において，樹木ではない領域については描画されないように設定しておく必要がある。また，図3.65に示すように，視点方向を向くようにビルボードを回転して表示する。ビルボード法をパーティクルシステム[60]と組み合わせれば，煙や炎をリアルタイムに表示することも可能である。

ビルボードによって表示した物体は，どの方向から見ても同じ形状となってしまう。この問題を解決するため，視点位置に応じた複数のテクスチャを用いる方法や同一の物体に対してさまざまな向きに配置した複数のビルボードを用いる方法が考案されている[61]。

また，ビルボードの考え方を拡張したインポスター法とよばれる手法も提案されている[62~64]。インポスター法では，視点位置が変化するごとにビルボード用のテクスチャをリアルタイムに作成しなおす。インポスター法は，とくに視点から遠方の物体を表示するために用いられる場合が多い。遠方の物体では，視点位置が多少変化してもその見え方はほとんど変化しないため，そのような物体に対しては，視点が大幅に変化しないかぎりビルボード用テクスチャを更新する必要がない。そのため，描画するポリゴン数を削減することができ，高速表示を達成することができる。

3.6.7 level of detail（LOD）

透視投影の場合，視点から遠方の物体は小さく描画されるため，物体の詳細な形状は視覚的にほとんど認識されない。この性質を利用して効率化を図るのがLODである[65]。最も単純な方法は，視点からの距離に応じて，異なるポリゴン数で表現された物体を用いる方法である（図3.66参照）。視点から遠方の物体については，より少ないポリゴン数で簡略化されたモデ

(ポリゴン数と形状モデル)

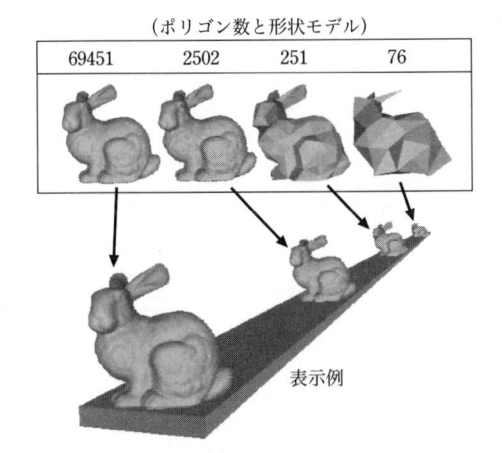

| 69451 | 2502 | 251 | 76 |

表示例

図3.66 LODの例
(David Leubke : "Advanced Issues in Level of Detail", SIGGRAPH 2000 Course Note #41 CD-ROM より作成)

ルを用いて表示を行ない，視点に近い物体では，よりポリゴン数の多いモデルを用いる．これによって，描画するポリゴン数を削減することができ高速化が達成される．

上記の方法では，視点が移動した場合に，物体の形状が離散的に変化するようすが認識される場合がある．この問題を解決するため，滑らかに物体形状が変化するよう改良された手法も提案されている．また，物体の輪郭付近のみポリゴン数を増加させ，効率と画質のさらなる向上を図った手法も提案されている[66]．

文献

1) Martin E. Newell, Richard G. Newell, et al. : A Solution to the Hidden Surface Problem, Proceedings of the ACM National Conference 1972, pp.443-450, 1972.
2) Henry Fuchs, Zvi M. Kedem, et al. : On Visible Surface Generation by A Priori Tree Structures, SIGGRAPH 80, pp.124-133, 1980.
3) Edwin Catmull : A Subdivision Algorithm for Computer Display of Curved Surfaces, Ph.D Thesis, Report UTEC-CS-74-133, Computer Science Department, University of Utah, 1974.
4) W. Jack Bouknight : A Procedure for Generation of Three Dimensional Half-Toned Computer Graphics Presentations, Communications of the ACM, Vol.13, No.9, pp.527-536, 1970.
5) Turner Whitted : An Improved Illumination Model for Shaded Display, Communications of the ACM, Vol.23, No.6, pp.343-349, 1980.
6) Timothy L. Kay, James T. Kajiya : Ray Tracing Complex Scenes, SIGGRAPH 86, pp.158-164, 1986.
7) Akira Fujimoto, Takayuki Tanaka, Kansei Iwata : ARTS : Accelerated Ray Tracing System, IEEE Computer Graphics and Applications, Vol.6, No.4, pp.16-26, 1986.
8) T. Nishita, I. Okamura, E. Nakamae : Shading Models for Point and Linear Sources, ACM Transactions on Graphics, Vol.4, No.2, pp.124-146, 1985.4.
9) T. Nishita, E. Nakamae : Continuous Tone Representation of Three-Dimensional Objects Illuminated by Sky Light, Computer Graphics, Vol.20, No.3, pp.125-132, 1986.8.
10) P.-P. Sloan, J. Kautz, J. Snyder : Precomputed Radiance Transfer for Real-Time Rendering in Dynamic, Low-Frequency Lighting Environments, Proc. of SIGGRAPH 2002, pp.527-536, 2002.
11) T. Nishita, E. Nakamae : Continuous Tone Representation of Three-Dimensional Objects Taking Account of Shadows and Interreflection, Computer Graphics, Vol.19, No.3, pp.23-30, 1985. 7.
12) B.-T. Phong : Illumination for Computer Generated Pictures, Communications of the ACM, 8(6), 311-317, 1975.
13) J. Blinn, M. Newell : Texture and reflection in computer generated images, Communications of the ACM, 19(10), 456-547, 1976.
14) T. Whitted : An Improved Illumination Model for Shaded Display, Communications of the ACM, Vol.23, No.6, pp.343-349, 1980.
15) T. Nishita, T. Sederberg, M. Kakimoto : Ray Tracing Trimmed Rational Surface Patches, Computer Graphics, Vol.24, No.4, pp.337-345, 1990. 8.
16) H. Gouraud : Continuous shading of curved surfaces, IEEE Transactions on Computers, 20(6), 623-628, 1971.
17) H. W. Jensen : Realistic Image Synthesis Using Photon Mapping, A K Peters Ltd, 2001.
18) F. Crow : Shadows Algorithms for Computers Graphics, Computer Graphics (Proc. SIGGRAPH '77), 11(3), 242-248, 1977.
19) T. Nishita, E. Nakamae : A Shading Model for Atmosphere Scattering Considering Luminous Intensity Distribution of Light Sources, Computer Graphics, Vol.21, No.3, pp.303-310, 1987. 7.
20) J. Blinn : Simulation of wrinkled surfaces, Proceedings of SIGGRAPH '78, pp.286-292, 1978.
21) R. Cook : Shade Trees, Proceedings of SIGGRAPH '84, pp.223-231, 1984.
22) J. Blinn, M. Newell : Texture and reflection in computer generated images, Comm. of the ACM, Vol.19, No.10, pp.542-547, 1976.
23) D. Ebert, K. Musgrave, et al. : Texturing and Modeling : A Procedural Approach, Academic Press, 1994.
24) G. Gardner : Visual Simulation of Clouds, Proceedings of SIGGRAPH 85, pp.297-303, 1985.
25) A. Witkin, M. Kass : Reaction-diffusion textures, Proceedings of SIGGRAPH 91, pp.299-308, 1991.
26) V. Kwatra, A. Schödl, et al. : Graphcut textures : image and video synthesis using graph cuts, ACM Transactions on Graphics, Vol.22, No.3, pp.277-286 2003.
27) L. Wei, M. Levoy : Fast texture synthesis using tree-structured vector quantization, Proc. of SIGGRAPH 2000, pp.479-488, 2000.
28) M. Segal, C. Korobkin, et al. : Fast shadows and lighting effects using texture mapping, Proceedings of SIGRAPH '92, pp.249-252, 1992.
29) L. Williams : Pyramidal parametrics, Proceedings of SIGGRAPH '83, pp.1-11, 1983.
30) M. Levoy, P. Hanrahan : Light field rendering, Proceedings of SIGGRAPH '96, pp.31-42, 1996.

31) W-C. Chen, J-Y. Bouguet, et al.：Light Field Mapping： Efficient Representation and Hardware Rendering of Surface Light Fields, *ACM Transactions on Graphics*, Vol.21 No.3, pp.447-456, 2002.

32) Y. Chen, X. Tong, et al.：Shell texture functions, *ACM Transactions on Graphics*, Vol.23 No.3, pp.343-353, 2004.

33) Y. Han, K. Perlin：Measuring Bidirectional Texture Reflectance With a Kaleidoscope, *ACM Transactions on Graphics*, Vol.22. No.3, pp.741-748, 2003.

34) W. Heidrich, H.-P. Seidel：Realistic, hardware-accelerated shading and lightiny, Proc. SIGGRAPH '99, pp.171-178, 1999.

35) K. E. Torrance, E. M. Sparrow：Theory for offspecular reflection from roughened surfaces, *Journal of Optical Society of America*, Vol.57, No.9, pp.1105-1114, 1967.

36) D. C. Banks：Illumination in diverse codimensions, Proc. SIGGRAPH '94, pp.327-334, 1994.

37) J. Kautz, M. McCool：Interactive rendering with arbitrary brdfs using separable approximations, Proc. Eurographics Workshop on Rendering 1999, pp.281-292, 1999.

38) M. McCool, J. Ang, A. Ahmad：Homomorphic factorization of brdfs for high-performance rendering, Proc. SIGGRAPH 2001, pp.171-178, 2001.

39) W.T. Reeves, D.H. Salesin, R.L. Cook：Rendering antialiased shadows with depth maps, *Computer Graphics* (Proc. SIGGRAPH '87), Vol.21, No.4, pp.283-291, 1987.

40) M. Segal, C. Korobkin, R. Widenfelt, J. Foran, P.E. Haeberli：Fast shadows and lighting effects using texture mapping, *Computer Graphics* (Proc. SIGGRAPH '92), Vol. 26, No.2, pp.249-252, 1992.

41) R. Fernando, S. Fernandez, K. Bala, D. P. Greenberg：Adaptive shadow maps, Proc. SIGGRAPH 2001, pp.387-390, 2001.

42) M. Stamminger, G. Drettakis：Perspective shadow maps, *ACM Transaction on Graphics*, **21**(3), 557-562, 2002.

43) P. Heckbert, M. Herf：Simulating soft shadows with graphics hardware, Technical report, Carnegie Mellon University, CMU-CS-97-140, 1997.

44) W. Heidrich, S. Brabec, H.-P. Seidel：Soft shadow maps for linear lights, Proc. Eurographics Workshop on Rendering 2000, pp.269-280, 2000.

45) C. Soler, F. Sillion：Fast calculation of soft shadow textures using convolution, Proc. SIGGRAPH 1998, pp.321-332, 1998.

46) J. Blink：Simulation of wrinkled surfaces, Proc. SIGGRAPH '78, pp.286-292, 1978.

47) W. Heidrich, K. Daubert, J. Kautz, H.-P. Seidel：Illuminating micro geometry based on precomputed visibility, Proc. SIGGRPH 2000, pp.455-464, 2000.

48) P.-P. Sloan, M. F. Cohen：Interactive horizon mapping, Proc. Eurographics Workshop on Rendering 2000, pp.281-286, 2000.

49) N. L. Max：Horizon mapping：Shadows for bump-mapped surfaces, *The Visual Computer*, Vol.4, No.2, pp.109-117, 1988.

50) Robert L. Cook：Shade trees, Proc. SIGGRAPH '84, pp.223-231, 1984.

51) J. Kautz, H.-P. Seidel：Hardware accelerated displacement mapping for image based rendering, Proc. Graphics Interface 2001, pp.61-70, 2001.

52) H. P. A. Lensch, K. Daubert, H.-P. Seidel：Interactive semitransparent volumetric textures, Proc. Vision, Modeling and Visualization 2002, pp.505-512, 2002.

53) L. Wang, X. Wang, X. Tong, S. Lin, S. Hu, B. Guo, H.-Y. Shum：View-dependent displacement mapping, *ACM Trans. Graph.*, Vol.23, No.3, pp.334-339, 2003.

54) M. Levoy：Efficient ray tracing of volume data., *ACM Transactions on Graphics*, Vol.9, No.3, pp.245-261, 1990.

55) B. Cabral, N. Cam, J. Foran：Accelerated volume rendering and tomographics reconstruction using texture mapping hardware, Proc. ACM Symposium on Volume Visualization, pp.91-98, 1990.

56) R. Westermann, T. Ertl：Efficiently using graphics hardware in volume rendering applications, Proc. SIGGRAPH '98, pp.169-179, 1998.

57) M. Meibner, U. Hoffmann, W. Straber：Enabling classification and shading for 3d texture mapping based volume rendering using opengl and extensions, Proc. Visualization '99, pp.207-214, 1999.

58) U. Behrens, R. Ratering：Adding shadows to a texture-based volume renderer, Proc. Symposium on Volume Visualization 1998, pp.39-46, 1998.

59) Y. Dobashi, T. Nishita, T. Yamamoto：Interactive rendering of atmospheric scattering effects using graphics hardware, Proc. SIGGRAPH/ EUROGRAPHICS Conference on Graphics Hardware 2002, pp.99-107, 2002.

60) W. T. Reeves：Particle Systems—a Technique for Modeling a Class of Fuzzy Objects, *ACM Transactions on Graphics* (*TOG*), **2**(2), 91-108, 1983.

61) X. Décoret, F. Durand, F.X. Sillion, J. Dorsey：Billboard clouds for extreme model simplification, *ACM Transaction on Graphics*, **22**(3), 689-696, 2003.

62) P. Maciel, P. Shirley：Visual Navigation of Large Environments Using Textured Clusters, Proc. Interactive 3D graphics 95, 1995.

63) G. Schaufler：Dynamically Generated Impostors, GI Workshop Modeling-Virtual Worlds-Distributed Graphics, pp.129-136, 1995.

64) J. Shade, D. Lischinski, D. Salesin, T. DeRose, J. Snyder：Hierarchical Image Caching for Accelerated Walkthroughs of Complex Environments, Proc. SIGGRAPH 1996, pp.75-82, 1996.

65) J. Clark：Hierarchical Geometric Models for Visible Surface Algorithms, *Communications of the ACM*, **19**(10), 547-554, 1976.

66) H. Hoppe：View-dependent refinement of progressive meshes, Proc. SIGGRAPH '97, pp.189-198, 1997.

4 アニメーション

4.1 アニメーションとは

アニメーション（animation）は動画ともよばれ，動かないものに命を与えて動かすことを意味する。連続的に変化する画像を続けて再生すると人間には動いているように見える。フィルムでは通常1秒間に24フレーム，ビデオでは1秒間に30フレームの画像を連続して再生する。コンピュータアニメーションを制作するには，連続的に変化するCG画像を生成すればよい。たとえば，モデリングデータやレンダリングのデータをフレームごとに設定すればアニメーションが制作できる。しかし，CGの世界を記述するすべてのデータを，フレームごとに指定するのは現実的ではない。このため，コンピュータアニメーション制作のためにさまざまな手法が開発されている。

大別すると，コンピュータアニメーションには，2次元コンピュータアニメーションと3次元コンピュータアニメーションの2つがある。2次元コンピュータアニメーションは，2次元の動画をコンピュータを用いて制作するものであり，3次元形状データやカメラモデルなどは用いない。なお，伝統的なセルアニメーションの制作においても，最近ではコンピュータを用いる手法が一般的になりつつある。

4.2 アニメーションの基本的な手法

4.2.1 キーフレームアニメーション

キーフレーム（key frame）法は，アニメーションにおいて重要なフレーム（キーフレーム）でシーンを指定し，その他のフレームのシーンは補間によって求める方法である。キーフレーム法では，このような補間は中割り（in-between）とよばれる。キーフレーム法によって生成されるアニメーションをキーフレームアニメーションとよぶ。

補間するパラメータは，アニメーションで変化する値であり，さまざまな値が含まれる。たとえば，物体の位置，回転，スケーリング，色，カメラの位置など，モデリングやレンダリングで設定可能なさまざまなデータを時間的に変化させることが可能である。図4.1に簡単なキーフレームアニメーションの例を示す。この例では物体の位置をキーフレームとして与えている。

4.2.2 キーフレームの補間方法

キーフレームで指定されたパラメータの補間には線型補間やスプライン補間が用いられる。いま，時間 t の関数 $p(t)$ を補間することを考える。ここで，n 個のキーフレームデータ (t_i, p_i)，$(1 \leq i \leq n)$ が与えられたとする。

線型補間では時間 t $(t_i \leq t \leq t_{i+1})$ での $p(t)$ は以下のように近似される。

$$p(t) = p_i(1-s) + p_{i+1}s \qquad (4.1)$$

ここで，

$$s = \frac{t-t_i}{t_{i+1}-t_i} \qquad (4.2)$$

(a) キーフレームの設定　(b) 生成されたアニメーション

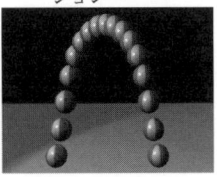

図4.1　キーフレームアニメーションの例

線形補間を用いると物体の速度が不連続となる。滑らかな動きが必要な場合には，スプライン補間が用いられる。

スプライン補間では，隣り合う2つのキーフレーム間に1つの曲線（セグメント）を発生させる。セグメントを接続することで，すべてのフレームでの値を求める。図4.2のようにキーフレームが6個ある場合には，5つのセグメントを用いて全体の補間が行なわれる。

スプライン曲線を用いた補間では通常，3次スプライン曲線を用いる。これは，3次スプライン曲線によってキーフレームを通過する滑らかな補間が実現できること，さらに，キーフレームにおける接線の傾きを指定できることによる。

2つのキーフレーム t_i, t_{i+1} においてパラメータの値 p_i, p_{i+1} およびその微分係数 v_i, v_{i+1} が与えられた場合に，そのスプライン補間は次式で与えられる。

$$p(t) = p_i H_0^3(s) + u_i H_1^3(s) + u_{i+1} H_2^3(s) + p_{i+1} H_3^3(s) \quad (t_i \leq t \leq t_{i+1}) \quad (4.3)$$

ここで，

$$s = \frac{t - t_i}{t_{i+1} - t_i}$$
$$u_i = v_i(t_{i+1} - t_i)$$
$$u_{i+1} = v_{i+1}(t_{i+1} - t_i) \quad (4.4)$$

$H_i^3(t)$ は3次エルミート（Hermite）関数であり，次式で表わされる。

$$\begin{aligned}H_0^3(t) &= (2t+1)(1-t)^2 \\ H_1^3(t) &= t(1-t)^2 \\ H_2^3(t) &= -t^2(1-t) \\ H_3^3(t) &= t^2(3-2t)\end{aligned} \quad (4.5)$$

上記の方法では，各キーフレームにおいてパラメータの時間微分を与える必要があるが，時間微分の指定は直感的ではない。このため，キーフレーム法ではしばしば Catmull-Rom スプライン曲線[1]が用いられる。Catmull-Rom スプライン曲線は通過型のスプライン曲線であり，キーフレームにおける値だけから生成される。このスプラインでは，キーフレームにおける微分係数は，両隣のキーフレームの値を使って求める。

$$v_i = \frac{p_{i+1} - p_{i-1}}{t_{i+1} - t_{i-1}} \quad (4.6)$$

なお，Catmull-Rom スプラインはテンションが0.5の場合のカーディナルスプライン（cardinal spline）と同じである。

TCB スプライン（Kochanek-Bartels スプラインともよばれる）[2]は，Catmull-Rom スプラインを拡張したものである。TCB スプラインでは，Catmull-Rom スプラインに，テンション（tension），連続性（continuity），バイアス（bias）のパラメータが追加される。テンション，連続性，バイアスはそれぞれ，-1から1までの実数値をとり，各キーフレームにおいて設定できる。Catmull-Rom スプラインではキーフレームにおいて微分まで連続であったが，TCB スプラインではキーフレームにおいて微

（a） キーフレームの設定

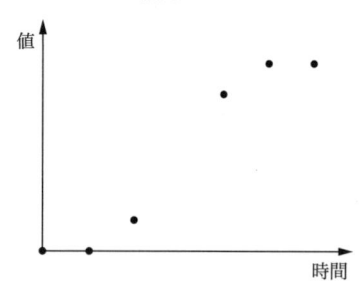

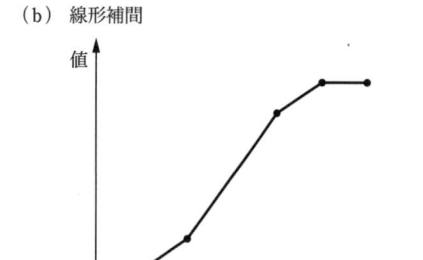

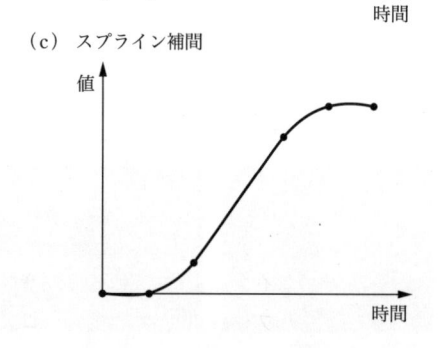

（b） 線形補間

（c） スプライン補間

図4.2　スプライン補間

分は連続であるとは限らない。このため，キーフレームにおける左微分係数と右微分係数を用いて曲線を制御する。TCBスプラインでは，キーフレームにおける微分係数は以下のように求める。

$$v_i^+ = \frac{(1-T)(1+B)(1-C)}{t_{i+1}-t_{i-1}}(p_i-p_{i-1})$$
$$+ \frac{(1-T)(1-B)(1+C)}{t_{i+1}-t_{i-1}}(p_{i+1}-p_i)$$
$$v_i^- = \frac{(1-T)(1+B)(1+C)}{t_{i+1}-t_{i-1}}(p_i-p_{i-1})$$
$$+ \frac{(1-T)(1-B)(1-C)}{t_{i+1}-t_{i-1}}(p_{i+1}-p_i)$$
(4.7)

ここで，v_i^-, v_i^+ はそれぞれ，左微分係数，右微分係数である。また，T, B, C はそれぞれ，テンション，バイアス，連続性である。T, B, C をすべて0に設定すると，TCBスプラインはCatmull-Romスプラインと同一になる。

テンションはキーフレーム付近における速度を制御する。テンションが強い場合には，キーフレーム付近で速度が落ちる。逆にテンションが弱い場合には，キーフレーム付近で速度が上がる。

バイアスはキーフレーム前後の曲線の形を制御する値である。

バイアスが大きい場合には，直線的にキーフレームに近づき，キーフレームを離れたあとに大きく曲がる曲線となる。逆にバイアスが小さい場合には，キーフレームに近づく前に大きく曲がり，直線的にキーフレームから離れる。

連続性は，キーフレームにおける速度の連続性を指定する。連続性が0の場合には速度は連続になるが，それ以外の値では速度は連続にならない。連続性を低くするほど，キーフレームで鋭角的な接続となる。図4.3にTCBスプライン曲線による補間の例を示す。

4.2.3 補間曲線の制御

TCBスプラインのほかにもさまざまな曲線の制御方法がある。TCBスプラインでは，テンション，連続性，バイアスによって，キーフレームにおける速度を変更した。一方，キーフレームにおける速度を直接ユーザーが操作する

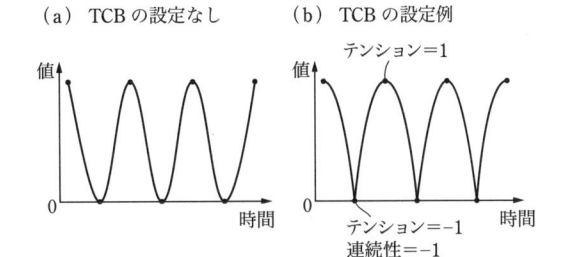

図4.3 TCBスプラインの例

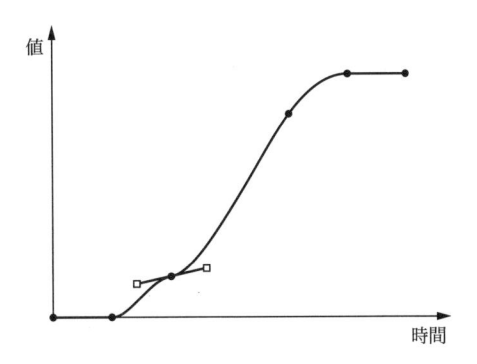

図4.4 接線ハンドルを用いた補間曲線の制御

ことも可能である。図4.4に示すように，接線ハンドルの操作は，接線の傾きをグラフ上で指定することに対応しており，これはまさしく速度をユーザーが指定しているということである。接線ハンドルをユーザーが操作することによって，所望の補間曲線を指定することが可能である。さらに，キーフレーム前後で，接線ハンドルを個別に指定することで，速度が不連続となるようなアニメーションも生成できる。

4.2.4 イーズイン，イーズアウト

アニメーションにおいては，ゆっくりと変化しはじめ，だんだん速度を上げ，最後にゆっくりと止まるという場合が多い。このような効果はアニメーションでしばしば用いられ，イーズイン（ease-in），イーズアウト（ease-out）とよばれている（図4.5）。イーズインは，徐々に速度を落としてゆっくりと停止する。逆にイーズアウトは，最初はゆっくりで徐々に速度を上げていく。スプライン曲線の制御という意味では，最初と最後のフレームでの速度をゼロにすることと等価である。なお，イーズイン，イー

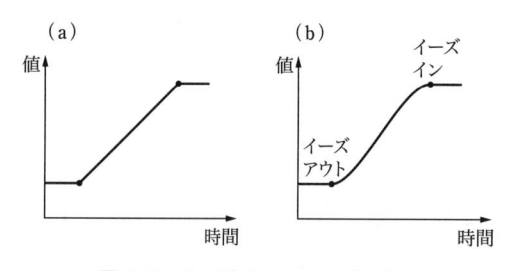

図4.5 イーズイン，イーズアウト
(a) イーズイン・イーズアウトなし，(b) イーズイン・イーズアウトあり．

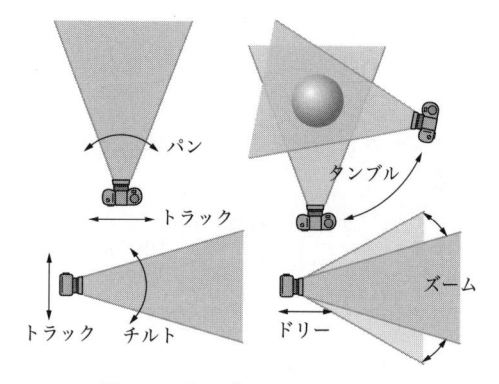

図4.7 さまざまなカメラワーク

ズアウトはスローイン（slow-in），スローアウト（slow-out）とよばれる場合もある。

4.2.5 パスアニメーション

パスアニメーション（path animation）とは，スプライン曲線などで指定したパスに沿ってオブジェクトを移動させるアニメーションである。パスアニメーションの例を図4.6に示す。パスを表現する曲線の形状を直接制御できるため，オブジェクトの位置や回転を指定する通常のキーフレーム法よりも簡単にオブジェクトの軌跡を指定できる。パスアニメーションでは，パス上の位置（具体的には曲線のパラメータ）とその位置にオブジェクトが存在する時刻を与え，補間によってアニメーションを生成する。このとき，オブジェクトの方向を曲線の接線方向に向けるなどの指定が可能である。

4.2.6 カメラアニメーション

カメラのアニメーション（カメラワーク）は映像制作において非常に重要である。カメラのアニメーションについても，通常の物体と同様に，位置，方向，ズームなどをすべてキーフレーム法で制御できる。また，パスアニメーションによってカメラの移動を制御できる。さらに，カメラの方向をある物体に向けるなどの制御も有効である。

さらに，映画撮影におけるカメラワークの手法がCGの世界にも適用できる（図4.7）。パン（pan）とチルト（tilt）は，ともにカメラを3脚に固定した状態で，カメラの向きを左右あるいは上下に振る動きである。チルトはパンアップあるいはパンダウンとよばれる場合もある。トラック（track）やドリー（dolly）はカメラの位置を平行に移動する動きである。「ドリー」とはもともと撮影に使われるカメラ用台車の意味である。ドリーはトラックアップあるいはトラックバックとよばれる場合もある。また，上下のトラックをクレーン（crane）とよぶ場合もある。タンブル（tumble）とは，注視点を固定してそこを回り込むようにカメラを動かすことである。

4.3 変形のアニメーション

コンピュータアニメーションでは形状の変形も重要である。本節では，FFDによる変形，画像モーフィング，ビューモーフィング，形状モーフィングについて説明する。

図4.6 パスアニメーションの例

4.3.1 FFD

FFD（free form deformation，自由形状変形）[3]は，図4.8に示すようにオブジェクトを取り囲むような格子（ラティス）を配置し，その制御点（格子点）を操作することで，内部の空間を変形させ，結果として対象となるオブジェクトを変形する手法である。頂点数の多いポリゴン形状に対しても個々の頂点座標を操作することなく直感的に変形できるという特徴をもつ。

以下，FFDの原理を簡単に説明する。まず，変形前の直交格子を用いて変形の対象となる形状の各頂点について，局所座標 (s, t, u) を求める。次に，変形後の格子点を用い局所座標 (s, t, u) から変形後の座標 $P(s, t, u)$ を求める。この空間の変形方法にはベジエ（Bezier）形式やBスプライン（B-Spline）形式などさまざまな方法が存在する。たとえば，3次のベジエ形式を用いる場合には $P(s, t, u)$ は次のように求められる。

$$P(s, t, u) = \sum_{i=0}^{3} \sum_{j=0}^{3} \sum_{k=0}^{3} P_{ijk} B_i(s) B_j(t) B_k(u) \tag{4.8}$$

ここで，$P_{ijk}(0 \leq i \leq 3, 0 \leq j \leq 3, 0 \leq k \leq 3)$ は64個の制御点，$B_i(s), B_j(t), B_k(u)$ は3次のBernstein多項式である（本編2.4節参照）。

FFDを用いて形状変形のアニメーションを生成する場合には，FFDのコントロールポイントをキーフレームとして設定する。

4.3.2 画像モーフィング

モーフィングとは，2つの対象物（ソースオブジェクト，ターゲットオブジェクト）のあいだを，スムーズに補間する技術である。モーフィングの対象としては，2次元画像，3次元物体，音声などさまざまなものがある。ここでは2次元画像に対するモーフィングを説明する。

画像モーフィングは，映画やテレビなどでもよく使われる手法であり，ある画像（ソース画像）から別の画像（ターゲット画像）に滑らかに変化するアニメーションを生成する手法である。形態の変化を意味する metamorphosis から派生したとされている。画像モーフィングでは，たとえばゴリラから白熊に滑らかに変化させるアニメーションを生成できる（図4.9）。

2つの画像を補間するもっとも簡単な方法はクロスディゾルブである。クロスディゾルブは各画素の色を線型に補間することでソース画像からターゲット画像に変化させる。しかし，ソース画像とターゲット画像が大きく異なっている場合には，クロスディゾルブだけではソース画像がぼやけて，ターゲット画像が浮かびあがってくるだけであり，滑らかなアニメーションとはならない。画像自体を変形するワーピングとよばれる処理を組み合わせて滑らかなアニメーションを生成する手法がモーフィングである。

モーフィングでは，ソース画像とターゲット画像の対応を指定する。中間画像を生成する場合には，この対応づけを用いてソース画像とターゲット画像をワーピングする。ワーピング後のソース画像とターゲット画像をクロスディゾルブによって合成することで，滑らかなアニメーションを生成できる。

さまざまなモーフィング方法が提案されているが，そのちがいの多くはワーピングの方法のちがいである。モーフィングで用いるワーピングとしては，グリッドを用いた方法と特徴ベース（feature based）の方法がある。グリッドベースの方法[4]では，ソース画像とターゲット画像に対してグリッドを指定することで画像の対

(a) 変形前　　(b) 変形後

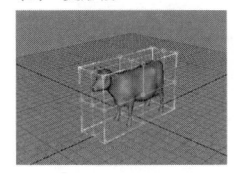

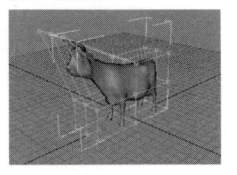

図4.8　FFDによる変形の例

図4.9　画像モーフィングの例
（画像提供：東京大学西田研究室）

応関係を指定する。グリッドを用いて Catmull-Rom スプラインなどによって画像をパラメータ化して変形する。

特徴ベースの方法では，2つの画像に対して特徴点や特徴線の対応を指定して画像のワーピングを行なう。たとえば，文献5)では，ソース画像とターゲット画像に対して，対応する複数の線分を指定する。各線分についてローカル座標系を定義することで画像を変形する。

4.3.3 ビューモーフィング

画像モーフィングではワーピングにおいて画像上で線形に補間するため，物体が回転した画像やカメラパラメータが変化した画像を補間しても正しい補間にならない場合がある。この問題を解決する方法がビューモーフィング（view morphing)[6]である。すなわち，ビューモーフィングは，カメラパラメータの異なる2つの画像から，カメラパラメータを補間した画像を生成する。

2つの画像においてカメラの移動方向が2画像の投影面に平行な場合には，画像上での線形補間によってカメラパラメータを補間したときの画像を生成できる。一般にはカメラの移動方向は投影面に平行ではない。このため，2つの画像を上記のような座標系に変換したうえでモーフィングを行なう。ビューモーフィングは以下に示すような3段階のアルゴリズムである（図4.10)。

①2枚の画像を画像モーフィングを行なう座標系に変換する。この座標系は，上述のように

図4.11 ビューモーフィングの例[6]

カメラの移動方向が投影面に平行な座標系である。

②画像モーフィングによって中間画像を生成する。

③中間画像を元の座標系に逆変換する。

図4.11はビューモーフィングの適用例である。

4.3.4 形状モーフィング

3次元形状のモーフィングは，2つの形状を滑らかに補間する。この機能は，CGソフトウェアによっては，ブレンドシェープ（blend shape）などともよばれている。

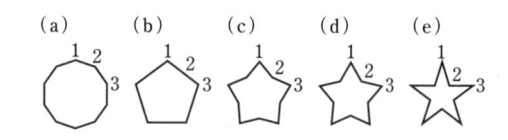

図4.12 形状モーフィングの原理
(a) オリジナル，(b) 25%，(c) 50%，(d) 75%，(e) ターゲット。

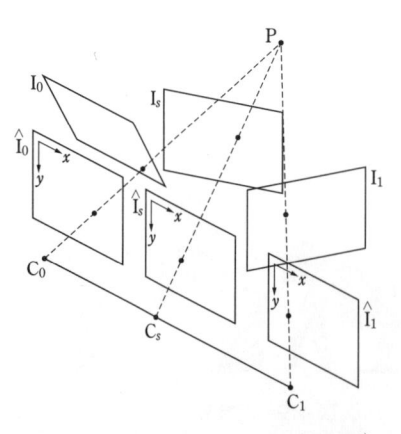

図4.10 ビューモーフィングの原理[6]

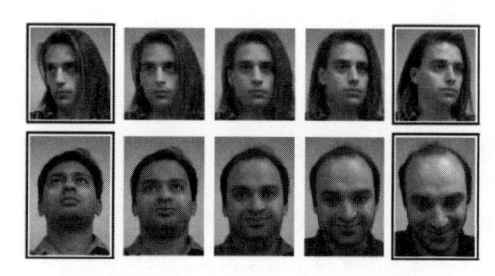

図4.13 形状モーフィングの例

形状モーフィングでは，元の形状と最終的な形状の2つを用意する。ここで元の形状をソース形状，最終的な形状をターゲット形状とよぶことにする。形状モーフィングは頂点座標を単純に線型補間することで求められる（図4.12，図4.13）。

形状モーフィングを実行するためには，2つの形状の構造が同一である必要がある。2つの形状の構造が異なる場合には，なんらかの方法で同じ構造にする必要がある。

4.4 キャラクターアニメーション

人間や動物，クリーチャーなどのキャラクターのアニメーションは，映画やテレビなどのエンターテインメント，ゲーム，デザイン，コミュニケーションなどで重要であり，さまざまな研究開発が行なわれている。キャラクターアニメーションでは，骨格（スケルトン，skeleton）を用いてその動きを制御する場合が多い。

本節では，スケルトンの姿勢を効率よく指定するためのインバースキネマティクス，自然な動きを再現するために実際の演者の動きを記録するモーションキャプチャについて説明する。さらに，スケルトンの姿勢から表面形状を変形する方法，顔，頭髪，着衣に関する方法についても説明する。

4.4.1 階層構造とスケルトン

人間や動物のように関節角度によって変形するアニメーション制作では，表面形状に仮想的な骨格であるスケルトン（skeleton）をあてはめ，スケルトンの動きによって表面形状を変形させる。このようにスケルトンを用いて形状を変形する手法をスケルトンアニメーション（skeletal animation）とよぶ。スケルトンは階層構造をもち，ボーン（bone）と関節（joint）から構成される（図4.14）。

図4.15に階層構造の例を示す。表面形状をスケルトンに関連づけることをスキニング（skinning）とよぶ。各関節が表面形状の頂点にどの程度の影響を及ぼすかなどを指定することが可能である。なお，スケルトンを用いた表

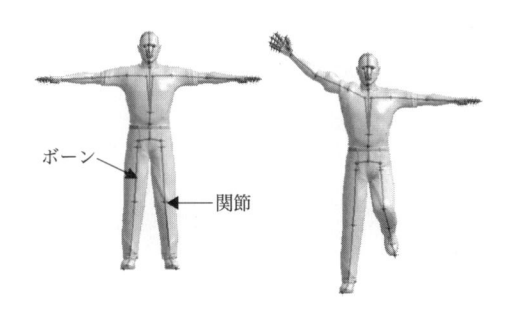

図4.14　スケルトン

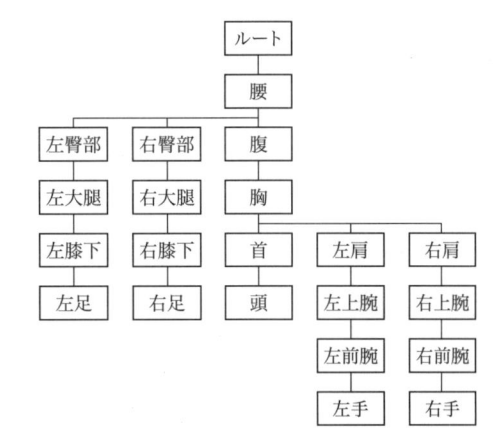

図4.15　キャラクターの階層構造

面形状の変形については，4.4.5項で説明する。

4.4.2 フォワードキネマティクスとインバースキネマティクス

「階層構造を有する構造体」（articulated model）では，各関節の角度を与えることで姿勢が決定される。末端部分など，ある部分の特定の位置の世界座標は，各関節の角度と移動量から求めることができる。この方法が，フォワードキネマティクス（forward kinematics，順運動学）である。

これとは逆に，先端部分などの位置をユーザーが指定し，各関節の回転角度や移動量などを求める方法がインバースキネマティクス（inverse kinematics，逆運動学）である。人間のように多数の関節をもつ場合には，フォワードキネマティクスを用いて各関節の角度を指定して，たとえば手の位置を目標の位置に移動させることは難しい。インバースキネマティクスは

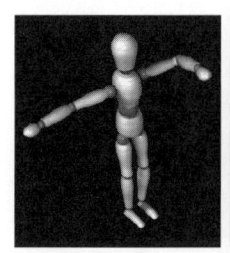

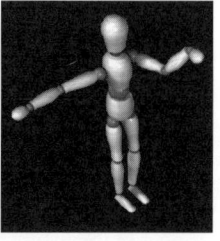

図 4.16 インバースキネマティクスの例
左手の位置を制御する例。

図 4.17 光学式モーションキャプチャ装置
(写真提供：株式会社ナックイメージテクノロジー/住商情報システム株式会社/米国 Motion Analysis 社)

このような問題を解決する方法であり，コンピュータアニメーションにおいて強力なツールとなっている。なお，インバースキネマティクスでは，位置を指定したい部分をエンドエフェクタ（end effecter）とよぶ。

インバースキネマティクスでは，エンドエフェクタの位置だけからは関節角度が一意に決定できない場合が多いことに注意が必要である。たとえば手先の位置を指定しても，肘の位置は一意には決定できない。図 4.16 はインバースキネマティクスを用いて左手の位置を指定した例である。この図に示すように，左手の位置を指定しただけでは姿勢は一意に決まらない。

4.4.3 モーションキャプチャ

リアルなアニメーションを生成するために，実際の人間の動きを計測し，CG キャラクターで再現しようという方法がある。人間などの実際の動きを計測することはモーションキャプチャ（motion capture）とよばれている。モーションキャプチャを用いることで，キーフレーム法などでは困難であった，自然な動きの再現が可能である。

モーションキャプチャ装置にはさまざまな方式があるが，よく用いられるのは光学式と磁気式である。

光学式のモーションキャプチャでは，演者に複数のマーカーをつけ，複数台のカメラから撮影する（図 4.17）。複数台のカメラから撮影することで三角測量の原理を用いて，マーカーの 3 次元座標が求められる。

光学式のモーションキャプチャでは，撮影映像からマーカーの位置を抽出し，3 次元座標を求め，さらに関節角度を求める必要がある。従来は，計測後にモーションデータをオフラインで作成していた。しかし，最近の計算機の性能向上によって光学式のモーションキャプチャもリアルタイムで使用できるようになってきている。さらに顔にマーカーをつけることで顔の表情のキャプチャも可能である。

磁気式のモーションキャプチャ装置は，発振コイルに交流を加えて磁界を発生させ，センサコイルに発生する電流を計測することで位置を検出する。このセンサコイルを体につけて動きを測定する。磁気式のモーションキャプチャ装置では，センサの位置だけでなく方向も計測することが可能である。このため，光学式に比べて少ないセンサ数で人体の動きを計測することが可能である。また，計算処理時間も少なく，リアルタイムでの利用に適している。

問題点は，磁気を使用するために金属などの影響を受けやすいことである。また，磁気センサからの信号を得るためにコードが必要になり，演技者の演技の妨げになる場合がある。最近は，無線を使ってデータを送信するシステムも登場してきている。

4.4.4 キャラクターの変形

キャラクターアニメーションでは，キャラクターの形状モデルの内部に骨格構造を定義し，この骨格を制御することにより表面形状を変形する方法が用いられる。このような変形方法はスキニングとよばれており，解剖学的な方法や物理シミュレーションを用いた方法，事例ベースの方法などさまざまな方法が提案されている。

変形方法としては，SSD法（skeleton subspace deformation）がもっともよく使われている方法である[7]。これは，SSD法は処理が単純であり，計算量が少なくリアルタイム処理に適しているためである。SSD法は，linear blend skinning, vertex blending, enveloping, スムーススキンなどさまざまな名称でよばれている。

以下，SSD法の概要を説明する。スケルトン構造は階層的に構成されるn個の関節からなるとする。まず，与えられたキャラクターの表面形状に対応する姿勢を与え，その姿勢において各頂点を関節の局所座標に関連づける。この姿勢はdress pose, rest poseなどともよばれるが，ここでは「標準姿勢」とよぶことにする。さらに各頂点について座標変換を合成するための重みを設定する。このとき，SSD法による変形は以下のように記述される。

$$v' = \sum_{i=1}^{n} w_i M_i v = \left(\sum_{i=1}^{n} w_i M_i\right) v \quad (4.9)$$

ここで，vは変形前の頂点座標，v'は変形後の頂点座標である。M_iは関節iに関して標準姿勢から所望の姿勢に変換する4行4列の座標変換行列である。w_iは頂点vの関節iに関する重みであり，

$$\sum_{i=1}^{n} w_i = 1 \quad (4.10)$$

を満たす。重みw_iは通常，ボーンからの距離などによって求める。さらに，ペイントなどによって対話的に設定することも可能である。SSDの特長は，処理が簡単であり，高速に変形できる点にある。ただし，重みの設定は直接的でない，変形結果を直接指定できないなどの理由により，SSDで自然な変形を得るには多くの試行錯誤が必要となっている。

よりリアルな変形のために，骨，筋肉，皮膚を考慮した解剖学的モデルによる変形方法が提案されている[8,9]。解剖学的なモデルの例を図4.19に示す。骨，筋肉，脂肪などを考慮するため，自然な変形の実現が期待できる。

解剖学的モデルを用いるにしても，自然な変形を実現するためには，骨格と筋肉を適切に指定する必要がある。このため，皮膚表面やマーカーなどの計測データに対して，解剖学的なモデルをフィッティングする方法も提案されている。

一方，変形後の形状を複数用意し，変形は補間によって実現しようという事例ベースの変形方法が提案されている。pose space deformation（以下，PSDと省略する）[10,11]は事例ベースの方法である。この方法では，複数の姿勢における変形結果をサンプルデータとして用意し，変形は補間によって実現する。図4.20にPSDによる変形結果を示す。

PSDでは，与えられたサンプル形状にSSDの逆変換を行ない，基準姿勢に変換する。さらに変換されたサンプル形状間でモーフィングを行ない，その結果をSSDにより変形する。

以下，PSDによる補間の詳細を説明する。

(a) 基準姿勢におけるスケルトン　(b) 変形例　(c) 変形例（レンダリング例）

図4.18　SSD法による変形例

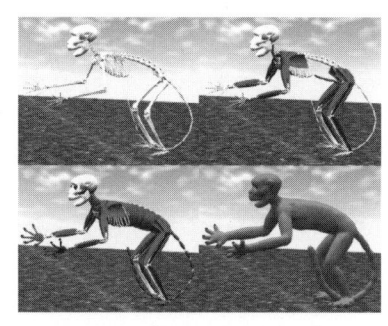

図4.19　解剖学的モデル[8]

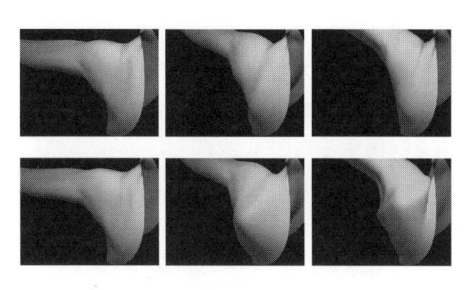

図4.20　PSD法による変形例[10]
上がPSD法による変形，下がSSD法による変形。

姿勢 k におけるサンプル形状の頂点の座標を v_k とし，その頂点のボーン i に関する重みを w_i とする．まず，各サンプル形状 k に対して，以下の逆 SSD 変換を行ない，各サンプル形状を基準姿勢に変換する．

$$v_k^0 = \left(\sum_{i=1}^{n} w_i M_{k,i} \right)^{-1} v_k \quad (4.11)$$

ここで，v_k^0 はサンプル形状 k を逆 SSD 変換したときの頂点 v_k の座標であり，$M_{k,i}$ はサンプル k のリンク i の座標変換行列である．

各サンプルを補間するための割合を s_k とし，$\left(\sum_{k=1}^{n_{bone}} s_k = 1 \right)$，逆 SSD 変換された形状を以下のように補間し，補間形状の頂点座標 u^0 を得る．

$$u^0 = \sum_{k=1}^{n_{pose}} s_k v_k^0 \quad (4.12)$$

最後に，u^0 を以下のように SSD を用いて変形し，変形後の頂点座標 u を得る．

$$u = \sum_{i=1}^{n} w_i M_i u^0 \quad (4.13)$$

ここで，M_i はリンク i の座標変換行列であり，各姿勢の関節角度を s_k を用いて補間して求めたものである．

4.4.5 表情のアニメーション

顔はキャラクタアニメーションにおいて，もっとも重要な部位であり，1972 年の Parke の先駆的な研究[12] 以来，さまざまな研究開発が行なわれてきた．

表情のアニメーションを生成する方法として，2 つの方法がある．第 1 の方法は，各表情に対応した顔形状を用意し，モーフィングによって表情を生成する方法である（図 4.21）．複数のターゲット形状をブレンドすることで表情を生成する．第 2 の方法は，筋肉モデルを用いて表情を生成する方法である[13〜15]．この方法では表情筋をモデル化し，表情筋の働きによって表情を制御する（図 4.22）．

4.4.6 頭髪

頭髪の表現については，頭髪のモデリング，アニメーション，レンダリングと多くの課題があり，Anjyo らの研究[16] 以来，研究開発が盛ん

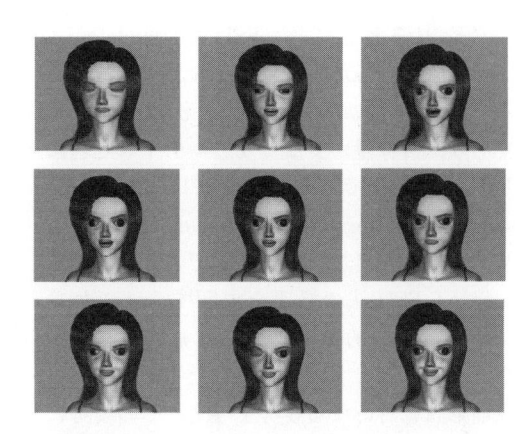

図 4.21 モーフィングによる表情アニメーション

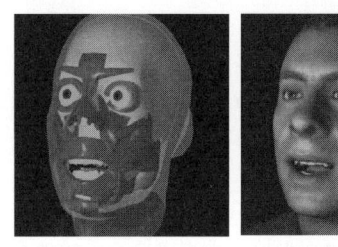

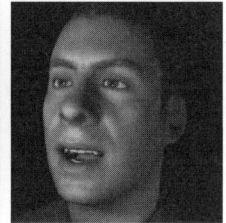

図 4.22 筋肉モデルによる表情のアニメーション[15]

に行なわれている．頭髪のモデリングについては，クラスターモデルを用いた方法が提案されている[17]．頭髪のアニメーションにおいては，とくに頭髪間の相互作用が重要であり，これらを考慮したアニメーション手法が提案されている[18,19]．図 4.23 に頭髪のアニメーションの例を示す[18]．

頭髪のレンダリングについては，実際の頭髪の反射特性の計測結果に基づいた，精密な頭髪のシェーディングモデルが提案されている[20]．

図 4.23 頭髪のアニメーション例[18]

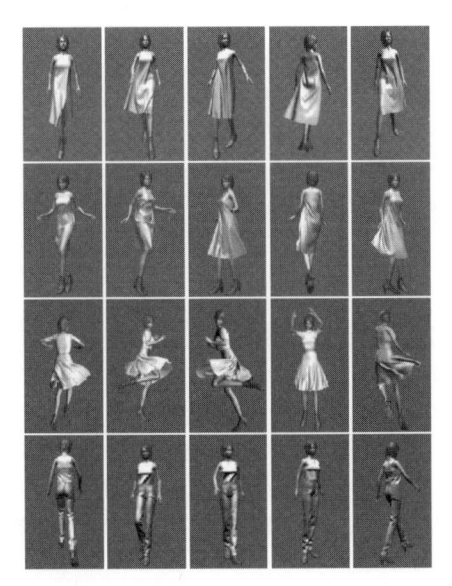

図4.24 着衣のアニメーション例[22]

4.4.7 着衣

着衣の表現もキャラクターアニメーションでは重要である．着衣の変形シミュレーションはCGの大きな研究課題であった．従来，布の変形シミュレーションでは，数値計算を安定に行なうために，タイムステップを小さく設定する必要があった．この問題を解決するために，比較的大きなタイムステップでも安定にシミュレーションを行なう方法が，BaraffとWitkinによって提案された[21]．この方法では，後退オイラー法を用いることで，タイムステップを大きくしても安定であり，高速な布の変形シミュレーションが可能となった．

布は引っ張り方向に対しては強い反発力をもつが，圧縮方向の力に対しては簡単に折れ曲がってしまう．このような特性を考慮したシミュレーション方法が，ChoiとKoによって提案された[22]．アニメーション例を図4.24に示す．

文献

1) E. Catmull, R. Rom："A class of local interpolating splines" in *Computer Aided Geometric Design* by R. E. Barnhill and R. F. Reisenfeld, New York Press, 1974.
2) Doris H. U. Kochanek, Richard H. Bartels：Interpolating Splines with Local Tension, Continuity, and Bias Control, *Computer Graphics*, Vol.18, No.3, pp.33-41, 1984.
3) T. W. Sederberg, S. R. Parry：Free-Form Deformation of Solid Geometric Models, *Computer Graphics*, Vol.20, No.4, pp.151-159, August, 1986
4) G. Wolberg：Digital Image Warping. IEEE Computer Society Press, Los Alamitos, CA, 1990.
5) T. Beier, S. Neely：Feature-based image metamorphosis, *Computer Graphics*, Vol.26, No.2, pp.25-42, 1992.
6) Steven M. Seitz, Charles R. Dyer：View Morphing. *Proceedings of SIGGRAPH 96, Computer Graphics Proceedings, Annual Conference Series*, pp.21-30, August, 1996.
7) J.-P. Gourret, N. M. Thalmann, D. Thalmann：Simulation of Object and Human Skin Deformations in a Grasping Task, *Computer Graphics*, Vol.23, pp.21-30, 1989.
8) J. Wilhelms, A. V. Gelder：Anatomically based modeling, *Proceedings of SIGGRAPH 97, Computer Graphics Proceedings, Annual Conference Series*, pp.173-180, 1997.
9) F. Scheepers, R. E. Parent, W. E. Carlson, S. F. May：Anatomybased modeling of the human musculature, *Proceedings of SIGGRAPH 97, Computer Graphics Proceedings, Annual Conference Series*, pp.163-172, 1997.
10) J. P. Lewis, M. Cordner, N. Fong：Pose space deformations：A unified approach to shape interpolation and skeleton-driven deformation, *Proceedings of SIGGRAPH 2000, Computer Graphics Proceedings, Annual Conference Series*, pp.165-172, 2000.
11) P.-P. J. Sloan, C. F. Rose. III, M. F. Cohen：Shape by example, *2001 ACM Symposium on Interactive 3D Graphics*, pp.135-144, 2001.
12) F. I. Parke：Computer generated animation of faces, *Proceedings of the ACM annual conference*, ACM Press, pp.451-457, 1972.
13) K. Waters：A muscle model for animating three-dimensional facial expressions. *Computer Graphics*, Vol.21, No.4, pp.17-24, July, 1987.
14) Y. Lee, D. Terzopoulos, K. Waters：Realistic modeling for facial animation, *Proceedings of SIGGRAPH 95, Computer Graphics Proceedings, Annual Conference Series*, pp.55-62, 1995.
15) E. Sifakis, I. Neverov, R. Fedkiw：Automatic Determination of Facial Muscle Activations from Sparse Motion Capture Marker Data, *ACM Transactions on Graphics 24*, pp.417-425, 2005.
16) K. Anjyo, Y. Usami, T. Kurihara：A simple method for extracting the natural beauty of hair, *Computer Graphics*, Vol.26, pp.111-120, 1992.
17) T.-Y. Kim, U. Neumann：Interactive multiresolution hair modeling and editing, *ACM Transactions on Graphics*, Vol.21, No.3, pp.620-629, 2002.
18) J. T. Chang, J. Jin, Y. Yu：A practical model for hair mutual interactions, *ACM SIGGRAPH Symposium on Computer Animation*, pp.73-80, 2002.
19) Y. Bando, B.-Y. Chen, T. Nishita：Animating hair with loosely connected particles, *Computer Graphics Forum*, Vol.22, No.3, pp.411-411, 2003.
20) S. R. Marschner, H. W. Jensen, M. Cammarano, S. Worley, P. Hanrahan：Light scattering from human hair fibers, *ACM Transactions on Graphics*, Vol.22, No.3, pp.780-791, 2003.
21) D. Baraff, A. P. Witkin：Large steps in cloth simulation, *Proceedings of SIGGRAPH 98, Computer Graphics Proceedings, Annual Conference Series*, pp.43-54, 1998.
22) K.-J. Choi, H.-S. Ko：Stable but responsive cloth, *ACM Transactions on Graphics*, Vol.21, No.3, pp.604-611, 2002.

5 NPR（非写実的表現）

はじめに NPR（non-photorealistic rendering）は，イラストや絵画のように，強調や省略を施して描画を行なう CG 手法である。かつては CG によるレンダリングの多くが，写真のような写実性を追求する photorealistic rendering をめざしたものであったが，1990 年代から NPR の研究も盛んになってきている。

NPR は，いわば人の知覚に訴える画像を生成する手法である。表現する目的，表現対象によって，適切な NPR 手法は異なるため，これまでにさまざまな NPR 手法が開発されてきた。本章では，まず NPR 手法を複数の視点から分類し，代表的な手法のいくつかについて説明する。描画例については，主として日本国内での研究例から紹介する。

5.1 NPR 手法の分類

5.1.1 表現目的による分類

NPR は，さまざまな目的に応用できる。ここでは，表 5.1 に示すような 3 つの目的に大別して述べる。

表 5.1 表現目的による NPR の分類

目的	表現対象	NPR 手法
既存描画技法のシミュレート	油絵，水彩画，ペン画，水墨画，色鉛筆画，木版画，凹版画，パステル画，ステンシル画，モザイク画	描画模倣のアルゴリズム，画材のシミュレーション
情報伝達を目的とした描画	テクニカルイラストレーション，サイエンティフィックビジュアリゼーション	輪郭線描画，陰影誇張，ハッチング，半透明表示，限定色表示
既存描画技術への計算機援用	新しい表現，手作業では困難な表現	画像合成，自動中割り，トゥーンシェーディング

（1）既存描画技法のシミュレート

NPR の目的のひとつは，既存描画技法をコンピュータで模倣することである。これまでに，油絵，水彩画，ペン画，水墨画，色鉛筆画，木版画などが扱われてきた。既存描画技法を扱う場合，その目的によって，2 つのアプローチがある。

- 描画模倣アルゴリズム（ビジュアルシミュレーション）　描画結果の「見た目」と対象とする画風が一致することを求める。
- 画材の物理シミュレーション　筆，絵の具，紙などの画材および描画過程を忠実にシミュレートする。

（2）情報伝達を目的とした描画

何らかの情報を伝達するために，手描きのイラスト画が使われてきた。このような目的に NPR を使うことが多い。情報伝達を目的とした場合，3 次元形状の輪郭やエッジなどに代表される物体形状の特徴的な部分を，強調もしくは省略して表現することで，伝えるべき情報をコントロールする。

可視化も情報伝達を目的としている。可視化で得られる画像は「わかりやすさ」を追求したものであり，写実的な半透明表示をしても実際に人間が目にする実物とは異なる点で NPR と近い。最近，ボリュームや流れの可視化に NPR の手法が使われるようになってきている。

（3）既存描画技術への計算機援用

コンピュータを利用して既存の描画技術の一部を省力化することも，NPR の目的のひとつである。その代表例がセルアニメーションである。人海戦術による制作を省力化するために，キーフレームの中割りやペイントなどの機能をもつ実用的なシステムが開発されてきた。

従来の手描きだけでは実現困難な新しい表現を得ることも，NPR のひとつの目的である。3

次元モデルを用いて描いた画像と2次元のセル画との合成，セル画における3次元的な影付けやテクスチャマッピングなどが試みられている。

5.1.2　実現方法による分類

NPRでは入力データの選び方や，ユーザーの制御と自動処理との切り分け方を変えることにより，さまざまな実現方法が可能である。目的に応じて，これらを使い分けることが必要となる。表5.2はユーザーの介在の方法や度合と入力データのちがいによる分類を示す。各技術は代表的なものであり，明確に区別できない技術や複数に対応した技術もある。

(1) 人間の介在の方法や度合による分類
- 描画プリミティブの操作　描画プリミティブ（たとえばストローク）単位でユーザーが対話的に操作する。
- 描画パラメータの入力　画像全体もしくは物体などに対してユーザーが描画パラメータを指定したあとに自動処理する。
- 注目度の利用　ユーザーの視線の動きを計測し，その注目度に応じて描画パラメータを自動制御する。

(2) 入力情報による分類
- 元データなし　painting, drawing ツールを用いて，ユーザーが対話的に2次元情報を与え，描画を行なう。描画の自由度は非常に高いが，結果はユーザーの技量に依存する。
- 2次元画像　2次元画像を入力とし，さまざまな画風に変換して描画する。このとき，面の方向性や輪郭を原画像から抽出して，ストロークを決定することができる。
- 3次元形状　3次元形状データを入力し

て，座標変換，隠面処理ののち，NPR的描画を行なう。任意の視点における忠実な描画が可能であること，面の方向性を求めることが容易であるなどの長所がある。

5.2　対話的描画によるNPR

5.2.1　ストロークを用いた絵画風描画

絵画調画像の作成手法の代表的な手法に，ブラシストロークを用いた手法がある。1990年にHaeberli[1]が提案したストローク生成手法がそれ以降の基礎となっている。処理手順は以下のとおりである。

ステップ1：基になる入力画像と出力用の無地の画像（キャンバス）を用意する。

ステップ2：入力画像の中から画素を1つ選択する。

ステップ3：キャンバス上の取り出した画素に対応する位置に，ストロークの形で，その画素の色を塗る。

ステップ4：上記2，3の処理を多数の画素に対して行なうことにより絵画的な画像が生成できる。

この手順を基本として，以下の5つのパラメータを変えることにより，さまざまな絵画調画像[2]が生成できる。画像の作成例を図5.1に示す。

- 画素の位置　ストロークの配置が規則的にならないように，座標を乱数で決めることが多い。ボロノイ図を用いる方法や，ユーザーが対話的に位置を与える手法もある。
- ストロークの大きさ　画像全体を均一長のストロークで処理する方法，場所によっ

表5.2　実現方法によるNPRの分類

	人間の介在の方法や度合	
	対話的	自動的
2D情報から	painting, drawing	stroke-based, example-based
3D情報から	3D painting	feature edges, hatching, toon shading
形状変形	特徴強調	統一的変形

図5.1　ストロークを用いた絵画風描画例[2]

て大きさを変える方法がある。大きさを変える場合，ユーザーのマウス操作でストロークの大きさを制御する方法や，入力画像の特徴量を解析して自動的に大きさを制御する方法などがある。

- ストロークの方向　エッジ付近ではストロークの方向をエッジに合わせることが有効である。それ以外の部分についても，ストローク方向を場所によって変えることによって，面の方向性やテクスチャを描写できる。
- ストロークの色　元の画素の色をそのまま使う方法のほかに，色をばらつかせる方法がある。ばらつきを与えると個々のストロークがはっきりと見える。また，キャンバスの色との合成の割合を与える場合もある。
- ストロークの形　筆にさまざまな形状があるように，ストロークの形状も円，長方形や各種パターンが用いられる。

5.2.2　ペン画の生成

CGによるペン画表現は，対話的にペン画を描く方法と，2次元画像を入力するimage-basedシステムとがある。これらを以下に述べる。ほかに，3次元形状モデルを入力するgeometry-basedシステムもあるが，これについては5.4節で述べる。

(1) 対話型のペン画手法

ペン画（pen-and-ink illustration）においては，線の太さに変化をつける，質感表現を線で表現するなどの手法が用いられる。これらを対話的に指定して描画した例[3]を図5.2に示す。この例では，ストロークにベジェ（Bézier）曲線を用いており，ユーザーは各ストロークごとに，①線形状，②太さ制御のためのパラメータ値，③指定したパラメータ値における線の太さ，を指定する。作画する画像に対してユーザーが直接指示できるという利点はあるが，数値の入力に手間がかかる。そこで，曲線の形状を利用して太さを変更する方法や，圧力感知のタブレットを利用して太さを制御する手法も提案されている。

(2) 2次元画像を入力するimage-based 手法

ディジタルカメラで撮影した画像をコンピュータに取り込み，加工することがよく行なわれるようになった。入力は画像であり，加工のための計算手法が「フィルタ処理」などとよばれる画像処理手法である。従来の単純な画像フィルタでなく，ブラシの形や色まで決めて，絵画風の画像へと変化させる手法もある。これらは描画ツールのシミュレーションという面もあり，さまざまな描画法が提案されている。図5.3に入力画像とフィルタ処理結果の例[4]を示す。

5.2.3　既存描画技法のシミュレート

ここでは，既存の人手による描画技法をシミュレートして，コンピュータを用いて画像を生成する手法をいくつか紹介する。既存描画技法としては，油絵，水彩，ペン画，鉛筆画，パステル画，版画などがあげられる。

- エアブラシ　図5.4は，エアブラシ手法を基にしたグラデーションの生成手法[5]を用いて描いた画像である。
- 毛筆画，水墨画　図5.5は，Bézier clippingを用いたブラシストローク生成手法[6]で描いた毛筆画の例である。図5.6は，樹木の3次元形状モデルの投影図を基に，水墨画風に表現した例[7]である。投影方向を

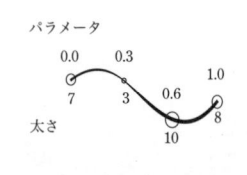

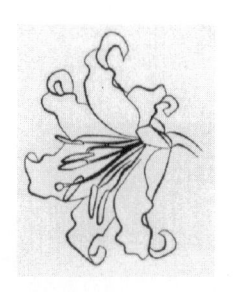

図5.2　対話型のペン画の作成例[3]

図5.3　入力画像から作成した鉛筆画の例[4]

図5.4　エアブラシによるグラデーション生成例[5]

図5.5　ブラシストロークによる毛筆画の例[6]

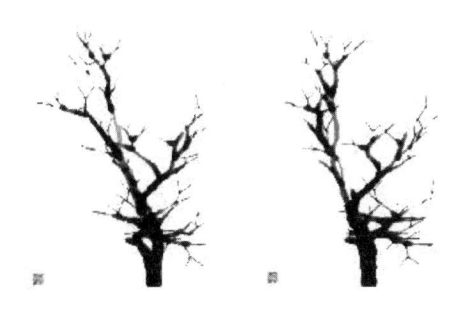

図5.6　樹木の水墨画風表現の例[7]

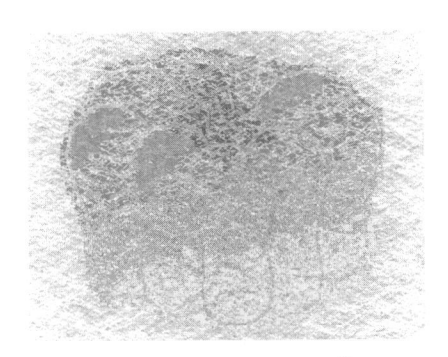

図5.7　色鉛筆画の描画例[8]

図5.8　銅版画の描画例[9]

下がCG画像である。この例では，版画の彫りや摺りの過程を物理シミュレーションで計算し，画像を生成している。

5.3　2次元画像を入力とする自動描画

5.3.1　画像のスケール分解に基づくNPR

画像に対して空間フィルタリングを施したり，画像をスケールに対応したいくつかの帯域に分け，帯域ごとに強調や省略などを行なったりすることで，各種のNPR的な効果が得られる。

Goochら[10]は，人間の眼の特性をシミュレートすることで，眼がとらえたものに近い顔画像を得る手法を提案している。この手法は，Gaussianフィルタ群を用いた多重スケール分解を行ない，重み付けをして足し合わせること

変えることで。ユーザーはさまざまな構図の中から選択できる。

- 色鉛筆画　図5.7は高木ら[8]による色鉛筆画の描画例である。この例では紙や色鉛筆を現実の3次元モデルとして利用している。紙の凹凸に色鉛筆の粉が付着することを，ボリュームレンダリングによって処理している。
- 銅版画　図5.8は田崎ら[9]による銅版画の描画例である。左上が実際の銅版画，右

でも実現できる．図 5.9 は，Gaussian フィルタ群を用いて各空間周波数のスケールに対応する画像を作成し，高域ほど大きな重みを掛けて足し合わせた結果であり，ペンによるイラスト画のような表現が得られている．

これと同様の考え方で，高域強調によるエッジ画像と，低域強調による陰影画像を組み合わせ，さらに色相成分を加える[11]ことにより，イラスト風の顔画像を作成した例を図 5.10 に示す．

5.3.2 領域分割による NPR

2 次元画像の領域をより強調した非写実的画像を生成する手法について述べる．DeCarlo[12]は注目点に近い部分ほど小さい領域で構成し，エッジ部分を線で描画する手法を提案した．これらの描画手法は実際の絵画やイラストなどでも使われている．Hamasaki[13] は画像中の構成要素を近い色で塗りつぶした領域で表わし，この領域を同一色で描画する方法を提案した．この領域を抽出するときに多段階の領域を求めて，描画領域の細かさの制御とそれらの合成を行なう絵画調画像生成手法の概要は以下のとおりである．作画例を図 5.11 に示す．

ステップ 1：入力画像として 2 次元の画像データを用い，画像に対して領域分割を行なう．

ステップ 2：分割した各領域の大きさを調べ，ある一定の大きさになるまで隣接する領域と併合させていく．ここで，併合した小さな領域の画素データは別に保持しておく．

ステップ 3：ある一定以上の大きさに併合した領域に対して強調のための境界線を描画する．

ステップ 4：元画像の詳細部分まで大まかになりすぎてしまうため，前の段階で併合したとき保持しておいた小さい領域を再び合成する．合成する領域の選択はユーザーが指定する．

5.3.3 画像の変換による NPR

ある画風と同じような描画方法を，異なった画像に適用するというような考えは example-based filtering とよばれる．ここでは，Hertzmann が 2001 年に発表した image analogies[14]の概要を示す．

ステップ 1：原画像 A，A′，目的画像 B を入力する．

ステップ 2：原画像 A と画像 A′ の関係を分析して，変換フィルタを得る．

ステップ 3：取得フィルタを目的画像 B に適用することにより，同様な特徴をもった画像 B′ を生成する．

この処理によって，原画像 A から A′ が得られたのと同じように，目的画像 B から B′ をつくることができる．この手法を用いれば，油絵，ペン画，水彩画などの絵画風画像だけでな

図 5.9 画像のスケール分解による著者のイラスト風顔画像

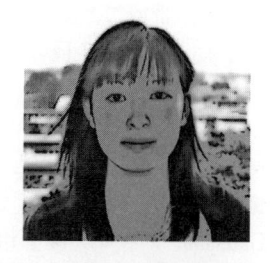

図 5.10 色成分を加えたイラスト風顔画像[11]

図 5.11 領域分割による絵画調画像の例[13]

図5.12 image analogy による描画例[15]

く，テクスチャ合成やエンボスなどの画像フィルタ，写真の加工などにも適用できる。

図5.12は，image analogies の手法を動画像へ拡張した例[15]である。(a) は原画像 A，(b) は原画像 A′ であり，(c) は目的画像 B である。(d) は目的画像 B′ である。(d) を見ると，(b) の描画の特徴が表現されている。

5.3.4 画像の加工，合成による NPR

写真やすでにある画像に何らかの加工あるいは合成をほどこし，実写とはちがった画風にすることも，NPR の一種といえる。

画像の加工に関する課題のひとつとして，白黒画像の色付けがある。Qu らは，白黒の漫画に対して，対話的に色付けする手法[16]を提案している。漫画に用いられる各種描画技法，たとえばハッチングによる領域分けなどに対応し，効率的な色付けが可能となっている。

画像合成による NPR 手法としては，同一シーンを照明条件（たとえばフラッシュ発光の有無など）を変えて撮影した複数の実写画像を基に，1枚の画像を合成する研究がいくつか行なわれている。Raskar らは，照明条件の異なる同一場所のシーンから画像合成を行なうことにより，たとえば昼間の建物に夜の照明を付加するなどの新しい表現効果を得ている[17]。また，同一シーンをフラッシュ位置を変えて撮影した4枚の画像を基に，フラッシュで生じる影を合成することで，輪郭がきわめて明確な画像を生成している[18]。

また，画像処理技術と CG 技術とを融合させ，実写画像を対話的に加工して利用する研究が数多く行なわれており，新たな非写実的効果も実現されている。その代表例として，Oliva らによるハイブリッド画像（hybrid images）[19]があげられる。人間の眼の感度が空間周波数に依存するという性質を利用した合成画像の作成手法であり，遠くから見たときと近くで見たときとで，異なるものが見える。画像情報の新しい提示方法として，さまざまな応用が期待できる。

5.4 3次元情報の利用

ここでは，3次元形状データを用いた NPR について述べる。描画に際して3次元形状を利用できる場合には，物体のエッジ，面の傾き，曲面の曲がり具合などを正確に求めることができるため，これらの幾何学的情報を反映させた効果的な描画が可能となる。

3次元形状データを用いた描画法は，大別すると以下の3種類のいずれか，もしくはそれらの組合せによる。

- 線画を主体とした描画　3次元形状を，輪郭線，稜線，ハッチングなど，主として線を用いて描画する。
- シェーディングによる描画　面に非写実的な陰影づけをほどこし，形状特徴を強調あるいは単純化して描画する。
- テクスチャによる描画　形状表面に絵画調などのテクスチャを貼り付けて描画する[20]。
- 3次元ストロークの描画　ストロークを3次元空間内に配置し，透視投影および隠面消去をほどこす[21]。

以下では，線画を主体とした描画法と非写実的シェーディングを中心に説明する。

5.4.1 輪郭線と稜線の描画

ある視点から3次元物体形状を見たときに，

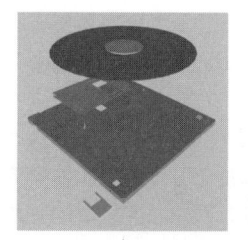

図5.13 輪郭線と稜線の強調描画例[22]

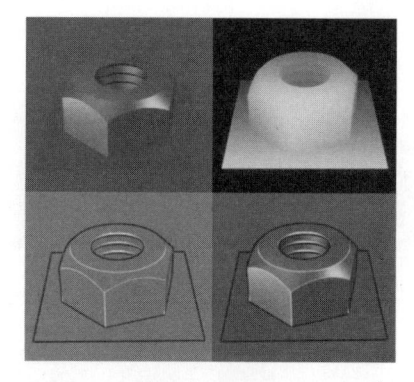

図5.14 輪郭線と稜線の強調描画例[23]

物体と背景，物体どうし，あるいは物体を構成する面どうしの境界線などは，エッジとして見える。これらの形状に基づくエッジは，輪郭線（外形線，シルエット）と稜線（内形線）とに大別される。輪郭線は，3次元形状表面が視点に対して表を向いている部分と裏を向いている部分との境界線である。一方，稜線は，面の法線ベクトルが不連続に変化する部分に対応する。これらの太さなどを区別して書き分けた描画例[22]を，図5.13に示す。輪郭線と稜線を抽出し描画するための手法はいくつか考えられる。以下に例を示す。

(1) 面や点の3次元情報から直接抽出

3次元空間での面の法線ベクトルと視点へのベクトルとの内積をとると，内積が正の領域と負の領域との境界が輪郭線となる。また，隣接する2面の法線ベクトルのなす角が一定以上（内積が一定以下）のとき，それらの共有する辺を稜線として描画する。

(2) 奥行きや法線の不連続線を画像から抽出

輪郭線上では奥行き値が不連続に変化する。また，輪郭線上では法線方向が不連続に変化するほか，奥行き値の1次微分も不連続となる。したがって，Zバッファあるいは法線マップから画像処理的手法によって，輪郭線や稜線部分を抽出し，描画することができる。図5.14は，Zバッファ画像の1次微分および2次微分を求めることによって，輪郭線および稜線を描画し，これを通常のシェーディング結果に重ねることで，強調描画を行なった例[23]である。

5.4.2 形状特徴線の抽出と選択

輪郭線や稜線を正しく描画した場合，たとえば顔のようになめらかな凹凸をもつような曲面形状では，十分な特徴線が描かれず，形状情報は適切に伝わらない。DeCarloらは，このような場合にsuggestive contourとよばれる特徴線を描画する手法を提案した[24]。suggestive contourとは，視線方向をわずかに変化させたときに輪郭線となる部分であり，一種の輪郭線候補といえる。これを本来の輪郭線に付加することで，形状特徴をよりわかりやすく表現することが可能となる。

逆に，すべての輪郭線や稜線を描くと，かえって煩雑で趣きのない絵になることもある。Sousaらは，特徴線の中から重要なものだけを選択し，太さに変化をつけて描画する手法を提案している[25]。

5.4.3 ハッチング

ハッチングとは，同一方向の線を何本も並べて描くことである。エッジの描画が面の境界を強調するのに対し，ハッチングは面の濃淡などの属性を表現するものである。

ハッチングを用いると，線の太さや間隔を調整することで，濃淡を連続的に制御することができる。これによって，くっきりした陰影だけでなく，なめらかに変化するシェーディングの表現も可能となる。ただし，画素ごとに輝度値を変化させる通常のシェーディング手法と比べると，表現できる実質的な空間解像度や階調数の点で劣り，ラフな表現となる。

ハッチングの利点は，濃淡情報に加えて，線の方向によって3次元形状情報も盛り込むことができる点にある。とくに曲面の場合は，面の曲がり具合に応じて曲線でハッチングを描くことにより，シェーディングよりも直接的に形状

情報を伝えることができる。ハッチングの方向の決め方としては，以下のような方法があげられる。

- 3次元座標系での座標の等値線の方向　描画例[26]を図5.15に示す。この例では，3次元空間の前後方向の座標値の等値線に沿って，ハッチングを行なっている。
- 曲面上の座標系でのパラメータ方向　描画例[23]を図5.16に示す。この例では，回転体の緯度と経度に相当するパラメータに沿って，ハッチングを行なっている
- 曲面上の最大・最小曲率方向　ハッチング方向は曲面形状に対して数学的に一意に定まり，曲面の配置やパラメータ設定に依存しない。ただし，球面や平面では方向が定まらないため，ハッチングができない。

5.4.4 シェーディングによる非写実的表現

シェーディングを非写実的に行なう例としては，まずGoochらによる非写実的シェーディングモデルがあげられる[27]。これは，テクニカルイラストレーションにおいて形状特徴をより的確に伝えることを目的としており，通常の陰影に前進色・後退色に対応した色相を付加している。

Rusinkiwicsらは，3次元表面上の凹凸形状をより明瞭に表現するために，誇張シェーディング（exaggerated shading）とよばれる手法[28]を提案している。拡散反射成分として通常使われるランバート則に代えて，独自の非写実的反射モデルを使用することで，わずかな凹凸も高いコントラストで描画される。また，Luftらは，対象物の奥行きのちがいを強調表現するために，奥行き画像を用いたアンシャープマスキングを提案している[29]。絵画で見られるように，物体の輪郭付近をグラデーションで強調することが手軽にできる。

セルアニメーションなどの制作にCGを使う場合，toon shading[30]が広く使われている。これは，シェーディングによる濃淡階調数を制限することにより，セル画のように単純化した描画を行なうものである。通常のシェーディングモデルによる結果を閾値処理することが一般的だが，それでは適切な結果が得られないこともある。Anjyoらは，ハイライトの位置や形状を対話的に設定する手法[31]を提案している。

5.4.5 隠線・隠面消去

線画を含むNPRでは，通常の隠面消去に加えて，隠線消去が必要となる。隠線消去と隠面消去は，目的は似ているが，アルゴリズムは大きく異なる。そのため，これまでにさまざまな解決方法が試みられてきた。以下にいくつかの例を示す。

- 古典的な隠線消去法やその改良法　描画対象が輪郭線や稜線だけのときに有効。リアルタイム処理も可能である。
- 線画と面画との分離処理　輪郭線と稜線は前出の隠線消去，面のシェーディングはZバッファによる隠面消去を行なう。
- Zバッファ法による隠面処理を利用したエッジ描画　ポリゴンを描画する際に，その輪郭部分もラスタデータに加えてZバッファ法を用いる[22]，あるいは輪郭線や稜線を視点方向にオフセットをかけ，面から浮かして面とともにZバッファ法で描画する。ほかにもいくつかの方法がある。これらは，ハードウェアによる高速処理が比較的容易である。
- BSP-treeによる隠線・隠面消去　空間を分割することにより，隠線処理と隠面処

図5.15　3次元座標によるハッチング例[26]

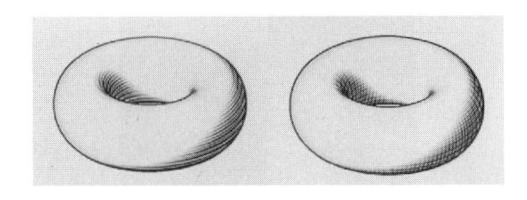

図5.16　曲面上のパラメータによるハッチング例[23]

理を素直に統合できる。
- 隠面消去結果から画像処理的手法で線を描画[23]　処理対象がおのずと可視領域に限られるため，明示的な隠線処理は不要となる。

5.5 動画像生成における連続性

　ここでは，NPRで動画像を作成するときにしばしば問題となる，フレーム間の連続性について解説する。CGによる動画像は，フレームごとに生成した静止画像をつなげて作成するが，その際に隣接するフレーム間での不連続性をなるべく小さくする必要がある。たとえば，LOD制御によって詳細度レベルが変化する場合は，形状をなめらかに変化させるなどの配慮が必要となる。NPRでは，さらに加えて，強調や省略をほどこすことから，フレーム間でその描画形態を連続させる必要がある。

5.5.1　ストロークの移動

　ストロークを用いて描画する場合，規則性を排除して見栄えをよくするために乱数を用いてストロークの配置を決めることが，しばしば行なわれる。しかし，各フレームごとに独立に配置すると，ストロークが随所で点滅し，ちらつきの多いアニメーションとなってしまう。これをシャワードア・エフェクトとよぶ。これは，目的によっては映像表現のひとつとして積極的に活用することもあるが，多くの場合において見苦しさの要因となる。

　シャワードア・エフェクトを防ぐためには，各ストロークをなるべく長い時間にわたって維持することが必要である。とくに，静止した部分では，ストロークも静止させるのがよい。また，動いている部分では，ストロークも物体の動きに追従させる必要がある。とくに，回転運動を正しく見せるためには，必須といえる。

　3次元（あるいは2次元）形状データと動きのデータを基にNPRの動画像を生成する場合は，ストローク位置を元の形状データに対応させることにより，物体に追従したストロークの描画が可能である。一方，実写のビデオ画像を基にNPRの動画像を自動作成する場合は，動きの情報を実写画像から抽出する。それには，オプティカルフローなどの手法が用いられるが，シャワードア・エフェクトを完全に排除することは困難である。

5.5.2　ストロークの出現と消滅

　形状データと動きデータに基づくNPR動画像生成の場合，ストロークを移動させること自体は比較的容易であるが，物体の移動に伴ってストロークの数を変更する必要が生じる。NPRにおいては，ストロークの大きさ，太さ，間隔を，物体形状のサイズではなく，描画画面のサイズに合わせることが多い。たとえば，物体が遠くに移動して描画サイズが小さくなる場合，個々のストロークを小さくするのではなく，ストロークの数を減らすことで，画像全体の描画の形態を一定に保つことができる[32]。

　ストロークをランダムに配置する場合は，ストローク密度が疎になる部分に新たに出現，密になる部分では消滅させることで，ストローク密度がつねに一定になるように制御できる。一方，線を等間隔に配置したハッチングにおいては，間隔が空くときに線間の中央に線を新たに出現させ，間隔が詰まるときに1本おきに線を消滅させることで，等間隔をおおむね維持することができる[23]。たとえば，図5.17は，$xy=c$の等値線（双曲線）群に従ってハッチングを行なったものである。場所によって等値線間隔は変化するが，それに合わせて線が出現あるいは消滅していることがわかる。

5.5.3　実写映像からのNPR動画生成

　静止画と同様に，実写のビデオ画像を基に

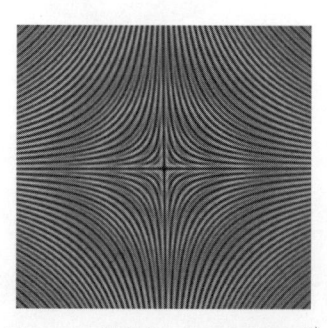

図5.17　等間隔ハッチングの例[23]

NPR 動画像を生成する方法もいくつか考えられる。このうち，ストロークに基づく方法については，5.6.1 項に述べたようにシャワードア・エフェクトが問題となる。一方，スケール分解や領域分割による方法を用いた場合は，シャワードア・エフェクトは起きにくい。一方で，ノイズによるちらつきや領域分割のフレーム間連続性が問題となることがある。

スケール分解による方法の例として，Winnemöller らの手法[33]があげられる。バイラテラルフィルタによる画像の抽象化や DoG フィルタによるエッジ描画などを組み合わせたもので，ビデオから実時間で NPR 動画像を作成できる。

領域抽出による方法では，動画像からフレーム間にまたがって一連の領域を抽出することで，フレーム間の連続性を保つことができる。この領域抽出作業を，対話的に効率よくかつ安定に行なう手法がいくつか提案されている。Wang らは，キーフレームでユーザーが指定した領域を基に，3 次元の時空間画像の中で類似領域抽出を行なうことにより，これを実現している[34]。一方，Agarwala らの手法[35]では，キーフレーム上でユーザーが対話的に領域を指定することを前提としているが，なるべく少ないキーフレーム上での指定から，すべてのフレームで適切に領域を追跡できるよう工夫されている。

5.6 形状のデフォルメ

ここでは，NPR における形状のデフォルメについて述べる。絵画やイラストでは，形状そのものをデフォルメして描画することが多く，それによって対象物の特徴をより効果的に表現できる。NPR においても，このような形状変形は重要であり，近年では研究が盛んになりつつある。

5.6.1 一律な変形

形状を正確に描かずに，線の位置を乱数で振らせたり[36]，詳細な凹凸を誇張もしくは省略したりするなどの処理をほどこす。このような処理は，画像全体もしくは選択した形状に対して，統一的にほどこすことができる。たとえば，視点からの距離や凹凸の変化量などをパラメータとして，簡略化や誇張度合を与える，などの処理が考えられる。

5.6.2 形状特徴を考慮した変形

形状特徴を生かした変形では，ユーザーが画像に対して直接的に指示するかパラメータを入力して，特徴的な形状をより強調して描く。たとえば，似顔絵を作成するためには，目や口などの形状特徴を誇張することで，その人らしさを強調して表現することができる。自動処理で行なうには，原画像から個々のパーツを認識し抽出する必要がある。

Chen らは，アーティストが描いた目や鼻などパーツの描画例を基にした似顔絵作成システムを提案している[37]。Chen らの手法では，まず顔領域をいくつかのパーツに分け，それぞれに対して最も近い描画例が選択され，特徴量に応じて形状を誇張し描画される。Gooch らは，人間の視覚特性をシミュレートしたフィルタを用いて，顔写真からイラスト風の顔画像を作成する手法を提案したが，これに顔の特徴点を通る簡単なグリッドを用いることで，簡易なデフォルメを実現している[38]。

変形を行なう場合，ユーザーが望ましい変形を指定するには，一般に手間がかかる。この手間をいかに減らすかが 1 つのポイントとなる。Baxter らは，顔などの簡単な 2 次元イラスト画について，変形描画例をいくつか与え，それらを基に種々の変形をほどこしたイラストを自動生成する手法[39]を提案している。Liu らは，動く物体を含むビデオ画像から，その動きを抽出し誇張した動画像を作成する手法を提案している[40]。

5.6.3 特殊な投影による変形

絵画などでは，対象形状を直接変形する代わりに，場所によって投影方法を変えることも行なわれる。たとえば，場所によって投影方法を変えることで，形状をデフォルメして描画する。Takahashi らは，このような多視点投影の考え方を用いて，3 次元地形データからわかり

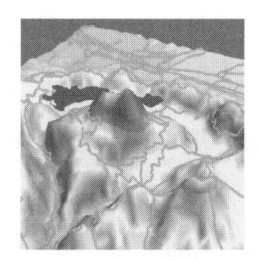

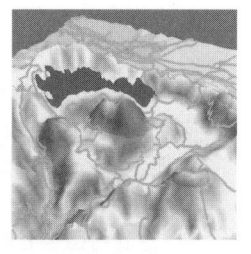

図5.18 多視点投影による鳥瞰図の例[41]

やすくデフォルメした鳥瞰図を作成する手法を提案している[41]。図5.18は，湖全体が手前の山に遮蔽されないように，場所ごとに視点位置を変えて描画した例である。

多視点投影法では，ユーザーの意図する投影の実現方法が課題となる。吉田らは，投影面上での見え方を対話的に変形し，それを満たすようなカメラパラメータの場を3次元空間内に構築する手法[42]を提案している。Agarwalaらは，車窓から見た町並みなど，横にきわめて長い景観のパノラマ画像を作成する際に，一連の建物ごとに視点を変えて透視投影を行なう手法を提案している[43]。これは，たとえば絵地図などで個々の建物に独立にパースをかけて描くのと似ており，平行投影よりもはるかに自然な画像が得られる。

文献

1) P. Haeberli：Paint by Numbers：Abstract Image Representations, Proc. SIGGRAPH'90, pp.207-214, 1990.
2) 近藤邦雄，西田友是：「Javaプログラミングによる絵画調画像生成教育用システムの開発」，『日本図学会大会講演論文集』，2004.
3) 近藤邦雄，神原章，佐藤尚，島田静雄：「3次元形状表現のための白黒画像の描画法」，『情報処理学会論文誌』，Vol.134, No.8, pp.1762-1769, 1993.
4) X. Mao, Y. Nagasaka, A. Imamiya：Automatic Generation of Pencil Drawing from 2D Images Using Line Integral Convolution, Proc. 7th Int'l Conf. on CAD/GRAPHICS 2001, pp.240-248, 2001.
5) K. Kondo, F. Kimura, T. Tajima：An Interactive Rendering Technique for 3-D Shapes, EUROGRAPHICS'85, pp.341-352, 1985.
6) T. Nishita, S. Takita, E. Nakamae：A Display Algorithm of Brush Strokes using Bezier Functions, Computer Graphics International 93, pp.244-257, 1993.
7) Q. Zhang, S. Yoetsu, J. Takahashi, K. Muraoka, N. Chiba：Simple Cellular-Automaton-Based Simulation of Ink Behavior and Its Application to Suibokuga-like 3D Rendering of Trees, The Journal of Visualization and Computer Animation, Vol.10, pp.27-37, 1999.
8) S. Takagi, M. Nakajima, I. Fujishiro：Volumetric Modeling of Artistic Techniques in Colored Pencil Drawing, SIGGRAPH'99 Sketch, p.283, 1999.
9) D. Tasaki, S. Mizuno, M. Okada：Virtual Drypoint by a Model-driven Strategy, Computer Graphics Forum, Vol.23, No.3（Proc.Eurographics 2004）, pp.431-440, 2004.
10) B. Gooch, E. Reinhard, A. Gooch：Human Facial Illustrations：Creation and Psychophysical Evaluation, *ACM Trans. On Graphics*, Vol.23, No.1, pp.27-44, 2004.
11) 岡部めぐみ，瀬川大勝，宮村（中村）浩子，斎藤隆文：「実写画像に基づく非写実的顔画像生成手法」，『情報処理学会研究報告』，Vol.2004, No.86, pp.29-34, 2004.
12) D. DeCarlo, A. Santella：Stylization and Abstraction of Photographs, Proc. SIGGRAPH 2002, pp.769-776, 2002
13) Y. Hamasaki, K. Kondo：Image Generation Method using Synthesis and Control of Rendering Region, ADADA2003 Proc. of 1st annual conference of Asia Digital Art and Design Association, pp.70-71, 2003.
14) A. Hertzmann, C. Jacobs, N. Oliver, B. Curless, D. Salesin：Image Analogies, Proc. SIGGRAPH 2001, pp.341-346, 2001.
15) R. Hashimoto, H. Johan, T. Nishita：Creating Various Styles of Animations Using Example-Based Filtering, Computer Graphics International 2003, 2003.
16) Y. Qu, T.-T. Wong, P.-A. Heng：Manga Colorization, *ACM Trans. on Graphics*, Vol.25, No.3（Proc. SIGGRAPH 2006）, pp.1214-1220, 2006.
17) R. Raskar, A. Ilie, J. Yu：Image fusion for context enhancement and video surrealism, Proc. 3rd. Int'l Symp. on Non-Photorealistic Animation and Rendering, pp.85-93, p.152, 2004.
18) R. Raskar, K. Tan, R. Feris, J. Yu, M. Turk：Non-photorealistic Camera：Depth Edge Detection and Stylized Rendering using Multi-Flash Imaging, *ACM Trans. on Graphics*, Vol.23, No.3（Proc. SIGGRAPH 2004）, pp.679-688, 2004.
19) A. Oliva, A. Torralba, P. G. Schyns：Hybrid Images, *ACM Trans. on Graphics*, Vol.25, No.3（Proc. SIGGRAPH 2006）, pp.527-532, 2006.
20) A. W. Klein, W. Li, M. M. Kazhdan, W. T. Corrêa, A. Finkelstein, T. A. Funkhouser：Non-Photorealistic Virtual Environments, Proc. SIGGRAPH 2000, pp.527-534, 2000.
21) B. J. Meier：Painterly rendering for animation, Proc. SIGGRAPH'96, pp.477-484, 1996.
22) 望月義典，近藤邦雄，佐藤尚：「形状特徴表現のためのエッジ強調描画手法」，『情報処理学会論文誌』，Vol.40, No.3, pp.1148-1155, 1999.
23) T. Saito, T. Takahashi：Comprehensible Rendering of 3D shapes, Proc. SIGGRAPH'90, pp.197-206, 1990.
24) D. DeCarlo, A. Finkelstein, Z. Rusinkiewicz, A. Santella：Suggestive Contours for Conveying Shape, *ACM Trans. on Graphics*, Vol.22, No.3,（Proc. SIGGRAPH 2003）, pp.848-855, 2003.
25) M. C. Sousa, P. Prusinkiewicz：A Few Good Lines：Suggestive Drawing of 3D Models, Computer Graphics Forum, Vol.22, No.3（Proc. Eurographics 2003）, pp.381-390, 2003.
26) T. Haga, H. Johan, T. Nishita：Animation Method for Pen-and-Ink Illustrations Using Stroke Coherency, CAD & Graphics 2001, pp.333-343, 2001.
27) A. Gooch, B. Gooch, P. Shirley, E. Cohen：A Non-Photorealistic Lighting Model for Automatic Technical Illustration, Proc. SIGGRAPH'98, pp.447-452, 1998.
28) S. Rusinkiewicz, M. Burns, D. DeCarlo：Exaggerated

Shading for Depicting Shape and Detail, *ACM Trans. on Graphics*, Vol.25, No.3（Proc. SIGGRAPH 2006）, pp.1199-1205, 2006.

29) T. Luft, C. Colditz, O. Deussen：Image Enhancement by Unsharp Masking the Depth Buffer, *ACM Trans. on Graphics*, Vol.25, No.3（Proc. SIGGRAPH 2006）, pp.1206-1213, 2006.

30) A. Lake, C. Marchall, M. Harris, M. Blackstein：Stylized Rendering Techniques for Scalable Real-Time 3D Animation, Proc. 1st. Int'l. Symp. on Non-Photorealistic Animation and Rendering, pp.13-20, 2000.

31) K. Anjyo, S. Wemler, W. Baxter：Tweakable light and shade for cartoon animation, Proc. 4th. Int'l. Symp. on Non-Photorealistic Animation and Rendering, pp.133-139, 2006.

32) M. A. Kowalski, L. Markosian, J. D. Northrup, L. Bourdev, R. Barzel, L. S. Holden, J. F. Hughes：Art-Based Rendering of Fur, Grass, and Trees, Proc. SIGGRAPH'99, pp.433-438, 1999.

33) H. Winnemoller, S. C. Olsen, B. Gooch：Real-Time Video Abstraction, *ACM Trans. on Graphics*, Vol.25, No.3（Proc. SIGGRAPH 2006）, pp.1221-1226, 2006.

34) J. Wang, Y. Xu, H.-Y. Shum, M. F. Cohen：Video Tooning, *ACM Trans. on Graphics*, Vol.23, No.3（Proc. SIGGRAPH 2004）, pp.574-583, 2004.

35) A. Agarwala, A. Hertzmann, D. H. Salesin, S. M. Seitz：Keyframe-Based Tracking for Rotoscoping and Animation, *ACM Trans. on Graphics*, Vol.23, No.3（Proc. SIGGRAPH 2004）, pp.584-591, 2004

36) L. Markosian, M. A. Kowalski, D. Goldstein, S. J. Trychin, J. F. Hughes, L. D. Bourdev：Real-Time Nonphotorealistic Rendering, Proc. SIGGRAPH'97, pp.415-420, 1997.

37) H. Chen, Z. Liu, C. Rose, Y. Xu, H.-Y. Shum, D. Salesin：Example-Based Composite Sketching of human portraits, Proc. 3rd. Int'l. Symp. on Non-Photorealistic Animation and Rendering, pp.95-102, p.153, 2004.

38) B. Gooch, E. Reinhard, A. Gooch：Human Facial Illustrations：Creation and Psychophysical Evaluation, *ACM Trans. On Graphics*, Vol.23, No.1, pp.27-44, 2004.

39) W. V. Baxter, K. Anjyo：Latent Doodle Space, Computer Graphics Forum, Vol.25, No.3（Proc. Eurographics 2006）, pp.477-485, 2006.

40) C. Liu, A. Torralba, W. T. Freeman, F. Durand, E. H. Adelson：Motion Magnification, *ACM Trans. on Graphics*, Vol.24, No.3（Proc. SIGGRAPH 2005）, pp.519-526, 2005.

41) S. Takahashi, N. Ohta, H. Nakamura, Y. Takeshima, I. Fujishiro：Modeling Superspective Projection of Landscapes for Geographical Guide-Map Generation, Computer Graphics Forum, Vol.21, No.3（Proc. Eurographics 2002）, pp.259-268, 2002.

42) 吉田謙一，高橋成雄，西田友是：「2次元投影図上の見えの操作に基づいた非透視投影の設計」，『画像電子学会ビジュアルコンピューティング/情報処理学会 グラフィクスとCAD合同シンポジウム2006予稿集』，pp.41-46, 2006.

43) A. Agarwala, M. Agrawala, M. Cohen, D. Salesin, R. Szeliski：Photographing Long Scenes with Multi-Viewpoint Panoramas, *ACM Trans. on Graphics*, Vol.25, No.3（Proc. SIGGRAPH 2006）, pp.853-861, 2006.

6 ビジュアリゼーション

6.1 意義

　人類の科学技術の発展を根底から支えてきたものは，肉眼の限界を打破しようとする人間の知的好奇心以外の何物でもない。実際，各種の望遠鏡や顕微鏡の発明によって，肉眼では見ることのできない，遠く離れた宇宙のようすや極微の世界の構造が次々と明らかにされてきた。それと同様に，ハイパフォーマンスコンピューティングを利用した数値シミュレーションや，高精度の計測装置から得られる大量の数値データに潜む，対象の構造や振る舞いを，「百聞は一見に如かず」のことわざどおり，ビジュアルコンピューティング技術を援用して視覚的な形式に変換・呈示して，直観的に理解させようとする技術——サイエンティフィックビジュアリゼーション（scientific visualization）は，今やあらゆる科学技術分野で必要不可欠な方法論として定着している[1,2]。

　サイエンティフィックビジュアリゼーションは，米国 NSF の支援により，1987 年に ACM SIGGRAPH から出版された科学技術計算における可視化レポート（Visualization in Scientific Computing Report）[3] における提言が契機となって，世界中の科学技術者のあいだで注目されるようになった。そこでは，この技術の社会的インパクトの大きさを次のように述べている。

　「スーパーコンピュータなどの発達により，大量のデータが高速で処理されるようになり，人間がこのようなデータを的確に理解することが困難になってきた。計算機の能力と人間の認知・洞察能力のアンバランスが明らかとなった以上，計算機を単なる計算だけではなく，計算結果のわかりやすいプレゼンテーションにも役立てるべきである。計算機を表示ツールとして利用することにより，本来見えないものを見ることができるようになり，問題解決の新たな手がかりを与えることができる。これは科学の生産性に大きな影響を与え，推進する原動力となり得る」

　実際，サイエンティフィックビジュアリゼーションには，現実の対象を観察・実験する手法にはない，以下のような4つの重要な特長がある[1]。

- 時空間スケールに依存せずに（時空間独立性）
- 個々の好きな見方で（第一人称性）
- 壊すことなく（非侵襲性）
- 納得いくまでくり返し（再現性）

対象を視覚的に調べることができる。

　本章ではこれ以降，「可視化」という用語を「ビジュアリゼーション」と同義に用いる。

6.2 プロセスと技法分類

6.2.1 プロセス

　可視化のプロセスは，一般に4つのフェーズから構成させるパイプラインによって記述できる（図6.1）。計算/計測/設計/検索などの具体的な処理による「データ生成」にはじまり，必要に応じて間引き，値域変換，領域選択，雑音消去などのデータの「フィルタリング」が施されたのち，視覚表現形式への「マッピング」が行なわれ，最後に視覚表現形式が「レンダリング」されて結果の画像を得る。目的の結果が得られなければ，適当な前フェーズに戻り，関連パラメータや技法の見直しによって，再度実行される。このパイプラインは，可視化のデータフローモデル（dataflow model）[4] として知られている。

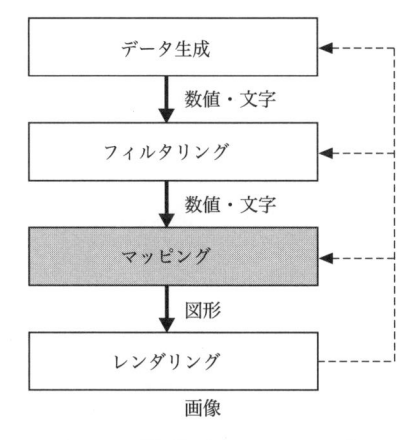

図6.1 可視化データフローモデル

表6.1 代表的な可視化技法の分類

技法	次数	ドメイン	情報表現
等値面	スカラー	面	基本的
ボリュームレンダリング	スカラー	ボリューム	基本的
位相ベースボリュームレンダリング	スカラー	ボリューム	大局的
矢線表示	ベクトル	点	基本的
流線	ベクトル	線	局所的
LIC	ベクトル	面	局所的
トラクトグラフィ	テンソル	線	局所的
DBT	テンソル	ボリューム	局所的

データフローモデルは，ビジュアルプログラミングによるラピッドプロトタイピングを可能にすることから，現行の可視化ソフトウェアの事実上の標準となっているモジュール指向可視化システム (modular visualization environment；MVE)[5] に対して，そのアーキテクチャ設計の基礎を与えている。代表的な商用MVEとして，AVS[6]，無償の研究開発用MVEとしてSCIRun[7] などが知られている。

ところで，データ生成フェーズは，数値解析・計測・設計・情報検索などが担う範囲である。また，フィルタリングフェーズでは，信号・画像処理やコンピュータビジョンのさまざまな手法が適用される。さらにレンダリングは従来からのCGが受け持つべきフェーズである。したがって可視化の技術的本質は，残るマッピングフェーズにおいて，与えられたデータの特徴を考慮して，最も効果的な視覚的形式へ変換する技法を選択あるいは開発することにある。

6.2.2 技法分類

適用分野を選ばない，横断的な可視化技法が数多く提案されてくるにつれて，それらの適用可能性を明確に定め，より効果的な利用を図っていくための分類 (taxonomy) が知られるようになった。ここでは Hesselink，Post，van Wijk による技法分類[8] を拡張して，既存技法を分類する。

この分類では，3本の視軸に従って，可視化のマッピングがもつ特徴を規定する。まず，適用可能な対象データの次数 (order) に注目し，物理場を構成するスカラー量，ベクトル量，テンソル量の3種類を考える。次に，描画に利用する可視化プリミティブが描くことのできる空間ドメインの自由度を考える。3次元データならば，点 (0)，線 (1)，面 (2)，ボリューム (3) の4とおりが考えられる。そして，対象データからどのような情報を抽出して描画するかを規定する情報表現レベルを考える。これには，基本的 (elementary：与えられたデータそのものを描画)，局所的 (local：データの近傍の情報を考慮して描画)，そして大局的 (global：与えられたデータ全体にわたる情報解析の結果に基づいて描画) の3とおりがある。このような組合せは全部で36 ($=3×4×3$) とおり存在するが，既存の技法によってすべてのセルが埋め尽くされているわけではなく，またそこに新たな技法を開発するヒントがあるとも彼らは主張している。

表6.1に，本章で触れる代表的な可視化技法の分類を示す。ここに示した分類は，発表当時の研究成果に基づいている。技法によっては，後続の研究によって，適用可能なデータの標本化方式や可視化プリミティブがカバーするドメインが拡張されている場合もある。次節と6.4節では，この点に留意しながら各技法を紹介する。

6.3 スカラー場の可視化

3次元スカラー場を標本化したデータ構造を

ボリューム (volume)，その標本点をボクセル (voxel) とよぶ．ボクセルには一般に隣接関係が存在する．直交座標系の座標軸に沿って一定間隔でボクセルが並んでいる場合を規則 (regular) ボリューム，間隔が不定であれば直交 (rectilinear) ボリュームとよぶ．さらに同様の番号付けは可能であるが，直線上に並んでいるとは限らない場合を境界適合 (curvilinear) ボリュームとよぶ．これら3種を構造的 (structured) ボリュームと総称するのに対し，隣接関係を陽にリンクで表現しなければならないケースは非構造的 (unstructured) ボリュームとよばれる．以上のボクセル構造の種類は，実際に可視化アルゴリズムを設計する際に大きな影響を与える．

前節の技法分類に従えば，ボリューム可視化 (volume visualization)[9]は，3次元のスカラー場を，種々のプリミティブを利用して，主として基本レベルで可視化する技術と位置づけられる．

ボリュームの一部を，幾何学的プリミティブを用いて描く間接方式の代表は，断面と等値面 (isosurface) である．等値面は本来，同じスカラー値をもつボリューム空間内の点集合として定義される．

Lorensen らが1987年に提案したマーチングキューブ (marching cubes) 法[10]は，キューブ (cube) とよばれる構造的ボリュームの6つの隣接ボクセルによって構成される区分ボリュームごとに，頂点ボクセルのスカラー値に関する同値類に基づいて，等値面を構成する3角形パッチパターンを特定する．その表参照 (table lookup) 型アルゴリズムの簡潔さと効率（並列可能性）の高さから，同法は現在でも最も広く利用されている等値面抽出法である．なお，同法に関しては発表直後に，パッチを接続する際の位相的なあいまいさが指摘されたが，その後相次いで改良策が提案され，実用上大きな問題点とはなっていない[11]．なお，表参照方式の等値面生成の考え方は，非構造的ボリュームに対しても適用可能である．

藤代らは1995年に，描画するスカラー値を有限区間に拡大した区間型ボリューム (interval volume，ソリッドコンターともよばれる) を抽出する拡張マーチングキューブ法を提案した[12]．この考え方は，2003年に Banks らによって，区間型ボリュームだけでなく，単体スィープ (sweeping simplex) や，コンターメッシュ (countour mesh)，分離面 (separating surface) などの substitope (離散化されたポリトープ) を場合分けによって抽出するアルゴリズムに一般化されている[13]．

一方，幾何学的プリミティブを用いずに，ボリューム全体を積分投影することによって，無限枚の半透明等値面の合成に匹敵する視覚効果を得る直接手法が，ボリュームレンダリング (volume rendering) である．Levoy によって1988年に提案されたボリュームレイキャスティング (volume ray-casting) 法[14]は，スクリーンの各画素に対して飛ばしたレイに沿ってボリュームをボクセル間隔と同程度に一定間隔で再標本化し，各点でのスカラー値を順に重畳することにより，対応画素の値を決定する技法である．

これを皮切りに，Westover (1990年) のスプラッティング (splatting) 法[15]や Lacroute ら (1994年) の shear-warp factorization 法 (1994年)[16]を含め，主要なボリュームレンダリングの基本アルゴリズムは1990年代前半までに提案し尽くされた感があるが，適用範囲の拡大はその後も継続されてきた．視線依存のセルソーティングを必要とするため，計算量は大きくなるが，非構造的ボリュームに対するレイキャスティング法も Garrity のアルゴリズム[17]以降複数提案されている．また，茅は直交ボリュームに対してしか適用できなかったオリジナルのスプラッティング法を，確率的再標本化を用いて境界適合ボリュームや非構造的ボリュームにまで適用可能にした[18]．

図6.2 は，水素分子のまわりの単一電子の定常電荷密度分布を，両原子核を通過する断面 (a)，等値面 (b)，区間型ボリューム (c)，ボリュームレンダリング (d) によって可視化した結果である．断面や等値面は厳密なスカラー値の位置を特定しやすいのに対し，ボリュームレンダリングはボリューム全体のスカラー量の分布の概略を知るのに向いている．また，区間型ボリュームは両者の中間的表現を与えている

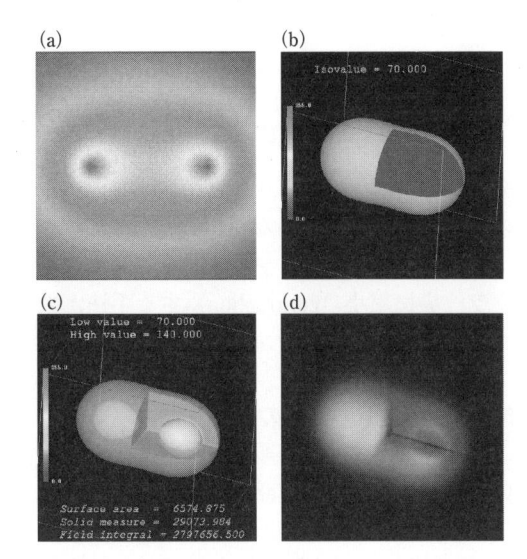

図 6.2 水素分子の電荷密度ボリュームの可視化
(a) 断面, (b) 等値面, (c) 区間型ボリューム, (d) ボリュームレンダリング。

こともわかる。用途によって技法を使い分けることは，可視化を実際に適用する局面において，きわめて重要な方針であることに注意してほしい。

6.3.1 情報表現レベルの充実

ボリューム可視化の情報表現レベルは，ボリュームレンダリング画像の品質を大きく左右する伝達関数（transfer function）の設計問題と大きな関連がある。伝達関数の最適化は，積分投影変換に伴う視覚的曖昧さ（visual ambiguity）をもつ結果画像を微調整することにより，可視化パイプライン（図 6.1）をフィードバックする回数を減らし，解析全体のスループットを改善する効果が期待できるため，現在もなお最重要課題のひとつである。

データフィールドの局所（差分）解析を行ない，空間的に隣接している異種マテリアル間の境界を検出し，強調表示する Kindlmann らの伝達関数設計法[19]は，メディカルサイエンスのボリューム解析でとくに顕著な効果をあげている。IEEE Visualization 2000 国際会議では，この手法を含め，複数の有力な伝達関数設計法間の利害得失を検証するコンテストが開かれ話題をよんだ[20]。それと並行して，藤代・高橋らのグループは，連続な物理場を表現するボリュームから局所的特徴に加えて大局的特徴も抽出し，強調表示するために微分位相幾何学の知見を利用する位相ベース手法を提案している[21,22]。

図 6.3 は，レーザー核融合の爆縮シミュレーションにおける質量密度データの可視化結果である[23]。ここでは，導出されたレベルセットグラフの解析によって，燃料とプッシャーの接触面を与える等密度面で生じる急激な位相構造の変化を強調描画することができる (a)。しかし，そのレベルセットグラフを組織的に走査すれば，その特徴等値面を含む特定の密度区間で，等値面の連結成分どうしが入れ子構造をなす大局的性質を検出できる。そこで，より複雑な構造をもつ内側の連結成分を観察しやすくするように外側の連結成分の不透明度を低く設定して可視化することができる (b)。ここでは特徴等値面の強調とともに，等値面の連結成分の入れ子レベルによって，対応ボクセルの不透明度を変化させているので，2 次元の伝達関数が利用されていることに注意されたい。多次元伝達関数（multi-dimensional transfer function）は，近年の伝達関数設計問題における主要な方向性のひとつである[24]。

また，伝達関数設計は，視線方向に遮蔽アーチファクトが生じてしまうボリュームレンダリング特有の問題点を解消する一種の NPR（本編 5 章を参照のこと）であるとも考えられる。芸術的・心理的効果を考慮に入れた，Ebert らのボリュームイラストレーション（volume illustration）法[25]は，これら一連の研究における代表的成果のひとつである。

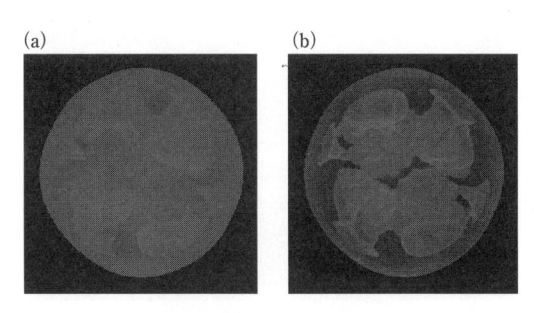

図 6.3 レーザ核融合における爆縮現象の可視化
(a) 入れ子構造の考慮なし, (b) 入れ子構造の考慮あり。
（データ提供：坂上仁志，兵庫県立大学）

6.3.2 点群ベースボリュームレンダリング

　計算流体力学の世界では近年，ナビエ-ストークス方程式では近似しきれない複雑な流れ場の問題を，粒子間の相互作用を用いてモデリングする方式が精力的に研究されている。それに合わせて，たがいに接続関係のない粒子を用いた可視化に近年再び注目が寄せられている。藤代らは，Pfsiter らが 2000 年に発表した点群モデリング手法（本編 2 章 2.4 節参照のこと）のひとつであるサーフェル（surfels）[26]のディスクプリミティブの半径を制御することによって，粒子シミュレーションの結果を，等値面やボリュームレンダリングの結果と統一的に可視化する仕組みを提案した[27]。図 6.4 に，この拡張サーフェルを用いて多孔質媒体内のコロイド粒子の分布を可視化した結果を示す。ここでは，粒子だけでなく，多孔質媒体の表面もサーフェルを用いて描かれていることに注意されたい。なお，サーフェスと粒子の混合表示は，2002 年に Grigoryan らによって，腫瘍と正常細胞の界面のうち，不確実な部分を点群で表現する確率的サーフェス（probabilistic surfaces）[28]としても利用されている。確率的サーフェスは，不確実性の可視化（uncertainty visualization）の有効性を実証している。

　一方，小山田らのポイントベースボリュームレンダリング[29]では，隣接関係を保持する必要のない点群表現特有の利点に基づいて軽量なアルゴリズムを開発し，通常の PC 上で 10 億個オーダーの超大規模点群によるボリュームレンダリングを実行することに成功している。

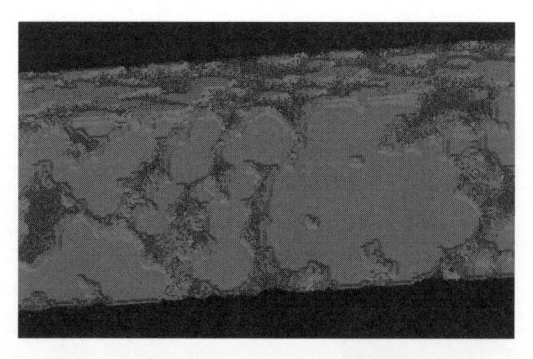

図 6.4　拡張サーフェルを用いた多孔質媒体内の
　　　　コロイド粒子の統一的可視化
（データ提供：富士総合研究所）

6.4　ベクトル・テンソル場の可視化

　ボリューム可視化における，その後の研究開発のメインストリームのひとつは，対象データの次数拡張にほかならない。そのためにベクトル場やテンソル場を，テクスチャを利用してスカラー場に縮小（contraction）する手法が数多く提案されている。

6.4.1　ベクトル場への拡張

　標本点ごとのベクトル量を矢線で表示する古典的手法と並んで，Cabral らが 1993 年に発表した線積分畳込み（line integral convolution；LIC）法[30]は，局所流線に沿って画素値を畳み込むことにより，白色雑音画像を流れの方向ににじませる視覚効果を使って，2 次元ベクトル場を可視化する代表的なテクスチャベース手法として頻繁に利用されている。この LIC テクスチャを等値面などの任意面上へマッピングする手法が Forsell ら[31]によって翌年に提案された。しかし，この方法は，物理空間と計算空間とのあいだの双方向非線形マッピングによってテクスチャが歪む問題をもっていた。これをソリッドフィッティングの概念を用いて解消したアルゴリズムが，茅ら[32]によって 1997 年に提案されている。

　3 次元 LIC の可視化ドメインを真の 3 次元空間にするためには，ソリッドテクスチャのボリュームレンダリングが必要である。しかしこの方法は，流れの方向に沿ったテクスチャの相関性（coherence）を視線方向の積分投影が帳消しにしてしまうため，効果的な結果画像は生成できないとされていた。しかし，藤代らは 2002 年に，重要度マップに基づいた不透明度の適応的制御と，流線（streamline）を微小円柱と見立てた照明モデルの採用により，効果的に可視化できることを実証した[33]。

　図 6.5 は 3 次元 LIC の適用例を示している。(a) では，茅らのサーフェス LIC によって，スペースプレーン表面の流れが可視化されている。一方，(b) では，トルネード内部における気流の構造が藤代らのボリューム LIC によって効果的に可視化されている。

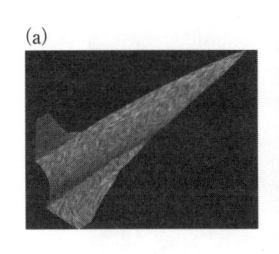

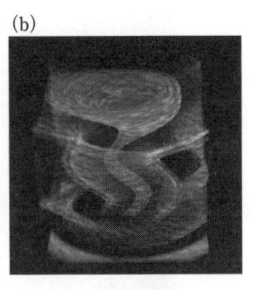

図 6.5　3 次元 LIC を用いた可視化例
(a) サーフェス LIC によるスペースプレーン表面の流れ（データ提供：藤井孝藏，JAXA），(b) ボリューム LIC によるトルネード内部の気流の流れ．（データ提供：R. Crawfis, OSU）

6.4.2　テンソル場への拡張

拡散強調 MRI 環境の改善によって，3 次元の拡散テンソル場（diffusion tensor field）の可視化に，近年とくに大きな注目が集まっている[34]．

Kindlmann らは 2000 年に，3 次元 2 次テンソルから得られる 3 つの固有値を用いて定義される特徴量である線度，面度，球度の凸結合の値をボリュームレンダリングするアイデアを提案している[35]．

図 6.6 は，ヒトの脳の拡散強調 MRI データから導出された拡散テンソルを利用して，異方質の高い領域におかれたランダムドットを反復的に拡散させる，村木，藤代らの DBT (diffusion-based tractography) 法[36] の可視化結果である．LIC 法が局所流線に沿って画素の明るさを決定するため，線を基本ドメインとするのに対し，DBT 法は拡散方程式を解くことによって，局所ボリュームにおける拡散効果を集約することから，ボリュームにドメインを拡張

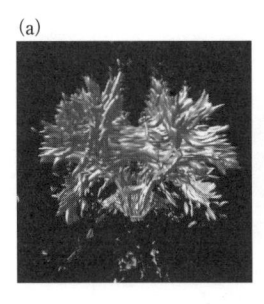

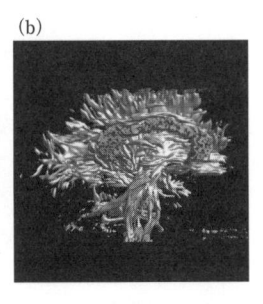

図 6.6　DBT 法によるヒトの脳の神経線維の可視化
(a) 正面図，(b) 側面図．

した手法であることがわかる．

図 6.6 (a) は前面から見た画像で，脳梁と放射冠の交差部分や，橋と橋小脳繊維の交差部分は面的拡散が大きいことがわかる．また，(b) は左脳を右から見た画像で，脳梁の断面の線的拡散が大きく，神経繊維が多く走行していることがわかる．

最大固有値に対応する固有ベクトルの方向に沿った流線を用いて神経走行を追跡するトラクトグラフィ法[37] も頻繁に利用される手法であるが，3 つの固有値の絶対値が近接する領域で生じる流線の交差に起因する曖昧さの除去が課題である．その点，DBT 法は拡散によって画素の輝度が自然に低減し，追跡中に生じる岐路選択の可能性を陰的に表現することができる．このような考え方は，前節で示した不確実性の可視化の一種と捉えることもできる．

6.5　リアルタイム可視化と並列可視化

前述した第一人称性を確保するためには，大規模なデータに対しても対話性を失うことは許されない．対象とするスカラー場に相関性があれば，プログラマブル GPU（本編 7 章を参照のこと）を利用して時空間両面にわたって効率よく可視化することができる．また，近年発展の著しいポリゴンの簡単化（simplification）を利用してデータ量を削減して効率的に表示する試みも数多く提案されてきている．さらに，主記憶に納まりきれないような大規模データを仮想記憶管理との連動で効率的に視覚ナビゲーションする機構は，out-of-core visualization とよばれ，現在の中心的研究開発課題のひとつになっている[38]．

一方，ボリュームレンダリングは，ボクセルの個数に比例する計算量を必要とする．これに対処するため，Pfister らは 1999 年に，ボリュームレイキャスティングによって，256^3 個のボクセルをもつボリュームデータをリアルタイムに可視化する，商用の専用 PCI ボード VolumePro を発表した[39]．また近年では GPU の 3D テクスチャマップ機能を利用して，同等の性能を確保する方式も知られるようになり，

計算効率面での欠点は個人ユーザーの環境でも確実に緩和されつつある。

対象領域全体を密に描くテクスチャベースの流れの可視化手法はこれまでにも複数提案されてきたが，概して計算効率の低さが大規模な問題への適用や次元拡張の際に問題視されてきた。van Wijk は 2002 年に，2 次元の流れ場の振る舞いを GPU のテクスチャ変形機能によってリアルタイムに可視化する方式を発表した[40]。この方式を採用することによって，初期時刻に特定のテクスチャを指定すれば，あらゆるテクスチャベースの可視化技法の効果を容易に得ることができる。この研究は流れの可視化アルゴリズムの統一化という点でもきわめて重要な位置を占めている。提案手法は翌年，彼自身のグループによって，ただちに曲面[41]やボリューム[42]へ拡張され，個人ユーザーの環境でもテクスチャベースの 3 次元流れ場のリアルタイム可視化はほぼ実現されたといえる。

GPGPU（general purpose computation on GPU）のコンセプトは可視化の研究開発から見た場合，とくに興味深い。なぜならば，数値シミュレーションと可視化の計算は，前述のデータフローモデルに立脚すれば，本来ダイレクトにカップリングされるべきだからである。しかし，バスのバンド幅に制約がある以上，CPU の主記憶と GPU のテクスチャメモリとのあいだでデータが相互転送される状況は極力避けなければならない。GPU 上で数値シミュレーションに属する大部分の計算も実行できれば，この問題を確実に緩和することができる。

一方，コモディティ PC クラスタをはじめとする種々のアーキテクチャをもつ汎用並列計算機を利用したボリューム可視化手法の並列化も積極的に研究されている。図 6.7 に，GPU クラスタのコンセプトに先鞭をつけた VG クラスタ[43]を用いて，テストベッドデータとして名高い Visible Human Male データ[44]の一部（512^3 ボクセル）をリアルタイム可視化した結果を示す[45]。

一方，図 6.8 は地震波伝播データのボリュームレンダリング画像である[46]。これは，地球シミュレータをはじめとする SMP クラスタ上で効率的に稼働する大規模有限要素解析ソフトウェアプラットフォーム GeoFEM[47]に含まれる非構造的ボリューム用並列ボリュームビジュアライザーによって可視化されたものである。

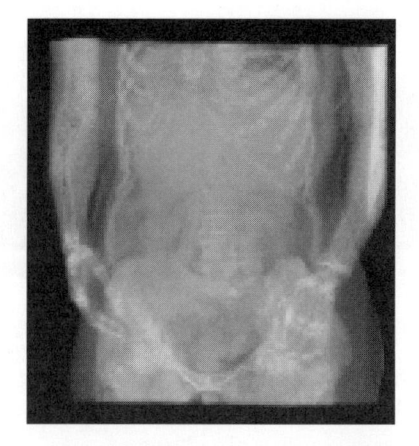

図 6.7　Visible Human Male データの可視化

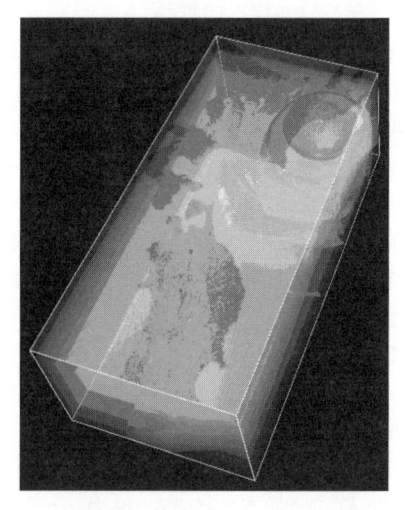

図 6.8　地震波伝播のボリュームレンダリング
（データ提供：古村孝志，東京大学地震研究所）

6.6　情報可視化

先述した可視化の本質的な特長を活かして，コンピュータアルゴリズムの動作，時間的変遷をとげる複雑なビジネスデータ，ユーザーとのコラボレーションを含む情報システムの挙動や，人間の知的活動の所産としての文書といった対象を視覚化する技術にも，90 年代後半から注目が集まった。これをインフォメーション

ビジュアリゼーション (information visualization, 情報可視化) とよんで区別することがある[48,49]。

Card はこの分野の牽引役を務めてきた IEEE InfoVis 国際シンポジウムの第1回 (1995年) で，情報可視化を，「動的な3次元CG技術を利用して，科学技術分野に限定されない，多くの場合，空間的構造をもたないデータに潜む有用な情報を，より迅速にかつ容易に理解するための技術」と定義した．科学技術という垣根が取り払われ，インターネット上に散在するさまざまな種類のデータベース資源を効果的に検索する手法として，情報可視化が利用され始めることによって，可視化の利用人口は，旧来の1万人の専門家から一挙に1億人のオーダーにまで増えるという予測もある．

情報可視化は，データベース・情報検索，インターネットなどを技術的背景にもち，エンドユーザーの知識を増幅するための総合的インタフェースを提供する技術である[1]．そのために，WIMP (windows-icons-menus-pointers) スタイルの2次元 GUI を超え，単なる情報の呈示・解析の定型的処理だけでなく，データマイニングあるいは知識発見といった非定型的な意志決定型処理を可能にする3次元メタファが種々検討されている．

たとえば，階層データとのインタラクションを可能にするコーンツリー (conetrees) とよばれる手法が，ファイルシステムの階層表示ユーティリティの3次元版として提案されている[50]．これは旧 XEROX PARC が開発した Information Visualizer とよばれる古典的な情報可視化システムが提供した3次元ウィンドウのひとつである．

図 6.9 に，コーンツリー表現に基づいて大規模な社会技術の知識構造を可視化する専用ビューアを利用して，地震防災問題のキーワード間の関連を可視化した例を示す[51]．コーンツリーでは，透視投影により，必要な副構造ほど手前に大きく映し出されるので，同じ大きさの画面内に2次元版の数百倍から数千倍の規模のディレクトリ情報を同時に可視化することができる．しかも，遠近感により，大量データの全体像を見失わずに現在探索しているポジションを

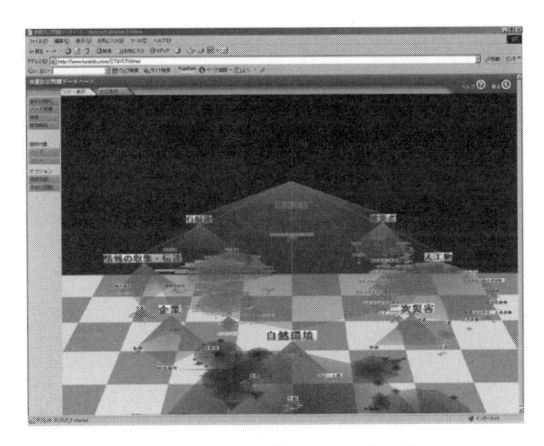

図 6.9 コーンツリーを利用した地震防災キーワード間の階層関係の可視化

確認できる．また，必要なファイルを含むディレクトリパスを直線上に並べ直す機能や部分構造の選択機能により，現在の操作対象の相対位置，対象間の自然な順位付けが明確に保持される．

同様の階層データを，長方形の入れ子構造によって表現するデータ宝石箱 (data jewelbox)[52] の適用例を図 6.10 に示す．ここでは，ウェブページのリンク関係を描くとともに，3次元棒グラフ (シティスケープ法ともよばれる) を組み合わせることによって，ページごとのアクセス頻度の俯瞰を可能にしている．

情報可視化では，これ以外にも，球面マッピング，3次元スプレッドシート，地形メタファなどが提案され，その効果が具体的な適用例に

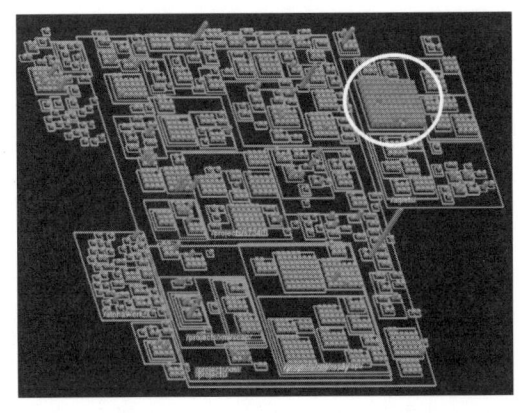

図 6.10 ウェブページのアクセス数を可視化する「データ宝石箱」
（画像提供：伊藤貴之，日本 IBM 東京基礎研究所）

よって評価され始めている。情報可視化手法はいずれも，大量データの全体像を見失わずに現在探索しているポジションを確認できるフォーカス＋コンテキスト（focus＋context）機能を有し，またその3次元GUIは，複雑な対象と旧来の操作系とのあいだの次元のくいちがいを是正し，ユーザーの心理的負担を軽減できる。そのため，ユーザーをより複雑なタスクに専念させられることから，ビジュアルデータマイニングの効果が期待されている。

前述した第一人称的な視点でユーザーに詳細な対象解析を実行させるうえで，普及しているディスプレイの表示解像度不足に対する効果的なソフトウェア的解消策が求められている。とくにアニメーションによるスムースな表示領域の移動は，ユーザーの認知地図（cognitive map）を壊さないために重要な工夫のひとつである。van Wijkらは2003年に，共通部分をもたない窓領域間を，個々のユーザーにとって最も滑らかに感じるように移動するために，ズームとパンに関連する制御パラメータ値を自動推定する方法を考案した[53]。これは，あらゆる視覚探索システムに採用されるべき価値ある補助機能である。

6.7 リアリゼーション

可視化の本質は，単に数値を絵に直すことではない。ユーザー自身の頭の中に対象のイメージを湧かせ，実感させることにある。そこでバーチャルリアリティ技術を援用して，視覚系だけでなく，聴覚や力覚系へのマッピングも利用した広義の可視化として，リアリゼーション（realization）[1]に注目が寄せられている。

たとえば，1993年に岩田らは，6自由度のフォースフィードバックデバイスを利用して，ボリューム内部の参照点における力覚情報を呈示する考え方であるボリュームハプタイゼーション（volume haptization）を提案し，ボリュームレンダリングとの併用によって，ピンポイントによる3次元スカラー場やベクトル場の定量的把握を可能にした[54]。

多感覚情報呈示は，サイエンティフィックビ

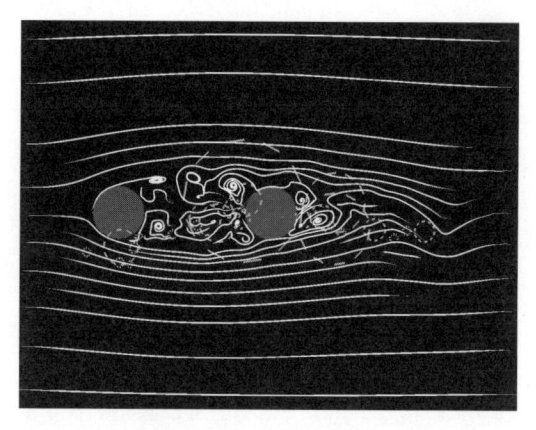

図6.11 注視点位置に合わせて適応的に配置された流線

ジュアリゼーションにおけるマルチフィールド（multifield）データや，情報可視化における多変量（multivariate）データの要素間の因果関係の解析に効果を発揮すると期待されている。

一方，対話的可視化においても，視認と入力指定のシームレスな連動が，ユーザーの心理的負担を軽減し，より複雑な解析タスクに専念させられることから，リアリゼーションは重要な役割を担っている。図6.11は，茅らが2004年に発表した，注視点検出装置を利用して，ユーザーの注視点の停留時間に応じて，その近傍ほど多くの流線のシードポイントをおく適応的配置法の結果画像である[55]。

6.8 新たな展開

6.8.1 VRCレポート

6.1節で紹介したViSCレポートのフォローアップとして，2006年1月に，VRC（Visualization Research Challenge）レポート[56]が発刊された。このレポートは，NSFの援助を受けて米国のNIH（National Institutes of Health）が2005年に開催した2回のワークショップでの討議内容をベースに，ViSCレポート刊行以降の同技術の変遷を要約するとともに，今後の研究開発に向けての主要な枠組みや課題に言及している。

VRCレポートでは，可視化を「画像や対話的な視覚表現を提供するソフトウェアシステム

の利用を通じて，人間がデータを探査したり説明したりすることを手助けすること」と再定義している．重要なことは，人間の知的活動の援助する知識増幅（artificial intelligence）技術としての可視化の性格を再確認している点である．その機能は，「人間の空間的な推論・決定能力を比喩的に（metaphorically）増強（bootstrapping）すること」により，「パターンの検出や状況の的確な把握，タスクの優先順位付け」を可能にすることであると説明している．とくに，「比喩的」という表現に，情報可視化のサイエンティフィックビジュアリゼーションへの参入可能性が強く認められる．

しかし，測定装置や高性能計算環境，インターネットなどの技術革新が進むにつれて，生成されるデータのサイズは加速度的に増大している．2003年以降に生成されたデータ量は，有史以来それまでに生成された総データ量を超え，かつその90％以上がディジタル形式をとるとともに，多次元・多変量であり，時系列を扱い，多義性を有する点で，問題を本質的により困難なものにしている．VRCレポートでは，このような現象を情報ビックバン（information big bang）とよび，今世紀の数ある挑戦的な課題のなかでも，このように過剰で複雑なデータを効果的に理解・利用するうえで，分野横断的な可視化技術の発展は最も価値あるものと位置づけている．

図6.12は，VRCレポートに示された可視化発見プロセス（visualization discovery process）である．データと可視化，ユーザーが三位一体となっている点で，ユーザーの役割が明示されていなかった旧来のデータフローモデルから大きく前進している．可視化を通じて画像化されることで，知覚・認知されたデータはユーザーの知識となり，その拡充を求めて，ユーザーはさらに進んだ可視化のためのハードウェアやアルゴリズム，特定のパラメータ値などを仕様化し，可視化に対してフィードバックする仕組みが明確にモデル化されている．

この可視化発見プロセスという新たな枠組みは，今後の可視化研究開発に対する多くの示唆を含んでいる．まず，本質的にユーザーの介入を許していることから，可視化技術のレベル向上は，半導体デバイスの性能向上を支配するといわれるムーアの法則（Moore's law）には従わないことが特徴であるとVRCレポートでは述べている．そこで，人間の知覚，認識の本質や制約，効果に関する知覚心理学の研究成果を積極的に採用することを勧めている．たとえば，Varshneyらは2005年に，ビジョンサイエンスで近年注目されている顕著度（saliency）を考慮したサーフェスモデルの可視化に関する初期の成果を報告している[57]．

ハードウェア選択に関しては，いうまでもなく4KディスプレイやHDRビデオに代表される高解像度・高精細化技術，聴覚や力覚などの多感覚情報呈示，ユビキタスデバイスによってもたらされる可搬性，高速ネットワーク利用などの急速な進展をつねに迎え入れることによって，可視化技術の継続的な向上を図ることができる．

アルゴリズム選択に関しては，6.2節で示した技法分類とは異なる観点から旧来の技法を系統化し，その適用可能性や効果の評価を行なうための可視化設計空間の工夫や専用オントロジー（ontology）の導入に関する研究が鋭意進められている．たとえばvan Wijk[58]は，図6.12の可視化発見プロセスに基づく可視化評価モデルを提案している．また藤代らは，可視化技法を目的によって分類するWehrendマトリックス（Wehrend matrix）[59,60]に基づいてシステム側が推奨技法を示唆し，対応するMVEプログラムを自動的に呼び出して半自動的に可視化を実行するGADGETシリーズを，協調的可視化環境（collaborative visualization environment）をめざして提案してきている[61~63]．

図6.13は，VRCレポートが提唱する望ましい可視化研究開発のサイクルである．明確な問題と豊富なデータが際立ったソフトウェア開発を示唆する意味で，可視化研究者と専門分野の

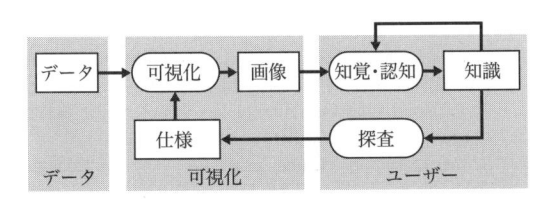

図6.12　可視化発見プロセス

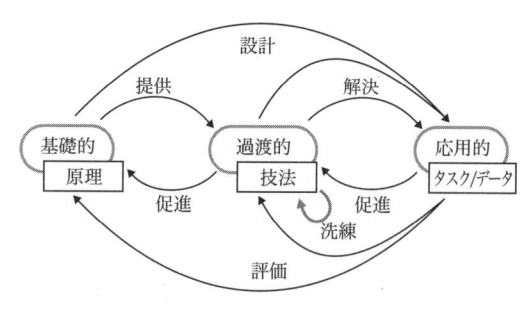

図6.13 可視化研究開発サイクル

研究者の協同は，よりいっそう重要性を帯びてくる。可視化技法の効果の定性的/定量的評価を行なううえで，"Toy"データではなく実世界のデータとタスクを蓄積するリポジトリを積極的に公開することで，基礎的原理から出発した可視化研究を，過渡的な技法開発に止めず，実世界の応用問題に実際に適用されるまで高めていくことができるとしている。逆に，下流の成果が上流の研究開発を促進させ，技法の深化や確固たる原理の確立に結実するとも述べている。

6.8.2 ビジュアルアナリティクス

上で述べてきたように，可視化は，これまで大きくサイエンティフィックビジュアリゼーションと情報可視化という2つの分野に分かれて研究開発が進められてきた。しかしデータの抽象化は，あらゆる問題解決において遍在的な方法論である。計測データから実験系をリアルに再現するだけでなく，その特徴量をグラフ化して定量的に解析するような応用からも明らかなように，1つのタスクのなかで両者は効果的に併用されるべきである。このような状況のなかで，両者の垣根を払拭し，統計，数学，知識表現，管理・発見技術，知覚・認知科学，決定科学などの知見を取り込みながら，高度な対話的視覚インタフェースを用いた解析的推論を築く科学として，ビジュアルアナリティクス（visual analytics；VA）[64]が登場してきた。VAの使命は，巨大で動的，ときに自己矛盾を起こしているような複雑なデータから，予期されることを検出するだけでなく，予期できないことも同時に発見し（to detect the expected, and to discover the unexpected），時機を得た評価を効果的に共有して行動に移すことである。米国では9.11同時多発テロ以来，国家安全のための有効な科学的方法論が渇望されており，VAはその最有力候補として採り上げられている。実際，NVAC（National Visualization and Analytics Center）とよばれる国立研究機関が設立され，5カ所の地域研究センターとともに全米規模で鋭意研究・教育が進められている。また，関連学術誌での特集や専門国際会議の発足も相俟って，VAは可視化分野で現在最も注目されている技術となっている。

文献

1) 中嶋正之，藤代一成（編著）：『コンピュータビジュアリゼーション』，共立出版，2000.
2) C. D. Hansen, C. R. Johnson (Eds.)：Visualization Handbook, Academic Press, 2004.
3) B. H. McCormick, T. A. DeFnati, M. D. Brown (Eds.)：Visualization in Scientific Computing, ACM Computer Graphics, Vol. 21, No. 6, 1987.
4) G. M. Nielson：Visualization in scientific and engineering computation, IEEE Computer, Vol. 24, No. 9, pp. 58-66, 1991.
5) G. Cameron (Ed.)：Special focus：Modular visualization environment, ACM Computer Graphics, Vol. 29, No. 2, pp. 3-60, 1995.
6) AVS：AVS Inc., http://www.avs.com/
7) SCI Run, University of Utah, http://software.sci.utah.edu/scirun.html
8) L. Hesselink, F. H. Post, J. J. van Wijk：Research issues in vector and tensor field Visualization, IEEE CG & A, Vol. 14, No. 2, pp. 76-79, 1994.
9) A. E. Kaufman (Ed.)：Volume Visualization, IEEE CS Press, 1991.
10) W. E. Lorensen, H. E. Cline：Marching Cubes：A high resolution 3D surface construction algorithm, ACM Computer Graphics, Vol. 21, No. 4, pp. 163-169, 1987.
11) 藤代一成：「情報の可視化技術」，『情報の可視化』，岸野文郎編，第3章，pp. 83-141，岩波書店，2001.
12) I. Fujishiro, Y. Maeda, H. Sato, Y. Takeshima：Volumetric data exploration using interval volume, IEEE TVCG, Vol. 2, No. 2, pp. 144-155, 1996.
13) D. C. Banks, S. A. Linton, P. K. Stockmeyer：Counting cases in substitope algorithms, IEEE TVCG, Vol. 10, No. 4, pp. 371-384, 2004.
14) M. Levoy：Display of surfaces from volume data, IEEE CG & A, Vol. 8, No. 5, pp. 29-37, 1988.
15) L. Westover：Footprint evaluation for volume rendering, ACM Computer Graphics, Vol. 24, No. 4, pp. 367-376, 1990.
16) P. Lacroute, M. Levoy：Fast volume rendering using a shear-warp factorization of the viewing transformation, in Proc. ACM SIGGRAPH 94, pp. 451-458, 1994.
17) M. P. Garrity：Raytracing irregular volume data, ACM Computer Graphics, Vol. 24, No. 5, pp. 35-40, 1990.
18) X. Mao：Splatting of non rectilinear volumes through stochastic resampling, IEEE TVCG, Vol. 2, No. 2, pp. 156-170, 1996.

19) G. Kindlmann, J. W. Durkin: Semi-automatic generation of transfer functions for direct volume rendering, in Proc. IEEE Symposium on Volume Visualization, pp. 79-86, 1988.
20) H. Pfister, B. Lorensen, C. Bajaj, G. Kindlmann, W. Schroeder, L. S. Avila, K. Martin, R. Machiraju, J. Lee: The transfer function bake-off, *IEEE CG & A*, Vol. 21, No. 3, pp. 16-22, 2001.
21) I. Fujishiro, T. Azuma, Y. Takeshima, S. Takahashi: Volume data mining using 3D field topology analysis, *IEEE CG & A*, Vol. 20, No. 5, pp. 46-51, 2000.
22) S. Takahashi, Y. Takeshima, I. Fujishiro: Volume skeletonization and its application to transfer function design, *Graphical Models*, Vol. 66, No. 1, pp. 24-49, 2004.
23) Y. Takeshima, S. Takahashi, I. Fujishiro, G. M. Nielson: Introducing topological attributes for objective-based visualization of simulated datasets, in Proc. Volume Graphics 2005, pp. 137-145, p. 236, 2005.
24) J. Kniss, G. Kindlmann, C. Hansen: Multidimensional transfer functions for interactive volume rendering, *IEEE TVCG*, Vol. 8, No. 3, pp. 270-285, 2002.
25) P. Rheingans, D. Ebert: Volume illustration: Nonphotorealistic rendering of volume Models, *IEEE TVCG*, Vol. 7, No. 3, pp. 253-264, 2001.
26) H. Pfister, M. Zwicker, J. van Baar, M. Gross: Surfels: Surface elements as rendering primitives, in Proc. ACM SIGGRAPH 2000, pp. 335-342, 2000.
27) I. Fujishiro, Y. Takeshima, K. Ono, S. Koshizuka: Point-based unification of complex data visualization, in Proc. NICOGRAPH International 2005, pp. 147-148, 2005.
28) G. Grigoryan, P. Rheingans: Point-Based Probabilistic Surfaces to Show Surface Uncertainty, *IEEE TVCG*, Vol. 10, No. 5, pp. 564-573, 2004.
29) 坂本尚久, 小山田耕二:「粒子ベースボリュームレンダリング」, 『可視化情報学会論文誌』, Vol. 27, No. 2, pp. 7-14, 2007.
30) B. Cabral, L. C. Leedom: Imaging vector fields using line integral convolution, in Proc. SIGGRAPH 93, pp. 263-270, 1993.
31) L. K. Forsell, S. D. Cohen: Using line integral convolution for flow visualization: Curvilinear grids, variable speed, and unsteady flows, *IEEE TVCG*, Vol. 1, No. 2, pp. 133-141, 1995.
32) X. Mao, M. Kikukawa, N. Fujita, A. Imamiya: Line integral convolution for arbitrary 3D surfaces though solid texturing, in Proc. 8th Eurograhics Workshop on ViSC, pp. 67-76, 1997.
33) Y. Suzuki, I. Fujishiro, L. Chen, H. Nakamura: Hardware-accelerated selective volume rendering of 3D LIC textures, in Proc. IEEE Visualization 2002, pp. 485-488, 2002.
34) DT-MRI Workshop 2003, http://www.sci.utah.edu/ncrr/workshops/dtmri03/
35) G. Kindlmann, D. Weinstein, D. Hart: Strategies for direct volume rendering of diffusion tensor fields, *IEEE TVCG*, Vol. 6, No. 2, pp. 124-138, 2000.
36) S. Muraki, I. Fujishiro, Y. Suzuki, Y. Takeshima: Diffusion-Based Tractography: Visualizing dense white matter connectivity from 3D tensor fields, in Proc. Volume Graphics 2006, pp. 119-126, p. 146, 2006.
37) 青木茂樹, 阿部 修, 増谷佳孝 (編著):『新版これでわかる拡散 MRI』, 秀潤社, 2005.
38) R. Farias, C. T. Silva: Out-of-core rendering of large, unstructured grids, *IEEE CG & A*, Vol. 21, No. 4, pp. 42-50, 2001.
39) H. Pfister, J. Hardenbergh, J. Knittel, H. Lauer, L. Seiler: The VolumePro real-time ray-casting system, in Proc. ACM SIGGRAPH99, pp. 251-260, 1999.
40) J. J. van Wijk: Image based flow visualization, *ACM TOG*, Vol. 21, No. 3, pp. 745-754, 2002.
41) J. J. van Wijk: Image based flow visualization for curved surfaces, in Proc. IEEE Visualization 2003, pp. 123-130, 2003.
42) A. Telea, J. J. van Wijk: 3D IBFV: Hardware-accelerated 3D flow visualization, in Proc. IEEE Visualization 2003, pp. 233-240, 2003.
43) S. Muraki, *et al.*: Next-generation visual supercomputing using PC clusters with volume graphics hardware devices, in DVD Proc. SuperComputing 2001, 2001.
44) Visible Human Project, NLM, NIH, http://www.nlm.nih.gov/research/visible/visible_human.html
45) M. Ogata, S. Muraki, X. Liu, K. L. Ma: The design and evaluation of a pipelined image compositing device for massively parallel volume rendering, in Proc. Volume Graphics 2003, pp. 61-68, 2003.
46) L. Chen, I. Fujishiro, K. Nakajima: Optimizing parallel performance of unstructured volume rendering for the Earth Simulator, *Parallel Computing*, Vol. 29, No. 3, pp. 355-371, 2003.
47) 藤代一成, 陳 莉, 竹島由里子:「大規模並列可視化」, 『並列有限要素解析 I ― クラスタコンピューティング』, (奥田洋司, 中島研吾編著), 培風館, 第 6 章, pp. 75-90, 2004.
48) S. K. Card, J. D. Mackinlay, B. Shneiderman (Eds.): Readings in Information Visualization, Using vision to think, Morgan Kaufmann, 1999.
49) R. Spence: Information Visualization Design for Interaction, 2nd Ed., Pearson Education, 2006.
50) G. G. Robertson, S. K. Card, J. D. Mackinlay: Information visualization using 3D interactive animation, *CACM*, Vol. 36, No. 4, pp. 56-71, 1993.
51) 藤代一成, 堀井秀之:第 3 章「社会技術の設計方法」, 第 2 節「問題の分析」, 『安全安心のための社会技術』, 堀井秀之編, 東京大学出版会, pp. 110-125, 2006.
52) T. Itoh, Y. Yamaguchi, Y. Ikeda, Y. Kajinaga: Hierarchical data visualization using a fast rectangle-packing algorithm, *IEEE TVCG*, Vol. 10, No. 3, pp. 302-313, 2004.
53) J. J. van Wijk, W. A. A. Nuij: A model for smooth viewing and navigation of large 2d information spaces, *IEEE TVCG*, Vol. 10 No. 4, pp. 447-458, 2004.
54) H. Iwata, H. Noma: Volume haptization, in Proc. IEEE Symposium on Research Frontiers in Virtual Reality, pp. 16-23, 1993.
55) D. Watanabe, X. Mao, K. Ono, A. Imamiya: Gaze-directed streamline seeding, in Proc. ACM APGV '04, p. 170, 2004.
56) C. R. Johnson, *et al.*: NIH/NSF Visualization Research Challenges January 2006, IEEE CS Press, 2006, http://tab.computer.org/vgtc/vrc/index.html
57) C. H. Lee, A. Varshney, D. W. Jacobs: Mesh saliency, *ACM TOG*, Vol. 24, No. 3, pp. 659-666, 2005.
58) J. J. van Wijk: The value of visualization, in Proc. IEEE Visualization 2005, pp. 79-86, 2005.
59) S. Wehrend, C. Lewis: A problem-oriented classification of visualization techniques, in Proc. IEEE Visualization '90, pp. 139-143, 1990.
60) P. R. Keller, M. M. Keller: Visual Cues-Practical data visu-

alization, IEEE CS Press, 1993.
61) I. Fujishiro, Y. Takeshima, Y. Ichikawa, K. Nakamura：GADGET：Goal-oriented application design guidance for modular visualization environments, in Proc. IEEE Visualization '97, pp. 245-252, 1997.
62) I. Fujishiro, R. Furuhata, Y. Ichikawa, Y. Takeshima：GADGET/IV：A taxonomic approach to semi-automatic design of information visualization applications using modular visualization environment, in Proc. IEEE Information Visualization 2000, pp. 77-83, 2000.
63) 竹島由里子，藤代一成：「GADGET/FV：流れ場の可視化アプリケーション設計支援システム」，『画像電子学会誌』，Vol. 36, No. 5, pp. 796-806, 2007.
64) J. J. Thomas, K. Cook（Eds.）：Illuminating the Path：Research and development agenda for visual analytics, IEEE CS Press, 2006, http://nvac.pnl.gov/agenda.stm

7 CG関連装置

7.1 グラフィクスハードウェアの歴史

1963年にSutherlandによって開発された最初のCGシステムといわれるSketchpad[1]は，表示装置としてランダムスキャンディスプレイを使用し，線画表示を行なうものであった（本編1章図1.2参照）。

1970年代になって，現在のラスタースキャン型のディスプレイがCG表示のために使われるようになった。このときはまた，現在も使われるCGの各種基本アルゴリズムがユタ大学などで考案された時代でもある。

1980年代には，ラスタースキャンディスプレイを出力装置とするCGハードウェアの方式が多数考案された。1982年には現在のグラフィクスハードウェアの基本技術である頂点処理を行なうGeometry Engine[3]がJim Clarkによって開発された。Sutherlandが創立したEvans & Sutherland社のフライトシミュレータ，Clarkが創立したSilicon Graphics（SGI）社のIRISシリーズは1980年代に商業的にも成功したハードウェアの代表例である（図7.1）。

また，このころはPixel Machine[4]，Connection Machineなど，レイトレーシングを高速処理する並列コンピュータも盛んに開発された。

図7.1 IRISシリーズの初期モデルIRIS1000
（写真提供：日本SGI株式会社）

図7.2 InfiniteRealityグラフィクスを搭載したワークステーションOnyx2
（写真提供：日本SGI株式会社）

日本でも研究レベルではあるが，LINKS-1[5]，SIGHT[6]，CAP[7]のような並列型の画像生成用コンピュータが開発された。

1990年代に入ると，IRIS 4D/VGXというグラフィクスワークステーションでテクスチャマッピング機能をハードウェア化したSGI社の方式が主流となり，他の方式のハードウェアは姿を消した。1996年に発表された同社のInfiniteRealityグラフィクス[8]（図7.2）により，現在のグラフィクスハードウェアの基本的なアーキテクチャが確立した。そのアーキテクチャについては次節で述べる。

1990年代後期には，NVIDIA社によってこのアーキテクチャが1チップ化され，価格が劇的に低下した。ほかにもS3，ATI，3Dlabsなどのベンダーがグラフィクスチップを開発し商用化した。現在，このようなチップはGPUとよばれている。GPUによってリアルタイムCG技術はPCの標準機能のひとつとなり，おもにゲームや3次元CADの分野を中心に，一般にも広く普及しはじめた。

1999年に発表されたNVIDIA社のGeForce 256は，複数のテクスチャ画像を合成する機能を備え，画素単位の演算機能を有したグラフィクスチップで，これがのちのプログラマブルGPUの原型となる。

2000年代になると，CGの普及に伴い，モデル表面の材質感や特殊効果などCG表現への要求が高まり，GPUに対する機能要求が増えた。チップ開発者は，個別対応を避けるためにGPU内部の命令セットを公開し，アプリケーション開発者がGPUで直接演算を行なうことを可能にした[9]。

この機能を有したGPUはプログラマブルGPUとよばれ，性能・容量・柔軟性の面で現在も進歩を続けている。GPUのプログラマブル化により，近年のリアルタイムCG技術の研究開発が大いに促進された。プログラマブルGPUについては7.3節で述べる。

図7.3は，2007年7月の段階での最新のハイエンドGPUを搭載したグラフィクスボードである。

図7.4は，各時代におけるハイエンドグラフィクスハードウェアの性能をプロットしたグラフである。グラフィクス性能の指標は複数あるが，ここでは基本的指標のひとつであるジオメトリー性能，すなわち3次元座標をもつ頂点の座標変換などを行なうポリゴン処理性能を用いた。ポリゴンは多角形であるが，現実には，滑らかな面を表現するために，メッシュ状に接続された多数の4角形または3角形が使われている。そのため，ポリゴン数は実質的には頂点数と等しく，ポリゴン頂点処理性能とよばれることもある。

図7.4を見ると，1990年以降は3年ごとに10倍の性能向上を達成していることがわかる。1990年と1998年にはグラフが不連続になっている。前者は，テクスチャマッピングがハードウェアの標準機能となりはじめた時期で，代わりに処理性能は1桁下がった。後者は，技術の主流が高価なワークステーションから安価なPC用グラフィクスチップに代わった時期である。このときには処理性能が1桁下がる代わりに，価格は約3桁下がっている。具体的には，グラフィクス部分の価格が，ハイエンドワークステーションの数千万～数億円に対して，PCグラフィクスは数万～数十万円，システム全体の価格が数億円に対して，数十万円というちがいである。

7.2 グラフィクスハードウェアの原理

7.2.1 処理の流れ

現在広く使われているグラフィクスハードウェアのアーキテクチャは，Akeleyによって確立された[10,11]。この方式の基本は，すべての物体モデルを3角形単位に分割して扱い，頂点単位で3次元座標を2次元に変換し[3]，その後，3角形を塗りつぶす[12]というものである。隠面消去としては，ハードウェア化しやすいZバッファ法を用いている。

図7.5に，グラフィクス処理の流れを示す。この図の中で，実際にグラフィクスハードウェアで処理されるのは，X，S，Dの部分である。前段のG，TはCPU上での処理である。この流れは1フレームのCG画像を作成するためのもので，たとえば60 fps（frames per second）で動作するリアルタイムCGでは，1秒間に60回，GからDまでの処理がくり返されることになる。

図7.3 NVIDIA GeForce 8800 Ultra チップを搭載したグラフィクスボード

(NVIDIA® GeForce® 8800 Ultra, ©2007 NVIDIA Corporation. All Rights reserved.)

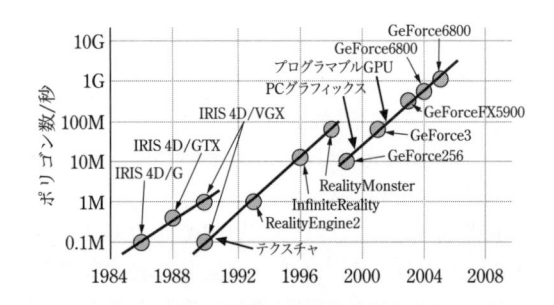

図7.4 頂点処理性能の進歩

GeForceはNVIDIA社のグラフィクスハードウェア，その他はSGI社のグラフィクスハードウェアである。

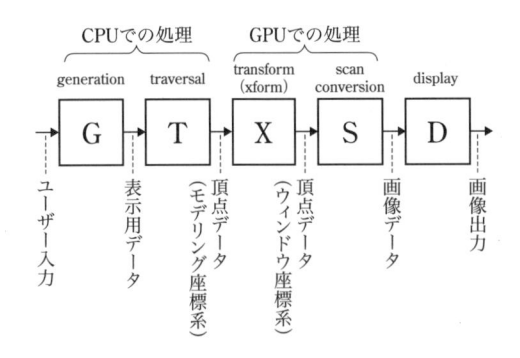

図7.5 グラフィクス処理の流れ

なお，一般にリアルタイムCGとは，30 fps以上のCG処理のことを指す。これは，ほとんどすべてのゲームで要求される性能である。一方，マウスなどで操作したときに滑らかに動くと感じられる範囲は6〜10 fps以上である。30 fpsには達しないが滑らかに動くと感じられるCG処理のことを，インタラクティブなCGとよぶ。一般に，これはCADソフトで要求される性能である。

7.2.2 CPU側での処理

グラフィクス処理の最初の処理ステージはG（generation）で，CPUの主メモリ上に，そのフレームで必要となる表示データを構築する。Gステージは次のような処理内容を含む。

- ユーザーからの入力イベント処理
- 視点・視線の設定
- モデルの動きや変形の確定
- LODの選択
- 視野カリング

次のT（traverse）ステージは，構築された表示データの中をたどり（traverseして），GPUのドライバに合わせた形式のデータを構築し，GPUに転送する。具体的にはOpenGLやDirectXのコマンドを出力することになる。データの中身は，モデルデータ，光源データ，テクスチャ画像などである。このうち，テクスチャ画像は最初に一度だけ転送し，GPUの中のテクスチャメモリに保存する。モデルデータのおもな内容はポリゴンを構成する頂点データで，各頂点には次のような情報が付随する。

- 3次元座標 (x, y, z)
- 法線ベクトル (n_x, n_y, n_z)
- テクスチャ座標 (s, t)
- 明るさデータ (r, g, b, a)

このうち，3次元座標は必須のデータで，その他はオプションとなる。これらのデータがGPUに送られる。7.2.5項で述べるマルチテクスチャを使う場合，1つの頂点が複数のテクスチャ座標をもつ。

7.2.3 頂点処理

GPUでは頂点データを受け取ると，各頂点について次々と同じ処理を行なう。一般にジオメトリー処理あるいは頂点処理とよばれるもので，この処理を行なうステージはX（transformation, xformation）とよばれる。Xステージでの主要な処理は，以下の2つである（図7.6）。

- 座標変換
- 照光（ライティング）処理

座標変換では，入力の3次元座標を最終的には画面のウィンドウ座標系に変換する。同次座標系を用い，4×4行列と4次元ベクトルとの乗算を実行する。

頂点処理のハードウェアは，このような演算を行なうベクトル演算器を複数並列で備えている（図7.7）。これらの演算器はマイクロプログラムにより制御されるプロセッサを構成する。実際には，そのようなプロセッサがさらに並列に備えられている。頂点処理では，他の頂点に関する情報を使わないため，プロセッサ間での通信は行なわない。

照光処理では，各頂点の明るさを計算する。

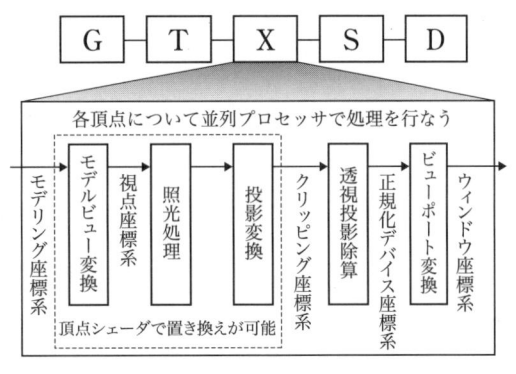

図7.6 Xステージの処理内容

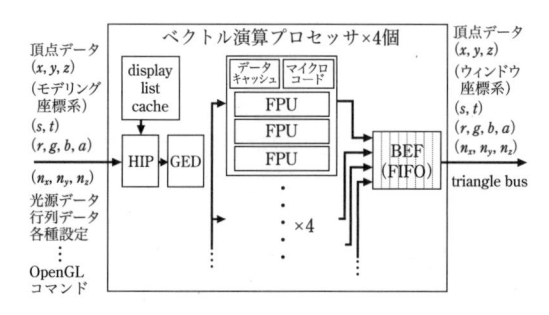

**図7.7 Xステージ（頂点処理）ハードウェアの
ブロック図の例**

HIP：host interface processor, GED：geometry element distributor, FPU：floating point unit (vector), BEF：back end FIFO, FIFO：first-in first-out buffer.
（InfiniteReality グラフィクス，1996年）

明るさは (r, g, b, a)（a は不透明度）を使って計算するため，座標変換で使うのと同じベクトル演算器を共有する。実際にはベクトル演算器は多数並列で動作し，座標変換と照光処理の両方を実行する。ここで，2つの処理は2段のパイプラインを構成しているわけではないことに注意されたい。照光処理では，次のような入力データを考慮した処理を行なう。

- 頂点位置
- 光源位置
- 光源の明るさ (r, g, b)
- 法線ベクトル（面の向き）
- 頂点が属する面の材質（係数はそれぞれ $rgba$，指数はスカラー値）
  - 環境光係数（ambient）
  - 拡散反射係数（diffuse）
  - 鏡面反射係数（specular）
  - 自己放射係数（emission）
  - 光沢指数（shininess）

すべての座標変換と照光処理終了後の頂点データは次のようになる。

- ウィンドウ座標 (x, y)
- 奥行き値 (z)
- 明るさデータ (r, g, b, a)（照光処理結果）
- 法線ベクトル (n_x, n_y, n_z)
- テクスチャ座標 (s, t)

このうち，上の2つは必須の出力データで，その他はオプションとなる。この出力データは頂点の接続情報とともに次のSステージに送られる。

7.2.4 ラスタライズ処理（フラグメント生成）

S（scan conversion）ステージは，ラスタライズ処理（フラグメント生成），テクスチャ処理，ピクセル処理の3段階に分かれる（図7.8）。これらは，それぞれ専用の演算プロセッサがある場合が多く，パイプラインとして動作している。

ラスタライズ処理では，3角形の頂点データ（ウィンドウ座標系）を入力とし，走査変換を行なって3角形内部の塗りつぶしを行ない，塗りつぶされた各画素のデータを出力する。このデータは画素の明るさ以外の情報も含んでいるため，「画素」ではなく「フラグメント」とよばれる。

3角形の走査変換では，まず頂点どうしを結ぶ辺に対応する画素列を Bresenham のアルゴリズム[13]によって求める。次に，辺上の各画素から縦または横方向にたどって3角形内部にある画素列（スパン）を求める（図7.9）。

このとき重要なのは，前節最後に示した頂点データに含まれる情報はいずれも線形補間され，3角形内部の各画素についても同じデータ構造が出力される。このデータをフラグメントとよぶ。フラグメントは線形補間後の次の情報

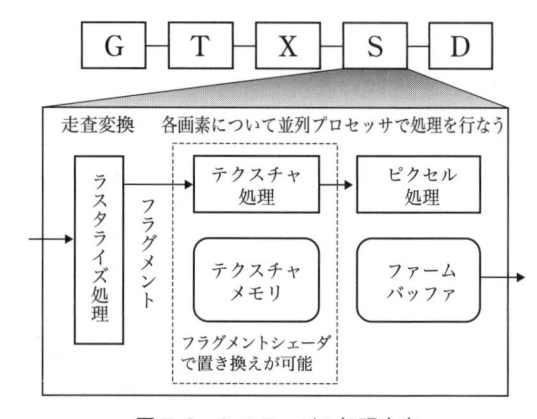

図7.8 Sステージの処理内容

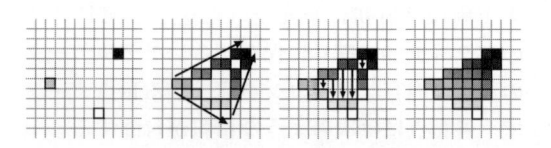

図7.9 ラスタライズ処理（走査変換）

を含む．
- ウィンドウ座標 (x, y)
- 奥行き値 (z)
- 明るさデータ (r, g, b, a)
- 法線ベクトル (n_x, n_y, n_z)
- テクスチャ座標 (s, t)

7.2.5 テクスチャ処理

フラグメントが生成されると，まず明るさデータについて，テクスチャとの合成処理を行なう．テクスチャ画像はあらかじめテクスチャメモリ上に格納されている．フラグメント内のテクスチャ座標 (s, t) からメモリアドレスを計算し，テクスチャ画像の中の対応する画素（テクセルとよぶ）を取り出す．必要に応じて近傍のテクセルとの重み付け後の画素を取り出す（フィルタリング）．

テクセルとフラグメント内の明るさ（照光処理結果）との合成はいくつかの方法があり，次のようなものを含む．
- 変調（modulate）
- 混合（blend）
- 置き換え（replace）
- 加算（add）
- 組合せ（combine）

このうち，組合せは複数のテクスチャ画像（マルチテクスチャ）を使う機能で，コンバイナとよばれる．コンバイナでは，テクセルを合成する演算内容を細かく設定することができる．

7.2.6 ピクセル処理（フラグメント処理）

フラグメントに対する最後の一連の処理は，多数の並列のプロセッサによるピクセル処理である．フラグメント処理とよばれたり，ROP（raster operation）とよばれたりすることもある．

画面上の各画素についてプロセッサが割り当てられ，各プロセッサには担当画素にかかるフラグメントが入力される．たとえば，ある画素を2つの3角形がカバーしている場合，担当プロセッサがその画素を処理するときには2つのフラグメントが順次与えられる．

ピクセル処理では，プロセッサは担当する画素以外の画素に関する情報はもたない．すなわち，プロセッサ間の通信は行なわない．

典型的なピクセル処理の例は，隠面消去アルゴリズムであるZバッファ法を実現する「奥行きテスト」である．プロセッサは，与えられたフラグメントの奥行き値で，最も手前に相当するフラグメントを画素データに記憶する．新たなフラグメントが与えられると，その入力フラグメント中の奥行き値（z 値）を調べ，記憶しているフラグメントの奥行き値よりも手前の場合は入力フラグメントによって画素データの記憶を置き換え，そうでない場合は入力フラグメントを無視する．

ピクセル処理のその他の例として，以下のものが含まれる．
- アルファテスト（半透明の合成）
- ステンシルテスト（マスキング）
- 合成（既存画素の明るさとの混合）
- その他（フォグ効果付与，論理演算など）

ピクセル処理の出力としては，フラグメントのうち，明るさ (r, g, b, a) と奥行き値 z がフレームバッファに格納される．このうち，次のD（display）ステージには，明るさの (r, g, b) だけが渡される．

7.2.7 画像出力

グラフィクス処理の流れで，D（display）に対応する部分は，GPUチップではなく，グラフィクスボード上に載っている画像出力部に相当する．Dステージでは，ボード上のフレームバッファから画像データを読み出し，VGAコネクタやDVIコネクタからの信号出力に変換する．

7.2.8 マルチパスレンダリング

本節でこれまで述べたグラフィクスハードウェアの標準的な使い方で表現できる描画手法は限られている．しかし，いったん作成した画像を中間画像とみなし，それらをテクスチャとして扱ったり，次に作成した画像と合成したりすることで，アプリケーションプログラマーはより高度な描画アルゴリズムを実現できる．このように，複数回の描画で1フレームの画像を出力する手法を総称してマルチパスレンダリング

とよぶ。

　従来の GPU では，フレームバッファへの描画結果を前段にフィードバックする際の処理速度が遅い場合が多かった。しかし，2005 年ごろから，フレームバッファオブジェクト，render-to-texture，頂点テクスチャなどの機能が実装されはじめ，フィードバック性能が改善された。これにより，マルチパスレンダリングはより扱いやすくなった。

　マルチパスレンダリングにより実現できるアルゴリズムの例として次のようなものがある。
- 被写界深度（焦点ボケ）
- モーションブラー
- シャドー（影付け）
- バンプマッピング
- 近似反射処理（動的キューブマッピング）

　なお，次節で述べるプログラマブル GPU のシェーダ機能を用いると，マルチパスが必要な多くのアルゴリズムをシングルパス（1 回の描画）で実現できる。

7.3　プログラマブル GPU とシェーディング言語

7.3.1　固定機能パイプライン

　前節で述べたように，グラフィックスハードウェアは，GPU の内部に，頂点処理の並列プロセッサ，ラスタライズ処理の並列プロセッサ，テクスチャ処理の並列プロセッサ，ピクセル処理の並列プロセッサを備えている。

　これらは，いくつものマイクロプログラムにより制御されている。それらのマイクロプログラムはチップベンダーがドライバの中に埋め込んでいるものである。これにより OpenGL や DirectX の標準的な描画アルゴリズムが動作する。このときの GPU の処理は「固定機能パイプライン」とよばれる。

7.3.2　シェーダプログラム

　一方で，GPU ベンダーは，基本的な演算を行なう短いマイクロプログラムを数十程度用意し，アセンブラ命令を使って呼び出せるようにしている。アプリケーションプログラマは，このアセンブラ命令を組み合わせたプログラムにより固定機能パイプラインに対して機能を置き換えたり追加したりできる。このプログラムのことをシェーダとよび，シェーダ機能をもつ GPU のことをプログラマブル GPU とよぶ。なお現在では，7.3.5 項で述べるような高級言語でシェーダを記述するのが一般的である。

　シェーダには，X ステージの頂点処理を行なう頂点シェーダと，S ステージの処理を行なうフラグメントシェーダ（ピクセルシェーダともよばれる）がある。

　頂点シェーダのプログラムは，つねに 1 つの頂点に対する処理を行ない，他の頂点の情報はまったくもたない。フラグメントシェーダは，つねに 1 つのフラグメントに対する処理を行ない，他のフラグメントの情報はまったくもたない。これらのシェーダプログラムは，自動的に，それぞれ与えられた頂点数，発生したフラグメント数の分だけくり返し呼び出される。また，複数のプロセッサで自動的に並列実行される。

7.3.3　シェーダの担当する処理

　固定機能パイプラインのすべてがプログラマブルになっているわけではない。頂点シェーダは，X ステージの中のモデルビュー変換・照光処理・投影変換の処理内容を置き換えたり追加演算したりすることはできる（図 7.6 の破線部分）。しかし，透視投影除算とビューポート変換は置き換えられず，必ず実行される。S ステージの中では，ラスタライズ処理は置き換え不可能で，必ず実行される。

　フラグメントシェーダは，ラスタライズ処理後の補間されたフラグメントに対して任意の演算を行ない，テクスチャ処理の一部または全部を置き換えることができる（図 7.8 の破線部分）。しかし，ピクセル処理に関しては置き換えることはできず，シェーダ外のアプリケーションプログラムの指定に従って固定機能パイプラインと同様の動作をすることとなる。

　プログラマから見ると，頂点シェーダで自分が出力したデータ構造がそのままフラグメントシェーダでの入力データ構造となる（7.2.3 項の最後で列挙したデータ構造）。しかし，両シェーダのあいだでいつのまにかデータの中身は

補間された値になる。また，塗りつぶされたぶんだけフラグメントシェーダは多くの回数よばれる。

7.3.4 シェーダの動作原理

初期のシェーダの動作原理を図7.10に示す。シェーダの命令によりマイクロコードが呼び出され，マイクロ命令が1ステップずつ実行される。マイクロ命令は多数のビットのビット列であり，各ビットは，複数の演算回路やデータ記憶間の特定の経路のスイッチを制御する。

マイクロコードをいかにうまくつくるかは演算アルゴリズムの効率，ひいてはGPUの性能を大きく左右する。たとえば，多数用意されている演算ユニットを同時に稼働させる工夫をマイクロコードで実現するのは重要なことである。

現在のGPUでは，シェーダの命令ごとに専用の回路を備えているといわれている。マイクロコード方式のような回路共通化を行なわないぶんチップ面積は増えるが，集積度の向上によってより単純で高速な方式が可能になったものと思われる。

最新のGPUでは，頂点シェーダとフラグメントシェーダとで共通の演算ユニットを用いるユニファイドシェーダが実現されている。これにより，頂点シェーダとフラグメントシェーダのうち負荷の高いほうに多くの演算ユニットを割り当てることができるようになった。

7.3.5 高級言語によるシェーダプログラミング

初期のプログラマブルGPUでは，シェーダはすべてアセンブリ命令で記述する必要があった。しかし，その後，Cライクな言語で記述したプログラムをコンパイルして実行することができるようになった。現在，NVIDIA社のCg（C for graphics）[14,15]，マイクロソフト社のHLSL（high-level shading language），OpenGLの拡張機能としてのGLSL（OpenGL shading language）[16]が，シェーダを記述する高級言語，すなわちシェーディング言語として使われている。

7.3.6 シェーディング言語の発展

もともとシェーディング言語は，GPUが生まれるはるか前から，物体モデル表面の描画方法を記述するために使われていた。最初のシェーディング言語はCookが1984年に考案したshade tree[17]といわれている。翌年には画素ごとの演算を記述するimage synthesizer[18]によりソリッドテクスチャが初めて実現された。これは現在のフラグメントシェーダの原型といえるものである。

1990年には，物体の表面だけでなく，シーン全体も記述することのできるRenderMan[19,20]が考案され，映画制作などで使われる標準的なシェーディング言語となった。標準シェーディング言語による記述は，描画ソフトウェアいわゆるレンダラに依存せずに映像制作が進められるため，映画におけるCG制作のノウハウ蓄積が進んだ。また，レンダラ開発者にとってもインタフェース部分の標準化により効率のよい開発が可能になった。このように，RenderManはCGの普及に大きく寄与した。

1998年に，Olanoはシェーディング言語をリアルタイムCGとして実行するグラフィクスハードウェアpixel flow[21]を開発した。OlanoはまもなくSGI社に移り，同社のグラフィクスハードウェア上でマルチパスレンダリングの処理を記述するためのシェーディング言語ISL（interactive shading language）[22]を開発した。

プログラマブルGPUが登場すると，前節で述べたように，シェーディング言語はその動作記述言語となった。現在では，時間をかけて1フレームを描画する高品質な映像の制作ではRenderManが，ゲームなどのリアルタイムCG

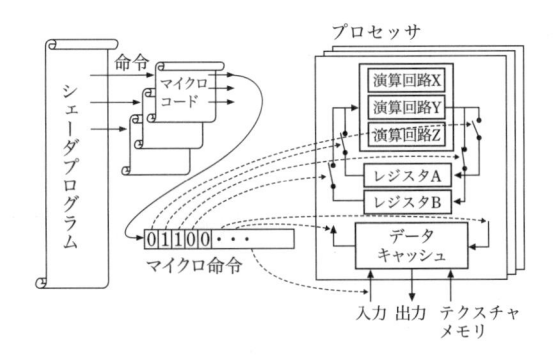

図7.10 初期のシェーダの動作原理

では Cg，HLSL，GLSL の 3 つが使われている。

7.4 特殊表示装置

本章でこれまで述べた技術は，リアルタイムに（滑らかな動画として高速に），リアリティのある（本物らしい）画像を生成することを目的としている。しかし，これを通常の表示装置で見ても，あくまで画面の枠の中の世界にしか見えない。ユーザーに本物を見ているかのように感じさせるためには，表示装置そのものにも工夫が必要である。本節では，そのような臨場感あるいは没入感（immersiveness）のある特殊表示装置について述べる。これらの装置はしばしば VR（virtual reality）システムの要素技術として活用される。

なお，本節で述べる表示装置は，ほとんどすべての場合，両眼立体視システムとなっている。

7.4.1 CAVE

もっともよく知られている特殊表示装置として，1992 年にイリノイ大が発表した CAVE（cave automatic virtual environment）システムがある[23]。洞窟という意味の名前どおり，スクリーンが見る者を囲むように配置される。背面投影型のプロジェクタを使用する場合がほとんどである。同様のシステムは世界中で構築されており，CAVE は普通名詞のように使われている。

国内でも CAVE タイプのスクリーンは多数つくられている。東大の CABIN[24] は，最もよく知られている CAVE タイプスクリーンのひとつである。

CAVE は各スクリーン面が正方形である場合がほとんどで，最低でも前面・側面・天井または床面の 4 面のスクリーンをもつ。ハードタイプのスクリーンが必要で，機構も大がかりになるため，コストは高い。CAVE システムとよぶことはないが，応用分野によっては前面と床面の 2 面の簡易システムも用いられる（図 7.11）。

図 7.11　CAVE システムの例

CAVE は，科学技術計算結果（おもに空間分布のデータ）を可視化して観察したり，自動車の運転席から見た内装（インテリア）を CG 表示してレビューしたりする応用で用いられる。

7.4.2 壁型スクリーン

横長でフラットな大型スクリーンに複数のプロジェクタで投影するもので，横並びの 2 台のプロジェクタを使う小規模なものから，横 3 台・縦 2 段の 6 台のプロジェクタを使う大規模なものまでさまざまである（図 7.12）。

フラットにする利点は，表示対象物の歪みが少なく，モデルの直線部分がスクリーンでも直線として表示されるという点である。没入感よりも，表示対象が決まっていて，それに対する観察を重視する場合が多い。自動車の外観（エクステリア）デザインを CG で表示し，実寸大でレビューするのは典型的な壁型スクリーンの応用分野で，世界中のほとんどの自動車メーカーが導入している。

壁型スクリーンでは背面投影型のプロジェクタを使うことが多い。これは，スクリーンのすぐ前に複数の人が立っても，スクリーンに影ができないためである。

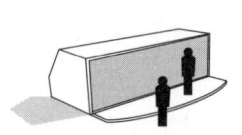

図 7.12　壁型のフラットスクリーン

7.4.3 可変型スクリーン

1つのシステムで，用途にCAVE型・壁型・折り曲げ型などに変更できるタイプのスクリーンである（図7.13）。

7.4.4 デスク型スクリーン

背面投影プロジェクタで小型スクリーンを斜めまたは水平に配置するタイプのシステムで，少人数での利用に限られる。科学技術計算結果の可視化や，医療分野における手術シミュレーションシステムで使われる（図7.14）。

また，水平タイプ（平置き形）のものは地形表示に適しており，建築シミュレーション，電力会社の送電線敷設プランニング，軍事用のシミュレーションなどに用いられる。

水平タイプスクリーンは，立体視した場合に，少ない飛び出し量で大きな立体感を感じることができるため，立体視応用での可能性も大きい。

7.4.5 アーチ型スクリーン

湾曲させた横長のスクリーンで，横方向をカバーする視野角が大きく，没入感が高いのが特徴である。アーチ型だと背面投影では画像の歪みが大きいので，前面投影を用いる。そのため，観察者が座席に座ることを想定でき，高い没入感を要求されるシアターで採用する場合がほとんどである（図7.15）。

また，円筒型で360度をカバーするスクリーンもある。

7.4.6 球面型スクリーン

横方向だけでなく，高さ方向にも湾曲させたスクリーンで，球面の一部を切り取った形状のスクリーンである。すべて前面投影で，複数のプロジェクタで投影する場合はプロジェクタ投影面の境界付近は必ず重複するため，境界部で明るさを調整するブレンディング技術が不可欠である。

球面型ではスクリーン上での画像の歪みが大きいため，歪み補正を行なう必要がある。たとえば，あらかじめ歪みを逆算したメッシュ形状を作成し，通常の表示画像をテクスチャとしてその形状に貼り付けた結果を表示するマルチパスレンダリングによって補正が実現できる。また最近では，プロジェクタに歪み補正機能を内蔵していることも多い。

球面型スクリーンは横6～7mの大規模なものから，1人用で幅・高さ1～2m程度のものまでさまざまである（図7.16）。

7.4.7 全天周型スクリーン（ドームシアター）

半球面の大型スクリーンに投影するシステムで，プラネタリウムなどの本格的なシアターで用いられる。1970年代からカナダのIMAX社が取り組んで商業的にも成功しており，日本でも，博覧会での展示のほか，各地で常設のシス

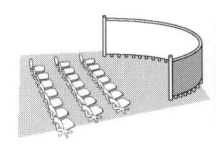

図7.15　アーチ型スクリーン

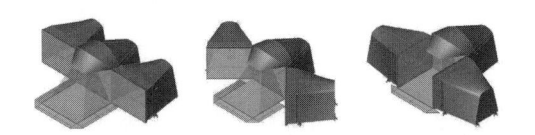

図7.13　可変型スクリーン

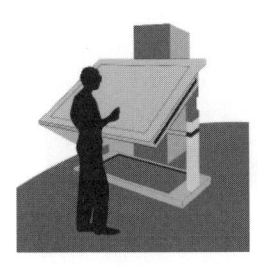

図7.14　デスク型スクリーン

図7.16　球面型スクリーン
（写真提供：日本バイナリー株式会社）

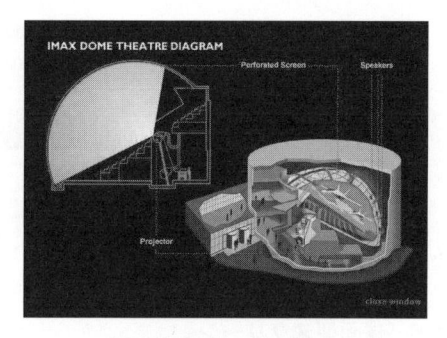

図7.17 ドームシアター
（写真提供：IMAX Inc.）

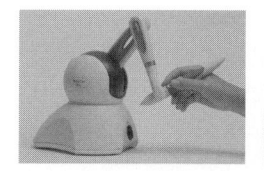

図7.18 PHANTOMによる6自由度入力
（写真提供：SensAble Technologies, Inc.）

テムが導入されている。

IMAXのドームシアターでは，半球面のスクリーンの大部分をカバーするように専用の魚眼レンズプロジェクタから投影し，横の視野角はほぼ180度，縦の視野角も130度以上になり，人の視野のほとんどを映像で覆うことができる（図7.17）。CGよりも，ドームシアター用に撮影あるいは変換された実写の映画を上映することが多い。

プラネタリウムの場合，星を表示する専用の投影装置とは別に，映像表示用のプロジェクタを併用する場合がほとんどである。カバーする範囲が広いため，複数プロジェクタでブレンディングと歪み補正を行なう場合が多い。

7.5　3D入力技術

リアルタイムCG技術の進歩により，3D CGに特有の入力技術の必要性も高まっている。本節では，インタラクティブな操作のための特殊入力装置と，3次元の動きデータ，あるいは3次元の形状データ取得のための技術について簡単に触れる。

7.5.1　3次元ポインタ

ペン型やボール型の装置を手で操作することにより3次元の位置を入力する。向きも含めて6自由度のデータを入力できるものもある。

1990年ごろの初期のVRシステムでは，磁気センサによる6自由度の座標入力デバイスが盛んに用いられ，現在でも利用されているが，金属による磁気の乱れが大きく，高い精度を保つのは困難である。

また，手が浮いている状態で安定した座標を入力することは困難であるため，力覚フィードバックを与えて，物体表面に当たる状態を再現したり抵抗を適切に制御したりすることが重要な技術となる。

Sensable Technologies社のPHANTOMは，アームに取り付けたペン型のデバイスで，アーム関節の角度で検知できる3自由度または6自由度の座標入力を行なう装置である。ペン先が物に当たったかのような感覚を与えるハプティックデバイスになっている（図7.18）。

東工大で開発されたSPIDAR[25]は，立方体のフレームを構成する8方向のコーナーからワイヤーでつながったボールを手で操作する入力デバイスで，精度が高く，力覚フィードバックも詳細に制御できることが特徴である（図7.19）。

7.5.2　モーションキャプチャ

身体の動作をデータ化するための技術で，モーキャップ（mocap）ともよばれる。非常にリアルな動きをCGキャラクタにつけることができるため，広く使われている（図7.20）。

身体表面にマーカーを貼り付けて動きを取得

図7.19　SPIDAR
（写真提供：株式会社サイヴァース，東京工業大学佐藤誠研究室）

図 7.20 モーションキャプチャ装置の例
(写真提供：東京工科大学片柳研究所クリエイティブ・ラボ)

する光学式，磁気センサを貼り付ける磁気式，関節角を取得する骨組みモデルのような装置を装着する機械式，動きの画像を撮影して認識技術を使う動画像処理方式とに分けられる。

光学式では，光を放つアクティブ方式と，再帰性反射材を使ったパッシブ方式がある。いずれも複数台のカメラで撮影した画像からマーカー位置を認識・推定することで，動きデータを構築する。コスト面や手軽さから，再帰性反射材を使う方式が多く使われている。マーカー方式はマーカーが隠れた場合に位置を検知できなくなる欠点があるが，より多くのカメラを使うことでこれを補うことができる。

磁気式は，位置データを直接取得でき，センサが隠れても関係ないという長所があるが，金属などによる磁気の乱れに弱いため，精度に問題が出る欠点がある。また，センサにワイヤーをつなぐ必要があるため，動きに制限がつく欠点がある。

機械式は安価ではあるが，装置が重くなる，動きの制限が大きいという欠点がある。

動画像処理方式は研究レベルでは行なわれている[26]が，まだ商用化はされていない。

モーションキャプチャの最大の応用分野はゲームである。3D CGで表示されるゲームのキャラクターの多くが，モーションキャプチャを基にしたデータである。

モーションキャプチャによってリアルな動きをつけることが可能だが，人間の動きが基になっているため，現実的な動きしかできないという制限がある。また，CG映像になったときには，見る人々はデフォルメされた動きを期待するため，現実と同じ動きをすると物足りない印象を与えてしまう。このため，モーキャプの演技者はわざと大げさな動きをすることが要求される。また，データを編集することも行なわれるが，作業が煩雑なうえ，モーキャプのデータは取得周波数が数百Hzに及ぶため，データ量が膨大で扱いが難しい。最近では，モーキャプの動きに対して効率よく演出を含む動きを付加する技術の研究も行なわれている。

7.5.3 3D形状入力

複雑な形状をモデリングソフトで作成するのは困難な作業であることが多い。実物があれば，距離画像を撮影することで高い精度のデータが得られる。

レンジセンサで距離画像を取得する方式のほか，2方向から撮影した画像で形を推定する方式が使われる。また，光を当て拡散反射成分を撮影して，明るさから形を推定する方式などが研究されている。

レンジセンサによる取得は，人体程度の比較的小さな物体に対して行なう。2方向からの撮影は，地形データの取得で使われることが多い。

このようなデータは物体表面の多数の点の座標として得られるため，点群データとよばれる。点群データは，画像も同時に取得できる場合が多く，構築した形状モデルに貼り付けるテクスチャ画像も得られる。

点群データの欠点は，点どうしの接続関係が得られないため，前計算により時間をかけてポリゴンデータに変換する必要があることである。

このような欠点を補うため，接続関係をもたずにすべての点を独立に描画する手法が考案されている。最近では，プログラマブルGPUを利用して点群を直接高速に表示する手法も研究されている[27]。

また，点群データは通常大量のデータとなるため，LOD (level of detail) の技術で簡素化する必要がある。見る角度に応じて適切に簡素化を行なう手法[26,28]などLODの生成に関しては多くの研究開発が行なわれた。

ここ数年は，点群データを取得する技術を利用し，文化財の形状をデータ化しアーカイブす

ることが行なわれている。ミケランジェロ・プロジェクト[29]，鎌倉の大仏のデータ化[30]など実験的に成功している。コンピュータの記憶容量の増大やグラフィックスハードウェアの性能向上は現在も続いており，点群データによるアーカイブは今後より扱いやすくなり，重要な応用分野となると考えられる。

文献

1) I.E. Sutherland：Sketchpad：A Man Machine Graphical Communication System, Proc.AFIPS Spring Joint Computer Conference, pp.329-346, 1963.
2) J. D. Foley, et al.：Computer Graphics：Principles and Practice 2nd ed. In C,（邦訳：コンピュータグラフィクス理論と実践）, Addison-Wesley, 1996.
3) J. Clark：The Geometry Engine：A VLSI Geometry System for Graphics, Proc. SIGGRAPH'82, 127-133, 1982.
4) M. Potmesil, E. Hoffert：Pixel Machine：A Parallel Image Computer, Proc. SIGGRAPH'89, 69-78, 1989.
5) 出口ほか：「コンピュータグラフィクスシステム LINKS-1 における画像生成の高速化手法」,『情処論』, **25**(6), 944-952, 1984.
6) 成瀬ほか：「CG 計算機 SIGHT の性能解析」,『信学論』D-2, **74**(2), 166-174, 1991.
7) 石井ほか：「高並列計算機 CAP」,『信学論』, D, **71**(8), 1375-1382, 1988.
8) J.S. Montrym, et al.：InfiniteReality：A Real-Time Graphics System, Proc. SIGGRAPH'97, 293-302, 1997.
9) E. Lindholm, et al.：A User-programmable Vertex Engine, Proc. SIGGRAPH 2001, 149-158, 2001.
10) K. Akeley, T. Jermoluk：High-Performance Polygon Rendering, Proc. SIGGRAPH'88, 239-246, 1988.
11) K. Akeley：The Silicon Graphics 4D/240GTX Superworkstation, *IEEE CG & A*, **9**(4), 71-83, 1989.
12) J. Pineda：A Parallel Algorithm for Polygon Rasterization Proc. SIGGRAPH'88, 17-20, 1988.
13) J. E. Bresenham：Algorithms for Computer Control of a Digital Plotter, *IBM Systems Journal*, **4**(1), 25-30, 1965.
14) W. R. Mark：Cg：A System for Programming Graphics Hardware in a C-like Language, Proc. SIGGRAPH 2003, 896-907, 2003.
15) R. Fernado, et al.：The Cg：Tutorial 日本語版―プログラム可能なリアルタイムグラフィクス完全ガイド，ボーンデジタル，2003.
16) R. J. Rost：OpenGL Shading Language, Addison-Wesley, 2004.
17) R. L. Cook：Shade Trees, Proc. SIGGRAPH'84, 223-231, 1984.
18) K. Perlin：An Image Synthesizer, Proc. SIGGRAPH'85, 287-296, 1985.
19) P. Hanrahan, J. Lawson：A Language for Shading and Lighting Calculations, Proc. SIGGRAPH'90, 289-298, 1985.
20) S. Upstill：The RenderMan Companion：A Programmer's Guide to Realistic Computer Graphics, Addison-Wesley, 1990.
21) M. Olano, A. Lastra：A Shading Language on Graphics Hardware：The Pixelflow Shading Systerm, Proc. SIGGRAPH'98, 159-168, 1998.
22) M. Peercy, et al.：Interactive Multipass Programmable Shading, Proc. SIGGRAPH 2001, 425-432, 2001.
23) C. Cruz-Neira, et al.：Surround-screen projection-based virtual reality：the design and implementation of the CAVE, Proc. SIGGRAPH 93, 135-142, 1993.
24) 廣瀬：「多画面型全天周ディスプレイ（CABIN）の開発とその特性評価」,『信学誌』, D-II, **J81-D-II**(5), 888-896, 1998.
25) 山田ほか：「力覚提示を伴う仮想物体の両手多指操作環境の開発」,『信学論』, **J84-D-II**(6), 2001.
26) 米元ほか：多視点動画像処理による非接触式実時間モーションキャプチャシステム,『情処研報』, 1999-CVIM-119, 71-78, 1999.
27) 川田，金井：「GPU による直接的ポイントレンダリング」,『画電誌』, **35**(4), 261-268, 2006.
28) H. Hoppe：View-Dependent Refinement of Progressive Meshes, Proc. SIGGRAPH'97, 189-198, 1997.
29) M. Levoy, et al.：The Digital michelangelo Project：3D Scanning of Large Statues, Proc. SIGGRAPH 2000, 131-144, 2000.
30) 池内ほか：「The Great Buddha Project―大規模文化遺産のデジタルコンテンツ化」,『VR 学会論文誌』, **7**(1), 103-113, 2002.

第III編
メディア技術編

1 通信・放送

1.1 IPTV

1.1.1 はじめに

インターネットの普及とアクセス回線の高速化に伴い，インターネットで提供されるコンテンツの種類とサービスの種別が年々広がっている。国内においてもブロードバンドユーザーに対し，高品質な映像を配信する放送サービスを提供するインターネット放送事業者が出現し，従来の地上波，衛星，ケーブルを用いた放送サービスとの垣根がなくなりつつある。これは，動画像圧縮技術とIPネットワークでのストリーミング技術，IPマルチキャスト技術などのコンテンツ配信技術が急速に進展したことによる。今後，さらなる技術の進展により，通信メディアと放送メディアの連携によるサービスの高度化が期待される。

ブロードバンドネットワークを利用した映像配信は，PC向けストリーミングとTV向けIP放送，およびVOD，いわゆるIPTVサービスに分類される。ここでは，通信・放送の連携を実現する代表的なサービスであるIPTVサービスについて，その構成技術および標準化動向について記述する。

1.1.2 概説

ユーザーが身近に利用しているテレビを，PC，電話に続く第3の端末ととらえ，ブロードバンドIPネットワークを利用して映像配信サービスを提供するのがIPTVサービスである。

IPで映像をテレビに配信する試みは，ISDNの時代から実施されてきたが，コンテンツ，品質および機能が，放送事業者が提供する映像サービスと同レベルと認知されはじめたのは2002年から2004年にかけて，世界的にスタートしたブロードバンドを利用した映像配信サービス，いわゆるIPTVサービスからである。IPTVサービスの成功事例として注目を浴びたのが，イタリアのISPであるFastWeb社が提供するIPTVサービスである。2002年10月に開始以来，加入者は急速に伸びており，すでに地上デジタル放送の再送信サービスも提供している。

1.1.3 技術動向

現在，各国で提供されているIPTVサービスの大半が，ADSL回線にてMPEG-2の4 Mbps程度のSD品質映像を配信している。また，採用している技術方式はサービス提供者ごとに独自であり，そのため，複数のサービスに加入するためには個別の受信端末（STB）を要する。そのため，現行のIPTVサービスの加入者数は，他の放送サービスの加入者数と比較すると大幅に低い。

現在のIPTVサービス市場を拡大するためには，第1にIPTVサービスの技術方式の標準化を図る必要がある。現在提供されているIPTVサービスで用いられている方式は日本国内でも多数存在し，サービスおよび装置の互換性がない。標準化により，市販AV家電への実装など受信端末の普及促進が期待できる。また，標準化される技術方式はデジタル放送サービスとの継承性の実現が重要となる。

市場拡大の第2のポイントは，通信放送連携を促進するメディア連携技術の採用である。IPTVサービスを提供するインフラを通信事業者・放送事業者が共通で利用可能なサービス基盤とする。IPを利用する放送事業者のサービスとしては，放送事業者がアーカイブスコンテンツをVODとして提供するサービスや，今後

サービス開始が予定されているサーバ型放送サービスが該当する。サーバ型放送サービスでは，放送波とともに通信回線を利用して番組を端末にダウンロードするサービスや，見たい番組を好きなときにサーバから VOD 形式で視聴するサービスなどがあげられる。ここで，番組の視聴制御（開始・終了）は，放送サービスからシームレスに移行するために，デジタル放送にて採用されている技術（例：BML）を用いることが重要となる。この方式を通信事業者が提供するサービス（VOD など）と共通化することにより，さまざまな相乗効果が生まれる。たとえば，ビジネス連携が締結され，異なる事業者間，たとえば放送事業者のサービスと通信事業者のサービスをシームレスに切り替えることが可能となり，ユーザーの利便性を向上させることができるようになる。

第3の市場拡大のポイントは，高品質ハイビジョン番組をより多くの加入者（現行の数十万規模から数百万規模に拡大）に経済的に配信できることである。ベストエフォート網を用いるIPTV サービスでは同時アクセス数の増加，他サービスとの併用時に品質の劣化が発生する。現在，トライアルが進められている NGN（next generation network）においては，品質に対するさまざまな要求条件に対応できる機能が提供される。そこで，NGN 上に映像配信プラットフォームを構築すれば，番組コンテンツ伝送に要求される品質を確保してサービスを提供することが実現される。

以上の3つのポイントを満たした新たなIPTV サービスを，次世代 IPTV サービスとよぶ。

1.1.4 IPTV の基盤技術

デジタル放送番組は，従来の映像音声以外に，データ放送など付随するコンテンツが多重されている。放送番組コンテンツを通信メディアにて伝送する技術として，DVB（digital video broadcasting）over IP 技術がある。本技術はIP 上で，デジタル放送規格のひとつであるDVB 規格を満たすことを目的としたものである。DVB over IP と MPEG over IP のちがいは，後者が単一 MPEG-2 ビデオを RTP にて配信するのに対し，前者は MPEG-2 SPTS，MPTS を配信可能とする。すなわち，ビデオ情報だけでなく，EPG（電子番組表）のためのサービスインフォメーション情報，番組ごとのデータ放送コンテンツも多重し伝送する。

本技術を用いることにより，IP ネットワークを用いた場合においても，衛星や地上波などの放送メディアを用いた場合とのサービスおよびコンテンツに対する要求条件の均一化を維持することができる。本技術により，番組配信技術，番組ナビゲーション技術（番組検索），コンテンツ保護技術の共通化が可能となり，通信と放送における IP を用いる映像配信プラットフォームの共通化が可能となる。また，これらの連携技術は端末の共通化によるシステムの経済化を実現する。

図1.1 に，受信機における処理モジュールを可能なかぎり共通化した場合の構成例を示す。次世代 IPTV 対応テレビ一体型として実現した受信機を図1.2 に示す。テレビ一体型受信機では直接，イーサーケーブルをテレビに接続することにより，従来の STB なしで IPTV サービ

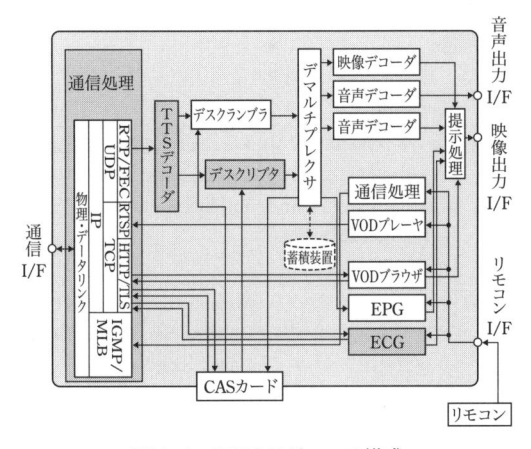

図 1.1　IPTV モジュール構成

図 1.2　IPTV：テレビ一体型

表1.1 ITU FG-IPTV の構成（WG, 議長）

全体		Chair: Ghassem Koleyni, (Nortel Networks, Canada) Vice Chair: Simon Jones, (BT, United Kingdom) Vice Chair: Chae-Sub Lee, (ETRI, Korea) Vice Chair: Duo Liu (China Academy of Telecom. Research, MII, China)
WG	グループ名	リーダー
WG1	アーキテクチャと要求条件 (Architecture and Requirements)	Junkyun Choi (Information and Communications University, Korea) Christian Jacquenet (France Telecom) Julien Maisonneuve(Alcatel)
WG2	QoSとパフォーマンス (QoS and Performance Aspects)	Paul Coverdale (Huawei, China) Juergen Heiles (Siemens)
WG3	サービスセキュリティとコンテンツ保護 (Service Security and Contents Protection Aspects)	Chair: Dong Wang (ZTE Corporation, China) Co-Chari: Catherine Pergue (Dell, Switzerland) Co-Chair: Glenn Adams (Samsung Electronics, Korea)
WG4	IPTVネットワーク制御 (IPTV Network Control)	Daegun Kim (KT, Korea)
WG5	エンドシステムとインターオペラビリティ (End Systems and Interoperability aspects)	Yan Chen (China Telecom) Gale Lightfoot (Cisco, USA) Yoshinori Goto (NTT)
WG6	ミドルウェア，アプリケーション，コンテンツプラットフォーム (Middleware, Application and Content Platforms)	Masahito Kawamori (NTT) Charles Sandbank (DTI, United Kingdom)

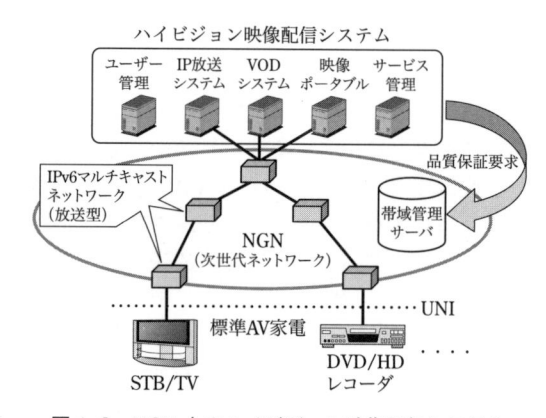

図1.3 NGN上のハイビジョン映像配信システム

スを享受することができる。

1.1.5 IPTVの標準化

2006年7月，ITU-TにおいてIPTVの標準化作業が開始された。第1回会合の参加者数は約250名であったが，そのうち約100名はアジア（中国，韓国，日本）からの参加者であった。これまで，デジタル放送規格は欧米を中心に規格化がなされていたが，IPTVに関しては上記のようにアジア勢がたいへん意欲的に活動している。本会合ではIPTVの定義，複数存在する既存システムの相違点の分析，異種システム間の協調の可否，新たな共通仕様の検討を論点とし，世界各国から数多くの寄与文書が入力されている。本FGは表1.1に示すように，6つの課題に分かれ，活動している（WG5およびWG6は日本が議長を担当）。

本FGでは，とくに次世代IPTVサービスを実現するうえでQoSを制御可能なNGN（次世代ネットワーク）との連携が図られている（図1.3参照）。

1.2 BMLとHTML

1.2.1 マルチメディアコンテンツの記述方式

マルチメディアデータ放送を行なうためのコンテンツ記述は，単に記述のための言語の問題ではなく，メディア全体をくるむフレームワークとしてのふるまいを考慮する必要がある[1]。マルチメディアを実現するための記述方式は，それを考慮して定められるべきものである。記述方式としては，一般に宣言型コンテンツフォーマットと手続き型コンテンツフォーマットとよばれる2種類がある。

宣言型コンテンツフォーマットは，コンテンツの提示要素などをタグなどによって並べるこ

表 1.2 手続き型コンテンツフォーマットと宣言型コンテンツフォーマット

	宣言型	手続き型
記述方法	コンテンツの要素をタグなどで並べ，スクリプト言語などで動きを記述	コンテンツ全体をコンピュータプログラムとして記述
シンプルなコンテンツの記述	容易で，記述量は少ない	やや複雑
複雑なコンテンツの記述	煩雑	比較的容易
受信機上の所要メモリ	中程度	やや大
受信機の所要パフォーマンス	中程度	より高速な処理系が必要

とでコンテンツの記述を行なうものである．プレゼンテーションエンジンとよばれるソフトウェアを用いて提示を行なうので PE 方式ともよばれる．タグで並べた要素に対して，スクリプト言語などを用いてコンテンツの動きを記述する．手続き型コンテンツフォーマットは，コンピュータプログラムとしてコンテンツを記述するものである．このプログラムはエグゼキューションエンジンとよばれる実行処理系の上で実行されるので，EE 方式ともよばれる．この 2 方式の特徴を表 1.2 に示す．

日本のデジタル放送で用いられている BML (broadcast markup language)[2] や HTML[3] は，このうちの PE 方式に属するものである．EE 方式を用いるマルチメディアデータ放送コンテンツの記述方式の代表例としては，欧州を中心とする標準化団体 DVB（Digital Video Broadcasting）によって策定された DVB-MHP[4]，米国の Cable Television Laboratories によって策定された CATV 向けの規格である OCAP1.0[5] や Advanced Television Standardization Committee で策定された ACAP-J[6]，BML 同様 ARIB で策定された ARIB-J[7] がある．

1.2.2 BML の特徴

BML は日本におけるマルチメディアデータ放送用記述言語として 1999 年 10 月に電波産業会（ARIB）で 1.0 版が策定され，2000 年 12 月に開始した BS デジタル放送の当初より採用された．以後，2002 年 7 月に開始した 110 度 CS デジタル放送，2003 年 12 月に開始した地上デジタル放送，2006 年 4 月に開始した携帯端末向け地上デジタル放送（ワンセグ）でも採用されている．BS デジタル放送の後に追加された各メディアにおいて提供されるサービスが異なることから，サービスを実現するための機能拡充が順次行なわれ，執筆時点では 5.1 版となっている．

BML は HTML と同様，マークアップによってコンテンツの要素を記述する．BML の基本構造は

- XHTML（extensible hypertext markup language）1.0[8]
- CSS（cascading style sheet）レベル 1/2[9]
- DOM（document object model）レベル 1/2[10]
- ECMAScript[11]
- 放送用拡張

であり，XHTML（HTML）のもつ構造と基本的に同様の構造をもっているが，マルチメディアデータ放送に適するように，機能の拡張・削除が行なわれている．BML の体系としては，各メディア向けに独立した BML を定めるのではなく，各メディアが必要とする機能を包含するメディア横断的規格として策定されている．個々の放送メディアに対しては，それぞれのプロファイルを定めることで，包括的に機能を規定している BML の規格の中から必要な機能が絞り込んでいる．執筆時点でプロファイルとして定義されているのは以下の 4 種類である．

- 基本サービス： BS，固定受信機向け地上デジタル放送
- 拡張サービス： 110 度 CS デジタル放送，蓄積型データ放送機能をサポート
- 携帯端末向け： ワンセグ，小型ディスプレイや通信との連携サービスのサポート
- 移動端末向け： 携帯端末向けサービスよりも高度なサービスをサポート

これらのプロファイルを ARIB STD-B24 の付属において規定している．また，実際の放送を行なううえでのより詳細な規定は，運用規定として ARIB 技術資料[12~14] の形で別途定められている．各プロファイルは，それぞれのプロファ

イルにおいて利用可能なモノメディアの種類，関数，タグ，CSS 特性，DOM インタフェースなどが定められている。BML のこのような体系によって，プロファイル間で基本的な考え方は共通とすることができる。

　BML をコンテンツ記述方式として見た場合，各種モノメディアが扱えること，提示位置やタイミングの制御に高い自由度をもつこと，対話性を有すること，ハイパーリンク機能を備えることといったマルチメディアコンテンツの記述方式が基本的に備えるべき機能に加え，放送で用いられるプロトコルに対応し，放送特有の要求条件を満たしつつ PC よりもシステム資源の小さいデジタル放送受信機の上で動作するように設計されている。ARIB STD-B24 で定めるプロトコルスタックを図 1.4 に示す。図中のマルチメディア符号化の部分が BML である。

　BML に求められる放送特有の要求条件としては以下のものがあげられる。

①映像，音声との同期などのリアルタイム性の確保
②放送局によるコンテンツの更新や放送局からの制御信号に追従する 1 方向配信モデルの下で扱えること
③リモコンなどの簡易なユーザーインタフェースで操作できること
④視聴予約などの受信機機能の制御が可能なこと
⑤番組制作者の意図どおりに提示される，提示の一意性が確保されること

　以下に，どのようにしてこれらの要求条件を満たしているかについて説明する。

①映像，音声との同期などのリアルタイム性の確保

　タイマー関連の追加関数，番組開始あるいは動画や音声の再生開始からの経過時間の取得や，経過時間の取得が可能になった状態を通知するための割り込み事象の定義などによって，番組の進行に合わせたコンテンツの記述を可能としている。

②放送局によるコンテンツの更新や放送局からの制御信号に追従する 1 方向配信モデルの下で扱えること

　放送局からは BML 文書ファイルを含めてマルチメディアデータ放送のコンテンツを構成するファイル群がくり返し送出されるが，送出されたファイル群の更新を通知する割り込み事象を定義することで，ファイル群の再取得を行ない情報の提示の更新が可能なようにしている。また，任意のタイミングで放送局より送出される制御信号の受信を通知する割り込み事象も定義され，生放送番組における進行に合わせたコンテンツのふるまいなどが可能になっている。

③リモコンなどの簡易なユーザーインタフェースで操作できること

　一般に TV で利用できるコンテンツ操作用のユーザーインタフェースデバイスはリモコンであり，十字キーを使って操作する。十字キーの操作によって選択可能な箇所のあいだのカーソルの遷移は，ブラウザの実装によっても可能ではあるが，操作性の統一の観点からはコンテンツで制御できることが望ましい。BML の nav-index は，遷移可能な箇所の遷移マップの記述によってこれを実現している。nav-index は

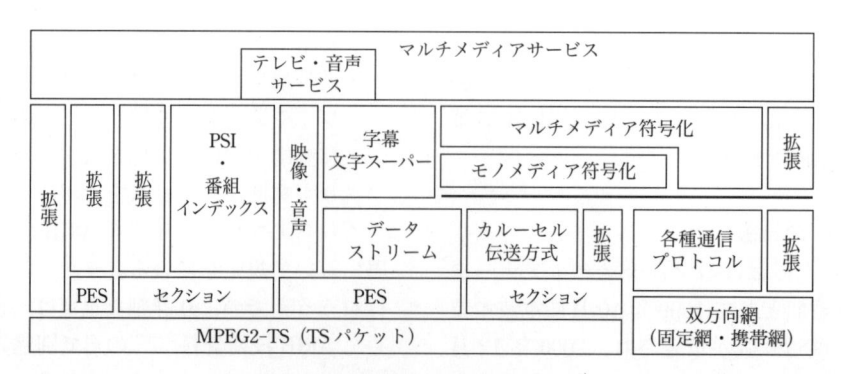

図 1.4　BML のプロトコルスタック[2]

```
<object id="A"style="nav-index:1;nav-right:2;
"…/>
<div id="B"style="nav-index:2;nav-left:1;nav-
right:3;"…/>
<div id="C"style="nav-index:3;nav-left:2;"…/>
```

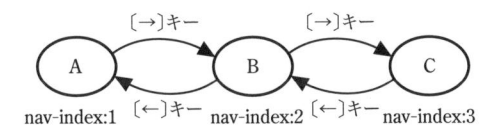

図 1.5　nav-index によるカーソル遷移

CSS を用いて記述する．このようすを図 1.5 に示す．

　④視聴予約などの受信機機能の制御が可能なこと

　マルチメディアデータ放送では，コンテンツが選局を行なったり，不揮発性メモリにコンテンツ固有の情報を保存しておく必要がある．このため，選局のための関数や番組関連情報を取得する関数群，また受信機内の不揮発性メモリへのアクセスを行なうための関数などが追加されている．

　⑤番組制作者の意図どおりに提示される，提示の一意性が確保されること

　インターネット上のサービスである WWW (World Wide Web) では，コンテンツの提示はコンピュータにインストールされたブラウザが行なうが，コンピュータのディスプレイの解像度はまちまちであり，その結果，異なるコンピュータでは同一のコンテンツの提示が異なることがある．放送は，コンテンツの制作時に配置したレイアウトを保ち，どの受信機であっても同じレイアウトで提示できるようにする必要がある．このため，受信機の解像度を定め，CSS を用いてレイアウトを記述する．CSS によるレイアウト情報は提示要素に対して省略できないこととなっており，省略された場合にはサイズが 0 として扱われる（その要素は提示されない）．

　このような機能の追加や拡張によって放送特有の要求条件を満たしているが，さらに双方向通信のサポート，受信機と外部機器とのあいだのデータ交換，印刷といった機能ももっている．また，携帯端末向けのプロファイルにおいては，携帯電話機による受信を念頭に，双方向通信路からのコンテンツの取得やディスプレイの論理解像度の導入なども行なっている．

1.2.3　BML と HTML

　前項で述べたように，BML はその基礎を XHTML1.0 においているので，両者は近い関係にある．しかし，BML はマルチメディアデータ放送に特化しているため，放送特有の要求条件は満足している反面，XHTML ほどの汎用性はもたない．とはいえ，タグで記述された部分に関しては変換が比較的容易である．以下に，メディア横断規格としての BML と HTML の各要素を比較する（プロファイルごとの絞り込みが別途規定されているので，それぞれのプロファイルとの比較は異なることに注意されたい）．

　(1) 利用可能なモノメディア

　メディアタイプは IETF (Internet Engineering Task Force) の RFC (Request For Comments)[15,16] で一般的な規定がなされており，IANA (Internet Assigned Numbers Authority) に登録済みのメディアタイプのデータベースがある[17]．HTML (XHTML) でこのうちのどれを用いることができるかについては，ブラウザにインストールされているプラグインやウェブサーバの構成によって決まるので，明示的な規定はない．一方，BML は利用可能なマルチメディアを構成するための各種のメディア（モノメディア）の規定があり，おもなものを表 1.3 に示す．

　また，字幕は直接的なモノメディアではないが，その提示制御および状態取得のための拡張関数が後述のスクリプト言語に用意されている．

　(2) タグと属性（モジュール）

　XHTML は，タグをいくつかの種類に分類してモジュール化している[18]．BML はこれに則った設計となっているが，Applet, Name Identification, Legacy モジュールは除外されている．Applet モジュールは HTML (XHTML) 文書から Java アプレットを呼び出すためのタグであり，BML ではこのような Java の呼び出しは想定されていない．Name Identification モジュールは，いくつかの HTML タグが用いていた name 属性を定義しているモジュールであ

表1.3 BMLで利用可能なおもなモノメディア

テキスト	XML文書，CSSファイル，XSL文書，BML文書，プレーンテキスト，制御符号付テキスト（8単位符号），ECMAScript
静止画	JPEG，PNG（サブセット化されたものを含む），GIF，MNGサブセット，MPEG-2 I フレーム，MPEG-4 I-VOP（simple，coreプロファイル），H.264/AVC I-Picture（baseline，mainプロファイル）
音声	MPEG-2 AAC，MPEG-2 BC，AIFF-C，MPEG-4，付加音，受信機内蔵音声
動画	MPEG-1，MPEG-2，MPEG-4（simple，coreプロファイル），H.264/AVC（baseline，mainプロファイル）
その他	記述言語メタデータ，印刷用XHTML文書，MPEG-2 TS，タイムスタンプ付MPEG-2 TS，バイナリテーブル，DRCS（外字），PDI（ジオメトリック）

るが，この属性は歴史的な互換性のために用意されたものであり，現在ではid属性がその役割をとって代わっている。LegacyモジュールはXHTMLや過去のバージョンのHTMLで不要とされたタグや属性を定義しているモジュールである。つまり，BMLで除外されたこれら3つのモジュールは，過去のHTML文書との互換性の確保やJavaアプレットの併用という不要な目的のためのものであるので除外された[*1]。

これらのほかのモジュールは含まれているが，放送特有の要求条件を満たすため，XHTMLの一部のタグや属性に拡張が加えられたほか，BML独自の拡張モジュール群として，BML，Basic BML，Basic Mobile BML，Server BMLモジュールが追加されている。XHTMLで定義されたタグや属性に対する拡張としては，

- 文書間でのobject要素の共有　　BML文書を遷移する場合に，共有のための属性（remain）が指定されているobject要素は文書間で共有され，提示が継続される。
- ストリーム再生の制御　　映像や音声などのストリームの再生制御を行なうための属性が追加されている。ストリームの状態，再生時間位置，ループ再生，再生方向や速度，再生の開始/終了位置，音量の制御を行なう。
- 文字組方向の指定　　横書き/縦書きの指定を行なう。
- 遷移効果　　文書間で遷移する場合の特殊効果機能（カット，ディゾルブ，ワイプ，ロールなど）の指定が追加されている。
- 文書全体の表示/非表示　　文書全体の表示/非表示を指定する機能が追加されている。
- 割り込み事象の拡張　　いくつかの要素に割り込み事象の属性を追加し，放送用コンテンツとしての機能を拡張している。
- ルートタグ　　BML文書型を用いる場合に，ルートタグとしてhtmlに代わってbmlタグの指定が可能となっている。

がある。

一方，BML拡張モジュールやXHTMLへの拡張がもたらす機能は膨大であり，個々のプロファイルには不要なものも含まれている。そこで，プロファイルごとに各モジュールのタグは相当絞り込んでいる。一例として，BS/地上デジタル放送（固定受信機向け）で用いられているモジュールおよび属性を表1.4に示す。なお，表1.4の表記は文献2, 18)の表記に従った。

詳細や他のプロファイルなど，実際の利用にあたっては，文献2, 12～14)を参照されたい。

(3) スタイルシート（CSS）

CSSは，本来的にはHTML（XHTML）の規格ではなく，HTML（XHTML）と組み合わせて用いるものである。BMLはCSS，DOM，スクリプト言語を含めた体系として規定されているので，W3CのCSSレベル1およびレベル2規格と比較する。

BMLで用いるCSSは，TV用に特化しているので，媒体型としてtv型のみを用いる。つまり，@media規則においてtv media typeのみを用いる。この型は，媒体グループの値として，表1.5に示す値をもつ。

この値は基本的にCSSレベル2と同一であり，このような特性をもつデバイスへの提示を

[*1] DVB-MHP 1.1で定義されているDVB-HTMLではJavaで作成されたプログラムの併用が可能であるが，アプレットに代わるXletという形式を用いる。

表 1.4 BS/地上デジタル放送（固定受信機向け）で利用できるタグと属性

分類	要素	属性	備考
Common Attributes			
Core Attributes		id	
		class	
I18N Attributes		xml:lang	"ja" に固定
Events Attributes		onclick	
		onkeydown	
		onkeyup	
Style Attributes		style	
Core Modules			
Structure Module	body	%Core.attrib;	
		%I18n.attrib;	
	head	%I18n.attrib;	
	title	%I18n.attrib;	
Text Module	br	%Core.attrib;	
	div	%Common.attrib;	
	p	%Common.attrib;	
	span	%Common.attrib;	
Hypertext Module	a	%Common.attrib;	
		charset	
		accesskey	
		href	
Forms Modules			
Forms Module	input	%Common.attrib;	
		accesskey	
		disabled	
		readonly	
		maxlength	
		type	
		value	
Object Module	object	%Common.attrib;	
		data	
		type	
Intrinsic Events Module	a&	onblur	
		onfocus	
	body&	onload	
		onunload	
	input&	onfocus	
		onblur	
		onchange	
Metainformation Module		%I18n.attrib;	
		name	
		content	
Scripting Module	script	charset	"EUC-JP" に固定
		type	"text/X-arib-ecmascript; charset =&quot ; euc-jp&quot" に固定
Style Sheet Module	style	%I18n.attrib;	
		type	"text/css" に固定
		media	"tv" に固定
BML Module	bml	%I18n.arrtib;	
	bevent	id	
	beitem	id	
		type	以下のいずれかとする。 EventMessageFired, ModuleUpdated, ModuleLocked, TimerFired, DataEventChanged, CCStatusChanged, MainAudioStream Changed, NPTReferred, MediaStopped, DataButtonPressed
		onoccur	
		es_ref	
		message_group_id	"0"に固定
		message_id	
		message_version	
		module_ref	
		language_tag	
		time_mode	以下のいずれかとする。 "absolute", "origAbsolute", "NPT"
		time_value	
		object_id	type 属性が "audio/X-arib-aiff", "audio/X-arib-mpeg2-aac" のいずれかであり，かつカルーセル伝送されたデータを指し示す object 要素の ID のみ。
		subscribe	
	body&	invisible	
	div&	accesskey	
		onfocus	
		onblur	
	p&	accesskey	
		onfocus	
		onblur	
	span&	accesskey	
		onfocus	
		onblur	
	object&	streamposition	当該 object 要素が参照するモノメディアが MNG の場合(type="image/X-arib-mng")，フレーム番号を指定する。その他のメディアの場合は "0" とする。
		streamlooping	"1" に固定
		streamstatus	当該 object 要素が参照するモノメディアによって初期値を指定する。
		remain	当該 object 要素の参照するモノメディアによって適用可否が決まる。
		accesskey	
		onfocus	
		onblur	

表 1.5　tv 型の媒体グループ値

媒体グループ	とりうる値
continuous/paged	both
visual/aural/tactile	visual, aural
grid/bitmap	bitmap
interactive/static	both

想定していることを意味する。tv 型以外の媒体型のみをもつコンテンツ（つまり，TV 受信機ではレイアウトできないと考えられるコンテンツ）は，文献 2) で規定する伝送方式においては，その旨の情報を記載することとなっており，TV 受信機上の BML ブラウザは起動しない可能性もある。

その他は基本的に CSS レベル 1 およびレベル 2 の仕様に沿った規定となっているが，以下の拡張が追加されている。

- インデックスカラー　　カラールックアップテーブル（CLUT）のインデックス番号で色指定を行なう方法を tv 型の指定方法として追加している。
- 画面サイズの指定　　解像度の指定（1920×1080〜720×480），アスペクト比（16：9/4：3）の指定を tv 型に対して行なう。
- リモコン操作　　1.2.2 項で述べた nav-index による，リモコンの十字キーを使ったフォーカス移動を追加している。
- リモコンキーの排他制御　　リモコンのキーボタンのうち，BML ブラウザへその操作が引き渡されるべきボタンを指定する。これによって誤操作を防ぐことが可能となる。
- WAP CSS 機能の追加　　携帯受信および移動受信向けとして，WAP（wireless access protocol）の CSS として規定されている機能のうち，marquee（文字が流れるように横スクロールする機能）などを追加している。

また，CSS もタグや属性と同様，プロファイルによって絞り込まれているので，実際の利用にあたっては文献 2, 12〜14) を参照されたい。

(4) DOM（document object model）

DOM は，XML 文書中の要素や属性にアクセスするためのインタフェースである。BML 文書は XML 文書の一種であるので，このインタフェースを備えることは，BML 文書で記述した要素に対する動的な読み書きを可能とするための基本的なメカニズムである。DOM は機能によっていくつかのインタフェースに分類されるが，BML はコア，HTML の 2 つの DOM レベル 1 インタフェースについて，これに基づいた規定をもっている。また，CSS 特性に対するインタフェースは DOM レベル 2 に由来しており，さらに BML が拡張したタグや属性に対するインタフェースも規定されている。

BML では，割り込み事象はタグで定義される要素として扱われる（たとえば表 1.4 の bevent，beitem モジュールで表わされるもの）。したがって，これに対する DOM インタフェースが規定されており，このインタフェースを通じて，発生した事象の種類や事象のターゲットを知ることができるようになっている。この事象の中には放送特有の割り込み事象を扱うものが含まれている。たとえば，放送局から任意のタイミングで合図を送るためのイベントメッセージを受信したときには，EventMessageFired という type の割り込み事象が発生するが，BMLBeventEvent インタフェースを通してその status を取得すると，イベントメッセージを受信したのか，イベントメッセージの受信にエラーが発生したのか，といった情報が取得できる。

DOM インタフェースもプロファイルによって絞り込まれているので，実際の利用にあたっては文献 2, 12〜14) を参照されたい。

(5) スクリプト言語

BML はスクリプト言語として ECMAScript を採用している。ECMAScript は ECMA International によって標準化されたスクリプト言語で，JavaScript をベースにしたものである。スクリプト言語は本来的には HTML（XHTML）を構成するものではないが，WWW では JavaScript を用いたページがたくさんあり，スクリプト言語とマークアップ言語の併用という観点から，BML の ECMAScript を考え

てみる。BMLでは，ECMAScript に以下の拡張と制約を加えている。

①制約事項
- 扱う文字符号を UCS[19] ではなく EUC-JP およびシフト JIS とする
- number 型（数値型）のサイズを 64 ビット未満とする
- 整数演算のみ

②拡張
- 放送用拡張 API の追加　日時，表操作，外字，EPG（電子番組表）関連，動作制御，イベント取得，タイマーなど
- 放送用拡張オブジェクトの追加　テーブルデータを扱うための CSVTable，BinaryTable オブジェクト，また外部 XML 文書を扱う XML 文書オブジェクトを追加。この種の拡張オブジェクトは ECMAScript の基本オブジェクトと同様の動作をする。
- 擬似オブジェクトの追加　放送特有の要求条件を満たすための Browser 擬似オブジェクト，ブラウザ自身に関する Navigator 擬似オブジェクトを追加。Browser 擬似オブジェクトは基本オブジェクトとは異なり，継承動作は行なわない。

これらの拡張による関数は 230 以上にのぼる。また，スクリプト言語はプログラム処理系であるので，不慮のコンテンツから受信機や視聴者の利益を保護するために，コンテンツをクラス A（すべての関数を利用できる），クラス B（ファイル操作関数やシステム関数以外の関数で，受信機や視聴者の利益を損失しえない関数のみを利用できる）の 2 種類に分けている。コンテンツがどちらに分類されるかは運用で決めることとなっているが，安全であることが検証済みであるコンテンツを放送する場合を除いて，クラス A に属するコンテンツは電子署名などの添付を考慮するよう求めている。

BML の他の構成要素と同様，利用できる関数はプロファイルによって絞り込まれているので，実際の利用にあたっては，文献 2, 12〜14）を参照されたい。

1.2.4　国際比較

1.2.1 項で述べたように，マルチメディアコンテンツの方式には PE 方式と EE 方式の 2 種類がある。この 2 方式のうち，放送用の PE 方式としては，日本で用いられている BML 以外の主要なものとして，DVB-HTML[20] と ACAP-X[6] がある。米国の CATV 用の OCAP 2.0 も PE 方式をもつが，これは DVB-HTML を採用している。これら BML 以外の主要な PE 方式は，EE 方式との併用が前提になっている点が BML と大きく異なる点である。

PE 単体ですべてを行なう BML は，放送特有の機能を満たすためにさまざまな拡張を構成要素に加えている。もちろん，DVB-HTML や ACAP-X も同様の制約や拡張を加えている（ACAP-X の ACAP-X Extension DOM インタフェースや DVB-HTML の DOM レベル 1 HTML インタフェースに対する独自の拡張を含め，さまざまな拡張がある）が，スクリプト言語に対する拡張はほとんど行なわれていない。この理由は，BML がたくさんの関数の追加によって満たした機能性は EE 方式の併用によってまかなうという設計思想の差である。一般に，EE 方式のほうが PE 方式よりも細かい記述が可能であり，DVB-HTML が併用する DVB-MHP1.0 や ACAP-X が併用する ACAP-J は，Java を用いた EE 方式となっているので，そもそも EE 方式の部分が非常に高機能である。実際，DVB-HTML や ACAP-X のブラウザを EE の上で構成し，コンテンツの一部として放送，受信機上で実行することも可能である。そして，DVB-HTML と DVB-MHP1.0，ACAP-X と ACAP-J のあいだには EE-PE 間のブリッジ機能が規定されており，相互の呼び出しが可能となっている。このブリッジ機能を利用することにより，BML が拡張した関数などによる複雑な機能は，EE を呼び出すことで達成される。PE および EE 両方式，また，その間のブリッジの関係については，ITU-T 勧告 J.200[24] でそのアーキテクチャが規定されている。そのアーキテクチャを図 1.6 に示す。

BML のように，PE 方式単体ですべてを処理するアプローチは，受信機上の実装を軽くすることが期待できるが，機能性を求めすぎるとブ

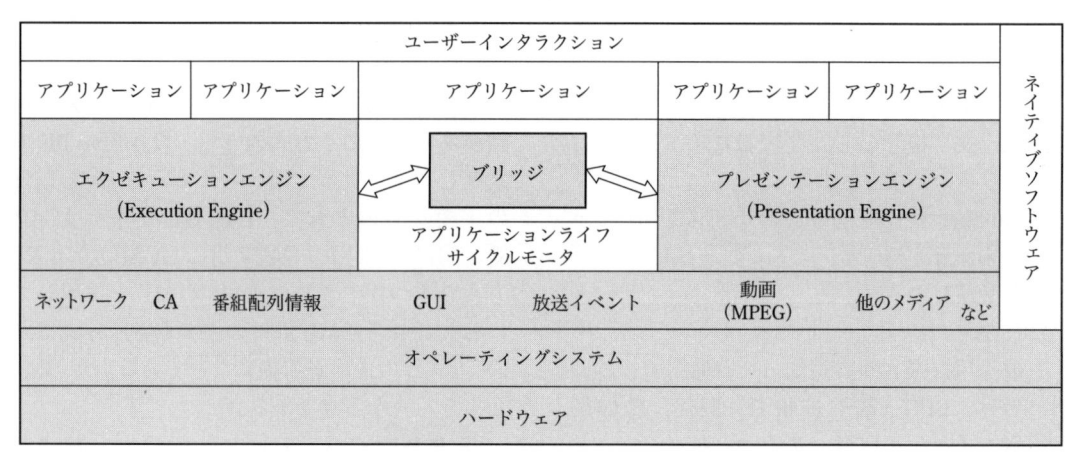

図 1.6 ITU-T 勧告 J.200 が定めるアーキテクチャ[24]

ラウザが肥大化するので注意が必要である。

EE 方式の諸規格は，DVB-GEM[21] がコアになっている。DVB-GEM は DVB-MHP からプロトコルやシグナリングなどの DVB 固有のものに依存している部分を除いたものであり，DVB-MHP，ACAP-J，OCAP 1.0，ARIB STD-B23 は DVB-GEM にそれぞれの固有部分を加えた形となっている。これらの方式の関係を図 1.7 に示す。DVB-GEM は EE 方式の諸規格の共通コアに関する ITU-R 勧告 BT.1722 および ITU-T 勧告 J.202 のコア部分としても採用されている。

一方，PE 方式の共通性に関しては，DVB-GEM に該当するものが存在しないが，BML，DVB-HTML，ACAP-X の共通項を抜き出して共通コアを規定した，ITU-R 勧告 BT.1699 および ITU-T 勧告 J.201 がある。この勧告は 1.2.3 項の 5 つの構成要素について共通項を抽出したもので，BML，DVB-HTML，ACAP-X のあいだで共通となる部分，書き換えが必要となる部分を明確にしている。PE，EE それぞれの規格と国際標準との関係を図 1.8 に示す。

さらに，携帯受信向けのマルチメディア方式もさまざまなものが開発され，標準化されてきている。日本のワンセグ放送においては，BML の携帯受信向けプロファイルで放送が行なわれているが，これは 1.2.2 項で述べたとおり，固定受信向けと同様の考え方でコンテンツが制作できることがメリットである。諸外国においては固定向けと携帯向けは異なるものと割り切って，固定向けでは用いられていない MPEG-4 BIFS[22] や MP4 ファイルフォーマット[23] がベースとなっているものもある。これらの規格に基づいて制作されたコンテンツの相

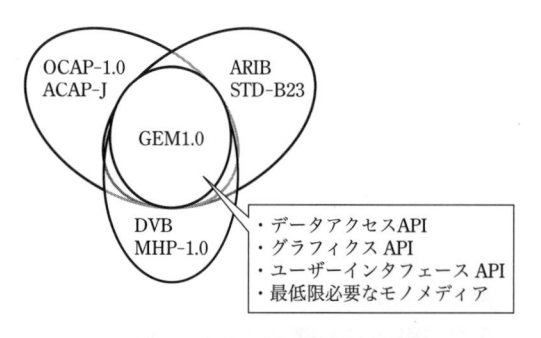

図 1.7 EE 方式の諸規格の関係
OCAP-1.0 と ACAP-J は規格として非常に近いので，ひとまとめとした。

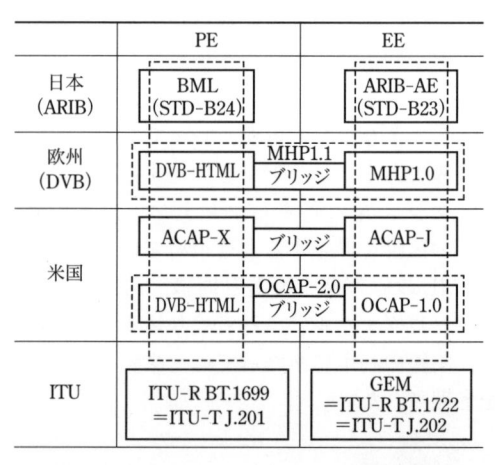

図 1.8 マルチメディアコンテンツ規格の関係

互換の方式や標準化は，今後の課題である。

1.3 通信放送連携に用いられるメタデータ

　通信と放送が連携することにより，膨大な量の画像や映像などのマルチメディアコンテンツを利用することが可能になる。このように豊富なコンテンツが存在するときに重要な問題になるのは，いかに所望のコンテンツを探し出し取得するかということである。マルチメディアコンテンツの検索や取得に重要なのが，メタデータである。ここでは通信放送に連携した状況で用いられる標準的なメタデータについて述べる。

1.3.1 メタデータとは

　メタデータとは，「データ（コンテンツ）についてのデータ」と一般に定義される。映像サービスへの応用という観点からいえば，「映像データ（コンテンツ）についてのデータ」ということになる。メタデータという言葉が一般に知られるようになったのは，1990年代にアメリカにおいて図書館の電子化が進められた際に，図書情報のメタデータの開発および標準化が進められたことが大きい。この当時，標準として検討されたメタデータはDublinCoreとよばれている。

　メタデータの正式な定義は抽象的であるが，この経緯からもわかるように，図書カードがメタデータのよい具体例になっている。図書館を例にとって，メタデータを考えてみよう。図書館では，所望の本を探し出すために図書カードが用いられる。図書カードには，所望の本の題名，著者，出版社，出版年，（図書館独自の）管理IDなどが記載されている。図書館によっては，さらに，本の簡単な説明や本のジャンル，キーワードなどの詳細な情報も入っていることがある。また，ISBNなどの標準化されたIDや，購入先まで書いてあることもある。図書館の利用者は，このカードによって，さまざまな仕方で本を探すことができる。図書カードに書いてある情報は，通常，本自体にも書かれている。米国で出版された本の場合は，奥付に米国国会図書館で定められた図書情報が載っているのが普通である。

　本に関してのメタデータのもうひとつの例は，目次と索引である。ともに，本の中の所望の部分を探し出すのを非常に容易にしてくれる情報である。

　図書カードと目次・索引のちがいは，前者は本とは別々に管理されるのが通常だが，後者は本といっしょなのが普通であることである。このように，メタデータには，コンテンツ（本）とは別々に扱われるものと，コンテンツといっしょにあたかもその一部として扱われるものがあるということがわかる。

　検索におけるメタデータの重要性は，図書カードのない図書館や，目次も索引もない本を想像してみるとよくわかる。蔵書数が少ない図書館（あるいは個人の蔵書）や数ページの本ならばそれほど不自由ではないかもしれないが，ある程度の数以上になると，図書カードや目次・索引がなかった場合，検索は非常に非効率的かほとんど不可能になる。実際の著作物の場合は，実物を直接手に取ってみるというのも（非効率的ではあるが）可能ではあるが，写真集などの場合では，所望の本を探すのは非常に困難になる。また，これらの図書カード（メタデータ）の効用は，図書館を利用する一般の人たちにとってだけでなく，図書館の管理自体にかかわるものであることは明確である。

　以下の各項では，デジタルコンテンツの検索用メタデータの標準として仕様化が進んでいるTV-Anytime[29]のメタデータを中心に，メタデータの具体的な用法について述べる。

1.3.2 通信放送連携時代の標準メタデータ：TV-Anytime

　ここでは，通信放送連携状況のコンテンツサービスのための標準的メタデータとして規格化されたTV-Anytimeのメタデータについて述べる。

　(1) TV-Anytimeとは

　TV-Anytimeは，その名前が示すように，ディジタルTVの発達を契機として，現在のような多様なコンテンツの取得方法が可能な時代のための，コンテンツの流通および消費のための

規格である。同規格を策定したTV-Anytimeフォーラムは，DAVICの後継として，メーカー，放送事業者，通信事業者，サービス事業者などが集まって1999年9月に発足した。TV-Anytime Phase 1とよばれる規格はすでに凍結され，現在，European Telecommunications Standards Institute（ヨーロッパ電気通信標準化協会，ETSI）のETSI-TS 102 822シリーズ[25]として，ヨーロッパの標準となっている。また，日本においては，社団法人電波産業会（ARIB）のサーバー型放送方式に関する規格として2003年2月6日に策定されたARIB-STD-B38「サーバ型放送における符号化，伝送及び蓄積制御方式」は，TV-Anytimeを採用している。これらは放送向けの標準という位置づけであるが，放送コンテンツの重要性をかんがみると，ブロードバンドコンテンツの仕様にも影響がある。実際，ヨーロッパのIP放送用の規格のひとつであるDVB-IPI（Digital Video Broadcasting-IP Infrastructure）は，TV-Anytimeのメタデータを採用し，さらにBroadband Content Guideのためのメタデータとして発展させている。このように，TV-Anytimeメタデータは，通信と放送が連携したサービスのためのメタデータ規格といえる。

　TV-Anytimeの特徴は，コンテンツ流通の価値連鎖の各所にとって効果的なサービスを可能にすることと，コンテンツ取得方法によらないネットワーク透過性を標榜している。ユーザーがインターネット，放送，蓄積媒体など，デジタルコンテンツがどこからどう取得されたかを意識することなく，自分の好みにあわせて番組を楽しむことができるための技術といえる。その背景のひとつとして，近年の爆発的なハードディスクの廉価化と一般化およびブロードバンドの普及に伴って，さまざまな場所に高品質の映像・音声コンテンツを蓄積でき，また，そのコンテンツにさまざまな方法でアクセスすることができるようになったという事実がある。このように，コンテンツの所在や取得方法が多様化してくると，コンテンツ発見を可能にする技術が，コンテンツ配信そのものに関する技術と同程度，あるいはそれ以上に必要かつ重要になってくることは前項で述べたとおりである。

　TV-Anytimeは，視聴者が映像音声コンテンツを視聴する過程を，コンテンツ検索・コンテンツ獲得・コンテンツ消費（視聴）という3つの段階として捉える。検索という概念は，強い双方向性を前提にしているかに見えるが，ユーザーが受動的といわれる放送的な場合についても同様に想定できる段階である。チャンネルのザッピング（zapping）という行為は，自分の好みにもっとも近い番組をいくつかあるチャンネルから探そうとしているとも考えられる。また，新聞の番組欄をインデックスとして番組を探すことも広く行なわれている。一方，ユーザーが，より能動的に検索を行なうパソコンなどの場合は，インターネットのサイト用の検索エンジンが広く使われており，また蓄積されたコンテンツなどもファイル名などをキーとして検索することがよく行なわれている。これら3種類（放送番組，インターネットサイト，ローカルファイル）のコンテンツは，現在はそれぞれ別のものを対象としていると意識されているが，TV-Anytimeは，ユーザーがこのちがいを意識せずにデジタルコンテンツを楽しむことができるような世界を提案している。ブロードバンドはこれをまさに可能にする技術であり，ブロードバンド時代のコンテンツ利用形態において，この検索・獲得・消費という3段階が，重要なモデルとなるといえる。

　この3段階のすべてに関与し，ユーザーにコンテンツの所在と取得方法についての透過性を提供するのがTV-Anytimeのメタデータである。従来，メタデータは，はじめに述べたように図書館など管理を目的にしたものが多かったが，ユーザーへの検索サービスを主要な目的としているという点で，TV-Anytimeのメタデータは特色がある。

(2) TV-Anytime メタデータ

　コンテンツ配信という観点から見たTV-Anytimeメタデータの特徴のひとつに，コンテンツそのものの記述とコンテンツの所在（ロケーションとよぶ）に関する記述を分離したということがある。現在のテレビ放送では，番組とその番組の放送される番組枠は切り離せない関係にあるが，TV-Anytimeでは，この2つを分離し，番組コンテンツという概念を抽象化する

ことにより,より自由で高度なコンテンツ検索を提供しようとしている。この番組自体とそのロケーションとの分離は,前節で述べたコンテンツ取得に関する透過性と密接に関係し,ユーザーにコンテンツの所在と取得方法についての透過性を提供する。

また,ユーザーにとって所望のコンテンツを豊富なコンテンツ群のなかから提供することは,提供者側から見ると,コンテンツをより効果的に視聴させ,特定の視聴者に対してコンテンツをターゲットとすることなどを可能にすることにつながる。

①表現形式:XML

通信と放送が連携したこのような透過性を可能とするために,TV-Anytime では,メタデータを表現する言語として W3C で規定された XML (eXtensible Markup Language)[30] を採用し,また,その定義言語として XMLSchema を採用している。XML は,文書やデータの意味や構造を記述するためのマークアップ言語である。マークアップ言語とは,「タグ」とよばれる特定の文字列で地の文に構造を埋め込んでいく言語のことで,いちばんよく知られているのは,ウェブページ作成用に用いられてきた HTML (ハイパーテキスト・マークアップ言語, Hypertext Markup Language) である。HTML は,おもにページ描画用に,あらかじめ規定された小規模の固定されたタグを使用する。

これらマークアップ言語は,その起源を SGML (Standard Generalized Markup Language) にもっている。SGML は,もともとは,1960 年代に IBM 社でまとめられた GML (Generalized Markup Language) という言語が基になっており,法律事務所用システムで,法律文書を編集し,交換し,格納するための言語として作成された。これを改良したものが米軍の規格として採用され,戦車や飛行機などの膨大なマニュアルの改訂や印刷を合理化する方法として用いられたといわれている。

SGML は 1986 年に ISO の規格となった。もともとは印刷を目的としたマークアップ言語だったが,印刷にかかわる情報の部分と再利用可能な文書内容の部分とを分離して表現することができる。現在でも SGML は書籍印刷のための言語として利用されているが,一般にはそれほど普及しているとはいえない。その理由は,SGML の仕様があまりに複雑だからだといわれている。

この SGML から派生して,その簡便さから,ワールドワイドウェブ(WWW)とともに広く使われるようになったのが,HTML (Hypertext Markup Language) である。印刷用ではなく,おもにハイパーテキスト,いわゆるウェブページを記述するのに用いられる言語である。HTML の文法は,SGML と非常によく似ており,ウェブブラウザとよばれるソフトウェア上での表示の仕方を規定するために用いられる。

XML は,表示目的以上に,構造化された文書の記述や,厳密な形で任意の電子的なデータをコンピュータどうしで送受信できることを目標に作成された。XML も,HTML と同様に SGML から派生している。XML は,いってみれば SGML の簡略版といえ,文書やデータ内容を表示の仕方などから独立して汎用的に表現できるという SGML の側面と,WWW やインターネットなどの電子媒体向けであることと,簡単な規則で習得しやすいという HTML のもっている側面を両方あわせもっている。図 1.9 にその例を示す。

XML は,HTML と異なり,ユーザーが独自にタグを定義でき,また,XML 自身が,他のマークアップ言語を定義することに用いられることから,メタ言語ともいわれる。たとえば,XML を用いて定義されたマークアップ言語として,XHTML (拡張可能なハイパーテキスト・マークアップ言語, Extensible Hypertext Markup Language) という言語がある。これは,HTML 自体を XML として定義しなおしたもので,HTML であると同時に XML である言

```
<?xml version="1.0"encoding="UTF-8"?>
<TradePrice>
  <price>255.25</price>
</TradePrice>
```

図 1.9 XML 文書の例

語が定義されている。

XMLが言語を定義する際には，どんな構文の文書でもつくれるわけではなく，あらかじめ規定された文法に従う。また，必要なデータ型や細かい要素の構文は，XMLSchemaという文法記述に従って規定することができる。図1.10にその例を示す。あるXMLSchemaに従って作成されたXMLのデータを，XML文書とよぶ。XMLはインターネットの標準として，W3C（World Wide Web Consortium）より勧告されており，データベースの情報を交換したり，電子商取引の分野でよく使用されてきている。

XMLSchemaは，厳密なデータタイプの定義や意味を記述でき，拡張性が高い。XMLを採用することによって，きめ細かいデータ構造が使用可能になり，インスタンスレベルでの頻繁なメタデータ変更にも，ある程度，頑強に対処できる。XMLSchemaは，XML文書を定義する文法といえる。

XMLSchemaは，名前空間の使用により，異なった仕様のメタデータ定義を混在させることもできる。名前空間は，あるXMLSchemaで定義された要素名や属性名に対して固有のURIを割り当てることで，1つのXMLSchemaで定義されているXML言語と別のXMLSchemaで定義されているXML言語を区別する。名前空間は，ウェブ上で「意味」を明確に定義し，相互理解を可能にするために非常に重要な役割を果たす。名前空間の使用によって，RDFやOWLでそれぞれ独立に定義された要素を意味の混同なしに利用することができる。XML文書そのものの構文は非常に単純で，それゆえに構造解析などのツールが汎用に用意されていて，新たに作成する必要がないことや，同じツールをちがったタグセットに使うことも可能であるなど，実用的にも有利な点が多い。

②メタデータの種類

現在，TV-Anytimeで規定されているメタデータは，大別すると，コンテンツ内容を記述するコンテンツメタデータと，視聴者についての記述をするユーザーメタデータの2つがある。前者はさらに，コンテンツ記述メタデータ，インスタンス記述メタデータ，セグメントメタデータの3つに分類される。また後者は，ユーザーの嗜好情報を記述したユーザー嗜好メタデータとユーザーの視聴履歴を記述した使用履歴メタデータに大別される。将来は，後者に，MPEG21で規定されるような，コンテンツの消費環境に関するメタデータなども盛り込まれる予定になっている。

TV-Anytimeメタデータ文書構造を図1.11に示す。TV-Anytimeメタデータは，TVAMainをルートとし，その下に，著作権表示情報，分類辞書テーブル，番組記述（コンテンツ記述），視聴者記述が含まれている。コンテンツ記述メタデータとして番組情報テーブル，グループ情報テーブルおよびメディア批評テーブルが，またインスタンス記述メタデータとして番組ロケーションテーブル，サービス情報テーブル，および視聴者メタデータが含まれている。

各テーブルの概略は以下のとおりである。

- ProgramInformationTable　コンテンツがどのように送出または放送されるかに関係なく，変化しないコンテンツに関する一般的な情報の記述。コンテンツ記述メタデータとして，コンテンツのタイトルやテキスト記述，およびジャンルなどの情報を含む。
- GroupInformationTable　たとえば，シリーズものや本編・続編のように，複数の

```
<schema targetNamespace=
"http://example.com/stockquote.xsd"
xmlns="http://www.w3.org/2000/10/
XMLSchema">
  <element name="TradePriceRequest">
    <complexType>
      <element name="tickerSymbol"type=
        "string"/>
    </complexType>
  </element>
  <element name="TradePrice">
    <complexType>
      <element name="price"type="float"/>
    </complexType>
  </element>
</schema>
```

図1.10　XMLSchemaの例

```
                    ┌─ CopyrightNotice
                    ├─ ClassificationSchemeTable
                    │
                    │      tva:ProgramDescriptionType
                    │      ┌─ ProgramInformationTable
                    │      ├─ GroupInformationTable
tva:TVA Main Type   │      ├─ ProgramLocationTable
TVAMain ─── ProgramDescription ─── ServiceInformationTable
                    │      ├─ CreditsInformationTable
                    │      ├─ ProgramReviewTable
                    │      └─ SegmentInformationTable
                    │
                    │      tva:UserDescriptionType
                    └─ UserDescription ─── UserPreferences
                       0..∞              └─ UsageHistory
```

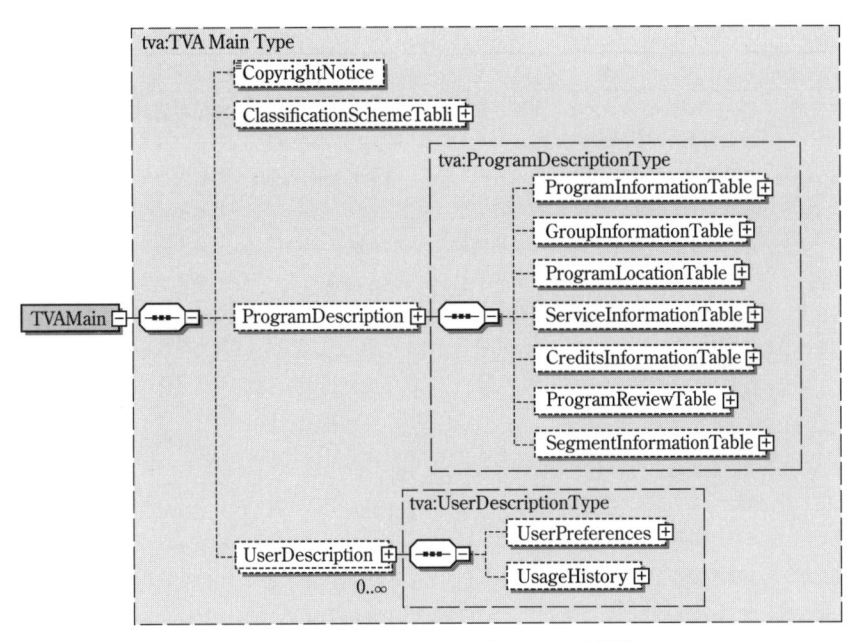

図 1.11 TV-Anytime メタデータの文書構造

コンテンツ（番組）をグループ化したコンテンツ。ProgramInformation のグループという位置付けである。

- **ProgramLocationTable**　コンテンツの特定のインスタンスを記述するものであり，コンテンツの所在や利用規則（ペイパービューなど），配信パラメータ（ビデオフォーマットなど）などの情報の記述。コンテンツのインスタンスを記述するメタデータといえ，コンテンツ送出過程の一部としてコンテンツ提供者により与えられる。検索および選択過程においては，視聴者は一般的なコンテンツ記述およびインスタンス記述の両方を用いる。
- **ServiceInformationTable**　コンテンツを提供するサービス主体となる事業者に関する情報を提供する。
- **CreditsInformationTable**　コンテンツ（番組）に登場する俳優や監督など，クレジットの情報を含む。
- **ProgramReviewTable**　コンテンツのレビューを含むメタデータ。評論者名や数値による評価などが可能である。
- **SegmentInformationTable**　番組内のシーンやコーナーなどのセグメントごとに，開始時間および継続時間，ジャンルやフリーキーワードなどの情報を記述する。セグメントメタ情報メタデータにより，シーンごとの検索，マルチシナリオ再生，ハイライト再生，ダイジェスト再生などが可能になる。
- **UserDescription**　視聴者を記述するメタデータで，視聴者の嗜好情報を記述する UserPreferences と，利用履歴に関するデータ（ログデータ）を記述する UsageHistory とに分かれる。UsageHistory は，コンテンツの視聴やブラウズの過程で受信装置によって自動的に生成される。TV-Anytime の UserDescription は，MPEG-7 で規定された UserPreferences と UsageHistory を採用している。

＜コンテンツ基本情報記述メタデータ＞　これらのテーブルのうち，コンテンツの基本的な情報を記述するのが ProgramInformationTable である。TV-Anytime のメタデータの要素は，すべて検索されることを目的として規定されているといってよいが，さらに他のコンテンツに視聴者を導くことを考慮して用意されている要素もいくつかある。両方の目的のために，とくに重要と思われる要素を表 1.6 に示す。

表1.6 ProgramInformationTable の代表的な要素

名称	概要
AVAttributes	この Program のメディア属性。符号化方式，パラメータなど。
PromotionalInformation	販売促進目的で利用される内容の記述（例：有名俳優の一覧など）。
Title	コンテンツの題名。題名は複数指定可能。また別に映像や画像などを使った MediaTitle も別要素として指定可能。
Synopsis	内容の簡単な概要・説明。短，中，長の3種類を指定可能。
Keyword	キーワードの一覧。キーワードは1つの単語か，もしくは複数の単語からなる完全なフレーズ。
Genre	ジャンル。
ParentalGuidance	年齢制限などに関する情報。
Language	使用言語
CreditsList	クレジット一覧（例：俳優，監督など）。
AwardsList	賞およびノミネートの一覧。
RelatedMaterial	関連する他の題材への参照。
ProductionInformation	作成された日時と国についての情報。
ReleaseInformation	公開された日時と国についての情報。
DepictedCoordinates	時代劇，歴史物，SF などの場合のように，コンテンツ内容が表現している時間，場所など。
CreationCoordinates	コンテンツ作成時の時間，場所など。

表1.7 SegmentInformationTable の代表的な要素

名称	概要
SegmentLocator	開始時間および長さを指定して，番組中でのセグメントの位置を特定する。
KeyFrameLocator	番組内の時間的な位置を指定して，セグメントのキーフレームを特定する。
Title	セグメントのタイトル。
Synopsis	セグメントについてのあらすじ，もしくは文章による記述。内容の簡単な概要・説明。
Keyword	セグメントに関するキーワードの一覧。キーワードは1つの単語か，もしくは複数の単語からなる完全なフレーズ。
Genre	ジャンル。
RelatedMaterial	セグメントに関連した複数の外部素材へのリンク。
CreditsList	クレジット一覧（例：俳優，監督など）。

ここでとくに注目したい要素は，PromotionalInformation と RelatedMaterial である。後者は，HTML 文書のリンク情報のように，さまざまな関連コンテンツに結びつけたり，e コマース的なサービスとも連携できたりする機能を提供できる。

＜セグメントメタデータ＞ SegmentInformation は，ProgramInformation が番組やコンテンツそのものの検索に使われるのに対して，コンテンツ内の特定の場所（セグメント）を検索するのに用いられる。本のメタデータとの対比でいえば，映像コンテンツの索引（index）や目次を与えるといえる。実際，DVD のチャプターをメタデータによって高度化したものとなっている。セグメントに対する検索機能によって番組のハイライトシーンを集めて要約のみを視聴する機能や，トピックヘッドラインのブックマークを作成するなどの機能の実現を可能にする。表1.7 に，SegmentInformation の主要なメタデータ要素を示す。

＜ユーザーメタデータ＞ ユーザーに関するメタデータのうち，嗜好情報を記述する UserPreferences は，ユーザーの好みに従ってコンテンツを提供するために重要な役割を果たす。表1.8 は，UserPreferences の要素として定義されている嗜好情報の例である。

これらの情報は，ユーザー自身が直接登録するということも想定されるが，自動的にエージェントプログラムなどによって生成することも考えられる。これらのユーザーメタデータは，後で述べるフィルタリングなどに大きな働きをする。

＜分類辞書＞ TV-Anytime では，検索にとって重要なものとして，分類辞書（Classification Scheme）を定義している。これは，ジャンルなど，検索対象として頻繁に用いられるもののうち，地域や目的などによって変更が必要なものや将来的拡張が一般的に望まれるものなどは，フォーマットの決まった辞書と

表 1.8 UserPreferences の代表的嗜好情報の例

名前	概要
BrowsingPreferences	コンテンツの視聴方法・パターンに関する嗜好を指定。
FilteringAndSearchPreferences	コンテンツを検索・フィルタリングする際の嗜好を指定。
SummaryPreferences	コンテンツのノンリニア視聴の方法について指定。
ClassificationPreferences	コンテンツの分類情報についての嗜好。たとえば，好きなジャンルや言語，国，時間などの嗜好を指定。Country, DatePeriod, Language, ParentalGuidance, Review Subject, Genre, Form などが要素として定義されている。
CreationPreferences	コンテンツの制作情報についての嗜好。たとえば，好きな俳優やコンテンツがつくられた時期などの嗜好を指定。Title, Creator, Keyword, Location などがさらに要素として定義されている。
SourcePreferences	コンテンツの配信メディアについての嗜好。たとえば，出版者や配信サービス事業者などの嗜好を指定。

表 1.9 TV-Anytime で定義されている分類辞書

辞書名	概要
ActionTypeCS	視聴者の視聴行動を記述する辞書。
AtmosphereCS	視聴の環境や視聴者の気分や雰囲気を記述する辞書。
ContentAlertCS	コンテンツの内容について注意を喚起するための辞書（成人向け，暴力など）。
ContentCS	ジャンル辞書。
ContentCommercialCS	CM 対象の辞書。
FormatCS	コンテンツの題材ではなく，形式に注目した分類用辞書。
HowRelatedCS	コンテンツどうしの関係を記述する辞書。関連した番組や推奨関連商品などを記述するのに用いる。
IntendedAudienceCS	おもに対象としている視聴者を記述する辞書。
IntentionCS	報道としてなのか，純粋な娯楽としてなのかなど，何を目的としてコンテンツを配信しているか，事業社側の意図を記述する。
LanguageCS	コンテンツで用いられている言語を記述する辞書。
MediaTypeCS	ビデオ映像，音声，画像，テキストなど，コンテンツのタイプを記述する辞書。
OriginationCS	映画，編集もの，ライブ中継，スタジオ作成など，制作側のソースを記述する辞書
TVARoleCS	監督，アナウンサ，プロデューサーなど，コンテンツにかかわる役割を記述する辞書。

して策定しておくというものである。これは，映像コンテンツ流通における一種のシソーラスを提供しているといえる。各国における用語のちがいや同意語などの扱いはまだ十分に考慮されていない。また，分類辞書のフォーマットはMPEG-7 に従っている。表 1.9 に TV-Anytimeで定義されている分類辞書を列挙する。

TV-Anytime で定義されている分類辞書は，単にコンテンツのジャンルなどを対象にするだけでなく，視聴者の気分や雰囲気など，コンテンツを検索するためにさまざまな情報を定義していることが特徴的である。たとえば，IntendedAudienceCS では，地域，性別などのほかに，職業，宗教，教育レベル，収入レベル，既婚・独身など，さまざまな情報に基づいてコンテンツの対象となる視聴者を分類している。

③ TV-Anytime メタデータの伝送方法

TV-Anytime メタデータは，さまざまな伝送方法を想定している。実際の放送サービスとして送信される場合は，各国の規格に基づく必要があり，日本では ARIB で，ヨーロッパではDVB や ETSI などで規格化が進んでいる。TV-Anytime では，そのための片方向伝送方式の大枠を ETSI-TS 102 822-3-2 において規定している。メタデータの伝送効率を考慮して，MPEG-7 の XML バイナリ符号化である BiM（Binary format for MPEG-7）を使った符号化や，メタデータの断片化を規定している。上記のヨーロッパ規格である DVB では，メタデータの BiM 符号化伝送は必須事項になっている。同様の方法は，ブロードバンドでの放送型サー

ビスでも使用できる。ヨーロッパの IP 放送の方式を提案している DVB-IPI では，この方式を採用している。ARIB の B-38 においても BiM に言及している。

一方，ブロードバンド上で双方向性の高いサービスや自由な検索を行なう際の仕様が，TV-Anytime で規定された ETSI-TS 102 822-6 である。これは，W3C の勧告であり，IP ネットワーク上での XML データ交換方式として一般的になりつつある SOAP (Simple Object Access Protocol)[28] をプロトコルとして採用している。つまり，メタデータサービスをウェブサービスとして提供し，ネットワーク上に分散して存在するさまざまなメタデータを統一的なインタフェースで検索・取得させることを目的としている。

図 1.12 は，この仕様で規定されている SOAP 仕様に従った検索要求の例で，ProgramInformationTable の中でキーワードに "friend" という文字列を含むものを検索している。

また，TV-Anytime では，メタデータの伝送レベルでの保護のために，IETF の Transport Layer Security (TLS) の TV-Anytime 用プロファイルを定義している。

1.3.3 メタデータを利用したサービス

TV-Anytime は，コンテンツ流通の価値連鎖のそれぞれの参加者にとって有益な規格であることを標榜している。とくに，コンテンツ配信者にとってメタデータは，コンテンツを積極的に提供し，視聴者をひきつけるための喧伝手段としてもとらえることができる。つまり，メタデータは視聴者の利便性のためにサービスとして与えられると同時に，コンテンツ配信者がより積極的にコンテンツをプロモートし，視聴者により簡単に視聴させ，あるいは，ある特定の視聴者に対して番組を推薦するというような目的で使用できる。

TV-Anytime のメタデータは，コンテンツを取得する側にとっては，さまざまな検索用の情報を提供し，いろいろな形で自分の好みのコンテンツを検索することを可能にするが，それは裏返すと，コンテンツを提供する側にとってもコンテンツを配信する有効な手段を提供しているといえる。ここでは，このようなユーザーの側から見ても，コンテンツ提供者にとっても有益なメタデータを使った検索サービスの例をあげる。このほかのサービス例は文献 27) に詳しい。

(1) 電子コンテンツガイド

これは，現在行なわれている電子番組ガイド (EPG) サービスを一般化したものといえる。現在の EPG は，基本的には，新聞のラジオ・テレビ欄と同様に，放送時間枠とチャンネルを基本にした情報提示を行なっているが，TV-Anytime メタデータを用いることにより，コンテンツの所在，取得方法と番組そのものに関す

```
<SOAP-ENV:Envelope
  xmlns:SOAP-ENV="http://schemas.xmlsoap.org/soap/envelope/">
  <SOAP-ENV:Body>
    <get_Data xmlns="http://www.tv-anytime.org/2002/11/transport"
      xmlns:tvaf="http://www.tv-anytime.org/2002/11/transport/fieldIDs">
      <QueryConstraints>
        <BinaryPredicate fieldID="tvaf:Keyword"
        fieldValue="friend"/>
      </QueryConstraints>
      <RequestedTables>
        <Table type="ProgramInformationTable"/>
      </RequestedTables>
    </get_Data>
  </SOAP-ENV:Body>
</SOAP-ENV:Envelope>
```

図 1.12　SOAP によるメタデータ検索の例

る情報を抽象化しネットワーク透過性を高めたコンテンツ案内情報を提供することが可能になる。TV-Anytime メタデータは，関連コンテンツのグループ化やシリーズ番組をあたかも1つのコンテンツのようにまとめて扱うことを可能にするので，シリーズ一括予約や，まだコンテンツそのものが存在しない場合にもコンテンツに関する情報を前もって電子コンテンツガイドとして提供することができる。

また，TV-Anytime のネットワーク透過性は，単に通信と放送を隔てないということだけでなく，出版というメディアも TV-Anytime 的にはネットワークのひとつであるということを示している。実際，国際新聞電気通信評議会 (International Press Telecommunications Council；IPTC)[26] という新聞関係の国際団体では電子番組ガイドのための ProgramGuideML という規格を策定し，その番組情報の記述に TV-Anytime メタデータを採用している。これは，NewsML という新聞用の XML 交換フォーマットの一部として，TV-Anytime メタデータが出版情報の一部としても利用されるということを示している。

(2) バーチャル番組

セグメント情報ときめの細かい検索を組み合わせると，番組やコンテンツを丸ごと見るだけでなく，複数のコンテンツの中のさまざまな好みのシーンやコーナーを組み合わせた，自分好みの番組を視聴することが可能になる。このようなサービスをバーチャルプログラムとよぶことがある。一種のプレーリストのような視聴方法だが，ブロードバンド時代には，ネット上のコンテンツと蓄積されたコンテンツの中から，ある特定のタレントが出ているシーンだけを取り出して組み合わせて見る，というようなことが可能になる。

(3) 番組フィルタリング・レコメンデーション

TV-Anytime メタデータでは，さまざまな分類辞書を用いている。これらは従来，たとえば放送で用いられていたような，番組のジャンルの分類だけでなく，生活様態や嗜好，そのときどきの気分などさまざまな属性を表現している。このような環境的情報を検索対象として使うことにより，個人の好みにあったコンテンツを積極的にフィルタリングして取得することが可能になる。これは，配信側から見ると，インターネットですでにある程度行なわれているように，特定の環境や集団などに対して好まれるコンテンツを優先的に検索されるように設定することを可能とする。ある特定対象に優先的にアクセスさせることをターゲッティングというが，TV-Anytime では，このようなユーザーが必要としている検索結果をタイムリーに提供できる仕組みをさまざまな形で取り入れている。

(4) コンテンツと連動した e コマース

メタデータを使って，映像コンテンツを介在させて直接ユーザーが簡単に e コマースに行なうことができる。TV からのコマースへの連携はすでにいくつか試みられているが，メタデータを使用することにより，より簡便に，迅速に，そして高度な要求に応えられる形で，ブロードバンドコンテンツとコマースの連携が可能になる。電子コンテンツガイドやフィルタリングやレコメンデーションの結果を，番組やコンテンツ単位だけでなく，番組のシーンやコーナーと結びつけることで，ユーザーの好みと反応にきめ細かく迅速に対応できるようになる。TV-Anytime のメタデータでは，たとえば，RelatedMaterial 要素を ProgramInformation と SegmentInformation など複数配置させることでこれを可能にしている。図 1.13 に RelatedMaterial を使用した e コマースへのインタフェース例を示す。この例では，MediaLocator 中に示される URL が，この番組に関連した商品を購入できるウェブサイトであることが HowRelated で表現されている。

(5) TV-Anytime メタデータの RSS 配信

TV-Anytime では，メタデータを RSS を使った配信ということも議論されている。これは，BBC などのコンテンツホルダーが，より広く番組を知らしめるためにメタデータ自身を広範に配布するということを可能とさせるためである。図 1.14 にメタデータの RSS による利用の例を示す。

```
<RelatedMaterial>
  <HowRelated href="urn:tva:metadata:cs:HowRelatedCS:2002:9">
    <Name preferred="1">Direct product purchase</Name>
  </HowRelated>
  <MediaLocator>
    <mpeg7:MediaUri>http://www.commerce.com/book</mpeg7:MediaUri>
  </MediaLocator>
  <PromotionalText>Purchase books from sponser</PromotionalText>
</RelatedMaterial>
```

図 1.13　RelatedMaterial 要素メタデータを用いた e コマースへのインタフェースの例

```
<item rdf:about="http:/www.bbc.co.uk/tv-anytime/xml13/20041207BBCOne_pi.xml">
  <title>Program Information for BBC One</title>
  <link>http://www.bbc.co.uk/tv-anytime/xml13/20041207BBCOne_pi.xml</link>
  <description>Program Information for BBC One for 7 December 2004</description>
  <dc:date>2004-12-02T00:00Z</dc:date>
<tva:start>2004-12-07T00:00Z</tva:start>
<tva:end>2004-12-08T00:00Z</tva:end>
<tva:service>BBCOne</tva:serviceId>
<tva:type>ProgramInformationTable</tva:type>
</item>
```

図 1.14　RSS に用いられた TV-Anytime メタデータへの参照の例

1.4　コンテンツ ID

1.4.1　ユビキタスネットワーク社会の進展とディジタル識別子

インターネットはビジネスおよび社会生活の両面において，国民に大きな利便・恩恵をもたらす生活上の必需品となっており，その先には，「ユビキタスネットワーク社会」とよばれる便利で豊かな時代の到来が期待されている[31]。このようなユビキタスネットワーク社会の構築においては，"(ディジタル) ID" が重要な鍵を担っている。ここで，"ID" の表わす内容（フルネーム）としては，identity（同一性），identification（同一性の確認），および identifier（識別子/識別符号；対象の同一性を示す記号類）がある。ユビキタスネットワーク社会を安心・安全な社会とするためには，ID にまつわる技術的・社会的課題を解決するとともに，社会的コンセンサスを形成していく必要がある。

インターネットを利用したビジネスの進展に伴い，"identity management"[32]（ID 管理）が注目されている。ビジネスプロセスや社会活動の多くの部分がインターネットなどのサイバー世界で行なわれるようになってきたのに伴い，ID 管理のための一群の管理情報の抽象概念はしだいに拡張され，現在では "digital identity" と総称されることもある。ID 管理を適切に行なうことにより，ビジネスや社会活動の効率化とコスト削減に結びつく。

ID 管理において通常用いられるものが "identifier"（識別子）であり，その代表例がユーザー ID である。ユーザー ID に限らず，文字を用いた長い名称などよりも，管理対象に対応する短い番号や記号を用いたほうが，データ処理および通信による授受は容易であることは明らかである。この識別子自体，ID 管理における管理情報，すなわち digital identity の一部でもある。

ところで，このような識別子は，人だけに使われるわけではない。コンテンツやサービス，

モノ，さらには場所などにも使われる。これらの対象についても，識別のための管理情報が存在する。それらの情報は，"属性情報"や"メタデータ"とよばれる。適切に付与された識別子を適切に用いることにより，これらの対象に関する効率的な処理を行なうことができる（図1.15）。

このようにして，サイバー世界では，人，ディジタルコンテンツ，サービス，モノ，場所などのオブジェクトに付与された識別子がシステム相互間で授受され，各システムにおける識別子対応の管理情報を用いて所定の処理が行なわれることになる（図1.16）。このような世界においては，セキュリティ，データの一貫性，ユーザーの利便性，プライバシーなどの技術的・社会的課題がある。

1.4.2 ディジタル識別子とその役割

ここでは，ディジタル識別子を，実世界およびサイバー世界に存在するさまざまなオブジェクトに対して付与され，サイバー世界における種々の活動のための使用される識別コード，と定義する。共通の認識の下に規定されたディジタル識別子を用いることにより，サイバー世界における活動の効率が高くなる。すなわち，サービスや地域共通に，たかだか数百ビットあるいは数十文字のコードを指定することにより，世界中のどのコンピュータでも種々のオブジェクトを特定できる。そして，そのコードをキーにしてデータベースを検索することにより，必要な属性情報や関連情報などを容易に得ることができる。

（1）ディジタル識別子の具備すべき条件

ディジタル識別子に関しては，その識別対象や用途によって多少異なるものの，その具備すべき条件を，おおむね以下の5つに整理できる[33]。

①グローバル環境でのユニーク性（uniqueness）

ディジタル識別子において最も重要な要求条件は，グローバルな利用環境を想定したときのユニーク性である。異なるコンテンツや異なる人に同じ値の識別子が重複して付与されていると，コンテンツの流通管理や課金処理がうまく機能しないことは明らかである。もちろん，限られたドメインにおいてのみ使用されることが明らかなものであれば，そのドメイン内でのみユニークであればよい。しかしながら，サイバー世界ではネットワークを通じて瞬時に世界中に情報伝達が行なわれ，そこでの活動は一般的にボーダーレスである。したがって，言語やシステムなどの壁を越えてグローバルスケールでのユニーク性をどう担保するかが課題となる。そのために最もよく行なわれている方法は，所

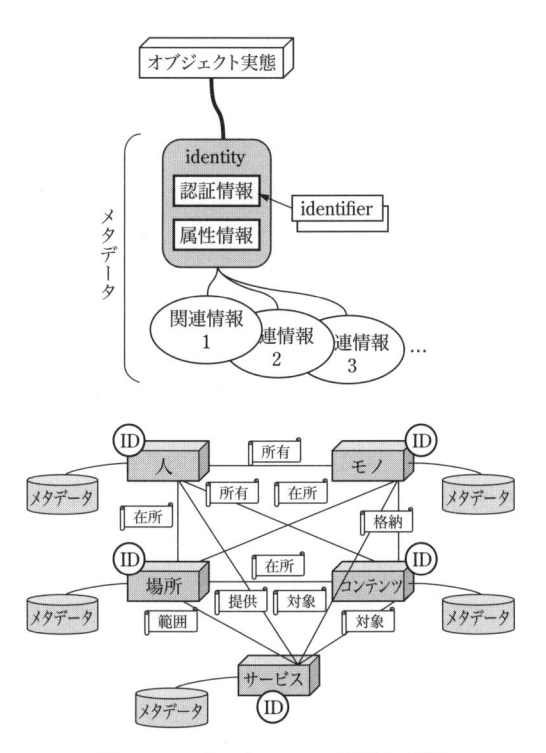

図1.15 ディジタルIDの概念と相関

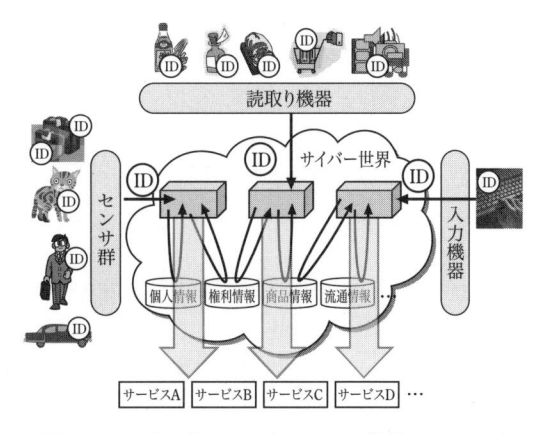

図1.16 ディジタルIDとサイバー世界のイメージ

定の登録機関が集中的に識別子の発行を管理・運用することである。この機関を，RA（registration authority）と称する。通常，RA は，公的機関，あるいは公的機関から委任を受けた機関が運営する。

②永続性（persistency）

識別対象オブジェクトは長期間，ものによっては半永久的に存続するものであるから，その識別子にも対象オブジェクトのライフサイクル以上の永続性が要求される。この"永続性"という言葉には数多くの意味合いが含まれるが，代表的なものとしては以下のような項目があげられる。

- 識別子が時間的に変化するもの（たとえば，URL）に依存していないこと
- 発行者および発行監督者の財政的基盤が健全であること

③識別子からのロケーション可解性（resolvability）

ここでいうロケーションには，識別子の対象オブジェクトそのものと，対象オブジェクトのメタデータ（属性情報，関連情報など）との 2 種がある。識別子は，単に対象オブジェクトのユニーク性を証明するだけのものではなく，そのオブジェクト実体や，オブジェクトのメタデータ（属性情報，関連情報など）にアクセスするためのキーとしての機能をもつことにより，利便性が大幅に向上する。

このように，識別子から実体やさまざまな情報などのロケーションを得る仕組みをレゾリューション（resolution）という。とくに，サイバー世界において電子商取引などのビジネスや電子政府/自治体などの社会活動が盛んになりつつある昨今の状況では，オンラインによるインタラクティブなレゾリューションサービスの提供は，digital identity のためのインフラとしてきわめて重要な要求条件となる。

④オブジェクト実体との不可分性（inseparability）

人やモノのように，オブジェクト実体がリアル世界に存在する場合と，ディジタルコンテンツのようにサイバー世界に存在する場合とがある。リアル世界にオブジェクト実体が存在する場合には，その識別子だけがサイバー世界に引き渡される。この場合に重要なことは，オブジェクト実体と識別子との対応関係を認証することである。一方，サイバー世界にオブジェクト実体が存在する場合には，オブジェクト実体とその識別子とが不可分の状態であること，すなわちオブジェクト実体から識別子の切り離しが容易にはできないことが重要な要求条件となる。このとき注意すべきことは，ディジタルコンテンツのように，ディジタルネットワークばかりとは限らず，プリントアウトや画面表示といったアナログドメインを経由する流通経路も考えられるということである。また，著作権などの種々の重要情報との関連づけが行なわれている識別子を削除しようとする故意の攻撃も想定する必要がある。

⑤他識別子との相互運用性（interoperability）

識別子体系は本来，世界で統一された共通のものであることが望ましい。これは，その目的である，処理の効率性やユーザーの利便性の観点からも当然のことである。しかしながら，とくに最近規定された識別子については，世界の多くの団体により独立に，あるいは連携を図りつつも独自に，標準化作業が行なわれている。それらの活動と成果は，各団体の関連業界におけるビジネス上の特徴を反映している場合が多く，世界で唯一の識別子体系にまとまることは考えにくい。したがって，複数の識別子体系の共存が必要となる。具体的には，オブジェクトの利用局面に応じて，他体系の識別子が付与されているオブジェクトに対して，その識別子を参照する仕組みが必要となる。識別子やメタデータの交換によく利用される XML（extensible markup language）ベースの文書においては，当該識別子を規定した機関のロケーション情報（uniform resource identifier；URI）を記述することにより，複数機関で規定された識別子の混在を可能としている。これは，名前空間（namespace）とよばれる[34]。

(2) ディジタル識別子の種類

グローバル環境でこそ威力を発揮するディジタル識別子であるため，その標準化は必須である。ここでは，オブジェクトの種類ごとに，グローバル環境で運用されているおもなディジタル識別子をリストアップする。

- ネットワークアドレス→電話番号（固定，携帯），MACアドレス，IPアドレス，ドメイン名，URL（URI），ネットワーク型ID（NID）
- 人→メールアドレス，住民基本台帳番号，OpenID
- コンテンツ→コンテンツID，DOI（digital object identifier），ISAN（international standard for audiovisual number）など[33,35]
- サービス→GUID（global unique ID），UUID（universally unique identifier）
- モノ→JAN（Japanese article number）などのいわゆるバーコード（商品コード），Auto-IDやユビキタスIDなどのRFID
- 場所→RFID

(3) ディジタル識別子の利用

さまざまなディジタル識別子を用いることにより，サイバー世界において，高度なサービスを効率よく実現することができる．

- オブジェクト管理　商品の在庫管理，受発注管理，および，これらの管理により集められたデータによる売れ筋商品や需給予測などの分析から，サプライチェーン管理（supply chain management；SCM）や電子データ交換（electronic data interchange；EDI）へと発展している．
- 流通状況把握　いわゆる「トレーサビリティ」[36]などのように，個々の対象商品1つずつをそのライフサイクルにわたって個別に管理する．
- レゾリューション　オブジェクトあるいはその情報にアクセスすることを目的に，ある識別子から別の識別子に変換することを表わす．人やモノ，コンテンツなどのディジタル識別子の場合には，その識別子からオブジェクト実体あるいはオブジェクトに関する属性情報など（メタデータ）の所在を示すアドレス（URLなど）を得るために，レゾリューションが用いられる[37]．
- ディレクトリサービス（directory service）インターネット上に散在する多くの資源（データやサーバ，ユーザーなど）に関する情報を提供するサービス．レゾリューションと組み合わせたディレクトリサービスでは，まず，レゾリューションによりディジタル識別子から対応するディレクトリのアドレスを得たのち，そのアドレスにアクセスすることにより，当該オブジェクトに関する権利情報や製品情報を入手する仕組みとなっている．

1.4.3　コンテンツIDの概要

"コンテンツID"（cid）は，流通するコンテンツを特定するために，一意に付けられるディジタル識別子である．ディジタルコンテンツに対しては，その内容や権利関係の情報，さらには流通に関する情報などの種々の属性を記述したメタデータが存在するが，コンテンツIDにより，このメタデータをも一意に特定することができる[37]．

(1) コンテンツIDの形式とメタデータ

コンテンツIDの形式とバインド方法を図1.17に，コンテンツのメタデータを図1.18に示す．IDは，電子透かしなどにより，コンテンツに埋め込まれる[38]．

(2) コンテンツIDの付与単位

コンテンツIDの付与単位は，著作者あるいはコンテンツ流通をする人が，その流通を管理したい単位で任意に決めることができる．たとえば，映画の1作品全体に1つのIDを付与することも，シーンとかカットとか個々の部分的なところにそれぞれIDを付与することも可能である．また，コンテンツのモジュール，つまり部品にIDを付与し，その部品を集めた1つの作品に対してさらに別のIDを付与することもできる．さらに，実際のコンテンツの流通を考えると，たとえばDVDのようにパッケージとして流通させる場合や放送やインターネットで流す場合など，いろいろな流通経路がある．流通条件はこの経路ごとに異なるので，同じ作品でも，流通経路に応じて別のIDを付与するということも可能である．

(3) コンテンツIDの運用

実際にコンテンツを保持する者が，コンテンツやその属性情報の管理のために"ID管理センタ"を設置する．公的な認可登録機関として"レジストレーション・オーソリティ（RA）"を設け，ID管理センタに対してRAからセン

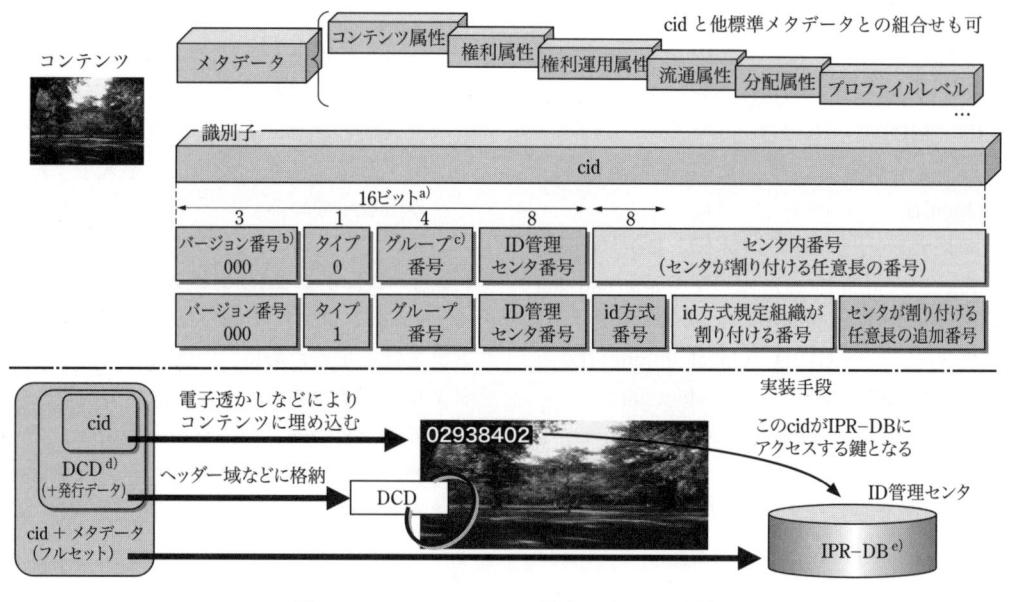

図1.17 コンテンツIDの形式とバインド方法

a) 今後規定されるバージョン番号では，各フィールドの長さやフィールドそのものが変更する可能性がある。
b) 識別子形式のバージョン001〜111はリザーブ。
c) たとえば，業界別，地域国別，応用別。
d) DCD：distributed content descriptor。
e) IPR-DB：Intellectual Property Rights Database，著作権等管理情報データベース。

図1.18 コンテンツのメタデータ

- ユニークコード：コンテンツに一意に付与される番号であり，"ID管理センタ番号"，"ID管理センタ内番号"，"タイプ（バージョン情報）"などからなる。
- コンテンツ属性：コンテンツ（＝作品，商品）の制作者，内容，種別，分類などに関する情報を表わす。
- 権利属性：コンテンツの権利関係を表記する。問合せ先など。
- 権利運用属性：権利の許諾・委任・譲渡に関する情報。権利契約情報など。
- 流通属性：コンテンツの利用条件，流通管理情報。
- 分配属性：売買収益の分配に関する情報。
- 自由領域：ID管理センタに任される自由領域。流通（＝売買）の履歴情報など，コンテンツIDの付加価値を増大させることが可能な自由活動領域。
- システム管理情報：ID管理センタの運用に必要な非公開情報。
  例：ディジタル署名，電子透かし情報，チェックデジット，コンテンツハッシュ値など。

タ番号を重複なく発行する。各ID管理センタでは，このセンタ番号と内部管理の独自番号とを連結させてコンテンツIDを構成することにより，全体としてユニークな番号が発行でき

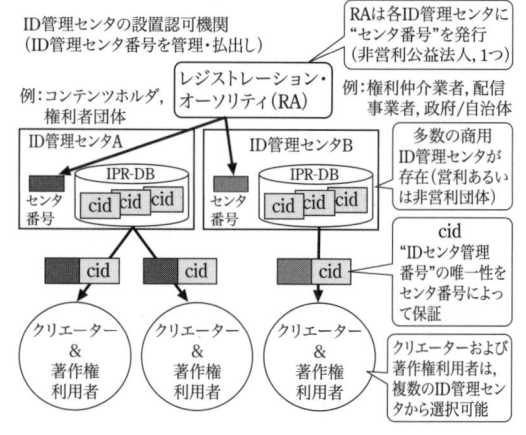

図1.19 コンテンツIDの運用の仕組み

る。この仕組みを図1.19に示す。

（4）コンテンツIDレゾリューション

コンテンツIDからメタデータの所在場所を知るための"コンテンツIDレゾリューション"では，コンテンツにIDが付与され，たとえば電子透かしによりそのIDが埋め込まれて流通している状況において，利用者が入手したコンテンツから取得したコンテンツIDをサー

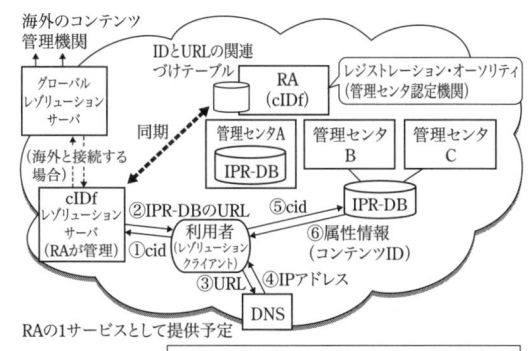

図1.20 コンテンツIDレゾリューション

コンテンツIDレゾリューションとは，コンテンツID（cid）からそのコンテンツ属性情報を管理するIPR-DBのありかを特定することである。

バに渡すと，そのIDに対応する属性情報が登録されているデータベースのロケーション（URL）が返却されるため，そこにアクセスすることにより，種々の情報を入手することができる。このイメージを図1.20に示す。コンテンツIDレゾリューションの応用として，コンテンツを媒介としてサービスに誘導することも可能となる[39]。

(5) コンテンツIDの標準化

コンテンツIDの仕様は，1999～2007年にかけてコンテンツIDフォーラム（cIDf）において策定され，その一部はISO MPEG-21などにも採用されている。cIDfはすでに解散しているが，現在はNPO法人ブロードバンドアソシエーション（http://www.npo-ba.org/）がcIDf仕様およびRAを引き継いでいる。

1.4.4 社会基盤としてのディジタルIDの課題

ディジタルIDを活用したユビキタスネットワーク社会は，豊かで便利な生活をもたらしてくれるものと期待されている。しかし一方では，そのような社会における，セキュリティやプライバシーに関する懸念や不安も指摘されている。これらの懸念や不安を解消し，安心・安全で便利な社会を持続させるために，技術的に，社会的に，あるいは運用上で解決すべき課題は多い。また，それらの各課題は相互に深くかかわっている。

(1) 技術的課題

セキュリティとプライバシーにかかわる問題の解決が必要である。

① IDのオブジェクトへのバインド技術

ディジタル識別子の具備すべき条件のひとつとして述べたように，ディジタル識別子とオブジェクト実体との不可分性を保証する技術は非常に重要である。人に対する識別子の場合には，バイオメトリクス認証を使用することができる[40]。ディジタルコンテンツに対する識別子の場合には，コンテンツファイルのヘッダ域への格納，電子透かし（watermarking），電子指紋（fingerprinting）などの技術があるが，それぞれ一長一短がある[41]。

② 個人情報開示制御技術

消費者は，得られる利益に応じて個人情報の開示範囲を決定するのが普通であり，さまざまな条件に応じて，開示してもよいと考える個人情報を設定でき，その結果として作成される開示制御テーブルに基づいた情報の提供が行なわれることが望ましい。

③ レゾリューション拒否技術

IDから対応する情報の場所を引くレゾリューションを許容するか否かを消費者により制御することができれば，プライバシーの問題が解決される可能性がある。その実現方法のひとつとして，米国で導入された電話勧誘拒否登録制度"Do-Not-Call Registry"[42]と同様のものが考えられる。

④ オブジェクト認証技術

人が本人であることや，モノやコンテンツが本物であることなどを証明することは，非常に難しい。人のように，あらかじめそのオブジェクトを特徴づけるデータ（DNAや指紋など）が登録されていれば，比較的容易に証明可能である。ディジタルコンテンツの場合には，「ワンウェイ・ハッシュ」とよばれる技術を用いて，その特徴データを抽出することができる。

(2) 社会的課題

技術面で取り組む必要があるが，社会のコンセンサスが最も重要である。

① 監視カメラ/センサなどによる監視型社

会
安全とプライバシーとのトレードオフ，バランスの問題である。

②個人情報の管理

個人情報に関する消費者の最大の懸念は，それが，いつ，誰に対して，どのように提供されるかわからない，ということである。

③プライバシー保護

ガイドラインは，技術と法制度に裏打ちされることにより，実効性が高まる。

④スパムメール

ディジタル ID の悪用による迷惑行為である。フィルタリングに加え，"Sender ID" などの抜本的技術も議論されている[43]。

(3) 運用上の課題

関係者の協調が望まれる。また，運用者には公平性・透明性が求められるとともに，利用者にも応分の負担が求められる。

①標準化

普及促進のために，また利用者が後で困らないように，産官学連携による標準化が望まれる。また，対象によっては，国家戦略の観点から，官主導の標準化活動も重要である。

②ID 登録機関（registration authority）

グローバル環境でユニークな，全世界の共有資源としてのディジタル ID を実現するためには，その付与方法を統一的に定め，運用する必要がある。

1.5 地上デジタル放送

1.5.1 概説

(1) アナログからデジタルへ

地上アナログテレビ放送から地上デジタルテレビ放送への移行には，2つの意味合いがある。1つは，国が推進している ICT（information and communication technology，情報通信技術）戦略の柱としての位置づけであり，とくに ICT 化の裾野である「家庭における ICT 化の推進」に大きく寄与することが期待されている。テレビという誰にでも馴染み深い端末を活用して，ICT 化を一般家庭から広めようという国家戦略である。

もう1つは，「電波の有効利用」である。2011 年 7 月 24 日に地上アナログテレビ放送が終了し，周波数利用効率の高い地上デジタルテレビ放送へ全面移行したあと，地上アナログテレビ放送が使用を終了した電波の一部は，電波の需要が逼迫している移動通信などに有効活用される予定となっている。図 1.21 に，VHF 1～12 ch および UHF 13～62 ch の地上デジタル放送における周波数利用イメージを示す。

2003 年 12 月に地上デジタルテレビ放送が開

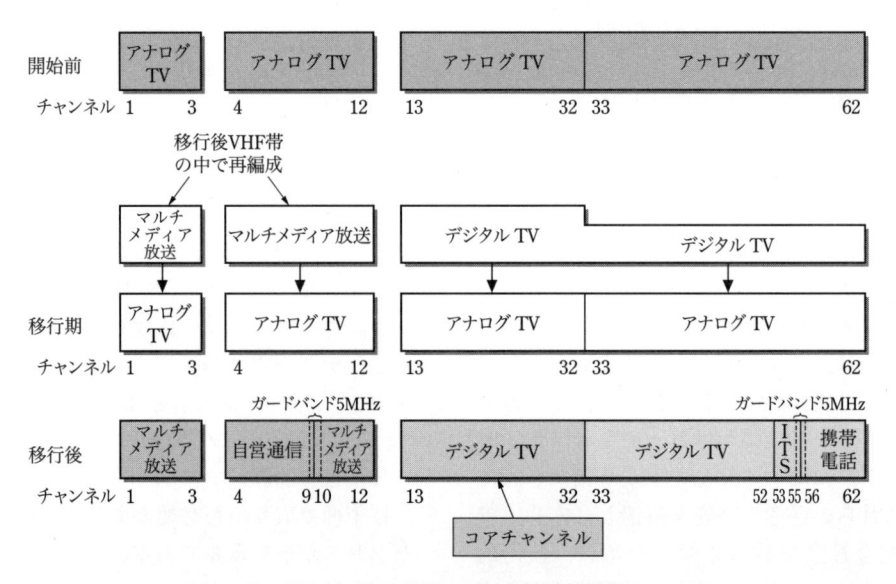

図 1.21 地上デジタル放送における周波数利用イメージ

始する前の時点で，全国には約 15,000 の地上アナログテレビ放送を行なう中継放送局の送信所があり，使用する放送周波数（チャンネル）がすでに相当込み合う状態だった。そのようななか，地上アナログテレビ放送を地上デジタルテレビ放送に移行するにあたっては，新たに地上デジタルテレビ放送用のチャンネルが必要であり，一時的に電波をさらに過密状態としなければならなかった。

なぜなら，新たに地上デジタルテレビ放送を開始し，最終的にアナログからデジタルに移行するにあたっては，サービスの継続上，地上アナログテレビ放送を行ないながら地上デジタルテレビ放送の設備整備を進める必要があったからである。図 1.22 に，地上デジタルテレビ放送におけるチャンネル使用状況を示す。

地上デジタルテレビ放送は UHF ローチャンネルを中心として割り当てられているが，そのチャンネルを確保するためには，場所によっては地上アナログテレビ放送の一部のチャンネルを，別のチャンネルに変更する作業が必要となった。これが全国で 426 万世帯が対象になるといわれた「アナログ周波数変更対策（アナアナ変更）」である。それに伴い，家庭のテレビ受信機やビデオデッキの受信周波数（チャンネル）やリモコンの再設定，場所によっては受信アンテナの方向変更や取り替えなどの作業が必要になった。

地上デジタル放送は，この対策が終わった地域から逐次送信され，図 1.23 に示すように段階的に親局からマイクロ波配信，放送波中継，光伝送などを通じて大規模中継所や中継放送所へとネットワークを構築しつつ全国へエリアを拡大している。

(2) ISDB-T 方式の特徴

表 1.10 に示すように，世界の地上デジタル放送方式には 3 つの方式がある。米国の ATSC（Advanced Television Systems Committee）または DTV（digital TV）方式で用いられているシングルキャリア 8-VSB（vestigial side band）方式に対し，欧州の DVB-T（digital video broadcasting-terrestrial）方式，および日本の ISDB-T（integrated services digital broadcasting-terrestrial）方式で用いられている OFDM（orthogonal frequency division multiplexing）方式である。

OFDM 方式は，さまざまな方向から電波が反射して到来する多重伝搬路に適したマルチキ

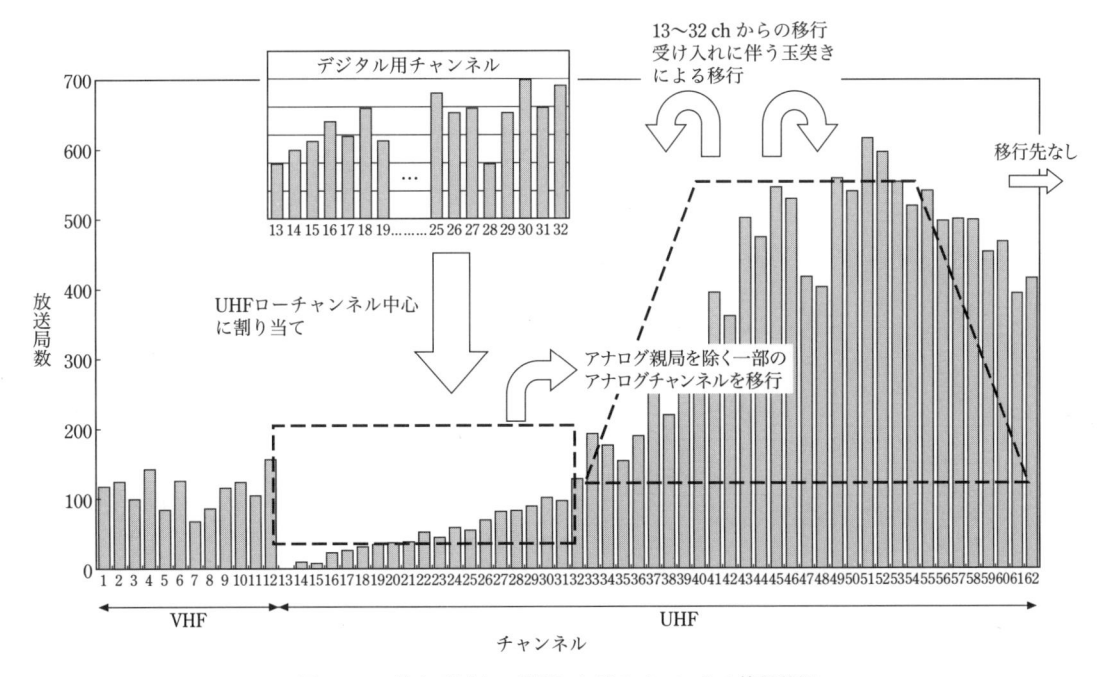

図 1.22 地上デジタル放送におけるチャンネル使用状況

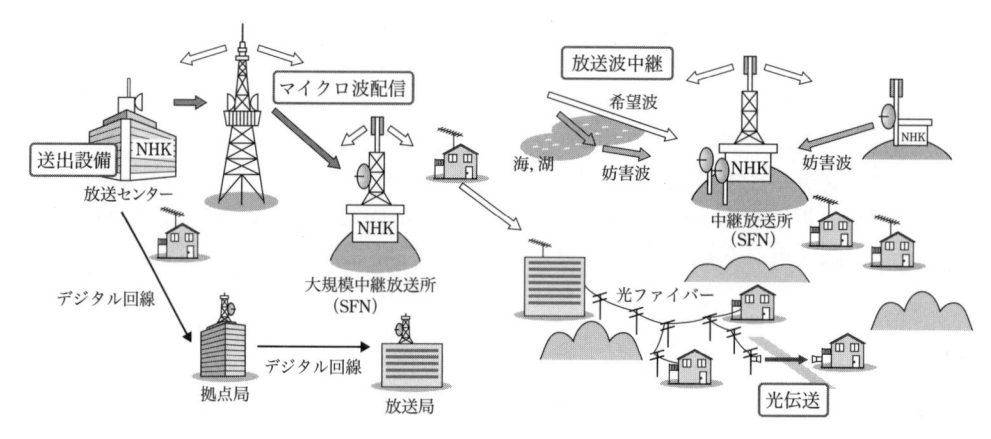

図1.23　地上デジタル放送のネットワーク

表1.10　世界の地上デジタル放送方式の比較

項目・方式	米国 ATSC(DTV)	欧州 DVB-T[a]	日本　ISDB-T（モード3）
信号帯域幅（−3dB）	5.38 MHz	5.64 MHz	5.572 MHz
送出キャリア数	1本	2kモード：1075本 8kモード：6817本	5617本
変調方式	8-VSB	QPSK-OFDM, (MR-) 16QAM-OFDM, (MR-) 64QAM-OFDM[b]	DQPSK-OFDM, QPSK-OFDM, 16QAM-OFDM, 64QAM-OFDM
有効シンボル長	92.9 ns	2kモード：301.889 μs 8kモード：1.207556 ms	1.008 ms
内符号	トレリス符号（2/3）	たたみ込み符号 (1/2, 2/3, 3/4, 5/6, 7/8)	たたみ込み符号 (1/2, 2/3, 3/4, 5/6, 7/8)
内符号用インタリーブ	時間	ビットおよび周波数	ビット，周波数，および時間
外符号	RS (204, 187)	RS (204, 188)	RS (204, 188)
外符号用インタリーブ	バイト	バイト	バイト
情報レート	19.39 Mbit/s	3.69〜23.5 Mbit/s	3.65〜23.2 Mbit/s

a) DVB-T は 6 MHz 仕様のものを記載。
b) MR はマルチレゾリューションの略で，信号位相点の配置を変化させる方式。使用することも可能である。

キャリア伝送方式のひとつである。この方式は，欧州で開発されたデジタル音声放送（Digital Audio Broadcasting；DAB）において採用されたのを端緒に，デジタル放送のほか無線LANなどの耐多重伝搬路伝送方式としても採用が進んでいる。OFDM方式は，DAB方式が開発された欧州で考案されたと考えられているが，OFDM方式は1960年代に米国で考案され，DFT（離散フーリエ変換）による変復調技術は日本で考案された[44]。

OFDM方式は，図1.24に示すように周波数軸上でたがいに直交した多数の搬送波に情報を分散させて伝送する方式で，シングルキャリア方式よりもシンボル長（1シンボルが占有する時間）をキャリアの数に比例して長くできる。

たとえば，地上デジタル放送に現在使用されているISDB-Tのモード3では，キャリア数が5617本で，シンボル長は約1 msであるが，これを仮にシングルキャリアにするとシンボル長は約180 nsときわめて短くなる。地上波の電波伝搬上の特徴は，地形・地物による電波の多重反射に起因する多重伝搬路であるが，30 kmの路長差が生じると100 μs もの到達遅延差が生じる。上記のモード3のように，シンボル長がこの到達遅延差よりも十分に大きければ，近傍のシンボルどうしが重なって受信されるシンボル間干渉の影響を受けにくくなる。実際は，図1.24に示すように，さらにガードインターバルを設けて，隣接するシンボルどうしが重なってもそれがガードインターバル期間内であればシンボル間干渉の影響をまったく受けないよ

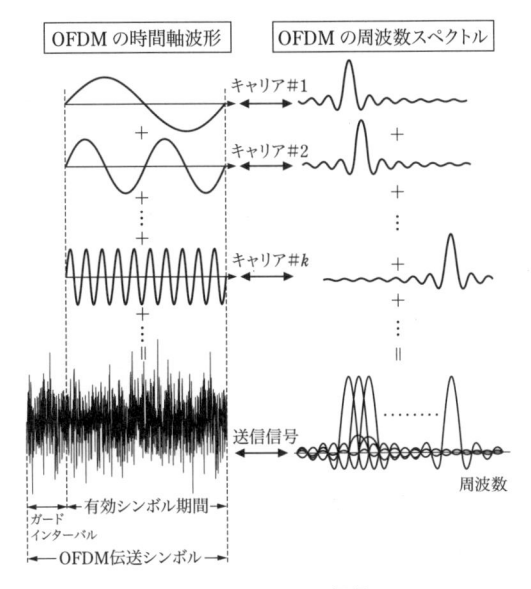

図1.24 OFDM信号

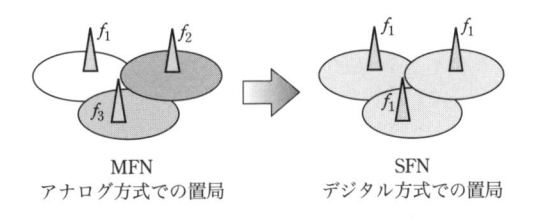

図1.25 多周波ネットワーク（MFN）と単一周波ネットワーク（SFN）

う工夫されている。

OFDM方式は，このように多重伝搬路に強い方式であるため，図1.25に示すように，同じ番組を同じチャンネルで複数の送信所から送信するようなSFN（single frequency network，単一周波数ネットワーク）を組むことができる。従来のアナログ方式では，同じ番組を同じチャンネルで複数の送信所から送信すると，ゴースト妨害が生じるために，別々のチャンネルで送信するMFN（multi frequency network，多周波数ネットワーク）としなければならず，エリアを拡大するためにはチャンネルがたくさん必要だったのである。

図1.26に示すように，ISDB-Tは，帯域幅約430 kHzの「セグメント」とよばれる単位で構成される。ISDB-Tには，13個の連続したセグメントで構成される帯域幅5.6 MHzの地上デジタルテレビジョン放送用の広帯域ISDB-Tと，1個または3個の連続したセグメントで構成される帯域幅430 kHzまたは1.29 MHzの地上デジタルマルチメディア放送用の狭帯域ISDB-Tとがある。

固定受信や移動受信など伝送パラメータが異なるサービスを含む場合には，このセグメント単位で表1.11に示すうち1つのモードの範囲内で伝送パラメータ（変調方式，内符号の符号化率など）を変えることができる。このような「柔軟な」構成をとることなどにより，ISDB-T

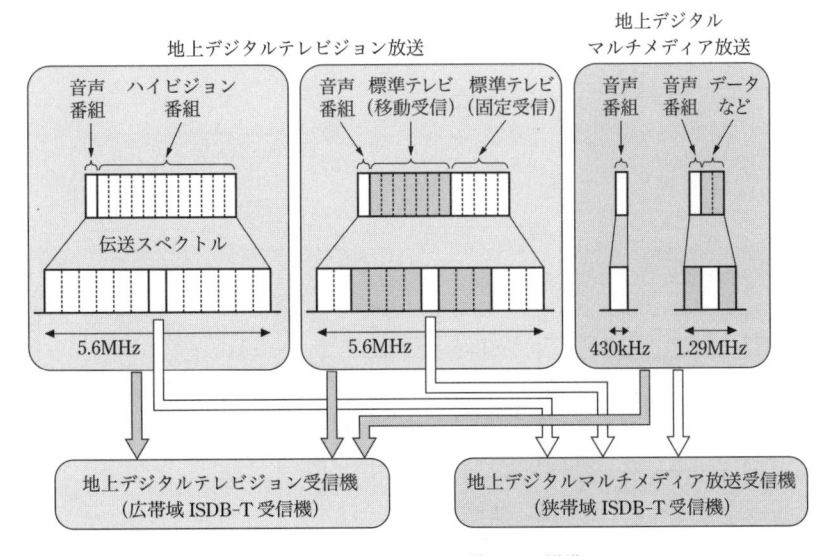

図1.26 ISDB-Tのセグメント構造

方式は次に示すような特徴をもつ。
- ハイビジョンサービスが可能
- 多番組の標準テレビサービスが可能
- 移動体向けサービスが可能
- SFN（単一周波数ネットワーク）による周波数有効利用
- 階層伝送による柔軟な番組編成
- 衛星デジタル放送（ISDB-S）との共通性
- 地上デジタルテレビジョン放送と地上デジタル音声放送との共通性

(3) 地上デジタル放送の送信

地上デジタル放送においては，映像・音声・データから構成される番組を受信機が正しく表示できるよう，図1.27に示すように映像・音声・データを符号化する情報源符号化，およびそれらを束ねる多重化には，国際標準規格になっている MPEG-2[45] を採用している。

多重化された情報を電波に乗せる形式に変換する伝送路符号化では，固定受信や移動受信など伝送パラメータが異なるサービスを含む場合，それぞれのセグメント群に所要のマッピングを施し，IFFT (inverse fast fourier transform) により一挙に1チャンネル分のOFDM波を得ることが可能である。異なる伝送パラメータは，最大で3階層までもつことができる。また，TMCC (transmission and multiplexing configuration control) とよばれる伝送制御信号を多重し，どのようなパラメータの信号が受信されているかを受信機に知らせることにより，復調および復号を補助する。

図1.28に地上デジタル放送の送信スペクト

表1.11 ISDB-T（地上デジタルテレビ放送）とISDB-T$_{SB}$（地上デジタル音声放送）の伝送パラメータ

伝送パラメータ	モード1	モード2	モード3
OFDMセグメント数	1, 3 (ISDB-T$_{SB}$), 13 (ISDB-T)		
帯域幅（セグメント数）	432.5…kHz (1) 1.289…MHz (3) 5.575…MHz (13)	430.5…kHz (1) 1.287…MHz (3) 5.573…MHz (13)	429.5…kHz (1) 1.286..MHz (3) 5.572…MHz (13)
キャリア間隔	3.968 kHz	1.984 kHz	0.992 kHz
キャリア数（セグメント数）	109 (1) 325 (2) 1405 (13)	217 (1) 649 (3) 2809 (13)	433 (1) 1297 (3) 5617 (13)
変調方式	QPSK, 16QAM, 64QAM, DQPSK		
有効シンボル長	252 μs	504 μs	1.008 ms
ガードインターバル長	有効シンボル長の 1/4, 1/8, 1/16, 1/32		
シンボル数/フレーム	204		
時間インタリーブ	各設定の最大値 0, 約0.13, 0.25, 0.5秒, 1.03秒（ISDB-T$_{SB}$のみ）		
内符号	たたみ込み符号（1/2, 2/3, 3/4, 5/6, 7/8）		
外符号	RS (204, 188)		
情報ビットレート	280.85 kbit/s 〜 1.787 Mbit/s (1) 0.842 Mbit/s 〜 5.361 Mbit/s (3) 3.65 Mbit/s 〜 23.23 Mbit/s (13)		

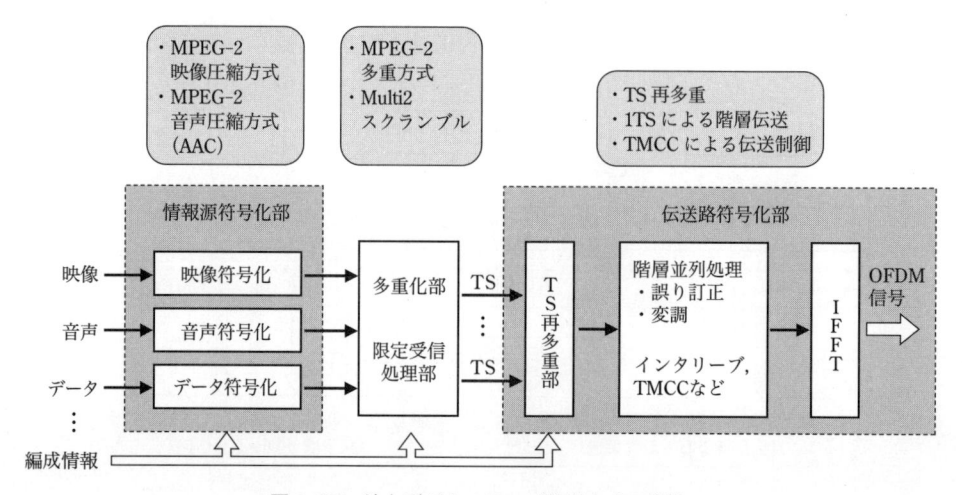

図1.27 地上デジタルテレビ放送方式の構造

ルマスクを示す。広帯域 ISDB-T の伝送帯域幅は，アナログテレビ放送の空きチャンネルで伝送できるよう，約 5.6 MHz となっている。市販されているアナログ受信機の中に，上側の周波数に隣接したデジタル放送からの妨害に弱い機種があることを考慮し，デジタル送信信号の中心周波数を周波数の高いほうへ 1/7 MHz（約 142.9 kHz）シフトし，デジタル放送から見て下側の周波数に隣接するアナログ放送への干渉妨害を軽減している。さらに，隣接するアナログ放送への妨害が検知されないよう，デジタル放送のスペクトルマスクを規定している。

(4) 地上デジタル放送のネットワーク

地上デジタル放送のネットワークを全国展開するためには，山間部や島嶼などを含み全国各地に多数設置されている中継放送所をデジタル化する必要があり，なるべくコスト負担をかけることなく整備することが求められている。

中継放送所にデジタル放送信号を無線で分配する手段として，STL（studio to transmitter link）や TTL（transmitter to transmitter link）など専用回線を使用する方法とデジタル放送波をそのまま利用した放送波中継を行なう2つの方法がある。放送波中継は新たな周波数資源を必要とせず，かつ設備整備におけるコスト負担が小さくて済む。一方，放送波中継は放送の上流に相当する親局あるいは中継局の放送波を受信しそれを増幅して再送信するため，図 1.29 に示すように信号品質を劣化させるさまざまな要因があり，これをいかに克服するかが課題となっている。

表 1.12 に地上デジタル放送の放送波中継におけるおもな伝送劣化要因とその対策技術の例を示す。マルチパス（ゴースト），フェージングおよび同一チャンネル干渉については，アナログテレビ放送についても共通の劣化要因でもあったため，それぞれへの対策技術として，アナログ放送においてもアナログ放送用のゴーストキャンセラ，切替方式のスペースダイバーシ

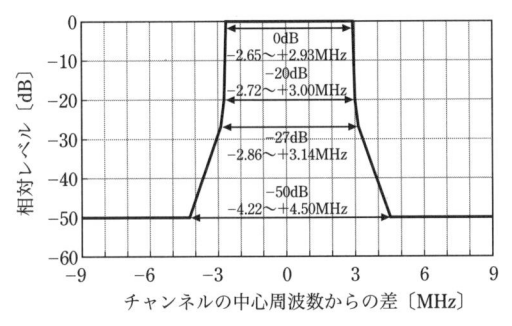

図 1.28 地上デジタル放送の送信スペクトルマスク

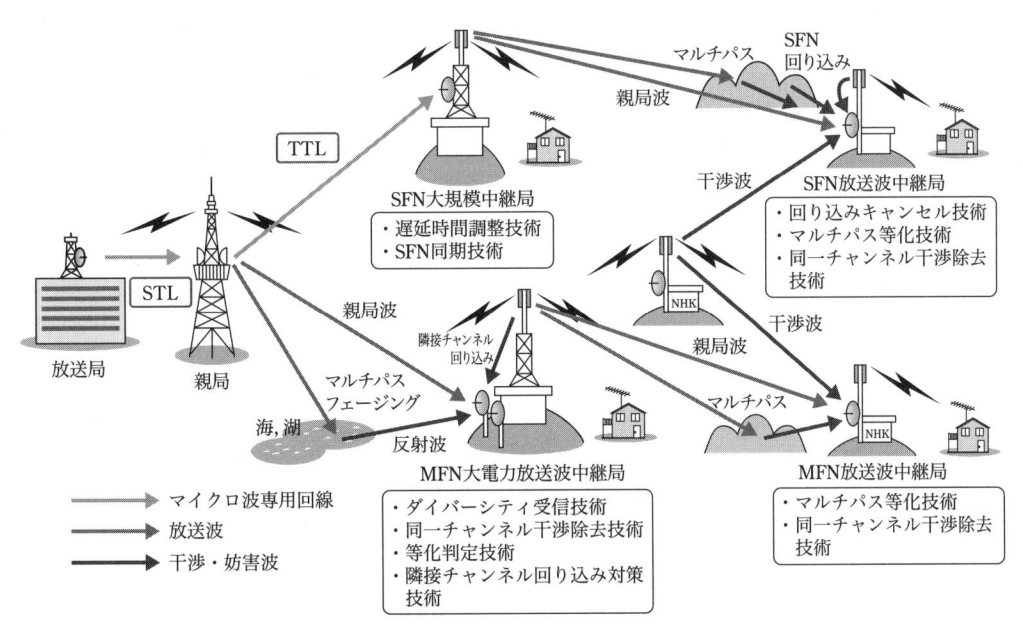

図 1.29 放送波中継における劣化要因と対策技術

表1.12 地上デジタル放送の放送波中継における伝送劣化要因と対策技術の例

伝送劣化要因	対策技術の例	SFN/MFN
マルチパス（ゴースト）	マルチパス等化器，スペースダイバーシティ受信，アンテナ対策	SFN/MFN
フェージング	スペースダイバーシティ受信	SFN/MFN
同一チャンネル干渉	アレーアンテナ，アンテナ対策	SFN/MFN
SFN回り込み干渉	回り込みキャンセラ，アンテナ対策，送受分離	SFN

表1.13 放送波中継用各種対策技術の各種伝送劣化要因への適応性

対策技術・各種劣化要因	SFN回り込み	マルチパス	フェージング	同一チャンネル干渉
マルチパス等化装置	×	○	×	×
ダイバーシティ受信装置	×	◎	◎	×
同一チャンネル干渉除去装置	×	◎	◎	◎
回り込みキャンセラ	◎	○	×	×

◎：最良，○：良，×：効果なし．

表1.14 地上デジタル放送の回線設計例

項目	64QAM 3/4 固定受信	QPSK 2/3 携帯受信
UHF送受信チャンネル番号	27	27
送受信周波数 f [MHz]	557.0	557.0
実効放射電力 P [kW]	48.0	48.0
実効放射電力 P [dBm]	76.8	76.8
伝送距離 d [km]	50.0	50.0
送信アンテナ高 ht [m]	260.0	260.0
受信アンテナ高 hr [m]	10.0	1.0
奥村-秦カーブ（大都市）[dB]	148.7	158.7
受信点での電界強度 E [dBμV/m]	60.3	50.2
受信アンテナ利得 Gt [dBi]	10.0	−10.0
受信側フィーダー損失 [dB]	3.0	3.0
受信側フィルタ損失 [dB]	2.0	2.0
場所率マージン [dB]	3.0	3.0
受信電力 Pr [dBm]	−69.9	−96.9
ボルツマン定数 k [W/(Hz·K)]	1.38×10^{-23}	1.38×10^{-23}
ボルツマン定数 k [dBm/(Hz·K)]	−198.6	−198.6
雑音温度 T_0 [K]	300.0	300.0
雑音温度 T_0 [dBK]	24.8	24.8
信号帯域幅 B [MHz]	5.6	5.6
信号帯域幅 B [dBHz]	67.5	67.5
受信機雑音指数 F [dB]	3.1	3.1
受信機熱雑音 $N_i = kT_0BF$ [dBm]	−103.2	−103.2
所要 C/N [dB]	20.1	6.6
受信 C/N [dB]	33.4	6.3
伝送マージン	13.3	−0.3

ティ受信，およびオフセットビートキャンセラなどが開発・実用化されている．

　地上デジタル放送特有の劣化要因として，SFNでの回り込みがある．地上デジタル放送では，周波数有効利用の点から中継局も親局と同じ放送周波数で送信するSFNが一部地域で導入されている．図1.30に示すように，SFNにおいては，中継放送所の送信アンテナから放射した電波の一部が直接，あるいは山岳や建物などで反射して受信アンテナに回り込むため，信号品質の劣化や最悪の場合には発振をひき起こす可能性がある．これらの劣化要因に対し，表1.14に4つのおもな対策技術をまとめた．

　図1.31に，マルチパス等化・判定中継装置

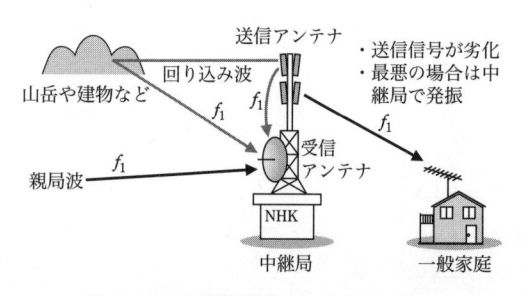

図1.30 中継放送所における回り込み

■ 1ブランチ受信
■ マルチパス：$D/U=6$dB，遅延時間＝1μs

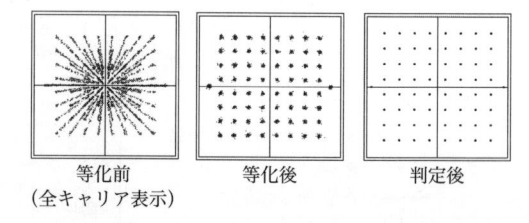

図1.31 マルチパス等化・判定中継装置による改善効果例

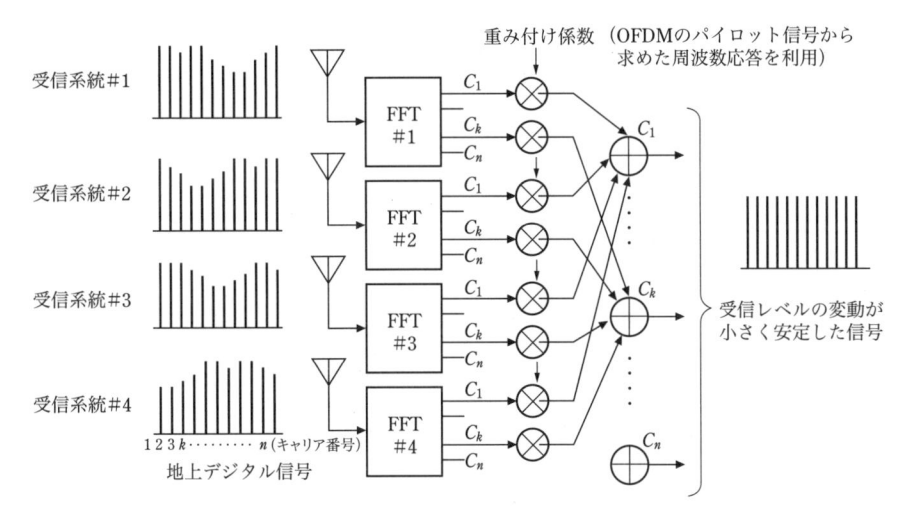

図1.32 キャリアダイバーシティ受信方式の原理

による改善効果例を示す．等化前には乱れていた64QAMの信号点が，等化・判定後には非常にきれいな信号に再生されていることがわかる．

図1.32にはキャリアダイバーシティ受信方式の原理を示す．図では4ブランチの受信アンテナでの合成例が書いてあるが，複数ブランチのアンテナを用い，受信アンテナによって受信される信号の周波数特性のちがいを用いて周波数特性を補正するのがこの方式の特徴である．この方式は，後述する地上デジタルテレビ放送におけるハイビジョン移動受信技術にも用いられている．

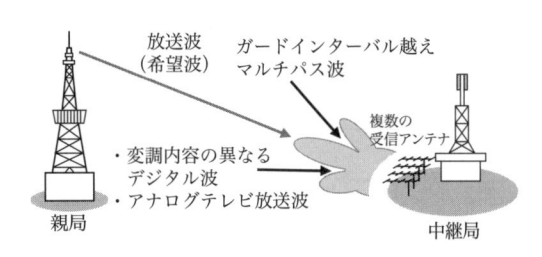

図1.33 同一チャンネル干渉対策

図1.33には，同一チャンネル干渉対策技術を示す．同一チャンネル干渉としては，希望波のほかに，ガードインターバル（GI）を越え

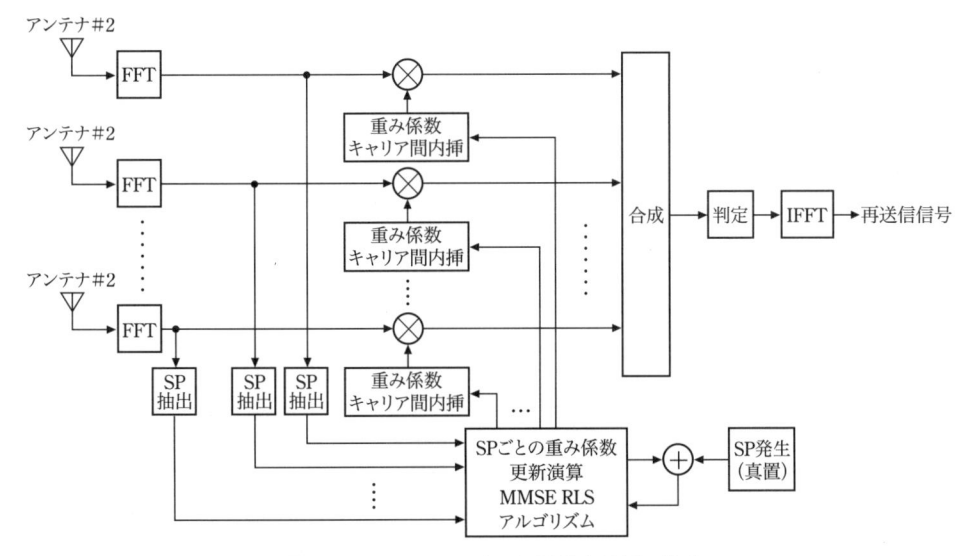

図1.34 同一チャンネル干渉除去装置の構成
SP：パイロット信号，MMSE：最小2乗平均誤差，RLS：再帰的最小2乗法．

た長遅延のマルチパス波，変調内容の異なるデジタル波やアナログテレビ放送波などがある。同一チャンネル干渉対策技術は，複数の受信アンテナを用いて，ガードインターバル内のマルチパス波を含む希望波に対しては信号品質が最大となるように合成し，希望波として扱うことのできない長遅延のマルチパス波や変調内容の異なる異種信号に対しては，信号がキャンセルしあうように合成するものである。

図1.34に，同一チャンネル干渉除去装置の構成を示す。構成としてはダイバーシティ受信に似ているが，機能としては，ダイバーシティ受信よりも優れており，マルチパスおよびフェージングの対策にはもちろん，干渉除去機能を有することが特徴である。

図1.35には，SFN回り込みキャンセラの原理を示す[46]。親局信号のスペクトルを$X(\omega)$，受信信号のスペクトルを$R(\omega)$，図中の観測点における信号のスペクトルを$S(\omega)$，回り込み伝搬路の伝達関数を$C(\omega)$，中継増幅器の伝達関数を$G(\omega)$とする。回り込みキャンセラにおいては，FIRフィルター$W(\omega)$を用いて回り込み波$X(\omega)\,C(\omega) = S(\omega)\,G(\omega)\,C(\omega)$のレプリカ（複製信号）$S(\omega)\,W(\omega)$を生成し，受信信号から減算することで回り込みをキャンセルする。FIRフィルタを用いることで，遅延時間が異なる複数の回り込み波にも対応することができる。回り込みが完全にキャンセルされる条件は，

$$W(\omega) = C(\omega)\,G(\omega) \quad (1.1)$$

であるが，これは，キャンセル誤差信号

$$E(\omega) = 1 - X(\omega)/S(\omega) \quad (1.2)$$

が最小になるようにFIRフィルタのタップ係数を逐次修正することで達成される。

図1.36には，回り込みキャンセラによる改善効果例を示す。キャンセル前にはところどころに回り込みで増強されたスペクトル成分が見られたが，キャンセル後にはそれらが抑圧されてスペクトルが平坦に改善されていることがわかる。

(5) 地上デジタル放送の受信

地上デジタル放送は，図1.37に示すようにテレビジョン受信の大半を占めると考えられる屋根上アンテナを用いる据え置き型の固定受信，ロッドアンテナを備えた携帯端末による携帯受信，カーテレビやカーラジオに代表される移動受信など，さまざまな受信形態を対象としている。固定受信では，気象の変化や航空機などによる変動する反射妨害があるものの，伝送条件はほぼ安定している。

一方，移動受信では，建物からの複雑な反射が移動速度によって刻々変化するマルチパスフェージングの妨害が支配的な受信環境となる。このような受信環境に対処するため，受信機では，さまざまな伝送パラメータで送信されてきたデジタル放送信号を受信形態に応じて選択できる仕組みになっている。

表1.14に，地上デジタル放送の回線設計例を示す。送信パラメータとしては，東京タワーから送信されているNHKデジタル総合テレビ（UHF 27ch）のパラメータを用い，伝搬モデルとしては，奥村-秦カーブ（大都市，400 MHz以上）を使用した。回線設計からわかるように，固定受信向けの64QAM符号化率3/4においては，受信アンテナ高は10 m，受信アンテナは14素子八木アンテナ（UHF 27chにおいて

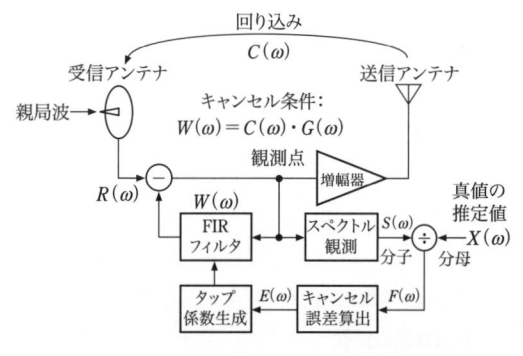

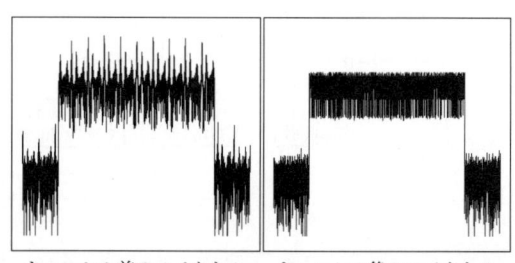

図1.35 回り込みキャンセラの原理

図1.36 回り込みキャンセラによる改善効果例

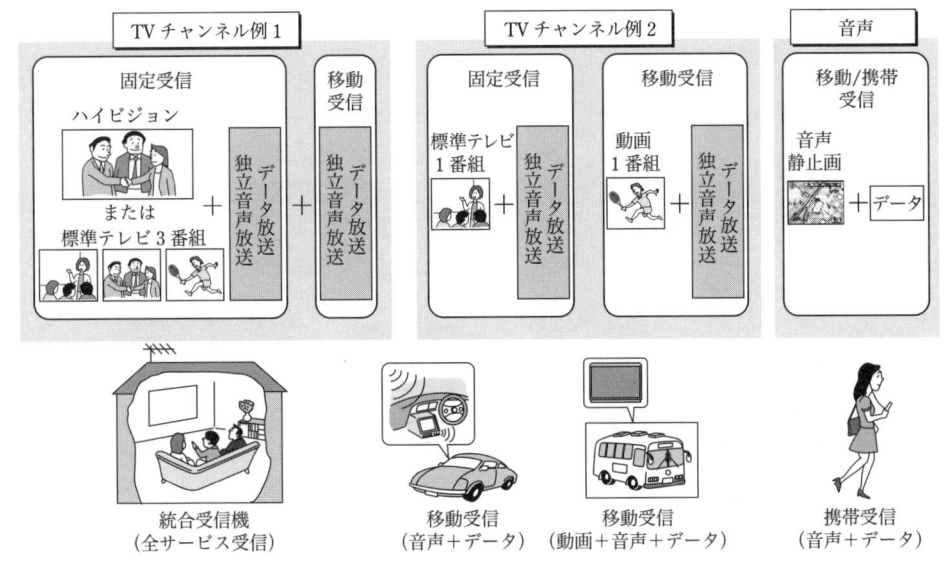

図 1.37 地上デジタル放送におけるサービスイメージ

絶対利得 10 dBi 程度）を想定し，所要受信 CN 比は 20.1 dB である。

一方，携帯受信向けの QPSK 符号化率 2/3 においては，受信アンテナ高は 1 m，受信アンテナはロッドアンテナ（絶対利得 −10 dBi 程度）を想定し，所要 CN 比は 6.6 dB である。この回線設計においては，伝搬損失は受信アンテナ高のちがいにより固定受信のほうが 10 dB 有利で，受信系のフィーダ損失およびフィルタ損失を含めた受信アンテナ利得も固定受信のほうが 17 dB 有利である。

一方，所要 CN 比は携帯受信のほうが 13.5 dB 有利である。したがって，この回線設計例において，総合的には固定受信のほうが 27 dB − 13.5 dB ＝ 13.5 dB 有利で，それが伝送距離 50 km における伝送マージンの差に反映されている。

図 1.32 で示したキャリアダイバーシティ受信を用いると，本来は固定受信用の 64QAM3/4 によるハイビジョン放送を移動受信することも可能となる[4]。この技術を利用した車載用ハイビジョン受信機も市販されている。

1.5.2 今後の応用

地上デジタル放送のサービスとしては，衛星デジタル放送と同様，
- ハイビジョン
- 高音質，5.1ch サラウンド
- データ放送
- 双方向
- マルチ編成
- EPG（電子番組ガイド）
- 高齢者などにも利用しやすい，人にやさしい放送

といったデジタル化が生み出す共通の特徴があるほか，地上デジタル放送ならではのサービスとして，
- 地域に密着したサービス
- 携帯・移動体メディアへの放送

がある。地上デジタル放送には，据え置き型のほか，車載型，携帯型などさまざまなサービスに対応した受信形態がある。さらに，移動受信や携帯受信においては，受信機の位置情報を用いて必要な情報のみを選択して表示することも可能である。

今後の応用として，放送と通信が融合したさまざまなサービスが期待される。しかし元来，「放送」は多数の人に視聴されることを目的として，制作したコンテンツを一定区域内に電気的手段で同時に分配するものである。

一方，「通信」は情報を伝達したい相手どうしを電気的手段でつなぐものである。「放送と通信の融合」というとき，放送側から見た場合と通信側から見た場合とでは意味合いが異なっ

てくる。放送側から見た「放送と通信の融合」は，通信を用いた双方向機能の補完と個別サービス提供による放送サービスの高度化を指す。一方，通信側から見た「通信と放送の融合」は，通信路を経由して放送コンテンツを分配することを指す。

ここで忘れてはならないことは，放送型サービスは多数の視聴者に分配されることから，社会的な影響力がきわめて大きいということである。そのため，放送事業者は，いわゆる「風評」を流布させることのないよう，細心かつ最大限の注意を払ってコンテンツを日々制作し放送している。

したがって通信路を用いる場合でも，放送コンテンツが改ざんされることなくそのまま高い信頼性をもって同じ品質で多数の視聴者に分配する「同一性」を確保することが重要である。さらに，DVD などの媒体やインターネットにより放送コンテンツの違法コピーが流通し閲覧されることがないためにも，コンテンツを保護するための CAS（限定受信）や電子透かしなどの仕組みが不可欠となっている。

1.5.3 ワンセグサービス

2006 年 4 月 1 日，携帯端末向け地上デジタル放送「ワンセグ」が開始された。ワンセグは，それまでにない新しい視聴形態を可能とし，いつでもどこでも使えるメディアとして成長していくことが期待されている[48]。表 1.15 に，ワンセグの情報レートの内訳例を示す。

ワンセグサービスにおいては，とりわけ緊急災害時における緊急警報放送の活用が注目されている。緊急警報放送は，これに対応したテレビやラジオのスイッチを自動的に入れ，地震や津波などの緊急情報を視聴者に一刻も早く周知するシステムである。ワンセグ端末は，在宅時はもちろん外出時も緊急警報放送に対応できるため，緊急情報を周知する機会が飛躍的に増し，その結果より多くの人々の身の安全を守ることができる。

緊急警報放送は，東海地震が予知できる可能性が明らかになったのを機に研究が開始され，ラジオ・テレビとも共通に使える音声の中域周波数を使う音声コード信号を用いた方式が

表 1.15 ワンセグの伝送パラメータ，情報レートの例

伝送モード	モード3（キャリア間隔 約 1 kHz，シンボル長 約 1 ms）		
ガードインターバル比	1/8（126 μsec）		
変調方式	QPSK	QPSK	16QAM
符号化率	1/2	2/3	1/2
情報ビットレート	約 312 kbps	約 416 kbps	約 624 kbps
映像符号化	MPEG4 AVC/H.264		
映像画素数	QVGA（320×240（4:3），320×180（16:9））		
音声符号化	MPEG2 AAC＋SBR		
データ放送	BML		

項目	映像	音声	データ	字幕	EPG	その他	トータル
レート (kbps)	244	55	55	5	20	37	416

NHK で開発された。「ピロピロ」という警報音を兼ねた音声コード信号による緊急警報信号を放送して自動的に受信機の電源を入れ，緊急かつ重大な情報を聞き逃さないようにするシステムの誕生である。1985 年 9 月 1 日から運用を開始した。緊急警報放送は，人命や財産に重大な影響のある，①大規模地震の警戒宣言，②津波警報，③都道府県知事からの放送要請，の 3 つの場合に限って放送される。

緊急警報信号には，受信機を自動起動するための開始信号と，受信機を自動起動する前の状態に戻す終了信号とがある。また，開始信号には第一種信号と第二種信号とがあり，津波警報に使用される第二種信号については，自動起動しないよう受信側で選択できるようになっている。

1985 年 9 月 1 日から 2007 年 9 月 1 日までの

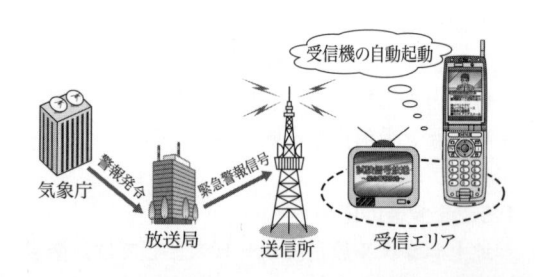

図 1.38 緊急警報放送によるワンセグ端末の自動起動イメージ

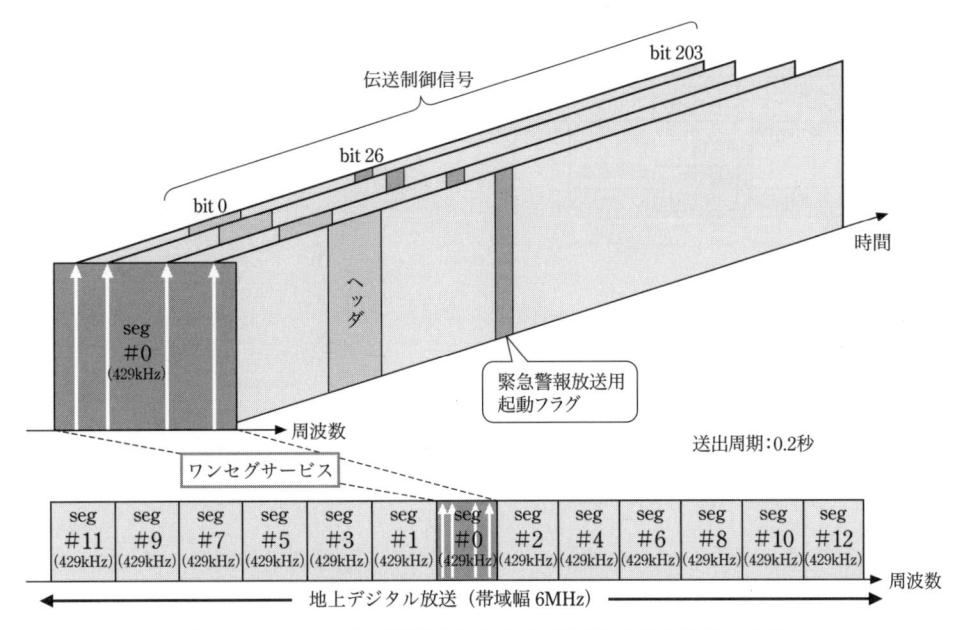

図1.39 TMCC（伝送制御信号）中の緊急警報放送用起動フラグ

22年間に15回という運用実績からわかるように，緊急警報放送を実際に受信する機会はきわめて稀である。そのため，コスト対効果の面で割高感が強く，それゆえに受信機の普及が進んでいなかった。しかし，図1.38に示すようにワンセグ端末に当たり前のように緊急警報放送の受信機能が内蔵されるようになれば，爆発的に緊急警報放送の普及が進むものと期待される。

緊急警報放送は，衛星デジタル放送，地上デジタル放送にも継承され，運用されている。ただし，デジタル放送では，アナログ放送と仕組みが異なり，音声コード信号ではなく，TMCC（伝送制御信号）に図1.39に示すような緊急警報放送用起動フラグが多重されているとともに，図1.40に示すようにMPEG-TS信号中のPMT（番組マップテーブル）に緊急情報記述子が多重されている。

なお，地上デジタルテレビ放送がアナログテレビ放送とサイマル放送をしているあいだは，ワンセグは地上デジタルテレビ放送と同一内容のため，結果として緊急警報放送のコンテンツもアナログテレビ放送とワンセグとで同一内容となる。そのため，ワンセグにもアナログ放送用の緊急警報信号「ピロピロ」音が流れるが，

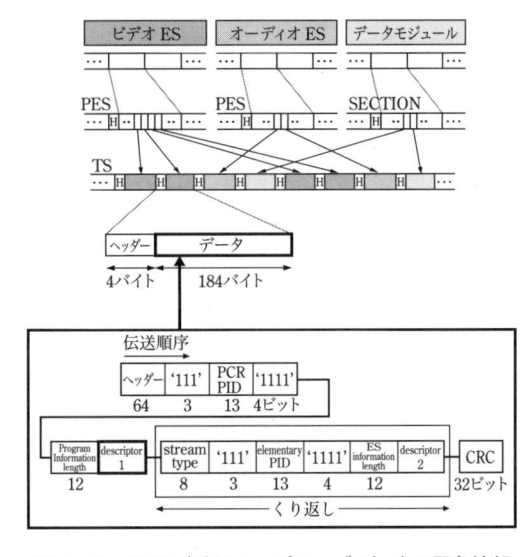

図1.40 PMT（番組マップテーブル）中の緊急情報記述子

ワンセグではその信号を起動信号として使用するわけではない。

ワンセグ用の受信モジュールを緊急警報放送の待ち受けに使用することは容易であるが，そのまま使用したのでは電池が約1日しかもたないため，省電力化を図る必要がある。省電力化のため，図1.41のように緊急警報放送用起動フラグが伝送される伝送制御信号のキャリアだ

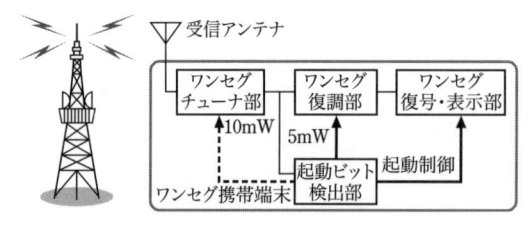

図 1.41 緊急警報放送対応ワンセグ端末のブロック

表 1.16 緊急警報放送待ち受け時の消費電力比較例

	携帯端末用チューナ	緊急警報放送専用受信回路
フロントエンド（アナログ回路）	20～100 mW	2～10 mW（1/10 間欠動作）
A/D 変換	クロック 2 MHz	クロック 1 MHz
処理ゲート数（ASIC 換算）	10 万規模	3 万程度
デジタル処理部	10～50 mW	1～5 mW
合　計	30～150 mW	3～15 mW
電池の持ち時間（3.7 V, 800 mAh）	100～20 h（4～0.8 日）	1000～200 h（40～8 日）

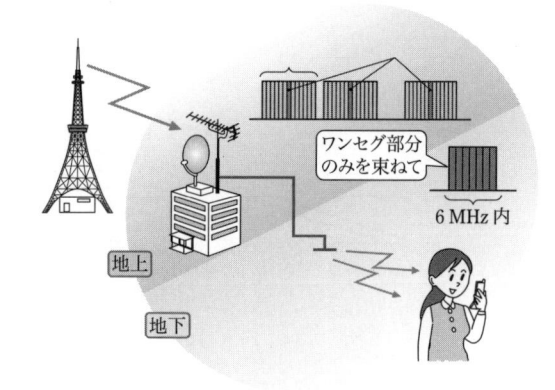

図 1.42 複数波ワンセグ再送信装置による受信エリア補完

けを抜き出し，さらに緊急警報放送用起動フラグが送出されるタイミングに合わせて間欠的に監視する専用回路を用いる。これにより，表 1.16 に示すように，待ち受けに通常のワンセグ用受信モジュールを使用した場合と比べて消費電力を約 1/10 以下の数 mW 程度に抑えることができる。

地下街やビル陰など放送所から送信された電波が直接届かない場所でワンセグを受信するためには，ワンセグの信号を再び送信する再送信装置の設置が必要となる。再送信装置といえば通常は 13 セグメントからなる地上デジタル放送の信号をそのまま再送信するもので，ワンセグのみの送信が目的の場合でも，ワンセグ以外の信号を送信するための無駄な電力を消費していた。

また，既存電波と再送信電波の両方の電波が届く場所では干渉妨害が起こる可能性がある。そこで，図 1.42 に示すように，各放送局のデジタル放送波を受信した後，ワンセグの信号のみを取り出したうえで，それらを連結し，受信波とは異なる 1 つのチャンネルで再送信する「ワンセグ連結再送信装置」が開発されている。

ワンセグ連結再送信装置には，以下の特長がある。

- 再送信された場所では，安定してワンセグを受信できる。
- 別チャンネルで送信するため，固定受信への影響がない。
- ワンセグ信号のみ再送信することで，無駄な電力を消費しない。
- 最大で 13 個のセグメントを再送信できるため，地域を限定した独自放送も可能である。
- 連結されたワンセグ信号は，チューニングステップを変更するなどの簡単な改修を行なったワンセグ端末で受信することができる。

今後，この複数波ワンセグ再送信装置により各地で受信エリア補完がされていくことが期待される。

1.6 伝送路に要求される条件

本節では，映像配信固有の IP ネットワークに対する要求条件を記述する。ここで記述した条件以外に，DHCP，DNS，NTP などの汎用的に使用される機能もあるが，これら映像配信に限らず汎用的に必要な要求条件についての説明は省略する。

1.6.1 マルチキャスト方式

(1) ユニキャストとマルチキャストの相違点

まずはじめに、既存インターネット映像配信で使用されているユニキャスト方式と対比して、マルチキャスト方式映像配信が IP ネットワークに求める要求条件について説明する。

ユニキャスト方式では、図 1.43 に示すように、映像送出装置から受信端末への一対一通信により映像データを IP パケットとして転送する。映像データの転送には、RTP (real-time transport protocol)[49] が用いられる。RTP には TCP も UDP も使用可能であるが、一般的に UDP が使用される。RTP[49] については、1.6.2 項で述べる。

ユニキャスト方式では、映像データ転送に先立ち、受信端末と映像送出装置のあいだで、ストリーム制御用コネクションを接続し、受信端末個別に、再送、一時停止、早送り、巻き戻しなどの制御を実施する。ストリーム制御は、TCP コネクション上の RTSP (real time streaming protocol)[50] を用いて上位レイヤーで実施されるので、IP ネットワークが意識することはない。

ユニキャスト方式に対し、IP ネットワークに求められる機能としては、メールやウェブアクセスなどの通信と同様に、既存インターネットで使用されているルーチング制御のみであり、映像配信固有の特別な機能を要しない。

ユニキャスト方式が IP ネットワークに要求する転送性能は、映像が高画質であり、転送データが高帯域になるほど、また受信端末数が多くなるほど、それらに比例して膨大になる。たとえば、10〜30 Mbit/s の HDTV 映像を 1 万台の受信端末に配信するためには、図 1.43 に示すサーバエッジルータ近傍には、100 Gbit/s 以上の回線帯域が必要になる。同様に、映像送出装置に対しても、膨大な送出能力やストリーム制御プロトコル処理能力が求められる。

一方、マルチキャスト方式では、図 1.44 に示すように、映像送出装置と受信端末間の各ルータで IP パケットをコピーすることにより一対多通信を実現する。したがって、ネットワーク内の各ルータにパケットコピー機能が必要である。

パケットコピーをするためには、転送されるパケットがマルチキャストパケットかどうかを判断する必要があり、マルチキャスト方式では、マルチキャスト専用の IP アドレスが必要である。本件については、(2) アドレッシングに要求される条件の項で後述する。

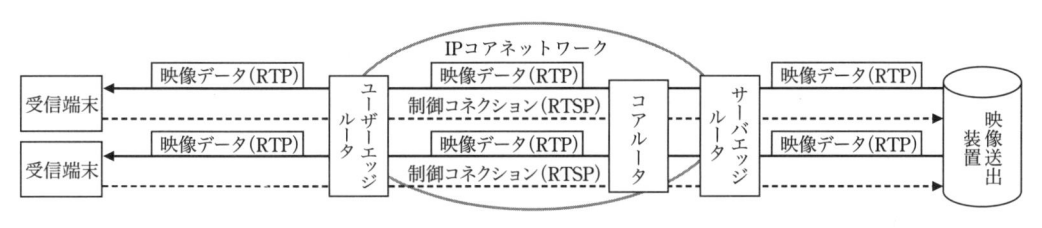

図 1.43 ユニキャスト方式

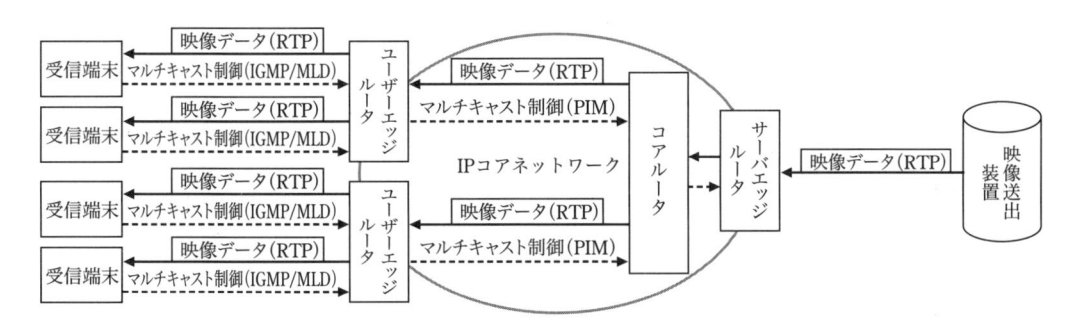

図 1.44 マルチキャスト方式

表1.17 ユニキャスト方式とマルチキャスト方式の比較

機器種別	機能条件	ユニキャスト方式	マルチキャスト方式
共通	IPアドレス	インタフェースに設定するIPアドレスのみで実現できる。	左記に加えて，マルチキャストアドレスが必要である。
	ストリーム制御機能	上位レイヤーで実現するため，IPレイヤーにストリーム制御機能を必要としない。受信端末個別の特殊再生制御（早送り，巻き戻しなど）が容易である。	IPレイヤーのマルチキャスト制御プロトコルにより，ストリーム開始と停止を制御する。受信端末個別の特殊再生制御は困難である。
ルータ	ルーチング制御機能	既存インターネットのルーチング制御のみで実現可能である（例：スタティック，OSPF，BGPなど）。	左記に加えて，マルチキャスト制御プロトコルが必要である（例：IGMP/MLD，PIM-SM/SSMなど）。
	パケットコピー機能	不要。	必要。
	パケット転送性能と回線帯域	下流に接続される受信端末数分の転送能力と回線帯域が必要である。	受信端末数に依存せず，回線あたり1ストリームの転送能力でよい。
映像送出装置	パケット送出性能	受信端末数分の送出能力が必要である。	受信端末数に依存せず，1ストリームの送出能力でよい。
	セキュリティ	受信端末からのアクセスを許可せざるをえず，十分なセキュリティ対策が必要である。	受信端末からのアクセスを全遮断しても運用可能である。
適用アプリケーション		ビデオオンデマンド。	IP放送。

　マルチキャスト方式では，映像データ転送に先立ち，マルチキャスト制御プロトコルにより，図1.44のサーバエッジルータをルートとした分岐木を作成する。つまり，ストリーム制御は，IPレイヤー制御である分岐木の枝追加と枝刈り取りにより実現される。具体的なプロトコルとしては，PIM（protocol independent multicast）[51]やIGMP（internet group management protocol）[52]/MLD（multicast listener discovery）[53]があげられる。IGMPはIPv4で使用され，MLDはIPv6で使用される。

　IPバージョン以外，基本動作としての差分はない。PIM-SMはIPv4とIPv6のどちらでも使用可能である。ただし，IPv4のマルチキャスト制御にはIPv4パケットを用い，IPv6のマルチキャスト制御にはIPv6パケットを用い，IPバージョンの混在制御は禁止されている。すなわち，IPv4とIPv6のデュアルスタックでマルチキャスト制御する場合は，ルータ間にIPv4用とIPv6用の2本のPIM隣接関係接続が必要である。マルチキャスト制御プロトコルについては，(3) プロトコルに要求される条件の項で後述する。

　現在では，ほとんどのキャリアグレードルータにパケットコピー機能およびマルチキャスト制御プロトコルが標準装備されており，技術的にはマルチキャスト方式を使用できる環境にある。ただし，映像データ帯域とネットワーク規模を考慮して，それらに見合うパケットコピー性能を備えているルータを使用する必要がある。一方，受信者が使用するホームルータについては，マルチキャスト制御プロトコル機能とパケットコピー機能とを必ずしも備えているわけではなく，機器選択が必要となる。

　映像データの転送においては，マルチキャスト方式においてもUDP上のRTP[49]が用いられる。

　マルチキャスト方式では，受信端末数に依存せず，1本の回線において，1本のストリームを転送するのみであり，ユニキャスト方式に比べて，IPネットワークに求める転送能力は小さい。たとえば，前述の10～30 Mbit/sのHDTV映像を1万台の受信端末に配信する場合であっても，IPネットワーク内の各回線では，1ストリーム分，すなわち10～30 Mbit/sの帯域があればよい。また，映像送出装置においても同様に，受信端末数に依存せず，1ストリーム分，すなわち10～30 Mbit/s送出できればよい。

　映像送出装置のセキュリティの観点からは，

ユニキャスト方式では，ストリーム制御のために受信端末からのアクセスを受けざるをえないが，マルチキャスト方式は片方向通信のため，他からのアクセスを遮断しても運用することが可能である。

このような，ユニキャスト方式とマルチキャスト方式の比較を表1.17にまとめる。ユニキャスト方式とマルチキャスト方式の特徴を考慮すると，ユニキャスト方式はビデオオンデマンドに，マルチキャスト方式はIP放送に適している。

(2) アドレッシングに要求される条件

マルチキャスト方式において，テレビ放送のチャネルに相当する映像ストリームのチャネルは，映像送出装置のIPアドレスである (S) とマルチキャストアドレス (G) の組合せ (S, G) で識別される。(S, G) チャネルのマルチキャストパケットとは，IPヘッダの送信元アドレスがS，宛先アドレスがGであるパケットである。マルチキャストアドレス (G) はIPアドレスのうち特定範囲であり，具体的には，IPv4 では 224.0.0.0～239.255.255.255 であり，IPv6 では 0xFF（上位8ビットがすべて1）で始まる範囲である。マルチキャスト機能を備えるルータは，宛先アドレスがマルチキャストアドレスであるパケットをマルチキャストパケットと自動認識する。

アドレッシングに関して，とくにIPv6の場合は，図1.45に示すように，詳細な規定が定められている[54,55]。さらには，レイヤー2でマルチキャストパケットを内包するフレームであることを明示するようにMACアドレスとIPv6マルチキャストアドレスとのマッピングが規定されている[56]。

0x3333 で始まるフレームはIPv6マルチキャストパケットを内包していることが自明であり，IPv6マルチキャストアドレスの下位32ビット (group ID) がMACアドレスの下位32ビットにマッピングされている。この場合，相異なるマルチキャストアドレスであっても，下位32ビットが同一であれば，同一MACアドレスとなるが，このようなMACアドレス衝突が発生しないように，group IDを割り当てるガイドラインも規定されている[57]。このように，IPv6ではマルチキャスト運用環境の整備が進んでいる。

(3) プロトコルに要求される条件

マルチキャスト方式としては，おもに図1.46に示す ASM (any source multicast) 方式と，図1.47に示す SSM (source specific multi-

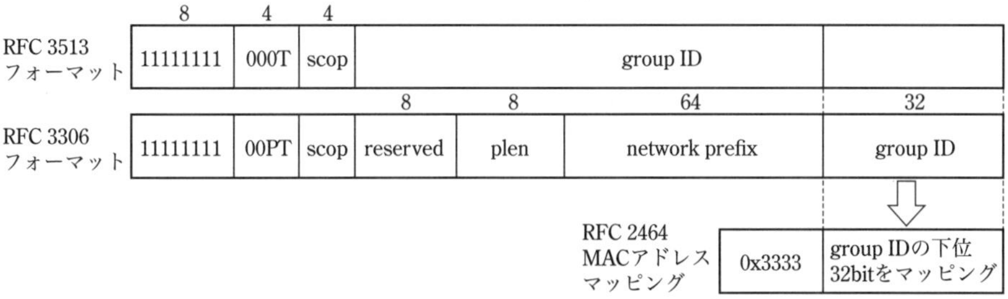

項 目	値
P	RFC 3513 フォーマットを使用する場合は 0，RFC 3306 フォーマットを使用する場合は 1。
T	ルーチング制御プロトコル通信などで使用するPermanent (well known)アドレスでは0，映像データなどのユーザー通信に使用するNon-permanent アドレスでは 1，P=1であればT=1。
SCOP	スコープ(当該アドレスの有効範囲)。たとえば，グローバルの場合は0xE。
plen	プレフィックス長。network prefix フィールドの有効ビット数を示す。
Network prefix	ネットワークに割り当てられたプレフィックス。
Group ID	RFC 3307の規定では，T=1の場合，グループIDは 0x80000000～0xFFFFFFFF。
備 考	SSM 方式では，P=1，T=1，plen=0，network prefix=0。すなわち，FF3x::/96 が SSM レンジである。

図1.45 IPv6マルチキャストアドレス

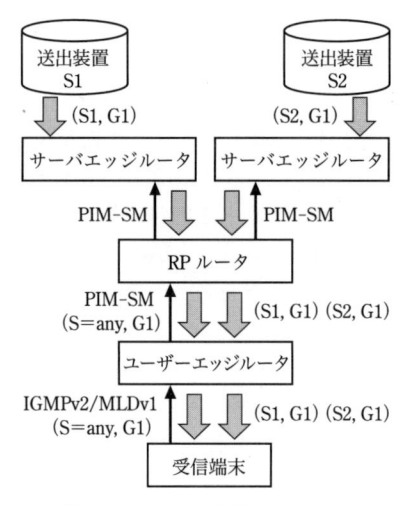

図1.46 ASM方式のイメージ

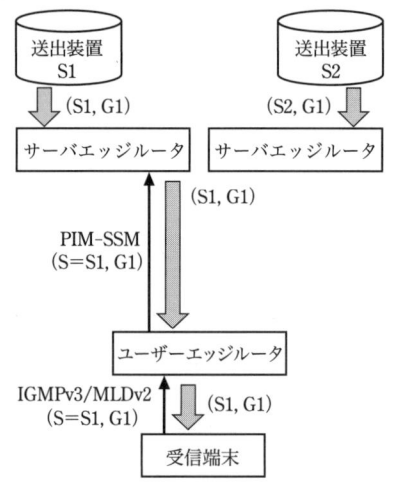

図1.47 SSM方式のイメージ

cast）方式とがある[58]）。

ASM方式では，受信者グループをマルチキャストアドレス（G）によって識別し，受信者はマルチキャスト制御プロトコルを用いて受信者グループに参加することにより，マルチキャストを受信する。ASM方式では，任意多数の送信者からのマルチキャストを受信できる一方，特定の送信者からのマルチキャストを選択的に受信することはできない。

したがって，受信者が送信者にもなりうる多対多通信のアプリケーションに適するが，放送のように送信者が限定されるアプリケーションに適用する場合，ネットワークとして，グループと送信者が一対一となるようにマルチキャストアドレスを設計し，かつ不正送信者を排除する考慮が必要である。

ASM方式のプロトコルとしては，図1.46に示すように受信端末とユーザーエッジルータ間のアクセス制御ではIGMPv2/MLDv1，ネットワーク内のルータ間制御ではPIM-SM（sparse mode）[51]が用いられる。PIM-SM[51]を適用する場合，受信端末からの配信要求と，送出装置からのマルチキャストトラフィックとを引き合わせる機構として，RP（rendezvous point）ルータが必要である。受信端末からの配信要求は，ネットワークの各ルータによりRPに向けて転送される。一方，送出装置からのマルチキャストパケットは，サーバエッジルータがRPに向けて転送する。RPにて配信要求とマルチキャストパケットが遭遇し，以後，送出装置から受信端末に向けたマルチキャスト通信が可能となる。送出装置から受信端末へのエンド-エンド間通信確立後は，後述のPIM-SSMのように，RP非経由の分岐木に変更される。

ASM方式においては，各ルータは，RPのIPアドレスを知る必要がある。その方式として，ネットワーク内の全ルータにRPアドレスをスタティック設定する方法と，BSR（bootstrap router）[58]を用いてプロトコルで通知する方法がある。

SSM方式では，送信者のIPアドレス（S）とマルチキャストアドレス（G）を明示的に指定してストリーム制御を実施し，特定の送信者からのマルチキャストを選択的に受信することができる。したがって，放送のように，送信者と受信者が役割として分離されるアプリケーションに適する。

SSM方式のプロトコルとしては，アクセス制御ではIGMPv3/MLDv2，ルータ間制御では，PIM-SSM（source specific multicast）が用いられる。PIM-SSMはPIM-SMのサブセット，つまりRP非経由の，シンプルな分岐木のみを使用するPIM-SMとして，RFC4601[51]に規定されている。ルータ間では，1つのIPバージョンに対し，1本のPIM隣接接続で，PIM-SMもPIM-SSMも混在制御する。ただし，PIM-SMと同様に，PIM-SSMでもIPバージョンの混在制御はできない。

表1.18 ASM方式とSSM方式の比較

項目	ASM方式	SSM方式
アドレッシング	マルチキャストアドレスが (G) であるすべての (S, G) チャネルのデータを配信する。マルチキャストアドレスが衝突する可能性がある。	(S, G) の組合せを指定できる。公的機関から払い出されたグローバルアドレスSを用いて、(S, G) を構成すればチャネル衝突はない。
アドレスレンジ	224/4（IPv4），FF/8（IPv6）。ただし，右記SSM範囲とプロトコル制御用範囲を除く。	232/8（IPv4），FF3x::/96（IPv6）。
マルチキャスト制御プロトコル	アクセス制御：IGMPv2（IPv4），MLDv1（IPv6），ルータ間制御：PIM-SM（IPv4/v6），BSR（IPv4/v6），網間制御：MSDP（IPv4），IPv6はなし。	アクセス制御：IGMPv3（IPv4），MLDv2（IPv6），ルータ間制御：PIM-SSM（IPv4/v6）。
送信元アドレス (S) の探索法	IPレイヤーのRPで解決する。	ポータルサーバなどを用いて，上位レイヤーで (S, G) を受信端末に事前通知する。
転送負荷，信頼性，耐攻撃性	RPがボトルネックとなる。BSR方式の場合は，BSRもボトルネックとなる	ボトルネックとなるRPが不要。受信者の意思でジャンクトラフィックを排除できる。
網間接続性	自網の弱点であるRPを他網にさらす必要があり，網間接続は難しい。	ユニキャストと同等の相互接続性がある。ただし，配信エリア制限を実施する場合は，フィルタリングなどの考慮が必要。
映像配信への適用性	ネットワークの運用対処により適用可能である。	ASM方式よりも適する。

ASM方式とSSM方式との比較を表1.18に示す。SSM方式の優位性としては，おもに3点があげられる。

- SとGの組合せでチャネル識別ができるので，Gが重複していてもSが異なればチャネル衝突せず，IPアドレス設計が容易である。
- 受信者がSを指定できるため，ジャンク配信を防ぎやすい。
- RPが不要でシンプルなメカニズムである。RPの欠点である性能ネック，故障ネック，脆弱性，相互接続の困難さがない。

そこで，ここでは，より映像配信に適すると考えられるSSM方式のプロトコルについて述べる。

(4) IGMPv3/MLDv2

IGMPv3/MLDv2による受信端末とユーザーエッジルータ間における，マルチキャスト制御の例を図1.48に示す。視聴開始時には，受信端末が，ALLOW_NEW_SOURCEレコードのListener Report（通称，ALLOW）を送信する。視聴継続中は，ユーザーエッジルータが周期的にGeneral Queryを送信し，配信継続を要求する受信端末は，MODE_IS_INCLUDEのListener Reportメッセージ（通称，IS_IN）で応答する。ユーザーエッジルータは，ある一定時間IS_INを受信しない場合，マルチキャスト転送を停止する。

視聴終了時には，受信端末がBLOCK_OLD_SOURCESレコードのListener Report（通称，BLOCK）を送信し，ユーザーエッジルータは，Multicast and Source Specific Query（通称，MASSQ）を2回送信して，他に視聴継続中の端末があるかどうかを確認し，なければマルチキャスト転送を停止する。チャネル切替えは，図1.49に示すように，ALLOWとBLOCKの組合せで実現される。IGMPv3/MLDv2ではListener Reportに複数のレコードを記述でき，

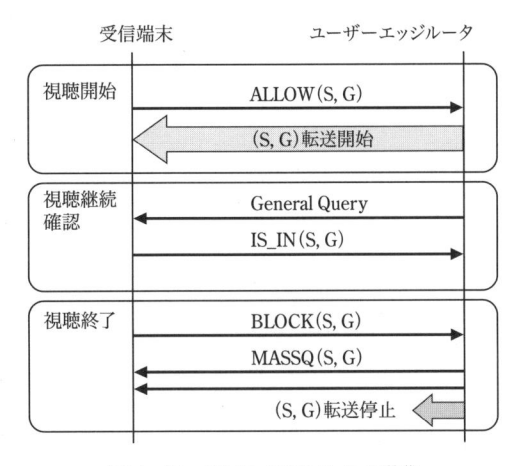

図1.48 IGMPv3/MLDv2の動作

図1.50のように1メッセージでチャネル切替えを実現することも可能である。さらには、ルータ内部で視聴継続中端末を管理するper-host tracking機能をサポートするルータであれば、ルータ側がALLOWの送信元アドレスを記憶し、MASSQを使用せずに視聴継続中の端末があるかどうかを自律的に判断し、図1.50のように高速にチャネル切替えすることも期待される。

(5) PIM-SSM

IGMPv3/MLDv2とPIM-SSMとのおもな相違点としては、2点があげられる。

第1に、PIM-SSMはルータ間制御プロトコルであり、OSPFなどと同様にHelloシーケンスにより隣接ルータの生存を周期的に確認する。

第2に、マルチキャストパケットが正当なインタフェースから到着しているかを確認するRPF（reverse path forwarding）チェックである。正当なインタフェースかどうかは、ルーチングテーブルを参照し、マルチキャストパケット（S, G）が到着したインタフェースがS向きの最適ルートインタフェース、RPFインタフェースかどうかで判断する。RPFチェックで用いるルーチングテーブルは、スタティックルーチング、あるいはOSPF、BGPなどのダイナミックルーチングプロトコルにより、ユニキャストパケット転送のために作成されたものを使用する。

PIM-SSMの動作例を図1.51に示す。ルータは下流側からJoin（S, G）またはIGMPv3/MLDv2のALLOW（S, G）を受信した場合、ルーチングテーブルを参照し、RPFインタフェースからJoin（S, G）を送信する。Join送信に先立ち、Helloにより、ルータ間のPIM隣接関係が接続されている必要がある。ルータは、マルチキャストパケット（S, G）を受信した場合、ルーチングテーブルを参照し、RPFインタフェースでの受信であることを確認する。本確認ができたら下流側、すなわち、PIM-Join（S, G）およびIGMP/MLDのALLOW（S, G）受信インタフェースへコピー転送する。

(6) マルチキャスト運用における要求条件

映像配信をマルチキャスト方式により運用する場合の要求条件としては、表1.19に示すように、転送品質、信頼性、セキュリティ、ユーザー使用性、保守運用性の5つの観点があげられる。

転送品質としては、映像はデータの欠落に敏

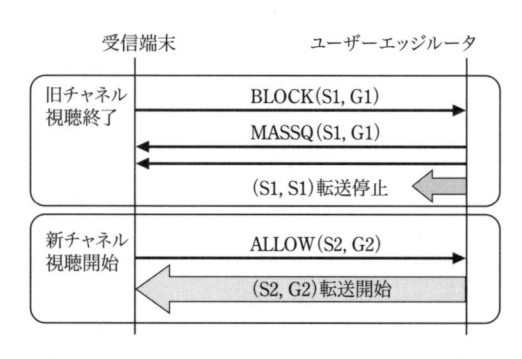

図1.49　IGMPv3/MLDv2のチャネル切替え動作

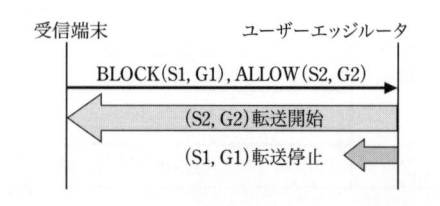

図1.50　IGMPv3/MLDv2のチャネル切替え動作

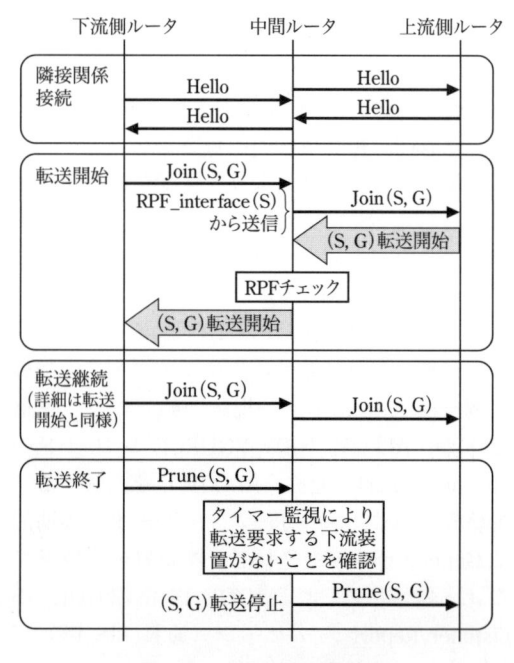

図1.51　PIM-SSMの動作

表1.19 運用の観点からの要求条件

項目	要求条件	既存技術での対応	既存技術の課題	将来技術による向上
転送品質	HDTV相当帯域での転送安定性	DiffservなどのIPレイヤーのQoS制御,上位レイヤーでのFECによるエラー訂正	帯域保証が難しい	MPLS技術によるトラフィックエンジニアリング,マルチキャストAAA技術によるアドミッション制御
信頼性	ルート変更による通信断時間の最小化	PIMによるルート切替え	経路数増加やチャネル数増加に伴う切替え時間増大の懸念,故障回復時の切り戻しにおいても通信断が発生する	MPLS技術による経路数とチャネル数非依存の高速ルート切替え
セキュリティ	限定配信の実現	プロトコルまたはパケットフィルタリング	限定条件管理の困難さ	マルチキャストAAA技術による限定条件の一元管理
ユーザー使用性	チャネル切替時間の最小化	per-host trackingによる高速チャネル切替え	ルータ負荷増加	ルータの処理能力向上
保守運用性	故障切り分けの迅速性,装置保守のリスク最小化	pingベースの切り分け,コスト変更によるトラフィック迂回	コピー機能の確認が難しい,コスト変更の悪影響波及の懸念	マルチキャストにふさわしいOAM機能,MPLS技術によるパス迂回

感であり,画質に相応しい帯域で安定的に転送可能なことが必要である。既存インターネットのようなベストエフォート転送では,たとえFEC（forward error correction）でエラー検出/訂正しても,安定的な映像品質の提供は困難であり,ネットワークにDiffserv[61]などのQoS（quality of service）制御機能が必要である。QoS制御機能については1.6.3項で後述する。ただし,Diffservであっても転送帯域を確保できるわけではなく,将来的には,マルチキャスト拡張されたMPLS技術によるトラフィックエンジニアリング[62]やマルチキャストAAA（authentication, authorization and accounting）[63]を用いたアドミッション制御が期待される。

信頼性の観点では,ネットワーク故障時における通信断時間の最小化が求められる。マルチキャストルート変更では,ダイナミックルーチングプロトコルによるルーチングテーブル更新と,PIM-Join方向変更によるチャネル(S, G)のルート変更の2ステップが実施される。第1ステップのルーチングテーブル更新は,ネットワーク規模増に伴う経路数増加により更新時間が大きくなるという問題がある。第2ステップのPIM-Join方向変更は,チャネル単位の制御であるために,チャネル数増加に伴い遅延増加する懸念がある。これらの課題を解決するため,将来的には,MPLS技術を適用したマルチキャスト方式による高速ルート変更が期待される。

セキュリティの観点では,エリア限定や契約者限定の対応が考えられる。現在は,IGMP/MLDやパケット転送においてフィルタリング制御する方法が考えられる。しかし,ネットワーク規模増大に伴うフィルタ条件管理やルータ類への設定の煩雑さを考慮すると,将来的にはマルチキャストAAA技術による限定配信制御の一元化が求められる。

保守運用性としては,故障切り分けの迅速性と,ネットワーク機器の保守リスクの最小化が求められる。現在の故障切り分けはpingベースであり,帯域の確認やコピー機能の確認は難しい。将来的には,マルチキャストにふさわしい高度なOAM機能が求められる。

また,保守の中でも,機器保守に伴う保守対象機器からのトラフィック迂回は,プロトコルのコスト変更により実施することが考えられるが,ネットワーク全体に想定外の悪影響を及ぼす懸念がある。保守リスク低減の観点からは,トラフィック迂回を容易に実現できるMPLSパスベースのルート変更が期待される。

1.6.2 RTP

リアルタイム映像ストリーミングのトランスポートプロトコルとしては,ユニキャスト方式

においても，マルチキャスト方式においても，RTP が用いられる．RTP はおもに，①シーケンス番号によるパケット損失や順序逆転の検出，②タイムスタンプによる再生タイミングの回復，などの機能を提供する．RTP には，受信データの QoS 情報を受信端末から送出装置にフィードバックする RTCP（RTP control protocol）も規定されている．このフィードバックにより，TCP のように，IP ネットワークの輻輳状態に適応し，送出装置で送出レート制御することが可能となる．

ただし，送出レートを一定に保つ高品質映像配信では，送出レート変更は画質劣化につながるため，IP ネットワークの転送品質が安定していることを前提に RTCP を使用しないことも考えられる．

RTP/RTCP はエンド-エンド間のプロトコルであり，一般的には，中間の IP ネットワークに対して RTP/RTCP が求める要件はないと考えられる．ただし，RTP では偶数ポート番号，RTCP では RTP のポート番号に対し +1 の奇数ポート番号を使用することが推奨されており，NAT 制御のようにポート番号を使用する場合には考慮が必要である（RTP/RTCP 規定として廃止された RFC 1889 では必須条件であったが，現在の RFC 3550 では，シグナリングプロトコルによりポート番号を明示的に指定するアプリケーションに配慮し，推奨条件に緩和されている）．

1.6.3 QoS

(1) QoS 技術概要

ネットワークを経由して映像配信サービスを行なう場合には，高品質な映像を安定して視聴可能とすることがネットワークに対して要求される．これを実現するにあたり重要な役割を果たすサービス品質の制御・管理技術を総称して QoS（quality of service）技術とよぶ．

ネットワークにおける QoS 技術の研究の歴史は長く，これまでに多彩かつ高度な技術が開発されてきた．実際に映像配信サービスを提供するにあたっては，これらの QoS 技術の中から複数を組み合わせて，サービスの要求条件を満たすネットワークを実現する必要がある．また，こうした高度な QoS 制御技術をネットワークに取り入れる際には，ネットワークのスケーラビリティ，信頼性確保，そして保守・運用面への影響なども考慮すべきである．

ここでは，ブロードバンド環境下で映像配信サービスを行なう際に重要となる，優先制御，公平制御，帯域制御，受付制御の各技術について説明を行なう．

(2) 優先制御技術

優先制御とは，サービスごとに優先度を決め，中継を行なうルータなどの転送ノードにおいて，優先度の高いサービスのトラフィックを優先的に転送する技術である．優先制御を行なうことにより，ネットワークの輻輳時においても，優先度の高いサービスの転送を継続できる．

たとえば，インターネットアクセスのトラフィックと混在する場合には，映像の優先度を上げて転送させることで，インターネットアクセスのトラフィックに影響を受けない高品質なサービス提供が可能となる．このような優先制御を実現する IP 技術として広く利用されているのが，DiffServ（differentiated services）である．

転送時の優先度をネットワーク内の転送ノードが識別をするために，各 IP パケットのヘッダ部に優先度を示す優先ビットを定義する．DiffServ では DSCP（DiffServ code point）とよばれるビットを IPv4 パケットの ToS（type of

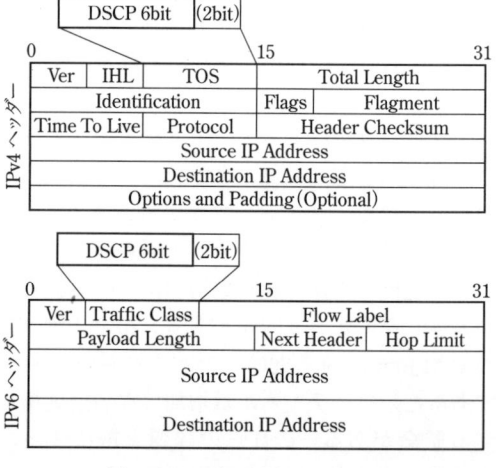

図 1.52 DSCP フォーマット

service) ビットもしくは IPv6 パケットの Traffic Class ビットに指定する.

また，転送ノードでは，DSCP のビットに応じた PHB (per-hop behavior) が定義されており，それに基づいた転送方法が採用される.具体的には，EF (expedited forwarding), AF (assured forwarding), Default の各クラスが定義されている.EF は，最優先のクラスで，通常，絶対優先のキューを用いて他のクラスのトラフィックよりも優先して転送されることを保証する.もっとも品質条件が厳しいサービスのトラフィックをこのクラスに割り当てると効果的である.

また，Default クラスは，優先度がもっとも低いクラスであり，一般に Best Effort (BE) クラスともいわれる.通常，ネットワークが輻輳しているときに通信品質を重要視されない優先度の低いデータ通信のトラフィックに対して使用される.AF クラスは，EF クラスよりは優先度が落ちるが，Default の BE クラスよりも高優先のトラフィックに対して使用されるクラスである.AF クラスはさらに細分化されており，AF1 から AF4 までの 4 クラスが規定されている.

ルータなどの転送ノードでは，入力されたパケットはまず DSCP に基づきクラスに分類される.これをクラシファイという.クラス分けされた各パケットは優先度に応じたキューに格納される.この後，スケジューラにより各キューからパケットが取り出され，出力される.

(3) 公平制御

公平制御とは，同一の通信路を複数ユーザーで共有する場合に，各ユーザーに対して通信路の帯域を公平に利用できるようにする制御技術である.具体的には，WFQ (weighted fair queueing) とよばれるキューイング方法を用いて，各ユーザーごとのキューから均等にパケットを送出していくことで，輻輳時にも各ユーザーが送出可能な最低帯域を保証することが実現可能である.

たとえば，同一通信路を複数のユーザーで共有する環境において，あるユーザーが大量のデータ通信を行ない，全体の帯域を占有しかねない状況のなかでも，他の各ユーザーは最低帯域での通信は保障されるため，通信品質が劣化することを避けることができる.このような公平制御技術は，とくにブロードバンドの FTTH や ADSL などのアクセス区間に適用することで効果が期待できる.

(4) 帯域制御技術

ここでは，帯域制御技術として，ポリシングとシェーピングについて述べる.ポリシングは，入力されたトラフィックが規定された最大速度よりも超過した場合，その超過分のパケットを破棄またはマークダウン（優先度下げ）を行なう.これにより対象となるトラフィックが使用する帯域を一定値以下に抑えることが可能になる.

これに対しシェーピングは，同様に規定された最大速度を超過しないようにする技術であるが，パケットの送出間隔を調整することにより，トラフィックを平滑化することができる.このため，超過分のトラフィックを保持しておく十分なバッファ量が確保されていれば，ポリシングのように超過パケットを破棄もしくはマークダウンすることはない.

映像配信サービスでは，映像のエンコード時に一定のビットレートになるようにレート制御されていたとしても，映像の送信元となるサーバもしくは装置においてパケットの送出間隔が安定していないと，結果として送出間隔が短くなったタイミングで映像のコーディング時のビットレートをはるかに超えた通信速度になることがある.これをバーストとよぶ.

このバーストの状態のまま，ネットワークに映像を送信すると，輻輳もしくはパケットロスが発生し，映像品質の劣化を起こす可能性が出てくる.このような状態を回避するために，映像の送信元でシェーピング機能をもつ装置を設置し，トラフィックを平滑化させ，バーストを吸収するとともに安定した速度で映像のパケッ

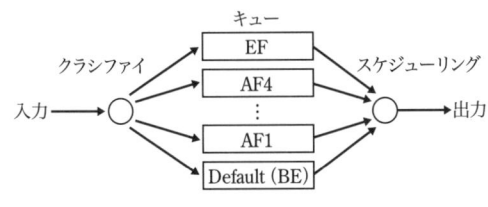

図 1.53 DiffServ による優先制御

トがネットワークへ流れる工夫が必要である。

(5) 受付制御

受付制御はアドミッション制御ともよばれ，通信を開始する前に，ネットワークに対して帯域などのリソースを要求し，要求されたリソースの確保が可能な場合のみ通信を許可するモデルとなる。リソースが確保することができない場合は，QoSを確保しないベストエフォートの通信を行なうという選択肢のほか，呼損という形で接続を拒否することも可能となる。

この呼損モデルを導入できるところが，他のQoS制御技術とは大きく異なる特徴である。受付制御を導入するには，ネットワークのリソースの在庫状況を管理する仕組み，リソース割り当ての要求に対して回答を返す仕組みが必要となり，ネットワーク側で高度な技術を具備する必要がある。また，これ以外にも通信開始後に転送されるパケットは確保されたリソース内で品質を確保しながら転送される必要があり，(2)から(4)で述べたQoS技術を用いて実現することになる。

IETFで標準化されたRSVP（resource reservation protocol）も受付制御のひとつといえる。RSVPは通信を行なう端末間で，QoSに関する制御メッセージの送受を行なうQoSシグナリングのプロトコルである。RSVPのメッセージの送受にあたり，通過する各IPルータにおいて帯域などのリソースの確保を行ない，最終的にエンド-エンド間での品質を確保できるかどうかの判断を行なう。このサービスモデルは，先に述べたDiffServに対してIntServとよばれる。

ただし，このRSVPを用いたIntServの技術に関しては，中継するIPルータでのリソースの管理や接続状態の管理などが必要になるため処理の負担が大きいことが指摘されており，スケーラビリティがない，運用管理が困難などの理由から，実際には利用されている例は稀である。

また，これ以外の受付制御に関する技術としては，帯域ブローカー（bandwidth broker）のモデルがある。これは，帯域ブローカーとなるサーバを用意し，ネットワークのリソースの状況を集中管理する仕組みである。ネットワークのリソースを使用し通信を開始しようとする端末は，帯域ブローカーに対して，リソースの割り当て要求を行ない，リソースの確保が確認されたあとで通信を行なうことで，品質確保が実現できる。現在議論が進められているNGN（next generation network）では，SIP（session initiation protocol）を用いた帯域ブローカー方式のユニキャスト配信への適用が進められている。マルチキャスト配信への適用は今後の課題である。

文献

1) 武智　秀：「マルチメディアという考え方とコンテンツフォーマット」，『映情学誌』，Vol.61, No.1, pp.37-42, Jan. 2007.
2) 『デジタル放送におけるデータ放送符号化方式と伝送方式』，ARIB STD-B24.
3) "HTML 4.01 Specification", W3C Recommendation, 1999. http://www.w3.org/TR/html4/
4) "Digital Video Broadcasting (DVB); Multimedia Home Platform (MHP) Specification 1.0.3", ETSI TS 101 812, 2003.
5) "SCTE Application Platform Standard OCAP 1.0 Profile", ANSI/SCTE 90-1, 2004.
6) "ATSC Standard：Advanced Common Application Platform (ACAP)", ATSC A/101, 2005.
7) 『デジタル放送におけるアプリケーション実行環境』，ARIB STD-B23.
8) "XHTML 1.0 The Extensible HyperText Markup Language (Second Edition)", W3C Recommendation, 2002. http://www.w3.org/TR/xhtml1/
9) "Cascading Style Sheets, Level 1", 1996 and "Cascading Style Sheets, Level 2", W3C Recommendation, 1998. http://www.w3.org/Style/CSS/
10) "Document Object Model (DOM) Level 1 Specification", 1998 and "Document Object Model (DOM) Level 2 Specifications", http://xml.coverpages.org/dom.html
11) "ECMAScript Language Specification", ECMA-262. http://www.ecma-international.org/publications/files/ecma-st/ECMA-262.pdf（ARIB STD-B24が採用しているのは2^{nd} Editionであることに注意されたい）
12) 『BS/広帯域CSデジタル放送運用規定』，ARIB TR-B15.
13) 『地上デジタルテレビジョン放送運用規定』，ARIB TR-B14.
14) 『地上デジタル音声放送運用規定』，ARIB TR-B13.
15) "Multipurpose Internet Mail Extensions (MIME) Part One：Format of Internet Message Bodies", RFC 2045, 1996. http://www.ietf.org/rfc/rfc2045.txt?number=2045
16) "Multipurpose Internet Mail Extensions (MIME) Part two：Media Types", RFC 2046, 1996. http://www.ietf.org/rfc/rfc2046.txt?number=2046
17) "MIME Media Types", IANA. http://www.iana.org/assignments/media-types/
18) "Modularization of XHTML", W3C Recommendation, 2001. http://www.w3.org/TR/2001/REC-xhtml-modularization-20010410/

19) "Universal Multiple-Octet Coded Character Set (UCS)", ISO/IEC 10646, 2003.
20) "Digital Video Broadcasting (DVB); Multimedia Home Platform (MHP) Specification 1.1.1", ETSI TS 102 812, 2003.
21) "Digital Video Broadcasting (DVB); Globally Executable MHP version 1.0.2 (GEM 1.0.2)", ETSI TS 102 819, 2005.
22) "Coding of audio-visual objects-Part 11: Scene description and application engine", ISO/IEC 14496-11.
23) "Coding of audio-visual objects-Part 14: MP4 file format", ISO/IEC 14496-14.
24) "Worldwide common core - Application environment for digital interactive television services", ITU-T Rec. J. 200, 2001.
25) European Telecommunications Standards Institute.ETSI-TS 102 822: Broadcast and On-line services: Search, select, and rightful use of content on personal storage systems.
26) International Press Telecommunications Council. http://www.iptc.org
27) 亀山 渉監修:『ディジタル放送教科書(下)』, IDG ジャパン, 2003.
28) Organization for the Advancement of Structured Information Standards (OASIS). Simple Object Access Protocol (SOAP) 1.1 : http://www.w3c.org/TR/2000/NOTE-SOAP-20000508
29) TV-Anytime Forum. http://www.tv-anytime.org
30) The World Wide Web Consortium (W3C). Extensible Markup Language (XML) 1.0. http://www.w3.org/TR/REC-xml.
31) 『「ユビキタスネット社会の実現に向けた政策懇談会」中間とりまとめ』, 総務省, http://www.soumu.go.jp/s-news/2004/040701_1.html (2004.7.1)
32) Duncan A. Buell, Ravi Sandhu: Identity Management, IEEE Internet Computing, Vol.7, No.6, pp.26-52, Nov./Dec. 2003.
33) 片方善治監修:『IT セキュリティソリューション体系』, 上巻 7.1 節, (株)フジ・テクノシステム, 2004.4.5.
34) Tim Bray, et al.: Namespaces in XML, 1999, W3C Recommendation, http://www.w3.org/TR/REC-xml-names (日本語訳: JIS TR X 0023: 1999)
35) 山下博之ほか:「コンテンツ識別子標準の動向とコンテンツ流通サービス」,『画像電子学会誌』, Vol.30, No.5, pp.532-539, 2001.5.
36) 國領二郎+日経デジタルコアトレーサビリティ研究会:『ディジタル ID 革命』, 日本経済新聞社, 2004.1.23.
37) 安田 浩, 安原隆一監修:『ポイント図解式コンテンツ流通教科書』, (株)アスキー, 2003.7.2.
38) 山下博之:「次世代の認証技術:利用状況を把握するコンテンツ ID による認証」,『COMPUTER & NETWORK LAN』, 2004 年 9 月号, pp.30-35, オーム社, 2004.
39) 山下博之ほか:「"連携シナリオ"流通に基づく P2P サービス仲介に関する一考察」, インターネットコンファレンス 2003 講演, 2003.10.28. http://www.internetconference.org/ic2003/PDF/paper/yamashita-hiroyuki.pdf
40) 瀬戸洋一:「バイオメトリクス技術の国際標準化に対する産業界の取り組み」, 情報技術標準化フォーラム講演資料, http://www.itscj.ipsj.or.jp/forum/seto.pdf (2003.7.18)
41) 「コンテンツ不正利用等監視・追跡技術の利用とその法的課題に関する調査研究報告書」, DCAJ 15-CC-L, (財)ディジタルコンテンツ協会 (DCAj), 2004.3.
42) National Do Not Call Registry, http://www.donotcall.gov/ (2004.7.23)
43) Sender ID ホームページ, http://www.microsoft.com/japan/mscorp/safety/technologies/senderid/default.mspx
44) B. Hirosaki: An Orthogonally Multiplexed QAM System Using the Discrete Fourier Transform IEEE. Trans. Com., COM-29, 7, pp.982-989, 1981.
45) ISO/IEC 13818-1: Generic Coding of Moving Pictures and Associated Audio Systems, 1994.
46) 今村, 濱住, 渋谷, 佐々木:「地上ディジタル放送 SFN における放送波中継用回り込みキャンセラの基礎検討」,『映情学誌』, Vol.54, No.11, pp.1568-1575, 2000.
47) 木村, 高田, 濱住:「ダイバシティ受信による地上ディジタル放送の移動受信特性に関する検討」,『映情学技報』, Vol.26, No.67, pp.13-16, 2002.
48) 小特集「地上ディジタル放送のワンセグサービス」,『映情学誌』, Vol.60, No.2, pp.117-142, 2006.
49) RTP: A Transport Protocol for Real-Time Applications, RFC 3550.
50) Real Time Streaming Protocol (RTSP), RFC 2326.
51) Protocol Independent Multicast-Sparse Mode (PIM-SM): Protocol Specification (Revised), RFC4601.
52) Internet Group Management Protocol, Version 3, RFC 3376.
53) Multicast Listener Discovery Version 2 (MLDv2) for IPv6, RFC 3810.
54) Internet Protocol Version 6 (IPv6) Addressing Architecture, RFC 3513.
55) Unicast-Prefix-based IPv6 Multicast Addresses, RFC 3306.
56) Transmission of IPv6 Packets over Ethernet Networks, RFC 2464.
57) Allocation Guidelines for IPv6 Multicast Addresses, RFC 3307.
58) An Overview of Source-Specific Multicast (SSM), RFC 3569.
59) Bootstrap Router (BSR) Mechanism for PIM, draft-ietf-pim-sm-bsr-xx.
60) Protocol Independent Multicast-Dense Mode (PIM-DM): Protocol Specification (Revised), RFC 3973.
61) An Architecture for Differentiated Services, RFC 2475.
62) Signaling Requirements for point to multipoint Traffic Engineered MPLS Label Switched Paths (LSPs), RFC 4461.
63) AAA Framework for Multicasting, draft-ietf-mboned-multiaaa-framework-xx.

2 ウェブ技術

2.1 HTMLによるウェブの普及

2.1.1 ウェブの始まり

(1) WWW

WWW(World Wide Web)は,1990年にスイスのCERN(欧州素粒子物理研究所)において,研究成果を研究者間で共有することを目的として開発され,分散型広域ハイパテキストシステムの構築のためのプロジェクトによって推進された。このハイパテキストでは,テキストを分割してノードに分け,ノード内にアンカー(端点)を設けて,アンカー間の関係としてハイパリンクを定義した。そのハイパテキストの読者は,ブラウザ上でハイパリンクをたどってノード間を移動して,関係ある文書をその物理的な存在位置には無関係に高速かつ容易に閲覧できる。

WWWのプロジェクトの設立当初は,CERNでは特定のマシン上にラインモードブラウザがインストールされただけであったが,1991年になるとCERN以外でもWWWの利用が可能になり,Xウィンドウシステム上で動作するブラウザも開発された。1993年にはイリノイ大学でMOSAICが発表されて文書中の画像表示が可能になり,Windows版およびMAC版も発表された。1994年のNetscape NavigatorのリリースはWWWの爆発的普及のきっかけをつくり,それがさらにインターネット利用者を増やすことになった。

CERNでのハイパテキストの構造記述とその文書交換手続きは,当初は研究所内の仕様にとどまっていたが,WWWの普及とともにそれらの標準化への問題意識が高まり,IETF(Internet Engineering Task Force)において,HTMLとHTTPの作業グループが設立され,そのグループが本格的な標準化作業を開始した。その後,HTMLの標準化作業は,W3C(World Wide Web Consortium)に移された。図2.1は,10年前にCERNがウェブを公開したことを回想している2003年5月のジュネーブの新聞である。

W3Cでの初期のHTMLバージョンアップ作業は,ブラウザメーカーの独自の拡張を吸収してスタイル指定を含む多くの機能を盛り込む方向で行なわれた。しかしその後,HTMLを本来の文書論理構造記述の言語に引き戻し,スタイル指定については別の交換様式で対応するという文書交換モデルが主流となり,HTML 3.2はHTML 3.0よりも簡素な構造になって公開された。

(2) マーク付け言語の発達

HTMLの大量普及の結果,そのスコープを越えた利用が行なわれ,HTMLでは記述できない,または記述しにくい文書が問題となり,HTMLと同様の手軽さでSGMLと同様の文書記述を行ないたいというユーザー要求が強まってきた。この要求に応えてW3Cが開発したマーク付け言語がXML(extensible markup language,拡張可能なマーク付け言語)である。

図2.1 CERNによる10年前のウェブ公開
("Tribune de Geneve, Jeudi 1er MAI 2003" より)

表2.1　HTMLのバージョンアップ

HTMLバージョン	勧告・規格番号	公表・制定日	改正版公表日
HTML 2.0	IETF RFC 1866	1995-11	
HTML 3.2	W3C REC-html 32	1997-01-14	
HTML 4.0	W3C REC-html 40	1997-12-18	1998-04-24
	ISO/IEC 15445	2000-05	
	JIS X 4156	2000-12	2005-03
HTML 4.01	W3C REC-html 401	1999-12-24	
XHTML Basic	W3C REC-xhtml-basic	2000-12-19	
XHTML 1.0	W3C REC-xhtml 1	2000-01-26	2002-08-01
XHTML 1.1	W3C REC-xhtml 11	2001-05-31	

　HTMLがSGMLの1つの文書型であるのに対して，XMLはSGMLのサブセットに位置づけられる。つまり，XMLは，HTMLでは扱えない文書構造を定義することによってサポートし，これまでのHTML処理系と同様に，文書型定義（DTD）が与えられなくても処理を可能としている。W3Cは1996年末に最初のXMLドラフトを発表するとともにその更新を続け，1998年2月にその勧告を制定した。それ以降，いくつものXML関連規定の開発を行なっている。

　XML関連規定のひとつがXHTMLであり，HTMLを規定してきたSGML-DTDをXML-DTDを使って規定し直すことによって，充実したXMLのサービス機能をHTML環境へ導入した。その結果，たとえばHTMLへの機能追加が必要になっても，その拡張HTMLを規定するDTDを開発する必要はなく，拡張部分に対応するモジュールの追加によって対応できる。

　ISO（国際標準化機構）は，HTMLを国の規格（national standard）として採用したいとする参加国（national body）の要求，ISO内部での文書交換様式としてHTMLを使いたいとする要求などに対処するため，W3CのHTML勧告の追認作業を進めてきた。その結果，HTML4.0のサブセットがISO/IEC 15445として承認され，それはわが国ではJIS X 4156として制定されている。

　HTMLのこれらのバージョンを，表2.1に整理する。

（3）スタイル指定の分離

　HTMLの処理系（ブラウザ）では，インスタンスのタグに対応して，そのタグが示す要素にフォーマッティングがほどこされる（フォーマッティングはブラウザに依存している）。HTMLは，いくつかのフォーマッティング指定要素（B要素，FONT要素など）をもつ。これらの意味で，HTML文書はフォーマット付き編集可能文書と考えられる。

　HTML検討の過程で次の問題が表面化した。

- フォーマッティングは，ブラウザ依存なので，フォーマット結果の再現は確実でない。フォーマット情報保存の交換は不十分。
- ブラウザベンダーがフォーマット指定タグを独自に拡張。その結果，交換フォーマットとしての意義が薄れる。
- 簡便性を目的として論理構造タグとフォーマット指定タグとを混在させたが，結果的には使いにくくなった。

　そこで，HTML 3.0をHTML 3.2にバージョンアップする際に，HTMLは論理構造記述を基本とし，フォーマット指定はCSSで行なうという方針を打ち出して，HTMLを簡素化した。

2.1.2　HTML

（1）大域的構造

　HTML 4.0[1,2]で記述される文書は次の3部分から構成される。

- HTML版情報を含む文書型宣言
- HEAD要素に含まれる宣言ヘッダー部分

- BODY 要素（または FRAMESET 要素）によって実装される本体部分

宣言ヘッダ部分と本体部分は，次のように HTML 要素に含まれることが望ましい。

```
<!DOCTYPE HTML PUBLIC "-//W3C//DTD HTML 4.0//
    EN"
    "http://www.w3.org/TR/REC-html40/strict.
    dtd">
<HTML>
  <HEAD>
    <TITLE>HTML 文書への導入 </TITLE>
  </HEAD>
  <BODY>
    <P>HTML 文書の構成を示す。
  </BODY>
</HTML>
```

① HTML 版情報

文書型宣言（document type declaration）が，HTML 文書で使われる文書型定義（DTD）を指定する。HTML 4.0 では，次のいずれかの版情報を文書型宣言によって指定する。

HTML 4.0 厳密 DTD は，非推奨ではなかった，またはフレーム集合文書に現われない，要素および属性のすべてを包含する。この DTD を使用する文書には，次の文書型宣言を使用する。

```
<!DOCTYPE HTML PUBLIC "-//W3C//DTD HTML 4.0//
    EN"
    "http://www.w3.org/TR/REC-html40/strict.
    dtd">
```

HTML 4.0 過渡的 DTD は，厳密 DTD に加えて，非推奨の要素および属性のすべてを含む。非推奨の要素および属性のほとんどは，視覚的表示に関係している。この DTD を使用する文書には，次の文書型宣言を使用する。

```
<!DOCTYPE HTML PUBLIC "-//W3C//DTD HTML 4.0
    Transitional//EN"
    "http://www.w3.org/TR/REC-html40/loose.
    dtd">
```

HTML 4.0 フレーム集合 DTD は，過渡的 DTD に加えて，フレームにおけるすべてを含む。この DTD を使用する文書には，次の文書型宣言を使用する。

```
<!DOCTYPE HTML PUBLIC "-//W3C//DTD HTML 4.0
    Frameset//EN"
    "http://www.w3.org/TR/REC-html40/frame
    set.dtd">
```

② HEAD 要素

タイトル，検索エンジンに利用できるキーワード，文書内容とは考えられないその他のデータなどの文書関連情報を含む。利用者エージェントは，HEAD 要素の内容をレンダリングしない。

```
<!-- %head.misc; defined earlier on as
    "SCRIPT|STYLE|META|LINK|OBJECT" -->
<!ENTITY % head.content "TITLE & BASE?">

<!ELEMENT HEAD O O (%head.content;) +(%head.
    misc;) -- document head -->
<!ATTLIST HEAD
    %i18n;                    -- lang, dir --
    profile  %URI;  #IMPLIED
            -- named dictionary of meta info --
    >
```

- TITLE ― すべての HTML 文書は，HEAD 要素の中に 1 つの TITLE 要素をもたなければならない。
- META ― 文書作成者は文書のメタデータを META 要素によって指定できる。つまり，name 属性によってメタデータ特性を指定し，content 属性によってメタデータ特性の値を指定する。scheme 属性は特性の値を解釈するために使用する方式に名前を与える。HTTP サーバは，http-equiv 属性を使用して，HTTP 応答メッセージヘッダに関する情報を収集する。

```
<!ELEMENT META - O EMPTY
                -- generic metainformation -->
<!ATTLIST META
    %i18n; -- lang, dir, for use with content --
    http-equiv  NAME
        #IMPLIED -- HTTP response header name --
    name   NAME
        #IMPLIED -- metainformation name --
    content CDATA
        #REQUIRED -- associated information --
```

```
   scheme      CDATA
               #IMPLIED -- select form of content --
>
```

META要素を用いて，文書に対する次のデフォルト情報を指定してもよい。
- デフォルトスクリプト言語
- デフォルトスタイルシート言語
- 文書の文字符号化

文書の文字符号化をISO-8859-5として指定する例を次に示す。

```
<META http-equiv="Content-Type"
  content="text/html; charset=ISO-8859-5">
```

③ BODY要素

BODY要素によって記述される文書本体は，文書の内容を含む。内容は，利用者エージェントが多様な方法で表示してよい。たとえば，視覚的ブラウザでは，本体を，テキスト，画像，色，図形などの内容が現われる描画面として考えることができる。音声用の利用者エージェントの場合，同じ内容を音声で表わしてもよい。文書の表示を指定する方法としては，スタイルシートの使用が望ましいので，BODY要素の表示的な属性は推奨されない。

BODY要素の中に現われることができる要素には，ブロックレベル要素と，テキストレベルとしても知られる行内要素とがある。これらは，次の概念に基づく。

- 内容モデル—ブロックレベル要素は，行内要素および他のブロックレベル要素を含むことができる。行内要素は，データおよび他の行内要素だけを含む。この構造的な差異は，ブロック要素は行内要素よりも大きな構造を生成するという概念に基づく。
- フォーマット化—ブロックレベル要素は，行内要素とは異なる方法でフォーマット化される。ブロックレベル要素は新しい行で始まるが，行内要素はそうではない。
- 方向性—ブロックレベル要素と行内要素とは，方向性情報を継承する方法で異なる。

④ グループ化要素（DIV要素およびSPAN要素）

DIV要素およびSPAN要素は，id属性およびclass属性と連携して，構造を文書に付加するための機構を提供する。DIV要素およびSPAN要素は，内容を行内レベルまたはブロックレベルとする。これらの要素をスタイルシート属性，lang属性などと連携して用い，HTMLを文書作成者の要求に応じて調整できる。

⑤ 見出し（H1，H2，H3，H4，H5，H6要素）

見出し要素は，その要素が導入する部分の内容を簡単に示し，文書の目次を自動的に構成するために利用者エージェントによって使用されることもある。

HTMLの見出しには，最も重要なH1から最も重要性の低いH6までの6レベルがある。視覚的ブラウザは通常，重要性の高い見出しを重要性の低い見出しより大きなフォントでレンダリングする。

⑥ ADDRESS要素

文書またはフォームなど文書の主要部分に対して，連絡先情報を提供するために，文書作成者はADDRESS要素を使用できる。この要素は，文書の最初または最後に現われることが多い。

たとえば，HTMLに関係したW3Cウェブサイトのページは，次の連絡先情報を含む。

```
<ADDRESS>
<A href="../People/Raggett/">Dave Raggett</A>,
<A href="../People/Arnaud/">Arnaud Le Hors</A>,
contact persons for the <A href="Activity">
W3C HTML Activity</A><BR>
$Date: 1998/04/02 00:20:03 $
</ADDRESS>
```

(2) おもな文書構成要素とその属性

① ブロックレベル要素

- P — 段落を規定するコンテナであって，開始タグは必須である。利用者エージェントは，この要素の前後に段落区切りを置いて可視化する。align属性を用いて，左そろえ，中央そろえ，右そろえを指定できる。デフォルトは左そろえであるが，P要素を囲むDIV要素またはCENTER要素によるそろえ指定があれば，

それに従う。

- UL ― 次のようにLI要素とともに用いて，順序なしリストを規定する。LI要素は，他のリストを入れ子に含むことができる。

```
<UL>
 <LI>最初のリスト項目
 <LI>次のリスト項目
 ...
</UL>
```

UL要素に指定できるcompact属性は，利用者エージェントに対する可視化のヒントとして，簡易表示を求める。UL要素またはLI要素に指定できるtype属性は，リスト項目の先頭に付くビュレット（"disc"，"square"または"circle"）を設定する。

- OL ― 次のようにLI要素とともに用いて，順序付きリストを規定する。

```
<OL>
 <LI>第1リスト項目
 <LI>第2リスト項目
 ...
</OL>
```

OL要素に指定できるcompact属性は，利用者エージェントに対する可視化のヒントとして，簡易表示を求める。OL要素のstart属性は，リスト項目順序の開始番号（デフォルトは1）を指定する。この値は，LI要素のvalue属性を用いて再設定できる。OL要素またはLI要素に指定できるtype属性は，リスト項目の順序付けスタイル（アラビア数字，小文字アルファベット，大文字アルファベット，小文字ローマ数字または大文字ローマ数字）を設定する。

- DL ― 次のようにDT要素およびDD要素とともに用いて，定義リストを規定する。

```
<DL>
 <DT>用語1
 <DD>用語1の定義
 <DT>用語2
 <DD>用語2の定義
 ...
</DL>
```

DT要素は，テキストレベル要素だけのコンテナとして機能し，DD要素は，ブロックレベル要素をも含むことができる。DL要素に指定できるcompact属性は，利用者エージェントに対する可視化のヒントして，簡易表示を求める。

- PRE ― PRE要素は，フォーマット済みテキストをHTML文書に含めるための要素である。利用者エージェントは，固定ピッチのフォントを用い，スペース，改行などの空白文字に関連するスペース空けを保存したまま可視化する。

PRE要素は，P要素と同じ内容モデル（ただし，フォントサイズの変更を伴う要素およびIMG要素を除く）をもつ。PRE要素に伴うwidth属性は，利用者エージェントに対して，指定の文字幅を示すヒント情報を与える。

- DIV ― DIV要素は，区分（division）という階層としてHTML文書を構造化するために用いられる。DIV要素に伴うalign属性は，DIV要素に含まれる要素に関するデフォルトの水平そろえ（左そろえ，中央そろえ，右そろえ）を設定する。

DIV要素は，終了していないP要素を終了させる。利用者エージェントは，この要素の前後に段落区切りを置いて可視化することは期待されていない。

- CENTER ― CENTER要素は，align属性によってcenter指定をしたDIV要素と等価である。

- BLOCKQUTE ― BLOCKQUTE要素は，他からのブロック引用に用い，文書インスタンス中では，開始タグと終了タグとを必要とする。字下げして可視化されることが多い。

- FORM ― FORM要素は，HTMLフォームを規定し，HTTPサーバによって実行される記入（fill-out）フォームを記述する。文書インスタンス中では，開始タグと終了タグとを必要とする。同一文書中には，1個以上のフォームをもつことができる。

action属性は，電子メールによってフォームをポストするために使うURL，またはHTTPによってサーバ側のフォームハンドラを起動するために使うURLを指定する。action属性が

HTTPサーバを指定するとき，method 属性は，フォーム内容をサーバに送るためにどの HTTP メソッド（GET または POST）が用いられるかを規定する。enctype 属性は，フォーム内容を符号化するために使う機構を規定する。

・HR ― HR 要素は，トピックの変化を示すために用いられる水平罫線に用いる。音声用利用者エージェントでは，この罫線はポーズとしてレンダリングされる。この要素はコンテナではないため，終了タグは禁止される。

align 属性は，左右の余白のあいだの罫線の位置を，左，中央，右に指定する。noshade 属性は，利用者エージェントに対して単一色で罫線を可視化することを要求する。size 属性は，罫線の高さを画素数で設定する。width 属性は，罫線の幅を画素数または左右の余白のあいだのパーセントで指定する。

・TABLE ― HTML 3.2 は，RFC 1942 (HTML Tables) 規定するサブセットを含み，それが表のマーク付けまたはレイアウトのために利用される。表のマーク付けは，たとえば次のように行なわれる。

```
     <TABLE    BORDER=3    CELLSPACING=2
CELLPADDING=2 WIDTH="80%">
  <CAPTION> ... 表題 ... </CAPTION>
  <TR><TD> 最初の cell <TD> 第 2 の cell
  <TR> ...
  ...
  </TABLE>
```

TABLE 要素の属性はすべてオプションであり，デフォルトで周囲境界なしに可視化される。表は内容に合わせて自動的にサイズが決まるが，width 属性を使って表幅を設定することもできる。border 属性，cellspacing 属性，cellpadding 属性は，表のスタイルをさらに制御し，表題を示す下位要素 CAPTION は，その align 属性によって表題の位置を表の上部または下部に設定する。

表の各行は，TR 要素に含まれる。表のセルは，データについては TD 要素によって規定され，ヘッダについては TH 要素によって規定される。これらの要素は，TR 要素と同様に，コンテナであって終了タグはなくてよい。TH 要素および TD 要素には，セル内容のそろえのための align 属性および valign 属性が用意され，1 行または 1 列を越えて広がるセルのための rowspan 属性および colspan 属性が用意されている。

②行内要素

・フォントスタイル要素 ― テキストのフォントスタイルを指定する要素であり，文書インスタンス中では，開始タグと終了タグとを必要とする。次の種類がある。

TT：テレタイプテキストまたは固定ピッチテキストのスタイル
I：イタリックテキストのスタイル
B：ボールドテキストのスタイル
U：下線付きテキストのスタイル
STRIKE：打ち消し線付きテキストのスタイル
BIG：大きいフォントのテキストのスタイル
SMALL：小さいフォントのテキストのスタイル
SUB：上付き添え字のテキストのスタイル
SUP：下付き添え字のテキストのスタイル

・句要素 ― テキストの論理的な意味を指定する要素であり，文書インスタンス中では，開始タグと終了タグとを必要とする。次の種類がある。

EM：基本強調，通常はイタリックフォントで可視化される
STRONG：強い強調，通常はボールドフォントで可視化される
DFN：用語の定義
CODE：プログラムコードからの抽出
SAMP：プログラム，スクリプトなどの出力例
KBD：利用者がタイプするテキスト
VAR：コマンドの変数または引数
CITE：他のソースの引用または参照

・フォーム欄要素 ― フォームにおいて利用者入力を行なうために用いる要素であって，INPUT 要素，SELECT 要素および TEXTAREA 要素がある。INPUT 要素は，さまざまなフォーム欄に用いられ，SELECT 要素は，1 つまたは複数の選択メニューに用いられる。

TEXTAREA 要素は，複数行のテキスト欄を規定するために用いられる．
  • 特殊テキストレベル要素
  A：A 要素は，ハイパテキストのリンクを規定するために用いられ，リンク先の名前付き位置を規定するためにも用いられる．A 要素は入れ子にならず，つねに開始タグと終了タグを伴う．name 属性は，URL とともに用いるリンク先の文書部分と名前とを関連づける．href 属性は，リンク付けされたリソースのネットワークアドレスとしてはたらく URL を指定する．rel 属性は，リンク型ともよばれる順方向の関係を示す．rev 属性は，逆方向の関係を示す．title 属性は，リンク付けされたリソースの標題を示す．
  IMG：IMG 要素は，画像を取り込むために用いられる．これは空要素であって，終了タグは禁止される．画像は垂直方向について現テキスト行に相対的に位置付けられ，左右にはフロートとなる．src 属性は必須であり，画像リソースの URL を指定する．alt 属性は，画像に関するテキスト記述を指定する．
  FONT：FONT 要素は，この要素内のテキストのフォントサイズと色の変更を指定する．size 属性は，1〜7 の整数によって絶対サイズを指定し，符号付き整数によって相対サイズを指定する．color 属性は，RGB 色空間における 16 進数によって，または 16 色の名前によってテキストの色を指定する．
  BR：BR 要素は，改行を強制する．これは空要素であって，終了タグは禁止される．

2.1.3 XHTML

次の利点を考慮して HTML から XHTML への移行が勧められている．
  • XML は，新しい要素または付加的な要素属性を導入することを容易にする．XHTML ファミリーは，XHTML モジュールによって，および XHTML モジュール化規定で示される新しい XHTML 適合モジュールを開発する技術によって，これらの拡張を行なう．これらのモジュールは，内容を開発する場合，および新しい利用者エージェントを設計する場合に，既存の機能集合と新しい機能集合との組合せを可能にする．
  • XHTML ファミリーは，一般的な利用者エージェントの相互運用性を念頭において設計されている．新しい利用者エージェントおよび文書プロファイル化機構によって，サーバ，プロキシおよび利用者エージェントは，内容の変換に最大の努力を払うことができる．最終的には，XHTML 適合のどんな利用者エージェントによっても利用できる，XHTML に適合する内容開発が可能になる．

(1) XHTML 1.0

XHTML 1.0[3,4]は，HTML 4 の 3 つの文書型を XML 1.0 のアプリケーションとして再定式化したものであり，XML に適合するとともに，簡単なガイドラインに従えば，HTML 4 適合の利用者エージェントでも動作する言語として用いられる．

①構造

XHTML 1.0 で記述される文書は，次の基準をすべて満たさなければならない．
  • 文書は，3 つの DTD の 1 つに照らして妥当性が検証されなければならない．
  • 文書のルート要素は，html 要素でなければならない．
  • 文書のルート要素は，xmlns 属性を使用して XHTML 名前空間を指定しなければならない．XHTML のための名前空間は，http://www.w3.org/1999/xhtml と定義する．
  • ルート要素に先行して，文書の中に DOCTYPE 宣言が存在しなければならない．DOCTYPE 宣言に含まれる公開識別子は，次のそれぞれの公式公開識別子を使用して，3 つの DTD の 1 つを参照しなければならない．局所システム規約を反映するために，システム識別子は変えてもよい．

```
<!DOCTYPE html
  PUBLIC "-//W3C//DTD XHTML 1.0 Strict//EN"
  "DTD/xhtml1-strict.dtd">

<!DOCTYPE html
```

```
     PUBLIC "-//W3C//DTD XHTML 1.0
Transitional//EN"
    "DTD/xhtml1-transitional.dtd">

<!DOCTYPE html
     PUBLIC "-//W3C//DTD XHTML 1.0 Frameset//
EN"
    "DTD/xhtml1-frameset.dtd">
```

② 他の名前空間との併用

XHTML名前空間は，他のXML名前空間とともに使用できる。ただし，それらの文書は，厳密XHTML 1.0に適合する文書ではない。

XHTML 1.0をMathMLと組み合わせた例を次に示す。

```
<html xmlns="http://www.w3.org/1999/xhtml"
  xml:lang="en" lang="en">
 <head>
  <title>A Math Example</title>
 </head>
 <body>
  <p>The following is MathML markup:</p>
  <math xmlns="http://www.w3.org/1998/
Math/MathML">
    <apply> <log/>
     <logbase>
      <cn> 3 </cn>
     </logbase>
     <ci> x </ci>
    </apply>
   </math>
  </body>
</html>
```

(2) XHTML 1.1

XHTML 1.1[5,6]は，XHTMLのモジュール化で定義されたモジュール枠組およびモジュールに基づく新しいXHTML文書型を定義する。この文書型の目的は，将来の拡張されたXHTMLファミリー文書型のための基礎として役に立つこと，およびXHTML 1.0に受け継がれたHTML 4の非推奨の在来機能とは完全に分離され，一貫して将来を見据えた文書型を提供することにある。この文書型は，本質的には，XHTMLモジュールを使う厳密XHTML 1.0の再定式化である。

したがって，他のXHTMLファミリー文書型で利用可能な多くの機能は，この文書型では利用可能ではない。これらの機能は，XHTMLのモジュール化[7,8]で定義されたモジュールを通じて利用可能となり，文書作成者は，XHTML 1.1に基づいて，これらの機能を使用する文書を自由に定義できる。

① XHTML 1.1文書型

XHTML 1.1文書型は，次のXHTMLモジュールから構成される。要素，属性，およびこれらモジュールと関連づけられた最小の内容モデルは，XHTMLのモジュール化で定義される。

構造モジュール＝body, head, html, title
テキストモジュール＝abbr, acronym, address, blockquote, br, cite, code, dfn, div, em, h1, h2, h3, h4, h5, h6, kbd, p, pre, q, samp, span, strong, var
ハイパテキストモジュール＝a
リストモジュール＝dl, dt, dd, ol, ul, li
オブジェクトモジュール＝object, param
表示モジュール＝b, big, hr, i, small, sub, sup, tt
編集モジュール＝del, ins
双方向テキストモジュール＝bdo
フォームモジュール＝button, fieldset, form, input, label, legend, select, optgroup, option, textarea
表モジュール＝caption, col, colgroup, table, tbody, td, tfoot, th, thead, tr
画像モジュール＝img
クライアント側の画像マップモジュール＝area, map
サーバ側の画像マップモジュール＝img要素におけるismap属性
組み込みイベントモジュール＝イベント属性
メタ情報モジュール＝meta
スクリプトモジュール＝noscript, script
スタイルシートモジュール＝style要素
スタイル属性モジュール（非推奨）＝style属性
リンクモジュール＝link
基底モジュール＝base

2.1.4 段階スタイルシート CSS
(1) 概要

CSS（cascading style sheets，段階スタイルシート）は，ウェブ上の HTML 文書に対してフォント，カラー，スペースなどのスタイルを HTML 文書に付与することを目的として W3C において開発され，1996 年に CSS level 1[9] として公表された。1998 年には，level 2[10] が公表され，その後，level 3 の検討が行なわれている。

level 1 においては扱う文書スタイルがきわめて限定され，ページの概念もサポートされていなかったが，level 2 では多様な文書スタイルを指定可能になり，ページモデルが導入された。level 3 ではさらにその傾向が進み[11]，paged media module が独立した勧告案（WD）[12] として公表されて，XSL（extensible stylesheet language，拡張可能なスタイルシート言語）[13] とのスコープの重なりが大きくなっている。

ここでは実装が進み，国内の規格[14] としても制定されている CSS level 1 について概観する。

(2) スタイルシート

次に示す CSS 規則の組合せがスタイルシートを定義する。CSS 規則は，2 つの主要部分からなる。

- スタイル指定対象の要素型または要素を指定する選択子（selector）。すべての HTML 要素型は選択子になりうる。
- スタイル指定対象に対するスタイル付け内容を示す宣言（decralation）。宣言は，特性（property）とその値（value）とをその順序にコロンで区切って指定する。

CSS 規則は，ブラウザなどに実装されているデフォルトの文書スタイルとは異なる固有のスタイルを指定して可視化を行なう必要のあるスタイル指定対象だけに関して，次に示す構文で記述される。

　　選択子 { 特性：特性値 }

構文の簡素化のため，複数の選択肢をコンマで区切ってグループ化でき，複数の宣言はセミコロンで区切ってグループ化できる。記述例を次に示す。

記述例 1

```
H1, H2, H3 { font-family: helvetica }
```

記述例 2

```
H1 {
  font-weight: bold;
  font-size: 12pt;
  line-height: 14pt;
  font-family: helvetica;
  font-variant: normal;
  font-style: normal;
}
```

特性によっては，固有のグループ化構文をもつものがあり，たとえば次の記述例 3 は記述例 2 と等価である。

記述例 3

```
H1 { font: bold 12pt/14pt helvetica }
```

①要素の特定

選択子において，要素型でなく，特定の要素を指定する場合には，その要素を示すタグの中で指定されるクラス属性値または ID 属性値を用いて，次の記法で要素を特定する。

- 要素型名。クラス属性値[*1]
- #ID 属性値[*2]

②文脈選択子

選択子の中で，ある要素型の次に，その下位の要素型を空白で分離して記述することにより，その子孫関係をもつ下位の要素型を特定する。たとえば次の CSS 規則は，H1 要素型の中の EM 要素型だけに適用される。

```
H1 EM { color: red }
```

文脈選択子は，次に示すようにクラス属性値，ID 属性値と組み合わせることができ，グ

[*1] a) の場合，要素型名を指定しなければ，そのクラス属性値をもつすべての要素型の要素がスタイル指定対象となる。

[*2] b) の場合，1 つの文書インスタンスの中では，同じ ID 属性値を異なる要素に指定することはできない。

ループ化の構文を用いることもできる。

```
#x78y CODE     { background: blue }
DIV.sidenote H1 { font-size: large }
H1 B, H2 B, H1 EM, H2 EM { color: red }
```

③継承

ある要素に対して指定されたスタイルは，その下位要素に継承される。ただし，スタイル特性によっては，継承されないものもある。下位要素に対しては，スタイル指定の上書きが可能である。

④コメント

CSSスタイルシートにおけるテキストのコメントは，プログラム言語Cのコメントに類似し，"/*"で開始し，"*/"で終了する。

⑤擬似クラスと擬似要素

CSSでは原則として文書インスタンスにおける論理的構造の中での要素位置にスタイル付けがほどこされるが，擬似クラスと擬似要素は，文書インスタンスに存在しないクラスと要素をスタイルシートの選択子に導入して，いくつかのスタイル指定に対応する。

・アンカー擬似クラス

ハイパリンクのリンク元のアンカー（リンク端）が未たどり，たどり済み，選択中のいずれかであることを示すスタイル指定のために，アンカー擬似クラスが用いられる。次に宣言例を示す。

```
A:link { color: red }       /* 未たどりリンク */
A:visited { color: blue } /* たどり済みリンク */
A:active { color: lime }   /* 選択中リンク */
```

・表示上の擬似要素

文書インスタンスにおける論理的構造には関係せず，表示に際してのスタイル付けだけに関連する先頭行および先頭文字をfirst-line擬似要素，first-letter擬似要素（それぞれブロックレベル要素型名：first-line，ブロックレベル要素型名：first-letter）としてスタイルシートの選択子に用いることができる。これらの擬似要素には，限定された特性だけが適用される。

first-letter擬似要素は，イニシャルキャップおよびドロップキャップのスタイル指定に用いる。2行取りのドロップキャップのスタイル指定の例を次に示す。

```
<STYLE TYPE="text/css">
  P{ font-size: 12pt; line-height: 12pt }
  P:first-letter { font-size: 200%; float: left }
</STYLE>
```

・構文

文脈選択子において，疑似要素は選択子の最後だけに置くことができる。疑似要素は，次に例示するように，選択子の中でクラスと組み合わせることができるが，選択子の最後で指定されなければならない。

```
P.initial:first-letter { color: red }
```

疑似要素は，次に例示するように，いくつか組み合わせることができる。

```
P { color: red; font-size: 12pt }
P:first-letter { color: green; font-size: 200% }
P:first-line { color: blue }
```

(3) スタイルシートの適用

スタイルシートを文書インスタンスに適用して，そのスタイル指定どおりに文書インスタンスを可視化するには，次の方法を用いる。

①スタイルファイルへのリンク付け

スタイルシートを記述したスタイルファイル"style.css"を用意して，文書インスタンスのhead要素の中でそのファイルにリンクを張る。

```
<link rel=stylesheet href="style.cssのロケーション">
```

②スタイルシートの埋め込み

文書インスタンスのhead要素の中で，style要素としてスタイルシートを記述する。

```
<style type="text/css">
スタイルシート
</style>
```

なお，ブラウザがstyleタグを無視してもその内容を可視化してしまうことを防ぐために，

次に示すようにコメントとしてスタイルシートを記述してもよい。style 要素は CDATA として宣言されるため，パーサがスタイルシートを削除することはない。

```
<style type="text/css">
<!--
スタイルシート
-->
</style>
```

③スタイルシートのインポート

CSS の @ import 記法を用いてスタイルシートをインポートする。@ import ステートメントは，スタイルシートの最初に現われなければならない。

④行内スタイルシート

タグに style 属性の値として宣言を埋め込む。この方法は，スタイル指定を文書インスタンスの論理的構造の中に混在させることになるため，スタイル指定の分離という CSS への要求を満たすものではない。

```
< 要素型名 style=" 宣言 ">
要素の内容
</ 要素型名 >
```

これらのスタイルシートの適用方法を組み込んだ HTML 文書インスタンスを次に例示する。

```
<HTML>
  <HEAD>
    <TITLE>title</TITLE>
    <LINK REL=STYLESHEET TYPE="text/css"
      HREF="http://style.com/cool"
TITLE="Cool">
    <STYLE TYPE="text/css">
      @import url(http://style.com/basic);
      H1 { color: blue }
    </STYLE>
  </HEAD>
  <BODY>
    <H1>Headline is blue</H1>
    <P STYLE="color: green">While the paragraph is green.
  </BODY>
</HTML>
```

(4) 複数スタイルシートの適用

複数のスタイルシートの組合せによって表示スタイルは指定される。複数のスタイルシートの優先付けは，次の段階的（cascading）な優先付け規則に従う。

送り手（著者）のスタイルシートは受け手（読者）のスタイルシートに優先され，そのどちらもがブラウザなどがもつデフォルト値を上書きする。

- スタイルシートそのものの中で指定された規則はすべて，インポートされたスタイルシートの規則を上書きする。
- 次のような "!important" のマークのある宣言は，そのマークのない通常の宣言よりも優先順位が高い。

```
P { font-size: 12pt ! important; font-style:
italic }
```

(5) フォーマッティングモデル

CSS によるスタイル付けは，簡単なボックス指向のフォーマッティングモデルに基づく。つまり，(display 特性の値が none でない) 要素は，四角いボックスに展開され，1 つの内容領域をもつ。その周囲には，図 2.2 に示すとおり，オプションのパディング，境界および余白の各領域を伴う。したがって，ボックスの幅

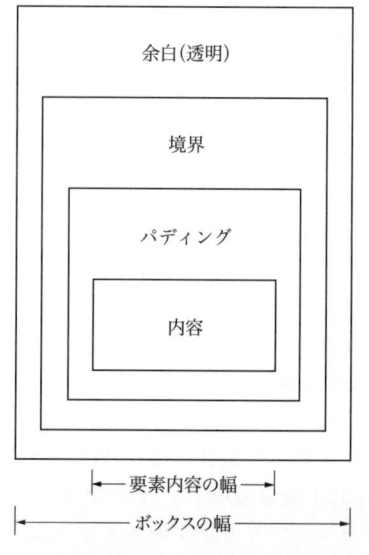

図 2.2 CSS1 のフォーマッティングモデル

は，フォーマットされた要素内容の幅に，パディング，境界および余白の各領域の幅を加えた値になる。

このモデルに基づくフォーマッティングの観点では，次のように各要素はブロックレベルまたは行内の型をもつ。

① ブロックレベル要素

display 特性の値が block または list-item である要素。

② 浮動要素

float 特性を用いる（float 特性の値を none 以外とする）と，要素をその正規フローから外すことが可能になる。このようになった要素は，ブロックレベル要素としてフォーマット化される。

③ 行内要素

ブロックレベル要素としてフォーマットされない要素であって，他の要素と行間を共有できる。十分な行長がないとき，行内要素はいくつかのボックスに分離してフォーマットされる。その分離箇所では，余白，境界，パディングなどは無視される。

④ 置換要素

フォーマッティングに際して，その要素から指し示された内容によって置き換えられる要素。たとえば HTML の IMG 要素は，フォーマッティングに際して，その SRC 属性が示す画像によって置き換えられる。置換要素はブロックレベル要素または行内要素のどちらかになる。

(6) 特性

① フォント特性

CSS1 は，フォント特性として，font-family, font-style, font-variant, font-weight, font-size および font が定義されている。font 特性は，スタイルシートの同じ位置で，font-style, font-variant, font-weight, font-size, line-height および font-family を設定するための短縮形の特性であり，次のように用いる。

```
P { font: bold italic large Palatino, serif }
```

② カラー特性および背景特性

要素のカラー（前景色）および要素の背景（内容を可視化する面）の背景色/背景画像を指定する。画像の位置，画像のくり返し，および画像の描画面（文書を可視化する，ブラウザなどの画面の一部）に対する固定/スクロールなども指定する。

そのために，color, background-color, background-image, background-repeat, background-attachment, background-position および background の各特性が定義されている。background 特性は，スタイルシートの同じ位置で，個々の背景特性を設定するための短縮形の特性である。

③ テキスト特性

テキスト特性として，word-spacing, letter-spacing, text-decoration, vertical-align, text-transform, text-align, text-indent および line-height が定義されている。

text-decoration 特性は，要素のテキストに加える修飾（underline, overline, line-through および blink）を指定する。

vertical-align 特性は，要素の上下方向の位置決め（baseline, sub, super, top, text-top, middle, bottom, text-bottom など）を指定する。

text-transform 特性は，capitalize（各語の最初の文字を大文字にする），uppercase（すべての文字を大文字にする），lowercase（すべての文字を小文字にする），none（継承された値を無効にする）の指定を行なう。実際の変換は，自然言語に依存する。

④ ボックス特性

要素内容をフォーマットするボックスのサイズ，周囲および位置を設定するために，margin-top, margin-right, margin-bottom, margin-left, margin, padding-top, padding-right, padding-bottom, padding-left, padding, border-top-width, border-right-width, border-bottom-width, border-left-width, border-width, border-color, border-style, border-top, border-right, border-bottom, border-left, border, width, height, float および clear の各特性が定義されている。

float 特性の値が none の場合，要素は，それがテキストの中に現われる場所に表示される。値が left（または right）の場合，要素は左（ま

たは右）に移動し，テキストは要素の右（または左）側で折り返す。値が left または right の場合，要素はブロックレベルとして扱われる（つまり，display 特性は無視される）。

clear 特性は，要素の横に浮動要素を置いてよいかどうかを指定する。この特性の値は，浮動要素が許されない側を示す。値が left の場合，要素は左側のすべての浮動要素の下に移動する。値が none の場合，浮動要素はすべての側で許可される。

⑤ 分類特性

次の分類特性は，固有の可視化パラメータを設定し，さらに要素を分類する。

display 特性は，描画面上に，要素が表示されるかどうか，どのように表示されるかを指定する。display 特性の値が block の場合，要素は新規のボックスを開き，ボックスは，CSS のフォーマッティングモデルに従って隣接するボックスに相対的に位置づけされる。特性値が list-item の場合，list-item マーカー（ビュレットなど）が追加されることを除いて，特性値が block である場合と同様である。特性値が inline の場合，要素はその前の内容と同じ行の新規の行内ボックスとなり，そのボックスの大きさはフォーマット化された内容の大きさに依存する。特性値が none の場合，子要素および周囲のボックスを含んでその要素の表示を消す。

white-space 特性は，要素内の空白の扱い方を指定する。white-space 特性の値が，normal，pre，nowrap のときそれぞれ，空白をつぶす，HTML における PRE 要素と同様の扱いをする，BR 要素だけによって折り返す。

リストスタイル特性は，リスト表示のフォーマットを指定し，そのために list-style-type，list-style-image，list-style-position および list-style の各特性が定義されている。どんな要素にも設定できるが，display 特性の値が list-item である要素だけに効果をもつ。

(7) 単位

① 長さ

長さの値のフォーマットは，オプションの符号文字（"＋"または"－"）の直後に数字（小数点付きまたは小数点なし）が続き，さらにその直後に単位識別子（2字の短縮形）が続く。数字 0 の後の単位識別子はオプションとする。

相対単位の em および ex は，要素それ自体のフォントサイズに対する相対値である。例外は font-style 特性であって，em および ex の値は，親要素のフォントサイズに対する相対値である。

② パーセント

パーセントの値のフォーマットは，オプションの符号文字（"＋"または"－"）の直後に数字（小数点付きまたは小数点なし）が続き，さらにその直後に％が続く。

パーセントの値は，長さ単位など他の値に対してつねに相対的であり，パーセント単位を許す各特性は，パーセント値が何を基準にするかも定義するが，要素のフォントサイズとすることが多い。

③ カラー

カラーは，キーワード指定または数値での RGB 指定のどちらかである。カラー名のキーワードは，aqua（淡緑青），black（黒），blue（青），fuchsia（赤紫色），gray（グレイ），green（緑），lime（ライム），maroon（えび茶），navy（ネイビー），olive（オリーブ），purple（紫），red（赤），silver（銀），teal（青緑），white（白）および yellow（黄）である。

④ URL

URL（uniform resource locator）は，次に例示するように，関数記法で識別する。

```
BODY { background: url(http://www.bg.com/pinkish.gif) }
```

部分の URL は，文書に対してではなく，スタイルシートのソースに対して相対的に解釈する。

2.2 XML による機能の充実

拡張化可能なマーク付け言語 XML（extensible markup language）は，1998 年 2 月に W3C 勧告として公表された。それから 10 年近くが経過し，XML はさまざまの用途で広く使われるようになった。多くの人に知られているの

は，ブログのフィード（RSSとAtom）としてのXMLだろう。利用者の目には必ずしも触れないが，電子商取引，社内システム連携，文書管理，電子政府などにもXMLは用いられている。最近では，ワードプロセッサや表計算の書式もXMLを利用したもので置き換えられつつある。

本節では，まずXMLの基本概念を説明し，名前空間を導入する。続いて，DTDをはじめとするスキーマ言語について概観する。

2.2.1 XML文書の基本概念

(1) XML文書の構成

XML文書は，普通のテキストデータである。先頭は，XML宣言で始まることが多い（必須ではない）。XML宣言は，

```
<?xml version="1.0" encoding="shift_jis"?>
```

という形式をもつ。文字コードとしてUnicodeを用いる場合には，encoding="..."は省略できる。それ以外の文字コード（たとえばシフトJIS）を用いる場合には，encoding="..."でその文字コードを表わす名前を指定する。

XML文書の本体は，1つの要素である。要素は，開始タグ（<foo>など）と終了タグ（</foo>など）との対によって表現されるか，空要素タグ（<foo/>など）によって表現される。タグ名（ここではfoo）として，日本語文字を含むさまざまの文字からなる名前が許される。一対になった開始タグと終了タグは，同一のタグ名をもたなければならない。

一対になった開始タグと終了タグのあいだ（これを要素の内容という）には，他のタグおよびテキストが現われる。タグは入れ子になっていなければならない。すなわち，ある要素の内容に開始タグが現われたら，対になる終了タグも現われなければならない。要素の内容に現われる別の要素を，子要素という。子要素の内容にもさらに別の要素が現われることがある。したがって，要素は階層構造をなす。

例として，以下のXML文書を考える（XML宣言は省略する）。

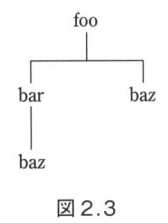

```
        foo
       /    \
      bar    baz
       |
      baz
```

図2.3

```
<foo>...<bar><baz/></bar>...<baz/></foo>
```

このXML文書では，先頭の開始タグ<foo>と最後の終了タグ</foo>が対になっている。このfoo要素の内容に，文字列"..."が現われたのち，開始タグ<bar>が現われる。対になった終了タグ</bar>の前に，空要素タグ<baz/>が現われている。終了タグ</bar>の後ろには，文字列"..."が現われたのち，別の空要素タグ<baz/>が現われている。この文書の階層構造を図2.3に示す。

属性は，名前と値の対であり，開始タグまたは空要素タグの中にいくつか指定できる。タグ名と同様に，属性名としてさまざまの文字からなる名前が許される。属性値は，単なる文字列である。以下に属性をもつタグの例をいくつか示す。

```
<foo att="value">
<foo att="value" />
<foo あ="" い="">
<foo あ="" い="" />
```

1番目と2番目のちがい，3番目と4番目のちがいは，開始タグか空要素タグかだけである。1番目と2番目では，attという名の属性で値valueをもつものが1つ指定されている。3番目と4番目では，「あ」という名の属性で値が空文字列であるもの，「い」という名の属性で値が空文字列であるものが指定されている。

XML文書のより実用的な例を次に示す。これはAtomフィードであり，RFC 4287から引用したものである。Atomについては，2.5節にも述べられている。

```
<?xml version="1.0" encoding="utf-8"?>
```

```
<feed xmlns="http://www.w3.org/2005/Atom">

  <title>Example Feed</title>
  <link href="http://example.org/"/>
  <updated>2003-12-13T18:30:02Z</updated>
  <author>
    <name>John Doe</name>
  </author>
  <id>urn:uuid:60a76c80-d399-11d9-b93C-
    0003939e0af6</id>

  <entry>
    <title>Atom-Powered Robots Run Amok</title>
    <link href="http://example.org/2003/12/
      13/atom03"/>
    <id>urn:uuid:1225c695-cfb8-4ebb-aaaa-
      80da344efa6a</id>
    <updated>2003-12-13T18:30:02Z</updated>
    <summary>Some text.</summary>
  </entry>

</feed>
```

この文書はXML宣言で始まり，文書本体はfeed要素である．feed要素の子要素として，title，link，updated，author，id，entry要素が現われている．feed要素はxmlns属性をもち（この属性は後に説明する名前空間宣言でもある），link要素はhref属性をもつ．

(2) HTMLとの比較

2.1節で説明したHTMLは，タグを含んだテキストであるという点で，XMLと似ている．最大の相違は，HTMLではタグ名・属性名が固定されているが，XMLでは固定されていないことである．具体的には，HTMLだとh1，h2，p，ul，liなどのタグ名，hrefやsrcなどの属性名だけが使用できるのに対し，XMLではタグ名・属性名を自由に選択するすることができる．

タグ名・属性名を選択する自由は，情報の新たな活用法を拓く．たとえば，ブログのためのAtomフィードでは，1つ1つの記事を表わすためにentryというタグ名を，記事の表題を表わすためにtitleというタグ名を，記事の発行日付を表わすためにpublishedというタグ名を用いている．ブログに特化した各種のリーダは，このようなタグ名を活用して，複数のブログから新着記事の一覧を組み立てている．ブログが現在のように普及したのは，このようなリーダの存在が大きい．すなわち，entry，title，publishedなどの名を選択できたことが，ブログを使いやすくすることに貢献したのである．

一方，タグ名・属性名を自由に選べるということは，それ専用のソフトウェアが必要になることを意味する．entry，title，publishedというタグ名を導入しただけでは，エンドユーザーにとって何の利益もない．ブログに特化したリーダが開発され，これらのタグ名を活用するようになって初めて，ユーザーに利益がもたらされる．

もう1つの重大な相違は，HTMLでは文法エラーのある文書が許されている（ブラウザはエラーから適当に回復する）が，XMLでは文法エラーからの回復は許されていないことである．

(3) SGMLとの比較

XMLは，SGML（standard generalized markup language）という国際規格（ISO 8879）を基に設計されている．SGMLも，タグを含んだテキストである．タグ名・属性名は自由に選択できるという点で，SGMLはXMLと同じである．しかし，SGMLは複雑だという根強い批判がある．XMLは，SGMLから不要な機能を削除し，URI（universal resource identifier）を追加してインターネット対応することにしたものである．

SGMLはその複雑さから，広く実装されることも，一般に用いられることもなかった．一方，XMLではパーサをはじめ数多くのツールが存在する．単純化によって，XMLの実装・普及は大きく進んだのである．

(4) XMLソフトウェア

XML文書を扱うソフトウェアは，大きく2つに分かれる．1つは，特定のタグ名・属性名を扱うために作成される専用ソフトウェアである．先に述べたブログリーダは，これに該当する．エンドユーザーにとっての効用をもたらすのは，専用ソフトウェアであることが多い．もう1つは，どんなタグ名・属性名でも扱える汎用ソフトウェアである．XML文書エディタやXML文書データベースなどがこれに該当する．

汎用ソフトウェアは，エンドユーザーよりも開発者向けのものが多い。

専用にせよ汎用にせよ，XML文書を扱うソフトウェアを作成するときは，XMLの基本ソフトウェアを利用できる。まず，XML文書を解析してくれるXMLパーサは広く実装されており，ほとんどのプログラミング言語において利用できる。これらXMLパーサは，DOM（document object model）またはSAX（simple API for XML）などのプログラミングインタフェースを通じて文書へのアクセスを提供する。XMLパーサよりさらに上のレイヤーとしては，XSLT（2.3節を参照）やXQueryなどのXML文書変換・検索言語が存在する。後述するスキーマからプログラムを自動生成する技術も実用化されている。XMLを直接扱うプログラミング言語も盛んに研究されている。

2.2.2 名前空間

XML技術においてきわめて重要であるが，もともとのXML勧告によって規定されておらず，その後に追加されたのが名前空間である。まず，なぜ名前空間が必要なのかを説明する。

XMLではタグ名・属性名を自由に選べることを述べた。この自由度のため，名前が衝突することがある。衝突とは，別の情報を表わすのに偶然同じ名前を選んでしまうことをいう。たとえば，XHTML（HTMLをXMLを用いて規定しなおしたもの）のtitle要素は表題を表わすが，一方でtitleというタグ名を使って人の肩書きを表わすことも考えられる。実際，vCardという電子名刺のXML化では，TITLEというタグ名を用いている（XMLでは大文字と小文字を区別するので，この例では本当は衝突していないが，衝突しているものとして話を進める）。

名前が衝突しても，文書ごとに棲み分けができていれば問題はない。たとえば，XHTML文書とvCard文書が別個に存在するなら，XHTML専用プログラムはXHTML文書のtitleだけを扱い，vCard専用プログラムはvCard文書のTITLEだけを扱う。しかし，棲み分けが行なえない場合，すなわち1つのXML文書で，同じ名前を使って別の情報を表わしたいという場合には，衝突が問題となる。たとえば，XHTML文書の一部にvCard電子名刺を埋め込んだとすると，人の肩書きと文書の表題をどうやって区別すればいいだろうか。名前の衝突は，XHTMLに機能拡張を重ねていけば必ず起こる問題である。

名前の衝突を回避するための機構が，名前空間である。この機構によって，名前（たとえばfoo）にURI（たとえばhttp://www.example.com）を付与する（たとえば{http://www.example.com}foo）。同じ名前であっても，別のURIが付与してあれば，ちがうものとして区別することができる。

実際のXML文書中では，<{http://www.example.com}foo>をタグ名・属性名として直接用いるのではなく，いったんURIを接頭辞（たとえばns1）に関連づけると宣言したうえで，接頭辞と名前の組合せ（たとえばns1：foo）をタグ名・属性名として用いる。名前空間の宣言については省略するが，属性の形式を借りたもの（たとえばxmlns：ns1 = "http://www.example.com"）になっている。

名前空間を利用したXML文書の例として，XHTML文書の中にvCardが埋め込んだものを次に示す。接頭辞xhtmlは，XHTML用の名前空間http://www.w3.org/1999/xhtmlを表わし，接頭辞vCardは名前空間http://www.w3.org/2001/vcard-rdf/3.0#を表わす。XHTML名前空間のbody要素の子要素として，vCard名前空間のvCard要素が現われている。

```
<xhtml:html xmlns:xhtml="http://www.w3.
  org/1999/xhtml"
  xmlns:vCard="http://www.w3.org/2001/
  vcard-rdf/3.0#">
<xhtml:head>
  <xhtml:title>これは文書の表題</xhtml:
    title>
</xhtml:head>
<xhtml:body>
  <vCard:vCard>
   <vCard:FN>村田 真</vCard:FN>
   <vCard:N>
    <vCard:Family>村田</vCard:Family>
    <vCard:Given>真</vCard:Given>
   </vCard:N>
   <vCard:TITLE>工学博士</vCard:TITLE>
```

```
        </vCard:vCard>
    </xhtml:body>
</xhtml:html>
```

2.2.3 DTDからスキーマ言語へ

タグ名・属性名についての自由度は，混乱をもたらすことがある。たとえば，<title>の代わりに<タイトル>，<表題>，<taitoru>などと誤記する人がいるかもしれない。タグ名は正しくても，要素の階層構造をまちがえることもありうる。たとえば，title要素はentry要素の子要素とすべきだが，誤ってentry要素の後ろにtitle要素を並べる人がいるかもしれない。タグと属性の組合せについても，同様の誤りはありうる。

このような誤りがあると，専用プログラムは正しく動作しない。文書に誤りがないことを保障するのが，スキーマと検証である。スキーマとは，タグ名として何が許されるか，要素のどのような階層構造が許されるのか，属性名として何が許されるか，要素と属性のどのような組合せが許されるのかなどを厳密に規定したものである。検証とは，XML文書をスキーマと照合し，スキーマに書かれた条件を満たしているのかどうかを確認することである。

スキーマ言語として最初に現われたのが，DTD（document type definition）である。DTDは，XML 1.0の一部として規定されており，もともとはSGMLにあった機構である。

次に簡単なDTDを示す。

```
<!ELEMENT foo (#PCDATA|bar|baz)*>
<!ELEMENT bar (baz+)>
<!ELEMENT baz EMPTY>
```

先頭行は，fooというタグ名が使用できること，fooの内容には普通の文字列，bar要素，baz要素が自由に混在できることを表わしている。2行目は，barというタグ名が指定できること，bar要素の内容はbaz要素を1つ以上並べたものであることを表わしている。3行目は，bazというタグ名が使用できること，baz要素の内容は空であることを表わしている。読者は，先に示した短いXML文書が，このDTDに従っていることを確認されたい。XML文書からDTDを参照するには，最初のタグが現われる前に，DTDを参照する文書型宣言をおく（詳細は省く）。

DTDについては，長いあいだの技術蓄積があり，枯れた技術といえる。しかし，今日ではDTDが使われることは必ずしも多くはない。1つの理由は，DTDが名前空間を正しく扱えないことである。擬似的に扱うことは可能だが，文書中で接頭辞が固定されるなどの制限がある。もう1つの理由は，データ型が存在しないことである。たとえば，日付を表わすデータ型がないため，published要素の内容が日付を表わすテキストであるという制約をDTDで書くことはできない。

DTDに代わるスキーマ言語として，W3CはW3C XML Schemaを開発し，国際標準化団体OASISはRELAX NGを開発した。W3C XML Schemaは複雑なため，学習が困難なこと，実装によって検証結果が異なることがよく指摘される。しかし，商用XMLソフトウェアでは，W3C XML Schemaを実装することが多い。一方，RELAX NGは木オートマトンという基礎理論の上に構築され，学習が容易で，実装によって検証結果が変わることもほとんどない。しかし，商用XMLソフトウェアでは，RELAX NGが実装されることは少ない。

RFC 4287では，Atomフィードの構造を表わすスキーマをRELAX NG（簡潔構文）で記述している。entryの構造を表わす断片を簡略化して引用する。

```
atomEntry =
  element atom:entry {
    atomCommonAttributes,
    (atomAuthor*
    & atomCategory*
    & atomContent?
    & atomContributor*
    & atomId
    & atomLink*
    & atomPublished?
    & atomRights?
    & atomSource?
    & atomSummary?
    & atomTitle
    & atomUpdated
    & extensionElement*)
```

```
    }
```

このスキーマ断片は，Atom の entry 要素が author, published, title などのさまざまの要素をもつことを示している．1つの entry に対し，title は1つまたはたかだか1つ存在するが，author は複数あってもよく，published はあってもなくてもよい．author, published, title などは，どんな順番で現われてもよい．

この RELAX NG スキーマを W3C XML Schema に自動変換した結果のうち，entry の構造を表わす断片を下に示す．RELAX NG の一部の機能が W3C XML Schema にはないなどの理由で，自動変換のとき一部の制約が欠落する．たとえば，ここでは，title や published がいくつでも出現できるようになっている．

```
<xs:element name="entry">
  <xs:complexType>
    <xs:choice minOccurs="0" maxOccurs="
      unbounded">
      <xs:element ref="atom:author"/>
      <xs:element ref="atom:category"/>
      <xs:group ref="atom:atomContent"/>
      <xs:element ref="atom:contributor"/>
      <xs:element ref="atom:id"/>
      <xs:element ref="atom:link"/>
      <xs:element ref="atom:published"/>
      <xs:element ref="atom:rights"/>
      <xs:element ref="atom:source"/>
      <xs:element ref="atom:summary"/>
      <xs:element ref="atom:title"/>
      <xs:element ref="atom:updated"/>
      <xs:group ref="atom:
        extensionElement"/>
    </xs:choice>
    <xs:attributeGroup ref="atom:
      atomCommonAttributes"/>
  </xs:complexType>
</xs:element>
```

2.2.4 document schema description languages（DSDL）

XML 文書を扱うスキーマ言語として，DTD，RELAX NG，W3C XML Schema の3つを説明したが，ほかにも有力なスキーマ言語はいくつか存在する．とくに，ISO/IEC JTC1/SC34 では，document schema description languages（DSDL）というスキーマ言語群の標準化が進められている．

DSDL はいくつかのパートからなり，それぞれが別のねらいをもつスキーマ言語である．これらのスキーマ言語は単独で動作可能なものもあるが，いくつかのスキーマ言語を併用することによって，XML 文書に関する包括的な検査をすることが DSDL 全体の目標である．

DSDL のパートのうち，すでに完成しているもの，すなわちパート2，3，4についてのみ，ここでは説明する．パート2は，2.2.3項で説明した RELAX NG である．元来は OASIS で設計されたが，その後に DSDL の一部として承認された．

パート3は，Schematron である．これは，XPath を用いて XML 文書に関する一貫性制約を記述するものである．DTD, W3C XML Schema, RELAX NG のどれにも記述できない（または記述しにくい）制約を簡単に記述できることがある．

Schematron スキーマの断片を次に示す．Atom の feed 要素に author 子要素を指定しなくてよいのは，すべての entry 要素が author 子要素をもつときに限ることを意味している．この制約を RELAX NG で記述することは不可能ではないが，読みにくいスキーマになってしまう．

```
<sch:rule context="atom:feed">
  <sch:assert test="atom:author or not
    (atom:entry[not(atom:author)])">
    An atom:feed must have an atom:author
    unless all of its atom:entry
    children have an atom:author.
  </sch:assert>
</sch:rule>
```

じつは，RFC 4287 にある Atom スキーマは，RELAX NG スキーマの中に Schematron スキーマの断片をいくつか埋め込んだものであり，RELAX NG と Schematron の併用例になっている．以下に，feed 要素に関する部分を引用する．最初に，前述した Schematron の断片が（RELAX NG の簡潔構文による表記で）現われる．次に，RELAX NG によって feed 要素の構造が記述されている．

```
atomFeed =
  [
    s:rule [
      context = "atom:feed"
      s:assert [
        test = "atom:author or not(atom:entry
          [not(atom:author)])"
        "An atom:feed must have an atom:
          author unless all "
        ~ "of its atom:entry children have an
          atom:author."
      ]
    ]
  ]
  element atom:feed {
    atomCommonAttributes,
    (atomAuthor*
    & atomCategory*
    & atomContributor*
    & atomGenerator?
    & atomIcon?
    & atomId
    & atomLink*
    & atomLogo?
    & atomRights?
    & atomSubtitle?
    & atomTitle
    & atomUpdated
    & extensionElement*),
    atomEntry*
  }
```

DSDLのパート4は，namespace-based validation dispatching language（NVDL）である．NVDLは，複数の名前空間を用いて組み立てられた文書を容易に検証することを目的としている．NVDLによって，1つのXML文書を名前空間ごとにいくつかの断片に分割し，各断片をそれぞれ別のスキーマ（RELAX NG, W3C XML Schema, Schematronなど）によって検証することができる．

例として，XHTML文書の中にvCardが埋め込まれたもの（2.2.2項の文書）を考える．XHTML用のスキーマはvCardを扱っていないし，扱えるように変更することも容易ではない．そこで，この文書を2つの断片に分割することを考える．

［XHTML名前空間に属する断片］

```
<xhtml:html xmlns:xhtml="http://www.w3.
    org/1999/xhtml">
  <xhtml:head>
    <xhtml:title>これは文書の表題</xhtml:
      title>
  </xhtml:head>
  <xhtml:body>
  </xhtml:body>
</xhtml:html>
```

［vCardに属する断片］

```
<vCard:vCard xmlns:vCard="http://www.w3.
    org/2001/vcard-rdf/3.0#">
  <vCard:FN>村田 真</vCard:FN>
  <vCard:N>
    <vCard:Family>村田</vCard:Family>
    <vCard:Given>真</vCard:Given>
  </vCard:N>
  <vCard:TITLE>工学博士</vCard:TITLE>
</vCard:vCard>
```

この分割を行なったあとに，XHTML断片をXHTML文書用のスキーマと検証することは容易である．vCard用のスキーマを作成さえすれば，vCard文書を検証することも可能である．ただし，現時点では，vCardをXMLで表現する場合のスキーマは確定していない．

この分割検証を実現するのが，以下のNVDLスクリプトである．

```
<rules xmlns="http://purl.oclc.org/dsdl/
    nvdl/ns/structure/1.0">
  <namespace ns="http://www.w3.org/1999/
      xhtml">
    <validate
        schema="xhtml.rnc"
        schemaType="application/relax-ng-
          compact-syntax>
      <mode>
        <namespace ns="http://www.w3.org/
            2001/vcard-rdf/3.0#">
          <allow/>
        </namespace>
      </mode>
    </validate>
  </namespace>
</rules>
```

このNVDLスクリプトは，次のことを指定している。XML文書がXHTML名前空間に属する要素で始まっているなら，xhtm.rncというRELAX NGスキーマ（簡潔構文）に照らして検証する。ただし，子要素としてvCard名前空間の要素が現われた場合は，検証の前にXHTML文書から取り除く。vCard名前空間の要素は，検証なしに正しいものとみなす（allow）。XML文書がXHTML名前空間以外に属する要素で始まることは暗黙に禁止されている。また，vCard名前空間以外に属する要素がXHTML文書中に現われることも暗黙に禁止されている。

2.3 スタイル指定

2.3.1 構造変換とフォーマット化オブジェクト

文書はさまざまな構成要素からなる。たとえば論文であれば，標題，著者情報，梗概，本文，付録などである。これらを紙面へ割り付ける際には，それぞれの構成要素について，文字の大きさや配置の方法などのスタイル（書式）を指定する必要がある。一般的なワードプロセッサではWYSIWYG（what you see is what you get）方式で，内容とスタイルを同時に指定しながら，文書を作成することが多い。

これに対して，定型的な文書の場合には，文書の内容とスタイル指定のための情報を分離して保持することにより，文書作成時には個々のスタイル指定にわずらわされることなく，内容だけに注力することができるようになる。また，同一内容に対して，ウェブ文書と紙媒体というように複数の異なる書式で表現する必要がある場合にも，内容とスタイル指定の情報が分離して保持されていれば，1つの文書から複数の書式を生成することができる。

この考え方をさらに推し進めると，情報源となる文書に対して，それを目的に沿った情報からなる構造に変換することによって，必要な書式に従った文書を生成することができる。このような構造変換の例としては以下のようなものがある。

- 元の文書からの情報の抽出　例）連番付与，目次の生成，索引の生成
- 異なる文書構造への変換　例）不要な要素の除去，要素の挿入，順序の入れ替え

たとえば，複数の章，節からなる文書について，第1章，1.1節，1.2節，第2章といった連番の付与を文書作成者が行なうのではなく，文書構造から自動的に計算することができる。同様に，章題，節題を取り出して，文書の目次を構成することができる。校正用の指示が文書に含まれている場合に，最終結果として，指示を反映した文書を作成したり，複数言語で書かれた文書から特定の言語のみを取り出した文書を作成したりすることができる。

フォーマット化オブジェクト（formatting object；FO）とは，文書のページレイアウトなどのスタイル指定を行なう際の構成要素である。フォーマット化オブジェクトを用いた記述は，専用の処理系を用いることで，その指定を反映した印刷用のページイメージを生成することができる。したがって，任意の文書は，フォーマット化オブジェクトを用いた記述に変換することで，印刷用のページイメージを生成することができるようになる。

2.3.2 XSL

XSL（extensible stylesheet language）は，XMLのスタイルシート言語として，W3C（World Wide Web Consortium）によって策定された。現在は，

- XSLT（XSL Transformations）
- XPath（XML Path Language）
- XSL-FO（XSL Formatting Objects）

の3つの言語からなるファミリーであるが，狭義にはXSL-FOのことを指す。W3Cにおいても，XSL勧告の内容はXSL-FOのみで，XSLT，XPathはそれぞれ独立した別の勧告となっている。

XSL-FOはページレイアウトなどのスタイル指定を行なうフォーマット化オブジェクトを規定した語彙である。XSLTはXML文書の変換用の言語で，元のXML文書からXSLTを用いてXSL-FOへの変換を行なう。XPathはXML文書内の特定の部分を参照するための式言語で

あり，XSLT の中で用いられる．

2001 年 10 月 15 日に XSL Version 1.0 の W3C 勧告が出され，その後，2006 年 12 月 5 日に Version 1.1 の勧告が出された．

XSL-FO の記述例を以下に示す．以下では，名前空間接頭辞として fo を用いている．

```
<?xml version="1.0">
<fo:root xmlns:fo="http://www.w3.org/1999/XSL/Format">
  <fo:layout-master-set>
    <fo:simple-page-master    master-name="page_sample"    page-height="297mm" page-width="210mm"    margin-left="25mm" margin-right="25mm"    margin-top="20mm" margin-bottom="20mm">
      <fo:region-body    region-name="region_body_sample" margin-top="10mm" margin-bottom="10mm" />
    </fo:simple-page-master>
  </fo:layout-master-set>
  <fo:page-sequence master-referece="page_example">
    <fo:flow flow-name="region_body_sample">
      <fo:block    fontsize="12pt">Hello World!</fo:block>
    </fo:flow>
  </fo:page-sequence>
</fo:root>
```

これは，A4（297 mm×210 mm）相当のページ領域内に 12 ポイントで"Hello World!"という文字列をレイアウトする．XSL のルート要素は fo：root であり，その子要素の fo：layout-master-set 内で用紙や領域などの設定を行なっている．fo：page-sequence 内でレイアウトされる内容を記述している．XSL-FO にはこれ以外にも，表組や画像の配置など，一般的なページレイアウトに必要な機能がある．

2.3.3 XSLT と XPath

XSLT と XPath は，当初は XSL ファミリーの中で XSL-FO への変換を主たる用途として開発されたが，現在は XSL-FO とは独立に，一般に XML 文書の変換が必要とされる状況において広く利用されている．たとえば，配布された XML 文書に対して，ウェブブラウザを用いて HTML 文書に変換して表示するといったことがされている．

XSLT，XPath はともに Version 1.0 が 1999 年 11 月 16 日に W3C 勧告として出され，その後，勧告文書に対して細かな修正は加えられてきたが，現在にいたるまでこれらの版が使われつづけている．なお，XSLT に関しては Version 1.1 が 2001 年 8 月 24 日付けで working draft として出されたが，その後作業は正式に中断し，Version 2.0 の作成作業に吸収された．

一方で，W3C では XML 文書の検索言語である XML query の勧告作成作業過程において，XPath との調和が求められることとなり，XSLT 2.0，XPath 2.0，XML Query 1.0 の作成が協調して進められ，この結果，2007 年 1 月 23 日に以下の 8 つの勧告が公開された．

- XSL Transformations（XSLT）Version 2.0
  XML および非 XML のデータモデルのインスタンスの他の文書への変換用言語
- XQuery 1.0：An XML Query Language
  ローカルまたはウェブ上の構造化ないし半構造化されたデータの集まりに対する XML を扱える検索言語
- XML Syntax for XQuery 1.0（XQueryX）
  計算機処理に適した XML Query 言語の XML による正確な表現
- XML Path Language（XPath）2.0 XML 文書の部分を参照するための表現のシンタックス
- XQuery 1.0 and XPath 2.0 Data Model（XDM） XML および非 XML ソースの表現およびアクセス
- XQuery 1.0 and XPath 2.0 Functions and Operators XPath 式で用いることのできる関数および XPath 2.0 データ型に対して適用できる操作
- XSLT 2.0 and XQuery 1.0 Serialization
  XSLT 2.0 および XML Query の評価結果を XML，HTML またはテキストで出力する方法
- XQuery 1.0 and XPath 2.0 Formal Semantics
  実装者のために正確に定義された XPath 経由で XQuery および XSLT 2.0 において用いられる型システム

このうち，XSLT と XPath については，それ

ぞれ 2.0 と 1.0 のあいだで下位互換性のない部分があるため，XPath 2.0 を XSLT 1.0 とともに用いることは想定されておらず，XPath 1.0 を XSLT 2.0 とともに用いることも想定されていない。

XSLT 1.0 から 2.0 における主要な変更点として，
- 結果木断片のノード集合への変更
- 複数文書の出力
- グルーピングのビルトインサポート
- XSLT によって実装されたユーザー定義関数

がある。1.0 において問題となり，処理系による独自拡張として対処されていた機能の多くが取り込まれた。

一方，XPath 2.0 は XQuery 1.0 との調和を考慮に入れた内容になっており，XPath 1.0 から
- W3C XML Schema のサポート
- シーケンスベースの処理
- 条件式の取り扱い
- 限量子の取り扱い
- 集合演算

といった点が変更された。ただし，これらは勧告が出されてからまだ日が浅いこともあり，それほど普及しているとはいいがたく，現状ではともに 1.0 が広く用いられている。

一方，国内では，XSLT については Version 1.0 が 2001 年に TR X 0048：2001 として公表され，2007 年に JIS X 4169 として発行された。

XSLT は変換元の文書の要素に対して，変換用のテンプレートを準備しておくことで変換を実現する。

たとえば，

```xml
<?xml version="1.0"?>
<document>
  <chapter>
    <title>はじめに</title>
    ..........
  </chapter>
  <chapter>
    <title>本論</title>
    ..........
  </chapter>
  <chapter>
    <title>おわりに</title>
    ..........
  </chapter>
</document>
```

という文書に対し，

```xml
<?xml version="1.0"?>
<xsl:stylesheet version="1.0" xmlns:xsl="http://www.w3.org/1999/XSL/Transform" xmlns="http://www.w3.org/1999/xhtml">
  <xsl:output method="html" encoding="UTF-8" />
  <xsl:template match="/">
    <xsl:apply-templates />
  </xsl:template>
  <xsl:template match="document">
    <html>
      <head>
        <title>sample transformation</title>
      </head>
      <body>
        <xsl:apply-templates />
      </body>
    </html>
  </xsl:template>
  <xsl:template match="chapter">
    <h1>
      <xsl:apply-templates select="title"/>
    </h1>
  </xsl:template>
</xsl:stylesheet>
```

という XSLT で変換すると，元の document 要素に対して，

```xml
<html>
  <head>
    <title>sample transformation</title>
  </head>
  <body>
    (*)
  </body>
</html>
```

が出力され，(*) の部分に document 要素の子要素である各 chapter へのテンプレートの適用結果が入る。chapter 要素に対するテンプレートとしては，h1 の中に title 子要素の変換結果を入れるように書かれているため，最終的に，

```
    <html>
      <head>
        <title>sample transformation</title>
      </head>
      <body>
        <h1> はじめに </h1>
        <h1> 本論 </h1>
        <h1> おわりに </h1>
      </body>
    </html>
```

という変換結果を得る．XSLT 内に title 要素に対するテンプレートがないが，その場合は子孫のテキストノードの値が用いられる．上のXSLT の記述の中で，select や match といった属性の値として使われているのが XPath の式である．たとえば，XPath において "/" はルート要素を指す．

2.4 セマンティックウェブ

2.4.1 セマンティックウェブ構想

セマンティックウェブは，さまざまな境界を越えたデータの共有と再利用のための共通の枠組を提供するもの（データのウェブ）として，W3C の Tim Berners-Lee によって提唱された．一般には，ウェブ上で意味を取り扱うための枠組としてとらえられている．

従来のウェブが HTML に代表されるように文書交換を主としていたのに対し，セマンティックウェブはさまざまな情報源から得られるデータの統合や結合のための共通フォーマットを提供し，データと実世界の事物との関係を記述するための言語を提供することをめざす．

セマンティックウェブは XML，W3C XML Schema，RDF，RDF スキーマ，OWL などの標準から構成されており，レイヤーケーキとよばれる階層構造をもつ．

- レイヤーケーキ (2002 年版) http://www.w3.org/DesignIssues/diagrams/sw-stack-2002.png
- レイヤーケーキ (2005 年版) http://www.w3.org/DesignIssues/diagrams/sw-stack-2005.png

OWL などの標準化が進んだことにより，2005 年版では当初のレイヤーケーキから若干の変更がなされている．

- URI　資源をグローバルに識別するための識別子
- Unicode　多言語を単一のコード体系で表現するための文字コード
- XML　データを記述するためのメタ言語
- Namespaces　タグや属性を区別して混在を可能にするための仕組み
- RDF Core　メタデータを記述するための言語
- RDF Schema　メタデータの意味を記述するための言語
- DLP bit of OWL/Rules　記述論理プログラミング (description logic programming) を用いた OWL/Rules
- OWL　オントロジーを記述するための言語
- Rules　ルールを記述
- SparQL　RDF 文書のためのクエリー言語
- Logic framework　論理を記述
- Proof　証明
- Signiture　署名
- Encryption　暗号
- Trust　信用

2.4.2 RDF

RDF とは resource description framework のことで，おもにウェブ上の資源を記述するための枠組として作成され，現在ではメタデータの記述に用いられている．2004 年 2 月 10 日に以下の 6 つの勧告が出された．

- RDF/XML Syntax Specification (Revised)
- RDF Vocabulary Description Language 1.0: RDF Schema
- RDF Primer
- Resource Description Framework (RDF): Concepts and Abstract Syntax
- RDF Semantics
- RDF Test Cases

RDF では，主語 (subject)，述語 (predicate)，目的語 (object) からなる三つ組 (triple) で資源に関する情報を記述する。これは主語から目的語へ向かって述語を表わす有向辺を引いたグラフで表わすことができる。

たとえば，http://www.w3.org/TR/rdf-syntax-grammar という URL をもつウェブページのタイトルが RDF/XML Syntax Specification (Revised) であるという関係を，主語が http://www.w3.org/TR/rdf-syntax-grammar で，述語が http://purl.org/dc/elements/1.1/title，目的語が RDF/XML Syntax Specification (Revised) という文字列である三つ組で表わす。

さらに，このページの編者の名前が Dave Beckett であるという関係は，主語が http://www.w3.org/TR/rdf-syntax-grammar で，述語が http://example.org/terms/editor，目的語が Dave Beckett という人物を表わす空白ノードである三つ組と，その空白ノードを主語として，述語が http://example.org/terms/fullname，目的語が Dave Beckett という文字列である三つ組によって表わす。これを RDF/XML 構文で表現すると，それぞれ

```
<?xml version="1.0"?>
<rdf:RDF xmlns:rdf="http://www.w3.org/
1999/02/22-rdf-syntax-ns#" xmlns:
dc="http://purl.org/dc/elements/1.1/">
  <rdf:Description rdf:about="http://www.
w3.org/TR/rdf-syntax-grammar">
    <dc:title>RDF/ XML Syntax Specification
(Revised)</dc:title>
  </rdf:Description>
</rdf:RDF>
```

```
<?xml version="1.0"?>
<rdf:RDF xmlns:rdf="http://www.w3.org/
1999/02/22-rdf-syntax-ns#" xmlns:
dc="http://purl.org/dc/elements/1.1/"
xmlns:ex="http://example.org/terms/">
  <rdf:Description rdf:about="http://www.
w3.org/TR/rdf-syntax-grammar">
    <ex:editor>
      <rdf:Description>
        <ex:fullName>Dave Beckett</ex:
fullName>
      </rdf:Description>
    </ex:editor>
```

```
  </rdf:Description>
</rdf:RDF>
```

のようになる。

2.4.3 OWL

OWL は W3C におけるセマンティックウェブ活動の一環として作成されたウェブオントロジー言語である。2004 年 2 月 10 日に以下の 6 つの勧告が出された。

- Web Ontology Language (OWL) Use Cases and Requirements
- OWL Web Ontology Language Reference
- OWL Web Ontology Language Semantics and Abstract Syntax
- OWL Web Ontology Language Overview
- OWL Web Ontology Language Test Cases
- OWL Web Ontology Language Guide

OWL に関連する W3C 勧告としては，XML，W3C XML Schema, RDF, RDF スキーマがあり，これらの関係は以下のように規定されている。

- XML は，構造化文書に表面的な構文を提供するが，これらの文書の意味に意味論的な制約を課すものではない。
- W3C XML Schema は，XML 文書の構造を制限するための言語であり，データ型を用いて XML の拡張も行なう。
- RDF は，オブジェクト ("資源") およびオブジェクト間の関係のデータモデルであり，このデータモデルに単純な意味論を提供する。これらのデータモデルは XML 構文で表現することができる。
- RDF スキーマは，RDF 資源の特性およびクラスを，こういった特性およびクラスの一般化階層の意味論を用いて記述するための語彙である。
- OWL では，特性およびクラスを記述するためにより多くの語彙を追加している。これには，クラス間の関係，メンバー数，同等性，特性のより豊富な型付け，対称性などの特性の特徴および列挙クラスがある。

ウェブオントロジーという性質上，ある主題に関するオントロジーがウェブ上に分散して存在するという分散指向の考え方が採用され，オ

ントロジーの取り込みのための仕組みが用意されている。

これにより，別の場所で開発・メンテナンスされているオントロジーを取り込んで，利用したり拡張したりすることができる。

OWLでは，あることについて言及されていないという理由で，それが存在しないとはいえないという開世界仮説（open world assumption）が採用されている。

また，ある世界で特定のものを示す名称が唯一であるという一意名仮説（unique name assumption）を採用していない。よって，名称が異なっているという理由だけから，それらが同一のものである可能性を排除できない。

OWLは，構文，意味論ともにRDFの拡張となっており，OWLを用いた記述の中でもRDFやRDFスキーマの構成要素が用いられる。また，表現方法もRDFと同様に，さまざまな記法を用いることが可能であるが，標準的な交換用構文としてはRDF/XML構文を用いることになっている。よって，OWL文書で用いられる名前空間は，OWL名前空間 "http://www.w3.org/2002/07/owl#"，RDF 名前空間 "http://www.w3.org/1999/02/22-rdf-syntax-ns#"，RDFスキーマ名前空間 "http://www.w3.org/2000/01/rdf-schema#" となる。簡単なクラス記述の例を以下に示す。

```
<?xml version="1.0"?>
<rdf:RDF xmlns:rdf="http://www.w3.org/
1999/02/22-rdf-syntax-ns#"
xmlns:rdfs="http://www.w3.org/2000/01/rdf-
schema#"
xmlns:owl="http://www.w3.org/2002/07/owl#"
xmlns="http://www.owl-ontologies.com/
unnamed.owl#"
xml:base="http://www.owl-ontologies.com/
unnamed.owl">
  <owl:Ontology rdf:about=""/>
  <owl:Class rdf:ID=" 犬 ">
    <owl:disjointWith>
      <owl:Class rdf:ID=" 猫 "/>
    </owl:disjointWith>
    <rdfs:subClassOf>
      <owl:Class rdf:ID=" 哺乳類 "/>
    </rdfs:subClassOf>
  </owl:Class>
  <owl:Class rdf:about="# 猫 ">
    <owl:disjointWith rdf:resource="# 犬 "/>
    <rdfs:subClassOf rdf:resource="# 哺乳類 "/>
  </owl:Class>
</rdf:RDF>
```

これは，犬，猫，哺乳類というクラスを定義していて，犬は哺乳類であり，同時に猫であることはなく，猫もまた哺乳類であるが，同時に犬であることはないことを表わしている。また，哺乳類は犬または猫のみからなるということを表わしてはいない。

2.5 ウェブサービス

現在一般に普及しているウェブサイトは人間が直接ユーザーインタフェースを介して利用するものである。ウェブサービス技術を用いることで，プログラムからもウェブサイト上にあるデータや機能を利用できるようになる。こうした考え方は1990年代末からさまざまな試行がくり返されてきた。とくに2004年から始まったウェブ2.0とよばれるムーブメントにおいて重要な機能と位置づけられている。本節では代表的なウェブサービス技術であるフィード，REST，Atom publishing protocol，Ajaxについて解説する。

2.5.1 フィード（RSS/Atom）

フィード（feed）とは，ウェブサイト上で提供されるXMLで記述されたリスト形式のデータのことである。典型的にはウェブログ（ブログ）など，定期的に更新されるウェブサイトの更新情報を配信するのに利用される。フィードはシンプルなXML形式であるため，プログラムがつくりやすく，XHTMLの次に普及したXMLフォーマットである。

（1）フィードの基本構造

後述するように，フィードフォーマットにはRSS 1.0，RSS 2.0，Atom 1.0といった複数のフォーマットが存在するが，その論理的なデータモデルは共通している。フィードのデータモデルの概念図を図2.4に示す。

フィードはエントリーとよばれる情報のリス

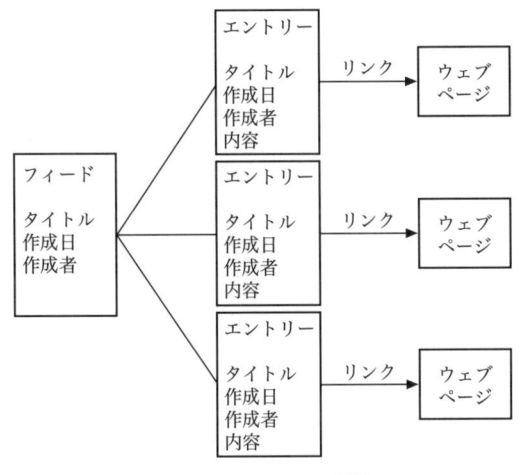

図2.4 フィードの構造

ト構造である。フィードは1つのXMLファイルとして記述されており，フィード自身のメタデータ（タイトル，作成日，作者など）をもっている。

それぞれのエントリーはたとえばブログの1記事など，1つのウェブページに対応する。それぞれのエントリーは，対応するウェブページのメタデータ（タイトル，作成日，作者など）をもち，ウェブページ本体の概要や内容そのものを含む。各エントリーからは，対応するウェブページへのリンクが張られている。

フィードの例としてAtom 1.0のXMLを見てみよう（図2.5）。

フィード全体はfeedという名前のルートタグで囲まれている。フィードタグはtitle（フィードのタイトル）やupdated（フィードの更新日）といったメタデータを表現する子要素をもつ。

この例では，フィードの下に1つのエントリー（entry要素）がある。エントリーはフィードと同様にtitleやupdatedを子要素としてもつ。

このようにフィードフォーマットは非常に単純ではあるが，文書構造を的確に表現できるため，ブログ以外のさまざまな用途に用いることができる。フィードの応用については本節の後半で述べる。

(2) フィードの基本原理

ここではフィードの基本原理を簡単に解説する。

フィードはウェブサイト上でXML形式として提供されている。フィードを読んだり表示したりできるウェブクライアントのことを，フィードリーダ（あるいはRSSリーダ）とよぶ。フィードリーダは，与えられたフィードのURI

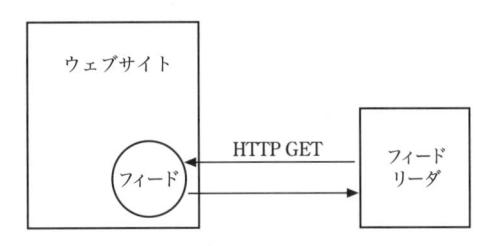

図2.6 フィードリーダの動き

```
<?xml version="1.0" encoding="utf-8"?>
<feed xmlns="http://www.w3.org/2005/Atom">
 <title> サンプルフィード </title>
 <link href="http://example.jp/"/>
 <updated>2007-08-24T18:30:02Z</updated>
 <author><name> 山田太郎 </name></author>
 <id>urn:uuid:60a76c80-d399-11d9-b93C-0003939e0af6</id>
 <entry>
   <title>Atom フィードの例 </title>
   <link href="http://example.jp/20070824"/>
   <id>urn:uuid:1225c695-cfb8-4ebb-aaaa-80da344efa6a</id>
   <updated>2007-08-24T18:30:02Z</updated>
   <summary> 概要 </summary>
 </entry>
</feed>
```

図2.5 Atom1.0の例

をHTTPで取得する（図2.6）。

フィードを受け取ったフィードリーダは，フィードのXMLを解析し，表示や格納などの操作を行なう。フィードリーダは一定の間隔でこの動作をくり返し行なう。フィードの内容が更新されていない場合は，HTTPのキャッシュ機能などを利用することで，重複した内容を取得しないことも可能である。

ウェブサイトで内容が更新された場合，フィードの内容が更新される。フィードリーダは前回取得した内容との差分を検知し，追加されたエントリーを新着エントリーとして通知する。

フィードリーダは毎回ウェブサイトに更新を確認しているが，ユーザーからはこの動作が隠蔽されているため，サーバから新着情報がプッシュされているようにも見える。このような情報の配信形態を，プッシュ型ウェブキャスティングとよぶ。

(3) フィードの歴史

フィードフォーマットの起源は1995年から1997年にかけて，当時Apple社のRamanathan V. Guhaが開発したMeta content framework（MCF）に遡ることができる。MCFはウェブサイトなどのメタデータを記述するためのデータフォーマットで，GuhaがNetscape社に移ったあとに，XML構文が適用されたRDFの最初のフォーマットとなった（図2.7）。

1997年には，Microsoft社がChannel definition format（CDF）を開発する。これは同社のInternet Explorerに搭載されたActive Channel機能やPointcast社のPointcastで活用されていた，いわゆるプッシュ型ウェブキャスティング機能である。ウェブサイトやソフトウェアの更新通知をXMLフォーマットで行なうというアイデアは，現在のフィードと非常に近い。しかし，CDFは華々しい登場とは逆に，市場から消えていくこととなる。

CDFと同じく1997年には後にRSSを開発することとなるDave Winerが自身のブログ（scriptingNews）のためのXMLフォーマットを開発した。

さまざまなバージョンがあることで有名なRSSの最初のバージョン（RSS 0.9；RDF site summary）は1999年4月にNetscape社から発表される。その後7月にRDFフォーマットをやめ，WinerのscriptingNewsのフォーマットを取り込んだRSS 0.91（Rich site summary）が発表されるが，Netscape社はRSSへの興味を失っていく。

その結果，所有者を失ったRSSはRSS-devという開発者グループに移管されたかのように見えたのだが，WinerがRSS 0.91の所有権を主張したため，RSSは複数のバージョンに分岐することとなる。すなわち，RSS-devのRSS 1.0（RDF site summary）とWinerのRSS 0.9xである。

RSS-devのRSS 1.0はResource description framework（RDF）をベースとした構文である。RSS 1.0は日本では比較的利用されることとなるが，RDF構文が冗長であることや，モジュール機構を採用したために複雑な仕様となってしまったという欠点があった。

一方でWinerは，RSS 1.0とはまったく別にRSS 0.91を進化させたRSS 0.92，0.93，0.94というフォーマットを発表する。こちらはRSS 1.0に比べて単純化された構文をもっていたが，XML名前空間を用いた構文の拡張ができないという欠点をもっていた。この問題は，RSS 0.9x系列の最終版であるRSS 2.0（Really simple sindycation）で解決される。ただし，RSS 2.0は

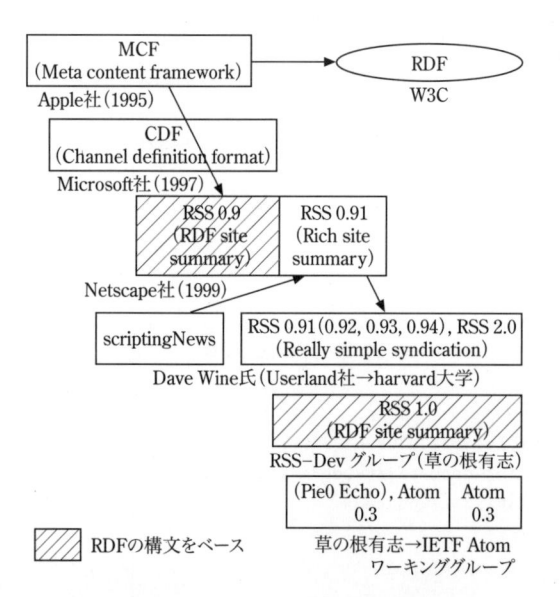

図2.7　フィードフォーマットの歴史
（出典：http://www.witha.jp/blog/archives/2005/10/rss_6.html）

RSS 0.9xとの互換性を最大限にとるため，名前空間による拡張以外の不備は修正されなかった。

このようなRSSという1つの名前をめぐる混乱状態が2000年ごろから数年間続いたため，別のフォーマットをゼロから再構築する動きも出現した。これが2005年にRFC 4287として標準化されるAtom syndication format（Atom）である。Atomは最後発のフィードフォーマットであるため，それまでのフォーマットの問題点をすべて修正し，シンプルで拡張しやすい構造になった。

ただし，たとえ新しいフォーマットが策定されたとしても，既存のウェブサイトで提供されているフィードがすべて置き換わるわけではないため，現在は複数のフィードフォーマットが併用されている状態である。現時点で最も多く利用されているのは，RSS 2.0とAtom 1.0である。長いスパンで考えると，将来的にはAtomに収斂していくものと思われる。

(4) フィードの応用

そのシンプルさと拡張性から，フィードはブログ以外のさまざまな分野に応用されはじめている。たとえば，音声や動画などのマルチメディアファイルを配信し携帯型プレーヤで再生できるようにするポッドキャスト技術も，フィードを応用して実現されている。ポッドキャストを実装しているフィードの例を図2.8に示す。

図中の太字部分，linkタグのrel属性の値が"enclosure"という値になっている要素がある。この要素のhref属性の値が，このエントリーに添付されているMP3ファイルのURIである。ポッドキャストに対応したフィードリーダは，この添付ファイルを自動的にダウンロードする機能をもっている。添付ファイルの形式はMP3ファイルに限定されず，その他の音声ファイルや画像ファイル，映像ファイルでも添付することが可能である。

enclosure機能はRSS 2.0およびAtom 1.0の基本機能だが，それ以外の拡張機能を後から追加することもできる。拡張機能の例として，検索結果を表示するためのOpenSearchという拡張を見てみよう（図2.9）。

OpenSearchに対応したフィードでは，検索結果一覧をフィードに対応させている。検索結果の個々の項目はエントリーとして表現される。ここまでは通常のフィードフォーマットと同じである。

OpenSearchのフィード拡張では，検索結果特有の情報をXMLの名前空間を使った拡張タグで表現する。たとえば，「検索結果総数」や「検索キーワード」といったタグは，RSS 2.0やAtom 1.0には用意されていない。そこで，OpenSearchではこれらの情報を表現するタグを用意して，検索結果を表現している。

このように，フィードは単なるブログの更新

```
<?xml version="1.0" encoding="utf-8"?>
<feed xmlns="http://www.w3.org/2005/Atom">
 <title> サンプルポッドキャストフィード </title>
 <link href="http://example.jp/"/>
 <updated>2007-08-24T18:30:02Z</updated>
 <author><name> 山田太郎 </name></author>
 <id>urn:uuid:60a76c80-d399-11d9-b93C-0003939e0af6</id>
 <entry>
    <title> ポッドキャストのサンプル </title>
    <link href="http://example.jp/20070824"/>
    <link rel="enclosure" href="http://example.jp/20070824/a.mp3"/>
    <id>urn:uuid:1225c695-cfb8-4ebb-aaaa-80da344efa6a</id>
    <updated>2007-08-24T18:30:02Z</updated>
    <summary> 概要 </summary>
  </entry>
</feed>
```

図2.8 ポッドキャストフィードの例

```xml
<?xml version="1.0" encoding="utf-8"?>
<feed xmlns="http://www.w3.org/2005/Atom"
        xmlns:os="http://a9.com/-/spec/opensearch/1.1/">
 <title>フィードの検索結果</title>
 <link href="http://example.jp/"/>
 <updated>2007-08-24T18:30:02Z</updated>
 <id>urn:uuid:60a76c80-d399-11d9-b93C-0003939e0af6</id>
 <os:totalResult>1</os:totalResult>
 <os:Query role="request" searchTerms="フィード"/>
 <entry>
   <title>フィードのサンプル</title>
   <link href="http://example.jp/20070824"/>
   <id>urn:uuid:1225c695-cfb8-4ebb-aaaa-80da344efa6a</id>
   <updated>2007-08-24T18:30:02Z</updated>
   <summary>概要</summary>
   </entry>
</feed>
```

図2.9　OpenSearchの例

通知フォーマットを越えて，機械可読な汎用フォーマットとしての地位を確率しつつある．次節以降で解説するRESTの概念とAtom publishing protocolによって，フィードを使ったウェブサービスの可能性はさらに広がるのである．

2.5.2　REST

Apache財団の創設者の一人，Roy T. Fieldingが2000年に発表した博士論文[25]で提唱された分散システムのアーキテクチャスタイルが，Representational state transfer（REST）である．REST自体はアーキテクチャスタイルであるため，個々のシステムの実装とは独立して定義されているが，その設計思想はFieldingが設計に携わったウェブに関する仕様群，とくにHTTP 1.1に強く影響を受けている．FieldingがHTTP 1.1を設計する過程で得た知見は，全世界規模（ウェブスケール）の分散システムを設計・実装・運用していくうえで重要なものである．

本項では，RESTを簡潔に紹介するとともに，現在のウェブ技術における位置付けとその将来性について紹介する．

RESTは複数の特徴的な制約からなる複合アーキテクチャスタイルである．ここでは，それらのうち代表的なものについて，RESTの実装のひとつであるHTTPとURIを例に説明する．

(1) リソースとURI

RESTで最も重要な概念はリソースである．リソースはウェブ上に存在するあらゆる情報である．個々のリソースは名前をもつ．この名前（ID）がURIである．URIで指し示すリソースはそれぞれ状態をもつ．たとえば，「東京の天気予報」という名前のリソースは，時間の経過とともに「晴れ」という状態から「曇り」という状態に変化するかもしれない．また，「明日の天気」という名前のリソースと「8月24日」という名前のリソースは8月23日の時点では同じURIで指し示される可能性がある．このように，リソースとURIは多対多の関係にある（図2.10，図2.11）．

このように，リソースは時間の経過やクライアントからの操作によってその状態を変化させ

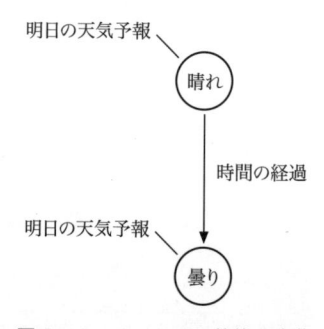

図2.10　リソースの状態の変化

URI：8月24日の
天気予報

晴れ

URI：明日の
天気予報

8月23日時点

時間の
経過

URI：8月24日の
天気予報

晴れ

8月24日時点

URI：8月25日の
天気予報

雨

URI：今日の
天気予報

URI：明日の
天気予報

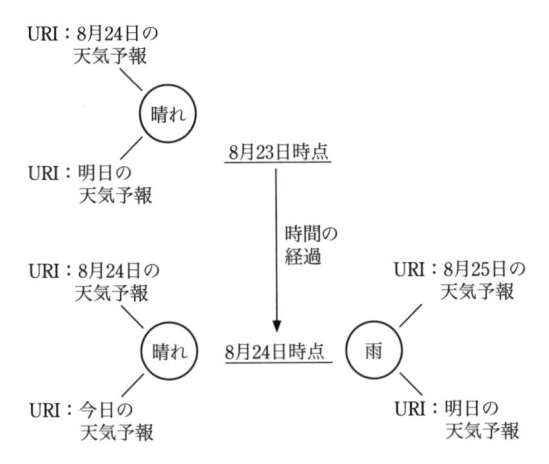

図2.11　リソースとURIの関係

るが，その意味は変化しないことに注意が必要である。個々のURIは，リソースの変化しない意味を示していると捉えることもできる。

(2) 統一インタフェース

ウェブシステムでは，論理的にはリソースはウェブサーバ上に保管されている。そして，クライアント（ウェブブラウザなど）はこれらのリソースを操作し，目的を達成する。このときのアプリケーションプロトコルがHTTPである。

HTTPにはGET（リソースの取得），POST（リソースの新規作成），PUT（リソースの更新），DELETE（リソースの削除）など，少数のメソッドがあらかじめ用意されている。クライアントはウェブサーバに対してこれらのメソッドを含んだリクエストメッセージを発行することで，リソースを操作する。

このように，ごく少数の限定されたメソッドのみを適用するアーキテクチャスタイルのことを，統一インタフェース（uniform interface）とよぶ。統一インタフェースには次のようなメリットがある。

- どのようなリソースでも同じメソッドが適用できる
- メソッドが限定されているため，サーバとクライアント間のインタフェース互換性問題が発生しにくい
- システムを構成する各コンポーネントを単純化できる
- クライアントとサーバのあいだに，中間子（プロキシなど）を配置することが可能になる
- 各コンポーネント間の通信の可視性が向上する

統一インタフェースはRESTを最も特徴づけるスタイルである。

(3) RESTを構成するアーキテクチャスタイル

前述のとおり，RESTを具現化した分散システムが現在のウェブである。表2.2はRESTを構成する各アーキテクチャスタイルの特徴と，ウェブでの具体例を対応づけて示したものである。

RESTはクライアント-サーバから派生したアーキテクチャスタイルである。このスタイルは，コンポーネントをサーバとクライアントに分割し，データストレージとユーザーインタフ

表2.2　RESTを構成するアーキテクチャスタイル

スタイル名（英文）	特徴	ウェブでの具体例
クライアントサーバ (client-server)	ユーザーインタフェースとデータストレージを分離させることで，スケーラビリティを向上させる	ウェブブラウザ，ウェブサーバ
ステートレスサーバ (stateless-server)	クライアントが発行するメッセージを自己記述的にすることで，サーバセッションをもたない	HTTP（ステートレスプロトコル）
キャッシュ (cache)	同じリクエストの結果を保持することで，サーバとクライアントの対話数を減らす	ブラウザ内のキャッシュ，プロキシ上のキャッシュ
統一インタフェース (uniform interface)	少数の限定されたメソッドを使うことで，クライアントとサーバの独立性を確保する	HTTPメソッド
階層化システム (layered-system)	システムを階層に分離することで，各階層のコンポーネントを単純化する	プロキシ，3層システム
コード・オン・デマンド (code-on-demand)	クライアント側でコードをダウンロードし実行することで，拡張性を確保する	Javascript, Flash

ェースに分けることで，サーバのスケーラビリティを向上させる。

とくに REST では，サーバをステートレスにするという制約を設けている。これはサーバ上にクライアントのセッションを保持しないことでサーバを簡略化し，スケーラビリティを向上させる効果がある。セッション状態をサーバで保持する代わりに，クライアントはリクエストメッセージに，サーバが処理を行なうために必要な情報をすべて含める。これを自己記述メッセージとよぶ。

キャッシュはクライアントからのリクエストのうち，同じ結果が返る場合にすでに返答されているメッセージを再利用する機構である。たとえばウェブブラウザはローカルのハードディスクにキャッシュをもつ。サーバ上のリソースがキャッシュ可能かどうかは HTTP の各種ヘッダで表現し，クライアントはそれに基づいてキャッシュを行なう。

システムを複数階層に分割しコンポーネントを階層ごとに配置するスタイルを，階層化システムとよぶ。たとえば，プロキシサーバや，データベースとウェブアプリケーションサーバを分割する 3 層システムなどである。システムを階層化し，各階層を取り替え可能にしたり，補助サーバを増設することで，システム全体のスケーラビリティを向上させることができる。

サーバからクライアントで実行可能なプログラムコードをダウンロードし，クライアントを拡張するスタイルを，コード・オン・デマンドとよぶ。たとえば，JavaScript がこれに該当する。

(4) REST とフィード

本項の最初にも述べたとおり REST はあくまでもアーキテクチャスタイルであり，実装は HTTP や URI などになる。HTTP と URI は統一インタフェースを実現する実装であるが，インタフェースはあくまでもインタフェースであり，最終的にはデータ表現が必要となる。人間可読な HTML やマルチメディアデータはウェブの普及とともに整備されてきたが，ウェブサービスの目的でもある機械可読な構造化されたデータフォーマットはこれまで実現されてこなかった。

前項で紹介したフィードは，この目的に合致するフォーマットである。フィードは XML 形式でシンプルなメタデータをもち，拡張が容易なフォーマットである。ウェブサイトが提供するデータや機能をフィードなどの機械可読なフォーマットで提供する形式はウェブ API とよばれ，ウェブサイトの基本機能となりつつある。次項で解説する Atom publishing protocol は，このような流れを受けて開発された，フィードのデータモデルを対象に REST スタイルの操作が行なえるプロトコルである。

2.5.3 Atom publishing protocol

前々項で解説したフィード技術は，ウェブサイトの更新情報を配信するための機械可読な XML フォーマットであった。フィードによって，人手でなくプログラムからウェブサイトの情報を読みとることができるようになった。この考え方を拡張すると，プログラムからウェブサイトの情報を読むだけでなく，編集や削除などの操作を行なえるようにできる。

Atom publishing protocol（APP；AtomPub）は，このようなニーズに応える HTTP ベースのプロトコルである。

(1) AtomPub のリソースモデル

AtomPub の例として，簡単なブログシステムを考えてみる。このブログシステムは，図 2.12 に示すようなリソースモデルをもつ。

1 つのブログは複数の記事からなるコレクションとして表わされる。コレクションからは各記事（エントリー）リソースにリンクが張られる。各リソースは，図の箱の左上にある URI をもつものとする。たとえばコレクションのリ

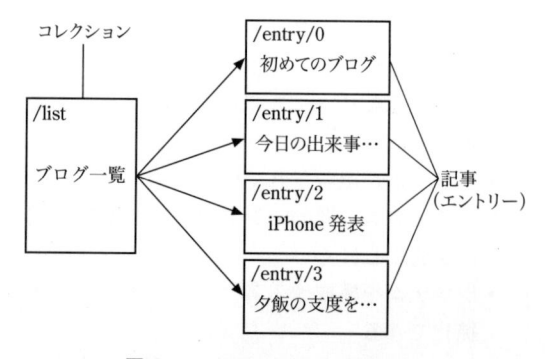

図 2.12 APP のリソースモデル

```
リクエスト
GET /list HTTP/1.1
Host: example.com


レスポンス
HTTP/1.1 200 OK
Content-Type: application/atom+xml

<feed>
 <title>my weblog</title>
 <entry>
  <link href="/entry/0"/>
 </entry>
 <entry>
  <link href="/entry/1"/>
 </entry>
 …
</feed>
```

図 2.13　コレクションの GET

ソースは，サーバのホスト名を example.com とすると http://example.com/list となる。

(2) コレクションの取得

記事一覧に対応するコレクションを取得するようすを見てみよう（図 2.13）。

ここでは，コレクションの URI（http://example.com/list）に HTTP GET リクエストを投げている。サーバからは Atom のフィード文書が返される。フィードに含まれる各エントリーからは，個々のエントリーリソースへのリンク（link 要素の href 属性）が張られている。

(3) エントリーの新規作成

次に，新しい記事を追加するようすを見てみよう（図 2.14）。

このリクエストでは，HTTP の POST メソッドを使ってエントリー文書をコレクションの URI に投げている。サーバ側では，このリクエストを受けて新しいエントリーリソースを作成する。その結果として，レスポンスコードが 201（Created）になり，新規に作成されたリソースの URI（http://example.com/entry/4）が Location ヘッダーで返される。

(4) エントリーの編集

先ほど新規に作成したエントリーリソースを編集して内容を修正するには，HTTP の PUT メソッドを使う（図 2.15）。

リクエストにはエントリー本体をすべて入れる。リクエストの送信先 URI は先ほど Location ヘッダーで返ってきた URI を指定する。エントリーの内容の修正に成功すると，HTTP のレスポンスコード 200（OK）が返される。

```
リクエスト
POST /list HTTP/1.1
Host: example.com

<entry>
 <title>Atom</title>
 <content type="xhtml">
   <p>Atom とは …</p>
 </content>
</entry>

レスポンス
HTTP/1.1 201 Created
Location: http://example.com/entry/4
```

図 2.14　エントリーの追加

```
リクエスト
PUT /entry/4 HTTP/1.1
Host: example.com
Content-Type: application/atom+xml

<entry>
 <title>Atom 入門</title>
 <content>
   <p>Atom とは …</p>
 </content>
</entry>

レスポンス
HTTP/1.1 200 OK
```

図 2.15　エントリーの編集

```
リクエスト
DELETE /entry/4 HTTP/1.1
Host: example.com

レスポンス
HTTP/1.1 200 OK
```

図 2.16　エントリーの削除

(5) エントリーの削除

最後に，エントリーを削除するようすを見てみよう（図2.16）。

エントリーの削除には，HTTPのDELETEメソッドを用いる。削除したいエントリーリソースのURIにDELETEリクエストを送り，リソースの削除に成功するとレスポンスコード200（OK）が返される。

(6) まとめ

以上がAPPの基本操作である。例を見てわかるとおり，エントリーの取得，作成，修正，削除をHTTPのGET，POST，PUT，DELETEという統一インタフェースで行なう。これはRESTの考え方に基づいたHTTPの利用である。HTTPの統一インタフェースの上でやりとりされるデータはフィードそのものである。

このように，ウェブがこれまで培ってきたHTTP，URIに加えて，機械可読なXMLフォーマットであるフィードを適切に組み合わせてプログラムから操作可能なウェブサイトをつくるのが現在のウェブサービスの主流の考え方である。

2.5.4 Ajax

2005年2月18日，Adaptive Path社のJesse James Garrettが自身のウェブサイトで，Asynchronous JavaScript + XML（Ajax；エイジャックスと読む）という技術の概念を発表した[26]。

Ajaxは，世界中で広がるウェブ2.0ムーブメントとともに，その基本技術のひとつとして急速に普及した。ここでは，Ajaxの基本的な仕組みと現状について解説する。

(1) Ajaxの基本構造

Ajaxはウェブアプリケーションのユーザーインタフェース構築のための技術である。Ajaxの特徴を一言で表わすならば，「非同期」ということにつきる。Ajax以前のウェブアプリケーションでは，画面を構築するHTMLページを全面的に書き換えることで，ユーザーインタフェースの状態遷移を実現していた。たとえば，ショッピングサイトでカートに商品を1つ入れるごとに，1画面すべての情報をウェブサーバからダウンロードし表示していた（図2.17）。

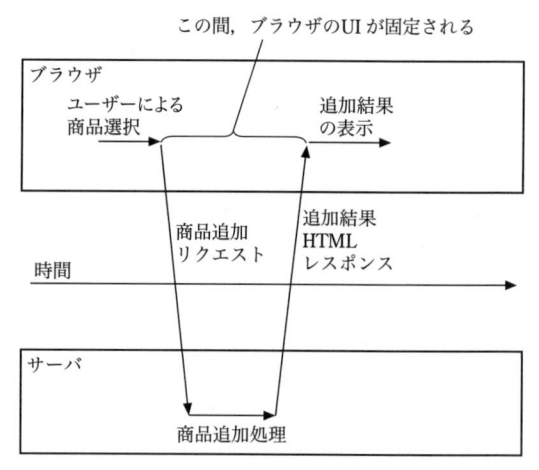

図2.17　従来のウェブアプリケーション

Ajax技術を用いたウェブアプリケーションでは，商品をカートに入れても画面全体は書き替わらない。その代わりに，バックグラウンドで追加リクエストがサーバに送られ，追加結果がレスポンスとして返される。Ajax処理を担当するエンジン部では，このレスポンスデータを基に，ユーザーの商品選択操作とは同期せずに，画面中の商品数の該当箇所を書き替える（図2.18）。

このAjaxエンジンの中心的なコンポーネントとして利用されるのが，XMLHTTPRequestである。XMLHTTPRequestはJavaScriptから

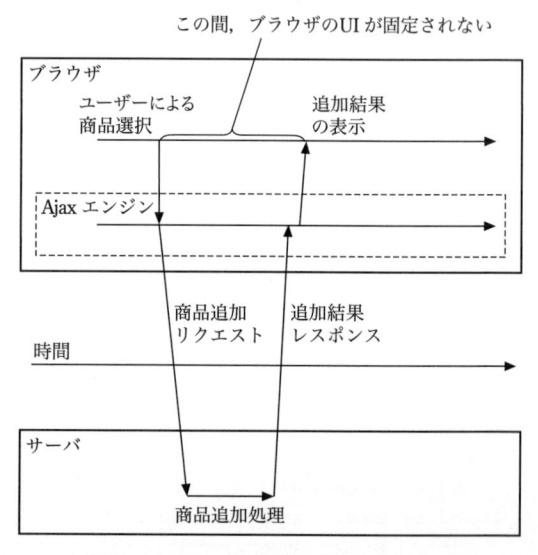

図2.18　Ajaxウェブアプリケーション

利用できる組み込みオブジェクトである。XMLHTTPRequest は Microsoft 社の Internet Explorer 5 の独自拡張機能であったが（IE6 までは XMLHTTP という名前であった），その後，Firefox や Safari，Opera といった各種ブラウザが追随して実装したため，現在ではいわゆるデファクトスタンダードといえるものになっている。

(2) Ajax と XML

Ajax の名前の最後の"x"は，サーバが XMLHTTPRequest に返すデータとして当初は XML をよく利用していたことに由来する。XMLHTTPRequest はその名前のとおり，サーバから返された XML データをパースし，DOM でアクセスできるようにするオブジェクトであるが，じつは XML 以外のデータも受け取ることができるようになっている。

XML データは構造化された文書データを表現するのには適しているが，構造体や配列といったデータ構造を表現するのには冗長である。現在，Ajax でこのようなデータ構造を扱う際は，XML よりも効率的な JavaScript ベースのデータ表記方式である JavaScript object notation（JSON）が用いられることが多い。

(3) Ajax の意味

さて最後に，Ajax がウェブ技術に与えたインパクトについて考えてみたい。

Ajax に関してよくいわれることは，技術的には Ajax は何も新しくないということである。確かに，Ajax に用いられている JavaScript や XMLHTTPRequest といった技術は，1990 年代後半に起こった Microsoft と Netscape のブラウザ戦争の中で，dynamic HTML（DHTML）とよばれて誕生した。

DHTML は当初，ブラウザ間の互換性が少なく，実現されていた機能もおもちゃ的なアニメーションやウィンドウポップアップなどだったため，DHTML という技術そのものが軽視されていた傾向がある。しかしながら，2004 年からのいわゆるウェブ 2.0 の勃興の中で，ウェブアプリケーションのユーザーインタフェースを改善するために効果的に DHTML（Ajax）技術を使ったサービスが増えてきた。とくに Google が発表した Google Suggest や Google Maps は，ウェブアプリケーションがデスクトップアプリケーション並みの操作性を実現できることを示していた。

このように，JavaScript や XMLHTTPRequest でウェブアプリケーションの操作性を向上させる手法は，先進的なサービスの中でその可能性があたためられてきた。そんな状況の中で 2005 年 2 月に，Garrett が Ajax という言葉を発表する。この 1 つの言葉によって，Ajax の潜在的な可能性に多くの開発者が気づき，全世界的なブームとなった。

いったん Ajax と名づけられたあとの関連技術の普及には目覚しいものがあり，1 年余りのあいだに Ajax を簡単に実現できるウェブアプリケーションフレームワークや JavaScript ライブラリが多数登場した。その結果，新しく投入されるウェブサイトの操作性は劇的に改善され，デスクトップアプリケーションと比べても遜色のないアプリケーションが出現している。また，デスクトップアプリケーションでは実現しづらい，ウェブがもつソーシャル機能や大容量データストレージなどのメリットによって，デスクトップアプリケーション以上の人気をもつウェブサイトも現われた。従来，デスクトップアプリケーションで実現していた機能に，ウェブそのものがもつ機能を追加できるようにしたことが，Ajax の最大のインパクトではないかと考える。

2.6 ウェブ技術応用：トピックマップ

ウェブの著しい普及によって，膨大な情報がネットワーク上のウェブ環境に蓄積されることになった。その結果，必要な情報に迅速にたどりつくことがウェブ利用の重要な課題となった。ウェブ環境の情報リソースがもつ主題とそれらの関係とを情報リソースの上位に位置づけ，人の知識に対応づけてモデル化することによって，情報リソースの管理，検索などを容易にする技術がトピックマップであり，知識応用をウェブに適用した同様の技術の中で，最も実用化が進んでいる。関連技術はすでに国際標準化機構 ISO/IEC JTC1/SC34（文書の処理と記

述の言語）によって国際規格として開発され，各種の処理系が発表されている．

2.6.1　標準化グループによる開発

トピックマップは，主として ISO/IEC の合同技術委員会 JTC1 の傘下の分科会 SC34 およびその前身の SC18（文書の処理と関連通信）の作業グループで議論され，処理系の開発と並行して国際規格原案が開発されてきた．SC34には 3 つの作業グループがあり，トピックマップは第 3 作業グループ（WG3）の主要検討課題に位置づけられて，多くの専門家による活発な議論が展開されている．

しかし，トピックマップは決して最初からこのような国際的注目を集めていたわけではなく，XML が開発される以前からごく少数の人たちによる地道な検討があり，その土台の上に現在のトピックマップとその関連技術が構築されている．

JTC1/SC18/WG8 では，SGML（標準一般化マーク付け言語）を用いてマルチメディア情報の構造記述を行なおうとする活動として，SMDL（標準音楽記述言語）[28] のプロジェクトが設立された．その議論の過程で，マルチメディアに共通する技術要素が抽出され，それを記述するために体系形式（architectural form）という概念が導入されて，それに基づく HyTime（ハイパメディアおよび時間依存情報の構造化言語）[29] が ISO/IEC 10744 として 1992 年に発行された．

新規分野を扱う国際規格の開発過程にありがちなように，HyTime には多くの要求とコメントとが集まった結果，その規定内容が膨大なものになって，その実装が広く普及することはなかった．しかし，HyTime で導入されたハイパリンクの扱いは，HTML のハイパリンクに引き継がれて World Wide Web の大普及につながり，さらに XLink[30] へと発展した．時間情報の扱いは SMIL[31] などの関連規格に引き継がれ，ロケーションモデルの扱いは XPath[32] に発展した．

トピックマップはこの HyTime のアプリケーションとして考案され，HyTime を対象とする最初の国際コンファレンス "First International Conference on the Application of HyTime (IHC '94)" で発表された[33,34]．当時，トピックマップは，"topic maps" ではなく "topic navigation map" とよばれ，HyTime を構文として用いている．

topic navigation map のプロジェクト設立の検討は 1996 年から JTC1/SC18/WG8 によって開始されたが，その後多くの時間が技術的検討に費やされ，プロジェクトは SC34/WG3 に移るとともに規格名称も topic maps に改められ，2000 年 1 月になってようやく国際規格 ISO/IEC 13250 として発行された[35]．しかし，同年には早くもその規格内容に対する技術訂正（technical corrigendum；TC）の必要性が議論されるとともに，トピックマップの問合せ言語（topic maps query language；TMQL）の新作業課題提案（NP）が行なわれた．

2000 年に開催された XML コンファレンス（XML 2000）では，W3C のディレクターであった Tim Berners-Lee が基調講演でセマンティックウェブ（semantic web）の構想を打ち上げ，それを実現する手段となる中核技術の候補として，RDF とトピックマップが示された．2001 年には，トピックマップの制約言語（topic maps constraint language；TMCL）の NP が議論された．

ISO/IEC 13250 の第 1 版に対する TC1 の原案は 2001 年に承認されたが，TC1 としての発行は行なわれず，TC1 の訂正内容に従って規格本体の修正が行なわれ，それが ISO/IEC 13250 の第 2 版として 2003 年に発行された．

2002 年末の SC34 会議では，トピックマップ規格の再構成が検討され，ISO/IEC 13250 のマルチパート化が提案された．その後もマルチパート構成の検討は続けられ，2007 年 3 月には次のパート構成に基づく規格原案作成が進められて，パート 2[37]，パート 3[38] が発行されている．

- パート 1（ISO/IEC 13250-1）概要および基本概念
- パート 2（ISO/IEC 13250-2）データモデル
- パート 3（ISO/IEC 13250-3）XML 構文
- パート 4（ISO/IEC 13250-4）正準化
- パート 5（ISO/IEC 13250-5）参照モデル

- パート6（ISO/IEC 13250-5）簡潔構文（CTM）
- パート7（ISO/IEC 13250-5）図形記法（GTM）

さらに，ISO/IEC 13250に関連する規格として，次の課題も継続して検討されている。
- ISO/IEC 18048 TM問合せ言語（TMQL）
- ISO/IEC 19756 TM制約言語（TMCL）

2.6.2 ISO/IEC 13250（第1版）の概要

ISO/IEC 13250（第1版）は小町らによって翻訳され，JIS X 4157：2002として制定された。ここではその概要を示す。

この規格は，主題のモデル化であるトピックを定義するために用いる情報資源の構造とトピック間の関係とに関する情報を交換可能にする標準化した記法を規定する。この記法を使った相互に関係する文書の集合をトピックマップ（topic map）とよぶ。トピックマップには，次に示す構造情報が含まれる。

- トピックにかかわる番地付け可能な情報オブジェクトのグループ化（occurrence, "出現"）
- トピック間の関係（association, "関連"）

2つのトピックは，関連を通じて結合され，出現の共有によっても結合できる。さらに情報オブジェクトは，特性と，それらに対して外部で割り当てられる特性の値とをもつことができる。これらの特性を，ファセット型（facet type）とよぶ。

この第1版のトピックマップの基本的な記法はSGMLであり，交換可能なトピックマップは，少なくとも1つのSGML文書で構成され，それが他の種類の情報資源を含んだり参照したりすることがある。交換可能なトピックマップを含む情報資源の集合は，HyTime体系で定義される"境界内オブジェクト集合"（bounded object set；BOS）機能を使って指定できる。

W3C勧告であるXML（extensible markup language，拡張可能マーク付け言語）は，webSGMLとして知られるSGMLの附属書Kで示されるとおりSGMLの部分集合であるので，XMLをトピックマップの記法としても使用できる。

(1) 適用範囲[*3]

情報オブジェクト集合の複数の並行的なビューを可能とするためのトピックマップを規定する。これらのビューについては構造的制約はなく，関係的，階層的，順序付き，順序なし，またはこれらの組合せであってもよい。トピックマップは，情報資源の集合の上に重畳されてもよい。

(2) トピックマップ体系

HyTime体系は，番地付け方式およびそれらを使用するための標準的な構文を提供し，それによって番地付け構文を宣言し使用可能とする方法を提供する。トピックマップ体系は，HyTimeのこれらの機能を用いる。そこで，トピックマップ体系では，どのような番地付け方式も使用できる。たとえばXML環境では，番地付けはIETFの統一資源ロケータ（uniform resource locator；URL）記法を用いることができる。

① トピックマップ体系形式

トピックマップ（topicmap）要素形式が，トピックマップ体系に適合するすべての文書の文書要素として使用される。topicmap要素型は，HyTime体系（HyDoc）の文書要素型から派生する。

他の属性（maxbos, boslevel, grovplan）は，HyDocから継承される。maxbos属性およびboslevel属性は，その文書をルートとするHyTime境界内オブジェクト集合のメンバーを指定する際にハブ文書（HyTimeハイパ文書を構成する情報資源の集合（境界内オブジェクト集合，BOS）を定義するために使用するHyTime文書）で使用される。

② トピックリンク

- トピックリンク体系形式 ─ トピックリンク（topic）要素形式は，トピック名前およびトピック出現の各特質（characteristic）をトピックに割り当てるために用いる。す

[*3] ISO/IEC 13250では，規格の"適用範囲"と，トピックマップの文脈に適用される"有効範囲"の両方に，同じ用語"scope"を使用している。トピックマップのJISでは，意味の混同を避けるために，トピックマップの文脈に適用されるscopeは"有効範囲"と訳し，規格の"適用範囲"と区別している。

べてのトピックリンクは，その作成者によって正確に1つの主題に関して組織化される。トピックリンクは，その主題に関係のある0個以上の名前および0個以上の情報の断片（"出現"）を宣言してもよい。名前およびその名前が主題に適用できる有効範囲は，topname下位要素を使って宣言される。出現は，トピックリンクのアンカー（anchor）とする。

- トピック名体系形式 ─ トピックは，0個以上のトピック名特質をもってもよい。トピック名は，トピック名要素を使用して指定する。すべてのそれら名前は，トピックリンクの主題となるトピックのトピック特質になる。
- トピック出現体系形式 ─ 内容の中に指定された番地によって，トピック出現要素は，それを含むトピックリンクの主題に関係する情報（1つ以上の"出現"）を参照する。この規格は，トピックの出現として指定できる情報オブジェクトの性質にも，それら出現の参照に使用する番地付け記法にも，制約を課さない。

③ 関連リンク

- 関連リンク体系形式 ─ 関連リンク要素形式は，トピックの間の関係を表現するのに使用する。トピックマップ応用は，関係の性質およびそれらの関係においてトピックが演じる役割の性質を定義する。
- 関連役割体系形式 ─ 関連役割要素形式は，それを含む関連リンク要素が表明する関係において，1つ以上の特定のトピックが演じる利用者定義の役割を指定する。役割を演じるトピックは，それが存在する場合には，関連役割要素の内容の中に指定される番地を使って参照される。

④ 追加予定テーマ体系形式

追加予定テーマ要素は，次に対してテーマの追加を認める。

- トピックマップ文書実体（tmdocs）属性を通じて参照されるトピックマップ文書の中のトピックリンクおよびトピック関連が指定する，すべてのトピック特質割当のすべての有効範囲
- 存在する場合には，特質割当子（cassign）属性を通じて参照される特定のトピックリンクが指定するすべてのトピック名およびトピック出現の有効範囲
- 存在する場合には，特質割当子（cassign）属性を通じて参照される特定の関連リンクが指定するトピック関連の中のトピックが演じるすべての役割の有効範囲

⑤ ファセットリンク付け

ファセットリンク付け機能によって，特性および値の対を，読み取り専用の情報オブジェクトに追加できる。特性をファセット型とよび，値をファセット値とよぶ。この規格は，ファセットリンク付けの応用の性質を制約しない。それらは，トピックリンクを使用してもしなくてもよい。

- ファセットリンク体系形式 ─ ファセットリンク要素形式は，それに含まれるfvalue要素が指定する情報オブジェクトに，特性および値の対を適用するために使用する。ファセットリンク特性（"ファセット型"）およびfvalue要素を使って指定する値は，利用者定義とする。
- ファセット値体系形式 ─ ファセット値要素形式は，それを含むファセットリンクが適用する特性（ファセット型）の利用者定義の値を指定する。特性および値の対が割り当てられる情報オブジェクトは，fvalue要素の内容の中に指定される番地を用いて参照される。

(3) 適合性

トピックマップ文書がこの規格のすべての条項に適合し，SGMLに定義される適合SGML文書となり，HyTimeに定義される適合HyTime文書となる場合に，その文書は適合トピックマップ文書とする。

既存のトピックマップを使用することを意図する適合応用では，次に示すことが可能でなければならない。

- 交換構文の構文解析
- この規格が定義するトピックマップ構成要素の識別
- 応用が増すほうがよい要件，およびこの規格が定義するとおりの構成要素のセマンテ

ィクスに照らして，応用の設計者が適切と考える処理への適用

(4) 附属書

この規格は次の附属書を含む．

- 附属書 A（規定）トピックマップメタ DTD
- 附属書 B（参考）トピックマップ体系のための体系支援宣言の例

2.6.3 ISO/IEC 13250（第 2 版）の概要

ISO/IEC 13250（第 2 版）は，第 1 版との差分が小町らによって翻訳され，JIS X 4157 追補 1 として 2003 年に制定された．ここではその概要を示す．

ISO/IEC 13250（第 2 版）は，ISO/IEC 13250（第 1 版）に対して，

- 附属書 C（規定）ウェブ指向トピックマップのための XML DTD

を追加することによって，第 1 版が規定する HyTime に基づく交換構文 HyTM（HyTime トピックマップ）に加えて，XML に基づく交換構文 XTM（XML トピックマップ）を規定する．それは，XML をよく用いる環境において，番地付け表現を統一資源識別子（uniform resource identifier；URI）とする使用を意図している．

HyTM と XTM とのあいだの関係および差異を次に示す．

(1) 番地付け

HyTM では，番地付け表現をあらゆる番地付け記法で行なえる．XTM では，番地付け表現はつねに URI の形式をとる．

(2) 体系形式および固定 DTD

HyTM は体系形式の集合（メタ DTD）を用い，XTM は要素型定義の集合（DTD）を用いる．

(3) 要素および属性

HyTM は属性の使用を強調し，XTM は可能なところでは要素を使用する．

(4) 表示名，整列名および異形名

HyTM は，表示および整列のために異形の形式をもつ名前を許容し，あらゆる処理文脈のために異形の形式をもつ名前を許容する．XTM では，表示および整列は 2 つの特定な処理文脈にすぎない．

(5) varlink および単純 xlink

HyTM では，参照はおもに HyTime の varlink 要素を用いて指定される．XTM では，参照は単純 xlink を用いて指定される．

(6) 主題構成資源

HyTM では，主題指示資源だけが，主題が番地付け可能か番地付け不可能かに関係なく，トピックの主題を宣言するために使用される．XTM では，番地付け可能な主題および番地付け不可能な主題が異なる方法で参照される．

(7) ファセット

HyTM では，特性（およびその特性の値）を番地付け可能な主題へ割り当てるために使用される限定子として，ファセットがある．XTM は，トピックマップ作成者が情報オブジェクトをそれ自体の主題（主題構成資源）と明示的にみなすことを可能にするので，特性および値（主題）を association 要素を用いて番地付け可能な主題と関連づけることができる．XTM では，facet 要素は存在しない．

ウェブ指向トピックマップのための XML DTD を次に示す．

```
<!-- This DTD can be invoked by the following
DOCTYPE declaration:
<!DOCTYPE topicMap
  PUBLIC "ISO/IEC 13250:2000//DTD XTM//EN"
-->
<!ELEMENT topicMap
  ( topic | association | mergeMap )*
>
<!ATTLIST topicMap
  id ID #IMPLIED
  xmlns CDATA #FIXED 'http://www.topicmaps.org/xtm/1.0/'
  xmlns:xlink CDATA #FIXED 'http://www.w3.org/1999/xlink'
  xml:base CDATA #IMPLIED
>

<!ELEMENT topic
  ( instanceOf*, subjectIdentity?, ( baseName | occurrence )* )
>
<!ATTLIST topic
  id ID #REQUIRED
>
```

```
<!ELEMENT instanceOf ( topicRef |
subjectIndicatorRef ) >
<!ATTLIST instanceOf
  id ID #IMPLIED
>

<!ELEMENT subjectIdentity
  ( resourceRef?, ( topicRef |
subjectIndicatorRef )* )
>
<!ATTLIST subjectIdentity
  id ID #IMPLIED
>

<!ELEMENT topicRef EMPTY >
<!ATTLIST topicRef
  id ID #IMPLIED
  xlink:type NMTOKEN #FIXED 'simple'
  xlink:href CDATA #REQUIRED
>

<!ELEMENT subjectIndicatorRef EMPTY >
<!ATTLIST subjectIndicatorRef
  id ID #IMPLIED
  xlink:type NMTOKEN #FIXED 'simple'
  xlink:href CDATA #REQUIRED
>

<!ELEMENT baseName ( scope?,
baseNameString, variant* ) >
<!ATTLIST baseName
  id ID #IMPLIED
>

<!ELEMENT baseNameString ( #PCDATA ) >
<!ATTLIST baseNameString
  id ID #IMPLIED
>
<!ELEMENT variant ( parameters,
variantName?, variant* ) >
<!ATTLIST variant
  id ID #IMPLIED
>

<!ELEMENT variantName ( resourceRef |
resourceData ) >
<!ATTLIST variantName
  id ID #IMPLIED
>

<!ELEMENT parameters ( topicRef |
subjectIndicatorRef )+ >
<!ATTLIST parameters
  id ID #IMPLIED
>
<!ELEMENT occurrence
  ( instanceOf?, scope?, ( resourceRef |
resourceData ) )
>
<!ATTLIST occurrence
  id ID #IMPLIED
>

<!ELEMENT resourceRef EMPTY >
<!ATTLIST resourceRef
  id ID #IMPLIED
  xlink:type NMTOKEN #FIXED 'simple'
  xlink:href CDATA #REQUIRED
>

<!ELEMENT resourceData ( #PCDATA ) >
<!ATTLIST resourceData
  id ID #IMPLIED
>

<!ELEMENT association
  ( instanceOf?, scope?, member+ )
>
<!ATTLIST association
  id ID #IMPLIED
>

<!ELEMENT member
  ( roleSpec?, ( topicRef | resourceRef |
subjectIndicatorRef )* )
>
<!ATTLIST member
  id ID #IMPLIED
>

<!ELEMENT roleSpec ( topicRef |
subjectIndicatorRef ) >
<!ATTLIST roleSpec
  id ID #IMPLIED
>

<!ELEMENT scope ( topicRef | resourceRef |
subjectIndicatorRef )+ >
<!ATTLIST scope
  id ID #IMPLIED
>

<!ELEMENT mergeMap ( topicRef | resourceRef
| subjectIndicatorRef )* >
<!ATTLIST mergeMap
  id ID #IMPLIED
  xlink:type NMTOKEN #FIXED 'simple'
```

```
xlink:href CDATA #REQUIRED
>
```

2.6.4 規格文書関係のトピックマップによる記述例

規格文書については，規格番号，規格の標題，規格内のキーワードなどによる検索が行なわれている[33,34]。しかし，必要とする規定内容を含む規格文書を探すことは，これらの検索だけでは十分ではなく，関連分野の標準化のエキスパートに問い合わせることがしばしば行なわれている。

規格文書では，他の規格文書の規定内容を重ねて規定することを避けて，引用によってその規定の一部とするため，たがいの参照関係がきわめて複雑であり，1件の規格だけで利用者が望む規定内容が得られることは少ない。その結果，いくつもの規格文書をたどることが必要となり，規格文書関係が構造的に記述された広域的なインデックスの存在が強く望まれている。そこで，関連分野の標準化のエキスパートの知識体系をトピックマップを用いて記述して，規格文書を利用しやすくする例[43]を示す。

この例では，Ontopia の OKS Samplers[36] に含まれるトピックマップツールを用いて，規格文書関係の記述を行なっている。出現のリンク先には，ウェブ環境に置かれた文書関連規格の原案作成委員会のウェブページの原案が用いられている。

(1) topic 型

規格と他の規格との関連とを1つのパターンのくり返しで表わせるように，次に示す topic 型（topic types）が用いられる。

- 原案作成
- 引用
- 発効
- 発行元
- 規定

各 topic 型は出現によって実際の規定文書内容にリンクし，関連によって他の topic 型と関連づけられる。規定 topic 型の関連情報をトピックマップエディタ Ontopoly の表示画面で，図2.19 に示す。

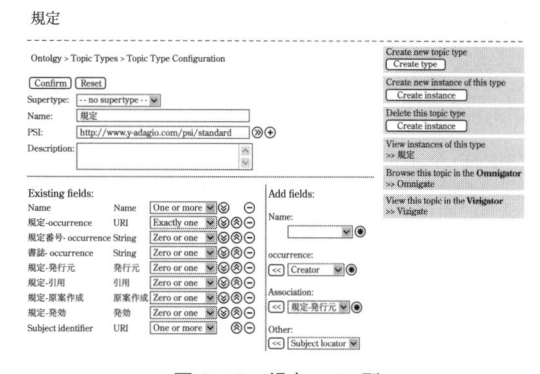

図 2.19　規定 topic 型

図 2.20　規定 topic 型の Instance の Omnigator 表示

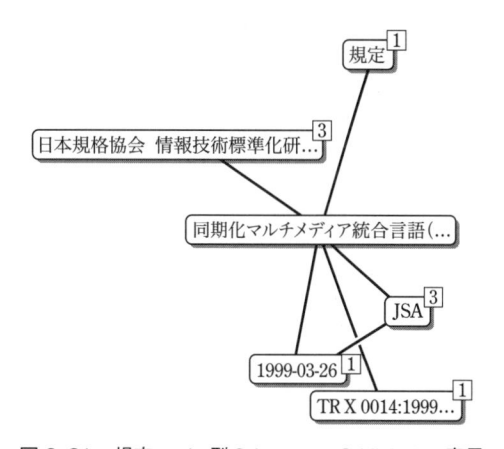

図 2.21　規定 topic 型の Instance の Vizigator 表示

(2) Instances

トピックマップブラウザ Omnigator を用いて，規定 topic 型の Instance として同期化マルチメディア統合言語（SMIL）1.0 を表示した例を図2.20 に示す。これをさらに可視化ツール Vizigator によって表示すると，図2.21 のように示される。

文献

1) W3C Rec., HTML 4.01 Specification, http://www.w3.org/TR/html401/ 1999.12.
2) TR X 0033：2002，ハイパテキストマーク付け言語（HTML）4.0, 2002.09.
3) W3C Rec., XHTML 1.0 The Extensible HyperText Markup Language（Second Edition），http://www.w3.org/TR/xhtml1/ 2002.08.
4) TR X 0037：2001，拡張可能なハイパテキストマーク付け言語 XHTML 1.0, 2001.02.
5) W3C WD, XHTML 1.1-Module-based XHTML-Second Edition, http://www.w3.org/TR/xhtml11/ 2007.02.
6) TR X 0080：2003，XHTML 1.1-モジュールに基づくXHTML 2003.09.
7) W3C PR, XHTML Modularization 1.1, 2006.02.
8) TR X 0056：2002，XHTMLのモジュール化, 2002.06.
9) W3C Rec., Cascading Style Sheets level 1（CSS1），http://www.w3.org/TR/1999/REC-CSS1-19990111 1996.12.
10) W3C Rec., Cascading Style Sheets level 2（CSS2）Specification, http://www.w3.org/TR/1998/REC-CSS2-19980512/ 1998.05.
11) W3C WD, CSS3 Advanced Layout Module, http://www.w3.org/TR/2005/WD-css3-layout-20051215/ 2005.12.
12) W3C WD, CSS3 Module：Paged Media, http://www.w3.org/TR/2006/WD-css3-page-20061010/ 2006.10.
13) W3C Rec., Extensible Stylesheet Language（XSL）Version 1.1, http://www.w3.org/TR/2006/REC-xsl11-20061205/ 2006.12.
14) JIS X 4168：2004，段階スタイルシート水準1（CSS1），2004.06.
15) W3C XML, Extensible Markup Language（XML）1.0（Fourth Edition），W3C Recommendation 16 August 2006, edited in place 29 September 2006, available at http://www.w3.org/TR/2006/REC-xml-20060816, 2006.
16) W3C XML-Names, Namespaces in XML 1.0（Second Edition），W3C Recommendation, 16 August 2006, available at http://www.w3.org/TR/2006/REC-xml-names-20060816/ 2006.
17) ISO 19757-2：2003, Information technology—Document Schema Definition Language（DSDL）—Part 2：Regular-grammar-based validation—RELAX NG, 2003.
18) ISO 19757-3：2006, Information technology—Document Schema Definition Language（DSDL）—Part 3：Rule-based validation—Schematron, 2003.
19) ISO 19757-4：2006, Information technology—Document Schema Definition Language（DSDL）—Part 4：Namespace-based Validation Dispatching Language（NVDL），2003.
20) OASIS Committee Specification, RELAX NG, available at http://www.oasis-open.org/committees/relax-ng/spec.html December 2001.
21) W3C XML Schema Part 1：Structures（Second Edition），W3C Recommendation 28 October 2004, available at http://www.w3.org/TR/2004/REC-xmlschema-1-20041028/ 2004.
22) Makoto Murata, Dongwon Lee, Murali Mani, Kohsuke Kawaguchi：Taxonomy of XML Schema Languages using Formal Language Theory, ACM Transactions on Internet Technology, Vol.5, No.4, pp.660-704, November 2005.
23) M. Nottingham, R. Sayre（Eds）：IETF RFC 4287, The Atom Syndication Format, available at http://www.ietf.org/rfc/rfc4287 December 2005.
24) ISO 8879：1986, Information Processing—Text and Office Systems—Standard Generalized Markup Language（SGML），1986.
25) R. T. Fielding：Architectural Styles and the Design of Network-Based Software Architectures, doctoral dissertation, Dept.of Computer Science, Univ. of California, Irvine, 2000.
26) J. J. Garrett：Ajax：A New Approach to Web Applications, http://www.adaptivepath.com/publications/essays/archives/000385.php
27) RFC 4627 The application/json Media Type for JavaScript Object Notation（JSON），http://www.rfc-editor.org/rfc/rfc4627.txt
28) ISO/IEC CD 10743, Standard Music Description Language（SMDL），1991.04.
29) ISO/IEC 10744, Hypermedia/Time-based Structuring Language（HyTime），1992.11.
30) XML Linking Language（XLink）Version 1.0, W3C Recommendation, 2001.06.
31) Synchronized Multimedia Integration Language（SMIL）1.0 Specification, W3C Recommendation, 1998.06.
32) XML Path Language（XPath）Version 1.0, W3C Recommendation, 1999.11.
33) M. Biezunski：Conventions for the Application of HyTime（cApH），IHC'94, 1994.07.
34) M. Biezunski：The Electronic Library Project at EDF's DER, IHC'94, 1994.07.
35) ISO/IEC 13250：2000, SGML Applications-Topic Maps, 2000.01.
36) ISO/IEC 13250：2003, SGML Applications-Topic Maps, 2nd edition, 2003.05.
37) ISO/IEC 13250-2：2006, Topic Maps-Part 2：Data model, 2006.08.
38) ISO/IEC 13250-3：2006, Topic Maps-Part 3：XML syntax, 2007.03.
39) JIS X 4157：2002, SGML応用-トピックマップ, 2002.08.
40) JIS X 4157：2003, SGML応用-トピックマップ（追補1），2003.11.
41) 日本工業標準調査会，http://www.jisc.go.jp/
42) ISO, Extended search for standards and/or projects, http://www.iso.org/iso/en/Standards_Search. StandardsQuery Form.
43) 中西淳治：「規格文書関係のトピックマップによる記述」，画像電子学会第35回年次大会, S.1-3, 2007.06.

3 モバイル・ユビキタス

3.1 モバイルネットワーク

3.1.1 無線方式

1979年,世界に先がけてセル方式による自動車電話サービスが開始されて以降,移動通信サービスは急速な成長を遂げ,携帯電話とPHS (personal handy-phone system) とを合わせた加入者総数は2007年3月時点で1億人を超えた[1]。本節では,移動通信の変遷やおもな無線方式について述べたのち,移動通信システムの無線方式を支える各種技術について概説する。

(1) 移動通信システムの無線方式

移動通信システムの無線方式は,アナログ方式による第1世代,ディジタル方式による第2世代,高速データ通信,規格の統一,国際ローミングをめざした第3世代に分類される。

第1世代 (1G) のアナログ方式としては,
- 電電公社方式（日本方式）
- AMP (advanced mobile phone service, アメリカ方式)
- NMT (nordic mobile telecommunication)
- TACS (total area coverage system)（ヨーロッパ諸国の方式）

などがあげられる。

第2世代 (2G) のディジタル方式としては,
- digital AMPS（アメリカ方式）
- PDC (personal digital cellular, 日本方式)
- GSM (group special mobile, ヨーロッパ方式)
- IS-95（さらに,もうひとつのアメリカのCDMA方式）

があげられる。

IMT-2000とよばれる第3世代 (3G) としては,

- IMT-DS（W-CDMA方式,3GPPの規格）
- IMT-MC（CDMA2000方式,3GPP2の規格）
- IMT-TC（TD-CDMA,TDS-CDMA方式）
- IMT-FT（DECT,欧州のディジタルコードレス電話）
- IMT-SC（UWC-136,EDGE,GSM384）

の規格に分類される。現在,日本国内では,W-CDMA方式とCDMA2000方式が用いられている。

(2) 移動通信サービスの変遷

移動通信サービスの加入者数の推移を図3.1に示す[1]。第1世代のアナログ方式は,1979年,電電公社が世界に先がけてセル方式自動車電話（アナログ方式）サービスを開始したことに始まる[2,3]。1985年のショルダホン型自動車・携帯電話の販売開始,1987年のさらに小型の携帯電話の販売開始により,自動車電話の時代から携帯電話の時代へ移行しはじめた。また,1985年,電電公社の民営化（NTT）に伴って,新通信事業者の参入が可能となり,1988年に自動車・携帯電話サービス分野へ新事業者が参入を開始した。これによって,競争の時

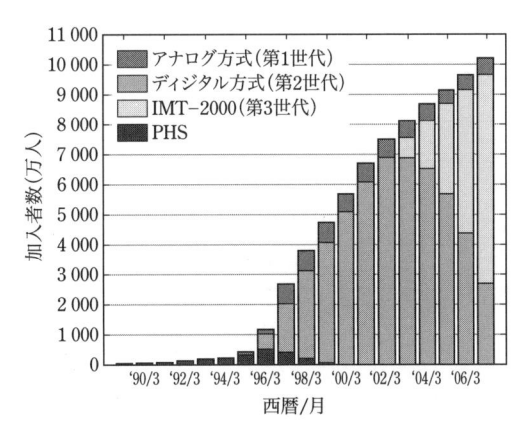

図3.1 移動電話サービスの加入者数の推移

代，急速な普及の時代に入った．1990年，電波の有効利用による収容加入者増を図るため，小ゾーンセクター方式が導入された．

1993年，ディジタル方式（personal digital cellular；PDC）のサービスが開始され，アナログ方式（第1世代）からディジタル方式（第2世代）への移行が進んだ．1994年のディジタル系事業者の参入と端末機の売切り制の導入，1995年，PHS事業者の参入によって事業者間の激しい競争が本格化し，加入者数は飛躍的に増大した．

IMT-2000とよばれる第3世代システムについては，W-CDMA方式によるサービスが2002年4月より開始され，2002年4月よりCDMA2000 1X方式によるサービスが開始された．サービス開始当初の加入者の増加は緩やかであったが，2004年ごろから急速に普及しはじめ，世代の交代が一気に進んでいる．また，3.5Gとよばれている，下りリンクの高速パケット通信方式（1X EV-DO，HSDPA）を用いたサービスが開始され，パケット通信料の定額制の開始とあいまって，モバイルデータ通信のトラフィックが急速に増大した．

1X EV-DO（1X evolution data only）方式は，CDMA2000方式をベースとして，下りリンク（端末受信）のデータ通信を高速化（ピークデータ速度は2.4 Mbps）した規格であり，2003年4月よりサービスが開始された．また，HSDPA（high speed downlink packet access）方式は，W-CDMAの下りリンク（端末受信）のデータ通信を高速化した規格であり，2006年8月よりサービスが開始された．最大2 Mbpsの通信速度が提供されている．これらの方式も3.5Gシステムとよばれている．

(3) セル方式

サービスエリアを複数のセルで覆う方法は，セル方式とよばれる．セル方式では，同じ周波数をたがいに干渉が問題とならない程度に離れたセルどうしでくり返し使用することにより，限られた周波数帯域の下で多数の移動機を収容することができる．再利用する距離をせばめる（小セル化する）ことにより，さらに周波数利用効率を高めることができる．周波数リユースの考え方に加え，需要に応じてセルを細分化・小セル化する考え方は，米国ベル研究所から「セルラコンセプト」として発表された[5]．これ以降，小セル方式の移動通信方式はセルラー方式とよばれている[4]．

FDMA方式やTDMA方式による第1世代，第2世代の移動通信システムでは，リユース7程度であったが，CDMAによる無線方式では，拡散符号のタイミングを基地局ごとにシフトさせてたがいの干渉を低減することにより，リユース1での運用を可能にしている．

(4) 周波数帯

移動通信サービスに割り当てられている周波数帯は，800 MHz帯，1.5 GHz帯，1.7 GHz帯，2 GHz帯である．

(5) 無線アクセス方式

複数の移動端末が，無線リソースを共用して同一の基地局と通信する方式を無線アクセス（あるいは多元接続）方式とよぶ[6]．無線アクセスの方式には，図3.2に示すように，

- 周波数分割多元接続（frequency division multiple access；FDMA）方式

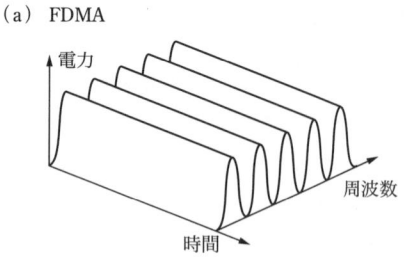

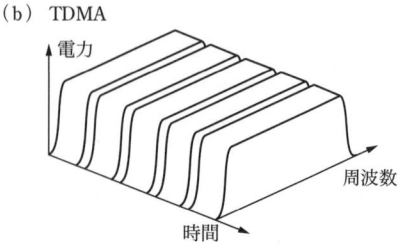

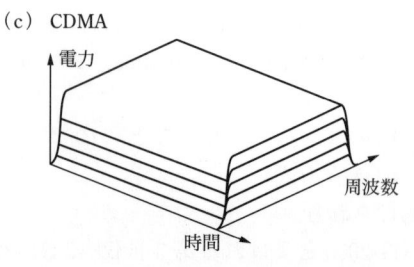

(a) FDMA

(b) TDMA

(c) CDMA

図3.2　各多元接続方式の概念

- 時間分割多元接続（time division multiple access；TDMA）方式
- 符号分割多元接続方式（code division multiple access；CDMA）方式

がある。

FDMA方式は，周波数帯域をチャネルに分割し，チャネル単位で周波数を割り当てる方式である。FDMA方式は，第1世代のアナログ方式で用いられた。

TDMA方式は，時間をフレームとよばれる周期で区切り，さらにフレームを複数のスロットに分割して，割り当ててチャネルを構成する方式である。TDMA方式は，1つの搬送波で複数チャネルを多重化できるため送受信機の台数が少なくできるのと，複数の電波を共通増幅する際に相互変調によって発生するスプリアス（不要輻射電力）が少ないという利点を有している。

CDMA方式は，スペクトル拡散技術を利用し，情報信号が必要とする帯域幅よりも十分広い帯域幅を用いて伝送する方式である。DS-CDMA（direct spreading CDMA）方式は代表的なCDMA方式であり，情報信号より高い周波数で交番する拡散符号を情報信号に掛け合わせて拡散を行なう。各ユーザーは同じ周波数と時間を共用し，各チャネルには互いに直交する（相関が低い）拡散符号を割り当て，この符号によって送信側で拡散し，受信側で逆拡散することによってチャネルの分離を行なう。直接拡散CDMA方式の基本構成を図3.3に示す。

(6) 複信方式

上り回線と下り回線の通信路を割り当てる複信方式としては，2つの周波数帯域を上り回線と下り回線に割り当てる周波数分割複信方式（frequency division duplex；FDD）と時間分割複信方式（time division duplex；TDD）とがある。現在のセルラーシステムでは，FDD方式，PHSシステムではTDD方式が採用されている。

(7) 変調方式

変調とは，搬送波（電波）に情報をのせる操作である。位相に情報をのせる位相推移変調（phase shift keying；PSK）方式が用いられている。BPSK（binary phase shift keying），QPSK（quadinary phase shift keying），8PSK（8-phase shift keying）方式などがある。ベースバンド信号を直交するI成分とQ成分に分解し，それぞれをx軸とy軸とに対応させて平面上に表わすことができる。各ディジタル変調方式の信号点配置を図3.4に示す。

1シンボルあたりの情報ビット数は，それぞれ1 bit/symbol，2 bit/symbol，3 bit/symbolである。さらに，1シンボルあたりの情報ビット数を増やすため，位相変調と振幅変調とを組み合わせた16QAM，64QAM方式が用いられることがあり，1シンボルあたりの情報ビット数

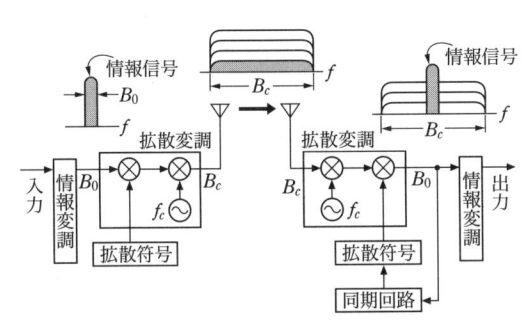

図3.3 直接拡散CDMA方式の基本構成

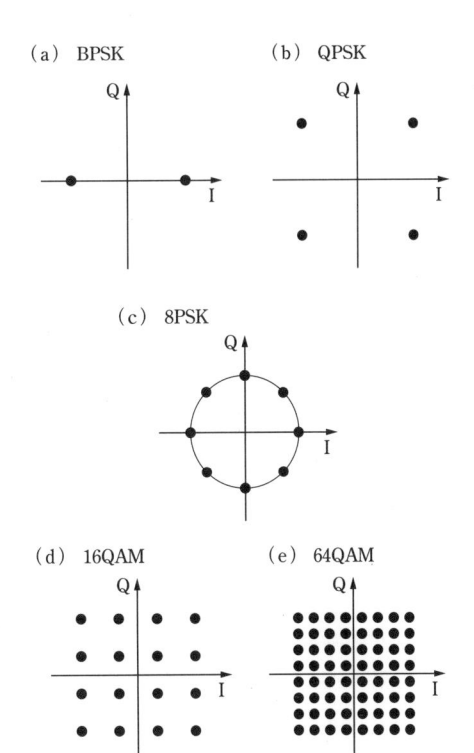

図3.4 各ディジタル変調方式の信号点配置

はそれぞれ 4 bit/symbol, 6 bit/symbol である。1 シンボルあたりの情報ビット数が大きいほど周波数利用効率が高い通信方式といえるが, 熱雑音や干渉雑音に対してビット誤りが発生しやすくなる。そのため, 受信信号の品質に応じて変調方式を切り替える適応変調（adaptive modulation）が用いられている。

(8) 誤り訂正方式

誤り訂正方式は, FEC（forward error correction）方式と ARQ（automatic repeat request）方式とに分類される。

FEC は, あらかじめ送信側のデータに対して冗長なデータを付加することにより, 受信側で行なうエラー検出と訂正処理を可能にする技術である。冗長ビットを付加した送信データに対する情報ビットの割合を符号化率とよぶ。符号化率の値が小さいほどノイズや干渉に強くなるが, 周波数利用効率は低下する。反対に, 符号化率が 1 に近づくほど周波数利用効率は高くなるが, ノイズや干渉に弱くなる。移動通信システムで用いられる FEC 方式のおもなものとしては, たたみ込み符号化/ビタビ復号, ターボ符号化/復号, LDPC（low density parity check）などがある。

ARQ は, 一連のデータをさらに小さなブロックに分割して送受信し, 受信側で通信途中にエラーが発生した場合, 障害のあるブロックだけを自動的に再送信させることで, エラーを訂正する方式である。

高速パケット用の移動通信システムでは, FEC と ARQ とを組み合わせて用いるのが一般的である。

(9) ダイバーシティ

ダイバーシティは, 異なるフェージング変動の信号を複数受信し合成することにより, 信号品質の向上を図る技術である。移動通信システムでは, アンテナダイバーシティ, サイトダイバーシティ, 偏波ダイバーシティが用いられている。ダイバーシティの効果は, 複数信号のフェージング変動の相関が十分低いほどダイバーシティの効果が大きいため, 相関が低くなるようアンテナの配置を工夫する必要がある。

(10) 送信電力制御

送信電力制御は, 基地局で受信される信号品質がほぼ一定となるよう, 個々の移動局からの信号品質を常時観測し, 送信電力の増加あるいは減少を制御する技術である。移動通信システムでは, 基地局からの距離やフェージング変動によって, 伝搬損失が大きく変化する。複数のユーザー信号が同一周波数帯を共有する CDMA 方式では, 遠近問題は通信品質に大きな影響を及ぼすため, 精密な送信電力制御の実装が必須となる。

(11) ハンドオーバー

ハンドオーバーは, ユーザーが移動して基地局セルの境界を通過する際に, 基地局の接続先を切り替える仕組みであり, 移動時の連続通信を実現するための必須の技術である。上位レイヤーでの制御信号のやりとりによって実現している。

CDMA 方式では, ハンドオーバーが発生する基地局セルの境界付近にユーザーがいる場合, 移動機周辺の複数の基地局から, 同じデータを移動機に送信する。移動機では, 周辺基地局からの複数の信号をレイク受信することにより, 通話が瞬断することなくスムーズなハンドオーバーが可能となる。このハンドオーバーの仕組みをソフトハンドオーバーとよぶ。

3.1.2　ネットワーク構成

モバイルネットワークでは, 端末がネットワークを移動する際にも通信を維持するための移動管理（モビリティ管理）機能が重要となる。本項では, モビリティ管理機能を中心とするモバイルネットワークの構成（アーキテクチャ）の概要を述べる。モビリティ管理機能は, 隣接基地局間のハンドオフなど, 無線回線を含めた下位レイヤー（レイヤー 2 以下）で実現される部分も存在するが, ここではより一般的な技術として, IP レベルにおけるモビリティ管理機能を中心に述べる。その代表例として, IETF（Internet Engineering Task Force）で規定されているモバイル IP の概要を示したのち, 第 3 世代移動体通信システムにおけるパケットネットワークのアーキテクチャを紹介する。さらに, ネットワークの ALL IP 化・高度化をめざして現在, 検討・標準化が進んでいる IMS（IP multimedia subsystem）/MMD（multimedia domain）の概要についても紹介する。

(1) モバイル IPv4

モバイル IP は，端末が本来所属するネットワークから別のネットワークに移動した際に，元のネットワークで割り当てられた IP アドレスをそのまま用いて通信可能とする技術であり，IPv4 対応のモバイル IPv4 は，IETF において RFC 3344[7] として規定されている。モバイル IP は IP レベルでのモビリティをサポートするため，上位レイヤーのアプリケーションは，移動端末の位置にかかわらず，その端末固有の IP アドレス（ホームアドレスとよばれる）を使用して通信可能である。すなわちモバイル IP の動作を意識することなく，さまざまなアプリケーションから透過的に利用できるという特徴をもつ。さらに，無線 LAN や携帯電話，固定回線といった，特定のアクセス手段に依存せず，いずれのネットワークにおいても共通に利用できるという利点がある。

モバイル IP（v4）では，下記の構成要素が定義されている（図 3.5）。

- 移動ノード/移動端末（Mobile Node；MN）　あらかじめ割り当てられた IP アドレスを用いて，ネットワークをまたがって移動する通信ノード。
- ホームネットワーク（home network）　MN が本来所属するネットワーク。
- 外部ネットワーク/訪問先ネットワーク（foreign network/visited network）　ホームネットワークとは別の，MN の移動先となるネットワーク。
- ホームアドレス（home address）　ホームネットワークにおいて，MN に割り当てられた固有の IP アドレス。
- 気付アドレス（care-of address；CoA）　外部ネットワークにおいて，ホームアドレスとは別に MN に割り当てられる転送先の IP アドレス。
- ホームエージェント（home agent；HA）　ホームネットワークに存在し，MN の位置登録情報を管理して，MN 宛てのパケット転送をサポートするノード。
- フォーリンエージェント（foreign agent；FA）　外部ネットワークに存在し，ホームネットワークの HA と協調して，MN の位置登録・パケット転送をサポートするノード。
- 通信相手ノード（correspondent node；CN）　MN の通信相手ノード。CN は，特定のネットワークに接続された固定ノードの場合や，他の移動ノードの場合などが想定される。

モバイル IP（v4）の動作概要を以下に示す（図 3.6）。

MN は，特定のホームネットワークに所属し，そのホームネットワークのアドレス空間に属するホームアドレスが割り当てられる。MN が外部ネットワークに移動すると，その外部ネットワークに存在する FA から気付アドレスを取得して，気付アドレスとホームアドレスを FA 経由でホームネットワークの HA に登録する。

外部の CN から MN 宛て，すなわち MN のホームアドレス宛てに送信されたパケットは，ホームネットワークの HA が MN になり代わって受信し，登録された気付アドレスに対応する FA までトンネリングする。トンネリングとは，元の IP パケットに，別の送信元/宛先アドレスをもつ新たな IP ヘッダーを付加（カプセル化とよばれる）して，元のパケットの宛先にかかわらずに，特定ノード間（この場合は HA から FA）でパケット転送を行なうことをいう。

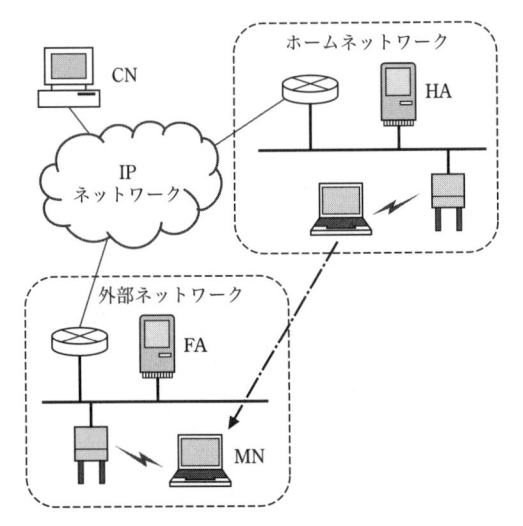

図 3.5　モバイル IP ネットワーク

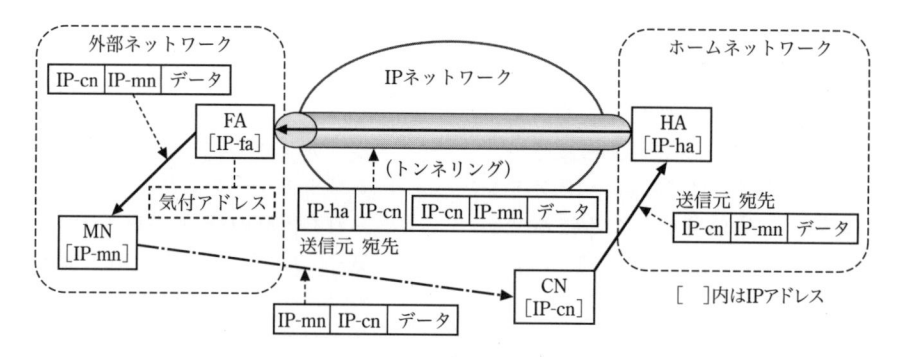

図3.6 モバイルIPのパケット転送

また，FAを介さずにHAから直接MNまでトンネリングする方法も規定されている。この場合は，MN自身が気付アドレス（共存気付アドレス，co-located CoAとよばれる）をもつ。

MNからCN宛てに送信されたパケットについては，標準規定ではトンネリングなどを行なわずに通常のIPルーティングに従う。しかし，MNが外部ネットワークに存在する場合，送信元アドレスをホームアドレスとしてパケットを送信すると，ファイヤウォールなどで遮断される場合がある。このため，MNが送信するパケットをいったんFAが受け取り，FAからHAに逆方向トンネリングを行なって，元のパケットをHAからCNに送信する方法も別途規定されている。

(2) モバイルIPv6

アドレス空間が32ビットに限られるIPv4のアドレス枯渇問題を解消し，端末数の増大に対応するために，128ビットのアドレス空間をもつIPv6が規定された。IPv6対応のモバイルIPv6は，RFC 3775[8]として規定され，モバイルIPv4と同様な機能によってIPレベルのモビリティを提供するが，モバイルIPv4と比較して，おもに以下の点で改良・効率化が図られている。

- 登録処理にかかわる制御メッセージがモバイルIPv4ではUDP上で実現されるのに対して，モバイルIPv6ではすべてIPv6の拡張機能（拡張ヘッダー）としてサポートされている。
- HAに対する登録メッセージの認証・セキュリティ確保のために，モバイルIPv4では制御メッセージに独自の認証パラメータを規定しているのに対して，モバイルIPv6は汎用的なIPsecを利用する。
- 外部ネットワークにFAは存在せず，MN宛てのパケットはHAからMNに直接トンネリングされる（co-located CoAのみに対応）。
- HAを介さずに直接CNからMNへのパケット転送を可能とする経路最適化（route optimization）がサポートされている。経路最適化では，MNがCNに対して位置登録を行なうための独自の認証・登録手順が規定されている。
- MNからHAへの逆方向トンネリングが標準でサポートされている。

(3) 3GPP移動体パケットネットワーク

移動体通信システムの標準化団体である3GPP（3rd Generation Partnership Project）/3GPP2（3rd Generation Partnership Project 2）では，携帯電話による移動体パケット通信に関するアーキテクチャ/プロトコルを規定している。3GPPでは，ヨーロッパを中心とする第2世代携帯電話の規格であるGSM（Global System for Mobile Communications）でも利用されているGPRS（General Packet Radio Service）をベースとして，無線規格を第3世代のUMTS（Universal Mobile Telecommunications System）に発展させたアーキテクチャが採用されている[9]。以下に，その構成を示す（図3.7）。

- UTRAN（UMTS terrestrial radio access network）　UMTS無線アクセス網。無線基地局や基地局制御局から構成され，UMTS特有の下位レイヤ手順をサポー

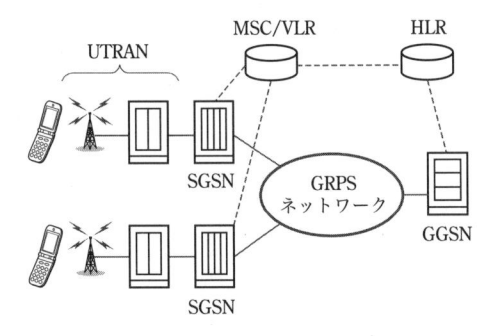

図3.7 3GPP移動体パケットネットワーク

トして，ユーザーごとの無線アクセス回線を提供する。アクセス網に対して，上位のネットワークはコアネットワークとよばれる。

- SGSN（serving GPRS support node）　無線アクセス網を，広域の移動体パケットネットワーク（コアネットワーク）であるGPRSネットワークに収容するためのノード。
- GGSN（gateway GPRS support node）　GPRSネットワークと外部のインターネットやISPなどを接続し，ユーザーに各種IP通信サービスを提供するためのノード。
- HLR（home location register）　ユーザー（加入者）の情報や現在位置などを管理するデータベース。
- MSC/VLR（mobile switching center/visitor location register）　回線交換網と共通の設備で，HLRと連携して移動端末の位置管理機能を提供する。

GPRSネットワークはIPベースで構築されているが，GRPS独自の制御メッセージの転送やセッションの管理，ユーザーのIPパケット転送を実現するために，SGSNとGGSNのあいだでGTP（GPRS tunneling protocol）とよばれるプロトコルが使用されている。

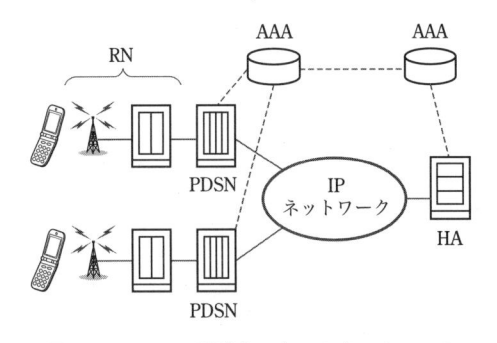

(4) 3GPP2移動体パケットネットワーク

北米を中心とする第3世代移動体通信システムであるCDMA2000の標準化を行なっている3GPP2では，パケットデータ通信に関してはIETF規格をベースとしたアーキテクチャを採用しており，前述のモバイルIPを利用したパケットネットワークを規定している[10]。以下に，その構成を示す（図3.8）。

- RN（radio network）　CDMA2000対応の無線アクセス網。無線基地局や基地局制御局から構成され，CDMA2000特有の下位レイヤー手順をサポートして，ユーザーごとの無線アクセス回線を提供する。
- PDSN（packet data serving node）　RNと上位のIPネットワーク（コアネットワーク）を接続するノード。移動端末とはPPPで接続され，AAA（RADIUSサーバ）と連携して端末の認証を行なうとともに，コアネットワークとのあいだでユーザーパケット転送をサポートする。モバイルIPv4を利用する場合は，PDSNがFA相当の機能をサポートする。
- HA（home agent）　モバイルIPのHAで，移動端末の位置管理とHA-PDSN間のパケット転送（トンネリング）をサポートする。なお，3GPP2では，モバイルIPを利用せずに，PDSNが直接外部のパケットネットワークに接続してパケットサービスを提供する形態（simple IPとよばれる）も規定されている。
- AAA（authentication, authorization and accounting）　認証・課金のためのサーバでRADIUSサーバに相当する。端末のホームネットワークと訪問先ネットワークに存在し，訪問先ネットワークのAAAはホームネットワークのAAAに対するプロキシサーバとして動作する。

(5) IMS/MMD

これまで回線交換で提供されてきた音声通信をIP上でサポートするVoIP（voice over IP）

図3.8 3GPP2移動体パケットネットワーク

に加え，TV会議などを含めたマルチメディア通信サービスを IP 上で統合的にサポートし，ネットワークの QoS（quality of service）やセキュリティも高めた ALL IP ネットワークの標準化・開発が進んでいる。ALL IP ネットワークでは，マルチメディア通信のセッション制御のために SIP（session initiation protocol, RFC 3261）[11] が使用される。3GPP および 3GPP2 では，SIP をベースとした ALL IP アーキテクチャが標準化されており，3GPP では IMS（IP multimedia subsystem）[12]，3GPP2 では MMD（multimedia domain）[13] とよばれている。IMS/MMD は，ITU-T などで検討されている NGN（next generation network）のセッション制御のベースともなっている。MMD は，IMS をベースとして，前述の 3GPP2 移動体パケットネットワークと整合するように若干変更されているが，基本的には IMS と同様なアーキテクチャである。

IMS の基本的な構成を以下に示す（図 3.9）。
- HSS（home subscriber server）　ユーザー（加入者）の認証情報，プロファイル情報，位置情報などを保持・管理するサーバで，HLR を発展させたもの。
- S-CSCF（serving-CSCF）　端末が所属するホームネットワークに存在する中心的な SIP サーバで，HSS と連携して認証を行なうとともに，AS（application server）と連携してマルチメディアアプリケーションのセッション制御・管理をサポートする。
- I-CSCF（interrogating-CSCF）　他の IMS ネットワークと接続するための SIP サーバ。
- P-CSCF（proxy-CSCF）　端末が最初にアクセスする SIP サーバであり，端末から送信された SIP メッセージを I-CSCF や S-CSCF に転送する。
- PDF（policy decision function）　GGSN と連携して，パケットネットワークや無線回線のリソース制御，QoS 制御などを提供する。
- AS（application server）　S-CSCF などと連携して，個別のマルチメディアアプリケーションを提供するためのサーバ。

3.2 モバイル通信のマルチメディア技術

3.2.1 サービス分類

通信サービスにおいて，伝送の特性から下記の分類が可能である。
- 一対一 vs. 一対多
- 単方向 vs. 双方向
- リアルタイム vs. 非リアルタイム

これらの組合せにより，通信サービスが提供されるが，その典型的なものを下記にあげ，そのサービス概要，実用化例，要求条件をまとめる。

(1) 一対一，単方向，リアルタイム

受信端末とサービス提供サーバが一対一で接続され，受信端末からのリクエストに応じてデータがサーバから配信される。配信されるデータは，受信端末においてリアルタイムで利用され，利用者に対して情報提示が行なわれる。

サービス例としては，ストリーミングサービスがあげられる。受信端末は，ビデオサーバにアクセスし，番組選択などののち，伝送されてくるビデオ情報を受信と同時に再生・視聴する。また，このカテゴリの特別な例として，ライブ映像の配信もあげられる。一般的ストリーミングでは，送信側にある映像はあらかじめ構成され蓄積されている映像ファイルであるが，ライブ映像では送信側の生映像を中継することになる。

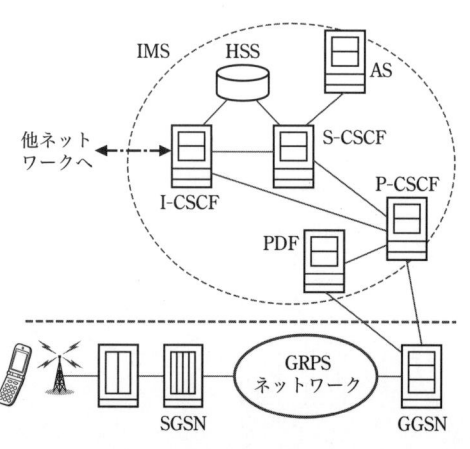

図 3.9　IMS アーキテクチャ

こうしたサービスを安定的に提供するうえで，データ伝送のリアルタイム性が必須である。すなわち，ビデオデータの再生時にデータが届いていない場合，再生が不可能になるためである。一般的なストリーミングの場合は，あらかじめサーバ側に蓄積されている映像ファイルであるため，受信側で再生するよりも速い速度で伝送する方法もとりうるが，ライブ映像の場合は送信側での映像取得と同時に伝送するため，再生速度と伝送速度が一致しなくてはならない。

(2) 一対一，単方向，非リアルタイム

受信端末とサービス提供サーバが一対一で接続され，受信端末からのリクエストに応じてデータがサーバから配信される。配信されるデータは，受信端末において蓄積され，蓄積終了後に利用者に対して情報提示が行なわれる。

サービス例としては，着うたフルなどの音楽ダウンロードサービスがあげられる。受信端末は，音楽サーバにアクセスし，コンテンツ選択ののち，伝送されてくる音楽ファイルを受信・蓄積する。そして，受信したファイルを再生する。特別な例として，ファイル受信の途中で再生開始する手法もあり，擬似ストリーミングあるいはプログレッシブダウンロードとよばれる。

このサービスにおいては，基本的にはファイル転送であるため，データ伝送の完全性が要求される。すなわち，伝送路において伝送誤りが発生した場合に，その誤りが完全に訂正された状態で受信側にファイル蓄積される必要がある。一般的に，蓄積されたファイルがくり返し使用されるため，誤りが解消されていない場合，再生のたびに不具合を生じるためである。なお，擬似ストリーミングの場合には，ファイル転送速度が受信端末での再生速度と同等，もしくはより速い必要がある。

(3) 一対一，双方向，リアルタイム

端末と，もう一端の端末が一対一で接続され，いずれの端末も人間が使用し，データ伝送が双方向で行なわれる。また，データの伝送と受信・再生はリアルタイムで行なわれ，利用者にただちに提示される。

サービス例としては，テレビ電話サービスがあげられる。一方の端末は，もう一方の端末にアクセスし，所定の通話手順ののちに自端末側の映像と音声を符号化し，相手端末へ伝送すると同時に，相手端末から送られてくる符号化映像・音声を受信し，再生・表示する。

このサービスにおいては，人間の通話に用いられるため，最もシビアな伝送品質が要求される。すなわち，リアルタイム性を担保するために再生速度と伝送速度が一致しなくてはならないのに加えて，自端末の映像・音声が相手端末で表示されるまでに要する遅延時間が会話に支障のない値に抑えられなくてはならない。また，伝送誤りも会話を妨げないように十分低い値に抑えられなくてはならない。

(4) 一対多，単方向，リアルタイム

サーバから複数の端末に対してデータが同報配信される。データの伝送と受信・再生はリアルタイムで行なわれ，利用者にただちに提示される。

サービス例としては，後述するMBMSあるいはBCMCSというマルチキャストサービスによるコンテンツのストリーミング再生があげられる（ワンセグについては，本編1.5節を参照のこと）。

このサービスにおいては，放送的なサービスであり，端末に個別に適合させた伝送を行なうことができないため，サービスカバーエリアの概念の下にエリア内の平均的端末が受信可能なようにデータ伝送が行なわれる必要がある。また，伝送誤りも，再送手順ではなく誤り訂正手段によって訂正され，視聴に支障のないレベルに緩和される必要がある。

(5) 一対多，単方向，非リアルタイム

サーバから複数の端末に対してデータが同報配信される。伝送されたデータは受信端末において蓄積され，ファイルとして保存される。利用者は，受信完了後のファイルを利用する。

サービス例としては，同じくMBMSあるいはBCMCSによるコンテンツファイルの配信があげられる。端末に対して一斉にニュースなどの同じコンテンツを配布するのに用いられている。

このサービスにおいては，放送的なサービスで一斉同報であるため，できるだけ同報の最中

に誤り訂正を実現する必要がある。ただし，非リアルタイムなので，訂正できなかった箇所のデータに関しては，一対一，単方向，非リアルタイムの通信手段によってデータを取得し，完全性を担保することも可能である。

3.2.2 マルチメディアシステムとプロトコル

本項では，前節でのサービス要求に応じて，標準化の観点から携帯電話を対象としたマルチメディアサービスに関して概説する。

(1) 標準化団体

携帯電話でのマルチメディアサービスに関して，通信の相互接続性を担保するためや，共通仕様化による開発・調達コストの低減をねらいとして，国際標準化が進められている。

携帯電話サービスに関連する重要な標準化団体は，3GPP（3rd Generation Partnership Project）[*1] および 3GPP2（3rd Generation Partnership Project 2）[*2] である。それぞれ，W-CDMA技術またはCDMA2000技術に基づいた標準化団体であり，各国の標準化団体（日本：ARIBとTTC，米国：ATISとTIA，欧州：ETSI，韓国：TTA，中国：CCSA）の合同組織である。通信キャリアでは，それぞれの採用している通信方式のちがいによって，NTTドコモとソフトバンクモバイルが3GPP，KDDIが3GPP2をおもな活動の舞台としている。3GPP/3GPP2では，携帯電話通信に関する無線ネットワーク，コアネットワーク，サービス技術の標準化を行なっている。

次に重要な団体は，OMA（Open Mobile Alliance）[*3] である。OMAはWAPフォーラムなどが母体となって発足した団体であり，ミドルウェアプロトコルやアプリケーションレイヤーなどプラットフォームによらず共通に利用できる技術の開発・標準化を行なっている。

(2) MMS

MMS（multimedia messaging service）はSMS（short messaging service）を基にして発展したサービスであり，ユーザーから発信されたメッセージをセンターに預かり，相手端末に届けることを基本としている。このとき，相手端末の能力に合わせて届けるメッセージ形式をネットワーク側で変換する機能も規定されている。3GPPにおいて先行的に標準化が進められてきた。また，3GPP2では，IMAPベースのメッセージ伝送手段 M-IMAP もサポートしており，インターネットメールとの親和性が高いサービスが可能となっている。現在，MMSに関する標準化は3GPP/3GPP2からOMAに移管され，今後の機能拡張はOMAで議論されることになる。MMSの標準では，利用されるビデオ・オーディオコーデック，メッセージのデータフォーマット，通信手順が定められる。

(3) テレビ電話

テレビ電話技術はISDN向けにITU（International Telecommunication Union）にて標準化されたH.320[24] を源流とし，その後の新たなコーデック技術やプロトコルの見直し，ネットワーク特性への適応が行なわれた3G-324Mが実用化された。3G携帯電話システムの回線交換接続モードを用いて，64kbps にてテレビ電話サービスがNTTドコモおよびソフトバンクモバイルにてサービス提供されている。

一方，データ通信向けに高速なパケット通信が3G携帯電話システムで実用化されてきており，このパケット網上でのテレビ電話が検討途上にある。韓国では，いち早くパケットベースのテレビ電話が実用化されており，日本でもau（KDDI）でサービスが提供されている。

テレビ電話の標準では，利用されるビデオ・オーディオコーデック，圧縮データのネットワークアダプテーション方式，通信手順が定められる。

(4) PSS/MSS

PSS（packet switched streaming）およびMSS（multimedia streaming service）は，それぞれ3GPPおよび3GPP2におけるストリーミングサービス標準である。

ストリーミング技術には，UDPベースのストリーミングとTCPベースのストリーミングがあり，前者はRTPストリーミング，後者は擬似ストリーミング，あるいはプログレッシブダウンロードとよばれる。一般的な通信手順で

[*1] 3GPP http://www.3gpp.org/
[*2] 3GPP2 http://www.3gpp2.org/
[*3] OMA http://www.openmobilealliance.org/

は，携帯電話から MSS サーバにアクセスし，コンテンツ情報の取得を行なったのちに，ストリーミングセッションを確立し，ビデオ・オーディオデータを受信しながら再生する。

MSS の標準では，利用されるビデオ・オーディオコーデック，圧縮データのネットワークアダプテーション方式，セッション確立手順，視聴中に早送り・巻き戻しなどを行なうためのストリーミング制御手順が定められる。

(5) MBMS/BCMCS

電波によるデータ伝送の特性として，受信状況の優劣はあるもののエリア内のすべての端末に電波は到達している。そこで，その特性を利用して，一挙に複数の端末に対してデータ伝送を行なう方式が考案された。3GPP における検討では，MBMS (multimedia broadcast/multicast service)，3GPP2 における検討では，BCMCS (broadcast multicast service) とよばれている。

ストリーミングおよびファイル配信型のサービスが行なわれており，ファイル配信については LDPC 符号に基づく FLUTE プロトコルが採用されている。

3.2.3 メディア処理

(1) モノメディア

メディア符号化技術は，その研究・実用化の歴史も長いため，さまざまな技術が存在している。しかし，携帯電話などのモバイル機器では実装面での制約が大きく，また，きわめて多数の端末台数が出荷されるため，動作検証コストや支払いライセンス料などの観点から搭載するコーデック数を抑制する力学がはたらき，限定的な数のメディア符号化コーデックのみがサポートされている。メディア種別ごとに，典型的なコーデックに関して，それらの概要を表 3.1 にまとめる。

なお，モバイル環境でこれらのコーデックを用いる際に重要となるのは，エラー耐性である。データリンク層やトランスポート層でのエラー対策は必要であるが，ビデオ，オーディオデコーダのレイヤにおいてもエラー耐性が求められる。

①ビデオコーデック

さらに，ビデオ，オーディオに関して詳細に標準システムでの採用状況を解説する。

3GPP および 3GPP2 技術仕様では，さまざまな経緯から相互接続が必要とされるシステムにおいては，ITU-T H.263 Profile 0[25] が標準コーデックとされている。それ以外には，MPEG-4 Visual Simple Profile[27] および H.263 Profile 3 がオプションコーデックとして選定されている。最近では，H.264[26] も採用されている。

従来からあるサービスにおいては，既存システムとの相互接続性の観点から H.264 はオプションであるが，マルチキャストのように新しいサービスでは，H.264 が第 1 のビデオコーデックとなっている。また，H.264 のプロファイルに関しては，ベースラインではあるが，FMO/ASO の誤り耐性ツールに関して携帯電話機への実装の困難さと有効性のバランスの観点から必須とされていない。

現時点でのサービス別採用コーデックを表 3.2 に示す。

②スピーチ・オーディオコーデック

スピーチコーデックは，3GPP では AMR narrow band[28] が標準であり，3GPP2 では EVRC[29] が標準的地位を与えられ，場合によっては AMR ナローバンドと Qcelp および SMV[30] も用いられる。

オーディオに関しては 3GPP/3GPP2 ともにいずれのサービスにおいてもオーディオ信号を扱う場合に AAC Profile 3[31] が標準コーデックとして採用されてきた。最近になり，新たな概念 (spectral band replication) に基づくオーディオコーデック (HE AAC)[32] の進歩があり，オプションのコーデックとして採用されている。これにより，48 kbps にて 44.1 kHz サンプリング周波数を用いて CD に近い音質を再現できる状況となっている。一方，CELP 系の音声符号化方式においても，適応的に符号化モードを切り替えることで音声と BGM などの楽曲が合わさったオーディオ信号に対して優れた符号化特性を示すコーデックがある (AWR-WB+)[33]。いずれも新しいマルチキャストサービスにおいて標準デコーダに採用されている。

現時点でのサービス別採用コーデックを表 3.3 に示す。

表3.1 携帯電話で用いられる主要コーデック

メディア	コーデック	概説	実用化例
静止画	JPEG	フルカラー自然画像を高能率符号化するコーデック。圧縮の強さをさまざまに設定可能であるが、圧縮後のファイルサイズの縮小率と画質とのあいだにトレードオフ関係がある。また、絵柄によって、同じ画質を保つためのファイルサイズが異なる。	携帯電話でのカメラ撮影画像の保存
	GIF	グラフィックスを可逆圧縮するコーデック。256色以下の限定色画像に対応。背景を透明にする透過GIFや、複数画像を切り替えることでアニメーション表示することも可能。	背景画像など
	PNG	主としてグラフィックスを可逆圧縮するコーデック。限定色画像だけでなく、フルカラーにも対応し、透過属性をもたせることも可能。可逆圧縮のため、ファイルサイズは絵柄によって変わる。	背景画像など
動画像	MPEG-4	国際標準化機関ISOにおいて制定されたフルカラー動画像符号化規格。当初は符号化効率に加えて、オブジェクト操作などの機能面にも注力されたが、最終的にはさまざまなエラー耐性をもつ高能率コーデックとして利用された。	動画コンテンツ配信、携帯電話でのムービー撮影データの保存
	H.263	国際標準化機関ITU-Tにおいて制定されたフルカラー動画像符号化規格。当初から低レートでの符号化性能を追求して標準化が進められ、さまざまな圧縮性能向上ツールやエラー耐性ツールを具備している。欧州系キャリアでの採用が多い。	動画コンテンツ配信
	H.264	国際標準化機関ITU-TとISOの共同作業により制定されたフルカラー動画像符号化規格。従来の符号化方式とは一線を画して、新技術の導入により圧倒的な符号化性能を発揮するよう検討が進められた。現時点で最も優れた符号化性能をもつコーデック。	動画コンテンツ配信
音声	AMR	標準化連合組織3GPPにおいて制定された音声コーデック。音声フレームごとに符号化ビットレートが可変で、無音圧縮機能も具備しており、高能率に音声データを圧縮することができる。	電話での通話、マルチメディアコンテンツの音声部分
	EVRC	米国標準化機関TIA/EIAにて制定された音声コーデック。AMRと同様に信号波形そのものを符号化するのではなく、信号発生をモデル化してそのモデルパラメータと駆動データを符号化する分析合成方式。	電話での通話、マルチメディアコンテンツの音声部分
オーディオ	MP3	正式にはISOの規格MPEG-1 Audio Layer III。CDクオリティを得るのに192kbps以上の符号化速度が必要といわれている。かなり幅広く利用されているコーデックであるが、違法コンテンツも数多くインターネット上にあるため、抵抗感を持つ人もいる。	音楽コンテンツ、マルチメディアコンテンツのオーディオ部分
	AAC	ISOにて制定されたMP3の後継となるオーディオ符号化技術。CDクオリティを得るのに128kbpsといわれている。3GPP/3GPP2などの国際機関でもオーディオコーデックの中では、標準的な位置づけを与えられている。	音楽コンテンツ、マルチメディアコンテンツのオーディオ部分
	HE-AAC	ISOにて制定されたAACの拡張規格。AACがオーディオ信号の波形を符号化するのに対して、HE-AACでは低周波成分はAACで符号化し、高周波成分は低周波からの合成に補正成分を加えて生成する。これにより、48kbps程度でかなり高いクオリティのオーディオを再生可能。	音楽コンテンツ

（2）ファイルフォーマット

ファイルフォーマットは、ビデオ・オーディオデータをファイルに格納する際の規則と、それに付随して保持すべき情報（たとえば、表示・出力時刻）を規定するものである。コンテンツ提供サービスにおいては、典型的にはこのファイルがそのまま受信側に伝送される。このとき、ファイル伝送にあたっては、エラー発生のない方法が用いられる必要がある。また、異なる利用方法として、ファイルから比較的短い時間単位でビデオ・オーディオデータをファイルから抽出・パケット化し、ストリーミングする方式もある。このとき、パケットヘッダに格納されるべき時刻情報には前述の付随情報が用いられる。あるいは、ファイルの伝送途中で受信側においてファイル中のデータの再生を開始

表3.2 サービス別ビデオコーデック

サービス種別	3GPP	3GPP2
MMS	・H.263 Profile 0 Level 10 (M)a) ・MPEG-4 Visual Simple Profile Level 0 (O) ・H.263 Profile 3 Level 10 (O)	・H.263 Profile 0 Level 45 (M)a) ・MPEG-4 Visual Simple Profile Level 0b and/or H.264 Baseline Level 1b with constraint_set1_flag = 1 (M)
テレビ電話 (回線交換)	・H.263 (M) ・MPEG-4 Visual Simple Profile Level 0 (O) ・H.261 (O)	・H.263 Profile 0 (M) ・MPEG-4 Visual Simple Profile Level 0 (M)
PSS/MSS	・H.263 Profile 0 Level 45 (M) ・H.263 Profile 3 Level 45 (O) ・MPEG-4 Visual Simple Profile Level 0b (O) ・H.264 Baseline Level 1b with constraint_set1_flag = 1 (O)	・H.263 Profile 0 Level 45 (M) ・MPEG-4 Visual Simple Profile Level 0b (MOb)) ・H.264 Baseline Level 1b (MO*)
テレビ電話 (パケット)	・H.263 Profile 0 Level 45 (M) ・H.263 Profile 3 Level 45 (O) ・MPEG-4 Visual Simple Profile Level 0b (O) ・H.264 Baseline Level 1b (O)	・標準未制定
MBMS/ BCMCS アプリ	・H.264 Baseline Level 1b with constraint_set1_flag = 1 (M)	・標準未制定

a) (M) は必須, (O) はオプション。
b) H.263に加えて, 最低限 MPEG-4 ビデオか H.264 のいずれか片方をサポートしなければならない。

表3.3 サービス別オーディオコーデック

サービス種別	3GPP	3GPP2
MMS	・AMR-NB (M)a) ・AMR-WB (M when 16kHz sampling) ・Enhanced aacPlus (O) ・Extended AMR-WB (O)	・EVRC (M)a) ・Qcelp and/or AMR-NB (M) ・AAC Level2 (O) ・HE-AAC Level3 (O)
テレビ電話	・AMR-NB (M) ・AMR-WB (M when 16kHz sampling)	・Qcelp (O) ・AMR-NB (O) ・EVRC (O) ・SMV (O)
PSS/MSS	・AMR-NB (M) ・AMR-WB (M when 16kHz sampling) ・AAC LC (O)	・EVRC/Qcelp (M) ・AAC Level 2 (O) ・HE-AAC Level 2 (aacPlus) (O)
テレビ電話 (パケット)	・AMR-NB (M) ・AMR-WB (M when 16kHz sampling)	・標準未制定
MBMS/BCMCS アプリ	・Enhanced aacPlus (M) ・Extended AMR-WB (M)	・標準未制定

a) (M) は必須, (O) はオプション。

することでストリーミングサービスを実現する方法もある。

3GPP/3GPP2 標準では，いずれも ISO/IEC MPEG によって開発された，ISO Base Media File Format[35]（以下，ISO フォーマット）を利用している。それぞれ，ISO フォーマットのサブセットを規定し，さらに ISO フォーマットには含まれていない要素を追加して，サービスにあったフォーマットを規定している。追加された代表的な要素は，非 ISO コーデックの表現（H.263，AMR，Qcelp など），著作権管理情報（コンテンツの著作権者表示など）がある。

3GPP では，ファイルフォーマットをプロファイル別に規定している[34]。

① Basic Profile

MMS 向け。PSS と MMS との相互接続のための受け渡しフォーマットにも用いられる。

② Streaming Profile

PSS 向けに，RTP パケット化のためのヒント情報を利用することが必須となっている。

③ Progressive-download Profile

ビデオとオーディオのインタリーブ格納（短時間のビデオとオーディオデータを交互にファイルに先頭から格納する）。

プログレッシブダウンロードに関して，図3.10を参照して説明する。このプロファイルではビデオとオーディオのデータは比較的短い時間単位（1秒程度）でインタリーブ（入れ子状）にて格納されている。受信側では到着したデータを先頭から読み出せば，ビデオとオーディオを同時に逐次再生することが可能である。仮に，インタリーブ格納されていない場合，たとえば，先頭部分にすべてのオーディオデータがまとまって存在し，その後ろにビデオデータが格納されることが起こり，逐次再生ができなくなる。

一方，3GPP2では，ファイルフォーマットはとくにプロファイル分けせずに利用される可能性のある要素はすべて盛り込み，サービス標準において必須要素を規定する方式をとっている[36]。また，MMSサービスについては，3GPPのBasic Profileと同等である一方，MSSサービスにおいては擬似ストリーミングの場合に，Progressive-download Profileに加えて，さらに長時間コンテンツのストリーミングを実現するためのフラグメント機能が必須とされている。

(3) プレゼンテーション

さまざまなメディアをユーザーに提示するにあたって，その空間的配列や時間的配列，ユーザー動作に対するインタラクションが必要となる。そのため，プレゼンテーションの仕方を記述するさまざまな言語が規定されており，ユーザー端末ではその言語を解釈し，それに従ってユーザーに提示する表示機構を有している。携帯電話において広く使われている代表的なものに，HTML，SMIL，Flashがあり，それぞれ概説する。

① HTML

HTMLは，ウェブ画面の表現を行なうための記述言語であるが，携帯電話の世界では携帯電話機の制約があるため，PC向けとは異なった特殊な言語が規定されている。おもな制約としては，画面サイズが小さいために有意なスタイル設定は限られる点，ユーザー入力機構としてはマウスではなく，スクロール・決定・数字ボタンに限られる点，そして細切れのデータを逐次取得するよりも一括して取得するほうが効率的である点があげられる。

これらを考慮して，日本の各携帯電話キャリアはそれぞれ独自の言語仕様を採用してきた。NTTドコモではHTMLの機能縮小版であるC-HTML（iモードHTML），au（KDDI）ではそれとは異なる独自のHDML，ソフトバンクモバイルでは（J-Phone期）にHTMLベースのMMLがそれぞれ採用されており，直接の互換性はなく，変換用のゲートウェイサーバを介して部分的に参照可能な状態であった。これに対して，W3CにおけるXHTML Basic規格の成立を受けて，3社ともにXHTML Basicを採用し，統一化が図られている。ただし，XHTML Basicはきわめて基本的な要素と，表現を拡張するための仕組みが設けられていることから，各社それぞれの拡張部分は存在する。

② SMIL

SMILは，同期マルチメディア統合言語（synchronized multimedia integrated language）であり，メディア情報の表示の時間的な挙動を記述するとともにスクリーン上でのレイアウトを指定する記述言語である。他にも，ハイパーリンクをマルチメディアオブジェクトと結びつける機能を有しており，コンテンツに対して動的なインタラクティブ性を付与することができ

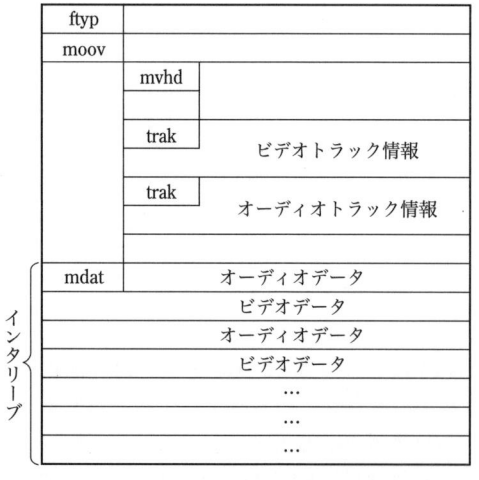

図3.10 ファイルフォーマット

ftyp：ファイルタイプボックス（ファイル種別の記述子），moov：ムービーボックス（コンテンツの先頭の識別子），mvhd：ムービーヘッダーボックス（コンテンツ全体に関する付随情報を格納），trak：トラックボックス（ビデオやオーディオデータの付随情報を格納），mdat：メディアデータボックス（ビデオやオーディオデータの本体を格納）。

る。記述様式は，XMLに準拠している。SMILはパッケージコンテンツのダウンロードサービスにおいて利用されており，ビデオやテキストなどを組み合わせた多彩なコンテンツ提供が行なわれている。また，MMSサービスにおいて，マルチメディアメールの表現上の設定（静止画のスライドショーの設定など）に用いられている。

図3.11にSMIL記述の具体例をあげる。これは，幅352画素，高さ288画素の領域にネット上にあるMPEGビデオコンテンツを表示するためのものである。また，SMILでは，複数のメディアの時間的挙動の代表例として，並行表示と順次表示の指定も可能となっている。

③ Flash

Flashは，米国マクロメディア社（現アドビ社）が開発したベクターグラフィクスを基本としたアニメーションを出発点として，静止画・動画・音楽を交えたマルチメディアコンテンツを作成・表示するソフトウェアである。また，アクションスクリプトにより動作をプログラミングすることによって，ゲームを含むインタラクティブなコンテンツの制作も可能となっている。

携帯電話の世界では，やはり表示デバイスや処理系の制約から一般のFlashコンテンツの再生をサポートすることが困難なため，軽量なサブセット（Flash Lite）を定義して利用している。日本では，NTTドコモの携帯電話に初めて採用され，その後，各キャリアでの採用が進んでいる。順次バージョンアップが行なわれており，2007年3月現在，日本の携帯電話に搭載されている最新バージョンはFlash Lite 2.0である。

サービス例としては，待ち受け画面やメニュー画面での利用や，ニュースなどのコンテンツ配信で見出しを更新していくプッシュ型のサービスでの利用や，着信時にFlashのアニメーションが起動されるものなどがある。従来のマルチメディアコンテンツと比較して，表現力が大幅に拡張されるとともに，コンテンツの開発環境もPC向けと共通性が高く生産性の向上につながっている。

```
<smil>
  <head>
    <meta name="author" content="IIEEJ"/>
    <meta name="title" content="mobile multimedia service"/>
    <meta name="copyright" content="Gazou Denshi"/>
    <layout>
      <root-layout height="288" width="352"/>
      <region id="video_region" left="0" top="0" height="288" width="352"/>
    </layout>
  </head>
  <body>
    <par>
      <video id="video" src=http://www.foo.com/dummy.mpg region="video_region"/>
    </par>
  </body>
</smil>
```

図3.11　SMIL記述の例

head：表示の時間的挙動と関係しない情報，meta：文書のプロパティ定義と，それへの値の割り当て，root-layout：レイアウト面全体の規定，region：メディアオブジェクトの位置・サイズ・拡大縮小を制御，body：表示の時間的挙動およびリンクの挙動，par：複数のメディア情報を同時に呼び出すことができる，video：メディアオブジェクトのURI，描画領域の指定，開始時刻の指定もできる。

3.3　携帯電話端末

3.3.1　携帯電話端末の進化

（1）携帯電話市場の動向

世界の携帯電話加入者は2006年に25億人を超え，2010年には40億人に達するとの予測があるように，携帯電話の普及はめざましい。また，携帯電話システムも，高速データ通信への対応を高めた第3世代システム（3Gシステム）への移行が世界的に進んでいる[37]。

日本での携帯電話加入者数は，携帯電話端末の買い取り制が開始された1994年以降順調に増加し，2007年4月には9700万人を超え，約75％の普及率にいたった。2001年に世界に先がけて導入された3Gシステムの普及も進み，2007年4月時点で約74％の加入者が3Gシス

figによる3.12に携帯電話システムにおけるデータ通信速度の変遷を示す。3Gシステムでは，2Gシステムに比べて5倍程度高速な，3Mbps程度の高速パケットデータ通信サービスを提供できることが特長であり，とくに高速パケットデータ通信のサポートによりIPネットワークへの接続性が高められた結果，携帯電話端末でマルチメディアデータのダウンロードや実行，交換の機会が増加した。

さらに，図3.13に示すように，携帯電話端末には，ディジタルカメラ，ナビゲーションシステム，テレビ/ラジオ受像機，財布，クレジットカードなど多様な機能が組み込まれ，個人の生活を支援する最も身近な端末として進化しつづけている。

通信速度の向上と携帯電話端末の多機能化の進展とともに，より高品質かつ高付加価値なアプリケーションやコンテンツへの期待は継続して高い。処理データ量の増加，データフォーマットの多様化，ソフトウェア処理の複雑化や応答性の向上を実現するために，携帯電話端末の高性能化や大容量化への対応が必須となっている。また，携帯電話端末内で管理される個人情報や秘密情報は増加傾向にあり，インターネットアクセスや他の機器との連携機会の増加に伴い，セキュリティ機能の増強も求められている。

表3.4に3G携帯電話端末の性能を示す。2007年4月段階で，3G携帯電話端末には，200～400MHz程度の動作速度を有する中央演算処理装置（central processing unit；CPU）が搭載されている。通常，50～80MB程度のデータストレージを内蔵するが，音楽プレーヤ機能に重点を置く機種では1GBのデータストレージを内蔵する機種も登場している。また，QVGA以上の解像度で26万色の表示が可能なディスプレイと，2～3Mピクセルの画素数のカメラが標準搭載され，高負荷なマルチメディア処理をサポートするため，画像処理，映像処理，音声処理，3D描画処理などをアクセラレートするディジタルプロセッサ（digital signal processor；DSP）やグラフィクス演算装置（graphics processing unit；GPU）が使用されている。

2001年のサービスイン当初の3G携帯電話端末と比較すると，CPUクロック数で約2～3倍となり，データストレージ容量は50倍以上，カメラ解像度も30倍に向上している。

このような高機能化や高性能化の要求が高まる反面，携帯電話端末では以下の制約や性能要件を満足する必要がある。

- 小型軽量化
- 低消費電力動作
- 応答時間の短縮
- 起動時間の短縮
- メモリ使用量の削減

表3.4 携帯電話端末の性能

	2001年	2007年
CPU動作周波数（MHz）	60～120	200～400
データストレージ容量（MB）	～1	50～1000
ディスプレイ解像度	QCIF	QVGA，VGA
カメラ画素数（Mピクセル）	0.1	3.0

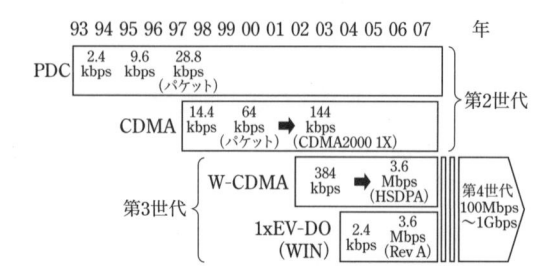

図3.12 携帯電話システムのデータ通信速度

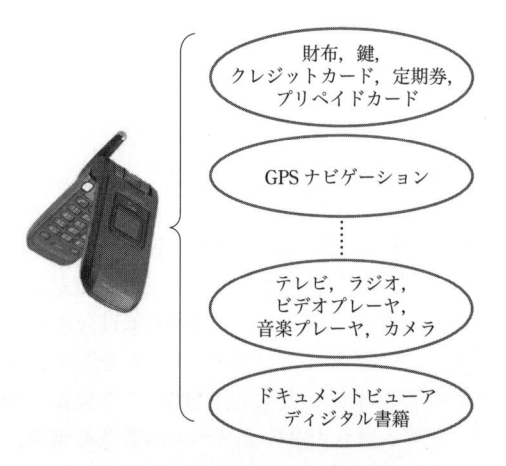

図3.13 携帯電話端末の多機能化

3.3.2 携帯電話端末のハードウェア構成
(1) 基本ハードウェア構成

図 3.14 に，携帯電話端末のハードウェア構成を示す。

携帯電話端末は，携帯電話向けプロセッサを中心に構成される。携帯電話向けプロセッサは，CPU，通信フレーム処理や誤り制御処理を行なうベースバンド処理部，入出力デバイスとの接続を行なうペリフェラルを具備する。また，高度なマルチメディア処理をアクセラレートするために，DSP や GPU を内包する。

携帯電話向けプロセッサが使用する読み出し専用メモリ（read only memory；ROM）やランダムアクセスメモリ（random access memory；RAM）は，携帯電話端末上で動作するプログラムや扱うデータ量に応じて，それらの容量を選択できるよう拡張性の高い構成がとられている。

PMIC（power management integrated circuit）は，携帯電話端末のスリープ処理をつかさどるための回路で，携帯電話向けプロセッサへのCPU へのクロック供給や他の回路への電源供給を制御することで，携帯電話端末全体の低消費電力動作を実現する。

(2) 2CPU アーキテクチャ

図 3.14 で示したような，ベースバンド処理とアプリケーション処理を同一の CPU でハンドリングするプロセッサ構成を 1CPU アーキテクチャとよぶ。これに対して，図 3.15 に示すように，ベースバンド処理とアプリケーション処理に対して個別の CPU を有するアーキテクチャを 2CPU アーキテクチャとよぶ。

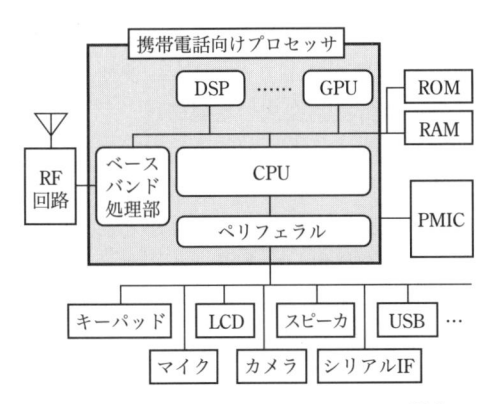

図 3.14 携帯電話端末のハードウェア構成

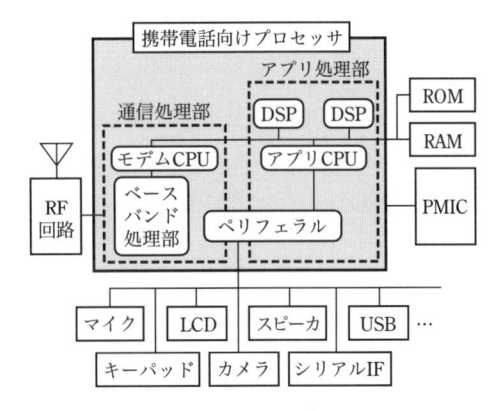

図 3.15 2CPU アーキテクチャ

1CPU アーキテクチャは，2G システムに対応した携帯電話端末では一般的であった。2CPU アーキテクチャは，携帯電話端末やアプリケーションの高機能化やマルチメディア化の進展により生じたプログラムの複雑化による開発工数の肥大化や高処理負荷による応答性の劣化に対応するために生まれ，3G システムに対応したハイエンド端末においては一般的なアーキテクチャとなりつつある。とくに，2CPU アーキテクチャを 1 チップソリューションとして実装し，部品サイズの小型化や低消費電力化を実現した携帯電話向けプロセッサ製品も登場している[39,40]。

2CPU アーキテクチャには，通信部分とアプリケーション部分の開発を個別に進められるとともに，一方の仕様変更が他方に影響を与えないという点に最大の特長がある。また，アプリケーション処理が高負荷である場合においても，通信処理の実行に影響がなく，着信処理などの応答性を満足することができる。さらに，アプリケーション処理が不要な場合（たとえば待ち受け）に，低消費電力であるモデム CPU のみ動作させるように制御することで，高処理性能な CPU を有する 1CPU アーキテクチャに比べて，待ち受け時間を長期化できる可能性がある。

3.3.3 携帯電話端末のソフトウェア構成

図 3.16 に，2CPU アーキテクチャにおける基本的なソフトウェアアーキテクチャを示す。

携帯電話端末のソフトウェアはおおよそ，

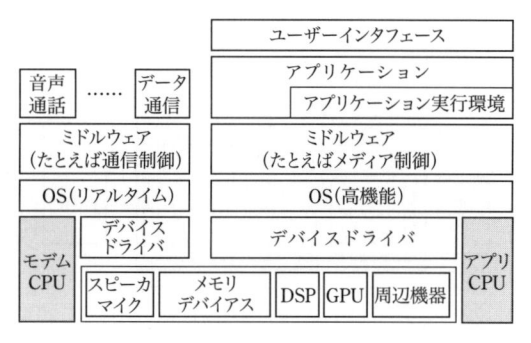

図 3.16 ソフトウェアアーキテクチャ

- デバイスドライバ
- オペレーティングシステム（OS）
- ミドルウェア
- アプリケーション実行環境
- アプリケーション

に大別できる。

一般的に，2CPU アーキテクチャでは，モデム CPU 側で通話処理や通信処理を行ない，アプリ CPU 側で，ユーザーインタフェースを具備するアプリケーションの実行と，その実行にかかわる入出力処理やマルチメディア処理が行なわれる。

(1) デバイスドライバ

ハードウェアを駆動するためのコードであり，使用する OS や CPU に応じて，カスタマイズして提供される。一般的にタイムクリティカルな処理を実装する必要があり，携帯電話端末のトータル性能に影響を及ぼしやすいソフトウェアである。また，携帯電話端末出荷時にあらかじめ組み込んで提供されるため，ROM や RAM の容量に制約の大きい携帯電話端末においては，デバイスドライバのコードサイズを小さくすることが重要となる。

(2) オペレーティングシステム

とくに，音声通話処理やデータ通信処理では，一定時間内に確実に処理が遂行されるというリアルタイム性が必要とされる。このため，モデム CPU 側で使用される OS には，たとえば μITRON[41]のようなリアルタイム OS の使用が一般的である。

一方，アプリ CPU 側では，ソフトウェア開発の効率化の観点から，高機能な汎用性の高い OS が使用される。組み込み向けに改良された Linux や Windows Mobile[TM42]，あるいは携帯電話向けに開発された汎用 OS である Symbian OS[TM43]がその代表である。これらの OS は，

- ROM 容量の削減や起動時間の短縮のためのコードサイズの削減
- 並列処理による応答性向上
- きめ細かなスリープ制御の具備

など，携帯電話や組み込み機器向けに最適化されている。

また，2CPU アーキテクチャにおけるプロセッサ間通信の効率化や，プログラム動作時の安定性確保の観点から，μカーネルアーキテクチャを採用した OS の導入も進んでいる。Symbian OS[TM] が μ カーネルアーキテクチャを採用しているほか，Qualcomm 社[44]では，National ICT Australia（NICTA）が開発した L4μ カーネルと Iguana OS[45]を自社チップセットソリューション向けに採用している。

(3) ミドルウェア

ミドルウェアは，アプリケーション開発を簡便化するためのレイヤーであり，OS やデバイスドライバが提供するインタフェースをより抽象度を高めて提供する。携帯電話端末の高機能化や高品質化が進むにつれ，このミドルウェア開発が携帯電話メーカーの負担増や開発コスト高騰の要因となっている。このため，メーカーや通信事業者は，ミドルウェアの共通化を図る施策を進めている[45,46]。

共通ミドルウェアは，

- ユーザーインタフェース共通部品の提供や電池残量や通信状態などのピクト表示の制御
- 入出力デバイスにかかる排他制御や，アプリケーション間の連係動作シーケンス管理
- 電池残量やメモリ/ストレージ使用状態などの携帯電話端末の状態管理
- 通話，C メール，データ通信に関する共通的な制御インタフェースの提供
- 携帯電話端末の動作異常検出と記録

などの機能を提供しており，その共通化範囲は拡大の方向にある。

近年の携帯電話端末では，グローバルローミングやサービスエリア補完を目的として，異なる周波数帯の複数の通信方式に対応する必要が

生じている．このため，アプリ CPU 側だけでなく，モデム CPU 側のミドルウェアの複雑化や大規模化も進展しつつある．

(4) アプリケーション実行環境

アプリケーション実行環境（アプリ実行環境）は，携帯電話向けダウンロードアプリケーション（携帯アプリ）を動作させるための環境である．このようなアプリ実行環境として携帯電話向け Java[TM47~49] と BREW[TM50] が代表的である．携帯電話事業者各社はアプリ実行環境を携帯電話内に導入することで，携帯アプリ数や種類を格段に増やすことに成功した．

当初は数十 kB であった携帯アプリのダウンロードファイルサイズも，高機能化やユーザーインタフェースの高品質化のニーズに対応して，10～100 倍程度まで拡張されている．また，携帯電話端末の機能や性能の向上に合わせて，提供される API（application programming interface）の種類や数も拡張されている．

アプリ実行環境向けのアプリケーションは，ネットワークを介して携帯電話端末内部にダウンロードして実行されるため，その不具合が他の携帯電話端末処理に波及しないような安全対策がアプリ実行環境に施されている．

(5) アプリケーション

携帯電話サービス開始当初，携帯電話端末は"電話"機能のみを具備していたが，多機能化が進み，搭載される機能は PC と同等にまでいたっている．図 3.17 に，携帯電話端末に搭載された代表的なアプリケーションの変遷を示す．

携帯電話向けのアプリケーションは，PC 向けのアプリケーションとは異なり，下記のような制約を受ける．

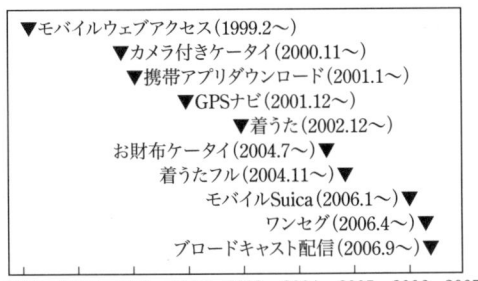

- 画面表示サイズ
- 実行時のヒープサイズ
- ファイルを保存するストレージサイズ

また，携帯電話端末ごとに，ディスプレイの解像度や色数の差異，使用できるメモリ容量の差異，実行処理性能の差異，機能搭載の有無などの機種差分があり，アプリケーションは個々の携帯電話端末向けに最適化される必要がある．さらに，アプリケーション間の連携動作，通信処理失敗やメモリ不足あるいは電池残量不足時の準正常処理など，携帯電話端末固有の処理の実装が必須となる．

3.3.4 ハードウェア機能の概要

図 3.18 に携帯電話端末に代表的なハードウェアモジュールを示す．

(1) 携帯電話向けプロセッサ

3.3.2 項でも述べたように，携帯電話向けプロセッサは 2CPU アーキテクチャを採用して進化しつつある．Qualcomm 社の MSM7500 やテキサスインスツルメンツ社の OMAPV2230 は，いずれもモデム CPU に ARM9 をアプリ CPU に ARM11 を採用している．

ARM[51] は，32 ビット RISC アーキテクチャの CPU である．トランジスタ数が少なく低消費電力という特性を有しており，欧州で GSM 方式の携帯電話端末へ採用されたことで普及が進み，現在，組み込み機器の 70% 以上で使用されているという歴史をもつ．そのほか，携帯電話向け CPU としては，ルネサステクノロジー社の SH モバイル[52] が代表的である．

携帯電話端末では，PC に比較して低消費電力向けの実装が行なわれており，1 回の充電でまかなえる時間を可能なかぎり延伸するため，電力制御 IC により電力供給が制御される．電力制御 IC は，携帯電話端末内で電源供給を必

図 3.17　代表的なアプリケーションの変遷

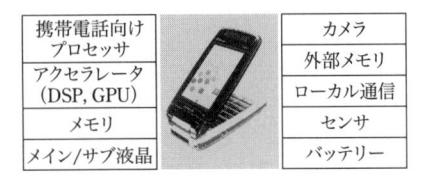

図 3.18　代表的なハードウェアモジュール

要とするモジュールへの電源供給をつかさどるICであり，アプリケーションの実行状態に応じて，下記のような制御を行なう。
- CPU への供給クロック制御
- CPU への電源供給の制御
- 他の回路（たとえば，アンプ，ドライバ，バス）への電源供給の制御
- 電源断時のクロックの継続保持

(2) アクセラレータ

マルチメディアデータの利用の増加や，コンテンツ品質の向上が図られるとともに，CPU の能力だけでは十分な性能が得られない状況となっている。このため，携帯電話端末でも DSP や GPU が使用されている。

DSP はディジタル信号処理を高能率に実行するハードウェアデバイスであり，携帯電話端末では，次のような領域に応用されている。

① 無線通信（たとえば，CDMA，Bluetooth）の変復調
② GPS 信号の復調
③ 音声・オーディオデータの再生・録音
④ 画像・動画像の表示・記録
⑤ 描画データの変形や拡大・縮小・回転
⑥ 暗号化・複合化
⑦ 2D/3D グラフィック描画
⑧ LCD 表示（画像・映像の重畳）

また，GPU は，3D グラフィック描画をアクセラレートするハードウェアデバイスである。携帯電話向けとしては，AMD 社の IMAGEON[TM53]，東芝セミコンダクター社[54] のモバイルターボなどがあり，数メガポリゴン/秒程度の処理性能を実現している。

(3) メモリ

図 3.19 に示すように，携帯電話端末では，役割によって異なる種類のメモリを使い分けて使用する。携帯電話端末で使用されるメモリ容量も大きくなっており，読み出し/書き込み速度を満足する低価格なメモリへの要求が高い。

データストレージ用に利用されるフラッシュメモリには，表 3.5 に示す 2 種類があり，ランダムアクセス速度が速く高信頼性のノア（NOR）型をプログラムコードの格納用に，安価で書き込み速度が速いナンド（NAND）型をデータストレージとして使用するのが一般的と

プログラム・データ格納用 ・電源オフでもデータが消えない不揮発性 ・高速読み出し動作，容易なデータ書き換え	フラッシュメモリ
プログラム実行用ワークメモリ ・高速な読み出し，書き込みが可能なこと	SDRAM
電源オフ時のデータバックアップ用 ・メモリの待機時消費電流が少ないこと	SRAM
他の機器や外部媒体とのデータのやりとり ・認証系データの保存	UIM
・メディア系データ（画像・音楽など）の読み出し・書き込み	外部メモリ

図 3.19 携帯電話端末におけるメモリの役割

表 3.5 フラッシュメモリの種類

	ノア（NOR = NOT + OR）型	ナンド（NAND = NOT + AND）型
特徴	・ランダムアクセス高速 ・大容量化が困難 ・高信頼性 ・高価	・書き換え速度が高速 ・大容量化可能 ・低信頼性 ・安価
用途	プログラム格納用	データストレージ用

なっている。

(4) UIM

UIM（user identity module）は，携帯電話事業者が提供する加入者認証情報を格納した IC カードである。UIM カードには，

① 耐タンパ性（不正な読み出しや改ざんに強い性質）を有し，偽造が困難
② 電話帳などの情報や，クレジット決済用の個識別情報などを暗号化して登録することが可能という特徴がある。

UIM カードを応用することで，UIM カードを他の方式の携帯電話端末に差し替えて，異なる国や地域で同一電話番号でのサービス利用が可能となったり（UIM ローミング），UIM に格納した電子証明書を基に，より安全性の高いインターネットアクセスを行なう電子認証サービスを実現できる。

(5) 外部メモリ

外部メモリは，カメラ付き携帯電話端末には標準的に搭載される機能である。表 3.6 に代表的な外部メモリを示す。SD メモリカードは，1999 年に SanDisk 社，松下電器産業，東芝の 3 社が共同開発したメモリーカードの規格であり，現在，その仕様策定・管理は SD アソシエ

表 3.6 代表的な外部メモリ仕様

	ミニSD	マイクロSD	メモリスティック PRO™	メモリスティック PRO Duo™
商用化(年)	2004	2005	2003	2003
記憶容量	128MB〜2GB	128MB〜2GB	512MB〜4GB	512MB〜8GB
サイズ(mm)	21.5×20×1.4	11×15×1	21.5×50×2.8	20×31×1.6
仕様	SDアソシエーション		ソニー	

ーション[55]で行なわれている。メモリスティックは，1997年にソニーや富士通の共同で開発されたメモリカードである[56]。512MB以上の容量にはメモリスティックPROという仕様で対応している。

リッチコンテンツの配信増加により，著作権付きコンテンツを外部メディアへ保存する要求が高まっており，CPRM（content protection for recordable media）やOpenMG[57]といった著作権保護機能への対応が急速に進んでいる。

(6) メイン液晶/サブ液晶

動画像や画像，あるいは2D/3Dグラフィックを多用したコンテンツの増加とともに，高品質・高精細な液晶への要求も高まっている。現状の携帯電話端末では，3インチ/VGAサイズの液晶が使用されはじめている。動画像表示の高速な応答速度やコントラストのメリットをとり，現状ほとんどの携帯電話端末でTFT（thin film transistor）方式の液晶が採用されている。

また，デバイス寿命の課題が克服され，携帯電話端末への有機ELディスプレイの採用が始まっている。液晶ディスプレイに比べても低消費電力や速い応答速度などの携帯電話端末への実装に不可欠な利点を有しており，将来的にも期待されるディスプレイである。

液晶ディスプレイを接続するために，シリアルインタフェース規格の採用も進んでいる。従来のパラレルインタフェースをシリアルインタフェースに変更することにより，折りたたみ携帯電話端末のヒンジ部の構成が容易になるほか，ノイズ減少や消費電力減少の効果が期待される。

(7) カメラ

一般的な携帯電話端末で100万画素，ハイエンドの携帯電話端末で200〜500万画素のカメラセンサが搭載されている。カメラセンサの素子は，低消費電力のCMOSが主流であり，フラッシュライト，オートフォーカス，手振れ補正機能が実現されている。また，光学ズームレンズ機能も搭載される方向にあり，高機能化が進展しつつある。

(8) ローカル通信

他の機器との連携を行なうために，携帯電話端末には下記のようなローカル通信機能がサポートされている。

- IrDA（ファイル交換，赤外線リモコン）
- Bluetooth（ヘッドセット）
- 非接触IC（お財布ケータイ，モバイルSuica）
- Wireless LAN（VoIPベース内線）
- RFID

また，携帯電話端末には，SDIOスロットが搭載されつつあり，SDIO仕様に準拠したデバイスの実装の環境が整備されつつある。

(9) センサ

携帯電話端末には，端末動作を制御するため，内部温度の検知や筐体開閉を検知するセンサが搭載されている。また，ナビゲーションサービスの高度化のために地磁気センサ（電子コンパス）やゲーム向けに加速度センサが実装された例がある。さらに，ダイヤルキー部分にタッチセンサを搭載し，指でひらがなやカタカナ，数字，アルファベットを書くと，入力した文字の予測候補が画面に表示される応用や，静電パッドを埋め込んだ端末表面のリングをなぞることで，音量調節などを実現する応用などが実用化されている。

3.4 モバイル通信のアプリケーションサービス

3.4.1 モバイル通信向けサービス動向

(1) 第3世代モバイル通信サービス普及状況

日本国内では，2001年に開始した第3世代携帯電話サービスの新規契約ならびに機種変更

契約による普及が順次進んでいる。2007年4月末時点における国内の携帯電話サービス加入（稼働）総数に占める第3世代携帯電話サービスの割合は，約73.8%となっている。携帯電話加入者総数ならびに第3世代サービス加入率の推移を図3.20に，2007年4月末時点における事業者別の加入状況を表3.7に示す。

第3世代方式の中でも，NTTドコモとソフトバンクモバイルはW-CDMA方式を，KDDIはCDMA2000方式を採用しており，さらに，それぞれに順次高速化方式を導入している。2003年にはKDDIがCDMA2000 1X EV-DO（evolution for data only）を，2006年にはNTTドコモがHSDPA（high speed data packet access）を，また同年KDDIがCDMA2000 1X EV-DO Revision Aを展開し，インフラの高速化，QoSの安定化を実現し，より大容量のコンテンツダウンロードや高品質なテレビ電話サービスの提供にいたっている。

(2) コンテンツサービス推移

インフラの高速化，端末の高性能化の進展により，2007年4月現在，表3.8のようなコンテンツサービスが提供されている。とくに，ウェブ系サービスは携帯電話ブラウザからフルブラウザの搭載へ，画像・映像系サービスは短時間のビデオクリップから，ストリーミングビデオや双方向TV電話へ，音楽系サービスは合成メロディから実楽曲（着うた・着うたフル）へとそれぞれ進化している。さらに，複合メディアサービスとして，電子書籍，マルチメディアファイル定時配信型サービス，モバイル向けTV放送（ワンセグ）などの普及も進んでいる。

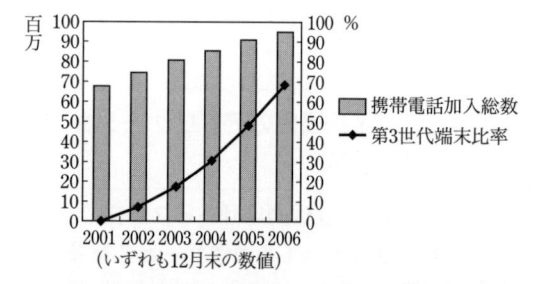

図3.20 携帯電話加入総数ならびに第3世代端末比率の推移

TCA（社団法人電気通信事業者協会）より。

表3.7 携帯電話各社の加入者数
（2007年4月末現在）

グループ名	加入者総数	3G加入者数	3G加入率
NTTドコモ	52,686,900	36,431,100	69.1%
au（KDDI）	27,680,500	27,099,400	97.9%
ツーカー（KDDI）	757,300	—	—
ソフトバンク	16,072,100	8,220,200	51.1%

TCA（社団法人電気通信事業者協会）より。
ツーカーは第3世代携帯電話サービスの提供なし。

表3.8 おもなモバイルマルチメディアコンテンツサービス

ウェブコンテンツ	音楽	映像	複合メディア	その他
フルブラウザ	着うた，着うたフル	ストリーミング，TV電話	電子書籍，定時配信ワンセグ[a]	GPS・ナビ，ニュースフラッシュほか

a) 主コンテンツは，通信経由ではなく放送による視聴である。

表3.9 2006年年間有料音楽配信実績

配信手段	配信数（単位は千）	比率
インターネット	23,903	6.5%
モバイル	344.140	93.5%

RIAJ（社団法人日本レコード協会）より。

これらのうち，代表的なサービスである音楽配信サービスに関しては，第3世代携帯電話サービスの事業者すべてから提供されており，表3.9のとおり，ダウンロード数の点でモバイルが93.5%とインターネット配信を大きく上まわり，大半を占めている。

その他のサービスとして，GPS利用によるナビゲーションサービス，検索エンジンによるサイト検索サービス，SNS（ソーシャルネットワーキングサービス），ブログサービス，ネットオークションなどのeコマース，プッシュ型情報配信のニュースフラッシュなどが提供されている。

(3) ビジネス状況推移

第3世代方式が携帯電話サービスの主流となり，モバイルマルチメディアサービスが進展す

るにつれ，トラフィック規模の拡大に応じた通信利用料増大へのユーザー負担の軽減を目的として定額制が導入されるなど，事業コスト構造の変化や事業者間の競争激化が生じている。図3.21のとおり，1加入者あたりの平均通信料収入ARPU（average revenue per user）は，各事業者とも低下傾向が続いている。内訳としては，音声通話のARPUの減少をデータ通信のARPUが補う形となっているが，データ通信に関しても定額制の導入により通信料から情報利用料へのシフトが起きている。さらに，こうしたコンテンツ利用料，サイト利用の契約料のほか，eコマースの手数料，モバイルバンクの開設など新たなサービスへの拡張が見られる。とくに図3.22のとおり，広告媒体としてのビジネスが大きく拡大しつつある。

(4) モバイルナンバーポータビリティ

2006年10月に開始された携帯電話番号を保持したまま他の事業者との契約に変更可能なMNP（モバイルナンバーポータビリティ）により，事業者間での利用者の流動性が高まり（図3.23参照），各事業者とも継続的なサービスの差別化に注力するようになった。機能面での差異に加えて，コンテンツサービスの共通性を保ちながら，映像品質や音楽の音質での優位性を訴求する流れなども見られ，コンテンツ制作・伝送・表示の相互を意識したコンテンツ流通が今後より重要になるものと考えられる。

3.4.2 モバイル向けアプリケーション概要

(1) サービスオーバービュー

1999年，iモードの登場により，電子メール，ウェブブラウザといったPCでの定番アプリケーションが一気に携帯電話に普及した。その後，携帯電話LSIの高度化により，MPEG圧縮された動画・音声ファイルの受信再生が可能になると，「i-motion」「EZムービー」「着うた」に代表されるマルチメディアアプリケーションの時代に突入した。さらに，JAVA，BREWといったアプリケーションプラットフォームの搭載に伴い，ゲームを中心としたアプリケーションプログラムの配信が行なわれるようになった。このようなアプリケーションプラットフォームは，当初，プログラムの配信サービスを可能とすることを目的としたものであったが，現在では，電子メールソフトやウェブブラウザなど携帯電話の内部アプリケーションプログラムも共通プラットフォームの上に構築されるようになりつつある。これにより，機種に依存しないプログラムモジュールの割合が増加し，開発の効率化に貢献している。

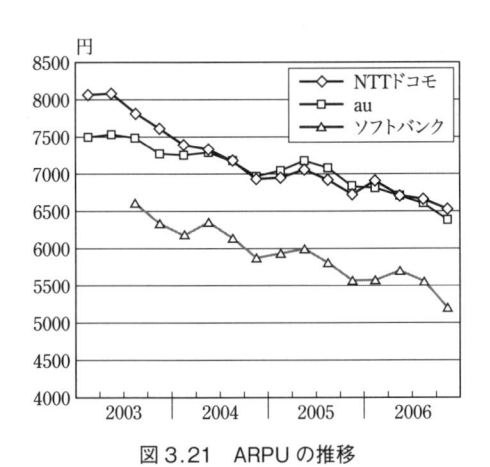

図3.21 ARPUの推移

各社IR資料より。横軸の区切りは四半期。ソフトバンクは旧ボーダフォンを含む。

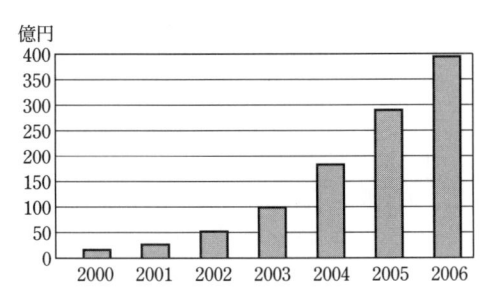

図3.22 モバイル広告費の推移

電通「日本の広告費」より。

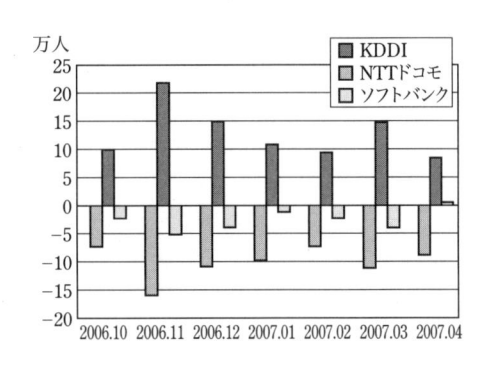

図3.23 MNPによる各通信事業者の契約者数増減推移

以下，携帯電話アプリケーションをマルチメディアアプリケーション，双方向アプリケーション，付加価値系アプリケーションに大別し，各動向について概説する．

(2) マルチメディアアプリケーション動向

2000年，世界初のMPEG-4による動画像配信サービス「EZムービー」が，モバイルマルチメディアの先陣を切って登場した．これはMPEG-4ビデオデコーダ専用LSIを携帯電話に搭載するとともに，低ビットレートかつ高画質を両立する高効率ビデオオーサリングツールの開発により実現した．

しかしながら，その技術的先進性とは裏腹に，画面サイズや再生ファイル長の制約などから，携帯電話上での動画像サービスは利用者が一般に期待する娯楽性には達しておらず，その当時のメジャーなマルチメディアアプリケーションの座を獲得するにいたらなかった．その後，同技術を利用した着信楽曲配信サービス「着うた」が開始された．これは動画像配信サービスにおいて音声トラックのみを利用したものである．

かつての「着メロ」がMIDIによる合成音楽再生であるのに対し，「着うた」では音楽をそのまま着信音にすることができるもので，着信楽曲配信サービスは大ヒットし，1曲丸ごと配信する「着うたフル」，CDアルバムを配信しPCとの連携も可能な「LISMO」など，さまざまなバリエーションのサービスが提供されている．これら音楽配信系サービスの普及により，携帯電話メーカー各社はステレオスピーカや立体音響エフェクターを搭載するなど，携帯電話機高音質化のきっかけとなった．また最近では，一部の携帯電話がVGA解像度（640×480）に対応するなど動画像再生スペックが向上しており，携帯電話機での動画像再生品質が大幅に向上した．これにより携帯電話への動画像配信も見直される状況にあり，楽曲用プロモーションビデオクリップの配信なども行なわれている．これらマルチメディアアプリケーションは，携帯電話サービスの中心的位置づけとなっており，3.4.3項にて詳説する．

(3) 双方向アプリケーション動向

携帯電話双方向アプリケーションの代表は，携帯テレビ電話である．第3世代携帯電話の登場後まもなく，2001年にNTTドコモのFOMAに搭載された．現在，日本に導入されている第3世代携帯電話システムは，NTTドコモおよびソフトバンクが採用するW-CDMA（UMTS）とKDDIが採用するCDMA2000の2方式に大別される．

この中で，CDMA2000方式では，データ通信はすべてIPパケットにより行なわれるのに対し，W-CDMAでは，IPのほか，ISDNのような回線交換による64 kbpsのデータ通信モードを備えている．回線交換網では，パケット伝送の集中による不安定などを生じにくいため，再送を行なえないリアルタイム通信ではIP方式に比べて安定した通信が可能であるとされてきた．このため，携帯テレビ電話は，回線交換データ通信の特性を生かしたアプリケーションとしてアピールされた．一方で，2006年には，CDMA2000においてもQoS制御を可能とするIPデータ転送を可能とする技術（CDMA2000 1X EV-DO Revision A）が導入され，同方式を採用する事業者の携帯電話機にも，テレビ電話アプリケーション（IPテレビ電話）が搭載された．これにより，日本国内のすべての携帯電話事業者がテレビ電話アプリケーションを提供するにいたった．

その他，双方向アプリケーションとしては，PTT（push-to-talk）がある．これは，IPデータ通信を用いた簡易リアルタイム通信で，ボタンを押しているあいだのみ発話が可能なトランシーバー型の通話アプリケーションである．PTTでは，多人数型会話システムの構築が容易であるという特徴を有する．複数の話者が存在する多人数通話では，各話者の音声をミキシングしてから各受信者に配信するなど複雑な処理が必要となるが，話者がつねに1人のPTTでは，1人の話者からの音声データを複数に対してコピー配信するだけでよいためである．しかしながら，PTTは，電子メールによる連絡手段に対して，リアルタイム性および双方向性の観点で特段の優位性はなく，現時点で大きな普及にはいたっていない．

(4) 付加価値系アプリケーション動向

前述したように，携帯電話へのアプリケーシ

ョンプラットフォームの導入により，工場出荷時に携帯電話機に搭載されるアプリケーションのほか，さまざまな付加価値を提供するアプリケーションが配信されている．

まず，代表的なものとして，GPSナビゲーションアプリケーションがあげられる．これは携帯電話内蔵のGPSデバイスにより取得した位置情報を，通信路経由で取得した地図に重ね合わせて表示し，目的地までの経路誘導を行なうものである．利用者は，アプリケーションプログラムをダウンロードするほか，サービスへの加入が必要となる．このアプリケーションでは，徒歩時に用いる低速タイプと，自動車走行中に助手席同乗者が用いる車速対応タイプの2種類がある．

また，新たな携帯電話配信スキームを利用したアプリケーションも注目されている．これは，携帯電話データ通信をマルチキャスト方式で行なうMBMS/BCMCS技術を利用したもので，基地局からの電波の一部をマルチキャストモードで配信し，そのエリア内の全携帯電話機は，この信号をラジオのように受信して同一の情報を無料で取得するものである．この仕組みを利用したアプリケーションとして，ニュース文字列配信サービスがある．携帯電話機は，マルチキャスト信号を検知すると，データの受信を自動的に開始し，情報を電話機内に一時保存する．新たなニュースが発生するとそのつど情報が配信され，保存された情報は逐次追加・更新される．利用者は，携帯電話画面からニュース文字列を表示し閲覧する．これはあらかじめ保存されている情報であるため，ウェブアプリケーションのように通信に伴う遅延や表示待ちがなく，また電波の届かない場所であっても直前までの情報を見ることができるため，使い勝手のよいアプリケーションとなっている．

その他，付加価値アプリケーションとして，ICカード（Felica）が注目されている．鉄道・バス各社がICカードを導入しており，携帯電話機が乗車券・定期券として利用できるほか，航空会社のチケットレス航空券，家電量販店のポイントカード，スーパー・コンビニエンスストアの決済などに利用でき，財布の中の複数枚のカードが携帯電話機1台に置き換えが可能となっている．それぞれのサービスで専用のアプリケーションが配信されており，これらをダウンロード・インストールすることで，チャージ・残高照会・ポイント照会などが行なえる．なお，携帯電話機紛失への対策として，当該電話機に複数回連続で電話をかけることにより，これらICカード機能を無効にすることが可能となっている．

3.4.3 モバイル向けマルチメディアサービス
(1) 音楽サービス

気軽に携帯でき，かつ，つねに携帯しているという長所を活かし，携帯電話が音楽プレーヤとして利用されるようになってきている．それまで携帯電話上で主流のメディアであったテキスト（メールやウェブページ）や静止画（壁紙のダウンロードや写真のメール添付），サウンド（着メロ）と比較して，音楽データはデータ量が大きいため，通信料および通信時間が課題であった．第3世代携帯が普及し，パケット通信の高速化およびパケット通信料の低廉下を機に，音楽サービスは急速に広まったといえる．音楽サービスで使用されるコーデックは当初MP3が中心であったが，その後，より圧縮効率の高いAACやHE-AACが用いられることで，音質を維持したままデータ量の削減が図られている．

第3世代携帯による通信速度の高速性を利用して，いち早く音楽配信サービスを展開したのはKDDIである．KDDIは，主要レコードメーカー各社とともに2002年12月から「着うた」サービスを開始し，2006年1月に3億ダウンロードに到達した．着うたではオーディオコーデックとしてMP3またはAACが用いられ，ファイルフォーマットはISO/IECで標準化されたMP4ファイルフォーマットをベースとして，各携帯電話キャリアが独自に拡張している．したがって，これらのフォーマットには互換性がなく，MNPによって携帯キャリアを変更した場合，着うた（および着うたフル）を引き継いで利用することはできない．

「着うたフル」とは，ジャケット写真などの画像とともに，音楽を1曲すべてダウンロードできる音楽配信サービスである．あらかじめコ

ンテンツプロバイダが指定した箇所を着うたとして利用することもできる。KDDIでは他社に先行して2004年11月から着うたフルサービスを開始し，2007年2月に1億ダウンロードを突破している。着うたフルではAACに加え，さらに圧縮効率の高いHE-AAC形式のオーディオもサポートされている。KDDIのEZ「着うたフル」サービスでは，HE-AACの音楽データ，ジャケット写真や歌詞などをkmfという独自フォーマットでラッピングしている。

近年では，ディジタルラジオ（地上ディジタル音声放送）に対応したモバイル端末も商品化されている。ディジタルラジオは2003年10月から試験放送が開始されており，ディジタルテレビ放送とは独立に割り当てられたセグメントのうち，1セグメントまたは3セグメントを利用して放送する。ディジタルラジオの番組は「音声＋データ放送」あるいは「音声＋ビデオ＋データ放送」という構成が主流であり，音声はAAC，ビデオはH.264がおもなコーデックとして使用される。ディジタルラジオの本放送開始は，2011年に予定されている。

(2) ビデオサービス

動画像配信サービスとしては，コンテンツプロバイダが作成したビデオクリップを配信するもの，ユーザーが撮影した動画像ファイルをEメールで交換するもの（ムービーメール），カメラからの映像を携帯電話により遠隔視聴するもの（ライブカメラサービス）などがあげられる。

これまで，携帯電話機のメモリサイズの制約などにより，ダウンロードにより配信されるビデオクリップの再生時間長は，せいぜい15秒程度であった。また，携帯電話での処理能力および表示画面サイズを考慮し，画面サイズも通常QCIF（176×144）であり，長いあいだ，「簡易動画像」の位置づけに甘んじてきた。

これに対し，最近では，これまでのMPEG-4ビデオコーデックに代わり，H.264が積極的に導入されている。これにより，低いビットレートで，かつ高画質な動画像配信が可能となった。また，携帯電話メモリの大容量化によりコンテンツも長時間化するとともに，ファイルフォーマットとして前述の写真やテキストを合わせてラッピングできるものを応用することで，シーン区切りを示すチャプター情報を埋め込むなど，DVDと同様なビデオ配信サービスが可能となっている。

最新のビデオクリップ配信では，QVGA解像度（320×240），最大ビットレート256 kbps，フレームレート毎秒15枚が標準的なパラメータである。なお，これらはワンセグ放送においてもほぼ同様の値で運用されている。今後，携帯電話機の表示デバイスやCPU性能向上に伴い，画面解像度・フレームレート・ビットレートは引き上げられ，より標準テレビに近い画質での動画像配信サービスが期待される。

(3) 複合メディアサービス

携帯電話におけるメディア処理表示能力の向上に伴い，音楽やビデオなどのモノメディアの再生表示にとどまらず，複数のモノメディアを組み合わせた，文字通りマルチメディアコンテンツの再生表示が可能になっている。

マルチメディアコンテンツの代表的なフォーマットとしては，米国アドビシステムズ社（旧マイクロメディア社）が開発し，すでにPCの世界でも実績のある「Flash」をモバイル向けに軽量化した「Flash Lite」がある。Flashはもともとベクターアニメーションのフォーマットであるが，その構成要素としてビデオ（MPEG-4など）やサウンド（SMAFなど），静止画などを取り込むことができる。Flash LiteではPC向けのFlashと比較してメモリ消費量の低減が図られているほか，外部XMLデータの読み込み・解析，テキストの色や大きさなどをランタイムで編集することによりフォントの表示なども可能である。Flash Liteはデファクトスタンダードとなっており，国内の複数の携帯電話キャリアの端末でサポートされている。

一方，デファクトでないオープンな標準の策定を目的として，W3C（World Wide Web Consortium）およびISO/IEC SC29/WG11（MPEG）において，マルチメディアコンテンツ再生のためのシーン合成・記述用フォーマットが規定されている。

W3Cにおいては，音楽・サウンドやビデオ，静止画，テキストなどの複数のモノメディアの

表示レイアウトや再生タイミングなどの情報を記述し，マルチメディアプレゼンテーションとして構成する言語として，SMIL（synchronized multimedia integration language）が勧告化されている．

国内では，KDDI が提供する蓄積型大容量コンテンツ配信サービス「EZ チャンネル」で SMIL フォーマットが用いられている．SMIL では，タイミング・同期，メディアオブジェクト，アニメーションなどの機能がモジュール化されており，それらを組み合わせたプロファイルの作成が可能である．PDA や携帯電話などリソースに制限のある端末向けに SMIL 2.0 Basic プロファイルが定義されており，EZ チャンネルサービスではこれを拡張して用いている．3GPP や 3GPP2 でも SMIL 2.0 Basic を独自に拡張したプロファイルを規定しており，MMS（multimedia messaging service）やストリーミングサービスでの利用を想定している．これに対し，OMA の MMS 向け SMIL は機能を大きく制限しており，SMIL 2.0 Basic プロファイルよりも小さなサブセットとなっている．

EZ チャンネルでは，CDMA2000 1X EV-DO（evolution data only）に基づくパケット通信の高速性とパケット通信料の定額制を最大限に活かし，大容量でリッチなマルチメディアコンテンツを深夜時間帯に利用者の端末へ自動配信（プッシュ型配信）する仕組みをもつ（図 3.24）．EZ チャンネルでは，1 つのコンテンツに使用する（関連する）メディアをすべて一括でダウンロードすることができるため，インターネット上でのストリーミングのように，構成要素となるメディアを取得するためにそのつどサーバに接続する必要がない．したがって，いちど端末にダウンロードされたコンテンツは，オフラインでも再生することができる．一方，MMS はビデオメールをより高度化したものと位置づけられ，モバイル端末上で生成し，メール添付などの手段により送信するが，ビデオまたは静止画とそれに付随するテキスト程度の構成に制限される．

また，2006 年 9 月から BCMCS（broadcast/multicast service）を利用した「EZ チャンネルプラス」サービスも提供されている．BCMCS によるマルチキャスト通信を利用しているため，利用者に対して効率的にコンテンツ配信を行なうことが可能であり，そのため通信料金の低価格化を実現している．マルチキャストによる自動受信に失敗した場合には，別途手動でコンテンツをダウンロードすることができる．コンテンツのビデオフォーマットは H.264 に対応しており，ファイルサイズは 5 MB，最大 10 分程度のコンテンツを配信する．

海外における MMS や国内における大容量コンテンツ配信サービスなど，SMIL を用いたモバイル向けマルチメディアサービスの商用化を反映し，W3C において SMIL 2.0 の拡張作業が行なわれた．この拡張作業は，おもに①モバイル端末にとって有用な機能の追加，②モバイル端末での表現力の向上，そして③新たなプロファイルの定義である．こうして 2005 年 12 月に SMIL 2.1 が勧告化され，新たに SMIL 2.1 Mobile プロファイルと SMIL 2.1 Extended Mobile プロファイルが定義された．前者は MMS などに対応した比較的リソースの低いモバイル端末向け，後者は EZ チャンネルなどのより高度なマルチメディアサービスに対応した比較的リソースの高いモバイル端末向けのプロファイルである．今後，3GPP や 3GPP2，OMA などにおいて，SMIL 2.1 を基本としたプロファイル定義がなされることが予想される．

一方，ISO/IEC においてはモバイル端末向けの軽量なシーン記述フォーマットである LASeR（lightweight application scene representation）が標準化されている．SMIL が XML 形式のタグ言語であるのに対し，LASeR はバイ

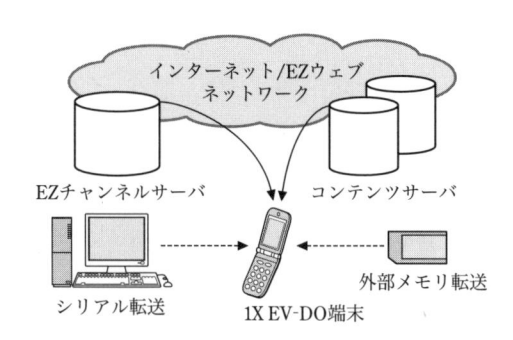

図 3.24　EZ チャンネルサービスにおけるコンテンツ配信

図3.25 モバイル向けメディアとサービス

ナリフォーマットを有し，伝送の効率性とインタラクティブ性という長所をもつとされる．なお，LASeR は W3C 勧告の SVG (scalable vector graphics) におけるシーン記述とレンダリングモデルをベースとしている．MPEG においては当初，BIFS (binary format for scenes) という複数のモノメディアの合成フォーマットが MPEG-4 の多重化フォーマットとして規定されていた．しかし，固有のコンテンツおよびバイナリ符号化構造がモバイル端末での処理に適さないため，LASeR という新たな規格を 2006 年に策定したのである．LASeR のストリームは，シーンを構成するその他のメディアストリームとともに，SAF (simple aggregation format) というフォーマットで多重化される．現時点では，LASeR や SAF に準拠したモバイル向けのマルチメディアサービスは存在しない．

図3.25 は，モバイル端末におけるメディアとそのフォーマットおよび対応するサービスを示したものである．

3.5 センサネットワーク

3.5.1 ネットワーキング
(1) はじめに

センサネットワークとは，小型センサノードで収集した環境情報を無線マルチホップ通信によりシンクに集めるネットワークの総称である．概念を図3.26 に示す．

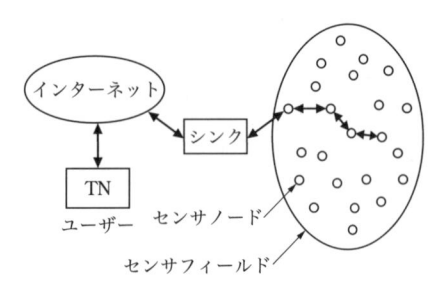

図3.26 センサネットワーク

(2) アプリケーション

センサネットワークは，安価なノードを多量に配置し，効果的に環境情報を収集できるとされ，土木分野，家電分野，自動車分野などへのさまざまな応用が期待されている．その一部を以下に列挙する．

- 設備やビルなどの管理応用　機械などの設備の動作状況のモニタリングと制御，照明や空調などのきめ細かい制御．
- 安全性確保のための応用　有毒ガスなどが存在する可能性のある場所で作業を行なう．
- 広い意味でのセキュリティ応用　個人認証と組み合わせたホームセキュリティ Gator Tech Smart House[58]，災害時の状況把握と復旧作業策定のための情報通信，年少者や高齢者のための情報把握．
- トラッキング応用　タグと組み合わせた商品や資産の管理，位置情報を利用した物流物質の管理，危険物資の管理 ATMS[59]，サプライチェーンマネージメントへの応

用。
- 農業応用　農場管理，家畜管理の例としては networked cow[60] などがある。その他，ワイン農場の管理もあげられる。
- 医療応用　患者の血圧，脈拍，体重，血液成分などのモニタリング。
- 自然環境のモニタリング　海岸の状況のモニタリング[61]，天候観測[62]，宇宙観測。
- 土木応用　ビルなどの建造物，橋などの構造物の耐震性・ヘルスモニタリングへの応用。
- ヒューマンインタフェース応用　入力デバイスに応用し，ユーザーの意図を PC に伝える応用，高度な万能リモコン，ゲーム機や玩具などへの応用。
- 軍事応用　デバイスの小型性と通信量が少ない特徴を利用した応用。

(3) 技術課題

(2) に示したように広範な応用が考えられるため，それぞれに応じた特徴があるが，一般には以下がセンサネットワークの特徴とされる。
- 小型で多数のノードで観測対象をカバーするように構成される
- 交換される情報は，状態・位置など非常に少ない
- 情報交換の頻度は少ない
- マルチホップ通信が使われる
- 計画的に固定配置される

この特徴から，以下が技術課題としてあげられる。
- 省電力化
- 低コスト化（入手しやすさも含む）
- フォールトトレランス（信頼性も含む）
- 簡便な位置情報取得
- セキュリティの確保
- スループット向上や遅延低下
- 長期連続運用のための技術

これらを達成するために，通信プロトコル（MAC，ルーティング，トランスポート），シンクやノードの配置からのアプローチが盛んに研究されてきている[63,64]。

(4) ライフタイムの定義

ネットワークのライフタイムの定義する要素としては，種々のものがあるが，以下のように分類できる[65,66]。
- 動作するのに必要なバッテリーが残っているノードの割合
- シンクへ到達可能なノード数の割合
- シンクが観測できる単位時間あたりのレポート数
- アプリケーション要求の達成率
- 上記の組合せ

(5) ネットワーキング技術

① 基本技術

まず，基本的なネットワーキング技術として，SPIN があげられる。

SPIN[67] は，送るべきデータをもつセンサノードは，広告パケットをフラッディングし，それを受信したノードが要求パケットを送り，データを受信する。

SPIN は，データを送信するノードが主導する方法（ノード主導）であるが，シンクが収集すべきデータの仕様を interest によって指定することから始まるシンク主導の方法がある。この方法の代表例が，Directed Diffusion（DD）[68] である。この方式は，interest を受信したノードは，gradient とよぶ 1 ホップシンクに近いノードを記憶する。interest を満たすデータをもっているノードは，gradient を介してシンクにデータを送る。このほか，interest を満たすデータをもつノードが exploratory をフラッディングし，最初に届いた exploratory に対してシンクが reinforce を送り，最終的にデータ中継経路を確立する方法もある。この概念を図 3.27 に示す。

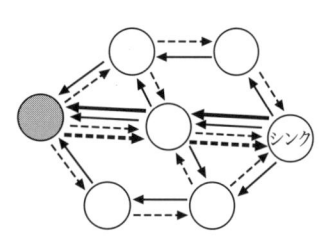

ステップ 1：interest（→）　ステップ 4：reinforce（→）
ステップ 2：gradient　　　ステップ 5：data（--▶）
ステップ 3：exploratory（--▶）

図 3.27　Directed Diffusion

特徴：シンク主導方式，3 タイプのメッセージ〔interest（タスクの記述），exploratory，data〕，シンクまでのマルチホップルートの構築，省電力化。

② 省電力化

センサノードはバッテリー制約を受けるため，消費電力の削減が重要な課題である．省電力化を達成する方法としては，大きく分けてノード単体の省電力化とネットワーク全体の省電力化があげられる．典型的なノードサイズ，メモリサイズ，消費電力，duty サイクルなどに関しては，文献 69) が詳しく述べている．

〈ノード単体の省電力化〉

- ハードウェア技術による省電力化　ハードウェアの消費電力を抑えるデバイス技術に加え，たとえば，ルーティング層プロトコルをアプリケーションプログラムとしてではなくデバイスドライバのレベルで実装し，OS の余分な消費電力を削減する手法が存在する．
- 送信電力制御　送信電力を制御することにより，バッテリー消費を抑えることが可能である．したがって，隣接ノードに最低限届く電力で送れば省電力化が達成できる．フリスの伝達公式から復号に必要な受信電力を一定とすれば，送信電力は距離の n 乗（通常は 2 乗であるが，移動環境をも勘案すると等価的に 4〜6 乗とする文献もある）に比例するため，近距離のノードをマルチホップする効果は大きい．また，送信電力制御と送信レートを適応的に制御する方法も考えられている．しかし，送信電力に差が生じると片方向リンクの問題が発生する．いずれの方法であっても，機能の複雑化とセンサノードデバイスの簡単化のトレードオフを考慮する必要がある．

〈ネットワーク全体での省電力化〉

- 各ノードのバッテリー消費の均一化　基

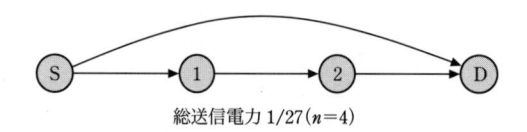

図 3.28　マルチホップの効果

特徴：h ホップにすると $1/h^{(n-1)}$ の総送信電力．近距離のノードをマルチホップする効果は大，送信電力制御と送信レートを適応的に制御する方法も考えられている．

問題点：送信電力に差が生じると片方向リンクの問題，送信電力だけが電力ではない，待機時の電力消費も大．

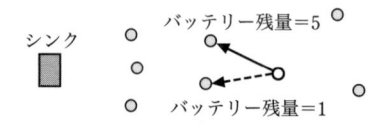

図 3.29　省電力化の基本方針

基本的な方式は，バッテリ残量の多いノードが中継する方法である．

特徴：GAF, SPAN がある．ネットワーク全体で均質にバッテリを消費する．バッテリー残量をおたがいに交換する必要があるため，そのオーバーヘッドの軽減が重要となる．

本的な方式として，バッテリー残量の多いノードが中継する方法が GAF[70]，SPAN[71] などをはじめ種々考えられている．しかし，バッテリー残量をおたがいに交換する必要があるため，そのオーバーヘッドの軽減が重要となる．SPAN は，機能を維持できる最小限のノード（コーディネータ）のみを active にし，それ以外を sleep にさせる方法である．コーディネータになるかどうかの判断は基本的には定期的であるが，バッテリー残量の多いものがなりやすいように構成する．また，GAF はネットワークを格子状に分割し，格子ごとに 1 ノードが active になるよう制御する．その際，活動可能時間が長いものほど選択されやすい．

- スリープモードの導入　センサノードが通信を行なう必要がない場合には，スリープ状態として電力を温存できる．SPAN や

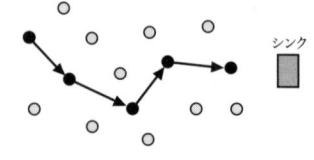

図 3.30　SPAN

近隣ノードとの接続性とバッテリー残量を基にコーディネータになるか準コーディネータになるかを各ノードが自立的に決定する．

各ノードは定期的に近隣ノードと HELLO メッセージで通信する．

すべての近隣ノードがお互いに直接通信，または 1 つもしくは 2 つのコーディネータを経由して通信できないとき，自身がコーディネータ候補となる．

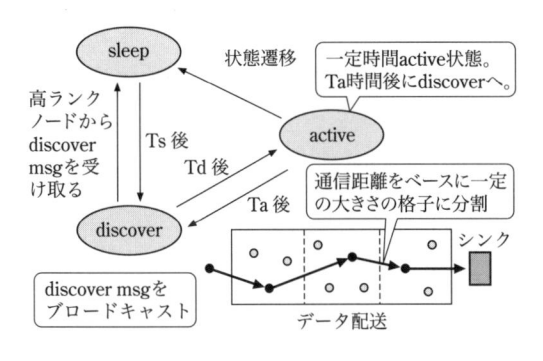

図3.31 GAF

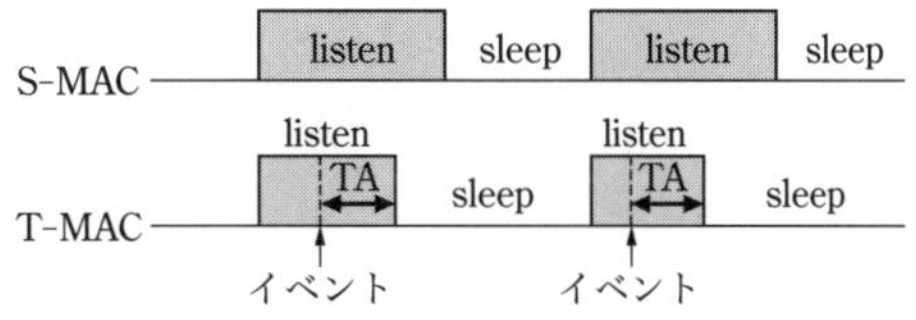

図3.33 T-MAC

特徴：S-MAC の改良版．listen 期間に通信がない場合 sleep 状態へ遷移することで電力消費の効率化を図る．
相違点：listen 期間にタイマー（TA）を設ける（TA 期間何もなければ sleep へ，イベントが発生したら TA 時間を再度設定）．

GAF もスリープ状態を利用するが，より積極的にこのメカニズムを利用するためのメディアアクセス制御（MAC）方式がある．この場合，スリープ状態のタイミング制御が問題となる．以下に分類を示す．

- Schedule based MAC：衝突回避（例：ACSEMAC[72]，WiseMAC[73]）
- Contention based MAC：アイドル時間削減〔例：S-MAC（Sensor MAC）[74]，T-MAC（Timeout-MAC）[75]〕

図3.32 に S-MAC，図3.33 に T-MAC の概要を示す．

S-MAC は，省電力化とともにマルチホップ通信に適した方式であり，IEEE 802.11 DCF の省電力モードと似た概念を用いている．基本的には，近隣のノードと sleep と listen の周期（スケジュール）を交換し，適切な周期で sleep 状態と listen 状態をくり返す．まず，各ノードはまず一定時間，近隣ノードのスケジュール（SYNC メッセージ）を聞く．SYNC メッセージを受信しなかった場合には，ランダムバックオフののち，みずからのスケジュールを送信する．複数のスケジュールを聞いたノードは，それらを満足するスケジュールを作成する．

listen 状態の期間では，送信すべきデータをもつノードは RTS（request to send）を送る．一方，受信ノードは CTS（clear to send）を送り，ハンドシェークする．RTS/CTS を受信したノードで今回の通信に関与しないノードは，802.11 の NAV 期間に相当する時間 sleep 状態となる．また，マルチホップに適するように，データ受信完了後，次ホップとの RTS/CTS 交換をただちに開始する．

また，T-MAC は S-MAC の改良版であり，listen 期間に通信が存在しない場合は，sleep に戻る機能が加えられている．

データアグレゲーションの導入

データアグレゲーション（Data aggregation）は，経路上に沿って流れるデータをそのつど送るのではなく，ある程度蓄積してから転送する技術を指す[76,77]．図3.34 に示すように d_1 と d_2 を合わせて送信すれば，消費電力を抑えることが可能である．

いま，図3.35 のような単純な k 進ツリー構造のネットワークを考え，各ノードが1回デー

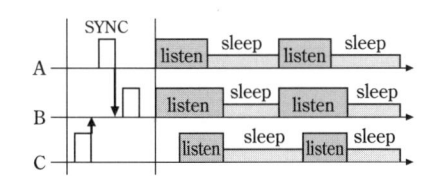

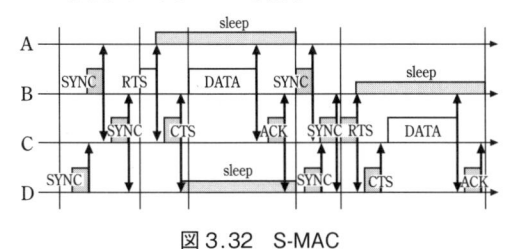

図3.32 S-MAC

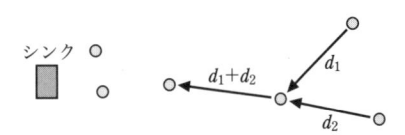

図3.34 データアグレゲーション

タを出すとする。木の高さを m とすると，アグリゲーションの効果（総通信回数の比）は，

$$\frac{mk^{m+1}-(1+m)k^m+1}{(k-1)(k^m-1)} \simeq m \qquad (3.1)$$

となり[78]，木が高いほど効果が大きいことがわかる。

図 3.35 k 進ツリー構造

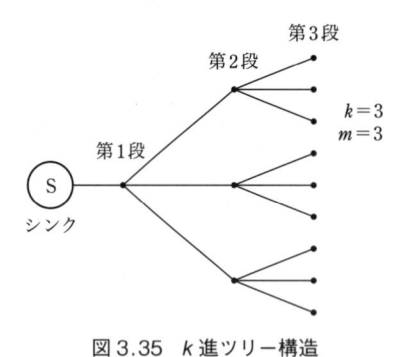

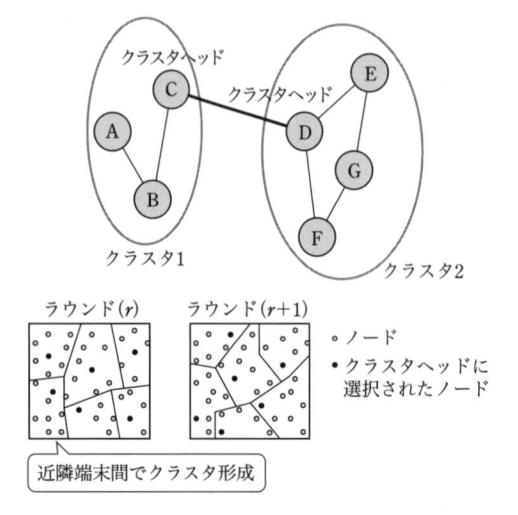

図 3.36 LEACH

クラスタヘッダになる確率

$$T(n) = \begin{cases} \dfrac{P}{1-P(r \bmod \frac{1}{P})} & (n \in G) \\ 0 & (\text{それ以外}) \end{cases}$$

ただし，P：クラスタヘッドの割合，r：ラウンド数，G：過去 $1/p$ ラウンドにクラスタヘッドになっていないノードの集合。

手順：①事前に好ましいクラスタヘッドの割合を設定，② $T(n)$ を求める，③ランダムに選択した k（$0<k<1$）が $T(n)$ 以下ならクラスタヘッドになる，④クラスタヘッドになったノードは CHA（cluster-head-adv）を送信，⑤受信したノードは信号が強いクラスタに参加，⑥クラスタヘッドはメンバーに対して TDMA のスケジューリングを設定。

- クラスタ化による負荷分散　センサノードをクラスタ化し，各センサノードからクラスタヘッドまでの通信とクラスタヘッド間の通信とに階層化し，負荷分散を図る方式がある。たとえば，LEACH[79]，RDCM[80]，EDTC[81] があげられる。図 3.36 に代表的な LEACH を示す。クラスタヘッドになるノードを特殊なノードと定義する場合と，通常のノードと同一と定義する場合がある。クラスタヘッドの選出方法，クラスタヘッドの交代方法，階層間の通信帯域割り当てなどに関して研究がなされている。

- その他の方法　パケット中継による電力消費は，トラフィックが集中するノードが大きくなる。そのため，シンク付近のノードのバッテリー枯渇が早い。この対策としては，複数のシンクを用いる方法である Nearest Sink[82,83]，DispersiveCast 方式[84,85]，効果的にシンクやノードを配置する方式[86]，リレー専用ノードを追加する方式[87]，指向性アンテナを利用する方法[88] などが考えられている。その他，シンク付近のノードのバッテリーを多くする方法，シンクを移動させる方法なども考えられる。

〈環境に配慮した長期運用〉

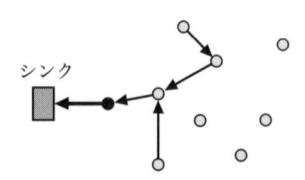

図 3.37 funnel 効果

特徴：パケット中継による電力消費は，トラフィックが集中するノード（シンク付近のノード）が大きくなる。

対策：シンク付近のノードのバッテリーを多くする方法，複数のシンクを用いる方法，シンク付近にノードを多く配置する方式，リレー専用ノードを追加する方式，指向性アンテナを利用する方法，シンクを移動させる方法。

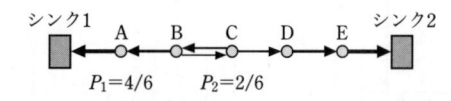

図 3.38 DispersiveCast

特徴：B で多くの観測データが発生，B は A と C の両方に送信割合決定処理に従った送信割合で送信。

- 省電力化が現在も大きな技術課題であることは変わらないが，最近異なった観点の研究がなされている．そのひとつに，長期運用技術がある．ノードの省電力化を行なっても，最終的にはバッテリー切れとなる．また，従来の省電力化技術は，ネットワーク全体としてバッテリーを均一に消費させる．この手法では，ネットワーク全体としてノードのバッテリーが均一に減り，バッテリー切れとなるノードがネットワーク全体に同時に発生し，一時的にネットワークを停止させてノードを交換しなければならない．このため，長期運用が困難である．この問題の解決のための一つの工夫として，文献89) はノードの部分的な交換を容易にする手法であるサスティナブルセンサネットワークを提案している．この方式は，均一にバッテリーを消費する従来方式とはまったく逆に，バッテリー消費量が多くなる地域を故意に特定してバッテリー交換を容易にしつつ連続運用を実現している（図3.39）．

(6) まとめ

MAC層とルーティング層，あるいはアプリケーション層とルーティング層を組み合わせたクロスレイヤプロトコル設計が着目されている[90]．また，従来アドホックネットワークとセンサネットワークは異なるものとして扱われてきた．前者は移動性を重視するのに対し，後者は省電力化が重視されてきた．しかし，センサネットワークでも大気観測などの応用では移動性を考慮する研究がなされつつある．

従来のセンサネットワークでは，交換される情報量は非常に少ないとされてきた．しかし，カメラ画像などをセンシングデータとして扱うアプリケーション（ビデオセンサネットワーク）が登場している[61,91,92]．今後もより，高精細な静止画や滑らかな動画を求める傾向は強まり，よりデータ量が増大する可能性がある．さらに，センサネットワークが普及するに従い，医療応用などでリアルタイム性を要求されると予想される．

また，各種のセンサデータを組み合わせたアプリケーションも考えられ，その際には組合せ爆発（情報爆発）が生じる可能性がある．以上のことから，今まで以上にスループット，遅延，フェアネスなどの性能が重要視されていくものと思われる．

従前の安心安全，高効率化の観点のみならず，環境保存いわゆるサスティナビリティの観点からもセンサネットワークはますます利用されるであろう．

3.5.2 ミドルウェア

これまでのインターネットを前提としたミドルウェアでは，アプリケーションのつくりやすさをどのように実現するかが最大のテーマであった．それに対して，無線センサネットワークにおけるミドルウェアでは，アプリケーションのつくりやすさと同時に，低消費電力性や省資源性をも考慮しなければならない．とくに無線通信では，MACプロトコルなどをアプリケーションに特化して設計することで低消費電力性が実現できるため，通信の下位層までをも考慮した仕組みが必須である．

センサネットワークのミドルウェアは，基盤ミドルウェアとアプリケーションミドルウェアの2種類に分けることができる．基盤ミドルウェアは比較的アプリケーションに特化せず，無線センサネットワークの一般的な観点から設計される．それに対して，アプリケーションミドルウェアは具体的なアプリケーションに特化して設計される．ここでは基盤ミドルウェアとして，①オペレーティングシステム，②プロトコルスタックについて，アプリケーションミドルウェアとして，③ EnviroTrack，④ TinyDB，⑤ ANTH について述べる．

(1) オペレーティングシステム

無線センサネットワークにおけるオペレーティングシステムは，少ない計算資源で実現でき

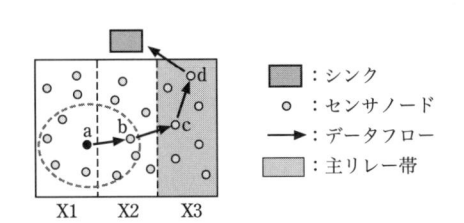

図3.39 ノード交換を容易にするルーティング

ること，無線センサネットワークの通信プロトコルからアプリケーションまでを構築できることの2つが求められる．現存する無線センサネットワーク用のオペレーティングシステムは，イベントモデルで設計されたものとスレッドモデルで設計されたものの2種類が存在する．

イベントモデルを図3.40に示す．イベントモデルは1つのイベントループと多数のイベントハンドラから構成される．イベントループはイベントの到着を待ち，イベントが届くとイベントに関連づけられているイベントハンドラを実行する．イベントモデルではイベント駆動型プログラミングによってアプリケーションが記述される．イベントハンドラは寿命の短い完了実行（run-to-completion）で記述され，プリエンプションされることがない．

つまり，イベントモデルは実行ストリームが1つで実現されるため，省資源かつ低オーバーヘッドで並列性を実現できる．しかしながら，ユーザーが一連の処理を細かい処理に分割しなければならないという問題が発生する．さらに，イベントモデルではタスクのプリエンプションを禁止しているので，ハードリアルタイム処理のサポートができない．

スレッドモデルを図3.41に示す．スレッドモデルは複数のスレッドから構成される．各スレッドはそれぞれ独立に実行ストリームをもっており，低い優先度のスレッドは高い優先度のスレッドにプリエンプションされるという特徴をもつ．スレッドモデルではユーザーは一連の処理を1つのスレッドとして記述することができる．また，プリエンプションを行なうことも想定しているので，ハードリアルタイム処理をサポートすることができる．しかしながら，プリエンプション時のオーバーヘッドの大きさやスレッド間の共有資源へのアクセス制御が困難であるという問題をもっている．

イベントモデルで設計されたオペレーティングシステムの中で代表的なものがTinyOS[93]である．TinyOSはカリフォルニア大学バークレー校のSmartDust Projectで開発されたオペレーティングシステムである．現在，無線センサネットワークの標準的なオペレーティングシステムとして扱われており，Crossbow社から発売されているMICA2やMICAz, Telos, iMote上で動作する．

TinyOSはイベントモデルで構築されているので，タスクスイッチのオーバーヘッドが51サイクルと小さい．そのため，ベストエフォートではあるものの，無線通信における物理層などの記述も行なうことができる．しかしながら，先ほども述べたようにイベントモデルでは一連の処理を複数のイベントハンドラに分解して記述しなければならないため，ユーザーが処理の全体像を把握するのが困難であるという問題を抱えている．

TinyOSでは，nesCとよばれるイベントモデル用の新しい言語で複数のイベントハンドラを1つのモジュールとして設計可能な機能を提供することで，イベントモデルのもつプログラムの開発のしづらさを軽減する仕組みを提供している．また，TinyOSでは，シミュレータのTOSSIMやVMであるBombilla，ファイルシステムであるMatchbox，センサネットワークをデータベースとして扱うTinyDBなど，さまざまなツールがそろっていることが最大の強みである．さらに，TinyOSはCPUの特別な機能

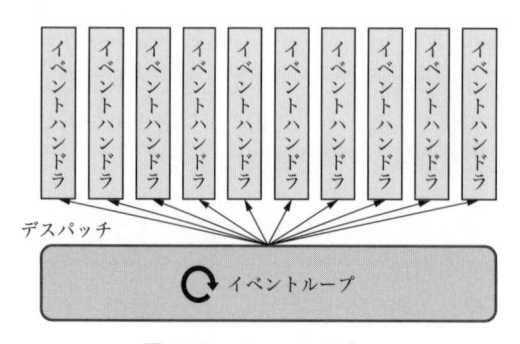

図3.40　イベントモデル

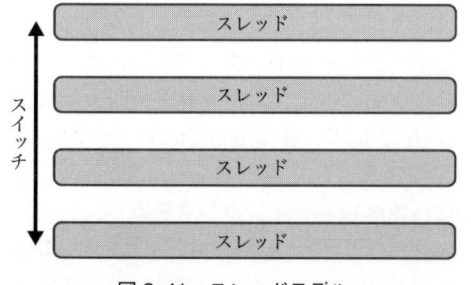

図3.41　スレッドモデル

を使用せずに実装可能であるため，移植性が高く，ATMELのAVR128LやTexsusのMSP430，ARM7などさまざまなCPUに移植されている。

PAVENET OS [94] はスレッドモデルで構築されたセンサノード向けのハードリアルタイムオペレーティングシステムである。すでに地震モニタリングやセンサ-アクチュエータ連携技術，コンテクストアウェアコンピューティングなどさまざまなアプリケーションに利用されている。

PAVENET OSではスレッドモデルを用いているものの，ハードリアルタイム性の必要のないタスクはコーポラティブでタスクスイッチを行なうため，タスクスイッチのオーバーヘッドが91サイクルと小さい。ハードリアルタイム性が必要な処理は，Microchip社のPIC18がもつ動的な割り込み優先度の機能とCPUのレジスタの値の自動保存・復元の機能を使うことで，プリエンプション時のオーバーヘッドを10サイクルに削減している。そのため，PAVENET OSはTinyOSと同程度の省資源性で，低オーバーヘッドで複数のタスクを並列に処理することができる。しかしながら，PAVENET OSはPIC18の機能を積極的に利用しているために移植性が低い。

(2) プロトコルスタック

無線センサネットワークではアプリケーションに応じて通信に対する要件が異なるため，さまざまなネットワークプロトコルやMACプロトコルが提案されている。たとえば，ネットワークプロトコルの大まかな分類だけでも，データの収集（collection），データの配布（dissemination），データの集約（aggregation）と3種類存在し，それぞれがまったく異なった動作をする。それぞれのプロトコルは異なるインタフェースで独立に開発されているため，相互運用性がない。このような問題に対して，ネットワーク層とリンク層のあいだに各プロトコルを統一的に扱うSP（sensornet protocol）とよばれる中間層を用意するべきだという議論がなされている[95]。SPはインターネットアーキテクチャでいうところのIPに相当し，ネットワーク層とリンク層のインタフェースをSPに統一することで相互運用性を高めることをめざしている。

図3.42にSPの全体像を示す。SPはneighbor tableとmessage poolの2つを管理している。neighbor tableは隣接ノードを管理するテーブルである。隣接ノードのアドレスやスリープ状態とアクティブ状態のスケジュール，リンクの品質などを管理することでルーティングプロトコルをサポートする。message poolはネットワーク層から送信されるデータを一時的に保持し，MAC層へと渡すための機構である。

SPではすべてのMACプロトコルや通信プロトコルで共通したmessage poolを用いることで，複数のプロトコルを1つのネットワーク内に共存することを可能にしている。また，message poolではパケットの許容される遅延や必要とされる信頼性，混雑状態などを管理しており，ネットワーク層やMAC層に対してフィードバック情報を提供する。

(3) TinyDB

TinyDBは無線センサネットワークにおいてデータ収集を行なうアプリケーションのためのミドルウェアである[96]。TinyOSを用いてMICA mote上に実装されている。TinyDBでは，ユーザーはデータを収集するときにSQLに似た宣言的問合せ言語を用いることで，個別のセンサノードそのものよりもセンサノードのもつデータに注目して処理を記述することができる。また，ユーザーの作成したクエリーに応じてセンサデータのアグリゲーションやパケットの結合をシステムが自動的に行なうことでパケットのルーティング時のオーバーヘッドを減らし，低消費電力性を実現する。

動作例として5秒ごとに部屋の中の平均温度

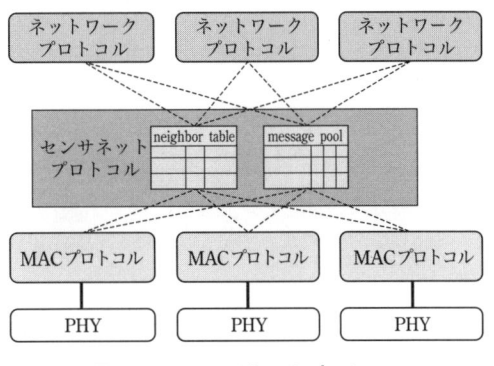

図3.42 センサネットプロトコル

を取得する場合を示す。図3.43にこのときの動作を示す。まず，各センサノードはベースステーションをrootとするrouting treeを作成する。クエリーやセンサデータはrouting treeを用いたtree-based routingによって配送される。ユーザーはまず，PDAやPCなどのベースステーションで

  SELECT AVG（temp）
  FROM sensors
  SAMPLE PERIOD 5s

を実行する。すると，ベースステーション内で無線センサネットワーク用のクエリーが作成され，個々のノードへと配送される。クエリーを受け取ったセンサノードは，5秒ごとにセンサデータを親ノードへと配送する。それぞれのセンサノードは，子ノードからセンサデータが送られてくるまで親ノードに対してデータを送信しない。

子ノードからセンサデータを受け取った親ノードは，受け取ったセンサデータの平均と平均を算出したノードの数をさらに自分の親ノードへと送信する。これをくり返すことにより，ユーザーは部屋の平均温度を取得することができる。また，routing tree内でセンサデータの集約が行なわれるため，単純にデータを収集してベースステーションで平均を計算したときに比べて少ない消費電力で平均温度を取得することができる。

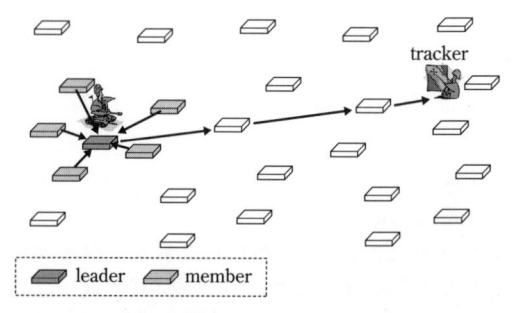

（4）EnviroTrack

EnviroTrackは，無線センサネットワークを使って戦車や車などを追跡するためのオブジェクトベースのミドルウェアである[97]。EnviroTrackでは，ユーザーはsenseとstateの2つの関数を定義するだけで，オブジェクトをトラッキングすることができる。senseはブール関数であり，センサからの値を取得して何かを検出したらtrue，検出しなかったらfalseを返す関数である。

検出を判断する閾値などの値をユーザーが定義する。stateは追跡するオブジェクトの位置を算出するための関数である。位置を計算するために各センサノードから位置を算出するノードにどのような値を送るかや，送られてきた値をどのように集約して位置情報を算出するかをユーザーが定義する。

図3.44にEnviroTrackの動作例を示す。EnviroTrackはleaderノードとmemberノードとtrackerから構成される。EnviroTrackでは各センサノードは固定的に配置されており，自分の位置を知っているという前提である。まず，それぞれのセンサノードはsense関数を定期的に実行する。この動作例ではsense関数は磁気センサを用いている。センサノードの近くを戦車などのオブジェクトが通過すると磁気センサが反応し，sense関数からtrueが返る。すると，センサノードはmemberノードへと遷移し，memberノードどうしでネゴシエーションを行なって，leaderノードの選出を行なう。leaderノードは各memberノードから位置など情報を収集する。そして，state関数を用いて検出したオブジェクトの位置を算出する。そして，最後に算出した位置を位置情報に基づいたルーティングプロトコルによってtrackerまで配送する。

EnviroTrackはTinyOSを用いてMICA mote上に実装されており，1000分の1のモデルで実験した結果，時速50kmのオブジェクトを追跡可能であることが確認されている。

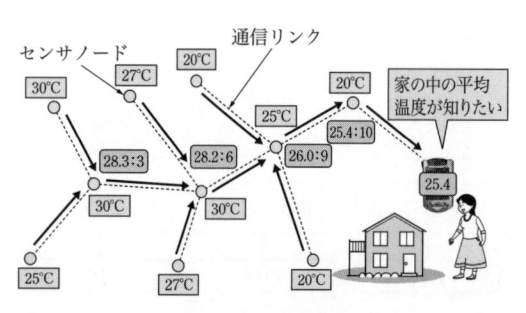

図3.43　TinyDB

図3.44　EnviroTrack

(5) ANTH

ANTHはセンサとアクチュエータを連携させるためのミドルウェアである[98]。ANTHでは，サービス記述からセマンティクスを排除し，簡略化されたサービス記述を基に無線通信プロトコルからヒューマンインタフェース機構までを包括して構築されている。ANTHを用いることで，ユーザーはPDAなどの操作端末を用いた簡単な操作で目覚まし時計やライトなどを連係動作させることが可能となる。

動作例として，図3.45に「ドアをノックされたらヘッドホンの音量をミュートにする」というサービスを実現する場合を示す。ANTHではオブジェクトの機能はeventとactionに抽象化されて表現される。eventはオブジェクトの取得した環境の変化やユーザーの操作を表わす。

ドアの「開いた」「閉じた」「ノックされた」などがeventに相当する。actionはオブジェクトのもつ実行可能な機能である。ヘッドホンの「ミュート」や「音量大」などが相当する。まず，ユーザーはドアに携帯電話などの操作端末を近づける。すると，携帯電話にドアのもっている機能がリストアップされる。ユーザーはその中から「ノックされた」を選択する。次に，ユーザーは携帯電話をヘッドホンの近くにもっていく。こんどは携帯電話にヘッドホンのもっている機能がリストアップされる。ユーザーはリストの中から「ミュート」を選択する。

以上の操作により，ドアの「ノックされた」と「ミュート」が関連づけられ，サービスが構築される。

ANTHはPAVENET OSを用いて実装されており，ANTHの最小セットはプログラムメモリ3キロバイト，データメモリ237バイトのマイコン上に実現することができる。

また，ANTHでは無線通信プロトコルはシングルホップで構築され，かつ電源状況に応じて複数のMACプロトコルを切り替える手法を導入することで，バッテリーの劣化を無視すると単3電池2本で約3年動作の低消費電力化が実現されている。

3.5.3 センシング/プロセッサ

本項では，センサネットワークにおけるセンシング処理とセンサノードに使われるプロセッサについて述べ，実例としてCrossbow社のMOTEについて説明する。

(1) センサノードの構成

センサネットワークの構成要素となるセンサノードは，無線通信チップとセンサおよびそれらを制御するためのマイクロプロセッサを搭載している。

また，無線センサネットワークでは電源のない場所や電源ケーブルの引き回しが難しい場所にもセンサノードを設置したいという要求が多いことから，センサノードは外部電源を使わず電池など内部電源で駆動することが多い。

図3.46に一般的なセンサノードの構成を示す。

(2) センシング

センサノードにおいて，センサからデータを取得しこれを無線ネットワークへと送信する処理は，センサノードのマイクロプロセッサ上で実行されるソフトウェアによって実現される。

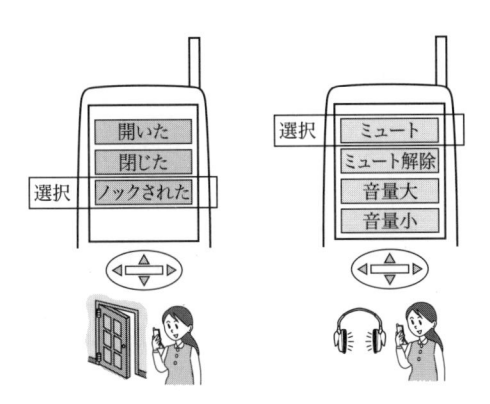

図3.45　ANTH

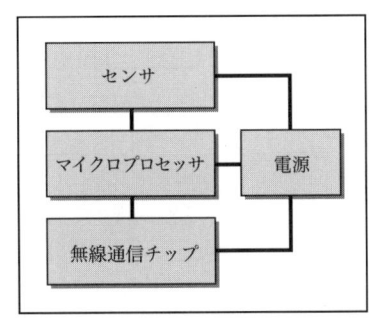

図3.46　一般的なセンサノードの構成

センサからデータを取得するセンシング処理には大きく分けて2つの方法がある。1つは，一定間隔でセンサのデータを読み出す方法で，ポーリング方式とよぶ。もう1つは，センサ値に変化が生じたり値が一定範囲を超えたりしたときにそのことを割り込みで通知してもらう方法で，割り込み方式とよぶ。図3.47に2つの方法の処理の流れを示す。

ポーリング方式では，センサのデータを読み出す直前にセンサの電源を入れ，読み終わったあとに電源を切るというように，センサの間欠稼働が行なえるという利点がある。ただし，間欠稼働はセンサの起動時間が短い場合に限られる。また，マイクロプロセッサは一定間隔で処理を行なう必要がある。

一方の割り込み方式では，センサはつねに駆動させておく必要はあるが，マイクロプロセッサは外部割り込み待ちでスリープ状態にできるという利点がある。また，センサ値の変化に対する応答性という点でも有利である。

これら2つの方法は，利用するセンサの仕様（割り込みを発生させられるのか，起動時間や消費電力量など）とセンサネットワークアプリケーションに求められている要求仕様によって注意深く決定しなければならない。

(3) センサインタフェース

センサデータを読み出すためのインタフェースには，大別してアナログとディジタルの2つがある。

アナログ方式では，センサの出力は電圧や電流信号として得られる。これをADコンバータでディジタル値に変換し，さらにセンサの仕様に従って測定対象の単位へ変換する。

アナログ方式で注意したいのはADコンバータのビット数（分解能）である。たとえば0～3Vの入力に対してADコンバータのビット数が10ビットであれば分解能は$3 \div 2^{10} \fallingdotseq 0.003$で約3mVであり，16ビットであれば$3 \div 2^{16} \fallingdotseq 0.000046$で約0.046mVとなる。

ADコンバータ側の分解能が高くても，センサ側の測定分解能が低ければ，システム全体の分解能は低くなる。また，それだけでなくセンサ出力の電圧範囲についても注意が必要である。測定値に比例した電圧を出力するセンサの場合，同一の測定値の範囲に対してより広い電圧範囲をとるもののほうがセンサ側の測定分解能に必要な電圧の分解能は粗くてもよいことになる。

このようにセンシングの分解能に対する要求を実現するためには，センサ側の測定分解能とそれに必要な出力電圧分解能，ADコンバータの分解能をマッチさせる必要がある。センサノードのマイクロプロセッサに内蔵されているADコンバータの性能が要求仕様に満たない場合には，外部のADコンバータを使うことも検討する必要がある。また，必要とする電圧分解能が小さいほど，これに影響を及ぼすノイズの対策についても考慮する必要がある。

ディジタル方式ではI^2CやSPIといった少ない線で測定できる一般的なシリアル方式のインタフェースがよく使われている。アナログ方式に比べれば電圧レベルが0か1かさえ識別できればよいので，ノイズの影響は小さい。

また，アナログ・ディジタル方式ともに，センサには個体差があり，これを補正するためのキャリブレーションが必要となるものがほとんどである。とくに，測定値の絶対精度が重要な場合にはキャリブレーションは必須となる。

(4) サンプリングレート

ポーリング方式のセンシングにおいて温度や湿度の測定では分単位でのサンプリングで十分な場合が多いが，加速度などの測定ではより高いサンプリングレートが求められる。一方，無線センサネットワークで用いられる無線通信方

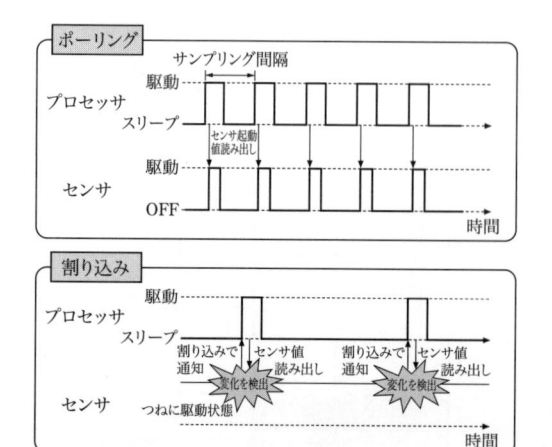

図3.47　ポーリング方式と割り込み方式センシング

式は低消費電力であるがゆえに低速なことが多く，速いものでも 250 kbps 程度である。このため，サンプリングレートが高くなるにつれて通信速度がボトルネックとなり，データの欠落が頻発するようになる。

これを避けるためにセンサノードにログ用のフラッシュメモリを取り付け，そこにセンサデータを溜めていき，溜めたデータを後からゆっくり送信する方法が広く使われる。この方法ではフラッシュメモリの容量によって，高サンプリングのセンシングを連続して行なえる最大時間が決まる。

また，数 kHz を超えるような高サンプリングになると，センサ自体のサンプリングレート，センサとプロセッサ間のインタフェースのサンプリングレート，フラッシュメモリへの書き込み速度やプロセッサの処理能力がボトルネックとなってくる。

(5) プロセッサ

先に述べたとおり，無線センサネットワークにおいてセンサノードの設置場所の自由度に対する要求は高く，そのためセンサノードは小型でかつ電池駆動可能な低消費電力であることが求められる。

一方，センサノードで行なわれる処理はセンサデータの取得やネットワーキング処理程度であり，1つのアプリケーションが動作するだけで十分な場合がほとんどである。センサノードではマルチタスクやそれに伴うメモリ保護機構といったものは必ずしも必要とはされていない。

このため，センサノードのマイクロプロセッサ部には，センサとのさまざまなインタフェースやソフトウェア格納用のフラッシュメモリや動作用ワーキングメモリを内蔵し，低消費電力である組み込み用のマイクロプロセッサが使われることが一般的である。例として，Atmel 社のAVRシリーズ，テキサスインスツルメンツ社のMSP430シリーズ，ルネサスのH8シリーズ，マイクロチップ社のPICシリーズといったものがあげられる。

また最近では，センサネットワークを想定した無線通信規格の標準化も進められ，なかでもIEEE802.15.4は多くのセンサネットワークプラットフォームでも使われている。このため，IEEE802.15.4準拠の無線通信チップとプロセッサをワンパッケージあるいはワンチップ化したものも製品化されている。これにより，センサノードの小型化や低消費電力，低コスト化がこれまで以上に進むものと見込まれている。

(6) Crossbow 社 MOTE プラットフォーム

ここでは，無線センサネットワークの代表的なプラットフォームである Crossbow 社のMOTE (http://www.xbow.jp/motemica.html) について述べる。MOTEという言葉はCrossbow社のセンサノードハードウェアそのものを指す場合や，センサネットワークプラットフォーム全体を指す場合に使われることがあるが，ここでは後者の意味で用いる。

MOTEプラットフォームのセンサノードハードウェア製品としてMICAzシリーズがある。これは完成品タイプのMICAz (MPR2400J) と組み込み用モジュールタイプのMICAz OEM版 (MPR2600) から構成される。図3.48にそれぞれの外観を示す。また，これ以外にも住友精密工業が開発したneoMOTEも量産向きとして販売されている。

これらはアンテナや電源，センサインタフェース用拡張コネクタの有無を除けば中身は同じであるが (表3.10)，MPR2400Jは日本国内での電波法技術適合を取得しており，そのまま利用することができるのに対して，MPR2600はこれを組み込んだハードウェアを含んだ状態で別途電波法技術適合を取得する必要がある。

MICAzはプロセッサとしてAtmel社のAVRシリーズであるATmega128Lと，テキサスインスツルメンツ社のIEEE802.15.4準拠の無線通信チップCC2420を搭載している。これにログ用のフラッシュメモリを含めたものがコア部分となる。MPR2400Jにはさらにアンテナや電源 (標準では単3乾電池2本)，センサインタ

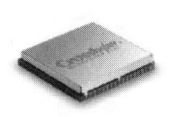

図 3.48　MICAz, MICAz OEM 版

表3.10　MICAz，MICAz OEM版ハードウェア仕様

名称		MICAz	MICAz OEM版
型名		MPR2400J	MPR2600
マイクロプロセッサ部	CPUコア	ATmega128L	
	クロック周波数	7.37 MHz	
	プログラム用フラッシュメモリ（KB）	128	
	SRAM（KB）	4	
センサ用インタフェース	形式	51ピン	パッケージ上ピン
	10ビットADC	7個，0～3V入力	
	UART	2個	
	その他インタフェース	DIO, I^{2}Cなど	
無線通信部	無線通信モジュール	CC2420	
	無線周波数（MHz）	2400	
	最大データ速度（kbps）	250	
ログ用フラッシュメモリ	容量（KB）	512	
電源	種類	単3電池×2	なし

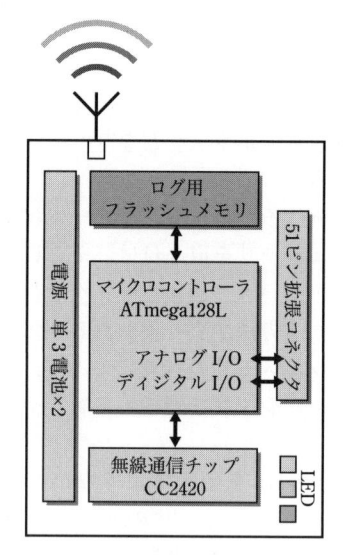

図3.49　MICAz構成図

フェース用51ピン拡張コネクタが備わっている．図3.49にMICAz（MPR2400J）の構成図を示す．

ATmega128Lはプログラム格納用のフラッシュメモリを128Kバイト，ワーキングメモリ用のSRAMを4Kバイト搭載し，各種インタフェースを備えている．

MOTEでは，ソフトウェアプラットフォームとしてTinyOSが採用されている．TinyOSはUC Berkeleyを中心にオープンソースプロジェクトで開発されたセンサネットワーク用OSであり，あらかじめ用意されたコンポーネントを組み合わせてセンサノード用アプリケーションを開発することができる．MICAzではTinyOS自身とその上で動作するメッシュネットワークプロトコルスタックXMeshおよび目的に応じたアプリケーションプログラムがATmega128L内のフラッシュメモリに格納されて実行される．

もちろん，ネットワークプロトコル部分は差し替えることは可能であり，Crossbow社では同じIEEE802.15.4を物理層に利用しているZigBeeとXMeshのデュアルプロトコルスタックの開発を表明している．

（7）MOTEにおけるセンシング例

MICAzにはセンサは内蔵されていない．これはソフトウェア開発環境がユーザーに解放されていて汎用性が高いというMOTEの特徴のためである．その代わりに，MPR2400J用にはセンサインタフェース用の51ピンの拡張コネクタが搭載されており，この51ピンに接続できるさまざまなセンサボードが用意されている（表3.11）．

51ピン拡張コネクタにはATmega128Lの各種インタフェースポートがつながっていて，センサボード上の各センサは，コネクタを介してこれらのポートへ接続される．たとえば，MTS300/310に搭載されている温度センサや光センサの出力はATmega128LのADコンバータの入力ポートに接続され，MTS400/420に搭載されている周囲光センサはI^{2}Cの出力のためI^{2}Cポートに，MTS420のGPSモジュールはUARTポートにそれぞれ接続される．

また，MDA300とMDA320は汎用センサボ

表 3.11 MICAz 用センサボード

写真	型名	センサ種別・特徴
	MDA100	光・温度センサ，任意のセンサを取り付けられるプロトタイピングエリア
	MTS300	光・温度センサ，マイク，ブザー
	MTS310（写真）	光・温度センサ，マイク，ブザー，2軸加速度センサ・2軸磁気センサ
	MTS400	光・湿度・温度・気圧・2軸加速度センサ
	MTS420（写真）	光・湿度・温度・気圧・2軸加速度センサ，GPS
	MDA300（写真）	外部センサ用汎用インタフェース，温度・湿度センサ
	MDA320	外部センサ用汎用インタフェース

ードであり，はんだ付け不要で既存のセンサを簡単に取り付けられるプラグが備えられている。MDA300 には 12 ビット，MDA320 には 16 ビットの AD コンバータが内蔵されているので，ATmega128L 内蔵の AD コンバータ（10 ビット）以上の分解能が必要な場合に有用である。さらに，MDA300 には ±12.5 mV の微小電圧用アナログ入力を備えているため，外部にアンプを用意することなく出力電圧の小さいセンサを接続することができる。

MDA300 や MDA320 には，熱電対や測温抵抗体を用いた温度測定や，焦電型赤外線センサを用いた部屋の利用状況モニタ，歪みゲージを利用した建造物ヘルスモニタといった実施例がある。また，CMOS カメラモジュールの利用やガスセンサ，パーティクルセンサとの組合せについても検証が進められている。

なお，MOTE 用の各種センサボードについての詳細については Crossbow 社のマニュアルダウンロード用ウェブページ（http://www.xbow.com/ Support/ wUserManuals.aspx）に掲載されている "MTS/MDA Sensor Board Users Manual" を参照されたい。

3.6 ユビキタスネットワークのための無線通信

3.6.1 IC タグ

(1) IC タグとは

IC タグ[99]とは，一般的には微小な IC チップとアンテナから構成され，IC チップの中に記憶している識別コードなどの情報を，電磁波を使って送受信する能力をもっており，バーコードに代わる商品識別・管理技術として注目を集めている。また，電子タグ，無線タグということもあり，JR 東日本の「Suica」などでお馴染みの非接触 IC カードも含めて，RFID（radio frequency identification）とよばれることもある。

IC タグのシステム構成を，図 3.50 に示す。リーダライタとよばれる装置を使って，電磁波を介して IC タグの情報を読み書きする。リーダライタは，本体とアンテナから構成される。また，リーダライタは，パソコンなどの上位システムと接続されており，上位システムからの指示で，IC タグと情報のやりとりを行なう。

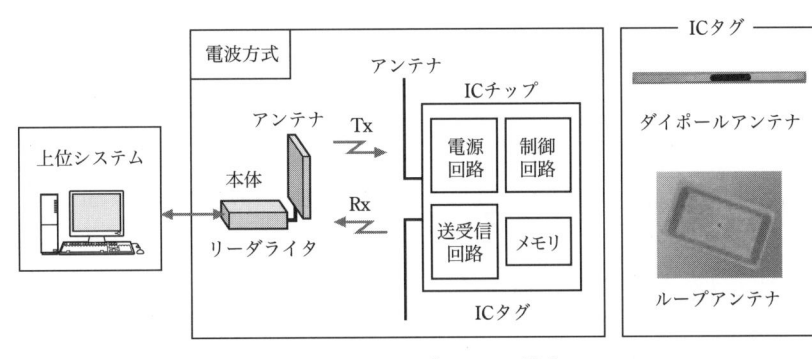

図 3.50 IC タグシステム構成

ICタグのICチップは，電源回路，送受信回路，制御回路，メモリから構成されており，後述するICタグの種類によっては，電源回路の代わりにICチップの外に電池を搭載しているものもある。また，アンテナについてもICタグの種類によって，ループアンテナやダイポールアンテナなどが使用されている。

ICタグシステムの応用例としては，荷物管理，書類管理，コンテナ管理など業務の効率化向上での利用が主だったが，今後，食品や医療品など一般利用者の生活をサポートする利用が有望視されている。

(2) ICタグの特徴

ICタグの特徴を表3.12に示す。バーコードや2次元バーコードと比較した場合，ICタグは情報量が多く，情報の書き換えが可能であり，汚れやホコリなどの環境・耐久性が強いという特徴がある。その反面，大きさは大きく，価格は高くなる。現状，安価なICタグであっても数十円から数百円といったところである。

ICタグは1980年代に登場し，当初は大型で高価であり，機能も制限されていたが，近年の技術開発の進歩により，小型・低価格化・高機能化が進展しており，現在，ICタグの価格として5セント，5円という価格がターゲット数字としてよくいわれている。

また，ICタグは，表3.12に示す特徴以外に，通信距離が長いのはもちろんのこと，複数のICタグを同時に読むことができたり，箱詰めされた見えないICタグも読むことができたり，移動中のICタグを読むことができたり，偽造ができにくいといった優れた特徴をもっている。

このようにICタグは，従来のバーコードや2次元バーコードに比べ，多くの優位性をもっており，この優位性を活かすことで単なるバーコードの代替としてのみならず，多様な用途で利用されることが期待されている。

(3) ICタグの通信方式

ICタグの通信方式には，大きく分けて電磁誘導方式と電波方式の2種類がある。電磁誘導方式を図3.51に示す。電磁誘導方式は，リーダライタ，ICタグともにアンテナとしてループアンテナを使用し，リーダライタアンテナに流れる電流で磁界を発生させ，ICタグアンテナがリーダライタアンテナに近づくことで，ICタグアンテナに誘導磁界が発生し，磁気結合される。いわゆる，コイルの相互誘導を利用した方式である。

電波方式では，リーダライタとICタグ間は，携帯電話と同じように電波で結合される（図3.50参照）。表3.13に，この2つの方式の特徴を示す。表3.13は後述する電池をもたないパッシブタイプのICタグについてのものであり，電池をもつアクティブタイプの電波方式では，数十mの通信距離を実現しているICタグもある。

表3.13からもわかるように，電磁誘導方式は，通信周波数が低く，電波方式は周波数が高

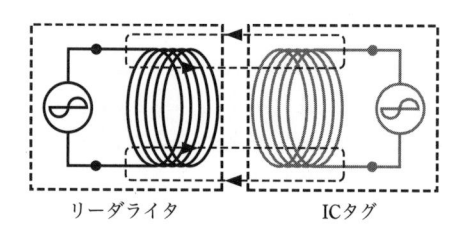

図3.51　電磁誘導方式

表3.12　ICタグの特徴

	ICタグ	バーコード	2次元バーコード
情報量	数十～数万文字	約20文字	約2000文字
書き換え	可能	不可	不可
大きさ	大きい	小さい	小さい
耐久性	強い	きわめて弱い	きわめて弱い
価格	高い	安い	安い

表3.13　通信方式の特徴

通信方式	周波数	通信距離	応用例
電磁誘導	長波帯～135kHz 短波13.56MHz	数cm～1m	イモビライザ，社員証，「Suica」
電波	UHF帯 860～960MHz マイクロ波 2.45GHz	～数m	物流管理，工場の生産管理

いところで使用されている。この周波数の特性により，電波方式は通信距離を長くできるものの，水や金属などの環境の影響を受けやすいということになる。

また，電磁誘導方式は，比較的環境の影響を受けにくいという利点があるものの，通信距離は数cmから1mと短く，ループアンテナの巻数が数ターンから数十ターンになるため，サイズが大きくなる。

このように，通信方式には一長一短があるので，使用目的に合った選択が必要となる。

(4) ICタグの分類（電源方式）

ICタグは機能や構成から分類されることがある。前述した通信方式での分類がその例である。ここでは，ICタグを電源方式から分類すると，表3.14に示すように，パッシブタイプ，アクティブタイプ，セミパッシブタイプの3種類の方式がある。

パッシブタイプはICタグの代表で，ICタグというと，一般的にはこのパッシブタイプのことを指す。パッシブタイプは，リーダライタから発射される電磁波を動作エネルギーとするため，電池をもっておらず安価で保守する必要がないという優れた特徴があるが，通信距離としては電波方式のものであっても数m程度である。

アクティブタイプは，ICタグ内に電池をもち，送受信時は電池エネルギーを使用するので，リーダライタからの電磁波がある/なしにかかわらず動作することができ，また，みずから送信することができる。

セミパッシブタイプは，ICタグ内に電池をもつが，送信時はパッシブタイプと同じ，後述するバックスキャッタ方式を使用するため，電池の消費電力を削減することができ，アクティブタイプよりも電池寿命を長くすることができる。また，パッシブタイプよりも通信距離を長くすることができるという長所がある。しかし，電池をもっているので，アクティブタイプと同じように高価で，保守が必要となる。

(5) 無線インタフェース

ICタグの無線インタフェースは，電磁誘導，電波方式ともに，一般的にはリーダライタからASK変調（振幅変調）でデータを送信する。ASKは一般的な無線通信では，ノイズに弱いなどの理由によりあまり使用されていないが，ICタグ受信回路を簡単に構成できるということから，ASKが採用されている。

ICタグは，ASK変調波を復調して，データを認識し，このデータに応じて内部のメモリ情報をリーダライタに返答したり，メモリ情報を書き換えたりする。

ICタグの返答方式は，パッシブタイプ，セミパッシブタイプではバックスキャッタ（負荷変調）といわれる返答方式を用いている。バックスキャッタとは，リーダライタから送信される無変調搬送波に対して，ICタグの内部インピーダンスを返答データに応じて可変させることで反射波を発生させ，この反射波をリーダライタが受信するということで通信を行なっている。

図3.52にリーダライタ，ICタグ（パッシブまたはセミパッシブタイプ）間の無線インタフェースを示す。リーダライタは，ASK変調波を送信している以外は，無変調搬送波を送信しつづけ，ICタグに電力を供給しつづける。ICタグが返答している状態では，リーダライタが出力する無変調搬送波の中にICタグの反射波が混じるので，リーダライタは送信しながら反射波を受信しなければならない。

現状，リーダライタからICタグ，ICタグからリーダライタへのデータ通信速度は，どちら

表3.14 ICタグの種類

	概要	長所	短所
パッシブタイプ	ICタグ内に電池をもたず，リーダライタから発する電磁波を整流して動作電力とする	安価，保守必要なし	通信距離が数m程度
アクティブタイプ	ICタグ内に電池をもち，みずから電磁波を発射する	通信距離が数十m	高価，電池寿命で保守が必要
セミパッシブタイプ	ICタグ内に電池をもち電池を動作電力とするが，みずから電磁波は発射しない	アクティブタイプよりも電池寿命が長い，通信距離が数m～数十m	高価，電池寿命で保守が必要

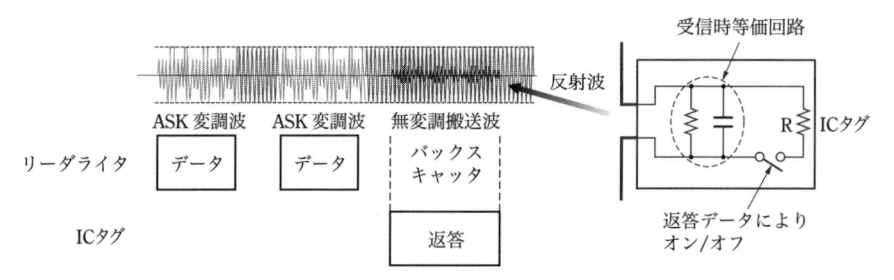

図3.52 リーダライタ，ICタグ間無線インタフェース

も数十～数百 kbps となっており，この条件の下で IC タグを同時に読める数は，数十～数百個/秒といったところである．同時に読むといっても，リーダライタは，アロハ方式やバイナリツリーといった輻輳制御方式を使用して1個ずつ IC タグを読み取る．

アクティブタイプは，一般的な無線通信で通信しており，前述したバックスキャッタ返答方式などは使用せず，IC タグもみずから変調波を発して応答する．アクティブタイプのリーダライタおよび IC タグの変復調方式として，ASK のみならず，FSK（周波数変調），PSK（位相変調）などが使用されているものもある．

(6) IC タグの標準化

IC タグは，物に付けて，物品管理などに使用されるアプリケーションが考えられているため，物品が国外にも流通されることもあり，国際的な標準化が必要となる．ISO（国際標準化機構），IEC（国際電気標準会議）ではIC タグの国際標準化を図3.53の体系で規格化を行なっている．

ISO/IEC 18000 では，周波数ごとに無線インタフェース（リーダライタ，IC タグ間接続手順，輻輳制御など）規格を作成しており，現在国際的に使用可能な ISM（industry/science/medical）帯の周波数を中心に規格化されている．

IC タグにおいては，タグ固有 ID の標準化も重要であり，これも ISO/IEC 15963 で標準化されている．

また，各国ではその国の電波法に応じて，無線周波数の出力レベルやスプリアスレベルが規格化されている状況である．国内においては，すでに各周波数における電波法関連の規格化は終わっているが，今後 IC タグシステムが世の中に普及していくと，IC タグシステムどうしの共用化技術や，他の無線システムとの共用化技術が必須となり，継続検討中である．

さらに IC タグ普及とともに，すべての物品に IC タグが貼付されている状況を考えて，人

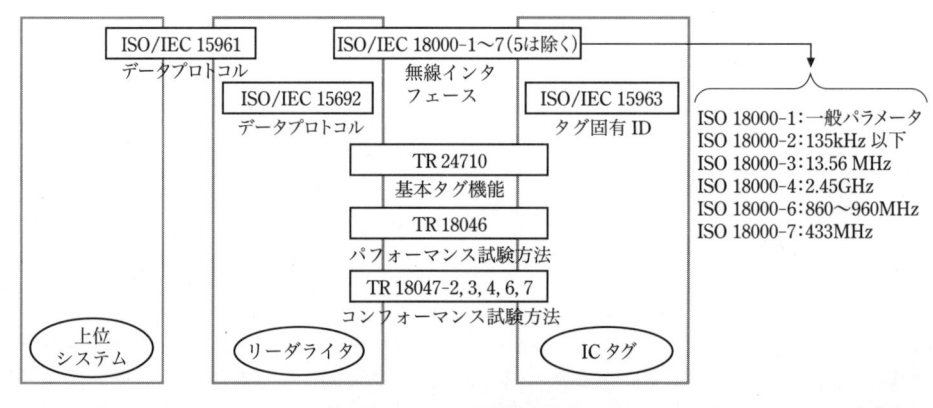

図3.53 IC タグ国際標準化体系
TR：テクニカルレポート．

が携帯する物品を，他人から電磁版を通じて読み取られることを危惧する声があり，プライバシー問題やICタグの偽造・複製といった，セキュリティを強化する標準化が今後行なわれると予測される。

3.6.2 ZigBee
(1) ZigBeeの概要

ZigBeeは，ホームオートメーション，ファクトリ（工場）オートメーション，ビル（オフィス）オートメーションへの応用をねらいとするセンサネットワークとして，2001年以降に標準化が進められた無線通信規格である。当初，HomeRFとよぶ無線によるホームネットワークをベースに検討され，図3.54のようなZigBeeの利用イメージが示されている。

ZigBee標準化は，物理レイヤーとMACレイヤーについてはIEEE802.15.4，ネットワークレイヤー以上は業界団体であるZigBee Allianceが推進している。物理レイヤーとMACレイヤーについては2003年，ネットワーク層以上の初期バージョンがZigBee 1.0として2004年に策定されている。ZigBee Allianceには，2007年9月末現在300以上の企業が参加している。ZigBee Allianceは，仕様の策定の一環として相互接続性や拡張性に関する仕様検証，準拠製品の認定，普及活動を行なっている。表3.15にZigBee Allianceが想定しているアプリケーション領域を示す。

日本では2005年2月にZigBeeの日本国内での普及促進に向け，ZigBee SIG ジャパンの設立準備を開始した。ZigBee SIG ジャパンでは，ZigBee普及を目的とする共同マーケティング，日本国内のユーザーに対する技術教育やアドバイス，日本市場におけるZigBee仕様に対する要求の調査・研究，ZigBeeに関する法令規則などの調査・研究，ZigBeeに関する出版ならびに普及などの活動を行なう。

ZigBee V1.0では，アプリケーションとして，ホームオートメーション用照明制御のアプリケーションプロファイルをすでに規定している。現在，これ以外のアプリケーションとして，以下の4つのプロファイルを規定中である。

- ビルオートメーション
- HVAC (heating, ventilation and air conditioning)
- ホームコントロール
- プラントモニタリング

なお，ZigBee V1.0（ZigBee-2004とよんでいる）を拡張したZigBee-2006，ZigBee Proの仕様の検討も行なっている。

(2) ZigBeeの特徴

ZigBeeの特徴として以下があげられる。

- 通信範囲は9〜69メートル。
- 赤外線とは異なり，見通しがよい空間である必要はなく，信号はドアも突き抜ける。
- 電池によって数カ月から数年動作させることを想定しており，0.1％以下の低頻度で間欠動作させることによって省電力化が図られる（Bluetoothでは定期的に充電が必要）。

表3.15 ZigBee Allianceが想定しているアプリケーション領域

ホームオートメーション/セキュリティ	セキュリティ管理，空調制御，照明制御，進入監視
ファクトリオートメーション	資産管理，プロセス制御，環境モニタ，電力管理
ビルオートメーション	セキュリティ管理，空調制御，自動メーター読み取り，照明制御，入退室管理
健康管理	病状監視，健康モニタ
PC周辺機器接続	マウス，キーボード，ジョイスティック
情報家電制御	TV，VIDEO，DVD/CD，リモート制御

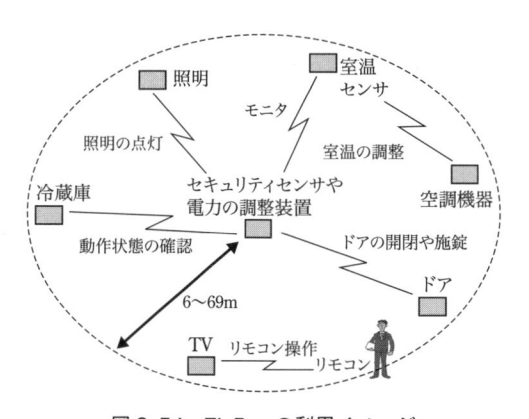

図3.54 ZigBeeの利用イメージ

- 30ミリ秒程度で新しくネットワークに参加することが可能，15ミリ秒程度でインアクティブ状態からアクティブ状態に遷移することが可能で，省電力化のための間欠動作を効率よく行なうことができる（Bluetoothではそれぞれ3秒以上，3秒程度の時間が必要）。
- 1つのネットワークあたりの接続可能なノード数は最大65535（$2^{16}-1$）で，大規模なネットワークを簡単に構築することが可能（Bluetoothは最大8）。
- オプションでQoS（帯域）を保証した通信が可能。
- メッシュネットワークの構築が可能。メッシュリンクとスターリンクを組み合わせたマルチホップネットワークの構築も可能。

2006年から物理レイヤーとMACレイヤー部分の製品出荷が始まりつつある。サイズと価格については，2008年にZigBeeチップのサイズが3×3mm，価格が2ドル以下になることが予想されている。

なお，センサネットワークについては，2004年以降，IEEE802.15.4aにおいて物理レイヤーをUWB，MACレイヤーをZigBeeとする省電力の無線PANとしての高速版センサネットワーク（数Mbpsをめざす）の標準化が進められている。

(3) ZigBeeの仕様概要

図3.55にZigBeeのプロトコル体系を示す。物理レイヤーとMACレイヤーはIEEE802.15.4を採用し，ネットワークレイヤーとアプリケーションレイヤーはZigBee AllianceによるZigBee独自の仕様である。IEEE802.15.4は，低速度の無線PAN用の無線方式で，他の無線方式と比べて最も顕著な特徴は，低コストと低消費電力の追求である。ZigBeeでは，この特徴を活かすことができるように上位層を設計している。表3.16に各レイヤーの機能の概要を示す。

①デバイスタイプとネットワーク構成

ネットワークを構成するデバイスについては，ZigBee論理デバイスタイプとIEEE802.15.4物理デバイスタイプの2つの規定がある。ZigBee論理デバイスタイプは，ZigBeeネット

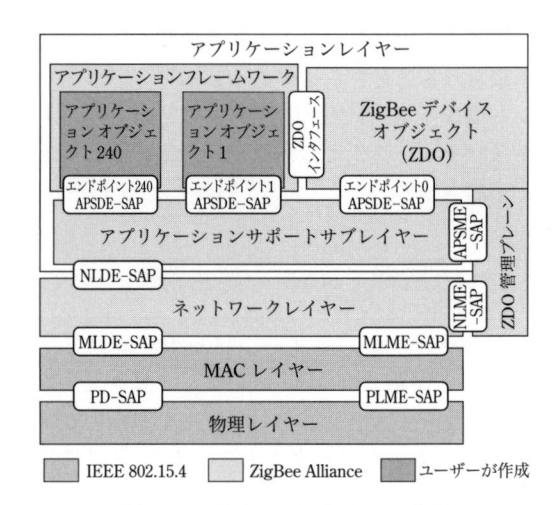

図3.55 ZigBeeのプロトコル体系

APSDE-SAP：アプリケーションサポートサブレイヤーデータエンティティ・サービスアクセスポイント，APSME-SAP：アプリケーションサポートサブレイヤーマネージメントエンティティ・サービスアクセスポイント，NLDE-SAP：ネットワーク層データエンティティ・サービスアクセスポイント，NLME-SAP：ネットワーク層マネージメントエンティティ・サービスアクセスポイント，MLDE-SAP：メディアアクセス層データエンティティ・サービスアクセスポイント，MLME-SAP：メディアアクセス層マネージメントエンティティ・サービスアクセスポイント，PD-SAP：物理層データ・サービスアクセスポイント，PD-SAP：物理層マネージメントエンティティ・サービスアクセスポイント。

ワークの中で担っている役割によりデバイスを分類するもので，ZigBeeコーディネータ，ZigBeeルータ，ZigBeeエンドデバイスの3種類がある。IEEE802.15.4物理デバイスタイプは，ZigBeeのハードウェアプラットフォームのタイプを分類するもので，IEEE802.15.4で規定されているFFD（full function device）とRFD（reduced function device）の2種類がある。表3.17に，ZigBee論理デバイスタイプとIEEE802.15.4物理デバイスタイプの各デバイスの概要と対応関係を示す。

また，IEEE802.15.4では，FFDをそれらが担う役割により，コーディネータとPANコーディネータという名前を定義している。コーディネータとは，他のデバイスが接続することを許可するFFDのことであり，ZigBee論理デバイスタイプのZigBeeルータに相当する。PANコーディネータは，コーディネータの中でとくにネットワークを管理する機能をもったFFDで，ZigBee論理デバイスのZigBeeコーディネ

第3章 モバイル・ユビキタス

表 3.16 ZigBee の各レイヤーの機能概要

レイヤー	機能概要
アプリケーションレイヤー	アプリケーションサポートサブレイヤー
	アプリケーションオブジェクトまたは ZigBee デバイスオブジェクト間の通信機能を提供。通信対象となるオブジェクトを識別するためのエンドポイント，アプリケーションレベルで関連するオブジェクト間の接続を管理するバインディング機能を提供。
	アプリケーションフレームワーク
	デバイスやアプリケーションの機能や能力を記述する ZigBee ディスクリプタ，アプリケーションオブジェクト間で通信する仕組みを規定。
	アプリケーションオブジェクト
	デバイスに実装する個々の ZigBee アプリケーション。アプリケーションフレームワークに従って実装される。
	ZigBee デバイスオブジェクト
	デバイス全体の制御を行ない，デバイス固有の機能とアプリケーションオブジェクト共通の機能を提供。
ネットワークレイヤー	ネットワークの起動/参加/離脱，ネットワークアドレスの割り当て，マルチホップルーティング，ビーコンのスケジューリング
MAC レイヤー	ビーコンモード，帯域保証通信（guaranteed time slot；GTS），チャネルスキャンと起動/接続処理，データ転送処理，アドレッシング，セキュリティ機能
物理レイヤー	データの送受信，送受信機能の ON/OFF 制御，受信エネルギー検出による干渉量の計測，パケット受信時のリンク品質通知

表 3.17 ZigBee 論理デバイスタイプと IEEE802.15.4 物理デバイスタイプの各デバイスの概要と対応関係

ZigBee 論理デバイスタイプ	概要	IEEE802.15.4 物理デバイスタイプとの対応
ZigBee コーディネータ（＝PAN コーディネータ）	ZigBee ネットワークごとに 1 つ存在し，ネットワークの構築を開始する。ZigBee ネットワークに参加するデバイスからの要求に応じて，そのデバイスとの接続を確立することによりネットワークを構成していく。ネットワーク共通のパラメータ設定などネットワーク全体にかかわる制御を行なう。ZigBee ルータとしての動作も行なう。	FFD
ZigBee ルータ（＝コーディネータ）	ZigBee コーディネータまたはすでに ZigBee ネットワークに接続している ZigBee ルータに接続し，マルチホップルーティングのためのメッセージ転送を行なう。ビーコンモードでビーコンを送出する。ネットワークに参加するデバイスの接続も行なう。	FFD
ZigBee エンドデバイス	ZigBee コーディネータまたはすでに ZigBee ネットワークに接続している ZigBee ルータに接続する。ネットワークに参加するデバイスを接続する役割もマルチホップルーティングのためのメッセージ転送も行なわない。	RFD

IEEE802.15.4 物理デバイスタイプ	概要
FFD	IEEE802.15.4 の全機能をサポートし，ネットワークの管理やマルチホップ通信のためのルータ機能を実装することを想定。FFD，RFD と通信可。
RFD	照明のスイッチなどネットワーク末端の低機能なデバイスに使用することを想定し，デバイスに必要な機能のみを実装することによりデバイスの低コスト，低消費電力を追求。FFD とのみ通信可。

ータに相当する。

ZigBee製品は，これら3種類のタイプの組合せにより表現することができる。ただし，ZigBee論理デバイスタイプの分類であるZigBeeコーディネータ，ZigBeeルータはIEEE802.15.4物理デバイスタイプとしてはFFDである必要がある。図3.56にZigBeeのネットワークモデルを示す。

② 無線ネットワークの仕様とルーティング制御

表3.18にZigBeeの無線方式の仕様概要を示す。ZigBeeの周波数帯は，2.4GHz，915MHz，868MHzの3種類あり，それぞれ，全世界共通，米国，欧州においてライセンスフリーで使用することができる。最大出力は各国の法律で規定する値に従うことになっている。送信パワーレベルについては，10～1000mWのかなり高い出力も許されているが，ZigBeeはもともと近距離無線の方式で，送信出力1mW程度でも数十mの通信距離が確保できるため，ほとんどのIEEE802.15.4の製品では1mW程度の出力に抑えられる。拡散方式は無線LANのIIIEEE802.11bと類似したDSSS（direct sequence spread spectrum），MACレイヤーも無線LANと同じCSMA/CA（carrier sense multiple access/collision detection）を採用している。

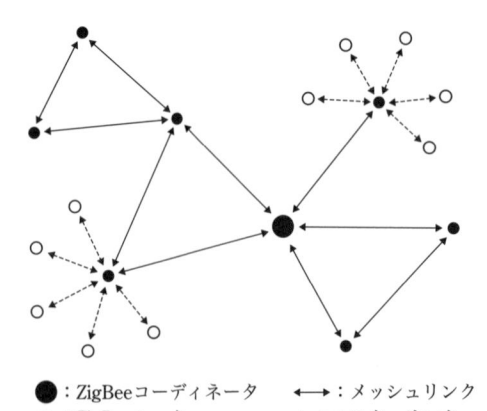

ネットワークモデルにはスタートポロジー，クラスタツリートポロジー，メッシュトポロジーの3種類，ルーティングにはツリールーティングとテーブルルーティングの2種類がある。

ツリールーティングは，米国のEmber社が提案した方式を基にしており，ネットワークアドレスがクラスタツリー構造に従って割り当てられ，クラスタツリー構造に沿ってルーティングを行なう。ルーティングテーブルは保持せず，宛先アドレスから転送すべきデバイスを決定する。テーブルルーティングとしては，IETFのMANET（mobile adhoc network）WGで標準化されたリアクティブ（オンデマンドともよばれる）プロトコルのひとつであるAODV（Ad hoc on-demand distance vector algorithm, RFC 3516）を採用している。ただし，ZigBeeデバイスでルーティング機能をもつのは，ZigBeeコーディネータとZigBeeルータのみで，ZigBeeエンドデバイスは機能を限定して低コスト化するためにルーティング機能をもっていない。したがって，ZigBeeコーディネータとZigBeeルータ間のみでAODVによるマルチホップネットワークが構成される。

● ：ZigBeeコーディネータ　⟷：メッシュリンク
● ：ZigBeeルータ　⇠⇢：スターリンク
○ ：ZigBeeエンドデバイス

図3.56　ZigBeeのネットワークモデル

表3.18　ZigBeeの無線方式の仕様

周波数帯	2.4GHz (全世界で使用可能)	915MHz (米国で使用可能)	868MHz (欧州で使用可能)
チャネル数	16	10	1
変調方式	O-QPSK	BPSK	BPSK
拡散方式	DSSS	DSSS	DSSS
チップレート (kchip/sec)	2000	600	300
シンボルレート (sps)	62.5	40	20
データレート (kbps)	250	40	20
MAC層	CSMA/CA	CSMA/CA	CSMA/CA
送信電力	－3dBm以上（最大値は各国の法律で規定された値）		

O-QPSK：offset quadrature phase shift keying, BPSK：phase shift keying, DSSS：direct sequence spread spectrum。

3.6.3 Bluetooth

(1) Bluetoothの開発経緯

Bluetoothは，1990年代前半にEricssonで研究が進められた，10mの距離で1Mbpsの通信速度を実現する無線通信技術である。図3.57に示すような10m以内での，人と機器，機器

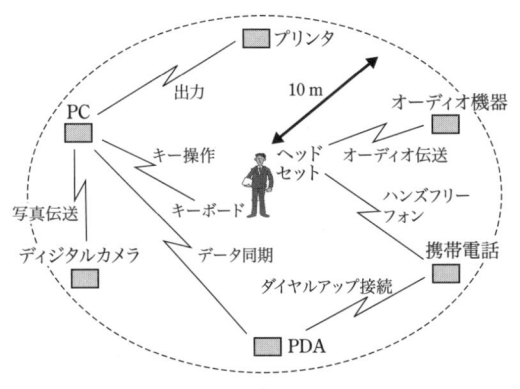

図3.57 Bluetoothの利用イメージ

表3.19 Bluetooth 1.1/1.2 主要諸元

周波数帯域	2.4GHz ISMバンド
出力	1mW（半径約10m）～100mW（半径約100m）
変調方式	GFSK/FHSS（1次/2次，2次は周波数ホッピングスペクトラム拡散方式）
データ転送速度	721kbps（バージョン2.0では実効速度1.4, 2.1Mbpsを規定） 音声：64kbps, SCO（synchronous connection-oriented）リンク データ：432.6kbps, ACL（asynchronous connection less）リンク
同時通信端末数	一対 n, 8台/ch, 32ch

と機器間でのさまざまな通信が想定されている。

1998年にEricsson, Nokia, Motorola, Intel, 東芝の5社が業界団体のBluetooth SIG（Special Interest Group）を結成し，当初はこのSIGを中心に仕様の開発，標準化が進められた。現在は，Microsoft, Agere, IBMを加えた8社のプロモーターで運営され，2006年末現在3000社以上が参加している。Bluetooth SIGは認定制度を設け，認定された機器にはBluetoothロゴが与えられる。1999年にはバージョン1.0が公開された。その後，物理層とMAC層については，IEEE802.15.1に移して標準化が進められ，バージョン1.0の問題点を盛り込んだバージョン1.1が2002年にIEEE802.15.1で採択された。

2003年に承認されたバージョン1.2では，バージョン1.1に，無線チャネルの干渉を防ぐ技術，リアルタイム伝送時に用いられるSCOリンクでの再送手順，初回接続時のコネクションの短縮機能などが追加されている。さらに，Bluetooth SIGにより，従来の通信速度（最大721kbps）の約3倍となる2Mbpsの通信が可能なバージョン2.0＋EDR（enhanced data rate）が2004年に承認されている。

2005年にはバージョン2.0＋EDRも製品化されている。表3.19にBluetoothの主要な仕様を示す。

(2) Bluetoothの仕様概要
①ネットワーク構成
Bluetoothは，中央のハブと一対一のリンクによって接続されたノードの集合からなる，スター型のトポロジーを基本とする。ハブとなるノードをマスターとよび，末端となるノードをスレーブとよぶ。1つのマスターに対して7つまでのスレーブを同時に接続することができる。1つのマスターと最大7つまでのスレーブで構成されるネットワークをピコネット（piconet）とよぶ。通信はマスターとスレーブ間のみで行なわれ，スレーブとスレーブ間で直接通信を行なうことはできない。

ピコネットを形成する際には，近隣ノードの探索，発見されたノードの呼び出し，コネクションの確立の順に動作が行なわれる。初めに一対一でこれらの動作が行なわれ，以降マスターが次々にこれらの動作を行なうことによって，複数のスレーブが参加するピコネットが形成される。9以上のノードに拡張する場合は，8つまでのピコネットがつながった，すなわち64ノードまでのネットワークを形成することができる。このピコネットが複数接続されたネットワークを，スキャッタネット（scatternet）とよぶ。スキャッタネットを構成する場合，各スレーブは時分割で複数のピコネットに属することになる。

図3.58にBluetoothのネットワーク構成を示す。

②プロトコル体系
Bluetoothは，携帯電話やPDAなどのモバイル端末とその周辺機器間とを接続するための規格として検討され，多種多様な機器間の接続にかかわる物理的・論理的な仕様を規定したコア

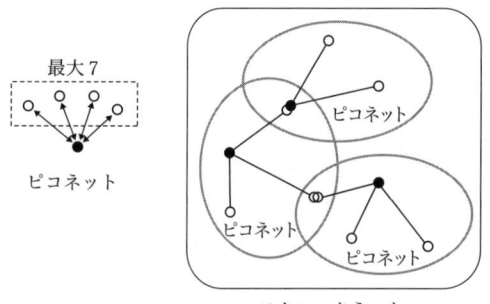

図 3.58 Bluetooth のネットワーク構成

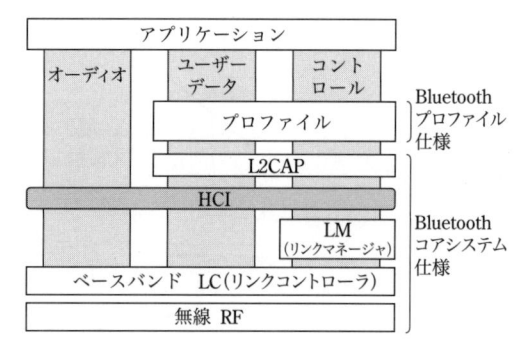

●：マスター，○：スレーブ

図 3.59 Bluetooth のプロトコルスタック

システム仕様と，その上位における情報のやりとりを規定するプロファイル仕様から構成される．図 3.59 に Bluetooth のプロトコルスタック，表 3.20 にプロトコルスタックの各階層の機能を示す．コアシステム仕様では，データ転送アーキテクチャ，パケット，リンクコントローラの状態遷移・接続モード，ホストなどについて規定している．

- データ転送アーキテクチャ（図 3.60 参照）
物理チャネル（basic piconet チャネル）では，最大 1600 回の周波数ホッピングを行なう．すなわち，物理チャネルは 1600 の逆数に相当する 625μ 秒のフレームまたはタイムスロットに分割されて通信される．ホッピングは，79 チャネルをランダムに切り替えて（ホッピングして）通信するこ

表 3.20 Bluetooth コアシステムの各階層の機能

L2CAP レイヤー	アプリケーションデータの転送などに用いる L2CAP チャネルの設定，管理，解除．必要に応じた，転送データの処理や L2CAP チャネル間でのスケジューリング管理．
LM レイヤー	論理リンクの生成，修正，解放や，物理リンクに関するパラメータの更新．
ベースバンドレイヤー	無線通信媒体へのアクセス管理，Bluetooth パケットの符号化・複合化，フロー制御，ACK 制御，再送制御，上位ソフトウェアからの要求や LM を介した相手デバイスからの要求に従いデバイスの動作の制御．
無線レイヤー	物理チャネル上での情報パケットの送受信．

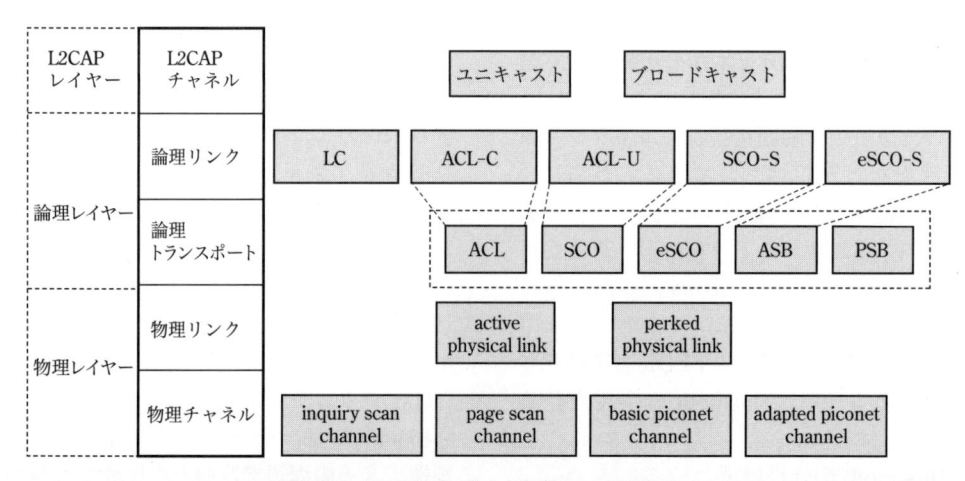

図 3.60 Bluetooth データ転送アーキテクチャ

ASB：Active Slave Broadcast，PSB：Perked Slave Broadcast，eSCO：Extended SCO，ACL-C：ACL Control，ACL-U：User Asynchronous/Isochronous，SCO-S：User Synchronous，eSCO-S：User Extended Synchronous．

とにより，時間平均で見ると広い帯域にスペクトルが拡散される方式である．周波数の切り替え順序とタイミングが一致した送信装置と受信装置間で連続したデータ転送が可能となるが，そのために，マスターの保持するBluetoothクロックとBluetoothデバイスアドレスの組で切り替え順序が決定され，スレーブでは自身のクロックをマスターのクロックに同期させることにより通信を行なう．

通信においては，フレームはマスターのBluetoothクロック値によって番号がつけられ，時分割多重（time division multiplex；TDD）が用いられる．時分割多重では，偶数スロットのマスターと奇数スロットのスレーブの順に交互に通信する．伝送内容は用途によって異なるため，1フレーム/パケットのパターンのほかに，3フレーム/パケット，5フレーム/パケットの3種類が定められている．

また，IEEE802.11b/g規格の無線LANや電子レンジなどもBluetoothと同じ2.4GHz帯を用いるため，そのまま使用すると干渉をひき起こす．この電波干渉を軽減するため，AFH（adaptive frequency hopping）機能が導入されている．AFHでは，何らかの方法，たとえば，利用者が無線LANで使用している周波数を入力すると，それを避けるように使用チャネルを決める機能によってマスターで使用されるチャネル群が決定され，スレーブは指示されたチャネルを使って通信を行なう．この使用チャネルの決定においては，用意された79チャネルより，通信の品質劣化をひき起こす可能性があるチャネルを除去したホッピングシーケンスを生成する．

- パケット　Bluetoothが行なうパケット通信では，2種類の変調モードが定義されている．必須モードの基本レート（basic rate）と，オプションモードのEDR（enhanced data rate）である．シンボルレートは，いずれの変調モードも1Mbpsであるが，表3.19に示したように，伝送路上においては，基本レートでは1Mbps（GFSK），EDRでは2Mbps（π/4-DQPSK），3Mbps（8DPSK）の通信が行なわれる．

- プロファイル仕様　前記のように，コアシステム仕様の上位で情報機器固有の通信プロトコルを機器群ごとの特性や種別に応じて標準化したものをプロファイル仕様とよぶ．プロファイル仕様では，表3.21に示すような多くの手順が規定されており，各手順は，アプリケーションの実装方法やインタフェース（API）のほかに，他社のBluetooth準拠製品との相互接続性に関するテスト方法なども含む．

(3) Bluetoothの現状と今後の動向

Bluetoothは2000年には初期バージョンが製品化されたが，仕様が詳細なレベルまで規定されていなかったため，①製造ベンダー間で互換性がとれなかった，②仕様に適合したキラーアプリケーションを見つけられなかった，③PCのOS（Windows）に標準搭載されなかったなどの理由で，2005年の段階でも当初期待したようには普及していない．

しかし，2005年以降，以下の国内外での動向により，Bluetoothの普及が促進されるものと期待されている．日本では車の運転中に携帯電話による通話が禁止されるため，ハンズフリーで通話するための通信手段としての利用が増加している．いずれにしても，当面Bluetoothは，ハンズフリーやコードレス通話など，ネットワーク構成での利用ではなく，一対一の通信

表3.21　Bluetoothの主なプロファイル

基本プロファイル	デバイス認識，サービスディスカバリ（プラグ＆プレイ）
TCSベース・プロファイル	コードレステレフォニー（コードレス機多者電話），インフォコム（コードレス子機どうし通話）
シリアルポート・プロファイル	ダイヤルアップ接続，ヘッドセット，ハンズフリーフォン，FAX，LANアクセス
オブジェクト交換プロファイル	ファイル転送，端末間データ同期，カーナビからの携帯電話操作，オブジェクト送受信，静止画伝送と遠隔カメラ操作
AV同期プロファイル	ストリーム配信，高品質音声伝送，AV機器遠隔操作，テレビ会議
その他	PAN，無線プリンタケーブル，マウス・キーボード操作，位置情報通知

がおもな利用形態とみられる。

また，2005年5月には，Bluetooth SIG は，UWB と互換性をもたせることを発表した。物理層に UWB，プロファイルを含む MAC 層以上で Bluetooth の使用を採用する方向である。2008年ごろに，Bluetooth と UWB の両方のインタフェースを備えた音響機器，映像機器，各種周辺機器の製品を市場に投入することを計画している。どのような形で互換性をもたせるかについては，利用周波数や UWB の標準化など多くの課題が残されている。

3.6.4　UWB（超広帯域；ウルトラワイドバンド）無線

(1) UWB 無線の概要

リアルタイム動画像情報などの大容量の情報を伝送するためには広帯域伝送方式が必要である。これは，機器から出る熱雑音のような白色ガウス雑音だけが誤りの原因となる典型的な伝送路で，誤りなく伝送できる最大通信速度が $C = B \log (1 + S/N)$ で表わされるからである。すなわち，C を大きくし高速伝送を可能にするには，伝送路での信号対雑音電力比 S/N を大きくするか，信号の周波数帯域幅 B を大きくする必要があるからである。

そこで，高速伝送用に導入される伝送技術が UWB（ultra wideband，超広帯域）無線方式である。UWB 無線方式は，数 GHz の帯域幅にわたって電力スペクトル密度の低い信号を用いて通信を行なう無線システムの総称であり，100 Mbps 以上の超高速で高精度測距を可能とする先端技術である。図 3.61 に示すように，従来の狭帯域通信ばかりではなく，広帯域無線 LAN（数十 MHz の帯域幅）や第3世代移動通信システム（5 MHz の帯域幅）に比べても100倍から1000倍も広帯域である。したがって，同一送信電力であれば，UWB 信号の電力スペクトル密度はきわめて低く，図中の波線で示す PC から放射される不要輻射雑音（米国 FCC の Part 15）のレベルより低いため，原理的に他のシステムとの周波数共用が可能である。

現在，商用化が盛んな UWB システムは，無線 PAN（personal area network）である。無線 PAN は，センサネットワークの一形態といえ，第3世代移動通信システムや無線 LAN と比較して高速な伝送の場合に利用される。すなわち，無線 PAN は，一般に PAN コーディネータとよばれる基地局を中心として，複数の端末（センサノード）を取りまとめるピコネットを構成し，PAN コーディネータを介して，端末間や異なるピコネット間を双方向で交信する。

UWB 無線 PAN は，複数のパーソナルコンピュータ（PC）やディジタルビデオカメラ，TV，プリンタなどの情報機器，AV 機器などの一般家電機器間の制御などへの応用も考えられている[111〜114]。

(2) UWB 無線の定義

UWB 方式は数 GHz の帯域幅にわたって電力スペクトル密度の低い信号を用いて通信を行なう方式の総称である。UWB 信号の定義は，図 3.62 に示すように，比帯域幅＝(帯域幅)/(中心周波数) が20%以上であるか，または連続する占有帯域幅が 500 MHz 以上である信号である。中心周波数とは，最高周波数と最低周波数の和の1/2である。

比帯域幅は，AM ラジオ放送信号では 6.8 kHz／530 kHz＝1.3%，第3世代携帯電話 W-

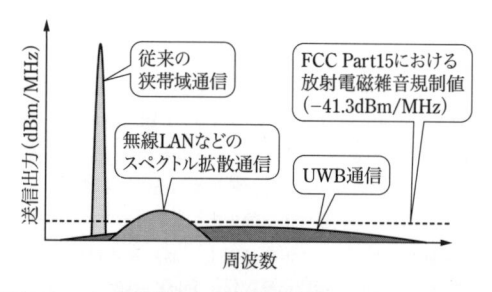

図 3.61　UWB 信号と従来の狭帯域，広帯域信号との電力スペクトル密度の比較
送信出力は 10 nW/MHz 程度ときわめて低い。

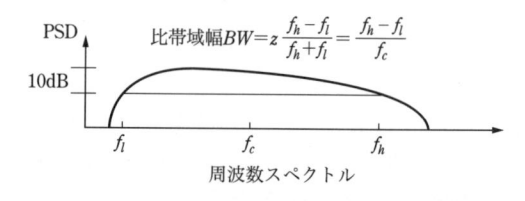

図 3.62　UWB 信号の定義
UWB 帯域幅として，①比帯域幅＝(帯域幅)/(中心周波数) が通常25%以上（米 DARPA），②比帯域幅が20%以上，または，500 MHz 以上の占有帯域（米 FCC，日本総務省）。

CDMA でも 5 MHz/2200 MHz = 0.23％，無線LAN（IEEE802.11b）でも 22 MHz/2450 MHz = 0.9％であり，20％以上の UWB はきわめて広帯域であることがわかる。

(3) UWB 無線通信方式

スペクトルを広帯域にする多様な方式がある。そのなかで，UWB 方式は2つに大別される[115]。

1つは，狭義の UWB 無線であるインパルス無線（impulse radio）方式である。搬送波による変調を用いず，時間長 T［典型的に T は1ナノ秒（10^{-9} 秒）以下の数百ピコ秒（10^{-10} 秒）程度］の非常に短いインパルス状のパルス信号列を無線で送受信する。時間長 T の孤立パルス信号の帯域幅は $W=1/T$ Hz である。たとえば，$T=1$ ナノ秒のとき，$W=10^9$ Hz = 1 GHz となる。

もう1つは，搬送波による変調を用いた直接拡散（direct sequence；DS）や周波数ホッピング（frequency hopping；FH）などのスペクトル拡散（spread spectrum；SS）方式，OFDM などのマルチキャリア方式，およびそれらの組合せにより超広帯域無線伝送を実現する方式である。

図 3.63 にインパルス無線による UWB 信号波形を，通常の2相位相変調（binary phase shift keying；BPSK）信号波形と比較して示す。図に示すように，インパルス無線方式ではコサイン波のような搬送波による変調をせずにパルスを複数送信する。そのため，パルス信号がないときは送信放射電力はないので，消費電力や他システムへの干渉を低減できる。占有帯域幅は非常に広いため，スペクトル電力密度は非常に小さくなり，通常のスペクトル拡散通信方式と同様に秘話性・秘匿性に優れ，他の狭帯域通信に与える影響は小さいなどの特長をもつ通信方式である。超広帯域に拡散されるので，その特長がさらに強調される。

(4) UWB 無線の特徴

図 3.61 に例示したように，UWB 信号は BPSK などの被変調信号はもとより，2.4 GHz 帯ワイヤレス LAN で数十 MHz の帯域幅に比べても超広帯域（数 GHz の帯域幅）であることから UWB とよばれ，同じ送信電力の場合，電力スペクトル密度ははるかに低く，他のシステムが共存しても干渉を与えにくいばかりでなく，他のシステムからの干渉にも耐えられ，スペクトル拡散信号の特長を強調した利点があるといえる。さらに，パルスの時間幅が非常に小さいため，マルチパスを細かく分解でき，RAKE 受信が可能となるので，マルチパスにも強い方式である。

複数ユーザーによる多元接続に CSMA/CA なども用いられるが，典型的なインパルス無線 UWB では，極短時間パルス（モノサイクルなど）を複数用意し，ユーザーごとに固有の系列分だけシフトさせるタイムホッピング（TH）による CDMA などが用いられる。その TH による多元接続では，他局のモノサイクルが衝突（ヒット）したときに誤りとなり，このヒットする確率が誤り率などのシステム性能を左右する要素となる。

UWB では非常に広い帯域を用いることに依存して，次のような特長がある。

- マルチパスの遅延時間を 1 ns 以下に分解できる。この結果，マルチパスフェージングの影響を十分に抑えることができる。
- この高いパス分解能力により，UWB による室内の高品質近距離無線通信が可能となる。
- また，フェージングの影響が低く抑えられ，送信電力が少なくて済む。
- 送信電力の低い UWB では電力スペクトル

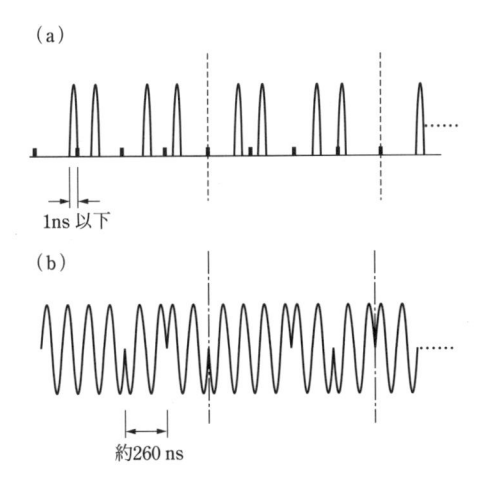

図 3.63 インパルス無線による UWB 信号と搬送波を用いた位相変調信号の比較

(a) インパルス無線による UWB 時間信号波形（時間幅の非常にせまいパルスを送信），(b) 2相位相変調（BPSK）による時間信号波形（搬送波に情報を乗せて送信）。

密度が非常に低くなるので，他の狭帯域伝送への影響を低減できる。

一方，UWBには，経済的な実現には検討すべき課題がある。その課題を下記に示す。
- 超広帯域で時間幅の非常に短いパルスを発生させる回路，素子，および超広帯域アンテナ・高周波回路の製造受信時におけるパルス位置ずれの検出精度
- マルチパス環境下でのパルス符号間干渉
- マルチユーザー環境下でのパルス衝突によるユーザー間干渉（システム内干渉）
- 周波数共用（共存システム）によるシステム間干渉
- 超広帯域スペクトルを利用できる周波数帯が電波法上困難

とくに，商用化において改善すべき問題として，UWBシステムのハードウェア実現上の問題として，極短パルス信号の生成・検波回路，超広帯域特性に優れたアンテナ，増幅器，フィルタなどの設計および装置化，デバイス化などのハードウェア上の問題，マルチパス環境やマルチユーザー環境における高信頼化のために変復調，符号化復号，干渉抑圧・除去などの通信方式上の問題などを解決する必要がある。また，無線PANなどの情報家電への量産化に必要な国内外の標準化の推進とともに，電波法によるUWBシステムの商用化のための技術基準策定や技術基準適合を確認するための測定法などの整備が不可欠である[111~116]。

(5) UWB無線のおもな応用
①マイクロ波帯無線PAN・センサネットワーク

研究開発とともに標準化や法制化が進み，商用化されているUWBシステムは，無線PANである。複数のパーソナルコンピュータ（PC）やディジタルビデオカメラ，TV，プリンタなどの情報機器に組み込ませて，無線LANのような基地局を介さず，P2P（peer-to-peer）の対等分散により相互を無線によって結び，5~10mの近距離において動画像信号などの情報伝送を数百Mbps程度の超高速伝送速度で高速に伝送することが可能となる。使用場所は，無線LAN，Bluetoothなどと同様，オフィスや一般家庭におけるPCや通信機器間の無線接続ばかりでなく，AV機器や照明器具などの一般家電機器間の制御やRFIDなどのセンサネットワークへの応用も考えられている。

無線PANやセンサネットワークは，商用化が容易なマイクロ波帯を用いたブロードバンドでユビキタスな超高速無線アクセスとして研究開発，標準化，法制化が進められている。

②準ミリ波帯カーレーダー

図3.64に示すように，通信と測距が同一UWBシステムで同時に実現できることから準ミリ波帯（22~29 GHz帯）におけるITS（車車間通信・測距など）への応用があげられる。

UWBレーダーはUWB通信以前のUWBの起源であるインパルスレーダー技術である。従来型レーダーは測距における距離分解能が数十cmから数m程度の低分解能（low resolution radar；LRR）であるのに対して，先進型UWBレーダーは数mmから数cmの高分解能（high resolution radar；HRR）を有する。従来型レーダーでは目標物を点としてモデル化し，目標の距離，位置測定，目標探知を行なう。送信波形が伝搬路で受ける波形歪みをあまり考慮せず，受信波を送信波の遅延波と仮定し，遅延時間を測定するため，低分解能となり，複数目標や構造の複雑な目標に対して誤認識する問題がある。一方，UWBレーダーは，目標の各部散乱，自然共振などの合成モデルによる目標のプロファイル（形状）の測定，目標識別が可能となる。送信波形が伝搬路で受ける波形歪みを含む目標の応答として受信波を仮定し，目標のプロファイルを測定することができる。そのため，高分解能で複数目標や構造の複雑な目標に対して，インパルス応答（レンジプロファイル）として正確に認識することができる。

このように，UWBレーダーは
- 測定距離の精度，対象物検出の解像度が非常に高い（数cmが可能）
- 衝突の可能性のある物体や路面状態を検知することが可能
- 天候の影響を受けにくい。
- レーダーを使っていることを検知されにくく，干渉が生じにくい

などの特長をもち，カーセンサへの応用に適している。

(a) UWBレーダーと従来の自動車レーダーとの比較

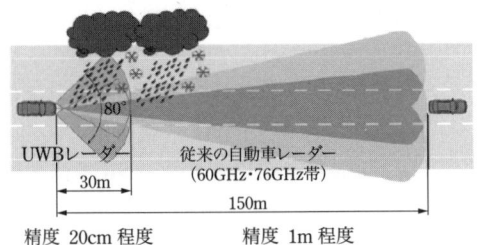

UWBレーダー　従来の自動車レーダー（60GHz・76GHz帯）
30m　150m
精度 20cm 程度　精度 1m 程度

UWBレーダーは後方検知，車車間通信，路車間通信にも応用することができる

後方検知　車車間通信　路車間通信

(b) 車載用UWBレーダーのアプリケーション例

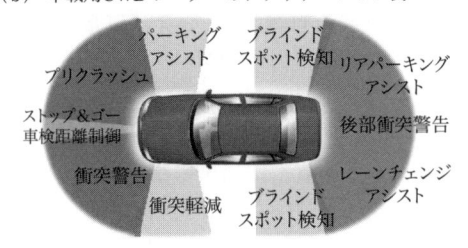

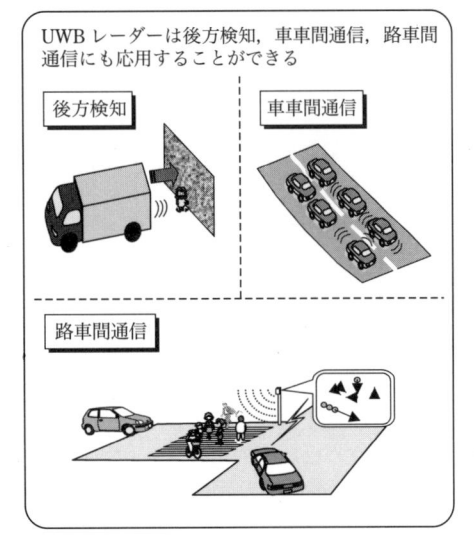

プリクラッシュ／ストップ＆ゴー車検距離制御／衝突警告／衝突軽減／パーキングアシスト／ブラインドスポット検知／ブラインドスポット検知／リアパーキングアシスト／後部衝突警告／レーンチェンジアシスト

図 3.64　UWBを用いた衝突防止用車載レーダー，車車間通信測距システム

UWBレーダーは数十m程度の距離の対象物を数十cm程度の精度で測距可能なことから，衝突防止用車載レーダーなどへの応用が可能であり，既存の60GHz・76GHz帯長距離自動車レーダーとUWBレーダーを組み合わせることにより，安全・安心な道路交通環境の実現に寄与する。(b)のプリクラッシュとは，エアバッグのタイミングを制御し，衝突する直前でエアバッグを動作させる機能をいう。

(6) UWB無線に関する法制化

① 米国FCCのUWB送信電力マスク

UWB無線システムは，歴史的には1960年代に米国にて開発された軍事用インパルスレーダーに端を発している。その後，米国では，連邦通信委員会（Federal Communications Commission；FCC）が，1998年に産業界の要望を受けて意見公募（notice of inquiry）を開始し，4年後の2002年2月に免許不要な無線局としてのUWB無線システムを民間において一定条件付で認可し，UWB無線システムに関する規制緩和を世界に先駆けて実施した。2002年4月には高周波機器のEMI規制について規定しているFCC Part 15のUWBに関する記述が改訂になり，FCC 02-48文書が発行されている。

FCCが規制緩和したUWB無線システムは，3つに大別される。

- 通信・測定システム（communication and measurement systems）周波数帯：3.1～10.6 GHz，室内，P2P型の通信に限定。
- イメージングシステム（imaging systems）周波数帯：960 MHz以下，1.99 GHzあるいは3.1～10.6 GHz，地中探査用レーダー，壁の内部探査用，医療用，セキュリティ用途など（利用者に制限あり）。
- 自動車用レーダーシステム（vehicular radar systems）周波数帯：中心周波数が24.075 GHz以上，自動車の衝突防止用レーダーなど。

図3.65と図3.66にFCCが定めるマイクロ波帯と準ミリ波帯のUWBシステムが満たすべ

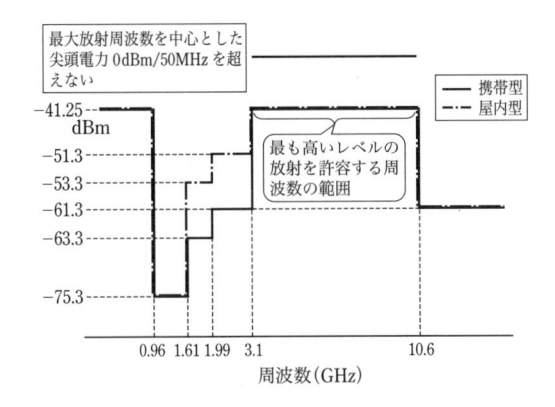

最大放射周波数を中心とした尖頭電力 0dBm/50MHz を超えない
−41.25 dBm
−51.3
−53.3
−61.3
−63.3
−75.3
0.96　1.61　1.99　3.1　10.6
周波数(GHz)

――― 携帯型
−・−・− 屋内型

最も高いレベルの放射を許容する周波数の範囲

図3.65　米国FCCにおけるマイクロ波帯UWBシステムの送信信号の放射電力制限（許容平均電力と尖頭電力）(http://www.fcc.gov)

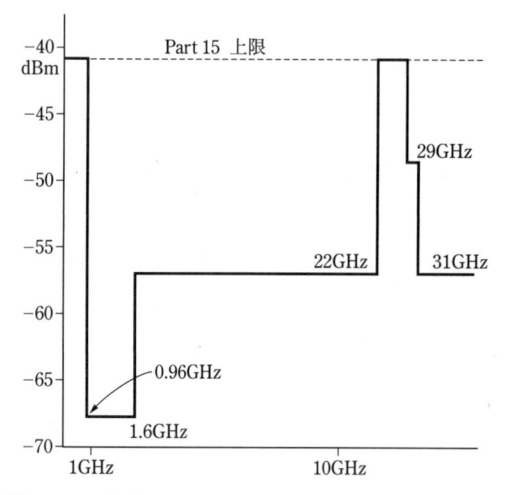

図 3.66 米国 FCC による UWB システムの 24GHz 帯 UWB システムの送信信号の放射電力制限（許容平均電力），スペクトルマスク

マイクロ波帯（3～30 GHz）からミリ波帯（30 GHz～）にいたる周波数帯を使用する UWB 無線システムについて，デバイスからシステムまでの一体的な研究開発と4年内の実用化・標準化をめざして，UWB 結集型特別グループが 2002 年 8 月に結成された。NICT は横須賀無線通信研究センターを中心に産学官連携による共同研究組合（コンソーシアム）を同年 10 月に発足し，テストベッドを構築し，実証実験やマイクロ波帯無線 PAN やミリ波帯通信測距システムなどの共同研究開発，標準化，法制化を推進した。

UWB システムに関する電波法の策定に関しては，総務省情報通信審議会において，諮問第 2008 号「UWB（超広帯域）無線システムの技術的条件」を審議するために，2002 年 9 月 30 日に UWB 無線システム委員会が設置されて以来，合計 20 回の作業班会合と，7 回の UWB 無線システム委員会が開催され，2006 年 3 月 27 日に諮問第 2008 号「マイクロ波帯を用いた通信用途の UWB 無線システムの技術的条件」の一部答申が承認された。国際的には米国 FCC，欧州の CEPT などと協調し，ITU-R TG1/8 に貢献した。図 3.67 にわが国と米国，欧州におけるマイクロ波帯の UWB のスペクト

き送信電力の放射電力の上限（スペクトルマスク）を示す。

② わが国における UWB の法制化

わが国においては，UWB システムの商用化に必要な研究開発，標準化，法制化などの一連の作業を，米国をはじめとする諸外国と競争・協調して実現するために，独立行政法人情報通信研究機構（NICT，旧通信総合研究所）では，

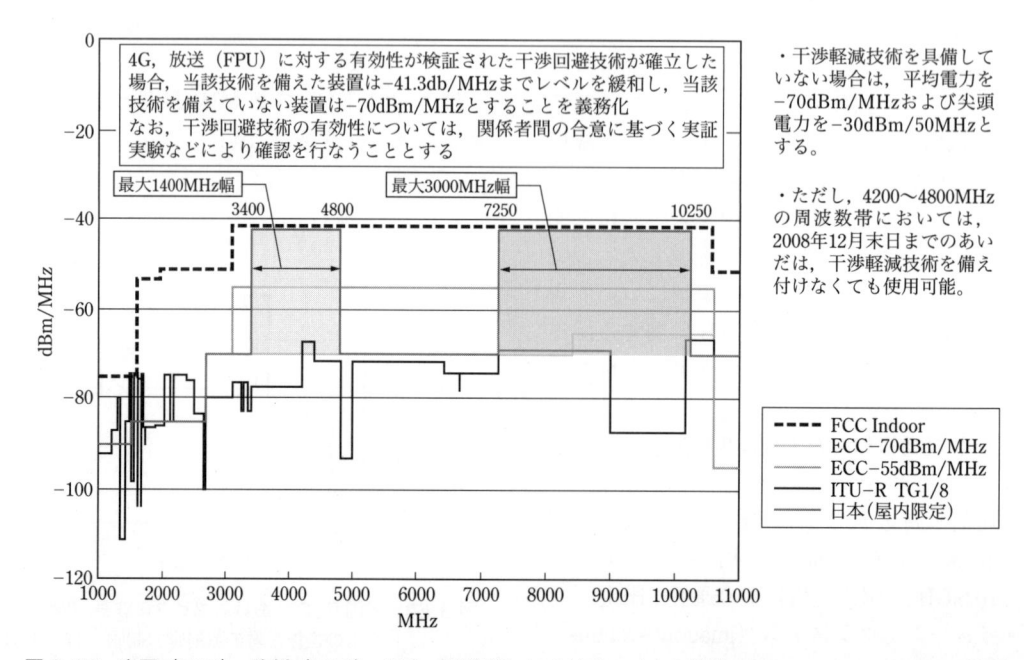

図 3.67 米国（FCC），欧州（ECC），日本（総務省）におけるマイクロ波帯 UWB スペクトルマスクの比較

3.6.5 可視光通信

電波，その中でもある程度以上の波長は，ビルの谷間でも室内でもどこからともなく入り込み，空間の中で自由に情報を交換するというわれわれの要求を満たしてくれる。このような電波を利用したモバイル技術は人を中心にした技術である。このモバイル技術を拡張させたものがユビキタス技術である。これは空間を構成するものが情報を発する技術であり，ものの管理のためだけでなく，街やオフィスなどの環境や社会を人間にとって便利に，安全に，楽しくするための技術である。本項では，このようなユビキタス技術を，可視光を利用して実現する技術について述べていく。見える光は電波と同じ波の一種なため，当然ながら情報を伝えることができる。可視光通信の可能性をユビキタスなインフラとしてのメリットや社会的メリットから論ずる。

(1) はじめに

電気照明の歴史は長く，約60年ごとに進化が起きている。エジソンの白熱電球に始まり，発光効率の高い蛍光灯が登場し，さらに今日では，LED (light emitting diode) をはじめとする電子素子が主役である。白熱電球は熱的慣性のために高速点滅性をもたないが，熱的な発光をしない蛍光灯とLEDにいたっては情報をも変調できる高速点滅性をもつ。蛍光灯はID情報程度の情報量であれば十分伝達可能であり，LEDは白色のもので数MHz程度，単色光のも

(7) UWB 無線システムの標準化

市場規模やハードウェア実現性の面から商用化が求められるUWB無線PANの標準化が行なわれた。IEEE (Institute of Electrical and Electronics Engineers) におけるネットワーク技術の標準化組織であるIEEE802委員会の中に，UWBの作業部会 (task group；TG) が設けられている。

図3.68に示すように，無線LANに関する802.11や広域の無線MANに関する802.16とともに，無線PANはIEEE802.15に分類される。伝送速度1 MbpsのBluetoothはIEEE802.15.1，ZigbeeはIEEE802.15.4と位置づけられる。

アプリケーションに応じて規格を対応できるように，高速データ伝送と，低速・低消費電力に分けて標準規格が策定されている。IEEE802.15.1，15.3，15.4は既存の標準規格である。一方，15.3aおよび15.4aは，既存標準規格の代替または修正標準規格である。既存規格は免許不要で利用可能な2.4 GHz帯の利用が中心であるが，IEEE802.15.3aおよび15.4aではUWB無線通信方式の採用が検討された。とくに，UWB無線による無線PANに関するIEEE802.15.3aと15.4aの標準化において，NICTは中心的な役割を果たし，2007年3月に低速無線PANの標準IEEE802.15.4aの成立に成功した[122～124]。

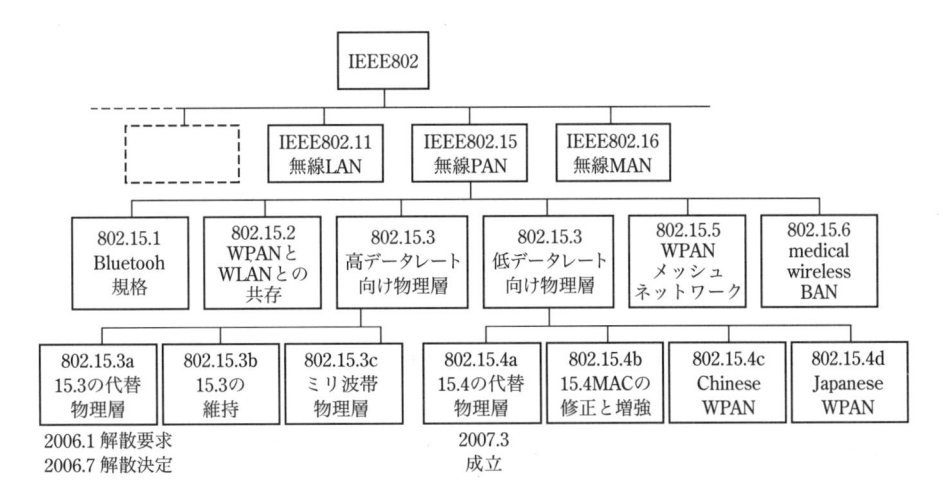

図3.68 無線PANに関する標準化委員会IEEE802.15

ので数百MHzのものもある。この特色を利用して，周囲に情報を送るすべとして，可視光の可能性が出てきた。

一方，照明や電光表示はわれわれの身のまわりにどこにでも存在するユビキタスなインフラである。これらのインフラは従来，人間の視覚を助けるために設置されているが，可視光通信の機能をもつことでユビキタスな情報化社会を構築できるようになる。例として，位置情報伝達をあげる。現在，車両の位置の情報はGPSによって得ることができる。屋外の上空が開いた空間においては，精度が高いが，屋内や地下街などにおいては利用不能か，精度の低い測定しかなされていない。さらに，屋内や地下街においては，部屋や通路が密集しているため，屋外よりもはるかに高い精度が要求される。

幸いにも，屋内や地下街では照明が使われている。これら照明を位置情報伝達に利用することで，さらなる付加価値をつけることができる。照明業界ではLED照明の開発が主要テーマであり，年々，LEDの特性が大きく向上している。蛍光灯においても高周波点灯のインバータによるものが主流になり，この高周波を搬送波としてデータによる変調が可能である。

ここでは，可視光通信を概説すると同時に，その応用として歩行者のナビゲーションシステムを，さらに交通信号機や遠いビルの広告塔の情報でも受け取れるイメージセンサ通信についても解説する。

(2) LED

ここでは，高速な変調が可能で，将来の照明として有望なLEDについて述べる。

① LEDの電力効率

LEDの寿命は蛍光灯に比べて5倍以上と，非常に長寿命である。公共的な空間でも家庭でも照明のメンテナンスは大きな課題であるため，次世代照明としてLEDは有望とされている。図3.69は発光効率の推移を示したものである[127]。点線は予想値である。ルーメンとは光放射束に人間の視感度を掛けたものであり，人間の目から見た明るさを意味する。今後の地球環境の側面から重要な発光効率であるが，蛍光灯が80〜100ルーメン/Wの効率に対して，一部の企業ではLEDでこれを凌ぐものを発表

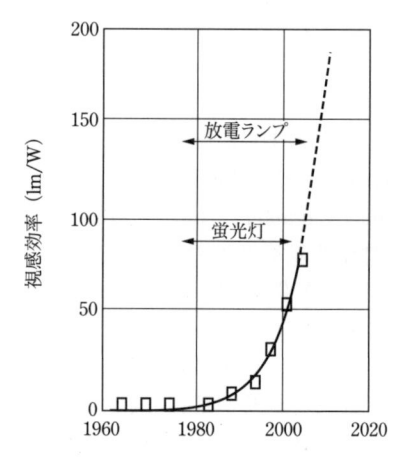

図3.69　LEDの電力効率の向上

している。さらに現在では，従来からの課題であった温度と効率の問題[125]や大電流領域における効率の劣化問題[126]も改善されつつある。

② LEDの周波数特性

まず，照明用白色LEDの周波数特性に触れる。図3.70に白色LEDの周波数特性を示す。一般的な白色LEDは，青色で発光し，黄色の蛍光剤を利用して白色に擬似的に見せるものである。青色LEDの周波数特性はきわめて良好であるが，蛍光剤の周波数特性のために，数MHzの周波数特性になる。図3.70は豊田合成の白色LEDを測定したものである[128]。

本特性はいわゆるピーキングのような波形等化を含まない純粋な特性であり，そのような対策をほどこせば，数倍の周波数特性が期待できる。なお，周波数特性はLEDの製品ごとに異

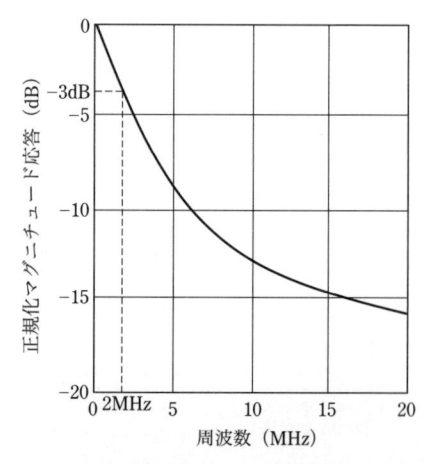

図3.70　白色LEDの周波数特性

単色 LED として，同じ豊田合成の平均電流 20mA で 500 MHz の周波数特性をもつ緑色 LED がある．本来は POF（plastic optical fiber）伝送用に開発されたが，可視光通信への利用が期待できる．

(3) 可視光通信の歴史

いわゆる，見える光を使った通信の歴史は意外と古い．歴史はわれわれに技術の本質と将来を暗示してくれる．

①アレキサンダー・グラハム・ベルの photophone

図 3.71 は photophone の概念を表わすもので，ベル研究所のホームページにある歴史的な絵を参考に描いている．太陽光を音声で振動させたごく軽い鏡で反射させる．太陽光は遠方で集光され，光電セルで電気に変換されてイヤホンで聞くわけである．

この実験は 1880 年に実施され，200 m の距離でベル本人の声が伝わった．

②軍用可視光通信

軍用通信は時として通信の本質を示すことがある．軍艦と軍艦のあいだのセキュアな通信としてサーチライトの点滅を利用した可視光通信が古くから用いられている．今後の可視光通信の本質を知るうえで重要な歴史的事実である．その特色を以下にまとめる．

- セキュリティに強い　電波は広がるために，波の影からでも傍受でき，セキュリティに弱い．光は方向性と影ができるため，セキュリティに強い．
- インフラを共用できる　船のサーチライトは甲板を照らしたり，海上の浮遊物を照らしたり，岸を照らすのに利用するだけで

なく，通信にも利用できる．インフラとしての場所や経済効率も大切な要素である．
- 位置を知ることができる　艦隊で航行する際，とくに夜間には通信をしながら，たがいの位置を精度よく知ることができる．

上述の3つの特色は，今後の可視光通信の鍵になるものである．また，歴史として取り上げるほどではないが，可視 LED の通信としては，交通信号機に導入したもの[129]や，赤色の LED を送信のみならず受信にも利用する実験をしているもの[130]もある．

(4) 可視光通信の研究開発と普及促進

①可視光通信コンソーシアム

2003 年に結成された企業連合であり，現在 27 社が加入している．可視光通信技術の普及促進，標準化，展示などの活動を行ない，照明光通信，ユビキタス可視光通信，可視光 ITS をアプリケーションの対象としている．詳しくは可視光通信コンソーシアムのホームページ（http://www.vlcc.ne.jp）を参照されたい．

②可視光通信の展示

可視光通信の技術は論文や解説[131~133]の形式で論じられるだけでなく，可視光通信の展示を通して発展している．以下におもだった展示を紹介しながら，可視光通信が何であるかを具体的に説明する．

- CEATEC04 可視光通信コンソーシアムブース展示　2004 年 10 月に千葉県幕張で行なわれた，わが国で最初の可視光通信についての本格的展示である．

〈位置検出可視光通信〉　照明の光にその位置情報を変調しておくことで，その直下に来た端末に正確な位置を提供できる．図 3.72 は展示システムの写真であり，6 W の LED 光源を変調している．慶應義塾大学が構想を提供し，日本電気と松下電工が共同開発した．携帯電話に可視光位置検出モジュールを付けて，可視光通信で送られた ID に対応するウェブ情報に携帯電話で電波を利用してアクセスし，その情報を携帯のディスプレイで知るものである．

電波を位置特定に利用したシステムでは，マルチパスや電波の透過性のために，正確な位置を知ることが困難である．位置が大きくずれたり，まちがって隣の部屋を指示したりすること

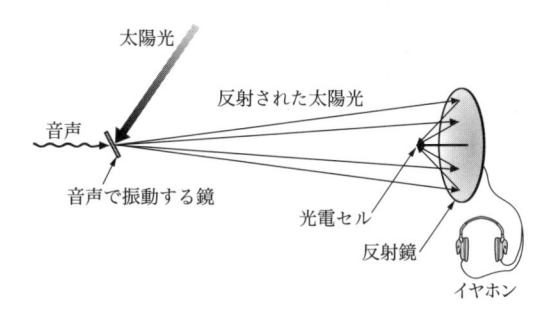

図 3.71　photophone の概念図

図3.72 位置検出可視光通信

がある．また，無線送信機という新たなインフラの設置が必要である．

〈交通信号機可視光通信〉　交通信号機の多くがLEDに移行している．光を変調して，車や人に交通情報などを提供することができる．図3.73は日本信号と名古屋工業大学の共同研究によって展示された赤信号の待ち時間を伝送する交通信号機と携帯機の写真である．理論的検討は文献129）になされている．

- 関西空港実証実験　2005年6月に国土交通省の主催で実施されたものである．慶應義塾大学，新潟大学，松下電器産業，松下電工，NTTドコモ，中川研究所，アジレントテクノロジーなどが協力した．空港は多くの人が出入りし，空間も広く，かつ言語も入り乱れ，迷子になりやすい場所である．この実験では，一般の人の誘導のみならず，視覚障害をもつ方の誘導の実験がなされた．

〈視覚障害者誘導可視光通信〉　視覚障害者の8割以上の方が光の方向なら認識できるといわれている．このような点を利用し，照明光を感ずることのできる視覚障害者がその方向に，音声ガイドに変換できる端末を向けることでガイド情報を流すシステムの実証実験がなされた．新潟大学の牧野教授の指導で行なわれ，関西空港の実験の照明として，インバーター蛍光灯が利用された携帯端末にアダプタを付けて受光し，携帯端末のスピーカからガイド情報を流している．図3.74は関西空港でのようすである．

〈床面照明の可視光通信〉　LED照明は振動に強く寿命も長いので，思わぬ場所に設置が可能である．その例として床面照明がある．床面照明は歩行者から目立ちやすく，所望の通信距離も短く，可視光通信が適用しやすい．

図3.75は床面照明の可視光通信の装置の写真で，株式会社中川研究所の作品である．

- JAPAN SHOP可視光通信コンソーシアムブース2006年3月　JAPAN SHOPは店舗の技術を展示するもので，2006年は可視光通信コンソーシアムのブースがつくられた．図3.76は化粧品を陳列した棚で，その小さなスペースをIDで変調されたLED照明が照らしている．その棚を遠方から，カメラの原理に似たイメージセンサによって複数のスペースを照らしたIDを受けて，同時に識別ができる．識別した

図3.73　LED交通信号機の可視光通信

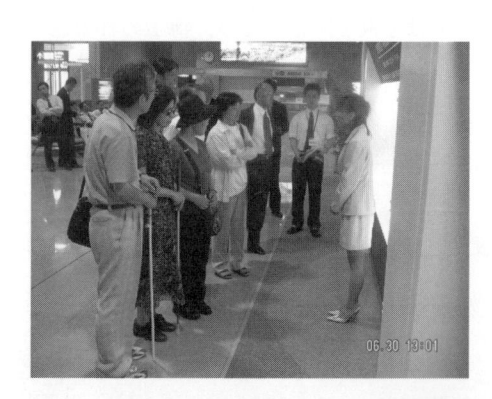

図3.74　関西空港実証実験で説明を聞く視覚障害の方々

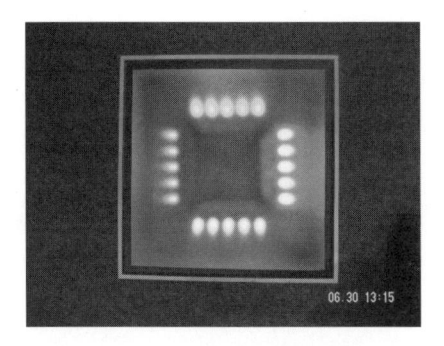

図 3.75　床面照明の可視光通信

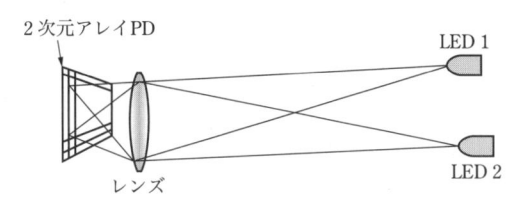

図 3.77　イメージセンサの原理

図 3.76　化粧品棚を照らす ID 付き LED 照明

IDから，そのIDの化粧品の説明をイメージセンサで見ることができる。この試作機はカシオ計算機によるものである。

(5) イメージセンサ通信
① イメージセンサの原理
ここで，イメージセンサの原理を説明する。
図3.77のレンズと2次元のPD（フォトダイオード）でイメージセンサは構成される。別々のIDで変調された2つのLEDはアレイ上の2カ所で結像し，結像されたPDの信号をとれば，同時に2つのID情報がとれる。

また，背景光はアレイの対象となるこの2カ所以外を照らす場合が多いため，背景光による干渉が少なくなり遠方にあるLEDからでも情報を取得することができる。カシオ計算機と慶應義塾大学との実験によっては200 mの彼方にある50 cm離した2つのLEDのIDを識別している。また，東京タワーの展望台と地上との距離360 mの信号伝送に成功している。120年以上前に，アレキサンダー・グラハム・ベルが可視光音声通信を200 mの距離で成功させ

ているという歴史的背景からは，当たり前かもしれない。

ビデオカメラや携帯電話の端末で可視光が受信可能になれば，観光地ではLEDに輝く記念碑や建物やタワー，繁華街では広告塔など遠方からでも情報を引き出すことが可能となる。

イメージセンサとしてビデオカメラの改良によるものが多いが，データレートを上げるためには，フレームレートを高くとらなければならない。カシオ計算機の例は150フレーム/秒であり，LEDの変調速度は60ビット/秒と遅く，人間の目から見てフリッカを感じる。ソニーによるイメージセンサはフレームレートが12 kHzと高速であり，4 kbpsの情報を伝送することで，フリッカの影響がなく100 m以上の伝送ができることが報告されている[134]。また，現在ある高速なフレームレートをもつビデオカメラは1 MHz程度といわれる。

② イメージセンサの利用方法
イメージセンサを利用した可視光通信は，伝送距離が格段に延びるため応用用途は多岐にわたるが，2つだけ紹介する。

・交通信号機　LED交通信号機からの可視光信号を遠方で受信するのに使われる。信号機のLEDは100個程度のLEDチップからなり，それを同一のデータで変調する方式と，高速データを並列伝送する方式とがある。後者は各LEDチップから別々の情報を高速に変調し，イメージセンサにて空間的に分離し，結像された各ピクセルの情報を復調することで実現するものである。

・2次元バーコード　ビルの屋上にあるようなLEDスクリーンに2次元バーコードのパターンを表示すれば，遠方から携帯の

カメラでそのパターンを受信することができる。上述の交通信号機の並列伝送は1サンプルごとにパターンが変化する例であるが，こちらは変化しない例といえる。単純なアイデアであり，2次元バーコードを受信できる携帯カメラがそのまま利用できる。イメージセンサと電子カメラはほぼ同じ構造であることがわかる。

(6) 変調技術

LEDの変調技術としては，PPM（pulse position modulation）が用いられることが多い。図3.78は2種類のPPM変調を示す。横軸は時間，縦軸はLEDに流す電流である。TはPPMのフレーム周期を示す。通信のみに利用されるPPMは送信電力を少なくするために順変調を利用するが，照明の用途も考えると空いたスロットの位置で変調する逆変調のPPMが好ましい。

また，太陽光などの振幅変動の少ない背景光の影響を抑えるために，この空いたスロットに搬送波を入れた図3.79のような搬送波式逆PPMが検討されている。さらに，図3.79を反転した図3.80のような搬送波式順PPM変調がある。この方式は，情報を送るためだけに電力が利用される，昼間のように照明を消灯した場合でも，通信機能を保つことができることを日本電気が提案した。

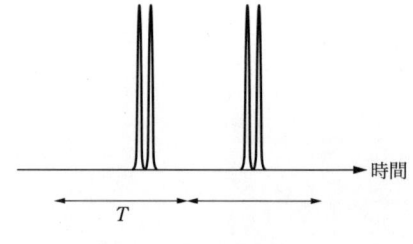

図3.80　搬送波式順PPM

(7) むすび

可視光通信の概略から歴史，そしてコンソーシアムの活動の中の展示作品を中心に議論した。広い応用が可能であり，健常者のみならず視覚障害者の利用が期待される。実用的なシステムとして，展示会用の説明システムも2006年8月から利用されており，さらに多くの実用的なシステムが現われてくるだろう。より詳しい解説は文献135）を参照されたい。

3.7 ユビキタスアプリケーション

3.7.1 ICタグによる流通基盤

(1) ICタグの種類と機能

ICタグはRFID技術を利用した非接触型のメモリ機能を有する情報処理デバイスである。

非接触での送受信方式からデバイスの種類を大きく分けると，パッシブ型とアクティブ型のICタグがある。パッシブ型のICタグはリーダライタからの問合せに応答するタイプのICタグであり，現在，13.56 MHz，950 MHz，2.45 GHzなどの周波数帯を利用したICタグが一般的に利用されている。

アクティブ型のICタグはみずから受信機であるリーダライタに対し情報を送信することができるタイプのICタグであり，現在315 MHzの周波数帯を利用したICタグが一般的に利用されている。パッシブ型のICタグは通常アンテナとICチップから構成されるが，アクティブ型のICタグはみずから送信を行なうため，ICチップとアンテナと電池から構成される。

ICタグのおもな機能は情報を記録しておくメモリ機能であり，メモリ内にはICタグもしくはICタグが管理対象とする物体を一意に識

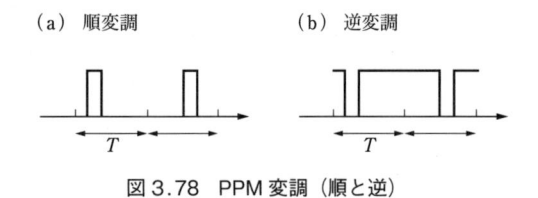

図3.78　PPM変調（順と逆）

図3.79　搬送波式逆PPM

図3.81 パッシブ型ICタグ

図3.82 アクティブ型ICタグ

表3.22 ICタグの周波数ごとの一般的な特性

	13.56MHz	950MHz	2.45GHz
最大通信距離	約1m	約7m	約2m
指向性	広い	シャープ	シャープ
対障害物・環境	金属に弱い	金属や水分にやや弱い	無線LANや水分に弱い，金属にやや弱い

別するためのID情報を記録する場合が多い．ID情報には，製造時点で書き込まれるID情報と，製造後にICタグ利用者が選択した特定のコード体系に従って書き込まれるID情報がある．製造時に書き込まれるID情報はUID（unique identifier）とよばれ，ICタグの中でつねに一意であることが保障されているデバイスごとの固有ID情報であり，アプリケーションからの書き換えはできない．

ICタグ利用者が適用アプリケーション分野に合わせて特定のコード体系を選択する際には，利用者だけが特定の範囲で利用することを想定したローカルなID情報を書き込み利用することもできるし，ucodeやEPCのような広い範囲で共通して利用可能なコード体系に従ったID情報を書き込み利用することもできる．

ICタグは無線通信方式を利用しているため，ダンボールなどの障害物越しでの送受信や複数ICタグの一括処理が可能で扱いやすいという長所があるが，一方で電波環境の変化から読み書きにおける見逃しが発生する可能性があり，100％に近い精度を保つためのシステムおよび運用面での工夫が必要になる場合もあるという短所がある．

ICタグは利用周波数ごとに読み取り特性が異なるため，アプリケーションの利用シーンに適した周波数のICタグを選択することが重要である．パッシブ型のICタグとして最もよく利用されている13.56MHz，950MHz，2.45GHzのICタグは，それぞれの周波数ごとに表3.22に示すような一般的な特性を有している．

ICタグデバイスに特殊加工を施すことで特定の環境下での読み取り特性を向上させることが可能であるため，利用周波数以外にも特殊加工の有無がアプリケーション利用者の利便性を大きく左右する可能性がある．具体的には，下記に示すような特殊加工を施したICタグを利用することで，通常は利用が困難な環境や運用形態であっても，特別に極端な負荷を利用者に強いることなくICタグを利用できるようになる場合がある．

金属対応加工を施したICタグを利用することで，金属による読み取り特性の劣化を補うことが可能となる．また，耐熱樹脂加工を施したICタグを利用することで，高温環境下での利用が可能となる．さらに，小型ICタグを利用することで，ICタグの大きさを気にせずとも小さな対象物であっても利用可能となる．たとえば，直径が数センチの薬品管理容器などを対象に13.56MHz対応のICタグを利用する場合であっても，5mm角程度のICタグがすでに実用化されている．

したがってICタグを利用する各種アプリケーションを実現する場合には，利用者や対象物の特徴および利用する場所の環境を考慮して，最適な周波数帯や加工形態をしたICタグを選ぶことが利用者の利便性を確保するために重要となる．

(2) ICタグによる流通基盤システム

いつでもどこでも高度な情報処理サービスを享受できるようなユビキタス社会に向けて，情報処理デバイスとして扱いやすいICタグをさまざまなシステムに利用することが考えられている。

たとえば，ICタグを実物のモノに添付しておくことで，興味のあるモノを手に取るといった人間にとっての自然な動作を検出し，添付ICタグが保有する情報から手に取ったモノに関連するさまざまな詳細情報を簡便に提供することができるようになる。ICタグをモノに添付する場合は，対象物の内部に封入したり表面に貼り付けたりすればよく，人に添付する場合はカード感覚で携帯してもらったりストラップ感覚で何かにぶら下げてもらえばよい。

前述の例にあるように，ICタグをシステムの一要素として利用する際の最も基本的な利用方法は，実物の物体とICタグを関連づけて利用する形態であり，ICタグにより実世界のモノや人とさまざまな情報とをひも付けるシステムを構築することが可能となる。

ICタグにひも付くさまざまな情報を利用する際のシステム構成には，大きく分けて2つの形態がある。1つはICタグに必要な情報をすべて書き込んでおき，必要なときに読み取るメモリアクセス形態で，もう1つはICタグには情報を引き出すためのID情報のみを書き込んでおき，必要なときにネットワークからID情報にひも付く多くの情報を取得するネットワークアクセス形態である。

前者のメモリアクセス形態は必要な装置機器が少ないため初期段階のシステムとして利用しやすいが，情報量が多いとICタグメモリへのアクセス速度がアプリケーションのボトルネックになることが多く，またICタグメモリの情報を頻繁に変更・追加するなどの運用管理が困難であるため，あまり一般的には利用されていない。

一方，後者のネットワークアクセス形態は初期段階からID情報や問合せ手順の共通化など複数ユーザーが複数箇所で利用するための課題が発生する可能性は高いが，メモリへのアクセス速度がボトルネックになることは少なく，バックエンドのシステムだけを改良すればさまざまな変更要求に対応できる高い拡張性を有しているため，現在多くのシステムにおいてネットワーク経由で情報を取得する形態での実用化が進んでいる。

今後，現在実用化されているシステムをより発展させ，より高度なICタグシステムを実現していくためには，ICタグに記録するID情報の標準化やICタグシステム間連携をより推進していくことが重要であり，ICタグが保有する情報を起点にネットワーク経由でより詳細な情報へとより簡便にアクセスしていけるような，ICタグによる流通基盤の実現が望まれている。

(3) 実用システム事例

ICタグの非接触性やメモリ機能を活用したさまざまなシステムが幅広く今後実用化されていくと考えられているが，現時点では複数の分野で実用例が広がり普及しはじめた段階である。そこで現時点での応用事例として，すでに実用化されているICタグによるシステム構築事例を以下に紹介する。

①通学児童安全管理システム

通学児童の安全性を高めるために，学校や塾への到着状況や授業の終了状況を確認できるサービスへの要望が高まっている。子供が塾へ登校したら自動的に保護者に連絡が届き，下校時刻が近づいたら迎えにいくために授業終了時刻の確認をするといった要望である。

このような要望に対応するためには，子供の登下校を1人1人検出し，その子供の保護者宛てへの連絡をリアルタイムにただちに行ない，保護者は自分の子供の受講状況に限っていつでも自宅や仕事場など，どこからでも確認できるようなシステムを構築する必要がある。

そこで，ICタグを児童に持たせるシステムが実用化されている。システム概要を図3.83に示す。子供1人1人にICタグを配布し，塾に設置したリーダライタに登下校時にICタグをかざしてもらう。システム側ではICタグのID情報から生徒を特定し，その生徒の保護者としてあらかじめ設定してあるメールアドレスに対してリアルタイムに登下校通知をメールで配信する。そのほかに，保護者には受講状況を

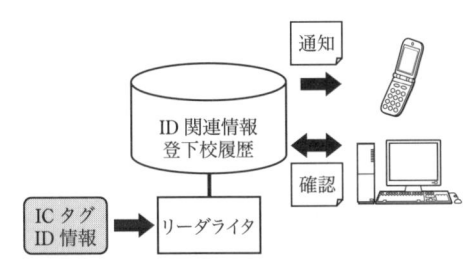

図 3.83 通学児童安全管理システムの概要

確認できるウェブサイトの ID とパスワードを配布し，自分の子供については塾への到着帰宅状況がいつでもどこでも確認できるようにする。塾の運営者にとっては，すべての生徒の通学状況をリアルタイムでつねに確認することができるようになるため業務効率が向上し，生徒の安全をより確保することができるようになる。

②トレーサビリティシステム

近年，食の安全・安心への関心が高まってきており，食品事故の予防や万一の事故発生時に迅速な対応をとれる体制を速やかに構築するために，食品の生産・加工・流通などの各段階での作業履歴をいつでもどこでもたどれるようなトレーサビリティシステムの実現が求められている。

たとえば畜産分野では，家畜の出生時に ID 情報が記録された IC タグを家畜 1 頭 1 頭に装着することで，以降の生産履歴管理を家畜単位で実施可能なシステムが実用化されている。餌や薬を与える際に IC タグを読み取ることで，1 頭ごとに与えた飼料や薬の種類・量・日時などの飼育履歴を記録することができる。この履歴はサーバ側で一元管理されており，生産者以外にもネットワーク経由で加工工場・小売店・生活者などの多くの利用者からいつでもどこでも閲覧・確認が可能なシステムである。

そのほかにも流通分野では，流通経路における品質管理を徹底するために，工場間輸送容器に温度センサ付き IC タグを装着し，出荷工場では計測条件を設定して，受け入れ工場では計測結果の温度情報を読み取ることで，温度変化による品質劣化を防ぐようなシステムが実用化されている。

③ポスター型情報配信システム

携帯電話に代表される情報処理端末の普及に伴い，いつでもどこでも気軽に気に入った情報を入手したいという要望が高まっている。このような要求に対して IC タグがもつ非接触性を活用すると，IC タグを何かにかざすという行為だけから利用者が求める情報を複雑な操作をさせることなく実現することが可能となる。このような仕組みをポスターと組み合わせた情報配信装置例を図 3.84 に示す。

図 3.84 の装置は，街中でよく見かける通常のポスターの下部に IC タグのリーダライタが付属した装置である。この装置に ID 情報が記録された IC タグをかざすと，あらかじめ ID 情報にひも付けて登録してある利用者ごとの携帯メールアドレスなどに，ポスターの内容に関連した詳細な情報をメールで配信するような情報配信システムが実用化されている。利用者に提供する IC タグは，携帯電話のストラップ形状に加工しておくと持ち運びも便利である。

このようなシステムを展開することで，利用者は気になったポスターがあればいつでもどこでも IC タグをかざすだけでより詳細な情報を手軽に入手することができるし，設置者側からすると従来のポスターが提供していた以上の情報を新たに提供することが可能になる。従来の紙メディアがもつ情報提供能力に，IC タグの非接触性による利便性を加え，双方向性を付加した新たな情報配信システムを構築することができる。

④来場者管理システム

展示会やイベントなどの運営管理分野におい

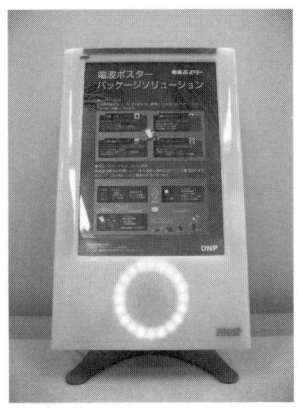

図 3.84 ポスター型情報配信装置

ては，来場者の入退場時刻や展示物への関心といった，来場者ごとの場内管理を行ない，展示会の活性化につなげていきたいという要望がある。

このような要望に対して，ICタグを来場者に携帯してもらい，興味をもった展示物でICタグを利用してもらうことができれば，来場者1人1人の入退場記録や館内での行動記録を収集することができるようになる。

たとえば，事前にバーコードのようなID情報が印刷された招待状を来場者に送付する。会場受付では招待状のID情報と入場時に貸し出すICタグのID情報をひも付けてシステムに登録する。

このICタグは展示会を出る際に回収すればリサイクルして利用することが可能である。展示会場の場内では，ブースの出入口でICタグをリーダライタにかざしてもらうことで展示ブースごとの入退場管理が可能となり，会場内のタッチパネルに付属したリーダライタにICタグをかざしてアンケートに回答してもらえばリアルタイムに展示物への関心を集計することなどが可能となる。利用者からの希望があれば，回答内容に応じて利用者が興味をもった展示物に関するより詳細な情報を後日提供することもできる。このようにICタグから読み取るID情報を基にして来場者ごとの場内管理を行なうシステムが実用化されている。

⑤マーケティングシステム

ICタグが個品単位で添付されるようになると，店頭でのICタグを利用した商品情報配信システムが普及するようになると考えられている。興味がある商品をモニタ付近のリーダライタにかざすと，その商品に添付されたICタグから詳細な商品情報が提供されるようなシステムである。

このようなシステムのリーダライタを商品棚全体に設置し，加えて商品棚にIC以外のセンサを設置し連携させることで，利用者に特別な操作をしてもらわなくても興味をもっている商品の情報を提供し，設置者側は詳細な利用者の購買行動をマーケティングデータとして収集することができるシステムが実用化されている。

商品棚にはICタグのリーダライタと人感センサが取り付けられている。まず，人感センサの検出結果から利用者が商品棚に近づく際の行動履歴を収集できる。次に，棚に近づいた利用者が興味のある商品を手に取ると，商品に添付されているICタグがリーダライタから読み取れなくなることからその行動を検出し，タイミングよく該当する商品情報を利用者に提供し，検出結果を行動履歴として収集する。加えて，利用者にICタグを会員証として配布しておきリーダライタにかざしてもらえば，たとえば会員証であるICタグにひも付く属性情報に応じて最適な商品情報を表示しながら，行動履歴と属性情報を組み合わせて収集することもできるようになる。

3.7.2 ウェアラブルコンピューティング

(1) コンピュータを身に着ける

コンピュータの小型化・軽量化により，コンピュータを持ち歩いて出先で利用するモバイルコンピューティングはすでに一般的なものとなっている。小型化がさらに進み，コンピュータや入力機器が服に納まるほど小さくなれば，人々は朝起きて，顔を洗ったらまずコンピュータを着て…といった生活が当たり前のものになるかもしれない[139]。このようにコンピュータを身につけて常時利用するスタイルをウェアラブルコンピューティングとよび，近年活発に研究および実用化への取り組みが行なわれている。

「ウェアラブル」とは文字どおり「着ることができる」という意味であり，コンピュータを装着することで「端末を鞄から取り出す」「電源を入れる」といった作業なしに利用したいときにいつでもコンピュータを使えるようになる。このように利用形態が変化することで，コンピュータと人間とのつきあい方，人間の生活様式や社会制度まで大きく変わる可能性がある。

(2) ウェアラブルコンピューティングの歴史

コンピュータを装着して利用すること自体は，米国で1961年にEdward Thorpらが開発したルーレットの出目を予測するシステムにおいて実現されていた[140]。一方，ウェアラブルコンピュータという名前を初めて提唱したのは

1980年代の米国マサチューセッツ工科大学（MIT）であり、のちにMITに入学するSteve Mannは、高校生時代にバックパックにApple IIを詰め込み、ヘルメットにCRTディスプレイを装着して、屋外で撮影した写真をその場で加工するなど、すでにウェアラブルコンピューティングを実践していた。MITメディアラボでは当時からウェアラブルコンピューティングに関するさまざまなハードウェア・ソフトウェアに関する取り組みを進めており、現在もMIThrilプロジェクトとよぶ次世代ウェアラブルプラットフォームの開発プロジェクトを中心として積極的に研究が進められている[141]。同じく米国カーネギーメロン大学（CMU）では1991年に、VuManとよぶ、装着型ディスプレイを通して戦車の点検作業を支援するシステムを開発するなど、おもに産業応用や軍事応用に関して多数の取り組みが行なわれている[142]。また、米国ジョージア工科大学のThad StarnerもMIT時代の1993年からコンピュータ装着生活を始めており、装着者の行動を覚えておいて関連情報の提示などさまざまなサービスを提供する記憶拡張システムRemembrance Agent[143]の開発や、ウェアラブル用入力デバイスの習熟評価[144]などの研究にかかわっている。

これらの大学が中心となり、1997年には第1回目のウェアラブルコンピューティングに関する国際シンポジウムであるIEEE International Symposium on Wearable Computers[145]が開催された。以降、2005年の日本開催を含めて年1回ウェアラブルコンピューティングの研究者が成果を持ち寄って議論する場として重要な役割を果たしている。日本では、東京理科大学の板生らが、ウェアラブルコンピュータを自然とのインタフェースとして活用する「ネイチャーインタフェース」の概念を提唱し、NPO法人WINの会[146]において機関紙ネイチャーインタフェースの発行を中心とした活動を行なっている。また、神戸大学の塚本は、2001年より常時ウェアラブルコンピュータを装着して生活を送っており、NPO法人ウェアラブルコンピュータ研究開発機構[147]においてウェアラブルコンピューティングの普及啓蒙活動を行なっている。

ウェアラブルコンピュータの最も特徴的な装備は、ヘッドマウントディスプレイ（head mounted display；HMD）とよぶ頭部装着型のディスプレイであろう。図3.85に示すように、HMDが常時情報を目の前に表示しているため、使用者はいつでもコンピュータから情報を得ることができる。HMDの歴史は古く、1966年にはMITのSutherlandがBell Helicopter Companyのプロジェクトとして軍事用HMDを開発したのが最初であるといわれている。1989年にはReflective Technology社がPrivate EyeというHMDを初めて商品化し、以降、米MicroOptical社のSVシリーズ[148]やMicroVision社のNomadシリーズ[149]、国内では島津製作所のDataglass2[150]などが市販されている。たとえばDataglass2であれば、60 cm先に約13インチで解像度がSVGAのディスプレイが浮かんでいるように見える。ウェアラブルコンピュータとしてパッケージ化された製品としては、米ザイブナー社のMobile Assistant（MA）シリーズが有名である[151]。1998年に発売されたMA-IVは、Pentium 233 MHzのCPU、128 MBメモリ、4.3 GB HDDでWindowsが動作する腰装着型PCと解像度VGAのHMD、腕に装着するキーボードなどがセットになったパッケージである（図3.85）。また、2002年には日立製作所がWearable Internet Assistant（WIA）とよぶパッケージを販売した[152]。これはWindows CEが搭載されたPDAに手持ち式のマウスと島津製作所のDataglass2をセット

図3.85　ウェアラブルコンピュータ（MA-IV）の利用

にしたものであり，どこでもウェブサイトの閲覧ができることが話題となった。

フィクションの世界では，1984年にウィリアムギブソンによって装着あるいは埋め込み型コンピュータの概念が描かれたSF小説「ニューロマンサー」が出版された[153]。映画では，情報機器を装着した兵士が登場する「ユニバーサルソルジャー（1992）」や「ロボコップ（1987）」「ターミネーター（1984）」などがウェアラブルコンピューティングの世界を表現している。アニメーションでも，「ドラゴンボール（1989）」ではスカウターとよぶ相手の戦闘能力がわかるHMDが登場し，「攻殻機動隊（1995）」では人体強化のための情報機器装着が当たり前になった世界で起こるさまざまな事件が描かれている。

（3）ウェアラブルコンピュータの用途

ウェアラブルコンピューティングの本質的な特徴は，①ハンズフリー，②常時電源オン，③使用者密着の3点である[139]。ハンズフリーであるため，何か他のことをしながらコンピュータの画面を見たり支援を受けたりすることが可能であり，常時電源オンであるためコンピュータの存在を意識することもない。また，使用者の個人情報や，装着したセンサから得られた生体情報を利用できるため，個人に密着したきめ細やかなサービスを提供できる。したがって，その応用領域は非常に広く，軍事（兵隊，整備士），業務（営業マン，消防，警察，飲食店，コンビニ，警備，介護），民生（情報提示，記憶補助，コミュニケーション，エンターテインメント，教育）などあらゆる場面での利用が想定されている。下記に有望な応用領域を示す。

①整備・修理

ハンズフリーで利用できるウェアラブルコンピュータは，マニュアルや辞書の閲覧に適している。米ボーイング社では，整備士にウェアラブルコンピュータを着用させ，整備マニュアルやチェックリストなどを簡単に閲覧できるシステムを運用し，1日あたり1時間の労働時間短縮を実現している。また，シースルー型（ディスプレイの向こうに現実世界が見える）HMDを用いて，現実世界にコンピュータ情報を重ね合わせる拡張現実感（augmented reality；AR）技術を利用することで，現実世界の機器に直接アノテーションを重ね合わせて簡単に整備が行なえるシステムも開発されている（図3.86，ワイヤフレームやアルファベットが現実空間に重畳表示されている）。

②軍事

良くも悪くもウェアラブルコンピュータの進化は軍事応用に頼ってきた。米国陸軍兵士システムセンターのLand Warriorプロジェクトでは，兵士にHMDやGPSを身に着けさせ軍隊をネットワーク化することで，高度な作戦行動や生体情報の記録を行なうシステムを実用化し，実戦投入を行なっている。

③障害者支援

頭部装着型カメラと網膜に像を直接投射するHMDを用い，弱視者が実世界を見えるようにするウエアビジョン社の電子めがねや，周囲の危険状況を読み取って危険性を音声や振動で通知するシステムが開発されている。ウェアラブルコンピュータは使用者それぞれが自分に合った機器を組み合わせて使うため，自分の弱点を補う機能をもつ機器を装着することが有効である。たとえば，目が見えない人には音声，耳が聞こえない人には手話ビデオといったように，利用者の機器構成を認識し，障害の部位に応じてコンテンツを切り替えるウェアラブル公園案内システムの実証実験が行なわれている[154]。また，米ザイブナー社は障害をもつ子供向けの学習支援ウェアラブルシステムを開発している[155]。

④健康管理

生体センサを装着することで，ユーザーの健

図3.86 拡張現実感によるエンジン組み立て支援の例

康管理が可能になる．東芝が開発したLifeMinder[156]は，脈拍や皮膚温を監視し，薬の飲み忘れや運動不足の指摘を行なうシステムである．ウェアラブルコンピュータは生体情報の蓄積・管理に適しており，病気の検出からフィットネス利用まで生活に密着したサービスが可能である．

⑤コミュニケーション

外国人と話すときに，外国語をリアルタイムで翻訳してHMDに提示したり，会話の関連情報を自動的に検索してHMDに表示するといったシステム[157]がすでに開発されており，このようなシステムを用いることでコミュニケーションが活性化される．また，知人が近くにいるときにその情報を提示したり，趣味の合う人がいる場合に知らせるといったように出会いを支援するシステムとしても利用できる．

⑥ライフログ

ウェアラブルカメラや各種センサを用いることで，利用者が体験した事柄をそのままウェアラブルコンピュータに記憶させようという取り組みが盛んに行なわれている[158〜160]．蓄積データを基に，過去の重要な部分だけを抽出して提示するシステムや，どこかに置き忘れたものを提示する物探し支援システム[161]が開発されている．

⑦エンターテインメント

ビデオや文章，ウェブページを歩きながら閲覧して楽しんだり，AR技術を用いてHMDを通すと見えるバーチャルペットといっしょに散歩したり，仮想的な敵と屋外で戦闘するといったように，ウェアラブルコンピュータを活用することで，いつでもどこでも日常生活を豊かにするエンターテインメントコンテンツが利用できるようになる．

⑧ファッション

ウェアラブルコンピュータやセンサを用いることで高度な衣服が実現できる．自分の感情に合わせて光る服や，向いている方向に応じて色が変わるアクセサリー，さまざまな情報を表示するディスプレイ付き服，ピアノの演奏ができる楽器内蔵服（図3.87）など，これまでに存在しなかった機能や表現力をもった服が実現できる．

図3.87 ピアノ機能をもった服

⑨その他情報閲覧

HMDは他人に覗き込まれることがないため，秘匿情報の閲覧や他人に気づかれない情報閲覧が可能である．たとえば，満員電車においてもメールやウェブサイトの閲覧を気兼ねなく行なえる．また，バイクレースにおいて，戦略の中心となる秘匿情報である給油タイミングなどの情報をチーム内だけに常時閲覧させることも可能である[162]．さらに，イベントの司会者が，聴衆に知られることなくディレクターからの指示を受けたり，進行表を確認しながら司会進行を行なえる（図3.88）．

(4) ウェアラブルコンピューティングの現状と課題

ウェアラブルコンピューティングが広く一般に普及するには多くの課題が残っている．まず問題となるのが機器の装着性である．現状のウェアラブルコンピュータのハードウェアはまだ

図3.88 司会進行でのウェアラブル利用

洗練されているとはいえず，コンピュータを腰に巻きつけたり，大きなディスプレイを顔の前に固定したり，体中にケーブルを這わしたりと不恰好である．装着性を高めるためにまず必要なのは，機器をさらに小型・軽量化することであるが，これは半導体技術の進歩により近い将来解決できるといえる．また，装着性は機器の装着位置や発熱にも依存するため，適切な装着位置に関しても研究されている[163]．さらに配線の問題もある．ウェアラブルコンピューティングではPC，HMD，入出力機器，センサなどが体に分散して配置されるため，それらをつなぐケーブルは快適性を妨げ，ドアノブに引っかかるなど危険性も高まる．BluetoothやZigBeeなどの技術を用いて無線接続することも考えられるが，それぞれの機器が独自に電源や無線通信機能をもつ必要があるため，単純に無線化すればよいというわけではない．近年では人体の表面に微弱な電流を流す人体通信技術[164]や，服に導電性繊維を組み込み通信と電源供給を実現するTextileNet[165]などが有望な技術である．さらに，ウェアラブルコンピュータは常時利用を想定しているため，いかに電力を確保するかという問題も重要である．現状の小型PCでは最大でも10時間程度しか電源がもたず，常時利用には向かない．燃料電池や自己発電技術の実用化が期待される．Thad Starnerらは，体の余熱や歩行のエネルギーを電力に変えるHuman Powered Computing[166]を提唱しているが，実用化にはまだ遠いようである．

次に，機器の安全性の問題がある．先にあげたケーブルの問題に加えて，発熱する機器を常時皮膚に接触させることの問題や，片眼HMDを用いた場合に右目と左目で別のものを同時に見ることの危険性，機器を装着することで使用者の動きが制限されることによる事故などに対する安全性を確保する必要がある．これは神戸大の塚本らを中心としてHMDの安全性検討委員会が開催されており，安全性に関するガイドラインの早期策定が期待される．

ウェアラブルコンピュータを実際に人々が利用するにあたっては，いかに効率よく文字を入力できるかという問題も重要である．初期のウェアラブルコンピュータでは音声認識が注目されていたが，人前で音声を発するのは恥ずかしく，雑音による入力精度の低さも問題である．ウェアラブルコンピューティングのための入力機器は活発に開発・研究されており，もっとも有名なのはHandKey社のTwiddler[167]である（図3.89左）．Twiddlerは片手用入力機器で，12個のキーを複数同時押しすることでアルファベットを入力でき，多くのウェアラブルユーザーがTwiddlerを標準入力デバイスとして利用している．国内の製品ではポケットベルのように複数回入力で文字を指定するCutKey[168]や携帯電話の入力方法を模したケイボード[169]などの機器が発売されている（図3.89中，右）．研究レベルでは，指輪型で指の振動を用いてコマンド入力を行なうFingeRing[170]や，両手の指に指輪をはめて左手右手でそれぞれ母音と子音を指定するDoubleRing[171]などが提案されている．このほかにも，ハンドジェスチャーによる入力を実現するHandVu[172]や，視線入力，脳波入力など多様な入力方法が提案されているが，決定版といえるものはまだ見つかっていないようである．

物理的な課題だけではなく，社会的にも解決すべき課題は多い．コンピュータを装着する姿自体が社会に受け入れられることがまず必要であるが，これは携帯電話の普及を見ても明らかなように，自然とコンピュータを装着する姿も当たり前になると考えられる．また，映像や音声を常時ウェアラブルコンピュータに記録するようになった場合，知らないうちに映像に含まれた人の肖像権やプライバシーの問題を解決する必要がある．そのためには，撮影側が「現在撮影中であること」を知らせることや，映されたくない人が記録映像中に含まれないように保

図3.89 左から，Twiddler，CutKey，ケイボード

護する技術が求められる．

(5) ウェアラブルコンピューティングの未来

現在，ウェアラブルコンピューティングは，電力プラントにおけるマニュアル閲覧など専門的な用途に部分的に利用されている状況である．前節で述べた課題が解決されることで，一般の人々が常時ウェアラブルコンピュータを利用し，コンピュータから便利な支援を受けながら生活する日々がやってくると期待される．そのようになれば，毎朝，今日着る服に合わせて，「着るコンピュータ」を選び，拡張現実感により表示されるペットと散歩し，自分の気持ちを服に埋め込まれたLEDで表現するようになるかもしれない．そのためには，単に機能性を追求するだけではなく，身に着けることがステータスとなるような洗練されたデザインや手軽に試せる程度の価格設定が必要になるだろう．

また，特筆すべきことは，ウェアラブルコンピューティングは「健康な」コンピューティングスタイルだということである．従来のコンピュータは屋内がおもな利用場所であったが，ウェアラブルコンピュータは最も屋外利用が似合うコンピュータである．将来は，ウェアラブルコンピュータを身に着けて外で元気に遊ぶ子供を見ることも日常的になるだろう．

文献

1) 社団法人電気通信事業者協会：「携帯電話/IP接続サービス/PHS/無線呼出し契約者数」，URL：http://www.tca.or.jp/japan/database/daisu/index.html
2) 羽鳥光俊：「移動通信の変遷と展望」，『電子情報通信学会誌』，Vol.82, No.2, pp.102-107, 1999.
3) 甕 昭男：「我が国の次世代自動車電話・携帯電話システム」，『電子情報通信学会誌』，Vol.73, No.10, pp.1070-1074, 1990.
4) 秦 正治：「セル構成技術」，『電子情報通信学会誌』，Vol.78, No.2, pp.133-137, 1995.
5) V.H. MacDonald：The cellular concept, Bell Syst. Tech. J., Vol.58, No.1, pp.15-42, 1979.
6) 藤野 忠，田近 壽夫：「無線アクセス技術」，『電子情報通信学会誌』，Vol.78, No.2, pp.127-132, 1995.
7) C. Perkins, Ed.：IP Mobility Support for IPv4, RFC 3344, 2002.
8) D. Johnson, C. Perkins, J. Arkko：Mobility Support in IPv6, RFC 3775, 2004.
9) 3rd Generation Partnership Project：General Packet Radio Service (GPRS)；Service description；Stage 2 (Release 6), 3GPP TS 23.060 V6.15.0, 2006.
10) 3rd Generation Partnership Project 2：Wireless IP Network Standard, 3GPP2 P.S001-A v1.0, 2000.
11) J. Rosenberg, et al.：SIP：Session Initiation Protocol, RFC 3261, 2002.
12) 3rd Generation Partnership Project：IP Multimedia Subsystem (IMS)；Stage 2 Release 6, 3GPP TS 23.228 V6.15.0, 2006.
13) 3rd Generation Partnership Project 2,：All-IP Core Network Multimedia Domain-Overview, 3GPP2 X.S0013-000-A v1.0, 2005.
14) 3GPP TS 26.346 Multimedia Broadcast/Multicast Service (MBMS)；Protocols and codecs.
15) 3GPP2 C.S0045-A v1.0 Multimedia Messaging Service (MMS) Media Format and Codecs for cdma2000 Spread Spectrum Systems 2006/04.
16) 3GPP2 C.S0046-0 v1.0 3G Multimedia Streaming Services 2006/03.
17) 3GPP2 C.S0042-0 v1.0 Circuit-Switched Video Conferencing Services 2002/08.
18) 3GPP TS 26.346 v6.7.0 Multimedia Broadcast/Multicast Service (MBMS)；Protocols and codecs 2006-12-21.
19) 3GPP TS 26.234 v6.10.0 Transparent end-to-end Packet-switched Streaming Service (PSS)；Protocols and codecs 2006-12-21.
20) 3GPP TS 26.244 Transparent end-to-end packet switched streaming service (PSS)；3GPP file format (3GP).
21) 3GPP TS 26.235 Packet switched conversational multimedia applications；Default codecs.
22) 3GPP TS 26.111 v6.1.0 Codec for Circuit switched Multimedia Telephony Service；Modifications to H.324 2005-01-06.
23) 3GPP2 C.S0050-A v1.0 3GPP2 File Formats for Multimedia Services 2006/04.
24) ITU-T H.320 Narrow-band visual telephone systems and terminal equipment 2004.3
25) ITU-T H.263 Video coding for low bit communication 2005.1
26) ITU-T H.264 Advanced video coding for generic audiovisual services 2005.3
27) ISO/IEC 14496-2：2004 Information technology—Coding of audio-visual objects—Part 2：Visual 2004.5
28) 3GPP TS 26.071 AMR speech codec；General description 2005.1
29) 3GPP2 C.S0014-0 Enhanced variable rate codec (EVRC), Speech service option 3 for wideband spread spectrum digital systems.
30) 3GPP2 C.S0030-0 Selectable mode vocoder (SMV), Service option for wideband spread spectrum Communication systems.
31) ISO/IEC 14496-3：2001 Information technology—Coding of audiovisual objects—Part 3：Audio
32) ISO/IEC 14496-3：2001/Amd.1 AMENDMENT 1：Bandwidth extention
33) 3GPP TS 26.290 Audio codec processing functions：Extended adaptive multi-rate wideband (AMR-WB+) codec 2005.6
34) 3GPP TS 26.244 3GPP file format (3GP) 2004.3
35) ISO/IEC 14496-12 Information technology—Coding of audio visual objects—Part 12 ISO base media file format
36) 3GPP2 C.S0050-B 3GPP2 file formats for multimedia services 2007.6
37) 3 G Today, http://www.3gtoday.com/
38) 電気通信事業者協会 (TCA), http://www.tca.or.jp
39) MSM7500 Chipset solution, http://www.cdmatech.com/

40) OMAP-Vox™ wireless platform：OMAPV2230 integrated UMTS solution, http://www.ti.com/
41) TRON Project, http://www.tron.org
42) Windows Mobile, http://www.microsoft.com/windows mobile
43) Symbian OS ™, http://www.symbian.com/
44) NICTA, http://www.ertos.nicta.com.au/
45) 「FOMA端末ソフトウェアプラットフォーム"MOAP"の開発」,『NTT DoCoMoテクニカルジャーナル』, Vol. 13, No.1, pp.55-58, 2005.
46) KDDI Common Platform (KCP), http://www.kddi.com/
47) NTT DoCoMo "iアプリ™", http://www.nttdocomo.co.jp/service/imode/make/content/iappli/
48) ソフトバンクモバイル "S！アプリ™", http://developers.softbankmobile.co.jp/dp/tech_svc/java/
49) KDDI "オープンアプリ (Java™)", http://www.au.kddi.com/ezfactory/tec/spec/openappli.html
50) KDDI "EZアプリ (BREW™)", http://www.au.kddi.com/ezfactory/service/brew.html
51) ARM, http://www.arm.com/
52) ルネサステクノロジー, http://japan.renesas.com/
53) IMAGEON™2300, http://ati.amd.com/products/imageon2300/
54) 東芝セミコンダクター, http://www.semicon.toshiba.co.jp/
55) SD Association, http://www.sdcard.org/
56) Memory Stick Developers Site, http://www.memorystic.org/
57) OpenMG, http://www.sony.co.jp/Products/OpenMG/index.html
58) http://www.harris.cise.ufl.edu/gt.htm
59) J.L. Schoeneman, D. Sorokowski：Authenticated tracking and monitoring system (ATMS) tracking shipments from an Australian uranium mine, Proceedings of IEEE 31st Annual International Carnahan Conference on Security Technology, 1997.
60) Zack Butler, Peter Corke, Ron Perteson, Daniela Rus：Networked Cows：Virtual Fences for Controlling Cows, WAMES 2004, Boston, MA, June, 2004.
61) Michael Bramberger, Andreas Doblander, Arnold Maier, Bernhard Rinner, Helmut Schwabach：Distributed Embedded Smart Cameras for Surveillance Applications, IEEE Computer, pp.68-75, Feb., 2006.
62) David Culler, Deborah Estrin, Mani Srivastava, Overview of sensor networks, IEEE Computer, pp.41-49, Aug., 2004.
63) Ian F. Akyildiz, Weilian Su, Yogesh Sankarasubramaniam, Erdal Cayirci：A Survey on Sensor Networks, IEEE Communications Magazine, pp.102-114, Aug., 2002.
64) J. N. Al-Karaki, A. E. Kamal：Routing Techniques in Wireless Sensor Networks：a Survey, IEEE Wireless Communications, Vol.11, No.6, pp.6-28, 2004.
65) R. Verdone, C. Buratti：Modelling for Wireless Sensor Network Protocol Design, Proceedings of IEEE IWWAN, CD-ROM, 2005.
66) I. Dietrich, F. Dressler：On the Lifetime of Wireless Sensor Networks, Univ. of Erlangen, Dept.of Computer Science 7, Technical Report, 04/06, "http://www7.informatik.uni-erlangen.de/dressler/publications/technical-report-0406.pdf"
67) Joanna Kulik, Wendi Rbiner, Hari Balakrishnan：Adaptive Protocols for Information Dissemination in Wireless Sensor Networks, ACM Mobicom, pp.174-85, 1999.
68) Chalermek Intanagonwiwat, Ramesh Govindan, Deborah Estrin：Directed Diffusion：A Scalable and Robust Communication Paradigm for Sensor Networks, ACM Mobicom, pp.55-57, 2000.
69) Jason Hill, Mike Horton, Ralph Kling, Lakshman Krishnamurthy：The Platforms Enabling Wireless Sensor Networks, Communications of the ACM, Vol.47, No.6, pp.41-46, June, 2004.
70) Ya Xu, John Heidemann, Deborah Estrin：Geography-informed Energy Conservation for Ad Hoc Routing, ACM Mobicom, pp.70-84, July, 2001.
71) Benjie Chen, Kyle Jamieson, Hari Balakrishnan, Robert Morris：Span：An Energy-Efficient Coordination Algorithm for Topology Maintenance in Ad Hoc Wireless Networks, ACM Mobicom, pp.85-96, July, 2001.
72) Oinchun Ren and Qilian Liang, An Energy-Efficient MAC Protocol for Wireless Sensor Network, GLOBECOM 2005, CD-ROM, 2005.
73) A. El-Hoiydi, J.-D. Decotignie：WiseMAC：An Ultra Low Power MAC Protocol for the Downlink of Infrastructure Wireless Sensor Networks, Proceedings of the Ninth IEEE Symposium on Computers and Communication, pp.244-251, 2004.
74) Wei Ye, John Heidemann, Deborah Estrin：An Energy Efficient MAC Protocol for Wireless Sensor Networks, IEEE INFOCOM, pp.1567-1576, 2002.
75) T. van Dam, K. Langendoen：An Adaptive Energy-Efficient MAC Protocol for Wireless Sensor Networks, 1st ACM Conf, Los Angeles, CA, pp.171-180, November, 2003.
76) F. Y.-S. Lin, H.-H. Yen, S.-P. Lin, Y.-F. Wen：MAC Aware Energy-Efficient Data-Centric Routing in Wireless Sensor Networks, ICC 2006, CD-ROM, 2006.
77) Jae Young Choi, Jong Wook Lee, Kamok Lee, Sunghyun Choi, Wook Hyun Kwon, Hong Seong Park：Aggregation Time Control Algorithm for Time constrained Data Delivery in Wireless Sensor Networks, VTC 2006, CD-ROM, 2006.
78) 渡辺 尚,「センサーネットワークプロトコルの基礎技術」, 平成18年度電気関係学会東海支部連合大会 S2-4, 2006.
79) Wendi B. Heinzelman, Anantha P. Chandrakasan, Hari Balakrishnan：An Application-Specific Protocol Architecture for Wireless Microsensor Networks, IEEE Transactions on Wireless Communications, pp.660-670, Oct., 2002.
80) Xiaobo CHEN, Zhisheng NIU：A Randomly Delayed Clustering Method for Wireless Sensor Networks, ICC 2006, CD-ROM, 2006.
81) Joongheon Kim, Jihoon Choi, Wonjun Lee：Energy-Aware Distributed Topology Control for Coverage-Time Optimization in Clustering-Based Heterogeneous Sensor. Networks, VTC 2006, CD-ROM, 2006.
82) H. Dubois-Ferriere, D. Estrin：Efficient and practical query scoping in sensor networks, UCLA/CENS Tech Report 39, 2004.
83) S. R Gandham, M. Dawande, R. Prakash, S. Vinkatesan：Energy efficient schemes for wireless sensor networks with multiple mobile base station, GLOBECOM 2003, CD-ROM, 2003.
84) 鈴木孝明, 萬代雅希, 渡辺 尚：「パケット分配送信による複数シンクセンサーネットワークの省電力化について」,『信学技報, 電子情報通信学会 (NS研究会) 報告』, Vol.105, No.562, pp.13-16, 2006.
85) Takaaki Suzuki, Masaki Bandai, Takashi Watanabe：

DispersiveCast：Dispersive Packets Transmission to Multiple Sinks for Energy Saving in Sensor Networks, IEEE PIMRC 2006, 2006.
86) 石塚美加，会田雅樹：「センサーネットワークにおけるべき配置の実現方法に関する検討」，『信学総大』，pp.99-107, November, 2004.
87) Yufeng Xin, Tuna Güven, Mark Shayman：Relay Deployment and Power Control for Lifetime Elongation in Sensor Networks, ICC 2006, CD-ROM, 2006.
88) 崎山朝彦，萬代雅希，渡辺 尚：「指向性アンテナの通信距離延長効果を用いた省電力センサネットワーク」，『情報処理学会マルチメディア，分散，協調とモバイル（DICOMO）シンポジウム 2006, 7A5, 2006.
89) Yuichi Yuasa, Masaki Bandai, Takashi Watanabe：Routing Protocol of Sustainable Sensor Networks with High Exchangeability of Nodes, IEEE 63rd Vehicular Technology Conference, CD-ROM, 2006.
90) Vineet Srivastava, Mehul Motani：Cross-Layer Design：A Survey and the Road Ahead, *IEEE Communication Magazine*, pp.112-119, December, 2005.
91) Rob Holman, John.Stanley, Tuba Ozkan-Haller：Applying Video Sensor Networks to Nearshore Environment Monitoring, IEEE Pervasive Computing, pp.14-21, Oct.-Dec., 2003.
92) Purim Na Bangchang, Mehrdad Panahpour Tehrani, 藤井俊彰，谷本正幸：「Realtime System of Free Viewpoint Television（リアルタイム自由視点テレビシステム）」，『映像情報メディア学会誌』，Vol.59, No.8, pp.1191-1198, 2005.
93) Jason Hill, Robert Szewczyk, Alec Woo, Seth Hollar, David Culler, Kristofer Pister：System Architecture Directions for Networked Sensors, Proceedings of the 9th International Conference on Architectural Support for Programming Languages and Operating Systems, pp.93-104, 2000.
94) 猿渡俊介，鈴木 誠，水野浩太郎，森川博之：「無線センサノード向けハードリアルタイムオペレーティングシステムの設計」，『情報処学会研究報告』，ユビキタスコンピューティングシステム研究会，2007.
95) Joseph Polastre, Jonathan Hui, Philip Levis, Jerry Zhao, David Culler, Scott Shenker, Ion Stoica：A Unifying Link Abstraction for Wireless Sensor Networks, Proceedings of the 3rd ACM Conference on Embedded Network Sensor Systems, 2005.
96) Samuel R. Madden, Michael J. Franklin, Joseph M. Hellerstein, Wei Hong：TinyDB：An Acquisitional Query Processing System for Sensor Networks, ACM Transactions on Database Systems, pp.122-173, 2005.
97) Tarek Abdelzaher, *et al.*：EnviroTrack：Towards an Environmental Computing Paradigm for Distributed Sensor Networks, Proceedings of the International Conference on Distributed Computing Systems, 2004.
98) 猿渡俊介，森川博之，青山友紀：「ユーザによる制御が可能なセンサ/アクチュエータネットワークの設計」，『電子情報通信学会技術研究報告』，センサネットワーク研究会，2006.
99) 『映像情報メディア学会誌』，Vol.60, No.3, pp.326-328, 2006.
100) 阪田史郎編著：『ZigBee センサネットワーク』，秀和システム，2005.
101) 阪田史郎編著：『ユビキタス技術 センサネットワーク』，オーム社，2005.
102) 阪田，高田編著：『組込みシステム』，情報処理学会編，2006.
103) 阪田，嶋本編著：『無線通信技術大全』，リックテレコム，2007.
104) 阪田史郎：「パーソナルエリアネットワークの技術動向」，『電子情報通信学会通信ソサイエティ誌』，2007. 9.
105) 阪田史郎編著：『UWB/ワイヤレス USB 教科書』，インプレス社，2006. 9.
106) Bluetooth Cove Specification Vl.1, Bluetooth SIG.
107) Bluetooth Profile Specification, Volume 2, Bluetooth SIG.
108) Zig Bee Alliance, http://www.zigbee.org/
109) IEEE802.15, http://grouper.ieee.org/groups/802/15/
110) IEEE802.15.4："Wireless Medium Access Control (MAC) and Physical Layer (PHY) specifications for Low Rate Wireless Personal Area Networks (LR-WPANs)", http://www.ieee802.org/15/pub/TG4.html
111) R. A. Scholtz, M. Z. Win：Impulse radio, Wireless Communications TDMA versus CDMA, chapter 7, pp.245-267, Kluwer Academic Publishers, 1997.
112) M. Z. Win, R. A. Scholtz：Ultra-wide bandwidth time-hopping spread-spectrum impulse radio for wireless multiple-access communications, *IEEE Trans. Commun.*, Vol.48, No.4, 2000.4.
113) J. R. Foerster：The performance of a direct-sequence spread ultra-wideband system in the presence of multipath, narrowband interference, and multiuser interference, IEEE Conf. on Ultra Wideband Systems and Technologies, Baltimore, USA, May, 2002.
114) 河野隆二：「Ultra Wideband（UWB）無線技術の研究開発に関する産官学連携と無線 PAN の標準化への貢献」，『電子情報通信学会論文誌』，Vol.J86-A, No.12, pp.1274-1283, 2003.12.
115) M. Ghavami, L. B. Michael, R. Kohno：Ultra Wideband Signals and Systems in Communication Engineering, John Wiley & Sons, 2004.05.
116) 石上，河野：「無線通信と EMC 小特集 2-3 超広帯域無線通信（UWB）」，『電子情報通信学会誌』，Vol.87, No.10, pp.835-838, 2004.
117) FCC First R & O, February, 2002.
118) FCC 02-48, Revision of Part 15 of the Commission's Rules Regarding Ultra-Wideband Transmission Systems, 2002.
119) ITU-R Recommendation, SM.329-9, 1951-2001.
120) ITU-R Recommendation, SM.329-10, 1951-2003.
121) ITU-R Document 1-8/ Temp/ 87-E, 122-E, &130-E, Nov. 2004.
122) TG3a Technical Requirements：IEEE802.15-03-030r0., 2002-12
123) Merged UWB proposal for IEEE802.15.4a Alt-PHY, IEEE802.15-05/113r3., 2005-03
124) http://www.ieee802.org/15/pub/TG3a.html
125) 金森正芳，今井貞人：「照明用白色 LED の高出力化技術とその応用」，2006 年度照明学会第 39 回全国大会，S-21, 2006 年 8 月 25 日（温度特性の改善については当日の発表による）．
126) 石川知成：「高出力白色 LED 照明技術の課題」，2006 年度照明学会第 39 回全国大会，S-22, 2006 年 8 月 25 日（電流と発光効率の特性については当日の発表による）．
127) 里方昭彦：「可視光通信の標準化と課題」，光空間伝送・光無線技術フォーラム 2006, 2006 年 6 月．
128) 石田正徳：「高速並列可視光通信システムの実装と通信プロトコルの検討」，光空間伝送・光無線技術フォーラム 2006, 2006 年 6 月．

129) M. Akanegawa, Y. Tanaka, M. Nakagawa：Basic Study on Traffic Information System Using LED Traffic Lights, IEEE Transactions on ITS, Vol.2, No.4, pp.197-203, December, 2001.
130) 岡本研正：「超高輝度 LED を用いた非同期光ピンポン通信」,『1991 年電子情報通信学会秋期大会講演論文集分冊 4』, p.73, 1991 年 9 月.
131) 中川正雄：「可視光通信」,『月刊オプトロニクス』, Vol. 22, No.261, pp.120-125, Sept. 2003.
132) 春山真一郎：「可視光通信」,『電子情報通信学会論文誌 A』, Vol.J86-A, No.12, pp.1284-1291, 2003 年 12 月.
133) 中川正雄：「ユビキタス可視光通信」,『電子情報通信学会論文誌』, Vol.J88-B, pp.351-359, Feb., 2005.
134) 松下伸行：「ID Cam：シーンとビーコン ID を同時に取得するスマートカメラ」, 電子情報通信学会スペクトル拡散通信研究会資料, 2002 年 3 月.
135) 中川正雄監修, 可視光通信コンソーシアム編：『可視光通信の世界』, 工業調査会, 2006 年 2 月.
136) 大日本印刷株式会社, IC タグ本部
http://www.dnp.co.jp/ictag/
137) 大日本印刷株式会社, 電波ポスター
http://www.dnp.co.jp/cio/solutions/news/up_file/70/index.html
138) 大日本印刷株式会社, ACCUWAVE シリーズ
http://www.dnp.co.jp/semi/j/tag_new/contents/eledev_ictag/index.html
139) 塚本昌彦：『モバイルコンピューティング』, 岩波書店, 2000.
140) E. O. Thorp：Optimal Gambling Systems for Favorable. Games, Review of the International Statistical Institute Vol.37, pp.273-293, 1969.
141) http://www.media.mit.edu/wearables/mithril/
142) http://www.wearablegroup.org/
143) R. Bradley：The Wearable Remembrance Agent：A system for augmented memory, The First IEEE International Symposium on Wearable Computers (ISWC '97), pp.123-128, 1997.
144) K. Lyons, T. Starner, D. Plaisted, J. Fusia, A. Lyons, A. Drew, E. W. Looney：Twiddler typing：one-handed chording text entry for mobile phones, Conference on Human Factors in Computing Systems (CHI 2004), pp.671-678, 2004.
145) http://www.iswc.net/
146) http://www.npowin.org/j/
147) http://www.teamtsukamoto.com/
148) http://www.microoptical.net/
149) http://www.microvision.com/nomad.html
150) http://www.shimadzu.co.jp/hmd/
151) http://www.xybernaut.com/
152) http://www.hitachi.co.jp/Prod/vims/wia/
153) W. Gibson：NEUROMANCER, Ace Books, 1984.
154) M. Miyamae, T. Terada, Y. Kishino, M. Tsukamoto, S. Nishio：An Event-driven Navigation Platform for Wearable Computing Environments, The 9th IEEE International Symposium on Wearable Computers (ISWC '05), pp.100-107, 2005.
155) http://www.xybernaut.com/assets/files/site_content/PDFs/Brochures/Xyberkids.pdf
156) K. Ouchi, T. Suzuki, M. Doi：LifeMinder：A Wearable Healthcare Support System Using User's Context, The 2nd International Workshop on Smart Appliances and Wearable Computing (IWSAWC2002), 2002.

157) N. Pham, T. Terada, M. Tsutkamoto, S. Nishio：An Information Retrieval System for Supporting Casual Conversation in Wearable Computing Environments, The 5th International Workshop on Smart Appliances and Wearable Computing (IWSAWC 2005), pp.477-483, 2005.
158) http://research.microsoft.com/barc/mediapresence/MyLifeBits.aspx
159) http://www.lamming.com/mik/Papers/fmn.pdf
160) http://www.hal.k.u-tokyo.ac.jp/ja/research/lifelog.html
161) 上岡隆弘, 河村竜幸, 河野恭之, 木戸出正継：「I'm Here！：物探しを効率化するウェアラブルシステム」,『ヒューマンインタフェース学会論文誌』, Vol.6, No.3, pp.19-29, 2004.
162) M. Miyamae, T. Terada, M. Tsukamoto, K. Hiraoka, T. Fukuda, S. Nishio：An Event-driven Wearable System for Supporting Motorbike Races, The 8th IEEE International Symposium on Wearable Computers (ISWC '04), pp.70-76, 2004.
163) F. Gemperle, C. Kasabach, J. Stivoric, M. Bauer, R. Martin：Design for Wearability, The 2nd IEEE International Symposium on Wearable Computers (ISWC 1998), pp.116-122, 1998.
164) http://www.redtacton.com/
165) 秋田純一, 新村 達, 村上知倫, 戸田真志：「空間配置自由度が高いウェアラブルコンピュータ向けネットワークシステム」,『情報処理学会論文誌』, Vol.47, No.12, pp.3402-3413, 2006.
166) T. Starner：Human Powered Wearable Computing, IBM Systems Journal, Vol.35, No.3 & 4, pp.618-629, 1996.
167) http://www.handykey.com/
168) http://www.cutkey.jp/
169) http://www.mevael.co.jp/product.html
170) 福本雅朗, 平岩 明, 曽根原登：「ウェアラブルコンピュータ用キーボード FingeRing」,『電子情報通信学会論文誌』, Vol.J79-A, No.2, pp.460-470, 1996.
171) 中村聡史, 塚本昌彦, 西尾章治郎：「DoubleRing：ウェアラブルコンピューティングのためのポインティングデバイス」,『情報処理学会シンポジウムシリーズ マルチメディア, 分散, 協調とモバイルシンポジウム (DICOMO 2002) 論文集』, Vol.2002, No.9, pp.301-304, 2002.
172) http://www.movesinstitute.org/~kolsch/HandVu/HandVu.html

4 ディジタルシネマ

4.1 ディジタルシネマとは[1,2]

4.1.1 はじめに

現在,ディジタルシネマという用語が広く使われるようになっているが,その定義はいまだ明確ではない。広義では,映画制作の過程,撮影や編集段階など,どこかでディジタル技術が利用されていれば,ディジタルシネマとよんでいた。また,シネマというからには,最終の劇場上映の際にディジタル上映されるのがディジタルシネマであるとの考えもある。しかし現在は,ディジタル編集が映画制作では一般的となり,すべての映画のどこかには必ずディジタル処理がなされているので,撮影から上映まで一貫してディジタル処理を行なうのがディジタルシネマであるとの考えが定着しつつある。

ディジタルシネマの効果はとしては,以下のような例があげられる。

- 低コスト化　たとえば,撮影時のフィルムレスによる効果として,撮影時間の短縮(リール交換が容易である),その場で撮影状況を確認することができる。
- 制作の高能率化　ディジタル編集機器との親和性(ディジタル撮影映像は,そのままディジタル編集可能である),劣化が少ない,ネット配信により離れた場所でも撮影現場においても編集作業が可能となる。
- 高品質化　ディジタルの特徴を活かし,複数の編集過程を行なっても,品質の劣化が少ない。耐ダビング性に優れる。また,上映をくり返しても最初の品質を保つことが可能である。
- 高機能化　セキュリティ管理を確実に行なうことにより,映像の流出を防げられる。また,編集材料や作品の上映履歴を記録可能であり,またサーバ側で一括管理も可能である。
- 全般的な効果　撮影から上映までのフィルムレスの効果を有効に活用することにより,比較的安価に映画の製作が行なえることで短編映画作成のチャンスが増え,新人の育成にも効果的となる。また,公民館などの利用により,新たな映画の流通ルートが開拓され,実験的な映画の上映機会が増加し,それにより,日本における映画界のあらゆる意味での質の向上が実現する。

4.1.2 ディジタルシネマの関連の動き

現在,ディジタルシネマ関連の技術標準化や産業促進を目的として,以下に示すような多くのプロジェクトが日本および世界において組織された。

(1) ディジタルシネマ技術標準化プロジェクト

平成16年度より文部科学省(JST)の科学技術振興調整費の支援を受け,ディジタルシネマが2004年6月より発足し2007年3月に終了した。ここでは,ディジタルシネマの中で最も普及が早いと考えられるHD(高精細=ハイビジョン)レベルの画面構成・色彩空間構造を研究し,標準化すべき仕様とその最適要素値を導出した。また,品質をなるべく維持したままで,劇場から携帯端末までのすべて同時に上映するためのスケーラブル化に必要な符号化技術や伝送・蓄積送技術,さらには,著作権管理のためのメタデータ群を研究し,標準化すべき内容を検討し,ディジタルシネマ最適上映環境,標準的制作環境の普及をめざすため,実証実験環境および実証実験に必要なツールの研究開発を行ない,普及促進に務めることが検討された。詳しくは文献4)を参照のこと。

(2) ディジタルシネマ実験推進協議会

本協議会は，主として4000本の走査線（4K）を対象とする．本協議会は，ディジタルシネマの制作から配信・上映までの，流通技術，品質評価技術，セキュリティ技術の確立をめざす実験などを推進し，さらに国際的な展開を図り国際標準化に貢献することを目的として，総務省の協力の下，独立行政法人情報通信研究機構，特定非営利活動法人ディジタルシネマ・コンソーシアムおよび映像関連の企業・団体を中心に2004年5月に結成された．

その他，日本において，現在多くのディジタルシネマを検討する団体や委員会が発足している．

また，世界では，アメリカ（Digital Cinema Initiative；DCI，AMPTE，SIGGRAPH bird of Feather など多数），欧州，韓国，シンガポールなど多くの国においてディジタルシネマに関する普及・促進を検討する機関が発足している．

4.1.3 ディジタルシネマの今後

ディジタルシネマを取り巻く環境の大いなる変化は，コンテンツ産業振興が，バイオ，ナノテクと並び，国家戦略として位置づけられたことである[3]．たとえば，知的財産戦略本部コンテンツ専門調査会による「コンテンツビジネス振興政策」（2004年3月），コンテンツ促進法の成立（2004年6月），コンテンツを先端的な新産業分野と位置づけた「新産業創造戦略」の策定（2004年5月）など，政策として関係省庁一体となったコンテンツ産業振興に向けた取り組みが大きな流れになっている．

しかし，ディジタルシネマ全体での標準化や，上映システムの価格などの技術的な問題は山積されており，さらなる研究開発が必要な分野といえる．

4.2 ディジタルシネマ装置

ディジタルシネマ撮影機器は35 mm フィルムと同等の撮影面積を有した単板方式の撮像素子を使用して，既存の35 mm フィルム用シネマレンズ群を利用可能としている撮影機器と，2/3インチ撮像素子を3枚使用している撮影機器とに分類される．表4.1に単板方式とRGB 3板方式撮影機器の主要な仕様を示す．

単板方式の撮像素子を使用したディジタルシネマ用カメラには，RGBカラーフィルタの配置が図4.1に示すR/G/B/GのBayer配列を採用する方式と，図4.2に示すR/G/Bのストライプ構造を採用する方式とがある．

Bayer配列の場合には近傍画素の色情報も演算して当該画素のR/G/B信号を計算するために，撮像素子の画素数から計算した空間周波数特性ではないことに留意する必要があり，色信号の演算処理の詳細については米国Kodak社の特許3,971,615号を参照されたい．

また，RGB 3板プリズム方式のディジタルシネマ用カメラでは2/3インチ撮像素子対応の専用シネマレンズが販売されているが，焦点深度が既存のシネマ用レンズとは異なっている．実際のディジタルシネマ用カメラの使用に際して，もっとも問題となってくるのはガンマ特性とビット幅であり，Panavision社のGenesisカメラでは14ビットA/Dコンバータの信号をlog12ビットに変換して出力する方式が採用されており，既存の35 mm映画フィルムをレーザースキャナによりディジタル信号として編集作業を行なうディジタル・インターミディエート処理工程との互換性をとる手法も採用されている．また，14ビット並列型A/Dコンバータ

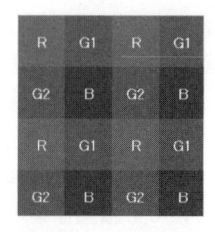

図4.1 Bayer配列

図4.2 RGBストライプ構造

表 4.1

	社名：名称	撮像素子	出力画像	分光方式	コマ数
単板	Dalsa：Origin	4046 × 2048	7680 × 4320	Bayer 配列	0 ~ 36P
	Panavision：Genesis	5760 × 2160	1920 × 1080	ストライプ構造	1 ~ 50P
	Arri：D20	3018 × 2200	3018 × 2200	Bayer 配列	1 ~ 60P
プリズム	NHK：SHV	3840 × 2160	7680 × 4320	4板プリズム：RG1BG2	60P
	Olympus：Octavision	1920 × 1080	3840 × 2160	4板プリズム：RG1BG2	24P
	Thomson：Viper	1920 × 4320	1920 × 1080	3板プリズム：RGB	24, 25, 30, 50P
	HDW – F950	1920 × 1080	1920 × 1080	3板プリズム：RGB 4：4：4	24, 25, 30, 50P
	HDW – F900	1920 × 1080	1920 × 1080	3板プリズム：RGB 4：2：2	24, 25, 30, 50P
	Panasonic：Varicam	1280 × 720	1280 × 720	3板プリズム：RGB 4：2：2	4 ~ 60P

を採用した新型機種や，メモリ記憶装置により既存フィルムカメラと同様な撮影現場でのハンドリング性を特徴とした新型機種などの構想も逐次発表されている．さらに，従来のCCD方式撮像素子に対して低消費電力と高精細対応を特徴としたCMOS撮像素子を採用した新型機種も発表されてきている．

しかし，実際の映画撮影に際しての機種選定には，CCDとCMOSの撮像素子光電変換特性や単板・3板方式の光学的特性とに加えて，ガンマ特性に考慮する必要がある．従来のHDTV用カメラではITU-R BT Rec.709により規定されているガンマ特性を採用しており，撮影対象物の輝度をカメラ出力電圧に変換するガンマ特性は，$1 \geq L \geq 0.018$ のとき，$V = 1.099L^{0.45} - 0.099$，$0.018 > L \geq 0$ のとき，$V = 4.500L$（ただし，L：luminance of image で $0 \leq L \leq 1$，Vは出力電気信号）である．BT Rec.709でのガンマ特性が映画撮影にそのまま使用されることはなく，ディジタルシネマ用カメラでは35 mm映画フィルムの特性に合わせたCineONガンマ特性やDPXガンマ特性なども使用されており，撮影映像のモニタリング手段（CRT，プロジェクタ）のガンマ特性との適合性も考慮する必要がある．

ディジタルシネマプロジェクタは，マイクロミラーデバイスによる米国テキサスインスツルメンツ社のDLP（digital light processing）技術により，ディジタルシネマに要求される広範囲な色空間再現とコントラスト範囲再現能力を有しているDLP-Cinema™ 機がクリスティー，バルコおよびNECビューテクノロジーの3社から2048×1080の2Kチップを搭載した機種として販売されており，世界全体で約3000台（2006年末時点）が出荷されている．このDLP-Cinema™ 機は，民生用DLPプロジェクタと基本性能で異なっており，15ビット色信号に対応したカラーマネージメント機能とコントラスト制御および字幕合成の機能が付加されたうえで，ディジタルシネマに要求されるランプ特性および光学エンジン部の基本性能が所定範囲に維持されている．また，反射型液晶素子による4Kプロジェクタもソニーからがされている．

なお，ディジタルシネマの配給から上映にいたる工程での次世代規格については，米国の大手映画スタジオと配給会社により設立されたDCI（Digital Cinema Initiative L.L.C., http://www.dcimovies.com/）が推奨規格案を提案しており，SMPTE DC28において規格の内容を審議中である．詳細についてはSMPTEでの審議結果を待つ必要があるが，DCIによる推奨規格案の中で上映にかかわる部分の概要を表4.2に，色空間関係を図4.3に示す．

上映時の基準となる白色はCIE1931XYZ色空間座標系での値を $x = 0.3140$，$y = 0.3510$，48 cd/m^2 と規定している．この白色のxy色座標は現在もっとも普及しているテキサスインスツルメンツ社のDLP-Cinema™ 機で使用されているP7V2での基準値と同一であるが，CIEによるDaylight Locusラインからは外れている．また，階調再現性については，ガンマ係数を図

表 4.2

	基準	試写室許容範囲	劇場許容範囲
輝度均一性	85%	80～90%	70～90%
白色輝度	48 cd/m² (14 fL)	± 2.4 cd/m² (± 0.7 fL)	± 10.2 cd/m² (± 3.0 fL)
白色：CIE 色度	$x = 0.3140$, $y = 0.3510$	± 0.002 x, y	± 0.006 x, y
コントラスト比 a)	2000：1	1500：1	1200：1
コントラスト比 b)	150：1	100：1	100：1
ガンマ係数	2.6	± 2%	± 5%
Red	$x = 0.680$, $y = 0.320$, $Y = 10.1$		
Green	$x = 0.265$, $y = 0.690$, $Y = 34.6$		
Blue	$x = 0.150$, $y = 0.060$, $Y = 3.31$		

a) 全面に白または黒を投影した状態でのコントラスト比。
b) 市松格子の白黒を投影した状態でのコントラスト比

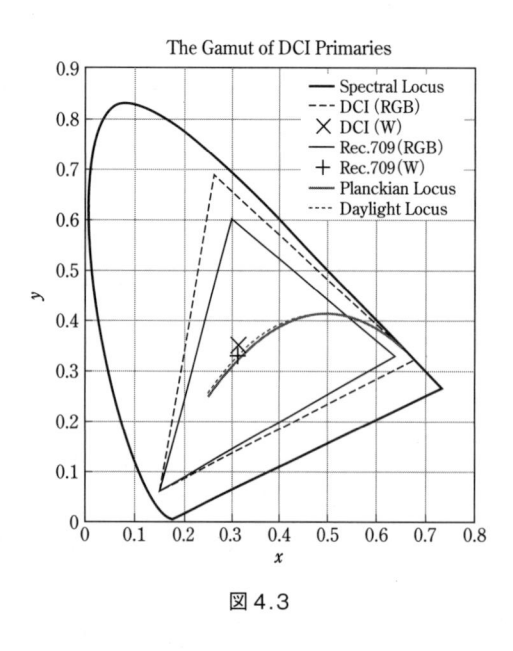

ステップ番号	入力符号値			出力色度座標		出力輝度
	X'	Y'	Z'	X	Y	Z
1	379	396	389	0.314	0.351	0.12
2	759	792	778	0.314	0.351	0.73
3	1138	1188	1167	0.314	0.351	2.1
4	1518	1584	1556	0.314	0.351	4.43
5	1897	1980	1945	0.314	0.351	7.92
6	2276	2376	2334	0.314	0.351	12.72
7	2656	2772	2723	0.314	0.351	18.99
8	3035	3168	3112	0.314	0.351	26.87
9	3415	3564	3501	0.314	0.351	36.5
10	3794	3960	3890	0.314	0.351	48

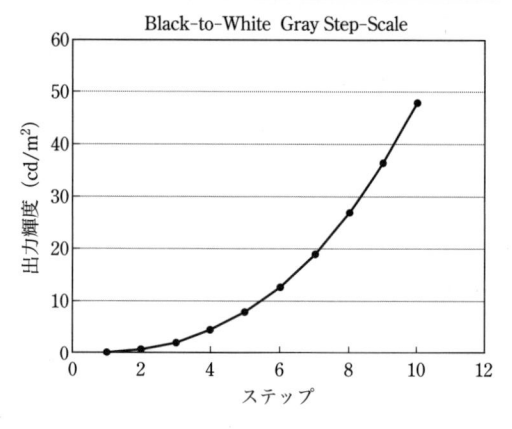

図 4.4

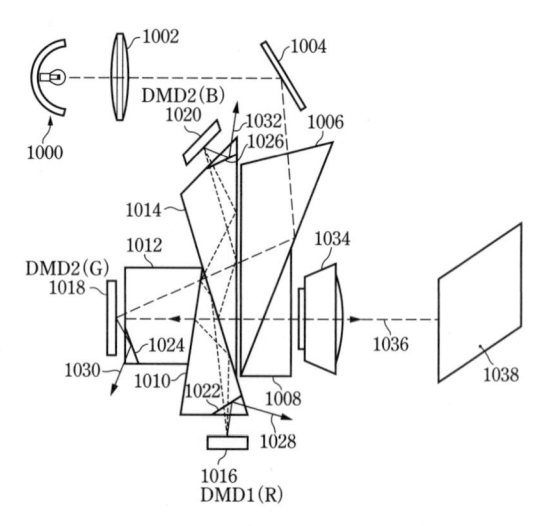

図 4.3

図 4.5

4.4 に示すようにガンマ 2.6 として定義している。

4.3 ディジタルシネマ技術標準化プロジェクト

ディジタルシネマにおける映像制作は，35 mm ネガフィルムをレーザースキャンなどによりディジタル化する方法と，ディジタル撮像素子により直接ディジタル撮影を行なう方法がある。フィルム撮影による映像も，CG 合成が多用されるハリウッドの映画製作では撮影されたオリジナルネガを直接レーザースキャンし，一切の編集処理を行なうディジタルインターミディエートプロセスが主流となっており，日本においても撮影以降の編集・合成・色調整をすべてディジタル化して映画製作を行なうことが始まっている。このフィルム撮影された映像を主

体にした映画の配給・上映におけるディジタル化に対する要求仕様は，米国の大手映画撮影スタジオおよび配給会社 7 社によるディジタルシネマイニシアティブによる要求仕様が提案され，米国の映画・テレビ技術協会（SMPTE）DC28 において規格策定に向けて作業が進められている。

一方で，HDTV 画面フォーマットによるディジタル映画撮影においては，ITU-T/BT Rec. 709 によるテレビ放送用技術規格はあるものの，ディジタルシネマに要求される広範囲な色空間（再現）や劇場上映時でのダイナミックレンジ・階調再現性に対する技術規格は存在しない。

このような現状のなかで，ディジタルコンテンツのなかで最も広範囲な色空間（再現）範囲と 2000：1（全画面投影時の 100% 白と 0% 黒での輝度比）を超える階調再現性を要求されるディジタルシネマにおける色空間と階調再現の評価基準となる評価素材としては前述のディジタルシネマイニシアティブが米国映画撮影監督協会の協力により制作した "StEM" が SMPTE より配布されているが，フィルムカメラによる撮影であり，4k 解像度でのレーザースキャニングディジタルデータをカラーコレクションして配布しており，配給・上映に関する工程でのJPEG2000 による圧縮・伸張，映画館での盗撮防止電子透かしなどでの画質評価を目的とした評価映像であることに加えて，ディジタル撮影からディジタル上映にいたる色空間管理の研究用評価映像としては種々のデータが公開されていないことから，定量的画質管理・色空間（再現）管理の評価尺度となりうる評価映像としては使用しにくい点がある。

平成 16 年度に採択された科学技術振興調整費：重要課題解決型研究による「ディジタルシネマの標準化技術に関する研究開発プロジェクト」で東京工業大学が担当したディジタルシネマの統一色空間管理手法の研究では，ディジタル撮影からディジタル上映にいたるさまざまな映像編集・視聴工程における総合的な画質評価用標準映像として，"CoSME" を制作した。この映像は，制作にあたり日本映画撮影監督協会の監修・協力をいただき，現時点でのディジタル撮影におけるさまざまな画質妨害・劣化要因を考慮するとともに，ディジタル撮影・編集・合成・上映における色空間管理の定量評価の基準となりうる評価素材としてのディジタル映像である。

撮影に際しては，図 4.7 に示すディジタルシネマの画質を，空間領域・時間領域・光領域としてそれぞれの領域における画質支配要因と妨害要因を考慮し，可能なかぎり映像を構成する各カットの撮影に反映させるとともに，ディジタルシネマとは異なる輝度レベルとコントラスト比で視聴される現行 HDTV 放送用映像での階調再現特性ではディジタルシネマの画質を満足しないために，暗所で上映されるディジタルシネマのガンマ特性評価用テスト撮影，および蒲田デジタル・テスト・ベッドでの評価・計測をふまえて，撮影する評価映像の概要を決定し

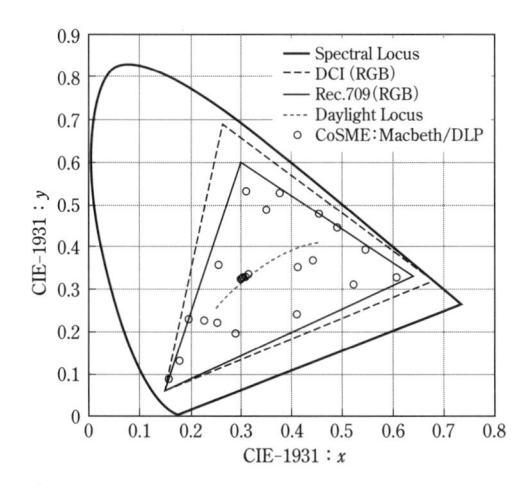

図 4.6　CIE-1931：DCI（V1.0）/ITU-T（Rec.709）色空間

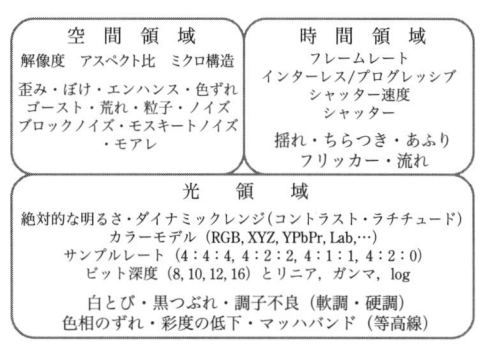

図 4.7　画質支配要因と妨害要因

F-950 基本設定

Gamma：ITU-709　0.45	Setup：0%	BlackLevel：2%
KneePoint：80%	KneeSlope：105%　　@400	ColorMatrix：ITU-709

撮影日：2005/11/27	撮影時間：	～	撮影場所：イマジカR・スタジオ	
CONTENS：チャイナガール			設定時間：	
			天候：晴天・晴れ・薄曇り・曇り・雨	
LENS：20 mm	Filters	in・CC：3200 k	in・ND：1/	OUT・ND：
感度設定ASA：320				
主光源：SUN・dayLight（HMI）・dayLight（KINOFLO）・TUNGSTEN			特殊機材：	

	絞り　T	色温度	KEY/Light	FILL/Light	Distance
1	T-4	3200K	Fc	Fc	10.8 feet

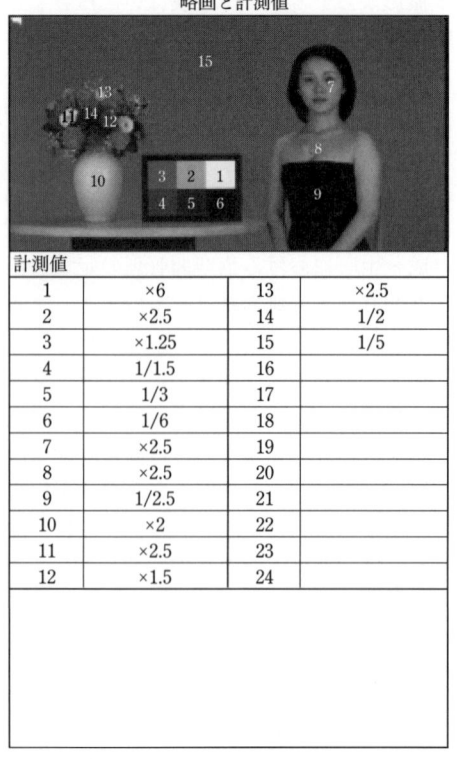

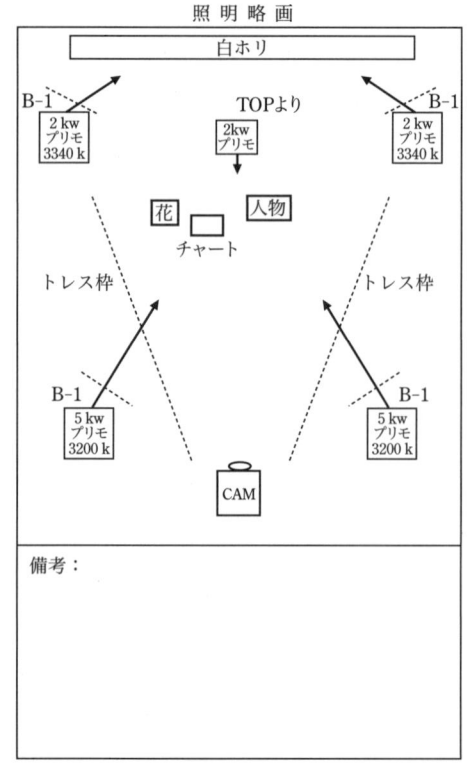

略画と計測値　　　　　　　　　　　　　　　照　明　略　画

計測値

1	×6	13	×2.5
2	×2.5	14	1/2
3	×1.25	15	1/5
4	1/1.5	16	
5	1/3	17	
6	1/6	18	
7	×2.5	19	
8	×2.5	20	
9	1/2.5	21	
10	×2	22	
11	×2.5	23	
12	×1.5	24	

図4.8　WG1・ディジタルシネマ・色空間評価映像資料

使用機材：SONY F-950（1080/24P），Fujinon（5/8/12/16/20/34/40/50/10×10），計測技研 UDR-2E（HDD/10ビット）収録，HD/SR 予備収録。
使用計測器：オートメーターIVF（MINOLTA），スポットメーターF（MINOLTA），カラーメーターIII（MINOLTA）。
日本映画撮影監督協会技術委員会より，編集カット NoT-05. © DECSDP

て撮影に臨んだ。
　撮影に使用したカメラはRGB 4：4：4出力に対応したSony HDC-F950であり，HD-SDI Dual-Link出力での非圧縮収録を計測技研UDR-2Eにて行ない，編集作業用のバックアップとしてSony HDCAM-SR（RGB）も使用した。使用したレンズはFUJINON CINE SUPERシリーズの単焦点レンズであり，一部シーンのみズームレンズを使用した。
　ガンマ特性については，現行HDTV放送に使用されている昨年度のガンマ特性テスト撮影において英国BBCがホワイトペーパー BBC-WHP034,058で公開しているガンマカーブと，IRE 80%・90%からニーポイントを設定した評

```
<General_Information
  "<Contents_Title=""CoSME"">"
  "<Copy_Rights=""Tokyo Institute of Technology,2006"">"
>
<Technical_Information
  "<Image_Format=""1920*1080,RGB4:4:4,10Bits"">"
  "<Frame_Rate=""23.976P"">"
  "<Color_Cordinate=""Rec.709,6500K"">"
  "<Complession=""Non_Complession"">"
  "<Data_Format=""16BitsTIFF,Valid_Data_is_MSB10Bit"">"
>
<Scene_Information
  Main_Title_Credit
    "<Time_Code_Scene_In=""00:00:00:01"",Out=""00:00:07:12"">"
    "<Scene_In_Frame=""1"",Out=""180"">"
  >
    "<Scene_Title=""A Day in SHIMODA"""
    "<Time_Code_Scene_In=""00:00:07:13"",Out=""00:03:13:23"">"
    "<Scene_In_Frame=""181"",Out=""4655"">"
    "<Sub_Scene_Number=""S-01"""
    "<Sub_Scene_Memo="" 海岸で踊る白人女性 "">"
    "<Sub_Scene_Comment="" 自然光によるフェーストーンの再現・青い海と水着の黄色の補色に於ける再現 "">"
    <Scene_Time_Code_Information
      "<Time_Code_Scene_In=""00:00:14:01"",Out=""00:00:21:03"">"
      "<Scene_In_Frame=""337"",Out=""507"">"
    >
    <Scene_Shooting_Information
      "<Lenz=""54mm"">"
      "<Filter_Out=""Pola"",ln=""ND1/64"">,"
      "<Filter=""B- PROMIST 1/8"">"
      "<T-Stop=""T-2.2"">"
      "<CCU=""CC-4950K"">"
      "<Gamma=""Rec.709"",Knee_Strat=""80%"",Knee_End=""105%is400%"">"
    >
  >
```

図4.9

価結果を基にしたIRE 80%まではITU Rec.709のガンマカーブを採用し，400%をIRE 105%とするニーカーブを設定した。

評価映像の画質および色再現の確認は，SonyのマスターモニタCRTであるBVM-D24（6500°K）にて行ない，収録映像のCRT色再現分光計測も行なっている。

映像は3部構成となっており，リゾート地での一日をテーマとして，動きと色を伴ったシーンで構成される"a day in SHIMODA"，日本庭園と数寄屋づくりの和室での日本情緒にあふれた"和NAGOMI"，照明環境を制御したスタジオ撮影での"Color and Tone"で構成され，各種チャート類などで構成される資料映像も付加されている。

図4.8は，資料映像に添付されている一般的にチャイナガールとよばれている花と6段階グレースケールチャートに女性モデルを配置したカットでの計測データシートであり，6段階グレースケールチャート，女性モデルの胸元，額の分光計測データも公開予定である。

この評価映像は，撮影時のRGB 4：4：4非圧縮データをカット編集のみで配布し，通常のポストプロダクション工程でのフォーマット変

```
<Color_Management_Information
  "<Color_Measurement_Equipment=""Photoresearch PR-705"",Obserbation_Angle=""1degree"">"
  "<Color_Measurement_Macbeth-Chart=""Origin.Chart_No[X,Y,Z]"""
    "<Color_Data_XYZ_01_06=""[11.44,10.87,5.02],[29.99,28.75,13.00],[59.00,56.77,25.96],[118.
    "<Color_Data_XYZ_07_12=""[37.47,49.46.51.78],[122.10,73.51,36.73],[222.40,200.60 .15.83],
    "<Color_Data_XYZ_13_18=""[183.00,152.00,12.67],[123.20,137,60,18.77],[29.88,21.84,16.66],
    "<Color_Data_XYZ_19_24=""[94.03,117,20,60.33],[80.52,71.72,54.78],[36.13,39.80,9.06],[52.
  >
  "<Color_Spectrum_Macbeth_White=""Start=380,Step=2,N=201"""
    "<Spectrum_data=""0.000198,0.000184,0.000212,0.000220,0.000253,0.000270,0.000303,0.000349
0.004717,0.004757,0.004791,0.004817,0.004861,0.004910,0.0049600,0.004988,0.005010,0.005057,0
  >
  "<Color_Reproduction_CRT=CoSME_15779:Chart_No[X,Y,Z]"""
    "<Color_Data_XYZ_01_06=""[7.76,6.71,3.79],[36.84,32.50,22.74],[13.76,14.13,29.79],[7.00,9
    "<Color_Data_XYZ_07_12=""[36.00,27.16,4.94],[9.42,7.24,32.52],[26.92,16.84,9.60],[5.55,3.
    "<Color_Data_XYZ_13_18=""[5.09,3.00,22.32],[12.07,20.40,7.80],[21.66,12.13,2.78],[56.60,0
    "<Color_Data_XYZ_19_24=""[87.26,92.23,95.93],[53.03,56.30,60.95],[29.71,31.70.34.37],[12.
  >
  "<Color_Reproduction CRT=""R,G.B,C,M,Y,White[X,Y,Z]"""
    "<Color_Data_RGBCMYW=""[35.8,18.34,1.592],[30.76,62.76,12.23],[15.25,6.064,79.78],[46.45,
>
  "<Color_Spectrum_CRT_White=""Start=380,Step=2,N=201"""
    "<Spectrum_data=""0.0001376,0.0001212,0.0001188,0.0001079,0.0001161,0.0001149,0.0001439,0
,0.001123,0.000891,0.0005216,0.0003662,0.0003322,0.0003296,0.0003386,0.0003829,0.0006122,0.0
  >
  "<Color_Reproduction_DLP=""CoSME_15779:Chart_No[X,Y,Z]"""
    "<Color_Data_01_06=""[2.68,2.238,1.147],[15.19,13.05,8.665],[5.263.5.262,12.58],[2.398,3.
    "<Color_Data_07_12=""[14.98,10.77,1.606],[3.725.2.686,14.32],[11.02,6.587,3.461].[1.861,1
    "<Color_Data_13_18=""[2.037,1.14,9.586],[4.672,7.956,2.385],[8.859,4.785,0.904],[25.13,26
    "<Color_Data_19_24=""[40.32,42.55,44.64],[40.34,42.57,44.66],[12.1,12.84,14.21],[4.553,4.
  >
  "<Color_Reproduction_DLP-2K=""R,G,B,C,M,Y,White[X,Y,Z]"""
    "<Color_Date_RGBCMYW=""[35.8,18.3,1.59],[30.8,62.8,12.2],[15.3,6.06,79.8],[46.5,69.7,92.6
  >
```

図 4.10

換，アスペクト変換，カラーコレクションなどの影響をいっさい除外し，世界初の画質・色再現定量評価に資するディジタル評価映像集である．当然のことながら，実物の忠実な色再現といった観点からは，照明光のパワースペクトル，レンズの色収差・幾何収差，撮像素子の分光感度特性，カメラアンプのガンマ特性などの定量評価の問題，撮影現場での画質調整基準となるマスターモニタの問題があげられるが，今回の評価映像はRGB 4：4：4カメラが捉えた映像を原画像として，ディジタルシネマシアター，ホームシアター，大型FPDなどでの色再現・画質再現の定量評価を行なうことを目的として

おり，各シーンには従来の画像圧縮関連評価映像で織り込まれている動的要素・テクスチャなどに加えて，色再現を重視したシーン構成となっている．

また，撮影時技術情報のメタデータに加えて，色空間（再現）に関するメタデータも添付されている．撮影情報に関するメタデータの一例を図 4.9 に，色空間（再現）に関するメタデータの一例を図 4.10 に示す．

このメタデータ構造は，特定のメタデータ形式をあえて踏襲せずにタグ構造の階層化のみを行なっている．また，色空間（再現）管理に関する情報は，15779 フレームに収録されている

マクベスチャートの色パッチ番号の実測XYZデータと，白色パッチの分光スペクトルデータについて，CRTマスターモニタによる色再現データとDLP-Cinema™機（Rec.709に色空間を設定）による色再現データを公開している。図4.11にはCoSME撮影時に使用したマクベスチャートのタングステン照明下における各色パッチの実測値とSMPTE 303M記載データとの比較を示している。図4.12には，CRT方式のマスターモニタとDLP-Cinema™機での白色とRGBの分光スペクトル分布を示しているが，キセノンランプを光源とするディジタルシネマプロジェクタではシアンとイエロー部分にノッチを設けており，映画に要求される色空間（再現）を重視した分光分布である。

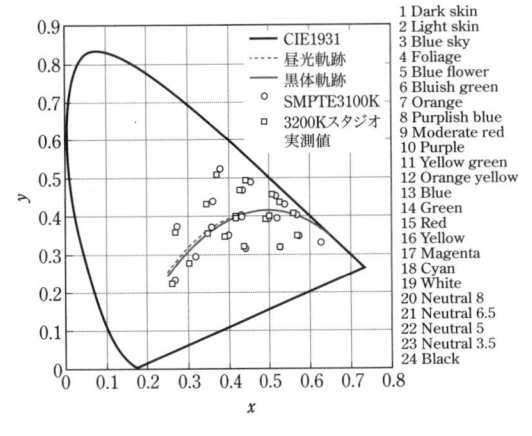

図4.11　タングステン照明下でのマクベスチャート

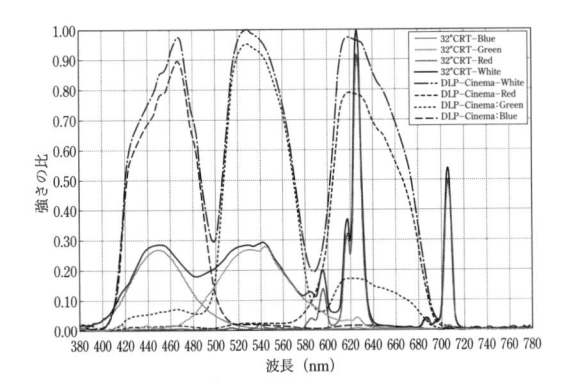

図4.12　マスターモニタ，32インチCRTスペクトラル

4.4　ディジタルシネマ伝送システム

映画をディジタル化することの大きな利点として，ネットワークを活用した配信がある。2005年7月20日に公表されたDCI（Digital Cinema Initiatives, L.L.C.）による「Digital Cinema System Specification V1.0」[6]においても，その配給方法としてネットワークを活用した配信方法が，テープあるいは磁気ディスクなどの物理配送による配給と併記して記述されている。

ディジタルシネマは映像メディアの王様というポジションにあり，400インチ以上の大画面に投影され上映されるという仕様のため，テレビあるいはパソコン用のメディアと比較して，高品質であることがまず要求される。このため，上述のDCIが示した仕様案では，映像符号化方式をテレビで用いられているMPEG方式とは異なる，高品質での符号化が可能なMotion JPEG2000方式を採用した。

さらに，4：4：4のコンポーネント信号に基づく4096×2160画素（4K品質），あるいは2048×1080画素（2K品質）の正方格子状のサンプリングに基づく大画面映像を規定している。このDCI仕様に基づくと，ディジタルシネマのディジタルマスターの容量は4K品質で約8TB，2K品質で2TBとなる。これをMotion JPEG2000で圧縮して生成される配信用のDCP（digital cinema package）の容量は200～300GBとなる。この300GBに達する大容量DCPをどのように効率的にかつセキュアに劇場まで送り届けるかが配給の仕事となる。この点において，光ネットワークを用いた伝送に大きな期待が寄せられている。

セキュアにディジタルシネマに配信を行なうためにDCI仕様案に準拠したディジタルシネマの配給では，ディジタルシネマのコンテンツそのものであるDCPを暗号化して配送する。この暗号を解くための鍵はKDM（key delivery method）とよばれ，DCPとKDMの2種類のデータは，異なるルートでセキュアに配送することが求められる。DCPは前述のように，高品質な映像がMotion JPEG2000の方式に基づ

いて圧縮され，マルチチャネルの非圧縮の音声データと組み合わさっている。さらに，この映像と音声のデータは米国の標準暗号化方式であるAES128に基づいて暗号化されている。その容量は大きいパッケージで300 GBに達する。これに対して，暗号鍵であるKDMの容量は十数KBにすぎない。

なお，KDMは各劇場に設置された映像の再生サーバごとに発行される。すなわち，スクリーンごとに鍵が管理されることになる。まず，各サーバのIDをcertとよばれる認証用のデータとして各スタジオのKDM管理センターに送付し，このcertに基づいてKDMが発行される。KDM管理センターの運用に関しては，ハリウッドのスタジオごとにまだ意見が異なっており，外部に委託すべきと考えるスタジオと，内部ですべてを管理すべきと考えるスタジオとがある。

ディジタルシネマのネットワークを用いた配信は，衛星を用いた方式，光ファイバーを用いた方式が試験的に世界中で試みられてきている。米国では，衛星を用いた配信実験をワーナーブラザーズとディズニーが協力して行なった実績がある[7]。また，インターネットを用いた配信実験も米国で"TITAN A.E."などの素材を用いて試験的に行なわれている。

日本国内でも，衛星を用いた劇場への配信をシネコンのチェーンであるTJoyは利用しており，商用映画の配給手段として用いた実績がある。ただし，日本の衛星回線は高額なため，その利用範囲は限られてきた。2001年には，光ネットワークを用いたトライが実施されており，東宝とNTT西日本が共同で「千と千尋の神隠し」のディジタルデータを劇場へ配信する実験を大阪で行なっている。

一般に，アメリカは国土が非常に広く，アクセス系光ファイバーのインフラも発達していない。そのため，全国に点在する劇場への配信手段として衛星を用いた放送型の伝送方式が適していると考えられている。ディジタルシネマのように大容量のコンテンツを伝送するためには，衛星は通常50 Mbpsのトランスポンダーを占有して伝送する必要がある。ただし，50 Mbpsの衛星回線の伝送速度では，DCI仕様に基づく2時間のディジタルシネマの場合，伝送に最低でも10時間以上必要となってしまう。

衛星を用いる場合，配信先の劇場の数が多くなければ，一劇場あたりのコストを下げることができない。また，ハリウッド制作の映画は年間約200本であり，映画以外の伝送と兼用しなければ，このトランスポンダーを定常的に使い切ることができない。そのため，ワーナーブラザーズでは，DVDのマスターの素材配信あるいはCATV局への素材配信などと共用化して衛星を活用することを検討している。なお，衛星を用いる場合には天候の影響を受けやすく，全米の劇場への同時配信には技術的に難しい面もある。なお，DCPは暗号化されており，1ビットの誤りも許されない。このためDCPの伝送では，ハッシュ関数を用いたデータのチェック方式が埋め込まれている。

2007年5月時点で，アメリカにおけるディジタルスクリーン数は約3000であり，シネコンを中心に設置されている関係上，劇場数は500程度と推察される。また，ディジタルシネマの封切り本数は約14本/月とかなり増えているが，衛星を用いた配信を実現するにいたっていない。これは，衛星で配信を行なうには劇場数がまだ少なく，コストがかかってしまうためであろう。2006年12月の時点では，磁気ディスクに200～300 GBのデータをコピーして物理的に配送している状況である。

日本においては，光ファイバー網が世界に先行してエンドユーザーまで整備され，FTTH（fiber to the home）がすでに実現している。このような状況の下，日本では衛星による通信は，災害時あるいは離れ島の通信に限られた運用となってきており，非常にコストの高い通信手段となってきている。そのため，米国のように劇場への配信を衛星で行なうと非常に高価なものとなってしまう。そこで，光ファイバーを用いた配信の実験が複数進められてきた。この中で，映画興業を巻き込んでの本格的な実証実験として，東宝，ワーナーブラザーズ，ソニーピクチャーエンタテインメント（SPE），パラマウント，日本電信電話による"4K Pure Cinema"実証実験がある。これは，2005年7月にDCIの仕様書が固まったのを機に，4K品

質のディジタルシネマの配信および上映を検証するために 2006 年 10 月より開始されたプロジェクトである。

この"4 K Pure Cinema"実証実験における封切りディジタルシネマの配信はすでに 15 本にのぼる。2006 年 10 月の「コープスブライド」を皮切りにこの実証実験は開始され，「ハリーポッター 4」「ダ・ビンチ・コード」といった全世界で数百億円を稼いだ映画コンテンツをネットワークを用いてセキュアに配信し，4 K ディジタルシネマという高品質なディジタル方式で上映して検証を進めてきた。とくに「ダ・ビンチ・コード」は世界同時公開であり，非常にセキュリティの高い配信形態が求められたが，光ネットワークによる配信はこの要求を満足しての配信・上映となった。

"4 K Pure Cinema"で用いられているネットワーク構成を図 4.13 に示す。このネットワークは，大きく 2 つに分けられる。ハリウッドのスタジオと日本をつなぐ国際回線の部分と，日本国内の配信センターと劇場を直接接続するメトロイーサなどのビジネス用光ネットワークの部分である。まず，国際回線はハリウッドのワーナーブラザーズの送出センターである GDMX と NTT の横須賀研究センターを 1Gbps の実験回線でダイレクトに接続している。このうち，約 200 Mbps がこの実証実験に割り当てられている。

実証実験の第 1 フェーズで作品を提供したのはワーナーブラザーズである。すべての作品は，バーバンクにあるワーナーブラザーズのスタジオで符号化・暗号化を行ない，DCP が作成された。この DCP はワーナーブラザーズの送出センターである GDMX にメトロ用ネットワークで転送され，そこから横須賀にある NTT 研究所に直接送られた。字幕に関しては，検証の一環としてワーナーブラザーズ側で挿入したり，NTT 研究所側で挿入したりした。NTT の研究所で字幕を含めた最終的な QC が行なわれたのち，東京および大阪のセンターに伝送され，このセンターからお台場のメディアージュ，東宝シネマズ六本木，東宝シネマズ高槻の 3 カ所にメトロイーサなどのメトロ用光ネットワークを介して配信された。これらの映画館の映写室には NTT が開発した再生装置（SMB）と SONY 製の 4 K プロジェクタが設置されており，これにより 4 K ディジタルシネマ上映を実現した。これは世界初の映画館での 4 K 興行である。この実証実験により，ネットワーク配信実験の有効性を実証するとともに，金

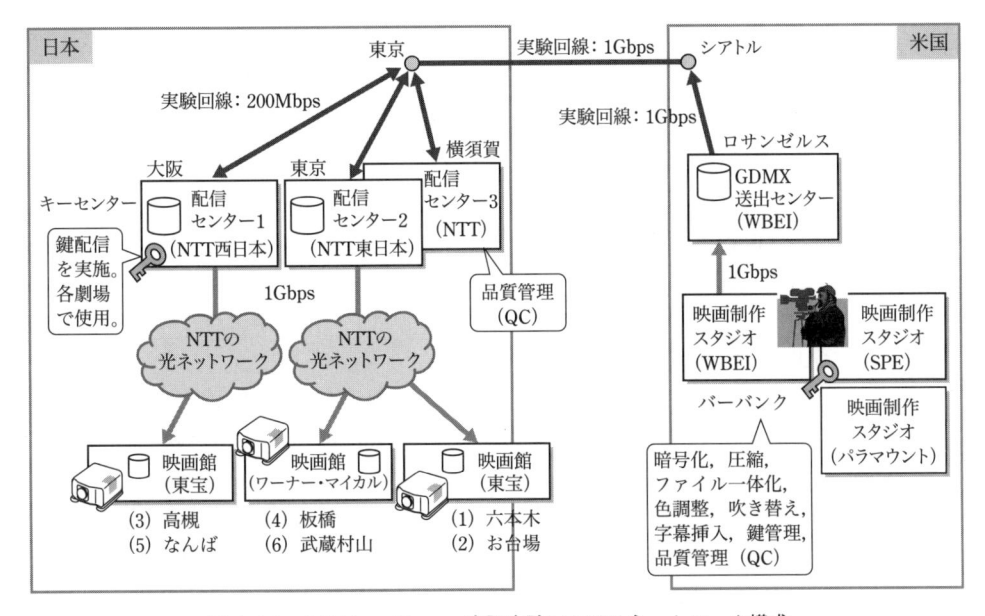

図 4.13 4 K Pure Cinema 実証実験におけるネットワーク構成

GDMX：Global Digital Media Xchange。

融機関並みのセキュリティを保持したまま劇場まで配信できることを示した．また，字幕や作品データの不具合に対し，緊急にハリウッドからデータを再送するなどの即時対応が可能であることも検証した．

なお，ディジタルシネマのセキュリティのキーとなる KDM を取り扱うセキュアなセンターとして，堂島データセンターが用いられた．このセンターはバイオデータに基づく認証装置も具備し，金融機関向けの基準を満足している．ここに，KDM 生成・配信サーバを設置し，KDM を取り扱った．まだハリウッドスタジオで KDM に関して統一されたワークフローは確立されておらず，生成用の鍵を堂島センターで受け取り，各劇場向け KDM を生成する場合や，スタジオ側が各劇場用 KDM を生成し，鍵の束をこのセンターに送り，さらに劇場に届ける方式などを検証した．

さらに第 2 フェーズとして 2006 年 5 月から SPE が参加し，「ダ・ヴィンチ・コード」など計 3 本の封切り映画を実証実験に提供した．また，劇場側としてワーナーマイカルが参加し，ワーナーマイカル板橋，むさし野ミューが映画館として加わり，東宝のなんばを含めて総計 6 スクリーンでの実証実験になった．

その後，ハリウッドの配給側としてパラマウントも参加し，「M：i：Ⅲ」など合計 3 本の封切り映画を提供した．これにより，日米のメジャー配給・劇場が組んだ実証実験となり，ディジタルシネマの配送においてネットワークがスピードおよびセキュリティの面で優れていることを確認した．現在，ネットワークによる配信をビジネス化する課題に取り組んでいる．

表 4.3 ディジタルシネマスクリーン数

国・地域	D-cinema	E-cinema	合計
オーストラリア	16	2	18
オーストリア	22	9	31
ベルギー	49	0	49
ブラジル	3	8	11
ブルガリア	4	0	4
カナダ	6	5	11
中国	49	173	222
コロンビア	1	0	1
チェコ	1	1	2
デンマーク	4	0	4
エクアドル	2	0	2
フィンランド	1	0	1
フランス	35	7	42
ドイツ	133	47	180
ギリシャ	2	0	2
香港	2	1	3
アイスランド	3	0	3
インド	2	101	103
アイルランド	25	1	26
イタリア	39	1	40
日本	61	16	77
韓国	117	3	120
ルクセンブルグ	13	0	13
メキシコ	6	1	7
オランダ	27	29	56
ノルウェイ	21	0	21
ポーランド	1	0	1
ポルトガル	14	0	14
ロシア	11	0	11
シンガポール	28	2	30
南アフリカ	2	0	2
スペイン	19	9	28
スウェーデン	3	57	60
スイス	14	0	14
台湾	8	0	8
タイ	8	1	9
イギリス	261	4	265
米国	3,547	93	3,640
合計	4,560	571	5,131

(http://dcinematoday.com/ を参照)

4.5 ディジタルシネマの世界動向

表 4.3 に示すように，2007 年 8 月時点で D-Cinema（この調査では，映画用に設計された装置による上映で，35 mm 以上のクオリティを持つものとしている）が 5141 スクリーン，E-Cinema（映画以外の用途で設計された装置による上映．プロジェクタは 4000 ANSI ルーメンス以上の高輝度・高解像度の大画面で上映可能なものを利用）がスクリーン数が 571 となっている．

2006 年末には，D-Cinema が 2421 スクリーン，E-Cinema スクリーン数が 555 スクリーンであったことから，D-Cinema が約 2 倍と伸びが大きい．中でも米国の導入が目に付く．米国のディジタルシネマは 3640 スクリーンと全世界の約 7 割を占めており，米国がディジタルシネマ普及の牽引役となっていることがわかる．

また，インドでは，E-Cinema を中心に，デ

ィジタルシネマの導入が進められていることがわかる。価格的に高価な D-Cinema よりも E-Cinema のほうが導入のメリットがあることや，インドではハリウッド映画以上に国産の映画が多く上映されることが原因と考えられる。

(1) 米国

米国ではビジネスモデルとしては，ハリウッドのスタジオが「バーチャル・プリントフィー」支払うことにより上映者にディジタルシネマのシステムが無償で提供されるようになっている。

米国での普及が加速した原因としては，DCI の仕様が決まったことと，「バーチャル・プリントフィー」の導入が大きな役割を果たしていると考えられる。

(2) 中国

中国では，国家広電総局が 2007 年から 2009 年までのあいだに 500 スクリーンとする計画を立てていた。2007 年 3 月には 2K の BARCO の DLP シネマプロジェクタを 700 台，GDC のサーバとともに導入する計画を発表しており，上記計画の達成可能性は高いと考えられる。

また，大学をはじめとする教育機関，工場，公共施設などの映画上映を，都市部の商業映画館の映画上映（第1級市場）と区別して第2級市場と定義し，この市場全般に関してディジタル化による発展を計画しており，2010 年に第2級市場での1万の移動上映隊と1万カ所の固定ディジタル上映拠点をとの構想を掲げている。

(3) 韓国

韓国では，ディジタルシネマの国内の標準化推進と導入を目的としたディジタルシネマフォーラムを 2004 年 8 月に結成した。さらに，2005 年 8 月にはディジタルシネマ産業の先導的発展を目的とした「ディジタルシネマビジョン委員会」を正式に発足させ，同年 11 月に「ディジタルシネマ産業発展政策ビジョン」において 2010 年に全スクリーンの 50% をディジタル化することを発表し，下記の数値目標を掲げた。韓国政府は上記ディジタルシネマの発展を含む韓国映画産業の育成のため，2006 年から 5 年間にかけて 4000 億ウォン（現在の為替で約 488 億円）規模の韓国映画発展基金の支援計画を発表している（表 4.4）。

表 4.4 政策ビジョンの数値目標

	2004 年	2010 年（目標）
市場規模	2 兆 8 千億ウォン	4 兆 1 千億ウォン
雇用人材	41,000 人	61,000 人
海外輸出	5,800 万ドル	2 億 5 千万ドル
世界市場占有率	2.8%	5%

韓国映画振興委員会発表資料より。

韓国では，三大シネコンとよばれる CGV，Lotte Cinema，MEGABOX で，全スクリーン数の半数以上を占める状況となっているが，ディジタルシネマの普及も，この三大シネコンが中核となって推進されている。各々のチェーンがそれぞれ異なったビジネスモデルを展開することで，競い合ってディジタル化が進んでいる。

(4) インド

インドでは，DG2L や Real Image，GDC Technology といった会社がディジタルシネマのシステムを導入している。とくに DG2L や Real Image は，映画館がディジタルシネマを初期導入する際のコストを低減するための事業モデルを提案している。

インドは，映画制作費に占めるプリント費が

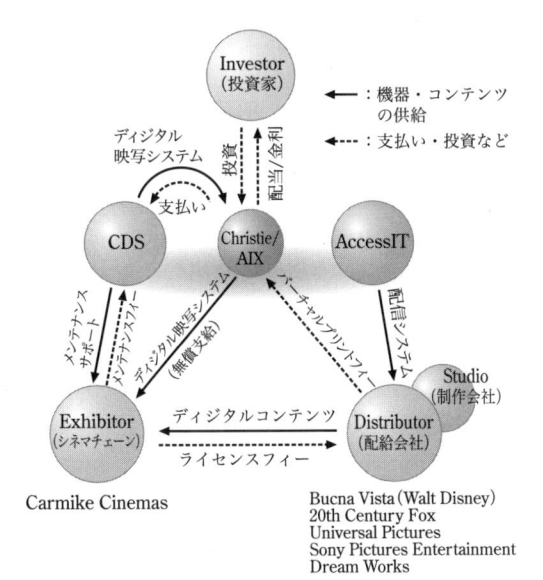

図 4.14 バーチャルプリントフィーの仕組み
ウシオ電機のプレスリリース，「http://www.ushio.co.jp/cgi-bin/press/prog/news.cgi?view+00099」を参照。

表4.5　インドのディジタルシネマ事業モデル

	DG2L	Real Image	GDC Technology
圧縮配信	MPEG2（VSAT）	MPEG2（VSAT），Windowsmedia9	MPEG2（HDD）
開始時期	2005年7月	2005年4月	2005年7月
導入数	167館	200館	60館
事業モデル	Valuable Mediaが無償で配布。上映ごとに課金。	無償で配布。上映ごとに課金。	サーバを販売。

ディジタルコンテンツ白書2006より。

高い．そのため，地方の映画館にまで公開日にプリントが行き渡らず，海賊版の流通の余地が生まれている．衛星によるディジタルシネマの配信は，海賊版対策に有効で，プリント費が削減できるためコスト的にもメリットがある．

文献

1) 中嶋：「ディジタルシネマ―映像メディアの究極の技術分野―」，『映像情報メディア学会誌』，Vol.55, No.7, pp.940-942, 2001.
2) 中嶋：「ディジタルシネマ―実用化時代を迎えて―」，『映像情報メディア学会誌』，Vol.56, No.2, pp.178-179, 2003.
3) DCAj News：NAB報告会「NAB2002に見るディジタルシネマの動向」，2002年7/8月号，pp.14-20, 2002.
4) 中嶋：「最新のディジタルシネマの動向」，『映像情報メディア学会誌』，Vol.59, No2, pp.199-203, 2005.
5) Digital Cinema System Specification V1.0, Digital Cinema Initiative LLC, July/20/2005. http://www.dcimovies.com/
6) Digital Cinema System Specification V1.0, Digital Cinema Initiatives, LLC, July 20th, 2005.
7) Charles S. Swartz, Editor：Understanding digital cinema, A Professional Handbook, Focal Press, 2005.

第 IV 編
応用技術編

1 セキュリティ

1.1 暗号技術

1.1.1 暗号技術全般

現在多くの暗号技術が身近なところで利用されてきている。近年，急速に普及している電子マネーはもちろんのこと，インターネットショッピングを利用すればSSL通信により通信が暗号化され，カード情報などを含む個人情報が安全に送信される。また，普段何気なく利用している無線LANなどにも通信を安全に行なうための暗号化が施されている。このように，暗号技術は誰でも利用しているごく当たり前の存在になりつつある。

暗号方式には大きく分けて，共通鍵暗号方式と公開鍵暗号方式の2種類がある。共通鍵暗号方式では，名前の表わすとおり，図1.1に示すように平文を暗号化する鍵と暗号文を復号する鍵が共通である。そのため，暗号文をやりとりする前に，あらかじめ通信相手と安全に鍵の共有を行なっておく必要がある。

共通鍵暗号方式の特徴としては，高速に処理することが可能なため，ICカードなどのように計算資源に限りがある場合に用いることが可能である。

公開鍵暗号方式では，図1.2に示すように平文を暗号化する鍵と，暗号文を復号する鍵が異なっている。そのため，暗号化する鍵（公開鍵）を公開することで，誰でも暗号文を作成することができる。作成された暗号文を復号するためには，復号する鍵（秘密鍵）が必要になるため，そのひと本人（通信相手）しか復号することができない。

公開鍵暗号方式の特徴としては，共通鍵暗号方式とはちがい，鍵をあらかじめ共有する必要がない。そのため，公開された鍵を利用することで，誰でも暗号文の作成が可能になる。しかし，複雑な計算を必要とするため，計算速度は共通鍵暗号に比べて1/1000以下になるという欠点がある。このような性質から，おもな利用方法として，共通鍵をおたがいに共有するために公開鍵暗号方式が利用されることが多い。

また，秘密鍵を利用することが可能なのは所有者本人に限られるため，ディジタル署名として利用することができる。これは，署名の発行（秘密鍵の利用）は鍵の所有者のみ可能だが，署名の検証（秘密鍵に対応する公開鍵の利用）は誰でもできることを利用している。したがって，メッセージに対して署名の生成ができるのは鍵の所有者のみに限定される。つまり，その

図1.1 共通鍵暗号

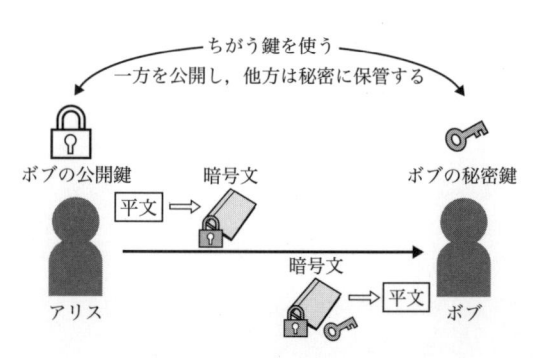

図1.2 公開鍵暗号

メッセージを作成したのは本人であり，偽造・改竄が行なわれていないことが保証される。2001年4月には「電子署名及び認証業務に関する法律」（電子署名法）[1]が施行され，手書きの署名や捺印と同等にディジタルデータに対して電子署名の利用が公的に可能になった。これにより，ディジタルデータによる公的書類の保管が可能となった。

一方で，ディジタル化されることによる問題も多く発生するようになった。たとえば，インターネットなどのネットワークが多く利用されるようになり，個人情報の漏洩事件が多発している。2005年4月には，「個人情報の保護に関する法律」（個人情報保護法）[2]が全面施行され，暗号技術の必要性が広く一般に知られる契機となった。

個人情報保護法では，国の定める一定数以上の個人情報を取り扱う業者に対して，以下のことが義務づけられるようになった。

①利用方法による制限

個人情報を取得する際に，利用目的を情報提供者本人に明示する。また，明示した利用目的以外の利用を禁止する。

②適正な取得

取得した個人情報の利用目的を示したうえで，情報提供者本人の同意を得る。

③正確性の確保

取得した個人情報はつねに正確な情報として保つ。

④安全性の確保

取得した個人情報は安全に管理する（不正に利用されることを防ぐ）。

⑤透明性の確保

情報提供者本人は，提供した個人情報の閲覧・訂正が可能。また，提示された目的外の利用があった場合，情報提供者本人の申し出により利用停止が可能。

そのため，個人情報を扱う事業者は，今まで以上に，保持している個人情報管理の徹底を余儀なくされた。とくに，インターネットを用いた会員登録や，アンケートなどでは簡単に個人情報が取得できる一方で，盗聴などにより第三者に漏洩する危険性が高い。JIS Q15001に基づくプライバシーマーク制度[3]では，インターネットを用いた個人情報の取得には，SSLを用いた通信の暗号化対策を講じることが強く推奨されている。

SSL通信を行なうことで，利用者と事業者間の通信は暗号化され，第三者による盗聴を防ぐことが可能である。しかし，データが事業者に到着した時点で個人情報は復号され，データベースに保存される。そのため，事業者の個人情報に対する管理がずさんな場合は，データベースから個人情報が漏洩する可能性がある。実際に多くの個人情報漏洩事件では，個人情報を管理しているサーバの設定ミスなどにより，外部からアクセス可能な状態である場合や，関連会社の社員などのデータベースに直接アクセスできる人物が，データベースから直接データを持ち出すことにより起こっている。近年急速に使用者が拡大したP2Pソフトにより，持ち出された個人情報が漏洩した事件が多発したことは記憶に新しい。

個人情報漏洩は，サーバの設定ミスなどの人為的ミスや，サーバにアクセス可能な人物による内部からの犯行によって発生している。そこで，暗号技術を利用することにより，個人情報の暗号化・管理を行なうことが考えられる。しかし，運用方法をまちがえることにより秘密鍵が漏洩し，取り返しのつかない事態に発展する可能性がある。したがって，運用には細心の注意を払い，厳密なポリシーにより確実な管理・運用を行なう必要がある。

このように，暗号技術がさまざまな用途で利用されるようになり，暗号技術に対しても国際的に標準化を行なう動きが活発になってきている。当初，暗号技術は軍事利用目的が主であったため，輸出規制などの問題もあり国際的に標準化されることはまったくなかった。しかし現在では，ISO/IEC，米国政府（National Institute of Standers and Technology；NIST），ヨーロッパ（New European Schemes for Signature, Integrity and Encryption；NESSIE），日本（Cryptography Research and Evaluation Committees；CRYPTREC），IETF（Internet Engineering Task Force）などで標準化活動が活発に行なわれている。日本でも多くの暗号技術開発が行なわれ，国際標準をめざした活動が

表 1.1 標準化された国産暗号

共通鍵暗号方式	Camellia（NTT・三菱電機），MISTY 1（三菱電機），MUGI・MULTI-SO 1（日立製作所）
公開鍵暗号方式	PSEC-KEM（NTT），HIME（R）（日立製作所）

活発に行なわれている。表1.1に示すいくつかの純国産暗号方式がすでに標準化され，日本の暗号技術水準の高さがうかがえる。

1.1.2 共通鍵暗号

共通鍵暗号は暗号化・復号において同一の鍵を利用する暗号方式であり，対称鍵暗号方式ともよばれる。ブロック暗号とストリーム暗号の2つの方式がある。安全に鍵共有を行なう必要があるが，公開鍵暗号に比べて処理が高速であり，ハードウェア実装においても小型軽量という特徴がある。

安全性は以下の攻撃モデルに対して，鍵の全数探索よりも計算コストが大きいことを示すことによってなされる。

- 暗号文単独攻撃
- 既知平文攻撃
- 選択平文攻撃
- 選択暗号文攻撃

後者ほど攻撃者に有利な条件となっている。暗号文単独攻撃とは，文字どおりに暗号文のみから鍵と平文を得る攻撃方法である。既知平文攻撃とは，平文とそれに対応する暗号文を複数組利用して鍵を求める攻撃方法である。選択平文攻撃は，攻撃者が選択した平文とそれに対応する暗号文を利用できるものであり，選択暗号文攻撃では，暗号文を選択できる。共通鍵暗号には選択平文攻撃に対して安全であることが求められる。

(1) ブロック暗号と利用モード

ブロック暗号はメッセージを一定長のブロックに分割し，対応する同じ長さの暗号文ブロックに変換するものである。ブロックの長さは64ビットか128ビットが主流であり，米国政府標準であるDES（Data Encryption Standard；1977年制定，64ビット），triple DES（DESを三重に適用する方式で，1999年制定，64ビット）とAES（Advanced Encryption Standard；2001年制定，128ビット）がよく知られ，とくにtriple DESとAESは広く利用されている。ディジタル放送では，CS，BS，地上ともMULTI2が採用されている。第3世代移動体通信システムでは，64ビットブロック暗号KASUMIが標準として採用されている。また，わが国の電子政府推奨暗号[4,5]や国際標準のISO，ヨーロッパ標準暗号のNESSIEなどではさまざまなブロック暗号が標準として選ばれている。

ブロック暗号はデータ撹拌部と拡大鍵生成部から構成される。データ撹拌部の構造は，典型的な手法として大きくfeistel構造とSPN（substitution permutation network）構造に分類できる（図1.3）。前述のDESはFeistel構造をも

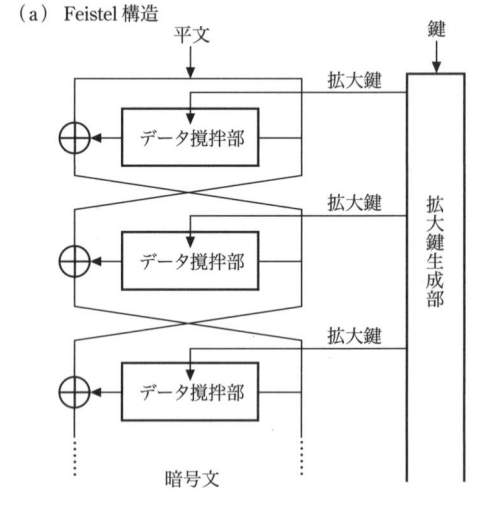

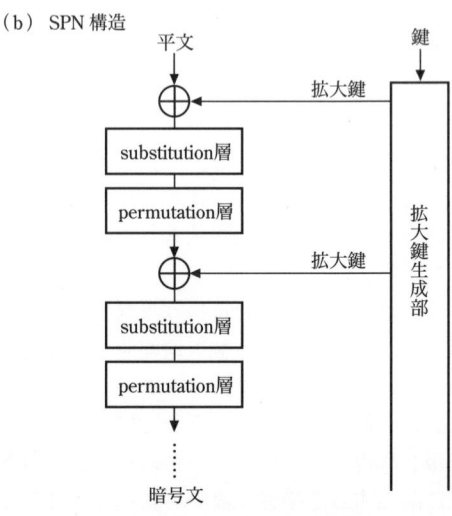

図 1.3 feistel 構造と SPN 構造

ち，AESはSPN構造をもつ．拡大鍵生成部は，入力された鍵から拡大鍵を生成する．データ撹拌部の処理は，拡大鍵を利用して行なわれる．

アルゴリズムの安全性評価として，線形解読法（既知平文攻撃），差分解読法，高階差分解読法（選択平文攻撃）が知られている．とくに1990年にBihamとShamirによって発表された差分解読法は，DESを初めて全数探索を下まわる計算量で解読した効果的な手法である．また，暗号が実装されたモジュールに対するものとしては，電力解析攻撃（ICカードなど），キャッシュ攻撃（ソフトウェア実装など）も知られている．

ブロック暗号は暗号利用モード（mode of operation）に従って運用される[6]．DESの制定に伴って定められたECB（electric codebook），CBC（cipher block chaining，図1.4），OFB（output feedback），CFB（cipher feedback）と，CTR（counter）の5つが主流である．ブロック暗号は同一平文ブロックを同じ暗号文ブロックに変換するため，情報が漏洩する可能性がある．このため，一般的にはECBモードでの運用は望ましくなく，CBCモードで利用されることが多い．

(2) メッセージ認証とハッシュ関数

ブロック暗号は，守秘の目的のみならず，認証技術での利用や他の暗号技術への要素技術としても利用される．認証の技術としては，メッセージ認証（message authentication code；MAC）があげられる．メッセージ認証とは，メッセージが途中で改竄されていないかをチェックするものである．送信者はメッセージの縮訳（code）を暗号化して作成する．鍵を知らない攻撃者には，メッセージの改竄とそれに矛盾しない縮訳を作成することが困難となる．前述の暗号利用モードと関連のある技術であり，安全性をブロック暗号の安全性に帰着させている．代表的なものにCBC-MAC（図1.5），OMACがある[7]．

要素技術への利用としては暗号用ハッシュ関数があげられる．ハッシュ関数とは，任意長の入力xから固定長のハッシュ値$h(x)$を出力する一方向性関数である．出力から入力を逆算できない源像計算困難性や，$h(x)=h(y)$（ただし，$x \neq y$）を満たす入力組を計算することが困難な衝突発見困難性を有する．ブロック暗号を利用した代表的な構成法に，Matyas-Meyer法とDavis-Mayer法がある（図1.6）．

一方で，専用のアルゴリズムを用いた関数もある．これは，ブロック暗号を利用した構成法では処理速度がブロック暗号に依存してしまうため，より高速な処理を目的としたものである．多くは圧縮関数をくり返し利用するMerkle-Damgard構成法に従って設計されている．圧縮関数の設計においてブロック暗号の設計手法が利用されている場合もある．専用ハッシュ関数としては，米国政府標準であるSHAシリーズが代表的である．

(3) ストリーム暗号と擬似乱数生成器

ストリーム暗号は，平文に対して乱数を1ビット単位あるいは1バイト単位で排他的論理和して暗号文を得る[8]．平文長と乱数長が等しい

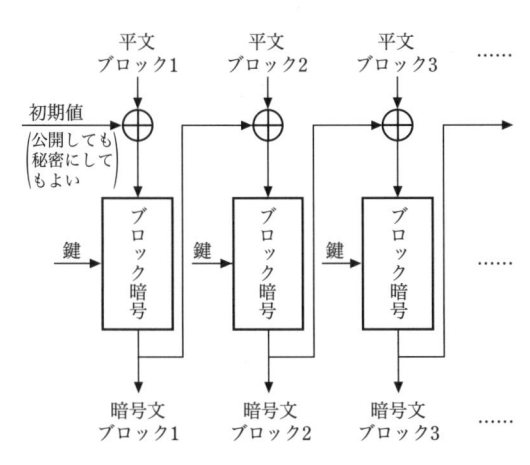

図1.4　CBCモード

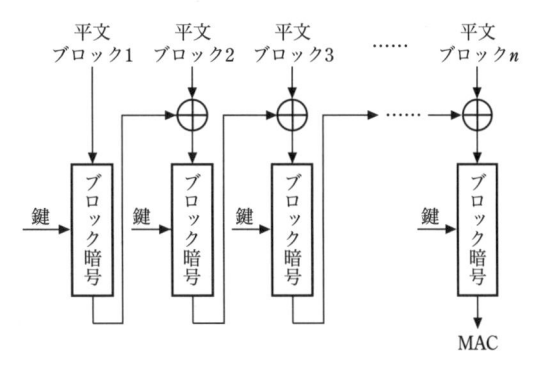

図1.5　CBC-MAC

(a) Matyas-Meyer 法

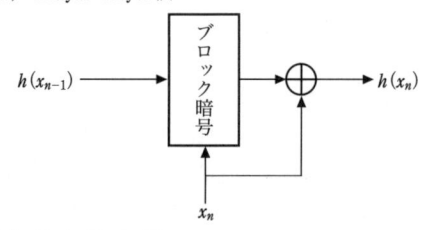

(b) Davis-Meyer 法

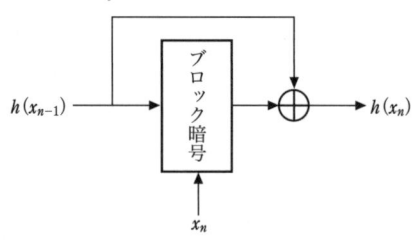

図 1.6　Matyas-Meyer 法と Davis-Meyer 法
$h(x_{n-1})$：中間ハッシュ値，鍵としてブロック暗号へ入力，
x_n：n 番目のメッセージブロック。

(a) ストリーム暗号の暗号化

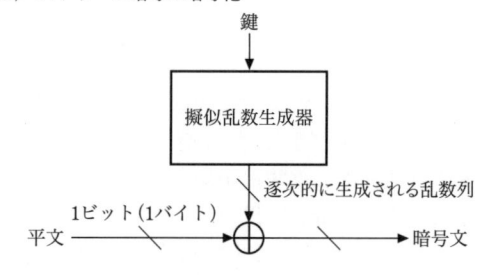

(b) OFB モードによる暗号化

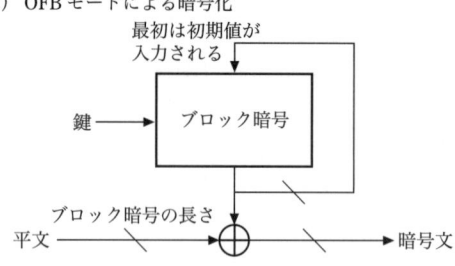

図 1.7　ストリーム暗号と OFB モード

とき，平文と暗号文は確率的に独立なため，暗号文のみから平文を復元することは不可能である。このような暗号をとくに Vernam 暗号とよぶ。

しかし，平文長と等しい乱数系列を送受信者間であらかじめ共有できるのであれば，暗号通信を利用する必要はない。このようなことから，ストリーム暗号では擬似乱数生成器からの出力系列を乱数列として利用し，その初期値を鍵として扱う。ブロック暗号を擬似乱数生成器として利用し，ストリーム暗号を実現する方法もある（図 1.7）。無線 LAN などで利用されている RC4 が，よく利用されているストリーム暗号の代表である。また，わが国の電子政府推奨暗号[1,2]や ISO などでは，Multi-S01 などいくつかの方式が標準に採用されている。

擬似乱数生成器とは，確定的アルゴリズムにより乱数性を満たす系列を出力できるものである。暗号理論的には，擬似乱数生成器の出力系列が乱数と多項式時間で区別できないことが求められる。ストリーム暗号の安全性は，擬似乱数生成器に帰着される。擬似乱数生成器の評価は，乱数検定と解析的評価（既知平文攻撃）によって行なわれる。乱数検定はとくに暗号用途に限ったものではないが，米国では NIST Special Publication 800-22 に記載された検定に合格することが条件となっている。解析的評価の代表的なものとしては，相関攻撃と代数的攻撃があげられる。

ストリーム暗号は，ブロック暗号に比べて回路規模が小さく高速で，再同期がとりやすいなどの利点がある。さらに，ブロック暗号がブロック長のデータがそろう，またはパディング操作が完了するまで暗号化処理が開始できないことに対し，ストリーム暗号は 1 ビット（もしくは 1 バイト）単位での処理のため，即座に処理を開始できる。また，平文長と暗号文長が等しいため，効率的な転送を必要とする通信では，ブロック暗号に対して優位といえる。しかしながら，ブロック暗号ほど安全性評価手法や設計手法が熟成されていない。そのため，安全性評価に時間がかかるという欠点もある。

1.1.3　公開鍵暗号

公開鍵暗号では，鍵のサイズが大きく，べき乗演算処理を多く行なう必要がある。しかし，暗号化に用いる暗号化鍵（公開鍵）と復号に用いる復号鍵（秘密鍵）が異なっているため，暗号化鍵を公開することが可能である。そのため，誰でも暗号文を作成・送信することができ，共通鍵暗号のようにあらかじめ相手の鍵を共有する必要がなくなる。多くの場合，共通鍵

暗号とハイブリットで利用されることが多い。たとえば，通信の暗号化を行なう際には演算スピードの速い共通鍵暗号を用いて，一定のセッションごとに共通鍵（セッション鍵）を変更する。そして，公開鍵暗号を用いてセッション鍵を暗号化することで安全にセッション鍵を共有することが可能である（SSL通信など）。セッション鍵は比較的頻繁に一定時間ごとに更新されることから"short term key"とよばれ，一度作成されると変更することが難しい公開鍵を"long term key"とよぶことがある。

公開鍵暗号の復号処理は，本人（公開鍵と対となる秘密鍵をもっている人）のみ行なうことが可能である。たとえば，アリスがボブへ暗号文を送信する際，暗号文Cはボブの公開鍵pk_bを利用することにより誰でも作成可能である。しかし，暗号文Cを復号するためにはボブのみが利用可能な秘密鍵sk_bを利用する。このため，第三者がボブに対する暗号文Cを入手したとしても解読することは困難である。

復号を行なうための演算処理は秘密鍵を利用して行なわれるため，特定のエンティティしかできないという性質を利用することで，署名（本人認証）に応用される。電子署名では，ボブは署名Sをボブの秘密鍵sk_bを用いて生成する。そのため，署名Sはボブの公開鍵pk_bを利用することで誰でも検証することが可能になる。この性質から，ボブ本人が署名Sを作成したことが保証される（ボブの秘密鍵sk_bが漏洩していないことが前提）。また，署名Sはボブのみが生成可能なため，署名Sが存在するということからボブの否認ができなくなる（否認不可能性）。

公開鍵暗号の概念は1976年にDiffieとHellmanらによって初めて提案された[11]。DiffieとHellmanらによって，共通鍵暗号で問題であった鍵の共有方法が，離散対数問題を利用することで解決可能であることが示された。その後，文献11)を基に1985年，ElgamalによりElgamal暗号が提案された[12]。

Elgamal暗号は，乗法群Z_p^*で位数がqとなるような生成元gを選び，xを秘密鍵（$q-1$以下の乱数），$y=g^x \bmod p$を公開鍵とする。ここで，p, qは大きな素数とする。メッセージmに対する暗号文は$C=\{g^r, my^r\}$となる（rは$q-1$以下の乱数）。復号は，$C=\{c_1, c_2\}$とすると，$c_2/c_1^x = m$となる。したがって，$my^r/(g^r)^x = m$となり，正しい秘密鍵xを利用することで復号が成功する（図1.8）。

一方で，1977年にRivest, Shamir, Adlemanにより素因数分解の困難性を用いた暗号方式が提案された[13]。のちに，この暗号方式は著者らの頭文字をとってRSA暗号とよばれるようになった。1999年にはPaillierにより高次剰余暗号が提案された[16]。RSA暗号は，2つの大きな素数p, qの合成数nと，$ed \bmod \phi(n) \equiv 1$となるような$e$を公開鍵とし，$(p, q, d)$を秘密鍵とする（通常，$e$は比較的小さな値，65537が利用される）。ここで，$\phi(n)$は$(p-1)$, $(q-1)$の最大公約数である。メッセージmに対する暗号文は$C = m^e \bmod n$となる。復号は，$C^d \bmod n$となる。したがって，$(m^e)^d \bmod n = m$となり，正しい秘密鍵dを利用することで復号が成功する（図1.9）。代表的な公開鍵暗号方式を表1.2にまとめる。

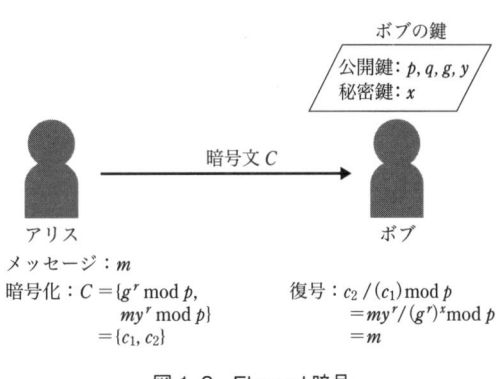

ボブの鍵
公開鍵：p, q, g, y
秘密鍵：x

アリス　→ 暗号文C → ボブ
メッセージ：m
暗号化：$C = \{g^r \bmod p, my^r \bmod p\} = \{c_1, c_2\}$
復号：$c_2/(c_1)^x \bmod p = my^r/(g^r)^x \bmod p = m$

図1.8　Elgamal暗号

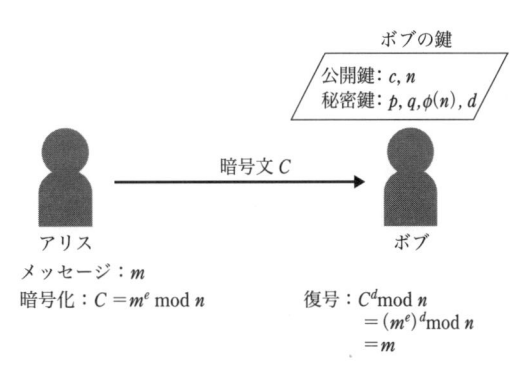

ボブの鍵
公開鍵：e, n
秘密鍵：$p, q, \phi(n), d$

アリス　→ 暗号文C → ボブ
メッセージ：m
暗号化：$C = m^e \bmod n$
復号：$C^d \bmod n = (m^e)^d \bmod n = m$

図1.9　RSA暗号

表1.2 公開鍵暗号方式

安全性の仮定	方式
離散対数問題	Elgamal 暗号など
素因数分解問題	RSA, Paillier, Rabin 暗号[6] など

公開鍵暗号を使う際には，公開鍵 pk_b が本当にボブの鍵であるかどうかが問題となる。公開鍵は誰でも利用可能である反面，pk_b がボブの鍵ではなかった場合，その公開鍵を用いてボブへの暗号文 C を作成したつもりでも，ボブは暗号文 C を復号することができなくなる。さらに，ボブへの秘密のメッセージがボブではない誰かに読まれてしまう。さらに，署名として利用していた場合は，なりすましを許すことになってしまう。そこで，これらの問題を解決するために，信頼できる第三者機関である認証局（Certification Authority；CA）によって公開鍵の登録を行なう。CA では，登録された公開鍵の証明書を発行する。この証明書によって pk_b が本当にボブの公開鍵であるということが保証される。この仕組みを PKI（public key infrastructure）という。おもな商用認証サービスとして，VeriSign 社[9] や Entrust 社[10] などが有名である。

日本では，電子政府の発足に伴い，GPKI（government public key infrastructure）の整備が行なわれている[15]。GPKI では，図1.10 に示すように総務省が整備しているブリッジ認証局と各府省が管理する府省認証局から構成されている。ブリッジ認証局では，府省認証局と，民間の認証局および地方公共団体における認証基盤（LGPKI）との相互認証を行なう。府省認証局では各府省の処分権者に対して公開鍵証明書を発行する。行政機関への登録や申請などを行なう請求者は，民間の認証局により公開鍵証明書を発行してもらい，おたがいの処理を正当に行なっていること（申請書や申請内容に不正がないかなど）を保証する。GPKI の整備により，行政機関への申請や届出などに必要な署名・捺印の操作が電子的に可能になる。

公開鍵暗号に対する安全性を評価する場合，攻撃モデルと安全性レベルによって議論される。攻撃モデルには，大きく分けて次の3項目について議論されている。

①選択平文攻撃（chosen plaintext attack；CPA）

攻撃者は自由にメッセージ（平文）を選び，その暗号文を入手する。その結果により，攻撃対象となる暗号文の解読を試みる。通常の暗号文作成と同様の手段のため，容易に実行可能な攻撃となる。

②選択暗号文攻撃（chosen ciphertext attack；CCA1）

攻撃者は CPA とは逆に自由に暗号文を選び，その復号結果を入手することが可能である。攻撃者の能力として，暗号文の復号処理を行なう復号オラクルの利用が許されている。攻撃対象となる暗号文を入手した時点で，それまでに復号オラクルに問い合わせた結果を用いて解読を試みる。ただし，攻撃対象となる暗号文の復号結果は入手できない。

③適応的選択暗号文攻撃（adaptive chosen ciphertext attack；CCA2）

攻撃者は CCA1 と同様に自由に暗号文を選択し，その復号結果を入手することが可能である。CCA2 では CCA1 とちがい，攻撃対象の暗号文を入手したあとでも復号オラクルに問合せを行なうことが可能である。しかし，CCA1 と同様に，攻撃対象となる暗号文の復号結果は入手できない。攻撃モデルの強さは攻撃者の能力により強さが決まり，CPA がいちばん能力の低い攻撃者の攻撃で，CCA2 が能力の高い攻撃者の攻撃とされている。また，いちばん攻撃能力の強い CCA2 を有する攻撃者は，CCA1 と

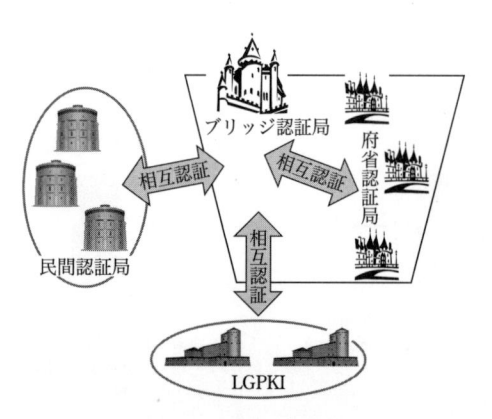

図1.10 GPKI の構成

CPA の攻撃能力を有することになる。

一方で，安全性のレベルは次の3項目について議論されている。

　①一方向性（onewayness；OW）

　暗号化処理と復号処理に一方向性がある。公開鍵を用いて暗号化することは容易だが，公開鍵の情報のみ（秘密鍵を利用しない）で復号することが困難である性質。

　②識別不可能性（indistinguishability；IND）

　2つの平文のうち一方を暗号化した場合，どちらの暗号文であるか識別不可能な性質。

　③頑健性（non-malleability；NM）

　与えられた暗号文から，攻撃者が別の意図した意味のある平文になるように，暗号文を作成することが困難な性質。

　安全性レベルでは，OW がいちばん安全性の低い性質で，NM を満たすことで，高い安全性を確保することが可能である。安全性のレベルも攻撃能力と同様に，いちばん高い性質の NM を満たすことで，IND と OW の性質を満たすことが知られている。

　攻撃に耐性がある安全な公開鍵暗号を構成しようとしたとき，攻撃者の能力を最大（CCA2）にし，安全性を最高（NM）にする。つまり，NM-CCA2 の安全性を証明することができると，その方式は証明に用いた仮定の下では最強の方式といえる。

　このように，ある仮定の下で期待する安全性を満たすことが証明できることを証明可能安全性という。ここで，安全性レベルの IND と NM では NM のほうが安全性レベルは高いが，IND-CCA2 が証明できると NM-CCA2 の証明も可能なことが知られている。このため，現在の研究では IND-CCA2 の証明を行なうことにより，安全性の証明を行なっている。

　このように，公開鍵暗号の安全性はある仮定の下で証明を行なう。上記の IND-CCA2 を証明可能で離散対数問題を安全性の仮定とした方式の解読に成功するということは，離散対数問題を解くことと同等となる。現時点では，多項式時間（現実的な時間）で離散対数問題を解く方式が見つかっていないため，このような解読は困難であるとされている。

1.1.4　電子署名

(1) 電子署名と紙面捺印の関係

　電子署名は，電子文書に対して署名することをいい，紙面における署名や捺印に相当するものである。

　紙面における署名や捺印は，その紙面に記載された内容について確認や同意などをしたことの証を残すために行なわれる。自分で作成した紙面に署名や捺印することもあるし，他人が作成したものにすることもある。したがって，その作成者や所有者であることを示すものではなく，その内容に対する確認や同意などの証明である。

　署名や捺印があることによって，それを本人による行為とみなすというのは，以下のような考え方によっている。

　ある署名痕を記入することができるのがその本人だけであることを前提として，その署名痕が紙面に記入されていることによって，それを本人が記入したとみなすことになる。

　また，捺印に用いる印鑑を本人だけが使用できるように管理していることを前提として，印鑑を紙面に押印した印影があることによって，それを本人が捺印したとみなすことになる。

　すなわち，署名痕や印影が唯一無二であることと，それが容易に真似できないことが大きな前提となっている。

　このとき，署名痕を無二とする前提については筆跡などの人の動作の特徴に基づくため，署名した者を本人とみなすことは直接的である。一方，捺印は印影が本物であっても，印鑑を実際に使用したのが本人とは限らない。つまり，印鑑を使用できるのは本人であるとしたうえで，本人が印鑑を使用したと間接的に推定することになる。その意味では，電子署名は，署名よりもむしろ捺印に相当することが多い。そのため，用語としては電子署名よりも電子捺印として考えたほうが関連する事項を直感的にとらえやすくなるものと思われるが，ここでは一般的に用いられている電子署名という用語を使うことにする。電子署名という技術を利用する際の注意事項については，それを電子捺印として考えたほうがわかりやすい場合もあることに留意するとよい。

(2) 電子署名に必要なこと

電子署名のために必要なことは2点ある。

1点目は、ある者だけができるような計算処理を行ない、その計算結果を確認することでその者が処理したとみなせるようにすること。

2点目は、どの電子文書に電子署名をしたのかを特定できるようにすること。なぜなら、紙面では署名や捺印をその紙面に直接行なうことで、対象とする紙面を特定していることになるが、それに相当する仕組みが必要となる。このため、紙面では署名痕や印影はその人固有の同じものを毎回用いるが、電子署名においては、対象とする電子文書に応じて電子署名の計算結果が異なるようにしなければ、電子署名の不正な再利用を防ぐことができないことになる。

(3) 公開鍵暗号方式による電子署名

これら2つのことを実現するために、公開鍵暗号技術を応用することができる。

公開鍵暗号では、暗号化のための公開鍵と、復号のための秘密鍵を一組で用いることについて1.1.3項で説明した。データを暗号化して提供する場合には、データを提供する者がデータを受理する者の公開鍵によって暗号化する。このようにすると、これを復号できるのは、データを受理する者の秘密鍵だけとなることから、データを提供者から受理者に秘匿された状態で提供することができるようになる。

また、公開鍵暗号では、自身の秘密鍵で暗号化した結果のデータは、公開鍵で復号できるようになるという特性がある。公開鍵は秘密ではないため、この特性はデータの暗号化の目的には使えない。しかし、ある既知のデータを秘密鍵で暗号化した結果が提示されたとき、それを公開鍵で復号できた場合には、それを提示した者が秘密鍵の値を用いることができたことを証明したことになる。

これは、印鑑を使える者だけが、紙面に印影を捺印できるのと同じように、公開鍵暗号における秘密鍵にアクセスできる者だけが、その公開鍵で復号できるような暗号文を計算することができることになる。

そのため、公開鍵暗号における秘密鍵を印鑑として用い、秘密鍵による暗号結果をその印影とすることができることを意味している。

これを用いるとき、電子署名をしたい電子文書の全文を、署名者の秘密鍵で暗号化してもよいが、それでは、電子文書の文書量に応じて、電子署名結果のデータ量が増減してしまう。

それでは運用上不便になるため、電子文書に対するハッシュ計算を行ない、一定のデータ量になったハッシュ値に対して電子署名することで、電子署名結果のデータ量を一定にすることができる。

ハッシュ計算は、データ量が減ることから必然的に、ハッシュ計算前の電子文書と、ハッシュ値は一対一の関係ではなく、N対一の関係になる。つまり、あるハッシュ値に対して、元の文書である可能性のある文書は複数あることになるが、それが離散することから、文書の改竄がないとみなすことになる。さらに、人為的な加工をしにくくするため、文書を圧縮してからハッシュ値を求めるのが一般的である。

以上をまとめたのが、図1.11である。

(4) 電子署名利用時の注意点

紙面における捺印では印鑑を他人に使用されることのないように管理しなければならないのと同様に、電子署名に用いる秘密鍵の管理をし

電子署名の仕組み
〈公開鍵暗号方式〉

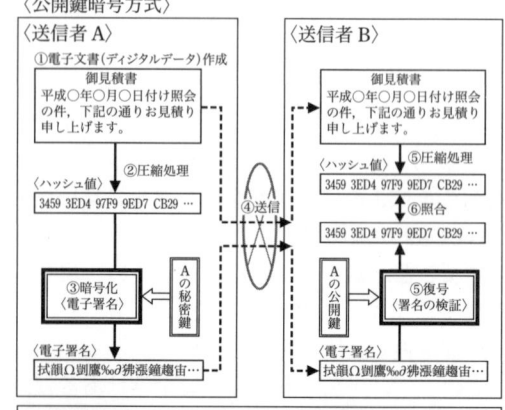

〈送信者A〉
①電子文書(ディジタルデータ)作成
御見積書
平成○年○月○日付け照会の件、下記の通りお見積り申し上げます。
②圧縮処理
〈ハッシュ値〉
3459 3ED4 97F9 9ED7 CB29 …
③暗号化
〈電子署名〉
Aの秘密鍵
〈電子署名〉
拭頬Ω訓鷹‰∂沸漲鐘趨宙…

④送信

〈送信者B〉
御見積書
平成○年○月○日付け照会の件、下記の通りお見積り申し上げます。
⑤圧縮処理
〈ハッシュ値〉
3459 3ED4 97F9 9ED7 CB29 …
⑥照合
3459 3ED4 97F9 9ED7 CB29 …
⑤復号〈署名の検証〉
Aの公開鍵
〈電子署名〉
拭頬Ω訓鷹‰∂沸漲鐘趨宙…

● 秘密鍵で暗号化したものは、これとペアとなる公開鍵によってのみ復号(解読)することができる。→ 秘密鍵を他人に知られないように厳重に管理する。
● 秘密鍵と公開鍵のペアは、その値が全く異なり、公開鍵からこれに対応する秘密鍵を割り出すことは著しく困難。→ 公開鍵は相手方に公開できる。

○ Aさんが公開する公開鍵によって暗号文を復号(⑤)できたときは、この公開鍵とペアとなるAさんの秘密鍵によって暗号化(電子署名)(③)がされたものであることが分かる。
○ 復号した結果が元の電子文書と一致するかどうかを確認し(⑥)、一致すれば、不正な改ざんがなされていないことを確認できる。
※ 実際の電子署名では、作成した電子文書そのものではなく、圧縮処理(②)をしたハッシュ値と呼ばれるダイジェストを、秘密で暗号化する。

図1.11 電子署名の仕組み
(出典：法務省民事局ホームページ)

なければならない。

(5) 電子署名の強度

電子署名の強度は基本となる公開鍵暗号の強度に直接依存する。紙面の署名痕や印影が単純なものであれば，本人以外に真似されやすいのと同様に，公開鍵暗号の鍵長が短ければ破られやすくなる。そのため，電子署名の強度を保つためには，その検証に用いる公開鍵暗号方式の強度を十分なものにしておく必要がある。しかし，それだけではない。以下のような事項にも注意をして電子署名を利用することが重要である。

①ハッシュの危殆化

文書のハッシュ値に署名をする場合には，ハッシュが破られること（ハッシュ値を変えることなく元の文書の内容を変えること）で，署名データを変えることなく，署名された文書が改竄されてしまうため，電子署名の検証に用いるハッシュの危殆化にも依存することに留意する必要がある。

②ヒューマンインタフェース部分の脆弱性

たとえば電子メールにおける電子署名は，S/MIME方式やPGP方式などでモジュール化されて提供されているが，それらによって電子署名の検証を行ない，最終的に人に対して，検証結果を表示する部分についての脆弱性についても配慮が必要である。言い換えると，実際の署名はデタラメでも，電子メールクライアントなどのアプリケーションソフトウェアが「この署名は正しい」と最終的に表示するように書き換えられてしまえば，電子署名そのものを破ることなく，人を騙すことができてしまう。

③秘密鍵へのアクセス保護の強度

電子署名用の秘密鍵をICカードに格納するなどの場合を除いては，秘密鍵はクライアントPCのハードディスク内に格納することになる。その場合には，秘密鍵を格納しているファイルへのアクセス保護の強度が，実質的な電子署名の強度となる。仮に，そのPCのOSによる，ファイルのアクセス制御だけで保護している場合には，OSへのログインをしている最中に，不正プログラムなどにより本人が知らない間に，電子署名の秘密鍵にアクセスされてしまうかもしれない。また，そのような場合には，OSのログイン情報を管理するシステム管理者は，ファイルにアクセスすることができてしまうが，非常に重要な電子文書の電子署名については，システム管理者であっても不正な電子署名ができないようにしなければならない場合もある。これはシステム管理者の悪意による場合だけではなく，システム管理者が不正プログラムの被害にあう場合もあるので注意が必要である。そのため，電子署名をするたびごとに，秘密鍵にアクセスするためのパスワード入力を求めるように構成し，適切なパスワードを設定して，より強固に秘密鍵を保護することについても留意するとよい。その場合には，実質的な強度はそのパスワードの強度で決まることになる。

以上のような課題を踏まえて，運用全体の中で電子署名の強度を検討することが重要である。

1.1.5 電子認証

(1) 電子認証と主体認証

ITにおいて「認証」という用語は，英語の"authenticate"と"certificate"の2つの異なる用語それぞれの訳語として使われている。電子認証といった場合の認証は，"certificate"の訳語として用いられているものである。

"authenticate"としての認証は，ある主体が，主体Aを特定するための識別符号（ユーザーIDなど）を別の主体Bに対して名乗っているときに，それを示している主体が真正な主体AであることをBが確認することをいう。たとえば，その主体にAだけが知っているパスワードをBに示させることで，Bはその主体を本当のAだと確認することができる。それに対して，certificateとしての認証は，ある主体が何らかの主張を別のBにしているときに，その主体による主張に偽りがないことを，信頼できる第三者であるCによる証明によってBが確認することをいう。

authenticateは，確認の対象について主体を特定する識別に限定しているが，確認方法については限定していない。逆に，certificateは，第三者による証明方法のことであるが，証明の対象については限定していないというちがいが

ある。

両者に認証という訳語が使われることが多いが，内閣官房情報セキュリティセンター（http://www.nisc.go.jp/）が公開している「政府機関の情報セキュリティ対策のための統一基準」では，authenticate を「主体認証」とすることで，「認証」という用語を単独で使わずに「電子認証」と区別しやすいようにしている。

(2) 電子認証と印鑑証明

電子認証は証明する対象を限定した技術ではないが，多くの場合は，電子署名における公開鍵が本人のものであることを証明するために用いられることが多い。

電子署名によって，電子文書に対して特定の者が署名したことを確認することができることについて 1.1.4 項で説明した。

このとき相手の公開鍵を用いて電子署名の検証をすることになるが，その検証に用いた公開鍵が期待した本人のものであることを確認する必要がある。

公開鍵は電子文書に署名した主体から提供されることもあり，その場合には，公開鍵そのものが偽りのものであれば，電子署名を検証することは意味がなくなってしまう。そのため，電子署名で提示される公開鍵が誰のものであるかの信頼性が，実際には電子署名の署名者が誰であるかの信頼性を決めることになる。

このとき，電子署名に用いる公開鍵の持ち主が誰であるかを，信頼できる第三者機関が「電子証明書」として発行することにより証明する仕組みを「電子認証」といい，そのような機関を「認証機関」という。また，これらによって構成される制度を「電子認証制度」という。

電子署名が，署名よりむしろ捺印に相当することを 1.1.4 項 (1) で説明したが，その意味では，電子証明書は実社会での印鑑証明書に相当することになる。

紙の書面に「佐藤」と読める印影で捺印されていれば，それは「佐藤という人」による捺印だと考えて事足りることもあるが，書面の重要性によっては，その印影が「別の佐藤さんではなく期待している佐藤さん」のものかが明確になっていなければならない場合もある。そのようなときに，実社会では印鑑証明の制度を用いて，捺印された紙面に印鑑証明書を添付するのと同じように，電子署名においても，署名者をより厳格に証明する必要があるときには，電子認証制度に基づく電子証明書とともに電子署名を用いる必要がある。

ただし，その必要性を判断するときに，実社会であれば印鑑証明を必要としない三文判で済ませている処理を，電子化したときには電子証明書を不要にするという単純なひも付けで判断しないほうがよい。なぜなら，電子文書は紙面に比べて，その完全性や原本性などが脆弱となる場合もあるからである。そのような場合には，同等の紙面であれば三文判でよいものについても，電子証明書付きの電子署名をする必要性があるかもしれない。紙面はそれ単体でもある程度の完全性と原本性を保つことができる場合があるが，電子文書については単体だけよりもその生成処理記録や保管システムの運用記録などといったものとあわせて，完全性を保たせる場合もある。その電子文書だけに着目せずに，その業務や処理系についてもよく検証したうえで，電子証明書の必要性を判断することが重要である。

(3) 電子署名の利用形態

電子認証では，電子証明書を必要とする電子署名の署名者となる主体 A は，A の公開鍵をあらかじめ，認証機関に届け出る。その際に，認証機関は，その公開鍵を届け出た者が誰であるかを何らかの手段で本人確認する。それが本人であると確認できれば，認証機関は，届け出を受けた公開鍵とそれが A のものであることを示す情報とを併せた電子文書に，認証機関が電子署名を行なうことで，電子証明書を作成して発行する。

この主体 A が電子署名した電子文書を別の主体 B に提供する際に，B が A の電子認証を必要とする場合には，A は認証機関から発行された電子証明書を B に対して提供する。B は，その証明書によって，A から提供された電子証明書にある公開鍵と，A を識別する情報が正しいかを検証することで，電子文書への署名が主体 A による署名であることを確認することができる。以上の流れを図 1.12 に示す。

この流れでは 2 つの重要な点に注意しなけれ

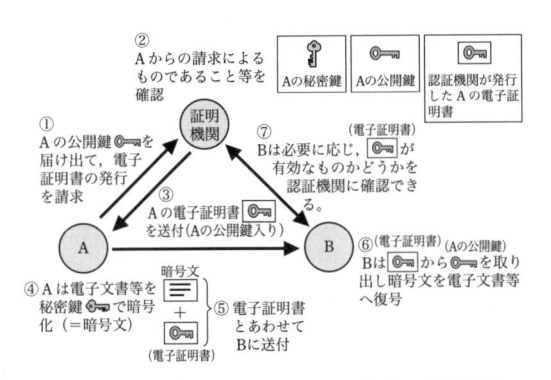

図1.12 認証機関を利用した電子署名の利用形態
（出典：法務省民事局ホームページ）

ばならならない。1つめは，図1.12中の②にある「Aからの請求によるものであること等を確認」である。この確認の厳格さが，Aの識別の信頼性を決めていることになる。2つめは，⑦にある「有効なものかどうかの確認」である。電子証明書には有効期限が設定されるが，その有効期限内であっても，電子署名の秘密鍵の信頼性が損なわれるなどの理由で，証明を無効にする場合がある。そのため，電子署名を検証する時点でそのたびごとに，電子証明書の有効性を認証機関に確認することによって，電子認証の信頼性をより高めることができる。

(4) 技術標準

電子証明書に関する技術標準には，ITU（国際電気通信連合）が1988年に勧告した，X.509がある。これは電子鍵証明書と証明書失効リストについてのものである。1996年に改訂されたv3からは，証明書の発行者が標準領域以外にも情報を追加するための拡張領域が設けられたため，汎用性が高まり広く普及している。証明書は有効期限内でも何らかの理由で認証機関が証明を無効にする場合があることを述べたが，それを管理するのが証明書失効リストであり，CRL（certification revocation list）とよぶ。したがって，電子証明書の有効性の確認とは，認証機関のもつCRLの中に確認対象の証明書が該当しないかを確認することである。電子文書の電子署名が電子証明書によって保証されるのと同じように，電子証明書そのものもまた別の電子証明書によって電子署名されている場合もある。そのような場合には，関係しているすべての証明書の有効性を逐次確認する必要があり，その手順も標準化されている。

電子証明書はそれ自身の確認に加えて，有効性の確認もする必要がある点に注意が必要である。

(5) 電子証明書の安全性

技術的な意味では，電子証明書は認証機関が電子署名した電子文書だといえる。したがって，電子証明書の信頼性は，1.1.4項（5）で述べた点に注意しなければならない。そのうち，③秘密鍵へのアクセス保護の強度については，認証機関が厳重に保護することになり，①ハッシュの危殆化についても専門的な検証が適宜実施されるが，②ヒューマンインタフェース部分の脆弱性については利用者の環境に関する問題であり，利用者が十分な対策を講じる必要がある点に注意しなければならない。

また，その他の観点として，認証機関の公開鍵が正しいことが保証されなければ，その電子署名の信頼性がなく電子証明書の信頼性も保たれないことになる。これについては，関連するソフトウェアの配布時にその一部として含まれている場合もあるが，インターネットなどからダウンロードする場合には，その安全性について十分確認しなければならない。

1.1.6 プライバシー・個人情報保護

プライバシー保護と個人情報保護は，同じものとして考えられがちであるが，プライバシー情報と個人情報にはちがいがあることについて注意しなければならない。

(1) プライバシー保護

わが国ではプライバシーについての法的な定義はないが，『宴のあと』事件判決（東京地判昭和39年9月28日）文で記されたプライバシーの侵害による不法行為の成立要件による以下の4つに基づくものであると考えられている[1]。

① 公開された内容が私生活の事実またはそれらしく受けとられるおそれのある事柄であること
② 一般人の感受性を基準にして当該私人の立場に立った場合，公開を欲しないであろう

---

[1] 出典：新保史生，http://hogen.org/research/paper/jp/

③一般の人々にいまだに知られない事柄であること
④その他，被害者が公開により不快・不安の念を覚えること

上記の成立要件のうち④により，何らかの情報の公開がプライバシー侵害にあたるかどうかは，当人の認識により広範に及ぶ可能性がある点が興味深い。

(2) 個人情報保護

プライバシー情報について法的な定義がないのに対して，個人情報については，2005年4月1日に全面施行された個人情報保護法において定義されている。

①個人情報と個人データ，保有個人データの相違

個人情報保護法では，個人情報に関して，「個人情報」「個人データ」「保有個人データ」の3つを定義した。特定の個人を識別できる情報を広く個人情報として定義して法による保護の対象としている。先のプライバシー保護の成立要件と比べると，こちらの個人情報の定義は，それが私生活に関係するか，公開を希望していないか，いまだ公知ではないかなどには関係なく，特定の個人を識別できるならばすべてが対象となる。その個人情報のうち検索可能な状態にあるものを個人データと定義している。さらに，それら個人データを6カ月間以上保有したものを保有個人データと定義している。

個人情報，個人データ，保有個人データの順に，適用される条文が増えていくことになる。

個人情報に対しては，取得時に利用目的を通知するなど最低限の注意義務だけが課せられる。個人データについては，加えて安全管理措置や第三者提供時の本人に対する同意確認などの注意義務が課せられ，保有個人データについてはすべての条文が適用され，すべての注意義務が課せられる。

ここで注意すべき点は，個人情報そのものの種類や重要度ではなく，個人情報がどのような状態にあるかによって区別している点である。たとえば，氏名である「佐藤太郎」は，個人を識別可能であるため個人情報になるが，それが検索可能になっていると個人データになり，検索可能な状態で6カ月間以上保管されると保有個人データになるのである。同じ魚が成育状況によって呼び名が変わる，出世魚のようなものだと考えるとよい。

状態が，個人情報か，個人データか，保有個人データであるかによって，法の注意義務が増して管理の手間に影響することになる。

個人情報として住所やクレジットカード番号があっても，それが氏名より重要であるか否かなどは，個人情報保護法では区別されず，あくまでも，それらがどのような状態にあるかによって，適用される条文が増えていくことになるだけである点が，欧米にあるプライバシー保護の慣行が個人情報を特性で区別して必要な対策を限定するのと異なる点である。

このような情報の特性による区別は，法律ではされていないが，各省庁が定めるガイドラインで区別されている。

以下の説明では，住所や電話番号といった文字情報としての個人情報について前半で，画像情報に特徴的な事項について後半で説明する。

②個人データとしての検索可能性

個人データにおいて検索可能性という考え方が示されたが，その判断基準について具体的に法律条文で規定されていないものの，各省庁が定めるガイドラインにおいて例示などで示されている。経済産業省ガイドラインによると，個人情報を電子化した場合には，それらはすべて検索可能となり個人データとなる。技術的に考えれば，ネットワークに接続されていないオフラインのワードプロセッサ専用機に電子情報として保管された個人情報が，組織として検索可能であるとは思えないが，ガイドライン上はオンラインかオフラインかを区別していないため，電子化されればすべて検索可能としている。また，紙の個人情報について電子化していないもの，たとえば名刺においては，それらが無秩序に保管されている場合は検索可能ではなく，個人データに該当しないとしながらも，名前を50音順に並べるなどすれば検索可能となることから，個人データに該当するとした。そして，名前や会社名順に並べないとしても時系列で保管している場合には，取得日により検索ができることについて個人を検索可能であるこ

とから，個人データに該当するとした。これは，検索可能性というものを考えたときに技術的な観点で直感的に想像するキーワードなどによる検索とは異なることに注意が必要である。また，時間によって特定できれば検索可能であるという考えは，動画像について影響することを後述することにする。

③個人情報となる画像の扱い

個人情報の代表的なものは，氏名や住所，電話番号などの文字による情報であるが，ここでは，画像情報に着目して説明をする。

人の顔などが撮影され個人を特定できる画像についても個人情報になるため，それが検索可能になれば個人データになる。

しかし，現時点で一般的な組織が有することができる画像検索技術を実用的な範囲で考えれば，画像だけから個人を検索可能とはいいがたいと思われる。それであれば，一般的な組織では画像は検索可能とはみなされないと思われるかもしれないが，そうではない。

たとえば，画像が名前などとともに保管されており，名前が検索可能となれば，顔などの画像そのものが検索可能でなくとも個人データとなりうる。

このことは，個人情報に該当する情報が，個人単位に複数種類でひも付いて管理されている状態では，そのうち1種類の情報だけでも検索可能となれば，それらすべてが検索可能とみなされ，個人データとなりうるということを意味している。

このことは，顔写真の冊子など静止画像については直感的にわかりやすい。それに対して，動画像については注意が必要である。防犯カメラなどの動画像については，そのコマ画像に名前を付しているということは考えにくい。そのため，画像そのものが検索可能とならなければ，個人データとならないように思われるかもしれないが，実際には，先の名刺が時系列に保管された場合の解釈が適用されることになる。その結果，防犯カメラのビデオテープなどが日付で管理されていれば，撮影日時からテープを探して，そのテープの最初からの録画経過時間で日時まで検索できるものとして個人データとなるとされている。

すなわち，動画像からAさんを検索することはできなくても，水曜日の午後2時に撮影されている人を検索できるということであれば法律上は個人データとなり，6カ月以上保管すれば保有個人データに該当するものとなり，すべての条文が適用されることになる。

動画像中の個人を検索可能かという問いに対して技術者が直感的に連想するのは，画像処理技術を用いた顔写真のマッチングなどであろうが，法律上の検索可能性の要件は，必ずしもそれと同じものではなく，単に日時が確認できるだけでも検索可能とみなされるのである。

④画像の検索可能性

先に，現時点での画像検索技術を一般的な組織では普及のないものとして説明したが，捜査機関などの特殊な用途における技術は一定の水準にある。実際に，データベースベンダーにおいては，ある程度の画像検索機能を装備していることから，近い将来には，電子化された画像の検索が一般的に普及することも期待される。そうなった場合には，顔などの画像は電子化されれば，すべて検索可能なものとして個人データとみなされることになるであろう。

そのときには，オフラインのワードプロセッサに保管される氏名が個人データとみなされるのと同様に，個々の組織が高度な画像検索機能を有しているかとは関係なく，検索可能とみなされることになると考えるほうがよいだろう。

本来，それぞれの組織が有している技術を考慮したうえで，その組織にとっての検索可能性によって個別に判断されるのが適当と思われるが，世の中に調達可能な技術が存在すれば実際の組織がそれを有しているかとは関係なく判断される可能性がある点は，個人情報保護法の遵法において注意しなければならないことである。

(3) 標準と認証制度

プライバシー保護と個人情報保護は必ずしも同一のものではないことを述べたが，多くの事柄は重複している。

いずれにせよ，これらは組織におけるマネジメント策の一部となる。国内では，それが適切に組織で実施されているかを認証する制度として，「プライバシーマーク制度」がある。制

度の詳細は，日本情報処理開発機構（http://www.jipdec.jp）のホームページで確認することができる。この制度は，個人情報保護に関して1999年に制定された国内標準であるJIS Q 15001に基づいている。また，個人情報保護法の全面施行に伴い2006年に改訂されている。

　制度の名称と標準の名称がそれぞれ，プライバシーマークと個人情報保護となっているが，意識的に用語が使い分けられているものではなく，それぞれに広い意味で使われている。ただし，いずれにしても個人情報の漏洩防止だけを目的とするものではなく，その利用目的の通知やその範囲内での利用，利用停止措置，第三者提供の制限などを目的としており，個人情報保護というよりは，個人情報の適正な取り扱いと考えたほうがわかりやすい。

1.2 バイオメトリック認証技術

1.2.1 バイオメトリック認証全般

(1) はじめに

　2005年4月における個人情報保護法の全面施行やカード犯罪の多発などにより，バイオメトリクスに関する関心が急速に高まっている。また，銀行のATM，eパスポートや空港において渡航にかかる手続きを簡素化するSPT（simplifying passenger travel）[17]にバイオメトリクスを用いる取り組みも進められており，安全性とともに利便性に着目した個人認証がわれわれの日常生活に取り入れられようとしている。新たな認証手段が私たちの生活環境に健全な形で浸透するには，バイオメトリクスについてユーザーが正しく理解することが重要である。

(2) 本人固有の特徴を用いたユーザー認証

　ユーザー認証には，①暗証番号やパスワードなどの本人知識によるもの，②鍵やカードなどの本人所有によるもの，③指紋，筆跡，音声などの本人固有の特徴によるものがあげられる。本人固有の特徴を用いた個人認証（以下，バイオメトリック認証）は，以下の条件を備えている生体的な測定結果を用いて本人を自動的に確認する技術である[18]。

- 普遍性（universality，誰もがもっている特徴であること）
- 唯一性（uniqueness，本人以外は同じ特徴をもたないこと）
- 永続性（permanence，時間の経過とともに変化しないこと）

　しかしながら，これらの条件をすべて満足するモダリティ[*2]は存在しない。それぞれのモダリティには心理的抵抗感，精度，コストなどに特徴があり，実際のシステムではこれらに対する要求条件も考慮される。

　個人の特徴は，身体的特徴（physiological characteristics）と身体的特性（behavioral characteristics）の2つに分類できる。身体的特徴としては指紋，虹彩あるいは顔などが代表例としてあげられ，身体的特性として筆跡，音声などがあげられる。

　身体的特徴および特性とも，あらかじめ登録した情報と入力した情報の類似性を判定して本人であることを確認する点が共通している。これは，本人所有および本人知識によるユーザー認証にも当てはまる特徴である。さらに，筆跡，音声などの身体的特性には，何を書いても，あるいは何を言っても本人が特定できるという特徴が加わる。

　ふだん，われわれは家族あるいは友人の筆跡あるいは声だけで，誰であるかがわかる場合が多い。すなわち，われわれは無意識のうちに筆跡，音声から個人が特定できるパラメータを抽出し，その結果を利用して本人を特定しているのであろうと考えられる。このように，身体的特性を利用したバイオメトリック認証は，あらかじめ登録したテキストの内容にとらわれることのない，柔軟性に富むヒューマンインタフェースの実現に寄与できる可能性がある。

　表1.3は，ユーザー認証として本人知識，本人所有とバイオメトリクスを用いた手段を比較した結果である[19]。この表からもわかるように，バイオメトリック認証は忘却，紛失などの危険性が少なく，本人の意識に影響せずに，あらかじめ設定された安全性が確保される（本人知識，本人所有はパスワードもしくはIDカードの管理状態に依存して安全性のレベルが異な

[*2] 指紋，音声などのバイオメトリクス特徴。

表 1.3 認証手段の比較

評価項目	本人知識	本人所有	バイオメトリクス
識別能力	高（PWD空間が大⇒高いエントロピー）	きわめて高（PWDを保存）	中〜高（モダリティに依存，エントロピーはFARで制限）
運用上の強度，ヒューマンエラー	弱（短いPWD，推定容易なPWD，メモ書き，漏洩，社会工学的攻撃）	弱（紛失，盗難，いつ紛失，盗難したかはわかる）	強（本人の意識に影響しない，管理の依存度が低い）
システムの強度	強（長い文字列⇒高いエントロピー，暗号化の適用，技術的強度の向上⇒運用強度の低下）	きわめて高（コピーが困難（物理的条件），改ざんが困難（物理的条件，暗号の適用），攻撃には高度な専門知識・技術が必要）	中（なりすまし，テンプレートの解析，登録データの取得）

る）ことが，他の手段と比較した際の特長としてあげられる。すなわち，バイオメトリック認証の識別能力は必ずしも他の手段に対して大きく勝るとはいえないが，(4)で述べるように，安全性のレベルは想定されるリスクを念頭に置いて設定されるべきであることを考慮すると，バイオメトリック認証はシステムの安全性設計に関して優位性があると考えられる。

(3) バイオメトリック認証の適用と評価

①確認と識別

バイオメトリック認証システムには2とおりの適用がある。一方は，登録者の認識（positive recognition）であり，一対一照合の「確認」（verification）と一対N照合の「識別」（identification）モードが存在する。これは一般的な商用目的におけるバイオメトリック認証の利用用途であり，登録データに対して確認（識別）を行ない，「この人物が確かに本人であるか？」を判定する。

他方は，非登録者の認識（negative recognition）であり，ある人物に対して識別を行なう際，その人物の生体情報が認証システム内のデータに含まれていないことを判定することが目的である。たとえば，空港などでテロ対策のためにバイオメトリック認証システムを適用する場合は非登録者の認識となり，一般の旅客は照合の結果該当しない結果となる。

しかし，テロリストは，仮に他人になりすましていても，個人性情報から当人である疑いがかかる。なお，非登録者の認識にはその目的から明らかなように「確認」モードは存在しない。

以上述べた非登録者の認識は，本人知識あるいは本人所有の個人認証方法では実現できないことから，この特長は，社会生活の安全性を確保するうえでバイオメトリック認証が注目される要因となった。

②精度評価[20]

本人がバイオメトリック認証を行なう場合でも，異なる日時に入力された生体情報は完全に一致することはない。たとえば，指紋の場合は指の乾燥度やセンサに対する指の押し方，顔であれば照明，眼鏡の影響などさまざまな変動要因を含むため，本人であっても類似度の分布は広がりをもつ。

登録用テンプレートと認証時に入力された生体情報との一致/不一致は，両者の類似度とあらかじめ設定された判定閾値との大小関係によって判定される。すなわち，判定閾値Thよりも類似度が大きい場合は比較した生体情報が一致したと判定し，そうでない場合は不一致と判定する（図1.13）。

したがって，認証の誤りには，本人どうしであっても不一致と判定される領域（h_{FRR}）や，他人であるにもかかわらず一致と判定される領域（h_{FAR}）がある。バイオメトリック認証では，すでに述べたような変動要因により，本人の生体情報の類似度の分布と本人と他人との類似度の分布に重なりが生じることが一般的である。

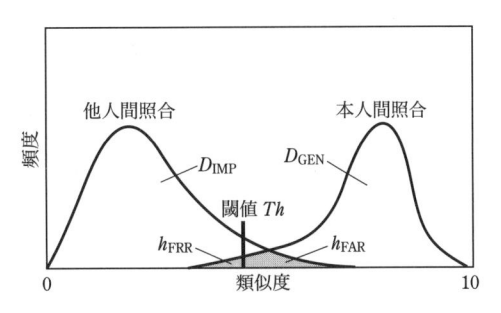

図 1.13 類似度の分布

バイオメトリック認証の精度は，他人（異なるサンプル）を本人（同一サンプル）と判定してしまう誤り率である FAR[*3] (false accept rate) (FMR[*4] (false match rate)) と，本人（同一サンプル）を他人（異なるサンプル）と判定してしまう誤り率である FRR[*5] (false reject rate) (FNMR[*6] (false non-match rate)) で評価する．2つの誤り率は，閾値によりトレードオフの関係にある．これらの誤り率の関係が同時に評価できることを目的として，横軸に FAR (FMR) を，縦軸に FRR (FNMR) をとり，閾値を変化させたときの結果をプロットした照合性能を表わすグラフを ROC (receiver operating characteristic) カーブとよぶ．

たとえば，FAR＝FRR の EER (equal error rate)[*7] 付近は民間利用領域であり，FAR＞FRR は該当者を見落とす確率を少なくすることが必要とされる犯罪捜査利用，また FRR＞FAR は他人受入率を少なくして高度な安全性を要する利用領域が該当する[*8]．

(4) 運用要件ガイドライン

バイオメトリクス製品を導入するシステムインテグレータやユーザーは，導入するアプリケーションにおいてどの程度の照合精度が要求されるかの明確な指針が必要とされる．このため，バイオメトリック認証の照合精度などの運用要件について明確化する方法に関して，日本規格協会情報技術標準化研究センター (INSTAC) バイオメトリクス標準化調査研究委員会で取りまとめた結果を概説する[21]．

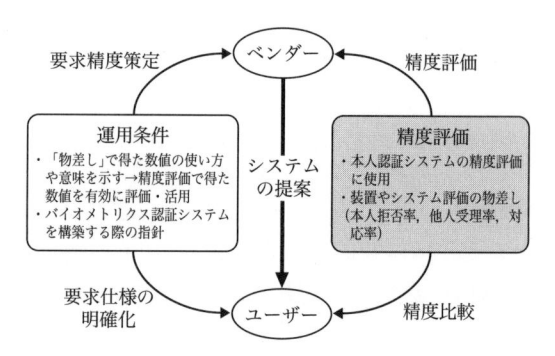

図1.14 運用要件と精度評価[6]

ベンダーがユーザーに対してシステムを提供する際，運用要件と精度評価に関する指標が重要な役割を果たす．運用要件ガイドラインでは，まず対象とするシステムをアクセスコントロール（物理的，電子的），フローコントロール，トラッキングにモデル分類を行なう．

次いで，それぞれのモデルに対して考慮すべきユーザーの許容クレーム発生確率，要求認証時間，操作性などの機能要件，また，許容 FRR，システムが利用可能な割合などの利便性要件を基にリスク分析を行ない，安全性の要件を決定する指標を与える必要がある．

最終的に決定される安全性要件である許容 FAR の値に基づき，ベンダーは精度評価方法によって適切なシステムが提案できる（図1.14）．

(5) バイオメトリクスセキュリティ

バイオメトリック個人認証が普及するうえでは，セキュリティの観点から技術を精査することが重要である．こうした背景から，バイオメトリクスセキュリティに関する検討が世界的に重要視されている．

安全性に関しては，認証アルゴリズムなどに基づく精度向上とともに脆弱性の対策は重要な課題である．バイオメトリック認証の可能性だけでなく，負の要因とそれらの解決手段に関しても技術的に十分検討を進めることにより運用上の安全性が高まる．人工指紋などによるなりすまし問題[23]，なりすまし対策の一手段である生体検知機能[24]についての検討結果も報告されており，こうした研究が産学連携の下になされることが重要である[25]．

[*3] システムが他人の認証要求を誤って受け入れる確率．図1.13において本人と他人との照合の全度数 D_{IMP} に対する他人受入 h_{FAR} の割合．

[*4] たとえば指紋の場合，異なる指どうしの照合判定の結果，一致と判定される確率．

[*5] システムが本人の認証要求を誤って拒否する確率．図1.13において，本人どうしの照合の全度数 D_{GEN} に対する本人拒否 h_{FRR} の割合．

[*6] たとえば指紋の場合，同一指どうしの照合判定の結果，不一致と判定される確率．

[*7] 交叉誤り率とよばれ，評価指標として用いる場合がある．なお，XER (cross error rate) とも表記される．

[*8] バイオメトリック認証は本人知識あるいは本人所有の個人認証と比較して単に安全性が高いと考えるのは必ずしも正しくない．たとえば，パスワードは各個人の設定により安全性に大きな差が生じる場合があるのに対して，バイオメトリック認証は安全性を決定する他人受入率が個人に大きく依存せず統計的に確定できる点を特徴としてあげることができる．

脆弱性に関しては，経済産業省基準認証研究開発事業[26]において，バイオメトリクスの脅威・脆弱性公開のガイドライン作成が進められた。

また，情報処理推進機構（IPA）セキュリティセンターでは，バイオメトリクスセキュリティ評価に関する研究会において，ユーザーへのバイオメトリクスセキュリティの普及ならびにバイオメトリクス製品データベースの構築・公開に向けた取り組みなどを開始し，中間報告書としてまとめている[27]。

さらに，バイオメトリクスデータの保護対策を可能とするテンプレート保護型バイオメトリスクの研究も盛んになっており，生体情報を変換した状態で登録・照合を行なうキャンセラブルバイオメトリクス，また，生体情報から秘密鍵を生成することで生体情報をそのまま登録せずに認証を行なうバイオメトリクス暗号などが提案されている[28,29]。

エンジニアの立場からは，たとえば情報通信倫理綱領[30]でも指摘されているとおり，新技術の研究開発と運用にあたっては，技術がどのような社会的影響を与えるかを明確にし，影響に関する情報を広く周知する努力が要請される[31]。

したがって，バイオメトリクスの脅威・脆弱性を発見した際は，しかるべきプロセスにより情報を公開することが重要である。そこでは，ユーザー，ベンダー，システムインテグレータの立場を考慮し，かつ専門家以外にもわかりやすい表現で問題点を可視化する必要がある。また，こうした取り組みは，脅威に関する研究の重要性をさらに高め，本分野の研究活動を活性化する要因になりうる。

（6）むすび

バイオメトリック認証の標準化に関しては，ISO/IEC JTC1 SC37（biometrics）における検討とともに，ITU-T SG17においてもテレコムシステムのセキュリティ関連の課題を扱っており，PKI環境下におけるバイオメトリックシステムメカニズム[32]などインターネット利用の安全性向上に向けた議論が活性化している。

一方，バイオメトリクスが広く浸透するためには，安全性のみならず利便性を追求した個人認証のアプリケーションを展開する必要がある。ここでは利用者に対するメリットも十分考慮する必要があろう。たとえば，バイオメトリクスの利用によるリスクの軽減をユーザーに還元する仕組みづくりも必要であると考えられる。ユーザーが将来にわたり安全性かつ利便性の高い認証システムを利用できることが重要な課題であることを念頭に置き，現状だけにとらわれることのない先を見据えた技術の導入，法規制などの施行が望まれる。

1.2.2　指紋認証
（1）指紋認証の概念

図1.15は指紋認証の処理過程を含む概念である。

①指紋画像

指紋センサで採取され，データの品質が基準以上かどうかチェックされ，合格したデータは，登録時には登録指紋画像，照会時には照会指紋画像として区別される。

②指紋特徴

指紋画像から特徴抽出されると，登録指紋画像は登録指紋特徴，照会指紋画像は照会指紋特徴として扱われる。

③登録指紋テンプレート

登録指紋特徴は，圧縮処理，国際標準データなどの構造にあわせる処理，暗号化，ID番号付加などが施され，登録指紋テンプレートになり，登録指紋DBに登録される。

④確認（一対一照合）

特定のID番号の登録指紋テンプレートと照会指紋特徴が照合されて類似度を示すスコアが求められ，閾値と比較して，ある決定基準に従って一致か不一致かを決定する。この機能を確認（verification）あるいは一対一照合ともいう。

⑤識別（一対N照合）

N個の登録指紋テンプレート全部が，照会指紋特徴と照合されてスコアが求められ，スコアが閾値以上になった登録指紋テンプレートのID番号が候補ID表に載り，決定基準に従って1つのID番号を決定する。この機能を識別（identification）あるいは一対N照合ともいう。

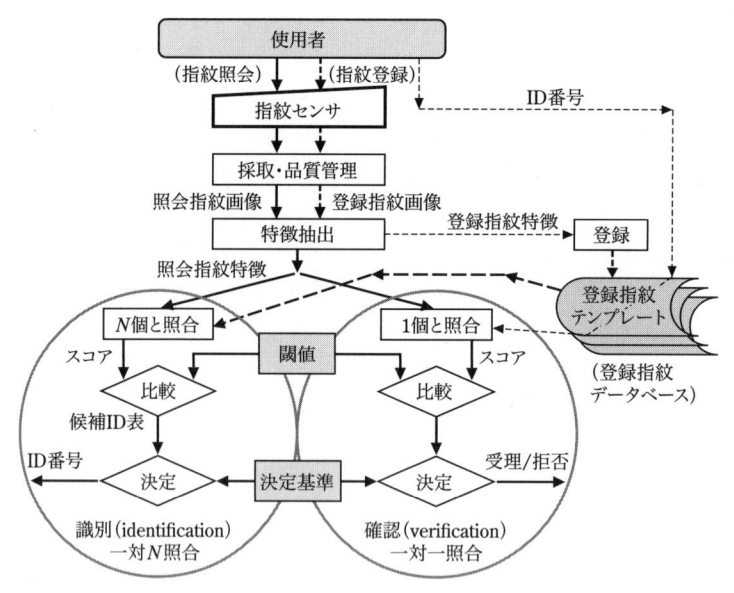

図 1.15 指紋認証の概念

(2) 応用システム

図 1.15 で示される指紋認証技術は，応用システムに適用される場合は，指紋個人認証システム FPID (fingerprint personal identification system) と，自動指紋識別システム AFIS (automated fingerprint identification system) に分けられる．

①指紋個人認証システム FPID

指紋個人認証システム FPID は，認証してほしい個人が ID 番号を入力して登録指紋テンプレートを決め，照会指紋を提示し，両者を一対一照合して本人かどうかシステムが自動的に「確認」して認証する．このとき，登録指紋テンプレートは ID 番号や ID カードで指定してデータベースから取り出してもよいし，ID カード自体に格納したものを読み出す方法がある．

一方，許された人だけが入室するのを許可するシステムの場合，頻繁に出入りする人が入室のたびに ID 番号や ID カードを提示することは煩わしい．照会指紋を複数の登録指紋テンプレートと一対 N 照合し，1 個の ID 番号を自動的に決定する「識別」機能は，ID 番号提示を省いた「確認」の機能になりうる．

実際の指紋個人認証システム FPID は，指紋による個人 ID 番号の確認機能だけであったり，確認機能と ID 番号提示なしの識別機能の両方をもつものであったりする．

②自動指紋識別システム AFIS

犯罪捜査では，犯罪現場に残されていた指紋の持ち主の ID 番号はわからない．あるいは逮捕された人は自分の本名はいわない場合が多い．

このようなシステムに適用される AFIS では，照会時には ID 番号は提示できないまま，N 個（実際は数百万指から数千万指）の登録指紋テンプレートと一対 N 照合し，類似していると判断された登録指紋テンプレートの ID 番号を候補 ID 表にまとめる．この後は指紋専門官が登録指紋画像を目で見て判定を下す．

(3) 世界の指紋認証技術小史

①自動化以前

指紋の大きな特性，「万人不同」や「終生不変」は誰が最初に気がついたか，あるいは証明したか．

「終生不変」については，ハーシェルが 30 年余りのあいだに複数の同一人から収集して確認し，フォールズは体形変化の激しい 10 歳までの子供たちから得た 2 年間の指紋観察により確認した．

「万人不同」については，フォールズが数千人の 10 本の指紋を見て判断し，ゴールトンが

指単位に数学的に人口よりも多い640億とおりあると証明したことによる。

印鑑や署名に対応する機能についての組織的な指紋利用はハーシェルによって最初になされた。

犯罪捜査では，フォールズが世界で初めて現場に残っていた10本の指紋による犯人の特定を行なった。ヴィセティッチは1個の遺留指紋による犯人特定を行なった。

図1.16のような指紋隆線の端点や分岐点はマイニューシャとよばれるが，このマイニューシャは1880年にNature誌に載せたフォールズの論文に部分的に書かれている。

ゴールトンは当初から図1.17のような特徴点により2つの指紋を照合した。また，10本の指から採取した指紋を渦状紋，締状紋，弓状紋などの組合せで分類する指紋分類は，マルピーギ，フォールズ，ゴールトンなどの研究をベースに，ヘンリーなどが大量の指紋ファイルの分類検索に適用できるようにした。AFIS実用化以前はヘンリー方式やロッシェル方式などの分類方式が最も重要な技術であったともいえる。

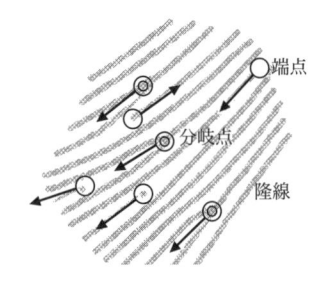

図1.16　指紋の降線と特徴点（マイニューシャ）
フランシス・ゴールトンは特徴点としてマイニューシャを発見し，万人不同を数字的に証明した。

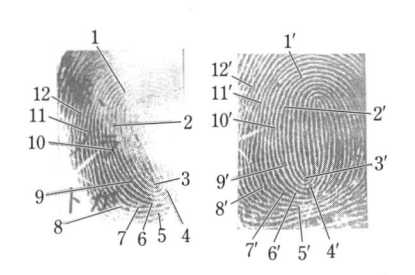

図1.17　指紋の照合
遺留指紋照合はゴールトンのころから特徴点で照合された。

②自動化

米国が指紋制度を発足させてから約50年経った1960年代，FBIはこのころでも7200万人の10指押捺された登録指紋カードをもち，毎日約22000枚の照会指紋カードとの照合作業を必要としていた。そこで，FBIはAFIS開発を呼びかけ，この呼びかけに応じて米国標準局NBS（現在のNIST）がマイニューシャの位置と方向を用いた自動指紋識別の研究を開始し，この照合方式をロックウェルインターナショナル社が指紋識別システムとして実用化した。

一方，日本では現場指紋から犯人を捜せるようにしたいとの警察庁の期待に応え，NECが1971年から研究を開始し，マイニューシャの位置や方向のほかに，マイニューシャ間の降線数を照合に利用する方法をシステム化し，1981年に第1号機を日本の警察庁に納入した。

この後，フランスのモルフォ社を含めた競争が世界的に盛んになり，多くの国でAFISが導入された。

(4) 基本技術
①指紋センサ

・指紋センサの重要性　AFISの初期には，指先に朱肉やインクを付けて紙カードに押し，その紙カードを指紋識別システムで読み取るという方法をとっていた。

しかし，指紋個人認証システムFPIDにおいてこの手順を踏んでいては不便なので，その場にいる本人の生（live）の指紋をインクなしで読み取るスキャナが必要となった。しかし，通常のディジタルスキャナやカメラなどでは安定して読み取ることができないので，指紋を読み取るための特殊な入力手段を開発する多くの試みがなされてきた。

このように重要な「指紋センサ」について以下に説明する。

・読取密度　指紋センサを開発するには，まず指紋の特質の理解が必要である。指紋は「隆線」という皮膚表面から出っ張った部分の連続からなる紋様である。隆線には汗腺口があり，そこからは汗が分泌されていて，適度な水分と脂で湿り気を保ち，皮膚を保護するとともに滑り止めの役目をする。その湿り気の程度は環境や体質によって大きく異なる。手先を使う

人や高齢の人は，乾燥肌で荒れている場合が多い．また，逆に若い男性や子供の中には汗がつねに滴り落ちて皮膚がふやけているような場合もある．

細かい模様の対象物を画像化するためには，細かい分解能のセンサが必要になる．0.05 mm以下の大きさの画素に分解されることが望ましいので約 500 dpi（0.05 mm ピッチ）以上が望ましいことになるが，実際には 300〜500 dpi 程度のものが多い．

• 読取方式　指紋センサの読取方式は何とおりかあるが，どの方式も隆線の出っ張りと汗と脂の保湿成分を利用したもので，光学式（指表面反射光センサ，指内散乱光センサ），静電容量方式，感熱方式，圧力方式などがある．

たとえば，指内散乱光センサでは，指内に入射した光は指内で散乱し，再び指からもれ出てくる．このような状態の指をイメージセンサに押し当て直接映像化する方式である．図1.18に模式図を示す．

隆線部分はイメージセンサに触れているので，そこからの光は強く入り，谷部分は空気や水を介して入るので隆線部より光は減衰する．水分が存在しないカラカラ状態でも映像を得ることができるし，谷部に水があったとしても透過率が皮膚とは異なるのでコントラストを得ることが可能である．この方式は乾燥指や湿潤指に強い．

• センサ形状　指紋は柔らかい指先の爪以外の皮膚上の紋様である．AFISでは指にインクを付けて紙カードの上に回転させながら押捺して，それをディジタルスキャナで入力した．liveセンサでは，指を2次元のガラス上で回転させながら逐次画像化する方法，センサ上に単純に指先を置いて入力する方法，指を1次元的なセンサに直行してスライドさせて入力する方法などがあり，いずれも製品化されている．

② 指紋特徴と照合アルゴリズム

指紋認証に用いられる特徴には，以下のものがある．

• マイニューシャ方式　①マイニューシャの位置と方向を用いる方式，②マイニューシャ相互間の隆線数などの相互関係（relation）を①に追加して照合する方式，③マイニューシャの位置と，その周囲の小画像を用いて照合する方式．

• 周波数解析方式　画像の周波数解析を行ない，同様な処理を行なって登録した登録指紋テンプレートと照合する方式．領域により，①1次元的領域での分析，②2次元の小領域ごとの分析に分けられ，照合アルゴリズムは抽出された特徴に応じて適切な方式が工夫されている．

NECではリレーション（マイニューシャとマイニューシャのあいだの隆線数）の表現方法や抽出方法と照合への利用方法を開発し，最初はAFISに適用し，次いで，個人認証用に特化させて適用し実用化した．図1.19はその特徴抽出の過程を示している．

2004年にFPIDではマイニューシャを用いる方式ならば，開発企業が異なっても同じ形式で表現できるようにISO/IECで標準化した．

しかし，マイニューシャの表現形式が同じであっても，開発企業が異なれば，マイニューシャの抽出基準や精度が異なる可能性がある．同

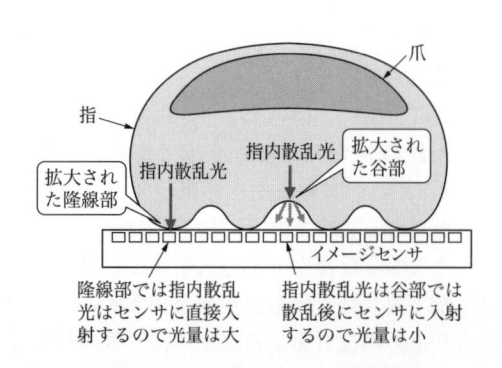

図1.18　指内散乱光センサ模式図

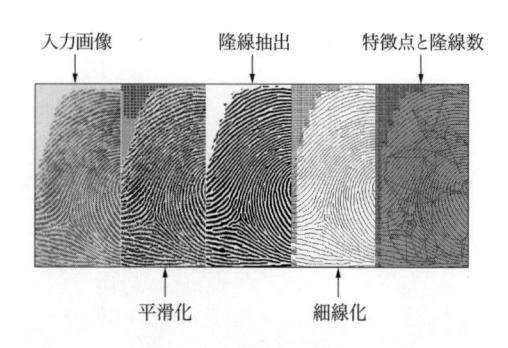

図1.19　指紋の特徴抽出
順に画像処理してから特徴点と隆線数が抽出される．

じような画像品質の指紋ならば，開発企業が異なっても同じ程度の精度でなければ支障をきたすので，この問題をどうするかが課題となっている。

(5) 現在の技術，システム

①指紋個人認証システム FPID

FPID は ID カードやパスワードの補強や代替として期待されるので，照合精度の問題のほかに，登録指紋や登録指紋テンプレートの情報が外部に漏れることがないような対策が必要であり，図 1.20 のようにハードウェアユニット内に機能を封じ込め，内部データに直接アクセスできないようにすることも有効である。

セキュリティ上，最初に封じ込めるべきものは一対一照合用の登録指紋テンプレートであり，次は照合アルゴリズムであり，次は特徴抽出アルゴリズム，最後は指紋センサである。とくにカードに登録指紋テンプレートを記憶する場合について，出入国管理などへの応用が急がれている。

パソコンのユーザー認証や，ドアコントロールシステムなどで，ID 番号を用いることを前提にするかしないかの判断は，利便性を優先するのか，利便性を犠牲にしてでも複数の認証でセキュリティを優先するのか，などの守るべきものの重要性やリスクの度合を考慮して判断される必要がある。

単純そうに見えるが，日々変わる皮膚表面の状態，慣れ，気候，年齢，さらに丁寧さなどの意識面からも影響を受けるので，照合精度の「公平」で「厳密」な測定は困難な場合が多い。

測定の指標はようやく ISO/IEC で国際的に決まり，JIS 化作業も進む状況にある。

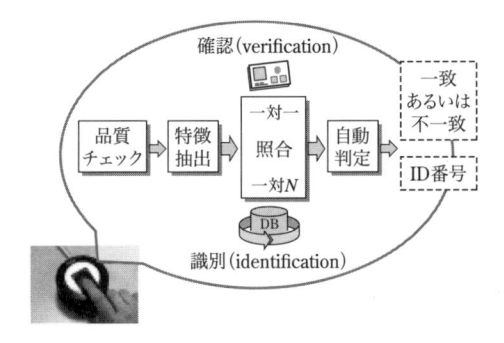

図 1.20　指紋個人認証システム FPID のあるべき構成

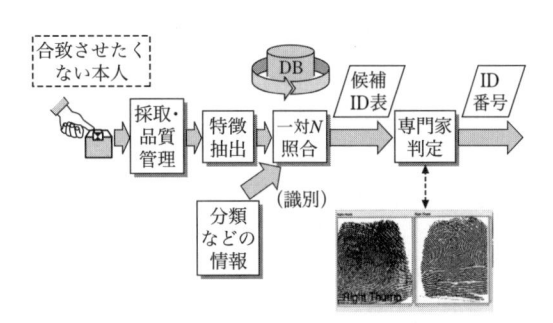

図 1.21　指紋自動識別システム AFIS の処理過程

②自動指紋識別システム AFIS

大規模な AFIS では図 1.21 に示すように，一般に照会指紋を分類などの情報によって，照合対象とすべき指紋テンプレートとしてデータベース中から少数に絞り込むプレセレクタとよぶ機能を用いることがある。少数に絞り込むことで一対 N 照合処理の時間は短縮され，照合結果である候補 ID 表に従って指紋専門家が，照会指紋と登録指紋画像を目視で調べる。

(6) 今後の展望

指紋認証のようなバイオメトリクスも，セキュリティレベルを上げようとすれば，暗証番号とバイオメトリクスをいっしょに使ったり，ID カードと併用したりする必要があり，使い方が複雑となって利便性が損なわれる。

認証の精度を上げるために，顔や虹彩などの他のバイオメトリクスを併用するなどの手段もある。

このような他の手段と併用しても苦痛を感じないように，軽く，薄く，小さく，安価に，どこでも誰でも使えるようにしなくてはならない。このため，各ベンダーはセンサの改良，照合精度のさらなる向上，各種標準化への対応，指紋の偽造に対する脆弱性対策，相互運用性の向上，IC カード化，暗号方式との連携化など，多くの研究開発にしのぎを削っている。バイオメトリクス市場で最も多く受け入れられている指紋認証技術は今後もさらに発展して，広く受け入れられるであろう。

1.2.3　顔画像による認証

(1) 個人認識における顔画像

各種のバイオメトリクスの中で，相手が誰で

あるかを識別するという点から見て，人間にとって最も馴染み深いものは「顔」である。われわれは，相手の顔を見ることによって誰であるかを認識するだけでなく，表情や仕草を通じて相手の内面を推察しており，顔は円滑なコミュニケーションを実現するうえでたいへん重要な役割を担っている。

顔画像による個人認識（顔認識）の問題に対しては，他のバイオメトリクスを利用する場合と同様に，個人認証（person verification（authentication））と個人識別（person identification）とがある。前者は，認識対象者から提示された個人識別情報（ID情報）に基づき，あらかじめそのID情報で登録されている本人と相違ないかを顔画像によって判定する場合である。個人情報を蓄えたデータベースとのあいだで一対一の照合を行なう。これに対し，後者は認識対象者が誰であるかを顔画像によって調べる場合である。データベースとのあいだで一対Nの照合を行なう。

顔画像による個人認識に関しては，これまでに数多くの研究がなされている。技術動向の概要の把握に適したおもな解説論文あるいは書籍を参考文献34～48）に示す。また，関連した著名なウェブサイトを参考文献49～52）に示す。

(2) 顔画像による個人認識の特徴

顔画像による個人認識の特徴は，非接触，非拘束性にある。また，他のバイオメトリクスと比べて，人間による認識との整合性が高い。おもな長所と短所をまとめると次のようになる。

長　所
- 人間は顔によって相手を認識しており，バイオメトリクスの中では顔が人間にとって最も馴染みやすい。また，認識プロセスを人間が確認しやすい。指紋や虹彩による認識においては，指先を入力装置に押し付けたり，目をカメラに近づけたりする動作が必要であるため強制感を伴うのに対し，顔を個人認識に利用することへの抵抗感は小さい。
- カメラ入力のため非接触での認識となる。ユーザーが認識システムと離れていてもよく，ユーザーに対する制約がゆるい。ユーザーは認識システムの前で静止することが基本であるが，歩いて通過するだけで認識できるシステムもある。
- 入力装置としてはカメラがあればよく，特殊な入力装置は不要である。

短　所
- 顔の撮影が必要であり，プライバシー保護が問題にされる可能性がある（ただし，他のバイオメトリクスにおいても多かれ少なかれ同様の問題がある）。
- 入力情報（顔画像）に対して表1.4に示すような変動要因が存在する（→対策：変動に強い認識手法の開発，撮影環境の管理技術）。
- 入力情報の信頼性，すなわち本人ではなく写真や人形を提示された場合への対処が問題となる（→対策：3次元計測を行なう，動的な変化情報を併用する）。
- セキュリティを目的とした場合，指紋，虹彩に比べると安全性が低い（→対策：他セキュリティツールと併用する。なお，個人認識の目的は高度なセキュリティの確保ということだけには限られず，必ずしも高いセキュリティが要求されない用途も多くある）。

(3) 顔認識における処理の基本的な流れ

顔認識における処理の基本的な流れを図1.22[11]に示す。顔認識の対象としては大きく，正面顔，横顔，任意の向きの顔の3とおりがある。最もよく研究されており，また認識率が高いのは，正面顔あるいはほぼ正面顔とみなせる顔画像である。顔認識のためには，一般に次の

表1.4　顔画像のおもな変動要因

撮影環境に起因
・撮影条件　カメラの画素数，ピント，絞り，色再現，照明条件，背景画像
ユーザーに起因
・カメラと顔の相対的位置関係，距離，顔姿勢（向き，傾き），動き
・表情変化，発話
・オクルージョン　髪の毛のかぶり
・化粧
・付属物　眼鏡，マスク
・経時変化（短期的）　日焼け，髪・ひげの伸長
・経時変化（長期的）　加齢，髪の状態（白髪，量）

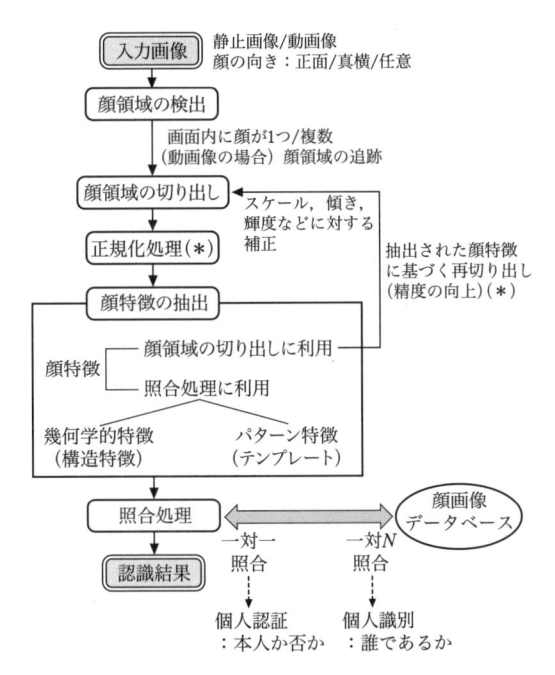

図1.22 顔認識における処理の基本的な流れ
＊印は必要に応じて実行される。

ような処理プロセスが必要である。

①顔領域の検出（顔検出）

証明写真のように画面の中に顔が1つ大きく写されているような場合や，カメラに向かって所定の位置に正面向きに人物がいるような場合を除くと，一般的には入力画像のどの部分に顔が存在するかは未知であり，入力画像の中から顔領域を検出する必要がある。画面内に人物が1人しか写っていない場合と，複数の人物が写っている場合とがある。また，動画像を扱う場合には，テレビカメラと人物との相対的な位置関係の変化に対応して，人物の顔部分の追跡を行なう必要がある。

②顔領域の切り出しと正規化処理

顔領域の検出結果に基づき，入力画像から顔領域の切り出しを行なう。切り出された顔画像においては，一般に顔領域の大きさ，傾き，輝度にばらつきが存在する。これらのばらつきを補正するために正規化処理を施す。

③顔特徴の抽出

切り出された顔領域に対して，その顔の特徴を表現するような特徴量を抽出する。抽出した顔特徴を用いて，切り出された顔領域の範囲が適切であるか否かを判定し，否の場合には再度切り出し処理をしなおすことによって，切り出しの精度を向上させることも行なわれている。

④データベースとの照合処理

抽出した顔特徴をデータベースに蓄えられた顔特徴と照合する（マッチング）。

(4) 顔検出

顔画像による個人認識を行なうためには，まず，入力画像中から顔領域を検出することが必要である。個人認識以外の顔に関連したさまざまなアプリケーション（たとえば，カメラにおいて画面内の顔領域を検出してそこにピントを合わせる，あるいはそこの明るさ・色に露出を合わせる，車載カメラからの歩行者の検出，監視カメラにおける人物検出など）においても，顔検出は基本的な技術となる。顔検出処理については多くの手法が提案されているが，大きく，顔の構造的特徴に着目した手法と，統計的な分類（顔と非顔）手法とに分けられる[47,50]。このほか，肌色検出による手法もある。

顔検出においては，正面正立状態の顔の検出が基本であるが，実際には，さまざまな顔の向き，回転を伴って観測されることも多い。これに対しては，典型的な顔の向き，回転角に対して複数の検出器により検出を行なうことが試みられている。

①顔の構造的特徴に着目した手法
- 顔輪郭や顔部品のエッジ特徴を利用
- 皮膚と眉・目・口とでの輝度分布のパターンのちがいを利用
- 顔の対称性を利用
- 顔部品の検出：瞳，鼻の穴の円形形状，あるいは，目，口の形状に着目して顔部品を検出

②統計的な分類手法

顔と非顔の大量の学習サンプルを用いた学習を通じて判別器を統計的に構築し，画像中の部分領域における輝度・色の分布パターンに対して，この判別器を用いて，顔・非顔の判定を行なう。

- 部分空間を用いた分析法　主成分分析，独立成分分析，線形判別分析などの手法を用いて構築した顔の部分空間を利用する方法。
- ニューラルネットワーク法　学習を通じ

て，顔パターンの特徴をニューラルネットワークの構造とパラメータの値に組み入れていく方法。
- SVM（サポートベクターマシン）法
  汎化能力が高い SVM を識別器に用いた方法。学習データから，顔と非顔の境界のマージンが最大になるように境界線を決める。
- AdaBoost 法　複数の弱判別器の組合せにより，性能の高い判別器を構築する方法。

(5) 顔認識

顔画像による個人認識を行なうためには，入力画像中から取り出した顔領域に対して，他の顔との区別を行なうために，顔特徴を定量的にパラメータとして記述する必要がある。顔特徴をパラメータ化できれば，パラメータ間の類似度判定により個人認識が可能となる。2次元の正面顔の認識が主であるが，横顔や3次元形状に対する認識も検討されている。また，2次元顔画像を対象とするが，3次元形状モデルを用いて顔の向きのちがいによる見え方の変化に対処する方法もある。

顔特徴としては，顔の幾何学的構造を表現する幾何学的特徴（構造特徴）と，色や濃淡の分布特徴（パターン特徴）とが代表的である。前者では，顔の形状や構造を表現する特徴的な点（目尻，口の両端，顎先の位置など）や輪郭線を抽出し，特徴点間の距離や角度，輪郭線の曲率などの幾何学的特徴を取り出す。認識処理に耐える精度で安定して特徴点や輪郭線を自動抽出することが難しいという問題点を有している。一方，後者では色や濃淡の分布のパターンを用いる（顔の見え方に基づく手法（appearance based approach）とよばれることもある）。色や濃淡の分布そのものではなく，固有空間をはじめとした特徴空間による表現に変換する方法もよく用いられている。

顔認識手法は，幾何学的特徴のマッチングによる方法とパターン（テンプレート）マッチングによる方法とに大別されるが，後者の方法をベースとした手法のほうが数多く提案されている。米国の FERET（Face Recognition Technology）プログラム（Department of Defense (DoD) Counterdrug Technology Development Program Office が支援）における顔認識アルゴリズムの相互比較でも，パターンマッチングによる方法が全般によい結果を与えていると報告されている[53]。ただし，両者を組み合わせた方法や，合成に基づく分析法（analysis by synthesis），モデルベース手法など，これらとは異なる範疇の手法もある。

パターンマッチングによる顔認識手法として代表的なものを以下に3つあげる。

① 固有顔方式

パターンマッチングによる方法の主流となる方式である。固有顔方式では，まず，多数の顔画像に対して主成分分析を行ない，入力顔画像群を表現する固有ベクトル（すなわち固有顔（eigenface））を求める。固有ベクトルの数としては，100程度あれば十分であるとされている。1つ1つの顔画像は各固有顔に重みを付けて足し合わせたもので表現できる。すなわち，各顔画像は固有顔に対する重みの組で記述されることになる。入力顔画像に対する認識では，まず，入力顔画像を固有顔に展開し，各固有顔に対する重みを求める。この重みの組とデータベース中の顔画像の重みの組との類似度を評価することにより，認識を行なう。このような考え方をベースに，固有顔方式にはさまざまなバリエーションがある。たとえば，顔全体ではなく，顔の各特徴に対応して固有空間を求める "Modular Eigenface" 手法，主成分分析の代わりに独立成分分析を用いる方法（ICA face），多次元判別分析を用いる方法（Fisher face）がある。また，入力顔画像の変動に対処するため，多くの人の顔画像の差分と，1人の人の表情や照明条件の異なるさまざまな顔画像の差分の両方についてそれぞれ固有空間を求める方法も提案されている。

顔全体の固有空間を扱う場合，表情変化，照明の変動，顔の向きのちがいに敏感であることが問題となるが，これらへの対処も検討されている。入力として，静止画像1枚ではなく，動画像系列（複数の顔パターン）を用い，入力パターンの分布に対して照合処理を行なうことにより，顔の向きや表情変化に対して安定な顔認識の実現を図る。また，顔特徴を表現する部分

空間に対して，照明変動の影響を受けない成分からなる制約部分空間を求め，データベースとの照合を行なう方法もある．

② LFA（Local Feature Analysis）

顔形状における鼻，眉毛，口，頬（骨の曲率が変化する部分）など，局所的な特徴に対して主成分分析を行なう．局所的特徴としては，32〜50個の小ブロック群が用いられ，これらの組合せで顔全体の特徴が表現される．顔の局所的な固有特徴を取り出すことで，色情報のちがいや経年変化に強い安定した顔認識の実現を図っている．

③ Gabor Jets とグラフマッチング手法の組合せ

顔画像を Gabor Jets 基底に射影して得られる係数（濃淡特徴の周期性，方向性を表現する）によって顔特徴を記述する．Gabor Jets 基底とは，スケールと向きの異なる Gabor Wavelets 基底である．各 Jet の位置は，顔の幾何モデルを表現する平面グラフの頂点を構成する．入力顔画像における係数値と頂点間の距離について，弾性グラフマッチングによりデータベース内の顔画像データと比較することによって顔認識を行なう．表情や顔向きの変化，ユーザーの移動に強く，歩行中の人物の顔認識にも適用できるという特長がある．

(6) 実用的な顔認識システム

FERET プログラムの活動などを経て，実用的な顔認識システムが開発されてきている．顔認識に関するホームページ[51]には，顔認識技術の開発に携わっている企業として18社があげられている（2007年4月現在）．文献34)では，付録の中で出版当時（2000年）における数社の商用システムを取り上げ，認識手法，顔画像の入力方法，写真による偽装への対策，制約条件などの各項目にわたっての比較がなされている．このほか，国内で開発されたシステムもいくつかある[37]．

(7) 顔画像データベース

顔検出，顔認識に関する多くの手法の性能を的確に比較するためには，共通の顔画像データベースに対して処理を行なった結果を示すことが不可欠である．顔画像については，表1.4に示したような種々の変動要因があり，これらへの配慮がなされたデータベースが要求される．同じデータベースを顔検出・顔認識の双方に利用できるが，顔検出を対象として，顔と非顔画像の学習や複雑背景下におけるさまざまな向きの顔を考慮したデータベースもある．海外では FERET, AR Face Database, XM2VTS など，国内ではソフトピアジャパンの顔データベースがよく知られている．詳しくは，文献34, 38, 50, 51) などを参照されたい．

(8) 顔認識技術の利用

顔認識技術の利用形態について，個人認証，個人識別の2つに分けて整理すると表1.5[11]のようになる．顔認識の用途としては，従来は入退室管理などのセキュリティ対策や犯罪捜査を目的とした個人認識が主であった．情報化社会の進展に伴い，端末やコンピュータへの不正アクセスを防止するための本人確認手段のひとつとしての利用も進んできている．また，年金支払いなどの住民サービスにおいて，他人による不正請求を防止するという用途も出てきている．これらは，いずれも犯罪や不正行為の防止に主眼が置かれている．これに対し，今後，日

表1.5　顔による個人認識技術の利用例

個人認証	個人識別
セキュリティ 　入退室管理：銀行，工場，空港，コンピュータセンターなど（静止型，ウォーク型）	犯罪捜査，遠隔監視 　犯罪者の同定，犯罪者探し（街頭で，群集の中から） 　入出国管理（空港など，入出国禁止者のチェック）
アクセス管理（←情報化社会） 　端末／コンピュータアクセス 　　ATM，電子送金，重要データへのアクセスなど（ログイン管理，離席時に他人の覗き見を防止など）	商店などで 　重要顧客への対応 高齢者・幼児施設での行動モニタリング 　徘徊者保護支援 コンピュータ，家電製品，携帯機器，人間共存型ロボットなどのヒューマンインタフェース 　ユーザーの識別 　→ユーザーの好み，特徴，状況に合わせたシステム側の応答
偽造身分証明書の防止 　運転免許，パスポート，ビザ（IC カードとの組合せ） 　社会保障（年金支払い，保険支払いなど） 秘密通信	ディジタルカメラ，ビデオでの撮影画像 　特定の人物が写っている画像やシーンの選択

常生活のさまざまな場面で個人対応のきめ細かいサービスの提供が可能なシステムの構築が望まれるが，その際，個々のユーザーを的確に識別する手段として，顔認識の役割が大きくなっていくことが予想される。たとえば，商店などにおいて，来店する個々の顧客を速やかに識別し，個々人に合わせた接客を行なう。あるいは，コンピュータや家電製品において，近づいてきたユーザーを認識し，個々のユーザーの好み，行動，意図に応じたきめ細かい応答をすることを可能とする。これまで人間に対して受動的な機械であったコンピュータや家電製品が，人間と同様に顔によって能動的に利用者を認識し，個々の利用者に応じたコミュニケーションを行なえるようになれば，人間と機械との関係も大きく変わっていくことになる。

1.2.4 その他のバイオメトリクス認証

ここでは，耳介を用いた個人認証で，とくに耳介輪郭を例に認証結果について述べる。

耳介の構造と個人特徴が強く表われる場所をまとめると次のようになる。耳介の構造は，①図1.23に示したような軟骨の凹凸からなる，おもに13の要素によって形成されている，②耳介の皮膚はきわめて薄く（800μm），血行に富み，汗腺，脂腺，傷跡が存在する，③指腺は耳甲介や三角窩でよく発達している，④耳介の筋肉は，組織が退化しているので表情のような変動がない，⑤耳介の皮膚は，軟骨膜に密着しているので可動性に乏しい，⑥耳介領域の脂腺，汗腺（耳輪，対耳輪など限られた場所に存在）により皮膚表面の反射率の変化が輝度値に及ぼす影響は考慮すべきであるが，その影響は少ないと考えてよい。

耳介の個人特有の特徴が現われる場所は，軟骨に記憶されている成長過程であると考えることができる。これらの成長過程は耳介軟骨の隆起および陥没している部位の形状，また，それらがつくる輪郭形状に現われる。たとえば，耳介の外側の輪郭に着目すると，"こめかみ"近くにある耳輪棘から始まり，首と頬の境界付近で終わる曲線で，耳輪軟骨，耳輪尾および耳垂がつくる輪郭となる。これら軟骨以外に輪郭形状に影響を与える軟骨に対輪があり，節末に示した図1.24のように，それぞれの軟骨の成長過程で形成された形状がたがいに複雑に影響を及ぼし全体の形状を形成している。図1.25は対輪形状が耳輪輪郭の形状に影響を与えている例である。図1.25の対輪は対珠付近で大きく湾曲し，その湾曲が耳輪を頭部後方に押し出し，その影響が"耳たぶ"と称する耳垂付近ま

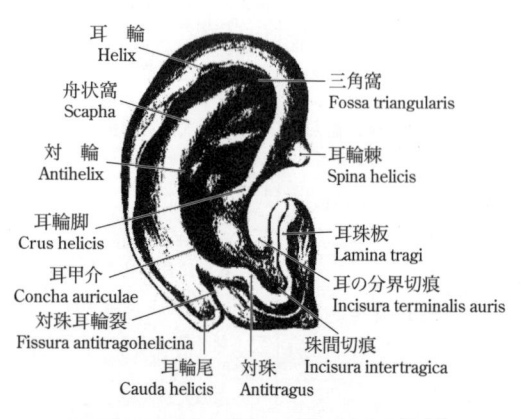

図1.23 耳介を構成する軟骨と名称[54〜56]

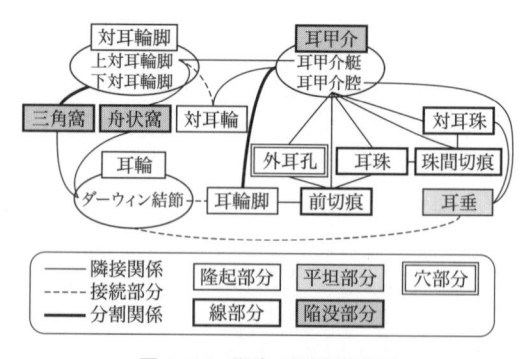

図1.24 耳介の要素構成図

図中，四角を結ぶ線分は構成要素であることを示す。耳介は軟骨が隆起している凸部分である耳輪，対耳輪，耳珠と軟骨が陥没している三角窩，舟状窩とどちらにも属さない耳垂からなる耳翼と軟骨が陥没している凹部分である耳甲介とに分かれる。軟骨の凸部分はさらに，図に示したような部分に分かれ，凹部分は腔，痕，艇，孔に分けることができる。

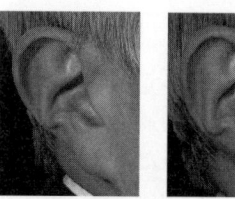

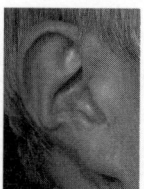

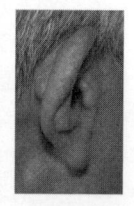

図1.25 耳介輪郭と対輪が及ぼす耳輪輪郭の変形

第1章 セキュリティ

で，および耳垂付近の耳輪輪郭および対輪脚（対珠付近の対輪）に複雑に湾曲を与えている。

図1.26にカメラを左右の方向に頭部前面から後方に回転し，撮影した耳介のようすを示す。(a) は頭部前面から見た耳介で，(e) は裏側から見た耳介のようすである。個人認証に用いる特徴はおもに耳孔が明確に撮影されている (c) から抽出し，他の方向からの入力画像は副次的に用いる。

図1.27に耳介の形態特徴を，図1.28に具体例を示す。耳輪輪郭に着目すると，舟状窩付近から耳垂にいたる部分の形状は，付近にある軟骨の形状が影響しあい，概して複雑になる。とくに耳垂付近は耳甲介，耳輪尾，対珠など複数の軟骨部位の形状で構成されるため，特徴が集中する。耳輪の形は，(a) に示したように，角型，滑型，および波状型の3種類に大きく分けられる。さらに，角型には2種類，滑型と波状型にはそれぞれ3種類の代表的な形がある。

耳輪の形による分類ではIV型が過半数を占め，滑型が大多数である。耳尖の形による分類では，耳尖欠が最も多く，全体の約1/3を占める。

耳尖の形および耳垂の形について100人の耳介写真を対象に調査した結果，耳尖による分類では耳尖欠型が最も多く全体の約1/3を占め，次いで，耳尖痕跡が全体の約1/4，耳尖型が約1/6という結果が得られた。この結果は，医学分野での調査とほぼ一致した。しかし，先天性

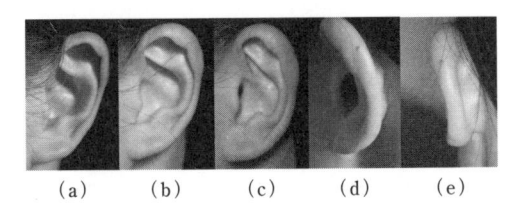

図1.26 頭部を前方から後方まで回転し撮影した耳介の変化例

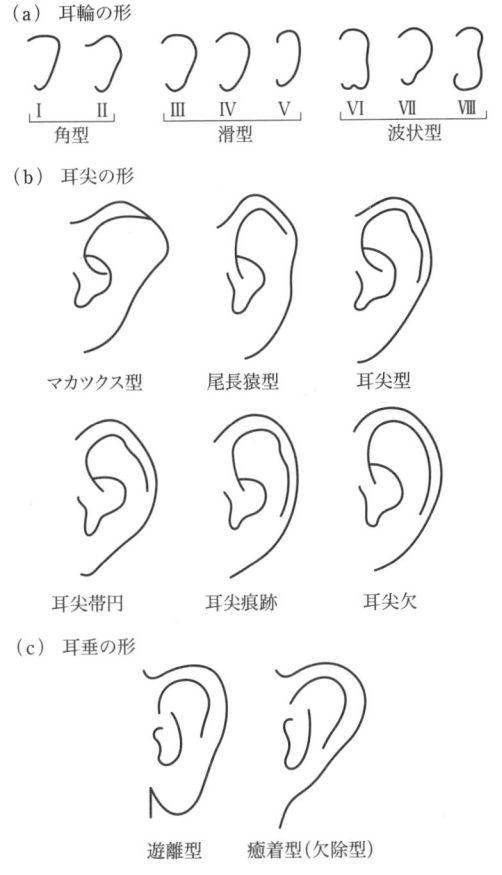

図1.27 耳介の形態に基づく分類例[54〜56]

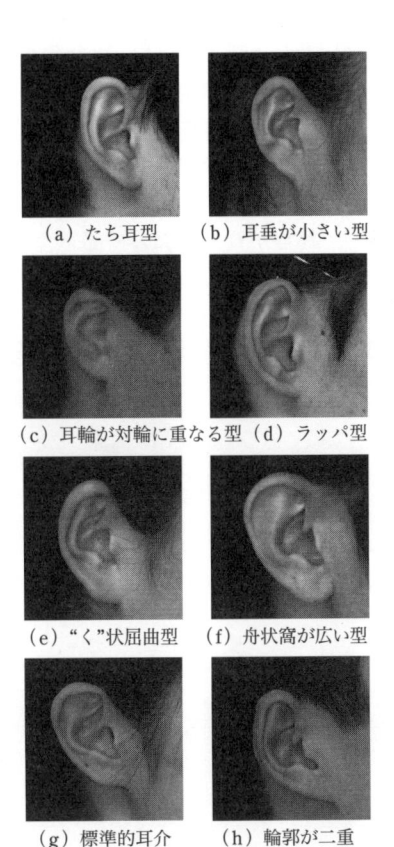

(a) 耳輪の形
I II 角型　III IV V 滑型　VI VII VIII 波状型

(b) 耳尖の形
マカックス型　尾長猿型　耳尖型
耳尖帯円　耳尖痕跡　耳尖欠

(c) 耳垂の形
遊離型　癒着型（欠除型）

図1.28 耳介輪郭の例

(a) たち耳型　(b) 耳垂が小さい型
(c) 耳輪が対輪に重なる型　(d) ラッパ型
(e) "く"状屈曲型　(f) 舟状窩が広い型
(g) 標準的耳介　(h) 輪郭が二重

および後天性奇形の耳介と判別が困難な耳介が4.6％存在した。

図1.28は具体的な耳介の例で，たとえば，(g)は耳介が即頭部からラッパ上に立ち，耳垂が横方向に縮小変換され小さく見える例である。このように，軟骨形状に成長過程が記憶されていると考えられ，個人性として現われる。

耳介画像を用いた認証の方法は種々考えられる。大別すると，①耳介の全体を用いる方法（たとえば，耳介画像における耳介領域を楕円領域で近似し，長軸で重ね合わせ類似度を計算する方法，②耳介の部分的量を図1.29に例示したように，耳介の縦の長さ（耳長），横の長さ（耳幅）など形状を定義する長さ，面積などの構成要素に関する量を計測して，類似度を計算する方法，あるいは輪郭を抽出してその類似度を計算する方法などが考えられる。②の方法は，部分的特徴の抽出精度が高ければ，認証精度の向上が望まれ，図1.24から部分的特徴の組合せは膨大で，模倣されにくいと考えられる。

図1.29および図1.30は，耳介の部分領域長，輪郭線，部分領域の抽出例である。おもな問題点をあげると，耳珠板付近に"ヒゲ"と称する輪郭とは異なる分岐する線が抽出される。また，耳輪の輪郭に着目すると，輪郭の始点が不明確で，終点が首の輪郭の一部を含んでいる場合がある。さらに三角窩の輪郭が抽出されていないなどである。これらの問題が解決されると，以下に述べるように精度よく類似性が計算できる。

輪郭線の抽出は，耳介を図1.31に示した放射状にスキャンし，抽出したいエッジ部分の濃度変化をガウス関数で近似し，ガウス関数の標準偏差 σ を推定し，推定された σ を用いてCannyの方法で輪郭抽出する。σ の推定は，x に対する濃度値，y に対し，$y = \exp(-x^2/2\sigma^2)$ を σ に関して解き，各 x に対して，

$$\sigma = \sqrt{-x^2/2\log(y)} \qquad (1.1)$$

で，y がゼロ付近で推定する。推定した結果は256×256画素では場所により0.7から3.3程度であった。

耳介の輪郭線の形状は放物線で近似できる。そこで，輪郭線を以下の方法で放物線弧で近似すると，図1.32のようになる。図中の三角形は放物線弧が内接する三角形（支持三角形という）で，この支持三角形列が輪郭線の特徴となる。

輪郭線の放物線近似の方法は点 $P_1(x_1, y_1)$，$P_2(x_2, y_2)$，$P_3(x_3, y_3)$ を結ぶ三角形を支持三角形とする。この支持三角形に内接する放物線は，

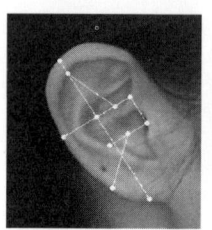

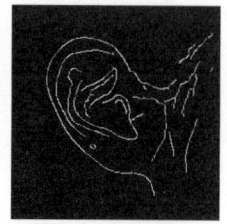

図1.29　耳介要素長の計測および輪郭線

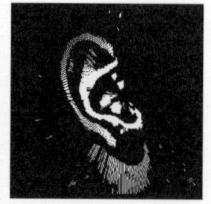

図1.30　部分領域の抽出例

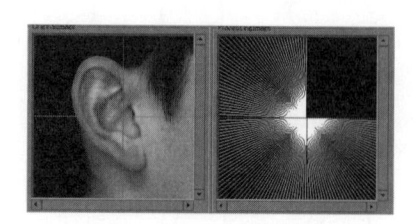

図1.31　放射状スキャンの例

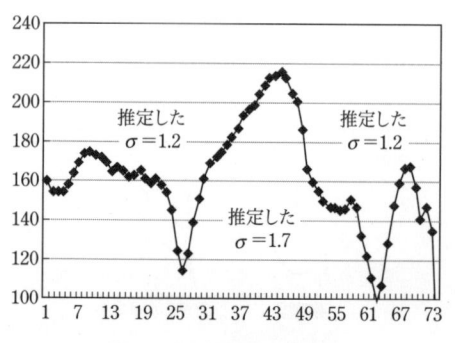

図1.32　標準偏差の推定

$$x = (1-t)^2 x_1 + 2t(1-t)x_2 + t^2 x_3$$
$$y = (1-t)^2 y_1 + 2t(1-t)y_2 + t^2 y_3 \quad (1.2)$$
$$(0 \leq t \leq 1)$$

ベクトル標記で

$$\mathbf{B}_{(t)} = (1-t)^2 \mathbf{P}_1 + 2t(1-t)\mathbf{P}_2 + t^2 \mathbf{P}_3 \quad (1.3)$$

と書ける.

<u>放物線弧近似のアルゴリズム</u>

①始点 $\mathbf{P}_1$ から K 画素は離れた点を終点 $\mathbf{P}_3$ とする,②$\mathbf{P}_1$ と $\mathbf{P}_3$ の接線の交点を制御点 $\mathbf{P}_2$ とする,③式(1.3)に従い $0 \leq t \leq 1$ に対し輪郭線の放物線近似を計算する,④元の輪郭線と放物線近似輪郭線との絶対値誤差が最大 E 未満であれば $K=K+1$ として近似区間を拡大し,E 以上であれば $K=K-1$ として近似区間を縮小する,⑤絶対値誤差が E 以下である最大区間を1つの放物線でサポートできる近似区間とする,⑥$\mathbf{P}_3$ を始点として①に戻り,くり返し全輪郭線を放物線弧で近似する,⑦放物線弧に対して特長量を計算する.特徴量としては,コーナー強度=(1-放物線弧で近似した輪郭線長)/輪郭長,支持三角形の面積,支持三角形の向き,近似放物線弧長,支持三角形の始点における放物線の法線角度,耳輪の太さなどが考えられる.

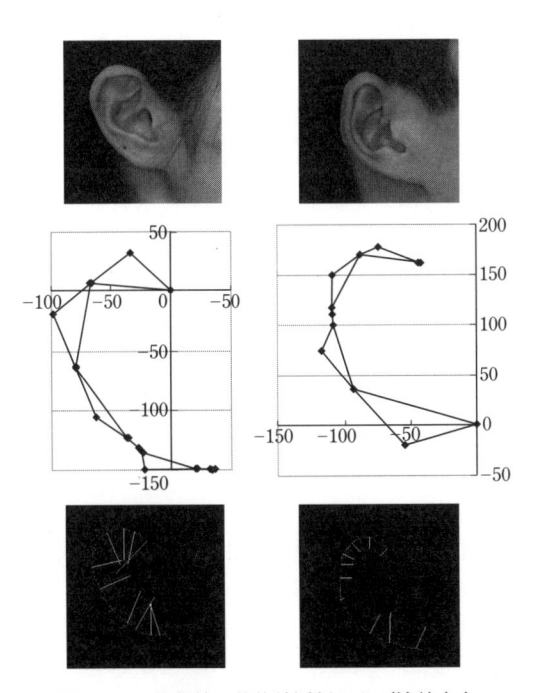

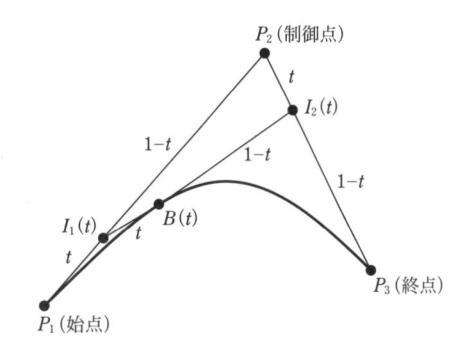

図1.34 放物線の作図

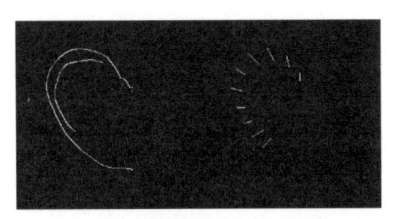

図1.33 輪郭線の放物線近似および法線方向

(a) 耳輪の太さの抽出例

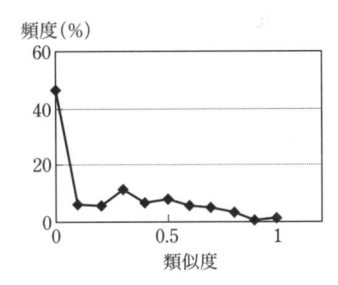

(b) 支持三角形の面積と法線方向の論理積に対する他人分布

図1.35 耳輪の太さおよび輪郭線の他人分布

図1.35は図1.33の支持三角形の面積に支持三角形の面積の類似度と法線方向の類似度の積を示した.100人の耳介を記憶したデータベース中から,入力耳介の耳輪輪郭を抽出し,耳輪の太さを特徴ベクトルとして,このベクトルの内積により類似度を祖間により計算した例である.他人分布は平均値0,最大が0.9の範囲にガウス関数状に分布している.支持三角形の面積のみに対する類似度では,ごくわずかであるが他人であっても相関値が0.9以上になり,明確に他人を区別しにくい場合が生ずるが,輪郭線の法線方向と組み合わせることで認証精度が大きく改善されることを示している.

1.3 コンテンツ保護技術

1.3.1 著作権保護

(1) 著作権とは[63]

ディジタル技術の進歩やインターネットの普及により,著作物,とくにディジタル著作物の著作権に関する問題が注目されている。わが国の著作権法では,著作物とは,「思想又は感情を創作的に表現したものであって,文芸,学術,美術又は音楽の範囲に属するものをいう」と,幅広く定義されている。具体的には,小説や論文などの言語によって表現される著作物,音楽,舞踊,絵画や彫刻,建築物,地図・図面・模型などの図形,映画,写真,コンピュータプログラムなどが例示されている。このほかにも,翻訳された小説や編曲された音楽などいわゆる二次的著作物や,辞典や雑誌などの編集著作物,データベースも著作物として扱われる。

著作権の目的は,著作物の著作者の権利を保護することと,著作物の公正な利用をはかることにある。著作者の権利を保護するために,複製権をはじめとして,録音・録画権,上映権,頒布権,送信可能化権など,さまざまな権利が規定されている。著作権保護という場合は,前者の意味合いが強いと思われるが,著作者の権利を強く保護しすぎると著作物の公正な利用を妨げることになってしまうことに留意する必要がある。著作権法は両者のバランスをとるためのルールであるともいえる。

(2) 著作権とディジタル技術

多くの著作物は,ディジタル形式で表現することができる。ディジタル化された情報は,元の情報が文字,映像,あるいは音楽など,どのような形式であれ,最終的には有限個の数字(0と1)で表現されることになる。したがって,ディジタル情報は,この0と1の系列を正確に再現することで複製することができ,複製された情報は元の情報とまったく区別することができない。

さらに,ディジタル情報はコンピュータによる処理が行ないやすいという特徴を生かし,音声や画像情報に含まれている冗長な成分や,人間の感覚に認識されにくい成分を取り除くことによって情報を大幅に圧縮することが可能になっている。圧縮によりデータのサイズが小さくなった情報は,インターネットなどを通じて簡単に送ることができ,これがディジタル情報に対する著作権保護対策をいっそう難しくしている。

(3) DRM 技術

ディジタルコンテンツは記録媒体の種類を選ばないので,アナログコンテンツのように,記録媒体に依存した方法でコンテンツの複製や利用を制限することが難しく,暗号技術や電子透かし技術[64]などの情報セキュリティ技術を用いて,ディジタルコンテンツの複製や利用を制限する方法が用いられている。

これらの方法は,一般に DRM(digital rights management)とよばれている。DRM の機能は,ある特定の技術で実現可能なものではなく,複数の技術を組み合わせることで実現される。現在用いられている DRM 技術としては,Apple 社の FairPlay,Microsoft 社の WMRM(Windows media rights manager),RealNetworks 社の Helix DRM,SONY 社の OpenMG など,種々の方法が知られている[65]。

これらの DRM 技術は,その種類によって使用可能な環境(プラットフォーム)やコンテンツの種類が異なるが,おおよそ以下のような機能を実現している。

- 特定の機器でのみコンテンツの再生を可能にする。
- 携帯型再生機器や CD などへのコンテンツの複製を制限する。
- 再生可能な期間や回数を制限する。

一般に,DRM で保護されるコンテンツは,暗号化された形式で配布・保管される。暗号化コンテンツを再生するためには,正しい複号鍵が必要であり,再生可能な条件を満たしている場合にのみ,複号鍵を使用できるようにすることで上述した各種機能を実現している。たとえば,特定の機器でのみ再生を許可する場合には,当該機器に固有の情報(たとえばシリアル番号)を読み出し,それがあらかじめ登録されている値と一致した場合にのみ復号処理を行なうように再生用ソフトウェアを構成すればよ

コンテンツが不正に利用されないためには，DRMで用いられている暗号アルゴリズム自体が強固であることはもちろんであるが，再生用ソフトウェアやハードウェアを解析して内部に保管されている復号鍵を取り出すことや，再生条件をチェックする処理を迂回するようにプログラムを書き換える行為が容易に行なえないように，ハードウェアやソフトウェアを耐タンパ化[66]する必要がある。

現在用いられているDRMに関して，いくつかの問題点が指摘されている。先に述べたようにDRM技術として複数の方式が用いられており，それらの方式には互換性がないため，異なるDRM方式で管理されているコンテンツは再生することができない。

各DRM方式が対応しているOSの種類や，携帯型再生機器の種類が異なっているため，複数の機器を有する利用者は同じコンテンツであっても機器ごとに異なるDRM方式のコンテンツを用意する必要が生じてしまう。この問題は，DRM方式を変換すれば技術的には解決可能だが，DRM方式の技術的詳細は公開されていないことが多く，その実現は困難となっている。

これらの問題を解決する方法のひとつとして，DTCP-IP[67]を利用する方法が考えられている。DTCP-IPは，IEEE1394を備えたディジタル機器間でコンテンツを安全にやりとりするための規格として制定されたDTCP（digital transmission content protection）をIPネットワークでも使用できるように拡張した規格である。DRM技術により保護されているコンテンツをDTCP-IPを用いて伝送する場合は，いったん送信側機器のDRMで用いられている暗号を復号し，DTCP-IPにより伝送したうえで，受信側機器のDRM形式に変換することになる。この方法であれば，任意の2つのDRMの組合せについて変換をする必要はなく，DTCP-IPとの変換インタフェースさえ用意すればよいことになる。

(4) 同報通信暗号

コンテンツをブロードキャスト形式で配信する際に，許可された利用者のみがそのコンテンツを利用できるように，コンテンツを暗号化する必要がある。

この場合に，コンテンツを暗号化する暗号化鍵を直接利用者に配布すると，一部の利用者を無効化したい場合に，全利用者の鍵を更新しなければならず現実的でない。そこで，各利用者に異なる鍵情報を配布しておき，許可された利用者のみがコンテンツに付加されたヘッダ情報を復号してコンテンツの暗号化鍵を入手できる仕組みが用いられる[68]。

特定の利用者を無効化したい場合には，ヘッダ情報を再構成することで，各利用者が保持する鍵情報を更新することなく，許可された利用者の集合の変化に対応できる。DVDに記録されるコンテンツに関しても同様の仕組み（advanced access content system；AACS[69]）が用いられている。DVDの再生ハードウェアやソフトウェアの耐タンパ技術が破られて内部の鍵情報（デバイスキー）が露呈したとしても，DVDに記録されているヘッダ情報（media key block；MKB）を書き換えることにより，その再生ハードウェア/ソフトウェアのみを無効化することが可能となる。

(5) 電子透かし[64]

ディジタルコンテンツの著作権を保護する方法として，複製や利用を禁止，あるいは制限する方法のほかに，よりゆるやかな保護の方法として電子透かしを用いることにより，違法な複製や利用を抑止する方法もある。

電子透かしは，ディジタルコンテンツの信号そのものを主観的には知覚できないように微少に変化させることにより，情報を埋め込む技術である。電子透かしは埋め込む情報の種類により種々の利用方法が可能である。たとえば，著作権者の情報を埋め込んでおけば，コンテンツが編集されて盗用された場合でも，電子透かしを復号することにより権利を主張することができる。

さらに，コンテンツIDとよばれる一意なIDを埋め込んでおくことで，著作権管理を効率的に行なおうとする試みもなされている[70]。また，利用者の情報を埋め込んでおけば，不正な複製が流通したときに，複製元を特定することが可能となる。さらに，複製不可などの複製制

御情報を埋め込んでおけば，対応機器がその透かし信号を読み取って複製操作を禁止するなどの応用も考えられる．

電子透かしは，それが埋め込まれたディジタルコンテンツに対して，圧縮やフォーマット変換など，ある程度の変更が加えられたとしても消去されないことが望まれる．

また，複数の利用者が結託して，たがいのコンテンツを比較したとしても，電子透かしの埋め込み位置が特定されたり，消去されないことも必要である．

ディジタルテレビ放送など，ディジタル形式で著作権保護が講じられている場合であっても，従来のアナログ機器との互換性のために設けられるアナログ出力を再度ディジタル化することにより，著作権保護技術を回避できる，いわゆるアナログホールが問題になっている．抜本的な解決は難しいが，アナログ-ディジタル変換にも耐性のある電子透かしを利用する方法などが考えられる．

(6) 著作権保護の今後

P2P技術[71]を用いたファイル共有システムや，YouTube[72]などのビデオ投稿・掲示板サービスにおいて，著作権侵害の疑いのあるコンテンツの流通・公開が問題になっている．P2Pシステムにおいては，いったん流出したコンテンツを削除すること，また，その流出元を特定すること（trator tracing）が困難であることが問題の解決を難しくしている．

さらに，そもそも多数のコンテンツの中から，いかにして著作権侵害コンテンツを見つけ出すのかという問題もある．今後，これらの課題を解決するための技術開発が希求される．

また，従来の著作権保護は，少数の著作権者と多数の利用者という枠組で考えられていることが多かったが，インターネットの普及により，多数の利用者が同時に著作権者でもあるという状況が生じてきている．実際に，多くの利用者がウェブや電子掲示板，SNS（social networking service）などでコンテンツを公開したり，また，それらのコンテンツから派生，あるいは相互に影響し合うことで新たなコンテンツが産み出されることも多い．今後，このようにして産み出されるコンテンツの著作権保護技術も必要になってくるであろう．

1.3.2　不正コピー防止技術

(1) ディジタル放送向け技術

日本では，本格的な高精細（high definition；HD）のディジタル放送が2000年にBSディジタル放送で開始され，2003～2006年にかけて地上ディジタル放送が開始されている．放送の高精細化の進展に伴い，映像コンテンツの不正コピー防止技術は，BSディジタル，地上ディジタルとも導入されている．ここでは，BSディジタル，地上ディジタル放送で利用されている不正コピーを防止するために導入されているコンテンツ保護技術について紹介する．

ディジタル放送では，無料放送番組でも放送波のコンテンツには暗号化が施されて伝送されている．これを復号するには，ディジタル放送特有の処理を行なうICカード（物理的な形状・電気特性は一般のICカードと同様のISO 7816-1で規定されたカード）が必要で，ディジタル放送の受信機にこのICカードを挿入することで初めて映像を視聴することが可能になる．全体のシステムイメージを図1.36に示す．

図1.36に示すように，放送局から受信機までを放送方式で規定した仕組みで保護し（電波産業会；ARIBにて規定），受信機からの出力については既存の技術を利用して不正コピーを防止する仕組みとなっている．ICカードは，

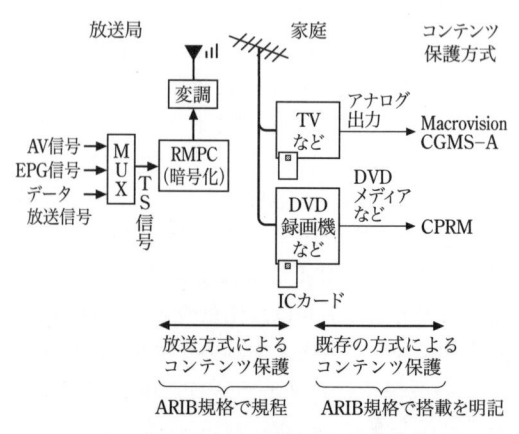

図1.36　コンテンツ保護の全体構成

MUX：multiplexer（多重器），RMPC：rights management and protection controller, TS：transport stream, EPG：electric program guide（電子番組表）．

表1.6 受信機の出力保護方式例

出力種別	出力	保護方式
映像出力	アナログ	Macrovision
		CGMS-A
デジタル出力	1394	DTCP
	HDMI/DVI	HDCP
リムーバブルメディア記録	BD-RE	CPS for BD-RE
	D-VHS	D-VHS
	DVD-RAM	CPRM
	DVD-R	
	DVD-RW	

第三者機関から受信機メーカーに配布される仕組みとなっており，配布条件として，ARIB TR-B14に規定されている受信機の出力，記録，蓄積機能についてコンテンツ保護を行なうことになっている．この規定を守らないメーカーにはICカードは配布されず，デジタル放送を受信することはできない．表1.6に受信機の出力を保護するために必要な規定の代表例を示す．

ここでは，図1.36に示す放送方式によるコンテンツ保護方式がどのようなものか，技術的な視点から説明していく．

放送で暗号化と復号を行なう場合，さまざまな技術的課題が存在するが，ここでは大きく2つの点に焦点をあてて説明する．第1の課題は，放送は片方向通信路で暗号化と復号を行なわなければならないことである．インターネットのように双方向で暗号を復号するための鍵の受け渡しができる環境にはない．第2の課題は，視聴者が次々とチャンネルをチューニングしても良好なレスポンスを得られるよう，復号するためのレスポンスの考慮が必要なことである．

第1の課題である片方向通信路での暗号化・復号の手法について述べる．図1.37に示すように，三重鍵構造の秘密鍵暗号方式を用いて実現している．以下，図に示す一連の動作を説明する．

① 放送局側，受信側，双方に保持する"マスター鍵"を利用して"ワーク鍵"を暗号化し，EMMとして特定のICカード宛てに電波で送信する．
② コンテンツ本体を暗号化するための"スクランブル鍵"を"ワーク鍵"で暗号化し，ECMとして電波で送信する．

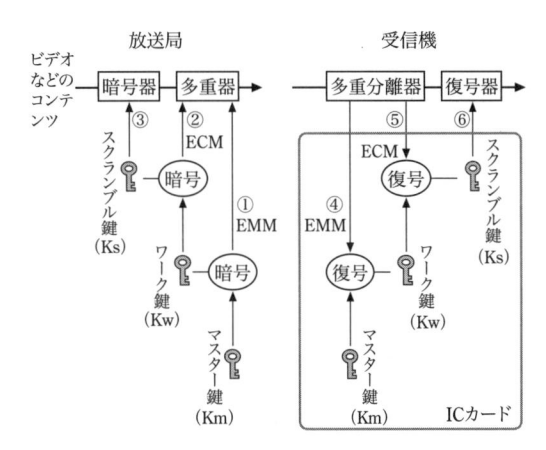

図1.37 三重鍵構造

③ コンテンツ本体を"スクランブル鍵"で暗号化する．
④ EMMを取り出し，ICカードで"マスター鍵"を使って復号し，"ワーク鍵"を取り出す．
⑤ ECMを"ワーク鍵"で復号し，コンテンツ本体を復号するための"スクランブル鍵"を取り出す（EMMでワーク鍵が送られてこないICカードは復号できず，⑥に進めない）．
⑥ スクランブル鍵を復号器に設定して，コンテンツ本体を復号する．

マスター鍵は各ICカードに固有の鍵で，通常，ICカード発行時にカード内に埋め込まれている．ワーク鍵は長周期で更新される鍵で，放送事業者が任意に更新できる．スクランブル鍵は約2秒ごとに更新されており，映像と同期しながらECMとして電波で送信されている．

更新周期の異なる3種類の鍵を段階的に組み合わせ，ワーク鍵の送り先を制御することにより，不正視聴行為を防止できる仕組みとなっている．

第2の課題であるチャンネルチューニング時に良好なレスポンスを得られる手法について述べる．これは，スクランブル鍵をECMで送信する送信方法によって実現している．まず，図1.38に前提となるデジタル放送における映像信号の伝送方法を示す．

デジタル放送では，MPEG2方式にて圧縮された映像信号や各種データを最終的に188バイトの固定長パケットにして伝送している．暗号

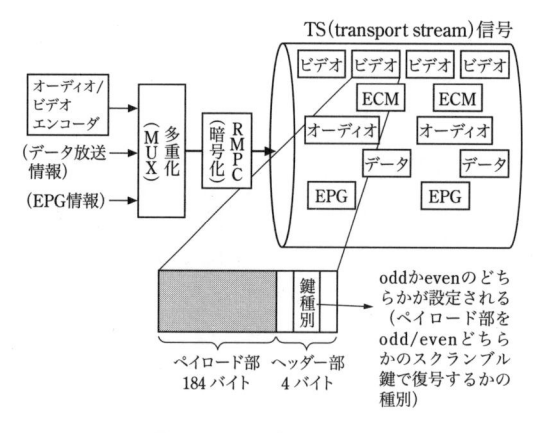

図1.38 TS信号について

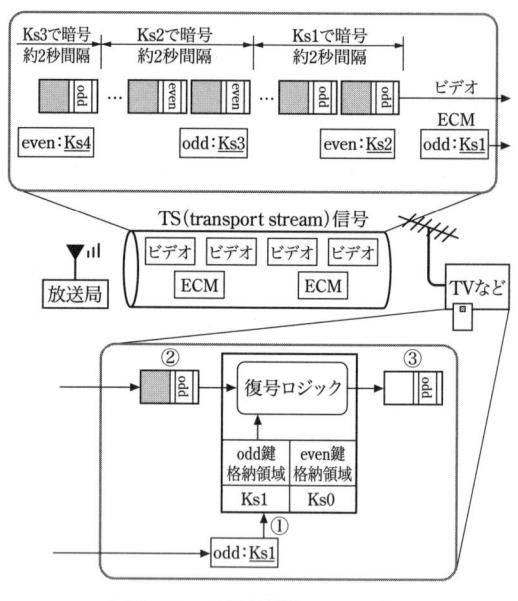

図1.39 暗号化制御ステップ1

化は，このパケットの4バイトのヘッダーを除いた184バイトのペイロード部分を暗号化して伝送している。また，図に示すように，ヘッダ部分には暗号復号を受信機にて容易に実施できるようにスクランブル鍵Ksの種別が記載されている部分がある。このヘッダー部分には，"odd"と"even"の2種類の種別を記載できるようになっており，"odd"種別のスクランブル鍵でペイロード部分の暗号を復号するのか，"even"種別のスクランブル鍵でペイロード部分の暗号を復号するのかを判別する識別となっている。この部分の詳細な利用方法は後述する。

次に，上述のデジタル放送の映像信号の伝送方法を前提に，ECMを利用した復号方法を2つのステップに分けて説明する。

まず，図1.39でステップ1としてECMを使った暗号化/復号の基本動作を説明する。放送局側では，受信機の処理時間を考慮して，映像信号を暗号化するスクランブル鍵Ksを約2秒前にECMとして先に送信しておく。受信機は，図の番号に従って以下の動作を行なう。

①ECMを受信し，ECMに格納されているスクランブル鍵Ks1をECMに記載されている鍵種別に従って，復号器のodd鍵格納領域にKs1を設定する。

②映像信号のTSパケットを受信したときにパケットのヘッダに"odd"と記載されているので，odd鍵格納領域に設定されているKs1を使って復号する。

③復号された映像信号のTSパケットを取り出す。

上述のように，①～③をKs1，2，3とスクランブル鍵が更新されるごとに順次くり返すことによって，受信機は単純動作で映像信号のTSパケットの復号化を実現できる。しかし，このままでは，受信機を起動した直後やチャンネルを次々と切り替えたときなどは最大2秒間待たなければ，復号して映像信号を取り出しTV画面に写すことができない。これを解決する追加手法を図1.40に示す。

図に示すように，実際のECMには，次の2秒を復号するためのKs2を送信するとともに，現在，暗号に使われているKs1も同時に送信する。さらに同じECMを約100ミリ秒間隔で再送することにより，復号関連の処理だけを考慮すればチューニングに必要な時間は最大100ミリ秒となり，起動時やチューニング時に違和感なく受信機の操作ができるように工夫されている。

デジタル放送では，高精細化に伴い高画質化が進む一方で，不正コピーは画質劣化を伴わないため大きな脅威であるとの認識で，早くから取組みが行なわれ，このような強固な仕組みが導入されている。

(2) 記録媒体向け技術

VHSビデオに記録されるビデオ信号を乱す

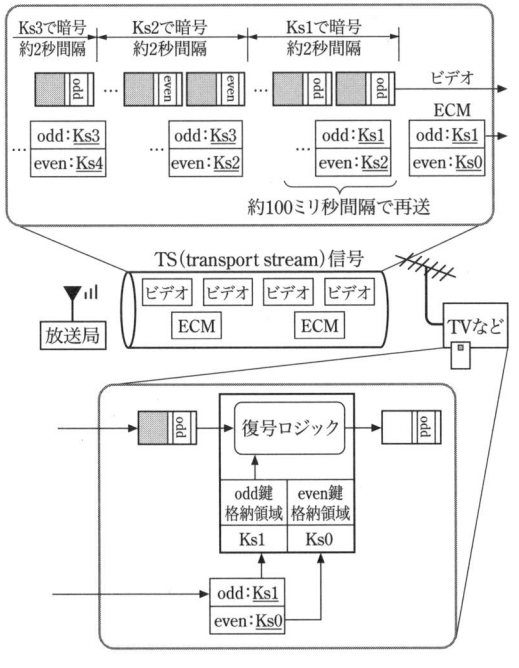

図1.40 暗号化制御ステップ2

ためのコピーガード信号や，コンパクトディスク（CD）で使われているコピー世代管理情報であるSCMS（serial copy management system）などもコンテンツ保護技術として利用されているが，ここでは記録媒体に記録されたコンテンツ自体を暗号化することにより，秘密情報をもたない機器での再生を防止するための技術を解説する。

暗号化されたオーディオビジュアル（AV）コンテンツ普及の始まりは1996年に登場したDVDビデオからであり，そこではCSS（content scramble system）[76]とよばれる暗号化（スクランブル）技術が採用されている。その後，日本では2000年に開始されたデジタル放送の普及に伴い，放送コンテンツを記録型DVDディスクに記録する際にはCPRM（content protection for recordable media）[78,79]技術の利用が広がってきている。このCPRM技術はSDカードでも採用されている技術であり，メモリスティックで採用されているMagicGate技術などと同様にフラッシュメモリに記録される音楽や映像コンテンツの保護にも利用されている。このころから，開発されたコンテンツ保護技術には，個々の機器がクラックされ機器の秘密情報が漏れてしまった際の対策が施されるようになっている。

DVDビデオよりも高画質なコンテンツがハイビジョンのデジタル放送で楽しめるようになるのに合わせて，高画質コンテンツを記録するために十分な記録容量をもったディスクとしてHD DVDとブルーレイディスク（blu-ray disc）が開発され，2006年にはこれらの記録メディアで利用可能なAACS（advanced access content system）[80,81]技術も開発され，今後はAACS技術も広く普及していくことが見込まれている。

なお，コンテンツ保護されたコンテンツを取り扱う機器は，技術仕様だけでなく，ライセンス契約書に含まれる遵守規定（compliance rules）や強靭性規定（robustness rules）に従って製造されなければならない。遵守規定には，コンテンツに付けられるコピー制御情報の定義規則，再生制御規則や出力制御規則など，平文コンテンツの取り扱い規則が規定されており，強靭性規定には，鍵などの機密性の高い情報の安全な取り扱いや平文コンテンツが認められた出力以外に流出しないように機器を製造するために必要な規則などが規定されている。

以下，光ディスクにおけるコンテンツ保護技術に焦点を絞って，代表的な技術を説明する。

① CSS

上述したように，CSSはDVDビデオで採用されているコンテンツ保護技術であり，映画業界，民生電子機器業界，およびコンピュータ業界が協議して採用が決められ，現在はDVD Copy Control Association（DVD CCA, http://www.dvdcca.org/）によってライセンスが管理されている。図1.41に示すように，CSSはコンテンツの暗号化に加えて，鍵管理が階層構造になっていることと，PCシステムで必要になるバス認証などの要素技術を備えていることが特徴である。ただし，暗号化には，現在となってはかなり鍵長の短い40ビット鍵のアルゴリズムが採用されているが，アルゴリズムはCSSライセンス契約を結ばなければ開示されない。

階層構造となっている鍵は，DVDプレーヤ製造業者ごとに割り当てられるマスター鍵，デ

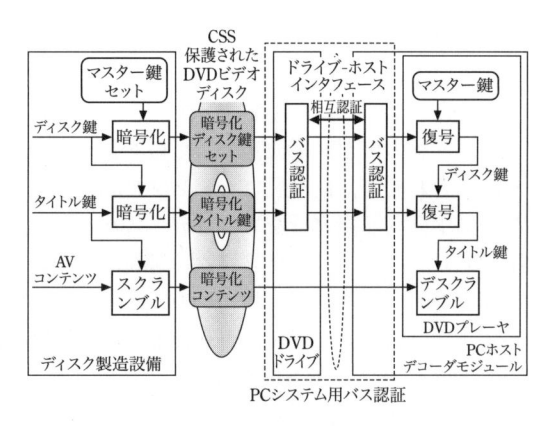

図 1.41　CSS 暗号化処理

ィスク全体で1つ指定されるディスク鍵，CSS 暗号化の単位であるセクターごとに指定可能なタイトル鍵の3種類があり，タイトル鍵はコンテンツの暗号化に，ディスク鍵はタイトル鍵の暗号化に，マスター鍵はディスク鍵の暗号化にそれぞれ使用される。このとき，ディスク上にはすべてのプレーヤ製造業者のマスター鍵で個々に暗号化されたディスク鍵（ディスク鍵束）が書き込まれ，DVD プレーヤはディスク鍵束の中から自身が秘匿しているマスター鍵に対応した暗号化ディスク鍵を選択して復号することによりコンテンツ復号までの一連の再生処理が行なわれる。

PC システム用バス認証は，オープンバスに CSS 鍵データを流す際に要求される処理であり，このバス認証によって相互認証された DVD ドライブと PC ソフトウェア間でのみ CSS 鍵データが送受信できるようになっている。

さらに 2006 年には，記録型 DVD ディスクに CSS コンテンツを記録する新しいが利用形態が認められ，既存 DVD プレーヤでの再生互換性などが確認されしだい，CSS 暗号化コンテンツを記録した記録型 DVD ディスクの登場が見込まれている[77]。従来の DVD ビデオではマスターディスクとよばれる原版を作成しなければならないためにコストが見合わなかった少量出版タイトルでも，購入者1人ひとりのリクエストに応じてディスクを作成できる。このため，これまで発売されることのなかった趣味性の高いタイトルなども発売されるようになったり，購入者が家に居ながらにして欲しいタイトルを DVD プレーヤで再生可能な状態でダウンロードできたりするようになる可能性もある。

② CPRM

CPRM は記録型 DVD（DVD-RAM/-R/-RW）や SD カードで採用されているコンテンツ保護技術であり，インテル社，IBM 社，松下電器産業，東芝の4社で開発し，4C Entity L.L.C.,（http://www.4centity.com/）がライセンスを行なっている技術である。CPRM では，コンテンツ暗号化，リムーバブルメディアに適した鍵管理などに加え，メディアによる不正機器の無効化（revocation）機能が実現されていることが特徴である。コンテンツの暗号化や鍵の暗号化に C2 暗号（cryptomeria cipher）とよばれる鍵長 56 ビットの 64 ビットブロック暗号が採用されており，アルゴリズムも公開されている。

各機器にはデバイス鍵セットとよばれる 16 個の秘密情報が割り当てられ，ライセンスを受けた機器製造業者にはこれらの鍵が露呈しないように機器を製造する義務が課せられている。しかし，その秘匿方法に問題があり鍵情報が露呈してしまった場合には，MKB（media key block）の機能によって，当該鍵情報をもった機器でその後発売される DVD ディスクを利用しようとしても CPRM 処理が正しく動作しなくなるようにすることができ，これによって不正機器の無効化を実現している。

MKB とは，メディア鍵とよばれる1つの鍵を個々のデバイス鍵で暗号化した鍵束であるが，単純に暗号化するだけではディスクに書き込む鍵束のデータ量が膨大になってしまうため，不正機器の無効化を考慮して効率的に生成されている。

さらに，記録型 DVD にはディスク1枚ごとに異なる番号（メディア ID）が製造時に書き込まれており，コンテンツ暗号化に必要なタイトル鍵はこのメディア ID を使って暗号化したうえでディスク上に記録されるため，暗号化コンテンツを含むディスク上のユーザーデータを別のディスクに bit-for-bit コピーしても正しく復号することはできない。

以上の機能を盛り込んだ CPRM 暗号化/復号処理手順を図 1.42 に示す。

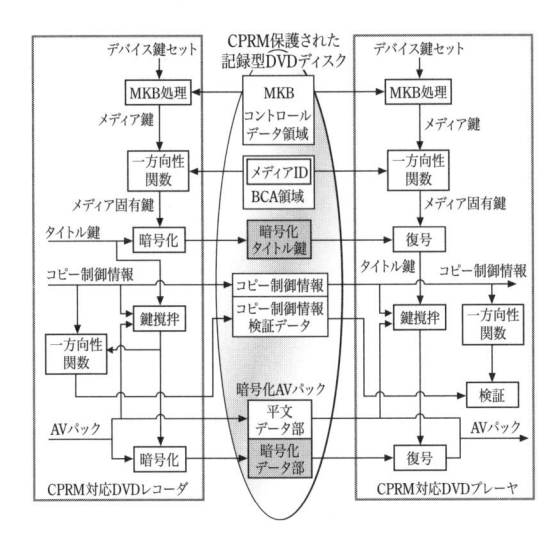

図1.42 CPRM暗号化復号処理

③ AACS

光ディスクの大容量化に伴い，そこに記録される高画質コンテンツなどの保護に適した技術を提供するために，インテル社，IBM社，マイクロソフト社，東芝，ソニー，松下電器産業，ワーナー・ブラザーズ社，ウォルト・ディズニー社の8社が開発した技術であり，AACS LA L.L.C.（http://www.aacsla.com/）がライセンスを行なっている技術である．2006年末の時点でHD DVDとブルーレイディスクの2種類のフォーマットで採用されており，それぞれのフォーマットではパッケージメディアと記録型メディアの両方で採用されている．

AACSは参加企業を見てもわかるように，コンピュータ業界，民生電子機器業界，および映画業界の企業の意見を取り入れて作成された規格であり，さまざまな立場から考えられている．そのため，CSSで採用されたコンテンツ暗号化やCPRMで採用された不正機器の無効化以外にも，いくつかの新しい技術が採用されている．

各機器には253個のデバイス鍵と256個のシーケンス鍵が割り当てられ，これらの鍵が露呈してしまった場合には，MKBあるいはSKB（sequence key block）の機能によって，該当する鍵が無効化される．その他，PC用のソフトウェアプレーヤの場合には，光学ドライブからAACSデータを読み出す際のバス認証に必要な

ホスト用公開鍵ペアも合わせて秘匿する必要がある．AACSではコンテンツ暗号化やその他鍵情報の暗号化には鍵長128ビットのAES暗号が使用され，バス認証には秘密鍵長160ビットの楕円曲線暗号が使用されている．

AACSで採用されている特徴的な2つの技術を以下に説明する．

• シーケンス鍵　映画の中からシーンをいくつか選択し，それらのシーンについて，見た目にはまったく同じに見えるが1つひとつを区別できる情報を（たとえば，電子透かしを使って）埋め込んだコンテンツデータを複数用意し，暗号化してディスクに記録しておく．個々の機器にはシーケンス鍵セットが割り当てられ，そのシーケンス鍵セットを使ってSKBを処理することによって，シーンごとに1つのコンテンツデータを復号することができるようになる．

図1.43に示す模式図では，映画全体でmカ所のシーンが選択され，シーンごとにn個の異なるコンテンツデータが作成されている．機器Aと機器Bで再生される映画は，見た目には同じでも異なるコンテンツデータが再生されるため，再生されたコンテンツデータを後で検証することにより，どのシーケンス鍵を使って復号されたコンテンツデータなのかを調べることが可能になる．

• コンテンツ証明書　AACS保護されたコンテンツのハッシュ値を計算し，求められたハッシュ値とコンテンツ管理情報（コンテンツ作成者ID，コンテンツ識別番号など）に対してAACS LAが発行するデジタル署名を付けたコンテンツ証明書（content certificate）がコンテンツとともにパッケージメディアに記録され

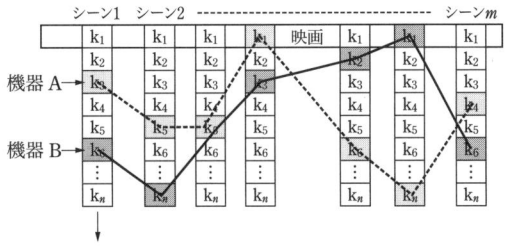

機器Aは，3つめのコンテンツデータをシーン1用に復号
機器Bは，6つめのコンテンツデータをシーン1用に復号

図1.43　シーケンス鍵利用の概念

る。プレーヤは，コンテンツのハッシュ値とデジタル署名を検証しながらAACS保護されたコンテンツを再生する。

実際には，コンテンツ全体のハッシュ値を一度に計算するのではなく，コンテンツは図1.44に示すように細かなデータ単位ごとに分けられ，個々の単位ごとにハッシュ値が計算される。

1.3.3 スクランブル技術

本項では，各種フォーマットのディジタル静止画像および動画像に対するスクランブル技術について述べる。

スクランブルとは，メディア中のデータを知覚できないようにすることを目的として，意図的に撹拌する技術を指す。

一般的には図1.45に示すとおり，メディア配信側が，何らかの鍵にひも付けられたスクランブルを適用することによりメディアを撹拌する。ここで撹拌されたメディアを当該メディアに対して視聴権をもつユーザーが視聴する場合には，前述の撹拌を解除するための鍵を利用することによりスクランブルを解除する。一方，視聴権のないユーザーは撹拌されたメディアを視聴することができるだけで，オリジナルのメディアを視聴することはできない。

なお，一般的にスクランブルには以下の2とおりが存在するが，ここでは後者を対象とする。

- 一般的な暗号化と等価であり，スクランブルが適用されたメディアは暗号を解かないかぎり意味をなさない。
- スクランブルが適用されたメディアは，対象とする再生機上でそのままの形で再生可能である。すなわち，適用された鍵を解除しなくても何らかの表現が実現できる。

以下，静止画像および動画像に対して，上記条件に基づき提案されたスクランブル手法について概説する。

(1) 静止画像向け技術

前述のとおり，静止画像向けスクランブル方式としてさまざまな方式が検討されているが，ディジタル静止画像向けのスクランブル技術としては，ベースバンド信号，すなわち原画像を対象としたものと，圧縮後の信号を対象としたものの2つに大別される。

前者のベースバンド信号を対象としたものとして以下が存在する。Murakosiら[82]は，多次元のLPSV（linear periodically shift-variant）ディジタルフィルタを利用したスクランブルを提案しており，これを適用して得られたスクランブルメディアには原画像の形跡が視認できなくなる。なお，スクランブル解除画像には若干ノイズが残存する。Kuoら[83]は位相スペクトルにPN（pseudo noise）信号を混入させる方法を提案しており，こちらも同じくスクランブルメディア上に原画像の形跡が視認できなくなる。Charles[84]のポリフェーズフィルタバンク（polyphase filter banks；PFB）を利用した方法は，前述のスクランブル方式同様，原画像の形跡を視認できなくするだけでなく，スクランブル解除が高速に低消費メモリで実現できる点が特長である。Jooら[85,86]の方法は，一般に音声

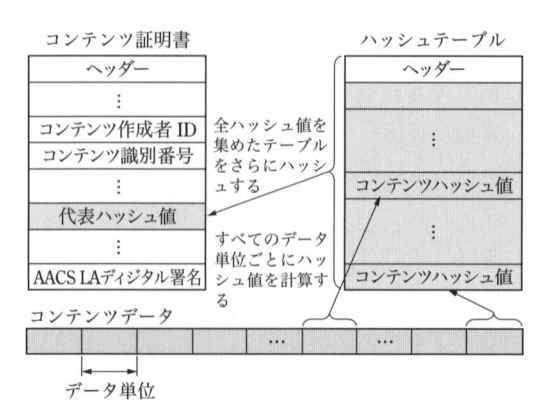

図1.44　コンテンツ証明書

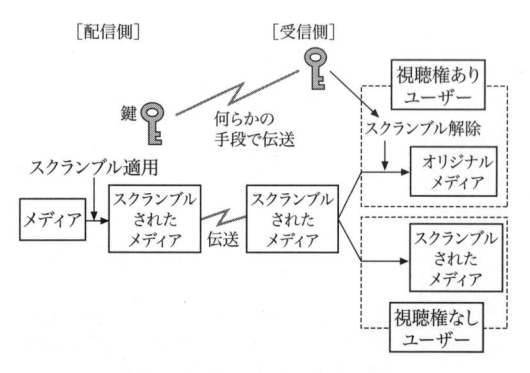

図1.45　スクランブルとは？

のスクランブルに用いられる PSV (periodical shift variant filter) を 2 次元に拡張し，静止画像に適用する方法である。また，Zou らの方法[87,88]はフィボナッチ変換を利用したスクランブル方式であり，非常に高速にスクランブル適用・解除ができるだけでなく，スクランブル適用画像に攻撃を加えても解除したときにその影響がほとんど出ない特長がある。さらに，Zou らは同文献で Lucas 変換を利用したスクランブルを検討している。

また，局所領域にスクランブルを適用可能な方式もいくつか検討されている。たとえば，岡ら[89]は一般化 Peano 走査に秘匿機能をもたせた方法を採用している。また，Autrusseau ら[90]は Mojette 変換とよばれる radon 変換を変形したものを適用するスクランブルを検討している。同スクランブルは局所領域にリアルタイムに適用できることが最大の特長である。

一方，符号化後の信号を対象とし，そのビットストリームにスクランブルを適用する方法もいくつか検討されている。一般に，画像は圧縮して伝送されるので，符号化ドメインでスクランブルができることは，スクランブル解除に余計なメモリを必要としない点がメリットとしてあげられる。逆に，要件として，スクランブル適用後も当該符号化方式の文法が維持されていることがあげられる。さらに符号量が変わらないことが望ましい。以下，本条件を満足する方式について紹介する。

木下ら[92]は DCT をベースとした符号化方式を対象としたスクランブル手法を提案している。ここでは，DCT 係数の DC 成分にスクランブルを適用する場合，および，AC 係数の低域/高域成分を集中的に/分散させてスクランブルする場合について，その効果に関する考察を行なっている。藤井ら[93]は JPEG を対象とし，符号化された DCT 係数のうち，非零係数を操作することによりスクランブルを実現している（非零係数は，スキャン順でその係数までのゼロラン長を可変長符号化したものと，非零係数の 2 進数表現における桁数，および非零係数の絶対値と符号を符号化したものの結合で表現されるが，そのうち，非零係数の絶対値と符号ビットをスクランブルしている）。また，当該係数がブロックごとに独立に符号化されていることから，同方式により局所領域のスクランブルも可能となる。

一方で，同じく ISO で検討されている静止画像符号化方式である JPEG2000 ではウェーブレット変換と算術符号に基づく符号化方式が採用されている。そのように，符号化されたデータに対し，伝送をセキュアに行なうためのフレームワークの取り決めがあわせて検討されており，JPSEC とよばれている。そもそも，本検討が開始されるまでは静止画像のセキュリティもしくはセキュア伝送に関する標準は皆無であり，各社独自の方式を適用していた。本標準化が完了することにより，どの場所にどのようなスクランブル（もしくは暗号化）を適用したのかなどの情報を統一的に扱うことが可能となる。ところで，この JPSEC の中でスクランブルの技術を検討・提案しているグループがいくつかある[94〜96]。文献 96) では RC4 および AES 暗号化を利用してパケットを暗号化することによりスクランブルを適用する方式が，文献 94) では EBCOT (embedded block coding with optimized truncation) 符号化に基づくスクランブルが適用されており，符号量を変えずに局所的にスクランブルを適用することを可能としている。さらに，文献 95) では 94) を改良し，JPEG2000 でマーカーに相当するコードを生成しないように（1 バイト単位で操作する方法ではなく）半バイト単位で操作する方法を提案している。

一方で，ベクターグラフィクスを対象とした方式も提案されている。たとえば，Yan ら[99]は，3D 画像の要点情報が位相情報と比較し重要であることを述べたうえで，セキュリティを目的とする場合にはとくに頂点情報にスクランブルを適用する必要があると述べている。また，実際に頂点情報にスクランブルを適用する方式の提案を行ない，そのセキュリティに関する分析を行なっている。

また，静止画へのスクランブル技術の適用例として興味深いものがいくつか検討されている。たとえば文献 98) では，ウェーブレットドメインでのスクランブルの応用例として認証が取り上げられている。同方式ではとくにセキ

ュリティに力点を置いており，スクランブルが適用された画像を少しでも操作すると，正しくスクランブルを解除することができないだけでなく，物体の概略も見えなくなる方法が提案されている。また，岡ら[89]はマルチメディアコンテンツの不正コピーを防止するため，コンテンツに著作権に関する情報を署名として可視化して表示し，正規の手続きを行なったユーザーのみが署名を取り除くことができるシステムを提案している。また，その一手段として，画像の一部分にスクランブルを適用し，画像上にサインなどを表示させ，ユーザーにその画像が著作物であることを知らせることができる方法を提案している。同手法では署名を取り除こうとすると画像を傷めてしまう構造になっているので，著作権保護手段として有効となる。

(2) 動画像向け技術

ここでは，動画像向けスクランブル技術について概説する。前項ではおもにディジタル信号に対するスクランブル方式について述べてきたが，動画像に関しては，もともとアナログ放送信号に対し走査線の順番を逆にしたり，横にシフトしたりするスクランブル方式が検討されてきた[*9]。

一方で，ディジタル動画像信号に関しても多種多様な方式が提案されている。また，静止画像同様符号化前もしくは符号化中にスクランブルを適用する方法と，すでに符号化されたデータにスクランブルを適用する方法が存在する。

前者に対する方法として，Matiasら[99]は，静止画での適用例と同様に，画面中に敷き詰められたPeano曲線を利用して，スキャン順をシャッフルする方法を提案している。また，Pazarciら[100]は，MPEG-2符号化の前に画素値レベルで以下の操作を行なう方法を提案している。

$$x_o = \begin{cases} \alpha_x x_i & decrement\ op\ (D=0) \\ FS(1-\alpha_x) + \alpha_x x_i & increment\ op\ (D=1) \end{cases}$$
(1.4)

ここで，FSはフルスケール値（たとえば8ビットであれば255）である。文献100)では，この式を用いてスクランブルを適用した際のα_xの値と画質との関連を解析している。

一方，後者の方法として，ここでは動き補償予測とDCTをはじめとする周波数変換によるハイブリッド符号化が用いられるMPEG-2を取り上げ，その適用例について説明する。

まず，静止画像符号化への適用例と同じように，DCT係数に着目した方式がいくつか検討されている。最も簡単な例として，係数の符号を入れ替える方法がある。MPEG-2では係数の符号を変えても符号量は変化しないため，同操作は符号量を変えずに適用することができる。一般に他の符号化方式においても係数の符号の入替えは符号量を変えずに行なうことができる場合が多い。ただし，同処理によるスクランブル（画質劣化）の効果はあまり大きくない。他にMPEG-2で符号量を変えずに行なえる方法として，ブロック内での同係数順の入替え（すなわちスキャン順の変更）があげられる。もちろん入替えの範囲をスライス全体もしくはピクチャ全体にすることも可能であり，そうすることで画質の劣化に関する自由度も大きくなる。また，ブロック情報すべてをスライス内もしくはピクチャ内で入れ替えることも可能である。ただし，MPEG-2では動きベクトルの参照先を画面外に設定できないなどの制約条件があるため注意が必要となる。とくに，符号量が変わる方法については，バッファ量を破綻させないなど，符号化方式ごとに定められているルールがあるため，最低限そのルールを守らなければ復号ができなくなる。スクランブルを適用する場合には，その点を留意しなければならない。

他にも，ハフマン符号の構成を変えたり，DCT係数値を上下させたりするなどさまざまな方法が提案されている。MPEG-2における代表的なスクランブル適用例を表1.7にまとめておく。

これまでMPEG-2についてのみ述べてきたが，他のコーデックでも符号化ドメイン上でのスクランブル方式が検討されている。たとえばMPEG-4において，ブロック単位で入替えをす

[*9] 一般に，スクランブルが適用されたディジタル放送は，鍵を解除しないかぎり，画面が真っ黒になり，再生ができない。ここでは，スクランブルが適用されたままでも再生可能な方式のみを対象とし，本件のような，信号そのものの「暗号化」に相当する方式は対象外とする。

る方法[101]，動きベクトルを操作する方法[102,103]が，MPEG-4 AVC/H.264において動きベクトル（正確には動きベクトルの差分）を入れ替える方法，サイド情報としてイントラ予測モードを操作する方法など[102,103]がそれぞれ提案されている。

動画像符号化では，静止画像符号化と異なり，時間方向の相関の高さを利用して符号化を行なう。すなわち前後の画像の符号化情報を利用し，それとの関係を符号化が適用するのに伴い，動きがどのくらいなのか（動きベクトル）もあわせて符号化される。

とくにMPEG，ITU-T H.26x，VC-9などではフレーム内の情報だけで符号化が行なわれるピクチャ（フレーム内符号化）と，フレーム間の相関を利用して符号化されるピクチャ（フレーム間符号化）が存在する。この場合，後者には前者の情報が継承されるため，前者にスクランブルを適用すれば，その効果が後者にも反映されることになる。つまり，結果として，前者のみにスクランブルを適用すれば，動画像全体にスクランブルが適用されることになる。このため，全体にまんべんなくスクランブルを適用する場合と比較し，非常に高速にスクランブル適用・解除が実現できる。

ただし，例外も存在する。フレーム間符号化が適用されるピクチャにおいて，前後のピクチャと相関がほとんどない場合（とくにシーンチェンジなどが起こった場合），一般に局所的にフレーム内符号化が適用される。仮に，フレーム内符号化が適用されるピクチャのみにスクランブルが適用されていた場合，もしくは動きベクトルにスクランブルが適用されていた場合，上述の局所領域にはスクランブルの影響が及ばないことになる。このため，セキュリティを目的としたスクランブルを考慮する場合には，他の手段を利用するか，もしくは併用する必要がある。

以上より，どのようにスクランブルを適用するかはアプリケーションに依存させるべきであろう。

一方で，スクランブルの適用方法としていくつかの応用例が検討されている。

スクランブルの強度を適応的に変化させる方法がいくつか検討されている。前述した文献100）の方法もそれに該当するが，たとえば文献105）では，エンコーダ内部でAC係数とDC係数をある式のパラメータを基に変化させたうえで，そのパラメータと画質のあいだの関係に関する解析を行なっている。文献106）では，イントラDC係数をスライス内部で交換す

表1.7　MPEG-2スクランブル適用例

適用手法	画質	符号量変化
DCT係数のランダムな符号切替え	物体の輪郭はわかるが不明瞭	変化せず
スライス内のブロック情報のシャッフル	異なるオブジェクトが識別不能	変化せず
ブロック内DCT係数順序入替え	不明瞭だが動きは確認可能	変化せず
DCT係数の符号切替え＋スライス内ブロック情報のシャッフル	不明瞭	変化せず
DCT係数の符号切替え＋スライス内ブロック情報のシャッフル＋ブロック内DCT係数順序入替え＋ランダム符号切替え	不明瞭	変化せず
MBタイプの変換	ほぼインパクトなし	変化せず
動きベクトル用ハフマンテーブルのシャッフルもしくは符号切替え	動きがおかしくなるだけ	変化せず
DCT係数値の変更	不明瞭	多くは変化

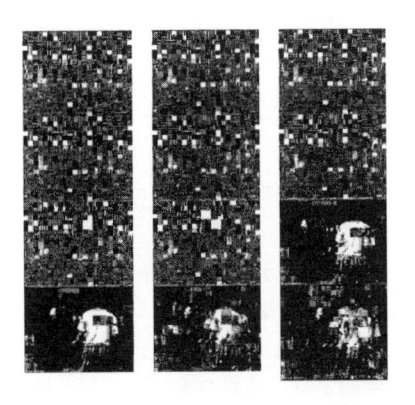

図1.46　フレーム内符号化が適用される先頭のイントラフレームにのみスクランブルを適用した例

左上から右にフレーム1，フレーム2，…，右下がフレーム12である。フレーム9で大きなシーンチェンジがあり，スクランブルが解除されている．

るとともに，さらにそのDC係数値自体を操作することによってスクランブルを実現し，全体的に操作された値と画質との関係に関する解析を行なっている。

また，MPEG-1/2に対し，特定領域へのスクランブルの適用を行なう方法が検討されている[106, 107]。ところで，MPEG-2以降ではフレーム内の情報だけで符号化が行なわれるピクチャにおいても，DC，AC係数もしくは画素値の予測が行なわれる。予測対象となるブロックを変化させることによりその影響が全体に及ぶことになるため，少ない操作で大きな劣化を与えることが可能だが，一方で予測が複雑になればなるほど，どのような影響を及ぼすか推測できず，したがって制御が難しくなる。この問題を解決するため，文献106)ではMPEG-2に対し，特定領域の終端で補正された値の修復を行なうことにより，特定領域外にスクランブルの影響が及ぶのを抑制している。

他の興味深い試みとして，eコマースなどを目的とした比較的弱い（劣化の少ない）スクランブルと電子透かしを融合した方式（water-scrambling）を検討しているグループがあり，DCT係数を対象としたもの[108]，動きベクトルを対象としたもの[102]がそれぞれ提案されている。これは，電子透かしを利用して認証を行ない，電子透かしが正しく埋め込まれている場合にかぎりスクランブルを解除する方法である。本提案においては，電子透かしの操作対象とスクランブルの操作対象がおたがいに干渉してはならない点が技術的課題となっており，ともにこの要件を考慮した方式となっている。

1.4 情報ハイディング技術

1.4.1 情報ハイディング技術全般

本項では，情報ハイディング（information hiding）技術の発展経緯を紹介しながら，技術全般を概観する。情報ハイディングとは，広義には，静止画像，動画像，ファクシミリ画像，文書画像，ディザ画像，テキスト，音声，3次元グラフィクスデータなどのさまざまな信号やコンテンツを対象に何らかの情報を埋め込み，

利用を図る技術の総称である。この技術は，人間の視覚や聴覚特性を利用し，カバー（cover）とよばれるコンテンツの中に，第三者にその存在を気付かれないように情報を隠すところに特徴があり，黎明期には画像深層暗号[109]ともよばれた。この範疇に含まれる主要技術として，電子透かし（digital watermark）[110~113]やステガノグラフィ（steganography）[114, 115]があり，その他にもさまざまな応用が検討されている。情報ハイディングのアイデアは古くから存在し，古代ギリシャ時代にまで遡る。歴史書[116]によれば，味方と交信するために，信頼できる奴隷の頭髪を剃り，頭皮に入れ墨をして秘密情報を書き込み，頭髪が伸びるのを待って伝令に遣ったことが記されている。

この発想をディジタルメディア上で再現する情報ハイディングのマイルストーン研究は，中村らによる濃度パターン法を用いた情報合成法[116]に見ることができる。この方法は2値マイクロパターンで濃淡を表現する組合せの自由度を利用し，セル内の画素パターンと隠したい情報のビット列を一対一に対応させ，情報の埋め込み/抽出を実現した。ここで注目すべきことは，画像の局所領域の濃度が保たれれば，視覚的に違和感を与えることなく，多くの画素パターンを利用できることである。すなわち，セル内に配置する画素パターンが情報のキャリアとなり，これを，濃度を変化させない拘束条件の下で埋め込む情報で変調していると解釈できる。この発明が契機となり，以降，ファクシミリ符号化のランレングス，ディザ信号，予測誤差信号，周波数成分などさまざまなキャリアを利用して情報を埋め込む方法が提案された[109]。

これらの黎明期の成果を大きく発展させたのは，インターネットの登場である。1990年代前半，欧米ではネットワーク化社会における知的財産のセキュリティ確保が重要課題として議論され[118]，情報ハイディングは埋め込んだ情報を証拠として利用できる特徴から，ディジタルコンテンツの複製や改竄などの不正利用に対する脆弱性を補う技術的手段として注目され，以降，電子透かしという新しい形に姿を変えて世界中で研究されるようになった[119]。情報ハイディングをコンテンツの著作権保護に用いる

場合，埋め込んだIDなどの識別符号や権利情報がネットワークなどの流通経路上で消失してはならない。このため，電子透かしは配信過程で用いられる歪みを伴う圧縮や透かしの消去をねらった故意の画像改変に対して頑健に検出できなければならない。その解決策として，情報通信分野で用いられるスペクトル拡散や誤り訂正などの技術が導入され，画像改変に対して透かしの残存性が高い頑健な電子透かし（robust watermark）方式が近年多数提案されている[110～113]。透かしの頑健性を評価する際の攻撃ツールとして，さまざまな画像処理を複合したStirmark[120]が発表され，ソースコードも公開されている。また一方で，ディジタルコンテンツは編集ツールを用いることで簡単に改変できるため，コンテンツの原本性を証明したり，改竄の有無を特定することも重要な課題である。そこで，埋め込んだ透かしが画像改変に対して敏感に反応して破壊される，脆弱な電子透かし（fragile watermark）も検討されている[121]。

一方，情報ハイディング本来の目的である秘匿通信を実現する方法として，ステガノグラフィの研究も鋭意進められ，さまざまな方法が提案されている[122]。ステガノグラフィでは，情報を埋め込んだ後の画質はもちろん，埋め込み可能な情報量（ペイロード）や埋め込んだ情報の秘匿性が評価される。とくに，コンテンツに対する情報埋め込みの有無を解析するステガナリシス（steganalysis）[123,124]は，テロリストによるステガノグラフィの利用[125]が示唆されて以来，この分野における重要課題のひとつになっている。初期の方法では，情報の埋め込み方法の特徴を解析し，情報の埋め込まれたコンテンツと埋め込まれていないものの簡単な統計量を比較するが，方式に依存し他の方法に利用することはできない[123]。一方，近年提案されているステガナリシスの方法[124]は，コンテンツから複数の特徴量を計算し，これを学習に基づく分類システムによって情報埋め込みの有無を判定する。この方法は，情報の埋め込み方法に依存せず，わずかな容量の情報を埋め込んだだけでもその存在を高い確率で検出できる。ステガノグラフィとステガナリシスは互恵的な関係にあり，たがいの技術レベル向上に貢献している。

情報ハイディングのその他の利用方法として，埋め込んだ情報をメタデータとして検索やハイパーリンク機能に用いるインデキシングへの応用[126]や，広告が正当に配信されているか否かを検査する放送監視システム[112]，DVDやコピー機などの機器制御[113]，コンテンツの経路追跡[112]などがある。また最近では，携帯電話の撮影・録音機能を利用し，撮影画像や記録音声から検出した透かしをハイパーリンクに利用するモバイル電子透かし[127]が注目されている。1980年代後半に誕生した情報ハイディング技術は，時代の流れとともに大きく発展し，今後，さらなる技術向上とともにさまざまな応用が期待される。

1.4.2 文書・2値画像向け電子透かし

文書画像や2値画像は他の多階調濃淡画像とは異なり，紙面の空間方向の画素の配置で文字や図形を表現する。人の視覚は画素の濃淡方向の解像度に比較して空間方向の解像度が高いため，文書画像や2値画像に対する画素の改変操作は視覚的影響が大きく，電子透かしを施すことは一般に困難である。

しかしながら，比較的高い表示解像度および特定の2値画像形式を前提として，表1.8のようないくつかの手法が提案されている。ここではそれぞれの画像の特徴に応じた電子透かしの概要を解説する。

(1) 擬似濃淡画像の電子透かし

レーザープリンタやファクシミリなどではトナーや感熱紙によるモノクロ2値出力が一般的である。これらの装置では画素の多階調印刷ができないため，古くから知られる網点印刷技術と同様に，画素の印字密度を増減することにより擬似多階調表現を行なっている。すなわち，画像の微小部分領域の濃度が高いときは密に，低いときは疎となるよう画素を配置する。

このような画素の配置方法としては，誤差拡散法，組織的ディザ法，濃度パターン法などが知られている。いずれの手法においても，ある微小領域に注目すると，同一濃度を表現する複数の画素配置パターンが存在する。すなわち，微小領域の画素密度が一定ならば，その領域内

表1.8 文書・2値画像向けの電子透かしの方式

対象画像	埋め込み手法
擬似濃淡画像	画素配置の変更
文字・図形画像	輪郭部分の変更
文書画像	字間変更，回転と伸縮

の画素の配置は自由に決定できるという視覚的な冗長性がある。

そこで，画像に埋め込む透かし情報に基づいて，微小領域内の画素配置を決定することにより，2値の擬似多階調画像に電子透かしを施すことが可能となる[128]。たとえば，ある画像の2×2画素からなる微小部分領域に着目すると，表現できる擬似階調は0〜4の5段階であり，それぞれの輝度を表現する画素配置には図1.47に示すとおりの自由度がある。

図1.47の縦方向は擬似階調レベルを表わし，横方向は同一擬似階調を表現する画素配置パターンを示す。横方向のどの配置を選択しても領域内の黒画素の数は同じなので，この部分領域が表現する擬似階調レベルすなわち領域の濃度は同一となる。

そこで，これらの複数のパターンから1つを選択するため，画像に埋め込む透かし情報から2ビットを参照する。透かし情報は，00，01，10，11の4とおりのいずれかとなるため，これらを図1.47のように各パターンに割り当てる。たとえば，透かし情報が01だった場合は，2列目のパターンを出力すればよい。ただし，2×2画素の領域内の黒画素数が0個または4個の場合はパターン選択の自由度がないため，その領域に透かし情報を埋め込むことはできない。

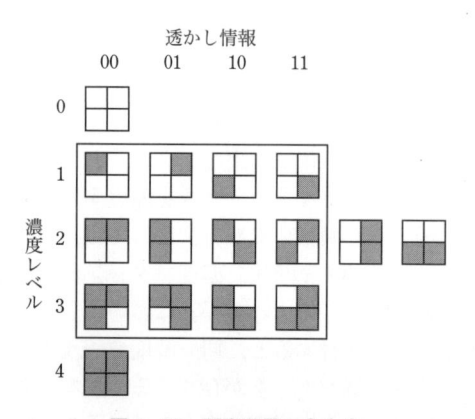

また，濃度レベル2では6とおりの表現が可能であるが，透かし情報を1ビットずつ埋め込むために4パターンのみを使用するものとする。

埋め込まれた透かし情報を復号する際は，画像内の各微小部分領域に使用されている画素配置パターンを判定し，対応する透かし情報ビットを逐次出力すればよい。

埋め込み可能な情報量は，使用するパターンの大きさに依存する。たとえば，図1.48（a）

図1.47 画素配置の自由度

図1.48 擬似濃淡画像の電子透かしの例

の256×256画素からなる原画像の各画素に4×4の濃度パターンを割り当て，パターン内の画素配置をランダムにすると（b）のような2値画像が得られる．

この画像の4×4画素の部分領域内の画素を透かし情報に基づいて再配置した結果を（c）に示す．4×4画素の濃度パターンでは擬似的に17階調を表現できる．埋め込み可能な情報量は，原画像を17階調に量子化した際のヒストグラムと各パターン内の画素配置の組合せ数の積となり，（c）の場合は約70キロバイトに及ぶ[128]．

(2) 文字・図形画像の電子透かし

文字・図形画像とは，2値あるいはグレースケールの画素で表現された文字や図形のみからなる画像である．白画素と黒画素の境界が文字・図形と背景の境界を表現しており，これを走査線方向にランレングス符号化したものがファクシミリ画像である．

文字・図形画像の電子透かし方式は，文字やイラストなどの幾何図形の境界部分に選択的に埋め込む方式と，ファクシミリ画像のランレングスを操作する方式とがある[129]．いずれも図形と背景の境界部分を改変することにより，透かし情報を埋め込む．画質を維持するために，境界部分に選択的に埋め込む方式も提案されている[130]．

ファクシミリでは走査線方向に白画素領域と黒画素領域が交互に現われることを前提に，その長さを量子化ランレングス符号で表現している．

同一色の画素の連続の始点と終点は白から黒，黒から白への領域の境界である．そこで，各領域の連結性を損なわない条件で，透かし情報に基づき，各ランレングスを奇数あるいは偶数に微小変化させる[129]．この操作により各ランはたかだか1画素程度，伸縮することになる．長さを奇数または偶数に変更する操作は，長さを数値表現した際の下位1ビットを操作していることにほかならない．したがって，埋め込まれた透かし情報は，各ランレングスを数値表現した際の下位1ビットを取り出すことで復号させることができる．

一例として，図1.49（a）のファクシミリ原

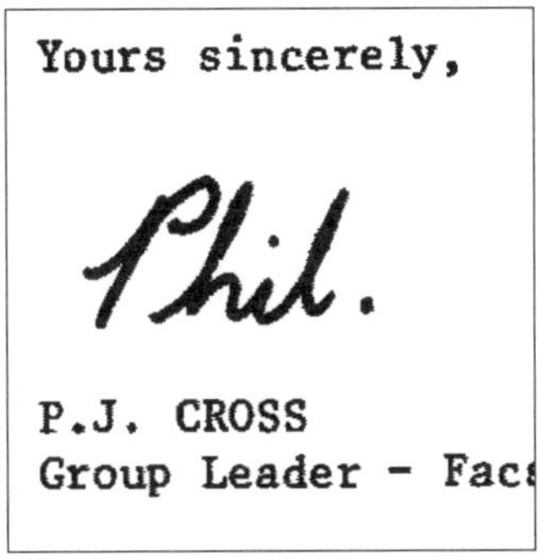

(a) 原画像

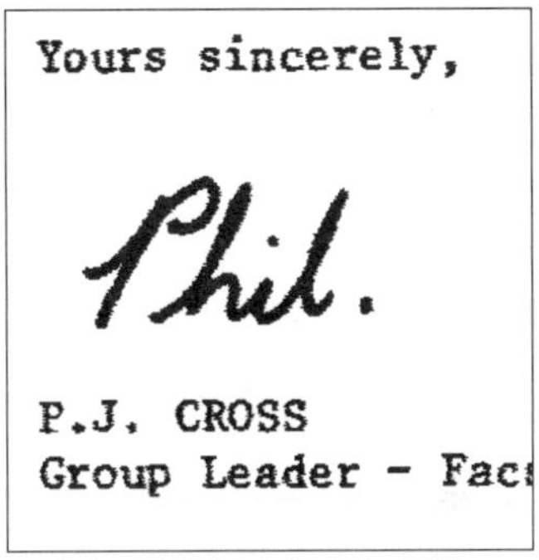

(b) 電子透かし埋め込み画像

図1.49 ファクシミリ画像への電子透かしの例

画像に対し，埋め込み可能条件を満たすすべてのランに埋め込み処理を行なった結果を（b）に示す．文字の輪郭部分に微小な凹凸が増加しているが，表示されている文字の外形に大きな影響はない程度の変更で透かしを埋め込むことが可能であることがわかる．

(3) 文書画像の電子透かし

文字情報を白黒画像情報としてではなく，文字グリフを羅列した文書画像として扱い，その文書構造自体へ透かしを埋め込む手法が提案されている．具体的には，英文を前提に単語間スペースを操作するもの，日本語を前提に文字の回転や伸縮を行なうものがある[131,132]．

英文の場合は，個々の単語を1つのまとまりのある図形要素として解釈され，単語間のスペースは要素間の区切りとみなすことができる．そこで，単語の前後のスペース幅を微小変化させ，単語の前を広く，後ろをせまく変更する場合とその逆の場合で，1ビットの情報を表現することができる[131]．

埋め込み情報を復号するには，単語の前後のスペース幅を比較した結果を1ビット2値で逐

次出力すればよい。たとえば，図1.50（a）の英文画像には黒く示した部分に単語間スペースがある。これらの単語間スペースを透かし情報に基づいて微小変化させる。透かし埋め込み前の原画像を（b）に，埋め込み後の画像を（c）に示す。スペースを変化させる程度（変化率）を小さくすると原画像に近づくが，透かしの復号率を低下させてしまい，逆に大きくすると復号率は増加するが，画像の質を低下させてしまう。画像の複写や改変を行なっても透かしが正しく復号できる程度の適切な変化率を用いることが重要である。

日本語の文字の場合は，個々の文字間隔は均等にレイアウトされるため，英文のスペースの変更のような埋め込み手法を使うことができない。

そこで，文書内の各文字をθだけ微小回転させる，あるいは，行方向にλ倍に微小に縮小させる変換を行なう（図1.51）。これを原画像と比較することにより，回転や縮小の有無を判定し，その結果から透かし情報の0または1のビットを復号することができる[132]。

印刷物からの復号の場合，回転や縮小を識別できない場合もあるため，この方式で埋め込む透かし情報は，各ビットが画像の一部をなすようなシール画像を用いるのがよい。

一例として，文書画像に文字の回転による透かしの埋め込みを行った結果を図1.52に示す。（a）は原画像の一部であり，透かし情報を埋め込んだ結果を（b）に示す。ここでは，文字種などによらず全文字を対象としている。英文字などの傾きが顕著となってしまうが，ひらがなの傾きは逆に気づきにくい。このため，実際の透かしの埋め込みに際しては，対象文字種や字形を限定することにより画質改善効果が期待できる。

(a) 英文中の単語間スペース

(b) 原画像

(c) 電子透かし埋め込み画像

図1.50 スペース幅変更による透かしの例

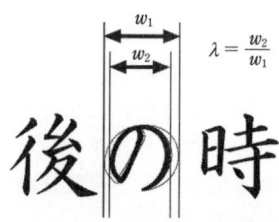

図1.51 文字の回転と伸縮

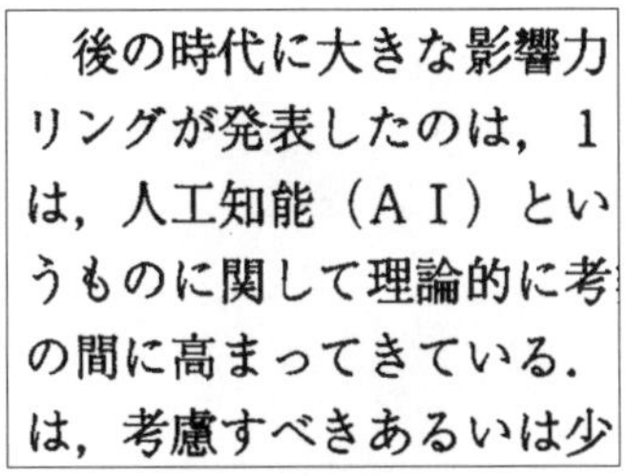

```
後の時代に大きな影響力
リングが発表したのは，1
は，人工知能（AI）とい
うものに関して理論的に考
の間に高まってきている．
は，考慮すべきあるいは少
```
(a) 原画像

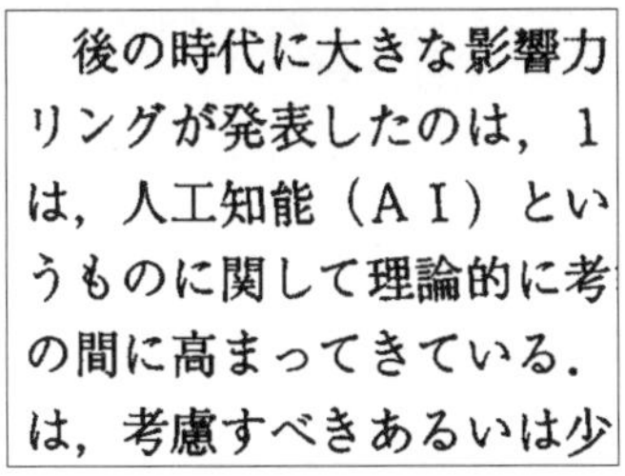

```
後の時代に大きな影響力
リングが発表したのは，1
は，人工知能（AI）とい
うものに関して理論的に考
の間に高まってきている．
は，考慮すべきあるいは少
```
(b) 電子透かし埋め込み画像

図1.52　和文への透かしの埋め込み例

1.4.3　電子割符

近年，情報流出対策のひとつとして，秘密情報を複数に分割保管し，そのすべてあるいは部分がそろわないかぎり，元の情報を復元できないようにする暗号化の一手法が提案されており，電子割符とよばれている[133]。

ここでは，2値画像への電子透かしの応用として，配布画像と検証画像を重ね合わせることによってのみ，埋め込まれた電子透かし情報が復号される，電子割符について解説する。

この手法では2枚の画像を重ね合わせるだけで透かし情報が得られるため，とくに印刷配布された擬似多階調画像に対して効果的である。配布画像のみからは埋め込まれた電子透かし情報を得ることができず，したがって透かし情報が埋め込まれていること自体も知ることができない。

このため，再配布の禁止や著作権保護を目的として，配布画像のみを公開し，検証画像を非公開で保持しておく利用法が考えられる。配布画像の二次利用が疑わしいとき，当該画像と検証画像を重ね合わせることで透かしの有無を確認し，二次利用されていることを実証することが可能となる。

このような画像対を生成するためには，配布画像内の透かし部分の濃度パターンを相互補間する他のパターンで置き換える方法[134]およびそのようなパターンを生成しやすいように閾値マトリックスを変更した組織的ディザ法を用いる方法[135]の2つの方法がある。

(1) パターンを置換する方法

擬似多階調画像を生成する際に使用する濃度パターンの黒画素および白画素をそれぞれ0と1のビットと考えると，1つの濃度パターンは1つの符号に対応する。符号内の1のビットの数が部分領域の輝度に相当するため，配布画像内の透かし領域部分に使用している濃度パターンの符号と輝度が同一でパターンが最も異なる，すなわち符号間のハミング距離が最も遠いパターンで置き換えることにより，検証画像を生成することができる[2]。

このようにして生成した検証画像を配布画像に重ね合わせると，透かし領域部分のみは両者のパターンの黒画素が相互補間して黒くなり，透かしが浮き出て表示される。

(2) 組織的ディザ法で生成する方法

組織的ディザ法は，原画像の濃度値を閾値マトリックスにより2値化することにより擬似多階調画像を生成する手法である。閾値の大きさにより，白になりやすい画素と黒になりやすい画素が存在するため，先の方法と同様，透かし領域部分のみ，生成された2値画像の黒画素が相互に補間しやすいように2とおりの閾値マトリックスを構成することができる。

すなわち，図1.53に示す2種類の閾値マトリックス M，M′ を用意し，検証画像の透かし領域部分にのみ M′ を，その他の部分には M を適用して2値画像を生成する。これにより生成された2つの画像を重ね合わせると，透かし部分の黒画素が相互に補間して透かし領域のみ

0	8	2	10
12	4	14	6
3	11	1	9
15	7	13	5

M

8	0	10	2
4	12	6	14
11	3	9	1
7	15	5	13

M′

図1.53　電子割符を生成する閾値マトリックス

が黒くなり，透かしが浮き出て表示される[3]。透かし部分以外の領域では両者はまったく同一である。

一例として，256×256画素からなる図1.54の原画像に対し，パターンを置換する方法を適用した結果を図1.55に示す。(a)の配布画像と(b)の検証画像を重ね合わせると(c)のように透かし領域が浮き出て表示され，埋め込まれた電子透かし情報を復元することができる。

1.4.4 静止画像向け電子透かし

静止画像に対する電子透かしの基本方式は，空間利用法と周波数領域利用法に大別される。空間利用法は，画素値に処理を施して透かし情報を埋め込む方式である。これに対して，周波数領域利用法は，画像データを周波数成分に変換し，特定の周波数成分（変換係数）に情報を埋め込む。

空間利用法は，一般に多くの透かし情報を埋め込むことができ，電子透かしの埋め込み・検出処理が比較的簡単という特徴をもっている。

他方，周波数領域利用法は，空間利用法に比べて多くの透かし情報を埋め込むことはできないが，非可逆圧縮やフィルタリングなどの基本的な画像処理に対して耐性を有する（ロバストな）電子透かしを実現できるという特徴がある。通常，静止画像への電子透かしにはこのような耐性（ロバスト性）が要求されるので，フーリエ変換，コサイン変換，ウェーブレット変換などの周波数変換を利用した電子透かしが数多く提案されている。

空間利用法・周波数領域利用法の多くは，透かし情報の埋め込み方のちがいによって，さらに量子化制御法と相関利用法に大別される。

量子化制御法では，画像の画素値または変換係数を透かし情報に応じて量子化制御することにより電子透かしを埋め込む。

他方，相関利用法では，画像の画素値または変換係数に擬似乱数系列を透かし情報として埋め込み，透かし情報（擬似乱数系列）と画素値または変換係数との相関を利用して透かし情報を検出する。

以下の各項では，静止画像（8ビット量子化

図1.54 原画像

(a) 配布画像

(b) 検証画像

(c) 透かしの復号

図1.55 電子割符の一例

された256階調の白黒濃淡画像）を対象とする電子透かし方式として，空間利用法と周波数領域利用法の基本的な方法を紹介する．なお，量子化制御法と相関利用法については，これらの方法が画像の変換係数に適用される場合が多いことから，周波数領域利用法の中で解説する．

また，カラー濃淡画像への電子透かしの多くは，本項で述べた方法をカラー画像の輝度信号や色差信号，色（R，G，B）信号に適用することにより実現されている．

静止画像向け電子透かしについての詳細な説明については，たとえば文献136～139）を参照されたい．

(1) 空間利用法

①画素置換型の電子透かし

静止画像を256階調の白黒濃淡画像として表現したとき，画像を8枚のビットプレーンに分けることができる．各ビットプレーン上の画素は2値で表現されているので，8枚のビットプレーンの中から1枚を選び，その2値データの一部をそっくり2値の透かし情報で置き換えることにより，透かし入り画像が得られる．これは最も初歩的な情報ハイディングの方法のひとつである．

透かし入り画像の品質を考えると下位のビットプレーンに透かし情報を埋め込むことになるが，第三者による透かし情報の改竄や消去も簡単に実現できる．そこで，上記手法の改良として，複数枚のビットプレーンを使った方法が提案されている[140]．その方法では，まず画像を小さなブロックに分割し，そのブロック内では画像に依存せずにランダムにビットプレーンを選択する．そして，そのビットプレーン上で画素情報に依存して透かしを埋め込んでいる．

この方法によれば，第三者による攻撃を受けても透かし情報の埋め込み位置はわからず，また画質劣化も抑えることが可能になる．

②量子化誤差利用型の電子透かし

画像のディジタル処理で生じる量子化誤差を2値情報で制御することにより透かしを埋め込むことができる．ここでは，予測符号化の考え方を使った方法を紹介する[141]．

画像の走査線上に並んだ，たがいに隣接する画素間の値には強い相関がある．このことを利用して次のような手順で画素の符号化を行なうのが予測符号化である．

画素 x_i に対して前画素の復号値を x'_{i-1} とする．x_i と x'_{i-1} の差分 $e_i = x_i - x'_{i-1}$ を計算し，e_i を量子化器 Q で量子化する．すなわち，e_i の対応値 Δ_i を Q から出力する．この Δ_i を符号化器で符号化し，伝送または蓄積することになる．Q による量子化操作では必ず量子化誤差 $q_i = \Delta_i - e_i$ を伴うので，q_i が知覚されないように Q にはあらかじめ非線形な量子化テーブルが設定されている．

いま，ランダムに選んだ0, 1系列を c_i とし，c_i と量子化器 Q からの出力 Δ_i を対応づけ，表1.9のような参照テーブルを用意する．この表から Δ_i に対応する c_i を求め，透かし情報 b_i（バイナリデータ）と c_i を比較し，次の規則で量子化器 Q の出力を制御する．

(i) $b_i = c_i$ ならば Δ_i をそのまま符号化する．
(ii) $b_i \neq c_i$ ならば $b_i = c_j$ となる最近傍の j を求め，Δ_j を符号化する．

表1.9 量子化器出力とランダム系列の対応づけ

Δ_i	...	-3	-2	-1	0	1	2	3	...
c_i	...	0	1	1	0	1	0	1	...

この方法により予測符号化データに透かし情報を埋め込むことができる．この考え方は周波数領域においても利用できる．1.4.4項(2)の周波数利用法のところで，それによく似た方法を紹介する．

③統計量を利用する電子透かし

自然画像の最下位ビットプレーンは統計的に見てほとんどランダムに近い性質をもっていること，任意画素とその近傍画素間の輝度値の差はあまり大きくなくランダムに近いことなど，自然画像の性質を背景に画像の画素分布の統計量を利用した方法として，パッチワークによる電子透かし法がある．詳細は文献142, 143）を参照されたい．

(2) 周波数領域利用法

①量子化誤差利用型の電子透かし

JPEGなどの画像の非可逆圧縮処理で生じる量子化誤差を2値情報で制御することにより透かし情報を埋め込むことができる．ここでは画像のJPEG圧縮の考え方を用いた方法を紹介す

る。

画像のJPEG圧縮では，まず，入力画像を8×8画素$\{x(m, n); m, n=0, 1, \cdots, 7\}$の小ブロックに分け，各ブロックに対して2次元離散コサイン変換（DCT）を行なう。

その結果，ブロックごとに64個のDCT係数$\{c(k, l); k, l=0, 1, \cdots, 7\}$が得られる。とくに$c(0, 0)$を直流（DC）成分，それ以外の63個の$\{c(k, l)\}$を交流（AC）成分とよんでいる。DC成分はブロックの明るさを表わしている。AC成分は画像の変化の模様を表わしており，k, lが大きいほど高い周波数成分に相当する。

次に，DCT係数を量子化操作によって圧縮する。このためにDCT係数の位置(k, l)に依存した量子化ステップサイズ$\{Q(k, l); k, l=0, 1, \cdots, 7\}$を記述した量子化テーブルがあらかじめ用意されており，各DCT係数$c(k, l)$が量子化ステップサイズ$Q(k, l)$の何倍であるかを四捨五入した整数値で求める。すなわち，

$$r(k, l)=round(c(k, l)/Q(k, l)) \quad (1.5)$$

ただし，$round(\ )$は丸め関数を表わす。量子化ステップサイズは空間周波数が高いほど大きくなり，粗く量子化される。このようにして得られた量子化係数$r(k, l)$が符号化され，伝送または蓄積される。$\{Q(k, l)\}$による量子化操作では必ず量子化誤差が伴うので，量子化誤差が知覚されないように量子化テーブルが設定されている。

そこで，式（1.5）の四捨五入則を透かし情報で制御することにより，透かしを埋め込むことができる[144〜146]。ここでは2つの方法を紹介する。

・**直接制御方式**[144]　透かし情報を埋め込む座標(k, l)を適当に選び，埋め込む透かし情報b（バイナリデータ）が0ならば$r(k, l)$を最近傍の偶数値に設定し，bが1ならば$r(k, l)$を最近傍の奇数値に設定する。

・**変換テーブル方式**[145]　式（1.5）の四捨五入則の代わりに新しい変換テーブルを設ける方式である。これはすでに述べた予測誤差信号に対する透かし情報の埋め込みと同じ発想である。

② 量子化制御型の電子透かし

・電子透かしの埋め込みと検出

$N\times N$画素の画像$\{x(m, n); m, n=0, 1, \cdots, N-1\}$に対して離散フーリエ変換（DFT），離散コサイン変換（DCT），離散ウェーブレット変換（DWT）などの周波数変換を行なう。その結果得られた変換係数を$\{c(k, l); k, l=0, 1, \cdots, N-1\}$とする。

量子化制御型の電子透かし方式では，透かし情報を埋め込む座標(k, l)を適当に選び，$c(k, l)$に透かし情報b（バイナリデータ）を次式で埋め込む。

(i) $c(k, l)\in[2rQ, (2r+1)Q)$の場合

$$c'(k, l)=\begin{cases}(2r+1)Q, & b=1 \\ 2rQ, & b=0\end{cases} \quad (1.6)$$

(ii) $c(k, l)\in[(2r-1)Q, 2rQ)$の場合

$$c'(k, l)=\begin{cases}(2r-1)Q, & b=1 \\ 2rQ, & b=0\end{cases} \quad (1.7)$$

ここで，$Q(>0)$は量子化ステップサイズで，埋め込み強度とよばれる。また，rは整数である。つまり，bが0ならば$c(k, l)$を最近傍のQの偶数倍の値に設定し，bが1ならば$c(k, l)$を最近傍のQの奇数倍の値に設定する。

電子透かしの検出は次のようにして行なう。まず，透かし入り画像の変換係数から透かし入り係数$\{c'(k, l)\}$を抽出する。次に，埋め込み強度Qを用いて$r'(k, l)=round(c'(k, l)/Q)$を計算し，$r'(k, l)$の値が偶数であれば透かし情報$b=0$が，$r'(k, l)$の値が奇数であれば透かし情報$b=1$が，それぞれ埋め込まれていると判定する。

上記以外にも，特定の大きさをもった変換係数を透かし情報に応じて量子化制御する方法がある。ここでは2つの方法を紹介する[147]。

(a) 閾値$T(>0)$と埋め込み強度$m(>0)$を適当に設定し，$|c(k, l)|<T$を満たす変換係数$c(k, l)$に次式で透かし情報bを埋め込む。

$$c'(k, l)=\begin{cases}m, & b=1 \\ -m, & b=0\end{cases} \quad (1.8)$$

透かし情報の検出は，透かし入り変換係数

$c'(k,l)$ の符号を調べることにより行なう。
(b) 閾値 T_1, T_2 $(0<T_1<T_2)$ を適当に設定し，$T_1<|c(k,l)|<T_2$ を満たす変換係数 $c(k,l)$ に次式で透かし情報 b を埋め込む。

(i) $c(k,l)>0$ のとき

$$c'(k,l) = \begin{cases} T_2, & b=1 \\ T_1, & b=0 \end{cases} \quad (1.9)$$

(ii) $c(k,l)<0$ のとき

$$c'(k,l) = \begin{cases} -T_2, & b=1 \\ -T_1, & b=0 \end{cases} \quad (1.10)$$

透かし情報の検出は，透かし入り変換係数 $c'(k,l)$ の絶対値の大きさを調べることにより行なう。すなわち，$|c'(k,l)| \geq (T_1+T_2)/2$ ならば透かし情報 $b=1$ が，$|c'(k,l)| < (T_1+T_2)/2$ ならば透かし情報 $b=0$ が，それぞれ埋め込まれていると判定する。

・離散コサイン変換による量子化制御型の電子透かし

自然画像などを離散コサイン変換すると，得られる DCT 係数 $\{c(k,l)\}$ は大きく3つの領域に分けることができる。k,l の値が小さい低周波数領域 L，k,l が中間の値をもつ中間周波数領域 M，k,l の値が大きい高周波数領域 H である。

画像のエネルギーは L と M の領域に属する DCT 係数に集中し，とくに領域 L は DC 成分を含む画像として最も重要な構造情報を含んでいる。領域 M は画像の詳細情報を示しており，高いデータ圧縮を達成しようとする場合に削除可能な領域である。領域 H は通常データ圧縮の対象として削除されてしまう。

したがって，一般に透かし情報は L と M の領域に埋め込まれることになる。透かし入り画像が高圧縮されるような環境下では，領域 L の中でも k,l の値がきわめて小さい DCT 係数に透かし情報をランダムに埋め込む必要がある。

一方，透かし入り画像が高詳細な形で扱われるような環境下では，L だけでなく M まで含めた領域の DCT 係数に透かし情報を拡散してランダムに埋め込むことができる。さらに，透かし情報に耐性をもたせるために，DCT 係数を 2×2, 3×3 サイズなどの小さなブロックにまとめて，DCT 係数ブロックの平均値を計算し，この値を②の電子透かしの埋め込みと検出のところで述べた方法で量子化制御する方法も有効である。

・離散ウェーブレット変換による量子化制御型の電子透かし

ウェーブレット変換は，フーリエ変換に代わる数学的手法として，時変信号や非定常信号の時間周波数解析，画像や音声音響信号の処理および符号化などの分野で広く用いられている。

なかでも，画像符号化への応用では，DFT や DCT などの直交変換はブロック単位で処理されるために，低ビットレート（高圧縮）時にブロック歪みやモスキートノイズが発生しやすい欠点をもっている。

この問題を克服する方法として，ウェーブレット変換を用いた画像の圧縮符号化法（JPEG2000, MPEG4 など）が登場している。ウェーブレット変換の詳細な解説は専門書[148]にゆずり，ここでは画像のウェーブレット変換について簡単に述べる。

画像のウェーブレット変換は，通常フィルタバンクを用いて実行される。画像信号に対して水平垂直方向にフィルタ処理を施し，レート2でダウンサンプリングを行なう処理を N 回くり返すことにより，画像信号のオクターブ分割が行なわれ，1個の MRA (multiresolution approximation, 多重解像度近似) 成分 LL_N と $3N$ 個の MRR (multiresolution representation, 多重解像度表現) 成分 LH_n, HL_n, HH_n ($n=1, 2, \cdots, N$) が得られる。$N=3$ として画像をウェーブレット変換し，3階層のオクターブ分割をしたときに得られる10帯域のサブバンド領域を図 1.56 に示す。

画像を離散ウェーブレット変換（DWT）して得られるサブバンド信号のうち，MRA 成分 LL_N は画像の水平垂直方向の低周波数成分に対応し，画像の近似画像を表わしている。一方，MRR 成分 LH_n, HL_n, HH_n は画像の水平垂直方向の高周波数成分に対応し，それぞれ水平，垂直，斜め方向の輪郭線など画像の重要な詳細構造情報を表わしている。

図 1.57 に画像のウェーブレット変換の例を

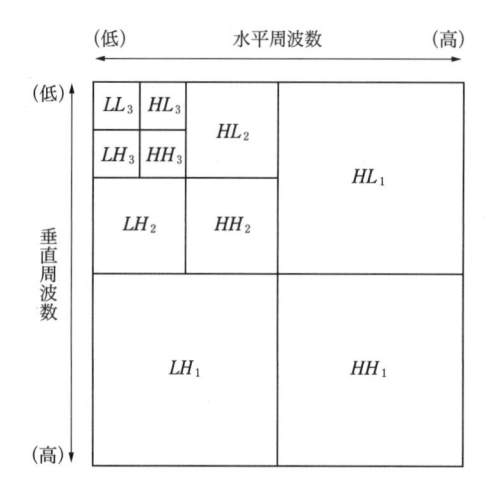

図 1.56　画像信号のオクターブ分割

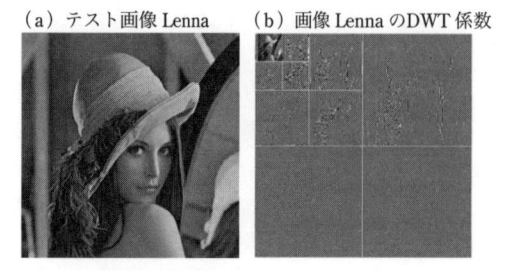

図 1.57　画像のウェーブレット変換

示す。このような画像の多重解像度表現を利用して DWT 係数に電子透かしを埋め込むことができる。以下では，DWT 係数を透かし情報に応じて量子化することにより，MRA 成分と MRR 成分に電子透かしを埋め込んだ例を紹介する。

(a)　式(1.6)，(1.7) による MRA 成分への透かし情報の埋め込み[149]

画像 Lenna（512×512 画素）を 4 階層にウェーブレット変換し，LL_4 を透かし情報の埋め込み領域とする。LL_4 の DWT 係数を 2×2 の小ブロックに分割し，各ブロックに対して 4 個の DWT 係数の平均値を式 (1.6)，(1.7) の方法で量子化制御することにより透かし情報を埋め込む。

この条件の下で透かし情報の埋め込み量は 256 ビットである。埋め込み強度を $Q=5$ と $Q=10$ に設定したときの透かし入り画像をそれぞれ図 1.58 に示す。透かし入り画像の品質（PSNR）は，$Q=5$ のとき 40.3 dB，$Q=10$ のとき 34.3 dB である。

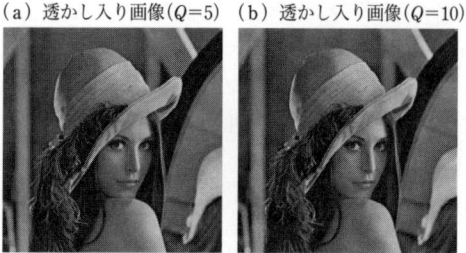

図 1.58　式 (1.2)，(1.3) による透かし情報の埋め込み

(b)　式(1.8) による MRR 成分への透かし情報の埋め込み[147]

画像 Lenna（256×256 画素）を 3 階層にウェーブレット変換し，透かし情報の埋め込み領域として LH_3 を選択する。LH_3 の DWT 係数の最大値 C_{max} に対して閾値 T を $T=\alpha C_{max}$ ($\alpha=0.005$) と設定し，$|c(k,l)|<T$ を満たす変換係数 $c(k,l)$ に式 (1.8) の方法で透かし情報を埋め込む。

また，埋め込み強度は $m=4$（$<T$）と設定する。この条件の下で埋め込まれる透かし情報の量は 405 ビットで，透かし入り画像の品質（PSNR）は 41.6 dB である。図 1.59 (a) に透かし入り画像を示す。また，原画像と透かし入り画像の差分画像を (b) に示す。ただし，差分値を 32 倍に強調して表示している（透かし情報の埋め込みによって画素値が変化した部分が白く表示されている）。この方法では，MRR 成分の中でも DWT 係数の絶対値が小さな領域に対応する画像信号の平坦部分に透かし情報が埋め込まれていることがわかる。

(c)　式(1.9)，(1.10) による MRR 成分への透かし情報の埋め込み[147]

画像 Lenna（256×256 画素）を 3 階層にウェーブレット変換し，透かし情報の埋め込み領

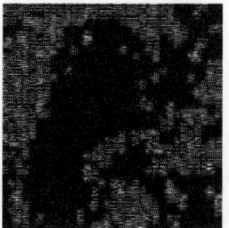

図 1.59　式 (1.4) による透かし情報の埋め込み

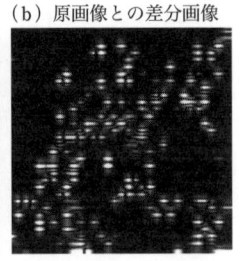

図1.60 式(1.5), (1.6)による透かし情報の埋め込み

域として LH_3 を選択する．閾値 T_1, T_2 をそれぞれ $T_1=10$, $T_2=30$ と設定し，$T_1<|c(k,l)|<T_2$ を満たす変換係数 $c(k,l)$ に式(1.9)，(1.10)の方法で透かし情報を埋め込む．この条件の下で埋め込まれる透かし情報の量は209ビットで，透かし入り画像の品質（PSNR）は42.0 dB である．

図1.60(a)に透かし入り画像を示す．また，原画像と透かし入り画像の差分画像を(b)に示す．ただし，強調表示の仕方は図1.59(b)と同様である．この方法では，MRR成分の中でも DWT 係数の絶対値が比較的大きな領域に対応する画像信号の輪郭線やテクスチャなどの詳細な部分に透かし情報が埋め込まれていることがわかる．

③相関利用型の電子透かし
・電子透かしの埋め込みと検出

相関利用型の電子透かし方式では，透かし情報として擬似乱数系列を画像の変換係数に埋め込む．まず，一組の擬似乱数系列 $W=\{w_i; i=1,2,\cdots,L\}$ を用意する．ここで，$w_i=\{w_i(j); j=1,2,\cdots,B\}$ であり，$w_i(j)$ は平均0，分散 $\sigma^2=1$ のガウス分布に従うランダム変数である．

次に，画像 $\{x(m,n)\}$ の変換係数 $\{c(k,l)\}$ から透かし情報を埋め込む B 個の変換係数 $\{c(k_j,l_j); j=1,2,\cdots,B\}$ を適当に選ぶ．そして，W から1つの透かし $w_i=\{w_i(j)\}$ を選び，$w_i(j)$ を $c(k_j,l_j)$ に次式で埋め込む．

$$c'(k_j,l_j) = c(k_j,l_j) + \alpha_j w_i(j), \quad 1 \leq j \leq B \quad (1.11)$$

ここで，$\alpha_j(>0)$ は $c(k_j,l_j)$ に対する埋め込み強度である．

電子透かしの検出は次のようにして行なう．

まず，透かし入り画像の変換係数から B 個の透かし入り係数 $c'(k_j,l_j)$ を抽出する．次に，$c'(k_j,l_j)$ と透かし情報の候補 $w_i=\{w_i(j)\}\in W$ との相関 $z(i)$ を次式で計算する（図1.61に $z(i)$ の計算例を示す）．

$$z(i) = \frac{1}{B}\sum_{j=1}^{B} c'(k_j,l_j) w_i(j), \quad 1 \leq i \leq L \quad (1.12)$$

相関 $z(i)$ を最大にする $\hat{i}$ を求め，$\hat{i}=\arg\max_{1\leq i\leq L} z(i)$ とする．このとき，画像中に $w_{\hat{i}}$ が埋め込まれていると判断する．

・離散コサイン変換による相関利用型の電子透かし

相関利用型の電子透かしは Cox らによって提案された[150]．Cox らは画像の DCT 係数に擬似乱数系列を透かし情報として埋め込んでいる．その際，透かし情報を埋め込む DCT 係数を $c(k_j,l_j)$ とすると，埋め込み強度は $\alpha_j=\alpha c(k_j,l_j)$ と設定される．ここで，$\alpha(>0)$ は埋め込み強度を調整するためのパラメータである．

この方法は透かし情報検出の際に原画像を必要とするが，各種画像処理に対して耐性をもち，さらに透かし情報の多重埋め込みも可能なため，電子透かしの代表的な方法のひとつとなっている．その後，Cox の方法にはさまざまな改良が加えられ，そのひとつとして，埋め込み強度を $\alpha_j=\alpha|c(k_j,l_j)|$ とおくことにより，透かし情報検出の際に原画像を必要としない方法があげられる[151]．

・離散ウェーブレット変換による相関利用型の電子透かし

画像の DWT 係数に Cox らの手法，あるいはその改良版を適用した電子透かし方式も数多く

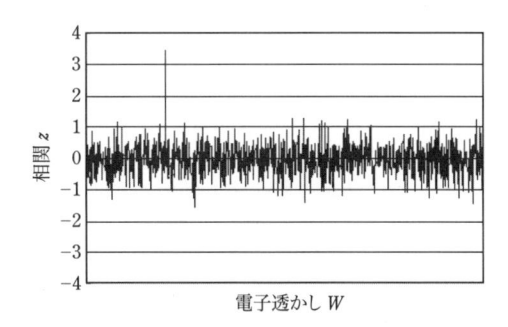

図1.61 相関利用法における電子透かしの検出

提案されている。そのうちのいくつかを紹介する。

画像をウェーブレット変換し，$c(k_j, l_j)$ を透かし情報を埋め込む DWT 係数とする。文献152) では，文献151) と同様に，埋め込み強度は $\alpha_j = \alpha |c(k_j, l_j)|$ と設定されている。文献153) では，ウェーブレットによる画像圧縮符号化で用いた視覚モデル[154]を参考にして $\alpha_j = \alpha I(k_j, l_j)$ と設定している。ここで，$I(k_j, l_j)$（>0）は $c(k_j, l_j)$ が属する解像度レベルのみに依存して設定されている。

また，$\alpha(>0)$ は埋め込み強度を調整するためのパラメータで，透かし入り画像の品質を考慮して実験により求めている。

文献152) の方式では，透かし情報の埋め込み強度が DWT 係数の大きさに依存しているため，大きな係数には透かし情報が強く埋め込まれるが，小さな係数には透かし情報がほとんど埋め込まれないことになる。

したがって，透かし情報はおもに画像の輪郭線部分や複雑なテクスチャに埋め込まれることになり，画像の平坦部分にはわずかしか埋め込まれない。そこで，上記の手法をさらに改良したものとして，画像の多重解像度表現と人間の視覚特性との関係を積極的に利用した方法が文献 155～157) で提案されている。これらの方法以外にも，その改良版を含め多くの研究成果が報告されている[138,139,158,159]。詳細については文献を参照されたい。

1.4.5 動画像向け電子透かし
(1) 背景

現在，テレビ番組や映画でのコンピュータグラフィクスの利用や，DVD の普及，コンシューマー向けディジタルビデオカメラの普及など，ディジタル動画像が日常的に扱われている例は枚挙に暇がない。さらに，2011 年には地上アナログテレビ放送が終了し，完全に地上ディジタルテレビ放送へ移行することからも，今後ますますディジタル動画像の利用が増えることが予想される。一方，動画像コンテンツの不正利用が著作者へ与える損失は，すでに無視できなくなっている。映画をディジタルビデオカメラで無断撮影して作成された海賊版の販売や，動画配信サイトを利用したテレビ番組の無断配信など，不正利用の形態についても枚挙に暇がない。このような背景の下，動画像コンテンツの著作権の保護や，海賊版の販売元・不正配信元の特定に電子透かしを利用しようという動きが高まっている[160]。

(2) 動画像の特徴

動画像は，時系列順に並べられた静止画像の集合によって構成される。このとき，動画像を構成する静止画像をフレームとよび，意味的に一連のフレームの集合をシーンとよぶ。この定義によれば，動画像はシーンの集合からなり，各シーンはフレームの集合からなるともいえる。

一般に，動画像は 30 枚のフレームによって 1 秒間の動きを表現しているため，1 枚のフレームは 1/30 秒という微少時間を表現している。このことから，時間軸方向に隣接するフレームどうしは似ているという性質をもつ。ただし，シーンとシーンの境界ではこの限りではない。

1 秒につき静止画像の 30 倍の情報量となるため，動画像を保存・配布する際には，ほとんどの場合，圧縮符号化される。現在普及している動画像圧縮方式には，MPEG-2，MPEG-4，H.264/AVC などがあり，いずれも空間変換やフレーム間予測，量子化，エントロピー符号化を採用している。

(3) 動画像向け電子透かしの要件

動画像は圧縮符号化されたうえで扱われることが多いため，圧縮符号化された形態から透かしを抽出できなければならない。これを前提とし，用途に応じてさまざまな要件が設定される。電子透かし手法に対する要件に焦点をしぼると，対象のコンテンツに対してどのような攻撃が加えられるかが分類の鍵となる。たとえば，前述の映画の無断撮影に対抗するのであれば，透かし入り動画像をスクリーンに投影し，それを撮影した動画像から透かしを抽出できることが要件となる。また，テレビ番組の無断配信を例にとれば，番組中の部分的なシーンが扱われる事例が多いことから，動画像の部分的なシーンからも透かしを抽出できることが要件となる。前者は動画像の各フレームの空間領域を対象とした攻撃，後者はフレームの時間軸方向

の並び（時間領域）を対象とした攻撃であると分類できる。時間領域を対象とした攻撃としては，動画像フレームの部分切り出しのほかにも，ごく少数のフレームを削除したり，あるいは隣接フレームで上書きしたりする攻撃も含まれる。

（4）さまざまな動画像向け電子透かし手法

最も単純な動画像向け電子透かしは，静止画像向け電子透かしを動画像中の各フレームに適用するものである[161〜165]。この手法では，静止画像向け電子透かしがもつ画像処理に対する耐性が，そのまま各フレームへの攻撃に対する耐性となる。たとえば，MPEG圧縮とJPEG圧縮とはともにDCTベースの圧縮であるため，JPEG圧縮に対する耐性をもつ電子透かし法を用いるとMPEG圧縮による空間領域への攻撃に対する耐性が期待できる。この手法で問題となるのは，隣接フレームどうしが似ているという動画像の特徴である。図1.62に示すように，各フレームを単体で見たときに透かしの埋め込みによる画質の劣化が知覚されなかったとしても，隣接フレーム間で異なる様相の画質の劣化が生じていた場合，動画像として見れば埋め込みによる画質の劣化がちらつき（フリッカノイズ）として知覚される。また，すべてのフレームに対して同じ様相の画質の劣化となるように電子透かしを施したとしても，動画像中の物体の動きと同期がとれていなければ，図1.63に示すように，あたかもノイズを表現したレイヤーが存在するかのように知覚される。現実世界にたとえると，汚れたメガネを通して見ているかのような違和感が知覚される。また，各フレームを単独の静止画像として扱って透かしを埋め込むため，時間領域への攻撃に対する耐性をもつためには透かしの構成に工夫が必要である。すべてのフレームに対して同じ透かしを埋め込めば時間領域への攻撃に対する耐性をもつことができるが，埋め込める透かしの情報量はフレーム1枚分の静止画像と同じ量にまで少なくなる。反対に，透かしをフレームの数に単純に分割して各フレームに埋め込むと，フレームを1枚でも削除されると正しく透かしを抽出できなくなる。埋め込める情報の量と時間領域への攻撃に対する耐性のトレードオフをとるような，ある程度の冗長性をもった，透かしの各フレームへの配分法の検討が必要となる。

静止画像向け電子透かしの中には，透かしを抽出するときに原画像を利用することによって，その性能を高める手法がある。原画像を利用することは，それ自体が脆弱性につながる可能性が高いため，限られた用途にしか適用できないと考えられる。しかし，動画像中の隣接するフレームどうしは類似しているという特徴を用いて，隣接フレームを原画像に見立てて透かしを埋め込むような手法が提案されている[166]。この手法では原動画像を抽出に用いるわけではないため，直接脆弱性につながることはない。なおかつ，原画像に近い画像を利用可能である

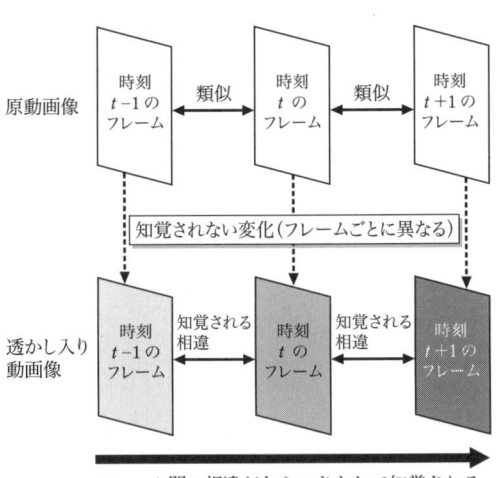

図1.62　フリッカノイズ

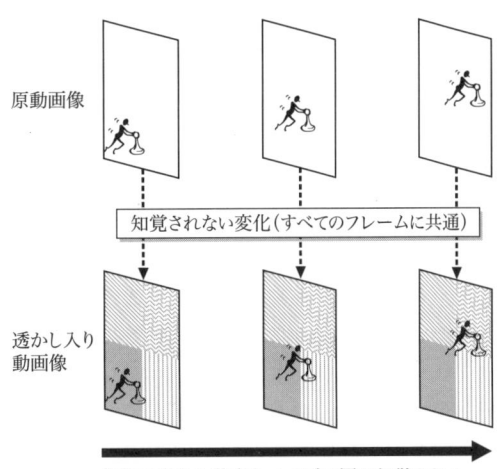

図1.63　動画像中の動きと同期しないノイズ

ことから，性能の向上が見込まれる。

この方式で問題となるのは，埋め込み前の原画像そのものを利用できるわけではない，という点である。透かし抽出時に原画像を利用する静止画像向け電子透かしとしてはCoxらの手法[167]が知られている。Coxらの手法では，原画像に乱数系列を重畳したものを透かし入り画像とし，透かし抽出時には原画像成分を引き去って重畳した乱数系列を求め，埋め込み時に用いた系列との相関をとることによってその系列が埋め込まれているか否かを判定する。このとき，Coxらのモデルでは透かし入り画像から求められる系列は攻撃によってのみ変化するが，動画像の隣接フレームを原画像に見立ててこの手法を動画像向けに実装すると，フレーム間の相違によっても求められる系列が変化する。よって，攻撃を受けていない透かし入り動画像から透かしを抽出できることが保証されないこととなる。このことからもわかるように，隣接フレーム間の相違程度のちがいならば許容できるようにアルゴリズムを構築する必要がある。また，シーンの境界において隣接するフレームどうしは似ているとは限らないという点にも留意しなければならない。

上記の2つの手法は，アルゴリズムとしては時間領域への攻撃に対する耐性をもたないため，耐性をもたせるためには透かしの構成を工夫する必要がある。時間領域への攻撃に対する耐性に焦点をあてて静止画像向け電子透かしを拡張した手法の一例として，時空間画像を用いた電子透かし手法がある[168]。ここで，時空間画像とは，各フレームから同じ位置の走査線を抜き出し，それらを各行として構成された静止画像のことを指す。フレームの削除は時空間画像における行の削除に対応し，フレームの上書きは時空間画像における行のコピーに対応するため，時間領域への攻撃を静止画像への攻撃に落とし込んで，静止画像向け電子透かし手法を適用できる。文献168)では，時空間画像に離散フーリエ変換（DFT）を施し，同心円状に透かしを埋め込んでいる。この方式を用いると，フレームの削除によって時系列画像内に生じる画素の平行移動はDFT空間上では回転として表われることから，フレームの削除に対する耐性をもつことが期待できる。ただし，フレームの削除によって生じる画素の平行移動は時系列画像全体ではなく，削除されたフレームに対応する行より下の領域にのみ起こる。そのため，フレームの削除が，DFT空間上における純粋な回転としては反映されないことに留意する必要がある。

他にも，文献169)の手法では，各フレームに対しては幾何学変換に強い埋め込み法を適用し，時間軸方向に対して同期信号を埋め込むことにより，空間領域への攻撃と時間領域への攻撃に対する耐性を同時にもたせている。このように，空間領域と時間領域それぞれに対する攻撃について電子透かし手法を組み合わせて対処する手法も提案されている。

ここまでに述べた手法は，動画像を静止画像へ落とし込んで透かしを埋め込む手法であった。動画像は，2次元信号である静止画像に時間軸を加えた3次元信号であると捉えることができるため，3次元信号に対する周波数変換を施し，その係数を利用する手法もある[170]。この方式では，空間領域への攻撃に対する耐性と時間領域への攻撃に対する耐性を，どの周波数成分を利用して透かしを埋め込むかによって同時に制御することができる。必ずしも3次元周波数変換をいちどに施す必要はなく，手法によってはフレームごとにウェーブレット変換を施し，得られたウェーブレット係数について時間軸方向にDFTを施して得られた係数を透かしの埋め込みに用いるような例もある。この場合，空間領域への攻撃に対する耐性をウェーブレット変換のレベルや成分によって制御し，時間領域への攻撃に対する耐性をDFT係数のどの成分を用いるかによって制御しているといえる。このような手法について，時間軸方向に用いる周波数変換およびその成分と，時間領域への攻撃に対する耐性の関係については，現時点において研究段階であるといえる。具体的には，フレームの削除に対する耐性をもたせたいときに，どのような周波数変換のどの成分を用いればよいか，といった問題については，実験によって耐性をもつ周波数成分を選定する必要がある。

すでに述べたように，多くの場合，動画像は

圧縮して用いられるため，動画像向け電子透かしは代表的な圧縮方式に対する耐性をもつ必要がある．圧縮方式に対する耐性を評価する方法としては，複数の圧縮方式に対する耐性を考慮する評価法と，1つの圧縮方式に関するさまざまなビットレートに対する耐性を考慮する評価法の2つがあげられる．1つの圧縮方式に対応できるように電子透かし法を構築する場合，圧縮符号化された系列そのものに対して透かしを埋め込む手法がある[171]．このような手法については，圧縮方式のアルゴリズムと密接な関係があるため，次項にゆずるものとする．

(5) むすび

ここでは，動画像の特徴を利用した電子透かし法について述べた．動画像向け電子透かしでは，静止画像に比べて多数のフレームを扱うことができるため，一見，透かしを埋め込みやすいように見える．しかし，隣接するフレームどうしは類似するという性質をもつため，隣接するフレームと見比べて劣化が知覚されやすいという問題がある．また，空間領域への攻撃だけでなく，フレームの削除や上書きといった時間領域への攻撃も考慮しなければならない．このように，動画像は単なる静止画像の集合ではないことを念頭において電子透かし法の要件を列挙し，それらに対処すべきであるといえる．

1.4.6 JPEG，MPEG 向け電子透かし
(1) 背景

保存・伝送時の利便性から，静止画像も動画像も圧縮符号化して扱われることが多い．代表的な圧縮符号化方式として，静止画像にはJPEG，GIF などがあり，動画像にはMPEG，WMV などがある．電子透かし手法がどのような攻撃に対して耐性をもつべきかについては目的によるが，これらの圧縮符号化が施された状態から透かしを抽出できる必要があることは多い[172]．本項ではこれらのうち，JPEG と MPEG に焦点をあて，JPEG 形式や MPEG 形式のコンテンツに直接透かしを埋め込む電子透かし法について述べる．

(2) JPEG 圧縮の概要

図1.64 に示すように，RGB 画像を入力としたJPEG 圧縮は，表色系の変換，最小符号化ユ

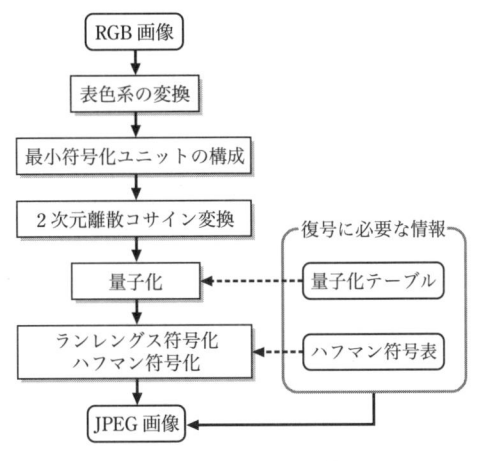

図1.64　JPEG 圧縮

ニット（以下，MCU）の構成，2次元離散コサイン変換（以下，DCT），量子化，ランレングス符号化・ハフマン符号化の5つのステップからなる[173]．

まず，RGB 表色系を YC_bC_r 表色系へ変換する．ここで，YC_bC_r 表色系とは，輝度成分 Y と色差成分 C_b，C_r によって色を表現する表色系である．輝度成分の変化に比べて色差成分の変化は知覚されにくいことを利用し，圧縮による画質の劣化を知覚されにくいように効率的な圧縮ができる．

次に，YC_bC_r 表色系に変換された画像の各成分を16×16画素のブロックに区切り，Y，C_b，C_r の面積の比が 4:1:1 になるように C_b，C_r 成分を1画素おきにダウンサンプリングする．続いて，16×16画素のブロックに区切られたY 成分を8×8画素の4つのブロックに区切る．これにより，Y，C_b，C_r 成分の16×16画素の3つのブロックから，8×8画素の6つのブロック（Y 成分4つ，C_b，C_r 成分各1つ）を取り出す．この6つのブロックの組をMCU とよぶ．以降の手順は，MCU 単位で行なわれる．

MCU の 8×8画素の各ブロックに DCT を施す．これにより，8×8画素の色成分は，8×8のDCT 係数ブロックに変換される．ここで，DCT 係数ブロックは1個の直流成分と63個の交流成分から構成される．

さらに，得られたDCT 係数ブロックに対して量子化を施す．量子化は，8×8の量子化テーブルの対応する位置の値でDCT 係数を割

り，商を求めることによって行なわれる。画像の高周波数成分の変化は知覚されにくいため，高周波数成分に対応する量子化テーブルの値は大きく設定されており，高周波数成分のデータ量を大幅に削減できる。また，量子化テーブルにはY成分用とC_b，C_r成分用の2種類があり，前述の輝度成分と色差成分の変化の知覚されやすさのちがいに対応して定められている。さらに，量子化テーブルの値を変更することによって圧縮率を操作できる。用いた量子化テーブルは復号の際に必要なため，出力ファイルのヘッダ部に書き込んでおく。

最後に，量子化されたDCT係数ブロックを以下の手順により符号化する。DCT係数ブロックの直流成分については，前のブロックの直流成分との差分値を可変長符号によって符号化する。残りの交流成分について，まずジグザグスキャン順にランレングス符号化する。ここで，量子化された値は高周波数領域において0が連続する傾向があるため，ランレングス符号化を効果的に適用できる。さらに，得られたシンボルをハフマン符号化する。ここで用いられたハフマン符号表は復号の際に必要なため，出力ファイルのヘッダ部に書き込んでおく。以上によって得られた符号化列が，JPEG圧縮画像として出力される。

JPEG圧縮画像は，符号化の手順を逆にたどることによって復号される。すなわち，ハフマン符号，ランレングス符号を復号し，ヘッダ部に書き込まれた量子化テーブルの値を掛けることによって逆量子化し，逆DCTを施す。得られたC_b，C_r成分をアップサンプリングすることにより，YC_bC_r表色系で表現された画像を求め，最後にRGB表色系に変換する。

ここで述べた方式ではMCUの構成時にY，C_b，C_rの面積の比が4:1:1になるようにC_b，C_r成分をダウンサンプリングするが，画質を重視して，ダウンサンプリングしない方式もある。

(3) JPEG圧縮に対応した電子透かし

前述のJPEG圧縮の概要からわかるように，量子化より後の処理はすべて可逆変換であるため，DCT係数の量子化値を操作して透かしを埋め込めば，JPEG圧縮画像を対象として透かしを埋め込み，誤りなく抽出することができる[174,175]。この性質は，ステガノグラフィに応用することができる[176,177]。

DCT係数の量子化値の操作の仕方はさまざまであるが，いくつか留意すべき点がある。まず，変更量は整数であること。よって，実数の範囲で変化させる必要のある手法は使えない。次に，量子化値の変更が画質に与える影響は量子化テーブルの値に依存すること。量子化値で見れば同じ1の変化であっても，逆量子化するときに量子化テーブルの値を掛けるため，DCT係数の変化として見れば量子化テーブルの値が大きいほど大きくなる。量子化テーブルの値は高周波数成分に近づくにつれて大きくなるため，高周波数成分側の量子化値を増加させるような変更の仕方は適切でないといえる。最後に，量子化値を操作したあとにRGB画像に復号したとき，R，G，Bの値が整数であるとは限らないことと，本来の範囲である[0, 255]を外れうること。再度JPEG圧縮を施したあとに透かしを抽出したいという要件があった場合，量子化テーブルの値が変化しなければ，理論的には透かしをそのまま抽出できるが，RGB値の整数化や[0, 255]の範囲への補正によって透かしが抽出できなくなる場合がある。

次世代圧縮技術であるJPEG2000では静止画像をより効率的に圧縮するためにレイヤー構造を採用しており，その構造を利用した電子透かしも提案されている[178]。

(4) MPEG圧縮の概要

MPEG圧縮では，高い圧縮率を得るために，フレーム内符号化とフレーム間符号化の両方が用いられている[179]。これらはそれぞれ，空間的冗長度の削減のためのDCTベースの変換符号化と，時間的冗長度を削減するブロックベースの動き補償によって実現される。ここで，MPEG標準はエンコーダ処理を規定せず，ビットストリームのシンタックス（文法），セマンティクス（意味）ならびにデコーダの信号処理を規定するだけであることに注意する。図1.65に簡単なMPEGビデオ符号器のブロック図を示す。ここで，フレーム内符号化のみを適用する場合には，点線部分の処理は行なわれない。図1.65からわかるように，フレーム内符

図1.65 MPEG圧縮

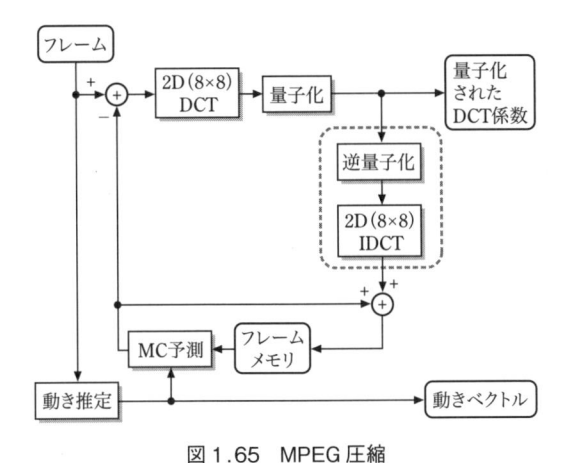

号化では8×8画素のブロックを対象としてDCTを施し量子化するという，JPEG圧縮と同様の手順が採用されている。また，フレーム間符号化では，隣接するフレームどうしは類似しているという性質に基づき，現在のフレームのDCT係数に対して量子化・逆量子化を適用した結果を利用して動き補償（motion compensation；MC）がなされている。得られたDCT係数の量子化値と動きベクトルは，JPEG圧縮のときと同様に可変長符号化などが施され，MPEG標準で定義されたシンタックスに基づいてビットストリームに変換される。

図1.65において入力となるフレームは，あらかじめ入力画像群（GOP）として構成される。図1.66に示すように，GOPは，Iピクチャ，Pピクチャ，Bピクチャからなる連続したフレームの組である。一般に，GOPはIピクチャから次のIピクチャまでのあいだにどのようにPピクチャとBピクチャを配置するかによって定められる。Iピクチャは，フレーム内符号化のみによって符号化される。また，PピクチャとBピクチャでの予測に用いることができる。Pピクチャは，過去のIピクチャまたはPピクチャからの動き補償予測（順方向予測）を使って符号化される。また，PピクチャまたはBピクチャの予測に用いられるため，Pピクチャにおける符号化誤差は累積する可能性がある。Bピクチャは，過去と未来の画像の両方から予測（双方向予測）して符号化される。また，他のフレームの予測に用いないため，Bピクチャにおける符号化誤差は累積しない。

MPEG-4では，さらに任意形状符号化という概念を採用している[180]。これは，動画像中に含まれる物体単位で符号化するものである。背景と前景を区別して符号化するという意味では，スプライト符号化が採用されていることも特徴としてあげられる。

(5) MPEG圧縮に対応した電子透かし

図1.65を見ると，DCT係数の量子化値と動きベクトルを透かしの埋め込みに利用できそうだと考えられる。Iピクチャについては，DCT係数の量子化値に透かしを埋め込むことによって誤りなく透かしを抽出することができるが，PピクチャとBピクチャについては動き補償による誤差が入るため，必ずしも誤りなく抽出できるとは限らない。よって，MPEG圧縮に対する耐性をもたせるために8×8画素のブロックのDCT係数を用いることは有効であるが，JPEG圧縮のときのようにステガノグラフィに応用することは難しいといえる。次に，動きベクトルを利用して透かしを埋め込む場合[181]について考える。動きベクトルに対する変更は，それ自体画質への影響が大きいことと動き予測を通じて他のフレームに伝播することを考慮する必要がある。動きベクトルの変更による他のフレームへの影響の大小は，動きベクトルを求める画像の特徴に依存するため，画像の特徴に合わせて透かしを埋め込むか否かを決定するなどの工夫が必要となる。また，このように取捨選択すると，埋め込める情報の量が動画像に依存するため，原動画像ごとに埋め込める情報の量が安定しないという問題が生じる。

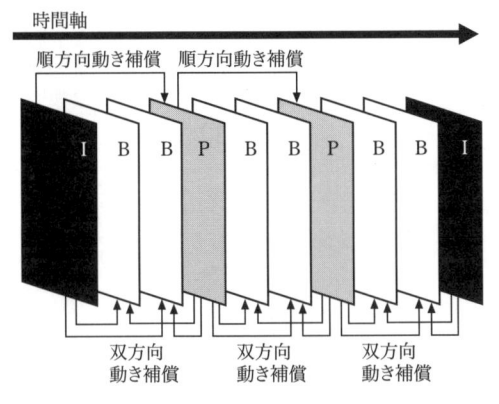

図1.66 入力画像群（GOP）の構成例

文献181)の手法では，埋め込み対象の動きベクトルをBピクチャのみに限定することにより，画質の劣化の低減を試みている。この場合は，埋め込める情報の量はGOPの構造に依存することとなる。以上のような背景からか，現在，MPEG圧縮に対応した電子透かしとしては，ビットストリームに直接埋め込む手法よりは，MPEGのアルゴリズムを踏まえてMPEG圧縮に対する耐性を高めた手法が多く提案されている。また，MPEG-4で採用された任意形状符号化に対応し，任意形状の画像信号を対象とした電子透かし法も提案されている。

(6) むすび

本項では，JPEG圧縮，MPEG圧縮に対応した電子透かし法について述べた。JPEG，MPEGともに広く利用されているファイル形式であるため，これらの圧縮方式に対する耐性をもつ手法や，圧縮された符号化列に直接埋め込む手法を考案することは重要であるといえる。MPEGにおけるオーディオ符号化については割愛したが，映像だけではなく音声も含めて1つのコンテンツであることに留意した電子透かし法の考案が今後必要になると考えられる。現時点においても，音声のアフターレコーディングによる改竄を検出できる電子透かし法が提案されている。

1.4.7 改竄検出透かし

(1) 背景

土木・建築工事における現場写真，保険金請求における被害写真，ドライブレコーダにおける事故写真などにもディジタル写真が使われるようになってきた。しかし，ディジタル画像は改竄が容易で，しかも改竄の痕跡を残さないことから，ディジタル写真を証拠写真として使うためには，改竄されていないこと（正真性）が保証されなければならない。そのために，電子透かしを用いて画像が改竄されているか否かを検証し，ディジタル写真の正真性を保証する[182,183)]。

(2) 原理

あらかじめ決めたパターンを透かしとして画像に埋め込んでおき，画像が改竄されるとその埋め込んだパターンが正しく抽出できなくなることを利用する。著作権保護を目的とした電子透かしとちがって，"壊れやすい"透かしを埋め込んでおき，透かしが正しく抽出されれば画像は改竄されていない，正しく抽出できなければ画像は改竄された，と判定する。どの部分の透かしが壊れているかを知れば，改竄箇所を特定できる。改竄検出の原理を図1.67に示す。改竄が行なわれていなければ埋め込んだ透かしを正しく取り出すことができるが，改竄が行なわれるとその箇所の透かしは壊れて正しく取り出せなくなる。

(3) 基本的な透かし埋め込み手法

対象とする画像として，ビットマップ画像とJPEG圧縮画像があげられる。ビットマップ画像を対象とする場合でも，画像はJPEG圧縮されて使用されることが多いので，JPEG圧縮により透かしが壊れないことが要求される場合がある。この場合には，JPEG圧縮により画素値が変更されたとしても，それは改竄ではない。このように，どこまでの変更を改竄とみなすかをあらかじめ定めておくことが重要である。利用目的によっては1ビットの変更も改竄とみなす必要がある場合もある。

埋め込まれた透かしに影響を与えることなく，すなわち改竄前と改竄後で改竄検出の条件が同じになるように改竄されれば，その改竄は検出できない。そこで，改竄検出用電子透かしに対する攻撃（検知されない改竄を試みる変更）としては，次のようなものがあげられる。

①改竄した画像に透かしを上書きする

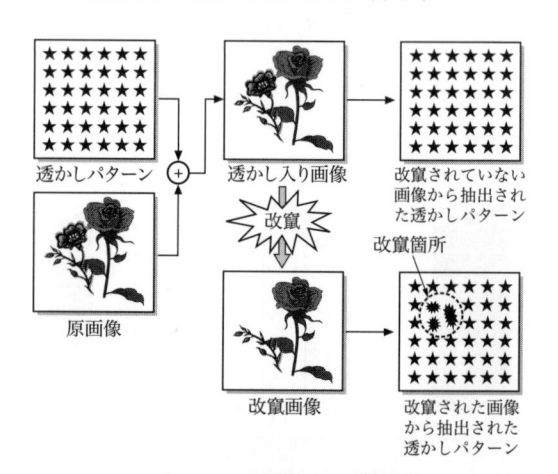

図1.67 改竄検出の原理
［CDにカラーデータあり］

②透かし入り画像の一部をコピーして同じ画像の別の場所に貼り付ける

③別の透かし入り画像の一部をコピーして透かし入り画像に貼り付ける

図1.67に改竄検出の原理を示したが，攻撃者に透かしのつくり方および埋め込み方法を知られると①の改竄を検出できない。また，透かしパターンが画像と独立に作成される場合，②の改竄に対しては改竄を検出できない。たとえ透かしパターンが図1.67のようなくり返しパターンでなくても，複数の画像に同じ透かしパターンが埋め込まれていれば，同じ位置での③の改竄に対して改竄を検出できない。①の問題に対処するためには，透かしパターンが攻撃者に推測されないように工夫する必要がある。②，③の問題は，透かしパターンが画像と独立に作成されていることによる。そこで透かしは，埋め込み対象の画像に依存して作成する。

透かしの埋め込みには，空間領域に埋め込む場合と周波数領域に埋め込む場合とがある。それぞれの埋め込み法について代表的な手順を以下に示す。

・空間領域での埋め込み　　各画素のビットプレーンの最下位桁ビット（LSB）を透かしビットと置き換えることにより透かしを埋め込む[184～187]。透かしビットはLSB以外のビットの値に依存するように決める。さらに上記①の改竄を防止するために，透かしビットの作成に暗号を用いる。また，上記②，③の改竄を防止するために，画素の座標や画像固有の値にも依存して透かしビットを決める。この方法では1画素の改竄でも検出可能であるが，JPEG圧縮により透かしが壊れるのでJPEG圧縮は改竄とみなされる。図1.68に，透かし埋め込み手順の概略を示す。画像を小ブロックに分割し，そのブロックのLSBを0にする。ブロックには決められた順に番号をつけておく。LSBを0にしたブロックの画素値とブロック番号（あるいはそれらのハッシュ値）を秘密鍵で暗号化する。暗号化したビットを元のLSBと置き換えて，透かし入り画像を得る。改竄の有無の検証は，透かし入り画像のLSBを0にしたブロックの画素値とブロック番号（あるいはそれらのハッシュ値）と，埋め込み時に用いた暗号方式

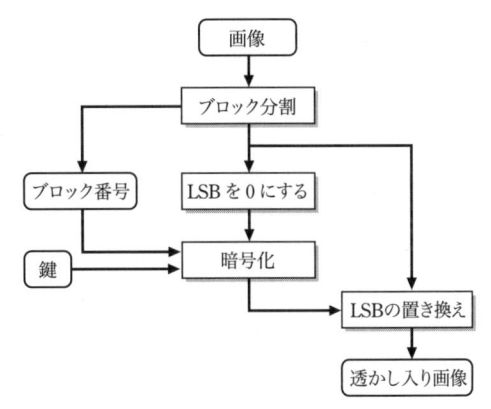

図1.68　透かし埋め込みの手順
（空間領域での埋め込み）

に従ってLSBを復号したものとを比較して，一致すればそのブロックは改竄されていない，一致しなければそのブロック内の画素が改竄されている，と判定する。改竄箇所の特定はブロック単位で行なう。ブロックサイズを1画素にとると，1画素の改竄箇所を特定可能であるが，1/2の確率で改竄を見逃すことになる。しかし実際には，改竄はある程度の広がりをもって行なわれるうえ，ブロックサイズもある程度の大きさに選ばれることから，改竄を見逃す確率は十分小さくできるといえる。

・周波数領域での埋め込み　　離散コサイン変換（DCT）や離散ウェーブレット変換の変換係数を操作して透かしを埋め込む。JPEG圧縮画像を対象とする場合には，JPEG符号化系列をランレングス復号・ハフマン復号して得られた量子化DCT係数を操作する[188,189]。ビットマップ画像を対象とする場合はDCT変換やウェーブレット変換を施して，それらの変換係数を操作し，その後，逆変換（IDCT）してビットマップ画像に戻す。JPEG圧縮により透かしが壊れないことが要求される場合には，JPEG圧縮のアルゴリズムに合わせて，画像を8×8画素のブロックに区切り，ブロックごとにDCT変換を施し，DCT係数の量子化値を操作して透かしを埋め込む場合が多い。透かし埋め込み後の画質の劣化を抑えるために，操作するDCT係数は中周波数帯域の係数が選ばれる。上記①の改竄を防止するために暗号を用いる。また，上記②，③の改竄を防止するために，ブ

ロック番号や画像固有の値にも依存して DCT 係数の量子化値の操作量を決める。DCT 係数の量子化値の操作量は，操作する DCT 係数以外の DCT 係数に依存するように決められる。

図 1.69 に，透かし埋め込み手順の概略を示す。ビットマップ画像の場合には，画像を 8×8 画素のブロックに分割し，そのブロックを DCT し，8×8 の DCT 係数を求める。

さらに DCT 係数を量子化して量子化 DCT 係数を得る。JPEG 圧縮画像を対象とする場合には，JPEG 符号化系列をランレングス復号・ハフマン復号して量子化 DCT 係数を得る。ブロックには決められた順に番号をつけておく。量子化 DCT 係数とブロック番号（あるいはそれらのハッシュ値）を秘密鍵で暗号化し，暗号化したビットに応じて量子化 DCT 係数の値を変更する。たとえば，暗号化したビットの値に応じて量子化 DCT 係数の値を偶奇に変更する。暗号化の対象となる量子化 DCT 係数と透かしを埋め込む量子化 DCT 係数とは分離する。改竄の有無の検証には，透かし入り画像を 8×8 画素のブロックに分割し，そのブロックを DCT し，さらに量子化して 8×8 の量子化 DCT 係数を求める。透かし作成に用いた量子化 DCT 係数とブロック番号（あるいはそれらのハッシュ値）と，透かしを埋め込まれた量子化 DCT 係数から抽出した透かしビットを埋め込み時に用いた暗号方式に従って復号したものとを比較して，一致すればそのブロックは改竄されていない，一致しなければそのブロック内の画素が改竄されている，と判定する。改竄箇所の特定は 8×8 画素のブロック単位で行なう。

空間領域での埋め込みでも周波数領域での埋め込みでも，秘密鍵を用いて画像の一部の情報を暗号化することにより，透かし埋め込みのアルゴリズムが公開されたとしても改竄後に透かしを上書きする不正ができないようにしている。暗号に公開鍵暗号を用いれば，誰でも画像の正真性を検証することができる[184,186,190]。

文献 190) の手法による改竄検出の例を図 1.70 に示す。(a) は透かしを埋め込んだ画像である。(b) は改竄した画像に対して改竄検出処理を行なった画像である。改竄検出箇所を黒枠で囲っている。改竄箇所の特定は 8×8 画素のブロック単位で行なっている。

(4) 改竄箇所復元への拡張

透かしビットを画像自身の情報とすれば，改竄箇所の特定だけでなく，改竄箇所を改竄前に近い状態に復元でき，改竄前がどのような状態

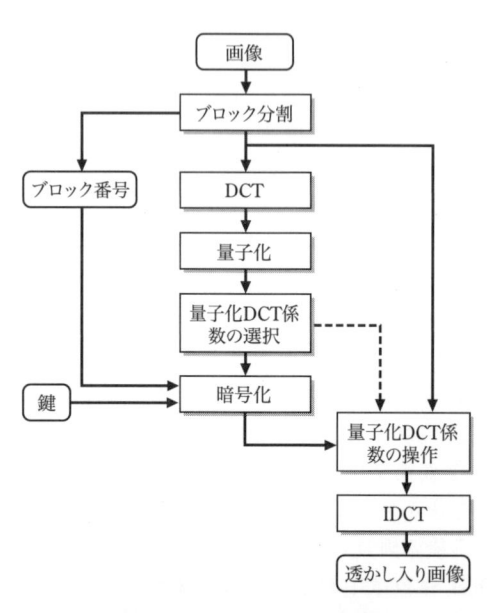

図 1.69 透かし埋め込みの手順
（周波数領域での埋め込み）

図 1.70 改竄検出の例
［CD にカラーデータあり］

であったかを知ることができる[191~194]。DCTを用いて周波数領域に埋め込む場合には，画像を小ブロックに区切り，各ブロックをDCT変換する。

各ブロックの低周波数帯域のDCT係数を別のブロックの低周波数帯域以外に埋め込む。低周波数帯域のDCT係数は画像の概形を表わす。したがって，あるブロックが改竄されていても，そのブロックの概形の情報は別の改竄されていないブロックに埋め込まれているので，それを抽出することにより改竄前の概形を復元することができる。

(5) むすび

証拠写真を改竄する者は，写真を写した本人またはその関係者であることが多い。第三者が改竄しても利益がないからである。したがって，電子透かし埋め込みに用いる鍵が知られると，検知されない改竄を行なうことが可能になるので，誰がどのように鍵を管理するのかなども含め，検証過程全体を1つのシステムとして構築することが課題である。

1.4.8 ステガノグラフィ

(1) はじめに

「ステガノグラフィ」(steganography)という用語はギリシャ語に語源があり，"covered (or hidden) writing"を意味し，通常，ある情報を他の情報の中へ隠す技術として解釈されている[195]。

シモンズ(Simmons)はステガノグラフィを囚人の問題[196]として定式化した。囚人の問題とは以下のようなものである。アリスとボブはある犯罪で逮捕され，2つの異なる独房へ入れられた。脱獄を計画したいが，たがいのあいだの通信はすべて看守(ウェンディ)の監視下にある。ウェンディは，アリスとボブに暗号通信を許可しておらず，さらに疑わしい通信に気づけばすべてのメッセージ交換を禁止することができる。したがって，双方がウェンディの疑いを招かないように通信しなければならない。そのような方法のひとつは，何気ないメッセージ中に意味のある情報を隠すことであり，これがステガノグラフィである。

囚人の問題では，アリスとボブは脱獄計画という秘密データ(secret data)を共有したい。カバーオブジェクト(cover object)とよばれる「何気ないデータ」を選び，ステゴ鍵(stego key)とよばれる鍵を用いてカバーオブジェクトに秘密データを埋め込む。秘密データが埋め込まれたカバーオブジェクトをステゴオブジェクト(stego object)とよぶ。そのステゴオブジェクトが「何気ないデータ」であれば，ウェンディに気づかれることなく秘密情報を共有することができる。

コンピュータ上でステガノグラフィを実現する場合，カバーオブジェクトとして，画像や音響，テキストデータなどが利用できる。本項では，画像データをカバーオブジェクトとするステガノグラフィ技術について述べる。なお，画像のカバーオブジェクトをカバー画像，カバー画像に秘密情報が埋め込まれたステゴオブジェクトをステゴ画像とよぶ。

(2) 空間領域利用法

① LSBステガノグラフィ

LSB(least significant bit)ステガノグラフィでは，画素の最下位ビットを秘密データで置換することにより秘密情報を埋め込む。通常のフルカラー画像や8ビットの濃淡画像では，画素値を1ビット変更しても視覚的な影響がほとんどない。この技術は，フリーソフトとして公開されているステガノグラフィツールにしばしば利用されている。最大埋め込み量は，全画像データ量の1/8である。LSBステガノグラフィでは，画素の最下位ビットに秘密情報を挿入するため，非可逆符号化(たとえばJPEGフォーマット)に対しては，埋め込んだ情報を正しく抽出できない可能性がある。よって，カバー画像としてBMPフォーマットや可逆画像符号化画像(たとえばPNGフォーマット)に対して有効である。

② BPCSステガノグラフィ

LSBステガノグラフィは最下位ビットを秘密情報に置換して埋め込みを実現するのに対し，より上位ビットまで秘密情報を埋め込めるステガノグラフィがBPCSステガノグラフィ(bit-plane complexity segmentationステガノグラフィ)[197]である。これは，画像のビットプレーン分解と人間の視覚特性を考慮したステガノ

グラフィである。

BPCSステガノグラフィは，ビットプレーン分解で得られる2値画像の中で，複雑なノイズ状の領域を秘密データと置き換えるものである。これは，2つの複雑なノイズ状の2値画像は視覚的に区別することが困難であることに基づいており，秘密データを2値画像と考えたとき，それがノイズ状であることを前提としている。そうでない場合に対しては，簡単な（ノイズ状でない）パターンを可逆で複雑な（ノイズ状の）パターンに変換できる，コンジュゲート演算とよばれる操作が用意されている。

BPCSステガノグラフィでは，2値画像がノイズ状であるか否かの判定を，2値画像の複雑さに基づいて行なう。2値画像の複雑さの尺度として，2値画像（0と1）の境界線の長さを用いる。$m \times m$ 画素の2値画像において，その境界線の全長が k であるとき，複雑さ α は次式で定義される。

$$\alpha = k/(2m(m-1)) \quad (0 \leq \alpha \leq 1) \quad (1.13)$$

ここで，$2m(m-1)$ は市松模様のときに得られる境界線の長さの最大値である。

BPCSステガノグラフィによる情報埋め込みは，通常，以下の手順で行なわれる。

（i）n bits/pixel のダミー画像をビットプレーン分解して，n 枚の2値画像を得る。

（ii）各2値画像を $m \times m$ 画素の小ブロックに分割する。ブロックの複雑さ α が，閾値 α_{TH} よりも大きいとき，ブロックはノイズ状と判断され，埋め込み用の場所となる。

（iii）秘密データを $m \times m$ ビットごとの小ビットブロックに分割する。小ビットブロックは，$m \times m$ 画素の2値画像となる。秘密データの小画像の複雑さが α_{TH} よりも小さいときは，コンジュゲート演算によって複雑にする。コンジュゲート演算は，その画像と市松模様画像との画素ごとの排他的論理和演算である。

（iv）順次ノイズ状の小画像を秘密データの小ブロックと置き換えていく。秘密データの小ブロックがコンジュゲート演算を受けたか否かの情報（コンジュゲーションマップとよぶ）を記録しておく。

埋め込まれた情報の抽出は，複雑さの閾値 α_{TH} とコンジュゲーションマップを基に，埋め込みと逆の手順で行なわれる。BPCSでは，複雑さの閾値 α_{TH} とともに，ブロックサイズなどもステゴ鍵となりうる。

この方法によって，カバー画像に依存するものの，視覚的な損失なしに約40％の埋め込みを実現できると報告されている[197]。ただし，画素値のビット情報が秘密情報に直接対応するので，非可逆画像符号化に対しての耐性はない。

③スペクトル拡散ステガノグラフィ

SSIS（spread spectrum image steganography）[198] は，誤り訂正符号，画像復元およびスペクトル拡散を利用したステガノグラフィである。秘密情報はノイズ中に隠蔽され，カバー画像に重畳される。ノイズのエネルギーを低く抑えることができれば，画像を視覚的に観測してもそのノイズは認識できず，コンピュータ解析によっても検出できない。秘密情報を正確に抽出するために，画像復元技術と誤り訂正符号を利用する。埋め込まれた情報を抽出するとき，SSISではオリジナルの画像（カバー画像）を必要としない。したがって，画像復元により，ステゴ画像からカバー画像を推定する。そして，ステゴ画像と推定されたカバー画像の差分をとることにより，埋め込まれたノイズ信号を抽出する。しかしながら，埋め込まれたノイズ信号のエネルギーは小さいので，既存の画像復元技術を用いて抽出されたノイズ信号と，埋め込まれたノイズ信号が異なっている可能性が高い。そこで，秘密情報をあらかじめ誤り訂正符号でコーディングしておき，その情報をノイズ信号に隠蔽し，抽出されたノイズ信号から埋め込まれた秘密情報を正確に抽出する。

いま，2値レベルの情報を m（-1 あるいは $+1$）とすると，埋め込み処理は以下の手順により行なわれる。

（i）ある乱数の種（ステゴ鍵）から一様乱数 u（$0 \leq u \leq 1$）を発生させる。

（ii）u の値により，u' を以下のように定める。

$$u' = \begin{cases} u + 0.5 & (0 \leq u \leq 0.5) \\ u - 0.5 & (0.5 \leq u \leq 1) \end{cases} \quad (1.14)$$

埋め込み用信号 s は，m の値により次式を用いて作成する。

$$s = \begin{cases} \phi^{-1}(u) & (m=-1) \\ \phi^{-1}(u') & (m=1) \end{cases} \quad (1.15)$$

ここで，ϕ^{-1} は逆累積標準正規分布関数を示す。

(iii) s にスケールファクターを掛け合わせ，カバー画像に足し合わせることにより，ステゴ画像を生成する。

ステゴ画像の画素値からカバー画像の画素値を減算した値の符号と $\phi^{-1}(u)$ から秘密情報が抽出できる。このとき，u はステゴ鍵がなければ生成できない。ステゴ画像より埋め込まれた情報を抽出する手順は以下のとおりである。

(i) ステゴ画像からカバー画像を推定する（画像復元）。

(ii) ステゴ画像から推定されたカバー画像を減算することにより，埋め込み用信号を推定する。

(iii) ステゴ鍵から生成された一様乱数を基に計算された $\phi^{-1}(u)$ と推定された埋め込み用信号から埋め込まれた情報を求める。

文献 198) では，いくつかの実験から，画像復元の方法として α トリムド平均値フィルタ（alpha-trimmed mean filter）が良好な推定結果を与えると報告している。これは 3×3 の領域に対し，最小値と最大値以外の画素値の平均を中央の画素値とする処理である。これにより，ステゴ画像からカバー画像を推定する。埋め込み量は用いる誤り訂正符号によって変化するが，8 ビットの濃淡画像をカバーとする場合，その画像データ量の約 2% である。この手法は，原理的にどのような画像フォーマットにも適用できるという特徴をもつ。

④ 限定色カラー画像に基づくステガノグラフィ

限定色カラー画像とは，一般的に代表色が列挙されたテーブル（カラーテーブル）を画像ごとに備えており，それぞれの代表色に対応するインデックスが各画素の値として与えられているデータ構造をもつ画像を指す。カラーテーブル上の R，G，B の 3 つの値の組をカラーベクトルとよぶ。各カラーベクトルには重複のない整数値が割り当てられており，その値をインデックスという。カラーベクトルのインデックス値を画素値としてもつ画像をインデックス画像とよぶ。

このような限定色カラー画像をカバーデータとするステガノグラフィがいくつか提案されている。これらの方法は，カラーテーブルを操作して秘密データを埋め込む手法と，インデックス画像の画素値を変化させて秘密データを埋め込む手法に大別できる。

Gifshuffle[199] は，カラーテーブルの色の並び方を変更することによってデータを埋め込む。n 個のリストは $n!$ とおりの並べ方があり，ある特定の並び（順列）は 0 から $(n!-1)$ までの値の 1 つを表現していると考える。この数は $\log_2(n!)$ ビットで表現でき，GIF の場合 256 色なので 1675 ビット（209 バイト）埋め込み可能である。この方法の特徴は，情報を埋め込むことによる画質への影響がまったく発生しない点にある。しかしながら，画像処理や画像圧縮などでは，カラーテーブルの色順が変更される場合があり，埋め込んだ情報が容易に失われてしまう可能性がある。

インデックス画像に情報を埋め込む方法は，一般にカラーテーブルに情報を埋め込む方法よりも埋め込み量が多い。たとえば，まず与えられた限定色カラー画像を，R，G，B から算出される輝度値を基にカラーテーブルを並び替えておき，それに対応したインデックス画像を生成する。このような限定色カラー画像のインデックス画像に対して LSB ステガノグラフィを用いれば，元の輝度値をあまり損わずにステゴ画像が生成できる。しかしながら，カラーテーブルが規則的な順序になって不自然さを生ずる可能性があり，さらにカラーテーブルの色順の変更には耐性がないという欠点もある。

フリードリヒ（Fridrich）ら[200] は，カラーベクトルのパリティを用いることにより情報を埋め込む方法を提案している。この方法は色の並びには依存しないので，カラーテーブルの色順変更に対しては耐性がある。1 画素あたり 1 ビット埋め込めるので，8 ビットのインデックス値をもつ限定色カラー画像の場合，埋め込み量は最大で画像データの 12.5% である。

(3) 周波数領域利用法

周波数領域利用法としては，離散コサイン変換（DCT）を用いる場合と，離散ウェーブレット変換（DWT）を用いる場合に二分される。DCTやDWTは，各種メディアデータの情報圧縮に用いられる変換であることから，周波数領域利用のステガノグラフィは，圧縮データを用いたステガノグラフィを意味する。DCTは，音響データに対するMP3，静止画像に対するJPEG，動画像に対するMPEGなどの圧縮規格で用いられ，DWTは静止画像に対するJPEG2000（規格の中に，動画像に対するMotion-JPEG2000を含む）で採用されている。ここでは，静止画像に対する周波数領域利用法として，JPEG画像とJPEG2000画像を用いたステガノグラフィについて述べる。以下，それぞれ，JPEGステガノグラフィ，JPEG2000ステガノグラフィとよぶ。

① JPEGステガノグラフィ

初期に提案されたJPEGステガノグラフィのなかで，埋め込み後のステゴ画像の画質劣化が知覚されにくく，大容量の埋め込みができる方法として，Jsteg[201]がよく知られている。Jstegでは，0と1以外の量子化DCT係数のLSBに情報を埋め込む。したがって，埋め込みビット0，1が等確率に出現する場合，隣接するDCT係数の頻度が等しくなる。この特徴的な埋め込みによる変化は，カイ2乗検定によって検出される[202]。カイ2乗検定による埋め込み検出はカイ2乗攻撃とよばれる。

その後，カイ2乗攻撃に耐性のある方法として，F5[202]やOutGuess[203]が提案された。F5では0以外の量子化DCT係数が埋め込みに用いられ，埋め込みビット（0か1）が量子化DCT係数と整合しない場合は，DCT係数の絶対値を1だけ減じる。たとえば，0以外の偶数DCT係数は埋め込みビットが0であることを表わすとすると，偶数係数に1を埋め込む際は絶対値を1だけ減らして奇数にする。F5はカイ2乗攻撃には耐性があるが，埋め込み後のDCT係数の分布（ヒストグラム）に顕著な変化が生じるため，ヒストグラム変化をとらえる攻撃によって埋め込み検出が可能と報告されている[204]。OutGuessは，Jstegと同様の方法で埋め込みを行なうが，埋め込み可能な係数の一部にのみ埋め込みを行ない，他の係数はヒストグラム形状の保存（埋め込み前後でヒストグラムを変化させない）のために用いる。そのため，埋め込み容量はJstegの半分程度になる。ヒストグラム形状の保存は，各周波数ごとのDCT係数のヒストグラムではなく，直流成分を除く63個の周波数成分全体について行なう。

その後，各周波数ごとのDCT係数のヒストグラムを保存できる方法が提案された。HPDM[205]は，ヒストグラムを保存するように，量子化DCT係数のデータマッピングを行なう。たとえば，埋め込みビットが0の場合は，注目するDCT係数を，埋め込み前の偶数DCT係数のヒストグラムにマッピングし，1の場合は，奇数DCT係数のヒストグラムにマッピングする。ヒストグラムの保存は，埋め込みデータの0と1の確率が，カバー画像の偶数DCT係数と奇数係数の確率と等しいという条件下で実現される。しかしながら，この条件は一般に成立しない。この問題を解決するために，埋め込みデータをあらかじめ暗号化し（0と1の確率を同じにするため），次に0と1の確率を偶数係数と奇数係数の確率に合わせるためにエントロピー復号化処理を施す。偶数係数と奇数係数の出現確率は周波数成分ごとに異なるため，この方法では周波数成分ごとに異なるエントロピー復号化を行なう必要がある。Salleeのモデルベース法[206]では，0を除く隣接する2つの量子化DCT係数をまとめた（たとえば，1と2を合算する）荒い精度のヒストグラムを用意する。このヒストグラムをパラメトリックな分布モデルでモデル化する。埋め込みは，この分布モデルに合致するように，荒いヒストグラムの各区間内でのみ（たとえば，1と2のあいだで）係数を変化させて行なう。この場合も，HPDMの場合と同様にエントロピー復号化処理を必要とする。一方，文献207）の2種類の方法では，HPDMやモデルベース法と異なり，情報の埋め込みはDCT係数の量子化の際に（量子化後ではなく）行なわれている。量子化時の埋め込みによって，量子化後の埋め込みよりも画質劣化が少ないステゴ画像が得られると報告されている。第1の方法は，2つの量子化

器を用いた QIM（quantization index modulation）[208] を，DCT 係数の量子化に適用して情報を埋め込む。QIM の直接的な適用は，埋め込み後のヒストグラムに顕著な変化をもたらすため，その変化を抑える工夫が示されている。第 2 の方法も 2 つの量子化器を用いているが，それぞれの量子化器によって埋め込み後のヒストグラムを変化させないように，量子化の閾値を設定する方法が与えられている。

最近の興味深い研究として，攻撃者が知ることができない，埋め込み前のカバー画像の情報を積極的に利用する方法（インフォームド埋め込みとよばれる）が報告されている。文献 209) では，量子化前の連続値 DCT 係数のヒストグラムを保存する埋め込み法が提案されている。ディザを用いた QIM で埋め込みを行なうことにより，連続値での保存を実現している。ただし，埋め込み可能な DCT 係数の 2/3 程度をヒストグラム保存のための整形に用いるため，埋め込み容量は通常の方法の 1/3 程度となる。文献 210) の WP（wet paper）符号は，ステガノグラフィにふさわしい符号として，最近再発見されたものである。WP 符号を用いれば，秘密情報の送信者は，カバー画像中で埋め込みに使用する部分を自由に選択でき，しかも，受信者はキーが入手できれば，埋め込まれた場所を知ることなしに情報を抽出できる。たとえば，DCT 係数の量子化時に情報を埋め込む際，埋め込みによる誤差の小さい DCT 係数のみを埋め込みに使用することができる。このため，埋め込みに利用できる DCT 係数の数は少なくなるが，ステゴ画像の品質低下は大幅に抑えられ，したがって，埋め込み検出などの攻撃に対する耐性も大幅に向上すると考えられる。

② JPEG2000 ステガノグラフィ

JPEG2000 は JPEG よりも優れた圧縮性能を有し，今後の普及が期待されている圧縮規格であるが，JPEG2000 ステガノグラフィに関する研究例は少ない。JPEG にはない JPEG2000 の大きな特徴のひとつに，圧縮率・画像歪み最適化機能（指定された圧縮率に対して，最も歪みの小さい復元画像を与えるビット列を生成する）がある。DWT 係数はコードブロックとよばれる小ブロックの，ビットプレーンごとに算術符号化される。その後，一部の符号を破棄することによって，所定の圧縮率に調整する。これは，符号化の最終段階のビット列構成部で行なわれる。JPEG2000 ステガノグラフィでは DWT 係数に情報を埋め込むことになるが，この圧縮率，画像歪み最適化機能を損なわないように埋め込む必要がある。

文献 211) は，ビット列構成部で必要に応じてレイヤーという単位で符号系列がまとめられる点に着目して，最下位のレイヤーに情報を埋め込む方法を提案している。最下位レイヤーは埋め込み情報と置き換えられるため，そのまま画像復号を行なうと画質劣化が大きいが，最下位レイヤーを切り捨てて復号化すれば画質劣化は抑えられる。文献 212) は，算術符号化を回避するレイジー（lazy）モードとよばれるオプションを利用して埋め込みを行なっている。各ビットプレーンは 3 つのパスで符号化されるが，ステゴ画像の画質劣化を抑えるために，算術符号化なしの magnitude refinement パスの一部で埋め込みを行なっている。文献 213) では，DWT 係数のビットプレーンに BPCS ステガノグラフィを適用する方法が提案されている。ただし，前述の JPEG2000 の最適化機能を損なわないようにするため，復号化途中の算術復号化後に埋め込みを行なっている。

JPEG2000 ステガノグラフィに対する埋め込み検出に関連する研究はこれまで研究例がなかったが，最近 2 件の報告がなされた。文献 214) は，レイジーモードでの JPEG2000 ステガノグラフィに対して有効な埋め込み検出法を提案している。文献 215) では，DWT 係数のヒストグラムを保存する埋め込み法が提案されている。この方法は，少なくともカイ 2 乗攻撃には耐性があることが示されている。

(4) おわりに

本項では，画像を用いたいくつかのステガノグラフィ技術を紹介した。ステガノグラフィは，暗号技術とは異なる特徴をもつ情報セキュリティ技術であるため，既存の暗号技術と融合することによって，より安全なセキュリティシステムを実現できる可能性がある。また，カバーオブジェクトに情報が埋め込まれていること

を前提としたセキュリティ以下の利用形態，たとえばエンターテインメントへの利用なども考えられ，今後さらなる発展が期待される。

1.4.9 情報ハイディング技術の評価

情報ハイディング技術を実用化する際には，その性能を適切に評価しなければならない。本項では，情報ハイディング技術の実用にいたる過程を，基礎研究，応用研究，開発と実用化，実運用の4段階に分け，各評価項目とその概要を示す。

(1) 評価の概要

評価の基本的な流れは，
　①目標の明確化
　②要求性能の分析
　③評価法の選定
　④判定基準の決定
　⑤仕様評価
　⑥実験評価
　⑦総合判定
である。

まず，全開発工程における現在の位置付けから，その開発目標を明らかにする（①）。開発目標が明確であれば，その達成に求められる性能が定まる（②）。評価方法は，この要求性能を満たすかどうか判定することを主眼に選定すればよい（③）。ただし，適切な評価法を適用しても，その判定基準が不適切ならば，正しい評価結果を得られない。判定基準は，評価の重要項目なので，十分検討したうえで決定する（④）。ここまでは，評価の準備である。

実際の評価では，まず，対象が基準を満たすかどうか，設計仕様の確認を行なう（⑤）。とくに，別目的で開発された技術を応用する際には，この評価により不具合を明らかにする。また，情報ハイディング技術は人間の感性に強く依存しているため，理論考察のみでは十分に評価できない。

そこで，通常は，理論評価の補助的手段として実験評価を行なう（⑥）。実験評価には，特性の異なる多種多様な標本を用いることが望ましい。最終的には，各評価結果を用いて総合的な判定を行なう（⑦）。

もし，判定結果が不合格ならば，研究開発の段階に戻って，技術的な再検討と改修を施したあとに再評価する。これをくり返すことにより，完成度を高めることになる。また，各開発段階ごとの資料作成は重要である。各資料は，次の評価の際に活用できる。

(2) 基礎研究段階の評価

情報ハイディングとは，知覚の曖昧さ（冗長性）を利用して，埋め込み対象の一部により情報表現し，それを読み取る技術である。基礎研究のおもな評価項目は，
　①親和性
　②品質
　③情報量
である。

情報ハイディングの埋め込み対象の実体は，定められた規格に従う符号列である。そのため，埋め込み対象の一部を加工しても，仕様上の不具合を生じないかを確認しなければならない（①）。この評価では，情報を挿入した状態でも埋め込み対象が正しく機能するかどうか[216,217]，仕様上の親和性を重点に確認する。

また，情報ハイディング技術は，埋め込み対象に含まれる知覚上の冗長成分を制御するため，品質に対しても影響を及ぼす[218]。その品質への影響度がどの程度であるか評価する[219]（②）。品質の評価は，客観評価と主観評価に分類できる。評価法には，画質評価技術（第Ⅰ編3章を参照）を利用できる。情報ハイディング技術の研究では，表1.10の評価法[220~222]をおもに用いる。

情報ハイディング技術の情報埋め込み能力[216~222]（③）は，埋め込み要素ごとに評価する場合と，埋め込み対象を全体として評価する場合がある。

埋め込み要素ごとに評価する場合には，1つの要素により何ビットの情報を表現できるかを評価する。全体の要素数を見積もれる場合には，全体の埋め込み容量を算出できる。ただし，複数の要素が複雑に絡み合う適応機構などをもつ場合には，うまく評価できない。その場合には，実験用標本に対し，合計何ビットの情報を埋め込むことができたかを評価する。この評価結果は，埋め込み対象の状態に左右されるため，その能力を厳正に評価することは難し

表1.10 品質評価法の概要

客観評価	情報挿入に伴う歪みを雑音とみなし，信号対雑音比（signal-to-noise ratio；SNR）を求める方法が一般的である．最大変動幅に対する雑音強度の比を求めるPSNR（peak SNR）が多く用いられる．また，窓関数を用いて重み付けするWSNR（weighted SNR）は，窓関数を工夫することにより，局所性を考慮した評価に応用できる．さらに，SNRとJPEGの品質レベルの対応を調べて，画質劣化の程度を推定するSNR-JPEG比較法がある．JPEGに似た処理機構をもつ技術の評価にはとくに有用である．同様に，歪みの程度を統計的に評価する手法は数多く検討されている．また，標本間の相関性を調べる評価法もある．
主観評価	主観評価値のMOS（mean opinion score）を求める方法（単一刺激法）が一般的である．劣化のないものとの比較評価法（一対比較法）や評価対象に基準コンテンツを含めておき，その評価結果を判定基準に用いる隠れ基準付き評価法もある．通常，評価目的に応じて，提示数や時間，評価尺度が変更される．主観評価は，評定者や実験環境に結果が依存しやすく，評価に伴う負荷も大きい欠点がある．

い．

（3）応用研究段階の評価

応用研究では，情報ハイディング技術を適用できる実用分野とその応用法について検討する．この段階では，情報ハイディング技術が目的達成に十分な性能を有するかどうかを評価する．おもな評価項目は，

①秘匿性
②処理耐性
③独立性
④可分性
⑤識別性

である．ただし，各評価項目の重要度やその必要性は，応用分野によってさまざまである．

情報ハイディング技術は，深層暗号もしくはステガノグラフィとよぶ通信秘匿[216,218]の研究から始まり，現在では，電子透かし[217]を含むさまざまな応用[218]が注目を集めている．

これらの応用技術は，情報の存在を秘匿できる情報ハイディングの特長を活かしたものが多い．応用研究では，その用途に応じた秘匿性の評価（①）が必要になる[216〜222]．この評価では，品質に限らず，符号の統計特性や記録保存形式など，さまざまな観点から検討する．とくに高い秘匿性を求める応用では，埋め込み対象本来の特徴に対する偽装の自然さを確かめる[216,217]．

また，情報が挿入されたコンテンツに不特定の処理が加わることを想定しなければならない応用分野も多い．たとえば，電子透かしでは，編集操作などにより，挿入情報が失われないことが望まれる（本編1章1.4.2項，1.4.4〜1.4.6項）．逆に，改竄検出では，わずかな編集でも挿入情報が損壊しなければならない（本編1章1.4.7項）．

処理耐性（攻撃耐性ともよばれる）[217]とは，編集や再符号化などの処理による挿入情報の失われにくさである（②）．この評価に用いる処理手法は，全体を均一に処理するものと，局所的に処理するものに分けられる．

処理手法には，各要素を個別処理するものと，複数要素を一括処理するものがある．後者のなかには，空間的な配置や形状を変化させる幾何学的処理もある．これらを複合して施すと，処理の組合せに応じた複雑な影響が生じる．この評価では，運用上想定される変換を施したあとの挿入情報の残存率を調べる[223〜228]．処理耐性評価に用いるおもな処理内容を表1.11に示す．また，評価ツール"StirMark"[223,224]による処理例を図1.71に示す．

情報ハイディング技術を応用する際には，その埋め込み対象の符号形式との親和性が求められる．

とくに，さまざまな利用環境を想定した場合には，メディア変換や再符号化などの影響も評価しなければならない[225〜228]．さらに，複数の情報ハイディングを同時もしくは多重に施す応用分野もある[218]．これらの評価では，関連技術それぞれの処理成分の独立性を評価する（③）．

応用分野のなかには，挿入情報の内容を更新もしくは削除する処理を求めるものがある[217〜219]．更新には，内容を書き換える方法と挿入情報をいったん削除して新たに埋め込む方法がある．挿入情報の削除には，埋め込みのない状態を復元する機能が求められる．そこで，可分性の評価では，挿入情報を確実に特定し，それと埋め込み対象を分離ができるかどうかを確かめる（④）．

表1.11　変換処理例とその概要

個別処理	画素などの標本値に対して個別に輝度や色調の変更処理を行なう。出現頻度（ヒストグラム）補正，線形関数補正，振幅変調，再量子化，色索引表の置換など。
窓処理	窓関数により複数画素を一括処理する。近傍画素を考慮した変換を行なう。ぼかし，平滑化，鮮鋭化，たたみ込みフィルタ処理など。
直交変換	直交変換などにより得た係数を制御する。特定係数の変更は，変換領域全体の制御に相当する。加わる歪みは，直交変換関数に依存する。帯域制限，帯域変調，係数量子化，重み付けなど。
幾何変換	形や大きさなどを空間座標上で変換する処理。歪ませた座標系を利用した写像により実現できる。平行移動，縦横比変更，拡大縮小，回転，台形歪み，アフィン変換，間引き，内挿補間，ゆらぎ付加など。
重畳	各標本値に，別に準備した値を加減する処理。原本を重畳すると，埋め込み強度が弱まる効果がある。結託攻撃は，この特長を活用する。処理の影響が目立ちにくい。微小雑音付加，多チャンネル合成，独立成分相互干渉，上書き挿入など。
符号変換	再符号化や符号形式変換，メディア変換などを行なう。加わる歪みは符号化処理の内容に依存する。この処理では，符号形式により定まる品質が保持される。
非線形処理	DA/AD変換などにより，わずかなゆらぎや幾何学的歪み，雑音などを複合的に加える。線形関数では単純に表現できない変化が生じる。プリント/スキャン，表示画面の撮像，放送信号変換など。

図1.71　画像変換処理例（処理耐性評価）

(a) 原画像　(b) 平滑化（窓処理）
(c) アフィン変換　(d) 回転（幾何変換）
(e) ゆらぎ付加（間引き）　(f) ランダム歪み
(g) 雑音付加（重畳）　(h) JPEG圧縮（符号変換）

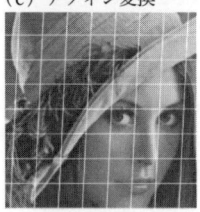

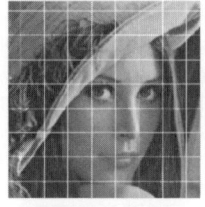

コンテンツに挿入された埋め込み情報は，識別符号として利用できる。その識別能力[228]は，情報ハイディングの関連付け粒度に比例する。識別性の評価では，要求性能を満たす識別能力をもつかどうかを検討する（⑤）。

(4) 開発と実用化段階の評価

開発段階では，情報ハイディング技術とその周辺技術のかかわりや運用方式を考慮した評価を行なう[228]。代表的な評価項目は，

　①現実性と有用性
　②処理量
　③実装の容易性
　④誤り対策
　⑤操作性と管理機能

である。この段階の評価では，とくに実装（規格）を意識して評価しなければならない。

応用研究から開発と実用化の段階へ進む際に，最初に評価しなければならないのは，現実性と有用性である（①）。まず，応用システムが社会にどのような利益をもたらすのか，悪用される可能性はないか，法制度上の問題はないかなどを多角的に検討する[217, 225〜228]。

さらに，市場規模を念頭に置き，予算，開発費，運用経費（人件費，設備投資，維持費など）から採算性があるかどうかの商業的評価も実施する[225]。

情報ハイディング技術の実装に最も影響する事項は処理量である。この評価では，各処理段階ごとに所要計算量[219]を求める（②）。処理内容が外的要因に依存しない場合は，理論的に評価することもできる。処理量は，実装の容易性に影響するので，できるだけ正確に算出する。

実装の容易性は，とくに，その処理内容と処理量により定まる（③）。ここでは，実用化に必要なシステム環境の仕様や規模などを決定するための見積もりを行ない，実装を困難にする要因がないかどうか確認する。また，実運用時の配布媒体や保存方式に適合するかどうかも評価する[225]。

埋め込み対象コンテンツが完全ならば，それに埋め込まれた情報の完全性も失われることはない。しかし，応用分野の中には，悪意ある妨害や編集操作により，情報の完全性を保障できないものがある。

そのため，実用化をめざした開発には，誤り対策が不可欠である。誤り対策の評価では，情報の一部が失われたときに，システムが健全な状態をどこまで保てるのか確かめる（④）。その際には，誤り訂正能力や過誤の問題を含めた検討が必要である[228]。

システムの管理者や利用者の中には，動作原理や内部処理に関する理解が不十分な者も多い。とくに，情報ハイディングの応用システムでは，その中核部分を非公開にする場合（ブラックボックス化）もある[219]。そのため，処理の詳細を知らない者でも，支障なく制御できる操作性と管理機能の実装がなされる。

したがって，開発システムが必要かつ十分な操作性と管理機能を備えているかどうか評価しなければならない（⑤）。また，説明書（マニュアル）の整備と，その内容の評価も重要である。

各開発と評価を終え，応用システムが完成した際は，試用試験と改修の実施が望ましい。これは，システムを実運用に近い状態で試用しながら，総合的に完成度を高めていくものである。この工程では，限定的な人数の評定者にシステムを試用させ，不備な点を発見して改修を加える。通常は数段階に分けて，くり返し実施する。

(5) 実運用段階の評価

応用システムが完成し，実運用を始めたとしても，システムの保守には評価が必要である。この段階での評価には，

① 実運用中の再評価
② 監査

がある。

技術は日々刻々と進展しているため，開発段階の仕様のままでは不都合を生じる場合がある。そのため，実運用中にもシステムの再評価と改修を継続し，問題発生を防ぐ対策が必要である（①）。

とくに，基本システムの不具合を利用した悪意ある行為も無視できない状況なので，システム全体の保全に配慮した評価と対策が望まれる[225]。

また，運用上の人的誤りが致命的なシステム障害につながることが多い。システム保全の評価では，人的要因を無視することはできない。そこで，健全な運用状態を維持するための監査を定期的に実施し，問題発生を未然に防止することが望ましい。監査とは，システム運用状態の評価である（②）。継続的な監査により，問題発生の可能性を事前に発見できることもある。

文献

1) 総務省：「電子署名及び認証業務に関する法律」，http://law.e-gov.go.jp/htmldata/H12/H12H0102.html（2007年現在）．
2) 内閣府：「個人情報の保護に関する法律」，http://www5.cao.go.jp/seikatsu/kojin/houritsu/index.html（2007年現在）．
3) 財団法人日本情報処理開発協会：「プライバシーマーク事務局」，http://privacymark.jp/（2007年現在）．
4) 暗号技術評価委員会：『暗号技術評価報告書 CRYPTREC Report 2002』，情報処理振興事業協会，通信・放送機構，2003．
5) 暗号技術評価委員会：『暗号技術評価報告書 CRYPTREC Report 2005』，独立行政法人情報通信研究機構，独立行政法人情報処理推進機構，2006．
6) 暗号技術評価委員会：『ブロック暗号を使った秘匿，メッセージ認証及び認証暗号を目的とした利用モードの技術調査報告』，情報処理振興事業協会，通信・放送機構，2004．
7) Alfred J. Menezes, Paul C.van Oorschot, *et al.*：Handbook of Applied Cryptography, CRC, 1997.
8) Rainer A. Ruppel：Analysis and Design of Stream Ciphers, Springer-Verlag, 1986.
9) 日本ベリサイン，http://www.verisign.co.jp/（2007年現在）．
10) Entrust, http://www.entrust.com/（2007年現在）．
11) Whitfield Diffie, Martin E. Hellman：New Directions in Cryptography, *IEEE Trans. on Information Theory*, Vol.IT-22, No.6, pp.644-654, 1976.
12) Taher Elgamal：A Public Key Cryptosystem and a Signature Scheme Based on Discrete Logarithms, IEEE Trans. on Information Theory, Vol.IT-31, No.4, pp.469-472, 1985.

13) Ronald L. Rivest, Adi Shamir, et al.: A Method for Obtaining Digital Signatures and Public-Key Cryptosystems, *Communication of the ACM*, Vol.21, No.2, pp.120-126, 1978.
14) Michael O. Rabin: Digital Signatures and Public-Key Encryptions as Intractable as Factorization, MIT Technical Report, MIT/LCS/TR-212, 1979.
15) 総務省行政管理局:「政府認証基盤 GPKI」, http://www.gpki.go.jp/（2007年現在）.
16) Pascal Paillier: Public-Key Cryptosystems Based on Composite Degree Residuosity Classes, Advances in Cryptology EUROCRYPT '99, LNCS 1592, pp.223-238, 1999.
17) 村上:「バイオメトリクスフィールドトライアル 成田空港における実験」,『計測と制御』, Vol.43, No.7, pp.566-571, 2004.7.
18) A. Jain, et al: Biometrics, p.4, Kluwer Academic Publishers, 1999.
19) P. Statham: Threat Analysis How Can We Compare Different Authentication Methods ?, The Biometric Consortium Conference, 2005.9.
20) 小松, 内田, 坂野, 和田, 池野:「バイオメトリクスの精度評価」,『計測と制御』, Vol.43, No.7, pp.539-543, 2004.7.
21)『バイオメトリクス標準化調査研究成果報告書』, 日本規格協会情報技術標準化研究センター, 2004.3.
22)『平成15年度情報技術標準化調査研究報告会資料』, 日本規格協会情報技術標準化研究センター, 2004.6.
23) T. Matsumoto, et al.: Impact of Artificial "Gummy" Fingers on Fingerprint Systems, Proc. of SPIE, Vol.4677, pp.275-289, 2002.
24) 宇根, 田村:「生体認証における生体検知機能について」,『IEMS Discussion Paper Series』, 2005-J-15, pp.1-61, 2005.8.
25)「電子情報通信学会 第5回バイオメトリクスセキュリティ研究会予稿集（2005.9.）」におけるチュートリアル講演, パネル討論資料を参照.
26)『生体情報による個人識別技術を利用した社会基盤構築に関する標準化』, 日本自動認識システム協会, 2004.3.
27)『バイオメトリクス・セキュリティ評価に関する研究会中間報告書』, 情報処理推進機構セキュリティセンター, 2006.12.
28) U. Uldag, et al.: Biometric Cryptosystems: Issues and Challenges, Proc. IEEE, Vol.92, No.6, pp.948-960, 2004.6.
29) 鷲見, 松山, 中嶋:「バイオメトリクス認証テンプレート保護に関する検討」,『SCIS2005予稿集』, pp.535-540, 2005.1.
30) 上園ほか:「電子情報通信学会倫理綱領解説」,『信学誌』, Vol.82, No.2, pp.161-174, 1999.2.
31) 辻井, 笠原:『情報セキュリティ』, 昭晃堂, pp.178-183, 2003.10.
32) 磯部, 瀬戸, 小松:「ディジタル署名により完全性を保証した生体認証モデルの提案とプロトシステムの開発」,『画像電子学会誌』, Vol.33, No.2, pp.161-170, 2004.3.
33) 画像電子学会編, 星野幸夫監修:『指紋認証技術―バイオメトリクス・セキュリティ』, 東京電機大学出版局, 2005.
34) Shaogang Gong, Stephen J. McKenna, Alexandra Psarrou: Dynamic Vision, From Images to Face Recognition, Imperial College Press, 2000.
35) 日本自動認識システム協会編:『これでわかったバイオメトリクス』, オーム社, 2001.
36) 瀬戸洋一:『バイオメトリックセキュリティ入門』, ソフト・リサーチ・センター, 2004.

37) 日本自動認識システム協会編:『よくわかるバイオメトリクスの基礎』, オーム社, 2005.
38) Stan Z. Li, Anil K. Jain: Handbook of Face Recognition, Springer, 2005.
39) Special Issue on Automated Biometric Systems, *Proc. of IEEE*, Vol.85, No.9, pp.1343-1478, 1997.
40) 赤松 茂:「コンピュータによる顔の認識―サーベイ―」,『電子情報通信学会論文誌 A』, 第J80-A巻8号, pp.1215-1230, 1997.
41)「特集 ここまできたバイオメトリクスによる本人認証システム」,『情報処理』, 第40巻11号, pp.1071-1103, 1999.
42) Cover: Biometrics, Computer (IEEE), Vol.33, No.2, pp.46-80, 2000.
43)「特集 バイオメトリクス探検隊」,『エレクトロニクス』, 第45巻3号, pp.1-73, 2000.
44) 金子正秀:「顔による個人認証の最前線」,『映像情報メディア学会誌』, 第55巻2号, pp.180-184, 2001.
45) 土居元紀:「顔画像認証によるセキュリティ技術」,『Computer Today』, 第19巻1号, pp.20-25, サイエンス社, 2002.
46) Masahide Kaneko, Osamu Hasegawa: Processing and recognition of face images and its applications, Chapter 7 of Image Processing Technologies: Algorithms, Sensors and Applications, Edited by Kiyoharu Aizawa, Katsuhiko Sakaue and Yasuhito Suenaga, pp.162-211, Marcel Dekker, Inc., USA, 2004.
47) 岩井儀雄, 勞世竑ほか:「画像処理による顔検出と顔認識」,『情報処理学会研究報告, コンピュータビジョンとイメージメディア』, 2005-CVIM-149, pp.343-368, 2005.
48) 佐藤俊雄:「顔による個人認証」,『生体医工学（日本生体医工学会誌）』, 第44巻1号, pp.40-46, 2006.
49) FERET (Face Recognition Technology program), http://www.frvt.org/FERET/default.htm
50) Face Detection Homepage, http://www.facedetection.com/
51) Face Recognition Homepage, http://www.face-rec.org/
52) Face Recognition Vendor Test Homepage, http://www.frvt.org/
53) P. J. Phillips, H. Wechsler, J. Huang, P. J. Rauss: The FERET database and evaluation procedure for face-recognition algorithms, *Image and Vision Computing*, Vol.16, pp.295-306, 1998.
54) 鬼塚卓弥:『形成外科手術書』, 南江堂, 1982.
55) 小西静雄:「ひと耳介・頭・身長の発育計測値の比較」,『耳鼻と臨床』, Vol.23, pp.433-437, 1977.
56) 熊谷憲夫, 鈴木 出:『図説臨床形成外科講座4』, メディカルビュー社, 1988.
57) 坂口:『熊本大学第一解剖論文集』, Vol.12, No.1, 1952.
58) 坂野 鋭:「バイオメトリクス個人認証技術の動向と課題」,『電子通信学会研究報告』, Vol.PRMU99-29, pp.75-82, 1999.
59) 瀬戸洋一:『生体認証技術』, 共立出版, 2002.
60) 篠原克幸, 南 敏, 結城義徳:「モルフォロジー演算を用いた耳介画像による個人識別」,『画像電子学会誌』, Vol.21, No.5, pp.528-534, 1992.
61) 和田敏弘, 山本正裕, 篠原克幸:「耳介輪郭線の放物線線分による特徴抽出」, 電子情報通信学会第3回ユビキタスネットワーク社会におけるバイオメトリクスセキュリティ研究会, pp.181-186, 2004.
62) 篠原克幸, 山本正裕:「放物線弧を用いた耳介輪郭の類似性測定」, 電子情報通信学会第五回ユビキタスネットワーク社会におけるバイオメトリクスセキュリティ研究

会, pp.17-22, 2005.
63) 作花文雄：『詳解著作権法　第2版』, ぎょうせい, 2003.
64) 小松尚久, 田中賢一監修：『電子透かし技術―ディジタルコンテンツのセキュリティ』, 東京電機大出版局, 2004.
65) 進藤智則, Phil Keys, 菊池隆裕：「今度こそ音楽配信」, 『日経エレクトロニクス』, No.885, pp.10-25, 2004.
66) 門田暁人, Clark Thomborson：「ソフトウェアプロテクションの技術動向（前編, 後編）」, 『情報処理』, Vol.46, No.4, No.5, 2006.
67) 「DTLA HOME PAGE」, http://www.dtcp.com/（2007年現在）
68) D. Naor, M. Naor, J. Lotspiech：Revocation and Tracing Schemes for Stateless Receivers, CRYPTO2001, pp.41-62, 2001.
69) AACS-Advanced Access Content System, http://www.aacsla.com/（2007年現在）
70) コンテンツIDフォーラム：「cIDf 仕様書第2.0版」, http://www.cidf.org/（2007年現在）
71) 須永 宏, 星合隆成：「P2P 総論[I]～[IV]」, 『電子情報通信学会誌』, Vol.87, No.9, No.10, No.12, Vol.88, No.1, 2004.
72) YouTube - Broadcast Yourself, http://www.youtube.com/（2007年現在）
73) ARIB TR-B14 地上デジタルテレビジョン放送運用規定 技術資料, 3.2版, H19.5.29
74) ARIB STD B-25 デジタル放送におけるアクセス制御方式, 5.0版, H19.3.14
75) ISO/IEC 13818-1 Information technology-Generic coding of moving pictures and associated audio information：Systems
76) 館林 誠, 松崎なつめほか：「DVD 著作権保護システム」, 『映像情報メディア学会技術報告, 画像情報記録』, Vol.21, No.31, 1997.
77) DVD CCA, http://www.dvdcca.org/
78) 4C Entity, LLC：CPRM Specification, Introduction and Common Cryptographic Elements, Rev.1.0, 2003, http://www.4centity.com/
79) 4C Entity, LLC：CPRM Specification, DVD Book, Rev.0.96, 2003, http://www.4centity.com/
80) AACS LA, LLC：AACS, Introduction and Common Cryptographic Elements, Rev.0.91, 2006, http://www.aacsla.com/
81) AACS LA, LLC：AACS, Pre-recorded Video Book, Rev.0.91, 2006, http://www.aacsla.com/
82) S. Murakosi, M. Kawamata, T. Higuchi：Frequency scramble for secure communication of images using multidimensional digital filters, Proc. 35th MWSCAS, 1992.
83) C. J. Kuo, M. S. Chen：A New Signal Encryption Technique and its Attack Study, IEEE International Conference on Security Technology, Taipei, Taiwan, pp.149-153, 1991.
84) C. D. Creusere：Efficient image scrambling using polyphase filter banks, Proc. ICIP1994, 1994.
85) K. S. Joo, T. Bose：Two-Dimensional Periodically Shift Variant Digital Filters, IEEE Trans. on Circuits and Systems for Video Technology, Vol.6, No.1, Feb. 1996.
86) T. Bose, M. Chen, K. S. Joo, G. Xu：Stability of Two-dimensional Discrete Systems With Periodic Coefficients, IEEE Trans. on Circuits and Systems II：Analog and Digital Signal Processing, 1998.
87) J. Zou, R. K. Ward, Dongxu Q：A New Digital Image Scrambling Method Based on Fibonacci Numbers, Proc. ISCAS'04.
88) J. Zou1, R. K. Ward, D. Qi：The Generalized Fibonacci Transformations and Application to Image Scrambling, Proc. ICASSP, pp.385-388, Montreal, May 2004.
89) 岡 一博, 松井甲子雄：「一般化 Peano 走査を用いた局所的スクランブルによる画像への署名法」, 『信学論』, D-II, Vol.J80, No.5, pp.1160-1168, 1997.
90) F. Autrusseau, J. Guedon：A Joint Multiple Description-Encryption Image Algorithm, ICIP2003.
91) M.-R. Zhang, G.-C. Shao, K.-C. Yi：T-matrix and its applications in image processing, Electronics Letters.
92) 木下宏揚, 塩入律雄, 酒井善則：「DCT 符号化に適した画像暗号化方式の提案」, 『信学論』, D-I, Vol.J75, No.5, pp.314-321.
93) 藤井 寛, 山中康史：「ディジタル画像情報流通支援のためのスクランブル方式」, 『情報処理学会論文誌』, Vol.38, No.10, pp.1945-1955, Oct., 1997.
94) 安藤勝俊, 渡邊 修, 貴家仁志：「JPEG2000 符号化画像の情報半開示法」, 『信学論』, D-II, Vol.J85, No.2, pp.282-290, 2002.
95) H. Kiya, S. Imaizumi, O. Watanabe：Partial-Scrambling of Images Encoded Using JPEG2000 Without Generating Marker Codes, Proc. IEEE ICIP2003, 2003.
96) H. Wu, D. Ma：Efficient and Secure Encryption Schemes for JPEG2000, IEEE ICASSP 2004, May, 2004.
97) W.-Q. Yan, M. S Kankanhalli：Scrambling of engineering drawings, Proc. IEEE ICME2003, Vol.3, pp.III-85-88, 2003.
98) G. Ginesu, D. D. Giusto, T. Onali：Wavelet Domain Scrambling for Image-based Authentication, Proc. IEEE ICASSP2006, 2006.
99) Y. Matias, A. Shamir：A video scrambling technique based on space filling curves, Proc. IEEE Advances in Cryptology-CRYPTO'87, Springer LNCS 293, pp.398-417, 1987.
100) M. Pazarci, V. Dipcin：A MPEG2-transparent scrambling technique, IEEE Trans.on Consumer Electronics, Vol.48, Issue 2, pp.345-355, May 2002.
101) W. Zeng, J. Wen, M. Severa：Fast self-synchronous content scrambling by spatially shuffling codewords of compressed bitstreams, Proc. IEEE ICIP, pp.169-172, Sep., 2002.
102) S. G. Kwon, W. I. Choi, B. Jeon：Digital Video Scrambling Using Motion Vector and Slice Relocation, ICIAR2005, pp.207-214, 2005.
103) J. Ahn, H. Shim, B. Jeon, I. Choi：Digital Video Scrambling Method Using Intra Prediction Mode, LNCS Vol.3333, pp.386-393, Springer Verlag, Nov., 2004.
104) Y. Bodo, N. Laurent, J. Dugelay：A scrambling method based on disturbance of motion vector, Proc. 10th ACMMM 2002, pp.89-90, 2002.
105) C. Wang, H.-B. Yu, M. Zheng：A DCT-based MPEG-2 transparent scrambling algorithm, IEEE Trans. on Consumer Electronics, Vol.49, Issue 4, pp.1208-1213, Nov., 2003.
106) 豊田陽介, 高木幸一, 酒澤茂之, 滝嶋康弘：『MPEG-2 局所領域スクランブルにおける画質制御方式の検討』, ITE 年大, pp.13-14, 2006.
107) M. Takayama, K. Tanaka, A. Yoneyama, Y. Nakajima：A Video Scrambling Scheme Applicable to Local Region without Data Expansion, Proc. IEEE ICME2006, pp.1349-1352, July, 2006.
108) Y. Bodo, N. Laurent, C. Laurent, J.-L. Dugelay：Video Waterscrambling：Towards a Video Protection Scheme

Based on the Disturbance of Motion Vectors, EURASIP Journal on Applied Signal Processing 2004, 14, pp.2224-2237, 2004.
109) 松井甲子雄：『画像深層暗号』，森北出版，1993.
110) 松井甲子雄：『電子透かしの基礎』，森北出版，1998.
111) 小野 束：『電子透かしとコンテンツ保護』，オーム社，2001.
112) I. J. Cox, M. L. Miller, J. A. Bloom：Digital Watermarking, Morgan Kaufmann, 2002.
113) 小松尚久，田中賢一（監修）：『電子透かし技術』，東京電機大学出版局，2003.
114) S. Katzenbeisser, F. A. P. Petitcolas：Information Hiding：Techniques for Steganography and Digital Watermarking, Artech House, 2000.
115) N. F. Johnson, Z. Duric, S. Jajodia：Information Hiding：Steganography and Watermarking-Attacks and Countermeasures, Kluwer Academic Publishers, 2001.
116) Herodotus, The histories, J. M. Dent & Sons, Ltd., London, 1992.
117) 中村康弘，松井甲子雄：「濃度パターン法を用いた濃淡画像とテキストデータの合成符号化法」，『電子情報通信学会論文誌(B)』，Vol.70-B, No.12, pp.1475-1481, 1987.
118)「「電子透かし」がマルチメディア時代を守る」，『日経エレクトロニクス』，No.668, pp.99-124, 1997.
119) Proc. of Joint Harvard MIT Workshop on Technological Strategies for Protecting Intellectual Property in the Networked Multimedia Environment, 1992.
120) http://www.petitcolas.net/fabien/watermarking/stirmark/
121) J. Fridrich, J. Soukal, J. Lukas：Detection of Copy-Move Forgery in Digital Images, Proc. Digital Forensic Research Workshop, 2003.
122) 河口英二，野田秀樹，新見道治：「画像を用いたステガノグラフィ」『情報処理学会学会誌』，Vol.44, No.3, pp.236-241, 2003.
123) J. Fridrich, M. Goljan, D. Hogea：Steganalysis of JPEG images：breaking the F5 algorithm, Proc. of Fifth Information Hiding Workshop, LNCS（Springer），Vol.2578, pp.310-323, 2002.
124) J. Fridrich：Feature-based steganalysis for JPEG images and its implications for future design of steganographic schemes, Proc. Sixth Information Hiding Workshop, LNCS（Springer），Vol.3200, pp.67-81, 2004.
125) http://www.usatoday.com/tech/news/2001-02-05-binladen.htm
126)「透かしインデキシングによるストリーミングコンテンツの高度化（その1）～（その3）」，『2005年度画像電子学会年次大会予稿集』，pp.73-78, 2005.
127)「モバイル電子透かしとは何ですか？」，『NTT技術ジャーナル』，2005. 8., http://www.ntt.co.jp/journal/
128) 中村康弘，松井甲子雄：「濃度パターンを用いた濃淡画像とテキストデータの合成符号化法」，『電子情報通信学会論文誌B』，Vol.70-B, No.12, pp.1475-1481, 1987.
129) 田中 清，中村康弘，松井甲子男：「MHファクシミリ通信における情報の多重化」，『画像電子学会誌』，Vol.18, No.1, pp.2-8, 1989.
130) 藤井広芳，中野和典，越前 功，吉浦 裕，手塚 悟：「局所特徴量を用いた二値画像用電子透かしの画質維持方式」，『情報処理学会論文誌』，Vol.44, No.8, pp.1872-1883, 2003.
131) 中村康弘，松井甲子雄：「著作権保護のための電子文書のハードコピーへの署名の埋め込み」，『情報処理学会論文誌』，Vol.36, No.8, pp.2057-2062, 1995.
132) 中村康弘，松井甲子男：「和文書へのシール画像による電子透かし」，『情報処理学会論文誌』，Vol.38, No.11, pp.2356-2362, 1997.
133) http://www.hitachi.co.jp/Prod/comp/warifu/
134) 岡 一博，中村康弘，松井甲子雄：「濃度パターン法を用いたハードコピー画像への署名の埋め込み」，『電子情報通信学会論文誌』，D-II, Vol.J79-D-II, No.9, pp.1624-1626, 1996.
135) 岡 一博，松井甲子雄：「組織的ディザ法によるハードコピー画像への署名の埋め込み」，『電子情報通信学会論文誌』，D-II, Vol.J80-D-II, No.3. pp.820-823, 1997.
136) 松井甲子雄：『電子透かしの基礎―マルチメディアのニュープロテクト技術―』，森北出版，1998.
137) G. C. Langelaar, I. Setyawan, R. L. Lagendijik：Watermarking digital image and video data, IEEE Signal Processing Magazine, Vol.17, No.5, pp.20-46, 2000.
138) I. J. Cox, M. L. Miller, J. A. Bloom：DIGITAL WATERMARKING, Academic Press, 2002.
139) M. Arnold, M. Schmucker, S. D. Wolthusen：TECHNIQUES AND APPLICATIONS OF DIGITAL WATERMARKING AND CONTENT PROTECTION, Artech House, Inc., 2003.
140) 岡 一博，松井甲子雄：「埋込み関数を用いた濃淡画像への署名法」，『電子情報通信学会論文誌』，Vol.J80-D-II, No.5, pp.1186-1191, 1997.
141) 片岡利幸，田中 清，松井甲子雄：「階層型予測符号化における多値画像への属性情報の埋め込み」，『電子情報通信学会論文誌』，Vol.J73-B-I, No.3, pp.229-235, 1990.
142) W. Bender, D. Gruhl, N. Morimoto：Techniques for data hiding, Proceedings of SPIE（Security and Watermarking of Multimedia Contents），Vol.2020, pp.2420-2440, 1995.
143) W. Bender, D. Gruhl, 森本典繁, A. Lu：「電子透かしを支えるデータ・ハイディング技術」，『日経エレクトロニクス』，No.683, pp.149-162, 1997.
144) 松井甲子雄：『画像深層暗号』，森北出版，1993.
145) 片岡利幸，田中 清，中村康弘，松井甲子雄：「適応型離散コサイン変換符号化におけるカラー画像への記述情報の埋め込み」，『電子情報通信学会論文誌』，Vol.J72-B-I, No.12, pp.1210-1216, 1989.
146) 中村高雄，小川 宏，高嶋洋一：「ディジタル画像の著作権保護のための周波数領域における電子透かし方式」，『電子情報通信学会暗号と情報セキュリティシンポジウム論文集』，SCIS1997-26A, 1997.
147) H. Inoue, A. Miyazaki, A. Yamamoto, T. Katsura：A digital watermark technique based on the wavelet transform and its robustness on image compression and transformation, IEICE Trans. on Fundamentals, Vol.E82-A, No.1, pp.2-9, 1999.
148) S. Mallat：A WAVELET TOUR OF SIGNAL PROCESSING, Academic Press, 2001.
149) 井上 尚，宮崎明雄，島津幹夫，桂 卓史：「ウェーブレット変換を用いた画像信号に関する電子透かし方式」，『映像情報メディア学会論文誌』，Vol.52, No.12, pp.1-7, 1998.
150) I. J. Cox, J. Killian, T. Leighton, T. Shamoon：Secure spread spectrum watermarking for multimedia, IEEE Trans. on Image Processing, Vol.6, No.12, pp.1673-1687, 1997.
151) A. Piva, M. Barni, F. Bartolini, V. Cappellini：DCT-based watermark recovering without restoring to the uncorrupted original image, Proceedings of IEEE International Conference on Image Processing, pp.520-523, 1997.
152) H. Inoue, A. Miyazaki, T. Kastura：An image watermark-

ing method based on the wavelet transform, Proceedings of IEEE International Conference on Image Processing, Vol.1, pp.296-300, 1999.

153) M. Barni, F. Bartolini, V. Cappellini, A. Piva：A DWT-based technique for spatio-frequency masking of digital signatures, Proceedings of SPIE（Security and Watermarking of Multimedia Contents）, Vol.3657, pp.25-27, 1999.

154) A. S. Lewis, G. Knowles：Image compression using the 2-D wavelet transform, IEEE Trans. on Image Processing, Vol.1, No.2, pp.244-250, 1992.

155) M. Barni, F. Bartolini：Improved wavelet-based watermarking through pixel-wise masking, IEEE Trans. on Image Processing, Vol.10, No.5, pp.783-791, 2001.

156) 宮崎明雄，桃島良聡臣：「画像の多重解像度解析を利用した電子透かし方式の改良」，『電子情報通信学会論文誌』，Vol.J85-A, No.1, pp.103-111, 2002.

157) 宮崎明雄，桃島良聡臣：「相関利用型電子透かし方式における透かし情報の検出について」，『電子情報通信学会論文誌』，Vol.J85-A, No.12, pp.1451-1453, 2002.

158) R. B. Wolfgang, C. I. Podilchuk, E. J. Delp：Perceptutal watermarks for digital images and video, Proceedings of IEEE, Vol.87, No.7, pp.1108-1126, 1999.

159) A. Miyazaki：Digital watermarking for images—Its analysis and improvement using digital signal processing technique—, IEICE Trans. on Fundamentals, Vol.E85-A, No.3, pp.582-590, 2002.

160) 画像電子学会編：『電子透かし技術―ディジタルコンテンツのセキュリティ』，東京電機大学出版局，2004.

161) F. Hartung, B. Girod：Watermarking of uncompressed and compressed video, Signal Processing, Vol.66, No.3, pp.283-302, 1998.

162) G. C. Langelaar, R. L. Lagendijk：Optimal differential energy watermarking of DCT encoded images and video, IEEE Trans. Image Processing, Vol.10, No.1, pp.148-158, 2001.

163) H. Inoue, A. Miyazaki, et al.：A digital watermarking method using the wavelet transform for video data, IEICE Trans. Fundamentals, Vol.E83-A, No.1, pp.90-96, 2000.

164) M. Ejima, A. Miyazaki：A wavelet-based watermarking for digital images and video, IEICE Trans. Fundamentals, Vol.E83-A, No.3, pp.532-540, 2000.

165) X. Niu, M. Schmucker, et al.：Video watermarking resisting to rotation, scaling and translation, Proc. SPIE Security and Watermarking of Multimedia Contents IV, Vol.4675, pp.512-519, 2002.

166) M. Yamamoto, A. Shiozaki, et al.：Correlation-based video watermarking method using inter-frame similarity, IEICE Trans. Fundamentals, Vol.E89-A, No.1, pp.186-193, 2006.

167) I. J. Cox, J. Killan, et al.：Secure spread spectrum watermarking for multimedia, IEEE Trans. Image Process, Vol.6, No.12, pp.1673-1687, 1997.

168) 中川和也，稲葉宏幸：「時空間画像を用いた動画像電子透かしに関する考察」，『第26回情報理論とその応用シンポジウム予稿集』，pp.217-220, 2003.

169) M. Kuribayashi, H. Tanaka：Video watermarking of which embedded information depends on the distance between two signal positions, IEICE Trans. Fundamentals, Vol.E86-A, No.12, pp.3267-3275, 2003.

170) F. Deguillaume, G. Csurka, et al.：Robust 3D DFT video watermarking, IS & T/SPIE Conference on Security and Watermarking of Multimedia Contents, No.3657, pp.113-124, 1999.

171) S. Sakazawa, Y. Takishima, et al.：A watermarking method retrievable from MPEG compressed stream, IEICE Trans. Fundamentals, Vol.E85-A, No.11, pp.2489-2497, 2002.

172) 貴家仁志：「JPEG, MPEG画像へのバイナリデータの埋込み法」，『電子情報通信学会論文誌』，Vol.J83-A, No.12, pp.1349-1356, 2000.

173) 画像電子学会編：『電子透かし技術―ディジタルコンテンツのセキュリティ』，東京電機大学出版局，2004.

174) 小林弘幸，野口祥宏ほか：「JPEG符号化列へのバイナリデータの埋込み法」，『電子情報通信学会論文誌』，Vol.J83-D2, No.6, pp.1469-1476, 2000.

175) 関　裕介，小林弘幸ほか：「埋込位置の特定を必要としないJPEG画像へのデータ埋込み法」，『電子情報通信学会論文誌』，Vol.J88-D2, No.10, pp.2037-2045, 2005.

176) M. Iwata, K. Miyake, et al.：Digital steganography utilizing features of JPEG images, IEICE Trans. Fundamentals, Vol.E87-A, No.4, pp.929-936, 2004.

177) T. Koga, A. Shiozaki, et al.：Information hiding using operation of modulo 3 in JPEG coded domain, Electronics Letters, Vol.41, No.17, pp.957-958, 2005.

178) 安藤勝俊，小林弘幸ほか：「レイヤ構造を利用したJPEG2000符号化画像へのバイナリーデータ埋込み法」，『電子情報通信学会論文誌』，Vol.J85-D2, No.10, pp.1522-1530, 2002.

179) K. R. Rao, J. J. Hwang著，安田浩，藤原洋監訳：『デジタル放送・インターネットのための情報圧縮技術』，共立出版，1998.

180) 三木弼一編著：『MPEG-4のすべて』，工業調査会，1998.

181) 角野英之，稲葉宏幸ほか：「改ざんを考慮した動画像の電子透かしに関する二，三の考察」，『映像情報メディア学会誌』，Vol.54, No.4, pp.593-600, 2000.

182) E. T. Lin, E. J. Delp：A review of fragile image watermarks, Proc. of the Multimedia and Security Workshop（ACM Multimedia'99）, Orlando, pp.25-29, 1999.

183) J. Fridrich：Method for tamper detection in digital images, Proceedings of Multimedia and Security Workshop at ACM Multimedia, Orlando, Florida, USA, Oct., 1999.

184) P. W. Wong：A public key watermarking for image verification and authentication, Proc. of the IEEE International Conference on Image Processing, Vol.1, pp.455-459, Chicago Illinois, Oct., 1998.

185) M. U. Celik, G. Sharma, et al.：A hierarchical image authentication watermark with improved localization and security, Proc. of the IEEE International Conference on Image Processing, pp.502-505, Thessaloniki, Greece, Oct., 2001.

186) P. W. Wong, N. Memon：Secret and public key image watermarking schemes for image authentication and ownership verification, IEEE Trans. Image Processing, Vol.10, No.10, pp.1593-1601, 2001.

187) 岩村恵市，林淳一ほか：「安全な改竄位置検出用電子透かしに関する考察と提案」，『2001年コンピュータセキュリティシンポジウム（CSS2001）論文集』，pp.283-288, 2001.

188) M. Wu, B. Liu：Watermarking for image authentication, Proc. of the IEEE International Conference on Image Processing, Vol.2, pp.437-441, Chicago, Illinois, Oct., 1998.

189) E. T. Lin, C. I. Podilchuk, et al.：Detection of image alterations using semi-fragile watermarks, Proc. SPIE Int. Conf. on Security and Watermarking of Multimedia

Contents II, Vol.3971, pp.152-163, Jan., 2000.
190) 汐崎 陽：「公開鍵暗号を用いた JPEG 圧縮デジタル写真の改竄位置特定可能な電子透かし法」,『第5回情報科学技術フォーラム講演論文集』, J-053, 2006 年 9 月.
191) 南 憲明, 若杉耕一郎ほか：「修復機能を有する画像情報の構成法とその評価」,『電子情報通信学会論文誌』, (D-II), Vol.J81-D-II, No.11, pp.2535-2546, 1998.
192) J. Fridrich, M. Goljian：Images with self-correcting capabilities, Proc. of the IEEE International Conference on Image Processing, pp.792-796, Kobe, Japan, Oct. 25-28, 1999.
193) C. Y. Lin, S. F. Chang：Semi-fragile watermarking for authenticating JPEG visual content, Proc. SPIE Int. Conf. on Security and Watermarking of Multimedia Contents II, Vol.3971, pp.140-151, Jan., 2000.
194) C. Y. Lin, D. Sow, et al.：Using self-authentication-and-recovery images for error concealment in wireless environments, Proc. SPIE Int. Conf. on Multimedia Systems and Applications IV, Vol.4518, pp.267-274, Aug., 2001.
195) Stefan Katzenbeisser, Fabien A. P. Petitcolas, editors：Information Hiding：Techniques for Steganography and Digital Watermarking, p.2, Artch House, Inc, 2000.
196) Gustavus J. Simmons：The prisoners' problem and the subliminal channel, Proceedings of CRYPTO'83, pp.51-67, 1984.
197) 新見道治, 野田秀樹, 河口英二：「複雑さによる領域分割を利用した大容量画像深層暗号化」,『電子情報通信学会論文誌 (D-II)』, Vol.J81-D-II, No.6, pp.1132-1140, 1998.
198) Lisa M. Marvel, Jr. Charles G. Boncelet, Charles T. Retter：Spread spectrum image steganography, IEEE Transactions on Image processing, Vol.8, No.8, pp.1075-1083, 1999.
199) http://www.darkside.com.au/gifshuffle/
200) Jiri Fridrich, Du Dui：A new steganographic method for palette-based images, In IS & T PICS Conference, pp.285-289, 1999.
201) Derek Upham, http://ftp.funet.fi/pub/crypt/cypherpunks/steganography/jsteg/
202) Andreas Westfeld：F5-A steganographic algorithm：high capacity despite better steganalysis, Lecture Notes in Computer Science, Vol.2137, pp.289-302, 2001.
203) Niels Provos：Defending against statistical steganalysis, 10th USENIX Security Symposium, 2001.
204) Jessica Fridrich, Miroslav Goljan, Dorin Hogea, David Soukal：Quantitative steganalysis of digital images：estimating the secret message length, ACM Multimedia Systems Journal, Vol.9, No.3, pp.288-302, 2003.
205) Joachim J. Eggers, Robert Baeuml, Bernd Girod：A communications approach to image steganography, Proceedings of SPIE, Vol.4675, pp.26-37, 2002.
206) Phil Sallee：Model-based steganography, Lecture Notes in Computer Science, Vol.2939, pp.154-167, 2004.
207) Hideki Noda, Michiharu Niimi, Eiji Kawaguchi：High performance JPEG steganography using quantization index modulation in DCT domain, Pattern Recognition Letters, Vol.27, pp.455-461, 2006.
208) Brian Chen, Gregory W. Wornell：Quantization index modulation：A class of provably good methods for digital watermarking and information embedding, IEEE Trans. on Information Theory, Vol.47, No.4, pp.1423-1443, 2001.
209) Kaushal Solanki, Kenneth Sullivan, Upamanyu Madhow, B. S. Manjunath, Shivkumar Chandrasekaran：Provably secure steganography：Achieving zero K-L divergence using statistical restoration, Proc. IEEE International Conference on Image Processing, 2006.
210) Fridrich, Miroslav Goljan, Petr Lisonek, David Soukal：Writing on Wet Paper, IEEE Trans. on Signal Processing, Vol.53, pp.3923-3935, 2005.
211) Katsutoshi Ando, Hiroyuki Kobayashi, Hitoshi Kiya：A method for embedding binary data into JPEG2000 bit streams based on the layer structure, Proceedings of 2002 EURASIP EUSIPCO, Vol.3, pp.89-92, 2002.
212) Po-Chyi Su, Kuo, C.-C. J：Steganography in JPEG2000 compressed images, IEEE Trans. on Consumer Electronics, Vol.49, No.4, pp.824-832, 2003.
213) Hideki Noda, Jeremiah Spaulding, Mahdad Nouri Shirazi, Eiji Kawaguchi：Application of bit-plane decomposition steganography to JPEG2000 encoded images, IEEE Signal Processing Letters, Vol.9, No.12, pp.410-413, 2002.
214) Shunquan Tan, Jiwu Huang, Zhihua Yang, Zhihua Yang, Yun Q. Shi：Steganalysis of JPEG2000 lazy-mode steganography using the Hilbert-Huang transform based sequential analysis, Proc. IEEE International Conference on Image Processing, 2006.
215) Hideki Noda, Yohsuke Tsukamizu, Michiharu Niimi：JPEG2000 steganography possibly secure against histogram-based attack, Lecture Notes in Computer Science, Vol.4261, pp.80-87, 2006.
216) 松井甲子雄：『画像深層暗号―手法と応用』, 森北出版, 1993.
217) 松井甲子雄：『電子透かしの基礎』, 森北出版, 1998.
218) 『インフォメーションハイディングの技術調査』, 情報処理振興事業協会, 1998.
219) 松井甲子雄：「電子透かし技術とその評価項目」,『画像電子学会誌』, 第 27 巻第 5 号, pp.483-491, 1998.
220) Stefan Ketzenbeisser, Fabien A. P. Petitcolas：Information Hiding Techniques for Steganography and Digital Watermarking, Artech House, 2000.
221) 『電子透かし技術に関する調査報告書』, 日本電子工業振興協会, 2000.
222) 『電子透かし技術に関する調査報告書』, 電子情報技術産業協会, 2001.
223) Fabien A. P. Petitcolas, Ross J. Anderson, Markus G. Kuhn：Attacks on Copyright Marking Systems, Second Workshop on Information Hiding, Lecture Notes in Computer Science, Vol.1525, pp.218-238, 1998.
224) Fabien A. P. Petitcolas：Watermarking Schemes evaluation, IEEE Signal Processing, Vol.17, No.5, pp.58-64, 2000.
225) 小野 束：『電子透かしとコンテンツ保護』, オーム社, 2001.
226) Joachim Eggers, Bernd Girod：Informed Watermarking, Kluwer Academic Publishers, 2002.
227) Ingermar J. Cox, Matthew L. Miller, Jeffrey A. Bloom：Digital Watermarking, Morgan Kaufmann Publishers, 2002.
228) 画像電子学会編, 小松尚久, 田中賢一監修：『電子透かし技術―ディジタルコンテンツのセキュリティ』, 東京電機大学出版局, 2004.

2 ヒューマンインタラクション

2.1 ヒューマンコンピュータインタフェース

2.1.1 インタフェースデザイン

(1) インタフェースデザインとは

インタフェースとは，人がコンピュータなどの装置とかかわる際に，その装置の機能・特徴・雰囲気などを操作・利用・体験するための手段のことである．広い意味では，あるものとあるものの境界，境界面という意味をもつ．つまり，人が何かをする際にいちばん初めに接するものがインタフェースである．そのため，インタフェースの善し悪しが，そのもの自体に対する印象に大きく影響し，インタフェースが変化すれば，人はそのものに対してまったく異なった印象を受ける．

たとえば近年，タッチペンのインタフェースを備えた携帯型ゲーム機が，今までゲーム機に触ったことのなかった年配者にも受け入れられている．従来のゲーム機といえば，十字のキーと複数のボタンを備えた形が一般的であったが，そこにタッチペンという日常生活でも利用しているペンのように扱えるインタフェースを取り入れたことが大きく影響している．インタフェースを変更し，それを活かす新たなゲームの遊び方を実現することで，「自分にもできそうだ」という印象をユーザーに抱かせ，それまでゲーム機と接する機会のなかったユーザーを取り込むことに成功している．

インタフェースは，ものの機能のみならず，使われる状況やユーザーのスキルによっても求められるものは異なってくる．たとえば，コンピュータを操作する入力デバイスを例にあげて考えてみる．

自宅や会社で手紙や論文などの比較的長い文章を入力する場合は，PCに接続されているキーボードを使い，文章を入力することですばやく入力することができる．一方，出先で簡単なメールの返信をしたりメモを書く場合，携帯電話などの少ないボタンの機器を用いたほうが，片手で入力することができ，デバイス自体も小さく持ち運びも容易なので，利便性が高い（図2.1）．しかし，出先であっても大量の文章を入力するユーザーや，キーボードの入力に慣れたユーザーにとっては，多くのキーを備えたキーボードのほうが向いている．また，コンピュータ操作の初心者向けに，特定のアプリケーションを割り当てたファンクションキーを搭載したキーボードなど，コンピュータの入力デバイスのみをとっても，多種多様なインタフェースがユーザーに提供されている．

このように，ユーザーに提供するインタフェースをよりよくするために，近年重要視されているのが，人とシステムの境界面のデザイン，

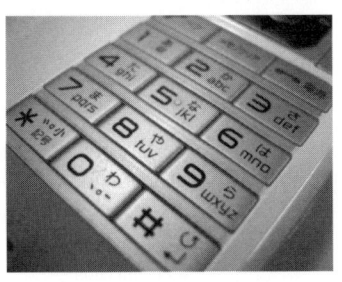

図2.1
（上）キーボード，（下）携帯電話のボタン．

すなわちインタフェースデザインである。本項では，よりよいインタフェースデザインをつくり出す考え方を概説する。

ものを操作もしくは利用するための最適なインタフェースを提供することを目的に，人間工学や認知心理学を基に人の行動や考え方に「添う」ようにデザインすることがインタフェースデザインでは重要である。別の言い方では，「行為に溶けるデザイン」[11]という言葉をプロダクトデザイナーの深澤直人は著書の中で使っている。これは，そのものを見たときにはわからず，しかしわからないからこそ一連の行為の流れを断ち切らずに人が行為を行なうことができ，それが立ち現われたときにさりげなく配慮されているデザインのことである。

インタフェースデザインでは，デザイナーの考え方をユーザーに受け入れさせるのではなく，デザイナーがユーザーの視点に立ち，ユーザーの立場でデザインする姿勢が求められる。

以下，次項にてインタフェースデザインを考えるうえでの人間中心設計の開発プロセスについて説明し，その次の項でインタフェースデザインの研究の一例をあげ，さらにその次の項でインタフェースデザインの今後の課題について述べる。

(2) 人間中心設計

インタフェースデザインを考えるうえで，ユーザーを理解する，人間中心の設計概念は密接にかかわる。人間中心設計の考え方は，1999年に ISO 13407「インタラクティブシステムの人間中心設計プロセス」にて規定されている。ISO 13407 は，ユーザーと製品開発・購入・管理などにかかわる利害関係者を理解することで，それを適切に製品開発に適用するプロセスの用件を整理している。

ISO 13407 では，「利用状況の把握」を行ない，「ユーザーや組織の要求事項を明確化」し，「設計による解決案を作成」し，「要求事項に対する設計の評価」を行なうといった4ステップのプロセスを設定しており，そのプロセスをくり返し行なうことで人間中心の設計を実現すると規定している（図2.2）。

これらのプロセスを確実に実行するためには，ユーザーの積極的な参加が不可欠である。

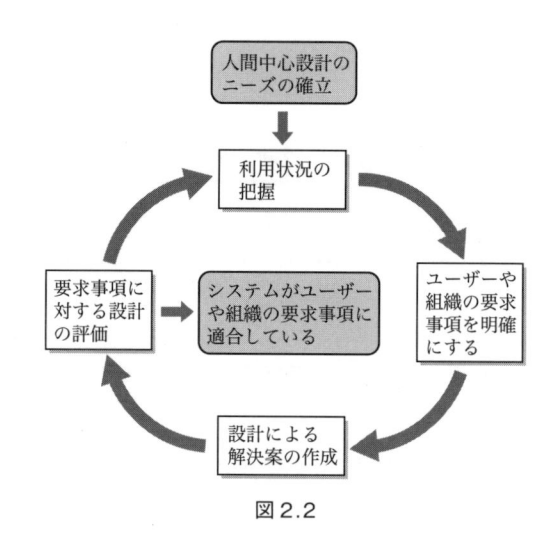

図2.2

また，ユーザーが行なうべき機能とシステム側が行なうべき機能を適切に切り分けることも重要である。システム側でできないことをユーザーに割り当てるのではなく，人の能力を活かすような仕事を人に与えるという，人間中心の考え方での切り分けが大切になる。

これら4つのプロセスで利用される手法にはさまざまなものがあるが，その例をそれぞれのプロセスに対して説明する。

①利用状況の把握

利用状況の把握で行なわれる手法の例を以下に紹介する。

・フィールド調査　自然な状況でユーザーがシステムを利用しているようすを観察する手法をフィールド調査とよぶ。ユーザーの利用しているようすをビデオ撮影し，解析することで現在の状況を把握することができる。解析に時間を要するが，ユーザー自身も気がつかないような状況を把握することができる利点がある。

・タスク分析　ユーザーの実際の作業を観察したり，状況を理解することで，適切なサポートを提供できるようにするためにタスクを細かく分解する手法のことである。実際に使われるようすを観察する必要があるのはフィールド調査と同じであるが，たとえば，電話を使う行為を，受話器をあげる動作，ボタンを押す動作のように分解して分析することで，現状のシステムの評価や，手法の一貫性などをチェックすることができる。

②ユーザーや組織の要求事項の確立

・アンケート　アンケートによる手法では公平に回答を得る必要があるため，ユーザーを特定の回答に誘導しないような質問文の作成が重要である。本手法の場合，あらかじめ調査者が用意した内容の範囲の回答しか得ることができないが，データを大量かつ効率的に得ることができる。

・グループインタビュー法　調査対象と合致するユーザー数名を，司会者の進行でディスカッションしやすい雰囲気を演出した座談会形式の会合に参加させ，意見を聴取する定性調査である。1人に対してインタビューする手法もあるが，この方法ではグループでインタビューを行なうことで，広範囲な情報やアイデアを得ることができる。また，1人の発言がきっかけとなり，他のユーザーの発言を引き出すことが期待でき，想定していなかった要求事項を発見できる場合がある。

③設計による解決案の作成

・ユーザー行為の7段階モデル　人間の認知活動を7段階に分けて考え，行動の理論としたD.A.ノーマンが提唱したモデルである[1]。7つの段階とは，目的，意図，行動選択，実行，知覚，解釈，評価，である。このようにユーザーの行為を段階に分けて考えることで，問題の起きた段階を明確化し適切な解決策に近づきやすくする。

・モデルヒューマンプロセッサ　人間を情報処理する計算機ととらえて理解するためのヒューマンモデル化手法である。処理時間と容量の目安を明確に提示できる反面，情緒的側面や思考側面が欠落し，記憶システムへの構造が単純すぎるという問題点がある。

④要求事項に対する設計の評価

・ガイドラインチェックリスト　ガイドラインとしてあげられている項目1つひとつを確認することで，要求事項に適した設計が行なわれているのかを評価する手法である。ガイドラインが制定されているもののみしか利用できないが，簡単に評価を行なうことができるという利点がある。

・認知的ウォークスルー　想定されるユーザーの能力や経験，行なうタスクに沿って実際のシステムを利用しながらユーザーの思考過程や行動を1ステップずつ推測して問題点を抽出する手法である。問題点を綿密に洗い出すため今まで見つけられなかった問題点を見つけ出すことが可能である。ユーザーを実際に集めなくとも行なうことのできる評価手法であるが，認知科学に長けた評価者がいなければ実施がむずかしい。

⑤その他のツール

開発の初期段階でプロトタイプを作成することも有効である。作成するプロトタイプは，モックアップのような簡易なもので構わない。そのようなものでも実体を把握することに非常に役立つ。たとえば近年，ユーザビリティテスティングの手法として注目されている手法に，ペーパープロトタイピングがある[12]。ペーパープロトタイピングでは，紙でつくったインタフェースのプロトタイプを用い，ユーザーが現実の課題を実行する手順をとる。実際のシステムは用いず，コンピュータ画面などに表示されるインタフェースの動作を，画面の要素を模擬した紙の部品で構成する。コンピュータ役の人間がコンピュータに代わって，設計したインタフェースの動作に従って紙の部品を操作し，ユーザーへの反応を返す。ペーパープロトタイピングは簡単に修正をくり返すことができるので，早期に問題点を発見でき，数多くのアイデアを試すことができるなどの利点がある。また，つくったプロトタイプは，先にあげた人間中心設計のプロセスにおいて利用することもできる。

(3) インタフェースデザインの実例

ここでは，最近のインタフェースデザインの実例を紹介する。人とコンピュータシステムの新しいかかわり方を実現するためのインタフェースデザインや，新しい技術を用いた新しいサービスを実現するために行なわれた工夫の例を紹介する。

①操作をさせないインタフェース

コンピュータを生活の中に溶け込ませて使うには，「操作する」という行為が負担になる場合がある。コンピュータはテレビと異なり，ユーザーによる操作に対してフィードバックを返すものであるため，ユーザーの操作は必須のものとされてきた。しかし，生活の中では，時計

を見るように眺めるだけのインタフェースが適している場合も多くある。近年広がりを見せているユビキタスコンピューティングの概念においても，このように，人に操作を強いないインタフェースのあり方が注目されている。そこで考案されたインタフェースが，眺めるインタフェースである。眺めるインタフェースは"Memorium"というアプリケーションで実現されている[14]。

Memoriumは水槽のような空間にメモが浮かび，メモに書かれている文字や興味のあるキーワードからウェブにある情報を読み込み，再びメモとして画面に浮遊させる情報環境を提供するアプリケーションである。ユーザーは画面内に表示されているメモを眺めることで情報を得る。つまり，ユーザーの「眺める」という行為を許容するようなデザインが重要になる。そこでMemoriumでは，メモを永続的に動かし，鑑賞に耐えるデザインを実現している。その結果，ユーザーが情報を受け取らせられるのではなく，みずから自然に受け取る（＝眺める），インタフェースのデザインを実現している。

②コンピュータの直感的操作

人が実空間の環境で，物体を触ったり移動させたりするのに手を用いるように，PCの操作も手やそのジェスチャーで行なうことを実現したのが"EnhancedDesk"である[15]（図2.3）。EnhancedDeskでは，実空間の環境で普通に人が行なう行動をコンピュータの操作方法に適用することで，ユーザーが操作の意味を直感的に理解しやすくしている。

EnhancedDeskは，プロジェクタ，カメラ，机から構成される実世界指向の机型インタフェースである。EnhancedDeskでは，カメラを用いユーザーの手と指の位置を認識する。そのため，ユーザーは何も身につける必要がなく，自然な形でインタフェースを操作することが可能である。ユーザーは机上に投影された映像や仮想物体をつかんで移動させ，指でポインティングし選択するなどの操作を行なうことが可能である。

③パブリックにおけるパーソナルな情報提示

現在，公共的な空間で不特定多数の人を対象とした情報提示方法として，大型ディスプレイやポスターなどによるものがある。これらの方法は多くの人に情報を提示できる反面，自分に向けて発信されていると感じる感覚が薄いために個人の興味を強く引きつけることができない場合がある。

一方，携帯電話などのデバイスを用いウェブサイトにアクセスさせ情報を提供する個人向けの情報提示がある。この場合，個人が行なった操作に反応し自分のもっているデバイスに情報が提示されるために，自分に向けて発信された情報と感じやすくなる。しかし，個人にデバイスを取り出させたうえで操作を要求するために，提示されるであろう情報に強い興味をもっていない人物の場合，そういった操作を進んで行なうとは考えがたい。

そこで「情報を降らせるインタフェース」では，空から降ってくる情報を手で受け止め，その手の平に情報を提示する新たなインタフェースをデザインしている[16]（図2.4）。その結果，パブリックな情報を個人が所有するデバイスを用いることなく個人それぞれが情報を閲覧するという，パブリック空間におけるパーソナルな情報閲覧スタイルを実現している。それにより，情報に対してアクセスしやすい環境を実現しようとしている。

④デザインによるシステムの性能向上

近年，鉄道の切符の代わりにICカードが導

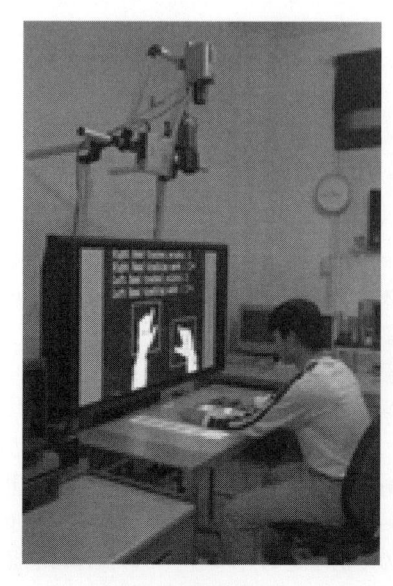

図2.3

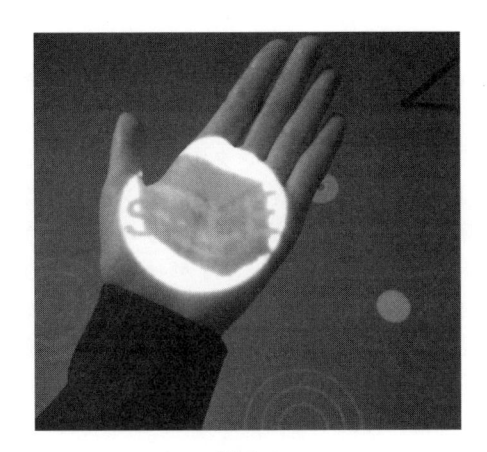

図2.4

入され，自動改札や売店での支払いなど多様な場面で利用されている。ICカードを用いると，従来の磁気式カードのように，カードを取り出し，改札機に挿入する作業が不要となり，財布や定期入れにICカードを入れたままの状態で，改札機の所定の場所に軽くタッチするだけでカードのデータを読み取らせることが可能になる。利用者にとっては，利便性の高いシステムである。しかし，実験段階では，その読み取り率は実用化できるレベルではなかったという。非接触ICカードの特徴を活かしてユーザーがカードをかざすだけで読み取りを行なおうとしていたが，ユーザーがカードをかざす時間がICカードがデータを読み取るには短すぎたことで起こった問題であった。

そこで，読み取り面をわずかに前傾させ，また，読み取り面には「ふれてください」の文字を表示するなどのデザインの変更が行なわれた。傾きにより手の速度を遅くし，非接触ICカードであるにもかかわらず読み取り面にカードを"ふれさせる"ことで，ICカードの読み取り時間を稼ぐことをねらったデザインである。

ICカード自体の性能が変化しなかったにもかかわらず，読み取り機のデザインを変更することで，機器を使うユーザーの行動を変化させ，結果としてICカードの読み取り率は大幅に向上し，実用化に十分なレベルに達した[17]。

(4) インタフェースデザインの今後

インターネットの普及や，携帯電話，情報家電の普及など，コンピュータを用いた機器やサービスの拡大に伴い，インタフェースデザインは現在，多様な分野で注目されている。しかし，方法論としては確立していないのが実情である。対象とする技術や，それを用いるユーザーの価値観がめまぐるしく変わるなかで，より適切なインタフェースデザインを行なうためには，対象とする技術・サービスにかかわる分野の知識をもった人々が力を合わせてデザインを進める必要がある。インタフェースデザインには課題が多いが，そのような仕事の仕方の枠組をつくることもそのひとつである。

2.1.2 グラフィックユーザーインタフェース

(1) GUIとは

われわれはさまざまな電子機器とともに暮らしている。電子機器やそれが実行しているソフトウェアに対して操作を行ない，視聴覚あるいは触覚を介したフィードバックにより，その操作行為の結果や電子機器の状態を確認している。

電子機器やソフトウェアに限らず，「もの」に対する人の操作とそのフィードバックに関する様式がユーザーインタフェースとよばれているものである。とくに，表示装置による視覚的なフィードバックを用いているものを，広い意味でグラフィックユーザーインタフェース（graphic user interface；GUI）という。GUIはグラフィカルユーザーインタフェース（graphical user interface）ともいう。

D. A. Normanによると，インタフェースにおけるよいデザインの原則は以下の4つである[18]。

- 可視性……関係する部分を目に見えるようにすること
- よい概念モデル……どのような原則に基づいて操作方法が決められているかを理解できること
- よい対応づけ……操作とその結果，システム状態と目に見えるもののあいだの対応関係が確定できること
- フィードバック……ある行為の結果をただちに明らかに示すこと

GUIにおいては，このなかでもとくに可視性とフィードバックが重要である。さらに，コ

マンドやエージェントプログラムを介する間接操作インタフェースではなく，直接操作インタフェース，すなわち「行為を自分が直接的にコントロールしているという感覚自体が作業の本質的な部分となって」おり，「私はコンピュータを使っているのではなく，まさにその作業をしているという感じをもっている」[18]という直感的・直接的な操作性が重要である。

現在では，パーソナルコンピュータはもちろんのこと，携帯電話，PAD（携帯情報端末），Apple社のiPodに代表される携帯音楽再生機器，ゲーム機器，ディジタルカメラ，自動車のカーナビゲーションシステムなど，ほとんどの電子機器に表示装置が付いている。これらは視覚的なフィードバック手段を備えており，広い意味でGUIをもつといえるが，本書ではこれ以降，主としてパーソナルコンピュータに対象をしぼり，①ポインティングデバイスによる入力とグラフィクス出力によるフィードバックを備え，②操作とフィードバックとの時間的な隔たりがほとんどなく，③直観的・直接的な操作性があるユーザーインタフェースを構成する仕様，またはソフトウェアをGUIとよぶことにする。キーボードによる入力と文字表示による出力を有するインタフェースはCUI（character user interface）とよばれており，視覚的なフィードバックはあるものの，GUIとは区別することが多い。

①論理的なインタラクティブデバイス

Rogersらによると，GUIを構成する論理的なインタラクティブデバイスは，その機能から，ロケータ（locator），バリュエータ（valuator），ピック（pick），ボタン（button），キーボード（keyboard）に大別することができ，それぞれが対応する物理的なデバイスを有している[19]。

- ロケータ……2次元または3次元の位置情報を示す機能
- バリュエータ……何らかの値を指定する機能
- ピック……表示された中から識別または選択する機能
- ボタン……イベントや手順を決定したり，何らかの状態のON/OFFを切り替えたりする機能
- キーボード……テキスト処理機能。文字信号付きのボタンともいえる

これらの論理的なインタラクティブデバイスによるイベントの組合せと，イベント間の時間間隔（タイミング）をどう解釈するかにより，GUIの設計が決まる。したがって，上記の論理インタラクティブデバイスにタイマーを加えてもよいであろう。タイミングによる操作結果のちがいは，たとえば，マウスボタンのクリック（1回だけ押下する）とダブルクリック（短いあいだに2回続けて押下する）とのちがいや，ダブルクリックとドラッグ（マウスボタンを押下したままマウスポインタを動かす）のちがいなどである。GUIの設計は，そのGUIによって扱う機器に対するユーザーの印象を左右してしまうため，きわめて重要である。

現在，マウスに代表されるボタン付きのポインティングデバイスがロケータ，ピック，ボタンの3機能を実装している。バリュエータはかつてはダイヤルなどが実装していたが，近年ではペン型の感圧タブレットにおける圧力の強さや，画面に表示された（CGによる）スライダをマウスポインタで動かすことによって数値を指定する形をとることが多い。また，ゲーム機器などに見られるように，空間での姿勢を指定することも可能となっているが，これもバリュエータの一種とみなすことができる。

②入出力用デバイス

実際に人間と電子機器とのあいだで物理的な信号の入出力を行なうハードウェアやデバイスも，GUIを構成するための重要な要素である。

コンピュータに対する入力手段は，マウスに代表されるポインティングデバイスとキーボードを使用し，出力手段としてグラフィクスディスプレイを用いるのが現在も主要な手段である。

ポインティングデバイスと表示装置によるインタフェースは，1950年代のSAGE（半自動式防空管制組織）におけるシステムや1960年代の"Sketchpad"[20]でもすでに用いられていた。マウスとビットマップディスプレイによる高機能なユーザーインタフェースを提供した最初のコンピュータは，1970年代にXerox社の

PARC（Palo Alto Research Center）が開発した"Alto"であり，このスタイルは現在まで続いている。

・ポインティングデバイス　ポインティングデバイスは，ポインティングカーソルによる2次元（または3次元）の位置指定や移動，ボタンによる押下の組合せ，およびそれらのタイミングでさまざまな操作を行なうことを可能としており，多くのアプリケーションではこれらのイベントをどのように解釈するかでその独自性を出している。ポインティングデバイスにはマウス，タブレット，トラックボール，ジョイスティック，タッチパネル，タッチパッドなどさまざまなものが開発され使用されているが，現在でも最も多く利用されているのはD. Engelbertによって1960年代に発明されたマウスである。

マウスは前述のとおり主としてロケータ機能とピック機能，ボタン機能を有しており，表示ディスプレイ上の2次元座標上における位置指定，操作の対象となるオブジェクト領域のポイント，メニューからの操作選択，操作の実行など，あらゆる処理を担う最も基本的な入力デバイスとなっている。なお，ノート型のパーソナルコンピュータにおいては，タッチパッドが標準的なポインティングデバイスである。

・グラフィクスディスプレイ　出力装置としてのグラフィクスディスプレイは，当初は線画を表示するベクター型であったが，現在ではほとんどがビットマップディスプレイを表示するラスター型である。また当初はCRT（cathode ray tube）モニタがほとんどであったが，現在では液晶（liquid crystal display；LCD）モニタが主流である。

ディスプレイの表示画面サイズはGUIの重要な構成要素であり，グラフィクスハードウェアの進歩により表示画面の解像度（画素数）は高精細化が進んでいる。また各画素が表現する色も重要な要素であり，当初は輝度のON/OFFのみの2値表示であったが，現在では赤（R），緑（G），青（B）の3原色にそれぞれ8ビット（256階調）を割り当てるフルカラー表示（1677万7216色）が標準的になっている。

ポインティングデバイスとディスプレイが一体化したのがタッチパネル型ディスプレイであり，表示している部分に対するより直接的な操作性を可能としている。PDAでは早くから採り入れられていたが，タッチパネル型液晶ディスプレイを備えたペン入力によるタブレットPCも多く市販されている。

(2) OSにおけるGUI

コンピュータ上でユーザーインタフェースを担うソフトウェアをどのように実装するかは，物理的なデバイスの制限を受けるものの，事実上どのようにでも設計できる。しかしながら，GUIはユーザーの使い勝手に大きく影響を与えるため，その設計はきわめて重要である。したがって，各システム間での恣意的な差異をなるべくなくし，どのコンピュータあるいはどのアプリケーションでも基本的な操作がほぼ同じであれば，新しいコンピュータやアプリケーションを使う際にも，あまり迷うことなくその使い方を類推することができる。現在では，多くのOSにおいて，デスクトップメタファを採用したGUIが用いられている。

①デスクトップメタファ

デスクトップメタファは1970年代に"Star"で初めて用いられ[21]，その後，Apple社のLisaに引き継がれた。Lisaにおいてメニューバー，ダイアログボックス，ゴミ箱などのウィジェットが搭載され[22]，さらにその後継機種であるMacintoshの登場とその普及により，現在まで主流となっているGUIが定着した。Apple社はApple Desktop InterfaceとしてGUIのガイドラインを示しており[23]，これに準拠したアプリケーションは統一されたGUIをもっている。このため，ユーザーはGUIについての概念モデルを容易に構築することができ，それがApple Desktop Interfaceの普及を後押しすることとなった。現在では，MacOS（Apple社）やWindows（Microsoft社）をはじめ，ほとんどのOSがこの様式を基にしたGUIを用いている。

UNIX系においても，OS自体はGUI機能をもっていないが，X Window Systemなどのウィンドウシステムを組み込んだうえで，GNOMEやKDEなどのデスクトップインタフェース機能を追加していることが多い。この意味で，

Apple Desktop Interface は事実上の業界標準化に成功したひとつの例である。

②GUI の構成要素

デスクトップメタファを基本とする GUI を構成する要素は，ウィジェットやコンポーネントとよばれている．ウィジェットは，前節で述べた論理的インタラクティブデバイス（ロケータ，バリュエータ，ピック，ボタン）に対応する物理デバイスにより入力されたイベントを，どのように分類・提示し，入力値を解釈するかといういわばソフトウェアデバイスとでもいうべきものである．典型的なウィジェットには，デスクトップ，ウィンドウ，スクロールバー，ダイアログボックス，メニュー，アイコン，ラジオボタン，カーソル，マウスポインタなどがある．

（3）GUI 構築ツール

OS のみならず，コンピュータ上で実行されるさまざまなアプリケーションプログラムにおいても GUI は重要な要素である．アプリケーションプログラムにおいては，GUI はコンテンツや，あるいはコンテンツに対する操作とのインタフェースを担う．

GUI 構築ツールは，そのほとんどが入力イベントを取得し，何らかの結果を表示する機能を有している．これらの機能をライブラリとしてアプリケーションプログラムから呼び出すことにより，GUI をもつさまざまなアプリケーションプログラムを開発し，OS 上に搭載することが可能となる．したがって，ユーザーからのイベントをどう解釈し，どのような処理に結びつけ，どのように表示するか（フィードバックを与えるか）によって，さまざまな手法やその手法を実装したプログラムの特徴が現われる．

アプリケーションプログラムの開発者が GUI を構築できる開発環境には，OS に組み込まれた低階層レベルのものからマルチプラットフォームでの実行を可能とする高レベルなもの（Tcl/Tk や SDL，FLTK など），あるいはプログラミング言語に組み込まれたもの（Java など）まで，さまざまなライブラリやツールが提供されている．

（4）さまざまな GUI

アプリケーションプログラムにおいては，ディジタルデータ（コンテンツ）とのインタラクションがおもなタスクである．さらに，近年のユビキタス環境の発展により，実世界環境とのインタラクションも重要な研究要素となっている．これらの GUI においては，
- 何を実現するものか
- どのような設計思想に基づいているか
- どのようなメタファを用いているか
- 何を重要視し，何を省略しているか
- 使い方は直感的でわかりやすいか

などが重要な要素となる．

コンテンツとのインタラクションにおいては，現実世界におけるモノや行動様式に対する比喩（メタファ）に基づいたものが多い．操作やその結果が 2 次元のディスプレイ上に表示されることが最も多いことから，これらの GUI は，机や紙，本などのメタファとして設計されることが多い．たとえば，カードのようなインタフェースを備え，HyperText を実用レベルで初めて実現したものとして Apple 社の HyperCard が有名である．

以下，最新の研究事例もまじえながらさまざまな GUI を紹介する．

①WYSIWYG

文書ドキュメントをディスプレイで表示したままの画面レイアウトで紙への印刷を可能とする，という考え方が WYSIWYG（what you see is what you get）である．ワードプロセッサやプレゼンテーションツールをはじめ，現在のパーソナルコンピュータにおけるほとんどのアプリケーションでこの考え方が導入されている．

とくに，図表やテキストが混在する本や雑誌などにおいて，ページ内容やレイアウトを PC 上であらかじめ編集するのが DTP（デスクトップパブリッシング）である．DTP はページ記述言語 PostScript（Adobe Systems 社）やアウトラインフォントの発展により，プリンタに依存しない高品位の印刷を可能としている．DTP ソフトウェアとして PageMaker（Aldus 社，現在は Adobe Systems 社から販売），QuarkXPress（Quark 社），InDesign（Adobe Systems 社）が有名である．DTP ソフトにおい

ても，基本的にレイアウトはGUIによる手作業であるが，文書ドキュメントのレイアウトを自動的に変更する手法として，たとえばJacobsら[24]のものなどがある．

②コンテンツとのGUI

コンテンツを2次元画面上で直接操作するようなインタフェースを実現するものとして，ビデオファイルにおける被写体の動きに合わせて折線型のスライダを埋め込むことによって，被写体をマウスでつかんで動かしているような操作性を実現するCoaster[25]や，2次元に描いた絵を対話的に動かす事例[26]が報告されている．また，Jefferson Y. Hanは複数の入力を可能とするタッチセンサディスプレイを開発し，新たなGUIの可能性を示唆している[27]．これらは，ポインティングデバイスによる入力の解釈のよい例であるといえる．

2次元画面上の操作のなかでも，とくに紙に描くという行為は人にとってなじみ深いものがあるが，スケッチインタフェースにより3次元モデルを簡易に生成する画期的な例として，Teddy[28]がある．また，手描きの感覚をウェブページの制作に応用したものもあり，NOTA（ノータ）[29]はブラウザ表示画面上に直接文字を書いたり絵を貼り付けたりすることでウェブページを作成・編集でき，DENIM[30]はさらにサイトの構成をスケッチするだけで自動的にページ間にリンクが形成される．

一方，物理的な紙とペンのインタフェースにより描かれたものを電子的に保存するデバイスも開発されており，特殊な用紙に書かれた図形などをペンに内蔵したカメラで読み取るAnotoPen（Anoto AB社）や，ペンが赤外線や超音波などの無線信号を発し，位置やオン/オフを伝えるairpen（ぺんてる社），mimio（Virtual Ink社）などがその例である．

近年は，ヘッドマウントディスプレイ（HMD）や裸眼立体視ディスプレイなど，3次元情報を立体的に表示することが可能な表示装置が登場し，3次元情報をもつコンテンツとのインタラクションも可能となっている．しかしながら，2次元のポインティングデバイスで3次元位置を指定することは難しい．これを解決するために，データグローブや赤外線センサを用いたり，複数のカメラを用いたステレオ視の原理により3次元位置を測定し，3次元空間中の位置を指定する手法がある．これらの手法は，正確に，かつ安定して位置を取得することが課題である．

一方，通常のポインティングデバイスによって入力された2次元座標値を3次元座標値として解釈する手法もあり，六角大王[31]や前述のTeddy[28]などは，入力できる形状をある程度制限することにより，通常のマウス操作で3次元モデルを生成できる．入力された2次元座標値をどのように3次元座標にマップするかが重要なポイントとなる．

③閲覧・検索のGUI

ハイパーリンク先をクリックしていくだけでインターネット上のコンテンツを「閲覧」でき，また，膨大な情報の中から必要な情報を探し出す「検索」を行なうためのツールであるウェブブラウザは，PCはもとより携帯電話にも搭載され，日常的に欠かすことのできないものとなっている．

効率的な閲覧を支援するシステムとして，アンカー上にマウスカーソルを重ねるだけでリンク先のコンテンツを（リンク先ページに移動する前に）ポップアップ表示する手法[32,33]などが提案されている．また，インターネット上の情報や検索結果のウェブページを3次元空間内に配置することでコンテンツへのアクセスを支援する手法[34,35]も提案されている．

④新しいGUI

これまではポインティングデバイスとグラフィックスディスプレイから構築されるGUIについて述べてきた．しかし，マウスの発明が大きな影響を及ぼしたように，GUIはハードウェア技術とも密接にかかわっている．したがって，インタフェースの設計方針は変わらなくても，ハードウェア技術の進歩や端末の小型化などが進むことによって，新しいインタフェースとそれに対応するGUIが生み出されていく．以下はその一例にすぎないが，何点かを紹介する（2.1.4項の「ユビキタスインタフェース」も参照されたい）．

人が表示画面を見る際の視線を計測し，ポインティングデバイスとして活用する研究が行な

われている（たとえば文献 36, 37）。また，画像を見る際の人間の視線を追跡して視線データ収集し，視線が集まる部分は詳細に，そうでない部分は粗く表示するなど，人間の視覚特性をコンテンツの表示に応用した例も報告されている[38,39]。顔の向きにより方向を指示する知的車椅子に応用する研究例[40]もある。

ものをつかむ操作や手応えを感じることができる力覚・触覚を扱う"Haptic Interface"とよばれる研究事例も数多く報告されている。たとえば，仮想的な筆やブラシに適用して実際にペイントしている感触を与える例[41]，風圧により直接コンテンツに触れているような感覚を提示する例[42]，仮想昆虫をピンセットではさんで移動させる際に，あたかも昆虫が動いているようにピンセットに抵抗や振動が伝わるような例[43]などが報告されている。

GUIの次の世代のユーザーインタフェースをめざすものとして，仮想的なインタフェースではなく物理的なインタフェースによりコンテンツあるいはシステムとインタラクションを行なう"tangible bits"[44]や，現実世界における人間の状況や現実のオブジェクトの位置情報などを積極的にコンピュータへの入力として利用することでより自然なインタフェースを構築することと，また，現実と仮想という2つの世界をつなぐということを目的とする実世界指向インタフェース[45]などが提唱されている。

(5) おわりに
①参考となる情報

OSにおけるGUIの変遷やGUI開発にかかわるさまざまな記事は，Marcin Wicharyによる有用なウェブサイト"Graphical User Interface Gallery"[46]に体系的にまとめられている。また，Bill Moggridgeの著作"Designing Interactions"[47]はGUIに限らずハードウェアやアイコン，子供の玩具などさまざまなデザインを開発した研究者やエンジニア，デザイナーへのインタビューを中心に構成されており，これらのデザインの発想や思想をうかがうことができる。

GUIに関する最新の動向をつかむには，SIGGRAPH（ACM），SIGCHI（ACM），Interaction（情報処理学会），Visual Computing シンポジウム（画像電子学会），HIシンポジウム（ヒューマンインタフェース学会）などの国内外会議に目を向けるのがよい。

②今後の課題

GUIの課題として，今後ますます発展するであろう携帯電話や小型情報端末，あるいは家電製品への対応が求められるであろう。これらは物理的なインタフェースデザインとも密接にかかわっており，もはやハードウェアとソフトウェアの分離が困難になるものと思われる。さらに，一部のエンジニアやデザイナーではなく，一般の実ユーザーの立場に立ったユーザビリティの評価もますます重要となる。21世紀の情報化社会において，子供からお年寄りまで，また，ハンディキャップをもつ人々も，ストレスなく自然に電子機器や情報機器を活用できることが望まれる。

（本書で述べたシステムやデバイス，URLは2007年6月末日現在のものである）

2.1.3 ウェアラブルインタフェース

(1) 携帯機器のインタフェース

情報機器は，使いたいと思ったときにすぐ使えてこそ能力を発揮できる。集積回路の発展による機器の小型・携帯化は，単に持ち運びの容易さだけでなく，日常生活における情報へのアクセス機会を増やすという意味で，われわれの生活スタイルを大きく変えることになった。

携帯機器において，小型化は生命線である。しかし，CPUやメモリなどの情報処理部分とは異なり，人間との接点であるインタフェース部分では，むやみな小型化は使い勝手を悪化させてしまう。つねに携帯して使う小型の情報機器には，それに適したインタフェースが必要になる。以下に，代表的な携帯情報機器である，PDA（personal digital assistant），携帯電話，およびそれらの進化形としての装着型機器に求められるインタフェース機構の例を述べる。

① PDAのインタフェース

用途や形状が手帳に似ているPDAには，ペン入力方式が多く用いられてきた。本来，ペン入力は，新たな習熟が不要で高速入力が可能な優れた方式である。しかし現状では，主として表示デバイスや処理速度の制約から，細かな文

字を目的の場所に書き込み，高速かつ正確に認識を行なうことは困難である。

そのため，多くのPDAでは，「アルファベット」「かな」などの限定された文字種を特定の認識エリアに書き込み，必要に応じて漢字などに変換する方式が採用されている。しかし，この方法はキーボードに比べて入力速度が遅く，使い勝手も悪い。そのため，一般的な文字ではなく，一筆書きを利用して入力速度を速めた特殊文字[48]が使われることも多い（図2.5参照）。

一方，画面上に配置した文字ボタンをペン先でタップして入力を行なう「ソフトキーボード」方式も多く使われている。従来のフルキーボードをそのまま小さく配置した方式のほかに，アルファベットやかな文字など文字種に応じた多くの方式が提案されている[49]。しかし，小さい画面上に多くの文字ボタンを適切なサイズで配置するのは困難である。そこで，入力する文字種に応じて文字ボタンの配置を入れ替えたり，タップ位置とペンの移動方向を用いて多くの文字を入力する方式[51]が提案されている。

一方で，携帯機器でも大きなキーボードを使いたいという要求も少なからずある。折りたたみ型のキーボード[52]はいくつかあるが，使いやすいサイズと携帯性の両立には課題が残る。これに対し，キーボードのイメージを机などに投影し，指先位置を光学センサで読み取る仮想キーボード[53]は，機構部分を小さく収めることが可能であり，携帯性を向上させることができる。

②携帯電話のインタフェース

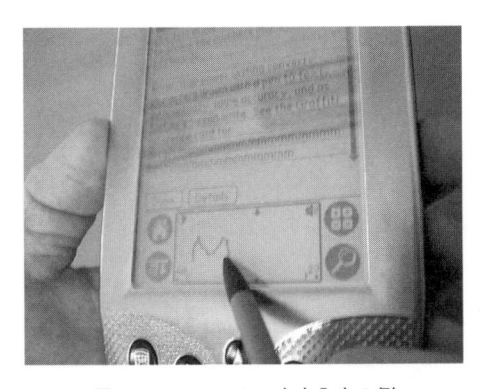

図2.5 ペンによる文字入力の例

携帯電話は，本来「電話」をするためのものであり，その「インタフェース」は，通話のためのマイク・レシーバのほかは，テンキーと番号表示器だけであった。しかし，携帯電話が情報アクセス手段としての機能をもつにつれて，求められるインタフェースはパソコンやPDAのそれに近づくことになった。しかし，携帯電話はPDAよりもさらに小さいため，インタフェース機構への制限は多い。

多くの携帯電話では，おもな操作は従来のテンキーおよび項目選択機構によって行なわれる。項目選択機構には，方向キー，スティックレバーなどが用いられているが，いずれの場合も連続入力には不向きであり，多数のメニュー項目からの高速選択は難しい。これに対して，一部の携帯電話で用いられている回転型入力機構（ジョグダイアル）は，連続入力が可能な優れた方式といえる。

一方，メール作成などの複雑な操作には，文字入力を行なう必要が出てくる。携帯電話の文字入力方式として，現在最も多く使われているのが，同一キーを複数回押下して文字を確定する方式（マルチタップ方式）である。しかし，この方式は，押下回数が3回程度のアルファベットの入力方法をそのまま仮名文字に適用したために，操作性の悪化が避けられない。そのため，高速文字入力を目的とした数々の携帯電話用キーパッドが提案されてきた。また，一見従来のキーパッドと同じであるが，個々のかな文字を単一ストロークで入力可能な機構もある。通常の数字キーの隙間にアルファベット入力用の小型キーを配置したもの[54]や，アルファベットよりも文字数の多い日本語用としては，各数字キーの4角にかな文字を配置したもの[55]もある（図2.6参照）。ただし，物理的なキーパッドの変更には，製作および流通コストがかかるため，市販されているものはあまり多くはない。

これに対し，マルチタップ配列を保ったまま入力効率を上げる手法は，ソフトウェアだけで対応できることから，広く普及している。言語のもつ曖昧性を用いた入力方式[56]は，マルチタップのキー配列はそのままで，各キーを一度しか押さずに入力を行なう。そのままでは同一

図2.6 かな文字を直接入力可能なキーパッドの例

キーに割り当てられた複数文字（例：あいうえお）の分離ができないので，単語辞書を検索し，入力単語候補を表示して選択させる．さらに進んだ方式として，文字列の一部を入力するごとに，入力候補（文字，単語，センテンスなど）をインクリメンタル検索によって順次表示する[57]．さらに，文字を確定すると，「ひき続いて入力されると思われる」候補が次々と表示されるので，極端な場合，項目選択キーだけで文章を入力することもできる．

一方，携帯電話の多機能化に伴い，小さな画面にテンキーという「受話器スタイル」が意味を失いつつある．海外では，フルキーボードを備えた高機能携帯電話（スマートホン，smart phone）がビジネスマンを中心に広く用いられているが，ここ日本では販売形態のちがいもあり，ほとんど供給されてこなかった．しかし近年，高精細ウェブ画面の閲覧や長文Ｅメール作成など高度な利用が広まるにつれ，スマートホンへの要求が高まりつつある．

③組合せ型インタフェース

現在のPDAや携帯電話は，1台の機械で多くの機能を実現しようとした結果，インタフェースの多くが「中途半端」なものになってしまっている（たとえば，2インチ程度の画面は電話には大きすぎ，メールやウェブ閲覧には小さすぎる．また，テンキーは文章入力には適していない，など）．

そもそも各々のインタフェース機構は，特定の用途や状況において最大の性能を発揮できるようにつくられており，どんな場合にも使い勝手がよい「万能インタフェース」はまずない．使用環境が大きく変化する携帯機器においてはなおさらである．将来の携帯機器は，図2.7のように，目的や状況に応じて，最も使いやすいインタフェース機構を自由に組み合わせて使うようになっていくだろう（たとえば，メールを書くにはフルキーボード，大きな画像を楽しむなら折りたたみ型ディスプレイ，音楽にはヘッドホン，電話はヘッドセットなど）．

すでにいくつかの組合せ型インタフェースが登場している．たとえば，ペンタイプのもの[58]は，特殊な模様が印刷された紙に書かれた軌跡が，機器に取り込まれる．また，Bluetoothを用いたヘッドセットは，おもに通話用途に用いられているが，汎用の音声インタフェースとしても利用可能である．

現在は，既存の携帯電話に対する付属機器という扱いだが，インタフェースの数が増えるにつれて，本体の使われ方も変化することになる．最終的には，「携帯電話」は，ポケットや鞄の中に入れっぱなしになり，BluetoothやUWBなどの近距離無線によってつながったこれらインタフェース機器と，外部ネットワークとのゲートウェイとして動作することになるだろう．もしかすると，画面やテンキーもない，単なる「箱」になるかもしれない．

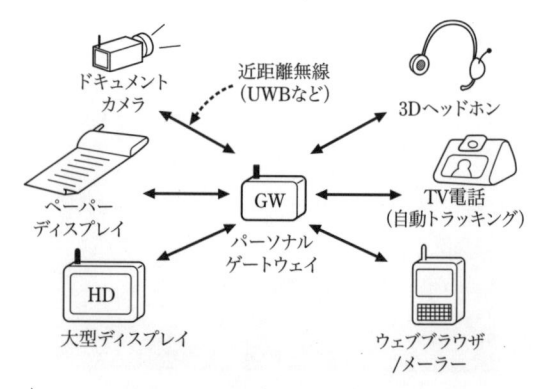

図2.7 組合せ型インタフェース

(2) ウェアラブル・インタフェース

携帯機器の小型化を突き詰めて考えると，「24時間，つねに機器を身に着けて生活する」ウェアラブルな世界が見えてくる。この場合，装着する装置は，身に着けることで日常生活に影響が出てはならないため，いっそうの小型化が要求される。しかし，現在用いられているキーパッドやディスプレイなどのインタフェース機構をそのまま小型化した場合，使い勝手の悪化が懸念される[*1]。そこで，「24時間装着したまま生活でき，快適な操作が行なえる」ことを前提とした各種インタフェース機構が提案されている。

①装着キーボード

並べたキースイッチを指先で押して入力する従来のキーボードでは，使い勝手を保ったまま小型化するには限界がある。一方，キーボードを「指を動かして入力するデバイス」と考えれば，キースイッチを排することができ，従来の限界を越えた小型化が可能だと考えられる。たとえば，指の着け根や手首につけた衝撃センサで，机や膝など身近な場所（または指どうしを空中で叩く動作）での打鍵振動を検出する機構[59]などが考えられる。ここで使用されている衝撃センサは小型化が可能であり，また感覚の鋭敏な指先をおおわないので，装着したまま日常生活を快適に過ごすことができる。また，打鍵時の力覚フィードバックも打鍵面から得られるので，疲労低減に有効である。最も大事なことは，構成部品の小型化に伴う使い勝手の悪化がないので，技術的に可能なかぎり小型化を進めることができる点にある。センサの装着位置によって装着の手軽さと入力可能なシンボル（コマンドや文字）の数が異なる。単一のセンサを手首に装着し，モールス符号風のリズムで簡単なコマンドを入力するもの[59]（図2.8）や，各指の付け根に指輪型センサを装着し，指の組合せで文字を入力するもの[60]などが考案されている。将来は，従来のフルキーボードと同様の指使いで入力できるものも出てくるだろう。

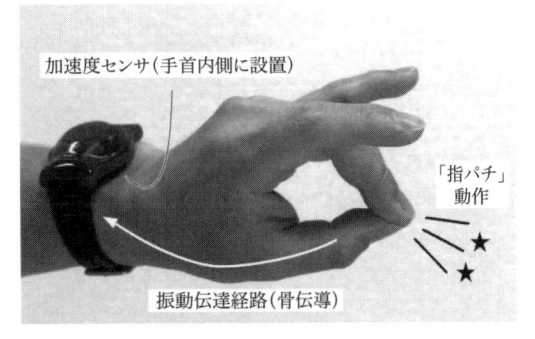

図2.8　手首装着型コマンダー

②音声インタフェース

音声入力は，装着性と習熟性の双方に優れており，入力速度も速い。しかし，人前で機械に向かってブツブツしゃべる姿は現在の社会では奇異に写ってしまう。音声入力をウェアラブルな入力機構として用いるためには，単に性能だけではなく，人前で使いやすい操作スタイルも求められる。たとえば，指輪型のハンドセット[61]は，人間の指を耳穴に挿入して使用する（骨伝導受話方式）。手を顔の横に添える姿勢は，周囲からは「電話をしている」と見られ，声を出していても一人喋りとはみなされにくくなる。また，骨伝導を用いた受話により，騒音下でも明瞭な受話が可能である。先に述べたコマンド入力機構と組み合わせることで，小さなボタンを押さずに発着信などの操作を行なうこともできる。さらに，周囲に聞こえないようなきわめて小さい声を接触型マイクで検出する手法[62]や，口腔周辺の映像や筋肉の動きなどをカメラや筋電電極でとらえる入力機構なども提

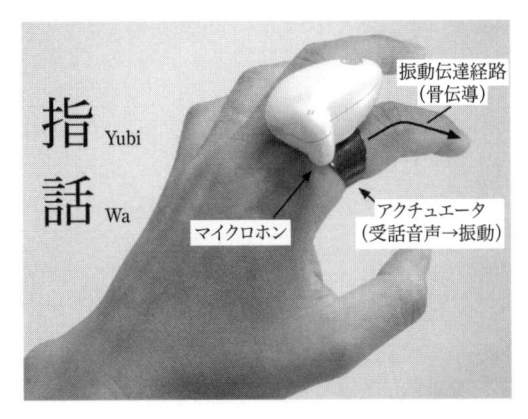

図2.9　指輪型ハンドセット

[*1] 米粒のようなキースイッチや，切手サイズの「超高解像度ディスプレイ」を思い浮かべていただきたい。

一方，出力手段としての音声には，画像に比べて「並列性」が高く（＝「ながら」使用が容易），突発的な出力の際にも日常生活への影響が少ないことから，常時アクティブな出力手段として適していると思われる。反面，画像に比べて情報の伝達速度が遅く，一覧性に欠けるという問題があるが，胸に装着したステレオスピーカによって，人体の周囲に3次元の音場空間を形成し，出現する音の「位置」に情報をもたせることで，画像に比べて不足しがちな表現能力を向上させる[63]ことも可能である。

③装着ディスプレイ

通常のディスプレイパネルはキーボードと同様，小型化と操作性の両立が難しい。これに対して，HMD（head mounted display，頭部装着型ディスプレイ）は，小さな表示パネルで大きな視野角を実現可能であるため，装着使用に適していると考えられる。最近では，通常の眼鏡と変わらない外観のHMD[65]が開発されている。将来的には，目の網膜に直接画像を投影するVRD（virtual retinal display）[66]を用いることで，さらなる小型化も可能となるだろう。

④画像入力

撮像デバイスの急激な進歩により，カメラ自体は装着可能な程度に小型化された。加えて，画像による入力動作は，音声入力のように周囲に迷惑をかける恐れがない。しかし，口腔周囲の撮影による読唇や，顔面撮影による表情認識を行なうためには，ある程度の撮影距離が必要であり，装着に無理のない位置にカメラを設置することが難しい。

一方，カメラを「外側」に向けて設置する場合には設置位置の問題は発生しない。したがって，画像による入力は，操作者による明示的なコマンド入力よりも，画像認識を用いた周囲状況の理解に向いていると思われる。たとえば，人体に装着した小形カメラで周囲の状況を認識し，結果を注釈としてHMD画像に出力することで，キーワードなどを明示的に「入力」することなく情報を引き出すことができる[67]。

⑤視線の利用

日常生活のなかで利用可能な別の入力手段としては視線がある。とくに，手に荷物をもっており使えない場合や，目で見た対象物に対して操作を行ないたい場合には有効である。しかし，従来の視線検出手法には，顔の前にカメラの設置が必要，目のまわりに電極の貼付が必要など，顔が覆われてしまうために日常のコミュニケーションが妨げられるという問題があった。

たとえば，ヘッドホンの耳当て部分に電極を設置すれば，顔面を覆うことなく視線を検出できる[64]（図2.10）。ヘッドホンにカメラを装着しておけば，対象物を見つめるだけで自動撮影したり，広告に書かれた2次元コードを認識して情報取得したりすることが可能になる。

⑥その他のメディア（触覚など）

触覚や痛覚・温覚などは，音出力よりさらに伝達速度が低いので，注意喚起（携帯電話のバイブレータ）程度にしか使われていないが，他の日常動作を阻害しないことと，周囲の人々の迷惑にならないなど，有利な面をもっている。たとえば，「触覚ジャケット」[68]は，背中に装着したマトリックス状のアクチュエータによって，簡単な図形を知覚させることができる。自動車の運転中など，視覚や聴覚を用いたナビゲーションが困難である場合にも，触覚を用いることで，安全に情報を伝達することができる。

⑦メディア変換

携帯機器と同様に，ウェアラブル環境においても，単一のインタフェースですべての操作を快適に行なうことはできない。身体中に装着したさまざまなインタフェースデバイスから，最適なものを選択して使うことになるが，使用状

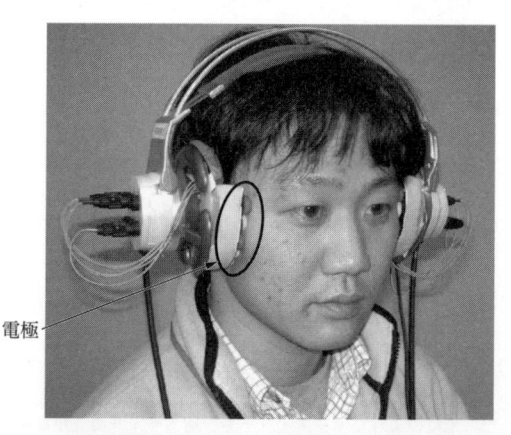

電極

図2.10　ヘッドホン型視線検出機構

況は大きく変化するので，つねに最適なインタフェースが使えるとも限らない。そこで，個々人がもつゲートウェイかネットワーク側で，メディアの相互変換（文字⇔音⇔画像など）を行なえば，任意のデバイスを使って，あらゆる種類の情報の入出力が可能になると考えられる。

⑧ウェアラブルがめざすもの

いまはまだ，人間自身がもつ記憶や知識と，機器やネットワークに記録されている知識は歴然と分離されている。しかし，ウェアラブルな機器とネットワーク環境が進化し，「操作」を意識せずに情報へのアクセスが可能になれば，ネットワーク側の知識があたかも自分自身の知識と同じように使うことができるようになるだろう。いわば人間の「情報サイボーグ化」である。

2.1.4 ユビキタスインタフェース

ユビキタスコンピューティングのビジョンは，コンピュータがどこにでもある透明な存在になり，誰もがその存在を意識せずに利用するというものである[69]。ユビキタスコンピューティング環境では，ネットワークに接続されたコンピュータが生活空間に遍在し，人々の生活を自動的かつ自然な形で支援する。

ユビキタスコンピューティングシステムと人々との接触は，さまざまな場所・文脈において発生する。このため，キーボードやマウスなど所定の入力手段の利用を前提とはできない。

この状況に対応するためには，人間が本来もっている身体的特徴，感覚，行動特性および情報伝達手段（モダリティ）を積極的に活用した「自然なインタフェース」が必要となる[70]。以下に，そのような自然なインタフェースを指向したユビキタスインタフェースの実現方式について概説する。

(1) ジェスチャーインタフェース

人どうしのコミュニケーションにおいては，言語以上に非言語的（ノンバーバル）な手段が大きな役割を果たしている。身振りや手振り，視線の動きなどのジェスチャーは非言語的手段の代表的なものであり，円滑な意思伝達を支援するために重要な役割を果たす。さらに，言語の異なる異国人とのコミュニケーションでは，ジェスチャーだけで意思伝達を図ることもなされる。

ジェスチャーインタフェースは，人にとって自然なモダリティであるジェスチャーを入力手段とするインタフェースである（図2.11）。例として，情報機器を指差すことで起動するインタフェース[71]や，大型スクリーンに表示された情報を指差し動作や手を上下左右に移動する動作によって操作するインタフェース[72]，テーブルトップやスクリーンに投影された仮想情報を両手の動きで操作するインタフェースなどがあげられる[73]。他にも，頭部の動きや視線の動きを活用したインタフェースなどもある。

ジェスチャーの認識においては，画像処理技術が重要な役割を果たす。既存技術の多くが，ユーザー周辺に設置された赤外線カメラの入力画像を処理し，ユーザーの手，指の動きを分析することでジェスチャーを認識している[72,73]。視線測定技術としてもっとも普及している角膜反射法でも，赤外線を眼球に照射し，瞳孔およびプルキンエ像（角膜表面での反射像）を検出して，これらの位置から視線を算出する[74]。

(2) マルチモーダルインタフェース

人どうしがコミュニケーションを行なう際には，言語だけでなく，ジェスチャーをはじめとするさまざまなモダリティを同時並行的に用いている。マルチモーダルインタフェースは，人が旧来より利用してきた複合的なコミュニケーション手法をマンマシンインタフェースに適用するものである。人間中心のデザインであり，

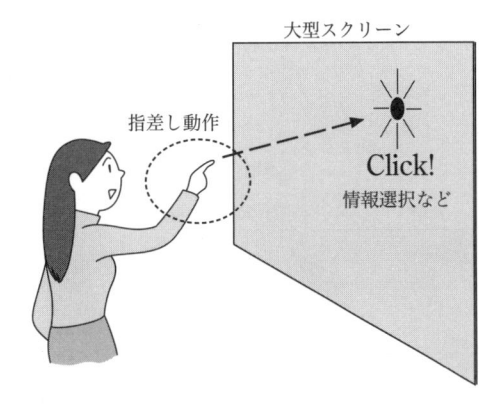

図2.11 指差しによるジェスチャーインタフェース

誰もが自然に利用できるインタフェースの実現手法として注目される[75]。

マルチモーダルインタフェースでは，現実の人間と対話する要領でマシンとの対話を実現することに重点がある。それゆえ，ユーザーインタフェースに擬人化されたキャラクター（擬人化エージェント）を置き，擬人化エージェントと対話しながら所定のタスクを達成させる形態のものが主である。

また，人間の表情や，声に含まれる感情情報など，感性情報を処理して，ユーザーの意図を推定することも行なわれる。

マルチモーダルインタフェースに関する研究成果には，音声とジェスチャーを併用したものが多い。単純な例として，音声と視線検出を組み合わせることにより，操作対象を見ているときのみ音声入力を許可するインタフェースがあげられる（図2.12）。

このインタフェースでは，操作対象に向けた発話だけが入力され，他の方向への発話は入力されない。この制御によりユーザーの意図しない操作の発生を防ぐことができる。複数の機器と同時にインタラクションを行なうユビキタスコンピューティング環境では，このようなマルチモーダルインタフェースが重要な役割を果たす。

(3) 実世界指向インタフェース

実世界指向は，現実世界のものがもつ特性や機能を情報技術によって拡張し，コンピュータとのインタフェースを構成するアプローチである。それゆえ，実世界指向は拡張現実（Augmented Reality；AR）ともよばれる。人々が生活する実空間へ仮想情報をシームレスに重畳するものであり，従来の生活行動スタイルを維持したまま利用できる。自然なインタフェースの実現に向け有用なアプローチである。

実世界指向はきわめて幅広い概念であり，さまざまな考え方を含む。実世界指向インタフェースを実現する各方式について以下に説明する（なお，下記①〜⑤の5つは椎尾ら[76]の分類に基づいている）。

①オーバーレイ型

もっとも典型的な実世界指向インタフェースは，現実世界のものに仮想情報をオーバーレイするタイプである（図2.13）。制御パネルに仮想情報をオーバーレイし，各ボタンの操作方法や状態を示したり，部屋の壁に新たな壁紙の模様をオーバーレイして，仮想的に部屋の内装を変えたりと，さまざまな応用がある。

オーバーレイ型実世界指向インタフェースは，網膜ディスプレイ，HMD（head mounted display，半透明のゴーグル型ディスプレイ），カメラ付き携帯端末，透過型ディスプレイ，プロジェクタのいずれかを用いて実装される。

②ユビキタスCPU型

物体の表面に仮想情報を投影することにより機能を拡張するオーバーレイ型に対して，ユビキタスCPU型では，ものそのものにCPUを埋め込み，機能を拡張する。黒板，手帳，ノートにCPUが埋め込まれることで，記入された文字が即座にシステムに入力され，ディジタルコンテンツとして共有することが可能になる。

椅子，ドア，床などにCPU，センサを埋め込めば，生活空間における日常行動を入力としたインタフェースを実現できる。服にCPUを埋め込むことで実現されるウェアラブルインタフェースもユビキタスCPU型実世界指向インタフェースの一種ととらえられる。

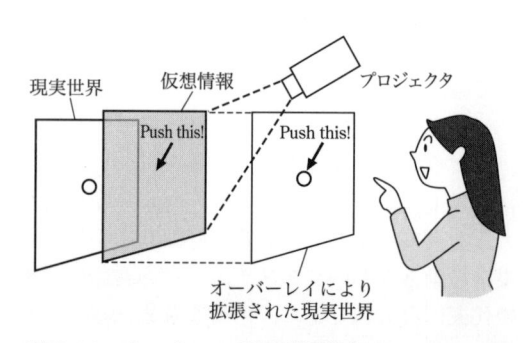

図2.12　音声＋視線マルチモーダルインタフェース

図2.13　オーバーレイ型実世界指向インタフェース

③ID タグ型

センサによって識別可能な ID タグをものに付与することで機能拡張を行なう実世界指向インタフェースである．たとえば，赤外線や RFID による ID タグを人に付与することで，近隣のコンピュータが人を識別し，適切な案内を行なうことが可能になる．薬の容器に RFID タグを付けておけば，容器を並べるだけでコンピュータが飲み合わせの良くない組合せを教える，といったインタフェースもある．

カメラなど携帯端末に具備された入力手段を活用する ID タグ型実世界指向インタフェースはすでに普及が進んでいる．QR コードに代表されるビジュアルタグをものに添付し，携帯電話のカメラを用いて，関連情報へアクセスするインタフェースも，ID タグ型の一例である．

④状況依存型

位置座標や時間を用いて実世界に仮想情報を対応づける状況依存型は，ID タグ型よりさらに低コストに実現可能な実世界指向インタフェースである．世界座標系で表記される位置へ仮想情報を対応づけ，GPS 付き端末で仮想情報を視聴するシステムなどがある．活用例として，あらかじめ店舗の位置に購入したい品物のメモをタグ付けしておくと，実際に店舗に訪れた際に，携帯電話にメールでリマインダされるサービスなどがある．

放送チャンネル ID と時刻から，ユーザーが視聴している放送コンテンツを特定し，手元の携帯端末に関連情報を提供するといったシステムも，状況依存型実世界指向インタフェースの一種と考えることができる．

⑤タンジブルインタフェース

実世界の物理的なものを触って動かす操作を，仮想情報の操作に対応づける実世界指向インタフェースである．洗練された歴史的物理的道具は，その形状や手触り・手応えによって，ユーザーにその機能や操作方法をイメージさせ，さらに美的刺激をも提供する．

タンジブルインタフェース（tangible interface）は，人間の肉体，感覚に心地よくなじむ洗練された道具のようにデザインされ，触覚を駆使して仮想情報を操作できることをめざしたインタフェースである[77]．

机上に置かれた物理的なアイコン（phicon）や，虫眼鏡形状の道具を用いて机上に投影された仮想情報を操作するインタフェース（図2.15）や，物理的なブロックを組み合わせていくことで仮想情報を操作するインタフェース，砂山の形状を変更することを情報入力の手段としたインタフェースなどが提案されている．また，ボトルのふたの開閉をコンテンツの再生制御手段に対応づけたインタフェースなど，既存の道具を活用したタンジブルインタフェースもある．

⑥複合型

実際的なシステムでは，上述した実世界指向の各方式を GUI，モバイル/ウェアラブルインタフェース，ジェスチャー/マルチモーダルインタフェースと組み合わせて用いる複合型が多い．

GUI を実世界指向により拡張した例として，Pick & Drop[78] がある．Pick & Drop は，PDA

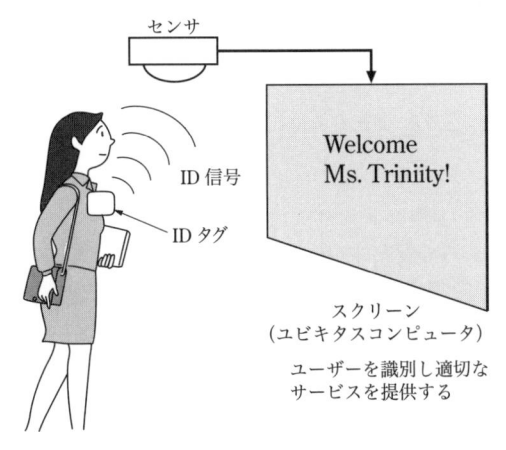

図2.14 ID タグ型実世界指向インタフェース

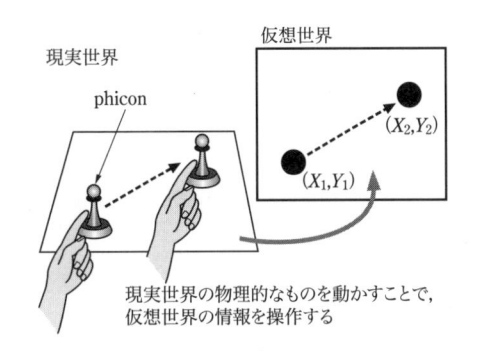

図2.15 タンジブルインタフェース

のGUIにおけるカット&ペーストとスタイラス（ペン）により異なる機器を順にタッチする動作とを融合させている。まず，スタイラスでGUI上のアイコンを拾い上げ（pick），他の機器に落とす（drop）ことで情報移動を行なう。現実空間でものを移動するのと等しい自然な操作で，仮想情報を移動させるインタフェースである。

携帯電話のインタフェースを実世界指向により拡張した方式もある。C-Blink[79]は携帯電話ディスプレイを信号源とする可視光ID信号を用いて，携帯電話ユーザーにIDタグを付与する。さらに，光源位置検出によるジェスチャー認識と，携帯電話ボタン操作によるID信号制御とを組み合わせ，スクリーン上の情報操作などを実現している（図2.16）。

(4) アンビエントディスプレイ

人は，とくに意識的に注意を払っていない場合でも，環境中の音や光，風の変化を感じることで，周囲の変化を察知できる。アンビエントディスプレイ（ambient display）は，このようなユーザーの注意対象以外への気づきに着目したインタフェースである[77,80]。

①感覚的アンビエントディスプレイ

アンビエントディスプレイは，空間中の音，光や影の変化，空気の流れ，水の動きなどのアンビエントメディア（ambient media）を用いて仮想情報を提示する。

たとえば，窓際のデスクで仕事しているとき，窓から入る日差し，雲の影の変化，窓にあたる風や雨粒の音によって，天候の変化を察知できる。窓から差し込む光の変化や，窓に当たる風や雨粒の音をシステムが人工的に生成し，制御することによって，天候以外の情報を伝えるメディアとして活用できる。

初期の具体的な実装として，天井に向けたランプと，その上部の水槽，水面に人工的に波紋をつくりだす装置から構成され，天井に人工的な波紋の影を投影するものがある。遠隔にいる他者の脈拍をネットワーク経由で取得し，脈拍に応じた波紋を生成することで，遠隔にいる他者の気配を感じるというコンセプトを具現化している（図2.17）。

同様に，光のゆらぎや色変化をつくりだすランプや，プランターに発光素材を埋め込んだデバイスなどを用いて遠隔地にいる人の状況を伝えるもの，天井に設置された複数の風車の回転によりネットワークフローや株価変化などを提示するものなどが提案されている。

②受動的に見るインタフェース

ユビキタスコンピューティング環境では，壁に飾られた写真や絵画，鏡などもネットワークに接続され，仮想情報を提供するインタフェースとなる。拡張された写真や絵画は，ユーザーがそれらに注意を向けていないあいだも，情報

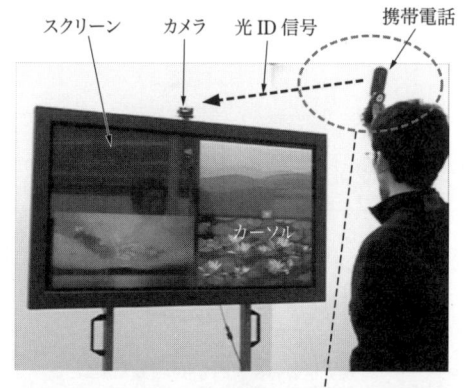

図2.16 携帯電話による実世界指向インタフェース

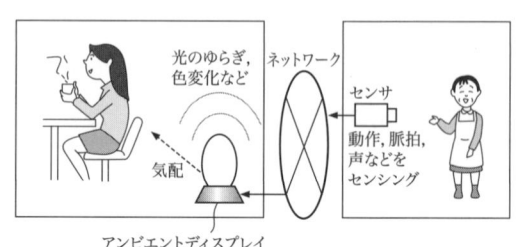

図2.17 気配を伝えるアンビエントディスプレイ

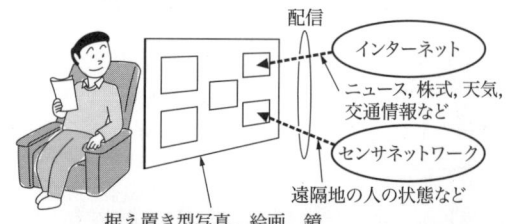

図2.18 受動的に見る/眺めるインタフェース

を提示・更新しつづける。

ユーザーは，ときおりそれらを見るだけで最新情報を取得できる。この受動的に見るインタフェースは，ノンバーバルな表現手段で気づきをうながす前述のアンビエントディスプレイとは異なる。しかし，これらもアンビエントディスプレイとよばれることが多い。

受動的に見るインタフェースの活用例として，遠隔に住む高齢者の活動，健康状態を電子写真立てに表示したシステムがある[81]。これにより，遠隔地に住む家族が高齢者の状況に配慮し適宜サポートを行なうことができるようになる。鑑賞用アートと組み合わせ，絵画に天気予報や交通情報を示すキューを埋め込んだ informative art も提案されている[82]。

また，ちらっと見るだけでなく，眺めて楽しむことを指向したものも提案されている。たとえば，画面上をキーワードに対応する検索カードゆらゆら動き回り，検索カードどうしがぶつかると検索が開始されるアニメーションを受動的に眺めるインタフェースがある[83]。

(5) コンテクストアウェアネス

人どうしがコミュニケーションを図る際には，さまざまな手段を用いてたがいに相手の状況（コンテクスト）を認識し，それに基づいて適切な対応を選択している。それゆえ，人とシステムとの自然なインタラクションを実現するには，システム側が相手（ユーザー）の状況を認識し適切な対応を行なう必要がある。そのための技術をコンテクストアウェアネスとよぶ。

① コンテクストとは何か

コンテクストアウェアネスが扱うコンテクストについて明確な定義はない。K. Dey[84]らは，コンテクストを，「ユーザーとシステムとのインタラクションに関連すると考えられるエンティティ（人，場所，もの）の状況を特徴づける情報」としている。その典型的なものは「人／場所／ものの"位置"，"身元（ID）"，"状態"」といった情報である。

② 位置認識技術

屋外での位置認識には，GPS（global positioning system）が広く活用される。GPS の電波が届かない屋内での位置認識は，さまざまな技術を用いて実現される。代表的なものとして，近距離無線通信（WiFi, Zigbee, Bluetooth など）の基地局位置を管理し，周囲の基地局 ID よりユーザー端末位置を同定する方式があげられる[85]。また，場所固有の位置 ID を常時発信するセミアクティブ RFID タグを環境側に設置し活用する方式もある。このほか，屋内照明が可視光通信を用いて発信する位置 ID を利用する方式などもある[86]。

③ 身元（ID）認識技術

人の身元特定では，ユーザーに ID タグを携帯させるシステムが多く見られる。初期のシステム Active Badge[87] は，赤外線 ID タグをユーザーに添付することで，周辺のセンサが個人を特定する。RFID タグを活用するものある。これらの身元認識技術は，個人識別と同時のその位置も確認できる。

また，指紋，虹彩，顔，声紋などのバイオメトリック認証も活用される。一方，ものの識別においては，EPC（electronic product code）[88] などを埋め込んだ RFID，バーコードが広く利用されている。

④ 状態認識技術

人の状態に関する要素は，姿勢，動作，表情，発話，移動速度，移動履歴など多様である。さらに，興味，意図，知識，情動，感情などの内部状態もある。それゆえ，人の状態認識には，ジェスチャー，音声，表情，位置認識をはじめ，感性情報認識，複数のコンテクストを統合したユーザー意図推定などさまざまな技術が必要となる。

ものの状態を示す要素も多様であり，例として，形状，傾き，温度，動作，移動速度などがあげられる。RFID タグには，ID を発信するだけでなく，他のセンサを内蔵し，傾きや温度などの状態が伝達できるものがある[89, 90]。

このようなタグを生活品（ティーポット，カップなど）に付与し，それぞれの状態遷移を統合して分析すれば，「紅茶の入ったカップを傾けた」といった具体的な人の動作を認識できる[90]。

⑤ コンテクストアウェアネスの役割

コンテクストアウェアネスは，本項(1)〜(4)に述べた各インタフェースと相補う関係にあり，各インタフェースを駆使した応用サービス

の実現に不可欠な技術である。多くの場合，コンテクストアウェアネスによって自動認識できる情報だけで，ユーザーが求めるサービス機能を正確に特定することは困難である。不足する情報をユーザーに明示させる手段としてジェスチャー/マルチモーダル/実世界指向インタフェースが用いられる。

すなわち，ユビキタスコンピューティング環境におけるサービスの実現においては，①サービスを適切に提供するために，システムが認識する必要があるコンテクストを見きわめ，②それらのコンテクストを正確に認識でき，かつ，人にとって自然なインタフェースを，コンテクストアウェアネスと本項(1)～(4)に述べた方式などを適切に組み合わせてデザインする，ことが重要だといえる。

2.1.5 ユニバーサルデザイン
(1) ユニバーサルデザインとは
①定義

1988年，ノースカロライナ州立大学のRonald L. Mace教授は，ユニバーサルデザインとは「人種，性別，年齢，身体的特徴などにかかわらず，できるだけ多くの人が利用可能であるように，製品，建物，空間をデザインすること」と定義している[91]。障がい者や高齢者のみに配慮するわけでなく，子どもや怪我を負った人，異なった言語の人などあらゆる人にやさしいデザインをめざしている。このデザインは，建物や公共施設，製品はもちろん，情報やサービスにも適用されるものである。

ユニバーサルデザインと似た言葉で，バリアフリーやアクセシビリティという言葉もよく使われる。バリアフリーは，おもに障がい者が物やシステムを利用するうえでの障壁（バリア）を取り除くデザインとして，障がい者のみを対象とした意味合いが強くなっている。一方，アクセシビリティは，あらゆる人が建物・施設や機器などの機能を使うことができるか，情報やサービスを同等に享受することができるかの程度を表わしており，ユニバーサルデザインとほぼ同じ概念で使われている。

②ユニバーサルデザインの7原則

1997年，ノースカロライナ州立大学ユニバーサルデザインセンターでは，ユニバーサルデザインの7原則を以下のように定めた[92]。

原則1：公平な利用
原則2：利用における柔軟性
原則3：単純で直観的な利用
原則4：認知できる情報
原則5：失敗に対する寛大さ
原則6：少ない身体的な努力
原則7：接近や利用のためのサイズと空間

それぞれの原則に対して定義とガイドラインが定められている。原則は，主要なコンセプトを簡潔に覚えやすい表現で表わしたもので，定義は原則の基本的な指示を簡潔に説明したもの，ガイドラインは原則に従ったデザインに必要な基本要件を示している。ただし，すべてのガイドラインの要件があらゆるデザインに必須というわけではない。この7原則は，ユニバーサルデザインのデザインや評価の指針として用いられている。

(2) ユニバーサルデザイン進展の背景

ユニバーサルデザイン進展の背景には，人口推移・法律・政府・標準化などの動きがある。

①米国におけるユニバーサルデザインを取り巻く環境

米国では，法律の制定がユニバーサルデザインの取り組みを促進した。1973年，リハビリテーション法504条（Section 504 of the Rehabilitation Act）により，連邦政府機関に対して障がい者差別が法律で禁止された。さらに1990年，障がいのあるアメリカ人法（Americans with Disabilities Act；ADA）により，その範囲は民間商業施設にまで拡大された。1998年には，リハビリテーション法508条（Section 508 of the Rehabilitation Act）が改正され，電子技術や情報技術を障がい者が利用する場合についても，必要以上の負担がかからないかぎり遵守するように規定され[93]，これを受けてさらに2001年に電子・情報技術アクセシビリティ基準（Electronic and Information Technology Accessibility Standards）が制定された。

このような法律の制定により，連邦政府機関へ機器やシステムを提供する民間企業もこれに従わざるをえなくなった。また，障がい者対応

をしたことにより，結果的には高齢者や異なる言語の人にもやさしい製品となり，米国におけるユニバーサルデザインの進展を推進した。

②日本におけるユニバーサルデザインを取り巻く環境

日本において，ユニバーサルデザインの取り組みを促進したのは，何をおいても世界一の高齢社会となったことである。2006年時点で65歳以上が人口に占める高齢化率は約20％を超えており，2055年には40％を超えると推定されている[94]。

政府の動きとしては，障がい者に対する施策として，2002年に障害者基本法が一部改正され，第20条において，「情報の利用におけるバリアフリー化」が国および地方公共団体に義務化された。また，2001年の高度情報通信ネットワーク社会形成基本法（IT基本法）に基づき決定されたe-Japan戦略を実現するための施策として掲げられたe-Japan重点計画2004では，ディジタルデバイドの是正が明示された。2006年1月に政府のIT戦略本部が発表したIT新改革戦略では，2010年までに実現する3つの目標のうちのひとつとして，「ユニバーサルデザイン化されたIT社会を構築すること」が掲げられている[95]。

さらに，ユニバーサルデザインの意識を民間企業にまで高めたのは，2004年に制定されたJIS X8341「高齢者・障害者等配慮設計指針―情報通信における機器，ソフトウェア及びサービス―」である。これは，図2.19に示すように，ISO/IECガイド71を基にJIS化されたJIS Z8071「高齢者および障害のある人々のニーズに対応した規格作成配慮指針」を基本規格としたうえに制定されている。第1部は共通となる考え方や機能，技術要件などを規定した共通規格で，第2部以降に各個別製品やサービスごとに情報アクセシビリティの規格を定めている。第2部は情報処理装置に関する規格が，第3部にウェブコンテンツに関する規格が，2004年6月に制定された。さらに，2005年10月には，第4部 情報通信機器が，2006年1月には，第5部 事務機器が制定されている。これにより，一気に公共性の強い官公庁や地方自治体，さらには民間大企業にまで，ユニバーサルデザイン対応の動きが広まった。

(3) 日本におけるユニバーサルデザインの取り組み

ユニバーサルデザインの具体的取り組みとしては，公共性が強く要求される自治体が，早期から積極的にユニバーサルデザインの取り組みを始めている。静岡県では，1999年にユニバーサルデザイン室を設置し，「しずおかユニバーサルデザイン行動計画」を策定して，すべての人が暮らしやすい「まち，もの，環境」づくりに取り組んできた[96]。また，熊本県では，2000年度にユニバーサルデザイン研究会を発足させ，ユニバーサルデザイン振興指針を策定して，すべての人のためのまち，もの（製品），情報・サービス，意識づくりを推進してきた[97]。

さらに，ユニバーサルデザインの取り組みは，企業の社会的責任（CSR）としても必須となってきている。企業を評価する指標のひとつとしても，ユニバーサルデザインの取り組み度合が評価されるようになってきた。現在では，もはや製品にユニバーサルデザインを導入しているだけでは，先進的な企業として消費者からは支持されなくなってきている。製品開発の企画から運用サポートまでの各過程での配慮，社内外への啓蒙，ユニバーサルデザイン運用維持体制など，企業としての総合的な取り組み姿勢に着目されている。

企業における製品へのユニバーサルデザインの導入としては，トヨタ自動車やコクヨなどが有名である。2006年に日経デザインが発表した企業ユニバーサルデザイン取り組み度ランキ

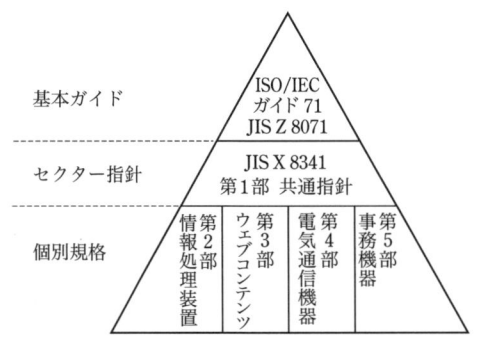

図2.19 JIS X8341「高齢者・障害者等配慮設計指針」の構成

ングの上位には，キューピー，松下電工，松下電器産業，TOTOなどが入っている。キューピーは，「お客様相談室」に集まった意見を全社で共有し，商品開発に役立てる仕組みをつくった[98]。

(4) IT機器のユニバーサルデザイン

IT機器については，ユニバーサルデザインという概念が提唱される前から，コピー機などのオフィス機器，パソコン，電話などの端末のデザインについて，誰にでもわかりやすく簡単に使えるものをめざした検討が進められていた。JIS X8341の制定により，今後は検討がより加速されるものと期待される。また，端末のみでなく，それに付随するマニュアルやサポートサービスなども含めたトータルプロセスのユニバーサルデザインを検討する必要がある。

パソコンにおいては，ボタンやLEDの色使い，キーボードの文字のコントラスト，ノートパソコンを片手で開けられる工夫などの配慮がされている。

携帯電話においては，高齢者向けに不慣れな人でも使いやすいように工夫したインタフェース，そして視覚機能の衰えをサポートする機能に配慮した端末の開発を行なっている。具体的には，音声読み上げ機能の搭載，ガイダンスの充実，見やすい表示などの配慮がなされている。これらは，視覚に障がいのある方にも有用な機能として使われている[99]。

その他，AV機器などの情報家電についても，リモコンをはじめとして端末の操作性やわかりやすさが大きな課題となっている。

(5) 情報のユニバーサルデザイン

①ウェブユニバーサルデザイン

インターネットの普及により，ウェブは重要な情報メディアのひとつとなってきている。ウェブが社会に浸透すればするほど，公共性が強く求められるようになってくる。ウェブはブラウザに表示された情報の閲覧が主なため，とくに視覚に障がいのある人に大きな障壁がある。たとえば，音声読み上げソフトを使ってウェブを読み上げた場合の不具合や，表示サイズや色使いによって見えにくくなってしまうといった問題が多く起こっている。ウェブのユニバーサルデザインにおいては，いろいろな機器・ソフトを利用して閲覧されることを考慮して，どのような環境でも，高齢者・障がい者を含むあらゆる人が簡単に同等の情報を得ることができるウェブ環境を構築することが重要である。

②ウェブユニバーサルデザインの動向

ウェブコンテンツのアクセシビリティに関しては，World Wide Web Consortium（W3C）内に設けられたWeb Accessibility Initiative（WAI）で，1999年にWeb Contents Accessibility Guideline（WCAG）1.0[100]が策定され，米国のみならず日本やヨーロッパにおいても事実上のウェブアクセシビリティの標準となっている。現在2.0版が検討されている。

一方，日本国内においては，2004年6月にJIS X8341-3が制定された。JIS X8341-3は，「高齢者や障害のある人及び一時的な障害のある人が，ウェブコンテンツを利用するときの情報アクセシビリティを確保し，向上させるために，ウェブコンテンツの企画，設計，開発，制作，保守及び運用をするときに配慮すべき事項について規定」している[101]。「5章 開発及び制作における個別要件」では，WCAG 1.0やリハビリテーション法508条を参考に日本語特有の項目も考慮した具体的ポイントが，構成要素別に規定されている。また，「6章 情報アクセシビリティの確保・向上に関する全般的要件」では，企画から保守・運用にいたるプロセス全般にわたる要件についても規定されている。

これにより，公共性の強い自治体や大企業の公式ウェブサイトについて，急速にアクセシビリティの確保の意識が強まってきている。しかし，アクセシビリティ確保の意識が高まる一方，実際にウェブサイトのアクセシビリティを改善するには，JISのガイドラインだけでは対応できないという問題が生じている。

ウェブサイトを作成しているのは，必ずしもウェブデザインの専門家とは限らず，総務や広報の担当者が作成しているところが多い。既存の数百・数千ページにわたるウェブサイトについて，アクセシビリティの評価を行ない，その問題点を抽出し，改善方針とプロセスを策定することは，アクセシビリティに関する専門知識の乏しい担当者にとっては困難である。また，日々のコンテンツの更新は，担当ページごとに

各組織で行なっている場合が多い。

そこで，地方公共団体のホームページにおけるアクセシビリティについての評価方法・評価体制のモデルを確立することを目的に，総務省が2004年11月より「公共分野におけるアクセシビリティの確保に関する研究会」を開催し，2005年12月に「みんなの公共サイト運用モデル」を発表した[102]。これは，JIS X8341-3 に対応しており，PLAN，DO，CHECK，ACTION の PDCA サイクルに沿った構成で運用の手順を示したガイドやワークシートが用意されている。各ワークシートには，自治体の担当者および受注業者が各プロセスで検討する必要がある具体的項目とその解説や検討のヒントが記述されており，これを利用することにより，検討を漏れなくより円滑に進めることができる。

③ウェブユニバーサルデザインの問題

• 色の使い方　色覚に異常がある場合は，特定の色が正しく識別できない人がいる。とくに日本人には，赤や緑が識別しにくい赤緑色覚異常の人が，男子の5％を占める。したがって，色のちがいで重要なことを記載したり情報の区別をしたりしている場合，それが認識しにくい場合がある。

また，Windows ユーザーには，ユーザー補助機能にあるハイコントラストモードを利用している場合もある。この機能により背景と文字色をコントラストの高い色に変換することができる。

さらに，視力が弱く背景の輝度が高いとまぶしすぎてしまう人は，背景を黒に反転表示させて利用している。このような場合，中間色を使っていると色が判別しにくくなったり，組合せによっては背景色と文字色の区別がつかなくなったりする問題が発生する。

• 文字サイズの設定　ウェブコンテンツのテキストの文字サイズの指定の仕方は，絶対値で指定する方法と相対値で指定する方法がある。相対値で指定されている場合は，ブラウザの文字サイズの設定を変更することによって，文字を拡大して表示することができる。ところが，文字を拡大して表示すると，テキストが1行に入りきらなくなってデザイナーが意図していた見栄えが崩れてしまうため，文字サイズを

ブラウザで設定変更できないように絶対値で指定している場合がある。絶対値で指定すると文字を拡大表示できず，視力の弱い人にとっては見栄えどころか情報の取得自体が難しくなってしまう。

文字が拡大できない問題は，もうひとつの場合にも多く生じている。それは，画像で文字をデザインして貼り付けている場合である。テキストの文字ではそっけないため，見栄えをよくしたり強調させたりするためにタイトルやボタンに多く使われている方法である。このように画像化された文字は，ブラウザで文字サイズの設定を変更しても拡大させることができない。この文字サイズの拡大は，シニアユーザーも多く利用しているため，この問題は非常に多く生じている。

• 音声読み上げ対応　全盲の人の多くは，画面に表示されたテキストを音声で読み上げるスクリーンリーダや，ウェブのソースを解析してリンクやリスト，タイトル部分などを認識し，音声を変えて読み分けることができる音声ブラウザを利用している。音声ブラウザを利用すると，ソースのタグを解析しながらソースに記述してあるテキストを順に読み上げていく。したがって，ソースの記述順序を表示や情報構造の順序と合わせておかないと，筋の通らない順序で読み上げてしまうことになる。

音声ブラウザではタグを認識して，ショートカットキーによりリンクや見出し（ヘッダ）の部分へジャンプすることができる。テキストを音声で読み上げる場合，目的の情報にたどりつくのに時間がかかる。したがって，音声ブラウザのユーザーは，テキストの冒頭が読み上げられそのテキストは不要と判断した場合は，リンクや次の見出しへのジャンプを多用して飛ばし読みをしていく。しかし，現状では，多くのウェブコンテンツは情報構造をタグを使って正確に記述していないため，うまく飛ばし読みができない場合が多い。

音声ブラウザの読み上げでいちばん大きな問題は，画像の読み上げである。音声ブラウザでは，画像の部分は，alt 属性に記述されているテキストを読み上げる。この alt 属性が記述されていないと，音声ブラウザユーザーには，画

像の存在やどのような画像なのかがわからない。とくに，ボタンを画像で貼り付けた場合に，alt属性の記述がないとボタンの存在すらわからない場合があり，致命的となる。

また，たとえalt属性が記述されていても，たとえば"写真"とだけ記載されていて画像の内容を適切に表現していなければ，どのような写真なのかがわからず意味をなさない。このalt属性は，ブラウザで画像を表示できない場合にも代替テキストとして表示されるため，音声ブラウザのみならず重要である。

逆に，リストの頭などにつける●や■などのあまり意味のない画像にまで"丸"，"四角"と記述をつけると，かえって読み上げのときにはわずらわしくなるため，伝える情報の意味を考えた記述が重要である。なお，とくに記述の必要がない画像の場合は，alt＝" "と記述しておくとよい。

・マウスやキーボードでの操作　全盲の人はマウスポインタが見えないため，マウスを使用することはできない。すべてキーで操作をする。したがって，すべての操作がキーでも行なえるようにしておくことが重要である。

たとえマウスやトラックボールなどが使用できる場合でも，手が不自由であったり操作に慣れていなかったりして，細かい操作が難しいユーザーもいる。この問題はシニアユーザーにも多い。操作領域が小さかったり操作間隔がせまかったりすると，操作ミスが生じる原因になる。

また，表示上はどこがクリックできる部分かがわからず，ポインタを対象の上まで移動させるとポインタの形状が変わり，そこで初めてクリックできる領域を認識するようなデザインはマウス操作が多くなり，操作が難しいユーザーには負担になる。クリックできる部分はテキストに下線を引くなど一覧してわかるような表示が重要となる。

④ウェブユニバーサルデザイン技術

ウェブユニバーサルデザインの実現に向け，自治体や民間企業でもさまざまな取り組みが行なわれている。これらは大きくウェブデザイン技法，ウェブ作成支援技術，ウェブ利用支援技術の3つに分類できる。

・ウェブデザイン技法に関する取り組み

2004年6月にJIS X8341-3が制定されて以来，自治体はもちろん民間企業においても，JISに基づいたウェブアクセシビリティの改善に取り組んでいる。しかし，JISに記載されている要件だけを参照して，すべての項目を満たすウェブサイトをいきなり実現するのは困難である。また，企業の特性やウェブサイトのターゲットユーザーによって，優先すべき項目は異なる。そこで，各自治体や企業とも，ウェブサイトを構築運用するにあたっては，JISに基づいて各ウェブサイトの特性に応じたアクセシビリティポリシーやガイドラインを策定している[103]。

ガイドラインの適用にあたっては，いろいろな課題が生じている。ガイドラインを適用する事例は，新たに一からウェブサイトを作成する事例よりも，既存のウェブサイトのアクセシビリティを改善する事例のほうが圧倒的に多いのが現状である。この場合，問題の抽出方法がわからない，問題を抽出しても限られたリソース内でどれを優先して改善すればよいかわからない，具体的なデザイン方法がわからないなどの相談が多く寄せられている。こうした問題に対応するには，デザインプロセス全体にわたるガイドラインや，多様なデザイン事例の提供などが必要である。

・ウェブ作成支援技術に関する取り組み

ガイドラインを適用する際に多く寄せられる相談のひとつとして，問題の抽出方法に関するものがあげられる。ガイドラインの各項目に適応しているかどうかの判断は，プログラムソースのチェックなどから判断できるもの，表現や前後の文脈など人の判断が必要なもの，ページ間やサイト全体の整合性，方針など総合的な視点が必要なものなどのレベルに分けられる。このうち，プログラムソースのチェックなどで判断できる問題は，全問題の半数以上を占める。

そこで，このレベルのチェックを自動的に行なうチェックツールが開発されている。これらのツールはいずれも，チェック対象とするウェブページを指定してチェックを実行させると，HTMLなどのソースのタグとその属性をチェックして問題点を抽出する。問題点は，問題と判定された箇所のほか，問題かどうか人間の判

断を必要とする箇所もリストアップする。

チェックツールを利用する際に誤解されやすいのは，上述したように，チェックツールですべてのアクセシビリティのチェックができるわけではない点である。チェックツールでチェックできるのは，プログラムソースなどで判断できるレベルの問題のみである。問題数としてはこのレベルの問題がいちばん多いが，じつは文脈や総合的な視点など人間の判断が必要なレベルの問題のほうが，問題の重要性としては大きい。チェックツールでのチェックは，多数の問題点を効率的に抽出することはできるが，アクセシビリティチェックの第1段階にすぎないことを認識して利用する必要がある。

・利用支援技術に関する取り組み　ウェブのユニバーサルデザインを考える際，ウェブコンテンツを誰でもどのような環境でも利用できるように配慮したデザインにすることは必要だが，これには限界がある。これを補うのに，ユーザーや利用環境に応じて補助的に利用する音声読み上げや文字拡大・色変換などの利用支援ツールが存在する。

しかし，ツールを利用するユーザーの環境や能力によって，たとえば同じ読み上げツールに対しても，高齢者は読み上げの音質を追求する傾向があるのに対して，視覚障がい者は読み上げ速度や読み上げスキップ・詳細読みなど，情報取得の効率化をめざした細かな読み上げ制御を重視するなど，要求が異なるため，設定が多様に変更できる柔軟性が必要となる。

(6) ユニバーサルデザインの今後の課題

ユニバーサルデザインの重要性は，ようやく認識されだしてきており，今後ユニバーサルデザインの認証制度の体系化なども求められている。しかし，ユニバーサルデザインは日常生活にかかわるあらゆるものに対して配慮が必要であるし，それらは日々変化していくものであるため，一時点での認定は形骸化しかねない。運用も含めた継続的な体制の確立こそが必要になってくる。また，ユニバーサルデザインは専門家のみがかかわる問題ではなく，誰もがユニバーサルデザインに対する正しい認識と基本知識を知っておく必要がある。ユニバーサルデザインの教育と普及が，これからの大きな課題である。

2.2 情報インタフェース

2.2.1 映像インタフェース

映像は時間軸に沿って画像と音声信号が切り替わる時間メディアである。アナログビデオの時代から，映像のトリックプレイとして，早送りや頭出し，コマ送りが可能であった。映像を記録するメディアを見てみると，フィルムもビデオテープも，さらにCDやDVDにいたるまで，基本構造が「巻物」である。そのせいか，視聴形態は，映像という長い巻物を行ったり来たりして読むことの呪縛からは，なかなか解放されていない。

文字メディアが，巻物から本になり，検索可能な電子テキストに進化したのと同じく，映像メディアも構造化をすることによって，格段に便利な視聴方法を提供することができる[104]。以下では，ディジタル映像の基本操作と，映像の構造化に基づいた映像インタフェースについて概説する。

(1) ディジタル映像の基本操作

ディジタル映像の再生環境には，一般に，アナログビデオと共通の操作として，以下のインタフェースが提供されている。

開始：映像ファイルや配信アドレスを指定し，フレームバッファやデコーダの初期化など，再生のためのリソース確保を行なう。

終了：上記のリソースを開放する。

再生：現在の再生時刻から映像を再生する。

停止：再生を停止し，再生時刻を初期化する。

一次停止：再生を停止し，再生時刻を保持する。

早送り：未来に向かって高速に再生する。

巻き戻し：過去に向かって再生する。

頭出し：任意の再生時刻に移動する。

これらのインタフェースは，図2.20に示すようなボタンやスライダによって実現されることが多い。従来のアナログビデオプレーヤと操作の互換性をもつ一方で，ディジタル映像特有

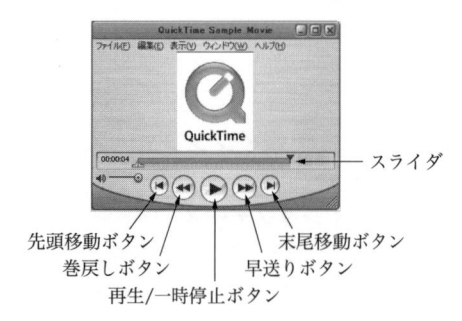

図2.20　映像プレーヤの例（QuickTime Player）

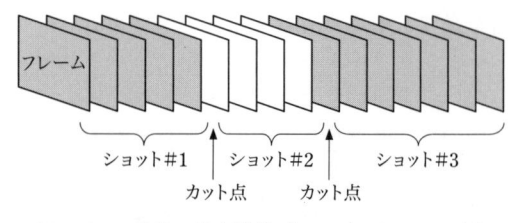

図2.21　映像の基本単位（ショットとカット点）

の利点や制約が生じることがある。スライダやボタンで頭出しが瞬時に行なえることは利点であるが，キーフレームごとに符号化しているディジタル映像では，1フレーム精度で頭出しするためには，キーフレーム区間分のフレームバッファを必要とする。そのような対策を講じていない簡易なプレーヤでは，キーフレーム単位でしか頭出しができないことがある。また，再生開始時に，デコーダへのデータ送出や，音声と映像の同期をとるために，遅延が生ずることがあるので，スムーズなチャンネル切り替えや連続再生を実現するのが難しいという問題がある。

(2) 映像インタフェースに用いられる構造化手法

ディジタル映像の利点は，内容が分析可能であり，内容に基づいたインタフェースを実現できることである。以下では，映像インタフェースによく用いられる代表的な構造化手法を概説する。

①カット点検出

自然言語処理の最初の処理として，字句解析により単語を切り出すのと同様に，映像を意味のある単位に分割することが構造化の第一歩である。動画像については，連続するフレームをまとめた「ショット」という単位に分割する。ショットの区切りを「カット点」という（図2.21）。

カット点を検出するには，基本的にフレーム間の画素値の差分が大きくなった点を見つければよいが，単純に比較すると画面や被写体の動きに敏感になりすぎてしまう。そこで，画素値のヒストグラムを比較したり，画面を分割して比較したりすることによって，画像全体が大きく変化した場合のみを検出するような工夫をする[105]。

画面の切り替えには，ディゾルブやワイプ，フェードイン/アウトなどの，画面が徐々に変わる特殊効果が用いられることがある。このような「漸次カット」はフレーム間の差分が中程度のレベルを維持したまま持続するという特徴があり，差分を時間的に追跡することによって検出可能である。

また，記者会見の映像によくあることだが，カメラのフラッシュが映り込むと，1フレームが白くとんで，カット点と誤検出されやすい。そこで，極端に短いショットは無視するような工夫もする。

以上のことから想像がつくように，カット点検出には，ヒストグラムの分割数や，カット点と判定する差分の値，漸次カットと判定する持続時間などの，数々のパラメータを調整する必要がある。閾値が低ければ，カメラが大きく動いたり，大きな被写体が画面を動いたりすると，カット点と誤検出しやすくなる。逆に閾値が高ければ，しばしば検出漏れを起こす。そこで，情報検索の評価と同様に，パラメータを変えながら，適合率（Precision；検出の正確さ）と再現率（Recall；検出漏れの少なさ）のトレードオフをグラフにプロットして評価する[106]。また，これらの調和平均のF値（$=2PR/(P+R)$）も使われる。

②ショット内容解析

構造化の次の段階では，個々のショットについて，その内容を調べて特徴づける。特徴量として，以下のものが有用である。

- テロップ　　フリップやテロップなどの画面上の文字は，映像の意味内容を把握するのに有用である[107]。

画像中の文字は，エッジの密集度が高い領域

を調べることによって検出可能である．しかしながら，樹木の反射や水面やタイルのきらめきなどにもエッジが密集し誤検出されやすいので，文字が縦や横に並んでいるというレイアウトを解析したり，一定時間安定して持続するという特徴を調べて，文字領域を判定する[108]．

紙面の文字とちがって，画面上の文字は解像度が低く，そのままOCRにかけると認識率が上がらないので，複数フレームの画素値を集積して解像度を向上させるなどの工夫をする[109]．

• カメラワーク　カメラの動きは，とくにスポーツ映像を特徴づけるのに有用である．たとえば，野球のホームランやサッカーのコーナーキックの映像には典型的なカメラワークが存在する[110]．

画面全体の動きは，ブロックマッチング法や特徴点追跡によって動きベクトルを計算して求める．さらに，画面各所の動きベクトルをHough変換し，ズーム/パン/チルトに分類することもできる[111]．

• 顔　映像中の人物，とくに顔は，映像の中で起こっているイベントの主体を把握するのに非常に有用である．

顔の検出には，テンプレートマッチやニューラルネットが用いられるが，顔の向きや照明条件に対するロバスト性や，検出だけでなく人物の特定ができる認識性も要求される[112]．

直接顔を検出するわけではないが，動く被写体のクローズアップショットを検出する手法[113]を用いると，顔が大きく映ったショットが多く検出され，映像の内容把握に役立つ．

• 音声・音楽　以上は，おもに画像情報を解析する方法であるが，映像中の音に着目して特徴づけることもできる．人の声は，人物の行動や状況を把握するのに有用であり，BGMや効果音は映像の印象を大きく左右する．

周波数の特徴を用いて，音楽と声をそれぞれ自動的に検出する方法がある[114]．また，音声の強調度を計算して，ハイライトを自動検出し映像を速覧する方法も提案されている[115]．

③意味的構造解析

上記のように特徴づけられたショットを，さらに段落や章立てに相当する大きな構造に組み立てていく．たとえば，ニュース映像では，1つの話題が複数のショットから組み立てられている．

文字認識や音声認識から得られたテキスト情報のほか，放送映像では，クローズドキャプションやシナリオ，ウェブ上の映像コンテンツでは，HTML上での周辺テキストなど，複数の情報ソースを総合的に用いて，映像の意味的構造を解析する．

ニュースやスポーツのような定型的な映像については，トップダウンに文法をあてはめていく方法が有効である．たとえば，話題の冒頭では，ニュースキャスターとテロップが必ず出現するので，それを話題の区切りとする[116]．さらに，スピーチや人の集まり，状況説明の場面に着目して細かく構造化する方法も提案されている[117]．

逆に，大規模なDBの統計情報を用いてボトムアップに構造化する方法もある．画像列のパターンや編集のパターンを大規模な映像DBの中から発見する手法[118]や，話題の構造を軸にして複数チャンネルのニュース映像を横断的に構造化する手法[119]が提案されている．

また，自然言語処理を応用した話題解析法もある．あらかじめ学習用DB（コーパス）から単語間の共起頻度ベクトル（概念ベクトル）を計算しておく．適当な区間の単語の概念ベクトルの重心を求め，区間どうしで概念ベクトルの余弦を計算し結束度とする．そして，結束度が極小になった点で話題が切り替わったと判定する[120]．

(3) インタフェース

上記の意味のレベルは，客観的な評価や一般性のある解析が難しく，依然としてチャレンジングな研究テーマである．一方，インタフェースを工夫することによって，難しい意味のレベルに踏み込まなくても，プリミティブな特徴量だけを利用して映像を便利に扱うこともできる．以下に，いくつか例を紹介する．

①ショットのアイコン表現

まず，ショットの特徴をアイコンとして表現することを考える．ショットの代表画像をサムネイル（図2.22（a））として表示するのがもっとも単純であり，市販のノンリニア映像編集ソフトでも馴染みのある表現方法である．サム

(a) サムネイル　　(b) VideoIcon

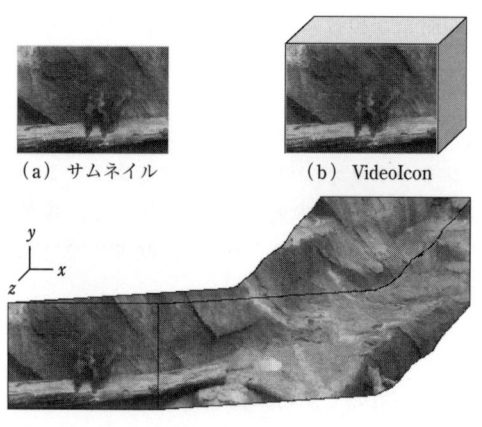

(c) VideoSpaceIcon

図2.22　ショットのアイコン表現

ネイルに奥行きをもたせてショットの時間長を表現するVideoIcon（図2.22（b））では，ショットの長さが直感的にわかる[121]）。

さらに，VideoSpaceIcon（図2.22（c））は，ちょうどトランプのカードをずらして積み重ねるように，カメラワークに応じてフレーム画像をずらして配置したものであり，文字どおり四角い枠を超えた映像の可視化方法である。VideoSpaceIconの形状を見るだけで，パンやチルトなどのカメラワークの方向や，速さ，安定度が直感的にわかる[122]）。

②ショット一覧

SceneCabinet[123]）は，カット点，テロップ，カメラワーク，音楽，音声（人の声）を自動検出し，アイコンを一覧表示する（図2.23）。カメラワークを検出したショットについては，VideoSpaceIconのようにカメラワークを反映した画像を合成して表示する。アイコンの形状

が不定形になるので，左上から右下への順序を乱さないようにしつつ，むだな余白が生じないようにレイアウトしている。

アイコンの一覧の利点は，一目で映像の中身がわかるという明瞭さである。ウェブページに応用して，アイコンをクリックするとそのシーンから映像を再生するという頭出しにも使えるし，紙に印刷すれば，オフラインでも映像内容を把握できる目次（インデックスプリント）としても使える[124]）。

さらに映像が増えてきた場合には，検索システムと連携するのが便利である。VideoPot[125]）では，ユーザーのPCに蓄積された映像ファイルを自動的にインデクシングし，サムネイル一覧を作成してDBに記録する。TVから録画した映像についてはEPGのデータも関連づけてDB化する。ユーザーはファイル名やEPGで検索した映像のサムネイル一覧を見て，すばやく所望の映像を見つけることができる。

映像アーカイブの全体像をブラウジングして把握する方法もある。VideoStripes[118]）は，多数の映像をストライプ状に並べ，映像アーカイブの全体像を可視化する（図2.24）。すなわち，横軸を時間軸として1本の映像を1本の線状に表わし，各ショットの特徴量を色によって表現する。検索結果も線上にハイライト表示するようにすれば，特定の特徴量の時間的分布や映像ジャンルによる偏りを直感的に把握することができる。カーソルを線上にもってくると，ショットにつけられた特徴量や付加情報，前後のフレーム画像を表示する。さらにクリックすれば，映像を頭出し再生する。このようにマクロとミクロの視点がシームレスにつながるように

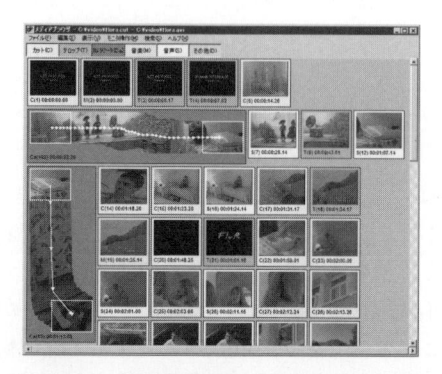

図2.23　SceneCabinetによるショット一覧

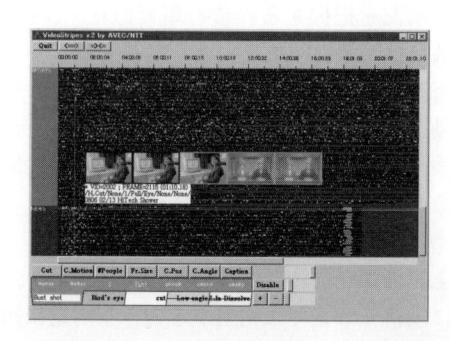

図2.24　VideoStripesによる映像アーカイブの可視化

工夫されている。

③ダイレクトマニピュレーション

映像のトリックプレイにスローモーションやコマ送りがあり，被写体の動きを観察するのに便利である。しかしながら，見たいところを指定したり，くり返し見たりするには，ツマミやボタンを何度も操作する必要があり，わずらわしい。

CyberCoaster[126]は，映像の中に，時間と空間を対応づける折れ線型のスライダを埋め込むことによって，あたかも被写体をつかんで動かしているかのように直感的に映像を再生できる（図2.25）。特徴は以下のとおりである。

・映像を直観的に操作できる　被写体を直接つかんで動かす感覚で再生できるので，途中で止めたり，くり返し観察したりしやすい。

・操作性が objective である　被写体を身近に感じる効果がある。操作が簡単で，使い慣れが早い。

・編集が容易　被写体の動きをなぞるように線を描きこむだけで簡単に編集ができる。

④ダイジェスト再生

最近，HDD レコーダなどに，映像のハイライトシーンを自動的に検出して時短再生できるものが発売されている。これも構造化による映像インタフェースの例のひとつである。

ブロードバンドネットワークの普及によりインターネット上で配信される映像が飛躍的に増えてきたが，それを対象にしたダイジェスト配信の試みがなされている。

チョコパラTV[127]は，ネット上の映像を収集し，15秒程度のダイジェスト版を自動作成する。そして，ダイジェストに関するメタデータを盛り込んだ CH-RSS[128]を再配信する。視聴者は，映像RSSリーダである「チョコパラTVブラウザ」を使うと，ダイジェスト版を順次再生してみることができる。

これにより，ネット上の最新映像の見どころを簡単にチェックし，興味をもったオリジナルのサイトを参照することができる（図2.26）。画像の一覧にサムネイル画像が役立つように，映像の一覧や概要把握には，ハイライトシーンの再生が有効であることが確かめられている。

⑤コミュニティの利用

ネット上に映像が共有されるようになり，単なる視聴メディアとしての働きだけでなく，メディアを媒介にした人と人とのつながりを醸成

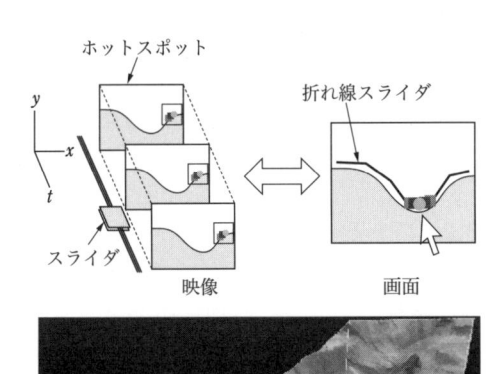

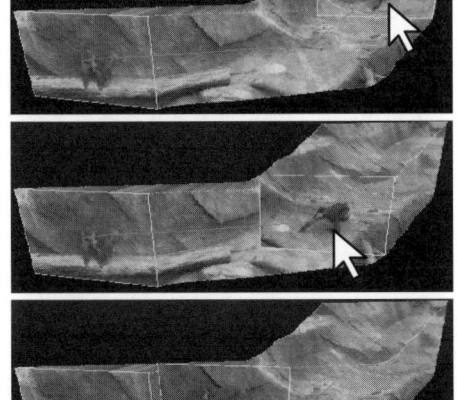

図2.25　折れ線スライダを用いたインタラクティブ映像再生

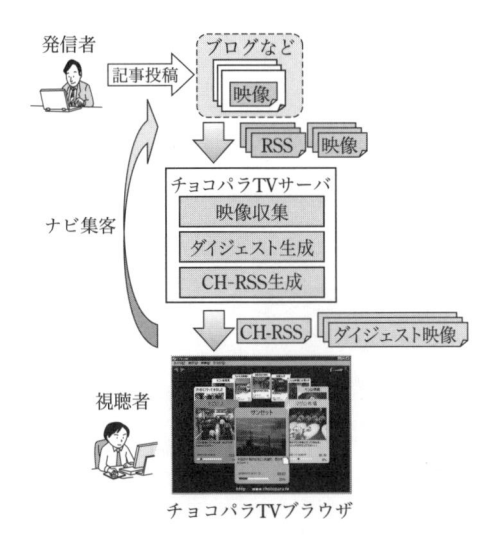

図2.26　映像ダイジェスト配信（チョコパラTV）

するコミュニティメディアとしての働きが注目されるようになってきた。そこで，人間やコミュニティを介在させた映像インタフェースを考えることができる。

SceneNavi[129]は，映像ブラウザと掲示板を組み合わせた試みであり，映像のシーンに対してコメントを投稿したり，映像の再生に同期してコメントを表示したり，コメントを検索して映像を頭出し再生したりすることができる。ある映像にコメントを付けた人が，ほかにどんな映像にコメントを付けたのかをたどって解析すると，人間の興味に従った映像の分類やナビゲーションが可能になる。

SceneVie[130]では，ブラウザ上で映像を再生しながら，好きなシーンにコメントを投稿することができ，さらにコメントやサムネイル画像を配置したブログの記事に変換することができる。

チョコパラSSS[131]は，さらにアーキテクチャをオープンにし，映像のシーンに対して外部のブログなどと相互リンクを張ったり，コメントやトラックバック状況をRSSとして配信する仕組みをもつ（図2.27）。これにより，映像のシーンと，ニュースやブログがたがいに結びついた有機的なコミュニティ空間が構成される。そこでは，テキストや画像と同様に，映像メディアが人間の知識をつなぐ働きをし，メディアをシームレスに連携した検索やナビゲーションが可能になる。

(4) おわりに

数年前までは，映像メディアは放送局が発信し，一般人がテレビで見る，という枠組が強固であった。しかしながら，この1年ほどで，ブロードバンドネットワークや，携帯電話をはじめとする手軽なビデオ端末，プラットフォームに依存しないFlashのビデオ対応のおかげで，その枠組が崩れようとしている。さまざまな人やコミュニティからさまざまな映像が発信され，さまざまな場で，さまざまな端末で視聴され，さらにそれが契機となって，次の映像が発信される。従来の受け身の視聴から脱却し，双方向のパスを獲得した映像メディアは，人間の視聴覚に直結したわかりやすさと自由度の高い表現力を存分に発揮し，今後，人間の知の流通のうえで，「血液」のような役割を果たすであろう。

映像インタフェースの研究では，人間と映像の界面を円滑にすることが終始一貫したテーマであり，そのためには，人間の知の仕組みと映像の構造をマッチングさせる必要がある。上記で紹介した技法は，1本の映像の扱いから，映像のアーカイブの扱い，そして，映像の流通の扱いへと発展して研究開発されてきたものである。今後，映像の発信と視聴のスタイルが変わっていくのに合わせて，つねに最適な映像インタフェースを検討していく必要がある。

2.2.2　バーチャルリアリティのインタフェース

(1) 概要

バーチャルリアリティ（virtual reality；VR）で利用されるインタフェースは，この分野が誕生した当初は視聴覚の提示を対象としたものが主であったが，近年は視聴覚以外の感覚も利用する五感提示へ対象が拡大されつつある。視覚提示（画像表示）および聴覚提示のインタフェースは他の章に詳説されているので，本項では視聴覚インタフェースに関しては主としてVRに特有の事情について説明するとともに，視聴覚以外のインタフェースについても記述する。

(2) 空間提示と実時間性

VRにおける感覚提示インタフェースの役割は，各感覚器への刺激を通して，ユーザーの目前に3次元空間を出現させることにある。ユーザーが動くと各感覚器の空間位置も動くので，バーチャルな空間を知覚させるためには各感覚

図2.27　チョコパラSSS

器の空間位置を実時間で計測し,感覚刺激のための信号生成に反映させることが必要である。たとえば視覚の場合,ユーザーの左右の視点位置を計測し,コンピュータグラフィクス(CG)画像の視点位置に反映させる。この操作を時々刻々実時間で行なうことにより,ユーザーは目の前にバーチャルな空間が広がっていると感じることができる。

(3) 人間の運動・状態計測

各感覚器や,VR 世界に対する作用点としての手先など,身体各部の空間的な位置を計測するため,さまざまな方式の計測装置が開発され,利用されている[132]。

人間の位置・姿勢や運動に関する計測としては,頭部や手先などの計測対象の位置・姿勢計測,その動き(速度・角速度,加速度)計測,接触作業における力・トルク計測などが行なわれている。

位置・姿勢計測手法としては,機械式,磁気式,光学式,超音波式などが利用されている。機械式(mechanical tracker)は,ロボティクスを背景とするテレオペレーション(teleoperation),テレプレゼンス(telepresence),テレイグジスタンス(telexistence)などの分野で古くから使用されており,確実性・高速性を要求する用途に利用される。欠点としては,機械リンクを装着することによる拘束感,可動範囲の制限などがあげられる。

磁気式(electro-magnetic tracker)は,固定コイルで発生した磁場を測定対象につけたコイルで検出する方式であり,磁場源用,検出用ともに3軸方向に巻かれたコイルが使用される。磁気センサの最大のメリットは,人体が磁気的にはほぼ「透明」であるため,測定点が裏側に回っても計測に支障が生じないことである。VR が技術分野として定着するにあたって,米国 Polhemus 社が磁気式3次元位置・姿勢センサを市販したことの功績は大きい。Polhemus 社の製品群は,地磁気の影響を避けるため交流磁場を発生・検出する AC 方式であるが,周囲に金属構造物が存在すると,金属内に渦電流が発生し,誤差を生じる。その後,Ascension 社がパルス状磁場を使用し,周囲の金属の影響を受けにくいといわれる DC 方式の製品群を開発・市販し,磁気式位置・姿勢センサの2大方式として定着している[133]。

光学式(optical tracker)は,測定対象に取り付けたマーカーを環境側の撮像素子で検出する方式(outside looking inside)と測定対象側に取り付けた撮像素子が環境側に設置したマーカーを検出する方式(inside looking outside)が存在する。多くの方式は outside looking inside 型である。マーカーの分類としては,マーカー自身が発光するアクティブ方式と,マーカー自体は発光せず外部光源に対する反射材として作用するパッシブ方式の2つに大別される。マーカーを光点ではなくパターンにしておき,マーカーの識別を同時に行なう方式も存在する。撮像素子としては,現在一般的に使用されているビデオカメラ(2次元 CCD, charge coupled device など)のほかに,光点の重心を検出するアナログ素子の PSD(position sensitive device),1次元 CCD なども使用される。

超音波式(ultrasonic tracker)は,超音波送信機(トランスミッター)から発信した超音波信号を複数の受信機(レシーバ)で検出し,到達時間と複数レシーバ間の時間差から距離と姿勢を算出する方式である。超音波送受信機は普及が進んでいるため一般に安価であり,手軽なトラッキングシステムとして利用される。

身体各部の速度,加速度の計測には,外部環境に参照点をもたないセンサが使用される。角速度の検出はレートジャイロ,加速度の検出は微細加工技術を応用した加速度センサなどが使用されている。これらは,たとえば頭部トラッキングにおいて位置・姿勢センサの応答特性を補強する目的にも使用される。

近年は,運動として検出できる情報のみならず,運動を発生する人間の生体活動や,自律神経系に関連する生体信号の計測も利用されるようになっている。たとえば,表面筋電位の計測,心拍や呼吸,皮膚伝導度などの計測による人間の内部状態推定が行なわれている。

(4) 視覚提示インタフェース

1人のユーザーに対して,ある瞬間に必要とされるのは左右の2視点である。多視点方式の立体映像ディスプレイは,多人数で鑑賞する場合や,1人の場合でもユーザーの視点位置をト

ラッキングしなくて済む点では有益であるが，VR の特徴のひとつである実時間相互作用を考慮すると，提示したい VR 世界も実時間で更新される場合が多い。このため，現在の VR では1つのシーンを多視点表示するよりも，ユーザーごとに2視点画像を用意し，それを実時間で更新するスタイルが好まれる傾向がある。

VR で使用される代表的な視覚提示装置は，頭部搭載型ディスプレイ（head mounted display；HMD）と，大型スクリーンとプロジェクタを利用した没入型投影ディスプレイ（immersive projection technology；IPT）である。

HMD は，1968 年に Sutherland によって開発された[134]。当時のコンピュータは能力が高くなかったが，頭部運動を計測して実時間で CG 画像を生成・提示するという基本的な考え方が提案・実装されており，現在の VR 型視覚提示の源流といえる。その後，NASA などで HMD の開発が進められ，1989 年に VPL 社が発売したシステム RB2 の登場とともに，商用利用されるようになった。

HMD の基本構造は，左右用の2枚の画像表示面を目のすぐ近くに配置しておき，光学系を利用してそれらのパネルを前方 1～2 m 程度の距離に結像させるものである。当初の HMD はディスプレイパネルの解像度が十分でなく，強度の近視に相当する粗い画像しか提示できなかった。その後，さまざまな研究機関や企業において改良が行なわれ，液晶パネルの進歩に伴う高解像度化や，光学系設計技術の進歩により自由曲面プリズムなどを利用したコンパクト化が進んだ。各社からさまざまなモデルが開発・販売されるようになり，国内においてもソニー，オリンパスなどが開発・製品化し，数万円程度の価格でコンシューマ向けモデルが市販された。

HMD には，実世界の風景を映像で完全に代替する方式（没入型 HMD）だけでなく，目の前の映像と提示映像を重ね合わせるシースルー型 HMD（see-through HMD）も存在する。光学的に現実世界と提示映像を重ね合わせる光学式シースルー HMD（optical see-through HMD）と，現実世界をいったんビデオカメラで撮影しコンピュータ上で合成して没入型 HMD に表示するビデオ-シースルー型（video see-through HMD）が存在する。これらシースルー HMD は，主として拡張現実感（augmented reality），複合現実感（mixed reality）の分野で使用される。

HMD は単体としては優れた製品が登場したにもかかわらず，十分普及するにはいたらないまま生産終了となった例も多い。その背景には，HMD の使い方にかかわる重要な問題が潜んでいる。HMD は本来，頭部運動計測と併せてシステムを構成し，バーチャル世界へ開いたのぞき窓として機能させるものであるが，画像表示デバイス単体としての HMD は，パーソナルディスプレイとしての機能しかもたない。HMD 単体で使用した場合，頭の前にテレビがぶらさがっているという，普通の人間にとっては奇異な映像観察環境であると解釈される。この状況で装着者が頭部を動かすと，映像世界が頭部について回るため，多くのユーザーは少なからず違和感を覚える。そこで，頭部の位置・姿勢計測を行ない提示映像へ反映させることになるが，頭部位置・姿勢計測，データ通信，CG 画像生成などには有限の時間が必要であるから，システム全体で遅延が生じる。すると，HMD に提示される世界が頭部運動に遅れてついてくる「世界揺れ」の現象が生じやすい。また，複合現実感型提示を行なう場合，現実世界の物体と CG で提示される物体とのあいだのずれはとくに目立ちやすい。世界揺れの問題解消は HMD が本来の機能を発揮するためにきわめて重要である[135]。

VR における視覚提示装置は，分野の発足当初 HMD が代表的であったが，1990 年代に入り，大型スクリーンを利用し，人間の周囲を映像で囲む方式のディスプレイシステムが提案され，利用されるようになった。最初のものは，1992 年にイリノイ大で開発された，CAVE（cave automatic virtual environment）[136] と名づけられたシステムである。

一辺 2.5 m の正方形型スクリーンを立方体状に配置し，その中にユーザーが入って映像を観察する。CAVE では前面，右面，左面，床面にスクリーンを張り，前と左右はリアプロジェクション，床面は天井近くに設置したプロジェク

タからのフロントプロジェクションとしており，液晶シャッターメガネを使って映像の立体視を行なう。ユーザーの頭部位置は磁気センサを使ってトラッキングされる。CAVEは大画面スクリーンを用いるため，複数人での映像観察も可能であるが，視点のトラッキングを行ない正しい立体映像の観察が行なえるのは1人であるため，本質的には1人用のディスプレイシステムである。

CAVE型のシステムは，のちにIPT（immersive projection technology）という一般名称がつけられた。CAVE型4面システムは世界各地で建設され，さらに各地で独自の改良が加えられた。日本では東京大学に5面のCABIN[137]，岐阜県各務原のテクノセンターに6面のCOSMOS[138]が建設されている。

IPTの利点はHMDの使いにくさを補うものであり，おもなメリットは視野角の広さと，提示する画像の安定性である。ユーザーの周囲を映像で囲むことによる視野角の広さは明白であり，とくに視点移動を行なったとき，周辺視へのオプティカルフロー提示の効果は大きい。

トラッキングやグラフィクス画像生成で遅延が存在する場合，IPTでは提示される世界が歪むことはあっても，HMDと異なり揺れることはない。このため，いわゆるVR酔いが発生しにくく，ハイエンドなVR型視覚提示装置として位置づけられている。IPT型の問題は，占有空間の大きさとコストである。

IPTのバリエーションとして，曲面型スクリーンを用いたシステムも開発されている。たとえば，松下電工が開発したCyberDome[139]などがあげられる。CAVE型の立方体スクリーンではスクリーンの継ぎ目が見えるため，ユーザーは主観的にガラス箱の中に入って世界を観察しているように感じる。その点，曲面型スクリーンでは視覚的な遮蔽物が存在しないため，提示される映像世界との一体感を演出することができる。曲面スクリーンに複数台のプロジェクタを用いて映像を投影するため，投影画像の歪み補正や，映像の重なりによる輝度のアンバランスを除去するためのエッジブレンディングなどの技術が利用される。

(5) 聴覚提示インタフェース

VR型聴覚提示では，聴覚を通して空間を再現することに注力される。3次元音響とよばれる分野であり，ここでは詳細に触れないが，ヘッドホン再生によるバイノーラル（binaural），据え置き型スピーカ再生によるトランスオーラル（transaural）方式に大別される。

音源を空間的に知覚するには，頭部伝達関数（head-realted transfer function；HRTF）が重要な役割をもつ。HRTFはユーザーの頭部に対する音源の方向によって異なり，ユーザーが自由に動くことを許すには，ユーザーの頭部姿勢に応じてHRTFをリアルタイムで更新し，音源に対してフィルタリング（たたみ込み積分）を行なう必要がある。この機能を専用ハードウェアで実現したCrystal River Engineering社のConvolvotronが有名であるが，近年は一般的なPCのCPU性能向上により，特別なハードウェアがなくても同様の処理が可能になってきている。

(6) 力・触覚提示インタフェース

VRが1つの分野として形成されたころから，力・触覚提示の研究が盛んに行なわれている。一般の日本語では一口に触覚といわれることが多いが，物体の形状や物体に当たったときの反力は深部感覚，物体表面の細かな凹凸は皮膚感覚により検出され，それぞれ別々の感覚として分類される。しかしながら，しばしば両者を総合してハプティクス（haptics）といわれる。ハプティックインタフェースは力学的な相互作用を伴うため，機械技術・ロボティクスと密接な関連がある。

形状や力を提示する方式は，装着型，把持型，遭遇型に大別される[140]。装着型は，人間がロボットアームを装着し，ロボットアームに備わったモーターにより発生する力を通して物体に接触した感覚を得るものである。この型は，おもに遠隔操作（テレロボティクス，telerobotics），テレイグジスタンス[141]などの分野で発達した。主として外骨格型（exoskeleton）アームが使用される。装着型は，人間の腕の冗長自由度を含めた運動計測とそれに基づいた力・形状提示が可能であるが，安全性に関しては考慮が必要である。

把持型は，ユーザーが必要なときだけデバイスを把持して操作する型であり，使用しないときは放せばよいので一般に安全性の確保は容易である。このため，VR用ハプティックデバイスとしては，この型から普及が始まっている。1990年代初頭に筑波大学で開発されたデスクトップ型システム[142]はパラレルリンク機構を使用し，コンパクトながら比較的大きな力を発生する。1994年にMITで開発されたPHANToM[143]は，デスクトップサイズのマニピュレータであり，商品化されて普及が進んでいる。東京工業大学で研究開発が進められてきたSPIDAR[144]は，把持物体を4方向から糸で引っ張ることで力を発生させる方式であり，継続的な開発を経てこちらも商品化が進められている。

遭遇型は1990年代半ばに考案され，人間の動作を読み取って触ろうとする物体や環境が待ちかまえるよう，ロボットシステムを制御する方式である。手が物体に接触していないときの負荷の軽さと接触物体の堅さ表現を両立できるところに特徴がある。物体を接平面近似により模擬するシステム[145]，1点接触により凹凸エッジを含めた物体形状を提示するシステム[146]などから研究開発が始まり，近年は多指接触に対応するシステムが開発されている[147,148]。

さらに，携帯型力提示デバイスへの応用を想定し，非接地型力提示装置の研究開発も進められている。非接地型は，原則として把持した装置による内力のみが提示可能であり，ジャイロ効果を利用した瞬発的なトルクの提示[149]や，回転体の運動エネルギーの放出による衝撃力の提示[150]などが行なわれるようになった。さらに近年，人間の感覚の非線形性を利用して，特定の方向に連続的な力を感じさせる方式が複数提案されている[151,152]。

指先などへの皮膚感覚（tactile sensation, cutaneous sensation）提示は，大別してアクチュエータにより皮膚下の機械受容器を刺激する方式と，機械受容器が接続されている神経繊維を刺激する方法が存在する。機械刺激方式の代表例は小型のピンマトリックスにより皮膚表面に機械的変形もしくは振動を与える型であり，比較的古くから研究事例が存在する一方で，継続的な研究開発が進められている[153]。

近年は，機械受容器の役割に関する解析が進み，指表面に縦方向の変位を与えるだけでなく，横方向（剪断方向）の変位を与える方式の研究開発が多く見られるようになった。たとえば，なぞり動作に着目して，摩擦感を提示したり[154]，薄型の静電アクチュエータを利用したシステムの研究開発[155]も行なわれている。また，ピンの押しつけではなく空気の吸引による負圧を利用する方式[156]，超音波の音響放射圧を利用する方式[157]など，さまざまな方式が開発されている。

一方，機械受容器に接続する神経への刺激により触覚を提示する研究も進められている。大別して微小電極を挿入して神経繊維を直接刺激する方式と，経皮電気刺激による方式が存在する。直接刺激方式[158]はねらった神経繊維に直接刺激を加えるため確実な触感覚の生成が期待できるが，針を刺すため一般の人間が行なうことは困難である。経皮電気刺激方式も長い歴史をもつが，近年皮膚下における神経の走り方（方向）と深さに着目し，電極の極性と刺激範囲の制御により種類の異なる機械受容器を独立に刺激する方式[159]が提案・実装され，新たな展開が生まれている。

(7) 平衡感覚・移動感提示

移動感の提示には，乗り物に乗って移動する状況を再現する方式と，自分の体で歩行動作を行なうことにより移動感を創出する方法に大別される。前者は，主として前庭器官への刺激によるものであり，人間を乗せて揺動するモーションプラットフォームが利用される。体感シアターやドライビングシミュレータなどにおいて実績のある方式である。さらに近年，両耳の後ろ側に装着した電極間に微弱電流を流すことにより平衡感覚を制御する，GVS（galvanic vestibular stimulation）方式も研究開発が進められている[160]。

一方，人間が実際の歩行動作を行なうことにより移動感を創出する方式は，歩行動作に伴う移動をいかにしてキャンセルするかが技術的なポイントとなる。移動キャンセル装置には，さまざまな種類が存在する。最も自由度が高い（ただし複雑な）方式は，人間が左右の足で接

地する地面を，ロボット制御された足乗せ台を用いて局所的に再現する方式[161]である。自由度が高い反面，通常の人間の歩行速度に追従するには機構設計と制御の面で高度な技術が必要である。

地面の再現を左右の足独立ではなく足下の地面全体を動かして行なうのが，トレッドミル型である。1方向に動くトレッドミルはフィットネスクラブなどに設置されているものと同様であるが，2次元方向の自由な移動を実現するための研究も行なわれている。縦方向に動くベルト部品を横方向に動くコロで構成する方式[162]，細長いトレッドミルを横に複数台並べてトーラス状に構成する方式[163]などが存在する。床面をタイル状のパッチで構成し，1つ1つのパッチがユーザーの動作に応じて自律的に動くことにより，無限歩行空間を生成する方式[164]も提案された。

地面を動かすのではなく，靴に細工をして物理的な移動をキャンセルする方式も存在する。ローラースケートと類似の構造を用い，靴底のローラーをモーターで駆動する方式の歩行インタフェースが開発されている[165]。

その他，体幹をハーネスで固定しておき，その場での足踏み動作により疑似歩行動作を行なう型のシステム[166]も開発されている。

(8) 嗅覚提示

嗅覚提示は視聴覚や力・触覚提示の分野と比べて遅れていたが，近年研究開発が活発になりつつある。嗅覚提示が比較的遅れていたのは，視聴覚や力・触覚が物理刺激によることに対して，嗅覚および味覚は化学刺激であること，および視覚でいうところの3原色に相当する仕組みが明らかになっていないためであると考えられる。これらの点はまだ完全に解明されてはいないが，現在実用上の観点から研究開発が進められている。

嗅覚提示に必要な技術は香気の発生・調合とその時空間的制御である。前者の技術分野では，香り発生器（拡散器，ディフューザ）をコンピュータにより制御する技術の研究開発が行なわれてきた[167]。近年，液状の香料が入った容器を通過する空気量を正確に制御することで要素臭のブレンドを行なうシステム[168]が開発され，香りのコンピュータによる制御を身近な存在にしつつある。

香りの時空間的な制御に関する技術分野では，ユーザーの位置を計測してリアルタイムに香り発生を制御し，鼻先までチューブで運ぶ装着型のシステム[169]が開発され，VR的な視点に基づく嗅覚提示が行なわれるようになった。その発展形として，香料微粒子を生成と同時に鼻腔へ送り込む直噴型方式も開発が進められている。また，装着の煩雑さを避けるため，自由空間を通して空気塊に閉じこめて香りを局所的に運び，鼻先まで届ける方式[170]も提案されている。

嗅覚提示技術はほとんどが研究室段階であるが，コンピュータ制御型アロマブレンダは市販が開始されており，ユーザーインタフェースの一角として定着する日はそれほど遠くないと予想される。

(9) 味覚提示

味覚自体には5基本味とよばれる仕組みが明らかになっており，これを利用すれば味覚ディスプレイは実現できると考えられている。その一方，味覚は「食べる」行為に直接結びついており，食べる際には味覚と同時に嗅覚，力覚（噛みごたえ），触覚（舌触り），視覚（食物の見栄え）などが複雑に関連してくるため，味覚単体の提示技術の有用性は明らかではない。口に含む物質の安全性などの問題もあり，ハプティクスに主眼を置いた食感呈示装置[171]が開発された以外は，これまでのところVRの分野に関してはめだった研究開発の動きが確認されていない。

(10) まとめ

バーチャルリアリティに関連する感覚提示インタフェースについて，主として感覚の種類に関して分類しつつ現在までの研究開発状況を紹介した。視聴覚提示の分野で技術の成熟が進み，徐々にバーチャルリアリティ型感覚提示が身近なものになるとともに，五感の活用へ向けた各種感覚提示インタフェースの技術蓄積が今後もしばらく続きそうである。

2.3 コミュニティインタフェース

2.3.1 グループウェア

(1) グループウェアとCSCW

グループウェア（groupware）とは，「グループ」と「ソフトウェア」を組み合わせた造語で，1978年にPeter and Trudy Johnson-Lenzによって創り出された[172]。もともとは単純に協同作業を支援するためのソフトウェアを意味した。しかし最近ではその意味を少し広義に解釈して，協同作業を支援するシステムであれば，ソフトウェアがシステムの主要な要素ではなくてもグループウェアとよぶことも少なくない。

グループウェアに関係の深い用語に，CSCW（computer supported cooperative work）がある。これは，コンピュータを利用した協同作業支援という概念，あるいはそうしたシステムを実現しようとする研究分野を意味する。この研究分野は，グループウェア開発における技術的な側面の研究と，人々の協調やコミュニケーションの本質を理解するための研究の2つの側面をもつ点が特徴である。

このため，CSCWという分野の下に，工学，認知科学，心理学，社会学，経営学などの研究者が集まって議論をしあったり，実際に共同研究を行なったりしているのである。しかし，集団としての人間を理解することは容易ではなく，したがってCSCW研究は，①協同作業の観察，②分析，③システムの開発・改良，をくり返すことによって，徐々に人間の理解とシステムの改善を進めていくべきであるといわれている[173]。

(2) グループウェアの分類

グループウェアは集団の構成や，時間・空間的な特性によって分類されることが多い。たとえば集団の構成による分類は，①小規模なチーム，②組織，③コミュニティなどに分類できる。

小規模なチームというのは，ある部署のプロジェクトチームなど，十数人程度の集団である。このようなチームでは，廊下で偶然すれちがったときに始まる会話のような，日常的でカジュアルなコミュニケーションが相互の協調に

表2.1 時間・空間的特性によるグループウェアの分類

空間	時間	
	同期	非同期
対面	電子会議室 GDSS SDG	遠隔・非同期型の流用
分散	遠隔会議 メディアスペース ネットワークリアリティ	電子メール制御 ワークフロー管理システム コミュニティ支援

重要な役割を果たしていることが指摘されており，これを支援するグループウェアの研究が多い。

組織というのは会社全体のような多人数の集団のことであり，多くの人々が地理的に分散し，おたがいに顔見知りではないような人々のあいだの協調が必要となる。こうした組織内での作業や情報の流れを適切に制御するワークフロー管理システムが重要な研究テーマのひとつとなっている。

コミュニティとは，同じ興味をもった人々が任意に集まって形成される集団である。たとえば音楽や映画愛好家が，自分たちの趣味に関して自由に意見を交換できる電子掲示板や，友人どうしのネットワークを形成して気軽に情報交換をすることのできるシステムなど，WWWを基盤としたソフトウェアシステムが広まっている。

グループウェアの分類方法で最も一般的なのは，時間・空間的な特性による分類方法である。時間的には，実時間のインタラクションを行なう同期型と，交換する情報をいちど蓄積する非同期型に分類される。空間的には，参加者が同じ空間を共有する対面型と，地理的に離れている分散型に分類される。そして，この時間軸と空間軸を組み合わせることによって，表2.1に示すような分類を行なうことができる。以後，ここではこの分類に基づいて各種のグループウェア研究を紹介する。

(3) 対面・同期型グループウェア

これは，同じ場所で対面しながら，リアルタイムに行なわれる協同作業を支援するグループウェアである。ここに分類されるシステムに

は，電子会議室，集団意志決定支援システム，シングルディスプレイグループウェアなどがある。

電子会議室は，対面会議をコンピュータで支援するシステムであり，Xerox PARC（パロアルトリサーチセンター）が試作したColabが有名である。Colabは2～6人による会議を支援するためのシステムで，参加者用のすべてのコンピュータがネットワーク接続されていた[174]。

この研究で提案された重要な概念に，WYSIWIS（what you see is what I see，ウィジーウィズと読む）がある。すべての参加者のコンピュータ画面が同期して描画される機能のことである。このようにしてリアルタイムに視覚情報を共有することは協同作業を支援するために重要である。しかし，厳密なWYSIWISは個々の自由な作業を阻害することになるため，それを適度に緩和する手法がいくつか提案された[174]。

集団意志決定支援システム（group decision support system；GDSS）は，文字どおり集団による意志決定を支援するためのシステムである。やはり，各参加者にはネットワーク接続されたコンピュータが与えられ，ディスカッションや投票を支援するグループウェアが備えられている。

シングルディスプレイグループウェア（single display groupware；SDG）は，1台のテーブル型のディスプレイやホワイトボード型ディスプレイを複数のユーザーが協同で使いながら作業を進められるようにするシステムであり，比較的新しい研究テーマである。たとえば，DiamondTouchはテーブル型のタッチパネル式ディスプレイである[175]。複数のユーザによる同時接触を個別に検出することが可能で，この特徴を利用したさまざまなグループウェアが提案されている。

(4) 遠隔・非同期型グループウェア

メンバーが異なる場所にいて，電子メールやデータベースなどの蓄積型メディアを利用して，非同期的に協同作業をするためのグループウェアがこれに属する。かつては電子メールを利用したシステムが多かった。たとえば，ウィノグラード（Winograd）のThe Coordinatorのように，メールの内容をコミュニケーションモデルに従わせることによって，電子メールによる協同作業を見通しよくしようとする研究が有名である[176]。

その後，活発に研究された分野に，ワークフロー管理システム（workflow management system）がある。これは，稟議書や物品発注にかかる書類など，決められた書類や情報が，決められた人や部署を流れるような定型業務をコンピュータ上でルール化し，これに従って業務が進行するように支援をするグループウェアである。

こうした研究では，協同作業における情報や作業の流れを分析し，コンピュータが扱えるようにモデル化することが必要である。ただし，頻繁に発生する例外事象にどのように対応するかという，柔軟性の実現が重要な課題となっている。

WWW技術の普及に伴って最近研究が盛んなのは，コミュニティ支援のためのグループウェアである。物品の購買や絵画・音楽などに関して共通の興味をもつ不特定多数の人々が情報を交換することのできるシステムが普及している。

これらのグループウェアでは，他のユーザーの嗜好に関する情報に基づいて，あるユーザーが興味をもちそうな情報を推定して提示してくれる機能の研究が盛んである。また，WWWを利用して，交友関係をもった人々のネットワークを構築し，カジュアルに情報交換をすることのできるソーシャルネットワーキングサービス（social networking service；SNS）が急速に普及し，社会現象ともなっている。

(5) 対面・非同期型グループウェア

同じ場所にいる人々が，非同期的に協同作業をする場合のグループウェアである。従来，この分類に属するグループウェアはあまり多くはないといわれていたが，WWWが普及するにつれて，遠隔・非同期型のグループウェアが対面環境にあるグループにおいても利用されるようになっている。たとえばwikiを，プロジェクトチームのための知識共有データベースとして利用したり，スケジュール管理システムを利用してチーム内のスケジュール調整をしたりす

る場合がこれに相当する。

(6) 遠隔・同期型グループウェア

遠隔地に分散した人々がリアルタイムに協同して作業をする場合のグループウェアである。

Xerox PARC によるメディアスペース（media spaces）プロジェクトでは，遠隔地に分散した協同作業のメンバーどうしを，24 時間つねに音声・画像回線で接続させることによって，ふだんの雑談から正規の打ち合わせにいたるまで，シームレスに支援することを目的とした[177]。

このプロジェクトの特徴のひとつは，カジュアルなインタラクションを重視した点である。雑談は，じつはアイデア形成や他のメンバーの状況を把握するための重要な機会となっているというのである。このプロジェクトを通じて，以下に紹介するいくつかの重要な概念が議論されることとなった。

協同作業における「アウェアネス」（awareness）とは，他のメンバーに関する存在や作業内容に気がつくことであり，アウェアネスがカジュアルなインタラクションにつながるため，人々の協調において重要な役割を果たしているといわれている。同じオフィスで仕事をしていれば，近くを通ったときに何気なく得られるこうした情報も，遠隔に分散した環境ではほとんど得られなくなってしまうため，メディアスペースにおけるアウェアネス情報の支援は，重要な研究テーマとなっている。

アウェアネス支援のためには分散環境を常時接続することが効果的であるが，同時にプライバシー保護の問題が発生する。とくに動画像で接続する場合にはこの問題は大きい。そこで，ドーリッシュ（Dourish）の portholes のように定期的に撮影された静止画像のみを送り合うシステム[178]や，現在広く普及しているインスタントメッセンジャー（instant messenger）のような，コンピュータのアクセス状況をアイコンで表示する方法などが提案されてきた。

動画像を利用したメディアスペース研究では，身体的コミュニケーションにおける問題が議論されている。なかでも視線と手振りに関する研究はとくに多い。視線は 3 者以上の会話においては，誰が誰に話をしているのかということや，話者交代のための重要な情報となっている。さらに，単に人と人のあいだのアイコンタクトだけではなく，共有する対象に対する視線が判別できることが重要であることが指摘されている。

一方，手振りはそれ単独ではなく，共有する対象といっしょに，リアルタイムに観察されることが重要であることが明らかにされ[179]，WYSIWIS 機能をもった共有描画システムに手振りの実画像を重畳したり，マウスによるジェスチャ機能を付加したシステムが多く研究された。

なかでも，Ishii らの ClearBoard は，共有描画に視線と手振りを重畳させて表示できるシステムとして有名である[180]。この研究において彼らは，対話者や共有する描画画面に対する視線に気がつくことを「ゲイズアウェアネス」（gaze awareness）とよび，その重要性を主張した。

メディアスペースプロジェクトが実世界での協同作業を対象としていたのに対し，バーチャルリアリティ（VR）の分野では，バーチャル空間における協同作業やコミュニケーションを支援しようとする，ネットワークトリアリティ（networked reality）とよばれる研究が進められている。

1987 年にルーカスフィルムが開発したハビタット（Habitat）は，バーチャルな町に遠隔地からログインしている多数のユーザーのアバターが表示され，アバターどうしで会話を楽しむことのできるシステムである。その後，マルチユーザー型の VR はゲームの分野で大きく発展している。より実用的なシステムとしては，バーチャル空間で 3 次元設計を協同で行なうことができるシステム[181]などが研究されている。

(7) グループウェアの評価

グループウェアは一般にその評価が難しい。これは，システムが，ある程度の人数に受け入れられればよいのではなく，協同作業を行なうメンバーの大多数に受け入れられなければならないことに起因する。また，協同作業の効率というよりも，得られる成果物の質的向上が重要である場合が多いため，単にパフォーマンスやコストなどの数値評価によって，システムの有

効性を適切に示せないことも多い。

このような問題に対して現在注目されているのが，エスノメソドロジー（Ethnomethodology）による作業分析である。これは，人々の相互行為がどのような発話や身体的行為によって継起的に構成されていくのかということを，非常に詳細な分析によって明らかにしようとする手法である[182]。

もともと，これは何かの善し悪しを評価しようとするものではなく，人々の使う方法論を明らかにすることを目的としている。したがって，グループウェアの利用のされ方を分析する場合においても，必ずしもそのシステムの効果を評価することにならない場合も多い。しかし，人々の協調行動の本質を理解することは，システム開発・改善の示唆を得るうえで重要であることから，エスノメソドロジー研究者と工学研究者の学際的なチームによる研究が注目されている。

(8) 今後の展望

有線・無線通信回線の高速化と，機器の小型・高性能化は，旧来のグループウェア研究を大きく変えつつある。ソフトウェアの基盤としては，WWW，インスタントメッセンジャーを利用した研究が，そして，音声・画像通信，ハードウェア基盤としては携帯電話，PDA，ウェアラブルコンピュータを利用したグループウェア研究が増えつつある。

こうした情報基盤を利用すると，ユーザーは自由に移動しながらコミュニケーションを行なうことができるため，対面と遠隔の両方を支援することができる可能性をもっている。また，通信環境の整備によって，いつでもどこでも，同期的な通信から非同期的な通信まで自由に行なうことができるようになっている。これによって，ここで示した4つの分類のどれかにのみ属するというよりも，あらゆる場面をシームレスに支援することのできるグループウェアが増加することが期待される。

2.3.2　コミュニティウェア

(1) はじめに

元来，コミュニティという言葉自体には，共通の価値観や目的，共通認識をもった人々が生活する，一定の地域や人々の集団，地域社会，共同体などの意味をもつ。

コミュニティの活動には，たとえば地域コミュニティでは，子供を事故や犯罪から守るボランティア活動や生涯学習に関するコミュニティなど，ある共通の目的や目標があり，そして価値創造のための活動が行なわれている。

このコミュニティという言葉は，近年ではインターネット上で共通の趣味や関心，価値観をもち，情報交換を行なう人々の集まりを意味することが多くなっている。音楽などの共通の趣味をもつ人々がインターネットを介して情報交換をするほかに，たとえばLinuxの開発を行なうコミュニティや，コミュニティがインターネット上で百科事典を作成するWikipediaなど，単に情報交換にとどまらず，価値の創造が行なわれているものも多い。

ここで紹介するコミュニティウェア（コミュニティ支援システムともいう）とは，インターネット上でのコミュニティ，いわゆるネットコミュニティの社会的な活動を支援するための方法論やメカニズムや，ネットコミュニティとその参加者である人間とのヒューマンインタフェースの総称である。また，コミュニティコンピューティング[183]，ソーシャルウェア[184]とよばれることもある[197]。

ネットコミュニティがコミュニティ活動の大きな位置を占めるようになってきた背景には，以下の要因があげられる。

①インターネット利用人口の増加と裾野の広がり

インターネットの利用者数と人口普及率は，2005年でそれぞれ8529万人と66.8％となっており，日本の全人口の半数以上がすでにインターネットを利用している[185]。また，年代別構成比を見てみると，20代〜40代がインターネット利用のボリューム層ではあるが，若年層と高齢層が着実に増加している[186]。このように，コミュニティ参加者の多くがインターネットにアクセスしていることにより，コミュニティの活動においてインターネットの利便性を享受できる環境が整ってきていることがわかる。

②個人の情報発信環境の整備

総務省「通信利用動向調査（世帯編）」によ

ると，インターネット利用者の利用用途におけるホームページ作成の割合は，2002年度7.8％，2003年度7.5％であったが，2004年度では5.3％に減少している。

一方，後述するウェブログ（ブログ）やソーシャルネットワーキングサービス（SNS）の利用割合が平成16年度から新たに追加されており，全体の5.1％を占めている。これまである程度の専門知識がなければ作成が困難であった個人のホームページによる情報発信にとって代わり，ブログやSNSの利用によって容易に個人で情報発信が可能な環境が整備されつつある。

③コミュニティ活動支援のためのツールの充実

コミュニティの活動では，コミュニティ参加者間のコミュニケーション管理や話題（トピック）の管理，メンバー管理など，コミュニティ内の情報を流通させ管理する必要がある。一般的にコミュニティが存在すると，そこにはコミュニティの管理者が存在する。

コミュニティの管理者は，コミュニティ参加者間のコミュニケーションの活性化を図ることや，適宜情報提供などを行なうことによって，コミュニティを維持することになる。ネットコミュニティでは，電子掲示板（BBS）をはじめ，さまざまなツールが提供されている。このコミュニティの支援ツールによって，コミュニティ管理者はコミュニティの維持管理が容易になり，コミュニティ参加者も簡単にコミュニケーションや情報発信を行なうことができる。

ここでは，ネットコミュニティの活動を支援するためのコミュニティ支援システムについて，機能要素や技術要素の概要を述べ，具体的な適用事例を紹介する。

(2) コミュニティとグループ

システムが支援対象としているユーザーがコミュニティであるか，それともグループウェアで支援されるような一般に共通の明確な到達目標をもつ組織化された特定少数の人々，たとえば会社組織内で形成されるグループ（チーム）であるかにより，必要となる機能も異なることになる。

表2.2に，コミュニティとグループの性質の

表2.2 コミュニティとグループの特徴

	コミュニティ	グループ
規模	数人〜数千人	数人〜数十人
活動形態	インフォーマル中心	フォーマル中心
活動タイプ	問題発見型，出会い型	問題解決型
参加の意思決定／インセンティブ	自発的，趣味，興味	強制的，義務，報酬
参加メンバー／役割	流動的	固定的

差異をまとめる。コミュニティ支援システムが対象とするユーザーは，コミュニティとしてのこれらの特徴をもつ。

(3) コミュニティウェアの機能要素

コミュニティ活動の要素としては，「コミュニティをつくる」「コミュニティに参加する」「コミュニティ内でコミュニケーションを行なう」「コミュニティを管理する」があげられる。

コミュニティの作成とは，特定のトピックに興味をもつメンバーがコミュニケーションできる空間を提供することであり，コミュニケーション機能をもつ特定のウェブページを作成するといったケースが多い。

コミュニティへの参加については，参加したいコミュニティの存在を知るための支援が必要となる。コミュニティ名やコミュニケーションの内容から単純にキーワードによって検索する方法から，エージェントを使って趣味や興味の近いメンバーを探す試みなどもある[187]。コミュニティ内で行なわれるコミュニケーションには，以下の特徴をもつ形態が存在する。

まずは同期/非同期による分類であるが，これはコミュニケーションのリアルタイム性が基準となる。コミュニティ間のゆるやかなつながりを提供するにはメールのような非同期通信を用いればよいが，リアルタイム通信が必要な場面では電話などの同期通信が用いられる。それぞれの機能がコミュニティ支援システムの要素と考えられる。

次に，コミュニティの特徴的な性質として，匿名/実名の分類がある。ネットコミュニティ独特の匿名性が高いか低いかの基準となるが，

「2ちゃんねる」（http://www.2ch.net）などのBBSでは匿名性が高く参加者個々の人間関係のつながりは薄いが，SNSのような会員制のサービスなどでは，匿名性を低めて，安心感を与えるとともに個々の参加者のつながりを強める機能も提供される。

以下に，具体的なコミュニティの活動支援を提供する機能要素をあげる。

① BBS・メーリングリスト

BBSは，1990年代のインターネット普及以前からパソコン通信で実現されていた電子掲示板機能であり，コミュニティ支援ツールとしては歴史がある。ハンドルネームを利用した匿名性の高いものと，企業・大学内などの限定されたメンバーのみが利用するものに大別できるが，インターネット上の大型BBSは，そのほとんどが匿名で投稿するものである。多くの場合，トピックを立てる機能，コメントを付け加える機能，記事を検索する機能，管理者による記事の削除機能やメンバー管理機能などを具備している。

メーリングリストもBBS同様，古くから利用されているツールであるが，BBSが情報閲覧のためにサーバへアクセスするのに対し，メーリングリストではコミュニティの活動情報がすべてメールで送信されてくるというちがいがある。これらは，コミュニティに対してリアルタイム性の低い双方向の非同期通信を提供している。

② ブログ

もともとはウェブページに記事をログとして記録されたウェブサイトのことを意味したが，現在では日記風ウェブサイトと説明されることが多く，個人用のウェブサイトを簡易に公開でき，そこに時系列で記事を投稿し公開することができるウェブサイトを指す。

大手サービスプロバイダが提供するブログシステムでは，記事の投稿機能のほかに，記事に対するコメントを付け加える機能，自分のウェブページに投稿した記事のリンクを他人が投稿した記事へ張り付けるトラックバック機能がある。ブログの普及によって，個人が簡易に情報発信することが可能となり，コミュニティへの積極的な参加を促している。

③ インスタントメッセンジャー（IM）

インターネット上で同じソフトを利用しているメンバーがオンラインかどうかを調べ，オンラインであればチャットやファイル転送などを行なうことができるシステムであるが，リアルタイム性が高いメッセージのやりとりを行なえるソフトウェアである。通信相手のオンライン/オフラインを判別する機能（プレゼンス機能）が提供され，メンバー間のゆるやかなつながりを提供している。

ボイスチャット機能，ファイルの送受信機能とともに提供されていることが多い。通信相手は特定のメンバーを指定して登録する必要があるため，匿名性は低い。

(4) コミュニティウェアの技術要素

インターネット技術の多くが現在のコミュニティ支援システムの技術として利用されているが，とりわけ注目されている技術キーワードとして，ウェブ2.0がある。ウェブ2.0とは特定の標準化仕様や技術などを表わす言葉ではなく，次世代ウェブ技術の総称といった意味合いが強い。

2005年にTim O'Reillyによってウェブ2.0的な技術やサービスの概念が解説されているが[188]，それらの重要な特徴として，ユーザーの貢献がもたらすネットワーク効果をあげている。

つまり，ユーザーがネットワークシステムに参加し，活動し，そこで生み出された価値がネットワークそのものの価値を向上させる仕組みがウェブ2.0的であるということになる。コミュニティウェアの基本要素としての「ユーザーからの情報発信」は，ウェブ2.0的な機能と位置づけられる。

ウェブ2.0には明快な定義がなく流行語の類であるという意見もあることから，ウェブ2.0の技術として具体的な特定の技術を対応させることは困難だが，コミュニティ支援ツールを構成するウェブ技術の多くはウェブ2.0的であるといえよう。

また，ウェブ2.0の別の側面として，Yahoo!やGoogleなど，検索サービスや地図サービス提供者が自社のコンテンツのAPIを無償で公開し，サードパーティによって公開APIを利

用して複数のサービスを組み合わせた新たなサービスを提供する，マッシュアップとよばれる技術がある．サービス事業者が単独では限定的なサービス拡大しか行なえなかったところを，ProgrammableWeb（http://www.programmableweb.com）では，世界中で開発されたマッシュアップサイトが掲載されており，2006年12月時点で1300件を超すサイトが登録されている．

マッシュアップされているサービスとして最も多いのが地図サービスで，全体の約45%を占めている．続いて，検索サービス，フォトサービス，ショッピングサービスのAPIを利用しているケースが多い．

次に，コミュニティ参加者間のリアルタイムコミュニケーションを提供する技術として，SIP技術，プレゼンス技術，およびメディア通信技術があげられる．IP電話やビデオチャットに用いられるリアルタイムメディア通信技術であり，インターネットを介したコミュニケーション技術の中核のひとつである．

図2.28に，ビデオチャットシステムの構成例を示す．SIPサーバとは，IETF（Internet Engineering Task Force）で定められたRFC（request for comments）で標準化されているSIPプロトコルに準拠し，呼の状態管理，接続制御を行なう装置であり，通信のセッションを管理し，端末間の音声や映像メディア通信を確立する．

また，プレゼンスサーバでは，SIP-SIMPLEプロトコルを使用し，クライアントごとのコミュニティメンバーの管理やクライアントのプレゼンス状態変化の監視，および更新情報の通知を行なっている．

さらには，クライアント間のメッセージングサービスを提供している．presentity（自分のプレゼンス情報を開示するユーザー）が，自プレゼンスをwatcher（プレゼンスの参照をするユーザー）に開示許可・拒否する機能をもち，プレゼンス参照要求に対するアクセス制御が可能となる．

直接コミュニティウェアに採用される技術ではないが，コミュニティの参加者個々の振る舞いやコミュニティ全体の参加者間のつながりなどを可視化・分析するツールや技術も検討されている[189]．

その他，携帯電話からのインターネットアクセスによりコミュニティ活動に参加するためのモバイル技術や，コミュニティのトピックとして映像・音楽・画像などを共有するメディア共有技術，個人情報保護などのためのセキュリティ技術が，コミュニティ支援システムにおける技術要素となっている．

(5) コミュニティウェアの事例

① SNS

参加するメンバーがたがいに自分の趣味，好み，友人，社会生活などのことを公開しあったりしながら，幅広いコミュニケーションを取り合うことを目的としたウェブベースのコミュニティウェアである．多くの場合，さまざまな機能要素を複合的に組み合わせたサービスとして提供されており，代表的なものとして，日本ではMixi，GREE，米国ではMySpaceがある．

総務省「ブログ・SNSの現状分析及び将来予測 平成17年5月」によると，2005年3月末時点での国内のSNS参加者が約111万人であったのに対し，2007年3月末では1000万人を超えると予想されており，近年，急速に利用者数を伸ばしている．ユーザーの8割は知り合いとのあいだのコミュニケーションツールとして利用しており，匿名性の低いコミュニティウェアと位置づけられる．

SNSには，自己プロフィールを公開する機能，「友人」とのあいだにリンクを張りアドレス帳へ登録する機能，自分のページを訪れたユーザーを表示するあしあと機能，ブログ機能，

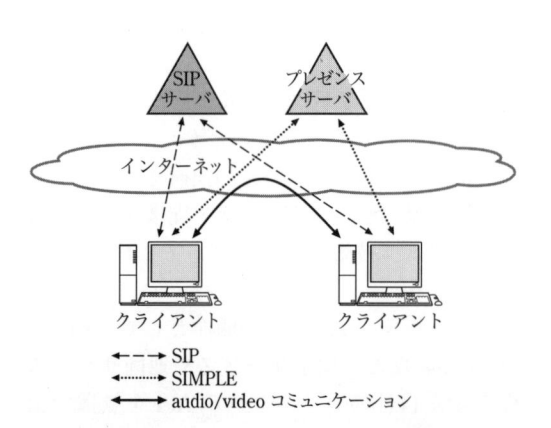

図2.28 ビデオチャットシステム構成例

画像をアップロードして公開できるアルバム機能，BBS 機能，カレンダー機能，特定の話題や興味の下にグループを作成するコミュニティ機能などが具備されており，複数の機能が統合されたシステムとなっている。

SNS の規模拡大により，個々のメンバーの振る舞いだけでなく，参加者間のコミュニケーションのつながりを大規模ネットワークととらえることができる。最近では，この人的ネットワークの振る舞いを観察することによってコミュニティに関する分析が行なわれており，社会学や心理学などの研究対象とされている[190]。

②バーチャル空間を介したコミュニティシステム

コミュニティの形成・参加のきっかけとして，ネットワーク上での人と人の「出会い」を支援する手法に，コンピュータ内に 3 次元のバーチャル空間を利用するものがある。

ユーザーの化身としてのアバターがバーチャル空間を動きまわり活動することによって，他の参加者の活動を認識でき，出会い，コミュニケーションできるものである[191]。遠隔地間では感じ取りにくい他の参加者の存在を，バーチャル空間を利用して感じさせており，コミュニティ参加者間のアウェアネスを支援するシステムである。最近では，ネットワーク機能が搭載されたゲーム機や PC 上のゲームソフトにおいて，バーチャル空間での冒険をネットワークを介して他のメンバーといっしょに楽しめるものが出現している。

一般にオンラインゲームとよばれており，バーチャル空間内ではゲームをはじめ，商品の購買や結婚式にいたるまで社会活動・経済活動が行なわれ，参加者によるコミュニティが形成されている。

③映像を介したネットコミュニケーション

ブロードバンドの普及により，インターネットによる映像配信の利用者が急速に増えている。音楽や写真などを共有することで，コミュニティ形成を支援するシステムに加え，映像をきっかけとしてコミュニティを形成し，コミュニケーション空間を提供するシステムも提案されている。

映像シーン連動型のコミュニケーションシステムである"SceneNAVI"では，映像を意味的にまとまった区間であるシーンに分割し，シーンごとに非同期のコミュニケーション空間を提供することによって，映像を対象としたコミュニティに対して臨場感や一体感を提供している。また，SceneNAVI には，映像を視聴しながらコミュニケーションを楽しめる「見る」機能，コミュニケーションの状況を俯瞰しながら興味のある話題の検索や議論を行なえる「読む」機能が具備されており，コミュニティ内のコミュニケーションの質を高める工夫がされている[192]（図 2.29）。

また，映像配信とブログを組み合わせた試みとして，「チョコパラ SSS」がある。映像シーンに対応づけてコメントを登録し，特定のシーンに対して外部のブログからリンクを張ったり，特定のシーンから映像再生をしたり，アノテーション情報を RSS で配信したりできるシステムとして提案されている[193]。

その他，カメラ付き携帯電話で撮影した動画像をブログとして簡易に発信できるシステムなどもあり[194]，これらは映像を介したコミュニケーション環境を提供するコミュニティウェアといえる。

④会議システムとコミュニティ支援

インスタントメッセンジャーやボイスチャットといった同期通信は，コミュニティ内でも非常に親しいメンバー間で行なわれるコミュニケーションである。「PC コミュニケータ」では，PC 上のソフトウェアとして，インスタントメ

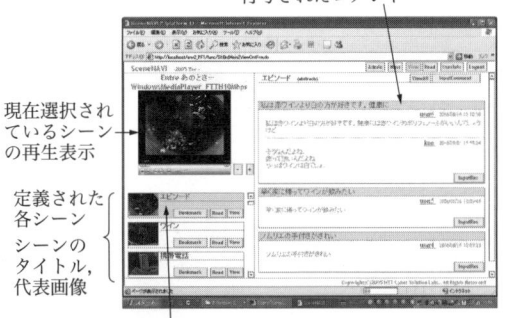

図 2.29　SceneNAVI

ッセンジャー機能，テレビ電話機能，ファイル共有機能，描画共有機能によって，リアルタイムのコミュニケーション機能を提供している。

さらに，グループウェアで提供される多地点間の会議機能も有しており，グループウェアとしてフォーマルな会議にも利用することができる[195]（図2.30）。

(6) コミュニティウェアの将来

コミュニティウェアについて，事例を交えながら解説した。多くのシステムがサービスとして世の中に出てくることにより，コミュニティに参加し，活動し，価値を生み出すことがますます容易になってきている。

反面，コミュニティ参加への敷居が低く，システムを簡単に利用できることにより，コミュニティの活動範囲を許容限度以上に広げすぎてしまい，コミュニケーションに疲れてしまうケースや，リテラシーの低い未成年者などが犯罪に巻き込まれてしまう危険なども大きくなっている。たとえば，大手のSNSサービスでは参加者の年齢制限を加えることにより犯罪の誘発を防ごうとしているが，効果が出ているとはいえない。

また，個人の情報発信の容易さから，必要以上に個人情報を公開してしまう危険も高まっている。これらは，技術面からの解決のみならず，ガイドラインの作成や啓蒙活動，法律の整備なども求められる。

一方，インターネット上にさまざまな目的をもつコミュニティができていることで，それらのコミュニティをマーケティング対象として利用することも有効になっている。情報源の多様化，消費者嗜好の細分化により，マスコミ広告などでのプロモーションが難しくなってきている。コミュニティ内の口コミ情報などをプロモーションや商品開発などに利用することは，「コミュニティマーケティング」とよばれており[196]，消費者の囲い込みのみならず，企業と消費者のコミュニケーションインタフェースとしてコミュニティが活用されている。このように，将来においてコミュニティの活動がさらにその重要性を増していくにつれ，コミュニティウェアの役割もますます高まってくるであろう。

2.4 ロボティクスインタフェース

2.4.1 ロボットインタフェース

(1) はじめに

1990年代中ごろから登場してきたロボットは，コミュニケーションのメディアや情報端末としての機能が主となる。おのずと，工場で製品の組み立てを行なっているロボットに比べ，直接人間と接触する機会が多い。そこでは，人間にとってより使いやすいロボットが望まれ，ロボットのヒューマンインタフェースの側面が重要視される。本項では，ロボットインタフェースの観点から，現状のロボット技術を解説する。

(2) ロボットインタフェースとは

ここで対象としているロボットインタフェースの範囲について最初に明確にしておく。解説の対象とするロボットは，公共の場や家庭で使用されるロボットとする。工場で組み立て作業をするロボットや，オフィス・病院で書類を搬送したり，清掃したりするロボットには触れない。

後者は，ロボットが活動するためのインフラが整備されており，ロボットを使用するにあたっての不確定要素が少ない。たとえば，通路にテープが貼り付けてあり，行き先を指示するだけでロボットは荷物を運搬できる。後者に比べ前者は，誰がどのような状況でロボットを使用するのか設計時に特定しづらい環境であり，より柔軟なインタフェースのデザインが要求され

図2.30　PCコミュニケータ

る。

しかし，具体的に開発されているインタフェースは多岐にわたる。それぞれのインタフェースを解説するために，各インタフェースを特徴づける分類軸としてキーワードを整理しておく。

- ロボットの目的　物理的作業，コミュニケーションのメディア，擬人化（擬生物化）インタフェース
- ロボットの行動様式　自律行動，半自律行動，人間による制御
- インタフェースとロボットの関係　ロボットを使うときのインタフェース，インタフェースとして用いられるロボット

ロボットインタフェースは，ロボットの目的および行動様式ごとに異なる。物理的作業とは，ロボットに何らかの行動や動作をさせることを目的とする。コミュニケーションのメディアとは，人間どうしのコミュニケーションの媒体としてロボットを活用することを指す。擬人化（擬生物化）インタフェースとは，人間や動物に近いキャラクター性をロボット自体がもち，人間とコミュニケーションすることを目的としたロボットである。さらに，これらの目的を実現するにあたって自律的に行動するロボットや，人間に制御されつつも細かい動作を自律的に行なう半自律的なもの，完全に人間が制御するものなどがあり，それぞれインタフェースが異なる。

また，インタフェースとロボットの関係については，ロボットインタフェースを分類するうえでとくに重要である。ロボットインタフェースには，ロボットを使用する際に人間が用いる場合のインタフェースと，ロボットそのものがインタフェースである場合の双方が含まれる。

しかし，前者はロボットとインタフェースの独立性が高く，後者はロボットとインタフェースが同一であるので，インタフェースとしての性質は双方で大きく異なる。とくに後者では，ロボットの外観や存在そのものが人間に何らかの影響を与えるという意味でも特殊なインタフェースである。

ハードウェアの存在そのものがインタフェースに与える要因の強さはコンピュータを用いたインタフェースになく，ロボットをインタフェースとして用いた場合に特有なものである。ロボットインタフェースについて考える際には，インタフェースとロボットの関係について強く意識する必要がある。

紹介した目的および行動様式，インタフェースとロボットの関係を用いて，現在研究開発中のロボットインタフェースを分類すると，次の5つのグループに分けることができる。

- グループ1　ペットロボット，コミュニケーションロボット，ソーシャルロボット，関係性を利用したロボット
  目的：擬人化（擬生物化）インタフェース，行動様式：自律行動，インタフェースとロボットの関係：ロボット自体がインタフェース
- グループ2　アンドロイド
  目的：擬人化（擬生物化）インタフェース，行動様式：自律行動または半自律行動，インタフェースとロボットの関係：ロボット自体がインタフェース
- グループ3　ロボットメディア
  目的：コミュニケーションのメディア，行動様式：人間による制御，インタフェースとロボットの関係：インタフェースを介して操作されるとともにロボット自体がインタフェース
- グループ4　歩行ロボット，ダンスロボット
  目的：物理的作業，行動様式：自律行動，インタフェースとロボットの関係：インタフェースを介して操作されるとともにロボット自体がインタフェース
- グループ5　レスキューロボット
  目的：物理的作業，行動様式：人間による制御，インタフェースとロボットの関係：インタフェースを介して操作される

それぞれのグループのインタフェースとロボットの関係からわかるとおり，研究開発されつつあるロボットインタフェースの大多数がロボット自体をインタフェースとするものである。

インタフェースにおけるこの傾向は，ロボットが何らかの作業のために使われるものから，存在感を生かして情報提示やコミュニケーショ

ンを行なうものへと変化していることの現われである。とくに，人間が擬人化（擬生物化）しやすい形状が多くのロボットに与えられていることからも，今後のロボットインタフェースが展開されていく方向を読み取ることができる。

以下，それぞれのグループについて具体的なロボットインタフェースの事例を交えて解説する。

(3) グループ1のロボットインタフェースの現状

グループ1のロボットは，現在のロボットインタフェース研究の中核をなすといっても過言ではない。擬人化（擬生物化）されやすい形状をもち，自律的に行動し，ロボットの存在感を最大限に生かして人間とのコミュニケーションや情報提示を行なう。グループ1に属するロボットの元祖ともいえるのが，ソニーが開発したペットロボットAIVOである。

AIVOは，犬の形状を模したロボットであり，人工のペットとして人間に相手をしてもらうことを想定されている。ロボットの姿や振る舞いが徹底してペットとなるべくデザインされており，インタフェースとしてロボット自体を用いた最初のプロダクトだといえる。

ペットの癒し効果の側面を前面に押し出したロボットとして，産業総合技術研究所が開発したPAROがある。PAROは，アザラシ型のロボットであり，人間が撫でることで自律的に反応する。日本だけでなく各国で実証実験[198]を行ない，癒しの効果について検証している。擬生物化しやすいインタフェースとしてロボットを用いることにより，具体的な効果が得られた事例ともいえる。

ペットロボットは言葉を話さずに人間とインタラクションするのに対し，言葉を用いて人間とインタラクションするロボットにコミュニケーションロボットがある。

コミュニケーションロボットは，産学官の各研究機関がこぞって開発しているのでさまざまなものがあるが，初期のロボットで完成度が高かったロボットに，産業総合技術研究所が開発したJijo-2[199]がある。Jijo-2は，オフィス環境において道案内を行なうことができ，情報提示に特化したロボットである。しかし，ロボット自体のキャラクターを利用したロボットインタフェースではなかった。

現在開発されているコミュニケーションロボットの多くは，個性的な外見とともにキャラクター性を有し，インタフェースとしてのロボットの側面を強く押し出している。大きく分類すると，人型・非人型・ペット型の3種類に分けることができる。

人型のコミュニケーションロボットは，人間としての形状を利用して，人間と同様のジェスチャーを交えつつ人間とコミュニケーションする。

具体的に開発されているロボットは数多く存在するので，ここでは，人型の利点を活かしたインタフェースとして開発されているロボットを紹介する。名前を列挙すると，三菱重工が開発したWakamaru，富士通研究所が開発したENON，日立製作所が開発したEMIEW，ソニーが開発したQRIOをあげることができる。また，慶應義塾大学が開発したDisplay Robot[200]は，任意の物に貼り付け可能な人間の体のパーツ（目や腕）で構成されており，パーツを貼り付けることにより任意の物体を擬人化可能にする。

非人型のコミュニケーションロボットには，NECが開発したPAPEROや東芝の開発したアプリアルファがある。手足はなく，目のついた顔をもつ。視線や表情を交えて人間に情報提示を行なう。体のサイズが小型なので，日本の家屋で使用しやすくなっている。

ペット型のコミュニケーションロボットには，松下電器が開発した猫型ロボットたまがある。AIVOやPAROと異なるのは，言葉を話すことができる点である。ターゲットとなるユーザーは一人暮らしの老人であり，ユーザーとたまのコミュニケーションの有無を日々監視することにより，癒し効果を狙いつつも健康管理を実現している。

以上のロボットたちは具体的なサービス提供をねらったものであるのに対し，ロボットの身体性やキャラクター性といった側面から学術的な体系化を行なうために開発されているロボットも多くある。

中でもソーシャルロボットはロボットの社会

性について探るために開発されたものである。具体的に紹介すると，ATR知能ロボティクス研究所が開発したRobovieシリーズ[201]がある。Robovieは，上半身が人型のロボットであり，視線・ジェスチャー・音声のそれぞれが人間に与える効果について実証実験により調べている。また，小学校や博物館，駅といった公共の場での実証実験[202]も行なっている。海外では，M.I.T.で開発されたソーシャルロボットKismet[203]が有名である。母親と幼児のインタラクションを人間とロボット間で実現することによって，非言語であるが社会的に意味のある振る舞い（ソーシャルキュー）の重要性を明らかにした。

また，情報通信研究機構ではInfanoid[204]やKeepon[205]とよばれるロボットを開発し，自閉症児とロボットをインタラクションさせることでロボットの社会性にアプローチしている。

人間とロボットの関係性に焦点をあててロボットインタフェースをデザインする試みも行なわれている。ATR知能映像通信研究所およびはこだて未来大学で開発されているITACOシステム[206]は，コンピュータグラフィクス（CG）キャラクターとロボットを組み合わせたシステムである。ユーザーごとにパーソナルCGキャラクターを用意し，ユーザーとパーソナルCGキャラクター間に築かれる関係性を利用して，人間とロボットの関係性を築くことを実現している。この研究によって，インタフェースとしてロボットを用いるためには，人間とロボットの関係を築く必要があることが明らかになった。

また，ATRネットワーク情報学研究所が開発したMuu[207]や首都大学東京が開発したMobiMac[208]も，関係性を人間に感じさせることによりコミュニケーションを円滑にすることをめざしている。

(4) グループ2のロボットインタフェースの現状

グループ1のロボットよりもさらに擬人化の側面を重視したのが，グループ2のロボットである。このロボットは人工皮膚で覆われており，見た目では，人間と同じ姿をしている。アンドロイドとよぶほうがイメージをつかみやすい。ロボットの存在感をインタフェースとして利用する場合の究極の手法であるともいえる。

具体的に開発されたものとしては，東京理科大で開発された受付ロボットSAYA[209]をあげることができる。SAYAは，顔の表情を変えつつ人間に情報提示をすることができるアンドロイドを用いた最初のサービスロボットである。

サービスを提供するインタフェースとしてアンドロイドを用いることは技術的に可能である一方で，アンドロイドを用いたインタフェース自体がもつ特性は明らかになっていない。

アンドロイドは，他のロボットと比べて存在感が強く，人間の心理的な側面に強く影響を与える。アンドロイドがもつ特性を明らかにするべくアンドロイドサイエンスとよばれる研究も現在行なわれている。アンドロイドサイエンスにおける重要なトピックに，不気味の谷という用語がある。不気味の谷とは，通常のロボットでは気にならない些細なちがいが，アンドロイドでは不気味に感じられるという現象である。姿が人間に似ているがゆえに，ちがいが助長されるのである。

ATR知能ロボティクス研究所で開発されたGeminoid[210]とよばれるアンドロイドは，研究者自身の姿を型取り，つくられた人間のコピーであり，本人とアンドロイドの存在感の差を比較することによって，アンドロイドサイエンスにさまざまな知見をもたらそうとしている。

(5) グループ3のロボットインタフェースの現状

グループ3ロボットは，人間どうしのコミュニケーションを支援するために開発されたものである。初期のものとしては，ロボットによるテレイグジスタンスをあげることができる。遠くへ人間が行く代わりに，遠隔で操作できるロボットを分身としてそこへ置く。打ち合わせや会議に遠隔で参加できるとともに，参加している者の存在感も示すことができる。テレイグジスタンスにおけるロボットインタフェースの特徴は，遠隔のロボットを操作するインタフェースと，遠隔地でロボット自体がインタフェースとなる2つがあることである。

NTTヒューマンインタフェース研究所では，改造した車椅子とロボットを用いてテレイグジ

スタンス環境を実現している。車いすに搭乗して動くことにより，遠隔のロボットを移動させることができ，遠隔地の情報が取得可能である。また，遠隔地側では，ロボットが存在することによって操作者の存在を知ることができる。

現在，テレイグジスタンスロボットは，存在を提示するロボット側の開発に力が注がれている。たとえば，株式会社テムザックではさまざまなテレイグジスタンスロボットが開発されている。

東京大学ではテレサフォン[211]とよばれるロボットを開発し，遠隔操作者の顔映像を頭部に表示し，操作者の分身としてのデザインを向上させている。また，ネットワークでつながれた縫いぐるみ型ロボットを用いたRobot PHONE[212]も東京大学で開発されている。縫いぐるみのポーズが相手側の縫いぐるみに反映され，双方は縫いぐるみを介しながらコミュニケーションを行なうことができる。

(6) グループ4のロボットインタフェースの現状

グループ4のロボットは，コミュニケーションや情報提示を扱うものではないので，ここまでに紹介したロボットインタフェースとは異なる。移動することをおもなタスクとする。HondaのASIMOや産業総合技術研究所のHRPも二足歩行が当初の課題であり，このグループにも属している。

移動に関して人間がかかわる側面が少ないため，おもに移動指示のためのインタフェースが用いられる。ゲーム機のコントローラに似たインタフェースも使用されているが，HRPでは，人間がロボットの腕を引いて目的の場所まで連れて行くインタフェースも研究[213]されている。

人間とロボットが接触しつつ移動する場合，ロボットがどこまで人間に追従して移動し，どこまで安全な距離を保つかを制御する必要がある。この制御を誤ると，小型のロボットの場合はさほど問題とならないが，ロボットの大きさによっては人間にとって危険な状況になりうる。

東北大学で開発されたPBDR（partner ballroom dance robot）[214]とよばれるダンスロボットは，社交ダンスを課題として人間とロボットが接触しつつ移動する制御に取り組んでいる。ダンスでは，どちらに移動するか，おたがいに相手の意図を推定する必要がある。おたがいの協調行動の結果，PBDRは人間とダンスを踊ることができる。

(7) グループ5のロボットインタフェースの現状

グループ5のレスキューロボットは，道具としての存在であり，ロボットインタフェースもロボットを操作するものに特化している。レスキューロボットは，ロボカップレスキューや大都市大震災軽減化特別プロジェクトを中心に研究開発されている。

レスキューロボットの活動の場は，震災で倒壊した建物の瓦礫である。ロボットは，車輪移動型やヘビ型が多い。瓦礫上のロボットを遠隔で操作するので操縦が難しく，操縦に必要なロボットの周囲の映像やセンサ情報をいかに多く取得するかが課題となる。

電気通信大学が開発した移動ロボット[215]は，ロボットの移動時にロボット上に搭載されたカメラで取得された画像を時間遅れで用いることにより，ロボットの現在位置を映像上に表示できる。周囲の瓦礫の配置とロボットの位置が同一画像で表示されるので，ロボットの操作性が向上している。さらに，時間遅れ画像を用いるだけなので，カメラの映像にロボット本体が映っている必要がなく，カメラの配置も容易になっている。

(8) ロボットインタフェースの動向と展開

以上簡単ではあるが，現在研究開発されているロボットをインタフェースの側面から解説した。

産業用以外のロボットは，SF小説やからくり人形を除けば，昭和45年から開発されてきた早稲田大学のWabotが元祖である。当初は人間の身体機能を実現することに主眼が置かれていたのに対して，現在のロボットたちはコミュニケーションや情報提示といったコンピュータが得意としている分野へ足を踏み入れつつある。

しかし，コンピュータとちがってロボットは身体をもち，コンピュータのヒューマンインタ

フェース技術を単純にロボットに応用することができない。紹介したロボットインタフェースで取り組まれている研究課題は，ヒューマンインタフェースとしてのロボットに必要な要素を補うものであり，コンピュータにとって代わってシステムのインタフェースとしてロボットが活躍する際に必要な技術となるであろう。

2.4.2 ネットワークロボット
(1) 概要

近年，来るべきユビキタス社会において，ネットワークとロボットが融合したNWR（network robot）の実現による新たなサービスの創出が期待されている。図2.31はその具体的なサービスイメージ例を示したものである。この図では，ショッピングアーケードの中で道に迷った小さな女の子と老婦人を，NWRが協調・連携して道案内しているようすが描かれている。

文献216)の分類によれば，NWRとは，身体をもつビジブル型，環境に埋め込まれたアンコンシャス型，電脳空間に存在するバーチャル型，に大別される。図2.31の例では，ショッピングモールの中でRFIDタグを身につけた多くの人々とともに，これら3種類のロボットが共存している。物理的な実体を有するビジブル型ロボットのみならず，一部の利用者の携帯端末ディスプレイには，バーチャル型ロボットがCGキャラクターとして存在しており，さらには周辺の壁や天井にはカメラなどのアンコンシャス型ロボットが取り付けられている。これら3種類のロボットはすべてネットワークに接続され，おたがいに協調・連携することで，場所や状況に応じたきめ細かい道案内サービスが実現される。

この例のように，NWRでは，従来の単一のロボットによるサービスに比べ，利用空間の共有，ロボットの連係動作，さまざまな情報の共有，遠隔操作などが実現可能となり，これまでにない魅力的なサービスを提供することが可能になるとされている。

これまでに，人が活動している周囲の状況を環境に存在するセンサ群を用いて認識することで人を支援する研究は進められており，たとえば，生活空間である部屋で人の情報を蓄積し人の行動支援に利用するRobotic Room[217]や，複数の知覚エージェントからなる全方位カメラの利用例[218]などが報告されている。

このような先行研究をネットワークにつながったアンコンシャス型ロボットという観点で見ると，収集された情報あるいは認識結果をいったん蓄積したうえで別の空間や履歴として別のタイミングで再利用するといった点では，さまざまな課題があるのが現状である。一方，ビジブル型ロボットに関する研究については，単体で身振りや音声を使って道案内や商品案内などのサービスを実現した例が存在する。

次のステップとして，従来のこれらロボットが，単体ではもちえなかった情報，たとえばロボットのサービスを受ける人の情報，ロボットが提供すべきサービスの情報，ロボットの周囲の環境の情報などを，ネットワークを介してリアルタイムに収集・管理することによって，複数ロボットによる連携動作，遠隔操作などが同時に実現可能になると考えられる。

(2) NWR情報流通のためのプラットフォーム

情報共有・情報流通における課題を解決するため，さまざまなフィールドに適用できる情報流通プラットフォームの開発例[219]がある。この例では，製造分野への適用を考え，おもに以下の要件に着目している。

- ネットワーク接続される機器に依存せず，さまざまなタイプのデータを統一的に扱

図2.31　NWRの描く未来

- 機器データを生産管理や監視に用いるだけでなく，アプリケーションと組み合わせて多目的に再利用する。

図2.32に，FDC（field data center）の機能概要を示す。FDCは，各種機器（ロボット，工作機械，医療機器，家電製品）やセンサなどからネットワーク経由でデータを受信し，蓄積・管理する機能を有する。また，各種機器情報のプロトコルやフォーマットがベンダーごとに異なり統一されていない問題を解決するため，情報流通フォーマットとしてFDML（field data markup language）を用いている。FDMLは，以下の4つの特徴を有するXMLベースのデータフォーマットである。

- データの時間カプセル化
- 物理的チャネルと論理的チャネルの分離
- 論理的チャネルのプロパティ定義
- シンプルなタグ定義により，ロースペック機器でもパーシング処理が可能

FDCとFDMLの有用性の確認のため，製造業における既存のネットワークシステムORiNとの連携が試みられている[220, 221]。また，FDCの情報収集対象を，機械から人に拡張することで，医療・福祉分野にも展開できると考え，人の日常行動モニタリングによる生活支援への適用例[222, 223]，生活居住環境を想定した見守り・健康管理支援への適用例[224]がある。

次に，FDCを発展させたNWRプラットフォームの構想について述べる[225, 226]。図2.33はNWRプラットフォームの構成イメージであり，認証データベース，エリア管理ゲートウェイ，接続ユニットの3階層から構成されている。以下では，NWRプラットフォームのプロトタイプを開発した例について，一連の動作について述べる。

接続ユニットの模擬図を図2.34に示す。接続ユニットの主たる機能は以下の2点である。

① 機器依存情報をプラットフォームで扱える共通表現に変換し，プラットフォームへ送信する。
② プラットフォームから送信される共通コマンドを，機器固有コマンドへと変換し，ロボットへ送信する。

①についてアンコンシャスロボットを例に説明すると，プラットフォームに接続するロボット（センサ）の種類は千差万別である。そこで，ロボットから送信する情報に関して，プラットフォーム側で管理する情報の種類とフォーマットを共通化する。ここでは，情報の種類について，4W（when, where, who, what）に集約し，FDMLフォーマットで送信する。

"where"を例に述べると，接続されたアンコンシャスロボットがどのようなセンサを利用していても（カメラ：視覚，圧力センサ：触覚），規定された座標系で，"where"に関する情報が送信されるかぎり，プラットフォーム側では1つの"where"検知用ロボットであると

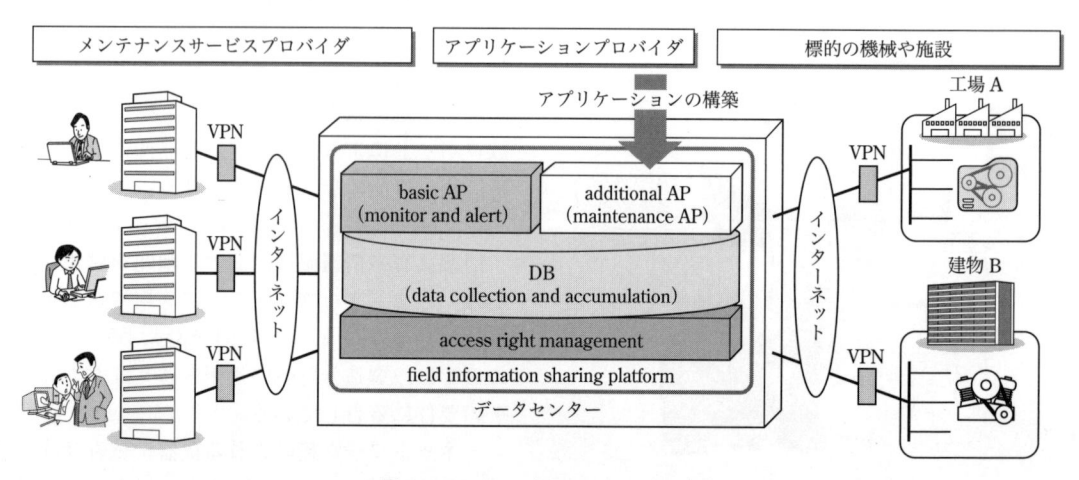

図2.32　FDC（field data center）

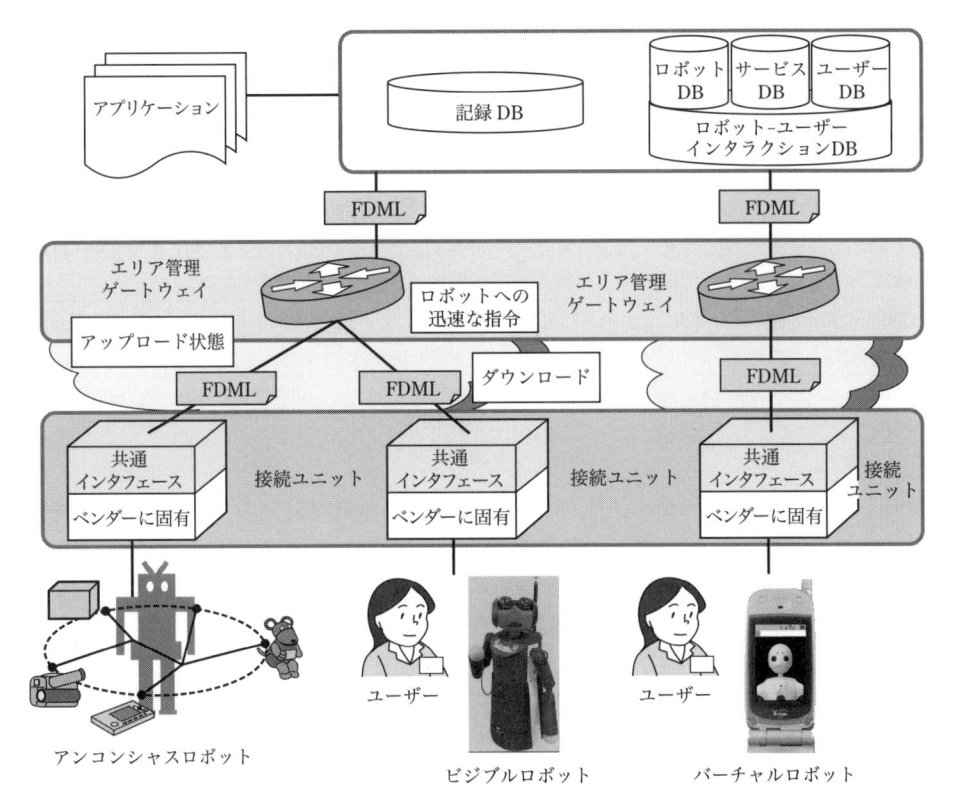

図 2.33　NWR プラットフォームの階層構造

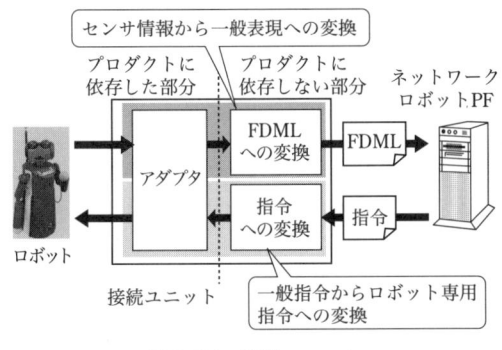

図 2.34　接続ユニット

みなすことができる。

次に，認証データベースに登録される利用者とロボットに関する情報を表 2.3 に示す。利用者やロボットに関する情報は，静的な情報（名前，タグの ID など），動的な情報（サービスの提供状況，現在位置など）に分離して管理されている。

また，エリア管理ゲートウェイが参照するサービスフロー情報が登録されているデータを，表 2.4 に示す。エリア管理ゲートウェイは，利用者に最適なサービスフローの検索と，必要なロボットの検索を行ない，選択したサービスフローに記述されたサービス状態遷移モデルに基づき，順次サービスを実行する。

上記のように，認証データベース，エリア管理ゲートウェイ，接続ユニットのはたらきにより，ビジブル型，アンコンシャス型，バーチャル型のさまざまなタイプのロボットが混在する環境の中で，環境の認識からロボットによる人間へのサービス実行までの一連の動作が実行される。

ここでは，NWR の概略と，NWR プラットフォームの構成例について説明した。今後のロボット単体における機能拡張，あるいはセンサ技術の発展による認識能力の拡大をベースとし，これらの効果を相乗的に展開可能な NWR による新たなサービスアプリケーションの開拓が望まれている。

表2.3 認証データベースの構造（利用者，ロボット）

・利用者DB—利用者情報テーブル

	利用者ID	利用者名	タグID	サービスフローID	サービスフロー起動イベント	サービスフロー提供状態	利用者位置	利用者姿勢
例	0001	通研太郎	12345678	10	エリア入室	未提供	(105, 58, —)	(—, —, 50)[度]
備考	マスター情報	マスター情報	マスター情報	マスター情報	マスター情報	サービスフロー実行APが変更する	FDMLデータ	FDMLデータ

・ロボットDB—ロボット情報テーブル

	ロボットID	ロボット名	タグID	ロボット保有能力	状態	ロボット位置	ロボット姿勢
例	R0001	RobovieA	23456789	移動可能 回転可能 発話可能	idle	(100, 25, —)	(—, —, 15)[度]
備考	マスター情報	マスター情報	マスター情報	マスター情報	FDMLデータ	FDMLデータ	FDMLデータ

表2.4 認証データベースの構造（サービスフロー）

・サービスフローDB—サービスフロー情報テーブル（マスター情報）

	サービスフロー分類	サービスフローID	詳細サービスフロー名	サービスフローグレード	サービスフロー実行に必要なロボット保有能力
例	100	101	近寄り発話	10	移動可能 発話可能
		102	近寄り	5	移動可能
		103	発話	2	発話可能

・サービスフローDB—サービスフロー実行状態遷移情報テーブル（マスター情報）

	サービスフローID	ID	イベント	現在の状態	サービス（アクション）	遷移後の状態
例	101	1	人の入室	待機中	人に近づく	移動中
		2	人とロボットの距離が近い	移動中	停止・発話	発話中
		3	発話終了	発話中	待機	待機中
		4	人の退室	待機中 移動中 発話中	待機	待機中

文献

1) D. A. Norman：『誰のためのデザイン』野島久雄編，新曜社，1990.
2) ISO 13407：Human-Centred Design Processes for Interactive System, JIS Z 8530（1999）：『インタラクティブシステムの人間中心設計プロセス』，2000.
3) J. Raskin：『ヒューメイン・インタフェース—人にやさしいシステムへの新たな指針—』，井上雅章訳，ピアソン・エデュケーション，2001.
4) 技術委員会ヒューマンセンタードデザイン小委員会：『人間中心設計（ISO 13407対応）プロセスハンドブック』，社団法人日本事務機械工学会，2001.
5) 鈴木 明：『インタラクション・デザイン・ノート—神戸芸術工科大学大学院プログラムデザイン論—』，神戸芸術工科大学大学院，2003.
6) 原田悦子編著：『「使いやすさ」の認知科学—人とモノとの相互作用を考える—』，共立出版，2003.
7) 原 研哉：『デザインのデザイン』，岩波書店，2003.
8) 三原昌平編：『プロダクトデザインの思想 Vol.1』，株式会社ラトルズ，2003.
9) D. A. Norman：『エモーショナル・デザイン—微笑を誘うモノたちのために—』岡本明，伊賀聡一郎ほか編，新曜社，2004.
10) 深澤直人：『デザインの生態学』，東京書籍，2004.
11) 深澤直人：『デザインの輪郭』，TOTO出版，p58，2005.
12) C. Snyder：『ペーパープロトタイピング—最適なユーザインタフェースを効率よくデザインする—』，黒須正明，オーム社，2005.
13) 社団法人 人間生活工学研究センター編：『ワークショップ人間生活工学—人にやさしいものづくりのための方法論—』，丸善，2006.

14) 渡邊恵太, 安村通晃：「Memorium：眺めるインタフェースの提案とその試作」, 『日本ソフトウェア科学会』, WISS, pp.99-104, 2002.
15) 小池英樹, 小林貴訓ほか：「机型実世界指向システムにおける紙と電子情報の統合および手指による実時間インタラクションの実現」, 『情報処理』, 第42巻3号, pp.577-585, 2001.
16) 石井陽子, 小林稔ほか：「情報との出会いを演出する手のひら表示インタフェース」, 『信学会』, MVE-42, pp.89-93, 2005.
17) 松屋銀座 第607回企画展：「デザインによる解決—Suica改札機のわずかな傾き」.
18) D. A. ノーマン, 野島久雄訳：『誰のためのデザイン？』, 新曜社, 1990.
19) David F. Rogers, J. Alan Adams：Mathematical Elements for Computer Graphics (Second Edition), McGraw-Hill Publishing Company, 1990.
20) Ivan E. Sutherland：Sketchpad：a man-machine graphical communication system, Proc. Spring Join Computer Conference, AFIPS, pp.329-346, 1963.
21) David Canfield Smith, Charles Irby, et al.：Designing the Star user interface (1982), in Perspectives on the computer revolution, Ablex Publishing Corp., pp.261-283, 1989.
22) Roderick Perkins, Dan Smith Keller, et al.：Inventing the Lisa user interface, interactions, Vol.4, No.1, pp.40-53, 1997.
23) Apple Computer, Inc.：Human Interface Guidelines：The Apple Desktop Interface (日本語版), アジソン・ウェスレイ・パブリッシャーズ・ジャパン, 1989, 新紀元社より2004年に再発行.
24) Charles Jacobs, Wilmot Li, et al.：Adaptive Grid-Based Document Layout, acm Transactions on Graphics, Vol.22, No.3, pp.838-847, 2003.
25) 佐藤 隆, 阿久津明人ほか：「Coaster：映像の時空間直観的操作による可変速再生方法とその応用」, 『情報処理学会論文誌』, 第40巻2号, pp.529-536, 1999.
26) Takeo Igarashi, Tomer Moscovich, et al.：As-Rigid-As-Possible Shape Manipulation, acm Transactions on Graphics, Vol.24, No.3, pp.1134-1141, 2005.
27) Jefferson Y. Han：Multi-Touch Interaction Research, http://cs.nyu.edu/~jhan/ftirtouch/
28) Takeo Igarashi, Satoshi Matsuoka, et al.：Teddy：A Sketching Interface for 3D Freeform Design, Proceedings of SIGGRAPH 1999, pp.409-416, 1999.
29) 洛西一周：「NOTA」, http://nota.jp/
30) Mark W. Newman, James Lin, et al.：DENIM：An Informal Web Site Design Tool Inspired by Observations of Practice, Human-Computer Interaction, Vol.18, No.3, pp.259-324, 2003.
31) 終作「六角大王」, http://www.shusaku.co.jp/
32) Tomoyuki Nanno, Suguru Saito, et al.：Zero-Click：a system to support web browsing, Proceedings of the 11th International World Wide Web Conference, 2002.
33) Shinji Fukatsu, Akihito Akutsu, et al.：Foresight Scope：An Interaction Tool for Quickly and Efficiently Browsing Linked Contents, Proceedings of the Tenth International Conference on Human-Computer Interaction 2003, Vol.2, pp.646-650, 2003.
34) Katsuya Arai, Tetsuyuki Mutou, et al.：InfoLead - A New Concept for Cruising Navigation Technology, In Proceedings of the 2002 Symposium on Applications and the Internet, pp.162-167, 2002.
35) Akira Wakita, Fumio Matsumoto：Information visualization with Web3D：spatial visualization of human activity area and its condition, Computer Graphics, Vol.37, No.3, pp.29-33, August 2003.
36) 大野健彦：「視線から何がわかるか—視線測定に基づく高次認知処理の解明」, 『認知科学』第9巻4号, pp.565-579, 2002.
37) Takehiko Ohno：EyePrint：Support of Document Browsing with Eye Gaze Trace, Proceedings of the 6th International Conference on Multimodal Interfaces, pp.16-23, 2004.
38) Doug DeCarlo, Anthony Santella：Stylization and Abstraction of Photographs, acm Transactions on Graphics, Vol.21, No.3, pp.769-776, 2002.
39) Patrick Baudisch, Doug DeCalro, et al.：Considering Attention in Display Design, Communications of the ACM, Vol.46, No.3, pp.60-66, 2003.
40) 久野義徳：「ポインティングデバイスとしての身体動作」, 『情報処理学会誌：コンピュータビジョンとイメージメディア』, 第43巻SIG-4 (CVIM 4) 号, pp.43-53, 2002.
41) Bill Baxter, Vincent Scheib, et al.：DAB：Interactive Haptic Painting with 3D Virtual Brushes, Proceedings of SIGGRAPH 2001, pp.461-468, 2001.
42) 鈴木由里子, 小林 稔：「風圧を用いた力覚ディスプレイ：Untetheredインタフェースを目指して」, 『電学誌』, 第124巻3号, pp162-165, 2004.
43) Kenji Kohiyama：Micro Archiving：Virtual Environments for Micro-Presence with Image-Based Model Acquisition, SIGGRAPH 2001 Emerging Technologies, 2001.
44) 石井 裕：「タンジブル・ビット—情報と物理世界を融合する, 新しいユーザ・インタフェース・デザイン—」, 『情報処理』, 第43巻3号, pp.221-229, 2002.
45) 暦本純一：「実世界思考インタフェース—実空間に拡張された直接操作環境—」, 『情報処理』, 第43巻3号, pp.217-221, 2002.
46) Marcin Wichary：Graphical User Interface Gallery, http://www.guidebookgallery.org/
47) Bill Moggridge：Designing Interactions, The MIT Press, 2006.
48) Graffiti, http://www.palm.com/products/input
49) Fitaly, http://www.fitaly.com
50) CUT Key, http://misawa01.misawa.co.jp/CUTKEY/
51) PalmKanaKB, http://pitecan.com/PalmKanaKB/
52) http://www.targus.com/us/product_details.asp?sku=PA840U
53) http://www.canesta.com/canestakeyboard.htm
54) FasTap, http://www.digitwireless.com/
55) 杉村利明, 福本雅朗：「携帯電話向けシングルタップ新キーパッドの提案と評価」, 『ヒューマンインタフェースシンポジウム2006対話発表』, No.2520, pp.839-842, 2006.
56) T9, http://www.tegic.com
57) POBox, http://www.pitecan.com/OpenPOBox/index.html
58) Anoto Pen, http://www.anoto.com/
59) 福本雅朗, 外村佳伸：「指釦：手首装着型コマンド入力機構」, 『情処論文誌』, Vol.40, No.2, pp.389-398, 1999.
60) M. Fukumoto, Y. Tonomura：Body Coupled FingeRing：Wireless Wearable Keyboard, Proc. of CHI'97, pp.147-154, 1997.
61) M. Fukumoto：A finger-ring shaped wearable handset based on bone-conduction, Proc. of IEEE ISWC 2005, pp.10-13, Oct. 2005.
62) 中島淑貴, 柏岡秀紀, ニックキャンベル, 鹿野清宏：「非可聴つぶやき認識」, 『電子情報通信学会論文誌』,

Vol.87-D-II, No.9, pp.1757-1764, 2004.

63) N. Sawhney, C. Schmandt：Nomadic Radio：A Spatialized Audio Environment for Wearable Computing, Proc. of ISWC'97, pp.48-51, 1997.

64) H. Manabe, M. Fukumoto：Full-time wearable headphone-type gaze detector, extended abst. of CHI'06, pp.1073-1078, 2006.

65) K. Ichiro, et al.：A Forgettable near Eye Display, Proc. of ISWC 2000, pp.115-118, 2000.

66) VRD, http://www.hitl.washington.edu/research/vrd

67) Steve Mann：An hinstrical account of the 'WearComp' and 'WearCam' inventions developed for applications in 'Personal Imaging', Proc. of ISWC'97, pp.66-73, 1997.

68) H. Z. Tan, A. Pentland：Tactual Display For Wearable Computing, Proc. of ISWC'97, pp.84-89, 1997.

69) Mark Weiser：The Computer for the Twenty-First Century, Scientific American, pp.94-104, September, 1991.

70) G. D. Abowd, E. D. Mynatt：Charting past, present, and future research in ubiquitous computing, ACM TOCHI, Vol.7 No.1, pp.29-58, March, 2000.

71) M. Fukumoto, Y. Suenaga, K. Mase：Finger-Pointer：Pointing interface by image processin, Computers & Graphics, 18(5), pp.633-642, 1994.

72) D. Vogel, R. Balakrishnan：Interactive public ambient displays：transitioning from implicit to explicit, public to personal, interaction with multiple users, ACM UIST 2004, pp.137-146, 2004.

73) A. Wilson：PlayAnywhere：A Compact Tabletop Computer Vision System, ACM UIST 2005, pp.83-92, 2005.

74) T. Ohno：One-point calibration gaze tracking method, ETRA 2006, p.34, 2006.

75) 安村通晃：「ヒューマンコンピュータインタラクションの現状と将来」,『システム/制御/情報』, Vol.47, No.4, pp.159-164, 2003.

76) 椎尾ほか：「モバイル＆ユビキタスインタフェース」,『ヒューマンインタフェース学会論文誌』, Vol.5, No.3, pp.313-322, 2003.

77) H. Ishii, B. Ullmer：Tangible Bits：Towards Seamless Interfaces between People, Bits and Atoms, ACM CHI'97, pp.234-241, 1997.

78) J. Rekimoto：Pick-and-Drop：A Direct Manipulation Technique for Multiple Computer Environments, ACM UIST'97, pp.31-39, 1997.

79) 宮奥ほか：C-Blink：「携帯端末カラーディスプレイによる色相差光信号マーカ」,『信学論』, D, Vol.J88-D1, No.10, pp.1584-1594, 2005.

80) Z. Pousman, et al.：A Taxonomy of Ambient Information Systems：Four Patterns of Design, AVI 2006, pp.67-74, 2006.

81) S. Consolvo, et al.：The CareNet Display：Lessons Learned from an In Home Evaluation of an Ambient Display, UbiComp'04, pp.1-17, 2004.

82) S. John, et al.：Personalized Peripheral Information Awareness through Information Art, UbiComp'04, pp.18-35, 2004.

83) 渡邊惠太，安村通晃：Memorium：「眺めるインタフェースの提案とその試作」,『第10回 インタラクティブシステムとソフトウェアに関するワークショップ (WISS 2002) 論文集」, pp.99-104, 2002.

84) A. K. Dey, et al.：A conceptual framework and a toolkit for supporting the rapid prototyping of context-aware applications, Hum.-Comput. Interac. J., Vol.16, No.24, pp.97-166, 2001.

85) A. LaMarca, et al.：Place Lab：Device Positioning Using Radio Beacons in the Wild, Pervasive 2005, pp.116-133, 2005.

86) 中川：「ユビキタス可視光通信」,『信学論』, B Vol.J88-B No.2, pp.351-359, 2005.

87) R. Want, et al.：The active badge location system, ACM Transactions on Information Systems (TOIS), Vol.10 No.1, pp.91-102, 1992.

88) EPCglobal, http://www.epcglobalinc.org/home

89) 小沼ほか：「センシング機能付きユビキタス電子タグおよび電子タグシステムの開発」,『沖テクニカルレビュー』, Vol.72, No.4, pp.48-51, 2005.

90) J. R. Smith, et al.：RFID-Based Techniques for Human-activity Detection, Communications of the ACM, Vol.48, No.9, pp.39-44, 2005.

91) NC State University：The Center for Universal Design—About Universal Design—, http://www.design.ncsu.edu/cud/about_ud/about_ud.htm

92) NC State University：The Center for Universal Design—Universal Design Principles—, 1997, http://www.design.ncsu.edu/cud/about_ud/docs/Japanese.pdf

93) Section 508：508 Law, http://www.section508.gov/index.cfm?FuseAction=Content&ID=3

94) 国立社会保障・人口問題研究所：『日本の将来推計人口(平成18年12月推計)』, p.3, 2006.

95) IT戦略本部：『IT新改革戦略—いつでも，どこでも，誰でもITの恩恵を実感できる社会の実現』, 2006.

96) 静岡県：静岡県/しずおかユニバーサルデザイン行動計画2010, 2005, http://www.pref.shizuoka.jp/ud/cases/ud2010/index.html

97) 熊本県：ユニバーサルデザイン振興指針 これまでの取組み, 2001, http://www.pref.kumamoto.jp/ud/htm/1-1udken/kenkyu/shishinkettei/index.html

98) 日経ビジネスオンライン：キユーピーが初の首位，松下，TOTOが僅差で続く（企業ユニバーサルデザイン取り組み度ランキング）, 2006, http://business.nikkeibp.co.jp/article/tech/20060807/107598/

99) 入江 亨，松永圭吾ほか：「携帯電話「らくらくホン」におけるユニバーサルデザインへの取り組み」,『FUJITSU』, Vol.56, No.2, p.146-152, 2005.

100) W3C Recommendation：Web Content Accessibility Guidelines 1.0, W3C, 1999.

101)『高齢者・障害者等配慮設計指針—情報通信における機器，ソフトウェア及びサービス—第3部：ウェブコンテンツ』, 財団法人日本規格協会, JIS X8341-3, 2004.

102) 公共分野におけるアクセシビリティの確保に関する研究会：『公共分野におけるアクセシビリティの確保に関する研究会報告書』, 総務省, 2005.

103) 渡辺昌洋，岡野紋ほか：「ユニバーサルデザインガイドライン」,『NTT技術ジャーナル』, Vol.17, No.8, pp.38-41, 2005.

104) 中村裕一，外村佳伸：「見たい部分を簡単に短時間で」,『信学会誌』, 第82巻4号, pp.346-353, 1999.

105) 長坂晃朗，田中 譲：「カラービデオ映像における自動索引付け法と物体検索法」,『情処論』, 第33巻4号, pp.543-550, 1992.

106) J. S. Boreczky, L. A. Rowe：Comparison of Video Shot Boundary Detection Techniques, Proc. SPIE IS&T/SPIE, Vol.2670, pp.170-179, 1996.

107) 新井啓之，桑野秀豪ほか：「映像中のテロップ表示フレーム検出方法」,『信学論』, 第J83-D-II巻, 6号,

108) 佐藤　隆，新倉康巨ほか「MPEG 符号化映像からの高速テロップ領域検出法」，『信学論』，第 J81-D-II 巻 8 号，pp.1847-1855，1998.
109) Toshio Sato, T. Kanade, E. K. Hughes, M. A. Smith, S. Satoh：Video OCR：Indexing Digital News Libraries by Recognition of Superimposed Captions, ACM Multimedia Systems, Vol.7, No.5, pp.385-395, 1999.
110) 片岡良治，遠藤　斉：「MPEG 符号化情報に基づく類似シーン検出方式」，『情処論』，第 41 巻 SIG6（TOD6）号，pp.37-45，2000.
111) A. Akutsu, Y. Tonomura, H. Hashimoto, Y. Ohba：Video indexing using motion vectors, Proc. of VCIP'92, SPIE Vol.1818, 1992.
112) S. Sato, Y. Nakamura, T. Kanade：Name-it：Naming and detecting faces in video by the integration of image and natural language processing, IJCAI, pp.1488-1493, 1997.
113) 鳥井陽介，紺谷精一ほか：「映像の動きを用いた動物体アップショット・フォローショット検出」，『MIRU2006』，OS1-2, pp.24-31, 2005.
114) K. Minami, A. Akutsu, H. Hamada, Y. Tonomura：Enhanced Video Handling based on Audio Analysis, ICMCS'97 pp.219-226, 1997.
115) 日高浩太，町口恵美ほか：「音声の感性情報に着目したマルチメディアコンテンツ要約技術」，『インタラクション 2003』，pp.17-24，2003.
116) H. Zhang, S. Y. Tan, S. W. Smoliar, Y. Gong：Automatic Parsing and lndexing of News Video, ICMCS, Vol.2, No.6, pp.256-266, 1995.
117) Y. Nakamura, T. Kanade：Semantic analysis for video contents extraction–spotting by association in news video, ACM Multimedia, pp.393-401, 1997.
118) 佐藤　隆，児島治彦ほか：「映像コーパスの構築と分析」，『信学論』，第 J82-D-II 巻 10 号，pp.1552-1560，1999.
119) I. Ide, H. Mo, N. Katayama, S. Satoh：Topic-Based Inter-Video Structuring of a Large-Scale News Video Corpus, ICME2003, Vol.3 pp.305-308, 2003.
120) 大附克年，別所克人ほか：「音声認識を用いたマルチメディアコンテンツのインデクシング」，『情処研報』，SIG-SLP47-4, pp.19-24, 2003.
121) Y. Tonomura, S. Abe：Content Oriented Visual Interface Using Video Icons for Visual Database Systems, Journal of Visual Languages and Computing, Vol.1, pp.183-198, 1990.
122) Y. Tonomura, A. Akutsu, K. Otsuji, T. Sadakata：VideoMap and VideoSpaceIcon：Tools for Anatomizing Video Content, ACM INTERCHI'93, pp.131-136, 1993.
123) 谷口行信，南　憲一ほか：「SceneCabinet：映像解析技術を統合した映像インデクシングシステム」，『信学論』，第 J84-D-II 巻 6 号，pp.1112-1121, 2001.
124) 外村佳伸，谷口行信ほか：「Paper Video：紙を用いた新しい映像インターフェース」，『信学技報』，IE94-59, pp.15-20, 1994.
125) 長田秀信，三上　弾ほか：「イベント検出画像の一覧に基づく映像ファイル検索インタフェースの有効性評価」，『ヒューマンインタフェース学会研究報告』，第 8 巻 2 号，pp.77-83, 2005.
126) 佐藤　隆，阿久津明人ほか：「Coaster：映像の時空間直観的な操作による可変速再生方法とその応用」，『情処論』，第 40 巻 2 号，pp.529-536, 1999.
127) 湯口宏，佐藤隆ほか：「映像ダイジェスト配信システム「チョコパラTV」の開発」，『第 2 回デジタルコンテンツシンポジウム』，pp.1-4, 2006.
128) 日高浩太，藤川　勝ほか：「映像ダイジェスト配信システム「チョコパラTV」における情報記述方式 CH-RSS の提案」，『第 2 回デジタルコンテンツシンポジウム』，pp.1-5, 2006.
129) 山田一穂，宮川　和ほか：「映像の構造情報を活用した視聴者間コミュニケーション方法の提案」，『情処研報』，2001-GN-043, pp.37-42, 2002.
130) 山本大介，清水敏之ほか：「Synvie：ブログの仕組みを利用したマルチメディアコンテンツ配信システム」，『情処学会第 58 回グループウェアとネットワーク研究会』，2006.
131) 藤川　勝，宮下直也ほか：「メディアのシーンに対するコメント・トラックバックシステムの提案と実装」，『第 2 回デジタルコンテンツシンポジウム』，pp.1-6, 2006.
132) E. Foxlin：Motion Tracking Requirements and Technologies, in K. Stanney (Ed.), Handbook of Virtual Environments, Erlbaum, pp.163-210, 2002.
133) G. C. Burdea, P. Coiffet：Virtual Reality Technology, 2nd ed., Wiley-interscience, 2003.
134) I. E. Sutherland：A Head-Mounted Three Dimensional Display, Proc. Fall Joint Computer Conference, AFIPS Conf. Proc., Vol.33, pp.757-764, 1968.
135) R. Kijima, T. Ojika：Reflex HMD to Compensate Lag and Correction of Derivative Deformation, Proc. IEEE Virtual Reality 2002, pp.172-179, 2002.
136) C. Cruz-Neira, D. J. Sandin, T. A. DeFanti：Surround-Screen Projection-Based Virtual Reality：The Design and Implementation of the CAVE, Computer Graphics（Proc. SIGGRAPH'93），pp.135-142, 1993.
137) 廣瀬通孝，小木哲朗，石綿昌平，山田俊郎：「多面型全天周ディスプレイ（CABIN）の開発とその特性評価」，『電子情報通信学会論文誌』，Vol.J81-D-II, No.5, pp.888-896, 1998.
138) 山田俊郎，棚橋英樹，小木哲朗，廣瀬通孝：「完全没入型 6 面ディスプレイ COSMOS の開発と空間ナビゲーションにおける効果」，『日本バーチャルリアリティ学会論文誌』，Vol.4, No.3, pp.531-538, 1999.
139) 柴野伸之，澤田一哉，竹村治雄：「マルチプロジェクタを用いたスケーラブル大型ドームディスプレイ CyberDome の開発」，『日本バーチャルリアリティ学会論文誌』，Vol.9, No.3, pp.327-336, 2004.
140) Y. Yokokoji, R. L. Hollis, T. Kanade：WYSIWYF Display：A Visual/Haptic Interface to Virtual Environment, Presence, Vol.8, No.4, pp.412-434, 1999.
141) 舘　暲，阿部　稔：「テレイグジスタンスの研究 第 1 報―視覚ディスプレイの設計―」，第 21 回計測自動制御学会学術講演会予稿集，pp.167-168, 1982.
142) H. Iwata：Artificial Reality with Force-feedback：Development of Desktop Virtual Space with Compact Master Manipulator, Proc.SIGGRAPH'90, pp.165-170, 1990.
143) T. Massie, J. K. Salibury：The PHANToM Haptic Interface：A Device for Probing Virtual Objects, Proc. of the ASME Symposium on Haptic Interfaces for Virtual Environment and Teleoperator Systems, pp.295-301, 1994.
144) 佐藤　誠，平田幸広，河原田弘：「空間インターフェイス装置 SPIDAR の提案」，『電子情報通信学会論文誌』，Vol.J74-D-II, No.7, pp.887-894, 1991.
145) K. Hirota, M. Hirose：Development of Surface Display, Proc. Virtual Reality Annual International Symposium'93, pp.256-262, 1993.
146) 平田亮吉，星野　洋，前田太郎，舘　暲：「人工現実感

システムにおける物体形状を提示する力触覚ディスプレイ」,『日本バーチャルリアリティ学会論文誌』, Vol.1, No.1, pp.23-32, 1996.
147) 横小路泰義, 木下順史, 吉川恒夫:「3次元空間内の複数の仮想物体を提示するための遭遇型ハプティックデバイスの軌道計画」,『計測自動制御学会論文集』, Vol.40, No.2, pp.139-147, 2004.
148) 川崎晴久, 堀 匠, 毛利哲也:対向型多指ハプティックインターフェイス, 日本ロボット学会誌, Vol.23, No.4, pp.449-456, 2005.
149) 吉江将之, 矢野博明, 岩田洋夫:「ジャイロモーメントを用いた力覚呈示装置」,『日本バーチャルリアリティ学会論文誌』, Vol.7, No.3, pp.329-337, 2002.
150) D. Koga, T. Itagaki : Virtual Chanbara, ACM SIGGRAPH 2002 Emerging Technologies, 2002.
151) 雨宮智浩, 安藤英由樹, 前田太郎:「知覚の非線形性を利用した非接地型力覚惹起手法の提案と評価」,『日本バーチャルリアリティ学会論文誌』, Vol.11, No.1, pp.47-57, 2006.
152) 中村則雄, 福井幸男:「非接地型力・トルク提示インタフェースの開発」,『日本バーチャルリアリティ学会論文誌』, Vol.11, No.1, pp.87-90, 2006.
153) 池井 寧, 山田真理子:「触覚テクスチャディスプレイ2の設計」,『日本バーチャルリアリティ学会論文誌』, Vol.11, No.1, pp.105-114, 2006.
154) 奈良高明, 柳田康幸, 前田太郎, 舘 暲:「テーパー膜上の弾性波動を用いた皮膚感覚ディスプレイ」,『日本バーチャルリアリティ学会論文誌』, Vol.4, No.2, pp.467-473, 1999.
155) 石井利樹, 山本晃生, 樋口俊郎:「薄型静電リニアアクチュエータを用いた皮膚感覚ディスプレイ」,『電気学会論文誌』E, Vol.122-E, No.10, pp.474-479, 2002.
156) 牧野泰才, 篠田裕之:「吸引圧刺激による触覚生成法」,『日本バーチャルリアリティ学会論文誌』, Vol.11, No.1, pp.123-131, 2006.
157) 岩本貴之, 篠田裕之:「音響放射圧の走査による触覚ディスプレイ」,『日本バーチャルリアリティ学会論文誌』, Vol.11, No.1, pp.77-86, 2006.
158) 鈴木隆文, 國本雅也, 満渕邦彦:「感覚神経刺激による人工触圧覚生成」,『BME』, Vol.18 No.4, pp.29-35, 2004.
159) 梶本裕之, 川上直樹, 舘 暲:「神経選択刺激のための最適設計法」,『電子情報通信学会誌』, Vol.J85-D-II, No.9, pp.1484-1493, 2002.
160) T. Maeda, H. Ando, M. Sugimoto : Virtual Acceleration with Galvanic Vestibular Stimulation in a Virtual Reality Environment, Proc. IEEE Virtual Reality 2005, pp.289-290, 2005.
161) H. Iwata, H. Yano, F. Nakaizumi : Gait Master : A Versatile Locomotion Interface for Uneven Virtual Terrain, Proc. IEEE Virtual Reality 2001, pp.131-137, 2001.
162) R. P. Darken, W. R. Cockayne, D. Carmein : The Omni-Directional Treadmill : A Locomotion Device for Virtual Worlds, Proc. ACM UIST'97, pp.213-221, 1997.
163) H. Iwata : Walking About Virtual Environments on an Infinite Floor, Proc. IEEE Virtual Reality'99, pp.286-293, 1999.
164) H. Iwata, H. Yano, H. Fukushima, H. Noma : CirculaFloor : A Locomotion Interface Using Circulation of Movable Tiles, Proc. IEEE Virtual Reality 2005, pp.223-230, 2005.
165) H. Iwata, H. Tmioka, H. Yano : Powered Shoes, ACM SIGGRAPH 2006 Emerging Technologies, 2006.
166) J. Templeman, P. Denbrook, L. Sibert : Virtual locomotion : walking in place through virtual environments, Presence, Vol.8, No.6, pp.598-617, 1999.
167) J. N. Kaye : Making scents, ACM Interactions, Vol.11. Issue 1, pp.49-61, 2004.
168) T. Nakamoto, H. P. Dinh Minh : Improvement of Olfactory Display using Solenoid Valves, Proc. IEEE Virtual Reality 2007, pp.179-186, 2007.
169) 谷川智洋, 崎川修一郎, 広田光一, 廣瀬通孝:「嗅覚における空間情報の伝送と提示を行うシステムの研究」,『日本バーチャルリアリティ学会論文誌』, Vol.9, No.3, pp.289-297, 2004.
170) Y. Yanagida, S. Kawato, H. Noma, A. Tomono, N. Tetsutani : Projection-based Olfactory Display with Nose-tracking, Proc. IEEE Virtual Reality 2004, pp.43-50, 2004.
171) 上村尚弘, 森谷哲朗, 矢野博明, 岩田洋夫:「食感呈示装置の開発」,『日本バーチャルリアリティ学会論文誌』, Vol.8, No.4, pp.399-406, 2003.
172) Peter Johnson-Lenz, Trudy Johnson-Lenz, http://www.awakentech.com/
173) John Tang, Scott Minneman : VideoWhiteboard : Video Shadows to Support Remote Collaboration, Proc. of CHI'91, pp.315-322, 1991.
174) Mark Stefik, Daniel Bobrow, et al. : WYSIWIS Revised : Early Experiences with Multi-User Interfaces, Proc. of CSCW'86, pp.276-290, 1986.
175) Paul Dietz, Darren Leigh : Diamondtouch : A Multi-user Touch Technology, Proc. of UIST 2001, pp.219-226, 2001.
176) Terry Winograd : A Language/Action Perspective on the Design of Cooperative Wrok, Computer-Supported Cooperative Work : A Book of Readings, Morgan Kaufmann Publishers, Irene Greif, pp.335-366, 1988.
177) Sara Bly, Steve Harrison, et al. : Media Spaces : Bringing People Together in a Video, Audio, and Computing environment, Communications of the ACM, Vol.36, Issue 1, pp.27-47, 1993.
178) Paul Dourish, Sara Bly, : Portholes : Supporting Awareness in a Distributed Work Group, Proc. of CHI 92, pp.541-547, 1992.
179) John Tang, Larry Leifer : A Framework for Understanding the Workspace Activity of Design Teams, Proc. of CSCW'88, pp.244-249, 1988.
180) Hiroshi Ishii, Minoru Kobayashi, et al. : Integration of Inter-Personal Space and Shared Workspace : ClearBoard Design and Experiments, In Proc. CSCW'92, pp.33-42, 1992.
181) Haruo Takemura, Fumio Kishino : Cooperative Work Environment Using Virtual Workspace, Proc. of CSCW'92, pp.226-232, 1992.
182) 山崎敬一編:『実践エスノメソドロジー入門』, 有斐閣, 2004.
183) Toru Ishida : Community Computing—Collaboration over Global Information Networks, John Wiley & Sons, 1998.
184) F. Hattori, T. Ohguro, M. Yokoo, S. Matsubara, S. Yoshida : Socialware—Multiagent sysytems for supporting network communities, Communications of the ACM, Vol.42, No.3, pp55-60, 1999.
185) 総務省:『平成18年版 情報通信白書』, ぎょうせい, 2006.
186) インターネット協会:『インターネット白書2005』, インプレス, 2005.

187) 吉田 仙, 亀井剛次ほか:「インターネットにおけるコミュニティ形成支援」, 『信学技報』, AI 98-30, Vol.98, No.202, pp.69-76, 1998.
188) Tim O'Reilly: What Is Web 2.0—Design Patterns and Business Models for the Next Generation of Software, http://www.oreillynet.com/pub/a/oreilly/tim/news/2005/09/30/what-is-web-20.html, 2005.
189) 井上雄大, 小林哲郎ほか:「ウェブ掲示板を対象としたネットワークコミュニティ分析支援システム CMINER」, 『情報処理学会論文誌』, Vol.45, No.1, pp.13-141, 2004.
190) 大向一輝:「SNSの現在と展望—コミュニケーションツールから情報流通の基盤へ」,『情報処理』, Vol.47, No.9, pp993-1000, 2006.
191) S. Sugawara, G. Suzuki, Y. Nagashima, M. Matsuura, H. Tanigawa, M. Moriuchi, InterSpace: Networked virtual world for visual communication, Transactions of IEICE Information and Systems, Vol.E77-D, No.12, pp.1344-1349, 1994.
192) 山田一穂, 宮川和ほか:「映像の構造情報を活用した視聴者間コミュニケーション方法の提案」,『情報処理学会研究報告』, 2002-GN-43, Vol.2002, No.31 pp.37-42, 2002.
193) 藤川 勝, 宮下直也ほか:『チョコパラSSS—シーンに対する議論の盛り上がりを配信する映像コミュニティシステム』, 画像電子学会 第34回年次大会, 06-31, pp.67-68, 2006.
194) 小西宏志, 鳥井陽介ほか:『カメラ付き携帯電話を活用したモバイル映像ブログシステム』, 電子情報通信学会総合大会, B-15-1, 2006.
195) 村上龍郎, 端山 聡ほか:「レゾナントコミュニケーション社会を実現する映像コミュニケーション技術」,『NTT技術ジャーナル』, Vol.17, No.7, pp.8-12, 2005.
196) NTTメディアスコープ:『「コミュニティ・マーケティング」が企業を変える!—広告はなぜ効かなくなったのか?』, かんき出版, 2004.
197) 松原繁夫:「ネットワークコミュニティの形成支援/語らい支援」, 山田誠二ほか編,『情報社会とデジタルコミュニティ—インターネットの知的情報技術』, 東京電機大学出版局, pp.65-95, 2005.
198) T. Shibata, K. Wada, K. Tanie: Statistical Analysis and Comparison of Questionnaire Results of Subjective Evaluations of Seal Robot in Japan and U. K, IEEE International Conference on Vol.3, Issue, 14-19, pp.3152-3157, 2003.
199) H. Asoh, Y. Motomura, F. Asano, I. Hara, S. Hayamizu, K. Itou, T. Kurita, T. Matsui, N. Vlassis, R. Bunschoten, B. Kroese: Jijo-2: An Office Robot that Communicates and Learns, IEEE Intelligent Systems, Vol.16, No.5, pp.46-55, 2001.
200) H. Osawa, J. Mukai, M. Imai: Anthropomorphization of an Object by Displaying Robot, The 15th IEEE International Symposium on Robot and Human Interactive Communication (RO-MAN06), Vol.15, pp.763-768, 2006.
201) 神田, 石黒, 小野, 今井, 前田, 中津:「研究用プラットホームとしての日常活動型ロボット"Robovie"の開発」,『電子情報通信学会論文誌 D-I, J85-D-I』, No.4, pp.380-389, 2002.
202) T. Kanda, T. Hirano, D. Eaton, H. Ishiguro: Interactive Robots as Social Partners and Peer Tutors for Children: A Field Trial, Human Computer Interaction (Special issues on human-robot interaction), Vol.19, No.1-2, pp.61-84, 2004.
203) C. L. Breazeal: Designing Sociable Robots, MIT Press, 2002.
204) 小嶋秀樹:「ロボットの社会的発達と「心の理論」の獲得」,『知能と複雑系(2000-ICS-122)』, pp.13-18, 2000.
205) 仲川こころ:「人との関係に問題をもつ子どもたち—キーポンと療育教室の子どもたち」,『発達』, Vol.26, No.104, pp.89-96, 2005.
206) T. Ono, M. Imai, R. Nakatsu: Reading a robots mind: a model of utterance understanding based on the Theory of Mind MechanismIntl, Journal of Advanced Robotics, Vol.14, No.4, pp.311-326, 2000.
207) 岡田, 松本, 塩瀬, 藤井, 李, 三嶋:「ロボットとのコミュニケーションにおけるミニマルデザイン」,『ヒューマンインタフェース学会論文誌』, Vol.7, No.2, pp.189-197, 2005.
208) S. Hashimoto, F. Kojima, N. Kubota: Perceptual System for A Mobile Robot under A Dynamic Environment, Proc. of IEEE International Symposium on Computational Intelligence in Robotics and Automation (CIRA 2003), pp.747-752, 2003.
209) H. Kobayashi, Y. Ichikawa, T. Tsuji, K. Kikuchi: Development on Face Robot for Real Facial Expressions, Proceedings of the 2001 IEEE/RSJ International Conference on Intelligent Robots and Systems, pp.2215-2220, 2001.
210) 石黒:「アンドロイドサイエンス」,『システム制御情報』, Vol.49, No.2, pp.47-52, 2005.
211) 川上, 関口, 梶本, 多田隈:「相互テレイグジスタンスロボット「テレサフォン」」,『日本ロボット学会誌』, Vol.24, No.2, p.177, 2006.
212) D. Sekiguchi, M. Inami, S. Tachi: RobotPHONE: RUI for Interpersonal Communication, CHI 2001 Extended Abstracts, pp.277-278, 2001.
213) T. Ogura, A. Haneda, K. Okada, M. Inaba: On-site Humanoid Navigation Through Hand-in-Hand interface, in Proceedings of IEEE-RAS International Conference on Humanoid Robots (Humanoids 2005), pp.175-180, 2005.
214) 竹田, 林, 平田, 小菅:「社交ダンスにおける人間とロボットとの力学的相互作用型協調運動システム」,『日本ロボット学会誌』, Vol.25, No.1, pp.113-120, 2007.
215) M. Sugimoto, G. Kagotani, H. Nii, N. Shiroma, M. Inami, F. Matsuno: Time Follower's Vision: A Teleoperation Interface with Past Images, IEEE Computer Graphics and Applications, Vol.25, No.1, pp.54-63, 2005.
216) 日本発新IT:「ネットワーク・ロボットの実現に向けて」,『総務省 ネットワーク・ロボット技術に関する調査研究会』, 2003.
217) T. Sato, et al.: Robotic Room: Symbiosis with human through behavior media, Robotics and Autonomous Systems 18 International Workshop on Biorobotics: Human-Robot Symbiosis, ELSEVIER, pp.185-194, 1996.
218) H. Ishiguro: Development of low-cost compact omnidirectional vision sensors and their applications, International Conference on Information systems, analysis synthesis, pp.433-439, 1998.
219) 中山ほか:「製造業向け情報流通プラットフォームとその応用(遠隔監視・リモートエンジニアリング)」,『平成15年度電気学会産業応用部門大会』, 2003.
220) 水川, 松家ほか:「産業用ロボットにおけるネットワークインタフェースの標準化活動-ORiN: Open Robot Interface for the Network」,『日本ロボット学会誌』, Vol.18, No.4, pp.468-471, 2000.
221) 木村, 手塚ほか:「ネットワークを活用したものづくり

支援サービス（第4報）ORiN と FDML とを統合した情報処理システムのプロトタイプの開発」，『精密工学会春季大会学術講演会』，2004.
222) 手塚ほか：「FDML を用いた情報流通プラットフォームと行動認識への適用」，『日本機械学会ロボティクスメカトロニクス講演会』，2004.
223) 片渕ほか：「RF-ID とセンサ情報を統合するユビキタスサービスプラットフォームの検討」，『画像電子学会 第14回 VMA 研究会』，2005.
224) 中山ほか：「音によるモーションメディアコンテンツ流通方式の提案とそのネットワークコミュニケーションサービスへの応用」，『日本ロボット学会誌』，Vo.23, No.5, pp.602-611, 2005.
225) K. Shimokura, *et al.*：Network Robot Platoform for the Next-generation Content Delivery Network, Proceedings of Workshop on Network Robot System at IEEE/RSJ International Conference on Intelligent Robots and Systems, 2004.
226) H. Tezuka, *et al.*：Sensor and robot collaboration based on network robot platform, Proceedings of Workshop on Network Robot Systems at IEEE International Conference on Robotics and Automation, 2005.

3 画像応用

3.1 印刷

3.1.1 概要・市場動向
(1) 日本の印刷市場動向

日本の印刷市場は，経済産業省「工業統計表（産業編）」によれば，2005年まで7年連続で減少している。印刷業界から姿を消した事業所も多く，事業所数も7年連続で減少し，その平均減少数は1700事業所/年となっている。8年連続で減少する可能性も大きく，いわゆる成熟産業と見られている[1]（図3.1）。

一方，上場印刷企業10社の連結売上高平均は，対前年同期比でプラス5.0%増と3年連続のプラスとなり，上昇傾向にあるが，受注競争が激化しているため平均では増収減益となっている。また，印刷前工程を意味するプリプレスでの印刷工程全体に占める寄与率は1997年時点で42.6%だったものが，2005年には25.5%にまで減少し，2010年には20.0%まで落ちるとの予測もある。

これらプリプレスの減少はDTP (desk top publishing) の普及と進歩によってもたらされたものであり，印刷工程内におけるプリプレスの加工度はどんどんと低下してきている。これはコンピュータおよびDTPソフトウェアの進展で印刷発注者側での内製化処理が進み，受注者側である印刷会社での処理が大幅に減少していることが原因である。顧客側での内製化が進み，さらに加工度低下が進み，仕事量全体に占めるプリプレスのシェアは低くなり，寄与率もさらに低くなる。この傾向は今後も止まるところを知らない。もちろん，人々の紙媒体離れが進み，インターネットの進展などメディアの変化が大きく影響している。出版業界の市場が8年連続で減少していることも影響している[1]（図3.2）。

印刷関連産業の連合体である日本印刷産業連合会の市場予測についても発表されている。2000年（平成12年）に，ディジタル時代を見据えた印刷産業のビジョンを研究するプロジェクトが"Printing Frontier 21 (PF21)"を発表し，印刷産業がソフト・サービス化していくとともに，ディジタルメディアの領域を取り込んでいく方向が示された。

その中で将来の印刷産業の市場規模として2005年，2010年も予測数字が提示されたが，その後の5年間，厳しい経済状況に見舞われ，結果的に公表した市場規模の数値が現実とは乖離したものとなってきた。

そこで，「印刷産業市場規模研究会」で再度見直し作業を行ない，日本の印刷産業〈将来市場規模〉予測を立てた報告書が提出された。それによれば，2005年の印刷市場規模は8兆

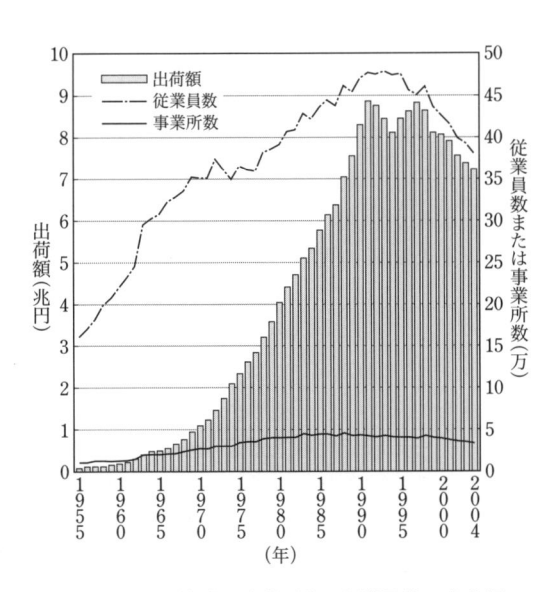

図3.1 印刷産業の事業所数，従業員数，出荷額
（経済産業省『工業統計表（産業編）』よりJAGAT作成）

業市場規模＝印刷出荷額＋エレクトロニクス事業＋ソフト・サービス産業＋IT（information technology）・ネットワーク事業としている。

とくに印刷産業は，従来，景気の波及効果が最後に及ぶ業界といわれてきたが，GDP（gross domestic product）の成長曲線に則して成長をつづけてきたことは確かである。ところが，米国の印刷産業がそうであるように，日本の印刷産業においても1990年代以降は国内総生産GDPの成長曲線とは乖離した動きを示していることが，2000年以降の印刷業界の成長の困難さを物語っている。

日本印刷産業連合会の予測では，2005年の印刷市場の推計においては，8兆8521億円となり，2000年対比ではプラス1.76%である。市場別に見ると，出版分野はインターネットや携帯電話の普及，出版流通構造の変化が，雑誌市場を中心に低迷し，今後もこの傾向は続くであろう。書籍も1997年以降7年間前年割れであったが，ハリーポッターなどの大型商品と書店POSの導入による書籍マーケティング技術の向上により，2004年以降回復の傾向で「書低雑高」から「雑低書高」が定着しつつある。

電子出版市場は2005年で500億円，携帯電話によるモバイルコンテンツは3225億円と推定されているが，この中で印刷産業が取り込んだ市場は残念ながらきわめて小さいものであった。教科書も生徒数の減少（小・中学校平均マイナス1.0%）に伴い低下傾向にある。結果として，出版印刷市場は8660億円と市場規模を縮小させた。広告市場はDM（direct mail）とチラシが前半健闘，後半は衛星広告やインターネット広告が急速に増加し続けており，インターネットと印刷の役割の棲み分けができつつある。

また，フリーペーパー，フリーマガジンが急激に成長し，2003年で有料販売されている商業雑誌をうわまわる64億部が発行された。フリーペーパーは広告費収入事業なので商業印刷市場に入れて分類されている。この結果，商業印刷市場は3兆6285億円と，印刷市場の40%強を占める市場を獲得した。証券印刷市場は株券の減少や制度的廃止，金融機関の統廃合により市場全体で厳しい環境にあったが，個人情報保

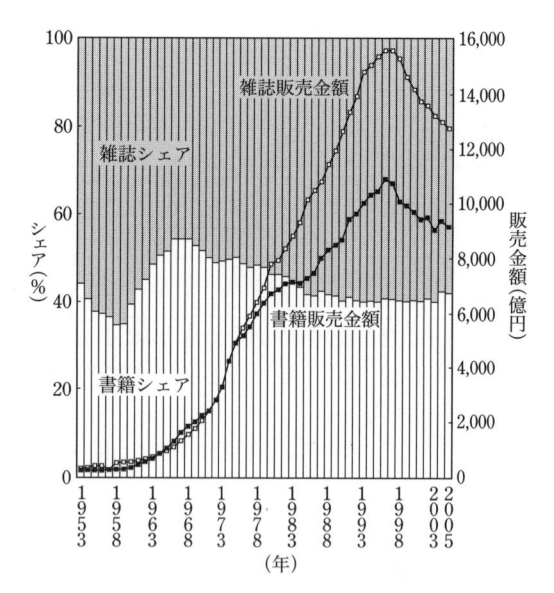

図3.2 書籍，雑誌の販売金額とシェア推移
（出版科学研究所『出版月報』『出版年報』よりJAGAT作成）

8521億円と推計され，将来予測である2010年は9兆4878億円，2015年は10兆1662億円となっている。2000年予測時との比較では，2005年はプラス1.76%と微増したとみられるが，2010年はプラス9.07%，2015年でプラス16.87%となり，市場は拡大基調で推移すると予測した。すなわち，日本経済の安定的成長に支えられた印刷業界は，市場に対する新しい製品・サービスの投入により，将来の市場は全体として拡大していくと考えている。

これら日本印刷技術協会と日本印刷産業連合会の2つの市場予測の大きなちがいについてコメントすれば，経済産業省の「工業統計」のみで予測を立てたのが，日本印刷技術協会の「印刷白書」2006であり，一方，日本印刷産業連合会の予測には，「工業統計」で取り扱っていない，精密電子部品やソフト・サービス部門での売り上げが加算されているからである。

なお，「工業統計表」は毎年，経済産業省により実施され，事業所数，従業員数，製造品出荷額などを調査しており，印刷産業は「印刷・同関連」として「印刷業」「製本業」「印刷物加工業」「印刷関連サービス業」に分類されている。

また，日本印刷産業連合会の予測数字策定にあたり2000年時点での動きとしては，印刷産

表 3.1　2010 年，2015 年の印刷産業市場規模予測

	2005 年推計			2010 年予測			2015 年予測		
	2005 年市場規模推計（百万円）	構成比（％）	2000 年比平均伸び率（％）	2010 年市場規模予測（百万円）	構成比（％）	2005 年比平均伸び率（％）	2015 年市場規模予測（百万円）	構成比（％）	2010 年比平均伸び率（％）
出版印刷	866,097	11.0	－2.8	809,789	9.5	－1.3	808,972	8.7	0.0
定期刊行物	440,548	5.5	－2.5	408,904	4.8	－1.5	409,525	4.4	0.0
不定期刊行物	366,113	4.7	－0.7	344,346	4.0	－1.3	344,977	3.7	0.0
その他の出版物	59,437	0.8	－1.2	56,538	0.7	－1.0	54,470	0.6	－0.7
商業印刷	3,628,546	45.9	1.1	4,029,461	46.9	2.1	4,130,709	44.6	0.5
宣伝印刷物	3,509,253	44.4	1.5	3,924,324	45.7	2.3	4,028,083	43.5	0.5
業務用印刷物	119,294	1.5	－8.0	105,137	1.2	－2.5	102,627	1.1	－0.5
証券印刷	262,215	3.3	1.0	287,498	3.3	1.9	295,325	3.2	0.5
一般証券印刷	146,287	1.9	－0.5	146,324	1.7	0.0	146,452	1.6	0.0
カード証券類	115,927	1.4	3.0	141,174	1.6	4.0	148,874	1.6	1.1
事務用印刷	945,905	12.0	－2.1	967,428	11.3	0.5	983,818	10.7	0.3
ビジネスフォーム	417,247	5.3	－1.5	438,639	5.1	1.0	461,409	5.0	1.0
事務用印刷	528,657	6.7	－2.5	528,790	6.2	0.0	522,409	5.7	－0.2
包装印刷	783,731	9.9	－2.3	790,806	9.2	0.2	791,497	8.5	0.0
紙器・包装紙	436,897	5.5	－4.5	426,191	5.0	－0.5	426,566	4.6	0.0
軟包装・プラスチック	346,833	4.4	1.0	364,615	4.2	1.0	364,931	3.9	0.0
特殊印刷	917,167	11.6	7.1	1,095,860	12.7	3.6	1,324,865	14.3	3.9
建装材・その他	199,002	2.5	－0.1	199,052	2.3	0.0	199,226	2.2	0.0
精密電子部品	718,165	9.1	9.8	896,808	10.4	4.5	1,125,639	12.1	4.7
ソフト・サービス	498,488	6.3	3.0	607,047	7.1	4.0	931,081	10.0	8.7
計（A）	7,902,149	100.0	1.1	8,587,889	100.0	1.7	9,266,267	100.0	1.5
その他（B）	950,000			900,000			900,000		
合計（A＋B）	8,852,149		0.4	9,487,889		1.4	10,166,267		1.4

護法の成立やセキュリティ意識の向上，また IC カードなどが成長し 2622 億円となった。事務用印刷市場は，オンデマンドプリンティングや個人情報保護などから，隠蔽シールなどの市場は成長したが，ビジネスフォーム市場全体としては低下し，9459 億円となった。

また，DPS（data print service）技術によるバリアブル印刷は増加した。包装印刷市場は環境対策が進み，全体的に減量化が進んだ。とくに紙器分野は価格低下が続き低迷した。軟包装や PET（poly ethylene terephthalate）容器市場が拡大し，7837 億円となった。建装材・産業資材分野は建築着工数や携帯電話の需要が落ち着いていることもあり，市場的には小幅な変動で 1990 億円となった。精密電子部品は 2000 年以降も毎年 10％程度の成長を続け，7181 億円となった。印刷産業 ISO 14000 や特定化学物質，グリーン購入，個人情報保護など制約要素が拡大し，アウトソーシングに代表されるサービス産業化の動きも顕著になってきた[2]（表 3.1）。

(2) 世界の印刷市場動向

21 世紀の幕明けは，新しい国際化のはじまりでもあり，世界の経済秩序の変化でもあった。BRICs（Brazil Russia India China）と名づけた新興経済大国群である。

現在のペースでこれらの国々が成長を続ければ，2039 年に BRICs の GDP 合計がアメリカ，日本，ドイツ，イギリス，フランス，イタリアの GDP を上まわり，2050 年には GDP の順位

が中国，アメリカ，インド，日本，ブラジル，ロシア，イギリスの順になると，米国ゴールドマンサックスは予想した。PIA（Printing Industries of America，アメリカ印刷業組合）が発表したレポートでは，アメリカ市場への中国の参入である。

とくに高級書籍印刷市場では，中国の印刷業者の進出が目立つ。納期の厳しくない書籍分野ではコストと品質が鍵となるが，大手書籍出版社は中国の業者へ直接発注しはじめている。米国印刷業者数は1993年の54400社をピークに減少し，2003年には44000社となった。今後の成長分野は，ダイレクトメール，パッケージ，広告媒体であるという。注目すべき今後のトレンドとしての，クロスメディア，付加価値サービス，ディジタルプリンティング，インターネットなどの競合メディアとの共存に深くかかわる分野でもある。2005年時点での中国の印刷業者数は90000社で，生産高は2005年の推計では3兆3700億円と急速に拡大している。

かつての米国や日本と同じように印刷産業の伸びがほぼGDPの弾性値に等しく，市場を拡大させている。中国側の予想では2016年に10兆6000億円にまで拡大するとしており，この時点で日本を追い越していることになる。すでに欧米ではじまっているアウトソーシングの流れに従えば，用紙購入管理から印刷，フルフィルメント，デリバリーを請け負う，印刷設備をもたないプリントマネージメント会社が急成長していることも見逃せない。

3.1.2 印刷システム
(1) 個別最適から全体最適へ

印刷CIM（computer integrated manufacturing）の実現とその中で機能するMIS（management information system）の構築は，中堅印刷会社にとって必須である。既存市場のニーズ（小ロット，短納期，低価格）への対応と顧客満足度向上によって，全体として縮小する既存市場のシェアアップを図るためである。印刷CIM実現とMISの進化に関する疑問や課題を整理するとMISがもつべき機能条件が明らかになってくる。印刷生産工程管理をJDF（job definition format）規格で可能にすることができ

るのかどうか，また，これらに対応したジョブチケットの発行が最適なものにできるかどうかであろう。

異なる世代の異なるメーカーの印刷機や製本加工機など，相互のシステム互換性が保障され，MISの負荷も大きくないシステムが本当に実現できるのかどうかである。各ベンダーおよびCIP4（Computer Information Process 4）の努力で印刷CIMの道具立てはそろいつつあり，生産工程管理システムとMISの連携にかかわる課題についても少しずつ解決の糸口が見つけられ，古い設備を維持しながらの順次移行についても，各メーカーが追加のインタフェースを準備した機種ごとに，新しいワークフローに組み込むことが可能となる。

(2) 統合型システム（CIM＝computer integrated manufacturing）

JDFワークフローとMISがその構成要素となる統合型システムCIMは，さまざまな変化にフレキシブルに対応しながら，多品種・小ロットの製品を短納期で効率よく低コストで生産するための手段である。しかし，CIMの実現は設備導入をすれば，すぐに実現できるものではなく，生産設備以外の非生産業務を含む幅広い分野の業務改革が必要となる。また，具体的ステップについては，印刷各社の状況によって異なるものとなる。最終段階の全体像を描いたうえで必要な内容と導入ステップを決める必要がある。

①生産設備運転の自動化

印刷機，製本加工機などの生産設備運転の自動化のためにJDFが扱う情報には2種類ある。1つは生産管理情報で，受注番号，品名，得意先名，印刷枚数など，もう1つは印刷作業指示情報で，紙サイズ，紙厚，紙の種類などである。これらの情報は受注情報から適宜取り出し，生産工程管理情報として自動的に引き渡すようにしなくてはならない。

②MISと生産設備の連携

JDFを使った自動化ではMISと生産設備間の連携が大きな課題だが，MISにとって，生産設備からの稼働状況に関するフィードバック情報が自動的に吸い上げられる仕組みが必要であり，内容・精度についても検討が必要であ

(3) CIMを構成するMIS（management information system）の課題

CIMの実現を全体最適化の一環と考えれば，業務上のコミュニケーションの改革は最重要課題である。コミュニケーションの手段は，仕様書や指示書などの紙を使ったものや電話とファックス，電子メールとさまざまであるが，ミスやロスが避けられない。情報共有のインフラが必須である。今後はITの進展に伴うウェブ（world wide web）の活用が有効である。ウェブを利用して作業予定，進捗情報の共有化を図ることで指示ミスをゼロに近づける努力が必要である。また，作業標準の設定と作業工程のシミュレーションが作業工程を自動化するときのポイントである。

(4) JDF（job definition format）規格

一般の製造業と比較して，一品受注生産的要素が強く，人間の介在が多い印刷業において，JDF規格は着実に進化している。JDF ver1.3では，仕事の内容に変更が生じたときの処理として，変化のあった部分のみサーバ内容を書き換えるようにしたことなどであり，今後，drupa2008[*1]でver1.4も検討されている。

(5) RGBワークフロー

ディジタルカメラが急激に普及している。しかも，解像力のアップなどによって，その画質の向上には目覚しいものがある。何よりも従来のアナログ写真カメラと異なり，最初からディジタル化されていることである。これにより，各種印刷物作成においてディジタルカメラの利用は限りなく広がりつつある。

ディジタルカメラによる写真画像処理も含めて，いわゆるDTPソフトウェアでの処理が発注者側で進めば，受注者側である印刷会社側は対応せざるをえなくなる。ディジタルカメラで撮影された商品写真データなどは，RGBデータとして蓄積される。

このような背景から，ディジタルカメラの進展により，RGBデータからYMCKデータへの変換やトリミングなど各種処理が同一画面上で処理可能となり，RGBデータ入稿に基づくワークフローが完成しつつある。とくに，納期の長いものや画質的に要求度の低いものから利用が始まり，しだいにその適応範囲が広がりつつある。プロフェッショナルカメラマンなどでも高度なディジタルカメラ利用者が増えつつある。もちろん，色空間内で，より鮮明に，より実物に忠実な再現をするためのRGB/YMCK変換ソフトウェアは各ベンダーが競い合って販売している。

(6) PDF（portable document format）ワークフロー

XML（extensible mark-up language）データベースと連動した自動組版などがマニュアル制作やカタログ制作に反映されるようなシステムができている。スキルレスなDTP制作が編集者自身で行なわれるようになり，大手出版社中心に導入が進んでいる。DTPの内製化は，出版社や広告代理店など発注者側にとってスケジュール短縮やデータの2次利用，コスト削減のメリットも大きい。

PDF/Xはデータ入稿の信頼性向上と簡便性のためにPDFの機能を制限することをめざし，アメリカの広告業界によって検討が進められたもので，のちにISO規格となった。たとえば，PDF/X-1aではフォント埋め込みとCMYKカラーが必須である。そのため，フォントの有無や色空間のちがいによる入稿トラブルは起こりえない。

国内では，印刷会社が入稿データの完成度をプリフライトチェックし，必要に応じて修正を行なえるデータ形式として，アプリケーションファイル入稿が採用されていた。しかし，それは問題点も多い。データ作成側とデータを受け取る側のアプリケーションのバージョンのちがいや，OSのちがい，フォントの欠落などのトラブル発生は少なくない。これらのトラブルがPDF/X-1aによって解消されることの意義は大きいといえる。

3.1.3 新製品・新技術動向

経済産業省は，コンテンツ産業は他産業を含め高い経済的波及効果をもつものであり，知的財産立国の実現を担う重要な産業と位置づけて

[*1] drupaとは4年に一度ドイツで開催される世界最大の印刷機材展。

いる。とくに国際競争力を強めるためにも，日本の「ソフトパワー」を海外で発揮し，「日本ブランド」を確立し，強化するためにきわめて重要としている。経済産業省は，2006年6月に「新経済成長戦略」を取りまとめたが，サービス産業を製造業と並ぶわが国経済成長の双発のエンジンと位置づけている。

サービス産業の中でもコンテンツ産業は今後大きな成長が見込める分野であるとし，現在13.6兆円の市場を今後10年間で約5兆円拡大させ，2015年には約19兆円の市場規模とすることをめざし，そのための施策を次々と打ち出していくとしている。また知的財産戦略本部からは「知的財産推進計画2006」が公表されており，2003年から続く第2弾としてIPマルチキャスト放送の活用や，ユーザーに配慮したプロテクションシステムなどへの取り組みの検討を開始した。とくに通信と放送の融合と海外展開によって生まれる「新ビジネスモデル」の構築を主たるテーマに国家戦略を推進している。印刷産業も経済産業省・商務情報政策局の下で，限りなくコンテンツ産業の一翼を担うように期待されている。

(1) クロスメディア戦略

ブロードバンド環境の拡大と通信と放送の融合の機運のなか，2005年度前半には韓国のオンラインゲームの攻勢をはじめとするインターネットでの新しいエンターテインメントビジネスの可能性に関する議論があり，年度後半にはブログやSNS（social network service）のブームから，いわゆるウェブ2.0とよばれる新しいコミュニティビジネスの形がマスコミを席巻するにいたった。コンテンツ周辺の話題はインターネットの話題に終始している。

財団法人デジタルコンテンツ協会編集による「デジタルコンテンツ白書2006」によれば，メディアコンテンツ産業の市場規模は，2005年で，映像が4兆8338億円，音楽・音声が1兆9141億円，ゲームが1兆1442億円，図書・新聞・画像・テキストが5兆7890億円で合計13兆6811億円としている。なかでも，図書・新聞・画像・テキストの中で雑誌が1兆6712億円，書籍が9197億円，新聞が2兆3800億円，パッケージソフトが2124億円，インターネット配信が4860億円，携帯電話配信が1197億円としている。

一方，流通メディア別の割合では，大きく5つの分野に分類している。パッケージ流通が6兆9944億円で，インターネット流通が5981億円，携帯電話流通が3985億円，拠点サービス流通が1兆7369億円，放送が3兆9532億円。それぞれの分野ごとの推移を見れば，パッケージ流通の割合は年々減少し，放送や拠点サービスも横ばいなのに対して，インターネットや携帯電話による流通が増加の兆しを見せている。このようにコンテンツ産業のなかで成長が著しいのは，インターネットや携帯電話などの新しいメディアで流通するコンテンツであり，インターネット広告や携帯電話広告の伸長もこのことに付随している現象である[3]（表3.2）。

(2) ウェブ2.0時代

2005年のインターネット関連産業において，もっとも注目を集めたのは，「ウェブ2.0」とよばれる一連の新動向であろう。話題の流行語としては，すでに定着しビジネスへの影響についても多く語られ始めている。IT関連出版社のオライリー社のティム・オライリー社長が提案したものである。

ネットビジネスの新たな動向をひとまとめにした概念で，具体的には，Googleの動きである。Googleは当初きわめてシンプルな検索サービスのみであった。ところが最近になってさまざまなサービスを多角的に展開し，「次世代ウェブ」へのヒントになった。まずはウェブメール"Gmail"である。非常に軽快なアクセスがまるでローカルのメールサービスのように軽快である。

また，オフィススィートの分野でMicrosoft Officeが圧倒的なシェアをもつところに，無料のウェブサービスとしてオンラインワープロ"Writely"や"Google Spreadsheet"のテストが開始された。Microsoftもこの動きに対して，従来のパッケージソフトからオンライン提供型のサービスにいずれ参入してくるであろう。また注目すべきものとして，CGM（consumer generated media）とよばれるサービスの動向である。

事業者がコンテンツを一方的に提供するだけ

表3.2 ディジタルコンテンツの市場規模

区分・品目	2001年推計(億円)	2002年推計(億円)	2003年推計(億円)	2004年推計(億円)	2005年推計(億円)	2006年予測(億円)	02/01	03/02	04/03	05/04	06/05
							伸び率(%)				
映像	2,863	3,566	4,483	5,435	7,088	8,018	124.6	125.7	121.2	130.4	113.1
パッケージソフト	2,682	3,261	4,062	4,948	6,207	6,577	121.6	124.6	121.8	125.4	106.0
DVDセル	2,396	2,722	3,266	3,813	3,915	4,171	113.6	120.0	116.7	102.7	106.5
DVDレンタル	285	539	796	1,135	2,291	2,406	189.1	147.7	142.6	201.9	105.0
インターネット配信	10	39	147	173	292	647	390.0	376.9	117.7	168.8	221.6
携帯電話配信	171	266	274	314	589	795	155.6	103.0	114.6	187.6	135.0
音楽	8,082	7,710	7,394	7,628	7,864	9,133	95.4	95.9	103.2	103.1	116.1
パッケージソフト	7,330	6,727	6,233	6,210	6,021	6,563	91.8	92.7	99.6	97.0	109.0
CDセル	6,474	5,704	5,019	4,954	4,787	5,266	88.1	88.0	98.7	96.6	110.0
DVDセル	207	373	624	655	633	697	180.2	167.3	105.0	96.6	110.1
CDレンタル	650	650	590	600	600	600	100.0	90.8	101.7	100.0	100.0
インターネット配信	16	25	32	50	233	293	156.3	128.0	156.3	466.0	125.8
音楽配信	5	11	17	36	218	273	220.0	154.5	211.8	605.6	125.2
MIDI・DTMデータ配信	11	14	15	14	15	20	127.3	107.1	93.3	107.1	133.3
携帯電話配信(着メロ・着うた・着うたフル)	736	958	1,129	1,368	1,610	2,277	130.2	117.8	121.2	117.7	141.4
ゲーム	4,352	4,291	4,097	4,550	4,950	5,243	98.6	95.5	111.1	108.8	105.9
パッケージソフト	4,248	4,030	3,698	3,771	3,765	3,770	94.9	91.8	102.0	99.8	100.1
家庭用ゲーム機向けソフト	3,685	3,367	3,091	3,160	3,141	3,141	91.4	91.8	102.2	99.4	100.0
PC用ゲームソフト	563	663	607	611	624	629	117.8	91.6	100.7	102.1	100.8
オンラインゲーム(運営サービス)	14	60	129	367	596	720	428.6	215.0	284.5	162.4	120.8
PC用					534	645					120.8
定額課金				260	314	379				120.8	120.7
アイテム, アバター課金				107	210	253				196.3	120.5
その他課金					10	12					120.0
家庭用ゲーム機用					62	75					121.0
携帯電話向けゲーム	90	201	270	412	589	752	223.3	134.3	152.6	143.0	127.7
図書, 画像・テキスト	4,457	4,463	4,864	5,004	5,373	6,499	100.1	109.0	102.9	107.4	121.0
パッケージソフト	2,403	2,371	2,321	2,163	2,124	2,056	98.7	97.9	93.2	98.2	96.8
データ集	155	112	93	74	77	69	72.3	83.0	79.6	104.1	89.6
教育・学習	87	80	73	72	75	74	92.0	91.3	98.6	104.2	98.7
家庭・趣味	52	61	61	54	57	55	117.3	100.0	88.5	105.6	96.5
電子辞書	343	395	462	550	600	655	115.2	117.0	119.0	109.1	109.2
その他	1,765	1,722	1,632	1,414	1,315	1,203	97.6	94.8	86.6	93.0	91.5
インターネット配信	1,299	1,141	1,649	1,965	2,340	3,060	87.8	144.5	119.2	119.1	130.8
データベースサービス	1,214	1,007	1,485	1,784	2,085	2,672	82.9	147.5	120.1	116.9	128.2
電子書籍	4	5	17	33	73	182	125.0	340.0	194.1	221.2	249.3
その他	81	129	147	148	183	206	159.3	114.0	100.7	123.6	112.6
携帯電話配信	755	951	893	875	909	1,383	126.0	93.9	98.0	103.9	152.1
待ち受け画面	340	430	350	300	230	187	126.5	81.4	85.7	76.7	81.3
電子書籍			1	12	60	540			1,200.0	500.0	900.0
その他	415	521	542	563	619	656	125.5	104.0	103.9	109.9	106.0
ディジタルコンテンツ市場 合計	19,754	20,030	20,837	22,617	25,275	28,892	101.4	104.0	108.5	111.8	114.3

でなく，ユーザーの情報発信がサービスのコンテンツの価値を高めるこのSNSやSBM（social book mark）といった付加価値モデルのサービスが今後注目される。「つながる」と「情報共有」に新たな価値を見いだすコミュニケーションのスタイルが誕生している。ウェブ2.0における情報共有の仕組みは，情報の編集と取捨選択を情報提供者の恣意によってではなく，ユーザーに任せることを可能にしている。

(3) ロングテール

新しい収益のモデルの開拓が始まった。ネット通販によって，従来型の同一商品の大量生産・大量消費のビジネスモデルから細かなニーズにも応じた多品種少量生産・販売サービスに移行すべきということは理解できても，多彩なニーズの吸い上げと多品種生産および在庫コストの回収に妙案はなかったといえる。この問題に果敢にチャレンジしたのがAmazonである。

Amazonの収益構造は「ロングテール」とよばれている。少数のヒット商品で全体をカバーするモデルから，低い売上商品を少しずつだが累計として大量に販売することで収益に貢献するモデルである。Amazonはオンライン通販でこれを実現している。また，利用者の購買履歴などを収集分析することで，次の商品を予測しリコメンドするといったサービスも始まっている。P4P（pay for performance）とは，検索キーワードに連動し検索結果ページに表示される広告（検索連動型広告）やコンテンツ連動型広告の総称である。検索連動型広告の伸びは対前年比87％増で598億円，コンテンツ連動型広告は対前年比167％増の80億円という。

また，アフィリエイトサービスも順調に成長している。市場は対前年比77％増の314億円であるという。総務省の調査によれば，ブログサービスの登録者数は2005年9月現在473万人である。SNS会員は米国のMySpaceが6700万人，日本ではMixiが多くの会員を獲得している。また，新たなサービス"Google Maps"でとくに注目すべきは，そのAPI（application program interface）が公開されていることである。Google Mapsと連動したさまざまなサービスが誕生しようとしている。

(4) 電子出版，電子書籍

ディジタルコンテンツの市場規模が発表されているが，図書・画像・テキストのうちディジタルコンテンツとして流通しているものの市場規模については2005年で5373億円，内訳としては，パッケージソフト2124億円，インターネット配信2340億円のうち電子書籍が73億円，携帯電話配信909億円のうち電子書籍が60億円であり，2006年には電子書籍の市場はインターネットで182億円，携帯電話で540億円という予測が出ている。紙媒体のコミックスとコミック誌（マンガ雑誌）の比較でいえば，コミック誌は年々減少し，1995年に3357億円の市場だったものが2005年には2421億円と大きく減少している。

一方，コミックスはほぼ横ばいのまま推移し，1995年2507億円であったものが2005年2602億円の市場を維持しているが，今後のメディアの動向によっては大きく変化する可能性もある（表3.3）。

出版業界では，電子出版という場合，その定義が一定していない。DTPやオンデマンド印刷など制作プロセスを示すケースもあれば，制作されたコンテンツとその読取り装置を示す場合がある。PDA（personal digital assistance），携帯電話，読書専用端末などのハードをひっくるめた読書形態の総称であったり，商品として

表3.3 コミックス・コミック誌推定販売金額

年	コミックス		コミック誌	
	販売額（億円）	前年比（％）	販売額（億円）	前年比（％）
1995	2,507	99.5	3,357	101.0
1996	2,535	101.1	3,312	98.7
1997	2,421	95.5	3,279	99.0
1998	2,473	102.1	3,207	97.8
1999	2,302	93.1	3,041	94.8
2000	2,372	103.0	2,861	94.1
2001	2,480	104.6	2,837	99.2
2002	2,482	100.1	2,748	96.9
2003	2,549	102.7	2,611	95.0
2004	2,498	98.0	2,549	97.6
2005	2,602	104.2	2,421	95.0

出版科学研究所『2006出版指標年報』より。

流通しているパッケージや電子データ（ダウンロードデータ）そのものの呼び名であったりする。

一般的には，パッケージ，インターネット流通を問わず，既存の出版社が主導あるいは他の産業と共同で電子的に商品化された出版系コンテンツを電子出版あるいは電子書籍と総称する。電子出版市場が立ち上がって20年，流通形態や新たな商品の出現などでビジネスが大きく変容しようとしている。

CD-ROM（compact disk‐read only memory）というパッケージの形態は辞書系などで大流行したが，インターネットの出現で今後が危ぶまれる。2003年に電子書籍を展開する2つのモデルが現われ，電子書籍元年とマスコミ中心にもてはやされたが，携帯電話やパソコンなどの汎用性のある可読装置の普及と利用の広がりで，専用端末の利用は伸びていない。一方，携帯電話の圧倒的な普及で，ケータイ書籍，ケータイコミックが急伸している。

また，コンテンツの商品形態から分類すると，以下の4つに大別される。

①出版市場の既存ルート（取次ルート）に乗って流通する形ある商品

CD-ROMやDVD-ROM（digital video disk‐read only memory）などパッケージ商品として，書籍や雑誌と同様の取次ルートで，書店やコンビニエンスストア，家電量販店で販売される電子出版物

②家電ルートを主流とする形ある商品

電子辞書など家電量販店を中心に販売されている形ある商品は，コンテンツを端末に内蔵させている。2005年電子辞書市場の総売上高は600億円，台数は330万台とされている。一方で紙の辞書の販売部数は年々減少し，かつて1500万冊といわれていたものが，2005年で700万冊まで半減し，販売金額も2003年時点で250億円にまで大幅減少している。紙と電子が完全に逆転した格好である。英和・和英辞典のジーニアスと国語事典の広辞苑がベースになっている電子辞書がほとんどで，この2者の勝ちとされている。出版社の収益はコンテンツのライセンス料，ロイヤルティで，減少した紙の辞書の売上げを補足できる状況ではない。

③家電ルートとネット流通の併用型商品

専用の電子出版端末を家電ルートで販売し，コンテンツはネットで販売する商品が現われている。シグマブックやワーズギアとリブリエである。両者はそれぞれの出版社，取次，書店を巻き込んでいるが，リブリエの場合，いわば電子貸本スタイルで一定期間がくると読めなくなるという。しかし，これらのビジネススタイルは必ずしも受け入れられておらず，端末が売れていない。

④物流を必要としないネット展開型商品

手元にあるパソコンや携帯電話，PDAなどで直接インターネットにアクセスしてコンテンツをダウンロードし，スタンドアローンで読めるネット流通型の電子出版物である。年間の新刊点数は紙からの資産流用で25000点に及ぶ。電子書籍，電子本，電子メディア，ディジタル出版，ディジタルブック，eブックなどさまざまな呼び方がある。インプレスの電子出版市場動向調査によれば，2004年の市場規模は45億円，このうちパソコン，PDA向けが33億円，携帯電話向けが12億円と推計した。

なお，2002年は10億円，2003年は18億円であったので着実な伸びを示している。2005年の「インターネット白書」によれば，トータルで94億円，そのうち，パソコン，PDA向けが48億円，携帯向けが46億円であったと推計している。とりわけ，携帯電話向けのケータイコミックが急激な伸びを示し活況を呈してきている。2005年にはデジタルコミック協議会が立ち上がり，出版社約20社が加盟している[4]（図3.3）。

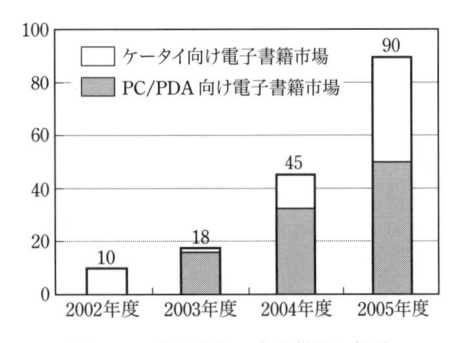

図3.3 電子書籍の市場規模の推移

（インプレスR&D『電子書籍ビジネス調査報告書2006』『インターネット白書2006』より）

一方，新しい動きとしてネット発のコンテンツが紙の書籍として逆流し，大ヒットするという現象である。『電車男』，ブログ本『生協の白石さん』はミリオンセラーとなった。今後の予測では，現状最有力な市場は携帯電話関連の電子書籍である。とくにケータイコミック市場は急拡大すると予測される。携帯電話の利用者総数が8000万人，そのうち第3世代機種のパケット定額を利用している人たちが1500万人，このパケット定額制の利用の広がりと利用世代の広がりで，ケータイコミックの市場は爆発的に伸び，すぐに500億円になるとの予測もある。

(5) 電子ペーパー

未来の紙との鳴り物入りでマスコミにも登場しはじめたのは2000年ごろであった。紙のようにフレキシブルで，モノクロやカラー表現までも可能な，書き換えのできるディスプレイ部材とのイメージで想像されているものが，いわゆる電子ペーパーである。方式には種々あり，各社は競って発表しているが実用レベルにはいたっておらず，いまだに利活用されている状況ではない。いち早く登場したのは，球の半分が白，残り半分が黒というものを，電荷によって制御し，モノクロ画像を表現するものである。一部，読書専用端末用ディスプレイとして採用されている。

その後，各社より，液晶表示やEL表示の変形版として，さまざまな方式のものが発表され，フレキシブル基材上でのカラーまで表示可能ディスプレイも発表されている。しかし，表示寿命時間，輝度，耐久性，コントラストなど，本命は出現していない。大手印刷会社，インク材料メーカー，家電メーカー，化学会社，コピー機メーカーなどが競い合い，なぜか電子ペーパーといいながら，製紙業界からのアナウンスは今のところない。潜在的な利用用途としては，携帯電話やPDAなどの携帯端末などで，軽さ，明るさ，耐久性に優れたものが待ち望まれているところである。一方，大型化が可能であれば，屋内・屋外の大型表示パネルとしてもおおいに期待されるところである。

(6) ディジタルオンデマンド印刷

各種ディジタル印刷機の出現と普及で，従来，大ロット印刷でしか力を発揮しなかった，いわばアナログ印刷にとって代わって小ロット対応が比較的安価なコストで印刷対応が可能になってきた。ゼログラフィ方式やインクジェット方式のディジタル印刷機によって，少部数ものや一部ごとに異なる個人宛ての印刷物までも対象となってきた。画質の向上やワンツーワン・マーケティング手法などの発展とも相まってディジタルオンデマンド印刷の分野が進展している。

個人宛てのダイレクトメールでの住所・氏名印字や残高印字，推奨保険加入金額の算出と印字，また写真品質の画像とこれら文字・数字との同時印字が進行できるメリットは大きい。さらには，封入・封緘などのインライン加工処理も含めて，トータルサービスなど市場も増大している。ディジタルプリントサービスやディジタルオンデマンド印刷サービスとよばれるこれらの市場は，いわゆるビジネスフォーム分野の次のビジネスの柱になっている。

従来は単に帳票類に宛名印字と利用明細などの文字・数字印字のみであったものが，チラシのようにフルカラー画像と文字・数字印字も同時処理できるなどの付加価値がついており，ビジネスフォーム印刷分野では大きな目玉事業として注目されている。NEXPRESSやIGEN3といった大型機に加え，新しくコンシューマー向けプリンタメーカーが商業印刷分野の印刷機メーカーとして先鞭をつけたいとの動きも活発で，世界市場で10兆円ともいわれる業務用ディジタル印刷機分野に新規参入する形をとって注目を集めている。

(7) CTP（computer to plate）

すべての情報のディジタルデータが始まると同時に，版面データをフィルムに出力できるようになった。さらに進んで，印刷用製版プロセスがディジタル化されてきた。従来はフィルムに出力したのち，このフィルムを用いて，感光性樹脂版であるアルミベースのPS（pre-sensitized aluminum plate）版に印刷用刷版工程が存在していた。

しかし，すべてのデータが完成されているのであれば，ダイレクトにこのPS版にデータを焼き付ければよいことになる。アルミベースの

版にレーザー光を用いてイメージを焼き付ける方法，すなわちCTPが開発・実用化された。さまざまな材料と焼き付け方法や現像方法によって，CTP材料とプロセスおよび露光機・現像方法が開発され利用されており，DTP化の普及と同様にCTP化の普及度をCTP化率とよび，全工程のディジタル化率をひとつの尺度として，プリプレス全体のディジタル化を推進しようとしている印刷会社は多い。このことによって，さらなる工程の短縮や品質保証およびトータルコストの圧縮を目標としている。

CTPの代表的なプロセスと材料は以下のようなものがある。同じくCTPは「コンピュータツープレート」が代表的な呼称であるが，さらに進んで「コンピュータツープレス」を意味する場合もある。いわばディジタル印刷やオンデマンド印刷がこれにあたるといえるかもしれない。ディジタルデータからダイレクトに印刷用の版を作成するワークフローになった場合，文字フォントの同一性保証や画像の色再現性保証など，新しい課題がある。従来のフィルムからの校正刷りで確認していた流れをディジタルデータで確認するためのシステム，DDCP (direct digital color proofing) が重要となっている。

(8) その他

① RFID (radio frequency identification) タグ

大手印刷会社を中心に盛んに実証実験が始まっているシステムにRFIDタグがある。ユビキタス社会の到来が叫ばれはじめ，すべての家電商品などにもRFIDが付き，物の認知と情報の交換が可能な時代が来るとしているそのインフラはRFIDであろう。

すべての物流管理を非接触で認知できるRFIDチップに品番などの情報をあらかじめ識別コードとして書き込み，それを非接触でリーダが情報認識できれば，あらゆる物流管理に利用できるということになる。JRのスイカで有名になった非接触型ICカードは一方でセキュリティのためでもあるが，この応用としてのRFIDがすべての商品に組み込まれるようになれば，ユビキタス社会の実現もそれほど遠くはないともいえる。

リサイクルされる物流ケースへのRFIDタグの利用はすでに一部で実用化されはじめているが，RFIDタグそのもののコストがまだまだ高価であることや，リーダのコスト，全体のシステム構築に多大なコストがかかることから，現在は黎明期であるともいえる。

一方，総務省では2010年10兆円の市場になるとの予測もある。身近なところでは，書籍の背にRFIDを貼り付けて，書籍流通販売管理に利用するという経済産業省のプロジェクトも始まっている。これにより，万引き防止などの効果を期待する書店の思惑もある。一方，今後はRFIDの廃棄に伴う環境問題への影響なども配慮すべき大きな課題であろう。

② QR (quick response) コード

QRコードは当初，物流管理用に1次元バーコードの桁数不足を補い拡張したものである。しかし，今や2次元コードの代名詞になり，人々の目にふれるようになった。というのも，カメラ付携帯電話を利用して商品のURL (uniform resource locator) にジャンプさせることができるために，商品広告の販売促進ツールとして利用されはじめたからである。印刷物という紙媒体と，携帯電話というIT機器を結びつけるクロスメディア的利用方法が可能になったために，盛んに利用が始まっている。

③ SP (speechio) コード

同じ2次元コードでも，QRコードと異なるコードでSPコードというのがある。これは，QRコードよりもデータの圧縮率が約10倍高く，1.8ミリ角のSPコードの中に日本語の漢字，かな混じり文章の文字数で約800文字が収納可能であるという。高齢者を中心に約30万人の視覚障害者に対して，情報入手手段を提供するものである。従来の点字識字率は10%以下となり，音声朗読または朗読ボランティアなどに頼ることなく，印刷という手段で安価に情報提供できる仕組みともいえる。

厚生労働省を中心とした政府，自治体，団体，一般企業でも利用が始まっている。紙面上の文字情報をあらかじめSPコード化し，そのSPコードを読み取り，音声に変える視覚障害者用活字文書読み上げ装置「スピーチオ」を利用すれば，健常者も視覚障害者もともに同じ情報を入手できるという「情報バリアフリー」を

実現できるという画期的なシステムである。後に述べるカラーユニバーサルデザインとともに，情報のユニバーサルデザインを実現するものとして注目されている[5]。

④ユニバーサルデザイン（universal design；UD）

ユニバーサルデザインが昨今叫ばれている。政府，自治体，研究機関，諸団体，企業などさまざまな形で取り組みが始まっている。UD 7原則が叫ばれており，国際ユニバーサルデザイン協議会では，できるかぎり多くの人々に利用可能なような身のまわりの生活空間などをデザインすることと定義されている。

21世紀の世界的高齢化社会で，日本は2005年高齢化率（65歳以上の人口に占める比率）が約20％，2050年には35.7％にまで上昇するとされている。企業の社会的責任（corporate social responsibility；CSR）や顧客満足度（customer satisfaction；CS）の向上という点でUDを経営上の必須条件として取り上げる企業も急増している。ガイドラインの概要としては，①読者理解，②使いやすい仕様・材料，③わかりやすい表現・表記，④伝わりやすい紙面構成，⑤読みやすい文字・組版，⑥色調やコントラスト，⑦効率的な図版利用，⑧多媒体活用と情報保障，の8つのポイント（24項目）で構成されている。

さらに具体的には，日本人男性で5％，女性で0.2％とよばれる色覚異常への配慮で，カラーユニバーサルデザインの視点から区別しにくい色の組合せなどに十分配慮した使い方を推奨している。「色のユニバーサルデザイン」は，1つの物で多くの人が見やすく情報がきちんと伝わるように，利用者の視点に立ってつくられたデザインである。

また，「ユニバーサルデザインフォント」の開発ベンダーも現われてきている。ユニバーサルデザインフォントの特徴は，①視認性，②判別性，③デザイン性，④可読性である。とくに家庭で利用されるさまざまな家庭電器商品への利用で，たとえばリモコンなどの表示文字に利用されはじめている。ほかには，取り扱い説明書，約款，案内表示などがある[6]。

⑤環境問題対応

ISO 14000対応で環境問題への対応が迫られている。とくに，揮発性有機化合物 VOC（volatile organic compounds）規制で有機材料の大気汚染の問題や，オフセット印刷に使用する湿し水に含有されるイソプロピルアルコールの人体への影響など問題となるし，古紙回収など再生紙利用への時代背景など，リデュース，リサイクル，リユースの3Rを満足する材料やシステムが要求されている。

⑥個人情報保護法

環境問題のみならず，個人情報保護に対する規制も厳しくなっている。コンピュータによる個人情報の管理はますます進むであろうし，インターネット時代になって個人属性を利用したマーケティングへの利用が進んでいく。ワンツーワン・マーケティングでより確度が高く，消費者にも喜ばれるようなサービス，たとえばAmazonのようにネット上で購入した書籍の傾向から，次にリコメンドする書籍を知らせるといったサービスなどである。ますます個人情報を活用することと，それら個人情報を悪用することへの歯止めから，個人情報保護法に対する関心が高まっている。

プライバシーマークを取得する企業数の多さでは印刷業界がかなり多数を占めていることからも，その重要性はますます増している。また，コンピュータセキュリティに対する法制度としてはBS7799/ISMSなどの標準順守が今後重要なテーマとなってくる。

⑦3次元立体印刷

立体印刷・3D（3 dimensional）印刷など，従来から蒲鉾型レンズ，レンチキュラーレンズを使った印刷手法がよく知られている。一方では，レンチキュラーレンズの技術を高度化することによって新たな用途開発も進んでいる。たとえば，レンチキュラーレンズを背面投影型のリアプロジェクションテレビ用スクリーンに応用するなど，また反射効率のよいスクリーンとするための工夫などが進んでいる。

また当初，完全立体画像を再生できる技術として発見されたホログラフィ技術が銀行やクレジットカード，また商品券などに応用されてセキュリティ技術としては必須の技術になるなどの利用もおおいに進んでいる。IC（integrated circuit）や LSI（large scale integrated circuit）などのフォトマスクに利用されているエレクトロンビームを用いて，高精細画像描画装置でシャープな画像表現と偽造困難な製造技術としてセキュリティ度を向上させるなどの新たな手法も注目されている。また，マイクロレンズを形成し，あらたな 3D 表現を生み出そうとする新技術開発も進んでいる。

⑧セキュリティプリンティング

各種セキュリティプリンティングが開発されているが，銀行やクレジットカードでは先に述べたようなホログラフィ技術の応用に加えて，IC の利用が進んでいる。接触型 IC カードや非接触型 IC カード，あるいはハイブリッド型 IC カードなど，さまざまな応用が進んでいる。とくに，書き換え可能媒体として JR が採用した非接触型 IC カード，スイカがその利便性に注目され，また，JR，地下鉄，バスなどの共通カードとしてパスモなどがこの分野での爆発的な広がりを見せている。

3.1.4 新システム

(1) ワークフロー（PS（post script）→ PDF（portable document format））

現在は PS 方式が主流となっている。すなわち，DTP ソフトウェアであるさまざまなアプリケーションソフトウェア，QuarkXPress や Photoshop，Illustrator などで完成されたテキスト，画像，イラスト，表などレイアウト済みのデータは，ポストスクリプトによって 1 枚の画像データとして，ラスターイメージデータとするために RIP（raster image processor）処理を行ない，製版フィルムや CTP に出力するというワークフローである。

また，従来は印刷会社側で制作していたデザイン・レイアウト・文字組版などの作業は，発注者側であるクライアント側で制作され，完全データとなって印刷会社側に入稿されるケースが多くなってきた。いわゆるインハウスパブリッシングの増加である。しかし，DTP のディスプレイ画面や簡易的なカラープリンタ方式で確認された紙面データでは，最終的な高解像度の印刷画面としては完成されておらず，これに伴うトラブルもしばしば発生している。

たとえば，ディスプレイ表示の低解像度のまま写真画像が出力されたり，クライアント側の要求するフォントが出力されず，いわゆる文字化けを起こしたり，また要望するフォント書体と異なる書体で印刷されたりといったトラブルである。

そこで，クライアント側で印刷できるデータまでを完成させ，それを印刷会社側に完全出力可能なデータまで仕上げてしまうという方法である。PDF 化したデータとしての授受である。PDF/X 1a などがその方法で，このようにすれば上に述べたようなトラブルは発生しない。

印刷プロセスの市場動向でも述べたように，印刷会社側での印刷前処理であるプリプレス工程が激減しているのは DTP ソフトウェアの普及など，ディジタル化が進展するなかでより川上処理型に，すなわちクライアント側での処理が急増していることによる。より安心して印刷するために，クライアント側ですべて確認済みデータを作成していくという流れである。このことにより，印刷業務の 40％以上を占めていたプリプレス処理が，近い将来 25％にまでその割合が落ちるという予測もあるほどである。これら PS データの授受から PDF データでの授受へというふうにワークフローが変化しはじめている。

(2) スクリーン

オフセット印刷に網点処理は必須である。色の強弱を網点の大小によって表現するオフセット印刷には，従来，ガラススクリーンを用いた方式とそれらをディジタル処理した網点処理化するソフトウェアが存在する。しかし，ハイライト部分（明るい部分）ではどうしても網点を小さくして表現する関係上，理想的なトーンの再現が難しく，いわゆるトーンジャンプとよばれる表現の難しい領域があった。

従来の方式をアナログの AM（amplitude modulation）スクリーン方式であるとすれば，上述の課題を解決する方法が求められてきた。最近になって FM スクリーン方式によってこれらを解決する方法である。FM（frequency modulation）スクリーン方式は従来の網点と異なり，1 つ 1 つの網点の濃度表現を網点の大小ではなく，網点の中の小さなドットの数の大小

で表現する方法である。

(3) カラーマネージメント

ディジタル化の進展で写真画像データ処理や文字組版など文字と画像の同時処理がすべてディジタル処理可能となった。DTPの発展によりWYSIWYG（what you see is what you get）で処理できるようになった。そのため，ディスプレイ上で見る画像の色と印刷紙面上での色合わせが問題となってきた。画像のRGBデータと印刷紙面上のCMYKデータとの色変換やインクジェットなどによる校正刷りの色と本機印刷との色合わせが大きな課題となってきた。

とくにカタログ印刷などにおいては，カタログ紙面上にいかにその商品イメージを忠実に再現するかがポイントになる。実物，写真のディジタルデータ，パソコンモニタ上の色，校正刷りの色，本機の色など，一貫したカラー管理に対する要求は強まりつつあり，また，その処理フローの確立も重要な課題となっている。各印刷会社が保有する印刷機によっても色特性があり，それらにも対応できるようなトータルカラーマネージメントシステムが求められている。

3.2 リモートセンシング

3.2.1 概要・市場・歴史

(1) 概要

リモートセンシング（remote sensing）とは，観測対象から離れて空間分布を画像化し，広範囲に分散する事象の全体を俯瞰して把握する手段である。代表例として，雲分布から天気概況を把握し天気予報に利用する静止気象衛星"ひまわり"の雲画像や，"Google Earth"[7]などウェブベースの衛星画像の利用（図3.4）がある。

基本的にはカメラ，望遠鏡，レーダーと同様に，可視光，赤外線，マイクロ波などを利用して，空間的に分布する対象を可視情報化することにより，画像判読，定性的・定量的計測を行なう計測と情報処理の統合的な技術である。

人工衛星から地球を観測するリモートセンシングに特徴的な点は，観測の広域・同時性，データ品質の均一性，系統的な観測，誰でも世界

図3.4　環境観測技術衛星（ADEOS-II,「みどりII」）搭載グローバルイメージャ（GLI）画像から作成された衛星画像の地球儀（画像提供：JAXA[8]）

中の観測データが入手可能であるなどのメリットがあり，地上・海上での観測，航空機・気球など空中からの観測といった現場での点と線の詳細な観測データを面的・立体的に補完する，他に代えがたい観測手段として開発・利用が発展してきた。

(2) 市場

衛星や航空機からのリモートセンシングは，地球上の自然現象をとらえ，また人間活動のようすをとらえることに利用が期待され，さまざまな観測ニーズに対応し分化し，技術の研究開発が進み，利用可能な新領域が拡大してきた。

観測ニーズは，大きく次の2つに分かれる。

- 人間活動と気象・気候変動・地球環境の関係の理解・予測・対策
- 社会経済活動，防災などの基盤情報として，地図・地理情報システムへの衛星画像の利用

これらの利用は公共的な情報利用として，また個々人の便益にかかわるサービス提供などビジネスへの情報利用として，官民の二面的な利用があることがリモートセンシングの市場の特徴である。

また，利用の多様化に対応し，従来の標準データプロダクトの一般提供のみならず，利用ニーズに対応しカスタマイズされた高付加価値データプロダクトへの要求が高まり，官公需・行政利用および民需・商業利用を支える研究開発

の推進,研究成果の実用化のための技術移転,付加価値産業の振興などが課題となる。

(3) 歴史

リモートセンシングの原点に遡ると,地上からの宇宙空間や天体観測,航空機からの航空写真を使った測量,雲・気温・水蒸気などの天気予報に必要な気象観測,空からの現地調査などが観測ニーズとなり,新たな技術の高度化を生み出す原動力となってきた。

リモートセンシングのおもな技術革新となった歴史的なできごとには次のようなことがあった。

- 1972年,米国がNASAの地球観測衛星LANDSATで観測した地表面の画像データの提供を開始し,今日にいたるデータアーカイブとして継続している(図3.5)。
- 1977年,宇宙開発事業団(現 宇宙航空研究開発機構に引き継がれる)が静止気象衛星"ひまわり"を打ち上げ,気象庁が現業利用を始めた。
- 大気・海洋観測では,1978年米国の海洋観測衛星SEASATが,高分解能レーダー画像を撮像する合成開口レーダー(synthetic aperture radar;SAR)などの新規開発センサの観測実験を行なった。
- 1991年,上層大気研究衛星UARSによる大気鉛直分布・高層大気観測,1993年,ERS-1のSAR干渉処理(SAR Interferometry[9])など,1990年代,新たな観測技術が実証された。
- 衛星による全球規模の環境観測の幕明けとして,1996年,宇宙開発事業団の地球観測プラットフォーム技術衛星ADEOSの打上げをはじめとし,米国NASAの地球観測衛星EOS-Terra,ヨーロッパ宇宙機構(ESA)の環境観測衛星ENVISATと続き,全球観測データセットの利用が開始された。
- 1990年代中ごろから米国の軍事技術が民間に移転され,空間分解能1m以下の高分解能商業衛星IKONOS,QuickBirdなどの一般利用が始まった。

過去半世紀に及ぶ技術革新・改良によって,宇宙からの地球観測システムが,社会システムとして定着しはじめた。その成功例として気象観測や漁業情報への利用があるが,多様な利用分野を対象とする利用は,開発・運用のコストと利用の便益のバランスから,おもな衛星[10](LANDSAT(米),SPOT(仏),RADARSAT(加),EOS-Terra(米)/ASTER(日),IKONOS(米)など)は,官民の協力によって成り立っている。

(4) 今後の計画

地球観測の分野は大きく二分され,国際的共通課題である地球温暖化対策などへの全球規模の環境への対応は,近年地球観測サミットにおいて各国・地域の首脳が一堂に会し,統合地球観測システム(global earth observation system of systems;GEOSS)の構築に向けて基本的な合意に達した。

ここでは,図3.6に示した9項目の優先的な社会便益が選ばれ,その最大限の実現が求められ,国際協調活動によって計画の実施に向けた活動が開始された。これらの複数の衛星データの相互利用において,地球観測情報の共有がベースとなる。このためには国内外をネットワークで結ぶ枠組の実現が重要な課題である。

一方,衛星の開発・運用が技術先進国のみによる時代が終わり,新興工業国・開発途上国の

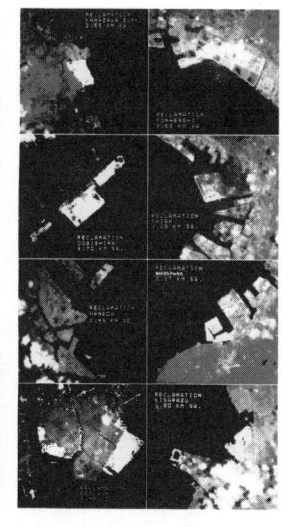

図3.5 LANDSATの長期観測データセットは埋め立て地などの開発・土地改変(a:1977年,b:1988年の観測画像,c:その変化抽出画像,d:各部分拡大画像)を記録した画像データアーカイブ(画像提供:RESTEC)

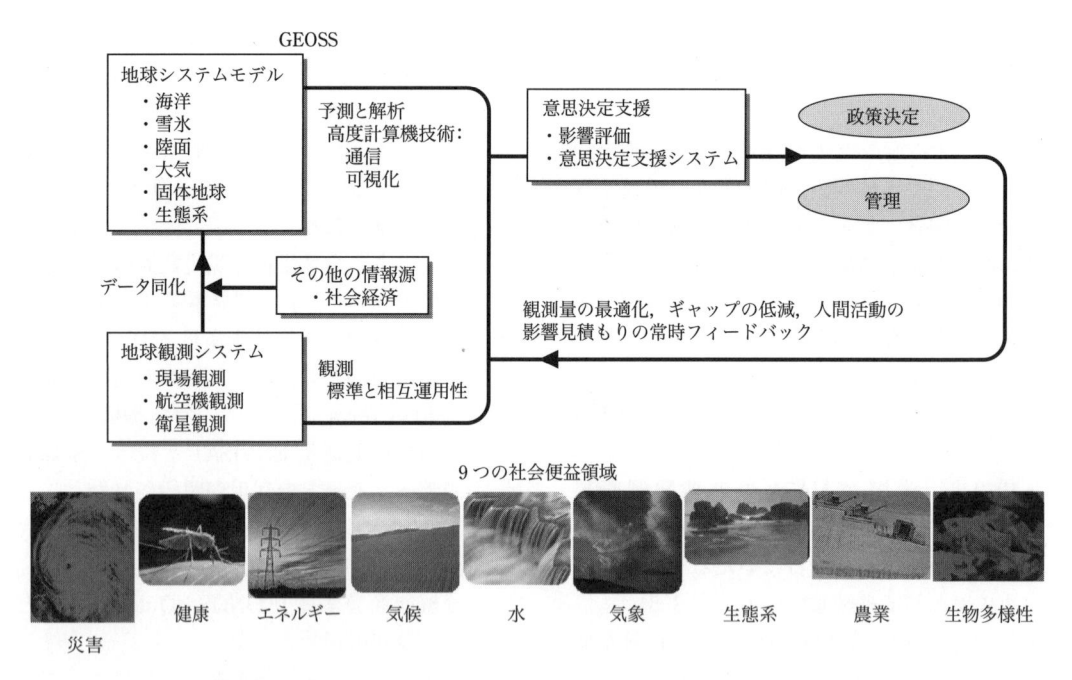

図3.6 全球地球観測システム（GEOSS）の構想と実現目標として掲げた9つの社会便益領域
（図提供：GEOSS，著者訳）

長年の願望であった自国衛星の保有，自主的な運用が，国産技術の研究開発，先進技術の部分的な移転などによって実現しつつある．すでに，インド，中国，イスラエル，ブラジル，韓国，台湾が固有のニーズに対応した仕様で衛星を開発し運用を行なっている．

これらの国々においては，地図作成，資源探査，防災などの国土基盤情報に対する強い利用ニーズ・市場をもつアジアをはじめとする新興経済圏においての利用拡大が期待できる．

今後の計画として，日本では陸域観測技術衛星ALOSのユニークで高度な観測能力を十分に引き出し，これまでの代表的な衛星，LANDSAT，SPOT，RADARSAT，IKONOSがつくりあげてきた世界のデータ利用市場とは異なる新たな利用市場開拓の成否が，日本の地球観測衛星の将来につながる当面の重要な課題である．

一方，全地球規模の観測分野においては，日本の主導による衛星プロジェクト，地球観測プラットフォーム技術衛星ADEOS，環境観測技術衛星ADEOS-II，および米国衛星プロジェクトへの日本独自開発センサの搭載プロジェクトとして，日米協力による熱帯降雨観測衛星TRMM搭載の降雨レーダー（precipitation radar；PR），NASAの地球観測衛星Terra（Earth Observing System（EOS）- Terra）搭載の光学センサASTER（advanced spaceborne thermal emission and reflection radiometer）およびEOS-Aqua衛星搭載の改良型高性能マイクロ波放射計（advanced microwave scanning radiometer for EOS（AMSR-E））の各国際協同衛星の開発・利用プログラムおよび科学技術，利用実証の実績を積んできた．

これらの衛星データを利用した科学・応用および新規開発要素技術の研究開発を基盤に，世界最先端の科学技術に挑む衛星計画として，温室効果ガス観測技術衛星（greenhouse gases observing satellite；GOSAT，2008年），1998〜2010年のあいだに建設予定の国際宇宙ステーション（international space station；ISS）の日本実験モジュール（Japan experiment module；JEM，「きぼう」）搭載実験装置の超伝導サブミリ波リム放射サウンダ（superconducting submillimeter-wave limb-emission sounder；SMILES，2009年），全球降水観測計画（global precipitation mission；GPM，2011年），地球環境変動観測ミッション（global change observation mission；GCOM，2010～2011年），欧州宇宙開発機構（ESA）の雲・エアロゾルミッション Earth-Care 搭載の雲レーダー（CPR）などの次世代の衛星計画へ向けて研究開発が進んでいる[11]。

また，月・惑星リモートセンシングの分野では，2007年に日本初の月周回衛星 SELENE が打ち上げ予定で，高分解能の月面画像など，宇宙科学のみならず月の開発・利用の面からも国際的に注目されている。

3.2.2 リモートセンシング技術

リモートセンシング技術は，センシング技術および観測データから必要な情報を抽出するための情報処理技術，観測物理量から情報に変換するための知識として観測対象ごとに専門領域の科学技術が必要である。

また，これらの情報を統合的に利用するためには，観測とモデルを統合する新たな横断型の科学技術への取り組みが重要である。これは特定の条件下で得られた観測データのみならず，地球変動メカニズムの解明，予報や予測のためのシミュレーションにモデルが必要となり，これを検証する実際の観測データの蓄積，検証評価を含めて専門分野の知識データベースの構築が情報の確かさを高めることによる。

また，これら膨大なデータ処理・通信を効果的に行なう計算機，データを有機的に結びつけ支援する情報処理通信システムの構築には，情報通信技術（information and communications technology；ICT）の研究開発・応用が必要である。

観測データから情報利用までのエンドツーエンドの一連のシステムと入力・出力の流れを図示すると図3.7のようになる。

(1) センサ

リモートセンシングに使われる観測機器・測器を一般にセンサ（sensor）というが，観測目的・機能によって観測原理が異なり，また名称が異なる。利用する電磁波の周波数領域によって，光学センサ，マイクロ波センサに分かれる。また，観測に必要な光源，電波源をセンサみずからがもつ能動型（アクティブ）センサと，もたない受動型（パッシブ）センサに分け

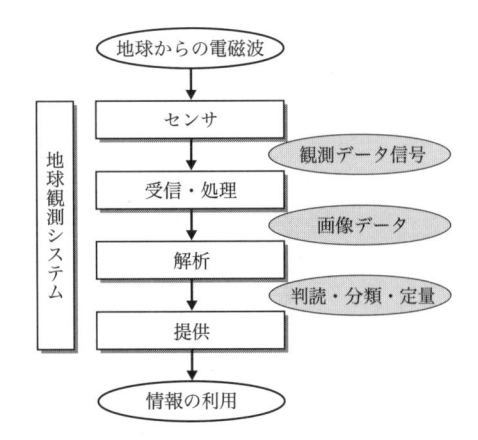

図3.7 地球観測システムと観測から利用までの流れ
（図提供：著者）

られる。

- 放射計（radiometer）　放射量の計測
- 分光計（spectrometer）　スペクトルの計測
- イメージャ（imager）　撮像
- サウンダ（sounder）　気温・水蒸気鉛直分布計測
- インタフェロメーター（interferometer）位相差を利用する分光計
- レーダー（radar）　距離と後方散乱強度の計測
  - 合成開口レーダ（synthetic aperture radar；SAR）：高分解能画像レーダー
  - 散乱計（scatterometer）：海上風ベクトル，森林，雪氷
  - 電波高度計（radar altimeter）：海面高度・有義波高の計測
  - 降雨レーダー（precipitation radar）：降雨量
  - 雲レーダー（cloud profiling radar）：雲
- ライダー（lidar）
  - ミー散乱ライダー　エアロゾル（大気中の塵）
  - 差分吸収ライダー　大気中水蒸気・大気微量成分気体
  - レーザー高度計　海面高度
  - ドップラーライダー　大気風ベクトル

これらのセンサは，さらに高度化する観測要求に応じ，技術レベル向上を図る研究開発を要する。

(2) 受信・処理

センサの出力信号は，センサが受光（受信）した電磁波の強さに対応するディジタルナンバー（DN）をデータとして，衛星から地上局に送信し，地上局で受信・記録される。このデータからセンサが受光（受信）した電磁波の強さに変換するには較正（calibration）係数（センサのゲインとオフセット）を使い，値付け（characterization）が行なわれる。この一連のデータ補正処理が地上局の処理システムにおいて施され，標準プロダクト（成果物）が作成され利用者に提供が可能となる。

① データの補正

地上局で受信・保存された観測データ（ディジタル信号の流れ）は，そのままでは利用できない。

地球観測衛星は一定の観測幅で走査し観測しているので，その観測データを一定の大きさで切り出し，センサ感度（ゲインとオフセット）のばらつきを調整し，衛星の軌道・姿勢変化による地上との位置のずれを除くなどのシステム（衛星の軌道・姿勢，センサ特性）に起因するシステム補正処理を行なう。

システム補正処理では，おもに次の処理を行なう。

補正処理
- 幾何補正
  地球の自転，湾曲による影響，衛星の姿勢変化など画像の幾何学的形状に関する歪みを除去する補正
- ラジオメトリック補正
  センサ感度，特性や太陽の位置，角度の影響，大気の条件などによる放射量の歪み，つまり画像の濃淡に関する歪みを除去する補正

② 電磁波の反射・散乱特性

光や電波が媒体中を伝播し不連続面において，反射・透過・屈折などの現象が起こり，電磁波が変化（変調）する。物体の反射スペクトル特性（図3.8）が既知であれば，反射光から物体の情報が得られる。

マイクロ波で森林を観測する場合，短い波長（X, Cバンドなど）では，樹冠での表面散乱

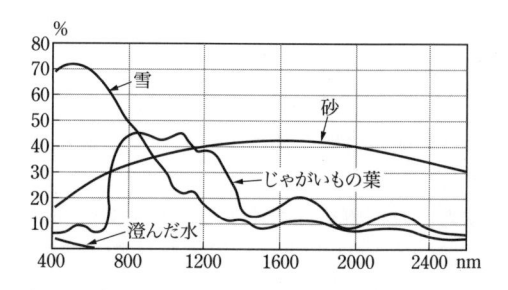

図3.8 代表的な地表面の被覆による太陽光の反射率スペクトル

雪，砂，じゃがいもの葉，澄んだ水の例を示した。横軸は観測波長（nm），縦軸は反射率（％）。（図提供：RESTEC）

が反射波の成分として主であるが，長い波長（Lバンドなど）では，植生層の中に透過し，層内で体積散乱する。体積散乱成分を表面散乱成分から分離することによって，植生層の情報を抽出することができる。

これらの観測対象物の反射・散乱特性は，地上での観測実験データや既知の主題図と画像の対応などによって検証され，定量や判読に必要な知識データベースを蓄積することにより，物理量推定精度や情報の確かさを高めることができる。

③ 観測要求

観測要求で重要な分解能には次の項目があり，観測目的によって最適値が決まる。
- 空間分解能（解像度）
- ラジオメトリック（放射量）分解能
- スペクトル（波長・周波数・波数）分解能
- 距離分解能（レーダー，レーザーの測距精度）
- 時間分解能（観測周期）

利用目的に応じ，分解能などのセンサパラメータの総合的トレードオフによる，最適な観測センサ仕様の決定や観測データの選択が重要である。

④ 空間分解能

空間分解能（spatial resolution）は，1画素（pixel）中に分布する対象物からの放射量の平均値がその画素を代表する値として画素値になる。

LANDSATのセンサTMは30 mの空間分解能で，広い地域の継続的な変化をとらえ，標準的データとして利用され，EOS-Terraのセンサ

ASTER は観測波長帯が多く資源や環境などの観測分野でスペクトル情報を有効活用できる。

一方，IKONOS，QuickBird などの 1 m 以下の高分解能衛星は，都市・農地の詳細な解析に威力を発揮している。

ALOS の PRISM の空間分解能は 2.5 m，AVNIR-2 は 10 m である（図 3.9）。この値はおもな利用目的と想定された，地図作成，地域観測，災害状況把握，資源探査などにより最適化されている。

気候変動・地球環境の把握には，中分解能の光学センサ GLI（日），MODIS（米）が 250 m，500 m，1 km など，4 日ごとの全球データセット作成に有効である。

⑤ラジオメトリック分解能

ラジオメトリック分解能（radiometric resolution）は，光学センサでは放射輝度値，放射輝度温度値を，またレーダーでは後方散乱断面積をどれだけ細かく分類できるかを表わす。分解能が高いほど明暗の階調が増え，微弱な明るさの変化分を検知できる。

陸域よりも暗い海色観測では，海面からの放射はたかだか 10% 程度であり，高い分解能が必要とされる。

地形・地物の判読を主とするパンクロマチックセンサは，低い分解能で十分であることが多い。しかし，暗い部分の判読やステレオ画像のパターンマッチングには，パターンの濃淡がわかる程度の分解能が必要となる。

⑥スペクトル分解能

連続スペクトル観測には，分光し各波長帯域に感度をもつ検知器によって離散的に検知する必要がある。

地形・地物判読など幾何学的な情報で十分とする観測では，可視領域を 1 バンドで取得するパンクロマチックセンサでよく，受光エネルギーが高くとれ，空間分解能を小さくできる。

地表面の反射・吸収特性を正確にとらえ，また大気微量成分量による変動を避ける場合，スペクトル分解能を高くとる。

大気の吸収・散乱などの狭帯域の変化を正確に求める場合やわずかなスペクトルのシフト量を計測する場合には，狭帯域の観測波長帯のチャンネルを 200 程度もつハイパースペクトルセンサが必要となる。

⑦時間分解能

時間分解能（temporal resolution）は，観測対象の変化速度により要求される観測頻度である。

静止衛星は常時観測が可能で，気象・台風の追跡に威力を発揮する。

地形は急激には変化しない。しかし，土砂災害，地すべり，宅地造成，道路の建設などで局所的に変化するので，衛星を活用した地図更新が計画されている。

ALOS などの緊急観測時には，センサを目標に向け，観測可能頻度を高くしている。

農作物作柄予測には，梅雨期の成長などを高頻度で観測することが必要となる。回帰軌道衛星（Formosat-2），複数衛星（constelation satellite）や合成開口レーダー搭載衛星（ALOS，RADARSAT，TerraSAR-X，Cosmo-skymed など）の利用も重要になる。

(3) 解析

画像データから情報を抽出する解析には，地形・地質などの空間的パターンやテクスチャなど幾何学的な特徴・肌理を利用する画像判読，対象物固有のスペクトル反射を利用し統計的に対象物を複数のカテゴリに区分けする分類，対象の物理量の定量などがある。基本的な解析手法について以下に示す。

①目標物の認識の程度

リモートセンシングによる認識の程度を分類

図 3.9 ALOS の AVNIR-2（空間分解能 10 m）と PRISM（空間分解能 2.5 m）とこれらをパンシャープン処理した高分解能カラー画像の比較（画像提供：RESTEC）

すると，検出，識別，解析の順に深さを増す。
遭難した救命ボートが海上に漂っている場合
　レベル1　検出：海上のボートが確認できる。
　レベル2　識別：ボートの基本的な特性（種類，大きさなど）が識別できる。
　レベル3　解析：遭難の程度（被災状況，人数など）の現状や推移が分析できる。

②多角的攻略法
- リモートセンシング画像の複合利用　衛星で全体を把握し，航空機・現地踏査で詳細観測を行なう。
- 多重分光データ　複数の波長帯で観測し，分類精度を向上させる。
- 時系列データ　時間単位で台風の進路追跡，季節変化から落葉樹と広葉樹の分類，年々変化を見ると長期気象・気候変動の兆候検出，10年単位での都市化など土地利用変化抽出
- マルチセンサデータ　異なるセンサデータを組み合わせ，観測対象に関する情報量を増やす。

③データ解析の理論
- 統計に基づく解析　土地利用・土地被覆図を作成する場合，地表面を観測対象として，森林，農地，都市，水などいくつかのカテゴリに分けて示す手法に，画像分類（classification）がある。この場合，異なる波長帯で観測した複数のデータを，多次元空間の値として画素の分布を集合としてとらえ，これらをカテゴリ分類する方法がとられる。
- 人工知能的アプローチ　人工知能やニューラルネットワークを用い，知識ベースや経験則を学習しながら，分類する方法がある。

④立体視（ステレオ視）観測
　平面画像では，相対的な高度差，地形，立体的な位置関係が読み取れず，全体的な景観を正確に把握することが難しい。立体画像化することにより，直截的に正確な位置関係を把握することができる。

これらの情報は，地形図に必要な等高線や道路交通網，高圧電線，電波回線の見通し，局地気象など，国土基盤整備や社会生活を支える情報となる。

⑤スペクトル画像
　多重分光画像とは，複数の分光画像（spectral image）のセットのことである。
　カメラの赤，緑，青のフィルタを通してそれぞれの単色放射輝度のスペクトル画像（濃淡画像）として分解し，再び赤，緑，青のフィルタを通して重ね合わせると，カラー画像を再生できる。
　異なるスペクトル画像に光の3原色を指定し色を再現することをカラー合成という。トゥルーカラー，フォールスカラー，ナチュラルカラーのカラー合成画像（color composite image）ができる。

⑥ステレオ観測
　3次元空間の点を平面に写像する場合，観測位置と方向によりさまざまな2次元分布画像が得られる。これを利用すると，被写体の3次元的位置情報がわかる。
　地球資源衛星 JERS-1 の光学センサ OPS のバンド4が衛星進行方向15.3度前方を観測し，直下を観測するバンド3と組み合わせてステレオ視する。
　ALOS/ PRISM（図 3.10）は，基線（base；B）と高さ（height；H）の比（B/H）が1の前方・直下・後方視のスリーラインスキャナ

図3.10　PRISM, AVNIR-2 および数値標高モデルからつくられた九重山パンシャープン鳥瞰図画像（画像提供：JAXA） (three line scanner）により，標高抽出精度の高いステレオ観測が可能となった．

⑦リモートセンシングと地球環境・資源管理

植物の観測には NOAA/AVHRR のチャンネル1（波長650 nm 付近；植生がもつクロロフィルの吸収によって反射率が低い）とチャンネル2（波長830 nm 付近；植生が大きな反射率をもつ）に相当するデータが使われる．GLI の例を図3.11に示す．

2波長帯域の分光スペクトル強度（反射率 ρ）の比を利用した正規化植生指標（normalized difference vegetation index；$NDVI$）が用いられる．

$$NDVI = (\rho_2 - \rho_1)/(\rho_2 + \rho_1) \quad (3.1)$$

$NDVI$ は +1～-1 の値をとり，植生が支配的な領域では大きな値（>0.25）をとり，土壌などの領域では正の小さな値となる．

⑧オゾン全量観測

1978年，NIMBUS-7 に始まった TOMS（total ozone mapping spectrometer，オゾン全量分光計）の観測は，1994年 Meteor-3，1995年 Earth Probe，1996年 ADEOS に搭載され，長期データセットを残した．

オゾン全量は，オゾンによって強い吸収帯とわずかな吸収帯の波長の組合せ，たとえば312 nm と 331 nm の散乱光の比から計算される．オゾン全量は，次式の N に比例する．

$$N(\lambda_1, \lambda_2) = \log(I_1/F_1) - \log(I_2/F_2) \quad (3.2)$$

波長 λ_1, λ_2 における太陽光強度を F_1, F_2, 地球大気からの散乱強度を I_1, I_2 とする．これら⑦，⑧の差分計測にはバイアス的なノイズの低減効果がある．

⑨組合せ画像の利用

・多時期観測データの利用　くり返し観測により時間変化が検出できる．幾何学的歪み，ラジオメトリックな歪みを相対的に補正し，多重時間（多時期）画像を重ねて差分をとると，変化抽出ができる．

この方法は，その変化が発生した時期の観測データがないと成り立たないことから，リモートセンシングにより得られたデータを長期アーカイブデータ（記録保存）として歴史的観測事実として記録する価値がある．

・複数センサデータの融合　異なった種類の画像を複合的に利用（data fusion）し，それぞれの良いところをあわせもつ新しい価値を生み出す．

高い空間分解能2.5 m の ALOS/PRISM パンクロマチック画像と，空間分解能は10 m であるが4チャンネルのスペクトル情報をもつ ALOS/AVNIR-2 のマルチスペクトル画像を組み合わせて，空間分解能2.5 m のカラー合成画像を得ることが可能である（パンシャープン画像，図3.12）．

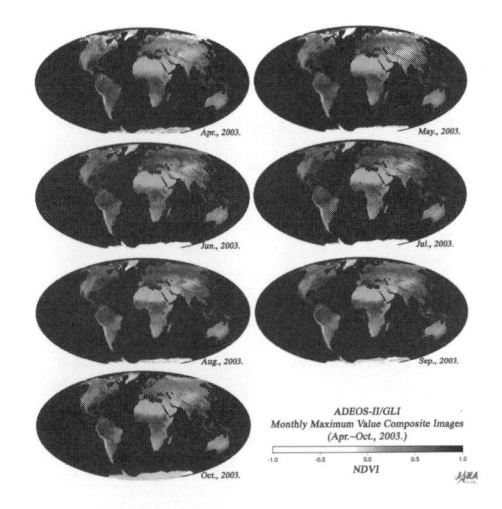

図3.11　全球植生指数の月変化（ADEOS-II 搭載 GLI の観測例，画像提供：JAXA）

図3.12　ALOS に搭載されたセンサ PRISM の分解能2.5 m パンクロマチック画像と AVNIR-2 の多重分光スペクトル画像を合成したパンシャープン画像（画像提供：JAXA）

・地図情報と衛星画像の重合せ（GIS＋画像）　GIS（geographical information system，地理情報システム）と衛星画像データを重ね合わせると，新しい利用の道が開ける。

高空間分解能の鮮明な衛星画像は，商業利用価値が最も大きなリモートセンシングデータである。これと地図情報を重ね合わせ，パソコン上で軽快に操作できるようにしたシステムが使われるようになってきている。

(4) 提供

一般利用（general use）向けには，データの供給側とデータ利用者を結ぶネットワーク化が進み，データベース化されたデータプロダクトに対して，いつでもどこからでもパソコンからオンライン検索・注文ができる[12]。

また，共同研究など特定利用（common use）向けには，双方向の情報利用の共有システム化が進んでおり，さらに公共的な利用にはユビキタスなシステムの構築が進んでいくであろう。

3.2.3　リモートセンシング応用

(1) 気象観測

気象衛星観測は，1960年ごろから始まった。従来，測候所・地上レーダー・定点観測船にたよっていたが，海上の観測点不足・欠如を解消し，均質・安定・広域・継続的な衛星観測データが実用化し，世界的観測網の整備が進んだ。さらに，地球観測衛星データも世界の気象機関がメソスケール，グローバルスケールの数値気象予報モデル（numerical weather forecast；NWF）に利用し，台風・集中豪雨による風水害，局所的気象災害の低減への利用が始まった。

(2) 地球資源探査

米国はLANDSATの定常観測運用を続け，オープンスカイポリシー（open sky policy）の下，世界のデータを無差別に配布（non discriminatory bases distribution）し利用可能とした。

現在，フランス，日本，カナダ，またロシア，インド，イスラエル，さらに中国，ブラジル，韓国，台湾と，各国が衛星を打ち上げ，観測データの利用を行なっている。

地球資源は，非再生可能資源である鉱物資源と再生可能資源である農林水産資源などに分け

られる。広い意味では，食料・水なども地球資源と考えられる。

(3) 高分解能観測

空間分解能1m以下のIKONOS，QuickBirdなどが商業利用されている。

1990年代に入って米国が軍事技術の民間利用への転換を図り，過去に取得した高分解能画像データの一般利用者への提供や，IKONOSなどの観測要求受付・データ利用を可能とする軍民両用に踏み切ったのを境に，多くの国々が自国の衛星を保有し，観測する動きが広まった。

(4) 地球観測分野における日本の位置付け

日本では，陸域観測技術衛星[13]（ALOS，「だいち」，図3.13）が2006年1月に打ち上げられた。

ALOS/パンクロマチック立体視センサ（PRISM）の画像（図3.14，図3.15）は空間分解能2.5mの画像データであるが，これまでになく高い空間分解能および標高精度で数値標高

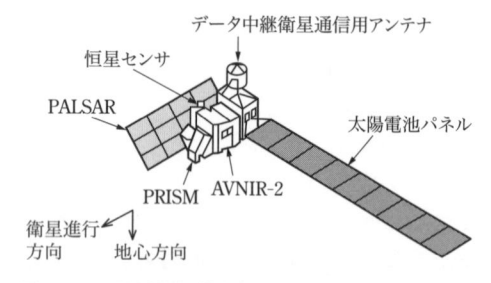

図3.13　陸域観測技術衛星ALOS（図提供：JAXA）

図3.14　清水PRISM画像（画像提供：JAXA）

図 3.15 清水港（前図の一部）拡大図（画像提供：JAXA）

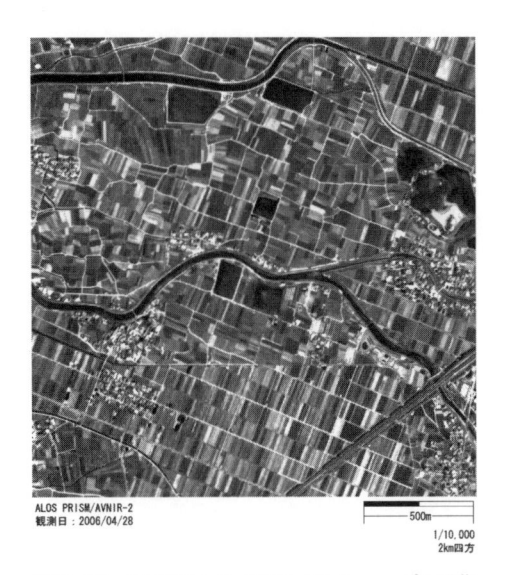

図 3.16 PRISM＋AVNIR-2 パンシャープン画像
縮尺は 1/10,000 地図相当。画像は兵庫県南あわじ市松帆脇田周辺。（画像提供：JAXA）

モデル（digital surface model；DSM）を一軌道からの観測で得られるスリーラインスキャナデータから作成可能な，特徴を有している。

フェーズドアレイ方式 L バンド合成開口レーダー（PALSAR）は，L バンドの合成開口レーダーでは定常観測を行なう世界唯一の衛星センサであり，植生などの土地被覆を透過し地表面に到達する波長を活用した，地形，森林バイオマスの観測に国際的にも期待が高い。

また，これらのセンサと同時観測を行ない，複合利用が可能な高性能可視近赤外放射計 2 型（AVNIR-2）が搭載されている。

これらのデータは，2006 年 10 月 24 日より一般配布を開始した。地球観測ミッションは，地図作成，地域観測，災害状況把握，資源探査である。

ALOS のセンサ仕様は，地図作成を最も効果的に行なえるように設計されている。観測目的は 4 項目あるが，地域観測，災害状況把握，資源探査についても，基本的には衛星画像（図 3.16），地形図，地理情報を作成し，さまざまな応用に提供できる基本図および主題図作成に最適化されている。

合成開口レーダーは，マイクロ波を使ったレーダーであるが，軌道（アジマス）方向には衛星の軌道上を移動によって等価的にアンテナ径を大きくし，軌道直交（レンジ）方向にはパルス圧縮技術によって，宇宙から高分解で鮮明なレーダー画像を取得する。

また，マイクロ波の送受による観測は，雲や降雨などによる影響を受けにくくほぼ全天候下で，日照のない夜や極域でも観測できる利点がある。

このような光学センサにはないユニークな特長を活かして，地震・火山・風水害などの災害状況把握，森林伐採などの地球環境変動，地形判読による石油・鉱物などの資源探査をはじめとする新たな利用の開拓が進められている。

ALOS/PALSAR による観測が 2006 年に開始されたが，代表的な高分解能（10 m）での観測をはじめとする，次にかかげる特徴的な多機能の観測モードを目的に応じて切り替えて観測できる。

- 高分解能観測　　分解能 10 m で，地形・地物の幾何学的詳細観測（図 3.17）
- 多偏波観測（polarimetry）　被雲率が高く，光学センサによる観測機会が少ない地域の土地被覆分類精度向上（図 3.18）
- ScanSAR 観測　　350 km 広域観測による海氷分布，熱帯雨林分布観測（図 3.19）
- SAR 干渉処理（SAR Interferometry）　地殻変動，火山活動による山体変化，地下水

図3.17 PALSARの高分解モード観測画像(京都，画像提供：METI，JAXA)

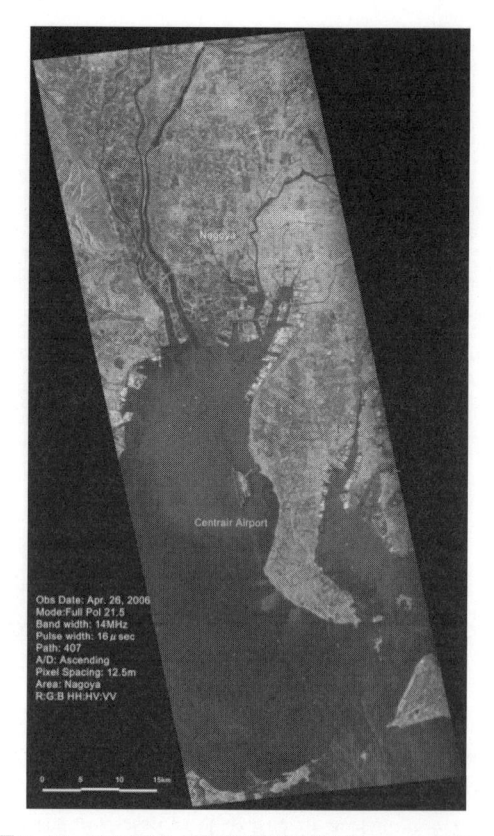

図3.18 PALSARの偏波観測画像(R:G:B＝HH:HV:VV)

画像は名古屋，2006年4月26日観測。カラー合成画像の三原色は，R：赤，G：緑，B：青で，レーダー受信送信波の偏波をHV(H：水平偏波，V：垂直偏波)などと記述する。(画像提供：METI，JAXA)

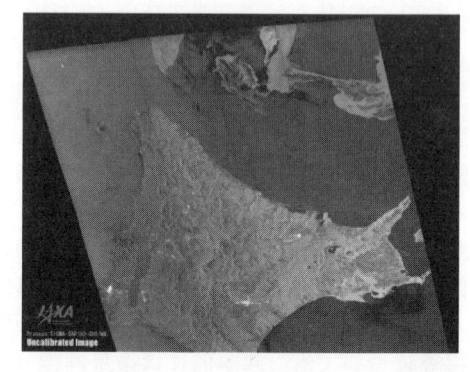

図3.19 PALSARのScanSARモードで広域観測した北海道と流氷の画像(画像提供：METI，JAXA)

の汲み上げ，地下工事などによる地盤沈下の観測

ALOSのPALSAR(図3.17)は，JERS-1のSARよりも感度が高く，またゴーストも低減されているので，微弱な散乱強度の差も画像の濃淡として判別でき，画質も向上している。

PALSARの特徴は，基本的にはLバンドの高分解能SARであるが，さらに3つの観測モードをもつことにあり，ALOSを地図・地理情報作成，防災・災害軽減(図3.20)，持続可能な地域開発，森林・植生などの環境監視，非再生可能および再生可能資源探査など，陸域，沿岸水域および雪氷圏の観測に適している。

最後に，ALOSの4つの観測ミッションごとに，有効なデータ利用について特徴をあげ，打上げ3～5年を目標とする運用期間中のALOS計画を通じて期待される新市場開拓の可能性をまとめる。

①地図および地理情報システム

幾何精度の高い画像が得られることから，地図および地理情報システムへの利用が最も期待される。

・大縮尺(1/25,000)基本地図の更新・作成
標高抽出精度3～5mで等高線，1シーン35×35kmによる地域規模の景観を得る

・PRISM 分解能2.5m，白黒画像，観測幅35km(または直下視70km)，前方・直下・

第3章 画像応用

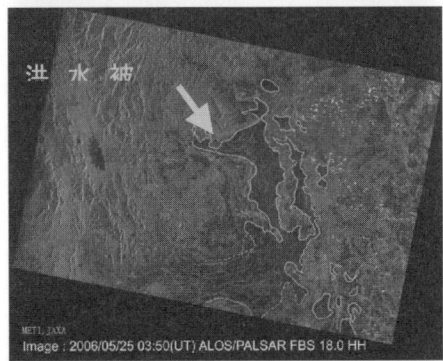

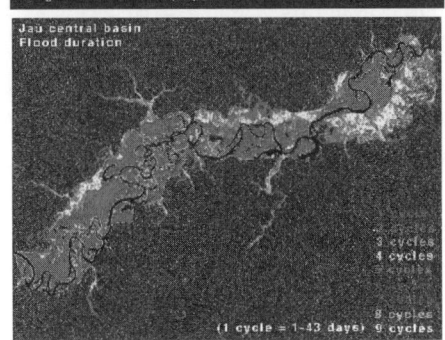

図3.20 SARによる災害観測は荒天下の最新状況把握に有効（画像提供：METI, JAXA）

後方同時観測
- AVNIR-2　分解能10m，4バンドのマルチスペクトル画像
- LバンドSAR（合成開口レーダー）　分解能（10～100m），観測幅（350～70km）

②地域観測

開発途上国の持続可能な開発を支援する，地理情報システムに最も効率的な手段を提供する。
- システマティックな地域マッピング
- 京都議定書，全球炭素循環
- 海氷監視　ScanSARで空間分解能100m，観測幅350kmの画像
- 持続可能な開発と環境
- 市街地，農耕地など分類して日本の緑の分布全国調査

③災害状況把握

災害の発生時の緊急観測および常時監視による迅速な対応に備えるデータベースの構築などに利用が期待される。気候変動あるいは人為的移入・移植などによる環境変化，動植物などの生態系の攪乱などの環境災害に対する監視も近年の重要課題である。
- JAXA 国際災害チャーター加盟（2005年2月）　ALOS データ提供を開始
- ハザードマップと GIS 利用　予期せぬ災害への備え
- 災害発生時の緊急観測（JAXA）
- creeping disasters　旱魃，森林火災，野火監視など
- 環境災害（eco disaster）　外来帰化動植物による自然状態の在来種分布への攪乱
- 全球地表面マッピング　地震，火山，海面上昇の影響などメカニズムの理解
- 海氷，海底火山，重油流出汚染，沿岸航路情報，定置網，養殖漁業管理

④広義の資源探査

近年，再生可能資源として，水・食料・繊維などが着目されている。
- 森林　AVNIR-2（分解能10m）+ PRISM（分解能2.5m）パンシャープン画像：森林内の道，林冠の密度に関連するテキスチャ，分類，樹種，伐採，資源量（インベントリ）。PALSAR：森林バイオマス，土地利用マッピング
- 農業　詳細調査，異常，生育状況，農地利用，総合的土地利用計画，食料
- 鉱物資源　陸海の堆積盆地マッピング，地質調査，プレートテクトニクス
- 水資源開発・水資源・災害管理

⑤ALOSにより実現が期待される新市場開拓

ALOSは，世界的にも高度な技術の粋を集めて開発した衛星であるが，観測データもユニークであり，アーカイブデータが蓄積されると利用価値の高い付加価値プロダクトを開発できるポテンシャルを有する。
- ALOSは打上げ後，センサ特性評価，校

正・検証が行なわれ，一定の品質精度が得られた
- 2006年10月24日から標準プロダクトを一般利用者に配布開始
- 付加価値製品の開発，緊急観測を含む定常観測フェーズに移行した
- 新規開発センサの利用により，衛星地図・GIS利用市場の拡大が期待される
- 国内から世界への利用市場展開が期待される

3.3 文化財画像応用

3.3.1 文化財とディジタルアーカイブ

(1) ディジタルアーカイブの概要

人々のこれまでの営みの姿を映す文化財にはさまざまなものがある。石器や土器に始まり，絵画や工芸品，建造物と多様である。古くからの習わしや伝統芸能など形をもたないものもある。そして，景観も文化財のひとつと考えることができる。

このような文化財のなかで，伝承文化や景観の姿を後世に伝えるため，記録を残す必要がある。古写真や映像フィルムは，化学的な経年変化によりその像が薄れていくため，転写し記録することが求められる。博物館などの施設に収蔵されている多くの資料について，ディジタル化した画像を利用し，実物の資料の閲覧は真に必要なときだけに限ることにより，資料の保存につながる。そして，後述するがディジタル化することにより閲覧性が高まる資料もある。このようなことを目的に，ディジタルアーカイブが進められる。

(2) ディジタルアーカイブの応用

ディジタルアーカイブの有効な利用として，ディジタルミュージアムがある。これにはネットワークで文化財の姿を公開する形態と，博物館の展示の中でディジタルアーカイブを適用する形態がある。

ネットワークによる公開は，サイバーミュージアムとよぶこともできる。ディジタルアーカイブをネットワークで公開することにより，いつでも必要なときに，世界中のどこからでも文化財の閲覧が可能となる。サイバーミュージアムは，特徴ある資料や，あるテーマに関連する資料を配置して，あたかも博物館の中を観るように構成するタイプと，所蔵する資料を広く公開するタイプとがある。前者は資料を連係して見せるインタフェースが重要である。後者で資料点数が多いときは，検索機能を設け，博物館資料データベースとして公開される。サイバーミュージアムを構成するうえでは，文化財をディジタル化する際のデータ量と適用するネットワークの速度を勘案する必要がある。そして，公開するコンテンツの2次利用に関する管理技術がディジタルアーカイブの公開を促進させるうえで重要となる。

博物館資料をデータベースとして公開するには，目録としての資料情報が付けられる。この資料情報の記述モデルとして，CIDOCの概念参照モデル[14]がある。国内ではミュージアム資料情報構造化モデル[15]が公開されている。博物館の資料台帳は，このような標準がつくられる前から作成されたものがある。これに基づくデータベースを統合的に検索するための手法が検討されている[16]。この共通メタデータとして，ネットワーク上の資源の記述向けのDublin Coreメタデータ[17]がよく使用される。

博物館の中でのディジタルミュージアムとして，展示できない収蔵品をブースを設けて公開する形態と，展示室の中で展示資料のひとつとして公開する形態とがある。前者はサイバーミュージアムと構成は大きくちがわない。ネットワーク速度は大きな制約とならず，提供するコンテンツの自由度が高まる半面，コンピュータの操作に不慣れな利用者をも対象にできる操作インタフェースの提供が重要となる。

ディジタルアーカイブの展示資料としての利用には，伝承文化や技術を記録した映像資料，CGやVRを応用した建造物や景観の復元資料がある。さらに，資料画像を基にした一種のレプリカ（複製品）としての利用がある。これは，展示できない実物資料に代えての利用だけでなく，実物の資料と並べての利用がある。これは，絵巻などで展示スペースの関係ですべてを開いて展示できない点を補ったり，屏風や古地図など大型の資料で対象物や文字が細かく記

されているものをガラスケースに収めて照明を制限して展示した状態では細部が見えない点を補うものである．このとき資料画像を非常に高精細にディジタル化することで，有効な展示資料となる．精度の高い情報をもつディジタルアーカイブは，教育での適用はもちろん，研究の分野でもつねに実物資料に当たることができるとは限らないことから利用が望まれる．

3.3.2 文化財と所要画像技術

文化財には，平面的な素材の上に図像や文字が記された絵画資料や文献資料，土偶や埴輪，工芸品など形や表面のようすに意味をもつ立体物資料，その規模の大きい建造物や遺跡，あるいは景観と，さまざまな形態がある．さらに，現代に伝わる習わしなど無形の文化財がある．それぞれの性質に応じてディジタルアーカイブが行なわれる．以下にその所要技術の概要を記す．

(1) 大型平面資料

平面的な資料の中には大型の資料がある．その大きさの分布の一例[18]を図 3.21 に示す．屏風は横幅が 4 m 近いものが多い．この幅をもつ屏風では，高さは 1.6 m 程度である．絵巻は，縦は 30 cm ほどであるが，横は平均で 8 m，長いものは 25 m ある．古地図は大きいものは長辺が 3～4 m，なかには 7 m を超す資料もある．

このような資料に 2～3 mm の大きさの対象物や文字が記される．これを読み取れるようディジタル化するには，資料を分割して撮影し，そのフィルムを高解像でスキャニングしたあと，接合して 1 枚の画像とする．平面とはいえ凹凸のある資料を歪みを少なく入力し，接合する技術が求められる．ディジタル化をすることを想定せず撮影されたフィルムによるときは，リサイズや色補正が重要な画像処理となる．

(2) 文献資料

文書や記録類などの文献資料は，記述された文字をコードに置き換えた形でディジタル化することで，資料の中まで検索できる．多彩な利用法が可能となり，理想のディジタルアーカイブといえる．しかし，この全文テキスト化には相当の手数がかかる．文字認識処理が望まれるが，とくに草書体の文字では技術的にまだ難しい．このため，現段階では，文献資料を画像としてディジタルアーカイブすることが現実的である．

筆で書かれた多くの文献資料を入力するうえで，解像度の問題はない．量が多いことから表示する際の一覧性を高める手法が望まれる．技術的問題とはいえないが，目的とする資料を探し出すためのメタデータの付与が課題となる．

全文テキストが得られるときには，高度な利用として，全文検索で探し出した箇所を，画像上で対応させて表示したり，文字情報と画像を並べて表示し，一方の文字または言葉を指すと，他方の該当する個所が示されるような応用が考えられる．これは，文献資料を一般に公開する際に有効である．画像上での文字の切り出し――とくに草書体――と，文字情報と切り出した画像領域との対応づけの自動化が課題となる．

(3) 立体物資料

文化財の多くは立体的な形状を有する．そのなかには，回転して任意の角度から表示することを必要とする資料も多い．建造物や遺構では，外観だけでなく，内部を 3 次元の情報として取り込み，任意の位置と方向から観察できることが望まれる．

対象物の 3 次元形状をディジタルデータとして取り込み，貼り合わせた画像データで表面のようすを観察することのできる装置が製品化されており，比較的簡単に 3 次元の情報を利用することが可能となっている．

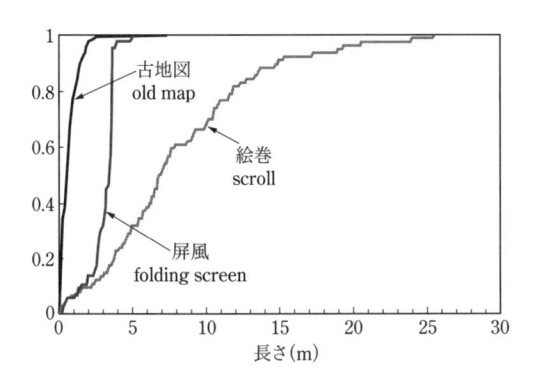

図 3.21　大型平面資料の大きさの累積分布
（国立歴史民俗博物館の所蔵資料より）

立体物のディジタルアーカイブは，対象物を3次元計測装置により3次元の数値データとして取り込み表面の画像を貼る方法と，さまざまな角度から撮影した画像を切り替えて表示し立体物を表現する方法とがある。前者は3次元情報を対象物の計測情報として利用できるとともに，任意の角度からの画像を再構成することができる。いずれの方法も，対象物の大きさが1m以下であれば，実用的な利用が可能となっている。実物の資料に代えて，研究や教育の場で対象物の表面のようすを観察する用途には，高解像度の入力技術が求められる。

建造物など規模が大きい立体物では，部分的な計測により得られるデータを，精度よく統合する手法が必要となる。

建造物や集落あるいは景観を，遺構から得られる情報や文献資料などを手がかりとして，模型に代わりCGで復元することも行なわれる。インタラクティブに視点を変えることのできる表示手法や，文化財を扱う研究者が構成できるCGの作成手法が望まれる。

(4) 映像資料

古くから伝わる芸能，各地に残る風習，技術の伝承などの無形の文化財がある。これらを映像資料として記録することが多い。記録される映像は，1つのテーマで100時間を超えることが通例である。一般に公開されるのは，これを1時間程度に編集したものであるが，すべてが文化財の記録として重要である。ディジタル形式で蓄積された映像を有効に利用できる技術が求められる。シーンのインデックス化や，類似シーンの探索の実際的な手法が望まれる。

伝統的な芸能の伝承を目的としてアーカイブするには，人の動きの細部まで計測し記録する技術が求められる。そして，3次元映像としての記録も望まれる。

3.3.3 文化財画像システム

(1) 大型平面資料の高精細入力

人類の文化遺産を未来に継承するという構想の下，1996年に「ディジタルアーカイブ推進協議会」が設立された。その後の急速なディジタルインフラの成長に後押しされ，現在さまざまな機関が貴重な歴史資料のディジタルアーカイブに取り組んでいる。その中のいくつかはすでに広く一般に公開されており，歴史学の研究者のみならず一般利用者からもその反響には大きなものがあり，歴史資料の保存（現物・データ）と，利活用を実現するディジタルアーカイブは，今後さらに積極的に推進されると考えられる。ここでは，これまで閲覧することさえ困難であった大型歴史資料である古地図や巻子資料のディジタルアーカイブの制作過程，とくに資料撮影と画像処理過程における文化財画像の高画質ディジタルアーカイブの手法と考え方を，歴史資料のディジタル化を行なう過程で最も重要なポイントであるディジタル化された画像の信憑性（真正性）を中心的テーマとして述べる。

①なぜ大型歴史資料を情報化するのか

古地図や巻子資料は，その閲覧・調査・公開を行なうにはさまざまな困難が伴う。それは大型であるがゆえの資料のハンドリングの悪さ，さらに劣化破損の危険性がきわめて高いからである。歴史学研究者の言葉を借りれば，このことが史料分析・研究への弊害でもあり，また広く一般に研究が認知されにくい理由であるともいわれている。

さて，従来このような大型資料を研究運用するためには複写という手法がとられ，なかでも重要なものには複製品がつくられていた。しかし，複製品に対し原本に近い精度を求めれば，原本と変わらないハンドリングの悪さがそのまま継承され，また，そのときどきの必要に応じた複写・複製の多くは，そのときどきの目的のみに依存した一時的な情報化となり，一過性の記録物でしかなかった。しかし今後，実施されてゆくディジタルアーカイブによる高精度なディジタル化は，史料研究をこのような弊害から開放するばかりか，その利用をパブリックユースからパーソナルユースにまで広げる可能性をもっている。そのため，歴史資料の高精細なディジタルアーカイブは，原本の保存と利用という，いわば相反する目的を達成する手法として広く普及することが期待されるのである（図3.22）。

②大型歴史資料のディジタル化のポイント

・資料の保全を最優先し資料の安全を十分確

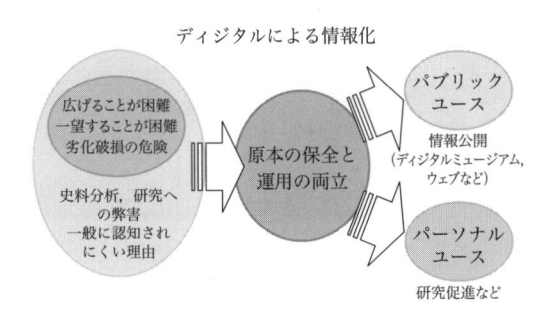

図 3.22 なぜ大型歴史資料を情報化するのか

保する　まず，資料の保全といえば，撮影時の安全や取扱いに注意が傾きがちだが，それ以前に事前調査は非常に重要である。さまざまに状態のちがう資料に対し，あらかじめ問題点を確認し対処方法を準備することは，資料保全の面からもきわめて重要なことである。また，事前調査は記録すべき資料の特徴を知り，記録の方針を設計するうえでもたいへん役立つ。事前調査のおもなものは，対象資料の採寸に始まり，描かれている文字のサイズ計測や最小描写の確認。金箔，銀箔，顔料の使用状態や彩色の状況，また付箋の有無や，それらの状態の確認など資料全体の状況を仔細に調査記録する。そして，この調査で，資料の保全対策はもとより，目標精度の設定，撮影にあたっての設計を行なうのである。また，その後の本番撮影時の事故防止対策としては，基本的には機材の転倒や落下防止が中心になるが，その可能性のある機材はすべて固定することが重要である。また，いちばん予測不能で厄介なことがヒューマンエラーだが，それを防ぐためには作業手順や作業内容をルール化するなどの事前対策を行なうことが効果的である。

・十分な画像精度を得るために計測的撮影を行なう

〈撮影（ファーストキャプチャ）の重要性〉
撮影後のディジタル処理では，加工編集が容易に行なえるメリットがある。しかし一方では，その処理のたびにディジタル的な補間処理が行なわれ，資料への忠実度が確実に失われていくというデメリットが同時に存在することも考えなくてはならない。つまり，画像のひずみ，歪み，ノイズなどの画像形成を阻害する要因の補正を，撮影後のディジタル処理にのみゆだねることは，そのまま画像データの劣化，資料改竄の危険性を増加させることにつながるのである。そして，それらの危険性を低減させるためには，画像取り込み，つまり撮影の段階で可能なかぎり高精度な画像を取得することが最も重要であると考える。今回は大型の歴史資料を中心にしており，記録効率・情報精度の面から，ラージフォーマット（8×10 インチ）銀塩フィルムでの画像取得を中心に述べるが，現在では大型のエリアセンサを使用し，ワンショットで 3,900 万画素を取得できるような高精度なディジタルカメラも発売されており，解像度のみならず，CCD センサのもつ位置精度，くり返し精度などの特長を活かし，より精度の高い情報記録・入力も可能となってきた。また，画像の取り込みと同時に色・形・大きさなどを計る，計測センサとしての利用も積極的に実施されており，ファーストキャプチャにディジタルカメラを使用することもきわめて有用である（図 3.23）。しかし，カメラを使用する画像の取得・入力方法においては，記録センサがフィルムであるか，CCD であるかの根源的なちがいはあるにせよ，画像取得時の現場において注意すべき点は同様のことである。

〈撮影機材〉　ディジタル合成，連接を前提とした撮影において最も精度に影響を及ぼす要因のひとつとして，レンズのもつ歪曲収差（ディストーション）がある。そのため使用する撮影レンズの選択には十分な検討を行なうとともに，収差の分析を行ない，データをとることが重要になる。また，ディストーションだけでなく，中心投影法での撮影による幾何ひずみも画

図 3.23　さまざまなディジタルカメラ

像精度に重要な影響がある。これは連接を前提とした分割撮影では非常に大きな問題となる。大型歴史資料である国絵図や巻子資料は，平面資料とはいえ折りしわや巻きしわがあり，必ずしも平面ではない。図3.24に示すように，中心投影法で分割撮影すれば同じ対象が撮影する位置によりちがって記録されることが起こるからである。そのため，高精度なディジタル化を目標とする場合，これら画像ひずみについては十分な配慮が必要である。次に，フィルムの平面性についても検討する必要がある。ラージフォーマットフィルムを使った真俯瞰撮影の場合，写真フィルムの平面性が画像精度に与える影響は非常に大きい。撮影フィルムの平面性自体は高いのだが，真俯瞰で撮影する場合，フィルム中央部分が自重で下方にたわむためである。そこで，フィルムの平面性を維持するために，バキュームフォルダという機材を使用する。これは，フィルムをフィルムフォルダに入れてフィルム背面からエアーでフィルムを吸着し，平面性を維持する写真機材である。また，案外軽視しがちなことだが，カメラやレンズを固定するメカニカルな部分の精度や強度は収差方向の統一などの面で非常に重要であり，場合により撮影機材の補強処置を行なう必要がある。また，メカニカルなシャッタースピードや，レンズの絞り値が一定である精度はけっして高いものではない。代替として，電子シャッターなどのくり返し精度の高いものを使用することを考慮する必要がある。

〈具体的な撮影にあたってのポイント〉（図3.25）

(i) 撮影歪みの少ない撮影セッティングを行な

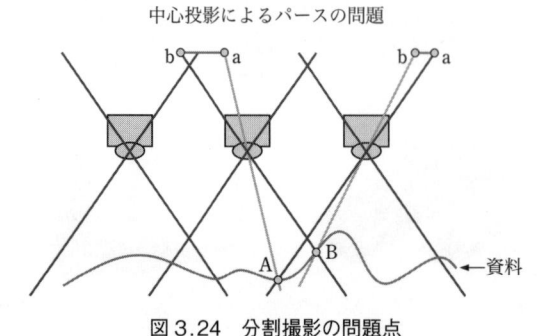

図3.24 分割撮影の問題点

図3.25 大型歴史資料の撮影

う 基本的には，資料面，レンズ面，フィルム面がそれぞれ平行で，資料とフィルムが正対するポジショニングをとること。また撮影には真俯瞰撮影や，壁に掛けて撮影する方法，斜め俯瞰といった方法があるが，いずれも正対するポジショニングをとることに留意することが重要である。

(ii) 資料の保全と形態の安定　大型歴史資料の分割撮影では資料自体を分割移動する必要があるが，このときに資料を直接手で持って移動すると資料の破損につながる可能性がある。また，地図などの折り目の形状が変化し，撮影後のディジタル連接処理に問題を残すことがあるため，分割撮影の場合は，資料自体を載せる撮影台を別途用意し，資料を安全に移動し分割撮影することが重要である。

(iii) 描写と「見え」を考えたライティング
撮影上のライティング（照明方法）は非常に複雑である。資料の折り目による凹凸の多い古地図の場合，折り目の部分が撮影のライティングしだいでは陰になったり逆に反射したりといったことが起こるからである。また，巻子資料の場合は縦しわが多く，これもライティング状態によってはしわが強調されてしまうことがある。このほか，光の反射の強い金や銀などが使われている資料の場合には，凹凸があればライトの方向や方法によって，その金，銀色部分に強いムラが生じる可能性が高くなる場合がある。このように資料の状態によっては，通常のライティングでは撮影が困難な場合も多く，ディジタル合成後の絵柄の連続性を維持するためにも，ライティングには十分な配慮と高い専門性が必要である。

(iv) 素性をたどれる各種のターゲットの使用
撮影の際は，原本からの制作履歴を残すために，色，サイズ，歪みを検証するためのターゲ

ットを同一条件で撮影しておく必要がある．色のターゲットについては，Kodak Color Separation Guide と Gray Scale，マクベスカラーチェッカー，マクベスカラーチェッカー SG などを併用し，サイズの検証のためメジャーを写し込み，歪みの検証のためには方眼チャートを撮影する．

(v) 設計図の作成　最小文字の判読性や，細線の再現性などを指標に目標精度を設定し，この目標精度に沿ってレンズの特性，撮影場所の条件などを考慮し，撮影倍率，分割枚数を設計する．また，事前の調査により得られた情報から，すべての資料について設計図を作成する．この設計図は，資料保全の面からも作業効率の面からも非常に有効である．

③ 画像データの劣化を最小限にとどめ史料改竄を伴わない高精度なディジタル合成技術

• フィルム画像のディジタル化　正確に撮影された写真画像のディジタル化のポイントは，マスターデータ（データ RAW）の素養を保持したスキャニングを行なうことである．その後のディジタル加工や，さまざまな出力デバイスに出力しても画質劣化が少なく，一定レベル以上の品質を得られるようにするためである．このとき，出力デバイス依存型の一過性のデータをつくってしまうことは最も避けなければならないことである．また，色調についてもCOLOR ターゲットにより ICC カラープロファイルを作成し，色の適正化をすることも重要である．

• ディジタル合成処理　撮影した方眼ターゲットを基に，全体的な幾何（アフィン変換）補正を行なう．さらに資料自体には凹凸があり絵柄の不連続性が生じるため，合成部分はメッシュマッピングによる補正を行ない連接処理を行なう．また，濃淡・色調の平均化は全体的明度変換と，部分的な微調整の 2 つの作業に分けて行なう．全体的な変換では，撮像全体の各コマにおける濃淡をサンプリングし，明度の全体的な偏り傾向を分析したうえで平均化し，次に隣り合う画像の濃淡・色調が連続する手順で微調整を行なう．

• ディジタルデータの信憑性　ディジタルデータの制作過程において最優先されることは「見栄えのよさ」ではなく，原本に対する「忠実度」を追求することである．つまり，原本と情報化されたディジタルデータとのあいだに史料の改竄がないのか，原本は本当にこのデータどおりなのかといった疑問に明確に回答しうるようなデータの素性や，制作履歴を明確に残すことである．また，合成処理においては，ピクセルコピー処理などの改竄につながりやすい処理はできるかぎり避ける必要がある．つまり，ディジタル処理工程において最も重要な点は，データの信憑性を維持することにある．

• おわりに　先に述べたように，文化財画像のディジタルアーカイブにおいて最も重要なことは，制作されたディジタルデータが原本に対する 2 次データとして信憑性を有することである．したがって，撮影作業などの原本からのファーストキャプチャをどのように行なうかはきわめて重要となる．また，どのようにディジタル化したとしても原本に変わりうる情報を正確に記録することは不可能であり，重要なことは保障のできる精度（色調，形，大きさ，精細さ），担保できる情報が明確になっていることである．これらによって，次世代にどれだけの情報を継承していくことができるかが決定されてしまうからである．また，論理的に妥当かつ一貫性のある手法によって制作され，かつ制作履歴の明確なディジタルデータのみが将来にわたって継承されうる価値のあるディジタルデータであるといえる．また，このようなデータによってこそ，データベース構築やインターネットなどを通じ，資料の保全や研究において計り知れないメリットを提供すると思われるのである．

(2) 大型資料画像の表示

小さな文字が記載された古地図や対象物が細かく描かれた屏風において，その文字や対象物を読み取れるようにディジタル化した画像では，その長辺は 100,000 pixel を超える．長さが 10 m を超える絵巻や巻子の形態をした文書でも同様である．また，数百点の資料からなるコレクションを，一覧性が高まるよう 1 枚に集めた画像では，1 つの資料の画像が数千 pixel でも，全体としてはかなりの大きさとなる．これに対して表示デバイスの画素数は長辺で見てた

かだか数千である．このため，このような画像の閲覧には，画像の表示位置を変えながら拡大・縮小して表示するシステムを必要とする．このためのさまざまな画像ビューアが利用可能となっている．画像の移動，拡大・縮小の基本機能のほか，文字がさまざまな方向から記された古地図のような資料では，回転機能も必要とする．

サーバに置かれた大型画像をネットワークを介して閲覧できるシステムもある．このとき，大型画像の高速表示を次のようにして実現する．原画像を倍率変更の比率に対応して縮小して，図3.26に示すような階層画像を構成する．画像データの転送時間が十分に短くなる大きさに，各階層の画像を分割する．表示する画像の位置と倍率に応じて分割画像の読み出しを行なう．

大型資料の展示での表示用にデザインされたシステムの表示画面の例を図3.27に示す．画面上部が資料画像の表示領域である．その右下は操作ボタン群で，コンピュータに不慣れな利用者でもわかりやすいように操作の種類を限っている．画像表示領域の左下は資料画像のどこを表示しているかを示す領域，中央は資料画像を表示する箇所に対応した解説を表示する領域である．実物資料の展示ではパネルによる全体の説明だけとなることに対し，資料中に記された場面や対象物に応じた説明を表示することができる．

画像の移動は画像表示領域のドラッグで行なう．大型のタッチパネル付きディスプレイでは指で操作し資料を扱っている感覚が生まれる．拡大・縮小は操作ボタンによる．段階的に倍率を変化させても中間倍率の画像を表示し連続的な変化に見せて，利用者が対象物を見失うことがないようにしている．

このほか，関連する資料を比較できるように並べて表示したり，研究支援用に，資料の記載に対してコメントを付与する機能が大型画像の表示システムとして重要となる．

(3) 文化財画像の高画質表示

文化財のディジタル保存，いわゆるディジタルアーカイブは，その蓄積が進むにつれ，情報の有機的なつながりとさまざまなメディア表現手法により，公開と交流の時代を迎えようとしている．

なかでも文化財の画像情報は，IT技術の進化によってメタデータ化と高画質化が実現しつつあるが，ここでは後者の高画質表示について，凸版印刷による文化財を対象とした事例を加えて記す．

さまざまなメディア表示技術は，その発展過程において，つねに画質の向上を実現してきた．写真フィルムの高画質と高感度化，印刷画像の高精細化，テレビ画像の高精細化，ディジタルシネマにみる映画表現の高精細化など，ディジタル技術の発展とともにその進化はさらに加速しつつある．

高画質の要素は，精細度や色彩，階調などの光学特性から人間の感性にいたる広範な領域を含むものであるため，今後の研究に委ねなければならないところも多いが，ここでは一般論としての高画質について，文化財への活用を記すこととする．

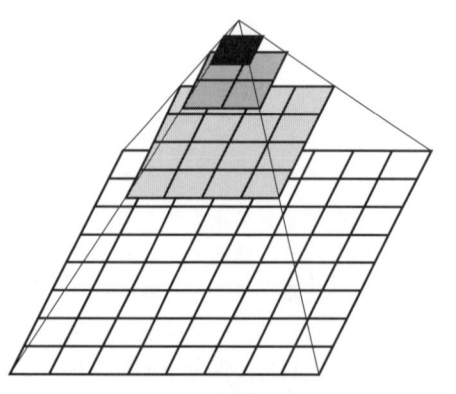

図3.26　階層画像構成

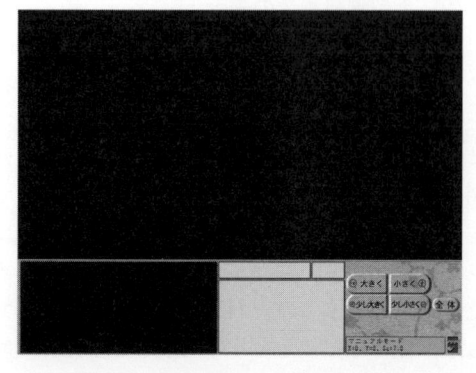

図3.27　展示用資料画像表示画面例

①印刷技術の進化

1970年代後半から始まった印刷技術のディジタル化は，集版や合成レタッチなどの分野で飛躍的に発展し，卓上出版（DTP）は，デザインから製版，印刷にいたるすべての工程で不可欠なものとなっているが，その技術には，2つの特徴があった。

それは，ディジタル画像処理技術の導入当初から高精細な画像処理能力を伴うものであったことと，色調管理技術であるカラーマネージメント技術が必要とされたことに起因する。

前者は，印刷の最終出力サイズが小さなカードサイズから壁一面大にいたる幅広いレンジをもち，これに対応する必要性があったためであり，後者は，さまざまな種類の紙とインクを用いて目標となる色調再現を行なう必要があったためと考えられる。これらの特徴は，テレビなどの定型の出力サイズをもつ他の表現メディアとのちがいでもあり，将来，印刷を含むさまざまなメディアへの高画質な表示を実現するために必要な要素技術であると考えられる。

②印刷技術の文化財活用

一方，文化財のディジタル保存と活用を目的としたディジタルアーカイブは，永い将来にわたりさまざまなメディア表現技術による公開や修復，研究などさまざまな目的で使用されることが想定されるものであるため，それぞれの時代における高レベルな画像品質で保存しておくことが望ましいと考えられる。

たとえば，将来の美術品の修復時には，ひび割れが確認できるほどの高精細画像や，さまざまな色材の正確な色調データやX線，赤外線画像データは，たいへん重要な情報となる場合がある。

また，画質の低い文化財画像は，将来の進化した表示デバイスの時代に陳腐化してしまう危険性もあるといえる。

このような，ディジタルアーカイブにおける画質の必要条件と，前述した印刷メディアのディジタル化における2つの特徴は合致する部分も多く，したがって文化財の画像データ作成のさまざまな工程で印刷技術が多く活かされてきた。

以下に，凸版印刷における文化財の画像データ化と高画質表示の事例を記す。

③平面対象物の事例：パリンプセストプロジェクト

凸版印刷では，ヴァチカン教皇庁図書館と印刷博物館との連携により，貴重文書のディジタル化と解析研究が進められている。パリンプセストとは，羊皮紙に書かれた文書の中で，その用紙が貴重なものであったために，一度書かれた文字を洗い落とし数度にわたり上書きされたものを指す。このプロジェクトは，この下層部に書かれて，すでに判読不可能になった内容を読み解く目的で，キケロやアルキメデスなどに関する記載があると想定されている貴重書数百冊を対象として始められた。ディジタル化と解析は，事前の実験によって効果が確認された特定の波長の紫外線を使用した特殊なスキャナと新開発の解析ソフトによって進められている。

平面物のディジタル画像化は，ほかにも多くの美術作品，古地図，文書などを対象として行なわれ，さまざまな機能をもつ高精彩画像表示システムやデータベースとともに公開されている（図3.28）。

④立体物の事例：九州，彩色古墳の3次元計測と公開

3次元形状計測の研究を先端技術によって推進している東京大学池内研究室と凸版印刷との共同研究として，九州の彩色古墳の計測と公開を進めている。印刷技術で培ってきた色彩計測分野で参加し，東京文化財研究所，九州国立博物館の監修と協力によって，九州の彩色古墳である王塚古墳，弁慶が穴古墳，日ノ岡古墳などを対象に実証的な計測研究が進行している。複

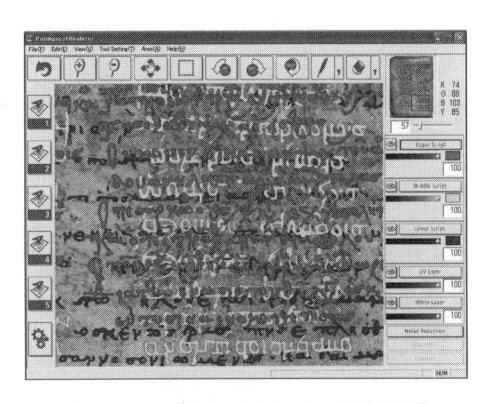

図3.28 3階層に色分けされた解析画像

雑な構造の古墳内部に色鮮やかに描かれた同心円や三角形などの抽象的な紋様や，人，馬，船など古代人の想いが残された古墳を，先端技術と計測機器によって画像データ化した。

計測は，温度湿度が管理された古墳内部のせまい密室で行なわれたが，入室前に人員機材の厳重な消毒を行ない，貴重な文化財への事故がないよう慎重な計画によって進められた。

3次元形状計測は，池内研究室が保有する高精度なレーザーレンジセンサなど，計測範囲と環境にあわせた機材を駆使し，さまざまな角度から数百万に及ぶ点群データを採取した。色彩計測は，室温や壁面への温度上昇を避けるための低温ランプを使用し，壁面彩色部分の分光反射測定と高精細ディジタルカメラにより画像情報を取得した。

それぞれの結果は，研究室に持ち帰り，形状合成と質感設定によってCG化されたハイビジョンコンテンツとして，2005年秋に大宰府に開館した九州国立博物館の常設展示映像として公開されている。ふだん，文化財保護のため入室できない古墳内部は，このコンテンツによってさまざまな視点から鑑賞できることとなった。

現在多くの貴重な文化財でその保護と公開が問題とされるなか，研究成果の正確な情報に基づく公開は，ディジタルアーカイブの重要な要素といえる。

⑤バーチャルリアリティによる高画質表示

凸版印刷では，高画質にディジタル化された立体的な文化財の表示手法として，バーチャルリアリティ（VR）技術の研究開発が進められてきた。VR技術は，形状データと質感データをコンピュータ内にディジタル情報として構築し，表示にあたってはリアルタイムにそのデータを画像化演算し上映するもので，たとえば，大規模な城郭や寺社仏閣の内部をまるで歩きまわるかのように（ウォークスルー）閲覧するものである。事前にある特定の目的に従って編集をする従来の番組型コンテンツと比較して，ディジタルアーカイブの考え方に近い立体画像表示手法といえる。この手法を使い，これまで中国故宮博物院の建築遺産，唐招提寺，二条城，マヤ・コパン遺跡，ナスカの地上絵，兵馬俑，江戸城など多くのコンテンツが博物館などで公開されている（図3.29）。

(4) 建造物などの3次元アーカイブ

近年，レーザーレンジセンサを用いた歴史的建造物の3次元アーカイブが広く行なわれている[21,22]。レーザーレンジセンサは物体の表面形状を高い精度で計測することが可能であり，得られたディジタルデータを半永久的に保存することができる。また，非接触型センサであるため，貴重な文化財を破壊するおそれもない。取得したディジタルデータは考古学的な調査，シミュレーションやメディアコンテンツの作成などさまざまな分野へ応用できるといった多くの利点がある。

計測に用いられるセンサには，計測距離などによってさまざまなものがある。コニカミノルタのVivid910はラインレーザーとカメラを用いた光切断法により0.6～2.5 mの距離で確度1 mm以下である。このセンサは，小さな物体を精細にモデル化する際などに用いられる。大規模な建造物の計測には，飛行時間法によるセンサが適している。ライカジオシステムズのCyraxHDS3000は50 mの距離で±6 mmという高い精度である。位相差方式を採用しているZ+FのImagerシリーズは，曖昧性の問題はあるが，50 mまでの計測距離で精度±4 mmである。このImagerは計測時間が非常に短いため，屋内など限られた空間では非常に有用なセンサである。

レーザーレンジセンサを用いた物体の形状モデリングはおおまかに，①データ取得，②位置合わせ，③統合，という3つの処理からなっている（図3.30）。

図3.29 中国故宮博物院内トッパンVRシアター

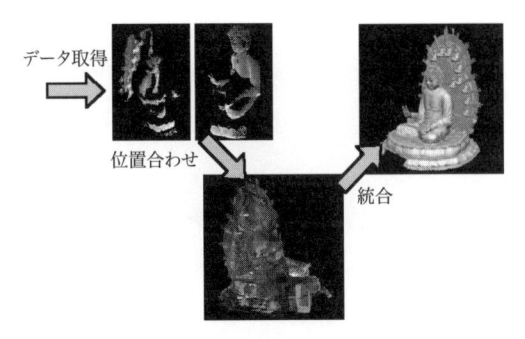

図3.30 幾何形状のモデリング手順

①レーザーレンジセンサを用いて物体全体を複数回にわたって計測する。計測範囲はセンサの可視領域に限られるため，物体全体の表面形状を得るためには，異なる位置・方向から計測を行ない，複数の部分モデルを取得する必要がある。計測対象が小さい場合は対象自体を移動させることも可能であるが，建造物の場合はセンサを移動させながら計測を行なっていく。

②取得した部分モデルの相対位置姿勢を求める位置合わせ処理を行なう。レンジセンサによって得られた複数の部分モデルは，計測された位置姿勢によってそれぞれ異なった座標系で記述されている。そこで，これらの部分モデルの座標系を統一する処理が必要である。2つの重なり合う部分モデルがある場合，あらかじめおおまかな相対位置を与えて，ICP法[23]やその拡張手法によって位置を計算するのが一般的である。多数の部分モデルを位置合わせする場合，順次処理していくと誤差の蓄積によって局所的に大きな誤差が生じてしまう。これを避けるためには，すべての相対位置姿勢を同時に推定する手法が有効である[24,25]。

③複数の部分モデルを統合して単一の3次元モデルを生成する。複数の部分モデル間には重なり領域があるため，これを統合して1つのモデルに変換する。この処理にはZipper法[26]やボリュームトリック法[27]が用いられる。Zipper法は2つの部分モデル間で重なり合う部分を取り除いたのち，境界部分をつなぎあわせることによって部分モデルを統合する。ボリュームトリック法では，複数の部分モデルを1つのボクセル空間内に投影し，陰関数（ボクセルからの符号付距離）表現することによって統合を行な

う。得られたボリュームデータはマーチングキューブ法を用いて再びメッシュデータに変換される。

色情報は得られた形状モデルにディジタルカメラなどで撮影した画像をマッピングしてアーカイブする。頂点の位置情報と同時に色情報を取得できるセンサもあるが，通常はカメラで撮影したよりも高解像度の画像を用いる。レンジセンサとカメラの相対位置は撮影前にキャリブレーションしておくか，形状モデルと画像間の対応点を求めて対応点間の誤差が最小となるように相対位置関係を計算する。カメラで撮影した色情報には物体色と光源色が含まれているため，アーカイブの際には光源色を推定して物体表面の真の色を求める[28]。さらに正確な色情報を得るためには，次元数の多いスペクトルカメラを用いる方法などもある[29]。

大規模な文化財の3次元アーカイブの実例としては，東京大学池内研究室が日本国政府アンコール遺跡救済チーム（JSA）と共同で進めているカンボジア・バイヨン寺院のディジタルアーカイブプロジェクトがある[30]。バイヨン寺院は150m四方の敷地に建てられた石造りの巨大な建造物であり，中央塔の最も高い部分で40mもの高さがある。二重の回廊や51本の塔などがあり，建築学的にも非常に複雑な構造物とされている。そのため，バイヨン寺院には従来のセンサでは計測できない領域が多く存在する。このプロジェクトではこのような領域を計測するために，気球センサ[31]やはしごセンサ[32]といった特殊なレーザーレンジセンサも開発されている。また，対象が大規模な場合は扱うデータ量が増加し，計算時間やメモリ使用量の問題も発生する。そこで，複数の計算機上で並列に同時位置合わせする手法[33]や並列化したボリュームトリックな統合手法[34]も開発されている。図3.31はバイヨン寺院全体の3次元データである。

3次元アーカイブによって得られたデータは，文献などに基づく修正によって過去の姿を再現するという応用も可能である。図3.32は現在の奈良大仏から取得した3次元モデルを用いて，奈良大仏の創建当時のようすを再現した例である[35]。奈良大仏は度重なる修造により現

図3.31　カンボジア・バイヨン寺院の3次元モデル

図3.33　王塚古墳の彩色復元モデル
（© 東京大学池内研究室，凸版印刷株式会社）

図3.32　奈良大仏の創建時推定3次元モデル

在の姿形は創建当時と異なっているとされている。大仏殿碑文などの文献にはそれを示す大仏の寸法が記述されている。そこで，取得した現在の3次元モデルを文献値を基にモーフィングし，創建当時の大仏の形状を復元している。大仏殿は天沼俊一博士によって博覧会のためにつくられた模型から取得したモデルを参考にし，東京大学の藤井恵介教授の助言により同年代の建築とされる唐招提寺金堂から取得した部分モデルをあてはめたものである。

　色彩を復元した例としては，東京大学と凸版印刷が共同で行なった九州王塚古墳がある。福岡県桂川町にある王塚古墳は色彩豊かな装飾から国の特別史跡に指定されている。古墳の外周の形状は Imager5003，内部の壁面は VIVID900 によって計測されている。色彩データは高精細ディジタルカメラによって撮影した画像を3次元モデルにマッピングしている。保存状態がよい一部の装飾部分では分光計測を行ない，この計測データを基にして松明や太陽光源下での色再現などが行なわれている。図3.33は装飾の一部の太陽光源下での見えを再現した例である。この王塚古墳のデータは映像コンテンツとしてまとめられ，九州国立博物館で常設展示物となっている。このように取得したデータを一般に公開し，文化財に対する理解を深めていくことも，3次元アーカイブの重要な役割であると考えられる。

(5) 無形文化財のディジタルアーカイブ

　ディジタルアーカイブは，時間の流れに従って表現される無形文化財，すなわち音楽や人間の身体動作によって表現される舞踊や演劇，各種の工芸の動作なども対象とするようになっている。ここでは，おもに舞踊のディジタルアーカイブとそれに関連する研究などを中心に述べる。

　無形文化財のアーカイブ化には2つのアプローチがある。1つは，その文化財を生み出す基になっている人間の身体動作に的を絞って，これを可能なかぎり正確に計測・記録することである。もう1つは，舞台や衣装，小道具，さらには上演時の観客などの環境も含むその芸術表現全体を記録するものである。これらの両方が同時に記録できることがもちろん望ましいが，これは現状では難しいので，どちらかのアプローチを採用することになる。

　舞踊の身体動作の伝承や訓練が主たる目的であれば，細部の動作まで記録することのできる前者がまず基本となり，これが望まれるであろう。一方，結果としての表現芸術の記録であれば，後者のアプローチが必要となる。

　前者のアプローチには，コンピュータゲームや映画製作などで広く使われるようになったモーションキャプチャシステムが利用される。また，後者は高精度・高品質のビデオ撮影などで行なわれているのが現状であるが，将来的には後述する3次元ビデオシステムなどを用いて，対象のすべての要素を3次元データとしてアーカイブする方向が考えられる。

①モーションキャプチャ

モーションキャプチャシステムでは，関節と骨格によるマルチリンク構造の人体の各部位の動きを計測する。これには現在，光学式，磁気式，機械式の3つの方式のものがある。

機械式では各関節部分に装着したゴニオメーターを利用して関節角度を直接計測するが，被験者に対する負担が大きいことが問題である。

磁気式では各センサで6自由度の計測ができるが，周辺の磁性体の影響や磁気トランスミッターからの距離による精度の低下などの問題がある。

光学式では，再帰性反射材でつくられた小さなマーカーを被験者の体の各部に装着し，これらの像を複数の高精度ビデオカメラで撮影し，マーカーの位置を三角測量法によって求める[36]。被験者に対する負担や動作への制約が少ないことから，舞踊のアーカイブでは光学式がよく利用される。

光学式のモーションキャプチャでは，人体の主要な関節部分を中心に，約30～40個のマーカーを装着して利用する。また，ビデオカメラの台数については，対象とする動作の複雑さや空間の広さなどによるが，人体の一部によるマーカーの隠蔽などのため，3m立方程度の空間では15台以上のカメラを利用しないとアーカイブのための安定なキャプチャはできない。

このような環境下で，マーカーの3次元位置に関してはmmレベルの空間分解能，また毎秒200フレーム程度の時間分解能での計測ができる。しかし，得られるデータは身体動作のすべてではなく，あくまでもその「概略」であるといわざるをえない。すなわち，手や足の指のすべての関節の位置情報を体全体の動きと同時に計測することはできないし，脊柱や肋骨の各関節の動きをとらえることもできない。

このような限定的な条件下で，たとえば能や日本舞踊などの伝統芸能を記録することに意味があるのかという疑問もある。図3.34（a）のような計測用のボディスーツを着た状態での計測が行なわれるので，そのことが演技に影響を与える可能性がある。また，衣装や化粧，小道具などの状態も記録できない。しかし，このような課題をもつことは認めながらも，モーショ

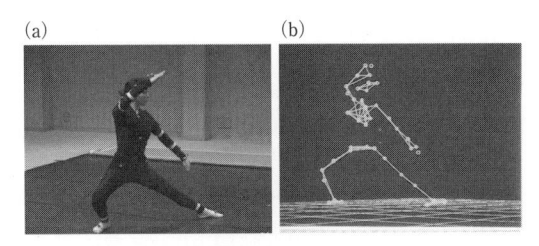

図3.34　光学式モーションキャプチャ

ンキャプチャにより，従来は不可能であった身体運動の定量的な記録，解析，表示が可能になることへの舞踊関係者や研究者からの期待は大きい。

②3次元ビデオ

図3.34（b）でわかるように，モーションキャプチャで計測できるのは「マーカーの3次元運動のデータ」であって，必ずしも身体そのものの動きではない。また，被験者の動きに伴った着衣の動きや表情の変化などをとらえることはできない。このため，対象の形状と動きの「見え」の情報をそのまま取得するため，多視点のビデオ映像から，被験者の姿と運動を自由な視点からの映像として生成するシステムの研究が行なわれている[37,38]。

多視点のビデオ映像から，情景や対象の3次元映像を再現したり，任意の視点から見た映像を生成する手法は，画像ベース法とモデルベース法に大別される。前者は，自由な視点からの2次元映像を再現することを主眼としており，「見え」を中心とした記録と復元というものになる。一方，後者は，対象となっている被験者の切り出しや3次元形状とその変形や動作の復元までを意図している[39]。被験者の3次元的な動作そのものを記録保存し，対象の運動についての解析も可能であるという点で，アーカイブの目的にはモデルベース法が適している。

モデルベース法による3次元ビデオでは，各視点のビデオ映像から，対象人物のシルエット像を抽出し，このシルエット像をカメラの投影中心から3次元空間に逆投影して視体積を作成する。

図3.35のように，複数の視点からの視体積の共通部分を求めることによって，対象の3次元形状の近似値を求めることができる。このままでは対象の凹の部分は正しく再現できない

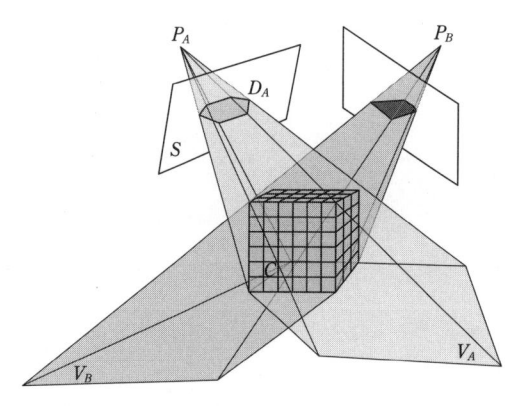

図 3.35　視体積交差法

が，対象を表わす 3 次元メッシュの適応的で再帰的な変形により精度の高いモデルを生成する。最後に，カメラによって得られている画像から対象表面の各点の色情報を抽出し，これをテクスチャとしてモデルにマッピングする。図 3.36 に 3 次元ビデオによる映像の例を示す。

3 次元ビデオの課題としては，復元されるモデルの精度および再現される画像の品質である。また，和服のような衣装を着た踊り手の場合，衣装の中で見えない身体の動作をこの 3 次元ビデオのモデルから抽出するのは難しい。したがって，現状では，表現芸術の「見え」の記録再現には 3 次元ビデオを，身体動作そのものの記録と解析にはモーションキャプチャを使い分ける必要がある。

また，3 次元ビデオではデータ量が大量となるので，データ圧縮手法についての検討[40]が重要である。

③モーションデータからの動作の再現

以下では，取得したアーカイブデータを利用しての CG などによる動作の再現について述べる。

まず，モーションキャプチャによる民俗舞踊の身体動作データを身体各部の基本的な動作プリミティブに分類し，これを音楽の音符に相当するような「舞踊符」として登録し，これを組み合わせて新しい舞踊動作を作成することが行なわれている[41]。また，モーションキャプチャによって取得したバレエの単位動作データを対話的に合成して CG アニメーションを作成する，振付のシミュレーションが行なわれている[42]。

歴史的な遺跡や建築物の CG 復元は種々行なわれているが，これらを利用していた当時の人々の動作も再現して表示することが重要である。このような観点で，アーカイブ化された歴史的宗教施設における礼拝などの身体動作の再現の研究がある[43]。

同様に，能などの古典芸術の動作の再現にあたっては，舞台やその周囲の環境，照明の状況などの再現も重要である。アーカイブの対象とするような高度な演技者の動作再現には，CG キャラクターモデルの完成度だけでなく，舞台などの完成度についての配慮も必要である。このような観点から，ハイレベルの能の再現のために，国宝建築物でもある西本願寺の「北能舞台」の CG 再現が試みられ，この舞台の上での能の CG アニメーションが作成されている[44]（図 3.37）。

さらに，若干異なった視点での研究として，舞踊のモーションキャプチャデータを利用して，ヒューマノイド型ロボットに踊りを踊らせ

図 3.36　3 次元ビデオの映像
（提供：京都大学松山隆司教授）

図 3.37　国宝能舞台上での能のアニメーション

る研究がある[45]。このために，対象の動作データを単位となる動作プリミティブに分割し，このプリミティブを合成することによりロボットを駆動するための新しい動作を生成している。

モーションキャプチャによる動作データと，同じ踊り手による同じ踊りを撮影した「見え」のデータであるビデオ映像とを融合する試みもある[46]。

④身体動作データのセグメンテーション

セグメンテーションには2つのレベルがある。まず，動作の意味やコンテキストを考慮することなく，単純に身体動作の特徴が変化する時点をもって切り出す物理レベルのセグメンテーションがある。これは，各動作データの自動識別や検索などのための基礎処理として必要になる。一方，舞踊や演劇などを対象にする場合は，表現する内容によるセグメンテーション，舞踊の種類によって様式化された単位動作のセグメンテーションなど，複数の意味レベルの処理も必要になるが，このような研究はまだあまり行なわれていない。

モーションデータのセグメンテーション手法についての研究は，おもにアニメーションなどでの動作データの再利用のためによく行なわれている。1つの例として，データの最初から注目時点までのデータに対して順次主成分分析を行なって，主成分の次元が急増するところで区分する方法など，3種類の方法について検討している[47]。

また，舞踊への適用を想定して，身体各部の速度や加速度，また運動の方向，身体全体の形状などの情報を利用することもできる[48]。

3次元ビデオを対象とした物理レベルのセグメンテーション手法についても研究が行なわれている[49]。

⑤身体動作データの類似検索

身体運動の類似性に基づく，身体動作データの検索手法については以下のようなものがある。まず，身体部位の速度に基づいて一連の動作をいくつかの区画に分割し，これらに対してクラスタリングを施すことにより，基本動作を抽出するものがある。抽出した基本動作にラベルを付与し，ラベルの遷移グラフをインデックスとして全体動作を記述し，これにより動作のマッチングを行なっている[50]。

また，ある時点での身体姿勢を9つのベクトルで表現し，このベクトル間の正規化相関の加重和により姿勢の類似性を判定するもの[51]，身体部位の位置の時系列データごとに別々にマッチング処理を適用し身体姿勢間の距離を求め，全部の部位での距離の合計値が最小になる区間を動きの類似区間とするもの[52]がある。

さらに，身体動作間の類似性を，各フレームでの人体モデルの対応するジョイント間の距離の総和によって直接求め，DPマッチング法を用いて検索結果を求める手法が考案されている[53]。

⑥舞踊の定量評価

アーカイブされた舞踊動作の解析としては，熟練者と非熟練者の身体動作データを比較し，これらの相違を定量的に明らかにすることなどが考えられる。たとえば，日本舞踊を構成する基本動作について，いくつかの空間的特性に関する指標を定義し，これらが熟達者と初心者とでどのように異なるかが分析されている[54]。また，身体の移動量に関する指標とGabor変換を利用したスペクトル成分に関する指標を用いて，これらの指標の値が上達度や性による差異を表現していることが確かめられている[55]。

さらに，日本舞踊の動作データを対象とした舞踊の識別，舞踊者の識別も行なわれている[56]。ここでは，識別には，手書き文字認識，筆者認識に使われてきた手法を利用し，識別のために動作データから抽出する特徴量として，どのようなものが適切かが調べられている。

同一の舞踊を複数の演技者で演じたデータに対して，共通する基本動作の部分と，それぞれの個性に相当する部分を分離抽出し，これらを用いて新しい舞踊動作を生成する研究もある[57]。

⑦舞踊の感性評価

舞踊を見る人は，身体の動作からさまざまな感性的な印象を受ける。顔の表情と感性との関連についての研究は多く行なわれているが，身体動作に対するものはまだあまり行なわれていない。しかし，舞踊の解析という観点からは，これは重要で興味ある課題である。

文献58)では，モーションキャプチャによ

る3次元身体運動情報と印象との関連性を，下肢の各部位間の角度情報を用いて明らかにしようとしている。同様に，舞踊の身体動作とそれを観察したときに受ける感性との関連について，モーションキャプチャデータから得られるいくつかの物理的特徴量との関連で検討を行なっている[59]。

⑧まとめ

無形文化財のアーカイブ化については，現時点ではモーションキャプチャや3次元ビデオなどを用いてその可能性が追求されている段階である。ここでは，アーカイブ化と並行して行なわれている，計測・記録したデータの利用や処理のためのいくつかの研究について紹介した。

3.4 医用画像応用

3.4.1 各種画像診断装置

画像診断情報は大きく，形態，機能，代謝の3要素に分類される。形態は文字どおり形の正常・異常に関する情報で，疾病の存在診断に不可欠である。機能情報は，心臓の血液を全身に送り出す働き（心機能），肝臓における化学物質の処理能力（肝機能），脳の記憶・認識・判断（脳機能）に代表されるような組織・臓器の各種機能に関する情報を与える。代謝情報は，これらの機能を実現するために必要な細胞内部における生化学反応（新陳代謝）に関する情報である。

おおむね，疾病による異常は，代謝→機能→形態の順に進展するため，早期発見には代謝・機能情報が不可欠になる。画像診断装置それぞれに得手・不得手があり，診断目的にあわせて使い分けることが求められる。

このようなさまざまの画像診断装置の成り立ちを理解するには，①生体の画像化パラメータ（測定対象），②電磁波・超音波などの情報キャリアと生体構成物質との物理的相互作用としての素過程（物理現象），③画像化の基本となる位置情報付与の仕掛け，④画像再構成アルゴリズム，⑤画像コントラストの発生メカニズム，⑥形態・機能・代謝などの臨床情報のタイプ，⑦画像の濃度分解能と S/N 比，空間分解能，時間分解能の決定要因，⑧画像アーチファクトの発生メカニズムなどを明らかにする必要がある。表3.4に主要な画像診断装置の特徴比較を示す。超音波診断装置以外は，図3.38に示すように，γ線，X線，光，電波のようなさまざまな波長の電磁波を利用した診断装置である。

個々の画像診断装置の詳細は以下の各論で述べるとして，表3.4の5種類の主要画像診断装

表3.4 種々の画像診断装置の特徴比較

	情報キャリア	直接計測対象	物理現象	臨床情報	造影剤	画像再構成法	特徴
X線診断装置	照射X線	電子の分布	X線吸収（電磁相互作用）	主として形態	非イオン性ヨード剤	不要	高い空間分解能
X線CT	照射X線	電子の分布	X線吸収（電磁相互作用）	主として形態	非イオン性ヨード剤	投影再構成法	高い空間分解能
核医学診断装置	放出γ線	RIの分布	原子核のγ崩壊，陽電子消滅	機能	なし	投影再構成法など	高感度
MRI	放出高周波磁場	水分子中の陽子	NMR	形態・機能・代謝	Gd－DTPAなど緩和試薬	フーリエ変換法	高いコントラスト
超音波診断装置	照射超音波	音響インピーダンスの差（ΔZ）	超音波反射（音響相互作用）	形態・機能（血流）	微小気泡	不要	簡便性とリアルタイム性
電子内視鏡	光（可視，近赤外など）	反射係数	光の反射	主として形態（色調）	蛍光試薬	不要	治療との融合
分子イメージング	用いる装置による	用いる装置による	用いる装置による	機能・代謝・分子	分子特異性試薬	用いる装置による	分子特異的

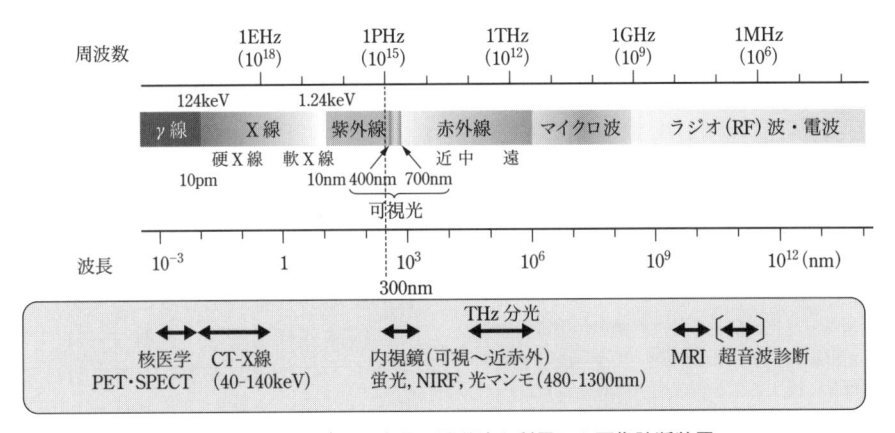

図3.38 さまざまな波長の電磁波を利用した画像診断装置

置の画像化原理（イメージング手法）につい説明する。

X線CT，X線診断装置では，体外からX線を照射し，生体を構成する物質との相互作用によるX線の減弱を計測して画像化する。X線診断装置では，X線ビーム方向の位置情報の識別はできず，影絵のような投影画像によって診断する。影を読むということで読影といわれる。

一方，CTでは，X線の直進性を利用して，経路に沿う減弱係数の積分値の分布（投影関数）から，投影再構成法によって減弱係数の空間分布を画像化する。超音波診断装置では体外からパルス状の超音波ビームを照射し，生体からの反射エコー（透過で計測することも可能）を計測する。エコーの返ってくる時間Tと深さLは，生体中の超音波の音速vから$L=vT/2$で対応づけられるので，ビーム方向の位置情報が得られ，ビームを走査することにより断層像が得られる。

核医学では，RI（放射性同位元素）で標識した試薬を体外から投与し，これの生体組織への取り込み状態を，RIの崩壊によって放出されるγ線を計測することにより観測する。RIの生体内分布$\rho(X,Y,Z)$を導出するための位置情報は，コリメーターによって付与される仕掛けになっている。

以上の諸法では，位置情報を生体情報のキャリアであるX線・γ線・超音波ビームの直進性と，コリメーターのような方向を検出するために実空間に設定された幾何学的な仕掛けによって獲得している。X線CTならびに核医学では数学的な再構成アルゴリズムが必要であるが，超音波診断装置では不要である。

MRIでは，核医学のように外部からRI標式試薬を生体に投与することなく，静磁場中に置かれた原子核のスピン磁気モーメントによる高周波磁場の共鳴吸収現象（NMR）を利用して，核スピンの励起状態をつくり，これから放出される電磁波を磁場勾配が印可された状態で観測することによって，位置情報を周波数情報に対応づけて付与するというアイデアに基づいている。時間領域のNMR信号と原子核の空間分布はフーリエ変換で関係づけられており，フーリエ空間（K空間）の軌道走査で得られるフーリエデータを逆変換することで原子核の空間分布が求まる。投影データのフーリエ変換が投影方向のフーリエデータになるため，CTの投影再構成法とはかなりの共通性を有している。

以上の説明の総括として，情報キャリアの観点から見た画像化手法の比較を図3.39に示す。なお，画像診断装置の市場ならびに産業全般に関しては文献60），情報システムサービスも含めた画像診断装置の最新技術情報に関しては文献61），画像診断装置の技術全般に関しては文献62）を参照されたい。

(1) X線診断装置

X線診断装置は，X線管から体内に入射するX線が被検体の体内を通過する際に，各組織のX線減弱係数の差に応じた透過X線を陰影像として画像化する装置である。1895年にレントゲン（Roentgen）がX線を発見して以来，人体内部を非観血的に可視化する主要な医用画像

(Ⅰ) M_{ext} → $f(x, y, z)$ → M'_{ext}

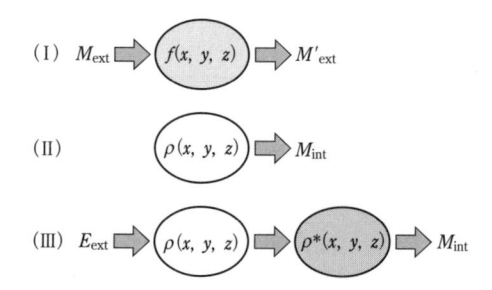

(Ⅱ) $\rho(x, y, z)$ → M_{int}

(Ⅲ) E_{ext} → $\rho(x, y, z)$ → $\rho^*(x, y, z)$ → M_{int}

図3.39 情報キャリアから見た種々の画像化手法の比較
(Ⅰ)外部からX線や超音波などの情報キャリア M_{ext} を被検体に照射し,被検体に関する生体情報の空間的分布 $f(x,y,z)$ によって変調を受けた情報キャリア M'_{ext} を観測する。→ X線診断装置,X線CT,超音波診断装置。(Ⅱ)外部から投与した放射性同位元素の空間的分布 $\rho(x,y,z)$ から放出されるγ線を情報キャリア M_{int} として観測する。→核医学診断装置。(Ⅲ)被検体に一様に照射した電磁波 E_{ext} が誘起するNMRプロセスによって核スピンの空間的分布 $\rho(x,y,z)$ を励起状態 $\rho^*(x,y,z)$ に変換し,これから放出される電磁波を情報キャリア M_{int} として観測する。→MRI。

として,今日まで100年以上もの長期間にわたり利用され続けている。その間に,X線発生装置と画像検出器は,患者被曝線量の減少および画質の改善を目的として大きく発達してきた。

1930年になされた増感紙の開発により患者被曝線量の大幅な低減が達成され,増感紙-フィルム系のアナログX線画像の基礎技術が確立した。さらに,1948年のX線蛍光増倍管(image intensifier；Ⅱ)の出現は,フィルム以外でのX線画像の検出を可能とし,1960年代に開発されたⅡ-TVによる血管造影検査,1980年代に開発されたDSA(digital subtraction angiography)へと進化し,ディジタルX線画像の契機を拓いた。

また,1980年代のCR(computed radiography)と1990年代のX線平面検出器FPD(フラットパネル検出器)の開発は,新しいX線画像検出器の出現として画期的なものであった。以下,X線画像における画像コントラストの物理的要因,装置構成とタイプ,ならびにX線検出器の各項目について説明する。

①画像コントラストの物理的要因

X線は生体を通り抜ける過程で生体を構成する原子による電磁的相互作用を受け,入射X線エネルギーの小さい順に光電効果,コンプトン散乱,電子対生成とよばれる3種の物理現象によって吸収され減弱する。通常の臨床撮影で使用されるX線のエネルギー領域では電子対生成は完全に無視でき,コンプトン散乱までが有効で,光電効果が主たる吸収要因である。X線画像のコントラスト形成のメカニズムは,生体組織による光電効果の差を反映してX線の吸収量に差が生じ,これによってX線減弱係数の空間的分布が生じることである。

X線減弱係数を μ,入射フォトン数を N_0 とすると,伝播距離が l の位置におけるフォトン数 $N(l)$ はX線減弱の指数関数則によって,$N(l) = N_0 \exp(-\mu l)$ となる。一方,コンプトン散乱ではフォトンは消滅することなくエネルギーと運動方向を変え,原子から反跳電子が放出される。このようなコンプトン散乱を受けたX線はさらに他の原子による散乱を受け,多重散乱によってX線の直進性が失われるため,画質劣化の主要な原因になる。

②装置構成とタイプ

X線診断装置は,高電圧電源とX線管よりなるX線発生部,X線検出器,これらの保持装置と患者撮影台からなる機構部,ならびに画像処理・表示装置によって構成される。診断部位別に消化器系,循環器系,胸部用,ならびに乳房診断用など多様なX線診断装置が実用化されている。消化器系診断装置と循環器系診断装置の外観を図3.40に示す。

消化器系診断装置は食道,胃,大腸などの消化管を中心に,肝臓,胆嚢などの疾患に対する画像診断に用いられる。消化管の診断は,硫酸バリウム製剤などのX線吸収性の陽性造影剤と,空気や炭酸ガスなどのX線透過性の陰性造影剤といった2種類の造影剤を併用した二重造影法の開発によって大きく進展した。一方,

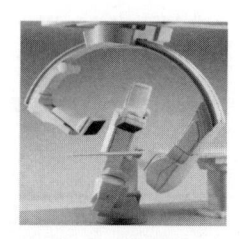

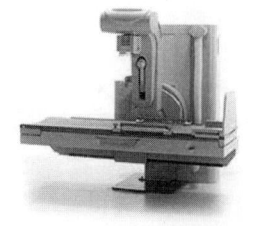

図3.40 循環器用ならびに消化器用X線診断装置
(詳細は東芝メディカルシステムズ株式会社のウェブページを参照)

循環器系診断装置は冠動脈を中心に心臓ならびに全身の血管疾患の画像診断に用いられる。

血管内腔と血管を含む周囲組織のX線減弱係数の差は微小であり，血液部分のみを選択的に画像化することは困難である。このため，血管に挿入したカテーテルを用いてX線吸収係数の高いヨード系造影剤を注入してX線減弱係数に差をつけて，血液部分のみを選択的に画像化する。血管造影検査では被検者を動かさずに多方向から血管を観察する必要があり，消化器系診断装置とは異なり，天板と撮影系が機械的に独立した構造になっている。天板は水平に保持され，X線管と検出器から構成される撮影系が，C形形状をしたアーム部の両端に取り付けられる。Cアームの回転とスライドを組み合わせて，被検者に対するX線照射の部位と方向を自在かつスムーズに変化させることが可能である。

③ X線検出器

種々のX線検出器が実用化されているが，大きくは，X線を可視光もしくは紫外光に変換するX線蛍光体を用いる間接変換方式と，X線を直接的に電気信号に変換する直接変換方式に大別される。

間接変換方式としては，増感紙-X線フィルム，II-TV，IP（イメージングプレート），および間接変換 FPD などの4種の方式が，また，直接変換方式では直接変換 FPD 方式が実用化されている。増感紙-X線フィルム方式では，蛍光体層による可視光への変換とX線フィルムに対する増感紙の二重構造により，X線フィルム単体に対して500倍以上のX線感光感度の増強が得られている。乳剤層には高い感光性をもつハロゲン化銀の微粒子が一様に分散され，銀粒子が吸収光量に応じて黒化することで，フィルム上に白黒のコントラスト像として表現される。II-TV方式で用いるIIは，入力蛍光面によってX線を可視光像に変換して出力するタイプのX線検出器である。可視光像をTVカメラやCCD撮像素子によって撮影し，電気信号に変換する。IP方式で用いるIPは，蛍光面画像を一時的に記憶し，この画像をレーザーによって可視光に変換後に再利用可能な状態に戻すことができる。CRは本方式を採用し

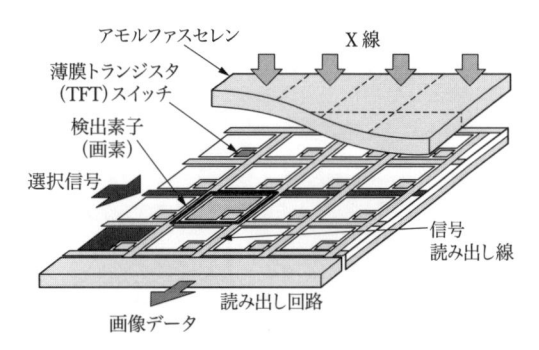

図3.41 直接変換方式X線平面検出器（FPD）の構造

ている。FPD方式は，撮像面上に形成されたX線画像を，液晶ディスプレイに使用されているTFTアレイ技術を利用してディジタル信号に変換する。電荷を発生させる受光部の方式によって，間接変換方式と直接変換方式に分類される。間接変換方式ではX線蛍光体でX線を可視光に変換後に，フォトダイオードで可視光を電気信号に再度変換する。

直接変換方式では，図3.41のように，アモルファスセレンのような光導電体層で直接的にX線が電荷に変換される。FPD方式はII-TV方式に比べて各段に厚みが薄く軽量で，優れた直線性と高ダイナミックレンジによる画質向上に加えてX線被曝量の大幅な低減も図られることから，すべてのタイプのX線診断装置に普及しつつあり，病院のフィルムレス環境実現への大きなドライビングフォースとなっている。

多様化・複雑化する治療環境，とくにIVR（インタベンショナルラジオロジー）において高精細・低被曝の透視技術は不可欠であり，FPD搭載フルディジタル化システムの導入は，検査ワークフローの改善と患者負担の軽減に大きく貢献している。なお，X線診断装置に関する詳細に関しては文献63）を参照されたい。

(2) X線CT

X線CT（X-ray computed tomography，コンピュータ断層撮影装置）は，人体にX線を各方向から照射し，透過したX線分布から内部のX線減弱係数の分布を計算で求め，断層画像として表示する。装置の外観を図3.42に示す。0.5 mm程度の高い空間分解能と優れた濃度分解能を有する形態画像が得られ，さらに造影剤を用いれば血液循環機能の画像化なども可

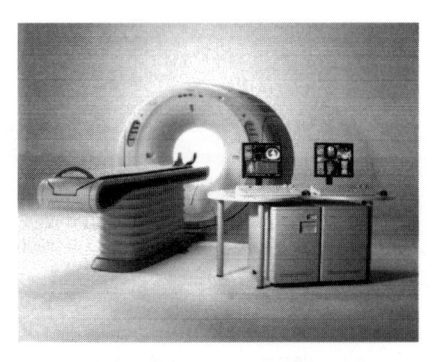

図3.42 X線CT装置（詳細は東芝メディカルシステムズ株式会社のウェブページを参照）

能である。

1971年にイギリスのハンスフィールド（Hounsfield）によって頭部に関する最初の臨床評価が行なわれ，ハンスフィールドとコーマック（Cormack）に1979年のノーベル医学生理学賞が授与されている。1990年初頭に被写体をらせん状に連続的にスキャンするX線ヘリカルCTが，1998年にマルチスライスCTが開発された。MSCTの画像診断に対する最大の臨床的インパクトは等方性ボクセルの実現で，これにより高精細な多断面再構成（multi planar reconstruction；MPR）が可能となり，3次元画像のルーチン的臨床使用が実現している。64列MSCTでは心臓全体の撮像時間が5～6秒に短縮し，至適タイミングでの造影CT検査が比較的容易になり，不整脈や冠動脈の強度石灰化がある場合にも冠動脈狭窄の有無とプラークの破綻性（vulnerability）予測に対する診断が可能になりつつある。

撮影の短時間化，高精細化，広範囲化への持続的開発に加えて，X線被曝の低線量化へのたゆまない研究も行なわれている。1回転でのボリュームスキャンが可能となる本格的面検出器型CTに移行する256列装置では，1回転で心臓全体の撮像が可能となり，先進的な臨床研究が鋭意進められている。以下，画像コントラストの物理的起源，画像再構成法，ならびに装置構成の各項目について説明する。

①画像コントラストの物理的起源

CT画像は単なる濃淡画像ではなく，人体組織のX線減弱係数と関係づけられる定量情報をもっている。この値をCT値（CT No.）とい，単位はハンスフィールドユニット（HU）である。CT値はCT No. = $1000 \times (\mu - \mu_W)/\mu_W$ によって生体組織のX線減弱係数と結びつけられる。ここで，μ は特定の画素に対応する組織のX線減弱係数，μ_W は水のX線減弱係数である。

通常の線量では，CT値の差が10～20 HU以上あれば画像上のコントラスト差として検知可能で，造影剤を用いずに脳の白質と灰白質が十分に識別可能である。X線は原子中の電子との相互作用によって減弱するが，原子番号の大きな元素は多くの電子をもっており，X線の減弱も大きくなるので，C，N，Oなどの軽元素を含む軟部組織のCT画像は近似的に質量密度の分布画像と考えることができる。

②画像再構成の原理

図3.43を参照しながら，投影再構成法の原理と再構成アルゴリズムの概要を説明する。X線強度 I はビーム軌跡に沿う被検体内のX線吸収による減弱を受け，

$$I = I_0 \exp\{-\int \mu(x,y)dY\} \quad (3.3)$$

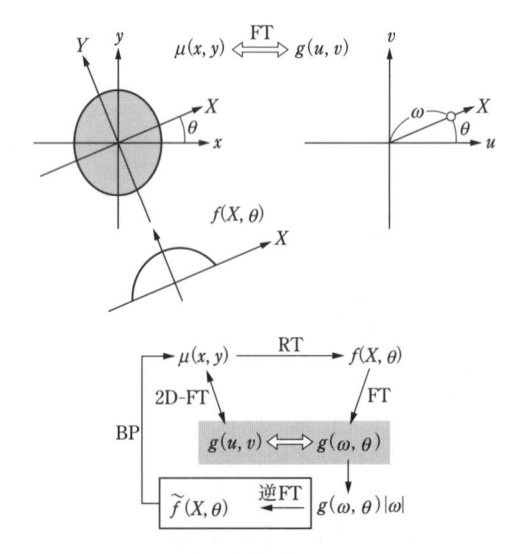

図3.43 投影再構成の原理と再構成アルゴリズム

X線減弱係数分布 $\mu(x,y)$ をもつ被検体に Y 方向から平行X線ビームを照射すると，経路に沿った $\mu(x,y)$ の Y 方向線積分によって減弱を受けた投影関数 $f(X,\theta)$ が求まる。$f(X,\theta)$ は $\mu(x,y)$ のRadon変換（RT）といわれる。$\mu(x,y)$ のフーリエ変換（FT）を $g(u,v)$ とすると，$f(X,\theta)$ のFTは極座標 (ω,θ) 上の $g(u,v)$，すなわち $g(\omega,\theta)$ になる。$g(u,v)$ の逆2D-FTもしくは，$g(\omega,\theta)|\omega|$ の逆投影（BP）によって，原分布 $\mu(x,y)$ が求まる。

となる。ここで，$\mu(x,y)$ はX線減弱係数の被検体内分布で被写体関数とよばれる。対数変換により，

$$f(X,\theta) = \int \mu(x,y) dY \quad (3.4)$$

$f(X,\theta)$ は θ 方向への投影を表わす投影関数で，μ から f を求めることをRadon変換という。被写体関数 $\mu(x,y)$ の2次元フーリエ変換 (2D-FT) は，定義により，

$$g(u,v) = \iint \mu(x,y) \exp[-i(ux+vy)] dxdy \quad (3.5)$$

となる。u ならびに v は，それぞれ x 方向ならびに y 方向の空間周波数である。極座標系 (ω, θ) での値は，

$$\begin{aligned}g(\omega,\theta) &= \iint \mu(x,y) \exp[-i\omega(x\cos\theta \\ &\quad + y\sin\theta)] dxdy \\ &= \iint \mu(x,y) \exp(-i\omega X) dXdY \\ &= \int f(X,\theta) \exp(-i\omega X) dX\end{aligned} \quad (3.6)$$

と変形され，投影関数のフーリエ変換により $g(\omega,\theta)$ が求まる（→フーリエ変換に対する投影切断面定理，projection slice theorem）。$g(\omega, \theta)$ の補間によって $g(u,v)$ を求めることにより，単に2次元逆フーリエ変換によって被写体関数 $\mu(X,Y)$ を計算することが可能である（→2次元フーリエ変換法）。被写体関数 $\mu(x,y)$ は，$g(u,v)$ の2次元フーリエ逆変換により求まり，

$$\begin{aligned}\mu(x,y) &= 1/8\pi^2 \iint g(\omega\cos\theta, \omega\sin\theta) \\ &\quad \exp[i\omega(x\cos\theta+y\sin\theta)]|\omega|d\omega d\theta \\ &= 1/8\pi^2 \int \{\int [\int f(X',\theta) \exp(-i\omega X') \\ &\quad dX']|\omega| \exp(i\omega X) d\omega\} d\theta\end{aligned} \quad (3.7)$$

となる。
ここで，

$$\begin{aligned}\tilde{f}(x,\theta) &\equiv \frac{1}{2\pi}\int [\int f(X',\theta) e^{-i\omega X'} dX'] \\ &\quad |\omega| e(i\omega X) d\omega\end{aligned} \quad (3.8)$$

とおくと，

$$M(x,y) = \frac{1}{4\pi}\int \tilde{f}(X,\theta) d\theta \quad (3.9)$$

すなわち，投影関数をフーリエ変換し，$|\omega|$ に比例する高周波成分強調フィルタを作用させたのち，逆フーリエ逆変換して得られる補正された投影関数を逆投影することにより正しい被写体関数 $\mu(x,y)$ が求まることがわかる。この手法を，フィルタ補正逆投影法（filtered back-projection method）という。

フィルタ関数 $|\omega|$ を逆フーリエ変換した関数で投影関数を重畳積分（convolution）することにより補正された投影関数が得られ，これを逆投影することでも被写体関数 $\mu(x,y)$ が求まる。この手法は，コンボリューション逆投影法（convolution back-projection method）といわれる。実際の再構成フィルタとしては，$|\omega|$ をナイキスト周波数で遮断した Ramachandran-Lakshminarayanan ならびに Shepp-Logan によるフィルタ関数が用いられる。ヘリカルスキャンにおいては，体軸方向の補間（Z補間）によって体軸に垂直断面の投影データを求め，上記と同様のアルゴリズムで再構成ができる。マルチスライスにおいても列数が少ない場合は，目的位置以外の投影データから補間計算により目的位置の投影データを作成し，これらの投影データから2次元再構成が可能であるが，16列程度まで大きくなると，ビームの円錐状の広がり（コーン角）を考慮したフェルドカンプ（Feldkamp）らによる3次元再構成の手法に則る必要が出てくる。

③X線CT装置の構成

X線CT装置は，中央に穴が開いたガントリー部とよばれる部分と，被験者を乗せて移動する寝台と，画像を再構成するコンピュータ，ならびに画像表示装置からなっている。ガントリーにはX線管球と高圧電源，X線検出器，データ収集ユニットが搭載されており，これらが被写体の周囲を回転する構成になっている。なお，X線CT装置の詳細に関しては文献62，63），投影再構成法の詳細に関しては文献64，65）を参照されたい。

(3) 核医学診断装置

核医学診断装置は，γ 線を放出するRI（放射性同位元素，radio isotope）で標識した放射性

医薬品を被験者の体内に投与し，放射性医薬品の体内分布をγカメラで測定・画像化し，データ処理を行なって必要な診断情報を得るものである。γ線は全方向に放出されるが，画像として測定されるγ線は，コリメーターにより決められた方向のみから検出器に入射したものである。使用する放射性医薬品や撮影方法などは，臓器や検査目的により異なる。γカメラを用いる検査の中で断層画像を撮影するものはSPECT（single photon emission CT）といわれる。

CTやMRIがおもに形態情報を使って診断を行なうのに対し，核医学は機能を診断する。機能とは，血流，代謝，神経伝達系など臓器の働き具合を表わすものである。これらにより，①心筋生存能（viability）のような心臓検査，②全身撮影により，原発巣の検索，転移巣の検索，腫瘍の悪性度，治療効果の判定などに関する情報が得られる腫瘍検査，③痴呆や精神疾患の脳血流量による診断や受容体など神経伝達物質のイメージングが可能な脳検査，などの臨床応用が可能である。以下，SPECTの画像再構成，核医学における種々のデータ処理，システム構成，ならびにPETの各項目について説明する。

① SPECTの画像再構成

1963年，クール（Kuhl）とエドワード（Edward）らによって提案・開発されたSPECTは，近年，ハードとソフトの両面において格段の進歩を遂げている。γ線検出器列から得られる投影データからRI分布画像を再構成する方法としては，X線CTと同様のフィルタ補正逆投影法，フーリエ変換法などの解析的方法と，ML-EM（maximum likelihood-expectation maximization），OS-EM（ordered subsets-expectation maximization）法などの逐次近似的手法がある。

再構成においては，CTにはないγ線の減弱とコリメーター開口を考慮する必要がある。画像の定量化には，散乱線補正，減弱補正，コリメーター開口補正，統計ノイズの低減など種々のデータ補正が必要となる。散乱線は画像コントラストや定量性などに深刻な影響を与え，補正方法に関して多くの研究成果が報告されている。

散乱過程はクライン（klein）-仁科の公式で記述される確率的過程であるが，多重散乱過程も考慮すると，解析的手法で散乱成分を求めることは実用的ではない。このため，散乱線補正は補助データを用いて近似的に散乱成分を推定する手法として，散乱の応答関数を利用する方法と複数のエネルギーウィンドウから得たデータを利用する方法の2種類の手法が提案されている。

γ線の被検体内での物質との相互作用による減弱を考慮した再構成法を行なうには，被検体内の減弱係数分布が必要であり，外部RIを線源とした透過型CT（transmission CT）を行なう必要がある。一方，減弱補正法は解析的手法と逐次近似的手法に大別される。逐次近似的手法としては，チャン（Chang）法などに逐次近似処理を加えた方法，またEM（expectation maximization）手法に基づいて逐次近似的な画像再構成を行なう方法などがある。これら各種手法のなかで，投影データを複数のサブセットに分けて逐次近似を行なうことにより処理時間を短縮した上記OS-EM法が標準的手法になっている。

② データ処理

核医学で使用されるデータ処理ソフトとして，データファイル管理，画像表示，関心領域内の統計処理，画像演算，臨床解析ソフト，レジストレーションソフト（異機種画像の重ね合わせ）などがある。

ここで，レジストレーション（フュージョン）とは，MRIやCTなどの異なる装置の画像と核医学画像を重ね合わせることである。レジストレーションにより，核医学画像がもつ機能情報に，核医学画像の弱点である正確な形態画像の位置情報を加味することで，診断能を飛躍的に向上させることができる。レジストレーションの方法としては，セグメンテーション法，サーフェイス法，ならびにマニュアル法が知られている。

③ システム構成

核医学診断装置は，γ線を光に変換し光電子増倍管で電気信号に変換，増幅する検出器・架台部，γ線の入射方向を制御するコリメーター

部，画像データのファイル管理，画像表示，統計計算，臨床データ解析などを行なうデータ処理部で構成されている．SPECT専用装置では，被検体の周囲を囲むように検出器を配置して，感度を向上させることが重要になる．現状のSPECT専用装置は図3.44に示すように3検出器型が主流となっている．

④ PET装置

PET（positron emission tomography）は，陽電子放出核種によって標識した試薬を静脈注射によって生体に投与し，これの臓器・組織への取り込み状態を画像化する装置である．近年，国内においても，がんの全身検査装置としてブドウ糖類似体を用いた^{18}FDG-PET，ならびに後述する^{18}FDG-PET/CTが急速に普及している．PETには，陽電子放出RIを生成するためのサイクロトロン，RI標識試薬を合成するためのホットラボ，ならびにPETカメラの3点セットが必要である．しかし，110分程度の比較的長い半減期をもつ^{18}F-FDGに関して国内においても商業的なデリバリーシステムが構築され，サイクロトロンが不要な臨床PET環境が実現している．以下，PETに関する基本的事項に関して述べる．

陽電子が近傍にある電子と再結合・消滅時，180°正反対方向にエネルギーが511 keVの2個のγ線を放出する．これを被検体のまわりに配置したγ線検出器によって同時計測して位置情報を得ることがPETの画像化の基本原理である．上述のSPECTとは異なり，コリメーターが不要なため，γ線の検出効率が高く高感度のうえ，4 mm程度と機能画像としては比較的良好な空間分解能が得られる．画像化対象はRIの空間分布であるが，計測対象は放出γ線であり，RIから放出される陽電子が再結合までに数mm程度拡散移動することが空間分解能の原理的な限界要因になる．単一γ線で画像化するSPECTの場合と異なり，減弱の影響が被検体内の深さに依存せず，減弱補正が容易に行なえるため，定量性に優れた画像が得られる．ただし，PETで測定されるデータは，統計ノイズ，γ線の吸収散乱，偶発同時計数，検出器感度などの影響を受けており，画質と定量性を確保するには適切なデータ補正法と組み合わせた画像再構成が必要である．SPECTでは^{99m}Tcや^{201}Tlなどの金属元素RIが対象になるが，PETでは生体の主要な構成元素である^{11}C，^{13}N，^{15}Oなど，また^{1}H類似の挙動をする^{18}Fが使用可能で，これらの安定同位体元素を置換ラベル化した分子の計測が可能である．たとえば，各画素値のモデル解析によって，水分子による血流量，酸素分子による酸素摂取量，ならびに一酸化炭素による酸素代謝などの生体機能に関する直接的情報が得られるという大きな特徴がある．従来はシンチレーターとしてBGOを使用していたが，より高性能のLSOやGSOが実用化され，検査時間の大幅な短縮化と高画質化が実現している．さらに，多層の検出器を用いた次世代型PETも開発され，より効率的な3D-PETの臨床適応が始まっている．なお，核医学診断装置の詳細に関しては文献66)を参照されたい．

(4) 磁気共鳴診断装置（MRI）

MRI（magnetic resonance imaging）は体内に多く存在する水素の原子核（主として水分子）のスピン磁気モーメントが示す磁気共鳴現象を利用して体内の断層像，血管像などを画像化するものである．装置の外観を図3.45に示す．

1983年に最初の商用機が発売されて以来，MRIは普及を続け，わが国ではすでに4,000台を超える装置が稼働している．今日，MRIは，全身各部のさまざまな検査に不可欠な画像診断装置としての地位を確立している．MRIの特徴は，X線のような電離放射線を用いずに組織コントラストの高い画像が骨や肺の空気の影響を受けずに撮像可能なことである．同一装置で，形態画像に加えて，機能，代謝に対する情報も画像化可能なことも他の装置にない特徴で

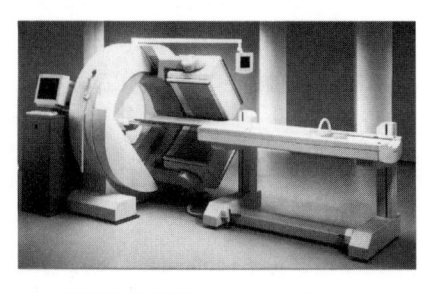

図3.44 核医学診断装置（詳細は東芝メディカルシステムズ株式会社のウェブページを参照）

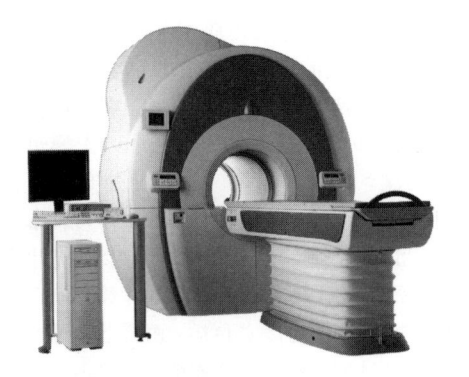

図 3.45 MRI 装置（詳細は東芝メディカルシステムズ株式会社のウェブページを参照）

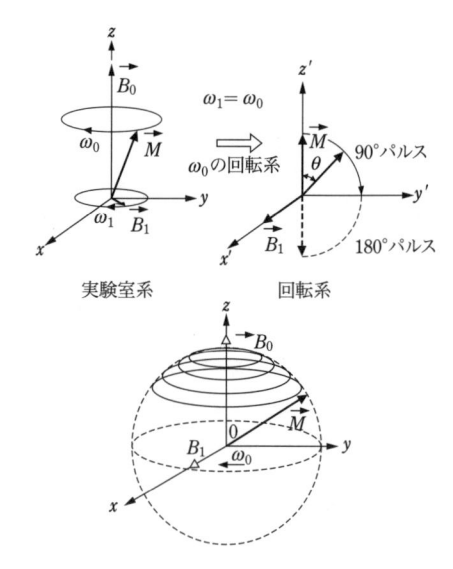

図 3.46 NMR の原理

ある。S/N 向上による高分解能化，高画質化，高速化が一貫した技術開発の方向性であり，最近は，高磁場化（1.5T → 3.0T）に加えて RF システムのさらなる多チャンネル化によるパラレルイメージングの進展も著しい。

急性期微小脳梗塞の高精度診断が可能な頭部拡散強調画像，動脈瘤発見率向上が可能な高精細 MRA，MSCT には及ばないが造影剤なしに得られる冠状動脈撮影，呼吸停止下での遅延造影撮影による心筋バイアビリティの評価，造影剤不要で腫瘍診断が可能な拡散強調画像，さらには全身撮影などの MRI ならではの多種多様な臨床応用も大きく進展している。以下，NMR の原理，MRI の原理，パルスシーケンスと K 空間スキャン，ならびに装置構成の各項目について説明する。

①NMR（nuclear magnetic resonance，核磁気共鳴）の原理

陽子と中性子の数のいずれかが偶数でない原子核は，スピンといわれる固有の角運動量 $\hbar I$（I は整数または半整数，$\hbar = h/2\pi$，h はプランク定数）と，これに比例する磁気モーメント $\mu = \gamma \hbar I$ をもつ（γ は磁気回転比で原子核に固有の定数）。

図 3.46 に示すように，静磁場（B_0）中に置かれた原子核のスピン角運動量 J は $M \times B_0$ のトルクを受け，B_0 のまわりに角速度 ω_0（$= \gamma B_0$）で歳差運動する。実験室系（x, y, z）に対して角速度 ω_0 で回転する回転座標系（x', y', z'）では歳差運動は静止し，x' 方向に B_1 を印可すると $M \times B_1$ のトルクを受けて，x' 方向のまわりに歳差運動（回転運動）する。

B_1 の印可時間を τ とすると，回転角 θ は $\gamma B_1 \tau$ となり，90 度だけ倒すパルスを 90 度パルス，180 度倒して反転させるパルスを 180 度パルスという。これらの過程を実験室系からみると，B_1 は $\omega_1 = \omega_0$ の角周波数をもつ回転磁場になり，歳差運動と共鳴する回転磁場によって，スピン角運動量は歳差運動をしながら倒れていくことになる（→ NMR，核磁気共鳴）。RF パルスを切ると磁化ベクトルは角速度 ω_0 の自由歳差運動をし，横磁化成分は時定数 T_2 で指数関数的に減衰しながら時定数 T_1 で熱平衡状態に指数関数的に回復していく。このときの過渡的信号を FID（自由誘導減衰信号），T_1 を縦緩和時間（スピン-格子緩和時間），T_2 を横緩和時間（スピン-スピン緩和時間）という。

②MRI の原理

図 3.47 で示したように，1 次元水分布 $\rho(x)$ が一様な静磁場 B_0 中に置かれた場合，すべてのスピンは同一の角速度 $\omega_0 (= \gamma B_0)$ で歳差運動するが，x 方向に直線的に変化する勾配磁場 $G_x \cdot x$ を重畳印可すると，歳差運動の角速度 ω が，$\omega(x) = \gamma(B_0 + G_x \cdot x)$ と x 座標とともに直線的に変化し，信号のフーリエ変換により $\rho(\omega)$ が得られる（→ Lauterbur による勾配磁場による位置識別の仕掛け）。2 次元分布 $\rho(x, y)$ の場合は，G_x と G_y を合成した θ 方向の勾配 G_θ

図 3.47 MRI の原理

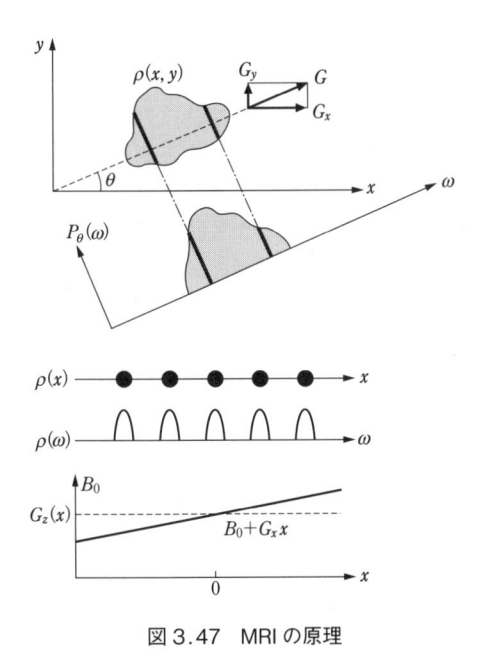

を印加した状態で信号を観測することにより，投影関数 $P_\theta(\omega)$ が得られる。X線CTと同様の投影再構成アルゴリズムによって原分布 $\rho(x, y)$ が求まる（→ Lauterbur の提案）。現在の MRI 装置では，以下に説明するスピンワープ法によって原分布を求めている（→ Ernit らの提案）。

③ パルスシーケンスと K 空間スキャン

図 3.48 で示したように，スライス選択勾配 Gs を印加した状態で，狭帯域高周波パルス RF によって Gs に垂直な特定領域のスピンを選択的に NMR 励起し，ひき続いて，位相エンコード勾配 Ge によって Ge 方向の位置情報を信号の位相にエンコードしたのち，信号読み出し勾配 Gr 印加の下で信号を観測することによって，フーリエ共役空間（K 空間）での 1 ライン

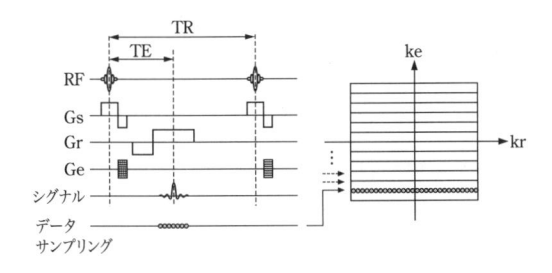

図 3.48 MRI のパルスシーケンスと K 空間における軌跡

上のデータが収集できる。一定の刻みで Ge の印加面積を変化させて上記シーケンスを所定の回数くり返すことにより，画像再構成に必要な K 空間の全データが収集できる。撮像のためのパルスシーケンスは，T_2 強調画像用スピンエコー法（SE 法），T_1 強調用グラジエントフィールドエコー（GFE）法に大別される。高速化手法としては，少ない励起回数で短時間に K 空間をスキャンするために，多重スピンエコーと多重勾配反転エコーを組み合わせた高速スピンエコー法（fast SE），ならびに励起間隔を短くしても効率よく信号を観測可能な SSFP（steady state free precession）シーケンスを用いた手法が実用化されている。

1 回の励起後に，勾配磁場を多重反転させ，反転時にエンコード勾配を印加して K 空間を一筆書きでスキャン可能な超高速 MRI（echo planar imaging；EPI）がマンスフィールド（Mansfield）によって提案され，1990 年代に実用化，2003 年にはノーベル医学生理学賞を授与されている。

④ 装置構成

空間的に一様で時間変動のない静磁場を印加するための超電導磁石，高周波磁場を印加し NMR 信号を観測するための RF コイルと送受信アンプ系，空間位置を識別するための X, Y, Z 方向の 3 組の勾配磁場コイルと勾配磁場アンプ系，RF パルスと 3 方向の勾配磁場パルスなどのパルスシーケンスを制御するためのシーケンスコントローラ，および画像再構成・処理・表示を行なうための計算機・コンソール部から構成される。なお，MRI に関する詳細に関しては文献 62, 67) を参照されたい。

(5) 超音波診断装置

超音波診断装置は，2〜10 MHz 程度の周波数の超音波を生体に送信し，生体内部の構造物による反射波（エコー）を検出して，形態や血流情報を画像化する装置である。装置の外観を図 3.49 に示す。

放射線被曝がなく非侵襲・安全で，ベッドサイド・ICU・手術室などで簡便に使える検査装置であり，診療所から大病院まで幅広く普及している。

1940 年代，日本や欧米における脳疾患診断

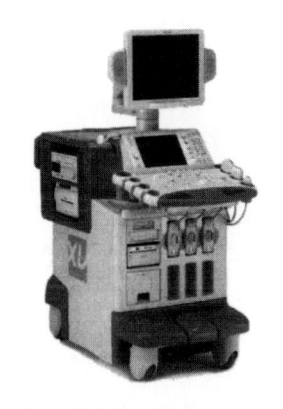

図3.49 超音波診断装置（詳細は東芝メディカルシステムズ株式会社のウェブページを参照）

への適用から超音波の医学への応用研究が始まった。当初，プローブを機械的に振って超音波ビームを走査していたが，1970年代末，短冊状に分割した振動子からなるプローブを用いて電子的に超音波ビームの方向を変化させる電子走査方式が開発され，良好な2次元断層像をリアルタイムで画像化することが可能になった。

続いて，1980年代のカラードプラ法による血流画像化による機能情報の付加もあり，高いリアルタイム性と操作性を有する画像診断装置として臨床現場に急速に普及した。

1990年代に入り，超音波のビームを形成するための処理がディジタル化され，1回の送信で複数の走査線情報を得たり，高精度信号処理によってより細いビームを形成するなど飛躍的に性能が向上した。プローブの機械的走査で3D画像を表示する胎児診断用3D装置に続いて，2次元アレイ振動子の電子走査による，リアルタイム性に優れた心臓用4D装置の開発と臨床適応もおおいに進展している。

種々の臨床アプリケーションの開発により診断価値を継続的に高めており，多様な臨床応用の進展も著しいものがある。組織高調波イメージング（THI）の発展形態であるdifferential-THI法により，画像の距離方向分解能と深部領域への侵達度が向上している。また，マイクロバブル造影剤による造影超音波の進展も著しく，肝細胞癌の腫瘍血管描出能などが飛躍的に高まっている。

超音波診断装置は診断だけではなく，穿刺・細胞診・針生検ガイドなどに不可欠であるが，薬剤や遺伝子を封入したマイクロバブルに超音波を照射して，ねらった部位に選択的に送達させるといった治療応用に関する研究が進展している。また，組織弾性の画像表示が可能な超音波エラストグラフィーが乳腺診断用として実用化され，動脈壁の弾性機能評価などの臨床応用も行なわれている。

心臓超音波においては，組織ドプラ法による心臓の局所壁運動の評価，機械的収縮時相のずれ評価と心臓再同期療法（CRT）への応用なども開発されている。以下，画像化原理と空間分解能，装置構成，血流イメージング，ならびに造影イメージングの各項目について説明する。

①画像化原理と空間分解能

超音波は音響インピーダンス $Z=\rho \cdot v$（ρは媒質の密度，vは媒質の音速）の異なる媒質の境界で屈折と反射を生じる。また，伝播過程に生じる吸収，散乱，反射などにより超音波の強度は指数関数的に減衰する。生体の軟部組織の減衰係数は周波数にほぼ比例し，正常な肝臓組織では $0.5\,\mathrm{dB/MHz \cdot cm}$ 程度である。体内組織の音響インピーダンスのわずかな差によって生じる微弱な反射エコーを受信して内部構造に関する情報を得ている。深さ方向の位置情報は，既述のように，エコーの返ってくる時間 T と深さ L の関係 $L=vT/2$（vは生体内での超音波の音速）で与えられる。送信は1回に1方向であるため，100〜200程度に分割された振動子アレイを所定の遅延時間を与えて電気的に駆動することで超音波ビームを電子的に走査することにより，2次元断層画像が得られる。

画像の空間分解能としては，ビームの走査方向に対応する方位分解能，ビーム方向の距離分解能，ならびに厚さ方向のスライス特性がある。方位分解能は，ビーム走査方向の近接する2点の反射源からの反射エコーを異なる2点からのものと識別できる最小距離として定義される。

方位分解能は深さにより異なるが，直径 D の円形振動子の場合，焦点距離 f における分解能 Δy はビーム幅の半分で，$\Delta y \simeq \lambda/D \cdot f$（$\lambda$ は超音波の波長）で与えられる。

一方，距離分解能は，ビーム方向に近接する

2点の反射源からの反射エコーを異なる2点からのものと識別できる最小距離として定義され、距離分解能$\varDelta x$は$\varDelta x \simeq n\lambda/2$（$n$は超音波パルスの波数で、$n\lambda$がパルス幅）で与えられる。

②装置構成

超音波診断装置は、コントロールユニット、送信部、プローブ、受信部、DSC部（digital scan converter）、画像モニタなどから構成される。

コントロールユニットは送受信のタイミングを制御し、送信部はコントロール回路で発生した基本信号を受けて振動子にパルス電圧を印加する。

圧電セラミック素子からなるプローブは、パルス電圧を電気音響変換によって超音波パルスに変換し、生体に送信すると同時に、生体からの反射エコーを電気信号に変換して受信する。受信部では受信時のフォーカス制御、フィルタ処理、ゲイン、STC（sensitivity time control）などの調整を行ない、DSC部は受信部で処理されたエコー信号をメモリに蓄積したあとでTV信号に変換し、画像モニタ上にリアルタイム表示する。

③血流イメージング

連続波（CW法）超音波を血流に対して照射したときに観測される周波数シフトは、血液中の赤血球群を反射体とするドプラ効果によるものであるという、1956年になされた大阪大学の里村・仁村らによる先駆的発見によって、超音波による血流計測への道が切り拓かれた。周知のようにドプラ効果よる超音波の送信周波数と受信周波数の差、すなわち周波数シフトは反射体の速度に比例し、周波数差は受信信号の周波数解析によって求められるので、ビーム方向の血流速成分$V\cos\theta$（θはビーム方向と血流方向のなす角度）が計測できる。CW法では位置情報は得られないので、血流情報の空間的マッピング、すなわち画像化はできない。

1982年、アロカの滑川らによって発明されたカラードプラ法によって血流の画像化が可能となった。カラードプラ法の名称が示すように、本方式においてもドプラ効果を用いていると認識されており、文献上もそのような説明がなされている。おそらくは歴史的経緯によるものと思われるが、厳密には正しくない。パルス超音波も波動であることには変わりはなく、当然ながら赤血球によるドプラシフトを生じる。しかし、ドプラシフトはパルスの周波数幅に比べて10^{-3}程度ときわめて小さく、生体内の伝播過程で生じるパルス波形の歪みを考えると、検出不可能である。このため、複数回のパルスを照射して、反射体である粗密分布を有する赤血球群の移動をサンプリングすることにより、擬似的な周波数シフトを発生させる（TOF効果）。血流速度v、音速c（約1540 m/s）、血流の方向と超音波ビームの角度をθ、送信超音波の周波数f_0とすると、擬似的ドプラシフトf_dは、$f_d = 2f_0(v\cos\theta/c)f_0$となり、ドプラ効果による式と完全に一致する。

このように、ドプラ効果が存在しない場合にも擬似的ドプラ偏移周波数f_dは生じるわけで、超音波血流イメージングをカラードプラ法とよぶのはかなりの違和感があるといわざるをえない。

④造影イメージング

超音波造影剤は超音波を強く反射する性質のある数ミクロンの微小気泡（マイクロバブル）からなり、静脈注射により人体に投与可能なものが開発されている。微小気泡が超音波照射を受けると共振し、さらに一定の閾値以上の音圧で崩壊・消失する現象を利用している。微小気泡の崩壊に伴って発生する信号は、大きな非線形成分をもち、ハーモニック法などの造影剤に特異的な映像技術を使うことにより、より効率的に映像化される。国内では1999年に経静脈性超音波造影剤であるLevovistが発売され、種々の造影超音波診断法が開発されている。

さらに、殻をもち難溶性のガスを封入した微小気泡からなる次世代の造影剤Sondzoidが2007年初頭に認可された。閾値以下の比較的弱い超音波によって、微小気泡の動態を連続的にモニタリングすることが可能で、さらなる臨床的有用性の評価が進められている。なお、超音波診断装置の詳細に関しては文献62, 68)を参照されたい。

(6) 光学的画像診断装置

X線・γ線・RFや超音波に比べて、光（可

視～近赤外）の生体透過性は非常に低く，全身用画像診断装置の情報キャリアにはなりえないが，消化管・血管・気管支などの外部からアクセス可能な管腔臓器の表面や眼底などの観察にはきわめて有用であり，多様な画像診断装置が実用化されている。日本は世界に先駆けて胃カメラを開発したことを皮切りに，内視鏡診断技術において圧倒的に優位な地位を維持し，装置技術の蓄積においても欧米を凌駕している。

内視鏡医療では，診断と治療は完全に融合一体化しており，イメージング技術に加えて先端に付加した鉗子・ワイヤーによる高度な遠隔手術を可能としている。内視鏡に関連する技術として，仮想内視鏡やカプセル内視鏡などが実用化されている。

また，光干渉トモグラフィー（OCT）を用いた眼底部検査用 OCT 装置が眼科領域において必須な画像診断装置になっている。生体組織の表面から数 mm の深さの領域で，10μ 程度の解像度の断層像が得られ，いまや眼科用から心臓の冠動脈などに応用領域が広がりつつある。以下，光学的画像診断装置の代表な例として，電子内視鏡，カプセル内視鏡，ならびに OCT について説明する。

①電子内視鏡

1983 年，Welch-Allyn 社によって低侵襲かつ高精細に生体粘膜が観察可能な電子内視鏡が製品化されて以来さまざまな改良が加えられ，今日では腫瘍の早期発見や早期治療が可能な医療機器として広く普及している。電子内視鏡診断装置の外観を図 3.50 に示す。

電子内視鏡には管腔臓器のポリープを採取するなどの治療的処置を可能とする鉗子が組み込まれており，単にがんの早期発見だけではなく，外部浸潤がない早期がんの内視鏡下での低侵襲性治療に用いられる。挿入部の細径化，先端部の小型化，湾曲部の形状改良，ならびに硬度可変化などの挿入部に関する技術開発が持続的になされている。直径約 6 mm の細口径の経鼻内視鏡が開発され，鼻の孔を通して胃に送達可能で，咽喉部で内視鏡の筒が大きく曲がらないため喉に対する刺激が少なく，被験者の苦痛が大きく緩和されている。

また，2003 年には小腸用のダブルバルーン

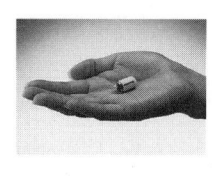

図 3.50　電子内視鏡診断装置とカプセル内視鏡（詳細はギブンイメージング社ウェブページおよびフジノン東芝 ES システム株式会社のウェブページを参照）

内視鏡が実用化された。小腸は口からも肛門からも遠いうえに曲がりくねっており，体外から内視鏡を押すだけでは挿入が難しいという事情がある。小腸内視鏡は，空気で膨らむドーナツ状のバルーンを前後 2 つ備えた構造で，これらを交互に膨らませて内視鏡先端を前進させる仕組みになっている。

観察・撮像技術では，診断精度向上のためのより鮮明な画像取得をめざした開発が進められてきた。CCD 技術の向上による撮像部の改良を中心に，照明技術および画像伝送技術の改良により，鮮明な画像の取得が可能となっている。

近年では，おもにがんの早期診断や肉眼では見えない病変の観察を目的として，可視光以外の波長の光を用いた内視鏡診断の研究開発も活発化している。とくに，蛍光，OCT，狭帯域観察などが関心を集めている。これらを駆使して，粘膜下および不可視の病変部の観察や，大きさ，立体的な構造を解析していく技術の開発が期待されている。

また，将来的にはさらに進化して，医師がそのつど患部を見るのではなく，疾患を自動的かつ簡易・安価に検知する技術の開発へ向かう可能性も考えられている。また，より先鋭な画像の表示のために，内視鏡画像用の輪郭強調技術

も開発されている。今後は，がん，炎症などの病変部と，正常組織のちがいをより明確に表示する構造強調技術の開発・改良が期待されている。

②カプセル内視鏡

カプセル内視鏡システムは，内視鏡本体となる直径約 10 mm 長さ約 25 mm のカプセル部分，カプセルから送信された画像を複数のアンテナで受信・記録する体外装置，撮影された画像を処理・観察するワークステーションから構成される。

カプセル内視鏡本体の外観を図 3.50 に示す。透明なドーム状のカプセルに，レンズ，照明用 LED，画像センサなどのカメラ機能と，撮影した画像を体外に送信する送信機，電池が内蔵されている。口から飲み込まれたカプセルは，消化管の蠕動運動により消化管を通過しながらその内部を 1 秒あたり 2 枚程度で画像を撮影する。内視鏡挿入時の患者の苦痛を大幅に低減し，従来の内視鏡では挿入が困難であった小腸の観察が可能になった。

海外では，小腸に続き食道・大腸用も発売され，胃用などの各臓器別のカプセル内視鏡も開発中である。上記のような利点があるが，くり返し性や動作コントロール性，同時に治療ができないなど診断・治療両面での弱点もあり，画質の改善に加えてさらなる研究開発が必要と思われる。なお，カプセル内視鏡をはじめとする内視鏡の詳細に関しては文献 69) の各社ウェブページを参照されたい。

③OCT（optical coherence tomography，光コヒーレンス断層画像化法）

山形大学の丹野らによって，光波の時間領域の低コヒーレンス性を利用して生体のような高光散乱媒体における反射断層像を得る光コヒーレンス断層画像化法が考案され，MIT の Fujimoto らによって開発されたものが主として眼科領域の臨床現場に普及している。

原理はマイケルソン型干渉計そのものである。光源にコヒーレンス長が短いダイオードを用いると，非常に短い可干渉距離（10 μm 程度）が得られ，高い空間分解能が実現できる。光源の光の可干渉距離は数十 μm 程度なので，サンプルからの反射光の中でレファレンス光と等しい距離の光のみが干渉し，信号が得られる。

次に，このサンプルへ照射する光を 2 次元的にスキャンすれば，最終的に断層像となる。高分解能の利点を生かして，眼底病変の検出や診断にきわめて有効であり，光診断装置の代表例になっている。最近では，内視鏡に組み込んだカテーテル型も実用化されており，冠動脈疾患などへの適応も始まっている。

方式的には時間領域 OCT（TD-OCT）と周波数領域 OCT（FD-OCT）に分類されるが，後者のほうが S/N 比，スピードにおいて圧倒的に優れており，最大の課題である深さ方向の侵達性向上に向けた活発な研究がなされている。

低コヒーレンス干渉が画像化（位置情報付与）の原理で，深さ方向空間分解能はコヒーレンス長で決められる。すでに，深達度 2～3 mm 程度において，10 μm 程度の深さ方向の空間分解能が達成されている。面内に関してはビームの広がりで決まり，波長程度の空間分解能が得られている。光源としては，超ルミネセンスダイオード（SLD）もしくはフェムト秒レーザーなどが用いられるが，新規光源を用いた研究も活発になされている。なお，OCT の詳細に関しては文献 70) を参照されたい。

(7) 分子イメージング

マサチューセッツ総合病院のワイスレッダー（Weissleder）により，「分子イメージングとは，生体内の特定の分子もしくは分子レベルの生物学的な反応過程を *in vivo*（生きたまま生体丸ごと）で可視化する技術」と定義されている。生体機能や病因メカニズムの解明などライフサイエンスの基礎研究，遺伝子・再生医療など医学研究，臨床画像診断・治療応用，ならびに創薬などの幅広い分野への応用が期待されている。国内外において国家レベルのプロジェクトが活発に推進されており，分子生物学と画像化技術が融合した新しい学問・技術領域が形成されつつある。

分子イメージング研究には，①イメージングの標的となる，生理作用および病態にかかわる生命現象のプロセスに重要な役割を果たす遺伝子あるいはタンパク質や細胞，すなわち，バイオマーカーの探索，②この標的に特異的に相互

作用して，標的分子の分布や変化を体外からイメージングできる化合物，すなわち，分子プローブの創製，③生体内における分子プローブの分布や経時的変化を高感度かつ高解像度でイメージングできる分子イメージング機器の開発，の3点が必要である。

分子イメージング用モダリティとしては，核医学診断装置（PET，SPECT），MRI，超音波診断装置，可視光や近赤外光などを用いる光イメージング機器がおもに利用されており，動物での基礎研究からヒトでの臨床画像診断を目的とするものまで，幅広く検討されている。以下，種々の画像診断装置用分子プローブの特長，ならびに複合画像診断装置に関して説明する。

①種々の画像診断装置用分子プローブの特長

PET，SPECT用分子プローブは，γ線の高感度性を生かして生体に微量に存在する酵素，受容体，神経伝達物質，ならびに抗原などの分子を標的にできる。これにより，トレーサー標識技術と解析技術を用いて，病態生理学や病態生化学的な変化を低侵襲・高感度・高精度に観察することが可能になる。がんの検出や変性疾患における薬剤の評価，循環器疾患の本態解明や早期診断・治療のレスポンス評価，さらには，再生医療をはじめとする先進的医療の評価ツールとしての利用が期待されている。また，体内での薬剤の吸収・代謝・排泄にかかわる薬物動態（pharmacokinetics；PK）情報や創薬の標的候補となるタンパク質，ペプチドなどの発現様式に関する動的分布の把握，ならびに生体への影響といった薬現学（pharmacodynamics；PD）情報などの治療薬評価に不可欠な情報が得られる。

一方，MRIは本質的にS/N比が低く，画像化に必要な分子プローブの量が多いという根本的欠点があるが，空間的解像力が高く，ある程度の量のバイオマーカーが存在する場合には，バイオマーカーとの相互作用を正確な位置情報とともに得ることが可能である。たとえば，超常磁性酸化鉄（SPIO）のような磁性ナノ粒子を用いて腫瘍血管新生，アポトーシスの検出など種々の分子・細胞レベルの情報を画像化する手法が考案されている。SPIOによる幹細胞や免疫療法に関連した細胞のトラッキングの研究も活発に展開されている。また，超音波では，造影剤として利用されているマイクロ・ナノバブルに血管新生に特異的なリガンドを付加することで腫瘍新生血管をイメージングして悪性腫瘍の早期診断を行なう試みがなされている。

一方，光イメージングでは，基本的に生体深部の情報を得ることはできないが，高感度で時間的な分解能が優れている。PET，SPECT用分子プローブとは異なり，MRIおよび光イメージング用分子プローブではRIの寿命で決まる合成時間の制約がなく，複雑な分子も合成可能である。分子にさまざまな構造修飾を施すことができるので，分子プローブの化学的設計の幅が広がり，1つの分子に複数の機能をもたせることも可能である。たとえば，特定の遺伝子に蛍光性タンパク質（GFP）の遺伝子をつないで"光レポーター"とすることにより，生体内で発現する特定のタンパク質を光学的に検出することができる。マウスなどの小動物を用いたバイオ実験から，乳がんの画像診断をめざした光分子イメージングの研究が国内外で活発に行なわれている。

②複合画像診断装置（マルチモダリティ画像法）

近年，PET/CTのように2つ以上の異なる画像診断装置を融合させた複合画像診断装置が臨床現場に普及しつつある。PET/CT装置の外観を図3.51に示す。

本装置は，前出の核医学診断装置の項で述べたソフトウェア上での画像フュージョンをハードウェアとして実現したもので，ソフトウェアフュージョンとは異なり，形態画像と代謝・分

図3.51　PET/CT装置の概観図（詳細は東芝メディカルシステムズ株式会社のウェブページを参照）

子画像のような異なる診断画像をほぼ同時相で撮影できる点が最大の特徴である。すでにPET/CTのほかにSPECTとCTを組み合わせたSPECT/CTが製品化されている。また、動物での研究用装置ではPET/SPECT/CTのような3モダリティ複合システムなども製品化されている。さらに、MRIはX線CTに比べて軟部組織の描出能に優れており、CTの代わりにMRIをPETと融合することにより、MRIとPET画像が同時計測できるPET/MRI装置が開発されている。PET/MRI装置を実現するには、MRI装置の強力な磁場に影響されず、逆に磁場均一性を劣化させないPET用検出器の開発が不可欠である。このほかにも、光と超音波、光とMRIといったさまざまな複合システムの研究開発も進んでいる。なお、分子イメージングの詳細に関しては、文献71）をはじめとするワグナー（Wagner）の一連の論文を参照されたい。

3.4.2 医用画像の治療応用

画像診断装置は、病態の把握、治療方針の決定、治療効果判定などの通常の画像診断に加え、画像を利用した種々の低侵襲治療に広く利用されている。X線診断装置でリアルタイムにモニターしながら血管内にカテーテルを挿入して血管の狭窄治療を行なう経皮的血管形成術、ならびに超音波診断装置でリアルタイムにモニターしながら体内に針を刺して行なう高周波焼灼治療（RFアブレーション）などは、臨床現場で日常的に行なわれている低侵襲治療で、術中で画像をガイドにして病変部位を確認しながら安全・確実に治療が行なわれる。

近年、ますます重要性を増している各種放射線治療においても、画像による照射計画の策定、治療中の位置合わせとモニタリング、ならびに治療効果判定は不可欠な手順となっている。また、画像ガイド下の低侵襲外科手術においても事情は同様である。以下、X線を用いた放射線治療であるIMRT、ならびに外科治療などに対する術前・術中の画像支援に関して説明する。

① IMRT（intensity modulated radiotherapy、強度変調放射線治療）

X線ライナックによるがんの放射線治療においては、正常組織への放射線被曝を可能なかぎり回避して、がん部位に対してはがん細胞が死滅するのに十分な線量を照射する必要がある。X線治療装置の外観を図3.52に示す。

MLC（マルチリーフコリメーター）によって腫瘍形状に合致した開口を形成し、これを通してX線を照射するが、これまでは開口面内において一様な照射線量とするのが通常であった。一方、IMRTでは、照射面での照射線量に強弱をつけた空間分布を実現することができる。空間的に強度変調された照射を多方向から行なうことにより、複雑な形状をした不整形腫瘍に対しても、所定の分布を有した線量集中が可能となっている。

たとえば前立腺がんの場合、腫瘍自体には高線量を照射し、前後に存在する膀胱や直腸に対して不要な線量を減少させることにより、治療成績の大幅な向上が達成されている。IMRTを実現するには、3D-CT画像に基づいた照射計画の高度プランニングが不可欠で、大規模な計算が必要になる。X線の照射中に画像モニタリングすることにより、呼吸などによる体動に応じて動的に照射条件を適合させてX線を照射するようなナビゲーション機能を備えた放射線治療装置も実用化されており、診断・治療の融合がこの分野でも大きく進展している。

② 外科治療などに対する術前・術中の画像支援

術前に画像を用いて手術計画を策定すること

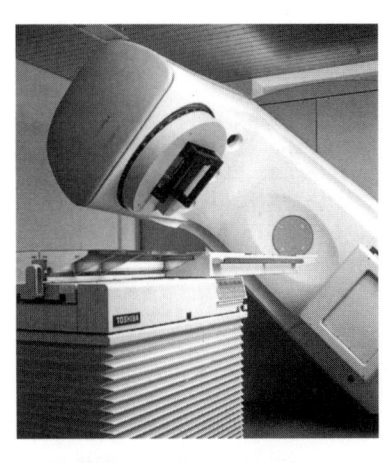

図3.52 放射線治療装置（詳細は東芝メディカルシステムズ株式会社のウェブページを参照）

により，手術の精度と効率性を高め，医師と患者に対する負担を大きく軽減できる。

脳外科手術では，目的とする病巣に到達する経路にある正常組織に与える損傷をいかに抑えるかが重要になる。このため，術前に取得した3次元画像を術中にモニターしている手術顕微鏡の光学的画像と両者の位置関係を合致させて立体的かつ半透明に重畳表示して，腫瘍や血管などの内部構造を表示することにより，脳外科手術を支援するシステムが開発されている。この際，開頭ならびに手術の過程で脳の位置と形状がずれてしまうため（ブレインシフト），MRIなどを用いた術中イメージングにより画像上で臓器内での病変位置を確認しながら手術が行なわれる。

一方，外科手術の計算機シミュレーションは，いまだ研究段階であるが，脳や肝臓といった軟部臓器をメスで切った場合の変形モデリングやAR技術の進化によって実用化されていくと思われる。臓器の手術シミュレーションの実用化においては，メスで切ったり，血管などの構造物に触れたときの感触を術者にいかにフィードバックするかが重要な微細な研究課題になっている。顕微鏡下で行なわれる脳血管縫合などのマイクロサージェリーでは，熟練した外科医の非常に繊細な手の動作が必要とされるが，医者が操作しやすいスケールに拡大表示して，遠隔操作で手術を行なうテレオペレーション技術に関しても研究されている。腹腔鏡下でロボット鉗子による低侵襲外科手術が行なえる手術支援ロボットシステム"da Vinci"が実用化されているが，ここでも画像支援が死活的に重要である。

テレイグジステンス技術を利用して遠隔地から手術を行なうような試みもなされているが，これらにおいても医用画像によるナビゲーション技術が不可欠である。

3.4.3 医用画像関連システム
(1) PACS

PACSはpicture archiving and communication systemの略で，医用画像保管通信システムと訳される。PACSは各種画像診断機器によって得られる医用画像をディジタルで保管・通信・表示・読影するシステムで，図3.53に示すようにHIS（hospital information system，病院情報システム）やRIS（radiology information system，放射線情報システム）と画像を中心とした医療情報のやりとりを介して密接に連携している（HIS/RIS/PACS連携）。放射線部門におけるIT化は，DICOMによる標準化と，近年のソフトウェアのパッケージ化によるコストダウンによって大きく進展している。以下，PACSを中心に，HIS，RIS，DICOMについて概説する。

① HIS

病院情報システムは，病院における患者の診療に関連した情報を効率よく扱うことにより，診療業務の質の向上ならびに効率化をめざしたシステムである。

医事会計，オーダリング，各種部門システム，PACSおよび電子カルテなどのサブシステムの集合体によって構成される。HISの歴史は医事会計の電算化から始まり，オーダリングシステムの構築によって単純作業の省力化に関しては満足できるレベルに達している。1994年4月，厚労省により診療記録の電子媒体保存が認

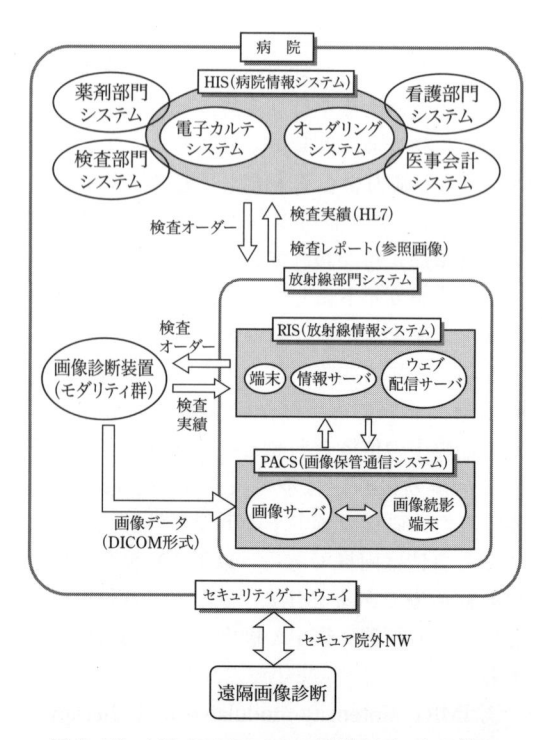

図3.53 HIS/RIS/PACSの構成とデータの流れ

められた。電子カルテに対しては，蓄積情報の2次的利用による医療活動のパフォーマンス評価や臨床研究，診療情報入力時における診療内容のチェックや診断支援，医療情報の他の医療機関への転送による機関連携，などの効果が期待されている。医療に関する文字情報の相互交換のプロトコルとしては，1987年に米国 HL7 協会による HL7 が標準になっている。

②RIS

病院の放射線部門では，各科からの画像検査依頼の受理，放射線部門内での患者情報の管理，画像検査の実施と診断レポートの作成，依頼元に対する画像検査結果の返信，および画像の保管と管理などのプロセスに沿って業務が行なわれている。

放射線部門におけるこれらのワークフローを支援する情報システムが RIS である。病院情報システムに含まれる放射線検査依頼，検査予約，診断レポート関連の機能や PACS とも密接に連動しているため，どの部分をどちらのシステムに組み入れるかは，システム構築の仕方に依存する。RIS は放射線部門検査依頼，検査の予約管理，会計情報入出力，読影レポート管理，資材の在庫管理，検査業務支援，HIS との連携などの多様な機能を有する。

③PACS

電子的に画像を保管・管理・提示することで，種々の画像診断装置で発生する画像を，時間と場所の制約なく効率的に閲覧可能にするシステムである。1982年，米国 SPIE の国際会議 picture archiving and communication system, PACS for medical application で新概念として発表されたことに始まる。

1993年，ACR-NEMA によって DICOM（digital imaging and communication in medicine）規格が制定され，これに対応した機器は，メーカーのちがいによらず画像データの交換が可能となり，PACS システムの構築が可能となった。

国内では，1999年4月に当時の厚生省によって画像の電子的保存が認可され，法制面においても PACS 普及に対する流れができた。フィルムに比べて画像表示能力が劣るとされていた CRT や LCD の画像表示装置も改良が進み，膨大な画像データをハンドリングするための広帯域高速ネットワークや大容量保存媒体が低価格で利用可能となり，コストパフォーマンスに優れた多様な PACS システムが多くのベンダーによって提供されている。

現在，医用画像ネットワークは病院規模を越えて拡大し，地域医療情報ネットワークへと展開している。PACS には用途と規模に応じて，エンタープライズ PACS，マルチモダリティ PACS，モダリティ PACS（Mini-PACS），ならびに循環器部門専用 PACS などがある。エンタープライズ PACS は，病院全体のフィルムレス化を指向し，ワークフローの全面的見直しによる効率アップとスループット向上を目的とするシステムである。画像の高速配信，モニタ診断環境，モダリティ・HIS・RIS 連携，セキュリティ対策，個人情報保護対策，冗長化などに加えて，将来のシステム拡張性が要求される。今後は，大規模施設を中心に，電子カルテ化をはじめとする病院 IT 化の動きと連動して加速的に普及していくと思われる。

マルチモダリティ PACS は，X線 CT や MRI をはじめとする複数のモダリティと接続し，上記エンタープライズ PACS の機能を部分的に有するシステムである。ディスプレイ診断がメインではあるが，フィルム読影も併用し，システム導入時に大幅なワークフローの見直しを実施せずに構築されるシステムである。モダリティ PACS は Mini-PACS ともいわれ，マルチスライス CT などのモダリティ導入時に画像ファイリング用サーバとして導入されるケースが多い。

循環器部門専用 PACS は，PCI（経皮的カテーテル血管治療）を行なう心臓カテーテル室に導入されるシステムである。主として，X線冠動脈透視像や超音波の動画像を対象とし，心臓血管系専用の解析ワークステーションを有しており，心電波形など画像以外の生体情報を扱うなど，循環器部門に特化したシステムである。なお，3D-PACS をはじめとする PACS の最新情報に関しては文献72，73）を参照されたい。

④DICOM 規格

DICOM（ダイコム）とは，digital imaging and communication in medicine の略で，ACR（米国放射線学会）と NEMA（北米電子機器工業会）が共同開発した医用画像と通信の標準規

格である。

病院内外で異なったベンダーによる種々のディジタル画像機器を相互接続し，ネットワークやパッケージ媒体によって，画像データや患者検査情報のやりとりを可能にする。医用画像ならびに関連機器としては，画像発生装置（画像診断装置），画像保管装置，画像表示・処理・読影装置，ならびに画像印刷装置などがある。

診療目的に応じて，これらの画像機器を相互接続させることにより，従来のフィルム中心の画像診療システムがもつさまざまな問題点を解決し，総合画像診断やCADのような新たな付加価値を創出することが期待されている。現在にいたるまで，DICOM委員会によって規格の追加やバージョンアップが継続的に図られ，画像の表示方法，構造化された診断レポート，心電図などの波形情報，放射線治療計画，情報の流れ，情報セキュリティなどに関しても規格化がなされている。

(2) CAD

コンピュータによる医用画像の解析結果を「第2の意見」として参照することにより，医師による画像診断を支援するシステムをコンピュータ支援診断システムという。

あくまで，医師による画像診断であり，コンピュータそのものによる診断という自動診断（computer-automated diagnosis）とは根本的に異なる概念である。このようなCADシステムの導入により，医師による画像診断の正確性向上，医師間の診断バラツキの減少，診断時間短縮による生産性向上などが図られると期待されている。とくに，大量の画像情報の短時間での見落としのない読影が必要となる，乳がんや肺がんの集団検診において有用性が高いといわれている。

CADシステムは，病巣候補陰影の場所を検出（computer-aided detection）し，モニタの上の画像に矢印のようなマーカーによって提示したり，腫瘍の良悪性を鑑別（computer-aided classification）し，定量的解析データを表示したりする機能を有する。

脳動脈瘤や冠動脈の狭窄部位を指示したり，血管の狭窄率を定量的に表示するようなシステムも開発されている。研究の当初は，CADが対象とする画像は，乳房X線写真，胸部単純X線写真などをスキャナで読み取ってディジタル化したものが主であったが，近年，X線CTやMRI，さらには超音波画像へと守備範囲を広げている。

3次元画像の普及とともに，3次元CT画像や3次元MRI画像などに関する3次元CADも活発に研究されるようになっている。擬陽性（FP，フォールスポジティブ）と擬陰性（FN，フォールスネガティブ）をいかに減らすかが性能向上の技術的ポイントで，CADの性能評価によく使われる手法であるROC解析に基づく多くの有用な研究成果が報告されている。CADシステムの性能評価は非常に困難であり，有用性に関する明確な評価が得られているシステムはいまだ存在しないといっても過言ではない。

CADシステム開発の歴史は非常に長く1960年代にまで遡り，1967年の*Radiology*誌に掲載されたウィンズバーグ（Winsberg）らの乳房X線写真に関する論文が世界初と考えられている。

開発初期の研究は，支援診断というよりも自動診断を指向していた。1970～80年代には乳房X線写真に関するCADが精力的に研究され，1980年代のDSAやCRに代表されるディジタルX線画像の普及によって，実用化指向へと大きく軌道修正がなされた。とくに，シカゴ大学の土井らは1985年以来，胸部画像，乳房画像，血管造影画像などに関する一連のCADの研究を組織的に展開し，乳房X線画像の乳がん検出CADシステムを実用化レベルに到達させることに成功した。これを受けて，1998年に米国のベンチャー企業であるR2 Technology社（Hologic社が買収）が開発したマンモグラフィーCADシステムが，米国のFDA（食品医薬品局）によって検診用CADシステムとして承認され，国内でも販売が開始された。ただし，あくまでコンピュータ支援による検出（detection）用であり，乳がん病変の検出対象も腫瘤陰影と微小石灰化クラスタ陰影に限定されており，良悪性鑑別などへの展開は今後の課題となっている。

2000年以降，乳がん用CAD以外の多様な

CADシステムが出現し，胸部単純X線写真とCT画像による肺がん用CAD，および後述するX線CTコロノグラフィー（colonography，大腸仮想内視鏡）による大腸がん用CADなどが開発されている．

高度CADシステム実現には，病巣の特徴や部位を検出し，特徴量を数値化する画像解析のための数学的アルゴリズムに基づくソフトウェア開発が必要である．画像処理アルゴリズムとしては，病巣陰影の高精度検出には種々の画像処理やパターン認識技術が駆使されるが，これらの詳細とCADシステムの具体例に関しては文献74，75）を，また医用画像処理ならびに解析の全般に関しては文献76を参照されたい．

アルゴリズム以上に重要となるのが，鑑別診断のついた臨床画像の大規模データベースの構築である．これはCADシステムの構築の過程で必要なだけではなく，開発したCADシステムの性能評価にも利用されるものである．国内外において私的公的機関を問わずさまざまな試みがなされているが，いまだ実用に耐えうるデータベースの構築は実現していない．

①仮想内視鏡

CTやMRIの3次元データから，消化管や気管支などの管腔臓器に対して仮想内視鏡画像を生成し，診断に用いる試みが行なわれている．仮想内視鏡によって，実際の内視鏡では入り込めないような細い部位や襞の中の観察，ならびに任意の視点からの観察が可能になる．

画像の生成方法としては，幾何モデルとして部位を抽出してCGと同様の技術を用いるものや，ボリュームレンダリングの視点を管腔臓器内部に設定する方法が知られている．実際の内視鏡検査のような患者負担がまったくないことが最大のメリットで，上述するCADの対象としても注目されている．

(3) 遠隔画像診断

遠隔医療（tele-medicine）とは「映像を含む患者情報の伝送に基づいて遠隔地から診断，指示などの医療行為および医療に関連した行為を行なうこと」と定義され，これには，遠隔画像診断（tele-radiology），遠隔手術，ならびに在宅医療などが含まれる．

遠隔画像診断で対象となる画像は医用画像全般にわたり，放射線画像に加え，内視鏡画像，眼底写真，皮膚撮影写真，ならびに病理組織画像などが含まれる．放射線専門医による画像診断以外にも，術中迅速病理診断による手術中における腫瘍摘出範囲の確認支援，遠隔画像診断システムを利用した画像共有によるテレカンファレンスなど種々の有効な利用形態がある．

当初，遠隔画像診断をはじめとする遠隔医療導入の背景として，人口過疎の山間僻地・離島など僻地医療に象徴される医療の地域間格差の解消があった．画像診断機器を有する医療機関はあっても，画像診断を行なう放射線専門医がきわめて過少な地域が多く，遠隔画像診断サービスが求められている．しかしながら，都市部においてもこのような状況に大差なく，放射線専門医は圧倒的に不足しており，場所と時間の制約を越えてリモートで放射線専門医が画像診断を行なう遠隔画像診断は，都市部の医療機関にとっても強いニーズが存在している．

遠隔画像診断の基本的プロセスは，依頼元の主治医や担当医による画像の読影依頼と遠隔診断センターにおける専門医の読影ならびに依頼元への診断レポート作成と送付からなる．

通常，画像はDICOM形式になっているが，画像がディジタル化されていない場合には，フィルムデジタイザなどでディジタル化する必要がある．ディジタル化に際しては，最適な解像度や濃度分解能は画像の種類によって異なるが，単純X線フィルム場合，サンプリングピッチ$200\,\mu m$，濃度分解能12ビット程度が必要とされる．

一方，CTやMRI画像では，512×512（もしくは256×256）マトリックス，濃度分解能10ビットで100〜1000枚の膨大な枚数（場合によっては3D画像）の画像伝送が必要で，ネットワークへの送信にあたってはJPEGなどによる画像圧縮と暗号化が適宜用いられる．通信可能な画像の質と量は，ネットワークの通信速度により制約を受ける．画像伝送には種々のネットワークが用いられており，セキュリティ確保を最優先する考えから専用回線を使用するケースもあるが，コスト面から，広帯域インターネットのVPN汎用回線を介したものが主流になっている．

遠隔画像診断は，院内のネットワーク上のPACS読影端末によるルーチンの読影作業を，ネットワークを介して院外に持ち出した形態とみなせる。外部ネットワークに患者個人情報を含む医療情報が露出されることになり，セキュリティ確保が最優先課題であることは共通認識となっている。

米国では，イメージングセンターによる遠隔画像診断が広く普及しており，すでに2000年時点においても，大病院の70％強が遠隔画像診断を利用しており，放射線科専門医の75％程度が遠隔画像診断にかかわっているといわれている。

モバイル環境で遠隔画像診断サービスを行なっている企業も多数存在し，医用画像ビジネスの40％程度がモバイルと遠隔医療の市場になっているといわれている。日本はまだ特定の病院・診療所とサービスセンターの専門医がネットワークに接続されている段階にすぎないが，米国では全米レベルで医療機関と専門医をネットワークで結び，専門医がどこにいても画像診断を支援できるサービスを提供している会社が存在している。

一方，日本での普及状況は遅々としており，全病院の数％にすぎないといわれている。1995年にセコム医療システムが，電話回線を利用した遠隔画像診断サービス"ホスピネット"を開始したが，その後，民間企業によるサービスに加えて，独立放射線科医グループ，NPOと大学関連病院で構成するなど多様なサービス提供形態が生まれている。

遠隔画像診断システム自体も複数の企業によって製品化されており，ITインフラとしてブロードバンドネットワーク網の整備が急速に進展したことにより，ようやく普及の兆しが見えはじめている。これまで，遠隔画像診断が普及するための課題として，機器・通信コストの低減，医療機関間の連携強化，診療報酬体系変更などの経済的インセンティブの付与があげられていたが，IT技術の革新と通信インフラの整備によって，技術的・コスト的課題はここ数年で大きく解消されてきた。

普及に対する最大の課題は，保健診療化のいっそうの整備，遠隔画像診断に対する認知度の向上と国民的コンセンサスの形成，ならびに個人情報の最たるものである医療情報保護に対するセキュリティルール，すなわち，保護ルールと技術的方法論の確立である。なお，遠隔画像診断に関しては文献74)を参照されたい。

3.5 防犯・監視画像応用

3.5.1 画像監視の社会的背景

(1) 治安の悪化と監視カメラへの期待

ここ数年，「治安の悪化」「検挙率の低下」といった言葉を耳にすることが多いが，これは統計上の数値にも現われている。

図3.54は，警察庁発表の犯罪認知件数と検挙率の推移のグラフであるが，20年前，10年前と比べ，犯罪認知件数が大きく増え，検挙率が大きく下がっていることがわかる。確かに，治安の悪化や検挙率の低下という状況が数値に表われている。

また，野村総合研究所が2005年に行なった治安に関する意識調査[78]によると，「この2～3年のあいだに日本の治安はどのように変化したと思うか」という設問に対し，「悪くなった」「たいへん悪くなった」と回答した人の割合が合わせて89.5％にも達しており，市民の体感治安も悪化していることがわかる。

このような状況において，監視カメラに対する期待は大きく，先出の意識調査[78]によれば「自分の住んでいる街に監視カメラが設置されるということについて」という設問に対し，

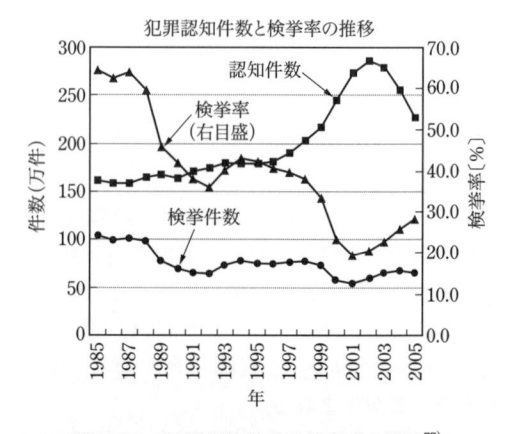

図3.54 犯罪認知件数と検挙率の推移[77]

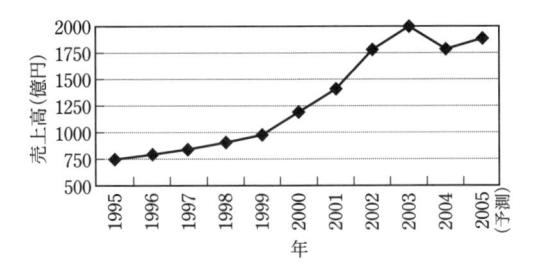

図 3.55 監視カメラの市場規模（日本防犯設備協会調べ）[79]

「積極的に設置すべき（18.6％）」「一定の条件の下で設置すべき（70.3％）」を合わせると，肯定的な回答を示した人が9割近くを占めている。

このような社会状況を背景に監視カメラシステムの市場規模は拡大している。2005年には1800億円以上の市場規模（予測値）となっており，ここ10年で約2.5倍に成長している[79]（図3.55）。

(2) 監視カメラ設置の推進

監視カメラの普及が進む要因として，治安悪化への自主的な対応が活性化しているという側面と，一方で国や地方自治体，業界団体などによる政策的な後押しが整備されつつあるという側面もある。ここでは後者の代表例をいくつか述べる。

①個人情報保護法[80]

高度情報通信社会の進展に伴い，個人情報の利用が著しく拡大していることへの対応として，2005年4月より個人情報保護法が全面施行された。

同法では個人情報取扱事業者に個人データの安全管理措置を求めており，最も効果的な手段として認知されているのが監視カメラの設置である。個人情報保護法は非常に多くの事業者に関連があり，なおかつ社会的関心も高いため，監視カメラの普及という観点から，最も影響のある法律のひとつといえよう。

②ガイドライン

先述の個人情報保護法施行や社会問題化した事件を契機に，各省庁や業界団体がさまざまなガイドラインを策定しているが，その中に監視カメラ設置を推奨しているものが目立ってきた。たとえば，首相官邸の「情報セキュリティポリシーに関するガイドライン」[81]では，情報システム設置場所におけるセキュリティの物理的対策のひとつとして監視カメラ設置を掲げてある。また，経済産業省の「学習塾に通う子どもの安全確保ガイドライン」[82]では，（社）全国学習塾協会に対して，学習塾内の安全確保のため監視カメラなどにより不審者の侵入防止に努めるよう指導がなされている。

(3) 監視カメラの効果

ところで，監視カメラの役割とは何なのか。

直接的な効果としては，事件が発生したあとで犯人を割り出すことができるという働きがある。事件発生時に，容疑者の映った監視カメラ映像を警察が公表することも多い。2006年に神奈川県川崎市のマンションで小学3年生の男児が突き落とされる痛ましい事件があったが，容疑者が公開された監視カメラ画像を見て観念して出頭したことは記憶に新しいだろう。また，事件発生後に犯人逮捕につながるということから，これから犯行を行なおうという者に対して大きな抑止力となる。監視カメラのことを「防犯カメラ」ともよぶのも納得のいくところである。

しかし，監視カメラの映像から必ずしも犯人が特定できるとは限らないし，抑止力があっても犯罪行為そのものを防ぐことはできない。監視カメラ映像をリアルタイムに人手で監視できれば異常発生時にすぐに対応できて効果が大きくなるが，1人の人間が監視できるカメラ台数には限度がある。

このようなことから，監視カメラシステムにはさらなる高度化が求められている。

(4) 監視カメラの高度化

高度化のひとつとして，証拠能力の向上があげられ，高解像度化，ディジタル化といった画像品質の向上が図られている。また，撮影された画像を後から鮮明に加工する技術も開発されている。

もうひとつの高度化技術として，自動認識技術があげられる。これは，カメラ映像を画像処理することで異常を自動的に検出する技術である。侵入者の自動検知システムなどはすでに製品となっている。さらに，行動認識技術の研究も盛んであり，人の移動軌跡に基づき行動を認識するような製品も発表されている。また，顔

認識技術を応用し，あらかじめリストに登録された人物を監視カメラ映像で検知するような製品も開発されている．

(5) 本節の内容

以上のような背景を踏まえ，本節では防犯・監視画像応用の現状について紹介する．3.5.2項では，監視カメラにどのような種類があるのか，網羅的に紹介する．3.5.3項では，監視・防犯分野にかかわる画像処理技術について紹介する．最後に，3.5.4～3.5.6項で，家庭，企業，公共と分野ごとの画像監視応用事例を紹介する．

3.5.2 監視カメラ技術

(1) 監視用カメラに求められる機能と性能

監視用カメラの基本機能はFA用カメラと同様であるが，要求性能と付加的機能において差異がある．

第1に，監視用カメラでは多用な照明環境への適応が求められる．監視用カメラは屋内・屋外に設置され，補助的な照明を用意することはあっても，カメラにとって最適な照明環境が実現できない場合が通常である．この点は，適切な照明環境の準備を前提とするFA用カメラとの最大の相違点である．とくに，暗所撮影性能に対する要望が強い．

第2に，あらゆる場所への設置に対応することが求められる．監視カメラは施設や社会のあらゆる場所で使用され，その設置環境を限定できない．また，操作装置やレコーダと距離をおいて多数配置されることが多く，とくに省配線の実現に対する要望が強い．

(2) 監視用カメラの撮影機能

監視用カメラは撮影性能により以下のように分類される．

・白黒カメラ　白黒撮影を行なうカメラ．カラーカメラに比べて高感度である．

・近赤外カメラ　近赤外に感度をもつ白黒カメラ．白黒カメラから赤外カットフィルタを取り去ることにより近赤外感度を得ている．また，近赤外領域にとくに感度の高い素子を使用したものもある．感度をもつ波長域は素子により異なるが，可視波長から900 nm付近の範囲に実用的感度をもつものが多い．人間の目の感度特性と異なるため，撮影対象によっては不自然な映像となる．

・カラーカメラ　カラー撮影を行なうカメラ．

・昼夜カメラ　照度の高いときにカラーカメラとして動作し，低いときに白黒カメラまたは近赤外カメラとして動作するカメラ．低照度時に近赤外カメラとして動作するものは，赤外カットフィルタを機械的に抜入することでカラー撮影時の色再現と白黒撮影時における高感度を両立させている．

・電子感度アップカメラ　複数の撮影画像を加算することで高感度撮影を行なうカメラ．通常のカメラでの長時間露光による高感度撮影では露光時間に応じて出力される映像のフレーム間隔およびタイミングが変動するが，電子感度アップカメラではつねに標準的な映像信号が出力される．被写体が動体の場合には像にぶれが発生する．加算枚数を多くすることでより高い感度が実現できるが，発生するぶれが大きくなる．

・ワイドダイナミックレンジカメラ　通常のカメラより広い輝度範囲を撮影するカメラ．長い露光時間による画像と短い露光時間によって撮影した2枚の画像を合成する方式が一般的である（図3.56）．なお，合成過程では表示装置のダイナミックレンジおよび人間の視覚特性に合わせるために，映像内容に対して適応的な輝度の圧縮処理が行なわれる．日向と日陰が混在する場合や，逆光状態において有用である．

高速シャッター画像　　通常露光画像

合成画像

図3.56　画像合成によるワイドダイナミックレンジカメラ

• 高解像度カメラ　NTSC方式などの標準的映像信号よりも大きなサイズの映像を出力するカメラ．

(3) 監視用カメラの形状

監視用カメラは形状により以下のように分類される．

• 箱型カメラ　直方体またはそれに類する形状のカメラ．標準化されたレンズマウントをもつことで撮影対象に合わせて選択したレンズを装着できるようにしたものと，専用のレンズが一体化されたものがある．前者ではレンズのアイリス制御のための信号出力端子が装備されている．後者では撮影対象にあわせて画角を調整するためにバリフォーカルレンズが装着されている．

• ドームカメラ　半球状の透明なバリア内にレンズを収納したカメラ．バリアが着色されているものではカメラの向きを隠蔽する効果がある．また，箱型カメラに比べて存在が目立たない．

• PTZカメラ　撮影方向の変更操作とレンズのズーム操作を外部からの信号で行なえるようにしたカメラ．

• センサライトカメラ　人感センサとそれに連動して点灯するライト（センサライト）にカメラを組み込んだもの．

• 隠しカメラ　時計，絵画，火災検知器などにカメラを仕込んだもの．レンズを目立たなくするために，前玉を小さくしたピンホールレンズが使用される．

• 屋外用カメラ　屋外で使用する場合は箱型カメラを屋外用ハウジングに収納して使用するのが一般的である．このとき，屋外ハウジングには必要に応じて窓材の雨滴を排除するためのワイパー，窓材の結露を防止するためのデフロスタ，カメラの動作温度範囲に温度管理するためのヒーターおよびファン，遮熱板が装備される．また，カメラの筐体そのものを屋外対応とした屋外用カメラも製品化されている．

(4) 監視用カメラの付加機能

監視用カメラには，以下の付加機能が装備されるものがある．

• モーションセンサ機能　撮影した映像を画像処理によって分析し，映像内に現われた動体を検出する機能．

• プライバシー保護機能　映像中の一部分をマスキングまたはモザイク処理などにより内容が判別できないようにした映像を出力する機能．PTZカメラでは撮影範囲の変化に追従して処理する領域を変更する機能も実現されている．

• カメラマスク検知機能　カメラの視野が遮られたことを検知する機能．目的は監視を妨害する行為の検出である．また，カメラの向きを変更する行為を検知する機能も実用化されている．

• センサ信号入力機能　カメラに装備されたセンサ信号入力端子の信号をCCTVシステムに伝達する機能．

• 照明装置　可視または近赤外の照明装置．

• 収音・拡声機能　カメラに内蔵されたマイクまたはマイク端子に接続されたマイクによる音声をCCTVシステムに伝達する機能．また，カメラに接続されたスピーカにCCTVシステムからの音声を出力する機能．

• 電子PTZ機能　撮影された映像の一部を拡大して出力し，またその拡大領域を外部からの操作によって移動させる機能．レンズの方向を外部からの信号によって変更する機構をもたないカメラで簡易的PTZ機能を実現する．

(5) 信号のインタフェイスと電源供給

カメラからの映像信号は通常ベースバンドで出力され，配線には同軸ケーブルが使用される．このケーブルにはPTZカメラ操作信号などのカメラ操作信号，モーションセンサ信号，センサ入力端子の信号，音声信号が多重化されることがある．

ネットワークカメラでは映像はディジタル化されたあとに圧縮され，IP通信により伝送される．

監視用カメラの電源供給は，商用電源またはAC 24 Vなどの電源を直接カメラに接続する方式と，映像信号を伝達するケーブルを使ってカメラコントローラまたはレコーダから電源を供給する方式がある．後者の方式では，カメラごとの電源配線が不要となり，省配線化が実現される．また，ネットワークカメラではPoE （power over ethernet）方式による電源供給も行なわれている。

(6) 監視カメラシステムのインフラ

監視カメラシステムは，アナログカメラの映像をビデオテープに録画を行なうアナログの時代が長く続いていたが，近年になって記録装置のディジタル化が進み，最近ではIPネットワークを活用したフルディジタル化の時代へと突入しつつある。

図3.57は，従来のアナログ型システムの構成例である。個々のシステム要素（カメラ，ケーブル，記録装置，表示装置など）がフルディジタル化によってどう変わるのかを以下で述べる。

①カメラ

従来のアナログカメラからネットワークカメラに換わる。映像出力端子もBNCからRJ-45（LAN端子）に換わり，映像・音声信号はJPEG/MPEG-4，ADPCMなどでディジタル圧縮され，1本のLANケーブルに重畳される。ディジタル処理のため，画像の解像度や圧縮率，フレームレートの変更が容易になる。1本のLANケーブルから電源供給を受けるPoE機能を有するカメラも増えている。

②配線ケーブル

同軸ケーブルからイーサネット（LAN）ケーブルに変わる。同軸ケーブルでも音声やセンサ信号，電源の重畳が可能ではあったが，LANケーブルにより重畳が容易になった。

配線が困難な場所（屋外や移動ロボットなど）でのカメラ画像伝送では無線が使われることもあるが，この場合，電源の重畳（PoE）は使えない。

③カメラコントローラ

複数台カメラの映像・音声や電源を重畳するための機器だが，フルディジタル型ではスイッチングHUB（PoE対応）がこれに換わる。

④分割ユニット（スイッチャ）

複数台のカメラ映像を順次切り換えて出力する機器であるが，フルディジタル型では不要となる。後述する表示装置のソフトウェアに映像切り換え機能を有するからである。

⑤表示装置

アナログカメラ出力の表示はモニターテレビで行なっていたが，ネットワークカメラなどのLAN端子からのディジタル出力の表示はパソコンで行なう。表示用ソフトウェアはカメラの選択，PTZ操作，録画画像の再生など非常に多くの機能をもつ。LAN上の任意のパソコンが使えることから，専用の監視室を設けなくてもオフィスからの監視も可能となる。

⑥記録装置

・ディジタルレコーダ　従来，安価なビデオテープに録画できるとしてタイムラプスビデオが多く使われていたが，近年，ハードディスク（HDD）録画型のディジタルレコーダへの置き換えが進んでいる。テープの交換が不要なうえに，ディジタル化により複数カメラの高画質・高フレームレートの画像を劣化なく記録でき，また，HDDの低価格化・大容量化により長時間録画も可能となっている。VTRタイプに比べ，HDDタイプでは再生時の画像検索も容易になる。

・ネットワークレコーダ　ディジタルレコーダはアナログの入出力を基本としていたが，一部の機種ではLAN出力をもち，最近ではフルディジタルに対応して入出力ともにLAN端子を搭載したネットワークレコーダが市場に出まわっている。LAN端子出力があれば，インターネットなどのWANを経由して遠隔のパソコンからのモニタリングも可能となる。

⑦ビデオサーバ

アナログカメラの出力をLAN出力に変換する機器である。既設のアナログカメラに本機を接続することで，ネットワークカメラ化することが可能となる。

⑧今後の展望

今後，フルディジタル対応システムへの移行

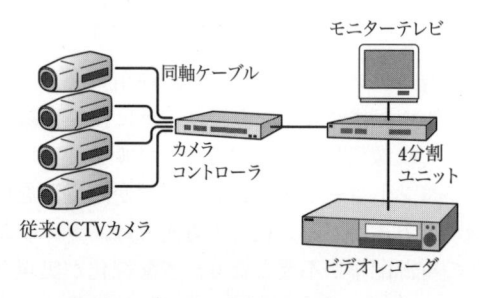

図3.57　アナログ監視カメラシステム

が徐々に進むと思われる。オープンプロトコルのIPネットワークを活用し，遠隔のパソコンや他のシステムとの接続が容易になる一方で，不正なアクセスのリスクも生じてくる。リスクに応じたセキュリティ対策も必要である。

3.5.3　画像処理技術
(1) 画像鮮明化
防犯・監視分野における画像鮮明化とは，監視カメラで撮影された，人物の顔や車両のナンバープレートの画像を，人が見やすい画像に変換することである。

従来の画像鮮明化には，次のような画像強調技術が用いられている。

• アンシャープマスク　鮮明化する対象にピントが合っていない場合や，小さく写っている対象を拡大した場合に，輪郭を強調するために使用する。

• 濃度変換　鮮明化する対象のコントラストが低い場合や，明るさの調整をしたい場合に使用する。図3.58に濃度変換の例を示す。

画像鮮明化の研究としては，画像復元がある。画像復元とは，画像劣化（ボケ，ブレ）の原因を推定して，劣化のない画像を復元しようとするものである。画像復元には，非常に多くの研究がある。たとえば，ウィナーフィルタ[83]やカルマンフィルタ[84]を用いる線形手法，凸射影[85]や事後確率最大化[86]を用いる非線形手法がある。

また，複数画像から高精細画像を作成する超解像処理の研究も行なわれている[87]。

複数画像の入力を必要としない超解像処理として，事例を用いたものがある[88]。これは，大量の低解像度画像と高解像度画像の相関を事例データベースとして，入力画像に対応する高解像度画像を探索するものである。

しかしながら，セキュリティレベルの高くない場所に設置される監視カメラの画像は，画像鮮明化に不利な状況で撮影されることが多い。

• フレームレートが低い　監視カメラの画像は，必要最小限のフレームレート（たとえば2fps）で記録して，記録容量を減らすことが多い。このため，鮮明化したい対象が最もよく見える位置にいる画像が，記録されていない場合がある。

• 照明条件が一定でない　監視カメラが設置される環境は多種多様であり，一定の明るさを保てない。このため，部分的に極端に明るくなったり，暗くなったりすることがあり，その部分はよく見えないということがある。

• 監視範囲が広い　なるべく少ないカメラで広い領域を監視しようとするため，人物や車が小さく写ることがある。

以上のような状況で撮影された画像でも，鮮明化できる手法の開発が望まれる。

(2) 侵入検知
侵入検知機能とは，監視エリア内に侵入する検知対象（人物・車など，監視場面によりさまざま）をカメラ映像の画像処理により自動的に検知して信号を出力する機能である。

侵入検知処理は一般的に次の処理からなる。

①移動体抽出…画面内の移動体を抽出し，背景（移動しない部分）と切り分ける。

②追跡…移動体の時系列的な関連づけを行ない，識別に利用する。1枚の画像だけから検知対象とそれ以外の物体を識別することは困難なため，特徴量の時間的な積分や時間変化的な特徴を判定に用いるために追跡を行なう。

③識別…移動体の特徴量を算出し，検知対象か否かの判定を行なう。誤報要因（検知対象外の移動体）については後述する。

従来は①だけ，および①＋③の手法が用いられることが多かったが，近年の計算機処理性能（コストパフォーマンスを含む）の向上と検知性能への要求の高まりにより，①＋②＋③の処理を行なうことが製品レベルでも一般的になっている。

次に，①，②，③の処理の一般的手法を紹介する。

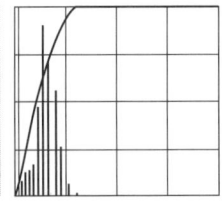

図3.58　濃度変換の例
左：原画，中：変換後，右：変換グラフ。

①移動体抽出手法

移動体抽出の基本的な手法として，背景差分（過去の画像と現在の画像を引き算して閾値処理を行なう）手法がある。しかし，単純な背景差分では照明変動や木々の揺れなどの外乱の抽出と検知対象の移動体の抽出は閾値によるトレードオフとなる問題があり，背景更新や閾値決定手法などにさまざまな工夫が行なわれている。一例としては，学習に基づく背景モデル構築を行なう手法があり，画素ごとの輝度値の出現頻度から背景モデルを作成し，移動体の有無の事後確率を用いて判別する手法[89]や，背景の変化を複数のガウス分布を結合するモデルに当てはめる手法[90]などが提案されている。

他の移動体抽出手法として，テンプレートに基づいて検知対象を直接抽出する手法（たとえば，検知対象を人とした場合，人らしい領域を画面内から直接探し出す手法）がある。文献91）において，歩行者の動作および外観を学習によってパターン化して検出する手法が提案されている。

②追跡手法

追跡手法には大きく分けて，現フレームの移動体抽出結果と前フレームの移動体抽出結果の対応づけを行なう組合せベースの手法と，画像的に似ている部分をテンプレートマッチングなどで追跡する探索ベース手法がある。追跡手法については（3）の行動認識の項で詳述する。

③識別手法

抽出・追跡した移動体に対して特徴量を算出し，検知対象物か否かの判定を行なう。識別手法としては，クラスを分離するオーソドックスな手法として，線形判別，マハラノビス距離を用いる方法などがある[92, 93]。クラスの境界に着目して学習する手法としては，SVM（サポートベクターマシン）[94]，AdaBoost[95]がある。

次に，誤報要因と特徴量について説明する。屋外環境については（4）項で述べるので，ここでは屋内における侵入者検知に限定して述べる。屋内環境は安定していると思われがちだが，実際の監視環境ではさまざまな外乱がある。たとえば，日照変動や屋内照明の変化による照明変動，太陽光の射し込み，屋外の通行人や植栽などの影，ヘッドライトの射し込みなどがある。このような光や影の外乱に対しては，背景情報を保存していることを表わす特徴量（背景との相関値やエッジの保存）を用いるのが効果的である。また，ネズミ，猫などの小動物も誤報要因となる。小動物対策は実物体サイズを推定することが基本的な対策となる。

検知性能・対誤報性能をより向上させるためには，画像処理技術はもちろん重要であるが，それ以前に画像取得が非常に重要である。カメラのS/N比，ダイナミックレンジ，解像度，露光制御，照明制御などによって，誤報要因の識別が容易にも困難にもなる。たとえば，外部照明オンとオフの画像を取得すれば，光の入射と白い物体の判別が非常に容易となる。侵入検知処理装置を製品化するならば，要求される性能とコストを天秤にかけて専用の画像取得ハードウェアを構築することも視野に入れるべきである。

(3) 行動認識

ここでは，監視における行動認識を，動きの異常性を検知・認識するものと位置づける。

行動認識は，近年テロ対策などの社会的要請も加わって，侵入検知に次ぐ監視アプリケーションとして研究が盛んな分野である。

現在，アプリケーションレベルでは，追跡結果を用いて，陽にモデル化可能な異常行動を検知することが主流である。この枠組で扱われる典型的な異常行動として，「不正領域の通過」「逆行」「滞留」「徘徊」「共連れ」などがあげられる。

技術的には，まず背景差分などによって画像から監視対象を検出し，それらを追跡する。その追跡結果が，異常のモデルに当てはまるか否かを判定するものである。コリンズ（Collins）らは，出入り口付近を徘徊する不審者の検出を行なっている[96]。鴨頭らは，追跡情報を基に不審者らしさを定義し，インターネットカメラからの不審者検知を提案している[97]。また，製品として，「逆行検知センサ」「共連れ検知センサ」などが数多く発売されている。

追跡技術として，一般的にはMHT（multiple hypothesis tracking）やJPDAF（joint probabilistic data association filter）などの組合せに基づく方法[98]，あるいはテンプレートマッチングや

MeanShiftなどの探索に基づく方法[99]がよく用いられる。とくに最近は，マルコフ連鎖モンテカルロ法（MCMC）などの確率的計算手法の導入によって，追跡性能が飛躍的に向上した。たとえば，ZhaoらのMCMCを用いて人物の切り出し・追跡を行なう方法[100]，上條らのオプティカルフローとMRF（Markov Random Field）を用いた人物・車両追跡[101]などがそれにあたる。コアとなる追跡の性能が向上することで，応用場面のさらなる拡大が期待できる。

さらに，監視エリアの拡大および追跡処理の安定化をねらって，視野を共有する複数台のカメラを用いた研究事例も多い[102]。固定の広角カメラに対して複数のPTZカメラをスレーブとする構成も提案されており，高解像の画像を複数枚取得して認証に応用したい場合などに好適である[103]。しかし，ほとんどの場合がカメラは校正済みであることを仮定しており，実際の場面への応用を考えると，現場でも簡便に行なえるカメラ校正の手法，あるいはカメラの校正情報に依存しない手法の開発が望まれる。

また，質・量の両面から，「滞留」などのように異常行動を事前に明確にはモデル化できない場合もある。このような異常を検知するための手法として，事前に正常の学習データを与え，それらをクラスタリングして正常のクラスを作成しておいて，どのクラスにも属さない入力を異常とする方法などがある。たとえば，スタウファー（Stauffer）らは，屋外環境で人物・車の追跡を行なってその移動軌跡を分類し，行動の解析を行なっている[104]。また，とくに近年，事例に基づく検知手法が注目を集めている[105]。これは分布の当てはめや代表点選出といったモデル化を介さずに，正常の事例を直接的に入力データと比較することで異常を検知する方法である。その代表例として，Boimanらのアルゴリズムがある[106]。これはサンプル画像をブロックに分割して正常の事例として蓄積し，入力をそれらと直接比較してパターン的に説明がつかないものを異常とするものである。その他には，主成分分析と1-class SVMを用いる方法なども提案されている[107]。

なお，この分野の最新動向を集めた集大成的なサーベイとして文献108)がある。ぜひ参考にされたい。

(4) 屋外での認識技術

一般的な画像認識技術についてのフレームワークは，(2) 侵入者検知，および (3) 行動認識の項で述べた。ここでは，とくに屋外環境における認識技術についてのトピックを紹介する。屋外環境における認識では，以下の①〜③に述べるような屋外固有の考慮すべき点がいくつかある。

①人以外の認識対象

屋外では人に加えて車両（自転車を含む）も認識対象となる。単なる移動体というカテゴリではなく，これらを区別して認識する手法が検討されている。これらの識別に効果的な特徴量には，形状に関する特徴量，テクスチャに関する特徴量，時間情報に関する特徴量がある[109]。

②監視範囲の広域化

建物の外周など比較的せまい範囲から港湾や空港の敷地など非常に広大な範囲まで，目的に応じて監視範囲は大きく変わる。とくに広域監視においては，複数カメラを用いて監視エリアをカバーする方法が有効だが，校正の問題など課題も指摘されている（(3) 行動認識の項参照）。これに対して1つのカメラで広域監視を行なう手法では，小さく映る監視対象を多様な外乱要因に左右されずに抽出することが要求される。中山らは背景と小さく映る人などの移動体の空間周波数のちがいに基づき，とくに天候の変化に対する耐性を備えた広域における移動体抽出技術について報告している[110]。

③外乱要因の多様化

植栽の揺れ，雨や雪の影響，各種照明変動，影，猫や鳥などの小動物，虫などなど認識の障害となる外乱要因は多岐にわたる。こうした外乱に耐性のある一般的な手法として，(2) 侵入者検知の項で，背景画像を混合正規分布でモデル化した背景との背景差分による方法をすでに紹介した。

屋外での「植栽の揺れ」に対しては，こうしたモデル化の際に大きな揺れを許容する弊害として移動体の検出感度が低下する問題を指摘し，植栽らしい領域近辺では背景モデルを調整して検出感度を上げることにより移動体を安定に抽出する手法が提案されている[111]。また，

背景モデルに合致しないような突発的な植栽の揺れにも対応可能な学習不要の手法として，オプティカルフローを用いた動物体抽出の手法も研究されており，植栽揺れの誤抽出を抑制しつつ，移動物体を正しく抽出可能としている[112]。植栽揺れが問題となるようなテクスチャのある画像では，フローを使う手法との親和性は高い。なお，文献111, 112) とも照明変動への耐性についても効果があると報告している。

「降雨」「降雪」に対するロバストな移動体抽出を目的とした研究もされている。降雪時の監視画像における視認性確保を目的として，三宅らは同一画素の輝度値群に対する時間方向のメディアンフィルタを適用して降雪粒子の除去を試みている[113]。移動体抽出とノイズ除去の性能のバランスをとるためにはフィルタサイズなどパラメータの最適設定が重要となる。また，小野口は画像の局所的な蓄積ヒストグラム形状の時間的変化を相関で評価することにより，従来の手法では対応が困難な降雪下での移動体を安定に抽出できるとしている[114]。

また，「照明変動」や「影」，猫や鳥などの「小動物」に対しては移動体の高さや大きさ情報の活用が効果的である。これらの情報を利用した手法としてステレオ方式によるアプローチが検討されており[115]，外乱の影響を排除可能と報告している。なお，これらの外乱は屋内と共通の課題であり，(2) 侵入者検知の項も参照されたい。

3.5.4 家庭での画像監視応用事例

(1) インターホン，ホームカメラへの応用

近年，防犯意識の高まりから，企業にとどまらず一般家庭にも監視カメラが浸透しつつある。ここでは，家庭向けカメラシステムの代表的な2つの事例を紹介する。

①インターホン

来訪者が訪ねてきたことを知らせるインターホンは，チャイム式から通話式，カメラ付きへと発展してきた。カメラとしても，初期のモノクロからカラー，逆光補正機能付きへと，来訪者をより確認しやすくなる方向への技術進展をたどっている。一方で，防災・防犯なども管理できる生活情報盤を備えたものもマンションを中心に普及している。

インターホンの国内売り上げ推移[116]（図3.59）をみると，カメラ付きのタイプのみ売り上げ金額が15年間で10倍に拡大し，2005年度は全体の9割を占めるにいたっている。インターホンもいまや「カメラ付き」が常識となりつつあり，家庭での重要な画像監視機器と位置づけられる。

カメラ付きインターホンは，来訪者の容姿を宅内にいながら確認できるため，不審者や迷惑行為などから身を守ることができる。また，録画機能付きのものであれば，留守中の来訪者を確認できる。より防犯を意識した機能として，ボイスチェンジャや合成音声による応対機能や，侵入盗の不在確認に多い顔の隠蔽を検知するもの[117]もある。

②ホームカメラ

昨今，家庭向けの廉価な監視カメラ＝ホームカメラシステムが販売されはじめ，一般家庭へのカメラ普及に拍車がかかってきた。

ホームカメラシステム[118]は，カメラと録画装置，モニタが基本構成となる。カメラは人感センサおよびライトが一体となったセンサライトカメラとよばれるものが普及している（図3.60）。センサで人の接近を感知すると強力ライトで照らすため，牽制効果が期待できる。ま

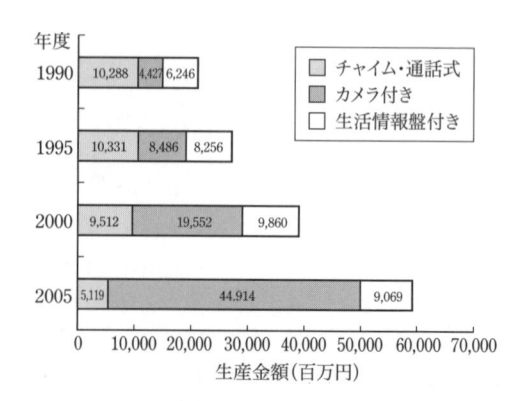

図3.59 家庭用インターホンの売り上げ推移
（インターホン工業会，http://www.jiia.gr.jp より）

図3.60 ホームカメラシステム

た，センサ感知前後のタイミングのみ画像記録することで，必要なシーンを効率よく記録できる．

プライバシー的な観点から，設置は家屋の外周がメインとなる．敷地への侵入・建物開口部からの侵入を企てる者，悪戯目的で駐車場に近寄る輩を監視し，必要に応じてライトで威嚇することで防犯効果をもたらす．また，センサ付きの場合，感知したことを室内に知らせることができるため，画像確認のうえ必要な措置がとれる．

昨今インターホンやセキュリティシステムなど，家庭の安全・安心を担うシステムとの連携を図るものが登場しはじめている．

(2) ウェブカメラと外部からのモニタリング

近年のインターネット常時接続環境の進展により，カメラとウェブサーバ機能を組み合わせたウェブカメラの利用が容易になってきている．とくに，簡易な自主防犯に利用可能な機器として一般に市販されている．

用途としては防犯そのものというより，留守中のペットの様子や，家族のようすなど生活上の情報収集の使われ方のほうが多い．

① ウェブカメラを利用したモニタリング

ウェブカメラのようにサーバ機能があるものは，利用者が直接インターネット経由でアクセスすることにより，動画または静止画を見られる．

サーバ機能がないものは，インターネット上のサーバにおもに静止画像を定期的に転送することで，外部からの閲覧ができるようになっている．

センサの検知，または画像に変化が発生したタイミングをトリガとし，電子メール通知を行なうことができるものもある．さらに赤外線や電波，有線によるリモコン機能などで家庭電化製品などのコントロールを可能にしている機器もある．

② 携帯電話のテレビ電話機能を利用したモニタリング

見る側の手元の携帯電話と一対一の通信であるテレビ電話機能を利用するもので，比較的遅延が少なく，動画として見られる特徴がある．

カメラにカードスロットがある場合，データ通信専用のカードを使用することで，単体で設置が可能となる．

さらに，カメラに他の機能を追加することにより，ペット給餌機，留守番ロボットに応用されている．

通常のテレビ電話対応携帯電話でも，自動応答の設定により監視カメラとして利用することができる．この場合，設置方法に工夫が必要だが，専用のホルダーも市販されている．

(3) 監視センターによる集中監視

最近，近所を歩いてみて，ホームセキュリティを導入する家庭が増えてきてはいないだろうか．警備会社と契約してホームセキュリティを導入すると，賊に入られたり非常ボタンを押したりした際に現場急行員が駆けつけてくれる．

しかし最近では，賊が家に侵入する前に，敷地内に侵入した時点でいち早く侵入を検知することで，被害を最小限に留めるシステムも提供されている．

このシステムでは，図3.61に示すように屋外に赤外線センサを設置し，センサが侵入者を検出した時点でカメラの映像を警備会社に送信する（図3.62）．

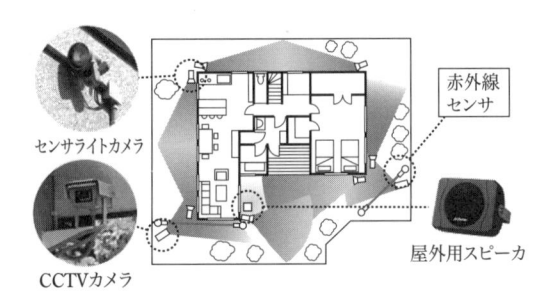

図3.61　屋外へのカメラ設置

図3.62　警備会社に送信される画像

表3.5 企業における画像監視の具体例

監視場所	監視場所の特徴	監視する内容
エントランスホール，ロビー，出入口，玄関，通用口，搬入口	不特定多数の人が出入りする	・不審な行動をする人を監視 ・入る資格のない人の侵入を監視
駐車場	無人になる時間が長い	・車両荒らしなどのような車両へのいたずら行為を監視 ・出入りする車両の車両番号を監視
エレベーター	個室になってしまい，人の目が届かない状態になることがある	・エレベーター内での痴漢，強盗を監視
計算機室，倉庫，資料室	計算機，商品，重要な資料やデータが保管されている	・重要なものを盗もうとしている人を監視
金融機関，コンビニエンスストア，景品交換所	金銭を扱う	・お金，商品，重要物を盗もうとする人を監視
裏口，駐輪場	人の目が届かない	・不審な行動や痴漢を監視
パチンコ店	パチンコ玉の数に応じて景品やお金と交換できる	・強盗，不審な行動をする人，ロム交換する人を監視

警備会社では，センサが反応する前後の画像を見て，必要に応じて現場急行員や警察を要請したり，スピーカから賊に警告を発したりできるようになっている。

以前から，家庭に監視カメラや屋外用赤外線センサを設置する例はあったが，そこに高速な通信回線というインフラ技術を組み合わせることで，新たなサービスが低コストで提供されるようになった良い例である。

3.5.5　企業での監視カメラの応用事例

ここでは，企業における画像監視の具体例について紹介する。表3.5には，これまで実績のある画像監視の応用例をまとめた。画像監視のポイントは，人の顔がわかる，人の外見がわかる，人の行動がわかる，車両のナンバーが読み取れるなど多種多様であり，画像監視する場合はポイントを絞って最適なカメラを選択する必要がある。また，監視する場所の環境が真っ暗になる場合には補助照明を併用したり，できるだけ効率的な記録を行なうために人感センサを設置し，そのセンサが検知したときのみ記録する，などのように監視カメラ以外の機器も効果的に利用することが望ましい。

最近では，アクセスコントロールと画像監視が組み合わされたものも実現されている。入退出時のカードなどのログ情報と監視カメラ画像の両方を残すことで，異常が起こった際にすばやい対応が可能となる。

また，オフラインの画像監視からオンラインの画像監視への移行も進んでいる。オンライン画像監視システム[119]は，深夜営業店舗への強盗事件の多発やコンビニエンスストアへのATM導入のリスク増大という時代の流れに応えたシステムである（図3.63参照）。メリットとしては，店舗従業員と利用客の安全確保，および店舗オーナーへの安心を提供することがあげられる。

オンライン遠隔画像監視サービスは，以下の3つのサービスから構成されている。

・非常通報・画像要請サービス　強盗などにより従業員に身の危険が及んだときに非常ボタンを押すことによって，即座にカメラ映像を通信回線を通して警備会社のセンターに送信で

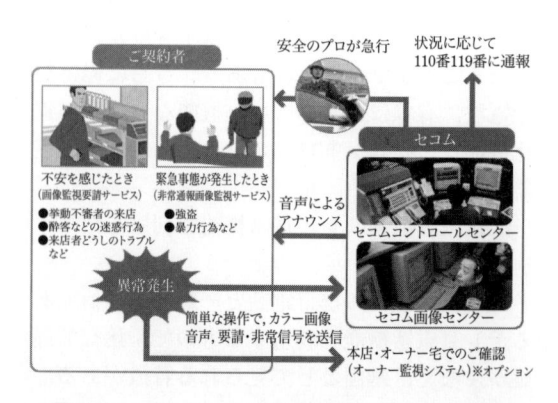

図3.63　オンライン遠隔画像監視サービスの流れ

きるサービスである。非常ボタンが押されたあとからの映像だけでなく，直前の映像を店舗側のコントローラに残しておくことで，押される前の映像を送信することも可能である。警備会社は必要に応じて現場急行員を対処させる。

・画像巡回サービス　お客様の安全や施設の状況を点検することを目的としたサービスである。画像センターから定期的にお客様のカメラ映像を確認する定期画像巡回と，抜き打ちで行なう不定期画像巡回の２つがある。

・オーナーによるモニタリングサービス　オーナーが店舗の顧客入店状況や従業員の勤務態度などの確認を遠隔のカメラ映像を通して行なえるサービスである。

3.5.6　ロボットへの搭載事例

防犯や介護などをはじめとしてさまざまな分野においてロボットが研究開発され，家庭やオフィスビル，公共スペースなどへ導入されつつある。ここでは，ロボットにおける画像技術の応用事例を紹介する。

画像技術を応用したロボットとして，人体検知センサとカメラを搭載したものがある。センサが異常を検知した際に利用者の携帯電話を通して画像を確認するネットワーク監視カメラとしての利用から始まり，後述する画像認識技術をより積極的に利用するものまで，さまざまなロボットが商用化されはじめている。ロボットに利用される画像認識技術は，①顔検出/顔追跡/顔識別技術，②侵入者や歩行者，異常状態を検出する画像センシング技術，③形状認識技術，などさまざまである。①の技術を応用した例では，顔を追跡しあたかも目を見つめているかのような動作をするものや，周囲の人の顔を認識して名前を呼びかけるロボットが開発されている。②の技術を応用した例では，巡回路の所定ポイントで停止し基準画像と比較することにより，侵入者や異常を検知する巡回警備ロボットが実用化されている。さらには巡回路を移動しながら物体の出現や消失を検知するロボットの実用化をめざした研究開発も進んでいる。また，遠赤外線カメラと画像情報処理による人検出技術を組み合わせたものでは，夜間の歩行者を検知しドライバーに警告を発する車載用のシステムも実用化されており，その応用範囲は広い。③の技術を応用した例では，ステレオカメラを利用し障害物までの距離の計測，さらには路面の起伏を認識し，目標地点までの最適パスの算出に用いている例もある。また最近では，各画素の距離計測が可能な距離画像カメラが実用化されはじめており，3次元空間のイメージングが可能になりつつある。現在では室内の利用を想定したものが多いが，太陽光の下などあらゆる環境で利用可能な距離画像カメラの開発が望まれている。

以上のようにロボットの分野においても画像技術が応用される例は多く，今後ロボットの普及が進むにつれ，さらに多くの画像認識技術が利用されていくものと予想される。

3.5.7　公共空間での画像監視応用事例

（1）行政の支援

行政による防犯カメラ設置にかかる支援は国，都道府県，市町村の各レベルで行なわれている。そのおもなものを表3.6に示す。

政策的支援のうち，防犯カメラの設置を推進するものの例に国土交通省の「防犯に配慮した共同住宅にかかる設計指針」[120]がある。この指針では共同住宅の敷地内の屋外各部，共用部の周囲からの見通しを確保するため，必要に応じて防犯カメラの設置などを行なうとしている。とくにエレベーター内の設置は平成18年に必須事項とされた。東京都の「住宅における犯罪

表3.6　防犯カメラ設置にかかる行政の支援形態

分類と性格	形態
政策的支援	
設置を推進するもの	共同住宅，学校などの設計指針，設備基準
整備環境を整えるもの	設置，運用に関する条例
財政的支援	
交付金	街づくり，学校へ交付
補助事業	自治体，学校への補助
総合的支援	
モデル事業	都市の安全・繁華街再生
直接導入	
地方自治体による整備	警察による繁華街防犯

の防止に関する指針」[121]でも，共同住宅の設備基準として，すべての共用出入口に防犯カメラを設置することとしている。また，荒川区，台東区，豊島区などの生活安全条例[122～124]では，共同住宅などへの防犯カメラなどの設置について管轄の警察署に建築確認申請の前に相談をするよう，区長が建築主に指導することを規定している。警察庁，国土交通省は「安全・安心なまちづくり全国展開プラン」[125]の一環として，関係機関と「防犯優良マンション標準認定基準」[126]を策定し，都道府県への普及を図っている。そのなかで，共用出入口，エレベーター，駐車場出入口への防犯カメラ設置を条件としている。学校については文部科学省が，学校設備指針[127]のなかで，門・外周，通学路への防犯カメラなどの設置が有効としている。

整備環境を整える例としては，杉並区をはじめ各自治体で制定されている「防犯カメラの設置及び利用に関する条例」[128]がある（詳しくは後述）。

財政的支援では，国の交付金としてまちづくり交付金（国土交通省），公立学校の安全管理関係諸経費の交付税措置（文部科学省）が，それぞれ繁華街，学校への防犯カメラ設置の財源となっている[129,130]。また，都道府県から区市町村への補助事業の例として，東京都の「防犯設備に対する区市町村補助金」[131]，「全公立小中学校等の防犯カメラ設置補助」[132]があり，前者では最大1/3，後者では1/2を都が負担する。品川，世田谷などでは，都，区，商店街などが1/3ずつ出しあう形での導入が実現している[133]。

上記「安全・安心なまちづくり全国展開プラン」と連携して，都市再生プロジェクト「防犯対策等とまちづくりの連携協働による都市の安全・安心の再構築」[134]（都市再生本部）が進められている。そのモデル的取り組み地域として，札幌，東京，横浜，名古屋，大阪，広島，福岡の各都市内の11地域が指定され，各省庁，地方自治体，民間による各種取り組みがされており[135]，上記財政支援などを用いた防犯カメラ導入も進められている。

警察による防犯カメラ導入は，警視庁による上記モデル的取り組み地域への100台の導入[136]をはじめとして，全国で街頭カメラ272台（平成18年3月末現在，警察庁調べ）となっている[137]。

(2) 公空間の防犯にかかわる実証実験

大阪府下の小中学校や通学路において平成17年から18年にかけて，行政，企業，学校，地域などが連携して児童の安全を目的としたいくつかの実証実験が行なわれた[138]。これらの実験では，通学路の要所や校門にICタグリーダを設置し，児童の通過を記録し父兄らへ送信するものである。さらにICタグを防犯カメラと連携させ，学校での実験ではICタグを持たない者やインターホンを押さない者が校門を通過すると警報を出し，通学路での実験では児童通過時の画像の記録・確認などを行なう。なお，通学路での画像伝送にアドホック無線ネットワークや光ファイバーを用いた実験も行なわれた[139,140]。実験のイメージ図の例を図3.64に示す。

平成18年1月に川崎で行なわれたセキュリティタウンの実証実験では，サービスの柔軟性や低コスト化などをねらって，1台の街頭防犯カメラを複数のサービスが共用する実験が行なわれた。たとえば，画像監視センター，一般ユーザー，メンテナンスセンターが1台のカメラを共有し，それぞれ閲覧内容やカメラ制御など内容が異なったサービスを受ける。この実現の

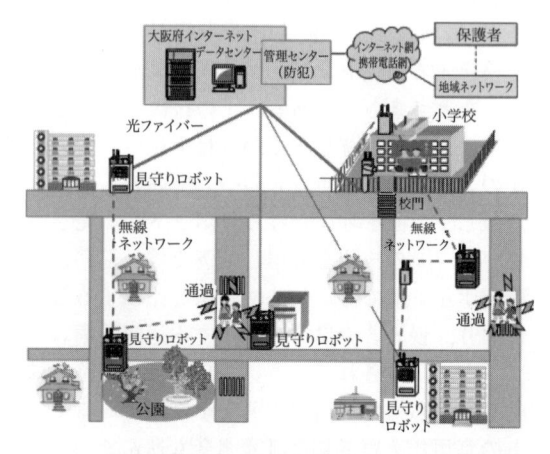

図3.64 通学路での実験イメージの例

ユビキタス街角見守りロボット社会実証実験の概要は，大阪安全・安心なまちづくりICT活用協議会（http://www.osaka-anzen.jp/project/jikken4.html）を参照されたい。

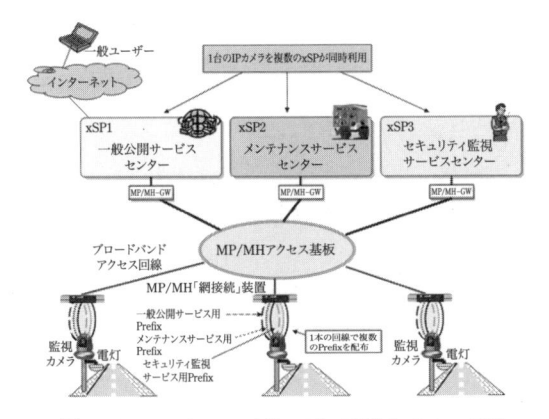

図 3.65 IPv6 マルチサービス実験のイメージ例

総務省 IPv6 移行実証実験への参加については，NTT 東日本 (http://www.ntt-east.co.jp/business/topics/2006/0130_2.html) を参照されたい．

ために 1 台のカメラにサービスごとに異なる IP アドレスを付与し，IPv6 マルチサービス環境を構築した[141]．図 3.65 に実験のイメージを示す．

また，石川県小松市で平成 18 年 11 月から 3 カ月間行なわれているブロードバンド空白地域解消を目的とした実験では，地域公共ネットワークと広帯域無線を使った実証実験のひとつとして，ZigBee など短距離無線による児童の行動把握とともに，通学路に設置したウェブカメラのライブ映像により，通学時の児童の安全確認実験が行なわれている[142,143]．

(3) バイオメトリック認証

バイオメトリック認証は，生体認証とも表現される技術で，一般には「行動的あるいは身体的な特徴を用い，個人を自動的に同定する技術」と定義される．画像監視への応用が期待されるものには，身体的な特徴である顔貌を用いた顔認証や，行動的な特徴である歩様を利用した歩行認証があるが，歩行認証はまだ研究の段階にあり，昨今応用が進んでいるのは顔認証である[144]．

ここでは，大きく次の 3 つの用途に分けて，公共空間における顔認証の応用事例を紹介する．

①国境における出入国者の監視

代表的なものに，米国が実施中の国境警備プログラム US-VISIT がある．同プログラムでは，入国および一部国境から出国する外国人に対して，顔画像の撮影に応じることを義務づけている．撮影された顔画像は，要注意人物の出入国監視，出入国時の同一性確認（入れ替わり防止），ビザ/パスポートの所有者確認に利用される[*2,145]．

また，US-VISIT プログラムの実施を契機に，所有者のディジタル顔画像データを記録した IC チップを搭載した電子パスポートを発行する動きが各国で加速しており[*3]，すでに米国，欧州各国，オーストラリア，カナダ，シンガポール，日本などで，発行が開始されている．電子パスポートの規格は国際的に標準化され[146]，顔画像データを各国間で相互に利用できることから，今後，電子パスポート上の顔情報を利用した国境警備プログラムが，各国で実施される可能性が高いと目される．

②公的書類などの不正取得の監視

米国の多くの州では，運転免許証の取得申請の際に，申請者の顔画像を既取得者の顔データベースと照合することで，二重取得や詐称申請を監視するシステムが導入されている[147〜149]．米国では，運転免許証だけではなく国務省がビザを発給する際にも，同様の目的で数千万人規模の顔データベースとの照合が行なわれている[150〜152]．

③施設・地区内の要注意人物監視

監視カメラなどで撮影した顔画像を利用し，要注意人物の監視を行なうシステムの導入事例が近年増えつつある．国内においても，2006 年 5 月に東京メトロ霞ヶ関駅の改札口において，テロリスト監視の実証実験が実施された[153]．

表 3.7 に要注意人物監視のおもな事例を示す．設置場所は，空港[154〜164]や鉄道[153,165]などの公共交通機関，遊戯施設[166,167]，店舗[168〜172]など，多くの人が集まる施設が中心であるが，特定の地域全体が対象となったケースもある[173,174]．

こうした事例では，数 m から数十 m 離れた

---

*2 ここでは詳述しないが，顔画像のほか，指紋のデータも採取され，要注意人物のデータベース照合などに利用される．
*3 US-VISIT プログラムでは，生体情報が搭載されたパスポートまたはビザの所持が義務づけられている．

表 3.7 要注意人物監視のおもな事例 [153〜173]

場所	導入時期	おもな目的
空港		
新東京国際空港（日本）	2002 年	テロリスト／犯罪者などの危険人物の検知
関西国際空港（日本）	2002 年	
ローガン国際空港（米）	2002 年	
マンチェスター国際空港（米）	2002 年	
フレズノ・ヨセミテ国際空港（米）	2002 年	
サンフランシスコ国際空港（米）	2002 年	
T・F・グリーン空港（米）	2002 年	
パームビーチ国際空港（米）	2002 年	
ドバイ国際空港（UAE）	2003 年	
シドニー国際空港（豪：シドニー）	2003 年	
ケブラビーク空港（アイスランド）	2002 年	
チューリッヒ空港（スイス）	2002 年	
鉄道		
ニューデリー駅（インド）	2005 年	
東京メトロ霞ヶ関駅（日本）	2006 年	
屋外競技場		
スーパーボール会場（米：サンディエゴ）	2001 年	
スーパーボール会場（米：タンパ）	2001 年	
地域監視		
バージニアビーチ（米）	2002 年	
ロンドンのニューハム地区（英）	1998 年	
フロリダ州タンパ（米）	2001 年	
店舗		
カジノ（カナダ：オンタリオ州）	2001 年	
カジノ（ラスベガス）	2000 年	問題客の来訪検知
カジノ（マカオ）	2005 年	
書店（英：ロンドン）	2001 年	

場所に設置された監視カメラから顔画像を撮影するため，照明などの環境条件や姿勢の変動など，顔認証に不利な条件下で顔画像が撮影される場合が多く，技術的な難易度は高い。このため，導入事例のなかには，十分な効果が得られなかったケースもある[156,159,166,170,172,175]。

また，監視カメラを利用する性質上，同意なしに顔照合が行なわれる場合が多く，プライバシー保護の観点からの否定的な意見，法的な課題も残る[167,176,177]。

3.6 産業画像応用

3.6.1 概要・市場・動向

一般に，産業画像応用は，製造業における生産設備としての画像応用の意味で使われることが多い。製造工程における画像応用は，工程管理や品質管理のための検査に用いられる場合と，組み立てや位置決めのためのセンサとして用いられる場合の2つに大別される。前者は検査システムあるいは測定，解析装置として，後者はロボットや組み立て装置の一部となって製品となっている場合が多い。

この分野は，画像応用技術が最も早くから実用化されたもののひとつであり，1970年代後半から実用化が始まっている。この分野における画像システム単体の市場規模を知ることは難しいが，たとえば検査アプリケーションの市場規模は2005年の実績で2500億円といわれており，2009年には3000億円に伸びると予想されている[178]。

これらには，搬送装置などのエンジニアリング的な費用も含まれていると思われる。そのうちの4割程度を占めるのが，半導体のパターン検査装置で，昨今はサイズの大型化や需要増に対応して投資を増やしている液晶表示装置などFPD（flat panel display）用途の検査装置の需要が増えており，部材や画質検査装置など関連のものを含めると，かなりの規模であると考えられる。

また，市場の数字には出ない，個別のFPDや部材メーカーにおける内製の検査機も，ある程度の割合で存在していると考えられる。

市場の今後の大きな動向に関しては，今後の製造業の投資意欲によって左右されるものである。しかし，従来は人に頼っていた検査がタクトタイムの短縮などの理由により，機械による置き換えが進んだり，製造工程全体の情報化が進み，検査機の機能の高度化により工程での役割が増えたりするなどの理由を考えると，画像を用いた検査機およびその周辺の装置に関するニーズはますます増えていくことが予想される。

3.6.2 産業ロボット，位置決め応用

　製造工程において，ロボットによる組み立ては，オートメーションになくてはならない技術である．組み立てにおける画像応用は，部品の位置や姿勢を認識して画像情報を基にロボットを制御することが考えられる．

　以前はどのような部品がどのような姿勢で供給されても，それを認識し，対応して組み立てが可能なフレキシブルなロボットをめざした研究が盛んであった．ひも状の物体を認識して制御するような難しい課題に対する研究は続いており[179]，徐々に実用に近づいているものと思われるが，課題の難しさと経済性のバランスで，可能なものは実現し，難しいものは人との協調作業に依存しているというのが現状と考えられる．

　昨今は部品の認識というような要素技術の発表はしばしば見かけるが，経済性を考慮すると，現時点での応用先は限定されてしまう．

　ロボットを制御する例としては，変化していく対象を観察しながら作業をするような場合がある．例をあげると，画像で光学特性を評価してフィードバックし，光学部品を調整し，組み付けるシステム[180]，継ぎ手部分の形状認識や溶融状態の観察をフィードバックすることにより高性能化した溶接ロボット[181]などである．前者は人にはできない作業方法であり，後者は従来のロボットの知能化である．

　一方，圧倒的に実用化されているのは，画像を用いて部品の位置決めを行ない，ロボットは対象部品を認識する必要はなく決められた動きをする，あるいは位置補正をした動きをするというものである．一般の組み立てにおいては，部品は決まった位置に決まった姿勢で置かれており，画像に期待されているのは高精度な位置計測である．

　画像による位置決めの精度に関しては，撮像系の条件で決まり，点や1次元のセンサに比べて信頼性が高い．位置計測の基本はエッジ位置の正確な判定で，エッジ近傍の輝度分布より補間してサブピクセルの計測も一般的に行なわれているが，よりロバストなエッジ抽出をめざした研究は続いている．また，基準となるマークをパターンマッチングにより位置測定することも行なわれており，これに関してもサブピクセルの計測が行なわれている例が多い．また，回転角度の計測に関する研究も行なわれており，位置決めのさまざまな用途への応用が広がることが期待される．

　FPDなどの位置決めでは，基板サイズに比べて要求精度が年々厳しくなっている．十分な分解能を満たすと視野がせまくなって，位置決め基準であるアライメントマークが画像内に入らないというような問題も起こり，余裕のない解像度の画像で高精度を実現するため，依然として難しい課題となっている．

　画像応用の位置決めは，スイッチのように簡易に使える分野がある一方，専業メーカーが苦労をしているような分野もあり，二極化が進んでいる．

　一方，ロボットに関しては，その応用先が変化してきており，工場の組立作業から，普通の生活空間，屋外などでの作業を目的としたものが増えてきている．これに伴い，画像応用の役割は障害物の認識やその回避，人とのコミュニケーションが画像の主要な役割になってきている．他のセンサとの併用や役割分担で徐々に実用に近づいている．

　これらの技術は，ITS関連の車載の画像処理と類似している．工場におけるロボットも，組立作業だけでなく，作業者に部品を届けるなどの人と協調する移動ロボットが広がってきている．課題は障害物の回避や，自分の位置の認識であるが，屋外に比べて，搬送経路が限られていたり，特定の目印になるものがあったりと，環境を制御する余地が大きいため，実用は進んでいる．

　産業ロボットや組み立てのための画像応用は，単純な位置決めの道具として始まり実用が広がったが，昨今は環境認識や人とのコミュニケーションなど，ちがう分野で培われた技術の応用展開が始まり，今後も広がっていくことと予想される．

3.6.3 デバイス検査

　電子デバイスのくり返しパターンの検査は，画像の産業応用で最も規模の大きい分野である．これに含まれる代表的な製品としては，半

導体とFPDの検査がある。ここでは，半導体の製造プロセスにおける前工程のウエハのパターン検査を指し，後工程のワイヤーボンディングの検査は3次元形状計測の範疇である。また，FPDにおいてはアレイやCF（カラーフィルタ）のパターン検査を指し，成膜の評価を含むいわゆるマクロ欠陥の評価は，ここでは画質検査で扱う。

半導体の前工程におけるウエハの回路パターン検査においては，急速に高密度化が進んでおり，パターンは細かくなってきている。それに伴い，より小さな異物などの欠陥が検出対象となり，高解像の検査が必要となっている。

一方，FPDの基板は年々大型化しており，検査対象である欠陥サイズはそれほど変わっていないが，ワークのサイズを基準にした相対的な微細化は同様に進んでいる。今後もこの傾向は進んでいくものと考えられ，1台の検査機のシステムの規模も大きくなっていくことが予想される。

これらの検査においては全数の全面を検査し，異常個所を見つけるインライン検査と，異常の原因解析などを主目的に異常個所を詳細に解析するレビュー機を組み合わせて用いている場合も多い。

レビューでは電子線を被検査物に照射し，被検物から照射される2次電子を観測するSEM方式が用いられる例も多いが[182]，インライン検査機では光学式が主流である。光学式には，図3.66に示す暗視野方式と，図3.67に示す明視野方式がある。

暗視野検査の場合，検査領域における正反射光が撮像装置の方向に進まないようにレーザーなどによる照明光を照射する。検査領域が正常な場合は光が撮像装置に入らないため，暗い画像が撮像される（図3.66左）。一方，検査領域に異常がある場合，異常部分で照射光が散乱または反射異常を起こして光が撮像方向に入るため，その部分は明るく撮像される（図3.66右）。

この方法で得られた画像は，正常部分が黒，異常部分が白となる。この方法では，背景が黒であるためバックグランドのばらつきの影響が避けられ，画素サイズより小さくても高輝度であれば検出可能である。実際の運用では，この高感度を利用して，画素サイズを大きくし，高速な検査を実現している例が多いようである。

一方の明視野検査においては，照明光の正反射が撮像装置に入るような配置の検査装置である。

動作としては，暗視野と反対で，正常部分は明るくなるが，異常部分は散乱や反射異常のため暗くなる。図3.67左は落射照明で，ハーフミラーを使って，撮像装置と同じ光軸を使って照明している。

一方，図3.67右は撮像装置と照明の軸を傾けて，正反射の関係になるような構成の装置である。明視野の場合は，背景の明るさのばらつきとそれに起因するノイズがあるため，欠陥におけるS/Nに制約があり，画素に比べて小さいものの検出が難しいため，暗視野に比べて高解像で，正確な像を取得するための運用をする場合が多い。

異物などの欠陥検出のアルゴリズムとしては，得られた各画像を正常パターンと比較して，異なるものを検出するという手法がとられている。

基準となる正常パターンは，設計データを用いるもの，同様の装置で得られた正常パターンの多数のデータを基にモデル化したものを用い

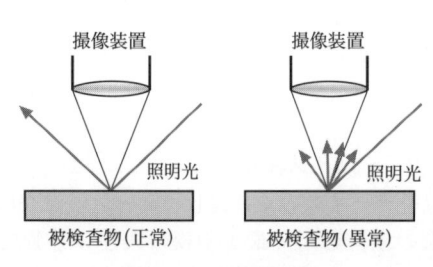

図3.66　暗視野検査

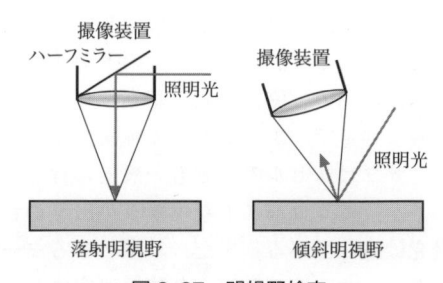

図3.67　明視野検査

るもの，隣接するパターンを用いるものがある．現在は長期的あるいは広域の変動の影響を受けにくい隣接パターンを比較する手法が主流であるが，隣接パターンとどの程度ちがったら異常とするかという閾値の設定は課題である．

また，正常パターンを定義しないで欠陥を検出するさまざまな手法も試みられている．正常パターンが定義可能なインライン検査機においては，現時点では実用的とはいえないが，図3.68 に示す公開画像の例[183]のような，元のパターンを定義するのが大変なレビュー機での利用が期待される．

現状において，光学系，アルゴリズムに関する基本的な部分は確立され，隣接パターンを比較する際の濃度や位置の調整などの感度向上を目的としたさまざまな改善も進められ，数十nm の欠陥の検出は可能といわれているが，それでも検出できない欠陥あるいは光学式では原理的に検出できない欠陥の検出に関する課題は残されている[184]．

近年の電子デバイスは，マスクのパターンを，ステッパとよばれる縮小投影露光装置で次々に転写して作成される場合が多い．このパターンの原版であるマスクに欠陥があると，製作されるすべてのデバイスに不良が転写されてしまうため，マスクのパターン検査は重要であり，デバイスのパターンよりも高い精度が求められている．

パターンの高密度化によってパターンの線幅がせまくなり光の波長オーダーになるため，露光に用いる光の波長は，より短いものが使われるようになっている．異物やパターンの欠けなどにおける散乱特性も波長に依存するため，露光波長に合わせた照明である DUV レーザーを用いた検査装置の開発も進められている．用いている波長はさまざまだが，UV，DUV 光源を用いた検査装置はパターン検査へも展開されはじめている．

また，先述したようにウエハ上のパターンの高密度化，FPD の基板の大型化が進み，検査装置の相対的な画素サイズが小さくなる検査画像の高精細化が進んでいる．

これは，たとえば LCD の第 8 世代とよばれる 2.5 m の全幅を，20 μm の画素サイズで検査しようとすると 125 k 画素が必要になる．仮にこれを 5 k 画素のラインセンサで実現しようとすると，カメラ間の重なりがないとしても 25 台必要になる．これらの高精細化の動きは，カメラ台数の増加や搬送装置の高精度化など，エンジニアリング的な難易度を上げているとともに，検査の高速化も必要としている．

検査のスループットは，高精細化ほどには長くならないため，それを吸収するために走査時間を短くする必要があり，より高輝度の照明が必要となってきている．また，大量の画素データの処理のための，転送や計算の高速さも必要となり，それに向けた開発もなされてきている．

結果として検査機の開発において，照明や画像処理に比べて，システムや搬送などの周辺部分の開発の占める割合が大きくなってきている．また，立ち上げや設定変更などにより設備を止めている時間も問題になるため，感度や閾値の設定の簡易化や自動化のニーズも高まってきている．

また，昨今の検査機の機能としては，検査した部位の良否判定のみではなく，欠陥のリペアなどの後工程の制御のための情報取得，前工程の安定生産のための欠陥情報のフィードバッ

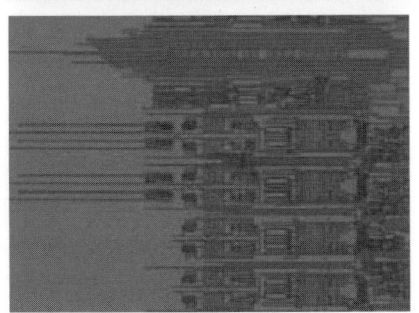

図 3.68　ウエハの欠陥画像例

ク，開発と試作のサイクルや新プロセスの立ち上げの期間短縮のための解析である。そのために必要とされる機能は，欠陥の種類や発生要因の推定であり，それらのための検査機の知能化が求められている。

検査機の知能化には，欠陥候補点の分布を解析するインライン検査機の知能化と画像の特徴を解析するレビュー機の知能化があり，それぞれについて述べる。

工程の解析などの目的に対しては，明らかな欠陥というレベルの検出のみでは不十分で，なるべく多くの情報を得るため，インライン検査機は欠陥でないものを含めた微細なものまで検出できるよう，限界に近い設定で用いられることが多い。この場合，ノイズに近いものも含めて，すべてをレビューしきれないほどの多数の欠陥候補の点を検出することになる。

一般に，インライン検査では解析するのに十分な画像の質あるいは時間が得られないため，欠陥の分布パターンを解析することになる。目的は，発生起因固有の分布を識別することが主であるが，工程前後での検出点のパターンを比較して，その工程で発生した欠陥を特定する，あるいはレビュー機で精査する点を選別することである。

一方，レビュー機では得られた画像を解析することになる。SEM などの画像を目視で解析するのが主流であったが，近年は自動分類の開発がなされている。

これらは，異物，スクラッチ，パターン欠けなどの欠陥種類，発生している層の特定，パターン上か否かという分類と考えられる。パターン認識の統計的な手法と個別の判定アルゴリズムを組み合わせたものと考えられるが，特定の膜の上か下かの判定で 95% という報告もあり[185]，多様な技術開発が進んでいるものと考えられる。

一方，統計的な自動欠陥分類が有効に使えるかどうかは，チューニングと条件しだいという面があり，学習データの良し悪しに大きく依存する。欠陥画像は検査機で自動的に蓄えられるが，その属性を判定して，ひも付けする作業は大きな負荷がかかり，学習データ蓄積への障壁となっている。その省力化が求められており，教師なし学習の研究も進められている[186]。

デバイス検査の分野では確立されている技術も多く，高速化・高精細化の開発が中心であるが，検査機の知能化およびそれを使った製造工程の知能化の分野ではさまざまな新しい機能の研究と実用化が期待される。

3.6.4 画質検査

ディスプレイの品質において，画質は重要な項目である。輝点あるいは暗点となる点状の欠陥などは，基準がはっきりしており評価しやすいものであるが，いわゆる「表示むら」とよばれる画質は，コントラストが低いうえに評価基準がはっきりしないため，検査が難しいものである。

表示むらは，ディスプレイの全面を，たとえば白というように均一に表示させても，部分的に輝度あるいは色がちがう領域が現われてしまう表示の不均一のことである。図 3.69 に表示むらの画像例を示す。これは，むらが目立つように面内の輝度のコントラストを強調した画像であるが，画像上のはっきりした白い点，黒い線はディスプレイ表面のほこりやキズの影響で，むらではない。全体的に縦方向に筋状の明領域あるいは暗領域が存在しており，同心円状にも明暗が生じているが，これらがむらである。

むらは，このように不定形の領域をもち，境界もはっきりしない。ディスプレイの表示むらの評価の研究は，CRT の検査を課題として始められ[187]，人間の感性を評価基準とした官能品質であるため，むらに対する人間の視覚の定

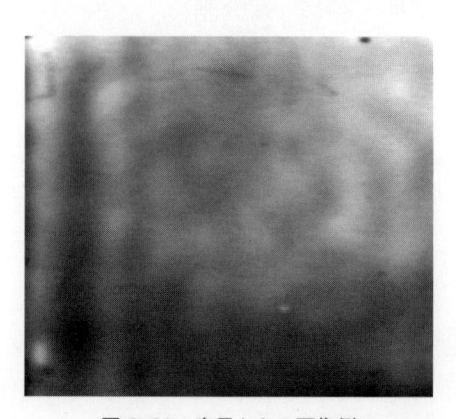

図 3.69 表示むらの画像例

量化を基本とした研究が行なわれてきている。しかし，影響するパラメータが多すぎることもあり，絶対の指標が確立されているとはいえず，現在でも課題として残されている[188]。

表示むらに対する定量化のアプローチは，大きく2つに大別される。1つは，むら領域の輝度のような何らかのパラメータを制御して被験者実験を行ない，その結果を基準としてむらを評価するのに重要な評価指標を特定していくものである。一般に，実物で各対象パラメータのレベルを制御した基準サンプル群をつくるのは容易でないため，むらをモデル化したCGパターンを被験者に見せて評価させる方法が一般的である。

もう1つは，実際の製品のむらのサンプルを集め，それらに対する被験者の評価実験により，むらの強さを定量化する方法である。それらのサンプル群のむらの強さの評価値と，想定パラメータの測定値の相関を確認する，あるいは相関のあるパラメータや評価式の探索を行なうアプローチである。前者の方法で評価指標を定めて，後者の方法でその評価，確認をするのが一般的である。

また，感覚の定量化手法としては，視覚特性の研究などで用いられる心理物理測定およびその定量化の手法を応用する例が多い[189]。

心理物理測定の手法として，与えられた刺激の大きさのような量的な問題を問う場合と，与えられた刺激が観測できるか，あるいは2つの刺激のどちらが強いかという質的判断を問う場合がある。ここで，刺激とはCGパターンあるいは実物のむらの強さを指している。

前者はマグニチュード推定法とよばれ，各刺激の点数づけを行なうことに相当する。この方法は簡単であるが，被験者の判断のばらつきの影響を大きく受けるため客観性の高いデータを得るための実験が難しいことに加え，点数の離散化などの問題が大きい。

一方，後者は，刺激を認識できるか否かを表わす検出閾値あるいは基準となる刺激とのちがいを認識できるか否かを表わす弁別閾値を求める方法（恒常法，極限法，調整法など），2つの刺激を比較して，どちらが強いかという判断をくり返す方法（一対比較法）がある。

恒常法は刺激強度をランダムに与え，各刺激に対する被験者の応答確率を求めるものである。極限法は，絶対に知覚できる刺激から，徐々に刺激を弱くして検出閾値を求める，あるいは絶対に知覚できない刺激から徐々に刺激を強めて閾値を求める手法であり，調整法は刺激のコントロールを被験者が行なうものである。

一般に，刺激強度sと反応pの関係は，確率的な変動を伴い，その確率が正規分布に従うと仮定すると，両者の関係は図3.70上のような累積正規分布曲線となる。一方，人間の感覚を基準として線形になるように軸を変換したのが図3.70下である。これは，人の応答の確率をZスコアに変換したものであり，それに線形の指標が人の間隔に合った評価指標といえる。これらの方法は，実験負荷が大きいが，個々の応答はYesかNoと単純であるため，客観的な評価値が得られる可能性が高いと考えられる。

一対比較法に関しては，実サンプル群を定量化する際に用いられる場合が多く，2つずつ選んだ個々のサンプル間の強弱を被験者に評価させる。個々のサンプルに対して，勝率を基にZスコアで間隔尺度に変換し，定量化されたサンプル群を作成する例が多い。ここで求められたスコアは，サンプル群内での相対的な強度であ

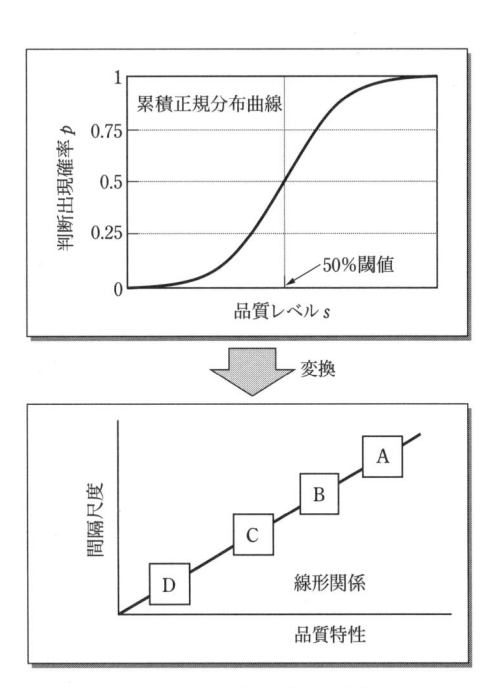

図3.70 間隔尺度への変換

り，サンプル群の母集団の特性によって，刺激の絶対強度における原点も数値の間隔も変わってしまう。

なお被験者に関して，好みに関する高次の判断については個人差が大きく，多くの被験者を必要とするが，視覚の特性については一般的に個人差はなく，実験の精度を上げれば数名の被験者に関する実験で十分である。一方，特性は一致するが，閾値などに相当する感度や再現性に関しては個人差があり，注意を要する。

ディスプレイのむらの評価に関して，むらを領域としてとらえた場合の大きさや場所，複数のむら領域の相互作用などを考慮して評価する研究がなされてきている。

前述したように，むらの領域は不定であり，モデル化も難しく，液晶ディスプレイについて2002年にSEMI（Semiconductor Equipment and Material Institute）で標準化された品質尺度[190]は存在するが，汎用的に使える指標は見つかっていない。

一方，人の視覚特性の研究においては，空間周波数が1〜5 c/d（cycle＝明暗の周期数/degree＝視角）に人のコントラスト感度のピークがあり，そこから離れるにつれて感度が下がっていく特性が知られている。

LCDを500 mm離して見た場合，むらの大きさを空間周波数に換算するとおおむね1 c/d以下であり，同じ輝度差であってもピッチが大きくなるほど，空間周波数が低くなってコントラスト感度のピークから外れていくため，むらが視認しにくくなると考えられる。

図3.71はCGパターンで，画面の左右に一定の輝度差をもたせ，中間領域で輝度を徐々に変化させるパターンを作成し，変化幅の閾値を求めた実験結果である。

左右の輝度差によって変化幅の検出閾値は変化しており，条件によらず輝度の変化率が一定で検出されていることを意味する[191]。面内の輝度変化のみでむらを評価するこの手法は，むら領域の定義も検出も不要な簡易な手法であるが，表示素子全体の評価という意味では，十分に確立されているとはいえない。この官能検査の定量化の難しさが，むら検査の自動化の技術的な障壁となっている。

人間の感覚に合ったむらの評価が重要なのは確かであるが，LCDは部材を含めた各プロセスの不具合でさまざまなむらが発生しやすいため，工程内や新プロセスの立ち上げ時におけるむらの検査も重要視されてきている。

図3.72に液晶の断面の模式図を示すが，むらの具体的な要因としては，分光透過率にむらがあるもの，干渉縞によるもの，液晶層の厚みであるセルギャップの偏差による液晶表示阻止の原理に起因するものがあり，それぞれ色のむらになったり，輝度のむらになったりする。具体的には，バックライトのむら，カラーフィルタの画素サイズや透過率のむら，各層のコーティングの膜厚むら，セルギャップの制御の不具合，偏向板や反射防止フィルムなどの部材のむらが考えられる。

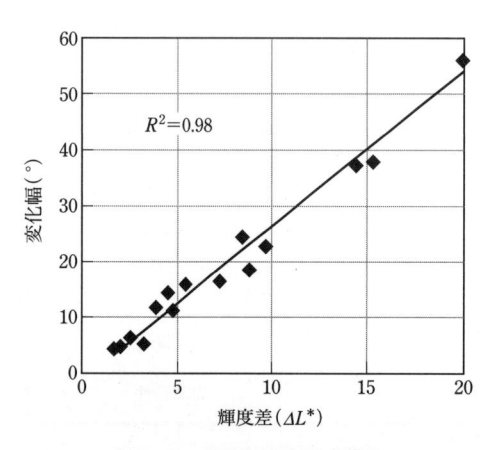

図3.71　輝度むらの検出閾値

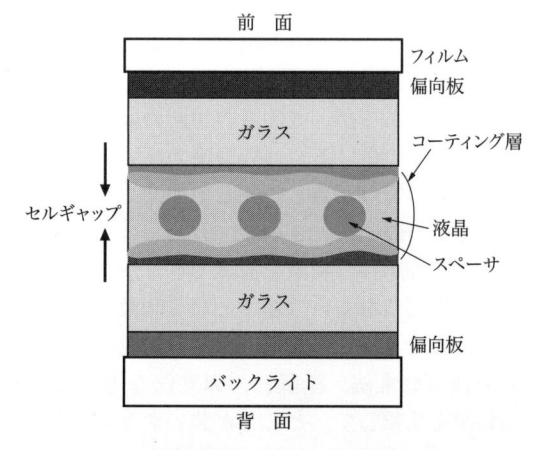

図3.72　LCDのむらの要因

原因となりうる工程としては，各製膜工程，セルギャップを一定に保つためのスペーサ散布工程や，液晶の注入，注入口の封止工程などがある。また，部材に対してもむらの検査は必須で，LCDの点灯検査，マクロ検査とよばれるもののほか，反射防止などの液晶用フィルムやセルギャップに影響を及ぼすおそれのある基板ガラスの平面度の評価などにおいても必須となっている。

ちなみに，昨今は液晶滴下方式の普及に伴い，粒状スペーサに代わり柱状スペーサが用いられるようになり，むらの改善が見られる。

一方，むらの検査においては，むらを抽出して，そのむら領域を評価するのが一般的だが，不定形であるむらの領域を抽出すべくさまざまなアルゴリズムが提案されてきている。

この検査においては，検査のための撮像の画素サイズと，被検査物である表示素子の画素のサイズが近いため，モアレとよばれるノイズが発生し，その除去が課題となる。これに対し，撮像の高解像度化，画素をずらしたり省いたりなどの処理により対処している例が多い。もちろん，フィルムなどの部材や多層膜の検査においてはモアレの問題はない。

色むらに関しては，RGBのカラーカメラで撮像するのが一般的であるが，最近はマルチバンド画像で，従来埋もれていたような微妙な色のちがいを検出する手法が研究されている。

また，RGBの画像からむら領域を抽出する手法として，RGBのそれぞれの画像に対して輝度むらとして検出する手法，各画素のRGBの値を基準色との色差に変換した画像を用いる手法，RGBの画像間の差分などの変換した画像を用いる方法が一般的である。

また，画像中の同一色の画素頻度という指標でRGB画像を変換し，不均一部分は画像中の同一色の画素数が少ないことに着目した検出方法が提案され[192]，むら領域の高感度な抽出に期待される。一方，輝度むらおよび1つの画像に変換されたあとの色むらの検出に関しては，周波数解析や大きな画像処理フィルタによる抽出，多重解像度やブロック分けした領域の評価などが一般的である。

ディスプレイのむらなどの表示品質は人の視角を基準としたものであるため，ディスプレイが大型化しても人が離れて見ることになると，視角を基準とした画面上の幅は大きくなる。

そのため，視聴者はより広範囲にわたった異常が気になることになり，より広い領域のむらが検査対象となっていくことが予想される。欠陥サイズが変わらずディスプレイの大型化に比例してカメラ台数が増えるデバイス検査とちがい，画質検査はディスプレイの大型化に伴い欠陥も大きくなるので，システムは比較的小規模なままとなる。その影響もあり，点灯検査機のメーカーの数は比較的多く，製品をつくっている企業内での検査機の内製や，用途に応じた個別の開発も比較的広く行なわれているようである。

結果として，画質検査に関しては，アルゴリズムを特徴としたさまざまなアプローチの研究発表が比較的よく見られる分野である。むらに対する人の感覚に合った評価の道筋は遠いが，検出技術の向上で，ディスプレイの表示品質自体は格段に向上してきており，今後も製造工程のコントロールのツールとしてのむらの検査機のますますの進歩と展開が期待される。

3.6.5 形状計測

2次元の寸法計測は，位置決めと同様，最も広く普及している画像産業応用のひとつである。さまざまな部品の線幅，ピッチ，孔の径などが測定されている。一般の機械部品，電子部品を対象としたものであれば，電気スイッチのように簡易に扱えるものも普及しているが，精度は画素分解能に依存し，対象に適した照明条件，パラメータの設定が必要である。

また，解析用としても広く普及しており，顕微鏡などの画像に対して，欠陥や粒子の面積や長径，縦横比などの形状を表わす特徴量の測定も行なわれている。解析の対象に応じた固有の特徴があり，ある程度の汎用的な測定は自動化されているものの，解析者がここからここまでの長さというように，測定対象を指定する場合が多く，現状においては測定のスキルを必要としている。

3次元計測における画像の産業応用は，多様な対象に向けてさまざまな方法が提案され，実

用化されている．ここでは，それらの事例に関して順次述べる．

電子デバイスの検査と同様，半導体の組立工程の実装においても，近年は高密度化，外部との接続の高速化の要請の中で，2次元に電極配置した LSI チップを，直接プリント配線板に接続するフリップチップ方式が採用されてきている．BGA（ball grid array），さらに小型の CSP（chip size package）では，チップ表面の電極にはんだバンプを形成し，基板と接合する．

この方式だと，実装後は接続部がチップに覆われて見えなくなり，はんだの状態の検査ができないため，事前にはんだバンプの形状がそろっていることを確認する必要がある．

はんだバンプは直径，高さとも 50～100 μm 程度，150 μm 程度のピッチで形成されている．これらの要請を受けて，はんだバンプ列の高速な3次元形状計測に関する研究が盛んに行なわれている．速度優先のニーズに合わせて，バンプの正確な形状計測というより，高さ測定，形状異常の検査というアプローチになっているものが多い．

これらをターゲットとした，画像を用いた3次元計測の手法を大別すると，原理的には三角測量，パターン投影による手法，焦点位置を評価する手法に大別される（表3.8）．距離計測や空間認識に用いられるような手法は省略する．また，それぞれに対する実現方法で，さらに細分化される．以下，それぞれの手法に関して簡単に述べる．

はんだ表面は，拡散面と鏡面の中間の特性を

表3.8　3次元計測の手法

三角測量
反射光解析
光切断
ステレオ
パターン投影
空間コード化
モアレ
位相解析
合焦点（shape from focus）
光波干渉法

(a) 複数照明＋画像解析

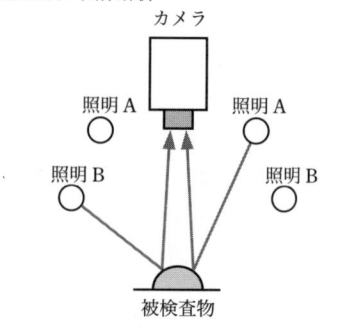

(b) 反射位置解析

図3.73　反射光方式形状計測

もち，はんだ面に光線を当てると，正反射も散乱も起こす．3次元計測の手法のうち反射光解析を除けば，はんだ面を拡散面として扱っている．

図3.73に反射光方式の3次元形状計測の原理を示す．はんだ検査に利用される反射光方式はおもに2種類あり，(a) のパターン照明されたはんだバンプの2次元画像を解析する方法，(b) の反射光の位置ずれを計測することによる高さを測定する方法がある．

(a) の照明A，Bのように，異なる角度から照明すると，それぞれの照明角度に応じてバンプの光る部分は異なる．前者においては照明A，Bを時間的に切り替えて複数の画像を撮像する，あるいは照明A，BをRGBのうち異なる色で照明し，カラーカメラで撮像して，RGBに分解することにより，照明角度の異なる複数の画像を得る．実用例では，照明A，Bはそれぞれリング状になっており，LED照明を用いている場合が多い．得られた複数の画像を解析し，バンプ形状の異常を検査するものであり，この場合，それぞれの照明条件におけるバンプ画像はリング状に写っており，その径を評価するなどの手法がとられている．

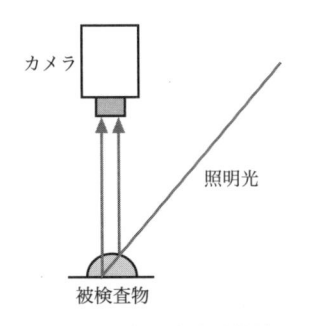

図 3.74 光切断方式形状計測

一方,後者は特定の角度からレーザーなどで照明すると,バンプ頂上での反射光は,照明とは異なる観測方向で撮像しているカメラ上では,バンプの位置に応じた座標で検出される。バンプ高さに不具合があると,検出される座標がずれるため,座標ずれにより異常を検査する方法である。

図 3.74 の光切断法は,反射位置解析と類似しているが,拡散光を検出し,評価している点で異なる。線状あるいは格子状の照明を行ない,線の変形やずれを評価する方法である。また,照明の制御が可能で,高速化が必要で,類似のテクスチャが多いため,複数カメラを用いたステレオ法が用いられている例はあまりない。

パターン投影も,原理的には三角測量と同じであるが,ストライプ,サイン波などの明暗の連続パターンを被検査物に投影し,被検査物3次元形状に応じたパターンの変形,位相の変化を評価する方法である。

図 3.75 にパターン投影の原理を示すが,周期性の明暗パターンは,被検査物の形状に応じて元の周期から伸び縮みしたパターンとして検出される。それぞれの2次元座標が位相上のどこに相当するのかを評価することにより3次元計測を行なう。位相の評価方法として,周期の異なる複数のストライプパターンを投影し,それぞれのパターンの明暗の組合せにより評価する空間コード化法,周期パターンを透して撮像し,検出周期と撮像周期のずれによるビート波形を評価するモアレ法,サイン波を投影し,検出パターンを解析して位相を特定する方法,位相の異なる4つのサイン波を投影し,それらの信号より高さを求める位相シフト法がある。これらは,拡散面でない鏡面に対する反射光学系での実用も行なわれており,はんだバンプよりも他のアプリケーションへの応用のほうが盛んである。

図 3.76 に,共焦点光学系を示す。焦点が合った位置での被検査物の像は,ピンホールを通過してセンサ上に結ばれるが,被検査物の高さがずれるとピンホールでけられて結像しない。合焦点法は,共焦点光学系を用いることが多いが,通常の焦点ずれを解析して3次元画像を測定する例もある。照明を同軸落射で行ない,センサとしてはエリアカメラを用いることが多く,光学系を高さ方向に走査することで焦点が合った位置の3次元画像が得られる。

光学系を高さ方向に走査するのが装置上の課題であったが,光学系を上下させる代わりに,厚さの異なるガラスを光路上に次々はさみ込み,見かけの被検査物までの距離を高速で変え

図 3.75 パターン投影方式

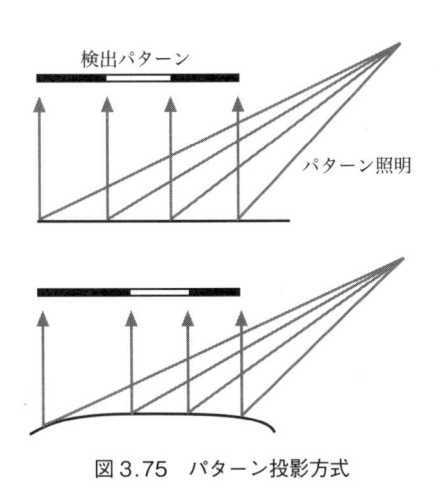

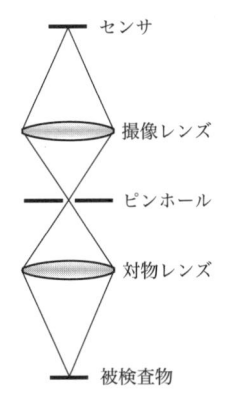

図 3.76 共焦点光学系

て高さ方向の合焦位置を変える方法[193]，2次元センサを斜めに傾けて設置し，被検査面で焦点が合う位置をずらし，同時に高さ方向の合焦位置を求めることができる光学系とし，水平走査によって被検査物の3次元形状を得る合焦断面法[194]が提案され，実用化への進展を見せている．

はんだのバンプ検査のほかにも，先述した多層膜の層の厚さおよび偏差，基板厚さの偏差の高精度な測定も求められている．

反射物体の形状の精密計測には，光干渉を用いた手法が多く，レンズの評価などで実用例も多い．空間的な干渉縞の解析は，先述のパターン投影法と同様，さまざまな手法が確立されている．

一方，合焦点法と同様に画素ごとに得られた，高さ方向の干渉波形を解析し，面の高さ位置を計測する手法がある．従来，高さ方向に多くのデータを採る必要があり高速化に難点があったが，サンプリング数を大幅に減らす工夫，複数の面からの反射光による干渉波を弁別する手法が提案され[195]，多層膜の膜厚の測定が実用化されてきている．

干渉を用いた計測は，せいぜい数十mmの被検査物までしか計測できないが，数百mmのサイズの板ガラスの板厚偏差により起こるレンズ効果を，投影明暗像の評価により，数nmの精度で測定している例もある[196]．

これとは必要精度が大きく異なるが，自動車部品などの比較的大きい局面形状を高速に測定するニーズはあり，パターン投影法などが用いられている例は多い．

また，昨今は実物の形状を測定してCADデータにするようなリバースエンジニアリングの分野でも，さまざまな素材の複雑形状に対する3次元形状計測のニーズが大きくなってきている．さらに，この分野では，製造物を解析するため，外から見えない内部構造までを再現するX線CTの利用なども始まっている．

産業応用における形状計測は，2次元に関しては技術的に確立し，3次元に関しては応用目的に応じたさまざまな手法が深化・発展してきており，実用領域も増えてきている．今後もこの流れは変わらず，手法と装置の発展とともに高精度化・高速化が進み，実用領域も増えていくことと期待される．

3.6.6 外観検査

外観検査は従来目視で検査していたものを，画像応用による自動検査機に代替しようとしている分野である．

電子デバイスやはんだバンプの検査のように，基準がはっきりした機械的な検査であり，高速のくり返しを必要とされる分野では，自動検査機は工程になくてはならないものという位置づけで，最先端の技術や投資を受けて開発が進んでいる．

一方の外観検査においては，世の中の技術レベルに比べて実際の製造工程での普及は進んでいない．これは，開発コストに対する経済効果が比較的少ないことに起因している．一般に，外観検査はあらゆる製品が対象になり，それぞれに固有の製品特徴，欠陥の特徴やそれに対する判定基準がある．

また，電子部品のように大量に同じような製品をつくる工程は比較的少ない．そのため，製品ごとの個別の開発となり，他の製品の検査への転用も難しいため開発コストがかかることになる．さらに，製品ごとに固有の形状，欠陥とまちがいやすい外乱要因があるため，個々の開発が容易でないことも開発コストを上げる要因のひとつである．

外観検査の対象としては，ウエハや基板のように平面とは限らず，曲面さらには屈曲部を含むような場合がある．そのような面を一様の感度で検査するための照明や，搬送はそれぞれの応用に固有の難しさを含むものである．

また，製品によっては不良にならないほこりや汚れなどを外乱として，欠陥と区別する必要があり，その識別は大きな課題である．さらに，従来の目視評価の基準があいまいで定量化が難しいことも，表示素子の検査と同様の技術的な課題である．一方の経済効果に関しては，開発コストが高いため機能に比べて検査機が高額になること，他の工程での実用実績のない検査機を導入することになるため，工程での開発要素が残ること，全欠陥種の検査ができないと検査者の代替はできないことがあげられる．

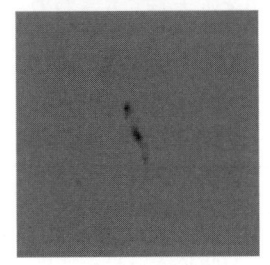

図3.77 キズ画像例

図3.78 背景に外乱となるパターンがある例

一般に，検査者はさまざまな機能を担っていることが多く，1つの製品に対しても，さまざまな見方で多種の欠陥の検査をしている場合が多い。この分野における研究発表の事例は多いが，それぞれに固有のものが多いため，体系的にまとめられた技術は存在しないが，以下に事例ごとの状況を述べる。

外観検査で代表的な欠陥にキズがある。図3.77にキズの画像例を示すが，キズといってもさまざまなモードのものがある。上段は線状のもので比較的連続性があり直線に近いもの，中段は屈曲を伴うもの，下段は不連続で点に近い短いものである。また，線状のものでも実線でつながっているもの，ところどころに濃淡があったり途切れたりしているもの，破線や点線状のものなど，人が見れば一連のキズと判断できても，限られた時間で一体のキズとして検出するのは難しい。

図3.77の画像例は，比較的背景のノイズが小さいものであるが，背景にテクスチャやランダムのノイズがある場合もあり，シェーディング補正後に2値化するといった手法では限界がある。さらに装置や環境の制約で，背景の輝度が変化したり，突発的なノイズが発生したりするため，各パラメータの調整も困難を極める。

さらに，一般的にキズは人が見て不快であるから，欠陥であるという官能品質である場合が多い。そのため，むらの検査と同様に品質基準があいまいである場合が多い。目視検査の場合は，目立てば不良というような判定を行なう場合も多いが，画像処理で行なう場合は先述した手法により，感覚量の定量化をめざして，目立つのは長さなのか，幅なのか，濃さなのかという基準を定めること自体が課題となる。

図3.78は，背景に文字やマークなどの印刷パターンがある製品の外観検査におけるキズの画像例である。

このような検査対象に対する検査アルゴリズムは，背景のパターンやマークを除去した画像をつくり欠陥を検出する，背景とちがう部分をすべて検出し，それぞれの検出ブロックが背景か欠陥かを判定するという2とおりが主である。前者は，背景パターンのすべての形状あるいはその位置が既知である場合に有効であるが，キズとパターンが重なった場合に見逃しが起こりうる。

また，パターンに未知のものが含まれる場合はかなり難しい。一方の後者は，背景のパターンが比較的少ない場合，背景パターンと欠陥の特徴のちがいがはっきりしている場合に有効であるが，検査時間などの問題がある。

さまざまな製品の，キズや汚れなどの欠陥検査について述べたが，外観検査の対象に印字の

図 3.79 印字欠陥の画像例

検査がある。文字の読み取りという課題もあるが，同一のロットは同一の印字という場合が多く，ここでは印字の品質の検査について述べる。

印字は基本的には読めれば良品であるが，工業製品への印字の場合，文字のかすれや欠けは不良だが，ある程度の太さや濃さのばらつきは許容される場合が多い。

図 3.79 は，印字欠陥の画像例である。中央の M2H3 と，その下の DOT はかすれていて不良である。これらはパターンマッチングによる検査が一般的であるが，文字の太さや濃さのばらつきによる誤検出を避けて，どの程度の欠陥まで検出できるかが課題となる。また，マッチングのテンプレート領域を 1 文字ずつにするのか，文字列全体にするのかなど，どのようなブロックとするかによっても性能が大きく変わることが知られている。

図 3.80 低コントラストの欠陥

また，別のアプローチとしては，文字認識の技術を応用して，文字として判読できないものを不良扱いにするという手法もある。

ここまで述べたキズや印字というものは，基準ははっきりしないながらも，対象は比較的はっきりしたものである。外観検査の課題で最も難しいのは，画像上で欠陥自体がよくわからないものである。

例をあげると，透明フィルムやガラスの光学品質がある。これは，製造の不具合で発生する異質組成や微小変形の筋や点であるが，透明体の中の透明な欠陥であるため，直接観測しても確認できない場合が多い。図 3.80 に画像例を示すが，照明を工夫してもきわめて小さなコントラストの差しか生じない。図 3.80 の欠陥は左中央から右斜め上に向かって伸びている不定形の領域であり，横向きに入っている筋や縦に伸びた周期的な明暗はノイズ成分である。このような欠陥の検出は，表示むらの検出と同様の手法が用いられる。

このような欠陥検査に対する別のアプローチとして，3 次元計測のパターン投影法と類似の方法で，被検査物を通したパターンの変形を解析する方法がある。この場合，比較的高感度に欠陥を検出し，光学歪みの強さとして測定することが可能であるが，欠陥の直接の観測はできない。また，人の感覚に合った品質基準と合わせる必要がある。

塗装のむらなど，表示に限らずさまざまな製品におけるむらも外観検査の対象である。さらに難しい課題として，色調や光沢といった熟練者でないと評価できない外観検査も存在する。これらに関しては，むらなどに比べてもより抽象的であるため人間の感覚のモデル化も難しく，良否の差異を検出できるような画像の取得自体も難しい。先述のマルチバンドカメラなどの色や光沢をより正確に測定する技術の適用が期待される。

外観検査に関しては，難しさばかりを強調する内容になってしまったが，研究者と製造現場との連携による地道な開発により，少しずつ応用が広がっていくものと予想する。また，外乱の除去や人の感覚にあった定量化の分野で，統計的パターン認識の研究の応用が，検査性能の

向上，開発の省力化へつながることが期待される。

3.7 ビデオゲーム画像応用

3.7.1 概要・市場・動向
(1) 概要

わが国のゲーム産業は約40年の歴史を有するが，その間，ゲーム機の描画性能アップと3次元CG技術などの進歩により，リアルで迫力ある映像を駆使した楽しい魅力あるゲームコンテンツを制作できる環境が充実したこともあって，多くの感性あるゲームクリエイターが参入し，ビデオゲーム特有の技術の進歩を支え，種々のゲームジャンルに数多くのゲームコンテンツが創作されている。

ビデオゲームは，ゲームとしてのおもしろさを追求していくとともに，映画，スポーツなどの他分野との融合を進め，また，制御技術，映像技術，音声技術，通信技術，インタフェース技術，ネットワーク技術などの新しい技術を吸収しつづけながら新たな次元へと突入している。そして，今日では1兆1,000億円を超える産業規模にまでに成長してきている。

しかし，日本のゲーム産業の将来を考えるとき，必ずしも明るいとは言いきれない。ビデオゲームの世界市場において米国企業の躍進が顕著であり，また，オンラインゲームにおいても韓国や中国の企業の躍進が著しく，ヨーロッパにおいても英国のゲーム産業が立ち上がりつつある。

このように，ビデオゲームの世界市場は，日本製ビデオゲームの独壇場であった時代から国際競争の時代に移りつつあると考えられる。また，いくつかの家庭用ゲームソフトについては地方自治体から有害図書の指定を受ける事態が発生しており，青少年の健全育成問題などゲーム業界として社会とのかかわりを重視した経営を求められる時代となってきている。さらに，国内の家庭用ビデオゲームのソフト売上げを見たとき，この10年ほど下降傾向にあり，その原因として，若者たちのあいだに「ゲーム離れ」があるといわれている。

しかし，国内のゲーム産業がこのような厳しい状況にあるにもかかわらず，一部には明るい兆しも見えている。任天堂の携帯ゲーム機である任天堂DS（double screen）は，タッチスクリーンを使ったビデオゲームを楽しめることが特徴であるが，その機能を使った脳を鍛えるソフト，英語力を鍛えるソフト，IQを測定するソフトなど，従来のビデオゲームのジャンルにはなかった新しいジャンルのビデオゲームが大ヒットしており，また，それらのビデオゲームの購買層が従来はゲームユーザーとして重要視されていなかった女性や年長者であることが特徴である。

さらに，2006年は据え置き型の家庭用ゲーム機の次世代機とよばれるソニーの「プレイステーション3」，任天堂「Wii」，マイクロソフトの「Xbox360」が出そろった年であり，マルチコアのCPUを使った高速並列処理，高精細（high definition；HD）表示，リアルタイムの物理シミュレーションなどの高機能を備えた次世代機ならではの新しいビデオゲームの出現が期待されている。

(2) 市場

わが国のゲーム産業の市場の規模については，以下の団体が発行する刊行物に種々の統計値が公表されているのが参考となる。

- 『デジタルコンテンツ白書』（発行元：財団法人デジタルコンテンツ協会，http://www.dcaj.org/）
- 『CESAゲーム白書』（発行元：社団法人コンピュータ・エンターテインメント協会，http://www.cesa.or.jp/）
- 『ファミ通ゲーム白書』（発行元：株式会社エンターブレイン，http://www.enterbrain.co.jp/）
- 『テレビゲーム産業白書』『オンラインゲーム白書』（発行元：株式会社メディアクリエイト，http://www.m-create.com/jpn/index.html）
- 『アミューズメント産業界の実態調査報告書』（社団法人日本アミューズメントマシン工業会，http://www.jamma.or.jp/index.htm）

上記の各団体から発表されている統計値は，

表3.9 ゲーム産業（ソフト）の市場規模（億円）

年	2001	2002	2003	2004	2005
ゲームソフト売上げ					
家庭用ゲーム機向けソフト	3,685	3,367	3,091	3,160	3,141
PC用ゲームソフト	563	663	607	611	624
オンラインゲーム売上げ	14	60	129	367	596
携帯電話向けゲーム売上げ	90	201	270	412	589
アーケードゲーム・オペレーション売上げ	5,903	6,055	6,377	6,492	6,492
合計	10,255	10,346	10,474	11,042	11,442

『デジタルコンテンツ白書2006』による。

表3.10 家庭用ゲーム売上げ（億円）

年	2001	2002	2003	2004	2005
家庭用ゲーム機向けソフト	3,685	3,367	3,091	3,160	3,141
家庭用ゲーム機	2,449	1,646	1,372	1,201	1,824
合計	6,134	5,013	4,462	4,361	4,965

『CESAゲーム白書』による。

統計方法などが異なるために必ずしも一致しないが，『デジタルコンテンツ白書2006』によると，映像，音楽・音声，ゲーム，図書・新聞・画像・テキストなど，メディアで流通しているコンテンツの市場規模は2005年において13兆6,811億円であり，そのうち，ゲーム産業（ソフト）の市場規模が1兆1,442億円を占めている。

内訳は，表3.9に示すように家庭用ゲーム機向けソフトが3,141億円，PC用ゲームソフトが624億円，オンラインゲーム売上げが596億円，携帯電話向けゲーム売上げが589億円，さらにアーケードゲーム・オペレーション売上げが6,492億円となっている。

同様に，『2006CESAゲーム白書』によると，2005年の家庭用ゲーム機の市場規模が1,824億円となっている。家庭用ゲーム機向けソフトの市場規模3,141億円と合わせると，家庭用ゲームの売上げは4,965億円の市場規模となっている。

(3) 動向

表3.10に示すように，2001年以降，家庭用ゲーム機向けソフトの市場規模は減少傾向にある。家庭用ゲーム機向けソフトの市場規模のピークは1997年の5,833億円であり，それに比べると，約54%にまで縮小していることがわかる。

その原因としては，先に述べたように若者たちのあいだに「ゲーム離れ」があるといわれているが，その背景には少子化によるゲームユーザーである児童・生徒の人口減少や，国民の余暇の過ごし方の変化（PCや携帯電話の普及とそれを利用したインターネットなどのサービスの普及など）があるといわれている。

しかし，家庭用ゲーム機向けソフトの不調原因はそればかりでなく，家庭用ゲーム機の高性能化によるゲーム開発期間の長期化と開発費のアップ，さらにゲーム開発期間の長期化と開発費のアップに伴うリスクを避けるための「シリーズもの」の多用，その結果生じるビデオゲームのマンネリ化による「ゲーム離れ」があるといわれている。

表3.11は，国内ミリオンタイトル動向として年間ミリオンタイトル数とそのうちの「シリーズもの」本数を示したものであるが，ミリオンタイトルのほとんどが「シリーズもの」であることがわかる。

2005年については，タッチスクリーンを特徴とした任天堂DSの新しい企画のビデオゲームが数多く出され，多くのヒットタイトルが出たこともあって，年間ミリオンタイトル数に対する「シリーズもの」本数が少ないことが注目される。

3.7.2 ゲームハードウェア

ビデオゲームの誕生は，1958年に米国Brookhaven国立研究所の物理学者William Higinbothamらが研究所公開時にオシロスコープにテニスコートを模した画面を展示した『Tennis for Two』であるといわれている。手製のコントローラを使って2人のプレイヤーがボールを打ち合うもので，見学者が列をなして楽しんだといわれているが，それはまさに科学者

表 3.11　国内ミリオンタイトル動向表

年	年間ミリオンタイトル数(「シリーズもの」本数)	ベストセラー・タイトル(メーカー,家庭用ゲーム機,発売本数)
1999	12 (9)	『ファイナルファンタジーⅧ』(スクウェア・エニックス, PS, 364万本)
2000	5 (5)	『ドラゴンクエストⅦ』(スクウェア・エニックス, PS, 414万本)
2001	8 (7)	『ファイナルファンタジーX』(スクウェア・エニックス, PS2, 307万本)
2002	4 (3)	『ポケットモンスター　ルビー・サファイア』(任天堂, GBA, 529万本)
2003	4 (4)	『ファイナルファンタジーX-2』(スクウェア・エニックス, PS2, 241万本)
2004	9 (7)	『ドラゴンクエストⅧ』(スクウェア・エニックス, PS2, 363万本)
2005	7 (2)	『おいでよどうぶつの森』(任天堂, NDS, 151万本)

『2006CESAゲーム白書』による。

の「遊び心」から生まれたといえる。

続いて，1962年，MIT(マサテューセッツ工科大学)のStephen Russellらが当時高価で大学研究所にしか設置されていなかったDEC製コンピュータPDP-1を使って『SpaceWar!』とよばれるゲームを作成した。『SpaceWar!』は，ジョイスティックを使って相手の宇宙船をミサイルで攻撃するものであり，大学院生や助手たちがさまざまな実験的遊びに夢中になったといわれている。このような「遊び心」のDNAは，後に続くアーケードゲーム機や家庭用ビデオゲーム機へと進化していくのである。

(1) アーケードゲーム機

世界最初のアーケードゲーム機は，1971年米国Nutting Associates社から販売された『Computer Space』である。『Computer Space』は，ユタ大学で『SpaceWar!』に触れ，そのビジネスの可能性を感じ安価な製品として商用化しようと考えたNolan Bushnellによってつくり出されたものであり，74個のTTL(transistor-transistor-logic)から構成されていた。『Computer Space』は，宇宙戦争をモチーフとしたビデオゲームで操作も複雑であったために1,500台しか売れず，商用的には成功したとはいえなかった。

続いて，Nolan Bushnellは，米国Magnavox社の家庭用ビデオゲーム機『Odyssey』のピンポンゲームにヒントを得て，みずから設立したAtari社から『PONG』を発売した。『PONG』は，1台1,200ドルの価格で8,500台も売れる大ヒットであり，商用的に成功した最初のアーケードゲーム機であった。

その後，種々のジャンルのアーケードゲーム機が発売されることになるが，表3.12に時系列に沿って，代表的なアーケードゲーム機とそれらの特徴を列挙する。

(2) 家庭用ゲーム機

家庭用ゲーム機のルーツとよばれる『Brown Box』がRalph H. Baerによって試作されたのは1966年であったが，残念ながら商品化までにはいたらず，最初の家庭用ゲーム機は1972年，米国Magnavox社から100ドルで売り出された『Odssey』である。『Odssey』は，Ralph H. Baerによって設計され，「オーバーレイ」とよばれる半透明のフィルムをテレビの画面上に重ねることにより，ピンポン，バレーボールなどのスポーツゲームや迷路といったゲームの舞台がセットできることを特徴とした。

この後，表3.13に示すように，第1世代から第7世代の家庭用ゲーム機が次々と開発されていくのである。

①第1世代

アナログ(コントローラ，出力系)とディジタル(ワイヤードロジック)で構成されており，プレイヤーは1種類のゲーム，またはスイッチ切り替えにより複数のゲームプレイを楽しむことができた。

②第2世代

ゲームソフトを書き込んだROMカートリッジを本体に差し込むことでさまざまな種類のゲームを楽しむことができ，最初のCPU搭載の家庭用ゲーム機であった。この時代，サードパーティのソフトを積極的に受け入れるビジネスモデルも確立され，アメリカにおいて大ヒットしたが，1983年にアタリショックとよばれる事件(ビデオゲームの供給過剰や粗製濫造によ

表3.12 アーケードゲーム機の歴史

年	ゲーム名称（製作会社）	特徴
1971	『Computer Space』（米国 Nutting Associates）	世界最初のアーケードゲーム機
1972	『PONG』（米国 Atari 社）	商用的に成功したアーケードゲーム機
1975	『Gun Fight』（米国 Midway）	初めてマイクロプロセッサ（Intel 8080 CPU）を使用
1976	『Night Driver』（米国 Atari）	最初の1人称視点のレーシング・アーケードゲーム
1978	『Space Invaders』（米国 Atari）	アーケードゲームの黄金時代を築く
1979	『Galaxian』（バンダイナムコゲームス）	アーケードゲーム機として True Color 方式を採用
1980	『パックマン』（バンダイナムコゲームス）	世界で最も売れたアーケードゲーム
1981	『ドンキーコング』（任天堂）	任天堂の最初のアーケードゲーム
1982	『Moon Patrol』（米国 Irem）	最初の奥行き効果のあるスクロール手法を採用
1983	『I. Robot』（米国 Atari 社）	最初に 3D ポリゴンを採用したアーケードゲーム機
1986	『アウトラン』（セガ）	レーシングカーの後方からの三人称視点を採用
1987	『妖怪道中記』（バンダイナムコゲームス）	16 ビットグラフィック（Namco System 1）を採用
1988	『オルディン』（バンダイナムコゲームス）	多数のスプライトのスケリングと回転を採用
1991	『ストリートファイターⅡ』（カプコン）	プレイヤーが技を競い合ったアーケードゲーム機
1993	『Motal KombatⅡ』（米国 Midway）	高品質デジタルグラフィックスとサウンドを採用
1994	『Killer Instinct』（任天堂）	最初にハードディスクを採用
1998	『ダンス・ダンス・レボリューション』（コナミ）	音楽ゲームとして大ヒットしたアーケードゲーム機
2000	『太鼓の達人』（バンダイナムコゲームス）	太鼓を使った音楽ゲームとして大ヒット
2005	『Counter Strike Neo』（バンダイナムコゲームス）	オンライン・アーケードゲーム機
	『機動戦士ガンダム　戦場の絆』（バンダイナムコゲームス）	ドーム型スクリーン採用のアーケードゲーム機

り，ユーザーがビデオゲームに対する興味を急速に失い，市場需要および市場規模が急激に縮退する現象）の引き金ともなった．

③第3世代

1983年のアタリショックののち，今日まで続くビデオゲーム発展の基礎を築いた世代であり，8ビットマシンが主流の時代である．アクション，アドベンチャー，対戦格闘，ロールプレイング，レース，スポーツ，シミュレーション，シューティングなどのゲームジャンルごとのスタイルがこの時期にできあがった．

また，「ファミコン」に採用された「十字キー」付きのコントローラは安価で操作もしやすく，それ以降のゲーム機のインタフェースの基礎となった．さらに，アタリショックの教訓として，ビデオゲーム機の発売会社がサードパーティからライセンス料を徴収し，出荷前の動作確認や公序良俗に反しないかを検査するシステムの導入もこの世代からスタートした．

④第4世代

16ビットマシンの世代であり，スプライトの回転拡大縮小機能，モザイク処理，半透明，多重スクロールなどの高度な2Dグラフィクス機能が装備され映像表現力が向上した．PCM音源により楽器や人の声などを取り込んで鳴らすことも可能となり，ステレオサウンドが標準的に採用され，ゲームシステムの複雑化・高度化にあわせて，コントローラのボタン数が増えたのも特徴である．

一方，ビデオゲームの大作化に伴い，ROMカートリッジの記憶容量アップがゲームソフトのコストアップにつながり，大容量で安価なCD-ROMへの流れが生じた世代でもあった．

⑤第5世代

32ビット/64ビットマシンの世代であり，すでにアーケードゲーム機に採用されていた3Dポリゴン技術が家庭用ビデオゲーム機に搭載され，ゲーム表現が大きく変化した．3Dポリゴンを使ったビデオゲームは，奥行き感をもった世界を表現できるため，プレイヤーは自由に視

表 3.13　世代別家庭用ゲーム機

世代	おもな家庭用ゲーム機
第1世代 (1970年代前半)	・『Odssey』(Magnavox) ・『Pong』(Atari)
第2世代 (1970年代後半)	・『Atari2600』(Atari) ・『Odssey2』(Magnavox) ・『Intellivision』(Matel) ・『SG-1000』(セガ)
アタリショック (1983年)	
第3世代 (1980年代前半)	・『ファミコン』(任天堂) ・『マスターシステム』(セガ) ・『Atari7800』(Atari) ・『ゲームボーイ』(任天堂) ・『ゲームギア』(セガ)
第4世代 (1980年代後半)	・『PCエンジン』(NEC) ・『セガ・メガドライブ』(セガ) ・『スーパーファミコン』(任天堂) ・『バーチャルボーイ』(任天堂) ・『ネオジオ』(SNK)
第5世代 (1990年代前半〜中盤)	・『セガ・サターン』(セガ) ・『Jaguar』(Atari) ・『3DO』(松下電器) ・『プレイステーション』(ソニー) ・『Nintendo64』(任天堂) ・『PC FX』(NEC) ・『Pippin』(バンダイ) ・『ワンダースワン』(バンダイ)
第6世代 (1990年代末〜2000年代前半)	・『ドリームキャスト』(セガ) ・『プレイステーション2』(ソニー) ・『Nintendo GameCube』(任天堂) ・『Xbox』(マイクロソフト) ・『ゲームボーイアドバンス』(任天堂) ・『N-Gage』(Nokia)
第7世代 (2000年代中盤〜)	・『Nintendo DS』(任天堂) ・『Sony PSP』(ソニー) ・『Xbox360』(マイクロソフト) ・『プレイステーション3』(ソニー) ・『Nintendo Wii』(任天堂)

表 3.14　第7世代家庭用ゲーム機(携帯型ゲーム機)比較表

	任天堂 DS	ソニー PSP
CPU	・67 MHz ARM946E-S ・33 MHz ARM7TDMI ・12万ポリゴン/秒 ・3千万ドット/秒	・MIPS R4000-based (1〜333 MHz) ・2.6 GFLOPS ・3300万ポリゴン/秒
スクリーン	・3インチ(256×192)×2枚 ・26万色	・4.3インチ(480×272) ・1677万色
メディア	・GBAカートリッジ ・任天堂DSゲームカード	・UMD ・Memory Stick Pro Duo
特徴	・任天堂Wi-Fiコネクション ・音声入力	・オンラインサービス ・IrDA ・Wi-Fi

点を変えてプレイすることも可能となり，それまでにない臨場感を感じることができた。

また，ゲームソフトのメディアとして採用された CD-ROM は読み込み時間がかかる短所を有するが，安価で生産をタイムリーにできる長所があるため，従来の ROM カセットにとって代わった。バイブレーターやアナログインタフェースがコントローラに取り入れられたのもこの世代である。

⑥第6世代

128 ビットマシンの世代であり，表示可能な 3D ポリゴン数が大幅に増加し，3D グラフィックの表現力も大幅に向上した結果，開発コストが上昇し，ミドルウェアの需要が生じはじめた世代である。オンライン対応のビデオゲームも現われ，新しいゲームジャンルが確立した。メディアとして，DVD，もしくは DVD の技術を応用した独自規格のディスクが採用されるようになった。

⑦第7世代

ハイビジョン映像に対応する機種が現われ，CG ムービーに近い画質の映像をリアルタイムに生成できるようになった。オンラインゲームも本格化し，無線 LAN を利用したビデオゲームも現われるようになった。

2006 年末には第7世代家庭用ゲーム機がすべて出そろったが，それぞれの商品戦略は以下のような特徴がある。

・携帯型ゲーム機(任天堂 DS 対ソニー PSP)　任天堂 DS は，複雑化した家庭用ゲームから離れていったライトユーザーを呼び戻すために，簡単に楽しく遊べるゲームの復活をコンセプトで開発されたものである。そのために，画面をタッチペンや手で触って操作ができる機能を搭載している。ソニー PSP は，任天堂 DS とは逆の方向性のゲーム機であり，プレイステーション2並みの 3D グラフィクス表示能力があり，マルチメディア端末としての商品

表 3.15　第 7 世代家庭用ゲーム機（据え置き型ゲーム機）比較表

	ソニー 「プレイステーション 3」	任天堂 「Wii」	マイクロソフト 「Xbox360」
CPU	・Cell Broadband Engine（PPC base Core） ・1×PPE，7×SPE（SONY/IBM/東芝）	・Broadway PPC base（任天堂/IBM）	・PX ・PPC Tri-Core（MS/IBM）
GPU	・RSX（NVIDIA） ・Full HD（1980×1080）	・Hollywood（ATI）	・Xenos（ATI） ・Full HD（1980×1080）
操作	・ワイヤレス通信（Bluetooth，最大 7 台）	・Wii リモコン＆ヌンチャク（Bluetooth） ・クラシックコントローラ（有線）	・4 Wireless Controller
ディスク・メディア	・BD-ROM ・DVD-ROM ・CD-ROM ・SACD ・60GB/20GB HD	・Wii 用 12cm 光ディスク ・GameCube 用 8cm 光ディスク	・DVD-ROM ・CD-ROM ・20GB HD
その他	・Online Service（PlayStation N/W） ・Ethernet ・Wi-Fi ・PS，PS2 互換	・Online Service（任天堂 Wi-Fi，Wii Connect24） ・バーチャルコンソール（FC, SFC, Nintendo64 など） ・Wii Channel，似顔絵 Channel，写真 Channel など 12 種類	・Online Service（Xbox Live） ・Ethernet ・Xbox 互換 ・Microsoft XNA ・ウィンドウビスタ連動 ・地域レーティング対応
特徴	・高性能高価格 ・家庭内スーパーコンピュータ	・新しいゲームスタイル ・インタフェースの刷新 ・新市場開拓	・開発しやすい環境の整備と安定的供給

性も有している。
・据え置き型ゲーム機（マイクロソフト「Xbox360」対ソニー「プレイステーション 3」対任天堂「Wii」）　マイクロソフトの「Xbox360」は，2005 年 12 月に先陣を切って発売され，「Xbox」のときと同様にゲームソフトを開発しやすい環境の整備と安定的供給を商品戦略にとっている。
　ソニー「プレイステーション 3」は，エンターテインメントのためのスーパーコンピュータをコンセプトに開発されたもので，家庭にスーパーコンピュータを持ち込むことによる生活様式の変化をめざしている。任天堂「Wii」は，ゲームユーザーが楽しめる家庭用ゲーム機をめざしており，「ファミコン」以来家庭用ゲーム機の標準コントローラであった「十字キー」を大幅に塗り替える「Wii リモコン」を採用したが，腕の動きでゲームをコントロールできる「Wii リモコン」はビデオゲームの遊びを変えると期待されている。

3.7.3　ゲームソフトウェア

　ビデオゲームの技術の進歩は，そのゲーム機を構成するコンピュータやその周辺機器の技術，およびゲーム制作ツールであるコンピュータグラフィクスの技術の進歩とともに発展してきたが，一方でビデオゲーム特有の技術の進歩がなければ今日の隆盛はなかった。表 3.16 に示すおもなビデオゲームの歴史を見ながら解説する。

（1）ビデオゲームとゲーム性
　ビデオゲームに求められるゲーム性として以下のようなものがあげられる。
・謎や問題を解明しながらゴールする達成感
・自分が描く世界をつくる創造感
・腕を磨くことや向上していく自分への満足感
・相手や敵を打ち負かす爽快感・優越感

表 3.16 おもなビデオゲームの歴史

年	作品と製作会社
1971	『Computer Space』(Nutting Associates)
1972	『Pong』(Atari)
1974	『スピードレース』(タイトー)
1976	『Breakout（ブロック崩し）』(Atari)
1978	『スペースインベーダー』(タイトー)
1979	『ギャラクシアン』(バンダイナムコゲームス)
1980	『パックマン』(バンダイナムコゲームス)，『Wizardry』(Sir-Tech Software)
1983	『ゼビウス』(バンダイナムコゲームス)
1985	『ハングオン』(セガ)，『テトリス』(任天堂)，『スーパーマリオブラザーズ』(任天堂)
1986	『プロ野球ファミリースタジアム』(バンダイナムコゲームス)，『ドラゴンクエスト』(スクウェア・エニックス)
1988	『ウィニングラン』(バンダイナムコゲームス)
1989	『SimCity』(Maxis)
1991	『ストリートファイターII』(カプコン)
1993	『バーチャファイター』(セガ)，『リッジレーサー』(バンダイナムコゲームス)
1994	『鉄拳』(バンダイナムコゲームス)
1995	『Dの食卓』(ワープ)
1996	『Diablo』(Blizzard)，『パラッパラッパー』(SCE)
1997	『Ultima Online』(ErectronicArts)『ファイナルファンタジーVII』(スクウェア・エニックス)
1998	『ダンス・ダンス・レボリューション』(コナミ)
1999	『シーマン〜禁断のペット〜』(ビバリウム)，
2000	『ドラゴンクエストVII』(スクウェア・エニックス)，『ファンタシースターオンライン』(セガ)
2002	『ポケットモンスター』(任天堂)，『ファイナルファンタジーXI』(スクウェア・エニックス)
2003	『信長の野望 Online』(コーエー)

- ゲームキャラを演じきる陶酔感
- 偶然性に対する驚きや意外感
- 思索への没頭，ゲーム世界への没入感
- ゲームコミュニティへの帰属感・統率感

(2) ゲーム性とソフトウェア技術

ビデオゲームのゲーム性とそれを実現するためのソフトウェア技術がどのように構築されてきたかを，表 3.16 に示すおもなビデオゲームの歴史に沿って解説する．

① 黎明期のゲーム技術

1971 年『Computer Space』(Nutting Associates) は，白黒のブラウン管を見ながらミサイルやロケット弾を操作パネルにあるボタンを押すことで宇宙戦争が体験できるものであった．また，1972 年『Pong』(Atari) は，ピンポンをモチーフにしたゲームであり，ダイヤルによるインタラクティブな操作ができるようになっていた．

このような初期のゲーム機は，汎用 CPU を使わずに，TTL からなる専用回路を使った単純な対話型コンピュータであったが，インタラクティブな入力操作や画面表示機能を装備することによって，ミサイルやロケット弾で相手や敵を打ち負かす爽快感や入力操作の腕を磨く楽しみを実感できるビデオゲームにもなりうることを発見したといえる．

② 2 次元スプライト画面の高速表示技術の出現

1979 年『ギャラクシアン』(バンダイナムコゲームス) は，フルカラーのドット表示とスプライト機能によるキャラクターの高速表示をゲームに取り入れることにより，敵の機体のアクロバチックな動きなどの高度な映像表現を実現した．同様に 1980 年『パックマン』(バンダイナムコゲームス) はカラフルなキャラクターのコミカルな動きとキャラクターごとの個性的な動きの表現技術を取り入れることにより，敵の複雑な動きにあわせて高度な入力操作が必要なビデオゲームへと発展した．そして，入力操作の腕前を楽しむだけではなく，どのように操作すればよいのかの作戦を考えることを楽しむゲームへと変貌した．

それまでのビデオゲームの画面は，背景面とその前の複数のスプライト面（通常 2〜8 面）で構成されており，まず画面全体をいったん消去し，PCG（programmable character generator）を用いてキャラクターパターンを各スプライト面に上下左右 1 ドット単位で配置したものをセル画のように重ね合わせることにより画面ができあがっていた．

しかし，『ギャラクシアン』に使われていたゲーム機にはスプライト表示回路を搭載した基板が使われており，キャラクターの動きは対応するキャラクターパターンのあるスプライト面のモニタ座標位置を変えるだけでよく，スプライト表示回路がスプライト面の奥行き順番を考慮しながら走査線をスキャンしていく方法がと

られていた。そのため，高速に動画が生成できるようになった。それにより，スピードと変化のある表現豊かなビデオゲームをつくりだすことができるようになった。

③2次元スクロール画面の高速表示技術の出現

1983年『ゼビウス』（バンダイナムコゲームス）は，グリーンをベースとした背景が下から上にスクロールする画面の中を敵機と自機が飛び交う演出により，奥行き感ある視覚効果を生み出していた。さらに，戦いを進めていくストーリー展開を通じて，プレイヤーは相手や敵を打ち負かす爽快感だけでなくゲーム世界への没入感を感じた。『ゼビウス』にも使われた背景画のスクロールは，フレームバッファに書かれた背景画を1ラインずつ上下にずらして書き直すのではなく，背景画のデータが格納されたフレームバッファの表示開始位置を指定し，そこからスキャンする方法により高速でスクロールすることができるようになったことで実現した。

一方，スクロール手法として，縦，横スクロールを同時に行なうことにより斜め方向のスクロールができるシステム，複数の背景画をそれぞれの異なるスピードでスクロールすることで奥行き感をいっそうリアルに表現できるシステム，さらに背景画を直線や曲線状にスクロールできるラインスクロールとよばれるシステムが考え出された。これらのスクロール手法の出現により，視覚効果を利用した映像のリアル感が向上し，ゲームへの没入感がよりいっそう深まることとなった。

④体感型ゲームと擬似3D描画技術の出現

1985年『ハングオン』（セガ）は，アクセルやブレーキが付いたバイクに騎乗し，体を傾けることによりカーブがきれるゲームであり，目からの情報と体からの情報の相乗効果でゲーム世界への没入感がよりいっそう大きくなった。アーケードゲームの1ジャンルでもある体感型ゲームの誕生であった。

この時代のゲーム機においては，ゲーム映像を見かけ上3次元的に表現する工夫がなされていたのも特徴であった。いわゆる擬似3Dとよばれていたものであるが，2次元のスプライト画面を拡大，縮小，回転できる機能が装備されており，背景やキャラクターなどの画面を拡大，縮小あるいは回転をさせてから重ね合わせることにより，見かけ上，画面が3次元的に見えるものであった。その結果，2Dゲームを見慣れていたゲームプレイヤーには，擬似3Dゲームといえども新鮮な驚きであった。

⑤3次元ポリゴンによる描画技術と格闘ゲームの出現

1988年『ウィニングラン』（バンダイナムコゲームス）は，ポリゴンで表現した3次元形状をリアルタイムにレンダリングして画像生成する手法を採用した業務用3Dゲームであった。このゲームに使われていたハードウェア性能が現在のゲーム機よりも良くなかったため，使用できる三角形ポリゴンの数に制限があり，キャラクター形状が角張っていることにより見た目の美しさは欠けていたが，このゲームでは本物のレーシングカーの走行データを使用することにより，実際のドライビングテクニックが体験でき，それによりドライビングの腕を磨くことや向上していく自分への満足感が感じられるゲーム性（感性）が特徴であった。

これ以降，3Dゲームの全盛へと向かっていくが，1993年『バーチャファイター』（セガ）および1994年『鉄拳』（バンダイナムコゲームス）は，1990年代初頭の対戦格闘ゲームの火付け役となった『ストリートファイターⅡ』（カプコン）が2次元のスプライトを使った劇画アニメ風であったのに対して，人体を3次元ポリゴンモデルで表現し，骨と関節からなるスケルトン構造を使って動きをリアルに生成できることを特長とした。

ゲーム機に備えられたボタンを巧みにコントロールすることにより繰り出される格闘技，とくに1/60秒の瞬間を感じられる技によって，本当に戦っているかのような錯覚に陥ったプレイヤーはゲームキャラを演じきる陶酔感を味わったのである。『バーチャファイター』や『鉄拳』などの対戦格闘ゲームの特徴であるリアルで迫力のある格闘技は，モーションキャプチャの技術を用いることにより可能となった。

同様に，1993年『リッジレーサー』（バンダイナムコゲームス）は，カーレースの楽しみを実現したものであり，アクセル走行，カーブの

ドリフト走行など実際の運転では体験できないドライビングの腕を磨くことや運転技術が向上していく自分への満足感を感じさせるものがあった。

⑥オンラインゲームと音声認識技術，AI（人工知能）技術の出現

これ以降，多くのビデオゲームが制作されたが，ゲーム性（感性）の観点から特出されるものとして，1996 年『Diablo』（Blizzard）は MO（multiplayer online）タイプの RPG として，1997 年『Ultima Online』（ErectronicArts）は MMO（massively multiplayer online）タイプの RPG として，今日のネットワークゲームの礎を築いたといえる。

これらの海外のオンラインゲームに触発されて，2000 年『ファンタシースターオンライン』（セガ），2002 年『ファイナルファンタジー XI』（スクウェア・エニックス）や 2003 年『信長の野望 Online』（コーエー）などが発売されるようになった。

これらのオンラインゲームのゲーム性の特徴として，ゲームコミュニティへの帰属感・統率感などがあげられる。このようなゲーム性は従来のパッケージタイプのビデオゲームではなかったものである。

また，1996 年『パラッパラッパー』（SCE）はリズムに合わせてのシンプルな操作で多くのゲーム初心者の関心を集め，1999 年『シーマン～禁断のペット～』（ビバリウム）は人間の顔をした魚との会話を通じて育てていく特異なシミュレーションゲームであるが，音声認識技術と AI をうまく応用したことにより実現した。

(3) ゲーム開発環境

ゲーム機の高性能化に伴い，要求される技術レベルが高度化・複雑化し，また，HD 解像度のモニタ表示が標準的になることから，高精細ポリゴンモデルで制作したキャラクターの必要性が増し，膨大な 3DCG データの制作のために開発期間が長期化する結果，開発費が高騰することが懸念されている。そこで，ビデオゲームの制作会社に対する開発サポートの一環として，ミドルウェア，ゲームエンジン，物理エンジンなどのビデオゲーム開発環境の整備が進められている。

①ミドルウェア

オペレーティングシステムとアプリケーションソフトのあいだに位置し，両者の処理の橋渡しや補完の役割を果たしているため，ミドルウェアとよばれているが，OS の基本機能だけでは実現が困難な，高度・専門的な機能をアプリケーションソフトに提供するものである。特定のアプリケーションに依存せず，広くさまざまな用途に使うことができ，ひとまとまりのソフトウェア機能を提供するものであり，独立性・汎用性の高い，いわばソフトウェア共通部品のようなものといえる。代表的なミドルウェアとしては，以下のようなものがある。

• OpenGL（Open Graphics Library） 米国 SGI 社が中心となって開発されたグラフィクス処理のためのプログラミングインタフェース。

• DirectX マイクロソフト社が同社の Windows のマルチメディア機能を強化するために提供しているミドルウェア群。

• データベース管理システム（databese management system；DBMS） 共有データとしてのデータベースを管理し，データに対するアクセス要求に応えるミドルウェア。

②ゲームエンジン

ミドルウェアの一種で，ビデオゲーム制作に必要な機能である 3D グラフィック機能（3D レンダリング，アニメーション処理など），ファイル機能（3D オブジェクトデータやテクスチャデータなどの管理），入力出力機能（キーボード，マウス，サウンド），物理処理機能（衝突処理や人体モデルのラグドール運動のシミュレーション），ネットワークなどの処理機能などの基本機能が統合されており，ユーザーが作成するゲームプログラムはこれらの基本機能上に構成されたスクリプトやマップファイルであり，ゲームプログラムと基本機能は明確に分離階層化されている。

いくつかのゲームエンジンについては，3D オブジェクトのデータを他社 3D モデリングソフトから変換するための仕様やプラグイン，スクリプト処理の仕様などが公開されている場合があり，ユーザー側でキャラクター，アクション，マップ，ルールなどを追加したりすることが可能となっている。いわゆる MOD（モッ

ド，modification）とよばれている機能である。

MODとは，おもにPC用ゲームソフトの簡易拡張パックであり，改造データと称されることもある。当該ゲームエンジンのライセンスを取得し，MOD機能を用いて，本編とは別のキャラクター，アクション，マップ，ルールなどをカスタマイズして，別のシナリオの改造版のゲームを楽しむことができるが，PC上だけでなく，家庭用ゲーム機上でも可能となっている。

ゲームエンジンの歴史は，ファーストパーソン・シューティングゲーム（first person shooting game；FPSゲーム，1人称ゲーム）を制作するためのプラットフォームとして誕生し，米国id Software社が開発したFPSゲームである『Doom』（1993年発売）や『Quake』（1996年発売）に用いられたゲームエンジンは，それぞれ「Doom Engine」および「Quake Engine」とよばれ，John Carmackらが構築したことから始まる。

その後，米国Epic Games社のようにゲームエンジン「Unreal Engine」とゲームコンテンツ（『Unreal』，1998年発売）を同時に開発するコンテンツ制作会社がある一方，ゲームエンジンのコア部分をライセンス購入し，グラフィクス，キャラクター，武器，レベル設定などを独自にMOD開発し，自社ゲームコンテンツとして発売するコンテンツ制作会社が現われることとなり，ゲームエンジンの開発販売というビジネスモデルが確立した。後者のコンテンツ制作会社の場合，ゲームエンジンの構成に応じて1ゲームタイトルあたりのライセンス料を払う一方，FPSゲームの開発に必要なプログラマの人数を削減できることから積極的に導入が図られた。

このように，FPSゲーム用のゲームエンジンを利用すれば，あまり3DCGに関する知識を有していなくても，比較的簡単に3DCGを使ったビデオゲームや映画コンテンツを製作することができ，具体例としてMachinima（http://www.machinima.com/）などがあげられる。海外では，大学の卒業研究の題材としてFPSゲーム開発用のゲームエンジンを用いて映像製作に取り組んだ例もある。

③物理エンジン

物理エンジンとは，ゲームエンジンの中で物理シミュレーション部分を担当するソフトウェアといえる。いくつかのビデオゲームに採用されている汎用的なものと，特定のビデオゲーム専用につくられるものがある。

物理エンジンが必要とされる理由として，まず，家庭用ゲーム機の性能が向上した結果，3Dグラフィクスが非常にフォトリアリスティックとなっているのに対し，これに見合う挙動がついてこない点があげられる。レーシングゲームを例にとると，周囲の景観や車の映像は非常にリアルできれいなのに対して，車の動きがわざとらしく感じられるものが散見される。

もちろん，そのような動きを狙ったタイトルもあるが，一般的には，グラフィック技術の進歩に比べて，ダイナミクスなどの技術の導入が遅れているといえるが，その原因として，家庭用ゲーム機にマシンパワーが非力であったため，時間のかかる物理計算にCPUパワーを充てるわけにはいかなかったためである。

しかし，3Dゲームのプラットフォームとしての最新PCや次世代家庭用ゲーム機は，マルチコアCPUを搭載するようになり，時間のかかる物理計算にもCPUパワーを充てることが可能な時代となってきた。たとえば，『PlayStation3』は，「SPE（synergistic processor element）」とよばれる128ビットSIMDベクトルRISCプロセッサを7基も内包する非対称型マルチコアCPUであり，マイクロソフト社の『Xbox 360』は，PowerPC970互換のCPUコア「PX」を3基搭載した対称型マルチコアCPUである。

また，PCも米国Advanced Micro Devices（AMD）社やIntel社がデュアルコア（マルチコア）やSMT（simultaneous multi threading，マルチスレッド同時処理）対応CPUをリリースする時代となっている。その結果，3Dゲームにおいて計算時間のかかる物理計算でもマルチコアCPUであれば対応できると期待されている。

代表的な物理エンジンとしては，以下のようなものがある。

- 「Havok」（http://www.havok.com/）

1998年アイルランドの2人の研究者によって設立された物理エンジンに特化したベンチャーカンパニーのHavok社が開発したものであるが，現在もっとも多くビデオゲームに採用されている物理エンジンである。

採用されているおもなビデオゲームとして，『Half-Life2』（米国 Valve 社）や『Age of Empires III』（米国 Ensemble Studios 社/Microsoft 社）のほか，国内では『鉄腕アトム』（セガ）にも使われており，映画『The Matrix trilogy』にも使用されている。また，3DCGツールのプラグインエクステンション（plug-in extensions）として米国 Autodesk の子会社である Discreet 社の『3D Studio Max』や，同じく子会社の Alias 社の『Maya』に採用されている。

さらに，米国アドビシステムズ社の音楽や動画などのマルチメディアのデータ再生のプラグインソフト『Shockwave3D』にも採用されている。家庭用ゲーム機としては，ソニーの『PlayStation2』，『PlayStation3』，『PSP』，マイクロソフトの『Xbox』，『Xbox360』，任天堂の『GameCube』やPCなどもサポートしている。

- 「PhysX」(http://www.ageia.com/) 米国 AGEIA Technologies 社が開発する物理エンジンで，以前は「NovodeX」とよんでいたものである。多くのサードパーティが採用を表明しており，3DCG ツールの分野では米国 Autodesk 社の 3ds Max および『Maya』（Autodesk 社の子会社の Alias 社が開発），米国 Avid Technology 社の『XSI』（Avid Technology 社の子会社の SoftImage 社が開発），ゲームエンジンの分野では『Unreal engine』を開発する米国 Epic Games 社，『Reality engine』を開発する米国 Artificial Studios 社，ツールミドルウェアの分野では米国 OC3 Entertainment 社，米国 Fork Particle 社などが採用を公表したほか，Ubisoft，セガなどのビデオゲーム制作会社や，マイクロソフト社の次世代ゲーム開発フレームワークである『XNA』にも採用されている。また，ソニーの『PlayStation3』の開発環境の物理系ライブラリの実質的な標準ポジションも獲得している。

3.7.4 制作プロセスと感性

ビデオゲーム全体の中で大きなシェアを占めているポリゴンゲームを取り上げ，図3.81に示すポリゴンゲームの制作プロセスの中で，ゲームのおもしろさ（感性）を受け手（プレイヤー）にどのように伝えようとしているか，ゲームコンテンツの送り手（コンテンツ制作者）の立場から解説する。

ポリゴンゲームの制作プロセスは，図3.81に示すように，企画・仕様書づくりから始まる。次に，ゲームプログラミング，グラフィックデザイン，サウンドプログラミングの3つのグループに大きく分かれて作業が進められ，最後に対象ゲームマシンへの実装を経て完成される。

図3.81に示すグラフィックデザインは，その中でさらにモデリング，アトリビュート，レイアウト，アニメーション，レンダリングの順序で作業が進められるのが一般的である。コンテンツ制作者の感性がビデオゲームの制作プロセスとどのようにかかわっているかについて，企画およびグラフィクス制作を中心に述べる。

①企画，仕様書

家庭用のビデオゲームの企画，仕様書を作成するにあたっては，①地域性，②ビデオゲーム

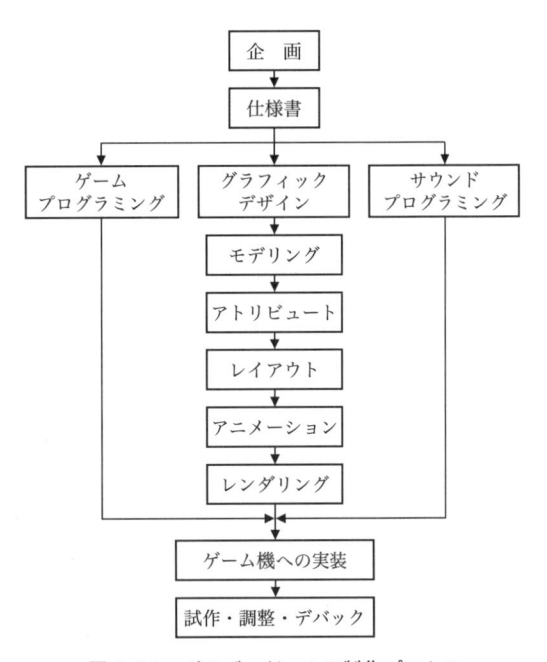

図3.81 ポリゴンゲームの制作プロセス

機の機種特性，③ゲームユーザー特性，④ゲームジャンル特性，の4つのファクターを基本に戦略を立てるが，いかにして楽しく魅力的なゲームの企画を立てるかが重要である．

・地域性　一般に，ビデオゲームのビジネスモデルとして地域性の戦略を立てるときには，どの地域にユーザーがどれくらい存在し，市場としてどれくらい有望であるかを判断することが重要である．

しかし，ゲーム感性の立場で地域性の戦略を考えたとき，どのようなゲームが目的地域（日本，北米，欧州，アジアなど）の国民性（感性）に受け入れられるかを判断することが重要となってくる．

・ビデオゲーム機の機種特性　家庭用ビデオゲームの企画を立てるうえでは，それぞれの家庭用ビデオゲーム機の描画性能や3次元グラフィクス技術性能だけでなく，機種ごとの主たるユーザー層の特性（感性）を考慮することが重要である．

・ゲームユーザー特性　ゲームユーザーの特性として，社団法人コンピュータエンタテインメント協会から発行されている『2003 CESAゲーム白書』に記載の「好きなゲームのタイプ」データ集が参考となる．

・ゲームジャンル特性　ビデオゲームのジャンルとしては，(i) アクション，(ii) スポーツ，(iii) レース，(iv) 格闘，(v) ロールプレイングゲーム，(vi) シミュレーション，(vii) アドベンチャ，(viii) シューティング，(ix) テーブルゲーム，(x) パズル，(xi) その他などに分類されるのが一般的であり，各ジャンルに応じたゲーム企画が求められる．

②モデリング

ビデオゲームにおけるキャラクターのモデリングは，企画，仕様書で設定されるキャラクター像（名前，年齢，国籍/人種，所属，職業，身体的特徴，知性，性格，特技，趣味/服装，ゲームでの役割，他のキャラクターとの関係など）のイメージから姿かたちをグラフィックデザイナーが絵コンテ（図3.82）で表現するところから始まる．

この作業はグラフィックデザイナーの感性が最も要求されるものといえる．次に，CGツー

図3.82　人体のモデリング（絵コンテ）

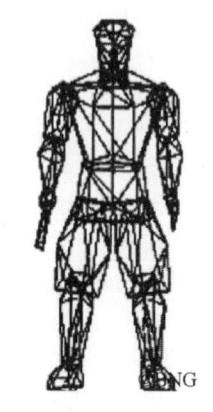

図3.83　人体のモデリング（ポリゴンモデル）

ルなどを用いてポリゴンモデル（図3.83）が制作されるが，モデリングにおいてグラフィックデザイナーがいちばん苦心する点は，できるだけ効率的なポリゴン枚数でキャラクターを的確に表現することにある．モデリングの手法については，デザイナーそれぞれの手法（感性）があり，画一的なモデリング手法はゲーム制作にあまり向いていないといえる．

人体のモデリングについては，全身を一体ものとして制作する方法，あるいは人体を頭，胴体，手足などの各部に分解して制作する方法がとられるが，いずれにしてもそれらはスケルトンモデルで階層構造化（図3.84）される．

スケルトンモデル（図3.85）は人体の骨関節構造をモデル化としたものであり，たとえば肩関節を曲げて上腕を動かせば前腕や手がそれに連動して動くようなモデルであるため，人体の姿勢コントロールがしやすいといったメリッ

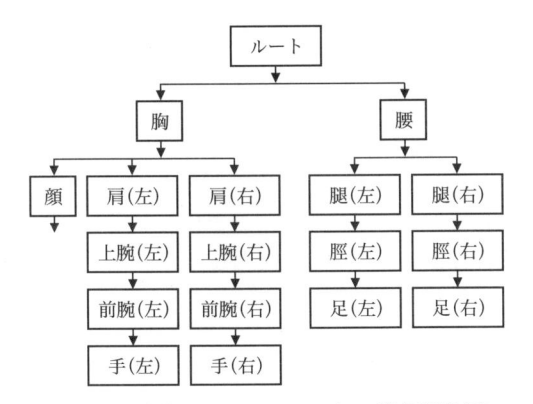

図 3.84 人体のスケルトンモデル（階層構造例）

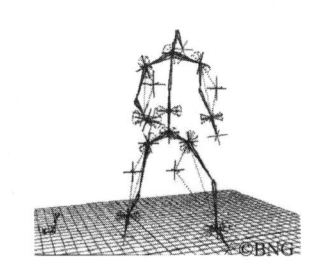

図 3.85 人体のスケルトンモデル

トがある。

③アトリビュート

モデリング作業により制作された人体ポリゴンモデルに物体としての色や材質などを設定する作業であり，ゲーム機によりその機能が異なる。(図 3.86)。

・色　通常，人体などの物体自身の色であり，1つのポリゴンに対してRGBO（アルファチャンネル）のカラーデータを1色設定する。

・材質　人体などの物体表面の光沢やザラツキなどの質感を与えるため，物体表面の反射率，透過率，屈折率などで設定する。

・テクスチャ　ポリゴンの表面に模様などのデータを貼り付けることである。細かい形状を表現するには多くのポリゴンが必要となるが，このテクスチャ手法により少ないポリゴンでも同じような表現が可能となる。

・シェーディング　ポリゴンモデルに対して陰影付けを行なうことであり，フラットシェーディング，グーローシェーディングなどの手法が用いられる。

④レイアウト

形状や色，材質などが決定された人体モデルをコンピュータの中の世界（仮想世界）に配置し，ライトの種類や方向，カメラ（視点）の位置および方向などを設定する作業である。

⑤アニメーション

ゲームに登場する人体などの動きを企画，仕様書に従い制作する工程であるが，以下に示す制作方法がおもに用いられる。

・インバースキネマティクス（逆運動学）スケルトンモデルで表現された人体などを動かすために開発された技術である。モニタ画面上で動かしたい関節点をマウスでドラッグすると，それに連なるスケルトンモデルの姿勢の変形をコンピュータにより計算して求める手法である。個々の関節角をマニュアルで入力していた従来手法と比較してアニメーションの制作効率が改善したが，必ずしも意図（感性）したとおりに姿勢が得られないため，デザイナーがスケルトンモデルの姿勢を修正しなければならない場合もある。

・モーションキャプチャ　先に述べたインバースキネマティクスなどの手作業では制作が不可能な複雑な人体の動きデータを取り込む技術として，ゲーム制作にはなくてはならない技術であり，リアルなアニメーションが可能となり，ビデオゲームのクオリティが飛躍的に向上した。ゲーム制作に用いられるモーションキャプチャシステムには，光学式，磁気式，機械式の3つがあるが，それぞれ長所・短所があるためゲーム内容や目的に応じて使い分けられる。

⑥レンダリング

人体などの形状の制作（モデリング），色や材質などの決定（アトリビュート），および人体モデル，ライト，カメラなどの配置（レイアウト）を終え，人体の動き（アニメーション）

図 3.86 人体のモデリング（アトリビュート）

図3.87　フォトリアリスティックレンダリング

図3.88　ノンフォトリアリスティックレンダリング

を確認したあとのグラフィックデザインの意図（感性）を確認する最終工程であり，モニタに表示される映像を制作する作業である．

レンダリングとしては，ポリゴン面に対する陰影処理をフラット/グーロー/フォン・シェーディングなどの比較的簡単な技術と単純な光源を用いることにより，ゲームマシンでもリアルタイムに映像を生成できるレンダリングがあるが，より写実的なレイトレーシングやラジオシティなどのように，光の屈折，反射や影などもリアルに生成できるフォトリアリスティックレンダリング（図3.87）も使われる．また，ゲームジャンルによっては漫画的演出（感性）が求められ，セルアニメ風の映像を生成するためノンフォトリアリスティックレンダリング（図3.88）を用いることもある．

3.7.5　ゲームの社会応用

ビデオゲームに対する社会の受け取り方は必ずしもよくなく，暴力的表現が子どもに対して悪影響をもたらすと懸念する否定的な風潮が根強く残っている．

また，いくつかの家庭用ゲームソフトが地方自治体から有害図書の指定を受ける事態が発生している．しかし，ビデオゲームを含む大衆メディアが人々の認知能力を高めているとの指摘や，ゲームを子どもの教育に積極的に利用することの重要性が報告されるなど，ゲームに対する社会的認識は着実に改善されている．

欧米において，ビデオゲームを学校教育や職業訓練などへ利用することへの関心が年々高まってきており，社会諸問題解決のためのツールとして，教育，訓練，治療，啓蒙，メッセージ伝達などのさまざまな用途で利用するための研究開発が進んでいる．このような目的で研究，開発，利用されるゲームのことを「シリアスゲーム」とよんでいる．

①海外でのビデオゲームの教育利用例

英国では市販ゲームを利用した学校教育が比較的進んでおり，学校教師，生徒を対象としたゲーム利用に関する研究が，ゲーム制作会社がスポンサーとなって行なわれており，市販ゲームを使った授業実践のケーススタディが実施されている．また，米国では，小児肥満対策の一環として，『ダンス・ダンス・レボリューション』（コナミ）を導入した健康増進プログラムを開発する取り組みが進められている．

②日本でのビデオゲームの教育利用例

東京大学大学院情報学環の馬場研究室では，コーエーなどと協力してオンラインゲームを教育目的に利用するための研究を行なっている．この研究は，市販のオンラインゲームを使って，教育効果の測定を行ないながら，オンラインゲームを教育現場で活用するための方法を発見・確立することを目的としており，この研究で得られた成果をゲームの評価法に反映させ，制作支援に結びつけるという2次的な目的もあるとのことである．

文献

1) 『印刷白書2006』，社団法人日本印刷技術協会（JAGAT）
2) 『日本の印刷産業〈将来市場規模予測〉』，社団法人日本印刷産業連合会　印刷産業市場規模研究会　平成18年3月14日
3) 財団法人デジタルコンテンツ協会編：『デジタルコンテンツ白書2006』
4) 『電子書籍ビジネス調査報告書2005』，『インターネット白書2007』，インプレス
5) SPコード公式ホームページ，http://www.sp-code.com
6) 『印刷雑誌』，2007年3月号，印刷学会出版部
7) Google Earth ホームページ：世界を見渡す3Dソフトウェア，Google Earth で探検，検索，そして新しい発見を，http://earth.google.co.jp，2007.
8) 宇宙航空研究開発機構（JAXA）地球観測研究センター（EORC）ホームページ：衛星画像＆データー地球が見える，http://www.eorc.jaxa.jp，2007.
9) D. Massonnet, *et al.*：The Displacement Field of the

Landers Earthquake Mapped by Radar Interferometry, *Nature* Vol.364, pp.132-142, 1993.

10) リモート・センシング技術センター（RESTEC）ホームページ：総覧 世界の地球観測衛星 web 版, http://www.restec.or.jp/databook/index.html, 2007.

11) 五十嵐保：「衛星リモートセンシングの課題と将来計画」，『計測と制御』, 第 43 巻 11 号, pp.815-819, 2004.

12) リモート・センシング技術センター（RESTEC）ホームページ：地球観測衛星画像オンラインサービスシステム（CROSS）, https://cross.restec.or.jp, 2007.

13) 宇宙航空研究開発機構（JAXA）地球観測研究センター（EORC）ホームページ：ALOS 解析研究プロジェクト—ALOS について, http://www.eorc.jaxa.jp, 2007.

14) Definition of the CIDOC Conceptual Reference Model version 4.0, ICOM/ CIDOC Documentation Standards Group, Apr. 2004, http://cidoc.ics.forth.gr/official_release_cidoc.html

15) 東京国立博物館：ミュージアム資料情報構造化モデル, 2005 年 11 月 11 日.

16) 山本泰則, 原正一郎ほか：「Dublin Core メタデータと Z39.50 にもとづく人文科学系データベースの統合検索に関する実証実験」, 『情報処理学会シンポジウム論文集』, Vol.2004, No.17. pp.199-205.

17) DCMI Metadata Terms, Dublin Core Metadata Initiative, Jun. 2004, http://dublincore.org/documents/dcmi-terms/

18) 安達文夫：「博物館とディジタルアーカイブ」, 『画像電子学会誌』第 33 巻 5 号, pp.683-690, 2004.

19) T. Suzuki, F. Adachi, K. Miyata：Design and Application of a Super-High-Definition Free Viewing System for Japanese Historical Materials, Inter. Conf. on Information Technology and Applications 2002, 218-10, Nov., 2002.

20) 馬場 章ほか：「ディジタルアーカイヴからディジタルエキジビジョンへ」, 情処シンポジウム, Vol.2001, No. 18, pp.17-24, Dec., 2001.

21) M. Levoy, *et al.* : The Digital Michelangelo Project, In Proc. SIGGRAPH 2000, pp.131-144, 2000.

22) K. Ikeuchi, *et al.*：The Great Buddha Project：Modeling Cultural Heritage for VR Systems through Observation, In Proc. of the second IEEE and ACM International Symposium on Mixed and Augmented Reality, 2003.

23) P. Besl, N. McKay：A Method for Registration of 3-D Shapes, *IEEE Trans. Pat. Anal. Mach. Intell.*, Vol.14, No.2, pp.239-256, 1992.

24) P. J. Neugebauer：Reconstruction of Real-World Objects via Simultaneous Registration and Robust Combination of Multiple Range Images, *International Journal of Shape Modeling*, Vol.3, Nos.1-2, pp.71-90, 1997.

25) 西野 恒, 池内克史：「大規模距離画像群の頑健な同時位置合せ」, 『電子情報通信学会論文誌』, Vol.J85-DII, No. 9, pp.1413-1424, 2002.

26) G. Turk, M. Levoy：Zippered polygon meshes from range images, In Proc. of SIGGRAPH '94, pp.311-318, 1994.

27) B. Curless, M. Levoy：A Volumetric Method for Building Complex Models from Range Images, In Proc. SIGGRAPH '96, ACM, pp.303-312, 1996.

28) R. Kawakami, R. Tan, *et al.*：Consistent Surface Color for Texturing Large Objects in Outdoor Scenes, Tenth IEEE International Conference on Computer Vision, 2005.

29) A. Ikari, T. Masuda, *et al.*：High Quality Color Restoration using Spectral Power Distribution for 3D Textured Model, 11th International Conference on Virtual Systems and Multimedia, 2005.

30) K. Ikeuchi, K. Hasegawa, *et al.*：Bayon Digital Archival Project, In Proc. of the Tenth International Conference on Virtual System and Multimedia, pp.334-343 2004.

31) 阪野貴彦, 池内克史：「画像トラッキングによる移動型レンジセンサからの形状補正」, 『電子情報通信学会論文誌 D』, Vol.J89-D, No.6, pp.1359-1368, 2006.

32) K. Matsui, S. Ono, *et al.*：The Climbing Sensor：3-D Modeling of a Narrow and Vertically Stalky Space by Using Spatio-Temporal Range Image, In Proc. IEEE/ RSJ International Conference on Intelligent Robots and Systems, 2005.

33) 大石岳史, 佐川立昌ほか：「分散メモリシステムにおける大規模距離画像の並列同時位置合わせ手法」, 『情報処理学会論文誌：コンピュータビジョンとイメージメディア』, Vol.46, No.9, pp.2369-2378, 2005.

34) 佐川立昌, 西野恒ほか：「大規模観測対象のための幾何形状および光学情報統合システム」, 『情報処理学会論文誌：コンピュータビジョンとイメージメディア』, Vol.44 No.SIG5（CVIM6）, pp.41-53, 2003.

35) 大石岳史, 増田智仁ほか：「創建期奈良大仏及び大仏殿のデジタル復元」, 『日本バーチャルリアリティ学会論文誌』, Vol.10, No.3, pp.429-436, 2005.

36) 小島一成：「モーションキャプチャ技術」, 『月刊ディスプレイ』, Vol.12, No.4, pp.37-42, 2006.

37) 松山隆司：「3 次元ビデオ」, 『日本印刷学会誌』, Vol.42, No.1, pp.35-41, 2005.

38) 冨山仁博, 片山美和, 折原 豊, 岩舘祐一：「伝統舞踊演者の 3 次元動オブジェクト生成技術—伝統舞踊の 3 次元アーカイブ化—」, 『デジタルコンテンツシンポジウム講演予稿集』, S1-3, 2005.

39) 松山隆司, ウ小軍, 高井勇志, 延原章平：「3 次元ビデオの生成・編集・表示：ベースラインシステムの構築」, 『デジタルコンテンツシンポジウム講演予稿集』, S1-1, 2005.

40) 山崎, 早瀬, 韓, 相澤：「3D ビデオの圧縮」, 『デジタルコンテンツシンポジウム講演予稿集』, S1-5, 2005.

41) 湯川 崇, 海賀孝明, 長瀬一男, 玉本英夫：「舞踊符による身体動作記述システム」, 『情報処理学会論文誌』, Vol.41, No.10, pp.2873-2880, 2000.

42) A. Soga, B. Umino, T. Yasuda, S. Yokoi：A System for Choreographic Simulation of Ballet Using a 3D Motion Archive on the Web, Articulated Motion and Deformable Objects 2004, LNCS 3179, pp.227-238, 2004.

43) G. Papagiannakis, A. Foni, N. Magnenat-Thalmann：Real-Time Recreated Ceremonies in VR Restituted Cultural Heritage Sites, Proc. 19th CIPA, pp.235-240, 2003.

44) Kohei Furukawa, Kozaburo Hachimura, Kaori Araki：CG Restoration of Historical Noh Stage and its use for Edutainment, Proc. VSMM06, pp.358-367, 2006.

45) 中岡慎一郎, 中澤篤志, 横井一仁, 池内克史：「シンボリックな動作記述を用いた舞踊動作模倣ロボットの実現」, 『信学技報 PRMU』, Vol.103, No.390, pp.55-60, 2003.

46) 中村明生, 庭山知之, 村上智一, 田端 聡, 久野義徳：「舞踊動作の解析と応用システムの開発」, 『情報処理学会研究報告』, CVIM-137, pp.85-92, 2003.

47) Jernej Barbic, Alla Safonova, *et al.*：Segmenting Motion Capture Data into Distict Behaviors, Proc. Graphics Interface 2004, pp.185-194, 2004.

48) 園田真史, 吉村ミツ, 八村広三郎：「モーションキャプチャデータからの特徴抽出による舞踊動作のセグメンテーション」, 『情報処理学会人文科学とコンピュータシン

49) J. Xu, T. Yamasaki, K. Aizawa：3D video segmentation using point distance histograms, Proc. ICIP, pp.I-701-I-704, 2005.
50) 大崎竜太，上原邦昭：「DTWを用いた身体動作における基本動作の抽出」，『情処研報』，DBS-119, pp.279-284, 1999.
51) 川嶋幸治，尺長　健：「相関による類似動作抽出に基づく舞踊動作の解析」，『情報処理学会研究報告』，CVIM-137, pp.77-84, 2003.
52) 矢部武志，田中克己：「身体動作データのマルチストリーム性を考慮した類似・非類似検索」，『情処研』，DBS-119, pp.285-290, 2003.
53) 高橋信晴，八村広三郎，吉村ミツ：「モーションキャプチャを利用した舞踊身体動作の類似検索とその評価」，『情報処理学会人文科学とコンピュータシンポジウム論文集』，pp.31-38, 2003.
54) 吉村ミツ，酒井由美子，甲斐民子，吉村　功：「日本舞踊の「振り」部分抽出とその特性の定量化の試み」，『電子情報通信学会論文誌』，Vol.J84-DII, No.12, pp.2644-2653, 2003.
55) 吉村ミツ，甲斐民子，黒宮　明，横山清子，八村広三郎：「赤外線追跡装置による日本舞踊動作の解析」，『電子情報通信学会論文誌』，Vol.J87-D-II, No.3, pp.779-788, 2004.
56) Mitsu Yoshimura, Kazuya Kojima, Kozaburo Hachimura, Yuuka Marumo, Akira Kuromiya：Quantification and Recognition of Basic Motion "Okuri" in Japanese Traditiona Dance, Proc. IEEE ROMAN, pp.205-210, 2004.
57) 中澤篤志，中岡慎一郎，池内克史：「複数舞踊動作からの個性の抽出および適用」，『情報処理学会研究報告』，CVIM-137, pp.101-107, 2003.
58) 石川美乃，神里志穂子，星野　聖：「舞踊における身体運動の特徴抽出と印象との関連性―下肢運動に関する検討―」，『映像情報メディア学会技術報告』，Vol.25, No.29, pp.79-84, 2001.
59) 阪田真己子，丸茂裕佳，八村広三郎，小島一成，吉村ミツ：「日本舞踊における身体動作の感性情報処理の試み―motion captureシステムを利用した計測と分析―」，『情報処理学会研究報告』，2004-CH-61, pp.49-56, 2004.
60) 『画像診断機器関連産業2006』，JIRA（社団法人日本画像医療システム工業会），2006.
61) 「特集：トータル医用ソリューション」，『東芝レビュー』，Vol.62, No.1, 2007.
62) 岩井喜典ほか編著：『医用画像診断装置』，コロナ社，1988.
63) 飯沼　武，舘野之男編著：『X線イメージング』，コロナ社，2001.
64) A. C. Kak, M. Slaney：Principles of Computerized Tomographic Imaging, IEEE Press, 1999.
65) 斎藤恒雄：『画像処理アルゴリズム』，近代科学社，1993.
66) 楠岡秀雄，西村恒彦監修：『核医学イメージング』，コロナ社，2001.
67) 日本磁気共鳴医学会編：『NMR医学～基礎と臨床［改訂2版］』，丸善，1991.
68) 日本超音波医学会編：『新超音波医学第1巻―医用超音波の基礎』，医学書院，2000.
69) オリンパスHP，http://www.olympus.co.jp　フジノン東芝ESシステムHP，http://www.ft-es.co.jp　ギブンイメージング社HP，http://www.givenimaging.com
70) M. Brezinski：Optical Coherence Tomography-Principles and Applications, Elsevier, 2006.
71) N. H. Wagner, Jr.：From Molecular Imaging To Molecular Medicine, J. nucl. Med, Vol.47, No8, pp.13N-39N, 2006.
72) 「特集：PACS進化論」，『映像情報メディカル』，Vol.38, No.9, 2006.
73) 「3D PACS―ネットワーク対応リアルタイム3Dイメージング」，『INNERVISION』，臨時増刊号，Vol.20, No.5, 2005.
74) 桂川茂彦編集：『医用画像情報学』，南山堂，2002.
75) 鳥脇純一郎編著：『画像情報処理(1)』，コロナ社，2005.
76) I. N. Bankman：Handbook of Medical Image Processing and Analysis, Academic Press, 2000.
77) 『平成18年　警察白書』，付録CD資料．
78) 野村総合研究所編：『治安に関する意識調査』．
79) 『平成17年版　統計調査報告書　防犯設備機器に関する統計調査』：社団法人　日本防犯設備協会発行．
80) 内閣府　個人情報保護令，http://www5.cao.go.jp/seikatsu/kojin/houritsu/index.html
81) 首相官邸　情報セキュリティポリシーに関するガイドライン，http://www.kantei.go.jp/jp/it/security/taisaku/guideline.html
82) 経済産業省　学習塾に通う子どもの安全確保ガイドライン，http://www.meti.go.jp/press/20060316004/20060316004.html
83) H. C. Andrews, B. R. Hunt：Digital Image Restoration, Prentice-Hall, p.238, 1977.
84) T. Katayama, H. Tsuji：Restoration of noisy images by using a two-dimensional liner model, Proc. 4th ICPR, pp.509-511, Nov., 1978.
85) D. C. Youla, H. Webb：Image restoration by the method of convex projections：Part 1-Theory, IEEE Trans., Vol.MI-1, No.2, pp.81-94, Oct. 1982.
86) H. J. Trussell, B. R. Hunt：Sectioned methods for image restoration, IEEE Trans., Vol.ASSP-26, No.2, pp.157-164, April, 1978.
87) 奥富正敏，清水雅夫ほか：「単板CCD画像データからのダイレクトカラースーパーレゾリューション」，『第10回画像センシングシンポジウム講演論文集』，pp.507-512.
88) S. Baker, T. Kanade：Hallucinating faces, In IEEE International Conference on Automatic Face and Gesture Recognition, March, 2000.
89) 中井宏章：「事後確率を用いた移動物体検出手法」，『情報処理学会コンピュータビジョン研究会報告』，94-CV-90, pp.1-8, 1994.
90) C. Stauffer, W. E. L. Grimson：Learning patterns of activity using real-time tracking, IEEE TRANS. PAMI, **22**(8), 747-757, 2000.
91) Paul Viola, Michael Jones, Daniel Snow：Detecting Pedestrians Using Patterns of Motion and Appearance, IEEE ICCV, Vol.2, pp.734-741, 2003.
92) 石井健一郎，上田修功ほか：『わかりやすいパターン認識』，オーム社，1998.
93) Richard O. Duda, Peter E. Hartほか：『パターン識別』，尾上守夫監訳，新技術コミュニケーションズ，2001.
94) Nello Cristianini, John Shawe-Taylor：『サポートベクターマシン入門』，大北　剛訳，共立出版，2005.
95) 麻生英樹，津田宏冶ほか：『パターン認識と学習の統計学』，岩波書店，2003.
96) R. Collins, A. Lipton, T. Kanade, H. Fujiyoshi, D. Duggins, Y. Tsin, D. Tolliver, N. Enomoto, O. Hasegawa：A System for Video Surveillance and Monitoring, Tech.report CMU-

RI-TR-00-12, Robotics Institute, Carnegie Mellon University, May, 2000.
97) 鴨頭大輔, 寺田賢治：「インターネットカメラを用いた不審人物の検出」, 『第12回画像センシングシンポジウム予稿集』, pp.259-264, 2006.
98) I. J. Cox：A Review of Statistical Data Association Techniques for Motion Correspondence, Int. J. of Computer Vision, 10(1), 53-66, 1993.
99) D. Comaniciu, V. Ramesh, P. Meer：Real-Time Tracking of Non-Rigid Objects using Mean Shift, IEEE Conf. on CVPR, pp.142-151, 2000.
100) T. Zhao, R. Nevatia：Tracking Multiple Humans in Complex Situations, IEEE TRANS. PAMI, 26(9), pp.1208-1221, 2004.
101) 上條俊介, 松下康之, 池内克史, 坂内正夫：「時空間Markov Random Fieldモデルによる隠れにロバストな車両トラッキング」, 『電子情報通信学会論文誌』, D-II, Vol.J83-D-II, No.12, pp.2597-2609, 2000年12月.
102) Anurag Mittal, Larry S. Davis, M2Tracker：A Multi-view Approach to Segmenting and Tracking People in a Cluttered Scene Using Region-Based Stereo, Proc. of European Conf. on Computer Vision, LNCS 2350, pp.18-33, 2002.
103) 小川貴三, 藤本弘亘：「実空間に対応したMaster-Slavingによる追尾カメラシステム」, 第9回画像センシングシンポジウム, June, 2003.
104) C. Stauffer, W. E. L. Grimson：Learning patterns of activity using real-time tracking, IEEE TRANS. PAMI, 22(8), 747-757, 2000.
105) 和田俊和：「サーベイ：事例ベースパターン認識, コンピュータビジョン」, 『情報処理学会 研究報告』, CVIM, 155(14), 97-114, 2006.
106) O. Boiman, M. Irani：Detecting Irregularities in Images and in Video, Proc. of ICCV 2005, pp.462-469, 2005.
107) 数藤恭子, 大澤達哉, 若林佳織, 安野貴之：「映像時空間内での変化領域を特徴量とする監視映像からの非定常度推定」, 『電子情報通信学会技術研究報告』, PRMU 2006, pp.49-54, 2006.
108) T. B. Moselund, et al.：A survey of advances in vision-based human motion capture and analysis, CVIU Vol.104, pp.90-126, 2006.
109) 土屋成光, 藤吉弘亘：「屋外環境下における移動体識別に用いる入力特徴のAdaBoostによる評価」, 『第12回画像センシングシンポジウム予稿集』, pp.277-283, 2006.
110) 中山収文, 三浦真樹：「安心・安全社会を支える画像認識による広域監視技術」, 『雑誌FUJITSU』, 第57巻第5号, pp.539-544, 2006.
111) 関真規人, 和田俊和ほか：「背景変化の共起性に基づく背景差分」, 『情報処理学会論文誌』, 第44巻第SIG5号, pp.54-63, 2003.
112) Ying-li Tian, Arun Hampapur：Robust Salient Motion Detection with Complex Background for Real-time Video Surveillance, IEEE Computer Society Workshop on Motion and Video Computing, 2005.
113) 三宅一永, 米田政明ほか：「時間メディアンフィルタによる降雪ノイズ除去」, 『画像電子学会誌』, 第30巻第4号, pp.251-259, 2001.
114) 小野口一則：「蓄積時間の異なる輝度ヒストグラム間の相関による移動体抽出」, 『画像の認識・理解シンポジウム(MIRU 2006)』, pp.215-221.
115) 「画像処理式転落検知システムの開発」, 『JR East Technical Review』, No.3, pp.61-66, Spring 2003.
116) インターホン工業会HP, http://www.jiia.gr.jp/data/toukei/index.html
117) セコム株式会社 セキュリフェースインターホン, http://www.secom.co.jp/service/hs/goods/interphone.html
118) セコム株式会社 ホームカメラシステム, http://www.secom.co.jp/service/hs/goods/homecamera.html
119) セコム株式会社 セコムIX(画像監視要請システム), http://www.secom.co.jp/service/archi/ix.html
120) 防犯に配慮した共同住宅に係る設計指針(国土交通省), http://www.mlit.go.jp/kisha/kisha06/07/070420/02.pdf, pp.2-12.
121) 住宅における犯罪の防止に関する指針(東京都), http://www.metro.tokyo.jp/INET/OSHIRASE/2006/12/20gci101.htm
122) 荒川区生活安全条例, http://www.city.arakawa.tokyo.jp/reiki_int/reiki_honbun/ap80006381.html
123) 台東区生活安全条例, http://www.city.taito.tokyo.jp/index/download/019009；000001.pdf, p.2.
124) 豊島区生活安全条例, http://www.city.toshima.tokyo.jp/reiki/reiki_honbun/al60006031.html
125) 「安全・安心なまちづくり全国展開プラン」実施状況, http://www.kantei.go.jp/jp/singi/hanzai/dai6/6siryou2-2.pdf, pp.6-7.
126) 防犯優良マンション標準認定基準, http://ssaj.or.jp/manpdf/mansion-ninnteikijunn.pdf, pp.1-5.
127) 学校施設整備指針策定に関する調査研究協力者会議, http://www.mext.go.jp/b_menu/shingi/chousa/shisetu/001/index.htm#toushin
128) 杉並区防犯カメラの設置及び利用に関する条例, http://www.cc.matsuyama-u.ac.jp/~tamura/bouhannkamerajyoureisuginami.htm
129) 安全・安心なまちづくり全国展開プラン 犯罪対策閣僚会議(2005), http://www.kantei.go.jp/jp/singi/hanzai/dai5/5siryou1-4.pdf
130) 学校施設の防犯対策について(文部科学省), http://www.mext.go.jp/b_menu/shingi/chousa/shisetu/005/toushin/021101.htm
131) 平成18年度東京都防犯設備の整備に対する区市町村補助金交付要綱 東京都(2006), http://www.bouhan.metro.tokyo.jp/tokyo/t06_01.pdf, p.2.
132) セキュリティフォーラム セキュリティ産業新聞社, http://www.secu354.co.jp/intv/intv06012501.htm
133) 大東京防犯ネットワーク, http://www.bouhan.metro.tokyo.jp/pickup/2006/04/pickup13.html, http://www.bouhan.metro.tokyo.jp/pickup/2006/05/pickup18.html
134) 都市再生プロジェクト 都市再生本部, http://www.toshisaisei.go.jp/03project/dai9/kettei.html
135) 繁華街・歓楽街を再生するための総合対策の推進 警察庁, http://www.kantei.go.jp/jp/singi/tosisaisei/kanren/061027/siryou5_1_2.pdf
136) 街頭防犯カメラシステム：警視庁, http://www.keishicho.metro.tokyo.jp/seian/gaitoukamera/gaitoukamera.htm
137) 『平成18年版警察白書』, 警察庁, p.127, 2006.
138) ユビキタス街角見守りロボットを活用した社会実証実験を開始 大阪府, http://www.pref.osaka.jp/fumin/html/08519.html
139) 地域の安心・安全とユビキタスネットワーク 立命館大学情報理工学部u-シティコンソーシアム 西尾信彦, http://allkyoto.picky.or.jp/pdf/nishio.pdf
140) ICタグを活用した児童生徒の安心安全確保システム構築事業 調査報告書 経済産業省近畿経済産業局(2006), http://www.kansai.meti.go.jp/2-7it/ic_tag/ic_tag.html
141) セキュリティタウンにおけるIPv6サービス, http://

142) ブロードバンド空白地域解消のための無線アクセスシステムに関する調査検討会第 2 回会合 総務省北陸総合通信局（2006），http://www.hokuriku-bt.go.jp/resarch/non_bb/non_bb_giji2.html
143) 子供を見守る ICT 技術に関する調査検討会 第 2 回会議議事録 総務省北陸総合通信局（2006），http://www.hokuriku-bt.go.jp/resarch/children/children_giji2.html
144)「バイオメトリックセキュリティ・ハンドブック」，バイオメトリクスセキュリティコンソーシアム編，2006．
145) DHS：US-VISIT Program, http://www.dhs.gov/us-visit
146) ICAO-Machine Readable Travel Documents（MRTD），http://www.icao.int/mrtd/biometrics/intro.cfm
147) Drivers licenses now a tool for homeland security, http://www.stateline.org/live/ViewPage.action?siteNodeId=136&languageId=1&contentId=15878
148) Press Releases|Digimarc, http://www.digimarc.com/media/release.asp?newsID=517
149) Viisage Awarded $1.9 Million Contract from Connecticut Department of Motor Vehicles to Provide Advanced Technology Driver's License Solution, http://www.findarticles.com/p/articles/mi_m0EIN/is_2005_July_5/ai_n14711209
150) Identix®-Press Releases, http://www.shareholder.com/identix/ReleaseDetail.cfm?ReleaseID=143964
151) Identix Receives Follow-up Orders from U. S. Department of State for Biometric Technology, http://www.securityinfowatch.com/article/article.jsp?siteSection=418&id=6395
152) Viisage, Identix Merging To Form Biometric ID Giant, http://techweb.com/wire/ebiz/175803897
153) 鉄道局のホームページ―鉄道におけるテロ対策の内容，国土交通省鉄道局，http://www.mlit.go.jp/tetudo/
154) 顔を認識する監視カメラ 関空がひそかに導入していた，ASCII24，http://ascii24.com/news/inside/2002/08/08/637794-000.html
155) 監視カメラ，成田空港にも 財務省は「設置の告示はしない」，ASCII24，http://ascii24.com/news/inside/2002/08/26/638136-000.html
156) Airport anti-terror systems flub tests, USATODAY.com, http://usatoday.printthis.clickability.com/pt/cpt?action=cpt&expire=&urlID=7387802&fb=Y&partnerID=1
157) Face Recognition, http://www.biometricsinfo.org/facerecognition.htm
158) Viisage Lands Manchester（N.H.）Airport, http://boston.internet.com/news/article.php/1136121
159) Palm Beach Airport Won't Use Face-Scan Technology, http://www.local6.com/news/1481249/detail.html
160) Integration of Viisage and ZN Identity Solutions Reaping Dividends for Customers Around the Globe, http://www.findarticles.com/p/articles/mi_m0EIN/is_2004_Jan_26/ai_112535413
161) UAE Airport Tests Facial Biometrics, IDNewswire, Vol.2, No.11, May 28, 2003.
162) Passengers secretly filmed in anti-terror trial, http://www.smh.com.au/articles/2003/01/04/1041566268528.html
163) Iceland places trust in face-scanning, http://news.bbc.co.uk/1/hi/sci/tech/1780150.stm
164) Biometric face recognition to be tested at Zurich airport, http://www.swissinfo.org/eng/swissinfo.html?siteSect=105&sid=1213875
165) IBG：Biometrics in Mass Transit for Surveillance And Access Control, IDNewswire, Vol.4, No.14, August 30, 2005
166) Biometric Benched for Super Bowl, Wired News, http://www.wired.com/news/culture/0, 1284, 56878, 00.html
167) ACLU protests high-tech Super Bowl surveillance, USATODAY.com, http://www.usatoday.com/tech/news/2001-02-02-super-bowl-surveillance.htm
168) OPP uses secret cameras in casinos, Electronic Frontier Canada, http://www.efc.ca/pages/media/2001/2001-01-16-a-torontostar.html
169) Hand scanners give customers easy access to safe deposit vaults, Las Vegas SUN, http://www.lasvegassun.com/sunbin/stories/text/2002/jun/03/513528388.html
170) Technology can't beat casino cheaters, silicon.com, http://www.silicon.com/research/specialreports/gambling/0,3800010160,39153954,00.htm
171) Macau Casinos Eye Facial Recognition to Nab Cheats, SecurityInfowatch.com, http://www.securityinfowatch.com/online/Gaming/Macau-Casinos-Eye-Facial-Recognition-to-Nab-Cheats/4559SIW344
172) Borders Books Kills face-scanning plan amid criticism, COMPUTERWORLD, http://www.computerworld.com/securitytopics/security/story/0,10801,63359,00.html
173) Virginia Beach Installs Face-Recognition Cameras, http://www.washingtonpost.com/ac2/wp-dyn/A19946-2002Jul3
174) London Borough of Newham-Face Recognition, http://www.spy.org.uk/n-mandrake.htm
175) Tampa drops face-recognition system, CNET News.com, http://news.com.com/Tampa+drops+face-recognition+system/2100-1029_3-5066795.html
176) Three Cities Offer Latest Proof That Face Recognition Doesn't Work, ACLU Says, http://www.aclu.org/privacy/spying/14872prs20030902.html
177) Q&A On Face-Recognition, American Civil Liberties Union, http://www.aclu.org/privacy/spying/14875res20030902.html
178)「2006 画像処理システム市場の現状と将来展望」，富士経済，2006．
179) 堂前，金子ほか：「画像特徴トラッキングのためのひも状柔軟物の特徴抽出」，『ViEW2006 講演論文集』，pp.99-104，2006．
180) 肥塚哲男：「視覚と触覚を用いた製品の組立調整・試験技術」，『第 8 回外観検査自動化ワークショップ講演論文集』，pp.70-77，1996
181) 菅 泰雄：「視覚・画像処理等を応用した溶接ロボットの研究例とその考え方」，『画像応用技術専門委員会研究会報告』，第 20 巻 4 号，pp.7-12，2006．
182) 野副，二宮ほか：「半導体デバイスの高品質・高効率生産を実現する検査・解析ソリューション」，『日立評論』，第 86 巻 7 号，pp.465-470，2004．
183) http://www.tc-iaip.org/
184) 中川泰夫：「半導体検査における技術課題と展望」，『ViEW2005 講演論文集』，pp.1-5，2005．
185) 宮本 敦，本田敏文：「SEM-ADC 用異物膜上／膜下分類アルゴリズムの開発」，『ViEW2005 講演論文集』，pp.62-67，2005．
186) 坂田，金子ほか：「テスト特徴法に基づく逐次パタン学習と欠陥画像分類への応用」，『電学論 C』，第 124 巻 3 号，pp.689-698，2004．
187) 浅野，川目ほか：「カラー CRT ディスプレイの白色均一性定量評価」，『信学論』，J73-D-Ⅱ 6 号，pp.830-839，1990．
188) 浅野敏郎：「画質定量評価における問題点と期待」，『電

気学会研究会資料』, IIS-06-19, pp.1-6, 2006.
189) 大山, 今井ほか（編）：『感覚・知覚心理学ハンドブック』, 誠信書房, 1994.
190) 森, 田村ほか：「認識限界コントラストに基づいた輝度ムラの定量評価」, 『映像情報メディア学会誌』, 第56巻11号, pp.1827-1840, 2002.
191) 棚澤, 鈴木ほか：「液晶表示素子の表示むら評価技術の開発」, 『精密工学会誌』, 第66巻1号, pp.152-156, 2000.
192) 柏木利幸, 大恵俊一郎：「色の均一性評価」, 『第14回外観検査の自動化ワークショップ講演論文集』, pp.73-78, 2002.
193) 石原満宏, 佐々木博美：「合焦点法による高速三次元形状計測」, 『精密工学会誌』, 第63巻1号, pp.124-128, 1997.
194) Akira Ishii：3-D Shape Measurement Using a Focused-Section Method」, Proc. 15th Int. Conf. on Pattern Recognition Vol.4, pp.828-832, 2000.
195) 北川克一：「超精密3次元形状計測の最新動向」, 『ViEW2006ビジョン技術の実利用ワークショップ講演論文集』, pp.1-7, 2006.
196) 棚澤, 城山ほか：「投影像の明暗解析によるガラスの表面うねり形状の測定」, 『精密工学会誌』, 第67巻7号, pp.1096-1100, 2001.

第V編
標準化編

1　2値画像符号化標準

1.1　2値画像符号化

　2値画像の主たるアプリケーションがファクシミリであることから，2値画像の符号化に関しては，電話回線の開放を契機としたファクシミリ市場の創設を背景とするG3ファクシミリ標準や，JBIG標準など国際標準の作成作業が，その研究推進の原動力となってきた。ディジタル画像としては2値画像が最も簡易であるため，その符号化や信号処理については，多値画像よりも理論的な解析が先行することになり，その結果，画像符号化のもつ汎用的な課題が明確化されることにもなった。そこで2値画像符号化標準の紹介に先立ち，2値画像符号化の歴史を概観する。

　(1)　1次元符号化

　1次元符号化とは水平方向の相関のみを利用するもので，その代表が（1次元）ランレングス符号化である。ランレングス符号化とは，同一色の画素が続く長さを符号化するもので，ランレングス符号化を前提としたときの2値情報源の情報量は，画像信号を二重マルコフ情報源と見たときの情報量を上まわらないことが知られている。2値画像ではランの種類は2とおりであり，両者は交互に現われるので，最初の色をデフォルトで白と決め，ランレングス0の符号語を定義しておけば，色を明示的に符号化する必要はなくなり，それぞれの色ごとに異なる符号を設定しても識別が可能となる。G3ファクシミリでは，ランレングス符号化に分類されるモディファイドハフマン（modified Huffman；MH）符号化方式が必須符号化方式として規定されている。

　(2)　2次元符号化

　より高い圧縮性能を得るために1970年代の初頭から2次元相関の利用が検討されはじめた。まず，2ラインを一括処理する符号化が提案され，従来の1次元符号化と比較してある程度の向上が得られたが，一括ライン数をさらに増加させて圧縮比を向上させる試みが必ずしもうまくいかなかったこともあり，複数ライン一括処理型から，つねに前ラインを参照するライン逐次処理型に研究が向かうことになった。ライン逐次処理は2次元変化点モデル方式と2次元マルコフモデル方式に分かれて発展し，標準化との関連では前者がMR符号化方式に，後者がJBIG標準につながった。

　(3)　ファクシミリ符号化標準

　ディジタル符号化の最初であるG3ファクシミリの符号化標準としては，1次元方式であるMH符号化方式が必須機能として採用され，オプションの2次元符号化としては，2次元変化点モデル方式のMR符号化方式が採用された。その後，通信路での誤り再送を前提としてG4ファクシミリ用にMMR符号化方式が提案された。また，主としてJTC1で検討されたJBIGやJBIG2も，その後それぞれITU-T T.85，T.89というプロファイル標準の作成を得て，ファクシミリの符号化に採用されている。したがって，G3・G4符号化標準という表現でMH/MR/MMR符号化方式のみを指すのは厳密には正確ではないが，以下では慣用的な呼び方にならうこととする。

1.2　G3・G4符号化標準（MH，MR，MMR）[1]

1.2.1　MH符号

　たとえば，B4幅（256 mm），8点/mmの画素解像度の画像をランレングス符号化すると，ライン単位でランを終端してもランレングスの

第1章 2値画像符号化標準

表 1.1 MH 符号
(a) ターミネーティング符号

ランレングス	白用符号語	黒用符号語	ランレングス	白用符号語	黒用符号語
0	00110101	0000110111	32	00011011	000001101010
1	000111	010	33	00010010	000001101011
2	0111	11	34	00010011	000011010010
3	1000	10	35	00010100	000011010011
4	1011	011	36	00010101	000011010100
5	1100	0011	37	00010110	000011010101
6	1110	0010	38	00010111	000011010110
7	1111	00011	39	00101000	000011010111
8	10011	000101	40	00101001	000001101100
9	10100	000100	41	00101010	000001101101
10	00111	0000100	42	00101011	000011011010
11	01000	0000101	43	00101100	000011011011
12	001000	0000111	44	00101101	000001010100
13	000011	00000100	45	00000100	000001010101
14	110100	00000111	46	00000101	000001010110
15	110101	000011000	47	00001010	000001010111
16	101010	0000010111	48	00001011	000001100100
17	101011	0000011000	49	01010010	000001100101
18	0100111	0000001000	50	01010011	000001010010
19	0001100	00001100111	51	01010100	000001010011
20	0001000	00001101000	52	01010101	000000100100
21	0010111	00001101100	53	00100100	000000110111
22	0000011	00000110111	54	00100101	000000111000
23	0000100	00000101000	55	01011000	000000100111
24	0101000	00000010111	56	01011001	000000101000
25	0101011	00000011000	57	01011010	000001011000
26	0010011	000011001010	58	01011011	000001011001
27	0100100	000011001011	59	01001010	000000101011
28	0011000	000011001100	60	01001011	000000101100
29	00000010	000011001101	61	00110010	000001011010
30	00000011	000001101000	62	00110011	000001100110
31	00011010	000001101001	63	00110100	000001100111

種類は,各色2000にも達する。このランレングス情報源に対しハフマン符号化を施し最適な符号を構成すると装置コストも高くなり,また汎用性のある統計データの取得にも手間がかかる。

そこで,ファクシミリ画像では一般にラン長の短いものほど出現確率が高いことに着目し,ワイル符号・規則性識別符号など,ラン長の計数値を巧みに利用した符号が古くから提案されてきた。しかし,これらの符号では計数値順と符号長順を決して逆にできないため,効率には限界があった。

そのような状況のなかで,計数値利用の概念から離れ,通常のハフマン符号と遜色のない効

表 1.1 MH 符号
(b) メークアップ符号

ランレングス	白用符号語	黒用符号語	ランレングス	白用符号語	黒用符号語
64	11011	0000001111	960	011010100	0000001110011
128	10010	000011001000	1024	011010101	0000001110100
192	010111	000011001001	1088	011010110	0000001110101
256	0110111	000001011011	1152	011010111	0000001110110
320	00110110	000000110011	1216	011011000	0000001110111
384	00110111	000000110100	1280	011011001	0000001010010
448	01100100	000000110101	1344	011011010	0000001010011
512	01100101	0000001101100	1408	011011011	0000001010100
576	01101000	0000001101101	1472	010011000	0000001010101
640	01100111	0000001001010	1536	010011001	0000001011010
704	011001100	0000001001011	1600	010011010	0000001011011
768	011001101	0000001001100	1664	011000	0000001100100
832	011010010	0000001001101	1728	010011011	0000001100101
896	011010011	0000001110010	EOL	000000000001	

ランレングス	共通符号語
1792	00000001000
1856	00000001100
1920	00000001101
1984	000000010010
2048	000000010011
2112	000000010100
2176	000000010101
2240	000000010110
2304	000000010111
2368	000000011100
2432	000000011101
2496	000000011110
2560	000000011111

率を大幅な符号メモリ容量の節約の下で実現したのが，モディファイドハフマン（MH）符号である．この符号は，イギリスの提案によるもので，G3 ファクシミリの国際標準として採択されている．

(1) MH 符号の構成

MH 符号ではランレングスを，64 の倍数部分を表わすメークアップ符号と，63 以下の部分を表わすターミネーティング符号とで合成表現する．すなわち，ラン長 L を $L=64M+N$ と分解し，M（$0 \leq M \leq 40$）および N（$0 \leq N \leq 63$）の分布に従い，同一の符号空間上で符号を割り当てる．したがって，各色 100 とおり程度の符号語を記憶するメモリがあればよい．表 1.1 は MH 符号の一覧である．

なお，ラン長が 64 未満ならターミネーティング符号のみで表わされ，ラン長がちょうど 64 の倍数なら対応メークアップ符号に続いてラン 0 のターミネーティング符号が送付される．また，ラン長が 2624 以上の場合は残りのラン長が 2560 未満になるまで 2560 のメークアップ符号を必要回数送信し，残りのラン長が

2560 未満になった時点で，通常のメークアップ符号＋ターミネーティング符号，もしくはターミネーティング符号のみの形で表現する。

(2) ライン同期信号とフィルビット

さて，MH 符号では 1 ラインの最後にライン同期信号（end of line；EOL）が挿入される。このパターンは 0 が 11 個のあとに 1 が 1 個の 12 ビットで構成される。0 が 11 個続くことは符号語の組合せによらず画像データ中ではありえないため，0 が 11 個以上のあとに 1 が出現するパターンを符号の切れ目とは無関係につねに検出できるようにしておき，その検出時点でラインの終端と判定するのがよい。

また，EOL が 6 回連続したものを制御復帰信号（return to control；RTC）とよび，ページの最後と判断している。また，G3 ファクシミリではその装置の 1 ラインの最小伝送時間の通知が可能であり，モデムのスピードも考慮した 1 ラインの最低符号長が定まる。そこで，あるラインの符号長が受信端末の必要とする 1 ラインの最低符号長以下になった場合は，フィルビットと称するダミー符号を送る。フィルビットは 0 の可変長信号列であり，EOL の手前に挿入されるので，その長さによらず復号誤りは生じない。

1.2.2 2次元符号化標準：MR 符号化方式

さて，ランレングス符号化方式とは，白と黒の変化位置を符号化していると考えることもできる。この変化位置は一般に垂直方向にも強い相関をもつ。そこで，直上ラインの変化点位置を基準として変化位置を符号化すれば効率的である。MR 符号化方式とは，色が変化する画素位置を，直上の走査線（参照ライン）における変化画素位置を基準に表現する2次元符号化方式である。

MR 符号化方式の説明にあたり，変化画素と符号化モードの定義を行なう。変化画素とは，その色が同一走査線上の直前の画素の色と異なるものをいう。図 1.1 で a_0 をすでに符号化された最後の変化点とする（ただし，ラインの先頭では最初の画素の直前に位置する仮想的白変化画素を a_0 とする）。すると，以下の変化点が定義される。

- a_1：符号化ライン上で a_0 より右の最初の変化画素
- a_2：符号化ライン上で a_1 より右の最初の変化画素
- b_1：a_0 より右で a_0 と反対の色をもつ参照ライン上での最初の変化画素
- b_2：参照ライン上で b_1 より右の最初の変化画素

これを基に，以下の3つのモードが定義される。

①パスモード

b_2 が a_1 より左に位置する場合。符号 0001 を出力し，新しい a_0 を b_2 の下に設定する。

②垂直モード

$a_1 b_1$ の距離が 3 以下である場合。その距離により以下の異なる符号を出力し，新しい a_0 を a_1 の位置におく。

$a_1 b_1$ の距離が 0 なら符号 1 を出力する。a_1 が b_1 の右にある場合は，$a_1 b_1$ の距離が 1 なら符号 011，距離が 2 なら符号 000011，距離が 3 なら符号 0000011 を出力する。a_1 が b_1 の左にある場合は，$a_1 b_1$ の距離が 1 なら符号 010，距離が 2 なら符号 000010，距離が 3 なら符号 0000010 を出力する。

③水平モード

上記以外の場合。符号 001 に続き $a_0 a_1$ の長さ，$a_1 a_2$ の長さのペアをそれぞれの色の MH 符号で出力する。新しい a_0 を a_2 の位置におく。なお，ラインの最初が水平モードの場合は

モード		$V_R(1)$	$V(0)$	$V_R(2)$	$V(0)$	P	$H(6,1)$
符号語		011	1	000011	1	0001	001 1110 010

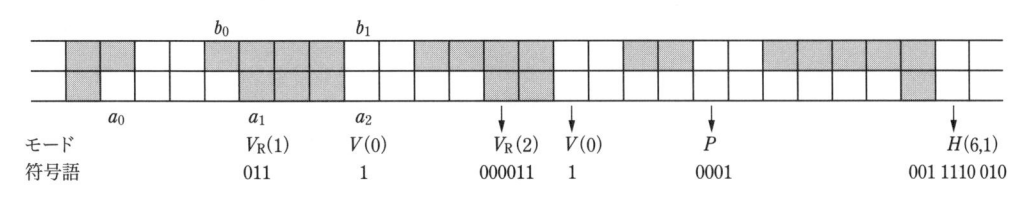

図 1.1　MR 符号化方式例

a_0a_1 の長さではなく，(a_0a_1-1) の長さを符号化する．

ラインの先頭では，既述のように，最初の実在画素の直前に白の仮想画素をおき，これを a_0 とする．また，ラインの最後では実在画素の直後に仮想的変化画素をおき，この位置が符号化された時点でそのラインの符号化を終了する．

2次元逐次符号化では，伝送路での誤りがその後の全画面に波及するおそれがある．このため，K ラインごとに1次元符号化（MH符号化）を実施する．この K の値を K パラメータとよんでいる．K の値は，標準解像度（3.85ライン/mm）の場合は2，高解像度（7.7ライン/mm）の場合は4とする．ライン同期信号（EOL）は MH 符号の場合と同じで，0が11個のあとに1が1個の12ビットのパターンを用いるが，EOL に続く1ビットを見て，それが0の場合は続くラインが2次元符号化，1の場合は1次元符号化と判定できるようになっている．

MR 符号化におけるフィルビットの挿入は

表1.2　2次元符号表

モード	符号化される要素		記号	符号語
パス	b_1，b_2		P	0001
水平	a_0a_1，a_1a_2		H	001 + $M(a_0a_1)$ + $M(a_1a_2)$[i)
垂直	a_1 が b_1 の直下	$a_1b_1=0$	$V(0)$	1
	a_1 が b_1 の右側	$a_1b_1=1$	$V_R(1)$	011
		$a_1b_1=2$	$V_R(2)$	000011
		$a_1b_1=3$	$V_R(3)$	0000011
	a_1 が b_1 の左側	$a_1b_1=1$	$V_L(1)$	010
		$a_1b_1=2$	$V_L(2)$	000010
		$a_1b_1=3$	$V_L(3)$	0000010
拡張	2次元符号化ライン（拡張）			0000001XXX
	1次元符号化ライン（拡張）			000000001XXX[ii)

i) 符号 $M(\ )$ としては，同色の MH 符号を用いる．
ii) 非圧縮は MR 方式のオプショナルな拡張として認められており，XXX は 111 である．非圧縮での符号は以下の表に示す．1次元符号化では，000 で終わるいかなる符号語のあとでも非圧縮モードに入ることは許されない．これは切り替え符号との結合により，ライン同期符号と見誤るためである．

モード	画素パターン	符号語
非圧縮モード継続	1	1
	01	01
	001	001
	0001	0001
	00001	00001
	00000	000001
非圧縮モード終了	なし	0000001T
	0	00000001T
	00	000000001T
	000	0000000001T
	0000	00000000001T

T：次のランの色を表現（0：白，1：黒）．

表1.3　標準文書の符号化ビット数

文書番号	1	2	3	4	5	6	7	8	平均
G4（MMR）	144822	86424	229648	554193	257773	133205	554253	152792	264138
G3（MR）	337775	260799	399411	727041	427661	304147	690555	333142	435066
G3（MH）	402491	324216	555042	921131	581353	451966	884695	526516	580926

各文書の画素数は 1728 × 2376 = 4105728 である．
G4 符号化は 24 ビットの EOFB 信号を含む．
G3 符号化のライン最小伝送時間は 20ms で，MODEM 速度は 4800bit/s，ライン同期信号，RTC を含む．
MR 符号化の K パラメータは 4 である．

MH 符号化と同様であり，RTC は 6×（EOL+1）である．また，MR 符号化のオプショナル符号化方式として非圧縮モードが制定されている．表1.2に2次元符号化のモード判定表を示す．

1.2.3　拡張2次元符号化標準：MMR 符号化方式

MMR（modified modified READ）符号化方式は MR 符号化方式と原理的に同じ符号化方法であるが，ネットワークでエラーフリーが保証されているという前提でさらに効率化が図られており，G4 ファクシミリと，G3 ファクシミリの誤り訂正モード（error correction mode；ECM）の符号化に採用されている．MMR 方式の MR 方式との大きなちがいは以下に示すとおりである．

- すべてのラインで2次元符号化方式（$K=\infty$）とし，最初のラインの符号化では前ラインを仮想的全白ラインと想定する．
- ライン同期信号はすべて省略し，ページの最後はファクシミリブロック終端符号（EOFB）として EOL（11個の0と1個の1）を2回くり返す．
- ファクシミリブロック終端符号（EOFB）の直後に可変長の0（パッドビット）を付加し，符号の最後をバイトバウンダリに合わせる．

なお，他の符号化モードへ移行する拡張コードは 0000001XXX であり，XXX = 111 の場合には MR 符号化と同様に非圧縮モードへ移行する．

1.2.4　符号長比較

表1.3に CCITT のテストドキュメント No. 1〜8 の符号化ビット数を示す．この結果から，8 点/mm の画像での MH 符号の圧縮率は約 7.1，MR 符号は約 9.4，MMR 符号は約 15.5 である．

1.3　JBIG 符号化標準[2]

JBIG 符号化標準とは，JBIG（Joint Bi-level Image Experts Group）という団体により作成された最初の標準である ITU-T T.82｜ISO/IEC 11544（Progressive bi-level image compression）を指す．また，後述の JBIG2 の登場後はその区別を明確にするため，JBIG1 とよぶことがある．JBIG 標準誕生の背景としては，従来のファクシミリ用符号化標準である MH，MR，MMR などがハーフトーン画像など変化点の多い画像の符号化には適さないことや，最高解像度の画像を上から下へ伝送する逐次的（シーケンシャル）符号化方式を前提としており，ソフトコピー通信における階層的（プログレッシブ）符号化方式に適用できないことなどがあげられる．

前者の問題とは MH，MR がテキスト画像や線画に対して最適化され，かつ符号が固定であるため，これらと性質の著しく異なる画像に対しては効率が大きく低下する現象を指す．たとえば，黒と白が1画素単位で変化する画像に MH 符号化を施すと，符号長は元のデータの 4.5 倍にまで増大する．

また，後者の階層的伝送の利点とは，データベースアクセスにおいて全体像の早期把握が可

能なこと，ディスプレイとプリンタなど，異なる解像度の端末に送るデータの共通化・効率化が図れること，伝送エラーの画質への影響が判断しやすく，エラーの重要性の評価がしやすくなるなどである．階層的符号化の概念図を図1.2に示す．

図1.2の例では，原画の解像度を400 dpi，階層数を6，最低解像度を12.5 dpiとしている．まず，送信側では縮小処理（progressive reduction standard；PRES）を逐次行ない，最低解像度画像を作成する．1段階目（開始レイヤー）はこの画像を単独で送信する．

次に，この最低解像度画像から，25 dpiの画像を得るために必要となる付加情報を送信する．以降の段階では，送受信側で共有している低解像度情報を符号化に利用できるので，2段階目以降を差分レイヤーとよぶ．受信側では，この付加情報と最低解像度の画像とから25 dpiの画像を得る．

以下同様にして付加情報を送信し，受信側では徐々に解像度の向上した画像を得ることができ，最終的に原画像を得る．JBIGのベースシステムを図1.3に示す．

最初のブロックは画像縮小（PRES）のブロックである．次は典型予測（typical prediction；TP）を行なうブロックであり，第3のブロックは決定的予測（deterministic prediction；DP）を行なうブロック，第4ブロックは参照画素から構成されるモデルテンプレートによりコンテクスト情報を作成するブロックで，参照画素を可変とする適応テンプレート機能を有している．最後がエントロピー符号化を行なう算術符号化ブロックである．

エントロピー符号化とは，情報量を符号量の実現目標値とした符号化作業であるが，符号については表形式で表わせるブロック符号と，表形式では表わすことができず手続きとして表現されるノンブロック符号とに大きく分かれる．上述のMH，MR，MMRはいずれもブロック符号であるのに対し，JBIGなどで採用されている算術符号はノンブロック符号に分類される．

1.3.1 JBIGの伝送モード

JBIGには3つの伝送モードが定義されている．まず目的とする解像度の画像を直ちに送るモードであり，JBIGのタイトルにある"progressive"を意識して"single-progression sequential mode"とよばれる．

残る2つのモードは実際に縮小処理が関与しており，1つは"progressive mode"で，原画に対し解像度を水平・垂直ともに1/2にする低解像度化処理（縮小処理）をくり返し行ない，作成された最低解像度の全画面をまず送信する．次に順に差分レイヤー情報を送り，受信側

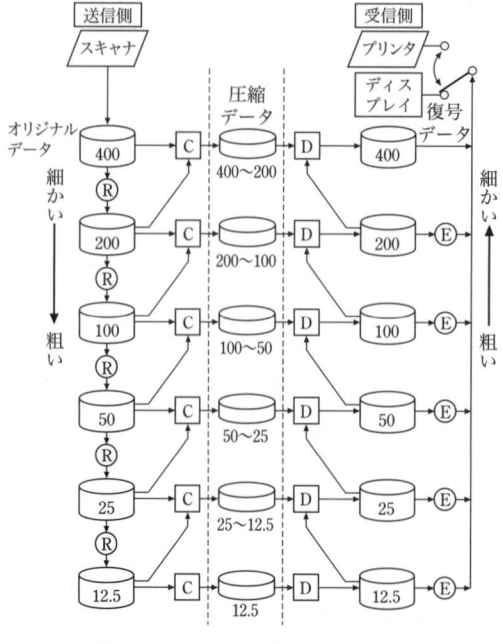

図1.2 JBIG標準化対象システム

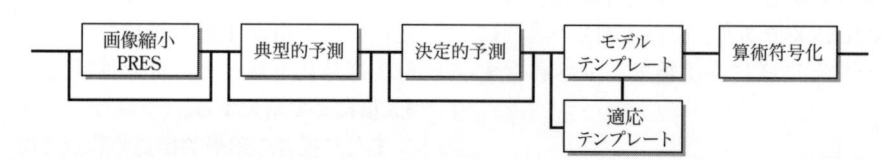

図1.3 JBIGベースシステム

では受信画像全体を逐次高い解像度の画像に書き換えて，プログレッシブ表示を行なう。このモードでは受信側にもフレームメモリが必要である。

最後のモードは，フレームメモリを保有しない端末を想定し，画像を複数のストライプ（帯）に分割し，ストライプ内ではプログレッシブ伝送をするもので，受信側ではストライプメモリさえあればストライプ単位でシーケンシャルに表示されるもので，"progressive-compatible sequential mode"とよばれる。このようにストライプ単位で各レイヤーの情報を構成すると，送信側では1つのデータセットをもち，その送出順序を変えることでフレームメモリのある端末，ない端末のどちらにも対応できるので，シングルデータベース構成が可能となる。

1.3.2 縮小処理

JBIG における低解像度画像作成（縮小）アルゴリズムは，PRES とよばれる方式が標準に位置づけられている。縮小に用いる参照画素は図1.4に示すように，縮小対象領域の4画素（0，1，3，4）と，その周辺5画素（2，5，6，7，8）と，すでに縮小した結果を示す3画素（9，10，11）の合計12画素である。

その関数はテーブル参照で与えられている。この変換方式は多くの実画像に適用して画質を検証することで導かれた。なお，縮小方式が交信性に影響するのは，以下に述べるDPという機能を用いる場合であり，DPを用いなければ標準以外の縮小方式を用いても交信上の問題は生じない。また，独自の縮小方式とそれに適合した独自DPを組み合わせることも可能である。

1.3.3 典型予測（typical prediction；TP）

縮小画像で領域が全白や全黒など一様になる部分は，高解像度においてもやはり一様な領域と考えられる。そこで，縮小画素が，その周囲の3×3の領域でも同じ色をとる場合に，その中央画素に対応する1段階高解像度の4画素はすべて縮小画素と同じ色と予測するというのがTPである。

TPは予測がはずれることもあるので，該当する条件の画素群に対する予測がすべて一致するか，あるいは1画素でも不一致が存在するかを，縮小画像における1ライン，すなわち高解像度画像では2ラインペアを単位として調べ，その結果を高解像度情報の2ラインペア単位の先頭で算術符号化する。もしすべて予測一致であれば，対応ラインにおけるTP対象の画素は，後述するモデルテンプレートに従った符号化の対象から省かれる。TPの予測結果を事前に調べるための送信側の負荷は大きいが，エントロピー符号化/復号の回数はきわめて減少し，復号の高速化が図れる。TPによる符号化効率の向上はあるとしても小さいものである。

また，TP機能は最低解像度画像の符号化についても定義されており，この場合のTPは符号化ラインが直上ラインとまったく同一か否かという条件で記述される。この場合の予測一致率は，差分レイヤーの場合と比較すると当然低くなる。

1.3.4 決定的予測（deterministic prediction；DP）

もし縮小アルゴリズムがわかっていれば，高解像度画像が与えられたとき，低解像度画像は自動的に生成される。逆に，低解像度画像と縮小アルゴリズムが与えられたとき，場合によっては，高解像度画像4画素の一部，もしくはすべてが自動的に定まることがある。

DPとは，この性質を利用し，受信側で確実に言い当てることができる場合については，その画素を以降の符号化対象から送受信側とも除外するというもので，PRESの場合における

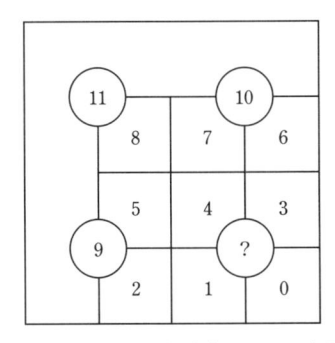

図1.4 低解像度画素値決定のための参照画素

DP 判定テーブルが高解像度画素の 4 とおりの位相に対して求められている。テーブルの内容としては 3 とおりの値があり，0，1 がともに DP 可能でそれぞれ復元値が 0，1 を示し，2 が DP 不可を示す。テーブルサイズは参照可能な復元高解像度画素が位相により異なるので 3 値を 2 ビット表現するとして，$(256+512+1024+2048) \times 2$ ビットとなる。DP による圧縮比の向上効果はテスト画像では 6〜7% であった。

1.3.5 モデルテンプレート

符号化/復号の際に注目画素の予測値と予測一致確率を推定するモデルとして用いる参照画素の幾何学的位置をテンプレート（template）とよぶ。図 1.5 の (a) は差分レイヤー用のモデルテンプレート（model template）で，すでに符号化済みの近傍 6 画素と縮小画像からの 4 画素を参照画素とし，縮小方式に関連して必要となる x 座標，y 座標の位相計 2 ビットを含めた 2^{12} 状態を認識する。

ここで，位相 1 と位相 0 における参照縮小画像は同一であり，参照画素の更新は 2 画素単位で済む（位相 3 と位相 2 も同様）。(b-1)，(b-2) は最低解像度レイヤー用のモデルテンプレートで，圧縮率の高い 3 ライン 10 画素のものと，ソフトウェアでの高速実行のため若干の圧縮率の低下を許した 2 ライン 10 画素のものとがある。当然ながら，最低解像度レイヤーでは位相情報は不要であり，認識する状態数はいずれも 2^{10} である。これらのテンプレートは各種画像データにおける圧縮性能とハードウェアコストのバランスから設定された。

なお，テンプレート内の参照画素のパターンと状態のインデックスとの対応は送受信側で独自に決めてよいので，とくに定義していない。

1.3.6 適応テンプレート

さて，組織的ディザ法による処理を経た画像や，網点写真を読み取った画像では，距離は離れていても特定の位置関係の画素と強い相関をもつことが多い。その相関を符号化圧縮に利用する機能が AT（adaptive template）である。

AT 機能の実現のため，送信側では AT 候補

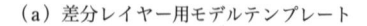

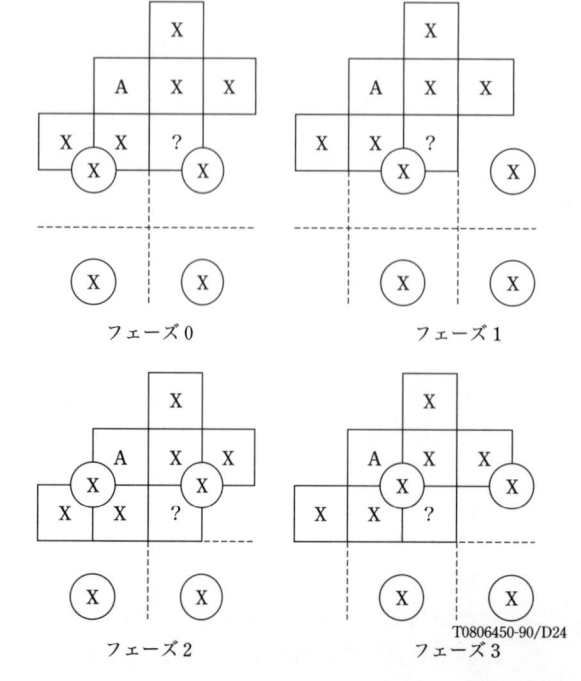

図 1.5 JBIG モデルテンプレート

画素と，符号化画素間の相関の程度を調べておき，ある程度以上強い相関を検知したらモデルテンプレートのうちフローティング画素に指定されている1画素（図1.5のA）と相関の検知された位置の画素とをテンプレート上で置き換える。

AT画素の設定や変更は制御コードを通じて受信側に通知されるので，受信側では候補画素と符号化画素間の相関を測定する必要はなく，また，AT設定の基準も送信側で独自に判断してよい。組織的ディザ法を適用した画像ではAT機能により圧縮率が約80％高まったという例が報告されている。

1.3.7 算術符号

算術符号は数直線符号ともよばれ，シンボル系列をその出現確率に応じて数直線上の領域に割り当て，最後にその対応領域の代表座標を符号語とする。算術符号の特長はマルチコンテクスト情報源の拡大符号化に適していること，適応符号化が容易であること，きわめて高い符号化効率が実現できることなどであるが，実行時間短縮の観点から高速化や簡易化の工夫が重要である。

JBIGで採用された算術符号は，AT＆T，IBM，三菱の共同提案によるもので，QM-Coderとよばれる。QM-Coderではテンプレートで与えられる各コンテクストに対して確率推定値インデックス情報7ビットと，MPS（優勢シンボル；そのコンテクストで白または黒の出現頻度が高いほうのシンボル）の色を示す1ビットとの計8ビットの情報が保持されており，QM-Coderの一部として規定されている統計的学習機能に従って逐次書き換えられている。

純粋の算術符号では，領域計算のための乗算が発生シンボルごとに必要である。QM-Coderでは，その機能を簡易化し，LPS（劣勢シンボル；白または黒の出現頻度が低いほうのシンボル）の領域幅をテーブルでもつ減算型（テーブル参照型）を基本としながら，MPS/LPS条件付き交換の採用によりLPSの領域がMPSの領域より大きくなるという逆転現象を防ぐことで，符号化効率の維持を図っている。

また，各コンテクストの統計値の更新は，有効領域幅が規定値以下になったときの，精度回復処理である再正規化処理（リノーマライズ）に同期させて行なう。統計値の更新手法としては，最初は変化量を比較的大きくとり，しだいに緩やかとするマルチレート遷移が採用されている。なお，カラー静止画符号化標準のJPEGでもまったく同一の算術符号が採用されている。

1.3.8 JBIG圧縮性能

表1.4にJBIG標準画像に対するJBIGベースシステムの圧縮率と，従来標準であるMMR符号化方式の圧縮率の算出結果を示す。一般に，文字画像をスキャンした画像では，1.1〜1.5倍，計算機出力の文字では最大5倍，中間調処理を経た画像では2〜30倍の高い圧縮性能が確認されている。

また，階層的伝送の開始レイヤーの解像度を変化させても通常の文字画像ではほぼ同じ伝送符号量を示すが，ハーフトーンを含む画像では開始レイヤーの解像度が低いほど伝送情報量が増す傾向がある。

表1.4 圧縮率の比較

番号	画像（種別）	JBIG 圧縮率 (A)	MMR 圧縮率 (B)	圧縮率比 (A/B)
1	英文タイプ	117.8	96.0	1.23
2	英文図面	102.3	81.6	1.25
3	和文新聞	11.1	9.0	1.23
4a	組織的ディザ 8×8	9.7	0.7	13.59
4b	誤差拡散	7.3	1.2	5.85
4c	組織的ディザ 4×4	12.1	0.5	23.25
4d	組織的ディザ 3×3	7.2	0.6	12.14
5	手書き文	48.8	35.9	1.36
6	ディザ・英文混在	7.5	1.7	4.46
7	設計図（スキャン入力）	66.1	46.7	1.42
8	設計図（コンピュータ入力）	151.9	45.7	3.32
9	誤差拡散	1.4	0.5	2.93
10	表とグラフ（コンピュータ入力）	164.6	53.3	3.08
	平均	18.4	2.8	6.58

なお，多値画像をビットプレーン表現し，各プレーンをそれぞれ2値画像とみなしてJBIGアルゴリズムを適用することにより多値画像のロスレス符号化も可能であり，そのためのパラメータがヘッダに準備されている。このときのビットプレーン分解の方式についてはアプリケーションマターであるが，グレイコード変換が高い効率を示すのでその採用が推奨されている。

1.4 JBIG2 符号化[3]

JBIG2標準（ITU-T T.88│ISO/IEC 14492：Lossy/lossless bi-level image compression）はJBIGに続いて検討が開始されたもので，パターンマッチング技術を利用した，文字画像のビジュアリロスレス機能がその最大の特長である。以下で，その技術および標準化内容の説明を行なう。

1.4.1 パターンマッチング符号化

パターンマッチング符号化とは，画像から文字パターンを切り出し，その位置と文字パターンのビットマップとを符号化する際に送受信側ですでに送った文字パターンの辞書を形成しておき，符号化する文字パターンのビットマップが過去に送られたある文字パターンのビットマップとの一致度が高ければその文字パターンのビットマップを符号化送信する代わりに，すでに送った類似の文字パターンの，辞書におけるインデックスを符号化送信することにより，ロッシーとはなるが高い圧縮効果を実現するものである。

パターンマッチング符号化はその最初とされる1974年の提案以来，多くの報告が行なわれている。また，1984年には標準化にはいたらなかったものの，CCITTにファクシミリの符号化方式としての提案が行なわれた。

パターンマッチング方式では，マッチングの誤判定による置換誤り（substitution error）の可能性がある。これを避ける手法として，辞書のインデックスを送ると同時に，辞書パターンにおける注目位置の画素情報やその周囲画素も

参照画素に加えたコンテキストモデル符号化を行なうロスレスパターンマッチング符号化方式（ソフトパターンマッチング）が提案されており，JBIG2にも採用されている。

1.4.2 JBIG2概要

パターンマッチング符号化方式は，文字の切り出しやマッチングの判定を行なうフロントエンドと，切り出された文字パターン，および，切り出しの対象とはならなかった残りの部分（residue）などの符号化をそれぞれ個別に行なうバックエンドとからなる。このうち，フロントエンドにおける切り出し方法やマッチング判定の基準は，符号化の交信性には直接影響しない。このため，JBIG2では当初，標準を主として復号側の記述のみにとどめたが，その後，特許問題や実装の便宜を考慮した結果，符号器部分を記述したAMD1が発行されている。

パターンマッチングは，文字部分に対しては効率よい符号化手法を提供するが，非文字部分に対してはそのままでは効果がない。そこで，JBIG2ではJBIGと同様の近接画素参照モデルを用意しており，線画や誤差拡散型ハーフトーンの符号化に効果を有する。

また，組織的ディザ画像や網点画像ではディザマトリックスや網点のサイズを単位としたパターンを擬似文字とみなし，通常のパターンマッチングと同様なロッシー符号化を行なう手法も記述されている。このとき，その濃度をインデックスとすることにより隣接パターン間の相関も利用できる。

1.4.3 JBIG2の仕様

まず，JBIG2の復号器の構成図を図1.6に示す。

（1）セグメント

JBIG2ではすべての符号化データ系列，制御情報などが，セグメントという単位で管理されている。セグメントには，Regionセグメント，Dictionaryセグメント，Controlセグメント，Page informationセグメントの4種類がある。このうち，Regionセグメントは個々の領域ごとの符号化ビットストリームを格納するもので，さらに以下の4種類に分かれる。

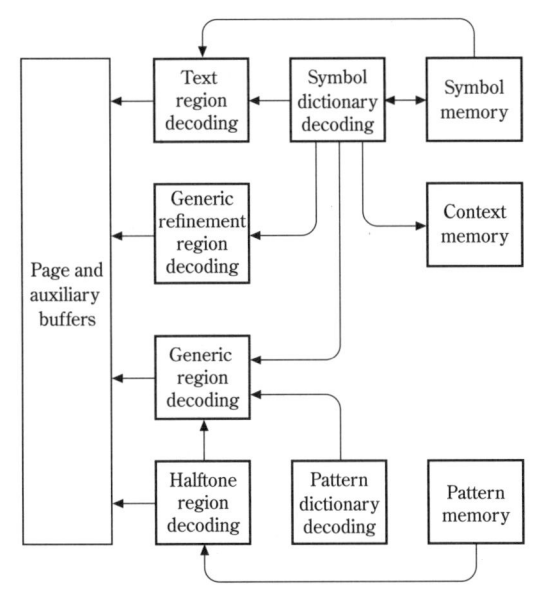

図 1.6 JBIG2 復号器のブロック構成図

① Text region セグメント

これはテキスト領域を構成するセグメントであり，Symbol instance は，通常，シンボル位置とシンボル ID とからなり，対応する Symbol dictionary のビットマップをマッピングすることで，画像が復元される。Symbol instance が Refinement 情報を含む場合は，Symbol dictionary のビットマップに基づき，Refinement region と同様の復号を行なう。

② Halftone region セグメント

このセグメントでは網点の面積率に応じたグレースケール値（多値）が，グレイコード変換により複数のビットプレーンで表現され，MSB から順に送られてくる。ここで，各ビットプレーンは，Generic region 復号手順により復号する。復号されたグレースケール値は，Pattern dictionary のインデックスであるので，対応する Pattern dictionary のビットマップを用いてハーフトーン画像を復元する。

③ Generic region セグメント

このセグメントは線画や Text region で符号化されなかった一部の文字を対象としており，MMR 符号化もしくはマルコフモデル符号化が適用できる。マルコフモデル符号化でのテンプレートは JBIG と共通な 2 とおりの 10 画素テンプレートに 13，16 画素テンプレートを加えた 4 とおりの中から選べる。可動（AT）画素数は 16 画素テンプレートでは 4，他のテンプレートでは 1 である。

④ Refinement region セグメント

このセグメントは，ロッシーからロスレスへの画質向上に用いられ，注目画素の近傍の参照画素値と，マッチングのとれた辞書パターン上の画素値とをコンテキスト入力としたマルコフモデル符号化が行なわれる。

(2) Dictionary の構造

文字データの辞書である Symbol dictionary では，含まれるシンボルのうち同じ高さをもつものを height class としてグループ化している。辞書データのビットマップの符号化は算術符号を使用する場合は，各シンボルごとに個別に符号化するが，MMR を使用する場合は同じ height class をもつシンボルビットマップを連結して作成された画像を符号化する。

ハーフトーンデータの辞書である Pattern dictionary は，同一サイズのハーフトーンパターンと，それぞれのインデックス値（通常はグレースケール値）とで構成される。Pattern dictionary に含まれるハーフトーンパターン自体は，一列に連結され，Generic region と同様の手順により符号化される。このとき，AT 画素は 1 つ前のインデックス値をもつパターンにおける注目画素位置に設定される。

(3) エントロピー符号化

JBIG2 におけるエントロピー符号の選択基準としては，高速実行目的にはあらかじめ用意されたハフマン符号（座標，インデックス情報など）または MMR 符号（ビットマップデータ）を推奨し，高圧縮目的には算術符号を推奨している。算術符号には，JBIG/JPEG で用いられている QM-Coder と若干異なるが，やはり学習型の 2 値算術符号である MQ-coder を使用する。MQ-coder は JPEG2000 にも採択されている。

(4) プロファイル

JBIG2 では，progressive ロスレス機能の有無やエントロピー符号化の方式などをパラメータとしてアプリケーションを分類し，複数のプロファイルを記述しているが，いわゆる必須機能は定義されていない。また，一部のプロファ

表 1.5　各種 2 値画像の符号化結果（bit）

対象画像	頁数	解像度 (dpi)	MMR	JBIG1	ロスレス JBIG2	ロッシー JBIG2 （ハフマン符号）
F04_300	1	300	95,879	77,642	73,422	14,234
Technical Report	23	600	1,260,357	926,229	842,918	184,470
Book	512	600	45,719,356	34,674,283	2,633,977	2,633,977

イルには特許の支払い料が不要と期待できる仕様を記述している。

1.4.4　JBIG2 の評価

　ロッシーの符号化方式については，画質の評価が必要となるが，劣化がほとんどわからないレベルで既存標準のロスレス符号化（JBIG）に対し，4 倍程度の圧縮率が実現できる。また，ソフトパターンマッチングを利用したロスレス方式では活字文字主体の画像において JBIG 標準に対し，約 20% の性能向上が確認されている。表 1.5 に MMR, JBIG1, JBIG2（ロッシー），JBIG2（ロスレス）での符号化例を示す。すなわち，2 値画像符号化標準の MH，MMR, JBIG, JBIG2 は，この順で装置規模がより複雑になり，この順で対象画像の性質にはよらず圧縮性能がより高くなると考えてよい。

1.4.5　AMD2 の制定

　さて，その後，JBIG2 の 16 画素テンプレートで浮動参照画素（adaptive pixel）を規定の 4 画素より多くとると，大きな圧縮率の改善が期待できることが確認されたため，日本からの提案により，JBIG2 の AMD2 として標準の拡張が行なわれた。AMD2 では浮動参照画素の数は最大 12 画素となり，浮動参照画素の設定位置は圧縮性能と装置規模を考慮して副走査方向に 32 ラインの範囲内に限定されたが，AM タイプの網点画像では当初の JBIG2 の圧縮率を最大で 25% 程度向上させることができる。なお，浮動参照画素が多いと，その効率的な位置の組合せを探索するには通常莫大な時間がかかる。このため，遺伝アルゴリズムの適用が検討され，その有効性が確認されている[4]。

文献

1) 画像電子学会編：『画像電子ハンドブック』，コロナ社，1993.
2) 小野文孝，渡辺　裕：『国際標準画像符号化の基礎技術』，コロナ社，1998.
3) 小野文孝：「JBIG, JBIG2 の標準化動向」，『映像情報メディア学誌』，Vol.55, No.5, pp.616-621, 2001.
4) H. Sakanashi, et al.: Evolvable Hardware Chip for High Printer Image Compression, Proc. of 15th Intl. Conf. on AI, MIT Press, pp.486-491, 1998.

2 静止画像関連標準

静止画像符号化の国際標準 JPEG（Joint Photographic Experts Group）は，静止画像符号化の国際標準化を担う機関の名称として，あるいはその作成規格群の愛称として，広く知られるようになっている．JPEGは，静止画像符号化方式の標準化を目的として1986年に設立されて以来，動画像対応ファイルフォーマット，圧縮データの相互通信プロトコル，セキュリティ対策など符号化周辺技術にまで範囲を広げ，現在も精力的な活動を継続している．本章では，JPEGにおいて標準化された符号化方式であるJPEG[1]，JPEG-LS[2]，JPEG2000[3]について紹介する．

2.1 JPEG符号化

2.1.1 JPEGの概要

ディジタルスチルカメラ，ウェブブラウザ，カラーファクシミリなど数多くのアプリケーションで使用されているJPEGは，その基本となる符号化アルゴリズムがJPEG part-1[1]に規定されている．図2.1に符号化アルゴリズムのカテゴリ分けを示す．本標準は大きく2つの圧縮方式に分けられる．第1の方式はDCT（discrete cosine transform）を基本とした方式であり，第2の方式はDPCM（differential PCM）に基づくSpatial方式である．

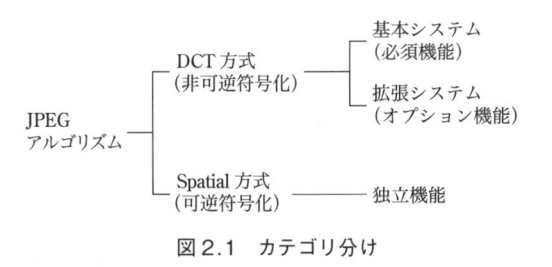

DCT方式は量子化を含むため一般には完全に元の画像は再現されない非可逆符号化であるが，高い圧縮率で符号化を行なった場合においても相応の復号画像品質を得ることができ，本標準の基本となる方式である．一方，Spatial方式は，圧縮率は小さくなるが元の画像を完全に再現する可逆符号化であり，この特性を実現するために標準方式として付加された方式である．

DCT方式はさらに，基本システム（必須機能，base-line system）と拡張システム（オプション機能，extended system）の2つに分類される．基本システムはDCT方式を実現するすべての符号器/復号器がもたなければならない最小限の機能を有し，ほとんどのアプリケーションではこの機能で十分な性能を発揮できる．

一方，Spatial方式は基本システム，拡張システムに対して，独立機能（independent function）とよばれる．基本システム，拡張システム，独立機能の各方式に対する機能の内容を表2.1に示す．本節では，この中で最も広く普及している基本システムについて解説する．

2.1.2 JPEG基本システムの構成

DCT方式のブロック図を図2.2に示す．入力画像は符号器において，DCT，量子化，エントロピー符号化が行なわれ，圧縮データが出力される．復号器では，圧縮データに対してエントロピー復号，逆量子化，逆DCT（IDCT）が行なわれ，復号画像が出力される．基本システムは，復号画像がラスタースキャン順に再生されるシーケンシャル符号化であり，入力画像のビット精度は8ビット/画素/色成分のみに制限されている．8ビット未満の画像は上位に0を詰め8ビットにしてから符号化が行なわれる．

図2.1 カテゴリ分け

表2.1 各カテゴリにおける機能分類

方式	機能
基本システム	・入力画像精度8ビット/画素/色成分
	・シーケンシャル符号化
	・ハフマン符号化（符号テーブルDC/AC 2個ずつ）
拡張システム	・入力画像精度12ビット/画素/色成分
	・プログレッシブ符号化
	・ハフマン符号化（符号テーブルDC/AC 4個ずつ）
	・算術符号化
独立機能	・入力画像精度2〜16ビット/画素/色成分
	・シーケンシャル符号化のみ
	・ハフマン符号化（符号テーブル4個）
	・算術符号化

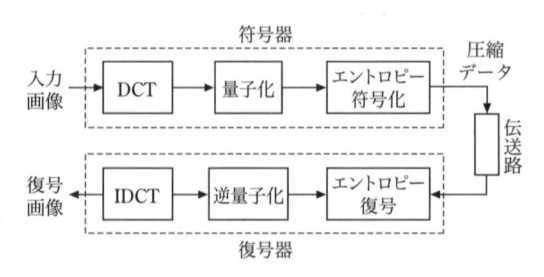

図2.2 JPEG DCT方式のブロック図

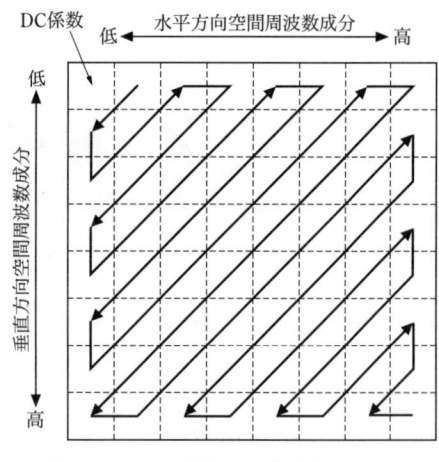

図2.3 DCT係数とジグザグスキャン

2.1.3 DCT

符号器では入力画像を8×8画素のブロックに分割し，2次元のDCTを行なう。DCTにより8×8（64個）の画素データは図2.3に示すように8×8（64個）のDCT係数に変換される。左上の1係数が元の画素データブロックの平均レベルを表わすDC係数であり，残りの63個が元の画素データブロック内の交流成分を表わすAC係数である。AC係数に関しては，図2.3の横方向が水平方向空間周波数成分を表わし，縦方向が垂直方向空間周波数成分を表わす。

2.1.4 量子化

64個のDCT係数は，係数位置ごとに異なるステップサイズで線形量子化される。量子化テーブルとしては，本標準としてデフォルトを規定せず，アプリケーションごとに画像特性・出力装置に応じて最適なものを選択することができる。量子化テーブルは色成分ごとに切り換えができ，設定できる量子化テーブルの数は，基本システム，拡張システムともに4個である。

2.1.5 エントロピー符号化

量子化されたDCT係数はエントロピー符号化され，符号データが出力される。JPEGのエントロピー符号化の方式としては，ハフマン符号化と算術符号化とがあるが，基本システムではハフマン符号が使用される。

(1) DC係数の符号化

まず，ハフマン符号化におけるDC係数のエントロピー符号化のブロック図を図2.4に示す。DC係数は直前に符号化された同一色成分のブロックのDC係数との差分が求められ，表2.2に従ってDC係数の差分値がグループ化される。このグループ化により，DC差分値はグループ番号（SSSS）とグループ内でのDC差分値を示す付加ビット（ビット数はSSSSで示された値と同じ）で表現される。グループ番号

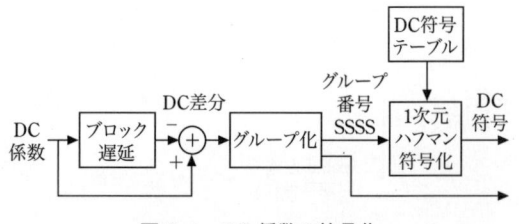

図2.4 DC係数の符号化

表2.2 DC係数の差分値のグループ化

SSSS グループ番号	DC差分	付加ビット数
0	0	0
1	−1, 1	1
2	−3, −2, 2, 3	2
3	−7, ⋯, −4, 4, ⋯, 7	3
4	−15, ⋯, −8, 8, ⋯, 15	4
5	−31, ⋯, −16, 16, ⋯, 31	5
6	−63, ⋯, −32, 32, ⋯, 63	6
7	−127, ⋯, −64, 64, ⋯, 127	7
8	−255, ⋯, −128, 128, ⋯, 255	8
9	−511, ⋯, −256, 256, ⋯, 511	9
10	−1023, ⋯, −512, 512, ⋯, 1023	10
11	−2047, ⋯, −1024, 1024, ⋯, 2047	11
12	−4095, ⋯, −2048, 2048, ⋯, 4095	12
13	−8191, ⋯, −4096, 4096, ⋯, 8191	13
14	−16383, ⋯, −8192, 8192, ⋯, 16383	14
15	−32767, ⋯, −16384, 16384, ⋯, 32767	15

表2.3 AC係数のグループ化

SSSS グループ番号	AC係数	付加ビット数
1	−1, 1	1
2	−3, −2, 2, 3	2
3	−7, ⋯, −4, 4, ⋯, 7	3
4	−15, ⋯, −8, 8, ⋯, 15	4
5	−31, ⋯, −16, 16, ⋯, 31	5
6	−63, ⋯, −32, 32, ⋯, 63	6
7	−127, ⋯, −64, 64, ⋯, 127	7
8	−255, ⋯, −128, 128, ⋯, 255	8
9	−511, ⋯, −256, 256, ⋯, 511	9
10	−1023, ⋯, −512, 512, ⋯, 1023	10
11	−2047, ⋯, −1024, 1024, ⋯, 2047	11
12	−4095, ⋯, −2048, 2048, ⋯, 4095	12
13	−8191, ⋯, −4096, 4096, ⋯, 8191	13
14	−16383, ⋯, −8192, 8192, ⋯, 16383	14
15	−32767, ⋯, −16384, 16384, ⋯, 32767	15

は1次元のハフマン符号テーブルを用いて符号化され，グループ番号のハフマン符号の後に付加ビットがつけられる。

(2) AC係数の符号化

AC係数のハフマン符号化のブロック図を図2.5に示す。63個の2次元配列のAC係数は，まず図2.3に示したジグザグスキャンに従って1次元配列に並び直される。このジグザグスキャンは低周波数成分から高周波数成分に係数を配列するように設定されている。

次に，各係数が0であるかどうかを判定し，連続する0の係数（無効係数）はその長さがランレングスとしてカウントされ，0以外の係数（有効係数）は表2.3に従ってグループ化される。このグループ化により，AC係数はグループ番号（SSSS）とグループ内でのAC係数の値を示す付加ビット（ビット数はSSSSで示された値と同じ）により表現される。

最後に，無効係数のランレングス（NNNN）とそれを終端している有効係数のグループ番号（SSSS）とが2次元ハフマン符号化される。1つの有効係数ごとに，このハフマン符号と付加ビットが出力される。

図2.6に2次元ハフマン符号化の構成を示す。ブロック内の残りのAC係数がすべて0になった時点でEOB（end of block）を送り，これで当ブロックの符号化を終了させる。ブロック内の最後のAC係数が0でないときには

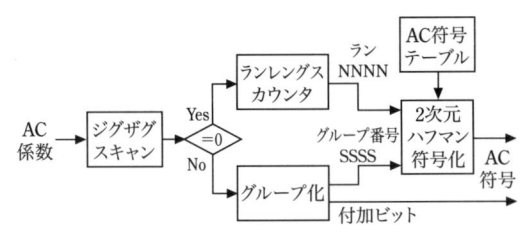

図2.5 AC係数の符号化

		SSSS				
NNNN		0	1	2	⋯⋯	14	15
	0	EOB		ランレングス/グループ番号			
	1						
	⋮						
	14						
	15	ZRL					

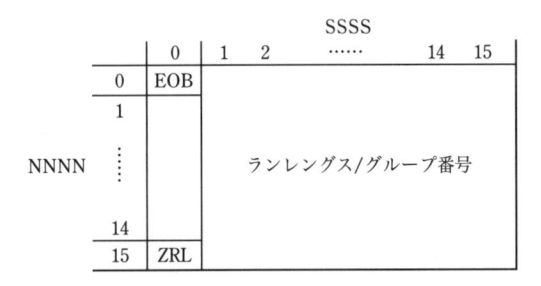

図2.6 2次元ハフマン符号化の構成

NNNN：0〜15の無効係数のランを示す。SSSS：有効係数のレベル値のグループ番号。ただし，SSSS＝0の場合は，NNNN＝0でEOB，NNNN＝1〜14でextended拡張用（EOBのラン），NNNN＝15で16の無効係数ラン（16以上のランはこれをくり返す）。

EOB は送付しない。また，無効係数のランレングスが 15 を超える場合には，16 の無効係数のランレングスを表わす ZRL を，残りのランレングスが 15 以下になるまで連続して出力したあとに，残ったランレングスを NNNN として 2 次元符号化する。

ハフマン符号テーブルとしては，DC 係数，AC 係数に対して，それぞれ基本システムでは 2 個設定でき，色成分ごとに切り換えて用いることができる。

本標準では，デフォルトのハフマン符号テーブルの規定はなく，各アプリケーションで自由に指定できる。ただし，異なるアプリケーション間で圧縮データを受け渡しする場合にはテーブル情報を符号化圧縮データに先立って送らなければならない。ハフマン符号テーブルの転送はハフマンツリーそのものを送るのではなく，このツリーを生成するための情報として次の 2 つのテーブルを送る。

- 何ビットの符号が何個あるかというテーブル
- 発生頻度順に並べた符号化要素（DC 係数なら SSSS，AC 係数なら NNNNSSSS）

なお，ハフマン符号の最長ビット長は 16 とする。

2.1.6 複数色成分の転送順序

画像が複数の色成分（A, B, C）からできているときに，符号器は規定された順番にこれらを符号化するとともに，符号化に必要なテーブルも色成分に応じて切り換える。基本システムの場合，テーブルには量子化テーブルとハフマン符号化テーブルとがある。

符号化転送順序は，以下に示すように大きく分けて，ノンインタリーブ（non-interleave）とインタリーブ（interleave）とがある。

① ノンインタリーブ

1 つの色成分に対し，1 画像全体の圧縮データを転送し終わったあとに次の色成分の圧縮データを転送する。

$$A \rightarrow B \rightarrow C \rightarrow 終了$$

② インタリーブ

1 つの色成分に対し，あらかじめ定められた 1 つの単位を符号化した圧縮データを転送したあとに次の色成分の 1 つの単位を符号化し転送する。転送をくり返す単位を MCU（minimum coded unit）とよぶ。

$$\underbrace{A(1\,単位) \rightarrow B(1\,単位) \rightarrow C(1\,単位)}_{MCU} \rightarrow$$

$$A(1\,単位) \rightarrow \cdots$$

基本システムでは，8×8 画素のブロックを単位としたブロックインタリーブが可能である。

図 2.7 に，すべての成分（A, B, C）が同じ画素数（$X \times Y$ 画素）から構成されている場合のノンインタリーブとブロックインタリーブの符号化転送順序の例を示す。この場合，MCU は A 成分 1 ブロック，B 成分 1 ブロック，C 成分 1 ブロックである。また，図 2.8 に A 成分は $X \times Y$ 画素，B 成分と C 成分は横方向に 1/2 にサブサンプリングされた $(X/2) \times Y$ 画素から構成される場合の符号化転送順序を示す。A 成分 2 ブロック，B 成分 1 ブロック，C 成分 1 ブ

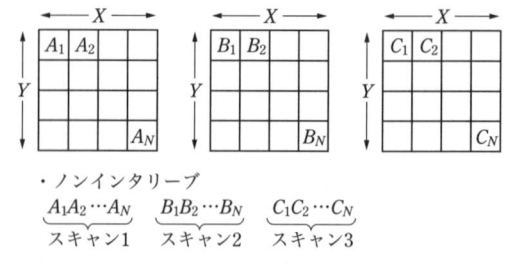

図 2.7 サブサンプリングをしない場合の符号化順序

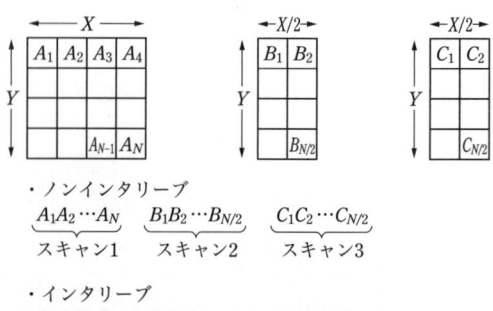

図 2.8 サブサンプリングをした場合の符号化順序

ロックが同一画像領域に対応していることから，これを MCU として符号化転送する。

2.2 JPEG-LS 符号化

2.2.1 JPEG-LS の概要

可逆符号化については JPEG（Spatial 方式）にも記述されているが，それを上まわる圧縮性能の実現と，符号化誤差の最大値が設定値（±n レベル）以内となることが保証された準可逆符号化方式の規定を目的として JPEG-LS が標準化された。比較的簡易な構成の JPEG-LS part-1（基本システム）[2]と，より高い圧縮性能をもつ part-2（拡張システム）からなる。JPEG-LS 基本システムでも，JPEG Spatial 方式（算術符号化使用）と比べ 10% 程度符号量を削減する効果を有している。本節では以下に，基本システムの符号化アルゴリズムを解説する。

2.2.2 JPEG-LS 基本システムの構成

JPEG-LS は，コンテキストモデリングに基づき，各画素での予測誤差を動的なパラメータを有する適応的な可変長符号を用いて符号化する予測符号化方式である[5]。JPEG-LS 基本システムは図 2.9 に示すように，周辺画素が同一値をとらない領域に適した自然画モードと，同一値をとる領域に適した文字・CG モードの 2 つのモードからなる。コンテキストモデリング部において画素ごとにモードが選択され，各種画像に対して効率的な符号化が実現される。

2.2.3 コンテキストモデリング

コンテキストモデリングに基づく符号化では，すでに符号化済みの画素（参照画素）から定まるコンテキストを利用し，符号化対象画素に適した符号化モード，パラメータを選択して符号化を行なう。JPEG-LS では，図 2.10 に示す 4 つの参照画素によりコンテキストを分類する。

まず，隣接する 2 画素間の差分，$D_1=d-b$，$D_2=b-c$，$D_3=c-a$ を求め，あらかじめ設定した閾値を用いて $D_1 \sim D_3$ をそれぞれ 9 とおりに量子化する。これらの量子化結果 $Q_1 \sim Q_3$ の組合せから，コンテキストを定める。ただし，0 を中心として対称な $Q=(Q_1, Q_2, Q_3)$ と $Q'=(-Q_1, -Q_2, -Q_3)$ は，予測誤差の確率分布が 0 を中心として対称となると考えられるので，同一のコンテキストとし，$Q'=(-Q_1, -Q_2, -Q_3)$ の場合には予測誤差の正負を反転して符号化する。したがって，コンテキストの総数は，$(9 \times 9 \times 9 + 1)/2 = 365$ とおりとなる。ここで，参照画素 $a \sim d$ の値がすべて一致する場合（$Q_1=Q_2=Q_3=0$）には，参照画素 a の値を予測値とし，予測が外れるか，そのラインの最後の画素に達するまで，2.3.5 項に述べる文字・CG モードで符号化する。それ以外の場合

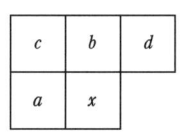

c	b	d
a	x	

図 2.10 JPEG-LS 基本システムの参照画素
x：符号化対象画素，$a \sim d$：参照画素。

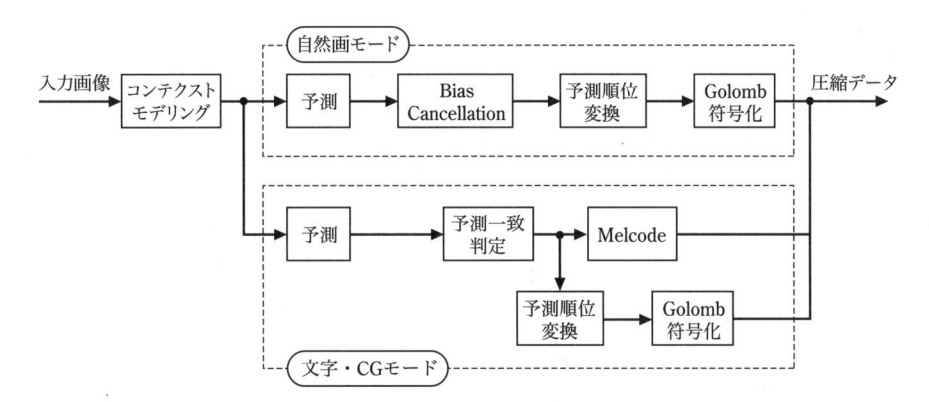

図 2.9 JPEG-LS 基本システムのブロック図

は，自然画モードでそのコンテクストに適した符号化パラメータにより符号化を行なう。

2.2.4 自然画モード

自然画モードでは，注目画素周辺での水平方向や垂直方向の勾配を想定し，図2.10の参照画素 $a\sim c$ の値により，以下のように予測値 P を決定する。

$$P = \begin{cases} \min(a, b) & (c \geq \max(a, b) \text{のとき}) \\ \max(a, b) & (c \leq \min(a, b) \text{のとき}) \\ a+b-c & (\text{それ以外}) \end{cases}$$

(2.1)

ここで，予測誤差（予測値 P と符号化対象画素との差分）は，必ずしも0を中心として両側に減衰する確率分布になる保証はなく，コンテクストによりその中心の値は異なることも起こりうる。そこで，コンテクストごとに予測誤差の累積値を記憶しておき，累積値から推定される予測誤差の平均値を用いて，式（2.1）の予測値を修正する処理（bias cancellation）を行なう。これにより，予測誤差の分布の中心をそろえ，符号量の削減を図ることができる。

次に，正負の値をとる予測誤差 e を，非負の整数である予測順位 $M(e)$ に変換し，$M(e)$ を以下に述べる Golomb 符号[6]を用いて符号化する。この変換により，予測誤差が理想的な分布では出現確率の順に並べ換えられ，Golomb 符号に適した確率分布が得られる。順位変換は原則として式（2.2）に従う。

$$M(e) = \begin{cases} 2 \times e & (e \geq 0 \text{のとき}) \\ -2 \times e - 1 & (e < 0 \text{のとき}) \end{cases}$$

(2.2)

Golomb 符号は，正の符号化パラメータ m（$=2^k$）を用いて，非負の整数 n を以下の2つの部分からなる2値シンボル列に変換する符号である。

- $\lfloor n/m \rfloor$ 個の "0" ＋1個の "1"
- mod (n, m) の自然2進表現

ただし，$\lfloor\ \rfloor$ は小数点以下の切り捨て，mod (n, m) は $n \div m$ の剰余を表わす。

この符号はパラメータ k を適切に選べば，負の指数分布に従う非負の整数に対するハフマン

表2.4 Golomb 符号の例（$k=2$）

n	符号語
0	1　0　0
1	1　0　1
2	1　1　0
3	1　1　1
4	0　1　0　0
5	0　1　0　1
6	0　1　1　0
7	0　1　1　1
8	0　0　1　0　0
9	0　0　1　0　1
10	0　0　1　1　0
11	0　0　1　1　1
12	0　0　0　1　0　0
⋮	⋮

符号となっている。表2.4に $k=2$ の例を示す。符号化パラメータは，コンテクスト Q ごとに過去の予測誤差の絶対値の累積値（$A[Q]$），そのコンテクストの出現頻度（$N[Q]$）を蓄えておき，以下の式を満たす k を求めることにより得られる。

$$2^{k-1} < A[Q]/N[Q] \leq 2^k \quad (2.3)$$

ここで，$A[Q]/N[Q]$ の割り算を行なわなくても，$A[Q]$ と $N[Q] \cdot 2^k$（$k=0, 1, 2, \cdots$）を $k=0$ から順に比較していくことで，容易に最適な k を算出できる。

2.2.5 文字・CGモード

自然画モードでは，最低でも1画素につき1ビットの符号が発生するため，予測一致確率が十分高い場合には符号化効率の低下をきたす。そこで，そのような状況が予測される場合には，文字・CG モードで Melcode[4] を使った情報源の拡大（複数画素の情報に1つの符号語を割り当てる）を行ない効率的な符号化を実現している。Melcode は，次数 r（$=2^n$）を符号化パラメータとしてもつ，以下の規則により生成される2値シンボルを対象とした符号である。

- MPS（more probable symbol；出現確率の高いほうの2値シンボル）が連続して r 個

表 2.5 Melcode の例（次数 $r=4$）

通報	符号語
0 0 0 0	1
1	0 0 0
0 1	0 0 1
0 0 1	0 1 0
0 0 0 1	0 1 1

0：MPS，1：LPS。

表 2.6 Melcode の状態と次数

状態	次数 r	状態	次数 r
S_0	1	S_{16}	16
S_1	1	S_{17}	16
S_2	1	S_{18}	32
S_3	1	S_{19}	32
S_4	2	S_{20}	64
S_5	2	S_{21}	64
S_6	2	S_{22}	128
S_7	2	S_{23}	128
S_8	4	S_{24}	256
S_9	4	S_{25}	512
S_{10}	4	S_{26}	1024
S_{11}	4	S_{27}	2048
S_{12}	8	S_{28}	4096
S_{13}	8	S_{29}	8192
S_{14}	8	S_{30}	16384
S_{15}	8	S_{31}	32768

出現した場合，1 ビットの符号 "1" を出力する。

- MPS が r 個出現する前に LPS (less probable symbol；出現確率の低いほうの 2 値シンボル) が出現した場合，1 ビットの符号 "0" に続いて MPS の個数 ($<r$) の自然 2 進表現 n ビットを符号として出力する。

表 2.5 に $r=4$ の例を示す。文字・CG モードの場合には，予測値を参照画素 a の値とし，文字・CG モードに入ってから予測が外れるまでの連続した画素での予測の一致/不一致という 2 値情報を，予測一致が MPS，不一致が LPS として，Melcode により符号化している。

Melcode の次数 r は，以下に示す MPS のカウンタを用いた状態遷移規則により，2 値シンボルの出現頻度に応じて動的に決定される。

- MPS の数が次数 r に達した場合，符号を出力したのち，表 2.6 に従って状態を 1 段階上げる。ただし，状態 S_{31} の場合，状態は変化させずに符号だけ出力する。
- LPS が発生した場合，符号を出力したのち，状態を 1 段階下げる。ただし，状態 S_0 の場合，状態は変化させずに符号だけ出力する。

予測が外れて文字・CG モードが終了する画素では，さらに予測誤差を符号化する必要がある。この場合には，2 とおりのコンテキスト ($a=b$ の場合と $a \neq b$ の場合) に分類して，予測誤差を Golomb 符号化する。それぞれのコンテキストでの符号化パラメータの算出方法は自然画モードの場合と同様である。

2.2.6 準可逆符号化

JPEG-LS の特徴的な機能として，準可逆符号化がある。これは，再生画像と原画像との各画素における誤差が必ずある規定範囲（$\pm n$ レベル）内に収まる符号化方式である。JPEG-LS では準可逆符号化を，予測誤差 e を $e \geq 0$ では $\lfloor (e+n)/(2n+1) \rfloor$，$e<0$ では $-\lfloor (-e+n)/(2n+1) \rfloor$ としてレベル数を削減することにより実現している。予測誤差ではなく，原画像のレベル数を $1/(2n+1)$ に削減して準可逆とすることも可能である。しかし，後者の方法は前処理としても実現できること，前者は再現できるレベル数が多く画質的に優れているという理由から，標準には予測誤差のレベル数を削減する方式が採用されている。

2.3 JPEG2000 符号化

2.3.1 JPEG2000 の概要

JPEG2000 は，

- JPEG より優れた圧縮性能
- 解像度/SNR に応じた段階的伝送
- 圧縮データ上でのランダムアクセスおよび編集
- 非可逆/可逆統一アルゴリズム

- 指定符号量での符号化
- ROI 符号化（選択領域優先符号化）
- エラー耐性

などの特徴を備えた符号化アルゴリズムとその関連技術を規定した標準である．従来標準のJPEGからさらなる機能・性能向上を求める要望に応え，上記機能実現を目標とするJPEG2000の標準化が1997年から開始された．符号化アルゴリズムは，基本的な機能を規定した基本システム（JPEG2000 part-1）[3]と拡張機能を規定した拡張システム（JPEG2000 part-2）に分けて標準化された．JPEG2000とJPEGの基本システムを比較すると，一般に30%以上少ない符号量で同等のSNRが実現できる．符号化アルゴリズムのほか，動画像対応フォーマット（part-3），適合性試験（part-4），参照ソフトウェア（part-5）など現在13パートの標準化が完了あるいは審議中である．本節では以下に，JPEG2000符号化アルゴリズムの基本システムを解説する．

2.3.2 JPEG2000の基本構成[3]

JPEG2000符号化のブロック構成を図2.11に示す．入力画像は，必要に応じて色座標変換を行なったのち，各成分を独立に（他の成分の情報は参照せず）符号化する．色座標変換としては，3成分に対する可逆あるいは非可逆での色座標変換が規定されており，順変換はそれぞれ式（2.4），（2.5）で表わされる．式（2.5）で入力 I_0, I_1, I_2 が RGB 信号の場合，YC_bC_r 信号への変換となる．

$$\begin{cases} Y_0(x,y) = \lfloor \{I_0(x,y) + 2I_1(x,y) + I_2(x,y)\}/4 \rfloor \\ Y_1(x,y) = I_0(x,y) - I_1(x,y) \\ Y_2(x,y) = I_2(x,y) - I_1(x,y) \end{cases}$$

(2.4)

$$\begin{cases} Y_0(x,y) = 0.299 \cdot I_0(x,y) + 0.587 \cdot I_1(x,y) \\ \qquad\qquad + 0.114 \cdot I_2(x,y) \\ Y_1(x,y) = -0.16875 \cdot I_0(x,y) - 0.33126 \cdot I_1(x,y) \\ \qquad\qquad + 0.5 \cdot I_2(x,y) \\ Y_2(x,y) = 0.5 \cdot I_0(x,y) - 0.41869 \cdot I_1(x,y) \\ \qquad\qquad - 0.08131 \cdot I_2(x,y) \end{cases}$$

(2.5)

また，JPEG2000では，入力画像をタイルとよばれる複数の矩形ブロック（画面の端を除き同一サイズ）に分割して処理する機能を有している．各タイルは独立した画像として，たがいの相関は使わずに符号化されたのち，1つの圧縮データにまとめられる．ただし，1つのタイルの符号を圧縮データ内に分散して配置することも可能である．

2.3.3 ウェーブレット変換

JPEG2000では，低ビットレートでの画質維持や所望の周波数成分の抽出が容易なことから，変換方式としてウェーブレットを採用している．変換フィルタは用途別に2種類用意する．非可逆/可逆統一的符号化をサポートするための (5,3) 可逆フィルタ[7]と，非可逆符号化をより高いレート対歪み特性で実現するための (9,7) 非可逆フィルタ[8]である．フィルタは，画像の縦横各方向で同一のものを用いる．

ウェーブレット分割の方法は，1次元ウェーブレット変換を画像の縦横各方向に独立に施すことで画像を4つのサブバンドに帯域分割し，最低周波数成分を担うサブバンドを再帰的に4バンドに分割する Mallat 分割[5]に限定される．なお，画像の端部分では，折り返すことによりサンプル数を拡張（symmetric extension）してフィルタリングを行なう．(5,3) 可逆フィルタの順変換，逆変換の変換式を，式 (2.6), (2.7) に示す．

入力画像 → 色変換 → ウェーブレット変換 → 量子化 → コンテクストモデリング → 算術符号化 → 圧縮データ形成 → 圧縮データ

量子化 ↔ ROI 符号化
コンテクストモデリング ↔ エラー耐性

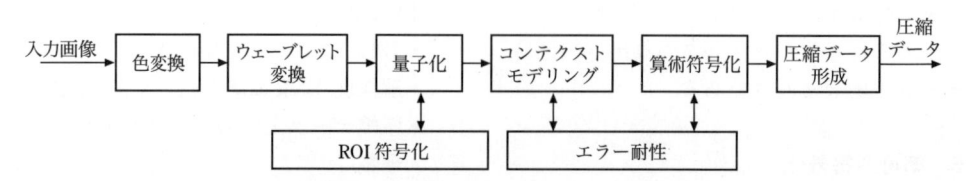

図 2.11 JPEG2000 符号化のブロック図

順変換：
$$\begin{cases} X_e[n] = X[2n] \\ X_o[n] = X[2n+1] \\ H[n] = X_o[n] - \lfloor (X_e[n] + X_e[n+1] - 1)/2 \rfloor \\ L[n] = X_e[n] + \lfloor (H[n-1] + H[n] + 2)/4 \rfloor \end{cases} \quad (2.6)$$

逆変換：
$$\begin{cases} X_e[n] = L[n] - \lfloor (H[n-1] + H[n] + 2)/4 \rfloor \\ X_o[n] = H[n] + \lfloor (X_e[n] + X_e[n+1] - 1)/2 \rfloor \\ X[2n+1] = X_o[n] \\ X[2n] = X_e[n] \end{cases} \quad (2.7)$$

ただし，$X[n]$は画素値，$X_e[n]$は偶数番目の画素値，$X_o[n]$は奇数番目の画素値，$L[n]$は低周波成分，$H[n]$は高周波成分，$\lfloor \ \rfloor$は切り捨て演算，$\lceil \ \rceil$は切り上げ演算を表わす。

2.3.4 量子化

ウェーブレット変換係数は，式（2.8）に示す量子化ステップサイズの2倍のデッドゾーンをもつミッドトレッド型線形量子化器により量子化される。

$$q = \mathrm{sign}(a) \cdot \lfloor |a|/\Delta \rfloor \quad (2.8)$$

ただし，変換係数値をa，量子化値をq，量子化ステップサイズをΔ,

$$\mathrm{sign}(a) = \begin{cases} 1 & (a \geq 0 \text{のとき}) \\ -1 & (a < 0 \text{のとき}) \end{cases} \quad (2.9)$$

とする。

可逆ウェーブレット変換と組み合わせた可逆符号化実現のためには，ステップサイズを1とする必要がある。この場合，ウェーブレット変換係数が最上位プレーンから最下位プレーンまで順次符号化・復号されて可逆データが生成される。この符号データのうち，下位の数プレーンに対応する部分を圧縮データの形成時あるいは復号時に廃棄すれば非可逆符号化となるが，下位Nプレーンの廃棄は，ステップサイズ2^Nによる量子化と等価となる。この方法では量子化ステップサイズが2のべき乗に限定されるが，可逆符号化を必要としない場合には，サブバンドごとに2のべき乗に限らない量子化ステップサイズを設定し，より高性能なレート・歪み特性を実現することが可能である。

2.3.5 エントロピー符号化

JPEG2000のエントロピー符号化では，ウェーブレット変換係数を各サブバンドで固定サイズのブロック（以下，符号化ブロック）に分割し，各符号化ブロックを独立にビットプレーン表現したのち，2値算術符号化する[9]。変換係数をブロック分割し，独立に処理することにより，特定領域へのランダムアクセスが容易になり，エントロピー符号化に要するメモリ量の削減，各符号化ブロックに対する符号量配分の最適化が可能となる。以下，処理手順を順に説明する。

(1) ブロック分割

ウェーブレット変換係数を各サブバンド内で図2.12（a）に示すように固定サイズ（たとえば64×64）の符号化ブロックに分割する。ただし，符号化ブロックの縦横のサイズは4以上1024以下，面積は4096以内とする。

(2) ビットプレーン化とスキャン順序

各符号化ブロック内の変換係数量子化値qをサインビットχ（$q>0$ならば0，$q<0$ならば1）と絶対値に分け，絶対値は自然2進数によりビットプレーン表現し，図2.12（b）に示すように上位プレーンから順にビットプレーン符号化する。ただし，符号化ブロックの全ビットが0であるビットプレーンが有効精度から定まる最上位のプレーンから何プレーン続いているかはヘッダ情報として符号化ブロックごとに別途送信するので，実際の符号化は最初に必ずどこかにビット1が含まれるビットプレーンから開始される。ここで，ある変換係数において最初にビット1が発生した場合，ただちにサインビットを符号化する。各ビットプレーンは，幅が4係数のストライプに分割し，上のストライプから順に，ストライプ内を左上から垂直方向にスキャンして符号化を行なう。

(3) 符号化パスへの分割とコンテクストモデリング

符号化ブロック内の各ビットプレーン情報は，以下に示す3とおりの符号化パスに分けて

（a）ウェーブレット変換係数量子化値を符号化ブロックへ分割

（b）符号化ブロックのビットプレーンを符号化パスに分割

$P_{m,k}$：第mプレーンの符号化パス
$k=1$：Significance propagation パス
$k=2$：Magnitude Refinement パス
$k=3$：Cleanup パス

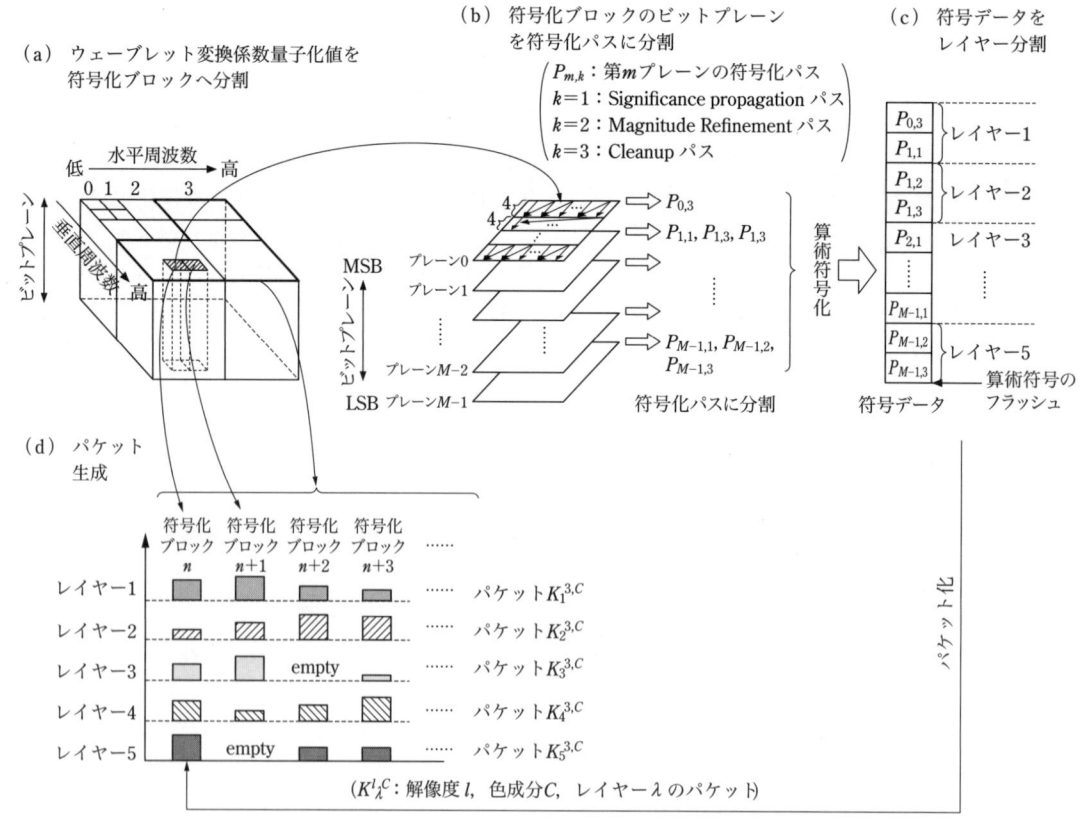

（c）符号データをレイヤー分割

（d）パケット生成

（$K_\lambda^{l,C}$：解像度 l, 色成分 C, レイヤー λ のパケット）

図 2.12　JPEG2000 のエントロピー符号化，符号データ生成

符号化され，この順序で符号データを形成する．符号化パスへの分割，算術符号化のためのコンテクスト生成には，符号化対象係数とそれを囲む周辺 8 係数の有意/非有意情報（significance/insignificance）が参照される．ここで，非有意係数とは，その変換係数の上位ビットでまだ 1 が発生していない変換係数，有意係数とは，上位ビットですでに 1 が発生している変換係数を表わし，各係数符号化のたびにその時点で有意/非有意情報を更新する．

① Significance propagation パス

Significance propagation パスでは，周辺 8 変換係数中に 1 つ以上の有意係数を含む，まだ非有意である係数を符号化する．非有意から有意に変わる場合に画質への影響が大きいと考えられるため，高い優先度で符号化される．Significance propagation パスでの絶対値のビットプレーン符号化では，サブバンドによる方向性のちがいも考慮して，周辺 8 係数の有意/非有意情報の組合せから 8 とおりのコンテクストを決定し，算術符号化での確率推定に利用する．

ビット 1（非 0）が符号化された場合は初めて有意となるので，続いて変換係数のサインビットを符号化する．サインビットの符号化では，左右，上下の変換係数の有意/非有意および正/負の組合せを 5 とおりのコンテクストに縮退する．

② Magnitude refinement パス

すでに現ビットプレーン以前に 0 以外の値を符号化し，有意係数であると判明している変換係数は，refinement パスで符号化する．コンテクストは，その変換係数が有意係数となったビットプレーンが前プレーンなのかそれ以前かを示す 2 値情報と周辺変換係数における有意係数の総数とから 3 とおりに分かれる．

③ Cleanup パス

Significance propagation パスで符号化されな

い非有意係数はCleanupパスで符号化される。絶対値のビットプレーン符号化では，Significance propagationパスと同様の方法および以下に示すランモードを組み合わせて使用する。

ランモードの適用はスキャン方向に連続する4変換係数ごとに検証され，それら4変換係数のすべてがCleanupパスに分類され，さらに4係数すべてにおいて周辺8係数が非有意係数の場合に適用される。ランモードでは，4変換係数の現プレーンの4ビットすべてが0の場合に0を，それ以外の場合にはまず1を，独立コンテクストで算術符号化する。4ビット中に1が含まれる場合には，続いて，最初に発生した1の4係数中での位置を表わす2ビット（先頭から00, 01, 10, 11）を独立コンテクストで算術符号化する。さらに，サインビットをSignificance propagationパスの場合と同じコンテクストで算術符号化する。4係数のうち，最初にビット1が発生した位置以降の係数，および，もともとランモード対象でない係数は，Significance propagationパスと同じコンテクストで符号化する。

(4) 算術符号化

算術符号化には，JBIG2[10]でも使用される2値算術符号器であるMQ-coderを使用する。MQ-coderでは，46種類の状態が用意され，各状態にLPS (less probable symbol) 推定確率 (Qe_index = 0〜45) と移動すべき遷移状態が規定されており，各コンテクストにおいて状態およびMPS (more probable symbol) 値（0または1）を学習により逐次更新する。通常は，LPS推定確率の初期値を約0.5 (Qe_index = 0) に設定しているが，一部のコンテクストでは，より低い確率に初期値を設定し，初期学習期間の短縮を図っている。なお，ランモードでのビット1発生位置の符号化では確率推定の学習を行なわせず，つねにQe_index = 0に固定としている。

算術符号系列を終端し，新たな算術符号系列の生成開始に備えるフラッシュは，各符号化ブロックの最後に行なう。ただし，後述する圧縮データ形成の段階で，符号化ブロックの途中でフラッシュを行ない，それ以降の符号を切り捨てることがある。

なお，エントロピー符号化には用途に応じて選択可能な以下のオプションが用意されている。

① lazyモード

処理高速化および誤り耐性強化を図るために特定の符号化パスでは算術符号化を行なわずに，算術符号化対象となる2値シンボルを直接，符号とするモード。このモードでは，図2.12 (b) のMSBプレーンから4プレーン目以降のSignificance propagationパスおよびMagnitude refinementパス（$P_{4,1}$, $P_{4,2}$, $P_{5,1}$, $P_{5,2}$, …）で算術符号化を省略する。

② Stripe-causalコンテクストモデリング

並列処理を想定して，隣のストライプが参照係数に含まれる場合でも隣のストライプは参照せず，ストライプ単位で閉じた処理を行なうコンテクストモデリングである。

③ 符号化パスごとの算術符号化のフラッシュとリセット

各符号化パス後に算術符号データをフラッシュし，次の符号化パスの符号化に備えてパラメータをリセットする。Stripe-causalコンテクストモデリングと併用してストライプ符号化の並列処理を可能とするほか，誤り耐性の強化にも有効である。

2.3.6 ROI符号化

ROI (region of interest) 符号化は，画像中の選択領域を他領域よりも優先して符号化し，復号再生画質を早期に高める機能である。JPEG2000基本システムでは，ROI変換係数の量子化値の全ビットプレーンが，残る領域の変換係数のどのビットよりも優先して符号化されるよう変換係数の量子化値をSビットシフトアップしたうえで，上位プレーンからビットプレーン符号化するMax-shift法（図2.13，式(2.10)）を採用している。これにより，ROI変換係数の送信が最優先された符号化が実現される。

$$q'(x,y) = \begin{cases} q(x,y) & ((x,y) \in \text{ROI}^C) \\ q(x,y) \cdot 2^S & ((x,y) \in \text{ROI}) \end{cases}$$

(2.10)

(a) シフトアップ前の変換係数量子化値
(b) シフトアップ後の変換係数量子化値

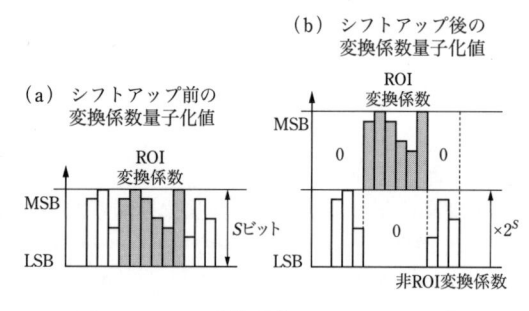

図2.13 ROI変換係数のスケールアップ

ただし，$q(x,y)$ は位置 (x,y) における変換係数量子化値，S は $2^S > \max\{q(x,y)\}$ $((x,y) \in \mathrm{ROI}^c)$ を満たす整数，ROI^c は ROI 以外の領域を表わす．

復号時には，エントロピー復号された変換係数のうち ROI を担う変換係数を特定し，シフトダウンする必要があるが，Max-shift 法の下では非 0 の ROI 係数の量子化値は必ず 2^S 以上となるので，ヘッダ情報として送信されるシフト数 S だけ，2^S 以上の値をとる ROI 係数をシフトダウンすることで，容易に ROI 係数を再生することができる．

2.3.7 エラー耐性

JPEG2000 では，無線での利用などを想定し，伝送路誤り耐性の強化機能を有している．符号化ブロックを独立にエントロピー符号化することは，エラーの伝播を符号化ブロック内に留めるという点で，それ自体エラー耐性を有しているといえるが，さらに以下のオプションが用意されている．

①再同期マーカーの挿入

各パケットの先頭にシーケンシャル番号を含む再同期のためのマーカーセグメントを挿入し，マーカーセグメントの検出タイミングと復号したシーケンシャル番号から，エラーを検出する．

②セグメンテーションシンボルの挿入

各ビットプレーンの最後（Cleanup パスのあと）に4ビットのセグメンテーションシンボル"1010"を符号化する．復号時にビットプレーンの最後でセグメンテーションシンボルが正しく復号されない場合には，そのビットプレーンでエラーが発生したことが検出される．

このほか，符号化パスごとの算術符号データのフラッシュ，リセット，算術符号化を行なわない符号化パスの設定（2.4.5項参照）などエラーの伝播範囲を縮小する効果のあるオプションが設定されている．

2.3.8 圧縮データ形成

符号化ブロックごとに生成された符号データは，再生画像の SNR 向上への寄与度などの指標に応じて複数のレイヤーに分類される．ここで，各符号化ブロックの符号データを分割する位置は各符号化パスの終了位置に限定される（図2.12（c））．各レイヤーへの割り振り方は，標準に規定されているわけではなく，符号器の自由裁量となる．この段階で下位ビットプレーンを切り捨てれば，量子化と等価な処理が実現でき，また所望の符号量をもつ符号データを生成することが可能となる．このように，符号データに変換したあと，量子化，符号量制御などの処理が行なえることは JPEG2000 の大きな特徴といえる．

各符号化ブロックに属する符号データを，4つの軸（レイヤー，解像度，ブロック位置，色成分）の組合せに従って並べることで，SNR プログレッシブ，解像度プログレッシブに代表される5種類の転送順序に従う圧縮データが生成される．

ここで，データの並びを構成する単位として，パケットの概念が導入されている．各パケットは，同一レイヤーに属するデータのうち，同じ解像度レベル，同じ色成分を担う符号データをグループ化したものである．図2.12（d）に，ある色成分 C の解像度成分 l の符号データからパケット $K_\lambda^{l,C}$ を生成する例を示す．ただし，C は色成分インデックス，λ はレイヤーインデックス（$\lambda = 1$ が最上位），l は解像度レベル（$l = 0$ が最低解像度成分）である．この例では紹介していないが，レイヤー，解像度，色成分のほか，符号化ブロックの空間的位置に応じたパケット生成も可能となっている．

色成分が1種類の場合の SNR プログレッシブ転送順序の構成を図2.14に示す．同一レイヤーに属するパケットを対応する解像度の低い順にまとめ，これらをレイヤー順位の高い順に

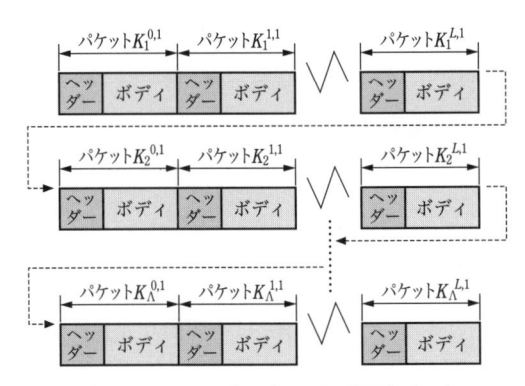

図2.14 SNRプログレッシブ圧縮データ

並べることで形成される。一方，解像度プログレッシブ転送順序は，図2.15に示すように同一の解像度を担うパケットを対応するレイヤー順位の高い順にまとめ，これらを解像度の低い順に並べることで形成される。

各パケットは，ヘッダーとボディより構成される。ヘッダーには，ボディを構成する符号データの属性が各符号化ブロックごとに示される。つまり，①各ブロックのデータがボディを構成するか否か，構成する場合，②それはいくつの符号化パス分で，③何バイトのデータか，④そのブロックのデータが符号データ構成に利用されるのが最初である場合，最上位ビットプレーンから最初のビット1が出現するまでのビットプレーン数が示される。

各符号化ブロックの属性データはサブバンドごとに所定の順に結合されたのち，最低周波数バンドLLを先頭にHL（水平方向高周波），LH（垂直方向高周波），HH（斜め方向高周波）の順で解像度が増加する順に並べられる。最後にバイト境界化処理をして，各パケットのヘッダとなる。ボディを構成する各ブロックの符号データは，ヘッダー部での属性記述と同一順序で並べられる。

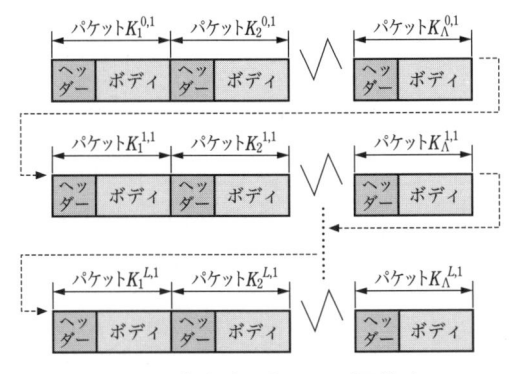

図2.15 解像度プログレッシブ圧縮データ

文献

1) ITU-T Rec. T.81|ISO/IEC 10918-1：1994, Information technology—Digital compression and coding of continuous-tone still images：Requirements and guidelines.
2) ITU-T Rec. T.87|ISO/IEC 14495-1：1999, Information technology—Lossless and near-lossless compression of continuous-tone still images：Baseline.
3) ITU-T Rec. T.800|ISO/IEC 15444-1：2004, Information technology—JPEG 2000 image coding system：Core coding system.
4) F. Ono, et al.：Bi-level image coding with MELCODE—Comparison of block type code and arithmetic type code, IEEE GLOBECOM, pp.255-260, Nov., 1989.
5) M. Weinberger, et al.：The LOCO-I Loss less Image Compression Algorithm：Principles and Standardization into JPEG-LS, IEEE Trans. IP, Vol.9, No.8, pp.1309-1324, Aug., 2000.
6) S. Golomb：Run-length encoding, IEEE Trans. IT, Vol.12, No.3, pp.399-401, July, 1966.
7) A. R. Calderbank, et al.：Wavelet transforms that map integers to integers, Applied and Computational Harmonic Analysis, Vol.5, pp.332-369, July, 1998.
8) M. Antonini, et al.：Image Coding using Wavelet Transform, IEEE Trans.IP, Vol.1, No.2, pp.205-220, Apr., 1992.
9) D. Taubman：High performance scalable image compression with EBCOT, IEEE Trans. IP, Vol.9, No.7, pp.1158-1170, July, 2000.
10) ITU-T Rec. T.88|ISO/ IEC 14492：2001, In formation technology—Lossy/lossless coding of bi-level images.

3 動画像関連標準

3.1 テレビ電話・テレビ会議用符号化

3.1.1 H.261

H.261 は CCITT（現在の ITU-T）によって制定されたテレビ電話・テレビ会議用の動画圧縮の規格であり，1990 年に勧告化された。ISDN やディジタル専用線を前提としているため，符号化ビットレートは 64 kbit/s から 1.92 Mbit/s のあいだで 64 kbit/s 刻みで指定できる。H.261 は圧縮技術として，動き補償フレーム間予測，離散コサイン変換（DCT），量子化，エントロピー符号化を組み合わせたハイブリッド符号化方式であり，その後に規格化された H.263 や H.264，MPEG-1，MPEG-2，MPEG-4 など数多くの動画像圧縮方式の基礎となった。

1980 年中ごろではディジタル動画像の標準的な画面解像度がまだ存在せず，NTSC や PAL など複数のテレビジョン信号方式に対し，共通の画像フォーマットを策定する必要があった。そこで，符号化用画像フォーマットとして 352 画素×288 ライン×29.97 frame/s の CIF（common intermediate format）と ISDN レートでのテレビ電話用としてその 1/4 の画像サイズの QCIF（quarter CIF）が用意され，QCIF がディフォルトサイズとなった。ただし，フレームレートは 29.97 frame/s 以下の可変な値でよい。輝度信号と色差信号の比を示す YC_bC_r は 4：2：0 形式であり，色差信号のサイズは輝度信号の 1/4 である。

符号化器の構成を図 3.1 に示す。時間的な冗長性の除去には，動き補償フレーム間予測が用いられる。画像をマクロブロックとよばれる 16×16 画素の領域に区切り，連続するフレーム間での動きをマッチングにより検出し，前フレームの画像信号を動き分だけシフトさせて予

測値とする。予測誤差には空間的な冗長性が残されているので，その除去には，8×8 画素（＝ブロック）単位の離散コサイン変換が用いられる。次式に 8×8 点の DCT と逆 DCT を示す。

$$X(u,v) = \frac{1}{4}C(u)C(v)\sum_{n=0}^{7}\sum_{m=0}^{7}x(n,m)$$
$$\cos\left(\frac{(2n+1)u\pi}{16}\right)\cos\left(\frac{(2m+1)v\pi}{16}\right)$$
$$x(n,m) = \frac{1}{4}\sum_{u=0}^{7}\sum_{v=0}^{7}C(u)C(v)X(u,v)$$
$$\cos\left(\frac{(2n+1)u\pi}{16}\right)\cos\left(\frac{(2m+1)v\pi}{16}\right)$$
$$C(u), C(v) = \begin{cases} \frac{1}{\sqrt{2}} & (u=0, v=0) \\ 1 & (u\neq 0, v\neq 0) \end{cases}$$
(3.1)

変換係数を量子化することにより，多くの高域周波数係数がゼロになり，情報量削減がなさ

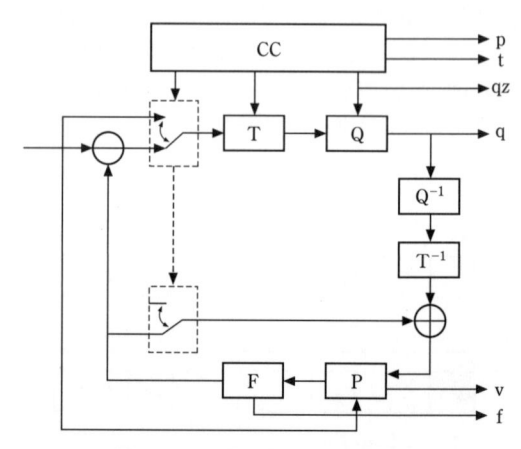

図 3.1 H.261 エンコーダの構成

T：離散コサイン変換，Q：量子化器，P：動き補償と画像メモリ，F：ループフィルタ，CC：符号化制御，p：INTRA/INTER フラグ，t：送信フラグ，qz：量子化ステップ値，q：量子化レベル値，v：動きベクトル，f：ループフィルタ情報。

れる。量子化された係数はジグザグスキャン（図3.2）され，0係数の連続数と非ゼロのレベル値との組合せに対してハフマン符号化が行なわれる。1つのマクロブロックには4個の輝度ブロックと2個の色差ブロックが含まれる。マクロブロックを横11個・縦3個まとめた単位をGOBとよぶ。CIF画像は12個のGOBから，QCIF画像は3個のGOBから構成される。動きベクトル情報はマクロブロック単位に隣接ブロックとの差分値としてハフマン符号化される。

符号化データの構造は，ピクチャレイヤー，GOBレイヤー，マクロブロックレイヤー，ブロックレイヤーに階層化される。ピクチャレイヤーでは，ユニークコードであるピクチャスタートコードに続いて，画像フレーム番号を示すTemporal Referenceが送られる。GOBレイヤーでは，GOBスタートコードに続いて，マクロブロックレイヤーのデータや予備データが送られる。マクロブロックレイヤーでは，マクロブロックの位置情報を，前に送信したマクロブロックとの相対情報で記述し，マクロブロックタイプとして，動きベクトルがゼロか否か（MVD），有意係数の有無（TCOEFF），非ゼロ係数をもつブロックの存在（CBP），ループフィルタの有無（FIL），量子化ステップ変更の有無（MQUANT），イントラモード（フレーム内符号化）かインターモード（フレーム間符号化）か，などの組合せを表3.1に従って可変長符号（VLC）で記述する。動きベクトル情報は

表3.1 マクロブロックタイプと可変長符号

Prediction	MQUANT	MVD	CBP	TCOEFF	VLC
Intra				X	0001
Intra	X			X	0000 001
Inter			X	X	1
Inter	X		X	X	0000 1
Inter + MC		X			0000 0000 1
Inter + MC		X	X	X	0000 0001
Inter + MC	X	X	X	X	0000 0000 01
Inter + MC + FIL		X			001
Inter + MC + FIL		X	X	X	01
Inter + MC + FIL	X	X	X	X	0000 01

Notes
1. "X" means that the item is present in the macroblock.
2. It is possible to apply the filter in a non-motion compensated macroblock by declaring it is as MC + FIL but with zero vector.

直前のデータとの差分がハフマン符号で与えられる。有意ブロックパターンもマクロブロックレイヤーのデータである。ブロックレイヤーでは，量子化係数をハフマン符号化したあとにブロック終了符号を付け加える。

3.1.2 H.263

H.263は，ITU-Tにおいて規格化された動画圧縮方式のひとつである。MPEG-4と同様，超低ビットレート向けに開発されたものであり，テレビ電話に利用されている。H.263は1996年に勧告が制定され，拡張版であるH.263＋が1998年に，H.263＋＋が2000年に制定されている。

映像フォーマットは，CIF，QCIFのほかに，低レートでのアプリケーション用にSQCIF（Sub-QCIF，128画素×96ライン），高解像度静止画用に4CIF（704画素×576ライン）と16CIF（1408画素×1152ライン）の解像度が使用できる。GOB構造はH.261と異なり，SQCIF，QCIF，CIFでは1マクロブロックライン，4CIFでは2マクロブロックライン，16CIFでは4マクロブロックラインで構成される。

符号化方式は，先に規格化されたH.261やMPEG-1，MPEG-2と同様，フレーム間予測と

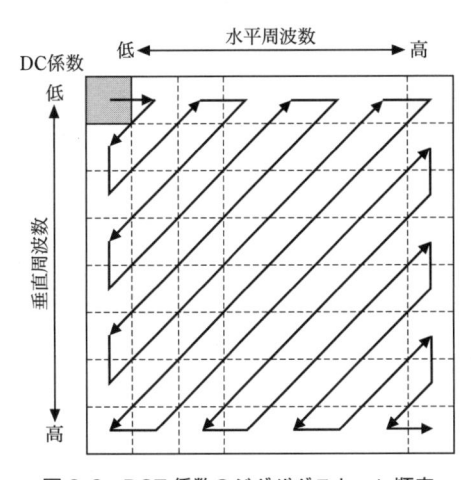

図3.2 DCT係数のジグザグスキャン順序

表3.2 H.263のプロファイル

プロファイル番号	特徴	内容
0	オプション機能なし	Baseline
1	高効率	H.320定義のprofile 1
2	高効率	H.263 (1996)
3	高効率,誤り耐性	無線によるインタラクティブ,ストリーミング
4	高効率,誤り耐性	Profile 3にH.263++機能利用
5	高効率,低遅延	会話型サービス
6	高効率,低遅延,パケット損失耐性	インターネット上会話型サービス
7	高効率,低遅延,インタレース	インタレース映像による会話型サービス
8	高効率	遅延許容サービス

表3.3 H.263 Annexのオプション機能とプロファイルの関係

	内容	符号化効率	誤り耐性	拡張機能	0	1	2	3	4	5	6	7	8
D	非制限動き補償	✓				✓	✓	✓	✓	✓	✓	✓	✓
E	算術符号化	✓											
F	高度予測	✓				✓	✓	✓	✓	✓	✓	✓	
G	PBフレーム	✓											
H	誤り訂正		✓										
I	高度INTRA符号化	✓					✓	✓	✓	✓	✓	✓	✓
J	ブロッキング除去フィルタ	✓						✓	✓	✓	✓	✓	✓
K	スライス構造符号化		✓					✓	✓	✓		✓	
L	追加情報伝送			✓		✓				✓	✓	✓	
M	改良PBフレーム	✓											
N	参照画面選択		✓										
O	階層符号化			✓									✓
P	符号化参照画面再標本化	✓											
Q	低解像度画面更新	✓											✓
R	独立セグメント復号		✓										
S	代替Inter可変長符号化	✓											
T	修正量子化	✓					✓	✓	✓	✓	✓	✓	✓
U	拡張型参照画面選択	✓								✓	✓	✓	
V	データ分割スライス		✓										
W	追加補助情報			✓				✓		✓		✓	

DCTを用いたハイブリッド型である．H.261にあったループフィルタは外され，代わりにMPEG-1で導入された半画素単位での動き補償が導入された．中間画素の算出が自動的にループフィルタの役割を果たしている．エントロピー符号化は従来の符号化と同じくハフマン符号を用いるが，ゼロランとレベルの組合せに加えて新しくラスト係数か否かの情報を同時に符号化する3次元可変長符号化（3次元VLC）を導入し，圧縮率を向上させている．

H.263にはBaselineとよばれる基本部分に加え，Annexとよばれる拡張規格が多くある．これらのオプションをどこまで使用できるかという制限条件は互換性の確保にとって重要であり，プロファイル（表3.2）によって管理される．Annexのオプション機能とプロファイルとの関係を表3.3に示す．拡張された符号化ツールのうち，非制限動き補償は，画面外を含む場合にも予測領域として使えるようにしたモードである．存在しない領域の画素の生成には，端の画素値がくり返される．算術符号化は2値化したデータの0と1の発生確率の偏りに基づく情報量を効率よく符号に反映するエントロピー符号化手法である．PBフレームは，順方向予測であるPフレームだけでなく，その直前の画像を双方向予測のBフレームとしてセットで符号化する手法である．Annexには符号化効

率の向上に加え，誤り耐性の向上をめざしたツールも含まれている。

3.2 MPEG-1・MPEG-2 符号化

3.2.1 MPEG-1

MPEG-1 ビデオ符号化は，ISO/IEC JTC 1 によって 1993 年に制定された，1.5 Mbit/s までの蓄積メディア用の動画像符号化方式（ISO/IEC 11172-2）である。CD-ROM に代表される 1.5 Mbit/s の転送速度をもつディジタル蓄積メディアがアプリケーションの対象とされている。通信用の符号化標準の開発は CCITT（後の ITU-T）の担務であったため，ISO/IEC では蓄積メディア用としての必要条件を満足する符号化標準の開発をめざした。

MPEG-1 では単一の画像フォーマットに限定せず，符号化データのヘッダーに続く部分に水平・垂直・時間解像度をフラグとして記述する柔軟な方法を採っている。このフラグ情報を解読することにより，復号画像が特定のハードウェアで表示できるかどうかの判別が行なえる。代表的な画像サイズとして，SIF（source input format）があり，NTSC に基づいた 352 画素×240 ライン×29.97frame/s と，PAL に基づいた 352 画素×288 ライン×25frame/s の 2 タイプがある。異なった画素アスペクト比に対処するため，画素の水平/垂直比のパターン 16 種類がフラグ化してヘッダーに多重化され，映画のフレームレートに対応するため，フレームレートも最大 16 種類の中から指定できる構成になっている。

MPEG-1 では GOP（group of pictures）とよばれる単位で符号化が行なわれる。GOP には，ランダムアクセス再生を可能とするため，動き補償フレーム間予測をまったく用いずに符号化するフレーム（I ピクチャ）が挿入される。すなわち，I ピクチャは静止画像として符号化される。MPEG-1 では，I ピクチャの符号化方式は，ほぼ JPEG に近い手法が適用されている。通常の，順方向動き補償フレーム間予測符号化が適用されるフレームを P ピクチャとよぶ。また，蓄積/再生処理に要する時間的制約が少

ないことを利用し，双方向動き補償によるフレーム間予測符号化を行なうフレーム（B ピクチャ）も用いて，符号化効率を向上させている。GOP 構造を図 3.3 に示す。図において，各フレームの番号は，入力時間順を示す。B ピクチャの符号化は P ピクチャの符号化後になるため，処理順序は，I→P→B→B→P→B→B→P→…のようになる。この構造により処理遅延が増大するが，隠れていた部分が現われる場合などに符号化効率を向上させることができる利点がある。

MPEG-1 では，H.261 と同様に，動き補償とフレーム間予測符号化とが組み合わされている。MPEG-1 エンコーダの構成を図 3.4 に示す。動き補償を行なうためには，動きベクトル検出をブロック単位に行なう。このブロックサイズは 16 画素×16 ラインであり，マクロブロ

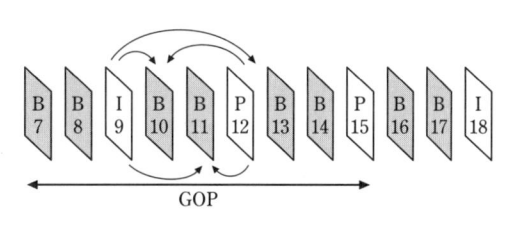

図 3.3　GOP 構造

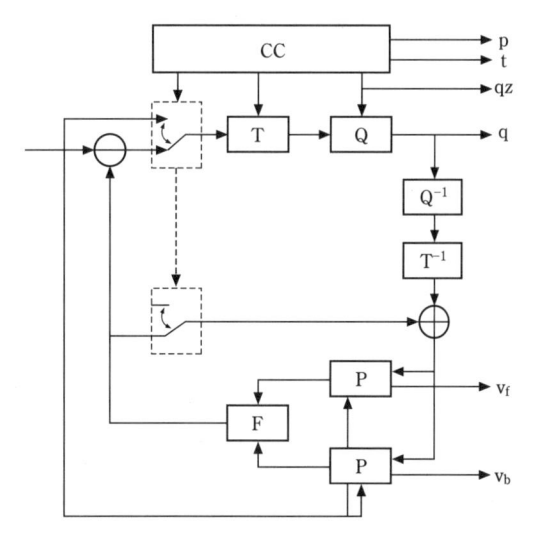

図 3.4　MPEG-1 エンコーダの構成

T：離散コサイン変換，Q：量子化器，P：動き補償と画像メモリ，F：順/逆/双方向予測制御，CC：符号化制御，p：INTRA/INTER フラグ，t：送信フラグ，qz：量子化ステップ値，q：量子化レベル値，v_f, v_b：動きベクトル。

ックとよばれる．マクロブロックは，輝度ブロックだけでなく色差ブロックも含む．色差信号は，輝度信号に比べて，水平および垂直方向に半分の解像度をもち，ブロックサイズは8画素×8ラインとなる．すなわち，動き補償の単位であるマクロブロックは，16×16画素の輝度ブロックと，2個（C_b, C_r）の8×8画素の色差ブロックからなる．得られた動きベクトルは，右および下方向を正と定義する，(X, Y) の2次元ベクトルとして扱う．動き補償フレーム間予測による差分データはH.261と同様に，8×8画素単位でDCT処理され，符号化される．一方，動きベクトルは，マクロブロック単位で見ると隣接マクロブロックのベクトルと近い値をとることが多くなる．そこで，動きベクトルの符号化には，隣接マクロブロックの動きベクトルの値で予測したのち，予測差分ベクトルをハフマン符号化する．ここで，動きベクトルの差分は，水平および垂直方向のベクトルについてそれぞれ独立に計算する．

符号化データであるビットストリームの構文をシンタックスとよぶ．シンタックスは，階層構造になっており，シーケンス，GOP，ピクチャ，スライス，マクロブロック，ブロックの6階層で多重化される．シンタックスのレイヤーと機能を表3.4に示す．H.261のビットストリームは伝送を基本としているため，ビット単位でスタートコードの位置が変化する．しかし，MPEG-1では，ディスクからのレーザーピックアップ時の読み取り単位を考慮して，スタートコード（4バイト長）は必ずバイト境界にそろえられている．

シーケンスは，そのヘッダーを除き，GOPのくり返しで構成される．GOPはI，P，Bピクチャの組合せからなり，ピクチャは垂直方向の16ラインからなる複数のスライスで構成される．スライスは1つ以上のマクロブロックからなり，マクロブロックは，4個の輝度信号ブロックと2個の色差信号ブロックからなる．4：2：2フォーマットや4：4：4フォーマットの場合には色差ブロックの数が異なる．図3.5に，MPEGビデオシーケンスの空間的な階層構造を示す．これらの階層構造は，同期をとるためのユニークなヘッダ（可変長符号の中にあ

表3.4　シンタックスのレイヤーと機能

シンタックスのレイヤー	機能
シーケンス	プログラム内容のランダムアクセス単位
GOP	ビデオのランダムアクセス単位
ピクチャ	基本的な符号化単位
スライス	同期回復単位
マクロブロック	予測単位
ブロック	DCT単位

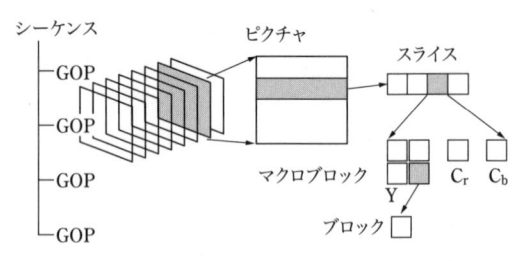

図3.5　MPEGビデオシーケンスの空間的な階層構造

って，特殊で見つけやすい符号）の確保が第一の目的であるが，階層化による処理の並列化も可能にしている．

3.2.2　MPEG-2

MPEG-2ビデオ符号化は，ISO/IEC JTC 1によって1994年に制定され2000年に改編された，汎用的な動画像符号化方式（ISO/IEC 13828-2）である．ディジタルテレビジョン放送とDVD（digital versatile disk）が主要アプリケーションである．符号化レート6 Mbit/sから10 Mbit/sで標準TVやDVDに，15 Mbit/sから20 Mbit/sでHDTVに用いられる．MPEG-2はISO/IEC JTC 1とITU-Tとの共同開発であり，ITU-TではH.262とよばれる．

プログレッシブ画像（ノンインタレース）を対象とするMPEG-1とは異なり，MPEG-2では，現在の標準TVの信号形式であるインタレース画像を扱えることが特徴である．インタレース画像はNTSC信号の場合，29.97 Hzのフレームからなり，1フレームは59.94 Hzの2フィールドからなる．両フィールドは，垂直方向のライン位置が交互になっている．インタレース画像は被写体が動いている場合には，垂直方向の解像度を半分にして，動きの再現性が高ま

り，逆に動きがない場合には，垂直方向の解像度が等価的に2倍に働く．典型的な画像サイズとして，標準TV用に720画素×（480ラインあるいは576ライン），HDTV用に（1920画素あるいは1440画素）×1080ラインが用いられる．

MPEG-2では，動き補償予測を行なう基準画像の取り方に，フレーム構造とフィールド構造とがある．

フレーム構造の場合には，フレーム単位の予測を用いることができ（図3.6），前後のフレームから順方向予測と逆方向予測を組み合わせた双方向予測を行なうこともできる．加えて，対象とする第kフレームのマクロブロックの信号をトップフィールドとボトムフィールドの2フィールドに分割し，フィールド単位での予測（図3.7）を行なうフィールド単位動き補償も可能である．フィールド単位の処理では，それぞれのフィールドは，前後のフレームを構成する4つのフィールドを動き補償に利用できる．

一方，フィールド構造の場合には，予測の対象は個々のフィールドであるので，フィールド単位の予測（図3.7）しか利用できないが，フレーム構造より単純であり，ハードウェアが簡単化される．

フレーム構造とフィールド構造における動き補償フレーム間予測には，いくつかのバリエーションがある．フレーム構造におけるフレーム/フィールド適応動き補償の予測モードを図3.8に示す．フレーム構造の場合には，16×16画素のフレーム単位予測，16×8画素のフィールド2個を組み合わせるフィールド単位予測，さらに，後述のデュアルプライム予測を切り替えて用いることができる．16×16単位のフレーム予測では，動きベクトルはマクロブロックあたり1個である．16×8画素のフィールド単位予測では，動きベクトルはマクロブロックあたり2個になる．デュアルプライム予測では，1個のフィールド間のベクトルを用い，他のフィールドからの予測には，そのベクトルをフィールド間の距離に応じて伸縮し，なおかつ垂直方向に1画素だけ修正した点のベクトルを予測に用いる．このようにして得られる2つのフィールドからの予測を平均化して，元のマクロブロックに含まれる片方のフィールドの予測に用いる．上下方向にゆっくり動いているような被写体の予測効率が向上する．

フィールド構造におけるフィールド適応動き補償の予測モードを図3.9に示す．フィールド構造の場合には，16×16画素のフィールド単位予測，16×8画素単位のフィールド2個を組み合わせた予測，デュアルプライム予測をそれぞれマクロブロック単位で切り替えることができる．動きベクトルは16×16画素単位のフィールド予測では，マクロブロックあたり1個であり，16×8画素のフィールド単位予測では，

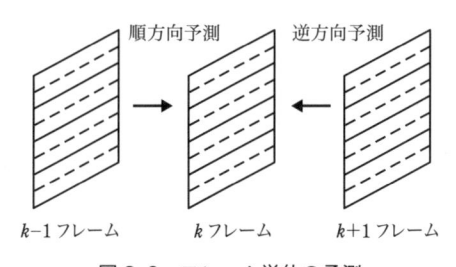

図3.6　フレーム単位の予測

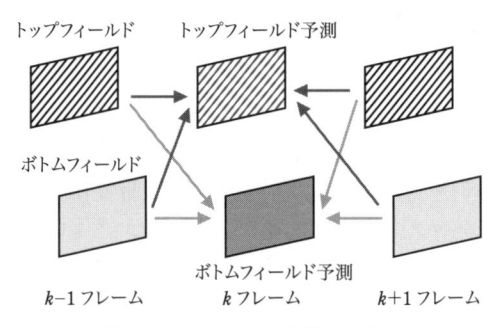

図3.7　フィールド単位の予測

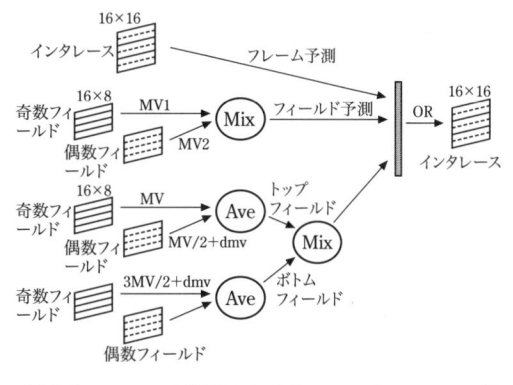

図3.8　フレーム構造におけるフレーム/フィールド適応動き補償の予測モード

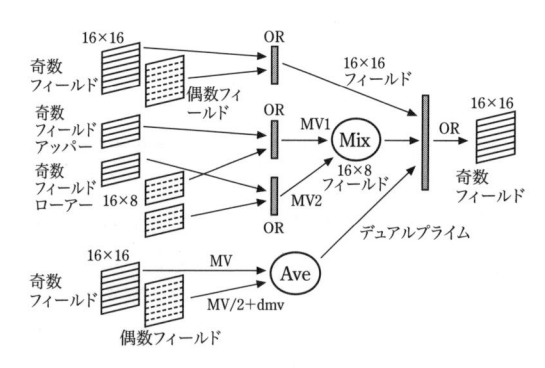

図3.9 フィールド構造におけるフィールド適応動き補償の予測モード

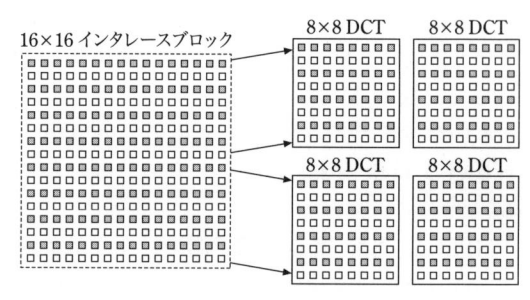

図3.10 フレーム単位のDCT

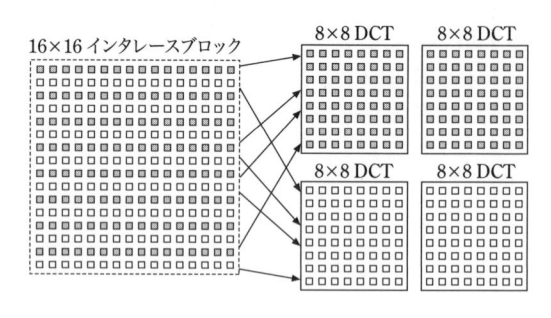

図3.11 フィールド単位のDCT

マクロブロックあたり2個となる。デュアルプライム予測では，1個のフィールド間のベクトルを用いる。フィールド構造に基づく動き補償は，被写体が静止しているときでもフィールドに分割して処理せざるをえないため，垂直方向の画素の類似性を最大限利用できない欠点をもっている。したがって，多くのMPEG-2エンコーダではフレーム構造を採用している。

入力画像や動き補償フレーム間差分画像は，MPEG-2においてもH.261やMPEG-1と同様に8×8ブロックごとにDCTが適用され，係数に変換されたあとにハフマン符号化される。各ブロックでは，画像に含まれる被写体に動きがあるかどうかにより，垂直方向の相関が異なる。フィールド間に動きがない場合には，フィールド単位のブロックを形成するよりも，フレーム単位のブロックでDCTを適用したほうが隣接ライン間の画素の類似性を利用できるので，DCT係数がより低域周波数に偏り，効率的である。逆に，フィールド間に動きがあると，フレーム単位のブロックでは，隣接ライン間の画素相関が低下するので，フィールド単位のDCTを用いたほうが圧縮率の点で有利となる。図3.10および図3.11に，フレーム単位のDCTとフィールド単位のDCTのブロック化を示す。これらの処理は，動き補償の単位であるマクロブロックごとに切り替えることができる。

マクロブロックを単位として，イントラモード（静止画の符号化モード）であるか，インターモード（予測モード）であるかにより，DCT係数の符号化処理が異なる。イントラモードであれば，DC係数，AC係数ともに，JPEGと同様の量子化および符号化を行なう。インターモードでは，DCT係数のうちAC係数はジグザグスキャンされ，その結果得られるゼロラン長と量子化係数のレベルを組み合わせてハフマン符号化される。インタレース画像がフレームでDCT処理されると，垂直方向の隣接画素の相関が低くなる。その結果，垂直方向の周波数成分が大きくなる傾向にある。そこで，垂直方向の係数の大きさを考慮した新しいスキャン順序とジグザグスキャンをピクチャ単位で切り替えて使える方式になっている。図3.12に，これらの係数スキャン順序を示す。

MPEG-2は用途を限定しない汎用符号化方式として，種々のユーザー要求を満足するように設計できる。たとえば，低遅延，高画質，ランダムアクセス，スケーラビリティなどの要求に応じてエンコーダの機能やパラメータ（たとえば，量子化特性，符号化ビットレートなど）が選択でき，これらのパラメータを符号化データのヘッダー部分に記述する。デコーダでは復号に先立ち，ヘッダー部分を読み込んでパラメータを知り，復号動作を決定する。しかし，パラメータの選択の自由度が大きく，デコーダ設計

第3章 動画像関連標準

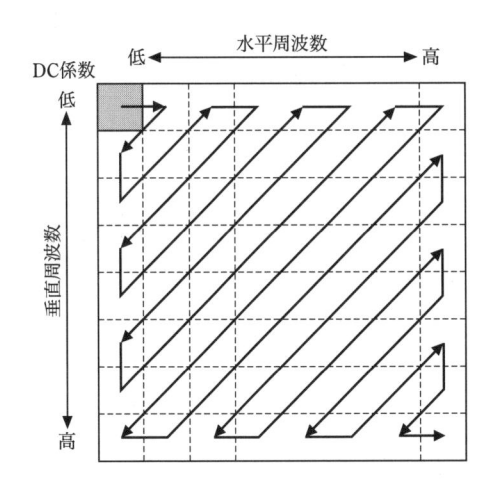

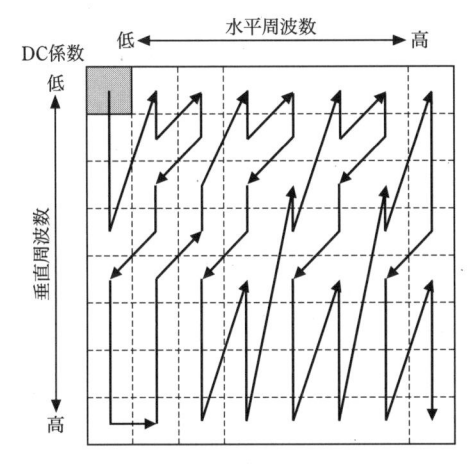

図3.12 ジグザグスキャンとMPEG-2新スキャン

図3.13 プロファイルとレベル

が複雑になる。そこで，デコーダがどの範囲まで対応できるかを示す，機能・パラメータ群が定義されている。これを「プロファイル」と「レベル」とよぶ。プロファイルは，符号化ツールを適当な機能単位で分類したものである。レベルは，対応できる画像サイズで区切ったものである。これらのプロファイルとレベルを図3.13に示す。図において，右または上にあるプロファイルやレベルに属するデコーダは，それ以下のプロファイルやレベルのビットストリームを復号できなければならない規則になっている。また，MPEG-2のデコーダはMPEG-1のビットストリームを解読できる必要がある。

メインプロファイル・メインレベル（MP@ML）は最も多くのアプリケーションで使われる互換ポイントで，DVDとディジタルテレビ放送で用いられている。通常の放送で用いられるスタジオ規格の画像（720×480×29.97 Hz）を処理対象とするものであるが，スタジオ規格の色差信号は輝度信号に比べて，水平方向に半分，垂直方向には同じ解像度をもつ4：2：2フ

表3.5 メインプロファイル・メインレベルの仕様

項目	内容
画像フォーマット	ITU-R601サイズ以下（720×480×29.97Hz，720×576×25Hz）
符号化ビットレート	15Mbit/s以下
色差形式	4：2：0
ピクチャタイプ	I，P，B
符号化構造	フレーム構造およびフィールド構造
動き補償フレーム間予測	
フレーム構造の場合	フレーム16×16，フィールド16×8，デュアルプライム予測
フィールド構造の場合	フィールド16×16，フィールド16×8，デュアルプライム予測
動きベクトルの範囲	−127.5〜127.5画素，0.5画素精度
バッファサイズ	1835008ビット以下
互換性	MPEG-1互換（MPEG-2デコーダはMPEG-1符号化ビットストリームを復号可能）
イントラDC係数予測	10ビット以下
イントラVLC	MPEG-1および新テーブルをピクチャレイヤーで選択
DCT係数スキャン	ジグザグおよび新スキャンをピクチャレイヤーで選択
エラー耐性	イントラマクロブロックに動きベクトルを付加
VBRモード	含まれる

ォーマットであるのに対し，MPEG-2のメインプロファイルでは，人間の視覚特性を考慮して，垂直方向にも解像度を半分にした4:2:0フォーマットが使われている。予測には，双方向予測を用いることができる。双方向予測は遅延が大きくなるものの符号化効率が高いので，DVDなどの遅延が問題とならない蓄積メディアのアプリケーションでは，この予測方式が用いられる。メインプロファイル・メインレベルの仕様を表3.5に示す。

3.3 MPEG-4・H.264符号化

3.3.1 MPEG-4

MPEG-4ビジュアルは，ISO/IEC JTC 1によって1999年に制定されたオブジェクトベースの動画像符号化方式（ISO/IEC 14496-2）である。2000年に拡張機能を盛り込んだVersion 2が作成され，2001年にこれらを統合した標準第2版が出版された。さらに，Version 3に相当するスタジオプロファイルと，Version 4に相当するストリーミングビデオ機能が加わり，2004年に標準第3版として出版されている。

MPEG-4は，コンテンツ制作にかかわるスタジオ設備用，インタラクティブなグラフィクスアプリケーション用，およびウェブを介したインタラクティブマルチメディアを対象として開発された。MPEG-1やMPEG-2がビデオ符号化とよばれるのに対し，MPEG-4ではビジュアル符号化とよばれる。自然なビデオだけでなく，CGやテキストなど人工的につくられた映像オブジェクトを混在させることができる。オブジェクトは2次元に限らず3次元形状をもつ場合もある。ビジュアルオブジェクトは背景やオーディオのオブジェクトも含めてシーンとして合成され，特定の視点の方向にレンダリングされた結果が2次元画像として再生される仕組みになっている。

MPEG-4ではビットレートは5 kbit/sから1Gbit/sの広い範囲を想定している。入力画像としてプログレッシブ画像とインタレース画像の両方を取り扱う。解像度はSQCIFから4000画素×4000ラインまでを含んでいる。画像はオブジェクトとして重ね合わせることができ，必ずしも矩形である必要はない。これはビデオオブジェクトプレーン（video object plane）とよばれる。MPEG-4には，低ビットレート用（VLBV）のCore-coderとオブジェクト符号化用のGeneric-coderがあり，図3.14に示すように，それぞれ矩形画像および形状をもつ画像に対応する。

MPEG-4ビジュアルの最大の特徴は，任意形状の映像の符号化が可能なことにある。アニメーションの制作などでは，背景に前景を重畳する操作が多く用いられる。そのため，前景のビデオは，任意形状の画像，バイナリ形状マップ，アルファプレーンの3種類のデータからなる。任意形状の画像は，バウンディングボックスとよぶ矩形で区切られ，その内部がオブジェクトに含まれれば8×8 DCTで符号化される。外部であれば符号化されない。境界領域のブロックは，オブジェクト外部に対してはイントラモードであれば画素値を外挿して補間し，インターモードであれば0を補間してからDCTが適用される。バイナリ形状マップの符号化には，算術符号化が用いられる。アルファプレーンはオブジェクトの透過率を0～100%で定義するものであり，8ビットで表現される。

MPEG-4のアプリケーションのひとつはモバイル端末へのビデオ配信であり，Core-coderによる低レートビデオ符号化時の誤り耐性が強化

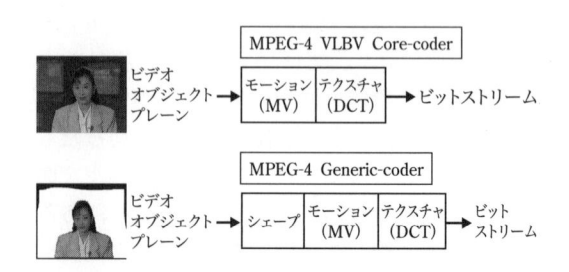

図3.14 MPEG-4 Core-coderとGeneric-coder

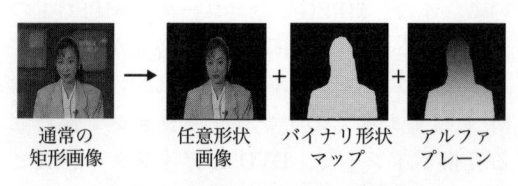

図3.15 任意形状符号化の構成要素

されている．誤りからの回復を早めるため，再同期マーカーをマクロブロック単位に挿入できる．また，符号化モード情報や動きベクトル情報など広範囲に影響を及ぼすデータを分割配置して，誤りの影響を抑える手法がとられる．これはデータパーティショニングとよばれる．可変長符号の誤り耐性を向上させるために，符号語系列の逆順からも一意解読性を与えるリバーシブル可変長符号が用いられる．これは，誤りが発見されれば，次のマーカーから逆方向に復号を開始することによって，正しく復号できる部分が拡大できる．

MPEG-4 では，空間スケーラビリティ，時間スケーラビリティ，SNR スケーラビリティの3種類の方向に階層的に拡張できる構造となっている．それぞれ，階層的にデータを追加することにより，空間解像度，時間解像度，画像品質が向上する．

MPEG-4 ビジュアルはビデオだけでなく，メッシュを用いたアニメーションを符号化ツールとして備えている．通常，2D メッシュにウェーブレットにより符号化されたテクスチャが貼り付けられる．顔画像のワイヤーフレームモデルなどは 3D ポリゴンメッシュを用いて表現される．また，フェイスアンドボディアニメーションのためのツールを用いると，合成された顔と胴体を定義して動かすとともに，テクスチャを貼り付けることができる．

MPEG-4 ビジュアルは，合成/自然画像のハイブリッド符号化が前提となるため，それらをサポートする多くのツールに対応するプロファイルが数多く定義されている．表 3.6 および表 3.7 に，第1版で定義された基本的な自然映像

表 3.6 基本的な自然映像プロファイル

プロファイル名	特徴
シンプル・ビジュアル	モバイル端末用，矩形小画面
シンプル・スケーラブル・ビジュアル	高機能 PDA 用，時空間スケーラビリティ
コア・ビジュアル	ウェブアプリケーション用，任意形状
メイン・ビジュアル	インタレース信号，半透明処理，スプライト符号化
N ビット・ビジュアル	センサ画像用，4～12bit ビデオ

表 3.7 基本的な合成映像/ハイブリッド映像プロファイル

プロファイル名	特徴
SFA ビジュアル	シンプルフェイシャルアニメーション
スケーラブル・テクスチャ・ビジュアル	ゲーム用，静止画の空間スケーラビリティ
基本アニメ 2D テクスチャ・ビジュアル	メッシュベースのアニメーション
ハイブリッド・ビジュアル	任意形状自然映像，顔画像，アニメを含む

表 3.8 拡張部分の自然映像プロファイル

プロファイル名	特徴
アドバンスト・リアルタイム・シンプル	高機能テレビ会議用，バックチャネル対応
コア・スケーラブル	コア・ビジュアル＋任意形状空間スケーラブル
アドバンスト・コーディング・エフィシェンシー	圧縮効率改善，矩形，任意形状オブジェクト
アドバンスト・シンプル	シンプル・ビジュアル＋B フレーム
ファイン・グラニュラリティ・スケーラブル	ストリーミング用，細かいスケーラビリティ
シンプル・スタジオ	スタジオ編集用，任意形状，I フレーム，半透明
コア・スタジオ	シンプル・スタジオ＋P フレーム

表 3.9 拡張部分の合成映像/ハイブリッド映像プロファイル

プロファイル名	特徴
アドバンスト・スケーラブル・テクスチャ	高機能 PDA 用，スケーラブル形状圧縮
アドバンスト・コア	インタラクティブマルチメディア用
シンプル・フェイス・ボディ・アニメーション	顔と胴体のアニメーション
グラフィクス	シーン内のグラフィクスとテクスチャ
シンプル 2D グラフィクス	ASCII 文字などのグラフィクス
コンプリート 2D グラフィクス	任意2次元グラフィクス
コンプリート・グラフィクス	最も高度なグラフィクス
3D オーディオ・グラフィクス	幾何形状，音響吸収など音響透過性を処理

プロファイルと合成映像/ハイブリッド映像のプロファイルを示す．また，拡張部分の自然映像プロファイルと合成映像/ハイブリッド映像のプロファイルを，表3.8および表3.9に示す．

3.3.2 MPEG-4 AVC（H.264）

MPEG-4 AVC は，ISO/IEC JTC 1 と ITU-T の共同作業グループ（Joint Video Team；JVT）により 2003 年に作成された動画像符号化標準（ISO/IEC 14496-10）である．特徴は圧縮率を高めたことにあり，ISO/IEC における名称は高度ビデオ符号化（advanced video coding；AVC）であり，ITU-T では H.264 とよばれる．AVC は MPEG-4 の Part10 という位置付けであるが，いわゆる MPEG-4 ビジュアル（MPEG-4 part2）の特徴であるオブジェクトベースの符号化ではなく，符号化効率の向上をめざしたものである．また，H.264 は ITU-T 側から見れば，テレビ電話用に開発された H.261, H.263 を継承する高性能なビデオ符号化である．

AVC は，通常の MPEG 符号化に比べて 1.5～2 倍の符号化効率を達成できる．基本的な符号化アルゴリズムは，従来の MPEG と同様に，マクロブロック単位の予測や直交変換や量子化を用いる．しかし，予測や変換に使われる符号化ツールは非常に数多く，それらの中から最適なものを選び出して使うことができる．一方，新しいエントロピー符号化やブロックノイズ除去フィルタは従来の MPEG 符号化にはなかった技術要素であり，符号化効率すなわち同ビットレートでの画質改善に大きく貢献している．

図 3.16 に MPEG-4 AVC エンコーダの構成を示す．可変ブロックサイズ動き補償，重み付き予測，INTRA 予測，デブロッキングフィルタ，エントロピー符号化などが従来法とは異なり，性能改善に大きく貢献している．

AVC では 1 フレームの画像の中で異なった種類の予測をスライス単位で用いることができる．スライスには，I スライス，P スライス，B スライスがある．I スライスでは，16×16 画素のブロック単位に周辺の画素値を用いて 4 種類の外挿予測を行なう．また，16×16 画素のブロックを 4 分割し，4×4 画素のブロック単位に 9 種類の外挿予測を切り替えて用いることができる．これらは INTRA 予測とよばれる．

P スライスでは，可変ブロック動き補償フレーム間予測を行なう．16×16 画素のブロックを，16×8, 8×16, 8×8 画素の 4 種類に分割して処理できる．8×8 画素のブロックは，さらに，8×4, 4×8, 4×4 画素の 4 種類のサイズに分割できる．動き補償に用いる可変ブロックサイズを図 3.17 に示す．

B スライスは，必ずしも時間的に過去と未来のフレームから予測するのではなく，過去の 2 つのフレームから加重平均して予測画像を生成することができる．このため，フェードインやフェードアウトなど徐々に輝度が変化するような場合にも，効率よく予測が行なえる（図 3.18）．

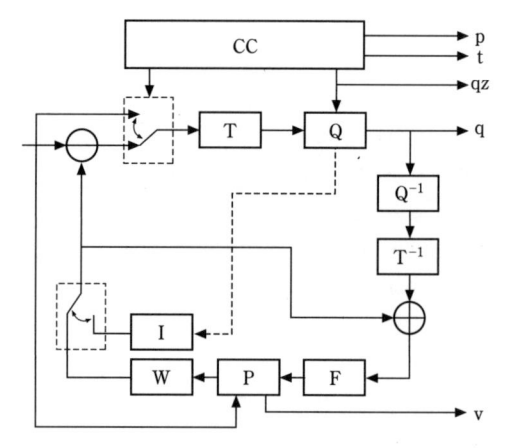

図3.16 MPEG-4 AVC エンコーダの構成
T：整数精度 DCT/アダマール変換，Q：量子化器，P：可変ブロックサイズ動き補償と画像メモリ，F：デブロッキングフィルタ，CC：符号化制御，p：INTRA/INTER フラグ，t：送信フラグ，qz：量子化ステップ値，q：量子化レベル値，v：動きベクトル，I：INTRA 予測，W：重み付け予測．

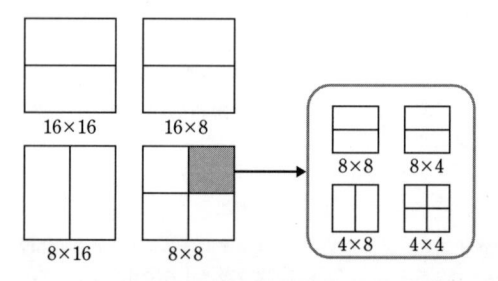

図3.17 可変ブロック動き補償に用いる可変ブロックサイズ

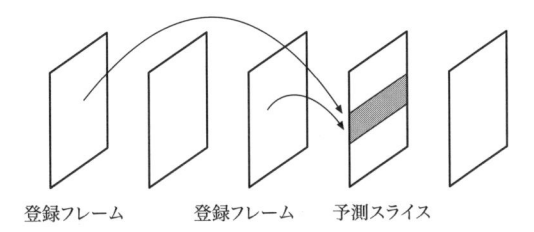

図3.18 Bスライスにおける予測の例(符号化済みの登録画像から予測可能)

動きベクトルは1/4画素精度で計算される。1/2画素精度のための画素値の計算には6タップのFIRフィルタが用いられ，1/4画素精度のための画素値の計算には，縦横あるいは斜め方向に2タップのFIRフィルタが用いられる。Pスライスの予測に用いる画像は，すでに符号化した画像の中から，いくつかの画像を指定して行なわれる。このために，符号化済みの画像に対して，予測に用いるかどうかを示す参照ピクチャリストが準備される。

AVCにおける変化の最小単位は，予測の最小単位である4×4画素のブロックである。さらに，実数演算に起因するDCTとIDCTのミスマッチを避けるために，DCTを近似した変換を2.5倍して整数化した，以下に示す変換 T が用いられ，整数精度DCTとよばれる。また，逆変換 T^{-1} も対応する整数変換で与えられる。

$$T = \begin{pmatrix} 1 & 1 & 1 & 1 \\ 2 & 1 & -1 & -2 \\ 1 & -1 & -1 & 1 \\ 1 & -2 & 2 & -1 \end{pmatrix}$$

$$T^{-1} = \begin{pmatrix} 1 & 1 & 1 & 1/2 \\ 1 & 1/2 & -1 & -1 \\ 1 & -1/2 & -1 & 1 \\ 1 & -1 & 1 & -1/2 \end{pmatrix} \tag{3.2}$$

また，イントラモードの16×16画素のブロックについては，4×4の整数変換により16個のDC係数が得られる。これらのDC係数に対しては，

$$T = \begin{pmatrix} 1 & 1 & 1 & 1 \\ 1 & 1 & -1 & -1 \\ 1 & -1 & -1 & 1 \\ 1 & -1 & 1 & -1 \end{pmatrix} \tag{3.3}$$

で与えられるアダマール変換を用いる。色差成分 C_b，C_r のブロックについては，サイズが縦横1/2であるため，それぞれ4個のDC成分に対して以下のアダマール変換を用いる。

$$T = \begin{pmatrix} 1 & 1 \\ 1 & -1 \end{pmatrix} \tag{3.4}$$

量子化には52種類のステップサイズが準備されており，MPEG-2などに比べてきめ細かい制御ができる。AVC量子化器ではデッドゾーンを用いない。AVCでは量子化制御パラメータ qP が $qP+6$ に変化すると，量子化ステップが2倍になるように設定されている。これにより，Qの変化に対してほぼ比例した画品質の変化が得られる。ただし，整数変換の結果得られる係数の大きさが正規化されていないため，係数位置によって係数値の倍率が異なる。この倍率の変動を吸収するために，量子化にはスケーリング処理が含まれている。変換の部分で必要な倍率は，①水平，垂直がどちらも偶数番目であれば正規化補正なし，②水平または垂直の一方のみが奇数番目であれば，$\sqrt{8}/\sqrt{5}$ 倍，③両方奇数番目であれば8/5倍，となる。そこで，量子化ステップにこの逆数を掛けた数値を事前に求めておき，テーブルに保持しておくことで，変換部分は簡単な加算とビットシフトだけで済ませることができる。

エントロピー符号化はAVCにおいてとくに大きく変化した。改良型のハフマン符号化のほかに，算術符号化が取り入れられ，ピクチャヘッダーなどの重要な情報には，誤り耐性の強い指数ゴロム(Golomb)符号化が用いられている。指数ゴロム符号は，符号の先頭から，プリフィックス(数個の符号"0")，セパレータ(符号"1")，サフィックス(数個の"1"と"0"の組合せ)からなる。プリフィックスとサフィックスの長さは同じである。最も短い符号は"1"であり，ビット数を増やすに従い，順次"010"，"011"と続く。これらを非負整数値

表3.10 CAVLCでの符号化情報

種類	内容
1	DCT係数値の前の0の連続個数
2	DCT係数値
3	非0係数の個数
4	最後の非0係数以前の0係数の個数
5	最後に連続する絶対値1の係数の個数
6	最後に連続する絶対値1の係数の符号

に対応させる。

　指数ゴロム符号を使用しない部分に対しては，改良型ハフマン符号化であるCAVLC（context-based adaptive variable length coding, コンテキスト適応型可変長符号化）と，算術符号化のCABAC（context-based adaptive binary arithmetic coding, コンテキスト適応型2値算術符号化）が用いられる。AVCのメインプロファイルではこれらをピクチャ単位で切り替え可能であるが，ベースラインプロファイルや拡張プロファイルではCAVLCのみ使用できる。

　CAVLCは，整数精度DCT係数の符号化に用いられる。DCT係数はジグザグスキャンされ，表3.10に示すように6種類の情報に分解される。これらの情報が個々にスキャンと逆順で可変長符号化テーブルを用いて符号化される。ここで，可変長符号化テーブルは，マクロブロックの位置関係とそれらの非ゼロ係数の個数により，複数のテーブルから選択される。

　CABACは，整数精度DCT係数だけでなく，マクロブロックタイプに対しても適用される。符号化の対象とする変換係数のレベルやラン長などをバイナリデータに変換して，算術符号化を適用する手法である。これにより，従来のハフマン符号化を基にするMPEG-1やMPEG-2に比べて，大幅に符号化効率を改善することができる。CABACの構成を図3.19に示す。

　CABACは大きく分けて，バイナリ化，コンテクストモデル化，2値算術符号化器からなる。多値入力のデータ（たとえば+3や-6）は，バイナリ化処理により，2値に変換される。AVCでは，これをビンストリング（bin string）とよぶ。バイナリ化には5種類の手法を切り替えて用いる。また，PCMデータなど最初からバイナリデータである入力に対してはバイパスされる。コンテクストモデル化では，入力された0あるいは1のどちらが発生確率の高いシンボルであるかの情報と，その確率値を学習で求め，2値算術符号化器で使うモデルを決定する。2値算術符号化器では，バイナリコンテクストモデルに従って，算術符号によるデータ圧縮を行なう。符号化データはコンテクストモデルを更新するためにフィードバックされる。

　AVCでは，予測画像を生成する段階でデブロッキングフィルタが適用される。予測に用いるマクロブロックには，16個の4画素×4ラインのブロックが含まれ，このブロック境界をぼかすことを目的としている。処理には8タップのFIRフィルタが用いられ，適用するかどう

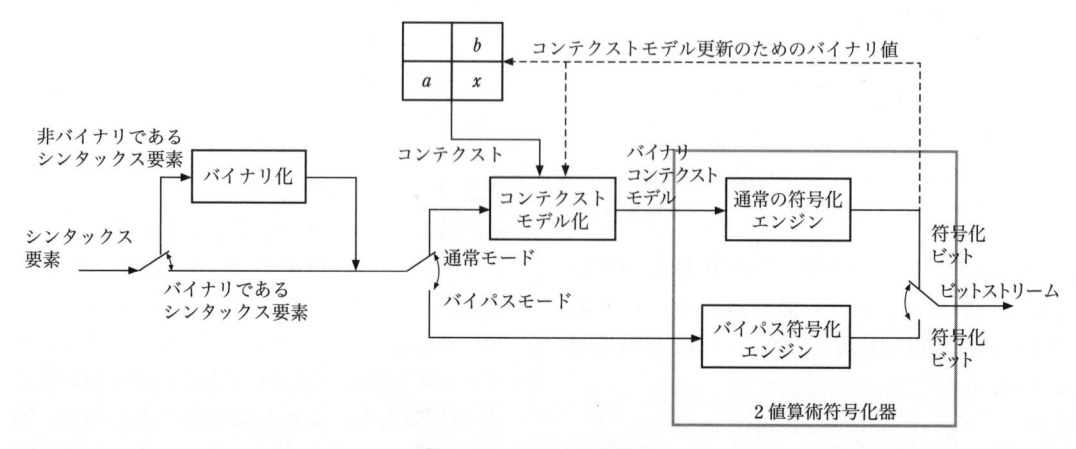

図3.19 CABACの構成

かはフラグで指定する。フィルタの係数は，予測モードや量子化パラメータや画素値などで自動的に決定される。

デブロッキングフィルタの動作例を図3.20に示す。ブロック境界の画素値の差$|p_0-q_0|$が閾値αより大きいこと，それぞれのブロックにおいて端の画素値の差$|p_0-p_1|$と$|q_0-q_1|$がともに閾値βより小さいことが条件となる。フィルタはおもにp_0，q_0およびp_1，q_1に対して効果を発揮する。どの画素にどのようなフィルタを適用するかは，ブロック境界強度に応じて決定される。

AVCには表3.11に示す基本的な3つのプロファイルがあり，予測に用いるスライスの種類，エントロピー符号化，インタレース対応の観点から決められる。レベルは15種類が符号化ビットレート（64 kbit/sec〜240 Mbit/sec）に応じて設定される。

ベースラインプロファイルはエラー耐性に優れており，テレビ電話やテレビ会議，携帯電話などに用いられる。メインプロファイルは高圧縮用であり，放送や蓄積メディアに適する。拡張プロファイルはインターネットでの利用を目的とする。とくにベースラインプロファイル

は，すでにテレビ会議装置や地上デジタル放送（ワンセグ）に採用されている。

3.4 MPEG-7・MPEG-21 標準

3.4.1 MPEG-7

MPEG-7はマルチメディア用のメタデータを規定した標準である。映像コンテンツをセグメントとよばれる区間に区切り，内容を記述する点に特徴がある。セグメント単位に検索が可能なように，オーディオビジュアルコンテンツに対するメタデータが記述される。

MPEG-7規格は，ISO/IEC 15938 "Multi-media Content Description Interface"（マルチメディア内容記述インタフェース）であり，表3.12に示すように11のパートからなっている（2007年3月現在）。

MPEG-7ではメタデータはXML（extensible markup language, 拡張可能なマークアップ言語）で記述される。メタデータを記述するには記述方法を定義する言語が必要であり，パート2のDDL（description definition language, 記述定義言語）がこれに相当する。DDLはXML文書の構造と整合性規約を定義したXMLスキーマによってMPEG-7用に拡張されている。

XMLスキーマは，ツリー構造のタグ言語であるXMLの構造とタグを定義するもので，型（Type）と名前空間（Name Space）により設定される。MPEG-7用に拡張されたデータタイプには，マトリックスデータタイプ（Matrix datatypes）と時間を示す単位（basicTimePoint and basicDuration）とがある。マトリックスデータタイプを用いるために，dimという属性を定義しており，dimにより行列のサイズの規定が可能になる。時刻を表わすbasicTimePointデータタイプでは，

 YYYY-MM-DDThh：mm：ss：nnn.
 ffFNNN±hh：mm（たとえば，2007-01-05
 T12：30：15：18F30＋08：00）

というフォーマットで表現される。これは，2007年1月5日，12時30分15秒，30フレーム/秒の18フレーム目で，標準時から8時間差を示す。また，basicDurationデータタイプで

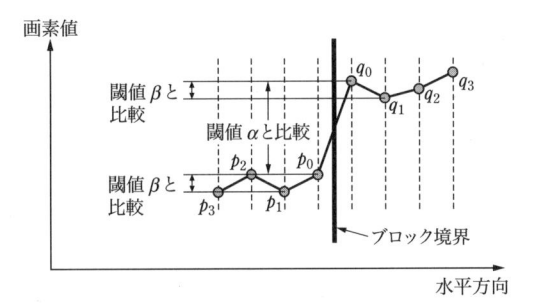

図3.20 デブロッキングフィルタの動作例（水平方向のブロック境界の例）

表3.11 AVCにおけるプロファイル

プロファイル	スライスの種類	エントロピー符号化	インタレース対応
ベースライン（BP）	I, Pスライス	CAVLC	不可
拡張（XP）	I, P, Bスライス	CAVLC	可
メイン（MP）	I, P, Bスライス	CAVLC, CABAC	可

表 3.12 MPEG-7 マルチパート規格の構成

番号	タイトル	内容
ISO/IEC 15938-1	Systems	システム
ISO/IEC 15938-2	Description Definition Language	記述定義言語
ISO/IEC 15938-3	Visual	ビジュアル
ISO/IEC 15938-4	Audio	オーディオ
ISO/IEC 15938-5	Multimedia Description Schemes	マルチメディア記述言語スキーム
ISO/IEC 15938-6	Reference Software	参照ソフトウェア
ISO/IEC 15938-7	Conformance testing	適合性検査
ISO/IEC 15938-8	Extraction and use of MPEG-7 descriptions	MPEG-7 記述の抽出と使用
ISO/IEC 15938-9	Profiles and levels	プロファイルとレベル
ISO/IEC 15938-10	Schema definition	スキーマ定義
ISO/IEC 15938-11	MPEG-7 profile schemas	MPEG-7 プロファイルスキーマ

は
（−）PnDTnHnMnSnNnfnF±hh：mmz（たとえば，P1DT1H45M30S18N30F＋08：00）で表現される。これは，1日1時間45分30秒，30フレーム/秒の18フレーム目で，標準時から8時間差を示す。

マルチメディア内容記述スキーム（multi-media description scheme；MDS）とは，メタデータの記述方法を与える XML スキーマで書かれた定義文書である。MDS のおもなスキームは，目的によっていくつかに分類される。これらを表3.13に示す。

メタデータの基本記述は，図3.21に示すようにツリー構造からなり，ルートおよび上位のスキームは抽象的に概念を結びつけるだけのアブストラクトスキームとなっている。最下位の記述が実際の構成要素となる。静止画像（jpeg

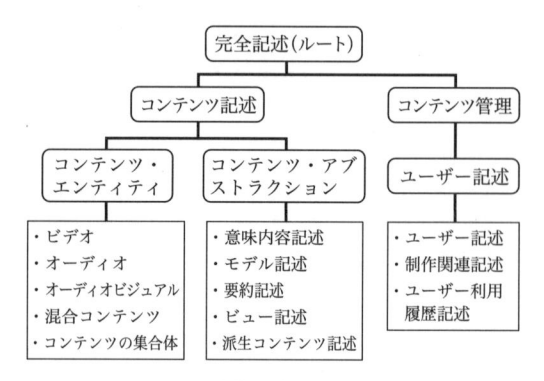

図 3.21 完全記述のスキーム構成

フォーマット）に対する自由な注釈を付けた MPEG-7 メタデータの記述例を図3.22に示す。

ビジュアル記述子は映像信号の特徴量を数値化した直接的なメタデータを規定する。この特徴量は映像を検索するために用いられる。検索は，記述子に含まれる特徴量の類似度計算によって行なわれる。基本的には画像の記述子を時間的に分割したシーンごとに並べ映像の記述子とする。ビジュアル記述子の分類を表3.14に示す。

コンテナツールは，ビジュアル記述子を画像の中で部分的に区切って使いたい場合（GridLayout），シーンごとの特徴を記述したい場合（TimeSeries），複数の画像の特徴をまとめて記述する場合（GofGopFeature）などに使用する補助的なツールである。画像や映像の自動検索に有効な記述子には，支配的な色を記述

表 3.13 MDS の各種スキーム

目的	MDS スキーム
1. 基本要素	スキーマツール，基本データ型，リンクとメディア参照，基本ツール
2. コンテンツ組織化	集合体，モデル
3. コンテンツ管理	メディア，利用形態
4. コンテンツ記述	構造，意味内容
5. ナビゲーションとアクセス	要約，ビュー，派生コンテンツ
6. ユーザー・インタラクション	ユーザー嗜好，ユーザー利用履歴

```
<Mpeg7>
  <Description xsi:type="ContentEntityType">
    <MultimediaContent xsi:type="ImageType">
      <Image>
        <MediaLocator>
          <MediaUri> http://www.iieej.or.jp/data/image.jpg </MediaUri>
        </MediaLocator>
        <TextAnnotation>
          <FreeTextAnnotation> test image No.1 </FreeTextAnnotation>
        </TextAnnotation>
      </Image>
    </MultimediaContent>
  </Description>
</Mpeg7>
```

図 3.22　MPEG-7 メタデータの例

表 3.14　ビジュアル記述子

大分類	グループ	記述子
コンテナツール	GridLayout	
	TimeSeries	
	GofGopFeature	
	MultipleView	
基本的ビジュアル記述子	色特徴記述子	DominantColor
		ScalableColor
		ColorLayout
		CoorStructure
		GofGopColor
		ColorTemperature
	テクスチャ記述子	HomogeneousTexture
		TextureBrowsing
		EdgeHistogram
	形状記述子	RegionShape
		ContourShape
		ShapeVariation
		Shape3D
	動き記述子	CameraMotion
		MotionTrajectory
		ParametricMotion
		MotionActivity
	位置指定記述子	RegionLocator
		SpatioLocator
その他	顔特徴	FaceRecognition
		AdvancedFaceRecognition

表 3.15　オーディオ記述スキーム

種類	内容
1. オーディオシグニチャー	オーディオ固有の特徴量
2. ティンブラー	楽器の音色の印象を一様性，調和性，一貫性により分類
3. サウンド認識とインデクシング	サウンドの音と音声への分離，音声の男性と女性への分離，音の音楽とそれ以外への分離など
4. 発話内容	発話内容を，単語レベルで認識できる部分と，音素レベルでの認識に留まる部分の組合せで記述
5. メロディ検索	MelodyContour 記述スキームによるメロディの遷移の記述と MelodySequence 記述スキームによる音符レベルの詳細な記述

する DominantColor やシルエットの輪郭線を記述する ContourShape がある．これらと TimeSeries や GofGopFeature を組み合わせることにより，ビデオの中から特徴的な色や形状が類似したシーンの検索が可能となる．

オーディオ記述子はビジュアル記述子とは異なり，信号から直接得られる特徴量だけでなく，知覚的な印象にいたる高位レベルの記述スキームまで含んでいる．メロディ検索などは具体的なアプリケーションが明確であったため，高位レベルの記述スキームまで規定された．これらを表 3.15 に示す．

表3.16　MPEG-21 マルチパート規格の構成

番号	タイトル	内容
ISO/IEC 21000-1	Vision, Technology and Strategy	ユーザーの視点でのマルチメディア製作・流通の課題
ISO/IEC 21000-2	Digital Item Declaration	ディジタルアイテムを定義するためのXMLスキーマ定義
ISO/IEC 21000-3	Digital Item Identification	JTC 1以外の標準化組織で規定されているディジタルコンテンツに対する識別子
ISO/IEC 21000-4	IPMP：Intellectual Property Management and Protection Components	ディジタルアイテムに対して著作権保護を行なうための著作権管理ツール
ISO/IEC 21000-5	Rights Expression Language	権利記述のための言語
ISO/IEC 21000-6	Rights Data Dictionary	権利記述言語で使う用語の定義
ISO/IEC 21000-7	Digital Item Adaptation	端末属性やネットワークに依存しない柔軟なコンテンツアクセスの実現方法
ISO/IEC 21000-8	Reference Software	参照ソフトウェア
ISO/IEC 21000-9	File Format	MPEG-21のファイルフォーマット
ISO/IEC 21000-10	Digital Item Processing	ディジタルアイテム受信時の標準的な処理とインタフェース
ISO/IEC 21000-11	Evaluation Methods for Persistent Association Technologies	指紋，電子透かしに対する評価方法
ISO/IEC 21000-12	Test Bed for MPEG-21 Resource Delivery	MPEG-21試験環境の定義
ISO/IEC 21000-13		欠番
ISO/IEC 21000-14	Conformance Testing	適合性試験
ISO/IEC 21000-15	Event Reporting	ディジタルアイテム流通のイベント通知規定
ISO/IEC 21000-16	Binary Format	バイナリ表現のためのフォーマット
ISO/IEC 21000-17	Fragment Identification of MPEG Resources	MPEGデータの一部分を識別するための規定
ISO/IEC 21000-18	Digital Item Streaming	ストリーミング配信の規定

3.4.2　MPEG-21

MPEG-21はマルチメディアの制作から流通・消費まで一貫して取り扱えるインタフェースを規定した標準である。さまざまなネットワークや端末間の垣根を越え，透過的で広範囲なマルチメディア資源の活用を可能にすることを目標としている。MPEG-21規格は，ISO/IEC 21000 "Multimedia Framework"（マルチメディアフレームワーク）であり，表3.16に示すように18のパートからなっている（2007年6月現在）。

MPEG-21ではディジタルアイテムとよぶデータのかたまりをマルチメディアコンテンツの最小単位としている。これは，JPEG，MPEG-1，MPEG-2，MPEG-4などのメディア符号化技術によって圧縮されたオーディオビジュアルデータに，MPEG-7などで規定された標準メタデータスキーマを組み合わせて，MPEG-21で定義された権利処理インタフェースなどを規定するXMLスキーマによって構造化したものである。MPEG-21のディジタルアイテムを構成するために，ディジタルアイテム宣言（digital item declaration；DID）とよぶXML文書が用いられる。

ディジタルアイテム宣言の記述要素には，ルートエレメントであるDIDLのほかに，コンテナ<Container>，アイテム<Item>，コンポーネント<Component>，リソース<Resource>，記述子<Descriptor>など16種類のエレメントがあり，その包含関係はXMLスキーマによる。図3.23にその構成を示す。

MPEG-21におけるマルチメディアコンテン

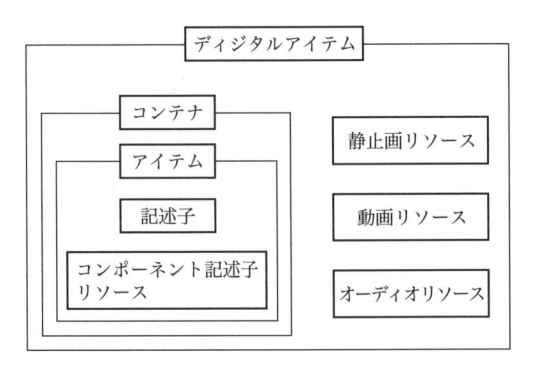

図 3.23 ディジタルアイテムの構成

表 3.17 H.320 システムにおけるプロトコル（太字は必須プロトコル）

ネットワークインタフェース：**I.400** 勧告	呼制御：**Q.931**		
	マルチメディア多重分離：**H.221**	システム制御	**H.242**
		音声符号化	**G.711**, G.722, G.728 など
		映像符号化	**H.261**, H.262, H.263 など
		データ	T.120, T.281, (H.224)

表 3.18 H.320 システムの通信手順

フェーズ A	モード初期化	ダイヤル情報に基づいて Q.931 設定
フェーズ B	モード設定	H.221 フレーム上の BAS (bit-rate allocation signal, ビットレート割り当て符号) 情報を用いて H.242 通信制御メッセージを交換
フェーズ C	追加チャネルの呼設定	Q.931 により追加チャネルを探索
	複数チャネルの同期確立	H.221 により複数チャネル間の同期確立
	マルチメディア通信	マルチメディア通信を開始
フェーズ D	通信終了	フェーズ B 終了時に戻る
フェーズ E	呼切断	Q.931 による呼切断

ツの権利記述は，REL（rights expression language, 権利記述言語）と RDD（rights data dictionary, 著作権データ辞書）が重要な役割を担っている．これらにより，ディジタルアイテムが制作される際の権利記述と，流通させる際の権利記述が共通化される REL は ContentsGuard 社の XrML（extensible rights markup language）を基につくられている．コンテンツに対する著作権の承諾条件の表現は，制作→編集→流通→消費→再利用というバリューチェーンの広い範囲を含んでいる．REL は，コンテンツの利用ユーザーを表現する Principle（許諾される実体），承諾された行為を表現する Right（許諾される権利），許諾対象となるコンテンツを表現する Resource（許諾対象リソース），許諾条件を表現する Condition（許諾条件）を 4 つの基本要素とする．RDD は，著作権表現のために，種々の分野で使われる用語に重複や多義性がないように作成されている．

3.5 テレビ電話・ビデオ会議プロトコル

3.5.1 H.320

H.320 勧告は，1990 年に ITU-T によって制定された N-ISDN（狭帯域 ISDN, $p \times 64$ kbit/s）ネットワーク対応のマルチメディア通信システム標準である．この勧告には，システム構成，構成要素，参照すべき他の勧告，端末タイプ，通信フェーズ，相互接続条件などが規定されている．H.320 の利用形態は，①高品質テレビ会議：384 kbit/s 程度，②通常テレビ会議：128 kbit/s 程度，③テレビ電話：128 kbit/s または 64 kbit/s，の 3 とおりに大きく分類される．

システム構成は，H.320 端末装置，ネットワーク（ISDN），多地点制御装置（multipoint control unit; MCU）からなり，呼制御として Q.931 勧告，システム制御として H.242 勧告，音声符号化として G.711 勧告，映像符号化として H.261 勧告が必須プロトコルとなっている．H.320 システムにおけるプロトコルを表 3.17 に示す．

H.320 システムでは，通信開始から終了まで，表 3.18 の 5 段階のフェーズに分類される．

3.5.2 H.323

ITU 勧告 H.323 は 1996 年に制定された LAN 対応のマルチメディア通信システム標準である．IP ネットワークに対する呼制御プロトコルが定義されている．データ通信ネットワーク

では電話網と異なり，呼接続の概念がなく，パケットを必要なときに送り出すことが基本である。H.323 は VoIP プロトコルによる音声通信が必須であり，映像通信はオプションとなる。

システム構成は，H.323 端末装置，H.323 ゲートキーパ，H.323 多地点制御装置（MCU），H.323 ゲートウェイからなり，登録・通信許可・通信状態制御には，H.225.0 RAS（registration admission and status）が用いられる。呼の確立後，H.245 制御がエンドポイント間で行なうネゴシエーション手順を規定する。映像・音声の伝達方式は，RTCP（real-time transport control protocol）と RTP（real-time transport protocol）によって規定される。映像・音声のパケットは，UDP（user datagram protocol）のトランスポートプロトコルによって転送される。表 3.19 に H.323 システムにおけるプロトコルを示す。

H.323 による接続制御の基本概念を，表 3.20 に示す。

3.5.3 SIP

セッション開始プロトコル SIP（session initiation protocol）は，IP（internet protocol）に基づいた通信サービスにおいて呼シグナリングと制御を扱う IETF 標準の通信プロトコルである。SIP は H.323 と異なり，セッションの開始・変更・終了のみを行なうため比較的単純であり，HTTP 1.1 に似たテキストベースメッセージフォーマットであるので，ソフトウェアの機能の追加・拡張が容易である。

SIP はインターネット上で VoIP（voice over IP，インターネット電話）を実現するためのセッションコントロールプロトコルとして注目されてきた。

SIP リクエストを処理する論理的なエンティティはユーザーエージェント（user agent；UA）とよばれる。リクエストを生成・送信し，応答を受信・処理する UA はユーザーエージェントクライアントとよばれ，SIP リクエストを受信・処理し，応答を生成・送信する UA はユーザーエージェントサーバとよばれ，SIP リクエストを処理する。

ネットワーク上の以下の3種類の SIP サーバ

表 3.19　H.323 システムにおけるプロトコル

システム制御	
ネゴシエーション	H.245
呼確立開放	H.225.0 呼制御
アドレス解決	H.225.0 RAS 制御
受付可否制御	
帯域制御	
音声符号化	
音声フロー制御	RTCP
音声圧縮データ	G.7xx (G.711, G.722, G.723.1, G.728, G.729)
映像符号化	
映像フロー制御	RTCP
映像圧縮データ	H.26x (H.261, H.263)

表 3.20　H.323 制御の概念

動作	制御	内容
呼の確立準備	H.225.0 RAS 制御	PC とゲートキーパ間で帯域確保の確認のためのメッセージ交換
呼の確立動作	H.225 呼制御	通話要求メッセージの送信のための H.225 呼制御メッセージを交換
ネゴシエーション動作	H.245 呼制御	ネゴシエーション用の TCP/IP コネクションの生成
通話中の状態	H.245 制御, RTP, RTCP	論理チャネルによる通話の生成と切断
会議 ID の定義		多地点会議サービス対応

は，それぞれ物理的に別に設置してもよいし，1つにまとめることもできる。

- プロキシサーバ（proxy server）
  SIP リクエストの次の転送先を解決し，そのリクエストを転送するサーバ。
- リダイレクトサーバ（redirect server）
  SIP リクエストの次の転送先を解決し，その転送先を応答で送信するサーバ。
- 登録サーバ（registrar）
  REGISTER リクエストを受信し，UA のコンタクトアドレスを登録するサーバ。

SIP ではマルチメディア通信を実行するために SDP（session description protocol，セッション記述プロトコル）を用いる。SDP によってセッション記述，時間記述，メディア記述が表

表 3.21　SDP タグ

種類	タグ	内容
セッション記述	v	バージョン
	o	＜ユーザ名＞＜SDP メッセージ識別番号＞＜メッセージ識別サブ番号＞＜ネットワークタイプ＞＜アドレスタイプ＞＜アドレス＞
時間記述	t	＜開始時刻＞＜終了時刻＞
メディア記述	c	＜ネットワークタイプ＞＜アドレスタイプ＞＜コネクションアドレス＞
	m	＜メディア種別＞＜ポート番号＞＜トランスポートプロトコル＞＜ペイロードタイプ＞
	a	＜ペイロードタイプ＞＜符号化方式＞＜クロック＞

現される．表 3.21 に示した SDP タグのうち，＜メディア種別＞に audio, video, data などが入り，＜符号化方式＞には H.261 などが記述される．

4 音声・オーディオ符号化標準

音声，オーディオの符号化に関する標準化の経緯を図4.1に示す．符号化の研究は通信，計算機のディジタル化を背景に，1970年代から活発になってきた．符号化技術は着実に進歩し，1990年以降に，大きな市場をもつ製品やサービスの飛躍的な発展に貢献した．

この間，信号処理チップの高速化，メモリ量の拡大など急速かつ継続的なハードウェアの進展に支えられ，巨大な計算機で膨大な時間を要していた信号処理が携帯電話の中で音声の入出力速度の実時間以内で実行できるようになったことも，情報圧縮効率の実質的改善に大きく貢献している．

4.1節で双方向の電話用途（携帯電話，電話，広帯域会議電話）を中心とした通信用の符号化の国際標準，4.2節で放送や記録用途を中心としたオーディオの符号化の国際標準を紹介する．両者は許容される符号化遅延量や再生帯域が大きく異なるが，インターネットの世界では両者の境界は明確でなくなりつつある．

4.1 通信用音声符号化の標準

4.1.1 ITU-Tの電話音声の標準

ITU-T（International Telecommunication Union Telecommunication sector）は通信システムに関する国際標準化を行なっている．ITU-Tにおける電話帯域の標準規格は表4.1に示すとおりである．いずれも0.3〜3.4 kHz帯域の8 kHzサンプルの信号を対象としている．遅延は方式で避けられない片道の原理遅延で，実際のシステムでは処理遅延も含めて，この2〜3倍程度の遅延が生じる．

表4.1 電話音声用のおもなITU-T標準方式

名称	方式	情報量 (kbit/s)	遅延 (ms)
G.711	PCM	64	0.125
G.726	ADPCM	16〜40	0.125
G.727	ADPCM	16〜40	0.125
G.728	LD-CELP	16	0.625
G.729	CS-ACELP	8	15
G.723.1	ACELP/MPC-MLQ	5.3/6.3	37.5

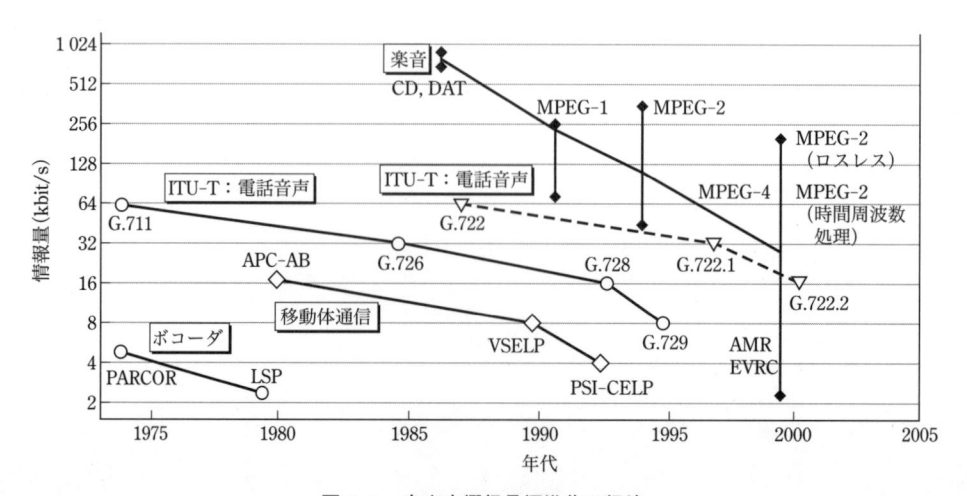

図4.1 音声音響信号標準化の経緯

G.711 は振幅を対数に近い非線形なステップ幅で 8 ビットに量子化した圧伸 PCM（pulse code modulation）である。振幅の大きいサンプルの量子化誤差は大きいが，元のアナログの振幅値との相対的誤差は振幅によらず一定で，アナログ音声との品質の差はない。このため，電話の基幹回線伝送や VoIP（voice over internet protocol）などに広く使われている。

G.726 は 1 サンプルごとの後方適応型の適応予測と適応量子化ステップ幅制御を用いた予測符号化方式である。予測誤差をサンプルあたり 4 ビットで量子化するので，情報量は G.711 の半分の 32 kbit/s で，G.711 と比較した品質の低下はわずかで，有料品質（toll quality）の限界とされている。PHS（personal handy phone）や専用線多重化伝送などに使われている。

G.727 は G.726 と同等の予測や適応化を行なう予測符号化であるが，予測や適応化は振幅の量子化ビットの上位 2 ビットだけを使って行なうエンベデッド符号化である。量子化誤差ビットそのものは 2 ビット以上に拡張することで誤差を小さくすることができるが，伝送や復号時に拡張したビットを廃棄しても 2 ビット分の波形が正しく再構成できる。

G.728 は 5 サンプルごとの高次後方適応線形予測とその誤差のベクトル量子化で低ビットと低遅延の両立を実現している。50 次の予測係数は過去に復号された信号だけから求めるので，伝送する必要はない。予測誤差信号は利得の 3 ビットと形状の 7 ビットで量子化する。利得は適用予測を行ない，形状は 128 個の中から 5 次元ベクトルを選択するベクトル量子化を行なう。復号器でも高次の分析が必要なことや符号誤りに対してはその影響が長く残るという難点があり，普及は限定的である。

G.729 は 80 サンプル（10 ms）のフレームを用いる ACELP（図 4.2）であり，線形予測パラメータは LSP パラメータを多段ベクトル量子化する。また，利得の符号化に 2 チャネルの符号帳を使う共役ベクトル量子化を採用している。低演算量版のアネックス a やビットレートの拡張など多くのアネックスが追加されている。VoIP での低ビット圧縮符号化のデフォルト符号化方式となっているので，VoIP のゲー

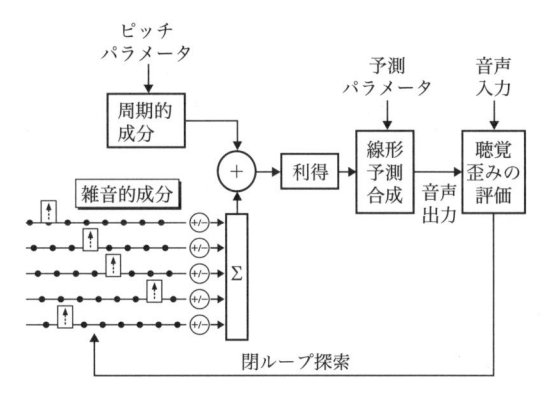

図 4.2 典型的 ACELP の符号化の構成

トウェイ装置などで世界に広く普及している。

G.728，G.729 ともに有料品質を維持している。G.723.1 は低ビット TV 電話用に 240 点（30 ms）のフレームをもつ 5.3 kbit/s の ACELP と 6.3 kbit/s のマルチパルス符号化が併記されている。線形予測パラメータは共通に LSP パラメータの分割ベクトル量子化が使われている。いずれも 32 kbit/s の G.726 に近い品質であるが，5.3 kbit/s の場合は有意な劣化がある。

4.1.2 ITU-T の広帯域電話音声の標準

電話音声だけでなく，7 kHz 帯域（AM 放送程度）の標準化や実用化が進んでいる（表 4.2）。TV 会議や教育用の高品質の双方向通信や蓄積への適用が想定されている。すでに，ITU-T の G.722，G.722.1，G.722.2 が制定されている。

G.722 は SB（split band）ADPCM で，帯域を 2 分割して，それぞれ 8 kHz サンプルの信号として，低域は予測誤差 1 サンプルあたり 4，5，6 ビット（48，56，64 kbit/s に対応）の ADPCM，高域は 2 ビットの ADPCM が使われている。

G.722.1 は Polycom 社の提案による DFT をベースとした周波数領域の符号化である。

G.722.2 は 3GPP の AMR-WB と互換性があ

表 4.2 広帯域音声の ITU-T 標準

名称	方式	情報量 (kbit/s)	遅延 (ms)
G.722	SB-ADPCM	48/56/64	1.5
G.722.1	transform	24 〜 32	40
G.722.2	ACELP	6.6 〜 23.85	25
G.729.1	CS-ACELP +	8 〜 32	20

り，16 kHz サンプルの入力に対し，12.8 kHz にダウンサンプルし，無線用 8 kHz サンプル用の AMR で符号化する．復号側ではサンプリング周期を 16 kHz に上げて，さらに高域をスペクトル包絡で補うことで 7 kHz 帯域信号を再構成する．

G.729.1 は G.729 をベースに量子化誤差信号を周波数領域で段階的に 12 階層まで，振幅方向と周波数方向にスケーラブルに拡張して，広帯域音声に対応するものである．

4.1.3 無線通信用標準：第 2 世代

移動体通信は音声の情報圧縮のもっとも重要な応用用途と考えられる．一方，移動体通信では符号誤りが避けられず，携帯機器に載せるための処理量やコストの制約も大きい．もちろん実時間の通信の実現が必須で，また 10 kbit/s 以下の音声符号化法を実現しなければ，すでにサービスを行なっているアナログ周波数変調（FM）方式より電波利用効率が低くなってしまうので，低ビット化の開発が精力的に行なわれた．日米欧でそれぞれ従来のアナログ方式との共存のため，独自の標準となっている．

世界のディジタル携帯電話（アナログ FM による第 1 世代と対比させた第 2 世代携帯電話）の商用化は欧州の GSM (global system for mobile communications) から開始された（表4.3）．正規マルチパルス符号化で演算量が少ないが，情報量も多かった．

アメリカでは TIA によって，符号誤り耐性の高い 7.95 kbit/s の VSELP (vector sum excitation linear prediction) がコンテストで選定された．日本の第 2 世代も北米と同じ VSELP からサービスが開始された（表4.4）．北米版よりビットレートが 15% ほど低く，基本ベクトルの本数が少ない．また線形予測係数を量子化するために，いずれも PARCOR 係数が使われている．

その後，携帯電話の急速な普及による電波帯域の不足が見込まれたため，日本，欧州，北米でそれぞれハーフレート化の開発が進められた．すなわち，遅延と演算量の増加は許容するものの，誤り環境下での品質も維持したまま，ビットレートを半分にする挑戦であった．

日本では PSI-CELP がその開発条件を満たす方式として選定された．PSI-CELP は 2 チャンネルの雑音符号帳をもち，その和で励振ベクトルをつくり，雑音ベクトルであってもさらにピッチ周期で周期性をもたせるという特徴がある．

なお，北米，欧州ではハーフレート化は品質が達成されず，商用化は見送られたため，日本の PSI-CELP が世界最小のビットレートでの商用移動通信サービスとなった．

欧州では EFR (enhanced full rate)，北米では IS-641 としてフルレートの品質改善が行なわれた．いずれも ACELP の構造，LSP パラメータのベクトル量子化などは共通である．EFR と IS-641 でビットレートがほぼ 2 倍異なっているのは，フレームの分割数が 4 か 2 のちがいである．

日本でも，GSM と互換性のある ACELP または ITU-T の G.729 を採用して，品質を改善している．

4.1.4 無線通信用標準：第 3 世代

第 3 世代の携帯電話のシステムは，符号化方式も含めて，欧州，日本，韓国を主体にした 3GPP のグループと，アメリカを中心にした 3GPP2 のグループに分裂して，標準化が進められた（表4.5，表4.6）．

第 3 世代のディジタル信号の無線多重化方式は，第 2 世代の TDMA (time division multiple access, 時分割多重接続) ではなく，CDMA (code division multiple access, 符号分割多重接

表4.3 欧米の第 2 世代（TDMA）

名称	方式	情報量 (kbit/s)	遅延 (ms)
GSM	RPE-LTP	12.2	20
TIA IS-54	VSELP	7.95	25
GSM-EFR	ACELP	12.2	20
TIA IS-641	ACELP	7.4	20

表4.4 日本の第 2 世代（TDMA）

名称	方式	情報量 (kbit/s)	遅延 (ms)
フルレート	VSELP	6.7	20
ハーフレート	PSI-CELP	3.45	40
E フルレート	ACELP	6.7	20
E フルレート	CS-ACELP	8.0	20

表 4.5　第 3 世代（3GPP・W-CDMA）

名称	方式	情報量 (kbit/s)	遅延 (ms)
AMR	ACELP	4.75～12.2	20
AMR-WB	ACELP	6.6～23.85	25
AMR-WB +	ACELP + TCX	5.2～48	80

表 4.6　第 3 世代（3GPP2・CDMA2000）

名称	方式	情報量 (kbit/s)	遅延 (ms)
TIA IS-96	QCELP	0.8/2/4/8.5	25
EVRC	RCELP	0/1/4/8.55	20
VMR-WB	RCELP	6.6/8.85/12.65	20

表 4.7　米国連邦政府標準

名称	方式	情報量 (kbit/s)	遅延 (ms)
FS1015	LPC-10	2.4	112.5
FS1016	CELP	4.8	37.5
FS1017	MELP	2.4	22.5

続）を用いている．これに組み合わせる音声符号化は 12.2 kbit/s を中心とした ACELP で，第 2 世代の GSM-EFR と互換性をもたせてある．音声に対する多様なビットレートの符号化を拡張した AMR（adaptive multi-rate；12.2, 10.2, 7.95, 7.40, 6.70, 5.90, 5.15, 4.75 kbit/s）を基本構成とし，誤り訂正の組合せを適応的に制御することにより，多様な電波環境での品質の維持ができるようになっている．

3GPP では広帯域符号化，さらに音楽用用途の CD 帯域の信号の符号化の開発や標準化を進めている．音楽用には MPEG の符号化も採用しているが，音声の品質を保つために独自に AMR-WB（ITU-T G.722.2 と互換），さらに音楽にまで対応した AMR-WB + が標準化している．

AMR-WB + は AMR の ACELP の 4 倍のスーパーフレーム構造をもち，音声に強い ACELP と楽音に強い周波数領域での線形予測誤差のベクトル量子化による TCX（transform coded excitation）符号化をもつ．フレーム長と符号化の計 26 種類のモードを自由に切り替えることで，音声と音楽の両方に対応した品質を維持している．

北米では，TDMA 用の IS-641 と並行して，CDMA 用の QCELP（qualcomm CELP）を使った IS-96 が標準化された．CDMA の制御と組み合わせて，無音区間で 0.8 kbit/s まで情報を落とすことができることが特徴である．

この基本的考えを受け継ぎ，3GPP2 では CDMA2000 のシステムを使って EVRC（enhanced variable rate codec）によるマルチレート符号化，さらに VMR-WB（variable-rate multi-mode wideband）によるスケーラブルな帯域拡張符号化が標準化されている．いずれもピッチ予測の効果を高めるための時間変形を許す RCELP（relaxation code excited linear predictive coding）を基本としている．VMR-WB は 3GPP の AMR-WB と歪みのない符号変換を可能とするために，12.8 kHz にダウンサンプルすることや，高域をスペクトル包絡から再構成する枠組は AMR-WB と共通化されている．

4.1.5　米国連邦政府標準

米国では機密通信用として表 4.7 のように低ビットの音声符号化の標準化を進めてきている．1980 年代前半の FS1015 は PARCOR 係数を使ったボコーダである．1990 年代前半の FS1016 は 9 ビットの符号帳をもつ CELP で，LSP パラメータも使われた．1990 年台後半の FS1017 は周波数領域での 4 個のサブバンドごとに正弦波符号化（有声）と CELP（無声）を判定して切り替える MELP（mixed excitation linear prediction）である．2.4 kbit/s でも倍のレートの FS1016 よりも高い品質が得られている．

4.2　オーディオ符号化の標準

4.2.1　デファクト標準

正式の手続きと合意の下に規格が決められる標準化（de jure standard）と異なり，特定の規格が実質的に標準となるデファクト標準（de facto standard）の例として，Sony のミニディスク（MD）の ATRAC や Dolby によるアメリカの HDTV や DVD 用の AC-3 があげられる．

また，インターネットを経由するストリーミ

ングでは，マイクロソフトの Windows Media Audio やリアルネットワークスの RealAudio がある。いずれも世界で幅広く利用されていて非常に重要であるが，その技術仕様は必ずしも完全に公開されないこともあり，ここでは内容については割愛する。

4.2.2 MPEG の概要

ISO/IEC JTC 1/SC29/WG11 の MPEG（moving picture experts group，動画専門家グループ）シリーズの音声標準が使われはじめている（図 4.3）。動画の圧縮符号化に付随する標準であるが，楽音単独の符号化としても有用である。一部を除いて，放送，CATV，CD-ROM などへの蓄積といった片方向のみのシステムへの適用が中心である。

日本では BS デジタル放送に続き，地上デジタル放送，ワンセグ放送も順次開始されていることは衆知のとおりである。その音声部分は MPEG-2 の AAC（advanced audio coding）規格で符号化され，MPEG-2 システム規格のフォーマットに準拠して MPEG-2 ビデオと多重化されている。インターネットや携帯音楽プレーヤでは MP3 フォーマットが普及しているが，これは MPEG-1/2 オーディオレイヤーⅢの略である。

4.2.3 MPEG-1

MPEG-1，-2 の規格は 3 種のレイヤーと後で追加された AAC の計 4 種のアルゴリズムが存在するが，いずれも図 4.4 に示すように周波数

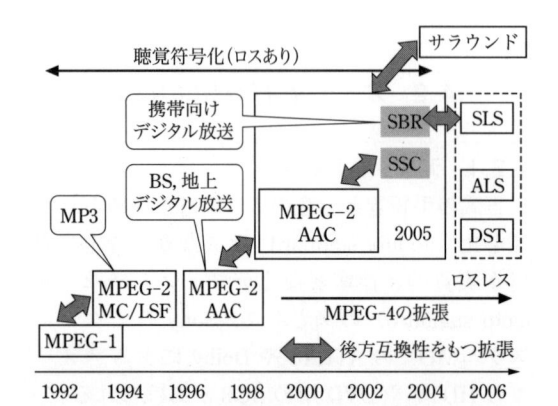

図 4.3 MPEG オーディオの進展

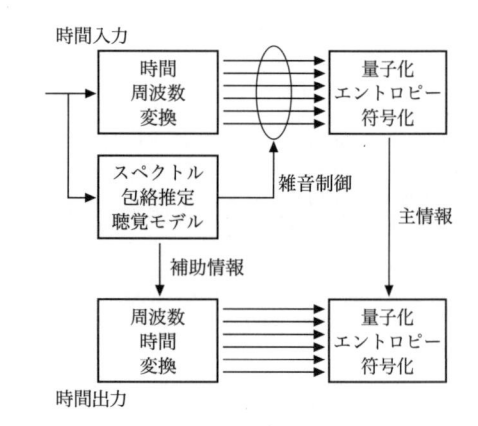

図 4.4 変換符号化の基本構成

表 4.8 MPEG-1 オーディオの仕様

サンプリング周期		32, 44.1, 48 kHz
チャネル数		1 または 2
ビットレート	レイヤー Ⅰ	32 〜 448 kbit/s
	レイヤー Ⅱ	32 〜 384 kbit/s
	レイヤー Ⅲ	32 〜 320 kbit/s

領域またはサブバンド領域に変換した係数を適応的なビット数で量子化して圧縮ビットを作成する。この際に，聴覚心理モデルにより雑音の制御を行なうことで聴感歪みを軽減していることが特徴である。

MPEG-1 の仕様を表 4.8 に示す。レイヤーⅠは DCC（digital compact cassette）に使われたが，現在では生産はされていない。レイヤーⅡはビデオ CD の音声，DVD の音声，欧州のディジタル放送に広く使われている。

レイヤーⅢはインターネットや携帯プレーヤで幅広く使われている。技術的にはレイヤーⅠが 32 帯域分割適応割当のサブバンド符号化で，レイヤーⅡはその量子化部分を改善したものである。レイヤーⅢはレイヤーⅠのサブバンド帯域信号に MDCT を適用して周波数分解能を上げ，可変長符号やビット貯蔵などによりさらに圧縮率を高めている。また，ステレオ信号に対して，MS（和差）符号化と高域のスペクトル包絡の強度だけを保存するジョイントステレオ符号化も取り入れている。

4.2.4 MPEG-2

MPEG-2 は後方互換性を保ったまま，マルチ

チャネル対応と，低サンプリング周波数対応の拡張が定義された．後方互換のために，マルチチャネル符号化の際に，ステレオにダウンミックスして符号化し，マルチチャネルの差分を拡張領域で伝送する．この構成と最高ビットレートの制約のために満足な品質が得られないという問題が生じた．

とくにマルチチャネルの高品質化の要請によりAACの策定が開始され，1997年に制定された．AACのLC（low complexity）プロファイルはディジタル放送（日本），携帯プレーヤに広く使われている．品質重視でMDCT係数をベースにさまざまな高品質化技術が取り入れられている．この結果，128 kbit/sで，ほぼ聴覚的な劣化のないCD帯域の信号の符号化が可能になった．

4.2.5 MPEG-4 オーディオ

MPEG-2に続き，2000年に数多くのツールと機能を備えたMPEG-4オーディオの規格が完成した．幅広いビットレート，帯域，そのスケーラビリティ，符号誤り耐性，合成音声，音楽合成（構造化音響符号化）などが含まれており，ストリーミング，双方向通信，無線通信など柔軟で広範囲の用途への応用が期待されている．ただ，2006年時点では市場への展開は限定的であるので，技術内容については割愛する．

- 低ビット音声 HVXC（harmonic vector excitation coding）： 正弦波符号化とCELPの切り替えによる2 kbit/sでの符号化．
- 中低ビット音声符号化 CELP： ACELPを基本に電話帯域，広帯域音声をスケーラブルにカバーする符号化．
- 低ビット楽音符号化 TwinVQ（transform domain weighted interleave vector quantization）： MDCT係数の量子化にインタリーブベクトル量子化，包絡推定に線形予測を用いた6 kbit/sまでの低ビット用符号化．
- 楽音符号化 AAC： MPEG-2 AACを基礎にLTP（long term prediction），PNS（perceptual noise substitution），スケーラブル構成などのツールが拡張された符号化．
- 小ステップスケーラブル楽音符号化 BSAC（bit slice arithmetic coding）： MDCT係数の量子化に水平方向の算術符号を使ったスケーラブル符号化．韓国での放送システムで利用されている．
- パラメトリック楽音符号化 HILN（harmonic individual line and noise）： 正弦波，パルスと雑音による低ビット楽音符号化．
- 低遅延楽音 AAC-LD（low delay AAC）： 512点のみのMDCT係数を使うAACで，双方向通信用とも可能．
- 誤り耐性枠組： 誤り訂正符号やビットの並び替えを可能にするフォーマット．
- 3D音場： 再生時の両耳効果，環境特性のたたみ込み．
- 構造化音響符号化： MIDIの拡張などの合成楽音ツール群．
- 音声合成インタフェース： 韻律情報などを付加するための言語仕様．

4.2.6 MPEG-4 オーディオの拡張の概要

2002年以降，MPEG-4の新たな拡張規格が検討され，市場のニーズと技術的実現性を考慮しながら，下記のように多様な標準化が順次進められた．

- SBR（spectral band replication）： スペクトル帯域拡張．
- SSC（sinusoidal coding）： 正弦波楽音符号化，PS（parametric stereo）を含む．
- ALS（audio lossless coding）： 時間領域ロスレス符号化．
- SLS（scalable lossless coding）： 周波数領域ロスレス符号化．
- DST（direct stream transfer）： オーバーサンプル1ビット量子化ロスレス符号化．
- MPEG surround： 空間音響符号化．
- SMR（symbolic music representation）： 楽譜の書式．

このうち，時空間情報を用いる3つの規格（SBR，SSC，MPEG surround）と，3つのロスレス符号化（ALS，SLS，DST）について以下で紹介する．

4.2.7 時空間情報を用いる処理

(1) 概要

SSCのPS（パラメトリックステレオ）ツー

ルはステレオ情報，SBRは高周波領域，MPEG surroundは空間音源情報を，いずれも時空間領域（QMFによるサブバンド領域）でのパラメータで表現することが共通している。また，いずれもベースとなる信号の符号化の後方互換性を維持して，それに拡張できる構造をもっている。これまでのMPEG標準の拡張として，実用的にも重要な3つの規格を紹介する。

（2）SBR

SBRは，広帯域の入力信号の低周波領域部分は通常のAACで符号化し，高域部分はスペクトルの包絡などの少数のパラメータで表現し，復号器側で高域側は低域のスペクトルとパラメータから波形を擬似的に再構成する符号化である（図4.5）。低域のAACの部分は後方互換性を保ち，商品化されている従来の復号器では低域のみの波形を再生できる。

一方，新たな拡張復号器ではわずかの補助情報を拡張ストリームから復号することにより高域の再生が可能で，従来のAACより30〜50%少ない情報量で広帯域信号の再生ができる。また，サブバンド領域の再構成の低演算モードも用意されている。このため，モバイル系など低ビットの音楽配信用途として有効で，日本でもワンセグ放送の音声伝送に採用されている。また，同様の処理はMP3に適用され，MP3プロとしても市場に投入されている。

（3）PS

PSは当初SSCの1つのツールとして提案されたが，SBRとも組み合わされて効果を発揮する（図4.6）。SSCは正弦波と雑音のモデルで高品質の楽音を低ビットで符号化する方法である。SSCは波形そのものを再現するのではなく，パラメータを抽出して，そのパラメータから聴覚的に類似の波形を再構成するので，単に低ビットであるだけでなく，ピッチや再生スピードの変更がきわめて容易である。

さらに，実用的にはPSによるステレオ信号の表現の効率が高く，わずかなチャンネル間のモデルパラメータを追加するだけで，聴覚的に原音と類似したステレオ信号が再構成できる点が優れている。SBRとPSの組合せが可能で，両方の効果で従来のAACのステレオ符号化の半分以下の情報量で同等の品質が維持できる。AAC，HE-AAC（AACとSBR），HE-AAC V2（AAC＋SBR＋PS）3つのプロファイルによる低ビット化の模式図を図4.7に示した。

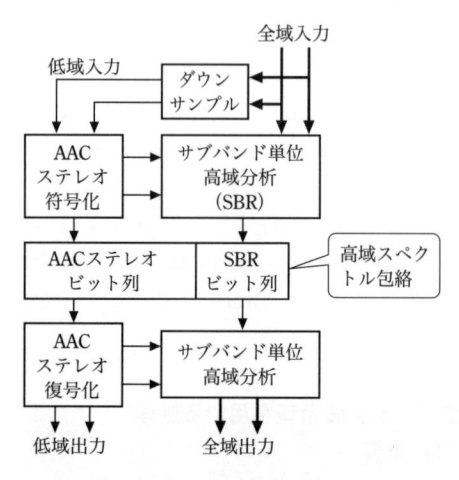

図4.5　SBRの処理

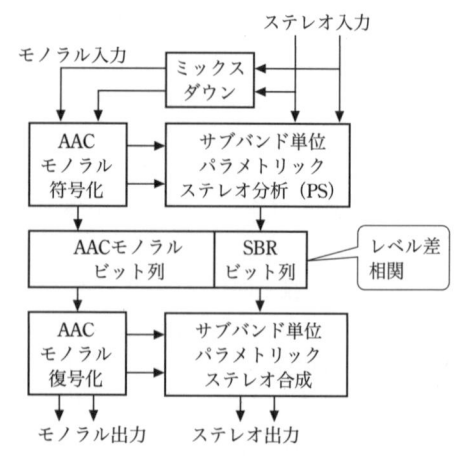

図4.6　PSの処理

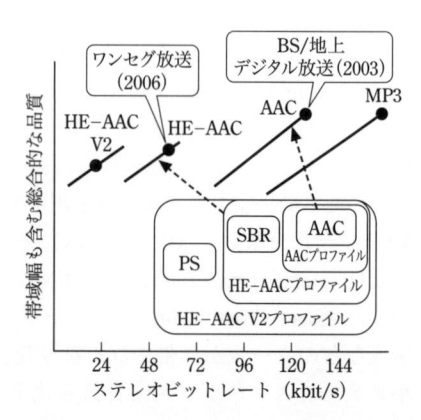

図4.7　MPEG-4拡張による品質の目安

(4) MPEG surround

MPEG surround は 5 チャンネル信号と 1 または 2 チャンネル信号の対応付けを SBR と類似のサブバンド領域で行なう技術である（図4.8）。サラウンドのスピーカ配置を想定してつくられた 5 チャンネルの音源をステレオに混合し，たとえば AAC でベースの信号として符号化する。

同時に 5 チャンネル信号のもつ空間情報のパラメータ（レベル差，位相差，相関）をサブバンド領域ごとに抽出して，ステレオの波形情報に後方互換性を保って，わずかな情報量の補助情報として追加する。デコーダでは 2 チャンネルの信号の再生が可能であり，同時に空間情報のパラメータから 2 チャンネル信号から原音に聴感が近い 5 チャンネル信号を再構成できる。補助情報は 0 ビットから完全な波形情報に近い情報量まで選択でき，ベースの信号は PCM でも可能である。また，SBR と同じく，サブバンド領域のパラメータから低演算で 5 チャンネル信号を再構成するモードも用意されている。

4.2.8 ロスレス符号化

(1) ロスレス符号化の概要

ロスレス符号化は圧縮解凍あるいは符号化復号化によってまったく歪を生じない符号化である。聴覚特性を利用する従来の圧縮符号化ほどは圧縮できないが，元の高音質音源を変化させないという利用価値があり，とくにサンプリング周期の高い音源などの蓄積や伝送，高品質映像との組合せなどに重要である。MPEG では下記に紹介する 3 種類（ALS，SLS，DST）の標準が出版された。

(2) ALS

ALS は時間領域の予測とエントロピー符号化に基づく歪みのない圧縮符号化である。図4.9に示されるように，全体に線形予測に基づく簡易な方式である。予測係数は PARCOR 係数で，予測残差はライス符号または算術符号が使われている。浮動小数点も含む幅広い入力信号に対応し，予測次数やフレーム長の選択範囲が広く，長期予測，ブロック長切り替え，マルチチャネル符号化，ジョイントステレオ符号化などの付加機能を備えている。このため，用途に応じて演算量や圧縮率を柔軟に選択できる。専門家向けのオーディオ信号の蓄積，編集，伝送，長期間のアーカイブなどの用途はもちろん，個人向けの蓄積や演奏ツールに広く使われることが期待されている。また，生体や地震などの音楽以外の時系列信号の蓄積，伝送に使われる可能性がある。

(3) SLS

SLS は，図4.10のように MPEG-4 で規定されている AAC などの周波数領域の圧縮符号化をベースにその誤差信号をスケーラブルに符号化し，最高レートでは歪みのないロスレス符号化となる符号化である。AAC などの符号化出

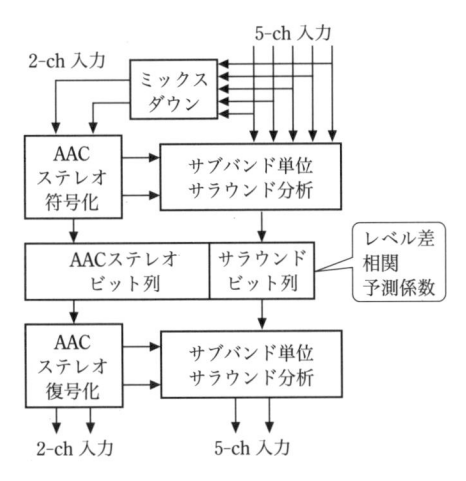

図 4.8 MPEG surround の処理

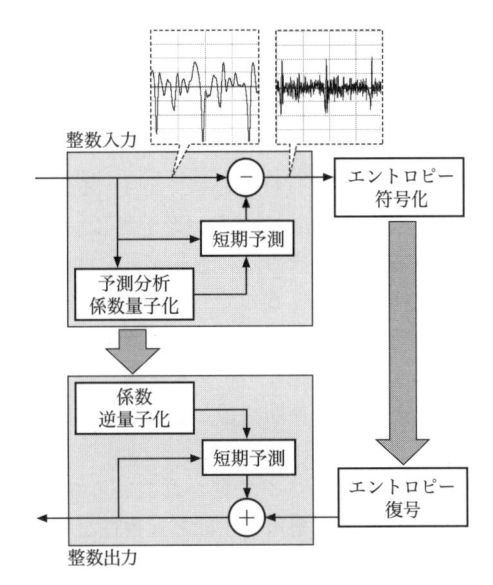

図 4.9 ALS の構成

図4.10 SLSの構成

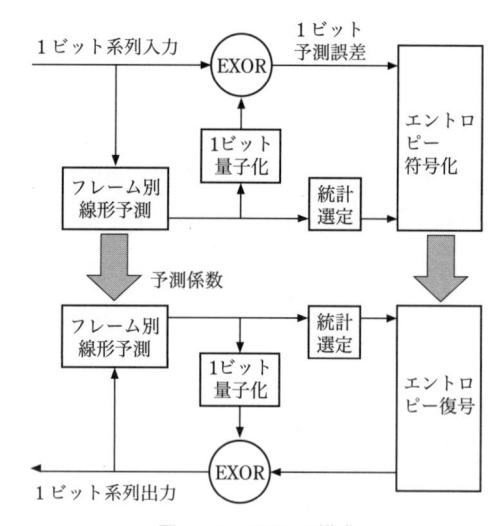

図4.11 DSTの構成

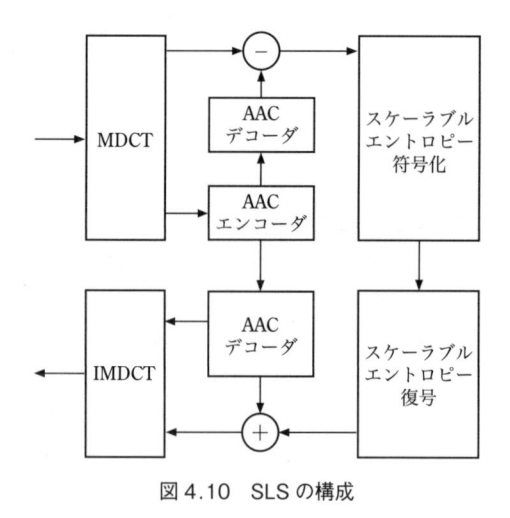

力は，聴覚上の劣化は最小限となるように処理され，原音の1/10程度まで圧縮可能であるが，波形自体は原音とは相当異なっている。保存用には全体のビット列を使ってロスレス符号化で完全な波形の再構成を実現できるし，ビット列の一部から聴覚的に劣化のほとんどない信号を再構成できるので，携帯プレーヤでは保存容量の許す範囲で可能なかぎり高品質の符号化を実現するなど，用途によって柔軟に選択できる。

(4) DST

DSTは，SACD (super audio CD) の1ビットオーバーサンプルのフォーマット (direct stream digital; DSD) に対応したフレーム単位の線形予測に基づくロスレス圧縮符号化である。この1ビットのフォーマットは，サンプリングレートと振幅分解能のトレードオフが選択できるなどの利点があり，しだいに関心が高まりつつある。その基本構成を図4.11に示す。圧縮符号化は，+1（符号としては1）または-1（符号としては0）の値を線形予測し，0または1の予測誤差を求める。予測が正しければ誤差はほとんど0になるので，エントロピー符号化で圧縮が可能である。誤差の性質に合わせてエントロピー符号化のテーブルを切り替え，また予測係数は別途補助情報として伝送・記録する。

これまでのディスクで使われている64倍オーバーサンプル規格用の圧縮と互換性をもち，さらにマスター用の128倍，256倍のオーバーサンプルまでの信号のためのロスレス圧縮規格を国際標準として公開するものである。これまでディスクの商品の中だけに閉じた規格であったが，音楽の編集などの中途段階のファイルやサーバ上でのアーカイブなど，広く利用される可能性がある。

4.2.9 今後のMPEG標準

1994年完成のMP3や1997年完成のAACは，数年の実用開発やシステム標準化を経てようやく世界的に普及してきた。MPEG-4オーディオや数多くのMPEG-4オーディオの拡張規格も，しだいに普及するものと見込まれる。また，MPEG surroundから発展して，その基本信号処理を利用して音源オブジェクトを記述する構想が興味深く議論されている。

ディジタルコンテンツを伝送蓄積するために圧縮することが従来の符号化の機能であったが，コンテンツを利用するために必要な表現法すべてを広く符号化と考える必要がある。MPEG-4でもすでに便利な機能が追加されているが，コンテンツを利用するための規格は今後重要になると考えられる。このため，圧縮エンジンの規格だけでなく，アプリケーションの実態に即したMPEG-7やMPEG-21との連携，ビデオや静止画の符号化の連携に即した互換性を保障する規格が重要となる。このような観点で，MAF (multimedia application format) の標準も順次MPEGで制定されており，今後市場に登場すると思われる。

文献

1) 北脇編著:『ディジタル音声・オーディオ技術』,電気通信協会,未来ねっと技術シリーズ,1999.
2) 守谷健弘:『音声符号化』,電子情報通信学会編,1998.
3) W. B. Klein, K. K. Paliwal, eds.: Speech coding and synthesis, Elsevier, 1995.
4) Standardization of the AMR Wideband Speech Codec in 3GPP and ITU-T, IEEE Comm.Mag., pp.66-73, May 2006.
5) http://www.3gpp.org/specs/specs.htm
6) http://www.3gpp2.org/public_html/specs
7) ISO/IEC 13818-3 Generic coding of moving pictures and associated audio information part 3, Audio.
8) ISO/IEC 13818-7 Generic coding of moving pictures and associated audio information part 7, Advanced Audio Coding.
9) ISO/IEC 14496-3 Coding of Audio-Visual Objects 3rd Ed., 2005.
10) ISO/IEC 14496-3 Coding of Audio-Visual Objects 3rd Ed., 2005, AMD2(ALS).
11) ISO/IEC 14496-3 Coding of Audio-Visual Objects 3rd Ed., 2005, AMD3(SLS).

5 マルチメディア多重化標準

マルチメディア多重化とは，音声と映像のような複数のマルチメディア情報間の同期をとり，それらを連続的に表示するために不可欠な技術である．本章では，広く使われているマルチメディア多重化の国際標準方式として，AVシステム用フレーム構成方式である H.221，マルチメディア通信用多重化プロトコルである H.223，AV同期方式である MPEG システムについて概説する．

5.1 AVシステム用フレーム構成 (H.221)

ITU-T 勧告である H.221 は，テレビ会議システムで使われるフレーム構成方式で，ITU-T 勧告のテレビ会議システムである H.320，H.321，H.322 で主として利用されている．

H.221 の基本的な考え方は，データストリーム中のビット列の中に周期的に FAS（frame alignment signal）とよばれるフレーム同期信号を埋め込み，この同期信号を利用して，さまざまなマルチメディア情報をビット多重することである．

このようなビット多重方式は，ディジタル通信の黎明期に電話信号をビット多重して伝送したという歴史的な理由によっている．一般に，ビット多重方式はハードウェア処理に向いているが，ソフトウェア処理には不向きである．しかしながら，ビット多重方式は非常に細かな間隔で規則正しくマルチメディア情報を多重化して送ることができるため，多重化処理に一般的に伴う遅延を非常に小さくできるという特徴がある．なお，H.221 は 64～1920 kbps のビットレートに対応できる．

図 5.1 に H.221 のフレーム構成を示す．図に示すように，伝送路上のビット列を，640 ビッ

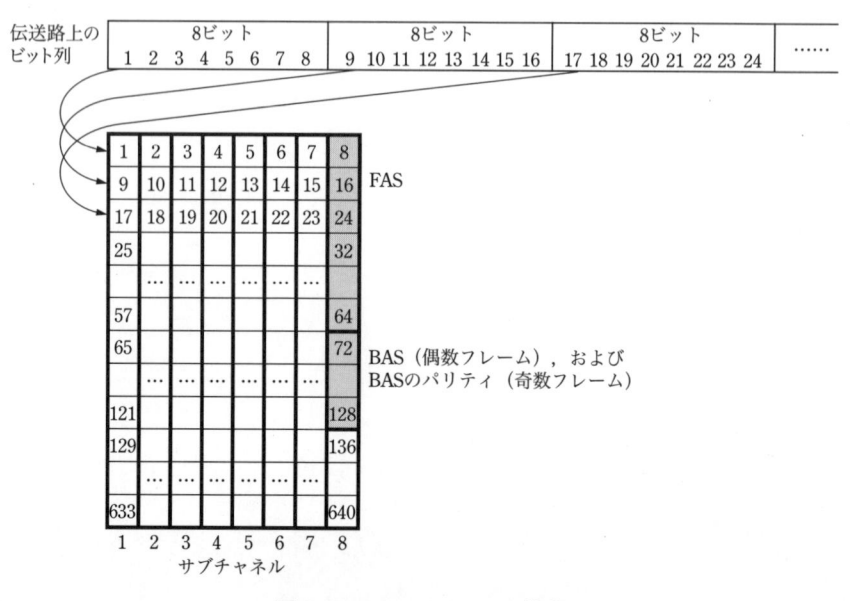

図 5.1 H.221 のフレーム構成

トごとに，横8ビット，縦80ビットの2次元平面に割り付けて考える。この2次元平面をフレームとよび，図に示すように，1〜8のサブチャネルが用意され，ここに種々のマルチメディア情報を入れ込む。

ここで，FASはフレーム中で図に示す位置を占め，偶数番号フレームと奇数番号フレームの2つを組として，図5.2（a）に示す構造をもつ。図中の太枠で囲われている偶数フレームの7ビットの情報と奇数フレームの1ビットの情報はFAW（frame alignment word）とよばれ，これによりフレームの同期を確立する。

なお，偶数フレームと奇数フレームは合わせてサブフレームとよばれるので，これによりサブフレームの同期も確立されることになる。フレームが16個集まったものはマルチフレームとよばれるが，ビットAはマルチフレーム同期が確立しているかどうかを示し，C1からC4のCRCを利用するかどうかをEで指定する。

マルチフレームの種々の設定通知は，図5.2（a）のFAS中の斜線のビットを利用して行なわれる。これを図5.2（b）に示す。マルチフレームから構成される16個のビットを使い，図に示す情報を送る。なお，図中のMASにより，マルチフレームの同期を確立することができる。

以上から，受信側での具体的な同期確立処理は次のようになる。まず，FAWを見つける処理を行ない，フレームおよびサブフレームの同期を確立する。次に，FASの第1ビットからMASを見つける処理を行ない，マルチフレームの同期を確立する。なお，マルチフレームをさらに16個集めたものを俗にスーパーマルチフレームとよんでいるが，これは図5.2（b）のビットN5が1である場合を示しており，N1〜N4の情報からスーパーマルチフレーム中での各マルチフレームの位置を知ることができる。

このようなフレーム中で，どのサブチャネルを利用してどの種類のマルチメディア情報が送られているのかを，図5.1に示したBAS（bit-rate allocation signal）とよばれる情報が示す。BASは非常に重要な情報であるため，偶数フレームでBASが送信されるとともに，それに続く奇数フレームでは，そのフレーム中の同じ位置を利用して8ビットのパリティ情報を送っている。BASで送られる情報は，1バイト，2バイト，および可変長バイトのどれかであり，音声圧縮符号化モード，映像圧縮符号化モード，転送レート，データレート，使用サブチャネルなどを指定できるようになっている。

5.2 マルチメディア通信用多重化プロトコル（H.223）

H.221と同様にITU勧告であるH.223は，低ビットレートのマルチメディア通信のための多重化プロトコルである。H.223は，アナログ電話回線および移動体通信用のAVシステムのITU-T勧告であるH.324およびH.324/Mに使われている。

H.223は，マルチメディア情報の種類に応じてデータを適用化するアダプテーションレイヤーと，ビット多重とパケット多重を融合した多重化レイヤーという，2層構造の多重化方式を採用している。

アダプテーションレイヤーの役割は，AL-SDU（adaptation layer service data unit）とよばれる上位レイヤーから受けとったデータを，AL-PDU（adaptation layer protocol data unit）と

ビット番号	8	16	24	32	40	48	56	64
偶数フレーム	▨	0	0	1	1	0	1	1
奇数フレーム	▨	1	A	E	C1	C2	C3	C4

（a）FASの構造

N1	0	N2	0	N3	1	N4	0	N5	1	L1	1	L2	L3	TEA	R
0	1	2	3	4	5	6	7	8	9	10	11	12	13	14	15

フレーム番号

N1〜N4	マルチフレーム番号（0〜15）
N5	マルチフレーム番号の使用の有(1)無(0)
L1〜L3	チャネル番号
TEA	terminal equipment alarmの略。1の場合，端末の障害によって入力信号が得られないことを示す
R	予約
網掛けのビット（001011）	MAS（multiframe alignment signal）とよばれ，マルチフレームの同期確立に使用する

（b）マルチフレーム情報

図5.2 FASの構造とマルチフレーム情報

よばれるデータに変換することである．この変換によって，異なった QoS を要求するマルチメディア情報ごとに，AL1，AL2，AL3 の 3 種類の AL-PDU を用意することができる．

ここで，AL1 はユーザーデータと制御情報に用いられるものであり，誤り訂正などはいっさい行なわず，上位アプリケーションでそれらが行なわれるものと仮定している．AL2 は音声用であり，シーケンス番号と CRC が付加される．AL3 はビデオ用であり，シーケンス番号とペイロードタイプを含む CF（control field）と CRC が付加される．このようすを図 5.3 に示す．

多重化レイヤーは，先にも述べたように，ビット多重とパケット多重を融合した方式をとっている．これは，ビット多重は遅延時間を小さくできるという利点がある反面，伝送路のビットレートやマルチメディア情報のビットレート変化に柔軟に対応できないという点があり，また，パケット多重はその逆の特徴があるため，両者を融合させ，高効率，低遅延，柔軟性を同時に実現することをねらっていることによる．

アダプテーションレイヤーで作成された AL-PDU は，MUX-SDU（multiplex service data unit）として多重化レイヤーに渡され，多重化されたいくつかの MUX-SDU にヘッダーが付加され，MUX-PDU（multiplex protocol data unit）が最終的に構成される．このようすを図 5.4 に示す．このように構成された MUX-PDU には，HDLC（high-level data link control）同期フラグが付加されて伝送路などへ渡される．

MUX-PDU 中のどこにどのマルチメディア情報が格納されているかは，ITU 勧告 H.245

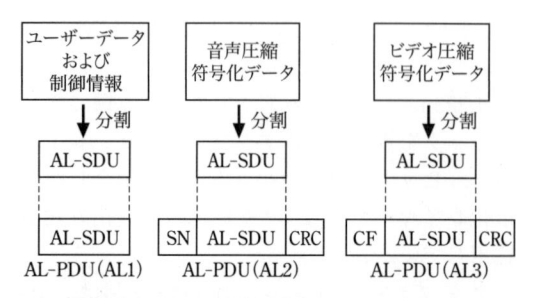

図 5.3 H.223 のアダプテーションレイヤー

AL-SDU：adaptation layer service data unit，AL-PDU：adaptation layer protocol data unit，SN：sequence number，CF：control field，CRC：cyclic redundancy check．

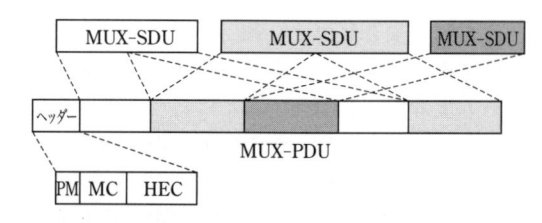

図 5.4 H.223 の多重化レイヤー

MUX-SDU：multiplex service data unit，MUX-PDU：：multiplex protocol data unit，PM：packet marker，MC：multiplex code，HEC：header error control（3bit CRC）．

MTSE（multiplex table signaling entity）手順によって，あらかじめ多重化テーブルとよばれる対応表を相手に送っておき，MUX-PDU のヘッダー中の MC（multiplex code）でその表のインデックスを示すことによってわかるようになっている．このインデックス情報は通信中に変更することができ，これによって，通信中に起こり得るマルチメディア情報の切り替えやオン/オフに対して，動的に効率のよい多重化方式に切り替えて使用することが可能である．

以上述べた H.223 の機能は H.324/M ではレベル 0 とよばれており，これは H.223 のアネックスを含まない勧告文書の本体に対応している．このレベル 0 以外には，H.223 アネックス A に規定された内容を含むレベル 1，アネックス B に規定された内容を含むレベル 2，アネックス C に規定された内容を含むレベル 3 が，それぞれ規定されている．

5.3　AV 同期方式（MPEG システム）

ISO/IEC JTC 1/SC29/WG11 によって標準化された MPEG 国際標準シリーズは，AV 符号化方式と関連の技術標準を制定したものとして広く認知されている．このなかで，マルチメディア多重化に関する規格としては，MPEG-1 システム（ISO/IEC 11172-1），MPEG-2 システム（ISO/IEC 13818-1），MPEG-4 システム（ISO/IEC 14496-1）があるが，ここではさまざまなアプリケーションやサービスで広く使われている MPEG-2 システムについて述べる．

MPEG-2 システムは，パケット多重方式に基

づいている。これは，蓄積，通信，放送などのさまざまなアプリケーションに対応できる柔軟性を重視していることによる。また，マルチメディア同期は，パケットに付加されたタイムスタンプとよばれる情報を基に，併せて送られる原クロック情報を参照してなされる。これは，蓄積媒体を使用するアプリケーションではクロック情報をネットワークなどから得ることができないためである。

MPEG-2 システムには，DVD などの蓄積媒体で主として使われる PS（program stream）と，通信や放送などの伝送サービスで主として使われる TS（transport program）がある。

図 5.5 に MPEG-2 PS のデータ構造を示す。PS はパックとよばれるいくつかの区切りから構成され，各パックはヘッダーとパケットから構成される。パック中のヘッダーには，パックヘッダーとシステムヘッダーがあり，パックヘッダーはパックの先頭に必ず挿入されるのに対し，システムヘッダーはパックヘッダーの後ろにオプションとして挿入される。

パックヘッダーには，ユニークコードであるパックスタートコードがその先頭にあり，パックを検出するのに利用される。続く情報の中には，SCR（system clock reference）とよばれる原クロック情報が，27 kHz の精度で 6 バイトで記録される。再生側は，この SCR に再生クロックをキャリブレートすることが要求される。

一方，システムヘッダーは，ユニークコードであるシステムヘッダースタートコードで開始され，続く情報の中でオーディオチャネルの数とビデオチャネルの数が示される。この数に応じて，図中の N ループ基本ストリーム情報がくり返され，その中で対応するストリーム ID をはじめ，各ストリームに関する情報がわかるようになっている。

ここで，ストリーム ID には別途規定があり，オーディオ，ビデオ，その他の情報に応じて割り当てられる ID の範囲が決められている。そして，各パケット中のヘッダーには，先頭のパケットスタートコード中にこのストリーム ID を記述する箇所がある。以上から，PS 中にある AV ストリームのそれぞれの数と，それが格納されているパケットとがわかる仕組みになっている。

パケットには格納する情報に応じて 3 種類の構造がある。図 5.6 にビデオとオーディオを格納するパケット構造の例を示す。先に述べたストリーム ID が先頭に埋め込まれている。

タイムスタンプには，PTS（presentation time stamp）と DTS（decoding time stamp）という 2 種類がある。これは，MPEG ビデオ符号化方式では，高圧縮を実現するためにフレームの通

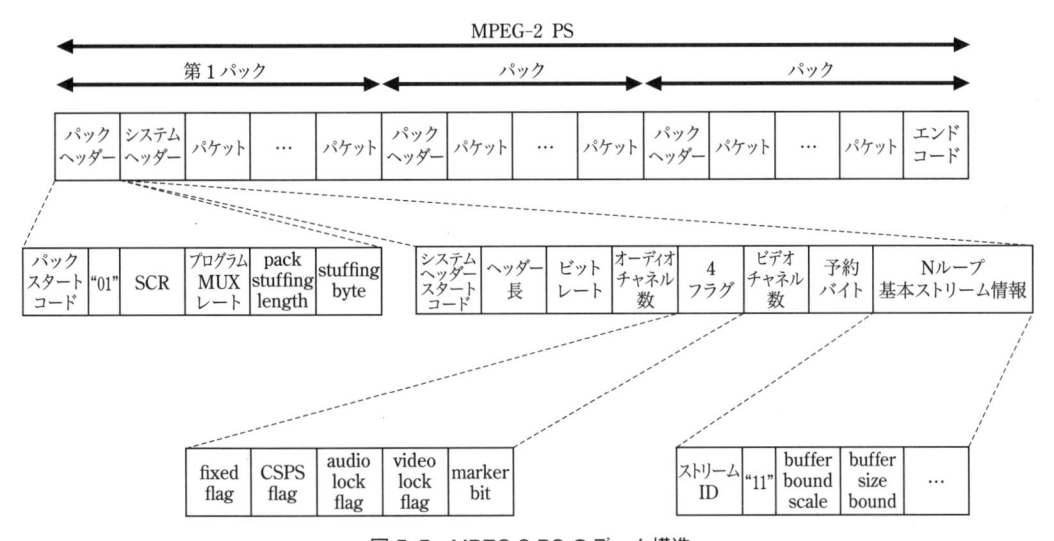

図 5.5　MPEG-2 PS のデータ構造

SCR：system clock reference，CSPS：constrained system parameter stream。

常の順序が符号化ストリーム中では入れ替わっている場合があるため，表示のタイミングとデコードのタイミングを別々に制御する必要があるためである。すなわち，MPEG-2 ビデオ符号化方式であれば，I ピクチャと P ピクチャには PTS と DTS の両方が付加され，B ピクチャには PTS のみが付加されることになる。

なお，これらの情報は，条件によって付加されたりされなかったりするため，それをフラグ＆コントロールデータによって通知することになっている。また，このようなパケットは，MPEG-2 システムでは PES（packetized elementary stream）とよばれる。

一方，MPEG-2 TS は，TS パケットとよばれる 188 バイトの固定長パケットから構成され，各 TS パケットには PID とよばれる ID が付属している。この概略を図 5.7 に示す。TS では，PCR（program clock reference）とよばれる，異なったクロックに同期する複数の AV プログラムを多重化することができる。これは，主として放送アプリケーションで必要となる機能である。ここで，PCR は SCR と同じ精度である。

このように，TS では一般的に複数の AV プログラムが多重化されていることから，TS を再生する側では PID が 0 である特殊な TS パケットを取得することがまず求められる。この TS パケットには，多重化されている AV プログラムの構成情報を示す PAT（program associ-

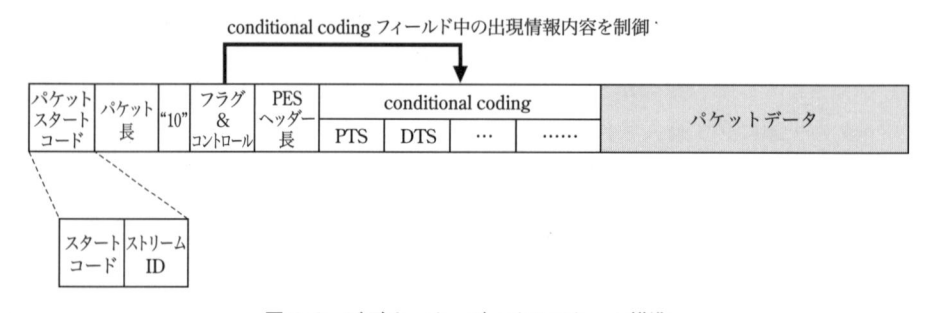

図 5.6 ビデオ・オーディオのパケット構造

PES：packetized elementary stream, PTS：presentation time stamp, DTS：decoding time stamp。

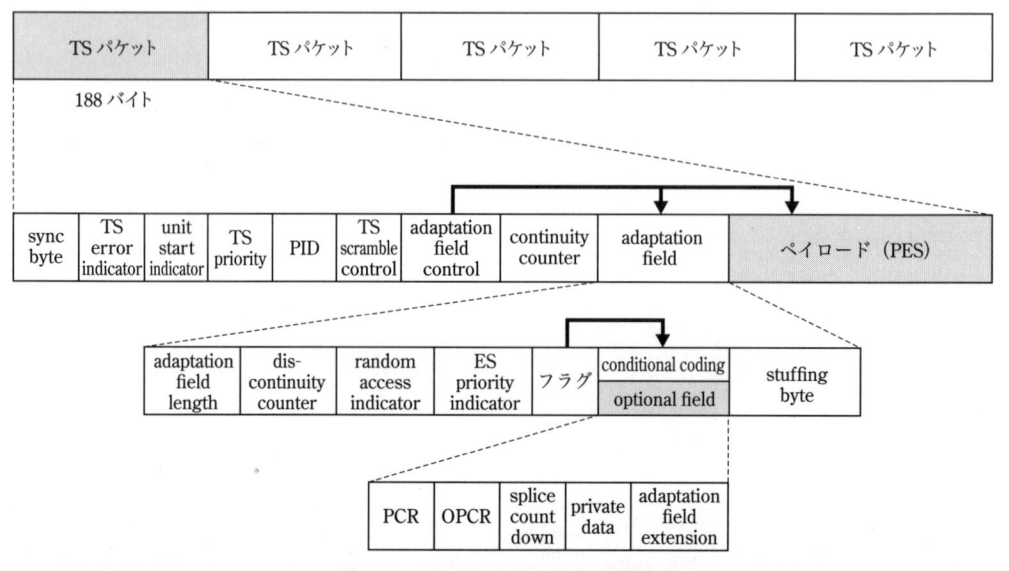

図 5.7 MPEG-2 TS のデータ構造

PID：program ID, ES：elementary stream, PES：packetized elementary stream, PCR：program clock reference, OPCR：original PCR。

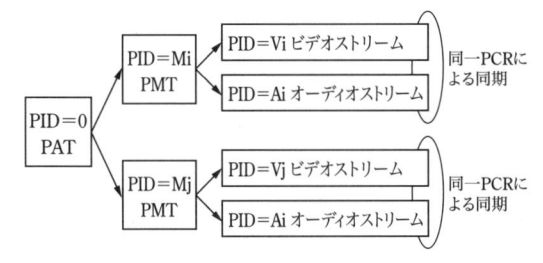

図 5.8 MPEG-2 TS における AV プログラムの同定
PAT：program association table，PMT：program map table。

ation table) という情報が格納されており，ここから目的のプログラム情報を格納している PMT (program map table) の PID を得る．次に，その PID から目的の PMT を格納している TS パケットを探し，その中から，実際の AV 情報が格納されている TS パケットの PID を得る．このようにして，最終的に得られた PID をもつ TS パケットのペイロードから，再生すべき AV 情報を取り出すことができる．このようすを図 5.8 に示す．なお，この AV 情報のパケットのペイロード中には，先に述べた PES が格納されている．

実際には，MPEG-2 システムはさまざまなアプリケーションに対応できるように設計されているので，上述の説明は，あくまでもある 1 つの利用事例であり，別の利用や運用を行なうことも可能なように柔軟な設計がなされている．

文献

1) 大久保，川島ほか：『H.323/MPEG-4 教科書』，IE インスティテュート．
2) ITU-T Recommendation H.221：Frame structure for a 64 to 1920 kbit/s channel in audiovisual teleservices.
3) ITU-T Recommendation H.223：Multiplexing protocol for low bit rate multimedia communication.
4) ISO/IEC 11172-1：Information technology—Coding of moving pictures and associated audio for digital storage media at up to about 1.5 Mbit/s—Part 1：Systems.
5) ISO/IEC 13818-1：Information technology—Generic coding of moving pictures and associated audio information—Part 1：Systems.
6) ISO/IEC 14496-1：Information technology—Coding of audio-visual objects—Part 1：Systems.

6 その他の標準

6.1 OSI基本参照モデル

OSI（開放型システム間相互接続）は，異機種のコンピュータや端末間の通信を実現するための国際標準のネットワークアーキテクチャである。1978年ごろISO（国際標準化機構）やCCITT（国際電信電話諮問委員会；現在のITU-T）において，ほぼ同時期に標準化が開始された。1980年には，通信の諸機能を7つの階層に分類・整理した基本参照モデルが作成され，その後，各層のプロトコル仕様と上位の層に対して提供するサービスが定義された。

OSI基本参照モデルの主たる概念は，通信機能の階層化である。このモデルでは，システムにある通信機能を7つの層に分割し，物理媒体に近いほうから順に1，2，…，$N-1$，N，…，7の番号を与える。番号Nの層を(N)層とよび，(N)層で定義される要素は(N)を付して識別する。

各層には1つないし複数個のエンティティ（entity）が存在する。エンティティは通信を行なうための機能モジュールをモデル化した概念である。(N)エンティティは$(N-1)$層から提供される$(N-1)$サービスを利用し，さらに通信相手の(N)エンティティと協力して，自層内の(N)機能（function）を実行することにより，$(N+1)$層に提供する(N)サービスを実現する。(N)サービスは，(N)プリミティブとそのパラメータで規定される。この目的を達成するために，相手(N)エンティティと情報を授受するための通信規約を(N)プロトコル（protocol）という。また，(N)エンティティが下位の$(N-1)$層から$(N-1)$サービスの提供を受けるためのアクセス点を，$(N-1)$SAP（service access point，サービスアクセス点）とよぶ。

(N)コネクションは2つの$(N+1)$エンティティのあいだの結合関係であり，$(N+1)$エンティティがアクセスする(N)SAPを相互に結ぶ通信路として，(N)層により提供される。この(N)コネクションを使用して，$(N+1)$プロトコルに従う通信を行なう。以上の相互関係を図6.1に示す。

OSIでは，2種類のデータ単位が定義される。(N)SDU（service data unit，サービスデータ単位）と(N)PDU（protocol data unit，プロトコルデータ単位）である。(N)SDUは，(N)コネクションの両端で(N)層と$(N+1)$層のあいだでひき渡されるデータ単位であり，(N)PDUは，通信する(N)エンティティ間で(N)プロトコルに従って送受信されるデータ単位である。一般に，$(N+1)$PDUは(N)SDUとして(N)層に渡され，(N)PDUは(N)SDUと(N)プロトコルを実行するためのヘッダーである(N)PCI（protocol control information，プロトコル制御情報）からなる（図6.2参照）。

以下に，基本参照モデルで規定される各層の機能概要と代表的なプロトコルを示す。

(1) 物理層（第1層：最下位層）

物理層は，同軸ケーブル，光ケーブルや無線などのような各種の物理的な通信媒体からなる通信路を用いて，隣接する装置（ノード）とのあいだでビット列を伝送する機能を提供する。イーサネット（IEEE標準802.3）の10Base-T/100Base-TX/1000Base-T，ならびに，無線LAN（IEEE標準802.11シリーズ）のPHYなどは物理層の機能として位置づけられる。

(2) データリンク層（第2層）

データリンク層は，物理層が提供するビット列の伝送機能を利用して，隣接する装置（ノード）とのあいだで透過的なデータ伝送機能を提

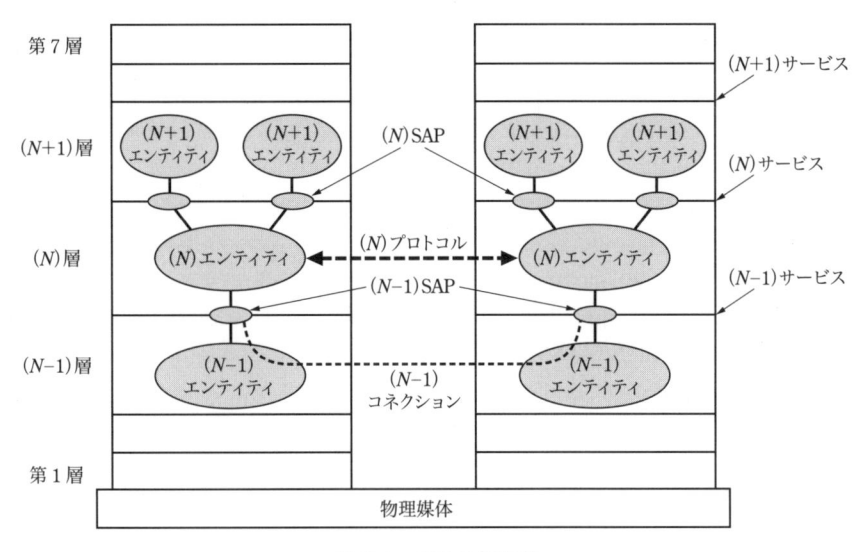

図6.1 OSIの各要素
SAP：service access point。

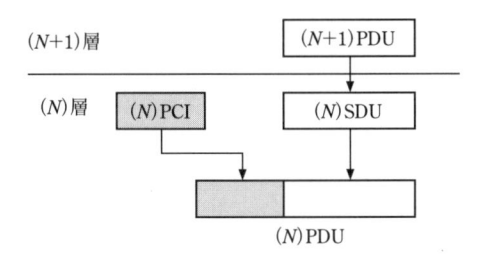

図6.2 OSIにおけるデータ単位（DU）
SDU：service data unit, PDU：protocol data unit, PCI：protcol control information。

供する。HDLC（ハイレベルデータリンク制御），ならびに，イーサネットや無線LANのMAC（メディアアクセス制御）などは本層のプロトコルである。

(3) ネットワーク層（第3層）

ネットワーク層は，データリンク層のサービスを使用して，双方のエンドシステム間でデータ転送を保証するため，ルートの選択，データの中継・転送の機能を提供する。本層のプロトコルとして，ITU-T勧告X.25 レベル3（パケットプロトコル）やインターネットのIP, ICMPなどがある。

(4) トランスポート層（第4層）

トランスポート層は，通信する双方のエンドシステム内のプロセス間で高品質で効率よいデータ転送を実現する。このため，下位のネットワーク層のサービス品質が十分でない場合には，それを補完する機能を提供する。ネットワーク層のサービス品質とそれに対応する回復機能，および，ネットワークサービスに複数のトランスポートコネクションを多重化する機能に着目して，5種類のプロトコルクラスがある（クラス0：基本クラス，クラス1：基本誤り回復クラス，クラス2：多重クラス，クラス3：誤り回復および多重クラス，クラス4：誤り検出・回復クラス）。インターネットのTCPやUDPなどは，本層のプロトコルである。

(5) セッション層（第5層）

セッション層は，通信業務の内容に応じて，双方のコンピュータプロセス間での情報のやりとり（ダイアログ，対話）を管理する。このため，本プロトコルでは，同期/再同期，データの全二重（双方向同時）/半二重（交互）通信，送信権などを制御する機能をもつ。

(6) プレゼンテーション層（第6層）

異なるコンピュータ間で情報をやりとりする場合には，相手が理解できる転送フォーマット（転送構文とよぶ）とその意味づけ（抽象構文とよぶ）をたがいに知る必要がある。本層では，通信する双方のコンピュータプロセス間で転送する情報の抽象構文と転送構文との対応づけをとる機能と，対応づけられた抽象構文/転送構文間の変換を行なう機能を提供する。

表6.1　OSI基本参照モデルの各階層と対応するインターネット関連プロトコルの例

階層	プロトコル（例）
アプリケーション層	DHCP, DNS, FTP, HTTP, IMAP4, IRC, POP3, SIP, SMTP, SNMP, SSH, TELNET, TLS/SSL, RPC, RTP, SDP, SOAP
プレゼンテーション層 セッション層	（インターネットではこれらの層は省略）
トランスポート層	TCP, UDP, DCCP, RSVP, SCTP
ネットワーク層	IP (v4, v6), BGP, ICMP, ARP, RARP
データリンク層／物理層	ATM, FDDI, PPP, イーサネット（IEEE 802.3），無線LAN（IEEE 802.11シリーズ），WiMAX（IEEE 802.16），フレームリレー

(7) 応用層（第7層：最上位層）

本層は，特定の応用業務を遂行する機能を提供する。インターネットのファイル転送（FTP），電子メール（SMTP，POP3），ウェブアクセス（HTTP），リモートターミナル（TELNET）などは，本層のプロトコルに位置づけられる。

OSI基本参照モデルは，その後の各種のプロトコル設計の基礎となっており，現在のインターネット関連のプロトコルにも大きく影響を与えている（表6.1参照）。なお，インターネットでは，セッション層（第5層）やプレゼンテーション層（第6層）は省略され，簡略化されている。

6.2 ファクシミリ関連標準

6.2.1 G3ファクシミリ[3]

電話網用ファクシミリとしては過去にG1，G2，G3と規定されてきたが，実際に現在稼働しているのはG3機能をもつものに限定されていると考えてよい。ここではG3ファクシミリのプロトコルについて解説する。電話網用ファクシミリのプロトコルはITU-T勧告T.30に規定されており，トーナル制御手順とバイナリ制御手順の2つに分かれる。

トーナル制御手順とは，限られた種類のトーン信号を用いた簡易な制御手順であり，アナログファクシミリの伝送制御を実施する。一方，バイナリコード制御手順とは，フレーム構造で符号化された制御情報を用いてディジタルファクシミリの伝送制御を実行するもので，トーナル制御と比して拡張性があり，誤り検出機能も有しているので信頼性も高いという特徴を有している。

(1) ファクシミリ呼の基本フェーズ

ファクシミリ呼は5つのフェーズに分かれ，通信路を設定するフェーズA，ファクシミリ間で端末性能の整合や動作モードの決定を行なうフェーズB（プリメッセージ手順），メッセージを伝送するフェーズC，ファクシミリメッセージの通信終了に伴い確認と次の動作の決定を行なうフェーズD（ポストメッセージ手順），回線を切断するフェーズEからなる。

このうち，フェーズCはインメッセージ手順（フェーズC_1）とメッセージ伝送（フェーズC_2）とに分かれ，前者は同期，誤り検出，伝送路監視などの実施に対応し，後者が画像信号の伝送に対応する。図6.3にファクシミリ呼の基本フェーズを示す。

(2) バイナリコード制御手順

G3ファクシミリでのバイナリコード制御手順は，勧告V.21のチャネルNo.2の低速モデム（300 bit/s）を用いて伝送される。これは，ファクシミリメッセージ伝送を行なう高速モデム

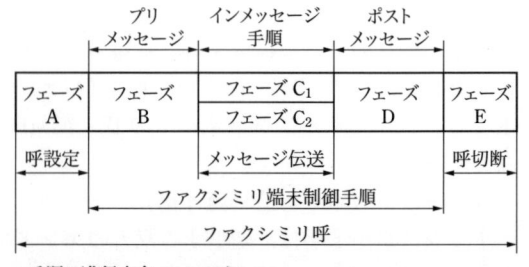

	プリ メッセージ	インメッセージ 手順	ポスト メッセージ	
フェーズ A	フェーズ B	フェーズ C_1 フェーズ C_2	フェーズ D	フェーズ E
呼設定		メッセージ伝送		呼切断
		ファクシミリ端末制御手順		
		ファクシミリ呼		

手順の進行方向 ⟶

図6.3　ファクシミリ呼の基本フェーズ

とは別のものである。

バイナリコード制御手順の信号は HDLC (high level data link control) のフレーム構造がとられる。図 6.4 はフレーム構造の例である。制御手順は半二重通信で実行され，信号の送出方向が変わるときはプリアンブルを制御信号の前に送出する。プリアンブルとは，伝送速度が 300 bit/s の場合には HDLC のフラグを $1±0.15$ 秒のあいだ伝送することである。

①フレーム構造

バイナリコード情報は一般に複数のフレームからなる。複数フレームを送出するときは必須のフレームが最後に送出される。フレームは複数のフィールドからなる。フィールドには，フラグフィールド (F)，アドレスフィールド (A)，制御フィールド (C)，HDLC 情報フィールド (I)，フレームチェックシーケンスフィールド (FCS) がある。フレームの先頭フィールドと最後のフィールドはフラグフィールドである。そのフォーマットは 0 ではさまれた中に 1 が 6 個連続する 8 ビットパターンである。

通常の情報でも 1 が 6 個連続することはありうるので，送信側では 1 が 5 個連続した場合は必ず 0 を挿入することにより，このフラグフォーマットをユニークなものとしている。

このフラグフィールドは，受信側でのビット同期，フレーム同期にも利用する。したがって，受信側では 5 連続の 1 を受信すると，次が 0 ならこのビットは廃棄して復号を続け，6 連続の 1 はフラグフィールドとして認識する。アドレスフィールド (A) は，一般電話交換網を用いる一対一のディジタルファクシミリ伝送の場合，固定の 11111111 を用いる。

制御フィールド (C) はデータリンクを制御するための命令や応答に使用されるが，ここではファクシミリ固有のフィールドを示すためにフォーマット 1100X000 のみを固定的に使用する。X の値はフレームが連続して送られる場合の最終フレーム，あるいは単独フレームでは $X=1$ とし，その他の場合は $X=0$ とする。HDLC 情報フィールド (I) は可変長で，T.30 のバイナリコード制御手順ではファクシミリ制御フィールド (FCF) とファクシミリ情報フィールド (FIF) に分かれる。

ファクシミリ制御フィールド (FCF) は，HDLC 情報フィールド (I) の最初の 8 ビットと定義される。FCF の第 1 ビット X は以下に示す DIS (ディジタル識別信号) を受信した局で $X=1$，DIS に対する適切な応答信号を受信した局で $X=0$ とする。このビットはフェーズ B の先頭に戻るまで変化しない。ファクシミリ情報フィールド (FIF) とは，FCF で示された制御信号をさらに明らかにするための付加情報を収めるためのものである。

DIS/DTC (ディジタル送信命令)/DCS (ディジタル命令信号) の場合，端末機能 (モデム，紙の記録幅，最小伝送時間など) を表わす情報が FIF に含まれる。現在，端末機能として 127 ビットまでが規定されている。

フレームチェックシーケンス (FCS) は受信側で伝送誤りをチェックするための 16 ビットのシーケンスである。開始フラグ直後のビットと FCS の直前ビット間のシーケンスを生成多項式 $X^{16}+X^{12}+X^5+1$ で割り算 (モジュロ 2) し，受信側で剰余が 0001110100001111 とならなかった場合は誤りがあったと判断して，そのフレームを棄却する。

②バイナリ信号のシーケンス

フェーズ A の呼設定手順では，発呼側が CNG (calling) 信号として $1100±38\,\mathrm{Hz}$ を断続的に送出する。被呼側では，CED (called) 信号として $2100±15\,\mathrm{Hz}$ を 2.6〜4.0 秒送出する。

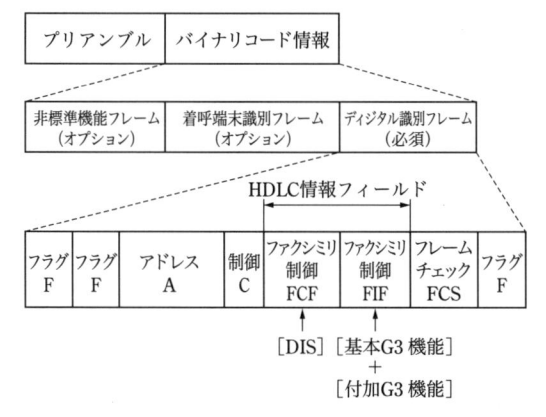

図 6.4 バイナリコード制御手順のフレーム構造
(NSF+CSI+DIS の例)

複数フレームを送出する場合は必須のフレームを最終フレームとする。フレーム間のフラグは終了と開始で 1 個でもよい。先頭フレームの開始フラグは少なくとも 2 個とする。

被呼端末は回線に接続されたあと，CED信号に引き続きフレームに構成されたディジタル識別信号DISを送出する。この信号は，被呼端末が保有するすべての機能を発呼端末に知らせる。発呼端末が送信端末となる場合は，DIS信号で示された機能の中から選択した機能をディジタル命令信号DCSで指定する。この結果，発呼側から被呼側への画像伝送が決定される。

一方，発呼側が受信端末となる場合は，DCSの代わりにディジタル送信信号DTCを送出し，発呼端末の全機能を示す。被呼側はこのDTCを受けてDCS信号を送出し，被呼側から発呼側への画像伝送が決定される。

いったん送信側と受信側が決定すると，その後はすべての命令信号が送信機より送出され，それに対する応答信号が受信機より送出される。また，命令信号は応答信号の受信後3秒以内に送出しなければならない。送信機はDCS信号を送出後，高速モデムに切り替えるため，75±20 msの休止時間をおいてトレーニング信号を送出する。これはファクシミリメッセージを伝送する高速モデムを調整するための信号で，使用する高速モデムに規定されたトレーニングシーケンスである。受信機は，このトレーニングシーケンスが終わると受信準備確認信号（CFR）を送り，送信機にメッセージの送出を促す。ここでプリメッセージ手順が終了し，フェーズCに入る。

ファクシミリメッセージは制御信号とは異なり，HDLCのフレームに従わず，1ページ分の連続データとして送られる。この最後にはT.4で規定された制御復帰信号（RTC）が送られ，フェーズDに移行する。フェーズDではRTCののち，75±25 msの休止期間をおいて1ページの終わりを示すポストメッセージコマンドを送出する。ポストメッセージコマンドとは，マルチページ信号（MPS；パラメータの変更なしに送付する原稿が引き続きある場合），メッセージ終了信号（EOM；同一モード原稿の終了），手順終了信号（EOP；全ページの送信終了）のいずれかである。

これを受けて，受信端末はメッセージ確認信号（MCF）で返答する。もし送信側に高速モデムの再トレーニングを要求する場合は，MCFに代えて受信品質に応じた応答信号（RTP：品質良，RTN：品質不良）により返答する。

ポストメッセージコマンド/レスポンスがMPS/MCFの場合はフェーズCに戻り，次ページの受信準備に入る。ポストメッセージコマンドがEOPの場合はフェーズBに移行する。それ以外はフェーズBに戻って手順をくり返す。

なお，発呼端末が受信を行なう場合は，前述のようにフェーズBにおいてDISを受けてDCSの代わりにDTCを送るが，DTCを受けた被呼端末が送信可能ならDCSを送出し送信動作に移行する。通信の途中で送受信を変更する場合は，フェーズDでEOMによりモード変更を指示し，いったんフェーズBに戻してから同様の手順を実行する。

また，オペレーターの介在を要求する場合はMPS/EOM/EOP信号の代わりに割り込み要求をもつ PRI-MPS/PRI-EOM/PRI-EOP 信号を送出する（PRI は procedure interrupt＝手順中断を意味する）。

(3) 誤り訂正モード

G3の誤り訂正モード（error correction mode；ECM）は1988年に正式勧告化された半二重選択再送方式によるものである。送信側はファクシミリの符号化データを定められた長さの単位に分割し，フレーム番号を付ける。このため，情報フィールドの中にフレーム番号フィールドを有している。最大256フレームを1ブロックとし，これを1パーシャルページとして送信する。

受信機はフレーム単位で誤りの有無をチェックし，その結果を返送する。送信側は誤りフレームのデータをまとめた再送ブロックを構成し，1パーシャルページとして再送信する。すべてのフレームが正しく伝送された段階で，1つのブロックの送信が終了する。なお，フレームサイズは256または64オクテットであり，1ブロックは64 kオクテット以下であるので，装置としては64 kオクテットもしくはその倍のメモリをもつのが通例である。なお，ECMの場合は誤りの再送が保証されるため，MMR符号化方式を用いることもできる。

6.2.2 G4ファクシミリ[4]

(1) G4ファクシミリの規格の変遷

G4ファクシミリにはクラス1, 2, 3が定義されており，クラス1はG3ファクシミリ同様にイメージデータの交換のみが可能であるのに対し，クラス2はクラス1機能に加えミクストモード（文字コード文書とイメージデータの混在）の受信が可能であり，クラス3はクラス1機能に加えミクストモードの送受信が可能である。

クラス1については1984年にCCITT T.5（G4ファクシミリの一般特性），T.6（G4ファクシミリ符号化方式），T.62（G4ファクシミリ制御手順），およびT.73（テレマティックサービスのためのドキュメント交換プロトコル）などの勧告により先行して標準化されていたが，1988年までの会期では3クラス構成の構想に基づき，T.431以下のドキュメント構造・転送・操作（document transfer and manipulation；DTAM）シリーズ勧告，およびT.410以下のオープンドキュメントアーキテクチャ（open document architecture；ODA）シリーズ勧告から必要プロファイルを切り出す形で，T.503（G4ファクシミリ文書応用プロファイル），T.521（G4ファクシミリ通信応用プロファイル）を規定し，さらにT.563（G4ファクシミリ端末特性）という勧告を制定して，G4ファクシミリの上位レイヤー規定の再構築を行なった。この結果，T.5, T.73は1988年で廃止されることとなった（現在，T.5は旧G.511の内容を規定する勧告として，その番号が再使用されている）。

(2) G4ファクシミリ下位レイヤープロトコル

G4ファクシミリのプロトコル体系を図6.5に掲げる。レイヤー1からレイヤー3は図に示

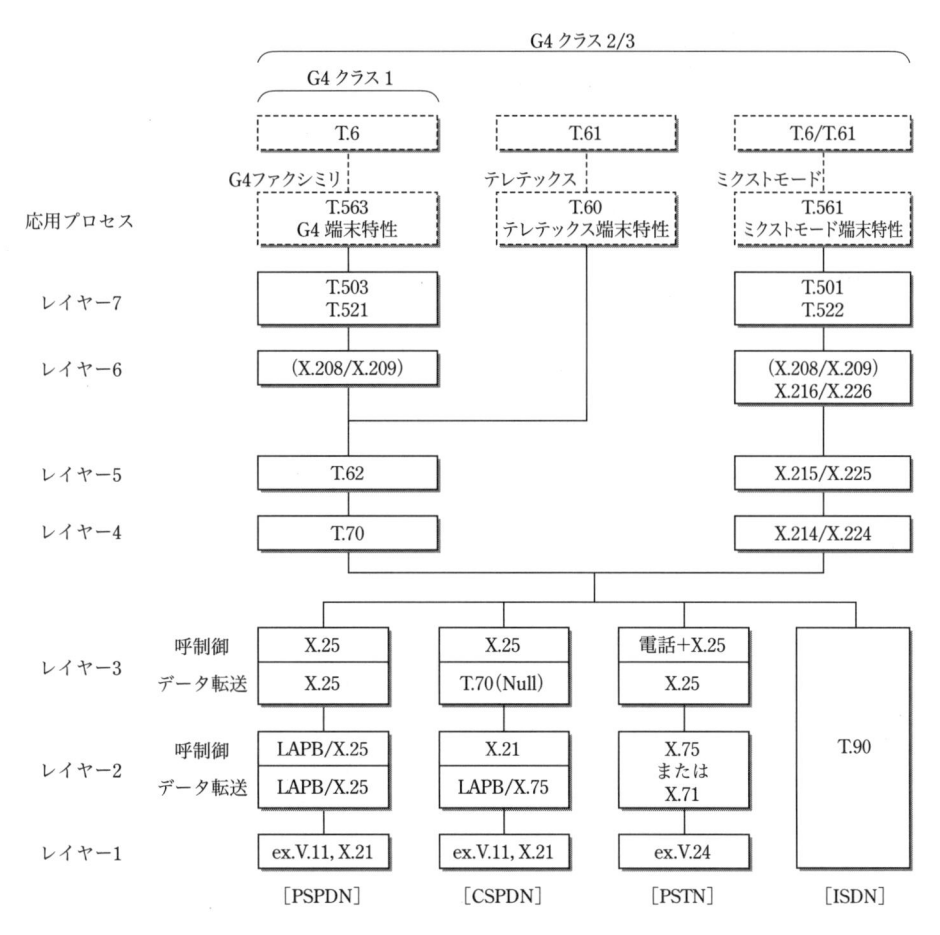

図6.5 G4ファクシミリのプロトコル体系

したとおり，PSTN（電話網），CSPDN（公衆データ網回線交換），PSPDN（公衆データ網パケット交換），ISDN（回線交換モード・パケット交換モード）という4とおりのネットワークが記述されている。ここでは，現在最も身近なISDN対応の勧告T.90について紹介する。

勧告T.90はCharacteristics and protocols for terminals for telematic services in ISDNというタイトルを有し，G4ファクシミリなどのテレマティクスサービス端末がISDNにアクセスするための下位3層のプロトコルを規定している。ISDNはBチャネルとDチャネルから構成され，Bチャネルを情報転送に，Dチャネルを呼制御に用いるのを基本としている。また，ISDNには回線交換モードとパケット交換モードがあるが，レイヤー1とDチャネルプロトコルは両モードに共通である。表6.2はT.90に規定されたプロトコル構成である。

① ISDN回線交換モード

レイヤー1はISDN基本インタフェース（I.430：2B＋D）もしくは1次群インタフェース（I.431：23/30B＋D）で規定される。Bチャネルレイヤー2はDTE（データ端末装置)-DTE接続に適切なX.75LAPB（modified）が採用された。LAPBのモジュロ値は8と128があり，国内標準であるTTCでは8としている。

レイヤー3はX.25PLP（packet layer protocol）を基本とするISO 8208を採用しているが，CSPDN用G4ファクシミリで適用されていたT.70ミニマムヘッダもオプションとして含めている。パケットサイズについては128，256，512，1024，2048からネゴシエーションすることとなっており，デフォルトの解釈ではパケットサイズは128，ウィンドウサイズは2としている。

Dチャネルのレイヤー2は勧告Q.921，レイヤー3は勧告Q.931に従う。Q.931では端末側が網側へ要求する伝達能力を表わす伝達能力情報要素（BC），端末間で端末識別情報をやりとりするための高位レイヤー整合性情報要素（HLC），低位レイヤー整合性情報要素（LLC）を規定している。

BCとしては，非制限ディジタル情報，回線交換モード，64kbit/sなどがセットされる。

表6.2　T.90のプロトコル構成

Bチャネルパケット交換モード

レイヤー	アクセス接続制御	仮想接続制御と情報転送
3	Q.931	X.25PLP
2	Q.921（LAPD）	X.25LAPB
1	Dチャネル	Bチャネル
	I.430/I.431	

Dチャネルパケット交換モード

レイヤー	アクセス接続制御	仮想接続制御と情報転送
3	Q.931	X.25PLP
2	Q.921（LAPD）	
1	Dチャネル	
	I.430/I.431	

Bチャネル回線交換モード

レイヤー	物理的接続制御	仮想接続制御と情報転送
3	Q.931	ISO/CEI 8208
2	Q.921（LAPD）	ISO/CEI 7776 DTE/DTEオペレーション
1	Dチャネル	Bチャネル
	I.430/I.431	

ISDNでは1加入者線に最大8個までの端末を接続できることもあり，HLCやLLCは着呼側での呼識別を目的として発呼側でセットされ，着呼側で精査される。

② ISDNパケット交換モード

Bチャネルのレイヤー2，レイヤー3はいわゆるX.25であり，ISDNによるパケット交換モード端末のサポートを規定する勧告X.31が適用される。BCとしては，パケット交換モード，X.25を指定する情報などがセットされる。HLCやLLCは相手端末には転送されないので，その使用法は課題となっている。

(3) G4ファクシミリ上位レイヤープロトコル

まず，レイヤー4（トランスポート層）は下位レイヤーに適用される各網の差異を補完し，上位レイヤー間の透過的で高品質なデータ伝送サービスを保証する機能を有する。

レイヤー5（セッション層）の勧告T.62は当初セッションレイヤーのサービスプロトコルに加えアプリケーションルールまで記述されていた。このため，勧告T.62からアプリケーションルールを独立させたものを，勧告T.62bis

として勧告化している。

レイヤー6（プレゼンテーション層）は抽象構文と転送構文の対応を管理しており，転送構文への変換機能を規定したASN.1（勧告X.208/X.209，旧X.409）もレイヤー6に位置づけられることが多い。

レイヤー7はT.503（G4ファクシミリ文書応用プロファイル），T.521（G4ファクシミリ通信応用プロファイル），およびT.563（G4ファクシミリ端末特性）からなる。T.503ではドキュメントプロファイル，レイアウトオブジェクト，コンテントポーションが規定される。T.521ではG4ファクシミリ通信におけるDTAMサービスプリミティブ/パラメータとセッションサービスへのマッピングを規定している。T.563はG4ファクシミリ通信を行なうための装置の一般特性，通信ルール，ネットワークに関する要求項目などを規定している。

一般特性には，ディジタル公衆網での使用，エラーフリー伝送の保証，高解像度，機能に応じた3種の端末クラス分けなどがあり，通信ルールとしては端末が相互に交換する「呼識別情報」の記録能力を必須とし，紙への記録をユーザーが選択できることが規定されている。なお，G4ファクシミリとしては必ずしも物理的なスキャナ/プリンタは要求されないが，その場合でも伝送する情報は同一とすることが規定されている。

6.2.3 インターネットファクシミリ

1990年代後半にビジネスにおいてインターネットの使用が増加し，電話網でのコストを抑えたいという背景から，インターネット上で通信を行なうための標準が1998年以降整備され，同時に製品化が行なわれてきた。

インターネットファクシミリには，蓄積型とリアルタイム型の2種類が存在する。

（1）蓄積型

別名，メール型といわれるように，電子メールベースで通信を行なうものであり（図6.6参照），他の機器，とくにPCとの親和性がある。本標準はITU-TとIETFとの共同で作成された。ITU-TではT.37として標準が定められているが，IETFではRFC 3965やRFC 2532など

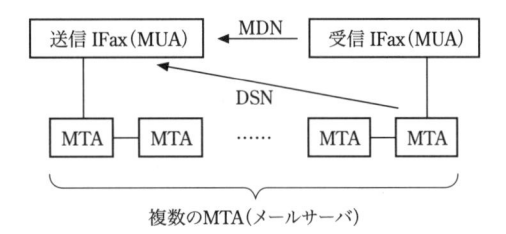

図6.6 蓄積型インターネットファクシミリ構成

複数の標準が存在する。

①画像

画像の特性（サイズ，解像度，圧縮方式など）は通常のファクシミリとまったく同じであり，ITU-Tで定められた標準が用いられている。ただし，電子メールを用いることから，PCで一般に使われているTIFFおよびMIMEも用いられる。

シンプルモードとよばれる最小規定においては，ファクシミリとの親和性を考慮し，画像データはLSB 1stで格納され，TIFFの構造はページ単位に画像情報を格納したヘッダーと画像データとが続く構造となっており（TIFF-FX），メモリなどが制約される実装でも処理が比較的行ないやすい方式が採用されている。本構造ではシンプルモード以外も推奨されている。

②転送プロトコル

送信にはSMTPが，受信にはPOP3またはIMAP4が用いられている。メールのプロトコルがそのまま用いられており，電話網のG3ファクシミリプロトコルであるT.30の信号はまったく用いられていない。

ファクシミリとして重要な要素の1つである送達確認の方式としては，メール標準であるDSNとMDNとの2種類が用いられる。メールという性質から，送達確認の即時性はない。

DSNはSMTPの拡張であり，受信先のメールサーバである最終MTAが自身のMTAまでのメール到達の確認を送信先にメールとして送るものである。経由するすべてのMTAがDSNをサポートしている必要があるが，最近のメールサーバの多くはサポートしている。MTAによる確認方式のため即時性は比較的あるが，受信ファクシミリ端末（MUA）からの確認ではないという特性がある。

MDN は送受信を行なうファクシミリ端末である MUA どうしで確認を行なうものであり，送信側はメールヘッダに確認メールを要求する旨を記載し，受信側は受信処理後に確認メールを送信側に送る。受信ファクシミリ端末にて POP3 や IMAP4 で受信してからのメール送信となるため，DSN と比べて確認が遅くなるという特性がある。

いずれの方式もメールベースということから，T.30 のようにページ単位での送達確認はできない。しかし，メールという特性上，転送されればすべてが届くのが通常であり，実用にはさほど問題はない。

能力交換については，DSN や MDN の確認メール内にファクシミリ能力を記載する方式となる。このため，能力交換を行なうことができても，2 回目以降の通信にしか使用することができない。

なお，最小規定であるシンプルモードにおいては，送達確認および能力交換は必須とされていない。

また，ファイヤウォールを越える可能性が低くなるが，図 6.7 のようなダイレクト SMTP とよばれる方式がある。ファクシミリ端末自身が MTA となり，即時に送達を確認する方式もある。この方式を使えば，能力交換も即時に行なうことが可能となる。

③宛先指定（アドレシング）

宛先は，電子メール宛先とまったく同じものが使われる。また，FAX=0312345678@fax domain のような宛先指定が可能である。この指定方式は，インターネットと電話網とを仲介するゲートウェイにて，メールツーファックスを実現するために使われる。このようなゲートウェイは offramp ゲートウェイとよばれることもある。

(2) リアルタイム型

図 6.8 のように，末端のファクシミリどうしが電話網とインターネットとを仲介するゲートウェイを介して通信を行なう方式であり，この

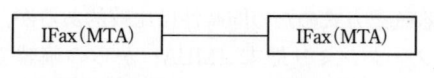

図 6.7 ダイレクト SMTP

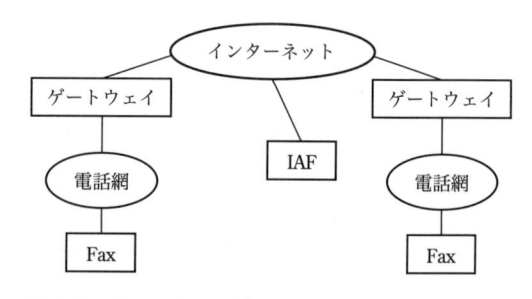

図 6.8 リアルタイム型インターネットファクシミリ構成

ゲートウェイの規定が ITU-T 勧告 T.38 として規定されている。また，図にあるように電話網との接続 I/F をもたない IAF というタイプも存在する。

①画像および転送プロトコル

この方式の特徴としては，末端のファクシミリが蓄積型ではなく，通常のファクシミリということである。電話網で用いられるファクシミリプロトコルがそのまま使用され，画像データもまったく同一である。インターネット上ではファクシミリプロトコルは T.38 にて規定された IFP パケットに変換されて転送される。画像データもヘッダを付加されて IFP パケットとして転送される。

末端のファクシミリにとっては，途中の経路の一部がインターネットにとって代わっただけである。ただし，ファクシミリでの宛先指定方式は，接続するゲートウェイにより異なり，まったく指定が不要なケースもあるが，何らかの追加指定を必要とする場合もある。

また，T.30 プロトコルにて NSF および NSS 信号などを用いたメーカー独自通信方式は使用できない場合が多い。これは，メーカー独自方式が公開されておらず，ゲートウェイにて解釈できないためである。

②トランスポート

UDP および TCP を用いることができる。UDP のパケットフォーマットとしては T.38 独自の UDPTL および VoIP で一般的に用いられる RTP が用いられ，IFP パケットを包含する。TCP では TPKT というヘッダが IFP パケットに付加される。

ゲートウェイでは UDP が一般的に使用され

ているが，IAF では TCP が使用されることも多い。

③呼接続方式

インターネット上のゲートウェイおよび IAF 間の呼接続方式として，T.38 では H.323, SIP, H.248.1 の 3 つの方式を使用できる。これらはいずれも VoIP の標準であり，VoIP の中でファクシミリが使用できるような技術が構築されている。

H.323 は VoIP の先駆的なプロトコルであり，いまでも多くの T.38 ゲートウェイで用いられている。初期の T.38 では H.323 方式を用いるものがほとんどであった。データ符号化に ASN.1 を用いているため，実装に多少手間がかかる。SIP はテキストベースの VoIP の代表プロトコルであり，近年 VoIP での実装が増えてきており，T.38 の呼接続方式として今後の主流になると予想される。また，比較的規模の大きいサービスでは H.248.1 方式も多く使われている。

④その他

広義では，インターネット上にファクシミリ情報を音声情報として送る方式（みなし音声）も本タイプに分類されることもあるが，これは T.38 本体では規定されていない。本方式では音声符号化方式として G.711 が使われるが，1 通信につき少なくとも 64 kbps 以上の帯域が確実に必要となる。T.38 では 16 kbps 程度の帯域で済むという利点がある。

なお現在，T.38 にて規定されているのは G3 ファクシミリプロトコル T.30 のみであり，G4 ファクシミリプロトコルは規定されていない。

6.2.4 カラーファクシミリ

(1) ITU-T におけるカラーファクシミリ標準概要

ITU-T におけるカラーファクシミリ標準化は，1990 年に当時の CCITT SGVIII から検討が始まり[5]，2005 年の ITU-T SG16 活動でほぼ収束した。この間の活動は，1991〜1997 年の LAB 導入によるファクシミリカラー化，1996〜2001 年の MRC (mixed raster content) の導入，2002〜2005 年の YCC 導入，の 3 段階に大別される。

(2) Lab によるファクシミリのカラー化[6,9〜11]

ファクシミリのカラー化の第 1 段階では，LAB 色空間を記述した T.42（Continuous tone colour representation method for facsimile）をカラーファクシミリの中核標準として規定し，これを引用する形で，T.30（Procedures for document facsimile transmission in the general switched telephone network），T.4（Standardization of Group3 facsimile terminals for document transmission），T.43（Colour and gray scale image representations using lossless coding scheme for facsimile）などのファクシミリ標準がカラー化対応に改定された。また，T.43 で 8 ビット以外の規定が盛り込まれたため，T.42 を N ビット対応に修正するなどの作業も行なわれた。

標準的なカラーファクシミリのシステムは，図 6.9 のように想定される。ここで，伝送に使われるデバイス非依存の色空間が 1 つに決まれば，入力側および出力側ともに色処理のハードウェアは 1 種類で済むので，カラーファクシミリ端末のコストを抑えることができる。そこで，1 つの色空間を選択するため，LAB, LUV, XYZ, YIQ など 15 種の色空間を，量子化誤差，圧縮アルゴリズムとの整合性，色空間表現可能範囲などの評価項目ごとに極力定量的に評価し，その結果，CIE 1976 LAB が選択された。

CIE LAB は XYZ からの変換式が規定されているだけであり，カラーファクシミリでは，LAB の物理量（実数）から画像データ（通常は 8 ビットの整数）への変換式を定める必要がある。そこで T.42 では，物理量の値を L^*, a^*, b^*, n ビットの LAB 整数値を N_L, N_a, N_b としたとき，その関係を Lab の Range と Offset を用いて，式 (6.1)〜(6.3) のように定

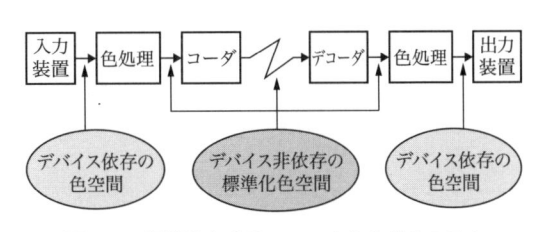

図 6.9 標準的なカラーファクシミリシステム

表6.3　LABのデフォルトのRangeとOffset

Variable	Range	Offset
L^*	100.00	0
a^*	170.00	$2^{**}(n_a-1)$
b^*	200.00	$2^{**}(n_b-2)+2^{**}(n_b-3)$

めた。なお，n_L などは有効ビット数で，光源は D_{50} である。

$$N_L = [(2^{**}n_L-1)/\text{Range}_Y] \times L^* + \text{Offset}_L \quad (6.1)$$

$$N_a = [(2^{**}n_a-1)/\text{Range}_{Cb}] \times a^* + \text{Offset}_a \quad (6.2)$$

$$N_b = [(2^{**}n_b-1)/\text{Range}_{Cr}] \times b^* + \text{Offset}_b \quad (6.3)$$

ここで，RangeとOffsetは，オプション機能として任意の値を送信できるが，そのデフォルト値が必要である。このため，印刷，写真，複写機出力など，当時存在したハードコピーの色域を測色し，それらの色域をすべて包含するようRangeとOffsetを設定した。さらに，色処理を行なう際の利便性として，a^* と b^* のゼロ点が2のべき乗の点にくるという条件を加味し，表6.3に示したデフォルトのRangeとOffsetを決定した。表6.3に示した値は，$L^* = 1\sim100$，$a^* = -85\sim85$，$b^* = -75\sim125$ にほぼ対応している。

(3) MRCの導入

第2段階では，MRCのカラーファクシミリへの導入が行なわれた。MRCとは，1枚の画像を絵柄や文字などのいくつかの層とそれらの層を切り替えるマスク層に分解し，それぞれの層に適した圧縮方法を適用することにより，全体として効率のよい画像伝送を実現しようとするものである。ITU-T SG8では，そのMRCを記述したT.44（Mixed raster content）と，その中で使われる色情報をランレングス符号化するT.45（Run-length colour encoding）を規定し，それを引用する形でT.4，T.30などが改定された。

図6.10に，MRCの基本モード（basic mode）の概念を示す。MRCの基本モードでは，ストリップ（strip）というページの分割の概念が導入され，各ストリップで，3とおりのモード選択，および，ストリップとレイヤーごとに最適な解像度と圧縮アルゴリズムを選択できるようになっている。

3つのモードの中で最も一般的なのが，ストリップ2に示す3層モードであり，背景レイヤー（background layer）と前面レイヤー（fore-

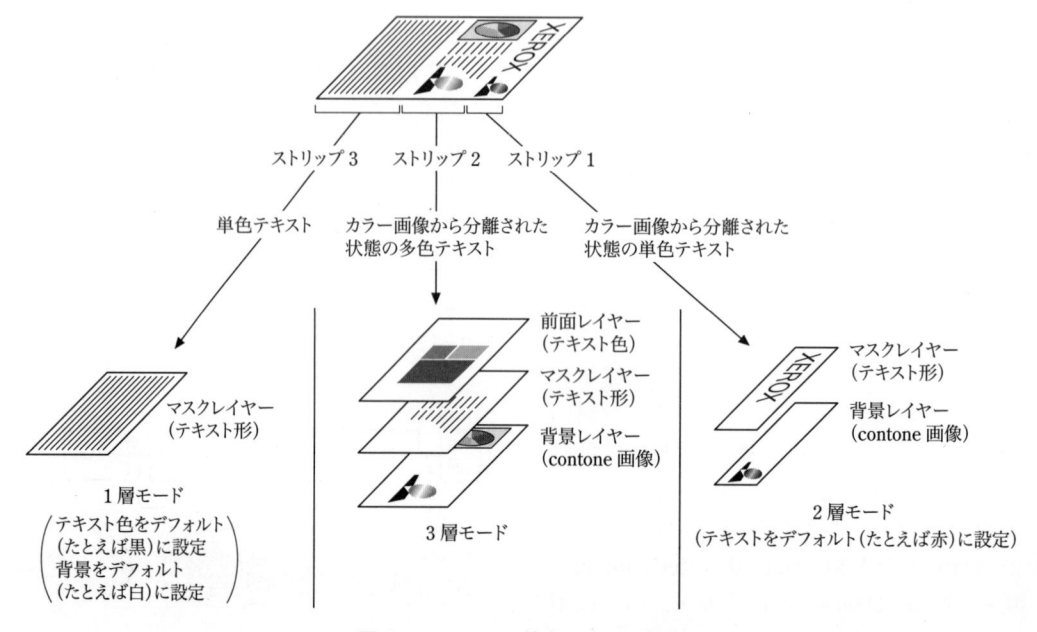

図6.10　MRCの基本モードの概念

ground layer) をマスクレイヤー (mask layer) で切り替える．各レイヤーに用いる圧縮アルゴリズムとしては，マスクレイヤーについては MH, MR, MMR, JBIG から，その他のレイヤーでは JPEG, JBIG, Run length color (T.45) から任意に選択できる．次にストリップ 1 に示す 2 層モードは，3 層モードの省略形であり，前面のデフォルト色が設定されているので，たとえば絵柄＋単色文字のようなストリップでは前面の情報を省略した本モードが適用できる．ストリップ 3 に示す 1 層モードは，2 層モードのさらなる省略形であり，前面と背景のデフォルト色の利用により，単色文字の領域では前面と背面の情報が省略できる．

T.44 は当初，3 層モードまでを対象として標準化されたが，のちに N 層モード対応に拡張されるとともに，圧縮方法として新たに JBIG2 が導入された．N 層への拡張は，3 層モードの上に，マスクレイヤーと前面レイヤーのセットを，任意の組だけ積み重ねる構造への拡張であり，SLC (start of layer coded data segment) という概念を導入して実現している．なお，基本モードはモード 1 とよばれるのに対し 3 層モード＋SLC という構成をモード 2，N 層モード＋SLC という構成をモード 3 とよぶ．マスクレイヤーへの JBIG2 の導入は，モード 4 として記述されており，JBIG2 における文字パターンを記述する辞書の容量を節約するために，shared data という概念が導入されている．JBIG2 の ITU-T 標準は T.88 (Information technology – Lossy/lossless cording of bi-level images) であり，そのファクシミリ応用プロファイル T.89 (Application profiles for Recommendation T.88 for facsimile) が新設された．

(4) YCC の導入

Windows PC でディジタルカメラの sYCC 出力が利用可能となったこと，IEC 61966-2-1 sRGB 標準の見直しにより sYCC が正式な標準となったことから，sYCC のままで直接伝送したいという要望が高まったため，第 3 段階として，sYCC がカラーファクシミリに導入された．

sYCC の早期導入に向け，まず IEC 61966-2-1 を直接参照する形で T.30 と T.4 に JPEG の sYCC 対応を加える改定が行なわれた．具体的には，T.30 の中に sYCC JPEG coding という新たなビットを設けている．sYCC については IEC 61966-2-1 を直接参照する形となっているため，各軸 8 ビットで，レンジもデフォルトのみである．これに伴い，T.4 にも，Annex I: Optional continuous tone colour mode (sYCC) が追加され，体系が整備された．ただし，出力側がどんな解像度でプリントするかの取り決めはなく，いわばファイル転送のような標準となっている．

次に，YCC の MRC への導入が行なわれた．T.42 に YCC を加え，それを引用する形で T.44 に YCC 対応を追加する作業を行ない，最後に，T.30 と T.4 を改定した．T.42 での YCC の規定は，物理量の値を Y, C_b, C_r とし，n ビットの YCC 整数値を N_Y, N_{Cb}, N_{Cr} としたとき，Range_Y, Range_{Cb}, Range_{Cr}, Offset_Y, Offset_{Cb}, Offset_{Cr} を使い，その関係を式 (6.4)〜(6.6) のように定めた．光源は D_{65} である．

$$N_Y = [(2^{**}n_L - 1)/\text{Range}_Y] \times Y + \text{Offset}_Y \tag{6.4}$$

$$N_{Cb} = [(2^{**}n_a - 1)/\text{Range}_{Cb}] \times C_b + \text{Offset}_{Cb} \tag{6.5}$$

$$N_{Cr} = [(2^{**}n_b - 1)/\text{Range}_{Cr}] \times C_r + \text{Offset}_{Cr} \tag{6.6}$$

Range と Offset は，LAB と同様にオプションとして任意の値を送信できる．デフォルト値は IEC 61966-2-1 に準拠して，表 6.4 のように定められている．

MRC では，YCC が LAB とまったく対等に扱えるように導入されたため，出力側でどんな解像度で出すかなどについても，LAB の場合とまったく同様に扱うことができる．

表 6.4 YCC のデフォルトの Range と Offset

Variable	Range	Offset
Y	1.00	0
C_b	1.00	$2^{**}(n_{C_b}-1)$
C_r	1.00	$2^{**}(n_{C_r}-1)$

6.3 画像関連機器標準

6.3.1 ディジタル写真・色符号化標準（TC42）

ISO TC42 は銀塩も含む写真関係の全般の標準規格を取り扱う技術委員会で，そのうちディジタルカメラ・スキャナの画質評価方法や画像取り扱いに関する形式の規定を WG18 で取り扱い，一部 IEC TC100 と重複する色関係の規格を JWG20, 23 で取り扱っている。

これらの委員会で審議されているいずれの標準規格もすでに発行が済み，現在は改定作業に移っている。以下，説明する規格のコロンの後の数字は標準規格（または同改訂版）が発行された年を示しており，ISO のウェブサイト（http://www.iso.org/）で照会できる最新の標準規格の発行年と異なる場合は何らかの改訂があったことを意味する。通常 5 年ごとに見直しがあるため，実際の使用に際しては最新の規格を確認されたい。

(1) ISO 12231：2005

用語を定義しており，ここで解説する標準規格内で定義された用語すべてと，広く使われている若干の専門用語が記述されている。他の標準規格の進捗と連動して記載される仕組みのため，一般の標準規格と異なり年 1 回程度の頻度で見直しされることになっている。収録された用語は 2 つに区分され，審議中で定義が変更される可能性が高い WD (working draft) または CD (committee draft) ステージにある規格用語，および，おおむね定義が確定した DIS (draft international standard) ステージ以上の規格用語に分けて記載されている。

(2) ISO 12232：2006

ディジタルカメラの露光量に関する測定方法を規定しており，複数の感度と露光指数が規定されている。感度には，信号最大値に対する感度である飽和感度と S/N 比で規定されたノイズ感度が規定されている。また，露光指数には，標準出力感度（standard output sensitivity；SOS）と，推奨露光指数（recommended exposure index；REI）とがある。感度と露光指数は本来別の概念であるが，同一文書で言葉を分けて規定されている。

(3) ISO 12233：2000

ディジタルカメラの解像度評価を規定している。銀塩写真やテレビの評価と同様に，双曲線チャートに対する解像の有無で判断する解像度測定方法（visual resolution）と，斜めのエッジを撮像してフーリエ変換により周波数応答を求める SFR（spatial frequency response）が規定されている。後者は異なるラインの出力を合成することで実効的なサンプリング間隔をせまくし，ナイキスト周波数以上の応答を求めることができる。これによりエイリアシングの発生が予測できる。ディジタルカメラは内部の信号処理が複雑なため，この手法で求められた特性はチャート上のエッジコントラストにも依存することが知られており，注意が必要である。なお，これに使われるテストツールは ISO TC42 のウェブサイトから入手可能である。

(4) ISO 12234-1：2001

画像を記録するリムーバブルメモリの基本要件が示されている。さらに，参考情報として Exif（exchangeable image file format）などの代表的な画像形式が示されている。近々，内容改訂が予定されており，もともと別パートで議論されていた DCF（design rule for camera file system）の記載が本標準規格に取り込まれることになっている。

(5) ISO 12234-2：2001

上記パート 1 に基づき，画像記録形式として，一般の TIFF（tag image file format）との整合をとりつつ，Exif で使われるタグとなるべく共通になるようにディジタル写真用タグを追加した TIFF/EP（electronic photography）を規定している。

(6) ISO 15739：2003

ディジタルカメラのノイズ測定方法を規定しており，必須項目として被写体に対するノイズ量を定量化する total noise，および，参考項目として人間の空間応答を取り入れた表示時のノイズ感を定量化する visual noise が規定されている。この規格の実用化を促進するため，測定ソフトウェアツールとテストチャートを自作するためのユーティリティソフトウェアが委員会で開発され，無償提供されている（http://

www.i3a.org/downloads_iso_tools.html）。

(7) ISO 15740：2005

PTP（picture transfer protocol）とよばれる画像転送用プロトコルを決めている。同標準規格は，おもにディジタルカメラからプリンタやストレージャへの転送に使われる。

(8) ISO 14524：1999

OECF（opto-electronic conversion function）とよばれる，入射光に対する信号出力の関係を評価する方法を規定しており，いわゆる階調特性を得ることができる。測定は，指定のテストチャート（グレーウェッジ）を撮像してその出力値を評価する。現在，測定段数が増やすことで改訂が進められている。

(9) ISO 16067-1：2003, -2：2004

前者がプリントスキャナ解像度評価，後者がフィルムスキャナ解像度評価方法を規定している。ISO 12233と同じく，目視による解像度と，スラントエッジを撮像して求めるSFRが規定されている。ディジタルカメラと異なり，スキャナの場合は信号処理が単純なため，信頼性の高いSFR特性が求められることが多い。テストツールも公開されている。

(10) ISO 20462-1：2005, -2：2005, -3：2005

心理的な画質評価の実施方法に関する規格で，3つのパートに分かれている。パート1には画質評価の要件が示されている。パート2には日本から提案された triplet comparison method が規定されており，被験者が3枚ずつ評価することで，一対ずつ比較する場合に比べて効率的に画質の比較評価ができるように設計されている。パート3には quality ruler method が規定されており，被験者は標準基準刺激として離して置かれた画像に対して評価対象のサンプル画像を適切な位置に置くことで定量化する。パート2に使われるテストイメージは無償入手可能であり，パート3に使われる標準基準刺激も購入可能である。

(11) ISO 21550：2004

スキャナのダイナミックレンジの測定方法を規定したもので，反射物・透過物ともに適用できる。

(12) ISO 17321-1：2006

本標準にはディジタルカメラの撮像時の色特性測定方法が規定されている。モノクロメーターにより直接分光感度を測定する方法と，テストチャートを撮像する方法の2つが規定されている。前者はIEC 61966-9でも同様の測定方法が規定されているため，用途に応じて使い分けることが示唆されている。後者はテストチャートを撮像する際の方法が規定されている。また，代表的な被写体の分光反射率も参考情報として示されている。ただし，求められた測定値から実際の色校正を行なう方法については規定されておらず，使用者に任されている。

また，参考項目の位置づけながらカメラの分光感度の測色的な品質を定量評価するDSC/SMI（digital still camera / sensitivity metamerism index）の評価方法が記載されており，この計算用のユーティリティは同様にISO TC42のウェブサイトからダウンロードできる。

(13) ISO 22028-1：2004

本標準には画像の交換時に必要なディジタル値に対する色の意味を規定する色画像符号化規定の要件が示されており，原色の色度点や白色点などの色空間に加え，その符号化方法，画像状態（image state）の区別，および観察条件を含めて規定するように記述されている。画像状態の概念とは，再現されている画像の色は必ずしも被写体と同じではないことから，再現色の意味付けを明示するという考えである。カメラの場合には，画像データが被写体そのものの色を示しているのか，表示用に強調された色を示しているのかを区別し，前者を光景参照型画像状態（scene-referred image state），後者を出力参照型画像状態（output-referred image state）とする。さらに前者を後者に変換する過程を色調整（colour rendering）と定義し，色づくりに対する考え方を明確にしている。なお，付録には，sRGB, scRGB, sYCC, ROMM RGB, RIMM RGBなどの各種色画像符号化規格とその要件の一覧表が含まれている。

(14) ISO/TS 22028-2：2006, -3：2006

それぞれ，出力系に用いられる拡張色空間のROMM RGBと，入力系に用いられるRIMM RGBを規定している。これらの2つは，上記

パート1の記載に従い，個別の色画像符号化規格としてTS（Technical Specification）として発行された。TSはまだ完全な合意がとれていないとの位置づけで出版される文書であり，通常の標準規格より拘束力が下がる。これらはそれぞれ，アメリカ国内規格であるANSI/I3A IT10.7666-2002，7466-2002と技術的に等価である。

6.3.2 AV・マルチメディア機器標準（TC100）

「マルチメディア」という言葉は長年にわたって使われているが，近年のディジタルTV放送機器，薄型TV，DVDあるいはハードディスクレコーダなどの普及により，新たな社会的な広がりをもつようになってきた。このマルチメディアの機器にかかわる公的な標準化を担当しているのが，IEC/TC100（以下，TC100）で，そのタイトルは"Audio, video and multimedia systems and equipment"となっている。TC100の標準化の対象は，オーディオ機器，映像機器およびマルチメディアシステム・機器の性能，測定方法ならびにシステム・機器間のインタフェース，エコーネット用サービス診断インタフェース，メタデータディクショナリなど民生・業務両分野の広い範囲にわたっている。

現在，TC100から発行されている規格は411規格で，重複（スペイン語やフランス語による別規格としての発行）を除いても335規格にも及ぶ。これらを列挙しても全体像の理解の助けにはつながらないと思われる。TC100については，これまで数件の解説があり[13〜18]，2007年2月には幹事・副幹事による紹介の文書[19]が発行されているため，これらを基に要約する。

TC100の規格は，VHS方式のビデオ規格など，広く一般ユーザーに普及している製品の規格を多数含んでいる。過去の技術・製品は個別の規格を参照していただくとして，最新の製

表6.5 IEC TC100の主要な規格と対応製品・技術

分野	IEC 規格番号（対応製品・技術）
業務用放送機器	IEC 61016（D1），IEC 61189（D2），IEC 62071（D7），IEC 62141（D16），IEC 62289（D10），IEC 62336（D11），IEC 62330（HD-D5），IEC 62447（D12），IEC 62261（TVのメタデータ）
ディジタル放送	IEC 62360（ISDB），IEC 62216（DVB），IEC 62002（DVB-H）
ケーブルTVのシステム	IEC 60728 シリーズ
ビデオフォーマット	IEC 61834 シリーズ（DVフォーマット）
TV受像機	IEC 60107 シリーズ
DVDプレーヤの測定	IEC 62389
ディジタルAVインタフェース	IEC 61883
オーディオ機器の測定	IEC 61606 シリーズ
ラジオ受信機	IEC 60315 シリーズ
CDプレーヤ	IEC 60908
MDプレーヤ	IEC 61909
スピーカ	IEC 60268-5
ディジタルオーディオインタフェース	IEC 60958，IEC 61937
オーディオシステム	IEC 60268 シリーズ
PCオーディオ	IEC 61606-4
カラーマネージメント	IEC 61966 シリーズ
マルチメディアホームサーバ	IEC 62318，IEC 62328
著作権保護	IEC 62227
赤外情報伝送	IEC 61603
eブック	IEC 62229，IEC 62448

品・技術を対象として整理した結果を表6.5[19]に示す。

TC100のPメンバー国は，オーストラリア，オーストリア，ベルギー，中国，デンマーク，フィンランド，フランス，ドイツ，インド，イタリア，日本，韓国，メキシコ，オランダ，ポーランド，ルーマニア，ロシア，スロベニア，トルコ，ウクライナ，英国，米国の合計22カ国である。TC100では，対象とする分野の変化がたいへん速いことから，組織・運営にも独自の工夫を行なっている。これは技術内容と並んで重要な要素であるので，以下に解説を行なう。

図6.11は，現在のIEC TC100の組織である。議長（Chairman）は米国が担当し，幹事（Secretary）と副幹事，さらに長期的かつ戦略的な新規の規格化提案を諮問するAGS（Advisory group on strategy，戦略諮問会議）の議長は日本が担当している。TA（technical area）はTC100独自の仕組みで，SC（subcommittee，分科委員会）に相当する。TAは標準化のニーズに応じて迅速に設立・廃止を行なう。図6.11の組織の略称とTAのタイトルを表6.6に示す。TA3（赤外線通信システム）は役割を終え廃止されている。AGSでは，長期的な標準化戦略を討議し，NP提案に先立つ技術説明や，これに対応する新TAの設立検討を行なう。2006年10月には，ホームネットワーク関係の標準化，DLNA（the digital living network alliance）とのリエゾンとしてTA9を，また電子出版・電子ブック関連のTA10を新設している。TC100は多くの審議組織の改変・統合を行ない，現在にいたっている。

表6.6　IEC TC100の組織の略称とタイトル

略称	タイトル
AGS	Advisory group on Strategy
AGM	Advisory group on Management
GMT	General maintenance team
TA 1	Terminals for audio, video and data services
TA 2	Colour measurement and management
TA 4	Digital system interfaces and protocols
TA 5	Cable networks for television signals, sound signals and interactive services
TA 6	Higher data rate storage media, data structures and equipment
TA 7	Moderate data rate storage media, equipment and systems
TA 8	Multimedia home server systems
TA 9	Audio, video and multimedia applications for end-user network
TA10	Multimedia e-publishing and e-book

図6.12では，組織の変遷を上から下に，年代別に示している[19]。図中，実線は上位と下位の委員会の関係，二重線は委員会の変遷を表わしている。廃止された組織で，TC12は"Radiocommunications"，TC60は"Recording"，TC84は"Equipment and systems in the field of audio, video and audiovisual engineering"をタイトルとしていた。またTC29（Electroacoustics）は現存しているが，SC29CはTC84設立時に統合されている。図中のSC100AからSC100Dは順次廃止され，TAが設立されて現在にいたっている。

TAの中でも，TA2（色の測定とマネージメント）はマルチメディア機器の範囲をはるかに

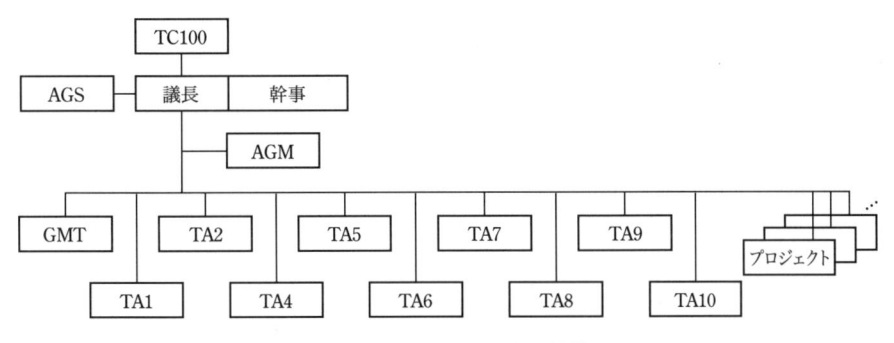

図6.11　IEC TC100の組織

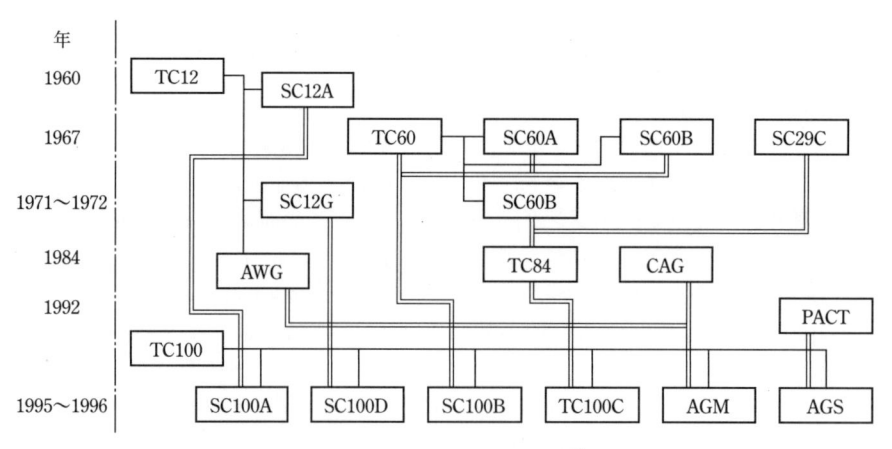

図6.12 IEC TC100の歴史[19]

超えて広い分野に影響を及ぼしている．表6.7に，TA2が担当しているIEC 61966シリーズの審議状況を示す．パート2-1（IEC 61966-2-1）は，ウェブ上のデフォルト（暗黙の）標準色空間を基に提唱されたsRGBの規格で，多くの機器やファイルフォーマットで広く用いられている．パート2-2から2-5は拡張色空間の規格である．2-2，2-5はRGBの色度座標値を広くと

表6.7 IEC 61966（色の測定とマネージメント）シリーズの審議状況

パート	タイトル	審議状況，備考
1	Multimedia systems and equipment – Colour measurement and management – Part 1: General	NWI 未発行
2-0	Colour management in multimedia systems	NWI 未発行
2-1	IEC 61966-2-1：Multimedia systems and equipment – Colour measurement and management – Part 2-1：Colour management – Default RGB colour space – sRGB	1999-10 IS 発行
2-1 am1	Amendment No. 1 to Colour management – Default RGB colour space – sRGB	2003-01 Amendment 1 発行
2-2	Colour management – Extended RGB colour space – scRGB	2003-01 IS 発行，2003-08 Corrigendum.1 発行
2-3	Colour management – Default YCC colour space – sYCC	2-1 Amd. と合体
2-4	Colour management – Extended-gamut YCC colour space for video applications – xvYCC	2006-01 IS 発行，2006-11 Corrigendum.1 発行
2-5	Colour management – Optional RGB colour space – opRGB	2007-07-27 CDV 投票完了，IS 発行準備中
3	Equipment using cathode ray tubes	2000-03 IS 発行
4	Equipment using liquid crystal display panels	2000-03 IS 発行
5	Equipment using plasma display panels	2000-10 IS 発行，改訂作業開始
6	Front projection displays	2005-03 IS 発行
7-1	Colour printers – Reflective prints – RGB inputs	2006-05 Edition 2.0 IS 発行
7-2	Colour printers – Reflective prints – CMYK inputs	NWI 未発行
7-3	Colour printers – Transparent prints	キャンセル
8	Multimedia colour scanners	2001-02 IS 発行
9	Digital cameras	2003-11 Edition 2.0 IS 発行
10	Quality assessment – Colour image in network systems	NWI 未発行
11	Quality assessment – Impaired video in network systems	NWI 未発行

ることによる色空間の拡張で，2-3（sYCC）と 2-4（xvYCC）は輝度信号（Y）と色差信号（C）を用いる符号化方式の特性を用いて色空間を拡張している。輝度/色差信号を用いる符号化は，JPEG ほかで広く用いられていることから，これらの拡張色空間も利用可能な対象が広い。パート 3 からパート 9 までは，各種の機器の色特性測定法を定めている。

他の TA にも影響力の大きな審議項目は多いが，取り上げるには分量が過大となるので個々には割愛する。本格的なディジタル AV，ホームネットワークの時代を迎え，TC100 では多数の新しい規格の審議が活発に行なわれている。最新の審議項目のタイトルと活動状況はTC100 のサイト（http://tc100.iec.ch/）で公開されているので，ご参照いただきたい。

6.3.3 オフィス機器標準（SC28）

オフィス機器に関する国際標準化は，1960年の ISO/TC95（Office machine）に端を発する。当初は，タイプライター，加算機，キャッシュレジスタ，謄写機，複写機，郵便機械などの事務機器が取り扱われていた。時代の変遷とともに，日本の提案により発足した，ISO/IEC JTC 1/SC28（Office equipment）に引き継がれ，現在にいたっている[20]。

(1) SC28 の組織体制と活動概要

国際的な位置づけとしては，ISO（国際標準化機構）と IEC（国際電気標準会議）との共同委員会である JTC1（Joint Technical Committee 1 Information technology）の分科会 SC（sub committee）のひとつである。SC は 2007 年現在，SC1 から SC37 まであり，各課題を検討している。

SC28 のスコープは「プリンタ・複写機・スキャナ・ファクシミリ，およびそれらオフィス環境で使用される事務機械の組合せにより構成される機器およびシステムの基本特性・試験方法，ならびにユーザーインタフェース・通信インタフェースとプロトコルを除いたその他関連事項の標準化」であり，発足以降変更はなく現在にいたっている。

2006 年現在，JTC1/SC28 では AWG（Advisory working group），WG02（Consumer replaceable component），WG03（Productivity），WG04（Image quality），SIG-Colour comparison の各 WG と SIG（Special interest group）を編成して活動している。

国内では（社）ビジネス機械・情報システム産業協会（以降，JBMIA と略す）が管轄する

表 6.8 国際，国内 WG 関連表

SC28 内 WG		おもな標準化活動
国際 WG	日本 WG	
AWG：Advisory working group	JAWG	ロードマップ作成
	WG2：プリンタ	プリンタのスループット測定方法，ディジタルプリンタの生産性測定[a]
WG03：Productivity	WG3：複写機	複写機仕様書様式，複写生産性測定方法，ディジタル複写機の生産性測定
WG04：Image quality	WG4：画質評価	モノクロ画質測定方法，複写機用カラーテストチャート，光沢度均一性の測定法
	WG5：リサイクリング	リユース部品を含むオフィス機器の品質と性能
SIG-Colour comparison	WG6：カラーマネージメント	カラースケールによる出力直線化，カラーデバイスの画像再現特性記述法
WG02：Consumer replaceable component	WG7：消耗品	カートリッジの寿命決定方法，消耗材の寿命測定用カラーテストチャート
	その他	イメージスキャナ仕様書様式[a]，ファクシミリの仕様書様式[b]，機械可読ディジタル郵便マークの印字品質属性，データプロジェクタの仕様書様式

a) JEITA 担当，b) CIAJ 担当。

表6.9　関連国際規格の現状（2006年12月時点）

規格番号	規格の名称	現状	JBMS/JIS化予定
10561	クラス1，2プリンタのスループット測定方法	IS改訂版発行	JBMS/JIS化予定なし
11159	複写機仕様書様式	IS発行	H13 JIS化（JIS X 6910）
11160-1	クラス1，2プリンタの仕様書様式	IS発行	JBMS/JIS化予定なし
11160-2	クラス3，4プリンタの仕様書様式	IS発行	JIS B 9527
13660	モノクロ画質測定方法	IS発行	H12 JIS化（JIS X 6930）
14473	イメージスキャナ仕様書様式	IS発行	JEITA担当
14545	複写生産性測定方法	IS発行	H13 JIS化（JIS X 6934）
15404	ファクシミリの仕様書様式	IS発行	CIAJ担当
15775	複写機用カラーテストチャート	IS発行	H13 JIS化（JIS X 6933）
15775 AMD	アナログテストチャートによるカラー複写機の画像再現性を特定する方法－実現化と適用	IS発行	H13 JIS化（JIS X 6933）
18050	機械可読ディジタル郵便マークの印字品質属性	IS発行	JBMS/JIS化予定なし
19752	モノクロ電子写真プリンタおよびプリント機能付き複合機器用トナーカートリッジの寿命決定方法	IS発行	H17 JIS化（JIS X 6931）
19797	16ステップカラースケールによる出力直線化（TR type3）	TR発行	JBMS/JIS化予定なし
19798	カラー電子写真プリンタおよびプリント機能付き複合機器用トナーカートリッジの寿命決定方法	FCD	JIS原案作成中
19799	印刷ページの光沢度均一性の測定法	FCD	JBMS/JIS化予定なし
21117	複写機・複合機の仕様書様式およびその関連試験方法	IS発行	FastTrack（JIS X 6910）
21118	データプロジェクタの仕様書様式	IS発行	FastTrack（JIS X 6911）
24700	リユース部品を含むオフィス機器の品質と性能	IS発行	JIS原案作成中
24705	ディジタルおよびアナログテストチャートによるカラーデバイスの画像再現特性記述法（TR type3）	TR発行	JBMS/JIS化予定なし
24711	カラーインクジェットプリンタおよびプリント機能付き複合機器用インクカートリッジの寿命決定方法	FCD	JIS原案作成中
24712	消耗材の寿命測定用カラーテストチャート	FCD	JIS原案作成中
24734	ディジタルプリンタの生産性測定	WD作成	──
24735	ディジタル複写機の生産性測定	WD作成	──
未定	カラーインクジェット方式のフォトプリンタ印刷可能枚数測定方法	NP投票	──
未定	フォトプリンタ印刷可能枚数測定用カラーテストチャート	NP投票	──

SC28国内委員会が組織され，JAWG（Japan advisory working group），WG2（プリンタ），WG3（複写機），WG4（画質評価），WG5（リサイクリング），WG6（カラーマネージメント），WG7（消耗品）のワーキンググループを編成して活動している（WG1は欠番）。

国内でのSC28を含む「ISO事務機械国内委員会」の体制図を図6.13に，国際・国内WGの活動関連を表6.8に，JIS化を含めた標準化活動状況を表6.9に示す。

なお，最新活動状況は，ISO，情報規格調査会，JBMIAのホームページ，また画像電子学会誌の隔年特集号（画像電子技術年報）で報告されている[21～27]。

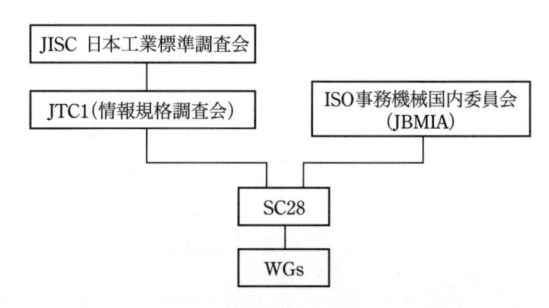

図6.13　ISO事務機械国内委員会の位置づけ

（2）画像関連の標準化

SC28の標準化活動の中で画像に関する項目としては、テストチャート、画像評価、カラーマネージメントがあり、以降この3項目についての状況を補足する。

①テストチャート

テストチャートは、画像評価用と性能評価用に大別される。このうち、性能評価用として、プリンタ・複写機の生産性評価用、プリンタカートリッジの寿命測定用などが、それぞれのWGで提案・審議されている。

現在一般で入手可能なチャートの入手先を以下に示す。

19752：カートリッジ寿命測定用（ISOホームページよりダウンロード可能[28]）

15775：カラー複写機用（JBMIAホームページより有償購入可能）

②画像評価[29]

SC28ではハードコピーの画像特性を体系化し、その画質特性を簡単な測定装置で自動的に測定できる標準化活動を実施してきた。

現在審議中のものも含めた標準を以下に示す。

13660：モノクロおよびカラーハードコピーの画質属性測定規格

19799：印刷物の光沢度均一性測定規格

③カラーマネージメント

現在、SIG-Colour comparisonで、照明光源に関する問題、機器のキャリブレーションの2項目が議論されている。前者はおもにCIE（国際照明委員会）、後者はSC28で検討すべき内容である。

また、過去に提案されたカラーマネージメント関係の案件は、いずれもTR（Technical report）として発行されている[30]。

19797：16ステップのカラースケールを用いた、複写物の出力の直線化方式とその仕様

24705：ディジタルおよびアナログテストチャートによるカラーデバイスの画像再現特性記述法

（3）活動体制

SC28は現在、日本で国際議長国ならびに国際幹事国を引き受け、積極的に推進している委員会である。今後、審議中の案件を確実に標準化するとともに、市場の要求に沿った標準案の発掘を継続的に行なっていく。同時に、事務機器製造メーカーの多くが存在するアジア地域各国に、投票権を持つPメンバーへの参加を勧誘し、ユーザー側・製造側の意見をバランスよく反映していく必要がある。

6.4 CG・画像処理標準（SC24）

6.4.1 概要

CG（computer graphics）の国際標準化の歴史は、1976年の国際情報処理連盟（IFIP）の作業部会WG5.2の会議で指針が討議されたときから始まった。この会議の討議結果を踏まえ、1977年にISO TC97の中にSC5/WG2が設置され、その後、SC21/WG2を経て、現在はISO/IEC JTC1/SC24の中で活動が続けられている。画像処理の国際標準化の歴史は、それに比べればかなり遅く、1988年に米国が提案し、1991年にSC24の作業項目となった。

現在、ISO/IEC JTC 1/SC24の正式名称は、"Computer graphics, image processing and environmental data representation"であり、その担当範囲は、ウィンドウ環境および非ウィンドウ環境における、

- コンピュータグラフィクス
- 画像処理
- 情報の可視化と対話的処理

のための各種インタフェースを標準化することであり、内容として、

- 参照モデル、応用仕様、機能仕様、交換形式
- 装置インタフェース、試験方法、登録手続き
- マルチメディア/ハイパーメディア文書の作成のための表現と支援

は含むが、

- 文字および画像の符号化
- マルチメディア/ハイパーメディア文書の交換形式の符号化

は含まない。

SC24には現在、

- WG6（マルチメディアによるプレゼンテーションと交換）
- WG7（画像の処理と交換，登録）
- WG8（環境表現）

の3つのWG（ワーキンググループ）が置かれている。

6.4.2 初期の成果—自主開発規格

SC24での標準化は，グラフィクスの標準化から始まった。そのおもな成果は，

- 2次元図形を対象とする応用プログラムインタフェース（application program interface；API）規格であるGKS（Graphics kernel system, ISO/IEC 7942, 1985年に第1版，対応JISはX 4201）
- GKSとほぼ同水準の2次元図形の交換形式（メタファイル）規格であるCGM（Computer graphics metafile, ISO/IEC 8632, 1987年に第1版，対応JISはX 4211）など）
- 階層的3次元図形のAPI規格のPHIGS（Programmer's hierarchical interactive graphics system, ISO/IEC 9592, 1989年に第1版，対応JISはX 4221）

などであり，以上の3規格については，それぞれかなりの製品が商用化されたが，標準化の活動はしばらく前から完全に停止している。

ここまでの標準化の特徴は，SC24の場で，実装作業を伴わずに仕様だけを審議し，SC24外での実装を待つというものであった。

このやり方を画像処理の標準化において踏襲し，一応は製品も出たものに，時間変化3次元カラー画像までを対象とし，画像のエッジ検出や画像間の加減算などを規定する応用プログラムインタフェース規格であるPIKS（Programmer's imaging kernel system application program interface, ISO/IEC 12087-2, 1994年出版，対応JISはX 4241-2）がある。これについては，規格開発の中心となったプラット（W. K. Pratt）により実装が行なわれたが，普及するにはいたらなかった。

他の分野でも同様と思われるが，実装を後まわしにした外部仕様先行の標準化では，実装が出現するまでに時間がかかりすぎるといえる。プロジェクト開始から出版まで6〜7年かかることは，GKS, CGM, PHIGSの時代では許されたとしても，最近のような急激な技術発展の中ではとても許されることではなくなった。

なお，先にあげた規格以外に，SC24で自主開発された規格として，CGMとほぼ同水準のグラフィクス装置インタフェース規格CGI（Computer graphics interface, ISO/IEC 9638, 1991年出版），複雑な構造の画像までを考慮した画像交換形式のIIF（Image interchange facility, ISO/IEC 12087-3, 1995年出版），マルチメディアオブジェクトの提示環境規格PREMO（Presentation environment for multimedia objects, ISO/IEC 14478, 1998年出版）などがあるが，いずれもJIS化は見送られており，国際的にもほとんど使用されていない。

6.4.3 最近の成果—デファクト規格の採用

最近のSC24では，自主的規格開発は姿を消し，デファクト規格の採用が相次いでいる。その先駆的なものとして，VRML 97およびPNGがある。

VRML 97（Virtual Reality Modelling Language, ISO/IEC 14772-1, 1997年出版，対応JISはX 4215-1）は，シリコングラフィクス社のOpen Inventorを出発点にウェブコミュニティ（現在の名称はWeb 3D Consortium）で改良された動的仮想環境モデリング言語である。

PNG（Portable network graphics, ISO/IEC 15948, JIS X 4242）は，細かいキメの入っていない（人工）画像向きの画像フォーマットであり，同様のデファクト規格であるGIFにつきまとう特許問題を避けるために開発され，W3Cで採用されたものである。

この二者については，ISO/IEC JTC 1としての出版物のほかに，共同開発の相手側のサイトで，オンラインで規定内容を見ることができる。すなわち，http://www.web3d.org/ ではVRML 97の仕様および関連情報が公開されているし，http://www.w3c.org/Graphics/PNG/ ではPNGの仕様および関連情報が公開されている。この二者については，このほかにもすでに多くの資料が入手可能となっているので，内容の詳細についての解説は省略する。

デファクト規格の採用の他の例として，自然・人工画像データとその関連情報（文字列，グラフィックデータなど）を1つのデータ列として交換する形式であるBIIF（Basic image interchange format, ISO/IEC 12087-5：1998, JIS X 4241）がある。これは，米国軍用規格MILとして規定されていたNITF（national imagery transmission format）に，英数字以外の各国文字サポート機能の追加などの拡張を施したものであり，VRMLやPNGほど一般的ではないが，米国およびNATOでの堅い需要に支えられている。BIIFは，大型計算機システムから小型計算機システムまでの広いプラットフォームでの使用を前提に開発された，技術的には斬新な要素がない，効率よりも実現容易性を重視した手堅い仕様である。SC24における画像処理関係の標準化は，これを最後にほとんど活動を停止している。

6.4.4 作業中項目―グラフィクス関係

VRMLについては，1997年のPart 1の発行後，Part 2（External authoring interface；EAI），およびPart 1 Amendmentの2件の拡張作業が行なわれた。その他の拡張提案もあったが，Web3DとSC24では，VRMLについてはこの時点で固定することにし，機能拡張などはすべて次に述べるX3Dというプロジェクトで行なうことになった。

VRML97の後継規格で，Web3Dコンソーシアムと共同開発のX3Dは，VRML97に対する下位互換性を保ちつつ，

- 軽量な3次元コアエンジンをもたらすコンポーネント化
- アプリケーションに応じて必要な機能だけを柔軟に選択できるプロファイル機能
- VRML符号に加えてXML符号の導入によるウェブ上での3次元データの共通化

などの特長をもたせた。
国際規格としてのX3Dは，

- 機能仕様およびAPI仕様（ISO/IEC 19775-1/2）
- XML符号化およびVRML符号化（ISO/IEC 19776-1/2）
- ECMAScriptおよびJAVAに対する言語結合（ISO/IEC 19777-1/2）

からなるが，第1期の仕様はすべて出版されており，現在は第2期の改定作業が始まっている。

VRML97およびX3Dと連動して使われるヒューマノイドのアニメーション記述方式で，同じくWeb3Dコンソーシアムと共同開発のHumanoid animation（H-anim, ISO/IEC 19774）は一般的な3次元多関節物体（たとえば人間，蜘蛛，ロボットなど）の多関節物体の動作を統一的に制御し，実行できる仕組みを提供するための仕様が提供されている。

上記の作業のうち，PNG，VRML，X3Dについては，ISO/IEC規格やJIS規格はもちろんのこと，先に紹介した共同開発の相手側のウェブサイトで，仕様および関連情報が無料で公開されている。また，H-Animについても，http://h-anim.org/で仕様および関連情報が無料公開されている。

6.4.5 作業中項目―環境表現関係

SC24/WG8のタイトルであるEnvironmental representation（環境表現）とは，飛行訓練などのシミュレーションソフトウェアで用いられる情報（地理的なものから飛行物体のようなものまで）を論理的に表現し，データ互換やソフトウェア共有をめざすものである。

1999年8月以来，WG8で標準化作業が進められているSEDRIS（Synthetic environment data representation and interchange specification）は，地形，建造物，気象，植生などの地理座標依存情報を用いたシミュレーションの入力および出力データの交換や表示を共通化する合成環境（Synthetic environment）の標準化であり，米国の国防省内の諸機関を中心に，ヨーロッパからの参加もあるSEDRIS Organizationの成果を，これまでのグラフィックス規格との整合性をとりながら，国際標準にしようというものである。

成果となる規格は，基本となるデータクラスを規定するSEDRIS本体（ISO/IEC 18023-1），地球空間（および宇宙空間）向きの座標系を扱うSRM（Spatial reference model, ISO/IEC 18026），環境シミュレーション関係のオブジェ

クトおよび属性のカタログでありコードづけを行なっているEDCS（Environmental data coding system, ISO/IEC 18025）の3本の柱からなり，それぞれにデータ形式およびAPIの規格と言語結合の機能が付随している．

現実に観測された2次元（平面）的データの表現などについては，ISO TC211の地理情報システムやISO TC204の交通システムなどでも標準化が行なわれているが，SEDRISでは，教育，娯楽（各種ゲームなど）などで必要となる仮想的状況への対応を考慮している点が特徴である．たとえば，SRMにおいては，経緯度といった概念も，現実の地球上の位置を指定するだけのものでなく，他の天体上での活動のシミュレーションにも使えるように一般化されている．また，EDCSにおいては，地表の利用区分や人工施設の分類の詳細なコード化を行なうが，これは，ISO TC211においては，世界的に共通のものをつくるのは今のところ現実的でなく，各国または各応用面での状況に応じて定めればよいとしているものである．

SEDRIS各規格は，第1期の作業結果すべてが出版され，現在は実用化のための保守作業（カタログの増強，欠陥修正など）段階にある．これについても，SEDRIS Organizationのサイト（http://www.sedris.org/）で，仕様および関連情報が無料公開されている．

6.5 文書の処理と記述の言語規格（SC34）

ISO/IEC JTC 1/SC34は"文書の処理と記述の言語"に関する国際標準化活動によって，各種の記述言語，フォント情報交換，およびそれらの応用規定を開発してきた．W3C（World Wide Web Consortium），OASIS（Organization for the Advancement of Structured Information Standards）では，それらから派生した実用性の高い規定が開発され，それらがSC34に提案されて国際規格として追認されている．これらの多くの規格はすでに翻訳されて，日本工業規格としても制定されている．

6.5.1 SGMLとそこから派生した言語

マーク付け言語は，文字列データの中にマーク付けを行なうことによって，データの構造を記述する方法を規定する．文字列データ中へのマーク付けは，タイプセッタ用の命令コードに始まるが，この機器依存の命令コードは，やがて文書を構成する要素に対するマーク付けに発展し，ここにいたって文書の論理構造を扱う系とフォーマッタとが分離された．

マーク付けはさらに，ある文書クラスの要素を共通に識別するようなタグ集合へと一般化され，共通マーク付け（generic markup）とよばれた．要素に関する属性記述をもタグに含めて，多様なアプリケーションに対応できるようにしたマーク付けも行なわれ，一般化マーク付け（generalized markup）となった．

SC34の前身のSC18/WG8は，このタグ集合の定義方法を1986年に国際的に取り決め，言語として体系づけて，標準一般化マーク付け言語（standard generalized markup language；SGML）として制定した[31,32]．SGMLは，さまざまな種類の文書やアプリケーションに対して，一般化マーク付けを定義可能とし，各種の補助機能をその規定に含めて利便性の向上を図っている．

W3Cから公表されているハイパテキストマーク付け言語（hypertext markup language；HTML）は，SGMLで規定される1つの文書型であり，同様にW3Cが開発し公表した拡張可能なマーク付け言語（extensible markup language；XML）は，SGMLのサブセットである[*1,*2]．

(1) SGML文書

SGML文書は，図6.14に示すように，SGML宣言（SGML declaration），文書型定義（document type definition；DTD），文書インスタンス（またはマーク付き文書）の3部分によって構成される．SGML宣言は，SGML文書

[*1] 文献31，32に示すSGMLの規定内容に関するかぎり，XMLにはSGMLのサブセットとはいえない範囲が含まれていたが，その後発行されたSGMLのCor.2[33]によって，XMLは厳密にSGMLのサブセットに位置づけられ，Web SGMLとよばれている．

[*2] HTMLとXMLの技術的な解説については，第III編（メディア技術編）のそれぞれ2.1, 2.2節を参照されたい．

```
<!-- SGML 宣言 -->
<!-- ********************************* -->
<!SGML "ISO 8879-1986"
CHAESET
  BASESET "ISO 646-1983//CHARSET
  International Reference Version (IRV)//
  ESC 2/5 4/0"
  DESCSET  0  9  UNUSED
           9  2  9
<!-- 途中省略 -->
CAPACITY PUBLIC "ISO 8879-1986//CAPACITY
  Reference//EN"
SCOPE     DOCUMENT
SYNTAX    SHUNCHAR CONTROLS
<!-- 途中省略 -->
FEATURES
  MINIMIZE DATATAG NO OMITTAG YES RANK
  NO SHORTTAG YES
<!-- 途中省略 -->
APPINFO NONE>

<!-- 文書型定義 (SGML-DTD) -->
<!-- ********************************* -->
<!DOCTYPE addressNote [
  <!ELEMENT addressNote - - (card*)>
  <!ELEMENT card  - O (name, email)>
  <!ELEMENT name  - O (#PCDATA)>
  <!ELEMENT email - O (#PCDATA)>
]>

<!-- SGML 文書インスタンス -->
<!-- ********************************* -->
<addressNote>
<card>
  <name>Taro Yamamoto
  <email>ty@adagio.com
<card>
  <name>Hanako Yamamoto
  <email>hy@adagio.com
</addressNote>
```

図 6.14　SGML 文書の構成

で使う符号化文字集合，要素の名前の長さ，タグ省略の可能性などを定義する．DTD は，文書の論理構造（文書型），つまり表題，著者名，序文，本文のような記述内容の枠組について，その名前（共通識別子），出現順序などを定義する．この定義によって，文書交換に際しての送り手と受け手とが文書の論理構造を共有できる．

実際の文書中で，文書の構造の指示を，指定されたマーク付け用文字を使って行なう作業がマーク付けであり，マーク付けを施された文書データが文書インスタンスとなる．マーク文字は SGML で規定されており，マーク付けは DTD に従って行なわれる．

(2) SGML から XML へ

SGML はさまざまな組織の出版物の記述に採用され，ツール類も開発されてきたが，その圧倒的な普及は，SGML の構文を用いた HTML[34] がウェブ環境における文書記述に用いられたことに始まる．HTML は，その単純さが文書記述をきわめて容易にし，しかも関連ツールの開発も容易にして，大量のハイパテキストがネットワーク上に蓄積され，これがインターネットの普及を促進することにもなった．

しかし，この大量普及の当然の結果として，HTML では記述できない，または記述しにくい文書がクローズアップされることとなり，HTML と同様の手軽さで SGML と同様の柔軟な文書記述を行ないたいというユーザー要求が強まった．

この要求に応えるために，W3C は次の機能要求を満たす XML を開発して，1998 年に W3C 勧告として制定した[35]．

- ウェブ環境への適合
- 簡素化（ウェブ対処，処理系の充実）
- 応用分野拡大のための関連規定の充実

つまり，XML は文書構造を定義可能にし，整形式（開始タグと終了タグとの対応がとれ，親子関係の要素が正しく入れ子になる）のコンセプトを導入して，これまでの HTML 処理系と同様に，DTD が与えられなくても処理を可能にした．さらに SGML 宣言の内容を固定することによって，SGML 宣言をなくしている．たとえば，図 6.14 の SGML 文書を XML を用いると，図 6.15 のような記述もできる．

(3) DTD から DSDL へ

文書型定義（DTD）は XML パーサで構文解析できないため，DTD を処理するツールをつくりにくく，しかも基本的なデータ型を扱うことができない．この問題を解決できる言語が強く望まれ，いくつかの提案が W3C や日本規格協会で検討された．それらの共通機能を実現す

```
<!-- XML 文書インスタンス -->
<!-- ************************************ -->
<?xml version="1.0"?>
<addressNote>
  <card>
    <name>Taro Yamamoto</name>
    <email>ty@adagio.com</email>
  </card>
  <card>
    <name>Hanako Yamamoto</name>
    <email>hy@adagio.com</email>
  </card>
</addressNote>
```

図 6.15　XML 文書の構成

```
<!-- 文書型定義 (XML-DTD) -->
<!DOCTYPE addressNote [
  <!ELEMENT addressNote (card*)>
  <!ELEMENT card (name, email)>
  <!ELEMENT name (#PCDATA)>
  <!ELEMENT email (#PCDATA)>
]>
```

図 6.16　XML-DTD による文書の論理構造定義

```
<element name="addressNote" xmlns="http://relaxng.org/ns/structure/0.9">
  <zeroOrMore>
    <element name="card">
      <element name="name">
        <text/>
      </element>
      <element name="email">
        <text/>
      </element>
    </element>
  </zeroOrMore>
</element>
```

図 6.17　RELAX NG（XML 構文）による文書の論理構造定義

```
element addressNote {
  element card {
    element name { text },
    element email { text }
  }*
}
```

図 6.18　RELAX NG（簡潔構文）による文書の論理構造定義

る標準的な規定として，XML 正規言語記述（regular language description for XML；RELAX）とよばれるスキーマ言語が考案され，まず TR X 0029 として国内で公表[36]されたのち，ISO/IEC JTC1 に提出されて ISO/IEC TR 22250-1 として 2002 年に発行された[37]。

その後，JTC1/SC34 に文書スキーマ定義言語（document schema definition language；DSDL）のプロジェクトが設立され，RELAX は OASIS での検討を経て修正を受け，ISO/IEC 19757（DSDL）の Part 2 "RELAX NG" として発行された[38]。

OASIS での検討は，パーサでの構文解析を可能にするために開発された RELAX NG の XML 構文に加えて，XML 構文であることをやめて，いっそう簡素な表記を可能にした簡潔構文（compact syntax）を生んだ。この簡潔構文はその後，ISO/IEC 19757-2/Amd.1[39] として ISO から発行され，国内では JIS X 4177-2：2007 として制定されている[40]*3。

RELAX NG の簡潔構文は，その記述の短さと可読性の高さが評価され，ISO だけでなく，W3C の規格文書においても各種データ構造の記述に利用されている。図 6.14 に示した SGML 文書例の論理構造を XML-DTD で記述すると図 6.16 のようになる。この DTD を RELAX NG（XML 構文）によって表記すると図 6.17 のようになり，RELAX NG（簡潔構文）

*3　RELAX NG を含む DSDL の技術的な解説については，第 III 編（メディア技術編）の 2.2 節を参照されたい。

を用いると図 6.18 のように表わされる。

6.5.2　DSSSL

SGML，XML などによってマーク付けされ，論理構造を記述された文書データは，その内容が人が読むためのものであれば，論理構造を見やすく表現するためのスタイルオブジェクトに対応づけられ，フォーマッタによってスタイルづけされて可視化文書となる。スタイル指定言語は，論理構造にスタイルオブジェクトに対応づける指示（スタイル指定）を行なう。その簡

単な例として，HTML文書の要素に対してスタイルオブジェクトの対応付けを指示するCSS[41]がある[*4]。

SC18/WG8によって開発されたスタイル指定言語は，文書スタイル意味指定言語（document style semantics and specification language；DSSSL)[42,43]とよばれ，SGML文書，XML文書の要素などに対して，ノードツリーの木構造変換指定とスタイル指定とを行なう。

(1) DSSSLライブラリ

スタイル指定言語はフォーマッティング要素の素片を記述するため，汎用性が高いが，1つのフォーマッティング要素の記述には多くのステートメントを必要とし，専門知識とかなりの熟練とを要する。そこで，スタイル指定言語記述のライブラリ/モジュール化が望まれ，DSSSLに関してはすでにDSSSLライブラリが発行されている[44,45]。

(2) DSSSLからXSLへ

DSSSLはその構文としてLISP方言のSchemeを用いていたため，LISP利用者には容易に受け入れられたが，XMLの環境では必ずしも便利ではなかった。そこで，構文としてXMLを用いたXSL（extensible stylesheet language，拡張可能なスタイルシート言語)[46]がW3Cによって開発された。XSLは，DSSSLのスタイル指定機能に対応する機能を備え，XML構文を用いてノードツリーの木構造に対して変換指定を行なうXSLT[47]と明確に区別する必要がある場合には，XSL-FOとよばれる。

6.5.3 フォント情報交換

フォーマット情報を含む文書交換が広く行なわれるようになると，フォント情報交換のための取決めが必要になり，ISO/IEC 9541[48~50]が開発され，それを翻訳した日本工業規格[51~53]もすでに制定されている。これはフォント情報を受け渡すために必要な情報体系と交換フォーマットとをシステム間で規定する。システムの中でそれらをどのように扱うかには言及しない。フォントは所有権を伴う情報であり，その利用には使用許諾など手続きを必要とするが，

[*4] CSSの技術的な解説については，第Ⅲ編（メディア技術編）の2.1節を参照されたい。

フォント情報交換の規格は，フォント情報内容そのものは規定せず，フォント情報の構造およびその表記方法を決めてフォント情報交換の必要条件の充足を図る。

フォント情報交換規格は，まずフォントリソースのデータ構造を規定するために，数多くのフォント属性（font property）を定義して，多様なフォント利用環境で要求される各種フォント情報を分類し体系化している。

フォント属性は属性名称，データ型，データ値を用いて記述され，クラスに応じてまとめられて，属性リストとして関係づけられる。これらの集合からなるフォントリソースデータを受け渡すための交換フォーマットが規定され，表示プロセスで用いる形状表現情報の記述方法が規定される。

文書においては，さまざまなタイプフェース（書体）が使われる。そこで，多様で具体的なグラフィックシンボルを統一的に扱うために，「どのような特定のタイプフェースにも依存しない，認知可能な抽象グラフィックシンボル」として，グリフ（Glyph）のコンセプトを導入している。グリフおよびグリフ集合などの一意識別のために登録機構を設け，登録のための手続きを規定[54,55]している。

6.6 印刷技術・データ交換フォーマット標準（TC130）

ISO/TC130（印刷技術）は，下記の5つのWG（ワーキンググループ）から構成される。TC130関連のIS化の状況を図6.19に示す。

- WG1：Terminology
- WG2：Prepress data exchange
- WG3：Process control
- WG4：Media & material
- WG5：Ergonomics & safety

以下では，製版データ交換を担当するWG2の主要な規格を紹介する。規格は，色管理とフォーマットに大別される。

6.6.1 色管理ツールの標準化

色管理システムを運用するために，ISO/TC130/WG2では，以下の標準を規定してい

プリプレス工程

製版 WG3:
①ISO12218:1997（オフセット印刷製版）

入力用 WG2
⑮ISO/TR 16066:2003（分光データ）
⑯ISO 12641:1997（入力スキャナのキャリブレーション）

色校正 WG3:
⑦ISO 12646:2004（モニタの特性と観察条件）

印刷工程

工程管理 WG3:
⑧〜⑫ISO12647-1〜5（工程管理）
⑬ISO12647-6:2006（工程管理）
⑭ISO/FDIS 12647-7（工程管理）

測色関係 WG3:
②ISO12645:1998（透過濃度計校正用標準板）
③ISO14981:2000（反射濃度計要求事項）
④ISO13655:1996（分光測光と測色計算）
⑤ISO13656:2000（反射濃度および測色データ）
⑥ISO15790:2004（計測用標準板仕様書）

印刷 WG4:
⑧ISO12636:1998（オフセット用ブランケット）
⑨ISO12635:1996（オフセット刷版の寸法）
⑩ISO11084-1:1993（位置決めピンシステム）
⑪ISO11084-2:2006（位置決めピンシステム）

印刷物・インキ WG4:
①ISO2834:1999（インキの評価試料作成法）
②ISO2835:1974（耐光性評価）
③ISO2836:2004（耐性評価方法）
④ISO12040:1997（キセノン光対候性評価法）
⑤ISO12634:1996（タック測定法）
⑥ISO12644:1996（L型粘度計特性）
⑦ISO15994:2005（印刷物の視感光沢度評価法）
⑫〜⑯ISO2846-1〜5（インキ：色および透明性）
⑰ISO 2814-1:2006（テストプリント：ペーストインキ）
⑱ISO/FDIS 2834-2（テストプリント：液体インキ）

出力ターゲット WG2:
⑰ISO 12642-1:1996（出力ターゲット）
⑱ISO 12642-2:2006（出力ターゲット　拡張）

標準画像 WG2:
⑪ISO 12640-1:1997（CMYK/SCID）
⑫ISO 12640-2:2004（XYZ/SCID）
⑬ISO 12640-3:2007（CIELAB/SCID）
⑭ISO/TR 14672:2000

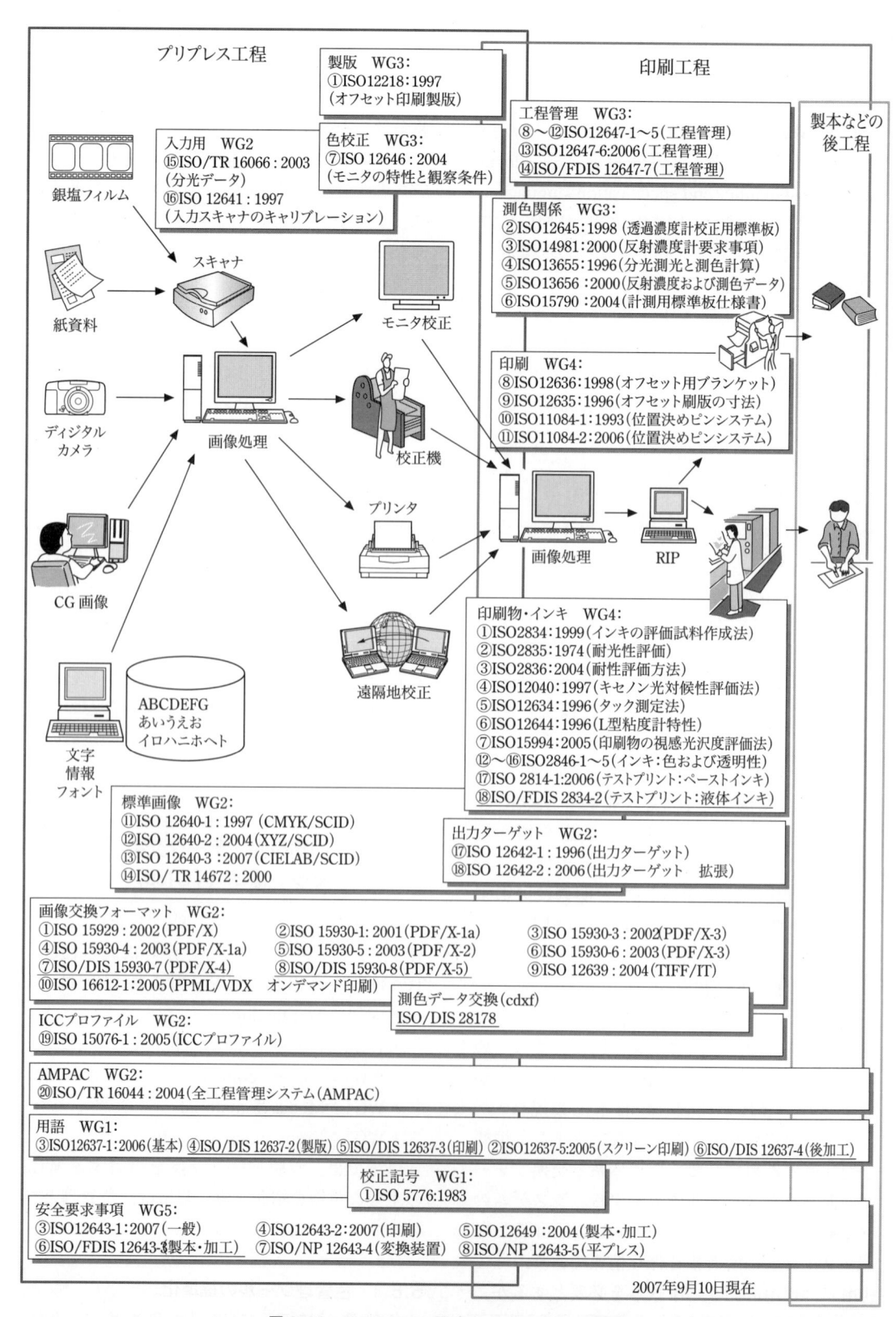

画像交換フォーマット WG2:
①ISO 15929:2002（PDF/X）　②ISO 15930-1:2001（PDF/X-1a）　③ISO 15930-3:2002（PDF/X-3）
④ISO 15930-4:2003（PDF/X-1a）　⑤ISO 15930-5:2003（PDF/X-2）　⑥ISO 15930-6:2003（PDF/X-3）
⑦ISO/DIS 15930-7（PDF/X-4）　⑧ISO/DIS 15930-8（PDF/X-5）　⑨ISO 12639:2004（TIFF/IT）
⑩ISO 16612-1:2005（PPML/VDX　オンデマンド印刷）

測色データ交換（cdxf）
ISO/DIS 28178

ICCプロファイル WG2:
⑲ISO 15076-1:2005（ICCプロファイル）

AMPAC WG2:
⑳ISO/TR 16044:2004（全工程管理システム（AMPAC）

用語 WG1:
③ISO12637-1:2006（基本）　④ISO/DIS 12637-2（製版）　⑤ISO/DIS 12637-3（印刷）　②ISO12637-5:2005（スクリーン印刷）　⑥ISO/DIS 12637-4（後加工）

校正記号 WG1:
①ISO 5776:1983

安全要求事項 WG5:
③ISO12643-1:2007（一般）　④ISO12643-2:2007（印刷）　⑤ISO12649:2004（製本・加工）
⑥ISO/FDIS 12643-3（製本・加工）　⑦ISO/NP 12643-4（変換装置）　⑧ISO/NP 12643-5（平プレス）

2007年9月10日現在

図6.19　ISO TC130関連のIS化の状況（概要）
下線は未発行のもの，それ以外は発行済であることを示す。

る．
- 物体色分光データベース
- 客観的色再現評価用あるいはプロファイル作成用のカラーターゲット
- 主観的画像評価用の標準画像
- ICC プロファイル

(1) 物体色分光データベース（SOCS）

画像入力装置の特性は，分光感度を直接測定することによって評価できるが，撮像対象の分光特性が判明していればさらに有効な評価が可能である．ISO TR 16066（JIS TR X 0012）"色再現評価用標準物体色分光データベース"[56]は，撮像対象となる重要な物体の5万を超す分光反射率・透過率を測定・収拾し，整理したデータベースである．

(2) 色再現評価用のカラーターゲット

印刷用カラースキャナの色再現の客観評価を行なうための写真フィルム（スライド）および反射プリント（印画紙）の形のカラーターゲットの規格が ISO 12641（JIS X 9202）[57] として規格化されている．

4色インクを用いたオフセット印刷で，CMYK 各色版の網点パーセント値を組み合わせたカラーパッチを多数印刷してカラーターゲットを作成し，各カラーパッチを測色して印刷用のデバイスプロファイルを作成する（較正する）ための，928色の網点パーセント値が ISO 12642（JIS X 9203）[58] に規定されている．

(3) 標準画像

主観的な画質評価を行なうための高品質なカラー標準画像としては SCID シリーズが開発され，標準化されている．SCID シリーズは自然画像8枚ほかで構成されている．

まず，ISO 12640-1（JIS X 9201）'CMYK/SCID'[59] は，4色印刷の評価用の画像データであり，2560×2048画素の CMYK 各色の網点％値が各8ビットで表わされている．

ISO 12640-2（JIS X 9204）'XYZ/SCID'[60] は，さらに高精度・高解像度な 4096×3072 画素の標準画像であり，各画素が XYZ 値（16 ビット/画素）で表わされた画像と，対応する sRGB 値（8ビット/画素）で表わされた画像とが規定されている．この画像のデータはデバイス独立な色空間におけるものなので，正確な測色的色再現の評価が可能である．画像の色域は sRGB の範囲に制限されている．

ISO 12640-3 'CIELAB/SCID'[61] は，2560×2048 画素の CIELAB 座標系で記述された高精細標準画像である．この画像の特徴は，代表的なハードコピーの色域を含む基準色域（reference medium gamut；RMG）に画像が存在することである．この RMG が ICC で規定された PCS（profile connection space）空間の例として位置づけられており，出力空間の仮想ハードコピー色域（ハブ空間）としての意義をもつ．

(4) ICC プロファイル

異なる画像処理機器間での画像データ交換を可能化するプロファイルフォーマットの標準化を目的とした国際的な企業間の協議会として，International Color Consortium（ICC）[62] が結成され，上記の特性データを，共通のデバイスプロファイルとして記述するフォーマットが作成された．

基本的には特性情報をタグ形式で記述し，プロファイルを結合するための色空間 PCS を定めている．このフォーマットは，プロフェッショナル用途向けの精度と多様性とを実現できるため，印刷・製版やプリンタなどのハードコピーの分野では一般的に利用されている．当初は規格にあいまいな点もあったが，大きく改訂された第4版が2001年に発行され，この版は2005年に ISO 化された．ISO 化のプロセスで，読みやすい構成に改訂されたことも普及促進に貢献した．この ISO 化された版は，Ver.4.2 とよばれている[63]．

6.6.2 印刷関連標準フォーマットの動向

印刷処理のディジタル化の進展により，部品やページ情報をディジタルデータで交換する要求が高まってきている．これらのデータは従来，アプリケーション固有のデータ形式や TIFF（tag image file format），PS（postscript）や EPS（encapsulated postscript）などにより交換が行なわれてきた．しかし，アプリケーションやそのバージョン，さらにはオペレーティングシステムなどに依存する部分があり，これらが明確に限定された環境の中では運用可能であったが，不特定多数の作成者と受け手とのあい

だでは対応しきれないという問題があった。そこで，新聞や雑誌広告関係では，業界団体などでEPSなどをベースに標準フォーマットを決めて運用することが行なわれてきた。これらが各国の言語への対応が可能な形で　国際標準化されれば，さらに都合がよい。そこで，フォントの有無などによる再現性の問題がない，ラスター系の印刷画像用交換フォーマットについては，当時から交換メディアによらない共通フォーマットとして利用されていたAldus社（その後，Adobe社に吸収）のTIFF 6.0[64]をベースとするTIFF/IT（tag image file format for image technology）[65]として進められ，フォントやベクトル系を含むオブジェクトオリエンテな文書記述についてはPDF（portable document format）をベースとするPDF/Xの検討が進められている。

（1）TIFF/IT

TIFFは名前のとおり，タグ（tag）とよばれる画面の幅や高さ，解像度，圧縮方法，画像データなどのパラメータ種別を表わすID番号とそれに対応するデータの種別，数，格納場所あるいは直接データを格納するディレクトリエントリー（directory entry）を用いて記述するフォーマットで，印刷画像のみならずパソコンなどで扱う一般的な画像を対象とした規格である。

そのため，TIFF/ITではTIFF 6.0をベースに，色空間のグレー・CMYKへの限定，曖昧さの削減，ラインアート画像（Scitex LWなどの文字や図形を高解像度でラスタライズした画像）など不足するモードの追加，連続調画像とラインアート画像の重ね合わせで1ページの印刷データを表わすファイナルページモードの追加などを行ない，ISO 12639：1998（JIS X 9205 (1999)）として規格化した。

2004年には，5年ごとの見直しにより，正式規格としてのファイナルページ（FP）画像，G4圧縮を含む網点画像（SD），CT画像への16ビットモードとRGB，CIELAB色空間の追加，CT・MPへのJPEG圧縮適用，LW・HC・BL以外のデータへのFlate圧縮の適用，LW画像での色数の65535への拡張，特色への対応が行なわれた。規格となっている画像種別とその概要を表6.10に示す。

この規格では，より簡単な実装で，より確実な交換を可能とするため，機能を制限したP1・P2と，フルにサポートするTIFF/ITの3つの適合レベルを設けている。P1はCT，BPおよびMPで既存のTIFFシステムとの互換を

表6.10　TIFF/ITで規定している画像データタイプ

略号	画像データタイプ	概要	P1，P2による制限
CT	カラー連続調画像データ	各色成分が8ビットまたは16ビットの多値で表わされるCMYKなどの階調画像。16成分まで可能。	P1：CMYK各8ビットに限定，P2：RGBなどと圧縮の追加。
LW	線画画像データ	各画素の色を有限個の色番号で表わし，それをランレングス符号で表現した高解像度画像。透明色の使用も可能。	P1：単純なランレングス符号，色数255以下，P2：色数255以上。
HC	高解像度連続調画像データ	各画素の色を色番号ではなく色成分値で表わし，それをランレングス符号化した高解像度画像。CTとLWが重なる部分などに用いる。	P1：CMYKに限定，P2：色数の拡張。
MP	単色階調画像データ	単色の階調画像（色要素が1個のCT）。	P1：8ビット非圧縮，P2：圧縮の追加。
BP	ビットマップ2値画像データ	各画素が背景色（0）か画像色（1）かで表わされる画像。	P1：TIFF 6.0対応，P2：圧縮の追加。
BL	ランレングス2値画像データ	BPをランレングス符号化した画像。	P1：パラメータを制限。
SD	網点画像データ	網点化された画像の分解色版に対応するデータで，印刷されない背景（0）と印刷される画像色（1）から構成される。	P2：パラメータを制限。
FP	ファイナルページデータ	TIFF/ITで規定した複数の画像を重ね合わせて最終出力ページを記述するための関連づけメカニズム。	P1，P2：参照する要素画像がそれぞれP1かP2以下に対応。

表6.11 PDF/Xの種別と概要

種別	規格番号	概要
PDF/X-1, -1a (2001)	ISO 15930-1 : 2001	PDF1.3ベース，X-1aはフォントエンベッドによる完全交換，CMYKと特色をサポート．X-1は暗号化とエンベッドしたOPIを許容．
PDF/X-3 (2002)	ISO 15930-3 : 2002	PDF1.3ベース，色空間はRGBなどのcolor managed data，他はX-1aと同じ．
PDF/X-1a (2003)	ISO 15930-4 : 2003	PDF1.4ベースのPDF/X-1a，PDF/X-2での参照に使用するメタデータの導入．
PDF/X-2 (2003)	ISO 15930-5 : 2003	PDF1.4ベース，部分交換，画像などの外部参照はPDF/Xに限定，参照時メタデータで確認，フォントは外部参照からエンベッドに．
PDF/X-3 (2003)	ISO 15930-6 : 2003	PDF1.4ベースのPDF/X-3，メタデータの導入．
PDF/X-4, -4p (2007)	DIS 15930-7	PDF1.6ベースのX-1a, X-3，完全交換，透明機能・レイヤー機能の追加。X-4pはoutput intentの外部参照を可能に．
PDF/X-5 (2007)	DIS 15930-8	PDF1.6ベースの部分交換，画像の外部参照，6色プロセス対応など。フォントの外部参照は取り止め．

可能とし，P2では，P1の機能のほかに2004年に拡張された機能の基本部分を追加している．

また，日本提案であるJBIG2の参照画素位置拡張規定（JBIG2 Amendment 2）によりコピードットなどの網点データを効率よく圧縮するDR法は，2007年に参考規格として発行された．

(2) PDF/X

PDF/Xシリーズは広告入稿の合理化をねらいに，他の情報なしで刷版やフィルムの出力が可能な完全交換（complete exchange）をめざしたもので，1997年にPDF1.2をベースにISOへ提案された．この提案では，使用するフォントセットをエンベッドして文字再現の確実性を確保しようとしていたが，この時点では日本語などの2バイトフォントはエンベッドできず，仮にできたとしてもフォントセットのデータ量が膨大になるという問題があった．この後，文書中で使用している漢字などのフォント情報だけがエンベッド可能なPDF1.3をベース規格とするPDF/X-1, X-1a[66], X-3[67]がISO 15930-1, -3として2001年から2002年にかけて標準化され，日本国内でも利用する道が開けた．これに続いてベース規格をPDF1.4とする改訂が行なわれ，X-1系についてはX-1aだけに限定し，X-3とともに改訂された．ただ，PDF1.3ベースのX-1などの規格が市場で使われているので，前の規格を保存するため1.4ベースのX-1a, X-3を新たにISO15930-4[68], -6[70]とした．また，PDF/X-2[69]については，外部参照に対する考え方を変更し，フォントに関する再現性を確保するためエンベッドを必須とし，画像などの外部参照はPDF/Xシリーズだけに限定し，ファイルの同一性は埋め込まれたメタデータで確認することとなった．これらの改訂は2003年に規格化された．

これらの改訂に引き続き，ベース規格をPDF1.6[71]にした拡張がPDF/X-4[72], X-4p[72], X-5[73]として検討され，2007年にISO化される状況となっている．この拡張では，PDF1.6が有している透明機能，レイヤー（オプショナルコンテント）などの追加，最新ICCプロファイルへの対応，外部参照（イメージ，ICCプロファイル）の拡大やn色カラー対応などが対象となったが，フォントの外部参照は確実な識別が難しいとした日本提案を受けて外された．概要を表6.11に示す．

実際のワークフローでPDF/Xシリーズを利用する場合は，フォーマットとしてだけでなく，印刷として必要な写真の解像度，極端な細線への対応，印刷機種別の要求条件などへの対応が必要となり，これら仕様に関する検討がGhent PDF Workgroup[74]などで進められ，PDF/X-Plusなどの形で公開されている．国内では，さらに日本での制限を加えた検討がPDF/X-PlusJ推進協議会[75]により進められている．

PDF/X関連の応用フォーマットとしては，PDF/Xの開発の成功を受けて，これをベース

にアーカイブ用フォーマット PDF/A[76] が開発され，PDF/H（医療情報用），PDF/E（エンジニアリング用）などへ発展しつつある。

なお，オンデマンド印刷機などを用いたバリアブル印刷用のフォーマットとして，PPML/VDX[77] が開発されている。

6.7 セキュリティ標準

セキュリティに関しては，ISO/IEC JTC1/SC27（セキュリティ技術）と SC37（バイオメトリクス）で標準化が行なわれている。

6.7.1 認証・ディジタル署名（SC27）

ISO/IEC JTC1/SC27 には 3 つの WG があり，「情報セキュリティ要求条件と統合技術」(WG1)，「セキュリティ技術とメカニズム」(WG2)，「セキュリティ標準」(WG3) を分担している。WG2 では，セキュリティ基盤技術となる暗号アルゴリズム，ハッシュ関数，認証機構，署名機構，暗号鍵管理機構などの規格策定をおもに進めている。以下に，画像処理，画像通信のセキュリティ確保のために重要となる認証，および署名にかかわるおもな標準化動向について述べる[78]。

(1) メッセージ認証コード（ISO/IEC 9797）

9797 はメッセージ認証コード（MAC）の国際規格を定めている。メッセージ認証コードとは，伝達すべきメッセージが伝達プロセス（通信など）の途中で改竄される脅威を想定し，当該メッセージに認証コードを付与することにより，改竄が発覚したことを検知するための機構である。本規格は，以下の 3 種の機構により構成される。なお，本規格はハッシュ関数にかかわる国際規格と深く関連するため，ハッシュ関数の規格についても後述する。

①第 1 部「ブロック暗号を用いる機構」（ISO/IEC 9797-1）

ブロック暗号を用いたメッセージ認証コードに関する規格である。2007 年現在，1999 年に IS 化された 9797-1 の改訂作業を行なっており，Final CD に移行中である。旧規格に掲載されていた 6 つのアルゴリズムのうち，鍵の異なる 2 つの MAC を並行して計算する形をしたアルゴリズム 5, 6 を削除し，新たに OMAC と CMAC を追加する方向で改訂が進められている。新たなアルゴリズム 5（OMAC）については，ANSI X.9.24 に書かれた一部の使い方をすると問題があるので，警告がノートに記載されている。

②第 2 部「専用ハッシュ関数を用いる機構」（ISO/IEC 9797-2）

専用ハッシュ関数を用いたメッセージ認証コードを定めた規格で改訂を進めている。以前の規格は，MDx-MAC（RIPEMD-160-MAC，RIPEMD-128-MAC，SHA-1-MAC），HMAC および 256 ビット以下のメッセージを対象として高速化された MDx-MAC の変形版を規格化したものであった。2005 年以降の見直しにより，その改訂を行なうことが決定された。2007 年現在，その改版は 1st CD に移行中である。

③第 3 部「ユニバーサルハッシュ関数を用いる機構」（ISO/IEC 9797-3）

本規格は 2005 年から取り組まれたもので，審議されている機構としては，Poly1305-AES，Universal hash function proposed in GCM，UMAC が取り上げられている。2007 年現在，その改版は 1st CD に移行中である。

(2) エンティティ認証（ISO/IEC 9798）

本規格は情報通信システムを構成する実体（エンティティ）を認証するための規格で，第 1 部（総論），第 2 部（対象暗号アルゴリズムを用いる機構：改訂中），第 3 部（ディジタル署名を用いる機構），第 4 部（暗号検査関数を用いる機構），第 5 部（ゼロ知識技術を用いる機構），および第 6 部（手動データ移動を用いる機構）により構成されている。

(3) ハッシュ関数（ISO/IEC 10118）

本規格は，上述の認証機構および後述の署名機構に多く採用されている「ハッシュ関数」にかかわるものである。ハッシュ関数は，扱うメッセージに対する一方向的かつ巧妙な圧縮処理を施すことにより，対象となるメッセージ全体に依存する圧縮結果を導出するため，そのメッセージの改竄の検知，相手の認証，およびメッセージの署名などに用いることができる。本規格は，以下の規格群により構成される。

① 第1部「総論」（ISO/IEC 10118-1）

本規格は，ハッシュ関数の規格全体にかかわる用語，記号，基本構造などの定義を行なっている。たとえば，ハッシュ処理のための対象データに対する共通的なパディングメカニズムの定義，およびハッシュ関数処理のための基本反復機構などを規定している（図6.20参照）。

② 第2部「nビットブロック暗号アルゴリズムを用いるハッシュ関数」（ISO/IEC 10118-2）

本規格は，第1部の総論に記載されている定義などに基づき，反復処理ϕの主演算要素としてnビットブロック暗号アルゴリズムを用いた機構を規定している。事例として，nビットブロック暗号アルゴリズムeを図6.21のように用いた反復処理ϕが本規格（第2部）の機構のひとつとなっている。その他，3種の組合せが異なる機構も規定されている。2007年現在，本規格の改訂作業は1st CDの段階である。

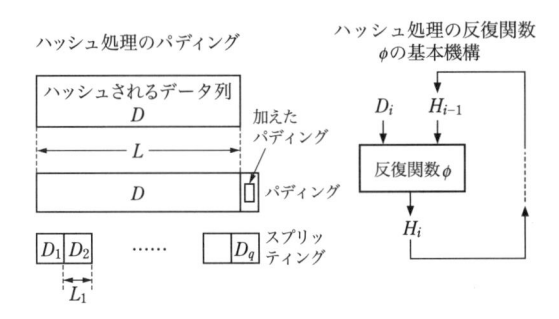

③ 第3部「専用ハッシュ関数」（ISO/IEC 10118-3）

本規格は，RIPEMD-160, RIPEMD-128, SHA-1, SHA-256, SHA-384, SHA-512, WHIRLPOOLの7つのアルゴリズムが規定されている。2006年の会合で，SHA-1の安全性に関してSC27から出されている意見表明を更新することが決議されている。

(4) メッセージ復元型ディジタル署名（ISO/IEC 9796）

ディジタル署名の方式は，ISO/IEC 9796（メッセージ復元型）およびISO/IEC 148881（メッセージ添付型）の2つの規格に大別され，現在これらの統合化が検討課題（Study period）として取り上げられている。メッセージ復元型署名とは，署名の中にメッセージの情報の一部もしくは全部を含み，署名全体の検証時にそのメッセージが復元されることを特徴とする署名である（図6.22参照）。後者の添付型は後述する。本規格は，因数分解に基づく機構の規格（9796-2），離散対数に基づく機構の規格（9796-3）の2部構成から成り立っている。なお，以前，規格化された9796-1は安全性の理由により2000年に廃止が決定されている。9796-2は2002年に継続使用が認められ，9796-3は2003年より改訂が進められている。

① 第3部「離散対数に基づく機構」（ISO/IEC 9796-3）

9796-3は離散対数問題に基づくメッセージ復元型署名を扱う国際規格である。現在の9796-3と楕円曲線暗号のメッセージ復元型署名の規格15046-4を統合する目的で改訂が始まった。すでに国際規格ISが完成している。

(5) メッセージ添付型ディジタル署名（ISO/IEC 14888）

図6.20　10118-1（総論）における説明事例

D：データ（列），D_i：パディング後のハッシュ処理単位に分割した小データ，L_1：ハッシュのための反復関数ϕの2入力のはじめの入力サイズ，H_i：ハッシュ処理上の中間的処理結果，ϕ：ハッシュ関数の主なる反復関数。

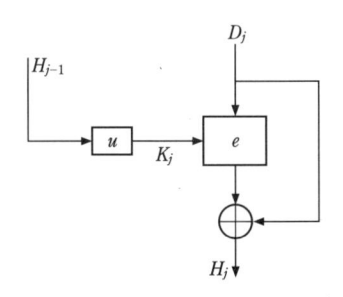

図6.21　10118-2におけるハッシュ関数の反復処理事例

e：nビットブロック暗号アルゴリズム，K：アルゴリズムeの鍵，u：nビットブロックからアルゴリズムeの鍵への変換処理。

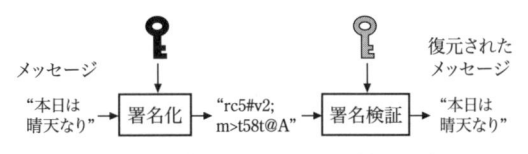

図6.22　復元型ディジタル署名の概念

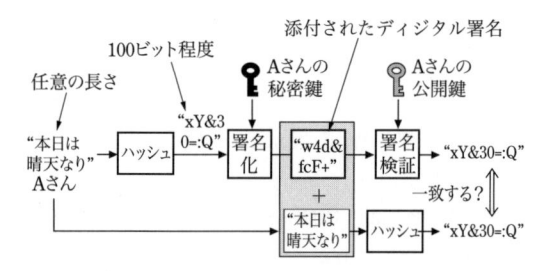

図6.23 メッセージ添付型ディジタル署名の例

メッセージ添付型署名とは，署名の対象となる情報をメッセージから生成し，生成した情報に対して署名を施す手法で，本体のメッセージとは別の形で署名がメッセージに添付されることを特徴とする署名方式である（図6.23参照）。本規格は，以下の3部により構成される。

①第1部「総論」（ISO/IEC 14888-1）

本規格は，添付型ディジタル署名規格全体の枠組を定義しており，今後の再構成の方針を含めた総論が述べられている。2007年現在，その改版はFinal DISにある。

②第2部「因数分解に基づく機構」（ISO/IEC 14888-2）

本規格は，因数分解問題に基づく暗号メカニズムに基づく署名機構の規格であり，現在，RW（Rabin-Williams：米），RSA（RSA-PSS：米），CQI（仏），CQ2（仏），GPSI（仏），GPS2（仏），ESIGN（日）の7つのアルゴリズムが登録されている。2007年現在，その改版はFinal DISにある。

③第3部「離散対数に基づく機構」（ISO/IEC 14888-3）

本規格は，離散対数問題に基づくディジタル署名を扱っており，証明書に基づく方式とIDベースの方式に分かれて規定されている。証明書に基づく方式としては，DSA，KCDSA，EC-DSA，EC-KDSA，EC-GDSAの5つの方式が議論されており，IDベース方式としては，Hess[79]，Cha-Cheon[80]の2つの方式が審議の土俵にのぼっている。現在，規格の修正にかかわる内容が承認された段階である。

6.7.2 バイオメトリクス（SC37）

(1) バイオメトリック技術の標準化の背景

バイオメトリック技術は，コンピュータによる画像処理技術の発展とともに進歩し，1980年代は施設への入退出管理，1990年代はPCなどのアクセス制御における本人認証などを対象とした開発が行なわれてきた。

2001年9月11日の米国の同時多発テロを境に，さらに重要性が高まり，不審者を識別する有効な手段と認識されるにいたった。たとえば，パスポート所持者の確実な認証を行なうため，顔データ，指紋データ，虹彩データをICチップに実装したパスポートが各国で発行されている[81]。

バイオメトリック技術が国際間で利用されるようになると，単に技術のみならず，社会的な課題を解決するためのフレームワークが必要となった。

以上を背景にバイオメトリック技術の標準化を行なう委員会が，2002年に米国主導でJTC1に提案され，以下の課題の解決を目的として設置された[82]。

- 国家や組織をまたいだ運用を実現するための相互互換性確保
- 性能評価を客観的に行なうための手法および認証組織の整備
- 個人情報に関する運用者の適正な運用や利用者の不安の排除

(2) SC37発足以前の標準化活動

SC37の発足以前の標準化は，米国ではBioAPIコンソーシアムなどの任意団体，ヨーロッパでは英国政府主催のBiometric Working Group，日本では電子商取引実証推進協議会（Electronic Commerce Promotion Council of Japan）や独立行政法人情報処理推進機構（Information-technology Promotion Agency, Japan）におけるプロジェクトにより，精度評価や相互運用の課題が検討された[83〜85]。

標準化は，バイオメトリック技術の導入や運用にあたり，客観的な指標を策定する目的で行なわれた。具体的には，互換性（interoperability），性能評価（performance），品質保証（assurance）の3つの観点で進められた[82]。

(3) ISO/IEC JTC1/SC37（バイオメトリクス）の活動内容

① SC37の体制

SC37はバイオメトリック技術を扱う37番目

の分科委員会 (sub committee) として，ISO (International Organization for Standardization) と IEC (International Electrotechnical Commission) の共同機関である JTC1 (Joint Technical Committee 1) の下の組織として2002年6月に発足した．正式な体制として6つの作業グループ (working group; WG) が設置され，2003年9月ローマ第2回総会で発足した．提案国の米国が幹事国となっている[84]．

参加国は，2007年1月時点で26カ国，オブザーバー国は4カ国である．年1回の総会および年2回のWG会議を通じて標準化作業を進めており，日本では社団法人情報処理学会情報規格調査会内に設置された SC37 専門委員会が対応している[86]．

SC37 のタイトルは"Biometrics (バイオメトリクス)"，スコープは「応用とシステムにおける，相互運用とデータ交換を行なうための一般的なバイオメトリック技術の標準化を行なう．一般的なバイオメトリック技術としては，専門用語，API，データ交換フォーマット，運用仕様プロファイル，性能試験などの技術項目と，相互裁判権や社会事象などを含む．SC 17, SC 27 において作業中の案件は除外する」と規定されている．

図 6.24 に示すように，SC37 は，SC17 (カード関係)，SC27 (情報セキュリティ関係) とリエゾン関係を締結しているほか，金融関係の標準を担当する ISO/TC68，国際電気通信連合電気通信標準化部門 ITU-T (International Telecommunication Union Telecommunication Standardization Sector) ともリエゾン関係にある．

② SC37 の活動

SC37 では図 6.25 に示すように，物理的なデ

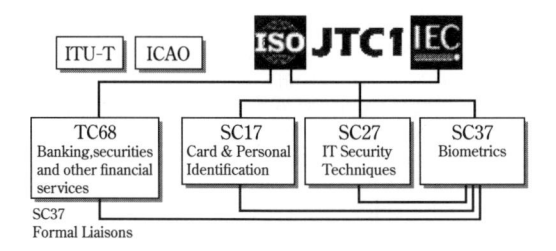

図 6.24　バイオメトリクス標準化体制

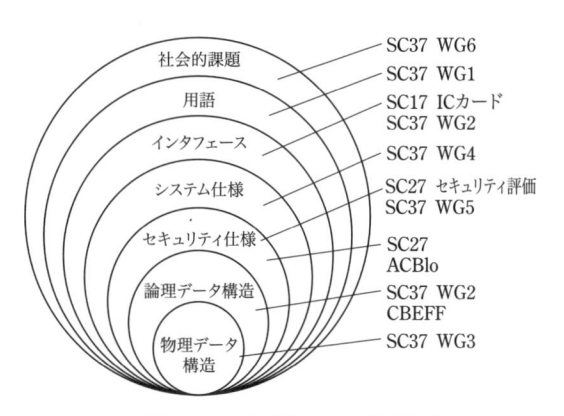

図 6.25　対象となる標準化項目と検討組織の関係

ータ構造から社会的課題，用語まで幅広い標準化を対象としている．また，関係する組織と連携して作業を進めている．

SC37 に設置された6つの WG の作業概要を以下に述べる (表 6.12)．

- WG1 (Harmonized biometric vocabulary) は，バイオメトリック技術用語を標準化するグループである．他の ISO 標準に使用されている用語との調和を図って，バイオメトリック技術用語ドキュメントを作成する．

- WG2 (Biometric technical interfaces) は，バイオメトリクスの共通インタフェース仕様を策定するグループである．米国から BioAPI (Biometrics application programming interface) および CBEFF (Common biometric exchange file format) が提案され，おもな審議事項となっている．BioAPI は，バイオメトリックアプリケーションが呼び出す関数の標準仕様案であり，CBEFF (シーベフと発音) とは BioAPI が入出力パラメータとして使用するバイオメトリックデータの基本構造を定義したものである．

- WG3 (Biometric data interchange formats) は，バイオメトリックデータの交換形式 (項目，意味，表記法) を検討するグループである．登録機と照合機のベンダー，場所，時間が異なっても本人認証を可能とするデータフォーマットの標準化，およびフォーマットの適合性検証方法の作成を目的

表 6.12 ISO/IEC JTC1/SC37 の体制

WG タイトル	内容
WG1：Harmonized biometric vocabulary and definitions（用語）	バイオメトリック技術の専門用語を標準化する
WG2：Biometric technical interfaces（インタフェース）	バイオメトリクスの共通インタフェース仕様を策定する
WG3：Biometric data interchange formats（データ変換形式）	バイオメトリックデータの交換形式を検討する
WG4：Biometric functional architecture and related profiles（アプリケーションプロファイル）	バイオメトリック技術の応用分野における最適な導入・運用仕様を検討する
WG5：Biometric testing and reporting（性能試験）	バイオメトリックシステムとコンポーネントの試験ならびに標準フォーマットを用いた試験結果の報告に関して標準化を行なう
WG6：Cross-jurisdictional and societal aspects of biometrics（社会的課題）	バイオメトリクスの安全な操作，プライバシーの確保，および作業基準の開発などの標準化を行なう

とする．
- WG4（Biometric functional architecture and related profiles）は，バイオメトリック技術の応用分野における最適な導入・運用仕様を検討するグループである．検討する技術対象が広く，より具体的なアプリケーションを議論していくことがポイントとなる．
- WG5（Biometric testing and reporting）は，バイオメトリックシステムとコンポーネントの試験ならびに標準フォーマットを用いた試験結果の報告に関して標準化を検討するグループである．運用試験ならびに評価と安全性を考慮した試験手順の実現に向けた検討を行なう．本分野は日本での標準化活動が進んでいた分野であり，日本の貢献が望まれる委員会である．
- WG6（Cross-jurisdictional and societal aspect of biometrics）は，バイオメトリック技術を適用するうえでの法域をまたいだ運用や社会的課題に対する標準化（ガイドライン化）を行なうグループである．

文献
1) 鈴木健二，小花貞夫：「OSI の標準化動向」，『電子情報通信学会誌』，第 27 巻 5 号，pp.531-537，1989．
2) 小野欽司，浦野義頼ほか：『OSI プロトコル絵とき読本（改訂増補版）』，オーム社，1989．
3) 安田靖彦編：『新版ファクシミリの基礎と応用』，コロナ社，1982．
4) 画像電子学会編：『画像電子ハンドブック』，コロナ社，1993．
5) 酒井義則，池上博章，小野文孝，大町隆夫，松木 眞：「カラーファクシミリ標準化の現状と課題」，『画像電子学会誌』，Vol.21，No.3，pp.188-193，1992.6．
6) 池上博章：「カラーファクシミリ標準化動向―色空間の選択―」，『第 9 回色彩工学コンファレンス論文集』，pp.39-44，1992.10.28．
7) 池上博章ほか：「カラーファクシミリ用色空間の評価」，『画像電子学会誌』，Vol.24，No.1，pp.87-110，1995.2．
8) 花村 剛，石川安則，会津昌夫，池上博章：「画像通信に用いる色空間の評価―符号化率による比較―」，『画像電子学会誌』，Vol.25，No.1，pp.10-26，1996.2．
9) 池上博章：「色空間の標準化―ITU-T でのカラーファクシミリ標準化における色空間の選択―」，カラーフォーラム Japan'95，1995.10．
10) 池上博章ほか：「JPEG を適用したファクシミリの第 1 段階のカラー拡張」，『画像電子学会誌』，Vol.25，No.3，1996.6．
11) 松木 眞，池上博章，小野文孝：「マルチメディアのための画質評価第 7 回―画像評価に関連した国際標準化動向 カラーファクシミリにおける画質評価」，『映像情報メディア学会誌』，2000.07．
12) 池上博章：「Color Space Selection for Color Facsimile」，国際照明学会 Color Expert Symposium 2000，2000.11．
13) 桑山哲郎：「IEC TC100 の動向」，『画像電子学会誌』，Vol.30，No.1，pp.30-34，2001．
14) 桑山哲郎：「IEC TC100 の動向」，『画像電子学会誌』，Vol.31，No.6，pp.1105-1106，2002．
15) 桑山哲郎：「IEC TC100 の動向」，『画像電子学会誌』，Vol.33，No.6，pp.1012-1014，2004．
16) 桑山哲郎：「IEC TC100 の動向」，『画像電子学会誌』，Vol.35，No.6，pp.816-818，2006．
17) 「標準化動向 IEC/TC100 サンノゼ会議の報告」，JEITA Review 2006.1，pp.38-39，2006.1．
18) 「標準化動向 IEC/TC100 ベルリン会議の報告」，JEITA Review 2006.12，pp.32-35，2006.12．
19) Shuji Hirakawa, Tadashi Ezaki, Norimasa Minami：TC 100-

20) Audio, Video and Multimedia Systems and Equipment, IEC SMB/3416/INF, 2007-02-01.
21) 野原三郎：「3・4・9 オフィス機器（SC28）」，『新版 情報処理ハンドブック』，オーム社，p.1862，1995.
22) ISO SC28 ホームページ, http://www.iso.ch/iso/en/stdsdevelopment/tc/tclist/TechnicalCommitteeDetailPage.TechnicalCommitteeDetail?COMMID=147
23) 情報規格調査会の SC28 ホームページ，http://www.itscj.ipsj.or.jp/senmon/05sen/sc28.html
24) ISO 事務機械国内委員会ホームページ，JBMIA http://www.jbmia.or.jp/~isoiec/iso/iinkai_act.html
25) 国際標準化活動報告，JBMIA http://www.jbmia.or.jp/~iso-iec/iso/ir.html
26) 村井和夫：「ISO/IEC JTC1/SC28—オフィス機器—」，『画像電子学会誌』，第 31 巻第 6 号, pp.1094-1096, 2002.
27) 村井和夫, 大久保彰徳：「ISO/IEC JTC1/SC28—オフィス機器—」，『画像電子学会誌』，第 33 巻第 6 号, pp.1000-1003, 2004.
28) 大根田章吾，村井和夫：「ISO/IEC JTC1/SC28—オフィス機器—」，『画像電子学会誌』，第 35 巻第 6 号, pp.805-808, 2006.
29) ISO テストチャート入手先, http://isotc.iso.org/livelink/livelink/fetch/2000/2122/327993/327996/customview.html?func=ll&objId=327996&objAction=browse&sort=name
30) 稲垣敏彦：「オフィス機器分野（ISO/IEC JTC1/SC28）における画質測定の国際標準化活動」，『日本画像学会誌』，第 44 巻第 4 号，p.215，2005.
31) 村井和夫：「ISO/IEC 19839 標準化活動」，『画像電子学会誌』，第 30 巻第 1 号，pp.35-39, 2001.
32) ISO 8879-1986, Standard Generalized Markup Language (SGML), 1986-10.
33) ISO 8879-1986/Amd.1：1988, Standard Generalized Markup Language (SGML) AMENDMENT 1, 1988-07.
34) ISO 8879-1986/Cor.2：1999, Standard Generalized Markup Language (SGML) TECHNICAL CORRIGENDUM 2, 1999-11-01.
35) W3C, HTML 3.2 Reference Specification, http://www.w3.org/TR/REC-html32, 1997-01.
36) W3C, Extensible Markup Language (XML) 1.0 http://www.w3.org/TR/1998/REC-xml-19980210.xml, 1998-02.
37) TR X 0029：2000, XML 正規言語記述 RELAX コア, 2000-05.
38) ISO/IEC TR 22250-1：2002, Regular Language Description for XML (RELAX)—Part 1：RELAX Core, 2002-03.
39) ISO/IEC 19757-2, Regular-grammar-based validation-RELAX NG, 2003-11.
40) ISO/IEC 19757-2：2003/Amd.1：2006, Compact Syntax, 2006-01
41) JIS X 4177-2：2007, 文書スキーマ定義言語（DSDL）—第 2 部：正規文法に基づく妥当性検証—RELAX NG, 2007-09.
42) W3C, Cascading Style Sheets level 1 (CSS1), http://www.w3.org/TR/1999/REC-CSS1-19990111, 1996-12.
43) ISO/IEC 10179：1996, Document Style Semantics and Specification Language (DSSSL), 1996-09.
44) JIS X 4153：1998, 文書スタイル意味指定言語（DSSSL）, 1998-03.
45) ISO/IEC TR 19758：2003, DSSSL library for complex compositions, 2003-03.
46) TR X 0110：2005, DSSSL 多機能組版ライブラリ, 2005-12.

47) XSL, Extensible Stylesheet Language (XSL) Version 1.0, 2001-10.
48) W3C, XSL Transformations (XSLT) Version 1.0, 1999-11.
49) ISO/IEC 9541-1：1991, Font information interchange—Part 1：Architecture, 1991-09.
50) ISO/IEC 9541-2：1991, Font information interchange—Part 2：Interchange Format, 1991-09.
51) ISO/IEC 9541-3：1994, Font information interchange—Part 3：Glyph shape representation, 1994-05.
52) JIS X 4161：1993, フォント情報交換—第 1 部：体系, 1993-07.
53) JIS X 4162：1993, フォント情報交換—第 2 部：交換様式, 1993-07.
54) JIS X 4163：1994, フォント情報交換—第 3 部：グリフ形状表現, 1994-09.
55) ISO/IEC 10036：1996, Font information interchange—Procedures for registration of font-related identifiers, 1996-07.
56) JIS X 4165：2002, フォント関連識別子の登録手続き, 2002-10.
57) JIS/TR X 0012：色再現評価用標準物体色分光データベース（SOCS）, ISO/TR 16066, Standard Object Colour Spectra Database for Colour Reproduction Evaluation (SOCS).
58) JIS X 9202：製版ディジタルデータ交換—入力スキャナこう（較）正のためのカラーターゲット, ISO 12641, Graphic technology—Prepress digital data exchange—Colour target for input scanner calibration.
59) JIS X 9203：製版ディジタルデータ交換—4 色印刷特性評価用入力データ, ISO 12642, Graphic technology—Prepress digital data exchange—Input data for characterization of 4-colour process printing.
60) JIS X 9201：高精細カラーディジタル標準画像（CMYK/SCID）, ISO 12640-1, Graphic technology—Prepress digital data exchange—CMYK standard colour image data (CMYK/SCID).
61) JIS X 9204：高精細カラーディジタル標準画像（XYZ/SCID）, —ISO 12640-2, Graphic technology—Prepress digital data exchange—XYZ/sRGB standard colour image data (XYZ/SCID).
62) ISO 12640-3, Graphic technology—Prepress digital data exchange—CIELAB standard colour image data (CIELAB/SCID).
63) International Color Consortium Profile Format, 入手先は http://www.color.org
64) ISO 15076-1, Image technology colour management—Architecture, profile format and data structure—Part 1：Based on ICC.1：2004-10.
65) TIFF Revision 6.0 Adobe Systems Incorporated, 1992.6.
66) JIS X 9205：2005 電子製版画像データ交換用タグ付きファイルフォーマット（TIFF/IT）, ISO 12639：2004 Graphic technology—Prepress digital data exchange—Tag image file format for image technology (TIFF/IT).
67) ISO 15930-1：2001 Graphic technology—Prepress digital data exchange—Use of PDF—Part 1：Complete exchange using CMYK data (PDF/X-1 and PDF/X-1a), および ISO 15929：2002 Graphic technology—Prepress digital data exchange—Guidelines and principles for the development of PDF/X standards.
68) ISO 15930-3：2002 Graphic technology—Prepress digital data exchange—Use of PDF—Part 3：Complete exchange suitable for colour-managed workflows (PDF/X-3).

68) ISO 15930-4：2003 Graphic technology—Prepress digital data exchange using PDF—Part 4：Complete exchange of CMYK and spot colour printing data using PDF 1.4（PDF/X-1a）.
69) ISO 15930-5：2003 Graphic technology—Prepress digital data exchange using PDF—Part 5：Partial exchange of printing data using PDF 1.4（PDF/X-2）.
70) ISO 15930-6：2003 Graphic technology—Prepress digital data exchange using PDF—Part 6：Complete exchange of printing data suitable for colour-managed workflows using PDF 1.4（PDF/X-3）.
71) PDF Reference fifth edition—Adobe Portable Document Format Version 1.6—, Adobe Systems Incorporated, 2004.11.
72) ISO DIS 15930-7 Graphic technology—Prepress digital data exchange using PDF—Part 7：Complete exchange of printing data（PDF/X-4）and partial exchange of printing data with external profile reference（PDF/X-4p）using PDF 1.6.
73) ISO DIS 15930-8 Graphic technology—Prepress digital data exchange using PDF—Part 8：Partial exchange of printing data using PDF 1.6（PDF/X-5）.
74) http://www.gwg.org
75) http://www.pdfxplus.jp/
76) ISO 19005-1：2005 Document management—Electronic document file format for long-term preservation—Part 1：Use of PDF 1.4（PDF/A-1）.
77) ISO 16612-1：2005 Graphic technology—Variable printing data exchange—Part 1：Using PPML 2.1 and PDF 1.4（PPML/VDX-2005）.
78) 宮地ほか：「情報セキュリティ標準化動向について」，『信学技報』，電子情報通信学会，ISEC2006-46, pp.43-52, 2006.7.
79) J. C. Cha, J. H. Cheon：An identity-based signature from gap Diffie-Hellman groups, Proceedings of PKC 2002, LNCS 2567, pp.18-30, Springer-Verlag, 2002.
80) F. Hess：Efficient identity based signature schemes based on pairings, Proceedings of SAC 2002, LNCS 2369, pp.324-337, Springer-Verlag, 2001.
81) バイオメトリクスセキュリティコンソーシアム編：『バイオメトリックセキュリティ・ハンドブック』，オーム社，2006.11.
82) 瀬戸洋一編著：『ユビキタス時代のバイオメトリクスセキュリティ』，日本工業出版，2003.1.
83) 瀬戸洋一：「バイオメトリック認証技術の市場および標準化動向」，『映像情報メディア学会誌』，Vol.58, No.6, pp.763-766, 2004.
84) 情報処理推進機構：本人認証技術の現状に関する調査報告書，2003.3.
85) 瀬戸洋一，三村昌弘，磯部義明：「バイオメトリックス認証技術の精度評価の標準化動向」，『電子情報通信学会誌』，Vol.83, No.8, pp.624-629, 2000.
86) 情報規格調査会，http://www.itscj.ipsj.or.jp/report/index.html

第VI編
装置編

1 入力系

1.1 ディジタルカメラ

1.1.1 はじめに

(1) カメラの歴史

1826年，フランス人ニエプスはアスファルトを感光板として自分の家から見える風景を撮影し，これが世界で最初に撮影された写真とされている。その後，ニエプスはダゲールと協力し，銀板を使った写真の撮影を行ない，いわゆるダゲレオタイプカメラの開発に成功している。

1851年，より露光時間の短い湿板写真法が，1871年には，この湿板の弱点を克服するための乾板写真法が発明されている。さらに1888年には，現在のようなロールタイプのフィルムを使用するカメラが開発され，20世紀の初めには現在のカメラの原型が登場することになる。

その後，フィルムやカメラはさまざまな進化をとげ，1つの文化を創り上げてきたが，21世紀に入りディジタルカメラに主役の座を明け渡している。

(2) フィルムレスカメラの登場

1970年代に半導体メモリが登場すると，ディジタル化した画像をこれに保存するという発想が生まれ，いくつかの特許が出願されている。1980年代になると，撮像管に代わりCCDなどのイメージセンサが実用化され，2型のフロッピーに画像を記録するSV（スチルビデオ）カメラ（図1.1）が登場している。このカメラの出現により，現像や焼付けなどの化学処理から開放されたが，イメージセンサの画素数が十分でなく，画質的には満足できるものではなかった。

その後，コンピュータ（パソコン）の発達とあいまって，画像をディジタル化して半導体メモリに記録する，いわゆるディジタルカメラが登場することになる。当初はイメージセンサの画素数や半導体メモリ価格など，実用化にはいくつかの障害があったが，1995年ごろから安価な民生向けのディジタルカメラが登場し，一気に普及への道をたどっている。

(3) ディジタルカメラの市場規模

2000年以降，ディジタルカメラの市場規模は急激に拡大しており，2004年には6000万台，2005年には6500万台，2006年には7900万台が全世界に出荷されている[*1]（図1.2）。

図1.1　スチルビデオカメラ

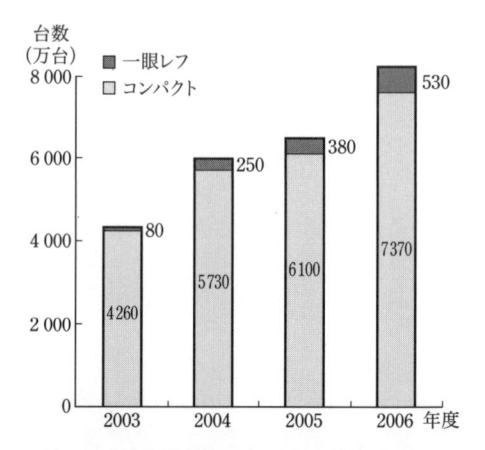

図1.2　出荷台数グラフ（CIPA統計による）

[*1] カメラ映像機器工業会（CIPA）統計による。

第1章 入力系

なかでも，一眼レフタイプのディジタルカメラは，2003年に85万台であったものが，2004年に250万台，2005年に380万台，そして2006年には530万台と，コンパクトタイプを大きく上まわる伸びを示している。

1.1.2 ディジタルカメラの構成

(1) 内部構造
ディジタルカメラの内部構造の一例を図1.3に示す。

(2) ブロックダイヤグラム
ディジタルカメラのブロックダイヤグラムの一例を図1.4に示す。

1.1.3 コンポーネント

(1) レンズ
フィルムカメラ同様，撮影レンズはディジタルカメラの重要なコンポーネントであるが，とくにコンパクトタイプのディジタルカメラは小型化・薄型化を指向しており，3～10倍のズーム比を有しながらコンパクトかつ全長の短いレンズユニット（図1.5）を開発する必要がある。

イメージセンサの高画素化に対応するためには，より高い光学性能をもたせる必要があり，レンズ枚数の増加につながるが，収差の低減に効果的な非球面レンズや接合レンズを積極的に用い，枚数を削減する方法が主流となっている。さらに最近では，異常分散特性や超高屈折率を有するレンズ材料（図1.6）も使われている。

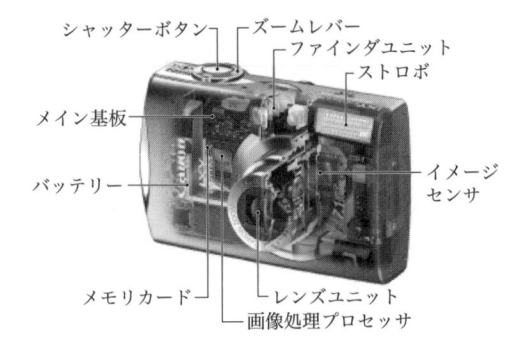

図1.3 内部構造（例）

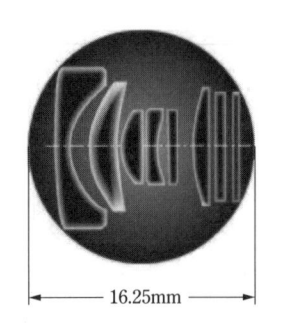

図1.5 超小型レンズユニット

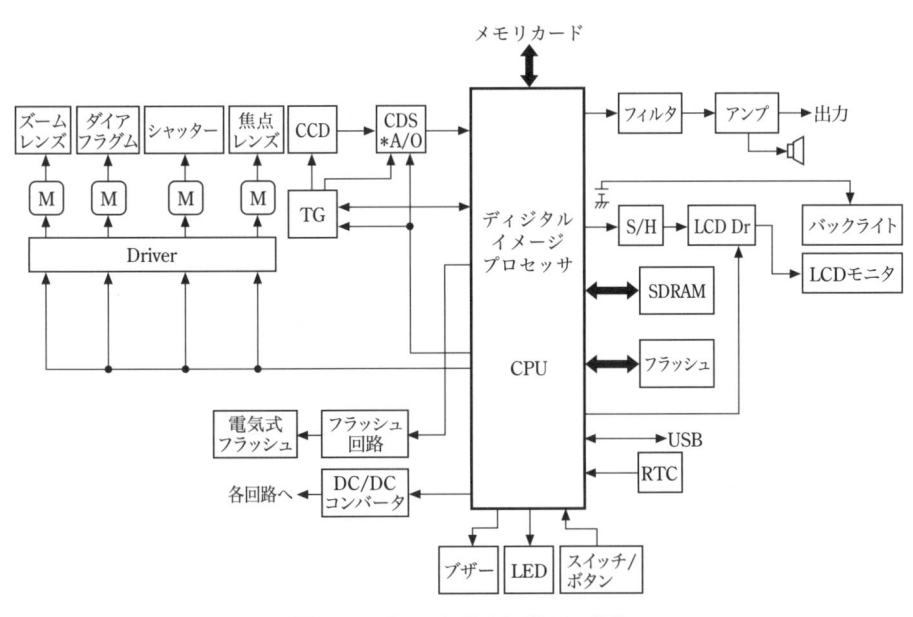

図1.4 ブロックダイヤグラム（例）

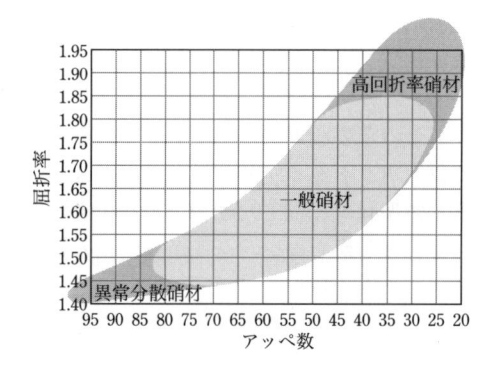

図1.6 レンズ材料

一眼レフカメラでは，APSフィルムサイズのイメージセンサが主流となっており，このイメージサークルに特化した交換レンズが数多く登場し，高いズーム比を有しながらコンパクトなサイズを実現している．

(2) イメージセンサ

現在，イメージセンサではCCDとCMOSの双方のタイプが実用化されている．CCDはフォトダイオードで集められた電荷を，CCDの転送作用により電荷を順次移送し，最終的に電気信号として出力するものである（図1.7）．CMOSはフォトダイオードで集められた電荷をそれぞれの画素ごとに設けられたアンプで増幅し，スイッチングにより順次出力するものである（図1.8）．

イメージセンサの画素数は，民生用のディジタルカメラが登場した1995年当時は30万画素程度であったが，2000年には200万画素，現在（2007年）は1000万画素超まで増加している．CCDの高画素化は，1つひとつの画素サイズを小さくすれば実現できるが，イメージセンサメーカーを中心とした技術革新により，現在1画素あたり2ミクロン角以下にまで微細化が進んでいる．

一眼レフタイプでは，600～1200万画素程度，画面サイズはAPSフィルムサイズが主流であるが，フィルムカメラとの互換から，プロ用やハイアマチュア用のカメラでは35mmフィルムと同一サイズのイメージセンサも用いられている．また，CCDのみならず，高性能・低ノイズを実現したCMOSセンサ（図1.9）も積極的に採用されている．

(3) 信号処理

発売当初は，ビデオ用のディジタル信号処理ICを流用したものや，汎用性の高いCPUを中心に据えたソフト処理が多用されていたが，高画素化や多機能化につれ，"DSP＋ASIC＋マイコン"という組合せに移行している．

信号処理のアルゴリズムには，美しい写真を撮るための「ノウハウ」を具体化して換装する必要があり，汎用ICでは十分な性能を発揮できないため，専用の画像処理プロセッサ（図1.10）を開発し搭載する動きが主流となっている．

(4) 光学ファインダ

フィルムカメラには被写体を観察するための

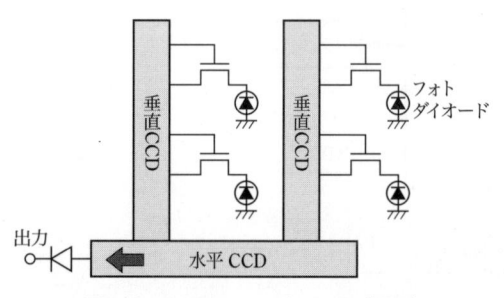

図1.7 CCDイメージセンサ（原理）

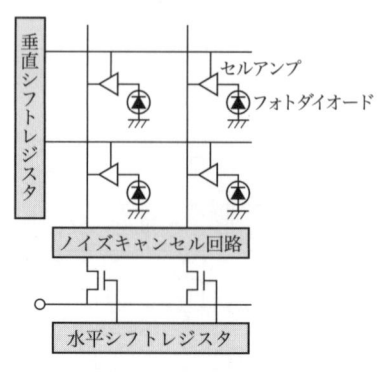

図1.8 CMOSイメージセンサ（原理）

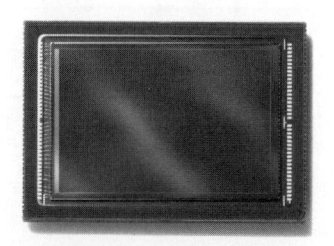

図1.9 CMOSセンサ

ファインダが必須であるが，コンパクトタイプのディジタルカメラでは液晶モニタをファインダとして利用できることから，これを省略するカメラも少なくない．しかしながら，フィルムカメラで培った撮影姿勢が可能となることや，電池が消耗したときに撮影を継続できることなどから，光学ファインダの搭載を期待する声も根強い．

光学ファインダの構成は，コンパクトタイプのディジタルカメラでは，フィルムカメラ同様実像式（図 1.11）が主流となっている．一眼レフタイプでは，高級機種ではプリズムタイプが一般的であるが，普及タイプではコストやスペースの点でミラータイプが用いられる．

(5) 液晶モニタ

ディジタルカメラでは，撮影時にはファインダとして，また再生時は撮影画像の確認用としての液晶モニタが必須である．液晶には画質の点から，ポリシリコン TFT やアモルファスシリコン TFT タイプが多く用いられている．最近は，視認性の向上を目的として大型化する傾向が強くなっており，2.5 型が主流となっているが，さらに大型の 3.0 型を搭載したモデルも登場している（図 1.12）．また，視野角も拡大しつつあり，必ずしもファインダ（液晶モニタ）を正面から覗けないような撮影姿勢でも，視認性が大きく向上している．

バックライトも当初は小型蛍光灯を使用していたが，最近は高輝度タイプの白色 LED に替わり，消費電力の低減が図られている．また，自己発光が可能な有機 EL などを採用する動きも報じられている．

(6) 記録媒体

黎明期にはフロッピーやハードディスクを利用したモデルも散見されたが，半導体メモリの実用化とともに SRAM カードに移行している．その後，電気的バックアップが不要なフラッシュメモリの発明とともに，これを用いた記録媒体が主体となっている．現在，ディジタルカメラ用の記録媒体としては，SD メモリカード，メモリスティック，xD ピクチャカードなどが一般的であるが，一眼レフタイプのディジタルカメラでは，容量の観点からコンパクトフラッシュカード（マイクロドライブ）も用いられる．

容量面では，2 GB が多く流通するようになり，静止画を撮影する場合には十分な撮影枚数を確保できるが，動画の撮影では必ずしも十分とはいえない．

2006 年 1 月に開催された CE ショー[*2]では，SD メモリカードの発展型として，SDHC メモリカードが発表されており，32 GB までの高容量化が可能とされている．

(7) 電池

電池は相応の体積を占めるため，カメラを小型化するためには，電池の小型化が必要である．電池の種類としては，汎用性を重視する場合には単 3 形電池，サイズを優先する場合はリチウムイオン電池が用いられる．単 3 型電池で

図 1.10 ディジタルカメラ専用画像処理プロセッサ

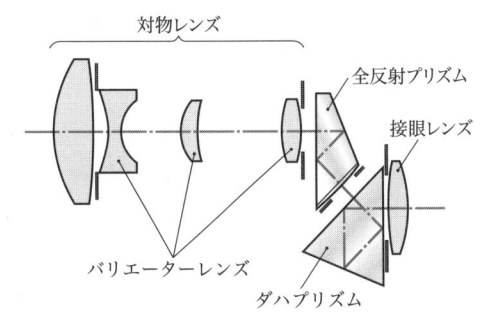

図 1.11 光学ファインダ断面図

図 1.12 3 型液晶モニタ

[*2] Consumer Electronics Show．

は，リサイクル可能な電源としての2次電池（ニッケル水素電池）が注目されており，容量の向上や自己放電の減少が推進されている。リチウムイオン電池は，昨今500〜600 Wh/L程度の体積エネルギー密度を実現しており，必要十分な容量を確保しながら，小型化・薄型化（図1.13）が推進されている。

(8) 外装

外装はカメラの質感を決めるため，素材や色の選択が重要となる。コストを重視したカメラはプラスチックモールドが主流であるが，ファッション性や質感を重視したカメラでは，アルミウムやステンレスといった金属素材が使われている。最近では，より高級感を持たせるために，チタン（図1.14）やマグネシウム合金なども用いられるようになっている。

また，ユーザーの嗜好に合わせるために，いくつかのカラーバリエーションを備えたモデル（図1.15）もある。

1.1.4 機能

(1) 撮影モード

フィルムカメラの時代から，ポートレート，風景，スポーツ，夜景など，プログラム線図の工夫により，さまざまなシーンに対応できるようにいくつかの撮影モードが用意されている。

ディジタルカメラでは，より気軽に撮影できるように，"シーンモード"（図1.16）と称し，さらに多くの撮影シーンに対応したものが多い。具体的には，花火，ビーチ，料理，赤ちゃん，ペット，パーティなど，より生活に密着したものが多く搭載されている。

(2) 防振

手ぶれを防止するいわゆる防振機構には，大きく4つの方式が実用化されているが，ディジタルカメラではレンズシフト式（図1.17）と撮像素子シフト式の2タイプが主として用いられている。

レンズシフト式は，レンズユニット内の1つのレンズ群を光軸の変位にあわせて撮像素子と平行方向に移動させるもので，防振機構をコンパクトにまとめることができるため，現在の主流となっている。

撮像素子シフト式は，撮像素子そのものを光

図1.13 リチウムイオン電池

図1.14 チタン外装

図1.15 カラーバリエーション

図1.16 シーンモード

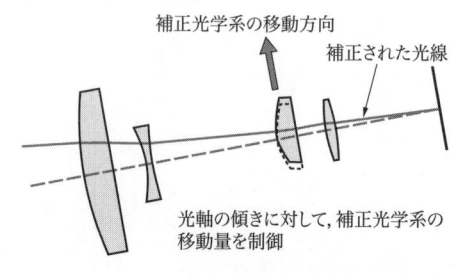

図1.17 レンズシフト式手ぶれ補正の原理

軸の変位にあわせて移動させるタイプである。個々のレンズに防振機構を搭載する必要がないため，レンズ交換式の一眼レフタイプでは有効である。

(3) 高感度

防振機構は手ぶれ防止には有効であるが，動く被写体を撮影するときに生じる被写体ぶれには効果がない。これを防止するためには，速いシャッタースピードを設定すればよいが，そのためには撮影時の感度を高くする必要がある。

一般に撮影感度を高くするとSN比が悪化し，画像にノイズが増えるが，各社とも独自のノイズ低減アルゴリズムなどを開発し，高感度時でも実用的な画質を確保できるようになっている。

(4) 無線通信

ディジタルカメラは，パソコンやプリンタと接続する機会が多く，ケーブルの抜き差しが頻繁に行なわれる。昨今，この接続のわずらわしさを一掃する目的から，カメラに無線通信機能を内蔵し，パソコンやプリンタ間のワイヤレス化を実現したモデル（図1.18）が製品化されている。

通信規格は，オフィスなどの無線LANで主流となっているIEEE802.11b（2.4 GHz帯）などが用いられ，これに対応したパソコンなら通信相手の設定を行なうのみで利用可能である。プリンタ側は，USB端子に専用の受信装置（図1.18）を取り付けることで通信可能となる。

1.1.5 規格関連

(1) DCF

ディジタルカメラは，工業会や企業間で話し合いが十分になされる前に市場が拡大したため，記録フォーマットの統一がなされないままスタートした経緯がある。しかしながら，ユーザーの利便を考慮し，JEIDA（日本電子工業振興協会：現JEITA）[*3]において，異なるメーカー間でのデータの互換が保てるようにDCF（design rule for camera file system）の制定作業を行ない，1998年12月に規格化されている。DCFのディレクトリ構造およびファイル命名規定を図1.19に示す。

(2) DPOF

印刷時の利便性（図1.20）を向上させる目的で，DPOF（digital print order format）が制定されている。記録された画像の中から，印刷を希望する画像に電子的なタグ（チェックマーク）をつけることで，印刷実行時にはその画像だけを印刷することができる。

(3) PictBridge

異なるメーカーどうしであっても，ディジタルカメラとプリンタをケーブル1本でつなぐだけで簡単に印刷ができるように，PictBridge（図1.21）とよばれる統一規格が2003年2月に提案されている。

現在は，ほとんどのディジタルカメラやプリンタがこの規格に対応するようになっており，

図1.18 ワイヤレス機能搭載ディジタルカメラと受信ユニット

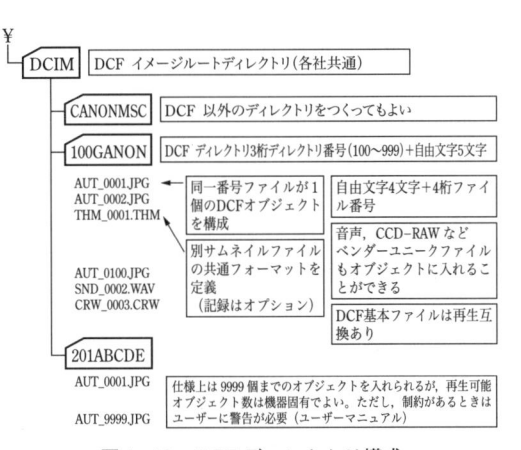

図1.19 DCFディレクトリ構成

[*3] DCFの管理・メンテナンスは現在，CIPAに移管されている。

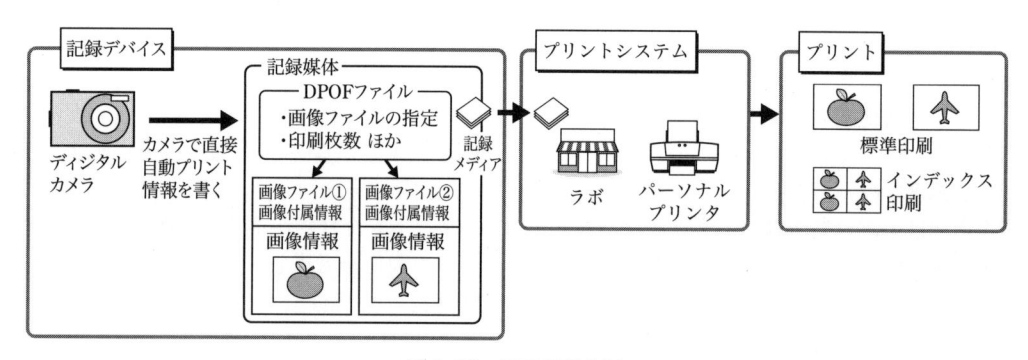

図1.20 DPOF 概念図

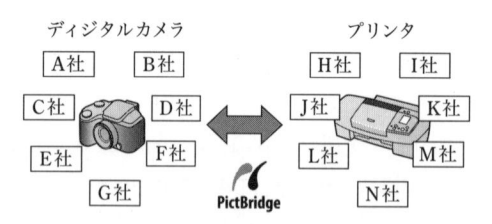

図1.21 PictBridge 概念図

とくにホームプリントの利便性が大きく高まっている。

(4) 電池寿命測定法

電池寿命（撮影枚数）はカメラの性能を表わす重要なスペックのひとつであるが，2003年12月にCIPA（カメラ映像機器工業会）から，ディジタルカメラの電池寿命（撮影枚数）の測定法と表記法に関するガイドライン（CIPA DC-002-2003）が制定されている。

現在は，各社がこれに基づき測定・表記を行なっているため，公平な目で比較できるようになっている。

(5) 解像度測定法

CCDの高画素化に伴い，ディジタルカメラの解像度も向上しつつある。しかしながら，解像度の測定には官能評価に頼る部分が多く，測定者や測定手段によりその結果に差異の生じることが知られている。このため，CIPAでは解像度の測定法やカタログへの記載法の検討が行なわれ，2003年12月にCIPA DC-003-2004として制定されている。

さらに，2004年3月には解像度測定用のソフトウェアが公開されており，測定時の人的要因を排除することができるようになっている。

(6) 感度測定法

手ぶれや被写体ぶれを低減する目的から，高い感度が設定できるカメラが増えつつあり，「高感度」で撮影できることが大きなセールスポイントとなっている。しかしながら，ディジタルカメラの感度測定は，今まで各社独自の測定方法（測定基準）が用いられていたため，各社の発表数値を横並びで比較することは困難であった。

このため，CIPAでは感度の測定法やカタログへの記載法の検討が行なわれ，2004年7月にCIPA DC-004-2004として制定されている。さらに，2006年4月にはISOの規格にも採用されている。

これにより，公平な比較が可能となるとともに，フィルムとの整合性も高まることになろう。

(7) 仕様の表記

現在，カタログにはカメラの仕様一覧が掲載されており，ユーザーがカメラを選択・購入する際に役立つ情報となっている。しかしながら，ここに使われている用語はメーカーによっては異なる場合があり，また性能を表わす数値なども測定法が同一ではないため，単純に比較することはできない。

このため，CIPAでは仕様一覧に使用されるような用語や，性能を表わす数値の測定法の統一を図るための検討が行なわれ，2007年にガイドラインとして制定されている。

1.1.6 おわりに

(1) 今後の課題

ディジタルカメラが主流となった今，各種の

証拠写真や証明写真にこれで撮影した画像が使われる機会が増えている。しかしながら，パソコンなどで容易に画像の加工や改竄（かいざん）が可能なために，改竄をできなくする技術や改竄したものを判定できる技術が重要となっている。現在，改竄防止のために，電子透かしを用いる方法やハッシュ関数を応用する方法などが提案されており，近い将来，これら改竄防止技術を搭載したディジタルカメラが登場することになろう。

また，一度記録媒体を購入すると，フィルム代や現像代，プリント代が不要になることから写真撮影そのものが気軽になり，プライバシーを侵害する度合が高まることが懸念されている。この問題に対しては，ハードウェアやソフトウェアでの対応が困難であることから，ユーザー1人ひとりの倫理観をいかに啓蒙するかが焦点となる。

(2) 今後の展望

コンパクトタイプのディジタルカメラは，市場の成長が鈍化しつつあるが，撮像素子の高画素化やズームレンズの高倍率化はいまだ衰えを見せていない。また，一眼レフタイプは電機メーカーの参入も増えつつあり，フィルムカメラ以上に市場競争が激しくなっている。

低価格化が進む中，市場で受け入れられるディジタルカメラを開発し続けるには，ユーザーのニーズをカメラの仕様として具体化できるだけの技術ポテンシャルや，技術のブレークスルーが必要となろう（図1.22）。

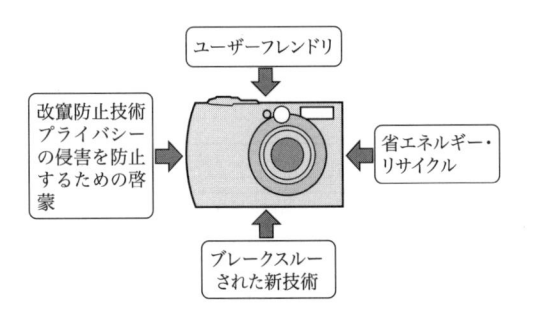

図1.22 今後の課題

1.2 スキャナ

1.2.1 はじめに

スキャナとは，スキャンニング（走査）による情報読み取りを行なう機器の総称であるが，ここでは画像を読み取るためのイメージスキャナを中心に解説する。

(1) 開発経緯

スキャナ[1]は，紙文書や写真などの2次元情報をスキャンニング（走査）し，画像上の画素の位置情報と反射（もしくは透過）率に応じた情報をディジタルデータに光電変換出力する機器である。スキャナは，紙上の光学情報を正確に読み取る機能に特徴があり，人間が見たように再現するディジタルカメラやビデオカメラとは，用途が異なる。

(2) 技術の変遷

スキャナは，製版用読み取り装置として，1930年代に色分解，色補正，色再現の理論が確立され，1940年から1950年にかけて米国で試作開発が行なわれて以来，現代にいたるまでに大きく発展してきた[2]。当初は，光電変換後のデータが膨大となるため，大型コンピュータを用いるCAD（computer aided design）やOCR（optical character reader）の入力装置として利用されていたが，1980年代後半からPC（personal computer）の発展に伴い，DTP（desktop publishing）やOA（office automation）機器として個人でも簡単に利用できる機器となってきた。

このスキャナの発展は，光電変換素子の高度化が大きく貢献している。つまり，光電変換素子の感度が低く，素子自体も高価な時代には，点でしか情報を読み取りできないため，原稿をドラムに巻きつけ，ドラムを回転させて読み取るドラムスキャナが用いられた。

しかし，光電変換素子を列状配置したリニアセンサの開発，さらに素子の高感度化，高密度化，高速化によって，走査時間の短縮，装置の小型化，低価格化が可能となり，フラットベッド型やシートフィード型のスキャナ普及の原動力になった。

現在では，光電素子を2次元のアレイ状に配

置したエリアセンサによるカメラ型のオープンスキャナも浸透しつつある。

1.2.2 各種スキャナの構成と動作原理
（1）ドラムスキャナ

ドラムスキャナの読み取り点は固定で，ドラムが回転・移動することで，ドラムに巻き付けた原稿を1画素ごとに順次スキャンニングし，光電変換を行なう。原稿の列方向（主走査方向とよぶ），行方向（副走査方向とよぶ）も機械的な走査を行なう。ドラム回転のためのスペースが必要で，装置を小型化できず，高速化も難しいが，照明や読み取り系を制御することで精度のよい読み取りが可能である。

（2）フラットベッドスキャナ

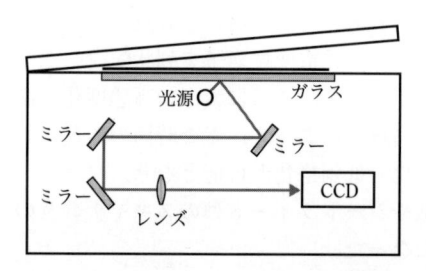

図1.23にフラットベッドスキャナの構成を示す。複写機と同様に，透明ガラスの上に原稿を裏返しでセットし，移動する光源で照明し，反射光をミラーで折り返し，ライン型カラーCCD（charge coupled device）で読み取る構成が一般的である。主走査方向はCCD内で走査が行なわれるため，機械的な走査は副走査方向のみである。小型スキャナの場合は，光源とセットになったCIS（contact image sensor，密着型センサ）を用いる例も増えたが，被写界深度を大きくとれないため，小型装置に限定されている。

（3）シートフィードスキャナ

シートフィードスキャナは，ファクシミリなどと同様に原稿を移動させスキャンニングを行なう。副走査方向の走査が機械的である点は，フラットベッドスキャナと同様であるが，紙を動かすため，高速走査が可能で，装置も小型化できる。大量のシートを連続で読み取るのに適している。

（4）ハンドスキャナ

ハンドスキャナは，主走査方向のスキャンニングを，CCDやCISで行なう点は，フラットベッド型，シートフィード型と同様であるが，副走査のスキャンニングを操作者が行なう。このため，副走査方向の動き量を検知し，主走査のスキャンニングと同期をとるが，動きが速いとスキャンニングが追いつかないケースや途中で傾きが発生すると画質の大きな劣化が起こる。

（5）オープンスキャナ

最近では，ディジタルカメラの普及で，エリアセンサの高画素数化が進み，紙も走査系も固定し，主走査・副走査ともに電子的にスキャンすることが可能となった。原稿を裏返すことなく，上方からカメラでスキャンニングを行なう。

1.2.3 信号・画像処理系の構成
（1）スキャナの基本画像処理

フラットベッドスキャナの画像処理例を中心にスキャナで用いられる基本的な画像処理を紹介する。図1.24に，スキャナの基本画像処理フローを示す。スキャナにおける画像処理は，大きく分けて，センサや読取系による歪みを除去する画像補正と，読み取った画像から所望の画像へ変換する画像編集のフェーズに分類できる。まず，画像補正のフェーズでは，光源，センサの感度ばらつきを補正するシェーディング

図1.23 フラットベッドスキャナの構成

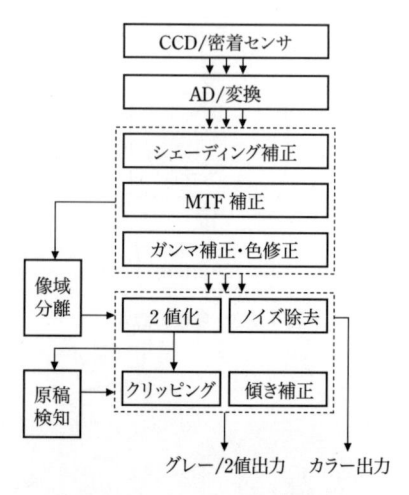

図1.24 スキャナの基本画像処理

補正，センサの隣接画素の影響によるボケを補正するMTF（modulation transfer function，変調伝達係数）補正，センサの非線形性や色のバランスをとるガンマ補正を行なう。画像編集のフェーズでは，2値化，ノイズの除去，原稿を検知してクリッピングや傾きを補正する処理を行なう。以下，順に各処理の概要を説明する。

①シェーディング補正

CCDセンサは，光電変換素子の集合体であるため，個別の素子は，感度特性，色分解特性，CCDの転送効率，暗電流が異なり，原稿の同じ濃度値を読み取っても，出力値が異なる。また，照明も，発光（蛍光）体の発光特性，発光体（管壁）温度の変動，フィラメントの劣化による不均一性が生じ，またレンズの特性によって，センサからの出力波形は，模式的に図1.25に示すような形状となる。P_iはi画素目の入力信号，W_iは白基準を読み取った波形，B_iは黒基準を読み取った波形を示しているが，中央が明るく，周辺は暗くなっており，一部分に不均一な波形となる。補正方式としては，読み取りに先立って基準画像を読み取らせ，これを基に読取信号を正規化する手法が一般的に用いられている[4]。フラットベッドスキャナでは，ガラス面の裏側の原稿読み取り範囲外に基準板が配置されており，走査系が読み取り前にそれぞれの画素の基準値を読むことができるようになっている。

図1.26は，シェーディング補正の概念図を示す。i画素目の入力信号をP_iとすると，シェーディング歪みのために，P_iは，黒基準B_iと白基準W_iの値しかとれなくなっているので，$P_i = B_i$なら0，$P_i = W_i$なら最大値（MAX）に線形変換すればよい。数式で表現すれば，

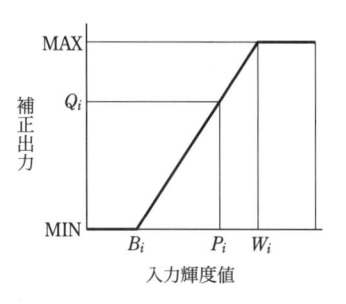

図1.26　シェーディング補正

$$Q_i = (P_i - B_i) * \mathrm{MAX}/(W_i - B_i) \quad (1.1)$$

となる。ここで，P_iはi画素目の入力値，Q_iはi画素目のシェーディング補正後の出力値，W_iはi画素目の白基準値，B_iはi画素目の黒基準値，MAXは出力値の最大値を示す。

②MTF補正

CCDセンサは，光電変換素子を密集させて配置されているため，たとえCCDセンサ上に焦点を合わせても，隣接画素への光量漏れや読み取り光学系のもつローパス特性，ディジタルサンプリングによる解像度，有効周波数帯域の制限などで，高周波数域でのMTF特性が減衰し，画像の鮮鋭度再現に大きな劣化を生じる。文字についてはもちろん，自然画中のエッジ部についてもぼけが生じ，不鮮明な画像となる。このため，高域成分を強調して鮮鋭度を回復させる必要がある[5]。

MTFは，入力系の各周波数におけるコントラスト（信号比）の伝達係数を示し，下式で示すように定義される。

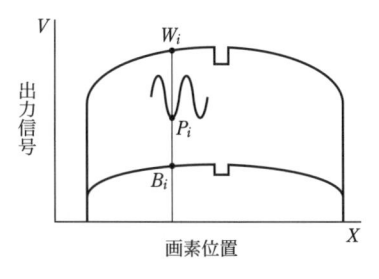

$$\mathrm{MTF} = C_o/C_i$$
$$C_o = (O_{\max} - O_{\min})/(O_{\max} + O_{\min})$$
$$C_i = (I_{\max} - I_{\min})/(I_{\max} + I_{\min})$$
$$(1.2)$$

図1.25　シェーディング歪み

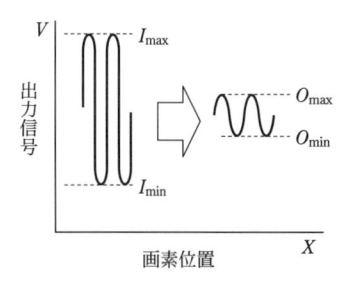

図1.27　MTF補正

ここで，I_{max} は入力レベルの最大値，I_{min} は入力レベルの最小値，O_{max} は出力レベルの最大値，O_{min} は出力レベルの最小値を示す。

厳密にMTF補正を行なうためには，点広がり関数PSF（point spread function）などを用いて，読取系によって起こっているボケ関数を求め，これの逆関数フィルタを作用させることで空間周波数特性を復元させる必要がある。しかし，実際には，近似的に，注目画素と隣接画素との差に係数を掛け，注目画素にフィードバックをかける手法が一般的に用いられている[7]。

MTF補正を数式で表現すれば，

$$Q(x,y) = P(x,y) + \sum_{i=0, j=0}^{i=I_{max}, j=J_{max}} (K_{ij} * (P(x,y) - P(x+i, y+j))) \quad (1.3)$$

となる。ここで，$P(x,y)$ は座標 (x,y) の入力画素値，$Q(x,y)$ は座標 (x,y) のMTF補正後の出力画素値，K_{ij} はフィルタ係数を示す。

③ガンマ補正

ガンマ（γ）補正は，センサの階調特性の非直線性を補正し，系として入出力が比例するよう補正する。一般に，光学処理と電気信号処理の変換には非直線的関係があり，

$$y = x^\gamma \quad (1.4)$$

の関係が成立することが知られている。ここで，γ の値は，撮像素子では 0.7〜1.0，表示系のCRTでは 2.2 が用いられる。図1.28は，写真フィルムを例にして，横軸に対数表示での入力光量，縦軸に対数表示での出力電圧をプロットすると，入力光の範囲（ラティチュード）を限定することで，特性の傾きが直線になる。この傾きをガンマ（$\gamma = \tan\theta$）値とよんでいる[10]。補正方式としては，関係が非線形であるため，入力画素値を出力画素値へガンマ歪みを補正するための変換ルックアップテーブルを用いることが多い。

ガンマ補正を数式で表現すれば，

$$Q_i = \gamma\text{func}(P_i) \quad (1.5)$$

となる。ここで，P_i は i 画素目の入力値，Q_i は i 画素目のガンマ補正後の出力値，γfunc：補正関数（テーブル）。

④2値化

2値化には，文字や図形を2値化する単純2値化と，写真や網点画像を2値化するハーフトーン2値化がある。近年，この切り替えを自動化するために，画像を判別する像域分離機能を搭載するものがある。以下，これらの機能を説明する。

・単純2値化

文字や図面などは，白と黒の2値で表現されることが多く，カラーで入力した画像も2値化することで画像の情報量を減らし，ファイルサイズを削減や，その後の処理を簡単化できる。単純2値化とよばれる2値化方式は，図1.29(a)に示すように，入力値と固定閾値と比較し，1か0かを決定する。しかし，画面中をすべて同じ閾値で比較すると，新聞や青焼き原稿など，背景に色がある場合に，文字の判読が難しくなる場合がある。このため，閾値を周辺の画素値の関数とする手法や，ヒステリシスをも

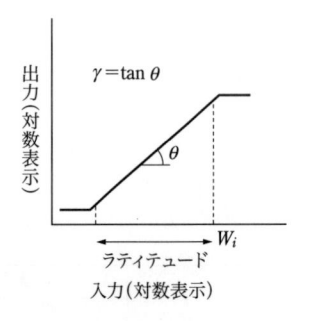

図1.28　ガンマ補正

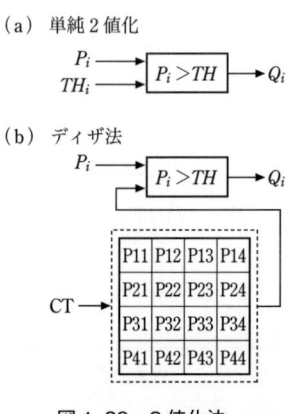

図1.29　2値化法

たせる手法が提案されている。

$$Q_i = 0 \quad (P_i <= TH_i)$$
$$Q_i = 1 \quad (P_i > TH_i) \quad (1.6)$$

ここで，P_i は i 画素目の入力値，Q_i は i 画素目の2値化後の出力値，TH_i は i 画素目の閾値である。

固定閾値の場合は，

$$TH_i = TH \quad (1.7)$$

となる。周辺画素を参照する場合は，

$TH_i =$ (参照画素値の合計)/参照画素数

などで閾値をダイナミックに変動させる。

・ハーフトーン2値化

写真や網点画像を2値化する手法には，ディザ法や誤差拡散法が利用されている。ディザ法は，図1.29（b）に示すように，単純2値化の閾値を小さな領域において，一定規則で組織的に変化させることで擬似的な中間調を表現する手法である。ディザ2値化は，処理が簡単なため，長いあいだ多く利用されてきたが，エッジ部や文字部の再現性が十分でないこと，また網点画像を2値化すると網点周期とディザの周期がビートを起こしてモアレが発生するため，誤差拡散法に置き換えられつつある。

誤差拡散法は，図1.30に示すように，2値化で生じた誤差を，まだ2値化されていない画素に位置関係に応じて分配する方式であり，入力画像値と出力結果の濃度値を保つことができ，高い解像度が実現可能である。しかし，拡散画素の選び方によって誤差拡散特有の模様の発生や符号化効率が悪いため，これを防止する提案が続けられている[6]。

(2) シートフィードスキャナの画像処理

シートフィードスキャナでは，フラットベッドスキャナの画像処理に加え，シートの送りムラや傾き補正に関する処理が施されている。

(3) 非接触スキャナの画像処理

フラットベッドスキャナもシートフィードスキャナも，原稿は装置内の光源で照明し，一定条件でスキャンすることで，高画質な画像を保証している。しかし，これとひきかえに，ユーザーの操作性は失われている。つまり，フラットベッドスキャナでは，原稿を裏返してセットし，ふたを閉じて，スキャンする必要があり，シートフィードスキャナでは，厚みのある書類を読むことはできない。

最近登場した非接触スキャナは，原稿を上向きに置き，確認しながら，高速に入力できるというメリットがあり，金融機関を中心に導入が進められている。非接触スキャナは当初ライン型CCDを機械走査するものであったが，ディジタルカメラ技術の進展でエリアセンサを用いるものが主流になりつつある。

従来のスキャナとは異なる画像処理としては，ダイナミックに変動する環境光の変化への対応，2次元対応処理があげられる。

照明が変化した際でも輝度を補正する技術は，移動物体検出などで研究が進められており[7]，オープンスキャナの画質劣化をカバーする補正方式も提案[8～11]されている。

1.2.4 応用・課題

(1) フラットベッドスキャナ

フラットベッドスキャナの応用は，高画質な画像入力として確立しており，OCRとの組合せにより，名刺管理，文書管理，バーコード対応など細かなアプリケーションと連携し，普及が進むと思われる。

(2) シートフィードスキャナ

シートフィードスキャナは，その小型さを発揮し，他の周辺機器との融合が進むであろう。

(3) オープンスキャナ

オープンスキャナは，PCの高性能化に支えられ，環境光の変動への対処が十分になれば，急速に普及する可能性がある。

1.2.5 今後の展望

スキャナ関連の技術動向を簡単に解説した。

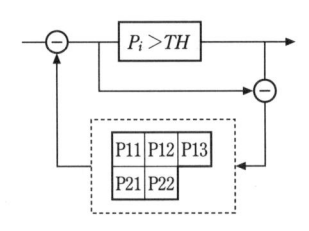

図1.30 誤差拡散法

今後，スキャナが，単なるパソコン周辺機器としてではなく，新しいヒューマンインタフェースとして，さらに大きく発展することを期待する。

文献
1) 中島啓介：「スキャナの画像処理」，『画像電子学会誌』，Vol.32, No.3, pp.279-285（2003）.
2) 「スキャナ」のすべて―カラー画像処理編，日本印刷協会，1988.
3) 梶 光雄：「4. 色再現管理に関する標準化の動向」，『画電誌』，Vol.30, No.3, pp.225-230, 2001.
4) 尾崎 弘・谷口慶治：「シェーディング」，『画像処理―その基礎から応用まで』，共立出版，pp.21-24, 1983.
5) 谷萩隆嗣，野口考樹：「2次元ディジタルフィルタによるぼけ画像の復元」，『信学論』，Vol.J64-D, No.2, pp.156-163, 1980.
6) 越智 宏：「階層処理による高品質多値誤差拡散法」，『画電誌』，Vol.24, No.1, pp.10-17, 1995.
7) 松山隆司ほか：「照明変化に頑健な背景差分」，『信学論』，D-II, Vol.J84-D-II, No.10, pp.2201-2211, 2001.
8) 足立満則ほか：「カメラ型カラーイメージスキャナ」，『テレビジョン学会技報』，Vol.12, No.41, pp.1-6, 1988.
9) 岩下博一ほか：「ダイレクトスキャナ向け動的影補正方法」，2000年信学情報・システムソサイエティー大会，D-12-21, p.208, 2000.
10) 中島啓介ほか：「非接触カラースキャナ「Blinkscan」」，『映メ技報』，Vol.26, No.54, pp.17-20, 2002.
11) 村田憲彦ほか：「文書画像入力のためのあおり歪み補正技術」，『第7回画像センシングシンポジウム講演論文集』，pp.385-390, 2001.

2 表示系

2.1 液晶ディスプレイ

2.1.1 はじめに

液晶ディスプレイ（liquid crystal display；LCD）は，外部電界で制御の可能な厚さ数μmの液晶層の複屈折性を利用した光透過率制御型の表示デバイスである。液晶自身は発光機能を有しないため，バックライトを備えた形態が一般的であるが，周囲光を利用する反射型ディスプレイも開発されており，家庭用の液晶TVから携帯電話のディスプレイまで，現在，最も広く用いられている表示デバイスである。

液晶とは，棒状あるいは円盤状といった異方性の強い形状をもつ分子がファンデルワールス力により弱く規則的に配向した状態であり，結晶のような光学的異方性と液体のような流動性をあわせもつことを特徴とする。

1888年にライニッツアにより特異な色の変化が発見されていたが，表示装置への応用が検討されはじめたのは1960年代に外部電界による液晶の配向変化が発見されてからである[1]。当時，壁掛けTVの開発をめざしていた米国RCA研究所により，1968年に世界初のLCDが発表された。この開発は，実用化までいたらなかったが，1973年にTNモード（twisted nematic mode）とセグメント方式駆動を組み合わせたLCDが製品化され，これ以降，日本を中心に世界的な規模での開発競争が始まった。

1980年代に入るとSTNモード（super twisted nematic mode）とパッシブマトリックス方式駆動の組合せで本格的なディスプレイが開発され，普及の始まった携帯パソコンやワープロなどの携帯電子機器のディスプレイとして市場が拡大した。さらに半導体プロセス技術から生まれたTFT（thin film transistor）技術との融合により，アクティブマトリックス駆動による液晶層の電気的制御が容易になり，高解像度化や高画質化が進んで今日の発展につながっている[2,3]。

2.1.2 LCDの種類

LCDは多くの機能部品から構成された自由度の高い装置システムであり，組合せにより多様な性能を実現することが可能である。代表的なLCDの種類としては，液晶テレビや液晶モニタに用いられている大画面透過型LCD，屋外で使用される携帯電話などに用いられる小型半透過型LCD，さらに，特殊なものとして，屋外に設置される電子看板に用いられる反射型LCDなどがある。表2.1に，仕様・特徴と，用いられている部材・技術をまとめた。

(1) 大画面透過型LCD

液晶TVやデスクトップモニタに用いられている大画面透過型LCDの基本的な断面構成を図2.1に示す。ガラス基板ではさまれた液晶

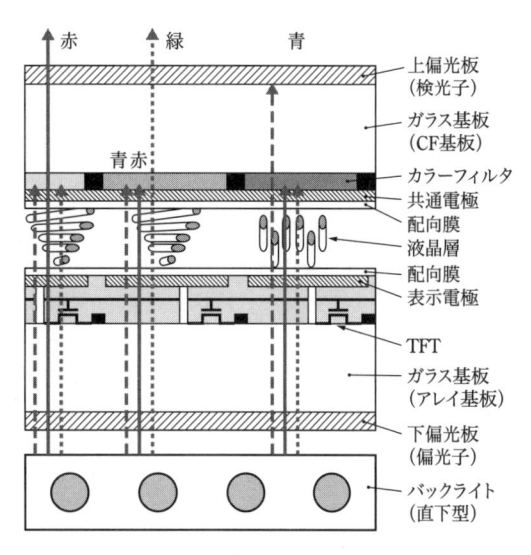

図2.1 透過型LCDの断面構造

表2.1 液晶ディスプレイの種類と構成

分類		大画面（TV，モニタ用）	小型（携帯機器用）		その他（屋外用）
基本性能と特徴		広視野角，動画性能，高精細	コンパクト，軽量，低消費電力，高精細		低消費電力，高反射率
	サイズ	対角 38～203 cm（15～80型）	対角 50～75mm（2～3インチ）		
	解像度	1024×768（XGA）～1920×1080（フルHDTV）	240×320（QVGA）～480×640（VGA）		
基本構成		透過型パネル＋バックライト	半透過パネル＋バックライト，透過型パネル		反射型 LCD
パネル	液晶モード	TN, IPS, MVA, OCB	ECB（平行配向，VA，IPS）	STN パッシブマトリックスなし	Ch 液晶，G/H モード，セグメント，パッシブマトリックスなし，重ね合わせ
	駆動方式	アクティブマトリックス	アクティブマトリックス		
	駆動素子	アモルファスシリコン TFT	アモルファスシリコン TFT, LTPS-TFT, TFD		
	画素配列	ストライプ	ストライプ配列，デルタ配列		
照明	方式	バックライト（直下型，エッジライト型）	バックライト（エッジライト型）		フロントライト
	光源	冷陰極管 RGB-LED	白色 LED		太陽光

層，ガラス基板に貼られた2枚の偏光板，液晶層に電界を印加する透明な電極対から構成され，背後にバックライトを備えている。

バックライトからの光は，下偏光板（偏光子）で直線偏光になり液晶層を通過するが，液晶の配向状態により偏光状態が変化するため，上偏光板（検光子）を通過する光の強度を電気的に変えることができる。これが，透過型 LCD の基本動作である。

1画素は，赤・緑・青色に塗り分けられたカラーフィルタをもつサブ画素に分割されており，それぞれがアモルファスシリコン（a-Si）TFT を備えている。各サブ画素をそれぞれ8階調で制御する面積混色により1677万色のカラー表示が可能である。画素分割の形状は，TV や LCD モニタでは，文字表示に適したストライプ状配置が一般的であるが，自然画の表示に適したデルタ配置もある。さらに，輝度を高めるため白画素を加えたチェッカーボード方式の配列も提案されている[4]。

液晶モードは TN モードに代わり最近では視野角特性に優れた IPS（in-plane switching）モード[5]や VA（vertical alignment）モード[6,7]がおもに用いられており，500以上の正面コントラスト，左右方向180度に近い視野角（コントラスト10以上）が実現されている。さらに，応答速度が速い OCB（optically compensated birefringence）モード[8]も開発されている。表2.2に配向状態と特徴をまとめた。

大画面用のバックライトには，複数の白色冷陰極管（cold cathode filament lamp）を組み込んだ直下型バックライトが一般的であり，輝度300～700 cd/m^2 を実現している。最近では，色域の拡大を図るため，3原色 LED を光源に用いる場合もある。図2.2に示すように LED バックライトを用いた場合，色域は NTSC 比100％程度に広くなっている[9~11]。LED には，高い発光効率，対低温環境特性，環境にやさしい水銀レスというメリットもあり，低コスト化が進めば今後の主流になると期待されている。

(2) 小型半透過型 LCD

携帯電話や電子手帳用のディスプレイに用いられている小型 LCD には，室内環境での画質

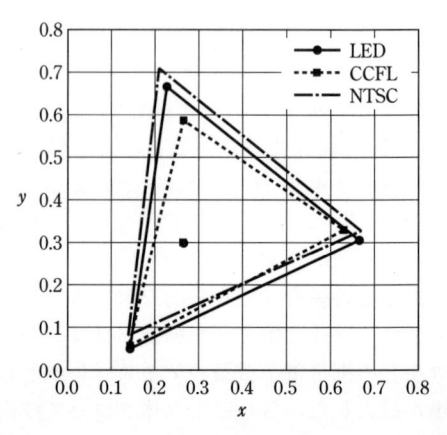

図2.2 LED と CCFL を光源とする LCD の色域の比較

表2.2 各種液晶モードの配向と特徴

	TN モード		IPS モード		VA モード		OCB モード	
	ON(黒)	OFF(白)	ON(白)	OFF(黒)	ON(白)	OFF(黒)	ON(黒)	OFF(白)
配向								
	ツイスト配向		水平配向		垂直配向		ベンド配向	
液晶材料	正の誘電率異方性		正/負の誘電率異方性		負の誘電率異方性		正の誘電率異方性	
光学動作	旋光		ECB		ECB		ECB	
特徴	高い光透過率と広いプロセスマージン		ガンマ特性と色の視野角による変化がない		高い正面コントラストと広い視野角特性		高速応答と広いコントラスト視野角	
実用モード名			AS-IPSモード[5]		S-PVAモード[6] ASVモード[7]		OCBモード[8]	

を重視した透過型 LCD と，屋外での明るさと省電力を重視した半透過型 LCD がある。

図 2.3 に示すのは，半透過型アモルファスシリコン TFT-LCD の断面図である。屋外での使用を想定した外光反射型表示機能と，暗い室内での使用に備えたバックライト方式透過型表示機能とをあわせもつことが特徴である。透過部の構成は，透過型 LCD の構成と同じであるが，RGB の各サブ画素内にそれぞれ透過電極部に加え，反射電極部がある。

反射型表示部では，上偏光板が偏光子と検光子を兼ねるため，液晶セル内の金属反射板と 1/4λ 板を組み合わせた複屈折制御（electrically controlled birefringence；ECB）モード液晶である平行配向モードや VA モード[12,13]が用いられている。

駆動は TFT アクティブマトリックス方式が一般的であるが，スイッチング性能は劣るが駆動消費電力の少ない TFD（thin-film-diode）方式もある。さらに，画質に対する要求が低い用途では，コストと消費電力で有利な STN パッシブマトリックス方式も用いられている。

高精細化に伴い，低温ポリシリコン（LTPS）TFT を用いてガラス基板上に駆動 IC の機能を直接つくり込み，端子数の削減による狭額縁化，IC 数の削減による低コスト化が行なわれはじめている[14]。低温ポリシリコン TFT は，半導体層として結晶性のよいポリシリコンを用いたもので，アモルファスシリコン TFT に比べて ON 電流が数百倍大きいため，微細な回路の形成が可能である[15,16]。

(3) その他の LCD

屋外反射型 LCD にコレステリック液晶モードが使われている[17]。構造は RGB に対応する波長選択反射パネルの重ね合わせである。反射型であり，かつ画像にメモリ性があるため，昼間に静止画を表示する際には，まったく電力を要しないのが特徴である。

このほか，RGB 3 原色 LED バックライトと組み合わせたフィールドシーケンシャル方式カラー LCD[18]も開発されている。サブ画素分割が不要であり，画素の開口率が高く，カラーフィルタによる光ロスもないため，高い光利用効

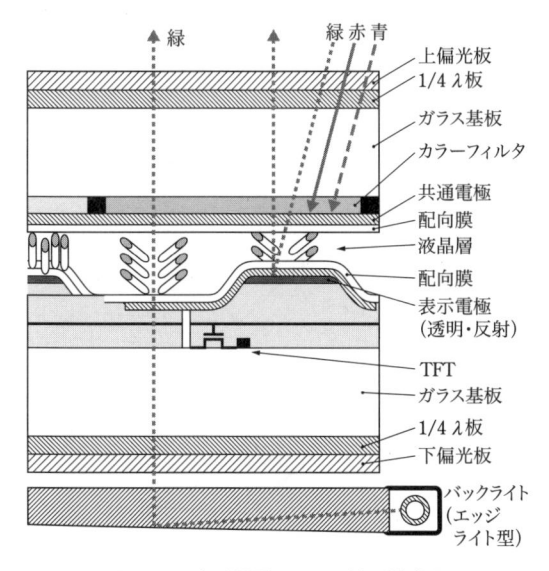

図 2.3 半透過型 LCD の断面構成図

2.1.3 液晶動作の基本原理

液晶の動作原理は比較的に明確であり，数値シミュレーションにより液晶セルの光学設計を行なうことが可能である[2,3,19]。

実用化されているLCDに用いられているネマティック液晶は，棒状の分子が平行に無秩序に並んだ状態である。液晶セル内の液晶分子は，基板界面の配向膜によりプレチルト角をもって配向規制（アンカリング）され，セル内の自由エネルギーが最小になるように配向膜界面近傍からセルの中央にわたって連続的に配向は変化している。

ここに，電界を印加すると自由エネルギーの増加が生じ，液晶分子は液晶セル内の自由エネルギーを下げる方向に変形し，ダイレクタ n が変化する。

図2.4 (a) (b) にIPSモードを例に，液晶配向の変化を模式的に示す。IPSモードでは電界 E が n に対し横向きにかかり，局所的な自由エネルギー密度 F_g は，式 (2.1) で表わされる。

$$F_g = K_{22}(d\Psi/dz)^2 - (1/2)\varepsilon_0 \varepsilon_a E^2 \sin^2\phi \quad (2.1)$$

ここで，K_{22} はねじれ変形に対するフランクの弾性定数，Ψ は n が x 軸となすねじれ角，$\varepsilon_0 \varepsilon_a$ は誘電率，ϕ は電界 E とダイレクタ n との角度である。

定常状態では液晶セル内の自由エネルギーの総和は最小であることから，境界条件にラビング方向とプレチルト角を置き，連続的であると仮定して，数値計算によりダイレクタ n のセル厚さ z 方向の分布を求めることができる。

ダイレクタ n が一様な厚さ ΔL の液晶層を通過する際の光 V の変化は次式で表わされる。

$$\begin{bmatrix} V_{x'} \\ V_{y'} \end{bmatrix} = R(-\Psi)W(\Gamma)R(\Psi)\begin{bmatrix} V_x \\ V_y \end{bmatrix} \quad (2.2)$$

ここで，$R(\Psi)$ は回転行列，Ψ はダイレクタが x 軸となす角，$W(\Gamma)$ は一様な厚さ L の液晶層の 2×2 ジョーンズマトリックス，

$$W(\Gamma) = \begin{bmatrix} \text{Exp}(i\Gamma/2m) & 0 \\ 0 & \text{Exp}(-i\Gamma/2m) \end{bmatrix}$$

$$\Gamma = 2\pi(n_e - n_o)\Delta L/\lambda \quad (2.3)$$

ここで，n_e は液晶分子のダイレクタ方向の屈折率，n_o はダイレクタと垂直方向の屈折率である。

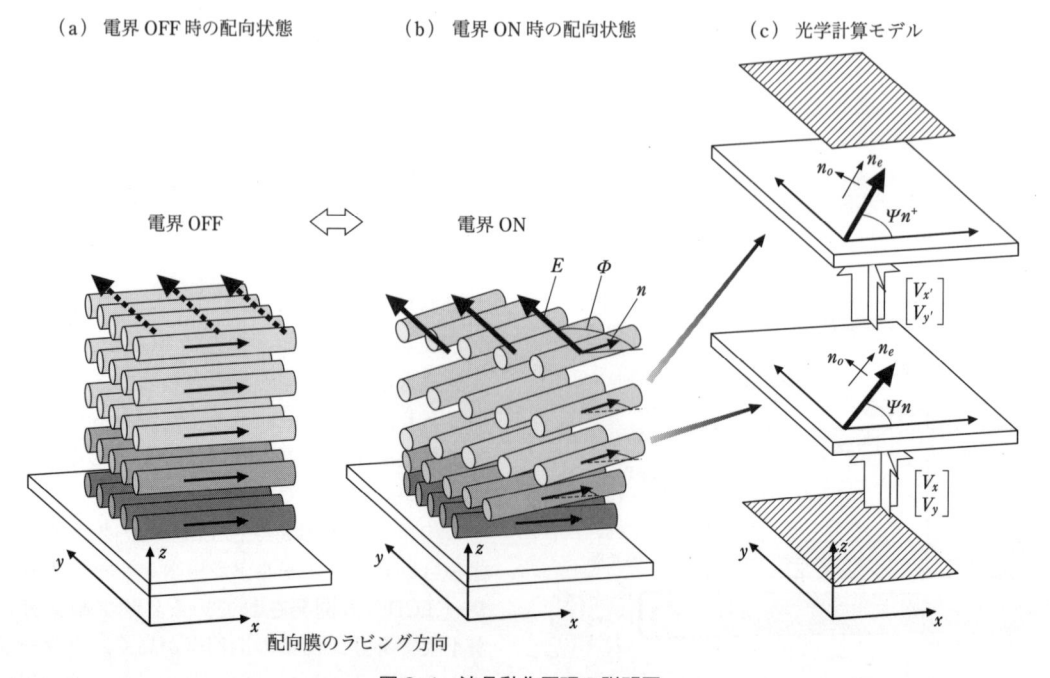

(a) 電界OFF時の配向状態　　(b) 電界ON時の配向状態　　(c) 光学計算モデル

図2.4　液晶動作原理の説明図

図 2.4 (c) に示すように，z 方向に n が 1 次元的に変化する場合は，n が異なる厚さ $\varDelta L$ の層が重なっているとみなして，液晶セル通過時の光の挙動を計算することができる。

電圧を取り除くと，液晶の配向はアンカリングにより，再び元の状態に戻る。一般的に，液晶の応答は，電圧を印加するよりも取り去る場合のほうが遅いが，このときの時定数 τ_off は，式 (2.4) で表わされる。

$$\tau_\mathrm{off} = \gamma_1 d^2 / (\pi^2 K_{22}) \qquad (2.4)$$

ここで，γ_1 は回転粘性率，d はセルギャップである。

高速応答化を図るためには，液晶の低粘性化，セルギャップ d の削減が有効である。

2.1.4 LCD の駆動

図 2.5 に，TFT アクティブマトリックス方式 LCD のアレイ配線の模式図を示す。サブ画素ごとにデータ配線 (ソース配線)，ゲート配線がマトリックス状に形成され，その交点にアモルファスシリコンの半導体層で形成された TFT が配置されている。ゲート配線，データ配線にはそれぞれ垂直走査用のゲートドライバと，液晶動作電圧供給のためのデータドライバが接続されている。

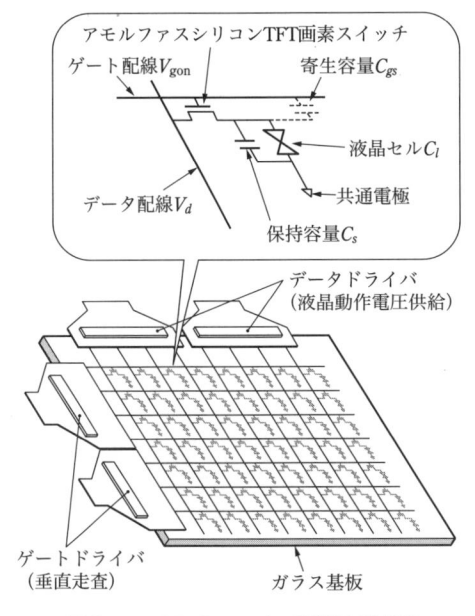

図 2.5 LCD のアレイ・配線の模式図

書き込み方式には，線順次駆動と点順次駆動があるが，解像度の大きい大画面 LCD の場合は線順次駆動が一般的である。

ゲートドライバが 1 本のゲート配線を選択し，ゲート ON 電圧を印加すると，選択されたゲート配線上の TFT が一斉に ON 状態となり，それぞれデータ線電圧が，液晶セルの表示電極と保持容量に印加され，相応した電荷 Q_o が注入される。所定の時間ののち，ゲートドライバはシフトレジスト機能により次のゲート配線を選択し，同様に液晶セルに電荷が蓄積される。これを順次くり返すことにより画面全体の画素電極への電荷注入が可能となる。

TFT が OFF になったゲート配線上の画素では，画素電極と蓄積容量にたまった電荷 Q_o により液晶電圧 V_{lc} が維持される。液晶配向の変化には，通常 10 ms オーダーの時間が必要であるが，アクティブマトリックス方式を用いることにより数十 μs の短時間で電荷注入を受け保持することにより，対向する共通電極とのあいだに安定した電界を数十 ms のあいだ形成できる。

ここで，液晶セルに保持される電圧 V_{lc} の値は，データ配線電圧 V_d と微妙に異なることに注意が必要である。

$$\begin{aligned} V_{lc} = &V_d \cdot (C_{lo} + C_s + C_{gs})/(C_{lt} + C_s + C_{gs}) \\ &- V_g \cdot C_{gs}/(C_{lt} + C_s + C_{gs}) \end{aligned}$$
$$(2.5)$$

式 (2.5) の第 1 項は，液晶セルの動的容量変化であり，動画表示時の残像の原因になるため，フィードフォワード的な画像データ処理により補正することが行なわれている[20]。

第 2 項はフィールドスルー電圧であり，フリッカや焼きつきを防ぐために，アレイ設計において C_{gs} と C_s の適正化が行なわれている。LCDでは，液晶中の可動性イオンによる焼きつきを防ぐために，極性反転駆動を行なうが，フィールドスルー電圧は残留直流成分となるためである。フリッカを防ぐためには，ライン反転駆動よりもドット反転駆動が望ましい。

2.1.5 信号・画像処理

信号・画像処理系は，図 2.6 に示すように，入力処理部，画像処理部，駆動部，制御部から

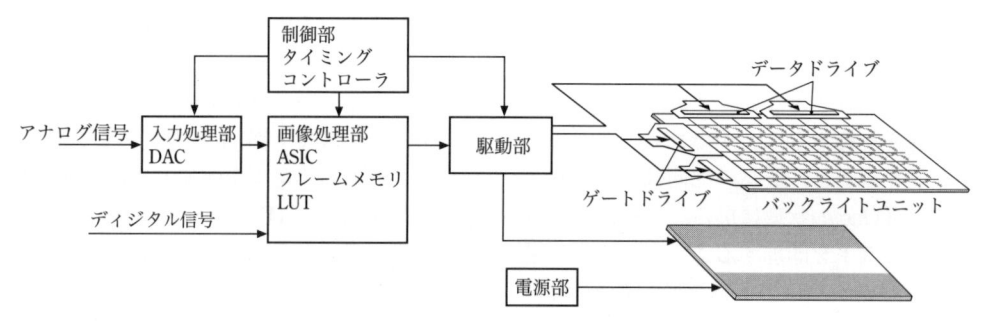

図2.6 LCDの信号・画像処理系

構成されている。システムから送られてくるアナログ映像信号は，いったんディジタル信号に変換され，各画素のRGBの階調信号として取り扱われる。フレームメモリやルックアップテーブル（LUT）を備えた画像処理部で，明るさ調整，コントラスト調整，ガンマ補正，色変換，解像度変換などの画像処理が行なわれ，LCDに表示する画像データが決定される。そして，液晶パネル固有のガンマ特性（階調/電圧特性）に応じてデータドライバによりアナログ電圧信号に変換され，データ配線に印加される。

従来のLCDでは，明るさはパネルの階調電圧による透過率の設定で行なってきたが，バックライトの輝度をシーンに応じて変調することにより，ダイナミックレンジを改善する手法も用いられはじめている[21]。

2.1.6 TV用LCDの画質改善技術

液晶TVの市場が急激に拡大しているが，これにつれて，CRTや他の自発光型FPDとの比較で指摘されていた，視野角特性，動画表示性能，ダイナミックレンジの課題に関して，液晶モード，駆動技術，画像処理技術による改善が行なわれている。

（1）視野角特性の改善

大画面高精細LCD技術は，これまでTNモードを中心に発展してきた。TNモードは旋光性を利用しており，光学特性がセルギャップに依存しないため，プロセスマージンが広く，高い正面コントラストと透過率を得やすい。

しかし，図2.7（a）に示すように，上方向の視野角によるコントラストの低下が激しく，下方向には透過率が低い黒つぶれと階調反転が生じる。図2.7（b）に示すようにTNモードでは，電圧印加の状態で液晶分子のダイレクタが画面の正面下向きに傾いており，ダイレクタの方向とこれと直交する方向とで光学特性が大きく異なることが原因である。波長分散性も異なるため，視野角による色づきも発生する。

TNの広視野角化については，円盤状のディスコティック液晶を用いた位相差フィルムによる補償が広く行なわれている。この位相差補償フィルムによって，視野角の範囲は左右120°上下100°程度まで広がる。

VA（vertical alignment）方式は，液晶分子が垂直配向したノーマリーブラック方式である。正面から見た黒が沈んでいることが特長で，高

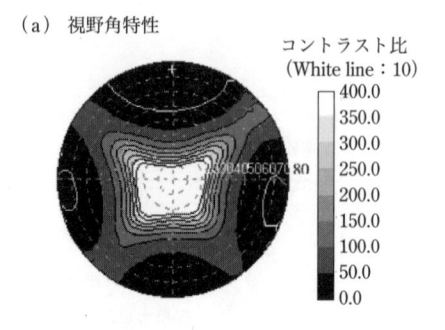

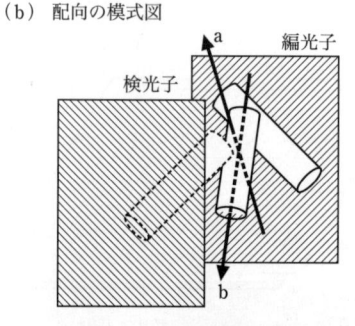

（a）視野角特性

（b）配向の模式図

図2.7 TNモードの視野角特性（コントラスト）と視野角による光学特性のちがいの模式図

コントラストが得られる。視野角特性の改善は，電圧印加時に傾く液晶配向のマルチドメイン化により行なわれている。MVA（multi-domain VA）方式では，畝構造によって垂直配向した分子の倒れる方向が分割されており[22〜24]，ASV（advanced super-V）モードでは，液晶へのカイラル剤の添加により，電圧印加時には液晶分子がらせんを巻いたように倒れる。ASV モードでは，視野角特性（$CR>10$）は光学補償フィルムを用いて全方位 170° を実現している[25]。

さらに PVA モードでは，図 2.8 に示すように，画素を①と②の 2 つのサブピクセルに分割し，それぞれに TFT を設け，面積比で中間階調を表わすことにより，ガンマ特性の視野角依存を改善している[26]。

IPS（in-plane switching）モードは，TFT 基板側に設けた櫛形電極の電界によって液晶分子が面内で回転する方式であり，正面方向を向いたダイレクタがないため，光学フィルム不要で広い視野角特性が得られる。さらに図 2.9 に示す，くの字形櫛電極によるドメイン分割を行ない，液晶のダイレクタ方向から見た色付きを相殺しており，液晶ディスプレイとしては最も視野角による色変化が小さい $\Delta u'v'<0.02$ を実現している[27]。また，櫛形電極の存在による開口率低下も，FFS（fringe-field switching）技術の採用により大幅に改善されている[28]。

(2) 動画表示性能の改善

LCD の動画表示性能の問題点は，液晶の残像とホールド型表示に起因する動画ボヤケ（blurring）による輪郭の不鮮明化である[29]。

残像は，液晶の応答遅れと動的容量変化によるセル電圧変化に起因する。図 2.10 に TN モードの各階調間の遷移時間を示す。中間階調間の変化では，応答時間は 30 ms を超えており，60FPS の TV 動画では前画像の残像が次の画像に見えてしまう。

対策として，書き換えに適した電圧をフィードフォワード制御的に決定するオーバードライブ（あるいは feed-forward drive；FFD）技術がある。図 2.11 に示すように，定常状態に達するまでの応答時間が長い液晶でも，過渡状態を用いて次画面の階調・透過率を実現できる。必要な電圧は，現時点の階調・透過率により異なるため，図 2.12 のブロック図に示すように，新しい階調信号と 1 つ前の階調信号の関係から必要とする補正値を決定し，印可すべき新しい階調信号を出力する[30,31]。

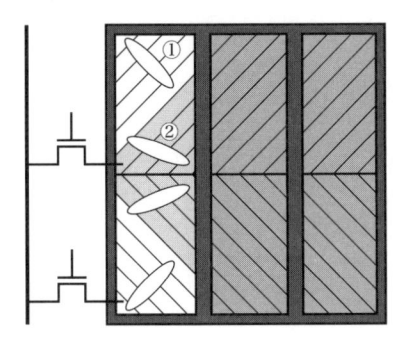

図 2.8　S-PVA のマルチドメインの模式図

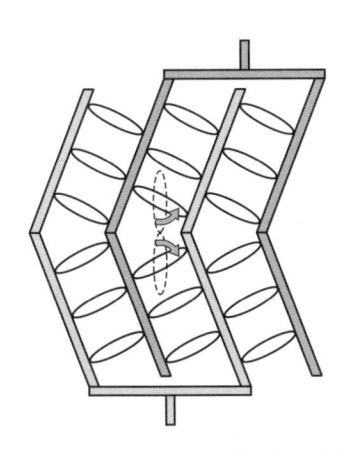

図 2.9　IPS モードのくの字形櫛電極と液晶配向の模式図

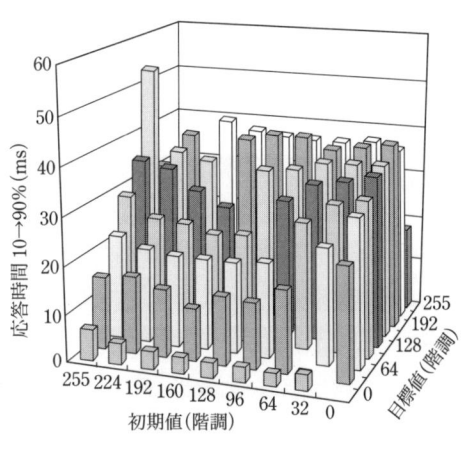

図 2.10　TN モードの応答速度の一例

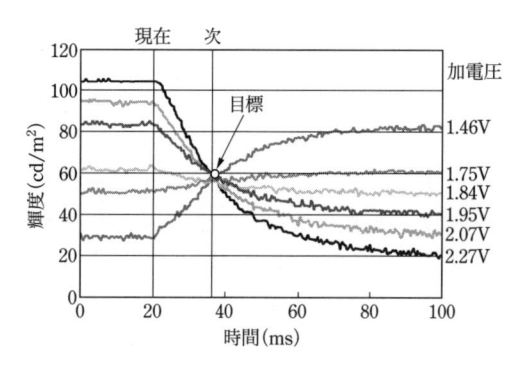

図2.11 FFDのコンセプト

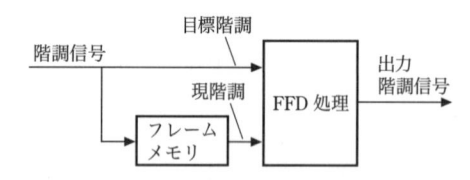

図2.12 FFD/オーバードライブにおける信号処理

また，動画ボヤケ対策としてはCRTのようなインパルス型表示を実現するためのバックライトスキャンや黒挿入が行なわれはじめている[32,33]。図2.13に示すのは，人間の目と同様に移動する画像を追視するカメラで撮影したLCD上の移動画像の写真である[34]。図2.13の上に示す従来LCDの画像に比べて，図2.13の中と下に示す間欠点灯の画像は，輪郭が鮮明になっている。ここで，中はオーバードライブを用いていない場合であり，残像が見えるが，下ではオーバードライブにより残像が解消しているのがわかる。このような動画の表示性能の差を定量的に評価する指標として，MPRT（moving picture response time）法が提案されている[35]。

インパルス化には，フリッカの発生や輝度の低下が課題としてあるが，動き補償技術を用いてフレームレートを上げる技術[36]や，階調を2つの表示時間の輝度の和で表わし，低階調の場合は片方の時間を黒表示する駆動方法も提案されている[37]。これらの工夫は，ゲート配線の選択時間を短縮するため，配線遅延を改善するためのアルミニウムや銅への配線材料の変更が同時に検討されている。

2.1.7 今後の展望

液晶ディスプレイは，多くの部品から構成されたシステムであり，LCDメーカーはもちろん，液晶，光学フィルム，半導体，成形部材など多くのメーカーの力があわさり，表示性能が大幅に改善されてきた。今後も，巨大なTV市場を舞台に，ダイナミックレンジの拡大，動画質の改善，ならびに，大型化，低コスト化が押し進められていくであろう。

中小型LCDにおいても，高精細化やフレキシブル化に加え，視野角制御LCDや，立体LCDといった新しい表示機能の提案も行なわれている。これは，LCDには他のFPDにはない光変調素子と光源との組合せという自由度の高さがあるためである。

液晶ディスプレイの分野は，今後もさまざまな分野から多くの技術者の参画により，いっそうの発展が続くと期待される。

2.2 プラズマディスプレイ（PDP）

2.2.1 PDPの成り立ちと特徴

プラズマディスプレイ（plasma display panel；PDP）は，ネオンやヘリウムなどのガスの放電現象を利用した画像ディスプレイである。放電を生じるとこれらのガスがプラズマ（イオンと電子に電離した気体）になることが名の由来である。その特長は，構造が比較的簡単であり，大型平面ディスプレイを実現しやすいこと，直視型のマトリックス形（行列形）ディスプレイであるため，CRT（ブラウン管）に比べて解像度の劣化や表示画像の幾何学的な歪みが少ないこと，などである。また，同じマトリックスディスプレイであるLCD（液晶ディスプレイ）

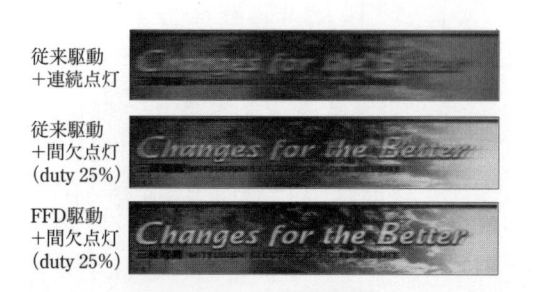

図2.13 追従カメラによるLCD画面上のスクロール画像の写真

と異なり，自発光タイプであるため一般に黒の映像表現力に優れている。

これらの理由から，PDPは早くからテレビ用や大型情報表示用ディスプレイとして有望とされてきた。マトリックスディスプレイとしてのPDPの最初の開発は1964年イリノイ大学でなされたが，実用化に向けた研究開発は1970年代から日本を中心に進められてきた[38)]。

PDPは，とくに高画質・高臨場感なテレビシステムである「ハイビジョン」にふさわしい大画面高精細ディスプレイとして，大きな期待をもって長年開発が進められてきた。それらの研究成果が実り，1990年代後半から実用製品が相次いで登場した。

現在では，画面サイズで37型から103型まで，画素数では1024×720画素程度からハイビジョンのフル画素（1920×1080画素）まで，多数のプラズマテレビが市販されている。近年の地上/衛星ディジタルハイビジョン放送の発展・普及とともに，その魅力を生かす大画面高画質なテレビディスプレイとして急速に普及が進んでいる。また，空港や駅，病院など公共的な場所で情報表示用として目にすることも多い。

PDPはCRTやLCDと異なり，明るさの階調（グレースケール）をディジタル的にパルス数変調で表現する点が動作上の大きな特徴である。このため，画像表示に関してPDP特有の性質があり，また，特有の信号処理も必要である。本節では，PDPの構造や原理，信号処理について説明する。ただ，以下で述べるのはひとつの基本形であり，現在ではさまざまな改良技術の発展により，構造・方式・特性などに多数のバリエーションがあることもご承知いただきたい。

2.2.2 PDPの構造と表示原理[38,39)]

PDPの構造を図2.14に，その中の1表示セルの断面図と発光原理を図2.15に示す。前面板と背面板のあいだの空間は隔壁で区切られており，表示セル（各画素の中の各色）の1列ごとにRGBの蛍光体が塗り分けられている。また，空間内にはNe-Xe（ネオン-キセノン）あるいはHe-Xe（ヘリウム-キセノン）などの混

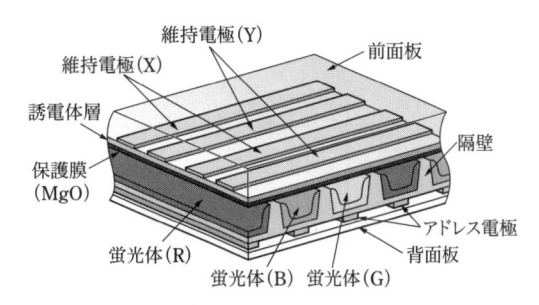

図2.14　PDPの構造

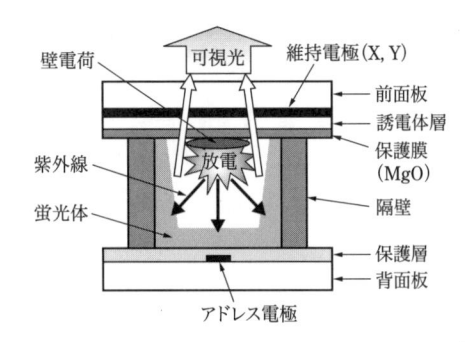

図2.15　PDPの発光原理

合ガスが封入されている。

前面板の維持電極と背面板のアドレス電極のあいだに200～300V前後のパルス電圧をかけるとセル内で放電を生じ，前面板のMgO（酸化マグネシウム）保護膜表面（セル内部）に壁電荷とよばれる電荷が発生する。壁電荷が存在する状態で2種の維持電極（X，Y）のあいだに150～200V前後の交流パルス電圧をかけると，放電がパルス状に連続して維持される。

前者の放電を選択放電，後者を維持放電とよぶ。放電が起こるとXeから紫外線が放射され，その紫外線が蛍光体を励起する。すると蛍光体が可視光で発光する。PDPの発光輝度（時間積分値）のほとんどは維持放電により得ており，選択放電は維持放電の有無を制御するためのものである。

PDPは印加電圧により放電の強さをアナログ的に制御しにくいため，明るさの階調表示（中間調表示）は以下のように行なわれている。PDPの駆動回路構成の例および発光波形の例を図2.16，図2.17に示す。

図2.16において，表示する画像データはディジタルデータで与えられる。各ビットのデー

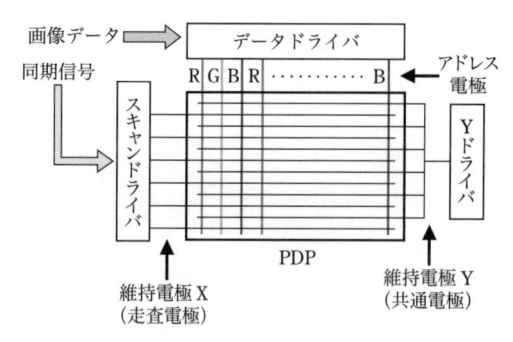

図2.16 PDPの駆動回路構成

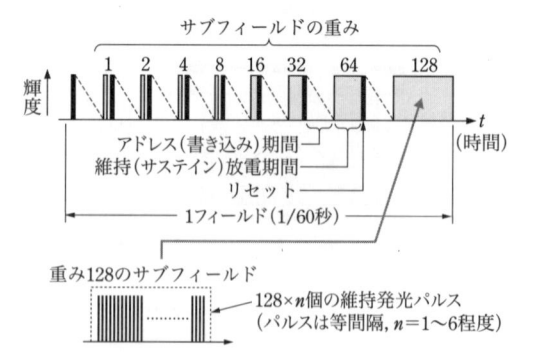

図2.17 PDPの発光波形と階調表示法
（サブフィールド法）

例：レベル96を表示する場合，32と64のサブフィールドのみが発光する。

タは，データドライバで放電に適した電圧に変換され，アドレス電極に与えられる。その結果，データが"1"であれば維持電極Xとのあいだで前記の選択放電を生じ，壁電荷が発生する。"0"であれば壁電荷は発生しない。この動作を書き込みとよぶ。書き込みは，画面の上から下まで表示セルを1ライン（1行）ごとに走査（スキャン）しながら行なわれる。

図2.17において，アドレス期間（書き込み期間）の後の維持期間には，維持用の交流パルス電圧が維持電極（X, Y）から画面の全セルに一斉に印加されるが，壁電荷を生じているセル，すなわち"1"が書き込まれているセルのみで維持（サステイン）放電を生じ，維持発光パルスを生じる。

このとき，維持電極に与える電圧パルス数の設定により，維持期間すなわち維持発光パルスの数を各ビットの重みに比例して設定する。トータルの発光輝度は発光パルス数に比例するの

で，パルス数変調の原理により各ビットの重みを明るさとして表現できる。

これら各ビットに対応する一群の発光はサブフィールドとよばれる。サブフィールドの発光をマクロ的に見れば，パルス幅変調で明るさを表現しているともいえる。維持期間から次のアドレス期間に移る前に，残留した壁電荷を消去する必要があり，このため，全セル一斉にリセット動作が行なわれる。

サブフィールドを画像データのビット数分だけ設け，それらのオン/オフをデータに応じて制御すれば，1フィールド内（1/60秒）の積分値として各画素の明るさを表現できる。

たとえば，図のような8ビット表現において，レベル96を表示する場合，32と64のサブフィールドのみを発光（オン）させ，他のサブフィールドはオフとする。1フィールド内の発光は目の中で積分されるため，観視者にはレベル96に対応した明るさが知覚される。われわれ人間の視覚系は光に対してある程度の時間積分特性をもっているため，このような階調表現が可能となっている。このような表示方法をサブフィールド法とよんでいる。

なお，リセット放電でも発光を生じるため，すなわち画像データが黒であってもPDPは多少発光するため，従来は黒の浮き上がりを生じ，コントラストが低下するとされていた。しかし近年では，白輝度の向上，リセット放電回数の節減や駆動波形の改善などによる黒輝度の低減より，ほとんど問題にならないレベルとなっている。

2.2.3 PDPにおける画像表示の特徴

以上のように，PDPでは視覚系の時間積分作用を利用したディジタル的な階調表現が行なわれている。しかし，そのため，画質上ひとつの問題を生じる。

視覚系の時間積分は目の注視点に沿って行なわれるが，動画を表示した場合，眼球運動により観視者の視点が動物体を追従し，視覚系での光の積分路が画面上を移動する[40]。

図2.18はサブフィールドの発光の状況をx（画素水平位置）－t（時間）領域で表わした図であるが，例として8ビット表現でレベル127と

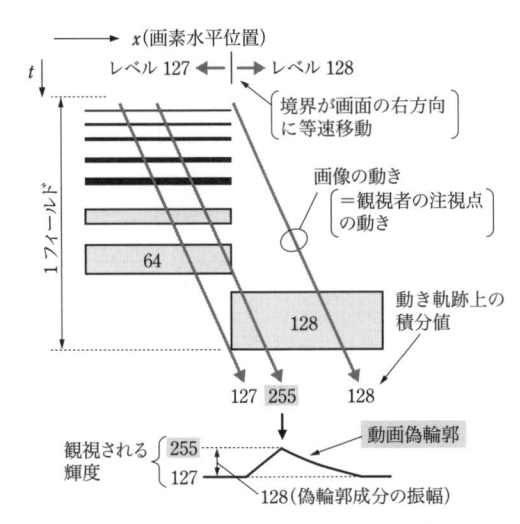

図 2.18　動画偽輪郭の発生メカニズム

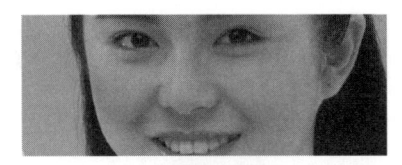

図 2.19　原画像

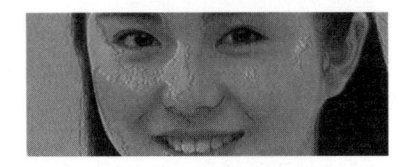

図 2.20　動画偽輪郭妨害の例

原理的な例で，現在はかなり改善されている．動画でしか観視されない妨害をシミュレーションにより再現した画像を示す．

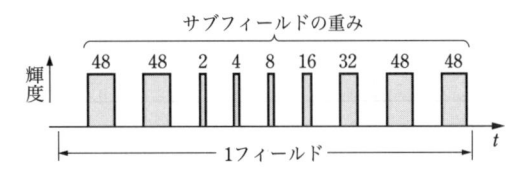

図 2.21　動画偽輪郭改善法の一例（上位ビット分割）

128 と 64 のサブフィールドを 48×4 に分割し，1 のサブフィールドを削除して，計 9 サブフィールドで駆動する．

128 の境界をもつ画像が，時間とともに画面の右方向に移動する場合を示している．この場合，視点が動きに追従することにより，視覚系での光の積分結果として，原画にはない 255 という明るい偽の画素が観視者に見えてしまう．動きの方向あるいは左右の画像レベルが図と逆の場合は，積分結果として，原画にはない 0 という黒い偽の画素が見えてしまう．

このように，動画では，複数の画素に表示されたサブフィールドの発光が視覚系では 1 つの画素として積分されてしまう．この結果，原画像にはない色や模様が表示画像中に観視される場合がある．

この現象は一種の画質妨害となる．とくに，人の肌のように明るさがなだらかに変化する部分が動くと偽の輪郭を生じることが多いため，この妨害は動画偽輪郭（dynamic false contour）とよばれる[42]．前記の図 2.18 の例では，レベル境界に振幅 128 の偽輪郭を生じている．妨害を生じた画像の例を図 2.20（図 2.19 はその原画像）に示す．画像の絵柄や動き速度，サブフィールドの設定方法によっては，妨害が動きぼけや人工的なノイズとして見える場合もある．この妨害による動画表示画質（動画質）劣化の程度は大きく，過去に大きな問題となった．しかし種々の改善法の開発により，近年ではかなり改善されている[42,43]．

改善法のひとつの例は，図 2.21 のように，重みの大きいサブフィールドをより重みの小さい複数のサブフィールドに分割する方法である．

図の例では，重み 128 と 64 の 2 つのサブフィールドを，重み 48 の 4 つのサブフィールドに分割している．同時に，それらの配置も妨害が目立ちにくいよう視覚的に最適化している．分割により偽輪郭成分の振幅の最大値が 128 から 48 に減少し，妨害が目立ちにくくなる．しかし，サブフィールド数を 2 つ増加させた駆動，すなわち 1 フィールド内に 10 サブフィールドの駆動を行なうことが必要になる．

この方法はあくまで初歩的な改善法の一例であり，これだけで動画質劣化を許容限以内に改善することは一般に難しい．しかし，この例からわかるように，動画偽輪郭妨害の改善は，より多くのサブフィールドを必要とする場合が多い．

これに対し，パネルの駆動速度や駆動特性，たとえば動作に必要な電圧マージンなどの点から 1 フィールド内で安定に駆動できるサブフィールド数には限界がある．

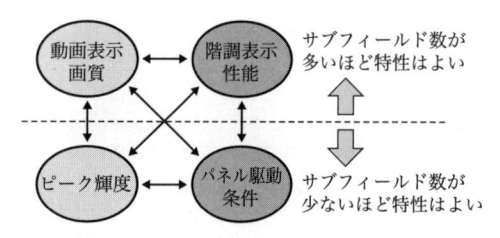

図2.22 PDP画像表示におけるトレードオフ

例として，駆動できるサブフィールド数の限界が9である場合，前記の分割ではサブフィールドの数が1つ不足する。そこで図2.21では，最下位の重み1のサブフィールドを省略してサブフィールド数を9に収めている。このようにすると階調表示精度が不足するが，後に述べる擬似的階調表現の信号処理によりある程度補償できる。

また，先の図2.17からわかるように，サブフィールド数が増加すると，1フィールド内で必要なアドレス放電期間の数も増加する。すると1フィールド内で維持期間に当てられるトータルの時間は逆に減少する。これは維持発光パルス数の低下を招き，白ピーク輝度の低下につながりやすい。

以上のようにPDPでは，サブフィールド法により中間調を表示しているため，動画質，階調表示性能，表示できるピーク輝度とパネル駆動条件のあいだにトレードオフの関係を生じる（図2.22）。これはCRTやLCDには見られない性質である。

2.2.4 PDPにおける画像・信号処理
(1) 画像信号処理系の構成

図2.23に，PDPディスプレイにおける画像信号処理系の構成例を示す。図の信号入力部から画素数変換までは，PDPだけでなくLCDも含め他のマトリックスディスプレイにおいても必要なビデオ信号処理である。

ビデオ信号処理を経た信号は，後に述べる逆ガンマ補正，APC，擬似階調表現などの信号処理により，PDP表示に適した階調データに変換される。そして，サブフィールド変換部で，PDPの駆動に用いるサブフィールドに一対一に対応したサブフィールドデータ信号に変換される。サブフィールドデータ信号とそれに同期した走査信号により，ドライバを通してPDPを駆動し，画像を表示する。

(2) ビデオ信号処理[44]

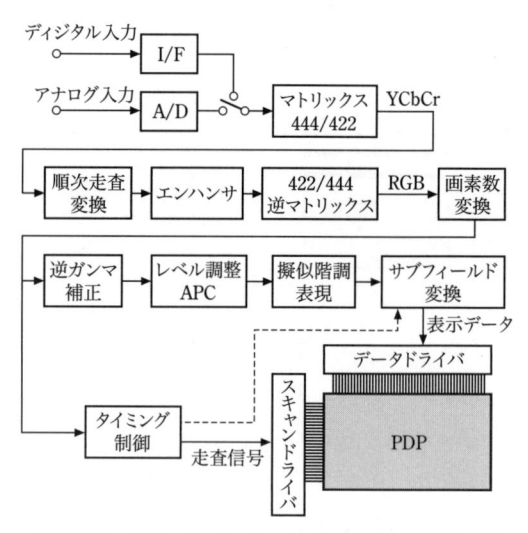

図2.23 PDPディスプレイの画像信号処理系の例

ディジタル入力信号は適切なディジタルインタフェースを通し，また，アナログ入力信号はA/D変換機により，ディジタル画像信号として以後の信号処理回路に入力される。

入力信号がRGB信号であれば，まず，マトリックス回路により一度YCbCr信号（Y：輝度信号，Cb，Cr：色差信号）に変換されることも多い。後段の信号処理の内容によってはYCbCr信号の形式のほうがやりやすい，または回路規模の節減になるためである。また，YCbCr信号ではデータ形式として一般に422，すなわちCbCr信号の情報量をY信号の半分にした形式が用いられる。これにより信号処理回路の規模をRGBの場合の2/3に抑えられる。

元の情報量をもつ信号，すなわち444の形式の信号から422信号への変換もここで行なわれる。変換は，CbCr信号に対して前置フィルタと画素間引き回路により行なわれる。多くのテレビ信号のように，入力信号がすでにYCbCr/422信号であれば，この回路はパスされる。逆に，YCbCrに変換する必要がない場合は，当然，この回路は不要である。

動画表示用ディスプレイの入力信号の主役はやはりテレビ信号である。テレビ信号は一般にインタレース走査（飛越し走査）されている。

一方，PDPは順次走査で表示される場合が多いので，インタレース走査のテレビ信号を順次走査に変換する必要がある。変換回路としては，画像の動きに画素ごとに適応して処理方法を変える動き適応型順次走査変換回路が一般に用いられる。変換精度に大きな影響を与える画像の動領域検出は，Y信号をベースにして行なわれることが多い。視覚的に感度や解像力が高いのは，輝度情報であるためである。外部パソコン入力などで入力信号がすでに順次走査の場合は，この回路はパスされる。

次に，必要に応じてエンハンサ（高域強調回路）が設けられる。PDPはマトリックスディスプレイであるため，CRTにあったような高い解像度成分に対するMTF（振幅応答）の劣化は通常ほとんどないが，入力信号ですでに解像度が低下している場合の補正や，観視者の好みに応じた鮮鋭度の調整などの理由により，やはりエンハンサは有効である。

エンハンサは通常Y信号に対してのみ用いられる。視覚的に鮮鋭度に関連が深いのは輝度情報であり，また，色差信号をエンハンスすると画像の色を含むエッジ部分で色相が変化してしまうためである。一般に，水平・垂直の高域成分をエンハンスする2次元エンハンサが用いられる。

次に，以上の処理がYCbCr/422信号で行なわれていれば，CbCr信号の補間フィルタによる422/444変換回路と逆マトリックスにより，RGB/444信号に逆変換される。

続いて，画素数変換が行なわれる。ディスプレイにはさまざまな画素数の入力信号が入力される。PDPやLCDなどのマトリックスディスプレイでは表示パネルの画素数が固定であるため，表示する画像信号の画素数をパネルの画素数に合わせる必要がある。

また，ディスプレイに画像を表示する際に，入力画像の100％の画素を表示するとは限らず，縦横とも数％ずつ画像を拡大して表示するオーバースキャンを行なう場合がある。CRTであれば走査する画面サイズを調整すればオーバースキャン率を調整できるが，マトリックスディスプレイでは画素数変換によってこれを行なう必要がある。たとえば，5％のオーバースキャンを行なうのであれば1.05倍の画素数変換を行ない，周辺5％の画素を切り捨てる。

このように，PDPやLCDでは画素数変換回路は必須のものである。画素数変換回路は水平・垂直の標本化周波数変換（いわゆるD/D変換）回路で実現される。

(3) 逆ガンマ補正，レベル調整，APC

テレビ信号など通常の画像信号は，ディスプレイがCRTであることを前提に作製されている。すなわち，CRTのガンマ（γ）特性（CRTに加える信号電圧（E）対発光輝度（L）の特性が$L=E^{\gamma}$であること，通常$\gamma=2.2$を仮定）をあらかじめカメラ側で補正する送像側ガンマ補正（1/2.2乗に相当する信号レベル変換）が画像信号にほどこされている。

一方，PDPは通常$\gamma=1$（輝度が画像信号レベルに比例）に近いので，画像信号に合わせるため，CRTの特性を模した$\gamma=2.2$の処理を行なう逆ガンマ補正回路が必要である。これは単純にメモリによるレベル変換テーブルで実現できる。ただし，補正後に十分な階調精度を得るには，一般にテーブルの出力ビット数は{（入力ビット数）+2ビット}以上が必要である。たとえば，8ビット入力に対する逆ガンマ補正回路として，出力10ビット以上のメモリが用いられる。

続いて，各種のレベル調整がある。ブライトネス（明るさ）調整とコントラスト調整は，ディスプレイとして最低必要なレベル調整機能である。図2.23では一応，レベル調整回路を逆ガンマ補正回路の後に置いているが，これらを全体のどの部分で行なうかはディスプレイによりまちまちである。

処理としては，ブライトネス調整はRGB信号のそれぞれに同じ値を加算し，コントラスト調整はRGB信号のそれぞれに同じ係数を乗じる。また，RGB信号のそれぞれに異なる係数を乗じれば，表示される色の色度をある程度調整できる。

このほかのレベル制御として，PDPでは一般にAPC（automatic power control，メーカーにより名称が異なる場合がある）を行なっている。現状ではPDPの発光効率が十分高くないため，全白画像などの平均レベルの高い入力信

号に対しては，輝度を下げて表示しないとデバイスの発熱が問題となる場合がある。このため，表示画像の平均輝度を計算し，それが許容値より高い場合は自動的に表示輝度を下げるのがAPC回路である。このような回路はCRTでも用いられている。

(4) 擬似階調表現信号処理

以上の処理により，各画素が表示すべき階調データの目標値が確定したが，これを受けて階調ビット数節減のための擬似階調表現信号処理を行なう。2.2.3項で述べた階調と画質のトレードオフの関係から，PDPの画像表示において最適なバランスの画質を得るには，階調ビット数の節減が必要な場合が多いためである。逆ガンマ補正からパネル駆動までの階調ビット数・サブフィールド数の流れの例を図2.24に示す。

ビット数節減のため下位ビットを単純に切り捨てると，階調表示性能が大きく劣化する。そこで，性能をあまり劣化させずにビット数を削減できるよう擬似階調表現用の信号処理を用いる。

擬似階調表現処理は，もともとは2値画像で濃淡表示を行なうために開発されたものであり，輝度の空間的・時間的な平均値として，少ないビット数でも擬似的に多くの階調数を表現可能とするものである。具体的にはディザ法や誤差拡散法などが用いられ，なかでも性能のよい誤差拡散法が用いられることが多い。

誤差拡散法の原理を図2.25に示す。逆ガンマ補正後の信号である入力信号の画素Pのデータは所要の出力ビット数に切り捨てられるが，切り捨てられた誤差はA〜Dの画素に図に記された割合（分配比）で分配される。分配す

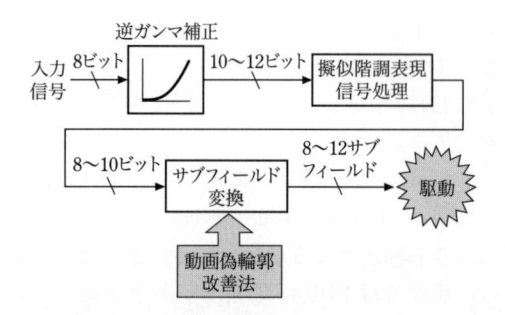

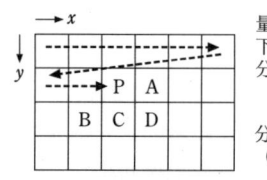

図2.25 画面の走査と誤差拡散法

分配比
(例)
- k0(P→A):7/16
- k1(P→B):1/16
- k2(P→C):5/16
- k3(P→D):3/16

量子化誤差(切り捨てられた下位ビット)を周囲の画素に分配する

例：入力Pが12ビットで47，出力が8ビット（4ビット切り捨て）のとき，出力 = 47/16 = 2，誤差 = 47 − 16×2 = 15，Aに拡散される誤差 = 15×7/16 = 6となる。

なわち拡散された誤差はそれぞれの画素の入力信号に加算される。A〜Dの画素では画素Pと同様な操作がくり返される。これらの処理は画面の走査と同じ順で画素ごとに行なわれる。

以上により，各画素の量子化誤差は単純に切り捨てられることなく，累積されながら画素間を伝播していき，累積値が出力のLSB値を超えると出力信号のLSBに加算されて表示される。したがって出力に現われるLSBのパターンは絵柄に適応して変化し，ディザのように固定的なパターンが見えてしまうことは比較的少ない。図に示した分配比は経験的に固定パターンが見えにくく，性能がよいとされている値である。

ビット数を12ビットから8ビットに削減する誤差拡散回路の例を図2.26に示す。一見，巡回型ディジタルフィルタのような構成をしているが，入力側に帰還されるのは切り捨てられた量子化誤差のみである。それをディレイさせ，分配比k0〜k3を乗じた信号を帰還する。

上記のように，誤差拡散を含めた擬似階調表現処理は，画素データの空間的または時間的な積分値として中間調を表現している。これらを用いた場合，画像の見え方として，一般に，自然な多階調の画像にノイズが重畳されたように見える。視覚的に許容できるノイズ量にも限界

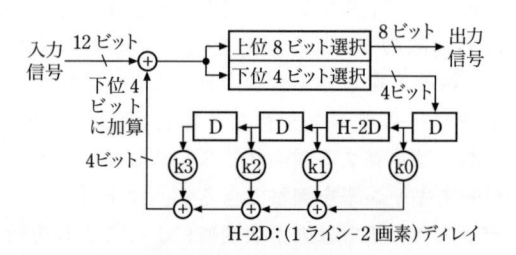

図2.24 階調・サブフィールド処理の例

図2.26 誤差拡散回路

H-2D:(1ライン-2画素)ディレイ

があるので，多くの階調ビット数を削減しなければならない場合は注意を要する．

(5) サブフィールド変換

以上の処理で得られた信号を，メモリを用いて信号フォーマットを並び替え，サブフィールドに一対一に対応したサブフィールドデータ信号に変換する．メモリ容量としては2フィールド分あればよいが，書き込み・読み出しのシーケンスが複雑であり，単純なフィールドディレイによく用いられるFIFOメモリは使えない．機能が単純である割に回路規模が大きくなりやすい部分である．

2.3 FED

2.3.1 はじめに

ブラウン管（CRT）は，自然画および動画を特徴とするテレビ放送画像を忠実に再現表示できる唯一のディスプレイである．フィールドエミッションディスプレイ（FED）は，ナノテクノロジーを用いて製作した微小冷陰極を利用した自発光型フラットパネルディスプレイ（FPD）で，発光原理がCRTと同じである．さらに，FEDはCRTの欠点である電子ビームの偏向による画面周辺部の画像ひずみや輝度の不均一性がなく，またシャドーマスクによる電子ビームの損失や磁場発生のための電力消費もない．これらのことから，FEDはCRTの真の後継ディスプレイとして注目されている．

FEDの歴史は，1976年，SRIインターナショナルのスピント（C. A. Spindt）らによるモリブデンを用いた円錐形状の電界放出型電子源（スピント型電子源とよばれる）アレイの発表に始まる[45]．その後，1986年，フランスの原子力庁の研究機関のLETIのメイヤー（R. Mayer）らがスピント型電子源アレイを用い32×32画素のFEDを発表し[46]，FEDの研究・開発は本格化した．

FEDはCRT並みの表示品質という特長以外にも，パネルの厚さが数mm程度，上下左右170度以上の高視野角，μs台の応答速度，対角42インチで100W程度の低消費電力という特長をもっているが，FEDは技術的に非常に難易度の高い課題も持ち合わせている．たとえば，数十nmからμmオーダーの電界放出電子源を大面積に安価に製造する技術，ギャップが1mm前後のせまい空間内を真空にし，電界放出電子源を時間的・空間的に安定・均一に動作させる技術，画像表示に支障がないスペーサを用いた狭ギャップ真空パネル製造技術，CRTより低い加速電圧で効率よく発光する蛍光体技術などである．

これら課題の中で，とくに電子源の開発が最重要であり，種々のFED用電子源が報告されている．微小電子源は，針状構造を基本とし真空障壁のトンネル効果を利用するスピント型[47]やカーボンナノチューブ（CNT）型[48]，平面構造で金属スリット間のトンネル効果を利用する表面伝導型（SCE）[49]，平面構造でホットエレクトロンの放出を基本とする金属-酸化膜-半導体（MOS）型[50]に大別できる．

本節では，用いる電子源の種類によりFEDを分類する．

2.3.2 FEDの動作原理

図2.27にFEDの基本構造を示す．FEDは

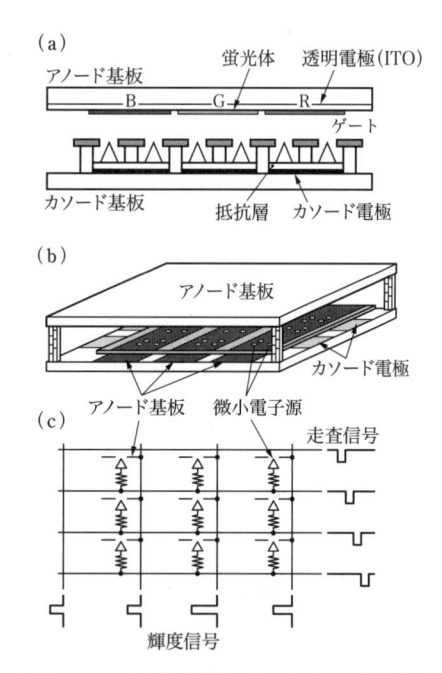

図2.27 FEDの基本構造（a, b）と駆動方式（c）
（三村秀典：FED/SED，内田龍男監修『図解 電子ディスプレイのすべて』，工業調査会を改変）

ガラス基板上に形成されたマトリックス状の電子源アレイ（FEA）からなるカソード基板と，これと対向したR, G, B蛍光体が塗布されたアノード基板とで構成される。FEDでは，陰極（カソード）電極とゲート電極が直交して設けられており，その交点に蛍光体1つ分（ドットとよぶ。R, G, Bの3ドットで1画素を構成する）の電子源アレイが形成されている。

1つの行のカソード電極にマイナス方向のパルス（走査信号）を印加すると，その行が選択される。その状態で，ゲート電極に発光輝度の応じたプラス電圧（輝度信号）を印加すれば，カソード電極電圧とゲート電極電圧の和に応じた電流が電子源から放出される（パルス高変調の場合）。放出された電子は，アノード基板に印可された数kV以上の加速電圧で加速され，蛍光体を励起し発光させる。発光輝度は蛍光体に衝突する電流量に比例する。1つの行の発光が終了すれば，次の行のカソード電極に電圧を印加し，線順次走査を行なう。CRTと異なり，FEDでは電子源から放出された電子はまっすぐ飛ぶだけなので，CRTのように奥行きがいらず，CRTと同じ画質を保ちながらFPDが実現できる。

2.3.3 スピント型FED

図2.28に，スピント型電子源の断面電子顕微鏡（SEM）写真を示す。スピント型電子源は，カソード電極上に形成された円錐形状型のエミッタティップ，絶縁膜，ゲート電極から構成される。カソード電極に対してゲート電極に正電圧を印可すると，エミッタティップ頂上に電界が集中し，ティップ表面の真空障壁はきわめて薄くなる。その結果，金属のフェルミレベル付近の電子は真空障壁をトンネルし，真空中に放出される。金属から電界放出が起こるときに必要な電界強度は10^9 V/m以上であり，これを平面状の金属表面に発生させるにはきわめて大きな電圧が必要になる。しかし，スピント型のように先端を尖らせれば，尖り方が鋭ければ鋭いほど，小さな電圧で必要な電界強度の発生が可能となる。すなわち電界集中係数が高くなる。

図2.29に，典型的なスピント型電子源の製作方法を示す。まず，ガラス基板上にカソード電極，アモルファスシリコンからなる抵抗層，絶縁膜，ゲート電極層を積層する。抵抗層は放出電流の負帰還回路として働き，スピント型電子源で放出電流の安定化・均一化を図るものである。その後，ゲート穴を開口し，絶縁膜をエッチングする。次に，犠牲層であるAl（アルミニウム）を基板を回転させながら斜め蒸着する。その後，基板上部からエミッタティップとなるMo（モリブデン）を基板を回転させながら蒸着させると，ゲート穴の上部の開口部分は堆積が進むにつれ縮小され，それに伴い円錐台形状が形成され，ゲート穴径が塞がったときにゲート穴内部にエミッタ材料のコーンが形成される。最後に，Al犠牲層をエッチングして，不要なMoをリフトオフする。

スピント型電子源は最も完成された電子源で，構造の制御性がよく，理想的な電界集中構造をもち，かつエミッタティップから放出され

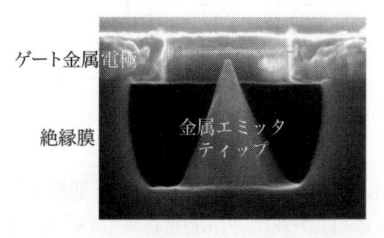

図2.28 スピント型電子源の断面SEM写真

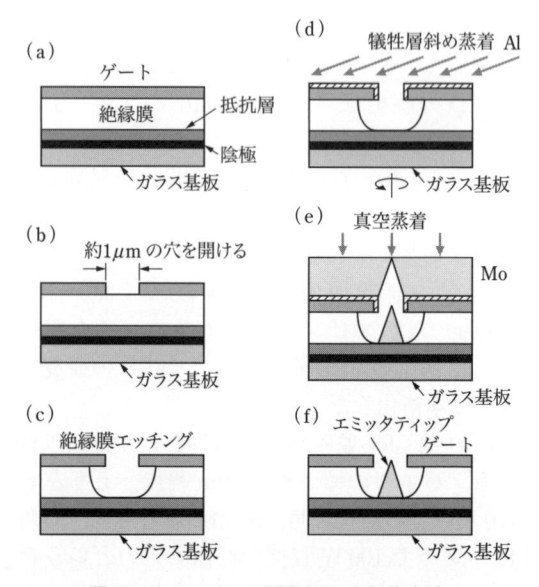

図2.29 スピント型電子源の製作方法

る電子の98%以上がアノード電極に到達するという利点がある．しかし，電子ビームの広がり角度が約30度と大きく，また大型基板に製作するには製造コストが高くなるという欠点がある．

図2.30に，双葉電子工業のスピント型FEDのカソード基板のSEM写真と概念構造図を示す[47]．スピント型電子源は電子ビームの広がり角度が大きいため，ゲート電極に対して低い電位を与え，電子ビームを収束する収束電極が設けられている．一方，ソニーのスピント型FEDには，高速注入イオンの軌道を利用してゲート穴の穴あけをするイオントラッキング技術を用いたゲート穴径約0.1μmのナノスピント型Mo電子源が用いられている[51]．

図2.31に，イオントラッキング技術を用いて製作したナノスピント型電子源アレイの表面SEM写真を示す．電子源アレイの配列はランダムであるが，アレイは数多くの微小電子源から構成されるため，ドット内やドット間における電子ビームの均一性は良好である．

2.3.4 CNT型FED

CNT電子源は大型基板に安価に製造できる微小電子源として期待され，多くの機関で研究・開発されている．CNTは高アスペクトの材料のため，電界集中係数が高く，電界電子放出材料として優れている．

CNT電子源の基本的な構造は，図2.32に示すようにスピント型電子源のMoをCNTに変えたものである．CNTの形成方法として，スクリーン印刷法と気相化学堆積（CVD）法がある．スクリーン印刷法は，CVD法よりよりプロセスが簡便であるが，スクリーン印刷のままではCNTが「寝た」状態のため，電子放出をさせるにはレーザーやテープ処理によりCNTを起毛させる必要がある．

CNT型FEDの最大の課題は画質の均一性の向上にある．放出電子のCNTの長さは数μm程度あるため，ゲート電極とCNTの接触を防ぐためには，ゲート絶縁膜は数μm以上の厚さが必要である．FEDで，ドット内やドット間の電子放出を均一にするためには，ゲート穴の直径を小さくして，ドット内に数多くの電子源を形成することが有効である．しかし，CNT電子源の場合，ゲート絶縁膜の膜厚が数μmあるので，数μm以下のゲート穴を形成するのは難しく，スピント型FEDと同程度の画質をもつFEDは実現されていない．そのため，CNT型FEDはまずメッセージボードとして実用化されようとしている．

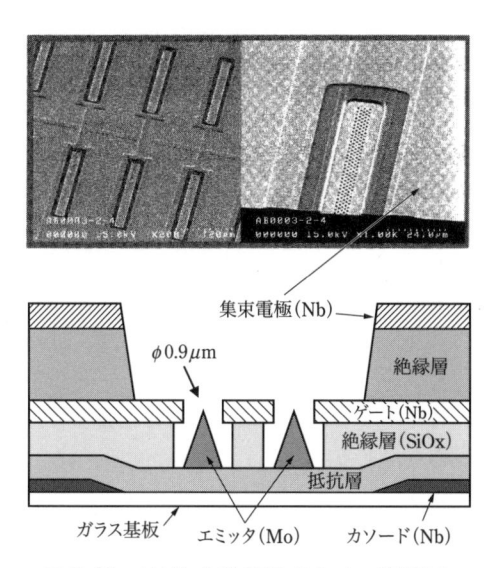

図2.30 スピント型FEDのカソード基板のSEM写真と概念構造図[3]

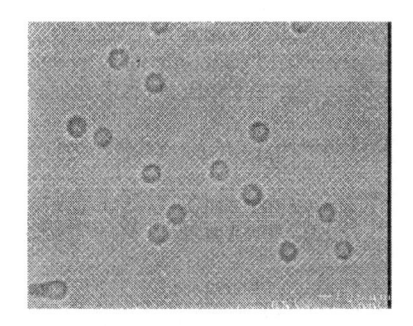

図2.31 イオントラッキング技術を用いて製作したナノスピント電子源アレイの表面SEM写真[7]

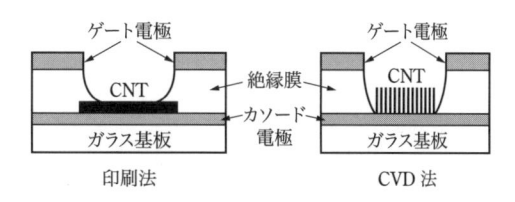

図2.32 CNT電子源の構造

2.3.5 表面伝導型エミッタディスプレイ（SED）

図2.33に，SEDの基本構造を示す。SEDは，SCEとよぶ亀裂（スリット）の入ったC/Pd微粒子膜で形成された電子源をもつ。C/Pd微粒子膜のスリット間に電圧を印可すると，スリット間にトンネル電流が流れ，その一部の電子が偏向や収束を施すことなく蛍光体が塗布され，10 kV程度の高圧が印可されたアノード基板に到達し，蛍光体を励起発光させる。

SCEの製作方法を図2.34に示す。ガラス基板上に印刷法で形成したマトリックス配線とリソグラフィ工程で形成した素子電極を用意し，その後，インクジェット法でPdO膜を形成する。これらのプロセスは簡単であり，大面積化にも有利である。次に，PdO膜に真空中で電極間に7〜10 Vのパルス電圧を加え，Pd薄膜の中心部に幅がサブミクロンのスリットを形成する。最後に，このスリットに真空中でカーボン系のソースガスを導入しながら，10〜22 V程度のパルス電圧を与える。これにより，電流によって発生した熱によってソースガスがカーボンに分解され，熱CVDのようにカーボン膜が気相成長する。すなわち，サブミクロンのスリットの表面を厚さ30〜50 nmのカーボン膜が覆い，これによって幅が約4〜6 nmのせまいスリットが形成される。

このナノスリットの幅は，ソースガス圧や加えるパルス電圧の波形により，制御することができる。このようにして作成した電子源は，安定した特性を示す。SCEでは，スリットを流れる電流に対するアノードに到達する電流（電子放出比）は約3％で，スピント型に比べて電子の利用効率はきわめて低いが，電子源の配置，アノード電圧，カソード/アノード間距離を最適化することにより集束電極が必要ないという利点がある。

図2.35に，SEDの駆動法を示す。走査回路が走査信号（振幅 V_{scan}）を発生し，SCEアレイの1行を選択する。同時に信号変調回路が走査信号に同期して列に相当するパルス変調信号（V_{sig}）を発生させることで，選択されたSCEを駆動する。階調は，図2.27に示したパルス

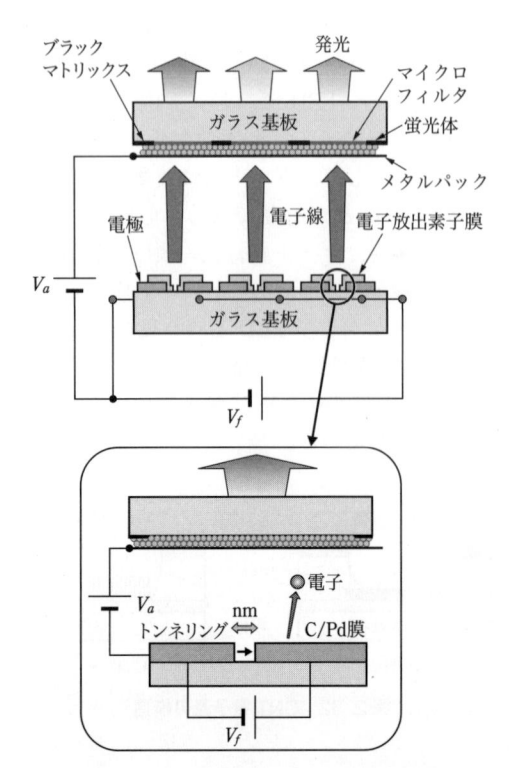

図2.33 SEDの構造とSCE電子源の原理

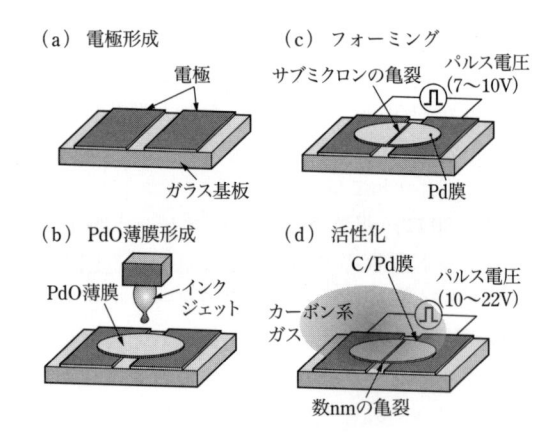

図2.34 SEDの製作方法
（菰田拓哉：『FEDがわかる本』，工業調査会を改変）

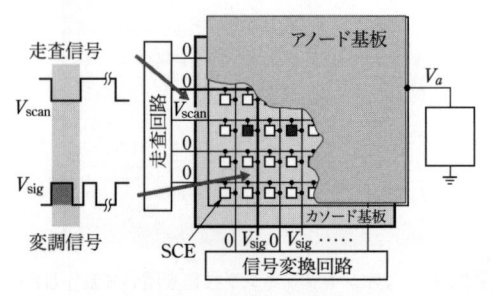

図2.35 SEDの駆動方法

高変調と異なり，パルス幅を変えることによる輝度の制御（パルス幅変調）によって実現する。

2.3.6 ホットエレクトロン電子源を用いたFED

ホットエレクトロン電子源の代表は，10 nm以下の極薄酸化膜を用いた平面電子源であるMOS電子源である。図2.36に，MOS電子源のエネルギーバンド図を示す。ゲート金属電極にその仕事関数以上の電圧を印可すると，極薄酸化膜を電子がトンネルする。極薄酸化膜をトンネルした電子は酸化膜の伝導体と金属内を走行する際，強い散乱を受け，そのエネルギーを失っていく。しかし，ゲート金属の仕事関数以上のエネルギーを保持した電子は真空中へ放出される。MOS電子源は，駆動電圧が10 V以下である，放出電流が安定・均一で，電子の放出角がきわめて小さい，低真空度でも動作するなど多くの利点を有しているが，ゲート電極に流れる電流に比べて真空中へ放出される電流が小さい（通常1%程度）という欠点がある。MOS電子源と電子の放出原理をほぼ同じくする電子源として，金属-酸化膜-金属（MIM）[52]，弾道電子電子源（BSD）[53]，高効率電子源（HEED）[54]があり，FPDが試作されている。

2.3.7 おわりに

現在，スピント型FEDは対角3インチの小型FEDが実用化され，SEDは対角55インチが量産化されようとしている。CNT型FEDは，ドット内およびドット間の電子ビームの不均一性に起因する発光輝度のばらつきを抑えることが最大の課題であり，メッセージボード以外の応用には少し時間がかかると考えられる。

なお，電子源以外のFEDの課題に関して，400℃以下の低温ガラス封止材の開発[55]，スペーサレスガラスパネルの開発[56]，CRTに用いられているP22蛍光体よりも低加速電圧で効率よく発光する蛍光体の開発[57]など地道な努力が続けられている。FEDは他のFPDと比較してきわめて低消費電力であるため，環境上からも今後の進展が期待される。

2.4 有機ELディスプレイ

2.4.1 はじめに

1960年代に学術的見地から研究が始まった有機EL（electroluminescence）素子は，1987年のイーストマンコダック社のTangらによる革新的な研究発表を機に，応用を意識した研究へと変わった。電流を流すことで有機薄膜を発光する有機EL素子は，フラットディスプレイとしての応用だけでなく，最近では照明機器への応用が期待されている[58]。世界初の有機EL素子の実用化は緑色発光の車載用ラジオであり，日本のメーカーによって実現した。有機材料を用いる電子デバイスは耐久性の面で問題があり，実用化は困難であるとの偏見を払拭する画期的な出来事であった。その後，携帯電話，ディジタルカメラやビデオ，PDAなどに搭載され，着実に実用化展開が進んでいる[59]。図2.37に，実用化された例としてPDAとビデオプレーヤを紹介する。有機ELディスプレイの特長として次のような点があげられる。①自発光型であるため視野角依存性がなく視認性に優れている。②応答速度が非常に速いため動画表示に適している。③構造が簡単であるため非常

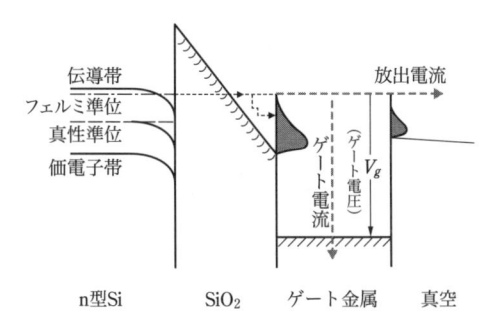

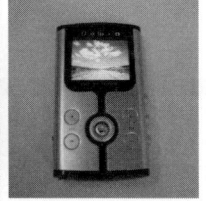

図2.36 MOS電子源のエネルギーバンド図

図2.37 実用化された有機ELディスプレイの例

に薄く軽くできる。また，④製造プロセスが単純であるため低コストが期待できるなど，ディスプレイとしては理想的ともいえる特長を備えている。白色照明としては，すでに白熱電球を凌ぐ高効率が実現されており，限定された用途ではあるが実用レベルの開発品も報告されている[60]。現在，有機EL素子の消費電力を低減するための発光効率改善や，信頼性確保のための長寿命化の研究開発が地道に進められている。

ここでは，まず有機EL素子の基本構造とその材料の種類，動作機構について述べ，続いて有機ELディススプレイのカラー化技術と駆動法を述べる。また，さらなる高効率化の研究動向についても述べる。

2.4.2 素子構造と動作機構

(1) 代表的な有機材料

有機EL素子の構造は，発光層となる有機薄膜を陰極と陽極ではさんだものが基本であり，発光層の厚みは100 nm程度と非常に薄い。ただ，現実的な性能が出せる有機EL素子の場合，図2.38に示すような正孔輸送層（HTL）や電子輸送層（ETL）を付加した2層，3層となっている。また，必要に応じて，さらに多層化した構成をとる場合もある。3層構造の場合，ガラス基板上に透明陽極，正孔輸送層，発光層，電子輸送層，最後に金属陰極の構成で，陽極と陰極を除けばすべて有機材料で構成されている。各有機層の厚みは数十nmであるため，基板を除く厚みはわずか400 nm程度である。

有機材料には低分子系と高分子系がある。代表的な有機材料を図2.39に示す。低分子材料としては，正孔輸送材料であるα-NPD，発光材料あるいは電子輸送材料として用いられるキノリノールアルミ錯体（Alq_3）がある。発光層

図2.39 代表的な低分子系と高分子系の有機材料

はホストとドーパントの2成分で構成されるのが一般的であり，Alq_3がホスト，オレンジ色発光のDCM1がドーパントとして用いられる。一方，高分子系には，ポリパラフェニレンビニレン（PPV）系とポリフルオレン（PFO）系などの主鎖共役系高分子を基本として，チオフェン骨格や芳香族アミンを導入した共重合高分子がある[61,62]。

高分子を用いる有機EL素子の構造は図2.38のDL構造に類似し，導電性高分子（PEDT：PSS）との積層が基本である。基板上への有機材料の薄膜作製は，低分子系が真空蒸着法，高分子系が溶液からの塗布法で行なう。有機EL素子の分類として，低分子材料を用いた低分子有機EL素子と高分子材料を用いた高分子有機EL素子に区分する表現もなされている。

(2) 基本的な動作機構

発光層にAlq_3，正孔輸送層にはα-NPDを用いたTangらと類似の有機EL素子の特性を図2.40に示す。外部からの印加電圧が2.5 Vで急激にAlq_3のPLスペクトルと一致する緑色発光が起こり，4 V付近から飽和する傾向を示す。単純な素子構造であるが，8 Vで10000 cd/m^{2}の高輝度が容易に実現できる。電流に対しては線形で，明瞭に発光輝度が電流量に比例する。このことからも，有機EL素子は電流駆動の発

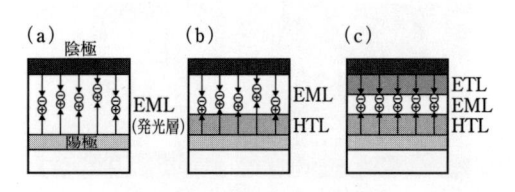

図2.38 有機EL素子の構造
(a) 1層，(b) 2層，(c) 3層。

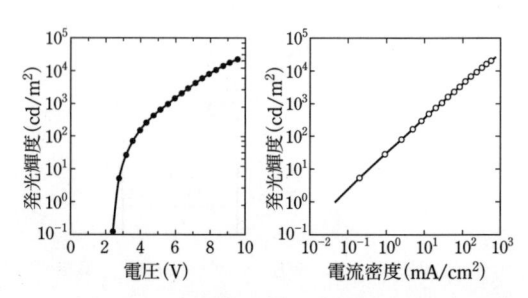

図2.40 Alq_3を発光層に用いた有機EL素子の特性

光ダイオードであることがわかる。実際，欧米では有機EL素子は有機発光ダイオード（organic light-emitting diode）と表現する。

ここで，図2.38に示した3層構造の有機EL素子の動作機構を説明する。外部から数Vの直流電圧を印加すると電流が流れる。金属陰極からは電子が注入され電子輸送層を移動し，透明陽極からは正孔が注入され正孔輸送層を移動し，両キャリアは発光層へ注入される。

発光の素過程を図2.41に示す。発光層へ注入された電子と正孔は有機分子上で再結合し，有機分子の励起状態を生み出す。励起状態には電子スピンの向きによって一重項励起状態と三重項励起状態に分かれ，その生成確率は25％と75％と見積もられている[63]。一般に，三重項励起状態から基底状態への緩和過程は非発光（熱的なエネルギー緩和）であるため，一重項励起状態のみが発光（蛍光）に寄与する。

発光層がAlq₃とDCM1の組合せのドープ系の場合，ホストのAlq₃分子で生成した一重項励起状態がドーパントのDCM1分子へエネルギー移動してDCM1の一重項励起状態が生成することになる。Alq₃だけの薄膜の場合はAlq₃の緑色発光が観察されるが，DCM1をドープすることでDCM1からのオレンジ色発光（590 nm）となる。発光波長の変化だけでなく発光効率も2倍以上に向上する。ドーパントの種類を変えることで，さまざまな発光を実現できる。

発光層で発生した光は図2.41に示すように，陽極とガラス基板を通して外部へ出ることになるが，外部へ取り出されるのは発生した光の一部だけである。外部への光取り出し効率は素子の発光効率を大きく左右する因子であり，20～30％が推測されている。前述した素過程から，発光の外部量子効率 η_{ext}(%) は

$$\eta_{ext} = \gamma \eta_e \phi_{PL} \eta_{out} \tag{2.6}$$

と表わされる。ここで，γ は電子と正孔のキャリアバランス因子，η_e は発光に寄与する励起状態の生成確率，ϕ_{PL} は励起状態からの発光量子収率（PL量子収率に相当），η_{out} は素子外への光取り出し効率である。キャリアバランス因子とは，電極から注入された電子と正孔の再結合確率である[64]。

一般的な蛍光材料を使用する場合は，一重項励起状態のみが発光に寄与するため25％となる。図2.39に示した3層構成であれば，注入された正孔や電子を発光層内に閉じ込め，100％に近い確率で再結合されることが可能となる。たとえば，理想的な有機EL素子を試作したとすると，外部量子効率として5～7.5％の値が導き出されることになる。この値が一般にいわれている蛍光材料を用いた外部量子効率の理論限界値である。しかし最近では，緑色および赤色で10％の外部量子効率が報告されており，光取り出し効率が30％を超える可能性が出てきた。

2.4.3 有機ELディスプレイ
（1）カラー化技術

有機ELでフルカラーディスプレイを実現するには，3原色（赤・緑・青）の有機EL（素子）画素をガラス基板上に100 μmレベルあるいはそれ以下で規則正しく形成する必要がある。これを実現する方法として，いくつかの方式が提案されている（図2.42）。そのなかで

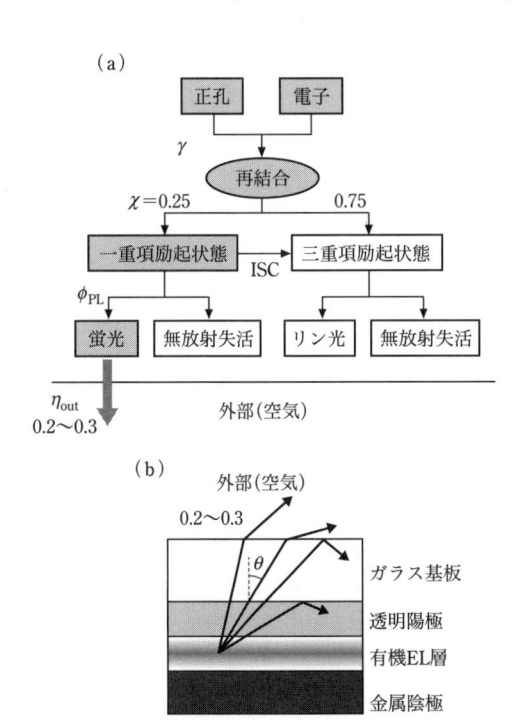

図2.41 有機ELにおける発光の素過程と有機層内で発生した光の光路

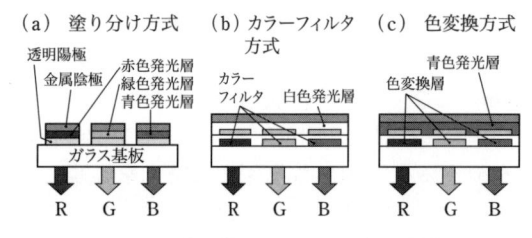

(a) 塗り分け方式　(b) カラーフィルタ方式　(c) 色変換方式

図2.42　代表的なフルカラー化の方式

も，3原色の発光材料をそれぞれ塗り分ける方式（a）が一般的である。低分子有機EL素子の場合，真空蒸着装置の中でシャドーマスクを10 μm以内の精度で移動させることで100 μmサイズの画素を蒸着する。現在，実用化が進められているフルカラーディスプレイの多くはこの方式を採用しており，270 ppiのディスプレイも試作されている。この方式は，原理的に高精細化や大型化の課題を抱えているが，発光材料の性能を最も効率よく発揮させることができる。その他，白色発光を実現しそれをカラーフィルタを通して3原色に分ける方式（b）や，青色発光から蛍光体の色変換層（CCM）を通して緑色と赤色を得る方式（c）などが提案されている。（b）と（c）は有機EL素子を独立に形成する必要がなく，またカラーフィルタやCCMはフォトリソプロセスでの微細化が容易であるため，大型化，高精細化およびコスト的にも魅力がある。最近では，（b）の方式でのディスプレイ試作が増えている。大型のものではサイズ40インチ（1280×800），輝度600 cd/m^2，コントラスト比5000のディスプレイが試作されている。

高分子有機ELディスプレイの場合，インクジェット法で3原色の発光材料を塗り分ける方法が最も有力な方法とされている。画素間を分離するバンクが形成され，基板へ高精度で高分子液滴を吐出して成膜する。現状では，バンク構造を工夫し，ITO表面とバンク内面の表面処理によって，10 μmの精度でパターンニングできるようになってきた。この方法は大画面化，高精細化，低コストを満足する魅力ある画素形成法である。実際，インクジェット法によって40インチのディスプレイも試作されている。インクジェット法以外に従来の印刷法として，フレキソ印刷法で5インチ70 ppiのディスプレイも試作されている。その他，レーザー加熱によって高分子薄膜を基板に融着する方法で3種類の発光層を形成する方法も報告されている。

(2) パネル駆動法

有機ELディスプレイの駆動は，図2.43に示すように，パッシブ駆動方式とアクティブ駆動方式がある。パッシブ駆動は，走査線を順番に選択して，その走査線上の有機EL画像に信号線から電流を流し込み発光させる。

一方，アクティブ駆動では，有機EL画素に選択TFTと駆動TFTが接続されており，走査線から信号が入り選択TFTがONになると，保持容量を充電し駆動TFTをON状態とし，有機EL画素に電流を供給する。

表2.3にパッシブとアクティブ駆動の比較を示す。パッシブ駆動は，走査線数に応じた瞬間発光であり，アクティブ駆動は駆動TFTで制御された常時発光である。コスト的にはTFTを用いないパッシブ駆動が有利であるが，ディスプレイの長寿命化と消費電力の点からはアク

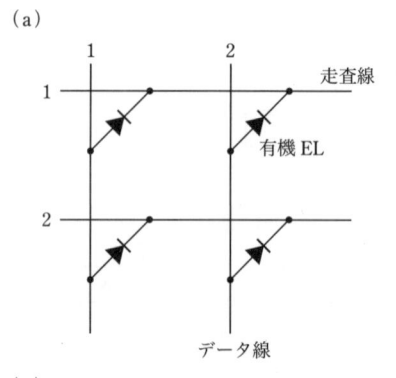

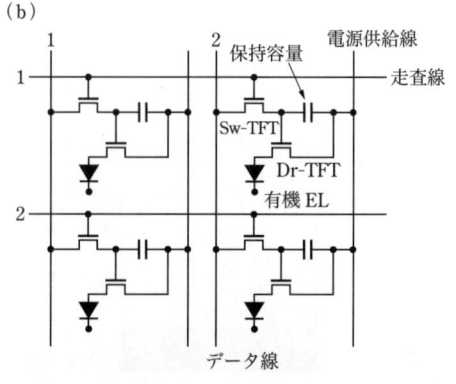

図2.43　パッシブ方式(a)とアクティブ方式(b)の等価回路図

表2.3 パッシブ駆動とアクティブ駆動の比較

	パッシブ駆動	アクティブ駆動
駆動法	デューティー駆動 (瞬間点灯)	スタティック駆動 (常時点灯)
高輝度	△	○
低消費電力	△	○
大画面	△	○
素子構造・コスト	○	△
寿命	△	○

ティブ駆動が有利である。とくに画素数の多い大型ディスプレイでは、アクティブは必須の駆動法である。

駆動のTFTとしては移動度の高い低温ポリシリコンTFTが用いられているが、パネル内での特性(とくに閾値電圧 V_{th})のばらつきが課題となっている。これに関しては、ばらつきを抑える努力が進められる一方で、複数のTFTを用いてばらつきを補償する回路の検討が進められている。将来の大画面化を想定すると、アモルファスシリコンTFT(a-Si TFT)が有利である。前述したカラーフィルタ方式の40インチディスプレイはa-Si TFTを使用している。ただ、特性のばらつきは小さいものの、V_{th}のシフトといった別の問題を抱えている。この点でも回路などの工夫によって性能を保証する研究が進められている。研究の進展によっては、今後a-Si TFTを搭載したディスプレイが実用化される可能性がある。

2.4.4 発光効率の改善

有機ELディスプレイの発光効率改善は、現在でも重要な課題である。発光効率を支配している因子はいくつかあるが、とくに大きいのは発光する励起状態の生成と光取り出し効率である。光取り出し効率に関しては、基板表面へのマイクロレンズやピラミッド型レンズの形成、発光層に接する低屈折率層の形成が試みられている。

前述したように、75%の割合で生成する三重項励起状態は熱失活するため発光には寄与しない。しかし、ある特殊な分子構造の有機材料では、三重項励起状態が発光する。それはリン光材料と称されるもので、一重項から三重項への項間交差(ISC)と三重項状態からの発光(リン光)が非常に高効率で生じる。その結果、原理的には100%の効率で三重項励起状態を生成でき、内部量子効率として100%が可能となる。そのため、外部量子効率として30%の値が期待できる。また、発光波長についても可視領域の赤色から青色までが実現できている。蛍光材料とリン光材料を発光層のドーパントに用いた場合の外部量子効率の比較を図2.44に示す。リン光材料を用いることで、蛍光材料の場合に比べて大幅に効率が改善される。ごく最近では、緑色と黄色で22%もの外部量子効率が報告されている[66]。従来の蛍光材料の最高値が10%であるのに対して、2倍以上の効率改善である。

ディスプレイの消費電力を議論するうえで最も重要なのが、電力効率 η_p (ℓ m/W) である。電力効率は、素子に印加した電圧 V(動作電圧)が関係する点で量子効率とは異なる。

$$\eta_p = \eta_{int}\,\eta_{out}\,V_\lambda/V \tag{2.7}$$

ここで、η_{int}は内部量子効率($\gamma\eta_e\,\phi_{PL}$)、V_λは発光波長のフォトンエネルギーである。電力効率を高めるには動作電圧を低く抑える必要があり、いかに電極からの正孔や電子の注入障壁を低減させるかにかかってくる。その方法として、正孔輸送層に電子受容性の有機分子を、電子輸送層に電子供与性の金属をドーピングすることで障壁を低減させて低電圧化させる研究が活発化している。低電圧化は電力効率の向上だけでなく素子へのストレスを低減できるため、

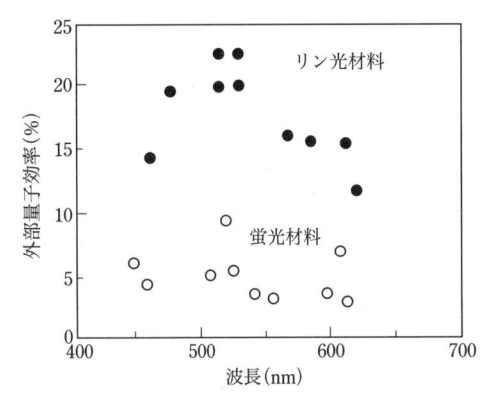

図2.44 蛍光材料とリン光材料を発光層に用いた場合の発光効率の比較

2.4.5 おわりに

有機ELディスプレイは液晶ディスプレイにはない本質的な優位性があり，今後の発光効率や寿命の改善が進めば，その実用化はまちがいなく加速されると思われる。有機材料の特徴はその多様性にあり，今後も発光材料だけでなく関連する新しい有機材料が合成化学によって次々と生み出されていくと予想する。この新材料開発と基礎的な物理現象解明が高効率化と長寿命化につながることになる。まずは数インチパネルでの市場拡大が急務であり，その後は当然ながら大型のテレビ市場への参入である。また，ディスプレイだけでなく次世代の薄型固体照明としての応用も期待できる。

2.5 プロジェクタ

2.5.1 プロジェクタ技術の概要[67,68]

プロジェクタは，一般に直視型よりも大きなサイズの画像を形成するために用いられる。原画像は陰極線管（CRT）やレーザーなどの発光デバイスで生成するか，もしくはライトバルブ（LV）とよばれるデバイスに光を照射して空間光変調することで生成する。

プロジェクタの歴史は古く，初期のTV受像器用として小型CRTに形成された画像を拡大したことが記録されている[69]。最初の大画面・高輝度プロジェクタについては，65年以上前の報告もある[70]。今日では，プロジェクタは，民生TV用，プレゼンテーション用，産業用，大劇場用など，さまざまな形態で利用されている。光出力だけとっても数ルーメンから1万ルーメン以上と広範囲に及んでいるが，プロジェクタ本来の大画面を実現するうえで，光出力増加が重要課題であることはいうまでもない。

すべてのプロジェクタの心臓部には光学エンジンがある。これは入力電気信号を強度変調された2次元光学像に変換し，拡大投写光を出射するサブシステムである。

プロジェクタはスクリーンと光学エンジンの配置関係により，反射型スクリーンを用いる前面投写型（図2.45(a)）と，透過型スクリーンを用いる背面投写型（図2.45(b)）とに大別できる。

前面投写型では，光学エンジンとスクリーンの距離を確保することで大画面表示を実現できるが，明るい照明光の下ではコントラストが劣化しやすい問題がある。一方，背面投写型（以下，リアプロジェクタとよぶ）は，スクリーンの構成を工夫することで，明るい部屋においても高コントラストな表示が可能である。また，光学エンジンの構成やその実装方式を工夫することで，薄型化・コンパクト化が可能である。

発光素子ベースのプロジェクタとして，CRT方式の構成を図2.46に示す。このタイプのプロジェクタは，典型的には赤・緑・青の3原色を発光するのに個別の素子を使用する。3つの発光素子で生成される原色画像は，投写レンズの手前で合成してカラー画像を投写することも

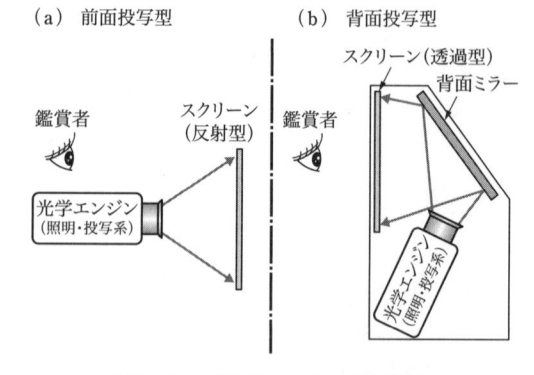

図2.45 プロジェクタの投写形態
前面投写型はフロントプロジェクタ，背面投写型はリアプロジェクタともよばれる。

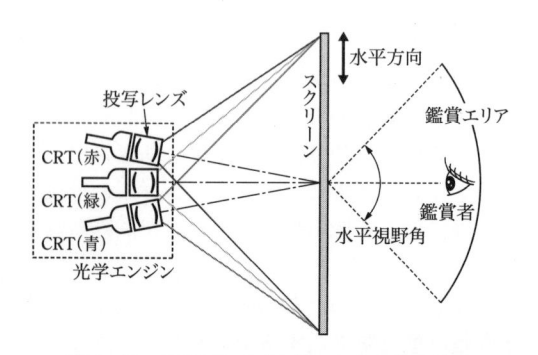

図2.46 CRTリアプロジェクタの基本構成
3本のCRTによって形成した赤・緑・青の3原色画像を投写レンズによりスクリーン上に拡大投写し，スクリーンにより広い水平視野範囲を得る。

可能だが，実際には原色画像の合成はスクリーン面で行なう構成が多い。

一方，LVプロジェクタでは，光変調用のLVが1個ないし3個かそれ以上の個数用いられる．図2.47に，3原色光が別々の光路を通るLVプロジェクタの一般的構成を示す．

これらのプロジェクタの照明光学系では，プロジェクタ用に特別に開発されたランプを用いて高強度のLV照明光を発生させることが多い．ダイクロイックフィルタなどを用いた色分離系で，ランプから出射する光を3原色光スペクトルに分離する．LVはこの原色光を画像点ごとに空間光変調し，各点からの出射光量を制御する．変調された3原色原画像は光学系内部で合成され，1本の投写レンズによってフルカラー画像がスクリーン上に拡大投写される．ランプから出射する光をLVに照射する光学系を照明系とよび，LVから出射する光束をスクリーンに向け拡大投写する光学系を投写系とよぶ．

近年，LV方式の高輝度化・高精細化が急速に進展したことにより，業務用プロジェクタはCRT方式からLV方式に完全に置き換わった．また，低コストが求められる民生用においても，ディジタルコンテンツの普及に伴い，画素型表示が可能なLV方式への移行が急速に進みつつある．

プロジェクタは画面サイズ40インチ型以上で，標準解像度（SDTV）から高精細TV（HDTV）にいたる各種表示フォーマットをカバーする．また，ディジタルコンテンツの表示用途に向けて，QXGAを超えるフォーマットの素子も実用化されている．

さらに，前面投写型での大ホールや映画館向け大画面表示に加え，50インチ型程度のリアプロジェクタを縦・横に配列したマルチプロジェクタによる．150インチ型を超える超高精細ディスプレイも，プラント監視や各種展示会向けの分野を中心に実用化が進んでいる（図2.48）．さらに，LCOS（liquid crystal on silicon）などのLV素子の技術的進展に伴って，走査線数4000本級の超高精細映像システムの研究が進められている[71]．

2.5.2 投写型ディスプレイデバイス

図2.49に主要な投写型ディスプレイデバイスの分類を示す．CRTは電子線が蛍光体に衝突して発光する自発光表示素子であり，白/黒比のダイナミックレンジが大きい画像を得やすい特徴がある．また，入力ビデオ信号の強弱をそのまま電子線，ひいては発光量の強弱に置き換えるアナログ方式である．

これに対して，LV方式では表示デバイス自体は発光せず，透過（または反射）光量を制御するライトバルブ（水道のバルブのように光の通過量を制御）として作用し，光源であるランプ光をLV面内で変調する．したがって，LVの光減衰範囲が白/黒比のダイナミックレンジを決める．また，LV方式の出射光量はランプ光量とLVを含む光学系の透過効率で決定される．したがって，原理的にはランプのハイパワー化によって高輝度化が実現できる．

LVは空間光変調の形態により透過型と反射型に大別され，デバイス面に入射する光束の位相，散乱，反射角，回折のいずれかを変調する．画像書き込みの方式は電気書き込み型と光

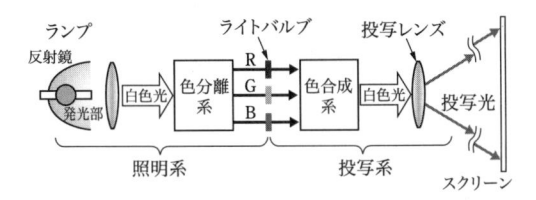

図2.47 ライトバルブプロジェクタの基本構成

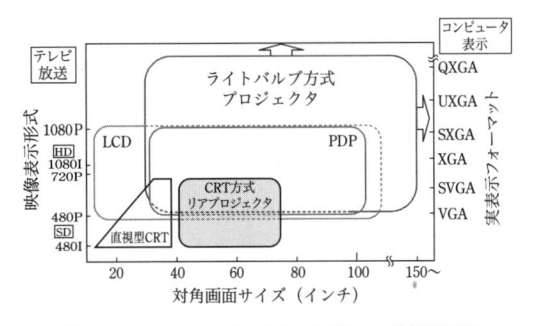

図2.48 ディスプレイの画面サイズ対解像度

SD：Standard Definition，HD：High Definition，VGA：Video Graphics Array（640×480ドット），SVGA：Super VGA（800×600ドット），XGA：eXtended Graphics Array（1024×768ドット），SXGA：Super XGA（1280×1024ドット），UXGA：Ultra XGA（1600×1200ドット），QXGA：Quad XGA（2048×1536ドット）．

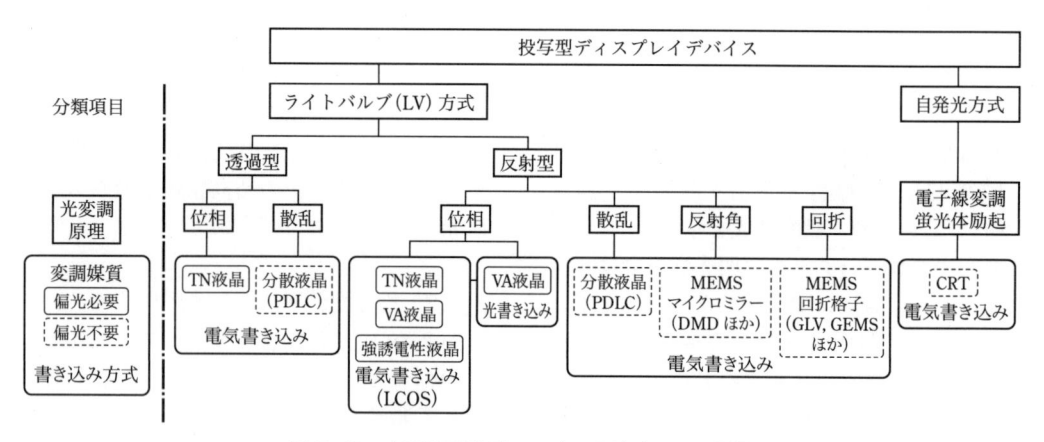

図2.49 主要投写型ディスプレイデバイスの分類

TN：Twisted Nematic, PDLC：Polymer Dispersed Liquid Crystal, VA：Vertically Aligned, LCOS：Liquid Crystal on Silicon, MEMS：Micro Electro Mechanical Systems, DMD：Digital Micromirror Device, GLV：Grating Light Valve, GEMS：Grating Electro-Mechanical Systems。

書き込み型に大別される。

光書き込み型LVでは，原画像はCRT/LCDもしくは走査レーザー光によって光導電層上に形成され，隣接する液晶層の空間位相変調が行なわれる。

電気書き込み型では，TFT（薄膜トランジスタ）を用いたアクティブマトリックス駆動が主流であり，画素密度の増加に伴い，トランジスタ材料が液晶LVの初期に用いられていたアモルファスSiからポリSi，単結晶Siへと進化してきた。電気書き込み式LVは，LCD（liquid crystal display）やPDP（plasma display panel）と同様に，固定画素構造の表示デバイスでもあり，解像度は表示デバイスの画素数で定義される。

変調媒質は，液晶とMEMS（micro electro mechanical system）に大別される。液晶はTN（twisted nematic）をはじめとする偏光を必要とするモードと，分散液晶のように偏光を必要としないモードに分けられる。また，MEMS素子は反射型LVとして機能するマイクロミラー素子や回折格子アレイ素子などが知られている。

広く実用化されているLVとしては，変調媒質に液晶を使用した素子が一般的である。液晶LVとしては，高温ポリSi-TFT（薄膜トランジスタ）を用いた透過型（図2.50 (a)）が一般的であるが，反射型の素子（LCOS，図2.50 (b)）も実用化されている。LCOSは，画像のビットイメージを蓄積する半導体メモリの上に反射電極マトリックスを設けて液晶を駆動する構成なので画素開口率を高めることができ，駆動素子を単結晶Si半導体で集積できるので高速駆動性に優れている。

また，MEMS技術を用いたLVとしては，DMD（digital micromirror device，図2.51[72]）が普及している。図のようにSRAMをミラーの下部に集積し，書き込まれるメモリ信号に従って，個々のミラーを静電駆動することで，ミラーを左右どちらかに傾くように制御して，"0"，"1"の2値状態に反射光の向きを変調する。階調表示は，オン期間を制御するPWM（pulse width modulation）を用いる。DMDはアルミの薄膜ミラーがスイッチングする構造なので，画素間の光変調特性ばらつきが少なく，良好な画面均一性が得られやすい。

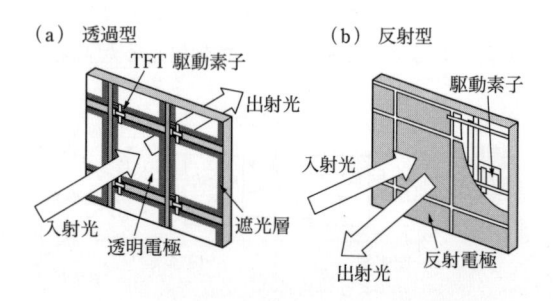

図2.50 透過型・反射型液晶LVの構造比較

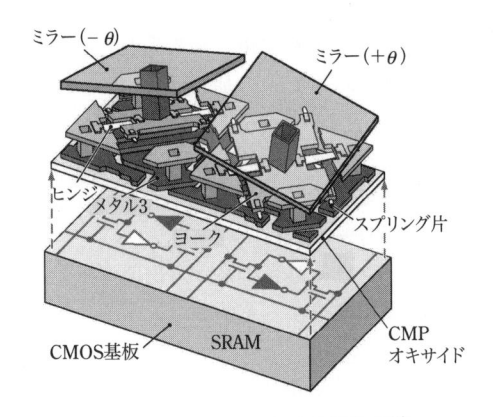

図2.51 DMDの2画素分構造図[72]
ミラーは透明に描かれている。

2.5.3 照明・投写光学系

透過型LVを用いた光学系は，3枚のLVを用いた等光路長光学系（図2.52）と，DP（ダイクロイックプリズム）光学系（図2.53（a））の2種類に分類できる。等光路長光学系では，3枚のLVがランプ，投写レンズのそれぞれから3原色光の色分離・合成用のDM（ダイクロイックミラー）を介して等距離に配置される。また，各LVは対応する原色画像信号で変調され，1本の投写レンズでフルカラー画像として拡大投写される。

一方，DP光学系では，3原色の照明光路長が等しくない。そこで，光利用効率を高めるために少なくとも1つの光路中にリレーレンズを配置する。各LVによる3原色画像は，キューブ型に接合された4分割DPで合成されて拡大投写される。等光路長光学系の光学部品のほうが概して安価であるが，投写レンズとLVの距離が大きいので高価な投写レンズが必要である。

さらに，投写光束が45°傾斜したDMを通過するので収差が発生する。高精細な投写光学系では良好なコンバージェンスを得るために，この収差を補正する必要がある。DP光学系ではDPのコストが高いが，投写レンズは簡素になる。また，3枚のLVをプリズムに固定すれば，LVの位置調整後のずれが少ない。

一方，反射型LVを用いた光学系（図2.53（b））は，照明光を偏光し，LVの反射光を検光するために高価なPBS（偏光ビームスプリッタ）を3個使用しなければならず，またバックフォーカル長の大きな投写レンズが必要となる。反射型液晶LV光学系では，PBSの消光比特性が投写画像のコントラスト確保に関する足かせとなっていた。近年，ナノ微細加工技術を応用することで，可視光用のワイヤグリッド偏光子（WGP）が開発された。WGPは無機材料で構成され，光の入射角依存性や熱歪みの影響が少なく，LCOSプロジェクタの高画質化に寄与している[73]。

DMDプロジェクタは，1～3枚のDMDを用いる方式に分類されるが，回転カラーホイールで色生成する単板式が最も普及している（図2.54）。

この方式は，3原色照明光を3枚のDMD素子に同時に分光照射する3板式に比べて，照明光スペクトルの制限と各原色光の照射時間の制限により，原理的に光利用効率が約1/9に低下

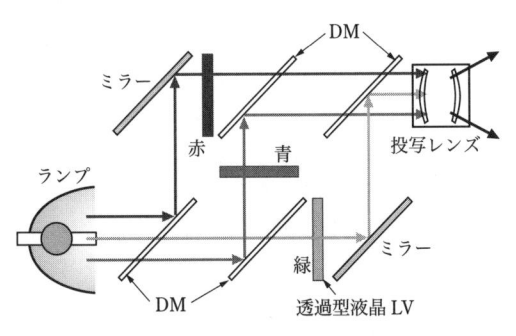

図2.52 3LV方式等光路長光学系
電気書き込み型液晶LVを使用している。

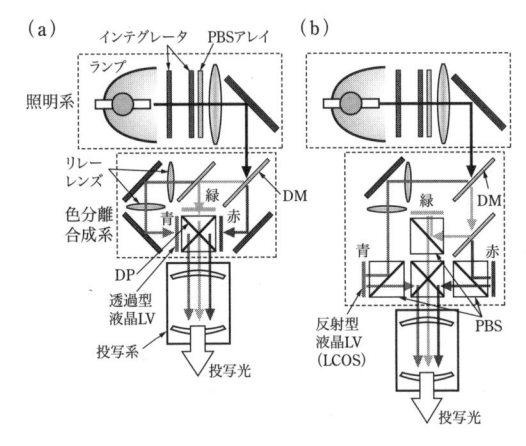

図2.53 ダイクロイックプリズム（DP）方式プロジェクタ光学系
（a）透過型液晶LV光学系，（b）反射型液晶LV光学系。

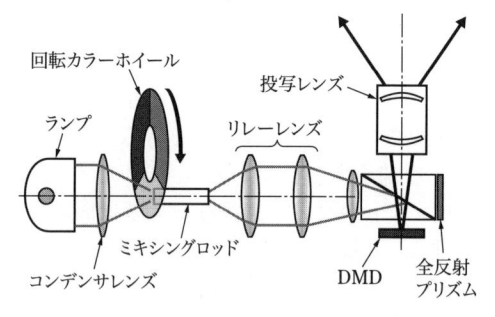

図2.54 単板式DMDプロジェクタの構成例

する．しかし，単板式はシンプルな光学系で優れた画質性能と実用的な明るさを実現できるため，普及型データプロジェクタや民生用プロジェクションTV，ホームシアター用プロジェクタなどの分野で広く普及している．反面，PWM表示に起因する動画擬似輪郭，ディジタルノイズ，色順次方式特有の色われ（color breakup）現象などの改善課題があるが，現在実用化されている製品においてこれらの課題は十分実用レベルにあるといえる．

2.5.4 主要動向

本項では，今後の実用化が期待できるおもな研究開発動向について紹介する．

(1) 光源

現在LVプロジェクタの光源としては，一部の高光出力用途を除き，ほとんど超高圧水銀ランプが用いられている．超高圧水銀ランプには長年にわたり寿命改善とフリッカ低減が求められている．

これに対して，ランプ電極設計の立場から，短い放電アークを維持する電極設計法，およびフリッカの原因となるアークジャンプ現象の低減と短アーク長維持寿命を両立する駆動方式が研究されている．また，直視型LCDのバックライト光源として，実用化が先行したLED（light emitting diode）をプロジェクタに応用する研究が進められ，光量に対する要求が比較的ゆるい小画面表示用プロジェクタ向けから実用化が始まっている．また，家庭用プロジェクションTVの光源にLEDを使用することで，超高圧水銀ランプの問題点である赤色の色再現を改善した製品が一部実用化されている．

さらに，LEDに比べて原理的に光利用効率が高く，究極の広色域化，高信頼・長寿命化，光学系簡素化などを実現しうる光源として，高出力半導体レーザーの研究が進められている[74,75]．また，レーザー光源プロジェクタで問題になるスペックルの低減方式に関しても研究が進められている[76]．

(2) スクリーン

スクリーンは投写光学系から出射する光出力を表示画像に変換する重要なコンポーネントである．PDPなどのフラットパネルディスプレイと比較した場合の改善課題である視野角拡大用に，1枚構成で縦／横独立に配光制御可能な2次元格子構造レンチキュラー板（クロスレンチキュラーレンズ）が提案された[77]．

従来，リアプロジェクタ用として，水平方向に配列された1次元レンチキュラー板と拡散層の組合せが用いられており，レンチキュラー板で水平方向の視野角を拡大するとともに拡散層で垂直方向の視野角確保を行なっていた．しかし，垂直視野角はレンチキュラー板に混合された拡散剤で広げるだけのため，上下視野角がせまいことが指摘されていた．従来構造により十分に垂直視野角を拡大するために拡散層の散乱性を高めると，コントラスト低下と解像度低下が問題となるため新構造が提案されたものである．また，画面の縦方向に周期性を有する全反射プリズムアレイによって垂直視野角を拡大する試みも報告された[78]．

(3) MEMS-LV素子

1次元の可動回折格子アレイをSi基板上に形成した新LV素子（grating electro-mechanical system；GEMS）の発表があった[79]．HDTV表示用に1080ラインの素子を試作しており，光学的に水平方向に走査することで2次元画像を形成する．回折格子を印加電圧によりON/OFF制御する応答時間は50 nsと速い．先に報告されたGLV（grating light valve）[80]に類似した素子である．これら回折型LV素子については，半導体レーザー光源の研究とともに実用化に向けた進展が注目される．

(4) リアプロジェクタの薄型化・コンパクト化

確実に増大している大画面化のニーズに伴い，リアプロジェクタの薄型化・コンパクト化

への要求も高まっている。投写光学系構成に関して，①反射式，②屈折・反射式，③屈折式の3方式にて，装置厚みを従来比1/2〜1/3以下にする研究開発が多くの機関で進められている[81]。これらの成果により，LCDやPDP以上の大画面を薄型・コンパクトな形状で提供できる表示装置が，家庭用のTVを含めて本格的に実用に供されることを期待したい。

2.6 立体ディスプレイ

立体ディスプレイの原理については第Ⅰ編（基礎編）5.3節で説明した。本節では，これらの方式を用いた立体ディスプレイの作成例について概説する。

2.6.1 両眼視差方式

(1) レンティキュラー方式

図2.55のようなレンティキュラーレンズを用いた8眼式メガネなし3D TVディスプレイシステムが開発され，比較的良好な立体映像が得られている[82]。

しかし，レンチキュラーレンズの画素数が視点数に対応するため，再生像解像度を低下させずに視点数を増やすことが困難であり，そのために視域が制限される問題があった。その後，本方式を用いて観測者の位置をリアルタイムで検出し，プロジェクタを対称な位置に移動する制御を行なうことにより立体視域を広げる方法が報告されている[83]。

(2) パララックスバリア方式

パララックスバリアを用いた15インチの立体TVが開発されている（シャープMebius）。さらにパララックスバリアを液晶パネルの両面に配置して，高輝度なディスプレイを作成するとともに，シフトイメージスプリッタを用いて立体視範囲を拡大している。また，LED配列を用いて輝度調整を行ない，大画面パララックスバリア方式の多人数観察可能な立体ディスプレイが作成されている[84]。同様に，円筒形のパララックスバリアの内側でLEDの1次元光源アレイを回転させながら輝度変調を行ない，さらに視域を広げる方法として目の残像効果を利用して表示を行なう円筒形の多眼ディスプレイが試作されている[85]。

さらに，日立ヒューマンインタラクションラボで試作システムとして開発された，円筒形の立体映像ディスプレイ装置"Transpost"を紹介する[86]。360度どこからまわり込んでも映像

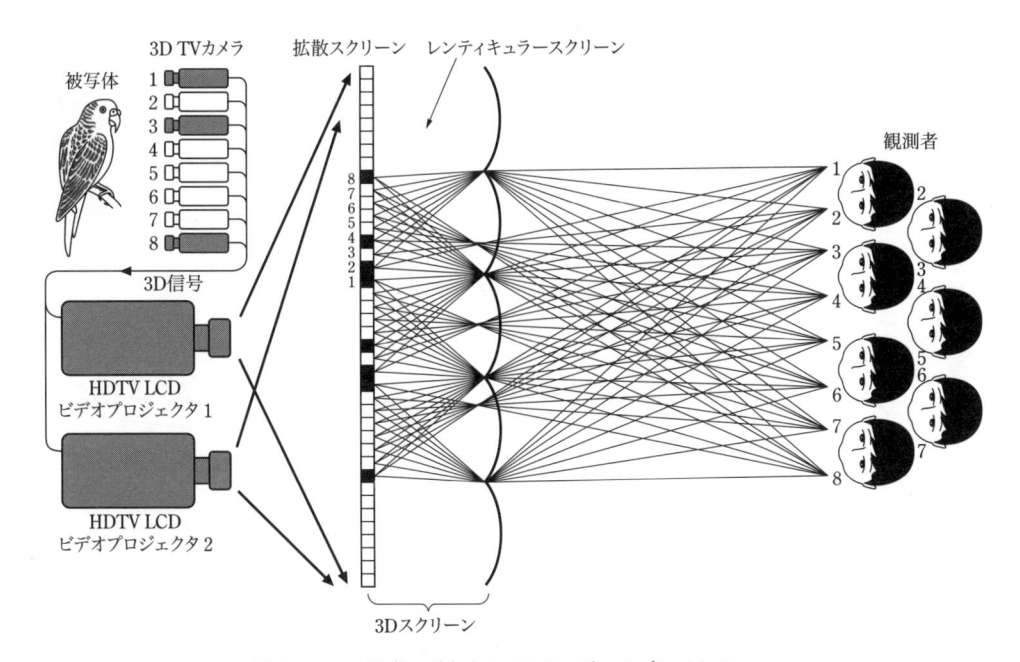

図2.55 8眼式メガネなし3D TVディスプレイシステム

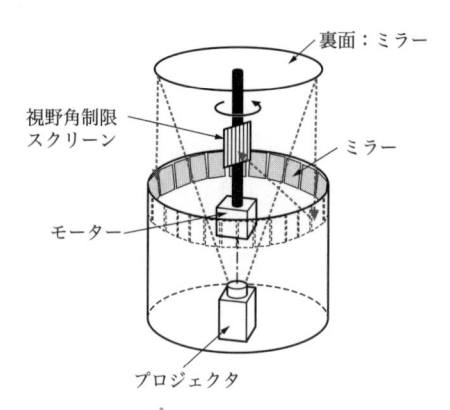

図2.56 円筒形立体映像ディスプレイ装置

を見ることができ，特殊な眼鏡の着用やホログラムのような特殊な処理を必要とせず，空中に浮かんでいるような立体映像を楽しむことができるほか，専用の撮影システムを併用すれば，実写の立体映像をリアルタイムで見ることができ，ネットワークを介して実写映像を送ることもできると報道されている。被写体のまわりを囲むように24枚の鏡を置き，鏡に映った映像を天井側にある4台のカメラで分担して撮影する。この映像を4台のプロジェクタに伝送し，24方向から映した映像をまず天板の鏡に投影し，さらにその鏡で反射された映像が回転スクリーンのまわりに配置された24枚の鏡に投影され，さらに，この鏡で反射して回転スクリーンに投影され，立体映像を表示をするという原理になっている（図2.56参照）。

(3) バックライト分割方式

左右画像それぞれを照射するバックライトに指向性を持たせて視差画像を得る方式で，赤外LEDとモノクロCCDカメラおよびCRTとフレネルレンズで構成されている。モノクロCRTに映された観察者の顔画像をバックライトの光源として用いているため，視点に追従して立体視が可能である[87]。

(4) ホログラフィックスクリーン方式

ホログラフィの特徴である回折と焦点調節とを1枚のスクリーンを用いて構成し，視差画像を合成する方法であり，0次光の分離が容易で，かつ比較的視域が広くとれる特徴がある[88]。

(5) ヘッドマウントディスプレイ（HMD）方式

ヘッドマウントディスプレイの左右のLCDに視差画像を用いる方式で，特別な位置合わせを必要とせず，小型で大画面表示が可能となる。最近では，輻輳距離と焦点調節距離を一致させるような自然な焦点調節を伴うHMD立体ディスプレイが試作されている[89]。さらに，人間の網膜に直接視差画像を書き込む，新しい網膜投影型立体ディスプレイも開発されている[90]。

(6) グレーティング方式

本方式は，液晶パネルに回折格子を密着させて回折により視差像を形成する方法である（図2.57参照）。水平方向に指向性をもつスクリーンを用いて左右の視差映像をつくり出す方式で，異なった方向から見た2次元画像を左右の目で別々に観察できるように，微少な回折格子の角度とピッチを変えながら平面基板上に配置することにより3次元画像の表示を行なう方法であり，この方法はグレーティングイメージともよばれている[91]。本方式を用いてカラー立体映像が得られている[92]。回折格子にホログラム光学素子を用いたものなどが提案されている[93]。

また，通常の回折格子の代わりに，ICの技術を用いてプロセッサ用の集積回路の基板の一部に，液晶層を装荷して作成した並列化液晶パネルとそれを用いた電子的アドレス方式による回折格子の作成および3次元映像の表示システムが報告され，ICビジョンとよばれている[94,95]。電極に電圧が印加されると，その部分の液晶に屈折率変化が生じ，回折格子として働く。この方式は表示速度が速くとれ，また処理

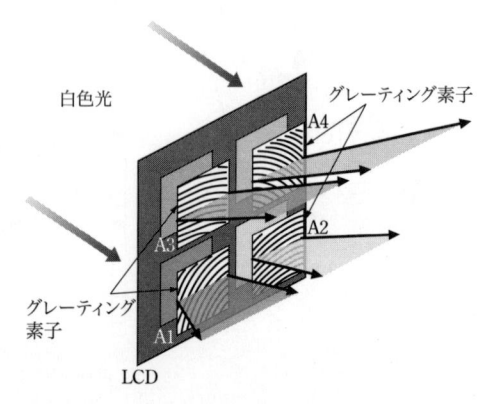

図2.57 グレーティング方式立体ディスプレイ

第 2 章 表示系

時間の高速化も可能であり，また液晶パネルの高精細化・大画面化も可能である．

(7) 超多眼ディスプレイ

本方式では，半導体レーザーあるいは液晶パネルを多数配列し，光学系によりすべての光線を 1 点に集束させる．さらに，対応する光線の 1 本 1 本を強度変調することにより立体像表示を実現する方法であり，観察者の瞳の中で 2 つ以上の視差画像が重なる，単眼視差が可能な立体ディスプレイを実現できる方式を超多眼立体ディスプレイとよぶ．図 2.58 に示す集束化光源列 (focused light array ; FLA) 方式は半導体レーザーを水平方向に多数配列し，光学系によりすべての光線を一点に集束させる．そして，集束した光点を，ミラーを振動させることにより機械的に水平・垂直方向に走査する．そのとき，それぞれの点位置で，対応する光線の 1 本 1 本（それらを光線形成要素とよぶが，それらを表示したい像のある方向の 1 本の光線に対応させる）を強度変調することにより，立体像表示を実現する方法である．これは FLA 方式とよばれている．

現在，45 個の光線形成要素（この数が視点数に対応する）を用いて，水平方向 400 画素，垂直方向 400 画素で，表示サイズは 185 mm（水平方向）× 125 mm（垂直方向）× 200 mm（奥行き）の画像がビデオレートで得られている[96]．今後，画像のぼけの改善，カラー化，実写像表示への入力・信号処理対応が課題である．

2002 年に入り，高木ら[97]によって，LCD パネルを並列に配置した 64 眼ディスプレイが開発されている．

これらの両眼視差方式の立体表示は，複数の 2 次元画像だけで立体感を与えられる点から，優れた方式といえる．しかし，立体映像を見ているときの輻輳距離と焦点調節距離が一致せず，長時間画像を見つづけると疲労の原因となる．この問題を画像・信号処理などにより解決することが重要な課題と考えられる．

2.6.2 断層面再生方式

被写体を奥行き方向の断層像に分割し，それらを空間に再現して 3 次元映像を再現する手法で，以下のように分類される．

以下に，各方式の概要を示す．

(1) 体積走査スクリーン方式

スクリーンを奥行き方向に移動して断層面を表示する．目の残像を利用して立体表示を行なう[98]．スクリーンの代わりに白色 LED を用いて，映像を直接表示する方法も提案されている．

(2) バリフォーカル（可変焦点面）方式

バリフォーカル方式については，液晶を高速に動作させるために 2 周波液晶を用いた液晶レンズによる可変焦点型 3D 表示方式が知られている．3D 物体を奥行き方向に標本化して多数の 2D 画像の集合とし，これらを再び奥行き方向に再配置することにより 3D 像を再現する．図 2.59 に示すように，液晶レンズの焦点距離を電気的に変化させることにより，2D 画像の結像位置を奥行き方向に変化させることができることを利用している[99]．

(3) 輝度変調 (depth-fused 3D ; DFD) 方式

輝度変調方式立体ディスプレイは，NTT サイバースペース研究所が提案したもので，奥行

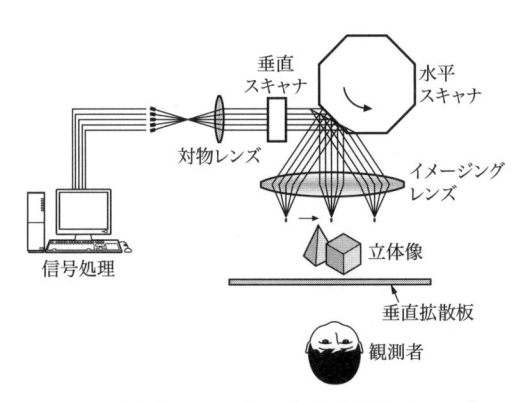

図 2.58 集束化光源列（FLA）方式立体ディスプレイ

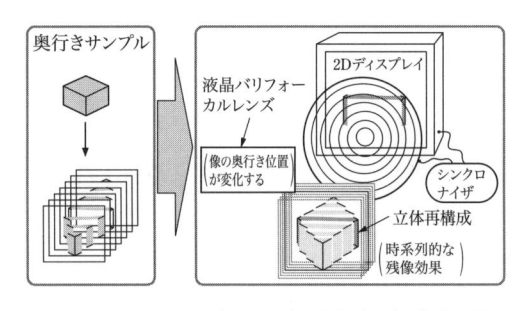

図 2.59 バリフォーカル（可変焦点面）方式立体ディスプレイ

き位置の異なる2つの2次元像の輝度比を変化させることで，奥行き感を連続的に変化させることができる．

2.6.3 空間像表示方式

これらの方式は空間に実際に3次元像を結像するもので，人間が3次元物体を認識するときに重要な，両眼視差，輻輳，焦点調整，運動視差などのすべての生理的要因を満たしているという特徴を有している．細かい平面を合成する要素方式と，空間を体積的に再現するホログラフィ方式に大別される．

(1) インテグラルフォトグラフィ(IP)方式

IPは，小さな凸レンズアレイを配置し，物体のある視点からの画像を撮影する．記録時と同一の光学系の背面から撮影された画像を投影すると，元の位置に奥行きが反転した立体像が再生される．高精細LCDを多用いたアナモルフィック光学系を用いた立体像表示方式が報告されている[101]．

屈折率分布レンズによるレンズ板を用いて3次元立体像を撮像し，カラー液晶パネルとマイクロ凸レンズ板により立体像を再生するIP方式のテレビジョンシステムへの適用が行なわれている（図2.60参照）．IP方式で問題になる空間の奥行きが反転した像の回避および要素画像間の干渉の除去を，屈折率分布レンズを用いて行なっている[102]．屈折率分布レンズによるレンズ板およびカラー液晶パネルとマイクロ凸レンズ板の性能向上により，今後の画質の改善が期待できる．

(2) 光線再現方式

3次元物体の表面から発散する光束を，光束の広がり方や出射方向を示す光線の交点によって再現することが可能である．この方法により有限の光束から任意の3次元物体の像を再現する方法は光線再現方式とよばれている．光線再現方式ではバックライト用画像表示パネルの輝度変調および小開口用液晶パネルの開口位置の変調を用いて，光線群の交点によって任意の奥行きの立体像を再生している[103]．また同様に，光線再生方式では点光源列とカラーフィルタ(LCD)を配置してカラー立体像を再生している[104]．さらに，点光源列を白色LEDに置き換えることにより，再生像の明るさが改善されている．これらの方式は装置も簡単であり，リアルタイム処理が可能なことから有望な方式と思われる．今後，再生像のぼけの改善が課題と思われる．

(3) ホログラフィ方式

ここでは電子ホログラムディスプレイ技術の発展について，おもに述べることにする．

ベントン教授らによって開発された方式は，図2.61に示すように，コンピュータにより生成された3次元データによりホログラムを合成する方式である．さらに，ホログラムの表示には音響光学変調器（acoustic optical modulator；AOM）を用い，微小なホログラムを拡大するために水平走査をポリゴンミラーで行ない，また垂直走査をガルバノミラーを用いて行なう方法であり，3チャネルのAOMを用いてカラー

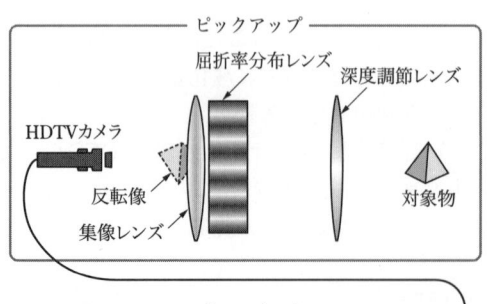

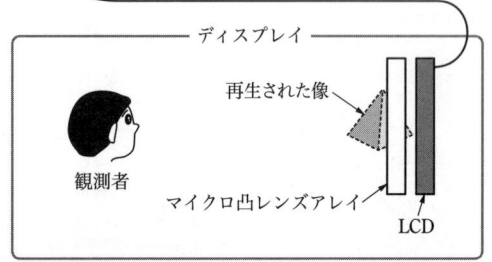

図2.60 屈折率分布形レンズインテグラルフォトグラフィ方式立体ディスプレイ

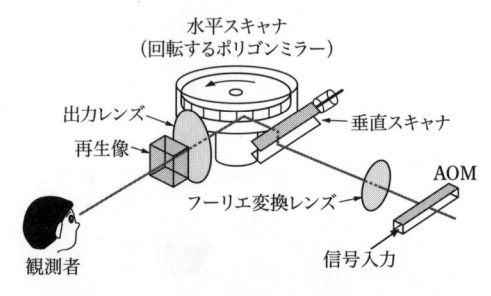

図2.61 AOM方式によるホロビデオ

像再生を行なっている。開発当初は，ホログラフィによる再生像は 3 cm 平方程度であったが，その後，18 チャネルの AOM を用い，また，ポリゴンミラーの代わりに 6 個の可動ミラーを用いることにより 60×70 mm 程度までの大きな像が得られており，視域角 38 度程度まで大きな視域をもった再生像が得られている[105]。

液晶表示デバイス（LCD）は，偏光による光の強度変調だけでなく，光の位相変調も可能であり，そのためにホログラムのような波面再生にはたいへん適したデバイスであり，また日本の企業で高精細な液晶パネルが開発されていることから，日本の研究機関で多くの提案がなされている。AOM による方式が機械的な走査を用いているのに対して，電子的な走査を用いている液晶表示デバイスの場合は，高速性や安定性の点で優れているためである。実物体に対しては反射物体を対象とし，物体からの散乱光と参照光との干渉縞の作成を行なう実験システムを図 2.62 に示す。CCD カメラにより直接，干渉縞を入力し電気信号に変換する。さらに電子的な信号として NTSC 方式により伝送したのちに，液晶表示パネル（LCTV-SLM）上でホログラム干渉縞に再生光を照射すると，元の 3 次元の像が再生されている[106]。

また，計算機合成ホログラム（CGH）の手法により得られた波面の位相分布を，液晶パネルの屈折率の変化として表示する方式（キノフォーム，kinoform）により立体動画像の再生が行なわれている（図 2.63 参照）。その際に，3 枚の液晶パネルを用いることにより，各色分解された立体像を重ね合わせてカラー動画像が得られている[107]。

さらに，コンピュータで合成されたホログラムの振幅と位相データを，別々の液晶パネル（LC-SWM）に表示して 3 次元映像を再生するような方式が提案されている。また，液晶パネルを水平方向に多数，空間的にずらして配置し，再生像の視域を拡大する方法が行なわれている。この方法では，垂直方向の視差を犠牲にすることにより，再生像の大きさおよび視域を拡大する方法が検討されている。また，この場合，再生像面の近くに視野レンズを置くことによって，観察距離を近くできることを示している。

1997 年に通信放送機構（TAO）立体動画像通信プロジェクト（3D プロジェクト）において，ホログラム表示用の専用の高精細で大画面の液晶表示デバイスが試作され，液晶パネルを空間的に多数配列することにより大画面化が検討され，ホログラムを表示するためのフレームメモリの設計が行なわれた。作製された実験システムは図 2.64 に示されるように，5 枚の液晶パネルが空間的に水平方向に配列されていた[108]。その場合，得られる再生像の大きさは 50×100×50 mm となる。また，視域は 65 mm であった。この表示デバイスによる再生像に関しては，再生像の動きも滑らかで，かつ立体感や視域もある程度得られたが，装置の調整が大変であったこと。また装置が非常に大きくなり実用的なものとはならなかった。しかし，これらの表示方式では，走査系はすべて電子的に行

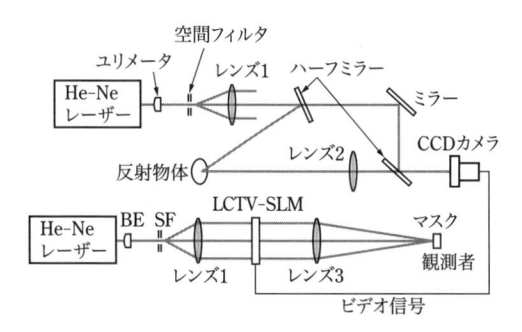

図 2.62 リアルタイムホログラムの光学系
BE：ユリメータ，SF：空間フィルタ。

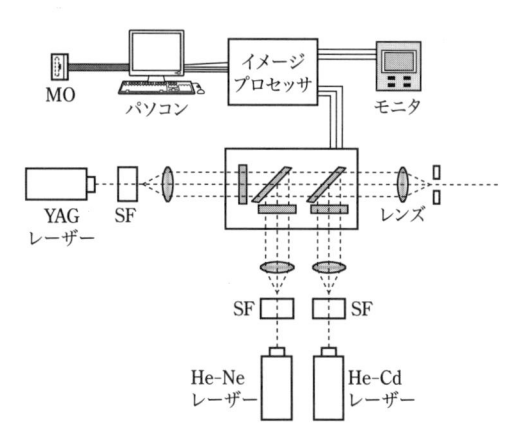

図 2.63 カラー立体動画像表示システム
SF：空間フィルタ。

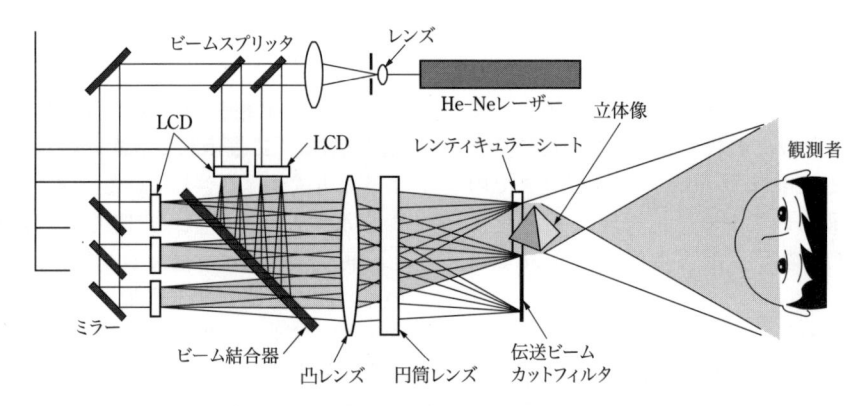

図2.64 5枚のLCDを用いた電子ホログラフィシステム

なわれるために高速化が可能であり，また機械的な振動がないために安定な動作が得られるなど，システムの性能から見た場合に一定の評価は得られたと思われる。ただし，実用的なシステムとするためには小形化などの別の視点が必要とされた。

電子ホログラフィの技術的問題を解決するための取り組みに関して，次の事柄が現在検討されている。

① 表示画面の高精細化

LCDの高精細化はさらに進んでおり，通常のLCDパネルは透過形のものが用いられているが，LCOS（liquid crystal on silicon）とよばれる反射形のものが高精細化の観点から注目されている。すなわち，液晶の駆動回路を半導体基盤に直接組み込み，その上に電極および液晶を装着する構造となっている。現在までに8 μm程度のLCDパネルを用いた像再生が行なわれている[109]。現在の要素技術の延長で，将来は数 μm程度のLCDが実現可能であろう。

② 大画面化

多数の液晶パネルを空間に配置してPCにより独立に駆動させることにより，大画面化が可能である。

③ 視域拡大

- 再生像空間領域制限法　液晶パネルの大画面化・高精細化による以外に視域を拡大する方法として，液晶パネルからの高次像を制限し，共役像を取り除くことにより視域拡大が行なわれている[110]。
- 空間投影法　霧状の水粒子を空間に噴霧し，立体スクリーンとして用いる方法が提案されている[111]。すなわち，レーザー光により再生された実像を水粒子により散乱させて像再生を行なうもので，散乱角に比例して視域角を30度程度まで拡大させている。

④ HMD方式

HMD（ヘッドマウントディスプレイ）による立体テレビの方式として，虚像再生方式によるホログラフィ立体動画像再生の検討が行なわれている[112]。実際にはCGH作製の際に参照光を点光源として計算する。ホログラム乾板を通して反対側に虚像を再生する方式で，ホログラムと観測者の距離を短くできる。視点を移動する必要がないため広い視野がとれるというメリットが考えられる。

⑤ 白色光像再生

これまでは，液晶パネルを用いた電子ホログラムのカラー像再生にはRGBの3本のレーザーが用いられてきた。しかし，ホログラフィを用いた立体テレビをカラー再生や自然画の再生に対応できるようにするために白色光再生技術が望まれている。また，光源にレーザーを用いた場合，再生像の周辺にスペックルノイズが発生し，自然な立体像の再現を損なうことになる。白色光源と液晶パネルを用いたイメージホログラム化による像再生が報告されている。

⑥ カラー化

動画ホログラムのカラー化に関しては以前RGBの3本のレーザーを用い，3チャネルのAOMあるいは液晶パネルを用いたカラー化が行なわれた。最近では，ハロゲンランプや白色LEDなどの白色光源と液晶パネルを用いて，

比較的よい再生像が得られている。これらの結果から，装置の小型化が可能になる[113]。

⑦ホログラフィック・ステレオグラム方式

3次元物体を視点を変えた多数の2次元画像とし，それらの画像を基にホログラムを細い帯状に作成する。再生の際にそれらを合成して観察すると，両眼視差によって立体像として観察できる。

この方法は直接レーザーを照射することができない実物体やコンピュータグラフィクス（CG）画面のホログラム作成にたいへん有効な方法であるほかに，ホログラムの情報量低減にとっても有効な方法である。作成方法はカメラ入力，計算機による方法ともに可能である。計算機による方法では，各視点で得られた2次元の投影画像を基に波面の伝搬の計算を行ない，得られたホログラムを正しく配列して両眼視差により立体視するものである。

⑧計算の高速化

ホログラム計算は並列計算に適していることから，並列コンピュータを用いてリアルタイムな像再生が可能な電子ホログラムが実現できる[114]。

⑨伝送・圧縮処理

伝送時における方法としては，視差画像を伝送し，表示側で合成する方法あるいは直接3次元画像情報をホログラム情報に変換してホログラム面データとして圧縮したのちに伝送する方法が考えられている[115]。しかし，3次元画像情報の伝送には多くの情報が必要で，そのためには情報の大幅な圧縮などが必要となる。

2.6.4 まとめ

立体ディスプレイの種類とその特徴について概説した。このように，立体ディスプレイの研究は現在さまざまな方式が研究されている。今後は電子通信分野の技術と関連して，表示方式の研究とともに新しい表示デバイスの開発および周辺技術の進歩と相まって，ますます活発な研究が行なわれると思われる。将来，人にやさしい究極の立体テレビが実現し，リアルな臨場感のあるバーチャルリアリティ（VR）を楽しむことも可能であろう。

立体ディスプレイ技術の応用としては，立体テレビの開発とそのマルチメディアへの応用が期待される。本格的な立体テレビの研究は1958年にさかのぼる。メガネなし方式の必要性，現行方式との両立性など，その時点ですでに将来の立体テレビに要求される事項が議論されているのは興味深い。

また，CTスキャン，MRIデータなど医用画像による動画像の3次元像再生が期待される。また，VRなどの立体映像と人間とのインタラクティブな分野への応用として，立体ディスプレイ技術を用いた立体動画像表示装置と立体像の位置を検出するための3次元ポインティングシステムを組み合わせた，仮想3次元物体を直接操作するシミュレーション技術が考えられている。この方法はCADなどの3次元的なモデルの設計や外科手術などを対話的に行なうことができ，建築物や車のデザインの設計，医療，ゲームなどへの応用の可能性が見込まれている。

さらに，無線や光ファイバーなどの大容量の通信ネットワーク通信や放送などの携帯端末への応用も可能である。一方，立体を認識できるランダムドットステレオグラムを例にとっても，立体ディスプレイが人間の立体知覚と深く関係していることがわかる。しかし，ゲームに関しては視覚に対する悪影響も指摘されている。現在のブームを一過性のものに終わらせないためにも，立体ディスプレイについての立体視の側面からの検討も必要であろう。立体ディスプレイを考える際に，人間の立体視覚特性を考える必要が大きい理由である。今後はさらに人間の視覚特性を考慮に入れた，人にやさしい立体ディスプレイの開発が必要になるであろう。

文献

1) R. Williams：*J. Chem. Phys.*, Vol.39, p.384, 1963.
2) 堀　浩雄，鈴木幸治編集：『カラー液晶ディスプレイ』，p.1，共立出版，2001.
3) 内田龍男，内池平期監修：『フラットパネルディスプレイ大辞典』，pp.41-42，工業調査会，2001.
4) Baek-woon Lee, Keun Kyu Song, *et al.*：「色配列を変えるだけで液晶パネルを高画質化」，望月洋介編『フラットパネル・ディスプレイ2004 戦略編』，pp.96-101，日経BP社，2003.
5) Z. Tajima：IPS-TFT LCD Technigly Trends, Asia Display/IMID 04, 2004.

6) Jun H. Souk：「7型フル HD 液晶に導入した S-PVA 技術の詳細」，望月洋介編『日経 FPD2005 戦略編』，pp.98-103，日経 BP 社，2004.
7) 山田祐一郎：「テレビ向け ASV 液晶パネルの高性能化と今後の展望」，望月洋介編『日経 FPD2005 技術編』，pp.28-33，日経 BP 社，2004.
8) 中尾健次：「23型 WXGA パネルを実用化」，望月洋介編『日経 FPD2005 戦略編』，pp.110-113，日経 BP 社，2004.
9) Hideyo Ohtsuki, et al.：18.1-inch XGA TFT-LCD with wide color reproduction using high power LED-Backlighting, SID 02 DIGEST, p.1154, 2002.
10) 島　康裕：「広色再現性 LCD 用カラーフィルタ」，『月刊ディスプレイ』，Vol.11, No.12, pp.18-24, 2005.
11) 八木隆明：「LED 光源と色域」，『月刊ディスプレイ』，Vol.11, No.12, pp.25-30, 2005.
12) 片山幹雄：「システム化，高品位化，音声を軸にユビキタス・パネルを実現」，望月洋介編，『日経 FPD2005 戦略編』，pp.170-175，日経 BP 社，2004.
13) 小池善郎：「反射型液晶パネルに MVA 技術を導入」，望月洋介編『日経 FPD2004 戦略編』，pp.176-179，日経 BP 社，2004.
14) 鈴木八十二：「LCD 用 LTPS-TFT によるシステム集積化動向と高電圧発生器の設計」，『月刊ディスプレイ』，Vol.12, No.1, pp.44-50, 2006.
15) T. Sameshima, et al.：IEEE Electron Device Lett., EDL-7, p.276, 1986.
16) H. Kuriyama, et al.：Jpn. J. Appl. Phys., Vol.30, p.3700, 1991.
17) 橋本清文：『コレステリック選択反射モード・カラー LCD』，『反射型カラー LCD 総合技術』，p.138，シーエムシー社，1999.
18) Kee Doo Kim：「フィールドシーケンシャル液晶をはじめて実用化」，望月洋介編『日経 FPD2005 戦略編』，pp.180-184，日経 BP 社，2004.
19) 吉野勝美，尾崎雅則：『液晶とディスプレイ応用の基礎』，コロナ社，1994.
20) Lee.W.V., et al.：Proceedings of IDW2000, p.1153, 2000.
21) 木下　隆：「画質は絵作り技術が決め手に」，望月洋介編『フラットパネル・ディスプレイ2004 戦略編』，pp.90-95，日経 BP 社，2003.
22) A. Takeda, et al.：Proc. SID'98, p.1077, 1998.
23) Y. Tanaka, et al.：Proc. SID'99, p.206, 1999.
24) S. Kataoka, et al.：SID'01, p.1066, 2001.
25) Y. Ishii, et al.：SID'01, p.1090, 2001.
26) Sang Soo Kim：「第7世代ラインの実力見せた 82型液晶 独自のパネル技術，駆動技術が支える」，『NIKKEI MICRODEVICES』，2005年6月号，pp.38-43, 2005.
27) H. Wakemoto, et al.：SID'97 Digest, p.929, 1997.
28) S. H. Lee, et al.：IDW'99 Digest, p.191, 1999.
29) 栗田泰市郎：「ホールド型ディスプレイにおける動画表示の画質」，『信学技法』，p.55, EDI99-10, Vol.6, 1999.
30) H. Okumura, et al.：Proc.SID'01, p.601, 1992.
31) K. Nakanishi, et al.：Proc.SID'01, p.488, 2001.
32) J. Hirakata, et al.：Super-TFT-LCD for Moving Picture Images with the Blink Backlight System SID01 Digest, p.990, 2001.
33) H. Oura, et al.：Improved Image Quality of Motion Images on TFT-LCD by FFD (Feedforward Driving) and Sequentially Intermittent Switched Backlighting, Asia Display/IDW'01, p.1779, 2001.
34) Kyoichiro Oda, Akimasa Yuuki, Tomoya Teragaki：Evaluation of Moving Picture Quality using the Pursuit Camera System, Digest Eurodisplay 2002, p.115, 2002.
35) 染谷　潤，杉浦博明：「液晶ディスプレイにおける動画表示特性の評価方法；MPRT 測定法」，『月刊ディスプレイ』，Vol.11, No.12, pp.31-35, 2005.
36) R. Otsuka, et al.：Moving Picture Response Improving Technology for LCD Television Clear Focus Drive, IDW/AD'05, p.797, 2005.
37) N. Kimura, et al.：New technology for Large size high quality LCD-TV, SID'05, p.1734, 2005.
38) 映像情報メディア学会編：『電子情報ディスプレイハンドブック』，「PDP」，Ⅱ編3章，培風館，2001.
39) 内田，内池監修：『フラットパネルディスプレイ大事典』，「プラズマディスプレイ」，技術編4章，工業調査会，2001.
40) 斎藤，栗田：「ホールド型ディスプレイの動画表示における観視メカニズムの検討」，『映像情報メディア学会技術報告』，Vol.22, No.17, pp.19-24, March. 1998.
41) T. Masuda, T. Yamaguchi, S. Mikoshiba：New Category Contour Noise Observed in Pulse-Width-Modulated Moving Images, Proc. IDRC'94, pp.357-360, Sep. 1994.
42) S. Mikoshiba：Visual artifacts generated in frame-sequential display devices: an overview, SID 00, 26.1, pp.384-387, 2000.
43) T. Kurita：Desirable Performance and Progress of PDP and LCD Television Displays on Image Quality, SID 03, 17.1, pp.776-779, 2003.
44) 映像情報メディア学会編：『電子情報ディスプレイハンドブック』，「テレビ方式とディスプレイ」，Ⅲ編2章，培風館，2001.
45) C. A. Spindt, I. Brodie, et al.：Physical Properties of Thin-film Field Emission Cathodes with Molybdenum Cones, J. Appl. Phys., Vol.47, pp.5248-5263, 1976.
46) R. Meyer, A. Ghis, et al.：Microtips Fluorescent Display, Tech. Digest of Japan Display, pp.513-515, 1986.
47) 伊藤茂夫：「Spint 型 FED の開発と応用展開」，『ディスプレイ』，Vol.11, pp.68-73, 2005.
48) 畑　浩一，斉藤弥八：「カーボンナノチューブエミッタ」，『フィールドエミッションディスプレイ技術』，pp.39-93，シーエムシー出版，2004.
49) T. Oguchi, E. Yamaguchi, et al.：A 36-inch Surface-conduction Electron-emitter Display (SED), SID05, pp.1929-1931, 2005.
50) 三村秀典：「半導体トンネル陰極」，『フィールドエミッションディスプレイ技術』，pp.125-135，シーエムシー出版，2004.
51) T. S. Fahlen：Performance Advantages and Fabrication of Small Gate Openings in Candescent's Thin CRT, Proc. IVMC'99, pp.56-57, 1999.
52) 楠　敏明：「MIM エミッタ」，『フィールドエミッションディスプレイ技術』，pp.137-152，シーエムシー出版，2004.
53) 菰田卓哉：『FED がわかる本』，pp.122-163，工業調査会，2005.
54) N. Negishi, R. Tanaka, et al.：Fabrication of active-matrix high-efficiency electron emission device and its application to high-sensitivity image sensing, J. Vac. Sci. Technol. B, Vol.24, pp.1021-1025, 2006.
55) K. Ishizeki, Y. Kuroki, et al.：A Novel Hermetic-Sealing Material for FED, SID06, pp.1756-1759, 2006.
56) T. Sugawara, T. Murakami, et al.：A Novel Spacer-Free Panel Structure and Glass for FED, SID06, pp.1752-1755, 2006.

57) 中西洋一郎：『フィールドエミッションディスプレイ技術』，pp.169-183，シーエムシー出版，2004．
58) C. W. Tang, S. A. VanSlyke, C. H. Chen：J. Appl. Phys., Vol.65, p.3610, 1989.
59) 時任静士，安達千波矢，村田英幸：『有機ELディスプレイ』，オーム社，2004．
60) 田中 功，時任静士，斉藤真一，牟田光治：『照明学会誌』，Vol.89, No.12, p.828, 2005.
61) H. Spreitzer, H. Becker, E. Kluge, W. Kreuder, H. Schenk, R. Demandt, H. Schoo：Adv.Mater., Vol.10, p.1340, 1998.
62) S. J. M. O'Connor, C. R. Towns, R. O'Dell, J. H. Burroughes：Proc. of SPIE, Vol.4105, p.9, 2001.
63) W. Helfrich, W. G. Schneider：Phys. Rev. Lett., Vol.14, p.229, 1965.
64) J. C. Scott, G. G. Malliaras, J. R. Salem, P. J. Brock, L. Bozano, S. A. Carter：Proc. of SPIE, Vol.3476, p.111, 1998.
65) M. A. Baldo, D. F. O'Brien, Y. You, A. Shoustikov, S. Sibley, M. E. Thompson, S. Forrest：Nature, Vol.395, p.151, 1998.
66) J. Brown：Eurodisplay2005 Workshop Notes, 3.2/1, 2005.
67) 西田信夫監修：『プロジェクターの最新技術』，シーエムシー出版，2005．
68) Edward H. Stupp, Matthew S. Brennesholtz：Projection Displays, John Wiley & Sons, 1999.
69) M. Wolf：The enlarged projection of television pictures, Philips Technical Rev., 2(8), 249-253, 1937.
70) F. Fischer：Auf dem Wege zur Fernseh-Grossprojektion, Schweiz. Archiv Angew. Wiss. Technik, 6, 89-106, 1940.
71) Masaru Kanazawa, et al.：Ultrahigh-Definition Video System with 4000 Scanning Lines, IBC2003, pp.321-329, 2003年9月．
72) Larry J. Hornbeck：Current Status and Future Applications for DMD-Based Projection Displays, Proc. IDW '98, pp.713-716, 1998.
73) Douglas Hansen, Eric Gardner, Raymond Perkins, Michael Lines, Arthur Robbins：The Display Applications and Physics of the ProFlux. Wire Grid Polarizer, SID '02 Digest, 18.3, pp.730-733, 2002.
74) Greg Niven, Aram Mooradian：Low Cost Lasers and Laser Arrays for Projection Displays, SID '06 Digest, 67.1, 1904-1907, 2006.
75) 今西大介，伊藤 哲，平田照二：「半導体レーザーのプロジェクター光源としての応用」，『電気学会論文誌C』，125(2)，177-181，2005．
76) Kenichi Kasazumi, Yasuo Kitaoka, Kiminori Mizuuchi, Kazuhisa Yamamoto：A Practical Laser Projector with New Illumination Optics for Reduction of Speckle Noise, J.J.A.P. 43(8B), 5904-5906, 2004.
77) Yoshihide Nagata, et al.：An Advanced Projection Screen with a Wide Vertical View Angle, SID '04 Digest, 20.3, 846-849, 2004.
78) M. Kimura, T. Kashiwagi, Y. Fukano：Rear Projection Screen with Improved Wider Vertical Viewing Angle, Proc. IDW '06, LAD1-1, pp.1921-1923, 2006.
79) John. C. Brazas, Marek. W. Kowarz：High-resolution laser-projection display system using a grating electromechanical system (GEMS), Proc. SPIE, Vol.5348, pp.65-75, 2004.
80) David. M. Bloom：The Grating Light Valve：revolutionizing display technology, SPIE Vol.3013, pp.165-171, 1997.
81) 鹿間信介：「超薄型リアプロジェクターの開発動向」，『O plus E』，28(7)，686-691，2006年6月号．
82) 磯野春雄，安田 稔，石山邦彦：「8眼式メガネなし3-D TVディスプレイシステム」，三次元画像コンファレンス'93，No.2-4，pp.51-56，1993．
83) 大村克之，鉄谷信二，志和新一，岸野文郎：「複数人観察可能な視点追従型レンティキュラー立体表示装置」，三次元画像コンファレンス'94，No.5-7，pp.233-238，1994．
84) 松本慎也，山本裕紹，早崎芳夫，西田信夫：「パララックスバリア式LED立体ディスプレイにおける観察者位置と向きのリアルタイム測定」，三次元画像コンファレンス2004，No.P1-1，pp.33-36，2004．
85) 遠藤知博，梶木善裕，本田捷夫，佐藤 誠：「全周型3次元動画ディスプレイ」，三次元画像コンファレンス99，No.4-4，pp.110-114，1999．
86) 大塚理恵子，星野剛史：「360度立体映像ディスプレイシステム」，三次元画像コンファレンス2005，No.S-2，pp.33-36，2005．
87) 大森 繁，鈴木 淳，片山国正，佐久間貞行，服部和彦：「バックライト分割方式ステレオディスプレイシステム」，三次元画像コンファレンス'94，No.5-5，pp.219-224，1994．
88) 岡本正昭，安東孝久，山崎幸治，志水英二：「1焦点ホログラムを利用した大型フルカラー多眼表示装置」，三次元画像コンファレンス'99，No.4-2，pp.99-104，1999．
89) 志和新一，宮里 勉：「自然な焦点調節をともなうHMD立体ディスプレイ」，三次元画像コンファレンス'96，No.8-1，pp.215-218，1997．
90) 安東孝久，濱岸五郎，坂東 進，志水英二：「2眼立体視型投影ディスプレイ」，三次元画像コンファレンス2000，No.4-6，pp.103-106，2000．
91) 高橋 進，戸川敏貴，岩田藤郎：「グレーティングを用いた3Dビデオシステムについて」，テレビジョン学会技術報告，Vol.19, No.40, AIT-12, 1995.
92) 高橋 進，溝淵 隆，岩田藤郎：「3Dビデオシステムにおける色再現」，三次元画像コンファレンス'98，No.4-2，pp.111-116，1998．
93) 阪本邦夫，上田裕昭，高橋秀也，志水英二：「ホログラフィック光学素子を用いたリアルタイム3次元ディスプレイ」，『テレビジョン学会誌』，Vol.50, No.1, pp.118-124, 1996.
94) J. Kulick, S. Kowel, T. Leslie, R. Ciliax：IC vision-a VLSI based holographic television system, SPIE Proc., N.1914-32, pp.219-229, 1993.
95) J. H. Kulick, S. T. Kowel, G. P. Nordin, A. Parker, R. Lindquist, P. Nasiatka, M. Jones：IC vision-a VLSI-based diffractive display for real-time display of holographic stereograms, SPIE Proc., N. 2176-01, pp.2-11, 1994.
96) 梶木善裕，吉川 浩，本田捷夫：「集束化光源列（FLA）による超多眼式立体ディスプレイ」，三次元画像コンファレンス'96，No.4-4，pp.108-113，1996．
97) 高木康博：「変形2次元配置した多重テレセントリック光学系を用いた3次元ディスプレイ」，『映像情報メディア学会誌』，Vol.57, No.2, 2002, pp.293-300, 2003.
98) 山口芳裕，村岡健一，菊池 亘，山田博昭：「移動平面スクリーン式3次元ディスプレイ」，三次元画像コンファレンス'94，No.5-4，pp.213-218，1994．
99) 陶山史朗，加藤誠矢，上平員丈：「高速な二周波液晶レンズによる新たな可変焦点型三次元表示方式の提案」，三次元画像コンファレンス'98，No.1-2，pp.10-15，1998．
100) 高田英明，陶山史朗，大塚作一，上平員丈，酒井重信：「新方式メガネなし3次元ディスプレイ」，三次元画像コンファレンス2000，No.4-5，pp.99-102，2000．
101) 松本健志，本田捷夫：「アナモルフィック光学系を用い

た立体像表示」, 三次元画像コンファレンス'95, No.2-1, pp.36-41, 1995.

102) 洗井　淳, 星野春男, 岡野文男, 湯山一郎:「屈折率分布レンズを用いたインテグラルフォトグラフィ撮像実験」, 三次元画像コンファレンス'98, No.3-2, pp.76-81, 1998.

103) 須藤敏行, 尾坂　勉, 谷口尚郷:「光線再現方式による3次元像再生」, 三次元画像コンファレンス2000, No.4-4, pp.95-98, 2000.

104) 尾西朋洋, 武田　勉, 谷口英之, 小林哲郎:「光線再生法による三次元動画ディスプレイ」, 三次元画像コンファレンス2001, No.7-4, pp.173-176, 2001.

105) P. St. Hilaire, S. A. Benton, M. Lucente, M. L. Jepsen, J. Kollin, H. Yoshikawa, J. Under-koffler: Electronic Display System for Computational Holography, *SPIE Proc.* No.1212, pp.174-182, 1990.

106) N. Hashimoto, S. Morokawa, K. Kitamura: Real-time holography using the high-resolution LCTV-SLM, *SPIE Proc.*, No.1461-44, pp.291-300, 1992.

107) 佐藤甲癸:「液晶表示デバイスを用いたキノフォームによるカラー立体動画表示」,『テレビジョン学会誌』, Vol.48, No.10, pp.1261-1266, 1994.

108) Keiichi Maeno, Naoki Fukaya, Osamu Nishikawa, Koki Sato, Toshio Honda: Electro-holographic Display Using 1.5 Mega Pixels LCD, *SPIE Proc.* N2652-03, pp.15-23, 1996.

109) 下馬場朋禄, 伊藤智義:「反射形液晶ディスプレイを用いた計算機合成ホログラムによる3次元動画像システム」,『映像情報メディア学会誌』, Vol.55, No.5, pp.733-735, 2001.

1110) 三科智之ほか:「画素構造を持つ空間光変調素子の特性を利用したCGHの視域拡大」,『HODIC Circular』, Vol.20, No.3, pp.31-36, 2000.

111) 高野邦彦, 佐藤甲癸, 大木眞琴:「微粒子による散乱を用いたホログラフィ用立体スクリーンの提案」,『映像情報メディア学会誌』, Vol.57, No.4, pp.476-482, 2003.

112) 高野邦彦, 南　典宏, 佐藤甲癸:「液晶パネルを用いた虚像再生型カラー動画ホログラフィ装置」,『映像情報メディア学会誌』, Vol.57, No.2, pp.287-292, 2003.

113) 高野邦彦, 尾花一樹, 田中　武, 和田加寿代, 佐藤甲癸:「LEDを用いた個人観察型カラー動画ホログラフィ装置の開発」,『映像情報メディア学会誌』, Vol.58, No.3, pp.376-382, 2004.

114) 伊藤智義, 下馬場朋禄, 杉江崇繁, 増田信之:「リアルタイム再生を可能にする並列型電子ホログラフィ専用計算機システムHORN-5」,『情報技術レターズ』, 3, pp.219-220, 2004.

115) 高野邦彦, 佐藤甲癸, 若林良二, 武藤憲司, 島田一雄:「ネットワークストリーミング技術を利用したホログラフィ立体動画像の配信」,『映像情報メディア学会誌』, Vol.58, No.9, 2004, pp.1271-1279, 2004.

3 記録系

3.1 レーザービームプリンタ

3.1.1 はじめに

1970年代に登場したレーザービームプリンタは，オフィスにおけるPCの普及に伴い急速に発展してきた。また近年では，インターネットなどの情報インフラの普及により，短時間に多くの情報入手が可能になり，その結果，画像出力の即時出力用途が増し，プリント量の増加傾向が続いている。同時に，カラー情報の流通が一般化され，カラー出力の必要性も年々高まりつつある。これらの要求から，カラー化・高速化に対応した画像出力機器として，レーザービームプリンタは，SOHOから大規模オフィスにいたるさまざまな領域で普及してきた。

近年では，前述した高速・カラー化対応のため，4サイクル方式からタンデム方式が一般的になっている。さらに市場の要求から，基本機能である画質向上および生産性と低コストを両立させるため，各社独自の思想で技術開発が行なわれ，さまざまなタイプのプリンタが上市され，ユーザーの選択肢が広がりつつある。

本節では，レーザービームプリンタについて，カラー機の注目技術と作像システム全体について解説する。なお，レーザービームプリンタにLEDアレイプリンタも含める。

図3.1は，4サイクル方式の代表的なものとして取り上げたリコー社Preter300である[1]。各色ごとに1色ずつ感光体上に現像し，トナー像を中間ベルト上に転写（1次転写）する。その後に他色の作像を行ない，中間転写ベルト上で色重ねされ，4色作像後に転写紙に最終転写（2次転写）される。この方式では，プロセス線速が同じでも，B/W単色とフルカラーとでは原理的に速度差が生じる。事実，Preter300

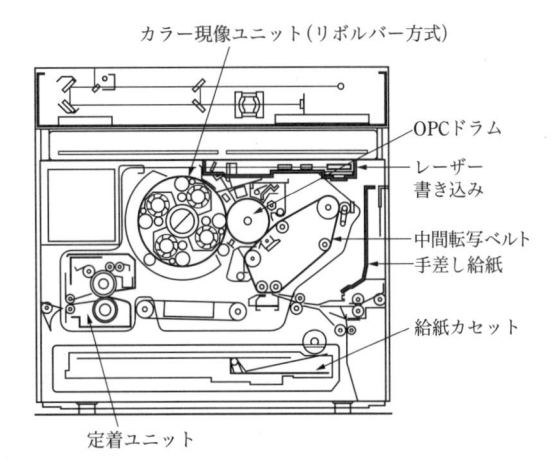

図3.1 リコー Preter300

では，B/Wで毎分21枚，フルカラーで毎分3枚というスペックになっている。そこで，図3.2のような感光体を4つ並列に配置し，1パスで色重ねを行なうタンデム方式が高速化に適応することから開発が加速されてきた。図3.2は，富士ゼロックス社 DocuPrintC2220 の例で

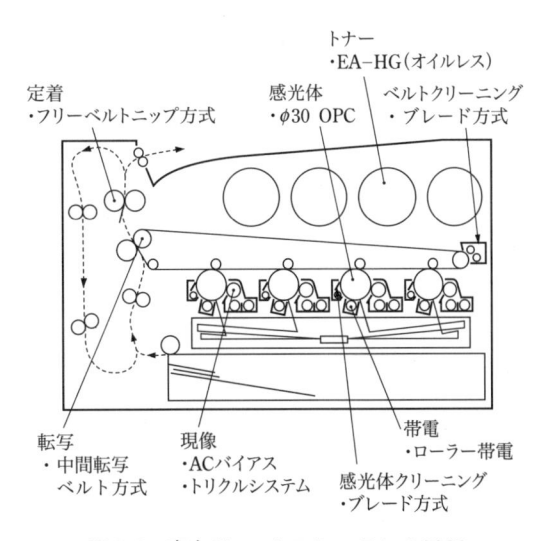

図3.2 富士ゼロックス DocuPrintC2220

ある[2]が，このシステムではB/Wおよびフルカラーともに毎分22枚を達成している。また，DocuPrintC2220は，タンデム方式で中間転写ベルト方式を用いることにより，転写紙搬送経路の短縮化を行ない，ファーストプリントや両面生産性などの基本機能の向上も達成している。

3.1.2 全体システムの各種方式

本項では，カラーレーザービームプリンタの全体システムについて，各種方式を紹介する。

表3.1は，全体システムの種類と，それらのメリット・デメリットを示したものである。

4サイクル方式の例は図3.1に示した。また，図3.2にタンデム方式で中間転写ベルトを採用した例を示した。タンデム方式には，このタイプのほかに，転写紙に直接転写を行なう直接転写方式のシステムも多く上市されている。図3.3に，この例としてキヤノン社のLBP2510の全体システムを示した[3]。このシステムでは，プロセスカートリッジを垂直に配置し，転写紙搬送ベルトを対向させることで，ユーザー操作性の向上と高画質化を達成している。

また図3.4には，直接転写システムの例として，沖データ社MICROLINE5100シリーズの全体システムを示した[4]。このシステムは，同

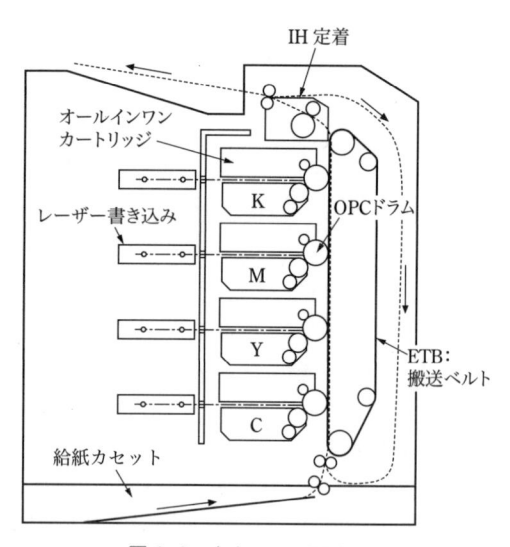

図3.3 キヤノンLBP2510

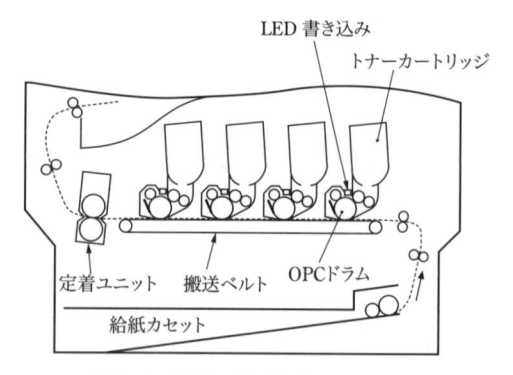

図3.4 沖データMICROLINE5100

社独自のLEDヘッドを採用し，小型・高画質化を達成している。同社は，LD露光方式に対して，小型に有利なLEDヘッドを利用することで，小型高速なA4卓上カラープリンタも上市している。また最新のMICROLINE9800PSシリーズでは，新規LEDヘッドと重合トナーの採用により，1200 dpi 16階調も達成している[5]。

図3.5には，リコーIpsioColor8000シリーズの全体システムを示した[6]。IpsioColor8000も，タンデムシステムで転写紙直接転写を採用し，高速化とユーザー操作性の両方を実現している。

ここで注目すべきは，図3.2と図3.5の両システムともに，同一システムのシリーズ化（進化系）で，5年以上のシステム寿命を保ってい

表3.1 全体システムの分類

全体システム	転写方式	メリット	デメリット
4サイクル		レジスト調整しやすい 小型化しやすい	カラー速度が上がらない
タンデム	直接転写方式	カラー速度が速い 転写回数が少なく画質劣化が少ない フロントオペレーションにしやすい	Bkファーストプリントが遅い 感光体が紙粉の影響を受ける
	中間転写方式	カラー速度が速い ファーストプリントが速い 紙種対応性に優れる レジストが調整しやすい	転写回数が多く画質劣化が大きい 中間転写体のコストが高い

第3章 記録系

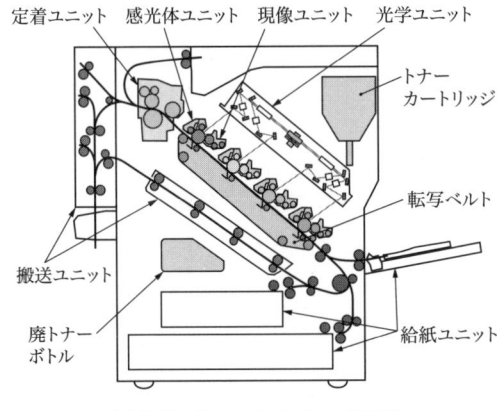

図3.5 リコー IpsioColor8000

ることにある。プロセス線速の高速度化による生産性の向上や，サプライの変更（粉砕トナーから重合トナーへ）などのスペック向上により，画質などの基本機能も向上させたほかに信頼性の向上を実現している。このような進化の方法は，サプライを含めた電子写真システムの技術開発の複雑さを物語っているともいえる。

中間転写ベルトを使用したタンデムシステムは，図3.2のほかにキヤノン社 iRC3200（MFP）があげられる[7]。図3.6に，iRC3200の全体システムのうち，クリーナーレス部分を示した。本システムでは，B/W 機の比較的低価格機に採用されていたクリーナーレスシステムを，同社独自の技術を加えてカラー機に採用したことで，廃トナーレスシステムを可能にしたほか，低価格化も実現している。

中間転写体をベルト以外の部品でタンデムシステムを実現した例として，富士ゼロックス社の DocuPrintC1616 の作像部分を図3.7に示す[8]。DocuPrintC1616 は，中間転写ベルトではなく，IDT ロールとよぶ中間転写ローラーを，2色ずつ重ねるように配置し，さらにそれらの下流に4色を合わせるための IDT ロールを配置し，そこに紙転写ローラーを対向させることで，1パス作像を可能にしている。また，このシステムは，湿式造粒方法によるポリエステル球形トナーを使用することで，転写率の向上を図るほか，各色感光体と各 IDT ロールにバイアス印加されたブラシローラーで廃トナーをいったん回収し，プリント動作終了後に，ブラシローラーに回収した廃トナーをすべて紙転写ローラーのクリーニング部に吐き出すシステムを備えている。

3.1.3 各プロセス別の技術的特徴

本項では，カラーレーザービームプリンタにおける各プロセス別のおもな新規技術紹介と特徴を述べる。

(1) 帯電プロセス・クリーニングプロセス

帯電プロセスは，静電潜像を形成するうえで最初の工程となるが，一方ではクリーニング工程を経て，電気的・化学的にハザードを受け，非常に不安定な状態である感光体表面を，均一な電位分布にするという最終段の役割も担当することになる。そのため，帯電プロセスそのも

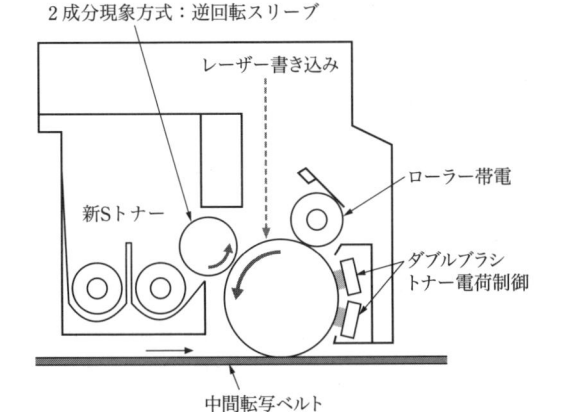

図3.6 キヤノン iRC3200

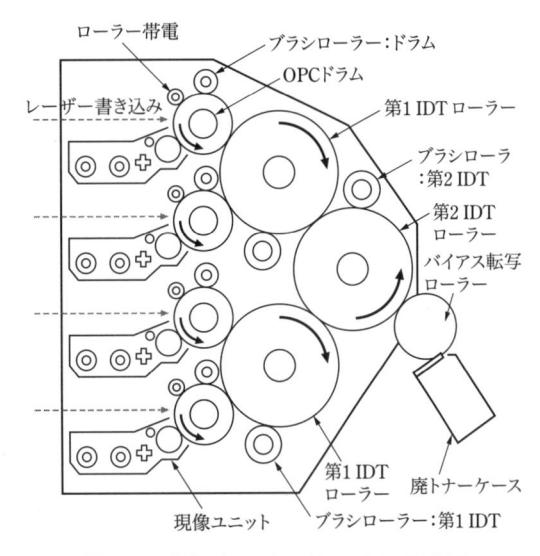

図3.7 富士ゼロックス DocuPrintC1616

ので，いかに感光体へのハザードを低減させ，さらに電位安定性を確保するかが重要なポイントとなる。そのため，従来使用されていたコロナ帯電から，半導電性ゴムローラーを使用したローラー帯電方式が，中・低速層では一般的になりつつある。この方式のメリットは，感光体とのあいだの微小空間で放電を制御できるため，コロナ生成物が少ないというメリットがある。とくに電位安定性が要求されるカラー機では，直流に交流を重畳させた方式が，多くのメーカーで採用されている。ただし，ローラー帯電方式は，トナーやトナー添加剤などにより汚染された場合，異常画像が発生しやすいという欠点もある。このような異常画像に対しての研究も盛んに行なわれており[9]，その他の課題に関しての研究もいくつか報告されており[10]，今後さらにローラー帯電方式が一般化すると考えられる。

クリーニングプロセスは，ゴムブレードによるクリーニング方式が一般的であるが，小粒径重合トナーの上市により，ゴムブレードのみではクリーニングが困難になりつつある。とくに帯電ローラー方式を用いる機械では，トナー添加剤のすり抜けも帯電ローラー汚染につながることから，耐久性の要求される機械では，負荷の高いプロセスとなる。これらに対して潤滑剤を塗布して感光体の表面摩擦係数（μ）を下げる技術や，感光体CTL層そのもので低摩擦係数（μ）を実現した機械も上市されている。

(2) 露光プロセス

感光体上に静電潜像を形成するための手段としては，一般的に半導体レーザー（LD）が使用されているが，近年，高速・高密度化を目的として，マルチビームにより2400 dpiを達成したVCSEL技術が電子写真の露光方式として応用され，富士ゼロックス社によって上市されている[11]。

このVCSEL技術を電子写真の露光方式に応用するためには，単に素子の開発だけでなく，応答性を得るための駆動方式の開発と，ビーム光量検出方法の開発，およびスキャン間の補正方法など，多岐にわたる技術開発が必要であったが，富士ゼロックス社は2003年8月にDocuColor1256GAで上市に成功した。

このように高速・高密度化を実現できる技術の開発は今後も加速されると予想され，レーザービームプリンタの高画質化がいっそう進むものと思われる。

(3) 現像プロセス

レーザービームプリンタにおいて，現像方式の選択は，全体システムのコンセプトに最も影響されるプロセスといえる。具体的には，大きさ，製品コスト，ランニングコスト，耐久性など，現在の現像方式の実力を考慮すると必然的に決められてしまう場合が多い。逆にいえば，それらの欠点を克服することが今後の技術開発の焦点になると考えられる。

具体的には，1成分現像は安価で小型化が可能であるが，高速化・高耐久化が困難である。一方，2成分現像方式は，トナー補給制御機構や高価なキャリアを必要とするが，制御因子が多く高速・高耐久に優れている。また，画質の維持にも制御因子を駆使して調整することが可能である。これら1成分[12]，および2成分現像方式について，画質向上含めて多くの研究[13]がなされており，今後の研究成果が期待される。

新規現像方法としては，ゼロックス社から上市されたDocucolor iGen3の現像方法が注目される[14]。

iGen3の現像プロセスは，従来の2成分現像の下流にドナーローラーとよばれるトナー搬送ローラーを2本配置し，そのさらに下流と感光体とのあいだにワイヤーを複数本配置して，交流電界を利用してトナークラウドを発生させ，感光体上の潜像に忠実なトナー像を得て，さらに感光体上で色重ねを実現するものであり，非常に複雑な過程を経るが，プロセス制御により高速・高画質化を可能にしている（図3.8）。

(4) 転写プロセス

感光体上にできたトナー像を，中間転写ベルトあるいは転写紙上に，いかに忠実にトナーを再現するかが転写方式の課題となる。とくにカラー機の場合，前色のトナー量と電荷量が大きなノイズとなる。また，転写紙の電気特性や平滑度にも左右されるため，ノイズに強い設計が求められる。一方で，転写プロセス自体は物理

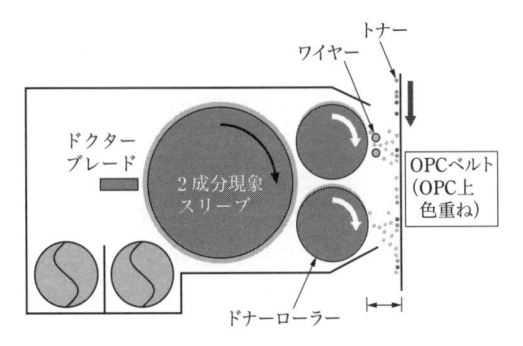

図 3.8 ゼロックス Docucolor iGen3 の現像部

モデルが立てやすいことから，シミュレーションが比較的精度よく得られ，近年盛んに研究され[15]，成果が製品に反映されるようになってきた。具体的には，転写時に発生する放電現象が粒状性などの基本画質に悪影響を及ぼすことがシミュレーションによって明らかになり，製品設計へフィードバックされ，その結果，転写プロセスによる画質劣化が少なくなりつつある。

最近の特徴技術としては，ゼロックス社のDocucolor iGen3 で上市されている，Transfer Blade and Acoustic Assist Transfer とよばれる技術があげられる[14]。この技術は，超音波領域の振動により，トナーと感光体表面の付着力を下げ，忠実に転写紙にトナー像をつくることをねらったものである。また，このシステムでは，感光体上で色重ねを行なうことにより，転写回数1回とし，高画質化も達成している。

(5) 定着プロセス

定着プロセスは，電子写真方式で最も電力消費するプロセスである。近年では，国際的な省エネの要望により，ZESM (zero energy stand-by mode) のような基準がつくられたり，省エネ法などの法規制が始まった地域もある。一方で，カラー機は色再現性の要望からトナーの使用量が増え，定着の負荷は増大しており，各社ともに省エネと画質の両立をめざして独自の技術開発を展開している。

注目される技術としては，IH (induction heating) 加熱が複数のメーカーから上市されはじめた[16]。

また，冷却剥離技術を利用して写真画質を実現した機械も上市されている[17]。

(6) サプライ

電子写真サプライは，ここ10年で大きく進化してきた。とくに，トナーは，粉砕トナーから粒径均一な重合トナーへと変わりつつある。

重合トナーに関して，日本画像学会の論文集に掲載された掲載件数を見ると図3.9のようになる。2002年から2004年にかけて，各社とも出そろった感がある。

また，重合トナーは粒径が比較的均一にしやすいことから，小粒径トナーとしても画質面から有効である。

図3.10はリコー社のカラー重合トナーであるPxPトナーの文字・網点への画質効果を示したものである[18]。細線の画像散りや粒状性が，小粒径かつ粒径均一なPxPトナーで改善していることがわかる。

現在まで一般的に使われてきた粉砕トナーは，樹脂混練および粉砕という多くのエネルギ

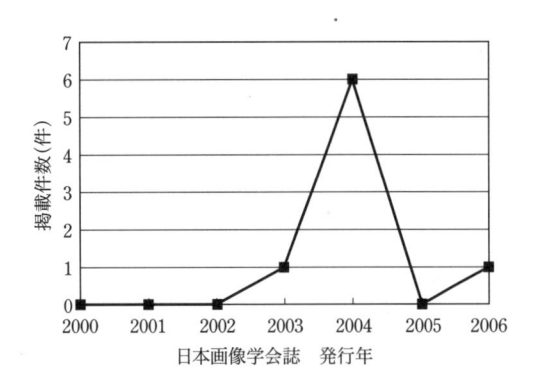

図3.9 重合トナーの論文掲載件数

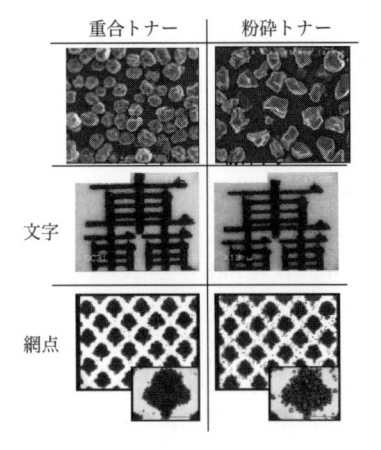

図3.10 カラー重合トナー (PxPトナー)

ーを消費する工程をとらざるをえなかった。また，機械的な粉砕工程では，均一な粒径にそろえることが困難であった。また，画質の要求に応えるために小粒径化が求められていたが，粉砕トナーでの実現性は低くならざるをえなかった。これらの課題に対して，重合トナーは低環境負荷が可能であり，粒径が均一なことから小粒径も可能となり，とくにカラートナーにおいて各社から上市されはじめた。

ただし一方では，表面張力によってトナーの形状が決定されるため球形になりやすく，クリーニング工程に大きな負荷がかかるという欠点も存在する。これらに対して，形状制御という方法により各社対応しているが，画質の要求はさらに高まると予想されるため，今後の技術開発が待たれるところである。

電子写真感光体は，OPCが一般的になっているが，高耐久をめざしてアモルファスシリコン（a-Si）感光体[19]も上市されている。また，高解像度のため正帯電単層感光体の提案もされている[20]。

3.1.4 まとめと今後の展望

カラーレーザービームプリンタの全体システムと，各プロセスの説明を行なってきた。以上をまとめると，以下のようになる。

- 高速化に対応するためタンデム方式が一般化してきた
- 高画質化の要求が加速し，各プロセスにおいて積極的な技術開発が行なわれている
- 重合トナーの開発が進み，各社から上市されてきた一方で，使いこなしのための技術開発も必要になってきた
- シミュレーション技術が発達し，製品設計にも寄与しはじめた

カラーレーザービームプリンタの領域は，従来のオフィス用途から，今後はPOD領域へと発展しつつある[21〜23]。低価格機では，I/J機の台頭により低コスト化も必然の要求になっており，ランニングビジネスに頼るメーカーでは採算性の悪化も懸念されはじめた。一方ではPOD領域への展開のため，印刷同等の色再現性や安定性が要求されるにいたっている。さらには，バーコードやQRコードのように，紙上での情報量の増大やセキュリティ技術の進化により，高精細化も要求されはじめている。これらの画像要求を，レーザービームプリンタの技術開発に応用するうえでも，画像電子学会の情報が重要であることはいうまでもない。

この10年のあいだに，カラー機が一般オフィスに普及し，低価格化が進む一方で，技術的にはタンデム機の一般化やシミュレーション技術の進化・重合トナーの上市などの大きな変革が電子写真分野で起こっている。今後の10年を予測することは困難であるが，電子写真の分野拡大もすでに始まりつつある現在では，市場の要求をいかに正確に予測し技術開発を行なうかが，レーザービームプリンタの将来を決定づけるものとなる。

3.2 インクジェットプリンタ

インクジェットは，液状のインクを微細なノズルから微小インク滴として吐出させ，紙などの記録媒体上の任意の位置に着弾させ画像を描画するプリント方式である。色材の担体として粉体を用いる電子写真やフィルムを用いる熱転写方式では記録部への色材の輸送には複雑でかさばる機構が必須となるのに対し，インクジェットではインクは液体であるため，たとえカラー化のために複数種の色材の供給が必要な場合でも，たくさんのノズルを高密度に小さなヘッドデバイスにまとめることが可能である。また，記録媒体に対して非接触で描画可能であることも，他の記録方式には見られない特徴である。

これらの原理的な特徴から，インクジェット製品のほとんどはシリアルスキャン型のプリント機構を採用している。シリアルスキャン方式とは，比較的小さな記録デバイスを左右に往復スキャンさせながら，そのスキャン方向に直交する方向に用紙を間欠的に送りながら最終的に記録媒体全面にプリントを行なう方式である。

電子写真や熱転写方式の機構であるラインプリント方式に比べて，安価なシステムが構成可能であること，また大判サイズの用紙に対しても対応が容易であること，さらには記録媒体上

に描画していく位置や順序や色の重ね方などを比較的自由に制御できることなどのメリットがある。そのため，コンシューマ向けの小型で安価なプリンタのほとんどがインクジェット方式となっている。また，A0 や B0 サイズのような大判サイズのプリントをする製品もやはりほとんどがインクジェット方式である。

以下に，インクジェット技術の主要な要素であるヘッド技術とインク技術について解説する。

3.2.1 ヘッド技術

インクジェットにおいては，記録ヘッドの設計はプリンタの速度や画質などの性能に大きな比重を占める重要なファクターである。図3.11 は，現在実用化されているおもなインクジェット技術を吐出メカニズムにより分類したものである。ここではオンデマンド型インクジェットの各方式について特徴を述べる。

1970 年代以降，数多くのオンデマンドインクジェット方式が提案されてきたが，1980 年代になり実用化が始まり，1990 年代に急速に進歩し普及した。現在実用化されているオンデマンドインクジェットのほとんどは，圧電方式とサーマルインクジェット方式（バブルジェット方式ともよばれる）に分類される。

(1) 圧電方式（ピエゾ方式）

圧電方式は最も古くから提案されている方式で，PZT などの圧電体に電圧を印加したときに変形することを利用して，ノズル内壁の一部をたわませ体積を変化させてインクを吐出させるものである。圧電体は，印加する電圧により変形量をきめこまかく制御することが可能であるため，メニスカス（ノズル先端のインク界面）の動きを制御し，さまざまな大きさのインク滴を吐出することが可能である。

しかし，実用上の圧電体の変形量は約数千分の1から1万分の1程度と非常にわずかであるため，必要な体積のインクをノズルから押し出すためには大面積（ミリメートルオーダー）の圧電素子に結合した振動板がノズルごとに必要となり，結果的にノズルサイズがかなり大型にならざるをえない。

また，通常用いられる PZT などの圧電体は1000℃以上で焼成されるセラミックスであり，微細加工や他のヘッド構成材料との接合や組立が容易ではない。そのため，ノズル構造が複雑でかつ（300 dpi を超えるような）高密度配列が難しいという本質的な問題点を抱えている。

さらに，インクも含めた系としてのノズルの周波数応答性が悪く，制御性に制約がある。これらの課題を解決するために，圧電方式では図3.12 に示すようなさまざまな方式が提案され，実用化されてきた。

まず，圧電素子を利用する変形モードによって2つの方式に大きく分類できる。圧電素子は強誘電体であるので，特定の方向に分極している。

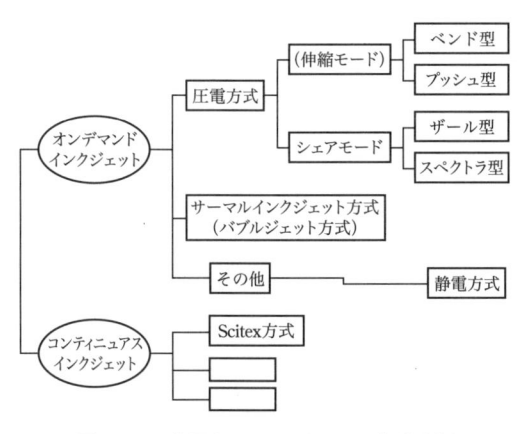

図3.11 主要なインクジェット方式分類

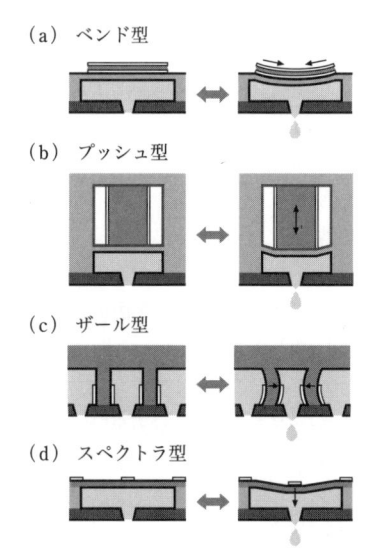

図3.12 圧電方式インクジェットのおもな方式

第1の方式は，圧電素子のこの分極方向に平行に電界を印加し，その電界方向の伸縮（圧電縦効果）あるいは電界と直交方向の伸縮（圧電横効果）を用いる方法である。圧電方式のインクジェットの初期から現在までおもに用いられてきた方式であり，とくに決まった名称はないが，ここでは仮に「伸縮モード」とよぶことにする。

第2の方式は，分極方向に垂直に電界を印加することによるすべり変形（ずり変形）を利用する方式であり，「シェアモード」とよばれている。この方式の歴史は比較的新しく，1980年代ごろからいくつかの方式が提案され実用化されている。

① 伸縮モードを利用した方式

伸縮モードを利用する方式で現在実用化されているものには，ベンド型（たわみ型）とプッシュ型がある。そのほかにも，かつて1980年代にグールド方式のインクジェットプリンタが製品化されている。この方式は伸縮モードの縦効果と横効果を効果的に組み合わせて利用できることから，アクチュエータとしては理想的ではあるが，多ノズル化が困難であることから現在では使用されていない。

ベンド型は図3.12（a）に示したように，薄い振動板に両面に電極を設けた圧電体の薄板を積層してアクチュエータとしたものであり，圧電横効果による面内の伸張収縮を利用して振動板をたわませるものである。

プッシュ型は図3.12（b）に示したように，一端を固定した圧電体の長さ方向の伸張収縮を利用して振動板を動かす方式である。電極の配置方法によって，圧電縦効果を使うことも圧電横効果を使うことも可能である。駆動電圧を20～30 V程度にするために電極を多重に積層した圧電素子を用いるものが多いが，なかには積層せずに長さ数 mm の棒状の圧電体を利用しているものもある。

② シェアモードを利用した方式

シェアモードを利用する方式としては，ザール（Xaar）方式やスペクトラ（Spectra）方式がある。

ザール方式は図3.12（c）に示したように，圧電体の板の表面にダイサーなどにより圧力室となる溝を並列に加工し，その壁の両側面に電極を形成する方式である。大きな圧電体板をそのまま利用することから，高精度に長尺化が可能な方式として注目されており，実用化が進んでいる。

しかし，ノズル内のインクに触れる部分に電極を設けるため，水系インクのような導電性のインクを利用するのが難しいという問題がある。そのため，ザール方式のヘッドを用いた製品では絶縁性の石油系溶媒をベースとしたインクがおもに用いられている。しかし最近では，ノズル内壁の電極表面を絶縁膜で覆うことにより，水系インクに対応したヘッドも実用化されている。

ザール方式は，ノズルの隔壁のシェアモード変形を利用しているためシンプルで高精度なノズル配列が可能であるが，その一方で隔壁の変位量が伸縮モードの数分の1であるためノズル長を長くとらなければならず，流体の応答特性が悪い。また，圧電体内で発生した熱が放熱されにくく直接インクに伝わるため吐出量が変動しやすいなどの課題がある。

もうひとつの実用化されているシェアモードとして，図3.12（d）に示したスペクトラ方式がある。これは面に垂直方向に分極された圧電体薄板上に電極を櫛歯状にパターニングしたものを，流路を形成した部材上に接着してつくられる。圧電体薄板自身にはまったく加工が不要であることから，比較的低コストで製造が可能である。しかしながら，構成上，100～200 Vという高電圧が必要であり，かつノズル密度も数十 dpi 程度しかできないため，おもに産業用途で実用化されている。

(2) サーマルインクジェット方式
　　（バブルジェット方式）

サーマルインクジェット方式は1977年に発明され，1980年代後半から製品化され，1990年代に入って急速に発展した。この方式は，インクを急速に加熱して気化させ，そのときに発生する気泡の高圧を利用してインクを吐出させる方式である。

図3.13に示すように，ノズル内壁にはヒーターが設けられている。このヒーターは，厚さが1 μm の数十分の1ときわめて薄く，熱容量

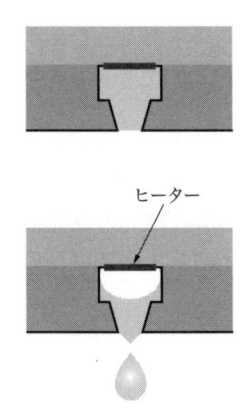

図3.13 サーマルインクジェット方式
（バブルジェット方式）

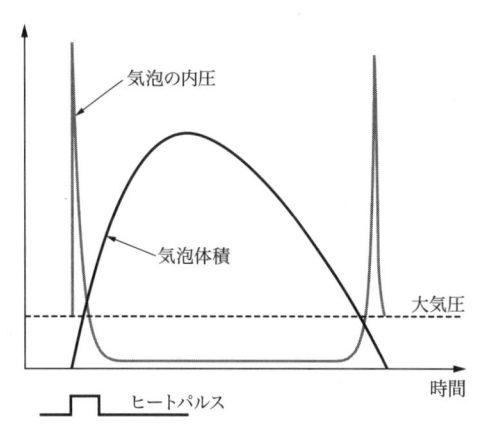

図3.14 気泡の内圧と気泡体積のプロフィール

が非常に小さいため，通電するとμ秒以下で数百℃に到達する。すると，薄い絶縁膜を介して接しているインクは瞬間的に気化し，高圧を発生する。このとき起こっている現象は，われわれが日常的に経験している沸騰現象とは大きく異なった現象である。

100℃付近で起こる水の通常の沸騰現象（核沸騰）は，水の蒸気圧が1気圧を超えることにより起こり，発生した気泡の圧力も1気圧よりも若干高い程度である。また，発泡はきっかけさえあれば，いたるところで起こり続ける。これでは，インクを十分な速度で吐出させることも，高周波数でくり返し吐出させることもできない。

サーマルインクジェットでの気化現象は，液体に接している固体壁から，高い熱流束で液体に熱エネルギーが与えられたときに起きる。固体壁に接する部分の液体の温度が，その液体のもつ過熱限界温度（水の場合，約300℃）に達した瞬間に，その界面に無数の気泡が一気に生成し，合体しながら急速に成長する。この瞬間に発生する圧力は，水の場合，約10 MPa（約100気圧）にも達する，きわめて強い力である。

しかし，発泡するとインクはその瞬間ヒーターから離れるため，ヒーターからインクへの熱エネルギーの供給は遮断される。そのため，爆発的気化は最初の一瞬のみで，核沸騰現象のように継続的には起こらない。結果として，図3.14に示すように，気泡内の圧力は発泡の瞬間のごく短い時間（1μ秒以下）のみ働く力，すなわち，インパルス（撃力）として作用する。

インクは，その力により運動を開始するが，発泡圧力が消失したあとも，インクの慣性により運動を続けようとする。そのため，発生した気泡は発泡後もさらに引き伸ばされ膨張を続けるが，このときの気泡の内圧は，大気圧を大きく下まわる負圧状態となっている。

吐出口から押し出されたインクは，慣性によってそのまま飛翔しようとするが，その一方で，外気と気泡内圧との圧力差による力と，流体抵抗とによって，気泡の成長は減速しやがて停止する。さらに気泡は収縮に転じ，最後には気泡は消滅する。この運動により，押し出されたインクは吐出口近傍で切断され，インク滴として飛翔する。

一方，発泡が起こったあとのヒーターへの通電は吐出に対し何の寄与もしないため，発泡直後に通電は遮断されるようにパルス幅は1μ秒程度に制御される。ヒーターを設ける基板は，通常シリコンなどの熱伝導性の高い材料が用いられる。そのため，ヒーター温度はわずか10μ秒オーダーで常温近くまで冷える。

一方で，サーマルインクジェット方式の最大の課題は，加熱によるインクのコゲとヒーターの耐久性である。急速に昇温冷却をくり返すヒーターの表面には多少とも染料の熱分解などによるコゲが付着する。ヒーター表面にコゲが付着すると伝熱が悪くなり発泡が不安定になり，

その結果としてインク滴の吐出状態が変動する。これを回避するために，熱分解してもコゲにならない染料の選択や不純物の除去，コゲを抑制するための添加剤などのインクの工夫と，コゲを発生させにくいヒーター駆動制御方法の工夫がなされてきた。

また，ヒーター表面は発泡・消泡に伴う機械的な衝撃や，高温高圧下での化学的侵食にさらされるため，十分な耐久性が要求される。そのため，現在のヒーター表面には，絶縁層の上に硬く化学的に安定な保護膜を設けており，通常のプリンタとしては十分な耐久レベルを達成している。

サーマルインクジェット方式は，キヤノンのほか，Hewlett-Packard, Lexmark, ソニーなどが次々と独自の設計と製造方法で製品化し，改良が進められてきた。各社のヘッドは製法や形状は異なるが，圧電方式の各方式のようなメカニズム上の本質的なちがいはなく，原理的にほぼ同じである。

3.2.2 インク技術

冒頭で述べたように装置設計の自由度の点で液体インクを用いることは大きなメリットをもっている。これらの特長を生かし，インクジェットインクにもさまざまなタイプが実用化されてきた。それらのタイプについて分類したものを図3.15に示す。

(1) 染料と顔料

インクは，発色を担う色材と，それを溶解または分散するインクベースとに分けることができる。色材は染料と顔料とに大別されるが，染料は分子レベルで溶解しているため溶解安定性が高く，インクジェットでは従来多く使用されてきた。また，分子レベルでプリント媒体に染着するため媒体さえ最適化すれば高い発色性を得ることができる。

一方，染料は光や酸化性ガスによって褪色しやすいという弱点をもっているが，分子設計レベルで改良が進められ，現在では一般的な用途ではほぼ問題にならないレベルになりつつある。また，水溶性染料を用いた系では普通紙に印字乾燥後も水に濡れると滲んでしまうという問題もあり，いくつかの対応策が実用化されている。

これらの染料の問題点を解決するために，顔料の採用も進んでいる。顔料はインクベースに不溶の色材が微粒子状態で分散したものである。色材分子は分子単体でいるよりは結晶化している状態のほうが一般的には安定であること，さらに微粒子表面の色材分子が褪色しても粒子内にはたくさんの色材分子が残っているいることなどの理由から，顔料は染料に比べ褪色しにくい。とくにポスターなどのように，外に掲示するプリント物の場合には耐光性や耐水性は必須であるため，顔料インクの採用が進んでいる。

顔料をインク化するためにはインクベースに分散しなくてはならないが，インクジェットのインクの場合は安定的に分散した状態にしておくのが非常に難しい。インクジェットインクは吐出特性上から粘度は2〜5 cpsといった非常に低い値が求められるため，長期間放置すると顔料成分が沈降して不均一になるなどの問題が発生する。また，顔料はプリントヘッドの表面などで乾燥し付着した場合などにきれいに拭き取ることが難しく，インク吐出精度などに大きな影響を与えやすい。

顔料インクの発色性については染料に対して劣るといわれてきたが，近年，顔料の粒子径を小さくすることで大幅に発色性が改善され，ほとんど染料並みの発色も実現している。

以上のように，顔料は染料に比べてプリント物の耐久性の点で非常に優れてはいるが，使いこなしの難しさから従来は限定的な適用にとどまっていた。しかしながら，顔料インクの改良

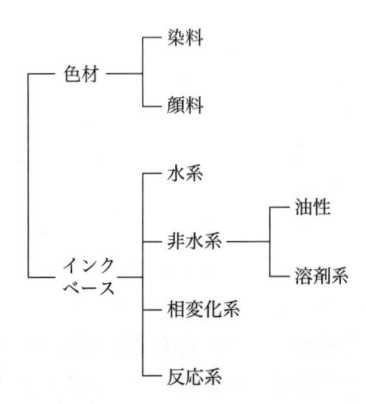

```
         ┌─ 染料
   色材 ─┤
         └─ 顔料

         ┌─ 水系
         │              ┌─ 油性
 インク ─┤─ 非水系 ─┤
 ベース  │              └─ 溶剤系
         │
         ├─ 相変化系
         │
         └─ 反応系
```

図3.15 主要なインクのタイプ

表3.2 水系インクの組成

成分	おもな機能	組成比（%）
色材（染料あるいは顔料）	発色	1～10
水	輸送媒体，（発泡）	60～90
有機溶剤	保湿，粘度制御	5～30
界面活性剤	濡れ性制御，浸透性制御	0.1～10
pH調整剤	pHの制御	0.1～0.5
水溶性樹脂	定着性	0～10
その他	反応基剤，ほか	

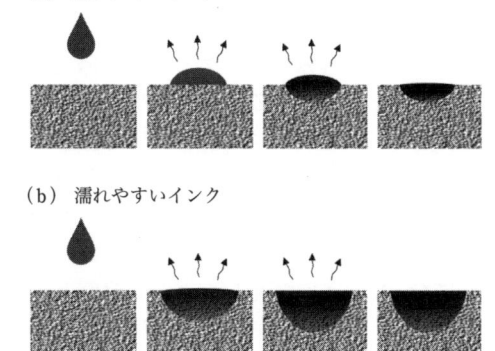

図3.16 水系インクの定着モデル

や使いこなし技術の進歩により，今後はさらに顔料インクの比率が高まっていくものと考えられる。

(2) さまざまなインク種

一方で，インクのさまざまな特性を決定するのがインクベースである。インクベースは基本的な性質により，水系，非水系，相変化系，反応系に大別される。このうち，最も一般的にオフィスや家庭用に用いられているのが水系インクである。

水は，高い溶解能，低い粘度，高い表面張力，そして無臭無毒であることから，最もインクジェットインクとして設計しやすい溶媒である。また，サーマルインクジェットの場合は，その吐出力源として水分の気化による発泡圧力を利用しているため，成分として水は必須である。現在実用化されている水系インクのおもな成分について表3.2に示す。主成分の水と色材のほかに，後で述べるさまざまな特性をコントロールするための溶剤類や界面活性剤，pH調整剤などが添加される。

水系インクの普通紙上での定着までのメカニズムを簡単に説明する（図3.16）。表面張力が比較的高く（約35 dyn/cm以上）紙の繊維に対して濡れにくいインクの場合 (a) と，表面張力が比較的低く（約30 dyn/cm以下）濡れやすいインクの場合 (b) についてそれぞれ説明する。

(a) の場合，記録ヘッドから吐出されたインク滴は紙上に着弾するが，繊維に対して濡れにくいため紙上にインクは乗ったままになる。その後，インク表面からの水分の蒸発が進み，徐々にインクの溶剤比率が高まり，その結果表面張力が急速に低下していく。数百ミリ秒から数秒程度でついに紙の繊維に対してインクが浸透し定着するが，このときインクの色材濃度も高くなっており粘度も高くなっているため，比較的紙の表面に色材が集中して定着する。このため，発色もよく，形状もシャープで，ほぼ丸いドットの形成が可能となる。

一方，(b) の場合は，紙上にインク滴が着弾すると数ミリ秒程度ですぐに紙の内部に浸透する。水分が多い状態ですぐに浸透するため，深く広くインクは広がってしまう。そのため，ドットの発色も形状もあまりよくはならない。しかし，(a) の場合のように長い時間，紙の表面にインクがとどまっていることがないため，すぐに触ってもインクで汚れることもなく，また複数種のインクが短時間のあいだに印字されるカラープリンタのインクとしてはインクどうしのにじみ（ブリーディングとよぶ）を最も簡便に防ぐことができるため，現在普及しているほとんどのインクジェットカラープリンタのカラーインクとして，このタイプのインクが採用されている。

非水系インクとしては，石油系や植物系の比較的高沸点で低粘度の油をベースとした油性の顔料インクが実用化されている。油は揮発しにくいことからノズル詰まりなどの心配がなく，ヘッドのメンテナンスが非常に容易であることが大きな特徴である。また，紙などへの濡れがよく，浸透が非常によいため高速印刷に向いている。しかしながら，浸透しやすく滲みやすい

ため発色性やドットのシャープネスが劣る傾向にあることが課題である。

もうひとつの非水系インクとして，揮発性の有機溶剤をベースとするインクを用いた製品もある。とくに，塩化ビニルのように可塑剤で軟化する性質の媒体に印字することできわめて強固な定着を実現できるため，現在では屋外の看板や掲示物用の大判プリンタに多く用いられるようになっている。揮発したガスは健康上問題となるため，専用の排気装置を設けるなど大掛かりになってしまうのが問題であったが，よりマイルドな溶剤なども開発されており，さらに広がりつつある。

相変化系インクは，常温で固体で高温にすることで液化するワックスなどの材料に色材を溶解または分散したものである。溶融し液化したインクがヘッドから吐出され紙に着弾すると，熱容量がきわめて小さいためにインクは急速に冷えて固化する。そのため，インクどうしのにじみ（ブリーディング）もなく，不要な紙への浸透もなく表面に定着するため，発色性もドットのシャープネスも非常に優れている。

しかしながら，ヘッドやインクの供給系すべてを常に高温に保っておく必要があるため，印字していないときでも大量の電力を消費してしまうという問題がある。さらに，ワックスは冷却し固化すると体積が10％以上収縮する性質があるため，ノズルや供給系内に多くの気泡が発生してしまい，再度使用開始をするときにはそれらの気泡を除去するために大量のインクを吸い出さなければならないのも問題となっている。また，溶融したワックスの表面張力は比較的低いうえ，粘度が比較的高めであるため微小なインク滴の形成は流体力学的に難しく，粒状感のないフォト画質を実現するのは比較的困難といえる。また，プリント物のワックス特有のベタベタした風合いや，擦過に弱いといった点も課題として残っている。

反応系インクは，物理的刺激や化学的な反応によってインクを定着させるものである。物理的刺激を用いるものの代表は，UV（紫外線）硬化インクである。これはプリント媒体上にインク滴が着弾した直後に紫外線を照射することにより，インク中のモノマーやオリゴマーが光反応開始剤によって急速に重合し定着するものであり，缶などの金属表面へのロット番号のマーキングなどには必須の技術となっている。しかしながら，硬化前のインクは一般的に皮膚刺激性をもっており，家庭用のプリンタなどに応用するのは現時点では困難である。

もうひとつの反応系インクは，異なるインクどうしが紙上で触れることにより化学反応で定着するようにしたインクである。インクジェットは液体インクを用いるため，粉体やフィルムなどのような固体状態で色材を供給する方式と比べて化学反応を利用できるメリットがある。2液を混合して固化（凝集）する反応としてはさまざまな反応系を利用可能であり，いくつかの反応系が実用化されている。

3.2.3　今後のインクジェット

インクジェット技術は登場以来30年以上経つが，その間，開発の注目は印字ヘッドの技術開発におもに注がれてきていた。たしかに解像度や粒状性といった部分での画質向上はここ数年めざましいものがあり，現在では専用紙上ではほとんど写真や印刷と同程度の高画質が達成できるようになった。しかし，しょせんプリントヘッドは筆であり，最終的な画像を形成するのはインクである。

ヘッド技術もかなりのレベルまで向上し，いよいよインクジェット技術の核心であるインク技術に注目が集まりつつある。日々進化するインク技術により，どんな紙にでも印刷並みのプリントが手軽に高速に安価に得られる日も夢ではない。

3.3　サーマルプリンタ[24]

3.3.1　はじめに

カラーサーマルプリンタは，1980年代初め，電子スチルカメラの登場と前後して民生市場に投入された。

その後，電子スチルカメラはディジタル化され，高画素化・高画質化の開発過程を経て，「ディジタルスチルカメラ」として市場に定着し，現在ではディジタル画像データはきわめて

身近なものになっている。

プリントアウトしても鑑賞に耐えるクオリティを有するディジタル画像データが一般的になるとともに，プリントアウト手段としてカラープリンタ市場が活性化した。プリクラに代表されるアミューズメント機器，店頭でのデジカメプリントのような小型分散処理機器には，簡単な構成でメンテナンスが容易，プリントスピードも速く，廃液処理の不要なサーマルプリンタが広く使用されている。また最近では，家庭用の写真プリンタとしても普及してきている。

3.3.2 サーマルプリンタの基本構成

カラーサーマルプリンタは，プリント材料の形態で大きく感熱転写方式（溶融，昇華）と直接感熱発色方式の2つに分類できる。

(1) 感熱転写方式

感熱転写方式は，インクリボンを受像紙に密着させ，サーマルヘッドの熱でインクを受像面に転写するものである（図3.17）。インクには溶融転写方式（図3.18），昇華転写方式（図3.19）がある。昇華転写方式はインクの転写量を比較的容易に制御できる方式であるため，階調表現性に優れ，写真ライクなフルカラープリントに適している。

転写方式カラープリンタのインクリボンに

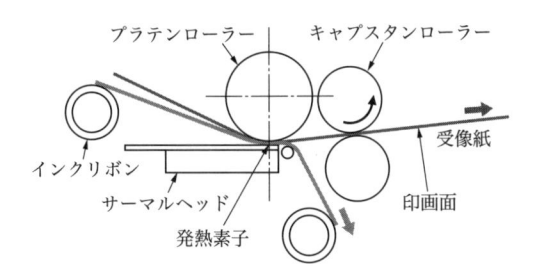

図3.17　サーマルプリンタの基本構成

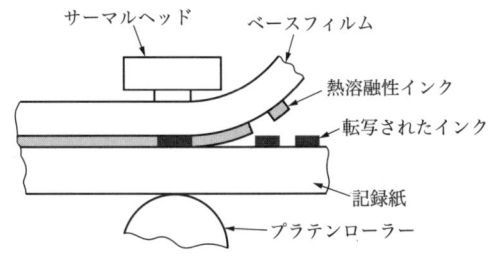

図3.18　溶融転写方式

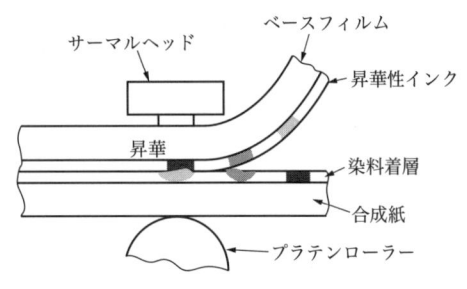

図3.19　昇華転写方式

は，イエロー（Y），マゼンタ（M），シアン（C）の3色が順に印刷されており，プリント動作ではこの3色を順に転写し重ね合わせることでフルカラーを実現している。

ペーパーの受像層に転写されたインクは受像層表面に一部露出しているため，画像の耐久性（褪色性，耐薬品，擦過性，再転写性など）が劣るのが欠点であったが，1999年ごろ3色印画したのちオーバーコート層（OC層）を受像層表面全体に転写する昇華型プリンタが商品化され，画像耐久性が改善した。

(2) 直接感熱発色方式の構造

一方，直接感熱発色方式は，ペーパー表面にあらかじめ設けられた感熱発色層をサーマルヘッドの熱によって発色させるものである。使用済み廃材が出ないという特長があり，FAXや発券機，ATM，ハンディターミナルなどに広く普及している。

従来，直接感熱発色方式は単色もしくは2色印画しかできなかったが，1994年に富士写真フイルム（現 富士フイルム）がTA（thermo-autochrome）方式を発表し，直接感熱型フルカラープリントシステムを商品化した。

TA方式のペーパーは，支持体の上に熱記録感度が異なるC発色層，M発色層，Y発色層を順に塗布し，最上層に耐熱保護層を設けたものである（図3.20）。Y，M発色層は，ジアゾニウム塩化合物が入ったマイクロカプセルとカプラーなどがバインダー中に分散されたものであり，C発色層は通常の感熱記録層と同じで，塩基性ロイコ染料が入ったマイクロカプセルとフェノール誘導体がバインダー中に分散されている。

マイクロカプセル壁は，150℃近傍のガラス

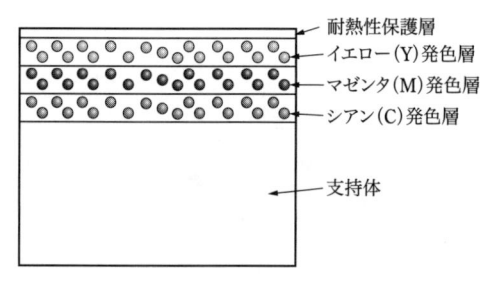

図 3.20 TA ペーパーの構造

転移点（軟化点）をもつポリウレア/ポリウレタンからなり，ガラス転移点前後で壁の物質透過性が大きくなる特性をもつ。マイクロカプセル型の感熱紙は，この特性を利用して熱記録を行なう。すなわち，必要な熱エネルギーが印加されるとカプセル外の発色補助成分がカプセル内に浸透し，カプセル内の発色成分と反応して色素が形成され，発色が起こる。

(3) 直接感熱方式の熱分画と選択定着

モノシートの TA ペーパーでフルカラーを実現するために 2 つの仕組みがある。

1 つめは，マイクロカプセルのガラス転移点温度の設定とペーパー表面からの距離の効果で，発色に必要なエネルギーが Y，M，C の順に高くなるように設計されていることである。

装置との組合せで感度は若干変化するが，低いエネルギー（約 30 mj/mm^2）で Y が発色し，中程度のエネルギー（約 50 mj/mm^2）で M が発色し，高いエネルギー（約 70 mj/mm^2）で C が発色する。

図 3.21 は，昇華方式と TA 方式の発色特性の一例である。TA 方式では Y，M，C のエネルギー感度が重ならないように設計されている。一方，昇華方式では 3 色のエネルギーはほぼ同じである。

2 つめは，M 発色層の記録の際には Y 発色層が再び発色しない仕組みと，C 発色の記録の際には M 発色層が再び発色しない仕組みである。

Y，M 層カプセル内のジアゾニウム塩化合物は光により分解され，その発色能力を失う性質を有している。一度定着された Y，M 層は以後熱エネルギーを印加しても発色は起こらない。これを感光材料にならって「定着」とよぶ。

ジアゾニウム塩化合物の定着分光感度は Y 層，M 層で異なっており，450 nm の青い光源で Y 層を，365 nm の紫の光で M 層を選択的に定着する。

このように，Y 層，M 層，C 層の熱分画と Y 層，M 層の選択的定着の組合せによって，Y，M，C をそれぞれ独立に発色させることができるようになり，モノシートでありながらフルカラープリントが可能となった（図 3.22）。

3.3.3 サーマルヘッドの構成

サーマルプリンタでは，図 3.23 に示すような形状のサーマルヘッドによって熱記録が行なわれる。サーマルヘッドでペーパー幅方向に 1 ラインの画像を書き込み，ペーパーとヘッドを相対移動させながら 1 画面を書き込む。ペーパーの幅方向を主走査方向，ペーパーの搬送方向を副走査方向とよんでいる。

サーマルヘッドは発熱素子が形成されているセラミック基板部分と，複数の発熱素子の通電を制御する電気回路部分から構成されている。

図 3.24 は，昇華，TA 方式で一般的に使用されている部分グレーズタイプのセラミック基板

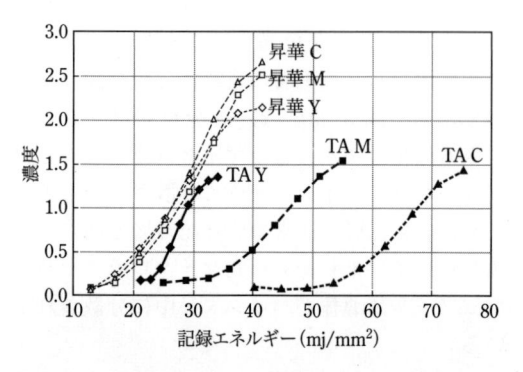

図 3.21 記録感度特性——昇華方式と TA 方式の比較

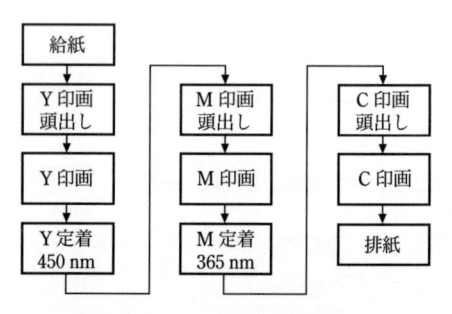

図 3.22 TA 方式の印画工程

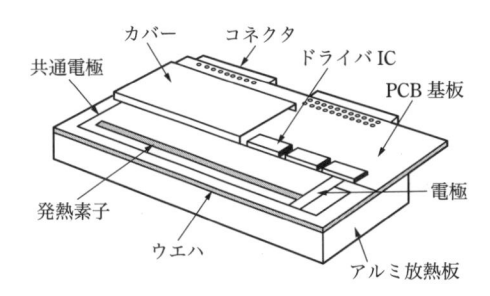

図3.23 サーマルヘッドの構造

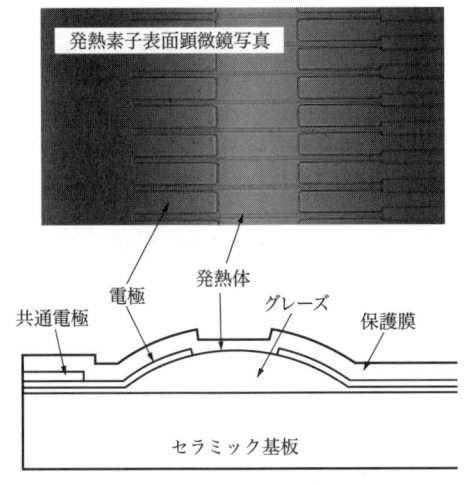

図3.24 発熱素子近傍拡大図

の発熱素子近傍を拡大したものである。セラミック基板上にグレーズ層が形成され，その上に発熱体と電極がスパッタなどで形成されている。さらにその上に耐摩耗性保護膜が形成されている。

このなかでグレーズ層は熱絶縁層の役割を果たしており，発熱素子近傍の温度の応答性に大きな影響を与える。グレーズ層の厚みは50〜200 μm のものが多く使われている。

発熱素子はグレーズ上に一列に複数個形成されており，発熱素子の上に形成されたアルミ電極によって共通電極（電源）とドライバICに接続されている。

(1) ドライバ回路

ドライバ回路はグレーズ上に主走査方向に並んでいる発熱素子を選択的に通電させるための回路である（図3.25）。

発熱素子 r_1 から r_n に対し，通電・非通電に応じたデータ D_1 から D_n をシフトレジスタに

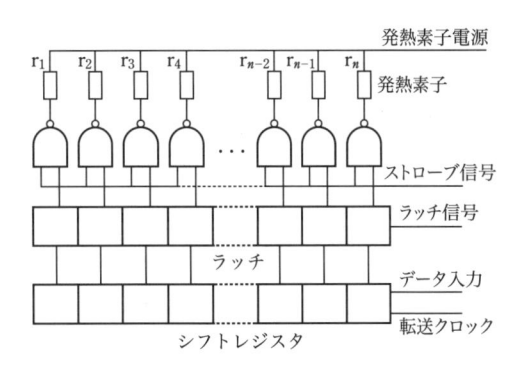

図3.25 シリアルデータ入力型ヘッドのドライバICブロック図

転送する。このデータとストローブ信号のANDが1の状態で発熱素子が通電加熱される。

(2) 印加データの生成とデータ転送

図3.26は，シリアルデータ入力型ヘッドに送る印加データを生成する回路の一例である。

- 印画しようとする画像はあらかじめラインメモリに転送されており，最初コンパレータのA入力にはラインメモリ0番地の画像が入力されている。また，B入力には階調値0が入力されている。
コンパレータでA入力とB入力を比較した結果がサーマルヘッドデータ入力される。0階調目のデータは加熱を意味する1になる。
- 制御回路はサーマルヘッドに転送クロックを送り，0番地の加熱信号1をシフトレジスタに入力する。このデータは発熱素子 r_1 に対応する。

次に，ラインメモリのアドレスのみをインクリメントしていき，各番地の画像データをコンパレータに入力して，各発熱素子の加熱データをシフトレジスタに転送する。

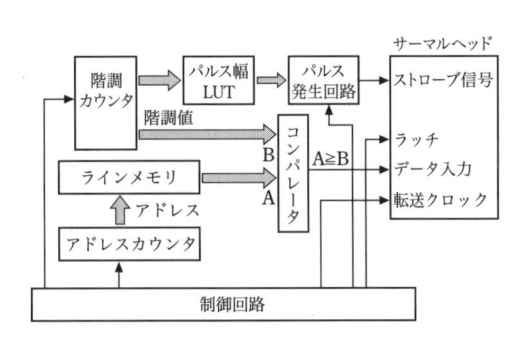

図3.26 印加データ生成回路

- 加熱データを転送したのちラッチパルスを与え，サーマルヘッド内のデータを固定する。
- 次に，パルス幅 LUT に書き込まれている 0 階調目のストローブパルス幅データに応じたストローブパルスを発生させる。サーマルヘッドのラッチ回路に記憶された加熱データが 1 の発熱素子に電流が流れ，0 階調目の加熱が行なわれる。
- 階調カウンタをカウントアップし，上記動作と同様な動作で 1 階調目の加熱データをサーマルヘッドに転送する。このデータ転送は 0 階調目のストローブパルスが印加されているあいだに行なう。
- 1 階調目のデータのシフトレジスタへの転送が完了したら，0 階調目のストローブパルスが終わるのを待ってラッチパルスを出力する。

256 階調プリンタの場合，以下同様に 255 階調目までの動作を行ない，1 ラインの印画が完了する。

図 3.27 は，128 階調の画像データを印画するときの波形を示している。

(3) データ転送の高速化

たとえば，はがきサイズのプリントを 12 ドット/mm，256 階調，1 色あたり 4 秒で印画するとした場合，画素数は主走査 1792 ドット×副走査 1200 ラインなので，1 ラインあたりの転送時間が 2.5 ms 以内，1 階調あたりでは約 10 μs で完了している必要がある。

一方，データ転送周波数を 16 MHz とすると，1 階調分 1792 個のデータを転送するためには 100 μs 以上の時間を要するので，目標のプリント時間が達成できない。

そこで，シフトレジスタを複数グループに分割し，グループごとにデータ入力端子を設けている。例としてあげたヘッドの場合，シフトレジスタを 64 ドット単位で 28 分割すると転送は 4 μs で完了する。データ入力信号線の本数が増え印加データ生成回路が複雑になるが，高速印画が可能になる。

高速転送を実現する別の方法として，サーマルヘッド上のドライバにあらかじめ 8 ビットの画像データを転送でき，1 回のデータ転送で 256 階調が表現できる階調機能付きドライバ IC もあるが，ドライバ IC が大型化するためサーマルヘッドのコストアップが課題である。

3.3.4 サーマルプリンタのむら補正

サーマルプリンタでは，ヘッド-記録材料間のインタフェース部分，すなわちヘッドとペーパーの接触部分にも外乱要素があるため，均一なグレーを印画しようとしても濃度むらが発生する。

むらの根本原因を抑えられないものは，印画の際に加熱エネルギーを調整して，むらが発生しない，または，むらが目立たないよう補正処理を行なう。

以下に補正処理のおもなものを説明する。

(1) ヘッドの蓄熱と熱拡散の補正

サーマルプリンタは発熱素子の熱でインクを転写あるいはペーパーを発色させているが，発生した熱の大部分はサーマルヘッド自身に蓄熱し，サーマルヘッドの温度を上昇させ発色に影響を与える。

したがって，印画開始時の蓄熱していない状態では濃度が低く，蓄熱が進むにつれて濃度が高くなる。また，濃度が変化する部分では，濃くなる部分で濃度の立ち上がりの鈍り，または逆に薄くなる部分では，適正濃度まですぐに低くならない熱尾引きが生じる。

発熱素子の熱はグレーズやセラミック基板の中で拡散し隣接するドットに伝わるので，エッジ部分がぼやける。

このようなヘッドの蓄熱による濃度の変動や熱拡散による画像のボケを改善するために，い

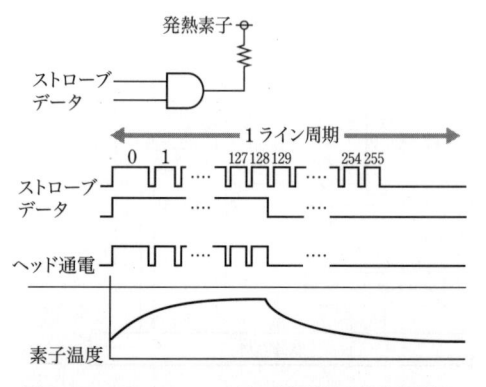

図 3.27 サーマルヘッドの通電波形と素子温度

ろいろな補正が行なわれている。

ヘッド電圧補正はサーマルヘッドに取り付けたサーミスタでアルミ板周辺温度を測定し，温度に応じて供給電力を調整する。アルミ板温度の応答時間は10秒前後あり非常に遅いので，画面内の濃度補正には使わないことが多い。

ドット補正は，周辺の画素が注目画素に与える影響を実験的に求めて画像データを補正する。プリンタによっては輪郭補正処理も兼ねるため，未来のデータも参照する。参照する範囲が大きければ大きいほど補正効果はよくなるが，演算量の増大，ワークメモリの大型化などをまねき，10ライン程度までの参照が適当である。

しかしながら，印画速度を高速化するとドット補正の参照すべき領域をより広くする必要があり，上述の周辺画素を参照する補正では実現が困難になった。

そこで，サーマルヘッド内で起きている蓄熱・拡散現象を演算によって再現し，補正量を求めることが考えられた（図3.28）。

サーマルヘッドを複数の蓄熱層の集まりと考え，蓄熱層間の熱の伝達と主走査方向への熱拡散を演算で求める。ここでは，グレーズ層を蓄熱層1，セラミック基板を蓄熱層2，アルミ板を蓄熱層3として考える。

発熱素子の熱エネルギーはペーパーに伝わる成分とグレーズに蓄熱する成分に分かれる。蓄熱する成分は蓄熱層1に記憶される。

1ライン後，蓄熱層1から出ていくエネルギーは，ペーパーに伝わる成分と蓄熱層2に伝わる成分に分かれる。同時に，蓄熱層1には，蓄熱層2から伝わってきたエネルギーが入力される。

ペーパーには，いま現在，発熱素子が発生している熱エネルギーの一部と前ラインまでの印画によって蓄熱したエネルギーの一部が合成されて供給される。

印画動作中にラインごとに蓄熱層から供給されるエネルギーを演算し，発色に必要な供給エネルギーから差し引き，サーマルヘッドに印加するエネルギーを求めている。

深さ方向の演算と同時に，主走査方向の熱拡散の演算も行なっている。

蓄熱層の中の1画素分のエネルギーは，1ライン後には隣接ドットに拡散している。

蓄熱層を主走査方向にみて熱拡散の演算を行なう。演算の内容は，1ライン分の時間で熱が拡散する形状をまねた係数のフィルタ演算である（図3.29）。

(2) 発熱素子抵抗ばらつきの補正

発熱素子間で抵抗値のばらつきがあると，素子間で発熱のばらつきが発生し，筋状の濃度むらが現われる。このむらの発生をなくすため，あらかじめ各発熱素子の抵抗値を測定しておき，各発熱素子のエネルギーが等しくなるよう通電時間を補正する。

発熱素子の抵抗値は，サーマルヘッドメーカーの製造工程の中で測定したデータをサーマルヘッドに添付した形で受け取れる。この抵抗値データをプリンタ内部に記憶させて，抵抗値の

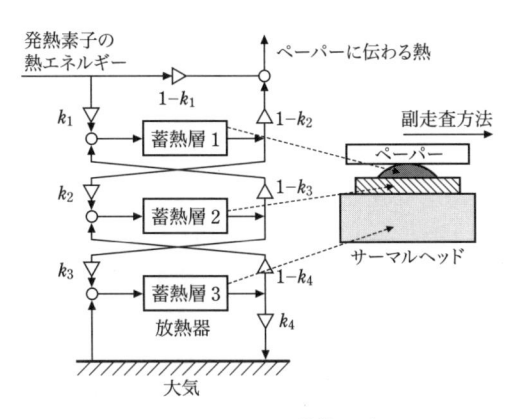

図3.28 ヘッドの蓄熱モデル

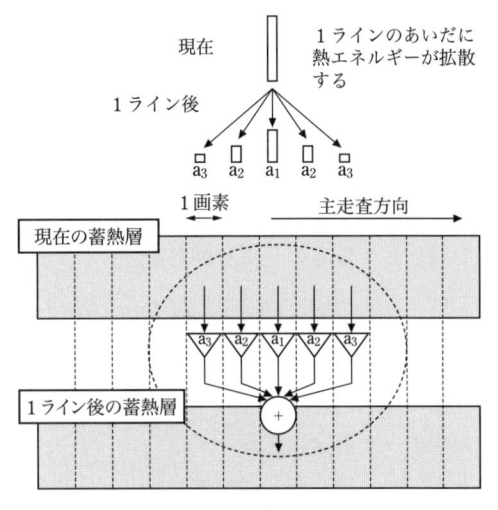

図3.29 熱拡散の計算

ばらつきを補正する。

ところが，サーマルヘッドには使っているうちに発熱素子抵抗値が変化する特性がある。抵抗値変化は全素子が一様に変化するものではないので，濃度むらが発生する。

このような経時による抵抗値変化に対応するためサーマルヘッドの抵抗値を測定する機能を内蔵し，フィールドでの抵抗値測定を可能にしたプリンタがある[25]。

なお，サーマルヘッドによっては抵抗値トリミングを行なってから出荷しているものがあり，経時による抵抗値変化が起こらないあいだは，抵抗値補正の必要がないヘッドもある。

(3) グレーズばらつきの補正

抵抗値のばらつきを補正しても，主走査方向のむらは残る。これは，グレーズ層の厚みと幅，セラミック基板のゆがみなどが原因として考えられる。しかし，こういった要因を，補正に使用できるデータとしてサーマルヘッドもしくはプリンタの製造工程内で非破壊で測定することは困難である。

そこで，実機でプリントしたサンプルの濃度むらを測定し，むらを打ち消す補正データにつくり変えて補正に使用する。

(4) 印画率の補正

サーマルヘッドの電源の内部抵抗，配線の抵抗があるため，発熱素子に通電すると電圧降下が生じる。電圧降下の大きさは，通電する素子の数によって変化する。したがって，通電ドット数が少ないときに比べて通電ドット数が多いときには電源電圧が低くなり，濃度が低くなってしまう。

通電ドット数と電圧の変動量はおおむね比例するため，簡単に補正できる。ただし，印画率の変化部分での電源回路の過渡応答中はこの方法では補正できないため，電源回路の単体の特性を改善してむらの発生を抑える。

3.3.5 サーマルプリンタの画像処理

サーマルプリンタの画像処理の流れは次のようになっている。

画像データの読み込み
↓
解像度変換（拡大・縮小）
↓
色，階調変換（セットアップ）
↓
色，階調変換（プリントデバイス対応）
↓
プリンタエンジン部への画像出力

(1) 解像度変換（拡大・縮小）

サーマルヘッドの解像度は一定で可変ではないので，入力画像の画素数をプリンタ解像度にあわせて変換する。

画像のトリミングに伴う拡大プリントでも解像度変換が行なわれる。

(2) 色，階調変換

デジカメなどの画像データを印画するときには，データをそのまま印画するのではなく，シーンに応じてより好ましい方向に補正を加える。

オリジナルの画像に対して補正すべき内容としては，次のようなものがある。

- カラーバランス補正（人工光源色かぶり，カラーフェリア）
- 濃度・明るさ補正（逆光つぶれ，アンダー／オーバー露出）
- コントラスト補正（ねむたい絵，ハイコントラストシーン）
- 彩度補正
- 像構造（シャープネス補正，ノイズ低減）

これらの補正が必要なシーンを画像データの解析によって自動的に見分け，それぞれに最適な補正を行なうことがプリンタの付加価値となる。このような画像補正処理のことを一般的に，オートセットアップとよんでいる。

処理内容としては，RGB もしくは輝度，色差ごとのヒストグラム分析によるカラーバランス補正，明るさ補正，階調補正があり，像構造に関する補正はフィルタ処理が中心となる。また，単に画像データ全体のヒストグラム分析ではなく，主要部推定やシーン分析を行ない，たとえばポートレートの人の肌や風景シーンの空の色といった，各シーンで大切な部分に対して色や濃度補正を行なうアルゴリズムは，最適な補正においてより効果的である．

これらの濃度や階調の補正は，次に述べるプリントデバイス対応の 3D-LUT 処理にあわせ

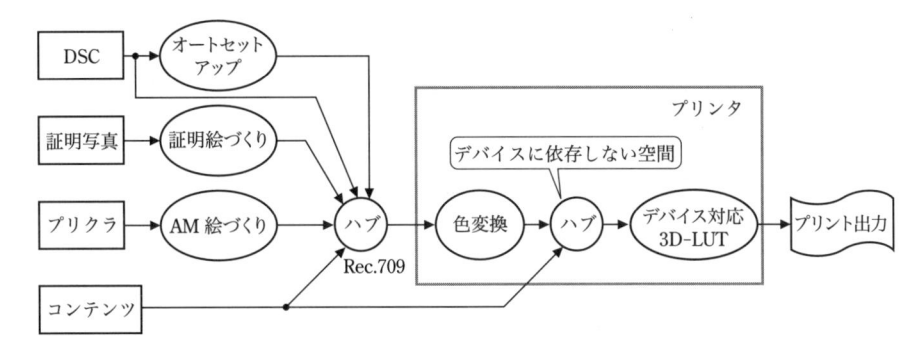

図3.30 プリントシステム画像処理アーキテクチャ例

(3) プリントデバイス対応

TA方式では，各色の熱記録感度カーブがオーバーラップしているため，Yの高濃度域では若干のMが発色する。また，Mの高濃度域では若干のCもいっしょに発色し，色相が変わってしまう。この現象を混色とよぶ。

昇華転写方式では，受像層に一度転写したインクが次の色のインクリボンに転写するため，濃度が変化する。これを再転写とよぶ。

これら混色や再転写の対策には，3次元LUT（3D-LUT）の手法が有効である[26]。この3D-LUTは，RGBの入力信号からYMCの印画データに一対一の変換ができる参照テーブルで，自由度が非常に大きく，さまざまなカラーコントロールを緻密に行なうことが可能である。

プリントシステムの画像処理アーキテクチャーをまとめると図3.30のようになる。

3.3.6 おわりに

サーマルプリンタは，画質の良さ，取り扱いの容易さから，業務用途・民生用途を問わず今後も市場が拡大していくと考えられる。とくにホームプリンタでは，CPUの高性能化・低価格化により，画質のさらなる改善や操作性の向上が図られている。また，エネルギー効率の改善，小型で大容量の電池の登場により，モバイル型プリンタもより身近なものになっていくと考えられる。今後は，さらなるエネルギー効率の改善，プリント時間の短縮，小型化，廃棄物低減などの環境配慮設計がポイントとなるであろう。

文献

1) 永原康守，小見恭治：『Ricoh Technical Report』，No.23, September, p.112, 1977.
2) 田村一夫，榎本嘉博ほか：『富士ゼロックステクニカルレポート』，No.14, p.104
3) 竹内昭彦：『日本画像学会誌』，146号，Vol.42, No.4, p.93, 2003.
4) 宮部幸一：『日本画像学会誌』，146号，Vol.42, No.4, p.70, 2003.
5) 大石登，麻場武ほか：『日本画像学会誌』，164号，Vol.45, No.6, p.51, 2006.
6) 佐藤眞澄，司城浩保ほか：『日本画像学会誌』，146号，Vol.42, No.4, p.63, 2003.
7) 渡邊毅：『日本画像学会誌』，146号，Vol.42, No.4, p.59, 2003.
8) 浅野和夫：『日本画像学会誌』，146号，Vol.42, No.4, p.53, 2003.
9) H. Kawamoto, H. Satoh：Numerical Simulation of the Charging Process Using a Contact Charger Roller：J. Imaging Sci. Technol., Vol.38, No.4, p.383, 1994.
10) H. Kawamoto：Modeling of Ozone Formation by a Contact Charger Rollor：ibid, Vol.39, No.3, p.267, 1995.
11) 植木伸明，市川順一ほか：『富士ゼロックステクニカルレポート』，No.16, p.11, 2006.
12) 飯尾雅人，松代博之ほか：『Imaging Conference JAPAN 論文集』，p.15, 2006.
13) 酒見裕二：シンポジウム『電子写真の極限画質を探る論文集』，日本画像学会, p.41, 2004.
14) Rick Lux, Huoy-Jen Yuh：NIP20, International Conference on Digital Printing Technologies, p.323, 2004.
15) 門永雅史：『日本画像学会誌』，Vol.43, No.3, p.171, 2004.
16) 松本健太郎，高橋裕ほか：『日本画像学会誌』，164号，Vol.45, No.6, p.65, 2006.
17) 野上豊，篠原浩一郎ほか：『富士ゼロックステクニカルレポート』，No.16, p.44.
18) 佐々木文浩，山田博：『事務機器関連技術調査報告書』，事務機器工業会，2006.
19) Hideki Fujita, Koji Masuda：Program and Proceedings ICIS '06, p.74.
20) 水田泰史，宮本栄一ほか：Japan Hardcopy 2004, p.175.
21) http://cweb.canon.jp/imagepress/index.html
22) http://www.fujixerox.co.jp/product/cat/publishing.html

23) http://konicaminolta.jp/products/industrial/graphic/pagemaster_pro/index.html
24) 勝間伸雄：『画像電子学会誌』, **32**(6), 876-884, 2003.
25) 特開平 6-79897
26) 福田浩司, 勝間伸雄, 岩崎弘幸：『日本写真学会誌』, **60**(6), 360-363, 1997.

4 通信・蓄積系

4.1 DVDレコーダ

4.1.1 DVDの概要

(1) DVD

DVDは映像，音声，コンピュータ用データなど多彩な情報の記録・再生に適する総合記録メディアとして開発された．

まず，DVDが出現するまでの経緯について述べる．

オーディオの世界では長いあいだ，レコードとカセットテープの時代が続き，高度なアナログ記録技術が開発されていた．その中でオーディオのディジタル記録が初めて行なわれたのはVTR（video tape recorder）を用いたPCM（pulse code modulation）プロセッサである．そしてその後，CD（compact disc）が登場した．

ビデオの世界では，アナログ記録のVTR，LD（laser disc）が長らく支配的であったが，1990年代に入ってDVTR（digital video tape recorder）が実現された．

コンピュータの記録媒体としては，ディジタル記録媒体としてフロッピーディスクやCD-ROMなどが使用されてきた．

このような変遷ののち，1990年代半ばに，標準解像度（standard definition；SD）画像とコンピュータデータの記録メディアとしてDVDが開発された．DVDはCDと同じサイズだが，CDの赤外レーザーよりも波長が短い赤色レーザーを用い，片面1層で4.7Gバイトの容量を確保している．また，ディジタル動画像圧縮技術にMPEG-2（moving picture experts group-phase2）を採用し，映画タイトルの95%を収録可能な133分の標準記録時間を達成した．

DVD規格は，世界中の電機業界，ディスクメディア業界，コンテンツ業界，IT（情報技術）業界の主要会社が参加し，オープンな組織であるDVDフォーラムで作成されている．

DVD規格で規定されたメディアの種類には，再生専用ディスクのDVD-ROM，記録型ディスクとしては書き換え型ディスクのDVD-RAM，DVD-RW，追記型ディスクのDVD-Rがある．さらに，これらメディア上に記録されるアプリケーション規格として，再生専用ディスク用の映画などを記録するDVD-Videoや音楽用のDVD-Audio，記録型ディスク上での編集が可能なDVD-VR（video recording）規格などがある．

(2) 次世代DVD

DVDおよびその製品は，規格完成後急速に市場に広まった．その後，大型ディスプレイの普及や地上ディジタル放送が開始され，高精細（high definition；HD）画像を記録再生するための光ディスクが待ち望まれるようになった．そこで，DVDフォーラムは，DVDをしのぐ高精細画像対応の次世代DVDとして，HD DVD規格を策定した．

HD DVDのコンセプトは，次の3点である．

①映画を高精細かつ高音質で十分な時間，記録できる容量を持つこと．

②現在のDVDとの互換性が最大限得られること．

③ディスクの製造コストをできるだけ抑えること．

DVDフォーラムは，これらが真に消費者やコンテンツメーカーなどのメリットになると考えた．

HD DVD規格にはDVD規格と同じように，メディアの種類としてHD DVD-ROM，HD DVD-R，HD DVD-RW，HD DVD-RAMが存在する．さらにこれらメディア上に記録されるア

表 4.1　主要 DVD 規格の発行状況

発行年月	規　　格
1996 年 8 月	DVD-ROM（1 層 4.7GB, 2 層 8.5GB），DVD-Video 規格
1999 年 9 月	DVD-RAM（4.7GB），DVD-Video Recording 規格
1999 年 11 月	DVD-RW（4.7GB）
2000 年 5 月	DVD-R（4.7GB）
2002 年 6 月	3 倍速 DVD-RAM
2002 年 8 月	2 倍速 DVD-RW，4 倍速 DVD-R
2003 年 11 月	4 倍速 DVD-RW，8 倍速 DVD-R
2004 年 2 月	5 倍速 DVD-RAM
2004 年 6 月	HD DVD-ROM（1 層 15GB, 2 層 30GB）
2004 年 9 月	6 倍速 DVD-RW，16 倍速 DVD-R，HD DVD-Rewritable（1 層 20GB）（注：HD DVD-Rewritable は後に HD DVD-RAM に名称変更した）
2005 年 2 月	DVD-R（2 層 8.5GB），HD DVD-R（1 層 15GB）
2005 年 8 月	HD DVD-Video 規格
2005 年 9 月	16 倍速 DVD-RAM
2005 年 10 月	HD DVD-Video Recording 規格
2005 年 12 月	HD DVD-R（2 層 30GB）
2006 年 5 月	HD DVD-RW（1 層 15GB, 2 層 30GB）

表 4.2　DVD-ROM と HD DVD-ROM の規格仕様

	DVD-ROM	HD DVD-ROM
ディスク直径	120mm	120mm
ディスク構造	0.6mm × 2 枚貼り合わせ	0.6mm × 2 枚貼り合わせ
容量		
片面 1 層	4.7GB	15GB
片面 2 層	8.5GB	30GB
レーザー波長	650nm（赤色レーザー）	405nm（青色レーザー）
転送レート	11.08Mbps	36.55Mbps
トラック間隔	0.74 μm	0.40 μm

プリケーション規格として，HD DVD-Video, HD DVD-VR 規格が策定された。

　HD DVD-ROM の記録容量は 1 層で 15 G バイト，2 層で 30 G バイトである。HD DVD では，DVD で採用している MPEG-2 のほかに，さらに高い信号圧縮率を得られる MPEG-4 AVC（advanced video codec）や，SMPTE（society of motion picture and television engineers）で規格化された VC-1 を採用している。

　DVD フォーラムで作成されたおもな DVD 規格の発行状況については表 4.1 に示す。また，DVD と HD DVD 規格の代表例として，DVD-ROM と HD DVD-ROM 規格のおもな仕様について表 4.2 に示す。

（3）DVD 製品

　規格に関する説明に続いて，DVD プレーヤ/レコーダ製品について述べる。

　DVD-Video ディスクを再生する DVD プレーヤは，1996 年に日本で初めて発売された。その後，DVD-Video プレーヤは全世界に普及し，2002 年には VTR 需要を上まわっている。DVD プレーヤの派生製品としては，VTR デッキ一体型や，液晶などのディスプレイと一体となったポータブル型などがある。2006 年には，次世代 DVD である HD DVD プレーヤが日本で初めて発売された。

　記録型ディスクを使う DVD レコーダは，1999 年に初めて日本で発売された。DVD レコーダでは，DVD 記録ディスクに DVD-VR 規格で記録することにより，テープメディアへの記録に比べてはるかに簡便な方法で記録コンテンツの編集作業を行なうことができる。

　2001 年には HDD（hard disc drive）内蔵の DVD レコーダが日本で初めて発売された。このときの HDD 容量は 30 G バイトであったが，現在では「テラバイトクラス」の容量の HDD を搭載した DVD レコーダが発売されている。HDD を備えた DVD レコーダでは，HDD にいったん記録したコンテンツを編集して DVD 記録ディスクにダビングするという使い方が主流であり，HDD との組合せによりさらに多彩な編集機能を可能とした。日本においては，DVD 単体レコーダよりも HDD 内蔵 DVD レコーダのほうが一般的となっている。

　2006 年には，次世代 DVD である HD DVD レコーダが日本で初めて発売された。

4.1.2 Video Recording 規格のコンセプト

(1) DVD-VR 規格

DVD-VR 規格は，DVD 記録メディア上に映像音声を記録・編集し，再生することを目的とするアプリケーション規格である。DVD では，ディスクメディアのもつそのアクセス性の良さを利用して，VTR のようなテープメディアに比べてユーザーに便利な機能を実現している。

DVD-VR 規格は，以下のコンセプトにより策定された。

① DVD-ROM メディアを用いた DVD-Video 規格とのデータ構造の共通性をできるだけ考慮すること。
② PC との親和性を考慮すること。
③ 記録内容の変更なしに再生手順を容易に変更可能とすること。
④ リアルタイム記録性を重視すること。

①については，記録される映像音声データのデータ構造や，記録再生のための管理情報を DVD-Video とできるだけ共通性を保つようにした。

②については，1 つの DVD 記録メディア中に PC のデータと映像音声記録データの混在を可能にするファイルシステムを採用した。

③については，記録される映像音声データに，その再生順序を定義する管理情報を付加することにより実現した。

④については，一定単位以上で連続的にデータを記録することで再生時に途切れを防止するようなプレーヤモデルを定義することにより，実現した。

DVD-VR 規格の仕様概要を表 4.3 に示す。

(2) HD DVD 規格

HD DVD-VR 規格は，HD DVD 記録メディア上に記録し再生することをおもな目的とするアプリケーション規格である。

HD DVD-VR 規格は以下のコンセプトにより策定された。

① ディジタル放送のストリーム信号記録のサポート。
② 高精細 (HD) ビデオに対応すること。
③ ユーザー操作の統一化。
④ DVD-VR のもつコンセプトを HD DVD-VR でもそのままサポートすること。

表 4.3 DVD-VR 規格の仕様

録画モード	video objects
システム	MPEG PS
最大ビットレート（システム全体）	10.08Mbps
映像圧縮形式	MPEG-1，MPEG-2
最大映像解像度	720×576 (50Hz)，720×480 (60Hz)
最大映像ビットレート	9.8Mbps
音声圧縮形式（必須コーデック）	リニア PCM，AC-3，MPEG Audio

表 4.4 HD DVD-VR 規格の仕様

録画モード	video objects	stream objects
システム	MPEG PS	MPEG TS
最大ビットレート（システム全体）	30.24Mbps	30.24Mbps
映像圧縮形式	MPEG-1，MPEG-2，MPEG-4 AVC，VC-1	（ディジタル放送方式に依存）
最大映像解像度	1920×1080 (50/60Hz)	（ディジタル放送方式に依存）
最大映像ビットレート	29.40Mbps	（ディジタル放送方式に依存）
音声圧縮形式（必須コーデック）	リニア PCM，AC-3，MPEG Audio	（ディジタル放送方式に依存）

①については，HD DVD-VR 規格では DVD-VR 規格と同様のデータ形式 (video object；VOB) 以外に，ディジタル放送のデータ形式である MPEG-TS (transport stream) をそのまま変換せずにディスク上に記録するデータ形式 (stream object；SOB) でも記録できる。

②については，HD DVD-Video と同じく MPEG-4 AVC と VC-1 を MPEG-2 以外に採用することにより，長時間高画質の映像信号を記録することができる。HD DVD-VR 規格の仕様概要を表 4.4 に示す。

③については，VOB と SOB の両方において，ユーザーの再生操作（これをナビゲーションとよぶ）を統一させることにより，ユーザーに不便を感じさせないようにしている。

④については，HD DVD-VR 規格のデータ構造やナビゲーションは基本的に DVD-VR 規格の拡張であり，DVD レコーダの利便性はそのまま HD DVD レコーダにおいても同じである。

そのため，DVDレコーダのユーザー操作体系に慣れたユーザーは混乱することなくHD DVDレコーダを操作することができる．

4.1.3 DVDレコーダの信号・画像処理

図4.1は，HDDを内蔵したDVDレコーダシステムブロックの一例である．本システムは，映像音声処理系，映像音声入出力の外部通信インタフェース，映像音声の記録再生処理系および制御CPUを1チップで構成するSOC（system on chip）を使用している．

本システムの映像音声の入力，記録，出力は，以下に示すものに対応している．

① 放送波

ARIB（association of radio industries and business）規定におけるBSデジタル，CSデジタル，地上デジタル，地上アナログ

② ディジタルインタフェース

イーサネット，IEEE1394，USB

③ 記録デバイス

DVDドライブ，HDDドライブ

④ ビデオインタフェース

アナログビデオ/オーディオ，ディジタルビデオ/オーディオ

SOCは，3つのCPU，ディジタルブロードキャストコントロール，ストリームプロセッサ，MPEG2デコーダ/エンコーダ，オーディオプロセッサ，グラフィクスディスプレイ，ビデオエンコーダ，SATA（serial AT attachment）コントロール，DDRメモリコントロール，ホストバスインタフェースで構成される．

SOC内の3つのCPUの内容は，

① UpperおよびMiddleレイヤー層のプログラム処理

② Driverレイヤー層のソフトウェアの処理

③ 映像音声処理

である．

上記SOCは，放送波，ATAPI（AT attachment packet interface）で接続している記録デバイス，各種インタフェースからの映像音声のデータをストリームプロセッサで処理を行ない，映像のスケーリング，グラフィクス処理を行なって各種映像音声インタフェースに出力する．

ストリームプロセッサは，映像音声のコピープロテクション情報の検出と付加および暗号化/復号処理も行なう．暗号化および復号のエンジンは，放送波，メディアおよび記録デバイス，各種ディジタルインタフェースの規格に合った各種方式に対応しているため，コンテンツ

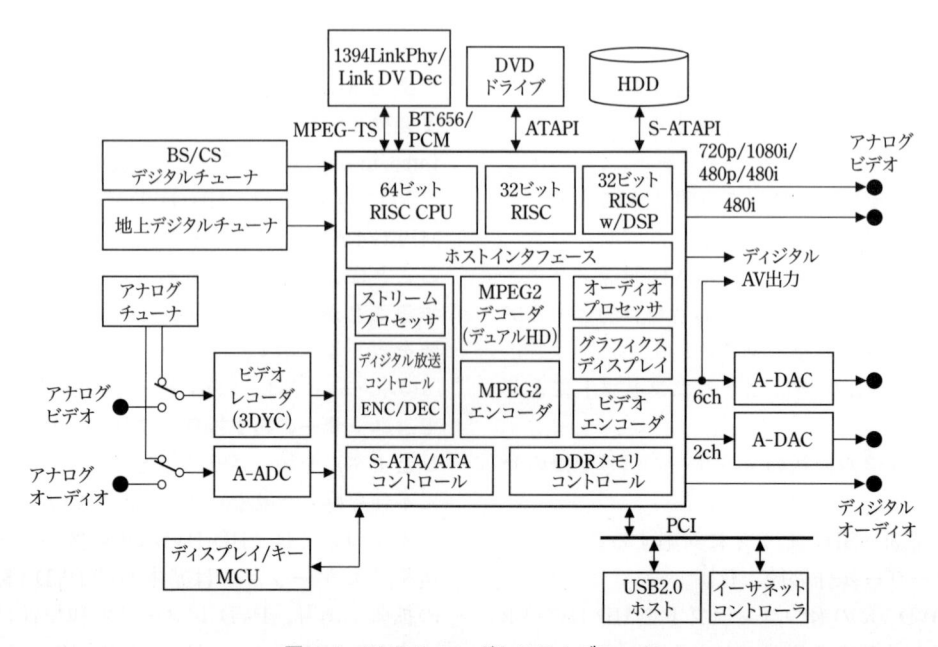

図4.1 DVDレコーダシステムブロック

保護について高い秘匿性を確保している。

高解像度のコンテンツの記録再生の市場の要求に応えるため，本システムの入出力映像解像度は，1920×1080i まで対応している。

SOC は表示においては，MPEG2 TS ストリーム/PS ストリームを映像インタフェースより入力し，ストリームプロセッサを介して MPEG2 のデコード処理を行ない，各種表示装置がサポートしている信号規格に変換し出力を行なう。

また，記録においては，入力が ITU（International Telecommunication Union）-R BT656 信号の場合，MPEG2 エンコードを行ない，VOB 形式で DVD メディアに記録することができる。

HDD への記録は DVD 規格の範疇外であるが，DVD メディアへの変換を行ないやすい方式で記録を行なっている。HDD に記録した映像データを DVD に保存する場合，記録した映像サイズでは DVD に記録できない場合，ATAPI を介してストリームプロセッサに映像データを入力し，MPEG2 エンコーダでビットレート変換処理を行ない，DVD に適切な映像サイズにして記録することができる。HDD へは，入力が TS ストリームの場合は，TS ストリームで記録するか PS ストリームに変換して記録するかの 2 とおりの記録形式を選択することができる。

音声については，DVD 規格に規定された各種方式でのデコード，マルチチャンネルおよび 2 チャネル PCM へのエンコードの処理が可能である。これにより，放送波の映像音声の入力を DVD メディアに記録することが可能になる。

上記より，TV などのディスプレイが High Definition 解像度とマルチチャネルの音声入力に対応している場合，高品質な映像音声を楽しむことができる。

本システムは，HD DVD に対応しているものではない。すでに HD DVD プレーヤ，レコーダ製品が市場に登場しており，これらの製品には別の SOC が使われているが，基本的な構造は変わらず，HD DVD 規格で規定された映像の圧縮伸張方式まで追加されたものと考えれ ばよい。

4.1.4 DVD レコーダの特徴と将来展望

DVD レコーダは VTR に代わる家庭用の TV 放送記録装置として発展してきた。VTR の代替となったおもな技術的な理由はランダムアクセス性にあり，経済的な理由は安価な色素記録ディスクの出現にある。

VTR では目的の映像を再生する際，テープの巻き戻しか早送りを必要とし，平均アクセス時間は数分を要する。DVD は光ヘッドの位置を移動するだけでアクセスが可能であり，きわめて短時間で目的の映像を再生できる。このランダムアクセス性は，それまで長時間を要していた映像の編集作業も容易にした。編集は再生の順番を制御するナビゲーションデータを変更するだけで可能である。

記録したディスクは，DVD ドライブを搭載した PC で再生・記録が可能である。DVD は家電機器と情報機器を結ぶマルチメディアの世界を実現した。最近，携帯用ビデオカメラでも直径 80 mm の小径 DVD が普及してきている。テープに比べて編集が簡単であり，家庭の DVD プレーヤやレコーダですぐに再生できる。また，PC にディスクを挿入すれば，本格的な編集も容易である。

記録材料に有機色素を用いる DVD-R は安価に製造できる。記録材料の塗布はスピンコートで短時間に行なうことができ，スピンコート工程で使用された色素材料は回収し再利用が可能である。

地上デジタル放送が 2003 年 12 月に開始され，高精細映像が豊富に提供されるようになった。高精細映像を記録する HD DVD レコーダの普及は始まったばかりであるが，DVD と同様な PC との親和性を実現しており，高精細映像のマルチメディアとして発展していくであろう。

PC の世界では，インターネットを利用して映像データをダウンロードする試みが始まっている。DVD レコーダでもインターネットを利用し，映像を DVD に記録する提案が DVD フォーラムで検討されており，DVD を HDD とも組み合わせたシステムが近い将来実現される

であろう．現在，家庭でいちばん容量の大きいHDD は DVD レコーダに内蔵されている場合が多い．将来も DVD レコーダが家庭の映像録画の中心となり，メディアセンターとしての機能をもつことになるであろう．

4.2 光ディスク

4.2.1 光ディスクの変遷と特徴

光ディスクの研究は 1960 年代より始まり[8]，1972 年にフィリップスから発表された反射型光ディスクのあと，MCA の反射型光ディスク，トムソン CSF の透過型光ディスクの発表が相次いだ．「絵の出るレコード」として製品化をめざした光方式ディスクの開発が進む一方で，光を使わない静電容量方式のディスク開発 (VHD) も盛んであった．Philips/MCA 方式はその後，"Laser Vision Disk" という名称で製品化され，1980 年に民生用アナログ映像再生装置として発売された（日本では「レーザーディスク」という製品名）．結果的にみると，「絵の出るレコード」としては光方式のレーザーディスクが市場に受け入れられ，現在の DVD ビデオにつながっている．

業務用ではいくつかのメーカーより 25～30 cm 径のディジタルデータ記録用追記型光ディスク (write-once read-many；WORM とよぶ) がレーザーディスク発売に相前後してなされている．1980 年代後半には，5.25 インチ径追記型光ディスク，5.25 インチ径書き換え型光磁気ディスクが相次いで発売された．

一方，民生用には，1982 年に 12 cm 径ディジタルオーディオ用光ディスク (compact disc digital audio；CD-DA) が発売され，光ディスクは身近な存在となった．1985 年に CD-DA をベースにした 640～700 MB/面の記録容量をもつパーソナルコンピュータ (PC) 用途の 12 cm 径再生専用光ディスク (read only memory；CD-ROM) が製品化され，PC の普及に伴って記録型の光ディスクの要求が高まり 1992 年に追記型 CD-R (CD-Recordable)，1997 年に書き換え型 CD-RW (CD-ReWritable) が上市された．

さらには，4.7 GB/面の記録容量をもつ再生専用 DVD-ROM，追記型 DVD-R/+R，書き換え型 DVD-RAM/-RW/+RW，128 MB/面から段階的に 2.3 GB/面まで大容量化を果たした 90 mm 径書き換え型光磁気ディスク，15 GB/面の HD DVD，25 GB/面の BD (Blu-ray Disc) と多くの光ディスクが市場に出まわっており，現在，年間 2 億台を超える光ディスクドライブや約 150 億枚もの光ディスク媒体が生産されている (2006 年推定)．

この光ディスク隆盛の理由として，次にあげるような，半導体メモリや磁気メモリ（ハードディスクやテープ）などのメモリに対する光ディスクの特徴がある．

- 大容量（光ディスクの出現当時は，磁気メモリに対して記録密度が 2 桁以上も高密度であった．しかし，現在では逆転し，磁気メモリに比べ記録密度は小さいものとなっている）
- 高信頼性（光は空間を伝播することができるので，ディスク媒体と光ピックアップが空間を介して離れており，記録再生が非接触でできる）
- 可搬性（ディスク媒体が交換できる）
- 安価（樹脂成形で同じものが大量かつ高速に複製でき，データの配布媒体として適当である）

4.2.2 光ディスクの種類

光ディスクメディアには，大きく 3 つの種類がある．

(1) 再生専用

記録ができない読み出しだけのもので，データやソフトウェアの頒布に使われる．ディスク

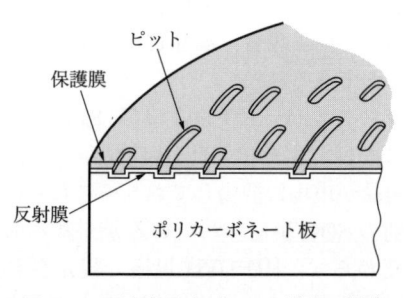

図 4.2　再生専用光ディスク媒体の構成

基板上に1/4波長深さのピットを形成し，その上に反射層を成膜したもの。おもな製品としては，CD-ROM，DVD-ROM，HD DVD-ROM，BD-ROMなどがある。

(2) 追記記録用

一度記録すると消すことができず，追記のみ可能なもの。ディスク基板上に記録層や反射層を設ける。記録層としてはおもに色素が使われるが，低融点金属も使われることがある。おもな製品としては，CD-R，DVD-R，DVD+R，HD DVD-R，BD-Rがある。現在，追記記録用光ディスクの名称としては「Rメディア」が使われるが，1980年前後の業務用光ディスクが中心のころには，「WORMディスク」とよばれていた。

(3) 書き換え記録用

記録と消去がくり返しできるもので，ディスク基板上に記録層や反射層，誘電体層などを設ける。記録層に光磁気材料あるいは相変化材料が使われる。相変化材料（GeSbTe系，AgInSbTe系など）を記録層としたおもな製品としては，CD-RW，DVD-RAM，DVD-RW，DVD+RW，HD DVD-RW，BD-REなどがある。また，光磁気材料（TbFeCoなど）を用いた製品には，MD（mini disc），MOがある。

このうち，再生専用，追記記録用，相変化型書き換え記録用ディスクは，ピットあるいは記録マークからの反射光量の変化として信号検出

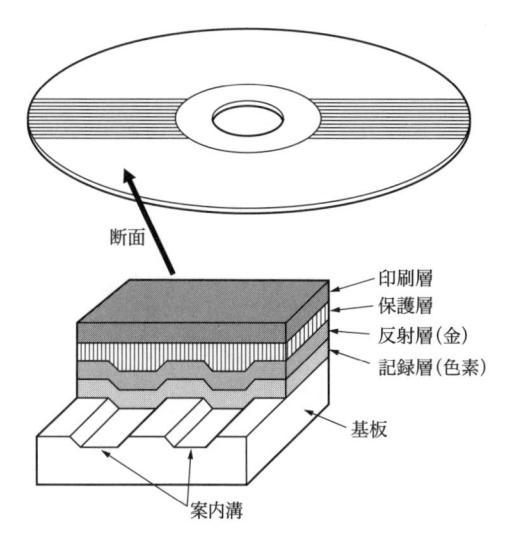

図4.3 追記型光ディスク媒体の構成（色素系）

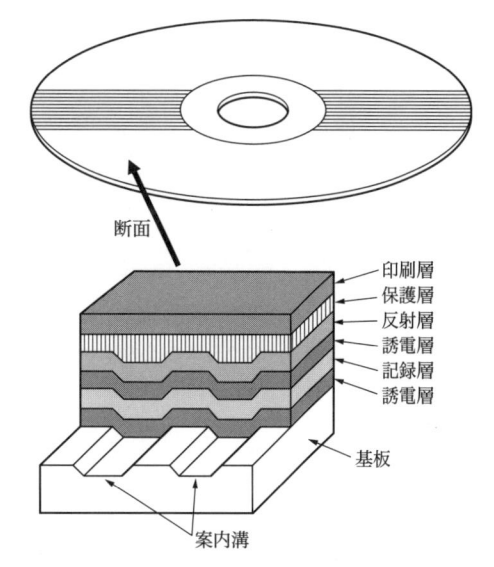

図4.4 書き換え型光ディスク媒体の構成（相変化型）

するため，同じ原理で再生ができる。光磁気ディスクは，記録層での反射の際に生ずる偏光のカー回転を検出することでデータを読み出す。

4.2.3 光ディスクの原理

(1) 基本構成

図4.5に記録型光ディスクにおける基本構成を示す。時系列で表わされたディジタルの情報データは光ディスクシステムの特性に合うように信号処理され，信号処理されたデータ列に応じて光ピックアップに内蔵された半導体レーザーからのレーザー光量を上げ下げする。このレーザー光の上げ下げにより，光ディスク媒体上の記録材料を熱的に変化させてデータを書き込む。

書き込まれたデータを読み出す場合は，記録に比べ1桁程度低い光量のレーザー光を光ディスク媒体に照射する。媒体からの反射光量の変化を光検出器で受光し，復調などの信号処理を経て情報データとして取り出す。オーディオ用のCD-DAやDVDビデオのような再生専用光ディスクの場合は，図4.5の記録系の部分は，マスタリングとよばれる特別な工程にて行なわれる。

(2) 読み取りの原理

再生専用の光ディスクを例にとる。データとなるピット列は，基板となる樹脂（通常，ポリ

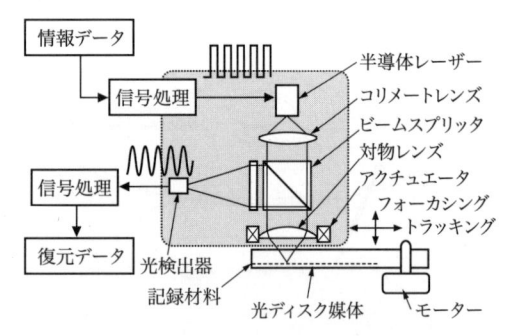

図 4.5 記録型光ディスクシステムの基本構成

カーボネートが使われる）の射出成形により凹凸として形成され，その凹凸に合わせて金属反射層が付けられている。

図 4.6 のように，この金属反射層とは反対のディスク基板側からレーザー光を入射させ，その光がいちばん絞られたところ（スポットとよぶ）で反射層により反射させ，ピットの有無で生ずる反射光量の変化を信号として読み取る。レーザー光を絞り込むレンズは対物レンズとよばれ，その絞り込む能力を開口数 NA（numerical aperture）で表わす。絞り込まれたレーザー光のスポットの直径は，対物レンズとそのレーザー光の波長 λ により決まり，無収差のレンズでのスポットの直径 d は下記の式で表わされる[9]。

$$d = k \frac{\lambda}{NA} \quad (4.1)$$

k は入射光の光量分布やスポット径の定義により決まる定数である。入射光の光強度分布が一様のとき，集光スポットの強度が初めてゼロになる径を直径とすれば，k は 1.22 となる。また，スポットの中心強度の $1/e^2$ の強度となる径を直径とすれば，$k = 0.82$ となる。通常，$1/e^2$ を直径とすることが多いので，CD の場合をとれば $\lambda = 0.78\,\mu m$，$NA = 0.45$ であり，上式より反射面での光スポットの直径は約 $1.4\,\mu m$ と非常に小さくなる。

ディスク基板の厚さが 1.2 mm であるので，基板表面のビーム直径は約 1 mm と大きくなる。そのため，光ディスク基板表面に $100\,\mu m$ 程度の大きさのごみやよごれなどがあっても，読み出し信号にほとんど影響はなく安定に再生することができる。とはいえ，大きなよごれやキズがある際には，長時間にわたり再生信号レベルが低くなり，再生誤りを生ずる。このような誤りはバースト誤りとよばれ，4.2.4 項で述べる信号処理により補正できる。

ディスクの信号面にはピットとよばれる微小な突起（レーザー光の入射側からみて）がらせん状に信号列として並んでおり，トラックを形成している。ピットにはその長さと位置に情報が与えられている。図 4.7 に CD, DVD, BD の光ピックアップにおけるスポット径とピットの関係を示す。CD より DVD，DVD より BD と世代が進むにつれ，スポット径に比べ小さいピットを読まなくてはならないことがわかる。同図に各ディスクの発売時期に対する容量増加のようすをあわせて示した。

(3) フォーカシング[10]

図 4.5 に示されている光ピックアップでは，

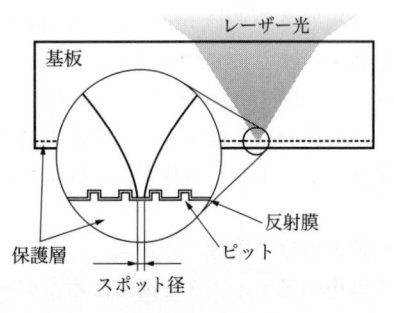

図 4.6 光ディスク媒体でのレーザー集光スポット

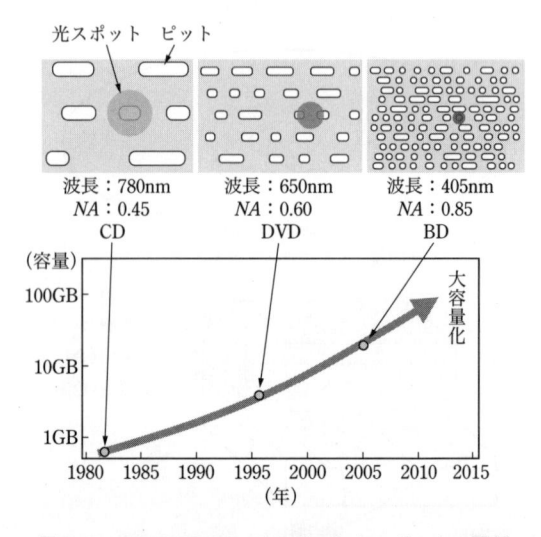

図 4.7 CD/DVD/BD でのピットとスポットの関係および光ディスク容量の変化

アクチュエータにより，スポットが最も絞れた位置にピット列のある信号面がくるようにフォーカシング制御がなされる．その後，スポットの中心がピット列の中心を通るようにトラッキング制御がなされる．

光ディスクでは毎分数千回転という高速で回転するため，回転に伴う振動によるディスクの面ぶれや，ディスクそのものにそりがあるため，回転とともに生ずる面ぶれなどがある．フォーカシング制御のためには，集光スポットがどれだけピットのある信号面から離れているかのフォーカシング誤差を検出する必要がある．現在の光ディスクで代表的なフォーカシング誤差検出法に非点収差法，ナイフエッジ法がある．

非点収差法では，図4.8のようにビームスプリッタのあとの集束光中に円筒レンズを配置し，光軸上に非点収差を発生させ，これを4分割光検出器で受光する．合焦時には，光検出器上のスポットは丸くなり，対物レンズが光ディスクより離れた場合には横長スポット，近づいた場合には縦長スポットとなる．ナイフエッジ法はフーコーテスト（天体望遠鏡で用いられる反射鏡の放物面の検査に用いられる）を応用したもので，集束光中にナイフエッジを配置し，光軸上の集光点に2分割光検出器を置き受光する．合焦時には2つの検出器からの出力は同じになり，対物レンズが光ディスクより離れた場合には下側の検出器からの出力が大きくなり，近づいた場合には上側の検出器からの出力が大きくなる．それぞれの光検出器からの出力が同じになるように制御することでフォーカシングが可能となる．

（4）トラッキング[10]

トラッキング制御はらせん状のピット列を踏み外すことなく追従するもので，これもピット中心とスポット中心とのずれを検出する必要がある．光ディスク媒体では，偏心（ディスクの回転中心とらせん状トラックの中心とのずれ．DVDでは70 μm以内と規定されている）によるピット位置のずれが最も大きい．トラッキング誤差の検出法としては，プッシュプル法，3ビーム法，DPD法などが知られている．記録型光ディスクではプッシュプル法が使われる．

記録型光ディスク媒体では図4.3，図4.4のように連続トラック溝がついており，その溝部分に光を集光させると，ここでの反射で回折が生ずる．ここで生ずる0次回折光，+1次回折光，-1次回折光を2分割光検出器で受光する．溝上に集光スポットの中心がある場合には，2つの光検出器の出力は等しい．スポットが溝の右にずれた場合には右の検出器出力が大きくなり，左にずれた場合には左の検出器出力が大きくなる．2つの検出器出力が同じになるように制御することでトラッキングが可能となる．

4.2.4 光ディスクでの信号処理[11]

図4.5のシステムにおいて記録の際，光ディスク媒体を回転させるモーターの精度や光ピックアップのフォーカシング，トラッキング制御精度，レーザー光のパルス幅や光出力制御精

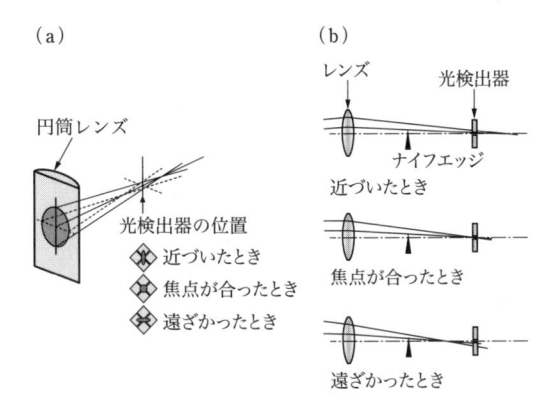

図4.8 フォーカシング誤差信号の検出方式
(a) 非点収差法，(b) ナイフエッジ法．

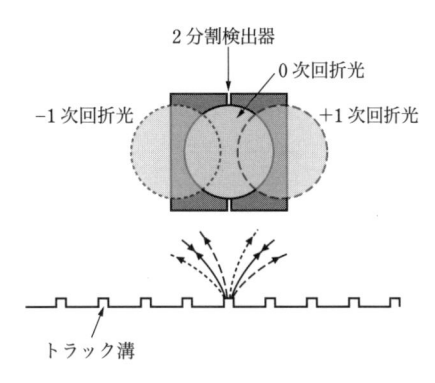

図4.9 トラッキング誤差信号の検出方式
（プッシュプル法）

度，記録材料のレーザー光に対する反応のばらつきなどにより，光ディスク媒体に記録される記録マークの長さや位置が所望のものに対してずれることになる。

一方，再生の際にはモーター回転，フォーカシング，トラッキング制御の不正確さのほか，照射している半導体レーザー光の雑音，光ディスク媒体でのごみやキズなどによる反射光量の変動などにより，光ディスク媒体に記録されたピットやマークの読み出しに誤差を生ずる。もちろん，記録・再生時を問わず，電子回路へのいろいろな雑音も影響を与える。

以上のように，光ディスク媒体を記録・再生する際，さまざまな外乱により，ディジタルデータに誤りが生ずることになる。光ディスクシステムでは，ディジタルデータの1ビットが"0"か"1"かの情報を示すだけなので，この誤りは"0"を"1"とするか，"1"を"0"にするかに限られる。この誤りは信号処理技術により元のデータに復元される。光ディスクの高密度化が進んでいる現在，この信号処理技術がますます重要になってきている。

典型的な信号処理系のフローを図 4.10 に示す。記録時では，情報データを誤り訂正符号化し，それを記録符号化（変調）したのち，マーク長変調である NRZI (non return to zero inverted) で変換した符号系列を得る。この符号に対応したパルス信号に合わせて，光ピックアップの半導体レーザー光を変化させ，媒体に記録する。再生時には光ディスク媒体からの反射光を光ピックアップの光検出器で受光し，光検出器からのアナログ電気信号を波形等化で整形したのち，弁別器をとおしてディジタルに信号変換し，復号（変調の逆変換）を行ない，最後に誤り検出・訂正をして元のデータに復元する。

(1) 誤り訂正

情報データを単純に記録符号化（変調）しただけでは，ビット誤り率は 10^{-4} 程度にとどまる。コンピュータ用データ蓄積に使うためには，ビット誤り率を $10^{-12} \sim 10^{-14}$ 以下にする必要がある。これを達成するために，誤り訂正符号（error correction code；ECC）が使われる。

光ディスクに適した誤り訂正符号としては，①訂正能力が高いこと，②符号冗長度が小さい（符号化効率が大きい）こと，③誤り伝播がないこと，④符号化・復号が容易であることが要求される。これらには相反する用件も含まれているが，リードソロモン（Reed Solomon；RS）符号はこれらの要求をかなり満たす符号になっている[12]。CD や DVD など光ディスクの多くは，バイト誤り訂正に適した RS 符号と大きな欠陥などで生ずるバースト誤りに適した積符号（product code；PC）とを組み合わせた RS-PC 符号[13]とよばれる誤り訂正が使われている。

DVD では，図 4.11 に示すように，縦方向（列方向）には 192 バイトの情報データに 16 バイトの誤り訂正符号（PO）を付加する（外符号 RS (208, 192, 17) で表わす）。一方，横方向（行方向）には 172 バイトの情報データに 10 バイトの誤り訂正符号（PI）を付加する。（内符号 RS (182, 172, 11) で表わす）。DVD の積符号では，行方向と列方向との2系列で誤り訂正が行なわれるため，もともとの RS 符号

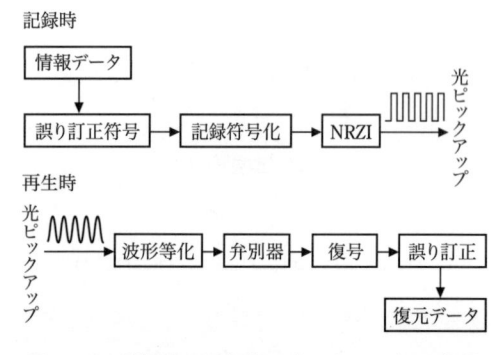

図 4.10 記録時・再生時のディジタルデータ信号の流れ

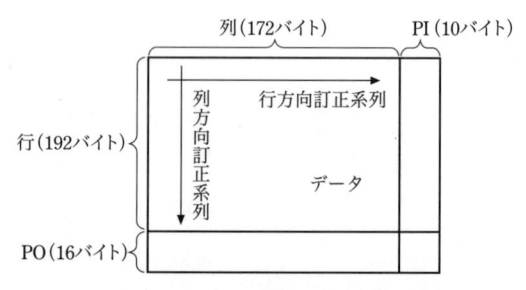

図 4.11 誤り訂正符号の構成例（DVD）
PI：内符号パリティ，PO：外符号パリティ。

がもつ誤り訂正能力をより高めることができる．

さらに，情報データの12行とPOの1行とを組み合わせて13行として，順次13行を単位に再配置することでデータの分散（インタリーブ）を行なう．これにより，さらに長いバースト誤りを訂正できる．理論的には，誤り訂正が可能なバーストの長さは6.0 mmである．208バイト×182バイトは1ECCブロックとよばれ，このブロック内で誤り訂正が行なわれる．1ECCブロック内には32 KBの情報データが含まれている．

DVDの次世代大容量光ディスクとして，青紫色半導体レーザー（波長約405 nm）を用いた"Blu-ray Disc（BD）"と"HD DVD"がある．HD DVD[14]では，DVDと同じ外符号RS (208, 192, 17)×内符号RS (182, 172, 11)のECCブロックを2つ組み合わせてインタリーブしたものを1ECCブロックとしている．1ECCブロックあたり情報データは64 KBで，DIECC（double block interleave error correction code）とよばれている．

BD[15]では，光が透過するカバー層が0.1 mmと薄いことに起因するバースト誤りに対する誤り訂正の強化がなされ，LDC（long-distance code）とBIS（burst indicating subcode）とよばれる符号の組合せが用いられている．LDCが情報データの誤り訂正（ECC）を担い，216バイトの情報データに32バイトの誤り訂正符号が付加されたのち，2回のインタリーブが施される．BISはアドレスにかかわるデータ30バイトに32バイトの誤り訂正符号が付加され，64 KBの情報データをECCブロックの単位としている．これらのDVD次世代の光ディスクでは，64 KBを1ECCブロックとすることで，DVDと同じ程度（長さ6 mm）のバースト誤り訂正能力を確保していると考えられる．

(2) 変調方式

記録符号化部では，情報データを光ディスク媒体に適した特性をもつ信号に変換する．光ディスクで使われる変調方式は下記のような特徴をもつ．

・再生時に，信号を読み出す際のタイミングをつくるビット同期信号が容易に抽出できること．
・トラッキングを確実にするため，直流成分を含まないこと（"0"あるいは"1"が長時間続かないこと）．
・ビット再生での誤りが伝播しないこと．
・信号の伝送帯域をせまくできること．
・符号化・復号が容易であること．

CDやDVD，90 mm径光磁気ディスクなど，光ディスクで一般的に用いられているものはRLL（run length limited）符号である．RLL符号では同一のシンボル（"0"あるいは"1"）が有限の長さで反転する．最小ランd，最大ランkをもつRLL符号をRLL (d, k)で表わす（ランとは"0"あるいは"1"のシンボルの連なり）．

CDの変調方式は，RLL (2, 10)で表わされ，EFM（eight to fourteen modulation）とよばれる．EFM変調では，8ビットのデータ系列が14ビットの記録符号系列に変換され，さらに3ビットの符号が付加される．この変換では，"1"と"1"のあいだに"0"が2個から10個入っている．記録されるマークの種類は，3Tから11Tの9種類になる（Tとはチャネルクロック間隔）．最短記録マーク長は0.9 μmである．

DVDの変調方式は，CDのものとほぼ同じもので，EFMplusとよばれる．CDでは8ビットを17ビットに変換していたが，DVDでは8ビットを16ビットに変換する．記録されるマークの種類は，3Tから11Tの9種類と14Tの同期マークの計10種類となり，最短記録マーク長は0.4 μmである．

BDやHD DVDでは，RLL (1, 7)符号が使われている（ISO標準である90 mm径光磁気ディスクでも同じ符号が使われている）．CD，DVD系のRLL (2, 10)とのちがいは，"1"と"1"のあいだに"0"が1〜7個入っていることである．この$d=1$系列の符号では，$d=2$系列の符号に比べて最短記録マークが短くなる．高密度化したうえに最短記録マークが短くなるが，次項で述べる符号間干渉を積極的に利用して波形等化処理やデータ弁別をやりやすくできるという特徴をもつ．

HD DVDでは，ETM（eight twelve modulation）と名づけられた，8ビットを12ビットに変換する8-12変調方式が使われている[14]。この変調方式では，2Tマークとスペースのくり返しを5個以下に制限して信号の劣化を抑えている。記録されるマークの種類は，2Tから11Tの10種類と13Tの同期マークからなる。$NA = 0.65$のこのシステムでは，最短記録マーク長は$0.20\,\mu m$である。BDでは，1-7PP（PP：parity-preserve/ prohibit RMTR：repeated minimum transition runlength）とよばれる2-3変調方式が使われている[15]。

変換前の2ビットのデータ系列（ソースビット）と変換後の3ビットの符号系列（チャネルビット）のパリティが同じになるように変調する。また，2Tマークとスペースの連続を6個以下に制限して，最短マークが続くことによる信号劣化を抑えている。記録されるマークの種類は，2Tから8Tの7種類と9Tの同期マークからなる。$NA = 0.85$のこのシステムでは，最短記録マーク長は$0.15\,\mu m$である。

（3）波形等化とデータ弁別

図4.10のフロー図の再生時において弁別器は，光ピックアップからのアナログ信号がシンボル"0"なのか，あるいはシンボル"1"なのかを判別する手段である。波形等化は，弁別器の前で弁別がしやすいようにアナログ信号を整形することである。記録密度が高まってチャネルクロック間隔Tがせまくなると，隣接する記録マークの影響により信号レベルが変化する。これを符号間干渉（inter-symbol interference；ISI）とよぶ。

高密度化された光ディスクに適用されるデータ弁別のための高性能な処理技術としてPRML（partial response maximum likelihood）がある。PRMLは機能的にPR部とML部とに分けられる。PR部は波形等化の一手段といえる。一般に，波形等化は符号間干渉をいかに抑えるかが主題であるが，PRでは符号間干渉を積極的に利用している。光ディスクにおける記録系から再生系にいたる全体（図4.5における光ピックアップ→媒体→光ピックアップ）を1つの伝送路として考えると，その伝送特性に応じて符号間干渉の状態が変化することになり，伝送特性にあわせた信号処理が必要となる。

一方，ML（最尤復号）部ではデータ弁別を行なう。ここでは，ビットごとにデータの判別を行なうのではなく，一連のデータ列を扱い，候補となる複数のデータ列の中からもっともらしいデータ列を推定する。データ列の個数はPR方式によって異なるが，この個数が増えるほどディジタル処理の規模が級数的に増えるため，一般的には4〜6個のデータ列が使われる。光ディスクシステムで使われる代表的なML方式にはビタビアルゴリズムを用いたものがある[16]。

将来の光ディスクでは，高密度化と高データ転送速度化が継続的な課題となる。信号処理の面から技術トレンドを考えると，①ターボ符号[17]など変調方式の工夫，②多値記録再生化[18]，③2次元信号処理（おもに変復調）[19]などの研究がある。

4.2.5 今後の展望

光ディスクという形態は，本節で述べたような技術の集積として大きな市場をもつにいたった。しかしながら，その将来においては，同じような技術の延長上で大容量化・高データ転送速度化を果たすことが困難になりつつある。それを超える試みとしては，第Ⅰ編（基礎編）5.2.2項にあるような光メモリ技術開発がある。そこでは，光ディスクという形態にとらわれることなく，大容量化・高データ転送速度化が検討されている。この中から，今の光ディスクの市場を担う，あるいは拡大する技術の実現を期待したい。

4.3 ファクシミリ

4.3.1 はじめに

ファクシミリの原理は，1843年に英国のベインにより発明され，その後，いわゆる近代的ファクシミリが，ベル研究所の有線写真電送装置の開発により実用化の域に達した。

わが国においてファクシミリは，かつては専用回線での官公庁，地方自治体，一部企業の利用にとどまっていたが，1972年の公衆電気通信法改正に伴う回線開放によって公衆電話網で

の利用が行なわれるようになり，飛躍的な発展を遂げることになった。

ファクシミリは，読み取った原稿を速く，きれいに，確実に相手先に届けることをめざして技術開発および標準化を行なうことにより発展してきた。そのためにモデムのスピードアップ，符号化・復号方式の改良によるデータ圧縮率のアップ，電送エラーの訂正方式の改良などが行なわれてきた。また近年では，時代のニーズに合わせてネットワークを介してファクシミリ通信を行なうことが可能なインターネットファクシミリや，カラー画像を送受信可能なカラーファクシミリも登場している。

本節では，1968 年の G1 機，1976 年の G2 機に続いて，CCITT（現 ITU-T）において 1980 年に標準化された G3 機以降の四半世紀にわたるファクシミリの変遷をふり返るとともに，ファクシミリにおける現状の課題および今後の展望について CIAJ（情報通信ネットワーク産業協会）画像情報ファクシミリ委員会としての視点で記述することとする。

4.3.2 装置構成

ファクシミリはおおむね図 4.12 の構成要素で成り立っている。各構成要素の大まかな説明は以下のとおり。

- 送信走査→光電変換：原稿を解像度に合わせて読み取り，ディジタルデータに変換（2 値化）する。
- 画像処理：ディジタルデータを読み取りモード（文字，写真，文字/写真モードなど）に合わせて処理する。
- 符号化：ディジタルデータを受信側の宣言する符号化・復号方式に合わせて符号化することにより情報量を圧縮し，電送路上のデータ量を減少させる。
- 変調：ディジタルデータを，受信側の宣言する変・復調方式に合わせて変調して，アナログ信号（音）に変換する。
- 電送：電話回線を介してアナログ信号を送受する。
- 復調：アナログ信号（音）を，送信側の選択した変・復調方式に合わせて復調して，ディジタルデータに変換する。
- 復号：ディジタルデータを，送信側の選択した符号化・復号方式に合わせて復号化することにより，元のディジタルデータ（読み取り画像処理後のデータ）に戻す。
- 記録変換：ディジタルデータを，各記録方式に合わせて処理する。書き込み画像処理ともいう。
- 受信走査：各記録方式を用いて記録紙に記録を行なう。

以下では，上記の各構成要素およびファクシミリの移り変わりを，時代背景なども交えて 4 つに区分し記載する。

4.3.3 ファクシミリ四半世紀の変遷

(1) T.30 勧告化と G3 ファクシミリの基礎確立期

1980 年に勧告化された勧告 T.30 は，ディジタルファクシミリの基盤となった。この T.30 手順を採用したものを G3 ファクシミリとよんでいる。

G3 ファクシミリの読取装置は，G2 ファクシミリ時代に多く採用されていた CCD が主であったが，より小型化をめざして CIS の採用も増えはじめた。現在にいたっても，この 2 つの方式が採用されている。また，記録の方式は 1980 年当初は静電記録方式が主であったが 1980 年前半期から感熱記録方式の採用が徐々に増えはじめて，1980 年代半ば以降は感熱記録方式がほとんどを占めるようになった。

1980 年に勧告化された T.30 では，画像の伝送方式として，通信速度は V.27ter の手順を用いて 4.8 kbps の通信速度を実現することとな

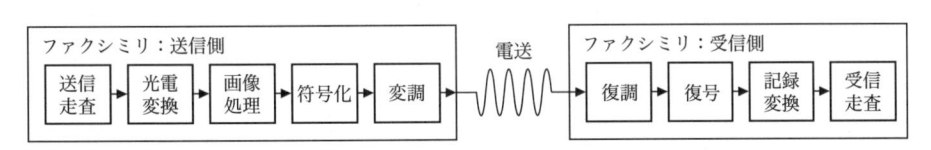

図 4.12 ファクシミリの構成要素

った．また，画像のデータを2値のデータに置き換え，これを勧告T.4のMH圧縮符号化技術を採用して画像のデータ量を小さくした．これらから当初のG3ファクシミリでは，A4版の標準原稿1枚を約1分で通信できるものとなった．

このT.30の勧告化とほぼ同期して，国内各社のファクシミリの市場での通信トラブルをなくすために通信互換性を確認するG3ファクシミリの相互接続試験が国内メーカー間で実施され，市場でのファクシミリ間の通信互換性の確保で大きな効果を果たすことになった．このあともファクシミリの業界では勧告・規定が制定・変更されるたびに各社間で互換性の確認試験が行なわれ，ファクシミリは，通信互換性について信頼性のある製品がリリースされる環境ができあがった．

その後，画像データの通信時間の短縮をめざして，勧告V.29に準拠した9.6 kbps通信が採用された．画像データはさらなる圧縮効率化のためにMR符号化の採用も順次取り入れられて勧告T.30に盛り込まれた．これらの改善により，A4判の標準原稿1枚を約30秒で通信することが可能となった．

ファクシミリの普及がビジネス環境の場で進むにつれて，電話回線のノイズなどの影響による画像ラインの欠損がクローズアップされることも増えてきた．そこで1987年に勧告化されたのが，ECM（エラーコレクションモード）である．これにより画像データをHDLCフレーム化して送信し，受信側でHDLCフレームエラーを検出した際には送信側からその部分の画像データを再送することでラインに欠損のない画像データが再現できるようになった．通信上で欠損のないデータ通信が確立したことで，さらに圧縮効率が高いMMR符号化方式の導入も可能となり，通信時間の短縮にも貢献した．このECMの通信手順は，この後に続く，さらなるファクシミリ通信規格や通信時間短縮の取り組みについても大きな役割を果たすこととなる．

このファクシミリの通信方式の進化の中で，通信のための基盤環境である電話の業界にも変化があった．1985年に，日本電信電話公社が民営化され，電話端末が日本電信電話公社の独占から開放され，家庭用の電話機やファクシミリなどの電話端末をユーザーが選択できるようになった．このときにオートダイアル機能などの電話機能がファクシミリに取り込まれ，電話機と一体型のファクシミリが出てきた．また，ファクシミリメーカーはビジネスの場だけでなく，家庭にも普及をめざしてパーソナルファクシミリにも取り組みをはじめた．とはいえ，まだ多くの家庭に普及するには高価ではあったため，爆発的な普及はもう少し後になった．

(2) 高速/高機能化/家庭への普及期

1990年代に入ると，ファクシミリの高速化・高画質化が進み，また多機能化や利便性の向上といった付加価値により，ビジネス向けファクシミリとパーソナルファクシミリの普及率が大幅に伸びた．

ビジネスファクシミリについては，1991年にG3勧告が拡張され，その後，通信速度を14.4 kbpsに引き上げたV.17モードが普及した．また，通信速度が向上する一方で，1993年にはG3高解像度モードが勧告化された．これはファクシミリベースの解像度を16×15.4本/mmまで細かくしたもので，旧来よりさらに細かい画質を用いた通信性のメーカー互換が保たれるようになった．

この間にビジネス機の記録方式は，旧来の感熱記録方式に代わり，レーザーやインクジェット，熱転写といった普通紙による記録方式へと移行が進んだ．1996年にはビジネス機での普通紙ファクシミリは普及率75%にまで達した．普通紙による記録方式は，ファクシミリとしての利用のみならず，PCプリンタやディジタルコピーといった他の機能との複合化を推進させていくことになる．

その後，1996年に新しくスーパーG3とよばれるV.34モードが勧告化された．V.34は最高速度を33.6 kbpsまで引き上げたもので，通信速度が旧来から大幅に向上し，おもにビジネス機で急速に普及した．また，画像圧縮に際してもファクシミリに適したJBIG方式が新しく採用され，これらの組合せにより「1枚の送信につき2秒台伝送の実現」というキーワードがうたわれるようになった．スーパーG3が登場し

た同年にもメーカー各社相互接続試験が行なわれ，通信互換性が確保されている。

ファクシミリの利便性に関しては，1997年にFコードが登場し，メーカー間の互換性が確認された。ファクシミリ通信にサブアドレスやパスワードを付加することで，メールボックス機能による親展通信や掲示板通信といったサービスを実現している。

また一方で，カラー画像を用いたファクシミリ通信も登場した。1996年にカラーファクシミリの通信方式が勧告化され，カラー画像を伝送するための画像圧縮にJPEGを採用した。

パーソナルファクシミリについても1990年代に普及が進んだ。1980年代後半から本格的に登場したパーソナルファクシミリは，1990年代に入ると留守番電話やコードレス，増設子機といった電話機能を取り込むことで，ファクシミリのみならず，電話機からの置き換えという形でも普及した。低価格化によるお手頃感も進み，多機能電話機の延長という形で確実に出荷数を伸ばしていった。1990年当時ではパーソナルファクシミリの普及率は1%未満であったものが，1990年代末に3割を超えた。その間にハンドスキャナやハンズフリー通話など，簡易コピーや通話機能の充実が付加価値商品としてユーザーの心をとらえていった。

1997年ごろにはパーソナルファクシミリでも，旧来の感熱記録方式に代わり，普通紙による記録方式が登場した。普通紙ファクシミリは記録に関して熱転写方式とインクジェット方式を中心に普及が進んだ。熱転写方式はおもに廉価版としての位置づけから感熱ロール紙の置き換えとして，またインクジェット方式は前述したカラーファクシミリや，PCプリンタをベースにファクシミリ機能を付加した複合機として発展していくことになる。

パーソナルファクシミリは，この間にも，ナンバーディスプレイといった電話機能の充実もさることながら，これまでのビジネス然としたスタイルを脱却しホワイトやシルバーといった明るい外装色やスリムなデザインを登用し，カラフルなLED発光や着信メロディなど付加価値商品としての拡充も図ってきた。また，家庭向けということから省エネにも着目し，早い時期から省電力化に取り組んだ。

(3) G4ファクシミリ創造期

G4ファクシミリはディジタル網を適用回線として，1984年にCCITT（現ITU-T）で最初の勧告化が行なわれた。

OSIの7層構造を手順に適用し，テキストと画像の混在に配慮したミクストモードへの展開も視野に入れた手順構造である。標準解像度はG3ファクシミリよりも高解像度化（200×200 pels/25.4 mm）し，符号化方式にはMMRが採用された。48 kbpsのDDX-C回線で，画伝送4秒を実現した。日本国内では，専用線とともに公衆ディジタル回線（DDX-Cなど）に接続して使用する機器として普及が進んだが，基本料金が高価で，報道機関や公共機関などでの利用が主で，一般企業への導入は限定的なものであった。国内メーカー間では，1985年にDDX-C回線を用いたG4ファクシミリの相互接続試験を実施している。

その後，ディジタル回線は統合化（ISDN）の検討が進められ，日本でもINS構想としてさまざまな検討が進められ，ファクシミリもそのネットワークで使用する検討が進められた。1988年のINS試行サービス開始時より商用に提供され，G4ファクシミリの普及はISDNに移行した。ISDNは通信速度が64 kbpsのため，画伝送時間は3秒となった（G3ファクシミリと同解像度では1秒相当）。ISDN用G4ファクシミリの勧告として勧告T.90が1988年に勧告化された。ISDNに対応したG4ファクシミリのHATSでの相互接続試験がこれとほぼ同時期にINSネット64を用いて実施され，メーカー間のG4ファクシミリの通信互換性の確認がされた。

パーソナルファクシミリ　スーパーG3ファクシミリ

図4.13　1990年代ファクシミリ

また，INSネットのパケット交換方式（INS-P）を利用した相互接続試験が1990年に実施された。INS-Pでは，短時間に大量のデータを送信するファクシミリとしては通信費が回線交換に比べて割高などの理由で，専用線の一部で使用されたにとどまり，一般への普及は進まなかった。

海外でもISDNが普及し，1990年前後にはドイツ，英国，アメリカ，カナダ，シンガポールなどで相次いで実用化され，G4ファクシミリの普及が進んだ。HATSでは，1993年に日欧間のG4ファクシミリ相互接続試験が日本7社，欧州2社の参加で実施され，良好な結果を得た。

当時は2020年ごろまでには電話回線をISDNに切り替える構想があり，G4ファクシミリもその普及に従ってファクシミリ機器の中心になる予定であったが，その後のインターネットの急速な普及によりISDN自体の普及が頭打ちとなり，G4ファクシミリの普及も限定的なものとなっていった。

(4) ネットワークの多様化/複合機化期

インターネットの普及に合わせて，オフィス環境においてはLANが一般化し，レーザー記録方式のネットワークプリンタの高機能化・低価格化が進み，広く利用されるようになった。また，他にドキュメントを扱うディジタルコピアや，ネットワークスキャナなどを統合し，オフィスでのドキュメントを総合的に扱う，ディジタル複合機（MFP）が登場した。この流れの中，同様にドキュメントを扱うファクシミリも，MFPの一機能として実装されるケースも増加している。ハードディスクなど大容量の2次記憶装置を持ち，ファクシミリで受信した画情報を蓄積し，ネットワーク側からの参照を可能にしたり，暗号化や認証などセキュリティ機能の充実を図るなど，アプリケーション連携も進んでいる。

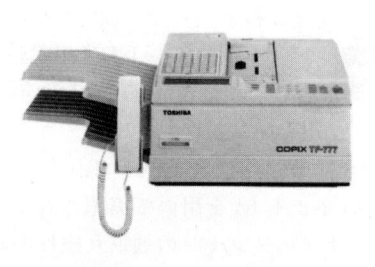

一方，ホームユース分野では，カラーインクジェットプリンタが広く普及し，こちらでもプリンタ，スキャナ，ファクシミリを統合したパーソナルMFPが登場した。インターネットの普及により，ファクシミリでも簡易な情報検索やメールを扱うサービスも開始された。加えて，インターネットの普及に伴い，既存のアナログ電話回線を利用するADSLサービスの提供が開始されたことにより，インターネットの普及をさらに加速することとなった。サービスの競争により，より安価に提供されたこともあり，xDSLの広がりから家庭へのブロードバンド環境の浸透が急速に広がった。このブロードバンド環境の広がりにより，新たなサービスとして画像の配信サービスが可能となり，より確実にサービスを提供できることから，より高速の光通信環境の提供も始まり，急激な広がりを見せている。

ファクシミリ単体の機能としては，これまでのPSTN網上での高速化・高機能化からは一線を画し，IPネットワークに直接接続され，端末間で画情報の伝送を行なうタイプのファクシミリが登場した。これらはインターネットファクシミリとよばれ，現在，T.37とT.38の2方式が勧告化されている。これらはどちらもインターネットでの利用が想定されているため，標準化はThe Internet Engineering Task Force（IETF）を中心に行なわれ，Request For Comments（RFC）として定められた規格を参照する形でITU-Tの勧告化が行なわれている。

T.37は電子メールと同様に，SMTP，POPなどのプロトコルを利用し，ネットワーク上のサーバを経由して，MIME形式の添付ファイルとしてTIFFフォーマットの画情報を送受信するものである。通信手順，ファイルフォーマット，アドレッシング方法など，基本的な伝送機能を定めたシンプルモードが1998年，さらに送達確認，能力交換など，付加的な機能を定めたフルモードが1999年にそれぞれ勧告化されている。もともとインターネットで広く利用されていた，電子メールと同一の仕組みを利用す

図4.14　G4ファクシミリ

るため，PC などの端末との親和性が高く，ファクシミリとしての利用にとどまらず，PC への画像取り込みなどの用途にも広く利用されている。

T.38 は従来，モデム間でやりとりされていた信号を IP パケットに置き換えた手順により，ピアツーピアの通信をリアルタイムに行なう。1998 年に制定され，翌 1999 年に H.323 端末（パケット網上でのマルチメディア通信システム）と整合をとる改定が加えられている。プロトコルは，G3 ファクシミリで用いられる T.30 プロトコルの IP へのマッピングが基本であるため，既存 G3 ファクシミリ機能をそのままに，IP パケット伝送速度でのリアルタイム送受信を実現することが可能である。

T.37，T.38 のどちらも，IP ネットワークに接続できるインタフェースを有するファクシミリ Internet Aware FAX（IAF）としての動作するほか，IP 網と PSTN 網のゲートウェイとしての動作も可能であり，T.37 では蓄積・転送方式で電子メールからファクシミリ（オフランプ），ファクシミリから電子メール（オンランプ）の転送が行なわれる。T.38 では，リアルタイムに IP パケットとモデム信号の変換を行ない，VoIP ゲートウェイとしてファクシミリとの送受信が可能である。

また，T.37 方式では，ネットワーク上にメールサーバを必要とする実装であったが，近年ではその手順を応用し，メールサーバを介さずに直接端末間で画情報の伝送を行なう，ダイレクト SMTP 方式の実装も進んでいる。この方式では T.38 と同様に，ピアツーピアのリアルタイム通信が可能である。

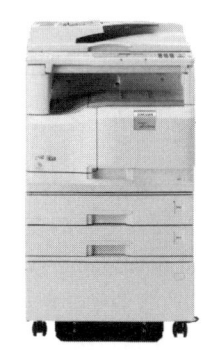

しかしながら，メールサーバ経由の場合と異なり，ファイヤウォールを越えた通信が行なえないため，現状では企業内ネットワークでの利用にとどまっている。また，IP ネットワークへの対応は，機能向上の反面，高コスト化をもたらすことから，価格競争の激しいパーソナルファクシミリへの実装は進んでいない。

以上の理由から，パーソナル系の数百万台に及ぶファクシミリにおいては，インターネット FAX 機能の普及が進んでいないのが現状である。

4.3.4 現状と課題

このように，IP ネットワークを利用した通信が拡大する中で，音声通信サービスも IP 化によるサービスが提供されるようになった。音声通信を IP パケット化して提供する VoIP がしだいに浸透してきている。先に述べた IP ネットワークに対応できる T.37 や T.38 の機能を実装していないファクシミリは，この VoIP サービスを利用し，VoIP 機器を介した「みなし音声通信」により，IP ネットワーク上での通信を可能としている。VoIP サービスの浸透とともに，みなし音声通信の利用も浸透し，加えて，みなし音声通信の課題も浮上してきている。従来，アナログ網にて確立していたファクシミリ通信を VoIP サービス上にて同様に保障するためには次のような課題がある。

- パケットロス
- 遅延のゆらぎ，遅延によるエコー
- エコーキャンセラ

以上のような課題の対応が必要な状況にあるが，ネットワークの IP 化は確実に進んでいる。このような状況下では，ファクシミリ利用者からはネットワークの変化が見えないなかで突然通信のトラブルが発生するようなケースが想定される。つまり，旧来アナログ通信で課題となっていたことが，IP ネットワークでも同様に，通信の信頼性を脅かすケースが想定される。このような課題は，端末装置だけでなく通信ネットワークを含めて改善が必要である。CIAJ 画像情報ファクシミリ委員会では，ネットワーク

T.37 実装機　　　T.38 実装機

図 4.15　インターネットファクシミリ

通信サービスを提供される方々と一緒に改善に取り組むとともに，次世代ネットワークへの品質維持の提案も行なっている。

また，情報伝達が増大するなか，2005年に個人情報保護法が施行されたこともあり，情報の信頼性（セキュリティ）の確保に関する要求も高まってきている。従来の相互に通信を行なう利便性を確保しながら，想定した宛先へ確実かつ安全に送信を行なうことが重要となってきている。利用者を特定するためのIDコードおよびカードなどによる個人認証機能，送信する宛先をまちがわないための宛先表示確認や宛先再入力などのユーザーインタフェースの改善，情報を傍受されても解読されないための暗号化，通信履歴を一元管理するためのサーバ連携機能など，各種の技術革新への取り組みが行なわれている。

4.3.5 今後の展望

これまで記述してきたように，ファクシミリをとりまく環境は大きく変化している。ビジネス系のファクシミリにおいては，企業内の複写機，プリンタなどの機器との融合化が進み，ほとんどが複合機となっている。一方，個人向けの装置は電話機能の充実から，ファクシミリ単機能ではなく音声および画像の通信装置として浸透している。

このようななか，ビジネス系のファクシミリとしては，複合機としての機能をさらに進化させ，ドキュメントの保管管理，セキュリティ機能なども含めたドキュメントの総合管理機能などを実現することで，より高機能なサービスを提供し，ドキュメント管理の地位を確保しつつある。一方，パーソナル系のファクシミリもビジネス系と同様に，カラープリンタ機能，スキャナ機能，複写機能を搭載し，複合機としての提供が始まっている。

このように装置として機能が複合化へ向かうなかで，通信系においては，ビジネス系でインターネットFAX機能の実装を行ないIP化に対応したが，パーソナル系では対応が進んでいないのが状況である。ブロードバンド環境が各家庭に確実に定着しつつあることから，ファクシミリとしては，T.37，T.38などの実装を行ない，IP環境下でダイレクトにIPネットワークへの乗り入れを可能にするとともに，既存のG3ファクシミリとの通信を可能とすることからも，T.37やT.38を実装した機器においては，アナログ通信もサポートするハイブリッド機能を具備する装置や，ネットワーク網にて相互の通信を確立するゲートウェイ機能（ファクシミリからメール，メールからファクシミリやT.38によるリアルタイム変換）をサポートすることで，IP化への促進を推進していくことになると考えられる。

また，IPネットワークに対応するなかでシグナリング方式として広く利用されているSIPをベースとすることにより，ファクシミリ機能はもとより，映像，ディジタルカメラ画像ファイルの送受信などを含むファイルの転送機能など，現在のファクシミリにとらわれない情報通信端末として役割を果たすことも考えられる。加えて，ネットワーク環境も次世代ネットワークの検討も推進され，IPネットワークが標準となりつつあることから，IP化に対応するアプリケーションがより充実し，対応する端末装置の利便性がさらに向上していくことが考えられる。

ファクシミリも上述したような対応を行ないながら，IPネットワークに親和性をもって対応することで，企業や家庭内でPCとは異なった役割を果たす情報端末として新たな利用の可能性が広げられるよう，業界で連携して取り組んでいくことが必要であろう。

4.4 カーナビゲーション

4.4.1 はじめに

カーナビゲーションシステムは，ドライバーに自車位置を地図上に表示し位置を知らせること，その情報を基に目的地まで的確に誘導することを最大の目的として開発が始まり，GPS（global positioning system）技術と電子地図情報を組み合わせたカーナビゲーションシステムが1990年に市場へ導入された。当時の製品は地図メディア格納媒体としてPCカードが使われていた。1992年にCD-ROMが地図媒体とし

て使われはじめた。地図情報量，検索データ増加に伴い，日本全国カバーするのに複数枚のCD-ROMが必要であった。1997年にDVD-ROMを使用するカーナビゲーションが市場に導入された。2層のDVD-ROMを使うことにより8.5GBのデータ格納ができるため，地図データを1枚のDVD-ROMに収納することが可能となった。そのため，記録媒体メディアはCD-ROMからDVD-ROMへ急激に変わっていった。2001年には，地図媒体としてHDD（hard disk drive）を使った製品が市場に出現した。当時使われていたHDDは2.5インチタイプで，容量は10GBであった。現在はHDDの技術進歩に伴い40GB容量のHDDを使っている機種もある。日本市場における近年のカーナビゲーション出荷のメディア構成を図4.16に示す。

初期のカーナビゲーションはスタンドアローンで動作していたが，1997年に通信による交通渋滞情報発信が開始され，VICS（vehicle information and communication system）は不可欠な機能となった。2002年になると通信型モジュールが内蔵された通信カーナビゲーションが出現し，通信によるリアルタイム情報配信が始まった。数々の機能の追加を経て，今日のカーナビゲーションシステムが確立されている。近年のカーナビゲーションは，ナビゲーションとAV機能，そして通信機能を組み合わせた複合的な機能をもつものが市場に導入されており，カーナビゲーションは車のセンターコンソールの役割を担いはじめている。また，カーナビゲーションの高度化に伴い，市販カーナビゲーションにおいては新たなエンターテインメントの創出，純正カーナビゲーションでは運転支援，車両情報＋車両周辺情報の把握などが期待されており，カーナビゲーションはITSの領域への新たな可能性に向かっている。

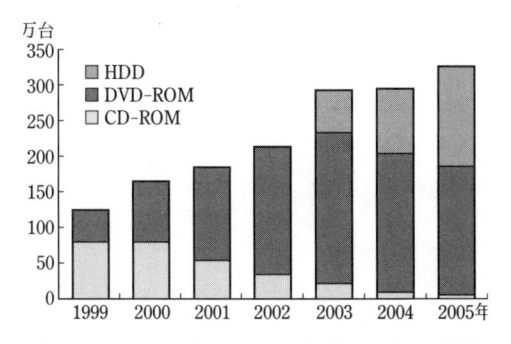

4.4.2 カーナビゲーションの構成技術

カーナビゲーションのハードウェアプラットフォームは，2D，3Dの地図表示，携帯電話との接続，ETC，電波ビーコン・光ビーコンなどの外部機器との接続が容易な構成がとれるようにつくられている。各処理をリアルタイムに実行する関係上，CPUには高性能な32ビットRISCプロセッサが多く使われている。DVD，HDDカーナビゲーションに使用されている代表的なハードウェア構成を図4.17に示す[21]。

ハードウェアの構成は，CPU，GDC（graphic display controller），ASICの大きな3つのブロックからなる。高精細な地図を高速に描画するため，専用のGDCが接続されている。さらに，各種デバイスを接続するため独自機能を有したASICが使われる。CPU，メモリ，GDC，ASICは32ビットバスで接続される。高度化する地図表現のために，CPUで作画するのではなく，描画専用の描画プロセッサ（GDC）を用いる。鳥瞰図，3Dオブジェクトを描くため，描画プロセッサは座標変換用のジオメトリーエンジン，Zバッファ法による隠面消去などの機能を有している。ASICはさまざまな外部機器との接続対応，カーナビゲーションの独自機能を実現するために，さまざまなペリフェラルファンクションが搭載される。

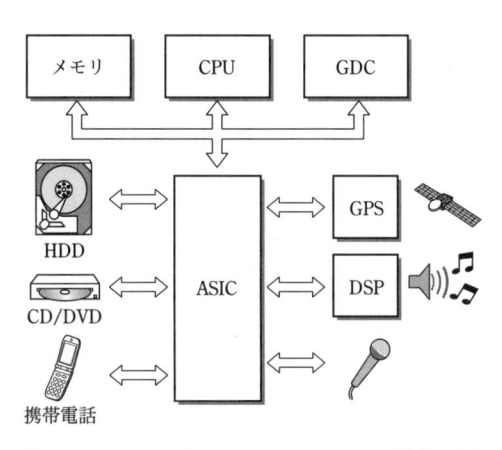

図4.16 カーナビゲーション出荷のメディア構成

図4.17 カーナビゲーションのシステム構成図(1)

近年，LSIのディープサブミクロン化が進み，LSIのSoC（silicon on chip）が進んでいる。カーナビゲーションで使用されるCPUチップの中にGDC，GPS，ASICの機能の一部を取り込み，統合化されたナビCPUチップが主流となっている。近年のナビゲーションは，このようなSoC化されたCPUを用いることにより，部品点数の削減が実現でき，基板面積の低減が実現している。統合化されたナビCPUを用いたナビゲーションのハードウェア構成を図4.18に示す[22]。

ナビCPUチップの中にGDCが統合されたことにより，従来GDCとして別個にグラフィック動作用のメモリが必要とされていたが，CPUの動作メモリの中にグラフィック動作メモリ共用がはかれるシェアドメモリの構成となった。そのため，CPUが使用するメモリは，従来使われていたSDRAMから，PCなどで使われているメモリバンド幅が高いDDRなどの大容量高速メモリが使われている。

カーナビゲーションは，自分の位置を地図上に表示する，目的地までのルートを提案する，ルートどおりに案内するということが要求される。これらの機能を実現するためには，自車位置を精度よく検出することが必要であり，位置認識（技術）は非常に重要な技術である。位置認識に使用している技術はGPS，自立センサー，マップマッチング技術である。GPSを用いて絶対位置を検出することはできるが，ある程度の誤差をもっているため，地図上に確実な現在位置を表示できない。また，トンネル，高架橋下など電波の届かない場所では使用できなくなる。自立センサは，どちらの方向（左・右）にどれだけ曲がったのか（角度変化量）を算出するためにジャイロセンサが使われる。また，傾斜角度，移動距離算出のため，Gセンサが使われる。車からの情報としてはスピードパルスがある。この情報を使うことにより，どれだけ車が移動しているか，どのくらいのスピードで走行しているかがわかる。このように自立センサは相対位置を検出できるが，誤差が蓄積する。取り付け方などによって出力値が異なるので，学習が必要である。GPS，自立センサで検出した位置を道路上に落とし込むことにより，正確な自車位置を計算し表示している。この技術をマップマッチング技術とよんでいる。マッチング技術を使った測位例を図4.19に示す。GPSの測位は1 Hzであるが，センサの測位回数を上げることにより全体の測位回数を上げることができる。

カーナビゲーションシステムは，刻々と変化する自車位置への対応，外部からの割り込みに対する迅速な反応を実現するため，ソフトウェアの多くはリアルタイムOSを搭載している。以前はリアルタイムOSにμITRONを使ったものが多かったが，通信機能のサポート，外部機器との接続が容易なUSBに対応するため，汎用のリアルタイムOS，たとえばWindows CE，Linuxなどを載せたカーナビゲーションが市場に導入されている。カーナビゲーションのアプリケーションの進化は著しく，ナビゲーション

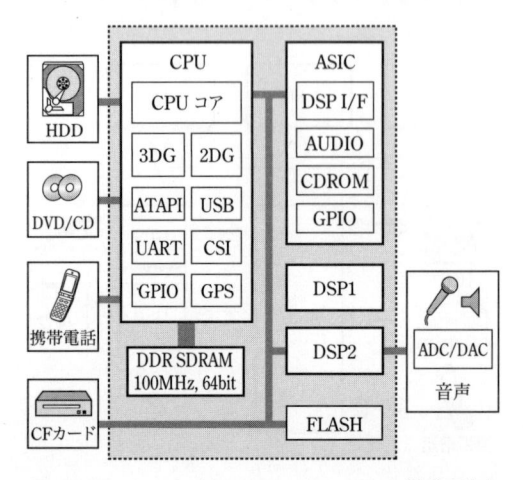

図4.18　カーナビゲーションのシステム構成図(2)

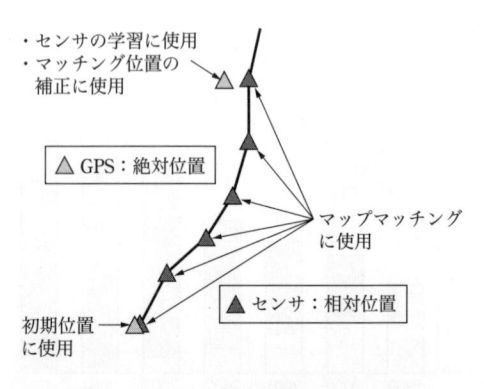

図4.19　5 Hz測位の例
（GPS：1 Hz，センサ：5 Hz）

の機能のほかに，音声認識機能，通信接続機能，インターネットブラウザ機能などが搭載されている．とくに音声認識機能は，ドライバーが運転中に画面を操作すると脇見運転などにつながる恐れがあるため，非常に重要な機能のひとつとなっている．車内環境での騒音・エンジン音・路面音，風きり音などの中で音声認識を行なわなければならないため，ノイズ除去処理と組み合わせた音声認識が使われている．カーナビゲーションで使われる音声認識は，カーナビゲーションを操作するコマンド語認識，コンビニなどの周辺検索認識，施設名認識，住所認識，電話番号認識が一般的に使われている．

HDDが地図格納メディアとして使われるようになってから，HDDならではの書き込み性を生かして，楽曲をHDDに格納する機能が開発された．CDからのリッピング速度は4倍速，8倍速へと高機能化が図られている．

4.4.3　カーナビゲーションのグラフィック技術

カーナビゲーションの当初のシステムは，2Dの地図を自車位置を中心に描画するものであった（図4.20）．その後，飛行機から見たような鳥瞰図的な表現が現われた（図4.21）．これら地図の描画を自車位置更新に従って描画す

図4.20　カーナビゲーションの2D地図表示

図4.21　カーナビゲーションの鳥瞰図地図表示

る必要性と，地図スクロールをスムースに行なうため，カーナビゲーションの描画は，画面を構成する一連のコマンドをCPU側で作成し，描画チップが直接実行できるコマンドリストを一括して描画チップへ送り，描画チップ側で描画を行なっている．このような方式をディスプレイリスト方式とよんでいる．カーナビゲーションに使われる描画チップは，このようなディスプレイリスト方式が使用できる仕様のものが多い．カーナビゲーションの地図表示では，道路などサイズの小さな描画オブジェクト数が非常に多く，CPUの負荷が重い．しかし，時間的に隣接する描画内容は共通の描画対象から構成されている部分が多く，描画内容をディスプレイリストとして保存し再利用することで，CPUの負荷を軽減し，全体として描画性能を向上させている[23]．

PCやゲーム機のグラフィクスが3D中心で表現されるのに対し，カーナビゲーションのグラフィクスは，ライン，任意多角形のポリゴンといった3角形以外のプリミティブ（基本形状）が多用される．さらに鳥瞰図的な表現やドライバーから見た風景を模擬した表現（以下，3DG表示）を行なう場合には，Zソート法を用いる．このような3DG表現は，建物の底面図形を垂直方向に伸張した前後関係が，複雑に入り組むものである．3DG表現を行なうための処理は，3次元座標で表現される物体の頂点データを視点や物体の移動に応じて座標変換するジオメトリー処理と，座標変換された図形を，奥行き情報を基にスクリーン座標へマッピングしていくレンダリング処理からなる．カーナビゲーションにおいては，PCのような高性能なCPUを使えないため，自車の走行方向，視点位置に合わせて地図を回転・移動・射影といったCPUに高負荷のかかる座標変換をCPU側で行なうのではなく，レンダリング処理機能を有する描画チップ側で行なう．このようなグラフィックアーキテクチャの構成図を図4.22に示す[24]．

カーナビゲーションのグラフィクスにおいては，地図情報のほかに，案内表示，各種情報提供，メッセージを表示するため画面重畳機能は必須であり，4～8レイヤーをサポートする描

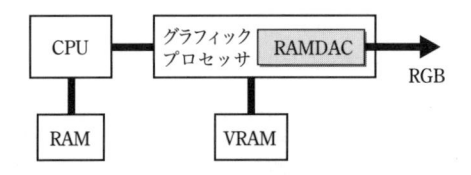

図4.22 カーナビゲーションのグラフィクスアーキテクチャ(1)

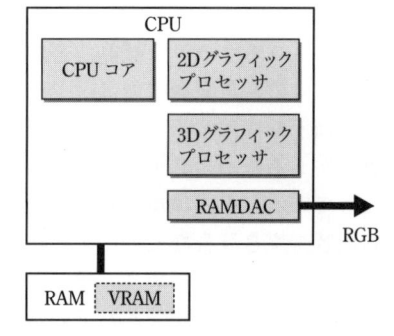

図4.24 カーナビゲーションのグラフィクスアーキテクチャ(2)

画チップが主流である．複数レイヤーをサポートできるため，レイヤーごとの重畳率を変えられるアルファブレンディング技術が使われる．また，地図には道路形状が多用されるため，斜め線の線がギザギザに見えるジャギーが発生する．このジャギーを軽減するため，アンチエイリアシング技術も使われる．アンチエイリアシングの効果を図4.23に示す．

PC系グラフィクスの流れを受けた，従来とは大きく異なるアーキテクチャのものも出現している．このアーキテクチャの概念図を図4.24に示す．PCなどで使用されるものに近い機能をもち，ディスプレイリスト機能をもたない3D描画プロセッサとカーナビゲーション特有の表現に強みを発揮する2D描画プロセッサを並列に搭載し，描画結果を合成して表示画面を作成する．VRAMはユニファイドメモリアーキテクチャとなっており，VRAMサイズを柔軟に設定することが可能である．

地図表示は，WQVGA（wide quarter VGA）とよばれる480×234ドットの解像度のものであったものが，WVGA（wide VGA）の800×480ドットのものにシフトしてきている．WVGAの表現能力を生かした地図表現を図4.25に示す．リアリティを一段と向上させるために，地面の起伏とそれに付随する道路の傾き，絶対的な高さを表現し，建物については実際の形状からもモデリングし，実際の建物の写真をテクスチャとして使用している．CGやシミュレーションなど，多目的用途に作成された3次元立体地図情報をカーナビゲーションに適した形状に加工・蓄積し，リアルタイムにシーンの描画を行なっている．

カーナビゲーションユーザーの視点から，地図情報をよりわかりやすく，より見やすく，より詳細に表示させるために，①文字をしっかり認識させる文字拡大モード，②道路に関する文字情報を拡大し，抜け道や交差点，高速道路の入り口をわかりやすくさせる道路重視モード，

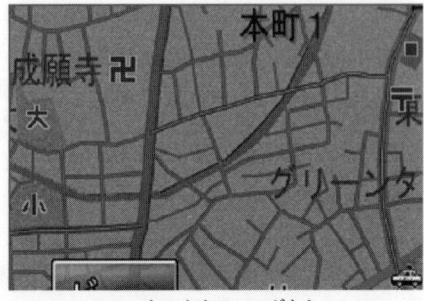

図4.23 アンチエイリアシングの効果

図4.25 カーナビゲーションのリアリティ地図表示

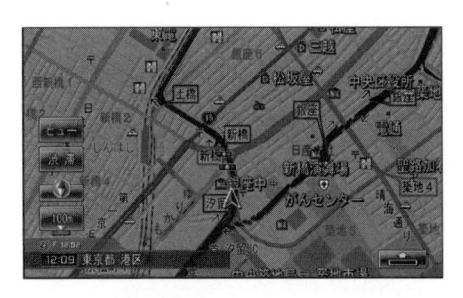

図4.26 施設重視モードにおける地図表示

③住所名称を際立たせ，一般道や細街路を目立たなくさせる住所重視モード，④施設名称を際立たせる施設重視モード，といった使用状況により強調部分を変更できる機能をもつカーナビゲーションが出現し，地図表現の新たな可能性を示している[25]。地図表示例を図4.26に示す。

QVGAでは何種類かの大きさの固定フォントをあらかじめ持ち，文字を表示していたが，VGAにおいてはスケーラブルフォントを使い，目的に合わせたサイズの文字表示ができる方式を用いている。カーナビゲーションの地図表現は多彩になってきているが，色表現を工夫することにより，色覚バリアフリーの考えは思いやりのある社会づくりに貢献できる。ナビゲーションにとって1つの重要情報は，自車位置，道路種別やルートをいかにドライバーに認識させるかであり，色の組合せ方で地図表示の視認性向上につながる。表示する情報の優先順位を明確化する，混同色には明度差をつける，立体的表現（陰影）による強弱をつけることにより，色覚バリアフリーを実現している[26]。カーナビゲーションにおいても，このような活動は幅広いユーザー層に安全性を高めるうえでも継続的に行なわれることが期待される。

4.4.4 カーナビゲーションへの応用技術

通信機能を用いて専用サーバへアクセスするクライアント/サーバ型のカーナビゲーションが2002年に市場に導入された[27]。カーナビゲーションの本体の中に標準で通信モジュールが内蔵されているのが特徴である。通信モジュールを使い，携帯電話網を使用して通信をする。基本的にカーナビゲーション側には大容量のデータをもたず，自車位置，目的地といったナビ側にしかわからない情報をサーバ側に送信し，必要な情報を受信するシステムである。したがって，検索やルート検索，誘導をサーバ側で行ない，結果がカーナビゲーション本体に送信される。サーバ側にて検索データや道路情報を最新の状態に保つため，いつでも新しいデータを操作結果に反映することができる。地図データは携帯電話を使った細い通信環境であっても地図データをサーバ側から端末へ送ることができるよう，表示用に最適化されたデータフォーマットをもっている。地図データはベクター型のデータとして持ち，地図の拡大・縮小・回転などカーナビゲーションの基本的な性能を有している。メッシュ単位で地図データが管理されているため，最新の地図データを必要なぶんだけリアルタイムに提供することができる。全国地図データは内蔵のフラッシュメモリにあらかじめ格納されており，詳細なスケールで地図表示したい場合はサーバ側から詳細地図データが送られるようになっている。経路計算，経路誘導，検索（電話番号・住所・POI・周辺）・渋滞情報はサーバを介して情報が送られてくる。サーバ側から情報を提供できる仕組みをもっているため，情報誌からの情報提供，駐車場満空情報の提供も可能である。通信機能を使うことによりプログラムのアップデートができ，今後の新しいカーナビゲーションの方向性を示すものとして期待されている。

自動車メーカーにおいても，車載搭載タイプの通信モジュールを開発し，カーナビゲーションと組み合わせることにより，高度な情報提供サービスを開始している。通信モジュールには，高速なデータ通信ができる通信モジュール，緊急情報モジュール，セキュリティ情報モジュールが内蔵されており，統合管理されるCPUの下で動作している。緊急情報モジュールはエアバッグ作動信号が直接入力されており，カーナビゲーションからの位置情報，直前までの走行軌跡が発信できる仕組みをもっている。このように自動車メーカーも独自の通信モジュールを組み込むことにより，カーナビゲーションと組み合わせた情報提供やセキュリティといった新たな取り組みが行なわれている。

携帯電話の普及に伴い，カーナビゲーション

と携帯電話を接続し，ハンズフリー通話やデータ通信サービスが可能となり，通信機器との接続性が重要になってきている。第3世代の携帯電話ではARIB準拠のARIB Aコネクタが使われている。データ通信にはUSBを用いており，高速にデータの通信が行なえることができるようになっている。また，Bluetoothにてハンズフリープロファイルが規定されたことにより，Bluetoothを使っての接続形態も増えてきた。今後はケーブルを使う接続より，携帯電話を車内に持ち込むと携帯電話とカーナビゲーションのあいだで自動的にリンクが張られ，ハンズフリー，データ通信が容易に行なわれるBluetoothが普及していくものと思われる。

車のセンターコンソールとしてカーナビゲーションが使われるようになっている。そのため，車内外の情報を収集し，カーナビゲーションがセンター機能を担うようになってきた。図4.27に概念図を示す。車両周辺状況の収集の手段として，車載カメラが重要な情報収集手段として注目されている。カメラ応用の概念図を図4.28に示す。車外カメラの使い方としては，①遠赤外線カメラを使い夜間の視野補助をするシステム，②CCDカメラなどの画像認識により，前方障害との距離を検知する障害物探知システム，③前方，側方，後方にカメラを配置し，死角になる部分の画像情報を伝えるシステム，④車載カメラ映像など認識により白線を認識し，警告や運転補助を行なうシステムなどがあり，実用化されている。車内カメラ応用としては，③ドライバーの脇見運転や居眠り運転状況を検知し注意を促すドライバー監視システ

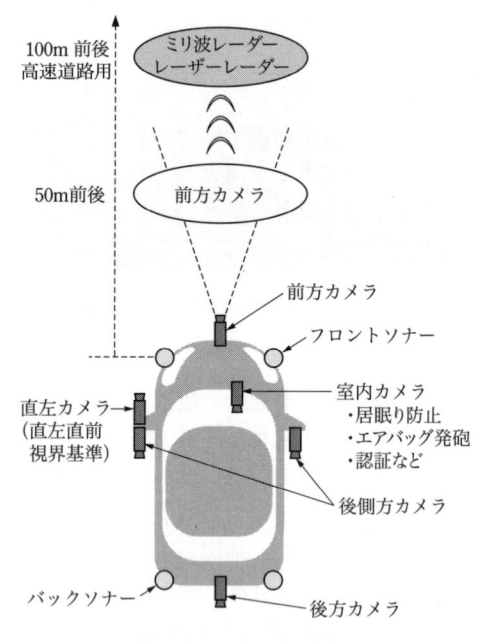

図4.28 カメラ応用

ム，②ドライバー本人であることを認証して，エンジンを始動するドライバー個人認証システム，③着座状態に合わせて，爆発の仕方を調整できる着座状態制御SRSエアバッグシステムがある。このような撮像・認識技術の開発が行なわれているが，今後カーナビゲーションを組み合わせ，よりアクティブセーフティに向けての取り組みが期待される。フロントカメラの応用として，前方の状況を撮影する車載カメラとカーナビゲーションを組み合わせたドライブレコーダへの応用が考えられる。HDDカーナビゲーションであれば，画像データを継続的にHDDに記録することが可能である。カーナビゲーションに搭載されたGセンサが衝突を検知し，衝突の前後数秒の画像データを保存できる。通信機器をカーナビゲーションに接続してあれば，衝突を検知した時点で警察・消防に連絡が飛ばせ，事故時の状況を保存することも可能である。このような非常時の対応能力がカーナビゲーションに求められる時代がくると予想される。

4.4.5 カーナビゲーションの今後の展望

車のセンターコンソールとしてのカーナビゲーションの役割が強くなっている。高性能な

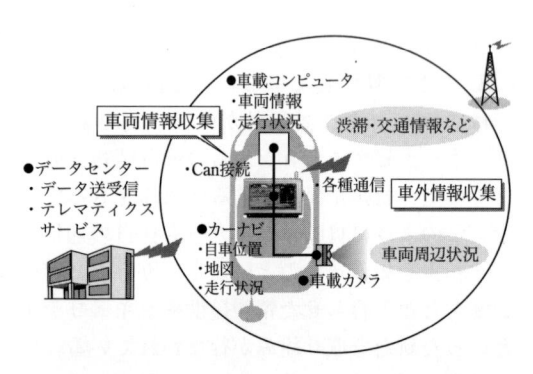

図4.27 カーナビゲーションのセンター機能

CPU，各種接続機器との接続の親和性，大型のディスプレイを有していることからも，この流れは加速すると予想される。すでにカーナビゲーションによる車両制御の取り組みとしては，①ハイブリッド車で地図データを基に道路勾配を予想することでエネルギーを効率的に使い燃費を高める技術，②ハイブリッド車で毎日通るルートの渋滞状況を予想することでエネルギーを効率的に使い燃費を高める技術，③スクールゾーンなど特定のエリアでは，設定速度以上は出ないように安全を高めるナビ協調運転支援システム，④カーナビゲーションの情報を基にフロントライトを最適化し安全性を高める技術が報告されている。

　カーナビゲーションの道路属性データを使い，先方のカーブを先読みし，ドライバーの運転にあわせて変速機を制御する取り組みが自動車メーカーで行なわれ，実用化されている。システムの構成図を図4.29に示す[28]。

　市販のカーナビゲーションにおいては車両制御情報を取り込み，車両を制御することは難しいが，ライン純正ナビゲーションは車の開発段階からカーナビゲーションと組み合わせた開発が可能である。今後，地球温暖化など，車を取り巻く環境への要求はますます厳しくなってくる。ハイブリッド車や電気自動車において，カーナビゲーションの地図データ，車両制御を組み合わせCO_2削減に寄与できるシステム開発が期待される。

　カーナビゲーションが市場に登場した当時はスタンドアローンで動いていたが，ナビゲーションの進化に伴い，交通情報，通信機能を取り込み，さらには車両情報をも取り込み，カーナビゲーション機能は進化を続けている。地図格納メディアもCDからDVDへ，そしてHDDへと，扱える情報が格段に増え，またHDDの書き込みできる利点を活用したカーナビゲーションが市場に導入されている。カーナビゲーションが車の情報システムのコンソールをつかさどるのはまちがいなく，カーナビゲーションが時代を切り開く先進機器となることを期待したい。

4.5 ネットワークカメラ

4.5.1 ネットワークカメラの技術背景

　IT技術の進歩・普及とともに，ネットワークは日常の情報交換に不可欠なものとなってきている。ネットワークは元来，情報伝達の手段として進化してきた。初期のネットワークは，文字や音声の伝達のため進化した。コンピュータの進歩・普及とともに，データ通信の目的での利用から，音声や画像の通信手段としてTVやラジオのように一般の家庭で利用が進んでいる。

　一方，静止画や動画を撮るカメラは，電子技術，IT技術の進化とともに，ディジタルスチルカメラやディジタルビデオカメラへと進化して，一般家庭でも親しまれるまでに普及している。

　今日，ネットワーク技術の普及を加速させたインターネットによって，情報の受発信が容易にでき，手軽な画像情報の発信も望まれて，カメラから画像を直接ネットワークへ発信するネットワークカメラと称される機器が市場に現われて，広く普及をみている。本節では，このネットワークカメラに着目し，そこに使われている多岐にわたる技術を整理して解説するものである。

4.5.2 構成とメカニズムの概略

　ネットワーク上で画像アプリケーション（動画）を提供するものにはさまざまな種類があるが，その情報提供の形態から大きく2つに分類される。1つは画像をストレージに記録し，要求時に提供（オンデマンド），もしくは放送（マルチキャスト）する仕掛けである。もう1

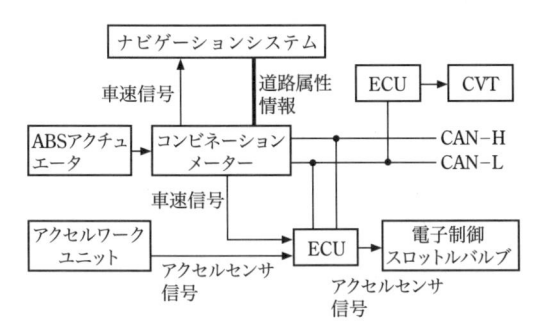

図4.29　車両システム応用

つは，カメラから画像を直接ネットワークへ提供する仕掛けである．後者の仕掛けでも，要求時に送り出す（ユニキャスト）方法と，放送（マルチキャスト）の2つの種別がある．ネットワークのアプリケーションで，このような画像や音声を送り出すものを，一般にストリームアプリケーションもしくはストリームとよぶことが多い．

ここでは，後者の仕掛けに着目して，その構成を述べることにする．

カメラから直接画像データをネットワークに送り出す仕掛けは，機器およびシステム開発の歴史的背景および機能性能による選択から，図4.30に示されるように，(a) 分離型と (b) 一体型の2つの構成をとることが多い．

いずれの方法でも，原理の概略は下記のようである．カメラの光学系から撮像素子上へ映像を投影させ，撮像素子およびその周辺回路で電気信号へ変換する．撮像回路からの信号がアナログの場合には，DA変換が行なわれたのちに，ディジタル映像信号として出力が行なわれる．ディジタル映像信号をそのままパケット化してネットワークで送るには，莫大な伝送容量を必要とし，複数のビデオ信号を送るにいたっては，トラフィックの輻輳も考慮しなくてはならない．そのため，通常は画像圧縮の技術が用いられ，エンコードされることが多い．また，クオリティが要求されない用途や低レートの伝送路を用いなければならない場合には，フレームレートを落としたり，解像度の低減が加味される．

通常，ネットワークで映像を伝送する場合には，パケット通信方式が一般的である．ネットワーク上のパケットは用いるネットワークのプロトコルに従って，多重にカプセル化が行なわれる．ネットワークへのパケット送り出しは，プロトコルとよばれる規則に従って伝送されることが一般的である．プロトコルのモデルは，OSI（Open System Interface）[29]で定義された階層化概念に従って議論される．

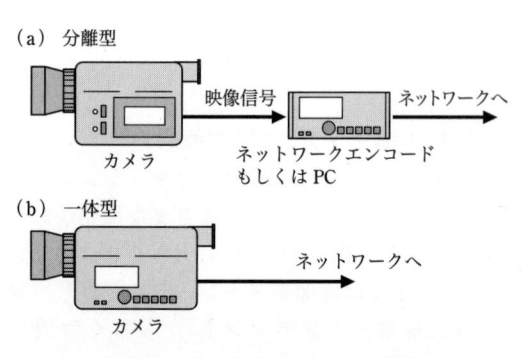

ネットワークカメラの内部には，この階層すべてが含まれており，また，その表示装置も同様なことがいえる．圧縮されたビデオ信号は，一般にはマイクロプロセッサとネットワークコントローラにより処理され，ネットワークのプロトコルに従って階層的に画像データがカプセル化され，伝送が行なわれる．

以上がネットワークカメラの構成技術の概略であるが，以下ではそれらの個々に関して解説を行なう．

4.5.3 光学系

ネットワークカメラにおいても光学系は根幹をなす技術であるが，ここでは簡単に解説を行なうことにする．光学系の詳細は，引用文献を参照にされたい[30]．ネットワークカメラの撮像メカニズムの基本的な部分は，通常のカメラの基本部分と同じと考えてよいが，フィルムカメラとビデオカメラやディジタルカメラでは，光学系によって像を結ばせる対象がフィルムと電子的な撮像素子となってそれぞれで異なる．

カメラの光学系はレンズを使い，フォーカスを調整して撮像面に像を描かせるのが基本である．一定の大きさをもつ対象物の像を描かせるために，また，カメラをコンパクトなものにするために，特殊なレンズを用いることが多い．また，ネットワークカメラの一部には，ズーム

(a) 分離型

(b) 一体型

図4.30 ネットワークカメラの構成

応用層（第7層）
プレゼンテーション層（第6層）
セッション層（第5層）
トランスポート層（第4層）
ネットワーク層（第3層）
データリンク層（第2層）
物理層（第1層）

図4.31 OSIの7つの階層

機能を備えた光学系をもつものもある。さらに，フィルムカメラやビデオカメラと同様に，撮像の明るさを調整するアイリスの機能ももっている。フォーカス，ズーム，アイリスの機能は一部自動化されているが，ネットワーク越しにリモートコントロールされるものも多い。図4.32には代表的なカメラレンズの構成を示す。

フィルムカメラにおいては，白黒とカラーのちがいはフィルムのちがいにより使い分けられていた。電子的なビデオカメラにおいては，撮像素子の都合からカラーを色分解して，光の3原色（赤，緑，青）それぞれ3系統を別に撮像し，のちに電子的に合成する手法がとられている。現在は撮像素子が半導体集積回路（CCDやMOS）での製造が可能になり，フィルタアレイを用いて，色分解を行なわなくてもカラーの撮像が可能となっているが，撮像管（電子管）による撮像が一般的だった時代には，色分解の技術は重要であった。高解像度，高精度が求められるカメラでは，図4.33（a）のように色分解プリズムを用いるが，コンパクトな設計が求められるうえに，3原色個々の撮像の相対位置を合わせることが必須であるので，光学系にも精度が求められる。解像度を求めないカメラでは，（b）に示すように色フィルタアレイを用いた1枚の撮像素子での構成も可能である。

4.5.4 撮像素子

フィルムの感光技術によって映像を記録していたカメラは，映像を電子的信号に変換する技術の進歩によってビデオカメラに派生した。映像の電気信号への変換は19世紀から開発が行なわれてきたが，電子管による撮像が可能となって広く世の中への普及が進んだ。この電子管が撮像管とよばれるものである。撮像管の原理は，光電変換膜が光を受けて発生した信号電荷を電子ビームで走査して信号を取り出す仕掛けである。この光電変換膜には数種類のものがあるが，プランビコン，カルニコン，サチコン，ニュービコンなどがそれである。しかし，電子管を用いるので，カメラを小型にするには限界があった。

固体撮像素子は，原理的には，フォトダイオードなどの光電変換素子を2次元に並べ，各素子で得られた信号電荷を半導体内で転送したり，スイッチングを行ない走査を行なったりするものである。

現在，多く使われている撮像素子は，CCD（charge coupled device）とMOS型の撮像素子である。CCDで実用になっているものは，その構造からさらに5種類に分類され，IT-CCD，FF-CCD，FT-CCD，FIT-CCD，全画素読み出しCCDとよばれている[31]。CCD型の撮像素子は，読み出しにより信号電荷がなくなってしまうのに対し，MOS型の撮像素子は読み出し後も信号電荷が保持される特性がある。さらに，走査時のスイッチングのノイズが克服された現在，周辺回路の取り込みやすさ，低消費電力などの利点を生かし，廉価なカメラへの応用が増えてきている。

映像信号は，基本的には，動画を静止画の連続に分解し，さらにそれぞれの静止画を走査線に分解して1本の信号として送られるが，一定時間に送る静止画の枚数や画面の走査線の数で，おおむねの品位が定まる。

テレビジョン信号で特徴的なことは，走査線

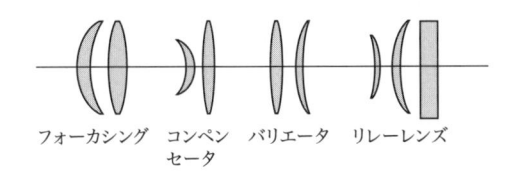

図4.32　ズームカメラのレンズ構成

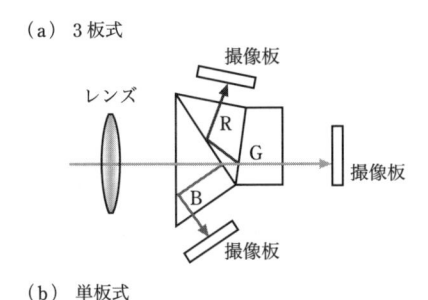

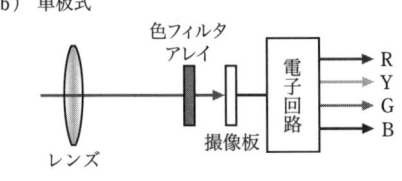

図4.33　カラー撮像方式

の数を少なく動きをスムーズにするため，走査線を1本おきに交互に走査するインタレース（図4.34（a））とよばれる方式をとっていることである。この方式では，静止画の1画面分を全部書き換える信号単位をフレーム，その半分，1本おきに1画面を走査する単位をフィールドとよんで区別している。これに対し，1画面を順序よく走査する方式をノンインタレース（図4.34（b））とよぶ。この方式は，コンピュータのディスプレイや医療機器などに用いられている。

カラーの画像は，白黒の画像に比べてRGBそれぞれについて信号を送ればよいが，この方式だと白黒の3倍の信号を送らなければならない。カラーテレビジョン方式のNTSC，PAL，SECAM方式では，白黒の信号と互換性を加味し，さらに人の目の特性を考慮して，RGBを輝度信号と色差信号に変換し，それぞれにちがった重み付けをつけることによって，白黒とほぼ同じ周波数帯域による伝送・記録を可能としている[32]。カラーのテレビジョン映像信号は，1本の信号（コンポジット）としてまとめられる方式と，3本の信号を別々に送る方法とがあり，後者はさらにRGBを別々に送る方法，輝度信号1本と色差信号2本を送る方法（コンポーネント）に分かれる。

現在，テレビジョン信号はハイビジョン信号へ，コンピュータディスプレイは，VGAからSVGA，XVGAなどへと高解像度化する傾向にあり，より広い高品位の信号の開発・普及が進められている。

4.5.5　ディジタル映像信号

動画像信号は，動画を静止画の並びに分解し，さらに静止画の画面を走査して1本の信号に展開する方式がとられている。この信号を標本化・量子化し，ビットストリームとすると，ディジタル映像信号が得られる（ビット列の並べ方に作法が存在し，エンディアン問題とよばれることもある）。カラー映像信号の場合には，3種類の色情報信号の送り方として，RGB信号やコンポーネント信号が元信号として使われる。前項で述べたように，基にするアナログ信号の種別により，また，AD変換時の標本化・量子化の分解能，ディジタル化したときのビット列の配列作法により，さまざまなフォーマットが存在する。前述のエンディアン問題のほか，カラー情報の並べ方として，面順次，線順次，点順次など，データ列のみを考えてもさまざまなフォーマットが考えられる。

映像情報の通信伝送，放送，記録，表示のためには，多くの機器で信号の交換が行なえることが望ましく（とくにテレビジョン信号），そのため規格統一が行なわれている。とくに，ITU-R BT.601のフォーマットは，初期に規格化され業務用ディジタル放送機器のD-1フォーマットの元規格になっている。表4.5に代表的なフォーマットを示す（一部は，圧縮技術を前提としたフォーマットである）。

4.5.6　画像圧縮技術

ネットワークカメラでは，トラフィック軽減のため画像を圧縮して送ることが一般的である。以下では，ネットワークカメラに使われている画像圧縮技術に関して主要なものを述べる。

(1) JPEG

JPEG画像圧縮方式[40]は，静止画面で完結した圧縮方式で，動画像へも静止画像列として扱えば適用が可能である。したがって，ビデオだけでなく，ディジタルカメラやPCなどの画像データへの採用も多い。

(2) H.261

H.261は，フレーム内の圧縮としてはJPEGでも採用されている直交変換を用いている。しかし，順方向のフレーム間予測が含まれている。H.261は，策定当時，通信媒体の主流であったISDNの利用を前提に，このインタフェースを搭載したPCをターゲットにしたハードウ

(a) インタレース　　(b) ノンインタレース

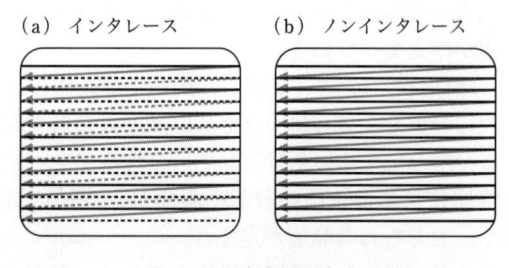

図4.34　走査操作方式

表 4.5 各種映像信号のフォーマット

分類	有効画素数	規格／用途
ITU-R BT.601		標準ディジタルTV[33]
NTSC	720 × 488	
PAL	720 × 576	
ITU-R BT.709		HDTVディジタル規格[34]
Hi-Vision	1920 × 1035	
1250-HDTV	1920 × 1152	
UDTV		Ultra Difinition TV
UDTV-0	1920 × 1080	
UDTV-1	3840 × 2160	
UDTV-2	5760 × 3240	
UDTV-3	7680 × 4320	
MPEG-1		Moving Picture Cording Experts Group-1[35]
SIF NTSC	352 × 240	
SIF PAL	352 × 288	
ITU-T H.261[36]		
CIF	325 × 288	Common InterMediate Format
QCIF	176 × 144	Quarter CIF
MPEG-2		Moving Picture Cording Experts Group-2[37]
High	1920 × 1080	
	1920 × 1152	
High-1440	1440 × 1080	
	1140 × 1152	
Main	720 × 488	ITU BT.601 同等
	720 × 576	
Low	352 × 768	SIF 対応

ェアコーデックの開発が盛んに行なわれた。

(3) MPEG

MPEG は，画像圧縮フォーマットに関してだけでも MPEG-1，MPEG-2，MPEG-4[41] と分類され，さらに派生規格として，インタラクティブ性を加味したコンテンツフォーマットの MPEG-7[42] やコンテンツ配信システムから著作権の保護を包括した MPEG-21[43] などがある[44,45]。

① MPEG-1

MPEG-1 は，原理的方式は JPEG や H.261 と同じである。映像信号を記録するための蓄積メディアをひとつのターゲットとしているため，メディアプレーヤに要求される早送り・巻き戻しなどのトリックプレイへの対応機能をもつなどの特徴がある。

② MPEG-2

MPEG-2 は，原理的な圧縮符号化のメカニズムは MPEG-1 と同じである。しかし，現行のテレビジョン信号を高画質のまま圧縮符号化する目的で開発されたため，インタレースをそのまま符号化するようなモードを有している（フィールド間予測，フィールド DCT）。また，HDTV クラスまで適用が可能なように高品位化の工夫が行なわれている。高画質化の技術として，15 Mbps 程度の I ピクチャのみのビットストリームが構成可能なほか，4：2：2 もしくは 4：4：4 色差フォーマットへの対応などがほどこされている。機能の面でも，高精細度の画像を効率よく再生するメカニズムの採用などが図られている。

③ MPEG-4

MPEG-2 が，テレビジョンをターゲットに審議制定されたのに対し，MPEG-4 は，コンピュータグラフィクスなどの静止画，テキストなども取り込んだマルチメディアの符号化標準であり，H.263[46] がベースとなっている。カバーする伝送路容量の幅を広くし，高い圧縮率が実現可能である。また，個々のデータコンテンツ（音声，画像，テキスト）をオブジェクトとして取り扱い，そのコンテンツを合成する仕掛けがあり，ストリームコンテンツだけでなく，インタラクティブコンテンツも取り扱える。さらに，誤り検出などによってデータ再送の仕掛けが用意されていたり，自身にエラー耐性ツールをもっていたりする。アプリケーション機器としては，リアルタイム伝送，インターネット動画配信，放送，蓄積メディア，業務放送機器などが想定されている。

4.5.7 ネットワーク

通常のカメラは，ビデオ信号の出力端子（ディジタル／アナログ）がついており，そこから映像信号が図 4.35 (a) に示されるように連続的に出力される。その信号を使い，オンエアのRF 送り出し装置や記録デッキへ信号が運ばれる。ネットワークカメラには，その名のごとく

(a) 専用ケーブル上のビットストリーム

(b) ネットワーク上のビットストリーム

図4.35　ネットワークでの画像データの転送

ネットワーク端子がついており，ネットワークのプロトコルに従って信号が送り出される．

特徴的なことは，ネットワークでは映像データを連続的でなく図4.35（b）のようにパケットとよばれるビット列の塊の中のペイロード（アプリケーション領域）情報として送ることである．

(1) OSIモデルとTCP/IP

ネットワークでは，その大規模なインフラストラクチャーを，画像伝送以外のさまざまなアプリケーションで用いる．そのため，あたかも郵便や宅配便の配送システムのようにさまざまな取り決めがある．歴史的背景からその取り決めは多様であったが，機器の相互接続のために，国際標準機関のISOによりOSIが策定された．現在ではOSIモデルにより，さまざまな機器を接続するときにプロトコル概念の統一が図られている．

現在，インターネットが広く全世界に普及し，ネットワーク層とトランスポート層などはTCP/IP[47]が主流になっているが，OSIモデルは，ハードウェアやアプリケーション相互接続，階層間のデータ受け渡しの規約づくりに重要な地位を占めている．

(2) ネットワーク機器

OSIモデルの物理層およびデータリンク層は，ネットワーク機器（インタフェースカード，ハブ）などで実現される．機器の中には，ルータなどのように上層のプロトコルまで扱うものがある．オフィスなどの構内におけるネットワーク（LAN）のインフラストラクチャーは，ISO 8802.3（Ethernet）[48]の適用が著しい．一方，遠距離の通信（WAN）は，通信業者のネットワークセンターからのインフラストラクチャー（昨今はDSLや光ファイバーなどが主流）で実現されている．

図4.36に示されるように，LANとLAN，LANとWAN間の接続には，ルータやゲートウェイとよばれる装置で接続を行ない，パケット通信の制御が行なわれるのが通例である．

(3) TCP/IPネットワーク

インターネットの普及とともに，そのプロトコルのTCP/IPが広く使われるようになってきている．TCP/IPは，PCやサーバなどにIPアドレスをつけ，サブネットというグルーピングを行なって，サブネットどうしをルータ/ゲートウェイとよばれる装置でつないで，大きなネットワークをつくる．現在，構内LANなどの各機器は，ハードウェアアドレスとIPアドレスが二重に割り当てられている．ARPとルーティング情報の交換により，サブネット内/外の通信の確保と切り分けによりトラフィックの軽減を行なっている．また，大規模のネットワークを効率よく管理するため，IPアドレスとネットワーク名や機器名と対応させるDNSとよばれるサーバが運用されているのが通例である[49]．インターネットのアプリケーションの代表的，かつ古くからよく利用されているものを表4.6に示す．今日，その他のさまざまなアプリケーションもインターネット上を賑やわせている[50]．

(4) ストリームメディア

データが時系列的に連続である動画像や音声はストリームメディアとよばれ，他のアプリケーションとは別に分類されることが多い．ネットワークでは，末端の装置に情報を発信するサーバと，それを利用するクライアントに分類される．ネットワークカメラは映像を提供するので，基本的にはサーバに分類されることが多

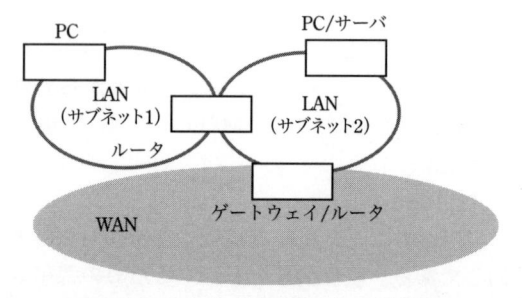

図4.36　LAN-LAN/LAN-WANの接続

表4.6 インターネットの代表的アプリケーション

サービス	内容	プロトコル	サーバ	クライアント
メール	文章，データなど	SMTP	sendmail, qmail	EUDORA, OpenLook, MS Messenger
メーリングリスト	文章の特定者同報	SMTP	fml, majorodomo	EUDORA, OpenLook, MS Messenger
ニュース	文章の不特定同報	NNTP	INN	Mnews，MS Messenger
FTP	情報のアーカイブ	FTP	ftpd	FTP

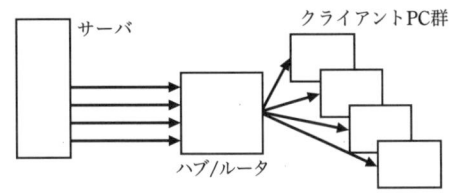

(a) ユニキャスト

(b) マルチキャスト

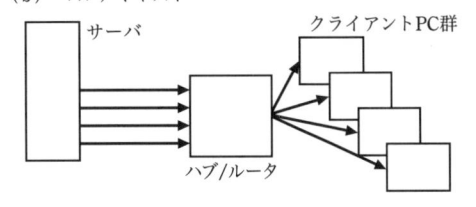

図4.37 ユニキャストとマルチキャスト

い。

ネットワークカメラでは，カメラ内部もしくはネットワークアダプタなどの内部にネットワークサーバの機能をもたせるものが一般的で，多くはカメラ側にWWWサーバの機能を搭載し，PC側にWWWブラウザを動作させ画像表示を行なっている。WWWのプロトコルであるHTTP[51]自体には，動画を扱う取り決めはないが，クライアントプル/サーバプッシュ[52]とよばれる拡張部分がある。これで転送を行なったり，WWWブラウザのプラグインの機能を使って独自の拡張をしたりしているものもある。一方，まったく独自のサーバ-クライアントのメカニズムで転送を実現しているものも存在する。

ストリームアプリケーションは，時として膨大なネットワークトラフィックを生み出したり，リアルタイム性が要求されたりするので，コネクションレスのUDPプロトコルが使用されることが多い。また，多くのend-to-endの通信が想定される場合には，コマ落としなどを行なってレートの低減をはかっているものも多い。また，ストリーミングメディア用プロトコルRTP[53]/RTCP[54]やこれらのセッションコントロール用プロトコルRTSP[55]，QoS関連を扱うRSVP[56]などが制定されているので，これに従うものも多い。

多くのトラフィックを発生させるストリームを図4.37(a)のようにユニキャスト(一対一)通信のみで扱うのは得策でないため，オンデマンドの再生は不可能になるが，(b)のように放送型の通信手段が使われることも多く，これがマルチキャスト[57]とよばれる方式である。ネットワークでのマルチキャストは通常，送り出しのサーバ側ではマルチキャストアドレスとよばれるターゲットアドレスへ向け送信が行なわれる。受け側のクライアントでは，この送信を受けるため自己のアドレス以外にマルチキャストのアドレスをもつデータを受け入れる。通常，サーバとクライアント間にはハブやルータが存在しており，クライアントはこれら集線/接続装置に一定の間隔で参加継続表明を行なうことによりパケットの配送を指示し(マルチキャストスヌーピング)，無駄なトラフィックが不参加のネットワークやクライアントに及ばないようにする仕掛けがある。

4.5.8 ネットワークカメラのアプリケーション

これまでは，ネットワークカメラの内部に使われていた技術を主体に述べてきた。ネットワークは，インフラストラクチャー上にさまざまな分野の新しいアプリケーションを発展させていき，相互に進化していくところに最大の特徴があるように思われる。マルチキャストの部分で解説したように，ネットワークは集線結合機器の機能抜きには考えられない。大容量データを遠距離で通信する場合には，多くの接続装置

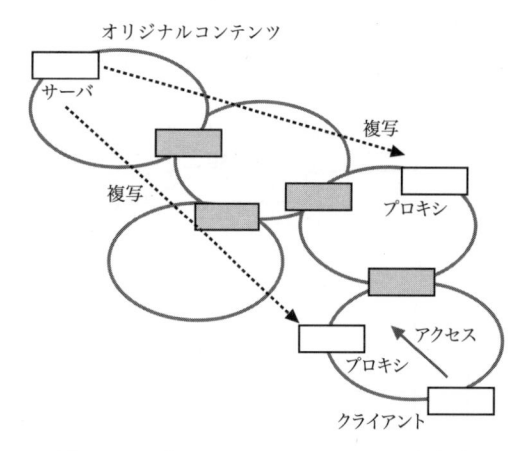

図4.38 プロキシによるトラフィックの軽減

を介するので，トラフィック集中の影響を受けやすくなる。図4.38に示すように非リアルタイム系のアプリケーションでは，蓄積サーバを分散させておくことが考えられてきている。また，リアルタイムのアプリケーションでも，リフレクタを散在させ，複数のルートによる伝送でトラフィックを軽減させる研究も行なわれてきている。しかし，著作権を伴うようなストリームデータの管理が複雑化するため，実際の運用はこれからである。

一方，まったく別の視点で，カメラを使ったバイオ認証のセキュリティ市場への応用は，昨今めざましい発展を見せており，すでに運用にいたっているものも多い。企業の入口にカメラを取り付け，顔の形で認証を行ない，ロックを解除するシステムも出てきている。また，複数のカメラと複数のコンピュータで，特定人物を追尾するような興味深いソフトウェア（エージェントによる人物追尾）の研究も行なわれ[58]，将来の応用が期待されるところである。

4.5.9 まとめ

ネットワークカメラの話題は，光学からネットワークの技術までと幅広く，さらにアプリケーションにいたっては工学の分野を逸脱する領域に立ち入らなければならず，少ない紙面ですべてを網羅することは難しい。ここでの解説は，かなり駆け足で表面的な部分に留まらざるをえなかった。末尾に参考文献をあげたので，さらに深い部分に関してはそちらの解説をごらんいただきたい。また，いくつかの国際規格をあげたので，あわせて参考にされたい。

文献

1) 森健一ほか：「マルチメディア時代のDVD」特集号，『東芝レビュー』，第51巻，12号，pp.1-48，1996.
2) 山田尚志ほか：「広がるDVDの世界」特集号，『東芝レビュー』，第53巻，2号，pp.1-20，1998.
3) 有部睦弘ほか：「HD DVD要素技術」特集号，『東芝レビュー』第60巻1号，pp.1-28，2005.
4) 永井宏一，佐藤裕治：「次世代光ディスクHD DVD」，『東芝レビュー』，第60巻，7号，pp.10-14，2005.
5) 神竹孝至ほか：「HD DVD製品への展開」特集号，『東芝レビュー』，第61巻，11号，pp.1-27，2006.
6) 大友 仁，永井宏一：「DVDレコーダ・プレーヤ」，『画像電子』，2006/11，pp.842-845，2006.
7) DVDフォーラム：「DVD Forum技術白書」，DVDフォーラム，2006.
8) P. Rice, A. Macovski, et al.：An experimental television recording and playback system using photographic discs, J. Soc. Motion Pict. & Telv. Eng., Vol.79, p.997, 1970.
9) 小山二郎，西原 浩：『光波電子工学』，コロナ社，pp.75-86，1978.
10) 尾上守夫，村山 登，小出 博，國兼 真，山田和作：『光ディスク技術』，pp.79-97，ラジオ技術社，1989.
11) 横森 清：「20章 光ディスク」，『カラー画像処理とデバイス』，pp.283-296，東京電機大学出版局，2004.
12) L. S. Leed, G. Solomon：J. Soc. Indust. Math., Vol.27, No.2, 1960.
13) 日本工業規格 JIS X6241，Oct.1997.
14) 山田尚志，佐藤裕治ほか：「DVDから生まれた次世代仕様「HD DVD」」，『日経エレクトロニクス』，2003.10.13号，pp.125-134，2003.
15) 奥万寿男，田中伸一ほか：「Blu-ray Discが目指すもの」，『日経エレクトロニクス』，2003.3.31号，pp.135-150，2003.
16) H. Hayashi, H. Kobayashi, et al.：IEEE Trans. Consumer Electron., Vol.44, p.268, 1998.
17) 新井 清：『ターボ符号入門』，トリッケプス，1999.
18) K. Sakagami, A. Shimizu, et al.：A new data modulation method for multi-level optical recording, Jpn. J. Appl. Phys. Part1, Vol.42, No.2B, pp.946-947, 2003.
19) S. Kobayashi, T. Horigome, et al.：High-track-density optical disc by radial direction partial response, Jpn. J. Appl. Phys. Part1, Vol.40, No.4A, pp.2301-2307, 2001.
20) 1998 HATS活動10周年記念行事実行委員会発行：「HATS推進会議10年の歩み 1988→1998」，『ファクシミリ史』，画像電子学会，1997.
21) K. Nagaki, H. Ando, K. Yamauchi：HDD NAVIGATION SYSTEM, IEEE International Conference on Consumer Electronics, pp.36-37, June, 2002.
22) T. Sato, H. Adachi, Y. Nonaka, K. Nagaki：The Second-generation HDD Car Navigation System, IEEE International Conference on Consumer Electronics, 11.4-2, Jan., 2005.
23) 長岐孝一，松本令司：「カーナビゲーション」，『画像電子学会誌』，Vol.33, No.6, pp.1044-1046，2004.
24) 中原 誠：「高機能グラフィックスコントローラ」，FUJITSUシンポジウム，Vol.53, No.1, pp.81-87，2002.
25) 長岐孝一：「カーナビゲーション」，『画像電子学会誌』，Vol.35, No.6, pp.849-852，2006.
26) 井部，川崎，伊藤，田中：「色覚バリアフリーを考慮し

たカーナビ地図表示」,『シンポジウム"ケータイ・カーナビの利用性と人間工学"日本人間工学会,研究論文集』, 2004.
27) 長岐孝一:「カーナビゲーションをとりまく ITS 技術」,『光技術コンタクト』, 2006 年 8 月号, 2006.
28) 日経オートモーティブ・テクノロジー Special Issue, 2005.
29) ISO/IEC DIS 9834-1 Information Technology—Open Systems Interconnection—Procedures for the Operation of OSI Registration Authoritie.
30) 池森敬二, 加藤正猛, 小山剛史:『光学系の仕組みと応用』, オプトニクス社.
31) 竹村裕夫:『CCD カメラ技術入門』, コロナ社.
32) 日本放送協会:『NHK カラーテレビ教科書［上］［下］』, 日本放送出版協会.
33) BT.601 Encoding parameters of digital television for studios.
34) BT.709 Parameter values for the HDTV standards for production and international programme exchange.
35) ISO/IEC 11172 Information technology-Coding of moving pictures and associated audio for digital storage media.
36) ITU-T H.261 Video codec for audiovisual services.
37) ISO/IEC 13818 Information technology-Generic coding of moving pictures and associated audio information.
38) K. Rao, P. Yip:Discrete Cosine Transform Algorithms, Advantages and Applications, Academic Press, London, UK, 1990.
39) 大石進一:『例にもとづく情報理論入門』, 講談社.
40) ISO/IEC Information technology - Digital compression and coding of continuous-tone still images.
41) ISO/IEC 14496 Information technology - Coding of audio-visual objects.
42) ISO/IEC 15938 Information technology - Multimedia content description interface.
43) ISO/IEC 21000 Information Technology - Multimedia Framework.
44) マルチメディア通信研究会編:『最新 MPEG 教科書』, アスキー出版局.
45) マルチメディア通信研究会編:『標準 MPEG 教科書』, アスキー出版局.
46) H.263 Video coding for low bit rate communication.
47) Douglas E. Comer:Internetworking with TCP/IP Volume I/II/III, Prentice Hall.
48) ISO/IEC 8802.3 [ANSI/IEEE Std 802.3], CSMA/CD Access Method and Physical Layer Specifications.
49) Preston Gralla:HOW THE INTERNET WORKS, QUE.
50) Wide Project:Guide for Internet Connection, Kyouritsu Shuppan Co. Ltd., Japan 1996.
51) NCSA HTTPd Tutorials, http://hoohoo.ncsa.uiuc.edu/docs/tutorials/
52) Dynamic Document, http://www.cec.co.jp/usr/hasegawa/Docs/CGI/cgi_dd.html
53) RFC 1889 RTP:A Transport Protocol for Real-Time Applications.
54) RFC 1890 RTP Profile for Audio and Video Conferences with Minimal Control.
55) RFC 2326 Real Time Streaming Protocol (RTSP).
56) RFC 2205 Resource Reservation Protocol (RSVP).
57) RFC 1949 Scalable Multicast Key Distribution.
58) 西郡　豊, 田口陽一, 江島公志, 小松尚久:『分散協調処理による人物追跡システムに関する研究』, 電子情報通信学会 OFS 研究会（OFS2001-52）.

資料編

1 標準化機関と組織

近年のインターネットやモバイル通信の台頭，FTTH ブロードバンドの増大，次世代ネットワークの構築に伴い情報通信環境は大きく様変わりしている．この環境の変化に適合する情報通信技術の標準インタフェースの再構築が緊急課題となっている．

情報通信環境の標準化活動は，組織規模，参加条件，コンセンサスの種別に応じてさまざまな形態になるが，大別すると，参加メンバーによる合法的な標準化プロセスによって成立するデジュール（de dure）標準と，メーカーや業界団体独自の標準規格で市場競争を行なうデファクト（de facto）標準となる．

情報通信技術における代表的なデジュール標準化としては，国際連合傘下の専門機関である国際電気通信連合（International Telecommunication Union；ITU），民間主導の国際標準化機構（International Organization for standardization；ISO），および国際電気技術委員会（International Electrotechnical Commission；IEC）がある．参加資格やコンセンサスプロセスの柔軟なフォーラムやコンソーシアムでの業界標準化団体には，Internet Engineering Task Force（IETF）や World Wide Web Consortium（W3C）があげられる．

1.1 国際電気通信連合（ITU）

ITU はジュネーブに本部を置く電気通信に関する代表的な国際機関である．その前身は 1855 年パリで締結された万国電信条約に基づいて設立された万国電信連合で，日本は 1879 年に加盟した．一方，国際無線電信の発展に伴い 1906 年ベルリンで国際無線電信条約が締結され，国際無線電信連合が創設された．その後，有線・無線とも著しく発展し，両者の統合が要請され，1932 年マドリードで国際電気通信条約の締結により国際電気通信連合が誕生した．さらに 1947 年アトランティックシティで，国際連合と国際電気通信連合間の協定を締結し，国際連合の専門機関（常設機関）に加わった．1956 年には ITU 内の国際電話諮問委員会（CCIF）と国際電信諮問委員会（CCIT）とが合併し，国際電信電話諮問委員会（International Telegraph and Telephone Consultative Committee；CCITT）が誕生した．その後，1992 年に ITU 内の再編成により，電気通信標準化局（ITU-Telecommunication），無線通信局（ITU-Radiocommunication），および電気通信開発局（ITU-Development）が誕生した．図 1.1 に ITU の組織構成を示す．

1.1.1 ITU-T 概要

ITU-T は電話やファクシミリおよびマルチメディアサービスなどの電気通信サービスを提供するため，公衆網間，通信端末間および利用者間の各インタフェースを制度面，料金面，技術

第1章 標準化機関と組織

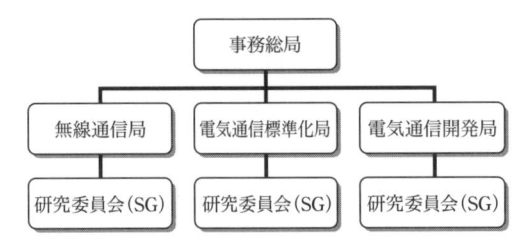

図1.1 ITU の組織構成

図1.3 ITU-T での会議風景

面で国際標準化を行ない，勧告として提供するものである．現在，本部をジュネーブに設置し，世界190カ国が加盟している．図1.2にジュネーブITU 本部を示す．

ITU-T では4年を会期として，WTSA 総会（world telecommunication standardization assembly）を開催し，次会期の研究内容，作業方法，作業計画の見直し，次会期のSG の議長・副議長の任命を行なっている．標準として策定される勧告はアルファベットの冠字をつけて表現される（例：勧告 T.30, H.323, F.700 など）．

標準化作業は，各電気通信サービス提供のための必要な運用規則，料金，品質，ネットワーク，端末およびインタフェース技術などの分野を研究委員会に分けて標準化の作業を進めている．図1.3にITU-T での会議風景を示す．

ITU-T では電気通信分野における技術，運用および料金の課題について勧告化制定作業を行なう．以下にITU-T の階層組織とおもな役割を示す．

総会（WTSA）では，研究会期の各SG の活動報告と承認，勧告の承認（TAP），研究課題の承認，ITU-T の規約改正，組織再編，次会期の議長・副議長人事が行なわれる．

研究委員会（Study Group）では，各WP の会合の活動報告と承認，勧告の承認（AAP），研究課題の承認，SG 内ルールの規定，SG 内組織再編，ラポータ，リエゾンの承認，ラポータ会合の承認が行なわれる．

作業部会（Working Party）では，各課題のラポータ会合報告と承認，勧告の承認（AAP），研究課題の承認，WP 内組織再編，ラポータの承認，WP 会合の作成が行なわれる．

ラポータグループ（Rapporteur Group）では，勧告の策定，研究課題や会合計画の提案，勧告草案の審議，修正，策定が行なわれる．

1.1.2 ITU-T での変革

ITU-T は，150年余のあいだ，各国の主管庁，電気通信キャリアや製造メーカーからなる参加メンバーにより，情報通信事業における国際標準化の先導的役割を担ってきたが，近年のディジタル化やインターネットの進展による情報通信環境の変化に伴い設立された数多くのフォーラムやコンソーシアムとの協調と競合が行なわれるようになった．とくに，IP 網は本来データなどの非即時型の情報流通に適していたが，最近の急速なブロードバンド化の進展により，音声や映像などの即時型情報の流通にも適用されるようになっている．さらに，ネットワーク周辺の規制緩和，情報サービス提供業者の増大，各種マルチメディアアプリケーションの増大などにより，IP 網を中心とする技術の早期標準化が要望されている．ITU-T も既存のIP網より高度な次世代ネットワーク（NGN）の

図1.2 ジュネーブのITU 本部と会議場

国際標準化を急いでいる。この IP 網の台頭により，ITU-T の標準化作業にも変革が余儀なくされている。

(1) 勧告化作成の迅速化・効率化

従来の勧告化は 4 年会期であったが，2000 年の WTSA で規格の合意方法を変更した。通信政策や制度関連の勧告化は従来通り，総会での承認（Traditional Approval Procedure；TAP）とするが，技術に関する勧告化は関連 SG での承認（Alternative Approval Procedure；AAP）を導入した。この結果，18 カ月の早期勧告化が可能となった。このほか，緊急を要する課題の標準化には，期限付き SG 扱いとなる FG（Focus Group）の設立を可能とした。例として，FG-VDSL や FG-IPTV（2006.6）がある。

(2) アソシエート（associate）メンバーの導入

ITU-T の構成メンバーとして国レベルのメンバーステート，民間企業などのセクターメンバーに加え，2000 年から ITU-T 活動の一部だけに参加するアソシエートメンバー資格を導入した。参加費を低減して，特定の技術分野にのみ関心をもっている大学，研究機関や中小・ベンチャー企業の参加が期待されている。

(3) ワークショップの推進

技術革新，新規課題，問題点の発掘などを狙いとして，各種ワークショップが開催された。電子医療，ネットワークドカー（ITS），ホームネットワーク，災害救助，アクセシビリティ，次世代ネットワークなどがある。

(4) SDO（Standards Development Organizations）や大学との協調

ITU-T では，勧告の一部に SDO の標準規格を引用することが必要となったことから，IETF など SDO とのあいだで協力関係が結ばれ，ITU-T 勧告に導入するようになった。協定する SDO は，A4，A5，A6 および A23 の A シリーズ勧告で記述されている。

また，ITU-T は将来の国際情報通信システム標準化の模索ならびに活動の活性化を意図として大学との協調を始めるため，2007 年 1 月に ITU-University 諮問会議を行なった。これは ITU-T における未来の国際標準化に関する研究と大学における標準化関連技術の教育の観点から，ITU-T と大学とがおたがいに有益な関係となることをめざすものである。この連携の最初の試みとして，現在 ITU-T で勧告化作業を進めている次世代ネットワーク NGN（next generation network）を取り上げ，NGN のイノベーションというテーマで，2008 年 5 月に "Kaleidoscope Events" 国際コンファレンスを行なう計画である。大学や研究機関の ITU との連携による利点は ITU-T 文書へのアクセスである。ITU-T の勧告や文書を大学の講義材料や研究に利用するというものである。ITU-T ではこれに配慮して，2007 年 1 月より，特別措置として試行的に，ウェブ上で ITU-T 勧告の自由閲覧を開始している。

1.2 国際標準化機構（ISO）

1.2.1 概要

ISO は，"もの（goods）およびサービス" の国際的な交流，知識・科学技術・経済活動，国際協力の進展などを促進すること，電気分野を除く工業分野の国際的な標準規格を策定することを目的に，1947 年 2 月に非営利の民間団体として設立された国際標準化機関である。本部はスイスのジュネーブに設置する。さらに，上記の先端技術の標準化に加え，今後増大する地球温暖化現象を緩和する環境問題，個人の金融，市場，社会問題，海上，空港，貨物輸送安全対策，経営のためのガイドラインや標準化なども対象としている。図 1.4 に ISO，IEC の本部ビルを示す。

図 1.4 ジュネーブの ISO，IEC の本部ビル

1.2.2 標準化作業

ISO の標準化作業は，専門委員会（Technical Committee；TC），分科委員会（Subcommittee；SC），作業グループ（Working Group；WG）で行なわれる。

ISO の標準は以下のステップで作成される。
① 作業草案（Working Draft；WD）WG レベル規格
② 規格草案（Committee Draft；CD）SC レベル規格
③ 国際規格案（Draft International Standard；DIS）TC レベル規格
④ 国際規格（International Stand；IS）

この段階で出版となる。CD 登録の判断は，SC 総会の決議か郵便投票の結果に基づいて行なわれる。

一方，新しい標準化項目の設定について，SC または国を代表する組織が新作業項目（New Work Item；NWI）を TC に提案し，TC での郵便投票によって参加国が 5 カ国以上あればその作業項目が適切な SC に割り当てられる。OSI プロトコルやテキスト・画像の符号化方式などは ISO/IEC JTC1 合同技術委員会（ISO/IEC JTC1：Joint Technical Committee Information Technology）に属している。

1.3 国際電気標準会議（IEC）

IEC（International Electrotechnical Commission）は，各国の電気技術標準の統一と調整を行なうことを目的として，1906 年 6 月 26 日ロンドンで創設された国際標準化機関である。IEC は電力，エレクトロニクス，電気通信および原子力など，電気工学関連分野全般をその対象としている。IEC 活動の主たる目的は以下の 2 つに集約される。
- 用語，単位系とそのシンボル，省略用語，図形のシンボルなどの統一に関して国際的合意を行ない，表現の統一化を図り，各国の電気技術者間の理解を助けること。
- 電気特性や電気機器に使用されている材料など電気機器固有の標準化，装置特性・試験方法・品質，安全性および互換性を保証する標準化を行なうこと。IEC は各国を代表する唯一の機関として承認された国内委員会（national committee）からの代表により構成される。この国内委員会が投票権を有する。IEC の研究組織は ISO と同様に TC/SC/WG 構成を採っている。TC/SC，CIPR（International special committee on Radio interference，8 委員会），ISO との合同委員会である JTC1（18 委員会）を含め，現在 188 の委員会がある。IEC の国際標準は TC レベルで提案された国際規格案（Draft International Standard）が郵便投票で承認されたのちに発行される。

1.4 ISO/IEC 合同技術委員会（ISO/IEC JTC1）

ISO と IEC は共通する課題の標準化の調和を図るため，1986 年に合同で研究することを合意した。

1987 年に情報処理の分野における標準化を目的として合同技術委員会 ISO/IEC JTC1 が設立された。同年 11 月東京で第 1 回会合が開催され，情報処理技術標準化関連の組織運営，作業方法が審議された。ISO/IEC JTC1 は ISO/TC97（情報処理システムの全分野）と IEC/TC83（情報処理技術端末），および IEC/TC47B（マイクロプロセッサシステム）とが統合したものであり，母体は ISO/TC97 である。JTC1 で策定された標準は，それぞれ ISO および IEC 標準の枠組みで発行されている。各委員会は P メンバー（participating membership），O メンバー（observing membership），および L メンバー（liaison membership）で構成されており，P メンバーのみが投票権を有する。

1.5 地域・国内標準化

国際間の情報通信標準化活動に対応する形で，国際間では取り扱わない事項を補完する形で，ヨーロッパ，アメリカ，アジア/太洋州などにおける各地域間の標準化，さらには各国の国内標準化を推進する目的でさまざまな標準化

組織が存在する。以下に，地域標準化機関のおもな標準化組織およびその活動について述べる。

1.5.1 GSC (Global Standards Collaboration)
(1) 目的

GSC は ITU の活動に対応した世界の主要な情報通信標準化機関 (SDOs) が集まり，ICT (Information and Communication Technologies) に関する情報通信標準化活動について情報と意見を交換しあい，グローバルな標準化活動に資することを目的とした組織である。しかし常設の事務局はなく，法的に登録された組織ではない。1989 年 8 月，米国の T1 委員会（現在の ATIS）が TTC および ETSI に呼びかけ，ITU の標準化活動を支援し標準化活動の活性化を検討する会合が開催された。その後，1992 年には ATSC（現 Communications Alliance，豪），TSACC（現 ISACC，加）および TTA（韓）がメンバーに加わり，GSC と命名された。

(2) 主要活動内容
- 世界の標準化活動に関する意見交換と情報共有
- 共通な重要標準化項目（HIS；high interest subject）の選定（IPR を含む）とそれぞれに対する基本的な共通認識の共有
- ユーザビリティ，フォーラム/コンソーシアム活動に関する協調と情報交換

(3) 参加機関

ARIB（日），ATIS（米），CCSA（中），ETSI（欧），Communicaions Alliance Ltd.（豪），ITU，TIA（米），ISACC（加），TTA（韓），TTC（日）。

1.5.2 欧州の標準化機関

代表的な標準化機関としては，欧州郵便・電気通信主管庁会議（Conference of European Post and Telecommunications Administrations；CEPT）および欧州電気通信標準協会（European Telecommunications Standards Institute；ETSI）がある。このほか，欧州規格委員会（European Committee for Standardization；CEN，ISO 対応），ヨーロッパ電気技術規格委員会（European Committee for Electrotechnical Standardization；CENELEC，IEC 対応），欧州共同体委員会（European Community Committee；ECC），情報技術調整委員会（Joint Information Technology Steering Committee；ITSTC），欧州コンピュータ製造業者団体（European Computer Manufactures Association；ECMA），欧州放送協会（European Broadcasting Union；EBU），欧州自由貿易協会（European Free Trade Association；EFTA）などがある。

また，国単位の標準化機関の代表的なものとしては，イギリスの鉄鋼の標準化から出発し 1931 年に現在の組織が設立されたイギリス規格協会（British Standard Institute；BSI，ISO には 1947 年に加盟），ドイツでは機械工業の標準化から出発し 1926 年に現在のようになったドイツ規格協会（Deutsches Normen；DIN，ISO には 1951 年に加盟），フランス規格協会（Association Francaise de Normalisation；ANFOR）などがある。とくに，ファクシミリと関係の深いグループとして，イギリスファクシミリ工業諮問委員会（British Facsimile Industry Consultative Committee；BFICC）がある。

1.5.3 欧州電気通信標準協会（ETSI）

ETSI は，急速に発展する電気通信事情，1992 年の欧州統合などを背景に，欧州の電気通信の基盤整備，低廉な情報通信サービスの提供を重視した EC 委員会の提言に基づき，1988 年 3 月 29 日に発足した民間の標準化機関である。ETSI の構成は，主管庁，製造業者，公衆電気通信業者，ユーザーおよび研究機関で，その本部をソフィアアンティポリス（フランス）に設置している。ETSI のおもな活動は標準化活動および対外活動である。

ETSI で作成される技術的標準には，標準（European Telecommunication Standard；ETS）と有効期間 3 年の暫定標準（Interim ETS；I-ETS）があり，ETSI 内の技術委員会総会で承認される。さらに，ETSI はヨーロッパ経済共同体（European Economic Community；EEC）の Directive 86/361/EEC（網や網に接続される

装置へのアクセスに関する指令）に基づく共通技術勧告（Normes Europeennes de Telecommunications；NETS）の発行を担当している。ETSIでは機器の相互接続性，互換性を確立するためには関連機関との接触が重要であるとし，CEN，CENELEC，CEPT，ECC，ITSTC，ECMA，EBU，EFTA，CCITT，CCIR，ANSI，ATIS，欧州 OSI ワークショップ（European workshop for Open Systems；EWOS），日本の TTC など，ヨーロッパ，アメリカ，日本の ITU，ISO 関係機関および EC 委員会の関連機関と幅広い友好関係を結び，情報交換，調整，協力などのさまざまな形で対外活動を行なっている。

1.5.4 アメリカ合衆国の標準化機関

(1) アメリカ規格協会（American National Standards Institute；ANSI）

ANSI は 1918 年に設立された民間のアメリカ国家標準機関で，その任務は国内標準の調整と認可で，標準案の開発は行なわない。国内標準を開発する資格のある機関より提出された標準案は，ANSI で認可されるとアメリカ国家標準（American National Standards）として体系的に番号が付与される。

このほか，以下の役割を行なっている。

- ISO/IEC JTC1 のような国際標準化機構におけるアメリカ提案の調整，アメリカ寄書提案元の認定などの国際標準化活動
- アメリカの全国家標準や ISO/IEC および世界各国の国内標準化機関が発行する標準に関する情報センター活動
- 標準化に関して政府機関との調整

(2) ATIS（Alliance for Telecommunications Industry Solutions）

アメリカにおける非規制化，AT＆T の分割後のアメリカ国内の標準の開発・実施の必要性から，1983 年に ECSA（Exchange Carriers Standards Association）によって提唱され，1984 年に設立された。ANSI および FCC（Federal Communication Commission）に認定された民間組織で，メンバー構成は国際/国内キャリア，製造業者，ユーザー団体，学術機関などである。ATIS の対象範囲は，電気通信分野のユーザー，キャリア，情報提供業者間の接続インタフェースにおける交換方式，信号方式，伝送方式，サービス，品質，運用，保守などの諸問題で，アメリカ標準案を作成する。標準案の開発は関係国際標準準拠を基本としており，検討範囲は他のアメリカ標準機関と重複がないように配慮されている。ATIS で作成された標準案は ANSI で承認され，アメリカ標準となる。

(3) アメリカ電子工業会（Electronic Industries Association；EIA）

EIA は 1924 年無線製造業者団体として発足した。EIA の会員は部品から国防，航空宇宙産業のメーカーまで含んでおり，データ通信の分野では標準開発を行ない，CCITT，ISO，IEC に寄与している（例：EIA-232-C は RS-232C として利用）。1988 年，EIA の電気通信部門はアメリカ電気通信提供団体（US Telecommunication Suppliers Association；USTSA）と合併し，新たにアメリカ電気通信機械工業会（Telecommunication Industry Association；TIA）を発足させている。ただし，活動は EIA の枠組の中で行なっている。この中で TR-30 委員会がマルチメディアアクセスプロトコルとインタフェースを扱い，TR-30.5 委員会ではファクシミリシステムと装置を扱っている。

(4) アメリカ電気電子学会（Institute of Electrical and Electronics Engineers；IEEE）

IEEE は 1963 年 AIEE（the American Institute of Electrical Engineers）と IRE（the Institute of Radio Engineers）の統合により発足された世界的な規模の学術機関で，約 130 カ国，30 万人の会員を有している。IEEE の任務のひとつに標準化活動がある。発行された IEEE 標準は ANSI に送付され，アメリカ標準として検討される。

参考サイト
ITU：http://www.itu.int/net/home/index.aspx
ISO：http://www.iso.org/iso/en/ISOOnline.frontpage
IEC：http://www.iec.ch/
JTC1：http://isotc.iso.org/livelink/livelink?func=ll&objId=755080&objAction=browse&sort=name
GSC：http://www.ttc.or.jp/j/link/index.html
CEPT：http://www.cept.org/

ETSI：http://www.etsi.org/
CEN：http://www.cen.eu/cenorm/homepage.htm
CENELEC：http://www.cenelec.org/Cenelec/Homepage.htm
ANSI：http://www.ansi.org/
ATIS：http://www.atis.org/
EIA：http://www.eia.org/
TIA：http://www.tiaonline.org/
IEEE：http://www.ieee.org/portal/site
TTC：http://www.ttc.or.jp/

2 各分野の組織・取り組み

2.1 ビジュアルコンピューティングにおける取り組み

2.1.1 はじめに

ビジュアルコンピューティング分野では，画像電子学会に Visual Computing（VC）研究委員会が 1993 年に設立され，それ以来ビジュアルコンピューティング技術に関する研究成果の交換を中心に活発な活動を展開している。VC 研究委員会の扱う分野はきわめて広範で，コンピュータグラフィクス，ビジュアリゼーション，コンピュータビジョン，画像処理，画像計測，ビジョンとグラフィクスの融合，視覚情報，感覚情報の統合などが含まれる。

本研究委員会は，Visual Computing シンポジウム，Visual Computing ワークショップ，論文誌特集号，および秋期セミナーの 4 つを中心に活動している。ここでは，画像電子学会における VC 研究委員会の活動を中心に，国内外のビジュアルコンピューティングの研究活動の動向についても述べる。

2.1.2 画像電子学会 VC 委員会の活動

(1) Visual Computing シンポジウム

1996 年度から Visual Computing シンポジウムを開催している。1997 年度からは，情報処理学会グラフィクスと CAD 研究会との共同開催となり，CG/VC 関係分野では国内で最もレベルの高い論文の集まる会議として定着した。これは，きわめてていねいな査読を行なってきたこと，発表時間を 1 件あたり 30 分程度を確保して質疑応答を重視してきたことによるといえる。

発表者は査読者からの有益なコメントにより，最終的に内容の充実化を図ることができ，さらに発表時に各研究分野の専門家からのコメントを得ることによって研究をより発展させうることを実感しているからである。さらに，聴講者にもこれらの研究発表と質疑応答の聴講を通して新たな研究テーマのアイデアを練るというメリットがある。

本シンポジウムでは 1998 年度から優秀な研究発表に対し，Visual Computing 賞が設置されている。また，投稿数の増加の中で発表機会を確保するため，ポスター発表もプログラムに含めており，口頭発表とは異なるよい面もあることから，2004 年からはポスター賞も設置されている。

(2) Visual Computing ワークショップ

1993 年から毎年秋に 1 泊 2 日でワークショップを開催している。1 人あたりの持ち時間を 50 分から 1 時間くらいとり，発表時間よりも質疑応答の時間を多くして，参加者全員でさまざまな議論をすることを目的としている。発表内容を発展させ，国内外の大きな会議に投稿できるようにするための示唆に富むコメントが期待できることが大きな特徴である。

(3) Visual Computing 論文特集号

VC 研究委員会が設立されてから 2 年後の 1995 年 6 月号の画像電子学会誌が，最初の VC 論文特集号（Vol.24, No.3）である。この後，毎年同時期に論文特集号を発行している。特集号の掲載論文はそろってきわめてレベルが高く，多くの研究者の投稿目標となっている。

また，2005 年の西田友是氏の Steaven A. Coons Awards 受賞を記念して「西田賞」が設立された。この表彰は画像電子学会誌全体の掲載論文のうち，VC 関係でとくに優れた論文の著者に 2 年に一度与えられるものである。

(4) 秋期セミナーの開催

秋期セミナーは画像電子学会における VC 研究委員会の活動内容の普及をめざして 2004

から始まった。9月開催のため，8月に開催される SIGGRAPH の研究報告や映像作品の紹介なども行なわれており，若手や学生の参加者の比率が多い。

2.1.3 国内におけるビジュアルコンピューティングの活動

ここでは，国内のビジュアルコンピューティングに関係するいくつかの学会活動について述べる。画像電子学会 Visual Computing 研究委員会と合同で行なっている「情報処理学会グラフィクスと CAD 研究会」は，合同シンポジウムのほか，年4回程度の研究会を開催している。対象とする研究分野は CG 基礎技術から応用，形状モデリングやその応用など幅広い。また，映像情報メディア学会にも CG に関係する研究会があり，おもに映像製作や放送に応用することを目標としている。

芸術科学会では，工学と芸術の融合をめざして，さまざまなグラフィクス技術とアート作品との連携を深めており，CG 技術の研究発表とともに，アートやメディア芸術に関係する作品展なども開催している。また，NICOGRAPH という歴史ある名前の会議も開催している。ADADA (Asia Digital Art and Design Association) は日本と韓国を核にアジアのディジタルメディアと芸術・造形デザインに関する研究発表やコンテストを開催している。

さらに，文化庁メディア芸術祭や東京国際アニメフェアなども開催されており，研究面に加え，作品発表を通しても企業との連携やコンテンツ産業の充実化に寄与している。このように，ビジュアルコンピューティングの研究やその応用はきわめて盛んであり，今後もさらにその活動範囲を広めていくものと期待されている。

2.1.4 国外におけるビジュアルコンピューティングの活動

ビジュアルコンピューティングに関する大きな学会は，ACM SIGGRAPH である。SIGGRAPH は米国コンピュータ学会 ACM の CG 分科会で，毎年1回国際会議を開催している。この分科会は 1967 年に創設され，その第1回会議は 1974 年に開催された。この会議では CG とインタラクティブ技術を中心とした研究発表のほか，映像作品やアニメーション作品などの展示（エレクトロニックシアター），インタラクティブアートやインスタレーションなどメディア技術応用まできわめて幅広い発表があり，今では毎年2万人から3万人の参加者がある。このために注目度が高く，SIGGRAPH で発表された論文は多くの論文で引用される。この分科会はいくつかの支部をもっており，日本では 1997 年春に東京支部が設立され，急速に会員も増えつつある。

また，ヨーロッパでは EUROGRAPHICS が開催されており，レベルの高い研究発表が行なわれる。さらに，Pacific Graphics, CG International など CG や VC 全般にかかわる学会のほかに，最近では会議内容が細分化されてくる傾向にある。アニメーション，NPR，インタラクティブモデリングなどの会議も開催されるようになってきている。

2.2 モバイル・ユビキタスにおける取り組み

2.2.1 モバイル分野

高速かつ高品質な第3世代移動通信システム（第3世代システム）の導入により，ウェブコンテンツや音楽・動画配信など，携帯電話上でのマルチメディアコンテンツの閲覧や視聴に道が開かれた。これ以降，通信事業者や端末メーカーは，自社のインフラストラクチャーや端末の能力・機能を拡充することで他社との差別化を図り，シェア拡大をめざしている。しかしながら，携帯電話サービスの普及が進むにつれ，差別化のポイントは通信料金や端末価格の低廉化へと移行しつつあり，開発コストを抑制しつつ，いかに魅力のある高度なサービスやアプリケーションを導入していくかが課題となりつつある。

開発コストの削減とサービスアプリケーションの高度化という相反する問題を解決するため，移動通信システム，端末，サービスアプリケーションの領域で，通信事業者，移動通信システムベンダー，端末メーカー，アプリケーシ

ョン開発ベンダー，コンテンツプロバイダなどが参集して，共通機能の明確化や標準仕様の策定に向けた取り組みが活発化している．図2.1に移動通信分野にかかわる主要な標準化団体やフォーラムを示す．

(1) 移動通信システム領域

第3世代システムの標準化は，3rd generation partnership project (3GPP)[2] と 3rd generation partnership project 2 (3GPP2)[3] で進められている．両標準化組織は，第3世代システムを導入している国や地域の標準化団体により構成されており，第3世代システムとその拡張に関する標準仕様の策定を行なっている．最終的には，現状の10倍以上のピークレート（下り100 Mbps，上り50 Mbps程度）を実現する，3GPP long term evolution (LTE) や 3GPP2 ultra mobile broadband (UMB) などの3.9世代システムに関する標準仕様の策定が目標である．

一方，電気・電子技術の標準化を扱う The Institute of Electrical and Electronics Engineers, Inc. (IEEE) 802 LAN/ MAN standards committee[4] でも，モバイル向け広域無線アクセス方式にかかわる標準化が進められている．Broadband wireless access (WMAN；IEEE802.16) WG[5] では，中距離エリアをサポートする移動体向けの無線アクセス方式としてIEEE802.16e (mobile WiMAX) を策定済であり，IEEE802.16関連標準の普及を促進するWiMAXフォーラム[6] において，ハンドオーバーや認証・課金などのシステム要件に関する議論が進められている．

さらに，IEEE mobile broadband wireless access (IEEE802.20) WG[7] では，より広域を対象とした移動体向け無線アクセス方式に関する仕様策定が行なわれており，その一部は3GPP2のUMB向けの方式として採用されている．

また，ITU-Rでは，systems beyond IMT-2000として，第4世代システムの要件にかかわる勧告（ITU-R Rec.M.1645，2003年6月）を策定済みである．現状では具体的なシステムの議論まではいたっていないものの，3GPP，3GPP2，IEEEで提案されている方式をベースに，第4世代システムの実現に向けた研究開発が活発化するものと考えられる．

(2) サービス・アプリケーション領域

第3世代システムのもうひとつの特長は，IPネットワークとの接続性の向上が図られた点である．この結果，インターネットやイントラネット上に存在する多様な形式のデータやファイルに，携帯電話端末から，いつでもどこでもアクセスできる環境が実現された．また，IPプロトコルをネットワーク層プロトコルとして採用することで，移動通信システム仕様の差異（たとえば，3GPP，3GPP2）に依存しないサービスやアプリケーションを提供することも可能となった．

さらに，このようなIPネットワーク上で動作するソフトウェア機能（Enabler）間の相互接続性を高め，モバイル向けサービスやアプリケーションの提供促進に資する標準仕様策定を目的とする団体として Open Mobile Alliance (OMA)[8] が活動を行なっている．

OMAは，通信事業者，移動通信システムベンダー，端末メーカー，アプリケーション開発ベンダー，コンテンツプロバイダを含む500社以上の企業メンバーが参加する標準化団体である．OMAでは，The Internet Engineering Task Force (IETF)[9] や World Wide Web Consortium (W3C)[10] などのインターネット標準をベースとしながら，端末の処理能力や無線通信路の品質などのモバイル環境特有の制約を考慮した，IP層の上位プロトコルやデータフォーマット仕様を策定している．

(3) 端末プラットフォーム領域

多様なデータフォーマットと複雑なデータ処理が必要となった携帯端末では，携帯電話端末内のソフトウェアの複雑化や肥大化が大きな問

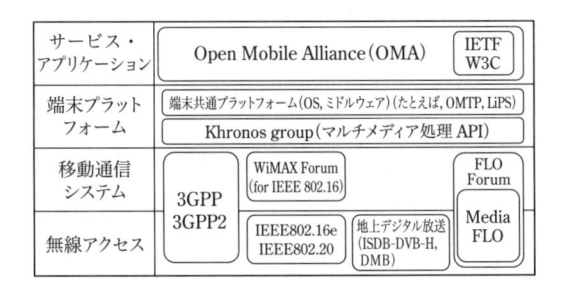

図2.1　移動通信分野にかかわる標準化団体やフォーラム

題となっている。この問題を解決するために，携帯電話端末においても汎用オペレーティングシステム（OS）を導入してソフトウェア開発の効率を高めるとともに，たとえば，携帯電話事業者と携帯電話メーカーが協力して，メーカー横断的にソフトウェアの共通利用を促進するスキームを整備する試みが始まっている[11,12]。

また，携帯端末上で扱うマルチメディアデータの高品質化の要望が高まるにつれ，DSPやGPUなどのハードウェアアクセラレータの搭載が加速している。このような状況において，ハードウェアやOSに非依存なマルチメディア処理APIを提供する試みが，Khronos group[13]で進められている。

(4) モバイル放送領域

モバイル放送領域では，第3世代システム上でのブロードキャスト向けベアラ仕様として，MBMS（3GPP）とBCMCS（3GPP2）が存在している。これらの方式では，携帯端末向けに300〜1500 kbps程度のレートでの同報配信を行なうことができる。一方，移動体向けの地上デジタルテレビ放送も実用化されており，その方式には大きく分けて，日本方式（integrated services digital broadcasting-terrestrial；ISDB-T），欧州方式（digital video broadcasting for handheld；DVB-H），韓国方式（digital media broadcasting；DMB）の3つが存在する。

また，通信事業者がモバイル放送への取り組みを強化する動きも出てきている。とくに，Qualcomm社が提案するMediaFLOは，その普及を推進するFLO forum[14]が中心となって，世界各地で積極的な標準化活動を展開している。

2.2.2 ユビキタス分野

「ユビキタス」はラテン語で「遍在する（いたるところに存在する）」の意味である。1980年代後半にM. Weiserにより「ユビキタスコンピューティング（遍在するコンピュータ）」が提唱[15]されて以来，おもに情報処理の分野でさまざまな研究開発が国内外で行なわれている。また，総務省の重点施策として，ユビキタスコンピューティングの概念に基づき，人がネットワークの存在を意識することなく，いつでもどこでも，ネットワーク，端末，コンテンツなどを自在に安心して利用できる「ユビキタスネットワーク」の研究開発が推進されている[16]。

以下では，このユビキタス分野で主要な役割を果たす，ユビキタスコンピューティング，センサネットワーク，ICタグの研究開発ならびに標準化の動向を示す。

(1) ユビキタスコンピューティング

ユビキタスコンピューティングでは，日常生活環境に存在するあらゆる人工物に超小型の自律的入出力機構とプロセッサを埋め込み，ユーザーにはコンピュータを操作しているという印象を与えることなく，それらがおたがいに協調的な動作を行なう。

実証実験までを考慮した研究開発として，欧米では，家全体を生活者の行動を支援する場とするジョージア工科大学のAware Home[17]，リビングルームの知的環境化をめざすマイクロソフト研究所のEasyLiving[18]などが，国内では東京大学森川研究室のSTONEルーム[19]，慶應義塾大学徳田研究室のSmart Space[20]，情報通信研究機構（NICT）のユビキタスホームなどが報告されている。また，ユビキタスコンピューティングは実世界とのインタラクションを特徴とし，位置取得はその典型例であり，ケンブリッジ大学のAndy Hopper教授のグループはActive Badge[21]という屋内測位システムを開発し，位置に依存したコンピューティングを実現している。

総務省が推進するユビキタスネットワークのプロジェクトとしては，「ユビキタスネットワーク制御・管理技術」（通称，Ubila），「超小型チップネットワーキング技術」，「ユビキタスネットワーク認証・エージェント技術」，「ユビキタスセンサネットワーク技術」，「ネットワークロボット技術」などがある[22]。また，ユビキタスコンピューティングに関する主要な国際会議としては，UbiComp（Ubiquitous Computing），IEEE PerCom（Pervasive Computing and Communications）などがあげられる。

(2) センサネットワーク

センサネットワークは，米国防総省のDARPA（Defense Advanced Research Project Agency）の研究プロジェクトである「スマー

トダスト（Smart Dust）」[23]以来，研究が活発化した．当初は，カリフォルニア大学バークレイ校が中心となって，コイン大の大きさでバッテリー駆動のハードウェアを製作し，軍事アプリケーションを対象とした研究を行なっていたが，現在では MICA MOTE として一般に市販され，さまざまな応用が行なわれている．

また，欧州では，イギリスのランカスター大学，ドイツのカールスルーエ大学などを中心とする，EUの研究プロジェクト SmartIts があり[24]，MICA MOTE と同様に，デバイス，開発ツールの開発を進めている．SmartIts は，身のまわりのありとあらゆるものにそのデバイスを取り付け，日常生活をより豊かにしていく，いわゆる状況適応型サービスを中心に研究を進めている．日本国内においても，センサネットワークに関するデバイス，経路制御，アプリケーションなどの観点からさまざまな研究開発が進められている．

センサネットワークでは，多数のデバイスを比較的広範囲な環境に分散配置して使うという形態が想定されるため，バッテリー駆動による低消費電力の無線通信モジュールが使用される傾向にある．このため，センサネットワーク用の無線通信方式は Bluetooth や無線 LAN が使用されることもあるが，標準化が進む ZigBee（下位層は IEEE802.15.4 を使用）[25]の利用が注目されている．

ZigBee は，比較的低速で転送距離が短いが，省電力性に優れ，メッシュ型のネットワークをサポートとし，1つのネットワークに最大 65000 個の ZigBee 端末を接続できる．また，次世代の近距離無線通信方式として期待される UWB（ultra wide band）のセンサネットワーク適用の取り組みも進められている．

(3) IC タグ

IC タグは IC チップとアンテナから構成され，電波を利用することで複数のタグの一括読み取りや離れた場所からの読み取りができるなどの特徴がある．近年，薄く小さく安価な IC タグが登場したことにより，単にバーコード機能の代替のみならず，あらゆるモノに埋め込み，ネットワークとの結びつきを深めつつ多様な分野で利用されはじめている．具体的には，製造，流通，サービスなどの分野で，IC タグを利用した各種アプリケーションの実証実験や実用化が取り組まれている．たとえば，国内では国土交通省による航空手荷物の管理サービス[26]や農林水産省の食品のトレーサビリティ[27]などの実証実験が行なわれている．

IC タグで使用可能な周波数帯は，日米欧で共通な 135 kHz，13.56 MHz，2.45 GHz がある．これらの周波数帯に加え，国内では UHF 帯の 950 MHz，欧州では 433 MHz および 868 Mz，米国では 433 MHz および 915 Mz の利用が可能である．また，国際標準化機構（ISO）などの標準化が進展しており，ISO/IEC 18000 シリーズとして使用周波数帯ごとに分類がなされている．

IC タグの標準化団体には EPC グローバル[28]とユビキタス ID センター[29]がある．EPC グローバルは，米国 MIT が中心となって設立したオート ID センターを母体とし，EPC（electronic product code）という識別子を個々の商品に付け，その商品に関する製造情報や流通履歴などをインターネット経由で取得するためのインフラ技術の研究開発を行なっている．EPC には，バーコードを進化させた 64 ビットあるいは 96 ビットの 2 種類のタイプの商品コードがある．

ユビキタス ID センター（代表：坂村健東京大学教授）は，2003 年 3 月に設立された．あらゆるものに ID コードを付与し，それを自動的に認識するシステムの構築が必要であるとして，そのコード体系として ucode を提唱している．ucode は 128 ビット長で，EPC コードや ISBN 番号などの既存の ID コードを包含できるメタコード体系となっている．

2.3 ヒューマンインタラクションにおける取り組み

2.3.1 学会活動

IT 化と高齢化という社会の変化が，日本の HCI（human computer interaction）研究に大きく反映されている．ガジェット，サイバースペース，ゲーム，アートといった従来からの研究項目とともに，ウェアラブルやユニバーサルデ

ザインの研究項目に重点が移ってきた。このような時代の流れを反映して，HCI研究はIT企業や政府の研究所や大学を中心に行なわれている。

HCI研究の学会活動には大きく3つの流れがある。HI（ヒューマンインタフェース）学会，日本人間工学会，そしてITに関係する学会の研究会である。

HI学会は1999年に設立された新しい学会で，会員数は約1000人である。認知や知覚といった人間科学から，おもにコンピュータを中心にしたアクセシビリティやユーザビリティの工学分野まで，幅広い研究活動が行なわれている。

日本人間工学会は1964年に設立された歴史ある学会で，会員数は約2000人である。身体，生理，心理，医学の専門家を中心に，おもに自動車や家電や情報通信機器の使いやすさや働きやすさについて研究活動が行なわれている。

ITに関係する学会は，電子情報通信学会（会員数は約35000人）と情報処理学会（会員数は約23000人）の2つの大きな学会がある。HCI研究のコミュニティは研究会として活動しており，それぞれ約1000人のメンバーを有する。IT機器の入出力や表示，映像や音声の処理，システムのデザインなどに関する研究活動が行なわれている。

HCII（HCI International）をはじめ，ACM（Association for Computing Machinery）のSIGCHI（Special Interest Group on Computer-Human Interaction）やSIGGRAPH（Special Interest Group on Graphics）などの国際会議に日本からも多数参加しており，HCI研究の国際化がますます活発になってきている[30]。

2.3.2 標準化活動

HCI分野を包含した人間工学に関する国際標準化は，ISO/TC159（Ergonomics，人間工学）で行なわれている[31]。日本では，日本人間工学会がTC159国内委員会を運営している。TC159にはSCが4つあり，ITによる社会の変化を反映してSC4（Ergonomics of human system interaction，人間とシステムとのインタラクション）の活動が盛んになっている。

HCI分野の国際標準化は，SC4のなかでおもにWG5（Software ergonomics and human-computer dialogues，人間と機械の対話）で行なわれている。日本ではTC159国内委員会の下にSC4/WG5の分科会があり，ISOの国際会議への参加や標準案の審議が行なわれている。

HCI標準として最も普及しているのが，ISO 9241（Ergonomics requirements for office work with visual display terminals（VDTs））のPart10からPart17である。これらは1997年から順次採択された標準で，HCIの対話原則，ユーザビリティ，メニューなどのソフトウェアの設計指針について記述している。

一方，アクセシビリティについても活発に標準化が行なわれている[32]。2004年に，JIS X8341-1，2，3（高齢者・障害者等配慮設計指針―情報通信における機器，ソフトウェア及びサービス―第1部：共通指針，第2部：情報処理装置，第3部：ウェブコンテンツ）が日本国内で標準化され，第1部はISO 9241 Part20としてISOに提案されている。

2.4 記述言語における取り組み

SGML/XMLに代表される記述言語の国際標準化の活動は，国際標準化機構の情報技術に関する技術委員会ISO/IEC JTC1の中に設けられた分科会SC34（文書の処理と記述の言語）[33]を中心として行なわれている。World Wide Web Consortium（W3C）[34]およびOrganization for the Advancement of Structured Information Standards（OASIS）[35]も同様の記述言語の標準化活動を行なっている。これらはたがいにリエゾン関係を結ぶとともに，ほぼ同じメンバーによって推進されている。ここでは，主としてJTC1/SC34の組織とその取り組みを示す。

SC34では，カナダが幹事国（Secretariat）を務め，議長としてJim Mason（米国）を指名している（2007年末から日本が幹事国を務める予定）。投票権のある18カ国のPメンバーと投票権のない10カ国のOメンバーが参加して（2007年5月），次のWG（作業グループ）が組織され，各WGの中のプロジェクトが規格

開発を担当している。
- WG1（マーク付け言語） コンビナ：M. Bryan（UK）

SGML，XML に代表される情報記述言語およびそれに関連するサブセット，API，試験，登録などの規格を担当する。
- WG2（文書情報表現） コンビナ：小町祐史（日本）

文書のフォーマティング，フォント情報交換，フォーマット済み文書記述およびそれらの API を規定する規格を担当する。
- WG3（情報関連付け） コンビナ：S. Pepper（ノルウェー）

文書情報のリンク付け，番地付け，時間依存情報表現，知識処理および対話処理を規定する規格を担当する。

各 WG の主要なプロジェクトの概要を以降に示す。

2.4.1 WG1

(1) 文書スキーマ定義言語（DSDL, ISO/IEC 19757）

XML などで表現されるデータの構造，データ型，データ制約の定義を行なう DSDL については，2006 年までに次に示す主要パートが発行されて，DSDL としての一応の体系が用意された。

① ISO/IEC 19757-2, Regular-grammar-based validation - RELAX NG

XML 文書の構造および内容に関するパターンを指定する RELAX NG スキーマが満たすべき要件を規定し，そのパターンに XML 文書がどんなときマッチするかを規定する。さらに，Amendment 1（Compact Syntax）として，RELAX NG 用の簡潔な非 XML 構文を示す。

② ISO/IEC 19757-3, Rule-based validation - Schematron

文書部品間または複数文書間の一貫性制約をほとんど記述できないというこれまでのスキーマ言語の機能を補って，一貫性制約だけを記述するスキーマ言語であり，XML 文書の構造および内容に関する制約記述機構を提供する。

③ ISO/IEC 19757-4, Namespace-based validation dispatching language（NVDL）

異なるマーク付け語彙を記述するスキーマを組み合わせるための機構を規定する。

(2) 規格文書の構造記述とスタイル指定（ISO/IEC TR 9573-11 第 2 版）

規格文書の交換のための構造記述（SGML，XML）およびスタイル指定（DSSSL，XSL，XSLT）を規定する。

(3) 開放形文書様式（ODF，ISO/IEC 26300）

Open Office とよばれるオフィスソフトの文書交換様式に使われている実装先行の規定であり，Sun Microsystems 社によって 2002 年 5 月に OASIS に提案され，2005 年 5 月に OASIS 規格 ODF 1.0 として制定された。OASIS はこれを国際規格にするため，PAS（publicly available specification）の fast-track 手続きを用いて，ISO/IEC JTC1 に提出した。ISO/IEC 26300 として発行されたあとも，技術訂正の作業が続けられている。

2.4.2 WG2

(1) フォント情報交換（ISO/IEC 9541）

フォント情報を交換するための体系，交換様式および形状表現を規定する。関連技術の進歩に合わせて修正がほどこされてきたが，さらに交換様式を規定する XML 記述などに属性の追加が行なわれている。

(2) DSSSL ライブラリ（ISO/IEC TR 19758）

SGML（ISO 8879）または XML で記述された複雑な構造化文書に対して，DSSSL（文書スタイル意味指定言語）を用いてフォーマット指定を行なう場合に用いるライブラリを提供する。このライブラリを用いることによって，DSSSL および組版に関する専門的な知識を必要とせずに，フォーマットの DSSSL 指定を行なうことを可能にする。

(3) 文書レンダリングシステムを指定する最小要件（ISO/IEC 24754）

レンダリング結果において必要となる文書スタイルを保存したまま文書を交換しあうために，レンダリングシステムが共有しなければならない最小要件をネゴシエーションするための

枠組みを規定する。

2.4.3 WG3
(1) トピックマップ（TM, ISO/IEC 13250）のマルチパート化

トピックマップ（TM）は，主題を表現する topic（トピック），主題間の関係を表現する association（関連），および主題とそれに関連するリソースとを結びつける occurrence（出現）を規定して，情報アクセスを容易にするための SGML/XML 応用規格である。TM の規格を再構成してマルチパート化を図る作業課題が 2003 年度から行なわれているが，すでに次の主要パートが発行されている。

① ISO/IEC 13250-2, Topic maps - Data model

TM の抽象的な構造と構文の解釈とを規定し，TM の併合規則，基本的な公開主題識別子をも定義する。それによって，TM の計算機内部での表現方法を統一し，構文，処理環境に依存することなく，TM がもつ情報を維持・共有・交換することを可能にする。

② ISO/IEC 13250-3, Topic maps - XML syntax

XML 形式による TM の具体的な交換構文を定義し，XML 構文とパート 2 のデータモデルとの対応も定義する。広く普及している XML 形式で TM をシリアライズし，システム間で交換することを可能にする。

(2) トピックマップ関連規格

トピックマップの実装を支援する規格として，次の TM 問合せ言語と TM 制約言語の原案が以前から審議されている。

① ISO/IEC 18048, Topic Maps - Query Language（TMQL）

TM に問合せを行なって，条件に当てはまるデータを検索するための言語を規定する。

② ISO/IEC 19756, Topic Maps - Constraint Language（TMCL）

TM における型制約を定義するとともに，TMQL で書かれた規則によって TM の制約を定義する。

2.5 情報セキュリティにおける取り組み

ここでは，情報セキュリティに関する内外のおもな組織と活動の概要を示す。

まず，国内の学会でセキュリティ技術全般にわたる研究課題を取り扱っている研究会には，

- 電子情報通信学会情報セキュリティ研究会（ISEC），http://www.ieice.org/~isec/
- 情報処理学会コンピュータセキュリティ研究会（CSEC），http://www.sdl.hitachi.co.jp/csec/

がある。これらの研究会では，暗号，署名，認証，バイオメトリクス，情報ハイディングなどに関する理論，アルゴリズム，実装，システムからアプリケーションまで幅広い議論が行なわれている。研究会は年に数回実施され，発表された最新の研究成果は，研究会資料として配布されている。また，ISEC では暗号と情報セキュリティシンポジウム（SCIS）を毎年 1 月下旬ごろに，CSEC ではコンピュータセキュリティシンポジウム（CSS）を毎年秋に，それぞれ開催している。これらのシンポジウムで発表された成果を中心に，ISEC は電子情報通信学会論文誌（A 分冊），CSEC は情報処理学会論文誌において，毎年 1 回セキュリティを主題とする特集号を企画し，選抜された優れた新技術を集約的に掲載している。また，近年のセキュリティ機運の高まりにより，ISEC と CSEC はセキュリティに関する第 1 回国際ワークショップ（International Workshop on Security, IWSEC）を合同企画した。会議は 2006 年 10 月 23〜24 日に京都で行なわれ，内外の多くの優れた成果が発表され成功を収めた。2007 年の IWSEC 2007 は 10 月 29〜31 日のあいだ，奈良で開催された。

海外の組織では，

- IEEE Computer Society's Technical Committee on Security and Privacy, http://www.ieee-security.org/
- International Association for Cryptologic Research, http://www.iacr.org/

などがある。また，セキュリティを専門分野とする学会誌も登場している。

- IEEE Transactions on Information Forensics and Security, http://www.ieee.org/organizations/society/sp/tifs.html
- International Journal of Information Security (IJIS), http://www.springerlink.com/content/1615-5270/

活動内容の詳細は，それぞれのホームページを参照されたい．

次に個別分野で見ると，バイオメトリクス分野では，電子情報通信学会の時限研究専門委員会として，

- ユビキタスネットワーク社会におけるバイオメトリクスセキュリティ研究会（BS），http://www.ieice.org/cs/bs/index.html

がある．ここでは，センサ，アルゴリズム，実装，インタフェース，システム構築，サービスにいたるバイオメトリクスに関する幅広い技術領域を取り扱い，国際標準化に関する議論も行なわれている．

情報ハイディング分野では，同様に電子情報通信学会時限研究専門委員会として，画像工学研究会（IE）の下部に，

- マルチメディア情報ハイディング研究会（MIH），http://www.ieice.org/iss/mih/

が2007年から発足した．ここでは，テキスト，音声，画像，ビデオ，グラフィックデータなどのマルチメディア情報を対象とする電子透かし，ステガノグラフィ，コンテンツ保護・認証，アクセス制御，改ざん検出，秘匿通信，コバートチャネル，ステガナラシスなどに関する理論，アルゴリズム，実装，システム開発から応用まで議論される．2007年6月12日に第1回キックオフの研究会が開催され，今後の活動による研究分野の発展が期待される．

電子透かし，ステガノグラフィ関連の海外のサイトとしては，

- Digital Watermarking World, http://www.watermarkingworld.org/
- StegoArchive.Com, http://www.stegoarchive.com/

がある．興味のある読者は，それぞれのホームページを参照されたい．

文献

1) 画像電子学会編，監修：西田友是，近藤邦雄，藤代一成：「ビジュアルコンピューティング―3次元CGによる画像生成―」，東京電機大学出版局，2006.
2) 3rd Generation Partnership Project, http://www.3gpp.org/
3) 3rd Generation Partnership Project 2, http://www.3gpp2.org/
4) IEEE 802 LAN/MAN Standards Committee, http://www.ieee802.org/
5) IEEE 802.16 Working Group on Broadband Wireless Access Standards, http://www.ieee802.org/16/
6) WiMAX Forum, http://www.wimaxforum.org/home/
7) IEEE 802.20 Working Group on Mobile Broadband Wireless Access, http://www.ieee802.org/20/
8) Open Mobile Alliance (OMA), http://www.openmobilealliance.org/
9) The Internet Engineering Task Force (IETF), http://www.ietf.org/
10) World Wide Web Consortium (W3C), http://www.w3.org/
11) Open Mobile Terminal Platform (OMTP), http://www.omtp.org/
12) Linux Phone Standard Forum (LiPS), http://www.lipsforum.org/
13) Khronos Group, http://www.khronos.org/developers/library/
14) FLO Forum, http://www.floforum.org/
15) M. Weiser : Some computer science issues in ubiquitous computing, Commun. ACM, Vol.36, No.7, pp.75-84, 1993.
16) ユビキタスネットワーキングフォーラム：「ユビキタスネットワーク戦略」，クリエート・クルーズ，Dec., 2002.
17) C. D. Kiddd, R. Orr, G. D. Abowd, C. G. Atkenson, I. A. Essa, B. MacIntyre, E. Mynatt, T. E. Starner, W. Newstetter : The Aware Home : A Living Laboratory for Ubiquitous Computing Research, Proc. of the 2nd International Workshop on Cooperative Buildings (CoBuild '99), pp.190-197, 1999.
18) B. Brumitt, B. Meyers, J. Krumm, A. Kerun, S. Shafer : Easy Living : Technologies for Intelligent Environments, Proc. of the 2nd International Symposium on Handheld and Ubiquitous Computing (HUC2000), pp.12-29, 2000.
19) 森川博之，南 正輝，青山友紀：「STONE：環境適応型ネットワークサービスアーキテクチャ」，『電子情報通信学会技報』，IN2001-12, 2001.
20) 徳田英幸，中澤 仁，岩井将行，由良淳一，村瀬正名：「ユビキタス空間を融合するネットワーク技術への課題」，『情報処理』，Vol.43, No.6, pp.623-630, 2002.
21) R. Want, A. Hopper, V. Falcao, J. Gibbons : The Active Badge Location System, Trans.on Information Systems, Vol.10, No.5, pp.42-47, 1992.
22) ユビキタスネットワークシンポジウム2005予稿集
23) J. Mkahn, R. H. Katz, K. S. J. Pister : Mobile Networking for Smart Dust, Proc. of MobiCom99, 1999.
24) SmartIts プロジェクト, http://www.smart-its.org
25) ZigBee Aliance, http//www.zigbee.org/
26) RFID技術応用による航空手荷物管理システムに関する調査研究報告書，http://www.mlit.go.jp/kisha/kisha02/15/150402_.html
27) 農林水産省トレーサビリティ関係，http://www.maff.go.jp/trace/top.htm#pagetop
28) EPC グローバル，http//www.epcglobalinc.org/
29) ユビキタス ID センタ，http//www.uidcenter.org/

30) HCI International Conference：News, No.15（US）, No.16（China）, No.17（Japan）, No.18（Europe）, http://www.hci-international.org/, 2006.
31) 日本人間工学会：『人間工学 ISO/JIS 規格便覧』, http://www.ergonomics.jp/jenc/index.html, 2006.
32) 岡本　明：「情報アクセシビリティ関連の標準化動向：概論」,『HI 学会誌』, 第 6 巻 4 号, pp.213-215, 2004.
33) ISO/IEC JTC1/SC34, http://www.jtc1sc34.org/document/secretariat_temp.html
34) W3C, http://www.w3.org/
35) OASIS, http://www.oasis-open.org/home/index.php

3 画像電子情報年表

西暦	内容	関係機関/関係者
1826	世界初の写真（photography）の発明	J. N. Niepce（仏）
1837	電信機とモールス符号の発明	S. Morse（米）
1839	銀塩写真法（タゲレオタイプ）を発明	J. D. Daguere（仏）
1841	ネガ・ポジ法（タルボタイプ）の発明	W. H. Talbot（英）
1842	ファクシミリの原理（湿式化学記録紙を使用）を発明	A. Bain（英）
1848	ファクシミリに円筒走査（copying telegraph）を採用	F. C. Bakewell（英）
1855	印刷電信機の発明	D. E. Hufhes（米）
1861	カラー写真方式（色光三原色の加法混色）の発表	J. C. Maxwell（英）
1866	多針走査を用いた平面走査	G. Bounie（伊）
1869	C, M, Y（色材三原色の減法混色）のカラー写真原理を発表	L. D. Hauron（仏）
1871	写真（ガラス）乾板の発明	R. L. Maddox（英）
1876	電話の発明	A. G. Bell（米）
1884	円板走査技術の発明	P. Nipkow（独）
1888	写真フィルムの製造	G. Eastman（米）
	光電効果の発見	W. L. F. Hallwacks（独）
1889	光電管の発明	J. P. G. Elster, H. F. Geitel（独）
1893	映画（活動写真）の発明	T. Edison（米）
1895	無線電信装置の発明	G. M. Marconi（伊）
1866	多針走査を用いた平面走査の発明	G. Bounie（伊）
1904	二極真空管の発明	J. A. Fleming（英）
1905	ガイスレル放電管を受信に使用した写真電送（光学式走査）を考案	A. Korn（独）
1906	三極真空管の発明	L. D. Forest（米）
1907	Belin 式写真電送（導電式走査）の完成	E. Belin（仏）
1920	米国ラジオ放送開始	
1922	欧米間無線写真電送実験に成功	E. Korn（独）
1923	Korn 式電送機の実演	大阪毎日新聞社
1925	日本でラジオ放送開始	東京放送局
	写真電送装置を実用化し写真電送業務開始	Bell Lab., AT&T
1926	実用テレビジョンの発明	J. L. Baired（英）
	SKT 式写真電送機（独立同期方式）完成	Siemens, Karolus, Telefunken（独）
	日本でブラウン管による電送・受像に成功	高柳健次郎
1927	東京-大阪間写真電送に SKT 式電送機を採用	朝日新聞社
1928	NE 式写真電送機の完成	丹羽保次郎，小林正次（日本電気）
	ご大典報道に写真電送利用。電送機は，NE 式を大阪毎日新聞社と東京日日新聞社，SKT 式を朝日新聞社と電通が採用	大阪毎日新聞社，東京日日新聞社，朝日新聞社，電通
1929	カラーテレビジョン実験成功	Bell Lab.（米）
	英国 BBC がテレビジョン実験放送	BBC（英）
1930	東京-大阪間写真電送業務（NE 式）を開始	通信省
	高柳式テレビ（テレビジョン撮像管を発明）を公開実験	高柳健次郎
1934	放電破壊記録紙を発明	R. J. Wise, B. L. Kline（Western Union, 米）
1935	ヨーロッパ各国，写真電送機に 66 mm 円筒を標準に採用	
	米国 26 都市 47 新聞社に写真電送配信を開始	AP 通信社
1936	NE 式携帯写真電送機を完成	日本電気，朝日新聞社
	ベルリンオリンピックで写真電送（NE 式，時変調方式）を実施	通信省

西暦	内容	関係機関/関係者
1937	米国で公衆模写サービスを開始	Western Union（米）
	Finch 式模写放送の実験	J. L. Finch（RCA, 米）
	英国でテレビジョン放送開始	
1938	ホームファクシミリ方式の公開実験	J. L. Finch（RCA, 米）
	electrophotography を発明	C. F. Carson（米）
1940	diazo photography, thermophotography を発明	C. Bruning（米）
	無線写真電送（時変調方式）業務を開始	通信省
1941	米国でテレビジョン放送開始	
1943	電写研究隣組発足（電写研究会の起源）	丹羽保次郎, 大橋幹一
1945	プログラム内蔵型コンピュータの概念を発表	J. V. Neumann（米）
	最初の実用的な電子計算機（ENIAC）が完成	J. P. Eckert, J. W. Manchly （Pennsylvania 大, 米）
1946	ファクシミリによる商業放送を許可	FCC（米）
	東京-大阪間模写電信が開通	通信省
1947	電写研究隣組から電写研究会が発足	通信省電気試験所
1948	警察通信に模写電送を導入	国警
	インクジェット記録装置試作	C. H. Richarde（米）
	ホーガン式模写電送機による FM 放送公開実験	FCC, Hogan Lab.（米）
1950	最初のプログラム内蔵型（ノイマン型）コンピュータ ESDAC 完成	M. V. Wilkes ら（Cambridge 大, 英）
	最初のプログラム内蔵型商用コンピュータ UNIVAC-1 を納入	J. P. Eckert, J. W. Mauchly（米）
	ゼロックス電子複写機（Xerox Copier）実用化	Xerox（米）
	サーモグラフィ複写機実用化	3M（米）
	米国でカラーテレビジョン実験に成功	
	日米間無線写真電送（SCFM 方式）開始	電通省, 通研
	日本でテレビジョン公開実験放送	NHK
1952	電信電話事業を公社化し日本電信電話公社が発足	電電公社
1953	日本で公共テレビジョン放送（2 月）と民間テレビジョン放送（8 月）開始	NHK, NTV
	電電公社から国際事業を分離民営化し国際電電発足	国際電電
	ホーガン式模写電送機国産化完成	共同通信, 時事通信, 日本電気
1954	電写研究会雑誌第 1 巻第 1 号発刊	電写研究会
1956	サンフランシスコ-東京間カラー写真電送	AP 通信社, 中日新聞社
	アークファクシミリ（簡易・平面走査）発表	朝日新聞社, 日本電気
	新聞紙面電送による印刷発行	New York Times（米）
	NHK カラーテレビジョン実験放送	NHK
1957	細窓陰極線管使用の electro fax 発表	R. G. Oden（RCA, 米）
1958	静電プリンタ実用化	Barrough Co.（米）
	IC（集積回路）発明	J. S. C. Kilby（TI）, R. Noyce（Fairchaild）
1959	ルナ 3 号が月の裏面写真を電送	USSR
	新聞紙面伝送による新聞印刷発行（東京-札幌間）	朝日新聞社
	全トランジスタ式コンピュータ IBM 7090 発表	IBM（米）
1960	可視光レーザー（固体化ルビーレーザー）の開発	T. Maiman（米）
	日本でカラーテレビジョン本放送開始	NHK と民放 4 局
1961	同期検波 VSB 模写伝送を実用化	電電公社通研
	冗長度除去ファクシミリ用ディジタル符号化方式を発表	H. Wyle, R. Banow（米）
	ファクシミリ信号符号化方式を発表	国際電電研究所
	静電記録紙および静電記録ファクシミリ発表	電電公社, 巴川製紙
	最初のビデオゲーム "Spacewars" 開発	S. Russell（MIT, 米）
	〔VC 技術〕人工衛星シミュレーションの公開	E. Zajac
1962	商業通信衛星 Telestar 1 号の打ち上げに成功, テレビジョン中継実験開始	米, 英, 仏
	コンパクトカセットを開発	Philips（蘭）
1963	最初の商業用 CAD システム（DAC-1）発表	IBM（米）
	〔VC 技術〕SketchPad の発表（対話型 CG の夜明け）	I. Sutherland
	〔VC 技術〕隠線消去法の提案	L. G. Roberts
1964	気象衛星から APT（自動送画装置）により気象写真電送を開始	NASA（米）

第3章 画像電子情報年表

西暦	内　容	関係機関/関係者
1964	新聞紙面伝送利用の新聞分散印刷が本格化	日本経済新聞社 ほか
	東京オリンピックで電波新聞の公開実験	毎日新聞社，松下電器
	船舶向けニュース模写放送を開始	共同通信社
	electronic character generator（電子文字発生装置）を発表	IBM（米）
	〔VC技術〕Coons 曲面の提案	Steven A. Coons
1965	〔VC技術〕最初のミニコンピュータ PDP-8 を発表	DEC（米）
	〔VC技術〕設計用 2 次元製図 CAD ソフトウェア CADAM の発表	ロッキード社（米）
	〔VC技術〕Bresenham アルゴリズムの提案	J. Bresenham
	〔VC技術〕First American Exhibition of Computer Graphics	ニューヨーク
1966	新聞紙面伝送受信装置の国産化	東方電機，日本電気
	全自動写真電送受信装置の開発	日本電気，東方電機
	G1 ファクシミリ規格国際標準を制定	CCITT
	最初のプラズマパネルを開発	Illinois 大（米）
	インテルサットによる日米間テレビジョン中継を開始	KDD
1967	テレビジョン多重ファクシミリ公開実験	RCA（米）
	国際商業衛星通信が始まる	INTELSAT
	8 インチフロッピーディスク発表	IBM（米）
1968	ファクシミリ信号のテレビジョン重畳方式発表	NHK 技研
	手書き郵便番号読み取り装置が稼動	郵政省，東芝
	最初のインテリジェントグラフィック端末装置（DEC338）発表	DEC（米）
	ファクシミリ用テストチャート No.1, No.2 完成	電写研究会
	戸籍用ファクシミリシステムを導入	藤沢市，日本電気
	日本でカラーテレビジョン放送が開始	NHK
	〔VC技術〕Ray Casting 手法の提案	A. Appel
	〔VC技術〕隠面消去アルゴリズムの提案	J. Warnock
1969	新聞紙面伝送用 3 値アナログ伝送方式を開発	東大生研，日本経済新聞社
	アポロ 11 号の人類初月面着陸，月からリアルタイム中継	NASA（米）
	〔VC技術〕SIGGRAPH（Special Interest Group on Graphics）の発足	ACM
1970	大阪万国博でファクシミリ新聞が競演	朝日，毎日，読売新聞社
	UNIX の基本ソフト（OS）完成，DEC ミニコン上で動作	Bell Lab.（米）
	〔VC技術〕スキャンラインアルゴリズムの提案	G. S. Watkins
	〔VC技術〕Bezier Curve の提案（1985 Steven A. Coons 賞）	P. Bezier
1971	レーザー記録光源採用の新聞紙面伝送装置開発	松下電送
	画像電子学会が発足	画像電子学会
	世界最初のマイクロプロセッサ Intel 4004 を発表	Intel（米）
	専用線をデータ通信サービスに開放（第 1 次回線開放）	電電公社
	〔VC技術〕Gourand シェーディングの提案	H. Gourand
1972	インクジェット記録ファクシミリの開発	東芝
	サーマルヘッド採用の感熱記録ファクシミリの開発	沖電気
	公衆電気通信法の改正（ファクシミリ通信が一般電話回線でも可能に）	電電公社
	NHK 総合テレビジョンが全番組カラー化	NHK
	最初の 8 ビットマイクロプロセッサ Intel 8008 を発表	Intel（米）
	コンピュータトモグラフィー（CT 断層写真）装置の開発	EMI（米）
	〔VC技術〕顔のアニメーションを発表	F. I. Parke
1973	電話ファックスサービス開始	電電公社
	8 ビットマイクロプロセッサ Intel 8080 を発表	Intel
	Ethernet 開発	B. Metcalf（Harvard，米）
	〔VC技術〕SIGGRAPH の開催	ACM
	〔VC技術〕ペイントシステムの提案	R. Shoup（PARC）
	〔VC技術〕ディジタル画像処理を利用した SF 映画 "Westworld"	M. Crichton
	〔VC技術〕Boundary representation（境界表現）の提案	I. C. Braid
	〔VC技術〕Constructive solid geometry の提案	N. Okino
1974	変化点相対アドレス符号化（RAC）方式の開発	国際電電
	CCD 固体撮像白黒カメラを開発	R. L. Rogers（RCA，米）
	〔VC技術〕Texture mapping 法の提案	E. Catmull
	〔VC技術〕Z Buffer 法の提案	E. Catmull

西暦	内容	関係機関/関係者
1974	〔VC技術〕Subdivision 手法の提案	Chaikin
	〔VC技術〕2次元アニメーションシステムの発表	E. Catmull（NYIT/CGL）
	Ethernet 公開実験に成功	Xerox（米）
1975	AM-PM ファクシミリ伝送方式発表	電電公社通研
	ディジタルファクシミリ2次元符号化方式（RAC）を CCITT に提案	国際電電
	全自動紙面伝送装置（FT-210）を発表	日本電気
	i-8080 用 BASIC 発表	B. Gates, P. G. Allen
	最初のレーザープリンタ IBM3800 を発表	IBM（米）
	〔VC技術〕Phong シェーディングの提案	B. Phong
1976	G2 ファクシミリ規格に AM-PM-VSB 方式を勧告	CCITT
	ベータ方式家庭用 VTR を開発	ソニー
	VHS 方式の家庭用 VTR を開発	日本ビクター
	〔VC技術〕環境マッピングの提案	J. Blinn
1977	G3 ファクシミリ規格の1次元符号化方式にモディファイドハフマン方式を採択	CCITT
	わが国初の実用試験通信衛星 CS（さくら）打ち上げ	郵政省，電電公社
	電子メールの仕様を公表	D. Crocker, J. Vittal
	〔VC技術〕Anti-aliasing 手法の提案	F. C. Crow
	〔VC技術〕CG 技術を駆使した映画「スターウォーズ」公開	
	〔VC技術〕Blinn 照明モデルの提案	J. Blinn
1978	G2 規格電話ファックス完成，3分機サービス開始	電電公社
	実験用放送衛星 BS（ゆり）打ち上げ	郵政省
	G2 規格ファクシミリ相互通信試験（参加メーカー13社）	郵政省，電電公社
	インクジェットカラーファクシミリを開発	松下電送
	日本語ワードプロセッサ JW-10 を発売	東芝
	ファクシミリ用密着型イメージセンサ開発	電電公社，松下電送
	〔VC技術〕Subdivision surface の提案	E. Catmull, J. Clark
	〔VC技術〕Bump mapping の提案	J. Blinn
	〔VC技術〕ページ記述言語 Interpress の公開	J. E. Wornock（PARC/Xerox，米）
	〔VC技術〕Shadow mapping の提案	L. Williams
1979	半導体レーザープリンタ（LBP-10）を発売	キヤノン
	G3 ファクシミリ規格の2次元圧縮方式にモディファイドリード方式を採択	CCITT
	DDX 網で回線交換サービスを開始	電電公社
	〔VC技術〕グラフィックプロセッサ ジオメトリエンジンの発表	J. Clark
	〔VC技術〕木星探査衛星フライトシミュレーションの公開	NASA
1980	G3 規格ファクシミリ接続試験を実施	郵政省
	DDX 網でパケット交換サービスを開始	電電公社
	公衆ファクシミリ網サービス開始	電電公社
	国際電話回線によるファクシミリ伝送の取り扱い開始	国際電電
	CD を開発発表	Philips（蘭），ソニー
	〔VC技術〕Ray tracing の提案	T. Whitted
	〔VC技術〕JCGL コンピュータグラフィクスラボ設立	金子満
1981	通信衛星（CS）による写真電送・新聞紙面伝送実験	郵政省，日本新聞協会
	〔VC技術〕情報処理学会コンピュータ・グラフィクス研究会発足，1982年からグラフィクスとCAD研究会となる	情報処理学会
	〔VC技術〕景観シミュレーション "Chicago" の公開	B. Covacs
1982	磁気記録方式の電子カメラ MAVICA を発表	ソニー
	世界最初の液晶プリンタを開発	諏訪精工舎，ミノルタカメラ
	アモルファス シリコン イメージセンサ開発	富士ゼロックス
	公衆電気通信法改定，データ通信回線利用規制緩和（第2次回線開放）	郵政省
	〔VC技術〕CG 応用制作映画「トロン」の公開	Disney
	〔VC技術〕Volume rendering の提案	
	〔VC技術〕モーフィング（morphing）の提案	T. Brigham
	〔VC技術〕Soft shadow の提案	T. Nishita
	〔VC技術〕Blob, Blobby model の提案	J. Blinn
	〔VC技術〕テレビアニメ「子鹿物語」の公開	フジテレビ，金子満
1983	電子スチルカメラ用磁気ディスク基本仕様を発表	ソニー ほか20社

西暦	内容	関係機関/関係者
1983	液晶方式 2 インチカラーテレビジョンを開発	諏訪精工舎
	35 mm ネガ電送装置を開発	日本光学工業
	ミクストモード通信用端末装置を開発	国際電電
	日本語テレテックス装置の推奨通信方式を告示	郵政省
	東京と大阪で文字放送を開始	NHK
1984	高品位テレビジョンの新圧縮伝送方式 MUSE を開発	NHK
	衛星試験放送を NHK 衛星第一テレビとして開始	NHK
	日本語テレックスサービスを開始	電電公社
	INS モデル実験を東京三鷹と武蔵野市で開始	電電公社
	G4 規格ファクシミリを勧告	CCITT
	ビデオテックス国際標準 3 方式（キャプテン，CEPT，NAPLPS）を勧告	CCITT
	テレビジョンのファクシミリ多重実験放送を開始	NHK，民間放送各社
	パーソナルコンピュータ通信の推奨通信方式を告示	郵政省
	〔VC 技術〕メタボールの提案	大村皓一ら
	〔VC 技術〕Radiosity の提案（2005 Steven A. Coons 賞）	T. Nishita, Greenberg
1985	つくば科学博で衛星通信利用の新聞発行や高品位テレビ実験放送	朝日新聞，読売新聞，NHK
	日本語テレテックス，G4 規格ファクシミリ，ミクストモードの推奨通信方式告示	郵政省
	電気通信事業法など電電改革 3 法施行（電電公社は株式会社に，第一種電気通信事業 5 社に認可）	郵政省
	ハイブリッド方式テレビジョン文字多重放送を開始	NHK，NTV
	G4 規格ファクシミリ相互接続試験を実施	郵政省，メーカー 13 社
	コンピュータ用 CD-ROM を開発	ソニー，Philips（蘭）
	ページ記述言語 Postscript を発表	J. E. Wornock（Adobe System，米）
	〔VC 技術〕An interactive rendering technique for 3-D shapes の提案	K. Kondo ら
	〔VC 技術〕日本コンピュータグラフィックス協議会の発足	NICOGRAPH
1986	レーザー走査式フルカラー普通紙複写機を開発	キヤノン
	自然画符号化国際標準検討会（NIS）の発足	画像電子学会ほか
	TIFF を発表	Aldus（米）
	〔VC 技術〕Skylight の提案	T. Nishita, E. Nakamae
1987	INS モデル実験を終了	NTT
	ISDN 国内標準を決定	電信電話技術委員会
	国際ファクシミリ通信サービス（蓄積交換）を開始	KDD
	携帯電話サービスを開始	NTT ドコモ
	35 mm カラーフィルム用電送機を開発	日本光学工業
	電子メール推奨通信方式を制定	郵政省
	G3 規格ファクシミリ誤り訂正方式相互接続試験を開始	通信機械工業会
	GIF フォーマットを発表	Compuserve（米）
	2 次元グラフィックスソフト Illustrator を販売	Adobe System（米）
	〔VC 技術〕ViSC レポートの発刊	SIGGRAPH, NSF
	〔VC 技術〕Marching cubes の提案	B. Lorensen ら
	〔VC 技術〕Atmospheric scattering の提案	T. Nishita, E. Nakamae
1988	INS64 サービス開始（東京，大阪，名古屋）	NTT
	ISDN 端末相互接続試験を実施	通信機械工業会
	ISDN 用 G4 規格ファクシミリ勧告	CCITT
	G4 規格ファクシミリ接続技術標準を決定	電信電話技術委員会
	ニコン用交換レンズ使用の携帯型スチルビデオ電送機（QC-1000C）発表	ニコン
	〔VC 技術〕Volume rendering の発表	R. A. Drebin ら
1989	国際標準規格（MHS）に準拠の国際電子メールサービスを開始	国際電電
	民間通信衛星（JCSAT）打ち上げ，衛星通信サービス開始	日本衛星通信
	国際 VAN 事業者にファクシミリサービスを認める	郵政省
	INS1500 サービスを開始	NTT
	国際 ISDN サービスを開始	国際電電
	ファクシミリ放送を実験（メーカー 5 社参加）	放送技術開発協議会
	新国際電気通信事業者が電話サービス開始	ITU，ITJ
	画像処理ソフト Photoshop 発表	Adobe system（米）
	インターネットで商業用電子メールが使用可能に	

西暦	内容	関係機関/関係者
1989	〔VC技術〕AVS のリリース開始	Stellar 社（現在は AVS 社）
1990	フルカラーファクシミリ開発	シャープ
	国際 ISDN 対応 G4 ファクシミリを発売	東芝
	ファクシミリ多重放送技術基準を答申	郵政省
	ISDN のパケット通信モード（INS-P）サービスを開始	NTT
	HDTV の技術基準を答申	郵政省
	INS-P 利用の G4 規格ファクシミリ相互接続試験を実施	HATS 推進会議
	GUI-OS を採用した Windows 3.0（OS）を発表	Microsoft（米）
	Postscript level 2 を発表	Adobe system（米）
	World Wide Web（WWW）を開発	T. B. Lee（CERN）
	〔VC技術〕Renderman の公開	Hanrahan, Lawson
	〔VC技術〕SIGGRAPH session で Non-photorealistic rendering の設置	
	〔VC技術〕Paint by numbers: Abstract image representations	P. Haeberli
	〔VC技術〕Comprehensible rendering of 3-D shapes	T. Saito, T. Takahashi
	〔VC技術〕Bezier clipping	T. Sederberg, T. Nishita
1991	マルチカラープラズマディスプレイを開発	富士通
	パソコン規格標準化で協議会を設立	日本 IBM
	相変化で記録情報を完全消去できる光ディスクを開発	リコー
	フルカラー EL 素子を開発	沖電気
	ファクシミリ放送実験を開始	郵政省
	テレビ電話，テレビ会議システムの国際標準制定	CCITT
	ディジタル一眼レフカメラ DCS200 を発表	コダック，ニコン
	〔VC技術〕Information visualizer を発表	PARC/Xerox（米）
	〔VC技術〕「ターミネータ 2」の公開	ILM
	〔VC技術〕第 1 回「画像情報生成処理者試験（略称：CG 試験）」の実施	画像情報教育振興協会
1992	目の動きを検知して自動的に焦点を合わせる AF 一眼レフカメラを開発	キヤノン
	青色 LED の製品化に成功	日亜化学
	静止画圧縮符号 JPEG Part1 国際標準規格（T.81）を制定	ITU-T
	World Wide Web（WWW）を公開	CERN
	〔VC技術〕OpenGL を発表	SGI（米）
	〔VC技術〕頭髪モデリング（A simple method for extracting the natural beauty of hair）の提案	K. Anjyo, Y. Usami, T. Kurihara
	〔VC技術〕点群モデリングの提案	H. Hoppe
	〔VC技術〕CAVE の開発	Illinoi 大
	〔VC技術〕Sound rendering の提案	T. Takala, J. Hahn
1993	世界最小・最軽量の携帯型ファクシミリの販売を開始	NEC
	2 値画像圧縮符号化 JBIG 国際標準規格（ISO/IEC 11544:1993）の制定	ISO/IEC
	日本初のインクジェット方式ファクシミリを発売	キヤノン
	コピー済み用紙を再利用するリサイクル技術を開発	リコー
	フォト CD を発表	Kodak（米）
	カード用にホログラムを利用した新偽造防止システムを開発	大日本印刷
	ディジタル携帯電話（PDC）サービス開始	NTT Docomo
	動画像圧縮符号 MPEG-1 国際標準規格（ISO/IEC 11172-2:1993）制定	ISO/IEC
	Acrobat/PDF を発表	Adobe system（米）
	ウェブブラウザ MOSAIC の公開	M. Andreesen（Illinoi 大，米）
	ディジタル一眼レフカメラ NIKON E2/DS-515 発表	ニコン，富士フイルム
	TFT カラー液晶ディスプレイの実用化技術を開発	シャープ
	〔VC技術〕画像電子学会 Visual Computing 研究委員会の発足	画像電子学会
	〔VC技術〕Line integral convolution の提案	B. Cabral ら
	〔VC技術〕CG 技術を駆使した「Jurassic Park」の公開	S. Spielberg
1994	緑色発光ダイオードを開発	ソニー
	静止画圧縮符号 JPEG 国際標準規格（ISO/IEC 10918-1:1994）を制定	ISO/IEC
	〔VC技術〕Computer-generated pen-and-ink illustration の提案	Winkenbach, Salesin
	〔VC技術〕Evolving virtual creatures の提案	Karl Sims
1995	1 万階調撮影できる広ダイナミックレンジ CCD を開発	松下電器，松下電子工業
	Windows 95 を発売	Microsoft（米）

第3章 画像電子情報年表

西暦	内容	関係機関/関係者
1995	ディジタルカメラ用フォーマット Exif/DCF Version1.0 が規格化	JEITA
	APS フィルムの詳細仕様を公開	コダック，富士フイルム ほか
	〔VC 技術〕フォトンマッピング法の提案	H. Jensen
	〔VC 技術〕Image-based rendering の提案	Apple
	〔VC 技術〕Fourier principles for emotion-based human figure animation の提案	M. Unuma, K. Anjyo, R. Takeuchi
	〔VC 技術〕Geometry compression の提案	M. Deering
	〔VC 技術〕フル3次元 CG 映画「Toy story」の公開	Pixar
	〔VC 技術〕Interval volume の提案	I. Fujishiro ら
	〔VC 技術〕極点グラフ法による高速等値面生成手法の提案	T. Itoh ら
1996	スーパー G3 ファックスを開発	松下電送
	動画像圧縮符号 MPEG-2 国際標準規格（ISO/IEC 13818-2:1996）を制定	ISO/IEC
	IrDA 規格に対応した赤外線データ通信を実現	米 IBM
	CD リライタブルの統一規格を公開	ソニー，Philips（蘭）など5社
	〔VC 技術〕Visual Computing シンポジウムの開催	画像電子学会
	〔VC 技術〕Painterly rendering の提案	B. J. Meier
1997	動画像に隠れた裏情報を刷り込む（電子透かし）技術を開発	日本 IBM
	電子商取引推進協議会による電子認証のサービスの基本仕様作成	郵政省
	業界最高速3次元画像処理システムを開発	日本 HP
	赤外線通信規格「IrTranP」国際標準に確定	NTT
	YAG 蛍光体による白色 LED 登場	日亜化学
	〔VC 技術〕Image based rendering/modeling の提案	P. Debevec
	〔VC 技術〕Tour into the picture の発表	Y. Horry, K. Anjyo, K. Arai
1998	インターネット FAX の標準規格（RFC 2159，RFC 2301）を勧告	IETF
	インターネット FAX 初の標準規格機を発売	松下電送
	ウェアラブルパソコン試作機を発表	日本 IBM
	Bluetooth SIG を設立	エリクソン，東芝 ほか全5社
	〔VC 技術〕衣服のシミュレーションの提案	D. Baraff, A. P. Witkin
	〔VC 技術〕モーションリターゲッティングの提案	M. Gleicher
1999	GPS 機能をもつデジタルカメラを発売	Kodak（米）
	Bluetooth バージョン 1.0 発表	Bluetooth SIG
	IPv6 の検証・評価テストを実施	TAHI プロジェクト
	sRGB 標準色空間規格（IEC 61966-2-1）を制定	IEC
	静止画ロスレス圧縮 JPEG-LS 国際標準化規格（ISO/IEC 14495-1:1999）を制定	ISO/IEC
	動画像圧縮符号 MPEG-4 国際標準化規格（ISO/IEC 14496-2:1999）を制定	ISO/IEC
	携帯電話による情報サービス「i モード」開始	NTT ドコモ
	〔VC 技術〕Teddy の発表	T. Igarashi, M. Matsuoka, H. Tanaka,
	〔VC 技術〕仮想彫刻・仮想木版画の提案	S. Mizuno, M. Okada, J. Toriwaki
	〔VC 技術〕Stable fluids の提案	Jos Stam
	〔VC 技術〕リアルタイムボリュームレンダリング PCI ボード VolumePro を発表	MERL
2000	Windows 2000 を発売	Microsoft（米）
	10 ビット系の sRGB 標準色空間の規格（IEC 61966-2-1/A1）を制定	IEC
	BS デジタル放送本放送を開始	NHK，民放
	静止画圧縮符号化 JPEG2000 国際標準化規格（ISO/IEC 15444-1:2000）を制定	ISO/IEC
	立体動画 CT 装置を開発	東芝
2001	アナログ地上波放送の 2011 年全廃を正式に決定	日本政府
	HDD&DVD レコーダ「RD-2000」発売	東芝
	XML コンソーシアム設立	日本 IBM，富士通 ほか 101 社
	L モードサービス開始	NTT 東西地域会社
	第3世代携帯電話サービス（W-CDMA による FOMA）を開始	NTT ドコモ
	Windows XP を発売	Microsoft（米）
	JBIG2 国際標準規格（ISO/IEC 14492:2001）を制定	ISO/IEC
	特定家庭用機器再商品化法（家電リサイクル法）を施行	日本政府
	iPod を発売	Apple（米）
	映像コンテンツの検索に対する国際標準化規格 MPEG-7 を制定	ISO/IEC
	〔VC 技術〕RBF による点群モデリングの提案	J. C. Carr
	〔VC 技術〕物理シミュレーションによる音の生成手法の提案	James F. O'Brien ら

西暦	内容	関係機関/関係者
2001	〔VC技術〕GeForce 256, GeForce3 の発売	NVIDIA Corporation
	〔VC技術〕Image analogies の提案	A. Hertzmann, C. Jacobs, N. Oliver, B. Curless, D. Salesin
2002	表裏両面に映し出す LCD を開発	シャープ
	印刷物に電子透かしを利用する技術を開発	凸版印刷
	JPEG2000 国内委員会に IP 分科会を設立	情報処理学会/画像電子学会
	ノン PC インターネットコンソーシアムを設立	NTT データ ほか 8 社
	第 3 世代携帯電話サービス（CDMA-2000）を開始	KDDI
	世界最大フルカラー 17 型有機 EL ディスプレイを開発	東京松下ディスプレイテクノロジー
	曲がる TFT 液晶パネルを開発	東芝
	HDMI（high-definition multimedia interface）V.1.0 仕様を策定	Silcon Image, ソニー, 松下 ほか
	Blu-ray ディスク発表	ソニー, 松下電器, Philips ほか
	テレビゲーム機「Xbox」日本で発売	マイクロソフト
	コンテンツの著作権管理の標準方式 MPEG-21 を制定	ISO/IEC
	CS デジタル放送を開始	SKY PerfecTV など
2003	動画圧縮符号化方式 MPEG-4 AVC 国際標準規格（ISO/IEC 14496-10：2003）を制定	ISO/IEC
	動画圧縮符号化方式 H.264 規格を制定	ITU-T
	拡張色空間 sYCC および scRGB の標準規格（IEC 61966-2-2）を制定	IEC
	新規カラーアピアランスモデル CIECAM02 を発表	IEC
	立体映像産業推進協議会を発足	NTT, NHK, 松下電工 ほか
	Exif/DCF version2.21 を制定	JEITA
	HD DVD 規格を承認	DVD フォーラム
	Blu-ray レコーダ（BZD-S77）を発売	ソニー
	地上波デジタル本放送開始	関東・近畿・中京広域圏
	〔VC技術〕流体音のリアルタイムサウンドレンダリングの提案	Y. Dobashi, T. Yamamoto, T. Nishita
	〔VC技術〕Multi-level partition of unity implicits の提案	Y. Ohtake ら
2004	携帯ゲーム機「Nintendo DS」を発売	任天堂
	デジタルシネマ実験推進協議会（DCTF）設立	デジタルシネマコンソーシアムほか
	4K デジタルシネマ画像の太平洋横断リアルタイム伝送に成功	慶大, NTT, UCSD, UIC ほか
	〔VC技術〕NVAC（National Visualization and Analytics Center）設立	NVAC
	〔VC技術〕ボリューム位相骨格抽出と伝達関数の自動設計への応用	S. Takahashi ら
	〔VC技術〕仮想銅版画の提案	D. Tasaki, S. Mizuno, M. Okada
	〔VC技術〕3 次元モデルのペーパークラフト生成手法の提案	J. Mitani, H. Suzuki
2005	ディジタル著作権管理（DRM）の標準化団体（Marlin JDA）を設立	松下電器, ソニー, Philips
	文書の電子保存を認める「e 文書法」が施行	日本政府
	ディジタルシネマの規格に JPEG2000 を採用	Digital Cinema Initiative
	HD-DVD video recording 規格策定	DVD フォーラム
	MPEG-4 ロスレス音声圧縮技術 ALS（audio lossless）国際標準制定	ISO/IEC
	国際博覧会「愛・地球博」（愛知万博）開催	
2006	HD-DVD 方式のレコーダ「RD-A1」発売	東芝
	「PLAYSTATION 3」を発売	ソニー
	携帯端末向け地上デジタル放送「ワンセグ」, 全国 29 都府県で本放送開始	NHK, 民放各社
	〔VC技術〕画像電子学会論文賞「西田賞」の創設	画像電子学会
	〔VC技術〕VRC レポートの発刊	NIH, NSF
	『ビジュアルコンピューティング』（東京電機大学出版局）の出版	画像電子学会

4 文字・活字

4.1 文字の大きさ

文書を構成する文字の書体，大きさ，文字間，行間は，原稿の与える印象，原稿を走査した際の信号の性質に関連する重要な要素といえる。印刷では，従来は活字のセットを現実に用意する必要があったため，活字のサイズは限定されていたが，DTP化に伴い文字の大きさの自由度が増している。文字の大きさの単位はポイントが基本であるが，それ以外に歴史的な経緯から，号・級などもある。表4.1に文字の基準寸法表を示す。

(1) ポイント

ポイントには英米が採用するアメリカ式ポイント制（Anglo-American point system）と，イギリス以外のヨーロッパで採用されているディドー式ポイント制（Didot point system）とがある。日本では，アメリカ式ポイント制を1962年にJISの活字規格として採用している。

前者の規定では，1ポイント（pt）が約0.3514 mm（＝35/83 cmの1/12）角であり，後者では1ポイント（dd）が0.3759 mm（＝1/72 French Royal inch）角である。なお，国際的にはほぼ前者に等しい1/72インチ（＝0.3528 mm）を1ポイント（bp）として定義している。

また，後者については1973年に3/8 mm（＝0.375 mm）として定義されなおしている。なお，アメリカ式ポイント制の12ポイントを1パイカ（pc），ディドー式ポイント制の12ポイントを1シセロ（cc）とよんでいる。

(2) 号

日本独自の規格で，鯨尺1分（約3.69 mm）角の活字を5号とし，その2倍を2号，4倍（14.76 mm）を最大サイズの初号，5号の1/2を7号として定めている。また，4号と6号は，5号との大きさの関連性がなかったため，5号の1.25倍を新4号，0.75倍を新6号としたが，現在はあまり使われていない。現代のワープロソフトやDTPの多くが，10.5ポイントを取り入れているのは，ポイント制に移行する際に5号に相当する大きさを継続使用する希望に合わせたためである[1]。

(3) 倍

新聞の活字組版で使われてきた単位。1倍活字は横10対縦8の偏平活字（110/1000インチ×88/1000インチ＝2.794 mm×2.235 mm）となっており，本文に使われる。扁平活字は1倍活字のみでそれ以外はすべて正方形である。110/1000インチ角の活字をとくに「全角」とよび，8ポイント活字にほぼ等しい。1倍活字の天地の高さが基準とされて1倍半活字は3.35 mm，2倍活字は4.47 mm，4倍活字は8.94 mmである。また，ルビ用の文字としては66/1000インチ角，55/1000インチ角，44/1000×55/1000インチ角のかな文字が使われる。1倍活字の縦寸法の1/8を"U"とすることが決められていて，詰物や行間の寸法は"U"を単位として表わす。新聞紙面上の文字の実寸法は，紙型・鉛版鋳造の工程で縦が3％，横が約2％収縮するので，その縮小率を乗じた値になる。

新聞の紙面の本文は，従来は縦（約540 mm）を15段に分割し，1段15字で組んでいたが，電子編集になって以来，活字の大型化が進み，1段あたり13字や11字としたもの，14段分割で1段12字としたものなども登場しており，それに伴って文字の大きさが変化している。最近の新聞では，1/1200インチ角の画素を単位として活字のフォントを設計し，紙面内容を1200 LPIで直接刷版に記録するようになっているので，このように自由度が高まってい

表4.1 和文書体の大きさ

mm換算	ポイント	号数	級数	倍数
25.000			100	
22.500			90	
22.352				10
21.084	60			
20.000			80	
17.882				8
17.500			70	
16.867	48			
15.500			62	
14.759	42	初号		
14.056	40			
14.000			56	
12.650	36			
12.500			50	
12.294				6.5
11.245	32			
11.176				5
11.000			44	
9.839	28			
9.664	27.5	1号		
9.500			38	
8.941				4
8.434	24			
8.000			32	
7.379	21	2号		
7.028	20			
7.000			28	
6.706				3
6.325	18			
6.000			24	
5.622	16	3号		
5.000			20	
4.920	14			
4.832	13.75	4号		
4.470				2
4.250			17	
4.217	12			
4.000			16	
3.750			15	
3.690	10.5	5号		
3.514	10			
3.500			14	
3.353				1.5
3.250			13	
3.163	9			
3.000			12	
2.811	8			≒10U
2.750		6号	11	
2.500			10	
2.460	7			
2.250			9	
2.235				1(8U)
2.108	6			
2.000			8	
1.845	5.25	7号		
1.757	5			
1.750			7	

備考 1) 現在はポイントが基準寸法としてJIS Z8305に定められている。号数はわが国特有の制式であり、歴史的なものである。倍は新聞活字, 級は写真植字機文字の基準寸法である。
2) 1ポイント = 0.3514 mm
3) 1級 = 0.25 mm
4) 1倍 = 88ミルス = 2.235 mm, 11ミルス = 0.2794 mm = 1Uとよび, 詰物や行間などの寸法単位として使用する。
5) ポイントと号数の関係は近似値である。

表4.2 出現頻度の高い漢字とその使用率

順位	漢字	使用率(‰)	順位	漢字	使用率(‰)
1	日	16.684	51	員	3.133
2	一	14.927	52	内	3.052
3	十	12.145	53	議	3.049
4	二	10.796	54	自	3.026
5	大	10.315	55	九	2.983
6	人	8.855	56	対	2.929
7	三	8.761	57	七	2.921
8	会	8.498	58	代	2.876
9	国	7.790	59	金	2.807
10	年	7.311	60	定	2.787
11	中	7.006	61	立	2.777
12	本	6.922	62	回	2.764
13	東	6.029	63	全	2.763
14	五	5.672	64	小	2.712
15	時	5.387	65	山	2.657
16	四	5.281	66	目	2.634
17	出	5.158	67	力	2.605
18	上	5.094	68	気	2.591
19	円	4.851	69	相	2.588
20	同	4.667	70	通	2.532
21	月	4.665	71	度	2.530
22	長	4.550	72	区	2.529
23	学	4.535	73	下	2.511
24	生	4.498	74	入	2.509
25	行	4.454	75	市	2.491
26	事	4.268	76	間	2.490
27	京	4.137	77	百	2.465
28	分	4.023	78	千	2.463
29	者	3.953	79	開	2.450
30	間	3.940	80	第	2.404
31	新	3.926	81	現	2.347
32	方	3.912	82	明	2.321
33	田	3.895	83	家	2.313
34	前	3.821	84	動	2.307
35	六	3.762	85	実	2.291
36	地	3.752	86	戦	2.285
37	場	3.694	87	野	2.250
38	発	3.691	88	主	2.210
39	社	3.678	89	都	2.199
40	合	3.538	90	民	2.193
41	子	3.498	91	米	2.181
42	後	3.457	92	連	2.180
43	手	3.446	93	作	2.165
44	的	3.444	94	当	2.163
45	部	3.412	95	理	2.136
46	八	3.376	96	決	2.129
47	業	3.227	97	化	2.127
48	見	3.181	98	万	2.093
49	高	3.175	99	機	2.090
50	政	3.170	100	教	2.087

(‰：パーミル)

(4) 級

写植組版で使われている文字のサイズを表わす単位。1級 = 0.25 mmであるところから，1/4（= Quarter）を表わす"Q"が略称として使われる。文字サイズを「級」で指定すると，ポイントで指定する文字とのあいだに通常，誤差が生じるので注意が必要である。

(5) 歯

写真植字機で使う寸法の単位。1歯(いっぱ)は1級（0.25 mm）と同じ大きさだが，級が文字サイズを表わすのに対し，歯は文字間や行間を指定するときに使う。初期の写植機は，印画紙を巻き付けたドラムを歯車で回転させ，文字を次々に焼き付けており，歯車のひとつが1級分にあたるため，歯が寸法の単位として使われるようになった。原稿や校正に書き込む指定では，略して"H"と書くことが多い。

4.2 漢字の出現頻度

漢字の出現頻度については，少し古いが1966年1月1日〜12月31日までの期間の3種の新聞について行なわれた「新聞の用字の実態調査」[2]があり，表4.2にその100位までを示す。これは1966年に実施されたが，完全に結果が整理されて報告書になったのは10年後の1976年2月であった。なお，文字の出現頻度と画数に着目してファクシミリ用テストチャートを製作し，同チャートの受信画の明瞭度を指標として回線の伝送諸量の許容限界値について検討した報告[3]もある。

4.3 新聞における画像部の比率

記事・広告・写真を含む新聞の全紙面について，画像部の面積比率を計測した結果が図4.1である。対数正規分布でよい近似が得られ，15%以下の部分がほぼ半分を占める。

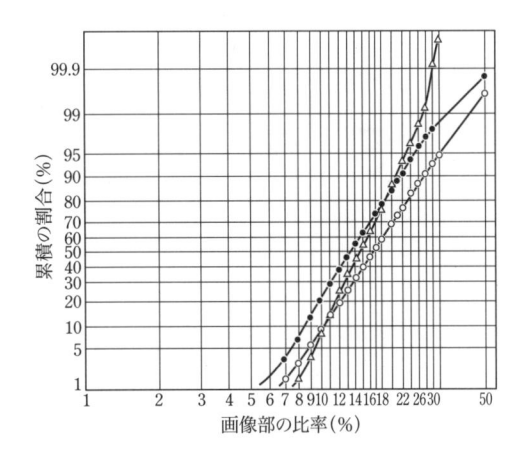

図4.1 新聞における画像部比率分布（累積）

サンプル数は，●：築地 8710（1985.6），○：世田谷 8596（1985.6），△：有楽町 28682（1975.9）。

文献

1) 号活字の歴史については，たとえば近代印刷活字文化保存会編：『日本の近代活字—本木昌造とその周辺』，（株）朗文堂，2003.11.
2) 国立国語研究所報告56：「現代新聞の漢字」，1976.2.
3) 勝見正雄：「写真及び模写電送」，コロナ社，1941.

5 テストチャート，テストデータ

ファクシミリや複写機の再現性，それらに使用する読み取り系や出力系，さらには符号化性能を評価する目的で，各種テストチャートやテストデータが画像電子学会などで作成されている。表 5.1 に国内，表 5.2 に国外の提供団体を示す。ここでは，おもにハードコピーの画像再現や符号化に関係するテストチャートなどを関連団体ごとに紹介する。TV 関係などは表 5.1 の動画関連団体のウェブサイトを参照していただきたい。

5.1 画像電子学会

ファクシミリ関係の入出力系の評価，調整，再現画像の評価用として，4 種の白黒テストチャート，3 種のカラーテストチャートとディジタルカメラ用のカラーターゲットを作成し，提供している。また，CMYK SCID や XYZ SCID の作成に大きく貢献しているが，その後，ISO 化，JIS 化されているので，5.3 節を参照されたい。概要を表 5.3 に示す。

5.2 日本画像学会

複写機や複合機の画像再現性や，スキャン系の評価に使用するため，写真方式で作成されたテストチャート（No.8 を除く）を提供している。概要を表 5.4 に示す。

表 5.1 国内でテストチャート，テストデータなどを提供している団体

1	画像電子学会	ファクシミリなどの入出力，符号化関係テストチャート	http://wwwsoc.nii.ac.jp/iieej/shuppan.html
2	日本画像学会	複写機関連テストチャート	http://www.isj-imaging.org/, TEST_chart/info_chart(j).html
3	映像メディア情報学会	標準 TV，HDTV 関係テストチャート，テストデータ	http://www.ite.or.jp/products/testchart_index.html
4	（財）日本規格協会	JIS，ISO 化されたテストチャート，テストデータなど	http://www.webstore.jsa.or.jp/webstore/top/index.jsp
5	（社）ビジネス機械・情報システム産業協会（JBMIA）	JIS X6933，ISO/IEC 15775：1999（カラー複写機の画像評価）準拠チャートの電子データ	http://www.jbmia.or.jp/~isoiec/iso/test_c/index.html

表 5.2 国外でテストチャート，テストデータなどを提供している団体

1	ITU	ファクシミリ用の ITU テストチャート（T.22, T.23）	http://www.itu.int/rec/T-REC-T/e
2	ISO	（財）日本規格協会を参照	
3	Ghent PDF Workgroup	PDF 関係の印刷設定の評価・確認	http://www.gwg.org/siteen/content/testsuites/testsuites.php?msi=57

第5章　テストチャート，テストデータ

表5.3　画像電子学会のテストチャート

番号	概要	図番
No.1	写真電送用テストチャートで，耐水性の印画紙を用いて写真手法で作成。ポートレート，階調ステップ，分解能パターン，文字などで構成され，階調性や走査系の解像度などを視覚的に確認できる。	図5.1
No.2	ファクシミリ用のテストチャートで，右半分はNo.1と共通，左半分に文字パターンと気象図を配置し，コート紙にオフセット印刷で作成。ファクシミリの性能を視覚的に評価するのに利用する。	図5.2
No.3	G3ファクシミリなどの読取走査系の解像度や走査精度などを視覚的に推定可能としたチャート	図5.3
No.4	G3ファクシミリの圧縮機能をチェックするチャートで，通信機械工業会が規定した標準原稿仕様（4号活字700文字）に基づく例である。標準モード[a]でほぼ電送時間が1分となる。	
No.11	人物を中心に各種の質感の物体を配置した写真と各種パターンで構成されるカラーテストチャート。	
No.21R	カラー画像の詳細なパターン再現性の試験・調整・測定用のチャート。ISO 2846-1 および ISO 12647-2 の規定値を満たす用紙およびオフセットインクを用いてオフセット印刷により製作。	図5.4
No.22R	色再現性の評価試験に用いることをねらいに，6種類の色相とグレーについて明度と彩度を変化させた35色のカラーパッチとカラーバーから構成されている。中間階調のパッチをハーフトーンではなく特色で印刷しているので，画像に含まれる周期性成分によるモアレの発生がない。	図5.5
ディジタルカメラ用	ディジタルカメラで撮影する際の色基準として手軽に使用できるように濃度管理されたオフセットで作成したA4判とA6判のチャート。	図5.6

[a] MH符号化，4800bps モデム，1ライン処理時間 20ms，副走査 3.85 本/mm。

図5.1　画像電子学会 No.1 チャート

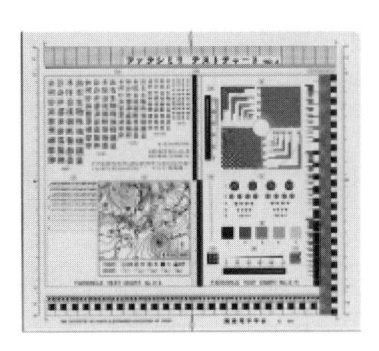

図5.2　画像電子学会 No.2 チャート

図5.3　画像電子学会 No.3 チャート

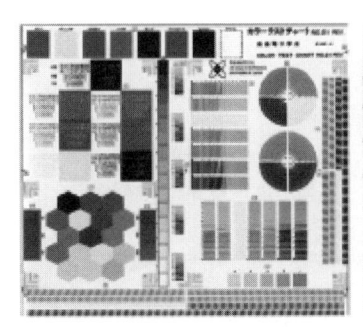

図5.4　画像電子学会 No.21R チャート

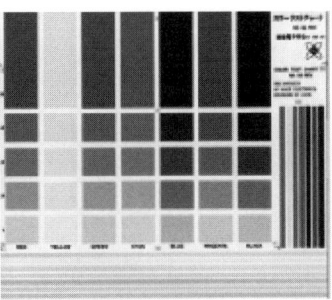

図5.5　画像電子学会 No.22R チャート

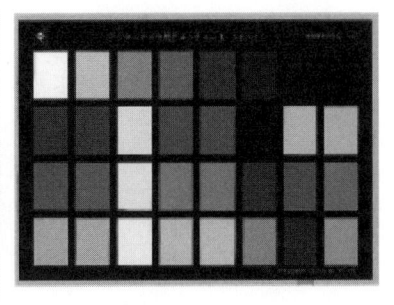

図5.6　画像電子学会 DSC チャート

表 5.4　日本画像学会のテストチャート

番号	概要	図番
No.1R	白黒複写機などの評価を目的とし，連続調と網点のポートレート，文字，解像度パターン，階調パッチから構成される。	
No.2R	白黒複写機などの評価を目的とし，4種類の異なる階調特性を有する同一の連続調画像と階調パッチから構成される。	
No.3R	白黒複写機などの評価を目的としたA3サイズの白黒チャート。連続調と網点のポートレート，文字，階調パッチ，別添のリスペーパーの細線パターンから構成される。	図 5.7
No.4	ノイズのない 65～200 線，5～95%のハーフトーンパッチ。	図 5.8
No.5-1, 2	カラー複写機，複合機用のテストチャートで，No.5-1 は連続調のポートレートと階調パッチ，No.5-2 は網点のポートレートと階調パッチ，解像力チャート，文字から構成される。	図 5.9
No.6G, M	G（グロス）とM（マット）の白黒の20段階濃度ウェッジ。	
No.7-1, 2	ディジタルデータとそのデータをディジタル方式で銀塩カラー感材に記録したチャートから構成される現在開発中のテストチャート。	
No.8	複写機のトナー消費量を測定するための黒面積率が5，6，15%の印刷方式で作成された3種のチャートから構成されるテストチャート。	

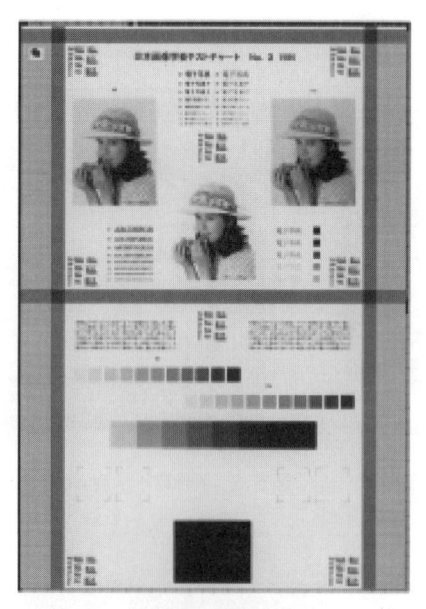

図 5.7　日本画像学会 No.3R チャート
（提供：日本画像学会）

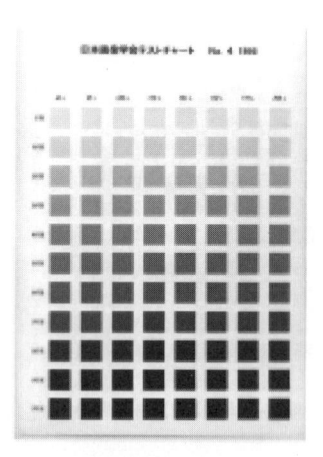

図 5.8　日本画像学会 No.4 チャート
（提供：日本画像学会）

図 5.9　日本画像学会 No.5-2 チャート
（提供：日本画像学会）

5.3 ISO化・JIS化されたテストチャート，テストデータ

ISOで標準化されているテストチャート，テストデータ関係としては，画像電子学会での開発がベースとなって標準化されたSCID (standard color image data) が有名であり，これに関連するISO/TC130で標準化されている印刷関連テストデータを中心に，その概要を表5.5に示す。なお，JIS X6933, ISO/IEC 15775:1999はカラー複写機の評価用として開発されている。

表5.5 ISO, JISのテストチャート・テストデータ

ISO/JIS番号	概要	図番
ISO 12640-1:1997 JIS X9201:2001	CMYK-SCID 印刷機やプリンタでの画像再現性や符号化圧縮率を評価するための標準画像データ。	図5.10
ISO 12640-2:2004 JIS X9204:2004	XYZ-SCID sRGBの再現域で最適化したRGB画像データとXYZ画像データ。	図5.11
ISO 12641:1997 JIS X9202:1999	スキャナ校正用のカラーターゲットの規格（実際のカラーターゲットはKodak，富士フイルム，Agfaなどから入手）。	
ISO 12642-1:1996 JIS X9203:1999	プリンタや印刷機の色再現性を測定するためのCMYKの掛け合わせデータ（IT8.7/3）（JIS X9201にS7〜S9イメージとして含まれている）。	図5.12
ISO 12642-2:2006	ISO 12642-1の拡張。	
ISO/IEC 15775:1999 JIS X6933:2003	カラー複写機の画像再現性評価用テストチャートの規格。カラーチャートとそのデータはJBMIAから入手可能。	図5.13

図5.10 CMYK-SCID（JIS X9201）の一部

図5.11 XYZ-SCID（JIS X9204）の一部

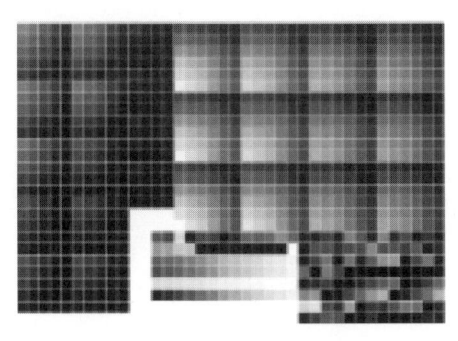

図5.12 ISO 12642-1（JIS X9203）のパターン

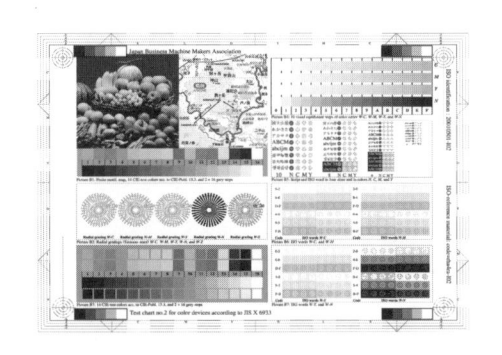

図5.13 JIS X6933のパターン
（提供：ビジネス機械・情報システム産業協会）

5.4 ITUのテストチャート

概要を表5.6に示す。なお，このほかにG3ファクシミリの標準化審議で使用された8種類の作業用テストドキュメントが知られているが，一般には入手できない。

表5.6 ITUのテストチャート

ITU勧告番号	概要	図番
ITU-T T.22 No.4, No.5	No.4は文字，解像度パターンから構成されるB&Wのファクシミリ用テストチャート。 No.5は階調パターンとポートレートから構成される連続調テストチャート。	
ITU-T T.23 No.6	No.6は網点を用いた印刷方式により再現された写真，CG画像，図面などと，文字，色文字，解像度パターンから構成されるカラーファクシミリ用テストチャート。	図5.14
ITU-T T.24	ITUのテストチャートや勧告開発に使用されたテストドキュメントをスキャンしてCD-Rに収めたディジタル画像データ。	

図5.14 ITU-T T.23のNo.6チャート
(ITU本部のご好意により転載)

6 バーチャルファクシミリ歴史館

6.1 設立目的・経緯

　画像電子学会はわが国のファクシミリの発展に学会として貢献し，平成19年度に設立35周年を迎えた。この機会にファクシミリがわが国の情報通信産業に果たした大きな役割を再認識し，その先駆的技術成果を学会として正しく保存し伝承すること，あわせてインターネットを通じて一般に公開することを目的に，バーチャルファクシミリ歴史館を設立することとなった。その目的に沿って平成17年度理事会に準備委員会[*1]が設立され，2年間にわたりファクシミリの歴史の再整理と保存すべき装置や資料に関するデータ収集，歴史館のウェブ構成，設計を進めてきた。そして学会設立35周年にあわせ，現在までの収集資料をもとに基本システムを構築し，一般公開にいたっている。

6.2 歴史館の構成

6.2.1 基本方針

　歴史館設立にあたって基本方針を以下のように定めた。

- 本歴史館ではファクシミリの歴史に関する価値ある情報をできるだけ網羅する。
- インターネット，ウェブの機能を活用し，ビジュアルでわかりやすい情報提供を行なう。
- 35周年にあわせて，技術情報主体の基本システムを構築する。
- 情報の収集・選択，サイトの構成・設計，外部との調整などのため，関係者による委員会を設置し，準備する。

6.2.2 基本設計

　準備委員会では，上記基本方針に基づき，以下の方針で設計を進めた。

- 本歴史館は学会トップページからリンクする。
- 歴史館のトップページには，展示館＆資料館を用意する。展示館は歴史的価値のあるファクシミリ装置を写真やCGでビジュアル中心にわかりやすく掲載する。資料館はファクシミリに関する研究開発資料，標準化資料などを保存する。
- 情報は階層化構造で配置する。
- キーワード検索機能により利用者の利便に供する。

6.2.3 提供情報

　基本設計方針に基づいた具体的構成を図6.1

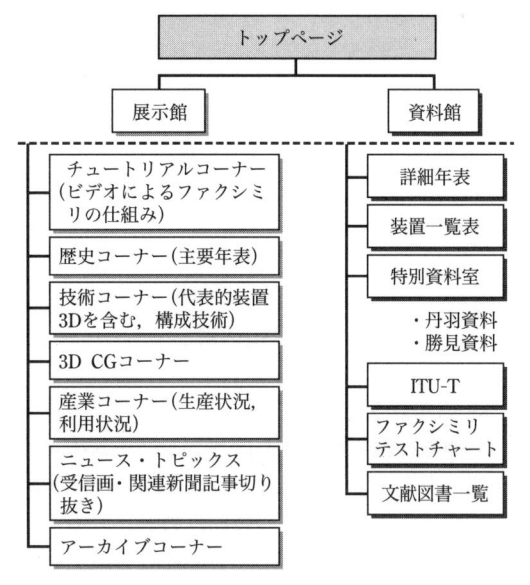

図6.1 具体的構成図

[*1] バーチャルファクシミリ歴史館準備委員会構成：小宮一三委員長，小林一雄元副会長，福田正委員，村瀬勝男委員，藤井昌三委員，梶光雄委員，山崎泰弘委員。

表 6.1 各コーナーの提供情報の説明

展示館	
チュートリアルコーナー	ベインファクシミリの原理をビデオにて紹介。宮沢 Bain 'FAX の復元' を参考にした。
歴史コーナー	1830 年代から 2000 年にわたりファクシミリの歴史を年表と挿話で紹介。
技術コーナー	各年代の代表的な装置の特徴・仕様を紹介。
3D CG コーナー	ファクシミリの歴史において注目すべき 5 機種を CG にて紹介(富士ゼロックス社の協力による)。
産業コーナー	年代別生産状況・利用状況の紹介。
ニュース・トピックス	1925～1956 年の電送写真による各年代のニュース・トピックスの紹介。
アーカイブコーナー	入手が容易でなく,興味がありそうな古い文献,資料,写真約 30 件を収録。
資料館	
詳細年表	本学会が刊行したファクシミリ史をベースに,ファクシミリに関する事項・関連技術・社会的事項を併記する形で記述。
装置一覧表	写真ファクシミリ,文書ファクシミリを分野別・年代別・技術別に配置して掲載。
特別資料室	
丹羽資料	故丹羽保次郎博士寄贈資料
勝見資料	故勝見正雄寄贈資料
ITU-T	勧告 T シリーズの中からファクシミリに関する勧告を列挙。
ファクシミリテストチャート	本学会が作成・提供しているテストチャート(カラー・白黒)の紹介。
文献図書一覧	ファクシミリに関する図書,および電写研究会の会誌に発表されている論文およびファクシミリ史の論文紹介。

に示す。また,表 6.1 に各コーナーの内容について示す。

6.3 今後の計画

　35 周年記念事業の一環として基本システムの公開を行なった。今後は基本システムの掲載情報の充実化を進めるとともに,海外向け英語ページ,学生,子供,一般向けのわかりやすいページの開設を行ない,学会の社会貢献活動として位置づけていく。さらに個人で所有しているファクシミリ関連の貴重な技術資産なども提供いただき,より大きな枠組に発展させ,わが国の技術史として貢献していく予定である。

索 引

[あ]

アイコン	542
曖昧検索	151
アウェアネス	572
アクセシビリティ	554, 556
アクセシビリティポリシー	558
アクセラレータ	388
アクティブ型	430
アクティブ駆動	834
アクティブタイプ	411
アクティブマトリックス駆動とその表示光	117
アクティブマトリックスディスプレイ	117
アクティブマトリックスディスプレイの基本構造	118
アーケードゲーム機	681
アーケードゲーム機の歴史	682
アソシエートメンバー資格	908
アタリショック	681
圧縮関数	461
圧縮処理	69
圧電セラミック素子	643
圧電素子オンデマンド型インクジェット	98
圧電方式	857
宛先指定	770
アトリビュート	691
アドレシング	770
アナグリフ方式	110
アナログ監視カメラシステム	656
アナログホール	490
アニメーション	691
アノテーション	154
アフィン変換	79, 165, 166
アプリ CPU	386
アプリケーション	387
アプリケーション実行環境	387
アプリケーションミドルウェア	401
アポロ11号の人類初月面着陸	925
網点画像	710
網点処理	605
網点法	94
アメリカ印刷業組合	596
アメリカ合衆国の標準化機関	911
アメリカ規格協会	911
アメリカ電気電子学会	911
アメリカ電子工業会	911
アモルファスシリコン感光体	856
アモルファスシリコンTFT	835
誤り耐性	138
誤り訂正符号	144
誤り訂正符号化	880
誤り訂正方式	372
誤り訂正モード	705, 766
アルファプレーン	734
アルファブレンディング技術	892
アンケート	537
暗号文	460
暗号文単独攻撃	460
暗号利用モード	461
アンコンシャス型	583
アンコンシャス型ロボット	583
暗視野検査	668
暗視野方式	668
暗順応	13
暗順応曲線	13, 14
暗順応曲線を構成する2つの相	15
暗順応時の錐体と桿体の分光感度	15
安全性	460, 462, 464
アンチエイリアシング技術	892
アンドロイド	579, 581
アンビエントディスプレイ	552

[い]

イオントラッキング技術	829
維持放電	821
異常行動	659
異常状態	663
異常分散特性	801
イーズアウト	231
イーズイン	231
位相推移変調	371
位置・姿勢計測手法	565
位置合わせ	91
一意名仮説	352
位置決め応用	667
位置検出可視光通信	427
一重刺激	53
一重刺激方式	54
一方向性関数	461
一対N照合	473, 475
一対一照合	473, 475
一貫性制約	345
一対比較法	671
一般化マーク付け	784
一般的な色覚モデル	18
遺伝アルゴリズム	712
遺伝子	646
移動受信	312
移動ステレオ	89
移動ステレオ法	89
移動体抽出	657
移動体抽出手法	658
移動通信システム領域	915
移動ノード	373
イベントモデル	402
イメージセンサ	429, 802
イメージベースドレンダリング	92
イメージモザイキング	91
癒し	580
医用画像関連システム	648
医用画像ネットワーク	649
医用画像の治療応用	647
医用画像保管通信システム	648
色	49
色校正	775
色再現	33
色再現のプロセス	34
色再現のモデル	33
色調整	775
色分解方式	65
色むら	673
陰影	25

陰影手がかり	25
印画率	868
印鑑証明	468
陰関数表現	171
インク	99, 860
インクジェット記録	98
インクジェット記録技術	95
インクジェットプリンタ	856
印刷	94, 95
印刷CIM	596
印刷技術の進化	625
印刷技術の文化財活用	625
印刷技術の分類	95
印刷産業市場規模予測	595
印刷産業の事業所数	593
印刷生産工程管理	596
印刷でのFMスクリーン	76
印刷前工程	593
印字欠陥	678
印字欠陥の画像	678
インスタンス記述メタデータ	292
インスタントメッセンジャー	575
インターネットイメージングプロトコル	147
インターネット電話	744
インターネットファクシミリ	769, 886
インタフェース	535
インタフェースデザイン	535
インターホン	660
インターホンへの応用	660
インターモード	732
インタライン転送方式	71
インタラクティブ映像	563
インタラクティブデバイス	540
インタレース	898
インタレースGIF	145
インタレースPNG	145
インタレース画像	730
インタレース画像のデコードのようす	145
インタレース走査	69, 825
インタレース方式	64
インデキシング	501
インテグラルフォトグラフィ方式	111, 844
インテグラルフォトグラフィ方式の原理	111
イントラモード	732
インバースキネマティクス	235, 691
インパルス応答	84
インパルス型表示	820
インパルス無線	421
インフォメーションビジュアリゼーション	258
インメッセージ手順	764
隠面消去	191
隠面消去法	161

[う]

ウィジェット	541, 542
ウィーナー-ヒンチンの定理	4, 124
ウィーナーフィルタ	86
ウィンドウ	542
ウェアラブル	547
ウェアラブルコンピューティング	434
ウエハの欠陥画像例	669
ウェーバーの法則	11
ウェブ2.0	352, 575, 598
ウェブ2.0時代	598
ウェブAPI	358
ウェブオントロジー言語	351
ウェブカメラと外部からのモニタリング	661
ウェブカメラを利用したモニタリング	661
ウェブコンテンツ	556
ウェブデザイン技法	558
ウェーブレット変換	125, 152
ウェーブレット変換符号化	125
ウェブログ	352, 574
受付制御	326
動き検出	130
動きベクトル	499
動きベクトル情報	130
動き補償	517, 728
動き補償画像の生成	130
動き補償と変換符号化を利用した一般的な高能率復号器の例	132
動き補償と変換符号化を利用した一般的な高能率符号化器の例	132
動き補償フレーム間予測	129
動き補償予測	517
埋め込み強度	508, 511
運動視差	24

[え]

映像アーカイブ	562
映像資料	620
映像ダイジェスト	563
エイリアシング	222
液晶	389
液晶空間変調器	112
液晶ディスプレイ	113, 813
液晶動作原理	816
液晶モニタ	803
エコーキャンセラ	144
エスノメソドロジー	573
エッジの知覚	21
エッジ保持フィルタ	82
閲覧	543
エピポーラ画像	89
エピポーラ面	89
エラーコレクションモード	884
エラーコンシールメント	138
エラー対策	138
エルミート曲線	172
遠隔・同期型グループウェア	572
遠隔・非同期型グループウェア	571
遠隔会議	570
遠隔画像診断	651
遠隔画像診断サービス	652
エンコード処理	69
円錐曲線	171
延世大方式	58
エンティティ	762
エンティティ認証	792
エントリー	352
エントロピー	7, 121
エントロピー符号化	8, 132, 706
エンハンサ	825

[お]

欧州素粒子物理研究所	328
欧州電気通信標準協会	910
欧州の標準化機関	910
凹版	96
応用層	764
大型資料画像の表示	623
大型平面資料	619
大型平面資料の大きさの累積分布	619
大型平面資料の高精細入力	620
大型歴史資料の撮影	622
大型歴史資料のディジタル化のポイント	620
大きさ	25
大きさ残効	23
大きさ手がかり	25
王塚古墳の彩色復元モデル	628
屋外での認識技術	659
屋外反射型LCD	815
屋外へのカメラ設置	661
屋外用カメラ	655

オクターブ分割	126, 509	
奥行き知覚現象	111	
オゾン全量観測	613	
穏やかな画質劣化	137	
オーディオ記述子	741	
オーディオコーデック	381	
オーナーによるモニタリングサービス	663	
オーバードライブ	819	
オーバーレイ	550	
オブジェクト	153	
オブジェクトベースの符号化方法	137	
オフセット印刷	95	
オプティカルフロー	130, 659	
オープンスキャナ	808, 811	
オペレーティングシステム	386, 401	
おもなビデオゲームの歴史	685	
音楽サービス	393	
音楽ダウンロードサービス	377	
音響光学変調器	112	
音声インタフェース	547	
音声コマンド	550	
音声認識機能	891	
音声の生成モデル	139	
音声ブラウザ	557	
オンデマンド型インクジェット	857	
オンデマンド型インクジェット方式	99	
オンライン遠隔画像監視サービス	662	
オンライン遠隔画像監視サービスの流れ	662	
オンラインゲームと音声認識技術，AI技術の出現	687	

[か]

カイ2乗攻撃	524	
絵画的手がかり	25	
外観検査	676	
開口色	29	
改竄検出	518	
改竄防止技術	807	
開始タグ	341	
開始レイヤー	706	
開世界仮説	352	
解析的評価	462	
回線交換	768	
下位層	136	
階層化	145	
階層画像構成	624	
階層的符号化	705	
解像度	3, 66	
解像度測定法	806	
解像度評価	774	
階層符号化技術	135	
階段法	13	
回転カラーホイール	839	
ガイドライン	537, 541, 554, 558	
概念語の体系	154	
概念モデル	539	
外部メモリ	389	
開放型システム間相互接続	762	
外乱の影響	660	
外乱要因の多様化	659	
顔	561	
顔検出	481	
顔検出技術	663	
顔識別技術	663	
顔追跡技術	663	
顔データベース	483	
顔特徴	481, 482	
顔認識	480-482	
書き換え記録	877	
可逆符号化	121	
核医学	633	
核医学診断装置	637, 639	
各解像度，各画質のデータサイズ比	149	
拡散反射光	202	
隠しカメラ	655	
核磁気共鳴	640	
各種DRAMの待機電力比較	103	
各種画像診断装置	632	
各種の新原理メモリ	106	
拡大鍵生成部	460	
拡張可能なスタイルシート言語	336	
拡張可能なマークアップ言語	739	
拡張可能なマーク付け言語	328	
拡張現実	550	
拡張現実感	436, 566	
拡張層	136	
角度多重	109	
確認	473, 475	
影付け	161	
重なり	25	
重なり手がかり	25	
可視画像	2	
可視性	539	
画質研究の2つの方法	43	
画質検査	670, 673	
画質評価	775	
画質評価方法	774	
画質要因	45	
可視光通信コンソーシアム	427	
画素誤り率	51	
画素誤り率に対する画品質特性	51	
画像	2	
画像化原理と空間分解能	642	
画像型検索とサーチエンジンの統合	153	
画像型検索のための画像特徴量	151	
画像監視	652	
画像空間アルゴリズム	193	
画像合成によるワイドダイナミックレンジカメラ	654	
画像コントラストの物理的起源	636	
画像コントラストの物理的要因	634	
画像再構成の原理	636	
画像巡回サービス	663	
画像深層暗号	500	
画像診断装置	642	
画像センシング技術	663	
画像鮮明化	657	
画像ディスプレイの構成	113	
画像ディスプレイの種類	114	
画像電子学会	934	
画像電子学会が発足	925	
画像電子学会のテストチャート	935	
画像電子情報年表	923	
画像と概念の関連に注目した検索	154	
画像特徴量がもつべき性質	152	
仮想内視鏡	651	
画像ノイズ尺度 GI	48	
画像の統計的性質	5	
加速度センサ	547	
画素ごとに処理を行なう方法	74	
画素サイズの縮小化技術	72	
画素数変換	825	
画素密度 DPI	67	
カーソル	542	
傾き残効	23	
学校設備指針	664	
カット点	560	
家庭での画像監視応用事例	660	
家庭用インターホンの売り上げ推移	660	
家庭用ゲーム売上げ	680	
家庭用ゲーム機	681	
過渡的DTD	330	

カーナビゲーション	888	
カバー	500, 521	
カプセル内視鏡	644, 645	
可変閾値法	78	
可変焦点面	843	
加法混色	26	
カーボンナノチューブ型	827	
カメラ	389	
カメラ映像機器工業会	806	
カメラマスク検知機能	655	
カメラワーク	561	
カラーアピアランスモデル	49	
カラー画像	2	
カラー撮像	70	
カラー撮像方式	897	
カラーターゲット	789	
カラーテーブル	523	
カラーテレビジョン実験成功	923	
カラードプラ法	643	
カラーファクシミリ	771, 885	
カラーフィルタ	834	
カラーフィルタ配列の例	70	
カラー複写機の評価用	937	
カラーマネージメント	33, 606, 781	
カルーネン・レーベ変換	125	
間隔尺度	44	
間隔尺度への変換	671	
感覚の定量化手法	671	
環境観測技術衛星	606	
環境光	202	
環境光源	201	
環境マッピング	219	
環境問題対応	604	
頑健な電子透かし	501	
感光体	98	
勧告 J.148 の概念	59	
勧告 T.90	885	
勧告 V.29	884	
勧告化作成の迅速化・効率化	908	
監視カメラ	652	
監視カメラ技術	654	
監視カメラシステムのインフラ	656	
監視カメラ設置の推進	653	
監視カメラの効果	653	
監視カメラの高度化	653	
監視カメラの市場規模	653	
監視センターによる集中監視	661	
漢字の出現頻度	933	
監視範囲の広域化	659	
監視用カメラの形状	655	
監視用カメラの撮影機能	654	
感性情報処理	155	
観測要求	610
桿体	14
感度	67
感熱記録	99
感熱転写方式	863
官能検査	672
乾板写真法	800
カンボジア・バイヨン寺院の3次元モデル	628
ガンマ特性	76, 77, 444
ガンマ補正	68, 809, 810
顔料	860
顔料インク	860
関連	363

[き]

機械測色	33
企画, 仕様書	689
規格草案	909
幾何形状のモデリング手順	627
幾何補正	610
企業での監視カメラの応用事例	662
企業の社会的責任	555
ぎざぎざさの測定方法	51
擬似階調表現	826
擬似クラス	337
擬似ストリーミング	377, 378
擬似的ドプラシフト	643
擬似濃淡画像	501
記述言語における取り組み	918
記述言語の国際標準化	918
記述定義言語	739
気象観測	614
擬似要素	337
擬似乱数系列	511
擬似乱数生成器	461
擬人化	579
擬人化エージェント	550
キズ	677
キズ画像	677
帰線走査	9
気相化学堆積法	829
既知平文攻撃	460
輝度	200
輝度格子縞	18, 19
輝度信号	3
輝度フリッカ光	20
輝度変調方式	843
輝度変調方式の原理	111
輝度変調方式立体ディスプレイ	111
輝度むらの検出閾値	672

機能を診断	638
キノフォーム	845
キノリノールアルミ錯体	832
揮発性有機化合物 VOC 規制	604
キーパッド	546
基盤ミドルウェア	401
キーフレームアニメーション	229
キーボード	540
基本層	136
基本レート	419
逆運動学	235, 691
逆ガンマ補正	825
逆2乗の法則	200
逆フーリエ変換	3
客観的評価	43
客観評価	53
客観評価法	56
客観評価法の分類	57
キャッシュ攻撃	461
キャンセラブルバイオメトリクス	475
級	933
嗅覚	569
共1次補間	80
共1次補間法	80
境界表現	179
境界面	535
共焦点光学系	675
行政の支援	663
行選択回路	117
共通鍵暗号	460
共通マーク付け	784
強度変調放射線治療	647
行内要素	333
鏡面反射	204
行列形	115, 116
局所的な形状特徴	152
局所的な色彩特徴	152
極性反転駆動	817
記録媒体	803
キーワードのオントロジー	151
キーワードの抽出	151
銀塩写真	96
緊急警報信号	314
近接場記録	107
近接場光プローブ	108
金属-酸化膜-金属	831
金属-酸化膜-半導体型	827
均等色空間	28
均等色空間の歴史	31
銀板写真	94

[く]

空間周波数	3
空間スケーラビリティ	136, 735
空間スケーラビリティ符号化器の例	136
空間像表示方式	844
空間提示	564
空間的コントラスト感度関数	18, 19
空間投影法	846
空間ドメインでの特徴量	152
空間光変調器	112
空間分解能	610
空間利用法	507
空気遠近法	25
空気遠近法手がかり	26
組合せ画像の利用	613
クラス1	767
クラス2	767
クラス3	767
クラスタ化	400
グラスマンの法則	26
グラフィカルユーザーインタフェース	539
グラフィックスディスプレイ	541
グラフィックユーザーインタフェース	539
クリック	540
クリッピング	168
クリーナーレス	853
クリーニングプロセス	853
グールド方式	858
グループインタビュー	537
グループウェア	570
車車間通信測距システム	423
クレイク-オブライエン-コーンスウィート錯視	22, 23
グレイコード変換	710
グレーズ層	865
グレーズばらつき	868
グレースフルデグラデーション	137
グレーティング方式	111, 842
クロスメディア戦略	598
クロスレイヤプロトコル	401
クロスレンチキュラーレンズ	840
黒挿入	820
グローのシェーディング	208
グローバル動き補償	131
クーンズ曲面	175

[け]

蛍光性タンパク質	646
計算機合成ホログラム	845
計算機によるホログラムの合成	112
芸術表現全体	628
継承	337
形状計測	673
形状特徴	152
形状認識技術	663
ゲイズアウェアネス	572
携帯型ゲーム機	683
携帯型ゲーム機比較表	683
携帯機器	544
携帯電話	545
携帯電話のテレビ電話機能を利用したモニタリング	661
警備会社に送信される画像	661
ケイボード	438
経路追跡	501
ケータイコミック市場	602
欠陥	677
欠陥の測定・評価	48
決定的予測	706
血流イメージング	643
ゲートドライバ	817
気配	552
ゲームエンジン	687
ゲーム開発環境	687
ゲーム産業	679
ゲーム産業（ソフト）の市場規模	680
ゲームジャンル特性	690
ゲーム性とソフトウェア技術	685
ゲームソフトウェア	684
ゲームの社会応用	692
ゲームハードウェア	680
ゲームユーザー特性	690
限界解像度	66
原稿移動型	64
検索	543, 564
検索可能性	470
検査システム	666
検証	344
検証画像	505
現像プロセス	854
限定色カラー画像	523
減法混色	26
厳密DTD	330
権利記述言語	743

[こ]

号	931
高域強調回路	825
高位レイヤー整合性情報要素	768
降雨	660
公開鍵	463
公開鍵暗号	462
公開鍵証明書	464
高階差分解読法	461
高解像度画像	3
光学エンジン	836
光学式	565
光学式モーションキャプチャ	629
光学的画像診断装置	643
光学的ドットゲインの機構	45
光学伝達関数	85
光学伝達関数を用いた画像復元	86
光覚の絶対閾値	13
光学ファインダ	802, 803
高機能イメージセンサ	72
広義の資源探査	617
高級書籍印刷市場	596
公共空間での画像監視応用事例	663
工業統計表	593
公空間の防犯にかかわる実証実験	664
光景参照型画像状態	775
攻撃耐性	527
光源の短波長化	107
高効率電子源	831
恒常法	671
合成開口レーダー	615
合成環境	783
高精細カラーディジタル標準画像	52
合成数	463
合成変換	164
降雪	660
光線再現方式	844
光線追跡法	196
構造化ストレージ	147
高速キャッシュ	105
光束発散度	200
高速フーリエ変換	84
光沢度	49
交通信号機可視光通信	428
公的書類などの不正取得の監視	665
光電変換	69
光電変換機能	63

光電変換素子	807	コミュニティ	573	撮影セッティング	622
高度 CAD システム	651	コミュニティウェア	573	撮影の重要性	621
合同技術委員会	909	コメント	564	撮影モード	804
行動認識	658	固有顔	482	雑音除去	82
行内要素	331	コレステリック液晶	815	雑音低減処理	67
高能率動画符号化	127	コンジュゲート演算	522	撮像素子	897
勾配法	130	混色系	27	撮像素子シフト式	804
勾配法の原理	130	コンスタントシェーディング	208	サーバ型放送サービス	279
孔版	96	コンタクトスクリーン	73	サーバ上の画像データの条件	148
高分解能カラー画像の比較	611	コンテキスト適応型可変長符号化	738	サービス・アプリケーション領域	915
高分解能観測	614	コンテキスト適応型2値算術符号化	738	サービスデータ単位	762
高分解能商業衛星 IKONOS	607			サーフェル	256
公平	554	コンテキスト	123, 553	サブバンド符号化	125, 134
公平制御	325	コンテキストアウェアネス	553	サブバンド符号化の基本構成	134
後方適応予測	139	コンテナツール	740	サブフィールド	822, 823
高面密度化技術	107	コンテンツ ID	301, 489	サブフィールド変換	827
交流成分	516	コンテンツ ID フォーラム	303	差分解読法	461
高齢化率	604	コンテンツ記述メタデータ	292	差分レイヤー	706
高齢社会	555	コンテンツ基本情報記述メタデータ	293	さまざまなデジタルカメラ	621
五感	564	コンテンツサービス	390	サーマルインクジェットでの気化現象	859
国外でテストチャート，テストデータなどを提供している団体	934	コンテンツ証明書	495, 496	サーマルインクジェット方式	858
国際規格	909	コンテンツ保護	488	サーマルプリンタ	862
国際規格案	909	コンテンツ連動型広告	600	サーマルヘッドの構成	864
国際照明委員会	27	コントラスト改善	77	サムネイル	562
国際電気通信連合	906	コントラスト感度関数	21	ザール方式	858
国際電気標準会議	909	コントラスト緩和	77	産業画像応用	666
国際電信諮問委員会	906	コントラスト強調	77	産業ロボット	667
国際標準化機構	908	コントラスト操作	76	三重鍵構造	491
国内でテストチャート，テストデータなどを提供している団体	934	コンパクト符号	126	三重項励起状態	833
		コンパチビリティ	134	算術符号	126, 709
国内ミリオンタイトル動向表	681	コンピュータ断層撮影装置	635	算術符号化	706, 728
誤差拡散による2値化	35	**[さ]**		参照光	109
誤差拡散法	34, 75, 811, 826			残存率	527
個人情報	470	サイエンティフィックビジュアリゼーション	252	**[し]**	
個人情報開示制御技術	303	災害状況把握	617	ジェスチャー	549
個人情報保護	470	再帰型の予測	140	シェーディング	78, 161, 163
個人情報保護法	459, 470, 604, 653	再現率	560	シェーディング言語	271
個人データ	470	彩色古墳	625	シェーディング補正	68, 808, 809
個人への適応化	155	再正規化処理	709	シェーディングモデル	199
固体電解質メモリ	106	再生専用光ディスク	876	シェーピング	325
国境における出入国者の監視	665	再生像空間領域制限法	846	ジオメトリー処理	891
骨伝導	547	最大ラン長	122	耳介	484
固定的な閾値マトリックスを用いる方法	73	最適線形予測	124	視覚障害者誘導可視光通信	428
		細分割曲面	183	視覚提示インタフェース	565
コーディネータ	414	細胞のトラッキングの研究	646	視覚伝送系ブロック図	43
コーデック	379	作業草案	909	視覚モデル	512
コピーガード信号	493	サスティナブルセンサネットワーク	401	時間スケーラビリティ	137, 735
コピー世代管理情報	493	撮影感度	805	時間的コントラスト感度関数	19, 20
コミック誌推定販売金額	600	撮影機材	621	時間的な冗長度	129
コミュニケーションロボット	579				

時間に対するフレームと予測方式の関係	130	指紋認証	475	昇華型熱転写	100
時間分解能	611	視野	23	昇華転写方式	863
時間分割複信方式	371	射影変換	168	状況	553
時間領域 OCT	645	視野角特性	818	状況依存	551
色覚バリアフリー	893	車載カメラ	894	商業印刷市場	594
磁気共鳴診断装置	639	写真	94, 96	上下左右画像の差分	81
磁気記録	100	シャドーボリューム	211	条件付きエントロピー	7
色差	31	シャドーマップ法	211, 224	条件付き出現確率	122
色彩ノイズ値 CN	48	遮蔽	25	条件等色	26
色差信号	3	遮蔽手がかり	25	正真性	518
磁気式	565	車両システム	895	冗長度削減手法	129
色度格子縞	18, 19	重合トナー	855	省電力化	398
色度図	27	十字キー	682	衝突防止用車載レーダー	423
色度フリッカ光	20	自由視点画像	2	情報可視化	259
識別	473, 475, 657	囚人問題	521	情報源符号化器の構成	128
識別手法	658	修正マンセル表色系	30	情報セキュリティ	920
時空間画像	514	集団意志決定支援システム	571	情報通信環境の標準化活動	906
ジグザグスキャン	133, 516	柔軟	554	情報通信倫理綱領	475
刺激値直読方法	33	周波数空間	82	情報の互換性	134
シーケンシャル符号化	705	周波数空間上での特徴	152	情報ハイディング	500
シーケンス鍵	495	周波数空間でのフィルタ操作	85	情報バリアフリー	603
自己記述メッセージ	358	周波数スケーラビリティ	137	情報量	6, 7
自己情報量	7	周波数スペクトル	3	証明可能安全性	465
自己相関関数	4	周波数ドメインでの特徴量	152	証明書失効リスト	469
自己相関関数と電力スペクトルの関係	5	周波数分割複信方式	371	照明変動	660
辞書	711	周波数変調	74	小領域	153
耳垂	485	周波数ホッピング	421	小領域に注目した手法	153
指数ゴロム	737	周波数領域 OCT	645	使用履歴メタデータ	292
システムオンチップ	105	周波数領域のマスキング特性	143	色域変換	35
次世代 DVD	871	周波数領域利用法	507	植栽の揺れ	659
施設・地区内の要注意人物監視	665	終了タグ	341	ジョグダイアル	545
視線	548, 549, 572	主観的評価	43	植物の観測	613
耳尖	485	主観評価	53	書式	347
自然階調画像	3	主観評価実験	40	序数尺度	44
事前計算放射輝度伝搬	212	種々の画像診断装置の特徴比較	632	書籍，雑誌の販売金額	594
シソーラス	154	受信準備確認信号	766	書体	787
視体積交差法	90, 630	主走査	9, 63	触覚	544, 548
質感	49	主体認証	467	ショット	560
実在画像	2	出現	363	処理耐性	527
実世界指向	538, 550	出現頻度の高い漢字とその使用率	932	史料改竄	623
失敗	554	術前・術中の画像支援	647	資料館	940
湿板写真法	800	出版印刷市場	594	資料の保全と形態の安定	622
実名	574	出力参照型画像状態	775	耳輪	485
自動指紋識別システム	476, 479	受動的手法	89	白黒画像	2
シートフィードスキャナ	808, 811	腫瘍の悪性度	638	白黒画像のエントロピー	8
時分割多重接続	748	循環器部門専用 PACS	649	白黒逆転	77
指紋画像	475	循環器用ならびに消化器用 X 線診断装置	634	シーン	564
指紋個人認証システム	476, 479	順次走査	8, 69	心筋生存能	638
指紋センサ	477	準ミリ波帯	422	シンク主導	397
指紋特徴	475, 478	上位層	136	新原理メモリ	105
				人工指紋	474
				人工知能	687
				伸縮モード	858

心臓用 4D 装置	642
人体通信技術	438
身体動作	628
身体動作データのセグメンテーション	631
身体動作データの類似検索	631
人体のスケルトンモデル	691
人体のモデリング	691
人体のモデリング（絵コンテ）	690
人体のモデリング（ポリゴンモデル）	690
侵入検知	657
振幅値の符号化	143
振幅変調	74, 411
人物・車両追跡	659
新聞における画像部の比率	933
新聞における画像部比率分布	933
シーンモード	804
シーン理解	90
心理的要因	49
心理評価	44
心理評価実験の種類	44
心理物理学的測定法	13
心理物理実験方法論	44
心理物理的要因	49

[す]

水系インク	861
推奨露光指数	774
錐体	14
錐体と桿体の絶対閾値	15
錐体ベクトル空間	17
垂直モード	703
推定された胃粘膜の分光画像	37
水平，垂直，ジグザグスキャンの例	133
水平モード	703
数直線符号	709
据え置き型ゲーム機	684
据え置き型ゲーム機比較表	684
スカラー量子化	12
スキニング	235
スキーマ	344
スキーマ言語	344
スキャッタネット	417
スキャナ	807
スキャンドライバ	117
スキャン変換	194
スキャンライン法	195
スクランブル	496
スクランブル鍵	491
スクランブル強度	499
スクリーニング	73
スクリーニングの発生方法による分類	74
スクリーン	605
スクリーン印刷法	829
スクロールバー	542
スケーラビリティ技術	135
スケーラブル化	443
スケーラブルな画像通信	145
スケーラブルフォント	893
スケールスペース	152
スケルトン	235
スタイル	347
スタイルシート	336
スチルビデオ	800
ステガナリシス	501
ステガノグラフィ	500, 521, 921
ステゴ鍵	521
ステゴ画像	521
ステートレス	358
ステレオ観測	612
ステレオ視	612
ストリーミングサービス	376
ストリーム	896
ストリーム暗号	461
ストリームプロセッサ	874
ストリームメディア	900
ストレージサイズ	387
スネルの法則	206
スーパー G3	884
スピーチオ	603
スピント型	827, 828
スペクトラ方式	858
スペクトル拡散	421, 522
スペクトル画像	612
スペクトル帯域複製	143
スペクトル分解能	611
スペクトルマスク	424
スペックル多重	109
スポット光投影法	88
スマートホン	546
スムースシェーディング	207
スリープモード	398
スレッドモデル	402

[せ]

正規マルチパルス符号化	141
正規マルチパルス符号化の励振ベクトル	141
制御復帰信号	703
制限付き最小2乗フィルタ	87
正弦波状のエッジの凹凸検知閾	51
正孔輸送層	832
制作プロセスと感性	689
静止画像	2
静止画像データ圧縮符号化のブロック図	121
静止画の符号化モード	732
脆弱な電子透かし	501
整数型ウェーブレット変換フィルタ	126
生成モデル	139
生体認証	665
静電記録	100
世界の印刷市場動向	595
セキュリティ技術	604
セキュリティプリンティング	605
セグメント	710
セグメントメタデータ	294
世代別家庭用ゲーム機	683
セッション鍵	463
セッション記述プロトコル	744
セッション層	763
絶対閾値	13
絶対評価方式	54
絶対両眼網膜像差	24
セマンティックウェブ	350
セミパッシブタイプ	411
セル方式	370
セルラコンセプト	370
鮮鋭度	46
全球植生指数の月変化	613
全球地球観測システムの構想	608
全極型の線形予測フィルタ	139
線形解読法	461
線形予測	139
線形量子化	11
宣言型コンテンツフォーマット	280
線光源	201
全公立小中学校等の防犯カメラ設置補助	664
センサ	389
センサインタフェース	406
センサネットプロトコル	403
センサネットワーク	396, 916
センサノード	396, 405
扇状走査	9
センシング	405
線スペクトル対	140
線積分畳込み法	256
選択暗号文攻撃	460, 464
選択子	336
選択平文攻撃	460, 464
選択放電	821
全探索	131

線分のサイズと傾きの知覚	22	
前方適応予測	139	
前面投写型	836	
前面レイヤー	772	
専用端末	601	
専用ハッシュ関数	792	
染料	860	

[そ]

素因数分解	463
造影イメージング	643
相関係数	4
相関攻撃	462
相関利用法	511
総合画質評価モデル	52
総合評価用テストチャート	52
相互認証	464, 494
走査回路	117
走査機能	63
走査変換	268
相対両眼網膜像差	24
装置構成	641
装置構成とタイプ	634
装着キーボード	547
装着ディスプレイ	548
増分閾値	15
増分閾値の変化	16
相変化系インク	862
相変化材料	877
相変化メモリ	106
双方向反射特性	38
双方向反射分布関数	37, 223
双方向予測	130
測色	32
測色的色再現	33, 49
組織高調波イメージング	642
組織的ディザ画像	710
組織的ディザ法	505
組織ドプラ法	642
ソーシャルネットワーキングサービス	571, 574
ソーシャルロボット	579
素数	463
ソフトキーボード	545
ソフトパターンマッチング	710

[た]

第1世代	369, 748
第2世代	369, 748
第3世代	369, 748
第7世代家庭用ゲーム機比較表	683, 684
ダイアログボックス	542
帯域拡張	144
大域照明モデル	213
大域的な形状特徴	152
大域的な色彩特徴	152
帯域分割フィルタ	125
大画面透過型LCD	813
体感型ゲームと擬似3D描画技術の出現	686
待機電力	103
ダイクロイックプリズム	839
ダイジェスト	563
胎児診断用3D装置	642
対称鍵暗号	460
対称性のよい横長SRAMセル	105
対象に注目した検索	153
代数的攻撃	462
代数表現	171
耐性	506, 514
体積化技術	107
体積走査スクリーン方式	843
耐タンパ化	489
帯電	98
帯電プロセス	853
タイトル鍵	494
ダイナミックレンジ	67
ダイバーシティ	372
代表的な開口のMTF	47
代表的な予測式	124
タイプフェース	787
タイムスタンプ	759
タイムホッピング	421
対面・同期型グループウェア	570
対面・非同期型グループウェア	571
測色	32
太陽光の反射率スペクトル	610
大容量フラッシュのRTS	104
大容量フラッシュの次世代4ビット/セル記憶方式	104
大容量フラッシュメモリ	104
滞留	659
タイル分割	146
ダイレクトSMTP	770
多眼式立体動画像表示方式	110
多眼入力	64
タグ固有ID	412
ダゲレオタイプ	94
多元接続方式	370
多時期観測データの利用	613
多視点3次元入力	65
多視点画像	2
多視点画像の幾何	91
多視点のビデオ映像	629
多重解像度近似	509
多重解像度表現	178, 509
多重器	490
多重勾配反転エコー	641
多重スピンエコー	641
多重の解像度空間上での特徴	152
多重分光スペクトル画像を合成	613
タスク分析	536
多相QMFフィルタバンク	143
たたみ込み	84
多断面再構成	636
多値化・多重化技術	107
多値記憶方式	104
多値符号化モデル	123
タッチパネル	541
他人間照合	473
ダブルクリック	540
ダブルバルーン内視鏡	644
ターミネーティング符号	702
単一刺激連続品質評価法	54
単一周波数ネットワーク	307
段階スタイルシート	336
段階的	338
単語間スペース	504
タンジブル	551
単純	554
単純2値化	810
単純マトリックス駆動とその表示光	117
単純マトリックスディスプレイ	116
単純マトリックスディスプレイとアクティブマトリックスディスプレイの表示光	118
単純マトリックスディスプレイの基本構造	116
ダンスロボット	579
断層面再生方式	843
タンデムシステム	853
タンデム方式	851, 852
端点	477
弾道電子電子源	831
単板式	897
単板式によるカラー画像の入力	66
単板方式	444
端末プラットフォーム領域	915

[ち]

地域・国内標準化	909
地域医療情報ネットワーク	649
地域観測	617
地域性	690

チェックリスト	537	**[つ]**		低速モデム	764
置換誤り	710	追記型光ディスク	876	定着プロセス	855
地球環境・資源管理	613	追記記録	877	定量化	672
地球観測衛星 LANDSAT	607	追跡	90, 657	ディレクトリサービス	301
地球観測システム	609	追跡手法	658	適応的選択暗号文攻撃	464
地球観測分野	614	通学路での実験イメージの例	664	適応テンプレート	706, 708
地球資源探査	614	通信プロトコル	145	適応配分と利得	142
逐次的符号化	705	ツリールーティング	416	適応符号化	133
蓄積型	769	**[て]**		適応符号化のための矩形ブロック内でのフィールド構造変換	133
地上デジタル	490				
地図および地理情報システム	616	低位レイヤー整合性情報要素	768	適応変調	372
地図情報と衛星画像の重合せ	614	低温ポリシリコン	815	適応予測	124
着うた	392, 393	低温ポリシリコン TFT	835	適合率	560
着うたフル	392, 393	低解像度画像	3	テキスト・画像融合型の内容検索技術	153
着色粒子	97	低コントラストの欠陥	678	テキスト型検索の課題	151
着メロ	392	ディザ法	811, 826	テキスト型の画像検索の実現方式	151
チャンネルチューニング	491	ディジタルアイテム宣言	742		
中間調画像	3	ディジタルアーカイブの応用	618	テクスチャの構造的特徴	152
中間転写ベルト	852, 853	ディジタルアーカイブの概要	618	テクスチャの周波数特徴	152
中国の印刷業者	596	ディジタル映像	559	テクスチャマッピング	218
注釈	154	ディジタル X 線画像	634	テクトロニクス方式	59
中心窩	14	ディジタルオーディオ用光ディスク	876	デザイナー	536
超音波式	565	ディジタルオンデマンド印刷	602	デジタルコミック協議会	601
超音波診断装置	641, 642	ディジタルカメラ	774, 800	デジタルコンテンツ白書 2006	598
聴覚提示インタフェース	567	ディジタルカメラの構成	801	デジタル放送	490
聴覚特性	143	ディジタル合成処理	623	手順終了信号	766
鳥瞰図画像	612	ディジタルコンテンツの市場規模	599	デスクトップ	542
長期運用技術	401			デスクトップメタファ	541
超高屈折率	801	ディジタル識別子	299	テストチャート	781, 934
超高速 MRI	641	ディジタル識別信号	766	テストデータ	934
超広帯域	420	ディジタルシネマ	443	データアグレゲーション	399
調子	45	ディジタルシネマイニシアティブ	447	データ攪拌部	460
超常磁性酸化鉄	646			データ駆動回路	116
調整法	13	ディジタルシネマ実験推進協議会	444	データサイズの概念図	149
超多眼ディスプレイ	843			データ通信速度	384
頂点の分布密度に基づく特徴	155	ディジタル送信信号	766	データ転送	866
丁度可知差	29	ディジタルハードコピーの色再現	34	データドライバ	116
直視型	113			データの補正	610
直接拡散	421	ディジタル複合機	886	データパーティショニング	137
直接感熱発色方式	863	ディジタル命令信号	766	データ分割型階層データ表現	137
直接操作	540	ディジタルラジオ	394	データリンク層	762
直接変換方式 X 線平面検出器の構造	635	低侵襲治療	647	手続き型コンテンツフォーマット	280
		ディスク鍵	494		
直流成分	516	ディスプレイの駆動方式と 3 原色	118	デバイスインデペンデントな色再現	35
チョコパラ SSS	564, 577				
チョコパラ TV	563	ディスプレイの（自）発光型と非発光型	114	デバイス鍵	494
著作権	488			デバイス検査	667
著作権保護	488	ディスプレイの直視型と投射型	113	デバイス座標系	169
直感的操作	538			デバイスドライバ	386
直交変換符号化	124	ディスプレースメントマッピング	219	デバイス非依存	771
ちらつき	9			デプスソートアルゴリズム	193

デプスマップ入力	64	
手振り	572	
テーブルルーティング	416	
手振れ補正	69	
デブロッキングフィルタ	738	
デュアルプライム予測	731	
テレイグジスタンス	565, 581	
テレオペレーション	565	
テレビ電話	378, 392	
テレビ電話サービス	377	
テレビの主観画質評価法	53	
テレプレゼンス	565	
テロップ	560	
電界放出型ディスプレイ	114	
電気泳動現象	101	
電気泳動ディスプレイ	101	
天空光	201	
点群モデリング手法	256	
典型予測	706	
電子会議室	570	
電子鍵証明書	469	
展示館	940	
電子感度アップカメラ	654	
電子記録	95	
電子記録技術の分類	95	
電子源アレイ	828	
電子コンテンツガイド	296	
電子辞書	601	
電子写真感光体	856	
電子写真技術の発展動向	97	
電子写真記録	97	
電子写真記録技術	95	
電子写真記録プロセス	97	
電子写真プリンタ	98	
電子出版	600	
電子書籍	600	
電子書籍の市場規模の推移	601	
電子署名	463, 465	
電子署名法	459	
電子透かし	144, 489, 500, 807, 921	
電子政府推奨暗号	460, 462	
電子タグ	409	
電子デバイスの検査	674	
電子内視鏡	644	
電子内視鏡診断装置	644	
電子捺印	465	
電子認証	467	
電子認証制度	468	
電磁波の反射・散乱特性	610	
電磁波を利用した画像診断装置	633	
電子番組表	490	
電子PTZ機能	655	

電子粉流体ディスプレイ	101	
電子ペーパー	101, 602	
電子ホログラフィの基本概念	112	
電子ホログラム	111	
電写研究会雑誌第1巻第1号発刊	924	
電写研究隣組から電写研究会	924	
転写プロセス	854	
電磁誘導方式	410	
電子輸送層	832	
展示用資料画像表示画面例	624	
電子割符	505	
転送データ概念図	150	
伝送符号化画像の劣化要因	53	
転送量比較	150	
伝達関数	84	
電池寿命測定法	806	
電波方式	410	
点広がり関数	85	
テンプレート	475	
電力解析攻撃	461	
電力効率 η_p	835	
電力スペクトル	4	
電力スペクトル密度	4	

[と]

同一チャンネル干渉対策技術	312	
投影再構成の原理と再構成アルゴリズム	636	
投影切断面定理	637	
投影変換	79	
透過型LCD	815	
透過型ディスプレイ	114	
動画擬似輪郭	840	
動画像	2	
動画偽輪郭	823	
動画符号化器の基本的な構成	128	
動画ボヤケ	819	
同期	570	
統合型システム	596	
統合型システムCIM	596	
同次座標	164	
透視投影	166	
投射型ディスプレイ	113	
投写光学系	839	
等色	26	
等値面	186	
頭部装着型ディスプレイ	548	
頭部搭載型ディスプレイ	566	
同報通信暗号	489	
透明体の中の透明な欠陥	678	
登録サーバ	744	
登録指紋テンプレート	475	

登録者認識	473	
トゥーンシェーディング	163	
ドキュメント構造・転送・操作	767	
特徴量	151	
特徴を表わす値	151	
匿名	574	
塗装のむら	678	
ドットゲイン	46	
ドット集中型のAM方式	74	
ドット反転駆動	817	
ドット分散型のFM方式	74	
ドット補正	867	
凸版	95	
トップフィールド	731	
トナー	97, 98	
トナー直接記録	100, 101	
トーナル制御手順	764	
ドナーローラー	854	
飛び越し走査	9, 69	
飛び越し走査（2:1）	9	
トピック	363	
トピックマップ	361, 363	
トピックマップツール	367	
トピックマップの制約言語	362	
トピックマップの問合せ言語	362	
ドプラ効果	643	
ドライバ回路	865	
トラッキング制御	879	
ドラッグ	540	
ドラムスキャナ	808	
トランスポート層	763	
トレーサビリティシステム	433	
トンネリング	373	

[な]

ナイキストレート	10	
内視鏡診断技術	644	
内製の検査機	666	
内挿法	80	
ナイフエッジ法	879	
内容検索	151	
名前空間	343	
奈良大仏の創建時推定3次元モデル	628	
なりすまし	464, 474	

[に]

二重刺激	53	
二重刺激劣化尺度法	54	
二重刺激連続品質評価尺度法	54	
日本国政府アンコール遺跡救済チーム	627	

日本画像学会	934
日本画像学会のテストチャート	936
日本でカラーテレビジョン本放送開始	924
日本でテレビジョン公開実験放送	924
日本でラジオ放送開始	923
日本人間工学会	918
日本の印刷市場動向	593
入力画像群	517
入力処理	68
ニュース文字列配信サービス	393
人間中心設計	536
認証機関	468
認証基盤	464
認証局	464
認知	554
認知的ウォークスルー	537

[ね]

ネイチャーインタフェース	435
熱記録	99
熱現像方式	96
ネットワークアクセス形態	432
ネットワークカメラ	895
ネットワークカメラ：一体型	896
ネットワークカメラ：分離型	896
ネットワークカメラの光学系	896
ネットワーク上での性能比較	148
ネットワーク層	763
ネットワークトリアリティ	572
ネットワークロボット	583
熱バブルオンデマンド型インクジェット	99
ネマティック液晶	816

[の]

ノイズ	48
ノイズ測定方法	774
ノイズの除去	809
脳血流量	638
能動的手法	88
濃度球モデル	186
濃度軸変換	76
濃度パターン法	501
濃度変換の例	657
濃度補間	79
望ましい調子再現特性	45
ノード主導	397
ノーマリーブラック方式	818
ノンインタレース	730
ノンバーバル	549
ノンフォトリアリスティックレンダリング	162, 692

[は]

歯	933
倍	931
バイオメトリクス	472
バイオメトリクス暗号	475
バイオメトリクスセキュリティ	474
バイオメトリック技術	794
バイオメトリック認証	472, 665
背景差分	658
背景に外乱となるパターンがある例	677
背景パターン	677
背景レイヤー	772
バイトバウンダリ	705
バイナリ制御手順	764
ハイパテキストマーク付け言語	784
ハイパメディアおよび時間依存情報の構造化言語	362
ハイパーリンク	501
配布画像	505
ハイブリッド型	728
背面投写型	836
バインド技術	303
バウンディングボリューム	198
白色光像再生	846
白色冷陰極管	814
博物館資料	618
薄膜トランジスタ	117, 838
パケット交換	768
パケット交換方式	886
パケット定額制	602
バーコード	410
パスアニメーション	232
バス認証	494
パスモード	703
パーソナル	538
パターン投影法	88
パターン投影方式	675
パターンマッチング符号化	710
バーチャル・プリントフィー	455
バーチャル型	583
バーチャル型ロボット	583
バーチャルスタジオ	92
バーチャルファクシミリ歴史館	939
バーチャルプログラム	297
バーチャルリアリティ	564
バーチャルリアリティ技術	626

バックスキャッタ	411
バックスタートコード	759
バックライト	814
バックライトスキャン	820
バックライト分割方式	842
パッケージ商品	601
発光型フラットパネルディスプレイ	114
発光効率	835
発光ダイオード	114
パッシブ型	430
パッシブ駆動	834
パッシブタイプ	411
パッシブマトリックス駆動とその表示光	117
パッシブマトリックスディスプレイ	116
パッシブマトリックスディスプレイの基本構造	116
ハッシュ関数	461, 792, 807
ハッシュ計算	466
ハッシュ値	461, 519
ハッシュの危殆化	467
パッチワーク	507
ハッチング	246
パッドビット	705
発熱素子抵抗ばらつき	867
バッファ	134
パーティクルフィルタ	90
バートルソンモデル	46
ハビタット	572
ハーフトーン2値化	811
ハーフトーン法	94
ハフマン符号化	701
パブリック	538
バブルジェット方式	858
ハーフレート化	748
ハミング距離	505
パラメトリック表現	171
パララックスバリアの原理	110
パララックスバリア方式	110, 841
バリアフリー	554
バリフォーカル方式	843
バリュエータ	540
パルスシーケンスとK空間スキャン	641
パルス数変調	822
半影	210
半画素単位	728
犯罪認知件数と検挙率の推移	652
反射型ディスプレイ	114
反射光のスペキュラー性	49
反射光方式形状計測	674

バーンスタイン基底関数	172	
ハンズフリー通話	894	
搬送波式逆PPM	430	
搬送波式順PPM変調	430	
反対色応答	18	
反対色型応答	17	
ハンディ型	64	
半透過型LCD	815	
半導体の組立	674	
半導体メモリの用途・機能の広がり	102	
ハンドオーバー	372	
ハンドスキャナ	808	
反応系インク	862	
バンプマッピング	218, 225	
判別分析法	78	

[ひ]

ピエゾ方式	857
非可逆符号化	121
光干渉トモグラフィー	644
光硬化性のカプセル	96
光コヒーレンス断層画像化法	645
光切断方式形状計測	675
光ディスク	106, 876
光ディスク媒体	107
光ファイバー	452
光メモリ	106
光レポーター	646
非球面レンズ	801
ピコネット	417
微細化	103
非実在画像	2
ビジブル型	583
ビジブル型ロボット	583
ビジュアル記述子	740
微小気泡	643
非常通報	662
微小ミラーデバイス	112
非侵襲	641
非水系インク	862
ヒストグラム	76
ヒストグラム等化	77
非制限動き補償	728
非接触スキャナ	811
非線形処理	82
非線形量子化	11
比帯域幅	420
左手系	165
ピック	540
ピッチ変形・速度変形	144
ビット多重方式	756
ビット幅	444

ビットプレーン	507, 521
ビットプレーン分解	710
ビットマップディスプレイ	540
ビデオオブジェクトプレーン	734
ビデオゲーム機の機種特性	690
ビデオゲームとゲーム性	684
ビデオゲームの教育利用例	692
ビデオゲームの市場	679
ビデオゲームの世界市場	679
ビデオゲームの動向	680
ビデオコーデック	381
ビデオサービス	394
ビデオセンサネットワーク	401
非点収差法	879
人以外の認識対象	659
非同期	570
非登録者認識	473
人の視覚系の空間周波数特性	48
人の視覚特性	672
非発光型ディスプレイ	113
ヒープサイズ	387
皮膚の分光反射率	36
微分ヒストグラム	78
微分ヒストグラム法	78
秘密鍵	463
ビーム走査方式	115
ビューイングパイプライン	160
ビューポート変換	169
ビューボリューム	167
ビューモーフィング	234
ビュレット	332
病院情報システム	648
描画プロセッサ	889
表示むら	670
標準一般化マーク付け言語	362, 784
標準音楽記述言語	362
標準化活動	918
標準化作業	909
標準画像	789
標準規格	908
標準色票	32
標準出力感度	774
標準の光	32
表色系	26, 27
標本化	10
標本化周波数	10
標本化定理	10, 84
標本点	10
表面下散乱	222
表面上の点の相対的位置関係に基づく特徴	155
表面色	30

表面伝導型	827
表面伝導型エミッタディスプレイ	830
平文	460
ヒルベルト走査	9, 10
比例尺度	44
ビンストリング	738

[ふ]

ファイヤウォール	770
ファイルフォーマット	146, 380, 382
ファクシミリ	882
ファクシミリ画像	503
ファクシミリ関係の入出力系の評価	934
ファクシミリの原理	923
ファクシミリブロック終端符号	705
ファーストキャプチャの重要性	621
ファミコン	682
フィード	344, 352
フィードバック	539
フィードリーダ	353
フィールド	9
フィールドエミッションディスプレイ	827
フィールド調査	536
フィルビット	703
フィルムの感光感度	96
フォーカシング	878
フォトダイオード	71
フォトリアリスティックレンダリング	692
フォトンマッピング法	215
フォトンマップ法	161
フォーマット化オブジェクト	347
フォン	199
フォント情報交換	787
フォント属性	787
フォント特性	339
フォンのスムースシェーディング	208
フォンのモデル	204
不可視画像	2
不可視線イメージセンサ	73
負荷変調	411
不気味の谷	581
複屈折制御	815
複合画像診断装置	646
複合メディアサービス	394
複写機や複合機の画像再現性	934

複数光源法	88	
複数センサデータの融合	613	
複数ライン一括処理型	700	
副走査	9, 63	
符号誤り耐性・フレーム消失隠蔽	144	
符号化	737	
符号化ストリーム	132	
符号化制御技術	134	
符号化の原理	139	
符号化のための動画像シーンの分割例	135	
符号化方式間の互換性	135	
符号間干渉	882	
符号駆動線形予測符号化	140	
符号分割多重接続	748	
府省認証局	464	
不正コピー防止	490	
不正領域の通過	658	
プッシュ型	858	
プッシュ型ウェブキャスティング	354	
プッシュプル法	879	
物体空間アルゴリズム	193	
物体光	108	
物体色分光データベース	789	
物理エンジン	688	
物理層	762	
物理デバイスタイプ	414	
部品の認識	667	
舞踊の感性評価	631	
舞踊の定量評価	631	
プライバシー保護	469	
プライバシー保護機能	655	
プライバシーマーク	471	
ブラウン管	113	
プラズマディスプレイ	114, 820	
フラッシュメモリ	388	
フラットスクリーン	272	
フラットパネル検出器	634	
フラットパネルディスプレイ	113	
プラットフォーム	583, 585	
フラットベッド型	64	
フラットベッドスキャナ	808, 811	
フーリエ級数展開	83	
フーリエ変換	3	
フリッカ	9	
フリッカノイズ	513	
ブリッジ認証局	464	
ブリーディング	861	
プリプレス	593	
プリメッセージ手順	764	
プリン	199	
プリンタでのFMスクリーン	75	
プリンのモデル	205	
フルカラー表示	541	
ブルーノイズマスク法	75	
フレキシブルディスク	110	
プレセレクタ	479	
プレゼンスサーバ	576	
プレゼンテーション層	763	
プレフィルタ	143	
フレーム	9	
フレームインタライン転送方式	71	
フレーム間符号化	128	
フレーム集合DTD	330	
フレームチェックシーケンス	765	
フレーム転送方式	70	
フレームとフィールド	129	
フレームバッファ	194	
プロキシサーバ	744	
ブログ	352, 574, 575	
プログレッシブJPEG	145	
プログレッシブ画像	730	
プログレッシブ走査	69	
プログレッシブ走査方式	64	
プログレッシブダウンロード	377, 378	
プログレッシブ符号化	705	
プロジェクタ	113, 836	
プロジェクタの光源	840	
ブロック暗号	460, 792	
ブロック符号	126	
ブロックマッチングによる動き検出	131	
ブロックマッチング法	131	
ブロックレベル要素	331	
ブロップ	153	
プロトコル制御情報	762	
プロトコルデータ単位	762	
プロトタイプ	537	
プロファイル	728, 733	
プロファイル仕様	419	
フロントプロジェクタ	836	
分科会SC34	918	
文化財画像システム	620	
文化財画像の高画質表示	624	
文化財と所要画像技術	619	
文化財とディジタルアーカイブ	618	
分割撮影の問題点	622	
分岐点	477	
文献資料	619	
分光画像と色再現	35	
分光測色方法	33	
分光反射率	34, 36	
分光反射率の推定	36	
分子イメージング	645	
文書インスタンス	784	
文書型宣言	330, 344	
文書型定義	329, 784, 785	
文書スキーマ定義言語	786	
文書スタイル意味指定言語	787, 919	
文書の処理と記述の言語	361, 918	
分析合成ボコーダの励振ベクトル	140	
文脈選択子	336	
分類辞書	294	

[へ]

平滑化	82
平滑化マスク	82
平均主観評価値	51
平均情報量	121
平均相互情報量	7
平均二乗誤差	57
平均ラン長	122
平行移動	163
平衡感覚・移動感	568
平行投影	166
平行配向モード	815
米国でテレビジョン放送開始	924
米国ラジオ放送開始	923
平板方式	95
平面対象物の事例	625
ペイロード	501
ベクターグラフィックディスプレイ	161
ベクトル量子化	12
ページイメージ	347
ベジエ曲線	172
ヘッド電圧補正	867
ヘッドの蓄熱モデル	867
ヘッドマウントディスプレイ	113, 435
ヘッドマウントディスプレイ方式	842
ヘッドマウント方式	110
ペットロボット	579
ペン	545
偏角分光画像システム	38, 39
偏角分光反射率の測定例	39
変換符号化	129
変換利得と予測利得の対比	139
変形	182
変形離散余弦変換	142
偏光ビームスプリッタ	839

偏光フィルタ方式	110
遍在	549
偏自己相関	140
変調伝達関数	46
変調伝達関数の決定	47
変調方式	371
ベンド型	858
偏波観測画像	616

[ほ]

ポインティングデバイス	540, 541
ポイント	931
方向性周波数成分	87
方向性フィルタ	86
方向別 Kirsch オペレーター	82
方向別 Prewitt オペレーター	82
方向別周波数成分からの画像復元	87
放射線情報システム	648
放射線治療装置	647
放射電力制限	423
防振機構	804
法線ベクトル	192
法線ベクトルの補間	208
法線マッピング	225
法線マップ	219
包装印刷市場	595
放送監視システム	501
防犯カメラ設置に係る行政の支援形態	663
防犯カメラ導入	664
防犯優良マンション標準認定基準	664
放物線弧近似	487
ボクセル	254
ボクセル値	88
ボケ	809
ぼけの測定方法	51
歩行ロボット	579
ポストフィルタ	143
ポストメッセージ手順	764
ボタン	540
ホットエレクトロン電子源	831
ポッドキャスト	355
没入型	566
ボトムフィールド	731
ホームアドレス	373
ホームエージェント	373
ホームカメラ	660
ホームカメラシステム	660
ホームカメラへの応用	660
ホームネットワーク	373
保有個人データ	470
ポリゴンゲームの制作プロセス	689
ポリゴン対の相対的位置関係に基づく特徴	155
ポリシング	325
ポリパラフェニレンビニレン	832
ポリフルオレン	832
ボリューム可視化	254
ボリュームレンダリング	225, 255
ポーリング方式	406
ホログラフィ技術	604
ホログラフィック・ステレオグラム方式	847
ホログラフィックスクリーン方式	842
ホログラフィックステレオグラム方式	112
ホログラフィックメモリ	108
ホログラフィックメモリでの記録	108
ホログラフィックメモリでの再生	109
ホログラフィテレビジョン	112
ホログラフィ方式	844
ホログラム記録	108
ホワイトバランス	68
本影	210
本人間照合	473

[ま]

マイクロカプセル	863
マイクロホログラム方式	109
マイニューシャ	477
マウス	541
マウスポインタ	542
マーカー	565
マクロブロック	135
マスク操作	81
マスクレイヤー	773
マスター鍵	491, 493
マーチングキューブ法	254
マッハバンド	21, 22
マッハバンド効果	207
マッハバンドを説明するモデル図	22
マッピング	217
マップマッチング技術	890
マトリックスディスプレイ	115, 116
マトリックスディスプレイの駆動	116
マトリックスデータタイプ	739
マルコフモデル符号化	122
マルコフモデル符号化の多値画像情報源への適用	123
マルコフ連鎖モンテカルロ法	659
マルチキャスト	896, 901
マルチキャストサービス	377
マルチキャストスヌーピング	901
マルチキャスト方式	317
マルチキャリア方式	421
マルチタップ	545
マルチパルス符号化	140
マルチパルス符号化の励振ベクトル	141
マルチバンドカメラ	36
マルチページ信号	766
マルチホップ	398
マルチメディアアプリケーション	392
マルチメディア客観評価法	59
マルチメディア内容記述スキーム	740
マルチモダリティ PACS	649
マルチモダリティ画像法	646
マルチモーダル	549
マルチリーフコリメーター	647
マンセル色立体	30
マンセル色票集	30
マンセル表色系	29
マンモグラフィー CAD システム	650

[み]

味覚	569
右手系	165
三つ組	351
密着型センサ	808
ミップマップ法	222
みどり II	606
ミドルウェア	386, 401, 687
みなし音声	771

[む]

無記憶情報源	123
無形文化財のディジタルアーカイブ	628
無線 PAN	420
無線アクセス	370
無線タグ	409
無線通信	805
むら検査の自動化	672
むらの領域	672
むら補正	866

[め]

名義尺度	44
明視野検査	668
明視野方式	668
明順応	13
明順応閾値	15
明度ノイズ値 LN	48
メインプロファイル・メインレベル	733
メークアップ符号	702
メタデータ	289, 443, 450
メタデータディクショナリ	776
メタファ	542
メタボール	186
メッセージ確認信号	766
メッセージ終了信号	766
メッセージ伝送	764
メッセージ添付型ディジタル署名	793
メッセージ認証	461
メッセージ認証コード	792
メッセージ復元型ディジタル署名	793
メディア ID	494
メディアアクセス制御	399
メディア鍵	494
メディアスペース	572
メディアンフィルタ	82
メニュー	542
メモリアクセス形態	432
メモリスティック	389
メーリングリスト	575
面光源	201

[も]

モアレ	75
網膜内神経節細胞の受容野構造	22
目視評価	50
文字画像の画質要因	50
文字グリフ	503
文字の書体	931
モーションキャプチャ	235, 236, 629, 691
モーションセンサ機能	655
モーションデータからの動作の再現	630
モディファイドハフマン符号	126
モディファイドハフマン符号化方式	700
モディファイドリード方式	926
モデム CPU	386
モデリング	160, 690
モデリング座標系	169
モデリング変換	169
モデルテンプレート	706
モデルヒューマンプロセッサ	537
モデルベース法	524
モード法	78
モバイル DRAM	103
モバイル IP	372, 373
モバイル IPv6	374
モバイル電子透かし	501
モバイルナンバーポータビリティ	391
モバイル分野	914
モバイル放送領域	916
モビリティ管理	372
モーフィング	233

[ゆ]

有機 EL	389, 831
有機 EL 素子の構造	832
有機 EL ディスプレイ	114, 833
有機 EL ディスプレイの駆動	834
有機発光ダイオード	833
有機半導体膜イメージセンサ	73
有機半導体膜イメージセンサの構造	73
優勢シンボル	709
優先順位アルゴリズム	193
有理ベジェ曲線	174
歪みの補正	79
床面照明の可視光通信	428
ユーザ	536
ユーザ嗜好メタデータ	292
ユーザメタデータ	294
ユニキャスト	896
ユニキャスト方式	317
ユニバーサルデザイン	554, 604
ユビキタス	549, 550
ユビキタスコンピューティング	916
ユビキタス分野	916
指さし	549

[よ]

陽関数表現	171
要素の内容	341
要注意人物監視のおもな事例	666
陽電子放出核種	639
溶融転写方式	863
予測係数	140
予測誤差	123
予測参照画素位置	123
予測符号化	123, 129, 507
予測符号化のブロック図	123
予測モード	732
読み出し方式	69

[ら]

ライトバルブ	836
ライブ映像	376
ライフタイム	397
ライフログ	437
ライン逐次処理型	700
ライン同期信号	703
ライン反転駆動	817
ラジオシティ法	161, 213
ラジオボタン	542
ラジオメトリック分解能	611
ラジオメトリック補正	610
ラスタグラフィクス	161
ラスタグラフィックディスプレイ	161
ラスタスキャンディスプレイ	265
ラプラシアン	80
ラプラシアンマスクと高域強調	81
ラプラス分布	6
乱数検定	462
ランバートの余弦則	201
ランレングス符号化	122, 503, 700
ランレングス符号化の原理	122

[り]

リアプロジェクタ	836, 840
リアリスティックレンダリング	191
リアリゼーション	260
リアルタイム型	770
力・触覚提示インタフェース	567
力覚	544
陸域観測技術衛星 ALOS	614
リーク電流低減回路	103
離散ウェーブレット変換	145, 509
離散型周波数空間	84
離散コサイン変換	125, 508
離散対数問題	463
離散フーリエ変換	83, 84
リダイレクトサーバ	744
リチウムイオン電池	803
立体視観測	612
立体ディスプレイ	841
立体物資料	619
立体物の事例	625
リードソロモン符号	880

リノーマライズ	709	レンズの高NA化	107
リバーシブル可変長符号	735	連続型周波数空間	84
リハビリテーション法	554	連続信号の量子化	11
リフレッシュ動作の電力	103	連続粒子荷電制御型インクジェット	98
リムーバブルメモリ	774	レンダリング	162, 191, 691
リモートセンシング	606	レンダリング処理	891
リモートセンシング応用	614	レンチキュラーレンズ	604
リモートセンシング技術	609	レンティキュラー方式	110, 841
リモートセンシングの解析	611	レンティキュラーレンズの原理	110
リモートセンシングの今後の計画	607	連邦通信委員会	423
リモートセンシングの市場	606	**[ろ]**	
リモートセンシングの受信・処理	610	ローカル通信	389
リモートセンシングのセンサ	609	ロケータ	540
リモートセンシングの歴史	607	露光プロセス	854
隆線	477	ロスレス符号化	121, 712, 753
流通基盤システム	432	ロゼッタ	75
両眼視差	24	ロゼッタの場所による変化	75
両眼視差方式	110	ロッシー符号化	121
両眼パララックス	24	ロバストな移動体抽出	660
両眼立体視	23	ロボット	578, 667
量子化	10, 131, 507	ロボットインタフェース	578
量子化誤差	10, 507	ロボットへの搭載事例	663
量子化雑音電力	11	ローラー帯電方式	854
量子化ステップサイズ	508	ロングテール	600
量子化テーブル	508	論理デバイスタイプ	414
利用状況	536	**[わ]**	
両方のドメインにまたがる特徴量	152	ワイドダイナミックレンジカメラ	654
リレーション	478	ワイヤグリッド偏光子	839
隣接画素との差分	80	ワイヤーフレームモデル	735
[る]		ワイル符号	701
類似度	151, 473	ワーク鍵	491
[れ]		ワークフロー	571, 605
レイアウト	691	ワックス熱転写	100
レイジーモード	525	和文書体の大きさ	932
レイトレーシング法	161, 196	割り込み方式	406
黎明期のゲーム技術	685	ワールド座標系	169
レイヤーケーキ	350	ワンセグ放送	750
レーザー走査	97	**[A]**	
レーザービームプリンタ	851	AAA	375
レスキューロボット	579	AAC	380, 750, 751
レゾリューション	300	AAC Profile 3	379
レーダー走査	9	AACS	493, 495
劣勢シンボル	709	AACS LA L.L.C.	495
レベル	733	absolute binocular disparity	24
レベルセット法	90	absolute category rating	56
レベル調整	825	absolute threshold	13
レリーフ	50	ACELP	141, 747
レンズシフト式	804		

ACELPの励振ベクトル	141
ACR法	56
Active Badge	553
Ad hoc on-demand distance vector algorithm	416
ADADA	914
adaptation layer protocol data unit	757
adaptation layer service data unit	757
adaptive chosen ciphertext attack	464
adaptive frequency hopping	419
adaptive modulation	372
adaptive template	708
additive color mixture	26
ADEOS-II	606
advanced access content system	493
advanced audio coding	750
Advanced Encryption Standard	460
advanced super-V	819
AES	460
AES128	452
affine transform	79
affine transformation	165
AFH	419
AFIS	476, 479
AIVO	580
Ajax	360
algebraic representation	171
aliasing	222
AL-PDU	757
Alq$_3$	832
ALS	751, 753
AL-SDU	757
Alto	541
alt属性	557
ambient light	202
American National Standards Institute	911
amplitude modulation	605
AMR	379, 380, 748, 749
AMR-WB	749
AMR-WB+	749
AMスクリーン	74
AMスクリーン方式	605
ANSI	911
ANTH	405
AODV	416
AOM	112
APC	825
aperture color	29
API	387, 575

application programming interface	387	
application server	376	
APSフィルム	802	
AR	436, 550	
AR Face Database	483	
ARIB-STD-B38	290	
ARIB規定	874	
ARM	387	
ARPU	391	
ARQ	372	
AS	376	
a-Si	856	
a-Si TFT	835	
Asia Digital Art and Design Association	914	
ASIMO	582	
ASK変調	411	
ASM方式	320	
ASN.1	769	
association	363	
association of radio industries and business	874	
ASVモード	819	
AT	708	
AT attachment packet interface	874	
ATAPI	874	
Atom	355	
Atom 1.0	355	
Atom publishing protocol	358	
Atom syndication format	355	
audio lossless coding	751	
augmented reality	436	
Augmented Reality	550	
augmented reality	566	
authentication, authorization and accounting	375	
autocorrelation function	4	
automated fingerprint identification system	476	
automatic repeat request	372	
AVC	736	
average revenue per user	391	
awareness	572	
AWR-WB+	379	

[B]

Bスプライン曲線	173
Bスライス	736
Bピクチャ	517
background layer	772
BAS	757
Basic image interchange format	783
Basic Profile	381
basic rate	419
BBS	575
BCMCS	379
BD	876, 881
BDRF	37
Bernstein	172
Bézier clipping	242
Bézier curve	172
bidirectional reflectance distribution Function	199
bidirectional reflectance distribution function	223
bi-directional reflectance distribution function	37, 223
BIFS	396
BIIF	783
bi-linear interpolation	80
bin string	738
binary format for scenes	396
binary space-partitioning	193
binocular parallax	24
binocular stereopsis	23
BioAPI	795
Biometrics application programming interface	795
bit	7
bitrate allocation signal	757
Blinn	199
blob	153
block matching method	131
Bluetooth	413, 416
Blu-ray Disc	876, 881
blurring	819
BML	281
BODY要素	331
boundary representation	179
BPCS	521
BRDF	37, 38, 199, 223
B-rep	179
BREW	387
broadcast multicast service	379
BSD	831
BSP	193
B-spline	173
BSデジタル	490
BT方式	58
bump mapping	218
button	540

[C]

C2暗号	494
CABAC	738
CAD	162
CADシステム	650
called	765
calling	765
CAM	49
Camellia	460
carrier sense multiple access/collision detection	416
cascading	338
cascading style sheets	336
cathode ray tube	113
Catmull-Clark細分割曲面	183
CAVE	272, 566
cave automatic virtual environment	566
CAVLC	738
CBC	461
CBC-MAC	461
CBEFF	795
CCA1	464
CCA2	464
CCD	69, 802
CCDイメージセンサのおもな転送方式	70
CCDにおける電荷転送	69
CCIT	906
CCITT	906
CD	871, 909
CD-DA	876
CDF	354
CDMA	371, 748
CDMA2000	369
CDMA2000 1X	370
CD-R	876
CD-Recordable	876
CD-ReWritable	876
CD-ROM	683, 876
CD-RW	876
CED信号	765
CELP	140
CELPの符号化モデル	140
CELPの励振ベクトル	141
CERN	328
certification revocation list	469
CFB	461
CFR	766
CGH	112, 845
CGM	598, 782
Channel definition format	354
charge coupled device	69
chosen ciphertext attack	464
chosen plaintext attack	464
chromatic flicker	20

chromatic grating	18	
Chromatic Noise	48	
chromaticity coordnates	27	
C-HTML	382	
cid	301	
cIDf	303	
CIE	27	
CIE RGB 表色系の等色関数	28	
CIE の色差式	31	
CIF	726	
CIM	596	
CIM を構成する MIS の課題	597	
CineON ガンマ特性	445	
CIP4	596	
CIPA	806	
cipher block chaining	461	
cipher feedback	461	
CIS	808	
clear to send	399	
clipping	168	
CMOS	389, 802	
CMOS イメージセンサ	71	
CMOS イメージセンサの画素構造	72	
CMOS イメージセンサの全体構造	71	
CNG 信号	765	
CNT	827	
CNT 型	829	
code division multiple access	748	
code excited liner prediction	140	
Colab	571	
cold cathode filament lamp	814	
color difference	31	
color difference signal	3	
color matching	26	
color picture	2	
color system	27	
colorimetric	49	
colorimetric color reproduction	33	
colorimetry	32	
colour rendering	775	
Commission Internationale de l'Eclairage	27	
Committee Draft	909	
Common biometric exchange file format	795	
common intermediate format	726	
compact disc	871	
compact disc digital audio	876	
computer aided design	162	
computer generated hologram	112	
Computer graphics metafile	782	
Computer Information Process 4	596	
computer integrated manufacturing	596	
computer integrated manufacturing	596	
computer supported cooperative work	570	
computer to plate	76, 602	
computer tomograph	87	
computer-aided classification	650	
computer-aided detection	650	
cone	14	
conic	171	
constrainted least square filter	87	
consumer generated media	598	
contact image sensor	808	
content protection for recordable media	389, 493	
content scramble system	493	
Contention based MAC	399	
context-based adaptive binary arithmetic coding	738	
context-based adaptive variable length coding	738	
convolution	84	
Coons Award	162	
Core-coder	734	
correlation coefficient	4	
CoSME	447	
counter	461	
cover	500, 521	
CPA	464	
CPqD 方式	58	
CPRM	389, 493, 494	
Craik-O'Brien-Cornsweet illusion	22	
CRL	469	
cross error rate	474	
CRT	115	
CRT ディスプレイ	113	
CRT とビーム走査の原理	115	
CRT リアプロジェクタ	836	
Cryptography Research and Evaluation Committees	459	
CRYPTREC	459	
CS-CELP	141	
CS-CELP の励振ベクトル	141	
CSCW	570	
CSMA/CA	416	
CSPDN	768	
CSR	555	
CSS	336, 493	
CSS 規則	336	
CT	87	
CTP	76, 602	
CTR	461	
CTS	399	
CutKey	438	
CVD	829	
CyberCoaster	563	

[D]

dark adaptation	13	
dark adaptation curve	14	
Data aggregation	399	
Data Encryption Standard	460	
data print service	595	
Dataglass2	435	
Davies-Meyer 法	462	
DCC	750	
DCF	805	
DCI	445	
D-Cinema	454	
DCR 法	56	
DCS	766	
DCT	125, 508	
DCT 係数	508, 516	
DCT の変換基底	125	
DD	397	
DDCP	603	
DDL	739	
decoding time stamp	759	
deformation	182	
degradation category rating	56	
depth-fused 3D	111, 843	
DES	460	
description definition language	739	
design rule for camera file system	805	
desk top publishing	593	
deterministic prediction	706	
device coordinate system	169	
device independent color reproduction	33	
DFD	843	
DFD 現象	111	
DFT	84	
DHTML	361	
DICOM 規格	649	
DID	742	
DIECC	881	
differential pulse code modulation	123	
differentiated services	324	
DiffServ	324	

Digital Cinema Initiative L.L.C. 445	DPCM 123	EFM 881
digital compact cassette 750	DPOF 805	EFMplus 881
Digital Fabrication 99	DPS 595	EFR 748
digital imaging and communication in medicine 649	DPX ガンマ特性 445	EIA 911
	Draft International Standard 909	eigenface 482
digital item declaration 742	DRAM 102	eight to fourteen modulation 881
digital light processing 445	DRAM の $6F^2$ セル 103	eight twelve modulation 881
digital micromirror device 838	DRM 488	electric codebook 461
digital micro-mirror device 115	DS 421	electric program guide 490
digital print order format 805	DSC/SMI 775	electrically controlled birefringence 815
digital signal processor 384	DS-CDMA 371	
digital still camera / sensitivity metamerism index 775	DSCQS の画像提示方法 54	electroluminescence 831
	DSCQS 法 54	electro-magnetic tracker 565
digital video broadcasting 279	DSD 754	Electronic Industries Association 911
digital video tape recorder 871	DSDL 345, 786	
digital watermark 500	DSIS の画像提示方法 55	Elgamal 暗号 463
direct digital color proofing 603	DSIS 法 54, 55	EMM 491
direct sequence 421	DSP 384	end of line 703
direct sequence spread spectrum 416	DSSS 416	enhanced data rate 417, 419
	DSSSL 787, 919	enhanced full rate 748
direct spreading CDMA 371	DSSSL ライブラリ 787	enhanced variable rate codec 749
direct stream digital 754	DST 754	entity 762
Directed Diffusion 397	DTAM 767	entropy 7
directory service 301	DTC 766	environment mapping 219
DirectX 687	DTCP-IP 489	Environmental data coding system 784
DIS 766, 909	DTD 329, 784, 785	
discrete Fourier transform 84	DTP 73, 542, 593	environmental light 201
DispersiveCast 400	DTS 759	EnviroTrack 404
displacement mapping 219	DVB over IP 279	EOFB 705
DLNA 777	DVD 683, 871	EOL 703
DLP 445	DVD-R/+R 876	EOM 766
DMD 112, 115, 838	DVD-RAM/-RW/+RW 876	EOP 766
DOCTYPE 宣言 334	DVD-ROM 876	EPG 490
document object model 286, 343	DVD-VR 規格 873	EPI 641
document schema definition language 786	DVD レコーダ 871	equal error rate 474
	DVTR 871	error correction mode 705, 766
document schema description languages 345	DWT 145, 509	Ethnomethodology 573
	DWT 係数 510	ETL 832
document style semantics and specification language 787	DWT 係数とデコード画像サイズの関係 146	ETM 881
		ETSI 910
document transfer and manipulation 767	dynamic false contour 823	Eurographics 162
	dynamic HTML 361	even 鍵 492
document type declaration 330	**[E]**	EVRC 379, 380, 749
document type definition 784		explicit function representation 171
DOM 286, 343, 361	ECB 461, 815	extensible markup language 328, 340, 739
dot per inch 67	echo planar imaging 641	
double block interleave error correction code 881	E-Cinema 454	extensible mark-up language 597
	ECM 491, 705, 766, 884	extensible rights markup language 743
double-stimulus continuous quality-scale 54	EDCS 784	
	edge preserving filter 82	extensible stylesheet language 336, 347
double-stimulus impairment scale 54	EDR 417, 419	
	EDTC 400	EZ チャンネル 395
DP 137, 706	EER 474	EZ ムービー 392

[F]

F5	524
Face Recognition Technology	482
false accept rate	474
false match rate	474
FAR	474
fast Fourier transform	84
FastWeb 社	278
FAW	757
FCC	423
FDC	584
FDD	371
FDMA	371
FDML	584, 585
FD-OCT	645
FEA	828
FEC	372
FED	114, 827
Federal Communications Commission	423
FED の動作原理	827
feed	352
Feistel 構造	460
Felica	393
FERET	482, 483
FFD	182, 232, 414
FFS 技術	819
FFT	84
FH	421
field data center	584
field data markup language	584
field emission display	114
fingerprint personal identification system	476
Flash	383
Flash Lite	383
Flashpix	146
flat panel display	113
FLUTE プロトコル	379
FMR	474
FM スクリーン	75
FM スクリーン方式	605
FNMR	474
FO	347
font property	787
foreground layer	772
formatting object	347
forward error correction	372
Fourier transform	3
FPD	113
FPD 検出器の構造	635
FPID	476, 479
FPX	146
FPX のタイル分割と画像サイズの関係	147
fragile watermark	501
frame alignment word	757
free viewpoint image	2
free-form deformation	182
frequency division duplex	371
frequency hopping	421
frequency modulation	605
fringe-field switching	819
FRR	474
FR 法	56
full function device	414
full reference	56
funnel 効果	400

[G]

G センサ	894
G1 ファクシミリ規格国際標準を制定	925
G2 ファクシミリ規格	926
G3 ファクシミリ	764, 883
G3 ファクシミリ規格	926
G3 ファクシミリ標準	700
G4 ファクシミリ	885
G4 ファクシミリ端末特性	769
G4 ファクシミリ通信応用プロファイル	769
G4 ファクシミリ文書応用プロファイル	769
G.711	747
G.722	747
G.722.1	747
G.722.2	747
G.723.1	747
G.726	747
G.727	747
G.728	747
G.729	747
G.729.1	748
GAF	398
gamut mapping	35
gateway GPRS support node	375
GDC	889
GDSS	571
Geminoid	581
GEMS	840
General Packet Radio Service	374
general purpose computation on GPU	258
generalized markup	784
generic markup	784
Generic region セグメント	711
Generic-coder	734
GEOSS	608
GFP	646
GGSN	375
GIF	380
GKS	782
global illumination model	213
global positioning system	553, 888
Global Standards Collaboration	910
Global System for Mobile Communications	374
global system for mobile communications	748
GLV	840
Godlove の色差式	32
Golomb	737
Gonio-photometric imaging system	38
Google Earth	606
GOP	135, 517, 729
GPGPU	258
GPKI	464
GPRS	374
GPS	553
GPS 技術	888
GPS ナビゲーション	393
GPU	265, 384, 388
Graininess Index	48
graphic display controller	889
graphic user interface	539
graphical user interface	539
Graphics kernel system	782
graphics processing unit	384
Grassman's laws	26
grating electro-mechanical system	840
grating light valve	840
GREE	576
group decision support system	571
group of picture	135
group of pictures	729
group special mobile	369
groupware	570
GSC	910
GSM	369, 374, 748
GUI	539

[H]

H.221	756
H.223	757
H.248.1	771
H.261	726, 898

H.263	379, 380, 727	home agent	373, 375	implicit function representation	171
H.263++	727	home location register	375	impulse radio	421
H.264	379, 380	home network	373	impulse response	84
H.264/AVC	512	home subscriber server	376	IMRT	647
H.320	378, 743	HomeRF	413	IMS	372, 376
H.323	743, 771	homogeneous coordinates	164	IMS/MMD	375
HA	373, 375	Horn-Schunk method	130	IMS アーキテクチャ	376
Habitat	572	hospital information system	648	IMT-2000	369, 370
Halftone region セグメント	711	HPDM	524	increment thresholds	15
H-anim	783	HRP	582	induction heating	855
Haptic Interface	544	HRR	422	industry/science/medical	412
haptics	567	HSDPA	370	information hiding	500
harmonic vector excitation coding	751	HSS	376	information visualization	259
HARP 撮像管	72	HTL	832	in-plane switching	814, 819
HARP 撮像管の動作原理	72	HTML	328, 382, 784	INS-P	886
HCI	917	HTML 3.2	328, 329	Institute of Electrical and Electronics Engineers	911
HD	443	HTML 4.0	329	intensity modulated radiotherapy	647
HD DVD	876, 881	HTTP	147, 328, 356, 357, 901		
HD DVD-R	871	human computer interaction	917	Interaction	544
HD DVD-RAM	871	Humanoid animation	783	interactive shading language	271
HD DVD-ROM	871	HVXC	751	interlace scanning	9
HD DVD-RW	871	HyperText	542	International Stand	909
HD DVD-Video	872	hypertext markup language	784	International Telecommunication Union	875
HD DVD-VR	872	HyTime	362		
HD DVD 規格	873	HyTime トピックマップ	365	Internet Aware FAX	887
HDLC	758, 765	HyTM	365	Internet Engineering Task Force	328
HDML	382	**[I]**			
HDTV 客観評価法	59	I スライス	736	internet imaging protocol	147
HE AAC	379	I ピクチャ	517	interrogating-CSCF	376
HE-AAC	380	i モード	391	inter-symbol interference	882
head mounted display	435, 548, 566	IAF	887	INTRA 予測	736
HEAD 要素	330	ICC プロファイル	789	inverse Fourier transform	3
HEED	831	I-CSCF	376	inverse kinematics	235
Helix DRM	488	IC カード	393, 538	inverse square law	200
hidden surface removal	191	IC タグ	409, 430, 917	invisible image	2
high level data link control	765	ID タグ	551	IP	111, 844
high resolution radar	422	IEC	909	IP multimedia subsystem	372, 376
high speed downlink packet access	370	IEEE	911	IPS モード	814, 816, 819
		IEEE802.11b/g	419	IPT	566
high-level data link control	758	IEEE 802.11 DCF	399	IPTV サービス	278
Hilbert scanning	9	IEEE802.15	425	IPv6 マルチサービス実験のイメージ例	665
HIME	460	IEEE802.15.1	417		
HIS	648	IEEE802.15.4	407, 414	IS	909
HIS/RIS/PACS の構成とデータの流れ	648	IEEE802.15.4a	414	IS-95	369
		IETF	328, 372	ISDN	768, 885
histogram	76	Iguana OS	386	ISDN 回線交換モード	768
HI シンポジウム	544	IH 加熱	855	ISDN 基本インタフェース	768
HLC	768	IIP	147	ISDN パケット交換モード	768
HLR	375	IM	575	ISI	882
HMD	113, 435, 548, 566, 842	image analogies	245	ISL	271
HMD 方式	846	immersive projection technology	566	ISM	412
home address	373			ISO	908

ISO 20462	44	
ISO Base Media File Format	381	
ISO, JIS のテストチャート・テストデータ	937	
ISO/IEC 13250	362	
ISO/IEC 13660	48	
ISO/IEC 15445	329	
ISO/IEC 15963	412	
ISO/IEC 18000	412	
ISO/IEC JTC1	909	
ISO/IEC JTC1/SC34	345, 361	
ISO 13407	536	
iso-surface	186	
ISO フォーマット	381	
ITU	906	
ITU のテストチャート	938	
ITU-R BT Rec.709	445	
ITU-R BT656 信号	875	
ITU-R の勧告 BT.500	53	
ITU-T	906	
ITU-T T.88	ISO/IEC 14492	710	
ITU-T 勧告 J.144	57	
ITU-T 勧告 P.910	53	
ITU-T 勧告 P.911	53	
ITU の無線通信部門の勧告 BT.500	53	

[J]

Java	387
JavaScript	358, 361
JBIG	712
JBIG 標準	700
JBIG 方式	884
JBIG2	773
JBIG2 標準	710
JDF 規格	596, 597
JIS X 4156	329
JIS X 4157	363
JIS X 4169	349
JIS X 8341	555
JND	29, 44
job definition format	596, 597
joint probabilistic data association filter	658
JPDAF	658
JPEG	380, 898
JPEG 圧縮	515
JPEG2000	127, 145, 516, 525
JPEG2000 のタイル分割と画像サイズの関係	146
JPEG2000 のレイヤーとデコード画質の関係	146
JPIP	147
JPSEC	497
JSA	627
Jsteg	524
just noticeable difference	29

[K]

K パラメータ	704
KASUMI	460
KDDI メディアウィル方式	59
KDM	451
key delivery method	451
keyboard	540
kinoform	845
KLT トラッカー	91

[L]

L 錐体	16
L4μ カーネル	386
LAB 色空間	771
Lambert's cosine law	201
LANDSAT の長期観測データセット	607
Laplace distribution	6
lapped orthogonal transform	125
LASeR	395
laser disc	871
LCD	113, 813
LCD の駆動	817
LCOS	837, 838
LD	871
LEACH	400
LED	426
LED アレイ走査	97
LED アレイプリンタ	851
LED ディスプレイ	114
level of detail	275
LGPKI	464
LIC	256
LifeMinder	437
light adaptation	13
light emitting diode	114
Lightness Noise	48
lightweight application scene representation	395
line integral convolution	256
line spectrum pair	140
Linux	386
liquid crystal display	113, 813
liquid crystal on silicon	837
Lisa	541
LISMO	392
listen 状態	399
LLC	768
locator	540
LOD	226, 275
Log-Polar 極座標系	91
long term key	463
Loop 細分割曲面	184
Lossy/lossless bi-level image compression	710
LOT	125
low resolution radar	422
LPS	709
LRR	422
LSP	140
LTPS	815
luminance	200
luminance flicker	20
luminance grating	18
luminance signal	3
luminous exitance	200
LV	836, 837

[M]

m 重マルコフ情報源	122
M 錐体	16
MA	435
MAC	399
Mach band	21
Mach band effect	207
Macintosh	541
MacOS	541
MAF	754
magnetic resonance imaging	639
management information system	596, 597
MANET WG	416
marching cubes	254
Markov Random Field	659
mask layer	773
Matrix datatypes	739
Matyas-Meyer 法	462
MB	135
MBMS	379
MC	517
MC + DCT ハイブリッド方式	132
MCF	766
MCMC	659
MDCT	142
MDCT の変換係数	142
MDS	740
mean opinion score	51, 527
Mean Squared Error	57
media key block	494
media spaces	572
median filter	82

MELP	749	moving picture	2	multiple hypothesis tracking	658
MEMS	838	moving picture response time	820	multiplex service data unit	758
MEMS 素子	840	MP3	380, 752	multiplexer	490
message pool	403	MP3 フォーマット	750	multiresolution approximation	509
metaball	186	MP3 プロ	752	multiresolution representation	178, 509
metamerism	26	MP4 ファイルフォーマット	393	Multi-S01	462
MFP	886	MPEG	394	multi-view image	2
MH	700	MPEG over IP	279	Munsell color system	29
MHT	658	MPEG surround	753	Munsell renovation system	30
MH 符号	126	MPEG 圧縮	517	MUX	490
MICAz	407	MPEG サラウンド	143	MUX-SDU	758
micro electro mechanical system	838	MPEG-1	729, 899	MVA 方式	819
MIDI	392	MPEG-1 のオーディオ符号化	143	MySpace	576
MIM	831	MPEG-2	498, 512, 730, 899	**[N]**	
M-IMAP	378	MPEG-2 のオーディオ符号化	143		
mipmap	222	MPEG-4	379, 380, 392, 498, 512, 734, 899	namespace-based validation dispatching language	346
MIS	596	MPEG-4 AVC	736	NBS 単位	32
MISTY	460	MPEG-4 AVC/H.264	499	Nearest Sink	400
MIThril	435	MPEG-7	739	neighbor table	403
mixed excitation linear prediction	749	MPEG-21	742	NEP	50
Mixi	576	MPR	636	nesC	402
MKB	494	MPRT 法	820	NESSIE	459
MLC	647	MPS	709, 766	New European Schemes for Signature, Integrity and Encryption	459
MLS	189	MPS/LPS 条件付き交換	709	next generation network	376
MMD	372, 376	MQ-coder	711	NGN	376
MML	382	M-Q コーダ	127	NICOGRAPH	914
MMR 符号化方式	700	MRA	509	NMR の原理	640
MMS	378	MRAM	105	no reference	57
MN	373	MRC	771, 772	non-photorealistic rendering	240
MNP	391	MRF	659	normal edge profile	50
mobile adhoc network	416	MRI	633, 639	normal mapping	219
Mobile Assistant	435	MRI 装置	640	NPR	162, 240
Mobile Node	373	MRI の原理	640, 641	NR-JPEG 比較法	527
mobile switching center/ visitor location register	375	MRR	509	NR 法	57
MOD	688	MR 符号化方式	700	NR 方式	60
mode of operation	461	MSC/VLR	375	NTIA 方式	58
modeling coordinate system	169	*MSE*	57	NTSC 方式カラーテレビ	3
modified discrete cosine transform	142	MSS	378	nuclear magnetic resonance	640
modified Huffman	700	MTF	46, 66	NURBS	174
modulation transfer function	46	MTF の評価法	66	NVDL	346
monochrome picture	2	MTF 補正	809	NVDL スクリプト	346
MOS	51, 527, 827	MUGI・MULTI-SO 1	460	**[O]**	
MOS 電子源	831	multi planar reconstruction	636		
MOTE	407	MULTI2	460	OASIS	784
motion capture	236	multi-domain VA	819	objective evaluation	43
motion compensation	130, 517	multimedia application format	754	OCB モード	814
motion estimation	130	multimedia broadcast/multicast service	379	occurrence	363
motion parallax	24	multimedia description scheme	740	OCT	644, 645
Moving Least-Squares	189	multimedia domain	372, 376	odd 鍵	492
		multimedia messaging service	378		
		multimedia streaming service	378		

OECF	775	participating membership	909	plasma display panel	114
OFB	461	PAT	760	PMIC	385
OFDM 方式	305	path animation	232	PMT	761
OMA	378, 915	PAVENET OS	403	PNG	380, 782
OMAC	461	PBS	839	point spread function	85, 810
OPC	856	PCI	762	policy decision function	376
Open Graphics Library	687	PCM	871	poly-phase	143
Open Mobile Alliance	378, 915	P-CSCF	376	portable document format	597
Open System Interface	896	PC 法	56	Portable network graphics	782
open world assumption	352	PD	71	positron emission tomography	639
OpenGL	267, 687	PDA	544, 600	power management integrated circuit	385
OpenMG	389, 488	PDC	369, 370	power spectral density	4
OpenSearch	355	PDF	376	PP	882
optical coherence tomography	645	PDF/X	597, 791	PPM	430
optical flow	131	PDF/X-1	791	PPV	832
optical tracker	565	PDF/X-1a	597	Precision	560
optical transfer function	85	PDF/X-2	791	precomputed radiance transfer	212
optically compensated birefringence	814	PDF/X-4	791	PREMO	782
opto-electronic conversion function	775	PDF ワークフロー	597	PRES	706
organic light-emitting diode	833	PDP	114, 820	presensitized aluminum plate	602
Organization for the Advancement of Structured Information Standards	784	PDP の駆動回路	822	Presentation environment for multimedia objects	782
		PDP の構造	821	presentation time stamp	759
		PDP の発光原理	821	Prewitt オペレーター	81
OSI	762, 896	PDSN	375	Printing Industries of America	596
OutGuess	524	PDU	762	PRML	882
output feedback	461	peak signal to noise ratio	57	program association table	760
output-referred image state	775	peak SNR	527	program map table	761
outside looking inside	565	Peano 曲線	498	program stream	759
OWL	350, 351	peer-to-peer	422	Programmer's hierarchical interactive graphics system	782
		penumbra	210		
		personal area network	420		
[P]		personal digital assistance	600	Programmer's imaging kernel system application program interface	782
P スライス	736	personal digital cellular	369, 370		
p タイル法	77, 78	perspective projection	166		
P ピクチャ	517	PES	760	progressive reduction standard	706
P メンバー	909	PET	639	progressive scanning	8
P2P	422, 490	PET/CT 装置の概観図	646	Progressive-download Profile	381
packet data serving node	375	PFO	832	projection slice theorem	637
packet switched streaming	378	PGP	467	projectional transform	79
packetized elementary stream	760	phase shift keying	371	protocol control information	762
PACS	648, 649	PHIGS	782	protocol data unit	762
pair comparison	56	Phong	199	proxy server	744
PAN コーディネータ	414	photophone	427	proxy-CSCF	376
PAPERO	580	PIA	596	PRT	212
parametric representation	171	pick	540	PS	752, 759
PARCOR	748	piconet	417	PSEC-KEM	460
PARCOR 係数	140	PictBridge	805	PSF	85, 810
parity-preserve/prohibit RMTR	882	picture archiving and communication system	648	PSI-CELP	141, 748
PARO	580	picture transfer protocol	775	PSK	371
partial auto correlation	140	PIKS	782	PSNR	57, 527
partial response maximum likelihood	882	PIM-SSM	322	PSPDN	768
		PKI	464	PSS	378

PSTN	768	
PS 版	602	
PTP	775	
PTS	759	
PTT	392	
PTZ カメラ	655	
public key infrastructure	464	
pulse code modulation	871	
pulse position modulation	430	
push-to-talk	392	
PVA モード	819	
PZT	857	

[Q]

Q コーダ	127
Qcelp	379
QCELP	749
QCIF	726
QIM	525
QM-Coder	709
QMF	142
Q-M コーダ	127
QoS	376
QoS 技術	324
QR コード	603
quadrature mirror filter	142
qualcomm CELP	749
quality of service	324, 376
quantization	10
quantization index modulation	525
quarter CIF	726
quick response	603
QVGA	384

[R]

radar scanning	9
Radial Basis Function	187
radial scanning	9
radio frequency identification	409, 603
radio network	375
radiology information system	648
radiometric resolution	611
random telegraph signal	104
rational Bézier curve	174
RBF	187
RC4	462
RCELP	749
RDCM	400
RDD	743
RDF	350
RDF スキーマ	351
read only memory	876

real image	2
realization	260
real-time transport control protocol	744
real-time transport protocol	744
Recall	560
receiver operating characteristic	474
recommended exposure index	774
redirect server	744
reduced function device	414
reduced reference	57
Reed Solomon	880
Refinement region セグメント	711
registrar	744
regular language description for XML	786
REI	774
REL	743
relative binocular disparity	24
RELAX	786
RELAX NG	344, 786
relaxation code excited linear predictive coding	749
RELP	144
remote sensing	606
repeated minimum transition runlength	882
request to send	399
residual excited linear prediction	144
resolution	3, 300
resource reservation protocol	326
REST	356
return to control	703
RFC 3261	376
RFC 3344	373
RFC 3775	374
RFC 4287	344, 355
RFC 3516	416
RFD	414
RFID	409
RFID タグ	603
RGB 3板プリズム方式	444
RGB 表色系	27
RGB ワークフロー	597
rights data dictionary	743
rights expression language	743
rights management and protection controller	490
RIS	648, 649
RLL 符号	881
RMPC	490
RMS 粒状度	48

RN	375
Robovie	581
robust watermark	501
ROC	474
rod	14
RR 法	57
RR 方式	59
RS	880
RSA 暗号	463
RSS	354
RSS 2.0	355
RSVP	326, 901
RTC	703
RTCP	744, 901
RTP	744, 901
RTP ストリーミング	378
RTS	104, 399
RTSP	901
RTS による Vth 変動量	105
run length limited	881

[S]

S 錐体	16
SACD	754
SAF	396
sampling	10
SAR による災害観測	616
SAX	343
SBR	143, 752
scalable vector graphics	396
scatternet	417
SCE	827
SceneCabinet	562
SceneNavi	564
SceneNAVI	577
scene-referred image state	775
Schedule based MAC	399
Schematron	345
SCID	52, 937
scientific visualization	163, 252
SCMS	493
SCR	759
S-CSCF	376
sCSF	18
SD 法	50
SD メモリカード	388
SDIO スロット	389
SDO	908
SDP	744
SDSCE 法	55
SDU	762
SED	114, 830
SED の駆動法	830

SED の構造	830	SMIL	382, 395	Stirmark	501
SEDRIS	783	SMIL 2.1	395	StirMark	527
selector	336	S/MIME	467	STN パッシブマトリックス方式	815
SEM	670	smooth shading	207	STN モード	813
semantic differential	50	SMS	378	Streaming Profile	381
sensornet protocol	403	SMV	379	structured storage	147
serial copy management system	493	S/N	67	subdivision surface	183
service data unit	762	Snell's law	206	subjective evaluation	43
serving GPRS support node	375	SNR スケーラビリティ	136, 735	substitution error	710
serving-CSCF	376	SNR スケーラビリティ符号化器の例	136	subsurface scattering	222
session description protocol	744	SNS	571, 574, 576	subtractive color mixture	26
session initiation protocol	376, 744	Sobel オペレーター	81	super audio CD	754
SFN	307	SoC	105	super twisted nematic mode	813
SGML	291, 329, 342, 362, 784, 919	social networking service	571	Super-RENS	108
SGML declaration	784	SOS	774	Super-RENS での近接場光発生	108
SGML 宣言	784	source input format	729	Super-REsolution Near-field Structure	108
SGML 文書	784	SP	403	surface color	30
SGSN	375	SP コード	603	surface-conductive electron-emitter display	114
SHA	461	SPAN	398	surfels	256
shadow volume	211	spatial contrast sensitivity function	18	Sutherland	161, 265
short messaging service	378	spatial frequency	3	SV カメラ	800
short term key	463	spatial resolution	610	SVG	396
SH モバイル	387	SPECT	638	SXRD プロジェクタ	445
SIF	729	Spectra	858	sYCC	773
SIFT	91	spectral band replication	143	Symbian OS	386
SIGCHI	544	SPECT の画像再構成	638	synchronized multimedia integrated language	382
SIGGRAPH	162, 544, 914	speechio	603	Synthetic environment	783
SIL 光ディスクでのレーザー光の集光	107	SPIN	397	Synthetic environment data representation and interchange specification	783
simple aggregation format	396	SPIO	646	system clock reference	759
simple API for XML	343	SPN 構造	460		
simultaneous double stimulus for continuous evaluation	55	spread spectrum	421	**[T]**	
single frequency network	307	SRAM	105		
single photon emission CT	638	SS	421	T.30	771
single stimulus continuous quality evaluation	54	SSC	751	T.30 勧告	883
SIP	376, 744, 771	SSCQE 法	54, 55	T.37	886
SIP サーバ	576	SSL 通信	463	T.38	886
size after-effect	23	SSM 方式	320	T.4	771
SKB	495	standard color image data	937	T.42	771
skeleton	235	standard generalized markup language	342, 784	T.43	771
Sketchpad	161, 265, 540	standard illuminants	32	T.44	772
skinning	235	standard output sensitivity	774	T.45	772
sky light	201	Standards Development Organizations	908	T.88	773
SLC	773	Star	541	tag image file format	774
sleep 状態	399	start of layer coded data segment	773	tangential edge profile	51
SLM	112	steganalysis	501	tangible bits	544
SLS	753	steganography	500	TA 方式	863
S-MAC	399	stego key	521	TCP/IP	900
SMAF	394	still picture	2	tCSF	19
smart phone	546				
SMDL	362				

TD-CDMA	369	Transpost	841	VA 方式	818
TDD	371	triple DES	460	VA モード	814, 815
TDMA	371, 748	Triplet	44, 45	VC	913
TD-OCT	645	TS	759	VCSEL 技術	854
TDS-CDMA	369	TS 信号	490, 492	vector sum excitation linear prediction	141, 748
teleoperation	565	TV-Anytime	289		
telepresence	565	Twiddler	438	vehicle information and communication system	889
telexistence	565	TwinVQ	751		
temporal contrast sensitivity function	19	twisted nematic mode	813	Vernam 暗号	462
		two-dimensional image	2	vertical alignment	814, 818
temporal resolution	611	typical prediction	706	VGA	392
TEP	51	**[U]**		viability	638
TEP の凹凸検知閾	51			VICS	889
Text region セグメント	711	UCS 表色系	29	video object plane	734
TextileNet	438	UD	604	video tape recorder	871
texture map-ping	218	UDP	744	view volume	167
TFD 方式	815	UID	431	viewport transformation	169
TFT	117, 389, 838	UIM	388	virtual image	2
TFT アクティブマトリックス方式	815, 817	ULCS 表色系	30	virtual reality	162, 564
		ultra wideband	420	Virtual Reality Modelling Language	782
TH	421	ultrasonic tracker	565		
the atlas of the Munsell color system	30	umbra	210	visible image	2
		UMTS	374	Visual Computing（VC）研究委員会	913
The Coordinator	571	UMTS terrestrial radio access network	374		
the digital living network alliance	777			Visual Computing シンポジウム	544
		uniform chromaticity scale system	29		
thermo-autochrome	863			visual transfer function	48
THI	642	uniform color space	28	VMR-WB	749
thin film transistor	117, 389	uniform lightness-chromaticness scale system	30	voice over internet protocol	747
thin-film-diode	815			voice over IP	744
three-dimensional image	2	uniform resource identifier	365	VoIP	140, 744, 747, 887
TIFF	774	uniform resource locator	363	volatile organic compounds	604
TIFF/IT	790	unique identifier	431	volume visualization	254
tilt after-effect	23	unique name assumption	352	VQEG	57
time division duplex	371	universal design	604	VR	162, 564, 626
time division multiple access	748	Universal Mobile Telecommunications System	374	VR 酔い	567
TinyDB	403			VRML 97	782
TinyOS	402	universal resource identifier	342	VSELP	141, 748
T-MAC	399	URI	342, 356, 365	VSELP の励振ベクトル	141
TMCC	308	URL	363	VTF	48
TMCL	362	user datagram protocol	744	VTR	871
TMQL	362	user identity module	388	VuMan	435
TN モード	813	UTRAN	374	**[W]**	
topic map	363	UWB	420		
topic maps constraint language	362	UWB 無線 PAN	425	W3C	328, 394, 784
topic maps query language	362	UWB 無線システム	423	W3C XML Schema	344
TP	706	UWB レーダー	422	WAN	900
transform domain weighted interleave vector quantization	751	**[V]**		WAP フォーラム	378
				waterscrambling	500
transmission and multiplexing configuration control	308	V.34 モード	884	WCAG	556
		valuator	540	W-CDMA	370
transport program	759	variable-rate multi-mode wideband	749	W-CDMA 方式	369
transport stream	490			WD	909

Wearable Internet Assistant	435	XML 宣言	341	2次元スクロール画面の高速表示技術の出現	686
Web Contents Accessibility Guideline	556	XML データベース	597	2次元スプライト画面の高速表示技術の出現	685
weighted SNR	527	XML トピックマップ	365		
wet paper	525	XML 文書の構造	919	2次元正弦波関数	82
WG1	919	XMLHTTPRequest	360	2次元電力スペクトル	6
WG2	919	XML Path Language	347	2次元入力方式	64
WG3	920	XML query	348	2次元フィルタパターン	86
WGP	839	XMLSchema	292	2値化	77, 809, 810
what you see is what I see	571	XPath	347	2値画像	3
WIA	435	X-ray computed tomography	635	2値画像符号化モデル	122
Wiener filter	87	XrML	743	2ちゃんねる	575
Wiener-Khintcine	4	XSL	336, 347, 787	2つの時間的コントラスト感度関数	21
Wiener 推定	37	XSL-FO	347		
wiki	571	XSL Formatting Objects	347	2分割フィルタバンクによるウェーブレット変換	126
Windows	541	XSLT	347		
Windows media rights manager	488	XSL Transformations	347	3 G	369
Windows Mobile	386	XTM	365	3×3の差分オペレーター	81
WMRM	488	X Window	541	3.5 G	370
Working Draft	909	XYZ 表色系	28	3D-LUT	869
world coordinate system	169	XYZ 表色系の等色関数	28	3G-324M	378
World Wide Web	328			3GPP	369, 374, 378
World Wide Web Consortium	394, 784	**[Y]**		3GPP2	369, 374, 378
		Y 信号の振幅分布	6	3rd Generation Partnership Project	374, 378
WORM	876	Y の差信号の振幅分布	6		
WP	525	YCbCr 信号	824	3rd Generation Partnership Project 2	374, 378
WP 符号	525	YouTube	490		
write-once read-many	876			3原色の信号	3
WSNR	527	**[Z]**		3次元 LUT	869
WWW	328	Z バッファ法	193	3次元 VLC	728
WYSIWIS	571	ZigBee	413	3次元アーカイブ	626
WYSIWYG	542	ZigBee Alliance	413	3次元奥行き計測	87, 88
				3次元画像	2
[X]		**[数字]**		3次元可変長符号化	728
X 線 CT	633, 635	1 G	369	3次元計測手法	88
X 線 CT 装置	636	1/4 画素精度	737	3次元計測の手法	674
X 線 CT 装置の構成	637	1-7PP	882	3次元多層記録	109
X 線蛍光増倍管	634	1X EV-DO	370	3次元多層光メモリの構成	109
X 線減弱係数	636	1X evolution data only	370	3次元入力方式	64
X 線検出器	635	1次群インタフェース	768	3次元光メモリ	109
X 線診断装置	633	1次元イメージセンサ	63	3次元ビデオ	629
X 線断層写真	87	1次元信号の標本化	10	3次元ビデオの映像	630
X 線平面検出器 FPD	634	1次元入力方式	63	3次元物体モデルの類似検索	154
Xaar	858	1次元入力方式の基本構成	64	3次元ポインタ	274
XER	474	1視点3次元入力	64	3次元ポリゴンによる描画技術と格闘ゲームの出現	686
XHTML	329, 334	2 G	369		
XHTML 1.0	334	2CPU アーキテクチャ	385	3次元立体印刷	604
XHTML 1.1	335	2眼ステレオ法	89	3次元立体地図情報	892
XHTML Basic	382	2眼入力	64	3種類の錐体 L, M, S の分光感度	17
XHTML のモジュール化	335	2次元イメージセンサ	63		
XM2VTS	483	2次元画像	2	3色型応答	16
XML	328, 340, 739, 785	2次元画像の標本化	10	3点同時比較	44
XML 正規言語記述	786	2次元空間電力スペクトル	6	3板カラー撮像方式	70
		2次元自己相関関数	5		

3板式 897	4K Pure Cinema 453	**[ギリシャ文字]**
3板式によるカラー画像入力 65	4画素共有による画素サイズの縮小化 72	α-NPD 832
4：2：0 734	7段階モデル 537	γ特性 76, 77, 444
4：2：2 733	$8F^2$ セル 103	γ補正 68, 810
4C Entity L.L.C. 494		

東京電機大学出版局　創立100周年記念出版
画像電子学会　創立35周年記念

画像電子情報ハンドブック
Image Electronics and Informatics Handbook

2008年2月20日　第1版1刷発行	編　者　画像電子学会
	発行所　学校法人　東京電機大学 東京電機大学出版局 代表者　加藤康太郎
	〒101-8457 東京都千代田区神田錦町2-2 振替口座　00160-5-71715 電話　(03) 5280-3433 (営業) 　　　(03) 5280-3422 (編集)
印刷　三美印刷(株) 製本　三美印刷(株) 装丁　川崎デザイン	© The Institute of Image Electronics 　Engineers of Japan 2008 Printed in Japan

＊無断で転載することを禁じます．
＊落丁・乱丁本はお取替えいたします．

ISBN 978-4-501-32610-4　C3055

付録「全文収録 CD-ROM」について

全文収録 CD-ROM には，以下のファイルが収納されています。

---

1. **全文 PDF ファイル**

    本文全ページの PDF データが収められています。このデータを使って，全文検索ができます。索引および目次には現われない語句での自由検索をお楽しみください。

    なお，検索には Adobe Reader が必要です。Adobe Reader は以下からダウンロードできます。
    http://www.adobe.com/jp/products/acrobat/readstep2.html

2. **カラー図版ファイル**

    本文は白黒印刷であるため，図版に関して必要なカラー表示ができません。そこで，いくつかの図版についてはカラー画像を用意しました。本文の図説明文に［CD にカラーデータあり］と記載してある図版のカラーデータが収められていますので，本文とあわせてご利用ください。

3. **用語集ファイル**

    本書に登場した重要語句 795 語を選んで，解説したものです。全文 PDF ファイルと合わせて 1 つの PDF ファイルになっていますので，自由語検索にご利用ください。（担当：関沢秀和）

注意

- この全文検索 CD-ROM に収録のすべてのデータは著作権によって保護されております。私的使用，引用，学校教育での複製等においても，著作権法の制限規定を超える利用は認められません。
- いかなる手段においても，記事および写真の無断複製転載を禁じます。
- 図書館での利用に関しては，館外貸出ならびに個人所有 PC を持ち込める環境下での館内貸出を禁じます。
- いかなる場合にも，ネットワークサーバでの利用はできません。
- 本 CD-ROM は，本書の所有者がご自身のパソコン 1 台にインストールする場合に限って使用できます。
- PDF ファイルの印刷およびコピー＆ペーストはできません。
- 全文検索 CD-ROM だけの販売・貸出などはいたしません。
- 本 CD-ROM の利用によるいかなる損害に対しても，編者・著者・出版社は責任を負いません。

東京電機大学出版局